Introductory Chemistry

화학의 기본 개념

제 7 판

SI 단위

Nivaldo J. Tro 지음 | 화학교재연구회 옮김

Pearson

르네싸이

Pearson Education South Asia Pte Ltd
3 Temasek Avenue #21-23, Centennial Tower
Singapore 039190

Pearson Education offices in Asia: *Bangkok, Beijing, Ho Chi Minh City, Hong Kong, Jakarta, Kuala Lumpur, Manila, Seoul, Singapore, Taipei, Tokyo*

3 2 1
27 26 25

Cover Image: ggw/Shutterstock

발행일: 2025년 1월 7일
공급처: 르네사이(031-5186-9903/main@renaisci.co.kr)
ISBN: 978-981-3351-97-4(93430)
가격: 44,000원

Pearson

http://pearson.com/asia

원소의 주기율표

1
H
1.01
수소

1 → 원자 번호, H → 화학 기호, 1.01 → 원자 질량*, 수소 → 이름

비금속 (1족 H 및 녹색 칸) · 금속 (노란색 칸) · 준금속 (보라색 칸)

주기	1	2	3	4	5	6	7	8	9	10	11	12	13	14	15	16	17	18
1	1 H 1.01 수소																	2 He 4.00 헬륨
2	3 Li 6.94 리튬	4 Be 9.01 베릴륨											5 B 10.81 붕소	6 C 12.01 탄소	7 N 14.01 질소	8 O 16.00 산소	9 F 19.00 플루오린	10 Ne 20.18 네온
3	11 Na 22.99 소듐	12 Mg 24.31 마그네슘											13 Al 26.98 알루미늄	14 Si 28.09 규소	15 P 30.97 인	16 S 32.06 황	17 Cl 35.45 염소	18 Ar 39.95 아르곤
4	19 K 39.10 포타슘	20 Ca 40.08 칼슘	21 Sc 44.96 스칸듐	22 Ti 47.88 타이타늄	23 V 50.94 바나듐	24 Cr 52.00 크로뮴	25 Mn 54.94 망가니즈	26 Fe 55.85 철	27 Co 58.93 코발트	28 Ni 58.69 니켈	29 Cu 63.55 구리	30 Zn 65.39 아연	31 Ga 69.72 갈륨	32 Ge 72.63 저마늄	33 As 74.92 비소	34 Se 78.96 셀레늄	35 Br 79.90 브로민	36 Kr 83.80 크립톤
5	37 Rb 85.47 루비듐	38 Sr 87.62 스트론튬	39 Y 88.91 이트륨	40 Zr 91.22 지르코늄	41 Nb 92.91 나이오븀	42 Mo 95.94 몰리브데넘	43 Tc (99) 테크네튬	44 Ru 101.07 루테늄	45 Rh 102.91 로듐	46 Pd 106.42 팔라듐	47 Ag 107.87 은	48 Cd 112.41 카드뮴	49 In 114.82 인듐	50 Sn 118.71 주석	51 Sb 121.75 안티모니	52 Te 127.60 텔루륨	53 I 126.90 아이오딘	54 Xe 131.29 제논
6	55 Cs 132.91 세슘	56 Ba 137.33 바륨	57 La 138.91 란타넘	72 Hf 178.49 하프늄	73 Ta 180.95 탄탈럼	74 W 183.85 텅스텐	75 Re 186.21 레늄	76 Os 190.2 오스뮴	77 Ir 192.22 이리듐	78 Pt 195.08 백금	79 Au 196.97 금	80 Hg 200.59 수은	81 Tl 204.38 탈륨	82 Pb 207.2 납	83 Bi 208.98 비스무트	84 Po (209) 폴로늄	85 At (210) 아스타틴	86 Rn (222) 라돈
7	87 Fr (223) 프랑슘	88 Ra (226) 라듐	89 Ac (227) 악티늄	104 Rf (261) 러더포듐	105 Db (262) 더브늄	106 Sg (263) 시보귬	107 Bh (262) 보륨	108 Hs (265) 하슘	109 Mt (266) 마이트너륨	110 Ds (281) 다름슈타튬	111 Rg (280) 뢴트게늄	112 Cn (285) 코페르니슘	113 Nh (284) 니호늄	114 Fl (289) 플레로븀	115 Mc (289) 모스코븀	116 Lv (292) 리버모륨	117 Ts (294) 테네신	118 Og (294) 오가네손

란타넘 계열	58 Ce 140.12 세륨	59 Pr 140.91 프라세오디뮴	60 Nd 144.24 네오디뮴	61 Pm (147) 프로메튬	62 Sm 150.36 사마륨	63 Eu 151.97 유로퓸	64 Gd 157.25 가돌리늄	65 Tb 158.93 터븀	66 Dy 162.50 디스프로슘	67 Ho 164.93 홀뮴	68 Er 167.26 어븀	69 Tm 168.93 툴륨	70 Yb 173.04 이터븀	71 Lu 174.97 루테튬
악티늄 계열	90 Th (232) 토륨	91 Pa (231) 프로트악티늄	92 U (238) 우라늄	93 Np (237) 넵투늄	94 Pu (244) 플루토늄	95 Am (243) 아메리슘	96 Cm (247) 퀴륨	97 Bk (247) 버클륨	98 Cf (251) 캘리포늄	99 Es (252) 아이슈타이늄	100 Fm (257) 페르뮴	101 Md (258) 멘델레븀	102 No (259) 노벨륨	103 Lr (260) 로렌슘

* 중요한 방사성 동위원소의 질량수(원자 질량이 아님)는 안정한 동위원소가 없는 원소의 괄호 안에 표시되어 있다.

머리말

원자 구조, 화학 결합, 화학 반응, 기체 법칙 등 기본 화학 원리의 개발은 이 책의 주요 목표 중 하나이다. 학생들은 일반화학 계열이나 연합 보건 커리큘럼을 지원하는 화학 과목을 공부하기 위해 이러한 원리를 확실히 이해해야 한다. 이를 위해 이 책은 질적 자료와 양적 자료를 통합하고, 구체적인 개념에서부터 보다 추상적인 개념으로 나아가도록 구성했다.

입문 및 예비 화학 과목을 가르치는 강사들이 다루는 주제 순서의 주요 차이점은 전자 구조와 화학 결합의 배치이다. 이러한 주제는 원자 모형을 다루는 시점에 제시해야 할까? 아니면 화학 화합물과 화학 반응을 다룬 후 제시해야 할까? 일찍 다루면 학생들은 화합물과 반응을 이해할 수 있는 이론적 틀을 얻게 된다. 한편 학생들에게 왜 필요한지 설명하기 전에 추상적인 모델을 제시하기도 한다. 나는 나중에 배치하는 것을 선택했다. 그럼에도 불구하고 모든 과목은 고유하며, 강사는 자신만의 방식으로 주제를 다룰 것이다. 따라서 나는 주제 순서에 최대한의 유연성을 부여하여 이 책을 집필했다.

강사에게

이 책을 강의 교재로 채택한 모든 분에게 감사드린다. 여러분 덕분에 가장 널리 판매되는 책이 된 것에 대해 고마운 마음을 전한다. 7판을 준비하면서 나는 근본적인 목적, 즉 관련성 있는 맥락에서의 화학적 기술 교육에 따라 다듬어나갔다.

이 책은 한 학기 분량의 학부 수준 입문 또는 예비 화학 과정용으로 기획되었다. 이 과정을 수강하는 학생들은 문제 해결 능력을 계발해야 하며, 이러한 능력이 자신과 세상에 왜 중요한지도 알아야 한다. 이 책은 실험실에서 학생들의 세상으로 화학을 연장한 것이다. 화학이 일상생활에서 어떤 역할을 하는지 보여줌으로써 화학을 배우는 동기를 부여한다.

또한 이 책은 시각적이다. 본문 전체에 걸쳐 주제를 전달하는 데 도움이 되는 그림을 활용했다. 예컨대 눈에 보이는 일상의 과정과 그 과정을 만드는 분자의 상호작용 간 연관성을 보여주는 다양한 이미지를 제시했다. 7판에서는 이러한 이미지를 더욱 개선하고 나의 의견을 담은 주석을 포함했다. 나의 목표는 가르치는 기술 프로그램을 만들어서 복잡한 정보를 명확하고 간결하게 보여주는 것이다. 현실 세계의 물체나 과정의 분자를 묘사한 그림은 세 가지 부분, 즉 거시 세계(눈으로 볼 수 있는 것), 분자와 원자(분자와 원자가 행동하는 것을 나타내는 공간 채움 모형), 기호(화학자가 분자와 원자의 세계를 나타내는 법)로 이루어져 있다. 그 목표는 독자가 거시 세계, 미시 세계 및 기호와 식으로 분자 세계를 나타내는 것 사이의 관련성을 보도록 하는 것이다.

이전 판과 마찬가지로 문제 해결 교육법에는 네 가지 단계를 사용했다. 분류, 전략, 풀이, 검토로 이루어진 이 과정은 독자가 화학 문제를 푸는 데 길잡이가 된다. 또한 독자는 본문 전반에 걸쳐 광범위한 흐름도를 통해 화학적 사고와 개념의 조직화를 더 잘 시각화할 수 있다.

예제에서는 특정 유형의 문제를 해결하기 위한 일반적 절차를 학습할 수 있도록 2단 또는 3단 배치를 사용했으며, 이러한 절차를 한두 개의 예제에 적용했다. 이때 문제 해결 방법에 대한 설명을 문제 풀이 단계 바로 옆에 배치하여 명확히 이해할 수 있게 했다. 많은 강사는 강의 시간이나 근무 시간에 이와 유사한 기술을 사용한다고 알려주었다. 또한 예제와 각 장 끝부분의 문제 간 연관성에 대해 질문하는 학생들이 있어, 예제에서 다룬 기술을 익히는 데 도움이 되도록 관련 문제를 알려주는 '심화 학습'을 추가했다.

학생에게

이 책을 통해 화학 과목을 배우는 데 도움이 되도록 두 가지 주요 목표를 설정했다. 이전과는 전혀 다른 방식으로 화학을 바라보게 하는 것, 화학에서 좋은 결과를 얻는 데 필요한 문제 해결 능력을 향상하는 것이다.

우선 나는 독자가 새로운 방식으로 화학을 경험하기를 바란다. 화학이 실험실에서만 일어나는 무언가가 아니라 매 순간 우리 주변을 둘러싸고 있음을 보여주고자 했다. 독자가 분자의 세계를 시각화하는 데 도움을 되는 사진과 그림을 제공하기 위해 훌륭한 아티스트들과 함께 작업했다. 이 책을 통해 우리 주위의 모든 것에 숨어 있는 분자의 상호작용을 이해함으로써 세상에 대해 다르게 생각할 수 있기를 희망한다.

두 번째 목표는 독자가 문제 해결 능력을 계발하는 것이다. 문제 해결 능력이 없다면 화학에서 성공할 수 없을 것이며, 인생에서도 성공할 수 없을 것이다. 이 책에서는 문제를 해결하는 데 필요한 일률적인 공식을 제공할 수는 없더라도, 화학적 추론에 필요한 화학적 직관을 키우는 데 도움이 되는 전략을 제시했다.

문제 해결에 도움이 되는 기능은 다음과 같다.

- 4단계(분류, 전략, 풀이, 검토)로 이루어진 문제 해결 과정
- 문제 탐색을 위한 시각적 보조 도구인 해결도표
- 2단 예제: 오른쪽 열에서는 풀이 과정을 보여주고 왼쪽 열에서는 각 풀이 단계의 목적을 명확히 설명
- 3단 예제: 문제 해결 절차를 설명하면서 두 가지 예제의 적용 방법 제시
- 심화 학습: 각 예제에서 다룬 기술을 연습할 수 있는 문제 표시

최근의 연구에 따르면 실제 시험 전에 객관식 사전 시험을 치르면 성적이 향상되는 것으로 밝혀졌다. 이에 각 장의 후반부에 내용 이해도를 점검할 수 있는 '자가진단 퀴즈'를 실었다.

이 책을 읽고 화학이 특별한 재능을 가진 사람만의 것이 아님을 이해하기를 바란다. 적당한 노력과 명확한 지침이 있다면 누구든 화학을 정복할 수 있다.

Nivaldo J. Tro(nivatro@gmail.com)

저자 소개

Nivaldo J. Tro

1990년부터 대학교에서 화학을 가르쳤으며, 현재 샌타바버라시티대학교(Santa Barbara City College)의 교수로 재직 중이다.

초고진공에서 분자의 표면 흡착 및 탈착을 연구하는 광학 기술의 개발 및 이용에 관한 연구로 스탠퍼드대학교에서 박사 학위를 받았다. 이후 용액에서의 초고속 반응 역학에 대한 박사후 연구를 캘리포니아대학교(버클리)에서 수행했다. 그리고 유전체 표면에 흡착된 얇은 부가층 필름에서 발생하는 다양한 프로세스의 역학 연구를 위한 보조금을 American Chemical Society Petroleum Research Fund, Research Corporation, National Science Foundation로부터 받았다.

트로 교수는 아내와 함께 미국 캘리포니아주 샌타바버라에 살고 있으며, 여가 시간에는 자전거 타기, 서핑 등을 즐긴다.

역자 소개

강미숙(영남대학교 화학과 교수)

권도균(한국항공대학교 신소재공학과 교수)

권오형(국립금오공과대학교 고분자공학과 교수)

김봉수(경남정보대학교 화공에너지공학과 교수)

김영수(영남대학교 화학과 교수)

김영일(영남대학교 화학과 교수)

김용성(경남대학교 제약공학과 교수)

김현주(국립한국교통대학교 교양학부 교수)

노병일(동서대학교 신소재화학공학과 교수)

민혜정(광주여자대학교 화장품과학과 교수)

박현(부산대학교 조선해양공학과 교수)

변창규(대전대학교 화장품학과 교수)

송연민(인천재능대학교 화장품학과 교수)

양경희(대전대학교 화장품학과 교수)

엄태준(국립금오공과대학교 고분자공학과 교수)

윤석준(영남대학교 화학과 교수)

윤영상(영남대학교 화학과 교수)

이보경(연세대학교 학부대학 교수)

이원호(국립금오공과대학교 고분자공학과 교수)

이종대(조선대학교 화학과 교수)

이주운(국립한국교통대학교 교양학부 교수)

임재원(부산가톨릭대학교 임상병리학과 교수)

임희남(영남대학교 화학과 교수)

전석진(국립금오공과대학교 고분자공학과 교수)

전성권(국립금오공과대학교 고분자공학과 교수)

조대원(영남대학교 화학과 교수)

조범곤(국립금오공과대학교 고분자공학과 교수)

최규성(경남대학교 제약공학과 교수)

최청룡(국립금오공과대학교 고분자공학과 교수)

최현주(경남대학교 MSC 교육부 교수)

홍경희(삼육보건대학교 간호학부 교수)

홍철암(영남대학교 화학과 교수)

요약 차례

차례

5 분자와 화합물

6 화학 조성

7 화학 반응

8 화학 반응에서의 화학량론

9 원자 속의 전자와 주기율표

10 화학 결합

11 기체

12 액체, 고체, 분자간 힘

13 용액

14 산과 염기

18 유기 화학

19 생화학

▲ 모래 알갱이 하나에는 해변 전체의 모래 알갱이 수보다 더 많은 원자가 들어 있다.

1 화학의 세계

"상상력은 지식보다 더 중요하다."

— Albert Einstein(1879~1955)

개요

1.1 모래와 물

▲ Richard Feynman은 노벨상을 받은 물리학자로, 캘리포니아공과대학의 저명한 교수이다.

나는 해변을 좋아하지만 모래는 싫어한다. 모래는 해변 어디에든 있고, 모래는 해변 어디서나 달라붙고 심지어 집 안까지도 따라 들어온다. 모래는 입자가 너무 작아서 성가시다. 손에도, 발에도, 음식에도 달라붙는다. 그러나 모래 입자의 미세함은 그것을 구성하는 입자의 미세함과 비교하면 아무것도 아니다. 보통의 다른 물질과 마찬가지로 모래는 원자로 이루어져 있다. 원자는 상상할 수 없을 정도로 작다. 한 알의 모래에는 가장 큰 해변의 모래 알갱이보다 더 많은 원자가 포함되어 있다.

물질이 가장 작은 입자로 이루어진다는 생각은 인류의 가장 위대한 발견 중 하나이다. 노벨상 수상자인 Richard Feynman(1918~1988)은 캘리포니아공과대학교 물리학과 1학년 학생들을 대상으로 한 강의에서 "모든 인간의 지식에 있어 가장 중요한 생각은 만물이 원자로 이루어져 있다는 것"이라고 말했다. 이 생각은 왜 중요할까? 그것은 우리 주변에 있는 물질의 성질을 이해하기 위해 어떻게 접근해야 하는지를 제시하기 때문이다. 물질의 거동 방식을 이해하려면 물질의 구성 입자가 어떻게 거동하는지를 이해해야 한다.

원자 및 그것으로 이루어진 분자는 물질의 거동 방식을 결정짓는다. 즉 구성 원자가 다르면 물질 자체가 달라진다. 예컨대 물의 거동 방식은 물 분자의 속성에 의해 결정된다. 물 분자가 조금이라도 다르다면 물은 다른 종류의 물질이 될 것이다. 예를 들어 우리는 다음과 같

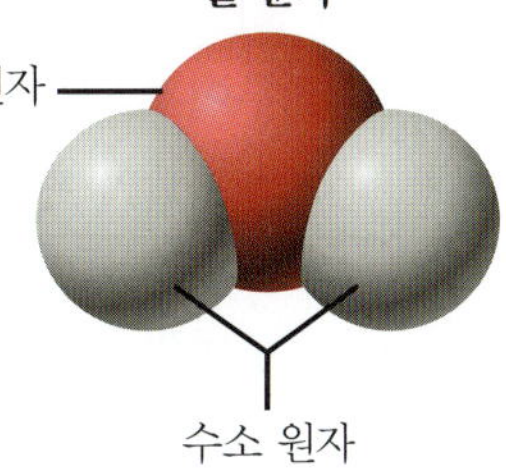

은 형태로 물 분자가 1개의 산소 원자에 결합된 2개의 수소 원자로 이루어져 있다는 것을 알고 있다.

물 분자의 형태가 달라지면 물은 어떻게 달라질까? 수소 원자가 산소 원자에 결합될 때 굽은 형이 아닌 선형 분자를 형성하면 어떻게 될까?

가상적인 선형 물 분자

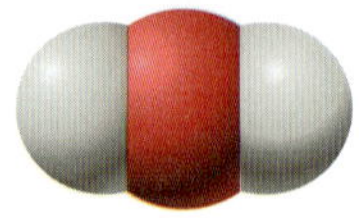

이 질문에 대한 답은 상당히 복잡하다. 우리는 가상적인 선형 물이 어떻게 거동할지 정확히 알 수 없지만, 일반적인 물과는 매우 달라질 것임을 안다. 예를 들어 선형의 물은 아마도 일반적인 물보다 끓는점이 훨씬 더 낮을 것이다. 실제로는 상온에서 액체 대신 기체가 될지도 모른다. 상온에서 물이 기체가 된다면 어떻게 될지 상상해보라. 강도, 호수도, 바다도 없어질 것이며, 액체 물은 사람을 구성하는 매우 중요한 부분이므로 사람도 없어질 것이다.

원자와 분자로 이루어진 세계와 우리가 일상 경험하는 세계 사이에는 직접적인 연관성이 있다(그림 1.1). 화학자는 이러한 연관성을 탐구하며 그것을 이해하려고 노력한다. **화학**(chemistry)에 대한 훌륭하고도 단순한 정의는 원자나 분자가 어떻게 거동하는지 연구함으로써 물질이 어떻게 거동하는지를 이해하고자 노력하는 학문이라는 것이다.

▶ 그림 1.1 우리 주위의 모든 것은 화학 물질로 이루어져 있다.

1.2 화학 물질로 이루어진 일상의 모든 물질

▶ 우리 세계에서 접촉하는 모든 것이 화학 물질로 이루어진다는 것을 이해한다.

앞 절에서는 화학자가 모래나 물과 같은 물질에 대해 어떻게 인식하는지를 살펴보았다. 이러한 물질은 화학 물질인가? 그렇다. 우리가 잡거나 만질 수 있는 모든 것은 화학 물질로 이루어져 있다. 한편 대부분의 사람들은 화학 물질이라고 하면 차고의 페인트 희석제나 공장의 폐기물에 의한 하천 오염을 떠올린다. 그러나 일상적인 것도 화학 물질로 이루어진다. 숨 쉬는 공기도, 마시는 물도, 치약, 타이레놀, 화장지 등도 화학 물질로 이루어진다. 사실상 우리 주변의 모든 것이 화학 물질로 구성되어 있다. 화학은 화학 물질의 구성 분자에 대한 이해를 바탕으로 화학 물질의 성질과 거동을 설명한다.

▲ 화학자는 물과 같은 평범한 것들이 왜 그렇게 존재하는지를 이해하는 데 관심을 둔다. 화학자는 물주전자를 관찰할 때 액체를 구성하는 분자와 그것이 어떻게 물의 특성을 결정하는지를 생각한다.

▲ 사람들은 화학 물질에 대해 매우 좁은 시야를 가지고 있어서 위험한 독성물질 또는 오염물질로만 생각하곤 한다.

주변 세계에 대한 우리의 일상 체험에서도 분자의 작용이 항상 관여한다. 일몰을 관찰하고 있다고 상상해보자. 각 과정 단계에 분자 차원의 작용이 포함된다. 공기 중에 있는 분자는 태양으로부터 나온 빛과 상호작용하여 파란빛과 초록빛을 산란시키고 붉은빛과 주황빛을 남김으로써 특별한 색을 만든다. 눈에 있는 분자는 그 빛을 흡수하고, 결과적으로 뇌에 신호를 보내는 방식으로 변화된다. 그때 뇌의 분자는 그 신호를 해석하여 형상을 만들고 감정을 느끼게 한다. 이 전체 과정(분자에 의해 매개된)이 일몰을 보는 경험을 만든다.

화학자는 일상적인 것들이 왜 그러한 방식으로 존재하는지에 관심을 갖는다. 왜 물은 액체인가? 왜 소금은 고체인가? 왜 탄산음료는 거품을 내는가? 왜 일몰 광경은 붉은가? 독자는 이 책을 통해 이러한 질문과 기타 많은 것에 대한 해답을 배우게 될 것이다. 물질의 거동과 물질을 구성하는 입자의 구조 사이의 관련성을 배우게 될 것이다.

1.3 과학적 방법: 화학자의 사고방식

▶ 과학적 방법(관찰, 가설 설정, 실험에 의한 가설 검증, 법칙과 이론 확립)의 주요 특성을 확인하고 이해한다.

화학자는 세계를 이해하기 위해 **과학적 방법**(scientific method), 즉 관찰과 실험을 강조하는 학습의 한 방법을 이용한다. 과학적 방법은 세상을 이해하는 방식으로 사유(reasoning)를 강조했던 고대 철학과 대조되는 입장이다. 과학적 방법은 자동적으로 명확한 해답으로 이끌어내는 확고한 과정이 아니지만, 지식을 획득하는 다른 방법과 구별되는 핵심적인 특징이 있다. 이러한 특징에는 현상 관찰, 가설 설정, 실험에 의한 가설 검증, 법칙과 이론 확립이 포함된다.

과학적 지식을 얻는 첫 단계(그림 1.2)는 종종 자연의 여러 측면에 대한 **관찰**(observation) 또는 측정(measurement)이다. 일부 관찰은 우리의 눈만 필요할 정도로 간단하고,

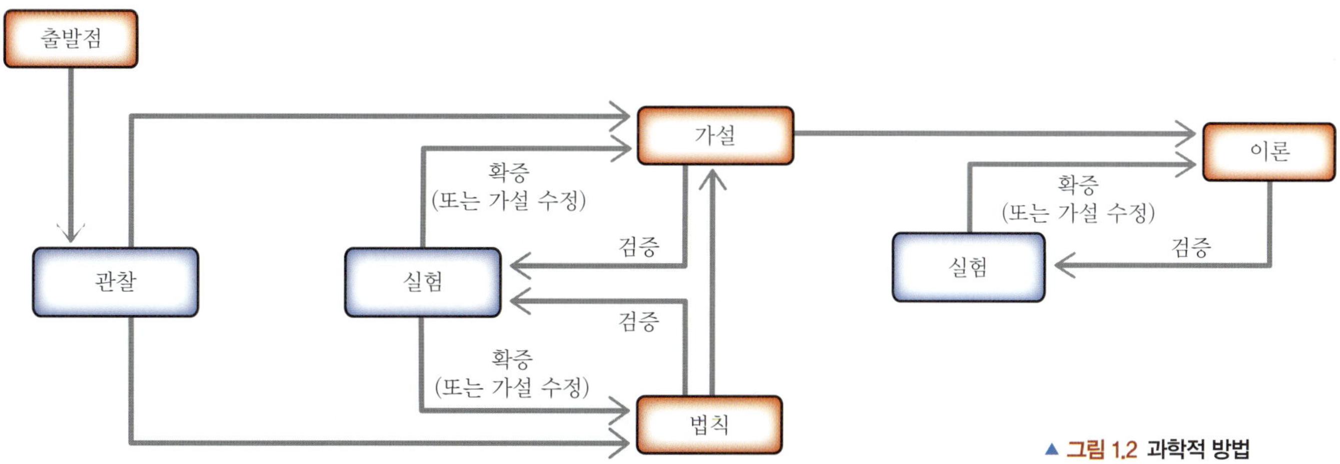

▲ **그림 1.2 과학적 방법**

또 일부 관찰은 보다 민감한 기구로 이루어진다. 때때로 중요한 관찰이 전적으로 우연히 일어나기도 한다. 예를 들어 Alexander Fleming(1881~1955)은 배양 접시에서 우연히 자라는 곰팡이 주위의 무균 집단(bacteria-free circle)을 관찰하다가 페니실린(penicillin)을 발견했다. 어떤 방식으로 이루어지건 간에 관찰은 대상 물질계의 여러 면에 대한 측정이나 묘사를 포함해야 한다. 예를 들어 연소 반응을 연구한 프랑스의 과학자 Antoine Lavoisier(1743~1794)는 닫힌 용기에서 물체를 태웠다. 그는 용기 내부의 물질을 태우기 전과 후에 용기와 내용물의 질량을 정밀하게 측정함으로써 연소 과정에서 물질 질량의 변화가 없다는 것을 알아냈다. 그는 물질세계를 관찰한 것이다.

연소는 타는 것을 말한다. 물체의 질량은 그 안에 들어 있는 물질의 양을 나타내는 지표이다.

관찰을 통해 종종 과학자는 **가설**(hypothesis), 즉 관찰에 대한 임시적인 해석이나 설명을 설정한다. Lavoisier는 공기 중의 한 성분과 어떤 물질의 결합이 연소에 필요하다고 가설을 세움으로써 연소에 대한 관찰을 설명했다. 좋은 가설은 반증할(falsifiable) 수 있어야 하는데, 이는 심도 있는 검증을 통해 그 가설이 틀렸는지 여부를 확인할 수 있어야 함을 의미한다. 가설은 **실험**(experiment), 즉 가설을 입증하거나 무효로 만들기 위해 고안된 극도로 통제된 관찰을 통해 검증된다. 실험의 결과는 가설을 확정하거나 또는 어떤 점에서 오류가 있는지를 보여줄 것이다. 후자의 경우에 그 가설은 수정되거나 심지어 버려지고 다른 가설로 대치되기도 한다. 이때 새로운 가설이든 수정된 가설이든 반드시 추가적인 실험을 거쳐 검증되어야 한다.

때로는 비슷한 여러 관찰을 통해, 종래의 관찰을 종합하고 미래의 관찰을 예측할 수 있는 **과학적 법칙**(scientific law)이 만들어진다. 예를 들어 연소 반응의 관찰을 기초로 Lavoisier는 "화학 반응에서 물질은 새로이 생겨나거나 없어지지 않는다"는 **질량 보존 법칙**(law of conservation of mass)을 발전시켰다. 이러한 주장은 Lavoisier의 관찰로부터 생겨났으나, 더 중요한 것은 그것이 어떠한 화학 반응이든 그에 대한 유사한 실험의 결과를 예측했다는 점이다. 또한 법칙은 실험에 종속되므로 실험은 법칙이 잘못되었는지 타당한지 입증할 수 있다.

과학적 이론은 모델이라고도 부른다.

잘 확립된 하나 이상의 가설은 과학적 **이론**(theory)을 위한 토대를 제공한다. 이론은 관찰과 법칙에 대해 더욱 폭넓고 깊이 있는 설명을 제공한다. 이론은 자연이 존재하는 방식에 대한 모델이고, 그 이론을 만든 관찰과 법칙을 넘어서 확장된 거동을 예고하곤 한다. 이론에 대한 좋은 예는 John Dalton(1766~1844)의 **원자론**(atomic theory)이다. Dalton은 모든 물질이 원자라는, 작고 쪼개지지 않는 입자로 이루어진다고 제안함으로써 질량 보존의 법칙뿐만 아니라 다른 법칙과 관찰을 설명했다. Dalton의 이론은 이러한 법칙과 관찰을 설명하기 위한 당시의 법칙과 관찰을 능가하는 물질세계에 대한 모델이었다.

이론 역시 실험에 의해 검증되고 타당성이 입증된다. 과학적 방법은 관찰로 시작되어, 그

▶ 왼쪽: 프랑스의 화학자 Lavoisier와 그의 아내 Marie. Marie는 남편의 실험을 그리고, 결과를 기록하고, 주요 연구 결과를 영어로 번역하는 등 큰 도움을 주었다.

출처: 1788, oil on canvas (259.7×194.6 cm). The Metropolitan Museum of Art, Purchase, Mr. and Mrs. Charles Wrightsman Gift, in honor of Everett Fahy, 1977. (1977.10) Image copyright © The Metropolitan Museum of Art.

오른쪽: 원자론을 정립한 영국의 화학자 Dalton

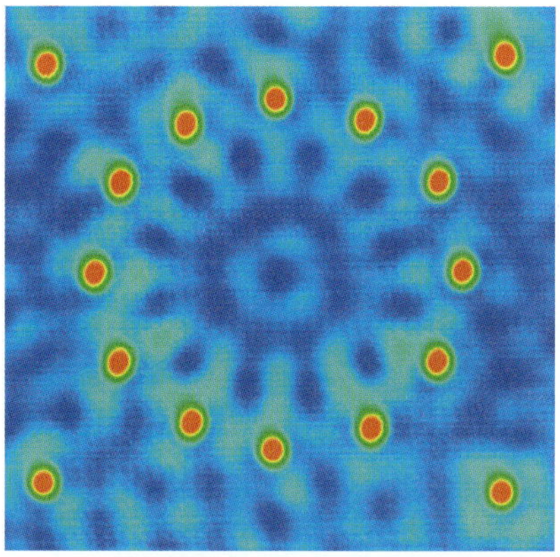

▲ 그림 1.3 **원자는 실제로 존재하는가?** 원자론은 이 그림과 같이 원자를 시각화한 자료를 포함하여 200여 년간 축적된 실험적 증거로 뒷받침되는 이론이다. 이 그림은 구리 표면에 원형으로 배열된 12개의 코발트 원자이다.

러한 관찰에 기초를 둔 법칙, 가설, 이론을 만들어낸다는 것에 주의하라. 주의 깊게 관찰을 통제하는 실험은 다시 법칙, 가설 또는 이론의 타당성을 확인하는 데 사용된다. 법칙, 가설 또는 이론이 실험에서 발견한 것과 일치하지 않는다면 수정해야 하며, 수정된 내용을 검증하기 위한 새로운 실험을 행해야 한다. 세월이 지나면 빈약한 이론이 제거되고 좋은 이론, 즉 실험과 일치하는 이론만 남는다. 견고한 실험적 지지 기반 위에 확립된 이론은 가장 강력한 종류의 과학적 지식이다. 과학에 문외한인 사람들은 이론이란 추정에 지나지 않는다는 듯이 "그것은 단지 이론일 뿐이야"라고 말하곤 한다. 그러나 잘 검증된 이론은 우리가 과학에서 얻는 것만큼 진리에 가깝다. 예를 들어 모든 물질이 원자로 이루어져 있다는 생각은 '하나의 이론일 뿐'이지만, 최근에 이루어진 원자 자체의 이미지화(그림 1.3)를 비롯하여 그것을 지지하는 200여 년간의 실험적 증거가 있는 이론이다. 확립된 이론은 과학적 이해의 절정이므로 가볍게 취급하면 안 된다.

✔ 확인문제 1.1

다음 중 과학적 이론에 가장 가까운 것은 무엇인가?

(a) 어떤 산소 기체 시료의 압력이 10% 증가하면 부피는 10% 감소한다.

(b) 기체의 부피는 압력에 반비례한다.

(c) 기체는 일정한 운동을 하는 작은 입자로 이루어져 있다.

(d) 어떤 기체 시료는 질량이 15.8 g이고 부피가 10.5 L이다.

주: 확인문제의 해답은 각 장 끝부분에 있다.

1.4 데이터 분석 및 해석

▶ 데이터의 패턴을 찾고 그래프를 해석한다.

Lavoisier와 Dalton 등의 초기 과학자들이 일련의 연관된 측정에서 나타난 패턴을 어떻게 찾아냈는지를 살펴보았다. 축적된 측정에 의해 과학적 데이터가 구축되는데, 이러한 데이터의 분석 및 해석 방법을 익히는 것은 중요한 과학적 기법이다.

데이터에서 패턴 찾아내기

자신이 물의 조성을 알아내려고 시도하는 초기 화학자라고 가정해보자. 여러분은 물이 수소와 산소라는 원소로 이루어져 있다는 것을 알고 있다. 여러분은 다른 종류의 물을 수소와 산소로 분해하는 여러 번의 실험을 수행하여 다음과 같은 결과를 얻는다.

시료	물 시료의 질량	생성된 수소의 질량	생성된 산소의 질량
A	20.0 g	2.2 g	17.8 g
B	50.0 g	5.6 g	44.4 g
C	100.0 g	11.1 g	88.9 g

이 데이터에서 어떤 패턴이 나타나는가? 우선 나타나는 쉬운 패턴은 수소와 산소의 총질량은 언제나 물의 질량과 같다는 것이다. 예를 들어 첫 번째 물 시료에 대해 2.2 g 수소 + 17.8 g 산소 = 20.0 g 물이다. 이는 다른 시료에도 동일하게 적용된다. 또 다른 패턴은 다소 어려운데, 산소와 수소의 질량비가 각 시료에 대해 같다는 것이다.

일상 속의 화학

연소와 과학적 방법

초기 화학적 이론은 연소와 같은 평범한 현상을 설명하려고 시도했다. 물질은 왜 타는가? 물질이 탈 때 물질에는 어떤 일이 일어나는가? 불에 탄 물질이 타지 않은 상태로 다시 바뀔 수 있는가? 초기 화학자들은 이러한 의문에 대한 답을 찾기 위해 다양한 물질을 태우고 관찰했다. 그들은 물질이 밀폐된 용기 속에 있으면 연소가 멈춘다는 것을 관찰했다. 많은 금속이 연소되어 금속회(calx)라는 흰 가루가 되고(현재는 이 흰 가루가 금속의 산화물로 밝혀졌음), 그것을 숯과 함께 가열하면 금속회로부터 금속을 다시 얻거나 타지 않은 상태로 되돌릴 수 있다는 것을 발견했다.

18세기 초에 화학자들은 이러한 관찰을 설명하기 위해 연소에 관한 이론을 만들었다. 이 이론에 따르면 연소 반응에는 플로지스톤(phlogiston)이라는 기본 물질이 관련되어 있었다. 플로지스톤은 연소하는 물질 속에 들어 있다가 연소하는 동안 방출된다. 가연성 물체는 플로지스톤을 포함하고 있기 때문에 탈 수 있는 것이다. 물체가 밀폐된 용기 안에서 타는 경우에는 용기 내부 공간이 플로지스톤으로 가득 채워지기 때문에 오랫동안 타지 못한다. 하지만 물체가 열린 곳에서 탄다면 그 안에 있는 플로지스톤이 모두 빠져나갈 때까지 계속해서 탄다. 또한 이 이론은 타는 금속이 어떻게 타지 않은 상태가 될 수 있는지를 설명한다. 목탄(charcoal)은 플로지스톤이 풍부한 물질이라 잘 타기 때문에, 플로지스톤이 없는 금속인 금속회와 결합하면 플로지스톤의 일부가 금속회로 이동하여 타지 않은 상태의 금속으로 바꾸어준다. 플로지스톤 이론은 그 당시의 모든 관찰과 일치하고 타당성이 있는 것으로 널리 받아들여졌다.

여느 이론과 마찬가지로 플로지스톤 이론은 실험을 통해 끊임없이 검증받아야 했다. 18세기 중엽에 Louis-Bernard Guyton de Morveau(1737~1816)는 일련의 실험에서 금속을 태우기 전과 후의 무게를 측정했다. 모든 경우의 금속이 연소될 때 무게가 증가했다. 그러나 플로지스톤 이론에 따르면, 연소 반응 동안에 플로지스톤이 빠져나간다고 가정했기 때문에 금속의 무게가 줄어들어야 했다. 따라서 플로지스톤 이론은 수정이 불가피했다.

처음 수정은 플로지스톤이 그것이 포함된 물질을 '부표처럼 떠오르게 하는' 매우 가벼운 물질이라고 가정하는 것이었다. 플로지스톤이 방출될 때 물질은 결국 더 무거워지게 된다는 것이다. 그러한 수정은 관찰에 적합한 듯했으나 억지 같았다. Lavoisier는 완전히 새로운 연소 이론을 고안함으로써 더욱 그럴듯한 설명을 제시했다. 그는 물질이 탈 때 공기로부터 무언가를 받아들이고, 그 반대 과정에서는 공기 중에 무언가를 내보낸다고 제안했다. 즉 물질이 타는 과정에서 공기와 결합하고, 그 반대 과정에서는 붙들렸던 공기가 방출된다는 것이다. 확인 실험(그림 1.4)에서 Lavoisier는 크고 강력한 연소 렌즈로 초점을 맞춘 햇빛으로 금속회와 목탄의 혼합물을 가열했으며, 그 과정에서 엄청난 부피의 '붙들린 공기'가 방출되는 것을 발견했다. 플로지스톤 이론은 잘못된 것으로 판명되었고, 연소에 대한 새로운 이론, 즉 오늘날에도 유효한 세련된 이론이 그 자리를 대체했다.

질문 법칙과 이론의 차이는 무엇인가? 플로지스톤 이론을 예로 들어 그 차이를 설명하시오.

▲ **그림 1.4 프랑스 학술원의 거대한 연소 렌즈.** Lavoisier는 금속회(금속 산화물)와 목탄의 혼합물을 가열할 때 막대한 양의 고정된 공기가 방출된다는 것을 보여주기 위해 1777년에 이와 비슷한 렌즈를 사용했다.

시료	생성된 수소의 질량	생성된 산소의 질량	$\frac{\text{산소의 질량}}{\text{수소의 질량}}$
A	2.2 g	17.8 g	8.1
B	5.6 g	44.4 g	7.9
C	11.1 g	88.9 g	8.01

실험상 오류로 약간의 편차는 있지만 모든 측정과 관찰에서 그 비는 항상 8이다.

데이터의 패턴을 도출하는 것은 창의성이 요구되는 작업이며, 그것을 위해 여러분은 측정

값을 단순히 표로 정리하는 데 그치지 않고 숨어 있는 관계성을 찾아내기 위해 고찰해야 한다. 뛰어난 과학자들은 다른 이들이 간과한 패턴을 읽어내곤 한다. 이 과목을 통해 데이터 해석을 학습하면서 여러분은 창의적이어야 하고 새로운 시각에서 데이터를 바라보도록 시도해야 한다.

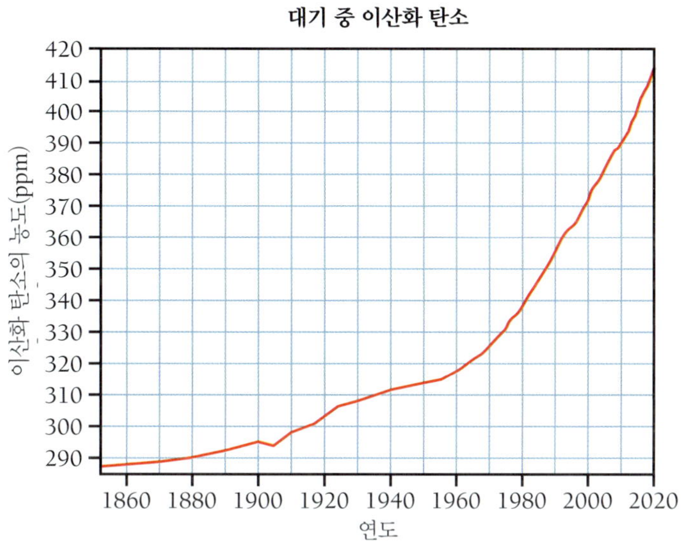

▲ **그림 1.5** 1860~2020년의 대기 중 이산화 탄소 농도

그래프 해석

데이터는 종종 그래프나 사진을 이용하여 가시화되며, 과학자는 끊임없이 그래프를 분석하고 해석해야 한다. 예를 들어 그림 1.5의 그래프는 시간의 함수로서 지구 대기 중 이산화 탄소의 농도를 보여준다. 이산화 탄소는 (가솔린이나 석탄과 같은) 화석연료의 연소 결과로 증가해 온 온실기체이다. 이와 같은 그래프를 볼 때는 먼저 x 축과 y 축을 살펴보고 각 축이 나타내는 의미를 분명히 이해해야 하며, 또한 두 축의 수치 범위를 파악해야 한다. 그림 1.5에서 y 축은 데이터 값의 변화를 명확히 보여주기 위해 0에서 시작하지 않는다. 만약 290 대신 0에서 시작한다면 어떻게 달라 보이겠는가? 또한 이 그래프에서 시간에 따른 이산화 탄소의 증가가 일정하지 않다는 것에 주의하라. 선의 기울기로 나타낸 증가 비율은 대략 1960년부터 커진다.

예제 1.1 그래프 해석

그림 1.5의 그래프를 살펴보고 다음 질문에 답하시오.

(a) 1960년의 이산화 탄소 농도는 얼마인가?

(b) 2010년의 이산화 탄소 농도는 얼마인가?

(c) 1960년부터 2010년 사이에 농도가 얼마나 증가했는가?

(d) 1960~2010년의 평균 증가율은 얼마인가?

(e) (d)에서 구한 평균 증가율이 일정하게 유지된다는 가정하에 2050년의 이산화 탄소 농도를 추정하시오(2010년의 농도를 시작점으로 한다).

답

(a) 1960년의 이산화 탄소 농도를 구하기 위해 먼저 1960년에서 수직으로 선을 그린다. 수직선과 이산화 탄소 농도 곡선이 교차하는 점에서 수평으로 선을 그린다. 수평선이 y 축과 만나는 점이 1960년의 농도를 나타낸다. 따라서 1960년의 농도는 317 ppm이다.

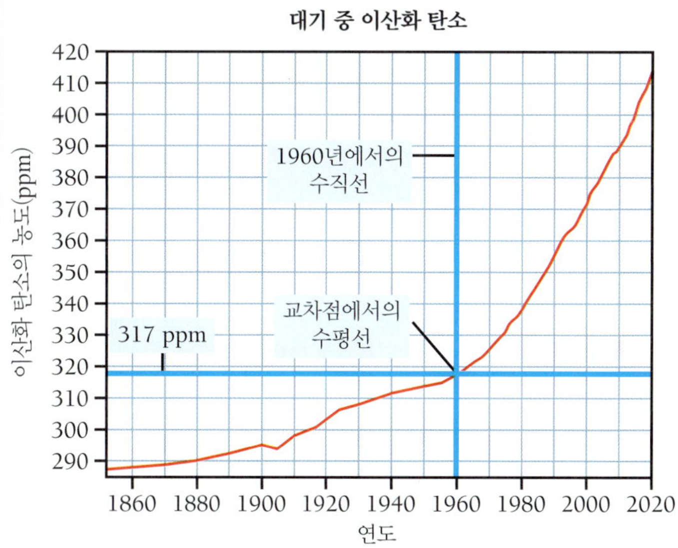

(b) (a)와 같은 과정을 적용하되 수직선을 2010년 위치로 옮긴다. 따라서 2010년의 농도는 389 ppm이다.	**대기 중 이산화 탄소** 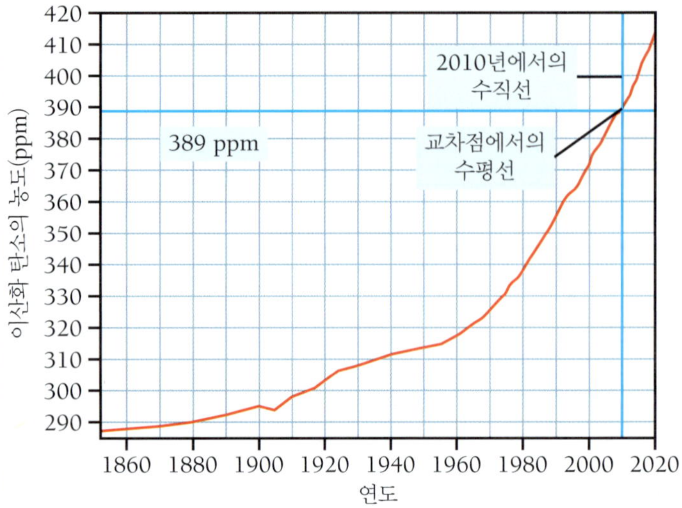
(c) 이산화 탄소 농도의 증가는 두 농도 사이의 차이이다. 이와 같은 값의 변화를 계산할 때는 나중의 값에서 초기의 값을 빼면 된다.	농도 증가 = 2010년의 농도 − 1960년의 농도 = 389 ppm − 317 ppm = 72 ppm
(d) 이 기간의 평균 증가율은 농도 변화를 경과 연수로 나누어 구한다. 나중 연도에서 처음 연도를 빼서 지나간 연도의 수를 구한다. 그런 다음 농도 변화[(c)에서 구함]를 방금 계산한 연수로 나누어 평균 증가율을 구한다.	연수 = 나중 연도 − 시작 연도 = 2010 − 1960 = 50년 $\text{평균 증가율} = \frac{\text{농도 변화}}{\text{연수}} = \frac{72\text{ ppm}}{50\text{년}} = \frac{1.4\text{ ppm}}{\text{연}}$
(e) (d)에서 구한 평균 증가율에 2010년부터 2050년 사이의 연수를 곱하여 농도 증가를 구한다. 그런 다음 2010~2050년의 농도 증가에 2010년의 농도를 더하면 2050년의 농도를 얻게 된다.	$\text{증가} = 40\cancel{\text{년}} \times \frac{1.4\text{ ppm}}{\cancel{\text{연}}} = 56\text{ ppm}$ 2050년의 농도 = 389 ppm + 56 ppm = 445 ppm

▶ **연습문제 1.1** |
1880~1920년의 이산화 탄소 농도 평균 증가율은 얼마인가? 이 비율이 1960~2000년의 비율과 다른 이유는 무엇인가?

▶ **심화 학습** 복습문제 25

1.5 초보 화학자: 성공의 비결

여러분은 초보 화학자이다. 이것이 첫 화학 수업일지도 모르겠지만, 아마도 마지막은 아닐 것이다. 초보 화학자로서 성공하려면 다음과 같은 점을 명심해야 한다.

첫째, 화학에는 호기심과 상상력이 필요하다. 하늘이 푸르다는 것을 아는 데에만 만족하고 왜 푸른지에 관심을 가지지 않는다면 자신의 호기심을 재발견해야만 할 것이다. 아이들조차 — 더 정확히 표현하자면, 특히 아이들이 — 이러한 종류의 호기심을 가지고 있기 때문에 '재발견'이라고 말하는 것이다. 화학자로서 성공하려면 아이처럼 호기심과 상상력을 가져야 한다. 모든 것의 이유를 알려고 해야 한다.

둘째, 화학에는 계산 능력이 필요하다. 이 과목에서는 답을 계산하고 정보를 정량화하는 작업을 매우 자주 요구할 것이다. 관찰의 한 부분인 측정을 포함하는 정량화는 과학에서 가

▲ 과학자로 성공하려면 아이처럼 호기심을 가져야 한다.

장 중요한 수단 중 하나이다. 정량화는 우리가 단지 "이 물체는 뜨겁고 저 물체는 차갑다"라거나 "이것은 크고 저것은 작다"라고 말하는 것을 넘어설 수 있게 해준다. 정량화는 차이점을 정확히 구체화하게 해준다. 예를 들어 두 종류의 물이 똑같이 따뜻하게 느껴지더라도 온도를 측정해보면 하나는 40 ℃이고 다른 하나는 44 ℃일 수 있다. 작은 차이일지라도 계산이나 실험에서는 중요할 수 있기 때문에 관찰한 것에 수치를 할당하고 그 수치를 처리하는 것이 화학에서는 매우 중요하다.

셋째, 화학에는 헌신이 필요하다. 이 과목에서 성공하려면 화학을 배우는 데 헌신해야 한다. 1981년 노벨 화학상 수상자인 Roald Hoffmann(1937~)은 이렇게 말했다.

> 나는 인간이 원하는 어떤 것이든 할 수 있다는 생각을 좋아한다. 화학자는 때로 훈련되어야 한다. 화학자는 자신 안에 있는 시적 능력을 일깨워주는 선생님이 필요하다. 그러나 화학자가 되는 것은 특별한 재능이 필요하지 않다고 나는 즐겨 말한다. 열심히 하면 누구든 할 수 있다.

그가 옳다. 이 과목에서 성공하기 위한 비결은 열심히 하는 것이고, 거기에는 헌신이 필요하다. 여러분은 꾸준히 주의 깊게 공부해야 한다. 그렇게 한다면 성공할 것이고, 전혀 새로운 세계, 즉 분자와 원자의 세계를 보는 것으로 보상받게 될 것이다. 이러한 세계는 여러분이 만나는 거의 모든 것의 겉모습 속에 존재한다. 나는 이 세계에 발을 디딘 여러분을 환영하고, 여러분의 교수와 함께 안내자가 된 것을 영예롭게 생각한다.

1장 복습

자가진단 퀴즈

1. 우리는 화학 물질을 어디서 발견할 수 있는가?
(a) 철물점에서
(b) 화학 실험 비품실에서
(c) 우리 주위 모두와 심지어 우리 몸 안에서
(d) 앞의 보기 모두

2. 다음 중 화학의 정의로 가장 적절한 것은 무엇인가?
(a) 용매, 약물, 살충제를 연구하는 학문
(b) 물질의 특성과 그 물질을 이루는 입자 사이의 연관성을 연구하는 학문
(c) 대기와 수질 오염을 연구하는 학문
(d) 화학 실험실에서만 일어나는 과정을 이해하려고 시도하는 학문

3. 과학적 방법에 따르면 법칙이란 무엇인가?
(a) 수많은 관찰을 요약한 간단한 문장
(b) 결코 반박될 수 없는 사실
(c) 자연의 존재 방식에 대한 시야를 부여하는 모델
(d) 설명력을 가진 초기의 추측

4. 다음 중 관찰의 예에 해당하는 것은 무엇인가?
(a) 화학 반응에서 물질이 보존된다.
(b) 모든 물질은 원자로 이루어져 있다.
(c) 주어진 가솔린 시료가 닫힌 용기에서 연소될 때 용기와 그 내용물의 질량이 변하지 않는다.
(d) 원자는 전자를 공유함으로써 서로 결합한다.

5. 다음 그래프는 원의 면적을 반지름의 함수로 나타낸 것이다. 면적이 155 cm^2인 원의 반지름은 얼마인가?

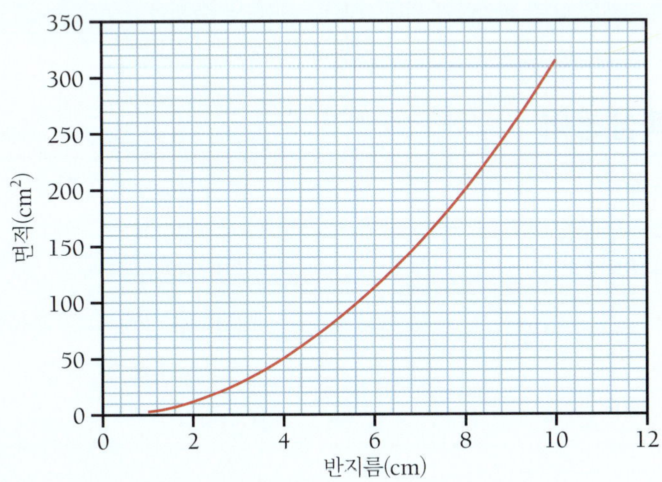

(a) 7.0 cm (b) 6.5 cm
(c) 6.8 cm (d) 6.2 cm

6. 화학을 제대로 이해하는 데 필요한 특성은 무엇인가?
(a) 호기심 (b) 계산 능력
(c) 헌신 (d) 앞의 보기 모두

정답 1.d 2.b 3.a 4.c 5.a 6.d

화학 원리	관련 내용
물질과 분자 화학자는 모든 물질, 심지어 물이나 공기와 같은 평범한 물질에도 관심이 있다. 화학 물질은 화학 물질 창고에만 있는 것이 아니라 우리 주위 어디에나 있다. 화학은 물질의 특성과 그 물질을 구성하는 입자 사이의 연관성을 연구하는 학문이다.	화학자는 몇 가지 이유로 물질을 이해하려 한다. 우선 화학자는 단순히 호기심이 많다. 즉 이유를 알고 싶어 한다. 왜 어떤 물질은 반응성이 있고, 다른 것은 그렇지 않은가? 왜 어떤 물질은 기체인데 다른 물질은 액체이거나 고체인가? 또한 화학자는 실용적이다. 물질을 이해함으로써 그것을 제어하고 사회와 인류에 유용한 것을 생산해내고자 한다.
과학적 방법 화학자는 관찰, 가설, 법칙, 이론, 실험을 이용하는 과학적 방법을 사용한다. 관찰은 자연의 어떤 측면을 측정하거나 살펴보는 일이다. 가설은 관찰에 대한 임시적인 해석을 말한다. 법칙은 수많은 관찰의 결과를 요약한 것이고, 이론은 관찰과 법칙에 대한 근원적인 이유를 설명하고 제시하는 모델이다. 가설, 법칙, 이론은 실험에 의해 검증되고 타당성이 입증되어야 한다. 만약 그것이 확실치 않다면 수정되거나 추가적인 실험을 통해 검증되어야 한다.	과학적 방법은 세계를 이해하기 위한 도구이며, 과학적 방법이 사용된 이래로 자연계에 관한 지식이 급속히 확장되었다. 과학적 방법의 응용은 식량 생산의 증가, 빠른 교통수단, 전대미문의 정보 접근, 수명 연장과 같은 발전으로 전 세계의 생활 수준을 높인 지식과 기술을 생산해 왔다.
초보 화학자로서의 성공 초보 화학자로서 성공하려면 호기심과 상상력이 있어야 하고, 기꺼이 계산을 하며, 물질을 배우는 데 헌신해야 한다.	화학을 이해하면 우리가 살고 있는 세계에 대해 더 깊이 이해할 수 있으며, 직업으로 자연과학을 선택한다면 여러분이 하고자 하는 일의 기초가 될 것이다.
데이터 분석 및 해석 일련의 측정값은 데이터로 언급되곤 한다. 과학적 데이터는 변수 사이의 관계를 더 잘 파악하기 위해 그래프로 나타낼 수 있다.	실제로 모든 과학자는 자신이 수집한 데이터를 분석하고 해석해야 한다. 이러한 기술은 화학을 이해하는 중요한 부분이다.

핵심 용어

가설	관찰	이론
과학적 방법	실험	질량 보존의 법칙
과학적 법칙	원자론	화학

학습 점검 문제

기초문제

1. 탄산음료는 왜 기품을 만드는가?
2. 화학 물질은 무엇인가? 몇 가지 예를 드시오.
3. 화학자는 무엇을 하고자 하는가? 화학자는 대자연을 어떻게 이해하는가?
4. "물질은 분자가 행동하는 대로 행한다"는 말은 무엇을 의미하는가? 한 가지 예를 드시오.
5. 화학을 정의하시오.
6. 화학은 일상생활과 어떻게 관련되는가? 화학 실험실 밖에서의 화학에는 어떤 것들이 있는가?
7. 과학적 방법에 대해 설명하시오.
8. 과학적 방법이 적용된 예를 본문에서 찾으시오.
9. 법칙과 이론의 차이는 무엇인가?
10. 가설과 이론의 차이는 무엇인가?
11. "그것은 단지 이론일 뿐이다"라는 말은 무엇이 잘못되어 있는가?
12. 질량 보존의 법칙은 무엇이며, 누가 발견했는가?
13. 원자론은 무엇이며, 누가 체계적으로 정립했는가?
14. 화학 과목에서 성공하기 위해 필요한 세 가지는 무엇인가?

복습문제

15. 다음 각각을 관찰, 법칙, 이론으로 분류하시오.
(a) 화학 반응에서 물질은 생성되지도 않고 소멸되지도 않는다.
(b) 헬륨 풍선이 뜨는 이유는 헬륨의 밀도가 공기보다 작기 때문이다.
(c) 화학 반응에서 물질은 단지 형태를 바꿀 수 있다.
(d) 닫힌 용기에서 나무 조각이 탈 때 재와 기체로 바뀌지만 전체 질량은 달라지지 않는다.

16. 다음 각각을 관찰, 법칙, 이론으로 분류하시오.
(a) 생명체에서 태양 에너지는 화학 에너지로 전환되었다가 기계 에너지로 전환된다.
(b) 모든 운동에는 크기가 같고 방향이 정반대인 작용이 있다.
(c) 우주에서 물질과 에너지의 총량은 언제나 일정하다.
(d) 원자폭탄에서는 작은 양의 물질로부터 매우 큰 에너지가 발생한다.

17. 한 학생이 동일한 종류의 기체로 이루어진 시료 몇 개를 준비하여 질량과 부피를 측정하고 다음과 같이 정리했다. 측정값을 토대로 임시적인 법칙을 만드시오.

기체의 질량(g)	기체의 부피(L)
23.5	1.68
36.8	2.63
71.2	5.08
99.5	7.11

18. 한 학생이 기체 시료의 부피를 각기 다른 온도에서 측정하고 다음과 같이 정리했다. 측정값을 토대로 임시적인 법칙을 만드시오.

기체의 온도(K)	기체의 부피(L)
300	4.58
320	4.89
340	5.19
355	5.42

19. 가상 우주의 한 화학자가 반응물의 농도와 화학적 반응성을 연관 짓기 위한 실험을 수행한 결과가 다음과 같다.

반응물의 농도	화학적 반응성
낮음	낮음
중간	중간
높음	높음

(a) 위의 자료를 토대로 법칙을 만드시오.
(b) 법칙을 설명하는 이론을 제시하시오.

20. 어떤 화학자가 몇 가지 이산화질소 시료를 질소와 산소로 분해하여 얻은 질소와 산소의 질량이 다음과 같다.

시료 번호	질소의 질량(g)	산소의 질량(g)
1	1.8	2.06
2	2.8	3.20
3	3.0	3.43

(a) 관찰 내용을 간략한 문장으로 요약하시오.

또한 이 화학자가 몇 가지 암모니아 시료를 질소와 수소로 분해하여 얻은 질소와 수소의 질량이 다음과 같다.

시료 번호	질소의 질량(g)	수소의 질량(g)
1	0.8	0.17
2	21.1	4.53
3	24.8	5.33

(b) 관찰 내용을 간략한 문장으로 요약하시오.
(c) (a)와 (b)의 관찰을 토대로 법칙을 만드시오.
(d) (c)의 법칙을 설명하는 이론을 제시하시오.

* 파란색으로 표시된 문제는 이 책 말미에 해답이 제시되어 있다.

집단 활동 문제

집단을 이루어 다음 문제에 대해 토의하고 합의된 답을 기록한다.

21. 어느 치약 제조사가 해당 치약에는 "화학 물질이 없다"고 주장한다. 치약 제조사가 주장하고자 하는 바가 무엇인지 몇 문장으로 기술하시오. 과학자는 제조사의 진술이 옳다고 생각하겠는가? 그 이유는 무엇인가?

22. 집단 구성원들이 즉석에서 거론할 수 있는 원자 또는 분자의 목록(10개까지)을 만드시오. 각 구성원이 적어도 한 가지 이상 제시해야 한다.

23. 관찰, 법칙, 가설, 이론의 정의를 간략히 설명하시오.

24. 여러분은 얼마나 호기심이 있는가? 여러분의 정량적 계산 능력은 얼마나 뛰어난가? 여러분은 화학에서 성공하기 위해 얼마나 열심히 노력하는가? 각 질문에 대해 1(전혀 그렇지 않다)~5(매우 그렇다)로 답한 뒤 집단과 공유하고, 각 질문의 집단 평균값을 정리하시오.

데이터 분석 및 해석

25. 다음 그래프는 시간에 따른 세계 인구를 나타낸 것이다.
(a) 1950년의 세계 인구는 얼마인가?
(b) 2010년의 세계 인구는 얼마인가?
(c) 1950년부터 2010년 사이에 인구가 얼마나 증가했는가?
(d) 1950~2010년의 평균 증가율은 얼마인가?
(e) 평균 증가율이 같다는 가정하에 2035년의 세계 인구를 추정하시오.

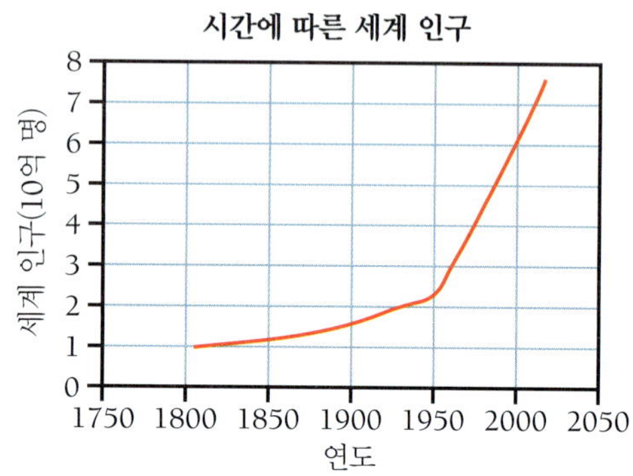

출처: http://www.worldometers.info/world-population/

연습문제 해답

1.1 0.33 ppm/연(화석연료가 덜 사용되었기 때문에 비율이 더 작다.)

확인문제 해답

1.1 (c) (a)와 (d)는 관찰에 해당하고 (b)는 과학적 법칙이다. (c)는 기체의 성질이 어떤지에 대한 모델을 제안한다.

USA TIMES
September 24, 1999
CITY EDITION
Unit Mix-up Causes Crash
Baffled NASA officials said they were struggling to figure out how this happened
Mars Climate Orbiter Disaster
NASA Chief takes full responsibilty
110.012

2 측정과 문제 해결

"과학에서 중요한 점은 새로운 사실을 얻기보다는 그것에 관해 새로운 방식으로 생각하는 것이다."

—Sir William Lawrence Bragg(1890~1971)

개요

2.1 미터법의 혼동: 1억 2,500만 달러 단위 오류

1998년 12월 11일, 나사(NASA)는 지구 이외의 행성에 최초로 기후 인공위성인 화성 기후 위성을 쏘아 올렸다. 이 위성은 화성의 대기를 조사하고 따라 움직이다가, 3주 후 행성 표면에 착륙하는 탐지선인 화성 극지 착륙선의 의사소통을 위한 통신 위성으로서의 임무를 띠고 있었다. 그러나 이는 재앙으로 끝나고 말았다. 단위의 혼동으로 너무 낮은 고도에서 화성의 대기에 진입했다. 위성은 안정적인 궤도에 자리 잡지 못하고 산산조각 나버렸다. 실패한 임무의 대가는 1억 2,500만 달러로 추산된다.

이후 조사에 따르면 위성이 행성 표면 57 km 이내로 너무 가깝게 접근한 것으로 밝혀졌다. 우주선이 행성의 표면에 너무 가까이 붙어 행성의 대기로 들어가면 대기와의 마찰로 불타버릴 수 있다. 선내에 탑재된 컴퓨터는 궤적 교정을 조절하기 위해 미터법 단위(N·s)로 프로그래밍되어 있었으나, 지상의 과학자들은 영국식 단위(lb·s)로 궤적 교정을 했다. 영국식 단위와 미터법 단위는 값이 다르다(1 lb·s = 4.45 N·s). 지상의 엔지니어들이 입력한 수정 값이 4.45배 작아서 위성은 충분한 고도를 유지할 만큼 궤적을 변경하지 못했다. 우주 탐사와 마찬가지로 화학에서도 단위(2.5절 참조)는 매우 중요하다. 단위를 잘못 작성하면 참혹한 결과를 맞이할 수 있다.

단위는 다른 양을 측정하는 데 사용하는 합의된 양이며, 표준이다.

2.2 과학적 표기법: 크고 작은 숫자 표기

▶ 과학적 표기법을 이용하여 매우 큰 수와 매우 작은 수를 나타낸다.

과학자들은 끊임없이 매우 큰(작은) 범위를 확장해왔다. 예를 들어 오늘날에는 시간을 최소 0.000000000000001초까지 측정할 수 있고, 거리를 최대 14,000,000,000광년까지 측정할

▲ 이 레이저는 1×10^{-15}초만큼 짧은 시간 간격을 측정할 수 있다.

수 있다. 이러한 숫자의 0을 일일이 쓰기 번거로워서 과학자는 보통 간결한 **과학적 표기법**(scientific notation)을 이용한다. 과학적 표기법으로 표현하면 0.000000000000001은 1×10^{-15}이 되고 14,000,000,000은 1.4×10^{10}이 된다. 과학적 표기법으로 쓰인 숫자는 1에서 10 사이에 있는 **소수 부분**(decimal part)과 10의 **지수**(exponent, n)로 나타내는 **지수 부분**(exponential part)으로 구성된다.

$$1.2 \times 10^{-10}$$

지수(n)

소수 부분   지수 부분

양의 지수(n)는 1에 10이 n번 곱해졌음을 뜻한다.

$$10^0 = 1$$
$$10^1 = 1 \times 10 = 10$$
$$10^2 = 1 \times 10 \times 10 = 100$$
$$10^3 = 1 \times 10 \times 10 \times 10 = 1000$$

음의 지수($-n$)는 1에 10이 n번 나누어졌음을 뜻한다.

$$10^{-1} = \frac{1}{10} = 0.1$$
$$10^{-2} = \frac{1}{10 \times 10} = 0.01$$
$$10^{-3} = \frac{1}{10 \times 10 \times 10} = 0.001$$

숫자를 과학적 표기법으로 나타낼 때, 소수점을 이동하여 1부터 10 사이의 수를 얻은 뒤 적당한 10의 거듭제곱을 곱하여 원래의 수로 만들 수 있다. 예를 들어 5983을 과학적 표기법으로 나타내려면 소수점을 왼쪽으로 세 자리 이동하여 5.983(1부터 10 사이의 수)을 얻은 뒤 1000을 곱하여 원래의 수로 만들 수 있다.

$$5983 = 5.983 \times 1000$$

1000은 10^3이다.

$$= 5.983 \times 10^3$$

1부터 10 사이의 수를 얻으려면 소수점을 몇 자리 이동했는지 구한 다음, 소수 부분에 소수점을 이동한 자릿수만큼 10의 거듭제곱을 곱하여 위 과정을 한 번에 처리할 수 있다.

$$5983 = 5.983 \times 10^3$$

지수는 양의 값

소수점을 왼쪽으로 이동 (3 2 1)

앞서 든 예처럼 소수점을 왼쪽으로 이동한다면 지수는 양의 값이다. 그러나 소수점을 오른쪽으로 이동한다면 지수는 음의 값이다.

$$0.00034 = 3.4 \times 10^{-4}$$

지수는 음의 값

소수점을 오른쪽으로 이동 (1 2 3 4)

부록에는 과학적 표기법에 사용된 수의 수학적 계산에 대한 고찰이 포함되어 있다.

큰 숫자는 양의 지수를 가지고 작은 숫자는 음의 지수를 가진다는 것을 기억하라.

HOW TO 과학적 표기법으로 숫자 나타내기

1. 소수점을 이동하여 1부터 10 사이의 수를 얻는다.
2. 소수점을 이동한 자릿수만큼 10의 거듭제곱을 곱하여 1단계에서 얻은 결과를 작성한다.
   - 소수점을 왼쪽으로 이동하면 지수는 양의 값이다.
   - 소수점을 오른쪽으로 이동하면 지수는 음의 값이다.

예제 2.1 과학적 표기법

2017년 브라질의 인구는 208,000,000명으로 추정되었다. 이 숫자를 과학적 표기법으로 나타내시오.

1부터 10 사이의 수를 얻으려면 소수점을 왼쪽으로 여덟 자리 이동하므로 지수는 8이 된다. 소수점이 왼쪽으로 이동되었기 때문에 지수는 양의 값이다.	**답** 208,000,000명 = 2.08×10^8명

▶ **연습문제 2.1 | 과학적 표기법**

2017년 중국의 인구는 대략 1,387,000,000명이다. 이 숫자를 과학적 표기법으로 나타내시오.

주: 연습문제의 해답은 각 장 끝부분에 있다.

▶ **심화 학습** 예제 2.19/복습문제 31, 32

예제 2.2 과학적 표기법

탄소 원자의 반지름은 대략 0.000000000070 m이다. 이 숫자를 과학적 표기법으로 나타내시오.

1부터 10 사이의 수를 얻으려면 소수점을 오른쪽으로 열한 자리 이동하므로 지수는 11이 된다. 소수점이 오른쪽으로 이동되었기 때문에 지수는 음의 값이다.	**답** 0.000000000070 m = 7.0×10^{-11} m

▶ **연습문제 2.2 | 과학적 표기법**

0.00000867을 과학적 표기법으로 나타내시오.

▶ **심화 학습** 복습문제 33, 34

✔ 확인문제 2.1

티끌 입자의 반지름은 4.5×10^{-3} mm이다. 이 값은 소수로(즉 과학적 표기법을 사용하지 않고) 어떻게 나타낼 수 있는가?

(a) 4,500 mm (b) 0.045 mm (c) 0.0045 mm (d) 0.00045 mm

주: 확인문제의 해답은 각 장 끝부분에 있다.

2.3 유효 숫자: 정확성을 반영하는 숫자 표기

- 측정된 양을 정확한 수치로 보고한다.
- 어떤 수에서 어느 자리가 유효 숫자인지 확인한다.

기후 변화는 일상적인 용어가 되었다. 기후 변화는 농업, 날씨, 해수면의 높이에 영향을 준다. 지구 주위의 수천 개 온도 측정 지점에서 얻은 기록을 분석하는 과학자들의 끊임없는 작업에 따르면 지구의 온도가 올라가고 있다. 지금까지 과학자들은 지구의 평균 온도가 1880년 이래로 0.7 ℃ 상승했다고 결론 내렸다.

과학자들이 이러한 결과를 어떻게 보고했는지 살펴보자. 과학자들이 해당 결과에서 0을 얼마나 포함했는지(예: 0.70 ℃ 또는 0.700 ℃) 또는 컴퓨터가 많은 측정값을 평균한 후 보여주는 수인 0.68759824 ℃ 같은 것을 보고하는 것에 주목하라. 이렇게 보고된 숫자들은 같은 정보를 제공하는가? 그렇지 않다. 과학자들은 보고된 수많은 수치가 측정의 정확도를 반영하는 표준적인 측정량 보고 방식을 고수한다. 숫자가 많을수록 정확도가 높아지고, 숫자가 적을수록 정확도가 떨어진다. 일반적으로 숫자는 불확실성이 보고된 마지막 숫자까지 나타내도록 기록한다. 예를 들어 증가된 온도를 0.7 ℃로 보고할 때는 0.7 ± 0.1 ℃를 의미한다. 이러한 온도 상승은 많게는 0.8 ℃, 적게는 0.6 ℃가 될 수 있다. 이와 같은 측정에서 정확도는 매우 중요하여, 우리의 삶과 직접적으로 맞닿아 있는 정책 결정에도 영향을 미칠 수 있다.

우리는 마지막 숫자를 제외한 모든 숫자가 확실하도록 과학적 숫자를 보고한다. 예를 들어 보고된 측정값이 다음과 같은 경우를 추정한다.

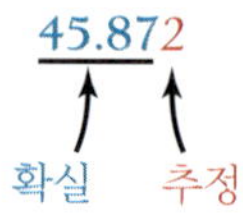

처음 4개의 숫자는 확실하고 마지막 숫자는 추정값이다. 보고된 숫자의 개수는 측정된 장치의 정확도에 달려 있다. 다음 예를 살펴보자.

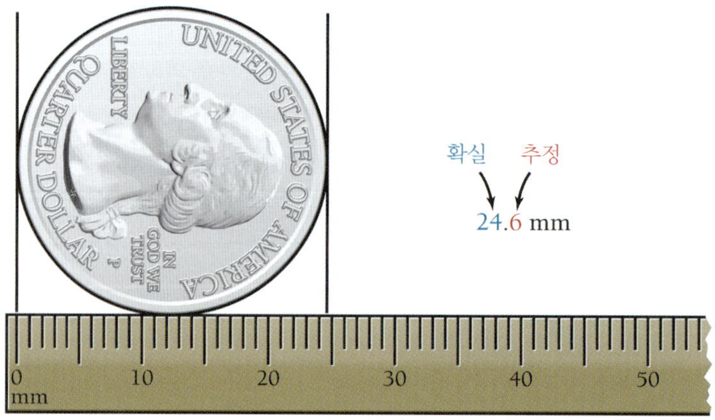

위의 자로 측정했을 때 동전의 너비를 어떻게 보고해야 할까? 1 mm마다 눈금이 표시된 자라면 동전의 너비가 24 mm와 25 mm 사이라고 확실히 말할 수 있다. 그런 다음 나머지 너비를 최소 0.1 mm까지 추정할 수 있다. 우리는 마음속으로 24 mm와 25 mm 눈금 사이를 10등분하여 동전의 너비가 가리키는 선의 위치를 추정할 수 있다. 이 경우에 선이 자의 두 눈금 사이 중간점을 약간 지나므로 24.6 mm로 보고할 수 있다. 어떤 사람은 24.7 mm 또는 24.5 mm로 보고할지도 모른다. 두 값 모두 자의 정확성 영역 내에 있다. 그러나 3개 대신 4개의 숫자로 보고하는 것은 측정된 장치의 정확도를 넘어서므로 24.60 mm로 보고하는 것은 잘못이다.

1 g마다 눈금이 표시된 저울로 어떤 물체의 무게를 쟀다고 가정해보자. 바늘이 1 g 눈금과 2 g 눈금 사이를 가리키는데 1 g 눈금에 더 가깝다고 하자(그림 2.1). 머릿속으로 1 g 눈금과 2 g 눈금 사이의 공간을 똑같이 10개로 나누어 바늘이 대략 1.2 g을 가리킨다고 추정하고 측정값을 1.2 g이라고 기록할 것이다. 여기서 '1'은 확실하지만 2는 추정한 값이다.

▶ 그림 2.1 **0.1 g 자리 추정.** 이 저울은 1 g마다 눈금이 있기 때문에 0.1 g 자리를 추정해야 한다. 눈금 사이의 공간을 추정하려면 머릿속으로 공간을 10개로 똑같이 나누어 마지막 숫자를 추정하며, 이 경우에는 1.3 g이다.

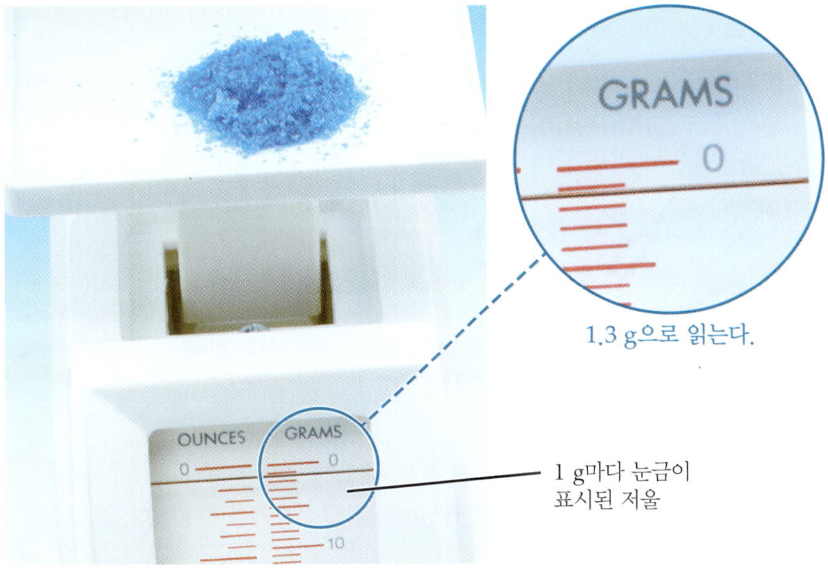

0.1 g마다 눈금이 표시된 저울로 측정하면 결과에 더 많은 숫자를 써야 할 것이다. 예를 들어 더 정밀한 저울의 눈금이 1.2 g 눈금과 1.3 g 눈금 사이를 가리킨다고 하자(그림 2.2). 다시 두 눈금 사이의 공간을 10개로 나누어 세 번째 숫자를 추정할 것이다. 그림에서 보듯이 1.26 g이라고 기록했다. 일반적으로 디지털 저울은 질량을 정확한 수치로 알려준다.

▶ 그림 2.2 **그램의 백분위 수 추정.** 이 저울 눈금에는 0.1 g마다 표시가 있으므로 백분위 수까지 추정해야 한다. 정확한 수치는 1.26 g이다.

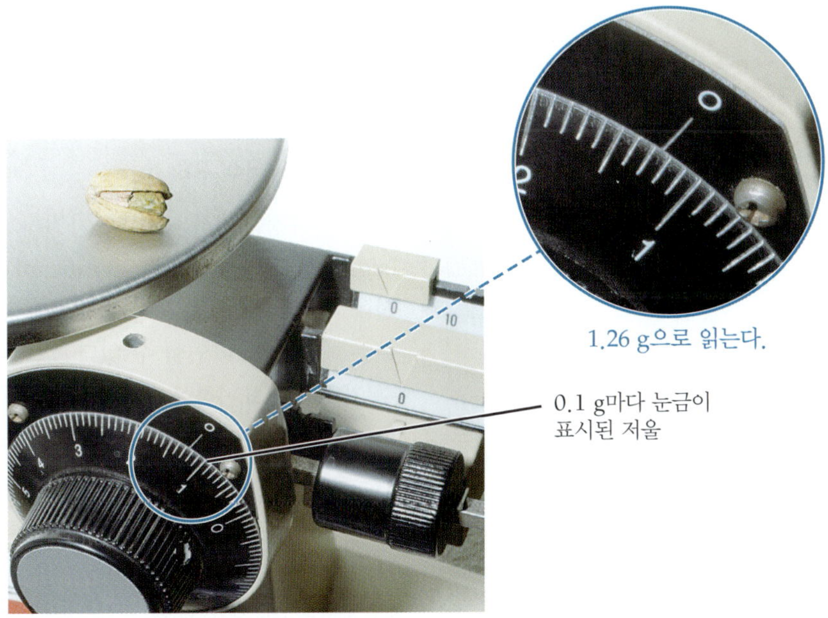

✔ 확인문제 2.2

0.1 mL마다 눈금이 표시된 10.0 mL 실린더에서 정확한 유효 숫자를 나타내는 측정값은 무엇인가?

(a) 2.9 mL (b) 3 mL (c) 2.94 mL (d) 2.941 mL

예제 2.3 올바른 수치 보고

그림 2.3의 욕실 저울에는 1 kg마다 눈금이 표시되어 있다. 저울의 정확한 수치를 읽고 보고하시오.

▲ 그림 2.3 저울 읽기

답

바늘이 2 kg 눈금과 3 kg 눈금 사이에 있으므로 머릿속으로 바늘 사이의 공간을 10개로 똑같이 나누고 2 kg으로 추정할 수 있다. 만약 조금 다르게 추정하여 2.2 kg이라고 한다면 어떻게 될까? 일반적으로 마지막 자리는 추정치이며 사람마다 약간 다르게 추정할 수 있기 때문에 1단위 차이는 허용된다. 하지만 2.7 kg이라고 한다면 분명히 틀린 것이다.

▶ **연습문제 2.3 | 올바른 수치 보고**

뒷마당에 있는 뜨거운 통의 온도를 측정하기 위해 온도계를 사용했다. 그림 2.4의 온도계를 읽고 보고하시오.

◀ 그림 2.4 온도계 읽기

▶ **심화 학습** 예제 2.20/복습문제 41, 42

유효 숫자의 개수 구하기

보고된 측정값에서 자리만 차지하지 않는 숫자(nonplaceholding digit)를 **유효 숫자**(significant figure 또는 significant digit)라고 한다. 이러한 유효 숫자는 측정된 값의 정확성을 나타내며, 유효 숫자의 개수가 많을수록 더욱 정확하다. 기록된 수에서 유효 숫자의 개수는 매우 쉽게 확인할 수 있다. 그러나 그 수에 0이 포함되어 있으면 유효 숫자와 단순히 소수 자릿수를 표시하는 0을 구별해야 한다. 예를 들어 0.002에서 소수점 앞의 0은 단순히 소수 자릿수를 나타내며, 측정의 정확도를 높여주지 않는다. 반면에 0.00200에서 소수점 뒤의 0은 측정의 정확도를 높여준다.

HOW TO 유효 숫자의 개수를 구할 때 따라야 할 규칙

1. 0이 아닌 모든 숫자는 유효하다.

   1.05 0.0110

2. 중간에 있는 0(두 숫자 사이에 있는 0)은 유효하다.

   4.0208 50.1

3. 소수점 뒤에 있는 0(0이 아닌 숫자의 오른쪽에 있는 0)은 유효하다.

   5.10 3.00

어떤 숫자를 과학적 표기법으로 나타낼 때 뒤에 붙는 모든 0은 의미가 있다.

4. 소수점 앞에 있는 0은 유효하다.

$$5\underline{0}.00 \qquad 17\underline{00}.24$$

5. 앞에 오는 0(첫 번째 0이 아닌 숫자 왼쪽에 있는 0)은 의미가 없다. 이러한 0은 소수점의 위치를 정하는 역할만 한다. 예를 들어 0.0005의 유효 숫자는 단 하나이다.

어떤 책에서는 0이 의미 있도록 1개 또는 2개의 0 뒤에 소수점을 찍는다. 이 책에서는 그렇게 하지 않지만 알아두기 바란다.

6. 맨 끝에 붙지만 소수점 앞에 있는 0은 분명하지 않아서 과학적 표기법에 따라 피해야 한다. 예를 들어 350의 유효 숫자는 두 자릿수인지 세 자릿수인지 불분명하다. 유효 숫자가 2개가 되도록 3.5×10^2으로 쓰거나, 유효 숫자가 3개가 되도록 3.50×10^2으로 쓸 수 있다.

완전수

완전수는 제한을 받지 않는 개수의 유효 숫자를 가진다. 완전수는 다음과 같은 원인에서 비롯된다.

- 분리된 대상을 정확히 셀 때 비롯된다. 예를 들어 연필 10개는 연필 10.0000⋯개를 의미하고, 원자 3개는 원자 3.00000⋯개를 의미한다.
- 1 m를 cm로 변환할 때와 같이 정의된 값에서 비롯된다. 100 cm는 1 m로 정의되어 있기 때문에 100 cm = 1 m는 100.00000⋯ cm = 1.0000000⋯ m를 의미한다. 어떤 환산 인자(2.6절 참조)는 정의된 값이지만 어떤 것들은 그렇지 않음에 주의하라.
- 방정식의 일부인 정수에서 비롯된다. 예를 들어 반지름 = 지름/2이라는 방정식에서 숫자 2는 완전하므로, 제한받지 않는 개수의 유효 숫자를 가진다.

예제 2.4 유효 숫자의 개수

다음 각각의 유효 숫자는 몇 개인가?

(a) 0.0035 (b) 1.080 (c) 2371 (d) 2.97×10^5 (e) 1다스 = 12 (f) 100.00 (g) 100,000

풀이	답
(a) 3과 5는 유효하다(규칙 1). 앞에 붙은 0은 소수점의 자리만을 나타내고 유효하지 않다(규칙 5).	(a) 유효 숫자 2개
(b) 두 숫자 사이의 0은 유효하고(규칙 2), 맨 뒤에 붙은 0도 유효하다(규칙 3). 1과 8도 역시 유효하다(규칙 1).	(b) 유효 숫자 4개
(c) 모든 수가 유효하다(규칙 1).	(c) 유효 숫자 4개
(d) 소수 부분의 모든 수는 유효하다(규칙 1).	(d) 유효 숫자 3개
(e) 정의된 수는 제한을 받지 않는 개수의 유효 숫자를 가진다.	(e) 제한을 받지 않는 유효 숫자
(f) 1은 유효하고(규칙 1), 소수점 앞에 있는 끝의 0도 유효하며(규칙 4), 소수점 뒤에 있는 끝의 0도 유효하다(규칙 3).	(f) 유효 숫자 5개
(g) 이 수는 불확실하다. 유효 숫자가 1개가 되도록 1×10^5으로 쓸 수도 있고, 유효 숫자가 6개가 되도록 1.00000×10^5으로 쓸 수도 있다.	(g) 유효 숫자가 불확실함

▶ 연습문제 2.4 | 유효 숫자의 개수

다음 각각의 유효 숫자는 몇 개인가?

(a) 58.31 (b) 0.00250 (c) 2.7×10^3 (d) 1 cm = 0.01 m (e) 0.500 (f) 2100

▶ 심화 학습 예제 2.21/복습문제 43~48

매체 속의 화학

우주의 과거를 조명하는 COBE 위성과 매우 정확한 측정

오랜 옛날부터 사람들은 지구의 기원을 궁금해했다. 과학은 이에 대해 조사해왔고, 우주와 지구가 어떻게 시작되었는지에 관한 이론을 발전시켰다. 오늘날 우주의 기원에 대해 가장 널리 받아들여지고 있는 이론은 빅뱅 이론이다. 빅뱅 이론에 따르면 우주는 약 137억 년 전 엄청난 팽창으로 인해 시작되었으며 지금도 계속 팽창하고 있다. 이 이론의 측정 가능한 예측은 우주 자체의 팽창으로 인해 발생하는 잔여 '배경복사(background radiation)'의 존재이다. 이 잔여물은 현재 우주의 온도를 나타내는 특징이다. 빅뱅이 발생했을 때 우주의 온도는 매우 뜨거웠고, 관련된 복사는 매우 선명했다. 137억 년이 지난 오늘날 우주의 온도는 매우 차갑고 배경복사는 매우 희미하다.

1960년대 초반에 프린스턴대학교의 Robert H. Dicke와 P. J. E. Peebles 등은 이 배경복사를 측정하여 우주의 과거를 한눈에 보고 빅뱅 이론의 증거를 제공할 수 있는 장치를 만들기 시작했다. 같은 시기에 우연찮게도 벨연구소(Bell Telephone Laboratories)의 Amo Penzias와 Robert Wilson은 자신들의 통신위성 중 하나에서 오는 과다한 전파 잡음을 측정했다. 이 잡음은 프린스턴대학교의 과학자들이 찾던 배경복사로 밝혀졌다. 1965년에 두 집단은 우주의 온도와 함께 자신들이 발견한 것을 공동 발표했다. 우주의 온도는 절대 영도보다 약 3도(또는 3 K) 높다. 3장에서는 온도 측정 기준을 정의할 것이다. 지금은 3 K가 엄청나게 낮은 온도(−270 ℃)라는 것만 알고 있으면 된다.

1989년, 나사의 고더드우주비행센터(Goddard Space Flight Center)에서 배경복사를 더 정밀하게 측정하기 위해 COBE(Cosmic Background Explorer) 위성을 개발했다. COBE 위성은 배경복사의 온도가 2.735 K인 우주에 해당한다고 결정했다(이전에 측정했던 결과와는 유효 숫자에 차이가 있음에 주목하라). 그리고 COBE 위성은 1/100,000의 온도 차이에 해당하는 배경복사의 미세한 온도 변동을 계속 측정했다. 이러한 변동은 매우 작지만 빅뱅 이론에 대한 중요한 예측 근거가 된다. 과학자들은 COBE 위성이 우주 창조의 관한 빅뱅 이론의 강력한 증거를 제시했다고 발표했다. 이것은 과학이 작동하는 방식이다. 측정 및 측정의 정밀도는 세계를 이해하는 데 중요하다. 너무도 중요해서 이 장의 대부분을 측정의 개념에 집중적으로 할애했다.

질문 3 K, 2.735 K의 유효 숫자는 각각 몇 개인가?

▲ 1989년에 배경복사를 측량하기 위해 COBE 위성을 발사했다. 배경복사는 우주를 형성한 것으로 여겨지는 빅뱅의 잔여물이다.

확인문제 2.3

한 연구원이 최근 화성 표면에서 스피릿 탐사선이 측정한 온도가 −65.19 ℃라고 보고했다. 이는 실제 온도를 다음 중 무엇으로 추정할 수 있음을 뜻하는가?

(a) 65.191~65.189 ℃ (b) 65.18~65.20 ℃

(c) 65.1~65.2 ℃ (d) 정확히 −65.19 ℃

2.4 계산에서의 유효 숫자

▸ 정확한 유효 숫자의 값이 되도록 반올림한다.

계산에서 측정된 값을 사용할 때 계산 결과는 반드시 측정된 값의 정밀도를 반영해야 한다. 수학적 연산 도중에 정밀도를 잃거나 얻어서는 안 된다.

▶ 곱셈과 나눗셈 계산 결과에서 정확한 유효 숫자의 값을 구한다.
▶ 덧셈과 뺄셈 계산 결과에서 정확한 유효 숫자의 값을 구한다.
▶ 덧셈/뺄셈과 곱셈/나눗셈이 포함된 계산 결과에서 유효 숫자의 값을 구한다.

곱셈과 나눗셈

곱셈과 나눗셈의 결괏값은 유효 숫자의 개수가 가장 적은 인자와 동일한 개수의 유효 숫자를 가지게 된다. 예를 살펴보자.

$$\underset{(\text{유효 숫자 3개})}{5.02} \times \underset{(\text{유효 숫자 5개})}{89.665} \times \underset{(\text{유효 숫자 2개})}{0.10} = 45.0118 = \underset{(\text{유효 숫자 2개})}{45}$$

중간 결과(파란색)는 유효 숫자가 2개로 가장 적은 수(0.10)를 반영하기 위해 유효 숫자가 2개가 되도록 반올림한다.

나눗셈에서도 같은 규칙을 따른다.

$$\underset{(\text{유효 숫자 4개})}{5.892} \div \underset{(\text{유효 숫자 3개})}{6.10} = 0.96590 = \underset{(\text{유효 숫자 3개})}{0.966}$$

중간 결과(파란색)는 유효 숫자가 3개로 가장 적은 수(6.10)를 반영하기 위해 유효 숫자가 3개가 되도록 반올림한다.

반올림

유효 숫자의 개수를 맞추기 위해 반올림할 때는 다음과 같다.

없애버릴 마지막 (또는 맨 왼쪽의) 숫자가 4이거나 그보다 작으면 내린다.
없애버릴 마지막 (또는 맨 왼쪽의) 숫자가 5이거나 그보다 크면 올린다.

예를 들어 다음 수들의 유효 숫자가 2개가 되도록 반올림한다면,

2.33은 반올림하여 2.3이 되고
2.37은 반올림하여 2.4가 되고
2.34는 반올림하여 2.3이 되고
2.35는 반올림하여 2.4가 된다.

없애버릴 마지막 (또는 맨 왼쪽의) 숫자만 반올림의 방향을 결정한다는 것을 확실히 기억하라. 이 숫자 오른쪽에 있는 모든 숫자는 무시하라. 예를 들어 2.349를 유효 숫자가 2개가 되도록 반올림하고자 할 때 소수점 아래 둘째 자리의 4만이 반올림의 방향을 결정한다. 9는 아무 상관 없다.

2.349는 반올림하여 2.3이 된다.

곱하는 과정이 포함된 계산에서는 최종 결과만을 반올림해야 한다. 중간 과정에서 반올림하면 안 된다. 이는 최종 결과에 영향을 미치는 작은 반올림 오차를 방지한다.

✔ 확인문제 2.4

8.7966을 유효 숫자 세 자리까지 반올림하시오.

(a) 8.79 (b) 8.80 (c) 8.797 mL (d) 9 mL

예제 2.5	곱셈과 나눗셈에서의 유효 숫자
다음 각각을 유효 숫자의 개수를 맞춰 계산하시오. (a) $1.01 \times 0.12 \times 53.51 \div 96$	(b) $56.55 \times 0.920 \div 34.2585$
(a) 중간 결과(파란색)는 유효 숫자가 2개로 가장 적은 수(0.12와 96)를 반영하기 위해 유효 숫자가 2개가 되도록 반올림한다.	**답** (a) $1.01 \times 0.12 \times 53.51 \div 96 = 0.067556 = 0.068$
(b) 중간 결과(1.51863)는 유효 숫자가 3개로 가장 적은 수(0.920)를 반영하기 위해 유효 숫자가 3개가 되도록 반올림한다.	(b) $56.55 \times 0.920 \div 34.2585 = 1.51863 = 1.52$

▶ 연습문제 2.5 | 곱셈과 나눗셈에서의 유효 숫자

다음 각각을 유효 숫자의 개수를 맞춰 계산하시오.

(a) $1.10 \times 0.512 \times 1.301 \times 0.005 \div 3.4$ (b) $4.562 \times 3.99870 \div 89.5$

▶ 심화 학습 예제 2.22, 2.23/복습문제 57~60

덧셈과 뺄셈

덧셈과 뺄셈의 결괏값은 소수점 아래 자리의 개수가 가장 적은 인자와 동일한 개수의 소수점 아래 자리를 가지게 된다. 예를 살펴보자.

$$\begin{array}{r} 5.74 \\ 0.823 \\ +\ 2.651 \\ \hline 9.214 = 9.21 \end{array}$$

소수점 아래 자리의 개수가 가장 적은 수의 바로 오른쪽에 수직으로 선을 그으면 계산할 때 도움이 된다. 이 선은 최종 결과의 소수점 아래 자리 개수를 보여준다.

중간 결과(파란색)를 소수점 아래 둘째 자리까지 반올림한다. 소수점 아래 자리의 개수가 가장 적은 수(5.74)가 2개의 소수점 이하 자리를 가지기 때문이다.

뺄셈에서도 같은 규칙을 따른다.

$$\begin{array}{r} 4.8 \\ -\ 3.965 \\ \hline 0.835 = 0.8 \end{array}$$

중간 결과(파란색)를 소수점 아래 첫째 자리까지 반올림한다. 소수점 아래 자리의 개수가 가장 적은 수(4.8)가 1개의 소수 자리를 가지기 때문이다. 기억하라. **곱셈과 나눗셈에서는 유효 숫자의 개수가 가장 적은 인자가 최종 결과의 유효 숫자 개수를 결정한다. 그러나 덧셈과 뺄셈에서는 소수점 아래 자리의 개수가 가장 적은 수가 최종 결과의 소수점 아래 자리 개수를 결정한다.** 즉 곱셈과 나눗셈에서는 유효 숫자에 초점을 맞추지만 덧셈과 뺄셈에서는 소수점 아래 자리에 초점을 맞추는 것이다. 어떤 문제가 덧셈과 뺄셈을 포함하고 있을 때, 그 답은 처음의 값과 다른 개수의 유효 숫자를 가질 수도 있다. 예를 살펴보자.

$$28.02 - 27.99 = 0.03$$

처음의 값은 유효 숫자가 각각 4개이다.

답의 유효 숫자는 1개이다.

처음의 값은 유효 숫자가 각각 4개이지만 답은 유효 숫자가 하나뿐이다.

예제 2.6 덧셈과 뺄셈에서의 유효 숫자

다음 각각을 유효 숫자의 개수를 맞춰 계산하시오.

(a)
$$\begin{array}{r} 0.987 \\ +125.1 \\ -1.22 \\ \hline \end{array}$$

(b)
$$\begin{array}{r} 0.765 \\ -3.449 \\ -5.98 \\ \hline \end{array}$$

(a) 소수점 아래 자리의 개수가 가장 적은 수(125.1)를 반영하려면 소수점 아래 첫째 자리까지 중간 결과(파란색)를 반올림한다. 125.1은 유효 숫자의 개수가 가장 적은 수가 아니라는 것에 주의하라. 다른 수들은 유효 숫자가 3개인 반면 125.1은 유효 숫자가 4개이다. 하지만 125.1은 소수점 아래 자리의 개수가 가장 적기 때문에 최종 결과의 소수점 아래 자리 개수를 결정한다.

답

(a)
$$\begin{array}{r} 0.987 \\ +125.1 \\ -1.22 \\ \hline 124.867 \end{array} = 124.9$$

(b) 소수점 아래 자리가 가장 적은 수(5.98)의 값을 반영하여 중간 결과(파란색)를 소수점 아래 둘째 자리까지 반올림한다.

(b)
$$\begin{array}{r} 0.765 \\ -3.449 \\ -5.98 \\ \hline -8.664 \end{array} = -8.66$$

▸ 연습문제 2.6 | 덧셈과 뺄셈에서의 유효 숫자

다음 각각을 유효 숫자의 개수를 맞춰 계산하시오.

(a)
$$\begin{array}{r} 2.18 \\ +5.621 \\ +1.5870 \\ -1.8 \\ \hline \end{array}$$

(b)
$$\begin{array}{r} 7.876 \\ -0.56 \\ +123.792 \\ \hline \end{array}$$

▸ 심화 학습 예제 2.24/복습문제 61~64

곱셈/나눗셈과 덧셈/뺄셈이 포함된 계산

곱셈/나눗셈과 덧셈/뺄셈이 포함된 계산에서는 괄호 안에 있는 것을 먼저 계산한다. 중간 결과의 유효 숫자 개수를 결정한 후에 남은 과정을 계산한다. 예를 살펴보자.

$$3.489 \times (5.67 - 2.3)$$

뺄셈 과정을 먼저 계산한다.

$$5.67 - 2.3 = 3.37$$

뺄셈 규칙을 적용하여 중간 결과(3.37)의 소수점 아래 자리가 1개가 되게 한다. 하지만 결과의 작은 오차를 피하려면 이 시점에서 반올림하지 않는 것이 좋으며, 기억하기 위해 최소 유효 숫자에 밑줄을 긋는다.

$$= 3.489 \times 3.\underline{3}7$$

그런 다음 곱셈 과정을 계산한다.

$$3.489 \times 3.\underline{3}7 = 11.758 = 12$$

중간 결과(11.758)를 반올림하여 유효 숫자가 2개가 되도록(12) 곱셈 규칙을 적용한다. 3.37에서 유효 숫자가 2개로 제한되기 때문이다.

예제 2.7 곱셈/나눗셈과 덧셈/뺄셈이 포함된 계산에서의 유효 숫자

다음 각각을 유효 숫자의 개수를 맞춰 계산하시오.

(a) $6.78 \times 5.903 \times (5.489 - 5.01)$ (b) $19.667 - (5.4 \times 0.916)$

(a) 괄호 안에 있는 것을 먼저 계산한다. 뺄셈 규칙을 적용하여 0.479를 소수점 아래 둘째 자리까지 나타낸다. 괄호 안에서 소수점 아래 자리의 개수가 가장 적은 수는 5.01이기 때문이다. 그런 다음 곱셈을 계산하고 유효 숫자가 2개가 되도록 반올림한다. 유효 숫자가 가장 적은 인자가 2개의 유효 숫자를 가지기 때문이다.

답

(a) $6.78 \times 5.903 \times (5.489 - 5.01)$

$= 6.78 \times 5.903 \times (0.479)$

$= 6.78 \times 5.903 \times 0.4\underline{7}9$

$6.78 \times 5.903 \times 0.4\underline{7}9 = 19.1707$

$= 19$

(b) 괄호 안에 있는 것을 먼저 계산한다. 괄호 안에서 유효 숫자의 개수가 가장 적은 인자(5.4)는 2개의 유효 숫자를 가지므로 유효 숫자가 2개가 되도록 반올림한다. 그런 다음 뺄셈을 계산하고 소수점 아래 첫째 자리까지 반올림한다. 소수점 아래 자리의 개수가 가장 적은 수는 소수점 아래 자리가 1개이기 때문이다.

(b) $19.667 - (5.4 \times 0.916)$

$= 19.667 - (4.9464)$

$= 19.667 - 4.\underline{9}464$

$19.667 - 4.\underline{9}464 = 14.7206$

$= 14.7$

▸ **연습문제 2.7 | 곱셈/나눗셈과 덧셈/뺄셈이 포함된 계산에서의 유효 숫자**

다음 각각을 유효 숫자의 개수를 맞춰 계산하시오.

(a) $3.897 \times (782.3 - 451.88)$ (b) $(4.58 \div 1.239) - 0.578$

▸ **심화 학습** 예제 2.25/복습문제 65~68

✔ 확인문제 2.5

다음 중 계산 결과의 유효 숫자가 더 많은 것은 무엇인가?

(a) $3 + (15/12)$ (b) $(3 + 15)/12$

2.5 측정의 기본 단위

▸ 측정할 때 사용하는 SI 기본 단위, 접두 승수, 유도 단위를 인식하고 활용한다.

숫자 자체만으로는 별로 의미가 없다. 다음 문장을 읽어보라. "내 아들은 7일 때 3을 걸었다. 그리고 4일 때 야구공을 3만큼 던졌고, 학교가 5만큼 떨어져 있다고 말했다." 이 문장은 **단위**(unit)가 모두 누락되어 숫자가 무엇을 의미하는지 알 수 없기 때문에 매우 혼란스럽다. 그러나 숫자와 함께 단위를 쓰면 뜻이 더욱 분명해진다. "내 아들은 7개월 때 세 걸음을 걸었다. 그리고 4세 때 야구공을 3피트만큼 던졌고, 학교는 5분 거리만큼 떨어져 있다고 말했다." 이 모든 차이는 단위에서 비롯된다. 화학에서 단위는 매우 중요하다. 절대로 숫자만 쓰지 말라. 항상 그와 관련된 단위를 사용하라. 그렇지 않으면 앞의 예문처럼 혼란스러워질 것이다.

가장 흔히 쓰이는 두 가지 단위체계는 미국에서 사용되는 **영국식 단위체계**(English system)와 기타 대부분의 나라에서 사용되는 **미터법 단위체계**(metric system)이다. 영국식 단위체계에서는 인치, 야드, 파운드 등의 단위가 사용되고, 미터법 단위체계에서는 센티미터, 미터, 킬로그램 등의 단위가 사용된다. 과학적 측정에서 가장 편리한 체계는 미터법 단위체계에 기반을 두고 있으며, **국제적 단위**(International System) 또는 **SI 단위**(SI unit)라고 한다. SI 단위는 전 세계의 과학자들이 합의한 표준 단위체계이다.

SI는 프랑스어 'Système International'의 줄임말이다.

▶ 과학에서는 측정하는 데 도구가 사용된다. 모든 도구에는 특정 단위의 눈금이 새겨져 있다. 만약 이러한 단위가 없다면 측정은 아무런 의미가 없다.

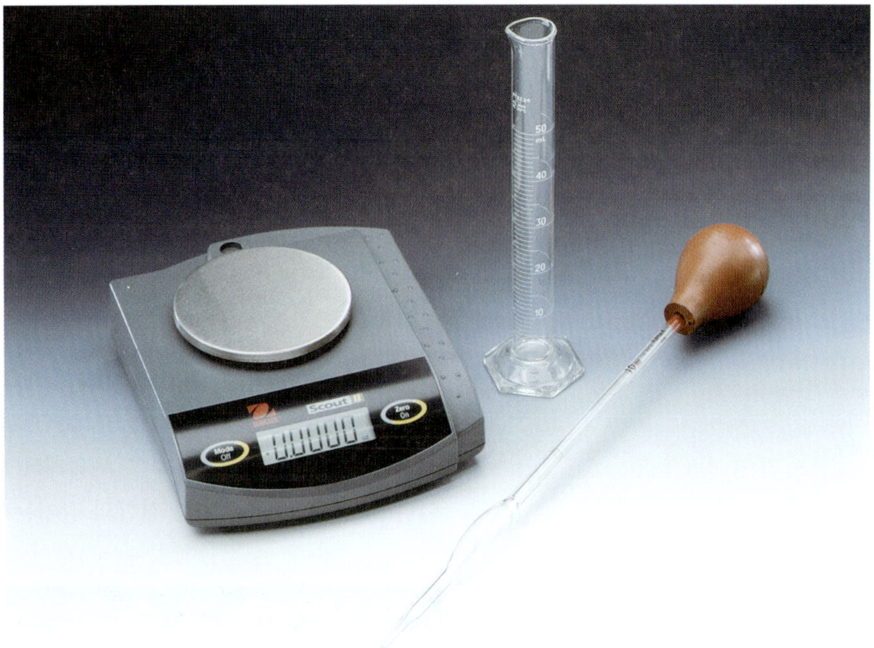

기본 단위

표 2.1 주요 SI 기본 단위

양	단위	기호
길이	미터	m
질량	킬로그램	kg
시간	초	s
온도*	켈빈	K

* 온도 단위는 3장에서 다룬다.

표 2.1의 일반적인 SI 기본 단위에는 길이의 기본 단위인 **미터**(m), 질량의 기본 단위인 **킬로그램**(kg), 시간의 기본 단위인 **초**(s)가 포함되어 있다. 이러한 각 단위의 정의는 시간이 지남에 따라 변경되었다. 예를 들어 미터는 원래 적도와 북극(파리 통과) 사이 거리의 1/10,000,000로 정의되었고, 킬로그램은 오랫동안 프랑스 세브르의 국제도량형국에 보관된 특정 금속 블록의 질량으로 정의되어왔다. 그러나 이러한 값은 시간이 지나면서 변할 수 있기 때문에 과학자들은 빛의 속도, 전자의 전하, 플랑크 상수 등 7가지 기본 상수에 따라 보다 정확한 정의로 변경했다. 예를 들어 미터는 빛의 속도를 299 792 458 m/s로, 킬로그램은 플랑크 상수를 $6.626\ 070\ 15 \times 10^{-34}\ \text{kg}\cdot\text{m}^2/\text{s}$로 정의한다.

킬로그램은 **질량**(mass)을 측정하는 단위로, 무게와는 다른 개념이다. 물체의 질량은 그 안에 있는 물질의 양을 측정한 것이고, 물체의 무게는 그 물질을 끌어당기는 중력을 측정한 것이다. 따라서 무게는 중력에 따라 달라지지만 질량은 그렇지 않다. 예를 들어 화성에서 몸무게를 재는 경우 지구의 중력보다 낮은 중력이 저울을 향해 사람을 덜 끌어당기므로 무게가 더 적게 측정된다. 지구에서 68 kg인 사람의 몸무게는 화성에서는 26 kg에 불과하다. 그러나 사람의 몸을 이루는 물질의 양인 질량은 동일하게 유지된다. 실량 1 kg은 지구에서 무게 2.205 lb에 해당하므로, 질량을 파운드로 나타내면 지구에 있는 68 kg의 사람은 질량이 약 150 lb이다. 두 번째로 일반적인 질량 단위는 그램(g)으로, 다음과 같이 정의된다.

$$1000\ \text{g} = 10^3\ \text{g} = 1\ \text{kg}$$

니켈(5센트)의 질량은 약 5 g이다.

접두 승수

SI 단위체계는 기본 단위와 함께 **접두 승수**(prefix multiplier, 표 2.2)를 사용한다. 이 승수는 10의 거듭제곱으로 단위의 값을 바꾼다. 예를 들어 킬로미터(km)의 접두어는 'kilo-'이며, 1000 또는 10^3이라는 의미를 띤다. 그러므로 다음과 같이 나타낼 수 있다.

$$1\ \text{km} = 1000\ \text{m} = 10^3\ \text{m}$$

마찬가지로 밀리초(ms)의 접두어는 'milli-'이며, 0.001 또는 10^{-3}이라는 의미를 띤다.

$$1\ \text{ms} = 0.001\ \text{s} = 10^{-3}\ \text{s}$$

접두 승수를 통해 광범위한 측정값을 우리가 측정하는 양과 크기 면에서 비슷한 단위로 나타낼 수 있다. 특정한 측정에서 가장 사용하기 좋은 접두 승수를 선택해보라. 예를 들어 동전 하나의 지름을 측정할 때는 센티미터나 밀리미터를 사용한다. 동전의 지름은 약 1~3 cm (10~30 mm)이기 때문이다. 센티미터는 흔히 사용하는 미터법의 단위이며, 사람 새끼손가락의 폭과 비슷하다(2.54 cm = 1 in). 동전의 지름을 나타내는 데 밀리미터를 사용할 수도 있는데, 이때는 24.3 mm가 될 것이다. 그러나 킬로미터를 사용해서는 안 된다. 그 단위로는 지름이 0.0000101~0.000030 km이기 때문이다. 측정된 값과 비슷한 크기(또는 더 작은 크기)의 단위를 선택하라. 1.2×10^{-10} m 정도 되는 화학 결합의 길이를 나타내는 방법을 생각해보라. 어떤 접두 승수를 사용해야 하는가? 가장 적합한 단위는 아마도 피코미터일 것이다(pico = 10^{-12}). 화학 결합의 길이는 약 120 pm로 측정된다.

표 2.2 SI 접두 승수

접두어	기호	승수	
테라-	T	1,000,000,000,000	(10^{12})
기가-	G	1,000,000,000	(10^{9})
메가-	M	1,000,000	(10^{6})
킬로-	k	1,000	(10^{3})
헥토-	h	100	(10^{2})
데카-	da	10	(10^{1})
데시-	d	0.1	(10^{-1})
센티-	c	0.01	(10^{-2})
밀리-	m	0.001	(10^{-3})
마이크로-	μ	0.000001	(10^{-6})
나노-	n	0.000000001	(10^{-9})
피코-	*p*	0.000000000001	(10^{-12})
펨토-	f	0.000000000000001	(10^{-15})

✔ 확인문제 2.6

지름이 약 2.8×10^{-8} m인 폴리오바이러스의 크기를 나타내는 데 사용하기에 가장 적합한 단위는 무엇인가?

(a) Mm (b) mm (c) μm (d) nm

유도 단위

유도 단위는 다른 단위에 의해 형성되며, 공간을 측정하는 데 사용되는 많은 **부피**(volume) 단위를 예로 들 수 있다. 길이에 관한 어떤 단위든 세제곱을 하면 부피 단위가 된다. 즉 세제곱미터(m^3), 세제곱센티미터(cm^3), 세제곱밀리미터(mm^3)는 모두 부피 단위이다. 이러한 단위로 방이 3개인 집의 부피 약 630 m^3, 소다수 한 캔의 부피 약 350 cm^3, 쌀 한 톨의 부피 약 3 mm^3를 나타낼 수 있다. 또한 부피 단위로 리터(L)와 밀리리터(mL)를 사용하기도 한다. 1갤런은 3.785 L와 같은 양이고, 1밀리리터는 1 cm^3와 같은 양이다. 흔히 사용되는 몇 가지 단위 및 그와 동등한 단위를 표 2.3에 제시했다.

표 2.3 흔히 사용되는 몇 가지 단위 및 그와 동등한 단위

길이
1킬로미터(km) = 0.6214마일(mi)
1미터(m) = 39.37인치(in) = 1.0940야드(yd)
1피트(ft) = 30.48센티미터(cm)
1인치(in) = 2.54센티미터(cm)(정확한)
질량
1킬로그램(kg) = 2.205파운드(lb)
1파운드(lb) = 453.59그램(g)
1온스(oz) = 28.35그램(g)
부피
1리터(L) = 1,000밀리리터(mL) = 1,000세제곱센티미터(cm^3)
1리터(L) = 1.057쿼트(qt)
1 미국 갤런(gal) = 3.785리터(L)

2.6 문제 풀이와 단위 변환

▶ 단위를 변환한다.

문제 풀이는 이 과정에서 배워야 할 가장 중요한 기술이다. 이 기술은 화학에서 성공할 수 있도록 도와줄 뿐만 아니라, 비판적 사고를 배울 수 있도록 도와줄 것이다. 이는 지식의 모든 면에서 중요하다. 고등학교 1학년인 내 딸은 최근에 다음과 같은 기하 문제로 씨름하다 나에게 도움을 청했다.

> 샘과 세라는 11 km 떨어져 살고 있다. 샘은 자기 집에서 세라의 집을 향해 시속 6 km로 가고, 세라는 자기 집에서 샘의 집을 향해 시속 3 km로 갔다. 샘과 세라가 만나는 데 얼마나 걸리는가?

문제를 풀기 위해 방정식 $11 - 6t = 3t$를 세울 필요가 있다. 내 딸은 시간(t)에 대한 이 방정식을 아주 쉽게 풀 수 있었지만, 문제의 지문에서 이 식을 얻는 것은 또 다른 문제이다. 이 과정에는 비판적 사고가 필요하다. 비판적인 사고를 계발하지 않으면 화학에서 또는 삶에서 정말로 성공할 수 없다. 화학 문제를 푸는 법을 배우는 것은 이러한 종류의 기술을 계발하는 데 도움이 될 것이다.

어떤 간단한 식을 모든 문제에 적용하지 못할지라도 문제 풀이 전략을 배울 수 있고, 어느 정도 화학적 직관력을 계발하기 시작할 수 있다. 이 과정에서 풀게 될 많은 문제는 **단위 변환** 문제이며, 하나 이상의 값이 주어지고 그것을 다른 단위로 바꿔야 한다. 여러분이 찾고자 하는 정보를 얻기 위해 **특정 방정식**을 사용해야 하는 문제도 있다. 다음 절에서는 이러한 형태의 문제를 풀기 위한 전략을 검토할 것이다. 물론 많은 문제에는 이러한 조합이 필요한 변환과 식이 포함되어 있고 어떤 문제는 다른 접근이 필요할 수도 있겠지만, 여기서 배운 기본적인 도구를 적용할 수 있다.

단위 변환

부록에는 한 변수에 대한 대수 문제를 푸는 방법에 대한 고찰이 포함되어 있다.

계산을 할 때는 단위가 중요하다. 계산 시 단위를 사용하고 다루는 방법을 아는 것은 문제를 푸는 데 매우 중요하다. 단위는 계산의 정확성을 결정하는 데 도움이 된다. 단위는 계산에 반드시 포함되어야 하며, 여기서는 단위를 변환하는 다양한 계산을 살펴볼 것이다. 단위는 다른 모든 대수의 값처럼 곱해지고 나눠지고 약분된다.

다음을 기억하라.

1. 항상 모든 숫자와 함께 관련 단위를 쓰라. 절대로 단위를 무시하지 말라. 단위는 매우 중요하다.

문제를 해결하는 지표로 단위를 사용하는 것을 차원 분석이라고 한다.

2. 항상 계산에 단위를 포함하라. 단위를 다른 대수처럼 나누고 곱하라. 계산 시 단위를 이유 없이 마음대로 썼다가 지웠다가 하지 말라. 반드시 처음부터 끝까지 논리적으로 단위를 써야 한다.

17.6 in를 센티미터로 변환해보자. 표 2.3을 통해 17.6 in가 몇 센티미터인지 알 수 있다(1 in = 2.54 cm). 다음과 같은 순서로 변환한다.

$$17.6\ \cancel{\text{in}} \times \frac{2.54\ \text{cm}}{1\ \cancel{\text{in}}} = 44.7\ \text{cm}$$

인치가 약분되고 센티미터가 마지막 단위로 남는다. $\frac{2.54\ \text{cm}}{1\ \text{in}}$는 인치와 센티미터 사이의 **환**

산 인자(conversion factor)이다. 즉 분자가 센티미터이고 분모가 인치인 분수이다.

대부분의 변환 문제에서는 특정 단위의 값이 있으며, 그 값을 다른 단위로 변환하라는 문제가 제시된다. 이러한 계산은 다음과 같은 형태를 띤다.

$$\text{주어진 정보} \times \text{환산 인자(s)} = \text{얻은 정보}$$

$$\text{주어진 단위} \times \frac{\text{원하는 단위}}{\text{주어진 단위}} = \text{원하는 단위}$$

단위 변환은 어떤 두 값이 같을 때 가능하다. 2.54 cm = 1 in를 예로 들면 양쪽 모두 1 in로 나누고 단위를 약분하여 환산 인자를 만든다.

$$2.54\ \text{cm} = 1\ \text{in}$$

$$\frac{2.54\ \text{cm}}{1\ \text{in}} = \frac{1\ \text{in}}{1\ \text{in}}$$

$$\frac{2.54\ \text{cm}}{1\ \text{in}} = 1$$

$\frac{2.54\ \text{cm}}{1\ \text{in}}$는 1과 같으며, 인치에서 센티미터로 변환할 때 사용한다.

다음으로 센티미터를 인치로 변환하는 방법을 생각해보자. 만약 앞에서처럼 환산 인자를 사용한다면 단위가 제대로 약분되지 않는다.

$$44.7\ \text{cm} \times \frac{2.54\ \text{cm}}{1\ \text{in}} = \frac{114\ \text{cm}^2}{\text{in}}$$

답의 결과뿐만 아니라 단위도 올바르지 않게 된다. cm^2/in 단위는 옳지 않으며, 센티미터와 인치에 관한 기본 지식에 따르면 44.7 cm와 114 in가 같은 값이 될 수 없다는 것을 알 수 있다. 문제를 풀 때는 항상 마지막 단위가 옳은지 검토하고 답의 크기가 합당한지 고려해야 한다. 이 경우에는 환산 인자를 이용하는 데에서 실수가 있었다. 환산 인자가 역수여야 한다.

$$44.7\ \text{cm} \times \frac{1\ \text{in.}}{2.54\ \text{cm}} = 17.6\ \text{in}$$

환산 인자는 반대로 바뀔 수 있다. 그 값이 1이고 1의 역수도 1이기 때문이다.

$$\frac{1}{1} = 1$$

그러므로

$$\frac{2.54\ \text{cm}}{1\ \text{in}} = 1 = \frac{1\ \text{in}}{2.54\ \text{cm}}$$

이 책에서는 **해결도표**(solution map)를 이용하여 앞에서와 같은 변환을 도식화했다. 해결도표는 문제를 푸는 데 필요한 전략적인 방법을 한눈에 보여준다. 단위 변환에서 해결도표는 단위 및 한 단위에서 다른 단위로 변환하는 방법에 초점이 맞추고 있다. 인치를 센티미터로 변환할 때의 해결도표는 다음과 같다.

$$\frac{2.54\ \text{cm}}{1\ \text{in}}$$

센티미터를 인치로 변환할 때의 해결도표는 다음과 같다.

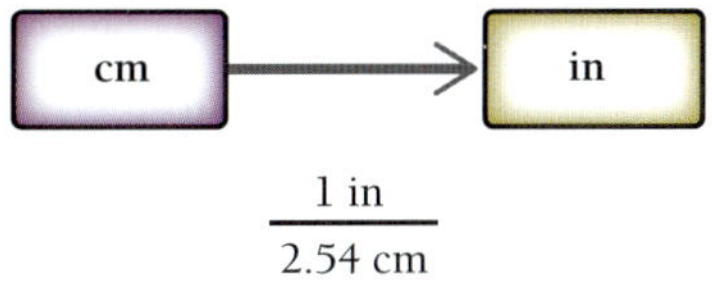

단위 변환을 위한 해결도표에서 각각의 화살표에는 관련 환산 인자가 있는데, 이 환산 인자의 분모는 이전 과정의 단위이고 분자는 다음 과정의 단위이다. 이러한 한 단계 변환 문제에서는 해결도표가 큰 도움이 되지는 않지만, 다단계 단위 변환 문제에서는 해결도표가 문제 풀이 전략을 세우는 데 매우 중요한 역할을 한다. 다음 절에서는 해결도표를 전체적인 문제 풀이 전략에 통합하는 방법을 살펴볼 것이다.

✔ 확인문제 2.7

4피트를 인치로 고칠 때 사용해야 하는 환산 인자는 무엇인가? (12 in = 1 ft)

(a) $\frac{12\text{ in}}{1\text{ ft}}$ (b) $\frac{1\text{ ft}}{12\text{ in}}$ (c) $\frac{1\text{ in}}{12\text{ ft}}$ (d) $\frac{12\text{ ft}}{1\text{ in}}$

일반적인 문제 풀이 전략

이 책에서는 화학과 그 밖에서 마주하는 많은 문제에 적용될 수 있는 표준 문제 풀이 절차를 사용한다. 어떤 문제를 풀 때는 문제에 주어진 정보를 판단하고 필요한 정보를 얻는 방법을 고안해야 한다. 즉 다음과 같은 절차를 거쳐야 한다.

- 시작점(주어진 정보)을 확인한다.
- 끝나는 점(구해야 하는 것)을 확인한다.
- 이미 알고 있거나 참고할 수 있는 것뿐 아니라 주어진 것을 이용하여 시작점에서 끝나는 점까지 얻는 방법을 고안한다. 해결도표를 사용하여 시작점에서부터 끝나는 점까지 얻는 데 필요한 단계를 그릴 수 있다.

이 과정은 다음과 같이 나타낼 수 있다.

주어진 정보 → 해결도표 → 구해야 하는 것

초보 학생이 일반 화학 문제를 풀 때 겪는 주된 어려움 중 하나는 어디서부터 시작해야 할지 모른다는 것이다. 어떤 문제 풀이 절차가 모든 문제에 적용되지는 못할지라도 다음 4단계 절차는 이 책의 수많은 문제를 푸는 데 도움이 될 것이다.

1. **분류**: 문제에 주어진 정보를 정리하는 것으로 시작한다. 주어진 정보는 문제에 의해 주어진 기본적인 데이터, 즉 종종 관련된 단위를 가진 하나 이상의 숫자이다. 주어진 정보는 문제의 출발점이 된다. 구해야 하는 것은 문제가 요구하는 것(문제의 끝나는 점)이 무엇인지를 알려준다.
2. **전략**: 문제를 풀 때 일반적으로 가장 어려운 부분이다. 이 단계에서 해결도표, 즉 주어진 정보로부터 구하고자 하는 정보를 얻을 수 있는 일련의 단계를 만들어야 한다. 여러분은 이미 간단한 단위 변환 문제에 대한 해결도표를 본 적이 있을 것이다. 해결도표에서 각 화살표는 계산 단계를 나타낸다. 화살표의 왼쪽에는 단계 전에 주어진 값이 있고, 화살표의 오른쪽에는 단계 후의 값이 있다. 그리고 화살표 아래에는 한 단계에서 다른 단계로 넘어갈 때 필요한 정보, 즉 값들 사이의 관계가 있다.

이러한 관계는 흔히 환산 인자나 식의 형태로 주어질 것이다. 그것은 문제 속에 주어질 것이고, 어떤 경우에는 단계 1에 있는 '주어진 값' 아래에 그것을 써내려갈 것이다. 그러나 보통은 주어진 정보에서 구해야 하는 값을 얻는 데 도움을 얻기 위해 물리적 상수, 식 또는 환산 인자가 포함된 다른 정보가 필요할 것이다. 이러한 정보는 자신이 배운 것이나 그 장에서 참조할 수 있는 것 또는 이 책의 표에서 생각해낼 수 있을 것이다.

전략 단계에서 막히는 경우도 있다. 주어진 정보로부터 구해야 하는 것을 얻는 방법을 이해할 수 없다면 뒤로 돌아가야 할지도 모른다. 가령 얻으려는 값의 단위를 찾고 주어진 값의 단위를 얻기 위해 환산 인자를 찾고 싶을지도 모른다. 심지어 전략을 조합해야 할지도 모른다. 다시 말하여 앞으로, 뒤로 또는 양쪽으로 시도해야 할지도 모른다. 계속 시도한다면 문제 풀이 전략을 발전시키게 될 것이다.

3. **풀이**: 문제를 푸는 가장 쉬운 단계이다. 적절히 문제를 설정하고 해결도표를 만든 후 그에 따라 문제를 푼다. 수학적 과정을 수행하고(계산할 때 유효 숫자에 관한 규칙에 주의할 것), 필요하면 단위를 약분한다.
4. **검토**: 초보자가 가장 간과하기 쉬운 단계이다. 숙련된 문제 해결자는 항상 다음과 같은 질문을 한다. 답이 자연 이치에 맞는가? 단위가 옳은가? 유효 숫자의 개수가 맞는가? 다단계 문제를 풀 때는 오류가 쉽게 발생할 수도 있다. 답을 간단히 검토하면 이러한 실수의 대부분을 잡아낼 수 있다. 예를 들어 동전 속에 있는 원자의 개수를 계산하여 1.1×10^{-6}이라는 답을 얻었다고 가정해보자. 그 동전은 100만 분의 1개의 원자로 이루질 수 있는가?

예제 2.8과 예제 2.9에서는 단위 변환 문제에 응용된 문제 풀이 절차를 확인할 수 있다. 이 절차는 왼쪽 단에 요약되어 있고, 그것을 응용한 2개의 예제를 가운데 단과 오른쪽 단에 제시했다. 이 책의 일부 예제에는 이러한 3단 형식을 사용했는데, 이는 특정 절차가 2개의 각기 다른 문제에 어떻게 적용될 수 있는지를 보여준다. 먼저 한 문제를 풀어본(위에서 아래로) 다음, 동일한 절차가 다른 문제에 어떻게 응용되었는지 검토하라. 문제들의 공통점과 차이점을 인식하는 것은 문제 풀이의 중요한 부분이다.

	예제 2.8	**예제 2.9**
단위 변환 문제 풀이	**단위 변환** 7.8 km를 mi로 변환하시오.	**단위 변환** 0.825 m를 mm로 변환하시오.
분류 문제의 정보를 주어진 값과 구해야 하는 값으로 분류하는 것으로 시작한다.	**주어진 값:** 7.8 km **구해야 하는 값:** mi	**주어진 값:** 0.825 m **구해야 하는 값:** mm
전략 문제에 대한 해결도표를 그린다. 주어진 값으로 시작하여 화살표로 각 단계를 도식화한다. 화살표 아래에는 그 단계에 대한 환산 인자를 쓴다. 해결도표는 구해야 하는 값으로 끝맺는다. (이 예제에서 변환에 사용된 관계식은 해결도표 아래에 있다.)	**해결도표**  $\frac{0.6214\ \text{mi}}{1\ \text{km}}$ **사용된 관계식** 1 km = 0.6214 mi (이 환산 인자는 표 2.3에 있다.)	**해결도표**  $\frac{1\ \text{mm}}{10^{-3}\ \text{m}}$ **사용된 관계식** $1\ \text{mm} = 10^{-3}\ \text{m}$ (이 환산 인자는 표 2.2에 있다.)

풀이 해결도표에 따라 문제를 푼다. 주어진 값과 단위로 시작한다. 적당한 환산 인자를 곱하여 구해야 하는 값에 이르도록 단위를 약분한다. 유효 숫자의 개수가 적당하도록 답을 반올림한다. (가능하면 답의 유효 숫자 개수가 제한되지 않고 충분하도록 환산 인자를 얻는다.)	**답** $7.8\ \cancel{\text{km}} \times \frac{0.6214\ \text{mi}}{1\ \cancel{\text{km}}} = 4.84692\ \text{mi}$ $4.84692\ \text{mi} = 4.8\ \text{mi}$ 주어진 값의 유효 숫자가 2개이므로 구해야 하는 값의 유효 숫자도 2개가 되도록 반올림한다.	**답** $0.825\ \cancel{\text{m}} \times \frac{1\ \text{mm}}{10^{-3}\ \cancel{\text{m}}} = 825\ \text{mm}$ $825\ \text{mm} = 825\ \text{mm}$ 주어진 값의 유효 숫자가 3개이므로 구해야 하는 값의 유효 숫자도 3개가 되게 해야 한다. 그리고 환산 인자는 정의이므로 결과의 유효 숫자 개수를 제한해서는 안 된다.
검토 답을 확인한다. 단위가 옳은가? 답이 합당한가?	단위 mi은 옳고 답의 크기도 합당하다. 1 mi은 1 km보다 길기 때문에 mi 단위의 값은 km 단위의 값보다 작아야 한다.	단위 mm는 옳고 답의 크기도 합당하다. 1 mm는 1 m보다 짧기 때문에 mm 단위의 값은 m 단위의 값보다 커야 한다.
	▶ **연습문제 2.8 | 단위 변환** 56.0 cm를 inch로 변환하시오.	▶ **연습문제 2.9 | 단위 변환** 5678 m를 km로 변환하시오.
	▶ **심화 학습** 예제 2.26/복습문제 73~76	▶ **심화 학습** 복습문제 69~72

✔ 확인문제 2.8

거리 단위인 m를 km로 환산하려면 어떤 환산 인자를 사용해야 하는가?

(a) $\frac{1\ \text{m}}{10^3\ \text{km}}$ (b) $\frac{10^3\ \text{m}}{1\ \text{km}}$ (c) $\frac{1\ \text{km}}{10^3\ \text{m}}$ (c) $\frac{10^3\ \text{km}}{1\ \text{m}}$

2.7 다단계 단위 변환 문제 풀이

▶ 단위를 변환한다.

다단계 단위 변환 문제를 풀 때는 앞서 제시된 절차를 따르는 한편, 해결도표에 몇 가지 과정을 추가해야 한다. 해결도표의 모든 과정에서는 반드시 앞 과정의 단위가 분모이고 뒤 과정의 단위가 분자인 환산 인자가 있어야 한다. 예를 들어 194 cm를 ft 단위로 변환하는 경우를 생각해보자. 해결도표는 cm로 시작하고, 관계식 2.54 cm = 1 in를 사용하여 in로 변환한다. 그런 다음 관계식 12 in = 1 ft를 사용하여 ft로 바꾼다.

해결도표

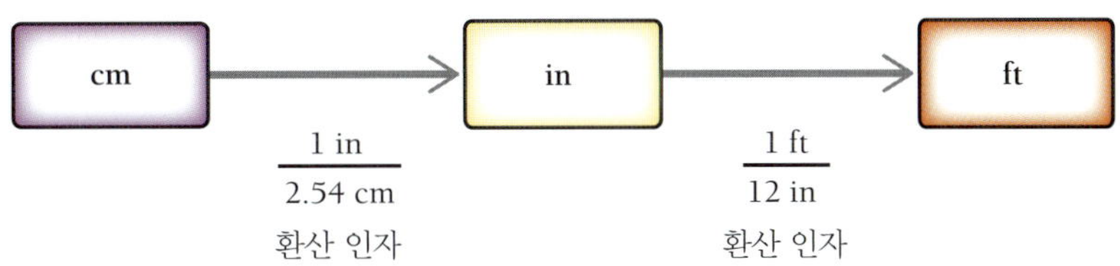

일단 해결도표가 완성되면 그에 따라 문제를 푼다.

답

$$194\ \cancel{\text{cm}} \times \frac{1\ \cancel{\text{in}}}{2.54\ \cancel{\text{cm}}} \times \frac{1\ \text{ft}}{12\ \cancel{\text{in}}} = 6.3648\ \text{ft}$$

유효 숫자의 개수를 맞춰 반올림한다. 이 경우에는 유효 숫자가 3개여야 한다(194 cm는 유효 숫자가 3개이므로).

$$6.3648\ \text{ft} = 6.36\ \text{ft}$$

1 ft는 12 in로 정의되었기 때문에 이는 유효 숫자를 제한하지 못한다.

마지막으로 답을 검토한다. 단위 ft가 옳고 그 크기도 합당해 보인다. 1 ft는 1 cm보다 길기 때문에 ft 단위의 값이 cm 단위의 값보다 작은 것은 합당하다.

예제 2.10 다단계 단위 변환

이탈리아의 조리법에 따르면 크림파스타 소스를 만드는 데에는 0.75 L의 크림이 필요하다. 측량컵으로는 컵 단위만 측정할 수 있다. 소스를 만들려면 몇 컵의 크림을 사용해야 하는가? (4컵 = 1 qt)

분류
문제의 정보를 주어진 값과 구해야 하는 값으로 분류하는 것으로 시작한다.

주어진 값: 0.75 L
구해야 하는 값: 컵

전략
문제에 대한 해결도표를 그린다. 주어진 값으로 시작하여 화살표로 각 단계를 도식화한다. 화살표 아래에는 그 단계에 대한 환산 인자를 쓴다. 해결도표는 구해야 하는 값으로 끝맺는다.

해결도표

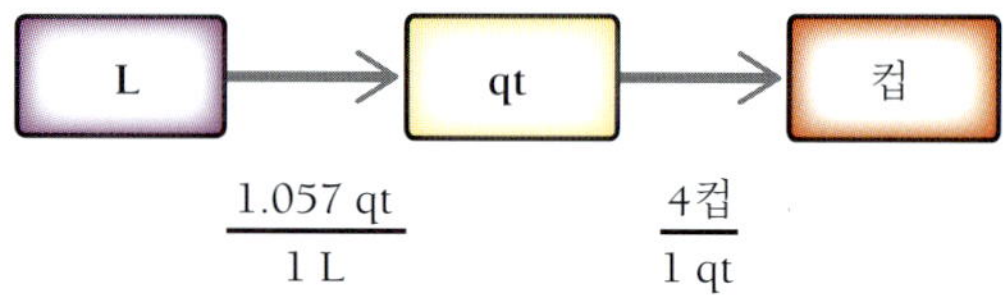

사용된 관계식
1.057 qt = 1 L (표 2.3)
4컵 = 1 qt (문제에 주어짐)

풀이
해결도표에 따라 문제를 푼다. 0.75 L로 시작하고, 적당한 환산 인자를 곱하여 qt에 이르도록 단위를 약분한다.
유효 숫자의 개수가 적당하도록 답을 반올림한다. 이 경우에는 주어진 값의 유효 숫자가 2개이므로 답의 유효 숫자도 2개가 되도록 반올림한다.

답

$$0.75\ \cancel{\text{L}} \times \frac{1.057\ \cancel{\text{qt}}}{1\ \cancel{\text{L}}} \times \frac{4\text{컵}}{1\ \cancel{\text{qt}}} = 3.171$$

$$3.171 = 3.2$$

검토
답을 확인한다. 단위가 옳은가? 답이 합당한가?

단위(컵)가 옳고 답의 크기도 합당하다. 1컵은 1 L보다 작기 때문에 컵 단위의 값은 L 단위의 값보다 커야 한다.

▸ **연습문제 2.10 | 다단계 단위 변환**
요리하는 데 1.2컵의 기름이 필요하다. 이는 몇 L인가?

▸ **심화 학습** 복습문제 85, 86

예제 2.11 다단계 단위 변환

달리기 트랙 1바퀴가 255 m이다. 10.0 km를 뛰려면 몇 바퀴를 돌아야 하는가?

분류
문제의 정보를 주어진 값과 구해야 하는 값으로 분류하는 것으로 시작한다. 거리가 km로 주어졌고, 바퀴로 거리를 구해야 한다. 또한 바퀴당 255 m라는 값이 주어졌는데, 이것은 m와 바퀴 사이의 환산 인자이다.

주어진 값: 10.0 km
255 m = 1바퀴
구해야 하는 값: 바퀴 수

전략

km로 시작하여 바퀴 수로 끝나는 해결도표를 만든다. 단위에 초점을 맞춘다.

해결도표

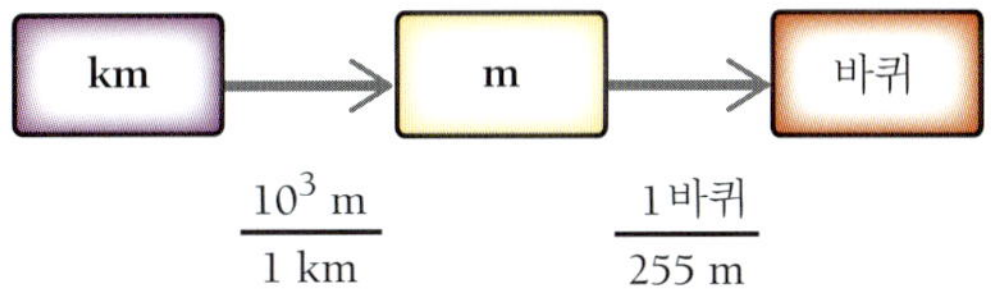

사용된 관계식

1 km = 10^3 m (표 2.2)

1바퀴 = 255 m (문제에 주어짐)

풀이

해결도표에 따라 문제를 푼다. 10.0 km로 시작하고, 적당한 환산 인자를 곱하여 m에 이르도록 단위를 약분한다. 그런 다음 두 번째 환산 인자를 이용하여 바퀴에 도달한다. 중간 결과(파란색)의 유효 숫자가 3개가 되도록 반올림한다. 주어진 값이 10.0 km이므로 유효 숫자가 3개로 제한되기 때문이다.

답

$$10.0 \text{ km} \times \frac{10^3 \text{ m}}{1 \text{ km}} \times \frac{1\text{바퀴}}{255 \text{ m}} = 39.216\text{바퀴} = 39.2\text{바퀴}$$

검토

답을 확인한다. 단위가 옳은가? 답이 합당한가?

단위가 옳고 답의 크기도 합당하다. 1바퀴가 255 m일 때 1 km (1000 m)를 뛰려면 약 4바퀴를 돌아야 한다. 따라서 10 km를 뛰려면 약 40바퀴를 돌아야 한다.

▸ **연습문제 2.11 | 다단계 단위 변환**

달리기 트랙 1바퀴가 1,056 ft이다. 15.0 km를 뛰려면 몇 바퀴를 돌아야 하는가? (1 mi = 5,280 ft)

▸ **연습문제 2.11+**

섬이 해안으로부터 5.72해리만큼 떨어져 있다. 섬은 해안으로부터 몇 미터 떨어져 있다고 볼 수 있는가? (1해리 = 1.151 mi)

▸ **심화 학습** 복습문제 83, 84

2.8 분자와 분모의 단위 변환

▸ 분자와 분모에 단위가 있을 때 값의 단위를 변환한다.

어떤 단위 변환 문제에서는 분수의 분자와 분모 둘 다의 단위를 변환해야 한다. 예를 들어 토요타 프리우스의 도시가스 연비는 미국 환경보호국(EPA) 추산 갤런당 48.0마일이다. 유럽에서 가솔린은 리터로 판매되고, 거리는 킬로미터로 측정된다. 그렇다면 프리우스의 연비 추산을 갤런당 마일에서 리터당 킬로미터로 어떻게 변환할까? 이때는 2개의 환산 인자(마일에서 킬로미터로, 갤런에서 리터로)를 사용해야 한다.

$$1 \text{ mi} = 1.609 \text{ km}$$
$$1 \text{ gal} = 3.785 \text{ L}$$

48.0 mi/gal로 시작하여 단위가 올바르게 제거되도록 환산 인자를 쓴다. 먼저 분자를 km로 바꾼 다음 분모를 L로 바꾼다.

해결도표

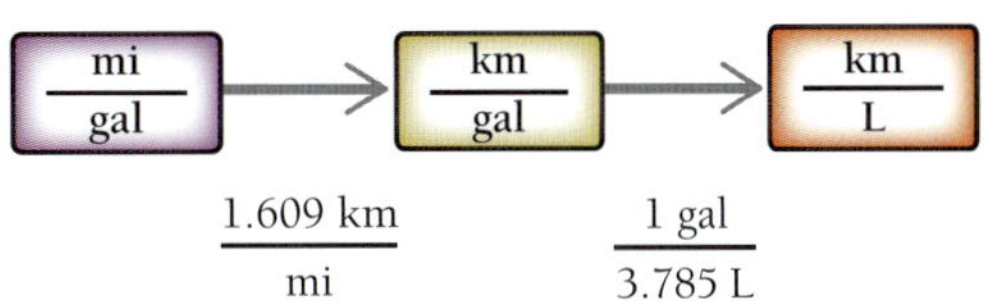

답

$$48.0\frac{\cancel{\text{mi}}}{\cancel{\text{gal}}} \times \frac{1.609\ \text{km}}{\cancel{\text{mi}}} \times \frac{1\ \cancel{\text{gal}}}{3.785\ \text{L}} = 20.4\frac{\text{km}}{\text{L}}$$

분모를 gal에서 L로 변환하려면 환산 인자로 분자에 gal을, 분모에 L을 쓴다.

예제 2.12 분자와 분모의 단위 변환 문제 풀기

약을 체중 1 kg당 11.5 mg 처방해야 한다. 이 값을 파운드당 그램수로 바꾸고, 145 lb인 환자의 올바른 복용량(g)을 구하시오.

분류

문제의 정보를 주어진 값과 구해야 하는 값으로 분류하는 것으로 시작한다. 복용량은 mg/kg으로, 환자의 체중은 lb로 주어졌다. 단위를 g/lb로 바꾸고, 145 lb인 환자의 복용량을 g으로 구해야 한다.

주어진 값: $11.5\frac{\text{mg}}{\text{kg}}$

145 lb

구해야 하는 값: g/lb, 복용량(g)

전략

해결도표는 두 부분으로 이루어진다. 첫 번째 부분에서는 mg/kg을 g/lb로 바꾼다. 이 결과를 이용하여 두 번째 부분에서는 145 lb인 환자에게 맞는 양을 구한다.

해결도표

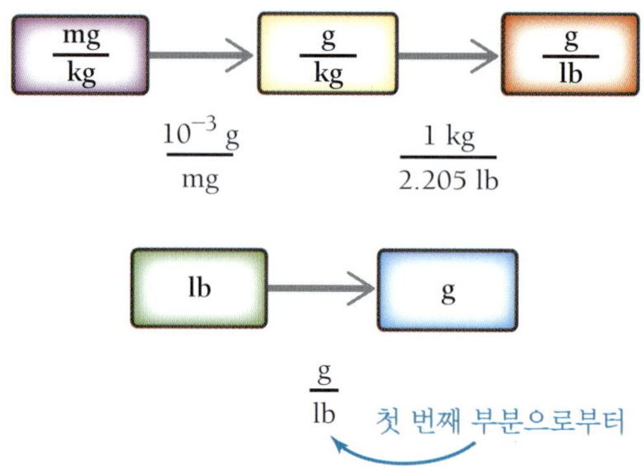

사용된 관계식

$1\ \text{mg} = 10^{-3}\ \text{g}$ (표 2.2)

$1\ \text{kg} = 2.205\ \text{lb}$ (표 2.3)

풀이

해결도표에 따라 문제를 푼다. 11.5 mg/kg으로 시작하고, 2개의 환산 인자를 곱하여 g/lb의 값에 이른다. 그 답의 세 유효 숫자에 표시하고 가장 정확하게 알려진 값의 세 유효 숫자를 반영한다.

그런 다음 145 lb로 시작하고 처음에 얻은 값을 이용하여 g으로 바꾼다. 그리고 답의 유효 숫자가 3개가 되도록 반올림한다.

답

$$11.5\frac{\cancel{\text{mg}}}{\cancel{\text{kg}}} \times \frac{10^{-3}\ \text{g}}{\cancel{\text{mg}}} \times \frac{1\ \cancel{\text{kg}}}{2.205\ \text{lb}} = 0.005\underline{2}15\frac{\text{g}}{\text{lb}}$$

$$145\ \cancel{\text{lb}} \times \frac{0.005\underline{2}15\ \text{g}}{\cancel{\text{lb}}} = 0.75617\ \text{g} = 0.756\ \text{g}$$

검토

답을 확인한다. 단위가 옳은가? 답이 합당한가?

단위가 옳고 답의 크기도 합당하다. 약 복용량은 어느 정도 범위에서 다를 수 있지만 대개 0~1 g이다.

▶ **연습문제 2.12 | 분자와 분모의 단위 변환 문제 풀기**

자동차가 65 km/hr의 속도로 달리고 있다. 이 속도는 m/s로 얼마인가?

▶ **심화 학습** 예제 2.27/복습문제 95~98

2.9 거듭제곱된 단위

▶ 거듭제곱된 단위를 변환한다.

세제곱센티미터(cm^3)처럼 거듭제곱된 단위와 함께 값을 변환할 때는 반드시 환산 인자도 거듭제곱을 해야 한다. 예를 들어 오토바이 엔진의 크기 1,255 cm^3를 in^3 단위로 변환하는 경우 우리는 다음을 알고 있다.

$$2.54 \text{ cm} = 1 \text{ in}$$

단위 cm^3는 흔히 cc로 약기한다.

환산 인자에 관한 대부분의 표에는 세제곱 단위 간의 변환이 포함되어 있지 않다. 그러나 기본 단위, 즉 세제곱되지 않은 단위의 환산 인자에서 도출해낼 수 있다. 적당한 환산 인자를 얻으려면 기본 단위의 환산 인자 등식 양변을 세제곱한다.

$$(2.54 \text{ cm})^3 = (1 \text{ in})^3$$
$$(2.54)^3 \text{ cm}^3 = 1^3 \text{ in}^3$$
$$16.387 \text{ cm}^3 = 1 \text{ in}^3$$

분수 형태로도 같은 과정을 수행할 수 있다.

$$\frac{1 \text{ in}}{2.54 \text{ cm}} = \frac{(1 \text{ in})^3}{(2.54 \text{ cm})^3} = \frac{1 \text{ in}^3}{16.387 \text{ cm}^3}$$

그런 다음 평소와 같은 방식으로 변환하면 된다.

해결도표

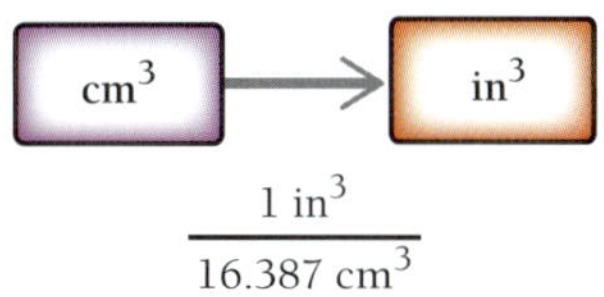

2.54 cm = 1 in는 정확한 환산 인자이다. 세제곱한 후에 5개의 유효 숫자를 얻을 수 있다. 따라서 환산 인자는 유효 숫자가 4개인 본래 값(1255 cm^3)을 제한하지 못한다.

답

$$1255 \text{ cm}^3 \times \frac{1 \text{ in}^3}{16.387 \text{ cm}^3} = 76.5851 \text{ in}^3 = 76.59 \text{ in}^3$$

예제 2.13 거듭제곱된 단위가 포함된 값의 변환

어떤 원의 면적이 2659 cm^2이다. 이는 몇 제곱미터인가?

분류
제곱센티미터로 주어진 면적을 제곱미터로 변환해야 한다.

주어진 값: 2659 cm^2
구해야 하는 값: m^2

전략
cm^2로 시작하여 m^2로 끝나는 해결도표를 만든다. 환산 인자도 제곱해야 한다는 것을 잊지 말라.

해결도표

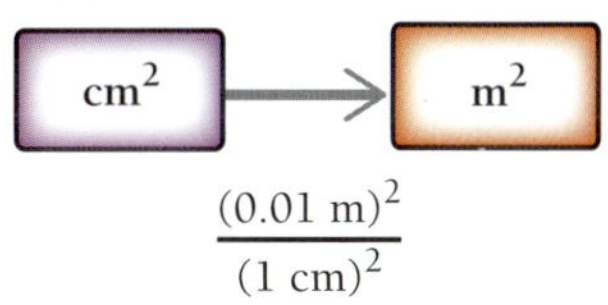

사용된 관계식
1 cm = 0.01 m (표 2.2)

풀이

해결도표에 따라 문제를 푼다. 계산을 수행할 때 환산 인자(단위와 숫자 모두)를 제곱한다.

주어진 값의 유효 숫자 4개를 반영하기 위해 답의 유효 숫자가 4개가 되도록 반올림한다. 환산 인자가 정확하므로 유효 숫자의 개수가 제한되지 않는다.

답

$$2659\ \mathrm{cm}^2 \times \frac{(0.01\ \mathrm{m})^2}{(1\ \mathrm{cm})^2} = 2659\ \cancel{\mathrm{cm}^2} \times \frac{10^{-4}\ \mathrm{m}^2}{1\ \cancel{\mathrm{cm}^2}}$$
$$= 0.265900\ \mathrm{m}^2$$
$$= 0.2659\ \mathrm{m}^2$$

검토

답을 확인한다. 단위가 옳은가? 답이 합당한가?

단위가 옳고 답의 크기도 합당하다. m^2는 cm^2보다 훨씬 큰 단위이므로 m^2 단위의 값은 cm^2 단위의 값보다 훨씬 작아야 한다.

▶ **연습문제 2.13 | 거듭제곱된 단위가 포함된 값의 변환**

어떤 자동차 엔진의 배기량(엔진의 부피를 나타내는 양)이 289.7 in^3이다. 이는 몇 세제곱센티미터인가?

▶ **심화 학습** 예제 2.28/복습문제 87~92

예제 2.14 거듭제곱된 단위가 포함된 다단계 문제 풀기

미국의 연간 1인당 평균 연료 소비량은 15,615 dm^3이다. 이는 몇 세제곱인치인가?

분류

세제곱데시미터로 주어진 부피를 세제곱인치로 변환해야 한다.

주어진 값: 15,615 dm^3

구해야 하는 값: in^3

전략

dm^3로 시작하여 in^3로 끝나는 해결도표를 만든다. 세제곱 단위가 포함된 값이기 때문에 각각의 환산 인자도 세제곱해야 한다.

해결도표

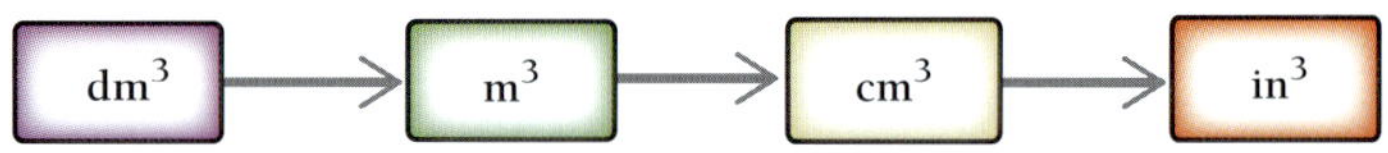

$$\frac{(0.1\ \mathrm{m})^3}{(1\ \mathrm{dm})^3} \qquad \frac{(1\ \mathrm{cm})^3}{(0.01\ \mathrm{m})^3} \qquad \frac{(1\ \mathrm{in})^3}{(2.54\ \mathrm{cm})^3}$$

사용된 관계식

1 dm = 0.1 m (표 2.2)

1 cm = 0.01 m (표 2.2)

2.54 cm = 1 in (표 2.3)

풀이

해결도표에 따라 문제를 푼다. dm^3로 주어진 부피로 시작하고 일련의 환산 인자를 곱하여 in^3에 이른다. 계산을 수행할 때 각각의 환산 인자를 명확히 세제곱한다.

적어도 정확하게 주어진 값(15,615 dm^3)의 유효 숫자 5개를 반영하기 위해 답의 유효 숫자가 5개가 되도록 반올림한다. 환산 인자가 모두 정확하므로 유효 숫자의 개수가 제한되지 않는다.

답

$$15{,}615\ \cancel{\mathrm{dm}^3} \times \frac{(0.1\ \cancel{\mathrm{m}})^3}{(1\ \cancel{\mathrm{dm}})^3} \times \frac{(1\ \cancel{\mathrm{cm}})^3}{(0.01\ \cancel{\mathrm{m}})^3} \times \frac{(1\ \mathrm{in})^3}{(2.54\ \cancel{\mathrm{cm}})^3}$$
$$= 9.5289 \times 10^5\ \mathrm{in}^3$$

검토

답을 확인한다. 단위가 옳은가? 답이 합당한가?

단위가 옳고 답의 크기도 합당하다. in^3는 dm^3보다 작은 단위이므로 in^3 단위의 값은 dm^3 단위의 값보다 커야 한다.

▶ **연습문제 2.14 | 거듭제곱된 단위가 포함된 다단계 문제 풀기**

3.25 yd^3는 몇 세제곱인치인가?

▶ **심화 학습** 복습문제 93, 94

화학과 건강

약 복용량

약 복용량에 사용되는 단위는 밀리그램(mg)이다. 아스피린, 타이레놀 등 흔한 약의 라벨에는 1회에 몇 정을 복용해야 하는지, 1정에 몇 mg의 유효 성분이 포함되었는지가 표시되어 있다. 다음 표는 몇 가지 진통제에 포함된 활성 성분의 질량을 밀리그램 단위로 보여준다. 그 밖의 성분은 셀룰로오스(또는 섬유질), 녹말 등의 비활성 성분으로 구성되어 있다.

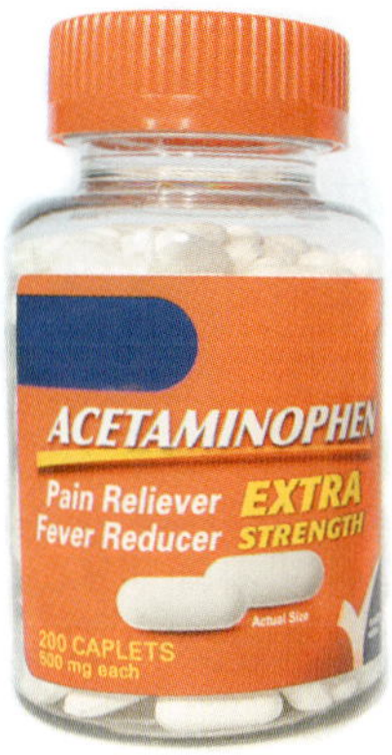

이러한 진통제의 성인 권장 복용량은 4~8시간 간격으로 1~2정이다(진통제에 따라 차이가 있다). 각 진통제의 강력한 버전에는 보통 버전에 들어 있는 같은 화합물이 더 많이 포함되어 있다. 표에 열거된 진통제의 보통 버전 3정은 강력한 버전 2정과 마찬가지이다(또한 가격이 더 저렴할 것이다).

표에 주어진 용량은 상표에 관계없이 각 약에 대해 상당히 표준화된 것이다. 약국 선반에는 보통 버전의 이부프로펜이 여러 가지 상표를 달고 진열되어 있는데, 어떤 것은 일반명으로 팔리고 어떤 것은 다른 상품명(예: 에드빌)으로 팔린다. 그러나 라벨을 자세히 살펴보면 모두 이부프로펜 화합물 200 mg이 들어 있음을 확인할 수 있다. 즉 화합물 또는 화합물의 양에 차이가 없다. 그런데 진통제들의 가격이 제각각이다. 같은 것을 더 비싸게 주고 살 필요가 없으니 가장 저렴한 것을 선택하라.

질문 표에 제시된 각각의 용량을 온스 단위로 변환하시오. 용량이 온스 단위로 표시되지 않은 이유는 무엇인가?

일반적인 진통제 1정에 포함된 활성 성분의 질량

진통제	1정당 활성 성분의 질량
아스피린	325 mg
아스피린(강력한 것)	500 mg
이부프로펜(에드빌)	200 mg
이부프로펜(강력한 것)	300 mg
아세트아미노펜(타이레놀)	325 mg
아세트아미노펜(강력한 것)	500 mg

✔ 확인문제 2.9

1 cm는 10 mm이다. 그렇다면 1 cm^3는 몇 세제곱밀리미터인가?

(a) 10 (b) 30 (c) 100 (d) 1000

2.10 밀도

- 어떤 물질의 밀도를 계산한다.
- 밀도를 환산 인자로 사용한다.

▲ 최고급 자전거의 뼈대는 밀도가 낮고 강도가 큰 타이타늄으로 만들어진다. 타이타늄의 밀도는 4.50 g/cm^3, 철의 밀도는 7.86 g/cm^3이다.

타이타늄으로 만들어진 자전거가 3,000달러가 넘는 가격에도 팔리는 이유는 무엇일까? 강철로 만들어진 자전거는 비슷한 강도이지만 그보다 훨씬 저렴하다. 둘의 차이점은 질량이다. 즉 부피가 같더라도 타이타늄이 강철보다 더 가볍다. 달리 말해 타이타늄은 강철보다 밀도가 낮다. 어떤 물질의 **밀도**(density)는 부피에 대한 질량의 비(ratio)를 말한다.

$$\text{밀도} = \frac{\text{질량}}{\text{부피}} \quad \text{또는} \quad d = \frac{m}{V}$$

밀도는 물질을 구분 짓는 기본 특성이다. 밀도의 단위는 질량의 단위를 부피의 단위로 나눈 것으로, g/cm^3 또는 g/mL로 표현하곤 한다. 흔히 볼 수 있는 몇 가지 물질의 밀도는 표 2.4와 같다. 알루미늄의 밀도는 2.70 g/cm^3로 금속 중에서 가장 낮고, 백금의 밀도는 21.4 g/cm^3로 가장 높다. 타이타늄의 밀도는 4.50 g/cm^3이다.

표 2.4 몇 가지 물질의 밀도

물질	밀도(g/cm^3)
숯(참나무)	0.57
에탄올	0.789
얼음	0.92
물	1.0
유리	2.6
알루미늄	2.7
타이타늄	4.50
철	7.86
구리	8.96
납	11.4
금	19.3
백금	21.4

세제곱센티미터(cm^3)와 밀리리터(mL)는 동일한 단위이다.

밀도 계산

물질의 밀도는 물질의 질량을 부피로 나눈 값이다. 예를 들어 어떤 액체의 부피가 22.5 mL이고 질량이 27.2 g일 때 밀도를 구하려면 앞의 식을 사용한다.

$$d = \frac{m}{V} = \frac{27.2\ g}{22.5\ mL} = 1.21\ g/mL$$

방정식이 포함된 문제를 풀 때 해결도표를 이용할 수 있으나 순수한 변환 문제와 조금 다른 형태를 취한다. 방정식이 포함된 문제에 대한 해결도표는 주어진 값에서 구해야 할 값으로 방정식이 어떻게 도달하는지를 보여준다. 이 문제에 대한 해결도표는 다음과 같다.

$$d = \frac{m}{V}$$

이 해결도표는 m과 V의 값을 식 $d = \frac{m}{V}$에 대입하면 원하는 결과인 d가 나오는 것을 보여준다.

예제 2.15 밀도 계산

보석상이 한 여성에게 반지를 보여주면서 백금으로 만들었다고 설명했다. 반지가 약간 가볍다는 것을 알아차린 여성은 반지의 밀도를 확인하는 실험을 해보기로 했다. 그녀는 반지를 저울로 재서 질량이 5.84 g이라는 것을 알아내고, 반지를 물에 넣어 부피가 0.556 cm^3라는 것을 알아냈다. 반지는 백금으로 만들어졌는가? 백금의 밀도는 21.4 g/cm^3이다. (물에 넣어 부피를 측정하는 것은 모양이 불규칙한 물체의 부피를 측정하는 데 흔히 쓰이는 방법이다. 어떤 물체가 0.556 cm^3의 물을 대체한다는 것은 그 물체를 물이 가득 담긴 용기에 넣었을 때 0.556 cm^3만큼의 물이 흘러넘친다는 것을 의미한다. 따라서 물체의 부피는 0.556 cm^3이다.)

분류
반지의 질량과 부피가 주어졌고 밀도를 구해야 한다.

주어진 값: $m = 5.84\ g$
$V = 0.556\ cm^3$
구해야 하는 값: g/cm^3 단위의 밀도

전략
반지가 백금으로 만들어졌다면 반지의 밀도가 백금의 밀도와 같아야 한다. 주어진 값(질량과 부피)으로부터 구해야 하는 값(밀도)에 어떻게 이르는지를 나타내는 해결도표를 만든다. 화살표 아래에 환산 인자를 쓰는 변환 문제와 달리 여기서는 화살표 아래에 밀도에 관한 방정식을 쓴다.

해결도표

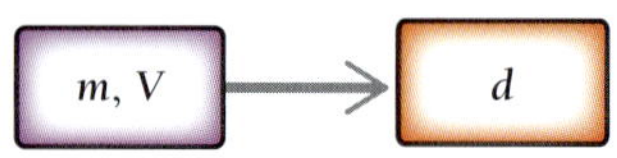

$$d = \frac{m}{V}$$

사용된 관계식
$d = \frac{m}{V}$ (밀도에 대한 식)

풀이
해결도표에 따라 문제를 푼다. 주어진 값을 밀도에 대한 식에 대입하여 밀도를 계산한다.
주어진 값의 유효 숫자 3개를 반영하기 위해 답의 유효 숫자가 3개가 되도록 반올림한다.

답
$$d = \frac{m}{V} = \frac{5.84\ g}{0.556\ cm^3} = 10.5\ g/cm^3$$
반지의 밀도가 백금의 밀도보다 너무 작은 것으로 보아 가짜 백금이다.

검토
답을 확인한다. 단위가 옳은가? 답이 합당한가?

단위가 옳고 답의 크기도 실제 밀도로 합당한 것 같다. 표 2.4에서 보듯이 액체와 고체의 밀도는 1 g/cm^3 미만에서 20 g/cm^3 이상까지 다양하다.

▶ 연습문제 2.15 | 밀도 계산

여성이 보석상에게 돌려주었고 반지를 보석상이 그녀에게 사과했다. 실수로 백금 반지 아닌 은반지를 보여주었던 것이다. 보석상은 새로운 백금 반지를 주었고, 여성이 밀도를 확인하기 위해 실험을 해보니 반지의 질량이 9.67 g, 부피가 0.452 cm^3였다. 이 반지는 진짜 백금인가?

▶ 심화 학습 예제 2.29/복습문제 99~104

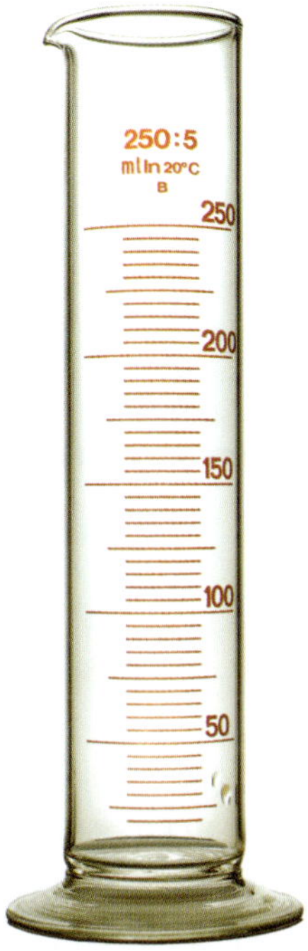

▲ 실험실에서 액체의 부피를 측정할 때 눈금 실린더가 사용된다.

환산 인자로서의 밀도

물질의 밀도는 물질의 질량과 부피 간 환산 인자로 사용할 수 있다. 예를 들어 밀도가 1.32 g/cm^3인 액체 68.4 g이 필요한데, 눈금 실린더(부피를 측정하는 데 사용되는 유리 기구)로 정확한 부피를 측정하려 한다고 가정하자. 측정해야 하는 부피는 얼마인가?

액체의 질량으로 시작하고 밀도를 환산 인자로 사용하여 질량을 부피로 변환한다. 그러나 역수로 표현된 밀도 1 cm^3/1.32 g를 사용해야 한다. 변환해야 하는 단위인 그램(g)이 아래쪽(분모)에, 변환하여 나타내고자 하는 단위인 세제곱센티미터가 위쪽(분자)에 있어야 하기 때문이다. 해결도표는 다음과 같다.

해결도표

g → cm^3 → mL

$$\frac{1\ cm^3}{1.32\ g} \qquad \frac{1\ mL}{1\ cm^3}$$

답

$$68.4\ \cancel{g} \times \frac{1\ \cancel{cm^3}}{1.32\ \cancel{g}} \times \frac{1\ mL}{1\ \cancel{cm^3}} = 51.8\ mL$$

68.4 g의 액체를 얻으려면 51.8 mL가 되어야 한다.

예제 2.16 환산 인자로서의 밀도

자동차 가스탱크 안에 들어 있는 가솔린의 질량이 60.0 kg이고 밀도가 0.752 g/cm^3이다. 가솔린의 부피는 몇 세제곱센티미터인가?

분류

킬로그램 단위의 질량이 주어졌고 세제곱센티미터 단위의 부피를 구해야 한다. 밀도는 질량과 부피 간 환산 인자이다.

주어진 값: 60.0 kg

밀도 = 0.752 g/cm^3

구해야 하는 값: cm^3 단위의 부피

전략

kg으로 시작하여 cm^3로 끝나는 해결도표를 만든다. (역수로 표현된) 밀도를 사용하여 g을 cm^3로 바꾼다.

해결도표

kg → g → cm^3

$$\frac{1000\ g}{1\ kg} \qquad \frac{1\ cm^3}{0.752\ g}$$

사용된 관계식

0.752 g/cm^3 (문제에 주어짐)

1000 g = 1 kg (표 2.2)

풀이	**답**
해결도표에 따라 문제를 푼다. 주어진 값의 유효 숫자 3개를 반영하기 위해 답의 유효 숫자가 3개가 되도록 반올림한다.	$60.0\ \cancel{\text{kg}} \times \dfrac{1000\ \cancel{\text{g}}}{1\ \cancel{\text{kg}}} \times \dfrac{1\ \text{cm}^3}{0.752\ \cancel{\text{g}}} = 7.98 \times 10^4\ \text{cm}^3$
검토 답을 확인한다. 단위가 옳은가? 답이 합당한가?	답의 단위가 부피의 단위와 같으므로 옳다. 밀도가 1 g/cm^{3}보다 다소 작으므로 답의 크기도 합당해 보인다. 따라서 60.0 kg의 부피는 60.0×10^3 cm^{3}보다 약간 클 것이다.

▶ **연습문제 2.16 | 환산 인자로서의 밀도**

아세톤(매니큐어 제거제) 한 방울의 질량이 35 mg이고 밀도가 0.788 g/cm^{3}이다. 이는 몇 세제곱센티미터인가?

▶ **연습문제 2.16+**

강철 실린더의 부피가 246 cm^{3}이고 밀도가 7.93 g/cm^{3}이다. 이 실린더의 질량은 몇 킬로그램인가?

▶ **심화 학습** 예제 2.30/복습문제 105, 106

화학과 건강

밀도, 콜레스테롤과 심장병

콜레스테롤은 고기, 달걀, 생선, 가금류, 유제품 등의 동물성 식품에서 발견되는 지방질이다. 우리 몸은 여러 가지 목적으로 콜레스테롤을 이용한다. 그러나 유전적 요인과 식단으로 인해 혈액 내 콜레스테롤이 과도하면 동맥벽에 쌓여서 동맥경화증을 일으키거나 동맥이 막힐 수 있다. 이러한 막힘은 중요한 장기로의 혈류를 방해하여 심장마비와 뇌졸중을 유발하기 때문에 위험하다. 혈액 내 콜레스테롤의 농도가 증가할수록 심장마비와 뇌졸중으로 인한 위험이 커진다(표 2.5). 콜레스테롤은 밀도에 따라 분리되는 지방 단백질에 의해 혈액으로 운반된다.

혈액 내 콜레스테롤의 주 운반체는 저밀도 지방 단백질(LDLs)이다. '나쁜' 콜레스테롤이라고도 불리는 LDLs의 밀도는 1.04 g/cm^{3}이다. LDLs로 인해 동맥벽에 콜레스테롤이 쌓여 심장마비와 뇌졸중으로 인한 위험이 커지기 때문에 LDLs는 해롭다고 할 수 있다. 또한 콜레스테롤은 고밀도 지방 단백질(HDLs)에 의해서도 운반된다. '좋은' 콜레스테롤이라고도 불리는 HDLs의 밀도는 1.13 g/cm^{3}이다. HDLs는 콜레스테롤을 처리하고 배출하기 위해 간으로 운반하고, 그 결과 동맥벽의 콜레스테롤이 감소되는 경향이 있다. 너무 낮은 농도의 HDLs(35 mg/100 mL보다 낮은 농도)는 심장마비를 일으키는 위험 요소로 볼 수 있다. 포화지방이 적은 음식을 먹고 운동을 하면 혈액 내 HDL 수치가 높아지고 LDL 수치가 낮아진다고 알려져 있다.

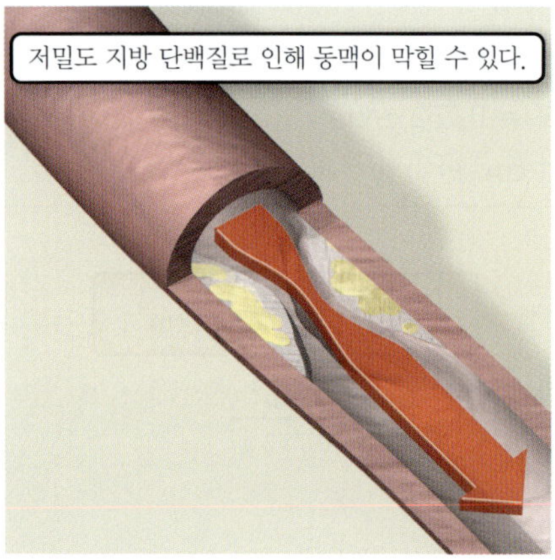

저밀도 지방 단백질로 인해 동맥이 막힐 수 있다.

질문 길이가 1.25 cm, 지름이 0.50cm인 실린더에 담을 수 있는 저밀도 지방 단백질의 질량은 일마인가? (실린더의 부피 $V = \pi r^2 l$이다. 여기서 r은 실린더의 반지름, l은 실린더의 길이이다.)

표 2.5 뇌졸중, 심장마비로 인한 위험과 혈액 내 콜레스테롤 농도

위험 수준	혈액 내 총 콜레스테롤 농도 (mg/100 mL)	LDL 혈액 내 LDL 농도 (mg/100 mL)(mg/100 mL)
낮다	< 200	< 130
경계	200~239	130~159
높다	> 240	> 160

2.11 수치 문제 풀이 전략과 해결도표

이 장에서는 수치 문제를 어떻게 해결하는지에 대한 몇 가지 예들을 볼 수 있을 것이다. 2.6절에서 간단한 단위 변환 문제를 푸는 순서를 배웠다. 그리고 나서 다단계 단위 변환 문제나 식을 포함한 문제를 풀려면 순서를 어떻게 수정하는지에 대해서도 배웠다. 이제 이 책에서 접하는 대부분의 수치 문제에 적용하기 위해 이러한 과정을 요약해보고 해결 방법을 일반화할 것이다. 2.6절에서와 같이, 다음 표 왼쪽 열에는 수치 문제를 풀 수 있는 일반적인 순서가 제시되어 있다. 가운데와 오른쪽 열에는 이 순서가 적용되는 두 가지 예가 제시되어 있다.

	예제 2.17	**예제 2.18**
수치 문제 풀이	**단위 변환** 대규모 반응에 23.5 kg의 에탄올 시료가 필요하다. 에탄올을 몇 리터 사용해야 하는가? 에탄올의 밀도는 0.789 g/cm^3이다.	**식을 이용한 단위 변환** 몸무게가 55.9 kg인 사람이 물탱크 안에 들어갔더니 57.2 L의 물이 흘러넘쳤다. 이 사람의 밀도는 몇 g/cm^3인가?
분류 • 주어진 수와 그 단위를 눈여겨본다. 이러한 수는 계산의 시작점이다. 주어진 대로 써 내려간다. • 구해야 할 것을 파악하기 위해 문제를 꼼꼼히 읽는다. 값의 단위가 함축적일 때도 있고, 명확할 때도 있다.	**주어진 값:** 에탄올 23.5 kg 밀도 = 0.789 g/cm^3 **구해야 하는 값:** L 단위의 부피	**주어진 값:** m = 55.9 kg V = 57.2 L **구해야 하는 값:** g/cm^3 단위의 밀도
전략 • 변환 관련 문제에서는 단위에 초점을 맞춘다. 해결도표는 주어진 값의 단위에서 구해야 하는 값의 단위에 이르는 방법을 보여준다. • 방정식이 포함된 문제에서는 방정식에 초점을 맞춘다. 해결도표는 주어진 값에서 구해야 할 값으로 방정식이 어떻게 도달하는지를 보여준다. • 단위 변환과 방정식이 포함된 문제도 있다. 이러한 경우의 해결도표는 위의 두 가지 사항을 모두 이용한다.	**해결도표** kg → g → cm^3 → mL → L $\frac{1000\ g}{1\ kg}$ $\frac{1\ cm^3}{0.789\ g}$ $\frac{1\ mL}{1\ cm^3}$ $\frac{1\ L}{1000\ mL}$ **사용된 관계식** 0.789 g/cm^3 (문제에 주어짐) 1000 g = 1 kg (표 2.2) 1000 mL = I L (표2.2) 1 mL = 1 cm^3 (표 2.3)	**해결도표** m, V → d $d = \frac{m}{V}$ **사용된 관계식** $d = m/V$ (밀도의 정의)
풀이 • 변환 관련 문제의 경우 주어진 값과 그 단위에서 시작한다. 그리고 적절한 환산 인자를 곱하고 단위를 약분하여 구해야 하는 값을 얻는다. • 방정식이 포함된 문제의 경우 방정식을 푼다(구해야 하는 값이 한쪽에 분리되도록 대수학을 이용하여 식을 재배열한다). 올바른 단위로 식에 대입	**답** $23.5\ kg \times \frac{1000\ g}{1\ kg} \times \frac{1\ cm^3}{0.789\ g} \times \frac{1\ mL}{1\ cm^3} \times \frac{1\ L}{1000\ mL} = 29.7845\ L$ $29.7845\ L = 29.8\ L$	**답** 구해야 하는 값을 이미 얻었으니 질량의 단위를 킬로그램에서 그램으로 변환한다. $m = 55.9\ kg \times \frac{1000\ g}{1\ kg} = 5.59 \times 10^4\ g$ 부피의 단위를 리터에서 세제곱센티미터로 변환한다.

되도록 각각의 값을 모은다(필요시 추가 해결도표를 이용하여 올바른 단위로 변환한다). 그리고 값과 그 단위를 방정식에 대입하고 답을 계산한다. • 유효 숫자의 개수를 맞춰 답을 반올림한다. 2.3절과 2.4절의 유효 숫자 규칙을 이용한다.		$V = 57.2\ \cancel{\text{L}} \times \frac{1000\ \cancel{\text{mL}}}{1\ \cancel{\text{L}}} \times \frac{1\ \text{cm}^3}{1\ \cancel{\text{mL}}}$ $= 57.2 \times 10^3\ \text{cm}^3$ 밀도를 계산한다. $d = \frac{m}{V} = \frac{55.9 \times 10^3\ \text{g}}{57.2 \times 10^3\ \text{cm}^3}$ $= 0.9772727\ \frac{\text{g}}{\text{cm}^3}$ $= 0.977\ \frac{\text{g}}{\text{cm}^3}$
검토 답의 크기가 합당한다. 단위가 옳은가?	단위(L)가 옳고 답의 크기도 합당하다. 밀도가 1 g/cm^3보다 작기 때문에 부피(29.8 L)의 값이 질량(23.5 kg)의 값보다 커야 한다.	단위가 옳다. 킬로그램 단위의 질량과 리터 단위의 부피는 크기가 매우 비슷하여 밀도가 1 g/cm^3에 근접한데 이는 합당하다.
	▶ **연습문제 2.17 | 단위 변환** 순수한 골드바를 물에 넣었을 때 0.82 L의 물이 흘러넘친다. 이 금의 질량은 몇 킬로그램인가? (금의 밀도는 19.3 g/cm^3이다.)	▶ **연습문제 2.18 | 식을 이용한 단위 변환** 시냇물에서 발견된 금빛 조약돌의 질량이 23.2 mg이고 부피가 1.20 mm^3이다. 밀도는 몇 g/m^3인가? 이것은 금인가? (금의 밀도는 19.3 g/cm^3이다.)
	▶ **심화 학습** 복습문제 103, 115, 116	▶ **심화 학습** 복습문제 103, 111, 112

2장 복습

자가진단 퀴즈

1. 숫자 0.000042를 과학적 표기법으로 나타내시오.
(a) 0.42×10^{-4} (b) 4.2×10^{-5}
(c) 4.2×10^{-4} (d) 4×10^{-5}

2. 눈금 실린더에 밀리리터마다 눈금이 표시되어 있다. 다음 중 이 눈금 실린더에 들어 있는 양을 정확하게 잰 것은 무엇인가?
(a) 21 mL (b) 21.2 mL
(c) 21.23 mL (d) 21.232 mL

3. 숫자 0.00620의 유효 숫자는 몇 개인가?
(a) 2 (b) 3 (c) 4 (d) 5

4. 숫자 89.04997의 유효 숫자가 3개가 되도록 반올림하시오.
(a) 89.03 (b) 89.04
(c) 89.1 (d) 89.0

5. 정확한 유효 숫자의 개수를 맞춰 다음 곱셈을 계산하시오.

$$65.2 \times 0.0015 \times 12.02$$

(a) 1.17 (b) 1.18
(c) 1.2 (d) 1.176

6. 정확한 유효 숫자의 개수를 맞춰 다음 덧셈을 계산하시오.

$$8.32 + 12.148 + 0.02$$

(a) 20.488 (b) 20.49 (c) 20.5 (d) 21

7. 정확한 유효 숫자의 개수를 맞춰 다음을 계산하시오.

$$78.222 \times (12.02 - 11.52)$$

(a) 39 (b) 39.1 (c) 39.11 (d) 39.111

8. 76.8 cm를 m로 변환하시오.
(a) 0.0768 m (b) 7.68 m
(c) 0.768 m (d) 7.68×10^{-2} m

9. 2855 mg을 kg으로 변환하시오.
(a) 2.855×10^{-3} kg (b) 2.855 kg
(c) 0.02855 kg (d) 3.503×10^{-4} kg

10. 1486 m를 6.85분에 달리는 육상 선수의 평균 속도는 시간당 킬로미터로 얼마인가?
(a) 2.16 km/hr (b) 0.0035 km/hr
(c) 13.0 km/hr (d) 13.02 km/hr

11. 가솔린 7.88 L를 사용하여 97.2 km를 주행할 수 있는 자동차의 연비는 갤런당 마일로 얼마인가?
(a) 2.02 mi/gal (b) 7.67 mi/gal
(c) 0.034 mi/gal (d) 29.0 mi/gal

12. 876.9 in^3를 m^3로 변환하시오.
(a) 0.01437 m^3 (b) 22.27 m^3
(c) 5.351×10^7 m^3 (d) 0.014 m^3

13. 27 m/s를 km/hr로 변환하시오.
(a) 97 km/hr (b) 7.5 km/hr
(c) 1.6 km/hr (d) 0.027 km/hr

14. 각 모서리의 길이가 2.5 cm이고 질량이 66.9 g인 정육면체를 이루는 물질의 밀도는 얼마인가? (정육면체의 부피는 모서리의 길이를 세제곱한 것과 같다.)
(a) 10.7 g/cm^3 (b) 4.3 g/cm^3
(c) 0.234 g/cm^3 (d) 26.7 g/cm^3

15. 밀도가 0.880 g/mL인 액체 225 mL의 질량은 얼마인가?
(a) 198 g (b) 0.0039 g (c) 0.198 g (d) 0.256 g

16. 철로 된 정육면체의 질량이 155 g이다. 이 정육면체의 모서리의 길이는 얼마인가? (철의 밀도는 7.86 g/cm^3이고, 정육면체의 부피는 모서리의 길이를 세제곱한 것과 같다.)
(a) 0.0197 cm (b) 19.7 cm (c) 1,218 cm (d) 2.70 cm

정답 1.b 2.b 3.b 4.d 5.c 6.b 7.a 8.c 9.a 10.c 11.d 12.a 13.a 14.b 15.a 16.d

화학 원리 / 관련 내용

불확실성

과학자들은 측정된 값을 보고하여 숫자의 수가 측정의 확실성을 반영하게 한다. 측정된 값을 쓰면 마지막 숫자를 제외한 모든 숫자가 확실하고 마지막 숫자는 추정치로 쓰인다.

측정은 과학의 품질 증명서와 같으며, 측정이 얼마나 신뢰할 만한지 다른 사람들이 알 수 있도록 측정의 정확도는 전달해야 한다. 측정된 값을 쓰고 처리할 때 측정의 정확도를 보여주고 유지해야 한다.

단위

측정된 값에는 보통 연관된 단위가 있다. 길이의 SI 단위는 미터이고 질량의 단위는 킬로그램, 시간의 단위는 초이다. 'kilo-' 또는 'milli-'와 같은 접두 승수는 종종 기본 단위와 결합되어 사용된다. 부피의 SI 단위는 길이를 세제곱한 단위이지만, 리터나 밀리리터도 흔히 사용된다.

측정된 값의 단위는 실제로 값이 무엇인지 전달한다. 합의된 단위 체계가 없다면 과학자들은 측정값을 전달할 수 없다. 단위는 계산할 때도 중요하며, 계산 전반에 걸쳐 단위를 추적하는 것이 필수적이다.

밀도

어떤 물질의 밀도는 질량을 부피로 나눈 $d = m/V$이고, 보통 g/cm^3 또는 g/mL 단위로 보고된다. 밀도는 모든 물질의 기본 속성이며, 일반적으로 물질에 따라 밀도가 다르다.

물질의 밀도는 제조 및 생산을 위한 재료를 선택하는 데 중요한 고려 대상이다. 예를 들어 비행기는 저밀도 재료로 만들고, 다리는 고밀도 재료로 만든다. 밀도는 질량과 부피 간, 부피와 질량 간 환산 인자로도 중요하다.

화학 문제를 푸는 기술 / 예제

학습목표: 과학적 표기법을 이용하여 매우 큰 수와 매우 작은 수를 나타낸다(2.2절).

과학적 표기법으로 숫자를 나타내려면

- 1부터 10 사이의 수를 얻기 위해 소수점을 이동한다.
- 소수점을 이동한 자릿수만큼 10의 거듭제곱을 곱한 소수 부분을 쓴다.
- 소수점을 왼쪽으로 이동하면 지수는 양의 값이고, 소수점을 오른쪽으로 이동하면 지수는 음의 값이다.

예제 2.19 과학적 표기법

숫자 45,000,000을 과학적 표기법으로 나타내시오.

45,000,000
7 6 5 4 3 2 1

4.5×10^7

학습목표: 측정된 값을 정확한 수치로 보고한다(2.3절).

마지막 숫자를 제외한 모든 숫자가 확실하도록 측정된 값을 보고한다. 마지막 숫자는 추정치이다.

예제 2.20 측정된 값을 올바른 자릿수로 보고하기

눈금 실린더 안에 있는 액체의 부피를 정확한 자릿수로 기록하시오. 실험실 유리 기구는 액체 기둥의 맨 위에 있는 곡면인 메니스커스의 바닥에서 교정된다(따라서 읽어야 한다)(그림 참조).

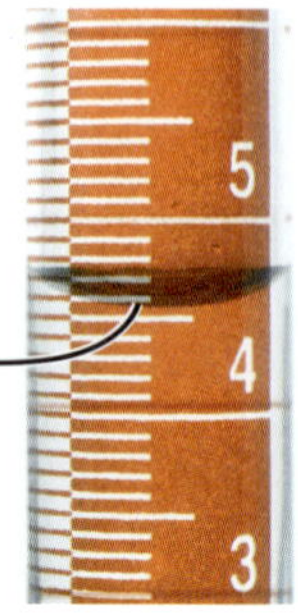

눈금 실린더에는 0.1 mL마다 눈금이 새겨져 있기 때문에 가장 가까운 0.01 mL까지 측정값을 기록해야 한다. 이 경우의 측정값은 4.57 mL이다.

학습목표: 어떤 수에서 어느 자리가 유효 숫자인지 확인한다(2.3절).

다음 숫자는 반드시 유효 숫자에 포함해야 한다.

- 0이 아닌 숫자
- 중간에 있는 0
- 소수점 뒤에 있는 0
- 소수점 앞에 있으나 0이 아닌 숫자 뒤에 있는 0

다음 숫자는 유효 숫자에 포함하면 안 된다.

- 첫 번째 0이 아닌 숫자의 왼쪽에 있는 0

다음 숫자는 불확실하므로 과학적 표기법에 따라 피해야 한다.

- 숫자의 끝에 붙지만 소수점 앞에 있는 0

예제 2.21 유효 숫자의 개수

다음 각각의 유효 숫자는 몇 개인가?

1.0050	유효 숫자 5개
0.00870	유효 숫자 3개
100.085	유효 숫자 6개
5400	이 형태로는 유효 숫자의 개수를 알 수 없다.

의도한 유효 숫자의 개수에 따라 5.4×10^3, 5.40×10^3 또는 5.400×10^3으로 써야 한다.

학습목표: 정확한 유효 숫자의 값이 되도록 반올림한다(2.4절).

유효 숫자의 개수를 맞추기 위해 반올림할 때 마지막 숫자가 4이거나 그보다 작으면 내림하고, 마지막 숫자가 5이거나 그보다 크면 올림한다.

예제 2.22 반올림

6.442와 6.456을 유효 숫자가 2개가 되도록 반올림하시오.

6.442는 반올림하면 6.4가 된다.
6.456은 반올림하면 6.5가 된다.

학습목표: 곱셈과 나눗셈 계산 결과에서 정확한 유효 숫자의 값을 구한다(2.4절).

곱셈과 나눗셈의 결과는 유효 숫자의 개수가 가장 적은 인자와 동일한 개수의 유효 숫자를 가지게 된다.

예제 2.23 곱셈과 나눗셈에서의 유효 숫자

다음을 계산하고 유효 숫자의 개수를 맞춰 답을 쓰시오.

$$8.54 \times 3.589 \div 4.2 = 7.2976 = 7.3$$

유효 숫자의 개수가 가장 적은 인자(4.2)의 유효 숫자가 2개이므로 최종 결과의 유효 숫자가 2개가 되도록 반올림한다.

학습목표: 덧셈과 뺄셈 계산 결과에서 정확한 유효 숫자의 값을 구한다(2.4절).

덧셈과 뺄셈의 결과는 가장 적은 소수 자릿수를 가진 값과 같은 소수 자릿수여야 한다.

예제 2.24 덧셈과 뺄셈에서의 유효 숫자

다음을 계산하고 유효 숫자의 개수를 맞춰 답을 쓰시오.

$$\begin{array}{r} 3.098 \\ +0.67 \\ -0.9452 \\ \hline 2.8228 \end{array} = 2.82$$

소수점 아래 자리의 개수가 가장 적은 값(0.67)의 소수점 아래 자리의 개수가 2개이므로 최종 결과의 소수점 아래 자리가 2개가 되도록 반올림한다.

학습목표: 덧셈/뺄셈과 곱셈/나눗셈이 포함된 계산 결과에서 유효 숫자의 값을 구한다(2.4절).

곱셈/나눗셈과 덧셈/뺄셈이 포함된 계산에서는 괄호 안에 있는 것을 먼저 계산한다. 그리고 유효 숫자의 개수가 가장 적은 수에 밑줄을 긋고 답의 유효 숫자 개수를 계속 추적한 다음 남은 과정을 계산한다. 반올림은 마지막에 하는 것이 좋다.

예제 2.25 곱셈/나눗셈과 덧셈/뺄셈이 포함된 계산에서의 유효 숫자

다음을 계산하고 유효 숫자의 개수를 맞춰 답을 쓰시오.

$$\begin{aligned} &8.16 \times (5.4323 - 5.411) \\ &= 8.16 \times 0.02\underline{13} \\ &= 0.1738 = 0.17 \end{aligned}$$

학습목표: 단위를 변환한다(2.6, 2.7절).

단위 변환 문제를 다음과 같은 순서로 푼다.

1. **분류:** 주어진 값과 그 단위를 쓰고, 구해야 하는 값과 그 단위를 쓴다.
2. **전략:** 주어진 값으로부터 구해야 하는 값을 얻을 수 있도록 해결도표를 그린다.
3. **풀이:** 해결도표에 따라 문제를 푼다. 주어진 값과 그 단위에서 시작하여 적절한 환산 인자를 곱하고 단위를 약분한 후, 얻고자 하는 단위의 값을 구한다. 유효 숫자의 개수를 맞춰 최종 결과를 반올림한다.
4. **검토:** 단위가 옳은가? 답이 합당한가?

예제 2.26 단위 변환

108 ft를 미터로 변환하시오.

주어진 값: 108 ft

구해야 하는 값: m

해결도표

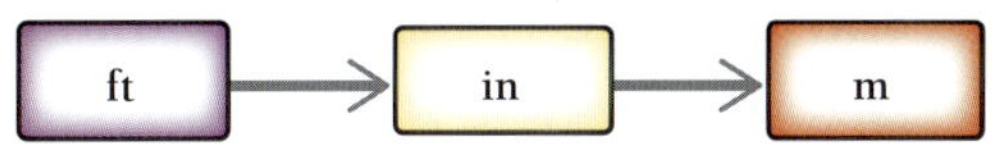

$$\frac{12 \text{ in}}{1 \text{ ft}} \qquad \frac{1 \text{ m}}{39.37 \text{ in}}$$

사용된 관계식

1 m = 39.37 in (표 2.3)

1 ft =12 in (정의에 의해)

답

$$\begin{aligned} &108 \cancel{\text{ft}} \times \frac{12 \cancel{\text{in}}}{1 \cancel{\text{ft}}} \times \frac{1 \text{ m}}{39.37 \cancel{\text{in}}} \\ &= 32.918 \text{ m} \\ &= 32.9 \text{ m} \end{aligned}$$

단위가 옳고 답의 크기도 합당하다. 미터는 피트보다 길기 때문에 미터 단위 수치가 피트 단위 수치보다 작아야 한다.

학습목표: 분자와 분모에 단위가 있을 때 값의 단위를 변환한다(2.8절).

예제 2.27 분자와 분모의 단위 변환

어느 제약 회사가 약의 복용량을 체중 lb당 0.012 g으로 표시했다. 이를 kg당 mg으로 나타내시오.

1. **분류:** 문제의 정보를 주어진 값과 구해야 하는 값으로 분류하는 것으로 시작한다. 약의 복용량이 g/lb로 주어졌고 이를 mg/kg으로 구해야 한다.

주어진 값: $0.012 \dfrac{\text{g}}{\text{lb}}$

구해야 하는 값: $\dfrac{\text{mg}}{\text{kg}}$

2. **전략:** 분자의 g을 mg으로 바꾸고, 분모의 lb를 kg으로 바꾼다.

해결도표

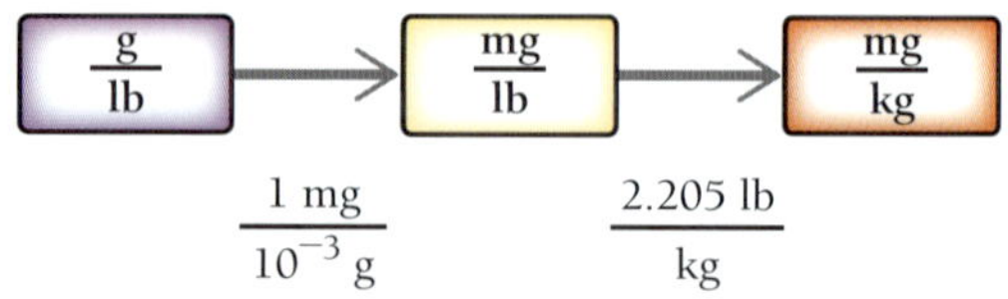

사용된 관계식

1 mg = 10^{-3} g (표 2.2)

1 kg = 2.205 lb (표 2.3)

3. **풀이:** 해결도표에 따라 문제를 푼다. 0.012g/lb로 시작하고, 2개의 환산 인자를 곱하여 mg/kg의 값에 이른다. 그 답의 두 유효 숫자에 표시하고 가장 정확하게 알려진 값의 두 유효 숫자를 반영한다.

답

$$0.012 \frac{\text{g}}{\text{lb}} \times \frac{\text{mg}}{10^{-3}\ \text{g}} \times \frac{2.205\ \text{lb}}{1\ \text{kg}} = 26.46 \frac{\text{mg}}{\text{kg}}$$

4. **검토:** 답을 확인한다. 단위가 옳은가? 답이 합당한가?

단위가 옳고 답의 크기도 합당하다. mg/kg 단위의 복용량은 g/lb 단위의 복용량보다 커야 한다. mg은 kg보다 작은 단위이고(같은 양을 만드는 데 더 많이 필요함), kg은 lb보다 큰 단위이기 때문이다(lb당 복용량보다 kg당 복용량이 더 많다).

학습목표: 거듭제곱된 단위를 변환한다(2.9절).

거듭제곱된 단위가 포함된 문제를 풀 때는 환산 인자도 마찬가지로 거듭제곱해야 한다.

예제 2.28 거듭제곱된 단위가 포함된 단위 변환

1.0 km^{2}는 몇 제곱미터인가?

1. **분류:** 주어진 값과 그 단위를 쓰고, 구해야 하는 값과 그 단위를 쓴다.

주어진 값: 1.0 km^2

구해야 하는 값: m^2

2. **전략:** 주어진 값으로부터 구하고자 하는 값을 얻을 수 있도록 해결도표를 그린다. 단위가 제곱이므로 환산 인자도 제곱해야 한다.

해결도표

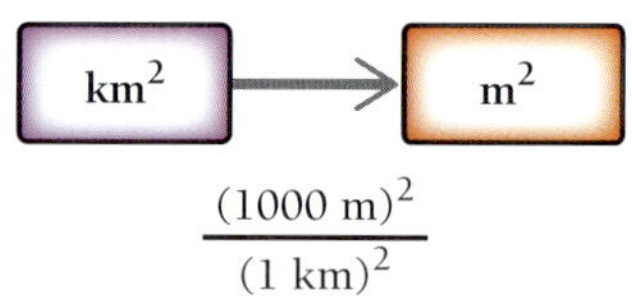

사용된 관계식

1 km = 1000 m (표 2.2)

3. **풀이:** 해결도표에 따라 문제를 푼다. 주어진 값과 그 단위에서 시작하여 적절한 환산 인자를 곱하고 단위를 약분한 후, 얻고자 하는 단위의 값을 구한다. 제곱된 단위에 대한 환산 인자를 제곱하는 것을 잊지 말라.

답

$$1.0\ \text{km}^2 \times \frac{(1000\ \text{m})^2}{(1\ \text{km})^2}$$
$$= 1.0\ \text{km}^2 \times \frac{1 \times 10^6\ \text{m}^2}{1\ \text{km}^2}$$
$$= 1.0 \times 10^6\ \text{m}^2$$

4. **검토:** 단위가 옳은가? 답이 합당한가?

단위가 옳고 답의 크기도 합당하다. m^{2}는 km^{2}보다 훨씬 작으므로 m^{2}의 수치가 km^{2}의 수치보다 훨씬 커야 한다.

학습목표: 어떤 물질의 밀도를 계산한다(2.10절).

물체나 물질의 밀도는 그것의 질량을 부피로 나눈 값이다.

$$d = \frac{m}{V}$$

1. **분류:** 주어진 값과 그 단위를 쓰고, 구해야 하는 값과 그 단위를 쓴다.
2. **전략:** 주어진 값으로부터 구하고자 하는 값을 얻을 수 있도록 해결도표를 그린다. 질량과 부피로부터 얻는 식인 밀도의 정의를 이용한다.
3. **풀이:** 밀도의 식에 정확한 값을 대입한다.
4. **검토:** 단위가 옳은가? 답이 합당한가?

예제 2.29 밀도 계산

어떤 물체의 질량이 23.4 g이고 부피가 5.7 L이다. 이 물체의 밀도는 몇 g/mL인가?

주어진 값: $m = 23.4$ g

$V = 5.7$ mL

구해야 하는 값: g/mL 단위의 밀도

해결도표

m, V → d

$$d = \frac{m}{V}$$

사용된 관계식

$d = \frac{m}{V}$ (밀도의 정의)

답

$$d = \frac{m}{V} = \frac{23.4\ \text{g}}{5.7\ \text{mL}} = 4.11\ \text{g/mL} = 4.1\ \text{g/mL}$$

단위(g/mL)가 밀도의 단위이다. 답은 액체와 고체의 밀도 값 범위에 있다(표 2.4 참조).

학습목표: 밀도를 환산 인자로 사용한다(2.10절).

밀도를 질량에서 부피로의 환산 인자로 또는 부피에서 질량으로의 환산 인자로 사용할 수 있다. 부피와 질량을 변환하려면 밀도를 직접 사용한다. 질량과 부피를 변환하려면 밀도를 역수로 하여 사용한다.

1. **분류:** 주어진 값과 그 단위를 쓰고, 구해야 하는 값과 그 단위를 쓴다.
2. **전략:** 주어진 값으로부터 구하고자 하는 값을 얻을 수 있도록 해결도표를 그린다. 밀도의 역수를 이용하여 g을 mL로 바꾼다.
3. **풀이:** 주어진 값으로 시작하고 적절한 환산 인자를 곱하여 구해야 하는 값에 이른다. 유효 숫자의 개수를 맞춰 반올림한다.
4. **검토:** 단위는 옳은가? 답은 합당한가?

예제 2.30 환산 인자로서의 밀도

어떤 액체의 질량이 321 g이고 밀도가 0.84 g/mL이다. 이 액체의 부피는 몇 리터인가?

주어진 값: 321 g

구해야 하는 값: L 단위의 부피

해결도표

g → mL → L

$$\frac{1\ \text{mL}}{0.84\ \text{g}} \qquad \frac{1\ \text{L}}{1000\ \text{mL}}$$

사용된 관계식

0.84 g/mL (문제에 주어짐)

1 L = 1000 mL (표 2.2)

답

$$321\ \cancel{\text{g}} \times \frac{1\ \cancel{\text{mL}}}{0.84\ \cancel{\text{g}}} \times \frac{1\ \text{L}}{1000\ \cancel{\text{mL}}} = 0.382\ \text{L} = 0.38\ \text{L}$$

단위가 옳고, 밀도가 1보다 약간 작으므로 답의 크기도 합당해 보인다. 따라서 부피(382 mL)는 질량(321 g)보다 약간 커야 한다.

핵심 용어

과학적 표기법	미터법 단위체계	유효 숫자	초
국제적 단위	밀도	접두 승수	킬로그램
단위	부피	지수	해결도표
리터	소수 부분	지수 부분	환산 인자
미터	영국식 단위체계	질량	SI 단위

학습 점검 문제

기초문제

1. 과학적 측정값을 보고할 때 왜 단위를 표기해야 하는가?

2. 과학적 측정에서 정확한 수치를 기록하는 것이 왜 중요한가?

3. 과학적 표기법은 왜 유용한가?

4. 측정된 값을 올바르게 적었을 때 어떤 숫자가 확실한가? 또 어떤 숫자가 불확실한가?

5. 0이 유효 숫자로 간주될 때는 언제인가? 또 유효 숫자로 간주되지 않을 때는 언제인가?

6. 완전수의 유효 숫자는 몇 개인가? 어떤 종류의 수가 완전한가?

7. 곱셈과 나눗셈만 포함된 계산에서 유효 숫자의 개수를 제한하는 것은 무엇인가?

8. 덧셈과 뺄셈만 포함된 계산에서 유효 숫자의 개수를 제한하는 것은 무엇인가?

9. 덧셈/뺄셈과 곱셈/나눗셈이 포함된 계산에서 유효 숫자는 어떻게 계산되는가?

10. 수를 반올림하는 규칙은 무엇인가?

11. 길이, 질량, 시간의 SI 기본 단위는 무엇인가?

12. 흔히 쓰이는 부피 단위는 무엇인가?

13. 프리스비(Frisbee)의 지름을 측정할 때 어떤 단위와 접두 승수를 이용해야 하는가?

14. 질량과 무게의 차이점은 무엇인가?

15. 측정용 자를 이용하여 다음 물체를 측정하고 유효 숫자의 개수를 맞추시오.
(a) 병뚜껑(지름) (b) 동전(지름)
(c) 노트 한 장(너비) (d) 이 책(너비)

16. 스톱워치로 다음을 측정하고 유효 숫자의 개수를 맞추시오.
(a) 심장 박동 사이의 시간 간격
(b) 다음 문제를 푸는 데 걸리는 시간
(c) 호흡과 다음 호흡 사이의 시간 간격

17. 계산할 때 단위가 중요한 이유를 설명하시오.

18. 계산할 때 단위는 어떻게 처리되는가?

19. 환산 인자란 무엇인가?

20. 수량에 환산 인자를 곱해도 수량의 근본적 가치가 변하지 않는 이유는 무엇인가?

21. 인치로 측정한 값을 피트로 변환하는 환산 인자는 무엇인가? 피트로 측정한 값을 인치로 변환할 때 환산 인자는 어떻게 되는가?

22. 다음 각각의 환산 인자는 무엇인가?
(a) 마일 → 킬로미터 (b) 킬로미터 → 마일
(c) 갤런 → 리터 (d) 리터 → 갤런

23. 본문에서 설명한 4단계 문제 풀이 전략의 각 단계와 그 중요성을 설명하시오.
(a) 분류 (b) 전략 (c) 풀이 (d) 검토

24. 숙련된 문제 해결자는 항상 답의 값과 단위를 모두 고려한다. 그 이유는 무엇인가?

25. 그램 단위를 파운드 단위로 변환하기 위한 해결도표를 그리시오.

26. 밀리리터 단위를 갤런 단위로 변환하기 위한 해결도표를 그리시오.

27. 미터 단위를 피트 단위로 변환하기 위한 해결도표를 그리시오.

28. 온스 단위를 그램 단위로 변환하기 위한 해결도표를 그리시오(1 lb = 16 oz).

29. 밀도란 무엇인가? 밀도가 환산 인자로 쓰일 수 있는 이유를 설명하시오. 어떤 값 간의 변환을 할 수 있는가?

30. 물질의 밀도를 계산하는 방법을 해결도표를 포함하여 설명하시오.

복습문제

과학적 표기법

31. 다음 수를 과학적 표기법으로 나타내시오.
(a) 29,950,000(텍사스의 인구)
(b) 2,755,481(토론토의 인구)
(c) 893,468(피지의 인구)
(d) 32,000,000(델리의 인구)

* 파란색으로 표시된 문제는 이 책 말미에 해답이 제시되어 있다.

32. 다음 수를 과학적 표기법으로 나타내시오.
(a) 7,953,000,000(세계의 인구)
(b) 1,448,000,000(중국의 인구)
(c) 11,318,000(쿠바의 인구)
(d) 5,023,000(아일랜드의 인구)

33. 다음 수를 과학적 표기법으로 나타내시오.
(a) 0.000000000121 m(산소-산소 결합 길이)
(b) 3280.84 ft(피트로 나타낸 1 km)
(c) 0.000000475 m(파란빛의 파장)
(d) 0.024 m(사람 눈의 지름)

34. 다음 수를 과학적 표기법으로 나타내시오.
(a) 0.0000000055 s(진공 상태에서 빛이 1.6764 m 이동하는 데 걸리는 시간)
(b) 300,000,000 m/s(진공 상태에서 빛의 속도)
(c) 0.000000000152 m(산소 원자의 반데르발스 반지름)
(d) 0.000008 m(적혈구의 대략적인 크기)

35. 다음을 소수 표기법으로 나타내시오.
(a) 1.20464×10^{24}(32.00 g의 산소 내 산소 원자의 개수)
(b) 3.2×10^{-19}C(쿨롱 내 양성자 2개의 전하)
(c) 2.25×10^{8}m/s(물속에서 빛의 속도)
(d) 1.484×10^{3}m/s(담수에서의 음속)

36. 다음을 소수 표기법으로 나타내시오.
(a) 5.7×10^{-7}m(노란빛의 파장)
(b) 4.503×10^{9}년(목성의 대략적인 나이)
(c) 4.53×10^{9}년(달의 대략적인 나이)
(d) 5.1×10^{1}년(필자의 대략적인 나이)

37. 다음을 소수 표기법으로 나타내시오.
(a) 4.22×10^{8}
(b) 8.2×10^{-2}
(c) 2.88×10^{12}
(d) 7.55×10^{-5}

38. 다음을 소수 표기법으로 나타내시오.
(a) 1.42×10^{6}
(b) 2.7×10^{-4}
(c) 5.0×10^{2}
(d) 9.71×10^{-9}

39. 다음 표의 빈칸을 채우시오.

소수 표기법	과학적 표기법
400,000,000	______
______	5.4×10^{7}
0.009	______
______	1.0×10^{15}

40. 다음 표의 빈칸을 채우시오.

소수 표기법	과학적 표기법
______	2.2×10^{-3}
415,181,000	______
______	2.8×10^{-10}
223,200	______

유효 숫자

41. 다음을 유효 숫자의 개수에 맞춰 읽으시오. 실험용 유리 기구는 항상 메니스커스(액체 기둥 위의 곡면) 맨 아래쪽 눈금을 읽어야 한다.

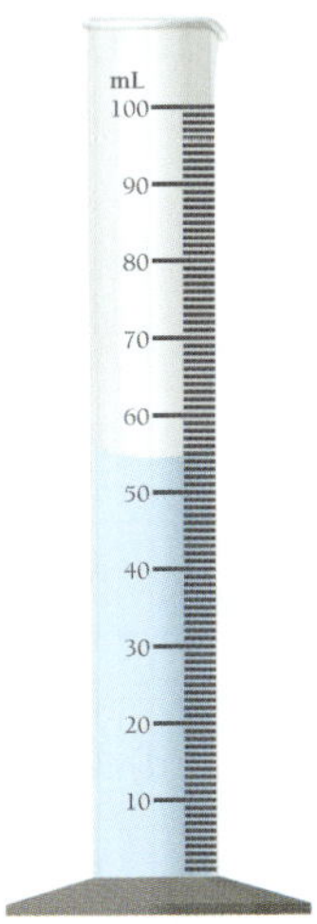

(a)

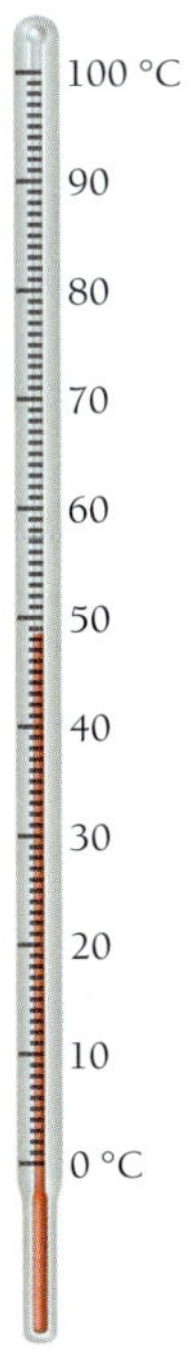

(b) 섭씨

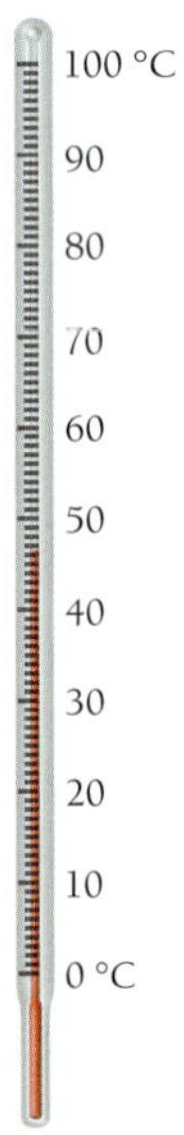

(c) 섭씨

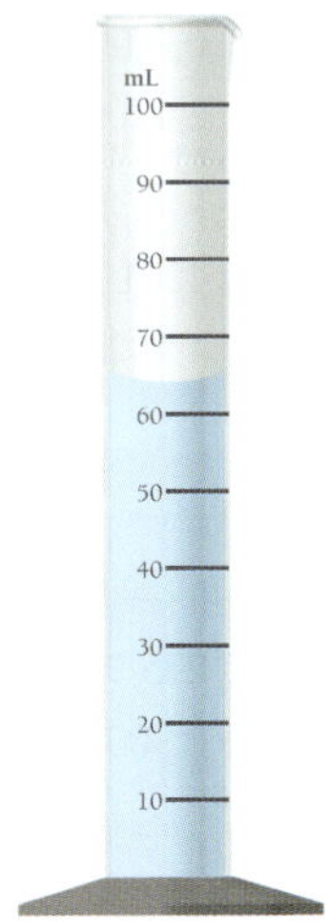

(d)

42. 다음을 유효 숫자의 개수에 맞춰 읽으시오. 실험용 유리 기구는 항상 메니스커스(액체 기둥 위의 곡면) 맨 아래쪽 눈금을 읽어야 한다.

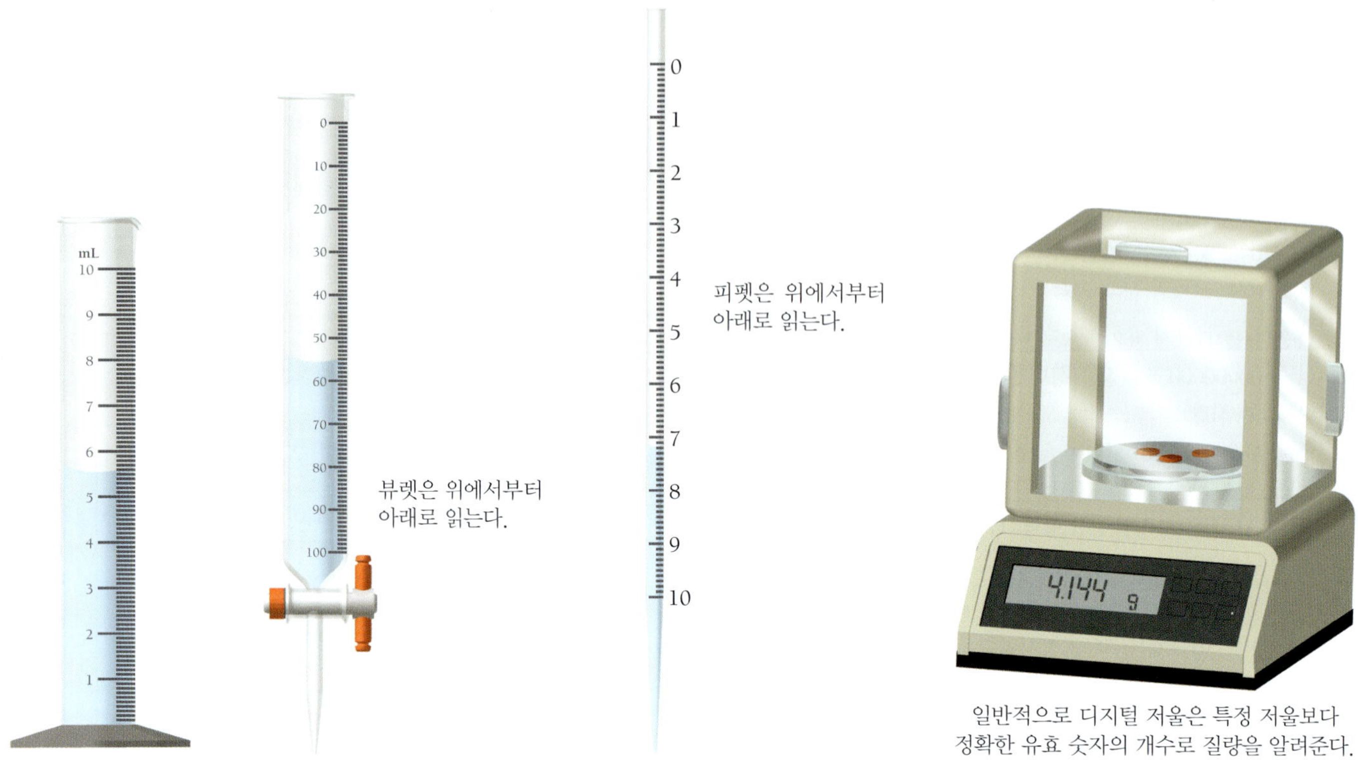

일반적으로 디지털 저울은 특정 저울보다 정확한 유효 숫자의 개수로 질량을 알려준다.

(a) (b) (c) (d)

43. 다음 각각의 측정값에서 의미 있는 0에는 밑줄을 긋고 의미 없는 0에는 × 표시를 하시오.

(a) 0.008007 m (b) 0.00000000000090 s
(c) 420.403 kg (d) 0.002308 m

44. 다음 각각의 측정값에서 의미 있는 0에는 밑줄을 긋고 의미 없는 0에는 × 표시를 하시오.

(a) 0.00020330 s (b) 2,320,600.333 kg
(c) 0.0005240 m (d) 0.030721 m

45. 다음 각각의 측정값에 몇 개의 유효 숫자가 포함되어 있는가?

(a) 0.00212 m (b) 0.212 m
(c) 2.1200×10^4 m (d) 2.1022 m

46. 다음 각각의 측정값에 몇 개의 유효 숫자가 포함되어 있는가?

(a) 4301 kg (b) 4311 kg
(c) 4.302×10^5 kg (d) 0.000431 kg

47. 다음 표에서 틀린 부분이 있으면 바르게 고치시오.

값	유효 숫자
(a) 95.967 m	5
(b) 0.00799 kg	5
(c) 0.666210 s	5
(d) 12.044×10^{23} atoms	5

48. 다음 표에서 틀린 부분이 있으면 바르게 고치시오.

값	유효 숫자
(a) 24 days	2
(b) 5.6×10^{-12} s	3
(c) 3.14 m	3
(d) 0.00383 g	5

반올림

49. 다음 수를 유효 숫자가 4개가 되도록 반올림하시오.

(a) 255.98612 (b) 0.0004893222
(c) 2.900856×10^{-4} (d) 2,231,479

50. 다음 수를 유효 숫자가 3개가 되도록 반올림하시오.

(a) 20,776.522 (b) 5.999902×10^6
(c) 2.3599999995 (d) 0.0000444988

51. 다음 수를 유효 숫자가 2개가 되도록 반올림하시오.

(a) 3.36 (b) 3.35 (c) 3.339 (d) 3.359

52. 다음 수를 유효 숫자가 3개가 되도록 반올림하시오.

(a) 75.74 (b) 75.749 (c) 75.75 (d) 75.750

53. 다음 수는 유효 숫자가 3개가 되도록 반올림되어야 한다. 반올림이 틀린 것을 모두 고르고 바르게 고치시오.
(a) 32.3482 → 32.4
(b) 46.9971 → 47.0
(c) 331.904 → 332
(d) 0.03555 → 0.036

54. 다음 수는 유효 숫자가 2개가 되도록 반올림되어야 한다. 반올림이 틀린 것을 모두 고르고 바르게 고치시오.
(a) $2.249 \times 10^3 \rightarrow 2.3 \times 10^3$
(b) $5.999 \times 10^2 \rightarrow 60$
(c) 76.31 → 76.3
(d) 0.008964 → 0.0090

55. 첫째 열의 예와 같이 유효 숫자의 개수에 맞춰 반올림하시오(모호함을 피하기 위해 과학적 표기법을 이용한다).

수	유효 숫자 4개로 반올림	유효 숫자 2개로 반올림	유효 숫자 1개로 반올림
1.45815	1.458	1.5	1
8.32466			
84.57225			
132.5512			

56. 첫째 열의 예와 같이 유효 숫자의 개수에 맞춰 반올림하시오(모호함을 피하기 위해 과학적 표기법을 이용한다).

수	유효 숫자 4개로 반올림	유효 숫자 2개로 반올림	유효 숫자 1개로 반올림
94.52118	94.52	95	9×10^1
105.4545			
0.455981			
0.009999991			

계산에서의 유효 숫자

57. 유효 숫자의 개수를 맞춰 다음을 계산하시오.
(a) $5.5 \times 0.04060 \times 0.381$
(b) $6.55 \div 9.97$
(c) $(5.190 \times 10^{12}) \div (7.7 \times 10^4)$
(d) $77.8 \times 8.8 \div 202.44$

58. 유효 숫자의 개수를 맞춰 다음을 계산하시오.
(a) $99.3 \times 67.0 \times 0.07$
(b) $(6.01 \times 10^4) \div (8.8 \times 10^2)$
(c) $3.005 \times 64 \times 0.006$
(d) $653 \div 2.331$

59. 유효 숫자의 개수가 틀린 것을 모두 고르고 바르게 고치시오.
(a) $44.00 \times 667 \div 5.564 = 5.274 \times 10^3$
(b) $89.3 \div 0.003 \times 55.4 = 2 \times 10^6$
(c) $99.763 \div 32.4581 = 3.074$
(d) $(3.32 \times 10^{12}) \div (4.1 \times 10^{-4}) = 8.1 \times 10^{15}$

60. 유효 숫자의 개수가 틀린 것을 모두 고르고 바르게 고치시오.
(a) $35.3254 \times 79.00205 = 2790.78$
(b) $0.00650 \times 35.0981 = 0.228$
(c) $59.877 \div 905.555 = 0.06612$
(d) $0.008080 \times 7007.3 = 56.619$

61. 유효 숫자의 개수를 맞춰 다음을 계산하시오.
(a) $77.6 + 8.888 + 3.3 + 11.77$
(b) $33.7 - 3.341$
(c) $99.6 + 88.43 - 5.575$
(d) $5.99 - 4.662$

62. 유효 숫자의 개수를 맞춰 다음을 계산하시오.
(a) $1559.4 + 8.67 + 3.35$
(b) $0.002 + 0.08788$
(c) $532 + 5.3 - 25.543$
(d) $3.4 + 2.677$

63. 유효 숫자의 개수가 틀린 것을 모두 고르고 바르게 고치시오.
(a) $(3.8 \times 10^5) - (8.45 \times 10^5) = -4.7 \times 10^5$
(b) $0.00456 + 1.0936 = 1.10$
(c) $8475.45 - 34.899 = 8440.55$
(d) $908.87 - 905.34095 = 3.5291$

64. 유효 숫자의 개수가 틀린 것을 모두 고르고 바르게 고치시오.
(a) $78.9 + 890.43 - 23 = 9.5 \times 10^2$
(b) $9354 - 3489.56 + 34.3 = 5898.74$
(c) $0.00407 + 0.0943 = 0.0984$
(d) $0.00896 - 0.007 = 0.00196$

65. 유효 숫자의 개수를 맞춰 다음을 계산하시오.
(a) $(78.4 - 44.889) \div 0.0087$
(b) $(34.6784 \times 5.38) + 445.56$
(c) $(78.7 \times 10^5 \div 88.529) + 356.99$
(d) $(892 \div 986.7) + 5.44$

66. 유효 숫자의 개수를 맞춰 다음을 계산하시오.
(a) $(1.7 \times 10^6 \div 2.63 \times 10^5) + 7.33$
(b) $(568.99 - 232.1) \div 5.3$
(c) $(9443 + 45 - 9.9) \times 8.1 \times 10^6$
(d) $(3.14 \times 2.4367) - 2.34$

67. 유효 숫자의 개수가 틀린 것을 모두 고르고 바르게 고치시오.
(a) $(78.56 - 9.44) \times 45.6 = 3152$
(b) $(8.9 \times 10^5 \div 2.348 \times 10^2) + 121 = 3.9 \times 10^3$
(c) $(45.8 \div 3.2) - 12.3 = 2$
(d) $(4.5 \times 10^3 - 1.53 \times 10^3) \div 34.5 = 86$

68. 유효 숫자의 개수가 틀린 것을 모두 고르고 바르게 고치시오.
(a) $(908.4 - 3.4) \div 3.52 \times 10^4 = 0.026$

(b) $(1206.7 - 0.904) \times 89 = 1.07 \times 10^5$

(c) $(876.90 + 98.1) \div 56.998 = 17.11$

(d) $(4.55 \div 407859) + 1.00098 = 1.00210$

단위 변환

69. 미터법 단위체계에 따라 다음을 변환하시오.
(a) 4.44 kg → gram
(b) 994 mm → meter
(c) 5688 mg → kilogram
(d) 0.0177 L → milliliter

70. 미터법 단위체계에 따라 다음을 변환하시오.
(a) 255.55 cm → meter
(b) 23,588.6 g → kilogram
(c) 455 cm → millimeter
(d) 7899 mL → liter

71. 미터법 단위체계에 따라 다음을 변환하시오.
(a) 7.78 dL → liter
(b) 2.45×10^{-4} g → microgram
(c) 2.22×10^{-7} s → nanosecond
(d) 4.99 pm → meter

72. 미터법 단위체계에 따라 다음을 변환하시오.
(a) 2.88 mm → kilometer
(b) 3.98 fs → second
(c) 8.49×10^{10} m → gigameter
(d) 2.25×10^{-9} m → picometer

73. 다음을 변환하시오.
(a) 44.5 in → meter
(b) 130 ft → centimeter
(c) 900 yd → kilometer
(d) 5.5 in → millimeter

74. 다음을 변환하시오.
(a) 88.3 in → centimeter
(b) 555 yd → meter
(c) 227 ft → centimeter
(d) 55.4 in → millimeter

75. 다음을 변환하시오.
(a) 50.0 cm → inch
(b) 38.8 m → feet
(c) 15.0 km → mile
(d) 2855 kg → pound

76. 다음을 변환하시오.
(a) 508 cm → inch
(b) 99 mm → inch
(c) 6.5 L → quart
(d) 132 kg → pound

77. 다음 표의 빈칸을 채우시오.

m	km	Mm	Gm	Tm
5.08×10^8 m	______	508 Mm	______	______
______	______	27.976 Mm	______	______
______	______	______	______	1.77 Tm
______	1.5×10^5 km	______	______	______
______	______	______	423 Gm	______

78. 다음 표의 빈칸을 채우시오.

s	ms	μs	ns	ps
1.31×10^{-4} s	______	131 μs	______	______
______	______	______	______	12.6 ps
______	______	______	155 ns	______
______	1.99×10^{-3} ms	______	______	______
______	______	8.66×10^{-5} μs	______	______

79. 2.255×10^{10} g을 다음 각각의 단위로 변환하시오.
(a) kg
(b) Mg
(c) mg
(d) metric ton(1 metric ton = 1000 kg)

80. 1.88×10^{-6} g을 다음 각각의 단위로 변환하시오.
(a) mg (b) cg (c) ng (d) μg

81. 한 학생의 몸무게가 한 달에 3.3 lb씩 줄어든다. 그의 몸무게는 한 달에 몇 그램씩 줄어드는가?

82. 한 학생의 몸무게가 2주에 1.9 lb씩 늘어난다. 그의 몸무게는 2주에 몇 그램씩 늘어나는가?

83. 한 육상 선수가 10.0 km를 뛰려고 한다. 그는 자신의 달리기 속도가 7.5 mi/h라는 것을 알고 있다. 그는 몇 분 동안 달려야 하는가? (힌트: 7.5 mi/h를 거리와 시간 간의 환산 인자로 사용한다.)

84. 한 사이클 선수가 평균 24 mi/h의 속도로 자전거를 탄다. 그가 자전거를 타고 195 km를 가야 한다면 몇 시간 동안 달려야 하는가?

85. 어떤 요리를 하는 데 5.0 qt의 우유가 필요하다. 이는 몇 세제곱센티미터인가?

86. 어떤 가스통에 2.0 gal의 가솔린을 담는다. 이는 몇 세제곱센티미터인가?

거듭제곱된 단위

87. 다음 빈칸을 채우시오.

(a) $1.0\ km^2 =$ ________ m^2

(b) $1.0\ cm^3 =$ ________ m^3

(c) $1.0\ mm^3 =$ ________ m^3

88. 다음 빈칸을 채우시오.

(a) $1.0\ ft^2 =$ ________ in^2

(b) $1.0\ yd^2 =$ ________ ft^2

(c) $1.0\ m^2 =$ ________ yd^2

89. 수소 원자의 부피는 대략 $6.2 \times 10^{-31}\ m^3$이다. 이를 다음 각각의 단위로 변환하시오.

(a) 세제곱피코미터

(b) 세제곱나노미터

(c) 세제곱옹스트롬(1 angstrom = 10^{-10} m)

90. 지구의 표면적은 197,000,000 mi^2이다. 이를 다음 각각의 단위로 변환하시오.

(a) km^2 (b) Mm^2 (c) dm^2

91. 어떤 집의 면적이 215 m^2이다. 이를 다음 각각의 단위로 변환하시오.

(a) km^2 (b) dm^2 (c) cm^2

92. 어떤 교실의 부피가 285 m^3이다. 이를 다음 각각의 단위로 변환하시오.

(a) km^3 (b) dm^3 (c) cm^3

93. 스웨덴의 전체 육지 면적은 450,295 km^2이다. 이는 몇 제곱마일인가? ($1\ km^2 = 1.076 \times 10^7\ ft^2$, 1 mi = 5,280 ft)

94. 프랑스 농장의 평균 면적은 546,326 m^2이다. 이는 몇 제곱마일인가? ($1\ m^2 = 10.764\ ft^2$, 1 mi = 5280 ft)

분자와 분모의 단위 변환

95. 영국의 많은 고속도로는 제한 속도가 70 mi/hr이다. 이를 다음 각각의 단위로 변환하시오.

(a) km/day (b) ft/s (c) m/s (d) yd/min

96. 어린이용 타이레놀은 32 mg/mL를 함유한 현탁액(약이 물에 첨가된 형태)으로 판매된다. 이를 다음 각각의 단위로 변환하시오.

(a) g/L (b) g/dL (c) kg/hL (d) μg/uL

97. 어떤 처방약은 체중 kg당 7.55 mg을 복용해야 한다. 이 복용량을 체중 lb당 g으로 변환하고, 175 lb인 환자의 복용량(g)을 구하시오.

98. 어떤 처방약은 체중 lb당 0.00225 g을 복용해야 한다. 이 복용량을 체중 kg당 mg으로 변환하고, 105 kg인 환자의 복용량(g)을 구하시오.

밀도

99. 알 수 없는 금속 표본의 질량이 35.4 g이고 부피가 3.11 cm^3이다. 이 금속의 밀도를 계산하고, 표 2.4와 비교하여 어떤 금속인지 확인하시오.

100. 새로운 페니 1개의 질량이 2.49 g이고 부피가 0.349 cm^3이다. 이는 순수하게 구리로만 만들어졌는가?

101. 글리세롤은 화장품이나 비누에 흔히 사용되는 끈적끈적한 액체이다. 2.50 L의 순수한 글리세롤 표본의 질량은 3.15×10^3 g이다. 글리세롤의 밀도는 몇 g/cm^3인가?

102. 알루미늄 엔진 블록의 부피가 4.77 L이고 질량이 12.88 kg이다. 알루미늄의 밀도는 몇 g/cm^3인가?

103. 금관으로 추정되는 왕관이 실제 금으로 만들어졌는지를 알아보기 위해 밀도를 측정하는 실험을 했다. 왕관의 질량은 206 g이며, 왕관을 물속에 넣었더니 10.7 mL의 물이 흘러넘쳤다. 이 왕관은 금으로 만들어졌는가?

104. 꽃병이 순수한 백금으로 만들어졌다고 한다. 꽃병의 질량은 157 g이며, 꽃병을 물속에 넣었더니 18.65 mL의 물이 흘러넘쳤다. 이 꽃병은 순수한 백금으로 만들어졌는가?

105. 23.21 mL의 액체가 들어 있는 플라스크의 무게가 146.3 g이고, 비어 있을 때는 131.8 g이다.

(a) 액체의 밀도를 g/mL 단위로 정확한 자릿수까지 구하시오.

(b) 액체 5.0 mL의 질량을 구하시오.

106. 18.32 mL의 액체가 들어 있는 플라스크의 무게가 134.2 g이고, 비어 있을 때는 120.4 g이다.

(a) 액체의 밀도를 g/mL 단위로 정확한 자릿수까지 계산하시오.

(b) 액체 10.0 mL의 실량을 계산하시오.

107. 에틸렌 글리콜(부동액)의 밀도는 1.11 g/cm^3이다.

(a) 에틸렌 글리콜 387 mL의 질량은 몇 그램인가?

(b) 에틸렌 글리콜 3.46 kg의 부피는 몇 리터인가?

108. 아세톤(매니큐어 제거제)의 밀도는 0.7857 g/cm^3이다.

(a) 아세톤 17.56 mL의 질량은 몇 그램인가?

(b) 아세톤 7.22 g의 부피는 몇 밀리리터인가?

심화문제

109. 어떤 도둑이 무게 감지 경고 장치가 부착된 받침대 위의 금동상과 모래주머니를 바꿔치기했다. 모래주머니와 금동상의 부피는 1.75 L로 똑같다.
(a) 각 물체의 질량을 구하시오(금의 밀도 = 19.3 g/cm^3, 모래의 밀도 = 1.50 g/cm^3).
(b) 도둑이 경고 장치가 작동되지 않도록 했는지 설명하시오.

110. 원자를 구성하는 입자 중 하나를 양성자라고 한다. 양성자의 반지름이 대략 1.0×10^{-13} cm이고 질량이 1.7×10^{-24} g일 때 양성자의 밀도를 구하시오. (힌트: 양성자의 부피를 구한 다음 질량을 부피로 나누어 밀도를 구한다.)

$$\left(\text{구의 부피} = \frac{4}{3}\pi r^3,\ \pi = 3.14\right)$$

111. 금속 한 덩어리의 부피가 13.4 in^{3}이고 무게가 5.14 lb이다. 이 금속의 밀도는 몇 g/cm^{3}인가?

112. 어떤 통나무가 참나무 또는 소나무이다. 통나무의 질량은 8.98 kg이며, 통나무를 물속에 넣었더니 10.2 L의 물이 흘러넘쳤다. 이 통나무는 참나무인가, 소나무인가? (참나무의 밀도 = 0.9 g/cm^3, 소나무의 밀도 = 0.4 g/cm^3)

113. 알루미늄의 밀도는 2.7 g/cm^{3}이다. 이는 몇 kg/m^{3}인가?

114. 백금의 밀도는 21.4 g/cm^{3}이다. 이는 몇 lb/in^{3}인가?

115. 일반적인 뒷마당 수영장에는 115 m^{3}의 물이 담긴다. 이 물의 질량은 몇 킬로그램인가?

116. 어떤 빙산의 부피가 224 m^{3}이다. 이 빙산의 질량은 몇 킬로그램인가? (얼음의 밀도는 0.917 g/cm^{3}이다.)

117. 비행기에 사용되는 연료의 질량은 이륙 전에 결정해야 한다. 연료를 채운 제트기에는 155,211 L의 연료가 담겨 있다. 연료의 밀도가 0.768 g/cm^{3}일 때 연료의 질량은 몇 킬로그램인가?

118. 한 배낭 여행객이 난로용 연료로 3.5 L의 등유를 가지고 다닌다. 이 등유로 인해 그의 짐에 몇 파운드가 추가되는가? 등유의 밀도는 0.81 g/cm^{3}라고 가정한다.

119. 토요타는 토요타 하이랜더라는 하이브리드 전기차를 생산한다. 토요타 하이랜더는 가솔린 엔진과 전기 모터를 모두 갖추고 있으며, 고속도로에서 30 mi/gal의 EPA 연비 등급을 받았다. 이는 몇 km/L인가?

120. 독일에서 연비가 15 km/L인 자동차를 빌렸다. 이는 몇 mi/gal인가?

121. 어떤 차의 마일리지 등급이 가솔린 갤런당 38마일이다. 이 차는 76.5 L의 가솔린으로 몇 마일을 갈 수 있는가?

122. 하이브리드 SUV 차량의 연비가 12.8 km/L이다. 이 차는 22.5 gal의 가솔린으로 몇 마일을 갈 수 있는가?

123. 알 수 없는 금속 덩어리 2개에 대한 관찰을 생각해보자.

	부피
덩어리 A	125 cm^3
덩어리 B	145 cm^3

금속 덩어리 A의 질량이 B보다 크다면 두 금속의 상대적인 밀도에 대해 어떻게 말할 수 있겠는가? (두 덩어리 모두 고체라고 가정한다.)

124. 알 수 없는 금속 덩어리 2개에 대한 관찰을 생각해보자.

	부피
덩어리 A	125 cm^3
덩어리 B	105 cm^3

금속 덩어리 A의 질량이 B보다 크다면 두 금속의 상대적인 밀도에 대해 어떻게 말할 수 있겠는가? (두 덩어리 모두 고체라고 가정한다.)

125. 두 실린더의 질량과 부피를 측정했다. 실린더 1의 질량이 실린더 2의 질량의 1.35배이고, 실린더 1의 부피가 실린더 2의 부피의 0.792배이다. 실린더 1의 밀도가 3.85 g/cm^{3}이라면 실린더 2의 밀도는 얼마인가?

126. 가방 속에 구리와 납의 혼합물인 BBs가 들어 있다. BBs의 평균 밀도는 9.87 g/cm^{3}이다. 구리와 납이 순수하다고 가정하고 각 BB의 상대적인 양을 구하시오.

127. 질량이 25.8 g인 알루미늄 구의 반지름을 구하시오(알루미늄의 밀도는 2.7 g/cm^{3}이고, 구의 부피는 $V = \frac{4}{3}\pi r^3$으로 구한다).

128. 질량이 87.2 g인 구리 정육면체의 모서리의 길이를 구하시오(구리의 밀도는 8.96 g/cm^{3}이고, 정육면체의 부피는 모서리의 길이를 세제곱한 것과 같다.)

핵심문제

129. 2020년에 화이자는 COVID19에 효과적인 mRNA 기반 백신을 개발했다. mRNA는 신체가 바이러스 단백질을 만들어 강력한 면역 반응을 일으키게 한다. 백신 바이알의 0.45 mL 동결 현탁액에는 약 225 μg의 mRNA가 들어 있다. 바이알을 해동하고 추가로 1.80 mL의 액체로 희석하여 총부피가 2.25 mL가 되도록 만들어야 한다. 각 백신 접종에는 30.0 μg의 mRNA가 필요한데, 이를 얻기 위해 최종 백신 현탁액을 얼마나 주입해야 하는가?

130. 2020년에 모더나는 COVID19에 효과적인 mRNA 기반 백신을 개발했다. mRNA는 신체가 바이러스 단백질을 만들어 강력한 면역 반응을 일으키게 한다. 이 백신은 0.20 mg/mL의 mRNA를 함유한 현탁액으로 이루어져 있다. 필요한 mRNA의 용량은 100.0 μg인데, 이를 얻기 위해 백신 현탁액을 얼마나 주입해야

하는가?

131. 나사가 화성 기후 탐사 위성을 잃은 것은 계산 시 한 집단의 엔지니어들은 미터법 단위체계를 사용하고 다른 집단의 엔지니어들은 영국식 단위체계를 사용했기 때문이다. 결과적으로 인공위성은 화성의 대기권 속으로 너무 깊이 들어가서 타버리고 말았다. 인공위성이 155 km 상공의 궤도를 돌도록 계획되었는데, 한 집단의 엔지니어들은 이 거리를 1.55×10^5 m로 설정하고 다른 엔지니어들은 이 궤도를 1.55×10^5 ft로 하여 프로그래밍했다고 생각해보라. 두 고도의 차이는 몇 킬로미터인가? 인공위성은 얼마나 낮게 갔는가?

◀ 1억 2,500만 달러 규모의 화성 기후 탐사 위성이 1999년 화성 대기권에서 사라졌다. 두 그룹의 엔지니어들이 계산 단위에 대해 서로 소통하지 못했기 때문이다.

132. 나사의 인공위성은 2021년에 남극 오존 구멍의 최대 표면적이 24.8×106 km^{2}에 달한다는 것을 밝혔다. 기록된 최대 오존 구멍은 2006년에 발생했으며, 표면적이 29.6×106 km^{2}였다. 2021년 오존 구멍과 2006년 오존 구멍의 지름 차이는 몇 미터인가?

133. 1999년에 과학자들은 태양보다 100~10,000배 질량이 큰 새로운 종류의 블랙홀들을 발견했다. 그러나 블랙홀들은 달보다도 작은 공간을 차지했다. 그중 한 블랙홀의 질량이 태양의 1×10^3배이고 반지름이 달의 반지름의 절반이라면 이 블랙홀의 밀도는 몇 g/cm^{3}인가? 태양의 질량은 2.0×10^{30} kg이고, 달의 반지름은 2.16×10^3 mi이다(구의 부피 $= 4/3\pi r^3$).

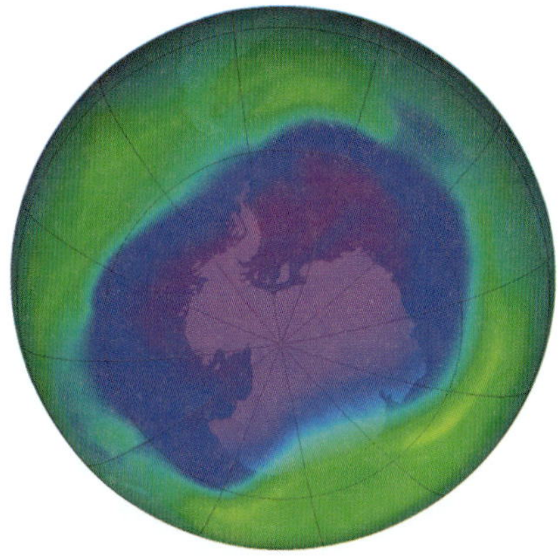

▲ 대기의 상층부에 존재하는 오존 기체층(산소의 한 형태)은 햇빛에 포함된 유해한 자외선으로부터 지구를 보호한다. 인간이 만든 화학 성분은 오존과 반응하여 이를 파괴하는데, 특히 한 해의 특정 시점에 남극 지방에서 심하다(이를 오존 구멍이라 부른다). 2006년에 오존 농도가 낮았던 지역(진한 보라색으로 표시된 부분)은 기록상 가장 큰 규모 중 하나이다.

134. 타이타늄 자전거의 뼈대에는 변의 길이가 6.8 cm인 타이타늄 정육면체와 같은 양의 타이타늄이 들어 있다. 타이타늄의 밀도를 이용하여 자전거 뼈대에 포함된 타이타늄의 질량이 몇 킬로그램인지 계산하시오. 철로 된 비슷한 뼈대의 질량은 얼마인가?

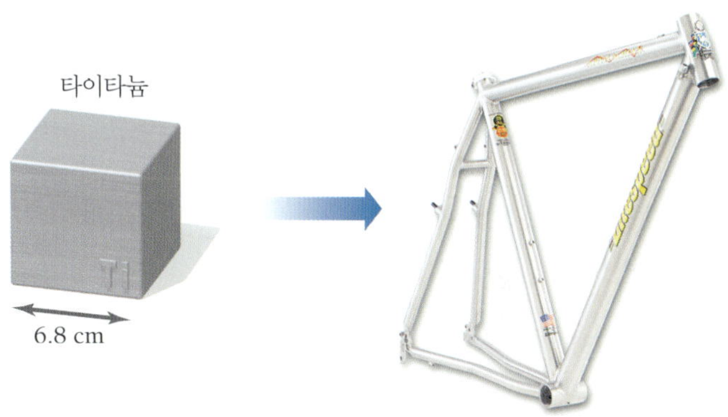

▲ 타이타늄 자전거의 뼈대에는 변의 길이가 6.8 cm인 타이타늄 정육면체와 같은 양의 타이타늄이 들어 있다.

집단 활동 문제

집단을 이루어 다음 문제에 대해 토의하고 합의된 답을 기록한다.

135. 사람 머리카락의 두께를 조사하시오.
(a) 사람 머리카락의 두께를 SI 기본 단위로 변환하시오(SI 단위가 아닌 경우).
(b) 사람 머리카락의 두께를 과학적 표기법으로 나타내시오.
(c) 사람 머리카락의 두께를 과학적 표기법을 사용하지 않고 나타내시오(몇 개의 0이 필요할 것이다).
(d) 사람 머리카락의 두께를 기본 단위에 적당한 접두어를 사용하여 나타내시오.
다음으로 지구에서 태양까지의 거리에 대해 같은 문제를 수행하시오.

136. 다음 문장은 모두 참이다.
(a) 제시카의 집은 채소 가게에서 5 km 떨어져 있다.
(b) 제시카의 집은 채소 가게에서 4.73 km 떨어져 있다.
(c) 제시카의 집은 채소 가게에서 4.73297 km 떨어져 있다.
어떻게 위의 문장은 모두 참이 될 수 있는가? 숫자의 개수는 어떤 의미가 있는가? 제시카가 각 문장이 참이라고 주장하려면 어떤 종류의 장치가 필요한가?

137. 각 집단 구성원의 키를 피트와 인치에서 미터로 변환하시오. 미터 단위로 키를 구한 후 모든 구성원의 키를 합산하시오. 각 단계에서 유효 숫자에 대한 적절한 규칙을 이용한다.

데이터 분석 및 해석

138. 어떤 물질의 밀도는 온도에 따라 달라질 수 있다. −150 ℃에서 100 ℃까지 물의 밀도를 나타낸 다음 그래프를 살펴보고 문제에 답하시오.

(a) 물이 얼어 얼음이 되는 0 ℃에서 가장 큰 변화를 보인다. 0 ℃에서 일어나는 물의 밀도 변화 백분율을 구하시오.

(b) 1 ℃에서 물 54 g의 부피(cm^3)와 −1 ℃에서 같은 질량의 얼음의 부피를 구하시오. 부피 변화는 얼마인가?

(c) 남극 대륙에는 2,650만 km^3의 얼음이 있다. 얼음의 온도가 −20 ℃라고 가정할 때, 이 모든 얼음을 1 ℃로 가열하여 물이 된다면 액체 물의 부피는 얼마인가?

(d) 1.00 L의 물 시료를 1 ℃에서 100 ℃로 가열한다. 가열 후 물의 부피는 얼마인가?

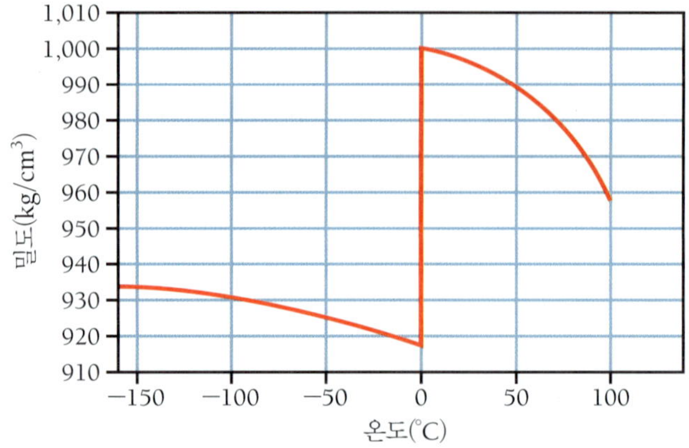

▲ **그림 A** 101.325 kPa에서 온도에 따른 물의 밀도

연습문제 해답

2.1 1.387×10^9

2.2 8.67×10^{-6}

2.3 37.8 ℃F

2.4 (a) 유효 숫자 4개
(b) 유효 숫자 3개
(c) 유효 숫자 2개
(d) 무한개의 유효 숫자
(e) 유효 숫자 3개
(f) 불확실함

2.5 (a) 0.001 또는 1×10^{-3}
(b) 0.204

2.6 (a) 7.6
(b) 131.11

2.7 (a) 1288
(b) 3.12

2.8 22.0 in

2.9 5.678 km

2.10 0.28 L

2.11 46.6바퀴

2.11+ 1.06×10^4 m

2.12 18 m/s

2.13 4747 cm^3

2.14 2480 L

2.15 그렇다. 밀도는 21.4 g/cm^3이고 백금의 밀도와 일치한다.

2.16 4.4×10^{-2} cm^3

2.16+ 1.95 kg

2.17 16 kg

2.18 d = 19.3 g/cm^3. 그렇다. 금이다.

확인문제 해답

2.1 (c) 10^{-3}을 곱한 것은 소수점을 왼쪽으로 세 자리 이동하는 것과 같다.

2.2 (c) 추정치인 마지막 자릿수를 제외한 모든 자릿수가 확실하도록 과학적인 수치를 보고한다. 실린더에는 0.1 mL마다 눈금이 표시되어 있으므로 측정값은 100번째 자리까지 정확하게 보고된다.

2.3 (b) 마지막 자릿수는 ± 1 내에서 불확실하다.

2.4 (b) 마지막(또는 맨 왼쪽) 자릿수가 5 이상이면 반올림한다. 마지막 자리가 6이므로 8.7966은 8.80으로 반올림된다.

2.5 (b) 이 계산의 결과에는 2개의 유효 숫자가 있다. (3 + 15)/12 = 18/12 = 1.5. 다른 계산의 결과는 유효 숫자 1개로 제한된다. 3 + (15/12) = 3 + 1.25 = 4.

2.6 (d) 소아마비 바이러스의 지름은 nm 단위로 28 nm이다.

2.7 (a) 피트 단위를 분모에 넣어야 ft를 취소하고 인치로 표시할 수 있으며, (c)의 환산 인자는 1인치가 12피트와 같지 않으므로 올바르지 않다.

2.8 (c) 분모에 m 단위가 있어야 m를 취소하고 km가 된다. 1 km = 10^3 m이므로 환산 인자가 올바르다.

2.9 (d) 세제곱센티미터의 세제곱밀리미터 수는 세제곱센티미터의 모서리 길이(밀리미터)를 세제곱한 것과 같다.

▲ 이 방의 모든 것은 물질로 이루어져 있다. 화학을 전공하는 학생은 각기 다른 종류의 물질 간 차이가 물질을 구성하는 분자 및 원자 간 차이와 어떻게 관련되는지에 관심이 있다. 그림의 분자 구조 중 왼쪽은 물 분자이고 오른쪽은 흑연의 탄소 원자이다.

3 물질과 에너지

"그러므로 우리가 할 일은 사람들이 아직 보지 못했던 것을 보는 것보다는,
모두가 보고 있지만 아직 아무도 생각하지 못했던 것을 생각해내는 것이다."

— Erwin Schrödinger(1887~1961)

개요

3.1 방에서 볼 수 있는 물질

방을 둘러보라. 무엇이 있는가? 아마도 책상이나 침대 또는 컵을 볼 수 있을 것이다. 창문도 있고 나무와 풀, 산을 볼 수 있을 것이다. 분명 이 책을 볼 수 있을 것이고, 책이 놓인 책상도 볼 수 있을 것이다. 이러한 것들은 **물질**로 이루어지는데, 이 물질에 대해 좀 더 조심스럽고 명료하게 정의를 내리겠다. 이제부터 우리가 보는 모든 것(책상, 침대, 컵, 나무, 산, 이 책)이 물질이라는 것을 기억하라. 우리가 보지 못하는 것 중에도 물질이 있다. 예를 들면 허파를 통해 끊임없이 들이쉬고 내쉬는 공기도 물질이다. 피부로 바람을 느낄 때는 공기 중의 물질을 느끼는 것이다. 사실상 모든 것은 물질로 이루어져 있다.

종류가 다른 물질 간의 차이점을 생각해보자. 공기는 물과 다르고, 물은 나무와 다르다. 물질에 대해 배우면서 풀어야 할 첫 과제 중 하나는 각기 다른 물질 간의 유사점과 차이점을 밝히는 것이다. 설탕과 소금은 어떻게 유사한가? 공기와 물은 어떻게 다른가? 그것들은 왜 다른가? 왜 설탕과 물 혼합물은 소금과 물 혼합물과 유사하나 모래와 물 혼합물과는 다른가? 화학을 공부하는 학생은 다양한 물질 간의 유사점과 차이점, 그리고 이러한 속성이 그것들을 구성하는 원자 및 분자 간의 유사점과 차이점을 어떻게 반영하는지에 특히 관심을 가져야 한다. 우리는 거시적인 세계와 분자 세계와의 관계를 이해하고자 한다.

3.2 물질이란 무엇인가

▸ 물질, 원자, 분자의 정의를 이해한다.

물질(matter)은 공간을 차지하며 질량을 가지는 모든 것으로 정의된다. 철, 물, 나무, 플라스틱 등과 같은 물질은 눈으로 쉽게 볼 수 있다. 그러나 공기, 미세한 먼지와 같은 물질은 확대

하지 않고는 볼 수가 없다. 물질은 매끈하고 연속적인 것처럼 보이곤 하지만 사실은 그렇지 않다. 물질은 궁극적으로 **원자**(atom)로 이루어지는데, 이는 너무 작은 입자라 볼 수가 없다(그림 3.1a). 많은 경우에 원자는 둘 이상이 특정한 배열로 서로 결합되어 **분자**(molecule)를 구성한다(그림 3.lb). 오늘날에는 현미경의 발전으로 물질을 구성하는 원자(그림 3.2)와 분자(그림 3.3)의 모습을 선명하게 볼 수 있게 되었다.

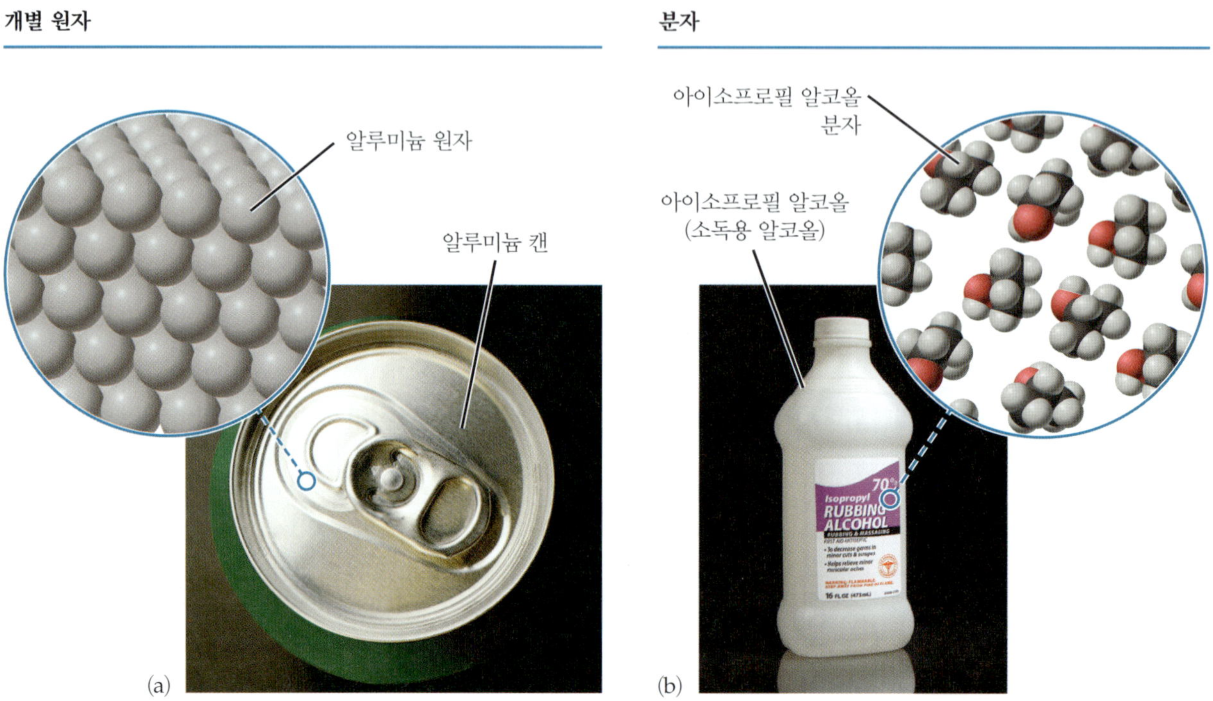

▲ 그림 3.1 **원자와 분자.** 모든 물질은 궁극적으로 원자로 구성된다. (a) 알루미늄과 같은 물질은 원자가 독립적인 입자로 존재한다. (b) 알코올과 같은 물질은 몇몇 원자가 서로 결합하여 분자라는 구조를 형성한다.

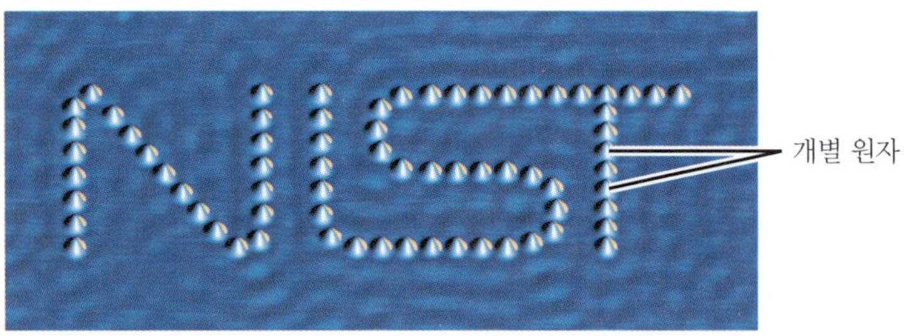

▲ 그림 3.2 **구리 표면에 있는 코발트 원자의 주사 터널링 현미경 사진.** 주사 터널링 현미경(scanning tunneling microscope, STM)은 원자 크기의 첨단부를 통해 표면을 스캔하여 상을 만들어낸다. 사진에서 NIST 철자로 배열된 개별 원자는 이미지에서 튀어나온 돌기로 보인다.

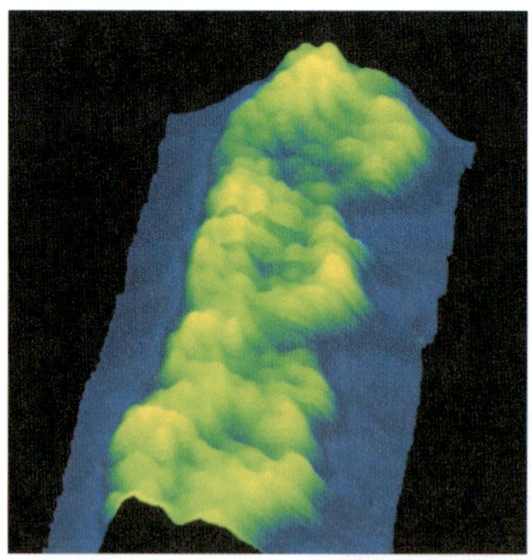

▲ 그림 3.3 **DNA 분자의 주사 터널링 현미경 사진.** DNA는 살아 있는 유기체 대부분의 세포에 대한 작동 지침을 암호화하는 유전 물질이다. 사진에서 DNA 분자는 노란색이며, DNA의 이중 가닥 구조를 식별할 수 있다.

3.3 상태에 따른 물질의 분류: 고체, 액체, 기체

▸ 물질을 고체, 액체, 기체로 분류한다.

일반적인 **물질의 상태**(state of matter)는 **고체**(solid), **액체**(liquid), **기체**(gas)이다(그림 3.4). 고체 물질은 원자와 분자가 고정된 위치에서 빽빽하게 채워져 있다. 인접한 원자나 분자는 진동할 수는 있지만 서로의 주위로 움직이지는 않기 때문에 고체는 일정한 부피의 굳은 형상이다. 얼음, 다이아몬드, 석영, 철은 고체 물질의 대표적인 예이다. 고체 물질이 **결정성**(crystalline)일 때 원자나 분자는 긴 범위에 걸쳐 반복되는 기하학적인 형상으로 배열되며(그림 3.5a), **비결정성**(amorphous)일 때는 긴 범위의 규칙적인 배열이 아니다(그림 3.5b). 결정성 고체의 대표적인 예는 소금(그림 3.6)과 다이아몬드이다. 소금과 다이아몬드 결정이 질서 정연하고 기하학적인 형상인 것은 그 원자가 질서 정연하고 기하학적인 배열이기 때문이다. 비결정성 고체의 대표적인 예는 유리, 고무, 플라스틱이다.

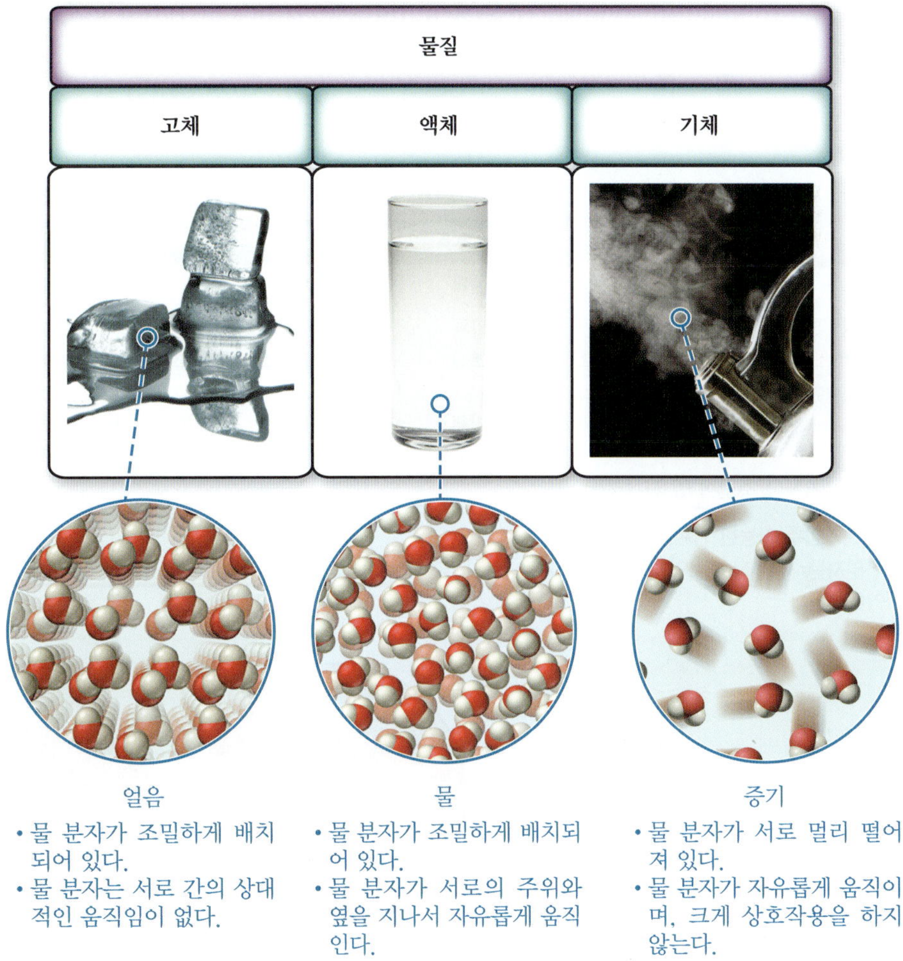

▲ **그림 3.4 물질의 세 가지 상태.** 물 분자는 얼음(고체), 물(액체), 증기(기체)로 존재한다.

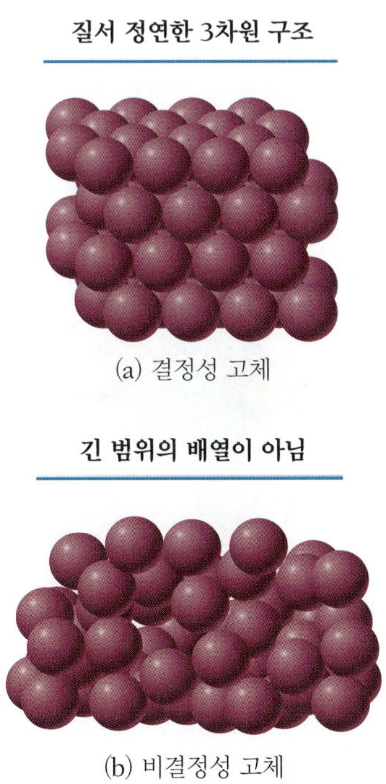

▲ **그림 3.5 고체 물질의 종류.** (a) 결정성 고체에서 원자나 분자는 특정 위치를 차지하면서 질서 정연한 3차원 구조를 이룬다. (b) 비결정성 고체에서 원자는 긴 범위의 배열이 아니다.

액체 물질은 원자나 분자가 서로 가깝지만 (고체에서만큼) 서로의 주위와 옆을 자유롭게 움직인다. 액체는 고체처럼 원자나 분자가 서로 가깝게 접촉해 있기 때문에 일정한 부피를 가진다. 그러나 액체는 고체와 달리 원자나 분자가 서로 상대적으로 자유롭게 움직이므로 그것을 담는 용기의 형태를 띤다. 액체 물질의 대표적인 예는 물, 가솔린, 알코올, 수은이다.

기체 물질은 원자나 분자가 멀리 떨어져 있고 서로 간의 상대적인 움직임이 자유롭다. 기

▲ **그림 3.6 소금: 결정성 고체.** 염화소듐은 결정성 고체의 예이다. 소금 결정이 질서 정연한 정육면체인 것은 원자가 질서 정연하게 정육면체 배열을 이루기 때문이다.

▲ **그림 3.7 압축 가능한 기체.** 기체를 이루는 원자나 분자는 서로 접촉해 있지 않으므로 기체는 압축성이다.

체를 이루는 원자나 분자는 서로 접촉해 있지 않기 때문에 기체는 **압축**(compression)이 가능하다(그림 3.7). 예를 들어 자전거 타이어에 바람을 넣을 때 같은 공간에 더 많은 원자나 분자를 넣음으로써 압축되어 타이어가 더 단단해진다. 기체는 항상 그것을 담는 용기의 형상과 부피를 띤다. 산소, 헬륨, 이산화 탄소는 기체의 대표적인 예이다. 고체, 액체, 기체의 속성을 표 3.1에 요약했다.

표 3.1 액체, 고체, 기체의 속성

상태	원자/분자 운동	원자/분자 간격	형상	부피	압축성
고체	진동/고정된 점에서 진동	서로 가까움	일정함	일정함	비압축성
액체	서로 간의 상대적인 움직임이 자유로움	서로 가까움	일정하지 않음	일정함	비압축성
기체	서로 간의 상대적인 움직임이 자유로움	서로 멀리 떨어져 있음	일정하지 않음	일정하지 않음	압축성

✔ 확인문제 3.1

다음 중 기체 상태의 물질을 가장 잘 나타낸 그림은 무엇인가?

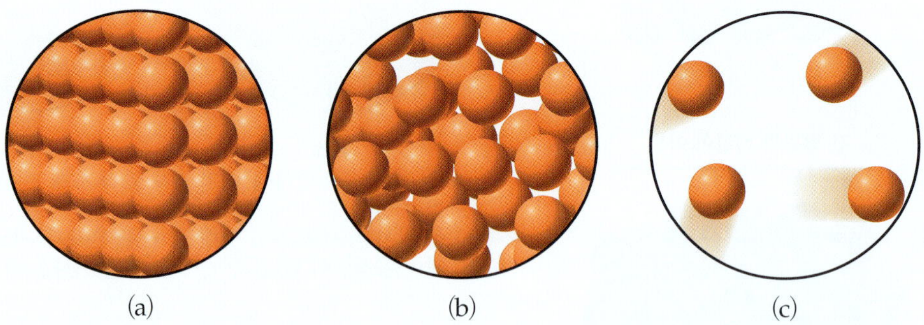

- 주: 확인문제의 해답은 각 장 끝부분에 있다.

3.4 조성에 따른 물질의 분류: 원소, 화합물, 혼합물

▸ 물질을 원소, 화합물, 혼합물로 분류한다.

물질은 상에 따라 분류할 뿐만 아니라 조성에 따라 분류할 수도 있다(그림 3.8). 물질은 오직 하나의 원자나 분자로 구성된 **순물질**(pure substance)일 수도 있고, 2개 이상의 다른 원자나 분자가 다양한 비율로 조합된 **혼합물**(mixture)일 수도 있다.

순물질은 오직 하나의 원자나 분자로 구성된 것이다. 헬륨이나 물은 순물질의 대표적인 예이다. 헬륨을 구성하는 원자는 모두 헬륨 원자이며, 물을 구성하는 분자는 모두 물 분자이다. 다른 원자나 분자가 섞여 있지 않다.

순물질은 원소와 화합물로 나눌 수 있다. 구리는 더 단순한 물질로 쪼개지지 않는 물질인 **원소**(element)의 예이다. 연필의 흑연 또한 원소(탄소)이다. 어떤 화학적 변형도 흑연을 더 단순한 물질로 분해할 수 없으며, 그것은 순수한 탄소이다. 알려진 모든 원소는 이 책의 앞 면지에 주기율표로 나열되어 있고 뒷면지에 알파벳순으로 나열되어 있다.

순물질은 2개 이상의 원소가 고정된 일정한 비율로 구성된 **화합물**(compound)일 수도 있다. 화합물은 순수한 원소보다 더 흔한데, 대부분의 원소는 화학적으로 반응하기 쉬워서 다른 원소들과 결합하여 다양한 화합물을 형성하기 때문이다. 물, 소금, 설탕은 화합물의 대표적인 예로, 이것들은 더 단순한 물질로 분해될 수 있다. 예를 들어 냄비에 담긴 설탕을 가열하면 탄소(원소)와 기체 상태의 물(새로운 화합물)로 분해할 수 있다. 타고 난 후 냄비에 남은 검은 물질은 탄소이고, 물은 수증기로 공기 중에 날아간다.

▸ **그림 3.8 물질의 분류.** 물질은 순물질 또는 혼합물로 분류할 수 있다. 순물질은 원소일 수도 있고(예: 구리) 화합물일 수도 있다(예: 설탕). 혼합물은 균일할 수도 있고(예: 달콤한 차) 불균일할 수도 있다(예: 가솔린, 물).

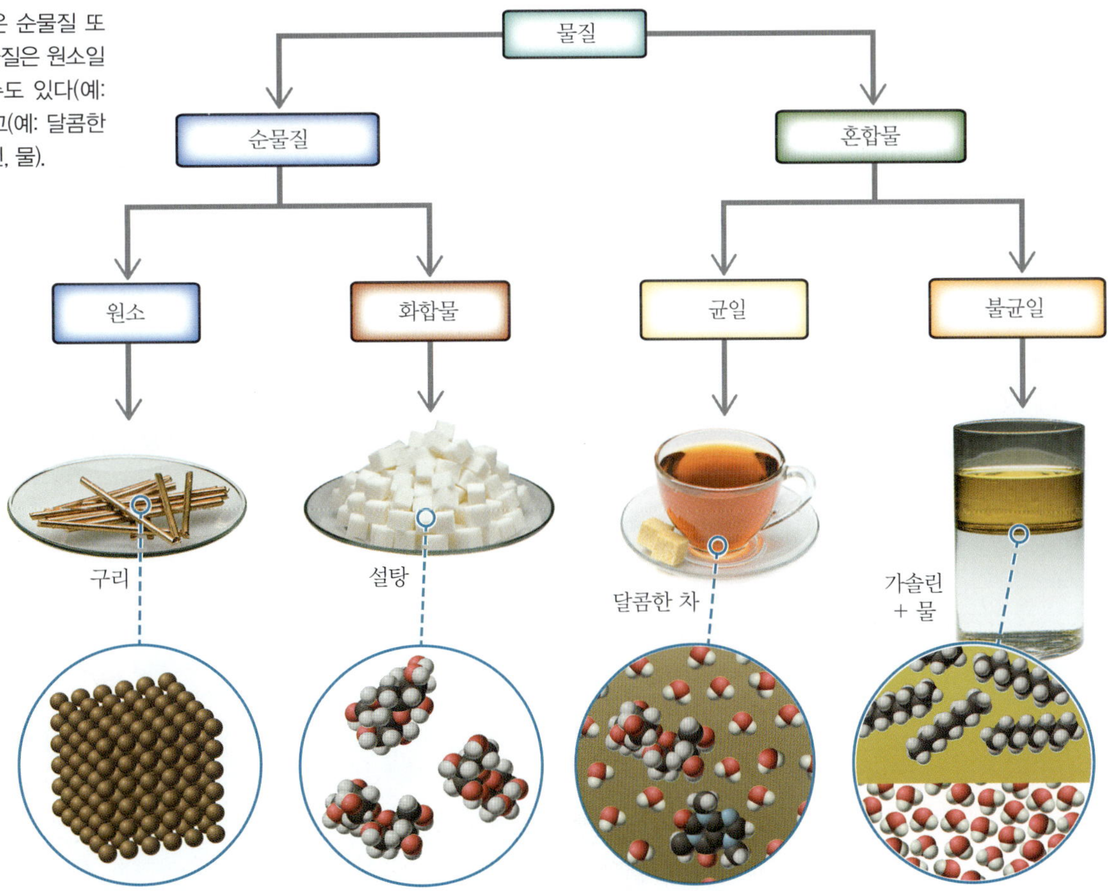

순물질

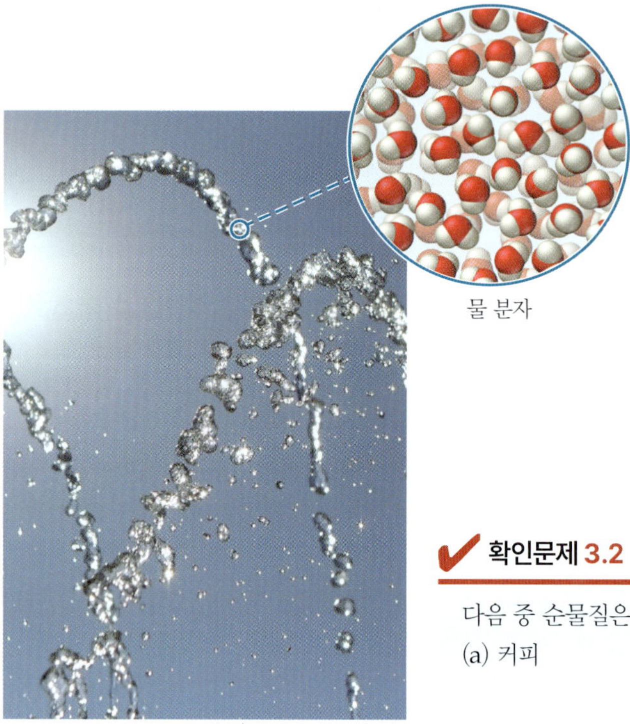

▲ 물은 물 분자만으로 이루어진 순물질이다.

순물질

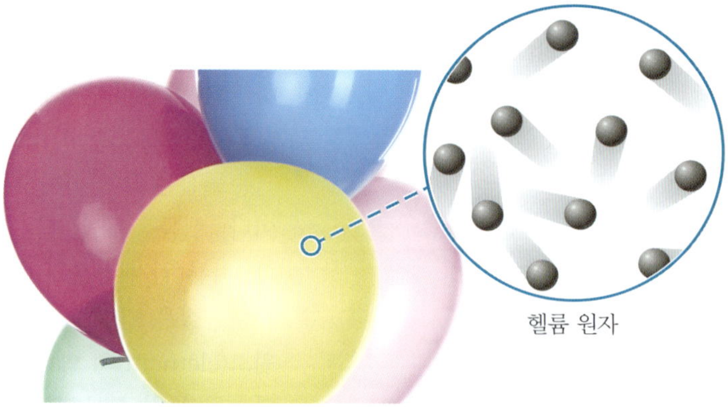

▲ 헬륨은 헬륨 원자로 이루어진 순물질이다.

> 화합물은 각기 다른 원자들이 화학적으로 하나가 되어(결합되어) 이루어진다. 혼합물은 각기 다른 물질들이 화학적으로 결합하지 않고 단순히 섞여서 이루어진 것이다.

✔ 확인문제 3.2

다음 중 순물질은 무엇인가?

(a) 커피 (b) 알루미늄 (c) 식용 소금

일상에서 접하게 되는 대부분의 물질은 혼합물의 형태이다. 사과 주스, 불꽃, 샐러드드레싱, 흙은 모두 혼합물의 예이다. 이것들은 여러 물질을 포함하고 있는데, 각각의 샘플마다 그 조성 비율이 변화한다. 그 밖의 일반적인 혼합물로 공기, 해수, 놋쇠 등이 있다. 공기는 대부분이 질소와 산소 기체로 이루어진 혼합물이고, 해수는 대부분이 소금과 물로 이루어진 혼합물이며, 놋쇠는 구리와 아연으로 이루어진 혼합물이다. 각각의 혼합물은 성분비가 다를 수 있다. 예를 들어 야금(冶金) 학자들은 놋쇠에서 구리와 아연의 상대적인 양을 변화시킴으로써 금속의 속성을 의도하는 용도에 맞게 바꾼다 — 구리보다 아연 함유량이 많을수록 놋쇠가 더 잘 부서진다.

혼합물은 성분 물질이 얼마나 균일하게 섞여 있느냐에 따라 분류될 수 있다. 기름과 물 같은 **불균일 혼합물**(heterogeneous mixture)은 위치에 따라 조성이 변한다. 소금과 물, 달콤한 차(설탕이 함유된 차) 같은 **균일 혼합물**(homogeneous mixture)은 모든 곳의 조성이 같

혼합물

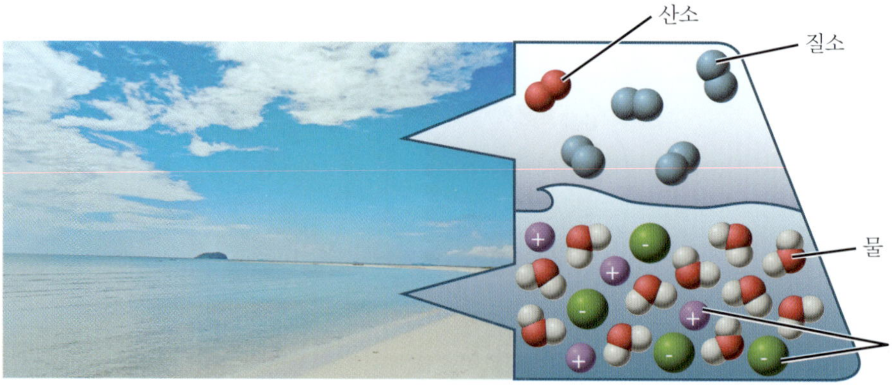

▶ 공기와 해수는 혼합물의 예이다. 공기는 대부분이 질소와 산소 기체로 이루어지고, 해수는 대부분이 소금과 물로 이루어진다.

다. 균일 혼합물은 그것을 이루는 원자나 분자가 균일하게 섞이므로 균일한 조성이다. 물질의 속성은 그것을 구성하고 있는 원자나 분자에 의해 결정된다는 것을 기억하라.

그림 3.8에 나타낸 것은 다음과 같이 요약할 수 있다.

- 물질은 순물질 또는 혼합물일 수 있다.
- 순물질은 원소 또는 화합물일 것이다.
- 혼합물은 균일하거나 불균일할 것이다.
- 혼합물은 2개 이상의 원소나 2개 이상의 화합물 또는 이 둘의 혼합으로 이루어져 있을 것이다.

예제 3.1 물질의 분류

다음 각각의 물질을 순물질 또는 혼합물로 분류하시오. 순물질이면 원소와 화합물로 분류하고, 혼합물이면 균일 또는 불균일로 분류하시오.

(a) 납 그물추 (b) 해수 (c) 증류수 (d) 이탈리안 샐러드드레싱

답

이 책의 뒷면지에 알파벳순으로 나열된 원소를 검토하는 것으로 시작한다. 표에 있는 물질이라면 순물질이고 원소이다. 표에는 없으나 순물질이라면 화합물이다. 순물질이 아니라면 혼합물이다. 혼합물이 균일인지 불균일인지 결정하려면 배경 지식을 활용해야 한다.

(a) 납은 원소표에 있으므로 순물질이고 원소이다.
(b) 해수는 소금과 물 등의 물질로 이루어져 있다. 이것은 균일한 조성이므로 균일 혼합물이다.
(c) 증류수는 원소표에 없지만 순물질(물)이므로 화합물이다.
(d) 이탈리안 샐러드드레싱은 다수의 물질을 포함하므로 혼합물이다. 이것은 조성이 다른 최소 2개의 뚜렷한 영역으로 분리되므로 불균일 혼합물이다.

▸ 연습문제 3.1 | 물질의 분류

다음 각각의 물질을 순물질 또는 혼합물로 분류하시오. 순물질이면 원소와 화합물로 분류하고, 혼합물이면 균일 또는 불균일로 분류하시오.

(a) 온도계의 수은 (b) 숨을 내쉴 때 나오는 공기 (c) 닭고기 수프 (d) 설탕

▸ 심화 학습 예제 3.12/복습문제 31~38

참고: 연습문제의 해답은 각 장 마지막 부분에 있다.

✔ 확인문제 3.3

다음 중 순물질은 무엇인가?

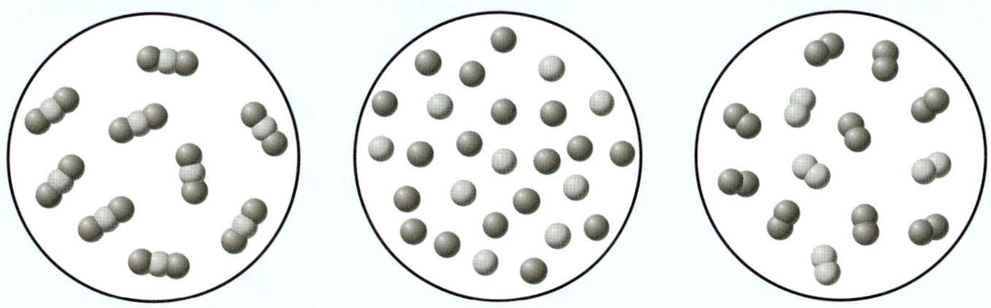

(a) (b) (c)

3.5 다른 종류의 물질을 구분하는 방법: 물리적 성질과 화학적 성질

▶ 물리적 성질과 화학적 성질을 구분한다.

어떤 물질을 다른 것과 구분할 때 사용하는 특성을 **성질**(property)이라고 한다. 각각의 물질은 그것을 특징짓고 다른 물질과 구분되는 독특한 성질을 가지고 있다. 예를 들어 물과 알코올은 냄새가 다르기 때문에 구분되고, 은과 금은 색깔이 다르기 때문에 구분된다.

화학에서는 성질을 물리적 성질과 화학적 성질로 분류한다. **물리적 성질**(physical property)은 조성의 변화 없이 나타나는 성질이고, **화학적 성질**(chemical property)은 조성의 변화를 통해서만 나타나는 성질이다. 예를 들어 가솔린 특유의 냄새는 물리적 성질이다. 가솔린은 냄새를 나타낼 때 조성이 변하지 않지만, 가솔린의 가연성은 화학적 성질이다. 가솔린은 연소할 때 조성이 변한다.

물과 수증기에서는 물 분자가 같다.

물질을 이루는 원자나 분자는 물질이 물리적 성질을 나타낼 때 변하지 않는다. 예를 들어 물의 끓는점, 즉 물리적 성질은 100℃이다. 물은 끓을 때 액체에서 기체로 변하지만 기체는 여전히 물이다(그림 3.9). 반면에 철이 잘 부식되는 것은 화학적 성질이다. 이러한 성질을 드러내려면 철은 산화 철(III)로 변해야 한다(그림 3.10). 냄새, 맛, 색, 겉모습, 녹는점, 끓는점, 밀도 등은 물리적 성질이고 부식성, 가연성, 산성, 독성, 기타 화학적 속성은 화학적 성질이다.

▲ **그림 3.9 물리적 성질.** 물의 끓는점은 물리적 성질이며, 끓는 것은 물리적 변화이다. 물이 끓으면 기체로 변하지만, 물 분자는 액체인 물에서나 기체 상태의 증기에서나 같다.

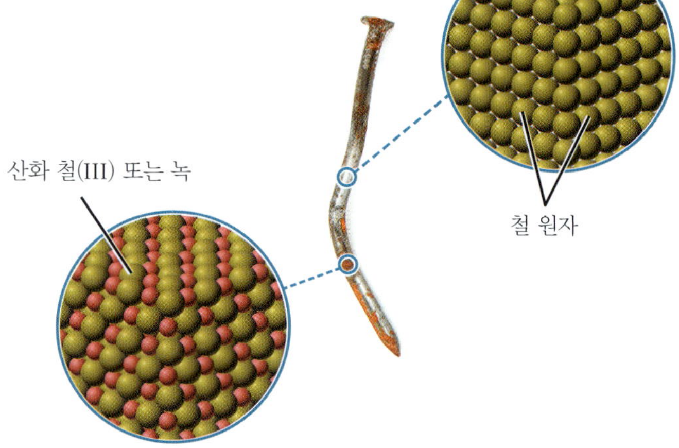

▲ **그림 3.10 화학적 성질.** 철이 잘 부식되는 것은 화학적 성질이며, 부식은 화학적 변화이다. 부식될 때 철은 산화 철(III)로 변한다.

✔ 확인문제 3.4

다음 그림의 물질은 어떤 하나의 성질을 나타낸다. 이것은 물리적 성질인가, 화학적 성질인가?

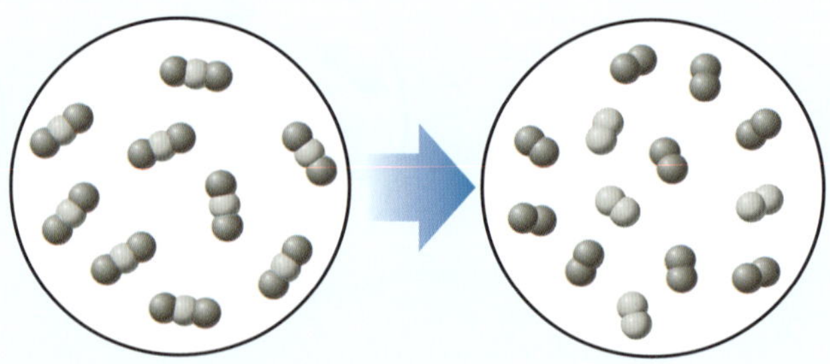

(a) 물리적 성질 (b) 화학적 성질

예제 3.2 물리적 성질과 화학적 성질

다음 각각의 성질이 물리적 성질인지 화학적 성질인지 밝히시오.

(a) 구리가 공기 중에 노출되었을 때 초록색으로 변하는 경향
(b) 자동차 페인트가 시간이 지나면서 희미해지는 경향
(c) 가솔린을 엎질렀을 때 빨리 증발하는 경향
(d) 알루미늄이 다른 금속에 비해 상대적으로 (주어진 부피에 대해) 질량이 작은 것

답

(a) 구리는 공기 중의 기체와 반응하여 화합물을 형성하기 때문에 초록색으로 변하며, 이것은 화학적 성질이다.
(b) 자동차 페인트는 햇빛으로 인해 희미해지거나 (분해되거나) 공기 중의 산소와 반응하기 때문에 시간이 지나면서 색이 바래며, 어떤 경우든 이는 화학적 성질이다.
(c) 가솔린은 끓는점이 낮기 때문에 빨리 증발하며, 이는 물리적 성질이다.
(d) 알루미늄이 다른 금속에 비해 상대적으로 (주어진 부피에 대해) 질량이 작은 것은 밀도가 작기 때문이며, 이는 물리적 성질이다.

▶ **연습문제 3.2 | 물리적 성질과 화학적 성질**

다음 각각의 성질이 물리적 성질인지 화학적 성질인지 밝히시오.

(a) 수소 기체의 폭발성
(b) 구리의 청동색
(c) 은의 빛나는 겉모습
(d) 드라이아이스의 승화(고체에서 직접 기체로 변화)

▶ **심화 학습** 예제 3.13/복습문제 39~42

3.6 물질의 변화: 물리적 변화와 화학적 변화

▶ 물리적 변화와 화학적 변화를 구분한다.

우리는 매일 물질의 변화를 목격한다. 예를 들면 얼음이 녹고, 철이 녹슬고, 과일이 무르익는다. 변화가 일어나는 동안 물질을 이루는 원자와 분자에는 무슨 일이 일어날까? 답은 변화의 종류에 달렸다. **물리적 변화**(physical change)의 경우에는 물질의 겉모습은 변하지만 그 조성은 변하지 않는다. 예를 들어 얼음이 녹을 때는 외관상 달라 보이지만(물과 얼음이 달라 보인다) 조성은 같다. 고체인 얼음과 액체인 물은 둘 다 물 분자로 이루어져 있으므로 녹는 것은 물리적 변화이다. 이와 마찬가지로 유리가 산산조각 날 때는 외관상 달라 보이지만 조성은 그대로이다(여전히 유리이므로 물리적 변화이다). 반면에 **화학적 변화**(chemical change)가 일어나면 물질의 조성이 바뀐다. 예를 들어 구리는 공기 중에 계속 노출되면 초록색으로 변하는데, 이는 구리가 공기 중의 기체와 반응하여 새로운 화합물을 형성하기 때문이다. 이것은 화학적 변화이다. 물질은 **화학 반응**(chemical reaction)을 할 때 화학적 변화를 일으킨다. 화학 반응에서 화학적 변화 전의 물질은 **반응물**(reactant), 변화 후의 물질은 **생성물**(product)이라고 한다.

$$\text{반응물} \xrightarrow[\text{화학적 변화}]{} \text{생성물}$$

7장에서 화학적 변화에 대해 자세히 다룰 것이다.

물질이 어떠한 상태(예: 고체 또는 액체)에서 다른 상태로 바뀌는 것은 항상 물리적 변화이다.

물리적 변화와 화학적 변화의 차이가 항상 뚜렷한 것은 아니다. 변화가 있기 전과 후의 물질에 대해 화학적인 검사를 해야만 그 변화가 물리적인지 화학적인지 확인할 수 있다. 그러

물리적 변화: 액체 뷰테인이 기체 뷰테인으로 기화한다.

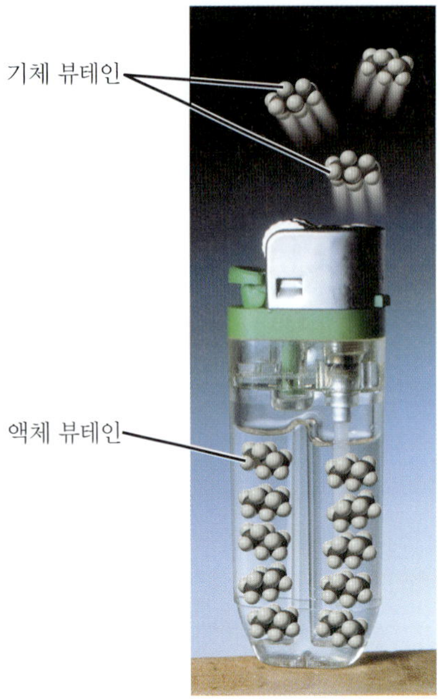

▶ **그림 3.11 기화: 물리적 변화.** 부싯돌을 돌리지 않고 연료 버튼을 누르면 액체 뷰테인이 기화되어 기체 뷰테인이 된다. 액체 뷰테인과 기체 뷰테인은 둘 다 뷰테인 분자로 이루어져 있기 때문에 이는 물리적 변화이다.

화학적 변화: 기체 뷰테인이 산소와 반응하여 이산화 탄소와 물이 생성된다.

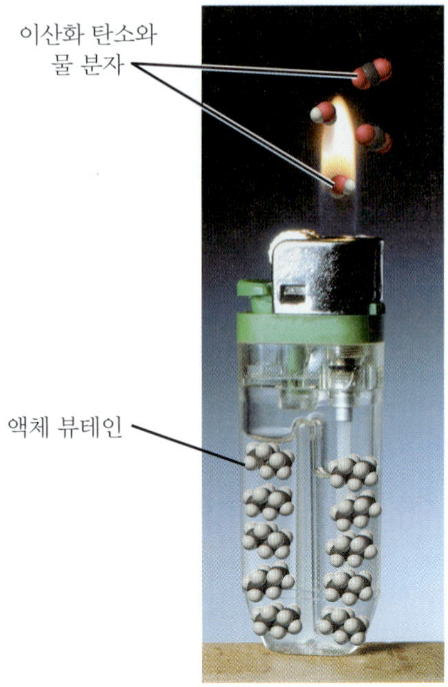

▶ **그림 3.12 연소: 화학적 변화.** 버튼을 누르고 부싯돌을 돌려 불꽃을 일으킨다. 뷰테인 분자는 공기 중의 산소 분자와 반응하여 새로운 분자인 이산화 탄소와 물이 생기는데, 이는 화학적 변화이다.

나 우리가 변화에 대해 알고 있는 것을 근거로 화학적 변화와 물리적 변화를 구분할 수 있는 경우가 많다. 녹는 것이나 끓는 것과 같은 상태 변화 또는 자르거나 부숨으로써 단지 겉모습만 바뀌는 것은 물리적 변화이다. 화학 반응(종종 열 교환이나 색 변화에 의해 증명됨)과 같은 변화는 화학적 변화이다.

화학적 변화와 물리적 변화의 주요한 차이점은 분자와 원자 수준에서의 변화와 관련이 있다. 물리적 변화에서는 물질의 겉모습이 바뀌더라도 물질을 이루는 원자의 기본적인 연합이 바뀌지 않는다. 화학적 변화에서는 원자의 기본적인 연합이 바뀌며, 그 결과 새로운 물질이 된다. 물리적 변화의 결과는 다른 형태의 같은 물질이며, 화학적 변화의 결과는 완전히 새로운 물질이다.

뷰테인 라이터에 사용되는 물질인 액체 뷰테인의 물리적 변화와 화학적 변화를 생각해보자. 라이터의 플라스틱 용기를 통해 액체 뷰테인을 볼 수 있다. 만약 부싯돌을 돌리지 않고 연료 버튼을 누른다면 액체 뷰테인의 일부가 기화되어 기체 뷰테인이 된다. 보통은 그것이 새어 나오면서 내는 '쉿' 하는 소리가 들린다(그림 3.11). 액체 뷰테인과 기체 뷰테인은 둘 다 뷰테인 분자로 이루어져 있기 때문에 이는 물리적 변화이다. 그러나 버튼을 누르고 부싯돌을 돌려 불꽃을 일으킨다면 화학적 변화가 일어난다. 뷰테인 분자는 공기 중의 산소 분자와 반응하여 새로운 분자인 이산화 탄소와 물이 생성된다(그림 3.12). 뷰테인을 이루는 분자가 다른 분자로 변했기 때문에 이는 화학적 변화이다.

예제 3.3 물리적 변화와 화학적 변화

다음 각각의 변화가 물리적 변화인지 화학적 변화인지 밝히시오.

(a) 철의 부식
(b) 매니큐어 제거제(아세톤)의 증발
(c) 석탄의 연소
(d) 카펫이 햇빛에 반복적으로 노출되었을 때 색이 바래는 것

답

(a) 철은 공기 중의 산소와 반응하여 산화 철을 만들기 때문에 녹이 생기며, 이는 화학적 변화이다.
(b) 매니큐어 제거제(아세톤)가 증발할 때 액체에서 기체로 변하지만 여전히 아세톤이며, 이는 물리적 변화이다.
(c) 석탄은 공기 중의 산소와 반응하여 이산화 탄소를 만들기 때문에 연소하며, 이는 화학적 변화이다.
(d) 카펫이 햇빛에 반복적으로 노출되었을 때 색이 바래는 것은 카펫의 색을 띠는 분자가 햇빛에 의해 분해되기 때문이며, 이는 화학적 변화이다.

▸ 연습문제 3.3 | 물리적 변화와 화학적 변화

다음 각각의 변화가 물리적 변화인지 화학적 변화인지 밝히시오.
(a) 무색의 질산에 떨어뜨렸을 때 푸른 용액을 형성하는 구리 금속
(b) 지나가는 기차가 철길에 놓인 동전을 납작하게 만드는 것
(c) 얼음이 녹아서 물(액체)이 되는 것
(d) 성냥으로 폭죽에 불을 붙이는 것

▸ 심화 학습 예제 3.14/복습문제 43~46

✔ 확인문제 3.5

다음 그림은 액체인 물이 증기로 증발되는 것을 보여준다.

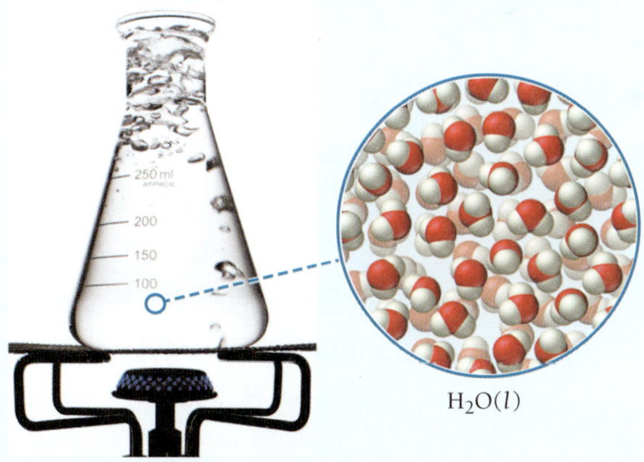

다음 중 증기 상태인 분자를 가장 잘 나타낸 것은 무엇인가?

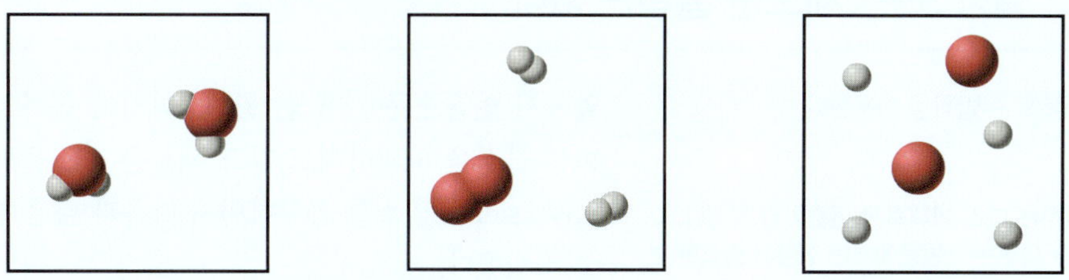

(a) (b) (c)

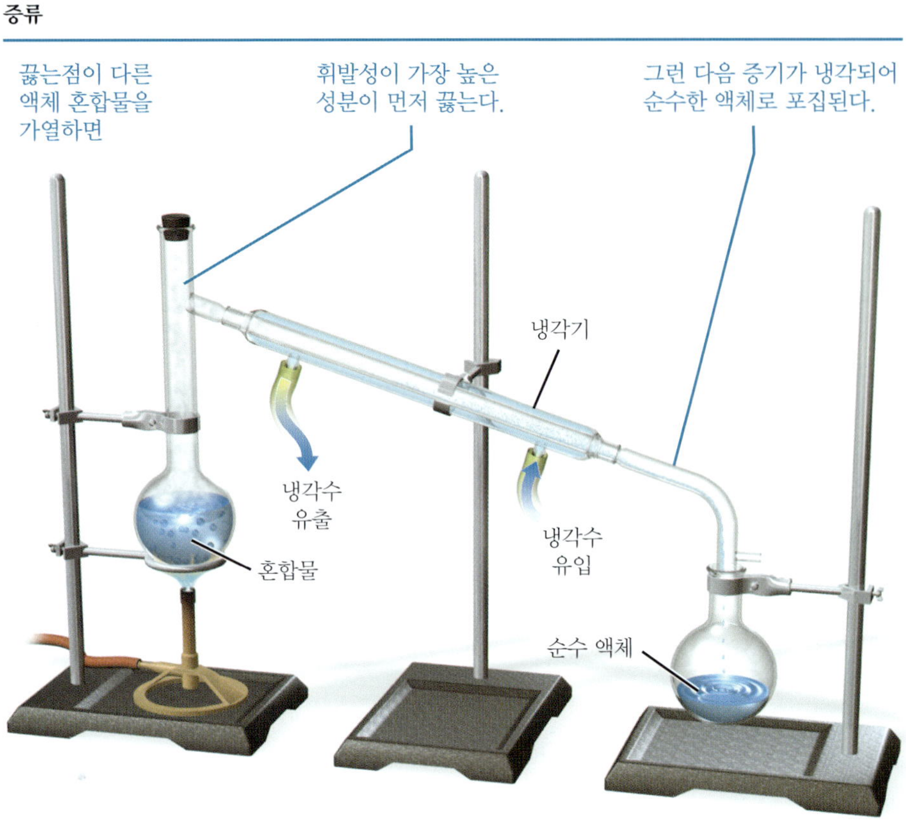

▲ 그림 3.13 증류를 통한 두 액체 혼합물 분리

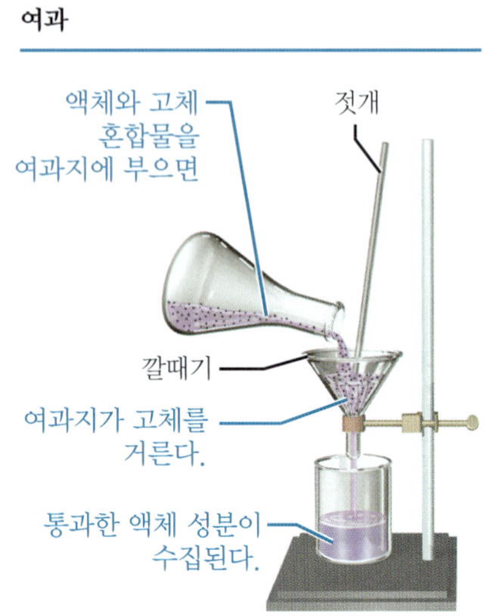

▲ 그림 3.14 여과를 통한 액체와 고체 분리

물리적 변화를 통한 혼합물의 분리

화학자는 종종 혼합물을 구성 성분으로 분리하려 한다. 이러한 분리는 혼합물의 성분이 무엇이냐에 따라 쉬울 수도 있고 어려울 수도 있다. 다른 성분은 성질이 다르기 때문에 일반적으로 혼합물은 분리가 가능하다. 이러한 차이점을 이용하여 분리하는 다양한 기술이 있다. 예를 들면 기름과 물은 혼합되지 않고(섞이지 않고) 밀도가 서로 다르다. 그래서 기름이 물 위에 뜨면 **디캔팅**(decanting)으로 기름을 다른 용기에 분리해낼 수 있다. 서로 섞이는 액체의 혼합물은 대개 **증류**(distillation)로 분리하는데, 이는 혼합물을 가열하여 **휘발성**(volatile)이 큰(쉽게 증발하는) 액체를 끓여 분리하는 것이다. 휘발성 액체는 냉각기에서 재응결되어 분리 플라스크에 수집된다(그림 3.13). 혼합물이 고체와 액체로 이루어져 있다면 **여과**(filtration)로 분리할 수 있는데, 이는 일반적으로 깔때기에 설치된 여과지에 혼합물을 붓는 것이다(그림 3.14).

3.7 질량 보존: 새로운 물질은 없다

▶ 질량 보존 법칙을 적용한다.

앞에서 언급했듯이 행성, 공기, 심지어 몸까지도 물질로 이루어져 있다. 물리적·화학적 변화는 물질을 파괴하지도 않고 새로운 물질을 만들지도 않는다. 1장을 떠올려보자. Antoine Lavoisier는 연소를 공부하면서 다음과 같은 **질량 보존 법칙**(law of conservation of mass)을 정립했다.

이 법칙은 다소 과대하게 단순화된 것이다. 17장에서 다루는 핵반응에서는 질량에 중요한 변화가 일어난다. 그러나 화학 반응에서 그러한 변화는 너무 작아서 무시할 수 있을 정도이다.

물질은 화학 반응에서 창조되지도 않고 파괴되지도 않는다.

화학 반응에서의 정량적인 관계는 8장에서 살펴볼 것이다.

물리적·화학적 변화가 일어나는 동안 물질의 총량은 일정하게 유지된다. 왜 그럴까? 라이터의 뷰테인을 연소시키면 뷰테인이 서서히 사라진다. 어디로 가는 것일까? 뷰테인은 산소와 결합하여 이산화 탄소와 물을 형성하며, 이것은 주변의 공기 중으로 증발한다. 그러나 형성된 이산화 탄소와 물의 질량은 결합되는 뷰테인과 산소의 질량과 똑같아야 한다.

예를 들어 58 g의 뷰테인은 208 g의 산소와 반응하여 176 g의 이산화 탄소와 90 g의 물을 만들 것이다.

뷰테인 + 산소		이산화 탄소 + 물
58 g + 208 g	⟶	176 g + 90 g
266 g		266 g

뷰테인과 산소의 총질량인 266 g은 이산화 탄소와 물의 총질량인 266 g과 같다. 즉 물질은 보존된다.

예제 3.4 질량 보존

어떤 화학자가 3.9 g의 포타슘과 12.7 g의 아이오딘을 결합하여 16.6 g의 아이오딘화 포타슘을 만들었다. 이 결과가 질량 보존 법칙과 일치함을 증명하시오.

답

포타슘과 아이오딘의 질량을 합하면

$$3.9\ \text{g} + 12.7\ \text{g} = 16.6\ \text{g}$$

포타슘과 아이오딘의 총질량은 생성물인 아이오딘화 포타슘의 질량과 같다. 이 결과는 질량 보존 법칙과 일치한다.

▶ **연습문제 3.4 | 질량 보존**

12 g의 천연가스와 48 g의 산소가 불꽃 속에서 결합한다고 가정하자. 이 화학적 변화로 33 g의 이산화 탄소가 생성된다면 물은 몇 그램이 생성되는가?

▶ **심화 학습** 예제 3.15/복습문제 47~52

✔ 확인문제 3.6

물 한 방울을 플라스크에 넣고 뚜껑으로 밀봉한 다음 물방울이 증발할 때까지 가열한다. 완전히 증발되면 용기와 그 내용물의 질량은 어떻게 되는가?

(a) 용기와 내용물의 질량이 감소한다.

(b) 용기와 내용물의 질량이 증가한다.

(c) 용기와 내용물의 질량이 그대로 유지된다.

3.8 에너지

▶ 에너지의 여러 형태를 이해한다.

▶ 에너지의 단위를 확인하고 변환한다.

물질은 우주를 이루는 두 가지 주요 성분 중 하나이다. 다른 주요한 성분은 일을 하는 능력으로 정의되는 **에너지**(energy)이다. **일**(work)은 어떤 거리를 따라 움직이는 힘의 결과로 정의된다. 예를 들어 책상을 가로질러 이 책을 밀면 일을 한 것이다. 화학이 물질하고만 연관이 있다고 생각할 수도 있으나, 많은 부분에서 물질의 거동은 에너지에 의해 일어난다. 그러므

환경 속의 화학

무에서 에너지를 얻을 수 있을까?

에너지 보존 법칙은 에너지 사용과 밀접한 관계가 있다. 우리가 에너지로 할 수 있는 최선은 득실이 없게 하는 것이다(실제로는 불가능하다). 어떤 장치에 에너지를 가하지 않고서는 에너지를 계속적으로 끌어낼 수 없다. 에너지의 유입 없이 에너지를 생산하는 가상의 장치를 **영구 운전 기계**(perpetual motion machine)라고 하는데(그림 3.15), 에너지 보존 법칙에 따르면 이러한 기계는 존재할 수 없다. 가끔 매체에서는 소비보다 많은 에너지를 생산하는 것처럼 보이는 시스템의 발견에 대해 보도하거나 깊이 있게 다룬다. 언젠가 에너지와 가솔린 비용을 주제로 한 라디오 토크쇼에서 리포터가 운전하는 동안 스스로 재충전하는 전기 자동차를 간단히 설계할 것을 제안했다. 전기 자동차의 배터리는 기존 자동차의 배터리가 재충전되는 것과 같은 방식으로 작동 중 충전되지만 전기 자동차는 배터리의 에너지로 작동한다. 사람들은 수십 년 동안 이러한 영구 운전 기계를 꿈꿔왔다. 그러나 이러한 생각은 에너지의 유입 없이 에너지를 생산하는 것이기 때문에 에너지 보존 법칙에 위배된다. 영구 운전 전기 자동차의 경우, 전기 자동차를 운전하면 배터리를 재충전할 수 있다는 것에 오류가 있다(이는 불가능하다).

기존 자동차에서 배터리가 재충전되는 것은 가솔린의 연소에서 얻은 에너지가 전기 에너지로 변환되어 배터리를 충전하기 때문이다. 전기 자동차는 전진하는 데 에너지가 필요하며, 배터리는 결국 방전될 것이다. 일부 하이브리드 자동차(전기와 가솔린 동력)는 제동으로 에너지를 얻고, 이것을 이용하여 배터리를 재충전한다. 하지만 연료를 추가하지 않고 무한정 달릴 수는 없다. 사회는 에너지가 끊임없이 필요하며, 현재의 에너지 자원이 점점 줄어들기 때문에 새로운 에너지 자원이 필요할 것이다. 불행히도 그러한 에너지 또한 에너지는 반드시 보존되어야 한다는 에너지 보존 법칙을 따라야만 한다.

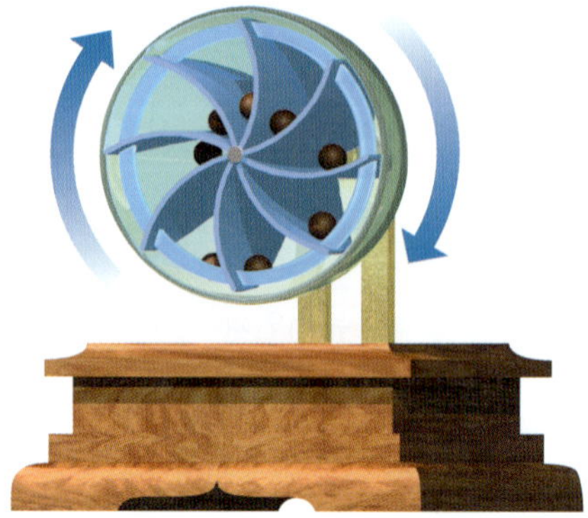

◀ **그림 3.15 제안된 영구 운전 기계.** 구르는 공이 바퀴를 영구적으로 돌린다고 가정한다. 이것이 작동하지 않는 이유를 설명하시오.

질문 한 친구가 배터리가 필요 없는 전등을 개발했다며 투자를 권유한다. 투자하기 전에 어떤 질문을 해야 하는가?

로 에너지를 이해하는 것은 화학을 이해하는 데 매우 중요하다. 물질과 마찬가지로 에너지도 보존된다. **에너지 보존 법칙**(law of conservation of energy)은 에너지가 창조될 수도 파괴될 수도 없다고 말한다. 에너지의 총량은 일정하며 변할 수 없다. 에너지는 한 형태에서 다른 형태로 변하거나 어떤 물체에서 다른 물체로 전달될 수는 있으나 창조되지는 않는다.

실제로 모든 물체는 에너지를 가지고 있다. 어떤 물체의 총에너지는 물체의 운동과 연관된 에너지인 **운동 에너지**(kinetic energy)와 위치 또는 조성과 연관된 에너지인 **퍼텐셜 에너지**(potential energy, 위치 에너지)의 합이다. 예를 들어 움직이는 당구공은 그 움직임과 관련된 운동 에너지를 가지고 있다. 이 당구공은 다른 당구공과 부딪혀서 움직이게 할 수 있다. 댐 뒤의 물은 그 위치와 연관된 퍼텐셜 에너지를 가지고 있다. 댐에 의해 물이 높은 곳에서 낮은 곳으로 흐르면서 터빈을 돌리며 **전기 에너지**(electrical energy)를 생산할 수 있다. 전기 에너지는 전하의 흐름과 연관된 에너지이다. **열에너지**(thermal energy)는 물질에 있는 원자나 분자의 임의 운동과 연관된 에너지이다. 물체가 뜨거울수록 더 높은 열에너지를 포함하고 있다.

▲ 댐 뒤의 물은 퍼텐셜 에너지를 가지고 있다.

화학적 시스템은 그것을 구성하는 입자의 위치와 연관된 퍼텐셜 에너지의 형태인 **화학 에너지**(chemical energy)를 포함하고 있다. 예를 들어 가솔린을 구성하는 분자에는 화학 에너지의 실질적인 양이 포함된다. 그것은 댐 뒤에 있는 물과 같다. 가솔린을 태우는 것은 댐에서 물을 방출하는 것과 유사하다. 차를 운전할 때 가솔린에 저장된 화학 에너지를 이용하여 차를 앞으로 움직인다. 집을 가열할 때는 천연가스에 저장된 화학 에너지를 이용하여 열을 생산하고 집 안의 공기를 따뜻하게 한다.

에너지의 단위

흔히 사용되는 에너지 단위는 몇 가지가 있다. 에너지의 SI 단위는 줄(joule, J)이며, 이는 총 에너지가 보존된다면 에너지가 한 형태에서 다른 형태로 바뀔 수 있음을 증명한 영국 과학자 James Joule(1818~1889)의 이름에서 유래했다. 두 번째 에너지 단위는 **칼로리**(cal)로, 이는 물 1 g을 1 ℃ 올리는 데 필요한 에너지의 양이다. 칼로리는 줄보다 큰 단위이다(1 cal = 4.184 J). 연관된 에너지 단위로 **영양 칼로리** 또는 대문자 C **칼로리**(Cal)가 있는데, 이는 소문자 c 칼로리의 1,000배와 같다. 아직까지 전기 요금 청구서에는 **킬로와트시**(kilowatt-hour, kWh)라는 단위가 주로 사용된다. 전기 요금은 1 kWh에 약 0.12달러이다. 다양한 에너지 단위와 그 환산 인자는 표 3.2와 같다. 표 3.3은 다양한 과정에서 필요한 에너지양을 각각의 단위로 보여준다.

표 3.2 에너지 환산 인자

1 calorie(cal)	= 4.184 joules(J)
1 Calorie(Cal)	= 1000 calories(cal)
1 kilowatt-hour(kWh)	= 3.60×10^6 joules(J)

표 3.3 다양한 단위의 에너지 활용

단위	물 1 g을 1 ℃ 올리는 데 필요한 에너지	10 W LED 전구를 1시간 동안 켜는 데 필요한 에너지	미국 시민이 하루에 사용하는 평균 에너지
J	4.18	3.6×10^4	9.0×10^8
cal	1.00	8.60×10^3	2.2×10^8
Cal	0.00100	8.60	2.2×10^5
kWh	1.16×10^{-6}	0.0100	2.50×10^2

예제 3.5 에너지 단위 변환

초코바 하나의 영양 에너지는 225 Cal이다. 이는 줄(J)로 얼마인가?

분류

문제의 정보를 분류하는 것으로 시작한다. 에너지가 영양 칼로리(C)로 주어졌고 이것을 줄(J)로 변환해야 한다.

주어진 값: 225 Cal

구해야 하는 값: J

전략

해결도표를 그린다. Cal로 시작하여 cal로 변환한 다음 J로 변환한다.

해결도표

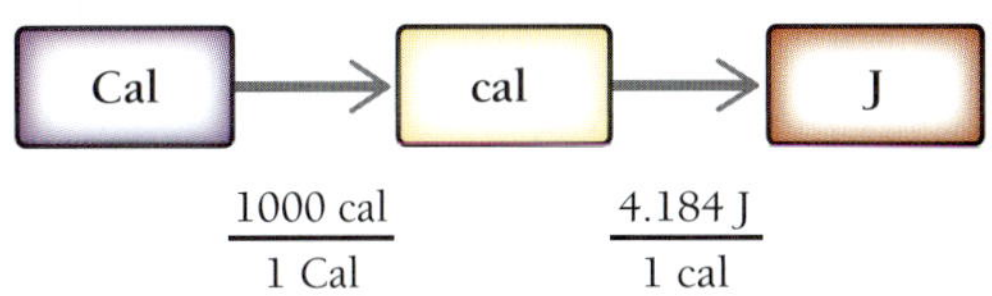

사용된 관계식

1,000 cal = 1 Cal (표 3.2)

4.184 J = 1 cal (표 3.2)

풀이

해결도표에 따라 문제를 푼다. 225 Cal로 시작하여 적당한 환산 인자를 곱하여 J에 도달한다. 유효 숫자의 개수를 맞춰 답을 반올림한다(225 Cal의 유효 숫자가 3개이므로 유효 숫자의 개수가 3개이다).

답

$$225\ \cancel{\text{Cal}} \times \frac{1000\ \cancel{\text{cal}}}{1\ \cancel{\text{Cal}}} \times \frac{4.184\ \text{J}}{1\ \cancel{\text{cal}}} = 9.41 \times 10^5\ \text{J}$$

검토 답을 확인한다. 단위가 옳은가? 답이 합당한가?	단위(J)가 옳고 답의 크기도 합당하다. J이 Cal보다 작기 때문에 J로 표현된 에너지양은 Cal로 표현된 에너지양보다 커야 한다.

▶ 연습문제 3.5 | 에너지 단위 변환
작은 성냥이 완전 연소되면 약 512 cal의 열을 생성한다. 이는 몇 kJ인가?

▶ 연습문제 3.5+
2.75×10^4 kJ을 칼로리(cal)로 변환하시오.

▶ 심화 학습 예제 3.16/복습문제 53~64

✔ 확인문제 3.7

한 판매원이 가전제품을 가능한 한 효율적으로 보이게 하고 싶다. 가전제품의 연간 에너지 소비량을 가장 작은 값으로 나타냄으로써 가장 효율적으로 보이는 단위는 무엇인가?

(a) J (b) cal (c) Cal (d) kWh

3.9 에너지와 화학적·물리적 변화

▶ 흡열 반응과 발열 반응을 구분한다.

3.6절에서 살펴본 물리적 변화와 화학적 변화는 대개 에너지 변화를 수반한다. 예를 들어 우리 피부에서 물이 증발할 때(물리적 변화) 물 분자가 에너지를 흡수하여 피부가 시원해진다. 난로에서 천연가스가 연소될 때(화학적 변화) 에너지가 방출되어 음식을 따뜻하게 데워준다.

화학적 변화가 일어나는 동안 발생하는 에너지의 방출은 우리가 땅에 무거운 물체를 떨어뜨릴 때 발생하는 에너지의 방출과 유사하다. 물체를 들어 올리면 퍼텐셜 에너지가 올라가고, 물체를 떨어뜨리면 퍼텐셜 에너지가 내려간다(그림 3.16). 물체를 들어 올린 것처럼, 높은 퍼텐셜 에너지를 가진 계(system)는 에너지를 감소시키는 방식으로 변화하는 경향이 있다. 그래서 높은 퍼텐셜 에너지를 가진 물체나 계는 불안정한 경향이 있다. 지면에서 몇 미터 들어 올린 물체는 어느 정도 양의 국한된 퍼텐셜 에너지를 가지고 있기 때문에 불안정하다. 만약 그대로 두면 그 물체는 자연스럽게 떨어져서 퍼텐셜 에너지가 낮아진다.

몇몇 화학 물질은 앞서 언급한 들어 올린 물체와 비슷하다. 예를 들어 TNT(trinitrotoluene)를 구성하는 분자는 비교적 높은 퍼텐셜 에너지를 가지고 있다(들어 올린 물체에 에너지가 집중되듯이 TNT를 이루는 분자에도 에너지가 집중된다). 따라서 TNT를 이루는 분자는 퍼텐셜 에너지를 낮추는 화학적 변화(특히 연소)를 하려는 경향을 띤다.

▲ **그림 3.16 들어 올린 추의 퍼텐셜 에너지.** 지면에서 들어 올린 추는 높은 퍼텐셜 에너지를 가지고 있으며, 퍼텐셜 에너지를 감소시키기 위해 지면으로 떨어지려는 경향이 있다.

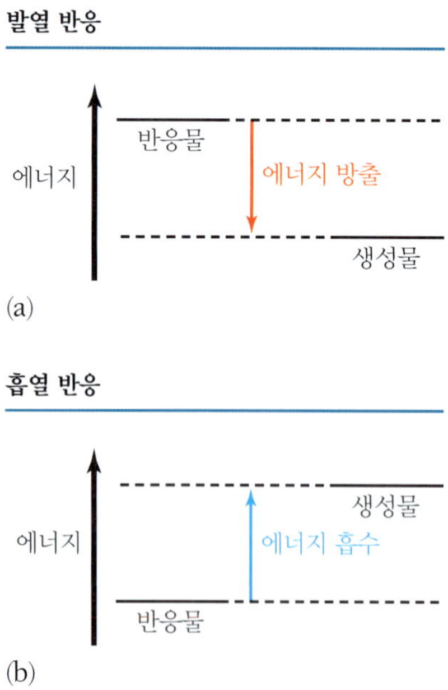

▲ **그림 3.17 발열 반응과 흡열 반응.** (a) 발열 반응에서는 에너지가 방출된다. (b) 흡열 반응에서는 에너지를 흡수한다.

에너지 전달에 대해 설명할 때 연구할 대상(예: 화학 반응이 일어나는 플라스크)을 계(system)로 정의하고, 계와 에너지 교환을 하는 주변 환경을 주위(surrounding)로 정의하곤 한다. 에너지는 계와 주위 사이에서 전달된다.

이처럼 에너지를 방출하는 화학 반응을 **발열**(exothermic)이라고 한다.

일부 반응은 반대로 진행된다. 즉 반응이 일어나는 주위로부터 에너지를 흡수하며, 이러한 반응을 **흡열**(endothermic)이라고 한다. 화학적 콜드팩(cold pack)의 사용은 흡열 반응의 예이다. 콜드팩에서 반응물을 분리하는 장벽이 무너지면 물질이 혼합되고 반응하여 주위로부터 열을 흡수한다. 그래서 타박상을 입은 발목 주위가 시원해질 것이다.

그림 3.17과 같이 에너지 도표를 이용하여 화학 반응이 일어나는 동안의 에너지 변화를 나타낼 수 있다. 발열 반응(그림 3.17a)에서는 반응물이 생성물보다 더 많은 에너지를 가지고 있으며, 반응이 일어날 때 에너지가 방출된다. 흡열 반응(그림 3.17b)에서는 생성물이 반응물보다 더 많은 에너지를 가지고 있으며, 반응이 일어날 때 에너지를 흡수한다.

특정 반응이나 과정이 발열이라면 그 역과정은 흡열이다. 예를 들어 피부에서 물이 증발되는 것은 흡열이지만(피부가 시원해짐), 피부에 물이 응결되는 것은 발열이다(뜨거운 증기가 고통스럽게 느껴지는 이유).

✔ 확인문제 3.8

물질이 퍼텐셜 에너지가 감소하는 화학적 변화를 겪는다면 이는 흡열인가, 발열인가?

(a) 흡열 (b) 발열

예제 3.6 흡열 과정과 발열 과정

다음 각각의 변화가 흡열인지 발열인지 밝히시오.

(a) 나무를 불로 태움 (b) 얼음이 녹음

답

(a) 나무가 탈 때는 주위로 열이 방출되므로 발열이다.

(b) 얼음이 녹을 때는 주위로부터 열을 흡수하므로 흡열이다. 예를 들어 얼음이 물속에서 녹을 때 녹은 얼음은 물로부터 열을 흡수하기 때문에 물이 차가워진다.

▸ 연습문제 3.6 | 흡열 과정과 발열 과정

다음 각각의 변화가 흡열인지 발열인지 밝히시오.

(a) 물이 얼어 얼음이 됨 (b) 천연가스의 연소

▸ 심화 학습 복습문제 65~68

3.10 온도: 원자와 분자의 무작정 운동

▸ 화씨온도, 섭씨온도, 켈빈온도 단위를 변환한다.

물질을 구성하는 원자와 분자는 끊임없이 무작정 운동을 하며, 열에너지를 포함하고 있다. 물질의 **온도**(temperature)는 열에너지의 측정값이다. 물체가 더 뜨거울수록 그것을 구성하는 원자나 분자의 움직임이 더 크고 온도가 더 높다. 온도와 열을 혼동하지 않도록 주의해야 한다. 에너지 단위의 **열**(heat)은 온도차에 의한 열에너지의 교환을 말하는 것이다. 예를 들어 차가운 얼음 덩어리가 따뜻한 물 컵에 떨어지면 열이 물에서 얼음으로 이동하여 물이 차가워진다. 반면에 온도는 물질의 열에너지를 측정한 것이다(열에너지의 교환이 아니다).

흔히 사용되는 온도 단위는 세 가지이다. 미국에서는 **화씨 눈금**[Fahrenheit(°F) scale]이

온도 단위

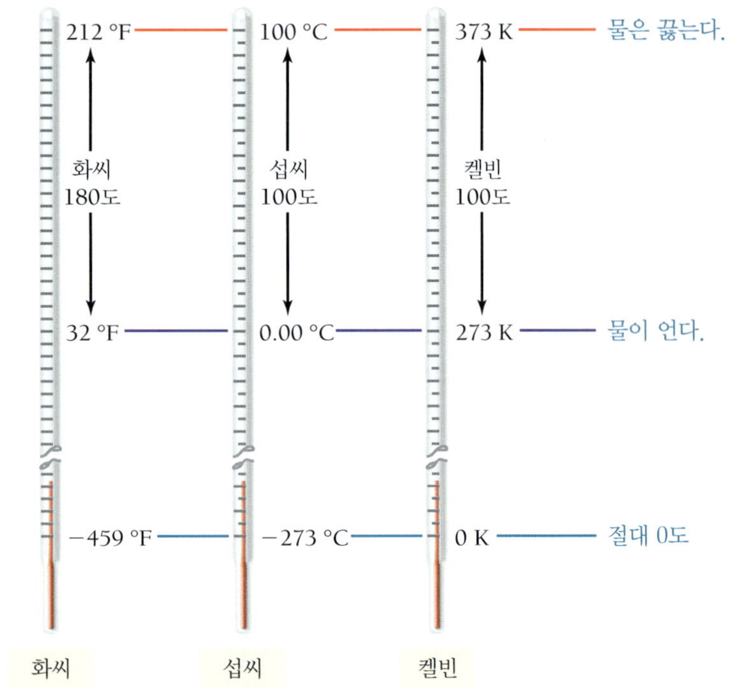

▲ **그림 3.18 화씨온도, 섭씨온도, 켈빈온도의 비교.** 화씨온도는 섭씨온도의 5/9 크기이고, 섭씨온도와 켈빈온도는 같은 크기이다.

주로 사용된다. 화씨 눈금의 경우 물은 32 ℉에 얼고 212 ℉에 끓는다. 실온은 72 ℉ 정도이다. 화씨 눈금은 처음에 농축된 소금물 용액의 어는점이 0 ℉, 정상 체온이 96 ℉(지금은 98.6 ℉로 알려져 있음)로 설정되었다.

과학자들이 많이 사용하는 것은 **섭씨 눈금**[Celsius(℃) scale]이다. 섭씨 눈금에서 물은 0 ℃에 얼고 100 ℃에 끓는다. 실온은 22 ℃ 정도이다.

화씨 눈금과 섭씨 눈금은 각각의 온도와 '0'이라고 하는 온도의 크기가 다르다(그림 3.18). 화씨 눈금과 섭씨 눈금 모두 음의 온도가 있다. 그러나 세 번째 온도 단위인 **켈빈 눈금**[Kelvin(K) scale]은 가장 낮은 온도에 절대 0도인 0 K를 부여함으로써 음의 온도를 피한다. 절대 0도(−273.15 ℃ 또는 −459.7 ℉)는 분자의 운동이 가상적으로 멈추는 온도로, 이보다 더 낮은 온도는 없다. 켈빈온도 또는 켈빈(K)은 섭씨온도와 같은 크기이다. 유일한 차이점은 각각의 온도에서 0이라고 부르는 온도이다.

이러한 온도 단위를 변환하는 데에는 다음 공식이 사용된다.

$$K = {}^{\circ}C + 273.15$$

$$^{\circ}C = \frac{^{\circ}F - 32}{1.8}$$

도(°) 기호는 섭씨 단위와 화씨 단위에는 사용되지만 켈빈 단위에는 사용되지 않는다.

예를 들어 212 K를 섭씨로 변환하려면 계산 문제 풀이 과정(2.6절)에 따라 다음과 같이 작성한다.

주어진 값: 212 K
구해야 하는 값: ℃

해결도표를 그려 전략을 세운다.

해결도표

공식이 포함된 해결도표에서 공식은 변수 간의 관계를 확립한다. 그러나 이 경우에서처럼 화살표 아래의 공식은 정확한 변수에 대해 나중까지 풀리지 않을 수도 있다.

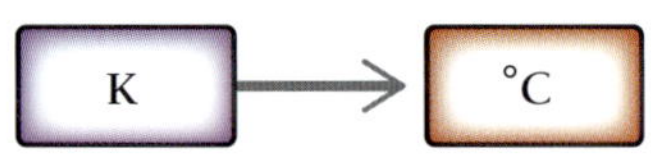

$K = {}^{\circ}C + 273.15$

사용된 관계식

K = ℃ + 273.15[주어진 값(K)을 구해야 하는 값(℃)과 연관 짓는 식으로, 이 절에 주어짐]

답

끝으로 해결도표에 따라 문제를 푼다. 화살표 아래의 식은 K과 ℃의 관계를 보여주지만 올바른 변수에 대해 풀리지 않았다. 식을 사용하기 전에 ℃에 대해 풀어야 한다.

$$K = {}^{\circ}C + 273.15$$

$$^{\circ}C = K - 273.15$$

K으로 주어진 값을 대입하고 유효 숫자의 개수를 맞춰 답을 계산한다.

$$
\begin{aligned}
{}^\circ C &= 212 - 273.15 \\
&= -61\ {}^\circ C
\end{aligned}
$$

예제 3.7 섭씨온도와 켈빈온도 간의 변환

−25 ℃를 켈빈온도로 변환하시오.

분류
섭씨온도가 주어졌고 켈빈온도를 구해야 한다.

주어진 값: −25 ℃
구해야 하는 값: K

전략
해결도표를 그린다. 주어진 값(℃)과 구해야 하는 값(K)의 관계를 나타내는 식을 사용하여 주어진 온도를 구해야 하는 온도로 변환한다.

해결도표

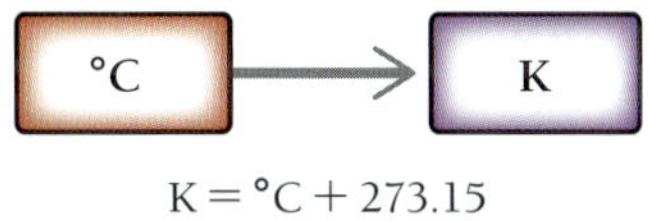

사용된 관계식
K = ℃ + 273.15 (이 절에 주어짐)

풀이
해결도표에 따라 정확한 ℃ 값을 대입하여 문제를 풀고 유효 숫자의 개수를 맞춰 답을 계산한다.

답

$$
\begin{aligned}
K &= {}^\circ C + 273.15 \\
&= -25 + 273.15 = 248\ K
\end{aligned}
$$

주어진 온도(−25℃)가 일의 자리이므로 유효 숫자가 일의 자리로 제한된다. 덧셈과 뺄셈에서는 정확히 알려진 값의 가장 작은 소수 자릿수가 결과값의 소수 자릿수를 결정한다는 것을 기억하라.

검토
답을 확인한다. 단위가 옳은가? 답이 합당한가?

단위(K)가 옳다. K의 값이 섭씨온도의 값보다 더 양수이므로 답의 크기도 합당하다.

▶ **연습문제 3.7 | 섭씨온도와 켈빈온도 간의 변환**
358 K를 섭씨온도로 변환하시오.

▶ **심화 학습** 예제 3.17/복습문제 69c, 70d

예제 3.8 화씨온도와 섭씨온도 간의 변환

55 ℉를 섭씨온도로 변환하시오.

분류
℉로 주어진 온도를 ℃로 구해야 한다.

주어진 값: 55 ℉
구해야 하는 값: ℃

전략
해결도표를 그린다. 주어진 값(℉)과 구해야 하는 값(℃)의 관계를 나타내는 식을 사용한다.

해결도표

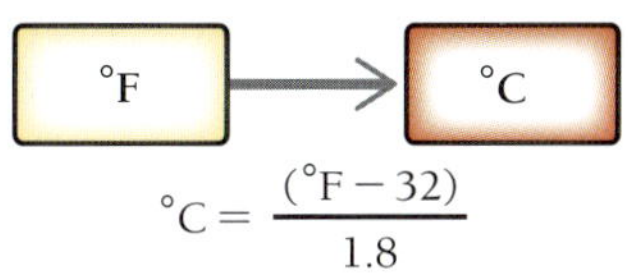

사용된 관계식

$$
{}^\circ C = \frac{({}^\circ F - 32)}{1.8}
$$
(이 절에 주어짐)

풀이

주어진 값을 식에 대입하고 유효 숫자의 개수를 맞춰 답을 계산한다.

답

$$°C = \frac{(°F - 32)}{1.8}$$

$$= \frac{(55 - 32)}{1.8} = 12.778\ °C = 13\ °C$$

검토

답을 확인한다. 단위가 옳은가? 답이 합당한가?

단위(°C)가 옳다. 답의 값(13°C)이 화씨온도보다 작다. 양의 온도의 경우 섭씨온도의 값이 화씨온도의 값보다 항상 작을 것이다. 화씨온도 간격이 섭씨온도 간격보다 작으며, 32도를 빼야 한다(그림 3.18 참조).

▶ **연습문제 3.8 | 화씨온도와 섭씨온도 간의 변환**

139 °C를 화씨온도로 변환하시오.

▶ **심화 학습** 예제 3.18/복습문제 69a, 70a, c

예제 3.9 화씨온도와 켈빈온도 간의 변환

310 K을 화씨온도로 변환하시오.

분류

K으로 주어진 온도를 °F로 구해야 한다.

주어진 값: 310 K

구해야 하는 값: °F

전략

해결도표를 그린다. 두 단계가 필요한데, 하나는 K과 °C를 연관 짓는 것이고, 또 하나는 °C와 °F를 연관 짓는 것이다.

해결도표

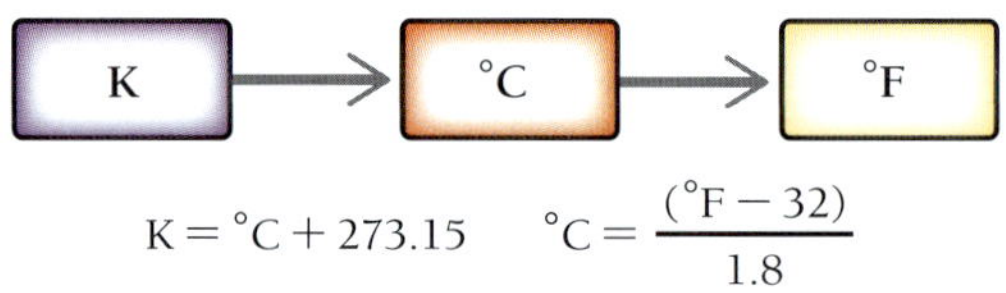

사용된 관계식

K = °C + 273.15 (이 절에 주어짐)

$$°C = \frac{(°F - 32)}{1.8}$$ (이 절에 주어짐)

풀이

첫 번째 식은 °C에 대해 풀어야 한다. 이 식에 대입하여 K을 °C로 변환한다.

두 번째 식은 °F에 대해 풀어야 한다(이전 단계로부터). 이 식에 대입하여 °C를 °F로 변환하고 유효 숫자의 개수를 맞춰 답을 계산한다.

답

$$K = °C + 273.15$$

$$°C = K - 273.15$$

$$= 310 - 273.15 = 36.85\ °C$$

$$°C = \frac{(°F - 32)}{1.8}$$

$$1.8\ (°C) = (°F - 32)$$

$$°F = 1.8\ (°C) + 32$$

$$= 1.8\ (36.85) + 32 = 98.33\ °F = 98\ °F$$

검토

답을 확인한다. 단위가 옳은가? 답이 합당한가?

단위(°F)가 옳다. 답의 크기는 판단하기가 쉽지 않다. 이 온도 범위에서는 화씨온도가 켈빈온도보다 작아야 한다. 그러나 화씨온도의 간격이 더 작기 때문에 575 °F 이상에서는 화씨온도가 더 클 것이다.

▶ **연습문제 3.9 | 화씨온도와 켈빈온도 간의 변환**

−321 °F를 켈빈온도로 변환하시오.

▶ **심화 학습** 복습문제 69b, d, 70b.

✔ 확인문제 3.9

다음 중 섭씨온도와 화씨온도 모두에서 같은 온도는 무엇인가?

(a) 100° (b) 32° (c) 0° (d) −40°

3.11 온도 변화: 열용량

▸ 에너지, 온도 변화, 열용량을 연관 짓는다.

모든 물질은 열을 받으면 온도가 변하지만 일정량의 열에 대해 얼마나 변하는지는 물질에 따라 상당한 차이가 있다. 예를 들어 프라이팬을 불 위에 올려놓으면 프라이팬의 온도가 급격히 상승한다. 그러나 프라이팬에 물을 조금 넣으면 온도 상승이 훨씬 느려진다. 왜 그럴까? 첫 번째 이유는 물을 첨가할 때 같은 양의 열에너지로 더 많은 물질을 따뜻하게 해야 해서 온도가 더 천천히 올라가기 때문이다. 더 중요한 두 번째 이유는 온도 변화에 저항하는 정도가 강철보다 물이 더 크다는 것으로, 이는 물의 비열용량이 더 높기 때문이다. 물질의 **비열용량**(specific heat capacity) 또는 **비열**(specific heat)은 물질 1 g의 온도를 1 °C 변화시키는 데 필요한 열에너지(보통 J 단위)의 양이다. 비열용량은 섭씨 1 °C당 줄/그램(J/g °C) 단위이다. 표 3.4에 몇 가지 물질의 비열용량 값을 제시했다.

표 3.4 몇 가지 물질의 열용량

물질	비열용량(J/g °C)
납	0.128
금	0.128
은	0.235
구리	0.385
철	0.449
알루미늄	0.903
에탄올	2.42
물	4.184

표에서 물의 비열용량이 가장 크다는 것에 주목하라. 물의 온도를 변화시키려면 많은 열이 필요하다. 내륙 지역에서 해안 지역으로 여행할 때 기온이 떨어지는 것을 느껴본 적이 있다면 물의 비열용량이 미치는 영향을 경험한 것이다. 예를 들어 여름에는 캘리포니아의 새크라멘토(내륙 도시)와 샌프란시스코(연안 도시) 간 온도 차가 17 K(17 °C)이나 된다. 새크라멘토는 310 K(37 °C) 정도라 일광욕을 즐길 때 샌프란시스코는 293 K(20 °C)의 선선한 날씨이다. 하지만 이 두 도시에 내리쬐는 햇빛의 강도는 같다. 그렇다면 왜 온도 차가 클까? 두 지역의 차이는 태평양으로, 샌프란시스코는 태평양에 둘러싸여 있다. 샌프란시스코는 열용량이 높은 물이 온도의 큰 상승 없이 태양열을 많이 흡수하여 시원하게 유지된다. 반면에 새크라멘토를 둘러싸고 있는 땅은 낮은 열용량으로 인해 온도가 크게 상승하지 않고는 많은 열을 흡수할 수 없다. 즉 큰 온도 변화 없이 열을 흡수할 수 있는 용량이 낮다.

이와 유사하게 미국의 두 주(州)는 310 K(37 °C) 이상의 기온을 기록한 적이 없다. 그중 한 곳은 알래스카로, 이곳은 너무 북쪽이라 그렇게 더워질 수가 없다. 하지만 또 다른 곳은 놀랍게도 하와이이다. 섬으로 이루어진 하와이를 둘러싸고 있는 물은 온도를 완화함으로써 하와이가 너무 뜨거워지는 것을 막는다.

▲ 샌프란시스코는 열용량이 큰 바다로 둘러싸여 있어 여름에도 날씨가 시원하다.

✔ 확인문제 3.10

주어진 에너지 공급에 대해 가능한 한 높은 온도까지 금속판을 가열하려면 어떤 금속으로 판을 만들어야 하는가?

(a) 구리 (b) 철

(c) 알루미늄 (d) 차이가 없다.

일상 속의 화학

아이스박스, 캠핑과 물의 열용량

아이스박스에 얼음을 넣은 다음 실온의 음료수를 넣어본 적이 있다면 얼음이 빨리 녹는다는 사실을 알 것이다. 반면에 아이스박스를 차가운 음료수로 채운다면 얼음이 몇 시간 동안 유지될 것이다. 왜 그럴까? 그 답은 음료수에 포함된 물의 높은 열용량과 관련이 있다.

앞에서 배웠듯이 물은 온도를 올리려면 많은 열을 흡수해야 하고, 온도를 내리려면 많은 열을 발산해야 한다. 따뜻한 음료수를 얼음 속에 놓으면 열이 발산되어 얼음이 녹는다. 그러나 차가운 음료수는 이미 차갑기 때문에 많은 열을 발산하지 않는다. 그래서 아이스박스에는 항상 차가운 음료수를 넣는 것이 더 좋다. 이렇게 하면 얼음이 오랫동안 유지될 것이다.

질문 추운 날씨에 캠핑을 하는데, 가열된 어떤 물체를 침낭에 넣어서 더 따뜻하게 만든다고 가정해보자. 큰 물병과 같은 질량의 바위를 불 가까이에 놓았다. 시간이 지나면서 바위와 물병 둘 다 약 38 ℃(311 K)로 따뜻해졌다. 둘 중 하나만 침낭에 넣을 수 있다면 어느 쪽이 더 따뜻하게 유지되겠는가? 그 이유를 설명하시오.

▲ 차가운 음료수로 채워진 아이스박스의 얼음은 따뜻한 음료수로 채워진 아이스박스의 얼음보다 더 오래간다. 그 이유를 설명할 수 있는가?

3.12 에너지와 열용량 계산

▶ 열전달과 온도 변화가 포함된 계산을 수행한다.

물질이 열(기호 q로 나타냄)을 흡수할 때 온도 변화(ΔT로 나타냄)는 흡수된 열의 양에 비례한다.

$$\xrightarrow[q]{} \text{계}$$
$$\Delta T$$

다시 말해 흡수된 열이 많을수록 온도 변화가 더 크다. 물질의 비열용량은 일정량의 물질에 가해진 열의 양과 이에 상응하는 온도 상승 사이의 관계를 정량화하는 데 사용할 수 있다. 이러한 양들을 관련짓는 식은 다음과 같다.

ΔT는 ℃로 나타낸 것과 K으로 나타낸 것은 같지만 ℉로 나타내는 것은 다르다.

$$\text{열} = \text{질량} \times \text{비열용량} \times \text{온도 변화}$$
$$q = m \times C \times \Delta T$$

여기서 q는 J로 나타낸 열의 양이고, m은 g으로 나타낸 물질의 양이다. C는 비열용량으로 단위가 J/g ℃이며, ΔT는 섭씨온도로 나타낸 온도 변화이다. Δ 기호는 **변화**를 뜻하므로 ΔT는 **온도 변화**이다. 예를 들어 차 한 잔을 만든다고 가정하자. 어느 정도의 열에너지가 235 g의 물을 25 ℃에서 100.0 ℃(끓음)까지 가열할 것인지 알고 싶다.

문제의 정보를 분류하는 것으로 시작한다.

주어진 값: 물 235 g(m)
초기 온도(T_i) 25 ℃
최종 온도(T_f) 100.0 ℃

구해야 하는 값: 필요한 열의 양(q)

그런 다음 해결도표를 그려 전략을 세운다.

해결도표

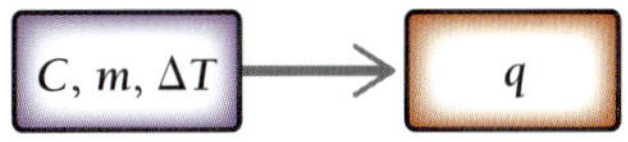

$q = m \cdot C \cdot \Delta T$

m과 ΔT뿐만 아니라 이 식에는 물의 비열용량인 C도 필요하다. 다음 단계는 식에 필요한 모든 양(C, m, ΔT)을 올바른 단위로 모으는 것이다. 즉

$$C = 4.18 \text{ J/g °C}$$
$$m = 235 \text{ g}$$

필요한 또 다른 양은 ΔT이다. 온도 변화는 최종 온도(T_f)와 초기 온도(T_i) 간의 차이이다.

$$\Delta T = T_f - T_i$$
$$= 100.0 \text{ °C} - 25 \text{ °C} = 75 \text{ °C}$$

답

식에 올바른 값을 대입하고 유효 숫자의 개수를 맞춰 답을 계산한다.

$$q = m \cdot C \cdot \Delta T$$
$$= 235 \cancel{\text{g}} \times 4.18 \frac{\text{J}}{\cancel{\text{g}}\ \cancel{\text{°C}}} \times 75 \cancel{\text{°C}}$$
$$= 7.367 \times 10^4 \text{ J} = 7.4 \times 10^4 \text{ J}$$

식에 각각의 알맞은 변수를 알맞은 단위로 대입하고 답을 계산할 때는 단위를 약분하는 것이 중요하다. 이 과정에서 변수 중 하나의 단위가 알맞지 않다면 2장에서 배운 방법을 사용하여 알맞은 단위로 바꾼다. q의 부호는 물질의 온도가 올라가면(열이 물질로 들어가면) +이고, 물질의 온도가 내려가면(열이 물질로부터 나오면) −이다.

예제 3.10 열에너지와 온도 변화의 관계

갈륨은 실온에서는 고체 금속이지만 29.9 ℃에서 녹는다. 갈륨을 손으로 쥐면 체온 때문에 녹는다. 2.5 g의 갈륨이 25.0 ℃에서 29.9 ℃로 상승하려면 손으로부터 얼마나 많은 열을 흡수해야 하는가? 갈륨의 비열용량은 0.372 J/g ℃이다.

분류	주어진 값
갈륨의 질량과 초기 온도, 최종 온도, 비열이 주어졌고 흡수되는 열량을 구해야 한다.	**주어진 값**: 갈륨 2.5 g(m) T_i = 25.0 ℃ T_f = 29.9 ℃ C = 0.372 J/g ℃ **구해야 하는 값**: q

전략

주어진 값과 구해야 하는 값을 연관 짓는 식은 비열용량 식이다. 해결도표는 비열용량 식이 주어진 값과 구해야 하는 값을 연관 짓는 것을 보여준다.

해결도표

$C, m, \Delta T$ → q

$q = m \cdot C \cdot \Delta T$

사용된 관계식

$q = m \cdot C \cdot \Delta T$ (이 절에 주어짐)

풀이

문제를 풀기 전에 필요한 양(C, m, ΔT)을 알맞은 단위로 모아야 한다.

답

$$C = 0.372 \text{ J/g °C}$$
$$m = 2.5 \text{ g}$$
$$\Delta T = T_f - T_i = 29.9 \text{ °C} - 25.0 \text{ °C} = 4.9 \text{ °C}$$

식에 C, m, ΔT를 대입하고 단위를 약분하며, 유효 숫자의 개수를 맞춰 답을 계산한다.

$$q = m \cdot C \cdot \Delta T$$
$$= 2.5 \cancel{\text{g}} \times 0.372 \frac{1}{\cancel{\text{g}} \, \cancel{\text{°C}}} \times 4.9 \, \cancel{\text{°C}} = 4.557 \text{ J} = 4.6 \text{ J}^*$$

검토

답을 확인한다. 단위가 옳은가? 답이 합당한가?

단위(J)가 옳다. 2.5 g의 금속 시료를 1 ℃ 가열하는 데 거의 1 J이 필요하므로 답의 크기도 합당하다. 그러므로 시료를 5 ℃ 가열하는 데 약 5 J이 필요하다.

▶ **연습문제 3.10 | 열에너지와 온도 변화의 관계**

눈 속에서 1979년 구리 동전 하나를 발견하여 집어 들었다고 가정하자. 동전이 눈의 온도인 −5.0 ℃에서 체온인 37.0 ℃로 따뜻해지면서 흡수하게 되는 열은 얼마인가? 동전은 순수한 구리이고 질량은 3.10 g이다. 구리의 비열용량은 표 3.4에 있다.

▶ **연습문제 3.10+**

납 그물추가 11.3 J의 열을 흡수하면서 온도가 26 ℃에서 38 ℃로 올라간다. 이 그물추의 질량은 몇 그램인가?

▶ **심화 학습** 예제 3.19/복습문제 79~82

* 이것은 녹는점까지 온도를 올리는 데 필요한 열의 양이다. 실제로는 갈륨을 녹이는 데 추가의 열이 필요하다.

예제 3.11 열용량과 온도 변화의 관계

화학을 공부하는 어떤 학생이 금으로 추정되는 돌을 발견하고 저울로 돌의 무게를 재어 14.3 g의 질량을 얻었다. 그 후 학생은 이 돌이 174 J의 열을 흡수하면서 온도가 25 ℃에서 52 ℃로 상승한다는 것을 발견했다. 이 돌의 비열용량을 구하고, 그 값이 금의 비열용량(표 3.4 참조)과 일치하는지 밝히시오.

분류

금으로 추정되는 돌의 질량과 열 흡수량, 초기 온도, 최종 온도가 주어졌고 열용량을 구해야 한다.

주어진 값: 14.3 g

열 흡수량 174 J

$T_i = 25.0$ ℃

$T_f = 52$ ℃

구해야 하는 값: C

전략

주어진 값과 구해야 하는 값을 연관 짓는 식은 열용량 식이다.

해결도표

$m, q, \Delta T \rightarrow C$

$q = m \cdot C \cdot \Delta T$

사용된 관계식

$q = m \cdot C \cdot \Delta T$(이 절에 주어짐)

풀이

문제를 풀기 전에 필요한 양(m, q, ΔT)을 알맞은 단위로 모은다.

답

$$m = 14.3 \text{ g}$$
$$q = 174 \text{ J}$$
$$\Delta T = 52 \text{ °C} - 25 \text{ °C} = 27 \text{ °C}$$

C에 대해 식을 푼 다음 식에 알맞은 변수를 대입하고 단위를 약분하며, 유효 숫자의 개수를 맞춰 답을 계산한다.

$$q = m \cdot C \cdot \Delta T$$
$$C = \frac{q}{m \cdot \Delta T} = \frac{174 \text{ J}}{14.3 \text{ g} \times 27 \text{ °C}} = 0.4507 \frac{\text{J}}{\text{g °C}} = 0.45 \frac{\text{J}}{\text{g °C}}$$

계산된 열용량 값(0.45 J/g °C)과 표 3.4의 값(0.128 J/g °C)을 비교하면 이 돌이 순수한 금이 아니라고 결론을 내릴 수 있다.

검토

답을 확인한다. 단위가 옳은가? 답이 합당한가?

답의 단위가 비열의 단위이므로 옳다. 답의 크기는 표 3.4에 주어진 비열의 범위에서 벗어나며, 이러한 값은 의심스럽다.

▶ **연습문제 3.11 | 열용량과 온도 변화의 관계**

328 g의 물이 5.78×10^3 J의 열을 흡수했다. 물의 온도 변화를 구하시오. 물이 처음에 25.0 °C였다면 최종 온도는 얼마인가?

▶ **심화 학습** 복습문제 89~92

✔ 확인문제 3.11

물질 A의 열용량이 물질 B의 2배이다. 두 물질의 동일한 질량의 시료가 같은 양의 열을 흡수한다면 어떤 물질의 온도 변화가 더 크겠는가?

(a) 물질 A

(b) 물질 B

(c) 두 물질의 온도 변화가 동일하다.

3장 복습

자가진단 퀴즈

1. 다음 중 순수한 화합물은 무엇인가?
(a) 금 (b) 물
(c) 우유 (d) 과일 케이크

2. TNT(trinitrotoluene)의 성질 중 화학적 성질에 해당하는 것은 무엇인가?
(a) 노란색
(b) 80.1 ℃의 녹는점
(c) 폭발성
(d) 앞의 보기 모두 아님

3. 다음 중 화학적 변화는 무엇인가?
(a) 추운 밤에 이슬이 응축되는 것
(b) 산불
(c) 파도에 의한 바위의 침식
(d) 앞의 보기 모두 아님

4. 다음 중 흡열 반응은 무엇인가?
(a) 난로에서의 천연가스 연소
(b) 몸에서의 글루코스 대사
(c) 음료에서 얼음이 녹음
(d) 앞의 보기 모두 아님

5. 35 g의 포타슘 시료가 완전히 반응하여 67 g의 염화 포타슘이 생성되었다. 몇 g의 염소가 반응해야 하는가?
(a) 67 g (b) 35 g
(c) 32 g (d) 12 g

6. 한 운동선수가 8 km를 달리는 동안 2.56×10^3 kJ을 소모한다. 이 선수가 소모한 것은 영양 칼로리(Cal)로 얼마인가?
(a) 1.07×10^1 Cal (b) 612 Cal
(c) 6.12×10^5 Cal (d) 1.07×10^4 Cal

7. 물의 끓는점(100.00 ℃)을 K으로 변환하시오.
(a) −173.15 K (b) 0 K
(c) 100.00 K (d) 373.15 K

8. 한 유럽인 의사가 당신에게 39.2 ℃의 열이 있다고 말했다. 이는 화씨온도로 얼마인가?
(a) 102.6 ℉ (b) 128.26 ℉
(c) 71.2 ℉ (d) 4 ℉

9. 에탄올 125 g을 21.5 ℃에서 34.8 ℃로 올릴 때 흡수되는 열은 얼마인가?
(a) 6.95 kJ (b) 4.02×10^3 kJ
(c) 86.6 kJ (d) 4.02 kJ

10. 물질 A의 열용량이 물질 B의 열용량보다 크다. 초기 온도가 25.0 ℃인 물질 A 10.0 g을 초기 온도가 75.0 ℃인 물질 B 10.0 g과 열 접촉시키면 두 물질 사이에 열교환이 완전히 이루어질 때 최종 온도는 얼마가 되는가?
(a) 25.0~50.0 ℃일 것이다.
(b) 50.0~75.0 ℃일 것이다.
(c) 50.0 ℃일 것이다.
(d) 추가 정보가 없다면 최종 온도에 대해 결론을 내릴 수 없다.

정답 1.b 2.c 3.b 4.c 5.c 6.b 7.d 8.a 9.d 10.a

화학 원리

물질

물질은 공간을 차지하고 질량을 가진 모든 것이다. 물질은 원자로 구성되고, 종종 원자는 서로 결합하여 분자를 이룬다. 물질은 고체, 액체, 기체로 존재할 수 있다. 고체 물질은 비결정성이거나 결정성이다.

관련 내용

우리 자신, 우리가 앉은 의자, 우리가 숨 쉬는 공기 등 모든 것이 물질로 이루어져 있기 때문에 물질을 이해하는 것은 의미가 있다. 물리적인 세계는 기본적으로 두 가지(물질과 에너지)만을 가지고 있다. 그러므로 화학을 공부할 때 세계를 구성하는 이 두 가지를 정의하고 분류하는 것으로 시작한다.

물질의 분류

물질은 조성에 따라 분류할 수 있다. 순수한 물질은 한 가지 종류의 물질로만 이루어져 있다. 그 물질은 원소(더 이상 간단한 물질로 분해될 수 없는 물질)일 수도 있고 화합물(2개 이상의 원소가 정해진 일정한 비율로 구성된 물질)일 수도 있다. 혼합물은 두 가지 이상의 물질로 이루어져 있는데, 그 비율은 시료에 따라 달라진다. 혼합물은 전체에 걸쳐 같은 조성의 균일 혼합물일 수도 있고, 위치에 따라 조성이 다른 불균일 혼합물일 수도 있다.

고대 이후로 인간은 물질을 이해하고 인간의 목적에 맞게 이용하려고 노력해왔다. 최초의 인간은 물질을 흉내 내어 도구를 만들었고, 따뜻함을 유지하고 음식을 조리하기 위해 물질의 변환, 특히 불을 이용했다. 물질을 다루려면 물질을 이해해야 하며, 이러한 이해의 기본은 물질의 성질과 물질을 이루는 분자 및 원자 간의 관계이다.

물질의 성질과 변화

물질의 성질은 물리적 성질과 화학적 성질로 나눌 수 있다. 물질의 물리적 성질은 조성의 변화 없이 나타나는 것이고, 화학적 성질은 오직 조성의 변화와 함께 나타나는 것이다. 물질의 변화는 물리적인 것과 화학적인 것으로 나눌 수 있다. 물리적 변화에서 물질의 겉모습은 변할 수 있으나 조성은 변하지 않으며, 화학적 변화에서는 물질의 조성이 변한다.

물질의 물리적 성질과 화학적 성질은 우리 주위의 세상을 지금과 같은 모양으로 만든다. 예를 들어 물의 물리적 성질 중 하나는 해수면에서의 끓는점이 373 K이라는 것이다. 물 그리고 모든 물질의 물리적 성질은 그것을 구성하는 원자와 분자에 의해 결정된다. 물 분자가 아주 조금이라도 다르다면 물은 다른 온도에서 끓을 것이다. 실온에서 물이 끓는 세상을 상상해보라.

질량 보존

물질의 변화가 화학적이든 물리적이든 물질은 항상 보존된다. 화학적 변화에서, 화학적 변화를 하는 물질의 질량은 화학적 변화의 결과로 생긴 물질의 질량의 합과 같아야 한다.

예를 들어 물질의 보존은 오염과 관련이 있다. 우리는 스스로 오염을 만든다고 생각하지만 사실 우리에게는 어떤 것이든 만들 능력이 없다. 물질은 창조될 수 없다. 그러므로 오염은 단지 잘못 놓인 물질, 즉 어울리지 않는 곳에 끼워 넣은 물질일 뿐이다.

에너지

물질 외에 우주를 구성하는 또 다른 주요 성분은 에너지이다. 물질과 마찬가지로 에너지도 보존된다. 에너지는 생성되지도 않고 파괴되지도 않는다. 에너지는 다양한 형태로 나타나며 서로 변환도 가능하다. 일반적으로 사용되는 몇 가지 에너지 단위는 J, cal, Cal, kWh이다. 에너지를 방출하는 화학 반응은 발열 반응, 에너지를 흡수하는 반응은 흡열 반응이라고 한다.

에너지 자원이 영원히 지속되지는 않을 것이다. 주요한 에너지 자원인 화석연료를 태울 때 분자에 저장된 화학 에너지가 운동 에너지와 열에너지로 변환되기 때문이다. 운동 에너지와 열에너지는 아직까지는 재사용이 불가능하다. 결과적으로 우리의 에너지 자원이 고갈되고 있으며, 에너지 보존은 우리가 새로운 에너지를 쉽사리 창조하지는 못한다는 것을 암시한다. 에너지는 다른 곳에서 와야만 한다. 우리가 에너지에 사용하는 모든 화학 반응은 발열 반응이다.

온도

물질의 온도는 그것을 구성하는 분자 및 원자의 무작정 운동과 관련이 있다. 움직임이 클수록 온도가 높다. 온도는 일반적으로 화씨(°F), 섭씨(°C), 켈빈(K) 단위로 측정된다.

물질의 온도와 온도의 측정은 일상의 많은 현상과 관련이 있다. 인간은 늘 날씨에 관심을 두고 있으며, 대기의 온도는 날씨의 기본적인 요소이다. 인간의 건강을 측정하는 한 방법으로 체온을 이용하고, 행성의 건강을 측정하는 한 방법으로 행성 전체의 온도를 사용한다.

열용량

물질의 표본이 일정량의 열을 흡수하면서 겪는 온도 변화는 그 물질을 구성하는 물질의 열용량과 관련이 있다. 물은 열용량이 가장 높은 것 중 하나이며, 이는 급격한 온도 변화에 가장 잘 견딘다는 것을 의미한다.

열용량이 낮은 땅으로 둘러싸인 내륙 지역보다 열용량이 높은 해안 지역이 더 시원한 이유는 물의 열용량으로 설명할 수 있다. 또한 액체로 채워진 냉장고가 비어 있는 냉장고보다 시원하게 하는 데 더 오래 걸리는 이유도 마찬가지이다.

화학 문제를 푸는 기술

학습목표: 물질을 원소, 화합물, 혼합물로 분류한다(3.4절).

먼저 이 책의 뒷면지에 알파벳순으로 나열된 표를 살펴본다. 그 표에 포함된 물질은 순물질이자 원소이다.

만약 표에 없다면 배경 지식을 활용하여 순물질인지 밝힌다. 표에 나와 있지 않은 순물질이라면 화합물이다.

순물질이 아니라면 혼합물이다. 혼합물의 조성이 전반에 걸쳐 일정한지(균일 혼합물) 일정하지 않은지(불균일 혼합물) 밝히려면 배경 지식을 활용한다.

예제

예제 3.12 물질의 분류

다음 각각의 물질을 순물질 또는 혼합물로 분류하시오. 순물질이라면 원소 또는 화합물로 분류하고, 혼합물이라면 균일 또는 불균일로 분류하시오.

(a) 순수한 은
(b) 수영장 물
(c) 드라이아이스(고체 이산화 탄소)
(d) 블루베리 머핀

답

(a) 순수한 원소: 은은 원소표에 있다.
(b) 균일 혼합물: 수영장 물은 최소한 물과 염소를 다양한 비율로 포함하고 있으며, 이것은 전체에 걸쳐 균일하다.
(c) 화합물: 드라이아이스는 순물질(이산화 탄소)이지만 원소표에 없다.
(d) 불균일 혼합물: 블루베리 머핀은 여러 물질의 혼합물이며 불균일한 조성이다.

학습목표: 물리적 성질과 화학적 성질을 구분한다(3.5절).

물리적 성질과 화학적 성질을 구분하려면 물질이 그 성질을 나타내는 동안 조성이 변하는지 알아야 한다. 조성이 변하지 않는다면 물리적인 성질이고, 변한다면 화학적인 성질이다.

예제 3.13 물리적 성질과 화학적 성질의 구분

다음 각각의 성질이 물리적 성질인지 화학적 성질인지 밝히시오.

(a) 백금이 쉽게 긁히는 경향
(b) 황산이 피부를 태우는 것
(c) 과산화 수소가 머리카락을 탈색시키는 것
(d) 다른 금속에 대한 납의 상대적 밀도

답

(a) 물리적 성질: 긁힌 백금은 여전히 백금이다.
(b) 화학적 성질: 산은 피부와 화학적으로 반응하여 화상을 일으킨다.
(c) 화학적 성질: 과산화 수소가 머리카락과 화학적으로 반응하여 탈색된다.
(d) 물리적 성질: 납 시료의 부피와 질량을 측정하여 납의 밀도를 구할 수 있다.

학습목표: 물리적 변화와 화학적 변화를 구분한다(3.6절).

물리적 변화와 화학적 변화를 구분하려면 물질이 변화하는 동안 조성이 변하는지 알아야 한다. 조성이 변하지 않는다면 물리적 변화이고, 변한다면 화학적 변화이다.

예제 3.14 물리적 변화와 화학적 변화의 구분

다음 각각의 변화가 물리적 변화인지 화학적 변화인지 밝히시오.

(a) 총열에서의 화약 폭발
(b) 용광로에서 금이 녹는 것
(c) 베이킹 소다와 식초를 섞을 때 거품이 생기는 것
(d) 물이 끓을 때 거품이 생기는 것

답

(a) 화학적 변화: 화약이 폭발하는 동안 산소와 반응한다.

(b) 물리적 변화: 액체 금은 여전히 금이다.

(c) 화학적 변화: 거품은 두 물질이 화학 반응을 하여 새로운 물질이 형성된 결과이다. 그중에서 이산화 탄소는 거품으로 빠져나간다.

(d) 물리적 변화: 거품은 물(액체)이 물(기체)로 변하면서 생기는 것이지만 여전히 물이다.

학습목표: 질량 보존 법칙을 적용한다(3.7절).

화학적 변화를 수반하는 물질의 질량의 합은 변화 전후에 반드시 같아야 한다.

예제 3.15 질량 보존 법칙의 응용

자동차가 10분을 주행하며 47 g의 가솔린을 연소했다. 가솔린은 공기 중의 산소와 결합하여 이산화 탄소 132 g과 물 34 g을 형성했다. 이 과정에서 얼마나 많은 산소가 소비되었는가?

답

화학적 변화 후 총질량은 다음과 같으며

$$132 \text{ g} + 34 \text{ g} = 166 \text{ g}$$

변화 전의 총질량 역시 166 g이어야 한다.

$$47 \text{ g} + \text{산소} = 166 \text{ g}$$

그러므로 소비된 산소의 질량은 총질량(166 g)에서 가솔린의 질량(47 g)을 뺀 것이다.

$$\text{산소의 질량} = 166 \text{ g} - 47 \text{ g} = 119 \text{ g}$$

학습목표: 에너지의 단위를 확인하고 변환한다(3.8절).

2.6절에 요약된 문제 해결 전략을 사용하여 단위 변환 문제를 푼다.

분류

kWh로 주어진 에너지양을 cal로 구해야 한다.

전략

해결도표를 그린다. kWh로 시작하여 cal를 얻기 위한 환산 인자를 구한다.

풀이

해결도표에 따라 문제를 푼다. 주어진 값과 그 단위로 시작하여 적절한 환산 인자를 곱하고 단위를 약분하며, 구해야 하는 값을 원하는 단위로 얻는다. 유효 숫자의 개수를 맞춰 답을 반올림한다.

검토

답을 확인한다. 단위가 옳은가? 답이 합당한가?

예제 3.16 에너지 단위 변환

1.7×10^3 kWh를 cal로 변환하시오.

주어진 값: 1.7×10^3 kWh

구해야 하는 값: cal

해결도표

$$\frac{3.60 \times 10^6 \text{ J}}{1 \text{ kWh}} \qquad \frac{1 \text{ cal}}{4.18 \text{ J}}$$

사용된 관계식

$$1 \text{ kWh} = 3.60 \times 10^6 \text{ J (표 3.2)}$$
$$1 \text{ cal} = 4.18 \text{ J (표 3.2)}$$

답

$$1.7 \times 10^3 \text{ kWh} \times \frac{3.60 \times 10^6 \text{ J}}{1 \text{ kWh}} \times \frac{1 \text{ cal}}{4.18 \text{ J}} = 1.464 \times 10^9 \text{ cal}$$

$$1.464 \times 10^9 \text{ cal} = 1.5 \times 10^9 \text{ cal}$$

답의 단위(cal)가 옳다. cal는 kWh보다 작은 단위이므로 답의 크기도 합당하다. cal로 나타낸 값은 kWh로 나타낸 값보다 커야 한다.

학습목표: 화씨온도, 섭씨온도, 켈빈온도 단위를 변환한다(3.10절).

2.6절과 2.10절의 문제 해결 절차에 따라 온도 변환 문제를 푼다. 식의 적절한 단계를 밟는다.

분류

K으로 주어진 온도를 ℃로 변환해야 한다.

전략

해결도표를 그린다. 주어진 값과 구해야 하는 값을 연관 짓는 적절한 식을 사용한다.

풀이

구해야 하는 값(℃)에 대해 식을 풀고 식에 K 단위로 온도를 대입한다. 유효 숫자의 개수를 맞춰 답을 계산한다.

검토

답을 확인한다. 단위가 옳은가? 답이 합당한가?

예제 3.17 섭씨온도와 켈빈온도 간의 변환

257 K를 ℃로 변환하시오.

주어진 값: 257 K

구해야 하는 값: ℃

해결도표

$$\text{K} = {}^\circ\text{C} + 273.15$$

사용된 관계식

$$\text{K} = {}^\circ\text{C} + 273.15 \text{ (3.10절)}$$

답

$$\text{K} = {}^\circ\text{C} + 273.15$$
$$^\circ\text{C} = \text{K} - 273.15$$
$$= 257 - 273.15 = -16\ {}^\circ\text{C}$$

답의 단위가 옳고 답의 크기도 합당해 보인다(그림 3.18 참조).

학습목표: 화씨온도, 섭씨온도, 켈빈온도 단위를 변환한다(3.10절).

2.6절과 2.10절의 문제 해결 절차에 따라 온도 변환 문제를 푼다. 식의 적절한 단계를 밟는다.

분류

℃로 주어진 온도를 ℉로 변환해야 한다.

전략

해결도표를 그린다. 주어진 값과 구해야 하는 값을 연관 짓는 적절한 식을 사용한다.

풀이

구해야 하는 값(℉)에 대해 식을 풀고 식에 ℃ 단위로 온도를 대입한다. 유효 숫자의 개수를 맞춰 답을 계산한다.

검토

답을 확인한다. 단위가 옳은가? 답이 합당한가?

예제 3.18 화씨온도와 섭씨온도 간의 변환

62.0 ℃를 ℉로 변환하시오.

주어진 값: 62.0 ℃

구해야 하는 값: ℉

해결도표

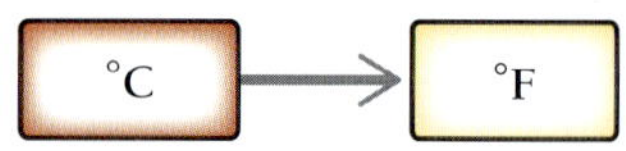

$$^\circ\text{C} = \frac{(^\circ\text{F} - 32)}{1.8}$$

사용된 관계식

$$^\circ\text{C} = \frac{(^\circ\text{F} - 32)}{1.8}$$

답

$$^\circ\text{C} = \frac{(^\circ\text{F} - 32)}{1.8}$$
$$1.8\ (^\circ\text{C}) = {}^\circ\text{F} - 32$$
$$^\circ\text{F} = 1.8\ (^\circ\text{C}) + 32$$
$$= 1.8\ (62.0) + 32 = 143.60\ {}^\circ\text{F} = 144\ {}^\circ\text{F}$$

답의 단위가 옳고 답의 크기도 합당해 보인다(그림 3.18 참조).

학습목표: 열전달과 온도 변화가 포함된 계산을 수행한다(3.12절).

2.6절과 2.10절의 문제 해결 절차에 따라 열용량 문제를 푼다. 식의 적절한 단계를 밟는다.

분류

물의 부피와 흡수된 열의 양이 주어졌고 온도 변화를 구해야 한다.

전략

해결도표는 열용량 식이 주어진 값과 구해야 하는 값을 어떻게 연관 짓는지를 보여준다.

풀이

먼저 필요한 양(m, q, ΔT)을 알맞은 단위로 모은다. q의 값을 kJ에서 J로 변환해야 한다.

m의 값을 mL에서 g으로 변환해야 한다. 물의 밀도 1.0 g/mL를 이용하여 mL에서 g으로 변환한다.

표 3.4에 있는 물의 열용량을 참고한다.

ΔT에 대해 식을 풀고 식에 적당한 변수를 대입한다. 끝으로 유효 숫자의 개수를 맞춰 답을 계산한다.

검토

답을 확인한다. 단위가 옳은가? 답이 합당한가?

예제 3.19 에너지, 온도 변화, 열용량 계산

355 mL의 물이 34 kJ의 열을 흡수하면 온도 변화는 얼마인가?

주어진 값: 물 355 mL,
열 34 kJ

구해야 하는 값: ΔT

해결도표

$q, m, C \rightarrow \Delta T$

$q = m \cdot C \cdot \Delta T$

사용된 관계식

$$q = m \cdot C \cdot \Delta T$$

답

$$q = 34\ \cancel{\text{kJ}} \times \frac{1000\ \text{J}}{1\ \cancel{\text{kJ}}} = 3.4 \times 10^4\ \text{J}$$

$$m = 355\ \cancel{\text{mL}} \times \frac{1.0\ \text{g}}{1\ \cancel{\text{mL}}} = 355\ \text{g}$$

$$C = 4.18\ \text{J/g °C}$$

$$q = m \cdot C \cdot \Delta T$$

$$\Delta T = \frac{q}{mC}$$

$$\Delta T = \frac{3.4 \times 10^4\ \cancel{\text{J}}}{355\ \cancel{\text{g}} \times 4.18\ \cancel{\text{J}}/\cancel{\text{g}}\ \text{°C}}$$

$$= 22.91\ \text{°C} = 23\ \text{°C}$$

답의 단위가 옳고 답의 크기도 합당해 보인다. 만약 답이 아주 큰 수(예: 3×10^6)라면 되돌아가서 실수가 있는지 살펴봐야 할 것이다. 100°C 이상에서는 물이 끓기 때문에 이러한 큰 답이 나올 수 없다.

핵심 용어

결정성
고체
균일 혼합물
기체
디캔딩
물리적 변화
물리적 성질
물질
물질의 상태
반응물
발열
분자
불균일 혼합물
비결정성
비열
비열용량
생성물
섭씨 눈금
성질
순물질
압축
액체
에너지
에너지 보존 법칙
여과
열
열에너지
영양 칼로리
온도
운동 에너지
원소
원자
일
전기 에너지
증류
질량 보존 법칙
칼로리
켈빈 눈금
킬로와트시
퍼텐셜 에너지
혼합물
화씨 눈금
화학 반응
화학 에너지
화학적 변화
화학적 성질
화합물
휘발성
흡열

학습 점검 문제

기초문제

1. 물질을 정의 내리고 몇 가지 예를 드시오.
2. 물질은 무엇으로 이루어져 있는가?
3. 물질의 세 가지 상태는 무엇인가?
4. 고체의 성질은 무엇인가?
5. 결정성 고체와 비결정성 고체의 차이점은 무엇인가?
6. 액체의 성질은 무엇인가?
7. 기체의 성질은 무엇인가?
8. 왜 기체는 압축 가능한가?
9. 혼합물이란 무엇인가?
10. 균일 혼합물과 불균일 혼합물의 차이점은 무엇인가?
11. 순물질이란 무엇인가?
12. 원소란 무엇인가? 화합물이란 무엇인가?
13. 혼합물과 화합물의 차이점은 무엇인가?
14. 물리적 성질은 무엇인가? 화학적 성질은 무엇인가?
15. 물리적 변화와 화학적 변화의 차이점은 무엇인가?
16. 질량 보존 법칙이란 무엇인가?
17. 에너지의 정의는 무엇인가?
18. 에너지 보존 법칙이란 무엇인가?
19. 운동 에너지와 퍼텐셜 에너지의 차이점은 무엇인가?
20. 화학적 에너지란 무엇인가? 화학적 에너지가 포함된 몇 가지 예를 드시오.
21. 일반적으로 사용되는 세 가지 에너지 단위는 무엇인가?
22. 발열 반응이란 무엇인가? 발열 반응에서 반응물과 생성물 중 어느 것의 에너지가 더 큰가?
23. 흡열 반응이란 무엇인가? 흡열 반응에서 반응물과 생성물 중 어느 것의 에너지가 더 큰가?
24. 온도를 측정할 때 일반적으로 사용되는 세 가지 온도 단위는 무엇인가?
25. 열과 온도의 차이점은 무엇인가?
26. 세 가지 온도 단위는 어떤 차이가 있는가?
27. 열용량이란 무엇인가?
28. 일반적으로 여름에 연안 지역이 내륙 지역보다 시원한 이유는 무엇인가?
29. 다음 식은 화씨온도를 섭씨온도로 변환하는 데 사용된다.

$$^{\circ}\mathrm{C} = \frac{(^{\circ}\mathrm{F} - 32)}{1.8}$$

대수적인 방법을 이용하여 섭씨온도를 화씨온도로 변환하는 식으로 바꾸시오.

30. 다음 식은 섭씨온도를 켈빈온도로 변환하는 데 사용된다.

$$\mathrm{K} = ^{\circ}\mathrm{C} + 273.15$$

대수적인 방법을 이용하여 켈빈온도를 섭씨온도로 변환하는 식으로 바꾸시오.

복습문제

물질의 분류

31. 일상의 물질인 공기, 풍선 속 헬륨, 연필 속 흑연, 커피를 순물질 또는 혼합물로 분류하시오. 매일 접하는 물질 중에는 순물질과 혼합물 중 어떤 유형이 더 흔한가?

32. 일상의 물질인 물, 금, 소독용 알코올, 플라스틱을 원소 또는 화합물로 분류하시오. 매일 접하는 물질 중에는 원소와 화합물 중 어떤 유형이 더 흔한가?

33. 다음 각각의 순물질을 원소 또는 화합물로 분류하시오.
(a) 철 (b) 산소
(c) 이산화 탄소 (d) 클로로폼

34. 다음 각각의 순물질을 원소 또는 화합물로 분류하시오.
(a) 탄소 (b) 베이킹 소다(탄산수소 소듐)
(c) 니켈 (d) 금

35. 다음 각각의 혼합물을 균일 또는 불균일로 분류하시오.
(a) 설탕물 (b) 수프
(c) 식초 용액 (d) 알코올과 물

36. 다음 각각의 혼합물을 균일 또는 불균일로 분류하시오.
(a) 흐린 공기 (b) 소금물
(c) 놋쇠 (d) 보드카

37. 다음 각각의 물질을 순물질 또는 혼합물로 분류하시오. 순물질이라면 원소 또는 화합물로 분류하고, 혼합물이라면 균일 또는 불균일로 분류하시오.
(a) 헬륨 기체 (b) 깨끗한 공기
(c) 아몬드 초콜릿 아이스크림 (d) 콘크리트

38. 다음 각각의 물질을 순물질 또는 혼합물로 분류하시오. 순물질이라면 원소 또는 화합물로 분류하고, 혼합물이라면 균일 또는 불균일로 분류하시오.
(a) 구강 청결제 (b) 베이킹 소다
(c) 시멘트 (d) 강철

* 파란색으로 표시된 문제는 이 책 말미에 해답이 제시되어 있다.

물리적·화학적 성질과 물리적·화학적 변화

39. 다음 각각의 성질을 물리적 성질 또는 화학적 성질로 분류하시오.
(a) 은의 표면이 변색되는 성향
(b) 크로뮴의 광택
(c) 금의 색
(d) 프로페인 가스의 가연성

40. 다음 각각의 성질을 물리적 성질 또는 화학적 성질로 분류하시오.
(a) 에틸 알코올의 끓는점
(b) 드라이아이스가 증발되는 온도(고체에서 기체로 변함)
(c) 에틸 알코올의 가연성
(d) 향수의 냄새

41. 다음은 탄화 칼슘(망고 숙성제)의 몇 가지 성질이다. 어떤 것이 물리적 성질이고 어떤 것이 화학적 성질인가?
- 회백색
- 무취
- 물과 반응하여 아세틸렌과 수산화 칼슘 생성
- 탄화 칼슘 1 mol의 질량은 64.10 g
- 질소와 반응하여 사이안화 칼슘과 탄소 생성
- 2160 ℃에서 녹음
- 2.22 g/cm^{3}의 밀도

42. 다음은 이산화 질소(저층 대기오염 물질)의 몇 가지 성질이다. 어떤 것이 물리적 성질이고 어떤 것이 화학적 성질인가?
- 고온에서 적갈색 기체
- 독한 냄새
- 가수분해하여 질산과 아질산 생성
- 아크릴레이트용 중합 방지제
- 좋은 산화제

43. 다음 각각의 변화가 물리적 변화인지 화학적 변화인지 밝히시오.
(a) 수소 기체로 채워진 풍선이 불꽃과 접촉했을 때 폭발한다.
(b) 바비큐를 할 때 밸브를 열어놓아 액체 프로페인이 기화되어 증발한다.
(c) 바비큐를 할 때 액체 프로페인에 불꽃이 접촉하면 불이 붙는다.
(d) 구리 금속이 공기와 물에 노출되었을 때 초록색으로 변한다.

44. 다음 각각의 변화가 물리적 변화인지 화학적 변화인지 밝히시오.
(a) 설탕이 뜨거운 물에 용해된다.
(b) 설탕이 냄비에서 탄다.
(c) 계속되는 마모로 금속의 표면이 광택을 잃는다.
(d) 금속 표면이 공기 중에 노출되어 광택을 잃는다.

45. 마그네슘으로 된 얇은 리본 끝부분을 (a) 사포로 닦은 다음 (b) 촛불 가까이에 가져간다. 눈부신 백색광으로 타오르다 완전히 연소되면 가루 같은 재가 남는다. (a)와 (b)가 화학적 변화인지 물리적 변화인지 분류하시오.

46. 샤프펜슬의 심(흑연) 몇 개를 (a) 작은 조각으로 부순 다음 (b) 여기에 뜨거운 불꽃을 넣어 불을 붙였다. (a)와 (b)가 화학적 변화인지 물리적 변화인지 분류하시오.

질량 보존

47. 자동차의 가솔린 탱크에 42 kg의 가솔린이 담겨 있다. 가솔린이 연소할 때 168 kg의 산소가 소비되고 이산화 탄소와 물이 생성된다. 생성된 이산화 탄소와 물의 총질량은 얼마인가?

48. 수소로 채워진 풍선이 폭발할 때 0.60 g의 질소가 1.4 g의 산소와 반응하여 몇 그램의 산화 질소가 형성되는가? (생성물은 산화 질소뿐이다.)

49. 화학적 변화에 관한 다음 자료는 질량 보존 법칙에 부합하는가?
(a) 30.6 g의 질소 기체가 70.0 g의 산소 기체와 완전히 반응하여 100.6 g의 산화 질소를 형성한다.
(b) 70.5 g의 메테인과 250 g의 산소가 완전히 반응하여 210 g의 이산화 탄소와 90 g의 물이 형성된다.

50. 화학적 변화에 관한 다음 자료는 질량 보존 법칙에 부합하는가?
(a) 12.8 g의 소듐 시료가 19.6 g의 염소와 완전히 반응하여 32.4 g의 염화 소듐이 형성된다.
(b) 8 g의 천연가스 시료가 32 g의 산소 기체와 완전히 반응하여 17 g의 이산화 탄소와 16 g의 물이 형성된다.

51. 뷰테인 라이터에서 9.7 g의 뷰테인이 34.7 g의 산소와 결합하여 29.3 g의 이산화 탄소와 몇 그램의 물이 형성되는가?

52. 24 g의 마그네슘이 16 g의 산소와 완전히 반응하여 몇 그램의 산화 마그네슘이 형성되는가?

에너지 단위 변환

53. 다음 각각의 단위를 변환하시오.
(a) 600 cal → _____ J　　(b) 24.0 J → _____ Cal
(c) 156 kJ → _____ Cal　　(d) 68.2 Cal → _____ J

54. 다음 각각의 단위를 변환하시오.
(a) 65.6 J → _____ cal　　(b) 455 cal → _____ J
(c) 23.8 kJ → _____ cal　　(d) 415 cal → _____ kJ

55. 다음 각각의 단위를 변환하시오.
(a) 35 kWh → _____ J　　(b) 349 cal → _____ Cal
(c) 223 cal → _____ kWh　　(d) 33 kJ → _____ cal

56. 다음 각각의 단위를 변환하시오.
(a) 445 Cal → _____ kWh　　(b) 28 J → _____ cal
(c) 9.7×10^3 J → _____ kJ　　(d) 466 kJ → _____ J

57. 다음 표의 빈칸을 채우시오.

J	cal	Cal	kWh
225 J		5.38×10^{-2} Cal	
	8.21×10^{5} cal		
			295 kWh
		155 Cal	

58. 다음 표의 빈칸을 채우시오.

J	cal	Cal	kWh
7.88×10^{6} J	1.88×10^{6} cal		
		1154 Cal	
	88.4 cal		
			125 kWh

59. 7월 전기 요금 청구서에 1,027 kWh를 사용했다고 적혀 있다. 이는 J 단위로 얼마인가?

60. 어떤 텔레비전이 매년 32 kWh의 에너지를 사용한다. 이는 J 단위로 얼마인가?

61. 성인 한 사람이 하루에 음식으로 먹는 영양 에너지의 총합이 약 2.2 kcal이다. 이 사람이 하루에 2.0 kcal를 소모한다면 하루에 과잉 섭취한 영양 에너지는 몇 kJ인가? 과잉 섭취한 영양 에너지 14.6×10^{3} kJ에 대해 1 kg의 지방이 몸에 저장된다면 이 사람의 몸무게가 1 kg 증가하는 데 얼마나 걸리는가?

62. 라벨에 280 Cal라고 적힌 칩 봉지 하나에 들어 있는 영양 에너지는 J 단위로 얼마인가? 과잉 섭취한 영양 에너지 19.6×10^{3} kJ에 대해 0.454 kg의 지방이 몸에 저장된다면, 0.454 kg의 체지방이 될 만큼의 충분한 영양 에너지는 몇 봉지의 칩에 들어 있는가?

63. LED 전구가 12 W(J/s)의 전력을 사용한다. 215 Cal의 초코바에서 나오는 에너지로 이 전구를 몇 시간 동안 켤 수 있는가?

64. 와트(J/s)는 전력의 단위이다. 만약 사람이 하루 24시간 동안 1675 Cal를 사용한다면 이는 와트로 얼마인가?

에너지와 물리적·화학적 변화

65. 보통의 손난로에는 산소와 반응하여 철의 산화를 형성하는 철가루가 들어 있다. 손난로는 공기 중에 노출되자마자 반응이 시작되어 열을 방출한다. 철과 산소의 반응은 발열 반응인가, 흡열 반응인가? 이러한 반응에서 반응물과 생성물의 상대적 에너지를 보여주는 에너지 도표를 작성하시오.

66. 화학적 콜드팩에서는 두 물질이 분리막으로 분리되어 있다. 이 분리막이 깨지면 물질들이 섞이고 주위로부터 열을 흡수한다. 화학적 콜드팩은 차갑게 느껴진다. 이는 발열 반응인가, 흡열 반응인가? 이러한 반응에서 반응물과 생성물의 상대적 에너지를 보여주는 에너지 도표를 작성하시오.

67. 다음 각각의 과정이 발열인지 흡열인지 밝히시오.
(a) 자동차에서 연소하는 가솔린
(b) 피부에서 증발하는 아이소프로필 알코올
(c) 밤새 이슬로 응축된 물

68. 다음 각각의 과정이 발열인지 흡열인지 밝히시오.
(a) 승화(고체에서 직접 기체로 변화)하는 드라이아이스
(b) 연소되는 양초 속의 왁스
(c) 연소되는 성냥

온도 단위 간의 변환

69. 다음 각각의 온도를 변환하시오.
(a) 212 °F를 °C로(물이 끓는 온도)
(b) 77 K을 °F로(액체 질소의 온도)
(c) 25 °C를 K으로(실온)
(d) 98.6 °F를 K으로(체온)

70. 다음 각각의 온도를 변환하시오.
(a) 102 °F를 °C로
(b) 0 K을 °F로
(c) −48 °C를 °F로
(d) 273 K을 °C로

71. 지금까지 미국에서 기록된 최저 기온은 1971년 1월 23일 알래스카주 프로스펙트크리크에서의 −80 °F이다. 이 온도를 °C와 K으로 변환하시오. (−80 °F는 유효 숫자가 2개이다.)

72. 지금까지 미국에서 기록된 최고 기온은 1913년 7월 10일 캘리포니아주 데스밸리에서의 134 °F이다. 이 온도를 °C와 K으로 변환하시오.

73. 보드카는 함유된 에탄올의 비율이 높기 때문에 냉장고에서 얼지 않는다. 순수한 에탄올의 어는점은 −114 °C이다. 이 온도를 °F와 K으로 변환하시오.

74. 액체 헬륨은 4.2 K에서 끓는다. 이 온도를 °F와 °C로 변환하시오.

75. 겨울에 남극은 기온이 너무 낮아 비행기가 이착륙할 수 없기 때문에 거주자들이 남극을 떠나기가 어렵다. 남극의 7월 일평균 기온은 −59.7 °C인데, 이를 °F로 변환하시오.

76. 미국 아이오와주의 역사상 최저 기온은 1998년 2월 3일에 기록한 −47 °F이다. 이 온도를 K과 °C로 변환하시오.

77. 다음 표의 빈칸을 채우시오.

켈빈온도	화씨온도	섭씨온도
0.0 K		−273.0 °C
	82.5 °F	
		8.5 °C

78. 다음 표의 빈칸을 채우시오.

켈빈온도	화씨온도	섭씨온도
273.0 K	______	0.0 ℃
______	−40.0 ℉	______
385 K	______	______

에너지, 열용량, 온도 변화

79. 물 시료 65 g의 온도를 32 ℃에서 65 ℃로 올리는 데 필요한 열량을 구하시오.

80. 물 시료 22 g의 온도를 7 ℃에서 18 ℃로 올리는 데 필요한 열량을 구하시오.

81. 에탄올 시료 45 kg의 온도를 11.0 ℃에서 19.0 ℃로 올리는 데 필요한 열량을 구하시오.

82. 금 막대 3.5 kg의 온도를 21 ℃에서 67 ℃로 올리는 데 필요한 열량을 구하시오.

83. 47 J의 열이 질량 16.1 g의 알루미늄 캔에 가해질 때의 온도 변화를 계산하시오.

84. 71 J의 열이 18 g의 순수한 금화에 가해질 때의 온도 변화를 계산하시오.

85. 12 g의 철못이 15 J의 열을 흡수한다. 철못의 초기 온도가 28 ℃라면 최종 온도는 얼마인가?

86. 45 kg의 물 시료가 345 kJ의 열을 흡수한다. 물의 초기 온도가 22.1 ℃라면 최종 온도는 얼마인가?

87. 248 cal의 열이 24 g의 물에 가해질 때의 온도 변화를 계산하시오.

88. 57 g의 납 그물추가 146 cal의 열을 흡수한다. 그물추의 초기 온도가 47 ℃라면 최종 온도는 얼마인가?

89. 28 g인 미지의 금속이 58 J의 열을 흡수하며, 온도가 31.1 ℃에서 39.9 ℃로 상승한다. 이 금속의 열용량을 계산하고, 표 3.4를 이용하여 어떤 금속인지 밝히시오.

90. 미지의 금속이 금으로 추정된다. 5.6 g인 이 금속에 2.8 J의 열이 가해질 때 온도가 3.9 ℃ 상승한다. 이 금속은 금인가?

91. 어떤 액체 11 g에 56 J의 열이 가해졌을 때 온도가 10.4 ℃에서 12.7 ℃로 상승한다. 이 액체의 열용량은 얼마인가?

92. 어떤 액체 13.2 g에 47.5 J의 열이 가해졌을 때 온도가 1.72 ℃ 상승한다. 이 액체의 열용량은 얼마인가?

93. 소풍을 가기 위해 동일한 아이스박스 2개를 준비했다. 각각의 아이스박스에는 12 oz의 음료수 18개, 3 lb의 얼음이 들어 있다. 그런데 A 아이스박스의 경우 음료수를 몇 시간 동안 냉각했다가 넣었고, B 아이스박스의 경우 음료수를 실온에 두었다가 넣었다. 3시간 후 두 아이스박스를 열었더니 A 아이스박스의 얼음은 대부분 그대로였고 B 아이스박스의 얼음은 거의 녹아 있었다. 그 이유를 설명하시오.

94. 100 g의 금속 철과 100 g의 물을 각각 75 ℃까지 가열한 후 동일한 2개의 절연 용기에 각각 넣었다. 2시간 후 두 용기를 열고 각 물질의 온도를 측정했더니 금속 철은 38 ℃까지 식었고 물은 69 ℃까지 식었다. 그 이유를 설명하시오.

95. 25.7 g의 질량을 가진 철 시료를 75.0℃에서 22.0℃로 냉각시킬 때 몇 J의 에너지를 잃어버리는가?

96. 53.2 g인 알루미늄 시료의 초기 온도가 155 ℃이다. 이 시료가 2.87×10^3 J의 에너지를 잃는다면 몇 ℃가 되는가?

심화문제

97. 초기 온도가 32 ℃인 물 245 mL가 17 kJ의 열을 흡수할 때 최종 온도를 계산하시오. (물의 밀도 = 1.0 g/mL).

98. 초기 온도가 11 ℃인 에탄올 32 mL가 562 J의 열을 흡수할 때 최종 온도를 계산하시오. (에탄올의 밀도 = 0.789 g/mL)

99. 부피가 1.57 cm^3인 순금 반지의 초기 온도가 11.4℃이다. 이 반지를 끼면 반지가 29.5 ℃까지 따뜻해진다. 반지가 흡수한 열은 얼마인가? (금의 밀도 = 19.3 g/cm^3)

100. 부피가 98.5 cm^3인 알루미늄 덩어리가 67.4 J의 열을 흡수한다. 초기 온도가 32.5 ℃라면 최종 온도는 얼마인가? (알루미늄의 밀도 = 2.70 g/cm^3)

101. 56 L의 물을 85 ℉에서 212 ℉까지 가열하는 데 필요한 열은 몇 kJ인가? (물의 밀도 = 1.00 g/mL)

102. 43 g의 알루미늄 시료를 72 ℉에서 145 ℉까지 가열하는 데 필요한 열은 몇 J인가? (물의 밀도 = 1.00 g/mL)

103. 29.5 L의 물이 2.3 kWh의 열을 흡수할 때의 온도 변화(ΔT)를 섭씨로 계산하시오.

104. 1.45 L인 물의 초기 온도가 25.0 ℃이다. 이 물이 9.4×10^{22} kWh의 열을 흡수한 후의 온도는 얼마인가?

105. 물 가열기에 55 gal의 물이 들어 있다. 이 물을 25 ℃ 더 높게 가열하는 데 필요한 에너지는 몇 kWh인가? (힌트: ΔT = 25 ℃)

106. 어떤 방에 48 kg의 공기가 들어 있다. 이 방의 공기를 7 ℃에서 28 ℃로 올리는 데 필요한 에너지는 몇 kWh인가? 공기의 열용량

은 1.03 J/g°C이다.

107. 한 배낭 여행객이 2.5 kg의 물을 25 °C에서 100.0 °C로 가열하는 데 필요한 연료를 운반하려 한다. 이 연료가 그램당 36 kJ의 열을 생성한다면 연료를 얼마나 운반해야 하는가? (열전달 효율이 100%라고 가정한다.)

108. 한 요리사가 1.35 kg의 물을 32.0 °C에서 100.0 °C로 가열하려 한다. 물을 가열할 때 천연가스를 사용한다면 필요한 천연가스의 양은 얼마인가? 천연가스는 그램당 49.3 kJ의 열을 생성한다. (열전달 효율이 100%라고 가정한다.)

109. 땀이 증발하면 몸이 시원해지는데, 이는 물이 증발하면서 그램당 2.44 kJ을 흡수하기 때문이다. 몸의 질량이 95 kg이고 열용량이 4.0 J/g °C일 때 몸을 0.50 °C 식히기 위해 피부에서 증발해야 할 물의 질량을 추정하시오. (열전달 효율이 100%라고 가정한다.)

110. 얼음은 녹으면서 그램당 0.33 kJ을 흡수한다. 음료수의 열용량이 4.18 J/g °C일 때 12.0 oz의 음료수를 75 °F에서 35 °F로 냉각하는 데 필요한 얼음의 양은 얼마인가? (열전달 효율이 100%라고 가정한다.)

111. 15.7 g의 알루미늄 덩어리를 53.2 °C까지 가열한 후, 초기 온도가 24.5 °C인 물 32.5 g이 들어 있는 절연 비커에 집어넣었다. 알루미늄과 물이 열평형에 도달하게 한다. 열이 손실되지 않는다고 가정할 때 물과 알루미늄의 최종 온도는 얼마인가?

112. 초기 온도가 7.0 °C인 에탄올(밀도 = 0.789 g/mL) 25.0 mL와 초기 온도가 25.3 °C인 물(밀도 = 1.0 g/mL) 35.0 mL를 절연 비커에 넣고 섞는다. 열손실이 없다고 가정하면 이 혼합물의 최종 온도는 얼마인가?

113. 전기 기구의 평균 전력 소비는 와트(W)로 나타내며, 1 W = 1 J/s이다. 625 W를 소비하는 냉장고와 855 W를 소비하는 냉장고가 한 달간 소비한 에너지의 차이는 kJ로 얼마인가? 전기 요금이 kWh당 0.15달러라면 두 냉장고의 한 달 전기 요금은 얼마나 차이가 나는가? (한 달은 30.0일, 1일은 24.0시간이라고 가정한다.)

114. 전기 주전자가 6.5 L의 물에 355 W의 전력을 공급하며, 1W = 1 J/s이다. 이 전기 주전자로 6.5 L의 물을 30 °C에서 52 °C로 올리는 데 몇 분이 걸리는가? (물의 밀도 = 1.0 g/mL)

115. 섭씨온도 또는 화씨온도로 표시해도 같은 온도는 몇 도인가?

116. 섭씨온도를 화씨온도로 나타낼 때 2배가 되는 온도는 몇 도인가?

핵심문제

117. 다음 각각의 분자 그림을 순물질 또는 혼합물로 분류하시오.

(a)

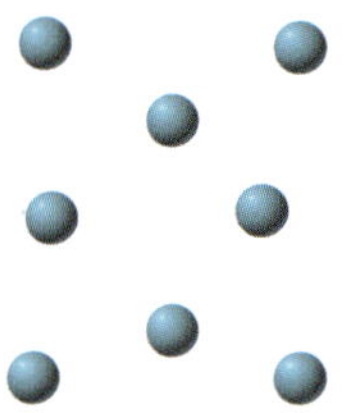

(b)

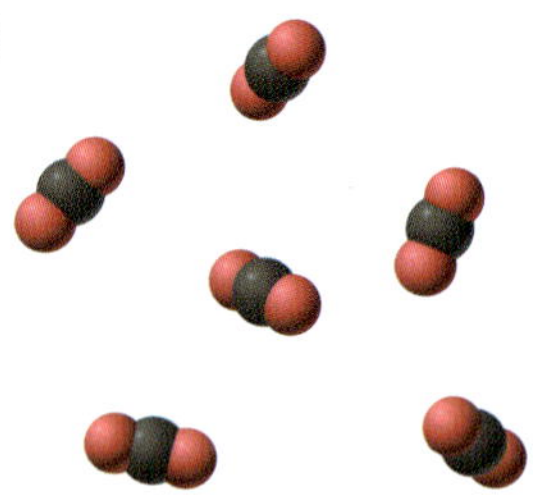

(c)

(d)

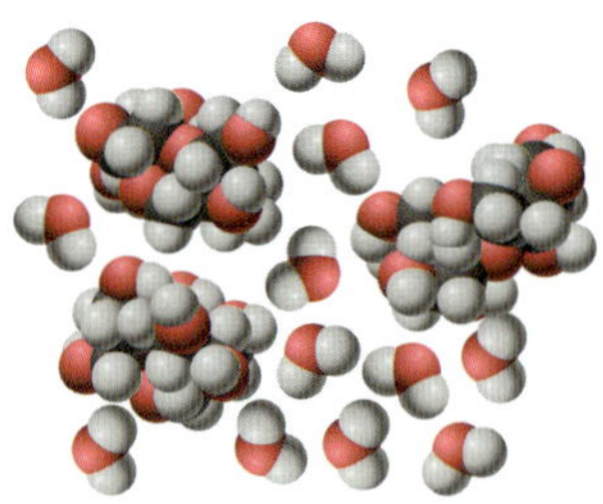

118. 다음 각각의 분자 그림을 순물질 또는 혼합물로 분류하시오. 순물질이라면 원소 또는 화합물로 분류하고, 혼합물이라면 균일 또는 불균일로 분류하시오.

(a)

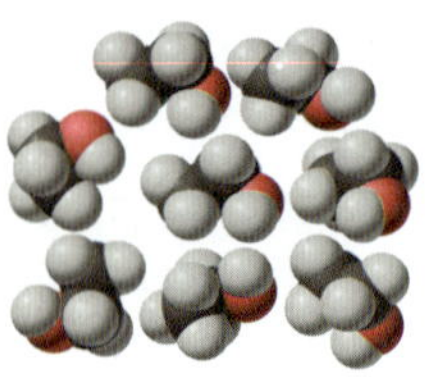

(b)

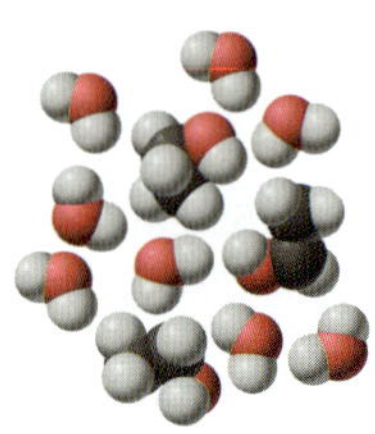

(c)

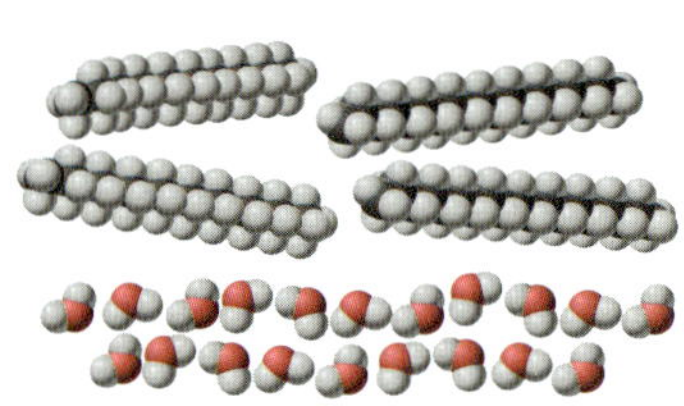

(d)

119. 다음 분자 그림은 아세톤 분자의 변화 전후 모습을 나타낸 것이다. 이 변화는 화학적 변화인가, 물리적 변화인가?

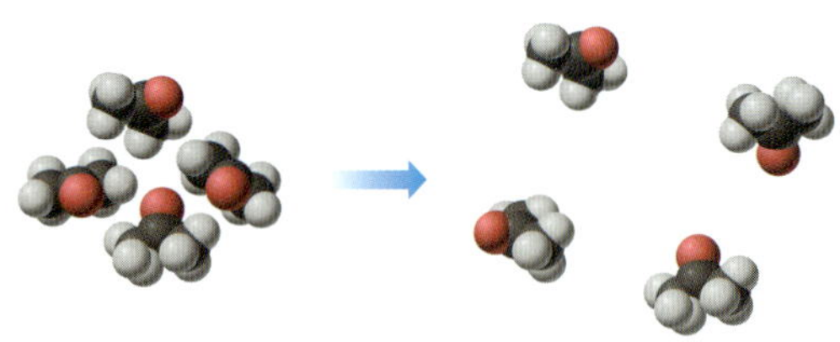

120. 다음 분자 그림은 메테인 분자와 산소 분자의 변화 전후 모습을 나타낸 것이다. 이 변화는 화학적 변화인가, 물리적 변화인가?

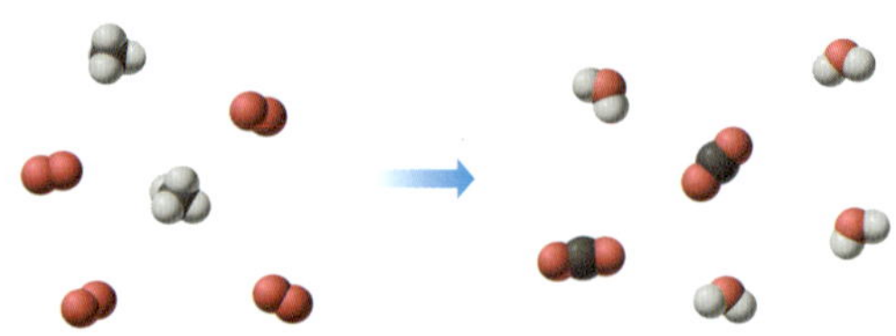

121. 엘니뇨/라니냐 순환은 지구의 기후에 영향을 미치는 주요 현상 중 하나이다. 엘니뇨의 경우 적도 부근 태평양 바닷물이 정상보다 몇 ℃ 따뜻해지고, 라니냐의 경우 정상보다 몇 ℃ 시원해진다. 이러한 순환은 북미와 남미뿐만 아니라 먼 아프리카의 날씨에도 영향을 미친다. 이처럼 바다의 작은 온도 변화가 날씨에 큰 영향을 미치는 이유는 무엇인가?

2016년 3월 1일

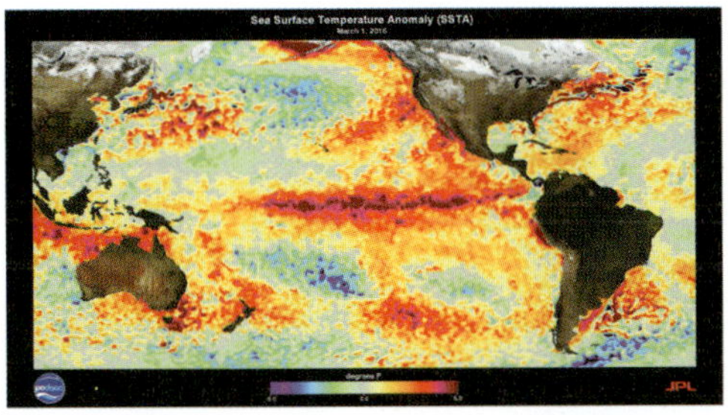

▲ 세계 해양의 이상 온도. 지도 중간에 있는 커다란 붉은 오렌지색 구역은 적도를 따라 태평양이 따뜻해지는 엘니뇨의 영향 때문이다.

122. 지구 온난화는 온실가스라는 특정 기체의 대기 중 농도 증가로 인해 지구의 평균 기온이 상승하는 것과 관련이 있다. 지구의 바다는 높은 열용량 때문에 열을 흡수하고 지구 온난화를 늦추는 역할을 한다. 지구의 바다를 1.0 ℃ 따뜻하게 하려면 열이 얼마나 필요한가? 바다의 부피는 137×10^7 km^3, 해수의 밀도는 1.03 g/cm^3, 해수의 열용량은 물과 같다고 가정한다.

▲ 지구의 바다는 따뜻한 기간 동안 열을 흡수함으로써 기온을 조절한다.

123. 다음은 여름과 겨울 샌프란시스코와 새크라멘토의 최고 평균 기온, 최저 평균 기온 자료이다.

샌프란시스코(연안 도시)

1월		8월	
최고	최저	최고	최저
14.1 ℃	6.5 ℃	18 ℃	12.5 ℃

새크라멘토(내륙 도시)

1월		8월	
최고	최저	최고	최저
11.7 ℃	3.2 ℃	33.0 ℃	4.3 ℃

(a) 샌프란시스코와 새크라멘토의 8월 최고 기온에 주목하라. 왜 여름에 새크라멘토가 더 더운가?

(b) 샌프란시스코와 새크라멘토의 1월 최저 온도에 주목하라. 바다의 열용량은 이러한 최저 기온의 차이에 어떤 영향을 미치는가?

집단 활동 문제

집단을 이루어 다음 문제에 대해 토의하고 합의된 답을 기록한다.

124. 다른 종류의 원자를 나타내는 흰색 원과 검은색 원을 사용하여 고체 원소, 액체 화합물, 균일 혼합물, 불균일 혼합물을 정확하게 나타내는 그림을 그리시오.

125. 124번 문제의 액체 화합물에서 물리적 변화가 일어나는 것을 전과 후를 명확하게 묘사하여 그림으로 그리시오. 화학적 변화가 일어나는 고체 원소를 그림으로 그리시오.

126. 한 친구가 가솔린도 필요 없고 배터리도 사용하지 않는 전동 자전거를 개발했다며 투자를 권유한다. 투자하기 전에 어떤 질문을 해야 하는가?

127. 열과 온도의 공통점과 차이점을 간략히 설명하시오. 본문의 정의를 그대로 사용하지 말고 자기 자신의 생각을 밝혀야 하며, 정확한 과학적 의미를 담고 정확한 단어를 사용하시오.

데이터 분석 및 해석

128. 다음 그래프는 1990~2050년(예상) 미국의 자원별 에너지 소비량을 보여준다. 소비량은 영국식 단위인 쿼드릴리온(BTU) 또는 쿼드 단위로 측정되었다(1 quad = 1.055×10^{18} J).

(a) 2020년에 미국의 최대 에너지 자원 세 가지는 무엇인가? 이 세 가지 자원이 공급하는 비율은 얼마인가?

(b) 2020년에 미국의 전체 에너지 중 신재생 에너지(수력, 원자력, 액체 바이오 연료, 기타 신재생 에너지)가 공급하는 비율은 얼마인가?

(c) 1990년과 2050년 사이에 미국의 에너지 자원 중 전체 에너지 사용량의 비율이 가장 많이 감소한 세 가지는 무엇인가(예측 기준)?

(d) 1990년에 미국에서 핵에너지로 생산된 에너지는 J 단위로 얼마인가?

미국의 자원별 에너지 소비량

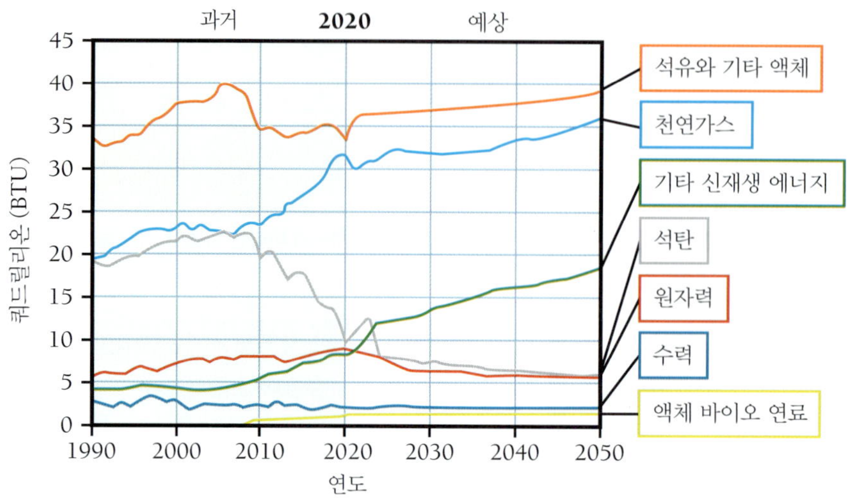

연습문제 해답

3.1 (a) 순물질, 원소
(b) 혼합물, 균일
(c) 혼합물, 불균일
(d) 순물질, 화합물

3.2 (a) 화학적 성질
(b) 물리적 성질
(c) 물리적 성질
(d) 물리적 성질

3.3 (a) 화학적 변화
(b) 물리적 변화
(c) 물리적 변화
(d) 화학적 변화

3.4 27 g

3.5 2.14 kJ

3.5+ 6.57×10^6 cal

3.6 (a) 발열
(b) 발열

3.7 85 ℃

3.8 282 ℉

3.9 77 K

3.10 50.1 J

3.10+ 7.4 g

3.11 $\Delta T = 4.21$ ℃, $T_f = 29.2$ ℃

확인문제 해답

3.1 (c) 그림은 기체 상태의 원자를 나타낸 것이다. 원자들은 서로 멀리 떨어져서 움직이는데, 이는 기체 상태의 특징이다.

3.2 (a) 커피는 커피 원두에서 추출된 물질과 물을 혼합한 것이다.

3.3 (a) 물질은 한 종류의 입자로만 구성되어 있으므로(입자가 서로 다른 두 가지 종류의 원자로 구성되어 있음에도 불구하고) 순물질이다.

3.4 (b) 맞다. 물질이 화학적 성질을 나타낼 때 물질은 그 조성을 바꾼다(입자가 한 유형에서 다른 유형으로 변화된다).

3.5 (a) 증발은 물리적 변화이므로 물질을 구성하는 원자는 서로 결합된 기본 방식을 바꾸지 않는다.

3.6 (c) 증발에서 액체인 물은 기체가 되지만 질량이 변하지 않는다. 화학적 변화와 마찬가지로 물리적 변화도 질량 보존 법칙을 따른다.

3.7 (d) 네 가지 단위 중 kWh가 가장 크므로 연간 에너지 소비량을 kWh로 나타낼 때의 값이 가장 작다.

3.8 (b) 발열 반응에서 물질은 주변으로 에너지를 방출하고 퍼텐셜 에너지가 감소한다.

3.9 (d)
$$
\begin{aligned}
℃ &= \frac{℉ - 32}{1.8} \\
&= \frac{-40 - 32}{1.8} \\
&= -40\ ℃
\end{aligned}
$$

3.10 (a) 세 가지 금속 중 구리의 비열이 가장 작기 때문에 주어진 에너지 입력에 대해 가장 큰 온도 변화를 겪을 것이다.

3.11 (b) 물질 B의 열용량이 더 작기 때문에 온도 변화가 더 크다.

$$q = m \cdot C \cdot \Delta T, \Delta T = \frac{q}{m \cdot C}$$

여기서 두 물질 모두 q(흡수된 열의 양)와 m(질량)이 동일하며, C 값이 작을수록 ΔT 값이 커진다.

▲ 해변의 암석은 일반적으로 규산염, 규소 화합물, 산소 원자로 구성된다. 모든 공기와 마찬가지로 해변 공기에는 질소와 산소 분자가 포함되어 있으며, 아민이라는 물질도 종종 포함되어 있다. 이 그림에 나타낸 아민은 부패한 물고기에서 방출되는 트라이에틸아민이다. 트라이에틸아민은 해변의 비릿한 냄새를 담당하는 화합물 중 하나이다.

4 원자와 원소

"원자와 빈 공간을 제외하면 아무것도 존재하지 않는다. 그 밖의 모든 것은 견해일 뿐이다."

— Democritus(기원전 460~370년)

개요

4.1 티뷰론에서 원자 체험하기

3장에서 배웠듯이 많은 원자는 자유로운 입자로 존재하는 것이 아니라 분자를 이루기 위해 함께 결합된 묶음으로 존재한다. 그럼에도 모든 물질은 궁극적으로 원자로 이루어져 있다.

아내와 나는 최근에 북캘리포니아의 바닷가 마을 티뷰론을 여행했다. 샌프란시스코만에 인접한 티뷰론은 바다와 샌프란시스코, 주변을 둘러싼 산이 있어 전망이 좋다. 해변을 따라 걸을 때 바다를 넘어 불어오는 미풍을 느꼈다. 해변에 밀려오는 바닷물 소리가 들리고 바다 공기 냄새를 맡을 수 있었다. 이러한 감각의 원인은 무엇일까? 바로 원자 때문이다.

모든 물질은 원자로 이루어져 있고, 우리가 감각으로 느끼는 것은 원자이다. 원자는 우리가 듣고, 느끼고, 보고, 경험하는 모든 것의 기초를 이루는 블록이다. 피부로 바람을 느낄 때 원자를 느끼는 것이고, 밀려오는 바닷물 소리를 들을 때 원자를 듣는 것이다. 바닷가의 바위를 만질 때 원자를 만지는 것이고, 바닷바람 냄새를 맡을 때 원자의 냄새를 맡는 것이다.

우리는 원자를 먹고 원자로 숨 쉬며 원자를 배설한다. 원자는 물질의 블록이다. 원자는 자연을 구성하는 기본 단위이다. 원자는 우리 주위 어디에나 있고, 우리 몸을 비롯해 만물을 구성한다.

원자는 믿기 힘들 정도로 매우 작다. 바닷가에서 주운 조약돌 하나는 우리가 셀 수 있는 것보다 훨씬 더 많은 원자를 포함하고 있다. 조약돌 하나에 들어 있는 원자의 수가 샌프란시스코만의 바닥에 있는 조약돌 수를 훨씬 능가한다. 작은 조약돌 안에 있는 모든 원자가 조약돌 자체의 크기라면 그 조약돌은 에베레스트산보다 훨씬 더 클 것이다(그림 4.1). 원자는 매우 작다. 그러나 모든 것을 만든다.

미시 세계와 거시 세계를 연결하는 열쇠는 원자이다. 원자는 물질을 만들고, 원자의 성질은 물질의 성질을 결정한다. **원자**(atom)는 어떤 원소가 해당 원소임을 알 수 있는 최소 단위이다. **원소**는 더 작은 물질로 쪼갤 수 없는 물질이라는 것을 기억하라(3.4절 참조). 자연에는 약 91가지의 원소가 있고, 결과적으로 91가지 종류의 원자가 있다. 게다가 과학자들은 약 20

▶ **그림 4.1 원자의 크기.** 조약돌 안에 있는 모든 원자가 조약돌 자체의 크기라면 그 조약돌은 에베레스트산보다 훨씬 더 클 것이다.

개의 합성 원소(자연에서 발견되지 않은 것)를 만드는 데 성공했다. 이 장에서는 원자에 대해 배울 것이다. 원자는 무엇으로 구성되어 있는가? 서로 어떻게 다른가? 어떤 구조를 이루고 있는가? 또한 원자로 구성된 원소와 이러한 원소의 몇 가지 특성을 배울 것이다.

자연적으로 생겨난 원소의 정확한 수에는 논쟁의 여지가 있다. 과거에는 합성된 것이라고 여겨졌던 몇몇 원소가 실제로는 매우 적은 양이나마 자연에 존재하기 때문이다.

4.2 원자론: 더 이상 나누어지지 않는다

▶ 모든 물질은 원자로 이루어져 있다는 것을 이해한다.

물질을 조사해보면, 심지어 현미경으로 볼 때조차도 물질이 작은 입자들로 이루어져 있다는 것이 분명치 않다. 오히려 그 반대이다. 만약 어떤 물질을 계속해서 작은 조각으로 나누다 보면 그것을 무한정 나눌 수 있을 것처럼 보인다. 우리의 관점에서는 물질이 연속적인 것처럼 보인다. 이와 다르게 생각한 기록상 최초의 인물은 Leucippus(기원전 5세기 무렵)와 Democritus(기원전 460~370)이다. 이 그리스 철학자들은 물질이 궁극적으로는 작고 나누어질 수 없는 입자로 구성되었다고 이론화했다. Democritus는 물질을 더 작은 조각으로 나눈다면 결국 아토모스(*atomos*, '나눌 수 없는'이라는 뜻) 또는 원자라는 작고 쪼개지지 않는 입자에 도달할 것이라고 제안했다.

Leucippus와 Democritus의 주장은 널리 받아들여지지는 않았으나, John Dalton이 원자론을 체계화한 1808년(2000년 이상 지난 후)에 이르러서야 폭넓게 수용되었다. Dalton의 원자론은 다음과 같이 세 부분으로 이루어져 있다.

1. 각 원소는 원자라는 쪼개지지 않는 작은 입자들로 이루어져 있다.
2. 주어진 원소의 모든 원자는 질량이 같고, 다른 원소의 원자들과 구별되는 독특한 성질을 가지고 있다.

◀ **그림 4.2 원자를 이용한 글자 쓰기.** IBM의 과학자들은 주사 터널링 현미경(STM)이라는 특수한 현미경을 이용하여 원자를 정밀하게 움직여 단어와 이미지를 형성했다. 이들은 250개의 프레임으로 세계에서 가장 작은 영화 〈A Boy and His Atom〉을 만들었다.

3. 원자들은 간단한 정수비로 결합되어 화합물을 형성한다.

오늘날 원자론을 뒷받침하는 증거는 압도적이다. 최근 현미경 사용의 발달은 과학자들이 각 원자를 형상화할 뿐 아니라 그것들을 집어 올려 움직이는 것도 가능케 했다(그림 4.2). 물질은 실제 원자들로 구성되어 있다.

4.3 핵 원자

▶ Thomson과 Rutherford의 실험이 어떻게 원자핵 이론의 발전으로 이어졌는지 설명한다.

19세기 말까지 과학자들은 물질이 영구적이고 쪼개지지 않는, 모든 물질을 이루는 구성 요소인 원자로 만들어져 있다고 확신했다. 그러나 영국의 물리학자 J. J. Thomson(1856~1940)이 **전자**(electron)라는 훨씬 더 작고 더 근본적인 입자를 발견함으로써 상황을 복잡하게 만들었다. Thomson은 전자가 음전하를 띠고, 원자보다 더 작고 가벼우며, 다른 많은 종류의 물질에 균일하게 존재한다는 것을 발견했다. 그의 실험은 원자라고 하는 파괴되지 않는 구성 요소도 명백히 '쪼개질 수 있음'을 입증했다.

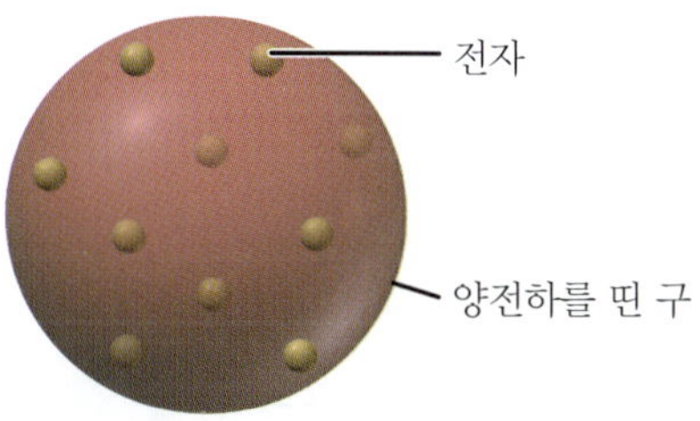

▲ **그림 4.3 원자의 건포도 푸딩 모형.** Thomson이 제안한 이 모형에서는 음전하를 띤 전자(노란색)가 양전하를 띤 구(빨간색) 속에 붙들려 있다.

원자 내에서 음전하를 띤 입자가 발견되면서 양전하의 균형에 대한 의문이 제기되었다. 원자는 전하 중성으로 알려져 있었기 때문에 전자의 음전하와 균형을 이루는 양전하를 포함해야만 한다고 믿었다. 그러나 원자 내에 양전하와 음전하가 어떻게 서로 자리 잡고 있는가? 원자는 단지 더 기본적인 입자들의 뒤범벅인가? 원자는 구형의 고체인가 또는 몇 가지 내부 구조를 가지는가? Thomson은 음전하를 띤 전자가 양전하를 띤 구형 물체 안에 붙들려 있는 작은 입자라고 주장했다. 당시 가장 인기가 있었던 이 모형은 건포도 푸딩 모형(plum pudding model)으로 알려지게 되었다(건포도 푸딩은 영국인의 후식이다)(그림 4.3). 건포도 푸딩이 친숙하지 않다면 블루베리 머핀(전자는 블루베리, 양전하를 띤 구형 물체는 머핀)이라고 생각해보자.

전하는 4.4절에서 더 자세히 설명할 것이다. 일단은 다른 전하를 띤 입자와의 상호작용을 돕는 것을 전자의 고유한 성질로 간주한다.

1909년에 Thomson의 지도하에 연구하면서 그의 건포도 푸딩 모형을 신봉하던 Ernest Rutherford(1871~1937)는 그것을 확인하기 위해 실험을 수행했다. 그런데 이 실험은 오히려 건포도 푸딩 모형이 잘못되었음을 입증했다(그림 4.4). 실험에서 Rutherford는 알파 입자라는 양전하를 띤 작은 입자를 매우 얇은 금박에 쏘아 보냈다. 알파 입자의 질량은 전자보다 7,000배 무겁고 양전하를 띤다. 이 입자들은 금 원자 구조의 탐침 역할을 했다. 금 원자들이 정말 블루베리 머핀이나 건포도 푸딩 같다면 — 원자 전체 부피에 걸쳐 퍼져서 질량과 전하를 가지고 — 이러한 빠른 탐침은 조금씩 편향되면서 금박을 통해 지나가야 한다. 실험 결과는 Rutherford가 기대했던 것과 달랐다. 입자 대부분이 금박을 통해 직진해 갔으나 몇몇 입자가 편향되고 몇몇(2만 개 중 1개)은 뒤로 튕겨 나왔다. 이에 Rutherford는 당황했고, '당신이 화장지 한 조각에 15인치 포탄을 쏘았는데 그것이 되돌아와서 당신을 맞히는 것 정도의 설득력이 있는' 결과임을 알게 되었다. 이러한 뜻밖의 거동을 설명하려면 원자의 구조가 어때야 하는가?

Rutherford는 자신의 결과를 설명하기 위해 새로운 모형을 만들었다(그림 4.5). 그는 물질은 보이는 것처럼 균일하지 않은 것이 틀림없다고 결론지었다. 그것은 매우 밀도가 높은 물질로 이루어진 곳곳에 흩어져 있는 작은 영역이 넓은 빈 공간 영역을 포함한다. 그가 관찰한 편향을 설명하려면 원자의 질량과 양전하가 원자 자체의 크기보다 훨씬 작은 공간에 집중되어 있어야만 한다. 이러한 생각을 이용하여 그는 **원자의 핵 이론**(nuclear theory of the atom)을 주장했고, 이 이론의 세 가지 기본 요소는 다음과 같다.

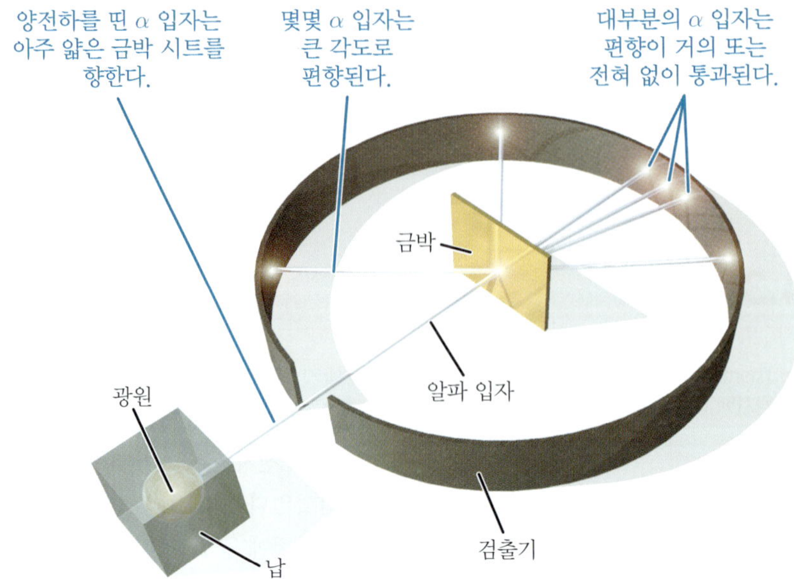

▶ **그림 4.4 Rutherford의 금박 실험.** 알파 입자라는 작은 입자들을 얇은 금박지에 쏘았다. 대부분의 입자는 금박을 직진해 지나갔다. 그러나 몇몇은 휘어졌는데, 그중 일부는 큰 각도로 휘어졌다.

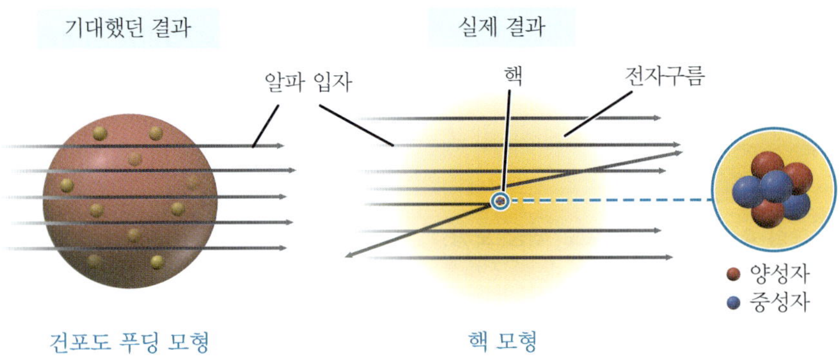

▶ **그림 4.5 원자핵 발견.** 건포도 푸딩 모형이 맞다면 알파 입자는 최소한의 편향으로 금박을 바로 통과한다. 대신 소수의 알파 입자가 편향되거나 튕겨져 나갔다. 편향을 설명하는 유일한 방법은 원자의 질량 대부분과 모든 양전하가 원자 자체의 크기보다 훨씬 작은 공간, 즉 핵에 밀집되어 있음을 시사하는 것이다. 핵 자체는 양전하를 띤 입자(양성자)와 중성 입자(중성자)로 이루어져 있다.

1. 원자 질량의 대부분과 모든 양전하는 **핵**(nucleus)이라는 작은 핵심부에 포함되어 있다.
2. 원자 부피의 대부분은 작고 음전하를 띤 전자가 분산되어 있는 빈 공간이다.
3. 핵의 안쪽에 양전하를 띤 입자(양성자)가 있는 만큼 핵 바깥쪽에 음전하를 띤 전자가 있어서 원자는 전기적으로 중성이다.

Rutherford와 다른 사람들의 후속 연구에서는 원자의 핵이 양전하를 띤 **양성자**(proton)와 **중성자**(neutron)라는 중성 입자를 포함하고 있음이 입증되었다. 밀집된 핵은 원자의 질량 중 99.9% 이상을 차지하지만, 부피에서는 아주 작은 부분만을 차지한다. 전자는 훨씬 더 넓은 영역에 걸쳐 분포되어 있으나 질량이 크지는 않다(그림 4.6). 지금은 이러한 전자를 구름을 구성하는 물 알갱이처럼 생각할 수 있다. 즉 전자는 넓게 분산되어 있으나 무게가 거의 없다.

Rutherford의 핵 이론은 성공적이었으며 오늘날에도 여전히 타당성이 있다. 이 이론의 혁신적인 부분은 물질(본질적으로)이 보이는 것보다 훨씬 덜 균일하다는 것이다. 원자의 핵이 작은 점의 크기라면 전자는 평균적으로 약 10 m 떨어져 있을 것이다. 그러나 점은 원자 전체 질량의 거의 대부분을 차지할 것이다. 원자의 구조가 깨진다면 물질이 어떻게 될 것인지 상상해보라. 물질이 대리석처럼 차곡차곡 쌓인 원자의 핵으로 구성되어 있다면 어떨까? 그러한 물질은 믿을 수 없을 정도로 밀집될 것이다. 고체 원자핵으로 이루어진 한 알의 모래는 질량이 500만 kg에 달한다. 천문학자들은 블랙홀과 중성자별이 이러한 종류의 믿을 수

▶ **그림 4.6 핵 원자.** 이 모형에서 원자의 질량은 양성자와 중성자를 포함하는 작고 밀집된 핵에 집중되어 있다. 핵 바깥쪽에 있는 전자의 수는 핵 안쪽에 있는 양성자의 수와 똑같다. 이 그림에서는 핵이 크게 확대되었고 전자가 구름으로 묘사되었다.

핵 모형: 원자의 부피는 대부분 빈 공간이다.

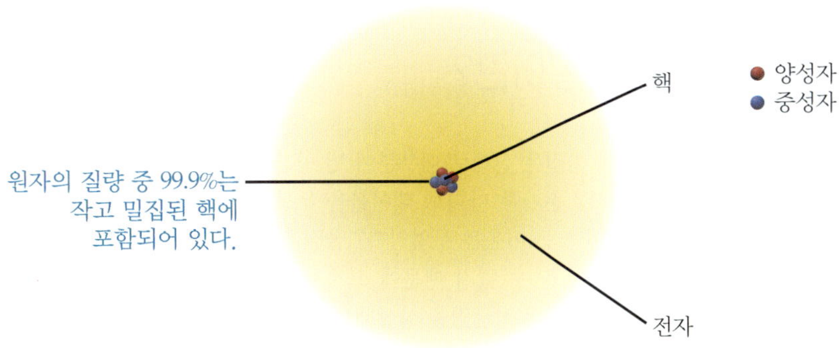

없을 정도로 밀집된 물질로 이루어져 있다고 믿는다.

확인문제 4.1

원자의 질량은 부피 내에서 어떻게 분포되어 있는가?

(a) 원자의 질량은 전체 부피에 균일하게 분포되어 있다.

(b) 원자의 질량은 원자 중심의 작은 부피에 집중되어 있다.

(c) 원자의 질량은 원자 가장자리의 얇은 껍질에 집중되어 있다.

4.4 양성자, 중성자, 전자의 성질

▶ 전자, 중성자, 양성자의 성질과 전하를 설명한다.

양성자와 중성자는 질량이 매우 비슷하다. SI 단위에서 양성자의 질량은 1.67262×10^{-27} kg이고, 중성자의 질량은 이와 비슷한 1.67493×10^{-27} kg이다. 그러나 이러한 질량을 나타내는 가장 흔한 단위는 6개의 양성자와 6개의 중성자를 가지고 있는 탄소 원자 질량의 1/12로 정의되는 **통일 원자 질량 단위**(unified atomic mass unit, u)이다. 이 단위로는 양성자의 질량이 1.0073 u이고 중성자의 질량이 1.0087 u이다. 반면에 전자는 거의 무시할 정도의 질량인 0.00091×10^{-27} kg 또는 약 0.00055 u이다.

양성자와 전자 둘 다 **전하**(charge)를 띤다. 양성자의 전하는 1+이고 전자의 전하는 1−이다. 양성자와 전자의 전하는 크기가 같지만 부호가 반대라서 두 입자가 쌍을 이루면 전하는 정확히 상쇄된다. 중성자는 전하를 띠지 않는다.

전하란 무엇인가? 질량이 물질의 기본적인 성질인 것처럼 전하는 양성자와 전자의 기본적인 성질이다. 대부분의 물질에는 양성자와 전자가 함께 존재하고 전하가 상쇄되기 때문에 중성 전하를 띤다. 그러나 건조한 날 머리카락을 빗을 때 과다한 전하를 경험해본 적이 있을 것이다. 빗질은 머리카락 위에 전하가 축적되게 하며, 축적된 전하는 서로 반발하여 머리카락을 세운다.

다음과 같이 전하의 성질을 요약할 수 있다(그림 4.7).

- 전하는 양성자와 전자의 기본적인 성질이다.
- 양전하와 음전하는 서로 끌어당긴다.
- 양전하-양전하와 음전하-음전하는 서로 반발한다.

▲ 만약 양성자가 야구공의 질량이라면 전자는 쌀 한 톨의 질량이라고 할 수 있다. 양성자는 전자보다 2,000배 정도 무겁다.

일상 속의 화학

고체 물질이란?

Rutherford가 제안했듯이 물질은 실제로 대부분이 빈 공간인데 왜 단단해 보이는 것일까? 손가락 마디로 테이블을 두드리면 단단한 것이 쿵쿵거리는 느낌이 드는 이유는 무엇일까? 물질은 밀도의 변화가 너무 작아서 육안으로 볼 수 없기 때문에 고체처럼 보인다. 100층 높이에 축구장만 한 크기의 정글짐을 상상해보라. 그것은 거의 대부분이 빈 공간이지만, 비행기에서 내려다보면 단단한 덩어리처럼 보일 것이다. 물질도 이와 비슷하다. 손가락 마디로 테이블을 두드리면 거대한 정글짐(손가락)이 다른 정글짐(테이블)에 부딪히는 것과 같다. 둘 다 본래 빈 공간임에도 불구하고 한쪽이 다른 쪽에 빠지지 않는다.

질문 정글짐 비유를 사용하여 Rutherford의 알파 입자 대부분이 금박을 통과한 이유, 몇 개는 튕겨 나온 이유를 설명하시오. 금박이 매우 얇았다는 것을 상기한다.

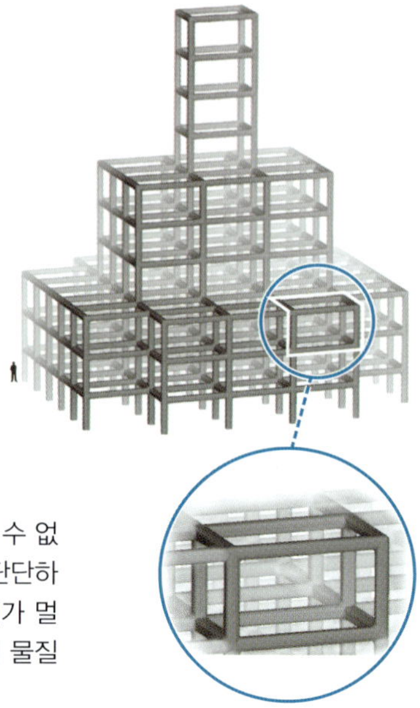

▶ 밀도의 변화가 우리 눈으로 볼 수 없을 정도로 작기 때문에 물질은 단단하고 균일하게 보인다. 이러한 비계가 멀리서 보면 단단해 보이는 것처럼 물질도 우리 눈에 단단해 보인다.

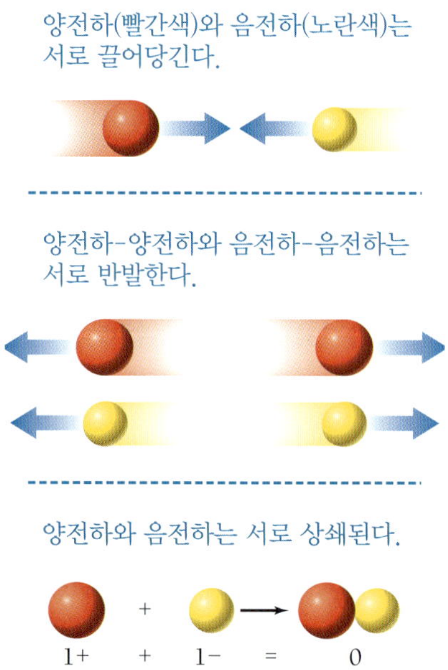

▲ 그림 4.7 **전하의 특성**

• 양전하와 음전하는 서로 상쇄되므로 양성자와 전자가 짝을 이룰 때 중성 전하를 띠게 된다.

양성자와 중성자의 상쇄 효과 때문에 물질이 보통 중성을 띤다는 것에 주목하라. 물질이 전하 불균형을 이룰 때 이러한 불균형은 보통 빠르게, 종종 극적인 방식으로 균등화된다. 예를 들어 건조한 날에 문손잡이를 만질 때 받는 충격은 카펫을 가로질러 걸을 때 발생된 전하 불균형의 균등화이다. 천둥은 전기 폭풍 중에 발생한 전하 불균형의 균등화 과정이다.

양성자만으로 또는 전자만으로 이루어진 어떤 물질, 즉 모래 알갱이와 같은 매우 작은 물질을 살펴보면 물질 주위의 힘이 대단하고 물질이 불안정해지는 것을 볼 수 있다. 다행스럽게도 그것은 물질이 존재하는 방식이 아니다. 양성자와 중성자는 서로의 전하를 상쇄시켜 물질을 중성으로 만들면서 함께 존재한다. 표 4.1에 양성자, 중성자, 전자의 성질은 요약했다.

▶ 물질은 보통 정확하게 상쇄되는 양전하와 음전하를 같은 수로 가지면서 중성 전하를 띤다. 전기 폭풍에서처럼 물질의 전하 균형이 교란될 때 종종 번개와 같은 극적인 방식으로 빠르게 재균형을 이룬다.

표 4.1 아원자 입자

	질량(kg)	질량(u)	전하
양성자	1.67262×10^{-27}	1.0073	1+
중성자	1.67493×10^{-27}	1.0087	0
전자	0.00091×10^{-27}	0.00055	1−

✔ 확인문제 4.2

질량이 12 u이고 전하가 중성인 원자의 조성은 어떠한가?

(a) 6개의 양성자, 6개의 전자

(b) 3개의 양성자, 3개의 중성자, 6개의 전자

(c) 6개의 양성자, 6개의 중성자, 6개의 전자

(d) 12개의 중성자, 12개의 전자

4.5 원소: 양성자 수로 정의

▸ 주기율표를 이용하여 원소의 원자 기호와 원자 번호를 결정한다.

우리는 원자가 양성자, 중성자, 전자로 구성되어 있다고 알고 있다. 그러나 어떤 원자가 특정 원소로 인식되게 하는 것은 핵에 있는 양성자의 수이다. 예를 들어 핵 속의 양성자가 2개인 원자는 헬륨 원자, 핵 속의 양성자가 13개인 원자는 알루미늄 원자, 핵 속의 양성자가 92개인 원자는 우라늄 원자이다. 어떤 원자의 핵에 있는 양성자의 수는 원소를 정의한다(그림 4.8). 모든 알루미늄 원자는 그 핵 속에 13개의 양성자가 있다. 양성자의 수가 다르면 그것은 다른 원소이다. 원자의 핵에 있는 양성자의 수는 **원자 번호**(atomic number)라고 하며, 기호 Z로 표시한다.

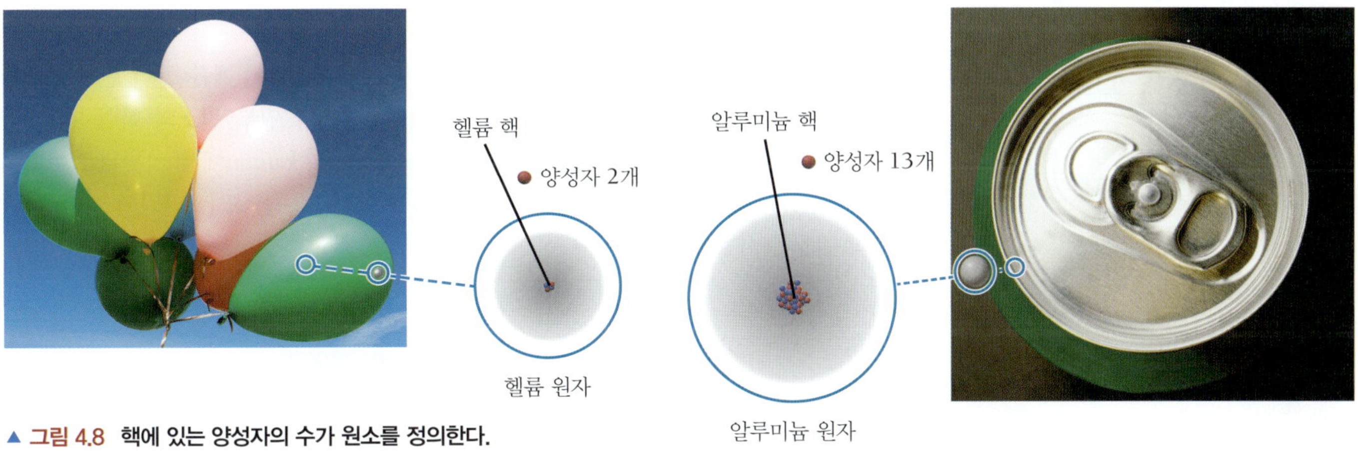

▲ **그림 4.8 핵에 있는 양성자의 수가 원소를 정의한다.**

원소의 주기율표(그림 4.9)에는 알려져 있는 모든 원소가 원자 번호로 나열되어 있다. 각 원소는 주기율표상의 원자 번호 바로 아래에 1개 또는 2개의 문자로 축약된 고유한 **화학 기호**(chemical symbol)로 나타낸다. 예를 들어 헬륨은 He, 알루미늄은 Al, 우라늄은 U이다. 화학 기호와 원자 번호는 항상 함께 주어진다. 원자 번호가 13이면 화학 기호는 Al이어야 한다. 원자 번호가 92라면 화학 기호는 반드시 U이다. 이것은 양성자 수가 원소를 정의한다고 말하는 것의 또 다른 방식이다.

✔ 확인문제 4.3

핵에 있는 양성자가 52개인 원소는 무엇인가?

(a) 크로뮴(Cr) (b) 텔루륨(Te) (c) 철(Fe)

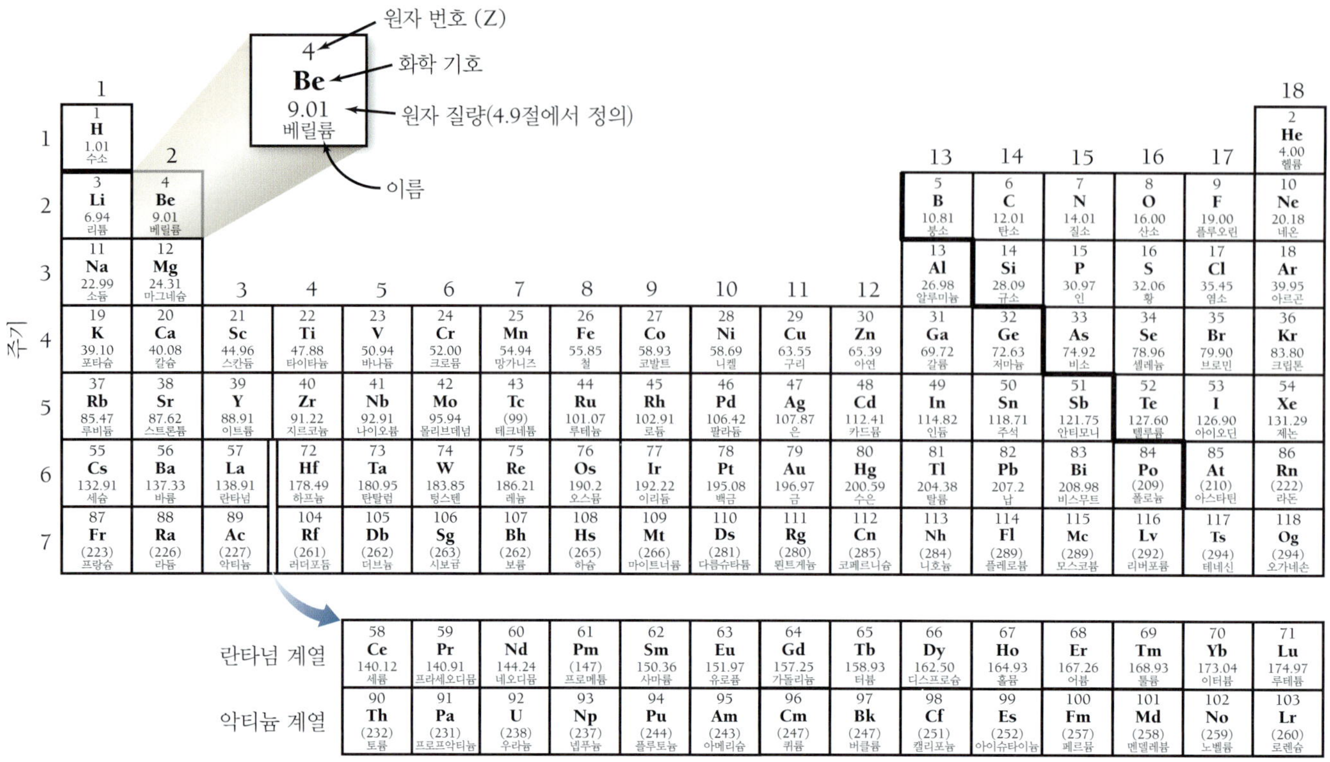

▲ **그림 4.9 원소의 주기율표**

대부분의 화학 기호는 원소의 영어 이름을 근거로 하고 있다. 예를 들어 탄소(carbon)는 C, 규소(silicon)는 Si, 브로민(bromine)은 Br이다. 그러나 일부 원소의 화학 기호는 라틴어 이름에서 비롯되었다. 예를 들어 포타슘(potassium)은 *kalium*에서 비롯된 K이고, 소듐(sodium)은 *natrium*에서 비롯된 Na이다. 그 밖에 그리스 이름 또는 라틴어 이름에서 비롯된 화학 기호를 사용하는 경우는 다음과 같다.

납	Pb	*plumbum*
수은	Hg	*hydrargyrum*
철	Fe	*ferrum*
은	Ag	*argentum*
주석	Sn	*stannum*
구리	Cu	*cuprum*

초기 과학자들은 새로 발견된 원소의 특성을 반영하도록 명명했다. 예를 들어 아르곤(argon)은 '비활성'을 의미하는 그리스어 *argos*에서 유래되었으며, 아르곤의 화학적 비활성(다른 원소와 반응하지 않음) 물질임을 나타낸다. '악취'를 뜻하는 그리스어 *bromos*가 어원인 브로민(bromine)은 브로민의 강한 냄새를 의미한다. 나라 이름을 따서 명명된 원소도 있다. 예를 들어 폴란드를 딴 폴로늄(polonium), 프랑스를 딴 프랑슘(francium), 아메리카합중국을 딴 아메리슘(americium)이 있다. 과학자 이름을 딴 원소도 있다. Marie Curie의 이름을 딴 퀴륨(curium), Dmitri Mendeleev의 이름을 딴 멘델레븀(mendelevium)이 그것이다. 모든 원소의 이름, 기호, 원자 번호는 주기율표에 정렬되어 있고(앞면지), 알파벳순으로도 정렬되어 있다(뒷면지).

▲ 브로민은 그리스어 *bromos*('악취'를 뜻함)에서 유래했다. 브로민 증기는 적갈색으로 보이며 강한 냄새가 난다.

96
Cm
(247)
Curium

▲ 퀴륨은 방사능을 발견하고 2개의 새로운 원소를 발견하는 데 기여한 화학자 Marie Curie(1867~1934)의 이름에서 유래했다. Curie는 이러한 업적을 인정받아 노벨상을 두 번이나 수상했다.

104
Rf
(261)
Rutherfordium

105
Db
(262)
Dubnium

▲ Jame Andrew Harris(1932~2000)는 러더퍼듐과 더브늄의 발견에 기여한 미국의 핵 화학자이다.

예제 4.1 원자 번호, 원자 기호, 원소 이름

다음 각 원소의 원자 기호와 원자 번호는 무엇인가?

(a) 규소 (b) 포타슘 (c) 금 (d) 안티모니(안티몬)

답

주기율표에 익숙해지면 원소의 위치를 빨리 찾을 수 있을 것이다. 처음에는 이 책 뒷면지의 알파벳순 목록에서 원소를 찾기가 더 쉬울 수도 있지만 주기율표의 원소 위치에 익숙해져야 한다.

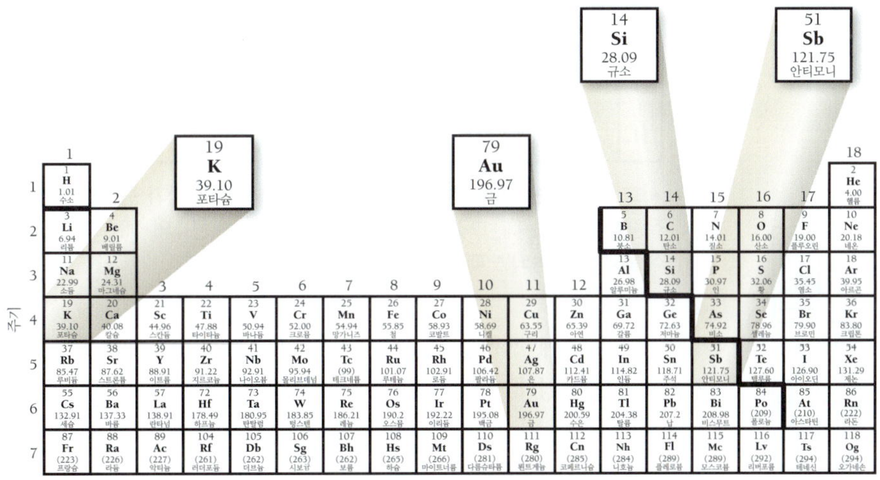

▶ **연습문제 4.1 | 원자 번호, 화학 기호, 원소 이름**

다음 각 원소의 이름과 원자 번호는 무엇인가?

(a) Na (b) Ni (c) P (d) Ta

▶ **심화 학습** 복습문제 41, 42, 45~50

4.6 주기율과 주기율표: 규칙성 찾기

▶ 원소를 분류하기 위해 주기율표를 사용한다.

주기율표의 기원은 19세기 러시아의 화학 교수인 Dmitri Mendeleev(1834~1907)의 연구이다. 그러나 독일의 화학자 Julius Lothar Meyer(1830~1895)는 비슷한 조직을 독립적으로 제안했다. Mendeleev 시대의 화학자들은 연구를 통해 약 65개의 원소와 그 상대적 질량, 화학적 활성, 일부 물리적 특성을 발견했다. 그러나 이를 체계적으로 정리할 방법이 없었다.

1869년에 Mendeleev는 특정 원소 그룹이 비슷한 특성을 가지고 있음을 발견했다. 그는 상대적 질량이 증가하는 순서대로 원소를 배열하면 비슷한 성질이 규칙적인 패턴으로 반복된다는 것을 알아냈다(그림 4.10). Mendeleev는 이러한 관찰을 **주기율**(periodic law)로 요약했다.

원소들이 상대적 질량의 증가 순으로 배열될 때 어떤 일련의 특성이 주기적으로 반복된다.

▲ 러시아의 화학 교수인 Dmitri Mendeleev는 주기율을 제안하고 주기율표의 초기 버전을 정리했다.

Mendeleev는 알려진 모든 원소를 상대적 질량이 왼쪽에서 오른쪽으로 증가되고, 비슷한 성질을 가진 원소들이 같은 세로 열에 배열되도록 하나의 표로 정리했다(그림 4.11). 많은 원소가 아직 발견되지 않았기 때문에 Mendeleev의 표에는 빈자리가 몇 군데 있는데, 이로써 아직 발견되지 않은 원소의 존재를 예측했다. 예를 들어 Mendeleev는 자신이 에카 규소(eka-silicon)라고 부르는 원소의 존재를 예측했는데, 그것은 표에서 규소 아래, 갈륨과 비소 사이에 위치했다. 독일의 화학자 Clemens Winkler(1838~1904)가 에카 규소를 발견했고, Mendeleev가 기대했던 것과 거의 비슷한 성질이라는 것을 밝혀냈다. Winkler는 모국의 이름을 따서 그 원소를 저마늄(germanium)이라고 명명했다.

주기적이란 '규칙적으로 반복되는 것'을 의미한다.

원소가 상대적 질량의 증가 순으로 배열될 때 일련의 특성이 주기적으로 순환한다.

1 H	2 He	3 Li	4 Be	5 B	6 C	7 N	8 O	9 F	10 Ne	11 Na	12 Mg	13 Al	14 Si	15 P	16 S	17 Cl	18 Ar	19 K	20 Ca

▲ **그림 4.10 반복되는 성질.** 이 원소들은 원자 번호의 증가 순서로 배열되었다(Mendeleev는 상대적 질량을 사용했는데, 그것은 원자 번호와 비슷하다). 원소의 색은 그 특성을 나타낸다. 이러한 원소의 성질(색)이 반복되는 패턴을 형성한다는 것에 주의하라.

1 H							2 He
3 Li	4 Be	5 B	6 C	7 N	8 O	9 F	10 Ne
11 Na	12 Mg	13 Al	14 Si	15 P	16 S	17 Cl	18 Ar
19 K	20 Ca						

비슷한 성질을 가진 원소들이 세로 열에 배열되었다.

▲ **그림 4.11 주기율표 만들기.** 그림 4.10의 원소들을 하나의 표에 배치한다면 성질이 비슷한 원소들을 같은 세로 열에 배열할 수 있다. 이것은 Mendeleev의 초기 주기율표와 비슷하다.

Mendeleev에 기원을 둔 표는 오늘날의 **주기율표**(periodic table)로 발전했다. 현대의 주기율표에서는 상대 질량의 증가 대신에 원자 번호의 증가 순으로 정렬되었다. Mendeleev 시대 이후에 더 많은 원소가 발견되었기 때문에 현대의 주기율표에는 원래의 주기율표보다 더 많은 원소가 포함되어 있다.

Mendeleev의 주기율은 관찰을 기반으로 한 것이었다. 모든 과학 법칙처럼 주기율은 많은 관찰을 요약한 것이지만, 그러한 관찰의 근거가 되는 이유를 알려주지는 못한다. 이론만이 그럴 수 있다. 지금은 주기율표를 있는 그대로 받아들이고 있으나, 9장에서는 법칙을 설명하고 그에 대한 근본적인 이유를 제시하는 강력한 이론을 검토할 것이다.

주기율표에 있는 원소는 크게 금속, 비금속, 준금속으로 분류할 수 있다(그림 4.12). **금속**(metal)은 주기율표 왼쪽에 위치하며 비슷한 성질을 가지고 있다. 금속은 열과 전기의 좋은 전도체이다. 금속은 망치로 치면 평평한 판이 될 수 있다(전성). 금속은 철사로 늘릴 수 있다

주기율표의 주요 분류

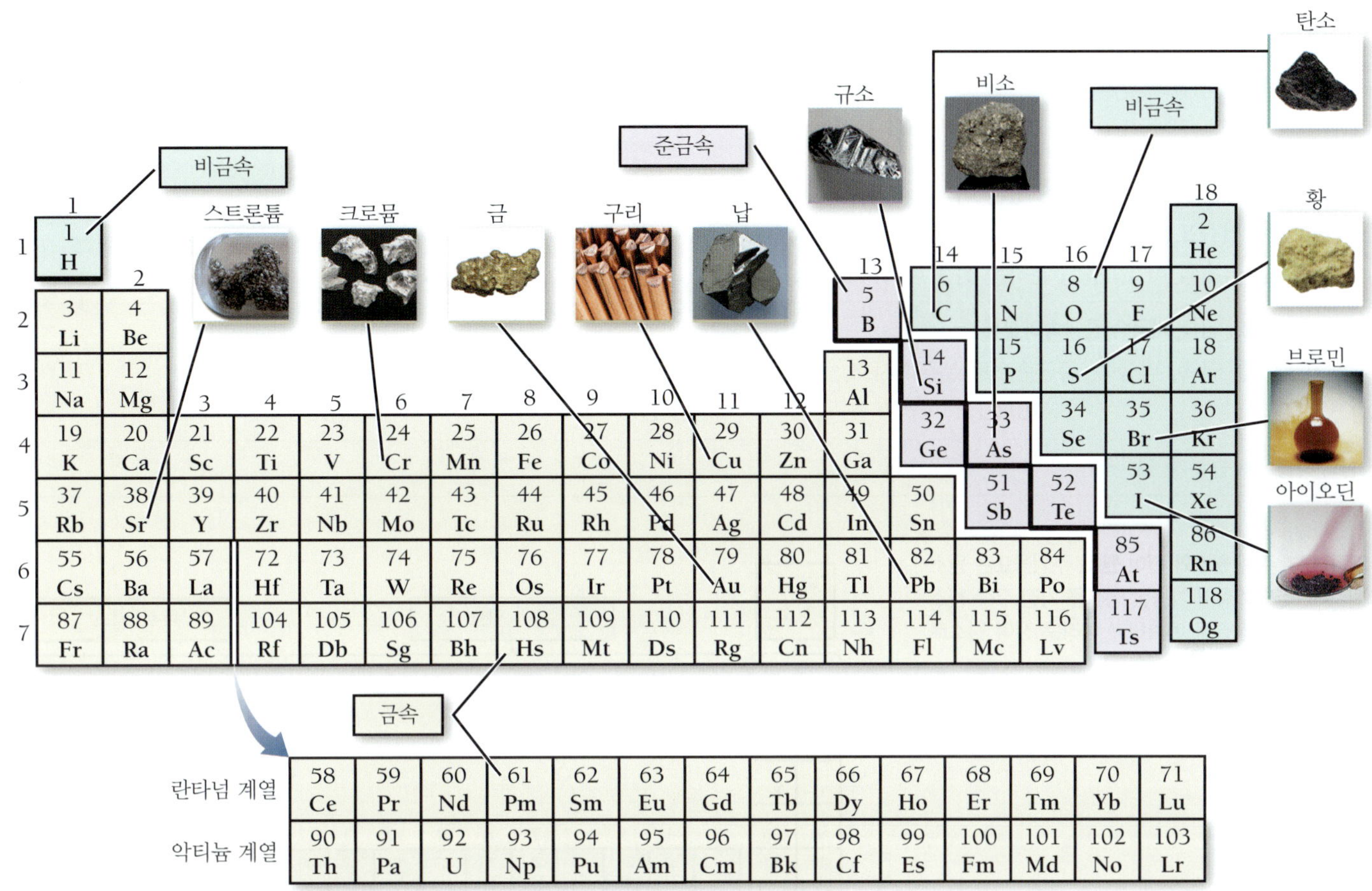

▲ **그림 4.12 금속, 비금속, 준금속.** 주기율표의 원소는 크게 금속, 비금속, 준금속으로 분류된다.

▲ 규소는 컴퓨터와 전자 산업에서 널리 사용되는 준금속이다.

(연성). 금속은 광택이 있고, 화학 변화가 일어날 때 전자를 잃는 경향이 있다. 금속의 대표적인 예는 철, 마그네슘, 크로뮴, 소듐이다.

비금속(nonmetal)은 주기율표의 오른쪽 위에 위치한다. 금속과 비금속을 구분하는 선은 그림 4.12에서 붕소부터 아스타틴까지의 갈지자형 대각선이다. 비금속은 더욱 다양한 성질을 가지고 있다. 어떤 것은 실온에서 고체이고 어떤 것은 기체이다. 그러나 대체로 비금속은 열과 전기의 부도체이고, 화학 반응 시 전자를 얻는 경향이 있다. 비금속의 대표적인 예로는 산소, 질소, 염소, 아이오딘을 들 수 있다.

금속과 비금속을 나누는 갈지자형의 대각선을 따라 놓여 있는 원소 대부분은 **준금속**(metalloid) 또는 반금속이라고 불리며, 혼합된 성질을 가지고 있다.

준금속은 중간 전기 전도성 때문에 **반도체**(semiconductor)라고도 하며, 그 성질이 변화되고 조절될 수 있다. 이러한 성질 덕분에 반도체는 컴퓨터, 휴대폰 등 수많은 전자 장치에 이용되고 있다. 준금속의 대표적인 예는 규소, 비소, 저마늄이다.

또한 주기율표에서의 위치에 따라 속성을 더 예측할 수 있는 **주족 원소**(main-group element)와 단순히 위치에 따라 속성을 예측하기 어려운 **전이 원소**(transition element) 또는 **전이 금속**(transition metal)으로 크게 나눌 수도 있다(그림 4.13). 이 책에서는 주기율표의 열에 표시하는 데 1부터 18까지의 숫자를 사용했다.

예제 4.2 금속, 비금속, 준금속의 분류

다음 각 원소를 금속, 비금속, 준금속으로 분류하시오.

(a) Ba (b) I (c) O (d) Te

답

(a) 바륨은 주기율표 왼쪽에 있는 금속이다.

(b) 아이오딘은 주기율표 오른쪽에 있는 비금속이다.

(c) 산소는 주기율표 오른쪽에 있는 비금속이다.

(d) 텔루륨은 금속과 비금속을 구분하는 선을 따라서 주기율표의 중간 오른쪽 부분에 있는 준금속이다.

▶ **연습문제 4.2 | 금속, 비금속, 준금속의 분류**

다음 각 원소를 금속, 비금속, 준금속으로 분류하시오.

(a) S (b) Cl (c) Ti (d) Sb

▶ **심화 학습** 복습문제 51~56

▶ **그림 4.13 주족 원소와 전이 원소.** 주기율표는 원소의 위치에 따라 예측이 가능한 성질을 가진 주족 원소와 위치에 따라 성질을 예측하기 어려운 전이 원소로 크게 나눌 수 있다.

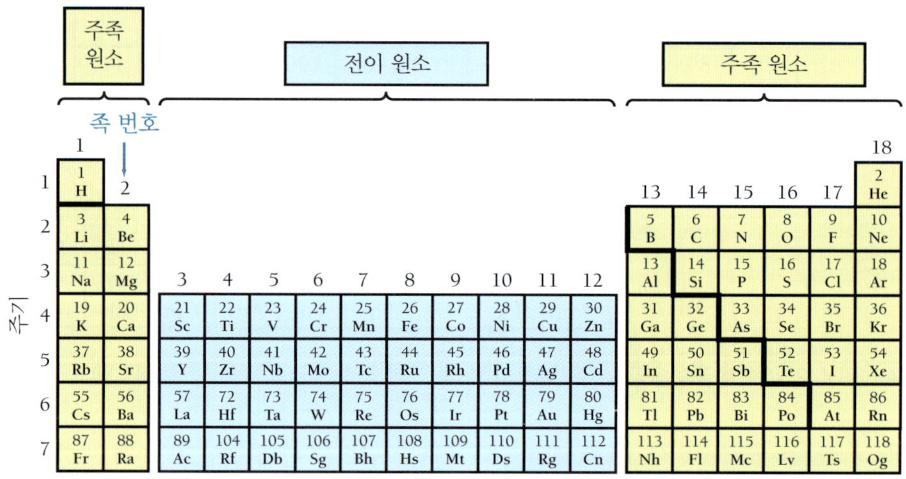

✔ 확인문제 4.4

다음 중 주족 원소 금속에 해당하는 원소는 무엇인가?

(a) O (b) Ag (c) P (d) Pb

주기율표에서 주족 원소 내의 각 열은 원소의 **족**(family) 또는 **그룹**(group)이라고 부른다. 같은 족 내의 원소는 보통 비슷한 성질을 가지고 있다.

비활성 기체는 다른 원소에 비해 활성을 띠지 않는다(반응성이 없다). 그러나 일부 비활성 기체, 특히 더 무거운 것들은 특정한 조건에서 다른 원소와 제한된 수의 화합물을 만들 수 있다.

- **비활성 기체**(noble gas)라고 일컫는 18족 원소는 화학적으로 비활성 기체이다. 가장 친숙한 비활성 기체는 풍선을 띄우는 데 사용하는 헬륨일 것이다. 다른 비활성 기체와 마찬가지로 헬륨은 화학적으로 안정하다. 헬륨은 다른 원소와 화합물을 형성하지 않으므로 풍선 속에 넣어도 안전하다. 또 다른 비활성 기체로는 종종 네온사인에 사용되는 네온, 대기 중에서 적은 비율(%)을 차지하는 아르곤 그리고 크립톤과 제논이 있다.
- 1족 원소는 **알칼리 금속**(alkali metal)이라고 하는데, 이는 모두 반응성이 큰 금속이다. 공깃돌 크기의 소듐 조각이 물에 떨어지면 강렬하게 폭발한다. 리튬, 포타슘, 루비듐도

비활성 기체

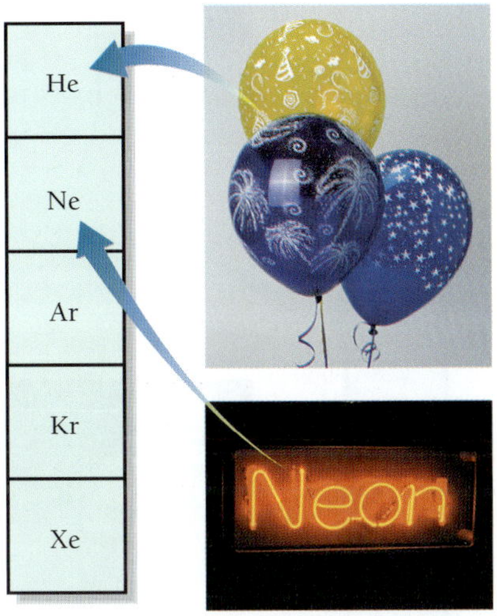

▲ 풍선에 쓰이는 헬륨, 네온사인에 쓰이는 네온, 아르곤, 크립톤, 제논 등은 비활성 기체이다.

알칼리 금속

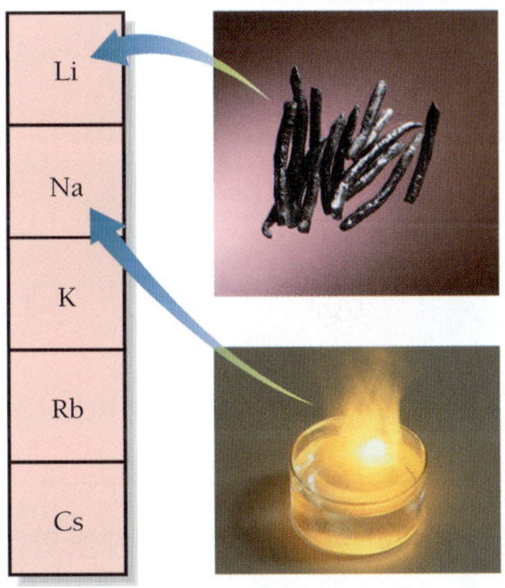

▲ 리튬, 소듐(물과 반응하는 두 번째 사진), 포타슘, 루비듐, 세슘 등은 알칼리 금속이다.

알칼리 금속이다.

- **알칼리 토금속**(alkaline earth metal)이라고 일컫는 2족 원소는 알칼리 금속보다는 반응성이 덜하지만 꽤 반응성이 있다. 예를 들어 칼슘은 물에 떨어뜨리면 활발하게 반응하나 소듐처럼 쉽게 폭발하지는 않는다. 보통 낮은 밀도 구조의 금속인 마그네슘, 스트론튬 그리고 바륨도 알칼리 토금속이다.
- **할로젠**(halogen)이라고 일컫는 17족 원소는 반응성이 큰 비금속이다. 가장 친숙한 할로젠은 자극성 냄새를 띤 황록색 기체인 염소이다. 이러한 반응성 때문에 염소는 세균 및 기타 미생물과 반응하여 죽이는 살균제와 소독제로 사용되곤 한다. 쉽게 기체로 증발하는 적갈색 액체인 브로민, 보라색 고체인 아이오딘, 연한 황색 기체인 플루오린도 할로젠에 포함된다.

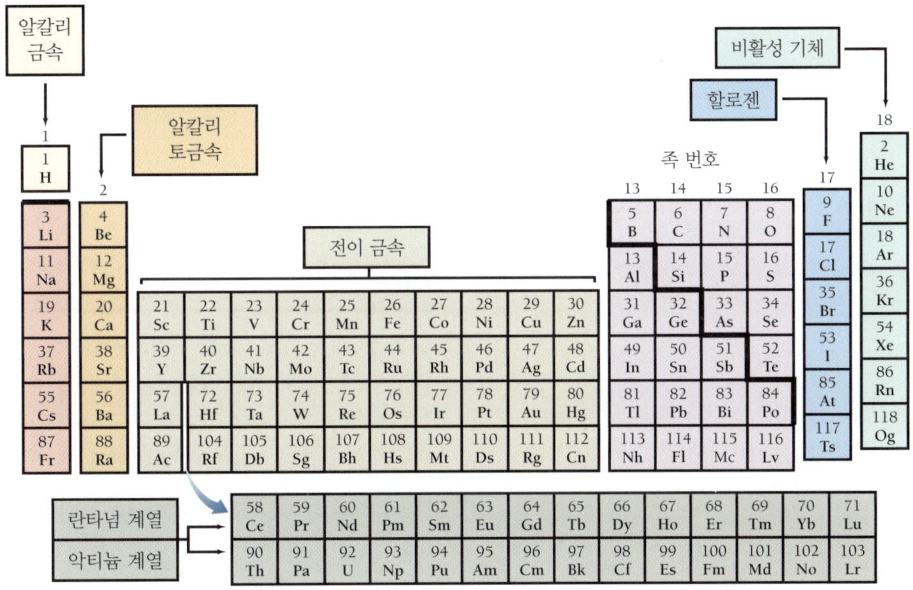

▲ 1, 2, 17, 18족이 강조된 주기율표

예제 4.3 원소의 그룹 또는 족

다음 각 원소는 어떤 그룹 또는 족에 속하는가?

(a) Mg (b) N (C) K (d) Br

답

(a) Mg은 2족에 속하는 알칼리 토금속이다.
(b) N은 15족에 속한다.
(c) K은 1족에 속하는 알칼리 금속이다.
(d) Br은 17족에 속하는 할로젠이다.

▸ **연습문제 4.3 | 원소의 그룹 또는 족**

다음 각 원소는 어떤 그룹 또는 족에 속하는가?

(a) Li (b) B (c) I (d) Ar

▸ **심화 학습** 복습문제 59~66

▶ 베릴륨, 마그네슘(연소하는 사진), 칼슘(물과 반응하는 사진), 스트론튬, 바륨 등은 알칼리 토금속이다.

알칼리 토금속

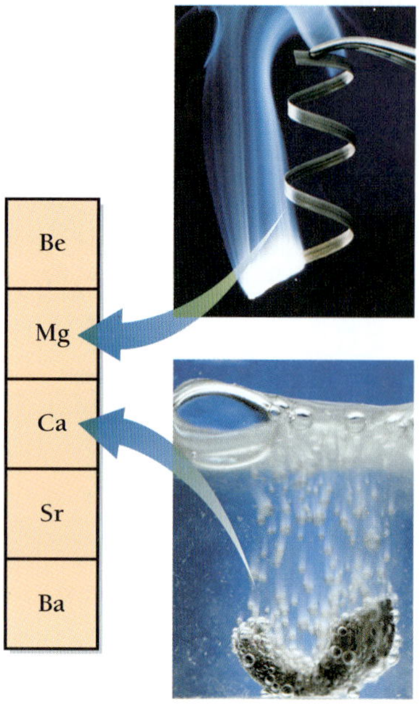

▶ 플루오린, 염소, 브로민, 아이오딘, 아스타틴 등은 할로젠이다.

할로젠

✔ 확인문제 4.5

다음 설명 중 옳지 않은 것은 무엇인가?

(a) 어떤 원소는 전이 원소이면서 금속이 될 수 있다.

(b) 어떤 원소는 전이 원소이면서 준금속이 될 수 있다.

(c) 어떤 원소는 준금속이면서 할로젠이 될 수 있다.

(d) 어떤 원소는 주족 원소이면서 할로젠이 될 수 있다.

4.7 이온: 전자를 잃거나 얻기

▶ 양성자 수와 전자 수로부터 이온의 전하를 구한다.
▶ 이온의 양성자 수와 전자 수를 구한다.

화학 반응에서 원자는 종종 전자를 잃거나 얻어서 **이온**(ion)이라는, 전하를 띤 입자를 만든다. 예를 들어 중성 리튬(Li) 원자는 3개의 양성자와 3개의 전자를 가지고 있다. 그러나 반응 중에 리튬 원자는 전자 1개를 잃고 리튬 이온(Li^+)이 된다.

$$\mathrm{Li} \longrightarrow \mathrm{Li^+} + \mathrm{e^-}$$

이온의 전하는 원자 기호의 오른쪽 위에 표시된다.

리튬 이온은 3개의 양성자를 포함하지만 전자 2개를 가지고 있어서 알짜 전하가 1+이다. 보통 이온 전하는 뒤에 전하의 부호가 따라오는 전하의 크기로 표시된다. 예를 들어 양전하 2개는 2+로 쓰고, 음전하 2개는 2−로 쓴다. 이온 전하는 얼마나 많은 전자를 얻거나 잃느냐에 의존하며, 다음 식과 같이 주어진다.

$$\text{이온 전하} = \text{양성자 수} - \text{전자 수} = \#\mathrm{p^+} - \#\mathrm{e^-}$$

여기서 p^+는 양성자를 뜻하고 e^-는 전자를 뜻한다.

3개의 양성자와 2개의 전자를 가진 리튬 이온의 경우 전하는 다음과 같다.

$$\text{이온 전하} = 3 - 2 = 1+$$

중성 플루오린(F) 원자는 9개의 양성자와 9개의 전자를 포함하고 있다. 그러나 화학 반응에서 전자 1개를 얻어 플루오린 이온(F^-)이 된다.

$$F + e^- \longrightarrow F^-$$

플루오린 이온은 9개의 양성자와 10개의 전자를 가지고 있어 전하가 1−이다.

$$\text{이온 전하} = 9 - 10 = 1-$$

리튬 이온(Li^+)과 같이 양전하를 띤 이온은 **양이온**(cation)이라고 하며, 플루오린 이온(F^-)과 같이 음전하를 띤 이온은 **음이온**(anion)이라고 한다. 이온은 형성된 원자와 매우 다르게 행동한다. 예를 들어 중성 소듐 원자는 반응성이 매우 커서, 접촉하는 대부분의 물질과 격렬하게 반응한다. 반면에 소듐 양이온(Na^+)은 상대적으로 비활성이며, 우리는 염화 소듐(식용 소금)의 형태로 그것을 먹는다. 자연 상태에서 양이온과 음이온은 항상 함께 있어서 물질은 중성 전하가 된다. 예를 들어 식용 소금에 있는 소듐 양이온은 염화 음이온(Cl^-)과 함께 존재한다.

✔ 확인문제 4.6

산소가 전자 2개를 받아서 형성된 이온의 기호는 무엇인가?

$$O + 2e^- \longrightarrow \_\_\_\_$$

(a) O^{2-} (b) O^{2+} (c) O_{2-}

예제 4.4 양성자 수와 전자 수에 따른 이온 전하

다음 각 이온의 전하를 구하시오.

(a) 전자 수가 10개인 마그네슘 이온
(b) 전자 수가 18개인 황 이온
(c) 전자 수가 23개인 철 이온

답

각 이온의 전하를 구하려면 이온 전하 식을 사용한다.

$$\text{이온 전하} = \text{양성자 수} - \text{전자 수} = \#p^+ - \#e^-$$

전자 수는 주어졌고, 양성자 수는 주기율표에 있는 원소의 원자 번호에서 얻을 수 있다.

(a) 원자 번호가 12인 마그네슘: 이온 전하 = 12 − 10 = 2 + (Mg^{2+})
(b) 원자 번호가 16인 황: 이온 전하 = 16 − 18 = 2 − (S^{2-})
(c) 원자 번호가 26인 철: 이온 전하 26 − 23 = 3 + (Fe^{3+})

▶ 연습문제 4.4 | 양성자 수와 전자 수에 따른 이온 전하

다음 각 이온의 전하를 구하시오.
(a) 전자 수가 26개인 니켈 이온
(b) 전자 수가 36개인 브로민 이온
(c) 전자 수가 18개인 인 이온

▶ 심화 학습 예제 4.10/복습문제 77, 78

예제 4.5	이온의 양성자 수와 전자 수
칼슘 이온(Ca^{2+})의 양성자 수와 전자 수를 구하시오.	
주기율표에서 칼슘의 원자 번호는 20이므로 양성자가 20개이다. 전자 수는 이온 전하 식을 사용하여 구할 수 있다.	**답** 이온 전하 $= \#p^+ - \#e^-$ $2+ = 20 - \#e^-$ $\#e^- = 20 - 2 = 18$ 그러므로 전자는 18개이다. 칼슘 이온(Ca^{2+})의 양성자는 20개이고 전자는 18개이다.
▶ **연습문제 4.5 | 이온의 양성자 수와 전자 수** 황 이온(S^{2-})의 양성자 수와 전자 수를 구하시오.	
▶ **심화 학습** 예제 4.11/복습문제 79~82	

이온과 주기율표

주기율표를 사용하여 주족 원소가 얼마나 많은 전자를 잃거나 얻는지 예측할 수 있다. 주기율표에 있는 각 **주족** 열 위의 수(1, 2, 13~18)는 그 열에 있는 원소의 **원자가 전자**(valence electron) 수를 뜻한다. 9장에서 원자가 전자의 개념을 자세히 다룰 테지만, 지금은 원자의 가장 바깥쪽 전자라고 알아두자. 예를 들어 산소는 16열에 있으므로 산소가 6개의 원자가 전자를 가진다는 것을 알 수 있다. 마그네슘은 2열에 있으므로 2개의 원자가 전자를 가진다. 10장에서 설명하겠지만, 원자가 전자는 화학 결합에 참여하는 전자라 특히 중요하다.

특정 금속 또는 비금속이 이온화될 때 그로 인해 얻는 전하를 예측하는 열쇠는 다음과 같다.

> 주족 원소는 가장 가까이에 있는 비활성 기체와 같은 수의 원자가 전자를 가진 이온을 형성하려는 경향이 있다.

예를 들어 산소에 가장 가까운 비활성 기체는 네온이다. 산소가 이온화될 때는 총 8개의 원자가 전자(네온과 같음)가 되고자 2개의 부가적인 전자를 **얻는다**. 가장 가까운 비활성 기체를 구하려면 주기율표에서 앞으로 또는 뒤로 이동할 수 있다. 예를 들어 마그네슘(원자 번호 12)에 가장 가까운 비활성 기체는 네온(원자 번호 10)이다. 그러므로 마그네슘은 2개의 원자가 전자를 **잃고** 네온과 같은 원자가 전자의 수에 도달한다.

이러한 원리에 따라 알칼리 금속(1족)은 전자 1개를 잃고 1+ 이온을 형성하려는 경향이 있는 반면, 알칼리 토금속(2족)은 전자 2개를 잃고 2+ 이온이 되려는 경향이 있다. 또한 할로젠 원소(17족)는 전자 1개를 얻어 1− 이온이 되려는 경향이 있다. 그림 4.14는 주기율표에서 예측 가능한 이온을 형성하는 족을 보여준다. 9장에서는 이러한 족이 이온을 형성하는 것에 관한 이론을 자세히 설명할 것이다.

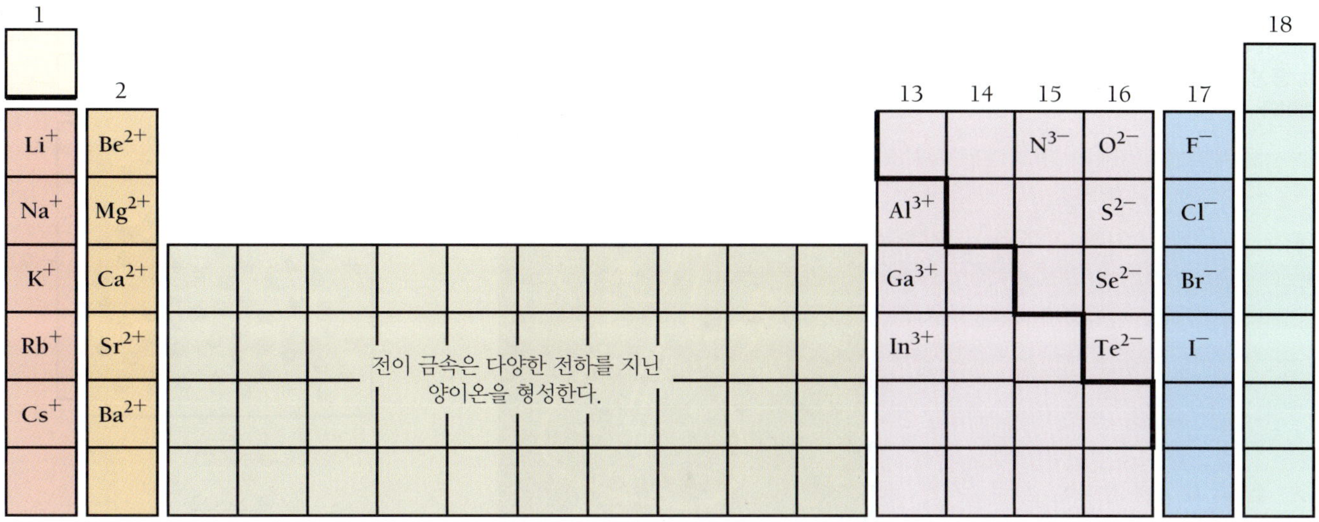

▲ **그림 4.14 예측 가능한 이온을 형성하는 원소**

예제 4.6 주기율표에서의 위치에 따른 이온의 전하

주기율표에서의 위치에 따라 바륨과 아이오딘은 어떤 이온을 형성하는 경향이 있는가?

답

바륨은 2족이므로 2+ 전하의 양이온(Ba^{2+})을 형성하려는 경향이 있고, 아이오딘은 17족이므로 1− 전하의 음이온(I^-)을 형성하려는 경향이 있다.

▶ **연습문제 4.6 | 주기율표에서의 위치에 따른 이온의 전하**

주기율표에서의 위치에 따라 포타슘과 셀레늄은 어떤 이온을 형성하는 경향이 있는가?

▶ **심화 학습** 복습문제 83, 84

✔ 확인문제 4.7

다음 이온쌍 중 전자의 수가 같은 것은 무엇인가?

(a) Na^+와 Mg^{2+} (b) F^-와 Cl^-
(c) O^-와 O^{2-} (d) Ga^{3+}와 Fe^{3+}

4.8 동위원소: 중성자 수가 변할 때

- ▶ 동위원소의 원자 번호, 질량수, 동위원소 기호를 구한다.
- ▶ 동위원소 기호를 통해 양성자 수와 중성자 수를 구한다.

주어진 원소의 모든 원자는 같은 수의 양성자를 가지고 있다. 그러나 반드시 같은 수의 중성자를 가지는 것은 아니다. 중성자와 양성자의 질량이 거의 같기(약 1 u) 때문에 John Dalton이 원자론에서 원래 주장했던 것과는 반대로, 주어진 특정 원소의 원자에 포함된 중성자 수가 다양할 수 있으므로 모든 원자의 질량이 같은 것은 아님을 뜻한다. 예를 들어 자연계에 있는 모든 네온 원자는 10개의 양성자를 포함하지만 10~12개의 중성자를 가질 수 있다(그림 4.15). 네온 원자는 세 가지 형태로 존재하며 각각은 질량이 조금씩 다르다. 양성자 수는 같으나 중성자 수가 다른 원자를 **동위원소**(isotope)라고 부른다. 베릴륨(Be), 알루미늄(Al)과 같은 몇몇 원소는 자연적으로 존재하는 단 한 가지의 동위원소를 가지고 있지만 네온(Ne),

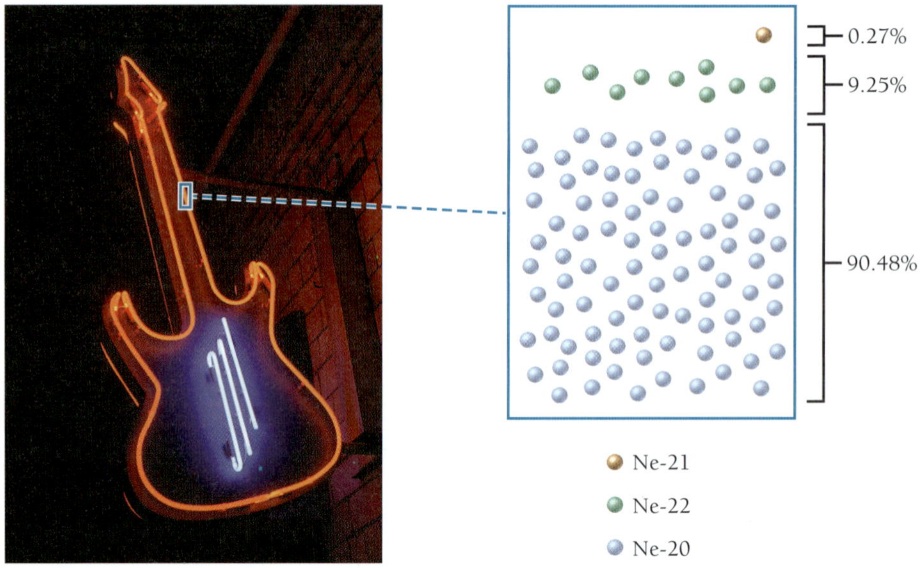

▶ **그림 4.15 네온의 동위원소.** 자연적으로 존재하는 네온의 동위원소는 세 가지(중성자가 10개인 Ne-20, 중성자가 11개인 Ne-21, 중성자가 12개인 Ne-22)이다.

표 4.2 네온 동위원소

기호	양성자 수	중성자 수	질량수	백분율 자연 존재비
Ne-20 또는 $^{20}_{10}\text{Ne}$	10	10	20	90.48%
Ne-21 또는 $^{21}_{10}\text{Ne}$	10	11	21	0.27%
Ne-22 또는 $^{22}_{10}\text{Ne}$	10	12	22	9.25%

염소(Cl) 등의 원소는 2개 이상의 동위원소를 가지고 있다.

최근 연구에 따르면 일부 원소의 경우 서로 다른 동위원소의 상대적인 양이 그 시료의 이력에 따라 다양하게 나타난다. 그러나 이러한 다양성은 일반적으로 작으며 이 책의 범위를 벗어난다.

주어진 원소의 경우, 자연적으로 존재하는 해당 원소의 시료에서 서로 다른 각 동위원소의 상대적인 양은 항상 같다. 예를 들어 표 4.2에 요약했듯이 자연적인 네온 원자 중 90.48%는 10개의 중성자를 가진 동위원소이고, 0.27%는 11개의 중성자를 가진 동위원소이며, 9.25%는 12개의 중성자를 가진 동위원소이다. 이는 1만 개의 네온 원자 중에서 9,048개는 10개의 중성자를 가지고 있고, 27개는 11개의 중성자를 가지고 있으며, 925개는 12개의 중성자를 가지고 있음을 뜻한다. 이러한 비율을 동위원소의 **백분율 자연 존재비**(percent natural abundance)라고 한다. 언급한 숫자는 네온에 대한 것이며, 모든 원소는 자신만의 독특한 동위원소 백분율 자연 존재비를 가진다.

백분율은 '100개당'을 의미한다. 90.48%는 100개의 원자 중 90.48개가 10개의 중성자를 가진 동위원소라는 의미이다.

원자의 중성자 수와 양성자 수를 합한 것을 **질량수**(mass number)라고 하며, 기호 **A**로 나타낸다.

$$A = \text{양성자의 수} + \text{중성자의 수}$$

10개의 양성자를 가진 네온의 경우, 자연적으로 존재하는 세 가지 동위원소의 질량수는 각각 10, 11, 12개의 중성자에 해당하는 동위원소에 대해 각각 20, 21, 22이다.

동위원소는 종종 다음과 같은 방식으로 기호화된다.

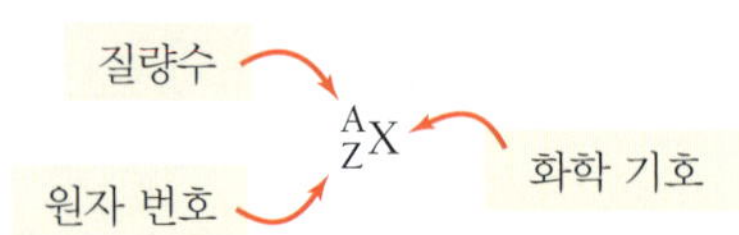

여기서 X는 화학 기호, A는 질량수, Z는 원자 번호이다.

예를 들어 네온 동위원소의 기호는 다음과 같다.

$$^{20}_{10}\text{Ne} \quad ^{21}_{10}\text{Ne} \quad ^{22}_{10}\text{Ne}$$

화학 기호 Ne와 원자 번호 10이 반복된다는 것에 유의하라. 원자 번호가 10이면 기호가 Ne이어야 하며, 그 반대의 경우도 마찬가지이다. 그러나 각 동위원소에서 다른 중성자 수를 반영하는 질량수는 다르다.

두 번째로 자주 사용되는 동위원소 표기법은 하이픈과 동위원소의 질량수를 뒤에 표시하는 화학 기호(또는 화학적 이름)이다.

이 표기법으로는 네온 동위원소를 다음과 같이 나타낼 수 있다.

Ne-20 네온-20
Ne-21 네온-21
Ne-22 네온-22

일반적으로 질량수는 원자 번호가 증가함에 따라 증가한다.

주어진 원소의 모든 동위원소는 같은 수의 양성자를 가지고 있다(만약 그렇지 않으면 다른 원소이다). 또한 질량수는 양성자 수와 중성자 수의 합이라는 사실에 주목하라. 동위원소의 중성자 수는 질량수와 원자 번호의 차이에 해당한다.

✔ 확인문제 4.8

탄소의 자연 발생 동위원소는 $^{12}_{6}\text{C}$와 $^{13}_{6}\text{C}$이다. 원으로 양성자를 나타내고 네모로 중성자를 나타낼 때, 다음 중 가벼운 동위원소의 핵을 가장 잘 나타낸 것은 무엇인가?

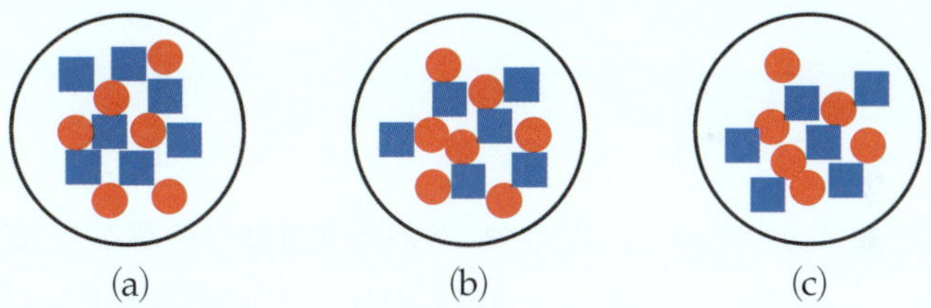

예제 4.7 원자 번호, 질량수, 동위원소 기호

7개의 중성자를 가진 탄소 동위원소의 원자 번호(Z), 질량수(A), 기호는 무엇인가?

답

주기율표를 보면 탄소의 원자 번호(Z)가 6이고 6개의 양성자를 가지고 있음을 알 수 있다. 7개의 중성자를 가진 동위원소의 질량수(A)는 양성자 수와 중성자 수의 합이다.

$$A = 6 + 7 = 13$$

그러므로 Z = 6, A = 13이고, 동위원소 기호는 C-13와 $^{13}_{6}\text{C}$이다.

▸ **연습문제 4.7 | 원자 번호, 질량수, 동위원소 기호**

18개의 중성자를 가진 염소 동위원소의 원자 번호(Z), 질량수(A), 기호는 무엇인가?

▸ **심화 학습** 예제 4.12/복습문제 89, 91, 95, 96

예제 4.8 동위원소 기호로 알 수 있는 양성자 수와 중성자 수

크로뮴 동위원소 $^{52}_{24}Cr$의 양성자와 중성자는 몇 개인가?

	답
양성자 수는 Z(왼쪽 아래 숫자)이다.	$\# p^+ = Z = 24$
중성자 수는 A(왼쪽 위 숫자) − Z(왼쪽 아래 숫자)와 같다.	$\# n = A - Z$ $= 52 - 24$ $= 28$

▸ **연습문제 4.8 | 동위원소 기호로 알 수 있는 양성자 수와 중성자 수**

포타슘 동위원소 $^{39}_{19}K$의 양성자와 중성자는 몇 개인가?

▸ **심화 학습** 예제 4.13/복습문제 97, 98

확인문제 4.9

질량수가 27개인 원자가 14개의 중성자를 가지고 있다면 이는 어떤 원소인가?

(a) 규소 (b) 알루미늄 (c) 코발트 (d) 니오븀

확인문제 4.10

이 책에서는 원자를 구형으로 나타낸다. 예를 들어 탄소 원자는 다음과 같이 검은색 구형으로 표현된다. 원자의 핵 이론 관점에서 C-12와 C-13은 이러한 원자의 표현상 차이가 있어 보이겠는가?

탄소

(a) 그렇다. 구형이 다른 크기일 것이다.
(b) 아니다. 구형이 같은 크기일 것이다.

4.9 원자 질량: 원소 원자의 평균 질량

▸ 백분율 자연 존재비와 동위원소 질량을 이용하여 원자 질량을 계산한다.

어떤 책에서는 원자 질량 대신 평균 원자 질량(average atomic mass) 또는 **원자량**(atomic weight)이라는 용어를 사용한다.

Dalton의 원자론에서 중요한 부분은 주어진 원소의 모든 원자가 같은 질량이라는 것이다. 그러나 우리는 동위원소 때문에 주어진 원소의 원자들이 질량이 다를 수 있음을 배웠고, 따라서 Dalton이 완전히 옳은 것은 아니다. 하지만 우리는 각 원자의 평균 질량, 즉 **원자 질량**(**원자량**, atomic mass)을 계산할 수 있다. 각 원소의 원자 질량은 주기율표의 원소 기호 바로 아래에 표시되어 있으며, 이는 원소를 구성하는 원자의 평균 질량을 나타낸다. 예를 들어 주기율표에 표시된 염소의 원자 질량은 35.45 u이다. 자연적으로 존재하는 염소는 75.77%의 염소-35(질량 34.97 u)와 24.23%의 염소-37(질량 36.97 u)로 되어 있으며, 원자 질량은 다음과 같다.

$$\text{원자 질량} = (0.7577 \times 34.97\ u) + (0.2423 \times 36.97\ u)$$
$$= 35.45\ u$$

환경 속의 화학

워싱턴 핸퍼드의 방사성 동위원소

주어진 원소의 동위원소의 핵이 모두 똑같이 안정적인 것은 아니다. 예를 들어 자연계의 납은 원래 Pb-206, Pb-207, Pb-208로 이루어져 있다. 납의 다른 동위원소도 존재하지만 그 핵은 불안정하다. 과학자들은 실험실에서 Pb-185와 같은 다른 동위원소를 만들 수 있다. 그러나 합성 후 Pb-185 원자는 몇 초 내에 그 핵에서 몇 개의 강력한 아원자 입자를 방출하여 불안정한 다른 원소의 동위원소로 바뀐다. 이렇게 방출된 아원자 입자를 **방사선**(nuclear radiation)이라고 하며, 이를 방출하는 동위원소를 **방사성**(radioactive)이라고 한다. 불안정한 핵과 관련이 있는 핵 방사선은 방출된 에너지 입자가 생물학적 분자와 상호작용하고 손상을 가하기 때문에 인간과 다른 생명체에 해로울 수 있다. Pb-185와 같은 일부 동위원소는 매우 짧은 시간 동안만 상당한 양의 방사선을 방출한다. 그러나 다른 동위원소는 오랜 시간 동안, 즉 어떤 경우에는 수백만 년 또는 수십억 년 동안 방사성을 유지한다.

원자력 발전 및 핵무기 산업은 여러 가지 원소의 불안정한 동위원소가 포함된 부산물을 만들어낸다. 이러한 동위원소 중 다수는 오랫동안 핵 방사선을 방출하며, 이를 폐기했을 때 환경 문제를 일으킨다. 예를 들어 50년 동안 핵무기용 연료를 생산한 워싱턴 핸퍼드(Washington Hanford)에서는 177개의 지하 저장 탱크에 2.1×10^8 L의 고방사성 핵폐기물이 들어 있다. 해당 폐기물 속에 있는 특정 방사성 동위원소는 가까운 미래에 계속 핵방사선을 만들어낼 것이다. 그런데 일부 지하 저장 탱크가 노후화되어 누출로 인해 일부 폐기물이 환경으로 서서히 스며들게 되었다. 이러한 폐기물에 단시간 동안 노출되었을 때의 위험은 미미하지만, 식수나 식품의 오염을 통해 폐기물을 섭취하면 건강상 심각한 위험을 초래할 것이다. 결과적으로 워싱턴 핸퍼드는 이제 1만 1,000명의 근로자가 참여하는 미국 역사상 최대 규모의 환경 정화 프로젝트가 진행되는 지역이 되었다. 미국 정부는 이 프로젝트가 수십 년 동안 지속될 것으로 예상하고 있으며, 현재 비용은 연간 약 30억 달러에 이른다.

그러나 방사성 동위원소가 항상 해로운 것은 아니며 유익한 용도로 사용되는 경우도 많다. 예를 들어 의사는 질병 진단을 위해 환자에게 Tc-99(테크네튬-99)를 투여한다. Tc-99에서 방출되는 방사선은 의사가 내부 장기의 영상을 촬영하거나 병원균의 침입을 찾는 데 도움을 준다.

질문 동위원소 Pb-206, Pb-207, Pb-208, Pb-185, Tc-99의 중성자 수는 몇 개인가?

◀ 워싱턴 핸퍼드의 지하 저장 탱크에는 2.1×10^8 L의 고방사성 핵폐기물이 들어 있다. 이 사진의 각 탱크에는 4×10^8 L가 들어 있다.

자연적으로 존재하는 염소는 염소-37보다는 염소-35를 더 많이 포함하기 때문에 염소의 원자 질량은 37보다 35에 더 가깝다. 이러한 계산에 백분율을 사용할 때는 소숫값으로 변환해야 한다는 것에 주의하라. 백분율을 소숫값으로 변환하려면 다음과 같이 100으로 나누면 된다.

$$75.77\% = 75.77/100 = 0.7577$$
$$24.23\% = 24.23/100 = 0.2423$$

일반적으로 원자 질량은 다음 식으로 계산한다.

원자 질량 = (동위원소 1의 분율 × 동위원소 1의 질량) +
(동위원소 2의 분율 × 동위원소 2의 질량) +
(동위원소 3의 분율 × 동위원소 3의 질량) + ⋯

여기서 각 동위원소의 분율은 백분율 자연 존재비를 그 소숫값으로 바꾼 것이다. 원자 질량을 사용하면 각 원소에 특정한 질량을 할당할 수 있으며, 6장에서 살펴보겠지만 해당 원소 시료에 포함된 원자 수를 정량화할 수 있기 때문에 유용하다.

예제 4.9 원자 질량

자연적으로 존재하는 갈륨의 동위원소 2개는 각각 질량 68.9256 u, 자연 존재비 60.11%의 Ga-69와 질량 70.9247 u, 자연 존재비 39.89%의 Ga-71이다. 갈륨의 원자 질량을 구하시오.

백분율 자연 존재비를 100으로 나누어 소수 형태로 바꾼다.	**답** 분율 Ga-69 $= \frac{60.11}{100} = 0.6011$ 분율 Ga-71 $= \frac{39.89}{100} = 0.3989$
원자 질량의 정의에 따라 분율 존재비와 동위원소의 원자 질량을 사용하여 계산한다.	원자 질량 = (0.6011 × 68.9256 u) + (0.3989 × 70.9247 u) = 41.4321 u + 28.2919 u = 69.7231 = 69.72 u

▸ **연습문제 4.9 | 원자 질량**

자연적으로 존재하는 마그네슘의 동위원소 3개는 각각 질량이 23.99 u, 24.99 u, 25.98 u, 자연 존재비가 78.99%, 10.00%, 11.01%이다. 마그네슘의 원자 질량을 구하시오.

▸ **심화 학습** 예제 4.14/복습문제 101, 102

✔ 확인문제 4.11

가공의 원소가 동위원소 A, B로 되어 있고, 각각의 질량이 61.9887 u, 64.9846 u이다. 원소의 원자 질량은 64.52이다. 두 동위원소의 자연 존재비에 대해 어떻게 결론지을 수 있는가?

(a) 동위원소 A의 자연 존재비가 동위원소 B의 자연 존재비보다 크다.
(b) 동위원소 B의 자연 존재비가 동위원소 A의 자연 존재비보다 크다.
(c) 두 동위원소의 자연 존재비는 거의 같다.
(d) 주어진 정보를 가지고 두 동위원소의 자연 존재비에 대해 결론을 내릴 수 없다.

4장 복습

자가진단 퀴즈

1. 다음 중 Dalton의 원자론에 대한 설명이 아닌 것은 무엇인가?
(a) 각 원소는 쪼개지지 않는 입자인 원자로 구성되어 있다.
(b) 주어진 원소의 모든 원자는 질량이 같고 성질이 다르다.
(c) 원자 자체는 양성자, 중성자, 전자로 구성되어 있다.
(d) 원자는 간단한 정수비로 결합하여 화합물이 된다.

2. Rutherford의 금박 실험에서 나온 원자의 핵 모형을 가장 잘 요약한 것은 무엇인가?
(a) 원자는 대부분의 질량과 모든 양전하를 포함하는 밀도가 큰 핵으로 이루어져 있고, 질량이 작은 음전하를 띤 입자가 대부분의 부피를 이룬다.
(b) 원자는 양전하를 띤 구와 구 내부에 많은 음전하를 띤 입자로 이루어져 있다.
(c) 원자의 질량은 대부분 부피 전체에 걸쳐 고르게 분포되어 있다.
(d) 원자를 구성하는 모든 입자는 질량이 똑같다.

3. 어떤 이온의 질량이 약 16 u이고 전하가 2−일 때, 이는 다음 중 어느 입자인가?
(a) 8개의 양성자, 8개의 전자
(b) 8개의 양성자, 8개의 중성자, 10개의 전자
(c) 8개의 양성자, 8개의 중성자, 8개의 전자
(d) 8개의 양성자, 8개의 중성자, 6개의 전자

4. 다음 중 원자 번호가 짝수인 주족 금속 원소는 무엇인가?
(a) K (b) Ca (c) Cr (d) Se

5. 다음 중 할로젠 원소는 무엇인가?
(a) Ne (b) O (c) Ca (d) I

6. 다음 중 가장 비슷한 성질을 가진 원소 쌍은 무엇인가?
(a) Sr과 Ba (b) S와 Ar (c) H와 He (d) K와 Se

7. 주기율표에서 네 번째 열의 비활성 기체는 어떤 원소인가?
(a) Ne (b) Br (c) Zr (d) Kr

8. 가장 흔한 플루오린 이온은 몇 개의 전자를 가지고 있는가?
(a) 1 (b) 4 (c) 9 (d) 10

9. 동위원소 Fe-56은 몇 개의 중성자를 가지고 있는가?
(a) 26 (b) 30 (c) 56 (d) 112

10. ${}^{32}_{16}S^{2-}$의 양성자 수, 중성자 수, 전자 수는 몇 개인가?
(a) 16개의 양성자, 32개의 중성자, 18개의 전자
(b) 16개의 양성자, 16개의 중성자, 18개의 전자
(c) 32개의 양성자, 16개의 중성자, 2개의 전자
(d) 16개의 양성자, 48개의 중성자, 16개의 전자

11. 21개의 전자를 가진 Cr 이온의 전하는 무엇인가?
(a) 2− (b) 3− (c) 2+ (d) 3+

12. 어떤 원소의 자연적으로 존재하는 동위원소가 4개이고, 각 동위원소의 질량과 자연 존재비는 다음과 같다. 이 원소의 원자 질량은 얼마인가?

동위원소	질량(u)	자연 존재비
A	203.9730	1.4%
B	205.9744	24.1%
C	206.9758	22.1%
D	207.9766	52.4%

(a) 207.2 u (b) 2.072×10^4 u
(c) 206.2 u (d) 206.5 u

정답 1.c 2.a 3.b 4.b 5.d 6.a 7.d 8.d 9.b 10.b 11.d 12.a

화학 원리

원자론

물질이 궁극적으로 작고 쪼개지지 않는 입자로 이루어져 있다고 주장한 기록상 첫 번째 인물은 고대 그리스의 철학자 Democritus와 Leucippus이다. 그러나 Dalton이 물질은 원자로 구성되어 있고, 주어진 원소의 원자는 다른 원소와 구별되는 독특한 성질이 있으며, 원자는 간단한 정수비로 결합하여 화합물을 형성한다는 공식적인 원자론을 소개한 것은 2000년이 지난 후의 일이다.

관련 내용

원자는 물질적 세계를 설명하기 때문에 중요한 개념이다. 보이는 모든 것은 원자로 이루어져 있다. 물질의 세계를 이해하려면 원자를 이해하는 것에서 시작해야 한다. 원자는 물질의 특성을 결정하는 중요한 개념이다.

원자핵 발견

원자의 구조를 조사한 Rutherford의 금박 실험 결과는 중성자를 수용하기 위해 약간의 수정을 가한 원자의 핵 모형으로 이어졌으며, 오늘날에도 여전히 유용하다. 이 모형에서 원자는 양성자와 중성자(이는 원자 질량의 대부분을 차지하며, 밀집된 핵 속에 모여 있음), 전자(원자 부피의 대부분을 이룸)로 구성되어 있다. 양성자와 중성자는 질량이 비슷하나(1 u) 전자는 질량이 훨씬 작다(0.00055 u).

이것의 의미는 다음 질문을 통해 알 수 있다. 만약 지금과 다른 형태라면 어떨까? 물질의 대부분이 빈 공간이 아니라면 어떨까? 확실히 알 수는 없어도, 그러한 물질은 생명에 필요한 물질의 다양성을 이룰 수 없을 것 같다. 만약 그렇다면 우리가 존재하여 이 질문을 하지도 않을 것이다.

전하

양성자와 전자는 모두 전하를 띤다. 양성자의 전하는 1+이고 전자의 전하는 1−이다. 중성자는 전하를 띠지 않는다. 양성자와 전자가 원자 내에서 결합되면 전하가 상쇄된다.

전하는 현대 사회에서 많은 것과 관련되어 있다. 일상에서 사용하는 많은 기계와 컴퓨터는 전기를 통해 동력을 받는데, 이는 전하의 이동에 의한 것이다.

주기율표

주기율표는 알려진 모든 원소를 원자 번호의 증가 순으로 나열한 표이다. 주기율표에는 비슷한 원소들이 같은 열에 놓였는데, 이를 족 또는 그룹이라고 한다. 주기율표 왼쪽에 있는 원소들은 금속이며, 화학 변화에서 전자를 잃는 경향이 있다. 주기율표 오른쪽 위에 있는 원소들은 비금속이며, 화학 변화에서 전자를 얻는 경향이 있다. 둘 사이에 있는 원소들은 준금속이다.

주기율표는 원소를 정리하여 그 성질을 예측할 수 있도록 도와준다. 예를 들어 헬륨은 비활성 기체(다른 물질과 반응하지 않음)이므로 적은 양에는 독성이 없다. 주기율표에서 헬륨 아래 열에 있는 기체들도 비활성 기체이며, 비활성 기체라는 원소의 족을 형성한다. 원소를 표로 정리하고 비슷한 것끼리 묶음으로써 원소의 성질을 이해하기 시작한다.

원자 번호

원자를 정의하는 가장 기본적인 특성은 그 핵에 있는 양성자의 수이며, 이 수를 원자 번호(Z)라고 한다.

원소는 모든 화합물을 만드는 데 기초가 되는 건축 블록재이다.

이온

원자가 전자를 얻거나 잃으면 이온이 된다. 양전하를 띤 이온은 양이온이고, 음전하를 띤 이온은 음이온이다. 양이온과 음이온은 함께 존재하므로 물질은 보통 중성 전하를 띤다.

이온은 염화 소듐과 같은 많은 화합물 속에 존재한다.

동위원소

주어진 원소의 모든 원자는 양성자 수가 같지만, 중성자 수가 반드시 같은 것은 아니다. 양성자 수는 같으나 중성자 수가 다른 원자를 동위원소라고 한다. 동위원소는 핵 속에 있는 양성자 수와 중성자 수의 합인 질량수(A)로 특징지어진다.

자연적으로 존재하는 어떤 원소의 시료 각각은 동위원소의 백분율 자연 존재비가 같다. 이 백분율을 각 동위원소의 질량과 함께 사용하여 원소의 원자 질량을 계산할 수 있으며, 이는 개별 동위원소 질량의 가중 평균이다.

동위원소는 원자 질량에 영향을 주기 때문에 의미가 있다. 이러한 질량을 이해하려면 동위원소의 존재와 존재비를 이해해야 한다. 핵 과정(원자의 핵이 실제로 변화하는 과정)에서는 다른 동위원소의 존재가 훨씬 더 중요하다.

일부 동위원소는 안정적이지 않다(아원자 입자를 잃고 다른 원소로 바뀐다). 불안정한 핵에서 아원자 입자가 방출되는 것을 방사성 붕괴라고 한다. 질병 진단 및 치료와 같이 핵 방사성이 매우 유용하게 쓰이는 경우도 많다. 반면에 방사성 폐기물 처리 등은 환경 문제를 불러일으킬 수 있다.

화학 문제를 푸는 기술

학습목표: 양성자 수와 전자 수로부터 이온의 전하를 구한다(4.7절).

- 주기율표 또는 원소를 알파벳순으로 정리한 표에서 원소의 원자 번호를 찾는다. 원자 번호는 양성자 수와 같다.
- 전하를 계산하는 데 이온 전하를 사용한다.

$$\text{이온 전하} = \#p^+ - \#e^-$$

예제

예제 4.10 양성자 수와 전자 수에 따른 이온 전하

전자가 36개인 셀레늄의 전하를 구하시오.

답

셀레늄의 원자 번호는 34이므로 양성자가 34개이다.

$$\text{이온 전하} = 34 - 36 = 2-$$

학습목표: 이온의 양성자 수와 전자 수를 구한다(4.7절).

- 주기율표 또는 원소를 알파벳순으로 정리한 표에서 원소의 원자 번호를 찾는다. 원자 번호는 양성자 수와 같다.
- 알려진 값을 이온 전하 식에 대입한다.

$$\text{이온 전하} = \#p^+ - \#e^-$$

전자 수에 대해 방정식을 푼다.

예제 4.11 이온의 양성자 수와 전자 수

O^{2-} 이온의 양성자 수와 전자 수를 구하시오.

답

산소의 원자 번호는 8이므로 양성자가 8개이다.

$$\text{이온 전하} = \#p^+ - \#e^-$$
$$2- = 8 - \#e^-$$
$$\#e^- = 8 + 2 = 10$$

양성자가 8개이고 전자가 10개이다.

학습목표: 동위원소의 원자 번호, 질량수, 동위원소 기호를 구한다(4.8절).

- 주기율표 또는 원소를 알파벳순으로 정리한 표에서 원소의 원자 번호를 찾는다.
- 질량수(A)는 원자 번호에 중성자 수를 더한 것과 같다.
- 왼쪽 위에 질량수를, 왼쪽 아래에 원자 번호를 표시한 원소 기호로 동위원소 기호를 쓴다.
- 또 다른 동위원소 기호는 하이픈과 동위원소의 질량수를 뒤에 표시하는 화학 기호이다.

예제 4.12 원자 번호, 질량수, 동위원소 기호

30개의 중성자를 가진 철 동위원소의 원자 번호(Z), 질량수(A), 기호는 무엇인가?

답

철의 원자 번호는 26이다.

$$A = 26 + 30 = 56$$

질량수는 56이다.

$$^{56}_{26}\text{Fe}$$
$$\text{Fe-56}$$

학습목표: 동위원소 기호를 통해 양성자 수와 중성자 수를 구한다(4.8절).

- 양성자 수는 Z(왼쪽 아래의 숫자)와 같다.
- 중성자 수는 A(왼쪽 위의 숫자) − Z(왼쪽 아래의 숫자)와 같다.

예제 4.13 동위원소 기호로 알 수 있는 양성자 수와 중성자 수

$^{62}_{28}\text{Ni}$의 양성자와 중성자는 몇 개인가?

답

28개의 양성자

$$\#n = 62 - 28 = 34\text{개의 중성자}$$

학습목표: 백분율 자연 존재비와 동위원소 질량을 이용하여 원자 질량을 계산한다(4.9절).

- 백분율 자연 존재비를 100으로 나누어 소숫값으로 바꾼다.
- 각 동위원소의 분율을 각 질량과 곱한 후 더하여 원자 질량을 구한다.
- 유효 숫자의 개수를 맞춰 반올림한다.
- 계산한 것을 검토한다.

예제 4.14 원자 질량

자연적으로 존재하는 구리의 동위원소는 질량 62.9395 u, 자연 존재비 69.17%의 Cu-63과 질량 64.9278 u, 자연 존재비 30.83%의 Cu-65이다. 구리의 원자 질량을 구하시오.

답

$$\text{분율 Cu-63} = \frac{69.17}{100} = 0.6917$$

$$\text{분율 Cu-65} = \frac{30.83}{100} = 0.3083$$

$$\begin{aligned}\text{원자 질량} &= (0.6917 \times 62.9395\ \text{u}) + (0.3038 \times 64.9278\ \text{u}) \\ &= 43.5353\ \text{u} + 20.0172\ \text{u} \\ &= 63.5525\ \text{u} \\ &= 63.55\ \text{u}\end{aligned}$$

핵심 용어

그룹	알칼리 토금속	전이 금속	중성자
금속	양성자	전이 원소	질량수
동위원소	양이온	전자	통일 원자 질량 단위
반도체	원자	전하	할로젠
방사성	원자 번호	족	핵
백분율 자연 존재비	원자 질량	주기율 법칙	핵 방사선
비금속	원자의 핵 이론	주기율표	화학 기호
비활성 기체	음이온	주족 원소	
알칼리 금속	이온	준금속	

학습 점검 문제

기초문제

1. Democritus는 물질의 현대적 이해에 어떻게 기여했는가?
2. Dalton이 제시한 원자론의 세 가지 주요 개념은 무엇인가?
3. Rutherford의 금박 실험과 결과에 대해 설명하시오. 그 결과는 원자의 건포도 푸딩 모형과 어떻게 배치되는가?
4. 원자의 핵 이론의 주요 개념은 무엇인가?
5. 세 가지 아원자 입자와 그 성질을 설명하시오.
6. 전하란 무엇인가?
7. 일반적으로 물질은 전하 중성인가? 전하 중성이 아닌 물질은 어떻게 다른가?
8. 원소의 원자 번호가 구체적으로 의미하는 것은 무엇인가?
9. 화학 기호란 무엇인가?
10. 원소의 이름이 어떻게 지어졌는지 몇 가지 예를 드시오.
11. Mendeleev가 화학에 대한 현대적 이해에 기여한 주요 내용은 무엇인가?
12. 주기율의 주요 아이디어는 무엇인가?
13. 주기율표는 어떻게 구성되어 있는가?
14. 금속의 성질은 무엇인가? 주기율표에서 금속은 어디에 위치하는가?
15. 비금속의 성질은 무엇인가? 주기율표에서 비금속은 어디에 위치하는가?
16. 주기율표에서 준금속은 어디에 위치하는가?
17. 원소의 족(그룹)이란 무엇인가?
18. 주기율표에서 다음 각각의 위치를 찾고 족 수를 밝히시오.
    (a) 알칼리 금속 (b) 알칼리 토금속

* 파란색으로 표시된 문제는 이 책 말미에 해답이 제시되어 있다.

(c) 할로젠 (d) 비활성 기체

19. 이온이란 무엇인가?

20. 음이온은 무엇인가? 양이온이란 무엇인가?

21. 주기율표에서 다음 각 그룹의 위치를 찾고, 이들이 주로 형성하는 이온 전하를 나열하시오.
   (a) 1족 (b) 2족 (c) 13족
   (d) 16족 (e) 17족

22. 동위원소란 무엇인가?

23. 동위원소의 백분율 자연 존재비란 무엇인가?

24. 동위원소의 질량수란 무엇인가?

25. 일반적으로 사용되는 동위원소 표기법은 무엇인가? 이 표기법에서 각각의 숫자는 무엇을 의미하는가?

26. 원소의 원자 질량이란 무엇인가?

복습문제

원자론과 핵 이론

27. Dalton의 원자론에 대한 설명으로 옳지 않은 것을 고르고 그 이유를 설명하시오.
   (a) 모든 탄소 원자는 같다.
   (b) 헬륨 원자는 2개의 수소 원자로 쪼개질 수 있다.
   (c) 산소 원자는 1.5개의 수소 원자와 결합하여 물 분자를 형성한다.
   (d) 2개의 산소 원자는 탄소 원자와 결합하여 이산화 탄소 분자를 형성한다.

28. Dalton의 원자론에 대한 설명으로 옳은 것을 고르고 그 이유를 설명하시오.
   (a) 칼슘과 타이타늄 원자는 질량이 같다.
   (b) 네온과 아르곤 원자는 같다.
   (c) 모든 코발트 원자는 같다.
   (d) 소듐과 염소 원자는 1:1 비율로 결합하여 염화 소듐을 형성한다.

29. Rutherford의 핵 이론에 대한 설명으로 옳지 않은 것을 고르고 그 이유를 설명하시오.
   (a) 헬륨 원자는 핵 속에 2개의 양성자가 있고 핵 바깥쪽에 2개의 전자가 있다.
   (b) 수소 원자의 부피는 핵이 대부분을 차지한다.
   (c) 알루미늄 원자는 핵 속에 13개의 양성자가 있고 핵 바깥쪽에 22개의 전자가 있다.
   (d) 질소의 원자 질량 대부분은 7개의 전자로 인해 발생한다.

30. Rutherford의 핵 이론에 대한 설명으로 옳은 것을 고르고 그 이유를 설명하시오.
   (a) 원자핵은 원자의 크기에 비해 매우 작다.
   (b) 원자의 부피는 대부분 빈 공간이다.
   (c) 중성 포타슘 원자는 전자 수보다 양성자 수가 더 많다.
   (d) 중성 포타슘 원자는 양성자 수보다 중성자 수가 더 많다.

31. 원자는 대부분이 빈 공간이고, 원자가 일반적인 물질을 이루고 있다면, 왜 고체 물질은 내부에 빈 공간이 없는 것처럼 보이는가?

32. Rutherford의 실험은 물질이 보이는 것처럼 획일화되어 있지 않다고 밝혔다. 이 실험 결과의 어떤 부분이 이러한 생각을 내포하고 있는지 설명하시오.

양성자, 중성자, 전자

33. 전자에 대한 설명으로 옳은 것은 무엇인가?
   (a) 전자는 서로 끌어당긴다.
   (b) 전자는 양성자에 의해 반발된다.
   (c) 일부 전자는 1−의 전하를 가지며 일부 전자는 전하가 없다.
   (d) 전자는 중성자보다 훨씬 가볍다.

34. 전자에 대한 설명으로 옳지 않은 것은 무엇인가?
   (a) 대부분의 원자는 양성자보다 전자를 더 많이 가지고 있다.
   (b) 전자는 1−의 전하를 가지고 있다.
   (c) 원자의 양성자 수와 전자 수가 같다면 전하 중성일 것이다.
   (d) 전자는 양성자로부터 인력을 받는다.

35. 양성자에 대한 설명으로 옳은 것은 무엇인가?
   (a) 양성자의 질량은 중성자의 2배이다.
   (b) 양성자는 전자와 같은 크기의 전하를 가지고 있지만 부호는 반대이다.
   (c) 대부분의 원자는 전자보다 양성자를 더 많이 가지고 있다.
   (d) 양성자는 1−의 전하를 가지고 있다.

36. 양성자에 대한 설명으로 옳지 않은 것은 무엇인가?
   (a) 양성자와 중성자는 질량이 거의 같다.
   (b) 양싱자와 전자는 질량이 거의 같다.
   (c) 모든 원자에는 양성자가 있다.
   (d) 양성자는 중성자와 전하량이 같지만 부호는 반대이다.

37. 양성자의 질량과 같으려면 몇 개의 전자가 필요한가?

38. 헬륨 핵 속에는 2개의 양성자와 2개의 중성자가 있다. 헬륨 핵의 질량과 같으려면 몇 개의 전자가 필요한가?

39. 양성자 1.0 g의 전하를 중성화하는 데 필요한 전자의 질량은 얼마인가?

40. 전자 1.0 g의 전하를 중성화하는 데 필요한 양성자의 질량은 얼마인가?

원소, 기호, 이름

41. 다음 각 원소의 원자 번호를 밝히시오.
(a) Ac (b) Ne (c) Pu (d) Po (e) Ga

42. 다음 각 원소의 원자 번호를 밝히시오.
(a) Hg (b) Zr (c) Pd (d) Xe (e) Ba

43. 다음 각 원소의 원자핵 속에는 몇 개의 양성자가 있는가?
(a) He (b) Pb (c) Rn (d) Se (e) B

44. 다음 각 원소의 원자핵 속에는 몇 개의 양성자가 있는가?
(a) Mn (b) Cs (c) Th (d) At (e) Au

45. 다음 각 원소의 기호와 원자 번호를 밝히시오.
(a) 팔라듐 (b) 오스뮴 (c) 루비듐 (d) 란타넘 (e) 은

46. 다음 각 원소의 기호와 원자 번호를 밝히시오.
(a) 인듐 (b) 이리듐 (c) 하프늄 (d) 텅스텐 (e) 비소

47. 다음 각 원소의 이름과 원자 번호를 밝히시오.
(a) Tc (b) Ru (c) Rh (d) Dy (e) Cr

48. 다음 각 원소의 이름과 원자 번호를 밝히시오.
(a) Ra (b) Ta (c) Og (d) Zn (e) V

49. 다음 표의 빈칸을 채우시오.

원소 이름	원소 기호	원자 번호
______	Cn	112
하슘	______	______
카드뮴	Cd	______
마그네슘	______	12
______	Tl	______
______	______	78

50. 다음 표의 빈칸을 채우시오.

원소 이름	원소 기호	원자 번호
______	Ga	31
플루오린	______	______
______	Re	______
프랑슘	______	______
______	Kr	36
______	______	70

주기율표

51. 다음 각 원소를 금속, 비금속, 준금속으로 분류하시오.
(a) Ti (b) K (C) I (d) P (e) Te

52. 다음 각 원소를 금속, 비금속, 준금속으로 분류하시오.
(a) Y (b) Po (c) At (d) Ne (e) Re

53. 다음 각 원소의 이름을 밝히고 금속, 비금속, 준금속으로 분류하시오.
(a) Te (b) Ca (C) Ru (d) Cl

54. 다음 각 원소의 기호를 밝히고 금속, 비금속, 준금속으로 분류하시오.
(a) 아이오딘 (b) 포타슘 (c) 납 (d) 황

55. 화학 변화에서 전자를 잃을 것으로 예상되는 원소는 무엇인가?
(a) 카드뮴 (b) 주석 (c) 염소
(d) 스트론튬 (e) 코발트

56. 화학 변화에서 전자를 얻을 것으로 예상되는 원소는 무엇인가?
(a) 셀레늄 (b) 인 (c) 백금
(d) 오스뮴 (e) 스칸듐

57. 다음 중 주족 원소는 무엇인가?
(a) Zn (b) Ru (c) In (d) Tl (e) Rb

58. 다음 중 주족 원소가 아닌 것은 무엇인가?
(a) Ga (b) Be (c) Ti (d) Li (e) Tc

59. 다음 중 알칼리 토금속은 무엇인가?
(a) 소듐 (b) 알루미늄 (c) 칼슘
(d) 바륨 (e) 리튬

60. 다음 중 알칼리 토금속은 무엇인가?
(a) 루비듐 (b) 텅스텐 (c) 마그네슘
(d) 세슘 (e) 베릴륨

61. 다음 중 알칼리 금속은 무엇인가?
(a) 바륨 (b) 소듐 (c) 금 (d) 주석 (e) 루비듐

62. 다음 중 알칼리 금속은 무엇인가?
(a) 스칸듐 (b) 철 (c) 포타슘 (d) 리튬 (e) 코발트

63. 다음 각 원소를 할로젠, 비활성 기체, 기타로 분류하시오.
(a) At (b) Ar (c) Cl (d) Au (e) Kr

64. 다음 각 원소를 할로젠, 비활성 기체, 기타로 분류하시오.
(a) Ne (b) Te (c) P (d) Rn (e) Hg

65. 다음 각 원소가 어느 족에 속하는지 밝히시오.
(a) 수은 (b) 타이타늄 (c) 몰리브데넘
(d) 이트륨 (e) 구리

66. 다음 각 원소가 어느 족에 속하는지 밝히시오.
(a) 망가니즈 (b) 네온 (c) 세슘
(d) 아스타틴 (e) 은

67. 다음 중 황과 가장 유사할 것으로 예상되는 원소를 고르고 그 이유를 설명하시오.
(a) 질소 (b) 산소 (c) 플루오린
(d) 리튬 (e) 포타슘

68. 다음 중 마그네슘과 가장 유사할 것으로 예상되는 원소를 고르고 그 이유를 설명하시오.

(a) 포타슘 (b) 은 (c) 브로민
(d) 칼슘 (e) 납

69. 다음 중 가장 비슷한 성질을 가진 원소 쌍을 고르고 그 이유를 설명하시오.
(a) Si와 P (b) Cl와 F (c) Na과 Mg
(d) Mo과 Sn (e) N와 Ni

70. 다음 중 가장 비슷한 성질을 가진 원소 쌍을 고르고 그 이유를 설명하시오.
(a) Ti과 Ga (b) N와 O (c) Li과 Na
(d) Ar과 Br (e) Ge과 Ga

71. 다음 중 주족 비금속은 무엇인가?
(a) K (b) Fe (c) Sn (d) S

72. 다음 중 전이 원소는 무엇인가?
(a) Ba (b) Ta (c) S (d) Ru

73. 다음 표의 빈칸을 채우시오.

화학 기호	족 수	족 이름	금속/비금속
Cs	____	____	금속
At	____	할로젠	____
Be	____	____	____
Rn	18	____	____
Os	____	____	____

74. 다음 표의 빈칸을 채우시오.

화학 기호	족 수	족 이름	금속/비금속
Li	1	____	____
Y	____	____	금속
Pd	____	____	금속
Og	____	비활성 기체	____
Ra	____	____	____

이온

75. 다음 이온화 방정식을 완성하시오.
(a) $Cs \longrightarrow Cs^{+} + \_\_\_\_$ (b) $S + 2e^{-} \longrightarrow \_\_\_\_$
(c) $Sr \longrightarrow Sr^{2+} + \_\_\_\_$ (d) $F + e^{-} \longrightarrow \_\_\_\_$

76. 다음 이온화 방정식을 완성하시오.
(a) $Be \longrightarrow \_\_\_\_ + 2e^{-}$ (b) $Sr \longrightarrow Sr^{2+} + \_\_\_\_$
(c) $Br + e^{-} \longrightarrow \_\_\_\_$ (d) $Cr \longrightarrow \_\_\_\_ + 3e^{-}$

77. 다음 각 이온의 전하를 밝히시오.
(a) 전자가 10개인 플루오린 이온
(b) 전자가 18개인 칼슘 이온
(c) 전자가 22개인 망가니즈 이온
(d) 전자가 18개인 인 이온

78. 다음 각 이온의 전하를 밝히시오.
(a) 전자가 68개인 텅스텐 이온
(b) 전자가 54개인 텔루륨 이온
(c) 전자가 10개인 질소 이온
(d) 전자가 54개인 바륨 이온

79. 다음 각 이온의 양성자와 전자는 몇 개인가?
(a) Na^{+} (b) Ba^{2+} (c) O^{2-} (d) Co^{3+}

80. 다음 각 이온의 양성자와 전자는 몇 개인가?
(a) Fe^{3+} (b) Se^{2-} (c) Br^{-} (d) Au^{+}

81. 다음 각 설명을 참 또는 거짓으로 구분하고 거짓인 경우 바르게 고치시오.
(a) Ti^{2+} 이온은 22개의 양성자와 24개의 전자를 가지고 있다.
(b) I^{-} 이온은 53개의 양성자와 54개의 전자를 가지고 있다.
(c) Mg^{2+} 이온은 14개의 양성자와 12개의 전자를 가지고 있다.
(d) O^{2-} 이온은 8개의 양성자와 10개의 전자를 가지고 있다.

82. 다음 각 설명을 참 또는 거짓으로 구분하고 거짓인 경우 바르게 고치시오.
(a) Fe^{2+} 이온은 29개의 양성자와 26개의 전자를 가지고 있다.
(b) Cs^{+} 이온은 55개의 양성자와 56개의 전자를 가지고 있다.
(c) Se^{2-} 이온은 32개의 양성자와 34개의 전자를 가지고 있다.
(d) Li^{+} 이온은 3개의 양성자와 2개의 전자를 가지고 있다.

83. 다음 각 원소에 의해 형성되는 이온은 무엇인가?
(a) Zn (b) Fr (c) Cu (d) Br

84. 다음 각 원소에 의해 형성되는 이온은 무엇인가?
(a) F (b) N (c) Mg (d) Na

85. 다음 각 원소가 얻거나 잃을 가능성이 가장 높은 전자 수는 몇 개인가?
(a) Ga (b) Li (c) Br (d) S

86. 다음 각 원소가 얻거나 잃을 가능성이 가장 높은 전자 수는 몇 개인가?
(a) N (b) Zn (c) H (d) O

87. 다음 표의 빈칸을 채우시오.

기호	주로 형성되는 이온	이온의 전자 수	이온의 양성자 수
Cr	____	21	____
Rb	____	____	37
Ba	Ba^{2+}	____	____
____	N^{3-}	____	12
Cl	____	____	____

88. 다음 표의 빈칸을 채우시오.

기호	주로 형성되는 이온	이온의 전자 수	이온의 양성자 수
F	______	______	9
______	Be^{2+}	2	______
Br	______	36	______
Al	______	______	13
O	______	______	______

동위원소

89. 다음 각 동위원소의 중성자는 몇 개인가?
(a) Z = 21, A = 47 (b) Z = 92, A = 235
(c) Z = 28, A = 60 (d) Z = 16, A = 40

90. 다음 각 동위원소의 원자 번호와 질량수는 무엇인가?
(a) 중성자가 24개인 타이타늄 동위원소
(b) 중성자가 30개인 크로뮴 동위원소
(c) 중성자가 2개인 헬륨 동위원소
(d) 중성자가 124개인 납 동위원소

91. 다음 각 동위원소를 $^{A}_{Z}X$ 형태의 동위원소 기호로 쓰시오.
(a) 중성자가 8개인 산소 동위원소
(b) 중성자가 10개인 플루오린 동위원소
(c) 중성자가 12개인 소듐 동위원소
(d) 중성자가 14개인 알루미늄 동위원소

92. 다음 각 동위원소를 $^{A}_{Z}X$ 형태의 동위원소 기호로 쓰시오.
(a) 중성자가 32개인 니켈 동위원소
(b) 중성자가 30개인 철 동위원소
(c) 중성자가 45개인 루비듐 동위원소
(d) 중성자가 16개인 황 동위원소

93. 다음 각 동위원소를 X-A 형태(예: C-13)의 동위원소 기호로 쓰시오.
(a) 중성자가 1개인 수소 동위원소
(b) 중성자가 119개인 금 동위원소
(c) 중성자가 122개인 금 동위원소
(d) 중성자가 143개인 우라늄 동위원소

94. 다음 각 동위원소를 X-A 형태(예: C-13)의 동위원소 기호로 쓰시오.
(a) 중성자가 74개인 아이오딘 동위원소
(b) 중성자가 16개인 인 동위원소
(c) 중성자가 146개인 우라늄 동위원소
(d) 중성자가 22개인 아르곤 동위원소

95. 다음 각 동위원소를 $^{A}_{Z}X$ 형태의 동위원소 기호로 쓰시오.
(a) 질소-14 (b) 붕소-11 (c) 규소-30 (d) 바나듐-51

96. 다음 각 동위원소를 $^{A}_{Z}X$ 형태의 동위원소 기호로 쓰시오.
(a) U-235 (b) V-52 (c) P-32 (d) Xe-144

97. 다음 각 동위원소의 양성자와 중성자는 몇 개인가?
(a) $^{23}_{11}Na$ (b) $^{266}_{88}Ra$ (c) $^{208}_{82}Pb$ (d) $^{14}_{7}N$

98. 다음 각 동위원소의 양성자와 중성자는 몇 개인가?
(a) $^{33}_{15}P$ (b) $^{40}_{19}K$ (c) $^{222}_{86}Rn$ (d) $^{99}_{43}Tc$

99. 살아 있는 유기물과 그 유기물로부터 유도된 물질 내에 존재하는 탄소-14는 화석과 고대 유물의 연대를 측정할 때 종종 사용된다. 탄소-14 동위원소의 양성자 수와 중성자 수를 밝히고, $^{A}_{Z}X$ 형태의 동위원소 기호로 쓰시오.

100. 플루토늄-239는 핵폭탄에 사용된다. 플루토늄-239 동위원소의 양성자 수와 중성자 수를 밝히고, $^{A}_{Z}X$ 형태의 동위원소 기호로 쓰시오.

원자 질량

101. 자연적으로 존재하는 루비듐의 동위원소는 질량 84.9118 u, 자연 존재비 72.17%의 Rb-85와 질량 86.9092 u, 자연 존재비 27.83%의 Rb-87이다. 루비듐의 원자 질량을 구하시오.

102. 자연적으로 존재하는 철의 동위원소는 질량 53.9396 u, 자연 존재비 5.845%의 Fe-54, 질량 55.9349 u, 자연 존재비 91.754%의 Fe-56, 질량 56.9354 u, 자연 존재비 2.119%의 Fe-57, 질량 57.9333 u, 자연 존재비 0.282%의 Fe-58이다. 철의 원자 질량을 구하시오.

103. 자연적으로 존재하는 브로민의 동위원소는 Br-79와 Br-81이고, 원자 질량은 79.904 u이다.
(a) Br-79의 자연 존재비가 50.69%라면 Br-81의 자연 존재비는 얼마인가?
(b) Br-81의 질량이 80.9163 u라면 Br-79의 질량은 얼마인가?

104. 은에는 자연적으로 존재하는 2개의 동위원소(Ag-107과 Ag-109)가 있다.
(a) 주기율표를 이용하여 은의 원자 질량을 구하시오.
(b) Ag-107의 자연 존재비가 51.84%라면 Ag-109의 자연 존재비는 얼마인가?
(c) Ag-107의 질량이 106.905라면 Ag-109의 질량은 얼마인가?

105. 어떤 원소의 자연적으로 존재하는 동위원소가 2개이다. 동위원소 1은 질량이 14.0031 u, 상대 존재비가 99.6%이고, 동위원소 2는 질량이 15.0001 u, 상대 존재비가 0.4%이다. 이 원소의 원자 질량을 구하고, 주기율표를 이용하여 어떤 원소인지 밝히시오.

106. 자연적으로 존재하는 구리의 동위원소는 2개이며, 그중 Cu-63은 질량이 62.939 u, 상대 존재비가 69.17%이다. 구리의 원자 질량을 사용하여 다른 동위원소의 질량을 구하시오.

심화문제

107. 전하는 흔히 쿨롱(C)으로 표시된다. 이 단위에서 전자 1개의 전하는 -1.6×10^{-19} C이다. 건조한 날에 사람의 몸이 −125 mC(밀리쿨롱)의 전하를 얻는다고 가정하면 얼마나 많은 과잉 전자를 얻게 되는가? (힌트: 쿨롱으로 된 전자의 전하를 전하와 전자 간 환산 인자로 이용한다.)

108. +398 mC의 전하를 가지고 양전하를 띤 물체에는 얼마나 많은 과잉 양성자가 있는가? 양성자 1개의 전하는 $+1.6 \times 10^{-19}$ C이다. (힌트: 쿨롱으로 된 양성자의 전하를 전하와 양성자 간 환산 인자로 이용한다.)

109. 산소 원자는 8개의 양성자와 8개의 전자를 가지고 있다. 양성자의 반지름은 약 0.87 fm(펨토미터)이고, 산소 원자의 반지름은 약 60 pm(피코미터)이다. 핵의 부피와 원자의 부피를 구하시오. 산소 원자의 부피 중 몇 퍼센트가 핵으로 채워져 있는가? (힌트: 주어진 반지름을 미터로 고친 다음 구의 부피를 구하는 식인 $V = \frac{4}{3}\pi r^3$을 이용하여 부피를 계산한다.)

110. 탄소-12는 6개의 양성자와 6개의 중성자를 가지고 있다. 핵의 반지름은 약 2.7 fm이고, 원자의 반지름은 70 pm이다. 핵의 부피와 원자의 부피를 구하시오. 탄소 원자의 부피 중 몇 퍼센트가 핵으로 채워져 있는가? (힌트: 주어진 반지름을 미터로 고친 다음 구의 부피를 구하는 식인 $V = \frac{4}{3}\pi r^3$을 이용하여 부피를 계산한다.)

111. 자연 존재비와 질량이 다음과 같은 Sr의 4개 동위원소에 대해 표 4.2와 같은 표를 작성하시오.

Sr-84	0.56%	83.9134 u
Sr-86	9.86%	85.9093 u
Sr-87	7.00%	86.9089 u
Sr-88	82.58%	87.9056 u

표와 원자 질량을 이용하여 스트론튬의 원자 질량을 계산하시오.

112. 다음과 같은 크로뮴의 각 동위원소에 대해 양성자 수와 중성자 수를 구하고, 자연 존재비와 질량을 이용하여 원자 질량을 계산하시오.

Cr-50	4.345%	49.9460 u
Cr-52	83.79%	51.9405 u
Cr-53	9.50%	52.9407 u
Cr-54	2.365%	53.9389 u

113. 다음 표의 빈칸을 채우시오.

기호	Z	A	양성자 수	전자 수	중성자 수	전하
Cd^{2+}	___	___	___	___	64	2+
___	118	294	___	118	___	___
___	___	___	51	51	71	___
Te^{2-}	___	52	___	___	___	2−
___	___	___	17	18	18	___

114. 다음 표의 빈칸을 채우시오.

기호	Z	A	양성자 수	전자 수	중성자 수	전하
Mg^{2+}	___	25	___	___	13	2+
___	22	48	___	18	___	___
___	16	___	___	___	16	2−
Ga^{3+}	___	71	___	___	___	___
___	___	___	82	80	125	___

115. 유로퓸의 동위원소는 질량 150.9198 u, 자연 존재비 47.8%의 Eu-151과 Eu-153이다. 유로퓸의 원자 질량을 사용하여 Eu-153의 질량과 자연 존재비를 구하시오.

116. 레늄의 동위원소는 자연 존재비가 37.40%인 Re-185와 62.60%인 Re-187이다. 두 동위원소의 총질량은 371.9087 u이다. 각 동위원소의 질량을 구하시오.

117. 1장에서 관찰, 법칙, 이론의 차이점을 배웠다. 이 장에서 배운 이론 중 두 가지 예를 들고, 왜 이론이 되는지 설명하시오.

118. 1장에서 관찰, 법칙, 이론의 차이점을 배웠다. 이 장에서 배운 법칙 중 한 가지 예를 들고, 왜 법칙이 되는지 설명하시오.

119. 플루오린의 원자 질량은 19.00 u이고, 자연계에 존재하는 플루오린 중에 있는 모든 플루오린 원자는 이와 같은 원자 질량이다. 한편 염소의 원자 질량은 35.45 u이지만, 자연계에 존재하는 염소 시료 중의 어떤 염소 원자도 이와 같은 원자 질량이 아니다. 차이점을 설명하시오.

120. 규소의 원자 질량은 28.09 u이다. 28.09 u의 질량을 가진 개별 규소 원자가 있을 가능성이 있는가?

121. 자연계에 존재하는 구리의 동위원소는 Cu-63과 Cu-65이다. Cu-63의 질량은 62.9396 u이고, Cu-65의 질량은 64.9278 u이다. 구리의 원자 질량을 이용하여 자연계에 존재하는 시료에 들어 있는 각 동위원소의 상대 존재비를 구하시오. (힌트: 두 동위원소의 상대 존재비 합은 100%이다.)

122. 자연계에 존재하는 갈륨의 동위원소는 Ga-69과 Ga-71이다. Ga-69의 질량은 68.9256 u이고, Ga-71의 질량은 70.9247 u이다. 갈륨의 원자 질량을 이용하여 자연계에 존재하는 시료에 들어 있는 각 동위원소의 상대 존재비를 구하시오.

핵심문제

123. 다음 그림은 기호가 Nt, 원자 번호가 120인 가상 원소의 원자 50개를 나타낸 것이다. Nt의 동위원소는 Nt-304(빨간색), Nt-305(파란색), Nt-306(초록색)이다.

(a) 그림이 자연적으로 존재하는 비율을 통계적으로 표현한 것이라고 가정할 때, 각 동위원소의 백분율 자연 존재비는 얼마인가?

(b) 나열된 각 동위원소의 질량을 사용하여 Nt의 원자 질량을 구하시오. 그리고 이 책 앞면지의 주기율표에 표시된 각 원소의 박스처럼 원소의 박스를 그리시오. 박스에 원자 번호, 기호, 원자 질량이 포함되어 있는지 확인하시오. (a에서 구한 백분율이 유효 숫자 네 자리까지 정확하다고 가정한다.)

Nt	304	303.956 u
Nt	305	304.962 u
Nt	306	305.978 u

124. 중성자별은 고체 핵물질인 초기 중성자로 이루어져 있다고 여겨진다.

(a) 중성자의 지름이 1.0×10^{-13} cm일 때 중성자의 밀도를 g/cm^3 단위로 계산하시오(구의 부피 $= \frac{4}{3}\pi r^3$).

(b) 중성자별의 밀도가 중성자와 같다고 가정하고 반지름이 0.10 mm인 구형 조약돌 크기 중성자별의 작은 조각 질량을 킬로그램 단위로 계산하시오.

집단 활동 문제

집단을 이루어 다음 문제에 대해 토의하고 합의된 답을 기록한다.

125. 다음 표의 빈칸을 채우시오.

입자	질량(u)	전하	핵 안에 있는가? (예/아니요)	^{32}S 원자 내 개수	^{79}Br 이온 내 개수
양성자					
중성자					
전자					

126. 산소 원자를 그리시오. 가장 많은 존재비의 동위원소에 대한 양성자, 전자, 중성자의 수를 정확히 표시하시오. 다음 기호를 사용하시오.

양성자: ● 중성자: ○ 전자: •

127. 다음 표에는 Mendeleev가 주기율표를 만들 때 사용한 것과 유사한 데이터가 포함되어 있다. 작은 카드에 화학 기호, 원자 질량, 각 원소로 구성된 안정한 화합물을 적고 원자 질량의 증가 순으로 카드를 배열하시오. 반복되는 패턴이 관찰되는가? 자신이 관찰한 패턴에 대해 설명하시오. (힌트: 패턴 어딘가에 빠진 원소가 하나 있다.)

원소	원자 질량	안정한 화합물	원소	원자 질량	안정한 화합물
Be	9	$BeCl_2$	O	16	H_2O
S	32	H_2S	Ga	69.7	GaH_3
F	19	F_2	As	75	AsF_3
Ca	40	$CaCl_2$	C	12	CH_4
Li	7	LiCl	K	39	KCl
Si	28	SiH_4	Mg	24.3	$MgCl_2$
Cl	35.4	Cl_2	Se	79	H_2Se
B	10.8	BH_3	Al	27	AlH_3
Ge	72.6	GeH_4	Br	80	Br_2
N	14	NF_3	Na	23	NaCl

128. 127번 문제의 카드를 원자 질량이 왼쪽에서 오른쪽으로 증가되고, 비슷한 성질을 가진 원소들이 위아래에 위치하도록 배열하시오. 자신이 만든 주기율표를 종이 한 장에 복사하시오. 빠진 원소가 하나 있는데, 그것의 질량과 그것이 만들 수 있는 안정한 화합물을 하나 예측하시오.

데이터 분석 및 해석

129. 다음 그래프는 주기율표에 있는 19개 원소의 원자 반지름을 나타낸 것이다.

(a) H(원자 번호 1)에서 K(원자 번호 19)로 감에 따라 나타나는 원자 반지름의 경향에 대해 설명하시오.

(b) 파란색 점으로 표시된 세 원소를 주기율표에서 찾으시오. 주기율표에서 이 세 원소의 위치는 어떠한가?

(c) 빨간색 점으로 표시된 세 원소를 주기율표에서 찾으시오. 주기율표에서 이 세 원소의 위치는 어떠한가?

(d) 그래프상으로는 C의 반지름이 얼마인가?

원소 1~19번의 원자 반지름

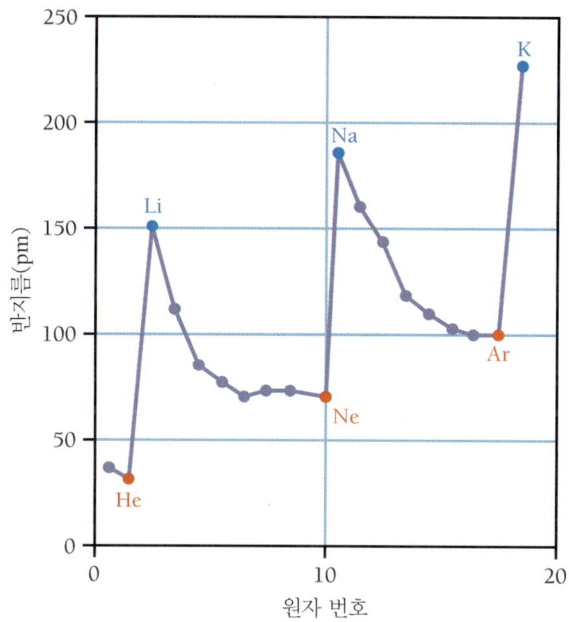

연습문제 해답

4.1 (a) 소듐, 11
(b) 니켈, 28
(c) 인, 15
(d) 탄탈럼, 73

4.2 (a) 비금속
(b) 비금속
(c) 금속
(d) 준금속

4.3 (a) 알칼리 금속, 1족
(b) 13족
(c) 할로젠, 17족
(d) 비활성 기체, 18족

4.4 (a) 2+
(b) 1−
(c) 3−

4.5 양성자 16개, 전자 18개

4.6 K^+와 Se^{2-}

4.7 Z = 17, A = 35, Cl-35, $^{35}_{17}Cl$

4.8 양성자 19개, 중성자 20개

4.9 24.31 u

확인문제 해답

4.1 (b) 원자에 대한 Rutherford의 핵 모형은 원자 질량의 대부분이 핵이라는 작은 공간에 집중되어 있음을 시사한다.

4.2 (c) u의 질량은 양성자 수에 중성자 수를 더한 것과 거의 같으므로 이 원자의 질량은 약 12 u이다. 이 원자에는 같은 수의 양성자와 전자가 포함되어 있으므로 전하 중성이다.

4.3 (b) 텔루륨의 원자 번호는 52번이며, 이는 핵에 52개의 양성자가 포함되어 있음을 의미한다.

4.4 (d) 납은 금속(그림 4.12 참조)이자 주족 원소(그림 4.13 참조)이다.

4.5 (b) 준금속 중 어느 것도 전이 원소가 아니다(그림 4.12, 4.13 참조).

4.6 (a) 산소가 2개의 전자를 얻으면 오른쪽 상단에 표시된 2−의 전하를 얻는다.

4.7 (a) 중성 소듐 원자에는 11개의 전자가 있고, Na^+에는 10개의 전자가 있다. 중성 마그네슘 원자에는 12개의 전자가 있고, Mg^{2+}에는 10개의 전자가 있다.

4.8 (c) 가벼운 동위원소 $^{12}_{6}C$는 6개의 양성자와 6개의 중성자를 가지고 있다. 이 그림에는 6개의 양성자(원 6개)와 6개의 중성자(사각형 6개)가 들어 있다.

4.9 (b) 이 원자는 (27 − 14) = 13개의 양성자를 가져야 한다. 원자 번호가 13번인 원소는 Al이다.

4.10 (b) C-12와 C-13은 원자의 표현 방식이 다를 것 같지 않다. 두 동위원소의 차이는 C-13이 핵 속에 여분의 중성자를 하나 더 가진다는 것이기 때문이다. 그림은 전체 원자를 나타낸 것으로, 핵을 표현하려는 시도가 없다. 원자의 핵은 원자 자체의 크기에 비해 매우 작으며, 여분의 중성자는 원자 크기에 영향을 주지 않는다.

4.11 (b) 동위원소 B의 자연 존재비가 동위원소 A의 자연 존재비보다 크다. 원자 질량이 동위원소 A의 원자 질량보다 동위원소 B의 원자 질량에 더 가깝기 때문이다.

▲ 일반적인 설탕은 슈크로스라는 화합물이다. 슈크로스 한 분자는 그림에서 보듯이 탄소, 수소, 산소 원자를 포함하고 있다. 그러나 슈크로스의 특성은 탄소(여기서는 흑연의 형태), 수소, 산소 원자와 전혀 다르다. 일반적으로 화합물의 특성은 구성 원소의 특성과는 다른 양상을 보인다.

5 분자와 화합물

"우리 삶의 거의 모든 부분은 분자 수준에서 설계되어 있다.
따라서 분자를 이해하지 않고서는 삶의 본질에 대해 피상적으로 이해할 수밖에 없다."

— Francis Harry Compton Crick(1916~2004)

개요

5.1 설탕과 소금

광택을 가진 소듐은 공기에 노출되는 즉시 광택을 잃으며 매우 반응성이 크고 독성을 가진 금속이다(그림 5.1). 만약 인지하기 충분한 소듐을 섭취했다면 즉시 의료진의 도움을 받아야 한다. 옅은 황색 기체인 염소 역시 소듐 못지않게 반응성이 크고 독성이 있다(그림 5.2). 그러나 이 두 가지 원소로 이루어진 화합물인 염화 소듐은 식염이라 부르는 상대적으로 안전한 조미료이다(그림 5.3). 원소가 결합하여 화합물을 형성할 때 그 성질이 완전히 바뀐다.

주변의 평범한 설탕을 생각해보자. 설탕은 탄소, 수소, 산소로 이루어진 화합물이다. 세 가지 원소는 각자 고유한 특성이 있다. 탄소는 연필심에서 볼 수 있는 흑연 또는 보석으로 된 다이아몬드로 잘 알려져 있다. 수소는 우주선의 연료로 사용되는 가장 대표적인 가연성 기체

▶ **그림 5.1 원소 소듐.** 무른 금속인 소듐은 공기 중에 노출되어 즉시 광택을 잃는 반응성이 큰 금속이다.

▶ **그림 5.2 원소 염소.** 염소는 황색의 자극성 기체로 반응성이 매우 크며 독성을 띤다.

▲ 그림 5.3 **염화 소듐.** 소듐과 염소에 의해 생성된 화합물은 소금이다.

이며, 산소는 공기를 구성하는 기체 중의 하나이다. 그러나 세 가지 물질이 결합하여 설탕이 될 때 달콤하고 하얀 결정성 고체가 만들어진다.

4장에서는 양성자, 중성자, 전자가 어떻게 각각의 고유한 특성과 화학적 성질을 가진 서로 다른 원소를 구성할 수 있는지를 공부했다. 이 장에서는 어떻게 원소가 서로 결합하여 다른 화합물과도 다르고 그 구성 원소와도 전혀 다른, 고유한 특성과 화학적 성질을 가진 갖가지 화합물이 만들어지는지 배울 것이다. 양성자, 중성자, 전자와 같은 단순함에서 어떻게 그런 복잡함을 얻을 수 있느냐는 점은 자연의 위대한 경이로움이다. 그러나 이 복잡성이야말로 생명을 가능케 하는 것이다. 만약 원소가 서로 결합하여 화합물을 만들지 않았다면 91개의 원소만으로는 생명이 존재할 수 없을 것이다. 살아 있는 유기체를 만드는 데에는 모든 다양한 형태의 화합물이 필요하다.

5.2 일정 성분비 법칙을 나타내는 화합물

▶ 일정 성분비 법칙을 다시 살펴보고 응용한다.

일상생활에서 접하는 물질 중 몇몇은 원소이지만 대부분은 화합물이다. 자유 원자는 자연 상태에서는 드물다. 3장에서 배웠듯이 화합물은 원소를 섞어놓은 혼합물과는 다르다. 화합물에서는 각각의 구성 원소가 고정된, 일정한 성분비로 결합하는 반면에, 혼합물에서는 그 원소들이 어떤 비율이라도 가질 수 있다. 수소와 산소가 섞여 있는 혼합 기체(그림 5.4)와 화합물인 물(그림 5.5)의 차이를 살펴보자. 수소와 산소의 혼합물은 수소와 산소의 어떤 비율이든지 가질 수 있다. 반면에, 물의 경우 하나의 산소 원자에 붙어 있는 2개의 수소 원자로 구성된 물 분자로 구성되어 있다. 결과적으로 물은 산소와 수소의 일정한 구성비를 가진다고 할 수 있다.

혼합물에서 수소와 산소의 비는 다양하다.

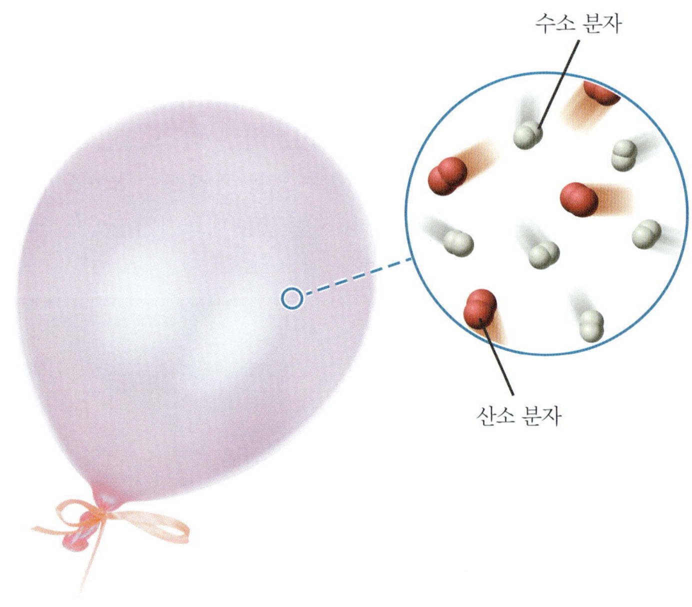

▲ 그림 5.4 **혼합물.** 이 풍선은 수소와 산소의 혼합 기체로 가득 차 있다. 수소와 산소의 상대적인 양은 계속 변할 수 있다. 더 많은 수소 기체 또는 더 많은 산소 기체를 풍선 안에 넣을 수 있을 것이다.

물에서 수소와 산소의 비는 일정하다.

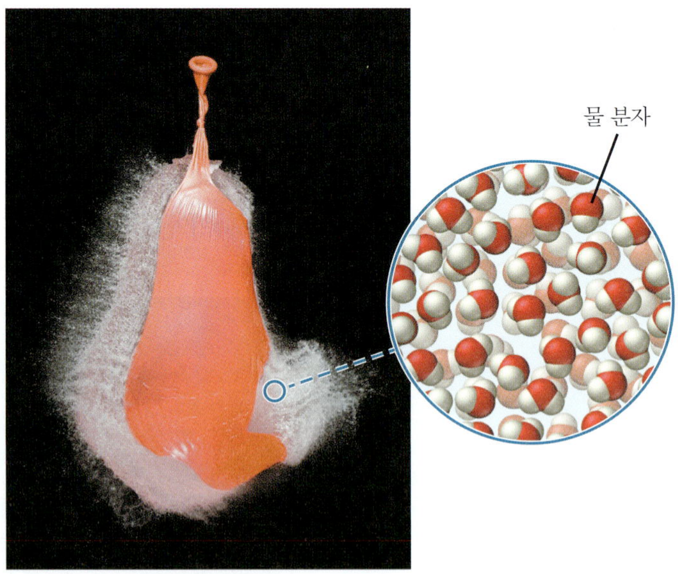

1개의 산소 원자(●)마다 2개의 수소 원자(●)

▲ 그림 5.5 **화합물.** 이 풍선은 산소와 수소의 일정한 구성비로 이루어진 물로 가득 채워져 있다.

원소가 화합물을 이룰 때는 구성 원소끼리 고정된 비율로 결합한다는 생각을 **일정 성분비 법칙**(law of constant composition)이라고 공식적으로 주장한 최초의 화학자는 Joseph Proust(1754~1826)이다. 일정 성분비 법칙은 다음과 같다.

주어진 어떤 화합물의 모든 시료는 그 화합물을 구성하는 원소의 비율이 같다.

예를 들어 18.0 g의 물을 분해하면 16.0 g의 산소와 2.0 g의 수소를 얻거나, 다음과 같은 산소 대 수소 질량비를 얻는다.

구성 원자가 정수비로 결합했다고 해서 질량비까지 반드시 정수인 것은 아니다.

$$\text{질량비} = \frac{16.0\text{ g O}}{2.0\text{ g H}} = 8.0 \text{ 또는 } 8.0 : 1$$

이것은 어디서 물을 취하든 상관없이 순수한 물에 적용된다. 일정 성분비 법칙은 물뿐만 아니라 모든 화합물에도 적용된다. 17.0 g의 암모니아를 분해하면 14.0 g의 질소와 3.0 g의 수소를 얻거나, 다음과 같은 질소 대 산소 질량비를 가진다.

$$\text{질량비} = \frac{14.0\text{ g N}}{3.0\text{ g H}} = 4.7 \text{ 또는 } 4.7 : 1$$

다시 말해 이 비율은 암모니아의 어떤 시료에 대해서도 같다. 즉, 각 화합물의 성분이 일정하다.

예제 5.1 화합물의 일정 성분비

각기 다른 두 곳에서 얻은 이산화 탄소의 시료가 각각 구성 원소로 분해되었다. 한 시료에서는 4.8 g의 산소와 1.8 g의 탄소를 얻었고, 다른 시료에서는 17.1 g의 산소와 6.4 g의 탄소를 얻었다. 이러한 결과가 일정 성분비 법칙과 일치하는지 밝히시오.

이를 밝히기 위해 더 큰 질량을 더 작은 것으로 나누어 한 원소에 대한 질량비를 계산한다.	**답**
첫 번째 시료:	$\frac{\text{산소 질량}}{\text{탄소 질량}} = \frac{4.8\text{ g}}{1.8\text{ g}} = 2.7$
두 번째 시료:	$\frac{\text{산소 질량}}{\text{탄소 질량}} = \frac{17.1\text{ g}}{6.4\text{ g}} = 2.7$

두 경우 서로 비율이 같으므로 이러한 결과가 일정 성분비 법칙과 일치한다.

▸ **연습문제 5.1 | 화합물의 일정 성분비**

각기 다른 두 곳에서 취한 일산화 탄소(carbon monoxide)가 각각 구성 원소로 분해되었다. 한 표본에서는 4.3 g의 산소와 3.2 g의 탄소를 얻었고, 다른 표본에서는 7.5 g의 산소와 5.6 g의 탄소를 얻었다. 이 두 결과는 일정 성분비 법칙과 일치하는가?

▸ **심화 학습** 예제 5.16/복습문제 25, 26

확인문제 5.1

원소 A와 B로 이루어진 어떤 화합물이 A의 질량/B의 질량 = 3.0의 비를 가진다. 그 화합물을 분해했더니 9.0 g의 원소 A를 얻을 수 있었다. 원소 B의 질량은 얼마인가?

(a) 27.0 g B (b) 9.0 g B (c) 3.0 g B (d) 1.0 g B

5.3 화학식: 화합물을 표현하는 방법

- ▶ 화학식을 쓴다.
- ▶ 화학식에서 각 원자의 총수를 구한다.

화합물에 존재하는 원소와 그 상대적인 원자 개수를 표시하는 **화학식**(chemical formula)으로 화합물을 나타낼 수 있다. 예를 들어 H_2O는 물의 화학식이다. 이것은 물이 수소 원자와 산소 원자가 2:1의 비율로 구성되어 있음을 나타낸다(화학식에서 비율은 질량비가 아니라 원자 수의 비라는 것에 유의하라). 화학식은 각 원소에 대한 원소 기호가 포함되어 있으며, 해당 원소의 원자 수를 나타내는 아래첨자가 표시된다. 첨자가 1일 경우에는 생략한다.

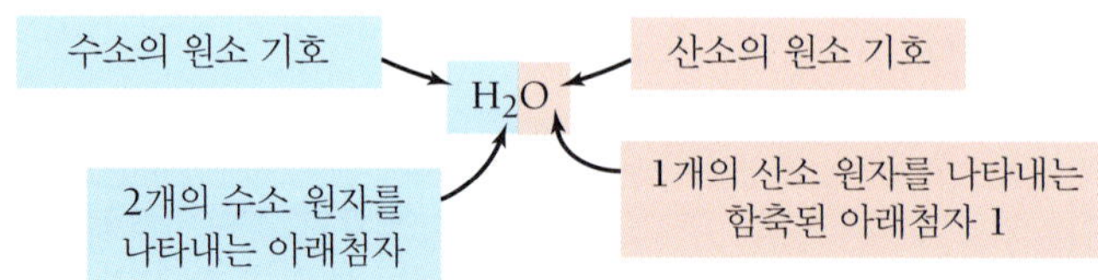

화합물은 일정한 비율의 원자로 구성되어 있기 때문에 질량에 대해 일정 성분비(앞 절에서 배움)를 가진다.

흔히 쓰이는 몇몇 종류의 화학식에는 소듐과 염소 원자의 비율이 1:1임을 나타내는 소금의 화학식 NaCl(소금)과 탄소와 산소 원자가 1:2 비율로 이루어져 있음을 나타내는 이산화 탄소의 화학식 CO_2, 탄소:산소:수소의 비율이 12:22:11임을 나타내는 설탕(슈크로스)의 화학식인 $C_{12}H_{22}O_{11}$ 등이 있다. 화학식에 있는 아래첨자는 화합물의 정의 부분이다. 만약 화학식 아래의 숫자가 바뀐다면 그 화학식은 더 이상 같은 화합물을 뜻하는 것이 아니다. 예를 들어 CO는 건강에 악영향을 주는 공기 오염물질인 일산화 탄소를 나타내는 화학식이다. 이것을 흡입하면 일산화 탄소가 혈액의 산소 운반작용을 방해하여 매우 치명적인 상태에 빠질 수 있다. CO는 너무 많은 자동차 매연을 들이쉰 사람들의 죽음에 주된 책임이 있는 물질이다. 그러나 CO의 화학식에서 O 아래의 첨자 1을 2로 바꾼다면 완전히 다른 물질의 화학식이 된다. CO_2는 이산화 탄소의 화학식으로, 이 물질은 연소와 호흡의 결과물로서 상대적으로 인체에 비교적 해가 없는 물질이다. 사람은 항상 소량의 CO_2를 들이쉬었다가 내뱉고 있으며 이 과정에서 아무런 해도 입지 않는다. 다음을 기억하라.

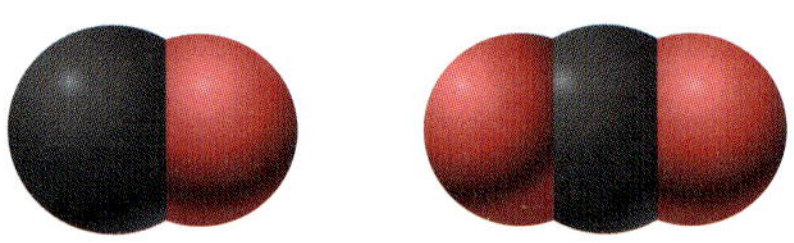

CO　　CO_2

화학식에 있는 아래첨자는 화합물을 구성하는 원자의 상대적인 개수를 나타낸 것으로, 주어진 화합물에서는 절대로 변하지 않는다.

화학식에서는 일반적으로 금속 원소를 맨 앞에 쓴다. 따라서 소금의 화학식은 ClNa가 아니고 NaCl이 된다. 금속을 포함하지 않는 화학식의 경우 더 금속성이 강한 원소를 먼저 쓴다. 4장에서 금속이 주기율표의 왼쪽에, 비금속이 주기율표의 오른쪽 위에 있었던 것을 상기하라. 다시 말해서, 비금속 중 주기율표 왼쪽에 있는 것이 오른쪽에 있는 것보다 더 금속성이 강한 것이므로 더 먼저 쓰인다. 그래서 CO_2를 O_2C라고 쓰거나, NO를 ON으로 쓰지 않는다. 주기율표의 같은 족에서 아래로 내려갈수록 더 금속성이 강해진다. 그래서 O_2S가 아니라 SO_2라 쓴다. 화학식에서 비금속 원소의 표기 순서는 표 5.1과 같다.

가장 금속성이 강한 원소를 먼저 쓰는 방식에 몇 가지 역사적인 예외가 존재하는데, OH^-로 쓰이는 수산화 이온(hydroxide ion)과 같은 것이 있다.

표 5.1 화학식에서의 비금속성 원소의 나열 순서

C	P	N	H	S	I	Br	Cl	O	F

왼쪽에 있는 원소는 일반적으로 오른쪽에 있는 원소 앞에 나열한다.

예제 5.2 화학식 작성

다음 각각의 화학식을 쓰시오.

(a) 산소 원자 3개당 알루미늄 원자 2개로 구성된 화합물
(b) 황 원자 1개당 산소 원자 3개로 이루어진 화합물
(c) 탄소 원자 1개당 염소 원자 4개로 이루어진 화합물

	답
알루미늄은 금속이기 때문에 먼저 나열된다.	(a) Al_2O_3
주기율표에서 황은 산소보다 아래에 있고 표 5.1에서 산소 앞에 있으므로 황을 먼저 나타낸다.	(b) SO_3
탄소는 주기율표에서 염소의 왼쪽에 있고 표 5.1에서 염소 앞에 있으므로 탄소를 먼저 나타낸다.	(c) CCl_4

▶ **연습문제 5.2 | 화학식 작성**
다음 각각의 화학식을 쓰시오.

(a) 황 원자 1개당 은 원자 2개로 이루어진 화합물
(b) 산소 원자 1개당 질소 원자 2개로 이루어진 화합물
(c) 타이타늄 원자 1개당 산소 원자 2개로 이루어진 화합물

▶ **심화 학습** 예제 5.17/복습문제 31~34

화학식에서의 다원자 이온

몇몇 화학식은 하나의 단위처럼 행동하는 원자단을 포함하기도 한다. 같은 종류의 원자단이 2개 이상 존재할 경우, 같은 원자단의 단위 수를 나타내기 위해 아래첨자와 함께 괄호 안에 원자단의 개수를 표시한다. 이러한 원자단 중 많은 수가 그들과 연관된 전하를 가지며, **다원자 이온**(polyatomic ion)이라고 한다. 예를 들어 NO_3^-는 1− 전하를 가진 다원자 이온이다. 다원자 이온은 5.5절에 더 상세하게 설명되어 있다.

괄호 안에 있는 원자단을 포함하는 화합물 내의 각 원자의 총수를 결정하려면 괄호 바깥의 아래첨자를 괄호 안에 있는 각 원자에 해당하는 아래첨자에 곱하면 된다. 예를 들어 $Mg(NO_3)_2$는 1개의 마그네슘 원자(Mg^{2+}이온으로 표현)와 2개의 NO_3^- 원자단을 포함하는 화합물임을 알려준다.

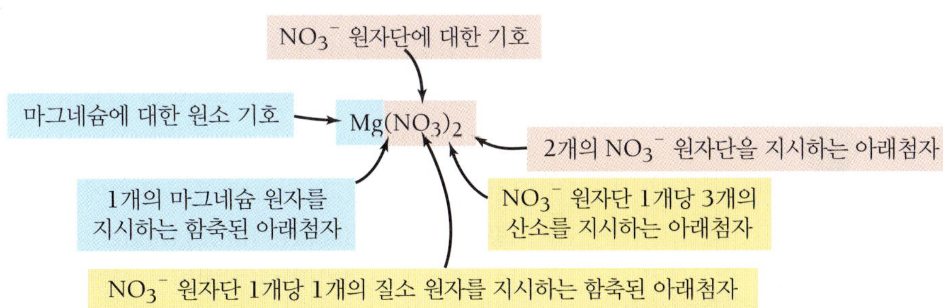

따라서 앞의 식은 다음과 같은 원자 개수를 가지게 된다.

Mg: 1개의 Mg
N: $1 \times 2 = 2$개의 N (괄호 안의 1과 괄호 바깥의 2를 곱함)
O: $3 \times 2 = 6$개의 O (괄호 안의 3과 괄호 바깥의 2를 곱함)

예제 5.3 화학식에서 각 원자의 총수

$Mg_3(PO_4)_2$에서 각 원자의 개수를 구하시오.

답

Mg: 아래첨자 3으로 3개의 Mg 원자(Mg^{2+} 이온으로 존재)가 존재함을 알 수 있다.
P: 괄호 안의 P의 아래첨자 1(함축됨)과 괄호 바깥의 아래첨자 2를 곱하면 2개의 P 원자가 존재함을 알 수 있다.
O: 괄호 안의 O의 아래첨자 4와 괄호 바깥의 아래첨자 2를 곱하면 8개의 O 원자가 존재함을 알 수 있다.

▸ **연습문제 5.3 | 화학식에서 각 원자의 총수**

K_2SO_4에서 각 원자의 개수를 구하시오.

▸ **연습문제 5.3+**

$Al_2(SO_4)_3$에서 각 원자의 개수를 구하시오.

▸ **심화 학습** 예제 5.18/복습문제 35~38

✔ 확인문제 5.2

다음 중 원자의 개수가 가장 많은 것은 무엇인가?
(a) $Al(C_2H_3O_2)_3$ (b) $Al_2(Cr_2O_7)_3$ (C) $Pb(HSO_4)_4$ (d) $Pb_3(PO_4)_4$

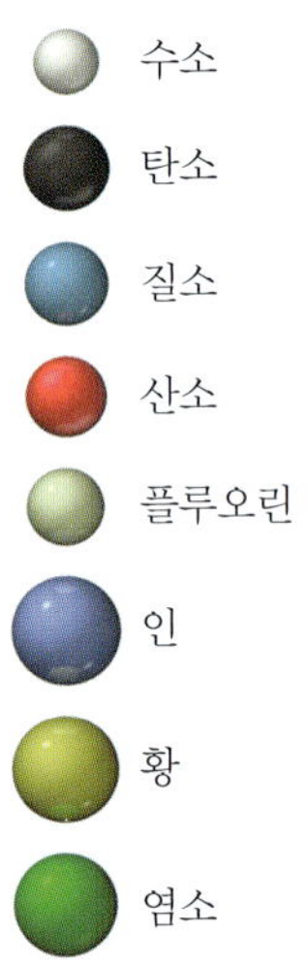

화학식의 유형

화학식은 실험실, 분자식, 구조식으로 분류할 수 있다. **실험식**(empirical formula)은 화합물의 각 원소 원자에 대한 가장 단순한 정수비이다. **분자식**(molecular formula)은 화합물 분자에서 각 원자의 실제 개수이다. 예를 들어 과산화 수소에 대한 분자식은 H_2O_2이고, 그 실험식은 HO이다. 분자식은 항상 실험식의 정수배이다. 많은 화합물의 경우 분자식과 실험식이 같다. 예를 들어 물 분자에 대한 실험식과 분자식은 H_2O이다. 물 분자는 2개의 수소 원자와 1개의 산소 원자를 포함하고 있기 때문이다. 더 간단한 정수비로 산소 원자에 대한 수소 원자의 상대 숫자를 표현할 수 없다.

구조식(structural formula)은 화학 결합을 나타내기 위해 선을 사용하고 한 분자에 있는 원자들이 서로 어떻게 연결되어 있는지를 보여준다. 과산화 수소에 대한 구조식은 H—O—O—H이다. 식에 덧붙여 화합물을 표현하는 데 **분자 모형**(molecular model, 분자의 3차원 구조의 표현)도 사용한다. 이 책에서는 두 종류의 분자 모형(공-막대 모형과 공간 채움 모형)을 사용한다. **공-막대 모형**(ball-and-stick model)에서 원자는 공으로, 화학 결합은 막대로 표현한다. 공과 막대는 분자의 형태를 표현하기 위해 연결되어 있다. 공은 색으로 구분되어 있고, 각 원자에는 왼쪽에 나타낸 색상으로 할당되어 있다.

공간 채움 모형(space-filling model)에서 원자를 눈에 보이는 크기로 비율을 맞춘다면 분자가 어떻게 보일지에 대한 최선의 생각에, 최대한 근접하게 표현하기 위해 원자는 서로 공간을 채우게 된다. 천연가스의 주성분인 메테인 분자를 표현하는 다음 방식을 살펴보자.

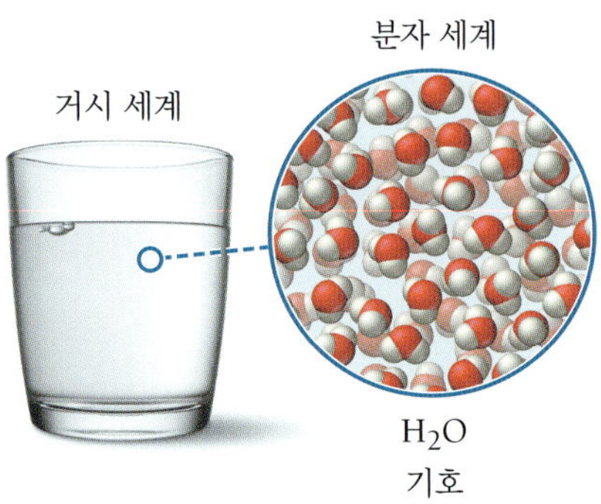

CH_4
분자식

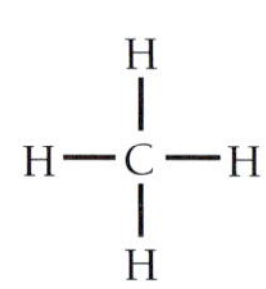

구조식

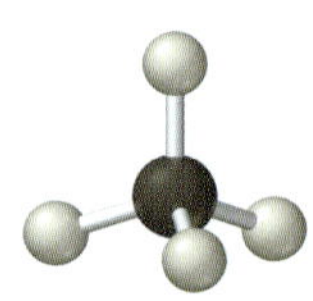
공-막대 모형

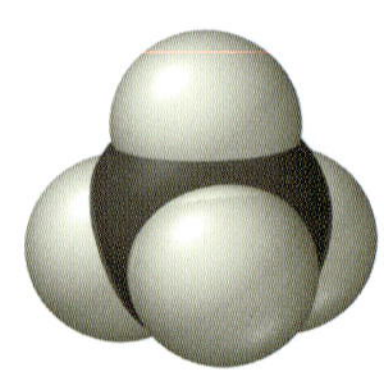
공간 채움 모형

메테인의 분자식은 메테인이 1개의 탄소 원자와 4개의 수소 원자를 가지고 있음을 알려준다. 구조식은 원자가 어떻게 연결되어 있는지를 보여준다. 각 수소 원자는 중심 탄소 원자에 연결되어 있다. 공-막대 모형과 공간 채움 모형은 분자의 **기하 구조**(원자가 3차원으로 배열되는 방식)를 설명해준다.

이 책 전반에 걸쳐 **거시 세계**(우리가 보는 것)와 **원자 및 분자 세계**(물질을 구성하는 입자) 사이의 연결을 보여주는 그림과 화학자이 원자 및 분자 세계를 표현하는 **기호 방식**을 이미 보아왔고 또 계속 보게 될 것이다. 예를 들어 왼쪽에는 이런 종류의 그림을 이용한 물의 표현이다.

이러한 그림의 주요 목표는 이 책의 주된 주제인 **우리 주변 세계와 원자 및 분자의 세계 사이의 연결**을 시각화하도록 도움을 주는 것이다.

확인문제 5.3

공간 채움 모형으로 나타낸 다음 화합물의 화학식은 무엇인가?

(a) H_2O (b) H_2C_2 (C) HO_2 (d) H_2O_2

5.4 원소와 화합물에 대한 분자적 관점

- 원소를 원자 또는 분자로 분류한다.
- 화합물을 이온 결합 화합물과 분자 화합물로 분류한다.

S_8이나 P_4의 경우처럼 몇몇 분자 원소는 여러 개의 원자를 포함하는 분자로 구성된다.

3장에서는 순물질을 원소 또는 화합물 두 종류로 나눌 수 있다고 배웠다. 원소나 화합물은 그것을 구성하고 있는 기본 단위에 따라서 더 작게 나뉠 수 있다(그림 5.6). 순물질은 원소 또는 화합물로 분류되고 원소는 원자 또는 분자로 분류된다. 화합물은 분자 또는 이온 결합 화합물일 것이다.

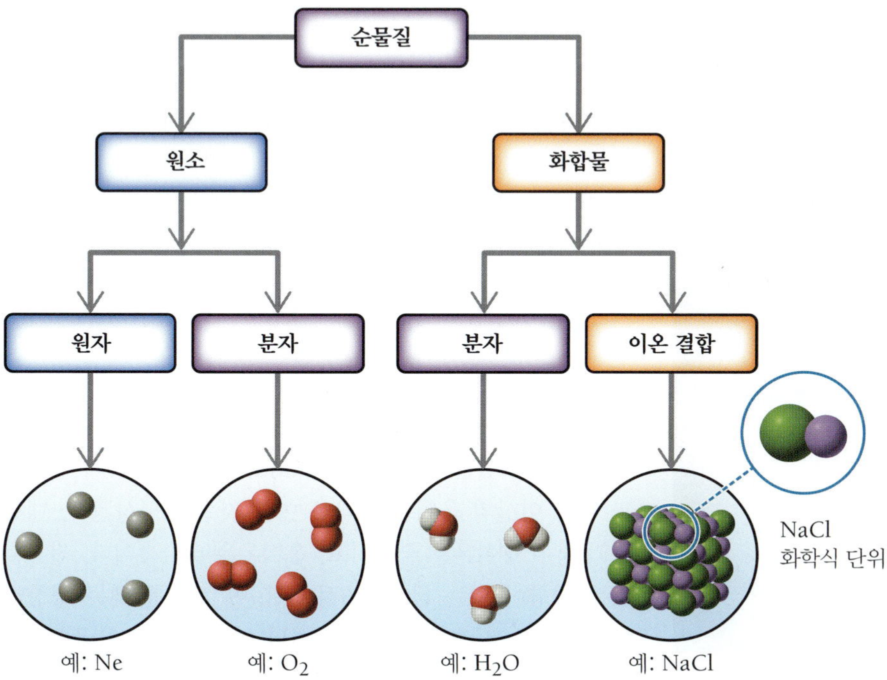

▲ **그림 5.6 원소와 화합물에 대한 분자적 관점**

원자 원소

원자 원소(atomic element)는 자연 상태에서 단일 원자 상태의 기본 단위로 존재하는 물질이다. 대부분 원소는 이 범주에 속한다. 예를 들어 헬륨은 헬륨 원자로 이루어져 있고 구리는 구리 원자로, 수은은 수은 원자로 이루어져 있다(그림 5.7).

분자 원소

분자 원소(molecular element)는 보통 자연 상태에서 단일 원자 상태의 기본 단위로 존재하지 않는다. 그 대신에 이러한 물질은 기본 단위로 이원자 분자(diatomic molecule), 즉 두 원자가 서로 결합한 형태로 존재한다. 예를 들어 수소의 경우 H_2 분자로 존재하며, 산소와 염소의 경우 각각 O_2와 Cl_2의 분자로 존재한다(그림 5.8). 이원자 분자로 존재하는 원소는 표 5.2와 그림 5.9에 나타냈다.

수은은 이루고 있는 기본 단위는 단일 수은 원자이다.

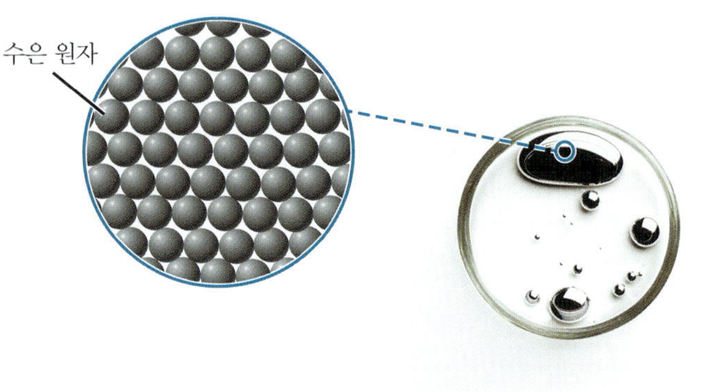

▲ 그림 5.7 **원자 원소**

염소는 염소 원자 2개로 이루어진 이원자 염소 분자

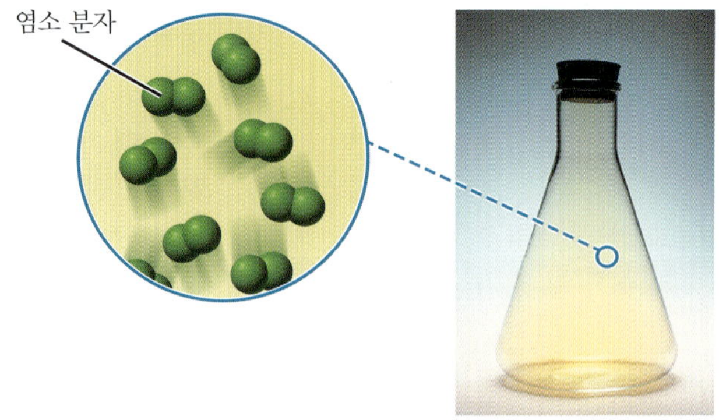

▲ 그림 5.8 **분자 원소**

표 5.2 이원자 분자로 존재하는 원소

원소명	기본 단위의 화학식
수소	H_2
질소	N_2
산소	O_2
플루오린	F_2
염소	Cl_2
브로민	Br_2
아이오딘	I_2

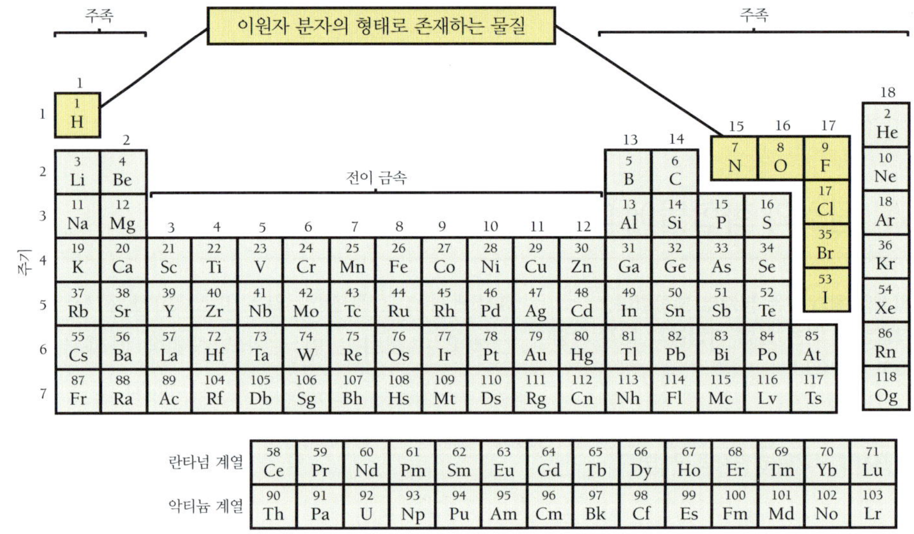

▶ 그림 5.9 **이원자 분자를 형성하는 원소.** 일반적으로 이원자 분자의 형태로 존재하는 원소는 주기율표에 노란색으로 표시해놓았다. 이는 모두 비금속이며, 4개의 할로젠 원소가 포함되어 있음에 주목하라.

드라이아이스의 기본 단위는 CO_2 분자이다.

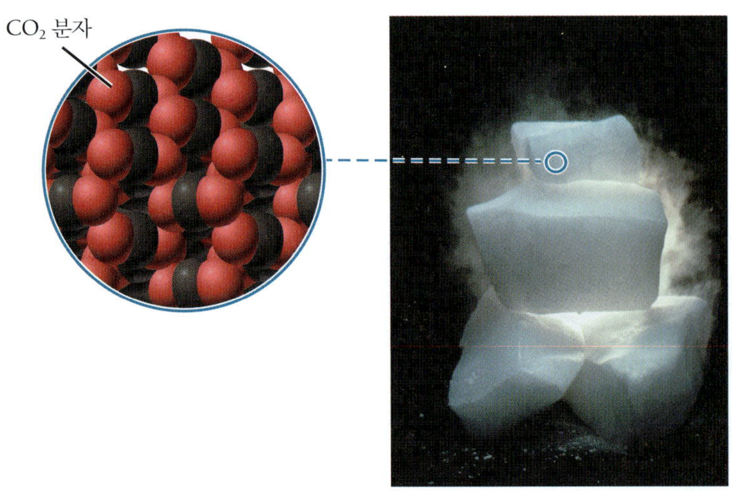

▲ 그림 5.10 **분자 화합물**

분자 화합물

분자 화합물(molecular compound)은 두 가지 이상의 비금속 원자의 결합으로 이루어진 화합물이다. 분자 화합물의 기본 단위는 구성 원자의 결합으로 이루어진 분자이다. 예를 들어 물은 H_2O 분자로, 드라이아이스는 CO_2 분자로(그림 5.10), 아세톤(매니큐어를 지울 때 사용)은 C_3H_6O 분자로 이루어져 있다.

이온 결합 화합물

이온 결합 화합물(ionic compound)은 하나 이상의 양이온과 하나 이상의 음이온이 짝을 이룬 것으로 구성된다. 대부분의 경우 양이온은 금속이고, 음이온은 비금속이다. 전자를 잃는 경향이 있는 금속(4.6절 참조)이 전자를 얻는 경향이 있는 비금속과 결합하게 되면 하나 이상의 전자가 금속에서 비금속으로 옮겨가면서 서로 끌어당기는 양이온과 음이온을

식염의 기본 단위는 NaCl 화학식 단위이다.

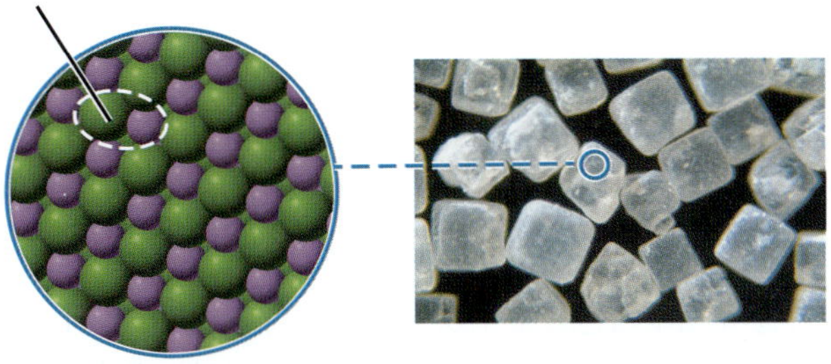

▲ **그림 5.11 이온 결합 화합물.** 분자 화합물과 달리 이온 결합 화합물은 각각의 분자가 포함된 것이 아니라 삼차원적으로 번갈아가며 정렬된 소듐과 염화 이온이 포함된다.

만든다. 금속과 비금속으로 이루어진 화합물을 이온 결합 화합물이라 가정할 수 있다. 이온 결합 화합물의 기본 단위는 이온의 가장 작은 전기적 중성 집합체인 **화학식 단위**(formula unit)이다. 화학식 단위는 그들이 분리된 독립체로 존재하는 것이 아니라 큰 격자의 부분으로 존재한다는 점에서 분자와는 다르다. 예를 들어 소금(NaCl)은 Na^+ 이온과 Cl^-이온이 1:1의 비율로 이루어져 있다. 식염에서 Na^+ 이온과 Cl^-이온이 번갈아 가며 삼차원 배열로 존재한다(그림 5.11). 그러나 어떤 하나의 Na^+ 이온이 하나의 특정 Cl^- 이온과 짝을 이루는 것은 아니다. 가끔 화학자들이 화학식 단위를 분자로 언급하기는 하지만, 이온 결합 화합물은 별개의 분자가 포함된 것이 아니므로 엄밀히 말하면 옳은 설명이 아니다.

예제 5.4 원자 원소, 분자 원소, 분자 화합물, 이온 결합 화합물로 분류하기

다음 각각의 물질을 원자 원소, 분자 원소, 분자 화합물, 이온 결합 화합물로 분류하시오.

(a) 크립톤 (b) $CoCl_2$ (c) 질소 (d) SO_2 (e) KNO_3

답

(a) 크립톤은 표 5.2에 있는 이원자 분자에 표기되어 있지 않다. 따라서 크립톤은 원자 원소이다.

(b) $CoCl_2$는 금속(주기율표에서 왼쪽)과 비금속(주기율표에서 오른쪽)으로 이루어져 있으므로 이온 결합 화합물이다.

(c) 질소는 표 5.2에 이원자 분자로 열거된 원소이다. 따라서 질소는 분자 원소이다.

(d) SO_2는 두 비금속으로 이루어져 있으므로 분자 화합물이다.

(e) KNO_3는 금속과 2개의 비금속으로 이루어져 있으므로 이온 결합 화합물이다.

▶ **연습문제 5.4 | 원자 원소, 분자 원소, 분자 화합물, 이온 결합 화합물로 분류하기**

다음 각각의 물질을 원자 원소, 분자 원소, 분자 화합물, 이온 결합 화합물로 분류하시오.

(a) 염소 (b) NO (c) Au (d) Na_2O (e) $CrCl_3$

▶ **심화 학습** 예제 5.19, 5.20/복습문제 43~46

✔ 확인문제 5.4

다음 중 분자 화합물은 무엇인가?

(a)

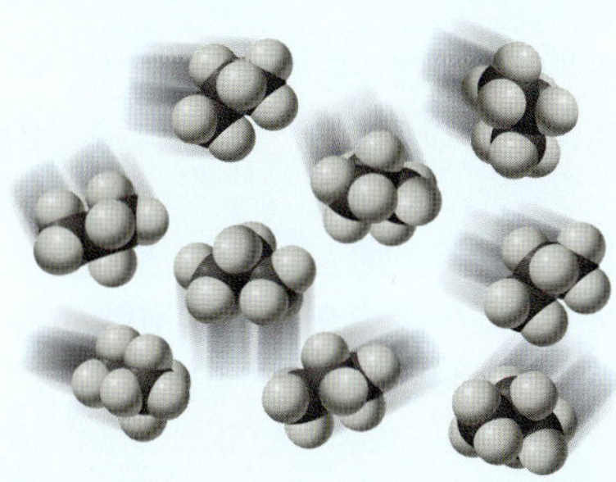

(b)

5.5 이온 결합 화합물의 화학식 작성

▸ 이온 결합 화합물의 화학식을 작성한다.

이온 결합 화합물은 반드시 전하 중성이어야 하고, 많은 원소가 예측 가능한 전하를 가진 한 가지 유형의 이온만 형성하기 때문에, 구성 원소를 기반으로 이온 결합 화합물의 화학식을 결정할 수 있다. 예를 들어 소듐과 염소로 이루어진 이온 결합 화합물의 경우 Na는 항상 1+ 양이온이 되고, Cl은 항상 1− 음이온이 되기 때문에 화학식은 NaCl이어야 한다. 화합물이 전하 중성을 띄려면 Cl^-음이온마다 1개의 Na^+ 양이온을 포함해야 한다. 그러나 마그네슘과 염소로 이루어진 이온 결합 화합물의 경우에는 Mg가 항상 2+ 양이온, Cl이 항상 1− 음이온이 되기 때문에 $MgCl_2$가 되어야 한다. 화합물이 전하 중성으로 되려면 1개의 Mg^{2+} 양이온에 2개의 Cl^- 음이온이 있어야 하는 것이다. 일반적으로 다음과 같다.

예측 가능한 전하의 이온을 형성하는 원소에 대해 알려면 4.7절과 그림 4.14를 복습하라.

- 이온 결합 화합물은 항상 양이온과 음이온을 포함한다.
- 화학식에서 양이온의 모든 전하의 합과 음이온의 모든 전하의 합은 항상 같다.

단원자 이온만 포함된 이온 결합 화합물의 화학식 작성

단원자 이온이 포함된(다원자 이온이 아님) 이온 결합 화합물의 화학식을 쓰려면 다음 예제의 왼쪽 열에 설명된 과정을 따른다. 가운데 열과 오른쪽 열에는 과정 적용 방법의 두 가지 예를 제시했다.

	예제 5.5	**예제 5.6**
이온 결합 화합물의 화학식 작성	알루미늄과 산소로 만들어지는 이온 결합 화합물의 화학식을 쓰시오.	마그네슘과 산소로 만들어지는 이온 결합 화합물의 화학식을 쓰시오.
1. 금속의 원소 기호와 전하량을 먼저 쓰고 비금속의 원소 기호와 전하량을 쓴다. 많은 원소의 경우 이 전하량은 주기율표의 족에 의해 결정된다(그림 4.14 참조).	**답** Al^{3+} O^{2-}	**답** Mg^{2+} O^{2-}
2. 각 이온이 가진 전하의 크기(부호는 생략하고)가 다른 이온의 아래첨자가 되도록 만든다.	Al^{3+} O^{2-} Al_2O_3	Mg^{2+} O^{2-} Mg_2O_2
3. 가능하다면 아래첨자를 약분하여 가장 작은 정수로 만든다.	이 경우 숫자를 더 이상 약분할 수 없으므로 올바른 화학식은 Al_2O_3이다.	아래첨자를 약분하려면 두 아래첨자를 2로 나눈다. $Mg_2O_2 \div 2 = MgO$
4. 양이온의 총전하와 음이온의 총전하가 정확하게 상쇄되는지 확인한다.	양이온: 2(3+) = 6+ 음이온: 3(2−) = 6− 전하가 상쇄된다.	양이온: 2+ 음이온: 2− 전하가 상쇄된다.
	▸ **연습문제 5.5** | 스트론튬과 염소로 만들어지는 화합물의 화학식을 쓰시오.	▸ **연습문제 5.6** | 알루미늄과 질소로 만들어지는 화합물의 화학식을 쓰시오.
		▸ **심화 학습** 복습문제 53, 54, 57

다원자 이온이 포함된 이온 결합 화합물의 화학식 작성

앞에서 살펴보았듯이 몇몇 이온 결합 화합물은 전체 전하를 가진 일련의 원자로 구성된 다원자 이온(polyatomic ion)을 포함한다. 가장 흔한 다원자 이온은 표 5.3과 같다. 어떤 화학식을 쓴다면 다원자 이온을 인식할 수 있어야 하므로 표 5.3을 잘 익혀야 한다. 다원자 이온이 포함된 이온 결합 화합물의 화학식을 표기하려면 예제 5.7과 같이 다원자 이온의 화학식과 전하를 이용한다.

표 5.3 일반적인 몇 가지 다원자 이온

이름	이온식	이름	이온식
아세트산 이온(acetate ion)	$C_2H_3O_2^-$	하이포염소산 이온(hypochlorite ion)	ClO^-
탄산 이온(carbonate ion)	CO_3^{2-}	아염소산 이온(chlorite ion)	ClO_2^-
탄산수소 이온(또는 중탄산 이온)(hydrogen carbonate ion)	HCO_3^-	염소산 이온(chlorate ion)	ClO_3^-
수산화 이온(hydroxide ion)	OH^-	과염소산 이온(perchlorate ion)	ClO_4^-
질산 이온(nitrate ion)	NO_3^-	과망가니즈산 이온(permanganate ion)	MnO_4^-
아질산 이온(nitrite ion)	NO_2^-	황산 이온(sulfateion)	SO_4^{2-}
크로뮴산 이온(chromate ion)	CrO_4^{2-}	아황산 이온(sulfite ion)	SO_3^{2-}
다이크로뮴산 이온(dichromate ion)	$Cr_2O_4^{2-}$	아황산수소 이온(또는 중아황산 이온)(hydrosulfite ion)	HSO_3^-
인산 이온(phosphate ion)	PO_4^{3-}	황산수소 이온(또는 중황산 이온)(hydrogensulfate ion)	HSO_4^-
인산수소 이온(hydrogen phosphate ion)	HPO_4^{2-}	과산화 이온(peroxide ion)	O_2^{2-}
암모늄 이온(ammonium ion)	NH_4^+	사이안화 이온(cyanide ion)	CN^-

예제 5.7 다원자 이온이 포함된 이온 결합 화합물의 화학식 작성

칼슘과 질산 이온에서 만들어지는 화합물의 화학식을 쓰시오.

1. 금속의 기호를 먼저 쓰고, 다원자 이온의 기호와 전하량을 쓴다. 주기율표의 족 수를 통해 전하를 유추할 수 있다. 다원자 이온의 경우 표 5.3의 전하와 이름을 참고한다.	**답** Ca^{2+} NO_3^-
2. 각 이온이 가진 전하의 크기가 다른 이온의 아래첨자가 되게 한다.	$Ca_1(NO_3)_2$
3. 아래첨자가 더 간단한 정수로 나뉘는지 검토하고, 아래첨자 1은 포함되어 있으므로 생략한다.	이 경우 아래첨자를 더 나눌 수 없지만 아래첨자 1은 생략할 수 있다. $Ca(NO_3)_2$
4. 양이온의 총전하와 음이온의 총전하가 정확하게 상쇄되는지 확인한다.	양이온: 2+ 음이온: 2(1−) = 2−

▶ **연습문제 5.7** | 알루미늄과 인산 이온에서 만들어지는 화합물의 화학식을 쓰시오.

▶ **연습문제 5.7+** 소듐과 아황산 이온에서 만들어지는 화합물의 화학식을 쓰시오.

▶ **심화 학습** 예제 5.21/복습문제 55, 56, 58

✔ 확인문제 5.5

몇몇 금속은 다른 화합물에서 다른 전하의 이온을 만들 수 있다. 화합물 $Cr(NO_3)_3$에서 Cr 이온의 전하를 유추하시오.

(a) 1+ (b) 2+ (c) 3+ (d) 1−

5.6 명명법: 화합물의 명명

▶ 화합물의 관용명과 체계명을 구별한다.

화합물의 종류가 너무 많아서 화학자들은 화합물의 이름을 체계적으로 명명하는 방법을 고안해냈다. 이러한 명명 규칙은 화합물의 화학식을 조사하고 이름을 결정하는 데 도움이 될 수 있으며, 그 반대의 경우도 가능할 것이다. 그러나 많은 화합물은 관용명도 역시 가지고 있다. 예를 들어 H_2O는 관용명으로는 **물**이고 체계적 명칭으로는 '일산화 이수소(dihydrogen monoxide)'이다. 관용명은 그 화합물에 친숙한 사람들이 부르는 별명과도 같은 것이다. 물의 경우에는 모두에게 친숙한 화합물이기 때문에 모든 사람이 체계적 명칭이 아니라 관용명을 사용하는 것이다. 다음 절에서는 이온 결합 화합물 또는 분자 화합물의 이름을, 체계적으로 어떻게 명명하는지를 배울 것이다. 그러나 몇몇 화합물에는 체계적인 명칭 대신 쓰이는 관용명도 있다는 것을 기억하라. 관용명은 친숙함을 통해서만 배울 수 있다.

5.7 이온 결합 화합물의 명명

▶ 한 종류의 이온만을 형성하는 금속이 포함된 이성분 이온 결합 화합물을 명명한다.
▶ 두 종류 이상의 이온을 형성하는 금속이 포함된 이성분 이온 결합 화합물을 명명한다.
▶ 다원자 이온이 포함된 이온 결합 화합물을 명명한다.

이온 결합 화합물의 명명에 있어 첫 단계는 그것을 하나로 인식하는 것이다. 화학식에서 금속과 하나 이상의 비금속이 함께 있다는 것을 보게 되면 그것은 이온 결합 화합물이라고 가정할 수 있다는 것을 기억하라. 이온 결합 화합물은 화합물에 있는 금속에 따라 두 가지 종류로 나눌 수 있다(그림 5.12). 첫 번째 유형(때때로 유형 I이라고도 부름)은 변하지 않는 전하(한 화합물에서 다른 화합물로 바뀌어도 전하가 바뀌지 않음)를 가진 금속을 포함한다. 예를 들어 소듐은 모든 화합물에서 1+ 전하를 가지므로 유형 I 화합물을 형성한다. 화합물이 바뀌어도 전하가 일정한 금속의 예는 그림 5.13과 같다. 이러한 금속의 대부분 주기율표의 족 번호를 보고 그 전하를 추측할 수 있다(그림 4.14 참조).

이온 결합 화합물의 두 번째 유형(때때로 유형 II로 부름)은 다른 화합물에서 달라질 수 있는 전하를 가진 금속을 포함한다. 다시 말해, 두 번째 유형의 이온 결합 화합물에서 금속은 2개 이상의 양이온을 형성할 수 있다(화합물에 의존). 예를 들어 철의 경우 일부 화합물에서는 2+ 전하를 갖기도 하고, 다른 화합물에서는 3+ 전하를 갖기도 한다. 이것을 기억하는 가장 좋은 방법은 제거하는 것이다. 우리의 목적을 위해 그림 5.13에서 강조되지 않은 금속은 모두 이 두 번째 유형이라고 가정할 수 있다. 표 5.4에는 이러한 유형의 금속 몇 가지 예가 나열되어 있다. 이러한 금속은 대체로(항상 그런 것은 아니지만) 주기율표에서 **전이 금속**(transition metal)이라는 부분에서 발견된다(그림 5.14). 그러나 Zn과 Ag와 같은 몇몇 전이 금속은 모든 화합물에서 같은 전하를 가진 양이온을 형성하고, Pb와 Sn과 같은 몇몇 주족 금속은 두 가지 이상의 양이온을 형성한다.

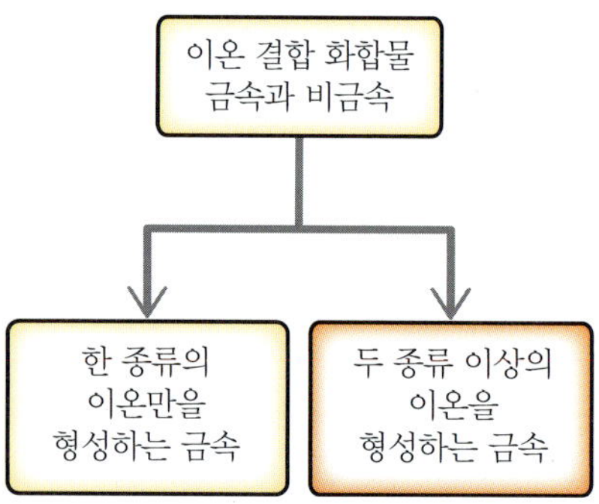

▲ **그림 5.12 이온 결합 화합물의 분류.** 이온 결합 화합물은 화합물 내 금속에 따라 두 가지 유형으로 나눌 수 있다.

한 가지 유형의 양이온만을 형성하는 금속이 포함된 이성분 이온 결합 화합물의 명명

이성분 화합물(binary compound)은 두 가지 다른 원소만을 포함한다. 한 종류의 이온만을 형성하는 금속이 포함된 이성분 이온 결합 화합물의 명명은 다음 유형을 따른다.

양이온의 이름 (금속)	음이온의 이름 (비금속) + -화(*ide*)

* 역주: 명명법 부분은 원서의 영문 명명법을 그대로 번역하지 않고 한글 명명법에 맞게 수정했다.

한 화합물에서 다른 화합물로 바뀌어도 전하가 일정한 금속

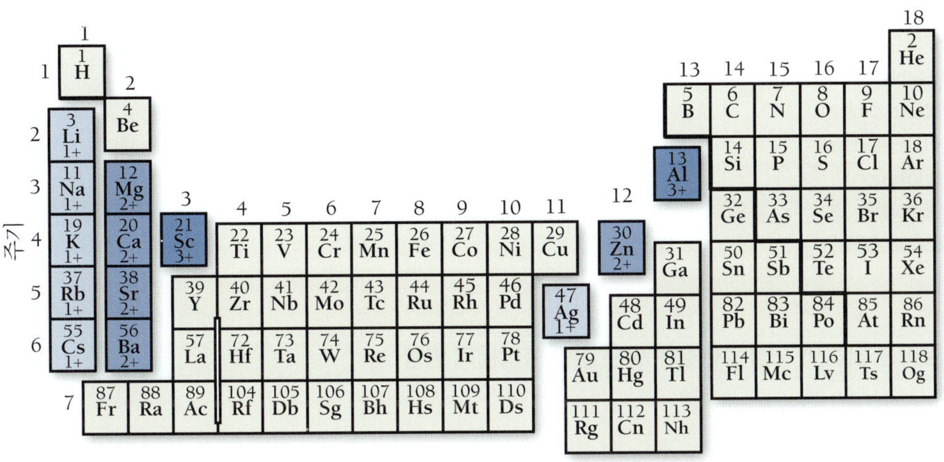

▲ **그림 5.13 일정한 전하를 가진 금속.** 이 주기율표에서 진하게 표시된 금속은 항상 모든 다른 화합물에서 같은 전하를 가진 한 가지 이온을 형성한다.

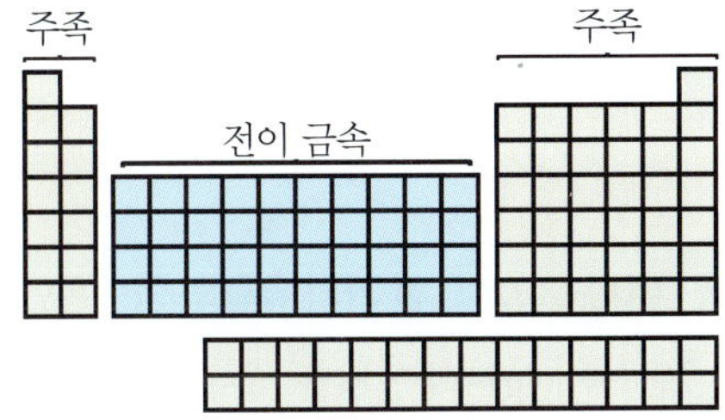

▲ **그림 5.14 전이 금속.** 두 가지 이상의 이온을 형성하는 원소는 보통(항상 그런 것은 아님) 전이 금속이다.

표 5.4 두 가지 이상의 이온 유형을 형성하는 일부 금속과 그 일반적인 전하(전체 목록이 아니라 예이다.)

금속	이온 기호	이름	옛 이름*
크로뮴	Cr^{2+} Cr^{3+}	크로뮴(II) 크로뮴(III)	제1크로뮴 제2크로뮴
철	Fe^{2+} Fe^{3+}	철(II) 철(III)	제1철 제2철
코발트	Co^{2+} Co^{3+}	코발트(II) 코발트(III)	제1코발트 제2코발트
구리	Cu^{+} Cu^{2+}	구리(I) 구리(II)	제1구리 제2구리
주석	Sn^{2+} Sn^{4+}	주석(II) 주석(IV)	제1주석 제2주석
수은	Hg_2^{2+} Hg^{2+}	수은(I) 수은(II)	제1수은 제2수은
납	Pb^{2+} Pb^{4+}	납(II) 납(IV)	제1납 제2납

* 옛 명명 체계를 대신하여 금속과 그 전하로 표현된 명칭을 사용한다. 이 체계에서는 산화 제1크로뮴이 산화크로뮴(II)으로 명명된다. 이 책에서는 옛 명명 체계를 사용하지 않는다.

이러한 유형의 화합물에서는 금속의 전하가 항상 같으므로 화합물의 이름 속에서 특정화할 필요가 없다. 예를 들어 NaCl의 명칭은 음이온의 이름인 염소에서 '소'를 생략하고 어미로 '-화(ide)'를 붙인 염화(chloride)와 양이온의 이름인 소듐(sodium)으로 구성되어 있다. 이렇게 완성된 이름은 염화 소듐(sodium chloride)이다.

이온 결합 화합물에서 양이온의 이름은 금속의 이름과 같다.

NaCl   염화 소듐

$CaBr_2$의 명칭은 음이온의 이름 브로민에 어미 '-화(-ide)'를 붙인 브로민화 다음에 양이온 칼슘이 따라오는 유형으로 구성된다. 완성된 명칭은 브로민화 칼슘(calcium bromide)이다.

$CaBr_2$ 브로민화 칼슘

다양한 비금속의 기본 이름과 이온 결합 화합물에서의 일반적인 전하는 표 5.5와 같다.

표 5.5 일반 음이온

비금속	이온 기호	어근 이름	음이온 이름
플루오린(Fluorine)	F^-	플루오린	플루오린화
염소(chlorine)	Cl^-	염	염화
브로민(bromine)	Br^-	브로민	브로민화
아이오딘(iodine)	I^-	아이오딘	아이오딘화
산소(oxygen)	O^{2-}	산	산화
황(sulfur)	S^{2-}	황	황화
질소(nitrogen)	N^{3-}	질	질화

예제 5.8 한 가지 유형의 양이온만을 형성하는 금속이 포함된 이성분 이온 결합 화합물의 명명

화합물 MgF_2의 명칭을 쓰시오.

답

양이온은 마그네슘이다. 음이온은 플루오린이고 이것은 플루오린화(fluoride)가 된다. 올바른 이름은 플루오린화 마그네슘(magnesium fluoride)이다.

▶ **연습문제 5.8 | 한 가지 유형의 이온만을 형성하는 금속이 포함된 이성분 이온 결합 화합물의 명명**

화합물 KBr의 명칭을 쓰시오.

▶ **연습문제 5.8+** 화합물 Zn_3N_2의 명칭을 쓰시오.

▶ **심화 학습** 예제 5.22/복습문제 59, 60

두 가지 이상 유형의 양이온을 형성하는 금속이 포함된 이성분 이온 결합 화합물의 명명

이러한 유형의 화합물 중에 있는 금속 양이온의 전하가 항상 같은 것은 아니므로 전하는 금속의 이름 속에 명시되어야 한다. 금속 이름 뒤에 로마 숫자(괄호 안에)로 전하를 표시한다. 예를 들어 1+ 이온을 표시하는 (I) 또는 2+를 표시하는 (II)를 써서 Cu^+와 Cu^{2+}를 구별한다.

Cu^+ 구리(I)
Cu^{2+} 구리(II)

이러한 유형의 화합물에 대한 완성된 이름은 다음과 같은 형태이다.

양이온의 이름 (금속) (괄호 안에 로마 숫자로 표기된 양이온(금속)의 전하량) 음이온(비금속)의 이름 + -화(*ide*)

우리는 화합물의 화학식으로부터 금속의 전하를 결정할 수 있다. 모든 전하량의 합이 0이 되어야 한다는 것을 기억하라. 예를 들어 $FeCl_3$에서 그 화합물이 3개의 Cl^-와 전하 중성이 되기 위해서 철 이온의 전하는 3+가 되어야만 한다. $FeCl_3$에 대한 이름은 음이온의 이름에서 '**소**'를 생략하고 어미로 '-화(ide)'가 붙은 염화와 양이온의 이름 철과 괄호 안에 철의 전하량이 로마 숫자로 표기된 (III)으로 구성되어 있다. 그 완성된 이름은 염화 철(III)[iron(III) chloride]이다.

$FeCl_3$ 염화 철(III)

마찬가지로 산화 크로뮴(CrO)의 명칭은 '소'를 생략한 음이온의 이름 산(ox)에 어미 '-화'를 붙인 산화(oxide)와 양이온인 **크로뮴**(chromium), 괄호 안에 크로뮴의 전하가 로마 숫자로 표시된(II)로 구성된다. 완성된 이름은 **산화 크로뮴(II)**[chromium(II) oxide]이다.

CrO 산화 크로뮴(II)

1개의 음이온 O^{2-}를 가진 화합물이 전하 중성이 되려면 크로뮴의 전하는 반드시 2+가 되어야 한다.

예제 5.9 두 가지 이상 유형의 양이온을 형성하는 금속이 포함된 이성분 이온 결합 화합물의 명명

화합물 $PbCl_4$의 명칭을 쓰시오.

답

$PbCl_4$에 대한 명칭은 '소'를 생략한 음이온의 이름 '염'에 어미 '-화'를 붙인 **염화**와 양이온인 **납**(lead), 그리고 괄호 안에 납의 전하가 로마 숫자로 표시된 (IV)로 구성된다. 완성된 이름은 **염화 납(IV)**[lead(IV) chloride]이다. Cl의 전하가 1−이므로 Pb의 전하는 4+임을 알 수 있다. 4개의 Cl^- 음이온이 있으므로 Pb 양이온은 분명히 Pb^{4+}가 될 것이다.

$PbCl_4$ 염화 납(IV)

▸ **연습문제 5.9 | 두 가지 이상 유형의 양이온을 형성하는 금속이 포함된 이성분 이온 결합 화합물의 명명**

화합물 PbO의 명칭을 쓰시오.

▸ **심화 학습** 예제 5.23/복습문제 61, 62

✔ 확인문제 5.6

CaO가 산화 칼슘(II)이 아닌 이유는 무엇인가?

(a) 이온 결합 화합물에서 이온의 전하가 이름에 포함될 필요가 없기 때문이다.

(b) 칼슘은 모든 화합물에서 같은 전하를 가진 이온을 형성하는 금속 중 하나이기 때문이다.

다원자 이온이 포함된 이온 결합 화합물의 명명

다원자 이온이 포함된 이온 결합 화합물은 다원자 이온의 경우 그러한 이온이 나올 때마다 언제든지 그 이름이 그대로 쓰인다는 점만 제외하면 다른 이온 결합 화합물에 적용했던 것과 같은 순서로 명명할 수 있다(표 5.3 참고). 예를 들어 KNO_3는 양이온인 K^+는 **포타슘**(potassium)으로, 다원자 음이온인 NO_3^-는 질산 이온(nitrate)으로 명명된다. 완성된 이름은 질산 포타슘(potassium nitrate)이다.

KNO_3 질산 포타슘

$Fe(OH)_2$는 양이온 철과 그 전하(II), 다원자 이온인 수산화 이온에 의해 명명된다. 완성된 이름은 수산화 철(II)[iron(II) hydroxide]이다.

$Fe(OH)_2$ 수산화 철(II)

이온 결합 화합물의 양이온과 음이온이 모두 다원자 이온이라면 단순히 두 다원자 이온의 이름을 사용하면 된다. 예를 들어 NH_4NO_3는 질산 암모늄(ammonium nitrate)이 된다.

NH_4NO_3 질산 암모늄

대부분의 다원자 이온은 산소가 포함된 음이온인 **산소 음이온**(oxyanion)이다. 표 5.3에서 일련의 산소 음이온이 다른 개수의 산소 원자를 포함할 때 이온의 산소 원자 개수에 따라 체계적으로 이름을 붙인다는 점에 주목하라. 순차적으로 두 이온이 있을 때 더 많은 산소 원자를 포함하고 있는 쪽은 '산(-ate)'으로 끝나고, 더 적게 가진 쪽에는 '아산(-ite)'이 붙는다. 예를 들어 NO_3^-는 질산 이온이고 NO_2^-는 아질산 이온이다.

NO_3^-	질산 이온
NO_2^-	아질산 이온

2개 이상의 일련의 이온이 있을 때 '보다 더 적은'을 의미하는 '하이포-(hypo-)'와 '보다 더 많은'을 의미하는 '과-(per-)'를 사용한다. 따라서 하이포아염소산 이온(hypochlorite)은 '아염소산 이온(chlorite)보다 더 적은 산소'를 뜻하며, 과염소산 이온(perchlorate)은 '염소산 이온(chlorate)보다 더 많은 산소'를 뜻한다.

ClO^-	하이포아염소산 이온
ClO_2^-	아염소산 이온
ClO_3^-	염소산 이온
ClO_4^-	과염소산 이온

예제 5.10 다원자 이온이 포함된 이온 결합 화합물의 명명

화합물 K_2CrO_4의 명칭을 쓰시오.

답

K_2CrO_4에 대한 명명은 다원자 이온의 이름 크로뮴산에 양이온의 이름 포타슘이 따르는 구성으로 되어 있다.

K_2CrO_4 크로뮴산 포타슘(potassium chromate)

▶ **연습문제 5.10 | 다원자 이온이 포함된 이온 결합 화합물의 명명**

화합물 $Mn(NO_3)_2$의 명칭을 쓰시오.

▶ **심화 학습** 예제 5.24/복습문제 65, 66

✔ 확인문제 5.7

음이온 ClO_3^-는 염소산 이온이라는 것을 배웠다. 음이온 IO_3^-의 명칭은 무엇인가?

(a) 아아이오딘산 이온 (b) 아이오딘산 이온 (c) 과아이오딘산 이온

5.8 분자 화합물의 명명

▶ 분자 화합물을 명명한다.

분자 화합물의 명명에 있어서 첫 번째 과정은 그것을 하나의 물질로 인식하는 것이다. 분자 화합물은 둘 이상의 비금속으로 이루어졌다는 사실을 기억하라. 이 절에서는 어떻게 이성분 분자 화합물을 명명할 것인지를 배울 것이다. 그 이름은 다음과 같은 형태를 띤다.

접두어	화학식의 첫 번째 원소명	접두어	화학식의 두 번째 원소명 + 화(-*ide*)

화학식에 쓰이는 분자 화합물을 명명할 때 금속성이 더 강한 것이 뒤에 온다(표 5.1 참조).

일상 속의 화학

다원자 이온

가정용품에 붙어 있는 라벨을 보면 일상의 화합물 속에 있는 다원자 이온의 중요성에 대해 깨달을 수 있다. 예를 들어 가정용 표백제의 활성 성분은 하이포아염소산 소듐(sodium hypochlorite)으로, 이는 옷에 있는 얼룩의 원인이 되는 분자를 분해(표백 작용)하고, 세균을 죽이는(살균) 작용을 한다. 베이킹소다 한 상자에는 탄산수소 소듐(bicarbonate, sodium hydrogen carbonate)이 들어 있는데, 이는 소량 섭취 시 제산제 역할을 하고, 빵을 굽는 도중 생기는 이산화 탄소 기체의 공급원으로 작용한다. 이산화 탄소 기체는 구운 음식을 부풀어 오르게 한다.

탄산 칼슘은 텀스(Tums)나 알카민트(Alka-Mint) 같은 제산제의 활성 성분이다. 탄산 칼슘은 위산을 중화시켜 소화 불량이나 더부룩함과 같은 증상을 완화해준다. 그러나 탄산 칼슘을 너무 많이 섭취하면 변비를 유발할 수 있으므로 텀스를 과도하게 사용해서는 안 된다. 아질산 소듐은 흔히 햄, 핫도그, 볼로냐소시지 같은 포장 육류를 보관할 때 첨가제로 쓰인다. 아질산 소듐은 세균, 특히 그중에서도 치명적인 식중독의 일종인 보롤리누스 중독의 원인이 되는 세균의 성장을 억제한다.

▲ 다원자 이온이 포함된 화합물은 많은 소비 제품에 존재한다.

▲ 표백제의 활성 성분은 하이포염소산 소듐이다.

질문 다원자 이온이 포함된 화합물인 하이포염소산 소듐, 탄산수소 소듐, 탄산 칼슘, 아질산 소듐의 화학식을 쓰시오.

각 원소에 주어진 접두어는 존재하는 원자 개수를 나타낸다.

mono- 1	*hexa*- 6
di- 2	*hepta*- 7
tri- 3	*octa*- 8
tetra- 4	*nona*- 9
penta- 5	*deca*- 10

화학식에서 처음 원소가 오직 하나의 원자로만 이루어져 있다면 접두어 '일-'은 생략된다. 예를 들어 CO_2는 2개의 산소 원자를 나타내기 위해 접두어 '이-(di)'를 쓰고, 두 번째 원소 산소에서 '소'를 생략한 산(ox)을 쓰고, 끝에 '-화(-ide)'를 붙인 다음 접두어 '일-(mono-)'이 생략된 처음 원소인 **탄소**를 써서 명명한다.

탄소 이- 산 -화

따라서 이산화 탄소(carbon dioxide)라고 명명한다.

CO_2 이산화 탄소

접두어가 모음으로 끝나고 기본명이 모음으로 시작하면 처음 모음은 가끔 생략된다. 특히 'mono oxide'의 경우 'monoxide(일산화)'가 된다.

웃음 가스(laughing gas)라고도 부르는 N_2O의 경우 산소가 1개 있음을 가리키는 접두어 '일-(mono-)'을 쓰고, 두 번째 원소 산소에서 '소'를 생략한 '산'을 쓰고 끝에 '-화(-ide)'를 붙인 다음, 접두사 이-(di)로 시작하는 **질소**(nitrogen)를 쓴다. 따라서 그 전체 이름은 일산화 이질소(dinitrogen monoxide)가 된다.

N_2O 일산화 이질소

예제 5.11 분자 화합물의 명명

다음 각 물질을 명명하시오.

(a) CCl_4 (b) BCl_3 (c) SF_6

답

(a) 화합물의 이름은, 두 번째 원소의 개수를 나타내는 접두어 '사-(tetra-)'가 앞에 붙고 '소'가 생략된 '염(chlor)'과 접미어인 '-화(-ide)'가 뒤에 붙은 사염화와 처음 원소의 이름 탄소를 써서 명명한다. 전체 이름은 사염화 탄소(carbon tetrachloride)이다.

CCl_4 사염화 탄소

(b) 화합물의 이름은, 두 번째 원소의 개수를 나타내는 접두어 '삼-(tri-)'이 앞에 붙고 '소'가 생략된 '염'과 접미어인 '-화(-ide)'가 뒤에 붙은 삼염화와 처음 원소의 이름 붕소를 써서 삼염화 붕소(boron trichloride)가 된다.

BCl_3 삼염화 붕소

(c) 화합물의 이름은 다음에 두 번째 원소의 이름 플루오린과 접두어 '육-(hexa-)'과 접미어 '화(-ide)'가 붙은 육플루오린에 첫 번째 원소의 이름 황을 써서 육플루오린화 황(sulfur hexafluoride)으로 명명한다.

SF_6 육플루오린화 황

▸ **연습문제 5.11 | 분자 화합물의 명명**

화합물 N_2O_4를 명명하시오.

▸ **심화 학습** 예제 5.25/복습문제 73, 74

✔ 확인문제 5.8

NCl_3는 삼염화 질소로 명명되는 반면 $AlCl_3$는 단순히 염화 알루미늄이다. 왜 다른가?

(a) NCl_3는 이온 결합 화합물이고 $AlCl_3$는 분자 화합물이기 때문에 이름이 다르다. mono-, di-, tri-와 같은 접두사는 이온 결합 화합물에 사용되지만 분자 화합물에는 사용되지 않는다.

(b) NCl_3는 분자 화합물이고 $AlCl_3$는 이온 결합 화합물이기 때문에 이름이 다르다. mono-, di-, tri-와 같은 접두사는 분자 화합물에는 사용되지만 이온 결합 화합물에는 사용되지 않는다.

5.9 산의 명명

- 이성분산을 명명한다.
- '-산(-ate)'으로 끝나는 산소산 음이온이 포함된 산소산을 명명한다.
- '아-산(-ite)'으로 끝나는 산소산 음이온이 포함된 산소산을 명명한다.

산(acid)은 물에 용해되었을 때 H^+를 형성하는 분자 화합물이다. 산은 화학식에서 일반적으로 수소를 먼저 쓰고, 하나 이상의 비금속을 나중에 쓴다. 산은 신맛을 내고, 몇몇 금속을 녹이는 특성이 있다. 예를 들어 $HCl(aq)$은 산이다. 여기서 (aq)는 '수용액(aqueous)' 또는 '물에 녹아 있는 것(dissolved in water)'을 뜻한다. 즉 물속에서 H^+를 형성하는 분자 화합물이다. $HCl(aq)$은 특유의 신맛이 있다. $HCl(aq)$이 위액에 존재하기 때문에 구토할 때 그 신맛이 느껴져 분명 고통스러워질 것이다. 또한 $HCl(aq)$은 몇몇 금속을 녹인다. 예를 들어 아연 조각을 $HCl(aq)$이 담긴 비커에 떨어뜨리면 염산이 아연을 Zn^{2+} 양이온으로 변화시켜 아연이 서서히 사라질 것이다.

산은 레몬이나 라임 등 많은 음식 속에 들어 있고, 변기 세척제에도 사용된다. 이 절에서는 간단히 산을 명명하는 법을 배우지만, 14장에서는 산의 특성에 대해 더 많은 것을 배울 것이다. 산은 두 가지 종류, 즉 수소와 다른 비금속만이 포함된 **이성분산**(binary acid)과 수소,

$HCl(g)$는 기체 상태의 HCl 분자를 말한다.

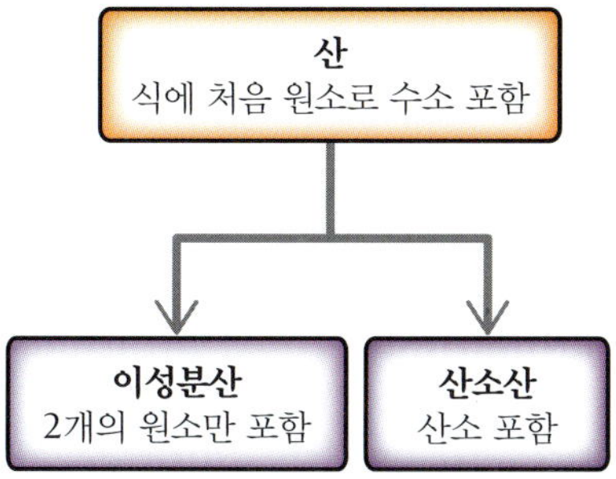

▲ **그림 5.15 산의 분류.** 산을 이루고 있는 원소의 수에 따라 두 가지 유형으로 나눌 수 있다. 두 가지 구성 요소로만 이루어진 산은 이성분산이고, 산소가 포함된 산은 산소산이다.

비금속, 산소가 포함된 **산소산**(oxyacid)으로 나눌 수 있다(그림 5.15).

이성분산의 명명

이성분산은 수소와 비금속으로 이루어져 있다. 이성분산의 이름표는 다음과 같다.

수소 + 비금속의 이름 + '-*ic*' + 산

예를 들어 HCl(aq)의 이름은 염화수소산(hydro*chloric* acid)이다. 그리고 HBr(aq)은 브로민화수소산(hydro*bromic* acid)이다.

HCl(aq) 염화수소산(염산)

HBr(aq) 브로민화수소산(브로민산)

예제 5.12	**이성분산의 명명**
$H_2S(aq)$를 명명하시오.	
황의 기본 이름은 황(sulfur)이다. 따라서 그 이름은 황화수소산(hydrosulfuric acid)이다.	**답** $H_2S(aq)$ 황화수소산
▶ **연습문제 5.12 | 이성분산의 명명** HF(aq)를 명명하시오.	
▶ **심화 학습** 예제 5.26/복습문제 81b, 82d	

산소산의 명명

산소산(oxyacid)은 다원자 이온의 표에 있는 산소산 음이온에서 유도되었다(표 5.3). 예를 들어 $HNO_3(aq)$는 질산 이온(NO_3^-)에서, $H_2SO_3(aq)$는 아황산 이온(SO_3^{2-})에서 유래했고, $H_2SO_4(aq)$는 황산 이온(SO_4^{2-})에서 유래했다. 이러한 산은 단순히 하나 이상의 H^+ 이온과 산소산 음이온의 결합임을 주목하라. H^+ 이온의 개수는 산소산 음이온의 전하에 달렸고, 화학식은 항상 전하 중성이다. 산소산의 이름은 산소산 음이온의 어미에 달렸다(그림 5.16).

접두어 '아-'와 '산'이 붙은(-ite) 산소산 음이온이 포함된 산의 이름은 다음과 같다.

산소산 음이온의 기본명 + '-*ous*' + 산

'-산(-ate)'이 붙은 산소산 음이온이 포함된 산의 이름은 다음과 같다.

산소산 음이온의 기본명 + '-*ic*' + 산

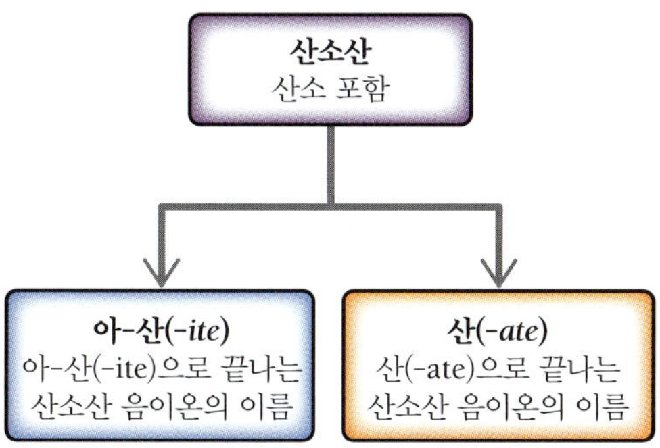

▲ **그림 5.16 산소산의 분류.** 산소산은 그것이 유래된 산소산 음이온의 어미에 따라 두 가지 유형으로 나뉜다.

따라서 H_2SO_3는 아황산(sulfur*ous* acid)이고[산소산 음이온이 아황산 이온(sulf*ite*)], HNO_3는 질산(nitr*ic* acid)이다[산소산 음이온이 질산 이온(nitr*ate*)].

$H_2SO_3(aq)$는 아황산(sulfurous acid)

$HNO_3(aq)$는 질산(nitric acid)

몇 가지 흔한 산소산과 산소산 음이온의 이름은 표 5.6과 같다.

표 5.6 흔한 산소산과 산소산 음이온의 이름

산 화학식	산 이름	산소산 음이온 이름	산소산 음이온 화학식
HNO_2	아질산(nitrous acid)	아질산 이온(nitrite ion)	NO_2^-
HNO_3	질산(nitric acid)	질산 이온(nitrate ion)	NO_3^-
H_2SO_3	아황산(sulfurous acid)	아황산 이온(sulfite ion)	SO_3^{2-}
H_2SO_4	황산(sulfuric acid)	황산 이온(sulfate ion)	SO_4^{2-}
$HClO_2$	아염소산(chlorous acid)	아염소산 이온(chlorite ion)	ClO_2^-
$HClO_3$	chloric acid	chlorate	ClO_3^-
$HC_2H_3O_2$	아세트산(acetic acid)	아세트산 이온(acetate ion)	$C_2H_3O_2^-$
H_2CO_3	탄산(carbonic acid)	탄산 이온(carbonate ion)	CO_3^{2-}

✔ 확인문제 5.9

산 $HC_2H_3O_2$에서 산소산 음이온을 찾고 이름을 명명하시오.

(a) CO_3^{2-}; 탄산 이온 (b) H_3O_2; 수산화물 (c) $C_2H_3O_2^-$; 아세트산 이온

예제 5.13 산소산의 명명

$HC_2H_3O_2(aq)$를 명명하시오.

산소산 음이온은 *-ate*로 끝나는 아세트산(acetate) 이온이므로 산의 이름은 아세트산(acetic acid)이다.

답

$HC_2H_3O_2(aq)$ 아세트산

▶ **연습문제 5.13 | 산소산의 명명**

$HNO_2(aq)$를 명명하시오.

▶ **심화 학습** 예제 5.27, 5.28/복습문제 81acd, 82abc

5.10 명명법 요약

▶ 화합물을 인식하고 명명한다.

산은 전문적으로 분자 화합물의 하위분류이다. 즉 산은 물에 용해되었을 때 H+를 형성하는 분자 화합물이다.

화합물을 명명하려면 여러 단계가 필요하다. 그림 5.17의 흐름도(flow chart)는 우리가 이 장에서 다룬 다양한 범주의 화합물을 요약한 것으로, 화합물을 식별해서 이름을 지정하는 방법을 보여준다. 첫 번째 단계는 화합물이 이온 결합 화합물, 분자 화합물, 산인지 결정하는 것이다. 이온 결합 화합물은 금속과 비금속으로, 분자 화합물은 2개 이상의 비금속으로, 산은 수소(앞에 쓰인)와 1개 이상의 비금속에 의해 인식할 수 있다.

이온 결합 화합물

이온 결합 화합물의 경우, 다음 단계로 금속이 한 가지 유형의 이온만 형성하는지 또는 두 가지 이상의 이온 유형을 형성하는지 결정해야 한다. 1족(알칼리) 금속, 2족(알칼리 토금속)과 알루미늄은 항상 한 종류의 이온만을 형성한다(그림 5.13). 대부분 전이 금속(Zn, Sc, Ag 제외)은 두 가지 이상의 이온 유형을 형성한다. 일단 이온 결합 화합물의 유형을 확인한 후 흐름도에 있는 도식에 따라 이름을 명명한다. 이온 결합 화합물이 다원자 이온(익숙해짐으로써 분간할 수 있는 것)을 포함한다면 다원자 이온의 이름을 금속(양전하의 다원자 이온)이나 비금속(음전하의 다원자 이온)의 위치에 삽입하면 된다.

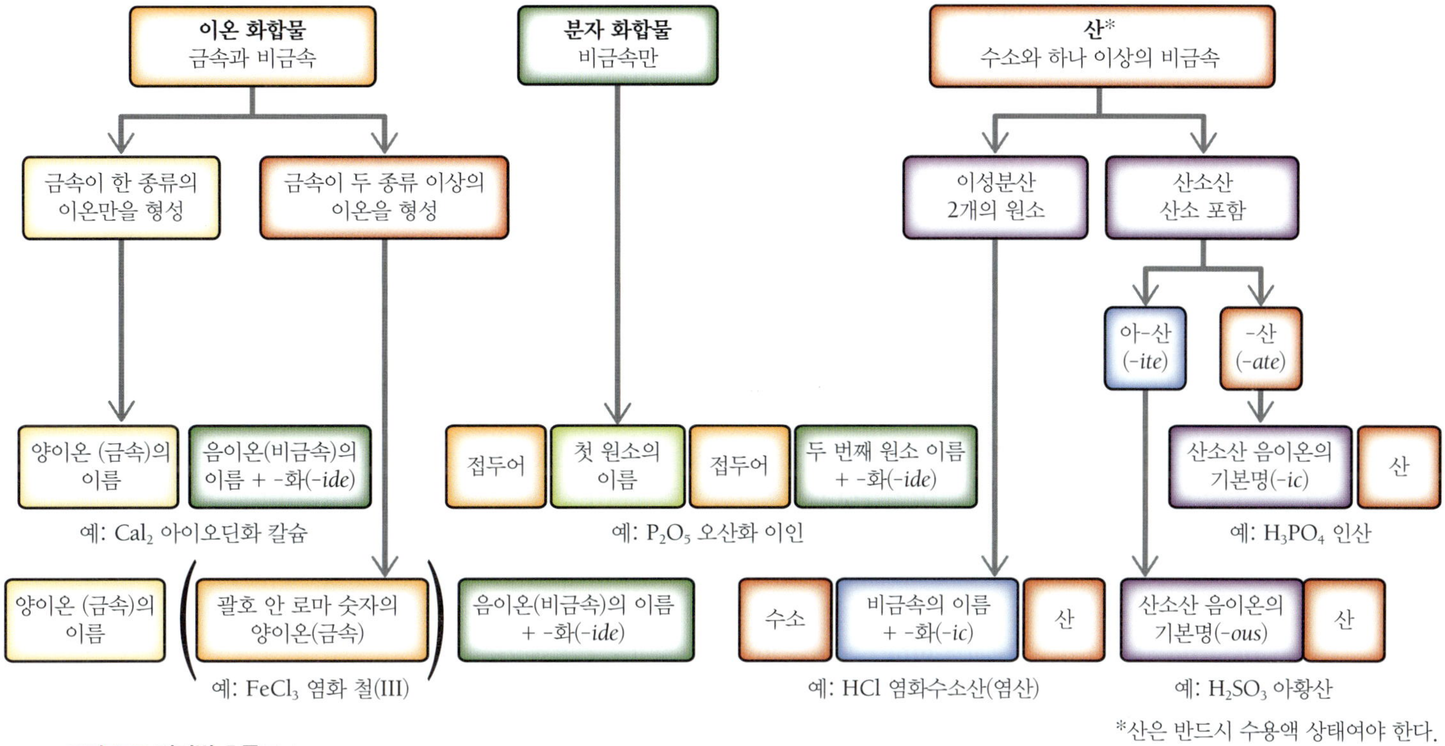

▲ **그림 5.17 명명법 흐름도**

분자 화합물

우리는 한 가지 유형의 분자 화합물, 즉 이성분(2개의 원소) 화합물에 대해서만 명명하는 법을 설명했다. 화합물을 분자로 식별할 때는 그림 5.17의 도식에 따라 명명한다.

산

산의 이름을 붙이려면 먼저 이성분(2개 원소)산인지, 산소산(산소가 포함된 산)인지 파악해야 한다. 이성분산은 그림 5.17의 도식을 따라 명명하면 된다. 산소산은 해당하는 산소산 음이온의 이름에 기초하여 더 세분화할 필요가 있다. 산소산 음이온이 '-산(-ate)'으로 끝나면 한쪽 도식을 이용하고, '아-산(-ite)'으로 끝나면 다른 쪽 도식을 이용한다.

예제 5.14 명명법 흐름도를 이용한 명명

화합물 CO, CaF_2, HF(*aq*), $Fe(NO_3)_3$, $HClO_4$(*aq*), H_2SO_3(*aq*)를 명명하시오.

답

다음 표는 그림 5.17을 이용하여 각 화합물의 이름을 찾는 방법을 보여준다.

화학식	순서도 경로	이름
CO	분자	일산화 탄소
CaF_2	이온 결합 ⟶ 한 종류 이온 ⟶	플루오린화 칼슘
HF(*aq*)	산 ⟶ 이성분 ⟶	플루오린화수소산
$Fe(NO_3)_3$	이온 결합 ⟶ 두 종류 이상 이온 ⟶	질산 철(III)
$HClO_4$(*aq*)	산 ⟶ 산소산 ⟶ -산 ⟶	과염소산
H_2SO_3(*aq*)	산 ⟶ 산소산 ⟶ 아-산 ⟶	아황산

▶ **심화 학습** 복습문제 97, 98

5.11 화학식량: 분자 또는 화학식 단위의 질량

▶ 화학식량을 계산한다.

흔히 사용되는 용어인 분자 질량과 분자량은 화학식량과 뜻이 같다.

4장에서는 원자와 원소에 대해 배웠고, 원소를 이루는 원자의 평균 질량을 해당 원소의 원자 질량이라고 정의했다. 마찬가지로 분자와 화합물을 소개하는 이장에서는 화합물을 구성하는 분자(또는 화학식 단위)의 평균 질량을 **화학식량**(formula mass)이라고 한다.

모든 화합물의 화학식량은 해당 화학식에 포함된 모든 원자에 대한 원자 질량의 합이다.

화학식량 = (화학식에서 첫 번째 원소의 원자 수 × 첫 번째 원소의 원자 질량) + (화학식에서 두 번째 원소의 원자 수 × 두 번째 원소의 원자 질량) + ⋯

원자의 원자 질량과 마찬가지로 화학식량은 분자 또는 화학식 단위의 평균질량을 나타낸다. 예를 들어 물(H_2O)의 화학식량은 다음과 같다.

$$\text{화학식량} = 2(1.01\ \text{u}) + 16.00\ \text{u}$$
$$= 18.02\ \text{u}$$

그리고 염화 소듐(NaCl)의 화학식량은 다음과 같다.

$$\text{화학식량} = 22.99\ \text{u} + 35.45\ \text{u}$$
$$= 58.44\ \text{u}$$

화학식량을 통해 어떤 화합물의 분자나 화학식 단위에 특정 질량을 부여할 뿐만 아니라(6장에서 설명) 일정 질량의 시료에서 분자나 화학식 단위의 개수를 정량화할 수 있다.

예제 5.15 화학식량 계산

사염화 탄소(CCl_4)의 화학식량을 구하시오.

답

화학식량을 구하기 위해 화학식을 구성하는 각 원자의 질량 합을 구한다.

$$\text{화학식량} = 1 \times (\text{C의 원자 질량}) + 4 \times (\text{Cl의 원자 질량})$$
$$= 12.01\ \text{u} + 4(35.45\ \text{u})$$
$$= 12.01\ \text{u} + 141.80\ \text{u}$$
$$= 153.8\ \text{u}$$

▶ **연습문제 5.15 | 화학식량 계산**

웃음 가스라고 알려진 일산화 이질소(N_2O)의 화학식량을 구하시오.

▶ **심화 학습** 예제 5.29/복습문제 87, 88

✔ 확인문제 5.5

다음 중 화학식량이 가장 큰 것은 무엇인가?

(a) O_2 (b) O_3 (c) H_2O (d) H_2O_2

5장 복습

자가진단 퀴즈

1. 사염화 탄소는 염소 대 탄소의 질량비가 11.8:1이다. 사염화 탄소 시료에 35 g의 염소가 포함되어 있다면 탄소는 얼마나 포함되어 있는가?
(a) 0.34 g C (b) 1.0 g C (c) 3.0 g C (d) 11.8 g C

2. 1개의 산소 원자마다 2개의 염소 원자가 포함된 화합물의 화학식은 무엇인가?
(a) Cl_2O (b) ClO_2 (c) 2ClO (d) $Cl(O_2)_2$

3. 화학식 $Fe_2(SO_4)_3$에는 몇 개의 산소 원자가 있는가?
(a) 2 (b) 3 (c) 4 (d) 12

4. 다음 중 분자 원소는 무엇인가?
(a) 구리 (b) 아이오딘 (c) 크립톤 (d) 포타슘

5. 다음 중 이온 결합 화합물은 무엇인가?
(a) BrF_5 (b) HNO_3 (c) $MgSO_4$ (d) NI_3

6. Sr과 Br로 이루어진 화합물의 화학식은 무엇인가?
(a) SrBr (b) Sr_2Br (c) $SrBr_2$ (d) Sr_2Br_2

7. 소듐 이온과 아염소산 이온으로 이루어진 화합물의 화학식은 무엇인가?
(a) $NaClO_2$ (b) Na_2ClO_2 (c) $Na(ClO)_2$ (d) $NaClO_3$

8. 화합물 Li_3N의 이름은 무엇인가?
(a) 일질화 삼리튬 (b) 질화 삼리튬
(c) 질화 리튬(I) (d) 질화 리튬

9. $CrCl_3$의 이름은 무엇인가?
(a) 삼염화 일크로뮴 (b) 삼염화 크로뮴
(c) 염화 크로뮴 (d) 염화 크로뮴(III)

10. 화합물 $BaSO_4$의 이름은 무엇인가?
(a) 황산 바륨 (b) 황산 바륨(III)
(c) 사산소일황 바륨 (d) 사황산 바륨

11. 화합물 PF_5의 이름은 무엇인가?
(a) 오플루오린화 일인 (b) 오플루오린화 인
(c) 플루오린화 인 (d) 플루오린화 인(III)

12. 산화 망가니즈(III)의 화학식은 무엇인가?
(a) MnO (b) Mn_3O (c) Mn_2O_3 (d) MnO_3

13. 산 $H_3PO_4(aq)$의 이름은 무엇인가?
(a) 인산 수소 (b) 인산 (c) 아인산 (d) 인화수소산

14. 브로민화수소산의 화학식은 무엇인가?
(a) HBr (b) HBrO (c) $HBrO_2$ (d) $HBrO_3$

15. CCl_2F_2의 화학식량은 얼마인가?
(a) 66.46 u (b) 108.9 u (c) 132.92 u (d) 120.91 u

정답 1.c 2.a 3.d 4.b 5.c 6.c 7.a 8.d 9.d 10.a 11.b 12.c 13.b 14.a 15.d

화학 원리 / 관련 내용

화합물

궁극적으로 물질은 원자로 이루어져 있으나 이러한 원자는 흔히 화합물 안에서 결합한 형태로 있다. 화합물의 가장 중요한 특성은 그의 일정 성분이다. 특정한 화합물을 구성하는 원소는 그 화합물의 모든 시료에서 비율이 일정하다.

직면하는 대부분 물질은 화합물의 형태이다. 물, 소금, 그리고 이산화 탄소는 모두 흔히 볼 수 있는 간단히 화합물의 좋은 예이다. 더 복잡한 화합물로는 카페인, 아스피린, 아세톤, 테스토스테론 등이 있다.

화학식

화합물은 화학식으로 나타내는데, 화학식은 화합물에 존재하는 원소와 각 원자의 상대적인 수를 알려준다. 이러한 화학식은 화합물을 구성하는 기본 단위를 나타낸다. 순수한 물질은 그것을 구성하고 있는 기본 단위에 따라 나눌 수 있다. 원소는 원자나 분자로 이루어져 있을 수 있다. 화합물은 기본 단위가 분자일 경우 분자 화합물, 기본 단위가 이온일 경우 이온 결합 화합물이 될 수 있다. 많은 이온 결합 화합물의 화학식은 화합물의 구성 요소를 아는 것만으로 간단히 쓸 수 있다.

화합물을 이해하려면 화학식에 나타나는 성분비를 이해해야 한다. 미시적인 세계와 거시적인 세계 간의 관계는 물질을 구성하는 입자에 따라 결정된다. 대부분의 물질이 화합물의 형태이기 때문에, 대부분의 물질의 특성은 구성하고 있는 분자나 이온에 달렸다. 분자 물질은 분자가 행하는 것을 하고, 이온 결합 물질은 이온이 하는 대로 한다. 우리가 보고 경험하는 세계는 이러한 입자가 행하는 것에 의해 지배된다.

화학적 명명법

이온 결합 화합물, 분자 화합물, 산의 이름은 모두 그 화학식을 조사하여 쓸 수 있다. 명명법 흐름도(그림 5.17)는 이 이름을 결정하는 데 필요한 기본적 절차를 보여준다. 매우 많은 화합물이 존재하기 때문에 그것에 이름을 붙이기 위한 체계적인 방법이 필요하다. 몇 가지의 간단한 규칙을 배우면 수많은 화합물의 이름을 붙일 수 있을 것이다. 다음에 소비 제품의 라벨을 보면 가능한 한 많은 화합물을 확인해보자.

화학식량

화합물의 화학식량은 화합물의 화학식에 나타나 있는 모든 원자 질량의 합과 같다. 원자의 원자 질량처럼, 화학식량은 분자와 화학식 단위의 평균 질량을 나타낸다. 화학식량은 분자나 화학식 단위의 특정한 질량일 뿐 아니라, 화합물의 조성과 화학 반응에서의 양을 수반하는 많은 계산에서 중요하다.

화학 문제를 푸는 기술

예제

학습목표: **일정 성분비 법칙을 다시 살펴보고 응용한다(5.2절).**

일정 성분비 법칙은 주어진 화합물의 모든 시료에서 구성 원소의 존재비가 같다는 것을 말한다.

실험 자료가 일정 성분비 법칙에 들어맞는지를 결정하려면 모든 시료의 각 원소 질량비를 계산한다. 이 비율을 계산할 때 더 큰 수를 분자에, 작은 수를 분모에 놓는 것이 가장 편리하다. 그렇게 하면 비율은 1보다 더 크다. 만약 이 비율 같다면 자료는 일정 성분비 법칙과 잘 들어맞는다.

예제 5.16 화합물의 일정한 조성

이황화 탄소(CS_2)로 알려진 두 시료가 그 구성 원소로 분해되었다. 한 시료는 8.08 g S과 1.51 g의 C이고, 다른 시료는 31.3 g의 S와 3.85g의 C이다. 이 결과가 일정 성분비 법칙을 충족하는가?

답

시료 1

$$\frac{\text{S 질량}}{\text{C 질량}} = \frac{8.08\ \text{g}}{1.51\ \text{g}} = 5.35$$

시료 2

$$\frac{\text{S 질량}}{\text{C 질량}} = \frac{31.3\ \text{g}}{3.85\ \text{g}} = 8.13$$

이러한 결과는 일정 성분비 법칙을 충족하지 않으므로 주어진 자료는 잘못되었다.

학습목표: **화학식을 쓴다(5.3절).**

화학식은 화합물에 존재하는 구성 요소와 그 각각의 상대적인 원자 개수를 나타낸다. 화학식을 쓸 때에는 금속성이 더 강한 것을 먼저 쓴다.

예제 5.17 화학식 작성

2개의 산소 원자마다 1개의 질소 원자가 포함된 화합물의 화학식을 쓰시오.

답

NO_2

학습목표: **화학식에서 각 원자의 총수를 구한다(5.3절).**

괄호 안에 있지 않은 원자 개수는 아래첨자가 바로 그 원자의 숫자이다. 괄호 안에 있는 원자 개수는 원자의 아래첨자와 괄호 밖의 아래첨자를 곱하면 그 총수를 구할 수 있다.

예제 5.18 화학식에서 각 종류의 원자 총수

$Pb(ClO_3)_2$에서 각 종류의 원자 개수를 구하시오.

답

Pb 원자 1개

Cl 원자 2개

O 원자 6개

학습목표: 원소를 원자 또는 분자로 분류한다(5.4절).

대부분의 원소는 원자 원소로 존재하며, 자연상에서의 기본 단위는 각각의 원자가 된다. 그러나 몇몇 원소(H_2, N_2, O_2, F_2, Cl_2, Br_2, I_2)는 분자 원소로 존재하며 자연상에서의 기본 단위는 이원자 분자이다.

예제 5.19 원소를 원자 또는 분자로 분류

소듐, 아이오딘, 질소를 원자 또는 분자로 분류하시오.

답

소듐: 원자
아이오딘: 분자(I_2)
질소: 분자(N_2)

학습목표: 화합물을 이온 결합 화합물과 분자 화합물로 분류한다(5.4절).

금속과 비금속이 포함된 화합물은 이온 결합 화합물이다. 금속이 전이 금속인 경우 두 가지 이상의 이온을 형성할 가능성이 높다(그림 5.13의 예외 참고). 금속이 전이 금속이 아닌 경우 한 가지 유형의 이온만 형성할 가능성이 높다(표 5.4의 예외 참고).

비금속으로 이루어진 화합물은 분자 화합물이다.

예제 5.20 이온 결합 화합물과 분자 화합물의 분류

화합물 $FeCl_3$, K_2SO_4, CCl_4를 이온 결합 화합물 또는 분자 화합물로 분류하시오. 이온 결합 화합물인 경우 I형 또는 II형 이온 결합 화합물로 분류하시오.

$FeCl_3$, K_2SO_4, CCl_4

답

$FeCl_3$: 이온, 두 종류 이상의 이온을 형성하는 금속(II형)
K_2SO_4: 이온, 한 종류의 이온만 형성하는 금속(I형)
CCl_4: 분자

학습목표: 이온 결합 화합물의 화학식을 작성한다(5.5절).

1. 금속 이온의 기호를 먼저 쓰고 비금속 이온(또는 다원자 이온) 기호와 그 전하를 쓴다. 전하는 주기율표에 있는 족수를 통해 추론할 수 있다(다원자 이온의 전하는 표 5.3에서 얻을 수 있다).
2. 각 이온의 전하량을 다른 이온의 아래첨자와 같게 만든다.
3. 아래첨자를 약분하여 가장 작은 정수로 될 수 있는지 확인한다. 아래첨자의 1은 보통 함축되고 있으므로 생략할 수 있다.
4. 양이온의 총전하와 음이온의 총전하가 정확하게 상쇄되는지 확인한다.

예제 5.21 이온 결합 화합물의 화학식 작성

리튬 이온과 황산 이온으로 형성되는 화합물의 화학식을 쓰시오.

답

Li^+ SO_4^{2-}

$Li_2(SO_4)$

이 경우 아래첨자가 더 이상 약분되지 않는다.

Li_2SO_4

학습목표: 한 종류의 이온만을 형성하는 금속이 포함된 이성분 이온 결합 화합물을 명명한다(5.7절).

금속의 이름은 변화가 없다. 비금속은 이름에 '-화(-ide)'가 붙는다.

예제 5.22 한 종류의 이온만을 형성하는 금속이 포함된 이성분 이온 결합 화합물의 명명

화합물 Al_2O_3를 명명하시오.

답

산화 알루미늄(aluminum oxide)

학습목표: 두 종류 이상의 이온을 형성하는 금속이 포함된 이성분 이온 결합 화합물을 명명한다(5.7절).

II형의 이온 결합 화합물의 이름에는 금속 이온의 전하량을 포함하기 때문에 그 전하를 먼저 알아야 한다. 이를 위해 비금속의 전체 전하를 계산한다.

금속의 총전하량은 비금속의 총전하량과 크기가 같고 부호만 반대이다.

화합물의 이름은 비금속의 이름 '-화(-ide)' 뒤에 금속의 이름을 쓰고, 연달아 금속 이온의 전하를 괄호 안에 표시하여 만든다.

예제 5.23 두 종류 이상의 이온을 형성하는 금속이 포함된 이성분 이온 결합 화합물의 명명

화합물 Fe_2S_3를 명명하시오.

답

3 황화 이온 × (2−) = 6− 2 철 이온 × (이온의 전하) = 6+
이온의 전하 = 3+ 철 이온의 전하 = 3+
황화 철(III)[iron(III) sulfide]

학습목표: 다원자 이온이 포함된 이온 화합물을 명명한다(5.7절).

비금속의 자리에 다원자 이온의 이름이 대치되는 것을 제외하고, 보통 방법으로 다원자 이온(표 5.3)이 포함된 이온 결합 화합물을 명명한다.

이 예제에서 금속은 한 종류 이상의 이온을 형성하기 때문에 금속 이온의 전하를 먼저 정해야 한다. 금속 이온의 전하량은 다원자 이온의 총 전하량과 크기는 같지만 부호가 반대이다. 화합물의 이름은 다원자 이온의 이름 뒤에 금속 이름, 금속 이온의 전하 순이다.

예제 5.24 다원자 이온이 포함된 이온 화합물의 명명

화합물 $Co(ClO_4)_2$를 명명하시오.

답

2 과염소산 이온 × (1−) = 2−

코발트 이온의 전하 = 2+

과염소산 코발트(II)[cobalt(II) perchlorate]

학습목표: 분자 화합물을 명명한다(5.8절).

그 이름은 두 번째 원소의 원자 개수를 나타내는 접두어와 두 번째 원소의 이름 '-화(ide)', 그리고 처음 원소 수를 나타내는 접두어와 처음 원소의 이름 순으로 구성된다. 첫 번째 원소에 있는 '일-'은 보통 생략된다.

예제 5.25 분자 화합물의 명명

화합물 NO_2를 명명하시오.

답

이산화 질소(nitrogen dioxide)

학습목표: 이성분산을 명명한다(5.9절).

비금속의 이름에 접미어 '-화(ide)'를 붙이고, 수소(hydro)를 쓴 다음 산(acid)을 덧붙인다.

예제 5.26 이성분산의 명명

산 HI(*aq*)를 명명하시오.

답

아이오딘화수소산(hydroiodic acid)

학습목표: '-산(-ate)'으로 끝나는 산소산 음이온이 포함된 산소산을 명명한다(5.9절).

이름은 산소산 음이온 + '-ic'가 기본 이름이며, '산(acid)'이라는 단어가 뒤따른다.

예제 5.27 '-산(-ate)'으로 끝나는 산소산 음이온이 포함된 산소산의 명명

산 $H_2SO_4(aq)$를 명명하시오.

답

산소산 음이온은 황산 이온(sulfate)이다. 산의 이름은 황산(sulfur*ic* acid)이다.

학습목표: '아-산(-ite)'으로 끝나는 산소산 음이온이 포함된 산소산을 명명한다(5.9절).

이름은 산소산 음이온 + '-ous'의 기본 이름 뒤에 '산(acid)'이라는 단어가 뒤따른다.

예제 5.28 '아-산(-ite)'으로 끝나는 산소산 음이온이 포함된 산소산의 명명

$HClO_2(aq)$를 명명하시오.

답

산소산 음이온은 아염소산 이온(chlorite)이다. 산의 이름은 아염소산(chlor*ous* acid)이다.

학습목표: 화학식량을 계산한다(5.11절).

화학식량은 화학식에서의 모든 원자의 원자 질량을 더한 값이다. 각 원자의 수를 계산할 때 괄호 안의 아래첨자와 괄호 밖의 아래첨자를 곱하는 것을 잊지 말라.

예제 5.29 화학식량 계산

$Mg(NO_3)_2$의 화학식량을 구하시오.

답

화학식량 = 24.31 + 2(14.01) + 6(16.00)

= 148.33 u

핵심 용어

공간 채움 모형	분자 화합물	원자 원소	화학식
공-막대 모형	분자식	이성분 화합물	화학식 단위
구조식	산	이성분산	화학식량
다원자 이온	산소 음이온	이온 결합 화합물	
분자 모형	산소산	일정 성분비 법칙	
분자 원소	실험식	전이 금속	

학습 점검 문제

기초문제

1. 원소가 다른 원소와 결합하여 어떤 화합물을 만들 때 원소의 성질이 바뀌는가? 이에 대해 설명하시오.

2. 원소가 화합물을 형성하지 않는다면 세상은 어떻게 달라지겠는가?

3. 일정 성분비 법칙이란 무엇인가? 누가 발견한 법칙인가?

4. 화학식이란 무엇인가? 예를 들어 설명하시오.

5. 화학식에서 어떤 원소가 먼저 쓰이는가?

6. 화학식에서 괄호 안에 있는 원자 개수를 어떻게 계산하는가? 예를 들어 설명하시오.

7. 분자식과 실험식의 차이점을 설명하시오.

8. 구조식이란 무엇인가? 구조식과 분자 모형의 차이점은 무엇인가?

9. 분자 원소와 원자 원소의 차이점은 무엇인가? 이원자 분자로 존재하는 원소를 열거하시오.

10. 이온 결합 화합물과 분자 화합물의 차이점은 무엇인가?

11. 화합물의 관용명과 체계명의 차이점은 무엇인가?

12. 한 가지 유형의 이온만을 형성하는 금속(즉 화합물이 달라져도 그 이온의 전하는 변함없는 금속)을 열거하시오. 이러한 금속은 몇 족의 원소인가?

13. 두 가지 이상 유형의 이온을 형성하는 경향이 있는 금속의 블록을 주기율표에서 찾으시오.

14. 한 가지 유형의 이온만을 형성하는 금속이 포함된 이성분 이온 결합 화합물 이름의 기본 형태는 무엇인가?

15. 두 가지 이상 유형의 이온을 형성하는 금속이 포함된 이온 결합 화합물 이름의 기본 형태는 무엇인가?

16. 두 가지 이상 유형의 이온을 형성하는 금속이 포함된 이온 결합 화합물에 별도로 표시되어야 할 숫자가 필요한가?

17. 다원자 이온이 포함된 이온 결합 화합물은 어떻게 명명되는가?

18. 어떤 다원자 이온이 2−의 전하를 가지는가? 어떤 다원자 이온이 3−가의 전하를 가지는가?

19. 분자 화합물 이름의 기본 형태는 무엇인가?

20. 접두어 *mono*-, *di*-, *tri*-, *tetra*-, *penta*-, *hexa*-는 몇 개의 원자를 뜻하는가?

21. 이성분산 이름의 기본 형태는 무엇인가?

22. 접두어가 붙지 않은 산소산 이름의 기본 형태는 무엇인가?

23. 접두어 '아-'로 시작하는 산소산 이름의 기본 형태는 무엇인가?

24. 화합물의 화학식량이란 무엇인가?

복습문제

화합물의 일정 성분비

25. 2개의 염화 포타슘 시료를 그 구성 원소로 분해했다. 한 시료는 9.07 g의 포타슘과 8.22 g의 염소이고, 다른 시료는 15.43 g의 포타슘과 13.99 g의 염소이다. 이러한 결과는 일정 성분비 법칙과 일치하는가? 그 이유를 설명하시오.

26. 2개의 이산화 질소 시료를 그 구성 원소로 분해했다. 한 시료는 42.8 g의 질소와 91 g의 산소이고, 다른 시료는 22.6 g의 질소와 39 g의 산소이다. 이러한 결과는 일정 성분비 법칙과 일치하는가? 그 이유를 설명하시오.

27. 2개의 염화 마그네슘 시료를 분해하여 첫 번째 시료에서 마그네슘 1.88 kg과 염소 5.48 kg을 얻고, 두 번째 시료에서는 2.32 kg의 마그네슘을 얻었다. 두 번째 시료의 염소는 얼마인가? 일정 성분비 법칙에 따라 두 시료에 포함된 두 원소의 질량 비율이 같아야 한다.

28. 플루오린화 소듐(sodium fluoride)에서 플루오린에 대한 소듐의 질량비가 1.21:1이다. 플루오린화 소듐 한 시료를 분해하여 34.5 g의 소듐을 얻었다면 플루오린은 몇 그램인가?

$$\left(\text{힌트: } \frac{\text{소듐의 질량}}{\text{플루오린의 질량}} = 1.21\right)$$

29. 일산화 이질소(dinitrogen monoxide) 분해 시 생성되는 질소와

* 파란색으로 표시된 문제는 이 책 말미에 해답이 제시되어 있다.

산소의 질량을 나타낸 다음 표의 빈칸을 일정 성분비 법칙을 이용하여 채우시오. 일정 성분비 법칙에 따라 모든 시료에 포함된 두 원소의 질량비$\left(\frac{\text{질소의 질량}}{\text{산소의 질량}}\right)$가 같아야 한다.

	N_2O의 질량	N의 질량	O의 질량
시료 A	2.85 g	1.82 g	1.03 g
시료 B	4.55 g	___	___
시료 C	___	___	1.35 g
시료 D	___	1.11 g	___

30. 염화 알루미늄(III)[aluminium(III) chloride] 분해 시 생성되는 알루미늄과 염소의 질량을 나타낸 다음 표의 빈칸을 일정 성분비 법칙을 이용하여 채우시오. 일정 성분비 법칙에 따라 모든 시료에 포함된 두 원소의 질량비$\left(\frac{\text{염소의 질량}}{\text{알루미늄의 질량}}\right)$의 질량/질량)가 같아야 한다.

	AlC_3의 질량	Al의 질량	Cl의 질량
시료 A	3.364 g	0.681 g	2.683 g
시료 B	2.695 g	___	___
시료 C	___	2.333 g	___
시료 D	___	___	2.545 g

화학식

31. 5개의 플루오린 원자에 1개의 인 원자로 이루어진 화합물의 화학식을 쓰시오.

32. 6개의 플루오린 원자에 1개의 황 원자로 이루어진 화합물의 화학식을 쓰시오.

33. 다음 원자로 이루어진 화합물의 화학식을 쓰시오.
(a) 2개의 인 원자와 3개의 칼슘 원자
(b) 3개의 산소 원자와 2개의 인 원자
(c) 2개의 플루오린 원자와 2개의 질소 원자
(d) 3개의 염소 원자와 1개의 금 원자

34. 다음 원자로 이루어진 화합물의 화학식을 쓰시오.
(a) 7개의 플루오린 원자와 1개의 아이오딘 원자
(b) 5개의 산소 원자와 2개의 질소 원자
(c) 3개의 산소 원자와 2개의 안티모니 원자
(d) 2개의 염소 원자와 1개의 카드뮴 원자

35. 다음 각각의 화학식에는 산소 원자가 몇 개 들어 있는가?
(a) H_3PO_3 (b) $Al_2(HPO_4)_3$
(c) $NaHCO_3$ (d) $Al(C_2H_3O_2)_3$

36. 35번 문제에서 각각의 화학식에는 수소 원자가 몇 개 들어 있는가?

37. 다음 화학식에 포함된 각 원자의 개수를 구하시오.
(a) CaF_2 (b) $Ba(NO_3)_2$ (c) $NaNO_2$ (d) KOH

38. 다음 화학식에 포함된 각 원자의 개수를 구하시오.
(a) $(NH_4)_3PO_4$ (b) $Al_2(HPO_4)_3$
(c) Fe_2S_3 (d) $Ca(C_2H_3O_2)_2$

39. 다음 표의 빈칸을 채우시오.

화학식	$C_2H_3O_2^-$ 단위 수	탄소 원자 수	수소 원자 수	산소 원자 수	금속 원자 수
$Mn(C_2H_3O_2)_2$	___	___	___	___	___
$KC_2H_3O_2$	___	___	___	___	___
$Ba(C_2H_3O_2)_2$	___	___	___	___	___

40. 다음 표의 빈칸을 채우시오.

화학식	SO_4^{2-} 단위 수	황 원자 수	산소 원자 수	금속 원자 수
$CaSO_4$	___	___	___	___
$Al_2(SO_4)_3$	___	___		___
K_2SO_4	___	___	___	___

41. 다음 각각의 분자식에 해당하는 실험식을 구하시오.
(a) C_6H_{12} (b) N_2F_2 (c) $C_2H_2O_4$ (d) H_2O

42. 다음 각각의 분자식에 해당하는 실험식을 구하시오.
(a) C_2F_2 (b) $C_2F_2Cl_2$ (c) S_2O_2 (d) HNO_3

원소와 화합물에 대한 분자적 관점

43. 다음 각각의 원소를 원자 또는 분자 원소로 분류하시오.
(a) 크립톤 (b) 아이오딘 (c) 산소 (d) 텅스텐

44. 다음 중 기본 단위가 분자인 원소는 무엇인가?
(a) 질소 (b) 제논 (c) 플루오린 (d) 몰리브데넘

45. 다음 각각의 화합물을 이온 결합 화합물 또는 분자 화합물로 분류하시오.
(a) SO_2 (b) CH_2Cl_2 (c) CO (d) PdO

46. 다음 각각의 화합물을 이온 결합 화합물 또는 분자 화합물로 분류하시오.
(a) KBr (b) CuO (c) CS_2 (d) PBr_3

47. 물질과 그 물질을 구성하는 기본 단위를 바르게 연결하시오.
라돈 분자
$CHCl_3$ 화학식 단위
$CaSO_4$ 이원자 단위
염소 단일 원자

48. 물질과 그 물질을 구성하는 기본 단위를 바르게 연결하시오.

NCl_3	분자
철 금속	단일 원자
$BaCl_2$	이원자 분자
산소	화학식 단위

49. 다음 각 물질의 기본 단위는 단일 원자, 분자, 화학식 단위 중 무엇인가?
(a) $BaBr_2$ (b) Ne (c) I_2 (d) CO

50. 다음 각 물질의 기본 단위는 단일 원자, 분자, 화학식 단위 중 무엇인가?
(a) K_2O (b) $Al(NO_3)_3$ (c) H_2O_2 (d) F_2

51. 다음 각각의 화합물을 이온 결합 화합물 또는 분자 화합물로 분류하시오. 이온 결합 화합물인 경우 한 가지 유형의 이온을 형성하는 금속인지, 두 가지 이상 유형의 이온을 형성하는 금속인지 밝히시오.
(a) KCl (b) CBr_4 (c) NO_2 (d) $Sn(SO_4)_2$

52. 다음 각각의 화합물을 이온 결합 화합물 또는 분자 화합물로 분류하시오. 이온 결합 화합물인 경우 한 가지 유형의 이온을 형성하는 금속인지, 두 가지 이상 유형의 이온을 형성하는 금속인지 밝히시오.
(a) CH_4 (b) $FeCl_2$ (c) $ZnSO_4$ (d) NO_2

이온 결합 화합물의 화학식 작성

53. 다음 각각의 원소 짝으로 형성되는 이온 결합 화합물의 화학식을 쓰시오.
(a) 소듐, 황 (b) 스트론튬, 산소
(c) 알루미늄, 황 (d) 마그네슘, 염소

54. 다음 각각의 원소 짝으로 형성되는 이온 결합 화합물의 화학식을 쓰시오.
(a) 크로뮴, 산소 (b) 스트론튬, 염소
(c) 소듐, 황 (d) 바륨, 염소

55. 포타슘과 다음 각각의 이온이 만나 형성되는 물질의 화학식을 쓰시오.
(a) 아세트산 이온 (b) 크로뮴산 이온
(c) 인산 이온 (d) 사이안화 이온

56. 알루미늄과 다음 각각의 이온이 만나 형성되는 물질의 화학식을 쓰시오.
(a) 수산화물 (b) 탄산염 (c) 아질산염 (d) 황산염

57. 왼쪽의 원소와 오른쪽의 원소가 만나 형성되는 화합물의 화학식을 쓰시오.
(a) Li N, O, F
(b) Ba N, O, F
(c) Al N, O, F

58. 왼쪽의 원소와 오른쪽의 다원자 이온이 만나 형성되는 화합물의 화학식을 쓰시오.
(a) Rb NO_3^-, SO_4^{2-}, PO_4^{3-}
(b) Sr NO_3^-, SO_4^{2-}, PO_4^{3-}
(c) In NO_3^-, SO_4^{2-}, PO_4^{3-}
(In의 전하는 3+이라고 가정한다.)

이온 결합 화합물의 명명

59. 다음 각각의 이온 결합 화합물을 명명하시오. 각각의 화합물에서 금속은 한 가지 유형의 이온만을 형성한다.
(a) $SrCl_2$ (b) $CaBr_2$ (c) Na_2O (d) CsF

60. 다음 각각의 이온 결합 화합물을 명명하시오. 각각의 화합물에서 금속은 한 가지 유형의 이온만을 형성한다.
(a) LiCl (b) MgO (c) CsBr (d) MgF_2

61. 다음 각각의 이온 결합 화합물을 명명하시오. 각각의 화합물에서 금속은 한 가지 유형의 이온만을 형성한다.
(a) $FeCl_2$ (b) $FeCl_3$ (c) $CoCl_2$ (d) PbO

62. 다음 각각의 이온 결합 화합물을 명명하시오. 각각의 화합물에서 금속은 한 가지 유형의 이온만을 형성한다.
(a) $CrCl_2$ (b) FeO (c) $PtCl_4$ (d) Sb_2O_5

63. 다음 각각의 이온 결합 화합물에 포함된 금속이 한 가지 이온만 형성하는지, 두 가지 이상의 이온을 형성하는지 밝히고, 이에 따라 화합물의 이름을 명명하시오.
(a) Cr_2O_3 (b) NaI (c) $CaBr_2$ (d) SnO

64. 다음 각각의 이온 결합 화합물에 포함된 금속이 한 가지 이온만 형성하는지, 두 가지 이상의 이온을 형성하는지 밝히고, 이에 따라 화합물의 이름을 명명하시오.
(a) FeI_3 (b) $PbCl_4$ (c) SrI_2 (d) BaO

65. 다음 각각의 다원자 이온이 포함된 이온 결합 화합물을 명명하시오.
(a) $PbSO_4$ (b) $Ba(C_2H_3O_2)_2$ (c) NH_4F
(d) $(NH_4)_2CO_3$ (e) $NiSO_4$ (f) $Mg(ClO_4)_2$

66. 다음 각각의 다원자 이온이 포함된 이온 결합 화합물을 명명하시오.
(a) $Ba(OH)_2$ (b) $Fe(OH)_3$ (c) $Cu(NO_2)_2$
(d) $PbSO_4$ (e) KClO (f) $Mg(C_2H_3O_2)_2$

67. 다음 각각의 화합물을 명명하시오.
(a) $Sc(NO_3)_3$ (b) Cu_2CO_3 (c) $PbCl_4$ (d) Ca_3P_2

68. 다음 각각의 화합물을 명명하시오.
(a) $SnBr_4$ (b) CoF_3 (c) $ZnCrO_4$ (d) NH_4ClO_3

69. 다음 각각의 다원자 이온을 명명하시오.
(a) BrO^- (b) BrO_2^- (c) BrO_3^- (d) BrO_4^-

70. 다음 각각의 다원자 이온을 명명하시오.
(a) HCO_3^- (b) HSO_4^- (c) HSO_3^- (d) $H_2PO_4^-$

71. 다음 각 이온 결합 화합물의 화학식을 작성하시오.
(a) 브로민화 구리(II) (b) 질산 은
(c) 수산화 포타슘 (d) 황산 소듐
(e) 황산 수소 포타슘 (f) 탄산 수소 소듐

72. 다음 각 이온 결합 화합물의 화학식을 작성하시오.
(a) 염소산 니켈(II) (b) 다이크로뮴산 포타슘
(c) 질산 지르코늄(IV) (d) 아이오딘화 스트론튬
(e) 아질산 니켈(II) (f) 인산이수소 지르코늄(IV)

분자 화합물의 명명

73. 다음 각각의 분자 화합물을 명명하시오.
(a) SO_2 (b) NI_3 (c) BrF_5 (d) NO (e) N_4Se_4

74. 다음 각각의 분자 화합물을 명명하시오.
(a) KrF_2 (b) PBr_5 (c) N_2O (d) ICl_5 (e) IO_2

75. 다음 각 분자 화합물의 화학식을 작성하시오.
(a) 일산화 탄소 (b) 사플루오린화 이황
(c) 일산화 이염소 (d) 오플루오린화 인
(e) 삼브로민화 붕소 (f) 오황화 이인

76. 다음 각 분자 화합물의 화학식을 작성하시오.
(a) 일산화 염소 (b) 사산화 제논
(c) 육플루오린화 제논 (d) 사브로민화 탄소
(e) 사염화 이붕소 (f) 삼셀레늄화 사인

77. 다음 각 분자 화합물의 화학식을 보고 이름을 작성하고, 이름을 보고 화학식을 작성하시오.
(a) BrF_3 (b) 칠산화 이염소
(c) H_2S_3 (d) 삼브로민화 질소

78. 다음 각 분자 화합물의 화학식을 보고 이름을 작성하고, 이름을 보고 화학식을 작성하시오.
(a) Se_2Cl_2 (b) 칠황화 사인
(c) N_2S_5 (d) 십플루오린화 이황

79. 다음 각 분자 화합물의 이름이 올바른지 판별하고, 틀린 이름을 바르게 고치시오.
(a) PBr_5 오브로민화 인(V)
(b) P_2O_3 삼산화 인
(c) SF_4 육플루오린화 일황
(d) NF_3 삼플루오린화 질소

80. 다음 각 분자 화합물의 이름이 올바른지 판별하고, 틀린 이름을 바르게 고치시오.
(a) NCl_3 염화 질소
(b) CI_4 아이오딘화 탄소(IV)
(c) CO 산화 탄소
(d) SCl_4 사염화 황

산의 명명

81. 다음 각각의 산을 이성분산 또는 산소산으로 분류하고 산을 명명하시오. 산소산인 경우 산소산 음이온의 이름을 밝히시오.
(a) $HNO_2(aq)$ (b) $HI(aq)$
(c) $H_2SO_4(aq)$ (d) $HNO_3(aq)$

82. 다음 각각의 산을 이성분산 또는 산소산으로 분류하고 산을 명명하시오. 산소산인 경우 산소산 음이온의 이름을 밝히시오.
(a) $H_2CO_3(aq)$ (b) $HC_2H_3O_2(aq)$
(c) $H_3PO_4(aq)$ (d) $HCl(aq)$

83. 다음 각각의 산을 명명하시오.
(a) H_3PO_3 (b) H_3PO_4 (c) H_3PO_2 (d) $H_4P_2O_7$

84. 다음 각각의 산을 명명하시오. (힌트: 산소산 음이온의 이름은 염소의 산소산 음이온의 이름과 유사하다.)
(a) $HBrO_3$ (b) HIO_3

85. 다음 각 산의 화학식을 작성하시오.
(a) 인산 (b) 브로민화수소산 (c) 아황산

86. 다음 각 산의 화학식을 작성하시오.
(a) 플루오린화수소산 (b) 사인안화수소산 (c) 아염소산

화학식량

87. 다음 각 화합물의 화학식량을 구하시오.
(a) HNO_3 (b) $CaBr_2$ (c) CCl_4 (d) $Sr(NO_3)_2$

88. 다음 각 화합물의 화학식량을 구하시오.
(a) SO_2 (b) $H_2C_2O_4$ (c) $TiCl_2$ (d) C_3H_8

89. 화합물 Ag_2O, PtO_2, $Al(NO_3)_3$, PBr_3를 화학식량이 감소하는 순서로 배열하시오.

90. 화합물 TiO_2, Rb_3PO_4, $Ca(C_2H_3O_2)_2$, CsF를 화학식량이 감소하는 순서로 배열하시오.

심화문제

91. 다음 각 분자 모형의 화학식을 작성하시오(흰색 = 수소, 빨간색 = 산소, 검은색 = 탄소, 파란색 = 질소, 노란색 = 황).

92. 다음 각 분자 모형의 화학식을 작성하시오(흰색=수소, 빨간색=산소, 검은색=탄소, 파란색=질소, 노란색=황).

93. 다음 각 물질의 염소 원자는 몇 개인가?

(a) 3개의 사염화 탄소 분자
(b) 2개의 염화 칼슘 화학식 단위
(c) 4개의 삼염화 인 분자
(d) 7개의 염화 소듐 화학식 단위

94. 다음 각 물질의 산소 원자는 몇 개인가?

(a) 4개의 이산화 질소 분자
(b) 2개의 탄산 알루미늄 화학식 단위
(c) 4개의 삼산화 황 분자
(d) 5개의 아세트산 이온

95. 다음 각 분자 모형의 수소 원자(흰색)는 몇 개인가?

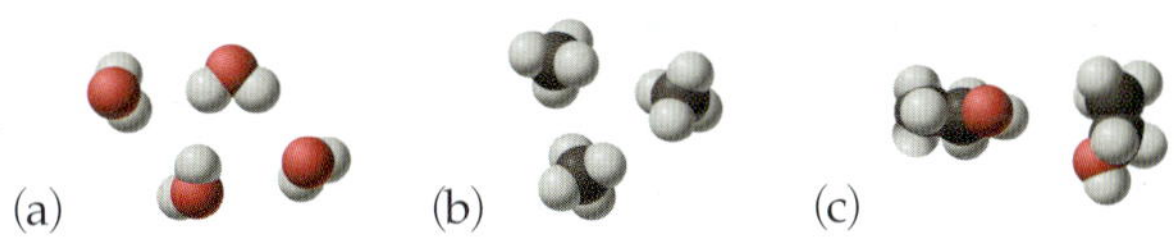

96. 다음 각 분자 모형의 산소 원자(빨간색)는 몇 개인가?

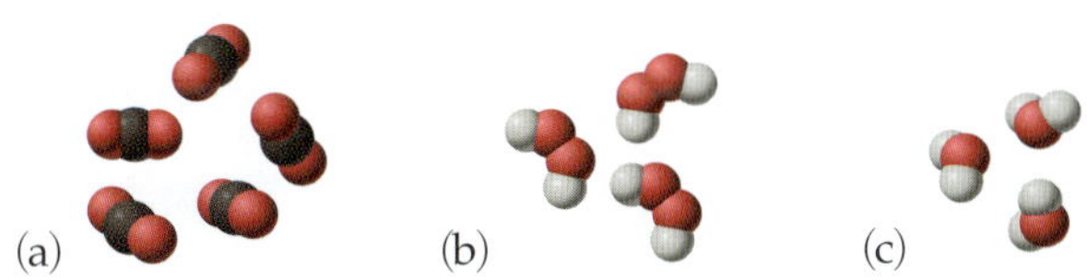

97. 다음 표의 빈칸을 채우시오.

화학식	화합물의 종류(이온, 분자, 산)	이름
N_2H_4	분자	______
______	______	염화 포타슘
$H_2CrO_4(aq)$	______	______
______	______	사이안화 코발트(III)

98. 다음 표의 빈칸을 채우시오.

화학식	화합물의 종류(이온, 분자, 산)	이름
$K_2Cr_2O_7$	이온 결합 화합물	______
$HBr(aq)$	______	브로민화수소산
______	______	오산화 이질소
PbO_2	______	______

99. 다음 각각의 화학식과 이름이 올바른지 판별하고, 틀린 이름을 바르게 고치시오.

(a) $Ca(NO_2)_2$ 질산 칼슘
(b) K_2O 일산화 이포타슘
(c) PCl_3 염화 인
(d) $PbCO_3$ 탄산 납(II)
(e) KIO_2 하이포아이오딘산 포타슘

100. 다음 각각의 화학식과 이름이 올바른지 판별하고, 틀린 이름을 바르게 고치시오.

(a) $HNO_3(aq)$ 질산 수소
(b) NaClO 하이포염소산 소듐
(c) CaI_2 다이아이오딘화 칼슘
(d) $SnCrO_4$ 크로뮴산 주석
(e) $NaBrO_3$ 브로민산 소듐

101. 다음 각 화합물의 화학식을 작성하고 화학식량을 구하시오.

(a) 황산 주석(IV) (b) 아질산
(c) 탄산수소 소듐 (d) 오플루오린화 인

102. 다음 각 화합물의 화학식을 작성하고 화학식량을 구하시오.

(a) 염화 스트론튬 (b) 오산화 아이오딘
(c) 질산 코발트(II) (d) 인산

103. 다음 각 화합물을 명명하고 화학식량을 구하시오.

(a) PtO_2 (b) N_2O_5 (c) $Al(ClO_3)_3$ (d) PBr_5

104. 다음 각 화합물을 명명하고 화학식량을 구하시오.

(a) $Al_2(SO_4)_3$ (b) P_2O_3
(c) $HClO(aq)$ (d) $Cr(C_2H_3O_2)_3$

105. 어떤 화합물이 탄소와 수소로만 이루어지고 화학식량이 28.06 u이다. 이 화합물의 분자식을 작성하시오.

106. 어떤 화합물이 황과 산소로만 이루어지고 화학식량이 64.06 u이다. 이 화합물의 화학식을 작성하시오.

107. 탄소의 자연 발생 동위원소는 탄소-12(질량 = 12.00 u)와 탄소-13(질량 = 13.00 u)이고, 염소의 자연 발생 동위원소는 염소-35(질량 = 34.97 u)와 염소-37(질량 = 36.97 u)이다. 질량이 다른 CCl_4 분자가 얼마나 많이 존재할 수 있는가? 그 분자 각각의 질량(u)을 구하시오.

108. 질소의 자연 발생 동위원소는 질소-14(질량 = 14.00 u)와 질소-15(질량 = 15.00 u)이고, 브로민의 자연 발생 동위원소는 브로민-79(질량 = 78.92 u)와 브로민-81(질량 = 80.92 u)이다. 질량이 다른 NBr_3 분자가 얼마나 많이 존재할 수 있는가? 그 분자 각각의 질량(u)을 구하시오.

핵심문제

109. 다음 각각의 물질과 그에 대한 분자적 관점을 조사하고 원자 원소, 분자 원소, 분자 화합물, 이온 결합 화합물로 분류하시오.

(a)

(b)

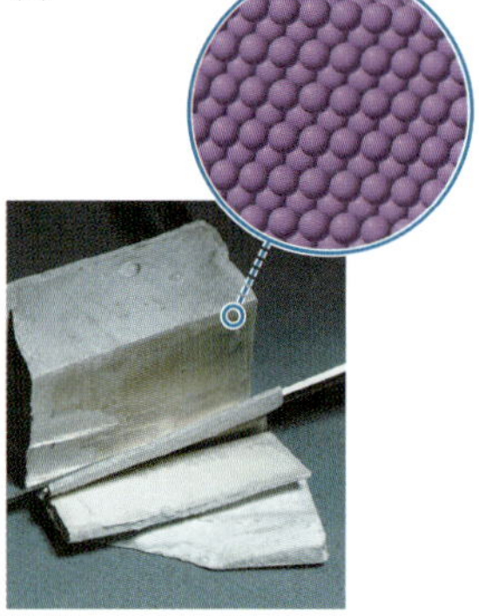

(c)

(d)

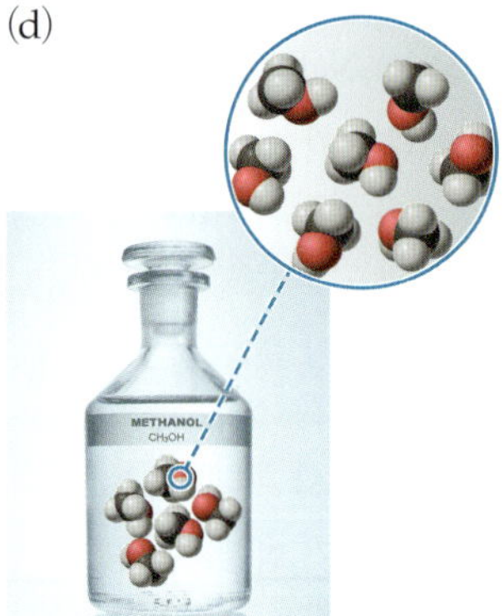

110. 분자는 얼마 안 되는 수의 원자로 구성될 수도 있고 수천 개의 원자로 구성될 수도 있다. 1962년에 Max F. Peruz와 John C. Kendrew는 혈관을 통해 허파로부터 세포에 산소를 공급하는 거대한 분자인 헤모글로빈의 구조를 밝혀내어 노벨상을 수상했다. 화학식이 $C_{2952}H_{4664}O_{832}N_{812}S_8Fe_4$인 헤모글로빈의 화학식량을 구하시오.

◀ Max Perutz와 John C. Kendrew는 X선 회절을 통해 헤모글로빈의 구조를 결정한 공로로 1962년에 노벨상을 수상했다.

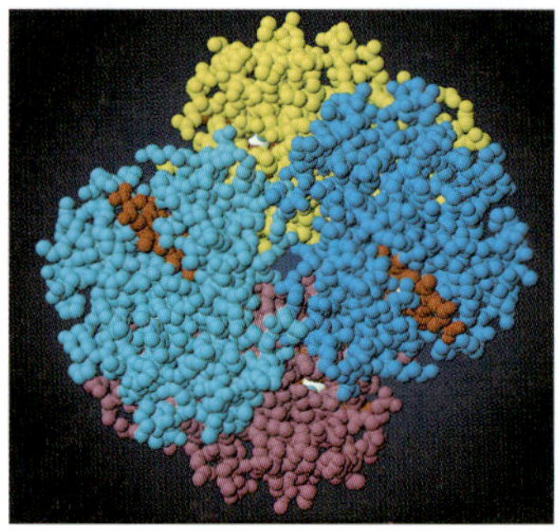

◀ 컴퓨터로 생성된 헤모글로빈 모형

111. 다음 각 제품의 라벨을 조사하시오. 이 장에서 배운 내용을 이용하여 최대한 많은 화합물을 찾고 화학식을 작성하시오.

(a)

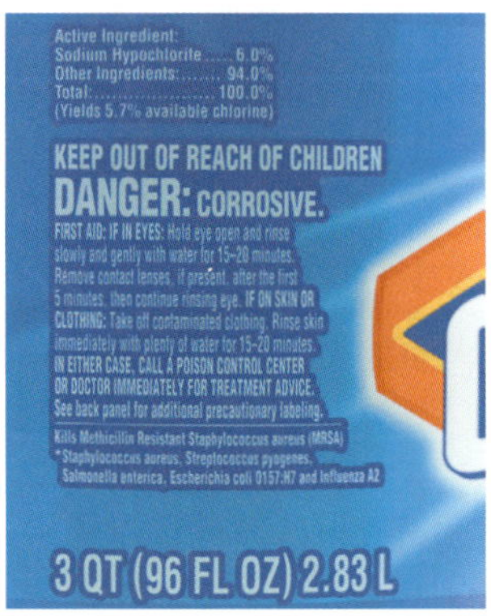

(b)

(c)

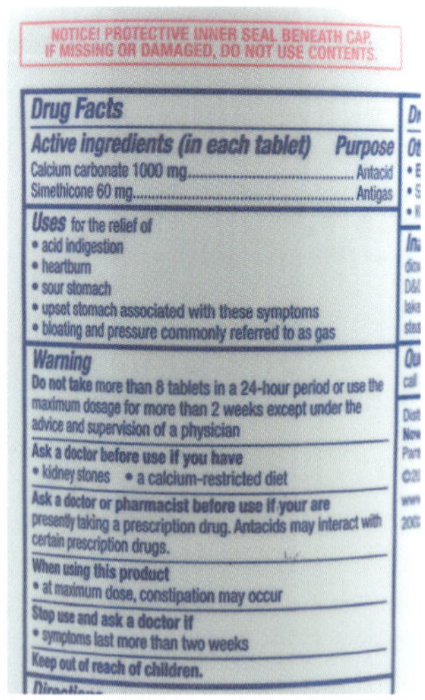

(d)

집단 활동 문제

집단을 이루어 다음 문제에 대해 토의하고 합의된 답을 기록한다.

112. 화학종 일산화 탄소, 이산화 탄소, 탄산 이온에 대한 식을 작성하시오. 세 가지 화학종의 유사점과 차이점을 최대한 나열하시오. 각 구성원이 적어도 한 가지 이상 제시해야 한다.

113. 어떤 물질이 원자 원소인지, 분자 원소인지, 분자 화합물인지, 이

온 결합 화합물인지 밝히는 데 필요한 질문은 무엇인가? 자신의 질문에 대한 답을 근거로 하여 어떤 물질을 분류하는 방법을 나타내는 상세한 지침을 작성하시오.

114. 화합물 $Ca(NO_3)_2$, N_2O, NaS, $CrCl_3$를 명명하시오. 각 화합물을 명명한 과정을 단계별로 상세하게 설명하시오. (힌트: 각 구성원이 한 화합물의 이름을 짓고 그것을 전체 집단에서 설명한다.)

115. 114번 문제에 제시된 네 화합물의 화학식량을 구하시오.

데이터 분석 및 해석

116. 기후학자들은 대기 중 이산화 탄소(화석 연료의 연소로 발생) 증가 수준이 기온 상승, 해수면 상승, 연안 홍수 등의 해로운 방식으로 지구 기후에 영향을 미칠 것이라는 데 점점 관심을 가지게 되었다. 다음 그래프는 1800년대 중반부터 현재까지 대기 중 이산화 탄소 농도를 나타낸 것이다. 그래프를 살펴보고 다음 문제에 답하시오.

(a) 1950년과 2000년의 이산화 탄소 농도는 얼마인가? 50년 동안 이산화 탄소 농도가 얼마나 증가했는가?

(b) 1950~2000년의 연평균 증가는 얼마인가?

(c) 2010년의 이산화 탄소 농도(390 ppm)를 시작으로 (b)에서 얻은 연평균 증가율이라고 가정할 때 2050년의 이산화 탄소 농도는 얼마인가?

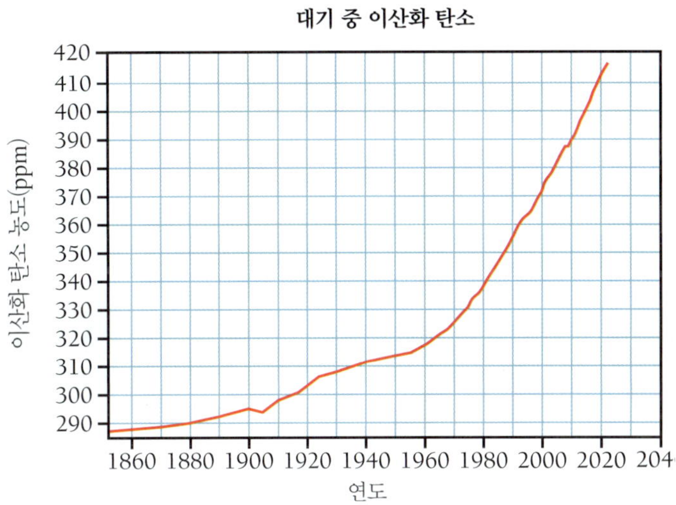

연습문제 해답

- **5.1** 그렇다. 두 경우 모두 O의 질량/C의 질량 = 1.3이기 때문이다.
- **5.2** (a) Ag_2S (b) N_2O (c) TiO_2
- **5.3** 2개의 K 원자, 1개의 S 원자, 4개의 O 원자
- **5.3+** 2개의 Al 원자, 3개의 S 원자, 12개의 O 원자
- **5.4** (a) 분자 원소 (b) 분자 화합물 (c) 원자 원소 (d) 이온 결합 화합물 (e) 이온 결합 화합물
- **5.5** $SrCl_2$
- **5.6** AlN
- **5.7** $AlPO_4$
- **5.7+** Na_2SO_3
- **5.8** 브로민화 포타슘
- **5.8+** 질화 아연
- **5.9** 산화 납(II)
- **5.10** 질산 망가니즈(II)
- **5.11** 사산화 이질소
- **5.12** 플루오린화수소산
- **5.13** 아질산
- **5.14** 44.02 u

확인문제 해답

5.1 (c) A/B = 3.0이고, A는 9.0 g이므로 B는 3.0 g이어야 한다.

5.2 (b) 이 식은 2개의 Al 원자 + 3(2 Cr 원자 + 7 O 원자) = 29개의 원자를 나타낸다.

5.3 (d) 공간 채움 모형은 2개의 산소 원자(빨간색)와 2개의 수소 원자(흰색)를 포함하므로 공식은 H_2O_2이다.

5.4 (b) 그림은 분자 화합물을 보여준다. 그 화합물은 개별적인 분자로 존재하기 때문이다. (a)는 격자 구조 속에 화학식 단위로 존재하는 이온 결합 화합물을 나타낸 것이다.

5.5 (c) 질산 이온은 1−의 전하를 가지므로 3개의 질산 이온을 합하여 3−의 전하를 가진다. 화합물은 전하 중성이어야 하므로 Cr은 3+의 전하를 가져야 한다.

5.6 (b) 칼슘은 한 가지 이온만 형성한다(Ca^{2+}). 따라서 이온의 전하는 이름에 포함되지 않는다(항상 2+로 같기 때문이다).

5.7 (b) 아이오딘 산소 음이온은 염소 산소 음이온과 평행하게 명명된다. 염소산 이온은 ClO_3^-이고 아이오딘산 이온은 IO_3^-이다.

5.8 (b) 이 문제는 명명법에서 가장 흔한 실수(화합물을 정확하게 분류하지 못하는 오류)를 보여준다.

5.9 (c) 산소산의 산소 음이온은 일반적으로 화학식에서 H 뒤에 오는 부분이다. 따라서 $HC_2H_3O_2$의 경우 산소 음이온이 $C_2H_3O_2^-$, 즉 아세트산 이온이다.

5.10 (b) O_3의 화학식량은 3(16.00 u) = 48 u로, 이 목록에서 가장 높은 값이다.

▲ 평범한 식용 소금은 염화 소듐으로 불리는 화합물이다. 염화 소듐 속에 있는 소듐은 고혈압과 관련이 있다. 이 장에서는 주어진 염화 소듐 속에 얼마만큼의 소듐이 들어 있는지 결정하는 방법을 배운다.

6 화학 조성

"과학에서는 이유(why)를 묻지 않고 양(how much)을 묻는다."

— Erwin Chargaff(1905~2002)

개요

6.1 소듐의 양
6.2 킬로그램 단위의 질량으로 몰 수 계산
6.3 그램 단위의 질량으로 원자 수 계산
6.4 그램 단위의 질량으로 분자 수 계산
6.5 환산 인자로서의 화학식
6.6 화합물의 질량 백분율 조성
6.7 화학식으로 질량 백분율 조성 계산
6.8 화합물의 실험식 계산
6.9 화합물의 분자식 계산

6.1 소듐의 양

▲ 철을 채굴할 때는 주어진 철광석의 양 속에 철이 얼마나 들어 있는지 알아야 한다.

소듐은 주로 염화 소듐(식염) 형태로 소비되는 중요한 음식물 속 무기질이며 몸의 체액 조절과 관계가 있다. 음식물 속에 있는 소듐을 과잉 섭취하면 고혈압이 생길 수 있다. 그리고 고혈압은 발작이나 심장마비의 위험을 증가시킨다. 결과적으로 고혈압인 사람들은 소듐 섭취를 조절해야 한다. 미국 식품의약청(FDA)은 하루에 2.3 g(2,300 mg)보다 적은 소듐을 섭취할 것을 권장한다. 하지만 소듐은 보통 염화 소듐의 형태로 섭취되기 때문에 소듐을 얼마나 섭취했는지 알기란 쉽지 않다. 여러분은 염화 소듐을 얼마나 섭취하는가? 식품의약청의 권장량 이하로 계속 유지할 수 있는가?

이에 답하려면 염화 소듐의 **화학적 조성**을 알아야 한다. 5장에서 염화 소듐의 화학식이 NaCl임을 배웠다. 따라서 염화 이온마다 1개의 소듐 이온이 있다는 것을 알 수 있다. 그러나 소듐과 염소의 질량이 다르기 때문에 소듐 질량과 염화 소듐 질량 사이의 관계를 화학식만으로 명확하게 알 수는 없다. 이 장에서는 원자 질량과 화학식량을 포함한 화학식 내에 있는 정보를 이용하여 주어진 양의 화합물 안에 있는 구성 원소의 양을 계산하는 (또는 역으로) 법을 배운다.

▲ 클로로플루오로탄소로 인한 오존 고갈의 위협을 예상하기 위해 특정한 클로로플루오로탄소의 주어진 양 속에 염소가 얼마나 들어 있는지 알아야 한다.

화학적 조성은 소듐 섭취를 가늠하는 것뿐만 아니라 다른 많은 쟁점을 다루는 데에도 중요하다. 예를 들어 철을 채굴하는 회사는 주어진 철광석의 양으로부터 철을 얼마나 얻을 수 있는지 알고 싶어 한다. 잠재적 연료로서의 수소를 개발하는 데 관심이 있는 회사는 주어진 물의 양으로부터 수소를 얼마나 추출할 수 있는지 알고 싶어 한다. 많은 환경 문제에도 화학 조성에 대한 지식이 필요하다. 예를 들어 오존 고갈의 위협에 관해 추정하기 위해 프레온-12와 같은 특정한 클로로플루오로탄소의 주어진 양 속에 염소가 얼마나 있는지 알아야 한다. 이러한 질문에 답하려면 화학식 안에 있는 고유한 관계와 원자 또는 분자 수와 그 질량 사이의 관계를 이해해야 한다. 이 장에서는 이러한 관계를 설명한다.

6.2 킬로그램 단위의 질량으로 못 수 계산

▶ 원자는 너무 작고 그 수가 많아서 하나하나 셀 수 없기 때문에 원자의 질량을 이용하여 물질의 원자를 센다.

못 1.5 kg

탄소 8.25 g

▲ 주어진 못의 무게가 몇 개의 못에 해당하는지를 묻는 것은 주어진 원소의 질량이 얼마나 많은 수의 원자에 해당하는지를 묻는 것과 비슷할 것이다. 두 경우 모두 무게를 측정함으로써 물체의 개수를 센다.

어떤 철물점은 못을 파운드 단위로 파는데, 이는 못을 낱개로 파는 것보다 더 편리하다. 소비자는 주로 몇백 개의 못이 필요한데 이 많은 못을 다 세려면 너무 오래 걸리기 때문이다. 그러나 어떤 고객은 주어진 무게의 못이 몇 개인지 알고 싶을지도 모른다. 이 문제는 주어진 질량의 원소에 얼마나 많은 원자가 있는지를 묻는 것과 비슷하다. 하지만 원자의 경우 너무 작고 너무 많아 하나하나 셀 수 없기 때문에 질량을 이용하여 원자를 셀 수밖에 없다. 원자를 눈으로 볼 수 있고 평생 하루 내내 원자를 셀 수 있다고 하더라도, 모래 알갱이만큼 작은 어떤 물질 속 원자의 수를 세기 시작하는 것조차 거의 불가능할 것이다. 하지만 철물점 고객이 주어진 무게에 얼마나 많은 못이 들어 있는지 알기를 원할 때와 같이 우리는 주어진 질량에 해당하는 원자 수를 알고자 한다. 어떻게 하면 알 수 있을까?

철물점 고객이 1.18 kg의 중간 크기 못을 샀다고 가정해보자. 또한 1다스(dozen)의 못이 0.0680 kg이라고 하자. 고객은 얼마나 많은 못을 샀는가? 이 계산에는 두 번의 변환, 즉 파운드와 다스의 변환, 다스와 못 수의 변환이 필요하다. 첫 번째 부분의 환산 인자는 한 다스 못의 무게이다.

$$0.0680\ \text{kg 못} = 1\text{다스 못}$$

두 번째 부분의 환산 인자는 1다스 안에 들어 있는 못 수이다.

$$1\ \text{doz 못} = 12\text{개 못}$$

문제에 대한 해결도표는 다음과 같다.

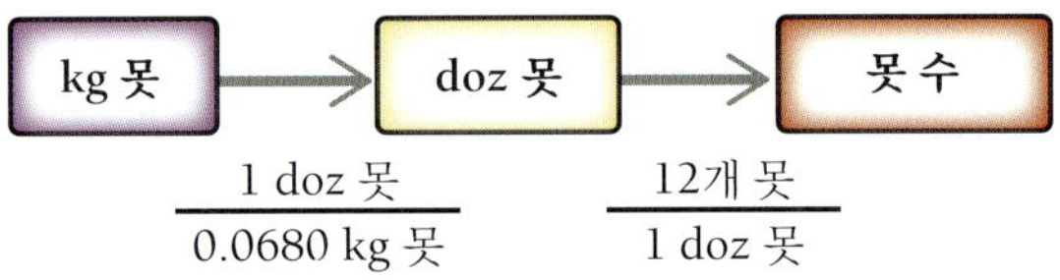

1.18 kg으로 시작하고 해결도표를 사용하여 킬로그램을 못 수로 변환한다.

$$1.18\ \text{kg}\ \cancel{\text{못}} \times \frac{1\ \cancel{\text{doz 못}}}{0.0680\ \text{kg}\ \cancel{\text{못}}} \times \frac{12\text{개 못}}{1\ \cancel{\text{doz 못}}} = \text{못 208개}$$

1.18 kg의 못을 산 고객은 208개의 못을 얻었다. 그는 못의 무게를 측정하여 못 수를 계산했다. 만약 고객이 다른 크기의 못을 샀다면 첫 번째 환산 인자(킬로그램에서 다스로의 변환)가 바뀔 테지만 두 번째 환산 인자는 그렇지 않을 것이다. 1다스는 못의 크기와 관계없이 12개의 못에 해당한다.

✔ 확인문제 6.1

어떤 못의 무게가 1다스당 0.20 kg이다. 1.4 kg에는 못이 몇 개 들어 있는가?

(a) 84 (b) 21 (c) 0.58 (d) 12

6.3 그램 단위의 질량으로 원자 수 계산

- 몰수와 원자 수를 변환한다.
- 그램수와 몰수를 변환한다.
- 그램수와 원자 수를 변환한다.

어떤 무게의 시료 속에 있는 원자 수를 구하는 것은 어떤 무게의 시료 속에 있는 못 수를 구하는 것과 비슷하다. 못의 경우에는 환산에 편리한 수로 다스를 사용하지만, 1다스는 너무 작아서 원자에는 사용할 수 없다. 원자는 너무 작아서 더 큰 수가 필요하다. 화학자의 다스는 **몰**(mole, 단위는 mol)이라고 하며, 그 값이 6.022×10^{23}이다.

$$1 \text{ mol} = 6.022 \times 10^{23}$$

이 수는 Amadeo Avogadro(1776~1856)의 이름을 따서 **아보가드로수**(Avogadro's number)라고 한다.

몰에 대해 이해하려면, 첫째, 어떤 물질이든지 아보가드로수를 명시한다. 어떤 물질 1 mol은 그 물질 6.022×10^{23}개이다. 예를 들어 구슬 1 mol은 6.022×10^{23}개의 구슬에 해당하며 모래알 1 mol은 6.022×10^{23}개의 모래알에 해당한다. 어떤 물질 1 mol은 그 물질 6.022×10^{23}개이다. 원자, 이온 또는 분자 1 mol은 일반적으로 적절한 크기의 물체를 구성한다. 예를 들어 22개의 구리 페니 동전에는 약 1 mol의 구리 원자가 포함되고, 2개의 큰 헬륨 풍선에는 약 1 mol의 헬륨 원자가 포함된다.

1 mol의 구리 원자

▲ 22개의 구리 페니 동전에는 대략 구리 원자 1 mol이 포함된다. 1982년까지 페니 동전은 대부분 구리였다. 구리가 너무 비싸서 미국 조폐소는 1982년 이후 아연으로 만들고 구리로 도금만 했다.

둘째, 그것이 어떻게 특정 값을 갖는지 알아야 한다. 몰의 수치 값은 순수한 12 g의 탄소-12 속에 들어 있는 탄소 원자의 수와 같은 것으로 정의한다.

이러한 몰의 정의는 질량(탄소의 그램수)과 원자의 수(아보가드로수) 사이의 관계를 알려준다. 앞으로 간단히 살펴보겠지만, 이러한 관계는 원자의 무게를 측정함으로써 원자를 셀 수 있게 해준다.

몰수와 원자 수 간 변환

몰수와 원자 수 간의 변환은 다스와 못 수 간의 변환과 비슷하다. 원자의 몰수와 원자 수 간에 변환하려면 다음 환산 인자를 사용한다.

$$\frac{1 \text{ mol}}{6.022 \times 10^{23} \text{ 원자}} \quad \text{또는} \quad \frac{6.022 \times 10^{23} \text{ 원자}}{1 \text{ mol}}$$

1 mol의 헬륨 원자

▲ 2개의 큰 헬륨 풍선에는 대략 1 mol의 헬륨 원자가 포함된다.

예를 들어 3.5 mol의 헬륨을 헬륨 원자 수로 변환한다고 가정해보자. 표준 방법으로 문제에 접근한다.

주어진 값: 3.5 mol He

구해야 하는 값: He 원자

사용된 관계식: 1 mol He = 6.022×10^{23} He 원자

해결도표: 헬륨의 몰수에서 헬륨의 원자 수로의 변환을 나타내는 해결도표를 그린다.

mol He → He 원자

$$\frac{6.022 \times 10^{23} \text{ He 원자}}{1 \text{ mol He}}$$

답: 3.5 mol의 헬륨으로 헬륨 원자 수를 얻으려면 환산 인자를 사용한다.

$$3.5 \text{ mol He} \times \frac{6.022 \times 10^{23} \text{ He 원자}}{1 \text{ mol He}} = 2.1 \times 10^{24} \text{ He 원자}$$

예제 6.1 몰수와 원자 수 간 변환

어떤 은반지에 1.1×10^{22}개의 은 원자가 포함되어 있다. 이 반지에는 은이 몇 몰 들어 있는가?

분류 은 원자의 수가 주어졌고 몰수를 구해야 한다.	**주어진 값:** 1.1×10^{22} Ag 원자 **구해야 하는 값:** mol Ag
전략 은 원자로 시작하여 몰수로 끝나도록 해결도표를 만든다. 환산 인자는 아보가드로수이다.	**해결도표** Ag 원자 → mol Ag $\dfrac{1 \text{ mol Ag}}{6.022 \times 10^{23} \text{ Ag 원자}}$ **사용된 관계식** $1 \text{ mol Ag} = 6.022 \times 10^{23}$ Ag 원자 (아보가드로수)
풀이 해결도표에 따라 문제를 푼다. 1.1×10^{22}의 은 원자로 시작하여 은 원자의 몰수를 얻도록 환산 인자를 사용한다.	**답** $1.1 \times 10^{22} \cancel{\text{Ag 원자}} \times \dfrac{1 \text{ mol Ag}}{6.022 \times 10^{23} \cancel{\text{Ag 원자}}} = 1.8 \times 10^{-2} \text{ mol Ag}$
검토 단위가 옳은가? 답이 합당한가?	단위(mol)가 옳다. 답의 크기는 주어진 양보다 수십 배 더 작다. 몰을 만드는 데 더 많은 원자가 필요하므로 주어진 양보다 수십 배 더 작은 답이 나올 것으로 예상되기 때문이다.

▶ **연습문제 6.1 | 몰수와 원자 수 간 변환**

8.83×10^{-2} mol의 금이 포함된 순금 반지에는 금 원자가 몇 개 들어 있는가?

▶ **심화 학습** 예제 6.14/복습문제 17~20

원소의 그램수와 몰수 간 변환

몰수와 원자 수 간의 변환법을 배웠다. 못의 예와 같이 어떤 시료의 질량에서 시료에 있는 못 다스와 개수 간의 변환처럼 원자 수로 변환하려면 환산 인자가 하나 더 필요하다. 못의 경우에는 못 1다스의 무게를 사용했지만 원자의 경우 원자 1 mol의 질량이 필요하다.

> 어떤 원소의 원자 1 mol의 질량을 **몰질량**(molar mass)이라고 한다. 몰당 그램수로 표시되는 원소의 몰질량 값은 원자 질량 단위로 나타낸 그 원소의 원자 질량과 수치적으로 같다.

몰 단위로 된 원자의 수인 아보가드로수가 정확히 12 g의 탄소-12 속에 들어 있는 원자 수로 정의되었던 것을 상기하라. 원자 질량 단위가 탄소-12의 질량의 1/12배로 정의되기 때문에 몰질량, 즉 그램 단위의 1 mol 원자의 질량은 원자 질량 단위로 표현된 원소의 원자 질량과 같아진다. 예를 들어 구리의 원자 질량은 63.55 u이다. 따라서 구리 원자 1 mol의 질량은 63.55 g이고, 구리의 몰질량은 63.55 g/mol이다. 못 1다스의 무게가 못마다 서로 다른 것처럼 원자 1 mol의 질량도 원소의 종류에 따라 다르다. 황 원자(구리 원자보다 가벼움) 1 mol의 질량은 32.06 g, 탄소 원자(황 원자보다 가벼움) 1 mol의 질량은 12.01 g, 리튬 원자(탄소 원자보다 가벼움) 1 mol의 질량은 6.94 g이다.

$$32.06 \text{ g 황} = 1 \text{ mol 황} = 6.022 \times 10^{23} \text{ S 원자}$$
$$12.01 \text{ g 탄소} = 1 \text{ mol 탄소} = 6.022 \times 10^{23} \text{ C 원자}$$

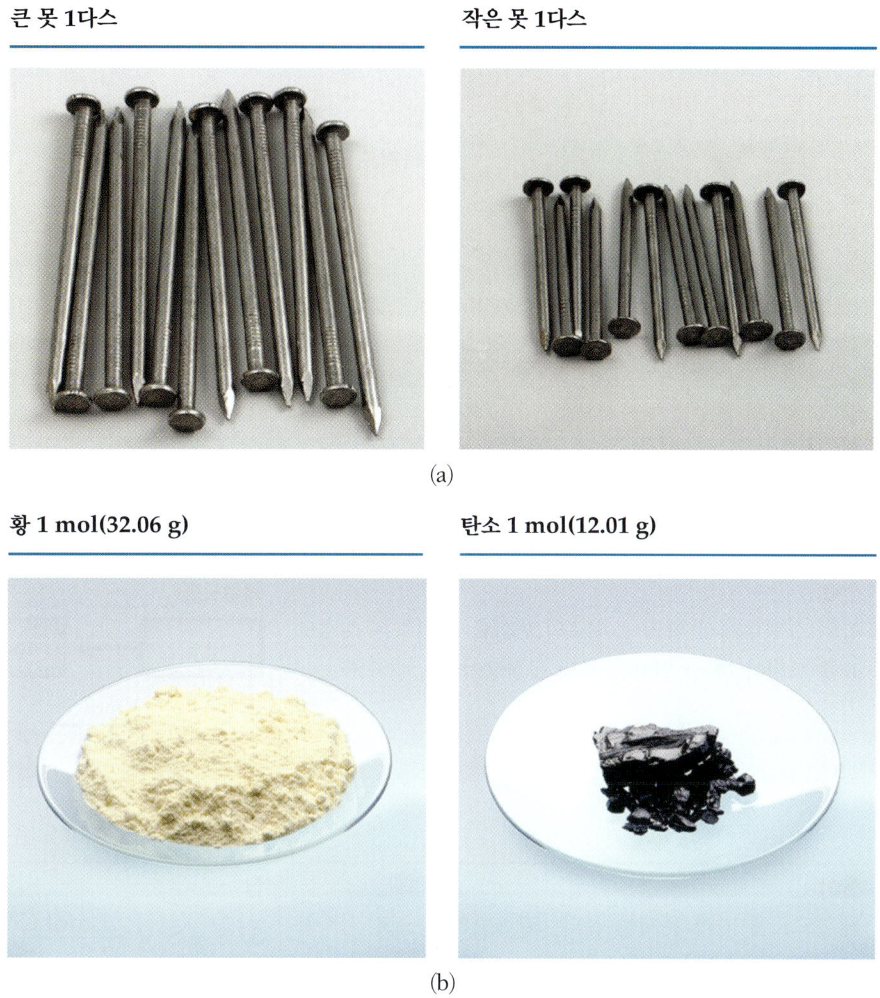

▶ **그림 6.1 1 mol의 질량.** (a) 각각의 사진은 같은 수(12개)의 못이다. 사진에서 보듯이 큰 못 12개는 작은 못 12개보다 더 무겁고 공간을 더 차지한다. 같은 원리가 원자에도 적용된다. (b) 각각의 시료는 원자 수가 같다 (6.022×10^{23}). 황 원자는 탄소 원자보다 더 무겁고 더 크기 때문에 황 원자 1 mol은 탄소 원자 1 mol보다 더 무겁고 공간을 더 차지한다.

$$6.94 \text{ g 리튬} = 1 \text{ mol 리튬} = 6.022 \times 10^{23} \text{ Li 원자}$$

더 가벼운 원자일수록 그 원자의 몰당 질량이 더 작다(그림 6.1).

따라서 어떤 원소의 몰질량은 그 원소의 그램수와 몰수 간의 환산 인자가 된다. 탄소의 경우는 다음과 같이 나타낼 수 있다.

$$12.01 \text{ g C} = 1 \text{ mol C} \quad \text{또는} \quad \frac{12.01 \text{ g C}}{1 \text{ mol C}} \quad \text{또는} \quad \frac{1 \text{ mol C}}{12.01 \text{ g C}}$$

0.58 g의 다이아몬드는 약 3캐럿이다.

0.58 g의 다이아몬드(순수한 탄소) 속에 들어 있는 탄소의 몰수를 계산하려 한다고 가정하자. 우선 문제 속에 있는 정보를 분류한다.

주어진 값: 0.58 g C

구해야 하는 값: mol C

해결도표: 탄소 그램수에서 몰수로의 변환을 보여주는 해결도표를 그린다. 환산 인자는 탄소의 몰질량이다.

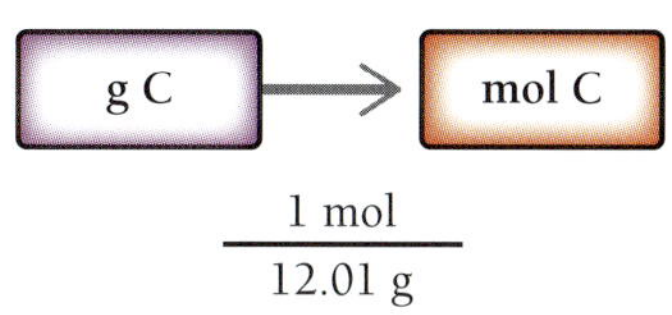

사용된 관계식

12.01 g C = 1 mol C(주기율표에서 얻은 탄소의 몰질량)

답

해결도표에 따라 문제를 푼다.

$$0.58\ \cancel{\text{g C}} \times \frac{1\ \text{mol C}}{12.01\ \cancel{\text{g C}}} = 4.8 \times 10^{-2}\ \text{mol C}$$

예제 6.2 몰 개념: 그램과 몰 간 변환

황 57.8 g의 몰수를 구하시오.

분류 문제의 정보를 분류하는 것으로 시작한다. 황의 질량이 주어졌고 몰수를 구해야 한다.	**주어진 값:** 57.8 g S **구해야 하는 값:** mol S
전략 황의 그램수에서 황의 몰수로의 변환을 보여주는 해결도표를 그린다. 환산 인자는 황의 몰질량이다.	**해결도표** g S → mol S $\frac{1\ \text{mol S}}{32.06\ \text{g S}}$ **사용된 관계식** 32.06 g S = 1 mol S (주기율표에서 얻은 황의 몰질량)
풀이 해결도표에 따라 문제를 푼다. 57.8 g의 황으로 시작하고, 몰수를 얻으려면 환산 인자를 사용한다.	**답** $57.8\ \cancel{\text{g S}} \times \frac{1\ \text{mol C}}{32.06\ \cancel{\text{g S}}} = 1.80\ \text{mol S}$
검토 답을 확인한다. 단위가 옳은가? 답이 합당한가?	단위(mol S)가 옳고 답의 크기도 합당하다. 1 mol S는 32.06 g의 질량이기 때문이다. 그러므로 57.8 g S는 2 mol에 가까울 것이다.

▶ **연습문제 6.2 | 몰 개념: 그램과 몰 간 변환**

황 2.78 mol의 그램수를 구하시오.

▶ **심화 학습** 예제 6.15/복습문제 25~30

원소의 그램수와 원자 수 간 변환

0.58 g의 다이아몬드 속에 들어 있는 탄소 원자 수를 알고 싶다고 하자. 먼저 그램에서 몰수로 변환한 다음 몰에서 원자 수로 변환한다. 해결도표는 다음과 같다.

g C → mol C → C 원자 수

$\frac{1\ \text{mol C}}{12.01\ \text{g C}}$ $\frac{6.022 \times 10^{23}\ \text{C 원자}}{1\ \text{mol C}}$

이 해결도표와 못에 사용했던 방법의 유사성에 주목하라.

못 kg → 못 다스 → 못 수

$$\frac{1\ \text{doz 못}}{0.0680\ \text{kg 못}} \qquad \frac{12\text{개 못}}{1\ \text{doz 못}}$$

0.58 g의 탄소로 시작하고 해결도표를 이용하여 탄소 원자의 수로 변환한다.

$$0.58\ \cancel{\text{g C}} \times \frac{1\ \cancel{\text{mol C}}}{12.01\ \cancel{\text{g C}}} \times \frac{6.022 \times 10^{23}\ \text{C 원자}}{1\ \cancel{\text{mol C}}} = 2.9 \times 10^{22}\ \text{C 원자}$$

예제 6.3 몰 개념: 원소의 그램수와 원자 수 간 변환

16.2 g의 알루미늄 캔 속에 들어 있는 알루미늄 원자 수는 얼마인가?

분류 알루미늄의 질량이 주어졌고 알루미늄 원자 수를 구해야 한다.	**주어진 값:** 16.2 g Al **구해야 하는 값:** Al 원자
전략 해결도표는 두 단계를 거친다. 첫 번째 단계에서는 알루미늄의 그램을 몰수로 변환한다. 두 번째 단계에서는 알루미늄의 몰을 원자 수로 변환한다. 필요한 환산 인자는 알루미늄의 몰질량과 1 mol당 원자 수이다.	**해결도표** g Al → mol Al → Al 원자 수 $\frac{1\ \text{mol Al}}{26.98\ \text{g Al}}$ $\quad$ $\frac{6.022 \times 10^{23}\ \text{Al 원자}}{1\ \text{mol Al}}$ **사용된 관계식** 26.98 g Al = 1 mol Al (주기율표에서 얻은 알루미늄의 몰질량) 6.022×10^{23} = 1 mol (아보가드로수)
풀이 16.2 g의 알루미늄으로 알루미늄 원자 수를 얻는 적당한 환산 인자를 곱한 다음 해결도표를 따른다.	**답** $16.2\ \cancel{\text{g Al}} \times \frac{1\ \cancel{\text{mol Al}}}{26.98\ \cancel{\text{g Al}}} \times \frac{6.022 \times 10^{23}\ \text{Al 원자}}{1\ \cancel{\text{mol Al}}}$ $= 3.62 \times 10^{23}$ Al 원자
검토 단위가 옳은가? 답이 합당한가?	단위(Al 원자)가 옳다. 또한 눈으로 보이는 시료 물질 속 원자 수가 더 많기 때문에 답이 합당하다.

▶ **연습문제 6.3 | 몰 개념: 원소의 그램수와 원자 수 간 변환**

1.23×10^{24}개 헬륨 원자의 질량을 구하시오.

▶ **심화 학습** 예제 6.16/복습문제 35~42

우선 6.022×10^{23}과 같이 지수가 큰 수는 믿을 수 없을 만큼 크다는 것에 주의하라. 22개의 구리 동전은 6.022×10^{23}개 또는 1 mol의 구리 원자를 포함하지만, 6.022×10^{23}개의 동전은 300 m 두께로 지구 전체 표면을 뒤덮을 것이다. 일상적 기준으로 아무리 작은 물체라 할지라도 1 mol이 있다면 그 물체는 엄청난 공간을 차지한다. 예를 들어 가루 설탕의 한 결정체는 1 mg도 안 되는 질량과 0.1 mm도 안 되는 지름이지만, 1 mol의 설탕 결정체는 텍사스주를 몇 피트 두께로 덮을 수 있다. 어떤 숫자에서 지수가 1씩 증가할 때마다 그 숫자는 10배씩 증가한다. 따라서 지수가 23인 수는 상상할 수 없을 정도로 크다. 그렇지만 원자는 매우 작기 때문에 1 mol은 매우 큰 수여야 한다.

✔ 확인문제 6.2

원자 원소 시료에 관한 설명 중 원소 종류에 관계없이 항상 옳은 것은 무엇인가?

(a) 만약 서로 다른 원소의 2개 시료가 같은 수의 원자를 포함한다면 몰수가 같다.

(b) 만약 서로 다른 원소의 2개 시료가 질량이 같다면 몰수가 같다.

(c) 만약 서로 다른 원소의 2개 시료가 질량이 같다면 원자 수가 같다.

✔ 확인문제 6.3

계산 과정을 거치지 않고, 다음 중 원자가 가장 많이 포함된 것을 고르시오.

(a) 코발트 1 g (b) 탄소 1 g (c) 납 1 g

6.4 그램 단위의 질량으로 분자 수 계산

▸ 화합물의 몰수와 그램수를 변환한다.
▸ 화합물의 질량과 몰수를 변환한다.

원자에 대해 수행했던 계산은 공유 결합 화합물이나 이온 결합 화합물을 위한 화학식 단위에도 적용할 수 있다. 먼저 화합물의 질량과 화합물의 몰수 사이의 변환을 살펴본 뒤 몰수로부터 분자(또는 화학식 단위) 수를 계산하자.

화합물의 그램수와 몰수 간 변환

이온 결합 화합물은 개개의 분자를 포함하지 않는다는 것을 기억하라. 가장 작고 전기적으로 중성인 이온 집합체를 때로 분자라고 부르지만, 화학식 단위라고 한다.

원소의 경우 몰질량이 그 원소의 원자 1 mol의 질량이다. 화합물의 경우 몰질량이 그 화합물의 분자 1 mol 또는 화학식 단위 1 mol의 질량이다. 몰당 그램수로 나타낸 어떤 화합물의 몰질량은 숫자적으로는 원자 질량 단위로 된 화합물의 화학식량과 같다. 예를 들어 CO_2의 화학식량은 다음과 같다.

어떤 화합물에 대한 화학식량은 단순히 화학식 내의 모든 원자 질량의 총합이라는 것을 기억하라.

$$\begin{aligned}\text{화학식량} &= 1(\text{탄소의 원자 질량}) + 2(\text{산소의 원자 질량})\\ &= 1(12.01\ \text{u}) + 2(16.00\ \text{u})\\ &= 44.01\ \text{u}\end{aligned}$$

따라서 CO_2의 몰질량은 다음과 같다.

$$\text{몰질량} = 44.01\ \text{g/mol}$$

원소의 몰질량이 그 원소의 그램과 몰수 간의 환산 인자로 쓰이듯이 화합물의 몰질량도 그 화합물의 그램과 몰수 간의 환산 인자로 쓰인다. 예를 들어 22.5 g의 드라이아이스(고체) 시료에서 화합물의 몰수를 구한다고 가정해보자. 정보를 분류하는 것으로 시작한다.

주어진 값: 22.5g CO_2

구해야 하는 값: mol CO_2

해결도표

해결도표에서 몰질량이 화합물의 그램수를 어떻게 몰수로 변환하는지를 보여준다.

$$\text{g } CO_2 \longrightarrow \text{mol } CO_2$$

$$\frac{1\ \text{mol } CO_2}{44.01\ \text{g } CO_2}$$

사용된 관계식

$44.01\ g\ CO_2 = 1\ mol\ CO_2$($CO_2$의 몰질량)

답

이제 문제를 푼다.

$$22.5\ \cancel{g} \times \frac{1\ mol\ CO_2}{44.01\ \cancel{g}} = 0.511\ mol\ CO_2$$

예제 6.4	몰 개념: 화합물의 그램수와 몰수 간 변환
물 1.75 mol에 해당하는 질량을 그램 단위로 구하시오.	
분류 물의 몰수가 주어졌고 이것으로부터 질량을 구해야 한다.	**주어진 값:** $1.75\ mol\ H_2O$ **구해야 하는 값:** $g\ H_2O$
전략 물의 몰수를 물의 그램수로 변환하는 것을 보여주는 해결도표를 그린다. 환산 인자는 물의 몰질량이고, 이는 화학식에서 모든 원자의 원자 질량을 합하여 구할 수 있다.	**해결도표** 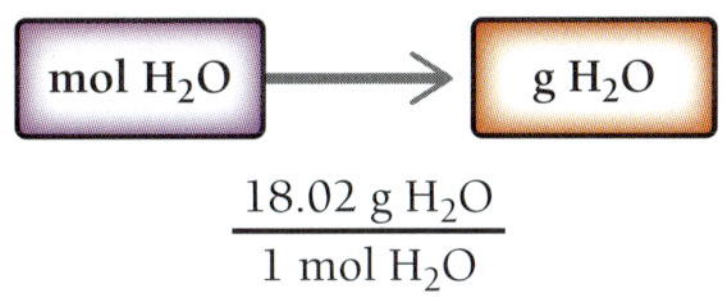 **사용된 관계식** H_2O 몰질량 = 2(H 원자 질량) + 1(O 원자 질량) = 2(1.01) + 1(16.00) = 18.02 g/mol
풀이 해결도표에 따라 문제를 푼다. 물 1.75 mol을 물의 그램수로 변환하려면 몰질량을 이용한다.	**답** $1.75\ \cancel{mol\ H_2O} \times \frac{18.02\ g\ H_2O}{\cancel{mol\ H_2O}} = 31.5\ g\ H_2O$
검토 답을 확인한다. 단위가 옳은가? 답이 합당한가?	단위($g\ H_2O$)가 옳다. 물 1 mol은 18.02 g이므로 답의 크기도 합당하다. 그러므로 1.75 mol은 36 g보다 약간 작은 질량이다.
▸ **연습문제 6.4 | 몰 개념: 화합물의 그램수와 몰수 간 변환** 1.18 g의 NO_2 속에 들어 있는 있는 NO_2의 몰수를 구하시오.	
▸ **심화 학습** 복습문제 49~52	

화합물의 그램수와 분자 수 간 변환

22.5 g의 드라이아이스(고체 CO_2) 시료에서 CO_2의 분자 수를 찾아낸다고 가정해보자. 해결도표는 다음과 같다.

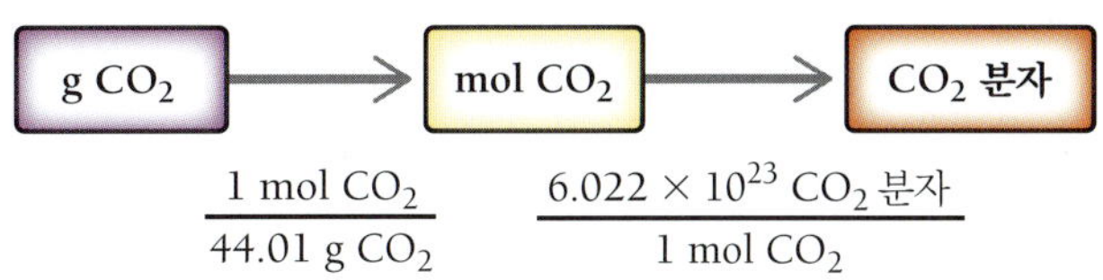

해결도표의 첫 번째 부분은 22.5 g의 드라이아이스에 들어 있는 CO_2의 몰수를 계산하는 것과 동일하다는 것에 주목하라. 해결도표의 두 번째 부분은 몰에서 분자 수로의 변환을 보여

준다. 해결도표를 따르면 다음 식을 얻을 수 있다.

$$22.5\ \cancel{\text{g CO}_2} \times \frac{1\ \cancel{\text{mol CO}_2}}{44.01\ \cancel{\text{g CO}_2}} \times \frac{6.022 \times 10^{23}\ \text{CO}_2\ \text{분자}}{\cancel{\text{mol CO}_2}} = 3.08 \times 10^{23}\ \text{CO}_2\ \text{분자}$$

예제 6.5 몰 개념: 화합물의 질량과 분자 수 간 변환

NO_2 분자 4.78×10^{24}개의 질량을 구하시오.

분류

NO_2 분자 수가 주어졌고 이것으로부터 질량을 구해야 한다.

주어진 값: NO_2 분자 4.78×10^{24}개

구해야 하는 값: g NO_2

전략

해결도표는 두 단계를 거친다. 첫 번째 단계에서는 NO_2의 분자 수에서 NO_2 몰수로 변환하고, 두 번째 단계에서는 NO_2의 몰수에서 NO_2의 질량으로 변환한다. 필요한 환산 인자는 NO_2의 몰질량과 1 mol당 분자 수이다.

해결도표

NO_2 분자 수 → mol NO_2 → g NO_2

$$\frac{1\ \text{mol NO}_2}{6.022 \times 10^{23}\ \text{NO}_2\ \text{분자}} \qquad \frac{46.01\ \text{g NO}_2}{1\ \text{mol NO}_2}$$

사용된 관계식

6.022×10^{23} 분자 = 1 mol (아보가드로수)

NO_2 몰질량 = 1(N 원자 질량) + 2(O 원자 질량)
= 14.01 + 2(16.00)
= 46.01 g/mol

풀이

해결도표를 이용하면서 NO_2의 분자 수를 시작으로 NO_2의 그램수에 도달하려면 적당한 환산 인자를 곱한다.

답

$$4.78 \times 10^{24}\ \cancel{\text{NO}_2\ \text{분자}} \times \frac{1\ \cancel{\text{mol NO}_2}}{6.022 \times 10^{23}\ \cancel{\text{NO}_2\ \text{분자}}} \times \frac{46.01\ \text{g NO}_2}{1\ \cancel{\text{mol NO}_2}} = 365\ \text{g NO}_2$$

검토

답을 확인한다. 단위가 옳은가? 답이 합당한가?

단위(g NO_2)가 옳다. NO_2 분자 수는 1 mol보다 크기 때문에 답은 1 mol의 질량보다 커야 한다(46.01 g 이상). 따라서 답의 크기도 합당하다.

▸ **연습문제 6.5 | 몰 개념: 화합물의 질량과 분자 수 간 변환**

물 시료 3.64 g에는 H_2O 분자가 몇 개 들어 있는가?

▸ **심화 학습** 복습문제 53~56

확인문제 6.4

화합물 A는 몰질량 100 g/mol이고 화합물 B는 몰질량 200 g/mol이다. 두 화합물의 시료가 질량이 같을 때 어느 시료의 분자 수가 더 많은가?

(a) 시료 A (b) 시료 B

6.5 환산 인자로서의 화학식

▶ 화합물의 몰수와 구성 원소의 몰수를 변환한다.
▶ 화합물의 그램수와 구성 원소의 그램수를 변환한다.

이제 이 장의 도입부에서 예를 든 소듐 문제에 관해 설명할 준비가 거의 다 되었다. 특정한 화합물(염화 소듐과 같은)의 주어진 양에 특정한 원소(소듐과 같은)가 얼마나 들어 있는지를 구하려면 화학식에 내재된 숫자적 관계를 이해해야 한다. 간단한 유추를 이용하여 이러한 관계를 이해할 수 있다. 주어진 양의 염화 소듐 속에 얼마나 많은 소듐이 있는지를 묻는 것은 주어진 클로버에 얼마나 많은 잎이 있는지를 묻는 것과 같다. 예를 들어 14개의 클로버에 얼마나 많은 잎이 있는지 알고자 한다고 가정해보자. 잎과 클로버 사이의 환산 인자가 필요하다. 클로버의 경우 클로버에 대한 지식을 바탕으로 환산 인자를 찾을 수 있다. 클로버 1개당 잎이 3개씩 있다는 것을 알고 있으므로 다음과 같이 표기한다.

3개 잎 : 1개 클로버

다른 환산 인자와 마찬가지로 이 비율은 잎과 클로버 사이의 관계를 보여준다. 이러한 환산 인자를 이용하여 14개의 클로버에 달린 잎의 수를 쉽게 얻을 수 있다. 해결도표는 다음과 같다.

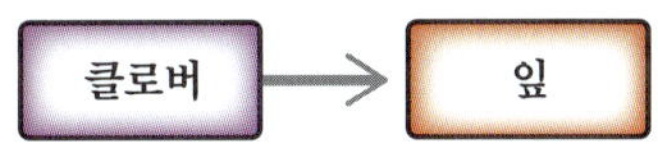

$$\frac{3\text{개}}{1\text{개 클로버}}$$

클로버에서 시작하고 잎으로 변환하여 문제를 푼다.

$$14\text{개 }\cancel{\text{클로버}} \times \frac{3\text{개 잎}}{1\text{개 }\cancel{\text{클로버}}} = 42\text{개 잎}$$

마찬가지로 화학식은 특정한 화합물에 대한 원자와 분자 사이의 비율을 준다. 예를 들어 이산화 탄소(CO_2)의 화학식은 CO_2 분자당 2개의 O 원자가 있다는 것을 뜻하며, 이를 다음과 같이 표기한다.

2 O 원자 : 1 CO_2 분자

'3개 잎 : 1개 클로버'를 '3다스 잎 : 1다스 클로버'로도 쓸 수 있는 것처럼 분자에 대해 다음과 같이 쓴다.

2다스 O 원자 : 1다스 CO_2 분자

하지만 원자와 분자의 경우 일반적으로 몰수로 처리한다.

3개 잎 : 1개 클로버

▲ 클로버의 잎이 3개라는 것을 알고 있으며, 이를 '3개 잎 : 1개 클로버'로 나타낼 수 있다.

8개 다리 : 1개 거미

4개 다리 : 1개 의자

2 H 원자 : 1 H_2O 분자

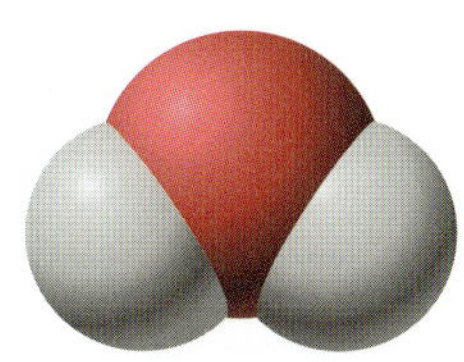

▶ 각각은 어떤 비율을 보여준다.

화학식은 5장에서 다루었다.

$$2\ \text{mol O} : 1\ \text{mol CO}_2$$

이러한 환산 인자(화학식에서 직접 얻음)를 가지고 화합물의 주어진 양 속에 존재하는 구성 원소의 양을 구할 수 있다.

화합물의 몰수와 구성 원소의 몰수 간 변환

CO_2 18 mol에 들어 있는 O의 몰수를 구한다고 가정해보자. 해결도표는 다음과 같다.

$$\boxed{\text{mol CO}_2} \rightarrow \boxed{\text{mol O}}$$

$$\frac{2\ \text{mol O}}{1\ \text{mol CO}_2}$$

이제 O의 몰수를 계산할 수 있다.

$$18\ \text{mol CO}_2 \times \frac{2\ \text{mol O}}{1\ \text{mol CO}_2} = 36\ \text{mol O}$$

예제 6.6 환산 인자로서의 화학식: 화합물의 몰수와 구성 원소의 몰수 간 변환

$CaCO_3$ 1.7 mol에 들어 있는 O의 몰수를 구하시오.

분류 주어진 $CaCO_3$의 몰수로 O의 몰수를 구한다.	**주어진 값:** 1.7 mol $CaCO_3$ **구해야 하는 값:** mol O
전략 해결도표는 화학식에서 나온 환산 인자로 어떻게 $CaCO_3$의 몰수를 O의 몰수로 변환하는지를 보여준다. 환산 인자는 $CaCO_3$당 3개의 O 원자가 있음을 나타낸 화학식에서 얻는다.	**해결도표** $\boxed{\text{mol CaCO}_3} \rightarrow \boxed{\text{mol O}}$ $\frac{3\ \text{mol O}}{1\ \text{mol CaCO}_3}$ **사용된 관계식** 3 mol O : 1 mol $CaCO_3$ (화학식으로부터)
풀이 해결도표에 따라 문제를 푼다. 화학식의 아래첨자는 정확한 수이므로 유효 숫자를 제한하지 않는다.	**답** $1.7\ \text{mol CaCO}_3 \times \frac{3\ \text{mol O}}{1\ \text{mol CaCO}_3} = 5.1\ \text{mol O}$
검토 답을 확인한다. 단위가 옳은가? 답이 합당한가?	단위(mol O)는 옳다. 산소의 몰수가 $CaCO_3$의 몰수보다 커야 하므로(각 $CaCO_3$ 단위는 3 O 원자를 포함하기 때문에) 크기도 합당하다.

▶ **연습문제 6.6 | 환산 인자로서의 화학식: 화합물의 몰수와 구성 원소의 몰수 간 변환**

H_2SO_4 1.4 mol에 들어 있는 O의 몰수를 구하시오.

▶ **심화 학습** 예제 6.17/복습문제 65, 66

✔ 확인문제 6.5

CH_4 12 mol에 들어 있는 H의 몰수는 얼마인가?

(a) 3 mol (b) 4 mol (c) 12 mol (d) 48 mol

화합물의 그램수와 구성 원소의 그램수 간 변환

이제 소듐 문제를 푸는 데 필요한 모든 것을 갖추었다. 15 g의 NaCl에 몇 그램의 소듐이 들어 있는지 알고 싶다고 하자. 화학식은 Na의 몰수와 NaCl의 몰수 사이의 관계를 알려준다.

$$1\ \text{mol Na} : 1\ \text{mol NaCl}$$

이 관계를 이용하려면 NaCl의 몰수가 필요하지만 NaCl의 그램수를 알고 있다. 그런데 NaCl의 몰질량을 사용하여 NaCl의 그램수에서 NaCl의 몰수로 변환할 수 있다. 그런 다음 화학식에서 얻은 환산 인자를 이용하여 Na의 몰수로 변환하고, Na의 몰질량을 사용하여 Na의 그램수로 변환한다. 해결도표는 다음과 같다.

g NaCl → mol NaCl → mol Na → g Na

$$\frac{1\ \text{mol NaCl}}{58.44\ \text{g NaCl}} \qquad \frac{1\ \text{mol Na}}{1\ \text{mol NaCl}} \qquad \frac{22.99\ \text{g Na}}{1\ \text{mol Na}}$$

환산 인자로 화학식을 사용하기 전에 NaCl의 그램수를 몰수로 변환해야 함을 주목하라.

화학식은 물질의 그램수 간 관계가 아닌 몰수 간의 관련성을 알려준다.

해결도표에 따라 문제를 푼다.

$$15\ \cancel{\text{g NaCl}} \times \frac{1\ \cancel{\text{mol NaCl}}}{58.44\ \cancel{\text{g NaCl}}} \times \frac{1\ \cancel{\text{mol Na}}}{1\ \cancel{\text{mol NaCl}}} \times \frac{22.99\ \text{g Na}}{1\ \cancel{\text{mol Na}}} = 5.9\ \text{g Na}$$

1 Mol CCl_4 : 4 Mol Cl

▲ **그림 6.2 화학식으로부터의 몰 관계.** 화학식에 내재되어 있는 관계는 화합물의 몰수와 구성 원소의 몰수(또는 그 반대) 간 변환을 가능하게 한다.

주어진 질량의 화합물에 존재하는 원소의 질량을 찾는 문제를 푸는 일반적인 형태는 다음과 같다.

화합물 **질량** ⟶ 화합물 **몰수** ⟶ 원소 **몰수** ⟶ 원소 **질량**

질량과 몰수 간의 변환은 원자 질량 또는 몰질량을 사용하여 이루어지고, 몰수와 몰수 간의 변환은 화학식에 내재되어 있는 관계를 사용하여 이루어진다(그림 6.2).

예제 6.7 환산 인자로서의 화학식: 화합물의 그램수와 구성 원소의 그램수 간 변환

카르본(carvone, $C_{10}H_{14}O$)은 스피어민트 오일의 주성분으로, 향긋한 향기와 민트 맛이 난다. 카르본은 종종 씹는 껌, 리큐어, 비누, 향수 등에 첨가된다. 55.4 g의 카르본에 들어 있는 탄소의 질량을 구하시오.

분류 주어진 카르본의 질량으로 구성 원소 중 하나의 질량을 구한다.	**주어진 값:** 55.4 g $C_{10}H_{14}O_3$ **구해야 하는 값:** g C
전략 해결도표는 그램 ⟶ 몰 ⟶ 몰 ⟶ 그램을 토대로 한다. 3개의 환산 인자가 필요하다. 첫 번째는 카르본의 몰질량이다.	**해결도표** g $C_{10}H_{14}O$ → mol $C_{10}H_{14}O$ → mol C → g C $\frac{1\ \text{mol}\ C_{10}H_{14}O}{150.2\ \text{g}\ C_{10}H_{14}O}$ $\frac{10\ \text{mol C}}{1\ \text{mol}\ C_{10}H_{14}O}$ $\frac{12.01\ \text{g C}}{1\ \text{mol C}}$ **사용된 관계식** 카르본의 몰질량 = 10(12.01) + 14(1.01) + 1(16.00) = 120.1 + 14.14 + 16.00 = 150.2 g/mol

두 번째 환산 인자는 분자식에서 알 수 있는 C의 몰수와 카르본의 몰수 간의 관계이다. 세 번째 환산 인자는 탄소의 몰질량이다.	10 mol C : 1 mol $C_{10}H_{14}O$ (화학식으로부터) 1 mol C = 12.01 g (주기율표에서 얻은 탄소의 몰질량)
풀이 $C_{10}H_{14}O$의 그램수로 시작하여 탄소의 그램수에 도달하도록 적절한 환산 인자를 곱하여 해결도표에 따라 문제를 푼다.	**답** $55.4\ \cancel{g\ C_{10}H_{14}O} \times \frac{1\ \cancel{mol\ C_{10}H_{14}O}}{150.2\ \cancel{g\ C_{10}H_{14}O}} \times \frac{10\ \cancel{mol\ C}}{1\ \cancel{mol\ C_{10}H_{14}O}} \times \frac{12.01\ g\ C}{1\ \cancel{mol\ C}} = 44.3\ g\ C$
검토 답을 확인한다. 단위가 옳은가? 답이 합당한가?	답의 단위(g C)가 옳다. 탄소의 질량이 화합물의 질량보다 작기 때문에 답의 크기도 합당하다. 만약 탄소의 질량이 화합물의 질량보다 크다면 실수한 것이다. 구성 원소의 질량은 화합물의 질량보다 클 수 없기 때문이다.

▶ **연습문제 6.7 | 환산 인자로서의 화학식: 화합물의 그램수와 구성 원소의 그램수 간 변환**

5.8 g의 탄산수소 소듐($NaHCO_5$) 시료에 들어 있는 산소의 질량을 구하시오.

▶ **연습문제 6.7+**

$A1_2(SO_4)_3$ 시료 7.20 g에 들어 있는 산소의 질량을 구하시오.

▶ **심화 학습** 예제 6.18/복습문제 69~72

✔ 확인문제 6.6

계산 과정을 거치지 않고, 다음 중 플루오린 원자가 가장 많이 포함된 것을 고르시오.

(a) HF 25 g (b) CH_3F 1.5 mol (c) F_2 1.0 mol

6.6 화합물의 질량 백분율 조성

▶ 질량 백분율 조성을 환산 인자로 사용한다.

주어진 화합물 속에 얼마나 많은 원소가 있는지 나타내는 다른 방법은 그 화합물 속 원소의 **질량 백분율 조성**(mass percent composition) 또는 **질량 백분율**(mass percent)을 알아보는 것이다. 한 원소의 질량 백분율 조성은 전체 화합물 질량 중 해당 원소가 차지하는 백분율을 말한다. 예를 들어 염화 소듐 속 소듐의 질량 백분율 조성은 39%이다. 즉 100 g의 염화 소듐 시료에는 39 g의 소듐이 들어 있다. 질량 백분율 조성은 다음 공식을 사용하여 실험 자료로부터 구할 수 있다.

$$\text{원소 X의 질량 백분율} = \frac{\text{화합물 시료 속 X의 질량}}{\text{화합물 시료의 질량}} \times 100\%$$

예를 들어 크로뮴의 시료 0.358 g이 산소와 반응하여 금속 산화물 0.523 g이 형성된다면 크로뮴의 질량 백분율은 다음과 같다.

$$\text{Cr 질량 백분율} = \frac{\text{Cr의 질량}}{\text{금속산화물의 질량}} \times 100\%$$

$$= \frac{0.358\ g}{0.523\ g} \times 100\% = 68.5\%$$

질량 백분율 조성은 구성 원소의 그램수와 화합물의 그램수 간 환산 인자로 이용될 수 있다. 예를 들어 염화 소듐 중 소듐의 질량 백분율 조성이 39%라는 것을 확인했는데, 이는 다음과 같이 쓸 수 있다.

39 g 소듐 : 100 g 염화 소듐

또는 분수 형태로

$$\frac{39\text{ g Na}}{100\text{ g NaCl}} \quad \text{또는} \quad \frac{100\text{ g NaCl}}{39\text{ g Na}}$$

예제 6.8에서 보듯이 이 분수는 Na 그램수와 NaCl 그램수 간의 환산 인자이다.

예제 6.8 질량 백분율 조성을 환산 인자로 사용하기

FDA는 하루에 소듐을 2.3 g 미만 섭취할 것을 권장한다. FDA의 지침을 따르려면 염화 소듐을 몇 그램까지 섭취할 수 있는가? 염화 소듐에는 질량 백분율로 39%에 해당하는 소듐이 들어 있다

분류

염화 소듐의 질량과 염화 소듐 중 소듐의 질량 백분율이 주어졌다. 질량 백분율을 분수로 쓴다. 퍼센트는 100당을 의미하므로 39%의 소듐은 NaCl 100 g당 Na 39 g이 들어 있음을 나타낸다. 주어진 소듐의 질량이 포함된 염화 소듐의 질량을 구해야 한다.

주어진 값: 2.4 g Na

$$\frac{39\text{ g Na}}{100\text{ g NaCl}}$$

구해야 하는 값: g NaCl

전략

소듐의 질량에서 시작하고 염화 소듐의 질량에 도달하도록 질량 백분율을 환산 인자로 이용하는 해결도표를 그린다.

해결도표

g Na → g NaCl

$$\frac{100\text{ g NaCl}}{39\text{ g Na}}$$

사용된 관계식

39 g Na : 100 g NaCl (문제에 주어짐)

풀이

소듐의 그램수 시작하여 염화 소듐의 그램수로 끝내는 해결도표를 따라 문제를 푼다. 5.9 g의 염화 소듐을 섭취할 수 있고, 이는 FDA의 가이드라인을 충족한다.

답

$$2.3\ \cancel{\text{g Na}} \times \frac{100\text{ g NaCl}}{39\ \cancel{\text{g Na}}} = 5.9\text{ g NaCl}$$

검토

답을 확인한다. 단위가 옳은가? 답이 합당한가?

단위, g NaCl은 옳다. NaCl의 질량이 Na의 질량보다 더 크기 때문에, 답은 합당하다. 주어진 특정 원소의 질량을 포함하는 화합물의 질량은 원소 자체의 질량보다 항상 크다.

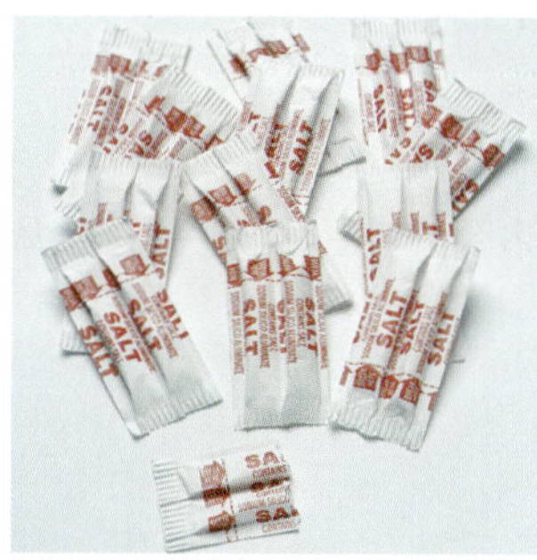

▶ 소금팩 12.5개에는 5.9 g의 NaCl이 담겨 있다.

▶ 연습문제 6.8 | 질량 백분율 조성을 환산 인자로 사용하기

22 g의 염화 소듐을 섭취한다면 얼마나 많은 소듐을 섭취한 것인가? 염화 소듐에는 질량 백분율로 39%에 해당하는 소듐이 들어 있다.

▶ 심화 학습 예제 6.19/복습문제 79~82

6.7 화학식으로 질량 백분율 조성 계산

▶ 화학식을 이용하여 질량 백분율 조성을 구한다.

앞 절에서 실험 자료를 통해 질량 백분율 조성을 계산하는 방법과 질량 백분율 조성을 환산 인자로 사용하는 방법을 배웠다. 또한 화합물의 화학식을 통해 화합물 속 어떤 원소의 질량 백분율이라도 계산할 수 있다. 화학식에 근거한 화합물 속 원소 X의 질량 백분율은 다음과 같다.

$$\text{원소 X의 질량 백분율} = \frac{\text{화합물 1 mol에 들어 있는 원소 X의 질량}}{\text{화합물 1 mol의 질량}} \times 100\%$$

예를 들어 클로로플루오로카본(chlorofluorocarbon, CCl_2F_2)에 들어 있는 염소 원자(Cl)의 질량 백분율 조성을 계산해보자. Cl의 질량 백분율은 다음과 같다.

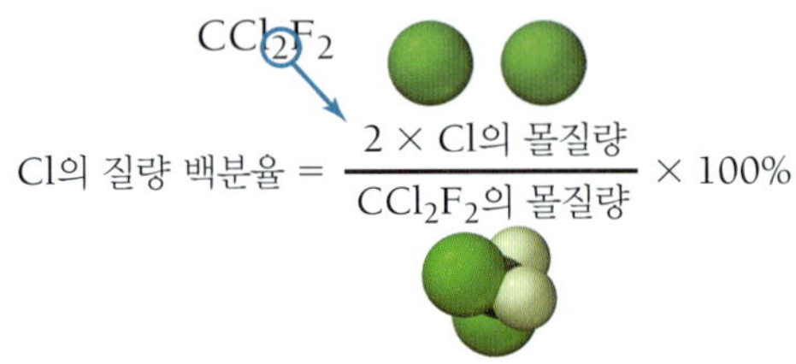

Cl의 몰질량에 반드시 2를 곱해야 한다. CCl_2F_2 1 mol이 Cl 원자 2 mol을 포함하고 있음을 뜻하는 아래첨자 2가 화학식의 Cl에 있기 때문이다. Cl의 몰질량은 다음과 같이 계산할 수 있다.

$$\text{몰질량} = 1(12.01) + 2(35.45) + 2(19.00) = 120.91 \text{ g/mol}$$

따라서 Cl의 질량 백분율은 다음과 같다

$$\text{Cl의 질량 백분율} = \frac{2 \times \text{Cl의 몰질량}}{CCl_2F_2\text{의 몰질량}} \times 100\% = \frac{2 \times 35.45 \text{ g}}{120.91 \text{ g}} \times 100\% = 58.64\%$$

예제 6.9 질량 백분율 조성

프레온-114($C_2Cl_4F_2$)에 들어 있는 Cl의 질량 백분율을 구하시오.

분류
프레온-114의 분자식이 주어졌고 Cl의 질량 백분율을 구해야 한다.

주어진 값: $C_2Cl_4F_2$
구해야 하는 값: Cl 질량 백분율

전략
해결도표는 화학식의 정보를 질량 백분율 식에 대입하여 Cl의 질량 백분율을 얻는 것을 보여준다.

해결도표

화학식 → Cl 질량 백분율

$$\text{Cl 질량 백분율} = \frac{4 \times \text{Cl 몰질량}}{C_2Cl_4F_2 \text{ 몰질량}} \times 100\%$$

사용된 관계식

$$\text{원소 X의 질량 백분율} = \frac{\text{화합물 1 mol에 들어 있는 원소 X의 질량}}{\text{화합물 1 mol의 질량}} \times 100\%$$

(이 장의 질량 백분율 식)

풀이

프레온-114의 몰질량을 계산하고 그 값을 식에 대입하여 질량 백분율 Cl을 구한다.

답

$$4 \times \text{Cl 몰질량} = 4(35.45\ \text{g}) = 141.8\ \text{g}$$

$$\begin{aligned} C_2Cl_4F_2 \text{ 몰질량} &= 2(12.01) + 4(35.45) + 2(19.00) \\ &= 24.02 + 141.8 + 38.00 \\ &= 203.8\ \text{g / mol} \end{aligned}$$

$$\begin{aligned} \text{Cl 질량 백분율} &= \frac{4 \times \text{Cl 몰질량}}{C_2Cl_4F_2 \text{ 몰질량}} \times 100\% \\ &= \frac{141.8\ \text{g}}{203.8\ \text{g}} \times 100\% \\ &= 69.58\% \end{aligned}$$

검토

답을 확인한다. 단위가 옳은가? 답이 합당한가?

단위(%)가 옳고 답도 합당하다. 질량 백분율 조성은 100%를 넘을 수 없다. 답이 100%보다 크면 오류가 있는 것이다.

▶ 연습문제 6.9 | 질량 백분율 조성

아세트산($HC_2H_3O_2$)은 식초의 주성분이다. 아세트산에 들어 있는 O의 질량 백분율 조성을 구하시오.

▶ 심화 학습 예제 6.20/복습문제 83~86, 89, 90

✔ 확인문제 6.7

다음 화합물 중 O의 질량 백분율이 가장 높은 것은 무엇인가? (이 문제를 푸는 데에는 계산이 필요하지 않다.)

(a) CrO (b) CrO_2 (c) Cr_2O_3

화학과 건강

식수의 플루오린화

1900년대 초기에 과학자들은 자연적으로 플루오린화(F^-) 이온이 함유된 식수를 마신 사람이 그렇지 않은 사람보다 충치가 적다는 사실을 발견했다. 적정한 수준의 플루오린화 이온은 치아 법랑질을 튼튼하게 하여 치아의 부식을 막는다. 공공의 건강을 향상하기 위해 식수에 인위적으로 플루오린화 이온을 첨가해왔다. 1945년 이래로 미국에서는 62%의 인구가 인위적으로 플루오린화 이온이 첨가된 식수를 마시고 있다. 미국치과협회와 보건 당국은 플루오린이 첨가된 물이 치아 부식을 40~65% 감소시켰다고 추정한다.

그러나 공공의 식수에 플루오린을 첨가하는 것은 종종 논쟁을 불러일으킨다. 어떤 반대론자는 플루오린은 치약, 구강 세정제, 약물과 같은 다른 공급원을 통해 이용할 수 있으므로 식수에는 첨가하지 말아야 한다고 주장한다. 플루오린을 원하는 사람은 이러한 선택적 공급원을 통해 얻을 수 있으니 정부가 대중에게 플루오린을 강요하지 말아야 한다고 주장한다. 또 어떤 반대론자는 플루오린 첨가에 관련된 위험이 너무 크다고 주장한다. 너무 많은 플루오린은 실제로 치아의 갈색화, 반점, 플루오린 침착증 등을 유발할 수 있다. 극도로 높은 함량은 뼈가 약해지고 관절염이 생기는 뼈의 플루오린 침착증을 가져올 수도 있다.

과학적 여론은 많은 무기질과 마찬가지로 플루오린화 이온도 어떤 수준(성인 기준 하루 1~4 mg)일 때는 건강에 유익하지만 높은 수준의 경우 유해한 영향을 끼칠 수도 있다는 것이다. 따라서 미국의 주요 도시는 리터당 0.7 mg 정도의 플루오린을 첨가하고 있다. 성인은 보통 하루에 1~2 L의 물을 마시기 때문에, 건강에 도움이 되는 양의 플루오린화 이온을 물을 통해 섭취하게 된다. 그러나 병에 들어 있는 물에는 플루오린화 이온이 포함되지 않았다. 슈퍼마켓의 유아용품 코너에서는 플루오린 처리된 병에 들어 있는 물을 판매하기도 한다.

질문 플루오린화 이온은 플루오린화 소듐(NaF)으로 물에 첨가되곤 한다. NaF 중 F^-의 질량 백분율 조성은 얼마인가? 1,500 L의 물을 0.7 mg F^-/L 수준으로 플루오린화하려면 NaF를 얼마나 넣어야 하는가?

6.8 화합물의 실험식 계산

▶ 실험 자료를 이용하여 실험식을 구한다.
▶ 반응 자료를 이용하여 실험식을 구한다.

앞 절에서는 화학식을 이용하여 질량 백분율 조성을 구하는 법을 배웠다. 그런데 또 다른 방법은 없을까? 질량 백분율 조성을 이용하여 화학식을 구할 수 있을까? 실험실에서의 화합물 분석으로는 종종 화학식을 직접 얻을 수 없는 반면, 화합물 속에 있는 각 원소의 상대적 질량을 얻을 수 있기 때문에 이것은 중요하다. 예를 들어 실험실에서 물을 수소와 산소로 분해한다면 생성된 수소와 산소의 질량을 측정할 수 있을 것이다. 이러한 종류의 자료로 물의 화학식을 구할 수 있을까?

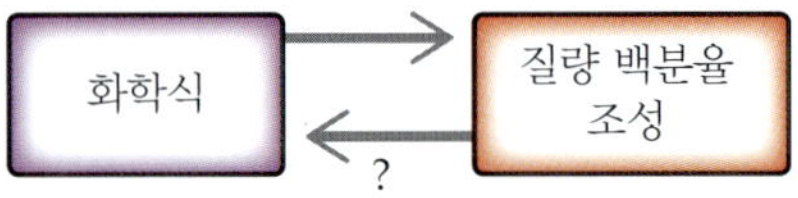

▲ 앞에서 화합물의 화학식으로 질량 백분율 조성을 구하는 법을 배웠다. 또 다른 방법이 없을까?

그 답은 조건부의 '예'이다. 화학식을 얻을 수는 있지만 그것은 분자식이 아니라 실험식이다. 5.3절에서 설명했듯이 **실험식**(empirical formula)은 분자를 구성하는 각 원자의 정해진 수를 알려주지 않고 각 원자 간의 가장 작은 정수비만을 제공한다. 반면에 **분자식**(molecular formula)은 항상 실험식의 정수배이다(분자식 = 실험식 × n, 여기서 n = 1, 2, 3, ⋯).

화학식은 원자수비 또는 원자의 몰수비를 나타내는 것이지 질량비를 나타내는 것이 아니다.

예를 들어 과산화 수소(hydrogen peroxide)의 분자식은 H_2O_2이고 실험식은 HO이다.

$$\mathrm{HO} \times 2 \longrightarrow \mathrm{H_2O_2}$$

실험 자료를 이용하여 실험식 구하기

실험실에서 물을 분해하여 수소 3.0 g과 산소 24 g이 생성되었다고 가정하자. 이 자료로 실험식을 어떻게 구하는가?

우리는 실험식이 질량비를 나타내는 것이 아니라 원자 수의 비나 원자의 몰수비를 나타낸다는 것을 알고 있다. 따라서 우선 자료를 그램에서 몰로 바꾸어야 한다. 각 원소의 몰수는 얼마인가? 몰수로 바꾸려면 원소의 몰질량으로 각 질량을 나누면 된다.

$$\text{H 몰수} = 3.0\ \cancel{\text{g H}} \times \frac{1\ \text{mol H}}{1.01\ \cancel{\text{g H}}} = 3.0\ \text{mol H}$$

$$\text{O 몰수} = 24\ \cancel{\text{g O}} \times \frac{1\ \text{mol O}}{16.00\ \cancel{\text{g O}}} = 1.5\ \text{mol O}$$

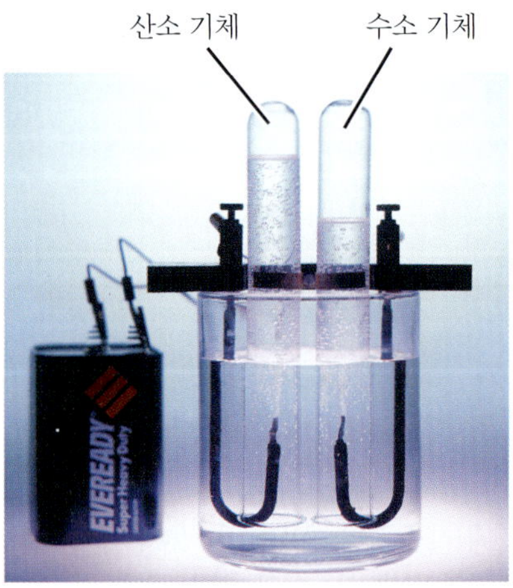

▲ 전기 분해로 물을 수소와 산소로 나눌 수 있다. 구성 원소의 질량을 이용하여 물에 대한 실험식을 어떻게 구할 수 있을까?

이러한 자료를 통해 1.5 mol의 산소당 3 mol의 수소가 있다는 것을 알 수 있다. 이제 물에 대한 유사식(pseudoformula)을 쓸 수 있다.

$$\mathrm{H_3O_{1.5}}$$

구한 식에서 정수로 된 아래첨자를 얻으려면 모든 아래첨자를 가장 작은 수(이 경우에는 1.5)로 나눈다.

$$\mathrm{H}_{\frac{3}{1.5}}\mathrm{O}_{\frac{1.5}{1.5}} = \mathrm{H_2O}$$

이 경우 물에 관한 실험식은 H_2O인데, 이는 물의 분자식이기도 하다. 다음 과정은 어떤 화합물이건 실험 자료에서 실험식을 얻을 때 사용할 수 있다. 왼쪽 열은 그 과정의 개요이고, 가운데 열과 오른쪽 열은 과정을 적용하는 방법의 두 가지 예이다.

✔ 확인문제 6.8

탄소와 산소만으로 이루어진 화합물 시료에 탄소 1.3 mol과 산소 2.6 mol이 들어 있다. 다음 중 화합물의 실험식은 무엇인가?

(a) C_2O (b) CO_2 (c) CO

실험 자료를 이용하여 실험식 구하기	예제 6.10	예제 6.11
	질소와 산소로 이루어진 화합물을 실험실에서 분해하여 질소 24.5 g과 산소 70.0 g을 얻었다. 이 화합물의 실험식을 구하시오.	실험실에서 아스피린을 분석하여 다음과 같은 질량 백분율 조성을 얻었다. C 60.00% H 4.48% O 35.53% 이 화합물의 실험식을 구하시오.
1. 화합물 시료에 들어 있는 각 원소의 주어진 질량을 쓴다(또는 계산한다). 만약 질량 백분율 조성이 주어졌다면 100 g의 시료로 가정하고 주어진 백분율을 이용하여 각 원소의 질량을 계산한다.	**주어진 값:** 24.5 g N 70.0 g O **구해야 하는 값:** 실험식	**주어진 값:** 100 g의 시료에서 60.00 g C 4.48 g H 35.53 g O **구해야 하는 값:** 실험식
2. 각 원소의 적절한 몰질량을 환산 인자로 사용하여 1단계의 각 질량을 몰수로 변환한다.	**답** $24.5\ \cancel{g\ N} \times \frac{1\ mol\ N}{14.01\ \cancel{g\ N}} = 1.75\ mol\ N$ $70.0\ \cancel{g\ O} \times \frac{1\ mol\ O}{16.00\ \cancel{g\ O}} = 4.38\ mol\ O$	**답** $60.00\ \cancel{g\ C} \times \frac{1\ mol\ C}{12.01\ \cancel{g\ C}} = 4.996\ mol\ C$ $4.48\ \cancel{g\ H} \times \frac{1\ mol\ H}{1.01\ \cancel{g\ H}} = 4.44\ mol\ H$ $35.53\ \cancel{g\ O} \times \frac{1\ mol\ O}{16.00\ \cancel{g\ O}} = 2.221\ mol\ O$
3. 2단계에서 얻은 각 원소의 몰수를 아래첨자로 사용하여 화합물의 유사식을 쓴다.	$N_{1.75}O_{4.38}$	$C_{4.996}H_{4.44}O_{2.221}$
4. 식에 있는 모든 아래첨자를 가장 작은 아래첨자로 나눈다.	$N_{\frac{1.75}{1.75}}O_{\frac{4.38}{1.75}} \longrightarrow N_1O_{2.5}$	$C_{\frac{4.996}{2.221}}H_{\frac{4.44}{2.221}}O_{\frac{2.221}{2.221}} \longrightarrow C_{2.25}H_2O_1$
5. 아래첨자가 정수가 아닐 때 정수인 아래첨자를 얻으려면 가장 작은 정수(아래 표 참조)를 모든 아래첨자에 곱한다.	$N_1O_{2.5} \times 2 \longrightarrow N_2O_5$ 정확한 실험식은 N_2O_5이다.	$C_{2.25}H_2O_1 \times 4 \longrightarrow C_9H_8O_4$ 정확한 실험식은 $C_9H_8O_4$이다.
	▶ **연습문제 6.10** | 화합물 시료를 실험실에서 분해하여 탄소 165 g, 수소 27.8 g, 산소 220.2 g을 얻었다. 이 화합물의 실험식을 구하시오.	▶ **연습문제 6.11** | 아스피린 대체 물질인 이부프로펜은 질량 백분율 조성이 C 75.69%, H 8.80%, O 15.51%이다. 이 화합물의 실험식을 구하시오.
	▶ **심화 학습** 복습문제 91~94	▶ **심화 학습** 예제 6.21/복습문제 95~98

소수 아래첨자	정수 아래첨자를 얻으려면 다음 수를 곱한다.
–.10	10
–.20	5
–.25	4
–.33	3
–.50	2
–.66	3
–.75	4

예제 6.12 반응 자료를 이용하여 실험식 구하기

타이타늄 시료 3.24 g이 산소와 반응하여 금속 산화물 5.40 g이 형성되었다. 이 산화물의 실험식을 구하시오.

타이타늄의 질량과 생성된 금속 산화물의 질량이 주어졌고 실험식을 구해야 한다. 특별한 과정이 필요하며 그 과정을 응용해야 한다.	**주어진 값:** 3.24 gTi 5.40 g 금속 산화물 **구해야 하는 값:** 실험식
1. 화합물 시료에 들어 있는 각 원소의 주어진 질량을 쓴다(또는 계산한다). 여기서는 타이타늄 시료의 처음 질량과 산소와 반응한 후 산화물의 질량이 주어졌다. 산소의 질량은 산화물의 질량과 타이타늄의 질량 차이다.	**답** 3.24 gTi O 질량 = 산화물의 질량 − 타이타늄의 질량 = 5.40 g − 3.24 g = 2.16 g O
2. 각 원소의 적절한 몰질량을 환산 인자로 사용하여 1단계의 각 질량을 몰수로 변환한다.	$3.24\ \cancel{\text{g Ti}} \times \frac{1\ \text{mol Ti}}{47.88\ \cancel{\text{g Ti}}} = 0.0677\ \text{mol Ti}$ $2.16\ \cancel{\text{g O}} \times \frac{1\ \text{mol O}}{16.00\ \cancel{\text{g O}}} = 0.135\ \text{mol O}$
3. 2단계에서 얻은 각 원소의 몰수를 아래첨자로 사용하여 화합물의 유사식을 쓴다.	$Ti_{0.0677}O_{0.135}$
4. 식에 있는 모든 아래첨자를 가장 작은 아래첨자로 나눈다.	$Ti_{\frac{0.0677}{0.0677}}O_{\frac{0.135}{0.0677}} \longrightarrow TiO_2$
5. 아래첨자가 정수가 아닐 때 정수인 아래첨자를 얻으려면 가장 작은 정수를 모든 아래첨자에 곱한다.	아래첨자가 정수이므로 이 마지막 과정은 불필요하다. 정확한 실험식은 TiO_2이다.

▶ **연습문제 6.12 | 반응 자료를 이용하여 실험식 구하기**

구리 시료 1.56 g이 산소와 반응하여 금속 산화물 1.95 g이 형성되었다. 이 산화물의 실험식을 구하시오.

▶ **심화 학습** 복습문제 99~102

6.9 화합물의 분자식 계산

▶ 실험식과 몰질량을 이용하여 분자식을 구한다.

화합물의 몰질량을 알고 있다면 실험식으로 화합물의 분자식을 구할 수 있다. 분자식이 항상 실험식의 정수배라는 사실을 상기하라.

$$\text{분자식} = \text{실험식} \times n \ (n = 1, 2, 3, \cdots)$$

실험식이 CH_2O이고 몰질량이 180.2 g/mol인 과당(fructose, 과일에 있는 당)으로 과당의 분자식을 구한다고 가정하자. 분자식이 CH_2O의 정수배라는 사실을 알고 있다.

$$\text{분자식} = CH_2O \times n$$

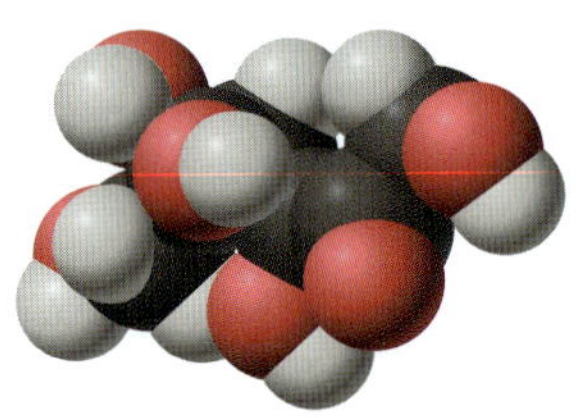

▲ 과일에 들어 있는 당인 과당

또한 몰질량은 실험식의 모든 원자 질량의 합인 **실험식의 몰질량**(empirical formula molar mass)의 정수배라는 것을 알고 있다.

$$\text{몰질량} = \text{실험식의 몰질량} \times n$$

정해진 화합물에 대해 n 값은 두 경우에 모두 동일하다. 따라서 실험식의 몰질량에 대한 몰질량의 비율을 계산하면 n 값을 알 수 있다.

$$n = \frac{\text{몰질량}}{\text{실험식의 몰질량}}$$

과당에 대한 예를 살펴보자.

$$\text{과당 실험식의 몰질량} = 1(12.01) + 2(1.01) + 16.00 = 30.03\ \text{g/mol}$$

그러므로 n 값은 6이다.

$$n = \frac{180.2\ \text{g/mol}}{30.03\ \text{g/mol}} = 6$$

분자식을 구하기 위해 이 n 값을 사용할 수 있다.

$$\text{분자식} = CH_2O \times 6 = C_6H_{12}O_6$$

예제 6.13 실험식과 몰질량을 이용하여 분자식 구하기

탄소와 산소가 포함된 화합물인 나프탈렌(naphthalene)은 흔히 방충제로 쓰인다. 나프탈렌의 실험식은 C_5H_4이고 몰질량은 128.16 g/mol이다. 분자식을 구하시오.

분류
화합물의 실험식과 몰질량이 주어졌고 분자식을 구해야 한다.

주어진 값: 실험식 = C_5H_4
몰질량 = 128.16 g/mol
구해야 하는 값: 분자식

전략
첫 번째 단계에서는 분자 질량(주어짐)과 실험식의 몰질량(실험식을 근거로 계산할 수 있음)을 이용하여 n(분자식을 얻기 위해 실험식에 곱해야 하는 정수)을 구한다.

두 번째 단계에서는 실험식의 아래첨자에 n을 곱하여 분자식에 도달한다.

해결도표

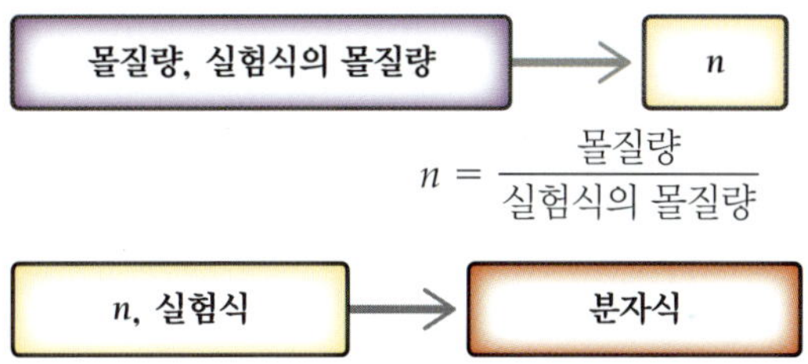

$$n = \frac{\text{몰질량}}{\text{실험식의 몰질량}}$$

$$\text{분자식} = \text{실험식} \times n$$

풀이
실험식의 몰질량을 구한 다음 해결도표를 따른다. 몰질량을 실험식의 몰질량(방금 계산함)으로 나누어 n을 구한다. 분자식을 얻기 위해 실험식에 n을 곱한다.

답
실험식의 몰질량 = 5(12.01) + 4(1.01) = 64.09 g/mol

$$n = \frac{\text{몰질량}}{\text{실험식의 몰질량}} = \frac{128.16\ \text{g mol}}{64.09\ \text{g / mol}} = 2$$

분자식 = $C_5H_4 \times 2 = C_{10}H_8$

검토
답을 확인한다. 답은 합당한가?

답이 실험식의 정수배이므로 합당하다. 분수의 아래첨자가 포함되었다면 잘못된 것이다.

▶ 연습문제 6.13 | 실험식과 몰질량을 이용하여 분자식 구하기

탄소와 수소의 화합물인 뷰테인(butane)은 뷰테인 라이터의 연료로 쓰인다. 뷰테인의 실험식은 C_2H_5이고 몰질량은 58.12 g/mol이다. 분자식을 구하시오.

▶ 연습문제 6.13+

어떤 화합물의 몰질량이 60.10 g/mol이고 질량 백분율 조성이 다음과 같다. 이 화합물의 분자식을 구하시오.

C 39.97% H 13.41% N 46.62%

▶ 심화 학습 예제 6.22/복습문제 103~106

6장 복습

자가진단 퀴즈

1. 헬륨 5.8 mol에는 원자가 몇 개 들어 있는가?
(a) 23.2 (b) 9.6×10^{-24}
(c) 5.8×10^{23} (d) 3.5×10^{24}

2. 순수한 은 시료 155 g은 몇 mol인가?
(a) 1.44 mol (b) 1.67×10^{4} mol
(c) 0.696 mol (d) 155 mol

3. 탄소 시료 12.5 kg에는 탄소 원자가 몇 개 들어 있는가?
(a) 6.27×10^{20} (b) 9.04×10^{28}
(c) 6.27×10^{26} (d) 1.73×10^{-21}

4. 다음 시료 중 원자 수가 가장 많은 것은 무엇인가?
(a) 15 g Ne
(b) 15g Ar
(c) 15 g Kr
(d) 앞의 보기 모두 아님(모두 원자 수가 같음)

5. CO_2 분자 하나의 평균 질량(g)은 얼마인가?
(a) 3.8×10^{-26} g (b) 7.31×10^{-23} g
(c) 2.65×10^{25} g (d) 44.01 g

6. $Ca(NO_3)_2$ 1.6 mol에는 산소가 몇 몰 들어 있는가?
(a) 1.6 mol O (b) 3.2 mol O
(c) 4.8 mol O (d) 9.6 mol O

7. CF_2Cl_2 25.8 g에는 염소가 몇 그램 들어 있는가?
(a) 7.56 g (b) 3.78 g (c) 15.1 g (d) 0.427 g

8. 다음 중 플루오린 원자가 가장 많이 들어 있는 것은 무엇인가?
(a) 2.0 mol HF (b) 1.5 mol F_2
(c) 1.0 mol CF_4 (d) 0.5 mol CH_2F_2

9. 화합물 A_2X에서 A의 질량이 35.8%이다. A가 55.1 g인 화합물의 질량은 얼마인가?
(a) 308g (b) 154 g (c) 19.7 g (d) 35.8 g

10. 다음 중 탄소 질량 백분율이 가장 높은 것은 무엇인가?
(a) CO (b) CO_2 (c) H_2CO_3 (d) H_2CO

11. $C_2H_8N_2$에 들어 있는 N의 질량 백분율은 얼마인가?
(a) 23.3% N (b) 16.6% N (c) 215% N (d) 46.6% N

12. 어떤 화합물이 탄소 52.14%, 수소 13.13%, 산소 34.73%로 이루어져 있다. 이 화합물의 실험식은 무엇인가?
(a) C_4HO_3 (b) C_2H_6O (C) $C_2H_8O_3$ (d) C_3HO_6

13. 어떤 화합물의 실험식이 CH_2O이고 화학식량이 120.10 u이다. 이 화합물의 분자식은 무엇인가?
(a) CH_2O (b) $C_2H_4O_2$ (c) $C_3H_6O_3$ (d) $C_4H_8O_4$

14. 어떤 화합물을 실험실에서 분해하여 질소 1.40 g과 수소 0.02 g을 얻었다. 이 화합물의 실험식은 무엇인가?
(a) NH (b) N_2H (c) NH_2 (d) N_7H

정답 1.d 2.a 3.c 4.a 5.b 6.d 7.c 8.c 9.b 10.a 11.d 12.b 13.d 14.c

화학 원리

몰 개념

몰이란 원자나 분자의 무게를 측정해서 원자나 분자를 쉽게 셀 수 있도록 정의된 특정한 수(6.022×10^{23})이다. 어떤 원소의 1 mol은 그램 단위의 원자 질량과 질량이 같으며, 어떤 화합물의 1 mol은 그램 단위의 화학식량과 질량이 같다. 원소나 화합물의 1 mol의 질량을 몰질량이라고 한다.

관련 내용

몰이라는 개념을 통해 시료의 질량으로 원자나 분자 수를 구할 수 있다. 철물점 고객이 못의 질량만으로 못 수를 알고 싶어 하듯이 우리는 원자의 질량만으로 원자 수를 알고 싶다. 원자는 매우 작아서 개수를 세기 힘들기 때문에 질량을 이용한다.

화학식과 화학적 조성

화학식을 통해 화합물을 구성하는 각 원자의 상대적인 수를 알 수 있다. 이 숫자는 원자 수와 몰수를 근거로 한다. 몰질량을 사용함으로써 화합물을 이루는 각 원소의 상대적인 질량을 계산하는 데 화학식의 정보를 이용할 수 있다. 그리고 화합물 시료의 질량을 화합물 에 포함된 원소의 질량과 관련지을 수도 있다.

화합물의 화학적 조성을 통해 어떤 화합물 속에 특정 원소가 얼마나 많이 포함되어 있는지 구할 수 있다. 예를 들어 클로로플루오로탄소(CFC)로 인한 오존층의 위협을 평가하기 위해 특정한 CFC에 얼마나 많은 염소(chlorine)가 들어 있는지 알아야 한다.

실험실 자료의 실험식과 분자식

화합물 내 원소의 상대적인 질량은 화합물의 실험식을 결정하는 데 이용될 수 있다. 만약 화학자가 화합물의 몰질량을 알고 있다면 그 화합물의 분자식도 얻을 수 있다.

화학자가 미지의 화합물에 대해 알고자 하는 첫 번째로 화학식이다. 화학식은 화합물의 조성을 드러내기 때문이다. 화학자는 실험실에서 화합물을 분석하여(분해 또는 합성하여) 화합물에 포함된 원소의 상대적 질량을 결정함으로써 화학식을 얻곤 한다.

화학 문제를 푸는 기술

학습목표: 몰수와 원자 수를 변환한다(6.3절).

분류

구리의 몰수가 주어졌고 원자 수를 구해야 한다.

전략

몰과 원자 수 간의 변환을 위해 아보가드로수 6.022×10^{23} 원자 = 1 mol을 환산 인자로 사용한다.

풀이

해결도표에 따라 문제를 푼다.

검토

답을 확인한다. 단위가 옳은가? 답이 합당한가?

학습목표: 그램 수와 몰수를 변환한다(6.3절).

분류

알루미늄의 몰수가 주어졌고, 질량을 그램 단위로 구해야 한다.

전략

알루미늄의 몰질량을 사용하여 몰을 그램으로 변환한다.

풀이

해결도표에 따라 문제를 푼다.

검토

답을 확인한다. 단위가 옳은가? 답이 합당한가?

예제

예제 6.14 몰수와 원자 수 간 변환

구리 4.8 mol에 들어 있는 원자 수를 구하시오.

주어진 값: 4.8 mol Cu

구해야 하는 값: Cu 원자

해결도표

mol Cu → Cu 원자

$$\frac{6.022 \times 10^{23} \text{ Cu 원자}}{1 \text{ mol Cu}}$$

사용된 관계식

1 mol Cu = 6.022×10^{23} Cu 원자 (아보가드로수)

답

$$4.8 \cancel{\text{mol Cu}} \times \frac{6.022 \times 10^{23} \text{ Cu 원자}}{1 \cancel{\text{mol Cu}}} = 2.9 \times 10^{24} \text{ Cu 원자}$$

단위(Cu 원자)가 옳다. 원자 수가 약 5 mol인데, 이는 예상과 같이 매우 큰 수이므로 답이 합당하다.

예제 6.15 그램수와 몰수 간 변환

알루미늄 6.73 mol의 그램 단위 질량을 구하시오.

주어진 값: 6.73 mol A1

구해야 하는 값: g A1

해결도표

mol Al → g Al

$$\frac{26.98 \text{ g Al}}{1 \text{ mol Al}}$$

사용된 관계식

26.98 g Al = 1 mol Al (주기율표에서 얻은 알루미늄의 몰질량)

답

$$6.73 \cancel{\text{mol Al}} \times \frac{26.98 \text{ g Al}}{1 \cancel{\text{mol Al}}} = 182 \text{ g Al}$$

단위(g Al)가 옳다. 각 몰수는 약 27 g이고 약 7 mol은 약 190 g이므로 답의 크기도 합당하다.

학습목표: **그램수와 원자(분자) 수를 변환한다(6.3절).**

예제 6.16 그램수와 원자(분자) 간 변환

아연 시료 48.3 g에 들어 있는 원자 수를 구하시오.

분류

아연 시료의 질량이 주어졌고, 포함되어 있는 아연 원자 수를 구해야 한다.

주어진 값: 48.3 g Zn

구해야 하는 값: Zn 원자

전략

원소의 몰질량을 사용하여 그램을 몰수로 변환한 다음 아보가드로수를 사용하여 몰수를 원자 수로 변환한다.

해결도표

g Zn → mol Zn → Zn 원자 수

$$\frac{1\ \text{mol Zn}}{65.39\ \text{g Zn}} \qquad \frac{6.022 \times 10^{23}\ \text{Zn 원자}}{1\ \text{mol Zn}}$$

사용된 관계식

65.39 g Zn = 1 mol Zn (주기율표에서 얻은 아연의 몰질량)

1 mol = 6.022×10^{23} 원자 (아보가드로수)

풀이

해결도표에 따라 문제를 푼다.

답

$$48.3\ \text{g Zn} \times \frac{1\ \text{mol Zn}}{65.39\ \text{g Zn}} \times \frac{6.022 \times 10^{23}\ \text{Zn 원자}}{1\ \text{mol Zn}} = 4.45 \times 10^{23}\ \text{Zn 원자}$$

검토

답을 확인한다. 단위가 옳은가? 답이 합당한가?

단위(Zn 원자)가 옳다. 거시 크기의 시료는 원자 수가 매우 크기 때문에 답도 합당하다.

학습목표: **화합물의 몰수와 구성 원소의 몰수를 변환한다(6.5절).**

예제 6.17 화합물의 몰수와 구성 원소의 몰수 간 변환

H_2SO_4 7.20 mol에 들어 있는 산소의 몰수를 구하시오.

분류

황산의 몰수가 주어졌고, 산소의 몰수를 구해야 한다.

주어진 값: 7.20 mol H_2SO_4

구해야 하는 값: mol O

전략

화합물의 몰수를 구성 원소의 몰수로 변환하기 위해 화합물의 화학식을 사용하여 원소의 몰수와 화합물의 몰수 간 비율을 구한다.

해결도표

mol H_2SO_4 → mol O

$$\frac{4\ \text{mol O}}{1\ \text{mol}\ H_2SO_4}$$

사용된 관계식

4 mol O : 1 mol H_2SO_4

풀이

해결도표에 따라 문제를 푼다.

답

$$7.20\ \text{mol}\ H_2SO_4 \times \frac{4\ \text{mol O}}{1\ \text{mol}\ H_2SO_4} = 28.8\ \text{mol O}$$

검토

답을 확인한다. 단위가 옳은가? 답이 합당한가?

단위(mol O)가 옳다. 화합물에 포함된 원소의 몰수는 화합물 자체의 몰수보다 같거나 크기 때문에 답도 합당하다.

학습목표: 화합물의 그램수와 구성 원소의 수를 변환한다(6.5절).

예제 6.18 어떤 화합물의 그램수와 구성 원소의 그램수 간 변환

Fe_2O_3 79.2 g에 들어 있는 철의 그램수를 구하시오.

분류

산화 철(III)의 질량이 주어졌고 철의 질량을 구해야 한다.

주어진 값: 79.2 g Fe_2O_3

구해야 하는 값: g Fe

전략

화합물의 몰질량을 이용하여 화합물의 그램수를 화합물의 몰수로 변환한 다음 화학식을 사용하여 화합물의 몰수에서 구성 원소의 몰수로 전환하는 환산 인자를 얻는다. 그리고 구성 원소의 몰질량을 이용하여 원소의 몰수에서 원소의 그램수로 변환한다.

해결도표

$$\text{g } Fe_2O_3 \rightarrow \text{mol } Fe_2O_3 \rightarrow \text{mol Fe} \rightarrow \text{g Fe}$$

$$\frac{1 \text{ mol } Fe_2O_3}{159.70 \text{ g } Fe_2O_3} \qquad \frac{2 \text{ mol Fe}}{1 \text{ mol } Fe_2O_3} \qquad \frac{55.85 \text{ g Fe}}{1 \text{ mol Fe}}$$

사용된 관계식

Fe_2O_3 몰질량 = 2(55.85) + 3(16.00) = 159.70 g/mol

2 mol Fe : 1 mol Fe_2O_3 (주어진 화학식으로부터)

풀이

해결도표에 따라 문제를 푼다.

답

$$79.2 \text{ g } Fe_2O_3 \times \frac{1 \text{ mol } Fe_2O_3}{159.70 \text{ g } Fe_2O_3} \times \frac{2 \text{ mol Fe}}{1 \text{ mol } Fe_2O_3} \times \frac{55.85 \text{ g Fe}}{1 \text{ mol Fe}} = 55.4 \text{ g Fe}$$

검토

답을 확인한다. 단위가 옳은가? 답이 합당한가?

단위(g Fe)가 옳다. 화합물에 포함된 구성 원소의 질량은 화합물 자체의 질량보다 적어야 하므로 답도 합당하다.

학습목표: 질량 백분율 조성을 환산 인자로 사용한다(6.6절).

예제 6.19 질량 백분율 조성을 환산 인자로 사용하기

산화 타이타늄(IV) 57.2 g에 들어 있는 타이타늄의 질량을 구하시오. 산화 타이타늄(IV)에 포함된 타이타늄의 질량 백분율은 59.9%이다.

분류

산화 타이타늄(IV)의 질량과 산화물 중 타이타늄의 질량 백분율이 주어졌고 타이타늄의 질량을 구해야 한다.

주어진 값: 57.2 g TiO_2

$$\frac{59.9 \text{ g Ti}}{100 \text{ g } TiO_2}$$

구해야 하는 값: g Ti

전략

질량 백분율 조성을 산화 타이타늄(IV)의 그램와 타이타늄의 그램수 간 환산 인자로 사용한다.

해결도표

$$\text{g } TiO_2 \rightarrow \text{g Ti}$$

$$\frac{59.9 \text{ g Ti}}{100 \text{ g } TiO_2}$$

사용된 관계식

59.9 g Ti : 100 g TiO_2

풀이

해결도표에 따라 문제를 푼다.

답

$$57.2 \text{ g } TiO_2 \times \frac{59.9 \text{ g Ti}}{100 \text{ g } TiO_2} = 34.3 \text{ g Ti}$$

검토

답을 확인한다. 단위가 옳은가? 답이 합당한가?

단위(g Ti)가 옳다. 화합물 내 원소의 질량은 화합물 자체의 질량보다 적어야 하므로 답이 합당하다.

학습목표: 화학식을 이용하여 질량 백분율 조성을 구한다(6.7절).

예제 6.20 화학식을 이용한 질량 백분율 조성 계산

산화 포타슘(K_2O)에 들어 있는 포타슘의 질량 백분율 조성을 구하시오.

분류

산화 포타슘의 식이 주어졌고, 산화 포타슘에 포함된 포타슘의 질량 백분율을 구해야 한다.

주어진 값: K_2O

구해야 하는 값: 질량 백분율 K

전략

해결도표는 화학식에서 도출된 정보를 질량 백분율 식에 대입하여 원소의 질량 백분율을 어떻게 산출하는지를 보여준다.

해결도표

화학식 → 질량 백분율 K

$$\text{질량 백분율 K} = \frac{2 \times \text{K 몰질량}}{K_2O \text{ 몰질량}} \times 100\%$$

사용된 관계식

$$\text{원소 X의 질량 백분율} = \frac{\text{화합물 1 mol 내 원소 X의 질량}}{\text{화합물 1 mol의 질량}} \times 100\%$$

(6.6절의 질량 백분율 식)

풀이

산화 포타슘의 몰질량을 계산하고 해결도표에 따라 문제를 푼다.

답

$$K_2O \text{ 몰질량} = 2(39.10) + 16.00 = 94.20 \text{ g/mol}$$

$$\text{질량 백분율 K} = \frac{2(39.10 \text{ g K})}{94.20 \text{ g } K_2O} \times 100\% = 83.01\%$$

검토

답을 확인한다. 단위가 옳은가? 답이 합당한가?

단위(% K)가 옳고, 답이 100% 이하이므로 합당하다.

학습목표: 실험 자료를 이용하여 실험식을 구한다(6.8절).

예제 6.21 실험 자료를 이용하여 실험식 구하기

바닐라 속 방향제인 바닐린을 실험실에서 분석하여 C 63.15%, H 5.30%, O 31.55%의 질량 백분율 조성을 얻었다. 바닐린의 실험식을 구하시오.

이 문제는 특별한 과정이 필요하다. 실험 자료를 이용하여 실험식을 구하려면 다음 단계를 따른다.

주어진 값: C 63.15%, H 5.30%, O 31.55%

구해야 하는 값: 실험식

답

1. 화합물 시료에 들어 있는 각 원소의 주어진 질량을 쓴다(또는 계산한다). 만약 질량 백분율 조성이 주어졌다면 100 g의 시료로 가정하고 주어진 백분율을 이용하여 각 원소의 질량을 계산한다.

시료 100 g 중에

63.15 g C

5.30 g H

31.55 g O

2. 각 원소의 적절한 몰질량을 환산 인자로 사용하여 1단계의 각 질량을 몰수로 변환한다.

$$63.15 \text{ g C} \times \frac{1 \text{ mol C}}{12.01 \text{ g C}} = 5.258 \text{ mol C}$$

$$5.30 \text{ g H} \times \frac{1 \text{ mol H}}{1.01 \text{ g H}} = 5.25 \text{ mol H}$$

$$31.55 \text{ g O} \times \frac{1 \text{ mol O}}{16.01 \text{ g O}} = 1.972 \text{ mol O}$$

3. 2단계에서 얻은 각 원소의 몰수를 아래첨자로 사용하여 화합물의 유사식을 쓴다.

$$C_{5.258}H_{5.25}O_{1.972}$$

4. 식에 있는 모든 아래첨자를 가장 작은 아래첨자로 나눈다.

$$C_{\frac{5.258}{1.972}}H_{\frac{5.25}{1.972}}O_{\frac{1.972}{1.972}} \longrightarrow C_{2.67}H_{2.66}O_{1}$$

5. 아래첨자가 정수가 아닐 때 정수인 아래첨자를 얻으려면 가장 작은 정수를 모든 아래첨자에 곱한다.

$$C_{2.67}H_{2.66}O_{1} \times 3 \longrightarrow C_8H_8O_3$$

올바른 실험식은 $C_8H_8O_3$이다.

학습목표: 실험식과 몰질량을 이용하여 분자식을 구한다(6.9절).

예제 6.22 실험식과 몰질량을 이용하여 분자식 구하기

용접 토치에 흔히 사용되는 가스인 아세틸렌은 실험식이 CH이고 몰질량이 26.04 g/mol이다. 아세틸렌의 분자식을 구하시오.

분류

아세틸렌의 실험식과 몰질량이 주어졌고 분자식을 구해야 한다.

주어진 값: 실험식 = CH

몰질량 = 26.04 g/mol

구해야 하는 값: 분자식

전략

첫 번째 단계에서 몰질량(주어짐)과 실험식의 몰질량(실험식으로 계산)을 이용하여 n(분자식을 얻기 위해 실험식에 곱해야 하는 정수)을 구한다.

두 번째 단계에서 실험식의 계수에 n을 곱하여 분자식을 얻는다.

해결도표

몰질량, 실험식의 몰질량 → n

$$n = \frac{\text{몰질량}}{\text{실험식의 몰질량}}$$

n, 실험식 → 분자식

분자식 = 실험식 × n

풀이

해결도표에 따라 문제를 푼다. 실험식의 몰질량은 실험식에 있는 모든 원자의 질량을 합한 것이다.

그런 다음 실험식량에 대한 몰질량의 비율인 n을 구한다.
마지막으로 실험식에 n을 곱하여 분자식을 얻는다.

답

$$\text{실험식의 몰질량} = 12.01 + 1.01 = 13.02\ \text{g/mol}$$

$$n = \frac{\text{몰질량}}{\text{실험식의 몰질량}} = \frac{26.04\ \text{g mol}}{13.02\ \text{g mol}} = 2$$

분자식 = CH × 2 → C_2H_2

검토

답을 확인한다. 답이 합당한가?

식의 아래첨자가 모두 정수이므로 답이 합당하다. 분수로 된 답은 정확하지 않다.

핵심 용어

몰	분자식	실험식의 몰질량	질량 백분율 조성
몰질량	실험식	아보가드로수	

학습 점검 문제

기초문제

1. 화학 조성이 왜 중요한가?
2. 어떤 원소의 시료에 들어 있는 원자 수를 어떻게 구할 수 있는가? 원자를 세는 것은 왜 선택 사항이 아닌가?
3. 원자 1 mol에는 원자가 몇 개 들어 있는가?
4. 분자 1 mol에는 분자가 몇 개 들어 있는가?
5. 어떤 원소의 원자 1 mol의 질량은 무엇인가?
6. 어떤 화합물의 분자 1 mol의 질량은 무엇인가?
7. 다음 각 원소 1 mol의 원자 질량은 얼마인가?
   (a) P (b) Pt (c) C (d) Cr
8. 다음 각 화합물 1 mol의 분자 질량은 얼마인가?
   (a) CO_2 (b) CH_2Cl_2 (c) $C_{12}H_{22}O_{11}$ (d) SO_2
9. 화학식의 아래첨자는 화합물의 몰수와 구성 원소의 몰수 간 관계를 알려준다. 아래첨자가 화합물의 그램과 구성 원소의 그램 간 관계를 알려주지 못하는 이유를 설명하시오.
10. $C_{12}H_{22}O_{11}$에 대한 화합물의 몰수와 각 구성 원소의 몰수 간 환산 인자는 무엇인가?

* 파란색으로 표시된 문제는 이 책 말미에 해답이 제시되어 있다.

11. 질량 백분율 조성은 화합물의 그램수와 구성 원소의 그램수 간 환산 인자로 이용될 수 있다. 다음 각 질량 백분율 조성에 내재된 환산 인자(단위 포함)는 무엇인가?
(a) 물은 질량 기준으로 11.19%가 수소이다.
(b) 과당은 과일당으로도 알려져 있으며, 질량 기준으로 53.29%가 산소이다.
(c) 가솔린의 성분인 옥테인은 질량 기준으로 84.12%가 탄소이다.
(d) 알코올음료에 들어 있는 알코올인 에탄올은 질량 기준으로 52.14%가 탄소이다.

12. 화학식을 이용하여 질량 백분율 조성을 계산하는 데 필요한 공식은 무엇인가?

13. 화합물의 분자식과 실험식은 어떤 관계인가?

14. 실험 자료에서 실험식을 계산할 수 있는 것은 왜 중요한가?

15. 화합물의 실험식량이란 무엇인가?

16. 화합물에 대한 실험식량과 몰질량의 관계는 어떠한가?

복습문제

몰 개념

17. 주석 11.8 mol에는 주석 원자가 몇 개 들어 있는가?

18. 6.35×10^{23}개의 구리 원자는 몇 몰의 구리 원자로 구성되는가?

19. 다음 각 원소 시료에 들어 있는 원자 수를 구하시오.
(a) Ag 10.7 mol (b) Si 2.84×10^{-6} mol
(c) Cd 11.2 mol (d) K 0.199 mol

20. 다음 각 원소 시료에 원자가 몇 몰 들어 있는지 구하시오.
(a) Bi 원자 2.09×10^{24} (b) Ne 원자 2.17×10^{22}
(c) Rb 원자 8.54×10^{23} (d) Sr 원자 8.76×10^{21}

21. 다음 표의 빈칸을 채우시오.

원소	몰수	원자 수
F	1.899	______
Cl	______	3.45×10^{24}
Br	7.99	______
I	______	1.27×10^{20}

22. 다음 표의 빈칸을 채우시오.

원소	몰수	원자 수
Sc	______	4.49×10^{24}
Ti	4.78×10^{-3}	______
V	0.0590	______
Cr	______	5.19×10^{23}

23. 아래 정의를 참고하여 종이 872장을 다음 각각의 단위로 나타내시오.
1 doz = 12 1 gross = 144
1 ream = 500 1 mol = 6.022×10^{23}
(a) dozen (b) gross (c) ream (d) mole

24. 순수한 구리 동전이 약 3.0×10^{22}개의 구리 원자로만 이루어져 있다. 1페니 구리 동전의 구리 원자를 다음 각각의 단위로 나타내시오. 23번 문제의 정의를 참고한다.
(a) dozen (b) gross (c) ream (d) mole

25. 순수한 알루미늄 판 21.6g에는 알루미늄 원자가 몇 몰 들어 있는가?

26. 납으로 된 낚시용 추에 0.23 mol의 납 원자가 들어 있다. 납 원자의 질량은 얼마인가?

27. 순금 동전에 0.145 mol의 금 원자가 들어 있다. 금 원자의 질량은 얼마인가?

28. 질소 풍선에 2.01 g의 질소가 들어 있다. 질소 분자의 몰수는 얼마인가?

29. 다음 각 원소 시료에 들어 있는 원자의 몰수를 구하시오.
(a) Zn 1.34 g (b) Ar 24.9 g
(c) Ta 72.5 g (d) Li 0.0223 g

30. 다음 각 원소 시료의 질량을 그램 단위로 구하시오.
(a) Mo 9.59 mol (b) Sr 0.876 mol
(c) Kr 41.8 mol (d) Se 1.56 mol

31. 다음 표의 빈칸을 채우시오.

원소	몰수	질량
F^2	______	72.1 g
Cl^2	2.86	______
Br^2	______	32 kg
I^2	1.05×10^{-4}	______

32. 다음 표의 빈칸을 채우시오.

원소	몰수	질량
Cr	0.00442	______
Fe	______	73.5 mg
Ti	1.009×10^{-3}	______
Hg	______	1.78 kg

33. 순수한 백금 반지에 0.0195 mmol(millimol)의 백금이 들어 있다. 백금 원자 수는 몇 개인가?

34. 순수한 구리선에 0.035 mmol의 Cu가 들어 있다. 구리 원자 수는 몇 개인가?

35. 알루미늄 3.78 g에는 알루미늄 원자가 몇 개 들어 있는가?

36. 1.06×10^{25} 팔라듐 원자의 질량은 얼마인가?

37. 다음 각 원소 시료에 들어 있는 원자 수를 구하시오.
(a) Sr 16.9 g (b) Fe 26.1 g
(c) Bi 8.55 g (d) P 38.2 g

38. 다음 각 원소 시료의 질량을 그램 단위로 구하시오.
(a) 세륨 원자 1.42×10^{21} (b) 카드뮴 원자 2.44×10^{20}
(c) 주석 원자 3.53×10^{23} (d) 저마늄 원자 5.69×10^{25}

39. 다이아몬드(순수한 탄소) 38 mg에는 탄소 원자가 몇 개 들어 있는가?

40. 헬륨 비행선에 담긴 헬륨 495 kg에는 헬륨 원자가 몇 개 들어 있는가?

41. 순수한 알루미늄 자전거 프레임 1.35 kg에는 알루미늄 원자가 몇 개 들어 있는가?

42. 순수한 텅스텐 와이어 29 g에는 텅스텐 원자가 몇 개 들어 있는가?

43. 다음 표의 빈칸을 채우시오.

원소	질량	몰수	원자 수
Na	38.5 mg	______	______
C	______	1.12	______
V	______	______	214
Hg	1.44 kg	______	______

44. 다음 표의 빈칸을 채우시오.

원소	질량	몰수	원자 수
Sc	______	0.900	______
Ti	______	______	1.87×10^{25}
V	49.2 mg	______	______
Cr	______	0.762	______

45. 한 학생이 알루미늄 시료 10.0 g과 구리 시료 10.0 g의 무게를 측정한다. 어느 시료에 원자가 더 많이 들어 있는가? 그 이유를 설명하시오.

46. 탄소 시료에 1.0×10^{22}개의 원자가 들어 있고, 은 시료에 1.0×10^{22}개의 원자가 들어 있다. 어느 시료의 질량이 더 큰가? 그 이유를 설명하시오.

47. 다음 시료 중 원자 수가 가장 많은 것은 무엇인가?
(a) Mn 72.2 g (b) Fe 15.1 g (c) U 250 g

48. 다음 시료 중 원자 수가 가장 많은 것은 무엇인가?
(a) Ne 50.0 g (b) Ar 75.0 g (c) Kr 100 g

49. 다음 각 시료에 들어 있는 분자(또는 화학식 단위)의 몰수를 구하시오.
(a) 염화 소듐 38.2 g (b) 일산화 질소 36.5 g
(c) 이산화 탄소 4.25 kg (d) 사염화 탄소 2.71 mg

50. 다음 각 시료의 질량을 구하시오.
(a) 사플루오린화 규소 1.80 mol
(b) 오플루오린화 인 0.90 mol
(c) 육플루오린화 황 1.30 mmol
(d) 육플루오린화 제논 0.75 kmol

51. 다음 표의 빈칸을 채우시오.

화합물	질량	몰수	분자 수
NH_3	117 kg	______	______
N_2O	4.40 g	______	______
SO_2	______	1.97	______
SO_3	______	0.0800	______

52. 다음 표의 빈칸을 채우시오.

화합물	질량	몰수	분자 수
CO_2	______	0.0153	______
CO	______	0.0150	______
BrI	23.8 mg	______	______
CF_2Cl_2	1.02 kg	______	______

53. 나프탈렌($C_{10}H_8$)으로 된 방충제의 질량이 2.56 g이다. 이 방충제에는 나프탈렌 분자가 몇 개 들어 있는가?

54. 물 분자 하나의 질량을 그램 단위로 나타내시오.

55. 다음 각 시료에 들어 있는 분자 수를 구하시오.
(a) H_2O 3.5 g (b) N_2 56.1 g
(c) CCl_4 89 g (d) $C_6H_{12}O_6$ 19 g

56. 다음 각 시료의 질량을 그램 단위로 구하시오.
(a) H_2 분자 3.09×10^{20} (b) N_2 분자 2.08×10^{22}
(c) O_2 분자 4.05×10^{25} (d) Cl_2 분자 9.85×10^{19}

57. 설탕 결정에는 약 1.8×10^{17}개의 설탕($C_{12}H_{22}O_{11}$) 분자가 들어 있다. 설탕의 질량을 밀리그램 단위로 얼마인가?

58. 질량 0.58 mg의 소금 결정에는 NaCl이 몇 개 들어 있는가?

59. 1 mol의 페니는 몇 달러에 해당하는가? 이 돈을 전 세계 인구(약 78억 명)에게 고르게 배분한다면 각 사람이 얼마를 받을 수 있는가? 각 사람은 백만장자가 될까? 억 단위의 부자가 될까? 조 단위의 부자가 될까?

60. 보통의 먼지 입자는 지름이 약 10.0 mm이다. 적도를 따라 먼지 입자 1.0 mol을 길게 늘어놓으면 지구를 몇 바퀴 도는가? 적도를 기준으로 한 지구의 둘레는 40,076 km이다.

환산 인자로서의 화학식

61. $MgCl_2$ 1.2 mol에는 Cl이 몇 몰 들어 있는가?

62. $Cr_2(SO_4)_3$ 22.4 mol에는 O가 몇 몰 들어 있는가?

63. 다음 중 O의 몰수가 가장 많은 것은 무엇인가?
(a) H_2O 2.3 mol (b) H_2O_2 1.2 mol
(c) $NaNO_3$ 0.9 mol (d) $Ca(NO_3)_2$ 0.5 mol

64. 다음 중 Br의 몰수가 가장 많은 것은 무엇인가?
(a) HBr 4.8 mol (b) CH_2Br_2 2.7 mol
(c) $KBrO_3$ 5.2 mol (d) $Ca(BrO_4)_2$ 3.2 mol

65. 다음 각 시료에 들어 있는 C의 몰수를 구하시오.
(a) CH_4 2.5 mol (b) C_2H_6 0.115 mol
(c) C_4H_{10} 5.67 mol (d) C_8H_{18} 25.1 mol

66. 다음 각 시료에 들어 있는 N의 몰수를 구하시오.
(a) NaN_3 5.67 mol (b) NH_3 9.39 mol
(c) N_2H_4 0.217 mol (d) HN_3 45.8 mol

67. 다음 각각에 대해 수소의 몰수와 분자의 몰수 간 관계를 작성하고, 존재하는 수소 원자의 총수를 구하시오. (H: 흰색, O: 빨간색, C: 검은색, N: 파란색)

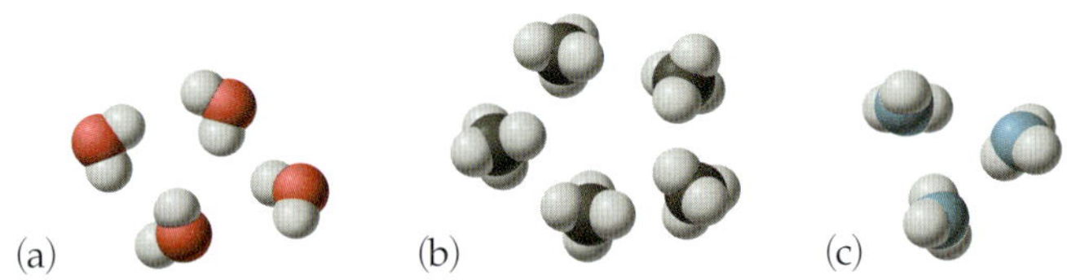

68. 다음 각각에 대해 산소의 몰수와 분자의 몰수 간 관계를 작성하고, 존재하는 산소 원자의 총수를 구하시오. (H: 흰색, O: 빨간색, C: 검은색, S: 노란색)

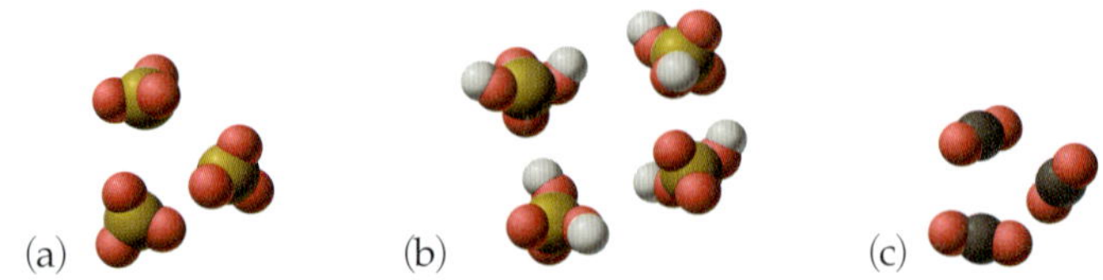

69. 다음 각 클로로플루오로탄소(CFC) 시료 38.0 g에는 Cl이 몇 그램 들어 있는가?
(a) CF_2Cl_2 (b) $CFCl_3$ (c) $C_2F_3Cl_3$ (d) CF_3Cl

70. 다음 각 식품 첨가물 5.00 g에 들어 있는 소듐을 그램 단위로 구하시오.
(a) $C_5H_8NO_4Na$(글루탐산 소듐)
(b) Na_3PO_4(인산 소듐)
(c) $NaC_7H_5O_2$(벤조산 소듐)
(d) $Na_2C_6H_6O_7$(시트르산 수소 소듐)

71. 철은 보통 철광석이라고 부르는 몇 가지 철 화합물의 형태로 지구의 지각에서 발견되곤 한다. 1.0×10^3 kg의 철을 함유한 다음 각 철 화합물의 질량을 킬로그램 단위로 구하시오.
(a) Fe_2O_3(적철석) (b) Fe_3O_4(자철석) (c) $FeCO_3$(능철석)

72. 납은 납광석이라고 부르는 몇 가지 납 화합물의 형태로 지구의 지각에서 발견되곤 한다. 1.0×10^3 kg의 납을 함유한 다음 각 납 화합물의 질량을 킬로그램 단위로 구하시오.
(a) PbS(방연석) (b) $PbCO_3$(백연광) (c) $PbSO_4$(황산연)

73. 포도당($C_6H_{12}O_6$) 10.0 cm^3에 들어 있는 탄소 원자는 몇 개인가? 포도당의 밀도는 1.54 g/cm^3이다.

74. 자당($C_{12}H_{22}O_{11}$) 15.0 cm^3에 들어 있는 탄소 원자는 몇 개인가? 자당의 밀도는 1.59 g/cm^3이다.

질량 백분율 조성

75. 바륨 시료 3.55 g이 산소와 완전히 반응하여 산화 바륨 3.96 g이 형성되었다. 이 자료를 이용하여 산화 바륨에 들어 있는 바륨의 질량 백분율 조성을 구하시오.

76. 갈륨 시료 5.89 g이 산소와 완전히 반응하여 산화 갈륨 7.92 g이 형성되었다. 이 자료를 이용하여 산화 갈륨에 들어 있는 갈륨의 질량 백분율 조성을 구하시오.

77. 염화 칼슘 시료 1.912 g이 칼슘 0.690 g과 염소 1.222 g으로 분해되었다. 염화 칼슘에 들어 있는 칼슘과 염소의 질량 백분율 조성을 구하시오.

78. 에탄올 시료 0.46 g이 C 0.28 g, H 0.020 g, O 0.16 g으로 분해되었다. 에탄올에 들어 있는 C, H, O의 질량 백분율 조성을 구하시오.

79. 플루오린화 구리(II)는 질량 기준으로 37.42%가 플루오린이다. 이 백분율을 이용하여 플루오린화 구리(II) 28.5 g에 들어 있는 플루오린의 질량을 그램 단위로 구하시오.

80. 은도금에 종종 사용되는 염화 은은 75.27%가 은이다. 은도금 7.50 g을 만드는 데 필요한 염화 은의 질량을 그램 단위로 구하시오.

81. 적은 양의 플루오린화 이온(NaF로 종종 소비됨)은 충치를 예방한다. 미국 치과협회에 따르면 성인 여성은 하루에 3.0 mg의 플루오린을 반드시 소비해야 한다. 권장량의 플루오린을 소비하기 위한 플루오린화 소듐(45.24% F)의 양을 구하시오.

82. 보통 아이오딘화 포타슘으로 섭취되는 아이오딘 이온은 좋은 영양 상태에 필수적인 식이성 무기질이다. 소금에 아이오딘화 포타슘이 첨가되는 나라에서는 아이오딘 부족이나 갑상선종이 거의 모두 사라졌다. 아이오딘의 일일 권장량은 150 μg이다. 이 권장량을 충족하기 위해 섭취해야 하는 아이오딘화 포타슘(76.45% I)은 얼마인가?

화학식으로 질량 백분율 조성 계산

83. 다음 각 화합물에 들어 있는 질소의 질량 백분율 조성을 구하시오.
(a) N_2O (b) NO (c) NO_2 (d) N_2O_5

84. 다음 각 화합물에 들어 있는 탄소의 질량 백분율 조성을 구하시오.
(a) C_2H_2 (b) C_3H_6 (c) C_2H_6 (d) C_2H_6O

85. 다음 각 화합물에 들어 있는 각 원소의 질량 백분율 조성을 구하시오.
(a) $C_4H_8O_2$ (b) $C_3H_6O_2$ (C) C_5H_5N (d) $C_3H_6N_2$

86. 다음 각 화합물에 들어 있는 각 원소의 질량 백분율 조성을 구하시오.
(a) $FeCl_3$ (b) TiO_2 (c) H_3PO_4 (d) HNO_3

87. 다음 각 화합물에 들어 있는 산소의 질량 백분율 조성을 구하시오.
(a) 황산 칼슘 (b) 아황산 소듐 (c) 이산화 황

88. 다음 각 화합물에 들어 있는 염소의 질량 백분율 조성을 구하시오.
(a) 사염화 탄소 (b) 하이포아염소산 칼슘 (c) 과염소산

89. 철광석은 광석 1 kg당 철의 양이 다르다. Fe_2O_3(적철석), Fe_3O_4(자철석), $FeCO_3$(능철석)에 들어 있는 철의 질량 백분율 조성을 각각 구하시오. 철이 가장 많이 포함된 것은 무엇인가?

90. 식물이 자라려면 질소가 필요하기 때문에 비료는 질소가 포함된 화합물로 구성된다. 비료로 사용되는 NH_3, $CO(NH_2)_2$, NH_4NO_3, $(NH_4)_2SO_4$에 들어 있는 질소의 질량 백분율 조성을 각각 구하시오. 질소가 가장 많이 포함된 비료는 무엇인가?

실험식 구하기

91. 질소와 산소가 포함된 화합물을 실험실에서 분해하여 질소 2.78 g과 산소 3.05 g을 얻었다. 이 화합물의 실험식을 구하시오.

92. 셀레늄과 플루오린이 포함된 화합물을 실험실에서 분해하여 셀레늄 2.231 g과 플루오린 3.221 g을 얻었다. 이 화합물의 실험식을 구하시오.

93. 각 화합물 시료를 분해하여 얻은 구성 원소의 질량이 다음과 같다. 각 화합물의 실험식을 구하시오.
(a) Ni 1.245 g, I 5.381 g
(b) Se 1.443 g, Br 5.841 g
(c) Be 2.128 g, S 7.557 g, O 15.107 g

94. 각 화합물 시료를 분해하여 얻은 구성 원소의 질량이 다음과 같다. 각 화합물의 실험식을 구하시오.
(a) Sr 3.788 g, Cl 3.132 g
(b) Au 2.762 g, S 0.2335 g
(c) Rh 0.592 g, Sb 0.679 g, S 0.179 g

95. 썩은 동물 사체의 지독한 냄새는 퓨트레신(putrescine)이라는 질소 화합물이 일부 원인이다. 퓨트레신을 분석하여 탄소 54.50%, 수소 13.73%, 질소 31.77%로 구성되어 있음을 알아냈다. 퓨트레신의 실험식을 구하시오.

96. 레몬의 신맛을 담당하는 화합물인 시트르산은 탄소 37.51%, 수소 4.20%, 산소 58.29%로 구성되어 있다. 시트르산의 실험식을 구하시오. (힌트: 100 g의 시료라고 가정하고 각 원소의 질량을 구한다.)

97. 천연적 맛이나 냄새에서 종종 발견되는 다음 각 화합물의 실험식을 구하시오.
(a) 에틸 뷰틸레이트(파인애플 오일): C 62.04%, H 10.41%, O 27.55%
(b) 메틸 뷰틸레이트(사과 향): C 58.80%, H 9.87%, O 31.33%
(c) 벤질 아세테이트(재스민 오일): C 71.98%, H 6.71%, O 21.31%

98. 다음 각 진통제의 실험식을 구하시오.
(a) 아세트아미노펜(타이레놀): C 63.56%, H 6.00%, N 9.27%, O 21.17%
(b) 나프록센(알레브) : C 73.03%, H 6.13%, O 20.84%

99. 인 시료 1.45 g이 대기 중에서 연소하여 산화 인 2.57 g이 생성되었다. 산화 인의 실험식을 구하시오. (힌트: 인이 대기 중에서 연소되기 전후의 질량 차이로부터 산화 인 2.57 g 중 산소의 질량을 구한다.)

100. 타이타늄 시료 2.952 g이 산소와 반응하여 금속 산화물 4.936 g이 생성되었다. 이 산화물의 실험식을 구하시오.

101. 질소 시료 0.77 mg이 염소와 반응하여 염화물 6.61 mg이 생성되었다. 염화 질소의 실험식을 구하시오.

102. 인 시료 80.4 mg이 텔루륨과 반응하여 텔루륨 화합물 328.8 mg이 생성되었다. 텔루륨화 인의 실험식을 구하시오.

분자식 구하기

103. 탄소와 수소가 포함된 화합물의 몰질량이 56.11 g/mol이고 실험식이 CH_2이다. 이 화합물의 분자식을 구하시오.

104. 인과 산소가 포함된 화합물의 몰질량이 291.9 g/mol이고 실험식이 P_2O_5이다. 이 화합물의 분자식을 구하시오.

105. 탄소와 브로민이 포함된 몇몇 화합물의 몰질량과 실험식이 다음과 같다. 각 화합물의 분자식을 구하시오.
(a) 551.4 g/mol, CBr
(b) 264.7 g/mol, C_2HBr_3
(c) 314.8 g/mol, C_2HBr

106. 탄소와 인이 포함된 몇몇 화합물의 몰질량과 실험식이 다음과 같다. 각 화합물의 분자식을 구하시오.
(a) 180.25 g/mol, $C_{11}H_{17}P$
(b) 220.20 g/mol, C_6H_7P
(c) 414.48 g/mol, C_3H_2P

심화문제

107. 각 변의 길이가 1.42 cm인 순수한 구리 입방체에는 구리 원자가 몇 개 들어 있는가? [입방체의 부피 = (변의 길이)^3, 구리의 밀도 = 8.96 g/cm^3] (힌트: 구리 입방체의 부피를 계산한다.)

108. 순수한 은으로 된 구의 반지름이 0.886 cm이다. 이 구에는 은 원자가 몇 개 들어 있는가? (구의 부피 = $\frac{4}{3}\pi r^3$, 은의 밀도 = 10.5 g/cm^3) (힌트: 구의 부피를 계산한다.)

109. 부피가 대략 0.05 mL인 물방울에는 물 분자가 몇 개 들어 있는가? (물의 밀도 = 1.0 g/cm^3)

110. 매니큐어를 지우는 물질은 대개 아세톤(C_3H_6O)이다. 부피가 225 mL인 아세톤 병에는 아세톤 분자가 몇 개 들어 있는가? (아세톤의 밀도 = 0.788 g/cm^3)

111. 다음 표의 빈칸을 채우시오.

물질	질량	몰수	입자 수(원자 또는 분자)
Ar	______	4.5×10^{-4}	______
NO_2	______	______	1.09×10^{20}
K	22.4 mg	______	______
C_8H_{18}	3.76 kg	______	______

112. 다음 표의 빈칸을 채우시오.

물질	질량	몰수	입자 수(원자 또는 분자)
$C_6H_{12}O_6$	25.8 g	______	______
Pb	______	______	4.09×10^{21}
CF_4	32.5 mg	______	______
C	______	0.0448	______

113. 다음 각 화합물의 화학식을 구하고, 이를 이용하여 각 구성 원소의 질량 백분율 조성을 구하시오.
(a) 아이오딘화 구리(II)
(b) 질산 소듐
(c) 황산 납(II)
(d) 플루오린화 칼슘

114. 다음 각 화합물의 화학식을 구하고, 이를 이용하여 각 구성 원소의 질량 백분율 조성을 구하시오.
(a) 삼아이오딘화 질소
(b) 사플루오린화 제논
(c) 삼염화 인
(d) 일산화 탄소

115. 어떤 철광석 매장지의 암석은 질량 기준으로 78%가 Fe_2O_3이다. 1.0×10^3 kg의 철을 얻으려면 암석이 몇 킬로그램 필요한가?

116. 어떤 납 광석 매장지의 암석은 질량 기준으로 84%의 황화 납(PbS)이다. 1.0 kg의 납을 얻으려면 암석이 몇 킬로그램 필요한가?

117. 어떤 사무실의 에어컨에서 빠져나가는 CHF_2Cl이 매월 12 kg이다. 이 상태가 지속된다면 매년 몇 킬로그램의 Cl이 공기 중으로 방출되는가?

118. 오래된 차의 에어컨에서 빠져나가는 CF_2Cl_2가 매월 55 g이다. 이 차는 Cl을 매년 얼마나 방출하는가?

119. 수소는 미래 연료가 될 수 있는 물질이다. 그러나 원소 상태로 존재하는 수소는 드물어서 수소를 포함하는 화합물의 형태로 얻어야만 한다. 한 후보는 물이다. 만약 수소를 물에서 얻는다면 물 1.0 L에서 수소를 몇 그램 얻을 수 있는가? (물의 밀도 = 1.0 g/cm^3)

120. 미래 연료가 될 수 있는 수소는 에탄올에서도 얻을 수 있다. 에탄올은 옥수수와 같은 작물의 발효를 통해 만들 수 있다. 에탄올(C_2H_5OH) 1.0 kg에서 수소를 몇 그램 얻을 수 있는가?

121. 탄소와 수소만 포함된 화합물로 이루어진 다음 표의 빈칸을 채우시오.

화학식	몰질량	% Cr(질량 백분율)	% H(질량 백분율
C_2H_4	______	______	______
______	58.12	82.66%	______
C_4H_8	______	______	______
______	44.09	______	18.29%

122. 크로뮴과 산소만 포함된 화합물로 이루어진 다음 표의 빈칸을 채우시오.

화학식	이름	몰질량	% Cr (질량 백분율)	% O (질량 백분율)
______	산화 크로뮴(III)	______	______	______
______	______	84.00	61.90%	______
______	______	100.00	______	48.00%

123. 버터나 체취를 구성하는 뷰테인다이온(butanedione)은 치즈 냄새를 낸다. 뷰테인다이온의 질량 백분율 조성은 C 55.80%, H 7.03%, O 37.17%이고 몰질량은 86.09 g/mol이다. 뷰테인다이온의 분자식을 구하시오.

124. 커피나 탄산음료에 들어 있는 흥분제인 카페인의 질량 백분율 조성은 C 49.48%, H 5.19%, N 28.85%, O 16.48%이고 몰질량은 194.19 g/mol이다. 카페인의 분자식을 구하시오.

125. 담배에 들어 있는 흥분제인 니코틴의 질량 백분율 조성은 C 74.03%, H 8.70%, N17.27%이고 몰질량은 162.26 g/mol이다. 니코틴의 분자식을 구하시오.

126. 에스트라디올(estradiol)은 여성 생식계의 성숙과 유지를 유발하는 성 호르몬이다. 에스트라디올의 질량 백분율 조성은 C 79.37%, H 8.88%, O 11.75%이고 몰질량은 272.37 g/mol이다. 에스트라디올의 분자식을 구하시오.

127. 어떤 시료에 알려지지 않은 양의 KBr과 KI이 포함되어 있다. 시료의 총질량이 5.00 g이고 1.51 g의 K가 포함되어 있을 때, 시료에 들어 있는 KBr과 KI의 질량 백분율은 얼마인가?

128. 어떤 시료에 알려지지 않은 양의 CO_2와 Ne가 포함되어 있다. 시료에 1.75 mol의 총량이 포함되어 있고 총질량이 65.3 g일 때, 시료에 들어 있는 CO_2와 Ne의 몰 백분율은 얼마인가?

129. 에테인다이올(C_2H_6S)은 천연가스의 불쾌한 냄새를 내는 화합물이다. 에테인다이올이 연소되면 황이 산소와 반응하여 SO_2가 생성된다. 에테인다이올 28.7 g이 완전 연소되었을 때 생성되는 SO_2의 질량은 얼마인가?

130. 메테인다이올(CH_4S)은 불쾌한 냄새가 나며, 구취를 유발하곤 한다. 메테인다이올이 연소되면 황이 산소와 반응하여 SO_2가 생성된다. 메테인다이올 1.89 g이 완전 연소되었을 때 생성되는 SO_2의 질량은 얼마인가?

131. 철광석은 질량 기준으로 38%의 Fe_2O_3가 포함되어 있다. 철광석 10.0 kg으로 얻을 수 있는 철(Fe)의 최대 질량은 얼마인가?

132. 해수는 질량 기준으로 약 3.5%의 NaCl을 포함하고 있으며, 밀도가 1.02 g/mL이다. 소듐 1.0 g이 포함된 해수의 부피는 얼마인가?

핵심문제

133. 우주의 원자 수 추측치를 얻을 때 이 장의 개념을 이용할 수 있다.

(a) 우선 태양에 있는 원자 수를 계산한다. 태양을 밀도가 1.4 g/cm^{3}인 순수한 수소로 가정한다. 태양의 반지름은 7×10^8 m이고, 구의 부피는 $V = \frac{4}{3}\pi r^3$이다.

(b) 태양은 별의 평균 크기이고, 별은 눈에 보이는 우주의 질량 대부분을 구성한다고 여겨지기 때문에(항성은 너무 작아서 무시됨), 은하계에 있는 모든 별이 태양과 같은 원자 수를 가진다고 가정하면 한 은하계의 원자 수를 추정할 수 있다. 은하수에는 1×10^{11}개의 별이 있다고 추정된다. (a)의 답을 이용하여 은하수의 원자 수를 구하시오.

(c) 우주에는 약 1×10^{11}개의 은하계가 있다고 추정된다. 만약 각각의 은하계가 은하수와 같은 수의 원자를 포함한다면 우주의 전체 원자 수는 얼마인가?

▲ 태양은 은하계의 1,000억 개 별 중 하나이다. 우주에는 약 1,000억 개의 은하계가 있는 것으로 추정된다.

134. CFC 생산은 오존층에 피해를 끼친다는 증거가 늘어나 1996년에 금지되었다. 그러나 아직도 CFC-12(CF_2Cl_2)를 사용하는 자동차 에어컨이 약 1억 대나 있다. 이러한 에어컨은 CFC-12의 재고로 충진되고 있다. 만약 1억 대 각각이 1.1 kg의 CFC-12를 포함하고 있고 매년 25%가 공기 중으로 누출된다면, 자동차 에어컨 때문에 매년 공기 중으로 배출되는 Cl은 몇 킬로그램인가? (유효 숫자는 2개이다.)

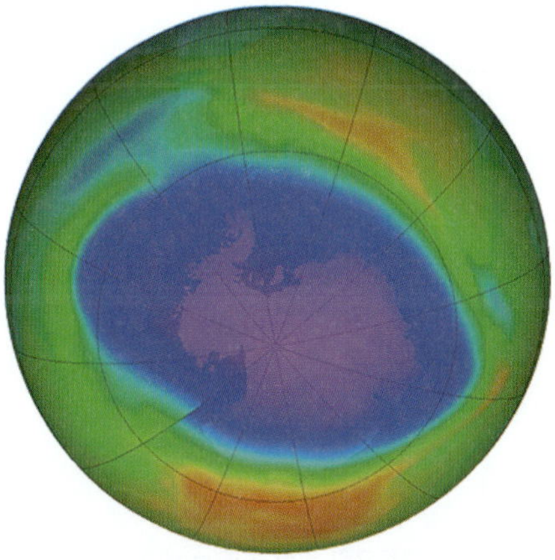

▲ 2021년 10월 7일 남극 전역에 걸친 오존 구멍. 남극의 진한 파란색과 보라색 영역은 오존 농도가 낮아졌음을 나타낸다.

135. 화성에 생명체가 존재한다고 볼 수 있는 증거가 1996년에 앨런 힐스 84001(AH 84001)이라는 운석에서 발견되었다고 방송 매체는 발표했다. 1984년에 남극에서 발견된 이 운석은 화성에서 온 것으로 알려져 있다. 운석의 갈라진 틈새에 있는 물질의 원소를 분석한 결과, 살아 있는 유기체에서만 얻을 수 있는 탄소가 포함된 화합물로 드러났다. 이러한 화합물 중 하나의 몰질량이 202.23 g/mol이고 질량 백분율 조성이 C 95.02%, H 4.98%이다. 탄소가 포함된 화합물의 분자식은 무엇인가?

◀ 앨런 힐스 84001. 이 운석의 갈라진 틈새에 있는 물질의 원소를 분석한 결과, 일반적으로 유기체에 기원을 둔 탄소가 포함된 화합물로 밝혀졌다.

집단 활동 문제

집단을 이루어 다음 문제에 대해 토의하고 합의된 답을 기록한다.

136. 아보가드로수인 6.022×10^{23}과 그램 사이의 관계를 정확한 문장으로 설명하시오.

137. 그램 대신에 slug를 질량의 단위로 사용한다고 가정하자. 아보가드로수인 6.022×10^{23}을 계속 사용하고 싶은가? 그 이유를 설명하시오. 만약 아보가드로수를 사용하고 싶지 않다면, 대신 어떤 수를 사용하고 싶은가? (slug = 14,954 g)

138. 아밀로오스(amylose)는 식물이 에너지 저장을 위해 사용하는 다당체로, 반복되는 단위체인 $C_6H_{10}O_5$를 가진다. 특정 아밀로오스 분자의 단위체가 2,537개일때 아밀로오스의 분자식, 몰질량, 실험식을 구하시오.

데이터 분석 및 해석

139. 적정한 양의 플루오린은 치아 건강을 향상하고 치아 부식을 예방하므로 공공 식수에 플루오린이 첨가되기도 한다. 그러나 너무 많은 플루오린은 치아가 변색되는 플루오린 침착증을 일으킨다. 2015년에 미국 보건 당국은 1962년 공공 식수의 플루오린 권장량을 수정했다. 1962년 권장은 각 지역의 평균 온도에 따라 다음과 같았다.

1962년 플루오린 권장

연평균 하루 최고 온도(℃)	플루오린 권장 농도(mg/L)			최대 허용 플루오린 농도(mg/L)
	저농도	적정	고농도	
10.0 – 12.0	0.9	1.2	1.7	2.4
12.1 – 14.6	0.8	1.1	1.5	2.2
14.7 – 17.7	0.8	1.0	1.3	2.0
17.8 – 21.4	0.7	0.9	1.2	1.8
21.5 – 26.3	0.7	0.8	1.0	1.6
26.4 – 31.5	0.6	0.7	0.8	1.4

새로운 권장량은 식수 플루오린화 농도가 0.7 mg/L 수준이다. 권장 수준이 낮은 것은 미국인이 치약과 구강 세정제 등으로부터 플루오린을 얻기 때문이다. 권장 수준은 치아 건강 향상을 위한 플루오린 요구, 너무 많은 플루오린으로 인한 플루오린 침착증의 위험과 균형을 이룬다. 표의 데이터를 보고 다음 질문에 답하시오.

(a) 연평균 하루 최고 온도가 17.8~21.4 ℃인 식수의 적정 플루오린화물 농도에서 % 변화를 구하시오. (힌트: 퍼센트 변화는 $\frac{\text{최종값} - \text{초깃값}}{\text{초깃값}} \times 100\%$이다.)

(b) 미국에서 플루오린화 소듐(NaF)과 플루오로규산염(Na_2SiF_6)은 100.0 lb 백에 담겨 판매된다. 100.0 lb의 각 화합물에 들어 있는 플루오린화물의 질량을 kg으로 구하시오. 100.0 lb당 가격이 동일하다면 어느 화합물이 경제적으로 나은 선택인가?

(c) 미국 국립보건원(NIH)은 성인 여성의 경우 하루 3.1 mg, 성인 남성의 경우 3.8 mg의 플루오린화물 섭취를 권장한다. 식수에 0.7 mg/L의 플루오린화물이 들어 있다면 여성 또는 남성은 권장량을 충족하기 위해 하루에 물을 얼마나 섭취해야 하는가?

연습문제 해답

6.1 5.32×10^{22} Au 원자
6.2 89.1 g S
6.3 8.17 g He
6.4 2.56×10^{-2} mol NO_2
6.5 1.22×10^{23} H_2O 분자
6.6 5.6 mol O
6.7 3.3 g O
6.7+ 4.04 g O
6.8 8.6 g Na
6.9 53.28% O
6.10 CH_2O
6.11 $C_{13}H_{18}O_2$
6.12 CuO
6.13 C_4H_{10}
6.13+ $C_2H_8N_2$

확인문제 해답

6.1 (a) $1.4\ \text{kg} \times \frac{1\ \text{doz}}{0.20\ \text{kg}} \times \frac{12\ \text{못}}{\text{doz}} = 84\text{개 못}$

6.2 (a) 몰은 수를 세는 단위이다. 몰은 정해진 수를 나타낸다(아보가드로수 6.022×10^{23}). 그러므로 주어진 원자 수는 원소의 종류에 상관없이 항상 정확한 몰수로 나타낼 수 있다. 다른 원소의 원자는 질량이 다르다. 따라서 서로 다른 원소의 시료가 같은 질량이라면 그 둘은 같은 수의 원자 수나 몰수를 포함한 것이 아니다.

6.3 (b) 탄소는 코발트나 납보다 몰질량이 더 작기 때문에 탄소 시료 1 g 중에는 코발트나 납 1 g보다 더 많은 원자가 들어 있다.

6.4 (a) 시료 A의 분자 수가 더 많다. 시료 A는 시료 B보다 몰질량이 더 작기 때문에, 주어진 질량의 시료 A는 같은 질량의 시료 B보다 몰수가 더 크고 분자 수가 더 많다.

6.5 (d) $12\ \text{mol CH}_4 \times \frac{4\ \text{mol H}}{1\ \text{mol CH}_4} = 48\ \text{mol H}$

6.6 (c) F_2 1.0 mol에는 F 원자 2.0 mol이 들어 있다. 나머지 2개의 경우 F 원자 2 mol보다 덜 들어 있다.

6.7 (b) 이 화합물은 크로뮴 원자에 대한 산소 원자비가 가장 크다. 따라서 산소의 질량 백분율이 가장 커야 한다.

6.8 (b) $C_{\frac{1.3}{1.3}}O_{\frac{2.6}{1.3}} \longrightarrow CO_2$

▲ 학생들은 때때로 식초와 베이킹소다를 혼합하여 점토 화산을 만드는데, 이 화산은 반응하면서 거품이 나고 튀는 현상을 일으킨다.

7 화학 반응

"화학은… 과학의 광범위한 분야 중 하나로, 우리가 생각할 때 모든 것이 화학인 것 외에 다른 이유는 없다."

— Luciano Caglioti(1933~2021)

개요

7.1 초등학교용 화산, 자동차, 세탁용 세제

초등학교에서 식초와 베이킹소다를 가득 채우면 폭발하는 점토 화산을 만들어본 적이 있는가? 자동차의 가속 페달을 밟아 자동차가 앞으로 나아갈 때 가속도를 느껴본 적이 있는가? 세탁 세제가 손을 닦는 비누보다 옷을 세탁하는 데 더 효과적인지 궁금해한 적이 있는가? 이러한 각각의 과정은 하나 이상의 물질이 다른 물질로 변환되는 **화학 반응**을 포함한다.

고전적인 초등학교용 화산에서 베이킹소다(탄산수소 소듐, $NaHCO_3$)는 식초의 아세트산과 반응하여 이산화 탄소 기체, 물, 아세트산 소듐을 형성한다. 새로이 형성된 이산화 탄소는 혼합물에서 기체를 발생시켜 폭발을 일으킨다. 액체 내에서 기체가 형성되고 발생하는 반응을 **기체 생성 반응**이라고 한다. 비슷한 반응으로 Alka-Seltzer™와 같은 제산제의 거품 발생 반응이 있다.

자동차를 운전할 때 옥테인(휘발유의 한 성분)과 같은 탄화수소는 공기 중의 산소 분자와 반응하여 이산화 탄소 기체와 물을 생성한다(그림 7.1). 이 반응으로 열이 발생하여 자동차

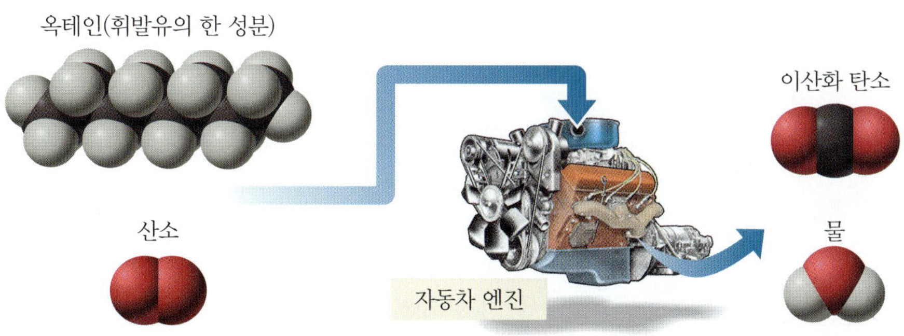

▶ **그림 7.1 연소 반응.** 자동차 엔진에서 휘발유의 옥테인(C_8H_{18})과 같은 탄화수소는 공기 중의 산소와 반응하여 이산화 탄소와 물을 형성한다.

▲ **그림 7.2 비누와 물.** 센물에 녹아 있는 칼슘과 마그네슘 이온과 비누가 반응하면 회색 잔류물을 형성한다.

실린더 안의 기체가 팽창하여 앞으로 나아가게 된다. 이처럼 어떤 물질이 산소와 반응하여 열을 방출하고 하나 이상의 산소 함유 화합물을 형성하는 반응을 **연소 반응**이라고 한다. 연소 반응은 전자가 하나의 물질에서 다른 물질로 전달되는 산화-환원 반응의 하위 범주이다. 녹이 발생하고 자동차 페인트가 흐려지는 현상은 **산화-환원 반응**의 한 예이다.

세탁 세제는 센물을 부드럽게 만드는 물질을 함유하고 있어 손 비누보다 옷을 세탁하는 데 더 효과적이다. 센물에는 칼슘(Ca^{2+})과 마그네슘(Mg^{2+}) 이온이 포함되어 있다. 이러한 이온은 비누와 반응하여 **커드**(curd) 또는 **비누 찌꺼기**(그림 7.2)라고 하는 끈적끈적한 회색 물질을 형성한다. 손을 닦는 비누로 세탁해본 적이 있다면 옷에 회색 비누 찌꺼기가 남아 있는 것을 보았을 것이다.

세탁 세제는 물에서 Ca^{2+}, Mg^{2+}를 제거하여 커드 형성을 방지한다. 왜 그럴까? Ca^{2+}, Mg^{2+}와 반응하는 물질이 포함되어 있기 때문이다. 예를 들어 많은 세탁 세제에는 탄산염(CO_3^{2-}) 이온이 포함되어 있다. 탄산 이온은 센물 중 칼슘 및 마그네슘 이온과 반응하여 고체 탄산 칼슘($CaCO_3$)과 고체 탄산 마그네슘($MgCO_3$)을 형성한다. 형성된 고체는 세탁 혼합물 바닥에 가라앉게 되고, 그 결과로 물에서 이온이 제거된다. 다시 말해 세탁 세제에는 센물의 이온과 반응하여 이들 이온을 고정할 수 있는 물질이 포함되어 있다. 물속에서 고체 물질을 형성하는 반응을 **침전 반응**이라고 한다. 침전 반응은 산업 폐기물에 녹아 있는 독성 금속을 제거하기 위해 사용한다.

화학 반응은 우리 주변뿐만 아니라 우리 내부에서도 발생하고, 우리가 일상적으로 사용하는 많은 제품과 우리가 경험하는 많은 부분에 관여한다. 화학 반응은 수소와 산소가 결합하여 물을 만드는 것처럼 비교적 단순할 수도 있고, 수천 개의 간단한 분자로부터 단백질 분자가 합성되는 것처럼 복잡할 수도 있다. 수영장에서 물의 산도를 조절하기 위해 산을 첨가했을 때 일어나는 중화 반응의 경우 화학 반응이 맨눈으로 확인되지 않을 수 있다. 반면에 로켓을 발사할 때 아랫부분에서 연기와 불기둥을 만들어내는 연소 반응의 경우 화학 반응이 아주 뚜렷하게 확인된다. 그러나 모든 경우에 화학 반응은 물질을 구성하는 분자와 원자의 배열에 변화를 일으킨다. 이와 같은 분자의 변화는 우리가 직접 경험할 수 있는 거시적인 변화를 일으키는 경우가 많다.

7.2 화학 반응의 증거

▶ 화학 반응의 증거를 확인한다.

색 변화

▲ 어린이용 온도 감응형 숟가락은 높은 온도에서 일어나는 화학 반응을 이용한 것으로, 따뜻해지면 색상이 변한다.

만약 물질을 구성하는 원자와 분자를 볼 수 있다면 화학 반응을 쉽게 확인할 수 있을 것이다. 원자가 다른 원자와 결합하여 화합물을 만드는가? 새로운 분자가 형성되는가? 원래 분자가 분해되는가? 한 분자의 원자와 다른 분자의 원자가 자리를 바꾸는가? 만약 이 중에서 하나 이상의 답이 "그렇다"라면, 화학 반응이 일어난 것이다.

우리는 원자를 직접 볼 수 없지만, 많은 화학 반응은 반응이 일어났다는 것을 쉽게 알아낼 수 있는 변화를 함께 보여준다. 예를 들어 밝은 색 셔츠의 색을 내는 분자가 햇빛에 반복적으로 노출되면 분해되어 셔츠 색이 어두워진다. 또한 온도 감응형 어린이용 숟가락의 플라스틱에 내장된 분자는 가열되면 숟가락 색이 변한다. 이러한 **색 변화**는 화학 반응이 일어났다는 증거이다.

화학 반응을 확인할 수 있는 또 다른 변화는 **고체 형성**(그림 7.3) 또는 **기체 형성**(그림 7.4)이다. Alka-Seltzer™ 정제를 물에 넣거나 베이킹소다와 식초를 결합하는 것(초등학교용 화산의 예와 같이)은 모두 기체가 생성되는 화학 반응의 좋은 예이다. 기체는 액체 속에서 기포

고체 형성

▲ **그림 7.3 침전 반응.** 깨끗한 용액 안에서 고체가 형성되는 것은 화학 반응의 증거이다.

기체 형성

▲ **그림 7.4 기체 형성 반응.** 기체 형성은 화학 반응의 증거이다.

열 흡수

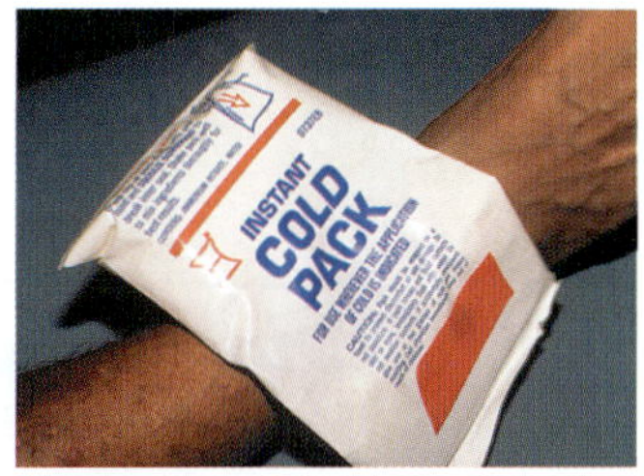

▲ 열 흡수 또는 방출에 의한 온도 변화는 화학 반응의 증거이다. 화학 물질 냉각 팩은 벽으로 분리된 두 가지 물질이 벽의 붕괴로 섞이면 냉각된다.

로 확인된다.

열 흡수, 열 방출, 빛 방출도 화학 반응의 증거이다. 예를 들어 천연가스 불꽃은 열과 빛을 방출한다. 화학 물질이 포함된 냉각 팩은 두 물질을 구분하는 플라스틱 벽이 부서지면 냉각된다. 이 두 가지 변화는 화학 반응이 일어난다는 것을 보여준다. 화학 반응의 증거를 보여주는 변화를 표 7.1에 요약했다.

> 3.9절에서 열을 방출하는 반응은 발열 반응, 열을 흡수하는 반응은 흡열 반응이라고 설명했던 것을 상기하라.

표 7.1 화학 반응의 증거

변화	
색 변화	
맑고 투명한 용액에서의 고체 형성	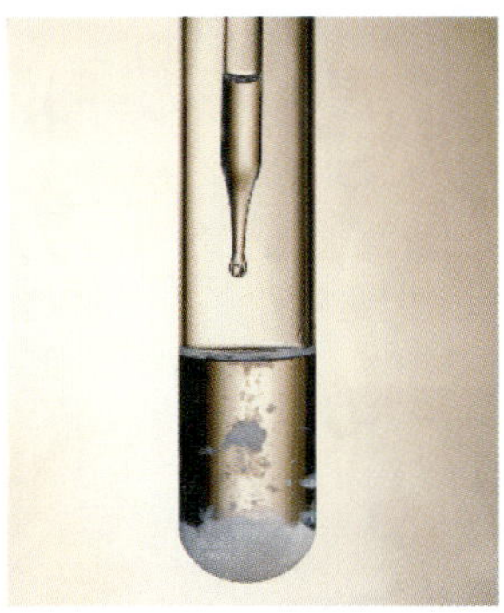
열의 흡수 또는 방출	
용액에 물질 첨가 시의 기체 생성	
빛 방출	

▲ 그림 7.5 **끓음: 물리적 변화.** 물이 끓을 때 기포가 생기고 기체가 발생한다. 그러나 기체도 액체 물과 같이 물 분자이기 때문에 화학적 변화가 없다.

이러한 변화는 화학 반응의 증거이지만 결정적인 증거는 아니다. 초기 물질이 다른 물질로 변했다는 것을 보여주는 화학적 분석만이 결정적으로 화학 반응이 진행되었음을 나타낸다. 때로 우리는 속을 수도 있다. 예를 들어 물이 끓으면 기포가 발생하지만 이는 화학 반응이 일어난 것이 아니다. 끓는 물은 수증기를 형성하지만 액체 물과 수증기는 물 분자로 구성되어 있어 화학적 변화가 없다(그림 7.5). 한편 화학 반응은 뚜렷한 징후 없이 일어날 수도 있는데, 화학적 분석을 통해 실제로 화학 반응이 일어났음을 알 수 있다. 원자와 분자 수준에서 일어나는 변화에 따라 화학 반응이 진행했는지 아닌지가 결정된다.

예제 7.1 화학 반응의 증거

다음 중 화학 반응과 관련 있는 변화는 무엇인가? 그 이유를 설명하시오.

(a) 가열된 얼음이 녹는다.
(b) 전류가 물을 통과할 때 물에서 기포가 발생하는 것으로 보이는 수소와 산소 기체가 형성된다.
(c) 철이 부식된다.
(d) 탄산음료 캔을 열 때 거품이 생긴다.

답

(a) 화학 반응이 아니다. 얼음이 녹으면 물이 되지만, 얼음과 물은 모두 물 분자로 구성되어 있다.
(b) 화학 반응이다. 기포 생성에서 알 수 있듯이 물은 수소와 산소 기체로 분해된다.
(c) 화학 반응이다. 철은 산화 철로 바뀌고 그 과정에서 색이 변한다.
(d) 화학 반응이 아니다. 거품이 생기더라도 액체에서 나오는 것은 이산화 탄소 기체일 뿐이다.

▶ **연습문제 7.1 | 화학 반응의 증거**

다음 중 화학 반응과 관련 있는 변화는 무엇인가? 그 이유를 설명하시오.

(a) 뷰테인 라이터에서 뷰테인의 연소
(b) 뷰테인 라이터에서 뷰테인 기체의 증발
(c) 나무의 연소
(d) 드라이아이스의 승화

▶ **심화 학습** 예제 7.16/복습문제 25~30

✔ 확인문제 7.1

다음 그림은 다양한 물질의 변화 전후 분자적 관점을 나타낸 것이다. 화학 반응이 아닌 것은 무엇인가?

(a)

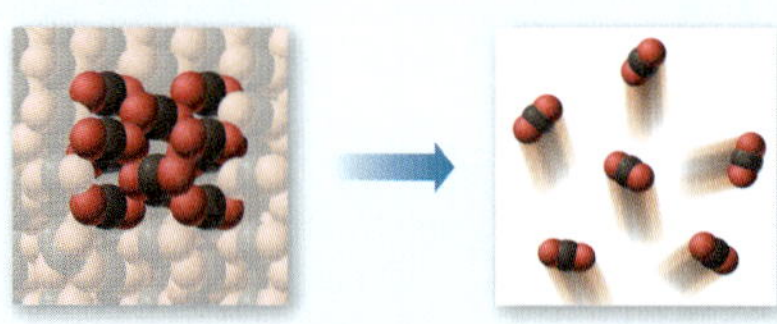

(b)

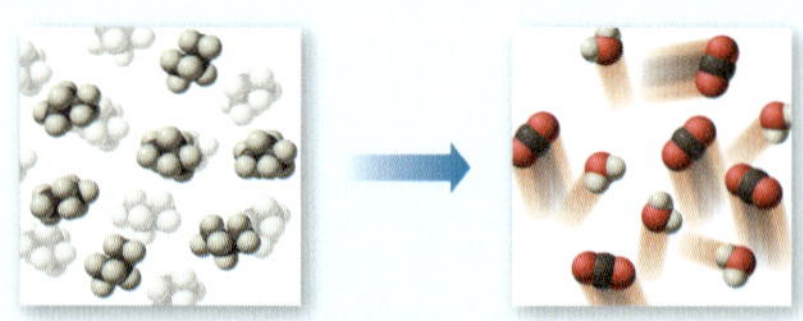

(c)

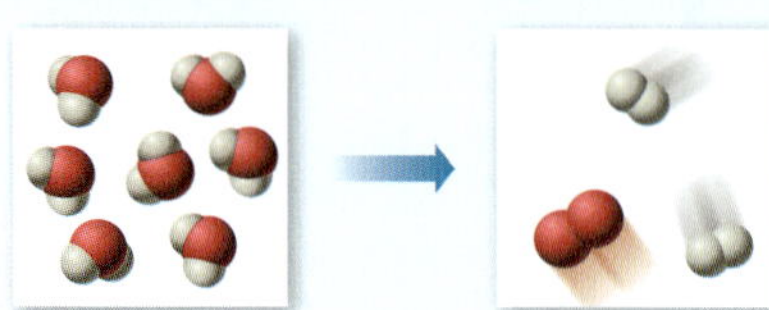

7.3 화학 반응식

▶ 화학 반응식을 작성하고 균형을 맞춘다.

3.6절에서 화학 반응을 **화학 반응식**으로 나타낼 수 있다고 언급했다. 예를 들어 부엌 난로의 불꽃과 같은 천연가스 불꽃에서 일어나는 반응은 메테인(CH_4)이 산소(O_2)와 반응하여 이산화 탄소(CO_2)와 물(H_2O)을 형성한다. 이 반응을 다음과 같은 반응식으로 나타낸다.

$$\underbrace{CH_4 + O_2}_{\text{반응물}} \longrightarrow \underbrace{CO_2 + H_2O}_{\text{생성물}}$$

반응식의 화살표 왼쪽에 있는 물질은 **반응물**이고 오른쪽에 있는 물질은 **생성물**이다. 종종 반응물 또는 생성물 옆의 괄호 안에 각각의 상태를 나타내기도 한다. 다음 반응식은 상태를 추가한 것이다.

$$CH_4(g) + O_2(g) \longrightarrow CO_2(g) + H_2O(g)$$

표 7.2 화학 반응식에서 반응물과 생성물의 상태를 나타내는 축약 기호

축약 기호	상태
(*g*)	기체
(*l*)	액체
(*s*)	고체
(*aq*)	수용액*

* (*aq*)는 수용액을 나타내며, 물질이 물에 녹아 있음을 의미한다. 물질이 물에 녹아 있을 때 그 혼합물을 수용액이라고 하며, 이는 7.5절에서 자세히 다룰 것이다.

반응식에서 (g)는 해당 물질이 기체임을 나타낸다. 반응물과 생성물의 공통적인 상태와 화학 반응에 사용되는 기호를 표 7.2에 요약했다.

천연가스의 연소식을 좀 더 자세히 살펴보자. 반응식의 양쪽에 몇 개의 산소 원자가 있는가?

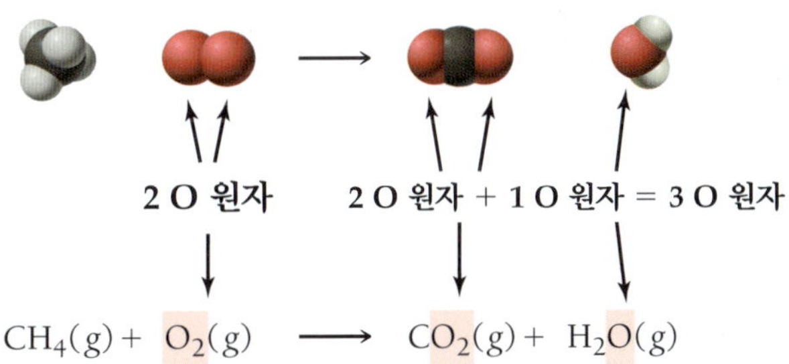

화학 반응식에서 원자는 하나의 형태로부터 다른 형태로 변할 수 없다. 예를 들어 수소 원자는 산소 원자로 변할 수도 없고 사라질 수도 없다(3.7절의 질량 보존 법칙을 참조하라).

반응식의 왼쪽에는 산소 원자가 2개, 오른쪽에는 산소 원자가 3개 있다. 화학 반응식은 원자가 단순히 나타나거나 사라질 수 없는 실제 화학 반응을 나타낸다. 원자는 자연에서 단순히 나타나거나 사라지는 것이 아니기 때문이다. 반응식의 양쪽에 있는 원자를 살펴보자. 반응식의 왼쪽에는 수소 원자가 4개, 오른쪽에는 수소 원자가 2개 있다.

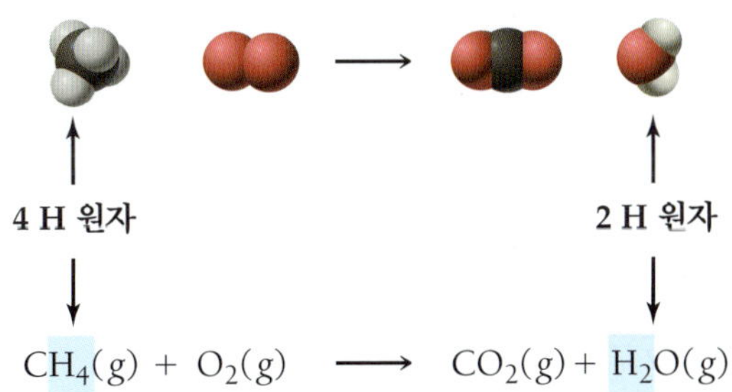

이러한 문제를 해결하려면 반응식의 화살표 양쪽에 있는 각각의 원자 수가 같은 **균형 반응식**(balanced equation)을 만들어야 한다. 반응식의 균형을 맞추기 위해 필요에 따라 화학식 앞에 아래첨자가 아닌 계수를 삽입하여 반응물에 있는 각각의 원자 수를 생성물에 있는 각각의 원자 수와 같게 만든다. 반응 중 새로운 원자가 형성되지도 사라지지도 않는다. 물질은 보존되어야 한다.

반응물과 생성물의 화학식 앞에 계수를 넣어 화학 반응식의 균형을 맞출 때 반응물의 분자 수는 변하지만 분자의 **종류**는 변하지 않는다. 예를 들어 반응식의 균형을 맞추기 위해 반응물 중 O_2 앞에 계수 2를, 생성물 중 H_2O 앞에 계수 2를 쓴다.

$$CH_4(g) + 2\,O_2(g) \longrightarrow CO_2(g) + 2\,H_2O(g)$$

이제 반응식의 양쪽에 있는 각각의 원자 수가 같으므로 반응식의 균형이 맞다. 각 유형의 원자 수를 합하여 이를 확인할 수 있다.

원자의 첨자에 화학식의 계수를 곱하면 반응식의 화학식에 포함된 특정 원자 수를 구할 수 있다. 계수나 아래첨자가 없으면 1을 나타낸다. 천연가스 연소의 균형 반응식은 다음과 같다.

▲ 균형 화학 반응식은 화학 반응을 나타낸다. 이 반응식에서 메테인 분자는 산소 분자와 결합하여 이산화 탄소와 물을 형성한다. 사진은 메테인을 태우는 난로이며, 반응에 대한 균형 반응식은 오른쪽과 같다.

$$CH_4(g) + 2\,O_2(g) \longrightarrow CO_2(g) + 2\,H_2O(g)$$

반응물	생성물
1 C 원자(1 × CH_4)	1 C 원자(1 × CO_2)
4 H 원자(1 × CH_4)	4 H 원자(2 × H_2O)
4 O 원자(2 × O_2)	4 O 원자(1 × CO_2 + 2 × H_2O)

반응식의 양쪽에 있는 각 원자의 수가 같다. 이로써 이 반응식은 균형이 맞다.

$$CH_4(g) + 2\,O_2(g) \longrightarrow CO_2(g) + 2\,H_2O(g)$$

✔ 확인문제 7.2

광합성을 할 때 식물은 이산화 탄소와 물로부터 설탕인 포도당을 만들며, 이에 대한 반응식은 다음과 같다.

$$6\,CO_2 + 6\,H_2O \longrightarrow C_6H_{12}O_6 + x\,O_2$$

이 반응식이 균형을 이루려면 계수 x는 얼마여야 하는가?

(a) 3 (b) 6 (c) 9 (d) 12

7.4 균형 화학 반응식 작성법

▶ 균형 화학 반응식을 작성한다.

균형 화학 반응식을 작성하는 과정을 자세히 알아보자. 왼쪽 열은 과정의 각 단계이고, 가운데 열, 오른쪽 열은 각 단계의 적용 예이다. 화학 반응식의 균형을 맞추기 위해 계수만 변경한다는 것을 기억하라. 아래첨자를 변경하면 분자의 수가 아니라 분자의 종류가 바뀌기 때문에 아래첨자를 변경하면 안 된다.

	예제 7.2	**예제 7.3**
균형 화학 반응식 작성법	고체 이산화 규소와 고체 탄소가 반응하여 고체 탄화 규소와 일산화 탄소 기체를 생성하는 반응에 대한 균형 반응식을 작성하시오.	휘발유의 성분 중 하나인 액체 옥테인(C_8H_{18})과 산소 기체 간의 연소 반응으로 기체 이산화 탄소와 수증기가 생성되는 반응의 균형 반응식을 작성하시오.
1. 반응물과 생성물 각각에 대한 화학식을 써서 불균형 반응식을 작성한다. 명명법 규칙은 5장을 참고한다(문제에서 불균형 반응식이 제시되었다면 이 단계를 건너뛰고 2단계로 넘어간다).	**답** $SiO_2(s) + C(s) \longrightarrow SiC(s) + CO(g)$	**답** $C_8H_{18}(l) + O_2(g) \longrightarrow CO_2(g) + H_2O(g)$
2. 반응식의 반응물과 생성물 중에 한 가지 원소로 된 화학종이 있으면 그 원소부터 균형을 맞춘다. 그러한 원소가 2개 이상이면 비금속보다 금속의 균형을 먼저 맞춘다.	**Si에서 시작하기** $SiO_2(s) + C(s) \longrightarrow SiC(s) + CO(g)$ **1 Si 원자 ⟶ 1 Si 원자** Si 원자는 이미 균형이 맞다. **O의 균형 맞추기** $SiO_2(s) + C(s) \longrightarrow SiC(s) + CO(g)$ **2 O 원자 ⟶ 1 O 원자** O의 균형을 맞추기 위해 $CO(g)$ 앞에 2를 넣는다. $SiO_2(s) + C(s) \longrightarrow SiC(s) + 2\,CO(g)$ **2 O 원자 ⟶ 2 O 원자**	**C에서 시작하기** $C_8H_{18}(l) + O_2(g) \longrightarrow CO_2(g) + H_2O(g)$ **8 C 원자 ⟶ 1 C 원자** C의 균형을 맞추기 위해 $CO_2(g)$ 앞에 8을 넣는다. $C_8H_{18}(l) + O_2(g) \longrightarrow 8\,CO_2(g) + H_2O(g)$ **8 C 원자 ⟶ 8 C 원자** **H의 균형 맞추기** $C_8H_{18}(l) + O_2(g) \longrightarrow 8\,CO_2(g) + H_2O(g)$ **18 H 원자 ⟶ 2 H 원자** H의 균형을 맞추기 위해 $H_2O(g)$ 앞에 9를 넣는다. $C_8H_{18}(l) + O_2(g) \longrightarrow 8\,CO_2(g) + 9\,H_2O(g)$ **18 H 원자 ⟶ 18 H 원자**
3. 어떤 원소가 화학 반응식의 어느 쪽에서든 자유 원소로 나타난다면(화합물 일부가 아닌) 마지막에 균형을 맞춘다. 항상 자유 원소에 대한 계수를 조정하여 자유 원소의 균형을 맞춘다.	**C의 균형 맞추기** $SiO_2(s) + C(s) \longrightarrow SiC(s) + 2\,CO(g)$ **1 C 원자 ⟶ 1 C + 2 C = 3 C 원자** C의 균형을 맞추기 위해 $C(s)$ 앞에 3을 넣는다. $SiO_2(s) + 3\,C(s) \longrightarrow SiC(s) + 2\,CO(g)$ **3 C 원자 ⟶ 1 C + 2 C = 3 C 원자**	**O의 균형 맞추기** $C_8H_{18}(l) + O_2(g) \longrightarrow 8\,CO_2(g) + 9\,H_2O(g)$ **2 O 원자 ⟶ 16 O + 9 O = 25 O 원자** O의 균형을 맞추기 위해 $O_2(g)$ 앞에 $\frac{25}{2}$를 넣는다. $C_8H_{18}(l) + \frac{25}{2}\,O_2(g) \longrightarrow 8\,CO_2(g) + 9\,H_2O(g)$ **25 O 원자 ⟶ 16 O + 9 O = 25 O 원자**
4. 균형 반응식에서 계수가 분수일 때는 전체 반응식에 적절한 정수를 곱하여 분수를 정수로 만든다.	이 경우에는 4단계가 필요 없다. 5단계로 넘어간다.	$[C_8H_{18}(l) + \frac{25}{2}\,O_2(g) \longrightarrow 8\,CO_2(g) + 9\,H_2O(g)] \times 2$ $2\,C_8H_{18}(l) + 25\,O_2(g) \longrightarrow 16\,CO_2(g) + 18\,H_2O(g)$

<table>
<tr><td>5. 반응식의 양쪽에 있는 각 유형의 원자 총수를 합하여 반응식이 균형을 이루는지 확인한다.</td><td>$SiO_2(s) + 3\,C(s) \longrightarrow SiC(s) + 2\,CO(g)$

반응물 → 생성물
1 Si 원자 → 1 Si 원자
2 O 원자 → 2 O 원자
3 C 원자 → 3 C 원자

이 반응식은 균형이 맞다.</td><td>$2\,C_8H_{18}(l) + 25\,O_2(g) \longrightarrow 16\,CO_2(g) + 18\,H_2O(g)$

반응물 → 생성물
16 C 원자 → 16 C 원자
36 H 원자 → 36 H 원자
50 O 원자 → 50 O 원자

이 반응식은 균형이 맞다.</td></tr>
<tr><td></td><td>▶ **연습문제 7.2** |
고체 크로뮴(III) 산화물과 고체 탄소가 고체 크로뮴과 이산화 탄소 기체를 생성하는 반응에 대한 균형 반응식을 작성하시오.</td><td>▶ **연습문제 7.3** |
기체 C_4H_{10}과 산소 기체가 이산화 탄소 기체와 수증기를 생성하는 연소 반응에 대한 균형 반응식을 작성하시오.</td></tr>
<tr><td></td><td></td><td>▶ **심화 학습** 예제 7.17/복습문제 35~38</td></tr>
</table>

예제 7.4 화학 반응식 균형 맞추기

고체 알루미늄과 황산 수용액이 반응하여 황산 알루미늄 수용액과 수소 기체를 생성하는 반응의 균형 반응식을 작성하시오.

<table>
<tr><td>5장에서 배운 화학 명명법을 활용하여 각 반응물과 생성물에 대한 화학식이 포함된 반응식을 작성한다. 반응식의 균형을 맞추기 전에 각 화합물의 화학식이 정확해야 한다.</td><td>**답**
$Al(s) + H_2SO_4(aq) \longrightarrow Al_2(SO_4)_3(aq) + H_2(g)$</td></tr>
<tr><td>알루미늄과 수소는 모두 자유 원소이므로 맨 마지막에 균형을 맞춘다. 황과 산소는 반응식의 반응물 또는 생성물 중 하나의 화합물에서만 나타나므로 먼저 균형을 맞춘다. 또한 황과 산소는 반응식의 양쪽에 그대로 유지되는 다원자 이온의 일부이다. 이러한 다원자 이온은 하나의 단위로 균형을 맞춘다. 반응식 오른쪽에 $3SO_4^{2-}$ 이온이 있으니 H_2SO_4 앞에 3을 넣는다.</td><td>$Al(s) + 3\,H_2SO_4(aq) \longrightarrow Al_2(SO_4)_3(aq) + H_2(g)$</td></tr>
<tr><td>다음으로 Al의 균형을 맞춘다. 반응식 오른쪽에 2개의 Al 원자가 있으니 왼쪽의 Al 금속 앞에 2를 넣는다.</td><td>$2\,Al(s) + 3\,H_2SO_4(aq) \longrightarrow Al_2(SO_4)_3(aq) + H_2(g)$</td></tr>
<tr><td>다음으로 H의 균형을 맞춘다. 반응식 왼쪽에 6개의 H 원자가 있으니 오른쪽의 $H_2(g)$ 앞에 3을 넣는다.</td><td>$2\,Al(s) + 3\,H_2SO_4(aq) \longrightarrow Al_2(SO_4)_3(aq) + 3\,H_2(g)$</td></tr>
<tr><td>마지막으로 반응물과 생성물을 구성하는 각 원자를 합산하여 반응식이 균형을 이루는지 확인한다.</td><td>$2\,Al(s) + 3\,H_2SO_4(aq) \longrightarrow Al_2(SO_4)_3(aq) + 3\,H_2(g)$

반응물 → 생성물
2 Al 원자 → 2 Al 원자
6 H 원자 → 6 H 원자
3 S 원자 → 3 S 원자
12 O 원자 → 12 O 원자</td></tr>
</table>

▶ **연습문제 7.4 | 화학 반응식 균형 맞추기**

아세트산 납(II) 수용액과 아이오딘화 포타슘 수용액이 반응하여 고체 아이오딘화 납(II)과 아세트산 포타슘 수용액이 생성되는 반응에 대한 균형 반응식을 작성하시오.

▶ **심화 학습** 복습문제 39~44

예제 7.5 화학 반응식 균형 맞추기

다음 화학 반응식의 균형을 맞추시오.

$$Fe(s) + HCl(aq) \longrightarrow FeCl_3(aq) + H_2(g)$$

풀이	답
Cl은 반응식 각 변의 한 화합물에만 나타나므로 먼저 균형을 맞춘다. 반응식 왼쪽에는 Cl 원자가 1개, 오른쪽에는 Cl 원자가 3개 있다. Cl의 균형을 맞추기 위해 반응물 HCl 앞에 3을 넣는다.	**답** $Fe(s) + 3\,HCl(aq) \longrightarrow FeCl_3(aq) + H_2(g)$
H와 Fe는 자유 원소이므로 맨 마지막에 균형을 맞춘다. 반응물에 Fe(*s*) 원자가 1개, 생성물에 Fe 원자가 1개 있으므로 Fe는 균형이 맞다. 반응물에 H 원자가 3개, 생성물에 H 원자가 2개 있다. 따라서 $H_2(g)$ 앞에 3/2을 넣어 H의 균형을 맞춘다(이렇게 하면 이미 균형이 맞는 다른 화학종에 대해서는 변경하지 않는다).	$Fe(s) + 3\,HCl(aq) \longrightarrow FeCl_3(aq) + \frac{3}{2}H_2(g)$
반응식의 계수에 분수가 포함되어 있으므로 반응식 양변에 2를 곱하여 분수를 없앤다.	$[Fe(s) + 3\,HCl(aq) \longrightarrow FeCl_3(aq) + \frac{3}{2}H_2(g)] \times 2$ $2\,Fe(s) + 6\,HCl(aq) \longrightarrow 2\,FeCl_3(aq) + 3\,H_2(g)$
마지막으로 반응물과 생성물을 구성하는 각 원자를 합산하여 반응식이 균형을 이루는지 확인한다.	$2\,Fe(s) + 6\,HCl(aq) \longrightarrow 2\,FeCl_3(aq) + 3\,H_2(g)$

반응물		생성물
2 Fe 원자	→	2 Fe 원자
6 Cl 원자	→	6 Cl 원자
6 H 원자	→	6 H 원자

▸ **연습문제 7.5 | 화학 반응식 균형 맞추기**

다음 화학 반응식의 균형을 맞추시오.

$$HCl(g) + O_2(g) \longrightarrow H_2O(l) + Cl_2(g)$$

▸ **심화 학습** 복습문제 45~52

✔ 확인문제 7.3

균형 화학 반응식의 반응물과 생성물에서 항상 같아야 하는 양은 무엇인가?

(a) 각 유형의 원자 수 (b) 각 유형의 분자 수 (c) 모든 계수의 합

7.5 수용액과 용해도: 물에 녹는 화합물

▸ 화합물이 가용성인지 아닌지 확인한다.

앞 절에서는 화학 반응을 나타내는 화학 반응식의 균형을 맞추었다. 이제 다양한 형태의 반응에 대해 알아보자.

수용액

대부분의 이러한 반응은 물에서 일어나기 때문에 **수용액**(aqueous solution)에 대해 먼저 이해해야 한다. 수용액에서 일어나는 반응은 가장 일반적이고 중요한 것 중 하나이다. 수용액은 물질과 물의 균일한 혼합물이다. 예를 들어 염화 소듐(NaCl) 용액(식염수라고도 함)은 물

강전해질 용액

▲ **그림 7.6 전도체로서의 이온.** (a) 순수한 물은 전기를 전도하지 않는다. (b) NaCl 용액에 들어 있는 이온은 전기를 전도하기 때문에 전구에 불이 들어온다. NaCl이 녹아 있는 용액은 강전해질 용액이라고 한다.

에 용해된 염화 소듐으로 구성된다. 염화 소듐 수용액은 바다와 살아 있는 세포 모두에서 흔하게 발견된다. 소금을 물에 첨가하여 직접 염화 소듐 수용액을 만들 수 있다. 소금을 물에 넣고 저으면 사라지는 것처럼 보인다. 그러나 물을 먹어보면 짠맛이 나기 때문에 소금이 들어 있다는 것을 알 수 있다. 염화 소듐은 물에 어떻게 녹을까?

NaCl과 같은 이온 결합 화합물이 물에 녹으면 일반적으로 고체를 구성하던 이온으로 해리된다. NaCl(*aq*)로 나타내는 염화 소듐 수용액에는 NaCl 단위가 포함되어 있지 않다. 용해된 Na^+ 이온과 Cl^- 이온만 존재한다.

우리는 염화 소듐 용액이 전기를 전도하기 때문에 NaCl이 용액 속에서 독립적인 소듐 및 염화 이온으로 존재한다는 것을 알고 있다. 이를 위해 자유롭게 움직이는 하전된 입자가 있어야 한다. 용액에서 이온으로 완전하게 해리되는 물질(NaCl처럼)은 강전해질이고, 생성된 용액은 **강전해질 용액**(strong electrolyte solution)이다(그림 7.6). 마찬가지로 $AgNO_3(aq)$로 나타내는 질산 은 용액에는 $AgNO_3$ 단위가 포함되어 있지 않고 용해된 Ag^+ 이온과 NO_3^- 이온만 있다. 이 또한 강전해질 용액이다. NO_3^-와 같은 다원자 이온이 포함된 화합물이 용해되면 다원자 이온은 하나의 단위로 용해된다.

그러나 모든 이온 결합 화합물이 물에 용해되는 것은 아니다. 예를 들어 AgCl은 물에 녹지 않는다. AgCl을 물에 녹이면 고체 AgCl이 남아 비커 바닥에 흰색 고체로 나타난다.

용해도

어떤 화합물이 특정 액체에 녹으면 **가용성**(soluble)이고, 화합물이 액체에 녹지 않는다면 **불용성**(insoluble)이다. 예를 들어 NaCl은 물에 녹는다. 고체 염화 소듐을 물과 섞으면 녹아 강전해질 용액을 형성한다. 반면에 AgCl은 물에 녹지 않는다. 고체 염화 은을 물과 섞으면 액체 물속에 고체로 남게 된다.

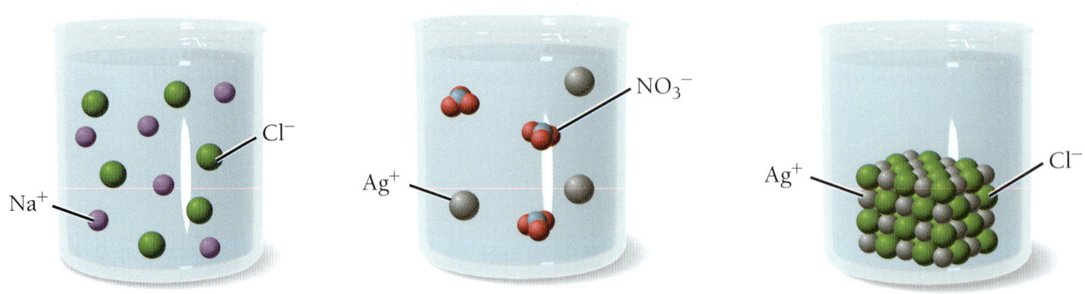

염화 소듐 용액은 독립적인 Na^+와 Cl^- 이온을 포함한다.

질산 은 용액은 독립적인 Ag^+와 NO_3^- 이온을 포함한다.

염화 은을 물에 넣으면 독립적인 이온으로 해리되지 않아 고체 AgCl 상태로 남는다.

용해도 규칙은 물에 대한 화합물의 용해도에만 적용된다.

특정 화합물이 물에 대해 가용성인지 불용성인지 쉽게 예측하는 방법은 없다. 그러나 이온 결합 화합물의 경우에는 많은 화합물의 관찰을 통해 경험적 규칙이 유도되었다. 이러한 **용해도 규칙**(solubility rule)을 표 7.3과 그림 7.7에 정리했다. 예를 들어 용해도 규칙은 리

표 7.3 용해도 규칙

다음 이온이 포함된 화합물은 대부분 가용성이다.	예외
Li^+, Na^+, K^+, NH_4^+	없음
NO_3^-, $C_2H_3O_2^-$	없음
Cl^-, Br^-, I^-	이러한 이온이 Ag^+, Hg_2^{2+}, Pb^{2+}와 짝을 이룰 때 불용성이다.
SO_4^{2-}	SO_4^{2-} 이온이 Ca^{2+}, Sr^{2+}, Ba^{2+}, Pb^{2+}와 짝을 이룰 때 불용성이다.
다음 이온이 포함된 화합물은 대부분 불용성이다.	**예외**
OH^-, S^{2-}	이러한 이온이 Li^+, Na^+, K^+, NH_4^+와 짝을 이룰 때 가용성이다. S^{2-} 이온이 Ca^{2+}, Sr^{2+}, Ba^{2+}와 짝을 이룰 때 가용성이다. OH^- 이온이 Ca^{2+}, Sr^{2+}, Ba^{2+}와 짝을 이룰 때 약간 가용성이다.*
CO_3^{2-}, PO_4^{3-}	이러한 이온이 Li^+, Na^+, K^+, NH_4^+와 짝을 이룰 때 가용성이다.

* 이러한 화학종은 다양한 목적을 위해 불용성으로 분류될 수 있다.

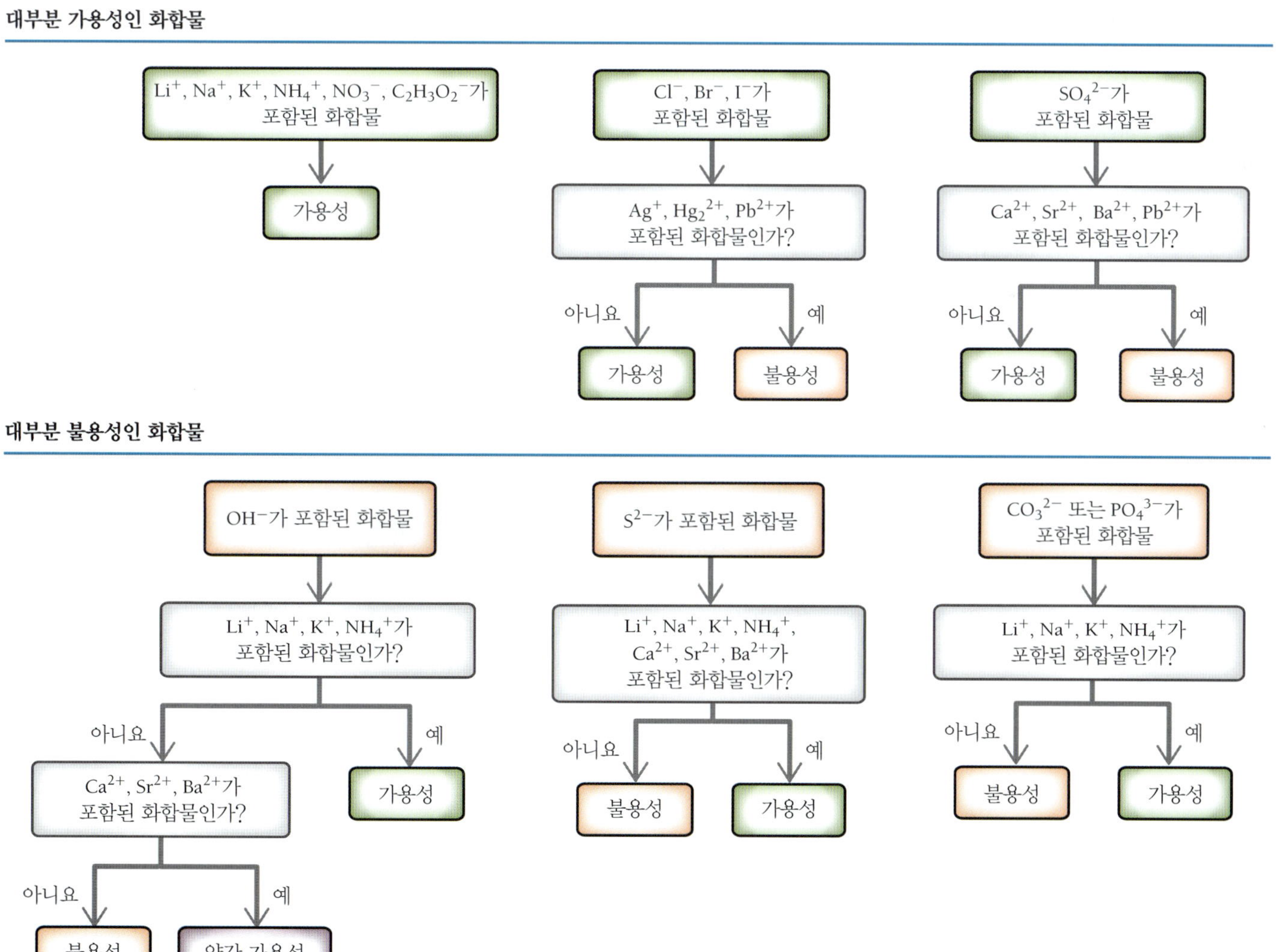

▲ **그림 7.7 용해도 규칙 순서도**

튬 이온을 포함하는 화합물이 가용성임을 나타내는데, 이는 LiBr, $LiNO_3$, Li_2SO_4, LiOH, Li_2CO_3와 같은 화합물이 모두 물에 용해되어 강한 전해질 용액을 형성한다는 것이다. 화합물에 Li^+가 포함되어 있다면 가용성이다. 마찬가지로 용해도 규칙은 NO_3^- 이온이 포함된 화합물의 경우 가용성임을 나타낸다. $AgNO_3$, $Pb(NO_3)_2$, $NaNO_3$, $Ca(NO_3)_2$, $Sr(NO_3)_2$와 같은 화합물은 모두 물에 용해되어 강한 전해질 용액을 형성한다.

또한 용해도 규칙은 일부 예외를 제외하고 CO_3^{2-} 이온이 포함된 화합물을 불용성으로 분류한다. $CuCO_3$, $CaCO_3$, $SrCO_3$, $FeCO_3$와 같은 화합물은 물에 용해되지 않는다. 용해도 규칙에는 많은 예외가 있다. 예를 들어 CO_3^{2-}가 포함된 화합물은 Li^+, Na^+, K^+, NH_4^+와 짝을 이룰 때 물에 녹는다. 따라서 Li_2CO_3, Na_2CO_3, K_2CO_3, $(NH_4)_2CO_3$는 모두 가용성이다.

예제 7.6 화합물의 가용성, 불용성

다음 각각의 화합물은 가용성인가, 불용성인가?

(a) AgBr (b) $CaCl_2$ (c) $Pb(NO_3)_2$ (d) $PbSO_4$

답

(a) 불용성이다. Br^-가 포함된 화합물은 일반적으로 가용성이지만 Ag^+는 예외이다.
(b) 가용성이다. Cl^-가 포함된 화합물은 일반적으로 가용성이고 Ca^{2+}는 예외가 아니다.
(c) 가용성이다. NO_3^-가 포함된 화합물은 모두 가용성이다.
(d) 불용성이다. SO_4^{2-}가 포함된 화합물은 일반적으로 가용성이지만 Pb^{2+}는 예외이다.

▸ 연습문제 7.6 | 화합물의 가용성, 불용성

다음 각각의 화합물은 가용성인가, 불용성인가?

(a) CuS (b) $FeSO_4$ (c) $PbCO_3$ (d) NH_4Cl

▸ 심화 학습 예제 7.18/복습문제 61~66

✔ 확인문제 7.4

$BaCl_2$와 물의 혼합물을 가장 잘 나타낸 그림은 무엇인가?

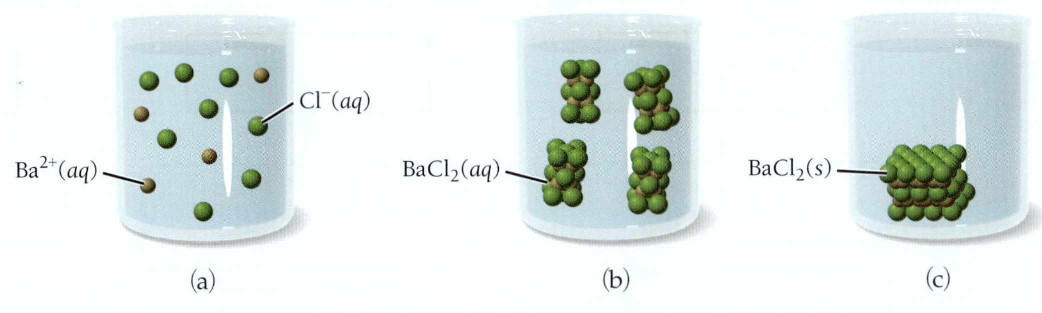

7.6 침전 반응: 수용액에서의 고체 형성 반응

▸ 침전 반응을 예측하고 반응식을 작성한다.

7.1절에서 살펴보았듯이 세탁 세제의 탄산 소듐은 용해된 Mg^{2+} 및 Ca^{2+} 이온과 반응하여 용액으로부터 고체 침전물이 형성되는데, 이는 **침전 반응**(precipitation reaction)의 한 예이

$2\,KI(aq) + Pb(NO_3)_2(aq) \longrightarrow PbI_2(s) + 2\,KNO_3(aq)$

▲ **그림 7.8 침전.** 아이오딘화 포타슘과 질산 납 용액을 섞으면 밝은 노란색 침전물인 $PbI_2(s)$가 형성된다.

$KI(aq) + NaCl(aq) \longrightarrow$ 반응 없음

▲ **그림 7.9 반응 없음.** 아이오딘화 포타슘과 염화 소듐 용액을 섞으면 아무 반응도 일어나지 않는다.

다. 침전 반응은 두 수용액이 혼합될 때 **침전물**(precipitate)인 고체가 형성되는 반응이다.

이러한 침전 반응은 흔히 볼 수 있다. 예를 들어 아이오딘화 포타슘과 질산 납은 모두 물에 용해되면 무색의 강한 전해질 용액을 형성한다(7.5절의 용해도 규칙을 참조하라). 그러나 두 용액을 섞으면 밝은 노란색 침전물이 형성된다(그림 7.8). 이러한 침전 반응은 화학 반응식으로 설명할 수 있다.

$$2\,KI(aq) + Pb(NO_3)_2(aq) \longrightarrow PbI_2(s) + 2\,KNO_3(aq)$$

두 가지 수용액이 섞일 때 항상 침전 반응이 일어나는 것은 아니다. 예를 들어 $KI(aq)$와 $NaCl(aq)$ 용액을 섞으면 아무 반응도 일어나지 않는다(그림 7.9).

$$KI(aq) + NaCl(aq) \longrightarrow \text{반응 없음}$$

침전 반응을 예측하는 핵심은 **불용성 화합물만이 침전물을 형성함**을 이해하는 것이다. 침전 반응에서는 가용성 화합물을 함유한 두 용액이 반응하여 불용성 화합물이 침전된다. 그림 7.8의 침전 반응을 떠올려보라.

$$\underset{\text{가용성}}{2\,KI(aq)} + \underset{\text{가용성}}{Pb(NO_3)_2(aq)} \longrightarrow \underset{\text{불용성}}{PbI_2(s)} + \underset{\text{가용성}}{2\,KNO_3(aq)}$$

KI와 $Pb(NO_3)_2$는 모두 물에 녹지만 침전물인 PbI_2는 불용성이다. 혼합하기 전에 $KI(aq)$와 $Pb(NO_3)_2(aq)$는 각각 물에 녹아 용액 상태이다.

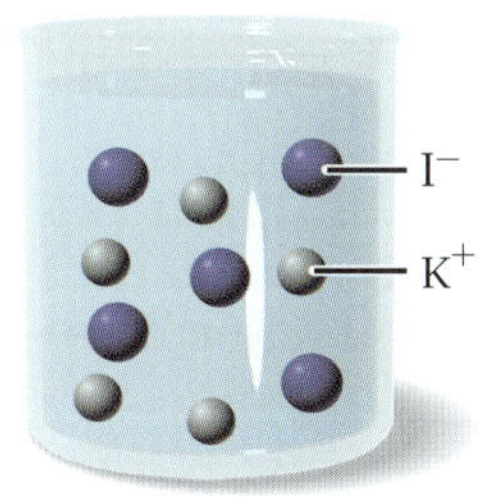

$KI(aq)$

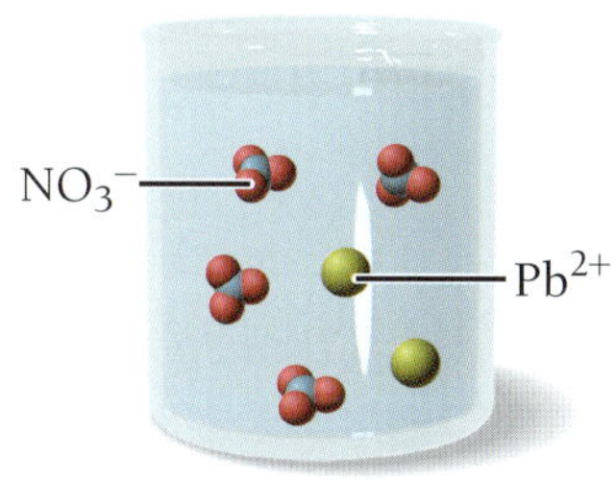

$Pb(NO_3)_2(aq)$

용액이 혼합되는 순간 4개의 이온이 모두 존재한다.

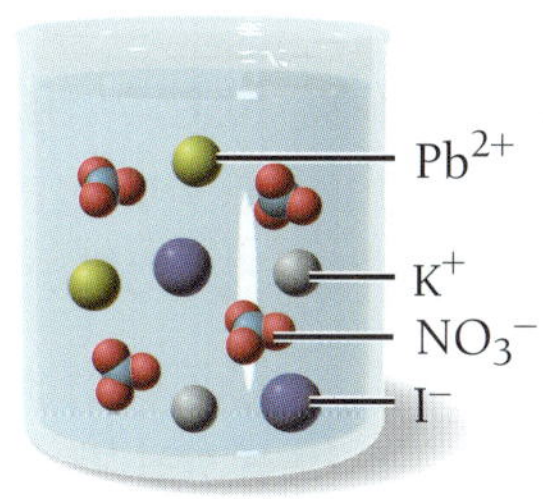

$KI(aq)$와 $Pb(NO_3)_2(aq)$

그러나 이제 잠재적으로 불용성인 새로운 화합물의 형성이 가능해졌다. 구체적으로 한 화합물의 양이온은 다른 화합물의 음이온과 결합하여 새로운(잠재적으로 불용성인) 생성물을 형성할 수 있다.

기존의 화합물		잠재적으로 불용성인 생성물
$KI(aq)$	$\longrightarrow$	KNO_3
$Pb(NO_3)_2(aq)$		PbI_2

한편 잠재적으로 불용성인 생성물이 모두 녹는다면 반응이 일어나지 않는다. 반면에 잠재적으로 불용성인 생성물 중 하나 또는 둘 다 실제로 불용성이라면 침전 반응이 발생한다. 이 경우 KNO_3는 물에 녹지만 PbI_2는 불용성이다. 결과적으로 PbI_2가 침전된다.

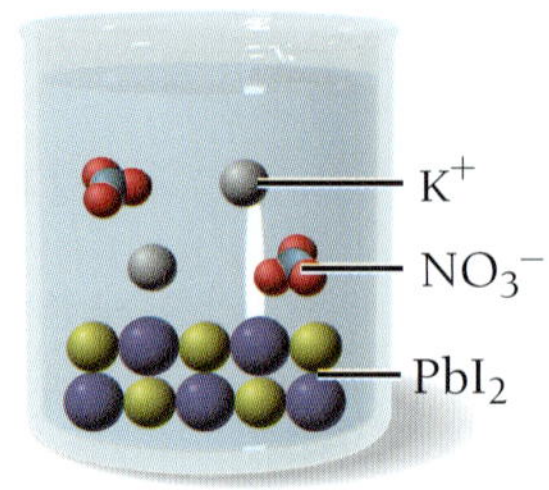

$PbI_2(s)$와 $KNO_3(aq)$

두 용액이 혼합될 때 침전 반응이 일어나는지 예측하고 반응에 대한 반응식을 작성하기 위해 예제 7.7과 7.8의 과정과 단계를 따른다.

	예제 7.7	**예제 7.8**
침전 반응에 대한 반응식 작성법	탄산 소듐과 염화 구리(II) 용액을 혼합했을 때 발생하는 침전 반응(있는 경우)에 대한 반응식을 작성하시오.	질산 리튬 용액과 황산 소듐 용액을 혼합했을 때 발생하는 침전 반응(있는 경우)에 대한 반응식을 작성하시오.
1. 화학 반응식에서 반응물로 혼합되는 두 화합물의 화학식을 작성한다.	**답** $Na_2CO_3(aq) + CuCl_2(aq)$	**답** $LiNO_3(aq) + Na_2SO_4(aq) \longrightarrow$
2. 반응식 아래에 반응물로부터 형성될 수 있는 잠재적으로 불용성인 생성물의 화학식을 작성한다. 어떤 반응물의 양이온과 다른 반응물의 음이온을 결합하여 이를 결정한다. 5.5절에서 설명했듯이 이온 결합 화합물에 대한 올바른 반응식을 작성한다.	$Na_2CO_3(aq) + CuCl_2(aq) \longrightarrow$ **잠재적으로 불용성인 생성물** NaCl　　$CuCO_3$	$LiNO_3(aq) + Na_2SO_4(aq) \longrightarrow$ **잠재적으로 불용성인 생성물** $NaNO_3$　　Li_2SO_4
3. 7.5절의 용해도 규칙을 참조하여 잠재적으로 불용성인 생성물이 불용성인지 여부를 확인한다.	NaCl은 가용성이다(일반적으로 Cl^-가 포함된 화합물은 가용성이고, Na^+는 예외에 속하지 않는다). $CuCO_3$는 불용성이다(일반적으로 CO_3^{2-}가 포함된 화합물은 불용성이고, Cu^{2+}는 예외에 속하지 않는다).	$NaNO_3$는 가용성이다(NO_3^-가 포함된 화합물은 가용성이고, Na^+는 예외가 아니다). Li_2SO_4는 가용성이다(SO_4^{2-}가 포함된 화합물은 가용성이고, Li^+는 예외가 아니다).
4. 잠재적으로 불용성인 생성물이 모두 가용성이라면 침전물이 없을 것이다. 화살표 옆에 '반응 없음'이라고 작성한다.	이 경우의 생성물은 불용성이므로 다음 단계로 넘어간다.	$LiNO_3(aq) + Na_2SO_4(aq) \longrightarrow$ 반응 없음
5. 잠재적으로 불용성인 생성물 중 하나 또는 둘 다 불용성인 경우에는 생성물의 화학식에 고체를 나타내는 (s)를 쓴다. 가용성 생성물의 화학식에는 (aq)를 붙여 수용성을 표시한다.	$Na_2CO_3(aq) + CuCl_2(aq) \longrightarrow CuCO_3(s) + NaCl(aq)$	

6. 반응식의 균형을 맞춘다. 아래첨자가 아닌 계수만 조정해야 한다.	$Na_2CO_3(aq) + CuCl_2(aq) \longrightarrow CuCO_3(s) + 2\,NaCl(aq)$	
	▸ 연습문제 7.7 | 수산화 포타슘과 브로민화 니켈(II) 용액을 혼합했을 때 발생하는 침전 반응(있는 경우)에 대한 반응식을 작성하시오.	**▸ 연습문제 7.8 |** 염화 암모늄과 질산 철(III) 용액을 혼합했을 때 발생하는 침전 반응(있는 경우)에 대한 반응식을 작성하시오.
		▸ 심화 학습 예제 7.19/복습문제 67~70

예제 7.9 침전 반응에 대한 반응식 예측과 작성

아세트산 납(II)과 황산 소듐 용액을 혼합했을 때 발생하는 침전 반응(있는 경우)에 대한 반응식을 작성하시오. 반응이 일어나지 않는다면 '반응 없음'이라고 작성하시오.

1. 화학 반응식에서 반응물로 혼합되는 두 화합물의 화학식을 작성한다.	**답** $Pb(C_2H_3O_2)_2(aq) + Na_2SO_4(aq) \longrightarrow$
2. 반응식 아래에 반응물로부터 형성될 수 있는 잠재적으로 불용성인 생성물의 화학식을 작성한다. 어떤 반응물의 양이온과 다른 반응물의 음이온을 결합하여 이를 결정한다. 모든 화학식의 전하가 중성이 되도록 아래첨자를 조정한다.	$Pb(C_2H_3O_2)_2(aq) + Na_2SO_4(aq) \longrightarrow$ **잠재적으로 불용성인 생성물** $NaC_2H_3O_2$ $PbSO_4$
3. 7.5절의 용해도 규칙을 참조하여 잠재적으로 불용성인 생성물이 불용성인지 여부를 확인한다.	$NaC_2H_3O_2$는 가용성이다(Na^+가 포함된 화합물은 항상 가용성이다). $PbSO_4$는 불용성이다(SO_4^{2-}가 포함된 화합물은 일반적으로 가용성이지만 Pb^{2+}는 예외이다).
4. 잠재적으로 불용성인 생성물이 모두 가용성이라면 침전물이 없을 것이다. 화살표 옆에 '반응 없음'이라고 작성한다.	이 경우의 생성물은 불용성이므로 다음 단계로 넘어간다.
5. 잠재적으로 불용성인 생성물 중 하나 또는 둘 다 불용성인 경우에는 생성물의 화학식에 고체를 나타내는 (*s*)를 쓴다. 가용성 생성물의 화학식에는 (*aq*)를 붙여 수용성을 표시한다.	$Pb(C_2H_3O_2)_2(aq) + Na_2SO_4(aq) \longrightarrow PbSO_4(s) + NaC_2H_3O_2(aq)$
6. 반응식의 균형을 맞춘다.	$Pb(C_2H_3O_2)_2(aq) + Na_2SO_4(aq) \longrightarrow PbSO_4(s) + 2\,NaC_2H_3O_2(aq)$

▸ 연습문제 7.9 | 침전 반응에 대한 반응식 예측과 작성

황산 포타슘과 질산 스트론튬 용액을 혼합했을 때 발생하는 침전 반응(있는 경우)에 대한 반응식을 작성하시오. 반응이 일어나지 않는다면 '반응 없음'이라고 작성하시오.

▸ 심화 학습 복습문제 71, 72

✔ 확인문제 7.5

다음 중 침전이 형성되는 반응은 무엇인가?

(a) $NaNO_3(aq) + CaS(aq)$

(b) $MgSO_4(aq) + CaS(aq)$

(c) $NaNO_3(aq) + MgSO_4(aq)$

7.7 용액에서의 반응에 대한 화학 반응식 작성: 분자 반응식, 완전 이온 반응식, 알짜 이온 반응식

▸ 분자 반응식, 완전 이온 반응식, 알짜 이온 반응식을 작성한다.

침전 반응에 대한 다음 반응식을 살펴보자

$$\text{AgNO}_3(aq) + \text{NaCl}(aq) \longrightarrow \text{AgCl}(s) + \text{NaNO}_3(aq)$$

이와 같이 반응의 모든 화합물에 대한 완전히 중성적인 화학식을 나타내는 반응식을 **분자 반응식**(molecular equation)이라고 한다. 또한 수용액에서 일어나는 반응에 대한 반응식을 작성하여 수용액 내 이온 결합 화합물이 일반적으로 용액에서 해리된다는 것을 보여줄 수 있다. 예를 들어 앞의 반응식을 다음 같이 다시 작성할 수 있다.

$$\text{Ag}^+(aq) + \text{NO}_3^-(aq) + \text{Na}^+(aq) + \text{Cl}^-(aq) \longrightarrow \text{AgCl}(s) + \text{Na}^+(aq) + \text{NO}_3^-(aq)$$

완전 이온 반응식을 작성할 때는 수용성 이온 결합 화합물만 구성 이온으로 분리한다. 고체, 액체, 기체 화합물을 분리하지 않는다.

용액에 실제로 존재하는 반응물과 생성물을 보여주는 반응식을 **완전 이온 반응식**(complete ionic equation)이라고 한다.

완전 이온 반응식에서 용액의 일부 이온은 반응식의 양쪽에 변하지 않은 상태로 나타난다. 이러한 이온은 반응에 참여하지 않기 때문에 **구경꾼 이온**(spectator ion)이라고 한다.

$$\text{Ag}^+(aq) + \text{NO}_3^-(aq) + \text{Na}^+(aq) + \text{Cl}^-(aq) \longrightarrow \text{AgCl}(s) + \text{Na}^+(aq) + \text{NO}_3^-(aq)$$

구경꾼 이온

반응식을 단순화하고 무슨 일이 일어나는지 더 명확하게 보여주기 위해 구경꾼 이온을 생략할 수도 있다.

$$\text{Ag}^+(aq) + \text{Cl}^-(aq) \longrightarrow \text{AgCl}(s)$$

실제로 반응에 참여하는 화학종만 보여주는 반응식을 **알짜 이온 반응식**(net ionic equation)이라고 한다.

또 다른 예로 $\text{HCl}(aq)$과 $\text{NaOH}(aq)$의 반응을 살펴보면 HCl, NaOH, NaCl은 용액 내에서 독립적인 이온으로 존재한다. 이 반응의 완전 이온 반응식은 다음과 같다.

$$\text{HCl}(aq) + \text{NaOH}(aq) \longrightarrow \text{H}_2\text{O}(l) + \text{NaCl}(aq)$$

$$\text{H}^+(aq) + \text{Cl}^-(aq) + \text{Na}^+(aq) + \text{OH}^-(aq) \longrightarrow \text{H}_2\text{O}(l) + \text{Na}^+(aq) + \text{Cl}^-(aq)$$

알짜 이온 반응식을 작성하기 위해 반응식의 양쪽에서 변하지 않는 구경꾼 이온을 제거한다.

$$\text{H}^+(aq) + \cancel{\text{Cl}^-}(aq) + \cancel{\text{Na}^+}(aq) + \text{OH}^-(aq) \longrightarrow \text{H}_2\text{O}(l) + \cancel{\text{Na}^+}(aq) + \cancel{\text{Cl}^-}(aq)$$

구경꾼 이온

알짜 이온 반응식은 $\text{H}^+(aq) + \text{OH}^-(aq) \longrightarrow \text{H}_2\text{O}(l)$이다.

요약

- 분자 반응식은 반응에 참여한 모든 화합물에 대한 완전한 중성 화학식을 나타내는 화학 반응식이다.
- 완전 이온 반응식은 실제로 용액 내에 존재하는 모든 화학종을 보여주는 화학 반응식이다.
- 알짜 이온 반응식은 실제로 반응에 참여하는 화학종만 보여주는 반응식이다.

✔ 확인문제 7.6

다음 화학 반응식 중 알짜 이온 반응식은 무엇인가?

(a) $K_2SO_4(aq) + BaCl_2(aq) \longrightarrow BaSO_4(s) + 2\,KCl(aq)$

(b) $2\,K^+(aq) + SO_4^{2-}(aq) + Ba^{2+}(aq) + 2\,Cl^-(aq) \longrightarrow BaSO_4(s) + 2\,K^+(aq) + 2\,Cl^-(aq)$

(c) $Ba^{2+}(aq) + SO_4^{2-}(aq) \longrightarrow BaSO_4(s)$

예제 7.10 완전 이온 반응식과 알짜 이온 반응식 작성

수용액에서 일어나는 다음 침전 반응에 대한 완전 이온 반응식과 알짜 이온 반응식을 작성하시오.

$$Pb(NO_3)_2(aq) + 2\,LiCl(aq) \longrightarrow PbCl_2(s) + 2\,LiNO_3(aq)$$

	답
수용성 이온 결합 화합물을 구성 이온으로 분리하여 완전 이온 반응식을 작성한다. $PbCl_2(s)$는 용액에서 해리되지 않기 때문에 그대로 유지된다(불용성).	**완전 이온 반응식** $Pb^{2+}(aq) + 2\,NO_3^-(aq) + 2\,Li^+(aq) + 2\,Cl^-(aq) \longrightarrow PbCl_2(s) + 2\,Li^+(aq) + 2\,NO_3^-(aq)$
반응 동안 변하지 않는 구경꾼 이온을 제거하여 알짜 이온 반응식을 작성한다.	**알짜 이온 반응식** $Pb^{2+}(aq) + 2\,Cl^-(aq) \longrightarrow PbCl_2(s)$

▶ **연습문제 7.10 | 완전 이온 반응식과 알짜 이온 반응식 작성**

수용액에서 일어나는 다음 침전 반응에 대한 완전 이온 반응식과 알짜 이온 반응식을 작성하시오.

$$2\,HBr(aq) + Ca(OH)_2(aq) \longrightarrow 2\,H_2O(l) + CaBr_2(aq)$$

▶ **심화 학습** 예제 7.20/복습문제 73~76

7.8 산-염기 반응과 기체 생성 반응

▶ 산-염기 반응을 파악하고 반응식을 작성한다.

▶ 기체 생성 반응을 파악하고 반응식을 작성한다.

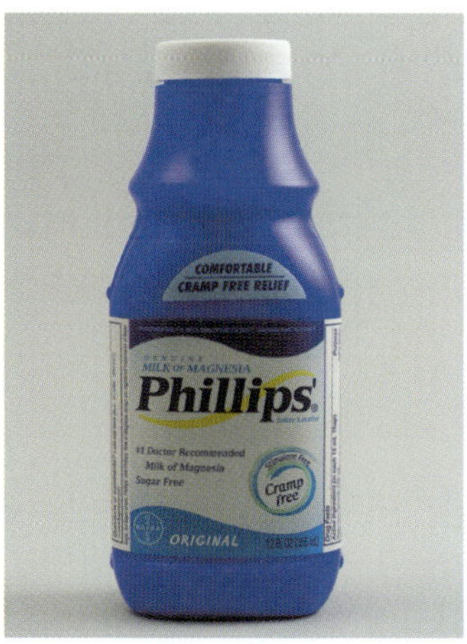

▲ 마그네시아 우유는 염기성이고 쓴맛이 난다.

용액 내에서 일어나는 두 가지 반응은 **산-염기 반응**(acid-base reaction)과 **기체 생성 반응**(gas-evolution reaction)이다. 산-염기 반응[**중화 반응**(neutralization reaction)이라고도 함]은 산과 염기의 혼합으로 물이 형성되는 반응이고, 기체 생성 반응은 기체를 발생시키는 반응이다. 이러한 반응은 침전 반응과 마찬가지로 어떤 반응물의 양이온이 다른 반응물의 음이온과 결합할 때 발생한다. 7.9절에서 설명하겠지만, 많은 기체 발생 반응은 산-염기 반응이기도 하다.

산-염기(중화) 반응

5장에서 살펴보았듯이 산은 신맛, 일부 금속을 용해하는 능력, 용액에서 H^+ 이온을 내는 경향이 있는 화합물이다. 반면에 염기는 쓴맛, 미끄러운 느낌, 용액에서 OH^- 이온을 내는 경향이 있는 화합물이다. 일반적인 몇 가지 산과 염기를 표 7.4와 같다. 산과 염기는 일상생활의 많은 물질에서도 발견된다. 레몬, 라임, 식초와 같은 식품에는 산이 포함되어 있고 비누, 커피, 마그네시아 우유에는 염기가 포함되어 있다.

산과 염기를 섞으면 산의 $H^+(aq)$와 염기의 $OH^-(aq)$가 결합하여 $H_2O(l)$가 형성된다. 앞서 설명한 염산과 수산화 소듐의 반응을 살펴보자.

커피는 일반적으로 산성이지만 자연 발생 염기(카페인 등)가 일부 포함되어 있어 쓴맛이 난다.

표 7.4 일반적인 몇 가지 산과 염기

산	화학식	염기	화학식
염산	HCl	수산화 소듐	$NaOH$
브로민화수소산	HBr	수산화 리튬	$LiOH$
질산	HNO_3	수산화 칼륨	KOH
황산	H_2SO_4	수산화 칼슘	$Ca(OH)_2$
과염소산	$HClO_4$	수산화 바륨	$Ba(OH)_2$
아세트산	HC_2H_3OH		

▲ 오렌지, 레몬, 식초, 비타민 C와 같은 음식과 물질에는 산이 포함되어 있다.

$$\underset{\text{산}}{HCl(aq)} + \underset{\text{염기}}{NaOH(aq)} \longrightarrow \underset{\text{물}}{H_2O(l)} + \underset{\text{염}}{NaCl(aq)}$$

산-염기 반응은 일반적으로 물과 이온 결합 화합물인 **염**(salt)을 형성하며, 이는 용액에 용해된 상태로 유지된다. 많은 산-염기 반응의 알짜 이온 반응식은 다음과 같다.

$$H^+(aq) + OH^-(aq) \longrightarrow H_2O(l)$$

또 다른 산-염기 반응은 황산과 수산화 포타슘 사이에서 일어나는 반응이다.

$$\underset{\text{산}}{H_2SO_4(aq)} + \underset{\text{염기}}{2\,KOH} \longrightarrow \underset{\text{물}}{2\,H_2O(l)} + \underset{\text{염}}{K_2SO_4(aq)}$$

산과 염기가 반응하여 물과 염을 형성하는 과정에 주목하라.

$$\text{산} + \text{염기} \longrightarrow \text{물} + \text{염 (산-염기 반응)}$$

산-염기 반응식을 작성할 때는 5.5절에 배웠던 이온 결합 화합물의 화학식 작성 방법을 이용하여 염의 화학식을 작성한다.

예제 7.11 산-염기 반응에 대한 반응식 작성

HNO_3 수용액과 $Ca(OH)_2$ 수용액을 혼합했을 때 발생하는 반응에 대한 분자 반응식과 알짜 이온 반응식을 작성하시오.

이러한 물질은 산과 염기로 이해해야 한다. 산과 염기가 반응하여 물과 염을 만드는 일반적인 경향성에 따라 반응식을 작성한다.	**답** $\underset{\text{산}}{HNO_3(aq)} + \underset{\text{염기}}{Ca(OH)_2(aq)} \longrightarrow \underset{\text{물}}{H_2O(l)} + \underset{\text{염}}{Ca(NO_3)_2(aq)}$
반응식의 균형을 맞춘다.	$2\,HNO_3(aq) + Ca(OH)_2(aq) \longrightarrow 2\,H_2O(l) + Ca(NO_3)_2(aq)$
반응식의 양쪽에 공통으로 남아 있는 이온을 제거한 뒤 알짜 이온 반응식을 작성한다.	$2\,H^+(aq) + 2\,OH^-(aq) \longrightarrow 2\,H_2O(l)$ 또는 간단하게 $H^+(aq) + OH^-(aq) \longrightarrow H_2O(l)$

▸ **연습문제 7.11 | 산-염기 반응에 대한 반응식 작성**

H_2SO_4 수용액과 KOH 수용액을 혼합했을 때 발생하는 반응에 대한 분자 반응식과 알짜 이온 반응식을 작성하시오.

▸ **심화 학습** 예제 7.21/복습문제 81~84

기체 생성 반응

일부 수용액에서의 반응은 기체가 생성물로 발생한다. 7.1절에서 배웠듯이 이러한 반응은 기체 생성 반응이다. 일부 기체 생성 반응은 어떤 반응물의 양이온이 다른 반응물의 음이온과 반응할 때 기체가 생성물로 발생한다. 예를 들어 황산이 황화 리튬과 반응하면 일황화 이수소 기체가 발생한다.

$$H_2SO_4(aq) + Li_2S(aq) \longrightarrow \underset{\text{기체}}{H_2S(g)} + Li_2SO_4(aq)$$

많은 기체 생성 반응은 산-염기 반응의 다른 예이기도 하다. 14장에서 HCO_3^-와 같은 이온이 수용액에서 염기로 작용하는 것에 대해 다룬다.

다른 기체 생성 반응으로, 중간 생성물을 형성한 뒤 기체로 분해된다. 예를 들어 염산 수용액과 탄산수소 소듐 수용액을 혼합하면 다음과 같은 반응이 일어난다.

$$HCl(aq) + NaHCO_3(aq) \longrightarrow H_2CO_3(aq) + NaCl(aq) \longrightarrow H_2O(l) + \underset{\text{기체}}{CO_2(g)} + NaCl(aq)$$

중간 생성물인 H_2CO_3는 안정적이지 않으며, 분해되어 H_2O와 기체 CO_2를 생성한다. 이 반응은 아세트산과 탄산수소 소듐을 혼합하는 초등학교용 화산에서의 반응과 거의 비슷하다.

$$HC_2H_3O_2(aq) + NaHCO_3(aq) \longrightarrow H_2CO_3(aq) + NaC_2H_3O_2(aq) \longrightarrow H_2O(l) + CO_2(g) + NaC_2H_3O_2(aq)$$

이 화산의 거품은 새롭게 생성된 이산화 탄소 기체로 인해 발생한다.

또 다른 중요한 기체 생성 반응은 H_2SO_3 또는 NH_4OH를 중간 생성물로 형성한다.

$$HCl(aq) + NaHSO_3(aq) \longrightarrow H_2SO_3(aq) + NaCl(aq) \longrightarrow H_2O(l) + SO_2(g) + NaCl(aq)$$

$$NH_4Cl(aq) + NaOH(aq) \longrightarrow NH_4OH(aq) + NaCl(aq) \longrightarrow H_2O(l) + NH_3(g) + NaCl(aq)$$

수용액 반응에서 기체가 생성되는 주요 화합물의 유형과 생성되는 기체는 표 7.5와 같다.

기체 생성 반응

$HC_2H_3O_2(aq) + NaHCO_3(aq) \longrightarrow H_2O(l) + CO_2(g) + NaC_2H_3O_2(aq)$

▲ 이 기체 생성 반응에서 식초(아세트산의 희석 용액)와 베이킹소다(탄산수소 소듐)는 이산화 탄소를 생성한다.

표 7.5 기체 생성 반응이 일어나는 화합물의 종류

반응물의 종류	중간 생성물	기체 생성	예
황화물	없음	H_2S	$2HCl(aq) + K_2S(aq) \longrightarrow H_2S(g) + 2KCl(aq)$
탄산염과 탄산수소염	H_2CO_3	CO_2	$2HCl(aq) + K_2CO_3(aq) \longrightarrow H_2O(l) + CO_2(g) + 2KCl(aq)$
아황산염과 아황산수소염	H_2SO_3	SO_2	$2HCl(aq) + K_2SO_3(aq) \longrightarrow H_2O(l) + SO_2(g) + 2KCl(aq)$
암모늄	NH_4OH	NH_3	$NH_4Cl(aq) + KOH(aq) \longrightarrow H_2O(l) + NH_3(g) + KCl(aq)$

예제 7.12 기체 생성 반응에 대한 반응식 작성

질산 수용액과 탄산 소듐 수용액을 혼합했을 때 발생하는 기체 생성 반응에 대한 분자 반응식을 작성하시오.

각 반응물의 양이온이 다른 반응물의 음이온과 결합할 때 형성되는 반응물과 생성물을 포함하는 반응식을 작성하는 것으로 시작한다.	**답** $HNO_3(aq) + Na_2CO_3(aq) \longrightarrow H_2CO_3(aq) + NaNO_3(aq)$
$H_2CO_3(aq)$가 $H_2O(l)$과 $CO_2(g)$로 분해된다는 것을 확인하고 이에 해당하는 반응식을 작성한다.	$HNO_3(aq) + Na_2CO_3(aq) \longrightarrow H_2O(l) + CO_2(g) + NaNO_3(aq)$
반응식의 균형을 맞춘다.	$2\,HNO_3(aq) + Na_2CO_3(aq) \longrightarrow H_2O(l) + CO_2(g) + 2\,NaNO_3(aq)$

▶ **연습문제 7.12 | 기체 생성 반응에 대한 반응식 작성**

브로민화수소산 수용액과 아황산 포타슘 수용액을 혼합했을 때 발생하는 기체 생성 반응에 대한 분자 반응식을 작성하시오.

▶ **연습문제 7.12+** 위 반응에 대한 알짜 이온 반응식을 작성하시오.

▶ **심화 학습** 예제 7.22/복습문제 85, 86

화학과 건강

위산 과다 중화

속쓰림은 식도(인후와 위를 연결하는 관)의 통증과 타는 듯한 느낌이다. 통증은 소화 중에 음식을 분해하는 데 도움이 되는 위산 때문에 발생한다. 특히 과식 후에 위산 중 일부가 식도로 역류하여 통증을 유발할 수도 있다. 반복해서 삼키는 것만으로도 가벼운 속 쓰림을 완화할 수 있다. 타액에는 산을 중화하는 염기 역할을 하는 탄산수소 이온(HCO_3^-)이 포함되어 있다. 더 심한 속 쓰림은 위산과 반응하여 중화하는 일반 의약품인 제산제로 치료할 수 있다. 중화제인 제산제에는 다양한 염기가 포함되어 있다. 예를 들어 Tums™에는 $CaCO_3$가, 마그네시아 우유에는 $Mg(OH)_2$가, Mylanta™에는 $Al(OH)_3$가 들어 있다. 이는 모두 위산을 중화하고 속 쓰림을 감소시키는 효과가 있다.

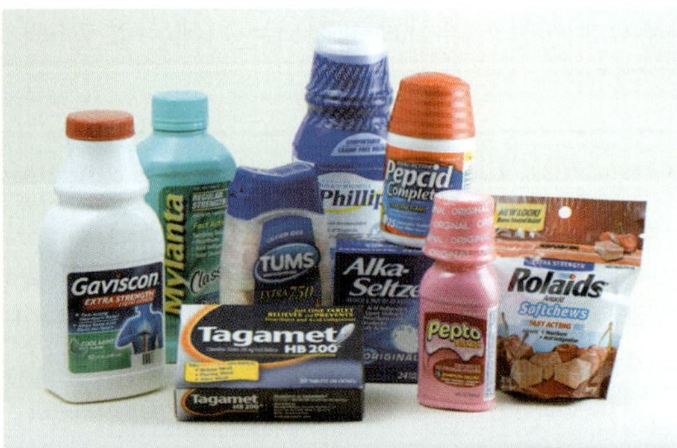

▲ 제산제에는 $Mg(OH)_2$, $Al(OH)_3$, $NaHCO_3$와 같은 염기가 포함되어 있다.

질문 위산이 HCl이라고 가정할 때 각각의 제산제가 위산을 중화하는 방식을 나타내는 반응식을 작성하시오.

▲ 제산제의 염기는 과도한 위산을 중화하여 속 쓰림과 위산을 감소시킨다.

7.9 산화-환원 반응

- ▶ 산화-환원 반응을 파악한다.
- ▶ 연소 반응을 파악하고 반응식을 작성한다.

전자 전달과 관련된 반응은 **산화-환원 반응**(oxidation-reduction reaction) 또는 **산화환원 반응**(redox reaction)이라고 한다. 산화-환원 반응은 녹슨 철, 머리카락의 표백, 전지의 전기 생산을 담당한다. 많은 산화-환원 반응에는 물질과 산소의 반응이 포함되어 있다.

산화-환원 반응은 16장에서 더 자세히 다룰 것이다.

$$2\,H_2(g) + O_2(g) \longrightarrow 2\,H_2O(g)$$

우주 왕복선에 동력을 공급하는 반응

$$4\,Fe(s) + 3\,O_2(g) \longrightarrow 2\,Fe_2O_3(s)$$

철이 산화되는 반응

$$CH_4(g) + 2\,O_2(g) \longrightarrow CO_2(g) + 2\,H_2O(g)$$

천연가스의 연소

그러나 산화-환원 반응에 항상 산소가 포함될 필요는 없다. 예를 들어 소듐과 염소가 반응하여 소금(NaCl)을 형성하는 것을 살펴보자.

$$2\,Na(s) + Cl_2(g) \longrightarrow 2\,NaCl(s)$$

소듐과 산소의 반응은 Na_2O 외에 다른 산화물을 형성한다.

이 반응은 산화 소듐을 형성할 수 있는 소듐과 산소의 반응과 유사하다.

$$4\,Na(s) + O_2(g) \longrightarrow 2\,Na_2O(s)$$

유용한 연상법
- OIL RIG(Oxidation Is Loss; Reduction Is Gain): 산화는 잃는 것, 환원은 얻는 것
- LEO GER(Lose Electrons Oxidation; Gain Electrons Reduction): 전자를 잃는 것이 산화, 전자를 얻는 것이 환원

이 두 반응의 공통점은 무엇인가? 두 경우 모두 소듐(전자를 잃는 경향이 있는 금속)이 비금속(전자를 얻는 경향이 있는)과 반응한다. 두 경우 모두 소듐 원자가 비금속 원자에게 전자를 잃는다. 산화의 기본 정의는 **전자 손실**이고, 환원의 기본 정의는 **전자 획득**이다.

산화와 환원이 함께 일어나야 한다는 점에 주목하라. 어떤 물질이 전자를 잃으면(산화) 다른 물질은 전자를 얻어야 한다(환원). 16장에서 더 자세히 살펴볼 테니 지금은 산화-환원 반응을 식별할 수만 있으면 된다.

이 중 하나를 충족하는 경우 산화-환원 반응으로 분류될 수 있다.

산화-환원 반응
- 물질이 산소 원소와 반응한다.
- 금속이 비금속과 반응한다.
- 보다 일반적으로 한 물질은 다른 물질로 전자를 전달한다.

예제 7.13 산화-환원 반응

다음 중 산화-환원 반응은 무엇인가?

(a) $2\,Mg(s) + O_2(g) \longrightarrow 2\,MgO(s)$
(b) $2\,HBr(aq) + Ca(OH)_2(aq) \longrightarrow 2\,H_2O(l) + CaBr_2(aq)$
(c) $Ca(s) + Cl_2(g) \longrightarrow CaCl_2(s)$
(d) $Zn(s) + Fe^{2+}(aq) \longrightarrow Zn^{2+}(aq) + Fe(s)$

답
(a) 산화-환원 반응이다. Mg는 산소 원소와 반응한다.
(b) 산화-환원 반응이 아니다. 이 반응은 산-염기 반응이다.
(c) 산화-환원 반응이다. 금속이 비금속과 반응한다.
(d) 산화-환원 반응이다. Zn는 Fe^{2+} 이온으로 전자를 전달한다.

▶ **연습문제 7.13 | 산화-환원 반응**
다음 중 산화-환원 반응은 무엇인가?
(a) $2\,Li(s) + Cl_2(g) \longrightarrow 2\,LiCl(s)$
(b) $2\,Al(s) + 3\,Sn^{2+}(aq) \longrightarrow 2\,Al^{3+}(aq) + 3\,Sn(s)$
(c) $Pb(NO_3)_2(aq) + 2\,LiCl(aq) \longrightarrow PbCl_2(s) + 2\,LiNO_3(aq)$
(d) $C(s) + O_2(g) \longrightarrow CO_2(g)$

▶ **심화 학습** 예제 7.23/복습문제 87, 88

연소 반응에서 생성된 물은 반응 조건에 따라 기체(g)일 수도 있고 액체(l)일 수도 있다.

연소 반응(combustion reaction)은 일종의 산화-환원 반응이다. 우리 사회의 에너지는 대부분 연소 반응에서 파생되기 때문에 연소 반응은 중요하다. 연소 반응은 물질과 O_2의 반응으로 하나 이상의 발열 반응(열 방출)을 형성하는 특징이 있다. 예를 들어 7.3절에서 살펴보았듯이 천연가스(CH_4)는 산소와 반응하여 이산화 탄소와 물을 생성한다.

$$CH_4(g) + 2O_2(g) \longrightarrow CO_2(g) + 2H_2O(g)$$

7.1절에서 언급했듯이 연소 반응은 자동차에 동력을 공급한다. 예를 들어 휘발유의 성분 중 하나인 옥테인은 산소와 반응하여 이산화 탄소와 물을 생성한다.

$$2C_8H_{18}(l) + 25O_2(g) \longrightarrow 16CO_2(g) + 18H_2O(g)$$

알코올음료의 첨가물인 에탄올도 연소 반응에서 산소와 반응하여 이산화 탄소와 물을 생성한다.

$$C_2H_5OH(l) + 3O_2(g) \longrightarrow 2CO_2(g) + 3H_2O(g)$$

탄소와 수소가 포함된 화합물(또는 탄소, 수소, 산소)은 연소 시 항상 이산화 탄소와 물을 생성한다. 또 다른 연소 반응은 탄소와 산소의 반응으로 인해 이산화 탄소가 생성되는 것이다.

$$C(s) + O_2(g) \longrightarrow CO_2(g)$$

또한 수소와 산소의 반응으로 물이 생성된다.

$$2H_2(g) + O_2(g) \longrightarrow 2H_2O(g)$$

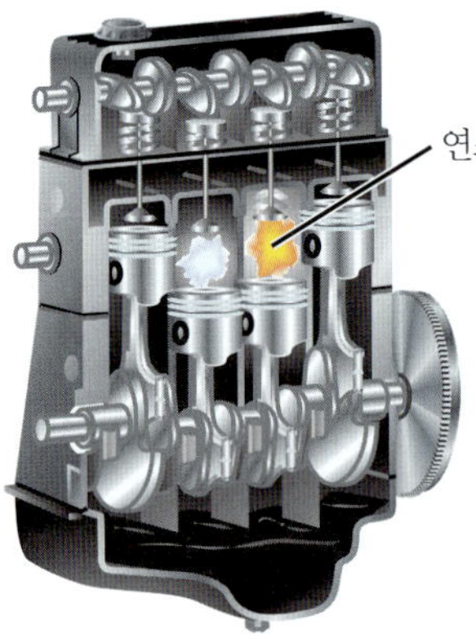

▲ 옥테인의 연소는 자동차 엔진의 실린더에서 발생한다.

예제 7.14 연소 반응에 대한 반응식 작성

액체 메탄올(CH_3OH)의 연소 반응에 대한 균형 반응식을 작성하시오.

CH_3OH와 O_2의 반응으로 CO_2와 H_2O가 생성되는 과정을 반응식으로 작성한다.	**답** $CH_3OH(l) + O_2 \longrightarrow CO_2(g) + H_2O(g)$
7.4절의 규칙을 적용하여 반응식의 균형을 맞춘다.	$2CH_3OH(l) + 3O_2(l) \longrightarrow 2CO_2(g) + 4H_2O(g)$

▶ **연습문제 7.14 | 연소 반응에 대한 반응식 작성**

휘발유의 구성 성분인 액체 펜테인(C_5H_{12})의 연소 반응에 대한 균형 반응식을 작성하시오.

▶ **연습문제 7.14+** 액체 프로판올(C_3H_7OH)의 연소 반응에 대한 균형 반응식을 작성하시오.

▶ **심화 학습** 예제 7.24/복습문제 89, 90

7.10 화학 반응의 분류

▶ 화학 반응을 분류한다.

이 장에서는 침전 반응, 산-염기 반응, 기체 생성 반응, 산화-환원 반응, 연소 반응 등 다양한 유형의 화학 반응을 살펴보았다. 이러한 화학 반응은 다음과 같은 순서도로 구성할 수 있다.

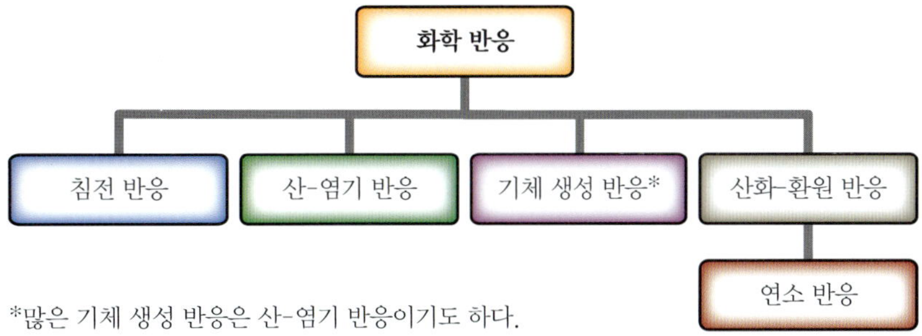

*많은 기체 생성 반응은 산-염기 반응이기도 하다.

이 분류 체계는 반응 중에 발생하는 화학 유형이나 현상(예: 침전물의 형성, 전자의 이동)에 초점을 맞추고 있다. 그러나 화학 반응을 분류하는 또 다른 방법은 반응 중 원자 또는 원자단이 하는 일이다.

원자의 행동을 통한 화학 반응의 분류

반응을 분류하는 또 다른 방법으로, 반응을 다음 네 가지 범주 중 하나로 분류하여 반응의 경향성을 살펴보자. 이 분류 체계에서 문자(A, B, C, D)는 원자단의 원자를 나타낸다.

반응의 종류	일반화 반응식
합성 또는 결합	$A + B \longrightarrow AB$
분해	$AB \longrightarrow A + B$
단일 치환	$A + BC \longrightarrow AC + B$
이중 치환	$AB + CD \longrightarrow AD + CB$

합성 반응(결합 반응)

합성 반응(synthesis reaction) 또는 **결합 반응**(combination reaction)에서는 단순한 물질

$$2\ Na(s) + Cl_2(g) \longrightarrow 2\ NaCl(s)$$

▶ 합성 반응에서는 단순한 두 가지 물질이 결합하여 더 복잡한 물질이 만들어진다. 소듐 금속과 염소 기체가 결합하면 화학 반응이 진행되어 염화 소듐이 형성된다.

이 결합하여 더 복잡한 물질을 형성한다. 단순한 물질은 소듐과 염소가 결합하여 염화 소듐을 형성하는 것과 같은 원소일 수 있다.

$$2\,Na(s) + Cl_2(g) \longrightarrow 2\,NaCl(s)$$

또한 단순한 물질은 산화 칼슘과 이산화 탄소가 결합하여 탄산 칼슘을 형성하는 것과 같은 화합물일 수 있다.

$$CaO(s) + CO_2(g) \longrightarrow CaCO_3(s)$$

두 경우 모두 합성 반응이 다음 일반 반응식을 따른다.

$$A + B \longrightarrow AB$$

다음은 합성 반응의 또 다른 예이다.

이 중에서 첫 번째와 두 번째는 산화-환원 반응이기도 하다.

$$2\,H_2(g) + O_2(g) \longrightarrow 2\,H_2O(l)$$
$$2\,Mg(s) + O_2(g) \longrightarrow 2\,MgO(s)$$
$$SO_3(g) + H_2O(l) \longrightarrow H_2SO_4(aq)$$

$2\,H_2O(l) \longrightarrow 2\,H_2(g) + O_2(g)$

▲ 물에 전류가 흐르면 물은 분해 반응을 거쳐 수소 기체와 산소 기체가 된다.

분해 반응

분해 반응(decomposition reaction)에서는 복잡한 물질이 분해되어 단순한 물질을 형성한다. 단순한 물질은 전류가 물을 통과할 때 물이 분해되어 형성되는 수소 및 산소 기체와 같은 원소일 수 있다.

$$2\,H_2O(l) \xrightarrow[\text{전류}]{} 2\,H_2(g) + O_2(g)$$

또한 단순한 물질은 산화 칼슘과 이산화 탄소가 열에 의해 탄산 칼슘을 형성하는 것과 같은 화합물일 수 있다.

$$CaCO_3(s) \xrightarrow[\text{열}]{} CaO(s) + CO_2(g)$$

두 경우 모두 분해 반응이 일반 반응식을 따른다.

$$AB \longrightarrow A + B$$

다음은 분해 반응의 또 다른 예이다.

$$2\,HgO(s) \xrightarrow[\text{열}]{} 2\,Hg(l) + O_2(g)$$
$$2\,KClO_2 \xrightarrow[\text{열}]{} 2\,KCl(s) + 3\,O_2(g)$$
$$CH_3I(g) \xrightarrow[\text{빛}]{} CH_3(g) + I(g)$$

이러한 분해 반응에는 열, 전류, 빛 등 다양한 형태의 에너지가 필요하다. 일반적으로 화합물이 안정하기 때문에 이를 분해하는 데 에너지가 필요하다. 다수의 분해 반응에는 **자외선** 또는 스펙트럼의 자외선 영역에 있는 빛인 **자외선 빛**이 필요하다. 자외선은 가시광선보다 더 많은 에너지를 전달하기 때문에 많은 화합물의 분해를 시작할 수 있다(9장에서 빛에 대해 더 자세히 다룰 것이다).

치환 반응

치환 반응(displacement reaction) 또는 **단일 치환 반응**(single-displacement reaction)에서는 화합물의 한 원소가 다른 원소로 치환된다. 예를 들어 염화 구리(II) 용액에 금속 아연을 넣으면 구리가 아연으로 치환된다.

$$Zn(s) + CuCl_2(aq) \longrightarrow ZnCl_2(aq) + Cu(s)$$

치환 반응에 대한 일반 반응식은 다음과 같다.

$$A + BC \longrightarrow AC + B$$

다음은 치환 반응의 또 다른 예이다.

$$Mg(s) + 2\,HCl(aq) \longrightarrow MgCl_2(aq) + H_2(g)$$

$$2\,Na(s) + 2\,H_2O(l) \longrightarrow 2\,NaOH(aq) + H_2(g)$$

물의 화학식을 HOH(l)로 나타낸다면 마지막 반응은 치환 반응으로 더 쉽게 식별할 수 있다.

$$2\,Na(s) + 2\,HOH(l) \longrightarrow 2\,NaOH(aq) + H_2(g)$$

이중 치환 반응

이중 치환 반응(double-displacement reaction)에서는 각기 다른 두 화합물의 두 원소 또는 원자단이 위치를 교환하여 2개의 새로운 화합물을 형성한다. 예를 들어 수용액에서 질산은의 은 원자는 염화 소듐의 소듐 원자와 고체 염화 은 및 수용성 질산 소듐 형태로 자리를 바꾼다.

$$AgNO_3(aq) + NaCl(aq) \longrightarrow AgCl(s) + NaNO_3(aq)$$

이중 치환 반응의 일반적인 형식은 다음과 같다.

$$AB + CD \longrightarrow AD + CB$$

다음은 이중 치환 반응의 또 다른 예이다.

$$HCl(aq) + NaOH(aq) \longrightarrow H_2O(l) + NaCl(aq)$$

$$2\,HCl(aq) + Na_2CO_3(aq) \longrightarrow H_2CO_3(aq) + 2\,NaCl(aq)$$

7.8절에서 살펴보았듯이 $H_2CO_3(aq)$는 안정하지 않고 분해되어 $H_2O(l)$ + $CO_2(g)$를 형성한다. 따라서 전체 반응식은 다음과 같다.

$$2\,HCl(aq) + Na_2CO_3(aq) \longrightarrow H_2O(l) + CO_2(g) + 2\,NaCl(aq)$$

순서도

화학 반응의 분류 체계에 대한 순서도는 다음과 같다.

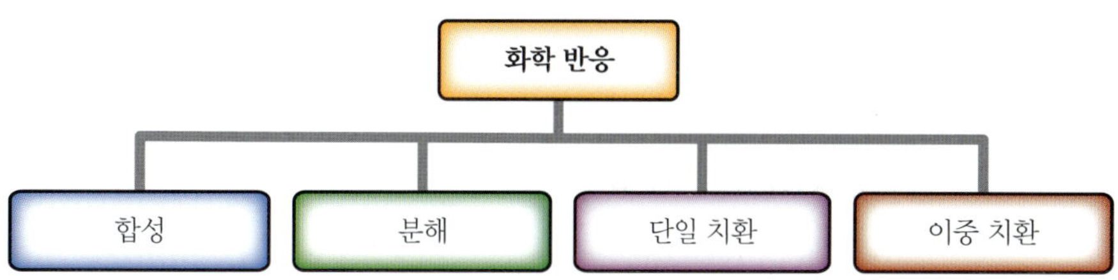

모든 화학 반응은 어떤 의미에서는 고유하기 때문에 완벽한 분류 체계가 정립되지 않았다. 그러나 화학 반응의 종류에 초점을 맞춘 분류 체계와 원자 또는 원자단이 무엇을 하는지에 초점을 맞춘 분류 체계는 화학 반응의 차이점과 유사점을 파악하는 데 도움이 된다.

단일 치환 반응

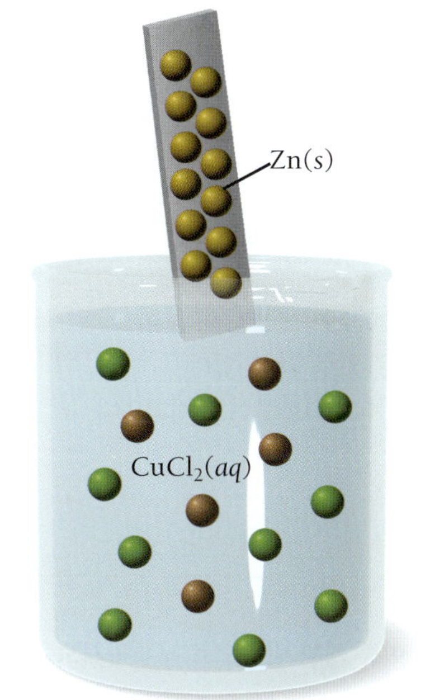

(a)

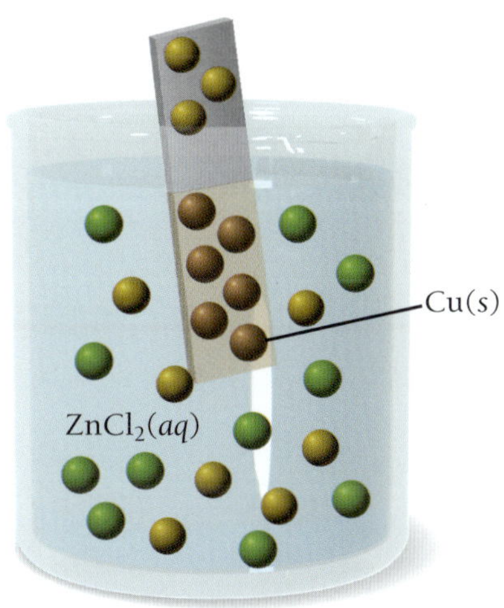

(b)

▲ 단일 치환 반응에서는 화합물 중 한 원소가 다른 원소로 치환된다. 염화 구리(II) 용액에 아연 금속을 넣으면 구리 이온이 아연 원자로 치환되고, 구리 이온이 아연 금속판 위에 석출된다.

이 이중 치환 반응은 침전 반응이기도 하다.

이 이중 치환 반응은 산-염기 반응이기도 하다.

이 이중 치환 반응은 기체 생성 반응, 산-염기 반응이기도 하다.

예제 7.15 원자의 행동을 통한 화학 반응의 분류

다음 각각의 반응을 합성 반응, 분해 반응, 단일 치환 반응, 이중 치환 반응으로 분류하시오.

(a) $Na_2O(s) + H_2O(l) \longrightarrow 2\,NaOH(aq)$
(b) $Ba(NO_3)_2(aq) + K_2SO_4(aq) \longrightarrow BaSO_4(s) + 2\,KNO_3(aq)$
(c) $2\,Al(s) + Fe_2O_3(s) \longrightarrow Al_2O_3(s) + 2\,Fe(l)$
(d) $2\,H_2O_2(aq) \longrightarrow 2\,H_2O(l) + O_2(g)$
(e) $Ca(s) + Cl_2(g) \longrightarrow CaCl_2(s)$

답

(a) 합성 반응이다. 2개의 단순한 물질로부터 하나의 복잡한 물질이 생성되었다.
(b) 이중 치환 반응이다. Ba와 K가 위치를 바꾸면서 새로운 2개의 화합물이 생성되었다.
(c) 단일 치환 반응이다. Fe_2O_3의 Fe가 Al로 치환되었다.
(d) 분해 반응이다. 복잡한 물질이 단순한 물질로 분해되었다.
(e) 합성 반응이다. 2개의 단순한 물질로부터 하나의 복잡한 물질이 생성되었다.

▶ **연습문제 7.15 | 원자 행동을 통한 화학 반응의 분류**

다음 각각의 반응을 합성 반응, 분해 반응, 단일 치환 반응, 이중 치환 반응으로 분류하시오.
(a) $2\,Al(s) + 2\,H_3PO_4(aq) \longrightarrow 2\,AlPO_4(aq) + 3\,H_2(g)$
(b) $CuSO_4(aq) + 2\,KOH(aq) \longrightarrow Cu(OH)_2(s) + K_2SO_4(aq)$
(c) $2\,K(s) + Br_2(l) \longrightarrow 2\,KBr(s)$
(d) $CuCl_2(aq) \xrightarrow[\text{전류}]{} Cu(s) + Cl_2(g)$

▶ **심화 학습** 예제 7.25/복습문제 93~96

✔ 확인문제 7.7

침전 반응과 산-염기 반응은 다음 중 무엇으로 분류될 수 있는가?
(a) 합성 반응 (b) 분해 반응
(c) 단일 치환 반응 (d) 이중 치환 반응

7장 복습

자가진단 퀴즈

1. 다음 중 화학 반응은 무엇인가?
(a) 저장소에서 휘발유가 증발된다.
(b) 철이 외부에 노출되어 부식된다.
(c) 밤사이 잔디에 이슬이 맺힌다.
(d) 난로에서 물이 끓는다.

2. 다음 반응식의 반응물에는 산소 원자가 몇 개 있는가?
$K_2CO_3(aq) + Pb(NO_3)_2(aq) \longrightarrow 2\,KNO_3(aq) + PbCO_3(s)$
(a) 3 (b) 6 (c) 9 (d) 12

3. 고체 산화 철(III)과 수소 기체가 반응하여 고체 철과 액체 물을 형성하는 균형 반응식에서 수소의 계수는 무엇인가?
(a) 2 (b) 3 (c) 4 (d) 6

4. 다음 균형 화학 반응식의 계수는 무엇인가?
$\_C_6H_6(l) + \_O_2(l) \longrightarrow \_CO_2(g) + \_H_2O(g)$
(a) 2, 15, 12, 6
(b) 1, 15, 6, 3
(c) 2, 15, 12, 12
(d) 1, 7, 6, 3

5. 다음 중 물에 녹는 화합물은 무엇인가?
(a) $Fe(OH)_2$ (b) CuS (c) AgCl (d) $CuCl_2$

6. 질산 바륨 수용액과 황산 포타슘 수용액을 혼합했을 때 발생하는 침전물은 무엇인가?
(a) BaK(s) (b) $NO_3SO_4(s)$ (c) $BaSO_4(s)$ (d) $KNO_3(s)$

7. 혼합했을 때 고체 침전물이 형성되는 반응물은 무엇인가?
(a) $NaNO_3(aq)$와 $KCl(aq)$
(b) $KOH(aq)$와 $Na_2CO_3(aq)$
(c) $CuCl_2(aq)$와 $NaC_2H_3O_2(aq)$
(d) $Na_2CO_3(aq)$와 $CaCl_2(aq)$

8. $Pb(C_2H_3O_2)_2(aq)$와 $KBr(aq)$ 사이의 반응에 대한 알짜 이온 반응식은 무엇인가?
(a) $Pb(C_2H_3O_2)_2(aq) + 2\,KBr(aq) \longrightarrow PbBr_2(s) + 2\,KC_2H_3O_2(aq)$
(b) $Pb^{2+}(aq) + 2\,Br^-(aq) \longrightarrow PbBr_2(s)$
(c) $K^+(aq) + C_2H_3O_2^-(aq) \longrightarrow KC_2H_3O_2(s)$
(d) $Pb(C_2H_3O_2)_2(aq) + 2\,KBr(aq) \longrightarrow 2\,KC_2H_3O_2(s) + PbBr_2(aq)$

9. 다음 반응식의 빈칸에 알맞은 것은 무엇인가?
$HBr(aq) + NaOH(aq) \longrightarrow$ ________________
(a) $NaH(s) + BrOH(aq)$ (b) $NaBr(s) + NaOH(aq)$
(c) $H_2O(l) + NaBr(aq)$ (d) 반응 없음

10. 다음 반응식의 빈칸에 알맞은 것은 무엇인가?
$HNO_3(aq) + KHCO_3(aq) \longrightarrow$ ________________
(a) $H_2O(l) + CO_2(g) + KNO_3(aq)$
(b) $KNO_3(s) + H_2CO_3(aq)$
(c) $HK(aq) + NO_3HCO_3(s)$
(d) 반응 없음

11. C_4H_9OH의 연소에 대한 균형 반응식의 생성물은 무엇인가?
(a) $C_4H_9(s) + NaOH(aq)$ (b) $4CO_2(g) + 5H_2O(l)$
(c) $4O_2(g) + 5H_2O(l)$ (d) $2C_2H_4(g) + H_2O(l)$

12. 침전 반응은 어떤 반응 유형으로 분류하는 것이 가장 바람직한가?
(a) 단일 치환 반응 (b) 이중 치환 반응
(c) 분해 (d) 앞의 보기 모두 아님

정답 1.b 2.c 3.b 4.a 5.d 6.c 7.d 8.b 9.c 10.a 11.b 12.b

화학 원리	관련 내용
화학 반응 화학 반응에서는 하나 이상의 물질(원소 또는 화합물)이 다른 물질로 변한다.	화학 반응은 운송, 에너지 생성, 가정용품 제조, 시력, 생명 자체를 비롯한 많은 공정의 핵심이다.
화학 반응의 증거 화학 반응에 대한 유일한 절대적 증거는 하나 이상의 물질이 다른 물질로 변했다는 것을 보여주는 화학 분석이다. 그러나 색상 변화, 고체 또는 침전물 형성, 기체 형성, 빛 방출, 열 방출 또는 흡수 중 적어도 하나는 화학 반응의 증거이다.	우리는 종종 화학 반응에 따른 변화를 인지할 수 있다. 사실 우리는 종종 화학 반응을 그것이 생성하는 변화에 사용한다. 예를 들어 화석 연료 연소 시 방출되는 열로 집을 따뜻하게 하고, 자동차를 운전하고, 전기를 생산한다.
화학 반응식 화학 반응식은 화학 반응을 나타낸다. 여기에는 반응물(반응 이전에 존재하는 물질)과 생성물(반응으로 생성된 새로운 물질)에 대한 화학식이 포함된다. 화학 반응식은 자연계의 성분 보존을 반영하기 위해 균형을 이루어야 한다. 원자는 저절로 나타나거나 사라지지 않는다.	화학 반응식을 통해 화학 반응을 표현하고 이해할 수 있다. 예를 들어 화석 연료의 연소 반응에 대한 반응식을 통해 지구 온난화에 영향을 주는 이산화 탄소 기체가 그러한 반응의 생성물 중 하나임을 알 수 있다.
수용액과 용해도 수용액은 물과 물에 녹은 물질의 혼합물이다. 물질이 물에 녹으면 가용성이고, 물에 녹지 않으면 불용성이다.	바다, 호수, 그리고 우리 몸에 있는 거의 모든 체액은 수용액이다.

몇 가지 특정 유형의 반응

침전 반응: 두 수용액을 혼합하면 고체 또는 침전물이 생성된다.

산-염기 반응: 산과 염기를 혼합하면 물이 생성된다.

기체 생성 반응: 두 수용액을 혼합하면 기체가 생성된다.

산화-환원 반응: 전자가 어떤 물질에서 다른 물질로 이동한다.

연소 반응: 물질이 산소와 반응하여 열을 방출하고, 산소가 포함된 화합물을 형성하며, 대부분의 반응에서 물을 생성한다.

이 장에서 다룬 특정 유형의 반응 중 다수는 수용액에서 진행되기 때문에 살아 있는 유기체에 중요하다. 예를 들어 살아 있는 유기체의 혈액에서는 일정한 혈액 산도 수준을 유지하기 위해 산-염기 반응이 꾸준히 발생한다. 인간은 혈액 산성도에 작은 변화가 일어나도 사망에 이를 수 있어 인체에서는 화학 반응이 이루어진다. 연소 반응은 우리 사회의 주요 에너지원이므로 중요하다.

화학 반응의 분류

많은 화학 반응은 원자 또는 원자단의 역할에 따라 다음 네 가지 범주 중 하나로 분류할 수 있다.

- 합성: $A + B \longrightarrow AB$
- 분해: $AB \longrightarrow A + B$
- 단일 치환: $A + BC \longrightarrow AC + B$
- 이중 치환: $AB + CD \longrightarrow AD + CB$

화학 반응을 더 잘 이해하고 차이점과 유사점을 파악하기 위해 화학 반응을 분류한다.

화학 문제를 푸는 기술

예제

학습목표: 화학 반응의 증거를 확인한다(7.2절).

하나 이상의 초기 물질이 다른 물질로 변화되었다면 화학 반응이 일어난 것이다. 다음 중 하나 이상이 화학 반응을 동반하는 경우가 많다. 색상 변화, 고체 또는 침전물 형성, 기체 형성, 빛 방출, 열 방출 또는 흡수 중 적어도 하나는 화학 반응의 증거이다.

예제 7.16 화학 반응 확인

다음 중 화학 반응은 무엇인가?

(a) 구리는 공기에 노출되면 녹색으로 변한다.
(b) 탄산 소듐이 염산과 접촉하면 기포가 발생한다.
(c) 액체 물이 얼면 고체 얼음으로 변한다.
(d) 순수한 구리로 된 1페니 동전을 질산 용액에 떨어뜨리면 진한 갈색 기포가 발생하고 질산 용액이 파란색으로 변한다.

답

(a) 화학 반응이다. 색 변화로 확인된다.
(b) 화학 반응이다. 기체 생성으로 확인된다.
(c) 화학 반응이 아니다. 고체 얼음은 여전히 물이다.
(d) 화학 반응이다. 기체 발생과 색 변화로 확인된다

학습목표: 균형 화학 반응식을 작성한다(7.3절, 7.4절).

다음 단계에 따라 균형 화학 반응식을 작성한다.

1. 반응물과 생성물 각각에 대한 화학식을 써서 반응식을 작성한다(반응식이 제시되었다면 2단계로 넘어간다).
2. 반응식의 반응물과 생성물 중에 한 가지 원소로 된 화학종이 있으면 그 원소부터 균형을 맞춘다. 그러한 원소가 2개 이상이면 비금속보다 금속의 균형을 먼저 맞춘다.
3. 어떤 원소가 화학 반응식의 어느 쪽에서든 자유 원소로 나타난다면 마지막에 균형을 맞춘다.
4. 균형 반응식에서 계수가 분수일 때는 전체 반응식에 적절한 정수를 곱하여 분수를 정수로 만든다.

예제 7.17 균형 화학 반응식 작성

고체 산화 바나듐(V)이 수소 기체와 반응하여 산화 바나듐(III)과 액체 물이 생성되는 반응에 대한 균형 화학 반응식을 작성하시오.

$$V_2O_5(s) + H_2(g) \longrightarrow V_2O_3(s) + 2\,H_2O(l)$$

답

화학 반응식이 주어졌으므로 2단계부터 진행한다. 바나듐은 반응식의 양쪽에 있는 하나의 화합물에서만 관찰된다. 하지만 균형을 이루고 있어 오른쪽 H_2O 앞에 2를 넣으면 산소의 균형을 맞출 수 있다.

$$V_2O_5(s) + H_2(g) \longrightarrow V_2O_3(s) + 2\,H_2O(l)$$

5. 반응식의 양쪽에 있는 각 유형의 원자 총수를 합하여 반응식이 균형을 이루는지 확인한다.

주의 사항

- 화학 반응식의 균형을 맞추기 위해 계수만 변경해야 하며 **아래첨자는 변경하면 안 된다.** 아래첨자를 변경하면 화합물 자체가 변한다.
- 반응식의 양쪽에 그대로 유지되는 다원자 이온이 반응식에 포함되어 있을 때는 다원자 이온을 하나의 원자단으로 보고 균형을 맞춘다.

수소는 자유 원소로 발생한다. 반응물의 H_2 앞에 2를 넣어 균형을 맞춘다.

$$V_2O_5(s) + 2\,H_2(g) \longrightarrow V_2O_3(s) + 2\,H_2O(l)$$

분수로 된 계수가 반응식에 포함되지 않았으므로 5단계로 넘어간다. 반응식을 확인한다.

$$V_2O_5(s) + 2\,H_2(g) \longrightarrow V_2O_3(s) + 2\,H_2O(l)$$

반응물		생성물
2 V 원자	⟶	2 V 원자
5 O 원자	⟶	5 O 원자
4 H 원자	⟶	4 H 원자

학습목표: 화합물이 가용성인지 아닌지 확인한다(7.5절).

화합물이 가용성인지 아닌지 확인하려면 표 7.3의 용해도 규칙을 참조한다. 항상 가용성 화합물(Li^+, Na^+, K^+, NH_4^+, NO_3^-, $C_2H_3O_2^-$)을 형성하는 이온을 찾는 것부터 시작하는 것이 가장 간단하다. 이러한 이온 중 하나가 화합물에 포함되어 있으면 가용성이다. 그렇지 않다면 음이온이 대부분 가용성(Cl^-, Br^-, I^-, SO_4^{2-})인지 불용성(OH^-, S^{2-}, CO_3^{2-}, PO_4^{3-})인지 확인한다. 양이온도 살펴보고 그것이 예외 중 하나인지 확인한다.

예제 7.18 화합물의 가용성, 불용성

다음 각각의 화합물은 가용성인가, 불용성인가?

(a) $CuCO_3$ (b) $BaSO_4$ (c) $Fe(NO_3)_3$

답

(a) 불용성이다. CO_3^{2-}가 포함된 화합물은 불용성이고, Cu^{2+}는 예외에 포함되지 않는다.

(b) 불용성이다. SO_4^{2-}가 포함된 화합물은 대부분 불용성이고, Ba^{2+}는 예외에 포함되지 않는다.

(c) 가용성이다. NO_3^-가 포함된 화합물은 모두 가용성이다.

학습목표: 침전 반응을 예측하고 반응식을 작성한다(7.6절).

두 용액이 혼합될 때 침전 반응이 일어나는지 아닌지를 예측하고 반응식을 작성하기 위해 다음 단계를 따른다.

1. 화학 반응식에서 반응물로 혼합되는 두 화합물의 화학식을 작성한다.
2. 반응식 아래에 반응물로부터 형성될 수 있는 잠재적으로 불용성인 생성물의 화학식을 작성한다. 어떤 반응물의 양이온과 다른 반응물의 음이온을 결합하여 이를 결정한다. 모든 화학식의 전하가 중성이 되도록 아래첨자를 조정한다.
3. 용해도 규칙을 참조하여 잠재적으로 불용성인 생성물이 불용성인지 여부를 확인한다.
4. 잠재적으로 불용성인 생성물이 모두 가용성이라면 침전물이 없을 것이다. 화살표 옆에 '반응 없음'이라고 작성한다.
5. 잠재적으로 불용성인 생성물 중 하나 또는 둘 다 불용성인 경우에는 생성물의 화학식에 고체를 나타내는 (s)를 쓴다. 가용성 생성물의 화학식에는 (aq)를 붙여 수용성을 표시한다.
6. 반응식의 균형을 맞춘다.

예제 7.19 침전 반응에 대한 반응식 예측과 작성

인산 소듐 용액과 염화 코발트(II) 용액을 혼합했을 때 발생하는 침전 반응에 대한 반응식을 작성하시오.

답

$$Na_3PO_4(aq) + CoCl_2(aq) \longrightarrow$$

잠재적으로 불용성인 생성물

$$NaCl \qquad Co_3(PO_4)_2$$

NaCl은 가용성이다.

$Co_3(PO_4)_2$는 불용성이다.

불용성 생성물이 포함되어 있으므로 5단계로 넘어간다.

$$Na_3PO_4(aq) + CoCl_2(aq) \longrightarrow Co_3(PO_4)_2(s) + NaCl(aq)$$

$$2\,Na_3PO_4(aq) + 3\,CoCl_2(aq) \longrightarrow Co_3(PO_4)_2 + 6\,NaCl(aq)$$

학습목표: 분자 반응식, 완전 이온 반응식, 알짜 이온 반응식을 작성한다(7.7절).

분자 반응식을 작성하기 위해 반응의 모든 화합물에 대한 완전한 중성 화학식을 포함한다.

분자 반응식에서 완전 이온 반응식을 작성하기 위해 모든 가용성 이온 결합 화합물을 독립 이온으로 분리한다. 고체, 액체, 기체 화합물은 분리하지 않는다.

완전 이온 반응식에서 알짜 이온 반응식을 작성하기 위해 반응 과정에서 변하지 않는 모든 화학종(구경꾼 이온)을 제거한다.

예제 7.20 완전 이온 반응식과 알짜 이온 반응식 작성

다음 반응에 대한 완전 이온 반응식과 알짜 이온 반응식을 작성하시오.

$$2\,NH_4Cl(aq) + Hg_2(NO_3)_2(aq) \longrightarrow Hg_2Cl_2(s) + 2\,NH_4NO_3(aq)$$

답

완전 이온 반응식

$$2\,NH_4^+(aq) + 2\,Cl^-(aq) + Hg_2^{2+}(aq) + 2\,NO_3^-(aq) \longrightarrow Hg_2Cl_2(s) + 2\,NH_4^+(aq) + 2\,NO_3^-(aq)$$

알짜 이온 반응식

$$2\,Cl^-(aq) + Hg_2^{2+}(aq) \longrightarrow Hg_2Cl_2(s)$$

학습목표: 산-염기 반응을 파악하고 반응식을 작성한다(7.8절).

반응식에서 반응물로 산과 염기(표 7.4 참조)가 있을 때는 산과 염기가 반응하여 물과 염을 형성하는 반응식을 작성한다.

예제 7.21 산-염기 반응에 대한 반응식 작성

아이오딘화 수소산 수용액과 수산화 바륨 수용액을 혼합했을 때 발생하는 반응에 대한 반응식을 작성하시오.

답

$$\underset{\text{산}}{2\,HI(aq)} + \underset{\text{염기}}{Ba(OH)_2(aq)} \longrightarrow \underset{\text{물}}{2\,H_2O(l)} + \underset{\text{염}}{BaI_2(aq)}$$

학습목표: 기체 생성 반응을 파악하고 반응식을 작성한다(7.8절).

표 7.5를 참조하여 기체 생성 반응을 확인한다.

예제 7.22 기체 생성 반응에 대한 반응식 작성

브로민화수소산 수용액과 아황산수소 포타슘 수용액을 혼합했을 때 발생하는 반응에 대한 반응식을 작성하시오.

답

$$HBr(aq) + KHSO_3(aq) \longrightarrow H_2SO_3(aq) + KBr(aq) \longrightarrow H_2O(l) + SO_2(g) + KBr(aq)$$

학습목표: 산화-환원 반응을 파악한다(7.9절).

다음 중 하나가 일어나면 산화-환원 반응이다.

- 물질이 산소 원소와 반응한다.
- 금속이 비금속과 반응한다.
- 어떤 물질로부터 다른 물질로 전자를 전달한다.

예제 7.23 산화-환원 반응

다음 중 산화-환원 반응은 무엇인가?

(a) $4\,Fe(s) + 3\,O_2(g) \longrightarrow 2\,Fe_2O_3(s)$

(b) $CaO(s) + CO_2(g) \longrightarrow CaCO_3(s)$

(c) $AgNO_3(aq) + NaCl(aq) \longrightarrow AgCl(s) + NaNO_3(aq)$

답

(a)만 산화-환원 반응이다.

학습목표: 연소 반응을 파악하고 반응식을 작성한다(7.9절).

연소 반응은 물질이 O_2와 반응하여 하나 이상의 산소가 포함된 화합물 그리고 많은 경우에 물을 형성하는 것이다.

예제 7.24 연소 반응에 대한 반응식 작성

천연가스 중 소량 존재하는 에테인(C_2H_6) 기체의 연소 반응에 대한 균형 반응식을 작성하시오.

답

화학 반응식

$$C_2H_6(g) + O_2(g) \longrightarrow CO_2(g) + H_2O(g)$$

균형 반응식

$$2\,C_2H_6(g) + 7\,O_2(g) \longrightarrow 4\,CO_2(g) + 6\,H_2O(g)$$

학습목표: 화학 반응을 분류한다(7.10절).

화학 반응은 세심한 관찰을 통해 분류할 수 있으며 크게 네 가지 범주가 있다.

합성(결합)

$$A + B \longrightarrow AB$$

분해

$$AB \longrightarrow A + B$$

단일 치환

$$A + BC \longrightarrow AC + B$$

이중 치환

$$AB + CD \longrightarrow AD + CB$$

예제 7.25 화학 반응의 분류

다음 각각의 반응을 합성 반응, 분해 반응, 단일 치환 반응, 이중 치환 반응으로 분류하시오.

(a) $2\,K(s) + Br_2(g) \longrightarrow 2\,KBr(s)$

(b) $Fe(s) + 2\,AgNO_3(aq) \longrightarrow Fe(NO_3)_2(aq) + 2\,Ag(s)$

(c) $CaSO_3(s) \longrightarrow CaO(s) + SO_2(g)$

(d) $CaCl_2(aq) + Li_2SO_4(aq) \longrightarrow CaSO_4(s) + 2\,LiCl(aq)$

답

(a) 합성 반응이다. 단순한 물질로부터 복잡한 화합물인 KBr이 생성되었다.

(b) 단일 치환 반응이다. Fe는 $AgNO_3$에서 Ag를 치환한다.

(c) 분해 반응이다. $CaSO_3$가 단순한 물질로 분해되었다.

(d) 이중 치환 반응이다. Ca와 Li가 위치를 바꿔 새로운 화합물이 생성되었다.

핵심 용어

가용성
강전해질 용액
결합 반응
구경꾼 이온
균형 반응식
기체 생성 반응
단일 치환 반응
분자 반응식
분해 반응
불용성
산-염기 반응
산화-환원 반응
산화환원 반응
수용액
알짜 이온 반응식
연소 반응
염
완전 이온 반응식
용해도 규칙
이중 치환 반응
중화 반응
치환 반응
침전 반응
침전물
합성 반응

학습 점검 문제

기초문제

1. 화학 반응이란 무엇인가? 몇 가지 예를 들어 설명하시오.
2. 원자와 분자를 맨눈으로 관찰할 수 있다면 화학 반응의 결정적인 증거로 무엇을 찾을 수 있는가?
3. 화학 반응이 일어났음을 나타내는 주요 현상은 무엇인가?
4. 화학 반응식이란 무엇인가? 예를 들고 반응물과 생성물을 구별하시오.
5. 화학 반응식에서 자주 사용되는 약어는 무엇을 나타내는가?
6. 화학 반응식의 균형을 맞추려면 필요에 따라 _____를 변화시켜 반응식의 양쪽에 있는 각 원자 유형의 수를 같게 만든다. 화학 반응식의 균형을 맞추기 위해 _____를 변경하면 안 된다.
7. 다음 화학 반응식은 균형이 맞는가? 그 이유를 설명하시오.

$$2Ag_2O(s) + C(s) \longrightarrow CO_2(g) + 4Ag(s)$$

8. 수용액이란 무엇인가? 두 가지 예를 들어 설명하시오.
9. 화합물이 가용성이라는 것은 무엇을 의미하는가? 또한 화합물이 불용성이라는 것은 무엇을 의미하는가?
10. 이온성 물질이 물에 녹을 때 어떤 일이 일어나는지 설명하시오.
11. 다원자 이온은 물에 녹을 때 해리되는가, 그대로 유지되는가?
12. 강전해질 용액이란 무엇인가?
13. 용해도 규칙이란 무엇이며, 어떻게 유용할 수 있는가?
14. 침전 반응이란 무엇인가? 예를 들고 침전물을 예측하시오.
15. 침전 반응에서 침전물은 항상 가용성 또는 불용성 화합물인가? 그 이유를 설명하시오.
16. 분자 반응식, 완전 이온 반응식, 알짜 이온 반응식의 차이점을 설명하고 각각의 예를 드시오.
17. 산-염기 반응이란 무엇인가? 예를 들고 산과 염기를 구별하시오.
18. 산과 염기를 구별할 수 있는 특징은 무엇인가?
19. 기체 생성 반응이란 무엇인가? 예를 들어 설명하시오.
20. 산화-환원 반응이란 무엇인가? 예를 들어 설명하시오.
21. 연소 반응이란 무엇인가? 예를 들어 설명하시오.
22. 7.10절에 제시된, 화학 반응을 분류하는 두 가지 방법은 무엇인가? 두 가지 방법의 차이점을 설명하시오.
23. 합성 반응과 분해 반응의 차이점을 설명하고 각각의 예를 드시오.
24. 단일 치환 반응과 이중 치환 반응의 차이점을 설명하고 각각의 예를 드시오.

복습문제

화학 반응의 증거

25. 다음 관찰 중 화학 반응이 일어나는 것은 무엇인가? 그 이유를 설명하시오.
   (a) 파란색 질산 구리 용액에 아연 조각을 넣으면 아연 조각에 고체 구리가 침전되고 용액의 파란색이 흐려진다.
   (b) 액체 에틸렌 글라이콜을 저온 냉동고에 넣으면 고체로 변한다.
   (c) 염화 바륨 용액과 황산 아연 용액을 섞으면 흰색 침전이 생긴다.
   (d) 식초에 탄산수소 소듐을 조금 첨가하면 액체 표면에서 거품이 발생한다.
26. 다음 관찰 중 화학 반응이 일어나는 것은 무엇인가? 그 이유를 설명하시오.
   (a) 기체 프로페인은 연소하면서 불꽃과 함께 열을 방출한다.
   (b) 피부에서 아세톤이 증발하면 차갑게 느껴진다.
   (c) 탄산 포타슘 용액과 염산 용액을 섞으면 거품이 발생한다.
   (d) 따뜻한 물건을 손으로 잡으면 열이 느껴진다.
27. 수도꼭지의 칼슘 침전물에 식초를 부으면 거품이 발생하고 칼슘 일부가 녹는다. 이는 화학 반응인가? 그 이유를 설명하시오.
28. 막힌 싱크대에 배수관 세정제를 넣으면 거품이 발생하고 싱크대의 물이 따뜻해진다. 이는 화학 반응인가? 그 이유를 설명하시오.
29. 시판되는 모발 탈색 혼합물을 갈색 모발에 바르면 금발로 변한다. 이는 화학 반응인가? 그 이유를 설명하시오.
30. 냄비에 물을 넣고 끓이면 거품이 발생한다. 이는 화학 반응인가? 그 이유를 설명하시오.

화학 반응식의 균형과 작성

31. 다음 각각의 화학 반응식(균형이 맞을 수도 있고 아닐 수도 있음)에 대해 반응물과 생성물에 있는 각 원자 유형의 수를 나열하고, 반응식이 균형을 이루는지 확인하시오.
   (a) $Pb(NO_3)_2(aq) + BaCl_2(aq) \longrightarrow PbCl_2(s) + Ba(NO_3)_2(aq)$
   (b) $C_4H_{10}(g) + O_2(g) \longrightarrow 4CO_2(g) + 5H_2O(g)$
32. 다음 각각의 화학 반응식(균형이 맞을 수도 있고 아닐 수도 있음)에 대해 반응물과 생성물에 있는 각 원자 유형의 수를 나열하고, 반응식이 균형을 이루는지 확인하시오.
   (a) $MgS(aq) + 2CdCl_2(aq) \longrightarrow 2CdS(s) + MgCl_2(aq)$
   (b) $2C_7H_{16}(l) + 22O_2(g) \longrightarrow 14CO_2(g) + 16H_2O(g)$

* 파란색으로 표시된 문제는 이 책 말미에 해답이 제시되어 있다.

33. 다음 화학 반응식은 균형이 맞지 않는데, 어떤 학생이 H_2O의 산소 원자 뒤에 첨자 2를 넣어 균형을 맞추려고 한다. 이렇게 하는 것이 옳지 않은 이유를 설명하시오. 올바른 균형 방정식은 무엇인가?

$$H_2O(l) \xrightarrow[\text{전류}]{} H_2(g) + O_2(g)$$

34. 다음 화학 반응식은 균형이 맞지 않는데, 어떤 학생이 Cl의 아래첨자 2를 3으로 변경하여 균형을 맞추려고 한다. 이렇게 하는 것이 옳지 않은 이유를 설명하시오. 올바른 균형 반응식은 무엇인가?

$$Al(s) + Cl_2(g) \longrightarrow AlCl_3(s)$$

35. 다음 각각의 화학 반응에 대한 균형 화학 반응식을 작성하시오.

(a) 고체 황화 납(II)은 염산 수용액과 반응하여 고체 염화 납(II)과 황화이수소 기체를 형성한다.

(b) 일산화 탄소 기체는 수소 기체와 반응하여 메테인(CH_4) 기체와 액체 물을 형성한다.

(c) 고체 산화 철(III)은 수소 기체와 반응하여 고체 철과 액체 물을 형성한다.

(d) 암모니아(NH_3) 기체는 산소 기체와 반응하여 일산화 질소 기체와 수증기를 형성한다.

36. 다음 각각의 화학 반응에 대한 균형 화학 반응식을 작성하시오.

(a) 고체 구리는 고체 황과 반응하여 고체 황화 구리(I)를 형성한다.

(b) 이산화 황 기체는 산소 기체와 반응하여 삼산화 황 기체를 형성한다.

(c) 염산 수용액은 고체 산화 망가니즈(IV)와 반응하여 염화 망가니즈(II) 수용액과 액체 물, 염소 기체를 형성한다.

(d) 액체 벤젠(C_6H_6)은 산소 기체와 반응하여 이산화 탄소와 액체 물을 형성한다.

37. 다음 각각의 화학 반응에 대한 균형 화학 반응식을 작성하시오.

(a) 고체 마그네슘은 질산 구리(I) 수용액과 반응하여 질산 마그네슘 수용액과 고체 구리를 형성한다.

(b) 오산화 이질소 기체는 이산화 질소와 산소 기체로 분해된다.

(c) 고체 칼슘은 질산 수용액과 반응하여 질산 칼슘 수용액과 수소 기체를 형성한다.

(d) 액체 메탄올(CH_3OH)은 산소 기체와 반응하여 이산화 탄소 기체와 수증기를 형성한다.

38. 다음 각각의 화학 반응에 대한 균형 화학 반응식을 작성하시오.

(a) 에틸렌(C_2H_4) 기체는 산소 기체와 반응하여 이산화 탄소 기체와 수증기를 형성한다.

(b) 염소 기체는 브로민화 포타슘 수용액과 반응하여 브로민 액체와 염화 포타슘 수용액을 형성한다.

(c) 고체 일산화 소듐은 액체 물과 반응하여 수산화 소듐 수용액을 형성한다.

(d) 황화 수소 기체는 산소와 반응하여 수증기와 이산화 황을 형성한다.

39. 고체 포타슘을 액체 물에 넣으면 물과 반응하여 수소 기체와 수산화 포타슘 수용액을 형성한다. 이 반응에 대한 균형 화학 반응식을 작성하시오.

40. 철이 녹슬면 고체 철이 산소 기체와 반응하여 고체 산화 철(III)을 형성한다. 이 반응에 대한 균형 화학 반응식을 작성하시오.

41. 산성비의 황산은 이산화 황 기체 오염 물질이 산소 기체 및 액체 물과 반응하여 황산 수용액을 형성한다. 이 반응에 대한 균형 화학 반응식을 작성하시오.

42. 산성비의 황산은 대리석에 존재하는 고체 탄산 칼슘과 반응하여 고체 황산 칼슘, 이산화 탄소 기체, 액체 물을 형성한다. 이 반응에 대해 균형 화학 반응식을 작성하시오.

43. 고체 산화 바나듐(V)과 수소 기체의 반응으로 고체 산화 바나듐(III)과 액체 물이 생성된다. 이 반응에 대한 균형 화학 반응식을 작성하시오.

44. 기체 상태의 이산화 질소와 수소 기체의 반응으로 암모니아 기체와 액체 물이 생성된다. 이 반응에 대한 균형 화학 반응식을 작성하시오.

45. 수용성 설탕이 물과 반응하여 수용성 에탄올(C_2H_5OH)과 이산화 탄소 기체를 형성하는데, 이는 효모에 의한 설탕($C_{12}H_{22}O_{11}$) 발효이다. 이 반응에 대한 균형 화학 반응식을 작성하시오.

46. 포도당을 이산화 탄소와 메테인 기체로 분해하는 반응에 대한 균형 화학 반응식을 작성하시오.

47. 고체 삼아이오딘화 질소는 접촉성 폭발물이며, 접촉 시 폭발적으로 분해되어 질소 기체와 아이오딘화 기체를 형성한다. 이 반응에 대한 균형 화학 반응식을 작성하시오.

48. 고체 칼슘은 액체 물과 격렬하게 반응하여 수산화 칼슘 수용액과 수소 기체를 형성한다. 이 반응에 대한 균형 화학 반응식을 작성하시오.

49. 다음 각 화학 반응식의 균형을 맞추시오.

(a) $Na_2S(aq) + Cu(NO_3)_2(aq) \longrightarrow NaNO_3(aq) + CuS(s)$

(b) $HCl(aq) + O_2(g) \longrightarrow H_2O(l) + Cl_2(g)$

(c) $H_2(g) + O_2(g) \longrightarrow H_2O(l)$

(d) $FeS(s) + HCl(aq) \longrightarrow FeCl_2(aq) + H_2S(g)$

50. 다음 각 화학 반응식의 균형을 맞추시오.

(a) $N_2H_4(l) + H_2O_2(aq) \longrightarrow HNO_3(aq) + H_2O(l)$

(b) $ZnS(s) + O_2(g) \longrightarrow ZnO(s) + SO_2(g)$

(c) $Fe(s) + H_2O(g) \longrightarrow Fe_3O_4(s) + H_2(g)$

(d) $H_2(g) + I_2(g) \longrightarrow HI(g)$

51. 다음 각 화학 반응식의 균형을 맞추시오.

(a) $PbO(s) + H_2SO_4(aq) \longrightarrow PbSO_4(s) + H_2O(l)$

(b) $Bi(NO_3)_3(aq) + (NH_4)_2S(aq) \longrightarrow Bi_2S_3(s) + NH_4NO_3(aq)$

(c) $Na_2O_2(s) + H_2O(l) \longrightarrow NaOH(aq) + O_2(g)$

(d) $Hg_2(C_2H_3O_2)_2(aq) + NaCl(aq) \longrightarrow Hg_2Cl_2(s) + NaC_2H_3O_2(aq)$

52. 다음 각 화학 반응식의 균형을 맞추시오.

(a) $MnO_2(s) + HCl(aq) \longrightarrow Cl_2(g) + MnCl_2(aq) + H_2O(l)$

(b) $CO_2(g) + CaSiO_3(s) + H_2O(l) \longrightarrow SiO_2(s) + Ca(HCO_3)_2(aq)$

(c) $Fe(s) + S(l) \longrightarrow Fe_2S_3(s)$

(d) $NO_2(g) + H_2O(l) \longrightarrow HNO_3(aq) + NO(g)$

53. 다음 각 화학 반응식의 균형을 확인하고, 균형이 맞지 않으면 바르게 고치시오.

(a) $Rb(s) + H_2O(l) \longrightarrow RbOH(aq) + H_2(g)$

(b) $2\,N_2H_4(g) + N_2O_4(g) \longrightarrow 3\,N_2(g) + 4\,H_2O(g)$

(c) $NiS(s) + O_2(g) \longrightarrow NiO(s) + SO_2(g)$

(d) $PbO(s) + 2\,NH_3(g) \longrightarrow Pb(s) + N_2(g) + H_2O(l)$

54. 다음 각 화학 반응식의 균형을 확인하고, 균형이 맞지 않으면 바르게 고치시오.

(a) $6\,ClO_2(g) + 3\,H_2O(l) \longrightarrow 5\,HClO_3(aq) + HCl(aq)$

(b) $2\,Co(s) + 3\,O_2(g) \longrightarrow Co_2O_3(s)$

(c) $Xe(g) + F_2(g) \longrightarrow XeF_4(s)$

(d) $Fe_2O_3(s) + 3C(s) \longrightarrow Fe(s) + 3CO_2(g)$

55. 인간 세포는 세포 호흡이라는 반응을 통해 에너지를 얻는다. 세포 호흡에 대한 반응식의 균형을 맞추시오.

$$C_6H_{12}O_6(aq) + O_2(g) \longrightarrow CO_2(g) + H_2O(l)$$

56. 펜테인을 연료로 사용하는 용해로는 액체 펜테인(C_5H_{12})의 연소로 열을 발생시킨다. 펜테인의 연소에 대한 반응식의 균형을 맞추시오.

$$C_5H_{12}(l) + O_2(g) \longrightarrow CO_2(g) + H_2O(g)$$

57. 촉매 변환기는 배기가스에서 질소 산화물과 일산화 탄소를 제거하는 역할을 하며, 다음은 촉매 변환기에서 발생하는 반응 중 하나이다. 화학 반응식의 균형을 맞추시오.

$$NO(g) + CO(g) \longrightarrow N_2(g) + CO_2(g)$$

58. 매년 수십억 파운드의 요소가 비료용으로 생산된다. 요소 합성을 위한 다음 화학 반응식의 균형을 맞추시오.

$$NH_3(g) + CO_2(g) \longrightarrow CO(NH_2)_2(s) + H_2O(l)$$

59. 다음 화학 반응식의 균형을 맞추시오.

$$AlBr_3(s) + Cl_2(g) \longrightarrow AlCl_3(s) + Br_2(g)$$

60. 다음 화학 반응식의 균형을 맞추시오.

$$CS_2(s) + O_2(g) \longrightarrow CO_2(g) + SO_2(g)$$

용해도

61. 다음 각각의 화합물은 가용성인가, 불용성인가? 가용성 화합물이라면 용액에 존재하는 이온을 밝히시오.

(a) $KC_2H_3O_2$ (b) $Pb(NO_3)_2$

(c) $AgBr$ (d) $(NH_4)_3(PO_4)$

62. 다음 각각의 화합물은 가용성인가, 불용성인가? 가용성 화합물이라면 용액에 존재하는 이온을 밝히시오.

(a) $NH(_4)_3(PO_4)$ (b) AgI

(c) $Ni(NO_3)_2$ (d) $LiC_2H_3O_2$

63. 왼쪽의 각 양이온과 오른쪽의 음이온을 짝지어 불용성 화합물을 형성하고, 이 화합물의 화학식을 작성하시오. 각 음이온은 한 번만 사용한다.

Ag^+	SO_4^{2-}
Ba^{2+}	Cl^-
Cu^{2+}	CO_3^{2-}
Fe^{3+}	S^{2-}

64. 왼쪽의 각 양이온과 오른쪽의 음이온을 짝지어 불용성 화합물을 형성하고, 이 화합물의 화학식을 작성하시오. 각 음이온은 한 번만 사용한다.

Cd^{2+}	CO_3^{2-}
K^+	S^{2-}
Ni^{2+}	SO_4^{2-}
Ba^{2+}	NO_3^-

65. 잘못 배치된 화합물을 올바른 열로 옮기시오.

가용성	불용성
K_2S	$KHSO_3$
$BaSO_4$	Hg_2I_2
BaS	$Cd_3(PO_4)_2$
$PbCl_2$	MnS
Hg_2Cl_2	$SrSO_4$
NH_4Cl	SrS
K_2CO_3	Li_2S

66. 잘못 배치된 화합물을 올바른 열로 옮기시오.

가용성	불용성
$LiOH$	$CaCl_2$
Na_2CO_3	$Cu(OH)_2$
$AgCl$	$Ca(C_2H_3O_2)_2$
K_3PO_4	$SrSO_4$
CuI_2	Hg_2Br_2
$Pb(NO_3)_2$	$PbBr_2$
$CoCO_3$	PbI_2

침전 반응

67. 다음 각각의 반응식을 균형을 맞춰 완성하시오. 반응이 일어나지 않는다면 '반응 없음'이라고 작성하시오.

(a) $Li_2S(aq) + BaI_2(aq) \longrightarrow$

(b) $K_2CO_3(aq) + NiCl_2(aq) \longrightarrow$

(c) $BaCl_2(aq) + AgNO_3(aq) \longrightarrow$

(d) $RbOH(aq) + FeBr_3(aq) \longrightarrow$

68. 다음 각각의 반응식을 균형을 맞춰 완성하시오. 반응이 일어나지 않는다면 '반응 없음'이라고 작성하시오.

(a) $KOH(aq) + FeBr_3(aq) \longrightarrow$

(b) $SrCl_2(aq) + AgNO_3(aq) \longrightarrow$

(c) $Na_2CO_3(aq) + NiCI_2(aq) \longrightarrow$

(d) $K_2S(aq) + SrCl_2(aq) \longrightarrow$

69. 다음 각각의 용액 쌍을 혼합했을 때 발생하는 침전 반응(있는 경우)에 대한 반응식을 작성하시오. 반응이 일어나지 않는다면 '반응 없음'이라고 작성하시오.

(a) 탄산 소듐과 질산 납(II)

(b) 황산 포타슘과 아세트산 납(II)

(c) 질산 구리(II)와 황화 바륨

(d) 질산 칼슘과 아이오딘화 소듐

70. 다음 각각의 용액 쌍을 혼합했을 때 발생하는 침전 반응(있는 경우)에 대한 반응식을 작성하시오. 반응이 일어나지 않는다면 '반응 없음'이라고 작성하시오.

(a) 염화 포타슘과 아세트산 카드뮴

(b) 황산 리튬과 염화 칼슘

(c) 아이오딘화 포타슘과 황화 스트론튬

(d) 질산 알루미늄과 인산 포타슘

71. 다음 중 잘못된 반응식을 바르게 고치시오. 반응이 일어나지 않는다면 '반응 없음'이라고 작성하시오.

(a) $Ba(NO_3)_2(aq) + (NH_4)_2SO_4(aq) \longrightarrow BaSO_4(s) + 2\,NH_4NO_3(aq)$

(b) $BaS(aq) + 2\,KCl(aq) \longrightarrow BaCl_2(s) + K_2S(aq)$

(c) $2\,KI(aq) + Pb(NO_3)_2(aq) \longrightarrow PbI_2(s) + 2\,KNO_3(aq)$

(d) $Pb(NO_3)_2(aq) + 2\,LiCl(aq) \longrightarrow 2\,LiNO_3(s) + PbCl_2(aq)$

72. 다음 중 잘못된 반응식을 바르게 고치시오. 반응이 일어나지 않는다면 '반응 없음'이라고 작성하시오.

(a) $2\,AgNO_3(aq) + MgCl_2(aq) \longrightarrow MgCl_2(s) + Ag(NO_3)_2(aq)$

(b) $NiSO_4(aq) + KNO_3(aq) \longrightarrow K_2SO_4(aq) + Ni(NO_3)_2(aq)$

(c) $Cd(NO_3)_2(aq) + (NH_4)_2S(aq) \longrightarrow CdS(s) + 2\,NH_4NO_3(aq)$

(d) $Hg_2(NO_3)_2(aq) + 2\,NH_4Cl(aq) \longrightarrow Hg_2Cl_2(s) + 2\,NH_4NO_3(aq)$

완전 이온 반응식과 알짜 이온 반응식

73. 다음 완전 이온 반응식에서 구경꾼 이온을 밝히시오.

$$2\,NH_4^+(aq) + S^{2-}(aq) + Pb^{2+}(aq) + 2\,C_2H_3O_2^-(aq) \longrightarrow PbS(s) + 2NH_4^+(aq) + 2\,C_2H_3O_2^-(aq)$$

74. 다음 완전 이온 반응식에서 구경꾼 이온을 밝히시오.

$$Sr^{2+}(aq) + 2\,Br^-(aq) + 2\,K^+(aq) + SO_4^{2-}(aq) \longrightarrow SrSO_4(s) + 2\,Br^-(aq) + 2\,K^+(aq)$$

75. 다음 각각의 반응에 대해 균형을 이룬 완전 이온 반응식과 알짜 이온 반응식을 작성하시오.

(a) $AgNO_3(aq) + KCl(aq) \longrightarrow AgCl(s) + KNO_3(aq)$

(b) $CaS(aq) + CuCl_2(aq) \longrightarrow CuS(s) + CaCl_2(aq)$

(c) $NaOH(aq) + HNO_3(aq) \longrightarrow H_2O(l) + NaNO_3(aq)$

(d) $2\,K_3PO_4(aq) + 3\,NiCl_2(aq) \longrightarrow Ni_3(PO_4)_2(s) + 6\,KCl(aq)$

76. 다음 각각의 반응에 대해 균형을 이룬 완전 이온 반응식과 알짜 이온 반응식을 작성하시오.

(a) $HBr(aq) + CsOH(aq) \longrightarrow H_2O(l) + CsBr(aq)$

(b) $K_2SO_4(aq) + SrI_2(aq) \longrightarrow SrSO_4(s) + 2KI(aq)$

(c) $H_2SO_4(aq) + K_2CO_3(aq) \longrightarrow H_2O(l) + CO_2(g) + K_2SO_4(aq)$

(d) $NH_4Cl(aq) + KOH(aq) \longrightarrow H_2O(l) + NH_3(g) + KCl(aq)$

77. 수은 이온(Hg_2^{2+})은 Cl^-로 침전시켜 용액에서 제거할 수 있다. 어떤 용액에 수용성 $Hg_2(NO_3)_2$가 포함되어 있다고 가정하자. 수용성 $Hg_2(NO_3)_2$와 수용성 염화 소듐이 반응하여 고체 Hg_2Cl_2와 수용성 질산 소듐을 형성하는 반응을 나타내는 완전 이온 반응식과 알짜 이온 반응식을 작성하시오.

78. 납 이온은 황산 이온으로 침전시켜 용액에서 제거할 수 있다. 어떤 용액에 질산 납(II)이 포함되어 있다고 가정하자. 질산 납(II) 수용액과 황산 포타슘 수용액이 반응하여 고체 황산 납(II)과 질산 포타슘 수용액을 형성하는 반응을 나타내는 완전 이온 반응식과 알짜 이온 반응식을 작성하시오.

79. 71번 문제에 제시된 각각의 반응에 대한 완전 이온 반응식과 알짜 이온 반응식을 작성하시오.

80. 68번 문제에 제시된 각각의 반응에 대한 완전 이온 반응식과 알짜 이온 반응식을 작성하시오.

산-염기 반응과 기체 생성 반응

81. 염산 용액과 수산화 포타슘 용액을 섞으면 산-염기 반응이 일어난다. 이 반응에 대한 균형 분자 반응식과 알짜 이온 반응식을 작성하시오.

82. 비커에 들어 있는 질산은 수산화 칼슘으로 중화된다. 이 반응에 대한 균형 분자 반응식과 알짜 이온 반응식을 작성하시오.

83. 다음 각각의 산-염기 반응식을 균형을 맞춰 완성하시오.
(a) $H_2SO_4(aq) + Mg(OH)_2(s) \longrightarrow$
(b) $HCl(aq) + RbOH(aq) \longrightarrow$
(c) $HClO_4(aq) + KOH(aq) \longrightarrow$

84. 다음 각각의 산-염기 반응식을 균형을 맞춰 완성하시오.
(a) $HNO_3(aq) + Bi(OH)_3(s) \longrightarrow$
(b) $HI(aq) + LiOH(aq) \longrightarrow$
(c) $H_2SO_4(aq) + Sr(OH)_2(aq) \longrightarrow$

85. 다음 각각의 기체 생성 반응식을 균형을 맞춰 완성하시오.
(a) $HBr(aq) + NaHCO_3(aq) \longrightarrow$
(b) $NH_4I(aq) + KOH(aq) \longrightarrow$
(c) $HNO_3(aq) + K_2SO_3(aq) \longrightarrow$
(d) $HI(aq) + Li_2S(aq) \longrightarrow$

86. 다음 각각의 기체 생성 반응식을 균형을 맞춰 완성하시오.
(a) $HClO(aq) + Na_2CO_3(aq) \longrightarrow$
(b) $HC_2H_3O_2(aq) + LiHSO_3(aq) \longrightarrow$
(c) $(NH_4)_2CO_3(aq) + Ca(OH)_2(aq) \longrightarrow$
(d) $HCl(aq) + MnS(s) \longrightarrow$

산화-환원 반응과 연소 반응

87. 다음 중 산화-환원 반응은 무엇인가?
(a) $Ba(NO_3)_2(aq) + K_2SO_4(aq) \longrightarrow BaSO_4(s) + 2\,KNO_3(aq)$
(b) $Ca(s) + Cl_2(g) \longrightarrow CaCl_2(s)$
(c) $HCl(aq) + NaOH(aq) \longrightarrow H_2O(l) + NaCl(aq)$
(d) $Zn(s) + Fe^{2+}(aq) \longrightarrow Zn^{2+}(aq) + Fe(s)$

88. 다음 중 산화-환원 반응은 무엇인가?
(a) $Cu(s) + 2\,Ag^+(aq) \longrightarrow Cu^{2+}(aq) + 2\,Ag(s)$
(b) $4\,Li(s) + O_2(g) \longrightarrow 2\,Li_2O(s)$
(c) $2NO_2(g) + H_2O(l) \longrightarrow HNO_3(aq) + HNO_2(aq)$
(d) $Cu(s) + Br_2(l) \longrightarrow CuBr_2(s)$

89. 다음 각각의 연소 반응식을 균형을 맞춰 완성하시오.
(a) $C_2H_6(g) + O_2(g) \longrightarrow$
(b) $Ca(s) + O_2(g) \longrightarrow$
(c) $C_3H_8O(l) + O_2(g) \longrightarrow$
(d) $C_4H_{10}S(l) + O_2(g) \longrightarrow$

90. 다음 각각의 연소 반응식을 균형을 맞춰 완성하시오.
(a) $S(s) + O_2(g) \longrightarrow$
(b) $C_7H_{16}(l) + O_2(g) \longrightarrow$
(c) $C_4H_{10}O(l) + O_2(g) \longrightarrow$
(d) $CS_2(l) + O_2(g) \longrightarrow$

91. 다음 각각의 금속과 I_2 기체의 합성 반응에 대한 균형 화학 반응식을 작성하시오.
(a) $Fe(s)$ (b) $K(s)$ (c) $Al(s)$ (d) $Cu(s)$

92. 다음 각각의 금속과 Br_2 기체의 합성 반응에 대한 균형 화학 반응식을 작성하시오.
(a) $Cd(s)$ (b) $Al(s)$ (c) $Zn(s)$ (d) $Ca(s)$

원자 행동을 통한 화학 반응의 분류

93. 다음 각각의 반응을 합성 반응, 분해 반응, 단일 치환 반응, 이중 치환 반응으로 분류하시오.
(a) $K_2S(aq) + Co(NO_3)_2(aq) \longrightarrow 2\,KNO_3(aq) + CoS(s)$
(b) $3\,H_2(g) + N_2(g) \longrightarrow 2\,NH_3(g)$
(c) $Zn(s) + CoCl_2(aq) \longrightarrow ZnCl_2(aq) + Co(s)$
(d) $CH_3Br(g) \xrightarrow[\text{UV 빛}]{} CH_3(g) + Br(g)$

94. 다음 각각의 반응을 합성 반응, 분해 반응, 단일 치환 반응, 이중 치환 반응으로 분류하시오.
(a) $MgSO_4(g) \xrightarrow[\text{열}]{} MgO(s) + SO_3(g)$
(b) $Rb(s) + O_2(g) \longrightarrow RbO_2(s)$
(c) $Cu(s) + 2\,AgNO_3(aq) \longrightarrow Cu(NO_3)_2(aq) + 2\,Ag(s)$
(d) $HBr(aq) + KOH(aq) \longrightarrow H_2O(l) + KBr(aq)$

95. 다음 각각의 이전 반응을 합성 반응, 분해 반응, 단일 치환 반응, 이중 치환 반응으로 분류하시오.

자동차에서 배출되는 오염 물질인 NO는 다음과 같은 반응으로 생성된다.
(a) $N_2(g) + O_2(g) \longrightarrow 2\,NO(g)$
대기 중의 NO(일련의 반응을 통해)는 산소 원자 1개를 추가하여 NO_2를 형성하고, 이 NO_2는 다음 반응과 같이 UV 빛과 상호 작용한다.
(b) $NO_2(g) \xrightarrow[\text{UV 빛}]{} NO(g) + O(g)$
새로 형성된 산소 원자는 공기 중의 O_2와 반응하여 스모그의 주성분인 오존(O_3)을 형성한다.
(c) $O(g) + O_2(g) \longrightarrow O_3(g)$

96. 다음 각각의 이전 반응을 합성 반응, 분해 반응, 단일 치환 반응, 이

중 치환 반응으로 분류하시오.

황산화물 오염 물질의 주요 공급원은 황화물 광석이 금속으로 변환되는 제련소이다. 이 공정의 첫 번째 단계는 다음과 같은 황화물 광석과 산소의 반응이다.

(a) $2\,PbS(s) + 3\,O_2(g) \xrightarrow[\text{UV 빛}]{} 2\,PbO(s) + 2\,SO_2(g)$

이산화 황은 공기 중의 산소와 반응하여 삼산화 황을 형성할 수 있다.

(b) $2\,SO_2(g) + O_2(g) \longrightarrow 2\,SO_3(g)$

삼산화 황은 빗물의 물과 반응한 뒤 황산을 형성하여 산성비로 떨어진다.

(c) $SO_3(g) + H_2O(l) \longrightarrow H_2SO_4(aq)$

심화문제

97. 다음 각 반응의 생성물을 예측하고 균형을 이룬 완전 이온 반응식과 알짜 이온 반응식을 작성하시오. 반응이 일어나지 않는다면 '반응 없음'이라고 작성하시오.

(a) $NaI(aq) + Hg_2(NO_3)_2(aq) \longrightarrow$

(b) $HClO_4(aq) + Ba(OH)_2(aq) \longrightarrow$

(c) $Li_2CO_3(aq) + NaCl(aq) \longrightarrow$

(d) $HCl(aq) + Li_2CO_3(aq) \longrightarrow$

98. 다음 각 반응의 생성물을 예측하고 균형을 이룬 완전 이온 반응식과 알짜 이온 반응식을 작성하시오. 반응이 일어나지 않는다면 '반응 없음'이라고 작성하시오.

(a) $2LiCl(aq) + Pb(NO_3)_2(aq) \longrightarrow$

(b) $H_2SO_4(aq) + K_2SO_3(aq) \longrightarrow$

(c) $HC_2H_3O_2(aq) + Mn(OH)_2(aq) \longrightarrow$

(d) $HBr(aq) + KI(aq) \longrightarrow$

99. 다음 각 반응의 생성물을 예측하고 균형을 이룬 완전 이온 반응식과 알짜 이온 반응식을 작성하시오. 반응이 일어나지 않는다면 '반응 없음'이라고 작성하시오.

(a) $BaS(aq) + NH_4Cl(aq) \longrightarrow$

(b) $NaC_2H_3O_2(aq) + KCl(aq) \longrightarrow$

(c) $KHSO_3(aq) + HNO_3(aq) \longrightarrow$

(d) $MnCl_3(aq) + K_3PO_4(aq) \longrightarrow$

100. 다음 각 반응의 생성물을 예측하고 균형을 이룬 완전 이온 반응식과 알짜 이온 반응식을 작성하시오. 반응이 일어나지 않는다면 '반응 없음'이라고 작성하시오.

(a) $HClO_4(aq) + HCl(aq) \longrightarrow$

(b) $CsOH(aq) + KOH(aq) \longrightarrow$

(c) $Co(NO_3)_3(aq) + CsOH(aq) \longrightarrow$

(d) $HI(aq) + Hg_2(NO_3)_2(aq) \longrightarrow$

Net Ionic: $2I^-(aq) + Hg_2^{2+}(aq) \longrightarrow Hg_2I_2(s)$

101. 다음 각각의 물질 조합으로 발생하는 반응 유형(있는 경우)을 예측하고 균형을 이룬 분자 반응식을 작성하시오. 반응이 일어나지 않는다면 '반응 없음'이라고 작성하시오.

(a) 수산화 포타슘 수용액과 아세트산 수용액

(b) 브로민화수소산 수용액과 탄산 포타슘 수용액

(c) 수소 기체와 산소 기체

(d) 염화 암모늄 수용액과 질산 납(II) 수용액

102. 다음 각각의 물질 조합으로 발생하는 반응 유형(있는 경우)을 예측하고 균형을 이룬 분자 반응식을 작성하시오. 반응이 일어나지 않는다면 '반응 없음'이라고 작성하시오.

(a) 염산 수용액과 질산 구리(II) 수용액

(b) 액상 펜탄올($C_5H_{12}O$)과 산소 기체

(c) 염화 암모늄 수용액과 수산화 칼슘 수용액

(d) 황화 스트론튬 수용액과 황산 구리(II) 수용액

103. 다음 각각의 반응을 가능한 한 다양한 방법으로 분류하시오.

(a) $2\,Al(s) + 3\,Cu(NO_3)_2(aq) \longrightarrow 2\,Al(NO_3)_3(aq) + 3\,Cu(s)$

(b) $HBr(aq) + KHSO_3(aq) \longrightarrow H_2O(l) + SO_2(g) + KBr(aq)$

(c) $2\,HI(aq) + Na_2S(aq) \longrightarrow H_2S(g) + 2\,NaI(aq)$

(d) $K_2CO_3(aq) + FeBr_2(aq) \longrightarrow FeCO_3(s) + 2\,KBr(aq)$

104. 다음 각각의 반응을 가능한 한 다양한 방법으로 분류하시오.

(a) $NaCl(aq) + AgNO_3(aq) \longrightarrow AgCl(s) + NaNO_3(aq)$

(b) $2\,Rb(s) + Br_2(g) \longrightarrow 2\,RbBr(s)$

(c) $Zn(s) + NiBr_2(aq) \longrightarrow Ni(s) + ZnBr_2(aq)$

(d) $Ca(s) + 2\,H_2O(l) \longrightarrow Ca(OH)_2(aq) + H_2(g)$

105. 센물에는 종종 Ca^{2+}와 Mg^{2+} 이온이 녹아 있다. 센물을 단물로 만드는 방법 중 하나는 인산염을 첨가하는 것이다. 인산염 이온은 칼슘 및 마그네슘 이온과 함께 불용성 침전물을 형성하여 용액에서 제거할 수 있다. 용액에 염화 칼슘과 질산 마그네슘이 포함되어 있다고 가정하자. 인산 소듐을 첨가하면 칼슘 및 마그네슘 이온이 어떻게 침전되는지를 나타내는 분자 반응식, 완전 이온 반응식, 알짜 이온 반응식을 작성하시오.

106. 산성비(HNO_3와 H_2SO_4)로 인해 산성화된 호수는 석회석($CaCO_3$)을 첨가하는 석회화 과정을 통해 중화할 수 있다. 석회석이 HNO_3 및 H_2SO_4와 반응하여 중화되는 과정을 나타내는 완전 이온 반응식과 알짜 이온 반응식을 작성하시오. 중화 과정이 진행되는지 어떻게 알 수 있는가?

107. 다음 각각의 양이온 혼합물에 어떤 용액을 첨가하면 하나의 양이온은 침전시키고 다른 양이온은 이온 상태로 존재하게 할 수 있는가? 일어나는 침전 반응에 대한 알짜 이온 반응식을 작성하시오.

(a) $Fe^{2+}(aq)$와 $Pb^{2+}(aq)$

(b) $K^+(aq)$와 $Ca^{2+}(aq)$

(c) $Ag^+(aq)$와 $Ba^{2+}(aq)$

(d) $Cu^{2+}(aq)$와 $Hg_2^{2+}(aq)$

108. 다음 각각의 양이온 혼합물에 어떤 용액을 첨가하면 하나의 양이온은 침전시키고 다른 양이온은 이온 상태로 존재하게 할 수 있는가? 일어나는 침전 반응에 대한 알짜 이온 반응식을 작성하시오.
(a) $Sr^{2+}(aq)$와 $Hg_2^{2+}(aq)$
(b) NH_4^+와 $Ca^{2+}(aq)$
(c) Ba^{2+}와 $Mg^{2+}(aq)$
(d) Ag^+와 $Zn^{2+}(aq)$

109. 어떤 용액에 알려지지 않은 양의 칼슘이 녹아 있고, K_3PO_4 0.112 mol을 첨가하면 모든 칼슘이 완전히 침전된다. 이 용액에 녹아 있는 칼슘은 몇 몰인가? 이 칼슘의 질량은 얼마인가?

110. 어떤 용액에 알려지지 않은 양의 바륨이 녹아 있고, Na_2CO_3 0.0538 mol을 첨가하면 모든 바륨이 완전히 침전된다. 이 용액에 녹아 있는 바륨은 몇 몰인가? 이 바륨의 질량은 얼마인가?

111. 어떤 용액에 0.172 g의 납이 녹아 있다. 납을 완전히 침전시키려면 염화 포타슘 몇 몰을 첨가해야 하는가? 이 염화 포타슘의 질량은 얼마인가?

112. 어떤 용액에 1.77 g의 은이 녹아 있다. 납을 완전히 침전시키려면 염화 포타슘 몇 몰을 첨가해야 하는가? 이 염화 포타슘의 질량은 얼마인가?

핵심문제

113. 다음 그림은 자동차 에어백이 작동할 수 있는 두 가지 메커니즘에 대한 분자적 관점을 나타낸 것이다. 이 중 하나는 화학 반응을 포함하고 다른 하나는 그렇지 않다. 분자적 관점에서 볼 때 어떤 메커니즘이 화학 반응을 통해 작동하는지 설명할 수 있는가?

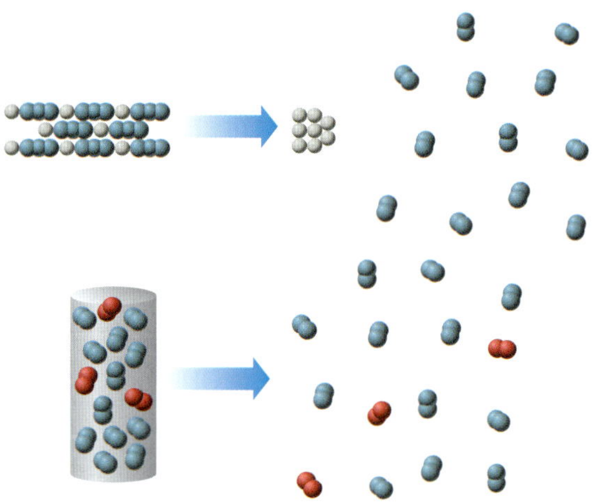

▲ 에어백이 터지려면 팽창해야 한다. 이 그림은 팽창이 일어날 수 있는 두 가지 방식을 보여준다.

114. 다음 각 침전 반응의 분자 반응식, 완전 이온 반응식, 알짜 이온 반응식을 작성하시오

(a)

(b)

(c)

▲ (a) 수산화 소듐 수용액에 질산 철(Ⅲ) 수용액을 첨가했을 때 발생하는 침전 반응, (b) 수산화 포타슘 수용액에 염화 코발트(Ⅱ) 수용액을 첨가했을 때 일어나는 침전 반응, (c) $AgNO_3$ 수용액을 아이오딘화 소듐 수용액에 첨가했을 때 발생하는 침전 반응

집단 활동 문제

집단을 이루어 다음 문제에 대해 토의하고 합의된 답을 기록한다.

115. 특정 원자나 이온을 나타내고 화학 반응의 균형을 맞추시오.

116. 각 구성원이 용해도 규칙을 참조하지 않고 가용성으로 예상되는 이온 결합 화합물 2개, 불용성으로 예상되는 이온 결합 화합물 2개를 나열하되 예외를 1개 이상 포함하시오. 구성원들끼리 서로의 작업을 확인하시오.

117. 침전 반응, 산-염기 반응, 기체 생성 반응, 산화-환원(비연소) 반응, 연소 반응 등 반응의 종류를 각각 정의하고 예를 드시오. 각 구성원이 하나의 유형을 정의하고 예를 제시한 다음 그 결과를 발표하시오.

데이터 분석 및 해석

118. 물 시료에는 종종 Ca^{2+}, Fe^{2+}와 같은 이온이 용해되어 있다. 이러한 이온의 존재는 녹아 있는 이온 중 하나가 침전시키는 침전제를 추가하여 확인할 수 있다. 예를 들어 Ag^+가 녹아 있는 물 시료에 염화 소듐을 첨가하면 흰색 침전물이 형성된다. 침전물이 형성되지 않으면 물 시료에 Ag^+가 없는 것이다. 제시된 데이터와 7.5절의 용해도 규칙을 이용하여 물 시료에 존재하는 이온을 밝

히시오.

(a) 물 시료 A에는 Ag^+, Ca^{2+}, Cu^{2+}가 포함되었을 수 있다. 다음 데이터를 이용하여 물 시료 A에 존재하는 이온을 밝히시오.

물 시료 A에 첨가된 물질	관찰
NaCl	침전 미형성
Na_2SO_4	침전 형성
Na_2CO_3(이전 단계의 침전물을 여과한 다음)	침전 형성

(b) 물 시료 B에는 $Hg_2{}^{2+}$, Ba^{2+}, Fe^{2+}가 포함되었을 수 있다. 다음 데이터를 이용하여 물 시료 B에 존재하는 이온을 밝히시오.

물 시료 B에 첨가된 물질	관찰
KCl	침전 형성
K_2SO_4(이전 단계의 침전물을 여과한 다음)	침전 미형성
K_2CO_3	침전 형성

연습문제 해답

7.1 (a) 화학 반응이다. 열과 빛이 방출된다.
(b) 화학 반응이 아니다. 기체 상태와 액체 상태의 뷰테인 모두 뷰테인이다.
(c) 화학 반응이다. 열과 빛이 방출된다.
(d) 화학 반응이 아니다. 고체 드라이아이스는 이산화 탄소로 만들어졌고, 이산화 탄소 기체로 승화된다.

7.2 $2\,Cr_2O_3(s) + 3\,C(s) \longrightarrow 4\,Cr(s) + 3\,CO_2(g)$

7.3 $2\,C_4H_{10}(g) + 13\,O_2(g) \longrightarrow 8\,CO_2(g) + 10\,H_2O(g)$

7.4 $Pb(C_2H_3O_2)_2(aq) + 2\,KI(aq) \longrightarrow PbI_2(s) + 2\,KC_2H_3O_2(aq)$

7.5 $4\,HCl(g) + O_2(g) \longrightarrow 2\,H_2O(l) + 2\,Cl_2(g)$

7.6 (a) 불용성
(b) 가용성
(c) 불용성
(d) 가용성

7.7 $2\,KOH(aq) + NiBr_2(aq) \longrightarrow Ni(OH_2)(s) + 2\,KBr(aq)$

7.8 $NH_4Cl(aq) + Fe(NO_3)_3(aq) \longrightarrow$ 반응 없음

7.9 $K_2SO_4(aq) + Sr(NO_3)_2(aq) \longrightarrow SrSO_4(s) + 2\,KNO_3(aq)$

7.10 완전 이온 반응식
$2\,H^+(aq) + 2\,Br^-(aq) + Ca^{2+}(aq) + 2\,OH^-(aq) \longrightarrow 2\,H_2O(l) + Ca^{2+}(aq) + 2\,Br^-(aq)$
알짜 이온 반응식
$2\,H^+(aq) + 2\,OH^-(aq) \longrightarrow 2\,H_2O(l)$ 또는 간단히
$H^+(aq) + OH^-(aq) \longrightarrow H_2O(l)$

7.11 분자 반응식
$H_2SO_4(aq) + 2\,KOH(aq) \longrightarrow 2\,H_2O(l) + K_2SO_4(aq)$
알짜 이온 반응식
$H^+(aq) + OH^-(aq) \longrightarrow H_2O(l)$

7.12 $2\,HBr(aq) + K_2SO_3(aq) \longrightarrow H_2O(l) + SO_2(g) + 2\,KBr(aq)$

7.12+ $2\,H^+(aq) + SO_3{}^{2-}(aq) \longrightarrow H_2O(l) + SO_2(g)$

7.13 (a), (b), (d)는 산화-환원 반응이고 (c)는 침전 반응이다.

7.14 $C_5H_{12}(l) + 8\,O_2(g) \longrightarrow 5\,CO_2(g) + 6\,H_2O(g)$
$2\,C_3H_7OH(l) + 9\,O_2(g) \longrightarrow 6\,CO_2(g) + 8\,H_2O(g)$

7.15 (a) 단일 치환 반응
(b) 이중 치환 반응
(c) 합성 반응
(d) 분해 반응

확인문제 해답

7.1 (a) 변화 전후의 분자가 같기 때문에 아무런 화학 반응이 일어나지 않았다.

7.2 (b) $x = 6$일 때 반응은 왼쪽에 O 원자 18개, 오른쪽에 O 원자 18개를 포함하기 때문에 반응식의 균형이 맞다.

7.3 (a) 균형 화학 반응식에서는 반응식의 양쪽에 있는 각 화학종의 원자 수가 같아야 한다.

7.4 (a) 염화물은 일반적으로 가용성이고 Ba^{2+}는 예외가 아니기 때문에 $BaCl_2$는 가용성이고 물에 녹는다. 녹으면 구성 이온으로 해리된다.

7.5 (b) 가능한 생성물인 MgS와 $CaSO_4$는 모두 불용성이므로 침전 반응이 일어난다. 다른 반응의 가능한 생성물인 Na_2S, $Ca(NO_3)_2$, Na_2SO_4, $Mg(NO_3)_2$는 모두 가용성이다.

7.6 (c) 알짜 이온 방정식은 실제로 반응에 참여하는 화학종만을 보여준다.

7.7 (d) 이중 치환 반응에서는 두 가지 화합물에 있는 두 원소 또는 원자단이 위치를 바꿔 새로운 화합물을 형성한다. 침전 반응에서는 양이온과 음이온이 '교환 파트너'가 되어 적어도 하나의 생성물을 형성한다. 산-염기 반응에서는 H^+와 OH^-가 결합하여 물을 형성하고, 짝을 이루어 염을 형성한다.

▲ 옥테인과 같은 화석연료의 연소는 물과 이산화 탄소를 생성물로 생성한다. 이산화 탄소는 지구 온난화를 일으킨다고 여겨지는 온실가스이다.

8 화학 반응에서의 화학량론

"인간은 자연을 힘이 아닌 이해를 통해 지배한다. 이것이 마법이 실패한 영역에서 과학이 성공한 이유이다. 과학은 마법을 걸기 위한 주문을 찾지 않았기 때문이다."

— Jacob Bronowski(1908~1974)

개요

8.1 지구 온난화: 너무 많은 이산화 탄소

지구의 평균 기온은 지구를 따뜻하게 하는 햇빛의 입사량과 지구를 식히는 우주로의 열 손실 사이의 균형에 달렸다. **온실가스**(greenhouse gas)라 부르는 지구 대기 중의 특정 기체는 열을 가두어 놓기 때문에 이 균형에 영향을 준다. 이러한 기체는 마치 온실 유리와 같은 역할을 한다. 지구를 따뜻하게 하는 햇빛이 대기 중으로 들어오는 것은 허용하지만 열이 빠져나가는 것은 막는다(그림 8.1). 온실가스가 없다면 더 많은 열이 빠져나갈 것이고 지구의 평균 기온은 지금보다 약 33 K 더 낮을 것이다. 캐리비안의 관광객은 열대[300 K(27 ℃)]에서 뜨거운 기후를 만끽하는 것이 아니라 추운[267 K(−6 ℃)] 기후를 느끼며 얼어붙을 것이다. 반면에 대기 중 온실가스의 농도가 증가하면 지구의 평균 기온은 상승할 것이다.

대기 중 이산화 탄소(CO_2) — 기후에 기여하는 면에서 가장 주요한 온실가스 — 의 농도가 증가하고 있기 때문에 최근 몇 년 사이에 과학자들의 염려가 커졌다. CO_2 농도의 증가로 인해 대기가 열을 붙잡고 있는 능력이 커짐으로써 지구의 평균 기온이 증가하는 **기후 변**

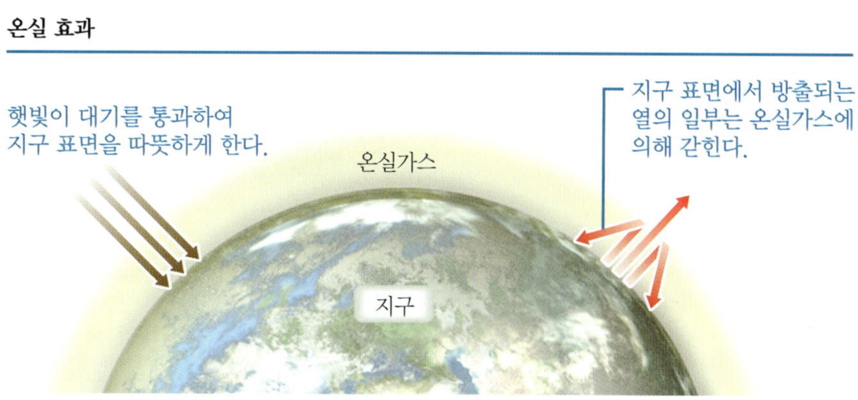

▶ **그림 8.1 온실 효과.** 온실가스는 온실의 유리와 같은 역할을 하여 가시광선 에너지가 대기 중으로 들어오는 것은 허용하지만 열에너지가 빠져나가는 것은 막는다.

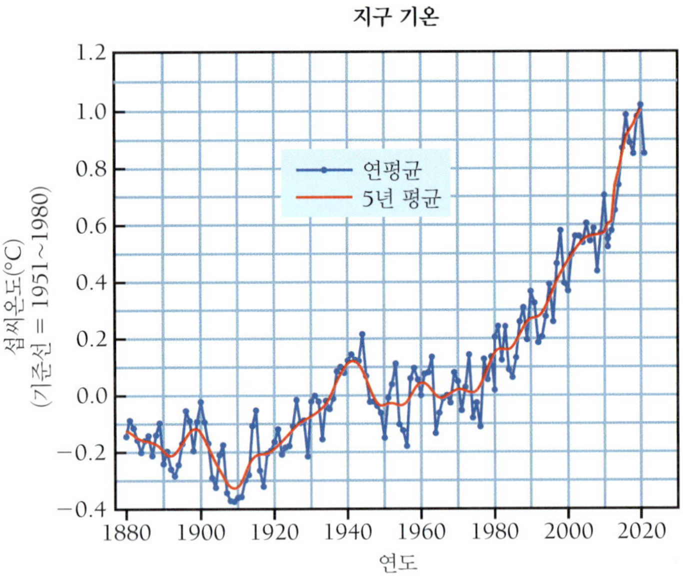

▲ **그림 8.2 기후 변화.** 1951~1980년 동안의 평균 기온과 연간 기온의 차이. 지구의 평균 기온은 1880년 이후 약 0.9 K 상승했다.

화(climate change)를 초래했다. 1880년 이후로 대기 중의 CO_2 수준은 38% 증가하고 지구의 평균 기온은 0.9 K 상승했다(그림 8.2).

CO_2 농도 증가의 주원인은 화석연료의 연소이다. 화석연료, 즉 천연가스, 석유, 석탄은 사회 에너지의 약 90%를 제공한다. 그러나 이러한 것들의 연소는 CO_2를 생성한다. 예를 들어 가솔린 성분인 옥테인(C_3H_{18})의 연소를 생각해보자.

$$2\ C_8H_{18}(l) + 25\ O_2(g) \longrightarrow 16\ CO_2(g) + 18\ H_2O(g)$$

균형 화학 반응식은 2 mol의 옥테인이 연소될 때마다 16 mol의 CO_2가 생성됨을 보여준다. 우리는 전 세계 연간 화석연료 소비량을 알고 있기 때문에 전 세계의 연간 CO_2 생성량을 추정할 수 있다. 간단한 계산을 통해 전 세계의 연간 CO_2 생성량(화석연료의 연소에 의한)이 측정된 대기 중 CO_2의 연간 증가량과 일치함을 볼 수 있는데, 이것은 화석연료의 연소가 실제로 대기 중 CO_2 수준의 증가에 책임이 있다는 것을 암시한다.

균형 화학 반응식 내 화학적 양(量) 간의 산술적 관계를 반응 **화학량론**(stoichiometry)이라고 한다. 화학량론을 통해 반응물의 양을 토대로 화학 반응으로 생성되는 생성물의 양을 예측할 수 있다. 또한 주어진 양의 생성물을 형성하려면 얼마나 많은 반응물이 필요한지, 또는 한 반응물과 완전히 반응하기 위해 다른 반응물이 얼마나 많이 필요한지도 화학량론을 통해 예측할 수 있다. 이러한 계산은 화학에 있어서 중심이 되며, 화학자들은 생성물을 필요한 양만큼 얻기 위해 화학 반응을 계획하고 실행할 수 있어야 한다.

8.2 팬케이크 만들기: 성분 간의 관계

▶ 균형 화학 반응식의 화학적 양에 대한 산술적 관계를 이해한다.

화학량론의 개념은 우리가 조리법을 따를 때 사용하는 개념과 유사하다. 주어진 양의 화석연료가 연소하면서 생성되는 이산화 탄소의 양을 계산하는 것은 주어진 개수의 달걀로 만들 수 있는 팬케이크의 수를 계산하는 것과 비슷하다. 예를 들어 다음과 같은 팬케이크 조리법을 사용한다고 가정하자.

단순성을 위해 이 조리법에서는 액체 성분을 생략했다.

밀가루 150 g + 달걀 2개 + 베이킹파우더 2.5 g ⟶ 팬케이크 5개

밀가루 150 g　달걀 2개　베이킹파우더 2.5 g　팬케이크 5개

▲ 조리법은 재료와 팬케이크 개수 간의 산술적 관계를 보여준다.

조리법은 재료 간의 산술적 관계를 보여준다. 조리법에는 달걀 2개 등으로 팬케이크 5개를 만들 수 있다고 나와 있다. 이 관계는 등가로 나타낼 수 있다.

달걀 2개 : 팬케이크 5개

만약 달걀이 8개 있다면 어떨까? 그 밖의 재료가 충분하다고 가정한다면 얼마나 많은 팬케이크를 만들 수 있는가? 앞의 등가를 환산 인자로 사용하면 달걀 8개로 팬케이크 20개를 만들 수 있다.

$$\text{달걀 8개} \times \frac{\text{팬케이크 5개}}{\text{달걀 2개}} = \text{팬케이크 20개}$$

팬케이크 조리법에는 팬케이크 재료와 팬케이크 개수 간의 산술적인 환산 인자가 포함되어 있다. 이 조리법의 다른 환산 인자는 다음과 같다.

밀가루 150 g : 팬케이크 5개
베이킹파우더 2.5 g : 팬케이크 5개

또한 조리법은 재료 간의 관계를 보여준다. 예를 들어 밀가루 450 g에 필요한 베이킹파우더는 얼마인가?

조리법으로부터 밀가루 150 g : 베이킹파우더 2.5 g

이 환산 인자로 적절한 베이킹파우더의 양을 찾을 수 있다.

$$\text{밀가루 450 g} \times \frac{\text{베이킹파우더 2.5 g}}{\text{밀가루 150 g}} = \text{베이킹파우더 7.5 g}$$

8.3 분자 만들기: 몰수 대 몰수 변환

▶ 균형 화학 반응식에서 반응물과 생성물 간의 몰수 대 몰수 변환을 수행한다.

균형 화학 반응식에는 반응물이 생성물을 형성하려면 어떻게 결합해야 하는지에 대한 '조리법'이 들어 있다. 예를 들어 다음 식은 수소와 질소가 암모니아(NH_3)를 형성하려면 어떻게 결합해야 하는지를 보여준다.

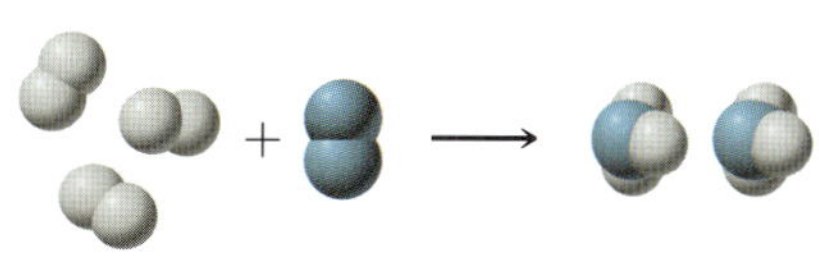

$$3\,H_2(g) + N_2(g) \longrightarrow 2\,NH_3(g)$$

균형 반응식은 H_2 3분자가 N_2 1분자와 반응하여 NH_3 2분자를 형성함을 보여준다. 이를 다음과 같은 등가로 나타낼 수 있다.

3 H_2 분자 : 1 N_2 분자 : 2 NH_3 분자

보통은 각각의 분자를 다루지 않기 때문에 동일한 등가를 몰수로 나타낼 수 있다.

$$3\ \text{mol}\ H_2 : 1\ \text{mol}\ N_2 : 2\ \text{mol}\ NH_3$$

만약 N_2 3 mol과 충분하고도 남을 H_2가 있다면 얼마나 많은 NH_3를 만들 수 있을까? 표준 형식으로 이 문제를 풀어보자.

주어진 값: 3 mol N_2

구해야 하는 값: mol NH_3

해결도표

해결도표는 mol N_2로 시작하여 mol NH_3로 끝난다. 환산 인자는 균형 화학 반응식으로 얻는다.

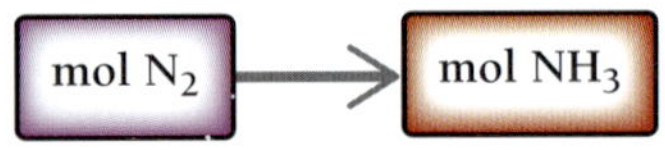

$$\frac{2\ \text{mol}\ NH_3}{1\ \text{mol}\ N_2}$$

사용된 관계식

1 mol N_2 : 2 mol NH_3 (균형 화학 반응식으로부터)

답

이제 변환할 수 있다.

$$3\ \cancel{\text{mol}\ N_2} \times \frac{2\ \text{mol}\ NH_3}{1\ \cancel{\text{mol}\ N_2}} = 6\ \text{mol}\ NH_3$$

N_2는 6 mol의 NH_3를 얻을 수 있는 양이다.

예제 8.1 몰수 대 몰수 변환

염화 소듐(NaCl)은 소듐과 염소의 다음과 같은 반응에 의해 형성된다.

$$2\ Na(s) + Cl_2(g) \longrightarrow 2\ NaCl(s)$$

Cl_2 3.4 mol이 완전히 반응하면 NaCl 몇 몰이 생성되는가? Na가 충분히 있다고 가정한다.

분류

반응물(Cl_2)의 몰수가 주어졌으며, 반응물이 완전히 반응했을 때 생성물의 몰수를 구해야 한다.

주어진 값: 3.4 mol Cl_2

구해야 하는 값: mol NaCl

전략

해결도표는 염소의 몰수로 시작하고, 화학량론적인 환산 인자를 사용하여 염화 소듐의 몰수를 구한다. 환산 인자는 균형 화학 반응식에서 얻는다.

해결도표

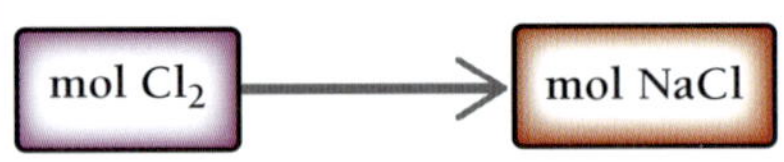

$$\frac{2\ \text{mol NaCl}}{1\ \text{mol}\ Cl_2}$$

사용된 관계식

1 mol Cl_2: 2 mol NaCl (균형 화학 반응식으로부터)

풀이

해결도표에 따라 문제를 푼다.

답

$$3.4\ \cancel{\text{mol}\ Cl_2}\ \frac{2\ \text{mol NaCl}}{1\ \cancel{\text{mol}\ Cl_2}} = 6.8\ \text{mol NaCl}$$

6.8 mol의 NaCl을 생성할 수 있는 충분한 Cl_2가 있다.

검토 답을 확인한다. 단위가 옳은가? 답이 합당한가?	단위(mol)가 옳다. Cl_2의 각 몰은 2 mol의 NaCl을 만들기 때문에 답이 합당하다.

▸ 연습문제 8.1 | 몰수 대 몰수 변환

물은 수소 기체와 산소 기체의 다음과 같은 균형 반응식에 따라 폭발적으로 반응하여 형성된다.

$$O_2(g) + 2\ H_2(g) \longrightarrow 2\ H_2O(g)$$

O_2 24.6 mol이 완전히 반응하면 H_2O 몇 몰이 생성되는가? H_2가 충분히 있다고 가정한다.

▸ 심화 학습 예제 8.8/복습문제 15~18

✔ 확인문제 8.1

메테인(CH_4)은 다음 반응식에 따라 연소된다.

$$CH_4(g) + 2\ O_2(g) \longrightarrow CO_2(g) + 2\ H_2O(g)$$

왼쪽 그림이 반응에 용이한 산소의 양일 때, 모든 산소와 완전히 반응하는 데 필요한 CH_4의 양을 가장 잘 나타낸 것은 무엇인가?

(a) (b) (c)

8.4 분자 만들기: 질량 대 질량 변환

▸ 균형 화학 반응식과 몰질량을 기반으로 반응물과 생성물 간의 질량 대 질량 변환을 수행한다.

6장에서 화합물의 몰수와 그것을 구성하는 원소의 몰수 간 변환에 대한 환산 인자가 화학식 안에 어떻게 포함되어 있는지를 배웠다. 이 장에서는 반응물의 몰수와 생성물의 몰수 사이의 환산 인자가 화학 반응식 안에 어떻게 포함되어 있는지를 알아보았다. 그러나 우리는 반응물의 질량과 생성물의 질량 간의 관계에 종종 관심이 있다. 예를 들어 1 kg의 가솔린을 사용하는 자동차에서 뿜어져 나오는 이산화 탄소의 질량을 알고 싶을 수도 있다. 또는 합성 반응에서 정해진 질량의 생성물을 얻는 데 필요한 각 반응물의 질량을 알고 싶을 수도 있다.

이러한 계산은 6.5절에서 다루었던 화합물의 질량과 그것을 이루는 원소의 질량 간 변환 계산과 유사하다. 이러한 유형의 계산은 일반적으로 다음과 같이 정리할 수 있다.

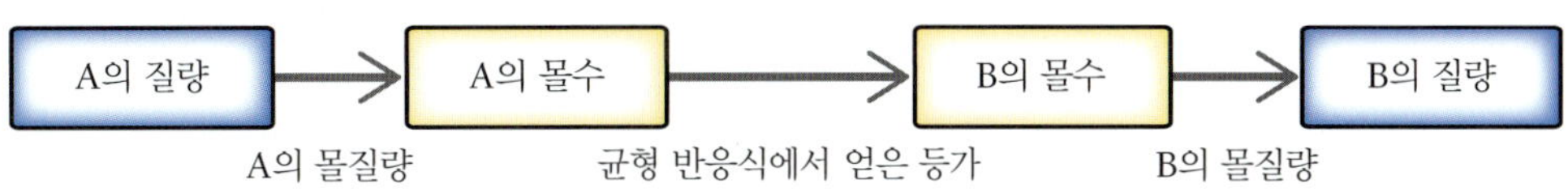

여기서 A와 B는 반응에 관련된 다른 물질이다. A의 질량에서 A의 몰수로 변환하는 것은 A의 몰질량을 사용하면 가능하다. A의 몰수에서 B의 몰수로 변환하는 것은 화학 반응식에서 얻은 환산 인자를 사용하면 가능하고, B의 질량에서 B의 몰수로 변환하는 것은 B의 몰질량을 사용하면 가능하다.

예를 들어 순수한 옥테인 5.0×10^2 g의 연소로 방출되는 CO_2의 질량을 계산한다고 하자. 옥테인의 연소에 대한 균형 화학 반응식은 다음과 같다.

$$2\ C_8H_{18}(l) + 25\ O_2(g) \longrightarrow 16\ CO_2(g) + 18\ H_2O(g)$$

문제에 주어진 정보를 분류하는 것으로 시작한다.

주어진 값: 5.0×10^2 g C_8H_{18}

구해야 하는 값: g CO_2

g C_8H_{18}이 주어졌고 g CO_2를 구해야 한다. 그러나 균형 화학 반응식으로부터 C_8H_{18}의 몰수와 CO_2의 몰수 간 관계를 알 수 있다. 따라서 이 관계를 사용하기 전에 그램을 몰수로 변환해야 한다. 해결도표의 일반적 개요는 다음과 같다.

$$\text{A의 질량} \longrightarrow \text{A의 몰수} \longrightarrow \text{B의 몰수} \longrightarrow \text{B의 질량}$$

여기서 A는 옥테인, B는 이산화 탄소이다.

해결도표

옥테인의 질량으로 시작하여 이산화 탄소의 질량으로 끝나는 해결도표를 그려 전략을 세운다.

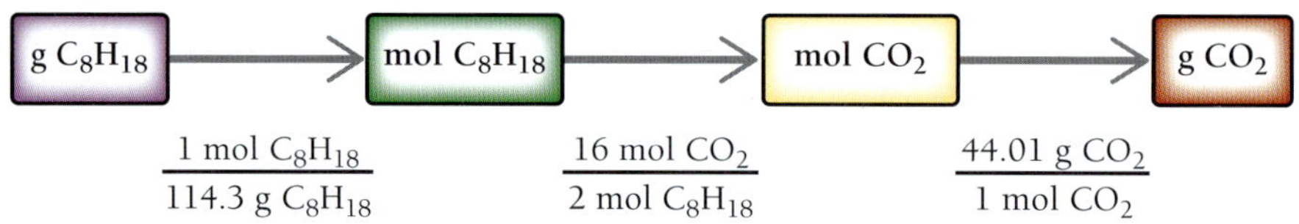

사용된 관계식

2 mol C_8H_{18} : 16 mol CO_2 (화학 반응식으로부터)

C_8H_{18} 몰질량 = 114.3 g/mol

CO_2 몰질량 = 44.01 g/mol

답

그런 다음 g C_8H_{18} 단위를 지워나가며 g CO_2에 이르는 해결도표에 따라 문제를 푼다.

$$5.0 \times 10^2\ \cancel{\text{g } C_8H_{18}} \times \frac{1\ \cancel{\text{mol } C_8H_{18}}}{114.3\ \cancel{\text{g } C_8H_{18}}} \times \frac{16\ \cancel{\text{mol } CO_2}}{2\ \cancel{\text{mol } C_8H_{18}}} \times \frac{44.01\ \text{g } CO_2}{1\ \cancel{\text{mol } CO_2}} = 1.5 \times 10^3\ \text{g } CO_2$$

5.0×10^2 g의 옥테인이 연소되면 1.5×10^3 g의 이산화 탄소가 생성된다.

✔ 확인문제 8.2

반응 A + 2B ⟶ 3C를 생각해보자. C의 몰질량이 A의 2배라면 A 10.0 g을 완전히 반응시켰을 때 얻을 수 있는 C의 질량은 얼마인가?

(a) 10.0 g (b) 30.0 g (c) 60.0 g

예제 8.2 질량 대 질량 변환

광합성을 할 때 식물은 다음 반응을 따라 이산화 탄소와 물을 포도당($C_6H_{12}O_6$)으로 변환한다.

$$6\,CO_2(g) + 6\,H_2O(l) \xrightarrow[\text{햇빛}]{} 6\,O_2(g) + C_6H_{12}O_6(aq)$$

CO_2 58.5 g으로 포도당 몇 그램이 합성되는가? 모든 CO_2와 반응할 만큼 물이 충분하다고 가정한다.

분류
이산화 탄소의 질량이 주어졌고, 이산화 탄소가 완전히 반응할 때 생성되는 포도당의 질량을 구해야 한다.

주어진 값: 58.5 g CO_2
구해야 하는 값: g $C_6H_{12}O_6$

전략
해결도표로 사용되는 일반적인 개요는 다음과 같다.

A의 질량 ⟶ A의 몰수 ⟶ B의 몰수 ⟶ B의 질량

여기서 A는 이산화 탄소, B는 포도당이다.
주요 환산 인자는 이산화 탄소의 몰수와 포도당의 몰수 간 화학량론적인 관계이다. 이 환산 인자는 균형 반응식에서 얻는다. 이산화 탄소와 포도당의 몰질량도 환산 인자이다.

해결도표

g CO_2 ⟶ mol CO_2 ⟶ mol $C_6H_{12}O_6$ ⟶ g $C_6H_{12}O_6$

$$\frac{1\text{ mol }CO_2}{44.01\text{ g }CO_2} \qquad \frac{1\text{ mol }C_6H_{12}O_6}{6\text{ mol }CO_2} \qquad \frac{180.2\text{ g }C_6H_{12}O_6}{1\text{ mol }C_6H_{12}O_6}$$

사용된 관계식
6 mol CO_2 : 1 mol $C_6H_{12}O_6$ (균형 화학 반응식으로부터)
CO_2 몰질량 = 44.01 g/mol
$C_6H_{12}O_6$ 몰질량 = 180.2 g/mol

풀이
해결도표에 따라 문제를 푼다. 이산화 탄소의 그램 수로 시작하여 적절한 인자를 곱하면서 포도당의 그램 수에 도달한다.

답

$$58.5\text{ g }CO_2 \times \frac{1\text{ mol }CO_2}{44.01\text{ g }CO_2} \times \frac{1\text{ mol }C_6H_{12}O_6}{6\text{ mol }CO_2} \times \frac{180.2\text{ g }C_6H_{12}O_6}{1\text{ mol }C_6H_{12}O_6} = 39.9\text{ g }C_6H_{12}O_6$$

검토
단위가 옳은가? 답이 합당한가?

단위(g $C_6H_{12}O_6$)가 옳고 답의 크기도 합당하다. 주어진 이산화 탄소의 질량과 자릿수가 같기 때문이다. 자릿수가 다르다면 답을 의심해보아야 한다.

▶ 연습문제 8.2 | 질량 대 질량 변환
마그네시아 우유의 활성 성분인 수산화 마그네슘은 다음 반응을 따라 위산(주로 HCl)을 중화한다.

$$Mg(OH)_2(aq) + 2\,HCl(aq) \longrightarrow 2\,H_2O(l) + MgCl_2(aq)$$

$Mg(OH)_2$ 5.50 g으로 HCl 몇 그램이 중화되는가?

▶ 심화 학습 예제 8.9/복습문제 33~36

예제 8.3 질량 대 질량 변환

산성비의 성분 중 하나는 질산으로, 오염 물질인 NO_2가 산소, 빗물과 다음과 같이 반응하여 형성된다.

$$4\,NO_2(g) + O_2(g) + 2\,H_2O(l) \longrightarrow 4\,HNO_3(aq)$$

O_2와 H_2O가 충분히 있을 때 NO_2 1.5×10^3 kg으로 생성되는 HNO_3는 몇 킬로그램인가?

분류
이산화 질소(반응물)의 질량이 주어졌고, 이산화 질소가 완전히 반응할 때 생성되는 질산의 질량을 구해야 한다.

주어진 값: 1.5×10^3 kg NO_2
구해야 하는 값: kg HNO_3

전략

해결도표로 사용되는 일반적인 개요는 다음과 같다.

$$\text{질량} \longrightarrow \text{몰수} \longrightarrow \text{몰수} \longrightarrow \text{질량}$$

그러나 NO_2의 처음 양이 킬로그램으로 주어졌기 때문에 먼저 그램으로 변환해야 한다. 또한 최종량이 킬로그램이므로 마지막에는 다시 킬로그램으로 변환해야 한다. 주요 환산 인자는 이산화 질소의 몰수와 질산의 몰수 간 화학량론적인 관계이다. 이 환산 인자는 균형 반응식에서 얻는다. 이산화 질소와 질산의 몰질량, 킬로그램과 그램의 관계도 환산 인자이다.

해결도표

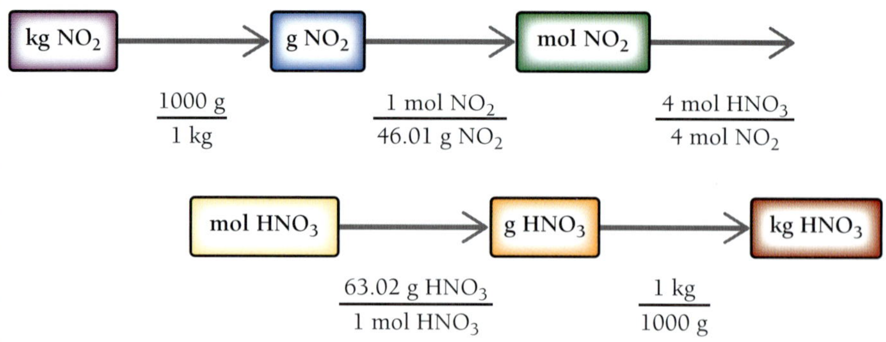

사용된 관계식

4 mol NO_2 : 4 mol HNO_3 (균형 화학 반응식으로부터)

NO_2 몰질량 = 46.01 g/mol

HNO_3 몰질량 = 63.02 g/mol

1 kg = 1000 g

풀이

해결도표에 따라 문제를 푼다. 이산화 질소의 킬로그램 수로 시작하고 적절한 환산 인자를 곱하여 질산의 킬로그램 수에 도달한다.

답

$$1.5 \times 10^3\ \cancel{\text{kg NO}_2} \times \frac{1000\ \cancel{\text{g}}}{1\ \cancel{\text{kg}}} \times \frac{1\ \cancel{\text{mol NO}_2}}{46.01\ \cancel{\text{g NO}_2}} \times \frac{4\ \cancel{\text{mol HNO}_3}}{4\ \cancel{\text{mol NO}_2}} \times \frac{63.02\ \cancel{\text{g}}\ \text{HNO}_3}{1\ \cancel{\text{mol HNO}_3}} \times \frac{1\ \text{kg}}{1000\ \cancel{\text{g}}} = 2.1 \times 10^3\ \text{kg HNO}_3$$

검토

단위가 옳은가? 답이 합당한가?

단위(kg HNO_3)가 옳고 답의 크기도 합당하다. 주어진 이산화 질소의 질량과 자릿수가 같기 때문이다. 자릿수가 다르다면 답을 의심해보아야 한다.

▸ **연습문제 8.3 | 질량 대 질량 변환**

산성비의 또 다른 성분은 황산으로, 역시 오염 물질인 SO_2가 산소, 빗물과 다음과 같이 반응하여 형성된다.

$$2\ SO_2(g) + O_2(g) + 2\ H_2O(l) \longrightarrow 2\ H_2SO_4(aq)$$

O_2와 H_2O가 충분히 있을 때 SO_2 2.6×10^3 kg으로 생성되는 H_2SO_4는 몇 킬로그램인가?

▸ **심화 학습** 복습문제 37~40

8.5 더 많은 팬케이크: 한계 반응물, 이론적 수득량, 백분율 수율

▸ 균형 화학 반응식의 한계 반응물, 이론적 수득량, 백분율 수율을 계산한다.

반응 화학량론에서 중요한 개념인 한계 반응물과 백분율 수율을 설명하기 위해 다시 팬케이크에 비유하겠다.

$$\text{밀가루 150 g} + \text{달걀 2개} + \text{베이킹파우더 2.5 g} \longrightarrow \text{팬케이크 5개}$$

밀가루 450 g, 달걀 10개, 베이킹파우더 20 g이 있을 때 얼마나 많은 팬케이크를 만들 수 있는가? 충분한 양의 밀가루가 있다고 하자.

$$\cancel{\text{밀가루 450}}\ \text{g} \times \frac{\text{팬케이크 5장}}{\cancel{\text{밀가루 150}}\ \text{g}} = \text{팬케이크 15개}$$

충분한 양의 달걀이 있다고 하자.

$$\cancel{\text{달걀}}\ 10\text{개} \times \frac{\text{팬케이크 5개}}{\cancel{\text{달걀}}\ 2\text{개}} = \text{팬케이크 25개}$$

충분한 양의 베이킹파우더가 있다고 하자.

$$\cancel{\text{베이킹파우더 20 g}} \times \frac{\text{팬케이크 5개}}{\cancel{\text{베이킹파우더 2.5 g}}} = \text{팬케이크 40개}$$

팬케이크 15개만큼의 밀가루, 팬케이크 25개만큼의 달걀, 팬케이크 40개만큼의 베이킹파우더가 있다. 더 많은 재료를 얻지 않는 한 결과적으로 팬케이크 15개밖에 만들지 못한다. 밀가루는 만들 수 있는 팬케이크 수를 제한한다. 만약 이것을 화학 반응에 비유한다면 밀가루는 화학 반응에서 생성물의 양을 제한하는 반응물인 **한계 반응물**(limiting reactant)이 될 것이다. 한계 반응물은 단순히 생성물의 양을 최소로 하는 반응물이라는 것에 주의하라. 또한 팬케이크 15개는 한계 반응물을 기준으로 화학 반응에서 만들어질 수 있는 생성물의 양인 **이론적 수득량**(theoretical yield)이 될 것이다.

한계 반응물 대신 한계 시약이라는 용어가 사용되기도 한다.

▶ 화학 반응에 비유한다면 밀가루는 한계 반응물이 되고 팬케이크 15개는 이론적 수득량이 될 것이다.

이 비유를 좀 더 발전시켜보자. 팬케이크 3개를 태우고 1개를 바닥에 떨어뜨리는 바람에 팬케이크 15개만큼의 밀가루가 있었는데도 11개만 남게 되었다. 만약 이것을 화학 반응에 비유한다면 팬케이크 11개는 화학 반응에서 실제로 생성된 생성물의 양인 **실제 수득량**(actual yield)이 될 것이다. 결국 이론적 수득량의 실제 얻은 비율인 **백분율 수율**(percent yield)은 다음과 같다.

실험으로 결정되어야 하는 화학 반응의 실제 수득량은 다양한 형태로 반응 조건에 좌우되곤 한다. 15장에서 일부 관련 요소를 살펴볼 것이다.

$$\text{백분율 수율} = \frac{\text{팬케이크 11개}}{\text{팬케이크 15개}} \times 100\% = 73\%$$

팬케이크 4개를 망쳤기 때문에 이론적 수득량의 73%만 얻었다. 화학 반응에서 실제 수득량은 거의 항상 100%보다 작은데, 이는 생성물을 얻는 과정에서 일부가 형성되지 않거나 손실되기 때문이다(팬케이크 몇 개가 타버린 것처럼).

요약

- **한계 반응물(또는 한계 시약)**: 화학 반응에서 완전히 소비되는 반응물
- **이론적 수득량**: 한계 반응물의 양을 기준으로 화학 반응에서 만들어질 수 있는 생성물의 양
- **실제 수득량**: 화학 반응에 의해 실제로 생성된 생성물의 양
- **백분율 수율** $= \dfrac{\textbf{실제 수득량}}{\textbf{이론적 수득량}} \times 100\%$

이제 다음 반응을 살펴보자.

$$Ti(s) + 2\,Cl_2(g) \longrightarrow TiCl_4(s)$$

만약 타이타늄 1.8 mol과 염소 3.2 mol로 반응을 시작한다면 한계 반응물은 무엇이고, $TiCl_4$의 이론적 수득량은 몇 몰인가? 이 문제는 표준 문제 풀이 과정에 따라 풀 수 있다.

주어진 값: 1.8 mol Ti, 3.2 mol Cl_2
구해야 하는 값: 한계 반응물, 이론적 수득량

해결도표

팬케이크 비유에서처럼 각 반응물로부터 얼마만큼의 생성물이 만들어지는지를 계산함으로써 한계 반응물을 찾을 수 있다. 가장 적은 양의 생성물을 만드는 반응물이 한계 반응물이다.

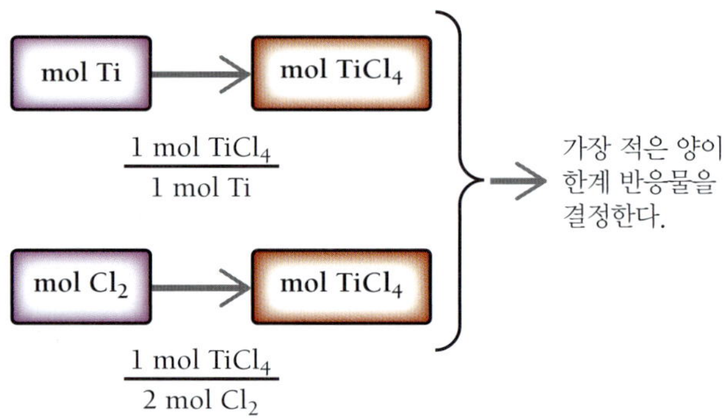

사용된 관계식

균형 화학 반응식에서 환산 인자를 얻고 각 반응물의 몰수와 생성물의 몰수 간 관계를 보여준다.

$$1\text{ mol Ti} : 1\text{ mol TiCl}_4$$
$$2\text{ mol Cl}_2 : 1\text{ mol TiCl}_4$$

답

$$1.8\ \cancel{\text{mol Ti}} \times \frac{1\text{ mol TiCl}_4}{1\ \cancel{\text{mol Ti}}} = 1.8\text{ mol TiCl}_4$$

$$3.2\ \cancel{\text{mol Cl}_2} \times \frac{1\text{ mol TiCl}_4}{2\ \cancel{\text{mol Cl}_2}} = 1.6\text{ mol TiCl}_4$$

한계 반응물 (Cl_2) **생성물의 최소량** (1.6 mol $TiCl_4$)

> 많은 산업적 적용에서는 가장 비싼 반응물 또는 생성물에서 제거하기 가장 힘든 반응물이 한계 반응물이 된다.

3.2 mol의 Cl_2가 가장 적은 양의 $TiCl_4$를 만들기 때문에 Cl_2가 한계 반응물이다. Ti보다 많은 몰수의 Cl_2로 시작했으나 이 반응에서 각 Ti마다 Cl_2 2개가 필요하기 때문에 Cl_2가 여전히 한계 반응물이다. 이론적 수득량은 1.6 mol의 $TiCl_4$이다.

예제 8.4 **반응물의 초기 몰수에 따른 한계 반응물과 이론적 수득량**

다음 반응을 살펴보자.

$$2\ \text{Al}(s) + 3\ \text{Cl}_2(g) \longrightarrow 2\ \text{AlCl}_3(s)$$

만약 알루미늄 0.552 mol과 염소 0.887 mol로 시작한다면 한계 반응물은 무엇이고, A1C1_3의 이론적 수득량은 몇 몰인가?

분류
알루미늄과 염소의 몰수가 주어졌고, 한계 반응물과 염화 알루미늄의 이론적 수득량을 구해야 한다.

주어진 값: 0.552 mol A1
0.887 mol Cl_2
구해야 하는 값: 한계 반응물, AlCl_3의 이론적 수득량

전략
해결도표는 각 반응물의 몰수로부터 어떻게 A1C1_3의 몰수를 얻는지를 보여준다. 가장 적은 양의 A1C1_3를 만드는 반응물이 한계 반응물이다. 환산 인자는 각 반응물의 몰수와 생성물의 몰수 간 화학량론적 관계(균형 반응식으로부터)이다.

해결도표

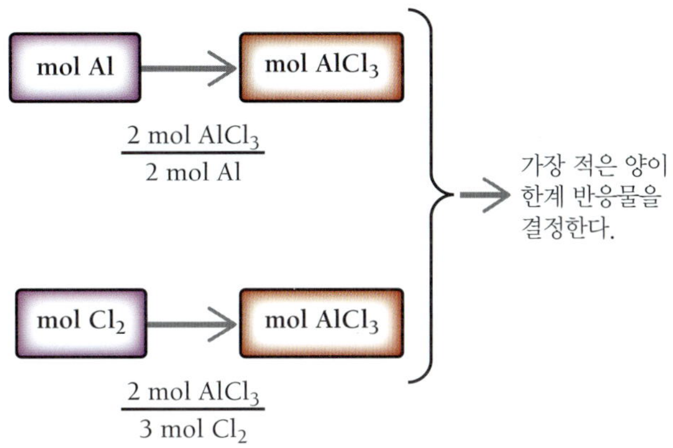

사용된 관계식
2 mol Al : 2 mol AlCl_3 (균형 반응식으로부터)
3 mol Cl_2 : 2 mol A1C1_3 (균형 반응식으로부터)

풀이
해결도표에 따라 문제를 푼다.

답

$$0.552\ \cancel{\text{mol Al}} \times \frac{2\ \text{mol AlCl}_3}{2\ \cancel{\text{mol Al}}} = 0.552\ \text{mol AlCl}_3$$

한계 반응물 (0.552 mol Al) / 생성물의 최소량 (0.552 mol AlCl_3)

$$0.887\ \cancel{\text{mol Cl}_2} \times \frac{2\ \text{mol AlCl}_3}{3\ \cancel{\text{mol Cl}_2}} = 0.591\ \text{mol AlCl}_3$$

Al 0.552 mol이 가장 적은 양의 A1C1_3를 만들기 때문에 Al이 한계 반응물이다. A1C1_3의 이론적 수득량은 0.552 mol이다.

검토
단위가 옳은가? 답이 합당한가?

단위(mol AlCl_3)가 옳고 답의 크기도 합당하다. 주어진 Al, Cl_2의 몰수와 자릿수가 같기 때문이다. 자릿수가 다르다면 답을 의심해보아야 한다.

▶ **연습문제 8.4** | **반응물의 초기 몰수에 따른 한계 반응물과 이론적 수득량**

다음 반응을 살펴보자.

$$2\ \text{Na}(s) + \text{F}_2(g) \longrightarrow 2\ \text{NaF}(s)$$

만약 소듐 4.8 mol과 플루오린 2.6 mol로 시작한다면 한계 반응물은 무엇이고, NaF의 이론적 수득량은 몇 몰인가?

▶ **심화 학습** 복습문제 47~54

✔ 확인문제 8.3

다음 반응을 살펴보자.

$$N_2(g) + 3\,H_2(g) \longrightarrow 2\,NH_3(g)$$

왼쪽의 플라스크가 반응 전의 혼합물을 나타낼 때, 한계 반응물이 완전히 반응한 후의 생성물을 나타내는 것은 무엇인가?

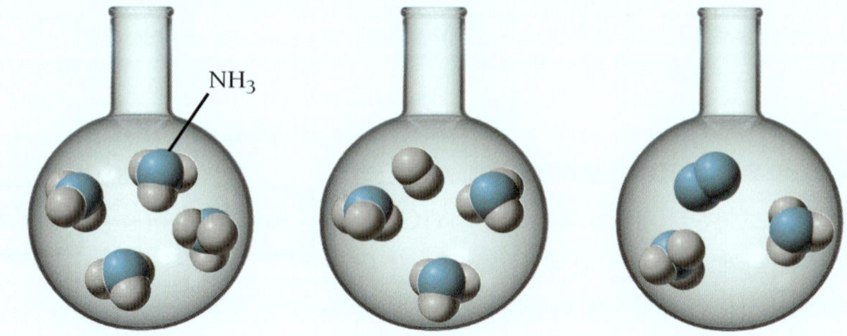

(a) (b) (c)

8.6 반응물의 초기 질량에 따른 한계 반응물, 이론적 수득량, 백분율 수율

▸ 균형 화학 반응식의 한계 반응물, 이론적 수득량, 백분율 수율을 계산한다.

실험실에서 작업할 때는 일반적으로 반응물의 처음 양을 그램으로 측정한다. 초기 질량으로 한계 반응물과 이론적 수득량을 구하려면 계산에 두 단계를 더해야 한다. 예를 들어 다음 합성 반응을 살펴보자.

$$2\,Na(s) + Cl_2(g) \longrightarrow 2\,NaCl(s)$$

Na 53.2 g과 Cl_2가 65.8 g이 있을 때 한계 반응물은 무엇이고, 이론적 수득량은 얼마인가? 문제의 정보를 분류하는 것으로 시작한다.

주어진 값: 53.2 g Na,
65.8 g Cl_2

구해야 하는 값: 한계 반응물, 이론적 수득량

해결도표

각 반응물로부터 생성물이 얼마나 만들어지는지를 계산함으로써 한계 반응물을 찾는다. 처음 양이 그램으로 주어졌기 때문에 먼저 몰수로 변환해야 한다. 생성물의 몰수로 변환한 다음에는 다시 생성물의 그램 수로 변환한다. 가장 적은 양의 생성물을 만드는 반응물이 한계 반응물이다.

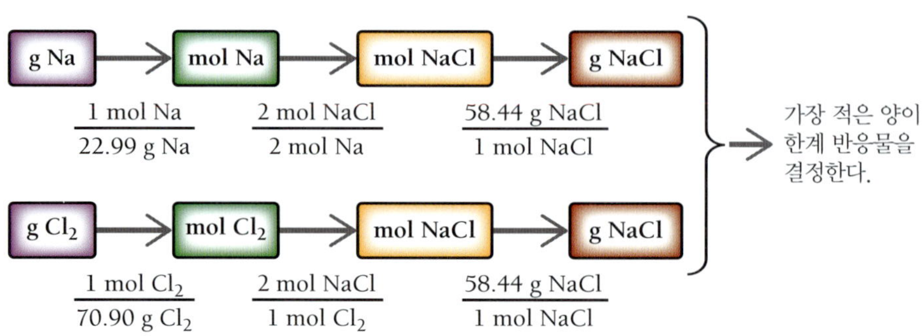

사용된 관계식

균형 화학 반응식에서 얻는 것은 다음과 같다.

$$2 \text{ mol Na} : 2 \text{ mol NaCl}$$
$$1 \text{ mol } Cl_2 : 2 \text{ mol NaCl}$$

또한 다음 몰질량을 사용한다.

$$\text{Na 몰질량} = \frac{22.99 \text{ g Na}}{1 \text{ mol Na}}$$
$$Cl_2 \text{ 몰질량} = \frac{70.90 \text{ g } Cl_2}{1 \text{ mol } Cl_2}$$
$$\text{NaCl 몰질량} = \frac{58.44 \text{ g NaCl}}{1 \text{ mol NaCl}}$$

답

각 반응물의 실제 양으로 시작하여 해결도표를 따라 각 반응물로부터 생성물이 얼마나 형성되는지 계산한다.

각 반응물로부터 형성되는 NaCl의 몰수(그램수보다는)를 계산하여 한계 반응물을 구할 수도 있다. 그러나 이론적 수득량은 일반적으로 그램으로 계산되기 때문에 한계 반응물을 구하려면 계산 결과가 그램이어야 한다.

$$53.2 \text{ g Na} \times \frac{1 \text{ mol Na}}{22.99 \text{ g Na}} \times \frac{2 \text{ mol NaCl}}{2 \text{ mol Na}} \times \frac{58.44 \text{ g NaCl}}{1 \text{ mol NaCl}} = 135 \text{ g NaCl}$$

$$65.8 \text{ g } Cl_2 \times \frac{1 \text{ mol } Cl_2}{70.90 \text{ g } Cl_2} \times \frac{2 \text{ mol NaCl}}{1 \text{ mol } Cl_2} \times \frac{58.44 \text{ g NaCl}}{1 \text{ mol NaCl}} = 108 \text{ g NaCl}$$

한계 반응물 (65.8 g Cl_2) / 생성물의 최소량 (108 g NaCl)

Cl_2가 가장 적은 양의 생성물을 형성하기 때문에 한계 반응물이다. 한계 반응물이 최소 질량의 반응물일 필요는 없음에 주의하라. 이 경우 Na의 질량이 Cl_2보다 작지만 Cl_2가 더 적은 NaCl을 만들기 때문에 한계 반응물이 된다. 그러므로 이론적 수득량은 NaCl 108 g이며, 이는 한계 반응물을 토대로 생성 가능한 생성물의 양이다.

일반적으로 반응 중에 적어도 소량의 생성물이 손실되거나 형성되지 않기 때문에 실제 수득량은 이론적 수득량보다 항상 작다.

이제 합성했을 때 NaCl의 실제 수득량이 86.4 g이라고 가정하자. 백분율 수율은 얼마인가? 백분율 수율은 다음과 같이 나타낼 수 있다.

$$\text{백분율 수율} = \frac{\text{실제 수득량}}{\text{이론적 수득량}} \times 100\% = \frac{86.4 \text{ g}}{108 \text{ g}} \times 100\% = 80.0\%$$

✔ 확인문제 8.4

반응 A + 2 B ⟶ 3 C를 생각해보자. B의 몰질량이 A의 2배이다. A와 B가 반응기 내에 같은 질량이라면 A와 B 중 어느 것이 한계 반응물인가?

(a) A

(b) B

(c) 둘 다 한계 반응물이 아니다.

예제 8.5 한계 반응물과 이론적 수득량

다음 반응에서 암모니아(NH_3)를 합성할 수 있다.

$$2\,NO(g) + 5\,H_2(g) \longrightarrow 2\,NH_3(g) + 2\,H_2O(g)$$

NO 45.8 g과 H_2 12.4 g으로 합성할 수 있는 암모니아의 양은 최대 몇 그램인가?

분류
두 반응물의 질량이 주어졌고, 생성될 수 있는 암모니아의 최대 질량을 구해야 한다. 문제에서 한계 반응물을 구하라고 명확하게 말하지는 않지만, 합성될 수 있는 암모니아의 최대량인 이론적 수득량을 구하려면 한계 반응물을 찾아야 한다.

주어진 값: NO 45.8 g
H_2 12.4 g
구해야 하는 값: NH_3의 최대량(이론적 수득량)

전략
각 반응물로부터 만들어질 수 있는 생성물을 계산하여 한계 반응물을 구한다. 가장 적은 양의 생성물을 만드는 반응물이 제한 반응물이다. 한계 반응물에 의해 생성된 암모니아의 질량은 합성할 수 있는 암모니아의 최대량이다.

해결도표

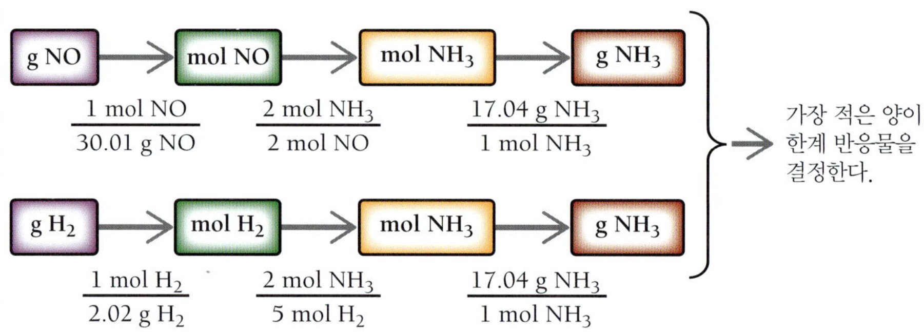

주요 환산 인자는 각 반응물의 몰수와 암모니아의 몰수 간 화학량론적인 관계이다. 일산화 질소, 수소 기체, 암모니아의 몰질량도 환산 인자이다.

사용된 관계식

2 mol NO : 2 mol NH_3 5 mol H_2: 2 mol NH_3

$$\text{NO 몰질량} = \frac{30.01\text{ g NO}}{1\text{ mol NO}} \qquad H_2\text{ 몰질량} = \frac{2.02\text{ g }H_2}{1\text{ mol }H_2}$$

$$NH_3\text{ 몰질량} = \frac{17.04\text{ g }NH_3}{1\text{ mol }NH_3}$$

풀이
해결도표를 따라 주어진 각 반응물의 실제 양으로부터 시작하여 각 반응물로부터 형성될 수 있는 생성물의 양을 계산한다.

답

$$45.8\text{ g NO} \times \frac{1\text{ mol NO}}{30.01\text{ g NO}} \times \frac{2\text{ mol }NH_3}{2\text{ mol NO}} \times \frac{17.04\text{ g }NH_3}{1\text{ mol }NH_3} = 26.0\text{ g }NH_3$$

↑ 한계 반응물 생성물의 최소량 ↑

$$12.4\text{ g }H_2 \times \frac{1\text{ mol }H_2}{2.02\text{ g }H_2} \times \frac{2\text{ mol }NH_3}{5\text{ mol }H_2} \times \frac{17.04\text{ g }NH_3}{1\text{ mol }NH_3} = 41.8\text{ g }NH_3$$

NH_3 26.0 g을 만들 수 있는 NO가 있고, NH_3 41.8 g을 만들 수 있는 H_2가 있다. 따라서 NO가 한계 반응물이며, 만들어질 수 있는 암모니아의 양인 이론적 수득량은 26.0 g이다.

검토
단위가 옳은가? 답이 합당한가?

단위(g NH_3)가 옳고 답의 크기도 합당하다. 주어진 NO, H_2의 질량과 자릿수가 같기 때문이다. 자릿수가 다르다면 답을 의심해보아야 한다.

▶ 연습문제 8.5 | 한계 반응물과 이론적 수득량
다음 반응에서 암모니아를 합성할 수 있다.

$$3\,H_2(g) + N_2(g) \longrightarrow 2\,NH_3(g)$$

N_2 25.2 g과 H_2 8.42 g으로 합성될 수 있는 암모니아의 양은 최대 몇 그램인가?

▸ **연습문제 8.5+**

H_2 5.22 kg과 N_2 31.5 kg으로 합성될 수 있는 암모니아의 양은 최대 몇 킬로그램인가?

▸ **심화 학습** 복습문제 59~62

예제 8.6 한계 반응물, 이론적 수득량, 백분율 수율

다음 반응을 살펴보자.

$$Cu_2O(s) + C(s) \longrightarrow 2\ Cu(s) + CO(g)$$

C 11.5 g이 Cu_2O 114.5 g과 반응하여 Cu 87.4 g이 생성된다. 한계 반응물, 이론적 수득량, 백분율 수율을 구하시오.

분류

반응에 의해 생성된 구리의 질량과 반응물, 즉 탄소와 산화 구리(I)의 질량이 주어졌다. 한계 반응물, 이론적 수득량, 백분율 수율을 구해야 한다.

주어진 값: 11.5 g C
114.5 g Cu_2O
87.4 g 생성된 Cu

구해야 하는 값: 한계 반응물, 이론적 수득량, 백분율 수율

전략

해결도표는 Cu_2O와 C의 초기 질량에 의해 형성된 Cu의 질량을 어떻게 구하는지를 보여준다. 가장 적은 양의 생성물을 만드는 반응물이 한계 반응물이며, 이론적 수득량을 결정한다.

해결도표

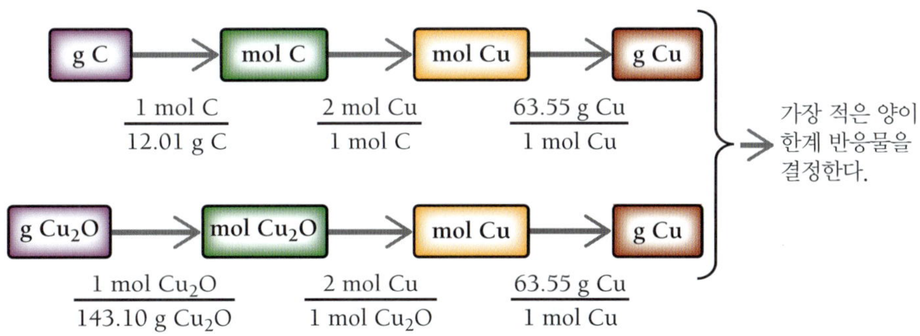

주요 환산 인자는 각 반응물의 몰수와 구리의 몰수 간 화학량론적 관계이다. 산화 구리(I), 탄소, 구리의 몰질량도 환산 인자이다.

사용된 관계식

1 mol Cu_2O : 2 mol Cu

1 mol C : 2 mol Cu

Cu_2O 몰질량 = 143.10 g/mol

C 몰질량 = 12.01 g/mol

Cu 몰질량 = 63.55 g/mol

풀이

해결도표를 따라 주어진 각 반응물의 실제 양으로 시작하여 각 반응물로 형성될 수 있는 생성물의 양을 계산한다. Cu_2O가 가장 적은 양의 생성물을 만들기 때문에 한계 반응물이다. 이론적 수득량은 한계 반응물에 의해 만들어지는 생성물의 양이다. 백분율 수율은 실제 수득량(87.4 g Cu)을 이론적 수득량(101.7 g Cu)으로 나눈 값에 100%를 곱한 것이다.

답

$$11.5\ \cancel{g\ C} \times \frac{1\ \cancel{mol\ C}}{12.01\ \cancel{g\ C}} \times \frac{2\ \cancel{mol\ Cu}}{1\ \cancel{mol\ C}} \times \frac{63.55\ g\ Cu}{1\ \cancel{mol\ Cu}} = 122\ g\ Cu$$

$$114.5\ g\ \cancel{Cu_2O} \times \frac{1\ \cancel{mol\ Cu_2O}}{143.10\ g\ \cancel{Cu_2O}} \times \frac{2\ \cancel{mol\ Cu}}{1\ mol\ \cancel{Cu_2O}} \times \frac{63.55\ g\ Cu}{1\ \cancel{mol\ Cu}} = 101.7\ g\ Cu$$

↑ **한계 반응물**   **생성물의 최소량** ↑

이론적 수득량 = 101.7 g Cu

$$\text{백분율 수율} = \frac{\text{실제 수득량}}{\text{이론적 수득량}} \times 100\%$$

$$= \frac{87.4\ g}{101.7\ g} \times 100\% = 85.9\%$$

검토 단위가 옳은가? 답이 합당한가?	단위(g Cu)가 옳고 답의 크기도 합당하다. 주어진 C, Cu_2O의 질량과 자릿수가 같기 때문이다. 이론적 수득량이 100%보다 작으므로 합당하다. 이론적 수득량이 100% 이상이라면 틀린 것이다.

▶ **연습문제 8.6 | 한계 반응물, 이론적 수득량, 백분율 수율**

다음은 철광석에서 철을 얻을 때 사용하는 반응이다.

$$Fe_2O_3(s) + 3\ CO(g) \longrightarrow 2\ Fe(s) + 3\ CO_2(g)$$

Fe_2O_3 185 g과 CO 95.3 g이 반응하여 Fe 87.4 g이 생성된다. 한계 반응물, 이론적 수득량, 백분율 수율을 구하시오.

▶ **심화 학습** 예제 8.10/복습문제 65~70

확인문제 8.5

일산화 질소와 수소 기체의 반응으로 암모니아가 합성될 수 있다.

$$2\ NO(g) + 5\ H_2(g) \longrightarrow 2\ NH_3(g) + 2\ H_2O(g)$$

처음에 반응 용기에 NO 4.0 mol과 H_2 15.0 mol이 들어 있다. 반응이 가능한 한 최대로 일어나면 반응 용기에는 무엇이 남는가?

(a) NO 2 mol, H_2 5 mol, NH_3 2 mol, H_2O 2 mol
(b) NO 0 mol, H_2 0 mol, NH_3 6 mol, H_2O 6 mol
(c) NO 2 mol, H_2 0 mol, NH_3 4 mol, H_2O 2 mol
(d) NO 0 mol, H_2 5 mol, NH_3 4 mol, H_2O 4 mol

8.7 엔탈피: 반응에서 방출되거나 흡수된 열량 측정

▶ 화학 반응에 의해 방출되거나 흡수되는 열에너지의 양을 계산한다.

3장(3.9절 참조)에서는 화학 반응이 어떻게 **발열**되거나(반응이 일어날 때 열에너지를 **방출**하는 경우) **흡열**될(반응이 일어날 때 열에너지를 **흡수**하는 경우) 수 있는지를 설명했다. 일정 압력 조건(대부분 일상적인 반응에서 흔한)에서 화학 반응에 의해 방출되거나 흡수되는 열에너지의 양은 **엔탈피**(enthalpy)라는 함수로 정량화될 수 있다. 특히 **반응 엔탈피**(enthalpy of reaction, $\Delta H_{반응}$)라고 일컫는 양은 일정 압력에서 반응이 일어날 때 방출되거나 흡수되는 에너지(또는 열)의 양으로 정의된다.

$\Delta H_{반응}$의 부호

$\Delta H_{반응}$의 부호(양 또는 음)는 반응이 일어날 때 열에너지가 흐르는 방향에 따라 결정된다. 열에너지가 반응계로부터 주위로 나오면(발열 반응에서처럼) $\Delta H_{반응}$이 음이다. 예를 들어 천연가스의 주성분인 CH_4의 연소 반응의 엔탈피는 다음과 같이 특정화할 수 있다.

$$CH_4(g) + 2\ O_2(g) \longrightarrow CO_2(g) + 2\ H_2O(g) \qquad \Delta H_{반응} = -802.3\ \text{kJ}$$

이 반응은 발열이고, 따라서 반응 엔탈피가 음이다. $\Delta H_{반응}$의 크기는 CH_4 1 mol과 O_2 2 mol이 반응할 때 802.3 kJ의 열이 방출됨을 알려준다.

반대로 열에너지가 주위로부터 반응계로 흘러간다면(흡열 반응에서처럼) $\Delta H_{반응}$이 양이다. 예를 들어 질소와 산소가 반응하여 일산화 질소를 생성하는 반응 엔탈피는 다음과 같이

일상 속의 화학

분젠 버너

실험실에서는 열원으로 분젠 버너(bunsen burner)를 사용하곤 한다. 이 버너는 보통 메테인을 연료로 하며, 메테인 연소의 균형 반응식은 다음과 같다.

$$CH_4(g) + 2\,O_2(g) \longrightarrow CO_2(g) + 2\,H_2O(g)$$

대부분의 분젠 버너에는 메테인과 혼합되는 공기의 양(즉 산소의 양)을 조절하는 메커니즘이 있다. 공기가 완전히 닫힌 상태에서 버너를 켜면 노랗고 연기가 나면서 그리 뜨겁지 않은 불꽃이 생긴다. 버너로 유입되는 공기의 양을 증가시킴에 따라 불꽃이 더 푸르게 변하고, 연기가 줄어들며, 더 뜨거워진다. 최적 조정점에 이르면 불꽃 안에 뾰족한 파란색 삼각형이 생기고, 연기가 없으며, 유리를 녹일 만큼 뜨거워진다. 최적 조정점을 넘도록 계속해서 공기를 증가시키면 불꽃의 온도가 다시 내려가다가 결국은 꺼진다.

질문 공기 주입량의 조절에 따른 분젠 버너의 변화를 이 장의 개념으로 설명할 수 있는가?

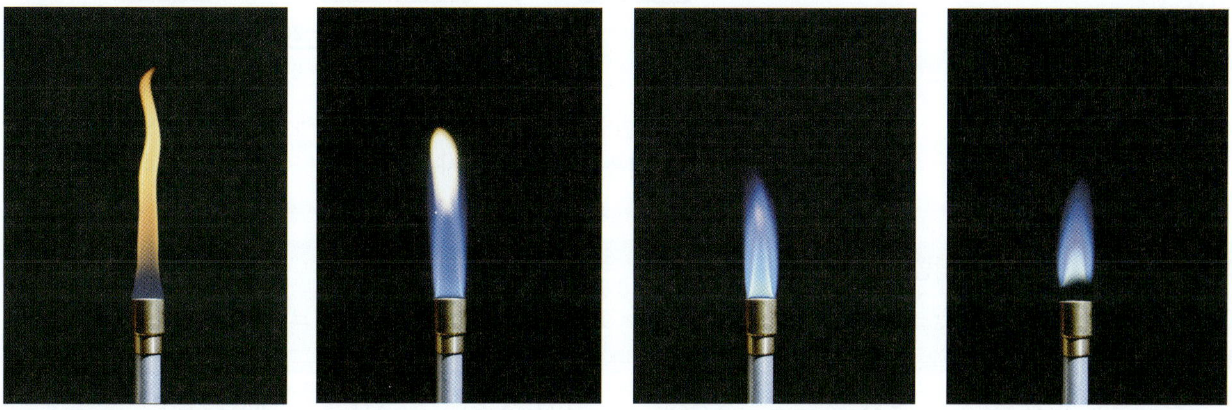

(a) 공기 없음 (b) 소량의 공기 (c) 최적량 (d) 과량의 공기

▲ 공기 주입량을 다양하게 조절한 분젠 버너

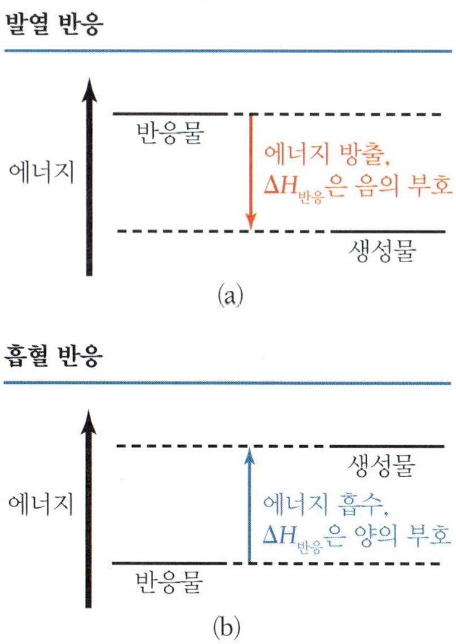

▲ **그림 8.3 발열 반응과 흡열 반응.** (a) 발열 반응에서는 에너지가 주위로 방출된다. (b) 흡열 반응에서는 에너지가 주위로부터 흡수된다.

특정화할 수 있다.

$$N_2(g) + O_2(g) \longrightarrow 2\,NO(g) \qquad \Delta H_{반응} = +182.6\text{ kJ}$$

이 반응은 흡열이고, 따라서 반응 엔탈피 양이다. O_2 1 mol과 N_2 1 mol이 반응할 때 182.6 kJ의 열이 주위로부터 흡수된다.

은행 계좌의 균형을 맞추는 것과 같은 방식으로 화학계의 에너지를 고려할 수 있다. 화학 반응계에서 나온 에너지는 인출한 것과 같아서 그림 8.3(a)에서 보듯이 부호가 음이다. 계로 들어가는 에너지는 예금과 같아서 그림 8.3(a)에서 보듯이 부호가 양이다.

$\Delta H_{반응}$의 화학량론

화학 반응이 일어날 때 방출되거나 흡수되는 열의 양은 실제 반응하는 반응물의 양에 달려 있다. 조금 전 보았듯이 보통 반응에 대한 균형 화학 반응식과 결합하여 $\Delta H_{반응}$을 정할 수 있다. $\Delta H_{반응}$의 크기는 반응식에 나타난 반응물과 생성물의 화학량론적 양에 관한 것이다. 예를 들어 균형 반응식과 프로페인(LP 가스에 사용되는 연료)의 연소에 대한 $\Delta H_{반응}$은 다음과 같다.

$$C_3H_8(g) + 5\,O_2(g) \longrightarrow 3\,CO_2(g) + 4\,H_2O(g) \qquad \Delta H_{반응} = -2044\text{ kJ}$$

이 반응식은 C_3H_8 1 mol이 O_2 5 mol과 반응하여 CO_2 3 mol과 H_2O 4 mol이 생성되고 2,044 kJ의 열이 방출된다는 것을 뜻한다. 이 관계를 화학량론적 관계(두 물질의 양 사이 등가)를 나타내는 것처럼 나타낼 수 있다. 이 반응의 반응물에 대해서는 다음과 같이 작성한다.

$$1\ \text{mol}\ C_3H_8 : -2044\ \text{kJ} \quad \text{또는} \quad 5\ \text{mol}\ O_2 : -2044\ \text{kJ}$$

등가는 C_3H_8 1 mol과 O_2 5 mol이 완전히 반응할 때 2,044 kJ의 열에너지가 방출된다는 것을 뜻한다. 이러한 등가는 반응물 또는 생성물의 양과 방출되는 열량(발열 반응) 또는 흡수되는 열량(흡열 반응) 간의 환산 인자를 만드는 데 사용될 수 있다. C_3H_8의 그램으로 나타낸 어떤 질량의 연소에 대해 얼마의 열이 방출되는지 알려면 다음과 같은 해결도표를 이용해야 한다.

$$\text{g}\ C_3H_8 \xrightarrow{\frac{1\ \text{mol}\ C_3H_8}{44.11\ \text{g}\ C_3H_8}} \text{mol}\ C_3H_8 \xrightarrow{\frac{-2044\ \text{kJ}}{1\ \text{mol}\ C_3H_8}} \text{kJ}$$

예제 8.7에서 보듯이 몰질량은 그램과 몰을 변환하는 데 사용되고, C_3H_8의 몰과 kJ 간의 화학량론적 관계는 몰과 kJ을 변환하는 데 사용된다.

예제 8.7 $\Delta H_{반응}$이 포함된 화학량론

가정용 바비큐에 사용되는 LP 가스탱크에는 프로페인(C_3H_8) 1.18×10^4 g이 들어 있다. 이 가스탱크 속에 있는 모든 프로페인이 완전 연소될 때 연관된 열량(kJ)을 계산하시오.

$$C_3H_8(g) + 5\,O_2(g) \longrightarrow 3\,CO_2(g) + 4\,H_2O(g) \qquad \Delta H_{반응} = -2044\ \text{kJ}$$

분류 프로페인의 질량이 주어졌고, 연소 반응에서 방출되는 열량(kJ)을 구해야 한다.	**주어진 값:** 1.18×10^4 g C_3H_8 **구해야 하는 값:** kJ
전략 g C_3H_8로 시작하고 C_3H_8의 몰질량을 사용하여 몰수를 구한다. 그런 다음 C_3H_8와 kJ 간의 화학량론적 관계를 이용하여 방출되는 열을 구한다.	**해결도표** $\text{g}\ C_3H_8 \xrightarrow{\frac{1\ \text{mol}\ C_3H_8}{44.11\ \text{g}\ C_3H_8}} \text{mol}\ C_3H_8 \xrightarrow{\frac{-2044\ \text{kJ}}{1\ \text{mol}\ C_3H_8}} \text{kJ}$ **사용된 관계식** 1 mol C_3H_8 : −2044 kJ (균형 반응식으로부터) C_3H_8의 몰질량 = 44.11 g/mol
풀이 해결도표에 따라 문제를 푼다. 1.18×10^4 g C_3H_8로 시작하고 적절한 환산 인자를 곱하여 kJ에 도달한다.	**답** $1.18 \times 10^4\ \text{g}\ C_3H_8 \times \frac{1\ \text{mol}\ C_3H_8}{44.11\ \text{g}\ C_3H_8} \times \frac{-2044\ \text{kJ}}{1\ \text{mol}\ C_3H_8} = -5.47 \times 10^5\ \text{kJ}$
검토 답을 확인한다. 단위가 옳은가? 답이 합당한가?	단위(kJ)가 옳고 답이 음수이다. 반응에 의해 열이 발생하기 때문이다.

▶ 연습문제 8.7 | $\Delta H_{반응}$이 포함된 화학량론

다음 반응식에 따라 암모니아는 산소와 반응한다.

$$4\,NH_3(g) + 5\,O_2(g) \longrightarrow 4\,NO(g) + 6\,H_2O(g) \qquad \Delta H_{반응} = -906\ kJ$$

NH_3 155 g이 완전히 반응할 때 연관된 열량(kJ)을 계산하시오.

▶ 연습문제 8.7+ 1.5×10^3 kJ의 열을 만드는 데 필요한 뷰테인은 몇 그램인가? 생성되는 CO_2의 질량은 얼마인가?

$$C_4H_{10}(g) + \tfrac{13}{2}O_2(g) \longrightarrow 4\,CO_2(g) + 5\,H_2O(g) \qquad \Delta H_{반응} = -2658\ kJ$$

▶ 심화 학습 예제 8.11/복습문제 75~80

✔ 확인문제 8.6

다음 반응을 살펴보자.

$$2\,A + 3\,B \longrightarrow 2\,C \qquad \Delta H_{반응} = -100\ kJ$$

처음에 반응 혼합물에 A 5 mol과 B 6 mol이 들어 있다. 반응이 가능한 한 최대로 일어났을 때 발생하는 열(kJ)은 얼마인가?

(a) 100 kJ (b) 150 kJ (c) 200 kJ (d) 300 kJ

8장 복습

자가진단 퀴즈

1. 황과 플루오린이 반응하여 육플루오린화 황이 생성된다.

$$S(s) + 3\,F_2(g) \longrightarrow SF_6(g)$$

S 2.55 mol이 완전히 반응하는 데 필요한 F_2의 몰수는 얼마인가?

(a) 0.85 mol (b) 2.55 mol (c) 7.65 mol (d) 15.3 mol

2. 염화 수소 기체와 산소 기체가 반응하여 수증기와 염소 기체가 생성된다.

$$4\,HCl(g) + O_2(g) \longrightarrow 2\,H_2O(g) + 2\,Cl_2(g)$$

반응할 수 있는 HCl의 양이 다음 그림과 같을 때, HCl과 완전히 반응하는 데 필요한 산소의 양을 나타낸 것은 무엇인가?

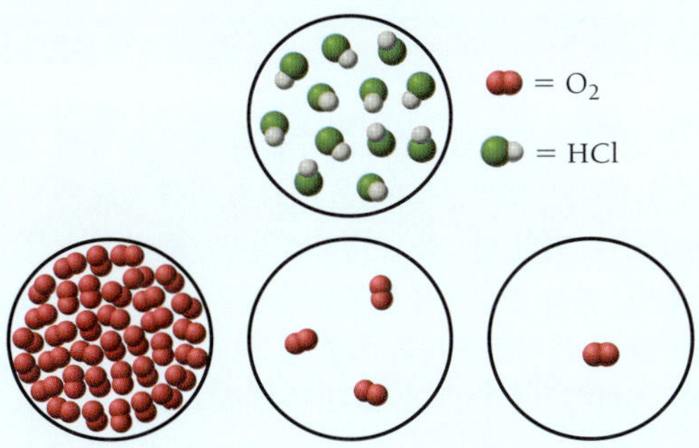

(a) (b) (c)

3. 소듐과 플루오린이 반응하여 플루오린화 소듐이 생성된다. 플루오린 12.5 g이 충분한 양의 소듐과 완전히 반응했을 때 플루오린화 소듐이 얼마나 생성되는가?

$$2\,Na(s) + F_2(g) \longrightarrow 2\,NaF(s)$$

(a) 0.658 g (b) 13.8 g (c) 6.91 g (d) 27.6 g

4. 다음 반응에서 A 11 mol과 B 16 mol이 결합하여 반응이 가능한 한 최대로 일어났을 때 생성되는 C의 몰수는 얼마인가?

$$3\,A + 4\,B \longrightarrow 2\,C$$

(a) 7.3 mol (b) 8.0 mol (c) 17 mol (d) 32 mol

5. 다음 반응에서 반응 혼합물에 A 6 mol, B 8 mol, C 10 mol이 들어 있다. 한계 반응물은 무엇인가?

$$2\,A + 3\,B + C \longrightarrow 2\,D$$

(a) A (b) B (c) C (d) D

6. 메탄올(CH_3OH)과 산소가 반응하여 이산화 탄소와 물이 생성된다.

$$2\,CH_3OH(g) + 3\,O_2(g) \longrightarrow 2\,CO_2(g) + 4\,H_2O(g)$$

메탄올과 산소의 반응 혼합물이 다음 그림과 같을 때, 반응이 가능한 한 최대로 일어난 후의 반응 혼합물을 나타낸 것은 무엇인가?

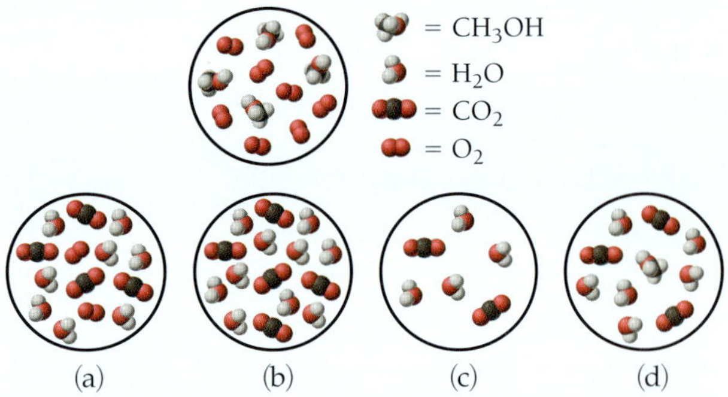

7. 소듐과 염소가 반응하여 염화 소듐이 생성된다.

$$2\ Na(s) + Cl_2(g) \longrightarrow 2\ NaCl(s)$$

Na 55.0 g과 Cl_2 67.2 g이 반응할 때 NaCl의 이론적 수득량은 얼마인가?

(a) 1.40×10^2 g NaCl (b) 111 g NaCl
(c) 55.4 g NaCl (d) 222 g NaCl

8. 어떤 반응의 이론적 수득량이 22.8 g이다. 반응이 일어난 후의 수득량이 15.1 g일 때 백분율 수율은 얼마인가?

(a) 151% (b) 66.2% (c) 344% (d) 88.2%

9. Ti는 다음과 같이 산화물에서 얻을 수 있다. TiO_2 42.0 g을 C 11.5 g과 반응시켜 Ti 18.7 g을 얻었을 때 이 반응의 백분율 수율은 얼마인가?

$$TiO_2(s) + 2\ C(s) \longrightarrow Ti(s) + CO(g)$$

(a) 74.2% (b) 81.6% (c) 122% (d) 41%

10. 발열 반응을 가장 잘 설명한 것은 무엇인가?

(a) 발열 반응은 열을 방출한다.
(b) 발열 반응은 열을 흡수한다.
(c) 발열 반응은 적은 양의 생성물만을 형성한다.
(d) 앞의 보기 모두 아님

11. 다음 반응을 살펴보자.

$$A + 2\ B \longrightarrow AB_2 \qquad \Delta H_{반응} = -155\ kJ$$

반응 혼합물에 A 5 mol과 B 8 mol이 들어 있다. 반응이 가능한 한 최대로 일어났을 때 방출되거나 흡수되는 열은 얼마인가?

(a) 775 kJ 방출 (b) 775 kJ 흡수
(c) 620 kJ 방출 (d) 620 kJ 흡수

12. 수소 기체와 산소 기체가 반응하여 물이 생성된다.

$$2\ H_2(g) + O_2(g) \longrightarrow 2\ H_2O(g) \qquad \Delta H = -483.5\ kJ$$

226 kJ의 열을 생성하는 데 필요한 수소 기체의 최소 질량은 얼마인가?

(a) 8.63 g (b) 1.88 g (c) 0.942 g (d) 0.935 g

정답 1.c 2.b 3.d 4.a 5.b 6.a 7.b 8.b 9.b 10.a 11.c 12.b

화학 원리

관련 내용

화학량론

균형 화학 반응식은 반응물의 양과 생성물의 양 사이 정량적 관계를 보여준다. 예를 들어 $2\ H_2 + O_2 \longrightarrow 2\ H_2O$는 H_2 2 mol과 O_2 1 mol이 반응하여 H_2O 2 mol이 생성된다는 것을 나타낸다. 이러한 관계를 이용하여 일정량의 반응물에 대해 가능한 생성물의 양 또는 어떤 반응물이 일정량의 다른 반응물과 완전히 반응하는 데 필요한 양과 같은 것을 계산할 수 있다. 화학 반응에서 반응물과 생성물의 정량적인 관계를 반응 화학량론이라고 한다.

화학 반응에서 반응물과 생성물 간의 수치적 관계를 알고 싶은 경우가 종종 있기 때문에 반응 화학량론이 중요하다. 예를 들어 일정량의 특정 화석연료가 연소할 때 온실가스인 이산화 탄소가 얼마나 생성되는지 알고 싶을 수 있다.

한계 반응물, 이론적 수득량, 백분율 수율

화학 반응에서 한계 반응물이란 특정 경우의 반응에 사용되는 각 반응물의 양에 대해 형성될 수 있는 생성물의 양을 제한하는 반응물이다. 화학 반응에서 이론적 수득량은 한계 반응물을 기반으로 생성될 수 있는 생성물의 양이다. 화학 반응에서 실제 수득량은 실제로 생성되는 생성물의 양이다. 화학 반응에서 백분율 수율은 실제 수득량을 이론적 수득량으로 나눈 후 100%를 곱한 것이다.

한계 반응물, 이론적 수득량, 백분율 수율의 계산을 통해 화학 반응을 정량적으로 이해할 수 있다. 조리법을 따르기 위해 재료 간의 관계를 알아야 하는 것처럼, 화학 반응을 수행하려면 반응물과 생성물 간의 관계를 알아야 한다. 화학 반응에서 백분율 수율은 반응의 성공도를 측정할 때 사용되곤 한다. 조리법에 따라 최종 생성물의 1%만 만들었다면 요리가 실패했을 것이다. 마찬가지로 화학 반응에서 낮은 백분율 수율은 일반적으로 불충분한 것으로 간주되고 높은 백분율 수율은 훌륭한 것으로 간주된다.

반응 엔탈피

일정한 압력하에서 화학 반응에 의해 방출되거나 흡수되는 열량을 반응 엔탈피($\Delta H_{반응}$)라고 한다.

반응 엔탈피는 반응이 일어나는 동안 반응물의 양과 생성되는 열에너지의 양 사이 관련성을 알려준다. 예를 들어 주어진 양의 에너지를 만드는 데 필요한 연료의 양과 같은 것을 구하는 데 중요하다.

화학 문제를 푸는 기술

예제

학습목표: 균형 화학 방정식에서 반응물과 생성물 간의 몰수 대 몰수 변환을 수행한다(8.3절).

분류

소듐의 몰수가 주어졌고, 반응에 의해 생성된 산화 소듐의 몰수를 구해야 한다.

전략

해결도표는 주어진 물질의 몰수로 시작하고 균형 화학 반응식에서 얻은 환산 인자를 사용하여 구하고자 하는 물질의 몰수를 계산한다.

풀이

구하고자 하는 물질의 몰수를 얻기 위해 해결도표를 따라 문제를 푼다.

검토

단위가 옳은가? 답이 합당한가?

예제 8.8 몰수 대 몰수 변환

소듐 4.8 mol로 산화 소듐을 몇 몰 얻을 수 있는가? 산소가 충분하다고 가정하며, 균형 반응식은 다음과 같다.

$$4\ \mathrm{Na}(s) + \mathrm{O_2}(g) \longrightarrow 2\ \mathrm{Na_2O}(s)$$

주어진 값: 4.8 mol Na

구해야 하는 값: mol Na_2O

해결도표

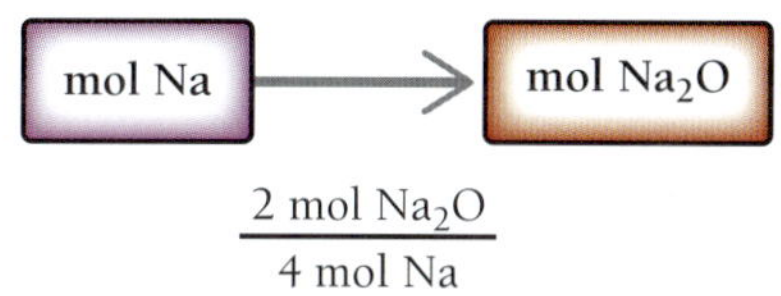

사용된 관계식

4 mol Na : 2 mol Na_2O

답

$$4.8\ \cancel{\mathrm{mol\ Na}} \times \frac{2\ \mathrm{mol\ Na_2O}}{4\ \cancel{\mathrm{mol\ Na}}} = 2.4\ \mathrm{mol\ Na_2O}$$

단위(mol Na_2O)가 옳고 답의 크기도 합당하다. 주어진 Na의 몰수와 자릿수가 같기 때문이다.

학습목표: 균형 화학 방정식과 몰질량을 기반으로 반응물과 생성물 간의 질량 대 질량 변환을 수행한다(8.4절).

분류

소듐의 질량이 주어졌고, 반응으로 생성된 산화 소듐의 질량을 구해야 한다.

전략

주어진 물질의 질량으로 시작하여 해결도표를 만든다. 몰질량을 이용하여 몰수로 변환한 후 균형 화학 반응식에서 얻은 환산 인자를 사용하여 구하고자 하는 물질의 몰수로 변환한다. 그런 다음 구하고자 하는 물질의 몰질량을 이용하여 질량으로 변환한다.

예제 8.9 질량 대 질량 변환

소듐 17.4 g으로 산화 소듐을 몇 그램 얻을 수 있는가? 산소가 충분하다고 가정하며, 균형 반응식은 다음과 같다.

$$4\ \mathrm{Na}(s) + \mathrm{O_2}(g) \longrightarrow 2\ \mathrm{Na_2O}(s)$$

주어진 값: 17.4 g Na

구해야 하는 값: g Na_2O

해결도표

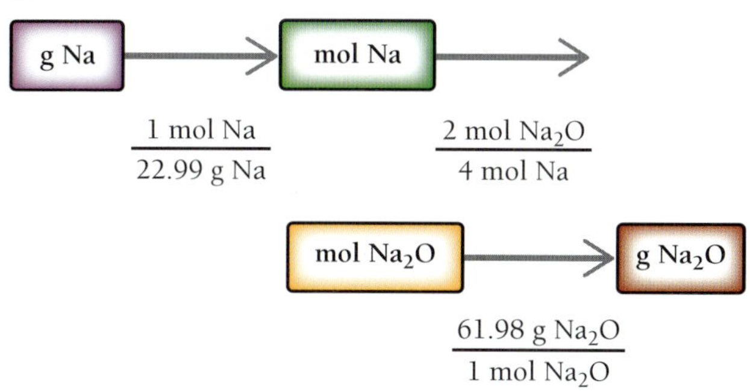

사용된 관계식

4 mol Na = 2 mol Na_2O (균형 반응식으로부터)

Na 몰질량 = 22.99g/mol

Na_2O 몰질량 = 61.98 g/mol

풀이

주어진 물질의 양으로 시작하고 적절한 환산 인자를 곱하여 구하고자 하는 물질의 질량을 얻음으로써 답을 계산한다.

답

$$17.4\ \text{g Na} \times \frac{1\ \text{mol Na}}{22.99\ \text{g Na}} \times \frac{2\ \text{mol Na}_2\text{O}}{4\ \text{mol Na}} \times \frac{61.98\ \text{g Na}_2\text{O}}{1\ \text{mol Na}_2\text{O}} = 23.5\ \text{g Na}_2\text{O}$$

검토

단위가 옳은가? 답이 합당한가?

단위(g Na_2O)는 옳고 답의 크기도 합당하다. 주어진 Na의 질량과 자릿수가 같기 때문이다.

학습목표: 균형 화학 반응식의 한계 반응물, 이론적 수득량, 백분율 수율을 계산한다(8.5절, 8.6절).

예제 8.10 한계 반응물, 이론적 수득량, 백분율 수율

As 10.4 g과 S 11.8 g이 반응하여 As_2S_3 14.2 g이 생성된다. 이 반응의 한계 반응물, 이론적 수득량, 백분율 수율을 구하시오. 균형 화학 반응식은 다음과 같다.

$$2\ \text{As}(s) + 3\ \text{S}(l) \longrightarrow \text{As}_2\text{S}_3(s)$$

분류

반응에 의해 생성된 황화 비소의 질량과 비소, 황의 질량이 주어졌고 한계 반응물, 이론적 수득량, 백분율 수율을 구해야 한다.

주어진 값: 10.4 g As
11.8 g S
14.2 g As_2S_3

구해야 하는 값: 한계 반응물
이론적 수득량
백분율 수율

전략

한계 반응물 문제에 대한 해결도표는 각 반응물의 질량을 어떻게 각 반응물에 대한 생성물의 질량으로 변환하는지를 보여준다. 이것은 기본 윤곽인 '질량 ⟶ 몰수 ⟶ 몰수 ⟶ 질량'을 수반하는 질량 대 질량의 변환이다. 가장 적은 양의 생성물을 형성하는 반응물이 한계 반응물이다.

필요한 환산 인자는 각 반응물과 생성물 간의 화학량론적 관계이다. 또한 각 반응물과 생성물의 몰질량이 필요하다.

해결도표

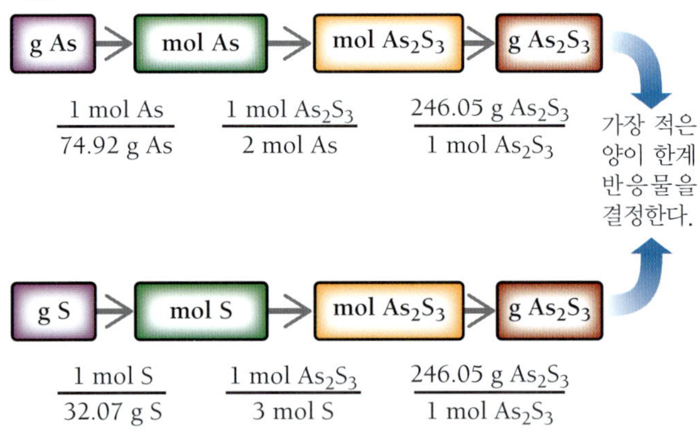

사용된 관계식

2 mol As = 1 mol As_2S_3

3 mol S = 1 mol As_2S_3

As 몰질량 = 74.92 g/mol

S 몰질량 = 32.07 g/mol

As_2S_3 몰질량 = 246.05 g/mol

풀이

각 반응물에 의해 형성된 생성물의 양을 계산하려면 우선 주어진 각 반응물의 양으로 해결도표에서 보듯이 적절한 환산 인자를 곱하여 각 반응물에 대한 생성물의 질량을 얻는다. 가장 적은 양의 생성물을 형성하는 반응물이 한계 반응물이다.

답

$$10.4\ \text{g As} \times \frac{1\ \text{mol As}}{74.92\ \text{g As}} \times \frac{1\ \text{mol As}_2\text{S}_3}{2\ \text{mol As}} \times \frac{246.05\ \text{g As}_2\text{S}_3}{1\ \text{mol As}_2\text{S}_3} = 17.1\ \text{g As}_2\text{S}_3$$

한계 반응물 (10.4 g As)

생성물의 최소량 (17.1 g As_2S_3)

$$11.8\ \text{g S} \times \frac{1\ \text{mol S}}{32.07\ \text{g S}} \times \frac{1\ \text{mol As}_2\text{S}_3}{3\ \text{mol S}} \times \frac{246.05\ \text{g As}_2\text{S}_3}{1\ \text{mol As}_2\text{S}_3} = 30.2\ \text{g As}_2\text{S}_3$$

이론적 수득량은 한계 반응물에 의해 생성된 생성물의 양이다. 백분율 수율은 실제 수득량을 이론적 수득량으로 나눈 후 100%를 곱한 것이다.

한계 반응물은 As이다.

이론적 수득량은 As_2S_3 17.1 g이다.

$$\text{백분율 수율} = \frac{\text{실제 수득량}}{\text{이론적 수득량}} \times 100\% = \frac{14.2\ \text{g}}{17.1\ \text{g}} \times 100\% = 83.0\%$$

백분율 수율은 83.0%이다.

검토

단위가 옳은가? 답이 합당한가?

이론적 수득량은 단위(g As_2S_3)가 옳고 답의 크기도 합당하다. 주어진 As, S의 질량과 자릿수가 같기 때문이다. 또한 이론적 수득량이 100%보다 작으므로 타당하다. 100%를 넘으면 답을 의심해보아야 한다.

학습목표: **화학 반응에 의해 방출되거나 흡수되는 열에너지의 양을 계산한다(8.7절).**

예제 8.11 $\Delta H_{반응}$이 포함된 화학량론

CH_4 25.0 g을 완전 연소시킬 때 방출하는 열(kJ)을 계산하시오.

$$CH_4(g) + 2\,O_2(g) \longrightarrow CO_2(g) + 2\,H_2O(g) \qquad \Delta H_{반응} = -802\ \text{kJ}$$

분류

메테인의 몰질량이 주어졌고, 연소 반응에서 방출된 열의 양을 kJ로 구해야 한다.

주어진 값: 25 g CH_4

구해야 하는 값: kJ

전략

주어진 물질의 질량으로 시작하여 해결도표를 만든다. 몰질량을 사용하여 몰로 바꾸고 $\Delta H_{반응}$을 사용하여 kJ로 변환한다.

해결도표

g CH_4 → mol CH_4 → kJ

$\dfrac{1\ \text{mol CH}_4}{16.05\ \text{g CH}_4}$　　$\dfrac{-802\ \text{kJ}}{1\ \text{mol CH}_4}$

사용된 관계식

1 mol CH_4 : −802 kJ (균형 반응식으로부터)

CH_4의 몰질량 = 16.05 g/mol

풀이

해결도표에 따라 문제를 푼다. 주어진 물질의 질량으로 시작하고 적절한 환산 인자를 곱하여 kJ에 도달한다. 열이 주위로 방출되는 경우는 답의 부호가 음이고, 열이 주위로부터 흡수되는 경우는 답의 부호가 양이다.

답

$$25.0\ \text{g CH}_4 \times \frac{1\ \text{mol CH}_4}{16.05\ \text{g CH}_4} \times \frac{-802\ \text{kJ}}{1\ \text{mol CH}_4} = -1.25 \times 10^3\ \text{kJ}$$

검토

단위가 옳은가? 답이 합당한가?

단위(kJ)가 옳고 답이 음수이다. 반응에 의해 열이 발생하기 때문이다.

핵심 용어

기후 변화	실제 수득량	온실가스	한계 반응물
반응 엔탈피($\Delta H_{반응}$)	엔탈피	이론적 수득량	화학량론
백분율 수율			

학습 점검 문제

기초문제

1. 왜 반응 화학량론이 중요한지 설명하고 몇 가지 예를 드시오.
2. 질소와 수소가 반응하여 암모니아가 생성된다.

$$N_2(g) + 3\ H_2(g) \longrightarrow 2\ NH_3(g)$$

(a) 이 반응에서 각 반응물의 몰수와 생성물의 몰수 간 관계를 보여주는 환산 인자는 무엇인가?
(b) 이 반응에서 N_2 분자 2개와 완전하게 반응하는 데 필요한 H_2 분자는 몇 개인가?
(c) N_2 2 mol과 완전하게 반응하는 데 필요한 H_2의 몰수는 얼마인가?

3. 다음 반응에서 Cl_2의 몰수로부터 NaCl의 몰수로 변환하는 데 사용되는 환산 인자는 무엇인가?

$$2\ Na(s) + Cl_2(g) \longrightarrow 2\ NaCl$$

4. 3번 문제의 반응에 대해 'Na 2 g과 Cl_2 1 g이 반응하여 NaCl 2 g이 생성된다'라는 설명은 무엇이 잘못되었는가? 이 설명을 올바르게 수정하시오.
5. 화학 반응에서 반응물의 질량이 주어졌고 이 반응물의 양으로 생성될 수 있는 생성물의 질량을 구하려는 경우에 대한 해결도표의 일반적인 형태는 무엇인가?
6. 토마토 마늘 파스타를 만드는 조리법이 다음과 같다고 하자.

$$\text{면 2컵} + \text{토마토 12개} + \text{마늘 3쪽} \longrightarrow \text{파스타 4인분}$$

면 7컵, 토마토 27개, 마늘 9쪽이 있다면 파스타를 몇 인분 만들 수 있는가? 파스타의 양을 제한하는 재료는 무엇인가?

7. 화학 반응에서 한계 반응물이란 무엇인가?
8. 화학 반응에서 이론적 수득량이란 무엇인가?
9. 화학 반응에서 실제 수득량과 백분율 수율이란 무엇인가?
10. 화학 반응식과 각 반응물의 구체적인 양이 그램으로 주어졌다면 가능한 생성물의 양을 어떻게 구하겠는가?
11. 다음 반응에서 A가 12 g, B가 24 g 있는 경우에 대한 설명으로 옳은 것은 무엇인가?

$$A + 2\ B \longrightarrow C + D$$

(a) A는 틀림없이 한계 반응물일 것이다.
(b) B는 틀림없이 한계 반응물일 것이다.
(c) A의 몰질량이 B보다 작다면 한계 반응물일 것이다.
(d) A의 몰질량이 B보다 크다면 한계 반응물일 것이다.

12. 다음 반응에서 A 25 g과 B 8 g이 반응한다. 최종 혼합물을 분석한 결과 A는 완전히 사용되었고 B는 4 g이 남았다. 한계 반응물은 무엇인가?

$$A + B \longrightarrow C$$

13. 반응 엔탈피($\Delta H_{반응}$)란 무엇인가? 이것은 왜 중요한 양인가?
14. $\Delta H_{반응}$의 부호 사이 관련성과 어떤 반응이 발열인지, 흡열인지에 대해 설명하시오.

복습문제

몰수 대 몰수 변환

15. 다음 반응에서 보기의 각각이 완전히 반응할 때 생성되는 C의 몰수는 얼마인가?

$$2\ A + B \longrightarrow C$$

(a) A의 1 mol　　(b) B의 2 mol
(c) A의 0.5 mol　　(d) B의 0.5 mol

16. 다음 반응에서 보기의 각각과 완전히 반응하는 데 필요한 B의 몰수는 얼마인가?

$$2\ A + 3\ B \longrightarrow 3\ C$$

(a) A의 3 mol　　(b) A의 4 mol
(c) A의 3.5mol　　(d) A의 22 mol

17. 다음 반응에서 보기의 각각이 완전히 반응할 때 생성되는 NO_2의 몰수는 얼마인가?

$$2\ N_2O_5(g) \longrightarrow 4\ NO_2(g) + O_2(g)$$

(a) N_2O_5 2.6 mol　　(b) N_2O_5 11.6 mol
(c) N_2O_5 2.25×10^3 mol　　(d) N_2O_5 2.012×10^{-3} mol

18. 다음 반응에서 보기의 각각이 완전히 반응할 때 생성되는 NH_3의

* 파란색으로 표시된 문제는 이 책 말미에 해답이 제시되어 있다.

몰수는 얼마인가?

$$3\ N_2H_4(l) \longrightarrow 4\ NH_3(g) + N_2(g)$$

(a) N_2H_4 3.5 mol (b) N_2H_4 1.65 mol
(c) N_2H_4 3.3×10^{-3} mol (d) N_2H_4 1.65×10^6 mol

19. 다음 균형 반응식에 따라 황화 수소가 이산화 황과 반응한다.

$$2\ H_2S(g) + SO_2(g) \longrightarrow 3\ S(s) + 2\ H_2O(g)$$

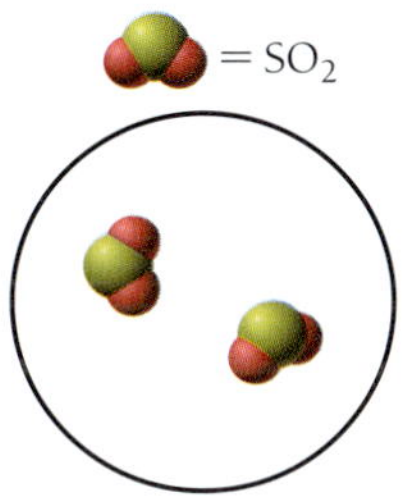

반응에 이용할 수 있는 SO_2의 양이 위 그림과 같을 때, 모든 SO_2와 완전히 반응하는 데 필요한 H_2S의 양을 가장 잘 나타낸 것은 무엇인가?

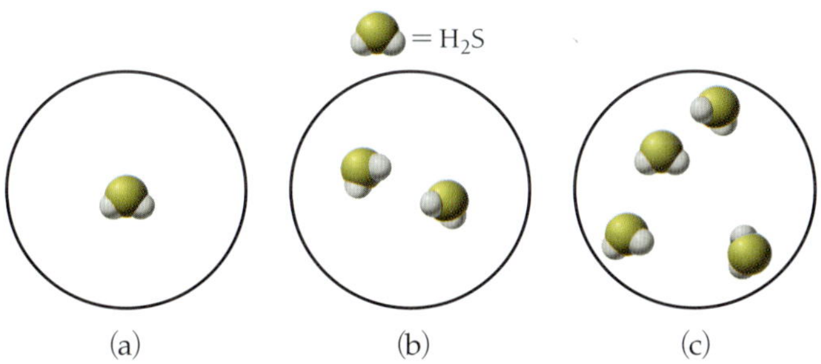

20. 염소 기체는 다음 균형 반응식에 따라 플루오린 기체와 반응한다.

$$Cl_2(g) + 3F_2(g) \longrightarrow 2\ ClF_3(g)$$

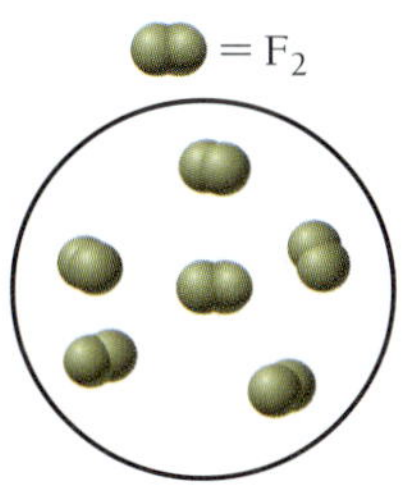

반응에 이용할 수 있는 플루오린의 양이 위 그림과 같고, 이러한 플루오린과 반응하기에 충분한 양의 염소가 있다. 모든 플루오린이 완전히 반응하여 생성된 삼플루오린화 염소(ClF_3)의 양을 가장 잘 나타낸 것은 무엇인가?

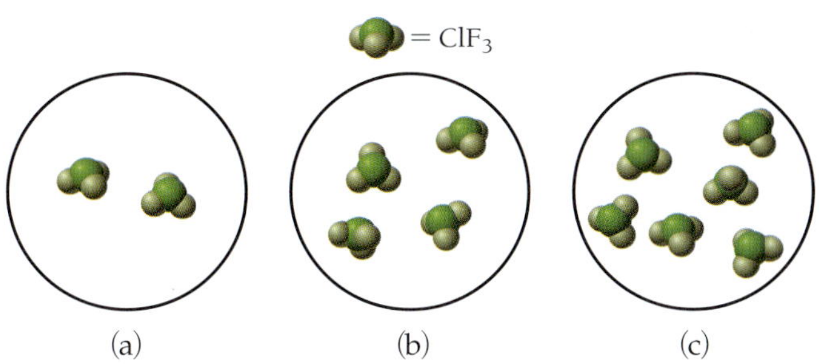

21. 다음 각각의 반응에서 파란색으로 표시된 반응물 2.70 mol이 완전히 반응할 때 형성되는 생성물의 몰수를 구하시오. 나머지 반응물은 충분하다고 가정한다.

(a) $H_2(g) + Br_2(g) \longrightarrow 2\ HBr(g)$
(b) $2\ H_2(g) + O_2(g) \longrightarrow 2\ H_2O(l)$
(c) $4\ K(s) + O_2(g) \longrightarrow 2\ K_2O(s)$
(d) $4\ Al(s) + 3\ O_2(g) \longrightarrow 2\ Al_2O_3(s)$

22. 다음 각각의 반응에서 파란색으로 표시된 반응물 0.144 mol이 완전히 반응할 때 형성되는 생성물의 몰수를 구하시오. 나머지 반응물은 충분하다고 가정한다.

(a) $2Mg(s) + O_2(g) \longrightarrow 2MgO(s)$
(b) $4V(s) + 5O_2(g) \longrightarrow 2V_2O_5(s)$
(c) $4Li(s) + O_2(g) \longrightarrow 2Li_2O(s)$
(d) $4B(s) + 3O_2(g) \longrightarrow 2B_2O_3(s)$

23. 다음 반응에서 주어진 양만큼의 각 반응물이 완전히 반응할 때 각 생성물은 몇 몰 형성되는가? 나머지 반응물은 충분하다고 가정한다.

$$2\ ZnS(s) + 3\ O_2(g) \longrightarrow 2\ ZnO(s) + 2\ SO_2(g)$$

(a) 3.6 mol ZnS (b) 3.6 mol O_2
(c) 8.4 mol ZnS (d) 8.4 mol O_2

24. 다음 반응에서 주어진 양만큼의 각 반응물이 완전히 반응할 때 각 생성물은 몇 몰 형성되는가? 나머지 반응물은 충분하다고 가정한다.

$$C_3H_8(g) + 5\ O_2(g) \longrightarrow 3\ CO_2(g) + 4\ H_2O(g)$$

(a) 2.5 mol C_3H_8 (b) 2.5 mol O_2
(c) 0.875 mol C_3H_8 (d) 0.875 mol O_2

25. 다음 균형 반응식을 살펴보자.

$$2\ N_2H_4(g) + N_2O_4(g) \longrightarrow 3\ N_2(g) + 4\ H_2O(g)$$

반응물과 생성물의 적절한 몰수로 다음 표의 빈칸을 채우시오. 어떤 반응물의 몰수가 주어졌다면 형성되는 각 생성물의 몰수와 필요한 나머지 반응물의 양을 쓰시오. 어떤 생성물의 몰수가 주어졌다면 형성되는 나머지 생성물의 양과 그 양만큼의 생성물을 만드는 데 필요한 각 반응물의 양을 쓰시오.

mol N_2H_4	mol N_2O_4	mol N_2	mol H_2O
	2		
6			
			8
	5.5		
3			
		12.4	

26. 다음 균형 반응식을 살펴보자.

$$SiO_2(s) + 3\ C(s) \longrightarrow SiC(s) + 2\ CO(g)$$

반응물과 생성물의 적절한 몰수로 다음 표의 빈칸을 채우시오. 한 반응물의 몰수가 주어졌다면 형성되는 각 생성물의 몰수와 필요한 나머지 반응물의 양을 쓰시오. 한 생성물의 몰수가 주어졌다면 형성되는 나머지 생성물의 양과 그 양만큼의 생성물을 만드는 데 필요한 각 반응물의 양을 쓰시오.

mol SiO_2	mol C	mol SiC	mol CO
______	6	______	______
3	______	______	______
______	______	______	10
______	9.5	______	______
3.2	______	______	______

27. 뷰테인의 연소에 대한 다음 불균형 반응식을 살펴보자.

$$C_4H_{10}(g) + O_2(g) \longrightarrow CO_2(g) + H_2O(g)$$

반응식의 계수를 맞추고 C_4H_{10} 7.3 mol과 완전히 반응하는 데 필요한 O_2의 몰수를 구하시오.

28. 아세트산의 중화에 대한 다음 불균형 반응식을 살펴보자.

$$HC_2H_3O_2(aq) + Ca(OH)_2(aq) \longrightarrow H_2O(l) + Ca(C_2H_3O_2)_2(aq)$$

반응식의 계수를 맞추고 $HC_2H_3O_2$ 0.852 mol을 완전히 중화하는 데 필요한 $Ca(OH)_2$의 몰수를 구하시오.

29. 다음 반응에서 Zn 1.75 mol과 완전히 반응하는 데 필요한 MnO_2와 H_2O는 각각 몇 몰인가?

$$Zn(s) + 2\,MnO_2(s) + H_2O(l) \longrightarrow Zn(OH)_2(aq) + Mn_2O_3(s)$$

30. 다음 반응에서 Fe 2.25 mol과 완전히 반응하는 데 필요한 O_2와 H_2O는 각각 몇 몰인가?

$$2\,Fe(s) + O_2(g) + 2\,H_2O(l) \longrightarrow 2\,Fe(OH)_2(s)$$

31. 고체 납과 질산 은의 반응에 대한 다음 불균형 반응식을 살펴보자.

$$Pb(s) + AgNO_3(aq) \longrightarrow Pb(NO_3)_2(aq) + Ag(s)$$

(a) 반응식의 균형을 맞추시오.
(b) Pb 9.3 mol과 완전히 반응하는 데 필요한 $AgNO_3$의 몰수는 얼마인가?
(c) Pb 28.4 mol이 완전히 반응할 때 형성되는 Ag의 몰수는 얼마인가?

32. 크로뮴과 황산의 반응에 대한 다음 불균형 반응식을 살펴보자.

$$Cr(s) + H_2SO_4(aq) \longrightarrow Cr_2(SO_4)_3(aq) + H_2(g)$$

(a) 반응식의 균형을 맞추시오.
(b) Cr 4.8 mol과 완전히 반응하는 데 필요한 H_2SO_4의 몰수는 얼마인가?
(c) Cr 2.72 mol이 완전히 반응할 때 형성되는 H_2의 몰수는 얼마인가?

질량 대 질량 변환

33. 다음 반응에서 보기의 각각이 완전히 반응할 때 생성되는 산소는 몇 그램인가?

$$2CdO(s) \longrightarrow 2Cd(s) + O_2(g)$$

(a) 2.58 g CdO (b) 7.74 g CdO
(c) 1.29 kg CdO (d) 3.87 mg CdO

34. 다음 반응에서 보기의 각각이 완전히 반응할 때 생성되는 산소는 몇 그램인가?

$$2\,KClO_3(s) \longrightarrow 2\,KCl(s) + 3\,O_2(g)$$

(a) 2.72 g $KClO_3$ (b) 0.361 g $KClO_3$
(c) 83.6 kg $KClO_3$ (d) 22.4 mg $KClO_3$

35. 다음 각각의 반응에서 파란색으로 표시된 반응물 2.4 g이 완전히 반응할 때 형성되는 생성물은 몇 그램인가? 나머지 반응물은 충분하다고 가정한다.

(a) $2\,Na(s) + Cl_2(g) \longrightarrow 2\,NaCl(s)$
(b) $CaO(s) + CO_2(g) \longrightarrow CaCO_3(s)$
(c) $2\,Mg(s) + O_2(g) \longrightarrow 2\,MgO(s)$
(d) $Na_2O(s) + H_2O(l) \longrightarrow 2\,NaOH(aq)$

36. 다음 각각의 반응에서 파란색으로 표시된 반응물 18.7 g이 완전히 반응할 때 형성되는 생성물은 몇 그램인가? 나머지 반응물은 충분하다고 가정한다.

(a) $Ca(s) + Cl_2(g) \longrightarrow CaCl_2(s)$
(b) $2\,K(s) + Br_2(l) \longrightarrow 2\,KBr(s)$
(c) $4\,Cr(s) + 3\,O_2(g) \longrightarrow 2\,Cr_2O_3(s)$
(d) $2\,Sr(s) + O_2(g) \longrightarrow 2\,SrO(s)$

37. 다음 반응에서 주어진 양만큼의 각 반응물이 완전히 반응할 때 각 생성물은 몇 그램 형성되는가? 나머지 반응물은 충분하다고 가정한다.

$$2\,Al(s) + Cr_2O_3(s) \longrightarrow Al_2O_3(s) + 2Cr(l)$$

(a) 7.4 g Al (b) 7.4 g Cr_2O_3

38. 다음 반응에서 주어진 양만큼의 각 반응물이 완전히 반응할 때 각 생성물은 몇 그램 형성되는가? 나머지 반응물은 충분하다고 가정한다.

$$2\,HCl(aq) + Na_2CO_3(aq) \longrightarrow 2\,NaCl(aq) + H_2O(l) + CO_2(g)$$

(a) 10.8 g HCl (b) 10.8 g Na_2CO_3

39. 천연가스의 성분인 메테인의 연소에 대한 다음 균형 반응식을 살펴보자.

$$CH_4(g) + 2\,O_2(g) \longrightarrow CO_2(g) + 2\,H_2O(g)$$

반응물과 생성물의 적절한 질량으로 다음 표의 빈칸을 채우시오. 한 반응물의 질량이 주어졌다면 형성되는 각 생성물의 질량 및 주어진 질량과 완전히 반응하는 데 필요한 나머지 반응물의 질량을 쓰시오. 한 생성물의 질량이 주어졌다면 형성되는 나머지 생성물의 질량과 그 양만큼의 생성물을 만드는 데 필요한 각 반응물의 질량을 쓰시오.

CH_4의 질량	O_2의 질량	CO_2의 질량	H_2O의 질량
______	2.57 g	______	______
22.32 g	______	______	______
______	______	______	11.32 g
______	______	2.94 g	______
3.18 kg	______	______	______
______	______	2.35×10^3 kg	______

40. 라이터에 자주 사용되는 연료인 뷰테인의 연소에 대한 다음 균형 반응식을 살펴보자.

$$2\ C_4H_{10}(g) + 13\ O_2(g) \longrightarrow 8\ CO_2(g) + 10\ H_2O(g)$$

반응물과 생성물의 적절한 질량으로 다음 표의 빈칸을 채우시오. 한 반응물의 질량이 주어졌다면 형성되는 각 생성물의 질량 및 주어진 질량과 완전히 반응하는 데 필요한 나머지 반응물의 질량을 쓰시오. 한 생성물의 질량이 주어졌다면 형성되는 나머지 생성물의 질량과 그 양만큼의 생성물을 만드는 데 필요한 각 반응물의 질량을 쓰시오.

C_4H_{10}의 질량	O_2의 질량	CO_2의 질량	H_2O의 질량
______	1.11 g	______	______
5.22 g	______	______	______
______	______	10.12 g	______
______	______	______	9.04 g
232 mg	______	______	______
______	______	118 mg	______

41. 다음 각각의 산·염기 반응에서 2.5 g의 염기와 완전히 반응하여 염기를 중화하는 데 필요한 산은 몇 그램인가?

(a) $HCl(aq) + NaOH(aq) \longrightarrow H_2O(l) + NaCl(aq)$

(b) $2\ HNO_3(aq) + Ca(OH)_2(aq) \longrightarrow 2\ H_2O(l) + Ca(NO_3)_2(aq)$

(c) $H_2SO_4(aq) + 2\ KOH(aq) \longrightarrow 2\ H_2O(l) + K_2SO_4(aq)$

42. 다음 각각의 침전 반응에서 두 번째 반응물 17.0 g과 완전히 반응하는 데 필요한 첫 번째 반응물은 몇 그램인가?

(a) $BaCl_2(aq) + 2AgNo_3(aq) \longrightarrow 2AgCl(s) + Ba(NO_3)_2(aq)$

(b) $Na_2S(aq) + 2AgNo_3(aq) \longrightarrow Ag_2S(s) + 2NaNO_3(aq)$

(c) $K_2Cr_2O_7(aq) + 2AgNo_3(aq) \longrightarrow Ag_2Cr_2O_7(s) + 2KNO_3(aq)$

43. 황산은 다음과 같은 반응에 따라 알루미늄 금속을 녹일 수 있다.

$$2\ Al(s) + 3\ H_2SO_4(aq) \longrightarrow Al_2(SO_4)_3(aq) + 3\ H_2(g)$$

알루미늄 덩어리 22.5 g을 녹이는 데 필요한 H_2SO_4의 최소량은 얼마인가? 알루미늄 덩어리가 완전히 반응할 때 생성되는 H_2 기체는 몇 그램인가?

44. 염산은 다음과 같은 반응에 따라 고체 철을 녹일 수 있다.

$$Fe(s) + 2\ HCl(aq) \longrightarrow FeCl_2(aq) + H_2(g)$$

맹꽁이자물쇠에 있는 철 막대기 6.5 g을 녹이는 데 필요한 HCl은 몇 그램인가? 철 막대기가 완전히 반응할 때 생성되는 H_2 기체는 몇 그램인가?

45. 글루콘산 칼슘($C_{12}H_{22}O_{14}$)은 산소 기체와 반응하여 뱀 모양의 거품을 형성한다. 글루콘산 칼슘 15.0 g이 완전히 반응할 때 생성되는 물은 몇 그램인가?

$$2\ CH_{12}H_{22}CaO_{14}(s) + O_2(g) \longrightarrow 22\ H_2O(g) + 21\ C(s) + 2\ CaO(s) + 3\ CO_2(g)$$

46. 삼아이오딘화 질소는 다음과 같은 반응에 따라 접촉하여 폭발적으로 반응한다. 삼아이오딘화 질소 5.55 g이 완전히 분해될 때 생성되는 질소는 몇 그램인가?

$$2\ NI_3(g) \longrightarrow N_2(g) + 3\ I_2(g)$$

한계 반응물, 이론적 수득량, 백분율 수율

47. 다음 반응에서 보기에 주어진 각각의 A와 B가 반응하면 한계 반응물은 무엇인가?

$$4\ A + 2\ B \longrightarrow 3\ C$$

(a) 5 mol A, 2 mol B (b) 4 mol A, 1.8 mol B
(c) 4 mol A, 3 mol B (d) 40 mol A, 22 mol B

48. 다음 반응에서 보기에 주어진 각각의 A와 B가 반응하면 한계 반응물은 무엇인가?

$$A + 3\ B \longrightarrow C$$

(a) 4.5 mol A, 4.5 mol B (b) 4 mol A, 2 mol B
(c) 1.5 mol A, 5.5 mol B (d) 12 mol A, 48 mol B

49. 다음 반응에서 보기에 주어진 각각의 A와 B가 반응할 때 C의 이론적 수득량을 구하시오.

$$A + 2\ B \longrightarrow 3\ C$$

(a) 1 mol A, 1 mol B (b) 2 mol A, 2 mol B
(c) 1 mol A, 3 mol B (d) 32 mol A, 68 mol B

50. 다음 반응에서 보기에 주어진 각각의 A와 B가 반응할 때 C의 이론적 수득량을 구하시오.

$$2\ A + 3\ B \longrightarrow 2\ C$$

(a) 2 mol A, 4 mol B (b) 3 mol A, 3 mol B
(c) 5 mol A, 6 mol B (d) 4 mol A, 5 mol B

51. 다음 반응에서 보기에 주어진 각 반응물의 처음 양에 대한 한계 반응물은 무엇인가?

$$2\ K(s) + Cl_2(g) \longrightarrow 2\ KCl(s)$$

(a) 1 mol K, 1 mol Cl_2 (b) 1.8 mol K, 1 mol Cl_2

(c) 2.2 mol K, 1 mol Cl_2 (d) 14.6 mol K, 7.8 mol Cl_2

52. 다음 반응에서 보기에 주어진 각 반응물의 처음 양에 대한 한계 반응물은 무엇인가?

$$4\ Cr(s) + 3\ O_2(g) \longrightarrow 2\ Cr_2O_3(s)$$

(a) 2 mol Cr, 2 mol O_2 (b) 3 mol Cr, 3.5 mol O_2
(c) 6 mol Cr, 5 mol O_2 (d) 7 mol Cr, 4.9 mol O_2

53. 다음 반응에서 보기에 주어진 각 반응물의 처음 양에 대한 생성물의 이론적 수득량을 몰수로 계산하시오.

$$2\ Mn(s) + 3\ O_2(g) \longrightarrow 2\ MnO_3(s)$$

(a) 2 mol Mn, 2 mol O_2
(b) 4.8 mol Mn, 8.5 mol O_2
(c) 0.114 mol Mn, 0.161 mol O_2
(d) 27.5 mol Mn, 43.8 mol O_2

54. 다음 반응에서 보기에 주어진 각 반응물의 처음 양에 대한 생성물의 이론적 수득량을 몰수로 계산하시오.

$$W(s) + 3\ F_2(g) \longrightarrow WF_6(s)$$

(a) 3 mol W, 3 mol F_2
(b) 6 mol W, 12 mol F_2
(c) 0.891 mol W, 2.463 mol F_2
(d) 8.91 mol W, 53.5 mol F_2

55. 반응물 A와 B의 반응이 다음과 같다.

$$3\ A + 4\ B \longrightarrow 2\ C$$

처음 반응 용기에 A 3.5 mol과 B 7.0 mol이 들어 있었다. 반응물이 가능한 한 최대로 반응할 때 반응 용기에 A, B, C가 얼마나 남는가? (실제 수득량이 100%라고 가정한다.)

56. 반응물 S와 O_2의 반응이 다음과 같다.

$$2\ S(s) + 3\ O_2(g) \longrightarrow 2\ SO_3(g)$$

처음 반응 용기에 S 5 mol과 O_2 9 mol이 들어 있었다. 반응물이 가능한 한 최대로 반응할 때 반응 용기에 S, O_2, SO_3가 얼마나 남는가? (실제 수득량이 100%라고 가정한다.)

57. 다음 반응을 살펴보자.

$$4\ HCl(g) + O_2(g) \longrightarrow 2\ H_2O(g) + 2\ Cl_2(g)$$

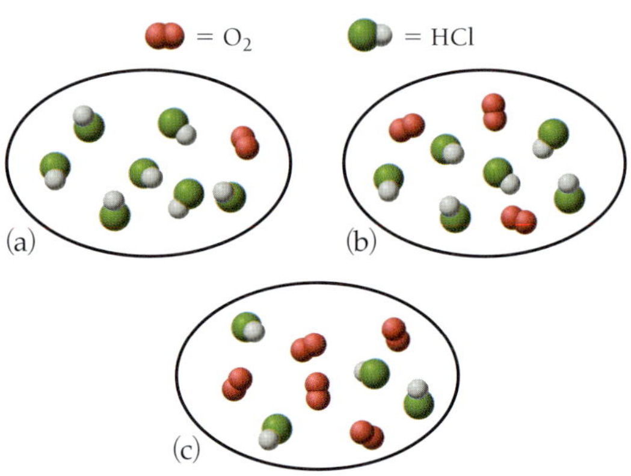

각각의 분자 그림은 반응물의 처음 혼합물을 나타낸다. 각각의 경우에 완전한 반응에 의해 형성되는 Cl_2 분자는 몇 개인가? (실제 수득량이 100%라고 가정한다.)

58. 다음 반응을 살펴보자.

$$2\ CH_3OH(g) + 3\ O_2(g) \longrightarrow 2\ CO_2(g) + 4\ H_2O(g)$$

각각의 분자 그림은 반응물의 처음 혼합물을 나타낸다. 각각의 경우에 완전한 반응에 의해 형성되는 CO_2 분자는 몇 개인가? (실제 수득량이 100%라고 가정한다.)

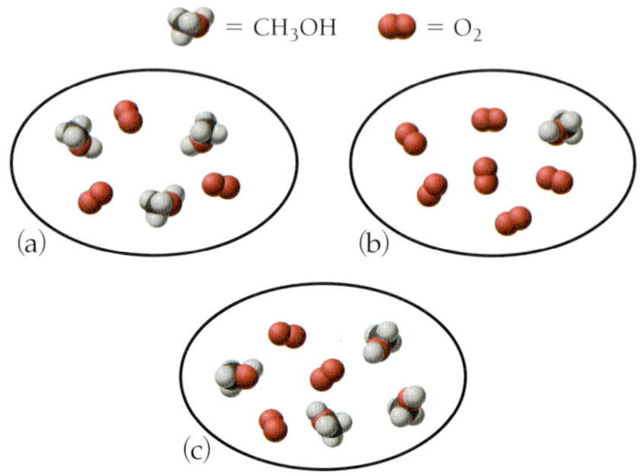

59. 다음 반응에서 보기에 주어진 각 반응물의 처음 양에 대한 한계 반응물은 무엇인가?

$$2\ Fe(s) + 3\ F_2(g) \longrightarrow 2\ FeF_3(s)$$

(a) 2.0 g Fe, 3.0 g F_2
(b) 11.2 g Fe, 33.6 g F_2
(c) 3.39×10^3 g Fe, 2.26×10^3 g F_2

60. 다음 반응에서 보기에 주어진 각 반응물의 처음 양에 대한 한계 반응물은 무엇인가?

$$4\ Al(s) + 3\ O_2(g) \longrightarrow 2\ A1_2O_3(s)$$

(a) 0.25 g Al, 0.25 g O_2
(b) 1.2 g Al, 0.6 g O_2
(c) 0.1 g Al, 0.4 g O_2

61. 다음 반응에서 보기에 주어진 각 반응물의 처음 양에 대한 생성물의 이론적 수득량을 그램으로 계산하시오.

$$2\ Al(s) + 3\ Cl_2(g) \longrightarrow 2\ A1C1_3(s)$$

(a) 1.0 g Al, 1.0 g Cl_2
(b) 5.5 g Al, 19.8 g Cl_2
(c) 0.439 g Al, 2.29 g Cl_2

62. 다음 반응에서 보기에 주어진 각 반응물의 처음 양에 대한 생성물의 이론적 수득량을 그램으로 계산하시오.

$$Ti(s) + 2\ F_2(g) \longrightarrow TiF_4(s)$$

(a) 1.5 g Ti, 1.5 g F_2
(b) 4.5 g Ti, 3.5 g F_2
(c) 0.355 g Ti, 0.325 g F_2

63. 반응의 이론적 수득량이 12.3 g이고 실제 수득량이 8.2 g일 때 백분율 수율은 얼마인가?

64. 반응의 이론적 수득량이 0.236 g이고 실제 수득량이 0.052 g일 때 백분율 수율은 얼마인가?

65. 다음 반응을 살펴보자.

$$CaO(s) + CO_2(g) \longrightarrow CaCO_3(s)$$

한 화학자가 CaO 14.4 g과 CO_2 13.8 g을 반응시켜 $CaCO_3$ 19.4 g을 얻었다. 한계 반응물, 이론적 수득량, 백분을 수율을 구하시오.

66. 다음 반응을 살펴보자.

$$SO_3(g) + H_2O(l) \longrightarrow H_2SO_4(aq)$$

한 화학자가 SO_3 61.5 g과 H_2O 11.2 g을 반응시켜 H_2SO_4 54.9 g을 얻었다. 한계 반응물, 이론적 수득량, 백분율 수율을 구하시오.

67. 다음의 반응을 살펴보자.

$$2\ NiS_2(s) + 5\ O_2(g) \longrightarrow 2\ NiO(s) + 4\ SO_2(g)$$

NiS_2 11.2 g과 O_2 5.43 g을 반응시켜 NiO 4.86 g을 얻었다. 한계 반응물, NiO의 이론적 수득량, 백분율 수율을 구하시오.

68. 다음의 반응을 살펴보자.

$$4\ HCl(g) + O_2(g) \longrightarrow 2\ H_2O(l) + 2\ Cl_2(g)$$

HCl 63.1 g과 O_2 17.2 g을 반응시켜 Cl_2 49.3 g을 얻었다. 한계 반응물, Cl_2의 이론적 수득량, 백분율 수율을 구하시오.

69. 납 이온은 NaCl이 첨가된 용액에서 다음과 같은 반응에 따라 침전될 수 있다.

$$Pb^{2+}(aq) + 2\ NaCl(aq) \longrightarrow PbCl_2(s) + 2\ Na^+(aq)$$

Pb^{2+} 195.7 g이 첨가된 용액에 NaCl 135.8 g을 넣었을 때 $PbCl_2$ 침전물이 형성되었다. 침전물을 여과하여 건조한 후 질량을 쟀더니 252.4 g이었다. 한계 반응물, $PbCl_2$의 이론적 수득량, 백분율 수율을 구하시오.

70. 마그네슘 금속을 산소 존재하에 가열하면 산화 마그네슘을 만들 수 있다. 이 반응의 균형 반응식은 다음과 같다.

$$2\ Mg(s) + O_2(g) \longrightarrow 2\ MgO(s)$$

Mg 10.1 g과 O_2 10.5 g을 반응시켜 MgO 11.9 g을 얻었다. 한계 반응물, 이론적 수득량, 백분율 수율을 구하시오.

71. TiO_2와 C의 다음 반응을 살펴보자.

$$TiO_2(s) + 2\ C(s) \longrightarrow Ti(s) + 2\ CO(g)$$

처음 반응 용기에 각 반응물이 10.0 g씩 들어 있다. 반응물이 가능한 한 최대로 반응했을 때 반응 용기에 남는 TiO_2, C, Ti, CO의 질량을 구하시오. (수율은 100%이다.) (힌트: 한계 반응물은 완전히 소모되지만 과잉 반응물은 소모되지 않는다. 한계 반응물의 양을 사용하여 형성되는 생성물의 양과 반응이 완료된 후 남아 있는 과잉 반응물의 양을 결정한다.)

72. N_2H_4와 N_2O_4의 다음 반응을 살펴보자.

$$2\ N_2H_4(g) + N_2O_4(g) \longrightarrow 3\ N_2(g) + 4\ H_2O(g)$$

처음에 반응 용기에 N_2H_4 27.5 g과 N_2O_4 74.9 g이 들어 있다. 반응물이 가능한 한 최대로 반응했을 때 반응 용기에 남는 N_2H_4, N_2O_4, N_2, H_2O의 질량을 구하시오. (수율은 100%이다.) (힌트: 한계 반응물은 완전히 소모되지만 과잉 반응물은 소모되지 않는다. 한계 반응물의 양을 사용하여 형성되는 생성물의 양과 반응이 완료된 후 남아 있는 과잉 반응물의 양을 결정한다.)

엔탈피와 $\Delta H_{반응}$의 화학량론

73. 다음 각각의 반응을 발열 과정 또는 흡열 과정으로 분류하고 $\Delta H_{반응}$의 부호를 밝히시오.
(a) 빛을 내며 타는 뷰테인
(b) 얼음 운동 처방에 종종 사용되는 화학적 콜드팩에서 일어나는 반응
(c) 양초에서 왁스의 연소

74. 다음 각각의 반응을 발열 과정 또는 흡열 과정으로 분류하고 $\Delta H_{반응}$의 부호를 밝히시오.
(a) 녹고 있는 얼음
(b) 스파크를 내는 연소
(c) 피부에서 증발하는 아세톤

75. 다음 반응에서 보기의 각 반응물이 완전히 반응할 때 방출되는 열을 구하시오. (다른 반응물은 충분히 있다고 가정한다.)

$$2\ A + B \longrightarrow C \qquad \Delta H_{반응} = -110\ kJ$$

(a) 2 mol A (b) 1 mol A (c) 2 mol B (d) 1 mol B

76. 다음 반응에서 보기의 각 반응물이 완전히 반응할 때 방출되는 열을 구하시오. (다른 반응물은 충분히 있다고 가정한다.)

$$2\ A + 3\ B \longrightarrow C \qquad \Delta H_{반응} = -125\ kJ$$

(a) 2 mol A (b) 3 mol A (c) 3 mol B (d) 5 mol B

77. 다음은 매니큐어 제거제의 주성분인 아세톤(C_3H_6O)의 연소에 대한 반응식이다. 매니큐어 제거제 1병에 아세톤이 155 g 들어 있을 때 완전 연소되면 열이 얼마나 방출되는가?

$$C_3H_6O(l) + 4\ O_2(g) \longrightarrow 3\ CO_2(g) + 3\ H_2O(g) \qquad \Delta H_{반응} = -1790\ kJ$$

78. 다음은 CH_4(천연가스의 주성분)의 연소에 대한 반응식이다. CH_4 320 g이 완전 연소되면 열이 얼마나 생성되는가?

$$CH_4(g) + 2\ O_2(g) \longrightarrow CO_2(g) + 2\ H_2O(g) \qquad \Delta H_{반응} = -802.3\ kJ$$

79. 다음은 가솔린의 성분 중 하나인 옥테인(C_8H_{18})의 연소에 대한 반응식이다. 1.55×10^3 kJ의 열을 생성하는 데 필요한 옥테인의 질

량(g)을 구하시오.

$$C_8H_{18}(l) + \frac{25}{2}\,O_2(g) \longrightarrow 8\,CO_2(g) + 9\,H_2O(g) \qquad \Delta H_{반응} = -5074.1\ kJ$$

80. 물의 증발은 다음과 같이 흡열 반응이다. 132 kJ의 열을 흡수시켜 증발시킬 때 증발되어야 하는 물의 질량(g)을 구하시오.

$$H_2O(l) \longrightarrow H_2O(g) \qquad \Delta H_{반응} = +44.01\ kJ$$

심화문제

81. 다음 반응식의 반응 혼합물에 N_2 28 g, O_2 150 g, H_2O 36 g이 들어 있다면 한계 반응물은 무엇인가? (손으로 쓰지 말고 머릿속으로 계산한다.)

$$2\,N_2(g) + 5\,O_2(g) + 2\,H_2O(g) \longrightarrow 4\,HNO_3(g)$$

82. 다음 반응식의 반응 혼합물에 CO 56 g과 O_2 64 g이 들어 있다면 한계 반응물은 무엇인가? (손으로 쓰지 말고 머릿속으로 계산한다.)

$$2\,CO(g) + O_2(g) \longrightarrow 2\,CO_2(g)$$

83. 알려지지 않은 질량의 바륨 이온이 어떤 용액에 녹아 있다. 이 용액에 황산 소듐을 첨가했더니 흰색 침전물이 형성되었다. 침전물을 여과하여 건조한 후 질량을 쟀더니 258 mg이었다. 처음 용액에 들어 있던 바륨의 질량은 얼마인가? (이 반응에 의해 용액에서 모든 바륨이 침전되었다고 가정한다.)

84. 알려지지 않은 질량의 은 이온이 어떤 용액에 녹아 있다. 이 용액에 염화 포타슘을 첨가했더니 흰색 침전물이 형성되었다. 침전물을 여과하여 건조한 후 질량을 쟀더니 318 mg이었다. 처음 용액에 들어 있던 은의 질량은 얼마인가? (이 반응에 의해 용액에서 모든 은이 침전되었다고 가정한다.)

85. 탄산수소 소듐은 배탈이 났을 때 과도한 염산을 중화하는 제산제로 사용되곤 한다. 탄산수소 소듐 4.2 g으로 중화될 수 있는 염산은 몇 그램인가? (힌트: 수용액 상태의 탄산수소 소듐과 염산의 반응에 대한 균형 반응식을 먼저 작성한다.)

86. 화장실 변기용 세제에는 변기 안에 쌓인 탄산 칼슘 침전물을 녹이기 위한 염산이 포함되곤 한다. HCl 5.8 g에 의해 녹을 수 있는 탄산 칼슘의 양은 몇 그램인가? (힌트: 염산과 탄산 칼슘 간의 반응에 대한 균형 반응식을 먼저 작성한다.)

87. 가솔린의 연소로 이산화 탄소와 물이 생성된다. 가솔린을 순수한 옥테인(C_8H_{18})으로 가정하고, 옥테인 1.0 kg이 연소될 때마다 대기 중에 더해지는 이산화 탄소의 양을 킬로그램으로 계산하시오. (힌트: 연소 반응에 대한 균형 반응식을 먼저 작성한다.)

88. 가정용 바비큐의 연료로 프로페인 기체(C_3H_8)를 많이 사용한다. 프로페인 18.9 L(대략 5 gal짜리 탱크 1개 분량)가 완전 연소할 때 생성되는 이산화 탄소는 몇 킬로그램인가? 탱크에 들어 있는 액체 프로페인의 밀도는 0.621 g/mL라고 가정한다. (힌트: 연소 반응에 대한 균형 반응식을 먼저 작성한다.)

89. 어떤 센물 용액에 염화 칼슘 4.8 g이 들어 있다. 모든 칼슘을 완전히 침전시키려면 용액에 인산 소듐을 몇 그램 첨가해야 하는가?

90. 해수에 수산화 소듐을 첨가하면 마그네슘 이온을 침전시킬 수 있다. 해수 시료의 마그네슘 88.4 mg을 완전히 침전시키려면 수산화 소듐을 몇 그램 첨가해야 하는가?

91. 고체 아연과 염산의 단일 치환 반응을 이용하면 실험실에서 수소 기체를 만들 수 있다. 이 반응으로 수소 기체 14.5 g을 만들려면 아연이 몇 그램 필요한가?

92. 과산화 소듐(Na_2O_2)이 물과 반응하면 수산화 소듐과 산소 기체가 생성된다. 이 반응에 대한 균형 반응식을 작성하고, Na_2O_2 35.23 g이 완전히 반응할 때 생성되는 산소가 몇 그램인지 구하시오.

93. 질산 암모늄이 열에 의해 폭발적으로 반응하면 질소 기체와 산소 기체, 기체 상태의 물이 생성된다. 이 반응에 대한 균형 반응식을 작성하고, 질산 암모늄 1.00 kg이 완전히 반응할 때 생성되는 산소가 몇 그램인지 구하시오.

94. 고체 염소산 포타슘의 분해로 고체 염화 포타슘과 산소 기체가 생성되는 것을 이용하면 실험실에서 순수한 산소 기체를 만들 수 있다. 염소산 포타슘 45.8 g으로 만들 수 있는 산소 기체는 몇 그램인가?

95. 무수(無水) 아세트산($C_4H_6O_3$)과 살리실산($C_7H_6O_3$)이 반응하여 아스피린($C_9H_8O_4$)과 아세트산($C_2H_4O_2$)이 생성되는 것을 이용하면 실험실에서 아스피린을 만들 수 있다. 균형 반응식은 다음과 같다.

$$C_4H_6O_3 + C_7H_6O_3 \longrightarrow C_9H_8O_4 + C_2H_4O_2$$

실험실에서 한 학생이 무수 아세트산(밀도 = 1.08 g/mL) 5.00 mL와 살리실산 2.08 g을 합성하여 반응이 완료된 후 아스피린 2.01 g을 얻었다. 이 반응에 대한 한계 반응물, 아스피린의 이론적 수득량, 백분율 수율을 구하시오.

96. 액체 에탄올(C_2H_5OH)의 연소로 이산화 탄소와 물이 생성된다. 12.5 g의 산소 기체 존재하에 에탄올(밀도 = 0.789 g/mL) 3.8 mL가 연소된 후 물(밀도 = 1.00 g/mL) 3.10 mL가 수집되었다. 이 반응에 대한 한계 반응물, H_2O의 이론적 수득량, 백분율 수율을 구하시오. (힌트: 에탄올의 연소에 대한 균형 반응식을 작성한다.)

97. 일반적인 비료인 요소(CH_4N_2O)는 암모니아(NH_3)와 이산화 탄소의 반응으로 합성될 수 있다.

$$2\,NH_3(aq) + CO_2(aq) \longrightarrow CH_4N_2O(aq) + H_2O(l)$$

요소의 산업용 합성에서 암모니아 68.2 kg과 이산화 탄소 105 kg의 반응으로 요소 87.5 kg을 얻었다. 이 반응에 대한 한계 반응물, 요소의 이론적 수득량, 백분율 수율을 구하시오.

98. 자연에서 SiO_2로 발견되는 실리콘은 대부분의 컴퓨터 칩을 만드는

데 사용되는 재료이다. SiO_2가 액체로 녹을 때까지 가열하면 고체 탄소와 반응하여 액체 규소와 일산화 탄소 기체가 생성된다. 규소의 산업용 조제에서 SiO_2 106.6 kg과 탄소 53.3 kg이 반응하여 규소 43.3 kg이 생성되었다. 이 반응에 대한 한계 반응물, 이론적 수득량, 백분율 수율을 구하시오.

99. 음식이나 물, 기타 환경 자원을 통해 섭취되는 납은 납중독을 유발할 수 있다. 이는 중추신경계에 영향을 미치는 심각한 상태인 정신 산만, 무기력, 운동 기능 저하와 같은 증상을 일으킨다. 납중독은 킬레이트 시약으로 치료하는데, 이 물질은 납과 결합하여 납이 오줌으로 배출되게 한다. 이를 위해 사용되는 현대의 킬레이트 시약은 석시머($C_4H_6O_4S_2$)이다. 납중독의 석시머 처치를 위해 적절한 1회 복용량을 결정하려 한다. 환자의 혈류 속에 있는 모든 납과 결합하는 데 필요한 석시머의 최소 질량은 몇 밀리그램인가? 환자의 혈중 납 농도는 0.550 mg/L, 전체 혈액량은 5.0 L이고, 납 1 mol과 결합한다고 가정한다.

100. 광산이나 동굴에 종종 설치되어 있는 응급 호흡 장비는 다음 화학 반응에 의해 작동한다. 산소 공급이 제한되거나 공기가 유독해지면 작업자는 광산을 빠져나오는 동안 이 장비를 사용하여 숨을 쉴 수 있다. 다음 반응은 작업자가 흡입할 수 있는 O_2를 생성하고 호흡의 생성물인 CO_2를 흡수한다.

$$4\ KO_2(s) + 2\ CO_2(g) \longrightarrow 2\ K_2CO_3(s) + 3\ O_2(g)$$

응급 상황 시 탈출하기 위한 15분 동안 작업자가 숨 쉴 수 있는 충분한 양의 산소를 생성하는 데 필요한 KO_2의 최소량은 얼마인가? 성인 1명이 보통의 호흡으로 15분 동안 소비하는 산소는 대략 4.4 g이라고 가정한다.

101. 다음은 가스 바비큐의 연료인 프로페인(C_3H_8)의 연소에 대한 반응식이다.

$$C_3H_8(g) + 5\ O_2(g) \longrightarrow 3\ CO_2(g) + 4\ H_2O(g) \qquad \Delta H_{반응} = -2044\ \text{kJ}$$

돼지고기를 완전히 구우려면 1.6×10^3 kJ을 흡수해야 하고, 바비큐에 의해 생성되는 열의 10%만이 실제로 돼지고기를 굽는 데 흡수될 때, 돼지고기가 구워지는 동안 대기 중에 방출되는 CO_2의 질량은 얼마인가?

102. 목탄은 원래 탄소 성분이다. 4.50×10^3 kJ을 생성하기 위해 충분한 탄소를 태움으로써 발생하는 CO_2의 질량은 얼마인가?

$$C(s) + O_2(g) \longrightarrow CO_2(g) \qquad \Delta H_{반응} = -393.5\ \text{kJ}$$

핵심문제

103. '시끌벅적 교실 실연(loud classroom demonstration)' 중 하나로, 수소가 가득 들어 있는 풍선에 불을 붙이는 것이 있다. 풍선 속의 수소는 공기 중의 산소와 폭발적으로 반응하여 물을 형성한다.

$$2\ H_2(g) + O_2(g) \longrightarrow 2\ H_2O(g)$$

풍선이 수소로만 채워져 있을 때보다 수소와 산소의 혼합물로 채워져 있을 때 폭발 소리가 더 크며, 폭발의 강도는 풍선 속 산소와 수소의 상대적인 양에 좌우된다. 다음 그림은 각기 다른 양의 수소와 산소가 들어 있는 풍선을 보여준다. 균형 화학 반응식에 따르면 어느 풍선의 폭발 소리가 가장 큰가?

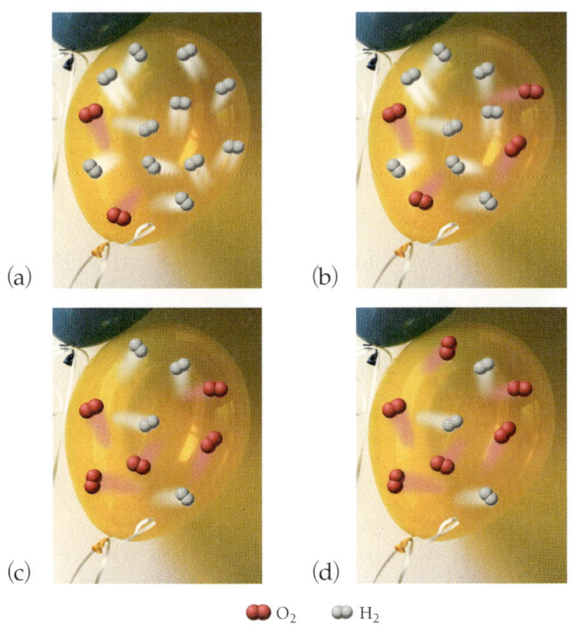

104. 염산 용액은 수산화 소듐 용액을 중화한다. 다음 그림은 HCl이 들어 있는 비커 1개와 NaOH가 들어 있는 비커 4개를 보여준다. HCl 비커를 정확히 중화하는 NaOH 비커는 무엇인가? 중화 반응에 대한 균형 화학 반응식을 먼저 작성한다.

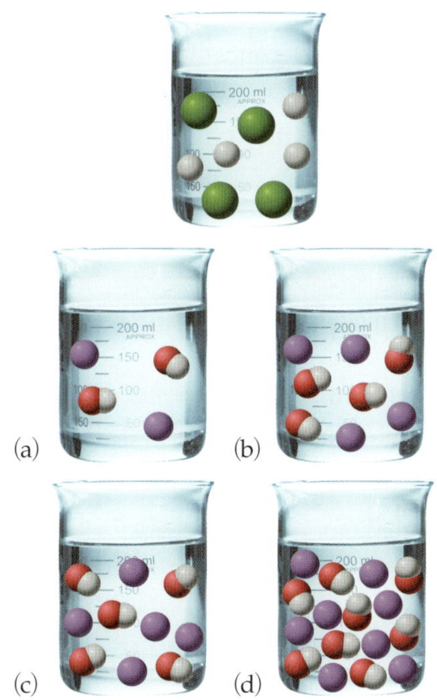

105. 앞에서 보았듯이 과학자들은 대기 중 이산화 탄소 농도의 증가로 인한 지구 온난화의 가능성 때문에 걱정이 커졌다. 전 세계는 매년 9.0×10^{12} kg의 석유와 등가인 화석연료를 태우고 있다. 이 석유가 모두 옥테인(C_8H_{18}) 형태라고 가정하고, 전 세계의 연간 화석연료 연소로 생성되는 CO_2의 양을 킬로그램으로 계산하시오. (힌트: 옥테인의 연소에 대한 균형 반응식을 먼저 작성한다.) 만약 현재의 대기에 3.0×10^{15} kg의 CO_2가 포함되어 있다면 전 세계의 화석연료 연소로 대기 중 이산화 탄소의 양이 2배가 되는 데 얼마가 걸리겠는가?

106. 산성비로 산성화된 호수는 석회석($CaCO_3$)을 첨가하여 중화할 수 있다. 리터당 H_2SO_4 5.0×10^{-3} g이 들어 있는 5.2×10^9 L의 호수를 완전히 중화하는 데 필요한 석회석은 몇 킬로그램인가?

집단 활동 문제

집단을 이루어 다음 문제에 대해 토의하고 합의된 답을 기록한다.

107. 가솔린 55 L(약 15 gal)를 전부 태우는 데 필요한 공기의 부피는 얼마인가? 가솔린이 순수 옥테인(C_8H_{18})이라고 가정한다. (힌트: 공기는 20%가 산소이고, 상온에서 기체 1 mol은 약 25 L를 차지하며, 옥테인의 밀도는 0.70 g/cm³이다.)

108. 각 구성원이 7장에서 다룬 침전 반응 중 하나를 선택하고, 이를 토대로 한계 반응물 문제를 작성한다. 반응물과 생성물의 질량을 제공한다. 문제를 서로 교환하여 한계 반응물, 이론적 수득량, 백분율 수율을 구하시오.

109. 프로페인의 연소 반응은 다음과 같다.

$$C_3H_8(g) + O_2(g) \longrightarrow CO_2(g) + H_2O(g)$$

(a) 균형 화학 반응식을 완성하시오.
(b) 프로페인의 계수로 모든 계수를 나누어 프로페인 1 mol의 연소에 대한 반응이 되게 하시오.
(c) 프로페인 1 mol의 연소에 대한 $\Delta H_{반응}$은 −2,219 kJ이다. 5.0 MJ의 열을 생성하는 데 필요한 프로페인의 질량은 얼마인가?
(d) 프로페인의 가격이 $0.67/L이고 밀도가 2.01 g/cm³일 때, 프로페인을 태워서 5.0 MJ의 열을 생성하는 데 필요한 비용은 얼마인가?

데이터 분석 및 해석

110. 반응물 A와 B가 생성물 C를 만드는 화학 반응을 실험실에서 연구하고 있다. 연구자는 상대적으로 다른 양의 반응물로 반응시켜 생성된 생성물의 양을 측정했으며, 실험 결과는 다음 표와 같다.
(a) A가 한계 반응물인 실험은 무엇인가?
(b) B가 한계 반응물인 실험은 무엇인가?
(c) A의 몰질량이 50.0 g/mol이고, B의 몰질량이 75.0 g/mol이다. 균형 화학 반응식에서 A와 B의 계수는 무엇인가?
(d) C의 몰질량이 88.0 g/mol이다. 균형 화학 반응식에서 C의 계수는 무엇인가?
(e) 반응의 평균 백분율 수율을 구하시오.

실험 #	A의 질량(g)	B의 질량(g)	생성된 C의 질량(g)
1	2.51	7.54	3.76
2	5.03	7.51	7.43
3	7.55	7.52	11.13
4	12.53	7.49	14.84
5	15.04	7.47	14.94
6	19.98	7.51	15.17
7	20.04	9.95	19.31
8	20.02	12.55	24.69

연습문제 해답

8.1 H_2O 49.2 mol
8.2 HCl 6.88g
8.3 H_2SO_4 4.0×10^3 kg
8.4 한계 반응물은 Na이고, 이론적 수득량은 NaF 4.8 mol이다.
8.5 NH_3 30.7 g
8.5+ NH_3 29.4 kg
8.6 한계 반응물은 CO이고, 이론적 수득량 = Fe 127 g, 백분율 수율 = 68.8%이다.
8.7 -2.06×10^3 kJ
8.7+ C_4H_{10} 33 g이 필요하고 CO_2 99 g이 생성된다.

확인문제 해답

8.1 (a) 이 반응은 1개의 CH_4 분자와 반응하기 위해 2개의 O_2 분자를 필요로 하며, 반응에 사용할 수 있는 O_2 분자는 4개이므로, 반응이 완료되려면 CH_4 분자 2개가 필요하다.

8.2 (c) A 1 mol은 C 3 mol을 생성한다. C의 몰질량이 A의 3배라면 생성된 C의 질량은 반응한 A의 6배이다.

8.3 (c) 수소가 한계 반응물이다. 반응 혼합물은 수소 분자 3개를 가지고 있다. 따라서 반응물이 가능한 한 완전히 반응할 때 암모니아 분자 2개가 만들어질 것이다. 질소는 과량으로 존재하여 질소 분자 1개가 남을 것이다.

8.4 (b) 반응 혼합물에 같은 양의 A와 B가 있다면 B의 몰질량이 더 크기 때문에 더 적어져서 B가 한계 반응물이 된다. A 1 mol과 반응하기 위해 B 2 mol이 필요하고 몰수가 더 적기 때문에 B가 한계 반응물이다.

8.5 (d) NO가 한계 반응물이다. 처음에 반응 혼합물에는 NO 4 mol이 포함되어 있다. 따라서 H_2 10 mol이 소비되고 H_2 5 mol이 남는다. 생성물은 NH_3 4 mol과 H_2O 4 mol일 것이다.

8.6 (c) B가 한계 반응물이다. B 4 mol이 반응하면 200 kJ의 열이 생성된다.

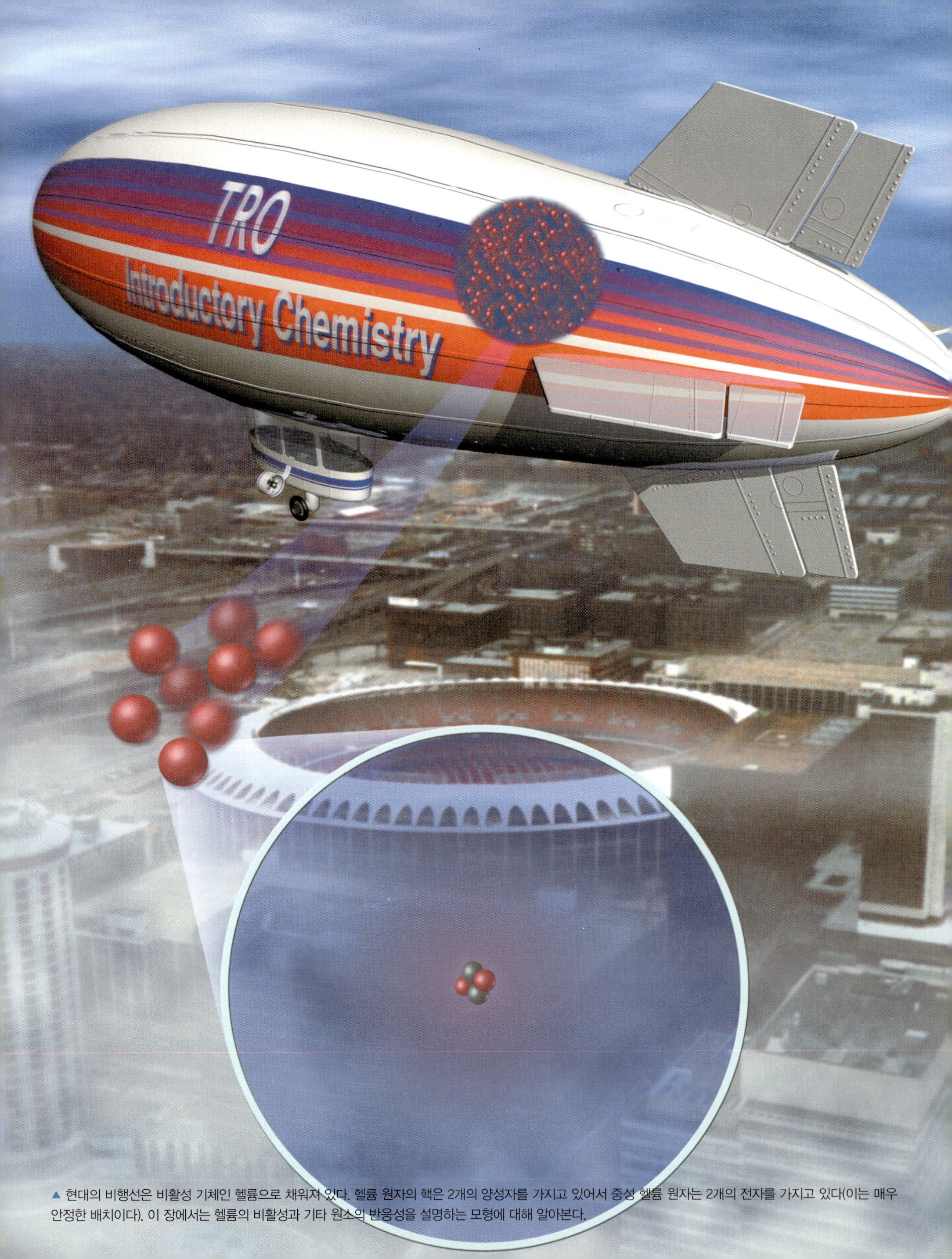

▲ 현대의 비행선은 비활성 기체인 헬륨으로 채워져 있다. 헬륨 원자의 핵은 2개의 양성자를 가지고 있어서 중성 헬륨 원자는 2개의 전자를 가지고 있다(이는 매우 안정한 배치이다). 이 장에서는 헬륨의 비활성과 기타 원소의 반응성을 설명하는 모형에 대해 알아본다.

9 원자 속의 전자와 주기율표

"양자 역학에 충격을 받지 않은 사람은 그것을 이해하지 못한 것이다."

— Niels Bohr(1885~1962)

개요

9.1 기구, 풍선 및 원자 모형

▲ 힌덴부르크는 반응성이 있고 가연성인 수소 기체로 채워져 있었다. 수소 기체를 반응성이 있게 민드는 것은 무엇인가?

하늘에 떠다니는 굿이어(Goodyear) 기구 중 하나를 본 적이 있을 것이다. 굿이어 기구는 로즈볼(Rose Bowl), 인디 500(Indy 500), US 오픈(U.S. Open) 골프 토너먼트와 같은 선수권 스포츠 대회에 종종 등장한다. 기구 고유의 안정성 덕에 기구 아래에 펼쳐진 세계 곳곳의 장관을 텔레비전이나 영화에서 볼 수 있다.

굿이어 기구는 큰 풍선과 유사하다. 비행기는 비행 상태를 유지하려면 빨리 움직여야 하지만, 기구나 비행선은 내부가 공기보다 밀도가 낮은 기체로 채워져 있기 때문에 공중에 떠 있다. 굿이어 기구는 헬륨으로 채워져 있다. 그러나 과거의 비행선은 부력을 위해 수소를 사용했다. 예를 들어 지금까지 만들어진 비행선 중 가장 큰 힌덴부르크(Hindenburg)는 수소로 채워졌는데, 그것은 잘못된 선택이었다. 수소는 반응성이 큰 가연성 기체이다. 1937년 5월 6일, 힌덴부르크는 첫 대서양 횡단 도중 뉴저지에 착륙하면서 화염에 휩싸였고, 비행선은 파괴되어 탑승자 97명 중 36명이 목숨을 잃었다. 힌덴부르크가 착륙할 때 누출된 수소 기체가 발화하면서 폭발로 이어진 것이 명백하다. 이러한 사고가 굿이어 기구에는 일어날 수 없다. 비활성이라 불연성 기체인 헬륨으로 채워져 있기 때문이다. 스파크, 심지어 불꽃이 일더라도 헬륨에 의해 꺼질 것이다.

헬륨은 왜 비활성인가? 헬륨 기체를 비활성으로 만드는 헬륨 원자의 특성은 무엇인가? 그렇다면 수소는 왜 반응성이 있는가? 5장에서 원소 수소는 이원자 원소로 존재한다고 배웠던 것을 상기하라. 수소 원자는 반응성이 크기 때문에 서로 반응함으로써 수소 분자를 만든다. 수소를 반응성 있게 만드는 수소 원자의 특성은 무엇인가? 수소와 헬륨의 다른 반응성은 어떤 차이에서 비롯되는가?

여기에 언급된 주기율은 Mendeleev의 원래 형식을 수정한 것이다. Mendeleev는 원소를 질량이 증가하는 순서대로 나열했지만, 오늘날에는 원자 번호가 증가하는 순서대로 나열한다.

수소와 헬륨의 특성을 조사할 때 본질적 성질에 관해 관찰한다. 4장에서 살펴보았던

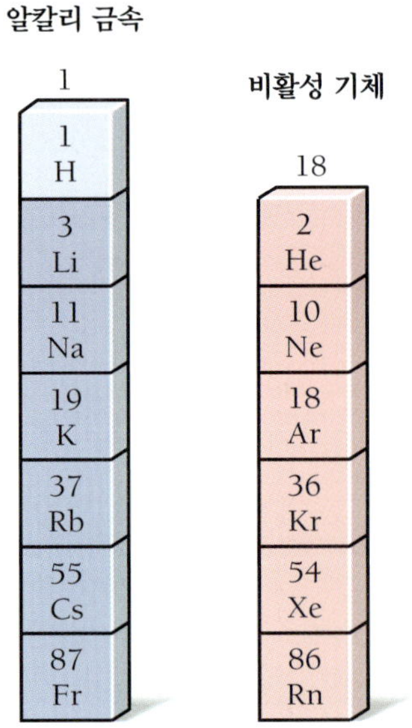

▲ 비활성 기체는 화학적으로 비활성이고, 알칼리 금속은 화학적으로 반응성이 있다. 왜 그런가? (수소는 1족 원소이지만 알칼리 금속으로 보지는 않는다.)

Mendeleev의 주기율은 원소의 특성에 대한 많은 유사한 관찰의 결과를 요약한다.

원소를 원자 번호의 증가 순으로 배열하면 일련의 성질이 주기적으로 반복된다.

수소(1족의 첫 원소)에 의해 나타난 반응성은 리튬, 소듐과 같은 다른 1족 원소에서도 나타난다. 마찬가지로 헬륨(8A족 원소)의 비활성은 네온, 아르곤 등의 비활성 기체와 같은 18족 원소에서 나타난다. 이 장에서는 1족 금속, 비활성 기체와 같은 원소의 족에서 관찰된 거동을 설명하는 데 도움이 되는 모형과 이론을 다룰 것이다. 특히 헬륨의 비활성, 수소의 반응성, 주기율에 대한 설명을 제안하는 두 가지 중요한 모형, 즉 **Bohr 모형**(Bohr model)과 **양자 역학적 모형**(quantum-mechanical model)을 살펴볼 것이다. 이러한 모형은 전자가 원자 속에 어떻게 존재하는지 그리고 전자가 원자의 화학적·물리적 성질에 어떤 영향을 주는지를 설명한다.

우리는 원소의 행동에 대해 이미 많은 것을 배웠다. 예를 들어 소듐은 1+ 이온을 형성하는 경향이 있고, 플루오린은 1− 이온을 형성하는 경향이 있음을 알고 있다. 어떤 원소는 금속이고 어떤 원소는 비금속임을 알고 있다. 비활성 기체가 화학적으로 비활성이고 알칼리 금속은 화학적으로 반응성이 있음을 알고 있다. 그러나 왜 그런지는 알지 못한다. 이 장에서 다루는 모형은 그 이유를 알려준다.

▲ 양자 역학의 발달에 기여한 Einstein과 Bohr(왼쪽)와 Schrödinger(오른쪽)는 자신이 발견한 이론에 당황했다.

이러한 모형은 1900년대 초에 발전하여 물리학에 혁명을 가져왔으며, 가장 근본적인 수준에서 물질에 대한 기본적인 견해를 뒤흔들었다. 모형을 고안한 Niels Bohr, Erwin Schrödinger, Albert Einstein은 자신의 발견에 당황했다. Bohr는 "양자 역학에 충격을 받지 않은 사람은 그것을 이해하지 못한 것이다"라고 말했다. Schrödinger는 "나는 그것을 좋아하지 않는다. 그리고 그것과 관련되었다는 것이 유감이다"라고 한탄했다. Einstein은 "하느님은 우주를 가지고 주사위 놀이를 하지 않는다"라고 주장하면서 그것을 믿지 않았다. 그러나 양자 역학적 모형은 설명할 수 있는 힘을 가지고 있어서 오늘날 의문의 여지가 거의 없다. 양자 역학을 통해 현대 주기율표의 기초를 만들고 화학 결합을 이해할 수 있게 되었다. 양자 역학의 응용에는 레이저, 컴퓨터, 반도체 장치가 포함되며, 또한 양자 역학은 병을 치유하는 약을 설계하는 새로운 방식을 제공한다. 원자에 대한 양자 역학적 모형은 여러모로 현대 화학의 토대가 되었다.

9.2 빛: 전자기 복사

▸ 전자기 복사의 특성을 이해한다.

원자의 모형을 탐구하기 전에 빛에 대해 몇 가지를 이해해야 한다. 이 모형을 구체화하는 데 빛과 원자의 상호작용이 도움을 주었기 때문이다. 우리는 빛에 친숙하지만(빛으로 세상을 본다) 빛이 무엇인지 잘 알지는 못한다. 지금까지 이 책에서 다룬 대부분의 것들과 달리 빛은 물질이 아니다. 빛은 질량이 없다. 빛은 **전자기 복사**(electromagnetic radiation)의 한 형태로, 공간을 3.0×10^8 m/s(300,000 km/s)의 일정 속도로 진행하는 일종의 에너지이다. 이 속도로 적도에서 발생한 빛의 섬광이 1/7초 만에 지구 둘레를 단번에 돈다. 이렇게 빠른 속도는 우리가 폭발음을 듣기 전에 하늘의 불꽃을 볼 수 있는 이유 중 하나이다. 폭발하는 불꽃

▲ 수면이 교란되면 그 지점에서 바깥쪽으로 퍼지는 파동이 만들어진다.

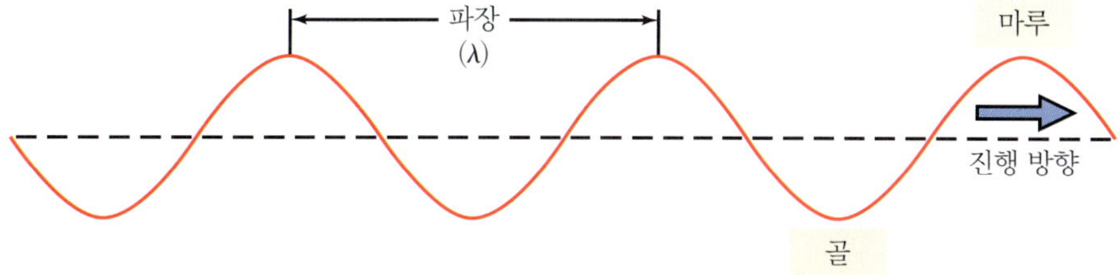

▲ **그림 9.1 파장.** 빛의 파장(λ)은 인접한 파동의 마루(꼭대기) 간 거리로 정의된다.

에서 나오는 빛은 폭발과 거의 동시에 눈에 도달한다. 소리는 속도가 더 느려서 시간이 좀 더 걸린다.

양자 역학의 진보 이전에 빛은 오로지 공간을 통해 이동하는 전자기 에너지의 한 파동으로만 설명되었다. 여러분은 수면파(예: 잔잔한 연못에 돌을 던져서 생긴 파동)에 익숙할 것이다. 또는 로프의 끝을 위아래로 빠르게 흔들어 파동을 만들어보았을 것이다. 어느 경우든 파동은 물속이나 로프를 따라 움직일 때 에너지를 전달한다.

그리스 문자 λ는 '람다'라고 읽는다.

파동은 일반적으로 **파장**(wavelength, λ), 즉 인접한 파동의 꼭대기 간 거리에서 특성이 나타난다(그림 9.1). 가시광선의 경우, 파장은 색깔을 결정한다. 예를 들어 주황빛은 파란빛보다 파장이 더 길다. 태양이나 백열전구로 만들어진 백색광에는 여러 파장의 스펙트럼이 포함되며, 따라서 색 스펙트럼이 포함된다. 무지개에서 또는 백색광이 프리즘을 통과하여 나올 때 이 색깔(빨강, 주황, 노랑, 초록, 파랑, 남색, 보라)을 볼 수 있다(그림 9.2). 파장이 750 nm인 빨간빛은 가시광선 중 파장이 가장 길다. 파장이 400 nm인 보랏빛은 파장이 가장 짧다($1\ \text{nm} = 10^{-9}\ \text{m}$). 백색광에 있는 색의 존재는 일상의 광경에서 보는 색의 원인이다. 예를 들어 빨간색 셔츠는 빨간빛을 반사하기 때문에 빨갛다(그림 9.3). 우리의 눈은 셔츠가 빨간색을 띠게 하는 반사된 빛만 볼 수 있다.

그리스 문자 ν는 '누'라고 읽는다.

광파는 종종 **진동수**(frequency, ν), 즉 주기의 수 또는 1초당 고정점을 통과하는 마루의 수로도 특징지어진다. 파장과 진동수는 역수 관계이다. 파장이 짧을수록 진동수가 커진다. 예를 들어 파란빛은 빨간빛보다 진동수가 더 크다.

20세기 초에 Einstein 등 과학자들은 빛이 파동이 아닌 입자로 기술되어야만 어떤 실험의 결과가 설명될 수 있음을 발견했다. 이러한 기술에서는 예컨대 손전등을 떠난 빛이 입자의

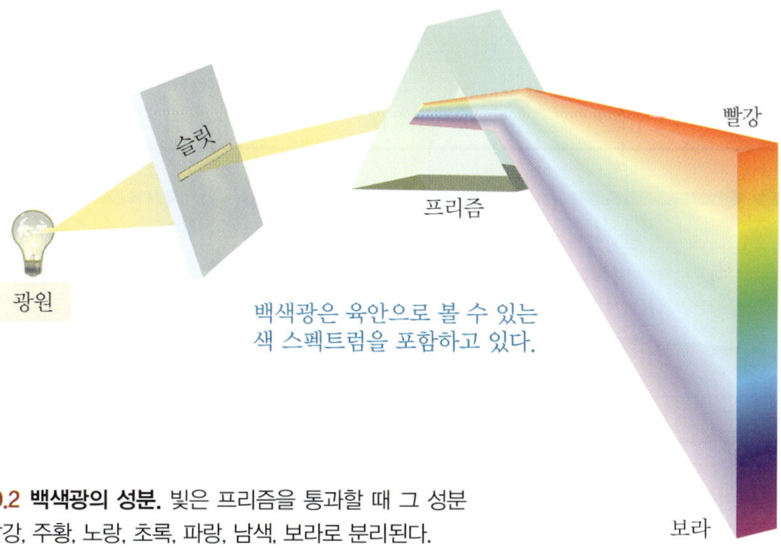

▲ **그림 9.2 백색광의 성분.** 빛은 프리즘을 통과할 때 그 성분 색깔인 빨강, 주황, 노랑, 초록, 파랑, 남색, 보라로 분리된다.

▲ **그림 9.3 물체의 색.** 빨간색 셔츠는 빨간색만 반사하고 그 밖의 모든 색을 흡수하기 때문에 빨간색으로 보이는 것이다.

흐름이다. 빛의 입자는 **광자**(photon)라고 하며, 이는 빛에너지의 단순한 꾸러미로 간주할 수 있다. 꾸러미에 실어 나르는 에너지양은 빛의 파장에 달렸다. 파장이 짧을수록 더 큰 에너지가 전달된다. 수면파의 마루가 서로 가까우면 더 많은 에너지를 전달할 수 있는 것처럼 (해변에 부딪히는 파도를 생각해보라) 광파도 마루가 서로 가까울수록 더 많은 에너지를 전달한다. 그러므로 보라색 광선(더 짧은 파장)이 빨간색 광선(더 긴 파장)보다 광자당 더 많은 에너지를 전달한다.

요약

- 전자기 복사는 3.0×10^8 m/s의 일정 속도로 공간을 통해 진행하는 에너지의 한 형태이며, 파동성과 입자성을 모두 보여준다.
- 전자기 복사의 파장은 그 광자 중 하나에 의해 전달되는 에너지양을 결정한다. 파장이 짧을수록 각 광자의 에너지가 더 많이 전달된다.
- 전자기 복사의 진동수와 에너지는 그 파장과 역수 관계이다.

✔ 확인문제 9.1

다음 중 진동수가 가장 큰 빛의 파장은 무엇인가?

(a) 350 nm (b) 500 nm (c) 750 nm

9.3 전자기 스펙트럼

▸ 다양한 빛의 상대적 파장, 에너지, 진동수를 예측한다.

전자기 복사는 파장의 범위가 10^{-16} m(감마선)~10^6 m(라디오파)이다. 가시광선은 전자기 복사의 모든 파장이 포함된 **전자기 스펙트럼**(electromagnetic spectrum)의 매우 작은 부분이다. 그림 9.4는 오른쪽에 단파장·고진동수의 빛이 위치하고 왼쪽에 장파장·저진동수의 빛이 위치한 전체 전자기 스펙트럼으로, 중간의 가느다란 조각 부분이 가시광선이다.

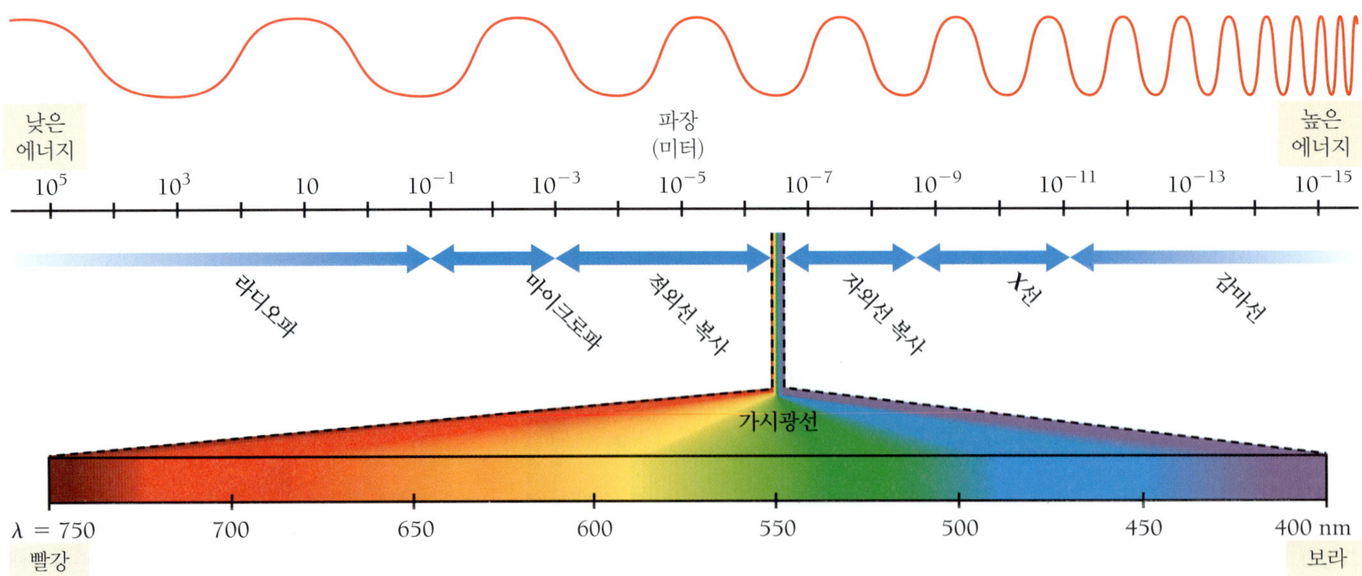

▲ 그림 9.4 전자기 스펙트럼

광자당 전달되는 에너지는 장파장보다 단파장의 경우가 더 크다는 것을 상기하라. 가장 짧은(따라서 가장 에너지가 높은) 파장의 광자는 그림 9.4에서 맨 오른쪽의 **감마선**(gamma ray)이다. 감마선은 태양, 별, 지구의 불안정한 원자핵에서 만들어진다. 감마선 광자의 고에너지는 생체 분자를 손상할 수 있기 때문에 인간이 감마선에 노출되면 위험하다.

전자기 스펙트럼에서 감마선 다음으로 파장이 긴(그리고 에너지가 더 낮은) 것은 **X선**(X-ray)이다. 의료용으로 친숙한 X선은 가시광선이 통과하지 못하는 많은 물질을 통과하므로 몸속의 뼈와 기관을 형상화하는 데 이용된다. 감마선 광자와 마찬가지로 X선 광자도 생체 분자에 손상을 줄 정도로 충분한 에너지를 전달한다. 연간 수회 정도 X선에 노출되는 것은 상대적으로 무해하지만 과다 노출은 암 발병률을 높인다.

전자기 스펙트럼에서 X선과 가시광선 사이에 끼어 있는 **자외선**(ultraviolet, UV light)은 피부를 그을리는 햇빛의 성분으로 익히 알려져 있다. 자외선 광자는 감마선이나 X선 광자처럼 강력하지는 않지만 생체 분자가 손상되기에 충분한 에너지를 전달한다. 자외선에 과도하게 노출되면 피부암과 백내장의 위험이 증가하고 피부 노화를 초래한다. 전자기 스펙트럼에서 자외선 다음에는 보라색(파장이 짧고 에너지가 높음)~빨간색(파장이 길고 에너지가 낮음)에 이르는 **가시광선**(visible light)이 있다. 가시광선 광자는 생체 분자를 손상하지 않으며, 눈에 있는 분자를 재배열하고 신호를 뇌에 전달하여 볼 수 있게 한다.

적외선(infrared light)은 가시광선 다음으로 파장이 길다. 뜨거운 물체 근처에 손을 댔을 때 느껴지는 열이 바로 적외선이다. 몸을 비롯해 따뜻한 모든 물체는 적외선을 방출한다. 적외선은 눈에 보이지 않지만 적외선 센서로 감지할 수 있으며, 어둠 속에서 보는 암시(暗視) 기술에 흔히 사용된다. 전자기 스펙트럼의 적외선 영역에서 (인체와 같은) 따뜻한 물체는 빛을 발하는데, 이는 백열전구가 가시광선 영역에서 빛을 발하는 것과 같다.

적외선보다 파장이 더 긴 **마이크로파**(microwave)는 레이더와 전자레인지에 사용된다. 마이크로파 광선은 가시광선이나 적외선보다 파장이 더 길어(그래서 광자당 에너지가 더 낮음) 물에 의해 효과적으로 흡수되고, 물이 포함된 물질을 가열할 수 있다. 이러한 이유로 음식처럼 물이 포함된 물질을 전자레인지에 넣으면 따뜻해지지만, 접시처럼 물이 포함되지 않은 물질은 따뜻해지지 않는다.

마이크로파 복사를 흡수하는 물질이 포함된 접시도 있지만 대부분의 접시는 그렇지 않다.

가장 긴 파장은 **라디오파**(radio wave)이다. 라디오파는 AM·FM 라디오, 휴대폰, 텔레비전 외 등의 통신 수단용 신호를 전달하는 데 사용된다.

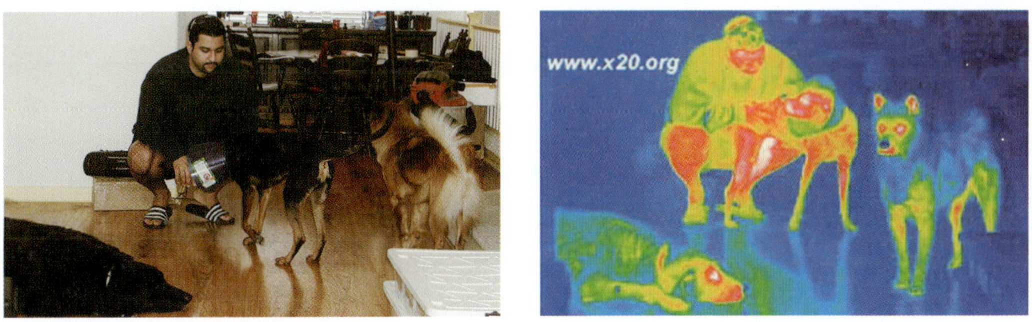

보통 사진 / 적외선 사진

▲ 사람이나 동물의 몸과 같은 따뜻한 물체는 적외선 카메라로 쉽게 검출되는 적외선을 방출한다. 적외선 사진에서는 가장 따뜻한 영역이 붉게 나타나고 가장 차가운 영역이 진한 파란색으로 나타난다.

화학과 건강
암의 방사선 치료

X선과 감마선은 이온화 방사선이라고도 한다. 광자 속에 있는 고에너지가 원자나 분자를 이온화할 수 있기 때문이다. 이온화 방사선이 생체 분자와 반응할 때 이온화 방사선은 생체 분자를 영구히 변화시키거나 심지어 파괴할 수도 있다. 따라서 보통은 이온화 방사선에 노출되는 것을 제한하려고 노력한다. 그러나 의료계에서는 암세포와 같은 세포 내에 있는 분자를 파괴할 때 이온화 방사선을 사용하기도 한다.

방사선 요법에서는 암 종양에 X선 또는 감마선을 쏜다. 이온화 방사선은 유전 정보, 즉 세포가 성장하고 분할하는 데 필요한 정보를 보유한 종양 세포 내 분자를 손상하고, 그 결과 세포가 죽거나 분할을 멈춘다. 이온화 방사선은 건강한 세포 내 분자도 손상하지만, 암세포는 건강한 세포보다 더 빨리 분할하기 때문에 유전적 손상에 더 민감하다. 그렇다 하더라도 치료하는 동안 건강한 세포가 손상되어 피로감, 피부 손상, 탈모 등의 부작용이 일어난다. 방사선 치료사는 적절한 차폐를 통해 그리고 여러 방향에서 종양을 조준하여 이온화 방사선을 쏨으로써 암세포는 최대한 노출되고 건강한 세포는 최소로 노출되게 한다(그림 9.5).

건강한 세포가 방사선에 노출되었을 때의 또 다른 부작용은 방사선이 암을 유발할 수도 있다는 것이다. 즉 암 치료가 암의 원인이 되기도 한다. 그런데도 왜 방사선 요법을 계속 사용하는 것일까? 대부분의 질병 치료법처럼 방사선 요법에도 위험이 도사리고 있다. 한편 우리는 살아가면서 별것 아닌 이유로도 위험을 감수하곤 한다. 예컨대 상해나 사망의 위험을 무릅쓰고 매일 차를 운전한다. 마트에 가서 식재료를 사는 것이 위험을 감수할 만한 가치가 있다고 생각하기 때문이다. 암을 치료하기 위한 방사선 요법도 마찬가지이다. 암 치료의 이득이 위험(장래에 암을 일으킬 확률이 약간 증가하는 것)을 감수할 만한 가치가 있기 때문이다.

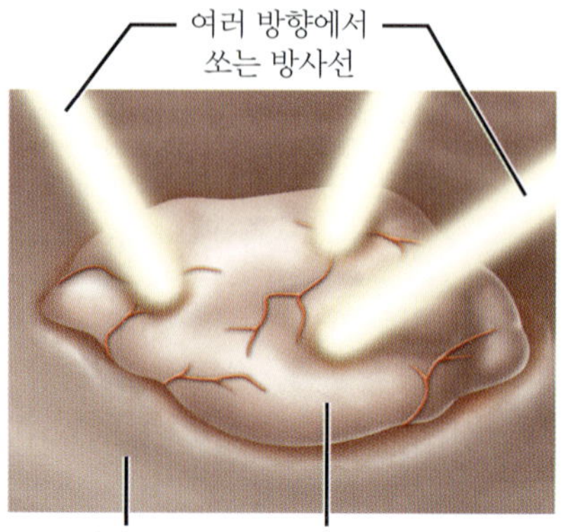

▲ **그림 9.5 방사선 요법.** 방사선 치료사는 여러 방향에서 종양을 조준함으로써 건강한 조직의 손상을 최소화한다.

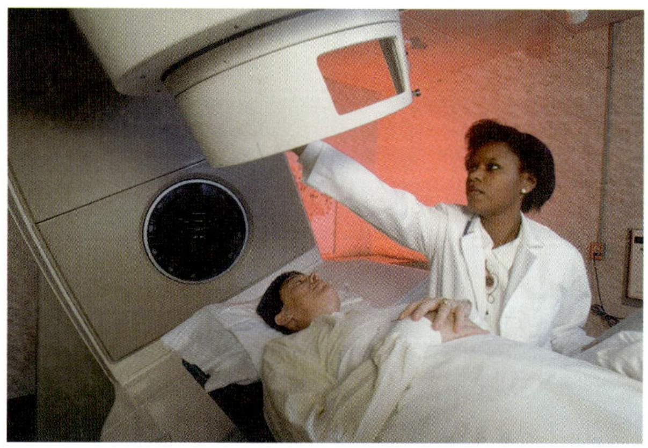

▲ 방사선 요법을 받고 있는 암 환자

질문 왜 가시광선은 암 종양을 파괴할 수 없는가?

예제 9.1 파동, 에너지, 진동수

가시광선, X선, 마이크로파를 다음 각 항목의 크기 순으로 나열하시오.
(a) 파장 (b) 진동수 (c) 광자당 에너지

풀이	답
(a) 그림 9.4를 살펴보면 X선의 파장이 가장 짧고 마이크로파가 가장 길다는 것을 알 수 있다.	X선, 가시광선, 마이크로파
(b) 진동수와 파장은 반비례하므로(파장이 길면 진동수가 짧아짐) (a)의 순서와 정반대이다.	마이크로파, 가시광선, X선
(c) 광자당 에너지는 파장이 길어짐에 따라 감소하고 진동수가 증가함에 따라 증가하므로 (b)의 순서와 같다.	마이크로파, 가시광선, X선

▶ **연습문제 9.1 | 파장, 에너지, 진동수**

가시광선의 색(초록, 빨강, 파랑)을 다음 각 항목의 크기 순으로 나열하시오.

(a) 파장 (b) 진동수 (c) 광자당 에너지

▶ **심화 학습** 예제 9.9/복습문제 31~38

확인문제 9.2

노란색 빛은 보라색 빛보다 파장이 더 길다. 그러므로

(a) 노란색 빛은 보라색 빛보다 광자당 에너지가 더 크다.

(b) 노란색 빛은 보라색 빛보다 광자당 에너지가 더 작다.

(c) 노란색 빛은 보라색 빛과 광자당 에너지가 같다.

9.4 Bohr 모형: 궤도를 가진 원자

▶ Bohr 모형의 주요 특성을 이해한다.

원자는 에너지를 흡수할 때(열, 빛, 전기의 형태로) 종종 그 에너지를 빛으로 다시 방출한다. 예를 들어 네온사인은 기체 상태의 네온 원자로 채워진 하나 이상의 유리 튜브로 이루어져 있다. 전류가 유리 튜브를 통과할 때 네온 원자는 전기 에너지의 일부를 흡수하여 네온사인의 붉은색 빛으로 재방출한다(그림 9.6).

원자에 의한 빛의 흡수나 방출은 원자 내 전자와 빛의 상호작용에 따른 것이다. 튜브 안에 있는 원자가 다르다면 전자는 다른 에너지를 가지게 되고, 방출되는 빛도 다른 색일 것이다. 다시 말해 주어진 원소의 원자는 독특한 색깔의 빛(또는 독특한 파장)을 방출한다. 예를 들어 수은 원자는 파란색 빛을, 수소 원자는 분홍색 빛을(그림 9.7), 헬륨 원자는 주황색 빛을 방출한다.

▲ **그림 9.6 네온사인.** 유리 튜브 안에 있는 네온 원자는 전기 에너지를 흡수하고 빛으로 에너지를 재방출한다.

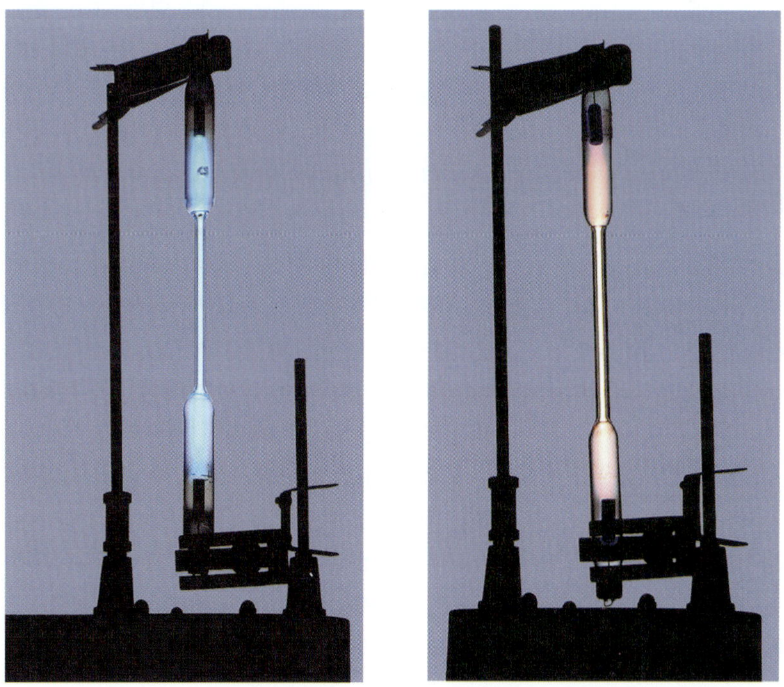

▶ **그림 9.7 원소에 의한 빛 방출.** 수은 램프에서 방출된 빛은 파란색을 띠고(왼쪽), 수소 램프에서 나온 빛은 분홍색 빛을 띤다(오른쪽).

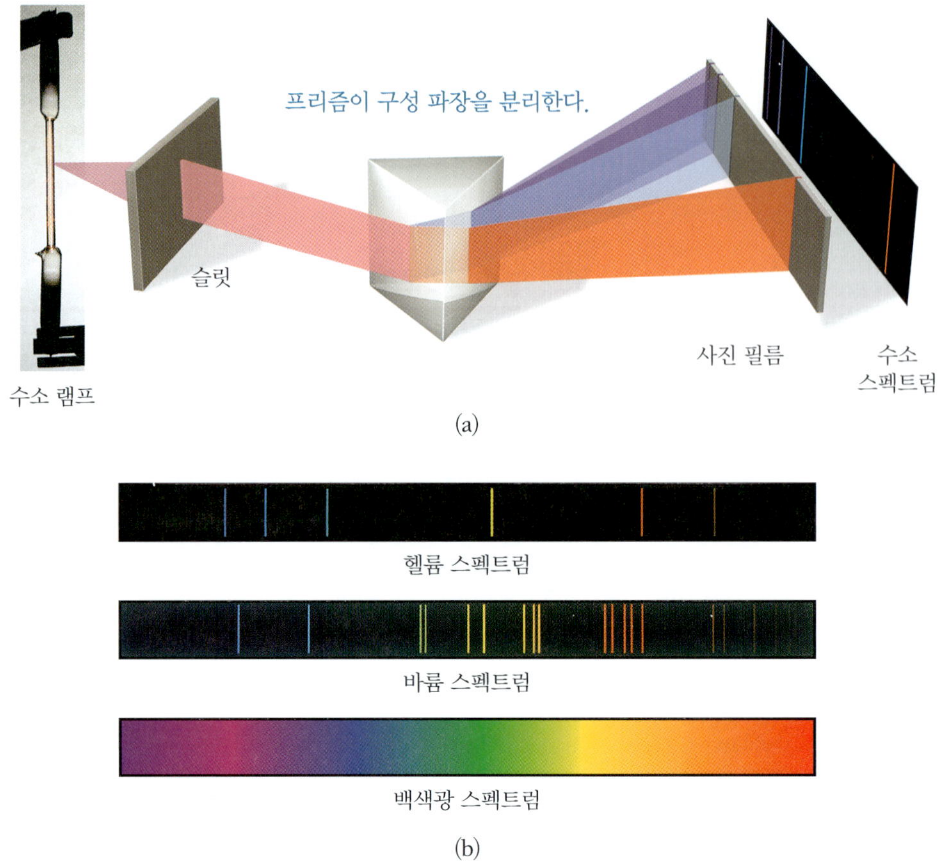

▶ **그림 9.8 방출 스펙트럼.** 각 파장에서 방출되는 빛을 가진 백색광 스펙트럼은 연속적이다. 그러나 각 원소의 방출 스펙트럼은 특정한 파장만을 포함하고 있다. (광원으로부터의 빛이 프리즘으로 들어가기 전에 슬릿을 통해 지나가기 때문에 다른 파장은 선으로 나타난다.) 각 원소는 고유하고 독특한 방출 스펙트럼을 만든다.

수소, 헬륨, 네온에서 방출되는 빛을 더 면밀히 살펴보면 원자는 각각 몇 가지 독특한 색깔 또는 파장을 포함하고 있다. 백열전구에서 나오는 백색광이 프리즘을 통과할 때 그 성분 파장으로 나뉘듯이 수소, 헬륨, 네온을 가열하여 방출되는 빛도 프리즘을 통과함으로써 그 구성 파장으로 분리될 수 있다(그림 9.8). 그 결과를 **방출 스펙트럼**(emission spectrum)이라고 한다. 백색광 스펙트럼과 수소, 헬륨, 네온의 방출 스펙트럼 간 차이에 주목하라. 백색광 스펙트럼은 연속적인데, 이는 빛의 세기가 전체 가시광선 영역에 걸쳐 연속적이거나 또는 들쭉날쭉하지 않다는 것을 뜻한다. 즉 모든 파장에서 공백 없이 방출이 일어난다. 그러나 수소, 헬륨, 네온의 방출 스펙트럼은 연속적이지 않다. 즉 특정 파장에서 밝은 점 또는 선을 이루며 그 사이는 완전히 검은색이다.

원자에서의 빛 방출은 원자 내 전자의 운동과 관련이 있기 때문에 원자에 전자가 어떻게 존재하는지에 대한 모형은 이러한 스펙트럼을 설명해야만 한다. 원자 내 전자에 대한 모형을 발전시키기 위한 주요 도전 과제는 방출 스펙트럼의 불연속성 또는 밝게 나타난 선의 성질이다. 왜 원자는 에너지를 가지고 들뜰 때 특정 파장에서만 빛을 방출하는가? 왜 원자는 연속적인 스펙트럼을 방출하지 않는가? Bohr는 이러한 결과를 설명하기 위해 간단한 모형을 전개했다. 오늘날 Bohr 모형이라고 부르는 이 모형에서 전자는 태양 주위를 도는 행성의 궤도와 유사한 원형 궤도에서 핵 주위를 따라 움직인다. 그러나 태양 주위를 공전하는 행성(이론적으로는 태양으로부터 어떤 거리에서든 궤도 운동을 할 수 있음)과 달리 Bohr 모형에서 전자는 핵으로부터 일정하고 고정된 거리에서만 궤도를 그리며 돌 수 있다(그림 9.9).

Bohr 모형

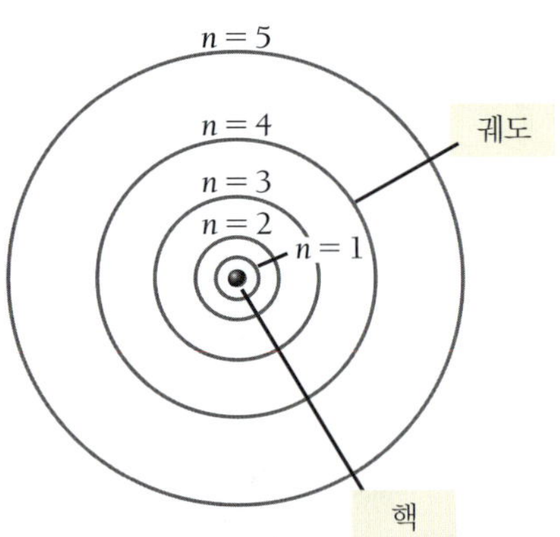

▲ 그림 9.9 Bohr 궤도

양자수(quantum number) $n = 1, 2, 3, \cdots$로 특징지어지는 각 Bohr 궤도의 에너지도 역시 고정되거나 **양자화**(quantized)되어 있다. Bohr 궤도는 핵으로부터 일정한 거리에 있

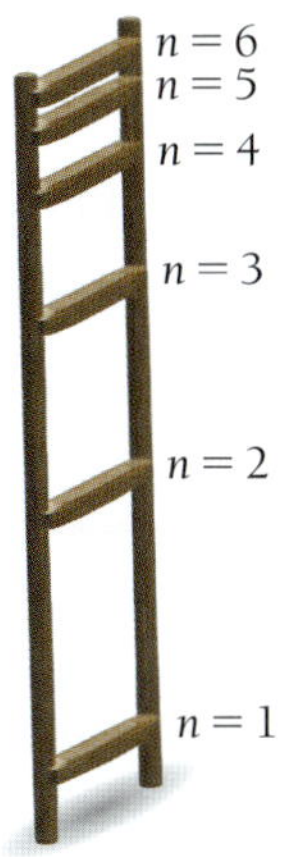

▲ **그림 9.10 Bohr의 에너지 사다리.** Bohr의 궤도는 사다리의 단과 같다. 어떤 단에 올라서는 것은 가능하나 단과 단 사이에 올라서는 것은 불가능하다.

Bohr 궤도의 반지름은 n이 증가할수록 증가하여 서로에게서 멀어지지만, 에너지 준위는 점차 서로 가까워진다.

Bohr 모형은 양자 역학적 모형에 논리적인 기초를 제공하여 주었고, 과학적 이해의 역사적 발전을 보여 주었기 때문에 여전히 중요하다.

고 일정한 에너지를 가진 사다리의 계단과 같다(그림 9.10). 사다리의 단과 단 사이에 올라서는 것이 불가능한 것처럼, Bohr 모형에서 궤도 사이에 전자가 존재하는 것은 불가능하다. 예를 들어 궤도 n = 3에 있는 전자는 핵으로부터 떨어져 있고, 궤도 n = 2에 있는 전자보다 더 많은 에너지를 가지고 있다. 그러나 전자는 두 궤도의 중간 거리에 존재할 수 없고 중간 에너지를 가질 수도 없다(궤도가 양자화되어 있다). 주어진 궤도에 있는 한, 전자는 빛을 흡수하거나 방출할 수 없고 전자의 에너지는 고정되어 일정하다.

원자가 에너지를 흡수할 때 이 고정된 궤도 중 하나에 있는 전자는 들뜨거나 핵으로부터 더 멀리 떨어진 궤도로 올라가서(그림 9.11) 에너지가 더 높아진다(이는 사다리에서 한 단계 올라가는 것과 유사하다). 그러나 이 새로운 배치에서는 원자가 덜 안정하여 전자는 빨리 되돌아가거나 더 낮은 에너지 궤도로 떨어지며 안정화된다(이는 사다리에서 한 단계 아래로 내려가는 것과 유사하다). 이때 두 궤도의 에너지 차이에 해당하는 정확한 양의 에너지가 포함된 광자[에너지 **양자**(quantum)라고 함]가 방출된다.

광자에 있는 에너지양은 그 파장과 직접 관련되기 때문에 광자는 특정 파장을 가진다. 결과적으로 들뜬 상태의 원자에서 방출되는 빛은 특정 파장에서 특정한 선을 만드는데, 각각은 두 궤도 사이의 특정한 전이와 일치한다. 예를 들어 수소 방출 스펙트럼에서 486 nm에 있는 선은 궤도 n = 4에서 궤도 n = 2로 떨어지는 전자와 일치한다(그림 9.12). 마찬가지로 657 nm에 있는 선은 궤도 n = 3에서 궤도 n = 2로 떨어지는 전자와 일치한다. 더 멀리 떨어진 궤도 사이의 전이보다 가까이에 있는 궤도 사이의 전이가 더 낮은 에너지(더 긴 파장)를 발생시키는 것에 주목하라.

원자에 대한 Bohr 모형의 큰 성과는 수소 방출 스펙트럼의 선을 예측했다는 것이다. 그러나 Bohr 모형은 하나 이상의 전자가 포함된 다른 원소의 방출 스펙트럼을 예측하는 데에는 실패했다. 이와 그 밖의 여러 가지 이유로 Bohr 모형은 양자 역학적 모형 또는 파동 역학 모형이라는 보다 복잡한 모형으로 대치되었다.

Bohr 모형에 대한 요약

- 고정된 특정 에너지를 가지고, 핵으로부터 고정된 특정 거리에 있는 양자화된 궤도에 전자가 존재한다.
- 원자에 에너지를 가하면 전자는 고에너지 궤도로 들뜬다.

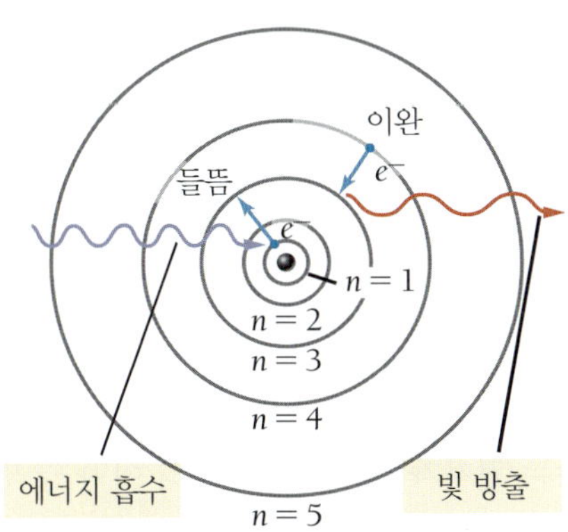

▲ **그림 9.11 들뜸과 방출.** 수소 원자가 에너지를 흡수하면 전자는 고에너지 궤도로 들뜬다. 그 후 전자는 빛(광자)을 방출하면서 더 낮은 에너지 궤도로 이완되어 되돌아간다.

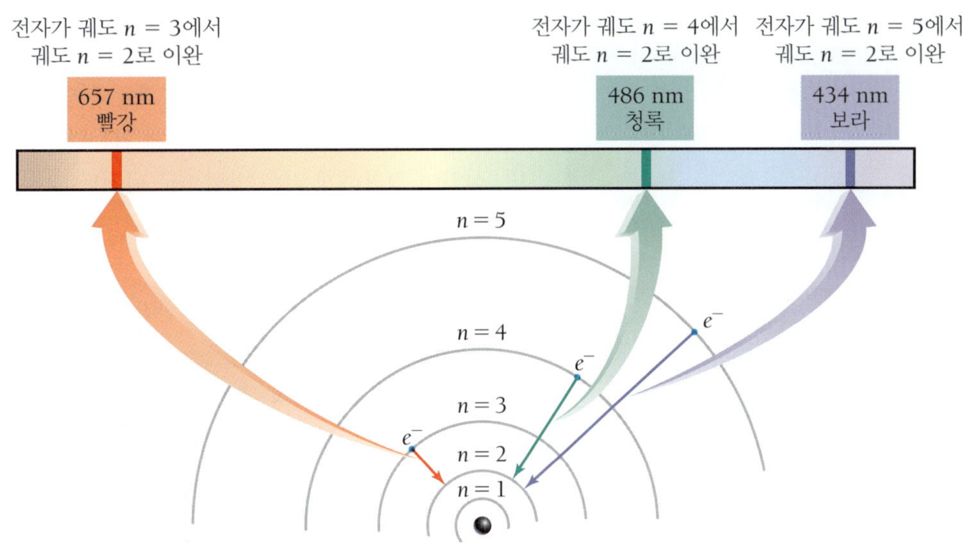

▲ **그림 9.12 수소 방출 선**

- 원자가 빛을 방출하면 전자는 고에너지 궤도에서 저에너지 궤도로 떨어진다.
- 방출된 빛에너지(따라서 파장)는 전이에서 두 궤도의 에너지 차이에 해당된다. 이러한 에너지는 고정적이고 불연속적이기 때문에 방출된 빛에너지(따라서 파장)도 고정적이고 불연속적이다.

✔ 확인문제 9.3

첫 번째 전이에서 수소 원자의 전자는 준위 $n = 3$에서 준위 $n = 2$로 떨어지고, 두 번째 전이에서 수소 원자의 전자는 준위 $n = 2$에서 준위 $n = 1$로 떨어진다. 첫 번째 전이에 의해 방출되는 빛에 비해 두 번째 전이에 의해 방출되는 빛은 어떠한가?

(a) 진동수가 더 낮다. (b) 광자당 에너지가 더 작다.
(c) 파장이 더 짧다. (d) 파장이 더 길다.

9.5 양자 역학적 모형: 오비탈을 가진 원자

▶ 원자의 양자 역학적 모형의 주요 특성을 이해한다.

Bohr 모형을 대신한 원자의 양자 역학적 모형에서 궤도는 양자 역학적 **오비탈**(orbital)로 대치되었다. 오비탈은 전자가 따르는 특정 경로가 아니라 전자가 발견될 만한 곳의 통계적 분포를 보여주는 확률 지도를 나타낸다는 점에서 궤도와 다르다. 이것은 전자의 비직관적인 성질(시각화하기 어려움)이다. 양자 역학에서 혁신적인 개념은 전자가 공간을 날아다니는 입자처럼 행동하지 않는다는 것이다. 일반적으로는 전자의 정확한 경로를 기술할 수 없다. 오비탈은 원자를 조사할 때 전자가 발견될 만한 곳을 보여주는 확률 지도로, 전자가 어떻게 움직이는지 정확하게 나타낼 수 없다.

▲ **그림 9.13 예측 가능한 경로를 따르는 야구공.** 투수의 손을 떠나 포수에게로 날아가는 야구공은 예측 가능한 경로를 따른다.

야구공의 경로와 전자 확률 지도

오비탈을 이해하기 위해 야구공의 거동과 전자의 행동을 비교해보자. 투수 마운드에서 홈 플레이트에 있는 포수에게 던져진 야구공을 상상해보라(그림 9.13). 투수의 손을 떠나 포수에게로 날아가는 야구공의 경로는 쉽게 추적할 수 있다. 포수는 공기를 가르며 날아오는 야구공을 볼 수 있고, 야구공이 홈 플레이트를 가로지르는 곳을 정확히 예측할 수 있다. 심지어 포수는 공을 잡기 위해 정확한 위치에 글러브를 갖다 댈 수 있다. 그러나 전자의 경우에는 이것이 불가능하다. 광자처럼 전자도 파동과 입자의 이중성을 나타낸다. 이러한 이중성은 전자의 경로를 추적하는 것을 불가능하게 만든다. 투수 마운드에서 홈 플레이트로 전자를 던진다면, 심지어 정확하게 같은 방법으로 던진다 할지라도 매번 다른 위치에 도달할 것이다. 야구공은 예측 가능한 경로로 날아가지만 전자는 그렇지 않다.

전자의 양자 역학적 세계에서 포수는 어떤 투구에 대해서도 전자가 플레이트를 가로지르는 지점을 정확하게 알 수 없다. 전자를 잡기 위해 정확한 위치에 글러브를 갖다 댈 방법이 없다. 그러나 던져진 수백 개 전자의 자취를 쫓는다면 포수는 전자가 플레이트를 가로지르는 곳의 재현성 있는 통계적 패턴을 관찰할 수 있다. 포수는 전자가 스트라이크 존의 어떤 영역을 지날 확률을 나타내는 지도를 그릴 수도 있는데(그림 9.14), 이를 확률 지도(probability map)라고 한다.

궤도에서 오비탈로

Bohr 모형에서 궤도는 원자 핵 주위에서 일어나는 전자의 운동을 보여주는 원형 경로이다(야구공의 경로와 비슷하다). 양자 역학적 모형에서 궤도는 포수가 그린 확률 지도와 유사한 확률 지도이다. 이는 원자를 탐구할 때 전자가 다양한 지점에서 발견될 상대적 가능성을 보여준다. Bohr 모형에서 궤도에 따라 반지름이 다르듯이 양자 역학적 모형에서도 오비탈에 따라 모양이 다르다.

◀ **그림 9.14 예측 불가능한 전자.** 던져진 전자의 행동을 묘사하려면 전자가 홈 플레이트를 가로지르는 곳의 확률 지도를 만들어야 한다.

9.6 양자 역학적 오비탈과 전자 배치

▶ 원자의 전자 배치를 작성하고 오비탈 도표를 그린다.

원자의 Bohr 모형에서 유일한 양자수(n)는 각 궤도를 가리킨다. 양자 역학적 모형에서 오비탈을 명시하는 데 숫자와 문자가 필요하다. 이 절에서는 양자 역학적 오비탈과 전자 배치를 다룬다. 전자 배치는 전자에 의한 양자 역학적 오비탈 점유를 함축하여 보여준다.

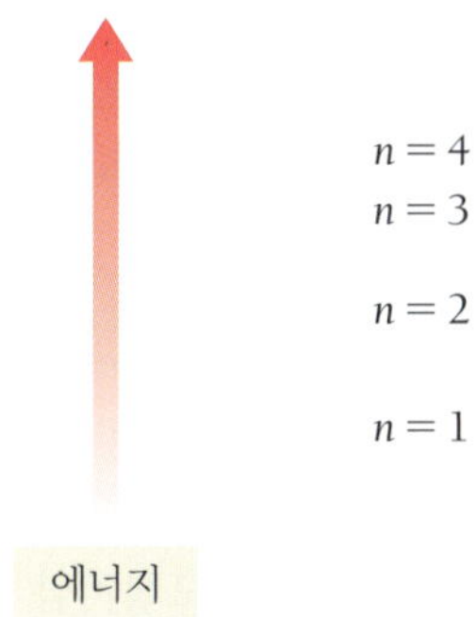

▲ **그림 9.15 주양자수.** 주양자수(n = 1, 2, 3, …)는 수소 양자 역학적 오비탈의 에너지를 결정한다.

이러한 비유는 순전히 가설이다. 이렇게 전자의 사진을 찍는 것은 불가능하다.

양자 역학적 오비탈

양자 역학적 모형에서 가장 낮은 에너지 오비탈(Bohr 모형에서 $n = 1$과 비슷함)은 1s 오비탈이라고 부르며, 숫자 1과 문자 s로 지정된다. 숫자는 **주양자수**(principal quantum number, n)로, 오비탈의 **주껍질**(principal shell)을 뜻한다. 주양자수가 클수록 오비탈의 에너지가 더 크다. 가능한 주양자수는 $n = 1, 2, 3, \cdots$이며, n이 증가함에 따라 에너지도 증가한다(그림 9.15). 1s 오비탈은 가능한 주양자수가 가장 낮기 때문에 가장 낮은 에너지 껍질에 있고 가장 낮은 가능한 에너지를 가진다.

문자는 오비탈의 **부껍질**(subshell)을 가리키고 오비탈의 모양을 지정한다. 가능한 문자는 s, p, d, f이며 각각 다른 모양을 띤다. 예를 들어 s 부껍질 범주의 오비탈은 구형이다. 전자의 경로를 보여주는 $n = 1$ Bohr 궤도와 달리 1s 양자 역학적 오비탈은 3차원 확률 지도이다. 이 확률 지도는 점으로 잘 표현되고(그림 9.16), 점의 밀도는 전자를 발견하는 확률에 비례한다.

다른 비유를 통해 오비탈의 점 표현을 더 잘 이해할 수 있다. 10~15분 동안 매초 전자의 사진을 촬영한다고 상상해보라. 처음 1초에 전자는 핵에 매우 접근하고, 다음 초에 전자는 좀 더 멀리 떨어져 있다. 각 사진은 그 시각의 핵에 대한 전자의 위치를 나타내는 점을 보여준다. 수백 번 촬영하여 모든 사진을 겹쳐놓는다면 그림 9.16과 같은 확률 지도(전자가 머무르는 지점의 통계적 표시)를 얻을 수 있다. 1s 오비탈에 대한 점의 밀도는 핵 근처에서 가장 크고 핵에서 멀어지면 작아진다. 이는 전자가 핵에서 멀리 떨어진 곳보다 핵에 가까운 곳에서 더 많이 발견된다는 것을 의미한다.

또한 오비탈은 전자가 발견될 것 같은 대부분의 공간이 포함된 기하학적 형태로 표시된다. 예를 들어 1s 오비탈은 전자가 그 시각에 그 안에서 발견될 확률이 90%인 부피를 둘러싸는 구형으로 나타낼 수 있다(그림 9.17). 1s 오비탈의 점 밀도 묘사를 형태 표시 위에 겹쳐놓으면(그림 9.18) 대부분의 점을 구 안에서 볼 수 있는데, 이는 전자가 1s 오비탈에 있을 때 구 안에서 대부분 발견된다는 것을 뜻한다.

1s 오비탈의 점 표현

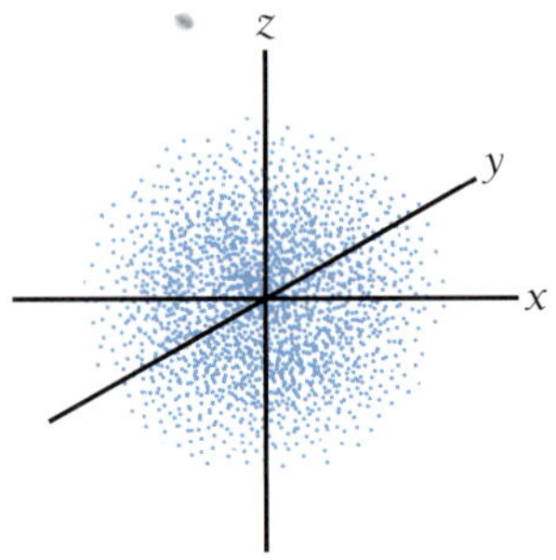

전자가 발견될 확률에 비례하는 점 밀도

▲ 그림 9.16 1s 오비탈의 확률 지도. 중앙 부근의 높은 점 밀도는 핵 근처에서 전자가 발견될 확률이 더 높다는 것을 나타낸다.

1s 오비탈의 형태 표현

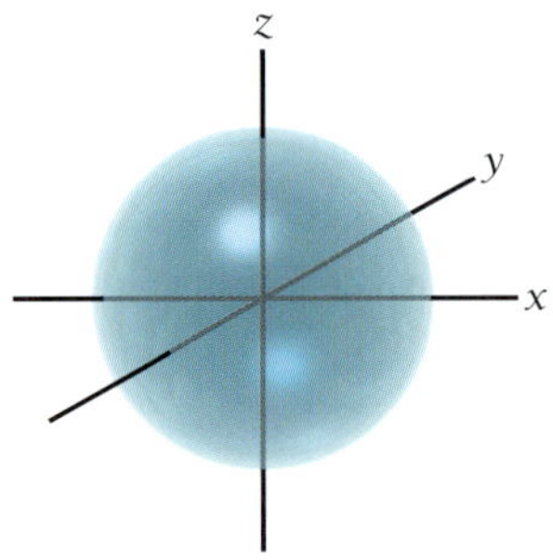

▲ 그림 9.17 1s 오비탈의 형태 표시. 그림 9.16에 나타낸 핵 주위 전자 밀도의 분포는 대칭적이기 때문에(모든 방향으로 같음) 구형으로 1s 오비탈을 나타낼 수 있다.

1s의 두 가지 표현을 겹쳐놓음

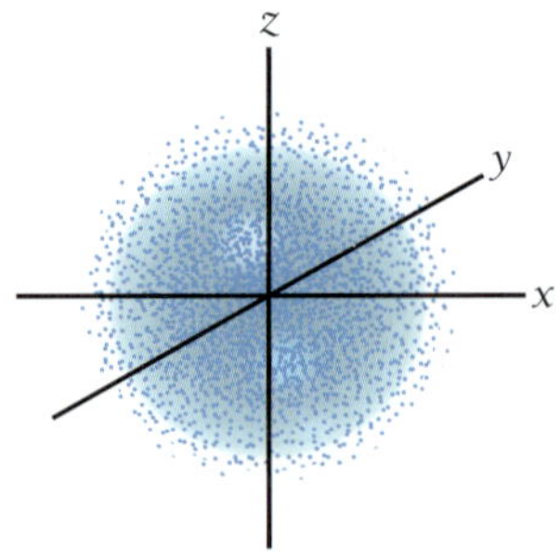

▲ 그림 9.18 1s 오비탈의 오비탈 모양과 점 표현. 점 밀도 표시 위에 1s 오비탈의 형태 표시를 겹쳐놓았다. 전자가 1s 오비탈에 있을 때 구 안에서 발견될 확률이 가장 높다.

1s 오비탈

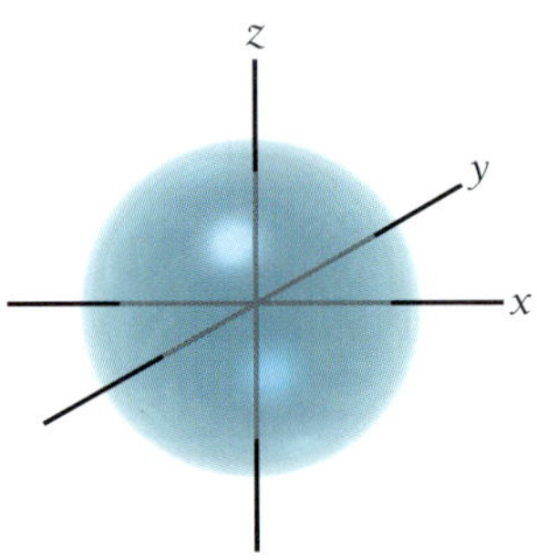

껍질	부껍질의 수	부껍질을 지정하는 문자			
$n = 4$	4	*s*	*p*	*d*	*f*
$n = 3$	3	*s*	*p*	*d*	
$n = 2$	2	*s*	*p*		
$n = 1$	1	*s*			

▲ 그림 9.19 부껍질. 주어진 주껍질 안에 있는 부껍질의 수는 n의 값과 같다.

2*s* 오비탈

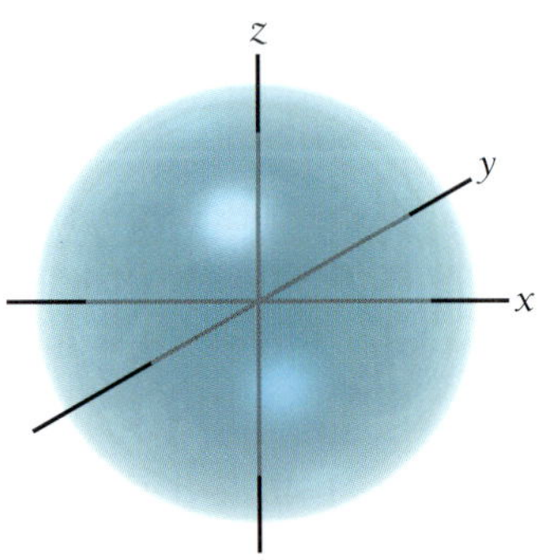

▲ 그림 9.20 2*s* 오비탈. 2*s* 오비탈은 1*s* 오비탈과 비슷하지만 좀 더 크다.

실온에서 안정된 수소 원자의 단전자는 1*s* 오비탈에 있는데, 이를 수소 원자의 **바닥 상태**(ground state) 또는 가장 낮은 에너지 상태라고 일컫는다. 그러나 Bohr 모형처럼 양자 역학적 모형도 에너지 흡수에 따른 더 높은 에너지 오비탈로의 전이를 허용한다. 더 높은 에너지 오비탈이란 무엇인가? 이는 어떻게 생긴 것인가?

다음 오비탈들은 주양자수 $n = 2$이다. 하나의 부껍질(*s*로 지정됨)만이 포함된 $n = 1$ 주껍질과 달리 $n = 2$인 주껍질은 *s*와 *p*로 지정되는 2개의 부껍질을 포함하고 있다.

주어진 주껍질 속에 있는 부껍질의 수는 n의 값과 같다. 그러므로 주껍질 $n = 1$은 부껍질이 1개이고, 주껍질 $n = 2$는 부껍질이 2개이다(그림 9.19). 부껍질 *s*는 1*s* 오비탈보다 에너지가 더 크고 크기도 조금 크지만 모양은 같은 2*s* 오비탈을 포함하고 있다(그림 9.20). 부껍질 *p*는 3개의 2*p* 오비탈을 포함하고 이는 모두 같은 아령 모양이지만 방향이 서로 다르다(그림 9.21).

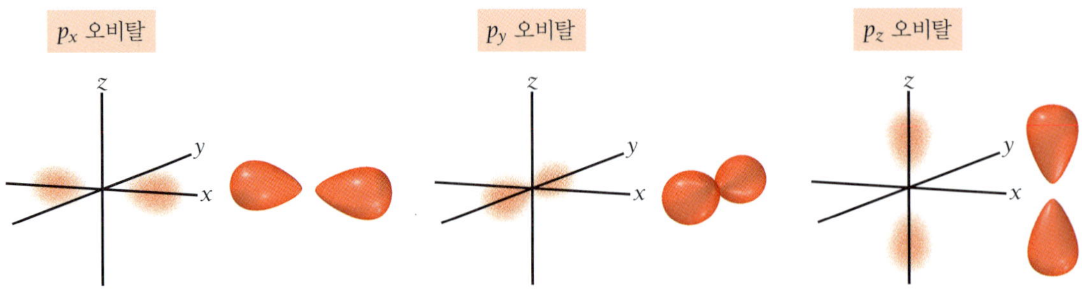

▲ 그림 9.21 2*p* 오비탈. 이 그림은 *p* 오비탈에 대한 점 표현(왼쪽)과 형태 표현(오른쪽)을 보여준다.

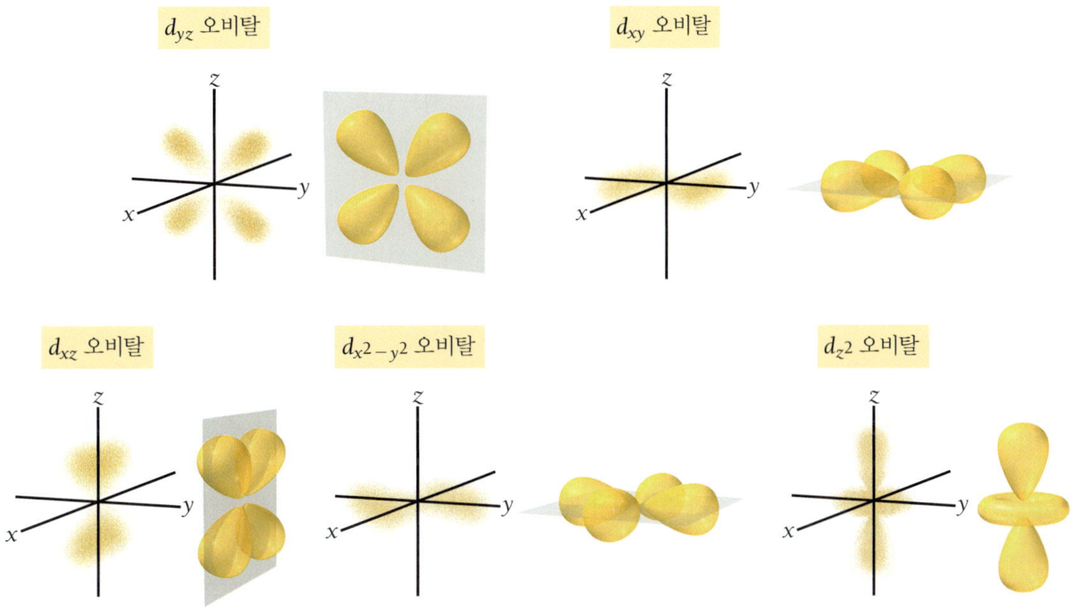

▶ **그림 9.22 3*d* 오비탈.** 이 그림은 *d* 오비탈에 대한 점 표현(왼쪽)과 형태 표현(오른쪽)을 보여준다.

다음 주껍질 $n = 3$은 *s*, *p*, *d*로 지정된 3개의 부껍질을 포함하고 있다. 부껍질 *s*와 *p*는 2*s*, 2*p*와 모양이 비슷한 3*s*, 3*p* 오비탈을 포함하지만 크기가 더 크고 에너지도 더 높다. 부껍질 *d*는 그림 9.22에 나타냈듯이 5개의 *d* 오비탈을 포함하고 있다. 다음 주껍질 $n = 4$는 *s*, *p*, *d*, *f*로 지정된 4개의 부껍질을 포함하고 있다. 부껍질 *s*, *p*, *d*는 $n = 3$에 있는 것과 비슷하다. 부껍질 *f*는 7개의 오비탈을 포함하는데(4*f* 오비탈이라고 함) 그 모양은 이 책에서 다루지 않는다.

✔ 확인문제 9.4

$n = 3$인 주껍질 내에는 어떤 부껍질이 있는가?

(a) *s* 부껍질
(b) *s*와 *p* 부껍질
(c) *s*, *p*, *d* 부껍질

✔ 확인문제 9.5

p 부껍질에는 몇 개의 오비탈이 있는가?

(a) 1 (b) 3 (c) 5

앞에서 설명했듯이 수소의 단전자는 보통 1*s* 오비탈에 존재한다. 일반적으로 전자는 가능한 가장 낮은 에너지 오비탈을 찾기 때문이다. 수소에서 나머지 오비탈은 대개 비어 있다. 그러나 수소 원자에 의해 에너지 흡수가 일어나면 전자가 1*s* 오비탈에서 더 높은 에너지 오비탈로 뛰어오를 수 있다(또는 전이할 수 있다). 전자가 더 높은 에너지의 오비탈에 있으면 수소 원자가 **들뜬 상태**(excited state)에 있다고 일컫는다.

더 높은 에너지 때문에 들뜬 상태는 불안정하여 통상적으로 전자는 낮은 에너지 오비탈로 떨어진다(또는 이완된다). 이 과정에서 전자는 종종 빛의 형태로 에너지를 방출한다. Bohr

모형과 마찬가지로, 전이 과정에 수반되는 두 오비탈의 에너지 차이는 방출된 빛의 파장을 결정한다(에너지 차이가 클수록 파장 더 짧다). Bohr 모형뿐만 아니라 양자 역학적 모형도 수소의 밝은 선 스펙트럼을 예측한다. 그러나 양자 역학적 모형은 다른 원소의 밝은 선 스펙트럼도 예측할 수 있다.

전자 배치: 전자가 오비탈을 차지하는 방법

전자 배치(electron configuration)는 특정 원자에 대한 전자의 오비탈 점유를 간략히 보여준다. 예를 들어 바닥 상태의 수소 원자에 대한 전자 배치는 다음과 같다.

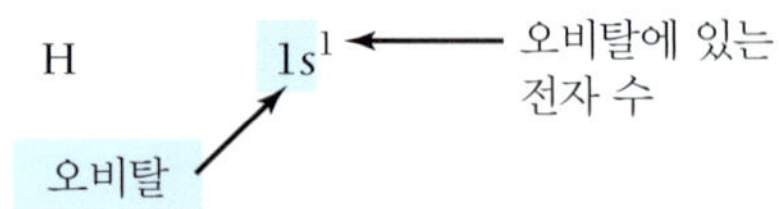

전자 배치는 수소의 단전자가 1*s* 오비탈에 있다는 것을 알려준다.

이러한 정보를 나타내는 또 다른 방법은 **오비탈 도표**(orbital diagram)를 이용하는 것으로, 이는 오비탈을 나타내는 네모 안에 화살표로 전자를 표시하여 비슷한 정보를 제공한다. 바닥 상태의 수소 원자에 대한 오비탈 도표는 다음과 같다.

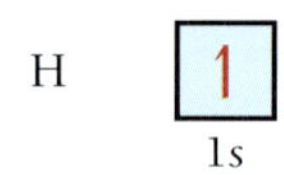

네모는 1*s* 오비탈을 나타내고, 네모 안에 있는 화살표는 1*s* 오비탈에 들어 있는 전자를 나타낸다. 오비탈 도표에서 화살표의 방향(위 또는 아래를 향함)은 전자의 기본적인 성질인 **전자 스핀**(electron spin)을 나타낸다. 모든 전자는 스핀을 가지고 있다. **파울리 배타 원리**(Pauli exclusion principle)는 오비탈이 반대 스핀을 가진 2개의 전자보다 많은 전자를 포함할 수 없다는 것이다. 이것은 반대 방향으로 향하는 2개의 화살표 기호로 나타낸다.

예를 들어 헬륨 원자는 2개의 전자를 가지고 있다. 헬륨의 전자 배치와 오비탈 도표는 다음과 같다.

우리는 전자가 가능한 가장 낮은 에너지 오비탈을 채운다는 것을 알기 때문에, 또한 두 전자(반대 스핀의)만이 각 오비탈에 허용된다는 것을 알기 때문에, 오비탈의 에너지 순서를 아는 한 나머지 원소에 대한 바닥 상태의 전자 배치를 계속해서 만들 수 있다. 그림 9.23은 다전자 원자에 대한 오비탈의 에너지 배열 순서를 보여준다.

다전자 원자에서 주껍질 안에 있는 부껍질은 전자 간 상호작용 때문에 에너지가 같지 않다.

(하나의 전자만을 가진 수소에 대비하여) 다전자 원자에 대해 주껍질 안에 있는 부껍질은 같은 에너지를 가지지 않는다는 것에 유의하라. 그러므로 수소 이외의 원소에서 에너지 배열은 주양자수에 의해서만 결정되는 것이 아니다. 예를 들어 4*s* 부껍질은 3*d* 부껍질보다 주양자수가 크지만 에너지가 더 낮다. 상대적인 에너지 배열 순서를 이용하여 다른 원소에 대해 바닥 상태의 전자 배치와 오비탈 도표를 그릴 수 있다.

3개의 전자를 가진 리튬의 전자 배치와 오비탈 도표는 다음과 같다.

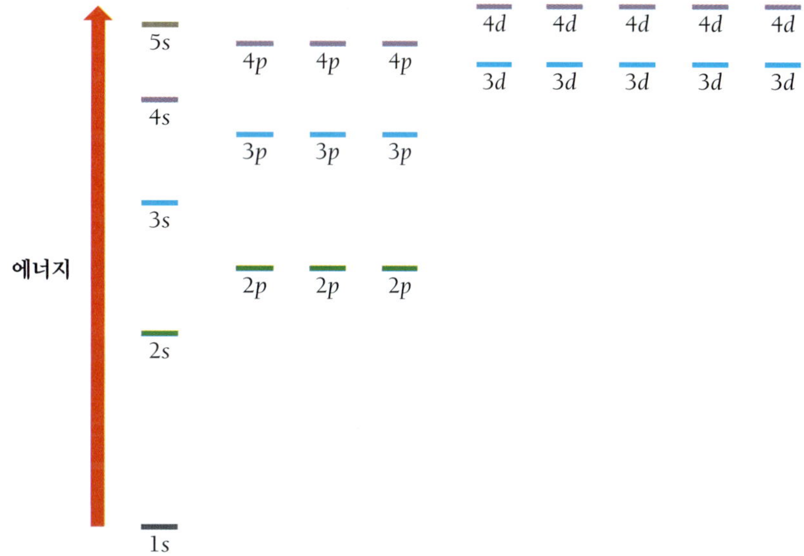

▲ **그림 9.23 다전자 원자에 대한 오비탈의 에너지 배열 순서.** 같은 주껍질 내에 있는 각기 다른 부껍질은 다른 에너지를 가지고 있다.

전자 배치 오비탈 도표

Li $1s^2 2s^1$

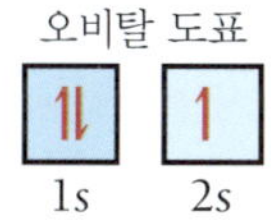

원자 안에 있는 전자의 수는 원자 번호와 같다는 것을 기억하라.

6개의 전자를 가진 탄소의 전자 배치와 오비탈 도표는 다음과 같다.

전자 배치 오비탈 도표

C $1s^2 2s^2 2p^2$

2p 전자는 하나의 오비탈에 짝지어 들어가기보다는 같은 에너지의 *p* 오비탈에 하나씩 들어간다. 이것은 같은 에너지의 오비탈을 채울 때 전자가 먼저 나란한 방향의 스핀으로 하나씩 오비탈을 채운다는 **훈트의 규칙**(Hund's rule)의 결과이다.

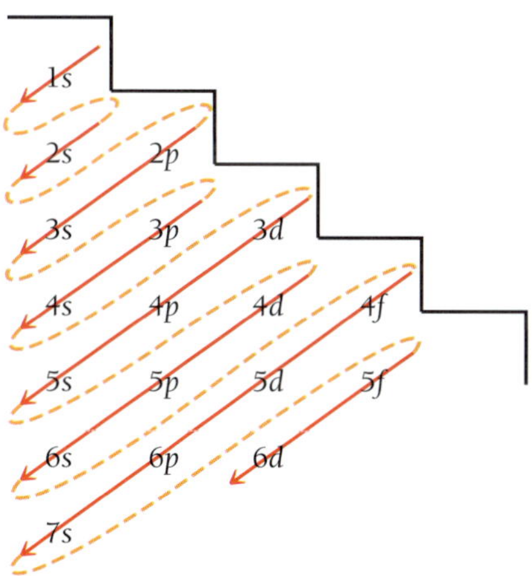

▲ **그림 9.24 오비탈 채움 순서.** 화살표는 오비탈이 채워지는 순서를 나타낸다.

요약

- 전자는 원자의 에너지를 최소로 하기 위해 오비탈을 채운다. 따라서 낮은 에너지의 오비탈이 높은 에너지의 오비탈보다 먼저 채워진다. 오비탈은 1*s* 2*s* 2*p* 3*s* 3*p* 4*s* 3*d* 4*p* 5*s* 4*d* 5*p* 6*s*의 순서로 채워진다(그림 9.24).
- 오비털은 각각 2개의 진자만을 가지고 있다. 2개의 진자가 같은 오비탈을 채울 때 빈대 스핀이어야만 하는데, 이것은 파울리 배타 원리로 알려져 있다.
- 동일한 에너지의 오비탈이 비어 있을 때는 쌍으로가 아니라 나란한 스핀을 가진 홀전자로 먼저 채워지는데, 이것은 훈트의 규칙으로 알려져 있다.

원자 번호가 3~10인 원소에 대한 전자 배치와 오비탈 도표를 살펴보자.

원소 기호	전자 수	전자 배치	오비탈 도표
Li	3	$1s^2 2s^1$	
Be	4	$1s^2 2s^2$	
B	5	$1s^2 2s^2 2p^1$	
C	6	$1s^2 2s^2 2p^2$	
N	7	$1s^2 2s^2 2p^3$	
O	8	$1s^2 2s^2 2p^4$	
F	9	$1s^2 2s^2 2p^5$	
Ne	10	$1s^2 2s^2 2p^6$	

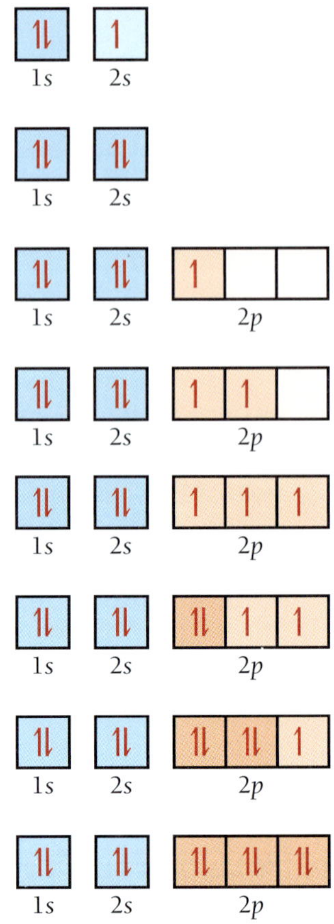

p 오비탈이 어떻게 채워지는지에 주목하라. 훈트의 규칙의 결과로 p 오비탈은 짝지어진 전자로 채워지기 전에 홀전자로 채워진다. 네온의 전자 배치는 $n = 2$ 주껍질이 완전히 채워져 있음을 보여준다. 네온(또는 다른 비활성 기체) 다음의 원소에 대한 전자 배치를 쓸 때, 그 앞에 있는 비활성 기체의 전자 배치는 종종 대괄호 속에 비활성 기체의 원소 기호를 써넣어 생략할 수 있다.

예를 들어 소듐의 전자 배치는 다음과 같다.

$$\text{Na} \quad 1s^2 2s^2 2p^6 3s^1$$

이는 다음과 같이 쓸 수도 있다.

$$\text{Na} \quad [\text{Ne}]3s^1$$

여기서 [Ne]는 네온의 전자 배치 $1s^2 2s^2 2p^6$를 나타낸다.

어떤 원소의 전자 배치를 작성하려면 먼저 주기율표에서 그 원자 번호를 찾는다. 이 숫자는 중성 원자의 전자 수와 같다. 그런 다음 전자를 적당한 오비탈에 배분하려면 그림 9.23 또는 그림 9.24의 채움 순서를 이용한다. 각 오비탈은 최대 2개의 전자만 가질 수 있다는 것을 기억하라. 결과적으로 다음과 같다.

- s 부껍질은 오비탈을 1개 가지고 있으므로 전자를 2개 가질 수 있다.
- p 부껍질은 오비탈을 3개 가지고 있으므로 전자를 6개 가질 수 있다.
- d 부껍질은 오비탈을 5개 가지고 있으므로 전자를 10개 가질 수 있다.
- f 부껍질은 오비탈을 7개 가지고 있으므로 전자를 14개 가질 수 있다.

예제 9.2 전자 배치

다음 각 원소의 전자 배치를 작성하시오.

(a) Mg　　(b) S　　(c) Ga

(a) 마그네슘은 12개의 전자를 가지고 있다. 그중 2개는 1s 오비탈에, 2개는 2*s* 오비탈에, 6개는 2*p* 오비탈에, 2개는 3*s* 오비탈에 배분한다. 또한 비활성 기체 중심 표시법을 이용하여 보다 간결하게 전자 배치를 쓸 수 있다.

마그네슘의 경우 $1s^22s^22p^6$를 나타내기 위해 [Ne]를 사용한다.

답

Mg　$1s^22s^22p^63s^2$

또는

Mg　$[Ne]3s^2$

(b) 황은 16개의 전자를 가지고 있다. 그중 2개는 1*s* 오비탈에, 2개는 2*s* 오비탈에, 6개는 2*p* 오비탈에, 2개는 3*s* 오비탈에, 4개는 3*p* 오비탈에 배분한다.

$1s^22s^22p^6$를 나타내기 위해 [Ne]를 사용하여 보다 압축적으로 전자 배치를 쓸 수 있다.

S　$1s^22s^22p^63s^23p^4$

또는

S　$[Ne]3s^23p^4$

(c) 갈륨은 31개의 전자를 가지고 있다. 그중 2개는 1*s* 오비탈에, 2개는 2*s* 오비탈에, 6개는 2*p* 오비탈에, 2개는 3*s* 오비탈에, 6개는 3*p* 오비탈에, 2개는 4*s* 오비탈에, 10개는 3*d* 오비탈에, 1개는 4*p* 오비탈에 배분한다. 부껍질 *d*는 5개의 오비탈을 가지고, 따라서 10개의 전자를 가질 수 있다는 것에 유의하라.

$1s^22s^22p^63s^23p^6$를 나타내기 위해 [Ar]을 사용하여 보다 압축적으로 전자 배치를 쓸 수 있다.

Ga　$1s^22s^22p^63s^23p^64s^23d^{10}4p^1$

또는

Ga　$[Ar]4s^23d^{10}4p^1$

▸ **연습문제 9.2 | 전자 배치**

다음 각 원소의 전자 배치를 작성하시오.

(a) Al　　(b) Br　　(c) Sr

▸ **연습문제 9.2+**

다음 각 이온의 전자 배치를 작성하시오. (힌트: 이온의 전자 배치에 포함될 전자 수를 구하기 위해 이온가에 해당하는 수의 전자를 더하거나 뺀다.)

(a) Al^{3+}　　(b) Cl^-　　(c) O_2^-

▸ **심화 학습**　복습문제 49~56

예제 9.3 오비탈 도표

규소의 오비탈 도표를 그리시오.

답

규소는 원자 번호가 14번이므로 14개의 전자를 가지고 있다. 가장 낮은 에너지의 오비탈(1*s*)을 가장 왼쪽에 놓고 오른쪽에 더 높은 에너지의 오비탈을 계속 그리면서 각 오비탈의 네모를 그린다.

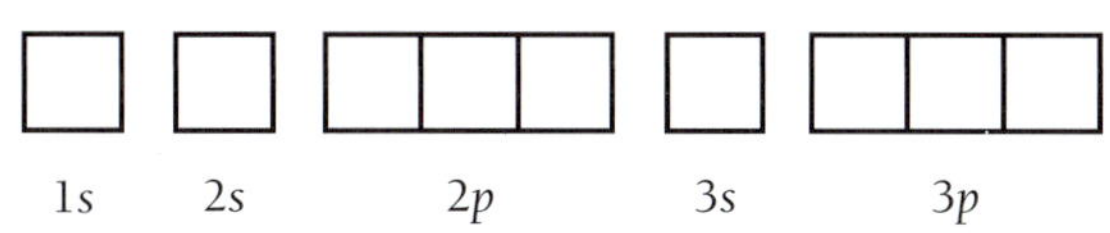

오비탈마다 최대 2개의 전자만을 허용하고 훈트의 규칙을 유념하면서 14개의 전자를 오비탈에 배치한다. 완성된 오비탈 도표는 다음과 같다.

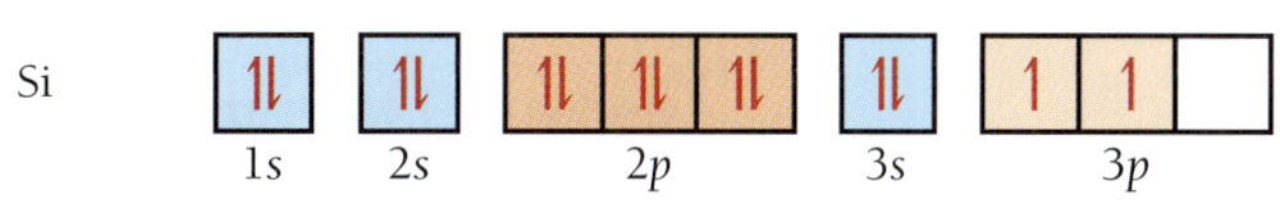

▶ **연습문제 9.3 | 오비탈 도표**
아르곤의 오비탈 도표를 그리시오.

▶ **심화 학습** 예제 9.10/복습문제 51, 52

✔ 확인문제 9.6

다음 원소 쌍 중 p 오비탈에 있는 전자의 총수가 같은 것은 무엇인가?

(a) Na와 K (b) K와 Kr (c) P와 N (d) Ar와 Ca

9.7 전자 배치와 주기율표

▶ 원자가전자와 핵심부 전자에 대해 이해한다.
▶ 주기율표 내 위치를 참고하여 원소의 전자 배치를 작성한다.

원자가전자(valence electron)는 최외각 주껍질, 즉 가장 큰 주양자수(n)를 가진 주껍질에 있는 전자이다. 다음 장에서 다룰 테지만, 이러한 전자는 가장 느슨하게 결합되어 있고 가장 쉽게 잃어버리거나 공유할 수 있어 화학 결합에 참여하기 때문에 중요하다. 최외각 주껍질에 있지 않은 전자는 **핵심부 전자**(core electron)라고 부른다. 예를 들어 전자 배치가 $1s^22s^22p^63s^23p^2$인 규소는 원자가전자(주껍질 n = 3에 있는 전자) 4개와 핵심부 전자 10개를 가지고 있다.

Si $1s^22s^22p^6$ $3s^23p^2$

핵심부 전자 ↗ ↖ 원자가전자

예제 9.4 원자가전자와 핵심부 전자

셀레늄의 전자 배치를 작성하고 원자가전자와 핵심부 전자를 밝히시오.

답

원자 번호(34)로부터 전자의 총수를 구하고 적절한 오비탈에 전자를 배분하여 셀레늄의 전자 배치를 작성한다.

$$\text{Se} \quad 1s^22s^22p^63s^23p^64s^23d^{10}4p^4$$

원자가전자는 최외각 주껍질에 있다. 셀레늄의 경우 최외각 주껍질이 n = 4이며, 이는 6개의 전자(4s 오비탈에 전자 2개, 3개의 4p 오비탈에 전자 4개)를 가지고 있다. 3d 오비탈에 있는 것을 포함하여 다른 모든 전자는 핵심부 전자이다.

6개의 원자가전자

$1s^22s^22p^6\ 3s^23p^6\ 4s^2\ 3d^{10}\ 4p^4$

28개의 핵심부 전자

▶ **연습문제 9.4 | 원자가전자와 핵심부 전자**
염소의 전자 배치를 작성하고 원자가전자와 핵심부 전자를 밝히시오.

▶ **심화 학습** 예제 9.11/복습문제 57, 58, 61, 62

1	2	13	14	15	16	17	18
1 **H** $1s^1$							2 **He** $1s^2$
3 **Li** $2s^1$	4 **Be** $2s^2$	5 **B** $2s^22p^1$	6 **C** $2s^22p^2$	7 **N** $2s^22p^3$	8 **O** $2s^22p^4$	9 **F** $2s^22p^5$	10 **Ne** $2s^22p^6$
11 **Na** $3s^1$	12 **Mg** $3s^2$	13 **Al** $3s^23p^1$	14 **Si** $3s^23p^2$	15 **P** $3s^23p^3$	16 **S** $3s^23p^4$	17 **Cl** $3s^23p^5$	18 **Ar** $3s^23p^6$

▲ **그림 9.25 처음 18개 원소의 외각 전자 배치**

그림 9.25는 주기율표에 있는 첫 18개 원소의 외각 전자 배치를 각 원소 아래에 열거한 것이다. 행을 가로질러 가면 오비탈은 정확한 순서로 단순히 채워진다. 열을 따라 내려가면 가장 큰 주양자수가 증가하나 각 부껍질에 있는 전자의 수는 동일하게 유지된다. 결과적으로 어떤 열 (또는 족) 안에 있는 원소는 모두 같은 수의 원자가전자를 가지며 외각 전자 배치가 같다.

전체 주기율표에 유사한 패턴이 존재한다(그림 9.26). 오비탈을 채우는 순서 때문에 주기율표는 특별한 부껍질을 채우는 것을 나타내는 구역으로 나뉠 수 있다.

- 주기율표의 왼쪽에 있는 첫 두 열은 외각 전자 배치가 ns^1(1열), ns^2(2열)인 *s* 구역이다.
- 주기율표의 오른쪽에 있는 6개 열은 외각 전자 배치가 ns^2np^1, ns^2np^2, ns^2np^3, ns^2np^4, ns^2np^5(할로젠), ns^2np^6(비활성 기체)인 *p* 구역이다.
- 전이 금속은 *d* 구역이다.
- 란타넘 계열과 악티늄 계열(내부 전이 원소라고도 함)은 *f* 구역이다.

헬륨을 제외하고 주족 원소의 원자가전자 수는 그 열의 족 번호와 같다. 예를 들어 염소 원자는 족 번호가 7A인 열에 속해 있기 때문에 7개의 원자가전자를 가진다고 말할 수 있다. 주기율표에서 행 번호는 가장 큰 주껍질(n 값)과 같다. 예를 들어 염소는 3행에 있기 때문에 가장 큰 주껍질이 $n = 3$ 껍질이다.

주기율표의 오비탈 구역

s-구역 원소 · *d*-구역 원소 · *p*-구역 원소 · *f*-구역 원소

주기 \ 족	1	2	3	4	5	6	7	8	9	10	11	12	13	14	15	16	17	18
1	1 **H** $1s^1$																	2 **He** $1s^2$
2	3 **Li** $2s^1$	4 **Be** $2s^2$											5 **B** $2s^22p^1$	6 **C** $2s^22p^2$	7 **N** $2s^22p^3$	8 **O** $2s^22p^4$	9 **F** $2s^22p^5$	10 **Ne** $2s^22p^6$
3	11 **Na** $3s^1$	12 **Mg** $3s^2$											13 **Al** $3s^23p^1$	14 **Si** $3s^23p^2$	15 **P** $3s^23p^3$	16 **S** $3s^23p^4$	17 **Cl** $3s^23p^5$	18 **Ar** $3s^23p^6$
4	19 **K** $4s^1$	20 **Ca** $4s^2$	21 **Sc** $4s^23d^1$	22 **Ti** $4s^23d^2$	23 **V** $4s^23d^3$	24 **Cr** $4s^13d^5$	25 **Mn** $4s^23d^5$	26 **Fe** $4s^23d^6$	27 **Co** $4s^23d^7$	28 **Ni** $4s^23d^8$	29 **Cu** $4s^13d^{10}$	30 **Zn** $4s^23d^{10}$	31 **Ga** $4s^24p^1$	32 **Ge** $4s^24p^2$	33 **As** $4s^24p^3$	34 **Se** $4s^24p^4$	35 **Br** $4s^24p^5$	36 **Kr** $4s^24p^6$
5	37 **Rb** $5s^1$	38 **Sr** $5s^2$	39 **Y** $5s^24d^1$	40 **Zr** $5s^24d^2$	41 **Nb** $5s^14d^4$	42 **Mo** $5s^14d^5$	43 **Tc** $5s^24d^5$	44 **Ru** $5s^14d^7$	45 **Rh** $5s^14d^8$	46 **Pd** $4d^{10}$	47 **Ag** $5s^14d^{10}$	48 **Cd** $5s^24d^{10}$	49 **In** $5s^25p^1$	50 **Sn** $5s^25p^2$	51 **Sb** $5s^25p^3$	52 **Te** $5s^25p^4$	53 **I** $5s^25p^5$	54 **Xe** $5s^25p^6$
6	55 **Cs** $6s^1$	56 **Ba** $6s^2$	57 **La** $6s^25d^1$	72 **Hf** $6s^25d^2$	73 **Ta** $6s^25d^3$	74 **W** $6s^25d^4$	75 **Re** $6s^25d^5$	76 **Os** $6s^25d^6$	77 **Ir** $6s^25d^7$	78 **Pt** $6s^15d^9$	79 **Au** $6s^15d^{10}$	80 **Hg** $6s^25d^{10}$	81 **Tl** $6s^26p^1$	82 **Pb** $6s^26p^2$	83 **Bi** $6s^26p^3$	84 **Po** $6s^26p^4$	85 **At** $6s^26p^5$	86 **Rn** $6s^26p^6$
7	87 **Fr** $7s^1$	88 **Ra** $7s^2$	89 **Ac** $7s^26d^1$	104 **Rf** $7s^26d^2$	105 **Db** $7s^26d^3$	106 **Sg** $7s^26d^4$	107 **Bh**	108 **Hs**	109 **Mt**	110 **Ds**	111 **Rg**	112 **Cn**	113 **Nh**	114 **Fl**	115 **Mc**	116 **Lv**	117 **Ts**	118 **Og**

란타넘 계열	58 **Ce** $6s^24f^15d^1$	59 **Pr** $6s^24f^3$	60 **Nd** $6s^24f^4$	61 **Pm** $6s^24f^5$	62 **Sm** $6s^24f^6$	63 **Eu** $6s^24f^7$	64 **Gd** $6s^24f^75d^1$	65 **Tb** $6s^24f^9$	66 **Dy** $6s^24f^{10}$	67 **Ho** $6s^24f^{11}$	68 **Er** $6s^24f^{12}$	69 **Tm** $6s^24f^{13}$	70 **Yb** $6s^24f^{14}$	71 **Lu** $6s^24f^{14}5d^1$
악티늄 계열	90 **Th** $7s^26d^2$	91 **Pa** $7s^25f^26d^1$	92 **U** $7s^25f^16d^1$	93 **Np** $7s^25f^46d^1$	94 **Pu** $7s^25f^6$	95 **Am** $7s^25f^7$	96 **Cm** $7s^25f^76d^1$	97 **Bk** $7s^25f^9$	98 **Cf** $7s^25f^{10}$	99 **Es** $7s^25f^{11}$	100 **Fm** $7s^25f^{12}$	101 **Md** $7s^25f^{13}$	102 **No** $7s^25f^{14}$	103 **Lr** $7s^25f^{14}6d^1$

▲ **그림 9.26**
원소의 외각 전자 배치

주족 원소는 주기율표의 맨 왼쪽 열 2개(1A, 2A), 맨 오른쪽 열 6개(3A~8A)에 있는 원소임을 기억하라(4.6절 참조).

전이 금속의 경우 주족 원소의 전자 배치와 다소 다른 경향이 있다. *d* 구역 행을 따라 지나가면 *d* 오비탈이 채워진다는 것을 알 수 있다(그림 9.26). 그러나 전이 금속 계열에서 각 행을 가로질러 채워지는 *d* 오비탈의 주양자수는 해당 행 번호보다 1이 작다(4행에서는 3*d* 오비탈이 채워지고 5행에서는 4*d* 오비탈이 채워진다). 처음 전이 금속 계열의 경우 외각 배치가 $4s^23d^x$(x는 *d* 전자 수)이고 2개만 예외이다. Cr은 $4s^13d^5$이고 Cu는 $4s^13d^{10}$이다. 반만 채워진 *d* 부껍질, 완전히 채워진 *d* 부껍질과 관련된 특별한 안정성이 이러한 예외를 가져온다. 그렇지 않다면 전이 금속 계열에 있는 외각 껍질 전자의 수는 주기를 따라 가로질러 가면서 변하지 않는다. 다시 말해 전이 금속 계열은 중심 오비탈이 채워지는 것을 보여주고, 원자가 전자가 거의 일정하다.

이제 주기율표의 구조를 통해 어떤 원소의 전자 배치를 단순히 주기율표상의 해당 위치를 토대로 쓸 수 있다는 것을 알 수 있다. 예를 들어 P의 전자 배치를 작성하려 한다고 가정해보자. P의 핵심부 전자는 단순히 주기율표상에서 P 앞의 비활성 기체인 Ne의 것이다. 따라서 [Ne]로 내부 원자를 나타낼 수 있다. Ne와 P 사이의 원소를 추적하고 적당한 오비탈에 전자를 할당함으로써 외각 전자 배치를 얻는다(그림 9.27). 가장 큰 *n* 값은 행 번호에서 얻을 수 있음을 기억하라(P의 경우 3). 따라서 [Ne]로 시작하여 *s* 구역을 따라가면서 2개의 전자를 3*s*에 첨가하고, 그다음에 *p* 구역을 따라 *p* 구역의 3열에 있는 P(인)까지 가면서 3개의 전자를 3*p* 오비탈에 배치한다. 이 전자 배치는 다음과 같다.

$$\text{P} \qquad [\text{Ne}]3s^23p^3$$

5A 열에 있는 P는 5개의 원자가전자를 가지고 외각 전자 배치가 ns^2np^3임에 유의하라.

주기율표상의 위치를 토대로 원소의 전자 배치를 작성하는 단계의 요약

- 어떤 원소의 내부 전자 배치는 주기율표에서 해당 원소 바로 앞에 있는 비활성 기체의 전자 배치이다. 대괄호 안에 비활성 기체의 원소 기호를 표기하여 내부 배치를 나타낸다.
- 외각 전자는 주기율표의 특정 구역(*s*, *p*, *d*, *f*) 안에 있는 원소의 위치로 유추할 수 있다. 앞쪽의 비활성 기체와 관심 있는 원소 사이의 원소를 추적하고 적당한 오비탈에 전자를 할당한다.
- 가장 큰 주양자수(가장 큰 *n* 값)는 주기율표 내 원소의 행 번호와 일치한다.
- *d* 전자가 포함된 어떤 원소의 경우 최외각 *d* 전자의 주양자수(*n* 값)는 원소의 행 번호에서 1을 뺀 것과 같다.

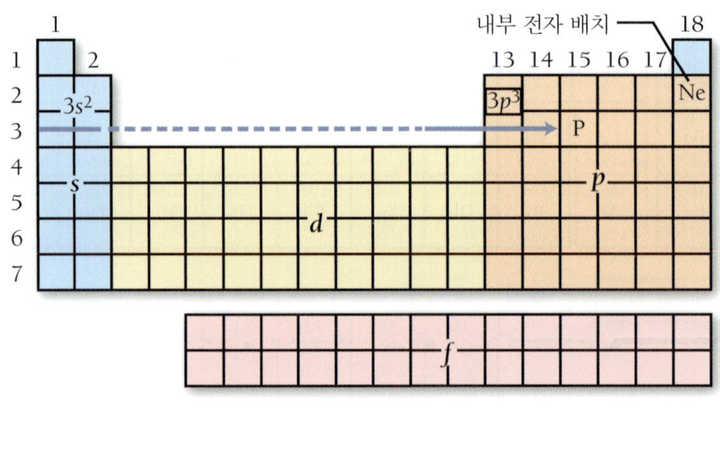

▶ **그림 9.27 인의 전자 배치.** 주기율표에서 P의 위치를 통해 인의 전자 배치를 구한다.

예제 9.5 주기율표를 이용한 전자 배치 작성

주기율표에서의 위치를 이용하여 비소의 전자 배치를 작성하시오.

답

주기율표에서 비소 앞의 비활성 기체는 아르곤이므로 내부 전자 배치는 [Ar]이다. Ar과 As 사이의 원소를 추적하고 적당한 오비탈에 전자를 할당하여 외부 전자 배치를 구한다. 가장 큰 n 값은 행 번호(비소는 4)로 얻는다. 따라서 [Ar]로 시작하여 s 구역을 따라가면서 2개의 4s 전자를 첨가하고, d 구역을 따라가면서 10개의 3d 전자를 추가하며, As(p 구역의 3열)까지 p 구역을 따라가면서 3개의 4p 전자를 추가한다.

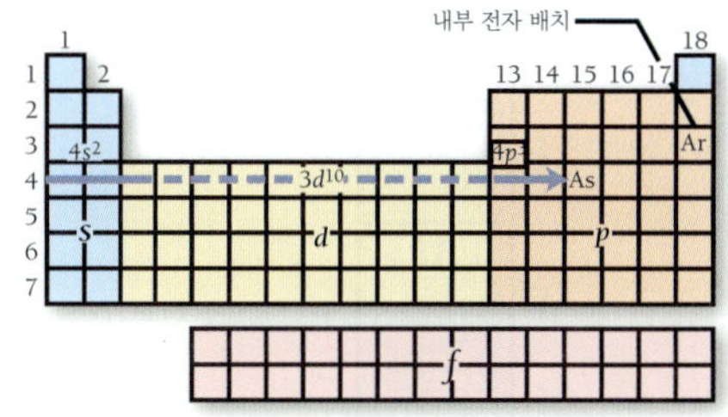

전자 배치는 다음과 같다.

$$\text{As} \quad [\text{Ar}]4s^2 3d^{10} 4p^3$$

▶ **연습문제 9.5 | 주기율표를 이용한 전자 배치 작성**

주기율표에서의 위치를 이용하여 주석의 전자 배치를 작성하시오.

▶ **심화 학습** 예제 9.12/복습문제 65~68

✔ 확인문제 9.7

다음 중 원자가전자가 가장 적은 원소는 무엇인가?

(a) B (b) Ca (c) O (d) K

9.8 양자 역학적 모형의 설명력

▶ 원소의 화학적 성질이 주로 원소가 가지고 있는 원자가전자 수에 따라 결정되는 이유를 설명한다.

이 장의 초반부에서 양자 역학적 모형은 헬륨의 비활성, 수소의 반응성, 주기율과 같은 원소의 화학적 특성을 설명한다고 언급했는데, 왜 그런지 알아보자. 원소의 화학적 성질은 대체로 원소가 지닌 원자가전자 수에 따라 결정된다. 원자가전자 수가 주기적이기 때문에 원소의 화학적 성질 또한 주기적으로 변한다.

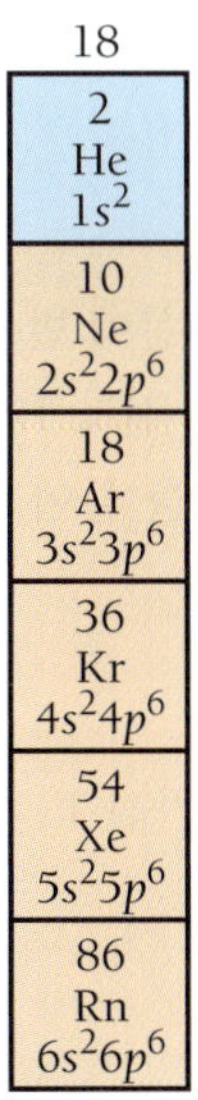

▲ **그림 9.28 비활성 기체의 전자 배치.** 비활성 기체는 모두(헬륨 제외) 8개의 원자가전자와 완전히 채워진 바깥쪽 주껍질을 가지고 있다.

주기율표에서 어떤 열에 있는 원소들은 원자가전자 수가 같기 때문에 화학적 성질이 비슷하다. 예를 들어 비활성 기체는 2개의 원자가전자를 가진 헬륨을 제외하고 모두 8개의 원자가전자를 가지고 있다(그림 9.28). 이 책에서는 양자 역학적 모형의 양적인 (또는 수적인) 측면을 다루지 않지만, 계산 값은 8개의 원자가전자(헬륨은 2개)를 가진 것이 에너지 면에서 특히 낮고, 따라서 안정하다는 것을 보여준다. 결과적으로 비활성 기체는 화학적으로 안정함으로써 상대적으로 비활성 또는 비반응성이다.

전자 배치가 비활성 기체에 가까운 원소는 적은 수의 전자를 잃거나 얻음으로써 비활성 기체의 전자 배치에 도달할 수 있기 때문에 반응성이 가장 크다. 알칼리 금속(1족)은 외각 전자 배치(ns^1)가 비활성 기체의 배치보다 전자가 하나 많으므로 반응성이 가장 큰 금속이다(그림 9.29). 만약 알칼리 금속이 반응하여 ns^1 전자를 하나 잃을 수 있다면 알칼리 금속은 비활성 기체의 배치에 도달한다. 이것은 1족 금속이 왜 1+가의 양이온이 되려는 경향이 있는지를 설명해준다(4장 참조). 한 예로 소듐의 전자 배치를 살펴보자.

$$\text{Na} \quad 1s^2 2s^2 2p^6 3s^1$$

1
3 Li $2s^1$
11 Na $3s^1$
19 K $4s^1$
37 Rb $5s^1$
55 Cs $6s^1$
87 Fr $7s^1$

▲ **그림 9.29 알칼리 금속의 전자 배치.** 모든 알칼리 금속의 전자 배치는 ns^1이므로 비활성 기체의 배치보다 전자가 1개 더 많다. 반응에서 알칼리 금속은 전자를 잃는 경향이 있어 1+가 이온을 형성하고 비활성 기체의 배치에 도달한다.

2
4 Be $2s^2$
12 Mg $3s^2$
20 Ca $4s^2$
38 Sr $5s^2$
56 Ba $6s^2$
88 Ra $7s^2$

▲ **그림 9.30 알칼리 토금속의 전자 배치.** 모든 알칼리 토금속의 전자 배치는 ns^2이므로 비활성 기체의 배치보다 전자가 2개 많다. 반응에서 알칼리 토금속은 전자 2개를 잃는 경향이 있어 2+가의 이온을 형성하고 비활성 기체의 배치에 도달한다.

17
9 F $2s^22p^5$
17 Cl $3s^23p^5$
35 Br $4s^24p^5$
53 I $5s^25p^5$
85 At $6s^26p^5$

▲ **그림 9.31 할로젠 원소의 전자 배치.** 모든 할로젠 원소의 전자 배치는 ns^2np^5이므로 비활성 기체의 배치보다 전자 1개가 부족하다. 반응에서 할로젠 원소는 전자 1개를 얻는 경향이 있어 1−가 이온을 형성하고 비활성 기체의 배치에 도달한다.

반응에서 소듐은 3*s* 전자를 잃고, 네온의 전자 배치를 가진 1+가 이온을 형성한다.

$$Na^+ \quad 1s^22s^22p^6$$
$$Ne \quad 1s^22s^22p^6$$

비슷하게 외각 전자 배치가 ns^2인 알칼리 토금속 또한 반응성이 큰 금속이 되려는 경향이 있어 ns^2 전자를 잃고 2+가 양이온을 형성한다(그림 9.30). 예를 들어 마그네슘을 살펴보자.

$$Mg \quad 1s^22s^22p^63s^2$$

반응에서 마그네슘은 2개의 3*s* 전자를 잃고, 네온의 전자 배치를 가진 2+가 이온을 형성한다.

$$Mg^{2+} \quad 1s^22s^22p^6$$

주기율표의 다른 쪽에 있는 할로젠 원소는 ns^2np^5라는 전자 배치 때문에 반응성이 가장 큰 비금속에 속한다(그림 9.31). 할로젠 원소는 비활성 기체의 배치보다 전자 1개가 모자라 전자 1개를 얻으려고 반응하는 경향이 있어 1−가 이온을 형성한다. 예를 들어 플루오린을 살펴보자.

$$F \quad 1s^22s^22p^5$$

반응에서 플루오린은 추가되는 2*p* 전자를 얻어 네온의 전자 배치를 가진 1−가 이온을 형성한다.

$$F^- \quad 1s^22s^22p^6$$

전자 배치가 같은 원자나 이온을 등전자성(isoelectronic)이라고 일컫는다.

예측 가능한 이온을 형성하는 원소는 그림 9.32(4장에서 소개됨)와 같다. 이러한 이온의 전하가 전자 배치를 어떻게 반영하는지에 유의하라. 이 원소들은 비활성 기체의 전자 배치를 가진 이온을 형성한다.

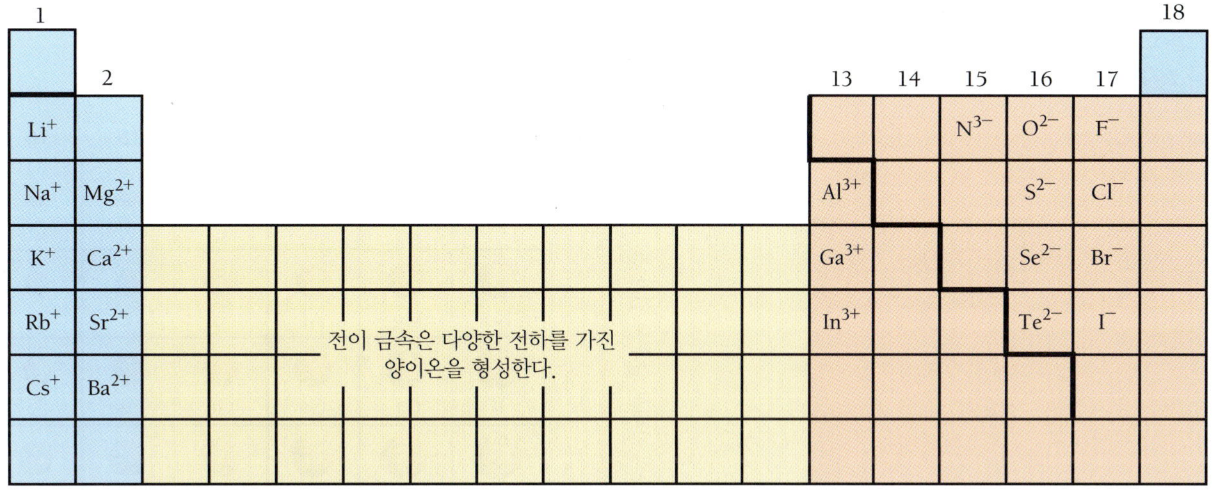

▲ **그림 9.32 예측 가능한 이온을 형성하는 원소**

확인문제 9.8

다음은 칼슘의 전자 배치이다.

$$\text{Ca} \qquad 1s^2 2s^2 2p^6 3s^2 3p^6 4s^2$$

이 반응에서 칼슘은 Ca^{2+}가 되는 경향이 있는데, 이온화될 때 어떤 전자를 잃어버리는가?

(a) $4s$ 전자들 (b) $3p$ 전자 중 2개 (c) $3s$ 전자들 (d) $1s$ 전자들

9.9 주기적 경향: 원자의 크기, 이온화 에너지, 금속성

▶ 원자 크기, 이온화 에너지, 금속성과 같은 주기적 경향을 규명하고 이해한다.

양자 역학적 모형은 원자의 크기, 이온화 에너지, 금속성과 같은 기타 주기적 경향을 설명한다. 각각을 자세히 살펴보자.

원자 크기

어떤 원자의 **원자 크기**(atomic size)는 원자가전자가 핵으로부터 얼마나 멀리 떨어져 있느냐에 따라 결정된다. 주기율표에서 주기를 가로질러 이동할 때 전자가 주양자수 n이 같은 오비탈에 들어간다는 것을 알게 된다. 주양자수는 오비탈의 크기를 대부분 결정하기 때문에 전자는 대략적으로 같은 크기의 오비탈을 채우게 되므로 원자 크기는 주기를 따라 일정하게 유지될 것이라고 예상된다. 그러나 주기를 가로질러 한 칸씩 움직일 때마다 핵 속의 양성자 수도 증가한다. 양성자 수의 증가는 전자를 더 세게 끌어당기고, 실제로 원자 크기가 감소하는 결과를 가져온다.

주기율표에서 주기 또는 행의 오른쪽으로 갈수록 원자 크기가 작아진다(그림 9.33).

주기율표에서 열 아래로 내려가면 가장 큰 주양자수 n이 증가한다. 주양자수가 증가함에 따라 오비탈의 크기가 증가하기 때문에, 가장 바깥쪽 오비탈을 차지하는 전자는 열을 따라 내려감에 따라 핵으로부터 더 멀리 떨어진다.

주기율표에서 족 또는 열의 아래로 갈수록 원자 크기가 커진다(그림 9.33).

▶ **그림 9.33 주기적 성질: 원자 크기.** 주기율표에서 주기의 오른쪽으로 갈수록 원자 크기가 작아지고, 족의 아래로 갈수록 원자 크기가 커진다.

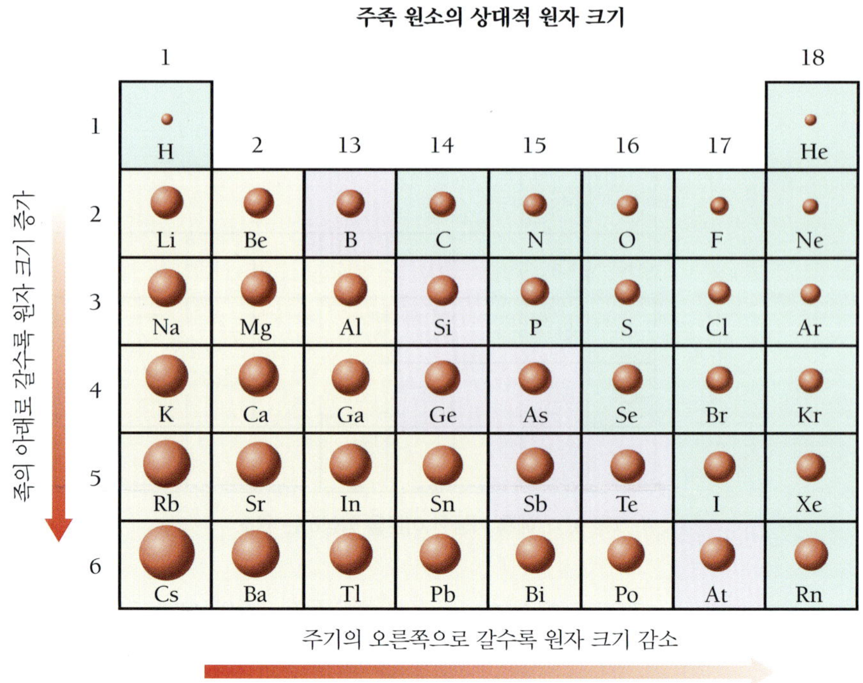

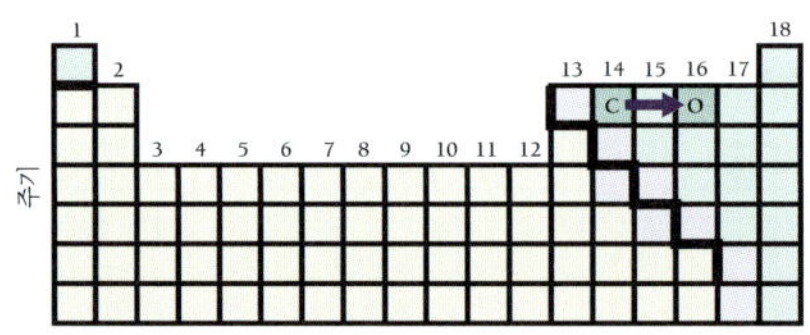

(a)

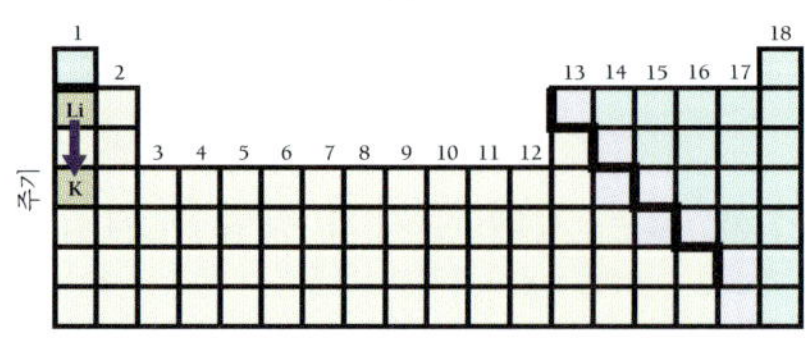

(b)

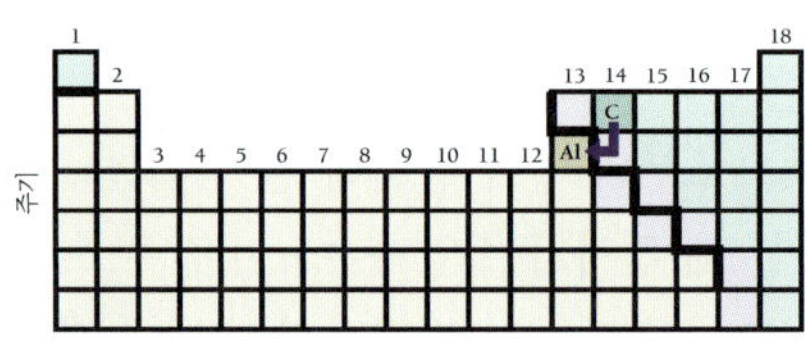

(c)

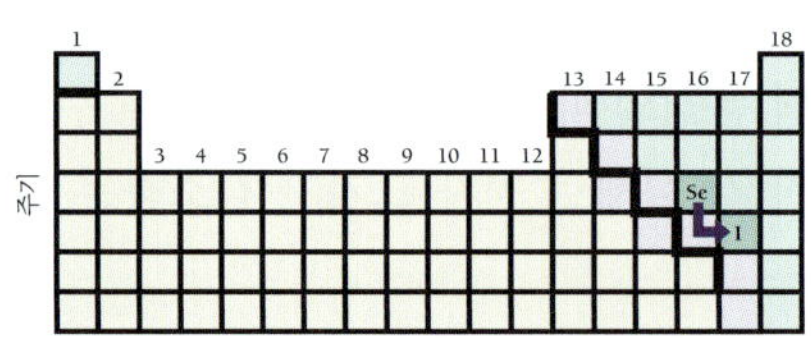

(d)

예제 9.6 원자 크기

다음 각각의 쌍에서 더 큰 원자를 밝히시오.

(a) C 또는 O (b) Li 또는 K (c) C 또는 Al (d) Se 또는 I

답

(a) 탄소 원자가 산소 원자보다 더 크다. 주기율표에서 C와 O 사이의 경로를 추적하면 같은 주기에서 오른쪽으로 이동하기 때문이다. 주기의 오른쪽으로 갈수록 원자 크기가 감소한다.

(b) 포타슘 원자가 리튬 원자보다 더 크다. 주기율표에서 Li과 K 사이의 경로를 추적하면 같은 족을 따라 내려가기 때문이다. 족의 아래로 갈수록 원자 크기가 증가한다.

(c) 알루미늄 원자가 탄소 원자보다 더 크다. 주기율표에서 C와 Al 사이의 경로를 추적하면 족을 따라 내려가고(원자 크기 증가) 주기를 따라 왼쪽으로 이동하며(원자 크기 증가), 이러한 효과가 합쳐져서 전체적인 증가를 가져온다.

(d) 주기적 성질만을 가지고는 어느 원자가 더 큰지 밝힐 수 없다. Se과 I 사이의 경로를 추적하면 족을 따라 내려가고(원자 크기 증가) 주기를 따라 오른쪽으로 이동하며(원자 크기 감소), 이러한 효과가 서로 상쇄된다.

▶ **연습문제 9.6 | 원자 크기**

다음 각각의 쌍에서 더 큰 원자를 밝히시오.

(a) Pb 또는 Po (b) Rb 또는 Na (c) Sn 또는 Bi (d) F 또는 Se

▶ **심화 학습** 예제 9.13a/복습문제 83~86

이온화 에너지

원자의 **이온화 에너지**(ionization energy)는 기체 상태의 원자로부터 전자를 떼어내는 데 필요한 에너지이다. 예를 들어 소듐의 이온화는 다음 식으로 나타낼 수 있다.

화학과 건강

이온 펌핑: 원자 크기와 신경 자극

우리가 지금 무엇을 하고 있건 몸을 이루는 수많은 세포 각각에 있는 작은 펌프가 열심히 일하고 있다. 세포막에 있는 이러한 펌프는 각기 다른 많은 이온을 세포 안팎으로 옮긴다. 가장 중요한 이온은 소듐(Na^+)과 포타슘(K^+)인데, 이 두 가지 이온은 반대 방향으로 이동한다. 소듐 이온은 세포 밖으로, 포타슘 이온은 세포 안으로 이동하므로 그 결과 각 이온의 화학적 기울기가 나타난다. 즉 소듐의 농도는 세포 안보다 바깥쪽에서 높은 반면에 포타슘의 농도는 세포 바깥쪽보다 안에서 높다.

세포막 안의 이온 펌프는 중력을 거슬러 물을 건물 위 탱크로 퍼 올리는 펌프와 유사하다. 세포막 내의 또 다른 구조인 이온 채널은 건물의 수도꼭지와 같다. 이온 채널이 순간적으로 열리면 이온의 농도 차이에 의해 추진력을 받은 소듐 이온과 포타슘 이온이 막을 가로질러서 거슬러 흐른다. 소듐은 안으로, 포타슘은 밖으로 흐른다. 이러한 이온 펄스는 뇌, 심장 등 몸 전체에 있는 신경 신호 전달의 기본이 된다. 결과적으로 우리의 모든 움직임과 생각은 이러한 이온의 흐름에 의해 전달된다.

이온 펌프와 이온 채널은 어떻게 소듐 이온과 포타슘 이온을 구별할까? 이온 펌프는 어떻게 소듐을 세포 밖으로, 포타슘을 세포 안으로 선택적으로 이동할까? 그 이유를 알려면 소듐 이온과 포타슘 이온을 보다 자세히 살펴보아야 한다. 둘은 어떤 면이 다른가? 둘 다 1족의 금속 양이온이다. 모든 1족 금속은 전자를 잃고 1+가 양이온이 되는 경향이 있어 이는 결정적 인자가 될 수 없다. 그러나 포타슘(원자 번호 19)은 주기율표에서 소듐 바로 아래에 위치하고, 따라서 주기적 성질에 근거하여 소듐보다 더 크다. 포타슘 이온은 반지름이 133 pm이고 소듐 이온은 95 pm이다(1 pm = 10^{-12} m임을 2장에서 다루었다). 세포막에 있는 이온 펌프와 이온 채널은 매우 민감하여 두 이온의 크기를 구별하고 소듐 또는 포타슘만 선택적으로 통과시킬 수 있다. 그 결과 지금 이 책을 읽을 수 있게 하는 신경 신호가 전달된다.

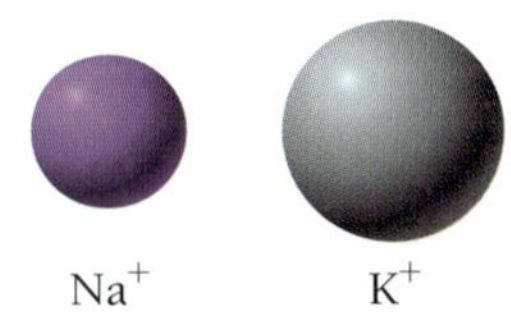

질문 칼슘, 마그네슘 등의 다른 이온도 신경 신호 전달에 중요하다. K^+, Na^+, Mg^{2+}, Ca^{2+} 이온을 크기의 증가 순으로 나열하시오.

$$Na + 이온화\ 에너지 \longrightarrow Na^+ + 1e^-$$

전자 배치에 대해 아는 것을 바탕으로 이온화 에너지 경향에 대해 무엇을 예측할 수 있는가? Na에서 전자를 제거하는 데 Cl에서 전자를 제거하는 것보다 에너지가 더 드는가, 덜 드는가? Na의 외각 전자 배치는 $3s^1$이고, Cl의 외각 전자 배치는 $3s^23p^5$이다. Na에서 전자를 제거하면 비활성 기체의 배치가 되므로(그리고 Cl에서 전자를 제거했을 때는 그렇지 않음) Na이 더 낮은 이온화 에너지를 가질 것으로 기대할 것이고, 실제로도 그렇다. 이는 다음과 같이 일반화할 수 있다.

주기율표에서 주기 또는 행의 오른쪽으로 갈수록 이온화 에너지가 증가한다(그림 9.34).

족의 아래로 내려갈 때는 이온화 에너지가 어떻게 되는가? 앞에서 배웠듯이 주양자수 n은 족의 아래로 갈수록 증가한다. 주어진 부껍질 내에서 주양자수가 더 큰 오비탈이 주양자수가 더 작은 오비탈보다 더 크다. 결과적으로 최외각 주껍질에 있는 전자는 족의 아래로 내려갈수록 양전하를 띤 핵으로부터 더 멀리 떨어져 있다(따라서 덜 단단히 붙어 있다). 이러한 이유로 족의 아래로 갈수록 이온화 에너지가 더 낮다(전자가 덜 단단히 붙어 있어 멀리 떼어내기가 더 쉽다).

주기율표에서 족 또는 열의 아래로 갈수록 이온화 에너지가 감소한다(그림 9.34).

이온화 에너지의 경향이 원자 크기의 경향과 일치한다는 데 주목하라. 원자가 작을수록 전자가 더 단단히 붙어 있어 이온화하기가 더 어렵다. 그러므로 주기의 오른쪽으로 갈수록 원

▶ **그림 9.34 주기적 성질: 이온화 에너지.** 주기율표에서 주기의 오른쪽으로 갈수록 이온화 에너지가 증가하고, 족의 아래로 갈수록 이온화 에너지가 감소한다.

이온화 에너지의 경향

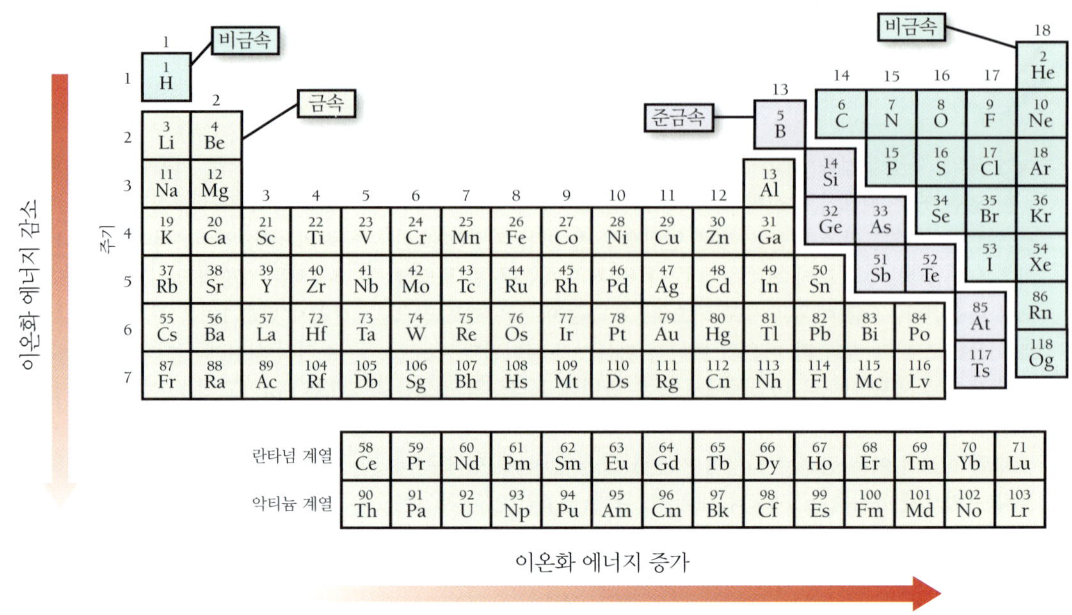

자 크기가 감소함으로써 이온화 에너지가 증가한다. 마찬가지로 족의 아래로 내려갈수록 전자가 핵으로부터 더 멀리 떨어져 있어 덜 단단히 붙어 있으므로 원자 크기가 증가하고 이온화 에너지가 감소한다.

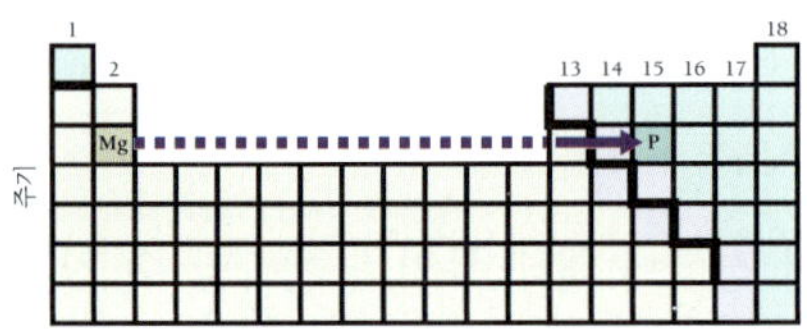

(a)

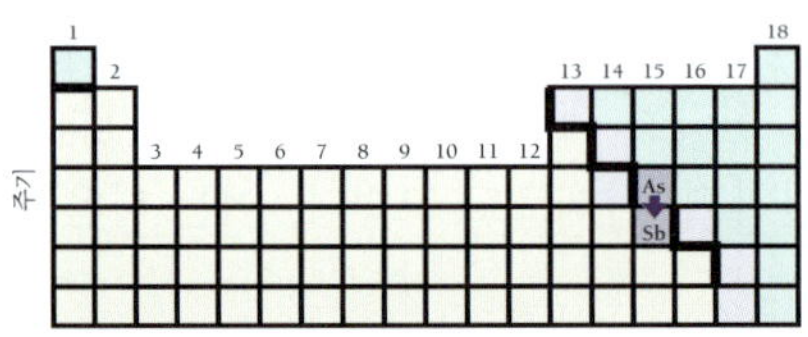

(b)

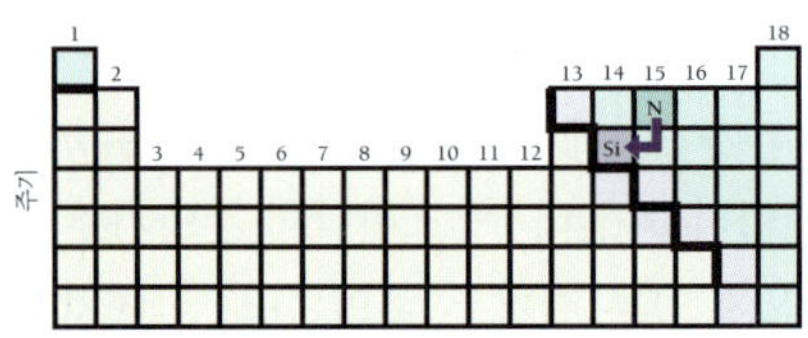

(c)

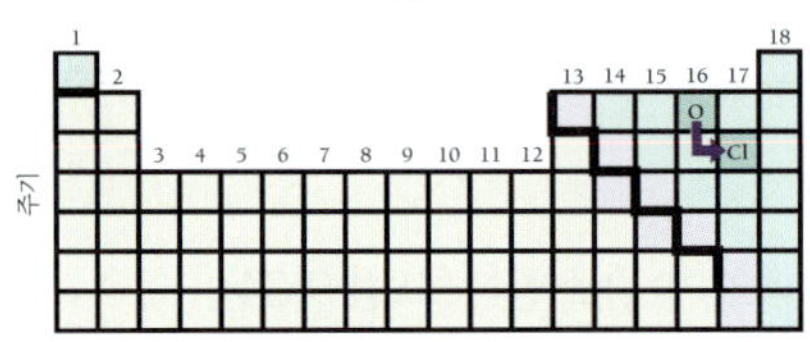

(d)

예제 9.7 이온화 에너지

다음 각각의 쌍에서 이온화 에너지가 더 큰 원소를 밝히시오.

(a) Mg 또는 P (b) As 또는 Sb (c) N 또는 Si (d) O 또는 Cl

답

(a) P의 이온화 에너지가 Mg보다 더 크다. 주기율표에서 Mg와 P 사이의 경로를 추적하면 같은 주기에서 오른쪽으로 이동하기 때문이다. 주기의 오른쪽으로 갈수록 이온화 에너지가 증가한다.

(b) As의 이온화 에너지가 Sb보다 더 크다. 주기율표에서 As와 Sb 사이의 경로를 추적하면 족을 따라 내려가기 때문이다. 족의 아래로 내려갈수록 이온화 에너지가 감소한다.

(c) N의 이온화 에너지가 Si보다 더 크다. 주기율표에서 S과 Si 사이의 경로를 추적하면 족을 따라 내려가고(이온화 에너지 감소) 주기를 따라 왼쪽으로 이동하며(이온화 에너지 감소), 이러한 효과가 합쳐져서 전체적인 감소를 가져온다.

(d) 주기적 성질만을 가지고는 어느 원소의 이온화 에너지가 더 큰지 밝힐 수 없다. O와 Cl 사이의 경로를 추적하면 족을 따라 내려가고(이온화 에너지 감소) 주기를 따라 오른쪽으로 이동하며(이온화 에너지 증가), 이러한 효과가 서로 상쇄된다.

▶ **연습문제 9.7 | 이온화 에너지**

다음 각각의 쌍에서 이온화 에너지가 더 큰 원소를 밝히시오.

(a) Mg 또는 Sr (b) In 또는 Te (c) C 또는 P (d) F 또는 S

▶ **심화 학습** 예제 9.13b/복습문제 79~82

▶ **그림 9.35 주기적 성질: 금속성.** 금속성은 주기율표에서 주기 오른쪽으로 가면서 감소하고, 족 아래로 가면서 증가한다.

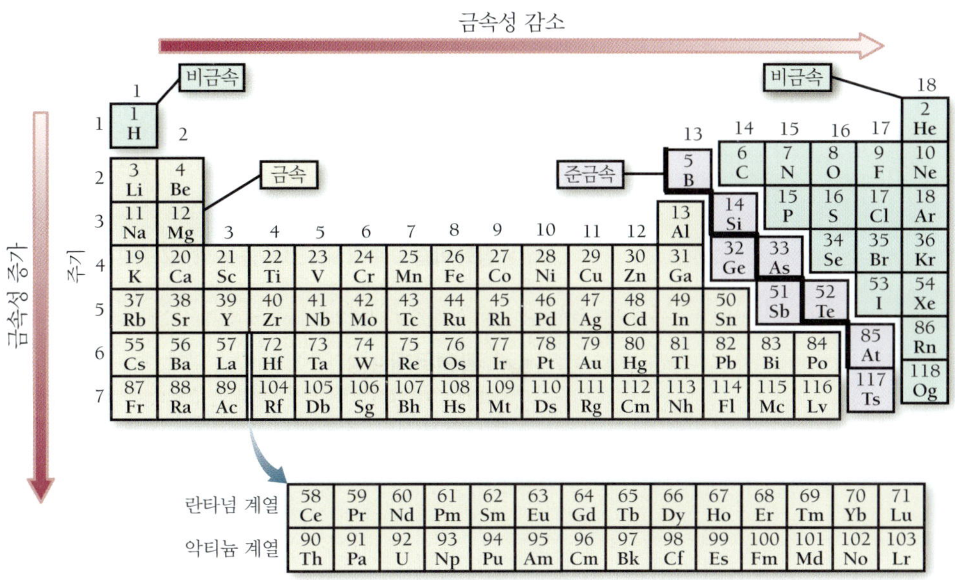

금속성

4장에서 배웠듯이 화학 반응에서 금속은 전자를 잃는 경향이 있고, 비금속은 전자를 얻는 경향이 있다. 주기율표에서 주기를 따라 이동할 때 이온화 에너지가 증가하는데, 이는 화학 반응에서 전자를 잃기가 어렵다는 것을 의미한다.

주기율표에서 주기 또는 행의 오른쪽으로 갈수록 **금속성**(metallic character)이 감소한다(그림 9.35).

주기율표에서 열을 따라 아래로 이동할 때는 이온화 에너지가 감소하고 화학 반응에서 전자를 잃기가 더 쉽다.

주기율표에서 족 또는 열의 아래로 갈수록 금속성이 증가한다(그림 9.35).

양자 역학적 모형을 기반으로 이러한 경향은 4장에서 배웠던 금속과 비금속의 분포를 설명해준다. 금속은 주기율표의 왼쪽에 있고 비금속(수소는 예외)은 오른쪽에 있다.

예제 9.8 금속성

다음 각각의 쌍에서 금속성이 더 큰 원소를 밝히시오.

(a) Sn 또는 Te (b) Si 또는 Sn (c) Br 또는 Te (d) Se 또는 I

답

(a) Sn의 금속성이 Te보다 더 크다. 주기율표에서 Sn과 Te의 경로를 추적하면 같은 주기에서 오른쪽으로 이동하기 때문이다. 주기의 오른쪽으로 갈수록 금속성이 감소한다.

(b) Sn의 금속성이 Si보다 더 크다. 주기율표에서 Si와 Sn 사이의 경로를 추적하면 족을 따라 내려가기 때문이다. 족의 아래로 갈수록 금속성이 증가한다.

(c) Te의 금속성이 Br보다 더 크다. 주기율표에서 Br과 Te 사이의 경로를 추적하면 족을 따라 내려가고(금속성 증가) 주기를 따라 왼쪽으로 이동하며(금속성 증가), 이러한 효과가 합쳐져서 전체적인 증가를 가져온다.

(d) 주기적 성질만을 가지고는 어느 원소의 금속성이 더 큰지 밝힐 수 없다. Se과 I 사이의 경로를 추적하면 족을 따라 내려가고 (금속성 증가) 주기를 따라 오른쪽으로 이동하며(금속성 감소), 이러한 효과가 서로 상쇄된다.

▶ **연습문제 9.8 | 금속성**

다음 각각의 쌍에서 금속성이 더 큰 원소를 밝히시오.

(a) Ge 또는 In (b) Ga 또는 Sn (c) P 또는 Bi (d) B 또는 N

▶ **심화 학습** 예제 9.13/복습문제 87~92

✔ 확인문제 9.9

주기율표에서 열을 따라 왼쪽에서 오른쪽으로 이동할 때 증가하는 성질은 무엇인가?

(a) 원자 크기 (b) 이온화 에너지 (c) 금속성

9장 복습

자가진단 퀴즈

1. 진동수의 크기 순으로 나열된 빛의 파장은 무엇인가?
(a) 250 nm, 300 nm, 350 nm (b) 350 nm, 300 nm, 250 nm
(c) 300 nm, 350 nm, 250 nm (d) 300 nm, 250 nm, 350 nm

2. 다음 중 파장이 가장 긴 전자기 복사는 무엇인가?
(a) 자외선 (b) X선 (c) 적외선 (d) 마이크로파

3. Bohr 모형에서 가장 긴 파장의 빛을 내는 전자 이동은 무엇인가?
(a) $n = 2 \rightarrow n = 1$ (b) $n = 3 \rightarrow n = 1$
(c) $n = 4 \rightarrow n = 1$ (d) $n = 5 \rightarrow n = 1$

4. 비소(As)의 전자 배치는 무엇인가?
(a) $[Ar]\,4s^2 4p^3$ (b) $[Ar]\,4s^2 4d^{10} 4p^3$
(c) $[Ar]\,4s^2 3d^6 4p^3$ (d) $[Ar]\,4s^2 3d^{10} 4p^3$

5. 인(P)의 오비탈 도표는 무엇인가?

(a) 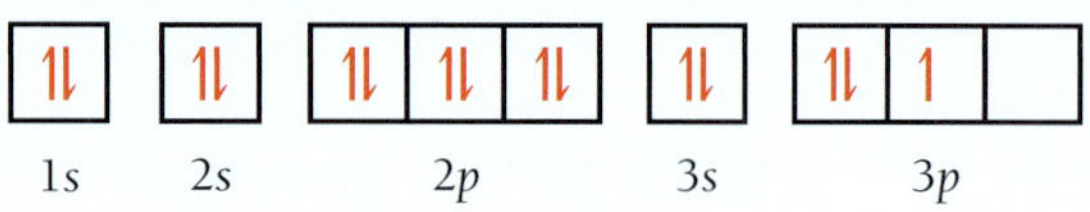

(b) 

(c) 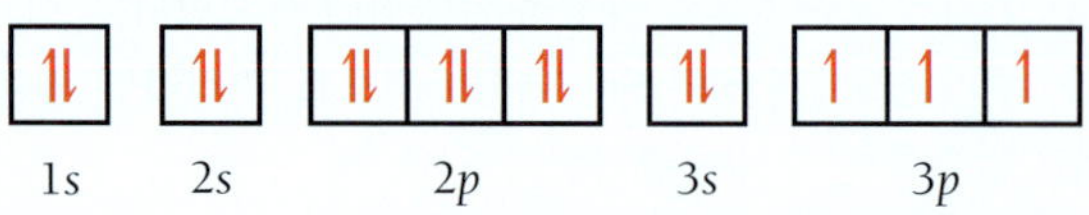

(d) 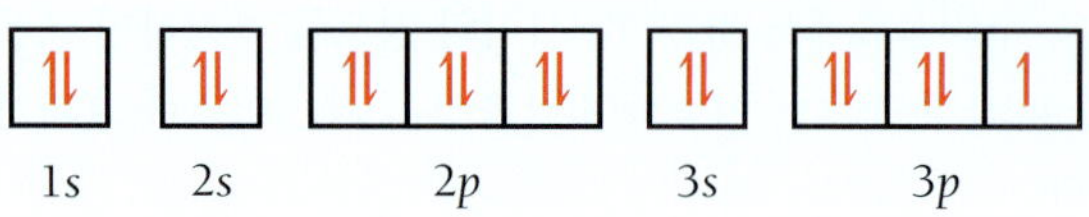

6. 텔루륨(Te)의 원자가전자는 몇 개인가?
(a) 5 (b) 6 (c) 16 (d) 52

7. 황의 이온가는 얼마인가?
(a) 2− (b) 1− (c) 1+ (d) 2+

8. Sr, Ca, Se을 원자 크기의 감소 순으로 나열한 것은 무엇인가?
(a) Se > Sr > Ca (b) Ca > Se > Sr
(c) Sr > Ca > Se (d) Se > Ca > Sr

9. 이온화 에너지가 가장 큰 원소는 무엇인가?
(a) Sn (b) S (c) Si (d) F

10. 금속성이 가장 큰 원소는 무엇인가?
(a) Al (b) N (c) P (d) O

11. 주기율표에서 열을 따라 내려갈수록 감소하는 성질은 무엇인가?
(a) 원자 크기
(b) 이온화 에너지
(c) 금속성
(d) 앞의 보기 모두 아님(모두 증가)

12. 알루미늄은 이온화될 때 전자를 잃는데, 어느 오비탈의 전자를 얼마나 잃는가?
(a) 3s 전자 1개
(b) 전자 2개, 3s 전자 1개, 2s 전자 1개
(c) 전자 3개, 3s 전자 2개, 3p 전자 1개
(d) 3p 전자 5개

정답 1.b 2.d 3.a 4.d 5.c 6.b 7.a 8.c 9.d 10.a 11.b 12.c

화학 원리

관련 내용

빛

빛은 3.0×10^8 m/s(300,000 km/s)의 일정 속도로 공간을 움직이는 일종의 에너지인 전자기 복사이고, 파동과 입자의 거동을 모두 나타낸다. 빛의 입자를 광자라고 부른다. 빛의 파동성은 파장, 즉 파동에서 인접 마루 사이의 거리로 특징지어진다. 빛의 파장은 진동수(1초에 고정점을 지나는 사이클의 수)와 광자의 에너지에 반비례한다. 전자기 복사는 파장의 범위가 10^{-16} m(감마선)~10^6 m(라디오파)이며, 그 사이에 X선, 자외선, 가시광선, 적외선, 마이크로파가 있다.

빛은 우리가 세상을 볼 수 있게 한다. 그러나 전자기 스펙트럼 중앙의 작은 조각에 해당하는 가시광선만 볼 뿐이다. 전자기 복사의 다른 형태는 암 치료, X선 영상, 야간 투시, 전자레인지 조리, 통신 등에 사용된다. 빛은 많은 화학적 문제에서도 중요하다. 예를 들어 빛과 원자의 상호작용을 조사함으로써 원자의 전자 구조에 대해 배울 수 있다.

Bohr 모형

특정 파장에서 나타나는 밝은 선으로 이루어진 수소의 방출 스펙트럼은 수소 원자에 대한 Bohr 모형으로 설명될 수 있다. 이 모형에서 전자는 핵으로부터 일정 거리에 있는 원형 궤도를 차지한다. 각 궤도는 양자수(n)에 의해 지정되고, 그 양자수는 궤도의 에너지도 특징짓는다. 전자가 주어진 궤도에 있는 동안 그 에너지는 일정하게 유지된다. 전자가 궤도 사이를 이동할 때 양자 에너지가 흡수되거나 방출된다. 궤도 간의 에너지 차이는 정해져 있기 때문에 방출되거나 흡수된 에너지 또한 고정되어 있다. 방출된 에너지는 특정 파장의 광자에 의해 멀리 전달된다.

Bohr 모형은 원자의 밝은 선 스펙트럼을 설명하려는 첫 번째 시도였다. 이는 수소 원자의 스펙트럼을 예측했지만 다른 원자의 스펙트럼을 예측하는 데에는 실패했다. 결과적으로 Bohr 모형은 양자 역학적 모형으로 대치되었다.

양자 역학적 모형

원자에 대한 양자 역학적 모형은 궤도를 전자 확률 지도인 오비탈로 바꾸었다. 오비탈은 원자를 탐사할 때 다양한 위치에서 전자가 발견될 상대적 확률을 보여준다. 오비탈은 주양자수라는 숫자(n)와 문자로 정해진다. 주양자수는 정수(1, 2, 3, …)로 주껍질을 지정하고, 문자(s, p, d, f)로 오비탈의 부껍질을 지정한다. 수소 원자에서 오비탈의 에너지는 n에만 달려 있다. 다전자 원자에서 에너지 순서는 1s 2s 2p 3s 3p 4s 3d 4p 5s 4d 5p 6s이다.

전자 배치는 특정 원자에 대한 오비탈의 채움을 보여준다. 전자 배치는 파울리 배타 원리(각 오비탈은 반대 스핀을 가진 최대 2개의 전자를 가질 수 있음)와 훈트의 규칙(전자는 짝을 짓기 전에 동일한 에너지의 오비탈을 홀로 차지함)을 따르면서 에너지 증가 순으로 오비탈을 채워서 작성한다.

양자 역학적 모형은 우리가 자연을 보는 방식을 바꾸었다. 양자 역학적 모형이 정립되기 전에는 전자를 다른 입자와 마찬가지로 작은 입자로 여겼다. 전자가 야구공처럼 운동의 일반적인 법칙을 따를 것이라고 가정했다. 그러나 파동성을 가진 전자는 그러한 법칙을 따르지 않는다. 전자의 운동은 확률적 예측을 통해서만 나타낼 수 있다. 양자 이론은 가장 기본적인 수준에서 자연의 예측 가능성을 손쉽게 변화시켰다.

원자의 양자 역학적 모형은 앞에서 배웠던 많은 화학적 성질을 예측하고 설명한다.

주기율표

주기율표의 같은 열에 있는 원소들은 외각 전자 배치가 비슷하고 원자가전자(최외각 주껍질에 있는 전자) 수가 같으며, 결과적으로 비슷한 화학적 성질을 띤다. 주기율표는 특별한 부준위가 채워진 구역(s 구역, p 구역, d 구역, f 구역)으로 나눌 수 있다. 주기율표에서 주기를 따라 오른쪽으로 갈수록 원자 크기가 감소하고, 이온화 에너지가 증가하며, 금속성이 감소한다. 또한 족을 따라 아래로 갈수록 원자 크기가 증가하고, 이온화 에너지가 감소하며, 금속성이 증가한다.

주기율은 원자가전자 수가 주기적이고, 원자가전자가 화학적 성질을 결정하기 때문에 존재한다. 또한 양자 이론은 외각 껍질 전자(헬륨의 경우는 2개)가 8개인 원자가 특별히 안정하다고 예측함으로써 비활성 기체의 비활성을 설명한다. 비활성 기체의 배치가 아닌 원자는 화학 반응을 통해 그러한 배치에 도달하는데, 이는 일정 전하를 가진 이온을 형성하는 몇몇 족의 경향뿐만 아니라 알칼리 금속과 할로젠의 반응성을 설명한다.

화학 문제를 푸는 기술

예제

학습목표: 다양한 빛의 상대적 파장, 에너지, 진동수를 예측한다(9.3절).

- 그림 9.4에서 상대적인 파장을 얻을 수 있다.
- 파장이 감소함에 따라(짧을수록) 광자당 에너지가 증가한다.
- 파장이 감소함에 따라(짧을수록) 진동수가 증가한다.

예제 9.9 빛의 상대적인 파장, 에너지, 진동수

적외선과 자외선 중에서 파장이 더 긴 것은 무엇인가? 진동수가 더 큰 것은 무엇인가? 광자당 에너지가 더 큰 것은 무엇인가?

답

적외선의 파장이 더 길다(그림 9.4 참조). 자외선은 진동수가 더 크고 광자당 에너지도 더 크다.

학습목표: 원자의 전자 배치를 작성하고 오비탈 도표를 그린다(9.6절).

전자 배치를 작성하기 위해 원소의 원자 번호로부터 전자 수를 구하고 다음 규칙을 따른다.

- 전자는 원자의 에너지를 최소로 하기 위해 오비탈을 채운다. 따라서 낮은 에너지의 오비탈이 높은 에너지의 오비탈보다 먼저 채워진다. 오비탈은 1*s* 2*s* 2*p* 3*s* 3*p* 4*s* 3*d* 4*p* 5*s* 4*d* 5*p* 6*s*의 순서로 채워진다(그림 9.24).
- 오비탈은 각각 2개의 전자만을 가지고 있다. 2개의 전자가 같은 오비탈을 채울 때 반대 스핀이어야만 한다.
- 동일한 에너지의 오비탈이 비어 있을 때는 쌍으로가 아니라 나란한 스핀을 가진 홀전자로 먼저 채워진다.

예제 9.10 전자 배치와 오비탈 도표

저마늄의 전자 배치를 작성하고 오비탈 도표(외각 전자만)를 그리시오.

답

저마늄의 원자 번호는 32이므로 32개의 전자를 가지고 있다.

전자 배치

Ge $1s^2 2s^2 2p^6 3s^2 3p^6 4s^2 3d^{10} 4p^2$ 또는

Ge $[Ar]4s^2 3d^{10} 4p^2$

오비탈 도표(외각 전자)

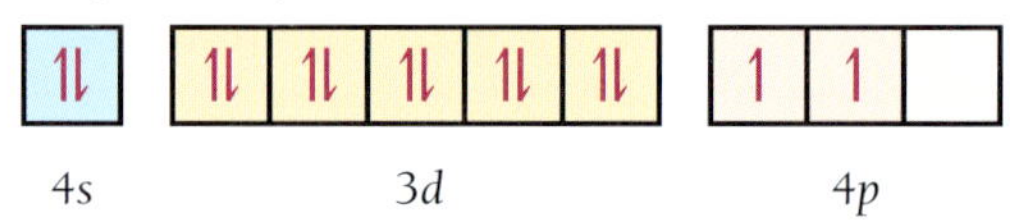

학습목표: 원자가전자와 핵심부 전자에 대해 이해한다(9.7절).

- 원자가전자는 최외각 주 에너지 껍질(주 양자수가 가장 큰 주껍질)에 있는 전자이다.
- 핵심부 전자는 최외각 주껍질에 있지 않은 전자이다.

예제 9.11 원자가전자와 핵심부 전자

저마늄의 전자 배치(예제 9.10 참조) 중에서 원자가전자와 핵심부 전자를 밝히시오.

답

Ge $1s^2 2s^2 2p^6 3s^2 3p^6 4s^2 3d^{10} 4p^2$

28개의 핵심부 전자 4개의 원자가전자

학습목표: 주기율표 내 위치를 참고하여 원소의 전자 배치를 작성한다(9.7절).

- 어떤 원소의 내부 전자 배치는 주기율표에서 해당 원소 바로 앞에 있는 비활성 기체의 전자 배치이다. 대괄호 안에 비활성 기체의 원소 기호를 표기하여 내부 배치를 나타낸다.
- 외각 전자는 주기율표의 특정 구역(*s*, *p*, *d*, *f*) 안에 있는 원소의 위치로 유추할 수 있다. 앞쪽의 비활성 기체와 관심 있는 원소 사이의 원소를 추적하고 적당한 오비탈에 전자를 할당한다. 그림 9.26은 주기율표 내 원소의 위치에 따른 외각 전자 배치를 보여준다.
- 가장 큰 주양자수(가장 큰 *n* 값)는 주기율표 내 원소의 행 번호와 일치한다.
- *d* 전자가 포함된 어떤 원소의 경우 최외각 *d* 전자의 주양자수(*n* 값)는 원소의 행 번호에서 1을 뺀 것과 같다.

예제 9.12 주기율표를 이용한 전자 배치 작성

주기율표에서의 위치를 이용하여 아이오딘의 전자 배치를 작성하시오.

답

I의 내부 전자 배치는 [Kr]이다.

[Kr] 내부 전자 배치로 시작한다. Kr에서 I까지 따라가면서 5*s* 오비탈에 전자 2개, 4*d* 오비탈에 전자 10개, 5*p* 오비탈에 전자 5개를 더한다. 전자 배치는 다음과 같다.

I $[Kr]5s^2 4d^{10} 5p^5$

학습목표: 원자 크기, 이온화 에너지, 금속성과 같은 주기적 경향을 규명하고 이해한다(9.9절).

- 주기율표에서 오른쪽으로 갈수록 원자 크기가 감소하고, 아래로 갈수록 원자 크기가 증가한다.
- 주기율표에서 오른쪽으로 갈수록 이온화 에너지가 증가하고, 아래로 갈수록 이온화 에너지가 감소한다.
- 주기율표에서 오른쪽으로 갈수록 금속성이 감소하고, 아래로 갈수록 금속성이 증가한다.

예제 9.13 주기적 경향: 원자 크기, 이온화 에너지, 금속성

Si, In, S를 (a) 원자 크기 증가 순, (b) 이온화 에너지 증가 순, (c) 금속성 증가 순으로 나열하시오.

답

(a) S, Si, In

(b) In, Si, S

(c) S, Si, In

핵심 용어

가시광선	보어 모형	원자가전자	주양자수
감마선	부껍질	이온화 에너지	진동수
광자	양자	자외선	파울리 배타 원리
금속성	양자수	적외선	파장
들뜬 상태	양자 역학적 모형	전자 배치	핵심부 전자
라디오파	양자화	전자기 복사	훈트의 규칙
마이크로파	오비탈	전자기 스펙트럼	X선
바닥 상태	오비탈 도표	전자 스핀	
방출 스펙트럼	원자 크기	주껍질	

학습 점검 문제

기초문제

1. 원자에 대한 Bohr 모형과 양자 역학적 모형은 언제 발전되었는가? 두 모형의 목적은 무엇인가?

2. 빛이란 무엇인가? 빛은 얼마나 빨리 움직이는가?

3. 백색광이란 무엇인가? 색깔을 띠는 빛은 무엇인가?

4. 파란색을 띠는 물체는 왜 파란색인지, 흡수되는 빛과 반사되는 빛의 관점에서 설명하시오.

5. 빛의 파장과 광자가 운반하는 에너지양은 어떤 관계인가? 빛의 파장과 진동수는 어떤 관계인가?

6. 감마선의 몇 가지 근원을 나열하시오.

7. X선은 어떻게 이용되는가?

8. 감마선과 X선에의 과다 노출을 왜 피해야 하는가?

9. 자외선에의 과다 노출을 왜 피해야 하는가?

10. 적외선을 방출하는 물체는 무엇인가? 적외선이 적용된 기술에는 어떤 것이 있는가?

11. 전자레인지가 음식을 가열하지만 음식이 담긴 접시를 가열하지 않는 이유는 무엇인가?

12. 휴대폰과 같은 통신 장비에는 어떤 형태의 전자기 복사가 사용되는가?

13. 수소 원자에 대한 Bohr 모형을 설명하시오.

14. 방출 스펙트럼이란 무엇인가? Bohr 모형을 이용하여 원자의 방출 스펙트럼이 특정 파장에서 나타나는 뚜렷한 선으로 이루어진 이유를 설명하시오.

15. Bohr 궤도와 양자 역학적 오비탈의 차이점을 설명하시오.

16. 원자의 바닥 상태와 들뜬 상태의 차이점을 설명하시오.

17. 전자의 운동과 야구공의 운동이 어떻게 다른지 설명하시오. 확률 지도란 무엇인가?

18. 양자 역학적 오비탈이 분명치 않은 경계를 가진 이유를 설명하시오.

19. 양자 역학적 모형에서 네 가지 가능한 부껍질, 각 부껍질에 있는 오비탈의 수, 각 부껍질에 들어갈 수 있는 최대 전자 수를 나열하시오.

20. 다중 전자 원자에 대해 정확한 에너지 순서로 5s 오비탈까지 양자 역학 오비탈을 열거하시오.

21. 파울리 배타 원리란 무엇인가? 전자 배치를 작성할 때 왜 중요한가?

22. 훈트의 규칙이란 무엇인가? 오비탈 도표를 그릴 때 왜 중요한가?

23. 전자 배치에 있는 [Ne], [Kr]과 같은 기호는 무엇을 나타내는가?

24. 원자가전자와 핵심부 전자의 차이점을 설명하시오.

25. 주기율표의 빈칸에 다음 구역을 써넣으시오.

* 파란색으로 표시된 문제는 이 책 말미에 해답이 제시되어 있다.

(a) s 구역 (b) p 구역 (c) d 구역 (d) f 구역

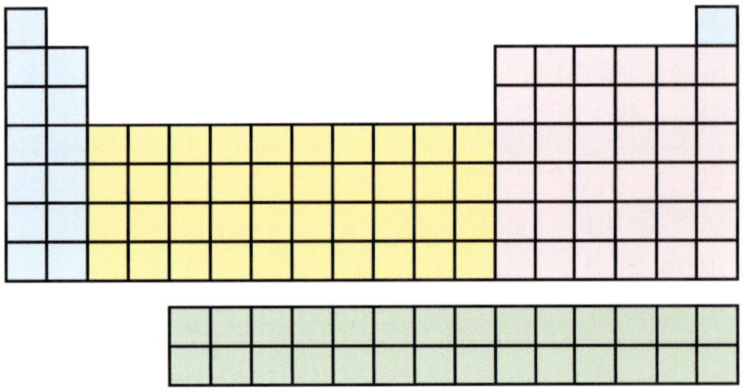

26. 양자 역학적 모형의 설득력을 드러내는 예를 몇 가지 드시오.

27. 1족 원소가 1+가 양이온이 되려는 경향, 7족 원소가 1-가 음이온이 되려는 경향의 이유를 설명하시오.

28. 다음 각각의 주기적 경향에 대해 설명하시오.
(a) 이온화 에너지
(b) 원자 크기
(c) 금속성

복습문제

전자기 복사의 파장, 에너지, 진동수

29. 다음 각각의 거리를 빛이 이동하는 데 얼마나 걸리는가?
(a) 1.0 ft(나노초로 답하시오.)
(b) 로스앤젤레스와 뉴욕 사이의 거리 2,462 mi(밀리초로 답하시오.)
(c) 태양과 해왕성 사이의 거리 45억 km(시간과 분으로 답하시오.)

30. 다음 각각의 시간 간격 동안 빛이 이동하는 거리는 얼마인가?
(a) 8.0분 (b) 1.0주 (c) 2.0년

31. 파장이 가장 긴 전자기 복사의 형태는 무엇인가?
(a) 가시광선 (b) 자외선 (c) 적외선 (d) X선

32. 파장이 가장 짧은 전자기 복사의 형태는 무엇인가?
(a) 라디오파 (b) 마이크로파 (c) 적외선 (d) 자외선

33. 다음 전자기 복사를 광자당 에너지의 크기가 큰 순으로 나열하시오.
(a) 라디오파 (b) 마이크로파 (c) 적외선 (d) 자외선

34. 다음 전자기 복사를 광자당 에너지의 크기가 작은 순으로 나열하시오.
(a) 감마선 (b) 라디오파 (c) 마이크로파 (d) 가시광선

35. 가시광선보다 진동수가 더 큰 전자기 복사의 종류를 두 가지 제시하시오.

36. 적외선보다 진동수가 더 작은 전자기 복사의 종류를 두 가지 제시하시오.

37. 적외선, X선, 라디오파 등 복사선의 유형을 다음 각 항목의 순으로 나열하시오.
(a) 광자당 에너지 증가
(b) 진동수 증가
(c) 파장 증가

38. 가시광선, 감마선, 마이크로파 등 복사선의 유형을 다음 각 항목의 순으로 나열하시오.
(a) 광자당 에너지 감소
(b) 진동수 감소
(c) 파장 감소

Bohr 모형

39. Bohr 궤도는 고정된 _____와(과) 고정된 _____을(를) 가진다.

40. Bohr 모형에서 전자가 궤도 사이를 전이할 때 무슨 일이 일어나는가?

41. 수소 방출 스펙트럼에서 2개의 방출 파장이 97.3 nm, 95 nm이다. 이 중 하나는 $n = 4$에서 $n = 1$로의 전이에 의한 것이고, 다른 하나는 $n = 5$에서 $n = 1$로의 전이에 의한 것이다. 각 전이의 파장은 무엇인가?

42. 수소 방출 스펙트럼에서 2개의 방출 파장이 656 nm, 410.2 nm이다. 이 중 하나는 $n = 6$에서 $n = 2$로의 전이에 의한 것이고, 다른 하나는 $n = 3$에서 $n = 2$로의 전이에 의한 것이다. 각 전이의 파장은 무엇인가?

양자 역학적 모형

43. 1s와 2p 오비탈을 그리시오. 2s와 3p 오비탈은 1s와 2p 오비탈과 어떻게 다른가?

44. 3d 오비탈을 그리시오. 4d 오비탈은 3d 오비탈과 어떻게 다른가?

45. 2s 오비탈에 있는 전자와 3s 오비탈에 있는 전자 중 평균적으로 핵에 더 가까운 것은 무엇인가?

46. 3p 오비탈에 있는 전자와 4p 오비탈에 있는 전자 중 평균적으로 핵에 더 가까운 것은 무엇인가?

47. 수소 원자에 대한 양자 역학적 모형에 따르면 $2p$에서 $1s$와 $3p$에서 $1s$로의 전자 전이 중 더 긴 파장의 빛을 만들어내는 것은 무엇인가?

48. 수소 원자에 대한 양자 역학적 모형에 따르면 $3p$에서 $2s$와 $4p$에서 $2s$로의 전자 전이 중 더 긴 파장의 빛을 만들어내는 것은 무엇인가?

전자 배치

49. 다음 각 원소의 전체 전자 배치를 작성하시오.
(a) Ba (b) Sn (c) Na (d) Xe

50. 다음 각 원소의 전체 전자 배치를 작성하시오.
(a) P (b) Ca (c) Br (d) Te

51. 다음 각 원소의 전체 오비탈 도표를 그리고 홀전자의 수를 밝히시오.
(a) H (b) F (c) Na (d) Mg

52. 다음 각 원소의 전체 오비탈 도표를 그리고 홀전자의 수를 밝히시오.
(a) F (b) C (c) Ne (d) Be

53. 다음 각 원소의 전자 배치를 작성하시오. 이전 비활성 기체의 기호를 괄호 안에 사용하여 핵심부 전자를 나타내시오.
(a) Ge (b) Sb (c) Ba (d) In

54. 다음 각 원소의 전자 배치를 작성하시오. 이전 비활성 기체의 기호를 괄호 안에 사용하여 핵심부 전자를 나타내시오.
(a) Tl (b) Bi (c) Pb (d) Rb

55. 다음 각 전이 금속의 전자 배치를 작성하시오.
(a) V (b) Cr (c) Y (d) Co

56. 다음 각 전이 금속의 전자 배치를 작성하시오.
(a) Ni (b) Tc (c) Ag (d) Fe

원자가전자와 핵심부 전자

57. 다음 각 원소의 전체 전자 배치를 작성하고 원자가전자와 핵심부 전자를 밝히시오.
(a) Br (b) Ga (c) S (d) Rb

58. 다음 각 원소의 전체 전자 배치를 작성하고 원자가전자와 핵심부 전자를 밝히시오.
(a) Sn (b) P (c) Al (d) Ca

59. 다음 각 원소의 원자가전자에 대한 오비탈 도표를 그리고 홀전자의 수를 밝히시오.
(a) I (b) Xe (c) K (d) Tl

60. 다음 각 원소의 원자가전자에 대한 오비탈 도표를 그리고 홀전자의 수를 밝히시오.
(a) Ar (b) Cl (c) Mg (d) As

61. 다음 각 원소의 원자가전자는 몇 개인가?
(a) Sb (b) Se (c) I (d) Cs

62. 다음 각 원소의 원자가전자는 몇 개인가?
(a) Sr (b) B (c) Bi (d) Sn

전자 배치와 주기율표

63. 주기율표에서 다음 각 열의 외각 전자 배치를 나타내시오.
(a) 1 (b) 2 (c) 15 (d) 17

64. 주기율표에서 다음 각 열의 외각 전자 배치를 나타내시오.
(a) 13 (b) 14 (c) 16 (d) 18

65. 주기율표를 이용하여 다음 각 원소의 전자 배치를 작성하시오.
(a) Al (b) Be (c) In (d) Zr

66. 주기율표를 이용하여 다음 각 원소의 전자 배치를 작성하시오.
(a) Si (b) Ni (c) Ca (d) Bi

67. 주기율표를 이용하여 다음 각 원소의 전자 배치를 작성하시오.
(a) Sr (b) Y (c) Ti (d) Te

68. 주기율표를 이용하여 다음 각 원소의 전자 배치를 작성하시오.
(a) Se (b) Sn (c) Pb (d) Cd

69. 다음 각 원소에는 $2p$ 전자가 몇 개 있는가?
(a) N (b) O (c) Ne (d) S

70. 다음 각 원소에는 3d 전자가 몇 개 있는가?
(a) Mn (b) Co (c) Ca (d) Hg

71. 주기율표의 1주기와 2주기에 있는 원소 수를 나열하시오. 주기마다 원소 수가 다른 이유는 무엇인가?

72. 주기율표의 3주기와 4주기에 있는 원소 수를 나열하시오. 주기마다 원소 수가 다른 이유는 무엇인가?

73. 주기율표의 3주기에 있는 원소 중에서 다음 각각의 전자를 가진 원소를 밝히시오.
(a) 2개의 원자가전자
(b) 모두 3개의 $3p$ 전자
(c) 5개의 $3p$ 전자
(d) 2개의 $3s$ 전자와 1개의 $3p$ 전자

74. 주기율표의 4주기에 있는 원소 중에서 다음 각각의 전자를 가진 원소를 밝히시오.
(a) 5개의 원자가전자 (b) 모두 4개의 $4p$ 전자
(c) 모두 3개의 $3d$ 전자 (d) 꽉 찬 외각 껍질

75. 주기율표를 이용하여 다음 각각의 전자 배치를 가진 원소를 밝히

시오.

(a) $[Ne]3s^2 3p^4$ (b) $[Ar]3d^{10}4s^2 4p^2$
(c) $[Ar]3d^2 4s^2$ (d) $[Ar]4s^1$

76. 주기율표를 이용하여 다음 각각의 전자 배치를 가진 원소를 밝히시오.

(a) $[Ne]3s^1$ (b) $[Kr]5s^2 4d^{10}$
(c) $[Xe]6s^2$ (d) $[Kr]5s^2 4d^{10} 5p^3$

77. 주기율표를 이용하여 바나듐의 전자 배치를 작성하시오.

78. 주기율표를 이용하여 전자 배치가 $[Xe]6s^2 5d^1$인 원소를 밝히시오.

주기적 경향

79. 다음 각각의 쌍에서 이온화 에너지가 더 큰 원소를 밝히시오.

(a) P 또는 As (b) Sb 또는 I
(c) Se 또는 Br (d) C 또는 Ge

80. 다음 각각의 쌍에서 이온화 에너지가 더 큰 원소를 밝히시오.

(a) Al 또는 In (b) Cl 또는 Sb
(c) K 또는 Ge (d) S 또는 Se

81. P, Cl, F, Se, Sb를 이온화 에너지의 크기가 증가하는 순으로 나열하시오.

82. Ga, In, F, Si, N를 이온화 에너지의 크기가 증가하는 순으로 나열하시오.

83. 다음 각각의 쌍에서 원자 크기가 더 큰 원소를 밝히시오.

(a) Al 또는 In (b) Si 또는 N
(c) P 또는 Pb (d) C 또는 F

84. 다음 각각의 쌍에서 원자 크기가 더 큰 원소를 밝히시오.

(a) Sn 또는 Si (b) Br 또는 Ga
(c) Sn 또는 Bi (d) Se 또는 Sn

85. Ca, Rb, S, Si, Ge, F을 원자 크기가 증가하는 순으로 나열하시오.

86. Rb, As, O, Sn, S을 원자 크기가 증가하는 순으로 나열하시오.

87. 다음 각각의 쌍에서 금속성이 더 큰 원소를 밝히시오.

(a) Sr 또는 Sb (b) As 또는 Bi
(c) Cl 또는 O (d) S 또는 As

88. 다음 각각의 쌍에서 금속성이 더 큰 원소를 밝히시오.

(a) Sb 또는 Pb (b) K 또는 Ge
(c) Ge 또는 Sb (d) As 또는 Sn

89. Cs, As, Ga, O, Sr, S을 금속성의 크기가 증가하는 순으로 나열하시오.

90. Sr, N, Si, P, Ga, Al을 금속성의 크기가 증가하는 순으로 나열하시오.

91. 규소와 염소 중에서 원자의 반지름이 더 큰 것은 무엇인가? 왜 그런가?

92. 리튬과 포타슘 중에서 원자의 반지름이 더 작은 것은 무엇인가? 왜 그런가?

심화문제

93. $n = 3$ 양자 껍질을 채울 수 있는 최대 전자 수는 얼마인가?

94. $n = 4$ 양자 껍질을 채울 수 있는 최대 전자 수는 얼마인가?

95. 알칼리 토금속의 전자 배치를 이용하여 알칼리 토금속이 2+가 이온이 되려는 경향의 이유를 설명하시오.

96. 산소의 전자 배치를 이용하여 산소가 2-가 이온이 되려는 경향의 이유를 설명하시오.

97. 다음 각 이온의 전자 배치를 작성하시오. 모든 전자 배치는 어떤 공통점이 있는가?

(a) Ca^{2+} (b) K^+ (c) S^{2-} (d) Br^-

98. 다음 각 이온의 전자 배치를 작성하시오. 모든 전자 배치는 어떤 공통점이 있는가?

(a) F^- (b) P^{3-} (c) Li^+ (d) Al^{3+}

99. 주기율표를 금속, 비금속, 준금속으로 구분하여 나타낸 그림 4.12를 살펴보시오. 전자 배치에 대해 아는 것을 활용하여 이러한 구분에 대해 설명하시오.

100. 예측할 수 있는 이온을 형성하는 원소를 나타낸 그림 4.14를 살펴보시오. 전자 배치에 대해 아는 것을 활용하여 이러한 경향에 대해 설명하시오.

101. 다음 각 전자 배치의 잘못된 점을 설명하고, 전자 수를 토대로 올바른 바닥 상태 배치를 작성하시오.

(a) $1s^3 2s^4 2p^7$ (b) $1s^2 2s^2 2p^6 2d^2$
(c) $1s^2 1p^3$ (d) $1s^2 2s^2 2p^7 3s^3 3p^1$

102. 다음 각 전자 배치의 잘못된 점을 설명하고, 전자 수를 토대로 올바른 바닥 상태 배치를 작성하시오.

(a) $1s^3 2s^3 2p^{14}$ (b) $1s^2 2s^2 2p^6 3s^2 3p^6 3d^5$
(c) $1s^2 2p^6 3s^2 3p^1$ (d) $1s^2 2s^2 2p^6 3s^2 3p^6 4s^2 4d^{10} 4p^5$

103. 브로민은 반응성이 매우 큰 액체이고 크립톤은 비활성 기체이다. 전자 배치를 토대로 브로민과 크립톤의 차이점을 설명하시오.

104. 포타슘은 반응성이 매우 큰 금속이고 아르곤은 비활성 기체이다. 전자 배치를 토대로 포타슘과 아르곤의 차이점을 설명하시오.

105. 주기적 경향에 따르면 Br, Ca, Ge, As 중 어느 것이 가장 쉽게 산화될 것으로 예상되는가?

106. 주기적 경향에 따르면 Si, Ca, P, S 중 어느 것이 가장 쉽게 환원될 것으로 예상되는가?

107. 전자가 수소 원자 Bohr 궤도 $n = 3$에서 $n = 2$로 전이할 때 두 오비탈의 에너지 차이(3.0×10^{-19} J)는 빛의 광자로 방출된다. 광자 에너지와 그 파장의 관계는 $E = hc/\lambda$로 주어진다. 여기서 E는 J 단위의 광자 에너지, h는 플랑크 상수(6.626×10^{-34} J·s), c는 빛의 속도(3.00×10^8 m/s)이다. 전자가 이렇게 전이할 때 수소 원자에 의해 방출된 빛의 파장을 구하시오.

108. 전자가 수소 원자 Bohr 궤도 $n = 4$에서 $n = 2$로 전이할 때 두 오비탈의 에너지 차이(4.1×10^{-19} J)는 빛의 광자로 방출된다. 광자 에너지와 그 파장의 관계는 $E = hc/\lambda$로 주어진다. 여기서 E는 J 단위의 광자 에너지, h는 플랑크 상수(6.626×10^{-34} J • s), c는 빛의 속도(3.00×10^8 m/s)이다. 전자가 이렇게 전이할 때 수소 원자에 의해 방출된 빛의 파장을 구하시오.

109. 태양에서 지구까지의 거리는 1.496×10^8 km이다. 태양에서 지구까지 빛이 이동하는 데 걸리는 시간은 얼마인가?

110. 지구에서 가장 가까운 별은 4.3광년 거리에 있는 켄타우로스자리의 알파별이다. 광년은 빛이 1년(365일) 동안 이동하는 거리이다. 켄타우로스자리의 알파별은 지구에서 몇 킬로미터 떨어져 있는가?

111. 물질의 파동성은 Louis de Broglie가 처음 제안했다. 그는 입자의 파동(λ)이 식 $\lambda = h/mv$에 따라 질량, 속도와 관련이 있다고 주장했다. 여기서 h는 플랑크 상수(6.626×10^{-34} J·s)이다. 다음 각각의 Broglie 파장을 구하시오.

(a) 95 m/s로 날아가는 0.0459 kg의 골프공
(b) 3.88×10^6 m/s로 움직이는 전자

물질의 파동성이 전자의 경우에는 중요하고 골프공의 경우에는 그렇지 않은 이유를 설명할 수 있는가? (힌트: 질량을 킬로그램으로 나타낸다.)

112. 빛의 입자성은 Albert Einstein이 처음 제안했다. 그는 빛을 광자라는 입자의 흐름으로 나타낼 수 있다고 주장했다. 광자의 파장은 식 $E = hc/\lambda$에 의해 주어진 에너지(E)를 가진다. 여기서 E는 J 단위의 광자 에너지, h는 플랑크 상수(6.626×10^{-34} J • s), c는 빛의 속도(3.00×10^8 m/s)이다. 파장이 632 nm인 광자 1 mol의 에너지를 구하시오.

113. 이 장에서는 주기율표의 왼쪽에서 오른쪽으로 이동함에 따라 일반적으로 이온화 에너지가 증가한다고 배웠다. 그러나 2주기와 3주기 원소의 이온화 에너지를 나타낸 다음 데이터를 살펴보자.

족	2주기 원소	이온화 에너지 (kJ/mol)	3주기 원소	이온화 에너지 (kJ/mol)
1	Li	520	Na	496
2	Be	899	Mg	738
13	B	801	Al	578
14	C	1086	Si	786
15	N	1402	P	1012
16	O	1314	S	1000
17	F	1681	Cl	1251
18	Ne	2081	Ar	1521

획일적으로 증가하지 않는다는 것에 주목하라. 실제로 이온화 에너지는 2족에서 13족으로 가면서 약간 감소하고, 15족에서 16족으로 가면서 다시 감소한다. 전자 배치에 대해 알고 있는 것을 이용하여 이온화 에너지의 이러한 감소 현상이 왜 나타나는지 설명하시오.

114. 원자가전자를 2개 이상 잃을 때 두 번째 전자를 제거하기 위한 이온화 에너지는 첫 번째 전자를 제거하기 위한 이온화 에너지보다 항상 크다. 이와 유사하게 3차 이온화 에너지는 2차 이온화 에너지보다 크다. 그러나 순차적인 전자의 제거에 따른 이온화 에너지의 증가가 반드시 획일적인 것은 아니다. 예를 들어 마그네슘의 첫 3개 이온화 에너지를 살펴보자.

1차 이온화 에너지	738 kJ/mol
2차 이온화 에너지	1,450 kJ/mol
3차 이온화 에너지	7,730 kJ/mol

2차 이온화 에너지는 1차 이온화 에너지의 거의 2배이지만 3차 이온화 에너지는 2차 이온화 에너지의 5배 이상이나 된다. 마그네슘의 전자 배치를 이용하여 그 이유를 설명하시오. 소듐의 경우에도 같은 거동을 기대할 수 있는가? 그 이유를 설명하시오.

핵심문제

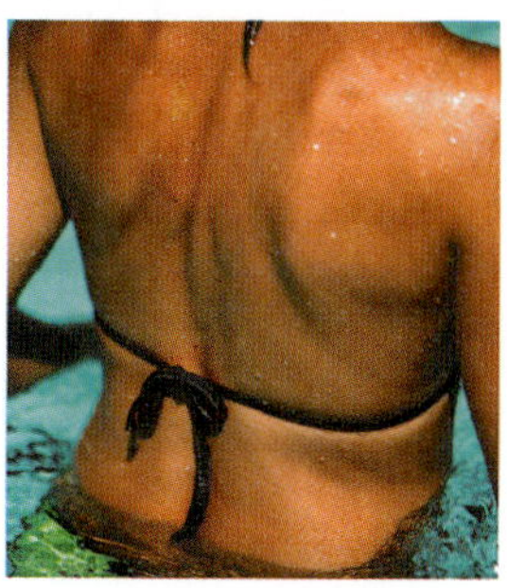

115. 햇빛에 과다 노출되면 일부 광자가 생체 분자 내의 화학 결합을 깨는 데 충분한 에너지를 가지고 있어 피부암 발생 위험이 증가한다. 이러한 결합을 깨는 데에는 약 250~800 kJ/mol의 에너지가 필요하다. 단일 광자의 에너지는 $E = hc/\lambda$로 얻는다. 여기서 E는 J 단위의 광자 에너지, h는 플랑크 상수(6.626×10^{-34} J·s), c는 빛의 속도(3.00×10^8 m/s)이다. 각 파장의 빛에 대한 광자 1 mol의 총에너지를 계산하고, 다음 중 빛이 생체 분자 내의 화학 결합을 깨기에 충분한 에너지를 포함하고 있는 것을 밝히시오.

(a) 적외선(1,500 nm)
(b) 가시광선(500 nm)
(c) 자외선(150 nm)

116. 양자 역학적 모형은 화학계에 혁명을 가져왔을 뿐 아니라, 결정론에 관한 함축성 때문에 철학계에 충격을 던졌다. 결정론은 미래 사건의 결과가 이전 사건에 의해 결정된다는 사상이다. 가령 야구공의 궤도는 결정되어 있다. 즉 그 궤도(따라서 도착 지점도)는 위

치, 속도, 진행 방향에 따라 결정된다. 양자 역학 이전에 대부분 과학자들은 전자, 양성자와 같은 기본 입자도 결정론적으로 행동한다고 생각했다. 이것이 내포하는 바는 전 우주가 결정론적으로 행동해야만 한다는 것이다. 우주의 미래는 이전 사건에 의해 결정되어야 한다. 양자 역학은 기본 입자가 결정론적으로 행동하지 않기 때문에 이러한 추론에 도전장을 내밀었다(미래 경로는 이전 사건에 의해 결정되지 않는다). 일부 과학자들은 이러한 생각과 맞서 싸웠다. Einstein 자신도 그러한 주장을 믿으려 하지 않고 "하느님은 우주를 가지고 주사위 놀이를 하지 않는다"라고 주장했다. Einstein의 말에 담긴 의미를 설명하시오.

집단 활동 문제

집단을 이루어 다음 문제에 대해 토의하고 합의된 답을 기록한다.

117. x, y, z축을 포함하여 1s, 2P_x, 3d_{xy}, 3d_{z2}의 오비탈을 그리시오.

118. 원본을 보지 말고 기억나는 대로 주기율표를 작성한다. 원소의 이름을 쓸 필요는 없지만 원소 번호는 각 칸에 정확히 기입해야 한다. 모든 구성원이 생각나는 대로 작성한 후 정확히 3분 동안 그림 9.26과 비교해본다. 그런 다음 기억을 되살려서 주기율표를 다시 작성한다. 첫 번째 것보다 나아졌는가?

119. 다음 게임을 통해 오비탈이 채워지는 순서를 기억한다. 각 구성원이 다음에 채워질 오비탈의 이름과 그 궤도가 수용할 수 있는 최대 전자수를 말한다("1s 2개", "2s 2개", "2p 6개" 등). 만약 어떤 구성원이 머뭇거린다면 다른 구성원이 필요에 따라 그림 9.24, 9.26을 참조하여 도와줄 수 있다. 하지만 모두 머뭇거리는 상태이면 다음 구성원이 처음으로 돌아가 "1s 2개"로 시작한다. 각 구성원이 "6s 2개"까지 올바르게 나열할 때까지 계속한다.

120. 원자 크기, 이온화 에너지, 금속성의 주기적 성향에 대해 올바른 문장으로 설명하시오.

데이터 분석 및 해석

121. 첫 번째 그래프는 3주기 원소의 첫 번째 이온화 에너지(전자 하나를 제거하기 위한 에너지)를 보여주고, 두 번째 그래프는 3주기 원소의 전자 친화력(전자 하나를 얻기 위한 에너지)를 보여준다. 두 그래프를 참조하여 다음 문제에 답하시오.

(a) 이온화 에너지는 양수이고 전자 친화력은 음수이다. 이 차이의 의미를 설명하시오.

(b) 주기율표의 왼쪽에서 오른쪽으로 이동할 때 나타나는 3주기 원소의 첫 번째 이온화 에너지의 일반적 경향을 설명하고, 이러한 경향의 이유를 밝히시오. (힌트: 주기율표의 왼쪽에서 오른쪽으로 이동할 때 원소 크기의 경향을 고려한다.)

(c) 첫 번째 이온화 에너지의 경향에는 2개의 예외(Al과 S)가 있다. Mg, Al, P, S의 전자 배치를 작성하고, 이를 토대로 예외의 이유를 설명하시오.

(d) 주기율표의 왼쪽에서 오른쪽으로 이동할 때 나타나는 3주기 원소의 전자 친화력의 일반적 경향을 설명하고, 이러한 경향의 이유를 밝히시오. (힌트: 주기율표의 왼쪽에서 오른쪽으로 이동할 때 원소 크기의 경향을 고려한다.)

(e) 전자 친화력의 경향에는 예외가 있다. Si와 P의 전자 배치를 작성하고, Si의 전자 친화력이 P의 전자 친화력보다 더 발열인 이유를 설명하시오.

(f) Na에서 전자 하나를 제거하여 Cl에 첨가할 때의 전체 에너지 변화를 밝히시오. 이러한 전자의 교환은 발열 반응인가, 흡열 반응인가?

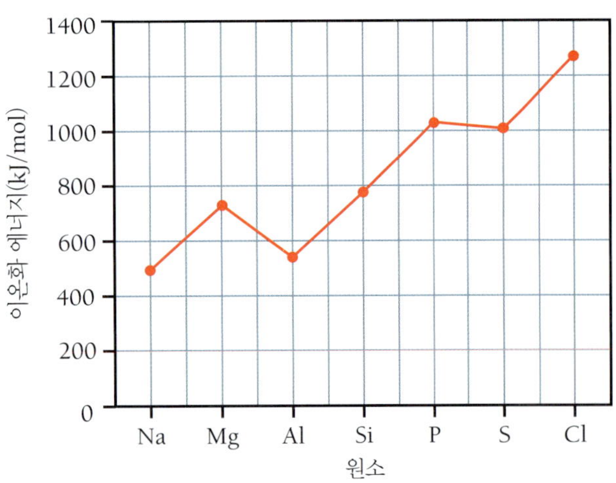

▲ 3주기 원소의 첫 번째 이온화 에너지

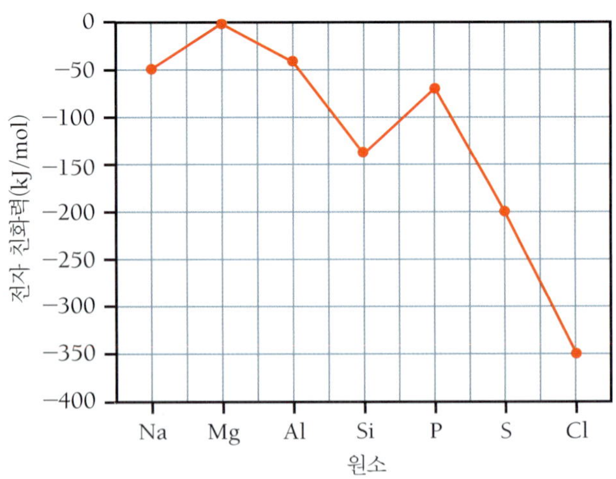

▲ 3주기 원소의 전자 친화력

연습문제 해답

9.1 (a) 파랑, 초록, 빨강
(b) 빨강, 초록, 파랑
(c) 빨강, 초록, 파랑

9.2 (a) Al $1s^22s^22p^63s^23p^1$ 또는 $[Ne]3s^23p^1$
(b) Br $1s^22s^22p^63s^23p^64s^23d^{10}4p^5$ 또는 $[Ar]4s^23d^{10}4p^5$
(c) Sr $1s^22s^22p^63s^23p^64s^23d^{10}4p^65s^2$ 또는 $[Kr]5s^2$

9.2+ + 전하 한 단위마다 전자 1개씩을 빼고, − 전하 한 단위마다 전자 1개씩을 더한다.
(a) Al^{3+} $1s^22s^22p^6$
(b) Cl^- $1s^22s^22p^63s^23p^6$
(c) O^{2-} $1s^22s^22p^6$

9.3

Ar
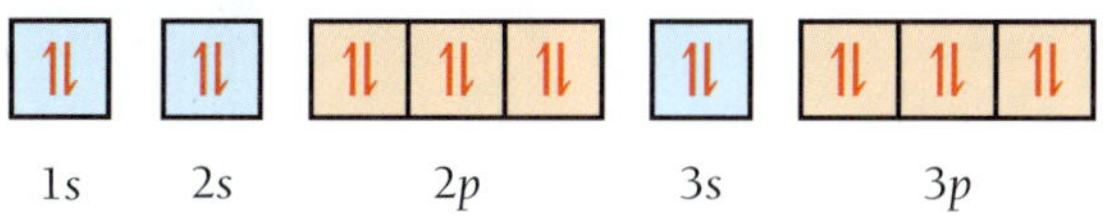

9.4

Cl $1s^22s^22p^6\ 3s^23p^5$

10개의 핵심부 전자 ($1s^22s^22p^6$)
7개의 원자가전자 ($3s^23p^5$)

9.5 $[Kr]5s^24d^{10}5p^2$

9.6 (a) Pb
(b) Rb
(c) 주기적 성질만을 가지고는 답할 수 없다.
(d) Se

9.7 (a) Mg
(b) Te
(c) 주기적 성질만을 가지고는 답할 수 없다.
(d) F

9.8 (a) In
(b) 주기적 성질만을 가지고는 답할 수 없다.
(c) Bi
(d) B

확인문제 해답

9.1 (a) 파장과 진동수는 역비례 관계이다. 그러므로 가장 짧은 파장은 진동수가 가장 크다.

9.2 (b) 파장과 광자당 에너지는 반비례 관계이다. 노란색 빛의 파장이 더 길기 때문에 보라색 빛보다 광자당 에너지가 더 낮다.

9.3 (c) 더 높은 에너지 준위가 더 낮은 에너지 준위보다 밀집되어 공간을 채우고 있으므로 $n = 2$와 $n = 1$의 에너지 차이가 $n = 3$과 $n = 2$의 에너지 차이보다 크다. 전자가 $n = 2$에서 $n = 1$로 떨어지면서 방출된 광자가 더 많은 에너지를 전달하는데, 이는 파장이 더 짧고 진동수가 더 큰 방출에 해당한다.

9.4 (c) $n = 3$인 주껍질은 3개의 부껍질 s, p, d를 가진다.

9.5 (b) p 부껍질은 3개의 오비탈을 가진다.

9.6 (d) 둘 다 $2p$ 오비탈에 6개의 전자, $3p$ 오비탈에 6개의 전자를 가진다.

9.7 (d) K의 최외각 주껍질은 $n = 4$이고, 이는 단 1개의 원자가전자 $4s^1$만을 포함한다.

9.8 (a) 칼슘은 $4s$ 전자를 잃고 비활성 기체의 배치에 도달한다(Ar의 전자 배치).

9.9 (b) 이온화 에너지는 주기율표에서 행을 따라 왼쪽에서 오른쪽으로 갈수록 증가한다. 원자 크기와 금속성은 주기율표에서 행을 따라 왼쪽에서 오른쪽으로 갈수록 감소한다.

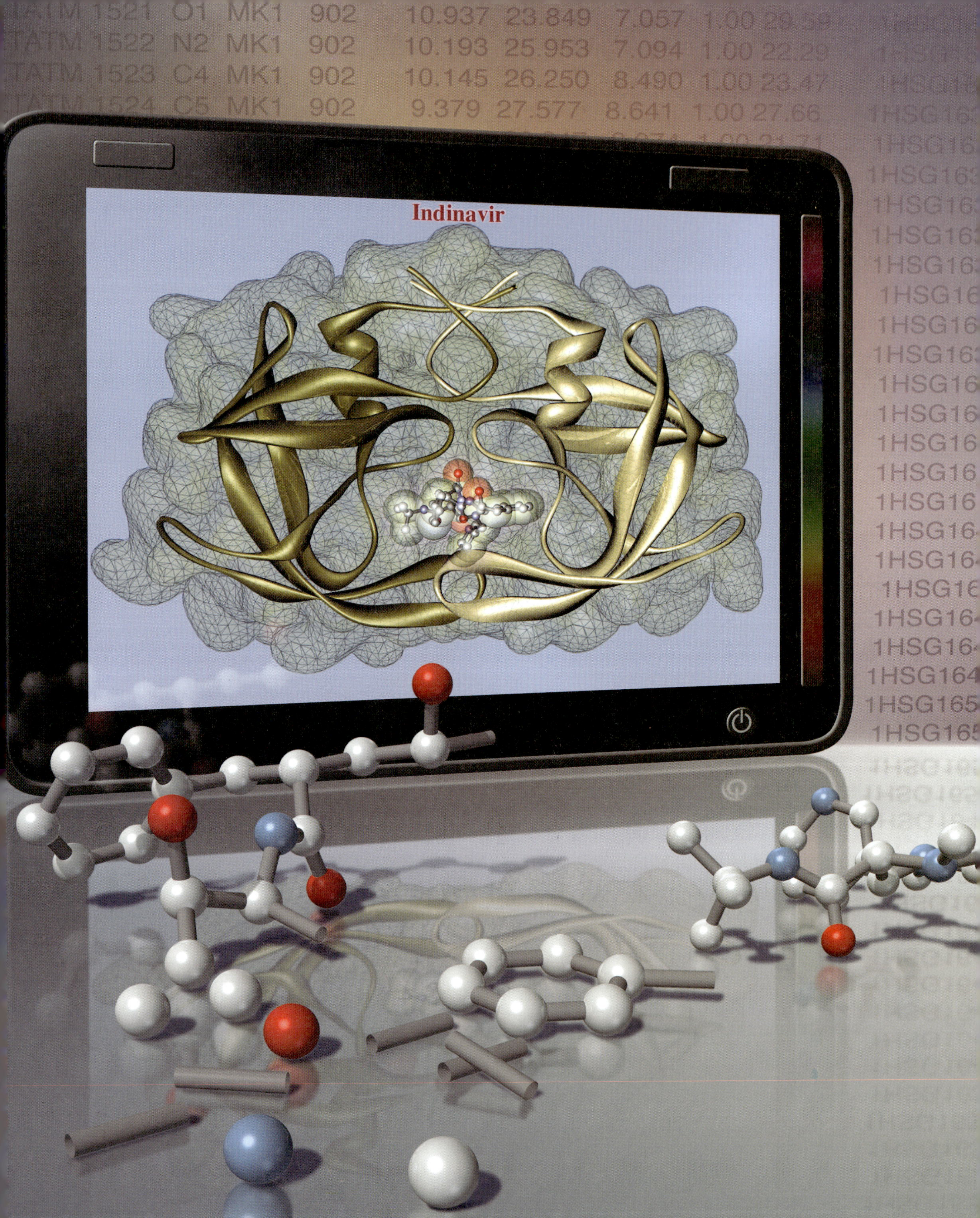

▲ 컴퓨터 스크린에 있는 금색 구조는 HIV-프로테아제를 나타낸다. 중심에 보이는 분자는 프로테아제 억제제인 인디나비르(Indinavir)이다.

10 화학 결합

"성장하는 과학의 매력은 미지 세계와 그 접경지에 있는 개척자들의 연구에 있지만, 이 접경지에 도착하려면 사람들이 많이 다닌 길을 통과해야만 한다."

—Gilbert N. Lewis(1875~1946)

개요

10.1 결합 모형과 에이즈 치료약

단백질은 19장에서 자세히 다룰 것이다.

1989년에 연구자들은 HIV-프로테아제라 부르는 분자의 구조를 발견했다. HIV-프로테아제는 에이즈의 원인이 되는 인간 면역결핍 바이러스(HIV)에 의해 합성된 단백질(생체 분자의 한 종류)이다. HIV-프로테아제는 바이러스의 복제 능력의 핵심이다. HIV-프로테아제가 없다면 HIV는 바이러스가 자체 복사를 할 수 없기 때문에 인체로 퍼져나갈 수 없고, 따라서 에이즈가 발전하지 않을 것이다.

HIV-프로테아제 구조를 알게 된 후, 제약 회사들은 그 분자의 작용하는 부분[활성 자리(active site)라고 함]에 붙어서 프로테아제를 쓸모없게 만드는 분자를 고안하기 시작했다. 그러한 분자를 고안하기 위해 연구자들은 **결합 이론**(bonding theory), 즉 원자가 서로 결합하여 분자를 만드는 방법을 예측하는 모형을 사용하여 잠재적인 치료약 분자가 프로테아제 분자와 어떻게 상호작용을 하는지에 대한 모의실험을 했다. 1990년대 초까지 제약 회사들은 효과가 있는 것으로 보이는 몇 가지 약 분자를 개발했다. 이러한 분자는 HIV-프로테아제의 행동을 방해하기 때문에 프로테아제 억제제라고 일컫는다. 인간의 노력으로 다른 약과 결합된 프로테아제 억제제는 HIV 감염자 속에 있는 바이러스의 수를 검출할 수 없는 수준까지 감소시켰다. 많은 에이즈 환자는 이러한 약의 개발 덕분에 오늘날 여전히 살 수 있게 되었다.

화학에 있어 결합 이론은 원자가 어떻게 서로 결합하여 화합물을 만드는지를 예측하기 때문에 중요하다. 결합 이론은 어떤 원자들의 조합이 화합물을 만들고, 어떤 조합이 화합물을 못 만드는지 예측한다. 예를 들어 결합 이론은 소금이 왜 NaCl이고 $NaCl_2$가 아닌지, 그리고 물이 왜 H_2O이고 H_3O가 아닌지를 예측한다. 또한 결합 이론은 분자의 형태(분자의 물리적·화학적 성질의 많은 부분을 결정하는)를 설명한다. 이 장에서 배우게 될 결합 이론은 **루이스 모형**(Lewis model)이라고 부르는데, 이는 그 모형을 발전시킨 G. N.

Lewis(1875~1946)의 이름을 딴 것이다. 이 모형에서 전자는 점으로 표시되고, 분자를 표현하기 위해 소위 말하는 점 구조 또는 루이스 구조를 작성한다. 만들기 쉬운 이 구조는 놀라운 예측력을 가지고 있다. 원자의 특정 집합이 안정된 분자를 형성할 것인지, 그 분자는 무엇처럼 보이는지를 결정하는 데 루이스 모형을 사용하면 몇 분밖에 안 걸린다. 루이스 모형은 분자에 대해 빠르고 일상적인 예측을 하기 위한 단순한 방법으로, 현대의 화학자들은 분자의 성질을 더 잘 예측하는 보다 진보된 결합 이론을 활용하는 데 여전히 루이스 모형을 이용하고 있다.

10.2 점을 이용한 원자가전자 표시

▶ 이온 결합 화합물의 루이스 구조를 작성한다.

9장에서 설명했듯이 원자가전자는 최외각 주껍질에 있는 전자이다. 원자가전자는 결합에서 가장 중요하기 때문에 루이스 모형은 여기에 초점을 맞춘다. 루이스 모형에서 주족 원소의 원자가전자는 원소 기호 주위에 점으로 표시한다. 그 결과물을 **루이스 구조**(Lewis structure) 또는 **점 구조**(dot structure)라고 한다. 예를 들어 O의 전자 배치는 다음과 같다.

$1s^2\,2s^22p^4$

(6개의 원자가전자: $2s^22p^4$)

또한 루이스 구조는 다음과 같다.

:Ö: (원자가전자를 나타내는 6개의 점)

어떤 주족 원소의 원자가전자 수는 원소의 족 수와 같다는 것을 기억하라.

각 점은 원자가전자를 나타낸다. 측면당 최대 2개의 점이 되도록 원소 기호 주위에 찍는다. 점의 정확한 위치 표시가 중요하지는 않지만, 이 책에서는 먼저 점을 하나씩 찍은 다음 쌍을 만든다(곧 설명할 헬륨은 예외).

모든 2주기 원소에 대한 루이스 구조는 다음과 같다.

Li· ·Be· ·Ḃ· ·Ċ· ·N̈: ·Ö: :F̈: :N̈e:

루이스 구조를 통해 원자의 원자가전자 수를 쉽게 알 수 있다. 원자가전자가 8개인 원자(특히 안정)는 8개의 점, **팔전자계**(octet)를 이루기 때문에 쉽게 인식된다.

헬륨은 다소 예외이다. 그 전자 배치와 루이스 구조는 다음과 같다.

$1s^2$ He:

헬륨의 루이스 구조에는 2개의 점(**이전자계**, duet)만 있다. 헬륨의 경우에는 이전자계가 안정된 전자 배치를 나타낸다.

루이스 모형에서 **화학 결합**(chemical bond)은 결합 원자가 안정된 전자 배치에 이르기 위해 전자의 공유 또는 전달을 수반한다. 전자가 전달되는 결합은 **이온 결합**(ionic bond)이고, 전자가 공유되는 결합은 **공유 결합**(covalent bond)이다. 두 경우 모두 결합 원자가 안정된 전자 배치를 가지고 있다. 앞에서 언급했듯이 안정된 배치는 보통 최외각 또는 원자가 껍질에 8개의 전자로 구성된다. 이러한 관찰은 **팔전자 규칙**(octet rule)으로 이끈다.

화학 결합에서 바깥 껍질이 8개의 전자를 가지도록 원자는 전자를 전달하거나 공유한다.

팔전자 규칙은 일반적으로 수소와 리튬을 제외한 모든 주족 원소에 적용된다. 이들은 각각 최외각 껍질에 2개의 전자(이전자계)를 가질 때 안정된다.

예제 10.1	**원소의 루이스 구조**
인의 루이스 구조를 작성하시오.	
주기율표에서 인은 15족에 속하므로 원자가전자가 5개이다. 인의 원소 기호 주위에 5개의 점을 표시한다.	**답** ·Ṗ̤:
▶ **연습문제 10.1 | 원소의 루이스 구조** Mg의 루이스 구조를 작성하시오.	
▶ **심화 학습** 예제 10.12/복습문제 25, 26	

✔ 확인문제 10.1

다음 중 가장 비슷한 루이스 구조를 가진 원소로 묶인 것은 무엇인가?

(a) C와 Si (b) O와 P (c) Li와 F (d) S와 Br

10.3 이온 결합 화합물의 루이스 구조: 전달되는 전자

▶ 루이스 모형을 이용하여 이온 결합 화합물의 화학식을 예측한다.

5장에서 금속이 비금속과 결합할 때 전자가 금속에서 비금속으로 전달된다고 했던 것을 상기하라. 금속은 양이온이 되고 비금속은 음이온이 된다. 양이온과 음이온의 인력 때문에 이온 결합 화합물이 생긴다. 루이스 모형에서는 전자 점을 금속에서 비금속으로 이동하여 이것을 나타낸다. 예를 들어 포타슘과 염소의 루이스 구조는 다음과 같다.

K· :C̤̈l:

포타슘과 염소가 결합할 때 포타슘은 원자가전자를 염소에 전달한다.

K· :C̤̈l: ⟶ K^+ $[:\ddot{\underset{..}{Cl}}:]^-$

전자를 잃은 원자는 양전하를 띠고, 전자를 얻은 원자는 음전하를 띤다는 사실을 상기하라(4.7절 참조).

전자가 전달되면 염소는 팔전자계(염소 주위에 8개의 점으로 나타냄)가 되고 안쪽 주껍질에 팔전자계를 이룬 포타슘이 남는데, 그 껍질은 이제 원자가 껍질이 되었다. 포타슘은 전자를 잃었기 때문에 양전하를 띠고, 반면에 전자를 얻은 염소는 음전하를 띤다. 일반적으로 음이온의 루이스 구조는 괄호 안에 쓰고, 전하를 오른쪽 위 모서리(괄호 바깥쪽)에 쓴다. 양전하와 음전하는 서로 끌어당김으로써 화합물 KCl이 된다.

예제 10.2	**이온 결합 화합물의 루이스 구조**
화합물 MgO의 루이스 구조를 작성하시오.	
마그네슘 원소 기호 주위에 2개의 점을 찍고 산소 원소 기호 주위에 6개의 점을 찍어서 마그네슘과 산소의 루이스 구조를 작성한다.	**답** ·Mg· ·Ö:

MgO에서 마그네슘은 2개의 원자가전자를 잃어 2+가의 전하를 형성하고, 산소는 전자 2개를 얻어 2−의 전하를 형성하여 팔전자계를 이룬다.	Mg^{2+} $[:\ddot{\underset{..}{O}}:]^{2-}$

▶ **연습문제 10.2 | 이온 결합 화합물의 루이스 구조**

NaBr의 루이스 구조를 작성하시오.

▶ **심화 학습** 예제 10.13/복습문제 37, 38

5.4절에서 설명했듯이 이온 결합 화합물은 별도의 분자로 존재하지 않고, 양이온과 음이온이 번갈아 배열된 큰 3차원 배열(또는 격자)의 일부로 존재한다.

루이스 모형은 이온 결합 화합물에 대한 정확한 화학식을 예측한다. 예를 들어 K와 Cl로 형성된 화합물의 경우, 루이스 모형은 모든 개별 염소 음이온에 대해 포타슘 양이온 1개의 비율, KCl을 예측한다. 또 다른 예로 소듐과 황으로 형성된 이온 결합 화합물을 생각해보자. 소듐과 황의 루이스 구조는 다음과 같다.

$$Na\cdot \quad \cdot\ddot{\underset{..}{S}}:$$

소듐은 1개의 원자가전자를 잃고 팔전자계(안쪽 주껍질에서)가 되지만, 황은 2개의 전자를 얻어야 팔전자계를 이룬다는 것에 주목하라. 결과적으로 소듐과 황이 형성하는 화합물은 1개의 황 원자마다 2개의 소듐 원자가 필요하다. 그 루이스 구조는 다음과 같다.

$$Na^{+} \quad [:\ddot{\underset{..}{S}}:]^{2-} \quad Na^{+}$$

2개의 소듐 원자는 각각 1개씩 원자가전자를 잃는 반면, 황 원자는 2개의 전자를 얻어 팔전자계를 이룬다. 정확한 화학식은 Na_2S이다.

예제 10.3	**루이스 모형을 이용한 이온 결합 화합물의 화학식 예측**
루이스 모형을 이용하여 칼슘과 염소로 형성된 화합물의 화학식을 예측하시오.	
칼슘 주위에 점 2개, 염소 주위에 점 7개를 찍어서 칼슘과 염소의 루이스 구조를 작성한다.	**답** $\cdot Ca\cdot \quad :\ddot{\underset{..}{Cl}}:$
칼슘은 (안쪽 주껍질에 팔전자계를 효과적으로 이루기 위해) 2개의 원자가전자를 잃어야 하는 반면, 염소는 팔전자계가 되기 위해 전자 1개만 필요하다. 결과적으로 Ca와 Cl로 형성된 화합물은 1개의 칼슘 원자마다 2개의 염소 원자를 가져야 한다.	$[:\ddot{\underset{..}{Cl}}:]^{-} \quad Ca^{2+} \quad [:\ddot{\underset{..}{Cl}}:]^{-}$ 그러므로 화학식은 $CaCl_2$이다.

▶ **연습문제 10.3 | 루이스 모형을 이용한 이온 결합 화합물의 화학식 예측**

루이스 모형을 이용하여 마그네슘과 질소로 형성된 화합물의 화학식을 예측하시오.

▶ **심화 학습** 예제 10.14/복습문제 39~42

✔ 확인문제 10.2

알루미늄과 함께 화학식이 Al_2X_3(X는 비금속을 나타냄)인 이온 결합 화합물을 형성하는 비금속은 무엇인가?

(a) Cl (b) S (c) N

10.4 공유 결합 화합물의 루이스 구조: 공유되는 전자

▸ 공유 결합 화합물의 루이스 구조를 작성한다.

5장에서 비금속이 다른 비금속과 결합할 때 분자 화합물이 생성된다고 설명했던 것을 상기하라. 분자 화합물에는 전자가 전달되기보다는 원자 사이에서 공유되는 공유 결합이 있다. 전자는 보통 단일 결합, 이중 결합, 삼중 결합을 이루기 위해 쌍으로 공유된다.

단일 결합

루이스 모형에서는 이웃하는 원자가 팔전자계를 이루기 위해 (또는 수소의 경우 이전자계) 원자가전자 일부를 공유하게 허용함으로써 공유 결합을 나타낸다. 예를 들어 수소와 산소의 루이스 구조는 다음과 같다.

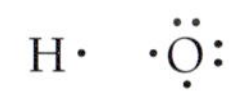

물에서 각 수소 원자는 이전자계에 이르고 산소 원자는 팔전자계에 이르기 위해 수소와 산소는 전자를 공유한다.

공유된 전자(두 원자 사이에 있는 전자)는 두 원자의 팔전자계(또는 이전자계)를 이루는 전자에 포함하여 센다.

두 원자 사이에 공유되는 전자는 **결합 전자쌍**(bonding pair)이라고 부르며, 한 원자에만 존재하는 전자는 **고립 전자쌍**(lone pair)이라고 부른다.

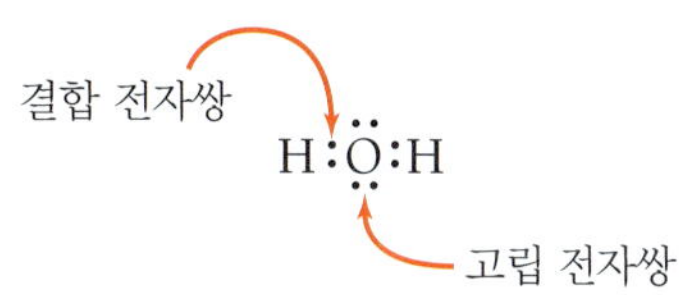

결합 전자쌍은 화학 결합임을 강조하기 위해 선으로 표시하기도 한다.

각 선은 공유된 전자의 쌍을 나타낸다는 것을 기억하라.

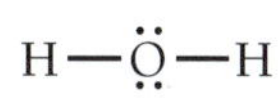

루이스 모형은 또한 할로젠이 왜 이원자 분자를 형성하는지를 설명한다. 염소의 루이스 구조를 생각해보자.

만약 2개의 Cl 원자가 쌍을 이루면 각각 팔전자계를 이룰 수 있다.

원소 상태의 염소를 조사해보면 루이스 모형이 예측하듯이 실제로 이원자 분자로 존재한다는 것을 알 수 있다. 다른 할로젠도 마찬가지이다.

비슷하게 루이스 모형은 루이스 구조가 다음과 같은 수소가 H_2로 존재해야만 한다고 예측한다.

2개의 수소 원자가 원자가전자를 공유할 때 각각 수소의 안정된 배치인 이전자계에 이른다.

H:H 또는 H—H

다시 말해 루이스 모형은 옳다. 자연에서 원소 상태의 수소는 H_2 분자로 존재한다.

이중 결합과 삼중 결합

루이스 모형에서 원자는 팔전자계를 이루기 위해 둘 이상의 전자쌍을 공유할 수도 있다. 예를 들어 5장에서 배웠듯이 산소는 이원자 분자(O_2)로 존재한다. 산소 원자의 루이스 구조는 다음과 같다.

2개의 산소 원자를 짝지어 루이스 구조를 작성해보면 각 O 원자는 팔전자계를 이룰 만큼 충분한 전자를 가지고 있지 않다.

그러나 하나의 고립 전자쌍을 결합 영역으로 옮겨 추가적인 결합 전자쌍을 만들 수 있다.

추가 결합 전자쌍이 양쪽 산소 원자의 팔전자계를 이루는 전자에 포함되기 때문에 이제 각 산소 원자는 팔전자계를 이룬다.

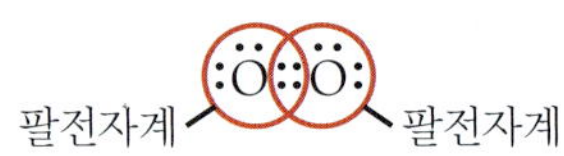

2개의 전자쌍이 두 원자 사이에서 공유될 때 생성되는 결합은 **이중 결합**(double bond)이다. 일반적으로 이중 결합은 단일 결합보다 짧지만 더 강하다. 예를 들어 산소-산소 이중 결합에서 산소 핵 사이의 거리는 121 pm이다. 단일 결합에서는 148 pm이다.

1 pm = 10^{-12} m

두 원자는 또한 3개의 전자쌍을 공유할 수도 있다. N_2의 루이스 구조를 생각해보자. 각 N 원자는 5개의 원자가전자를 가지기 때문에 N_2의 루이스 구조에는 10개의 전자가 있다. 루이스 구조를 작성하는 첫 시도는 다음과 같다.

O_2의 경우와 마찬가지로 2개의 N 원자에 대해 팔전자 규칙을 충족할 만큼 충분한 전자를 가지고 있지 않다. 그러나 2개의 추가 고립 전자쌍을 결합 전자쌍으로 변환하면 각 N 원자는 팔전자계를 형성할 수 있다.

그 결과로 얻은 결합을 **삼중 결합**(triple bond)이라고 한다. 삼중 결합은 이중 결합보다 더 짧고 강하다. 예를 들어 질소-질소 삼중 결합에서 질소 핵 간의 거리는 110 pm이다. 이중 결합에서는 124 pm이다. 자연 상태의 질소를 조사해보면, 그것이 두 질소 원자 사이에 매우 강하고 짧은 결합을 가진 이원자 분자로 존재한다는 것을 알게 된다. 그 결합은 강해서 끊기가 매우 어렵고, N_2는 상대적으로 반응성이 없는 분자로 존재하게 된다.

확인문제 10.3

O_2의 루이스 구조에는 결합 전자가 몇 개 있는가?

(a) 2 (b) 4 (c) 6

10.5 공유 결합 화합물의 루이스 구조 작성

▶ 공유 결합 화합물의 루이스 구조를 작성한다.

공유 결합 화합물에 대한 루이스 구조를 작성하기 위해 다음 단계를 따른다.

1. **분자에 대한 올바른 골격 구조를 작성한다.** 분자의 루이스 구조는 원자의 위치가 정확해야 한다. 예를 들어 수소 원자 다음에 다른 수소 원자를 놓고 맨 끝에 산소 원자를 놓고 시작한다면(H H O) 물의 루이스 구조를 만들 수 없다. 본래 산소 원자가 중심 원자이고 수소 원자가 **말단 원자**(terminal atom)이다. 올바른 골격 구조는 H O H이다.

   어떤 분자의 올바른 골격 구조를 완전히 파악하는 유일한 방법은 자연 상태의 구조를 조사하는 것이다. 다음 두 가지 지침을 기억하여 그럴듯한 골격 구조를 작성할 수 있다. 첫째, 수소 원자는 항상 말단에 위치할 것이다. 수소는 이전자계만 필요하기 때문에 절대로 중심 원자가 될 수 없다. 중심 원자는 적어도 2개의 결합을 형성해야 하는데 수소는 1개의 결합만 형성할 수 있기 때문이다. 둘째, 많은 분자는 대칭이 되려는 경향이 있어서 분자가 같은 종류의 원자 몇 개를 포함하고 있으면 말단 위치에 있으려는 경향이 있다. 그러나 이 두 번째 지침에는 많은 예외가 있다. 골격 구조가 모호한 경우에 이 내용은 올바른 골격 구조를 제공할 것이다.

   골격 구조를 추측할 때 금속성이 덜한 원소를 말단에 놓고, 금속성이 보다 많은 원소를 중심 위치에 둔다. 금속성이 가장 약한 할로젠은 거의 항상 말단이다.

   일부 화합물에는 비말단 수소 원자가 존재하나 이는 드물며, 이 책의 범위를 벗어나는 내용이다.

2. **분자에 있는 각 원자의 원자가전자를 모두 합하여 루이스 구조를 위한 전자의 총수를 계산한다.** 주족 원소의 원자가전자 수는 주기율표의 족 번호와 같다는 것을 기억하라. **다원자 이온의 루이스 구조를 작성하려 한다면 전자의 총수를 셀 때 이온의 전하를 고려해야 한다.** 각 음전하에 대해서는 전자 1개를 더하고, 각 양전하에 대해서는 전자 1개를 뺀다.
3. **가능한 한 많은 원자가 팔전자계(또는 수소에서는 이전자계)를 이루도록 원자에 전자를 배분한다.** 각 원자쌍 사이에 전자를 2개 놓고 시작한다. 이것은 결합하는 전자의 최소한의 수이다. 그런 다음 남은 전자를 먼저 말단 원자에 배분한 후 중심 원자에 배분하여 가능한 한 많은 원자가 팔전자계를 이루게 한다.
4. **어떤 원자가 팔전자계를 이루기에 전자가 부족하면, 팔전자계를 만드는 데 필요한 만큼 이중 또는 삼중 결합을 만든다.** 고립 전자쌍을 말단 원자로부터 중심 원자가 있는 결합 영역으로 이동하여 새로운 결합을 만든다.

예제 10.4와 10.5는 이러한 절차를 응용한 예이다.

다원자 이온의 루이스 구조 작성

같은 절차로 다원자 이온의 루이스 구조를 작성한다. 그러나 루이스 구조를 위한 전자 수를 계산할 때 이온의 전하에 특별한 주의를 기울여야 한다. 각 음전하에 대해서는 전자 1개를 더하고, 각 양전하에 대해서는 전자 1개를 뺀다. 보통 괄호 안에 다원자 이온의 루이스 구조를 나타내고, 오른쪽 위 모서리에 이온의 전하를 쓴다. 예를 들어 CN^- 이온의 루이스 구조를 작성해보자. 우선 골격 구조를 작성한다.

	예제 10.4	**예제 10.5**
공유 결합 화합물의 루이스 구조 작성	CO_2의 루이스 구조를 작성하시오.	CCl_4의 루이스 구조를 작성하시오.
1. 분자에 대한 올바른 골격 구조를 작성한다.	**답** 대칭 지침을 따라 다음과 같이 쓴다. O C O	**답** 대칭 지침을 따라 다음과 같이 쓴다. Cl Cl C Cl Cl
2. 분자에 있는 각 원자의 원자가전자를 모두 합하여 루이스 구조를 위한 전자의 총수를 계산한다.	루이스 구조를 위한 전자의 총수 = (C의 원자가전자 수) + 2(O의 원자가전자 수) = 4 + 2(6) = 16	루이스 구조를 위한 전자의 총수 = (C의 원자가전자 수) +4(Cl의 원자가전자 수) = 4 + 4(7) = 32
3. 가능한 한 많은 원자가 팔전자계(또는 수소에서는 이전자계)를 이루도록 원자에 전자를 배분한다. 결합 전자로 시작하여 말단 원자에 있는 고립 전자쌍으로 진행하고, 최종적으로는 중심 원자에 있는 고립 전자쌍으로 끝맺는다.	결합 전자 먼저 한다. O:C:O (16개의 전자 중 4개가 사용됨) 말단 원자에 있는 고립 전자쌍을 다음에 한다.  (16개의 전자 중 16개가 사용됨)	결합 전자 먼저 한다. 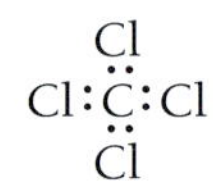 (32개의 전자 중 8개가 사용됨) 말단 원자에 있는 고립 전자쌍을 다음에 한다. 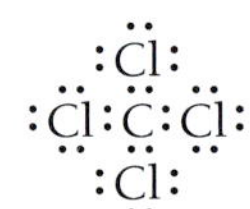 (32개의 전자 중 32개가 사용됨)
4. 어떤 원자가 팔전자계를 이루기에 전자가 부족하면, 팔전자계를 만드는 데 필요한 만큼 이중 또는 삼중 결합을 만든다.	이중 결합을 만들기 위해 고립 전자쌍을 산소 원자에서 결합 영역으로 옮긴다. 	원자 모두가 팔전자계를 가지므로 루이스 구조가 완성되었다.
		▸ **연습문제 10.5** | H_2CO의 루이스 구조를 작성하시오.
	▸ **연습문제 10.4** | CO의 루이스 구조를 작성하시오.	▸ **심화 학습** 예제 10.15/복습문제 47~52

C N

그런 다음 각 원자의 원자가전자 수를 합하고 음전하에 대한 것을 더하여 루이스 구조를 위한 전자의 총수를 센다.

루이스 구조를 위한 전자의 총수 = (C의 원자가전자 수) + (N의 원자가전자 수) + 1
= 4 + 5 + 1
= 10

이온의 1−가 전하를 설명하려면 전자 1개를 더한다.

이제 원자의 각 쌍 사이에 2개의 전자를 놓는다.

C:N (10개의 전자 중 2개가 사용됨)

그리고 남아 있는 전자를 배분한다.

 (10개의 전자 중 10개가 사용됨)

원자 중 어느 것도 팔전자계를 이루지 못하기 때문에 2개의 고립 전자쌍을 결합 영역으로 이동하여 삼중 결합을 만들어 두 원자를 팔전자계로 만든다. 또한 루이스 구조를 괄호로 둘러

싸고 오른쪽 위 구석에 이온의 전하를 쓴다.

$$[:C:::N:]^- \quad \text{또는} \quad [:C\equiv N:]^-$$

✔ 확인문제 10.4

OH^-의 루이스 구조에서 전자의 총수는 몇 개인가?

(a) 6　　(b) 7　　(c) 8　　(d) 9

예제 10.6 다원자 이온의 루이스 구조

NH_4^+ 이온의 루이스 구조를 작성하시오.

우선 골격 구조를 작성한다. 수소 원자는 말단이어야 하며, 대칭의 지침에 따라 질소 원자가 4개의 수소 원자로 둘러싸이도록 중앙에 놓는다.	**답** 　H H N H 　H
각 원자의 원자가전자 수를 합하고 양전하에 대해 1을 빼서 루이스 구조에 대한 전자의 총수를 계산한다.	루이스 구조를 위한 전자의 총수 = 5 + 4 − 1 = 8 N의 원자가전자 수 (5) 4 × (H의 원자가전자 수) (4) 이온의 1+가 전하를 설명하려면 전자 1개를 뺀다. (1)
다음으로 각 원자의 쌍 사이에 2개의 전자를 놓는다.	H H:N:H (8개의 전자 중 8개가 사용됨) H
질소 원자는 팔전자계를 이루고 모든 수소 원자는 이전자계를 이루므로 전자의 위치 결정이 완료되었다. 괄호 안에 전체 루이스 구조를 작성하고 오른쪽 위 모서리에 이온의 전하를 쓴다.	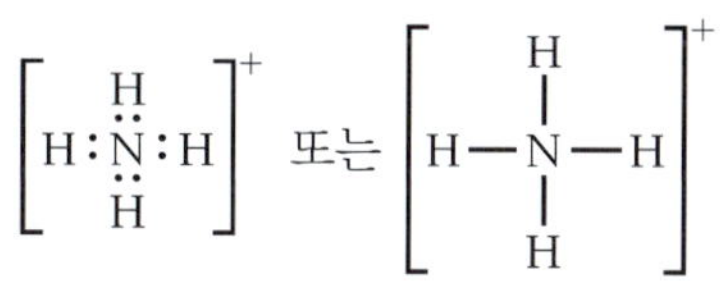

▶ **연습문제 10.6 | 다원자 이온의 루이스 구조**

ClO^- 이온의 루이스 구조를 작성하시오.

▶ **심화 학습**　복습문제 55bcd, 56abc, 57, 58

✔ 확인문제 10.5

루이스 구조에서 고립 전자쌍의 수가 같은 것끼리 짝지어진 것은 무엇인가?

(a) H_2O와 H_3O^+　　(b) NH_3와 H_3O^+　　(c) NH_3와 CH_4　　(d) NH_3와 NH_4^+

팔전자 규칙의 예외

루이스 모형은 대개 정확하나 몇 가지 예외가 있다. 예를 들어 NO의 루이스 구조를 작성한다고 하자. NO의 전자는 11개이며, 우리가 할 수 있는 최선은 다음과 같다.

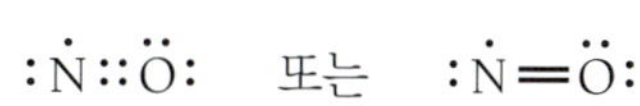

질소 원자는 팔전자계를 가지지 못하므로 이것은 좋은 루이스 구조가 아니다. 그러나 NO는

실제로 존재한다. 왜 그럴까? 단순한 이론이 늘 그렇듯 루이스 모형도 매번 정확할 만큼 정교하지는 못하다. 홀수의 전자를 가진 분자에 대한 좋은 루이스 구조를 작성하는 것은 불가능하지만, 이러한 분자의 일부는 자연 상태로 존재한다. 이럴 때는 가능한 한 최선의 루이스 구조를 작성한다. 팔전자 규칙의 또 다른 중요한 예외는 붕소이다. 붕소는 B 주위에 8개보다는 6개의 전자를 가진 화합물을 형성하려는 경향이 있다. 예를 들어 BF_3와 BH_3(둘 다 실제로 존재함)는 B에 대해서는 팔전자계가 아니다.

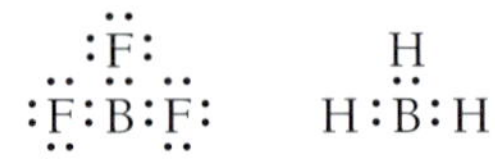

팔전자 규칙에 대한 세 번째 예외 또한 흔하다. SF_6, PCl_5와 같은 많은 분자는 루이스 구조에서 중심 원자 주위에 8개보다 많은 전자가 있다.

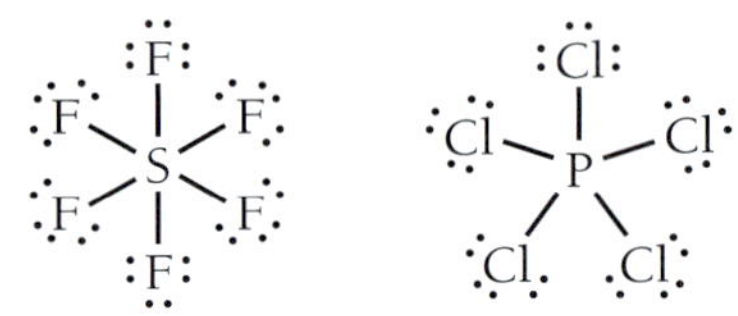

이는 확장된 팔전자계로 불리곤 한다. 이 책에서는 확장된 팔전자계를 자세히 다루지 않는다. 많은 예외에도 불구하고 루이스 모형은 화학 결합을 이해하기 위한 강력하고 단순한 방법이다.

10.6 공명: 같은 분자의 동등한 루이스 구조

▶ 공명 구조를 작성한다.

루이스 구조를 작성할 때 몇몇 분자에 대해 둘 이상의 좋은 루이스 구조를 그릴 수 있다는 것을 알아차릴지도 모른다. 예를 들어 SO_2의 루이스 구조를 생각해보자. 우선 골격 구조를 살펴본다.

O S O

그런 다음 원자가전자의 총수를 센다.

$$\begin{aligned} \text{루이스 구조를 위한 전자의 총수} &= (\text{S의 원자가전자 수}) + 2(\text{O의 원자가전자 수}) \\ &= 6 + 2(6) \\ &= 18 \end{aligned}$$

그리고 각 원자쌍 사이에 2개의 전자를 놓고,

O:S:O (18개의 전자 중 4개가 사용됨)

남은 전자를 말단 원자에 배분하며,

 (18개의 전자 중 16개가 사용됨)

마지막으로 중심 원자에 배분한다.

 (18개의 전자 중 18개가 사용됨)

중심 원자가 팔전자계가 되기에는 전자가 부족하기 때문에 산소 원자에서 1개의 고립 전자쌍을 결합 영역으로 옮겨 이중 결합을 만듦으로써 모든 원자가 팔전자계를 이루게 한다.

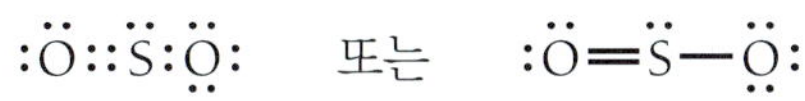

그러나 다른 산소 원자와 이중 결합을 형성할 수도 있을 것이다.

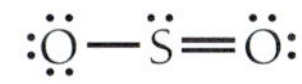

이 두 루이스 구조는 모두 옳다. 같은 분자에 대해 2개 이상의 동등한 (또는 거의 동등한) 루이스 구조를 작성할 수 있는 경우에 분자는 자연 상태의 두 루이스 구조 사이에 평균 또는 중간체로 존재한다. SO_2에 대한 두 루이스 구조 모두 SO_2 두 가지의 다른 종류 결합(하나의 이중 결합과 하나의 단일 결합)을 포함하고 있음을 예고한다. 그러나 자연 상태의 SO_2를 조사해보면 두 결합이 동등하고 결합의 세기와 길이가 이중 결합과 단일 결합 사이의 중간임을 알 수 있다.

루이스 모형에서는 **공명 구조**(resonance structure)라고 부르는 두 구조를 가진 분자를 표현하고, 그 사이에 양방향 화살표를 표시한다.

SO_2의 정확한 구조는 두 공명 구조 사이의 중간체이며, 공명 혼성(resonance hybrid)이라고 부른다. 공명 구조는 항상 골격 구조(원자가 동일한 상대 위치에 있음)가 같고 전자점의 분포만 다르다.

예제 10.7 공명 구조

공명 구조를 포함하여 NO_3^- 이온의 루이스 구조를 작성하시오.

우선 골격 구조를 작성한다. 대칭의 지침을 활용하여 3개의 산소 원자를 말단에 놓는다.	**답** O O N O
원자가전자(이온의 1−가를 설명하려면 전자 1개를 더할 것)를 합하여 루이스 구조에서의 전자의 총수를 구한다.	루이스 구조를 위한 전자의 총수 = 5 + 3(6) + 1 = 24 (3 × (O의 원자가전자 수); N의 원자가전자 수; 이온의 음전하에 대해 전자 1개를 더한다.)
2개의 전자를 각 원자의 쌍 사이에 놓는다.	 (24개의 전자 중 6개가 사용됨)
남은 전자를 먼저 말단 원자에 배분한다.	 (24개의 전자 중 24개가 사용됨)
중심 원자의 팔전자계를 완성하려면, 남은 전자가 없기 때문에 산소 원자 중 하나에서 고립 전자쌍을 질소와의 결합 영역으로 옮겨 이중 결합을 만들어야 한다. 그 구조를 대괄호로 묶고 오른쪽 위에 전하를 표시한다.	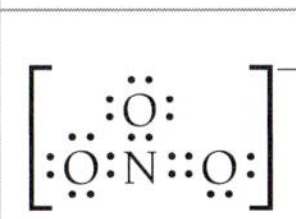 또는 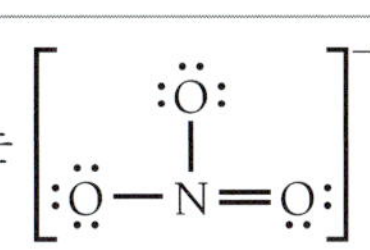
다른 2개의 산소 원자와도 이중 결합을 만들 수 있음에 주의하라.	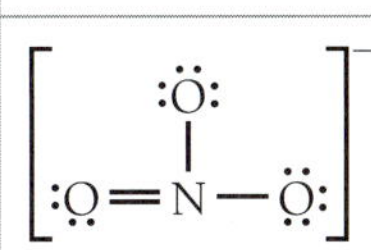 또는 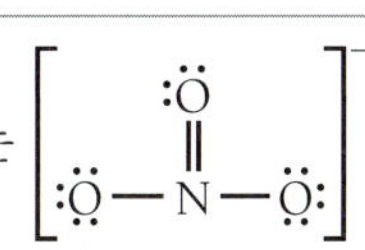
3개의 루이스 구조는 모두 옳기 때문에 3개의 구조를 공명 구조로 표시한다.	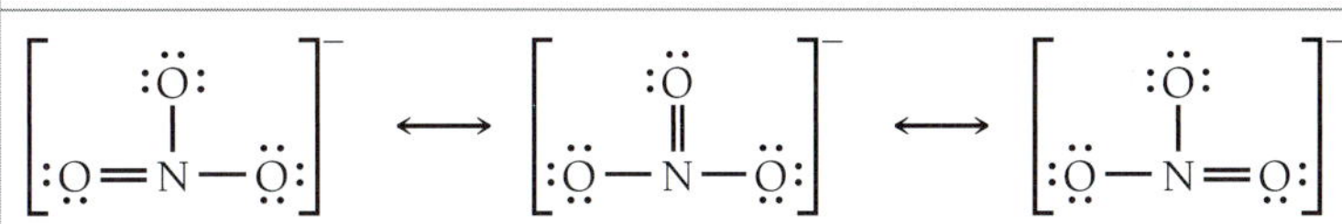

▶ **연습문제 10.7 | 공명 구조**

공명 구조를 포함하여 NO_2^- 이온의 루이스 구조를 작성하시오.

▶ **심화 학습** 예제 10.16/복습문제 55~58

확인문제 10.6

다음과 같은 N_2O의 루이스 구조 중 공명 구조가 아닌 것은 무엇인가?

:N̈=N=Ö:

(a) :N≡N—Ö: (b) :N̈—N≡O: (c) :N̈—O≡N:

10.7 분자의 모양 예측

▶ 분자의 모양을 예측한다.

원자가 껍질 전자쌍 반발 이론[valence shell electron pair repulsion(VSEPR) theory]과 결합하여 루이스 모형은 분자의 모양을 예측하는 데 사용될 수 있다. VSEPR 이론은 **전자 그룹**(electron group), 즉 고립 전자쌍, 단일 결합, 다중 결합이 서로 반발한다는 단순한 생각에 기반을 두고 있다. 중심 원자에 있는 전자 그룹의 음전하 사이에서 일어나는 이러한 반발은 분자의 기하 구조를 결정한다. 예를 들어 다음과 같은 루이스 CO_2를 살펴보자.

:Ö=C=Ö:

CO_2의 기하 구조는 중심 탄소 원자에 있는 두 전자 그룹 (또는 이중 결합) 사이의 반발력에 의해 결정된다. 이러한 두 전자 그룹은 가능한 한 서로 멀리 떨어져서 CO_2는 180°의 **직선형**(linear)이 된다.

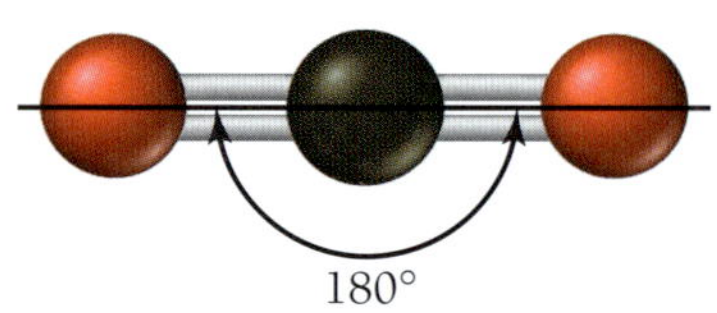

또 다른 예로 H_2CO 분자의 루이스 구조는 다음과 같다.

```
   :O:
    ‖
H — C — H
```

이 분자는 중심 원자 주위에 3개의 전자 그룹이 있다. 이 세 전자 그룹은 가능한 한 서로 멀리 떨어짐으로써 결합각이 120°인 **평면 삼각형**(trigonal planar)이 된다.

이 그림에 나타낸 H_2CO의 각은 대략적인 것이다. C=O 이중 결합은 C—H 단일 결합보다 전자 밀도가 더 높기 때문에 약간이지만 더 큰 반발력을 가진다. 따라서 실제로는 HCH 결합각이 116°이고 HCO 결합각이 122°이다.

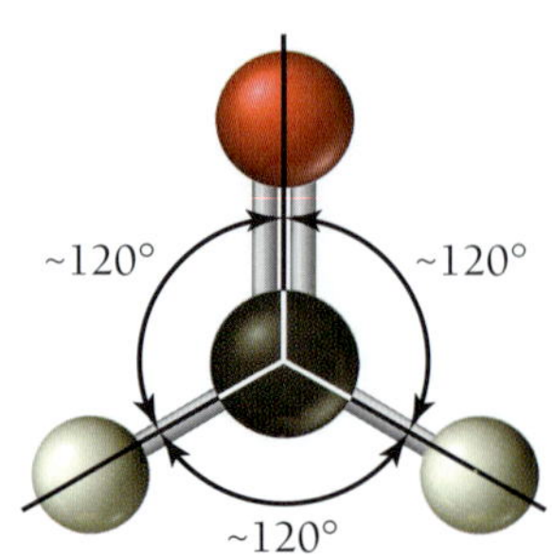

사면체는 삼각면이 4개인 기하 구조이다.

CH_4와 같이 어떤 분자가 중심 원자 주위에 4개의 전자 그룹이 있다면 결합각이 109.5°인 **사면체**(tetrahedral) 구조이다.

CH_4를 공-막대 모형(왼쪽)과 공간 채움 모형(오른쪽)으로 나타냈다. 공간 채움 모형이 분자를 더 근접하게 묘사하지만, 분자의 모양을 분명히 나타낼 때는 흔히 공-막대 모형이 사용된다.

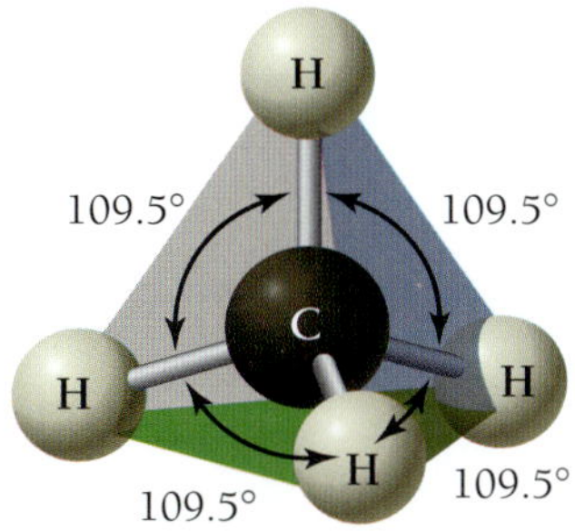

공-막대 모형

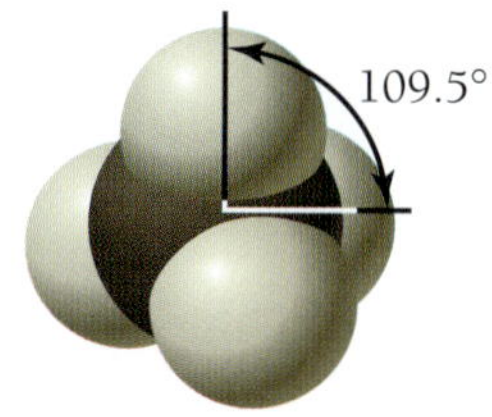

공간 채움 모형

서로 반발하는 전자 그룹은 사면체 형태를 이룬다. 사면체는 4쌍이 최대한 분리되게 한다. 종이에 CH_4의 구조를 그릴 때 그 분자는 90°의 평면 사각형처럼 보인다. 그러나 3차원에서는 전자 그룹이 사면체 모양을 형성함으로써 서로 더 멀리 떨어질 수 있다.

앞에서 제시한 예들은 각각 중심 원자 주변에 결합된 전자 그룹만을 가지고 있다. 중심 원자에 고립 전자쌍을 가진 분자는 어떠한가? 이러한 고립 전자쌍도 다른 전자 그룹과 반발한다. 예를 들어 NH_3를 살펴보자.

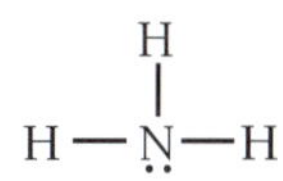

4개의 전자 그룹(고립 전자쌍 1개와 결합 전자쌍 3개)은 가능한 한 서로 멀리 떨어져 있다. 전자만 보면 **전자 기하 구조**(electron geometry), 즉 전자 그룹의 기하학적 배열은 사면체임을 알게 된다.

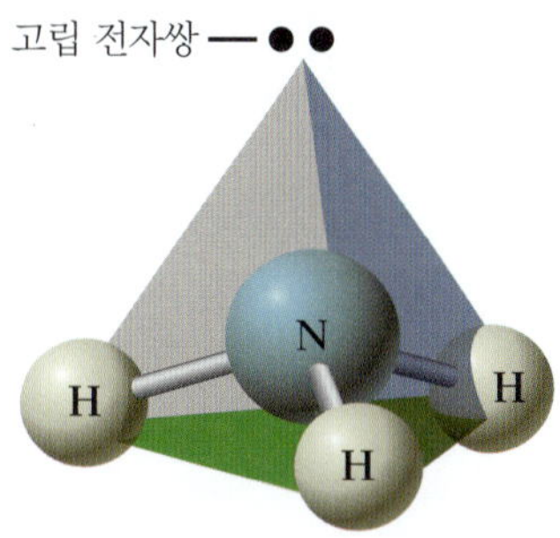

그러나 **분자 기하 구조**(molecular geometry), 즉 원자의 기하학적 배열이 **삼각 피라미드**(trigonal pyramidal)이다.

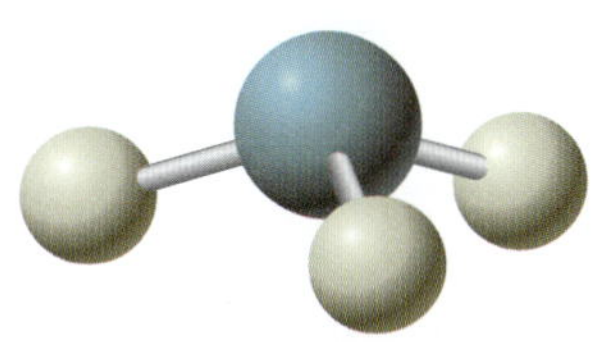

삼각 피라미드 구조

전자 기하 구조와 분자의 기하 구조가 다를지라도 둘은 서로 관련되어 있다. 달리 말해 고립 전자쌍은 결합 전자쌍에 영향을 미친다.

마지막 한 예로 H_2O의 루이스 구조는 다음과 같다.

H—Ö—H (O에 비공유 전자쌍 2개)

> 여기서 자세히 다루지 않는 이유는, NH_3와 H_2O에서 결합각이 이상적인 사면체의 각보다 실제로 조금 작기 때문이다.

이는 전자 그룹이 4개이므로 전자 기하 구조 역시 사면체이다.

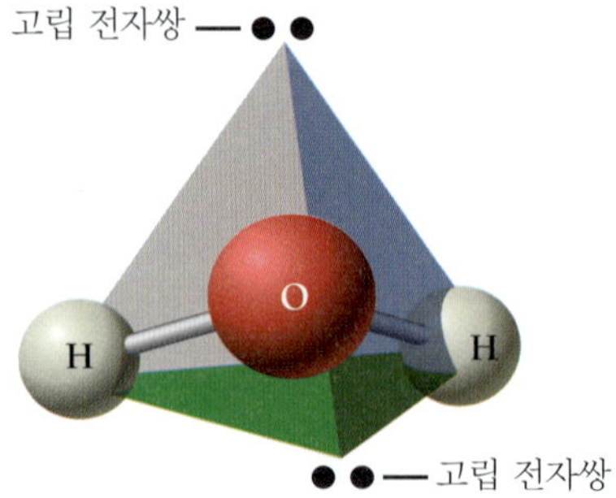

그러나 분자의 모양은 **굽은형**(bent)이다.

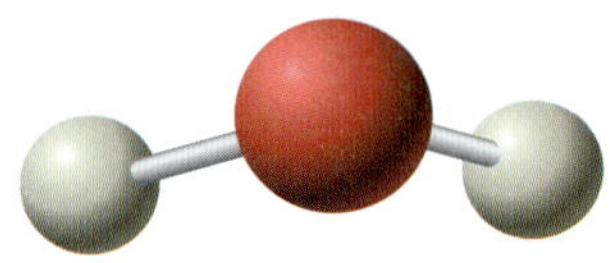

굽은 구조

표 10.1에 전자 그룹의 총수와 결합 전자 그룹 수, 고립 전자쌍 수를 토대로 전자와 분자의 기하 구조를 요약했다.

어떤 분자의 기하 구조를 구하려면 다음 절차를 이용한다. 예제 10.8과 10.9는 이러한 절차를 응용한 예이다.

표 10.1 전자 및 분자 기하 구조

전자 그룹*	결합 그룹	고립 전자쌍	전자 기하 구조	전자 그룹 간의 각도**	분자 기하 구조	예	
2	2	0	직선형	180°	직선형	:Ö=C=Ö:	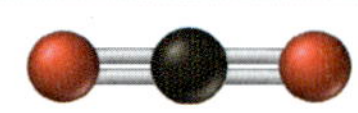
3	3	0	평면 삼각형	120°	평면 삼각형	H—C(=Ö:)—H	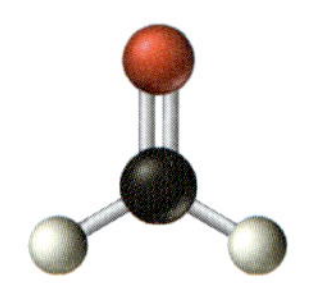
3	2	1	평면 삼각형	120°	굽은형	:Ö=S̈—Ö:	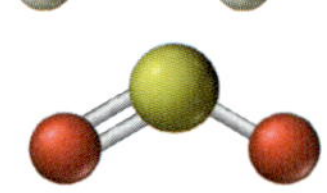
4	4	0	사면체형	109.5°	사면체형	H—C(H)(H)—H	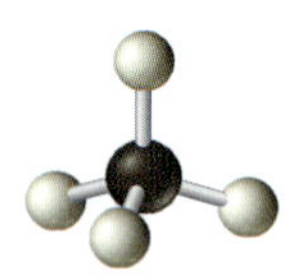
4	3	1	사면체형	109.5°	삼각 피라미드	H—N̈(H)—H	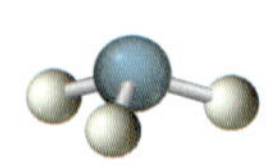
4	2	2	사면체형	109.5°	굽은형	H—Ö—H	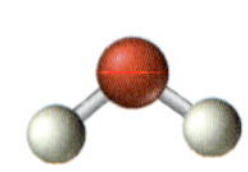

* 중심 원자 주위의 전자 그룹만 센다. 고립 전자쌍, 단일 결합, 이중 결합, 삼중 결합은 전자 그룹으로 간주된다.

** 이상적인 각도이다. 특정 분자에서의 실제 각도는 몇 도 정도 다를 수 있다.

	예제 10.8	예제 10.9
VSEPR 이론을 이용한 기하 구조 예측	PCl_3의 전자 및 분자 기하 구조를 예측하시오.	NO_3^- 이온의 전자 및 분자 기하 구조를 예측하시오.
1. 분자의 루이스 구조를 작성한다.	**답** PCl_3의 전자는 26개이다. 	**답** NO_3^-의 전자는 24개이다. 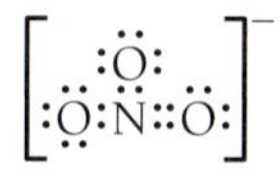
2. 중심 원자 주위에 있는 전자 그룹의 총수를 구한다. 고립 전자쌍, 단일 결합, 이중 결합, 삼중 결합을 각각 한 쌍으로 센다.	중심 원자(P)의 전자 그룹은 4개이다.	중심 원자(N)의 전자 그룹은 3개이다(이중 결합을 1그룹으로 센다).
3. 중심 원자 주위에 있는 결합 그룹의 수와 고립 전자쌍의 수를 구하고, 이를 2단계의 결과에 더한다. 결합 그룹에 단일 결합, 이중 결합, 삼중 결합을 포함한다.	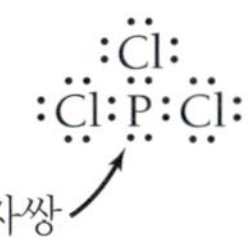 고립 전자쌍 P 주위의 전자 그룹 4개 중 3개는 결합 그룹이고 1개는 고립 전자쌍이다.	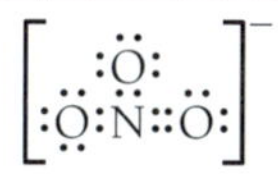 고립 전자쌍이 없음 N 주위의 전자 그룹 3개 모두 결합 그룹이다.
4. 표 10.1을 이용하여 전자와 분자의 기하 구조를 구한다.	전자 기하 구조는 사면체(전자쌍 4개)이고 분자 기하 구조, 즉 분자의 모양은 삼각 피라미드형(전자 그룹 4개, 결합 그룹 3개, 고립 전자쌍 1개)이다.	전자 기하 구조는 평면 삼각형(전자쌍 3개)이고 분자 기하 구조, 즉 분자의 모양도 평면 삼각형(전자 그룹 3개, 결합 전자 그룹 3개, 고립 전자쌍 0개)이다.
	▶ **연습문제 10.8** | ClNO의 분자 기하 구조를 예측하시오(N은 중심 원자이다).	▶ **연습문제 10.9** | SO_3^{2-} 이온의 분자 기하 구조를 예측하시오. ▶ **심화 학습** 예제 10.17/복습문제 65, 66, 71, 72, 75, 76

✔ 확인문제 10.7

전자의 기하 구조와 동일한 분자의 기하 구조로 이끌기 위한 필수 요건은 무엇인가?

(a) 중심 원자와 말단 원자 사이에 이중 결합이 존재함
(b) 중심 원자에 결합된 2개 이상의 동일한 말단 원자가 존재함
(c) 중심 원자에 1개 이상의 고립 전자쌍이 존재함
(d) 중심 원자에 고립 전자쌍이 전혀 없음

분자 기하 구조를 지면에 표현하는 방법

분자 기하 구조는 3차원이기 때문에 2차원인 지면에 나타내기가 어렵다. 많은 화학자는 2차원 지면에 3차원 구조를 나타내기 위해 다음과 같은 결합 표기법을 사용한다.

—	ıııı···	◄
직선	점선	쐐기선
지면에 있는 결합	지면으로 들어가는 결합	지면에서 나오는 결합

이 책에서 사용되는 주요 분자의 형태는 이 표기법으로 나타낸다.

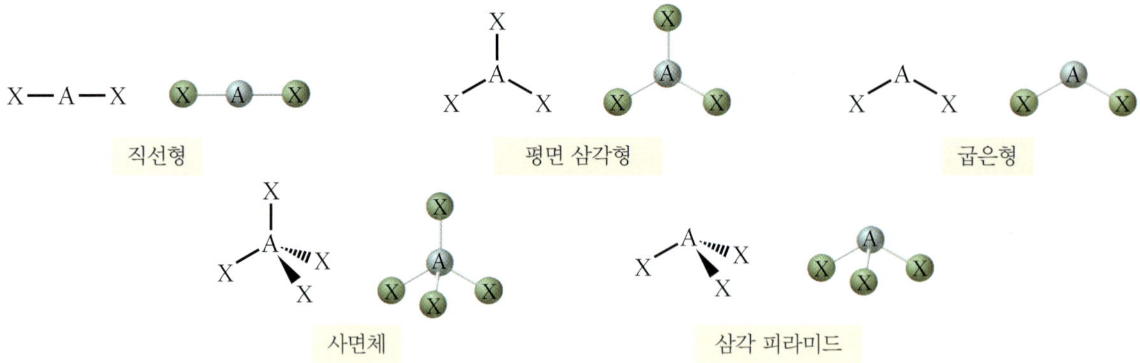

화학과 건강

분자 모양에 의한 속임

아스파탐(Nutrasweet™)과 같은 인공 감미료는 단맛이 나지만 칼로리는 거의 없거나 전혀 없다. 왜일까? 맛과 칼로리 수치는 음식물의 완전히 다른 성질이다.

음식의 칼로리는 음식이 대사될 때 방출되는 에너지의 양에 달렸다. 예를 들어 설탕(sucrose)은 산화에 의해 대사되어 이산화 탄소와 물로 바뀐다.

$$C_{12}H_{22}O_{11} + 6\,O_2 \longrightarrow 12\,CO_2 + 11\,H_2O \qquad \Delta H = -5644\text{ kJ}$$

인체는 설탕 1 mol을 분해하여 5644 kJ의 에너지를 얻는다. 사카린과 같은 인공 감미료는 전혀 분해되지 않아(변화되지 않고 몸을 통과함) 칼로리도 없다. 아스파탐과 같은 인공 감미료는 대사되기는 하지만 설탕보다 칼로리가 훨씬 낮다(주어진 양의 당도에 비해).

그러나 음식 맛은 대사 과정과 무관하다. 미각을 느끼는 혀에서는 미각 세포라는 특정 세포가 매우 민감한 특정 분자 검출기로 작용한다. 이러한 세포는 소량의 음식물 속에 있는 수천 종류의 분자로부터 당 분자를 찾아낼 수 있다. 이러한 식별력의 주요 기본은 분자의 형태이다.

미각 세포의 표면에는 미각 수용기라는 특화된 단백질 분자가 있다. 어떤 특정한 미각 자극 물질, 즉 맛을 느낄 수 있는 분자는 열쇠가 자물쇠에 딱 맞듯이, 활성 자리라는 미각 수용기 단백질에 있는 일정한 주머니에 꼭 맞는다(15.12절 참조). 예를 들어 설탕 분자는 Tlr3이라는 당 수용기 단백질의 활성 자리에 정확히 들어맞는다. 당 분자(열쇠)가 활성 자리(자물쇠)에 들어갈 때 Tlr3 단백질의 다른 부단위체가 떨어진다. 이러한 분리는 뇌에 도달하여 단맛을 등록하는 신경신호를 전달하는 일련의 반응을 일으키는 원인이 된다.

일반적으로 인공 감미료는 설탕과 결합하는 수용기 주머니에 딱 맞기 때문에 단맛을 낸다. 사실 아스파탐과 사카린은 실제 설탕보다 더 강하게 Tlr3에 있는 활성 자리에 붙는다. 이러한 이유로 인공 조미료는 '설탕보다 더 달다.' 미각 세포에 같은 양의 신경신호가 전달되는 데 아스파탐보다 200배 더 많은 설탕이 필요하다.

단백질의 활성 자리와 특정 분자 사이의 자물쇠-열쇠는 맛뿐만 아니라 다른 생리 기능에도 매우 중요하다. 예를 들어 면역 반응, 후각 그리고 다양한 형태의 약의 작용 모두 분자와 단백질 사이의 형태 특이적 상호작용에 달렸다. 지난 50년 동안 일어난 생물학의 혁명은 주요 생체 분자의 모양을 결정하는 과학자의 능력 덕분이다.

질문 단백질은 각 연결 고리가 아미노산으로 된 긴 사슬 분자이다. 가장 간단한 아미노산은 글라이신이고, 그 구조는 다음과 같다.

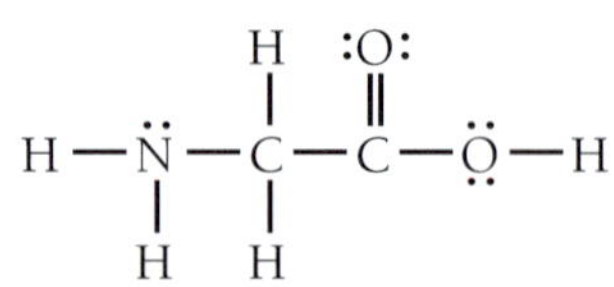

글라이신의 구조에서 각 내부 원자의 기하 구조를 구하고 분자를 3차원적으로 그리시오.

10.8 전기음성도와 극성: 기름과 물은 왜 섞이지 않는가

▶ 분자가 극성인지 아닌지 분별한다.

어떤 용기 안에 기름과 물을 섞으면 특정 영역으로 나뉜다(그림 10.1). 왜 그럴까? 어떤 성질로 인해 물 분자는 한 영역으로 모이고 기름 분자는 다른 영역으로 밀려난다. 어떤 성질 때문일까? 물의 루이스 구조를 살펴보면 그것을 알 수 있다.

▲ 그림 10.1 **섞이지 않는 기름과 물**

$$\mathrm{H}-\ddot{\underset{\cdot\cdot}{\mathrm{O}}}-\mathrm{H}$$

산소와 수소 사이의 두 결합은 전자쌍으로 이루어져 있다. 산소 원자와 수소 원자 사이에 2개의 전자가 공유된다. 산소 원자와 수소 원자는 각각 전자 하나를 이 전자쌍에 준다. 그러나 동등하게 전자를 공유하지 않는다. 산소 원자는 전자쌍의 공정한 몫 이상을 차지한다.

전기음성도

공유 결합 내에 있는 전자를 끌어당기는 원소의 능력을 **전기음성도**(electronegativity)라고 한다. 산소는 수소보다 전기음성도가 큰데, 이는 공유된 전자가 수소 원자 주위보다는 산소 원자 주위에서 평균적으로 더 잘 발견된다는 것을 의미한다. 2개의 OH 결합 중 하나를 살펴보자.

이 그림의 전자 밀도 묘사에 대한 표시는 9.6절에서 소개했다.

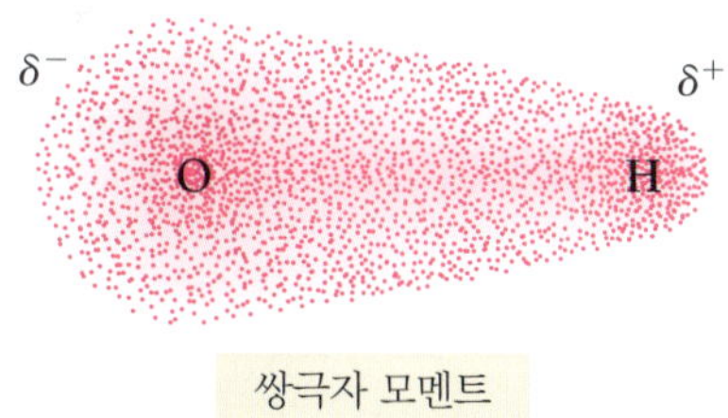

전기음성도 값은 가장 전기음성도가 큰 원소인 플루오린의 전기음성도 4.0에 대한 상대적인 크기를 이용하여 할당된다. 그 밖의 모든 전기음성도는 플루오린에 대해 상대적으로 정의된다.

전자쌍은 동등하게 공유되지 않기 때문에(산소가 더 많이 공유함) 산소 원자는 부분적인 음전하를 가지며 δ^-(델타 마이너스)로 표시된다. 수소 원자(더 적은 공유)는 부분적으로 양전하를 가지며 δ^+(델타 플러스)로 표시된다. 균형 잡히지 않은 공유의 이러한 결과는 결합 내에 전하의 분리인 **쌍극자 모멘트**(dipole moment)를 가져온다. 쌍극자 모멘트를 가진 공유 결합을 **극성 공유 결합**(polar covalent bond)이라고 한다. 쌍극자 모멘트의 강도와 이에 따른 결합의 극성도는 결합 내의 두 원자 간 전기음성도 차와 결합 길이에 달려 있다. 고정된 결합 길이의 경우 전기음성도 차이가 클수록 쌍극자 모멘트가 커지고 결합도 극성이 더 커진다.

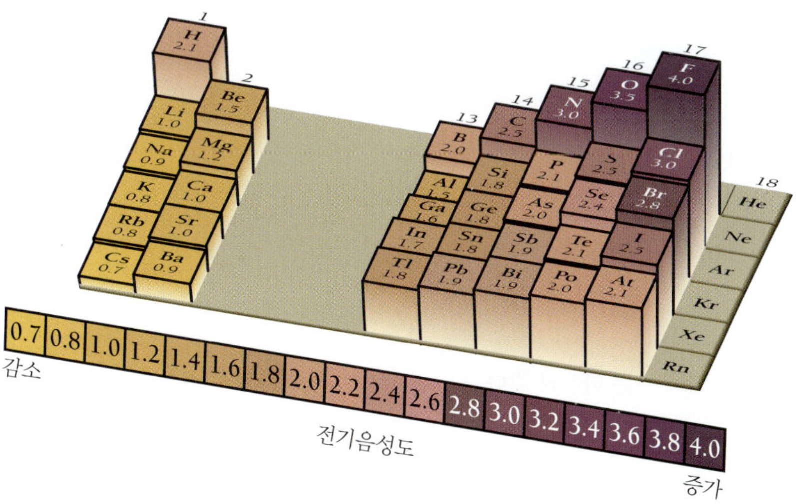

▲ 그림 10.2 **원소의 전기음성도.** Linus Pauling은 임의로 플루오린의 전기음성도를 4.0으로 고정하고, 그 밖의 모든 값을 플루오린에 대해 상대적으로 계산했다.

그림 10.2는 원소의 상대적인 전기음성도를 보여준다. 전기음성도는 주기율표에서 주기를 따라 오른쪽으로 갈수록 증가하고, 열을 따라 아래로 갈수록 감소한다. 전기음성도가 같은 두 원소가 공유 결합을 형성한다면 동등하게 전자를 공유하므로 쌍극자 모멘트가 없다. 예를 들어 2개의 염소 원자(물론 전기음성도가 같음)로 구성된 염소 분자는 전자가 동등하게 공유된 공유 결합을 가진다(그림 10.3). 이 결합에는 쌍극자 모멘트가 없고 분자가 **무극성**(nonpolar)이다.

▲ **그림 10.3 순수한 공유 결합.** Cl_2에서 2개의 염소 원자는 전자를 똑같이 공유한다. 이것이 순수한 공유 결합이다.

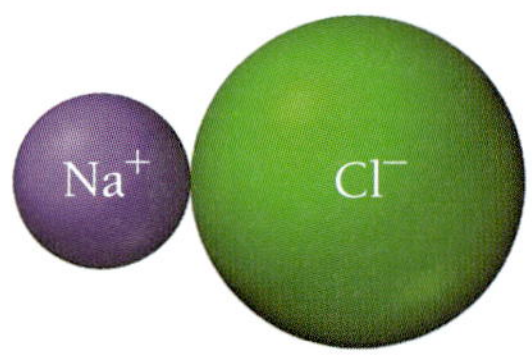

▲ **그림 10.4 이온 결합.** NaCl에서 Na는 전자를 완전히 Cl로 전달한다. 이는 이온 결합이다.

결합의 극성 정도는 연속 함수이다. 여기에 제시된 내용은 대략적인 것이다.

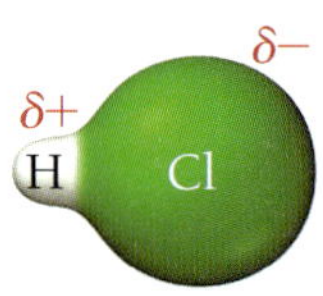

▲ **그림 10.5 극성 공유 결합.** HCl에서 전자가 공유되지만 공유된 전자는 H보다 Cl에서 발견될 확률이 더 크다. 이는 극성 공유 결합이다.

금속과 비금속 사이에 일반적으로 일어나는 결합에서 두 원소 간 전기음성도 차가 크면 전자는 완전히 이동되어 그 결합은 이온성이 된다. 예를 들어 소듐과 염소는 이온 결합을 형성한다(그림 10.4).

두 종류의 비금속 사이와 같이 두 원소 사이에 중간의 전기음성도 차가 존재하면 그 결합은 극성 공유 결합이다. 예를 들어 HCl은 극성 공유 결합을 형성한다(그림 10.5).

이러한 개념을 표 10.2와 그림 10.6에 요약했다.

표 10.2 결합 형태에 전기음성도 차가 미치는 영향

전기음성도 차(ΔEN)	결합 형태	예
0(0~0.4)	순수한 공유 결합	Cl_2
중간(0.4~2.0)	극성 공유 결합	HF
크다(2.0+)	이온 결합	NaCl

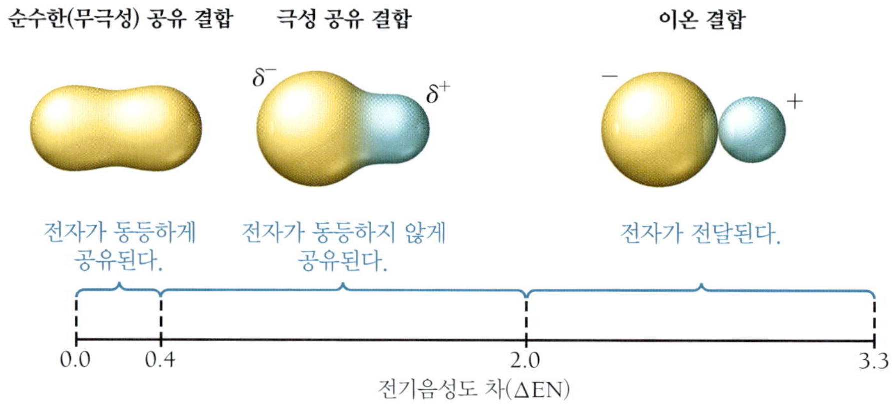

▲ **그림 10.6 결합 형태의 연속성.** 결합 형태(순수한 공유 결합, 극성 공유 결합, 이온 결합)는 결합된 원자 간의 전기음성도 차와 관련이 있다.

예제 10.10 순수한 공유 결합, 극성 공유 결합, 이온 결합

다음 각각의 원자쌍에서 형성되는 결합을 순수한 공유 결합, 극성 공유 결합, 이온 결합으로 분류하시오.

(a) Sr과 F (b) N과 Cl (c) N과 O

답

(a) 그림 10.2에서 Sr(1.0)과 F(4.0)의 전기음성도를 찾는다. 전기음성도 차는 다음과 같다.

$$\Delta EN = 4.0 - 1.0 = 3.0$$

표 10.2를 참조하여 이온 결합으로 분류한다.

(b) 그림 10.2에서 N(3.0)과 Cl(3.0)의 전기음성도를 찾는다. 전기음성도 차는 다음과 같다.

$$\Delta EN = 3.0 - 3.0 = 0$$

표 10.2를 참조하여 순수한 공유 결합으로 분류한다.

(c) 그림 10.2에서 N(3.0)과 O(3.5)의 전기음성도를 찾는다. 전기음성도 차는 다음과 같다.

$$\Delta EN = 3.5 - 3.0 = 0.5$$

표 10.2를 참조하여 이 결합을 극성 공유 결합으로 분류한다.

▶ **연습문제 10.10 | 순수한 공유 결합, 극성 공유 결합, 이온 결합**

다음 각각의 원자쌍에서 형성되는 결합을 순수한 공유 결합, 극성 공유 결합, 이온 결합으로 분류하시오.

(a) I와 I (b) Cs와 Br (c) P와 O

▶ **심화 학습** 복습문제 83, 84

✔ 확인문제 10.8

다음 중 어느 결합이 더 극성일 것으로 예상되는가?

(a) HCl의 결합 (b) HBr의 결합

극성 결합과 극성 분자

분자 안에 하나 이상의 극성 결합이 존재하면 항상 극성 분자가 될까? 그렇지 않다. **극성 분자**(polar molecule)는 서로 합쳐졌을 때 알짜 쌍극자 모멘트가 있는 극성 결합(서로 상쇄되지 않는)을 가지고 있는 분자를 말한다. 이원자 분자의 경우에는 무극성 분자로부터 극성 분자를 쉽게 분별할 수 있다. 어떤 이원자 분자가 극성 결합을 가지고 있으면 그것은 극성이다. 그러나 2개의 원자보다 많은 원자를 가진 분자의 경우에는 둘 이상의 극성 결합이 서로 상쇄될 수도 있기 때문에 무극성 분자로부터 극성 분자를 분별하기가 매우 어렵다. 예를 들어 이산화 탄소를 살펴보자.

$$:\ddot{O}=C=\ddot{O}:$$

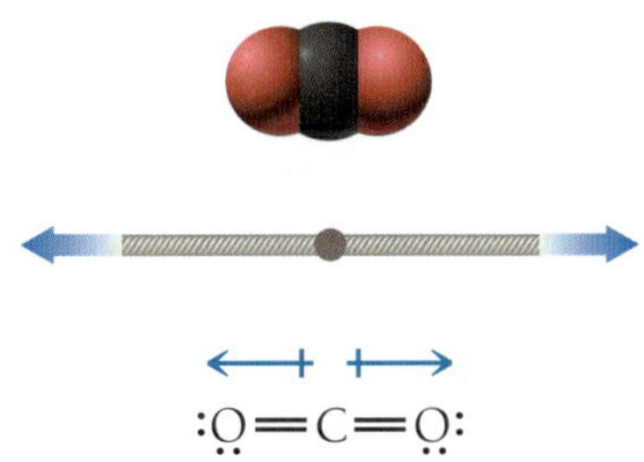

각 C=O 결합은 산소와 탄소의 전기음성도 차가 1.0이기 때문에 극성이다. 그러나 CO_2는 선형 기하 구조이므로 한 결합의 쌍극자 모멘트가 다른 결합의 쌍극자 모멘트를 완전히 상쇄시키며, 따라서 무극성 분자이다. 간단한 비유를 통해 이를 이해할 수 있다. 각 극성 결합을 중심 원자를 끌어당기는 밧줄이라고 생각해 보라. CO_2에서 반대 방향으로 끌어당기는 2개의 밧줄의 힘이 어떻게 상쇄되는지 알 수 있다.

쌍극자 모멘트의 벡터 표시에서 벡터는 부분적 음전하를 가진 원자의 방향을 가리킨다.

또한 극성 결합을 음극 방향을 지시하고 양극에 플러스(+) 부호가 있는 화살표(또는 벡터)로 나타낼 수 있다(앞에서 이산화 탄소에 대해 나타낸 것처럼). 화살표(또는 벡터)가 이산화 단소에서 정확히 반대 방향을 기리키면 쌍극자 모멘트가 상쇄된다.

반면에 물은 상쇄되지 않는 2개의 쌍극자 모멘트를 가진다. 각 결합을 산소를 끌어당기는 밧줄이라고 가정하면, 그 결합 사이의 각도 때문에 두 밧줄의 당김이 상쇄되지 않는다. 결과적으로 물은 극성 분자이다. 극성 결합이 포함된 어떤 분자가 실제로 극성인지 아닌지를 결정하기 위한 지침으로 대칭을 이용할 수 있다. 높은 대칭성의 분자는 극성 결합을 가지고 있다 할지라도 결합 쌍극자 모멘트(또는 밧줄의 당김)가 상쇄되는 경향이 있기 때문에 무극성의 경향을 나타낼 것이다. 극성 결합이 포함된 비대칭 분자는 결합 쌍극자 모멘트(또는 밧줄의 당김)가 상쇄되지 않는 경향이 있어 극성의 경향을 나타낼 것이다. 일반적인 몇 가지 경우를 그림 10.7에 요약했다.

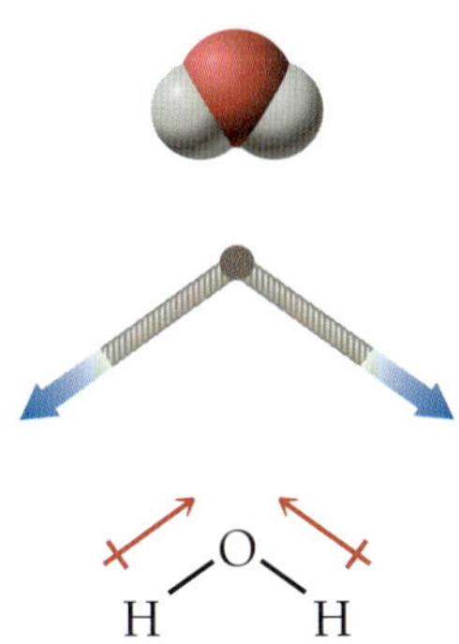

무극성

반대 방향을 가리키는 동일한 두 극성 결합이 상쇄될 것이다. 분자가 무극성이다.

무극성

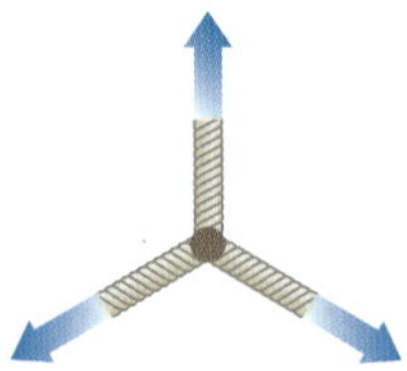

사이 각이 120°를 이루는 동일한 세 극성 결합이 상쇄될 것이다. 분자가 무극성이다.

극성

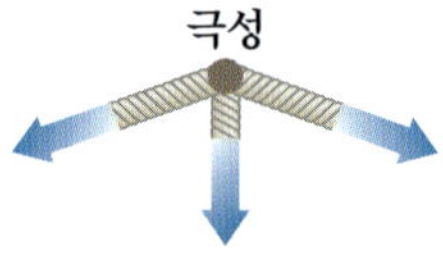

삼각 피라미드 배치(109.5°)에 있는 세 극성 결합이 상쇄되지 않을 것이다. 분자가 극성이다.

극성

사이 각이 180°보다 작은 두 극성 결합이 상쇄되지 않을 것이다. 분자가 극성이다.

무극성

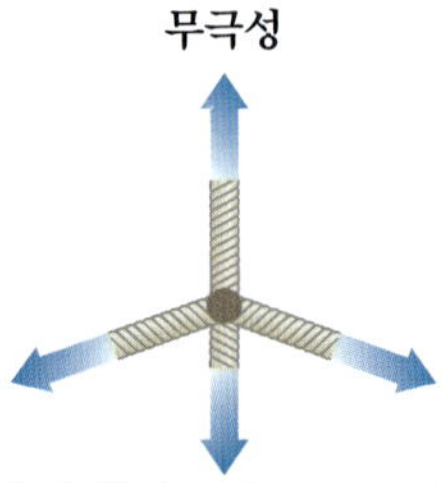

사면체 배치(서로 간 109.5°)에 있는 동일한 네 극성 결합이 상쇄될 것이다. 분자가 무극성이다.

주의: 극성 결합이 상쇄되는 모든 경우에 결합들이 동일하다고 가정한다. 1개 이상이 다른 것과 다르다면 결합이 상쇄되지 않으며, 분자가 극성이다.

▲ **그림 10.7 쌍극자 모멘트를 합하여 어떤 분자가 극성인지 아닌지 결정하는 일반적인 경우**

HOW TO 어떤 분자가 극성인지 아닌지 결정하는 방법

1. **극성 결합이 포함되었는지를 확인한다.** 두 결합 원자의 전기음성도가 다르면 결합이 극성이다. 극성 결합이 없다면 분자가 무극성이다.
2. **극성 결합이 합쳐져서 알짜 쌍극자 모멘트를 형성하는지 확인한다.** 분자의 모양을 결정하려면 먼저 VSEPR 이론을 사용해야 한다. 그런 다음 중심 원자를 당기는 밧줄로 각 결합을 가시화한다. 분자의 대칭성이 큰가? 밧줄의 당김이 상쇄되는가? 만약 그렇다면 알짜 모멘트가 없는 것이고, 분자가 무극성이다. 분자가 비대칭이고 밧줄의 당김이 상쇄되지 않는다면 분자가 극성이다.

예제 10.11 분자의 극성, 무극성

NH_3이 극성인지 무극성인지 밝히시오.

먼저 NH_3의 루이스 구조를 작성한다. N과 H는 전기음성도가 다르기 때문에 결합이 극성이다.

답

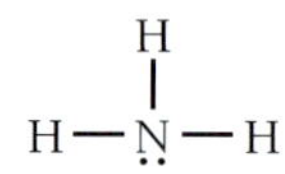

NH_3의 기하 구조는 삼각 피라미드(전자 그룹 4개 중 3개는 결합 그룹, 1개는 고립 전자쌍)이다. NH_3의 3차원 그림을 그리고 각 결합을 끌어당기는 밧줄로 가정하라. 밧줄의 당김이 상쇄되지 않으며, 분자가 극성이다. NH_3는 극성이다.

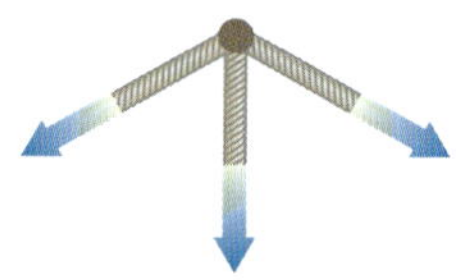

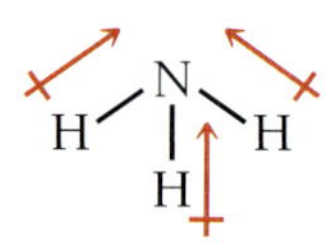

NH_3는 극성이다.

▶ **연습문제 10.11 | 분자의 극성, 무극성**

CH_4가 극성인지 무극성인지 밝히시오.

▶ **심화 학습** 예제 10.18/복습문제 91~94

극성 분자는 무극성 분자와 달리 행동하는 경향이 있기 때문에 분자가 극성인지 아닌지가 중요하다. 예를 들어 물 분자는 극성이고 기름을 이루는 분자는 일반적으로 무극성이므로 물과 기름이 섞이지 않는다. 극성 분자는 자석의 남극이 북극에 끌리듯이 한 분자의 양전하 끝이 다른 분자의 음전하 끝에 강하게 끌리기 때문에 다른 극성 분자와 강하게 상호작용을 한다(그림 10.8). 극성 분자와 무극성 분자의 혼합물은 작은 자성 입자와 비자성 입자의 혼합물과 유사하다. 자성을 띤 입자는 자성을 띠지 않은 물질을 배제하고 다른 구역으로 분리시킨 후 자기들끼리 뭉친다(그림 10.9). 마찬가지로 극성 분자는 무극성 분자가 배제된 영역을 형성하면서 서로 끌어당긴다(그림 10.10).

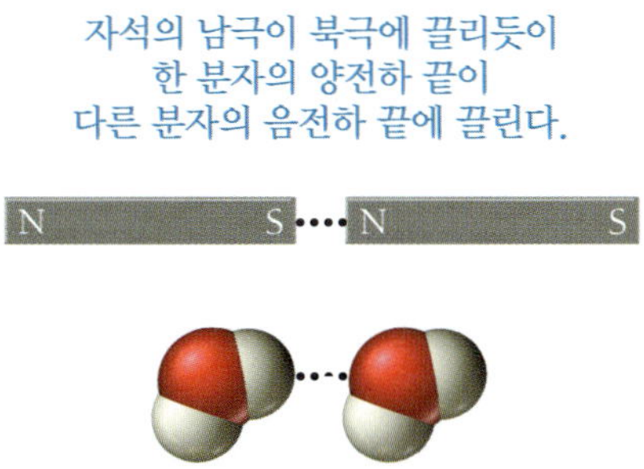

▲ **그림 10.8 쌍극자-쌍극자 인력**

▲ **그림 10.9 자성 입자와 비자성 입자.** 자성 입자(색깔 구슬)는 비자성 입자(투명한 구슬)를 배제하고 서로 끌어당긴다. 이는 극성 분자와 무극성 분자의 행동과 유사하다.

▲ **그림 10.10 극성 분자와 무극성 분자.** 자성 입자와 비자성 입자처럼 극성 분자와 무극성 분자의 혼합물은 극성 분자가 무극성 분자를 배제하고 서로 끌어당기기 때문에 특정 영역으로 분리된다. 이러한 행동을 하는 몇 가지 예를 들 수 있는가?

일상 속의 화학

비누의 작용

냅킨 없이 양손으로 기름진 치즈버거를 먹는다고 상상해보라. 식사를 마치면 손이 기름투성이가 될 것이다. 손을 물로만 씻으면 기름기가 남지만, 비누를 사용하면 기름기가 말끔히 사라질 것이다. 왜 그럴까? 본문에서 배웠듯이 물 분자는 극성이고, 지방과 기름을 구성하는 분자는 무극성이다. 결과적으로 물과 기름은 서로 반발한다.

그러나 비누를 구성하는 분자는 물과 기름 둘 다에 강하게 상호작용을 허용하는 특별한 구조를 띠고 있다. 비누 분자의 한쪽 끝은 극성이고 다른 쪽 끝은 무극성이다.

비누 분자의 극성 머리는 강하게 물 분자를 끌어당기는 반면에 무극성 꼬리는 지방과 기름 분자를 강하게 끌어당긴다. 비누의 한쪽 끝은 물과 상호작용을 하고, 다른 쪽 끝은 기름과 상호작용을 하는 일종의 분자 연락책이다. 그러므로 비누는 물과 기름을 혼합시키고 손에서 기름을 제거해준다.

질문 다음과 같은 세제 분자를 생각해보자. 어느 쪽 끝이 극성이고 어느 쪽 끝이 무극성인가?

비누 분자

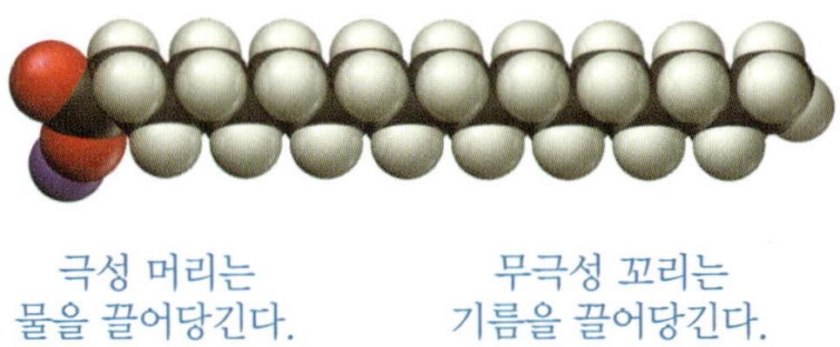

$CH_3(CH_2)_{11}OCH_2CH_2OH$

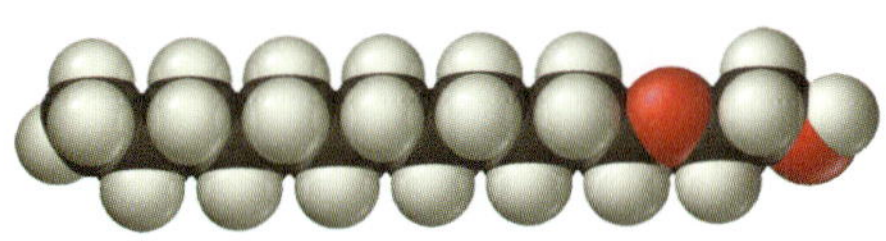

10장 복습

자가진단 퀴즈

1. 루이스 구조가 가장 비슷한 것끼리 짝지어진 것은 무엇인가?
(a) N과 S (b) F와 Ar
(c) Cl과 Ar (d) O와 S

2. K와 S로 이루어진 화합물의 루이스 구조는 무엇인가?
(a) $K-\ddot{\underset{\cdot\cdot}{S}}-K$ (b) $K^+ [:\ddot{\underset{\cdot\cdot}{S}}:]^-$
(c) $K^+ [:\ddot{\underset{\cdot\cdot}{S}}:]^{2-} K^+$ (d) $[:\ddot{\underset{\cdot\cdot}{S}}:]^{2-} K^+ [:\ddot{\underset{\cdot\cdot}{S}}:]^{2-}$

3. 루이스 모형을 이용하여 K와 S로 이루어진 각 화합물의 올바른 화학식을 예측하시오.
(a) KS (b) K_2S
(C) KS_2 (d) K_2S_2

4. H_2CS의 루이스 구조는 무엇인가?

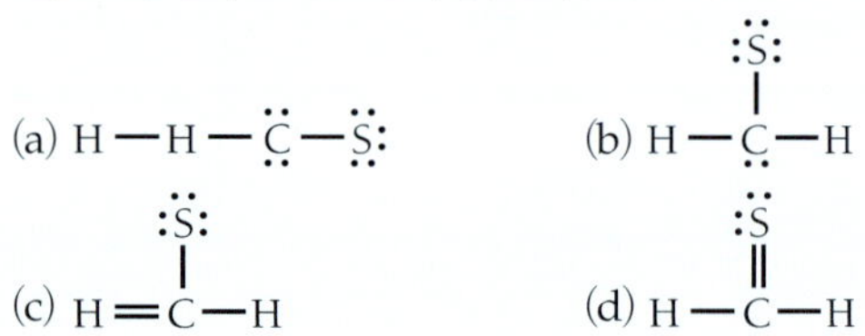

5. NO_2^-의 루이스 구조에는 전자 점이 몇 개 있는가?
(a) 17 (b) 18 (c) 19 (d) 20

6. 둘 이상의 공명 구조를 가진 화합물은 무엇인가?
(a) NO_2^- (b) CO_2
(c) NH_4^+ (d) CCl_4

7. PBr_3의 분자 기하 구조는 무엇인가?
(a) 굽은형 (b) 사면체
(c) 삼각 피라미드 (d) 직선형

8. N_2O(질소가 중심 원자)의 분자 기하 구조는 무엇인가?
(a) 굽은형 (b) 사면체
(c) 삼각 피라미드 (d) 직선형

9. 다음 중 극성 결합은 무엇인가?
(a) C와 S 사이의 결합 (b) Br과 Br 사이의 결합
(c) C와 O 사이의 결합 (d) B와 H 사이의 결합

10. 다음 중 극성 분자는 무엇인가?
(a) SCl_2 (b) CS_2 (c) CF_4 (d) $SiCl_4$

정답 1.d 2.c 3.b 4.d 5.b 6.a 7.c 8.d 9.c 10.a

화학 원리

관련 내용

루이스 모형

루이스 모형은 화학 결합에 대한 모형이다. 루이스 모형에서 화학 결합은 원자가 원자가전자를 전달하거나(이온 결합) 원자가전자를 공유하여(공유 결합) 비활성 기체의 전자 배치에 도달할 때 형성된다. 루이스 모형에서 원자가전자는 원소 기호 주위의 점으로 나타낸다. 2개 이상의 원소가 서로 결합할 때 각 원자가 8개의 점(팔전자계)을 갖도록 또는 수소의 경우 2개의 점(이전자계)을 갖도록 점이 전달되거나 공유된다.

결합 이론은 원소의 어떤 조합이 안정한 화합물을 형성할지 예측한다. 또한 결합 이론은 화합물의 특성을 예측하는 데 이용될 수 있다. 예를 들어 결합 이론은 제약 회사가 단백질 분자의 특정 부분과 상호작용을 해야만 하는 약 분자를 설계하는 데 이용된다.

분자의 모양

루이스 모형과 원자가 껍질 전자쌍 반발(VSEPR) 이론과 결합하여 분자의 모양을 예측할 수 있다. 이 모형에서 중심 원자 주변의 전자 그룹, 즉 고립 전자쌍, 단일 결합, 이중 결합, 삼중 결합은 서로 반발하여 분자 기하 구조를 결정한다.

분자의 모양은 화합물의 성질에서 많은 부분을 결정한다. 물의 굽은 기하 구조는 상온에서 기체가 아닌 액체가 되는 원인이다. 그것은 또한 얼음이 물 위에 뜨고 눈꽃이 육각형 패턴을 띠는 원인이기도 하다.

전기음성도와 극성

전기음성도란 원자가 화학 결합 내에 있는 전자를 끌어당기는 상대적인 능력을 가리킨다. 주기율표에서 오른쪽으로 이동할수록 전기음성도가 증가하고, 족 아래로 내려갈수록 전기음성도가 감소한다. 전기음성도가 다른 두 비금속 원자가 공유 결합을 형성할 때 결합 내에 있는 전자는 동등하게 공유되지 않으며, 이 결합은 극성이다. 이원자 분자에서 극성 결합은 극성 분자를 만든다. 다원자 분자에서는 극성 결합이 상쇄되어 무극성 분자를 이루거나 합쳐져서 극성 분자를 이룬다. 분자의 극성은 상온에서 고체, 액체, 기체가 될 것인지, 다른 화합물과 섞일지 아닐지 등과 같은 성질에 영향을 미친다. 예를 들어 물은 극성이고 기름은 무극성이므로 물과 기름은 섞이지 않는다.

화학 문제를 푸는 기술

학습목표: 이온 결합 화합물의 루이스 구조를 작성한다(10.2절).

어떤 원소의 루이스 구조는 단순히 원소 주위에 점으로 표시되는 원자가전자를 가진 원소 기호이다. 원자가전자 수는 원자의 족 번호와 일치한다(주족 원소의 경우).

예제

예제 10.12 원소의 루이스 구조

황의 루이스 구조를 작성하시오.

답

황은 16족이므로 원자가전자가 6개이다. 황의 기호 S 주위에 원자가전자를 점으로 작성한다.

$$\cdot\ddot{\underset{\cdot}{S}}:$$

학습목표: 이온 결합 화합물의 루이스 구조를 작성한다(10.3절).

이온 결합 화합물에서 금속은 모든 원자가전자를 비금속에게 잃고 팔전자계에 도달한다. 팔전자계 상태의 비금속은 오른쪽 위에 전하가 적힌 괄호 안에 작성한다.

예제 10.13 이온 결합 화합물의 루이스 구조

브로민화 리튬(lithium bromide)의 루이스 구조를 작성하시오.

답

$$Li^+\ [:\ddot{\underset{\cdot\cdot}{Br}}:]^-$$

학습목표: 루이스 모형을 이용하여 이온 결합 화합물의 화학식을 예측한다(10.3절).

이온 결합 화합물의 화학식을 구하려면 각 원소의 루이스 구조를 작성한다. 그런 다음 금속 원자가 원자가전자를 모두 잃고 비금속 원자가 팔전자계를 이루도록 각 원자의 적당한 수를 선택한다.

예제 10.14 루이스 모형을 이용한 이온 결합 화합물의 화학식 예측

루이스 모형을 이용하여 포타슘과 황으로 형성된 화합물의 화학식을 예측하시오.

답

K와 S의 루이스 구조는 다음과 같다.

$$K\cdot \qquad \cdot\ddot{\underset{\cdot}{S}}:$$

포타슘은 전자 1개를 잃어야 하고 황은 2개를 얻어야 한다. 결과적으로 황 원자마다 2개의 포타슘이 필요하다. 이를 루이스 구조로 나타내면 다음과 같다.

$$K^+\ [:\ddot{\underset{\cdot\cdot}{S}}:]^{2-}K^+$$

올바른 화학식은 K_2S이다.

학습목표: 공유 결합 화합물의 루이스 구조를 작성한다(10.4절, 10.5절).

공유 결합 화합물의 루이스 구조를 그리려면 다음 단계를 밟아라.

1. **분자에 대한 올바른 골격 구조를 작성한다.** 수소 원자는 항상 말단에 놓고 할로젠도 보통 말단에 놓는다. 그리고 많은 분자는 대칭이 되려는 경향이 있다.
2. **분자에 있는 각 원자의 원자가전자를 모두 합하여 루이스 구조를 위한 전자의 총수를 계산한다.** 어떤 주족 원소의 원자가전자 수는 주기율표의 족 번호와 같다. 다원자 이온의 경우 각 음전하에 대해 1을 더하고 각 양전하에 대해 1을 뺀다.
3. **가능한 한 많은 원자가 팔전자계(또는 수소에서는 이전자계)를 이루도록 원자에 전자를 배분한다.** 각 원자쌍 사이에 우선 전자 2개를 놓는다. 이는 결합 전자이다. 그런 다음 나머지 전자를 배분하는데, 먼저 말단 원자에 배분한 후 중심 원자에 배분한다.
4. **어떤 원자가 팔전자계를 이루기에 전자가 부족하면, 팔전자계를 만드는 데 필요한 만큼 이중 또는 삼중 결합을 만든다.** 고립 전자쌍을 말단 원자로부터 중심 원자가 있는 결합 영역으로 이동하여 새로운 결합을 만든다.

예제 10.15 공유 결합 화합물의 루이스 구조

CS_2의 루이스 구조를 작성하시오.

답

S C S

원자가전자의 총수 = 1 × (C의 원자가전자 수) + 2 × (S의 원자가전자 수) = 4 + 2(6) = 16

 (16개의 전자 중 4개가 사용됨)

 (16개의 전자 중 16개가 사용됨)

 또는 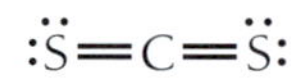

학습목표: 공명 구조를 작성한다(10.6절).

어떤 분자에 대해 2개 이상의 동등한 (또는 거의 동등한) 루이스 구조를 작성할 수 있다면 참된 구조는 둘의 평균이다. 모든 올바른 구조(공명 구조라고 부름) 사이에 양방향 화살표를 넣어 나타낸다.

예제 10.16 공명 구조

SeO_2의 공명 구조를 작성하시오.

답

공유 루이스 구조를 작성하는 단계에 따라 SeO_2의 루이스 구조를 작성할 수 있다. 동등하게 올바른 2개의 구조를 그릴 수 있기 때문에 둘 모두를 공명 구조로 작성한다.

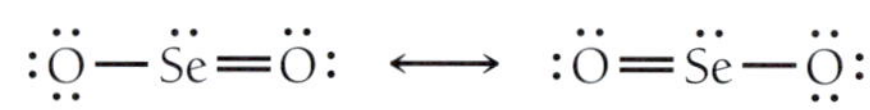

학습목표: 분자의 모양을 예측한다(10.7절).

분자 모양을 결정하려면 다음 단계를 밟아라.

1. **분자의 루이스 구조를 작성한다.**
2. **중심 원자 주위에 있는 전자 그룹의 총수를 구한다.** 고립 전자쌍, 단일 결합, 이중 결합, 삼중 결합을 각각 한 쌍으로 센다.
3. **중심 원자 주위에 있는 결합 그룹의 수와 고립 전자쌍의 수를 구하고,** 이를 2단계의 결과에 더한다. 결합 그룹에 단일 결합, 이중 결합, 삼중 결합을 포함한다.
4. 표 10.1을 이용하여 전자와 분자의 기하 구조를 구한다.

예제 10.17 분자의 모양 예측

SeO_2의 기하 구조를 예측하시오.

답

SeO_2의 루이스 구조는 다음과 같은 공명 구조로 이루어진다(예제 10.16 참조).

두 공명 구조는 같은 기하 구조이다.

전자 그룹의 총수 = 3
결합 전자 그룹 수 = 2
고립 전자쌍 수 = 1
전자 기하 구조 = 평면 삼각형
분자 기하 구조 = 굽은형

학습목표: 분자가 극성인지 아닌지 분별한다(10.8절).

- **극성 결합이 포함되었는지를 확인한다.** 두 결합 원자의 전기음성도가 다르면 결합이 극성이다. 극성 결합이 없다면 분자가 무극성이다.
- **극성 결합이 합쳐져서 알짜 쌍극자 모멘트를 형성하는지 확인한다.** 분자의 기하 구조를 결정하려면 먼저 VSEPR 이론을 사용해야 한다. 그런 다음 중심 원자를 당기는 밧줄로 각 결합을 가시화한다. 분자의 대칭성이 큰가? 밧줄의 당김이 상쇄되는가? 만약 그렇다면 알짜 쌍극자 모멘트가 없는 것이고, 분자가 무극성이다. 분자가 비대칭이고 밧줄의 당김이 상쇄되지 않는다면 분자가 극성이다.

예제 10.18 분자의 극성, 무극성

SeO_2가 극성인지 무극성인지 밝히시오.

답

Se와 O는 전기음성도가 다른 비금속이다(Se는 2.4, O는 3.5). 그러므로 Se—O 결합은 극성이다.

예제 10.17에서 보았듯이 SeO_2의 기하 구조는 굽은형이다.

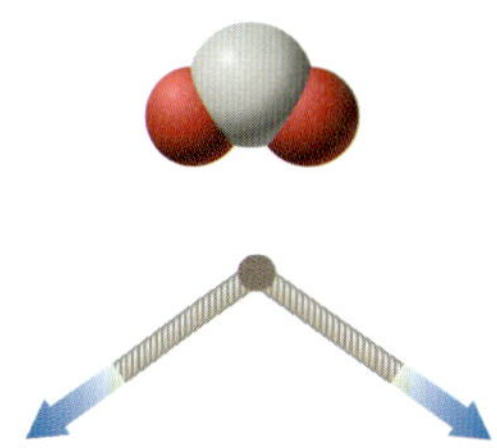

극성 결합은 상쇄되지 않고 합쳐져서 알짜 쌍극자 모멘트를 가진다. 따라서 분자가 극성이다.

핵심 용어

결합 이론
결합 전자쌍
고립 전자쌍
공명 구조
공유 결합
굽은형
극성 공유 결합
극성 분자
루이스 구조
루이스 모형
말단 원자
무극성
분자 기하 구조
사면체
삼각 피라미드
삼중 결합
쌍극자 모멘트
원자가 껍질 전자쌍 반발 이론
이온 결합
이전자계
이중 결합
전기음성도
전자 그룹
전자 기하 구조
점 구조
직선형
팔전자계
팔전자 규칙
평면 삼각형
화학 결합

학습 점검 문제

기초문제

1. 결합 이론은 왜 중요한가? 결합 이론이 예측할 수 있는 것의 몇 가지 예를 드시오.
2. Ne와 Ar의 전자 배치를 작성하시오. Ne와 Ar은 원자가전자가 몇 개인가?
3. 루이스 모형에서 팔전자계란 무엇인가? 이전자계란 무엇인가? 화학 결합이란 무엇인가?
4. 이온 결합과 공유 결합의 차이점은 무엇인가?
5. 루이스 모형을 이용하여 이온 결합 화합물의 화학식을 어떻게 구할 수 있는가? 예를 들어 설명하시오.
6. 고립 전자쌍과 결합 전자쌍의 차이점은 무엇인가?
7. 이중 결합과 삼중 결합은 단일 결합과 물리적으로 어떻게 다른가?
8. 공유 루이스 구조를 작성하는 절차를 설명하시오.
9. 분자의 루이스 구조에 사용되는 전자의 수를 어떻게 구하는가?
10. 다원자 이온의 루이스 구조에 사용되는 전자의 수를 어떻게 구하는가?
11. 팔전자 규칙의 예외를 예를 들어 설명하시오.
12. 공명 구조란 무엇인가? 왜 필요한가?
13. VSEPR 이론으로 분자의 모양을 어떻게 예측하는지 설명하시오.
14. 중심 원자 주위의 모든 전자 그룹이 결합 전자 그룹일 때(고립 전자쌍이 하나도 없음) 다음 각각의 분자 구조는 무엇인가?
    (a) 2개의 전자 그룹
    (b) 3개의 전자 그룹

* 파란색으로 표시된 문제는 이 책 말미에 해답이 제시되어 있다.

(c) 4개의 전자 그룹

15. 14번 문제에 제시된 각 구조의 결합각을 밝히시오.

16. VSEPR 이론에서 전자 기하 구조와 분자 기하 구조의 차이점은 무엇인가?

17. 전기음성도란 무엇인가?

18. 주기율표에서 전기음성도가 가장 큰 원소는 무엇인가?

19. 극성 공유 결합이란 무엇인가?

20. 쌍극자 모멘트란 무엇인가?

21. 극성 액체와 무극성 액체를 섞으려고 하면 무슨 일이 일어나는가?

22. 어떤 분자가 극성 결합을 가진다면 그 분자 자체는 극성인가? 그 이유를 설명하시오.

복습문제

원소의 루이스 구조

23. 다음 각 원소의 전자 배치와 루이스 구조를 작성하시오. 전자 배치 중에서 어느 전자가 루이스 구조에 포함되는지 밝히시오.
(a) P (b) Si (c) S (d) Ne

24. 다음 각 원소의 전자 배치와 루이스 구조를 작성하시오. 전자 배치 중에서 어느 전자가 루이스 구조에 포함되는지 밝히시오.
(a) Li (b) P (c) F (d) Ne

25. 다음 각 원소의 루이스 구조를 작성하시오.
(a) I (b) S (c) Ge (d) Ca

26. 다음 각 원소의 루이스 구조를 작성하시오.
(a) Xe (b) As (c) Al (d) K

27. 할로젠 원소의 일반적인 루이스 구조를 작성하시오. 화학 반응에서 할로젠 원소는 전자를 얻거나 잃는 경향이 있는가? 얼마나 많이 얻거나 잃는가?

28. 알칼리 금속의 일반적인 루이스 구조를 작성하시오. 화학 반응에서 알칼리 금속은 전자를 얻거나 잃는 경향이 있는가? 얼마나 많이 얻거나 잃는가?

29. 알칼리 토금속의 일반적인 루이스 구조를 작성하시오. 화학 반응에서 알칼리 토금속은 전자를 얻거나 잃는 경향이 있는가? 얼마나 많이 얻거나 잃는가?

30. 산소족 원소(16족)의 일반적인 루이스 구조를 작성하시오. 화학 반응에서 산소족 원소는 전자를 얻거나 잃는 경향이 있는가? 얼마나 많이 얻거나 잃는가?

31. 다음 각 이온의 루이스 구조를 작성하시오.
(a) Ga^{3+} (b) Ca^{2+} (c) Te^{2-} (d) P^{3-}

32. 다음 각 이온의 루이스 구조를 작성하시오.
(a) Sr^{2+} (b) S^{2-} (c) Li^+ (d) Cl^-

33. 다음 각 이온과 동일한 루이스 구조를 가진 비활성 기체를 밝히시오.
(a) Cl^- (b) S^{2-} (c) Cs^+ (d) Mg^{2+}

34. 다음 각 이온과 동일한 루이스 구조를 가진 비활성 기체를 밝히시오.
(a) O^{2-} (b) F^- (c) Ba^{2+} (d) N^{3-}

이온 결합 화합물의 루이스 구조

35. 다음 각 화합물은 이온 또는 공유 루이스 구조 중 무엇으로 표현하는 것이 좋은가?
(a) CaS (b) ICl_3 (c) NaCl (d) SCl_4

36. 다음 각 화합물은 이온 또는 공유 루이스 구조 중 무엇으로 표현하는 것이 좋은가?
(a) CO (b) NO_2 (c) MgO (d) XeF_2

37. 다음 각 이온 결합 화합물의 루이스 구조를 작성하시오.
(a) NaF (b) CaO (c) $SrBr_2$ (d) K_2O

38. 다음 각 이온 결합 화합물의 루이스 구조를 작성하시오.
(a) MgS (b) K_2O (c) CsI (d) CaF_2

39. 루이스 모형을 이용하여 다음 각 원자 쌍으로 형성된 화합물의 화학식을 작성하시오.
(a) Ca와 S (b) Mg와 Br (c) Cs와 I (d) Ca와 N

40. 루이스 모형을 이용하여 다음 각 원자 쌍으로 형성된 화합물의 화학식을 작성하시오.
(a) Al과 S (b) Na과 S (c) Sr과 Se (d) Ba와 F

41. Ba와 다음 각 원자로 형성된 이온 결합 화합물의 루이스 구조를 작성하시오.
(a) Cl (b) S (c) N

42. Cl과 다음 각 원자로 형성된 이온 결합 화합물의 루이스 구조를 작성하시오.
(a) K (b) Mg (c) Ga

43. 다음 각 이온 루이스 구조의 잘못된 부분을 바르게 고치시오.
(a) $[Cs:]^+\ [:\ddot{Cl}:]^-$
(b) $Ba^+\ [:\underset{..}{\ddot{O}}:]^-$
(c) $Ca^{2+}\ [:\underset{..}{\ddot{I}}:]^-$

44. 다음 각 이온 루이스 구조의 잘못된 부분을 바르게 고치시오.
(a) $[:\underset{..}{\ddot{O}}:]^{2-}\ Na^+\ [:\underset{..}{\ddot{O}}:]^{2-}$
(b) $Mg\ :\underset{..}{\ddot{O}}:$
(c) $[Li:]^+[:\underset{..}{\ddot{S}}:]^-$

공유 결합 화합물의 루이스 구조

45. 루이스 모형을 이용하여 다음 각 원소가 이원자 분자로 존재하는 이유를 설명하시오.
(a) 수소 (b) 아이오딘 (c) 질소 (d) 산소

46. 루이스 모형을 이용하여 수소와 황으로 형성된 화합물이 H_2S인 이유를 설명하시오. HS는 안정한가? H_3S는 어떠한가?

47. 다음 각 분자의 루이스 구조를 작성하시오.
(a) PH_3 (b) SCl_2 (c) F_2 (d) HI

48. 다음 각 분자의 루이스 구조를 작성하시오.
(a) CH_4 (b) NF_3 (C) OF_2 (d) H_2O

49. 다음 각 분자의 루이스 구조를 작성하시오.
(a) O_2
(b) CO
(c) HONO(질소가 중심 원자, H는 O 원자 중 하나에 결합됨)
(d) SO_2

50. 다음 각 분자의 루이스 구조를 작성하시오.
(a) N_2O(산소가 말단 원자) (b) SiH_4
(c) CI_4 (d) Cl_2CO(탄소가 중심 원자)

51. 다음 각 분자의 루이스 구조를 작성하시오.
(a) C_2H_2 (b) C_2H_4 (c) N_2H_2 (d) N_2H_4

52. 다음 각 분자의 루이스 구조를 작성하시오.
(a) H_2CO(탄소가 중심 원자)
(b) H_3COH(탄소와 산소 모두 중심 원자)
(c) H_3COCH_3(산소가 두 탄소 사이에 있음)
(d) H_2O_2

53. 다음 각 루이스 구조의 잘못된 부분을 바르게 고치시오.
(a) 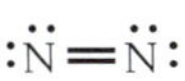 (b) 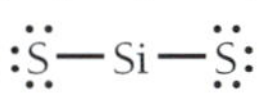
(c) 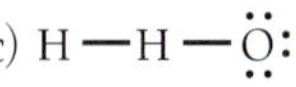 (d) 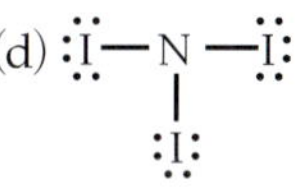

54. 다음 각 루이스 구조의 잘못된 부분을 바르게 고치시오.
(a) 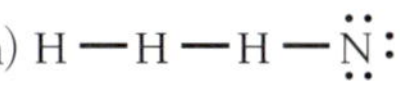 (b) 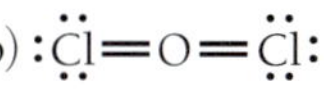
(c) 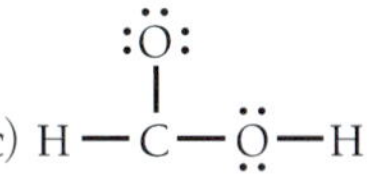 (d) 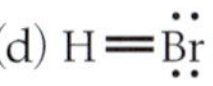

55. 다음 각 분자나 이온의 루이스 구조를 작성하시오. 필요하다면 공명 구조를 포함한다.
(a) SeO_2 (b) CO_3^{2-} (c) ClO^- (d) ClO_2^-

56. 다음 각 이온의 루이스 구조를 작성하시오. 필요하다면 공명 구조를 포함한다.
(a) ClO_3^- (b) ClO_4^- (c) NO_3^- (d) SO_3

57. 다음 각 이온의 루이스 구조를 작성하시오. 필요하다면 공명 구조를 포함한다.
(a) PO_4^{3-} (b) CN^- (c) NO_2^- (d) SO_3^{2-}

58. 다음 각 이온의 루이스 구조를 작성하시오. 필요하다면 공명 구조를 포함한다.
(a) SO_4^{2-}
(b) HSO_4^-(S가 중심 원자, H는 O 원자 중 하나에 붙어 있음)
(c) NH_4^+
(d) BrO_2^-(Br이 중심 원자)

59. 팔전자 규칙의 예외인 다음 각 분자의 루이스 구조를 작성하시오.
(a) BCl_3 (b) NO_2 (C) BH_3

60. 팔전자 규칙의 예외인 다음 각 분자의 루이스 구조를 작성하시오.
(a) BBr_3 (b) NO

분자의 모양 예측

61. 다음 각 분자의 중심 원자 주변에는 몇 개의 전자 그룹이 있는가?
(a) ClF_3 (b) PF_3 (c) SiS_2 (d) SiF_4

62. 다음 각 분자의 중심 원자 주변에는 몇 개의 전자 그룹이 있는가?
(a) CHF_3 (b) SCl_2 (c) H_2Te (d) SbH_3

63. 61번 문제에 제시된 각 분자의 결합 그룹과 고립 전자쌍은 각각 몇 개인가? 그 총합이 61번 문제의 답과 같아야 한다.

64. 62번 문제에 제시된 각 분자의 결합 그룹과 고립 전자쌍은 각각 몇 개인가? 그 총합이 62번 문제의 답과 같아야 한다.

65. 다음 각 분자의 기하 구조를 밝히시오.
(a) SiF_4 (b) F_2CO (c) CO_2 (d) BeF_2

66. 다음 각 분자의 기하 구조를 밝히시오.
(a) SiO_2 (b) BF_3
(c) $CFCl_3$(탄소가 중심 원자) (d) H_2CS(탄소가 중심 원자)

67. 65번 문제에 제시된 각 분자의 결합각을 구하시오.

68. 66번 문제에 제시된 각 분자의 결합각을 구하시오.

69. 다음 각 분자 기하 구조에서 중심 원자(A로 표시)의 전자 그룹과 결합 그룹은 각각 몇 개인가?
(a)  (b) 

70. 다음 각 분자 기하 구조에서 중심 원자(A로 표시)의 전자 그룹과 결합 그룹은 각각 몇 개인가?
(a) 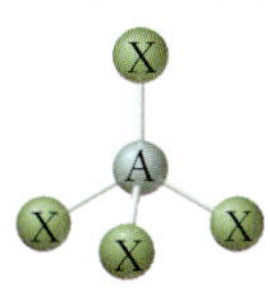 (b) 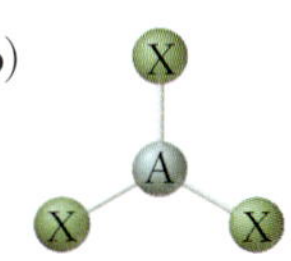

71. 다음 각 분자의 전자 및 분자 기하 구조를 밝히시오.
(a) SeO_2 (b) SeH_2 (c) PH_3 (d) F_2O

72. 다음 각 분자의 전자 및 분자 기하 구조를 밝히시오. (힌트: 두 중심 원자 주위의 구조를 구한다.)
(a) C_2H_2(골격 구조 HCCH)
(b) C_2H_4(골격 구조 H_2CCH_2)
(c) C_2H_6(골격 구조 H_3CCH_3)

73. 71번 문제에 제시된 각 분자의 결합각을 구하시오.

74. 72번 문제에 제시된 각 분자의 결합각을 구하시오.

75. 다음 각 분자의 전자 및 분자 기하 구조를 밝히시오. 중심 원자가 2개인 경우 각 중심 원자에 대한 기하 구조를 나타내시오.
(a) N_2
(b) N_2H_2(골격 구조 HNNH)
(c) N_2H_4(골격 구조 H_2NNH_2)

76. 다음 각 분자의 전자 및 분자 기하 구조를 밝히시오. 중심 원자가 2개 이상인 분자의 경우 각 중심 원자에 대한 기하 구조를 나타내시오.
(a) CH_3OH(골격 구조 H_3COH)
(b) H_3COCH_3(골격 구조 H_3COCH_3)
(c) H_2O_2(골격 구조 HOOH)

77. 다음 각 다원자 이온의 분자 기하 구조를 밝히시오.
(a) SO_3^{2-} (b) ClO_3^- (c) PO_4^{3-} (d) PH_4^+

78. 다음 각 다원자 이온의 분자 기하 구조를 밝히시오.
(a) CH_3^+ (b) BrO_3^- (c) NO_3^- (d) CrO_4^-

전기음성도와 극성

79. 그림 10.2를 참조하여 다음 각 원소의 전기음성도를 구하시오.
(a) Ca (b) P (c) Cl

80. 그림 10.2를 참조하여 다음 각 원소의 전기음성도를 구하시오.
(a) O (b) N (c) F

81. Rb, Si, Cl, Ca, Ga을 전기음성도의 감소 순으로 나열하시오.

82. Ba, N, F, Si, Cs을 전기음성도의 증가 순으로 나열하시오.

83. 그림 10.2를 이용하여 다음 각 원소쌍의 전기음성도 차를 알아내고, 표 10.2를 이용하여 각 원소쌍의 결합을 순수한 공유 결합, 극성 공유 결합, 이온 결합으로 분류하시오.
(a) Mg와 Br (b) Cr과 F (c) Br과 Br (d) Si와 O

84. 그림 10.2를 이용하여 다음 각 원소쌍의 전기음성도 차를 알아내고, 표 10.2를 이용하여 각 원소쌍의 결합을 순수한 공유 결합, 극성 공유 결합, 이온 결합으로 분류하시오.
(a) K와 Cl (b) N과 N (c) C와 S (d) C와 Cl

85. 이원자 분자 ClF, Cl_2, NO, HF를 결합 극성의 증가 순으로 나열하시오.

86. 이원자 분자 HBr, CO, I_2, ICl를 결합 극성의 감소 순으로 나열하시오.

87. 다음 각 이원자 분자를 극성 또는 무극성으로 분류하시오.
(a) NO (b) N_2 (c) Br_2 (d) IBr

88. 다음 각 이원자 분자를 극성 또는 무극성으로 분류하시오.
(a) CO (b) F_2 (c) HF (d) H_2

89. 87번 문제에 제시된 각 극성 분자의 분자를 그리고, 쌍극자 모멘트의 양전하와 음전하의 끝을 나타내시오.

90. 88번 문제에 제시된 각 극성 분자의 분자를 그리고, 쌍극자 모멘트의 양전하와 음전하의 끝을 나타내시오.

91. 다음 각 이원자 분자를 극성 또는 무극성으로 분류하시오.
(a) NCl_3 (b) SeO_2 (c) SiH_4 (d) CH_2Cl_2

92. 다음 각 분자를 극성 또는 무극성으로 분류하시오.
(a) H_2CO (b) CH_3OH (c) CH_2Cl_2 (d) CO_2

93. 다음 각 분자를 극성 또는 무극성으로 분류하시오.
(a) BH_3 (b) $CHCl_3$ (c) C_2H_2 (d) NH_3

94. 다음 각 분자를 극성 또는 무극성으로 분류하시오.
(a) N_2H_2 (b) H_2O_2 (c) CF_4 (d) NO_2

심화문제

95. 다음 각 원소의 전자 배치와 루이스 구조를 작성하시오. 전자 배치 중에서 어느 전자가 루이스 구조에 포함되는지 밝히시오.
(a) Ca (b) Ga (c) As (d) I

96. 다음 각 원소의 전자 배치와 루이스 구조를 작성하시오. 전자 배치 중에서 어느 전자가 루이스 구조에 포함되는지 밝히시오.
(a) Rb (b) Ge (c) Kr (d) Se

97. 다음 각 화합물이 이온 결합인지 공유 결합인지 밝히고, 적절한 루이스 구조를 작성하시오.
(a) K_2S (b) CHFO(탄소가 중심 원자)
(c) MgSe (d) PBr_3

98. 다음 각 화합물이 이온 결합인지 공유 결합인지 밝히고, 적절한 루이스 구조를 작성하시오.
(a) HCN (b) ClF (c) MgI_2 (d) CaS

99. $OCCl_2$(탄소가 중심 원자)의 루이스 구조를 작성하고, 분자가 극성인지 밝히시오. 분자의 3차원 구조를 작성하시오.

100. CH_3COH의 루이스 구조를 작성하고, 분자가 극성인지 밝히시오. 분자의 3차원 구조를 작성하시오. 골격 구조는 다음과 같다.

H O

H C C H

H

101. 식초의 성분인 아세트산(CH_3COOH)의 루이스 구조와 분자의 3차원 구조를 작성하시오. 골격 구조는 다음과 같다.

H O

H C C O H

H

102. 벤젠(C_6H_6)의 루이스 구조와 분자의 3차원 구조를 작성하시오. 골격 구조는 다음에 나타낸 고리이다. (힌트: 루이스 구조는 2개의 공명 구조를 포함한다.)

H
C
HC CH
HC CH
C
H

103. 다음 중화 반응에서 각 반응물과 생성물의 루이스 구조를 보여주는 반응을 작성하시오.

$$HCl(aq) + KOH(aq) \longrightarrow H_2O(l) + KCl(aq)$$

104. 다음 침전 반응에서 각 반응물과 생성물의 루이스 구조를 보여주는 반응을 작성하시오.

$$Pb(NO_3)_2(aq) + 2\,LiCl(aq) \longrightarrow PbCl_2(s) + 2\,LiNO_3(aq)$$

105. 다음 산화환원 반응에서 각 반응물과 생성물의 루이스 구조를 작성하고, 산화되는 반응물과 환원되는 반응물을 밝히시오.

$$2\,Li(s) + F_2(g) \longrightarrow 2\,LiF(s)$$

106. 다음 산화환원 반응에서 각 반응물과 생성물의 루이스 구조를 작성하고, 산화되는 반응물과 환원되는 반응물을 밝히시오.

$$Ca(s) + Br_2(g) \longrightarrow CaBr_2(s)$$

107. 다음 각 화합물은 이온 결합과 공유 결합을 포함하고 있다. 다원자 이온의 공유 결합 구조를 포함하여 각 화합물의 이온 결합 루이스 구조를 작성하시오. 필요하다면 공명 구조를 포함한다.

(a) KOH (b) KNO_3 (c) LiIO (d) $BaCO_3$

108. 다음 각 화합물은 이온 결합과 공유 결합을 포함하고 있다. 다원자 이온의 공유 결합 구조를 포함하여 각 화합물의 이온 결합 루이스 구조를 작성하시오. 필요하다면 공명 구조를 포함한다.

(a) $CsClO_2$ (b) $Sr(OH)_2$ (c) NH_4Br (d) $CaCN_2$

109. 다음 각 분자에는 확장된 팔전자계(10개 또는 12개 전자)를 가진 중심 원자가 있다. 각 분자의 루이스 구조를 작성하시오.

(a) PF_5 (b) SF_4 (c) SeF_4

110. 다음 각 분자에는 확장된 팔전자계(10개 또는 12개 전자)를 가진 중심 원자가 있다. 각 분자의 루이스 구조를 작성하시오.

(a) ClF_5 (b) SF_6 (c) IF_5

111. 불개미에 물렸을 때의 쏘는 듯한 느낌은 폼산(formic acid) 때문이다. 폼산의 질량비는 C 26.10%, H 4.38%, O 69.52%이고 몰 질량은 46.02 g/mol이다. 폼산의 분자식을 구하고 루이스 구조를 작성하시오.

112. 다이아조메테인(diazomethane)의 질량비는 C 28.57%, H 4.80%, N 66.64%이고 분자 질량은 42.04 g/mol이다. 다이아조메테인의 분자식을 구하고 루이스 구조를 작성하시오.

113. 자유 라디칼은 홀수 개의 원자가전자가 포함되어 있어 루이스 구조에 1개의 홀전자가 포함된 화합물이다. 자유 라디칼 HOO에 대해 가능한 한 최선의 루이스 구조를 작성하시오. 루이스 모형은 HOO가 안정하다고 예측하는가? HOO의 기하 구조를 예측하시오.

114. 자유 라디칼은 홀수 개의 원자가전자가 포함된 분자이다. 자유 라디칼 CH_3에 대해 가능한 한최선의 루이스 구조를 작성하고 기하 구조를 예측하시오.

핵심문제

115. 노화에 대한 몇몇 이론은 자유 라디칼이라는 일부 분자와 이온이 일부 질병과 노화를 일으킨다고 주장한다. 자유 라디칼은 홀전자가 포함된 분자나 이온이다. 루이스 모형에서 배웠듯이 그러한 분자는 화학적으로 불안정하여 다른 분자와 빠르게 반응한다. 자유 라디칼은 세포 안의 DNA와 같은 분자를 공격하여 변화시킴으로써 암 등의 질병을 유발할 수도 있다. 또한 자유 라디칼은 세포 표면의 분자를 공격하여 인체의 면역 체계가 이물질로 여기게 만들 수도 있다. 그러면 면역 체계는 그 세포를 공격하고 파괴함으로써 인체에 문제를 일으킨다. 노화에 대한 이론과 관련된 다음 각 자유 라디칼의 루이스 구조를 작성하시오.

(a) O_2^- (b) O^-

(c) OH (d) CH_3OO(말단 산소에 홀전자를 가짐)

▶ 자유 라디칼, 즉 홀전자가 포함된 분자(X·로 나타냄)는 DNA 분자와 같은 생체 분자를 공격할 수도 있다.

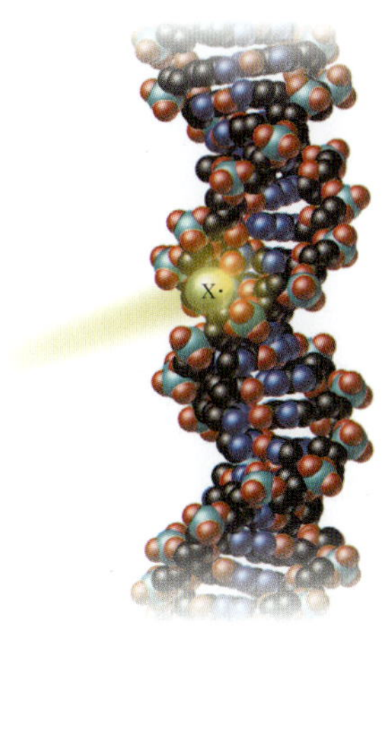

116. 자유 라디칼 환경적으로 의미 있는 많은 반응에서도 중요하다. 예를 들어 대기오염 물질에 대한 햇빛의 작용으로 생겨나는 광화학 스모그 중 일부는 다음 두 단계에서 형성된다.

$$NO_2 \xrightarrow{\text{자외선}} NO + O$$
$$O + O_2 \longrightarrow O_3$$

이 반응의 생성물인 오존은 보다 낮은 대기에서 오염 물질이다. 오존은 눈과 허파에 자극적이고, 고무 제품의 풍화를 가속화한다. 위의 반응에서 각 반응물과 생성물의 루이스 구조를 작성하시오.

▲ 오존은 고무 제품을 손상한다.

117. 다음은 몇 가지 분자를 공간 채움 모형으로 나타낸 것이다. 틀린 것을 모두 고르고 바르게 고치시오.

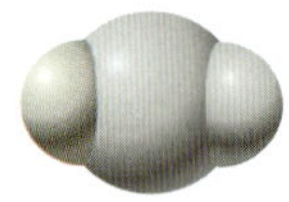

(a) H_2Se

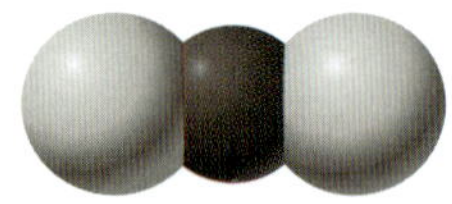

(b) CSe_2

(c) PCl_3

(d) CF_2Cl_2

집단 활동 문제

집단을 이루어 다음 문제에 대해 토의하고 합의된 답을 기록한다.

118. A1과 O 원자의 루이스 점 구조를 작성하고, 이러한 원자로 이루어진 화합물의 화학식을 구하시오.

119. 어떤 분자 또는 다원자 이온의 올바른 루이스 점 구조를 작성하기 위한 단계별 지침 목록을 만드시오.

120. CS_2, NCl_3, CF_4, CH_2F_2에 대해 다음 문제에 답하시오.
(a) 루이스 점 구조를 작성하시오.
(b) 분자 기하 구조를 구하고 최대한 정확히 작성하시오.
(c) 기호 δ를 이용하여 극성 결합의 극성을 표시하시오.
(d) 분자를 극성 또는 무극성으로 분류하시오.

데이터 분석 및 해석

121. VSEPR 모형은 화합물의 결합각을 예측하는 데 유용하다. 연관된 화학종의 결합각에 대한 다음 표를 참조하여 질문에 답하시오.

NO_2와 관련된 이온의 결합각

화학종	결합각
NO_2	134°
NO_2^+	180°
NO_2^-	115°

(a) 표에 제시된 모든 화학종의 루이스 구조를 작성하시오.
(b) (a)의 루이스 구조를 이용하여 NO_2와 관련 이온에서 관찰된 결합각을 설명하시오.

연습문제 해답

10.1 · Mg ·

10.2 Na^+ [:B̤̈r:]$^-$

10.3 Mg_3N_2

10.4 :C≡O:

10.5

```
      Ö:
      ‖
  H — C — H
```

10.6 $[:\ddot{Cl}-\ddot{O}:]^-$

10.7 $[:\ddot{O}=\ddot{N}-\ddot{O}:]^- \longleftrightarrow [:\ddot{O}-\ddot{N}=\ddot{O}:]^-$

10.8 굽은형

10.9 삼각 피라미드

10.10 (a) 순수한 공유 결합
(b) 이온 결합
(c) 극성 공유 결합

10.11 CH_4는 무극성이다.

확인문제 해답

10.1 (a) C와 Si는 둘 다 루이스 구조에 4개의 점이 있다. 주기율표에서 같은 족에 속하기 때문이다.

10.2 (b) 알루미늄은 원자가전자를 3개 잃어야 팔전자계에 도달하고, 황은 2개를 얻어야 팔전자계에 도달한다. 그러므로 3개의 S 원자마다 2개의 Al 원자가 필요하다.

10.3 (b) O_2의 루이스 구조는 4개의 전자(모두 결합 전자)가 포함된 이중 결합을 가진다. 그러므로 결합 전자가 4개이다.

10.4 (c) OH^-의 루이스 구조에는 8개의 전자가 있다(산소에서 6개, 수소에서 1개, 음전하에 1개).

10.5 (b) NH_3와 H_3O^+는 1개의 고립 전자쌍을 가진다.

10.6 (c) 공명 구조는 동일한 골격 구조를 가져야만 한다. (c)는 나머지 구조와 다르므로 공명 구조가 아니다.

10.7 (d) 중심 원자에 고립 전자쌍이 없다면 모든 원자가전자가 결합에 포함되므로 분자 기하 구조는 전자 기하 구조와 같다.

10.8 (a) H—Cl의 결합이 H—Br의 결합보다 더 극성이다. Cl의 전기음성도가 Br보다 크기 때문이다. 따라서 H와 Cl의 전기음성도 차가 H와 Br의 전기음성도 차보다 크다.

▲ 빨대로 음료수를 마실 때 빨대 내부의 일부 분자를 제거한다. 이렇게 하면 빨대 내부와 외부 사이에 압력 차가 생겨 액체가 빨대 위쪽으로 밀려 올라간다. 사진처럼 대기 중의 분자, 주로 질소와 산소가 액체를 밀어 올린다.

11 기체

"대부분의 사람들은 자신의 감각에 따라 사물을 판단하는 데 너무 익숙해져서,
공기가 보이지 않기 때문에 공기 중에 아무것도 없다고 생각하고 공기를 무(無)에 가까운 어떤 것으로 생각한다."

— Robert Boyle(1627~1691)

개요

11.1 매우 긴 빨대

여느 아이들처럼 나는 집에서 만든 음식보다 즉석식품을 좋아하는 아이였다. 가족과 햄버거를 먹으러 패스트푸드점에 가면 나는 작은 빨대 여러 개를 연결하여 만든 긴 빨대로 음료수를 마시는 묘기를 부리곤 했다. 나는 하나의 빨대 끝을 꼭 집어 죄고 다른 빨대의 끝에 끼워 연결했다. 이렇게 몇 개의 빨대를 연결하면 음료수를 바닥에 놓고 의자 위에 올라서서 마셔도 될 만큼의 길이가 되었다(하지만 몇 가지 이유로 부모님은 나의 과학적인 호기심을 반기지 않았다). 이따금씩 빨대와 빨대 사이를 잘 밀봉하려고 배관용 테이프를 준비해 갈 계획도 세웠다. 동생과 나는 누가 더 긴 빨대를 만드는지 시합을 하기도 했는데, 보통은 내가 이겼다.

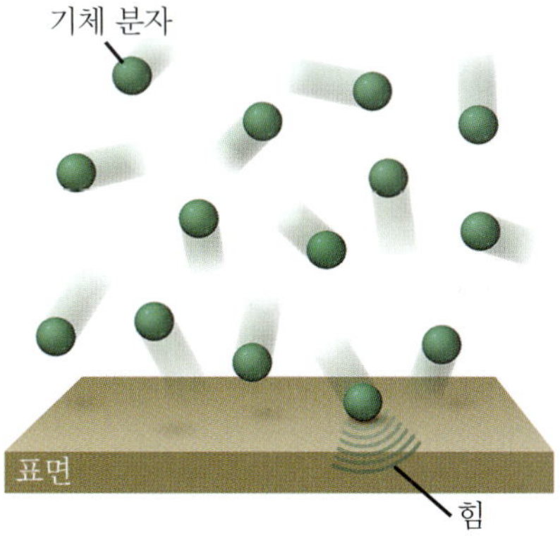

▲ **그림 11.1 기체의 압력.** 기체 분자가 둘러싸고 있는 표면에 부딪히면서 표면에 가하는 힘이 압력이다.

빨대 사이를 완벽하게 밀봉하여 연결하면 얼마나 긴 빨대를 만들 수 있을지를 생각해보곤 했다. 나무 위의 오두막에 앉아서 땅바닥에 놓인 음료수를 마실 수 있을까? 10층 빌딩의 꼭대기에서도 땅바닥에 놓인 음료수를 마실 수 있을까? 그 당시에는 할 수 있을 것 같았지만 그것은 틀린 생각이었다. 빨대를 완벽하게 밀봉하여 단단하게 연결해놓고 힘껏 빨아올려 완벽한 진공 상태(공기가 전혀 없는 상태)를 만든다 해도 10.3 m 이상의 빨대로는 절대로 음료수를 빨아올릴 수 없을 것이다. 왜 그럴까?

빨대 안의 공기를 빨아올리면 빨대 안팎의 압력이 달라지기 때문에 빨대로 음료수를 마실 수 있다. 압력에 대해서는 나중에 정의하고 충분히 설명할 것이다. 우선 압력이란 기체 분자가 주위를 둘러싸고 있는 표면에 충돌할 때 기체 분자에 의해 단위 면적당 가해지는 힘이라고 생각하라(그림 11.1). 공이 벽에 부딪히면서 벽에 힘을 가하는 것처럼 기체 분자도 표면에 충돌할 때 힘을 가한다. 이러한 수많은 충돌의 결과가 압력이다. 한 기체 시료에 의해 가해지는 압력의 전체 크기는 시료 안에 있는 기체 분자의 농도를 포함한 여러 요인에 의해 결

정된다. 지구 위 해수면 높이에서 대기의 기체 분자는 평균 101,325 N/m^2의 압력을 나타낸다.

오렌지주스에 빨대를 꽂았을 때 빨대 안팎의 압력이 같아서 주스가 빨대 위로 올라가지 않는다(그림 11.2a). 빨대로 주스를 빨아올리면 빨대 안의 기체 분자가 제거되므로 빨대 안의 기체 분자 간 충돌이 줄어들어 결과적으로 빨대 안의 압력이 줄어든다(그림 11.2b). 하지만 빨대 밖의 압력은 여전히 같으므로 압력 차가 생긴다. 빨대 밖의 압력은 빨대 안보다 훨씬 더 커진다. 이렇게 더 커진 외부 압력이 액체를 빨대 위쪽으로 밀어올려 입속으로 들어가게 한다.

뉴턴(N)은 1 kg ms^{-2}와 같은 힘의 단위이다.

이렇게 더 큰 외부 압력은 액체를 빨대 위로 얼마나 높이 밀어올릴 수 있을까? 빨대 안이 완벽한 진공 상태라면 해수면에서 빨대 밖의 압력은 (대부분이 물로 이루어진) 오렌지주스를 대략 10.3 m 높이까지 위로 밀어올릴 수 있다(그림 11.3). 10.3 m 높이의 물기둥이 나타내는 압력은 대기 중의 기체 분자가 나타내는 압력(101,325 N/m^2)과 같기 때문이다. 다시 말해 오렌지주스는 대기 중의 분자가 가하는 압력과 오렌지주스의 무게에 의해 생기는 압력이 같아질 때까지 빨대를 타고 올라간다.

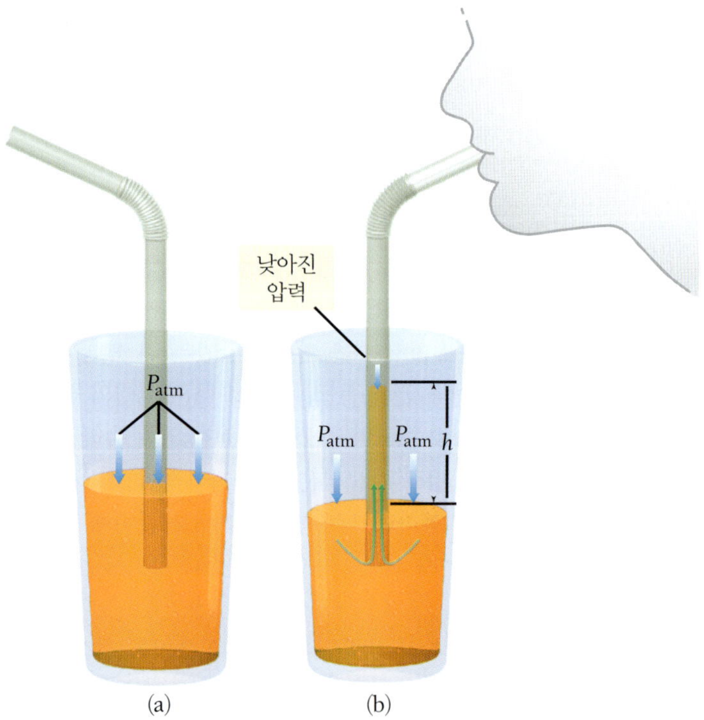

▲ **그림 11.2 음료수 마시기.** (a) 오렌지주스가 담긴 컵에 빨대를 꽂으면 빨대 안팎의 압력이 같고 물의 높이도 같다. (b) 사람이 빨대를 빨면 빨대 안의 압력이 낮아진다. 빨대 밖 액체 표면 위의 더 큰 압력이 액체를 빨대 위쪽으로 밀어올린다.

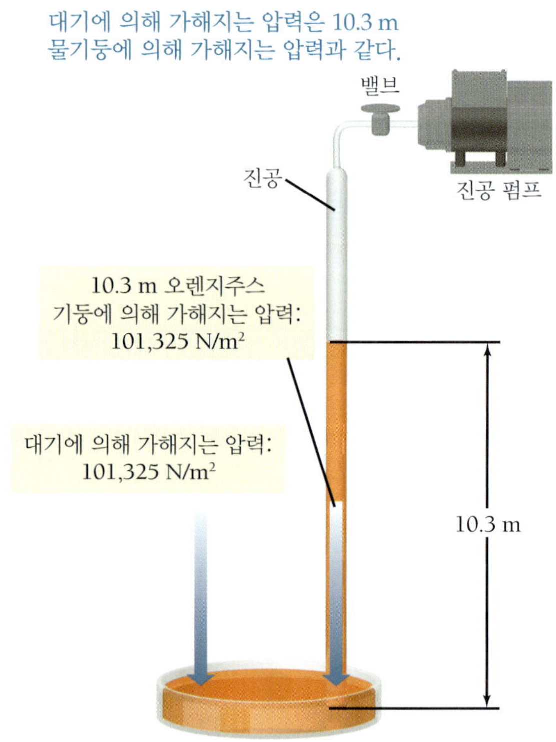

▲ **그림 11.3 대기압.** 완벽한 진공 상태를 만들었다 하더라도 대기압은 오렌지주스를 10 m 높이까지만 밀어올릴 수 있다. 10.3 m 높이의 물기둥이 만들어내는 압력이 대기 중의 기체 분자가 나타내는 압력(101,325 N/m^2)과 같기 때문이다.

11.2 분자 운동론: 기체 운동 모형

▶ 기체의 주된 성질이 분자 운동론에 의해 어떻게 예측되는지 설명한다.

앞 장에서 자연을 이해하기 위한 모형과 이론의 중요성을 공부했다. 기체의 거동을 서술하는 간단한 모형을 **분자 운동론**(kinetic molecular theory)이라고 한다. 이 장에서는 분자 운동

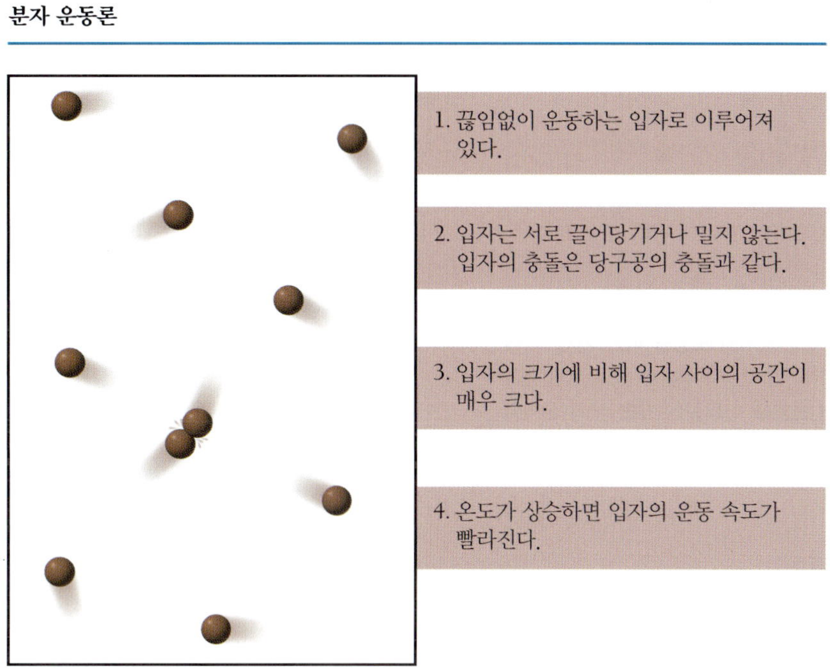

▶ **그림 11.4 이상 기체의 간단한 표현.** 분자의 크기에 대한 기체 분자 간 거리가 실제로는 이 그림에 나타낸 것보다 훨씬 크다.

론을 설명하고 분자 운동론이 여러 조건에서 대부분 기체의 움직임을 어떻게 예측하는지 알아볼 것이다. 분자 운동론도 다른 모형처럼 완전하지 않으며 특정 조건에서는 성립하지 않는다. 이 책에서는 분자 운동론이 잘 적용되는 조건에 초점을 맞출 것이다.

분자 운동론은 다음과 같은 가정으로 나타낼 수 있다(그림 11.4).

1. 기체는 끊임없이 직선 운동을 하는 입자(분자 또는 원자)로 이루어져 있다.
2. 입자는 서로 끌어당기거나 밀지 않는다. 즉 상호작용을 하지 않는다. 입자는 서로 충돌하거나 표면에 충돌했을 때 당구공처럼 완전히 탄성적으로 튕겨 나온다.
3. 입자의 크기에 비해 입자 사이의 공간이 매우 크다.
4. 입자의 평균 운동 에너지, 즉 움직임 때문에 발생하는 에너지는 절대 온도에 비례한다. 이것은 온도가 높아질수록 입자가 더 많은 에너지를 갖게 되고 더 빠르게 움직인다는 것을 뜻한다.

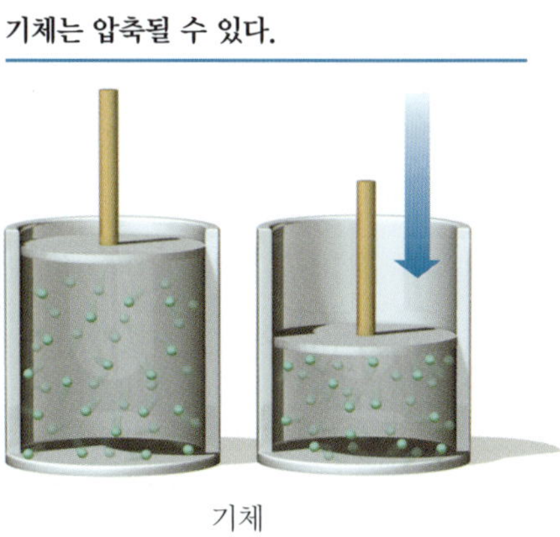

▲ **그림 11.5 기체의 압축성.** 기체 입자 사이의 공간이 넓기 때문에 기체는 압축될 수 있다.

분자 운동론은 기체의 성질과 일치하며, 기체의 성질을 잘 예측한다. 3.3절에서 배웠듯이 기체는 다음과 같은 성질이 있다.

- 기체는 압축될 수 있다.
- 기체는 담겨 있는 용기의 모양과 부피를 가진다.
- 기체는 액체나 고체에 비해 밀도가 낮다.

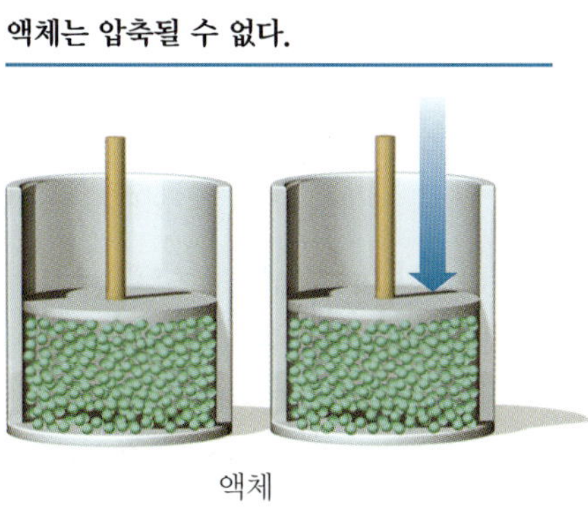

▲ **그림 11.6 액체의 비압축성.** 액체는 입자 사이의 공간이 너무 작아서 압축될 수 없다.

기체를 이루는 원자나 분자 사이에 공간이 넓기 때문에 기체는 압축될 수 있다. 외부에서 기체 시료에 압력을 가함으로써 분자 또는 원자 사이의 거리를 더 가깝게 만들 수 있다. 즉 기체를 압축할 수 있다. 이와 달리 액체와 고체는 분자 또는 원자가 이미 가까이 있기 때문에 억지로 더 가깝게 할 수 없다. 즉 압축할 수 없다. 기체가 들어 있는 실린더의 피스톤을 눌러 보면 기체의 압축성을 알아볼 수 있다. 외부 압력을 받아 피스톤이 내려간다(그림 11.5). 실린더 안에 액체나 고체가 채워져 있다면 피스톤을 눌러도 피스톤이 움직이지 않을 것이다(그림 11.6).

▲ **그림 11.7 용기의 모양을 띠는 기체.** 기체 분자 사이의 압력은 무시할 수 있고 그 입자가 끊임없이 운동을 하므로 기체는 용기 전체의 부피를 차지한다.

기체는 담겨 있는 용기의 모양과 부피를 가진다고 하는데, 이는 기체의 원자나 분자가 끊임없이 직선 운동을 하기 때문이다. 고체나 액체를 이루는 원자나 분자는 상호작용을 하는 반면, 기체를 이루는 원자나 분자는 상호작용을 하지 않는다(좀 더 정확히 말하면 상호작용은 무시해도 좋을 정도이다). 기체는 단순히 직선 운동을 하며 서로 부딪히거나 용기의 벽에 부딪힌다. 그 결과 기체는 용기 전체를 채우며 용기의 모양을 띠게 된다(그림 11.7).

기체는 고체나 액체와 비교했을 때 밀도가 낮다. 기체를 이루는 원자 또는 분자 사이에 공간이 많기 때문이다. 예를 들어 350 mL 음료수 캔 속의 물이 수증기(기체 상태의 물)로 변하면 수증기는 595 L(350 mL의 음료수 캔 1,700개)의 부피를 차지한다.

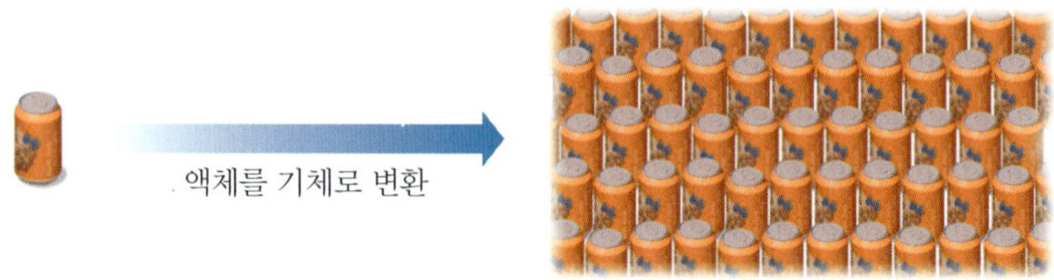

▲ 음료수 캔 1개(350 mL) 속의 물이 모두 수증기(101.325 kPa, 373 K)로 변하면 수증기의 부피는 1,700개의 음료수 캔과 맞먹는다(1,700개의 캔 중 일부만 그림에 나타냈다).

✔ 확인문제 11.1

다음 중 분자 운동론의 가정과 일치하지 않는 설명은 무엇인가?

(a) 온도가 증가함에 따라 기체를 구성하는 입자가 더 빨리 움직인다(평균적으로).

(b) 기체에서 입자의 크기는 기체의 성질에 큰 영향을 미친다.

(c) 기체는 고체나 액체보다 밀도가 낮다.

11.3 압력: 기체 분자의 끊임없는 충돌의 결과

▶ 압력, 힘, 면적의 관계를 확인하고 이해한다.

▶ 압력 단위를 변환한다.

압력(pressure)은 기체를 구성하고 있는 분자나 원자가 주위의 표면과 끊임없이 충돌한 결과이다. 이러한 압력 때문에 빨대로 음료를 마실 수 있고, 농구공을 부풀릴 수 있고, 공기를 허파 안팎으로 들이마시거나 내뱉을 수 있다. 지구의 대기에서는 압력 차이로 바람이 만들어지고, 압력 변화로 날씨를 예측할 수 있다. 압력은 우리 주변 어디에나 있고, 심지어 몸속에도 있다. 기체가 가하는 압력은 단위 면적당 받는 힘으로 정의된다. 이 힘은 기체 입자가 자신을 둘러싼 표면과 충돌하면서 발생시키는 것이다.

$$\text{압력} = \frac{\text{힘}}{\text{면적}}$$

기체가 가하는 압력의 크기는 여러 가지 요인에 따라 달라진다. 그중 하나는 주어진 부피 안에 들어 있는 기체 입자의 수이다(그림 11.8). 기체 입자의 수가 적을수록 압력이 낮아진다. 고도가 높아질수록 압력이 낮아지는 것이 한 예이다. 산을 오르거나 비행기에 탔을 때 단위 부피 안의 공기 분자 수가 적어지고 압력이 지속적으로 낮아진다. 이러한 이유로 대부분의 비행기 객실은 인위적으로 압력이 유지된다('일상 속의 화학: 비행기 객실의 기압 유지' 참조).

▲ **그림 11.8 압력.** 압력은 기체 입자와 입자 주위 표면의 충돌로 발생하므로 주어진 부피 안에 기체 입자 수가 증가할수록 압력이 커진다(온도가 일정하다고 가정).

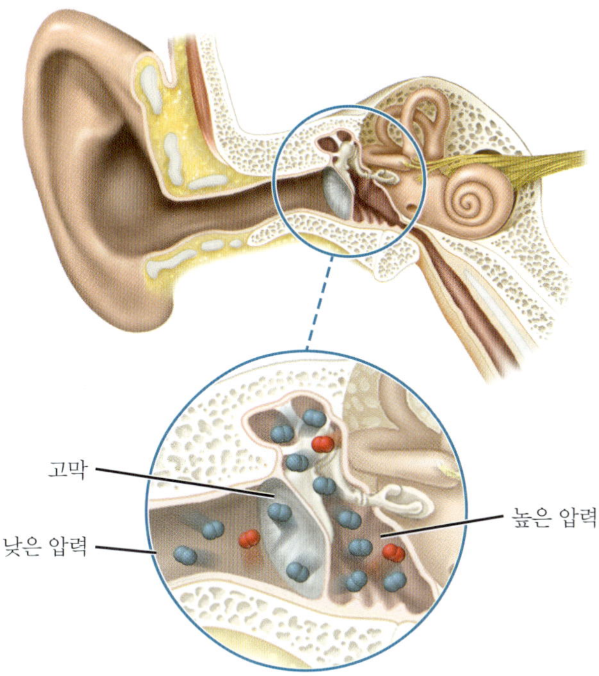

▶ **그림 11.9 압력의 불균형.** 산에 오르거나 비행기가 고도를 높일 때 귓속에 통증이 발생하는 것은 귓속 공동 안 공기의 압력과 바깥쪽의 압력이 다르기 때문이다.

우리는 귓속의 통증으로 압력이 내려간 것을 느낄 수 있다. 이 통증은 공기가 들어차 있는 귓속의 공동에서 발생한다(그림 11.9). 예를 들어 산을 오를수록 외부의 압력이 줄어드는데 귓속 공동 안 공기의 압력은 그대로이다. 이것은 압력의 불균형을 유발한다. 즉 외부에 비해 훨씬 큰 내부 압력에 의해 고막이 바깥쪽으로 부풀어올라 통증을 유발하는 것이다. 시간이 조금 지나거나 하품을 하면 귓속에 들어찼던 공기가 밖으로 빠져나와 내부와 외부의 압력이 같아지면서 통증이 사라진다.

✔ 확인문제 11.2

다음 중 압력이 가장 낮은 기체 시료는 무엇인가? 모든 입자가 동일하고 세 시료의 온도가 같다고 가정한다.

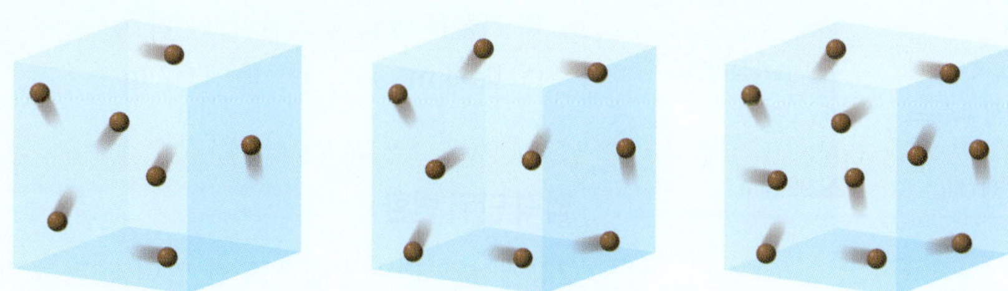

압력의 단위

가장 널리 사용되는 압력의 단위는 **기압**(atmosphere, atm)으로, 이는 해수면에서의 평균 압력이다. SI 단위에서는 **파스칼**(pascal, Pa)이 압력의 단위로 사용되며, 이는 1 m^2당 1 N(뉴턴)의 힘이 작용할 때의 압력에 해당한다.

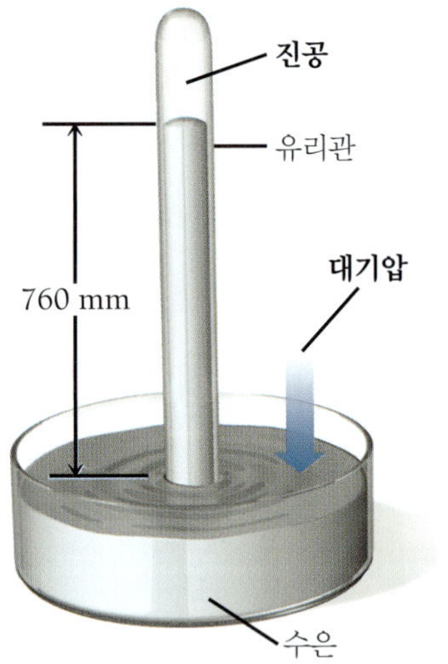

▲ **그림 11.10 수은 기압계.** 해수면에서 평균 대기압은 수은 기둥을 760 mm만큼 밀어올린다. 외부 압력이 높아지거나 낮아질 때 수은 기둥의 높이는 어떻게 변하는가?

수은의 밀도는 물의 밀도보다 13.5배 정도 크기 때문에 대기압에 의해 올라가는 수은의 높이는 물의 높이의 1/13.5이다.

in Hg는 일기예보에서 여전히 널리 사용되는 단위이다. 기상 캐스터가 "기압이 30.07이며 상승했습니다"라고 말하는 것을 들어본 적이 있을 것이다. 이는 대기압이 30.07 in Hg임을 뜻한다.

표 11.1 일반적인 압력의 단위

단위	해수면에서의 평균 대기압
파스칼(Pa)	101,325 Pa
기압(atm)	1 atm
밀리미터 수은 (mm Hg)	760 mm Hg(정확한)
토르(torr)	760 torr(정확한)
제곱인치당 파운드 (psi)	14.7 psi
인치 수은(in Hg)	29.92 atm

단위 변환은 2.6절을 참조하라.

$$1 \text{ Pa} = 1 \text{ N/m}^2$$

파스칼은 아주 작은 단위로, 1 atm이 101,325 Pa 정도이다.

$$1 \text{ atm} = 101{,}325 \text{ Pa}$$

완전히 채워진 산악자전거 타이어의 압력은 약 6 atm(600 kPa)이고, 에베레스트산 정상의 압력은 약 0.31 atm(31 kPa)이다.

압력의 세 번째 단위는 기압계를 이용하여 압력을 측정하는 방법에서 비롯된 **밀리미터 수은**(millimeter of mercury, mm Hg)이다. 기압계는 수은이 담긴 용기에 진공 상태의 유리관이 잠기도록 설치해놓은 것이다(그림 11.10). 11.1절에서 언급했듯이 액체 표면에 가해지는 대기압 때문에 액체가 진공관을 타고 올라간다. 해수면에서 평균 압력은 물을 10.3 m만큼 밀어올릴 수 있다. 그러나 수은은 물보다 밀도가 높기 때문에 해수면의 평균 대기압에서 0.760 m(760 mm)밖에 올라가지 않는다. 0.760 m는 10.3 m보다 훨씬 짧기 때문에 수은 기둥을 사용하면 압력을 보다 쉽게 측정할 수 있다.

기압계의 수은 기둥은 압력의 변화에 따라서 올라가거나 내려간다. 압력이 높아지면 수은 기둥이 올라가고, 압력이 낮아지면 수은 기둥이 내려간다. 1 atm의 압력은 수은 기둥을 760 mm 올리므로 1 atm과 760 mm Hg는 같다.

$$1 \text{ atm} = 760 \text{ mm Hg}$$

mm Hg를 **토르**(torr)라고 일컫기도 하는데, 이는 기압계를 발명한 이탈리아의 물리학자 Evangelista Torricelli(1608~1647)의 이름에서 따온 단위이다.

$$1 \text{ mm Hg} = 1 \text{ torr}$$

그 밖에 흔히 쓰이는 압력의 단위로는 in Hg와 **제곱인치당 파운드**(pound per square inch, psi) 등이 있다.

$$1 \text{ atm} = 29.92 \text{ in Hg} \qquad 1 \text{ atm} = 14.7 \text{ psi}$$

이러한 압력의 단위를 표 11.1에 정리했다.

✔ 확인문제 11.3

물보다 밀도가 2배 정도 높은 액체로 기압계를 만들어 사용한다면 평균 대기압에서 이 액체의 기둥은 어느 정도 올라가는가?

(a) 0.38 m (b) 1.52 m (c) 5.15 m (d) 20.6 m

압력 단위 변환

2장에서와 같은 방법으로 한 압력 단위를 다른 단위로 변환한다. 예를 들어 0.311 atm(에베레스트산 정상에서의 평균 대기압)을 mm Hg로 변환하는 경우를 생각해보자. 문제에 주어진 정보를 분류하는 것으로 시작한다.

주어진 값: 0.311 atm
구해야 하는 값: mm Hg

해결도표

해결도표는 atm에서 mm Hg로 바꾸는 방법을 보여준다.

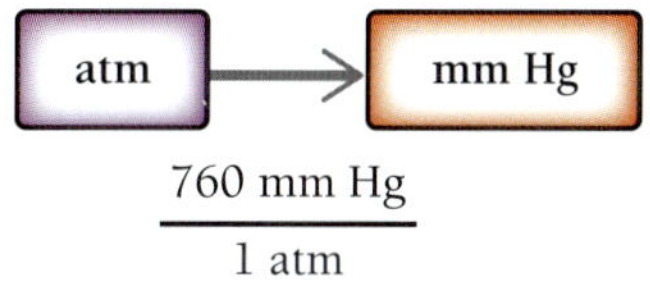

사용된 관계식

1 atm = 760 mm Hg (표 11.1)

답

주어진 값(0.311 atm)으로 시작하여 mm Hg로 변환한다.

$$0.311\ \text{atm} \times \frac{760\ \text{mm Hg}}{1\ \text{atm}} = 236\ \text{mm Hg}$$

예제 11.1 압력 단위 변환

고성능 자전거의 바퀴가 전체 125 psi의 압력으로 부풀려 있다. 이 압력을 mm Hg로 변환하시오.

분류 주어진 psi 단위의 압력을 mm Hg 단위로 변환하는 문제이다.	**주어진 값:** 125 psi **구해야 하는 값:** mm Hg
전략 주어진 psi 단위로부터 해결도표를 시작한다. 환산 인자를 이용하여 atm으로 변환한 다음 다시 mm Hg로 변환한다.	**해결도표** 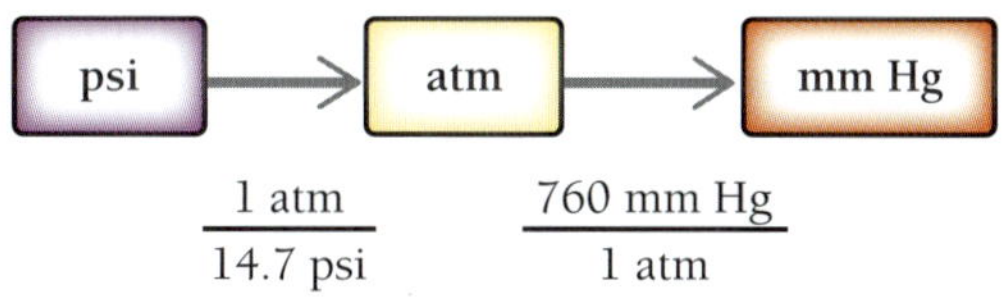 **사용된 관계식** 1 atm = 14.7 psi (표 11.1) 760 mm Hg = 1 atm (표 11.1)
풀이 해결도표에 따라 문제를 푼다.	**답** $125\ \text{psi} \times \frac{1\ \text{atm}}{14.7\ \text{psi}} \times \frac{760\ \text{mm Hg}}{1\ \text{atm}} = 6.46 \times 10^3\ \text{mm Hg}$
검토 답을 확인한다. 단위가 옳은가? 답이 합당한가?	답의 단위(mm Hg)가 옳다. mm Hg는 psi보다 작은 단위이므로 답이 합당하다. 그러므로 따라서 mm Hg 단위의 압력 값은 psi 단위의 같은 압력 값보다 커야 한다.

▶ **연습문제 11.1 | 압력 단위 변환**

173 in Hg를 psi로 변환하시오.

▶ **연습문제 11.1+**

23.8 in Hg를 kPa로 변환하시오.

▶ **심화 학습** 예제 11.13/복습문제 23~26, 29~32

11.4 Boyle의 법칙: 압력과 부피

▶ Boyle의 법칙을 설명하고 적용한다.

Boyle의 법칙은 온도와 기체 입자 수가 일정하다고 가정한다.

기체의 압력은 부분적으로 그 부피에 의존한다. 기체의 온도와 양이 일정할 때 부피가 줄어들면 압력이 커지고, 부피가 증가하면 압력이 감소한다. 간단한 수동 펌프도 이러한 원리로 작동한다. 수동 펌프는 기본적으로 실린더에 움직이는 피스톤이 붙어 있는 형태이다(그림 11.11). 피스톤을 당기면(위로 당기기) 실린더 안 기체의 부피가 증가하고, 피스톤을 밀면(아래로 밀기) 기체의 부피가 감소한다. 피스톤을 바깥쪽으로 당기면 부피가 증가하면서 펌프의 실린더 내부 압력이 감소한다. 이번에는 공기를 한쪽 방향 밸브를 통해 펌프의 실린더로 끌어들인다. 피스톤을 밀면 부피가 감소하면서 실린더 내부 압력이 증가한다. 이렇게 증가한 압력은 펌프 안의 공기가 밖으로 빠져나가도록 힘을 가하는데, 이때 공기는 다른 한쪽 방향 밸브를 통해 바람을 넣고 있는 자전거의 바퀴에 들어가게 된다.

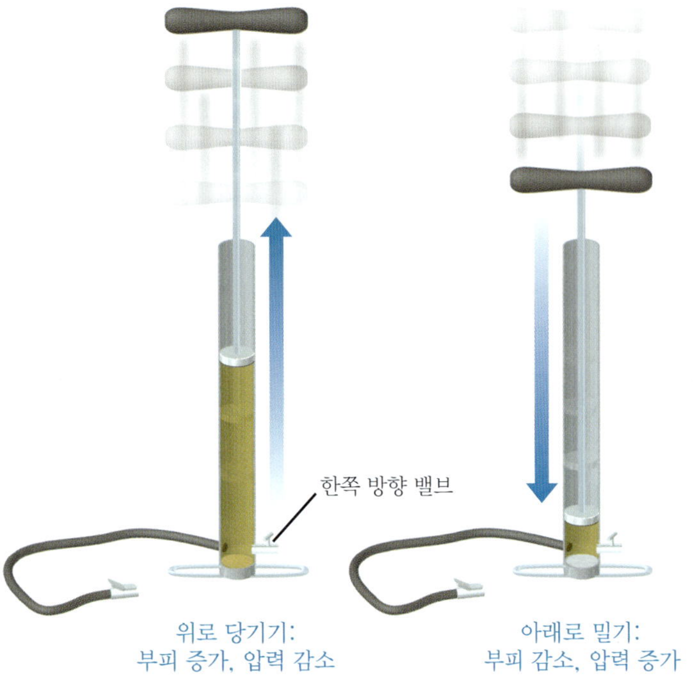

▲ **그림 11.11 수동 펌프의 작동**

압력, 부피와 같은 기체의 성질의 관계는 기체 법칙으로 설명할 수 있다. 이러한 법칙은 기체의 한 성질이 변함에 따라 다른 성질에 어떤 영향을 주는지를 보여준다. 기체의 부피와 압력의 관계는 Robert Boyle(1627~1691)이 발견했으며, 이를 **Boyle의 법칙**(Boyle's law)이라고 한다.

Boyle의 법칙: 기체의 부피와 압력은 반비례한다.

$$V \propto \frac{1}{P}$$ (∝는 '비례한다'는 뜻이다.)

두 양이 반비례할 때 한쪽이 증가하면 다른 쪽은 감소한다(그림 11.12). 앞의 수동 펌프에서 보았듯이 기체의 부피가 감소하면 압력이 증가하고 그 반대도 마찬가지이다. 이러한 현상은 분자 운동론의 당연한 결과이다. 기체의 부피가 감소하면 같은 수의 기체 입자가 감소된 부피의 공간에 밀집하게 되고, 기체는 이전보다 더 많이 용기

Boyle의 법칙

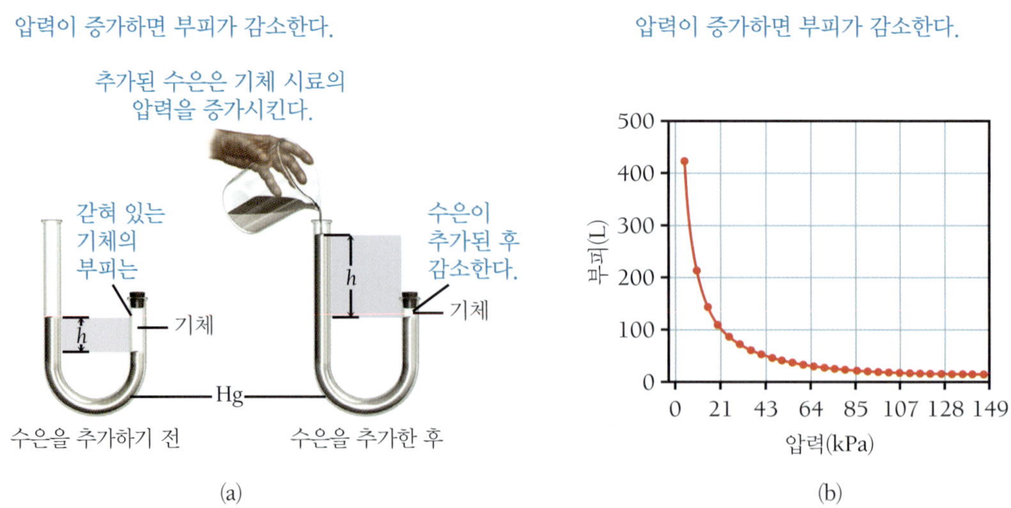

▶ **그림 11.12 부피와 압력의 관계.** (a) 서로 다른 압력에서 기체의 부피를 측정할 때 J관을 사용한다. (b) 기체의 부피를 압력에 대한 함수로 나타낸 그래프이다.

일상 속의 화학

비행기 객실의 기압 유지

대부분의 여객기는 7,600~12,000 m 정도의 고도에서 비행한다. 이러한 고도에서 대기압은 51 kPa 이하이며, 인체가 적응되어 있는 정상 압력보다 훨씬 낮다. 낮은 기압, 즉 그에 상응하는 낮은 산소 농도 때문에 생길 수 있는 생리적 영향(11.9절 참조)은 어지럼증, 두통, 숨가쁨 등이며, 심하면 의식을 잃을 수도 있다. 그래서 여객기는 객실의 기압을 높여 일정 기압으로 유지해야 한다. 어떤 이유로든 객실의 기압이 유지되지 않는 경우 승객은 산소마스크를 사용해야 한다.

▲ 객실의 기압은 고도 2,400 m에서의 대기압보다 더 높게 유지되어야 한다.

객실의 기압 유지는 객실 전체의 공기 순환 시스템의 일부로 이루어진다. 공기가 여객기의 제트 엔진 속으로 흐를 때 엔진 앞쪽에 달려 있는 커다란 터빈이 공기를 압축한다. 압축된 (또는 압력이 가해진) 공기의 대부분은 엔진의 뒤로 빠져나가 비행기를 앞으로 나아가게 하는 추진력을 만들어낸다. 그런데 압축된 공기의 일부분은 객실 쪽으로 들어와 냉각되고 원래의 객실 공기와 섞인다. 이 공기는 객실의 천장에 달린 통풍구를 통해 객실을 순환하고, 비행기의 낮은 쪽으로 향하는 관을 통해 객실에서 빠져나간다. 이렇게 빠져나간 공기 중의 절반 정도는 새로이 들어온 압축 공기와 합쳐져서 다시 순환된다. 나머지 절반의 공기는 외부로 나가는 밸브를 통해 비행기 밖으로 배출된다. 이 밸브는 객실의 압력을 적절히 유지하기 위해 조절된다. 미국 연방정부의 규정에 따르면 여객기 객실 내의 압력을 고도 2,400 m의 대기압보다 높게 유지해야 한다. 보잉 787 드림라이너와 같은 신형 제트기는 승객이 더욱 안락함을 느끼도록 객실 내의 압력을 고도 1,800 m의 대기압과 같게 유지한다.

질문 고도 2,400 m의 대기압은 약 73 kPa인데, 이를 mm Hg, in Hg, psi로 변환하시오. 500 mm Hg로 유지되는 여객기 객실의 압력은 연방정부의 규정을 충족하는가?

▶ **그림 11.13 압력에 따른 부피 변화: 분자 수준의 관점.** 기체 시료의 부피가 감소하면 용기의 제곱미터당 기체 분자의 충돌 횟수가 증가한다. 이것은 기체에 의한 압력을 증가시킨다.

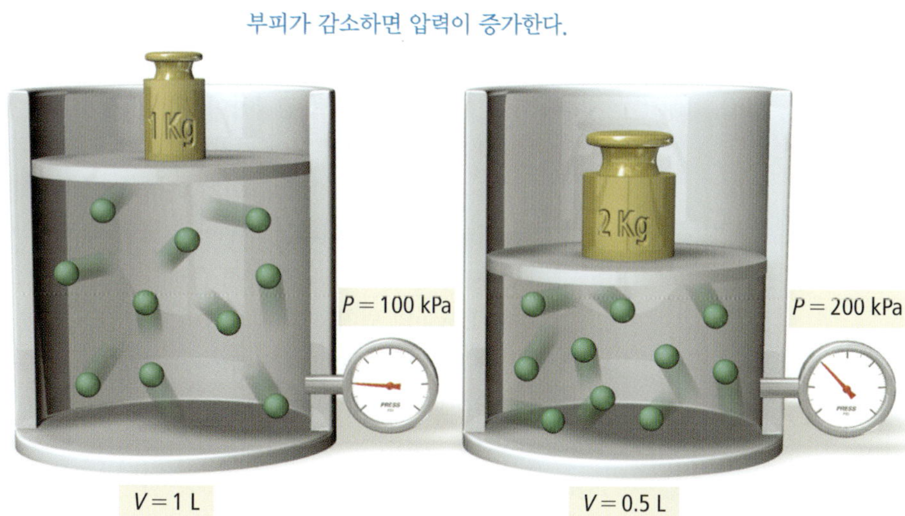

의 벽과 충돌하여 압력이 증가한다(그림 11.13).

스쿠버다이버는 인증 시험을 볼 때 Boyle의 법칙을 배운다. Boyle의 법칙은 깊은 곳에서 수면으로 빨리 올라가는 것이 왜 위험한지 알려주기 때문이다. 스쿠버다이버는 수심 10 m씩 내려갈 때마다 100 kPa씩 압력을 더 받는데, 이는 다이버를 누르는 물의 무게가 그만큼

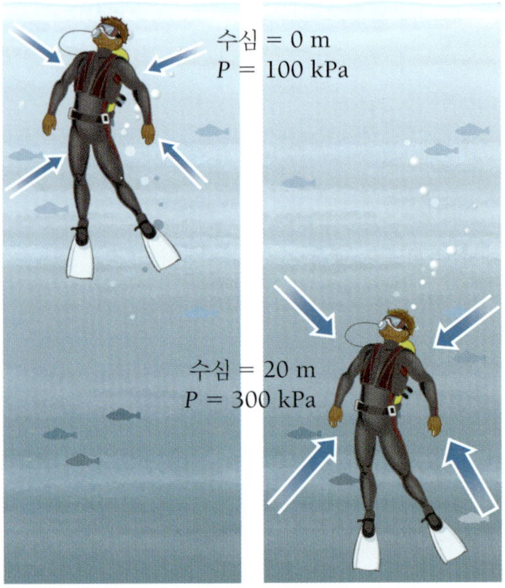

▲ **그림 11.14 수심에 따른 압력.** 스쿠버다이버는 수심이 10 m 깊어질 때마다 100 kPa만큼의 압력을 더 받게 되는데, 이는 자신을 둘러싼 물의 무게가 증가하기 때문이다. 수심 20 m에서 스쿠버다이버는 총 300 kPa의 압력을 받는다(대기압 100 kPa에 물의 무게에 따른 200 kPa가 추가된다).

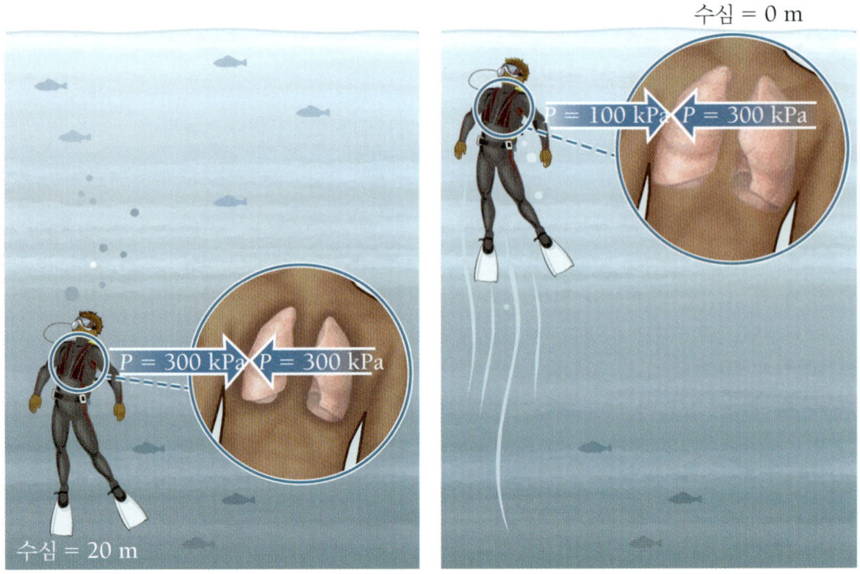

▲ **그림 11.15 감압에 따른 위험.** (a) 수심 20 m에 있는 스쿠버다이버는 300 kPa의 압력을 받으며 300 kPa로 압축된 공기로 호흡한다. (b) 스쿠버다이버가 300 kPa의 공기로 허파를 가득 채우고 있는 상황에서 수면으로 급히 올라가면 외부 압력이 100 kPa로 급격히 떨어짐에 따라 허파가 팽창할 것이다.

더 무거워지기 때문이다(그림 11.14). 스쿠버다이빙에서 쓰이는 압력 조절기는 외부 압력과 같은 압력의 공기를 공급한다. 그러지 않으면 스쿠버다이버가 숨을 쉴 수 없다('일상 속의 화학: 매우 긴 스노클' 참조). 스쿠버다이버가 수심 20 m에 있다면 스쿠버다이버 주변의 300 kPa 압력과 일치하도록 압력 조절기는 일반 대기압 100 kPa에 수심 20 m에서 받는 압력 200 kPa를 더하여 총 300 kPa의 압력으로 공기를 공급한다(그림 11.15).

스쿠버다이버가 300 kPa의 공기를 허파 가득 들이마시고 숨을 멈춘 상태로 수면으로 빠르게 올라간다고 가정해보자. 허파에 있는 공기의 부피는 어떻게 될까? 압력이 1/3로 줄어들면서 부피가 3배로 팽창하여 허파가 심하게 손상되거나 생명이 위험할 수도 있다. 물론 허파에 있는 공기의 부피가 커지면 수면으로 올라가는 동안 숨을 참을 수 없어 입 밖으로 숨을 내쉴 수밖에 없을 것이다. 역시 다이빙을 하는 데 가장 중요한 규칙은 절대 숨을 참지 않는 것이다. 스쿠버다이버는 수면에 도달할 때까지 기압 조절기가 허파 속의 공기압을 100 kPa로 돌려놓을 수 있도록 천천히 올라가고 지속적으로 숨을 내쉬어야 한다.

Boyle의 법칙은 기체의 양과 온도가 일정한 상태에서 압력의 변화에 따른 부피 또는 부피의 변화에 따른 압력을 계산하는 데 이용할 수 있다. 이러한 계산을 하려면 Boyle의 법칙을 약간 다르게 적어야 한다.

$$V \propto \frac{1}{P} \text{이므로 } V = \frac{\text{상수}}{P}$$

만약 양변에 P를 곱하면 다음 식을 얻을 수 있다.

$$PV = \text{상수}$$

압력이 증가하면 부피가 감소하지만 $P \times V$는 항상 같은 상숫값이기 때문에 이 관계가 성립한다. 서로 다른 두 조건에 대해 다음처럼 쓸 수 있다.

$$P_1V_1 = \text{상수} = P_2V_2, \text{ 또는}$$

$$P_1V_1 = P_2V_2$$

여기서 P_1과 V_1은 기체의 초기 압력, 부피 값이고 P_2와 V_2는 나중의 압력, 부피 값이다. 예를 들어 초깃값이 102 kPa, 1.78 L인 기체가 1.25 L로 압축되었을 때 이 기체의 압력이 어떻게 되는지 계산해보자. 다음과 같은 방법으로 문제를 정리한다.

주어진 값: $P_1 = 102\ \text{kPa}$
$V_1 = 1.78\ \text{L}$
$V_2 = 1.25\ \text{L}$

구해야 하는 값: P_2

Boyle의 법칙에 따라 계산하기 전에 P_2가 P_1보다 큰지 작은지 알 수 있는가?

해결도표

식이 주어진 값(가지고 있는 값)으로부터 구해야 하는 값(원하는 값)을 어떻게 구할 수 있는지를 보여주는 해결도표를 그린다.

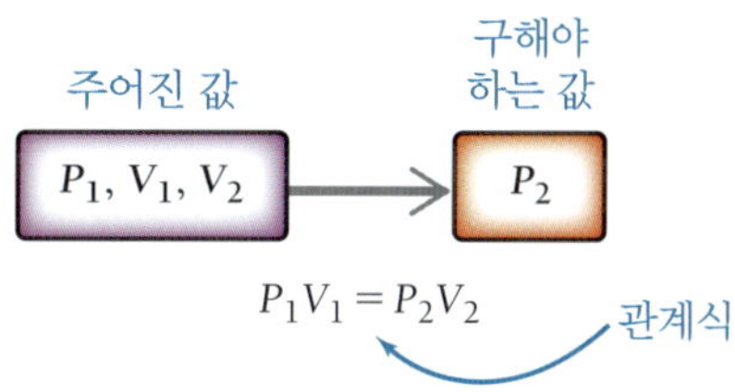

사용된 관계식

$P_1V_1 = P_2V_2$ (Boyle의 법칙)

답

P_2에 대해 식을 푼다.

$$P_1V_1 = P_2V_2$$

$$P_2 = \frac{P_1V_1}{V_2}$$

그리고 주어진 값을 식에 대입하여 계산한다.

$$P_2 = \frac{P_1V_1}{V_2} = \frac{(102\ \text{kPa})(1.78\ \cancel{\text{L}})}{1.25\ \cancel{\text{L}}}$$

$$= 145\ \text{kPa}$$

예제 11.2 Boyle의 법칙

움직일 수 있는 피스톤이 달린 실린더의 압력이 4.0×10^2 kPa, 부피가 6.0 L이다. 압력이 1.0×10^2 kPa로 감소하면 실린더의 부피는 얼마가 되겠는가?

분류	**주어진 값:** $P_1 = 4.0 \times 10^2\ \text{kPa}$
초기 압력, 초기 부피, 최종 압력의 값이 주어졌고 최종 부피의 값을 구해야 한다.	$V_1 = 6.0\ \text{L}$ $P_2 = 1.0 \times 10^2\ \text{kPa}$ **구해야 하는 값:** V_2

전략 주어진 값으로 해결도표를 그린다. Boyle의 법칙은 구해야 하는 값을 얻는 데 필요한 각 값의 관계를 보여준다.	**해결도표** P_1, V_1, P_2 → V_2 $P_1V_1 = P_2V_2$ **사용된 관계식** $P_1V_1 = P_2V_2$ (Boyle의 법칙)
풀이 V_2에 대해 식을 풀고 주어진 값을 대입하여 계산한다.	**답** $P_1V_1 = P_2V_2$ $V_2 = \dfrac{V_1P_1}{P_2}$ $= \dfrac{(6.0\text{ L})(4.0 \times 10^2\text{ kPa})}{1.0 \times 10^2\text{ kPa}}$ $= 24\text{ L}$
검토 답을 확인한다. 단위가 옳은가? 답이 합당한가?	답은 예상했던 부피의 단위(L)이다. 압력이 감소함에 따라 부피가 증가할 것으로 예상했기 때문에 답이 합당하다.

▸ **연습문제 11.2 | Boyle의 법칙**

한 잠수부가 대기압이 1.0×10^2 kPa인 해수면에서 16 mL의 공기를 채운 주사기를 가지고 물속에 들어갔다. 물의 깊이는 알 수 없지만 주사기 안에 있는 기체의 부피는 7.5 mL가 되었다. 이 깊이에서의 압력은 얼마인가? 만약 물속으로 10 m씩 내려갈 때마다 압력이 100 kPa씩 증가한다면 이 잠수부는 현재 수심 몇 미터에 있는가?

▸ **심화 학습** 예제 11.14/복습문제 35~38

✔ 확인문제 11.4

어떤 플라스크에 압력이 x인 기체 시료가 들어 있다. 기체의 양과 온도가 일정할 때 용기의 부피가 3배가 되면 압력은 어떻게 되겠는가?

(a) 3x (b) $\frac{1}{3}$x (c) 9x

11.5 Charles의 법칙: 부피와 온도

▸ Charles의 법칙을 설명하고 적용한다.

뜨거운 기체는 상승한다는 사실을 알고 있는가? 집에서 2층으로 올라갈 때 점점 더워지는 것을 느꼈을 수도 있다. 또는 열기구가 위로 뜨는 모습을 보았을 수도 있다. 열기구 안에 채워진 기체가 버너에 의해 뜨겁게 데워지면 열기구는 주변의 찬 대기 속에서 올라가게 된다. 왜 뜨거운 공기는 상승할까? 뜨거운 공기가 상승하는 이유는 기체의 압력이 일정할 때 온도가 상승하면 부피도 증가하기 때문이다. 기체의 양(기체의 질량)이 일정한 경우 기체를 따뜻하게 하면 기체의 밀도가 감소하는데, 이것은 밀도가 질량을 부피로 나눈 것이기 때문이다. 나무가 물 위에 뜨는 것처럼 낮은 밀도의 기체는 높은 밀도의 기체 위에 뜬다.

2.10절에서 밀도 = 질량/부피를 배웠다. 부피가 증가하는데 질량이 일정하다면 밀도가 감소해야 한다.

어떤 기체 시료에 대해 압력을 일정하게 유지한 채 온도를 변화시키면서 각 온도마다 기체의 부피를 측정한다고 생각해보자. 그림 11.16은 측정 결과를 나타낸 그래프이다. 이 그래프는 부피와 온도의 관계를 보여준다. 즉 온도가 높아짐에 따라 기체의 부피가 증가한다. 또한

일상 속의 화학

매우 긴 스노클

〈플린스톤(The Flintstones)〉(역주: 미국 ABC 방송에서 방영되었던 만화 시리즈물)에는 프레드와 바니가 스노클을 사용하여 물속에 들어가는 장면이 여러 번 나온다. 그 스노클은 현대적인 것은 아니지만 수면에서부터 매우 깊은 곳까지 닿을 수 있을 정도의 긴 갈대이다. 그들은 아주 깊은 물속에서도 긴 스노클로 숨을 쉬면서 수영을 한다. 이것이 과연 가능할까? 프레드와 바니가 사용했던 것 같은 10 m 길이의 스노클을 사용할 수 있다면, 왜 사람들은 굳이 스쿠버다이빙 장비를 사용할까?

숨을 들이쉴 때 허파의 부피가 증가하여 허파 속의 압력이 낮아진다(Boyle의 법칙). 그러면 밖의 공기가 허파 속으로 이동한다. 프레드와 바니가 사용한 매우 긴 스노클은 수심이 깊은 곳의 수압 때문에 사용할 수 없다. 수심 10 m에 있는 다이버는 200 kPa의 외압을 받으며, 다이버의 허파 속 공기도 200 kPa로 압축된다. 수면의 기압이 100 kPa이기 때문에 다이버가 수면까지 닿아 있는 스노클을 가지고 있다면 공기가 허파 속으로 들어가지 않고 허파로부터 공기가 빠져나갈 것이다. 따라서 숨 쉬기가 불가능할 것이다.

질문 다이버가 기압이 1.0×10^2 kPa인 수면에서 2.5 L인 풍선을 가지고 3.0×10^2 kPa인 수심 20 m로 내려간다고 가정해보자. 풍선의 부피는 어떻게 되는가? 그림과 같이 물속의 풍선이 긴 관으로 연결되어 물 밖의 풍선과 연결되어 있다면 어떻게 될 것인가? 다이버가 물속으로 내려갈 때 기체는 어느 방향으로 이동하는가?

▲ 프레드와 바니는 물속 깊은 곳에서 물 밖의 공기로 호흡하기 위해 갈대를 이용했다. 현실이라면 물속 깊은 곳의 압력이 허파의 공기를 밀어내기 때문에 갈대로 숨을 쉴 수 없다.

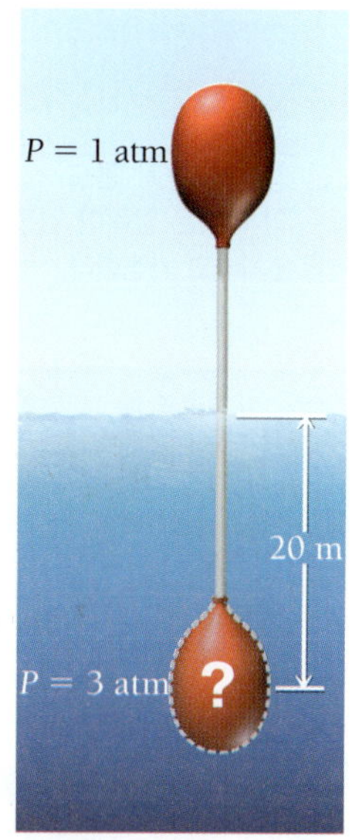

▲ 긴 관의 양쪽 끝에 풍선이 매달려 있다. 두 풍선 중 하나가 물에 잠겨 있다면 기체는 어느 방향으로 이동하는가?

그림 11.16에서 외삽법으로 연장된 선은 실험적으로 측정할 수 없다. 기체의 온도가 0 K에 도달하기 전에 모두 액화되기 때문이다.

온도와 부피는 직선 관계이다. 두 변수가 비례 관계일 때 한 변수에 대해 다른 변수의 값을 그래프로 그리면 직선이 된다.

그림 11.16의 그래프 위에서 가장 낮게 측정된 지점을 뒤로 더 연장하면 물질의 중요한 특성을 예측할 수 있다(이를 외삽법이라 부른다). 연장선은 기체의 부피가 −273 ℃에서 0이 되는 것을 보여준다. 3장에서 −273 ℃는 0 K와 같다고 배웠다. 0 K는 가능한 가장 차가운 온도이다. −273 ℃보다 더 아래로 내려가면 기체는 물리적으로 불가능한 수치인 음수의 부피 값이 된다. 이러한 이유로 0 K를 **절대 영도**(absolute zero)라고 하며, 더 차가운 온도는 존재하지 않는다.

기체의 부피와 온도 간 관계를 처음으

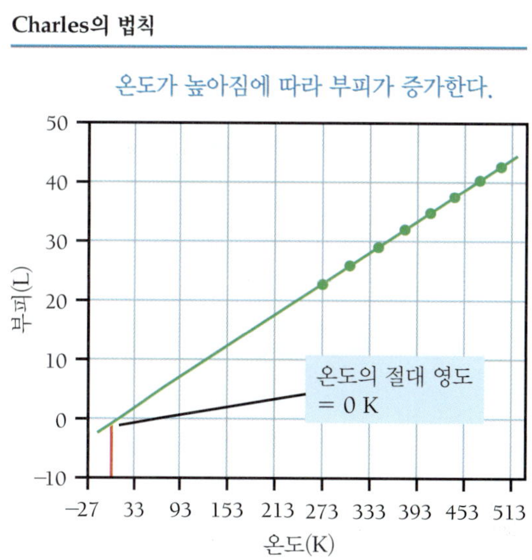

▲ **그림 11.16 부피와 온도의 관계.** 온도가 높아짐에 따라 기체의 부피가 증가한다. 이 그래프는 0 K가 가장 낮은 온도라는 것을 어떻게 보여주는가?

▶ **그림 11.17 부피와 온도의 관계: 분자 수준의 관점.** 만약 풍선을 얼음물 수조에서 끓는 물 수조로 옮기면 온도가 상승하여 풍선 안의 기체 분자가 더 빨리 움직인다. 외부 압력이 일정하게 유지될 때 분자는 풍선을 팽창시켜 전체적으로 더 넓은 공간을 차지할 것이다.

3.10절에서 세 가지 온도 척도를 요약했다. Charles의 법칙은 압력이 일정하고 일정한 양의 기체 분자라고 가정한다.

로 자세히 정량화한 사람은 프랑스의 수학자이자 물리학자인 J. A. C. Charles(1746~1823)이다. Charles은 기체에 관심이 많았고 처음으로 수소 풍선을 띄운 사람 중 한 명이다. 그가 공식화한 법칙은 **Charles의 법칙**(Charles's law)이다.

Charles의 법칙: 기체의 부피(V)와 절대 온도(T)는 정비례한다.

$$V \propto T$$

만약 두 변수가 직선적으로 비례한다면 어떤 요인에 의해 한 변수가 증가할 때 다른 변수도 같은 정도로 증가할 것이다. 예를 들어 일정 기체의 온도(K)가 2배 오르면 부피도 2배 증가하고, 온도가 3배 오르면 그 부피도 3배 증가할 것이다. 이러한 현상 역시 분자 운동론의 당연한 결과이다. 만약 기체 시료의 온도가 오르면 기체 입자는 더 빨리 움직이고, 그때 압력이 일정하다면 부피가 증가해야 한다(그림 11.17).

따뜻한 토스터 위에 덜 부푼 풍선을 올려놓으면 Charles의 법칙을 직접 경험할 수 있다. 풍선 안의 공기가 뜨거워지면 풍선이 팽창되는 것을 느낄 수 있다. 이와 반대로 팽창된 풍선을 냉장고에 넣거나 매우 추운 날(어는점 이하) 밖으로 가지고 나가면 풍선이 차가워지면서 더 작아지는 것을 볼 수 있을 것이다.

Charles의 법칙은 기체의 압력과 양이 일정할 때 온도 변화에 따른 기체의 부피를 계산하거나 부피 변화에 따른 기체의 온도를 계산하는 데 이용한다. 이러한 계산을 위해 Charles의 법칙을 다음과 같은 식으로 나타낼 수 있다.

$$V \propto T\text{이므로 } V = \text{상수} \times T$$

만약 양변을 T로 나누면 다음 식을 얻을 수 있다.

$$\frac{V}{T} = \text{상수}$$

온도가 오르면 부피도 비례해 증가하기 때문에 V/T는 항상 일정한 값이다. 그래서 서로 다른 두 측정값에 대해 이렇게 쓸 수 있다.

$$\frac{V_1}{T_1} = \text{상수} = \frac{V_2}{T_2} \quad \text{또는}$$

$$\frac{V_1}{T_1} = \frac{V_2}{T_2}$$

여기서 V_1과 T_1은 부피와 온도의 초깃값이고 V_2와 T_2는 최종 부피와 온도이다. 모든 온도는 절대 온도로 써야 한다.

예를 들어 298 K, 2.37 L인 기체 시료를 압력의 변화 없이 354 K로 가열했다고 가정해보자. 기체의 최종 부피를 계산하기 위해 문제의 정보를 분류하는 것으로 시작한다.

▲ 풍선 안의 기체를 가열하면 기체가 팽창한다(Charles의 법칙). 가열된 공기가 차지하는 부피가 증가하면 그 밀도가 감소하여 풍선은 주변의 더 차갑고 밀도가 높은 공기 위에 뜨게 된다.

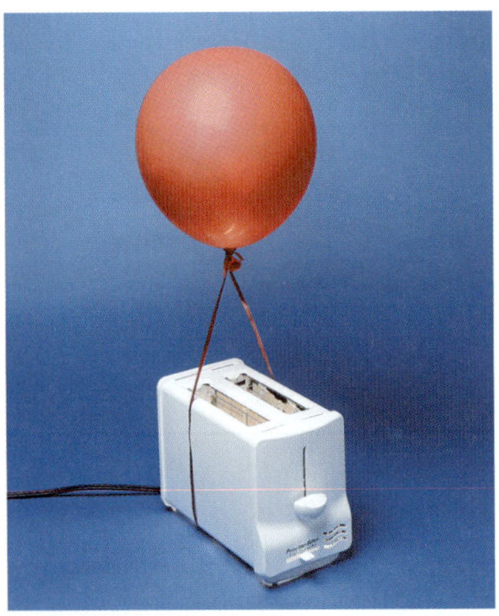

▲ 뜨거워진 토스터 위에 덜 부푼 풍선을 올려놓으면 풍선 안의 공기가 뜨거워지면서 풍선이 팽창한다.

Charles의 법칙에 기초하여 계산하기 전에 V_2가 V_1보다 더 크거나 작다고 예측할 수 있는가?

주어진 값: $T_1 = 298\ \text{K}$

$V_1 = 2.37\ \text{L}$

$T_2 = 354\ \text{K}$

구해야 하는 값: V_2

해결도표

이 식이 주어진 값으로부터 구해야 하는 값을 어떻게 얻을 수 있는지를 보여주는 해결도표를 그린다.

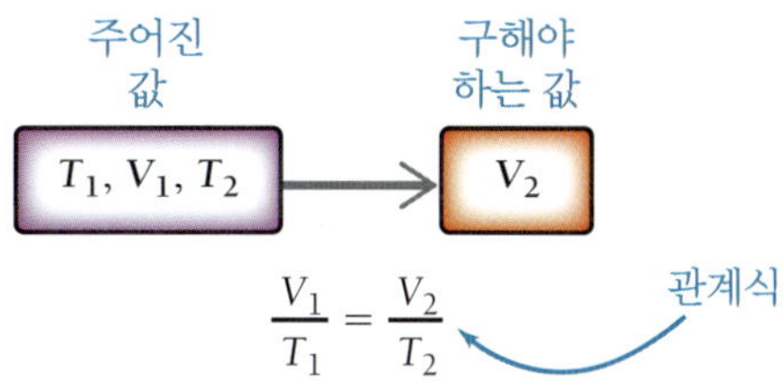

사용된 관계식

$\frac{V_1}{T_1} = \frac{V_2}{T_2}$(Charles의 법칙)

답

V_2에 대해 식을 푼다.

$$\frac{V_1}{T_1} = \frac{V_2}{T_2}$$

$$V_2 = \frac{V_1}{T_1} T_2$$

그리고 주어진 값을 식에 대입하여 계산한다.

$$V_2 = \frac{V_1}{T_1} T_2 = \frac{2.37\ \text{L}}{298\ \cancel{\text{K}}} 354\ \cancel{\text{K}} = 2.82\ \text{L}$$

예제 11.3 Charles의 법칙

온도를 알 수 없는 2.80 L의 기체 시료가 있다. 기체를 $t = 273\ \text{K}$의 얼음물에 넣었더니 부피가 2.57 L로 감소했다. 이 기체의 초기 온도(절대 온도와 섭씨온도)는 몇 도였겠는가? 압력이 일정하다고 가정한다. (두 온도 척도를 구분하기 위해 섭씨온도를 t, 절대 온도를 T라고 한다.)

분류

초기 부피와 최종 부피, 최종 온도가 주어졌고, 초기 온도를 구하여 절대 온도(T_1)와 섭씨온도(t_1)로 나타내야 한다.

주어진 값: $V_1 = 2.80\ \text{L}$

$V_2 = 2.57\ \text{L}$

$t_2 = 273\ \text{K}$

구해야 하는 값: T_1, t_1

전략

주어진 값으로 시작하는 해결도표를 그린다. Charles의 법칙은 구해야 하는 값을 얻는 데 필요한 관계를 보여준다.

해결도표

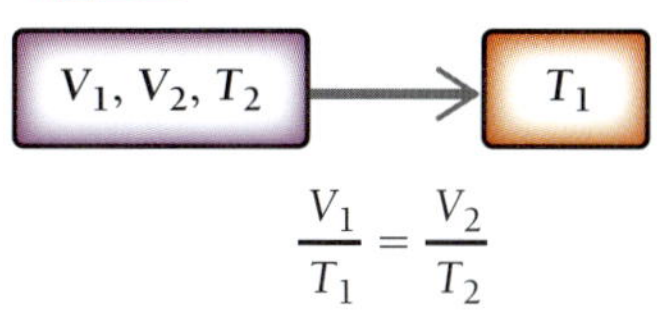

	사용된 관계식 $\frac{V_1}{T_1} = \frac{V_2}{T_2}$ (Charles의 법칙)
풀이 T_1에 대해 식을 푼다. 주어진 값을 식에 대입하기 전에, 온도를 절대 온도로 바꾸어야 한다. 기체의 법칙에 대한 문제를 풀 때는 항상 절대 온도를 사용해야 한다는 것을 기억하라. T_1을 구하려면 온도를 절대 온도로 바꾸고 나서 주어진 값을 식에 대입한다. t_1을 구하려면 절대 온도를 섭씨온도로 바꾼다.	**답** $\frac{V_1}{T_1} = \frac{V_2}{T_2}$ $T_1 = \frac{V_1}{V_2} T_2$ $T_2 = 273\ \text{K}$ $T_1 = \frac{V_1}{V_2} T_2$ $= \frac{2.80\ \cancel{\text{L}}}{2.57\ \cancel{\text{L}}} 273\ \text{K}$ $= 297\ \text{K}$
검토 답을 확인한다. 단위가 옳은가? 답이 합당한가?	답은 올바른 단위(K와 °C)이다. 초기 부피가 최종 부피보다 더 크기 때문에 답이 합당하다. 그러므로 초기 온도는 최종 온도보다 높아야 한다.

▶ **연습문제 11.3 | Charles의 법칙**

움직일 수 있는 피스톤이 달린 실린더 안에 308 K, 88.2 mL의 기체가 들어 있다. 이 기체의 온도를 428 K로 높였을 때 기체의 최종 부피는 몇 밀리리터인가?

▶ **심화 학습** 복습문제 41~44

✔ 확인문제 11.5

자유롭게 움직일 수 있는 피스톤이 달린 실린더 안에 어떤 기체가 들어 있다. 열을 충분히 가하여 기체의 절대 온도를 2배로 높인다면 어떤 일이 일어나겠는가? (압력이 일정하다고 가정한다.)

(a) 부피가 2배가 된다.
(b) 부피가 동일하게 유지된다.
(c) 부피가 초기 부피의 반으로 줄어든다.

11.6 통합 기체 법칙: 압력, 부피, 온도

▶ 통합 기체 법칙을 설명하고 적용한다.

Boyle의 법칙은 일정한 온도에서 압력 P와 부피 V의 관계를 보여주고, Charles의 법칙은 일정한 압력에서 부피 V와 온도 T의 관계를 보여준다. 하지만 두 변수의 값이 동시에 변한다면 어떻게 될까? 예를 들어 기체의 압력과 온도가 동시에 바뀐다면 그 부피는 어떻게 될까?

부피는 압력에 반비례하고($V \propto 1/P$) 온도에 정비례하므로($V \propto T$) 다음과 같이 쓸 수 있다.

$$V \propto \frac{T}{P} \quad \text{또는} \quad \frac{PV}{T} = \text{상수}$$

통합 기체 법칙은 Boyle의 법칙과 Charles의 법칙을 모두 포함하고 있으므로 두 법칙 대신에 이 법칙을 사용할 수 있다. 만약 P, V, T 중 한 성질이 일정하다면 통합 기체 법칙을 이용하여 계산할 때 변수 하나를 삭제하면 된다.

두 가지 상황에 놓여 있는 한 기체 시료에 대해 **통합 기체 법칙**(combined gas law)을 적용할 수 있다.

통합 기체 법칙: $$\frac{P_1V_1}{T_1} = \frac{P_2V_2}{T_2}$$

통합 기체 법칙은 기체의 양이 일정할 때만 적용된다. 온도는 Charles의 법칙처럼 절대 온도로 써야 한다.

움직일 수 있는 피스톤이 달린 실린더에 3.65 L의 기체를 넣어 산 위로 올라갔다고 생각해 보자. 산 아래의 압력은 101 kPa이고 온도는 302 K이다. 산 위의 압력은 91.7 kPa이고 온도는 291 K이다. 산 위에서 기체의 부피는 어떻게 되겠는가? 다음과 같이 문제를 정리한다.

주어진 값: $P_1 = 101\ \text{kPa}$ $\quad T_2 = 291\ \text{K}$
$V_1 = 3.65\ \text{L}$ $\quad P_2 = 91.7\ \text{kPa}$
$T_1 = 302\ \text{K}$

구해야 하는 값: V_2

해결도표

통합 기체 법칙 식이 주어진 값으로부터 구해야 하는 값을 어떻게 얻을 수 있는지를 보여주는 해결도표를 그린다.

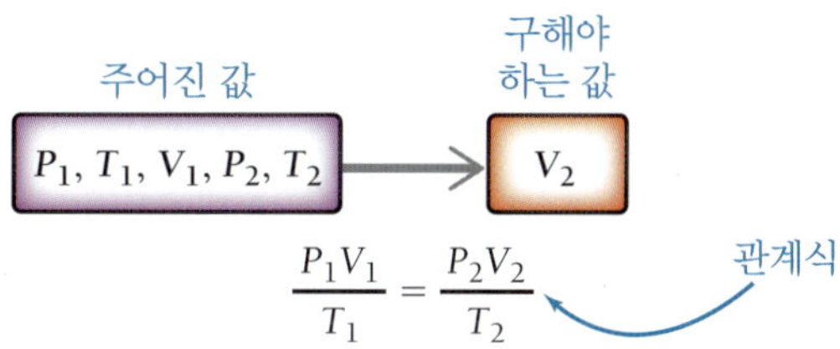

사용된 관계식

$$\frac{P_1V_1}{T_1} = \frac{P_2V_2}{T_2} \text{ (통합 기체 법칙)}$$

답

V_2에 대해 식을 푼다.

$$\frac{P_1V_1}{T_1} = \frac{P_2V_2}{T_2}$$

$$V_2 = \frac{P_1V_1T_2}{T_1P_2}$$

그리고 주어진 값을 식에 대입하여 계산한다.

$$V_2 = \frac{P_1V_1T_2}{T_1P_2} = \frac{101\ \cancel{\text{kPa}} \times 3.65\ \text{L} \times 291\ \cancel{\text{K}}}{302\ \cancel{\text{K}} \times 91.7\ \cancel{\text{kPa}}} = 3.87\ \text{L}$$

예제 11.4 통합 기체 법칙

98.0 kPa의 압력과 307 K의 온도에서 부피가 158 mL인 기체 시료가 있다. 기체의 부피를 108 mL로 압축하고 온도를 358 K로 가열하면 압력은 어떻게 되는가?

분류
초기 압력, 온도, 부피와 최종 온도, 부피가 주어졌고 최종 압력을 구해야 한다.

주어진 값: $P_1 = 98.0\ \text{kPa}$
$T_1 = 307\ \text{K}$ $\quad T_2 = 358\ \text{K}$
$V_1 = 158\ \text{mL}$ $\quad V_2 = 108\ \text{mL}$
구해야 하는 값: P_2

전략
주어진 값으로 시작하는 해결도표를 그린다. 통합 기체 법칙은 구해야 하는 값을 얻는 데 필요한 관계를 보여준다.

해결도표

P_1, T_1, V_1, T_2, V_2 → P_2

$$\frac{P_1V_1}{T_1} = \frac{P_2V_2}{T_2}$$

사용된 관계식

$$\frac{P_1V_1}{T_1} = \frac{P_2V_2}{T_2} \text{ (통합 기체 법칙)}$$

풀이
P_2에 대해 식을 푼다.

식에 주어진 값을 대입하기 전에 온도를 절대 온도로 변환해야 한다. 섭씨온도를 절대 온도로 변환한 후 주어진 값을 식에 대입하여 최종 압력 P_2를 얻는다.

답

$$\frac{P_1V_1}{T_1} = \frac{P_2V_2}{T_2}$$

$$P_2 = \frac{P_1V_1T_2}{T_1V_2}$$

$$T_1 = 307\ \text{K}$$

$$T_2 = 358\ \text{K}$$

$$P_2 = \frac{98.0\ \text{kPa} \times 158\ \cancel{\text{mL}} \times 358\ \cancel{\text{K}}}{307\ \cancel{\text{K}} \times 108\ \cancel{\text{mL}}} = 167\ \text{kPa}$$

검토
답을 확인한다. 단위가 옳은가? 답이 합당한가?

답의 단위(kPa)가 옳다. 부피의 감소와 온도의 상승으로 초기 압력보다 압력이 더 커져야 하기 때문에 답이 합당하다.

▶ **연습문제 11.4 | 통합 기체 법칙**
110 kPa의 압력과 303 K의 온도에서 부피가 3.7 L인 풍선이 있다. 압력이 480 kPa, 온도가 288 K인 깊은 물속에 풍선을 담그면 부피는 얼마가 되겠는가? (풍선 표면의 압력은 무시한다.)

▶ **심화 학습** 예제 11.15/복습문제 53~58

✔ 확인문제 11.6

기체의 부피는 용기의 크기에 제한된다. 충분히 열을 가하여 기체의 절대 온도를 2배로 올리고, 용기의 크기를 확장하여 초기 부피의 2배로 만들면 압력은 어떻게 되겠는가?

(a) 압력이 2배가 된다.
(b) 압력이 초깃값의 반으로 줄어든다.
(c) 압력이 초깃값과 같다.

11.7 Avogadro의 법칙: 부피와 몰수

▶ Avogadro의 법칙을 설명하고 적용한다.

지금까지 기체의 양은 일정한 것으로 생각하고 V, P, T가 어떤 관련이 있는지를 공부했다. 그렇다면 기체의 양이 변할 때 어떤 일이 일어나는가? 기체 시료의 몰수가 변함에 따라 그 부피가 일정 온도와 압력에서 어떻게 변하는지를 측정하면 그림 11.18과 같은 결과를 얻을 수 있다. 부피와 몰수의 관계가 선형이라는 것을 알 수 있다. 그래프는 0 mol로 외삽했을 때 예상했던 것처럼 부피가 0이 되는 것을 보여준다. 이러한 관계는 Amedeo Avogadro(1776~1856)가 처음으로 공식화하여 **Avogadro의 법칙**(Avogadro's law)이라고 불린다.

Avogadro의 법칙은 온도와 압력이 일정하다고 가정한다.

Avogadro의 법칙: 기체의 부피는 몰수로 나타낸 기체의 양(n)에 비례한다.

$$V \propto n$$

$V \propto n$이므로 V/n는 일정하다. 기체의 몰수가 증가하면 V/n 값이 항상 일정하도록 부피가 비례하여 증가한다. 그러므로 두 측정값에 대해 다음과 같이 쓸 수 있다.

$$\frac{V_1}{n_1} = 상수 = \frac{V_2}{n_2} \quad 또는 \quad \frac{V_1}{n_1} = \frac{V_2}{n_2}$$

시료의 양이 증가하면 기체의 부피는 정비례하여 증가하는데, 이것도 역시 분자 운동론의 또 다른 예측이다. 일정한 압력과 온도에서 기체 입자 수가 증가하면 입자는 더 많은 부피를 차지할 것이다.

예를 들어 풍선을 불어 부풀릴 때 Avogadro의 법칙을 경험한다. 숨을 내쉴 때마다 풍선 내부에 더 많은 기체 입자들을 더하여 부피를 증가시킨다(그림 11.19). Avogadro의 법칙은 기체의 압력과 온도가 일정한 경우 기체의 양이 변할 때 기체 부피가 어떻게 변하는지를 계산하는 데 이용한다. 이것을 계산할 때 Avogadro의 법칙을 다음 식으로 나타낼 수 있다.

$$\frac{V_1}{n_1} = \frac{V_2}{n_2}$$

여기서 V_1과 n_1은 기체의 초기 부피와 몰수이고 V_2와 n_2는 기체의 최종 부피와 몰수이다. 예제 11.5에서 보듯이 Avogadro의 법칙은 실제 계산에서 다른 기체 법칙과 비슷한 방식으로 이용된다.

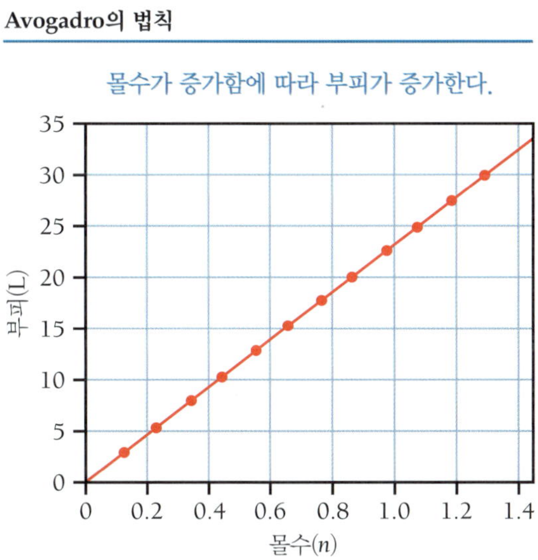

▲ **그림 11.18 몰수와 부피의 관계.** 기체 시료의 몰수가 증가함에 따라 부피가 비례하여 증가한다.

▶ **그림 11.19 풍선 불기.** 풍선을 부는 것은 풍선 내부에 기체 분자를 첨가하는 것이다. 따라서 부피가 증가한다.

예제 11.5	**Avogadro의 법칙**
4.8 L의 헬륨 기체 시료에 0.22 mol의 헬륨이 포함되어 있다. 이 기체 시료의 부피가 6.4 L가 되려면 헬륨을 몇 몰 더 첨가해야 하는가? 온도와 압력이 일정하다고 가정한다.	
분류 초기 부피와 초기 몰수, 최종 부피가 주어졌고 최종 몰수를 구해야 한다.	**주어진 값:** $V_1 = 4.8$ L $n_2 = 0.22$ mol $V_2 = 6.4$ L **구해야 하는 값:** n_2

전략

주어진 값으로 해결도표를 그린다. Avogadro의 법칙은 최종 몰수를 구하는 데 필요한 관계를 보여준다.

해결도표

V_1, n_1, V_2 → n_2

$$\frac{V_1}{n_1} = \frac{V_2}{n_2}$$

사용된 관계식

$$\frac{V_1}{n_1} = \frac{V_2}{n_2} \text{ (Avogadro의 법칙)}$$

풀이

n_2에 대해 식을 풀고 적당한 값을 대입하여 계산한다.

풍선에는 이미 0.22 mol의 기체가 포함되어 있으므로, 첨가해야 할 기체의 몰수를 구하려면 이미 포함되어 있는 양을 빼야 한다.

답

$$\frac{V_1}{n_1} = \frac{V_2}{n_2}$$

$$n_2 = \frac{V_2}{V_1}n_1$$

$$= \frac{6.4\ \cancel{L}}{4.8\ \cancel{L}}\, 0.22\text{ mol}$$

$$= 0.29\text{ mol}$$

첨가해야 할 기체의 몰수 = 0.29 − 0.22 = 0.07 mol

검토

답을 확인한다. 단위가 옳은가? 답이 합당한가?

답은 올바른 단위(mol)이다. 몰수의 증가가 주어진 부피의 증가에 비례하기 때문에 답이 합당하다.

▸ 연습문제 11.5 | Avogadro의 법칙

움직일 수 있는 피스톤이 달린 실린더 안에서 화학 반응이 일어나 0.58 mol의 기체가 생성되었다. 반응 이전에 실린더에는 0.11 mol의 기체가 들어 있었고 그 부피가 2.1 L였다면 반응 후의 부피는 얼마가 되겠는가?

▸ 심화 학습 복습문제 47~50

✔ 확인문제 11.7

다음 각 기체 시료가 같은 온도, 같은 압력일 때 가장 부피가 큰 것은 무엇인가?

(a) 1 g O_2 (b) 1 g Ar (c) 1 g H_2

11.8 이상 기체 법칙: 압력, 부피, 온도, 몰수

▸ 이상 기체 법칙을 설명하고 적용한다.

앞에서 학습한 관계식을 결합하여 하나의 법칙으로 만들 수 있다. 지금까지 다룬 관계식은 다음과 같다.

$$V \propto \frac{1}{P} \text{ (Boyle의 법칙)}$$

$$V \propto T \text{ (Charles의 법칙)}$$

$$V \propto n \text{ (Avogadro의 법칙)}$$

이 3개의 식을 결합하면 다음 식을 얻을 수 있다.

$$V \propto \frac{nT}{P}$$

기체의 부피는 기체의 몰수와 온도에 비례하고 기체의 압력에 반비례한다. **이상 기체 상수**(ideal gas constant)라는 비례 상수 R을 붙이면 비례 관계의 부호를 등호로 바꿀 수 있다.

$$V = \frac{RnT}{P}$$

다시 정리하면 다음과 같은 **이상 기체 법칙**(ideal gas law)을 얻을 수 있다.

$$PV = nRT$$

이상 기체 상수 R의 값은 다음과 같다.

R은 다른 단위로 나타낼 수도 있는데, 단위가 바뀌면 그 값도 달라진다.

$$R = 8.314 \frac{\text{L} \cdot \text{kPa}}{\text{mol} \cdot \text{K}}$$

이상 기체 법칙에는 앞에서 언급한 간단한 기체 법칙이 모두 포함되어 있다. 예를 들어 Boyle의 법칙은 기체의 양(n)과 기체의 온도(T)를 일정하게 유지했을 때 $V \propto 1/P$를 나타낸다는 것을 생각해보라. Boyle의 법칙을 유도하기 위해 이상 기체 법칙을 다음과 같이 정리할 수 있다.

$$PV = nRT$$

먼저 양변을 P로 나눈다.

$$V = \frac{nRT}{P}$$

그런 다음 일정하게 유지되는 변수를 괄호로 묶는다.

$$V = (nRT)\frac{1}{P}$$

이 경우에는 n과 T가 일정하고 R은 상수이므로

$$V = (\text{상수}) \times \frac{1}{P}$$

여기서 Boyle의 법칙$\left(V \propto \frac{1}{P}\right)$이 나온다.

이상 기체 법칙은 다른 변수가 어떻게 관련되어 있는지도 보여준다. 예를 들어 Charles의 법칙으로부터 기체의 압력과 몰수가 일정할 때 기체의 부피가 온도에 비례한다는 것을 알 수 있다. 그러나 일정한 부피, 일정한 몰수의 기체 시료를 가열하면 어떤 일이 일어날까? 이 질문은 탈취제나 헤어스프레이 같은 에어로졸 캔에 붙어 있는 라벨의 경고문에 적용된다. 이러한 라벨에는 캔(내용물을 모두 쓰고 난 후의 캔도)을 과도하게 가열하거나 소각하지 말라는 내용이 담겨 있다. 왜 그럴까? 비어 있는 것처럼 보이는 에어로졸 캔도 사실은 일정 부피를 차지하는 일정량의 기체가 포함되어 있다. 이러한 캔을 가열하면 어떤 일이 일어날까? 일정한 부피, 일정한 몰수에서 압력과 온도의 관계를 명확하게 볼 수 있도록 이상 기체 법칙을 정리해보자.

$$PV = nRT$$

양변을 V로 나누면 다음 식을 얻을 수 있다.

$$P = \frac{nRT}{V}$$

표 11.2 간단한 기체 법칙과 이상 기체 법칙의 관계

변수	상수	변수-상수 형태로 나타낸 이상 기체 법칙	간단한 기체 법칙	간단한 법칙의 이름
V와 P	n과 T	$PV = nRT$	$P_1V_1 = P_2V_2$	Boyle의 법칙
V와 T	n과 P	$\frac{V}{T} = \frac{nR}{P}$	$\frac{V_1}{T_1} = \frac{V_2}{T_2}$	Charles의 법칙
P와 T	n과 V	$\frac{P}{T} = \frac{nR}{V}$	$\frac{P_1}{T_1} = \frac{P_2}{T_2}$	Gay-Lussac의 법칙
P와 n	V과 T	$\frac{P}{n} = \frac{RT}{V}$	$\frac{P_1}{n_1} = \frac{P_2}{n_2}$	
V와 n	T과 P	$\frac{V}{n} = \frac{RT}{P}$	$\frac{V_1}{n_1} = \frac{V_2}{n_2}$	Avogadro의 법칙

기체의 압력과 온도의 관계는 Gay-Lussac의 법칙으로도 알려져 있다.

$$P = \left(\frac{nR}{V}\right)T$$

n과 V는 일정하고 R은 상수이므로 다음과 같이 쓸 수 있다.

$$P = \text{상수} \times T$$

일정한 부피를 차지하는 일정량의 기체의 온도가 올라감에 따라 압력도 증가한다. 에어로졸 캔의 압력 증가는 캔을 폭발시킬 수 있다. 그래서 에어로졸 캔을 가열하거나 소각하면 안 되는 것이다. 간단한 기체 법칙과 이상 기체 법칙의 관계를 표 11.2에 요약했다.

이상 기체 법칙은 4개의 변수(P, V, n, T) 중 3개가 주어졌을 때 나머지 하나의 값을 구하는 데 사용되기도 한다. 그러나 이상 기체 법칙에서 각각의 값은 R의 단위 안에 있는 단위로 표현되어야 한다.

- 압력(P)은 kPa 단위로 나타내야 한다.
- 부피(V)는 L 단위로 나타내야 한다.
- 기체의 양(n)은 mol 단위로 나타내야 한다.
- 온도(T)는 K 단위로 나타내야 한다.

예를 들어 298 K에서 1.2 L의 플라스크에 들어 있는 기체 0.18 mol의 압력을 알고 싶다고 가정하자.

주어진 값: $n = 0.18$ mol
$V = 1.2$ L
$T = 298$ K
구해야 하는 값: P

해결도표

이상 기체 법칙을 이용하여 주어진 값으로부터 구해야 하는 값을 얻을 수 있는지를 보여주는 해결도표를 그린다.

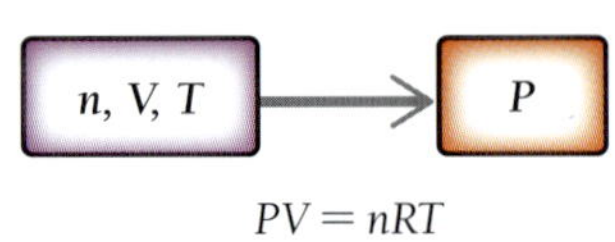

사용된 관계식

$PV = nRT$ (이상 기체 법칙)

답

P에 대해 식을 푼다.

$$PV = nRT$$
$$P = \frac{nRT}{V}$$

주어진 값을 대입하여 계산한다.

$$P = \frac{0.18\ \cancel{\text{mol}} \times 8.314\ \dfrac{\cancel{\text{L}} \cdot \text{kPa}}{\cancel{\text{mol}} \cdot \cancel{\text{K}}} \times 298\ \cancel{\text{K}}}{1.2\ \cancel{\text{L}}}$$
$$= 370\ \text{kPa}$$

필요한 값의 단위(kPa)를 제외하고는 모든 단위가 소거되는 것에 주목하라.

예제 11.6 이상 기체 법칙

315 K의 온도, 138 kPa의 압력에서 질소 기체 0.845 mol이 차지하는 부피를 구하시오.

분류

기체 시료의 몰수, 압력, 온도가 주어졌고 부피를 구해야 한다.

주어진 값: $n = 0.845$ mol

$P = 138$ kPa

$T = 315$ K

구해야 하는 값: V

전략

주어진 값으로 시작하는 해결도표를 그린다. 이상 기체 법칙은 구하고자 하는 값을 얻는 데 필요한 관계를 보여준다.

해결도표

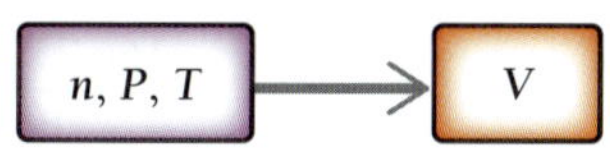

$PV = nRT$

사용된 관계식

$PV = nRT$ (이상 기체 법칙)

풀이

V에 대해 식을 풀고 적당한 값을 대입하여 계산한다.

답

$$PV = nRT$$
$$V = \frac{nRT}{P}$$
$$V = \frac{0.845\ \cancel{\text{mol}} \times 8.314\ \dfrac{\text{L} \cdot \cancel{\text{kPa}}}{\cancel{\text{mol}} \cdot \cancel{\text{K}}} \times 315\ \cancel{\text{K}}}{138\ \cancel{\text{kPa}}} = 16.0\ \text{L}$$

검토

답을 확인한다. 단위가 옳은가? 답이 합당한가?

답의 단위(L)가 옳지만 답의 크기는 판단하기가 다소 어렵다. 그러나 표준 온도와 압력($T = 0$ ℃ 또는 273.15 K, $P = 101.325$ kPa)에서 1 mol의 기체는 22.4 L를 차지한다(11.10절 참조). 그러므로 답 16.0 L는 표준 온도와 압력에서 멀리 벗어나지 않은 조건하에 기체 0.85 mol의 부피로 합당하다.

▶ 연습문제 11.6 | 이상 기체 법칙

8.5 L의 타이어가 305 K의 온도에서 0.55 mol의 기체로 채워져 있다. 타이어 내 기체의 압력은 얼마인가?

▶ 심화 학습 예제 11.16/복습문제 61~64

이상 기체 법칙 문제에서 주어진 단위가 이상 기체 상수(kPa, L, mol, K)의 단위와 다르다면 다음 예제 11.7과 같이 이상 기체 식에 대입하기 전에 올바른 단위로 바꾸어야 한다.

예제 11.7 단위 변환이 필요한 이상 기체 법칙

25 ℃의 온도에서 부피가 3.2 L인 농구공을 24.2 psi의 압력으로 부풀렸다. 공 안에는 몇 몰의 기체가 들어 있는가?

분류

기체 시료의 압력, 부피, 온도가 주어졌고 몰수를 구해야 한다.

주어진 값: $P = 24.2$ psi

$V = 3.2$ L

$t = 25$ ℃

구해야 하는 값: n

전략

주어진 값으로 시작하는 해결도표를 그린다. 이상 기체 법칙은 구하고자 하는 값을 얻는 데 필요한 관계를 보여준다.

해결도표

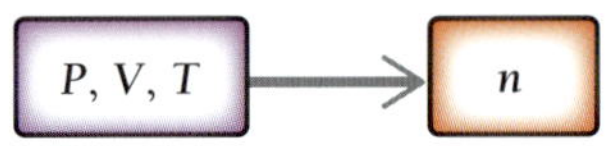

$PV = nRT$

사용된 관계식

$PV = nRT$ (이상 기체 법칙)

풀이

n에 대해 식을 푼다.

$$PV = nRT$$
$$n = \frac{PV}{RT}$$

값을 식에 대입하기 전에 P와 t를 올바른 단위로 변환한다(166.77 kPa는 중간 답이므로 마지막 유효 숫자에 표시해놓고 마지막에 반올림한다).

$$P = 24.2\ \cancel{\text{psi}} \times \frac{101.3\ \text{kPa}}{14.7\ \cancel{\text{psi}}} = 16\underline{6}.77\ \text{kPa}$$
$$T = t + 273$$
$$= 25 + 273 = 298\ \text{K}$$

식에 대입하여 n을 계산한다.

$$n = \frac{16\underline{6}.77\ \cancel{\text{kPa}} \times 3.2\ \cancel{\text{L}}}{8.314\ \frac{\cancel{\text{L}} \cdot \cancel{\text{kPa}}}{\text{mol} \cdot \cancel{\text{K}}} \times 298\ \cancel{\text{K}}}$$

검토

답을 확인한다. 단위가 옳은가? 답이 합당한가?

답의 단위(mol)가 옳지만 답의 크기는 판단하기가 다소 어렵다. 그러나 표준 온도와 압력($T = 0$ ℃ 또는 273.15 K, $P = 101$ kPa)에서 1 mol의 기체는 22.4 L를 차지한다는 것을 아는 것이 도움이 된다(예제 11.6의 '검토' 참조). STP에서 기체 시료 3.2 L에는 약 0.15 mol이 포함될 것이다. 그러므로 더 높은 압력에서는 시료에 0.15 mol보다 더 많이 포함되기 때문에 답이 합당하다.

▶ **연습문제 11.7 | 단위 변환이 필요한 이상 기체 법칙**

715 mm Hg의 압력, 58 ℃의 온도에서 기체 0.556 mol이 차지하는 부피는 얼마인가?

▶ **연습문제 11.7+**

32 ℃의 온도에서 0.133 g의 헬륨 기체 시료가 648 mL의 용기에 들어 있다. 이 시료의 압력을 mm Hg 단위로 나타내시오.

▶ **심화 학습** 복습문제 65, 66, 69, 70

이상 기체 법칙으로 기체의 몰질량 구하기

기체의 몰질량을 계산할 때 질량 측정치가 포함된 형태의 이상 기체 법칙을 이용할 수 있다. 예를 들어 다음과 같은 문제가 있다고 하자. 질량이 0.136 g이고, 298 K의 온도에서 부피가 0.112 L, 압력이 107 kPa인 기체 시료의 몰질량을 구해보자.

먼저 문제의 정보를 분류하는 것으로 시작한다.

주어진 값: $m = 0.136\ \mathrm{g}$ $\quad V = 0.112\ \mathrm{L}$

$T = 298\ \mathrm{K}$ $\quad P = 107\ \mathrm{kPa}$

구해야 하는 값: 몰질량(g/mol)

해결도표

해결도표를 그려 전략을 세운다. 이 경우에 해결도표는 두 부분으로 이루어진다. 첫 번째 부분에서 기체의 몰수를 구할 때 P, V, T를 이용하고, 두 번째 부분에서 기체의 몰수와 주어진 질량으로 몰질량을 계산한다.

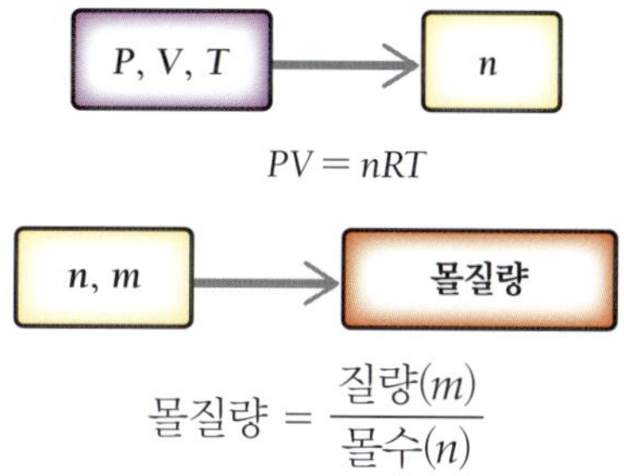

사용된 관계식

$PV = nRT$ (이상 기체 법칙)

몰질량 $= \dfrac{\text{질량}}{\text{몰수}}$ (6.3절의 몰질량의 정의)

답

$$PV = nRT$$

$$n = \frac{PV}{RT}$$

$$= \frac{107\ \cancel{\mathrm{kPa}} \times 0.112\ \cancel{\mathrm{L}}}{8.314\ \dfrac{\cancel{\mathrm{L}} \cdot \cancel{\mathrm{kPa}}}{\mathrm{mol} \cdot \cancel{\mathrm{K}}} \times 298\ \cancel{\mathrm{K}}}$$

$$= 4.8\underline{3}70 \times 10^{-3}\ \mathrm{mol}$$

$$\text{몰질량} = \frac{\text{질량}(m)}{\text{몰수}(n)}$$

$$= \frac{0.136\ \mathrm{g}}{4.8\underline{3}70 \times 10^{-3}\ \mathrm{mol}}$$

$$= 28.1\ \mathrm{g/mol}$$

예제 11.8 이상 기체 법칙과 질량 측정을 통한 몰질량 계산

어떤 기체 시료의 질량이 0.311 g이다. 328 K의 온도, 118 kPa의 압력에서 부피가 0.225 L일 때 이 기체 시료의 몰질량은 얼마인가?

분류	
기체 시료의 질량, 부피, 온도, 압력이 주어졌고 몰질량을 구해야 한다.	**주어진 값:** $m = 0.311\ \mathrm{g}$ $V = 0.225\ \mathrm{L}$ $t = 328\ \mathrm{K}$ $P = 118\ \mathrm{kPa}$ **구해야 하는 값:** 몰질량(g/mol)

전략

해결도표의 첫 번째 부분에서 이상 기체 법칙을 사용하여 주어진 값으로부터 기체의 몰수를 구한다.

두 번째 부분에서 주어진 질량과 첫 번째 부분에서 구한 몰수를 사용하여 몰질량을 구한다.

해결도표

P, V, T → n

$PV = nRT$

n, m → 몰질량

$$\text{몰질량} = \frac{\text{질량}(m)}{\text{몰수}(n)}$$

사용된 관계식

$PV = nRT$ (이상 기체 법칙)

$$\text{몰질량} = \frac{\text{질량}(m)}{\text{몰수}(n)} \text{ (6.3절의 몰질량의 정의)}$$

풀이

먼저 이상 기체 법칙을 n에 대해 푼다.

답

$$PV = nRT$$
$$n = \frac{PV}{RT}$$
$$P = 118\,\text{kPa}$$
$$T = 328\,\text{K}$$

기체의 몰수 n을 계산하기 위해 다른 값을 대입한다.

$$n = \frac{118\,\cancel{\text{kPa}} \times 0.225\,\cancel{\text{L}}}{8.314\,\dfrac{\cancel{\text{L}} \cdot \cancel{\text{kPa}}}{\text{mol} \cdot \cancel{\text{K}}} \times 328\,\cancel{\text{K}}}$$
$$= 9.7360 \times 10^{-3}\,\text{mol}$$

앞에서 구한 몰수와 주어진 질량(m)으로 몰질량을 구한다.

$$\text{몰질량} = \frac{\text{질량}(m)}{\text{몰수}(n)} = \frac{0.311\,\text{g}}{9.7360 \times 10^{-3}\,\text{mol}} = 31.9\,\text{g/mol}$$

검토

답을 확인한다. 단위가 옳은가? 답이 합당한가?

답의 단위(g/mol)가 옳다. 답이 보통 화합물에 대한 몰질량 범위 내이므로 합당하다.

▶ **연습문제 11.8 | 이상 기체 법칙과 질량 측정을 통한 몰질량 계산**

어떤 기체 시료의 질량이 827 mg이다. 361 K의 온도, 1.30×10^2 kPa의 압력에서 부피가 0.270 L일 때 이 기체 시료의 몰질량은 얼마인가?

▶ **심화 학습** 복습문제 71~74

이상 기체와 비이상 기체의 거동

분자 운동론으로부터 이상 기체 법칙을 유도하는 것은 이 책의 범위를 벗어나지만 이상 기체 법칙은 기체 분자 운동론의 직접적인 결과이다. 결과적으로 이상 기체 법칙은 분자 운동론이 적용되는 조건에서만 적용된다. 이상 기체 법칙은 이상적으로 행동하는 기체에만 정확하게 적용된다(그림 11.20). 이상적으로 행동하는 기체란 (a) 기체 입자의 부피가 기체 입자가 차지하고 있는 공간에 비해 매우 작고, (b) 기체 입자 간의 인력이 무시할 수 있을 정도로 작은 기체를 뜻한다. 높은 압력(기체 입자 사이의 간격이 좁아짐), 낮은 온도(기체 입자가 너무 느리게 움직여서 입자 간 상호작용을 무시할 수 없음)라는 조건에서는 이러한 가정이 무너진다(그림 11.21). 이 책의 모든 문제에서는 이상 기체 거동을 가정한다.

▲ **그림 11.20 이상 기체 거동 조건.** 높은 온도, 낮은 압력하에서는 분자 운동론의 가정이 적용된다.

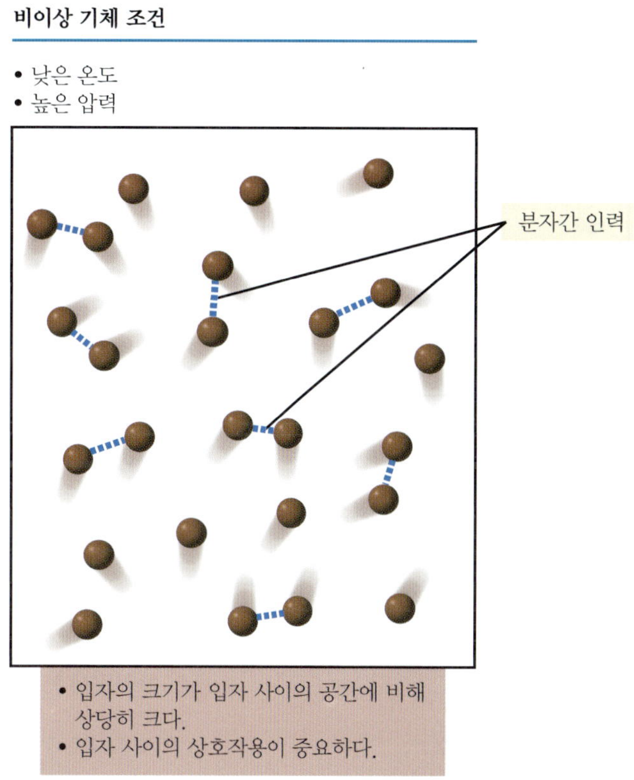

▲ **그림 11.21 비이상 기체 거동 조건.** 낮은 온도, 높은 압력하에서는 가정된 분자 운동론이 적용되지 않는다.

11.9 기체 혼합물

▶ Dalton의 부분 압력 법칙을 설명하고 적용한다.

표 11.3 건조한 공기의 조성

기체	부피 백분율(%)
질소(N_2)	78
산소(O_2)	21
아르곤(Ar)	0.9
이산화 탄소(CO_2)	0.04

많은 기체 시료는 순수하지 않고 기체 혼합물로 이루어져 있다. 예를 들어 숨 쉬는 공기는 질소 78%, 산소 21%, 아르곤 0.9%, 이산화 탄소 0.04%(표 11.3)와 더 적은 양의 몇몇 기체의 혼합물이다.

분자 운동론에 따르면 기체 혼합물의 각 성분 기체는 서로 독립적으로 행동한다. 예를 들어 공기 중의 질소 분자는 일정한 압력, 즉 전체 압력의 78%를 나타낸다. 다시 말해 혼합물 내 다른 기체의 존재와 별개로 행동한다. 마찬가지로 공기 중의 산소 분자는 일정한 압력, 즉 전체 압력의 21%를 나타내며, 혼합물 내 다른 기체의 존재와 별개로 행동한다. 기체 혼합물 중 어떤 개별 성분 때문에 나타나는 압력을 그 성분의 **부분 압력**(partial pressure)이라고 한다. 어떤 성분 기체의 부분 압력은 혼합 기체 전체 압력에 그 성분의 조성 분율을 곱한 값이다(그림 11.22).

조성 분율은 백분율 조성을 100으로 나눈 값이다.

한 조성 성분의 부분 압력:

성분의 조성 분율 × 전체 압력

예를 들어 1.0×10^2 kPa의 공기 중에서 질소의 부분 압력(P_{N_2})은 다음과 같다.

$$\begin{aligned} P_{N_2} &= 0.78 \times 1.0 \times 10^2 \text{ kPa} \\ &= 78 \text{ kPa} \end{aligned}$$

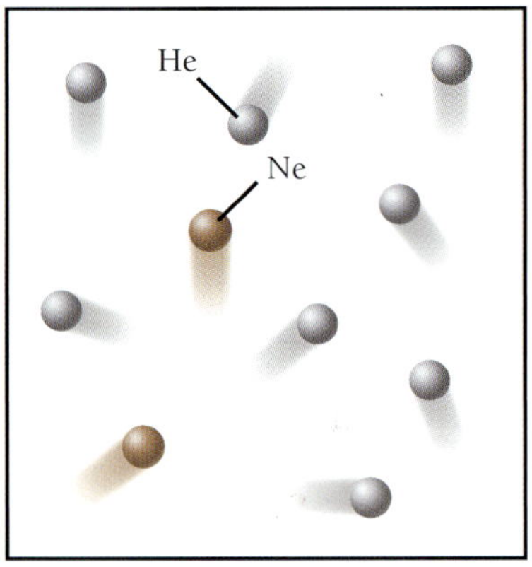

기체 혼합물(80% He, 20% Ne)
$P_{tot} = 100$ kPa
$P_{He} = 80$ kPa
$P_{Ne} = 20$ kPa

▲ **그림 11.22 부분 압력.** 헬륨 80%, 네온 20%로 이루어진 기체 혼합물의 전체 압력이 100 kPa라면 헬륨의 부분 압력은 80 kPa이고 네온의 부분 압력은 20 kPa이다.

마찬가지로 1.0×10^2 kPa의 공기 중에서 산소의 부분 압력은 다음과 같다.

$$\begin{aligned} P_{O_2} &= 0.21 \times 1.0 \times 10^2 \text{ kPa} \\ &= 21 \text{ kPa} \end{aligned}$$

기체 혼합물 내 각 성분 기체의 부분 압력의 합은 **Dalton의 부분 압력 법칙**(Dalton's law of partial pressure)으로 표현되는 전체 압력과 같다.

Dalton의 부분 압력 법칙:

$$P_{tot} = P_a + P_b + P_c + \cdots$$

여기서 P_{tot}는 전체 압력이고 P_a, P_b, P_c, …는 각 성분의 부분 압력이다.

100 kPa 공기는 다음과 같이 정리할 수 있다.

$$\begin{aligned} P_{tot} &= P_{N_2} + P_{O_2} + P_{Ar} \\ P_{tot} &= 78 \text{ kPa} + 21 \text{ kPa} + 1 \text{ kPa} \\ &= 100 \text{ kPa} \end{aligned}$$

✔ 확인문제 11.8

기체 혼합물에 들어 있는 He와 Ne의 몰수가 동일하다. 기체 혼합물의 전체 압력이 3.04×10^5 Pa일 때 He와 Ne의 부분 압력은 얼마인가?

(a) $P_{He} = 1.52 \times 10^5$ Pa; $P_{Ne} = 1.52 \times 10^5$ Pa
(b) $P_{He} = 2.03 \times 10^5$ Pa; $P_{Ne} = 1.01 \times 10^5$ Pa
(c) $P_{He} = 1.01 \times 10^5$ Pa; $P_{Ne} = 2.03 \times 10^5$ Pa

예제 11.9 전체 압력과 부분 압력

헬륨, 네온, 아르곤 혼합 기체의 전체 압력이 74.4 kPa이다. 헬륨의 부분 압력이 45.5 kPa, 네온의 부분 압력이 14.9 kPa일 때 아르곤의 부분 압력은 얼마인가?

혼합 기체의 전체 압력과 세 성분 기체 중 2개의 부분 압력이 주어졌고, 나머지 한 성분의 부분 압력을 구해야 한다.	**주어진 값:** $P_{tot} = 74.4$ kPa $P_{He} = 45.5$ kPa $P_{Ne} = 14.9$ kPa **구해야 하는 값:** P_{Ar}
Dalton의 법칙을 나타내는 식을 아르곤의 부분 압력에 대해 풀고 주어진 값을 대입하여 계산한다.	**답** $P_{tot} = P_{He} + P_{Ne} + P_{Ar}$ $P_{Ar} = P_{tot} - P_{He} - P_{Ne}$ $= 74.4 \text{ kPa} - 45.5 \text{ kPa} - 14.9 \text{ kPa}$ $= 14.0 \text{ kPa}$

▶ **연습문제 11.9 | 전체 압력과 부분 압력**

수소 기체 시료가 수증기와 혼합되어 있다. 혼합 기체의 전체 압력이 99.3 kPa, 수증기의 부분 압력은 3.2 kPa일 때 수소 기체의 부분 압력은 얼마인가?

▶ **심화 학습** 예제 11.17/복습문제 75~78

▲ 에베레스트산을 오르는 등반가는 압력이 매우 낮아 산소 부족으로 심할 경우 치명적인 저산소증을 겪을 수 있으므로 산소가 필요하다.

부분 압력과 생리작용

인간의 허파는 P_{O_2} = 21 kPa의 부분 압력에서 산소를 호흡하도록 진화되었다. 예를 들어 산에 오를 때 전체 압력이 감소하면 산소의 부분 압력도 감소한다. 예를 들어 에베레스트산의 꼭대기에서는 전체 압력이 31.5 kPa이고 산소의 부분 압력이 6.6 kPa이다. 앞에서 설명했듯이 산소의 농도가 낮으면 생리학적으로 영향을 받아 산소 결핍 또는 **저산소증**(hypoxia)이 나타난다. 가벼운 저산소증의 경우 어지러움, 두통, 숨이 차는 증상 등이 나타난다. P_{O_2}가 10 kPa 이하로 떨어지면 심각한 저산소증에 빠져 의식이 없어지거나 죽음에 이르기도 한다. 이러한 이유로 에베레스트산 정상에 오르려는 등산가는 보통 숨 쉴 수 있는 산소를 가져간다.

산소의 압력이 높은 경우에도 생리적인 영향을 미칠 수 있다. 앞에서 언급했듯이 스쿠버다이버는 높은 압력의 공기로 숨을 쉰다. 수심 30 m에서 스쿠버다이버는 P_{O_2}가 85 kPa 정도인 전체 압력 410 kPa의 공기로 숨을 쉰다. 산소의 부분 압력이 증가하면 허파에서 산소 분자의 밀도가 커지며(그림 11.23), 이로 인해 신체 조직에서 산소의 농도가 높아진다. P_{O_2}가 140 kPa를 넘어서면 증가된 산소의 농도 때문에 **산소 독성**(oxygen toxicity)이라는 상태가 초래된다. 산소 독성의 경우 근육의 경련, 터널시(역주: 시야가 좁아지는 현상), 경련 등의 증상으로 나타난다(그림 11.24). 적절한 예방책 없이 위험을 무릅쓰고 너무 깊이 잠수하는 스쿠버다이버는 산소 독성으로 익사할 수도 있다.

높은 압력의 공기로 숨을 쉬는 것과 관련된 두 번째 문제는 허파에서 질소의 농도가 증가하는 것이다. 스쿠버다이버는 수심 30 m에서 P_{N_2} = 310 kPa의 공기로 숨을 쉬게 되고, 이로 인해 신체 조직과 체액의 질소 농도가 높아진다. P_{N_2}가 400 kPa 이상으로 높아지면 **질소 마취**(nitrogen narcosis) 또는 '심해의 환각'이라는 상태에 이르게 된다. 스쿠버다이버는 이

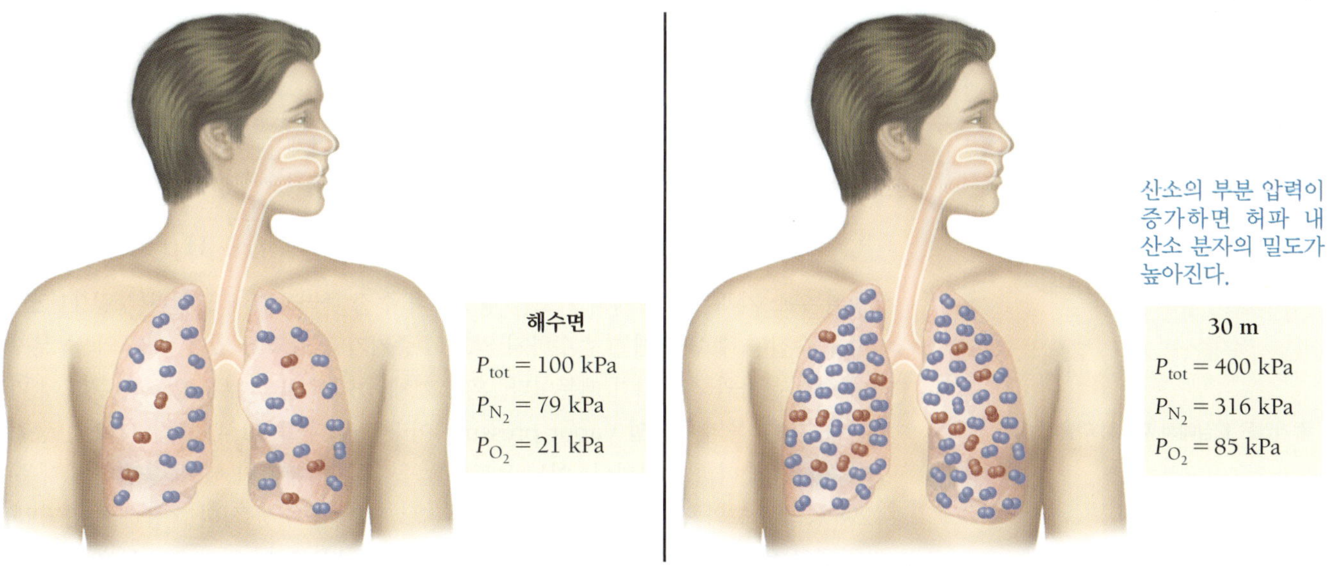

▲ 그림 11.23 **좋은 것도 지나치면 해가 된다.** 압축 공기로 숨을 쉬면 허파에서 산소의 부분 압력이 더 커진다. 허파에서 산소의 부분 압력이 커지면 신체 조직의 산소량이 많아진다. 산소의 부분 압력이 140 kPa를 넘어서면 산소 독성이 발생한다. (그림에서 빨간색은 산소, 파란색은 질소이다.)

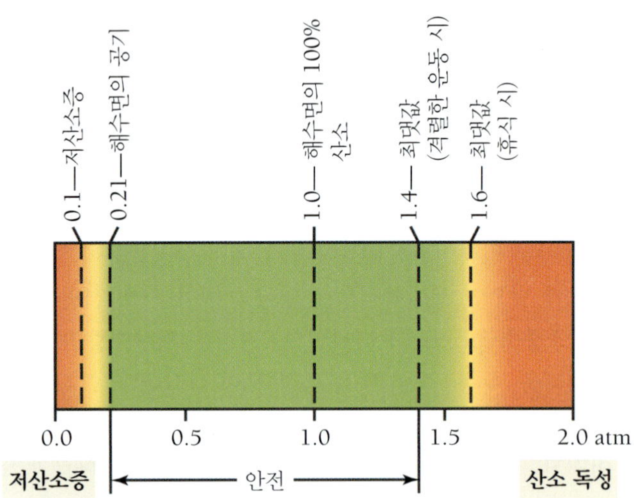

◀ **그림 11.24 산소 부분 압력의 한계.** 해수면에서 공기 중 산소의 부분 압력은 21 kPa이다. 이 압력이 50% 이하가 되면 치명적인 저산소증이 발생한다. 높은 압력의 산소도 해가 될 수 있지만, 산소의 부분 압력이 7배 이상 증가한 경우에만 해당된다.

상태를 술 취한 느낌이라고 설명한다. 해저 60 m에서 압축 공기로 숨을 쉬는 스쿠버다이버는 과음한 것처럼 느낀다.

해저 50 m 이상으로 잠수하려는 심해 잠수부는 산소 독성이나 질소 마취를 피하려고 특별한 기체 혼합물로 호흡한다. 일반적으로 이용하는 기체 혼합물은 헬리옥스(heliox)라고 부르는 헬륨과 산소의 혼합물이다. 이 혼합물은 보통 공기 중의 산소 분율보다 더 낮은 분율의 산소를 포함하고 있으며, 그럼으로써 산소 독성의 위험을 낮춘다. 질소 마취의 위험을 없애기 위해 헬리옥스에는 질소 대신 헬륨이 들어 있다.

예제 11.10	**부분 압력, 전체 압력, 백분율 조성**
전체 압력이 1010 kPa인 90 m 깊이에서 잠수부가 2.0%의 산소가 포함된 헬리옥스 혼합 기체로 숨을 쉬고 있다. 이 잠수부의 허파 내 산소의 부분 압력을 구하시오.	
전체 압력과 혼합물 중 산소의 백분율이 주어졌고 산소의 부분 압력을 구해야 한다.	**주어진 값:** O_2 백분율 = 2.0% P_{tot} = 1010 kPa **구해야 하는 값:** P_{O_2}
기체 혼합물에 들어 있는 어떤 성분의 부분 압력은 그 성분의 조성 분율에 전체 압력을 곱한 것과 같다. 산소의 백분율 조성을 100으로 나누면 산소의 조성 분율을 계산할 수 있다. 전체 압력에 산소의 조성 분율을 곱하여 산소의 부분 압력을 계산한다.	**답** 구성 성분의 부분 압력 = 구성 성분의 조성 분율 × 전체 압력 산소의 조성 분율 $O_2 = \frac{2.0}{100} = 0.020$ $P_{O_2} = 0.020 \times 1010\text{ kPa} = 2.0 \times 10^2\text{ kPa}$
▶ **연습문제 11.10 | 부분 압력, 전체 압력, 백분율 조성** 5.0%의 산소가 포함된 헬리옥스를 사용하는 잠수부가 숨을 쉴 때 P_{O_2} = 21 kPa가 되게 하려면 전체 압력이 얼마여야 하는가?	
▶ **심화 학습** 복습문제 81~84	

물 위에서의 기체 수집

화학 반응의 생성물이 기체일 때 종종 수상 치환으로 기체를 수집한다. 예를 들어 수소 기체의 발생원으로 사용되는 다음 반응을 살펴보자.

$$Zn(s) + 2\,HCl(aq) \longrightarrow ZnCl_2(aq) + H_2(g)$$

생성된 수소 기체는 물속에서 기포를 형성하며 수집 플라스크에 모인다(그림 11.25). 그러나 이렇게 수집된 수소 기체는 순수하지 않고 수증기가 혼합되어 있다. 약간의 물 분자가 증발하여 수소 분자와 혼합되기 때문이다. 혼합 기체 중에서 물의 부분 압력은 온도에 따라 달라지는데, 이를 물의 **증기압**(vapor pressure)이라고 한다(표 11.4, 그림 11.26). 증기압은 온도가 올라감에 따라 증가한다. 이는 온도가 높을수록 물 분자가 더 잘 증발하기 때문이다.

증기압은 12장에서 자세히 다룰 것이다.

298 K의 온도와 전체 압력 101 kPa에서 수소 기체가 수상 치환을 통해 수집되었을 때 수소 기체의 부분 압력은 얼마인가? 전체 압력이 101 kPa라는 것과 298 K에서 물의 부분 압력이 3.17 kPa라는 것을 알고 있다.

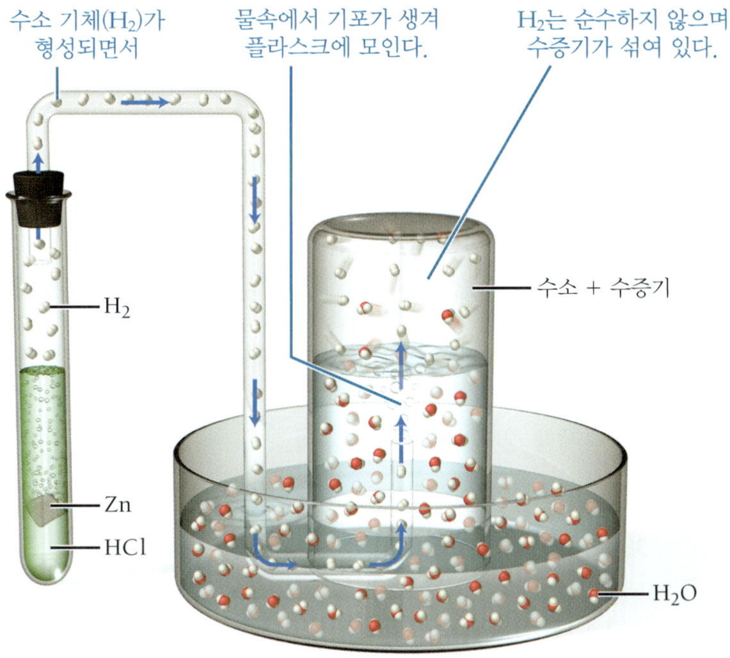

▲ **그림 11.25 물 위에서의 기체 수집.** 화학 반응에서 생성된 기체가 물을 통해 수집될 때 물 분자가 기체 분자와 혼합된다. 최종 혼합물에서 수증기의 압력은 기체가 수집된 온도에서 물의 증기압과 같다.

표 11.4 온도에 따른 물의 증기압

온도(K)	압력(kPa)
283	1.2
293	2.33
298	3.17
303	4.24
313	7.37
323	12.3
333	19.92
343	31.16
353	47.34

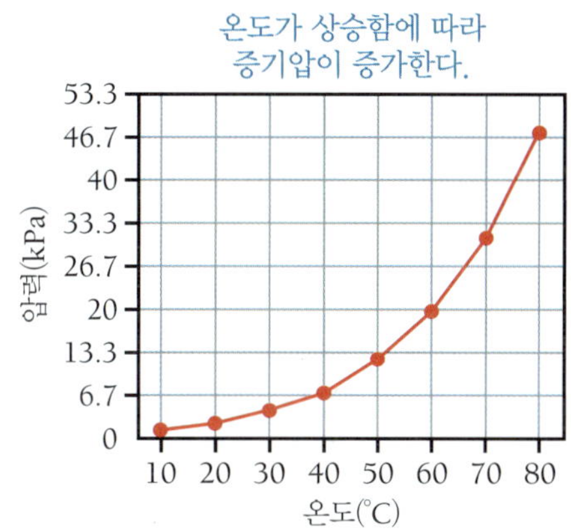

▲ **그림 11.26 온도 함수로 나타낸 물의 증기압**

$$P_{tot} = P_{H_2} + P_{H_2O}$$
$$101\text{ kPa} = P_{H_2} + 3.17\text{ kPa}$$

그러므로

$$P_{H_2} = 101\text{ kPa} - 3.17\text{ kPa}$$
$$= 98\text{ kPa}$$

혼합 기체 중에서 수소의 부분 압력은 98 kPa일 것이다.

11.10 기체의 화학 반응

▶ 기체가 포함된 화학 반응에 화학량론의 원리를 적용한다.

8장에서 화학 반응식의 계수가 어떻게 반응물과 생성물의 몰수 간 환산 인자로 이용될 수 있는지를 공부했다. 이러한 환산 인자는 주어진 반응물의 양으로부터 화학 반응을 통해 얻어진 생성물의 양을 구할 때 또는 주어진 반응물의 양으로부터 그 반응물과 완전히 반응하는 데 필요한 또 다른 반응물의 양을 구할 때 사용된다. 이러한 종류의 계산에 대한 일반적인 해결 도표는 다음과 같다.

$$\text{A의 몰수} \longrightarrow \text{B의 몰수}$$

여기서 A와 B는 반응에 포함된 두 가지 물질이고, 이 두 물질 사이의 환산 인자는 균형 화학 반응식의 화학량론 계수에서 얻는다.

기체 반응물이나 생성물을 포함하는 반응에서 기체의 양은 종종 주어진 온도와 압력에서의 부피로 나타낸다. 이러한 경우 압력, 부피, 온도를 몰수로 변환할 때 이상 기체 법칙을 사용할 수 있다.

$$n = \frac{PV}{RT}$$

그리고 반응에 포함된 다른 값으로 변환하기 위해 화학량론 계수를 이용할 수 있다. 예를 들어 암모니아 합성에 대한 다음 반응을 살펴보자.

$$3\,H_2(g) + N_2(g) \longrightarrow 2\,NH_3(g)$$

381 K의 온도, 133 kPa의 압력에서 2.5 L의 수소가 완전히 반응했다면 NH_3가 몇 몰 생성되는가? 과량의 N_2를 사용했다고 가정한다.

일반적인 방법으로 문제를 정리한다.

주어진 값: $V = 2.5$ L
$T = 381$ K
$P = 133$ kPa (H_2)

구해야 하는 값: mol NH_3

해결도표

해결도표를 그려 전략을 세운다. 이 문제에 대한 해결도표는 다른 화학량론적인 문제에 대한 것과 비슷하다(8.3절, 8.4절 참조). 그러나 먼저 H_2의 P, V, T에서 H_2의 몰수를 구할 때 이상 기체 법칙을 이용한다. 그런 다음 화학량론 계수를 이용하여 H_2의 몰수를 NH_3의 몰수로 변환한다.

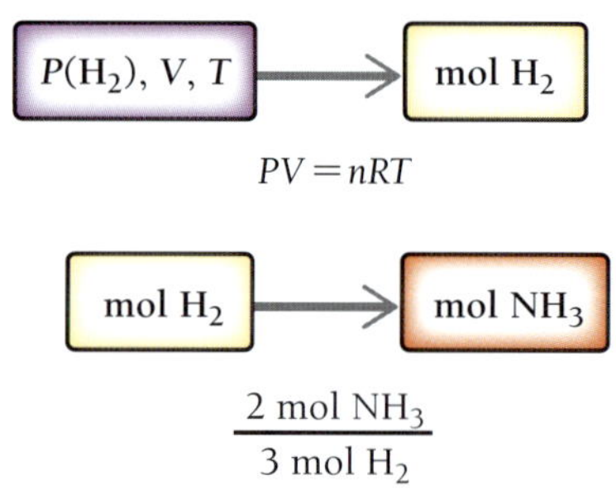

사용된 관계식

$PV = nRT$ (이상 기체 법칙, 11.8절)

3 mol H_2 : 2 mol NH_3 (문제에 주어진 균형 화학 반응식)

답

먼저 n에 대해 이상 기체 방정식을 푼다.

$$PV = nRT$$
$$n = \frac{PV}{RT}$$

그런 다음 적절한 값을 대입한다.

$$n = \frac{133\ \cancel{\text{kPa}} \times 2.5\ \cancel{\text{L}}}{8.314\ \frac{\cancel{\text{L}} \cdot \cancel{\text{kPa}}}{\text{mol} \cdot \cancel{\text{K}}} \times 381\ \cancel{\text{K}}}$$
$$= 0.1050\ \text{mol}\ H_2$$

그리고 H_2의 몰수를 NH_3의 몰수로 변환한다.

$$0.1050\ \cancel{\text{mol}\ H_2} \times \frac{2\ \text{mol}\ NH_3}{3\ \cancel{\text{mol}\ H_2}} = 0.070\ \text{mol}\ NH_3$$

주어진 값의 H_2로 0.070 mol의 NH_3를 생성할 수 있다.

예제 11.11 기체의 화학 반응

불꽃놀이의 점화에 이용되는 다음 반응에 따라 $KClO_3$ 294 g을 완전히 반응시키면 산소 기체 몇 리터가 형성되는가? 산소는 P = 101 kPa, T = 305 K에서 수집된다고 가정한다.

$$2\ KClO_3(s) \longrightarrow 2\ KCl(s) + 3\ O_2(g)$$

분류

화학 반응에서 반응물의 질량이 주어졌고, 주어진 압력과 온도에서 기체 생성물의 부피를 구해야 한다.

주어진 값: 294 g $KClO_3$

P = 101 kPa (산소 기체의 압력)

T = 305 K

구해야 하는 값: O_2의 부피(L)

전략

해결도표는 두 부분으로 이루어진다. 첫 번째 부분에서는 $KClO_3$의 질량을 $KClO_3$의 몰수로 변환한 후 O_2의 몰수로 변환한다.

두 번째 부분에서는 O_2의 몰수 n을 이용하여 O_2의 부피를 구한다.

$KClO_3$의 몰질량, $KClO_3$와 O_2 사이의 화학량론적 관계(균형 화학 반응식으로부터)가 필요하다. 또한 이상 기체 법칙이 필요하다.

해결도표

g $KClO_3$ → mol $KClO_3$ → mol O_2

$$\frac{1\ \text{mol}\ KClO_3}{122.55\ \text{g}\ KClO_3} \qquad \frac{3\ \text{mol}\ O_2}{2\ \text{mol}\ KClO_3}$$

n (mol O_2), P, T → V (O_2)

$PV = nRT$

사용된 관계식

1 mol $KClO_3$ = 122.55 g ($KClO_3$의 몰질량)

2 mol $KClO_3$: 3 mol O_2 (문제에 주어진 균형 화학 반응식)

$PV = nRT$ (이상 기체 법칙, 11.8절)

풀이

$KClO_3$의 질량을 $KClO_3$의 몰수로 변환하는 것으로 시작하고 O_2의 몰수를 구한다.

답

$$294\ \cancel{\text{g}\ KClO_3} \times \frac{1\ \cancel{\text{mol}\ KClO_3}}{122.55\ \cancel{\text{g}\ KClO_3}} \times \frac{3\ \text{mol}\ O_2}{2\ \cancel{\text{mol}\ KClO_3}} = 3.60\ \text{mol}\ O_2$$

V에 대해 이상 기체 법칙을 정리한다.

$$PV = nRT$$

$$V = \frac{nRT}{P}$$

$$P = 101\ \text{kPa}$$

그리고 몰수와 주어진 값을 대입하여 O_2의 부피를 계산한다.

$$V = \frac{3.60\ \cancel{\text{mol}} \times 8.314\ \dfrac{\text{L} \cdot \cancel{\text{kPa}}}{\cancel{\text{mol}} \cdot \cancel{\text{K}}} \times 305\ \cancel{\text{K}}}{101\ \cancel{\text{kPa}}} = 90.4\ \text{L}$$

검토

답을 확인한다. 단위가 옳은가? 답이 합당한가?

답의 단위(L)가 옳지만 답의 크기는 판단하기가 다소 어렵다. 그러나 표준 온도와 압력(T = 0 ℃ 또는 273.15 K, P = 101 kPa)에서 1 mol의 기체는 22.4 L를 차지한다는 것이 도움이 된다(예제 11.6의 '검토' 참조). STP에서 기체 시료 90.7 L에는 약 4 mol이 포함될 것이다. $KClO_3$ 2 mol보다 약간 많은 몰수로 시작하고 $KClO_3$ 2 mol은 O_2 3 mol을 형성하므로 O_2 약 4 mol에 해당하는 답(90.7 L)은 합당하다.

▶ **연습문제 11.11 | 기체의 화학 반응**

다음 반응을 통해 99.3 kPa의 압력, 308 K의 온도에서 4.58 L의 O_2가 생성되려면 Ag_2O가 몇 그램 분해되어야 하는가?

$$2\,Ag_2O(s) \longrightarrow 4\,Ag(s) + O_2(g)$$

▶ **심화 학습** 복습문제 91~96

표준 온도와 압력에서의 몰부피

예제 11.6(검토)에서 0 ℃(273.15 K), 101.325 kPa하에 1 mol의 기체가 차지하는 부피는 22.4 L임을 알았다. 이 조건을 **표준 온도와 압력**(standard temperature and pressure, STP)이라고 하며, 이 조건에서 1 mol의 기체가 차지하는 부피를 이상 기체의 **몰부피**(molar volume)라고 한다. 이상 기체 법칙을 이용하여 STP에서 몰부피가 22.4 L임을 확인할 수 있다.

$$V = \frac{nRT}{P}$$

$$= \frac{1.00\ \cancel{\text{mol}} \times 8.314\ \frac{\text{L} \cdot \cancel{\text{kPa}}}{\cancel{\text{mol}} \cdot \cancel{\text{K}}} \times 273\ \cancel{\text{K}}}{101.3\ \cancel{\text{kPa}}}$$

$$= 22.4\ \text{L}$$

몰부피 22.4 L는 STP에서만 적용할 수 있다.

그러므로 표준 조건에서 다음과 같은 비를 환산 인자로 사용할 수 있다.

$$1\ \text{mol} : 22.4\ \text{L}$$

표준 온도와 압력에서 어떤 기체 1 mol은 22.4 L를 차지한다.

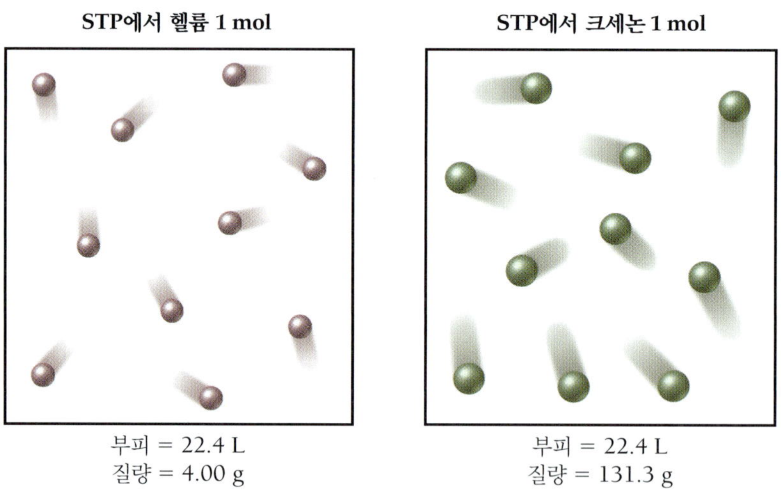

예를 들어 $CaCO_3$ 0.879 mol이 다음과 같이 반응할 때 STP에서 생성되는 CO_2 기체의 부피를 계산해보자.

$$CaCO_3(s) \longrightarrow CaO(s) + CO_2(g)$$

문제의 정보를 분류하는 것으로 시작한다.

주어진 값: 0.879 mol $CaCO_3$

구해야 하는 값: $CO_2(g)$의 부피(L)

해결도표

STP에서 몰부피를 이용하여 $CaCO_3$의 몰수를 CO_2의 몰수로, 그것을 다시 CO_2의 부피(L)로 변환하는 방법을 보여주는 해결도표를 그린다.

$$\text{mol } CaCO_3 \xrightarrow{\frac{1 \text{ mol } CO_2}{1 \text{ mol } CaCO_3}} \text{mol } CO_2 \xrightarrow{\frac{22.4 \text{ L } CO_2}{1 \text{ mol } CO_2}} \text{L } CO_2$$

사용된 관계식

1 mol $CaCO_3$ = 1 mol CO_2 (문제에 주어진 균형 반응식)

1 mol = 22.4 L (STP에서) (STP에서의 몰부피)

답

$$0.879 \text{ mol } CaCO_3 \times \frac{1 \text{ mol } CO_2}{1 \text{ mol } CaCO_3} \times \frac{22.4 \text{ L } CO_2}{1 \text{ mol } CO_2} = 19.7 \text{ L } CO_2$$

예제 11.12 몰부피를 이용한 계산

STP에서 1.24 L의 H_2 기체가 O_2와 완전히 반응했을 때 생성되는 물은 몇 그램인가?

$$2\,H_2(g) + O_2(g) \longrightarrow 2\,H_2O(g)$$

분류

STP에서의 반응물의 부피가 주어졌고, 생성되는 생성물의 질량을 구해야 한다.

주어진 값: 1.24 L H_2

구해야 하는 값: g H_2O

전략

해결도표에서는 몰부피를 이용하여 H_2의 부피를 H_2의 몰수로 변환한다. 그런 다음 H_2와 H_2O의 화학량론적 관계를 이용하여 H_2O의 몰수를 구하고, H_2O의 몰질량을 이용하여 H_2O의 질량을 계산한다.

해결도표

$$\text{L } H_2 \xrightarrow{\frac{1 \text{ mol } H_2}{22.4 \text{ L } H_2}} \text{mol } H_2 \xrightarrow{\frac{2 \text{ mol } H_2O}{2 \text{ mol } H_2}} \text{mol } H_2O \xrightarrow{\frac{18.02 \text{ g } H_2O}{1 \text{ mol } H_2O}} \text{g } H_2O$$

사용된 관계식

1 mol = 22.4 L (STP에서의 몰부피)

2 mol H_2 = 2 mol H_2O (문제에 주어진 균형 반응식)

18.02 g H_2O = 1 mol H_2O (H_2O의 몰질량)

풀이

H_2의 부피에서 시작하여 해결도표를 따라가면 H_2O의 질량에 도달한다.

답

$$1.24 \text{ L } H_2 \times \frac{1 \text{ mol } H_2}{22.4 \text{ L } H_2} \times \frac{2 \text{ mol } H_2O}{2 \text{ mol } H_2} \times \frac{18.02 \text{ g } H_2O}{1 \text{ mol } H_2O} = 0.998 \text{ g } H_2O$$

검토

답을 확인한다. 단위가 옳은가? 답이 합당한가?

답의 단위(g H_2O)가 옳다. 1.24 L의 기체는 약 0.05 mol의 반응물이고(STP에서) 1 g H_2O는 약 0.05 mol(1 g/18 g/mol = 0.05 mol)의 생성물이므로 답이 합당하다. 반응은 1 mol의 H_2에 대해 1 mol의 H_2O를 생성하기 때문에, 생성되는 H_2O의 몰수가 반응하는 H_2의 몰수와 같을 것으로 예상된다.

▶ 연습문제 11.12 | 몰부피를 이용한 계산

10.5 g의 H_2O를 형성하는 데 필요한 산소 부피는 STP에서 몇 리터인가?

$$2\,H_2(g) + O_2(g) \longrightarrow 2\,H_2O(g)$$

▶ 심화 학습 복습문제 97~100

확인문제 11.9

다음 반응식에 따라 질소와 수소가 반응하여 암모니아를 형성한다. 반응물의 초기 혼합물과 반응이 일정 시간 동안 반응하도록 허용된 후 생성되는 혼합물의 이러한 표현을 고려한다.

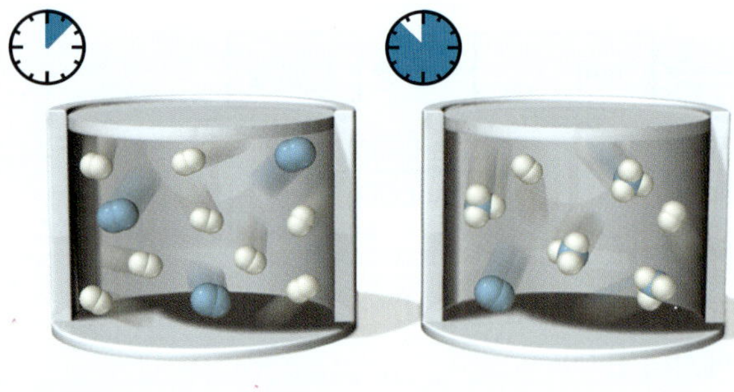

부피가 일정하게 유지되고 반응 혼합물에 아무것도 첨가되지 않으면 반응이 진행되는 동안 전체 압력은 어떻게 되는가?

$$N_2(g) + 3\,H_2(g) \rightleftharpoons 2\,NH_3(g)$$

(a) 압력이 증가한다.
(b) 압력이 감소한다.
(c) 압력이 변하지 않는다.

환경 속의 화학

대기 오염

세계의 주요 도시는 대부분 대기가 오염되었다. 이러한 오염은 발전소, 자동차, 산업 폐기물 등의 많은 오염원 때문이다. 대기 오염물은 아래에 제시된 것을 비롯해 그 종류가 다양하다.

이산화 황(SO_2): 주로 발전소와 제철소의 부산물로 방출되며, 호흡기에 영향을 미치는 허파, 눈 자극제이다. 또한 산성비의 주요 원인 물질이기도 하다.

일산화 탄소(CO): 화석 연료(석유, 천연가스, 석탄)의 불완전 연소로 형성되며 주로 자동차에서 방출된다. CO는 혈액에서 산소 대신 헤모글로빈과 결합하여 심장과 허파 등의 기능에 해를 끼친다. 체내 CO의 수준이 높아지면 감각이 손상되고 사고 능력이 감퇴되며 의식 불명에 이르러 심지어 사망하기도 한다.

오존(O_3): 대기 상층부의 오존층은 정상적인 환경의 일부이다. 대기 상층부의 오존은 태양광선에 포함된 해로운 자외선을 차단한다. 하지만 대기 하층부 또는 지상에서의 오존은 태양광선과 자동차 방출 물질의 작용 때문에 생겨나는 오염 물질이다. 지상에서 오존은 허파, 눈 자극제이다. 장기간 오존에 노출되면 허파에 영구적인 손상을 입는 것으로 밝혀졌다.

이산화 질소(NO_2): 자동차와 발전소에서 방출된다. NO_2는 오염된 도시 상공에서 종종 발견되는 어두운 안개를 만드는 주황-갈색의 기체이다. NO_2는 허파, 눈 자극제이며 산성비의 원인 물질이다.

미국 환경보호국(EPA)은 이러한 오염물에 대한 기준을 세웠다. 1970년대 초에 미의회는 미국의 도시에서 이러한 오염물을 감소시키고 그 수준을 EPA 기준치 이하로 유지할 것을 요구하는 대기 오염방지법과 그 개정안을 통과시켰다. 그 최근 40년 동안 미국 도시에서 자동차 수의 증가에도 불구하고 오염물의 수준이 상당히 감소되었다. 1998년 EPA의 국가 대기 질과 방출 경향 보고서는 1980~2021년에 미국 주요 도시에서 앞서 언급한 네 가지 오염물의 수준이 감소했다고 밝혔다(표 11.5).

표 11.5 미국 주요 도시의 오염물 수준 변화(1980~2021)

오염물	변화량(1980~2021)
SO_2	−94%
CO	−87%
O_3	−29%
NO_2	−64%

(출처: U.S. EPA Air Quality Trends)

많은 도시에서 오염물(특히 오존) 수준이 여전히 EPA의 안전 기준치보다 높지만 상당한 진전이 있었다. 이러한 경향은 훌륭한 입법이 환경을 깨끗하게 만들 수 있다는 것을 보여준다.

질문 질량비 4.0%의 S가 포함되어 있는 1.0 kg의 석탄이 완전히 연소되었을 때 방출되는 SO_2의 양(*g*)을 구하시오. 표준 상태에서 방출된 SO_2가 차지하는 부피는 몇 리터인가?

▲ 대부분의 큰 도시에서 대기 오염은 골칫거리이다.

11장 복습

자가진단 퀴즈

1. 분자 운동론에 따르면 기체의 구성 입자는 어떤 특성이 있는가?
(a) 서로 강하게 끌어당긴다.
(b) 서로 거의 접촉할 정도로 가까이 쌓여 있다.
(c) 켈빈온도에 비례하여 평균 운동 에너지를 가진다.
(d) 앞의 보기 모두

2. 558 mm Hg를 atm 단위로 바르게 변환한 것은 무엇인가?
(a) 0.734 atm (b) 4.24×10^5 atm
(c) 38.0 atm (d) 18.6 atm

3. 일정한 온도에서 일정량의 기체의 부피를 2배로 하면 압력은 어떻게 되는가?
(a) 압력이 2배가 된다.
(b) 압력이 4배가 된다.
(c) 압력이 변하지 않는다.
(d) 압력이 초기 압력의 1/2이 된다.

4. 자유롭게 움직일 수 있는 피스톤이 달린 실린더에 담긴 기체 시료 2.55 L의 초기 온도가 298 K이다. 이 기체 시료를 418 K로 가열하면 기체의 부피는 어떻게 되는가?
(a) 1.82 L (b) 3.58 L (c) 0.440 L (d) 14.8 L

5. 어떤 기체 시료의 초기 부피가 55.2 mL이고 온도는 308 K, 압력은 98.0 kPa이다. 부피가 48.8 mL로 감소하고 온도가 345.5 K로 상승하면 최종 압력은 얼마인가?
(a) 124 kPa (b) 24.8 kPa (c) 229 kPa (d) 53.5 kPa

6. 다음 각 기체 시료의 온도와 압력이 같을 때 큰 부피가 가장 큰 것은 무엇인가?
(a) 4.0 g He (b) 40.0 g Ne (c) 40.0 g Ar (d) 84.0 g Kr

7. 298 K, 120 kPa의 조건에서 22.0 g의 헬륨 기체가 차지하는 부피는 얼마인가?
(a) 123 L (b) 9.57 L (c) 114 L (d) 159 L

8. 298 K, 101 kPa의 조건에서 525 mL를 차지하는 미지의 기체 시료 2.82 g이 있다. 이 기체의 몰질량은 얼마인가?
(a) 11.0 g/mol (b) 0.011 g/mol
(c) 90.9 g/mol (d) 132 g/mol

9. 각 기체의 몰수가 같은 세 가지 기체 혼합물의 전체 압력이 900 kPa일 때 각 기체의 부분 압력은 얼마인가?
(a) 100 kPa (b) 300 kPa (c) 900 kPa (d) 2700 kPa

10. 헬륨과 네온만이 포함된 기체 혼합물에서 네온이 22.1%(부피 대비)이고 전체 압력이 99.7 kPa일 때 네온의 부분 압력은 얼마인가?
(a) 22.0 kPa (b) 2.25×10^3 kPa
(c) 77.7 kPa (d) 2.95 kPa

11. 알루미늄이 염소 기체와 반응하면 염화 알루미늄이 생성된다. 7.85 g의 알루미늄과 완전히 반응하는 데 필요한 염소 기체의 최소 부피는 얼마인가? (298 K, 30.0 kPa에서)

$$2\,Al(s) + 3\,Cl_2(g) \longrightarrow 2\,AlCl_3(s)$$

(a) 36.0 L (b) 24.0 L (c) 0.0474 L (d) 16.0 L

12. STP에서 어떤 기체 시료에 산소 1.15 g과 질소 1.55 g이 포함되어 있다. 이 기체 시료의 부피는 얼마인가?
(a) 1.26 L (b) 2.04 L (c) 4.08 L (d) 61.0 L

정답 1.c 2.a 3.d 4.b 5.a 6.b 7.c 8.d 9.b 10.a 11.a 12.b

화학 원리

관련 내용

분자 운동론

분자 운동론은 기체에 관한 모형이다. 이 모형에서 기체는 넓은 공간에 퍼져 있으며, 평균 운동 에너지가 온도에 의존하는 상호작용이 없는 입자이다.

분자 운동론은 고체에 비해 낮은 밀도, 압축성, 용기의 형태와 부피를 가지는 것 등을 포함하는 기체의 많은 특성을 예측한다. 또한 분자 운동론은 이상 기체 법칙을 예측한다.

압력

압력은 기체 입자와 표면의 충돌로 생겨나는 단위 면적당 가해지는 힘이다. 압력의 SI 단위는 파스칼(Pa)이지만 종종 기압(atm), mm Hg, torr, lb/in.^{2}(psi), in. Hg 등의 단위로도 나타낸다.

압력은 기체의 기본적인 성질이다. 이 성질 때문에 타이어를 부풀리고 빨대로 음료를 마실 수 있다.

간단한 기체 법칙

간단한 기체 법칙은 기체의 한 가지 성질이 다른 성질에 따라 어떻게 변하는지를 보여준다. 기체 법칙은 다음과 같다.

부피(V)와 압력(P): $V \propto \frac{1}{P}$ (Boyle의 법칙)

부피(V)와 온도(T): $V \propto T$ (Charles의 법칙)

부피(V)와 몰수(n): $V \propto n$ (Avogadro의 법칙)

간단한 기체 법칙 각각은 기체의 두 성질이 어떻게 연관되는지를 보여주며, 기체의 한 가지 성질이 변할 때 다른 성질이 어떻게 변하는지를 계산하는 데 유용하다. 예를 들어 기체의 압력 변화에 따른 부피 변화 또는 기체의 부피 변화에 따른 압력 변화를 계산하는 데 Boyle의 법칙을 이용할 수 있다.

통합 기체 법칙

통합 기체 법칙은 Boyle의 법칙과 Charles의 법칙을 결합한 것이다.

$$\frac{P_1V_1}{T_1} = \frac{P_2V_2}{T_2}$$

통합 기체 법칙은 기체의 두 가지 성질(압력, 부피, 온도 중 두 가지 성질)이 동시에 변할 때 다른 한 가지 성질이 어떻게 변하는지를 계산하는 데 이용될 수 있다.

이상 기체 법칙

이상 기체 법칙은 기체의 네 가지 성질(압력, 부피, 온도, 몰수)을 그들 간의 상호 연관성을 보여주는 하나의 식으로 결합한 것이다.

$$PV = nRT$$

기체의 네 가지 성질 중 3개의 값을 알고 있을 때 이상 기체 법칙을 이용하여 나머지 하나의 값을 알아낼 수 있다.

기체 혼합물

기체 혼합물의 각 성분으로 인한 압력을 각각의 부분 압력이라고 하며, 부분 압력은 전체 압력에 각 성분의 조성 분율을 곱한 값으로 정의된다.

각 성분의 부분 압력 = 각 성분의 조성 분율 × 전체 압력

Dalton의 법칙은 기체 혼합물의 전체 압력이 각 성분의 부분 압력의 합과 같다는 것이다.

$$P_{\text{tot}} = P_{\text{a}} + P_{\text{b}} + P_{\text{c}} + \ldots$$

많은 기체는 순수한 것이 아니라 몇 가지 성분의 혼합물이기 때문에, 각 성분이 전체 혼합물의 성질에 어떻게 기여하는지를 아는 것은 유용하다. 예를 들어 부분 압력의 개념은 깊은 바다에서의 잠수, 물 위에서 수집된 기체(포집된 기체에 수증기가 혼합되어 있음)와 관련이 있다.

기체의 화학 반응

기체가 포함된 화학량론적 계산은 기체가 포함되지 않은 반응에서 반응물과 생성물의 몰수 간 관계를 구하기 위해 균형 화학 반응식의 계수로부터 제공된 환산 인자를 이용하는 것과 비슷하다. 기체에서 반응물 또는 생성물의 양은 주어진 온도와 압력에서 반응물 또는 생성물의 부피로 구할 수 있다. 이상 기체 법칙은 반응물 또는 생성물의 양(부피)을 몰수로 바꾸는 데 사용된다. 또한 다음 관계를 이용하여 표준 온도와 압력에서 기체 부피를 직접 몰수로 바꿀 수 있다.

1 mol = 22.4 L (STP에서)

화학에서는 기체가 포함된 반응이 많다. 예를 들어 환경에 중요한 역할을 하는 많은 대기 반응은 기체 상태로 반응이 일어난다.

화학 문제를 푸는 기술

예제

학습목표: 압력 단위를 변환한다(11.3절).

분류
압력의 단위가 in. Hg로 주어졌고 torr로 변환해야 한다.

전략
주어진 값으로 시작하여 구하고자 하는 값을 얻기 위해 적당한 환산 인자를 곱한다.

풀이
해결도표에 따라 문제를 푼다.

검토
답을 확인한다. 답이 합당한가?

예제 11.13 압력 단위 변환

18.4 in. Hg를 torr 단위로 변환하시오.

주어진 값: 18.4 in. Hg
구해야 하는 값: torr
해결도표

in. Hg → atm → torr

$$\frac{1\ \text{atm}}{29.92\ \text{in. Hg}} \qquad \frac{760\ \text{torr}}{1\ \text{atm}}$$

사용된 관계식
1 atm = 29.92 in. Hg (표 11.1)
760 torr = 1 atm (표 11.1)

답

$$18.4\ \text{in. Hg} \times \frac{1\ \text{atm}}{29.92\ \text{in. Hg}} \times \frac{760\ \text{torr}}{1\ \text{atm}} = 467\ \text{torr}$$

단위(torr)가 옳고, torr는 in. Hg보다 작은 단위이므로 답의 크기도 합당하다. torr 단위의 값은 in. Hg 단위의 값보다 커야 한다.

학습목표: Boyle의 법칙을 설명하고 적용한다(11.4절).

분류
초기 압력과 최종 압력, 초기 부피가 주어졌고 최종 부피를 구해야 한다.

전략
간단한 기체 법칙이 포함된 계산은 보통 다른 초기 및 최종 조건이 주어지고 초기 또는 최종 조건 중의 하나를 구하는 문제이다. 여기서는 P_1, V_1, P_2가 주어졌고, Boyle의 법칙을 이용하여 V_2를 구해야 한다.

풀이
V_2에 대해 Boyle의 법칙을 풀고, 올바른 변수를 대입하여 계산한다.

검토
답을 확인한다. 답이 합당한가?

예제 11.14 간단한 기체 법칙

320 kPa의 압력에서 기체의 부피가 5.7 L일 때 470 kPa에서 이 기체의 부피는 얼마인가? (온도가 일정하다고 가정한다).

주어진 값: $P_1 = 320$ kPa
$V_1 = 5.7$ L
$P_2 = 470$ kPa
구해야 하는 값: V_2
해결도표

P_1, V_1, P_2 → V_2

$$P_1V_1 = P_2V_2$$

사용된 관계식
$P_1V_1 = P_2V_2$ (Boyle의 법칙, 11.4절)

답

$$\begin{aligned} P_1V_1 &= P_2V_2 \\ V_2 &= \frac{P_1}{P_2}V_1 \\ &= \frac{320\ \text{kPa}}{470\ \text{kPa}}\,5.7\ \text{L} \\ &= 3.9\ \text{L} \end{aligned}$$

단위(L)가 옳다. 압력이 증가함에 따라 부피가 감소하므로 답의 크기도 합당하다.

학습목표: 통합 기체 법칙을 설명하고 적용한다(11.6절).

예제 11.15 통합 기체 법칙

114 kPa의 압력, 298 K의 온도에서 2.4 L의 부피를 차지하는 기체 시료가 있다. 이 기체 시료를 387 K로 가열했더니 부피가 4.1 L로 팽창했을 때 기체 시료의 압력은 kPa로 얼마인가?

분류

초기 부피, 온도, 압력과 최종 부피, 온도가 주어졌고 최종 압력을 구해야 한다.

주어진 값: $P_1 = 114\ \text{kPa}$

$V_1 = 2.4\ \text{L}$

$T_1 = 298\ \text{K}$

$V_2 = 4.1\ \text{L}$

$T_2 = 387\ \text{K}$

구해야 하는 값: P_2

전략

통합 기체 법칙이 포함된 계산은 보통 다른 초기 및 최종 조건이 주어지고 초기 또는 최종 조건 중의 하나를 구하는 문제이다. 여기서는 통합 기체 법칙을 이용하여 P_2를 구해야 한다.

해결도표

$$P_1, V_1, T_1, V_2, T_2 \longrightarrow P_2$$

$$\frac{P_1V_1}{T_1} = \frac{P_2V_2}{T_2}$$

사용된 관계식

$\dfrac{P_1V_1}{T_1} = \dfrac{P_2V_2}{T_2}$ (통합 기체 법칙, 11.6절)

풀이

P_2에 대해 통합 기체 법칙을 풀고, 알고 있는 값을 대입하여 P_2를 계산한다.

답

$$P_2 = \frac{P_1V_1T_2}{T_1V_2} = \frac{114\ \text{kPa} \times 2.4\ \cancel{\text{L}} \times 387\ \cancel{\text{K}}}{298\ \cancel{\text{K}} \times 4.1\ \cancel{\text{L}}} = 87\ \text{kPa}$$

검토

답을 확인한다. 답이 합당한가?

단위(kPa)가 옳다. 온도 감소에 비해 부피 증가가 더 크기 때문에 답이 합당하다. 따라서 압력이 감소할 것으로 예상된다.

학습목표: 이상 기체 법칙을 설명하고 적용한다(11.8절).

예제 11.16 이상 기체 법칙

334 K의 온도에서 기체 1.2 mol의 부피가 28.2 L일 때 이 기체의 압력은 얼마인가?

분류

기체의 몰수, 부피, 온도가 주어졌고 압력을 구해야 한다.

주어진 값: $n = 1.2\ \text{mol}$

$V = 28.2\ \text{L}$

$T = 334\ \text{K}$

구해야 하는 값: P

전략

이상 기체 법칙이 포함된 계산은 종종 네 가지 값(P, V, n, T) 중 세 가지가 주어지고 나머지 하나를 구하는 문제이다. 여기서는 주어진 변수와 이상 기체 법칙을 이용하여 P를 계산한다.

해결도표

$$n, V, T \longrightarrow P$$

$$PV = nRT$$

사용된 관계식

$PV = nRT$ (이상 기체 법칙, 11.8절)

풀이

P에 대해 이상 기체 법칙을 풀고 주어진 값을 대입하여 P를 계산한다.

답

$$PV = nRT$$

$$P = \frac{nRT}{V}$$

$$= \frac{1.2\ \cancel{mol} \times 8.314\ \frac{\cancel{L} \cdot kPa}{\cancel{mol} \cdot \cancel{K}} \times 334\ \cancel{K}}{28.2\ \cancel{L}}$$

$$= 120\ kPa$$

검토

답을 확인한다. 답이 합당한가?

단위(kPa)가 옳지만 답의 크기는 판단하기가 다소 어렵다. 그러나 표준 온도와 압력(T = 0 ℃ 또는 273.15 K, P = 101.325 kPa)에서 기체 1 mol은 22.4 L를 차지하므로, 표준 온도에서 크게 벗어나지 않은 온도에서는 기체 1 mol보다 약간 클 것이기 때문에 답이 합당하다는 것을 알 수 있다. 기체의 부피는 22.4 L보다 약간 크다. 따라서 압력은 101 kPa보다 약간 클 것으로 예상된다.

학습목표: Dalton의 부분 압력 법칙을 설명하고 적용한다(11.9절).

예제 11.17 전체 압력과 부분 압력

기체 혼합물이 다음과 같은 부분 압력의 기체로 이루어져 있다. 이 기체 혼합물의 전체 압력은 얼마인가?

$$P_{CO_2} = 38.5\ kPa$$
$$P_{O_2} = 45.6\ kPa$$
$$P_{N_2} = 16.3\ kPa$$

기체 혼합물에서 세 가지 기체의 부분 압력이 주어졌고 전체 압력을 구해야 한다.

주어진 값: $P_{CO_2} = 38.5\ kPa$

$P_{O_2} = 45.6\ kPa$

$P_{N_2} = 16.3\ kPa$

구해야 하는 값: P_{tot}

Dalton의 부분 압력 법칙($P_{tot} = P_a + P_b + P_c + \cdots$)을 이용하여 문제를 푼다. 부분 압력을 합하여 전체 압력을 얻는다.

답

$$P_{tot} = P_{CO_2} + P_{O_2} + P_{N_2}$$
$$= 38.5\ kPa + 45.6\ kPa + 16.3\ kPa$$
$$= 100.4\ kPa$$

핵심 용어

기압
몰부피
밀리미터 수은(mm Hg)
부분 압력
분자 운동론
산소 독성
압력
이상 기체 법칙
이상 기체 상수(R)
저산소증
절대 영도
제곱인치당 파운드
증기압
질소 마취
토르
통합 기체 법칙
파스칼
표준 온도와 압력
Boyle의 법칙
Charles의 법칙
Dalton의 부분 압력 법칙

학습 점검 문제

기초문제

1. 압력이란 무엇인가?
2. 빨대를 이용하여 어떻게 음료를 마실 수 있는지 설명하시오. 음료가 빨대를 타고 올라오는 것은 무엇 때문인가? 빨대를 이용하여 음료를 마실 때 음료를 빨아올릴 수 있는 최대 길이는 이론적으로 얼마인가?
3. 분자 운동론의 중요한 가정은 무엇인가?
4. 기체의 중요한 성질은 무엇인가? 이러한 성질은 분자 운동론에 의해 어떻게 예측되는가?
5. 고도가 변할 때 귀에 통증이 느껴진다. 이러한 통증은 왜 생기는가?
6. 압력을 측정하는 데 사용되는 중요한 단위는 무엇인가?
7. Boyle의 법칙이란 무엇인가? 분자 운동론의 관점에서 Boyle의 법칙을 설명하시오.
8. 스쿠버다이버가 표면으로 떠오를 때 숨을 멈추면 안 되는 이유를 설명하시오.
9. 잠영하는 동안 긴(2~3 m 이상) 잠수 호스로 공기를 들이마시는 것이 불가능한 이유는 무엇인가?
10. Charles의 법칙이란 무엇인가? Charles의 법칙을 분자 운동론의 관점에서 설명하시오.
11. 열기구가 지상으로 떠오르는 이유를 설명하시오.
12. 통합 기체 법칙이란 무엇인가? 이 법칙은 언제 유용한가?
13. Avogadro의 법칙이란 무엇인가? Avogadro의 법칙을 분자 운동론의 관점에서 설명하시오.
14. 이상 기체 법칙이란 무엇인가? 이 법칙은 언제 유용한가?
15. 이상 기체 법칙의 가장 정확한 조건은 무엇인가? 어떤 조건일 때 이상 기체 법칙이 성립되지 않는가? 그 이유를 설명하시오.
16. 부분 압력이란 무엇인가?
17. Dalton의 법칙이란 무엇인가?
18. 저산소증과 산소 독성에 대해 설명하시오.
19. 심해에서 작업하는 잠수부가 헬륨과 산소의 혼합 기체로 호흡해야 하는 이유는 무엇인가?
20. 수상 치환으로 기체를 수집할 때 그 기체는 순수한가? 그 이유를 설명하시오.
21. 증기압이란 무엇인가?
22. 표준 온도와 압력(STP)이란 무엇인가? STP에서 기체의 몰부피는 얼마인가?

복습문제

압력 단위의 변환

23. 다음 각각의 압력을 atm 단위로 변환하시오.
    (a) 1377 mm Hg (b) 4.88×10^5 Pa
    (c) 155 psi (d) 688 torr
24. 다음 각각의 압력을 atm 단위로 변환하시오.
    (a) 2021 torr (b) 2.8×10^4 Pa
    (c) 105.7 psi (d) 44.44 in. Hg
25. 다음 각각의 압력을 변환하시오.
    (a) 4.4 atm → ________ torr
    (b) 6.6×10^2 atm → ________ mm Hg
    (c) 14.6 psi → ________ mm Hg
    (d) 52.66 in. Hg → ________ torr
26. 다음 각각의 압력을 변환하시오.
    (a) 4.4 atm → ________ mm Hg
    (b) 75,333 Pa → ________ mm Hg
    (c) 12.5 psi → ________ torr
    (d) 25.55 in. Hg → ________ mm Hg
27. 다음 표의 빈칸을 채우시오.

파스칼(Pa)	기압(atm)	mm Hg	Torr	psi
788	_____	5.91	_____	_____
_____	0.677	_____	_____	_____
_____	_____	_____	_____	64.2
_____	_____	_____	790	_____
_____	_____	210	_____	_____

28. 다음 표의 빈칸을 채우시오.

파스칼(Pa)	기압(atm)	mm Hg	Torr	psi
_____	3.91	_____	2.97×10^3	_____
2.25×10^4	_____	_____	_____	_____
_____	_____	_____	732	_____
_____	_____	1.29	_____	_____
_____	_____	_____	_____	33.6

29. 스위스 취리히(고도 408 m)의 평균 기압은 약 96.5 kPa이다. 이 압력을 다음 각각의 단위로 변환하시오.
    (a) atm (b) mm Hg (c) psi (d) Pa
30. 에베레스트산(해발 5400 m)의 평균 압력은 약 351 mm Hg이다.

* 파란색으로 표시된 문제는 이 책 말미에 해답이 제시되어 있다.

이 압력을 다음 각각의 단위로 변환하시오.
(a) Pa (b) psi (c) in. Hg (d) atm

31. 유럽에서 가장 높은 기압 기록은 1907년 1월 에스토니아의 패르누와 라트비아의 리가에서 측정된 31.5 in. Hg이다. 이 압력을 다음 각각의 단위로 변환하시오.
(a) atm (b) mm Hg (c) kPa (d) torr

32. 1929년 12월 2일 아이슬란드 남서부의 Heimacy에서 기록된 기압(해수면 기준)은 693 mm Hg였다. 이 압력을 다음 각각의 단위로 변환하시오.
(a) Pa (b) psi (c) in. Hg (d) atm

33. 자동차 타이어의 권장 게이지 압력은 38.0 psi이다. 이 압력을 atm, mm Hg 단위로 변환하시오.

34. 화물 밴 타이어의 권장 게이지 압력은 56.0 psi이다. 이 압력을 atm, mm Hg 단위로 변환하시오.

간단한 기체 법칙

35. 어떤 기체 시료의 초기 부피가 104.7 kPa의 압력에서 4.95 L이다. 이 기체 시료의 부피가 6.48 L로 증가했을 때 압력은 얼마가 되는가? (온도가 일정하다고 가정한다.)

36. 어떤 기체 시료의 초기 부피가 167.2 kPa의 압력에서 22.8 L이다. 이 기체 시료의 부피가 10.7 L로 감소했을 때 압력은 얼마가 되는가? (온도가 일정하다고 가정한다.)

37. 폐활량이 6.3 L인 잠수부가 압력이 101.3 kPa인 해수면에서 공기를 힘껏 들이마셨다. 이 잠수부가 수심 25 m 깊이로 내려갔을 때 압력이 354.5 kPa로 증가했다면 이 깊이에서 잠수부의 허파는 부피가 얼마인가? (온도가 일정하다고 가정한다.)

38. 폐활량이 5.5 L인 잠수부가 수심 50 m 지점에서 공기를 힘껏 들이마셨을 때 압력이 608 kPa이다. 이 잠수부가 숨을 멈춘 채 압력이 101.3 kPa인 수면으로 올라왔을 때 그의 허파는 부피가 얼마인가? (온도가 일정하다고 가정한다.)

39. Boyle의 법칙을 이용하여 다음 표의 빈칸을 채우시오(기체의 온도와 몰수가 일정하다고 가정한다).

P_1	V_1	P_2	V_2
87.3 kPa	3.85 L	104.7 kPa	______
______	2.33 L	640 kPa	1.88 L
24.0 kPa	350 mL	______	452 mL
112 kPa	______	417 kPa	135 mL

40. Boyle의 법칙을 이용하여 다음 표의 빈칸을 채우시오(기체의 온도와 몰수가 일정하다고 가정한다).

P_1	V_1	P_2	V_2
______	2.90 L	323 kPa	1.59 L
74.0 kPa	148 mL	95.3 kPa	______
208 kPa	6.95 mL	______	52.8 mL
46.7 kPa	______	84.0 kPa	8.22 L

41. 315 K의 온도에서 초기 부피가 2.8 L인 풍선이 365 K로 따뜻해졌다. 365 K일 때 풍선의 부피는 얼마인가?

42. 실온(298 K)의 풍선을 77 K의 액체 질소에 넣어 냉각하는 실험을 수행했다. 298 K에서 초기 부피가 3.3 L인 풍선을 77 K로 냉각했을 때의 부피는 얼마인가?

43. 실린더 안에 들어 있는 기체 시료 58.3 mL를 26 ℃에서 107 ℃로 가열했다. 최종 온도에서 기체 시료의 부피는 얼마인가?

44. 2.55 mL의 산소 기체가 포함된 주사기가 75.5 ℃에서 25.0 ℃로 냉각되었다. 최종 온도에서 산소 기체의 부피는 얼마인가?

45. Charles의 법칙을 이용하여 다음 표의 빈칸을 채우시오(기체의 압력과 몰수가 일정하다고 가정한다).

V_1	T_1	V_2	T_2
1.58 L	35.4 ℃	1.63 L	______
______	88 K	245 mL	288 K
135 cm^3	______	129 cm^3	25.4 ℃
242 L	28.5 ℃	______	86.2 ℃

46. Charles의 법칙을 이용하여 다음 표의 빈칸을 채우시오(기체의 압력과 몰수가 일정하다고 가정한다).

V_1	T_1	V_2	T_2
219 L	12.5 ℃	______	115.3 ℃
______	185 K	196 mL	365 K
2.31 L	15.9 ℃	1.83 L	______
15.9 cm^3	______	29.2 cm^3	20.4 ℃

47. 질소 기체 0.18 mol이 2.75 L의 부피를 차지하고 있다. 같은 조건에서 기체의 몰수가 0.36 mol이 되었다면 질소 기체의 부피는 얼마가 되는가?

48. 헬륨 기체 0.670 mol이 10.7 L의 부피를 차지하고 있다. 같은 조건에서 기체의 몰수가 0.950 mol이 되었다면 헬륨 기체의 부피는 얼마가 되는가?

49. 풍선에 기체 0.128 mol이 들어 있고 그 부피는 2.76 L이다. 이 풍선에 0.073 mol의 기체를 추가한다면 풍선의 최종 부피는 얼마가 되는가?

50. 움직이는 피스톤이 달린 실린더에 0.87 mol의 기체가 들어 있고 실린더의 부피는 334 mL이다. 이 실린더에 0.22 mol의 기체를 추가한다면 실린더의 부피는 얼마나 증가하는가?

51. Avogadro의 법칙을 이용하여 다음 표의 빈칸을 채우시오(기체의 압력과 온도가 일정하다고 가정한다).

V_1	n_1	V_2	n_2
28.5 mL	2.55×10^{-3} mol	59.4 mL	______
______	2.37 mol	36.8 L	4.07 mol
15.2 L	0.428 mol	______	0.981 mol
522 mL	______	771 mL	0.0166 mol

52. Avogadro의 법칙을 이용하여 다음 표의 빈칸을 채우시오(기체의 압력과 온도가 일정하다고 가정한다).

V_1	n_1	V_2	n_2
29.2 L	5.65 mol	______	3.83 mol
______	1.50 mol	474 mL	0.993 mol
9.63 L	0.0038 mol	10.3 L	______
43 mL	______	15 mL	2.75×10^{-4} mol

통합 기체 법칙

53. 210 Pa의 압력, 255 K의 온도에서 초기 부피가 38.4 L인 기체 시료가 있다. 이 기체 시료를 10.8 L로 압축하고 온도를 325 K로 올리면 최종 압력은 얼마인가?

54. 움직일 수 있는 피스톤이 달린 실린더에 1.40×10^5 Pa의 압력에서 질소 기체 218 mL가 들어 있다. 345 K에서 기체의 압력이 2.00×10^5 Pa가 되려면 최종 부피는 얼마여야 하는가?

55. 어떤 스쿠버다이버가 압력 1.01×10^5 Pa, 30 ℃인 수면에서 부피가 3.8 L인 풍선을 가지고 압력 4.05×10^5 Pa, 20 ℃인 22 m 물속으로 들어갔다. 이 깊이에서 풍선의 부피는 얼마인가?

56. 감자칩 한 봉투에 45 ℃, 104.0 kPa에서 부피가 533 mL인 공기가 들어 있다. 봉투가 터지지 않는다고 가정할 때 57.3 kPa, 8.0 ℃인 산 정상에서 봉투의 부피는 얼마인가?

57. 부피가 6.3 L인 기체 시료의 압력이 32 ℃에서 9.9×10^4 Pa이다. 부피가 6.3 L로 유지되고 온도가 75 ℃로 상승하면 시료의 압력은 얼마인가?

58. 11.7 L인 자동차 타이어의 전체 압력이 15 ℃에서 4.4×10^5 Pa이다. 부피가 11.7 L로 유지되고 타이어의 온도가 57 ℃로 올라가면 타이어의 압력은 얼마나 상승하는가?

59. 통합 기체 법칙을 이용하여 다음 표의 빈칸을 채우시오(기체의 몰수가 일정하다고 가정한다).

P_1	V_1	T_1	P_2	V_2	T_2
183 kPa	1.28 L	15.2 ℃	176 kPa	______	35.3 ℃
104.1kPa	131 mL	195 K	120.1kPa	132 mL	______
579 kPa	0.800 L	26.1 ℃	______	1.55 L	48.3 ℃

60. 통합 기체 법칙을 이용하여 다음 표의 빈칸을 채우시오(기체의 몰수가 일정하다고 가정한다).

P_1	V_1	T_1	P_2	V_2	T_2
204 kPa	______	4.7 ℃	65 kPa	0.48 L	45.3 ℃
21.7 kPa	51.5 mL	______	84.8 kPa	16.5 mL	210 K
______	1.789 L	30.8 ℃	51.9 kPa	1.05 L	38.1 ℃

이상 기체 법칙

61. 157 kPa, 325 K에서 0.355 mol의 아르곤 기체가 차지하는 부피는 얼마인가?

62. 345 K에서 질소 기체 0.483 mol로 채워진 30.0 L 실린더의 압력은 얼마인가?

63. 실린더에 202 kPa, 300 K의 산소 기체 38.5 L가 들어 있다. 실린더 안의 기체는 몇 몰인가?

64. 압력이 152 kPa이고 부피가 15.8 L일 때 기체 0.65 mol의 온도는 얼마인가?

65. 실린더에 전체 압력 229 kPa, 45 ℃의 공기 14.7 L가 들어 있다. 실린더 안의 기체는 몇 몰인가? (힌트: 이상 기체 방정식에 대입하기 전에 온도를 켈빈온도로 변환해야 한다.)

66. 35 ℃에서 222 mL의 헬륨 기체 0.0165 mol의 압력(kPa)은 얼마인가? (힌트: 이상 기체 법칙에 대입하기 전에 각각의 값을 올바른 단위인 L과 K로 변환해야 한다.)

67. 이상 기체 법칙을 이용하여 다음 표의 빈칸을 채우시오.

P	V	n	T
309 kPa	1.59 L	0.122 mol	______
18.9 kPa	______	0.2461 mol	324 K
______	19.5 mL	1.94×10^{-3} mol	27 ℃
46.5 kPa	0.469 L	______	295 K

68. 이상 기체 법칙을 이용하여 다음 표의 빈칸을 채우시오.

P	V	n	T
303 kPa	1.41 L	______	215 K
72.3 kPa	______	0.441 mol	288 K
46.9 kPa	0.192 L	0.0231 mol	______
______	30.2 mL	2.71×10^{-3} mol	40.4 ℃

69. 35 ℃에서 4.5 L인 공의 계기 압력이 100.7 kPa가 되게 하려면 공에 기체를 몇 몰 주입해야 하는가? 계기 압력은 대기압에 대한 상대적인 값이다. 대기압이 101.3 kPa이고 공의 전체 압력이 202.0

kPa라고 가정한다.

70. 35 ℃에서 4.2 L인 타이어의 계기 압력이 296.5 kPa가 되게 하려면 타이어에 기체 몇 몰을 주입해야 하는가? 계기 압력은 대기압에 대한 상대적인 값이다. 대기압이 101.3 kPa이고 타이어의 전체 압력이 397.8 kPa라고 가정한다.

71. 한 실험에 따르면 기체 시료 268 mL의 질량이 100.0 kPa, 38 ℃에서 0.479 g이다. 이 기체 시료의 몰질량은 얼마인가?

72. 한 실험에 따르면 기체 시료 141 mL의 질량이 94.7 kPa, 30 ℃에서 0.339 g이다. 이 기체 시료의 몰질량은 얼마인가?

73. 기체 시료의 질량이 21.4 mg, 부피가 254 mL, 온도가 58 ℃, 압력이 114.1 kPa이다. 이 기체 시료의 몰질량은 얼마인가?

74. 기체 시료의 질량이 0.197 g, 부피가 137 mL, 온도가 75 ℃, 압력이 104.4 kPa이다. 이 기체 시료의 몰질량은 얼마인가?

부분 압력

75. 기체 혼합물이 다음과 같은 부분 압력의 기체로 이루어져 있다. 이 기체 혼합물의 전체 압력은 얼마인가?

N_2	28.93 kPa
O_2	14.13 kPa
He	33.06 kPa

76. 기체 혼합물이 다음과 같은 부분 압력의 기체로 이루어져 있다. 이 기체 혼합물의 전체 압력은 얼마인가?

CO_2	56.25 kPa
Ar	13.6 kPa
O_2	22 kPa
H_2	6.93 kPa

77. 심해 잠수용 기체 혼합물인 헬리옥스의 전체 압력이 1,165 kPa일 때 32 kPa의 산소 부분 압력을 전달한다. 이 기체 혼합물에서 헬륨의 부분 압력은 얼마인가?

78. 헬륨, 질소, 산소로 이루어진 기체 혼합물의 전체 압력이 101.6 kPa이고, 산소와 질소의 부분 압력은 각각 31.7 kPa, 27.6 kPa이다. 이 기체 혼합물에서 헬륨의 부분 압력은 얼마인가?

79. 화학 반응에서 형성된 수소 기체가 30 ℃, 전체 압력 97.59 kPa에서 수상 포집되었다. 이 수소 기체의 부분 압력은 얼마인가?

80. 수생 식물이 광합성을 하는 동안에 방출한 산소 기체를 25 ℃, 전체 압력 100.4 kPa에서 수상 포집했다. 이 산소 기체의 부분 압력은 얼마인가?

81. 기체 혼합물에 78%의 질소와 22%의 산소가 포함되어 있다. 전체 압력이 235 kPa일 때 각 성분 기체의 부분 압력은 얼마인가?

82. 공기 시료에 0.038%의 CO_2가 포함되어 있다. 공기의 전체 압력이 101.1 kPa일 때 CO_2의 부분 압력은 얼마인가?

83. 심해 잠수용 기체 혼합물인 헬리옥스에 4.0%의 산소와 96.0%의 헬륨이 포함되어 있다. 이 기체 혼합물의 전체 압력이 861 kPa일 때 산소의 부분 압력은 얼마인가?

84. 일반적인 공기로 호흡하는 스쿠버다이버가 압력이 1,105 kPa인 해저 100 m까지 내려갔다. 이 깊이에서 스쿠버다이버가 경험하는 산소의 부분 압력은 얼마인가? 이 스쿠버다이버는 산소 독성의 위험을 안고 있는가?

몰부피

85. STP에서 다음 각 기체 시료의 부피를 구하시오.
(a) Cl_2 22.5 mol (b) 질소 3.6 mol
(c) 헬륨 2.2 mol (d) CH_4 27 mol

86. STP에서 다음 각 기체 시료의 부피를 구하시오.
(a) N_2O 21.2 mol (b) CO 0.215 mol
(c) CO_2 0.364 mol (d) C_2H_6 8.6 mol

87. STP에서 다음 각 기체 시료의 부피를 구하시오.
(a) N_2 85.0g (b) O_2 45.0g
(c) NO_2 178g (d) CO_2 225g

88. STP에서 다음 각 기체 시료의 부피를 구하시오.
(a) He 48.9 g (b) Xe 45.2 g
(c) Cl_2 48.2 mg (d) SO_2 3.83 kg

89. STP에서 다음 각 기체 시료의 질량을 구하시오.
(a) CO_2 178 mL (b) O_2 155 mL
(c) SF_6 1.25 L

90. STP에서 다음 각 기체 시료의 질량을 구하시오.
(a) NO_2 5.22 L (b) N_2 0.369 L
(c) Ne 155 cm^3

기체의 화학 반응

91. 다음 화학 반응에서 1.07 mol의 C가 완전히 반응했을 때 생성되는 수소 기체는 몇 리터인가? 수소 기체가 315 K, 101.3 kPa에서 포집되었다고 가정한다.

$$C(s) + H_2O(g) \longrightarrow CO(g) + H_2(g)$$

92. 다음의 화학 반응에서 325 K, 100.1 kPa에서 1.3 L의 O_2를 얻으려면 H_2O가 몇 몰 반응해야 하는가?

$$2\,H_2O(l) \longrightarrow 2\,H_2(g) + O_2(g)$$

93. 다음 반응에 의해 CH_3OH가 합성될 수 있다. 0.55 mol의

CH_3OH를 합성하는 데 필요한 H_2 기체는 99.73 kPa, 86 ℃에서 몇 리터인가? 이 반응에 필요한 CO 기체는 같은 조건에서 몇 리터인가?

$$CO(g) + 2\,H_2(g) \longrightarrow CH_3OH(g)$$

94. 다음 반응에 따라 산소 기체와 철분이 반응한다. 2.8 mol의 Fe가 완전히 반응하는 데 필요한 O_2 기체는 98.9 kPa, 28 ℃에서 몇 리터인가?

$$4\,Fe(s) + 3\,O_2(g) \longrightarrow 2\,Fe_2O_3(s)$$

95. 다음 반응에 따라 질소 기체와 분말 상태의 알루미늄이 반응한다. 18.5 g의 Al이 완전히 반응하는 데 필요한 N_2 기체는 118.9 kPa, 95 ℃에서 몇 리터인가?

$$2\,Al(s) + N_2(g) \longrightarrow 2\,AlN(s)$$

96. 다음 반응에 따라 포타슘과 염소 기체가 반응한다. 90.4 kPa, 38 ℃에서 측정했을 때 30 g의 KCl을 형성하는 데 필요한 Cl_2 기체의 부피는 얼마인가?

$$2\,K(s) + Cl_2(g) \longrightarrow 4\,KCl(s)$$

97. 다음 반응에 따라 44.8 L(STP에서 측정된 부피)의 $H_2(g)$와 N_2가 반응하여 NH_3를 형성한다. 형성된 NH_3는 몇 그램인가?

$$N_2(g) + 3\,H_2(g) \longrightarrow 2\,NH_3(g)$$

98. 리튬과 질소 기체가 다음과 같이 반응한다. STP에서 58.5 mL의 N_2 기체가 완전히 반응하려면 리튬 몇 그램이 필요한가?

$$6\,Li(s) + N_2(g) \longrightarrow 2\,Li_3N(s)$$

99. 산소 기체와 칼슘이 다음과 같이 반응한다. STP에서 156.8 mL의 산소와 반응하는 칼슘은 몇 그램인가?

$$2\,Ca(s) + O_2(g) \longrightarrow 2\,CaO(s)$$

100. STP에서 부피가 14.8 L인 산소 기체가 다음 반응에 따라 마그네슘 금속과 완전히 반응했다. 이때 생성된 산화 마그네슘은 몇 그램인가?

$$2\,Mg(s) + O_2(g) \longrightarrow 2\,MgO(s)$$

심화문제

101. 이상 기체 법칙을 이용하여 STP에서 기체의 몰부피가 22.4 L임을 밝히시오.

102. 이상 기체 법칙을 이용하여 어떤 온도와 압력에서든 28.0 g의 질소 기체와 4.00 g의 헬륨 기체가 차지하는 부피가 같다는 것을 밝히시오.

103. 진공 상태인 355 mL 플라스크의 질량이 133.187 g이고, 40 kPa의 미지 기체로 채워진 같은 플라스크의 질량이 25 ℃에서 133.289 g이다. 미지 기체의 몰질량을 구하시오.

104. 진공 상태인 118 mL 플라스크의 질량이 97.129 g이고, 102.4 kPa의 헬륨 기체로 채워진 같은 플라스크의 질량이 35 ℃에서 97.171 g이다. 플라스크에 채워진 기체는 순수한 헬륨 기체인가?

105. 탄소와 수소가 포함된 기체 혼합물을 분해하여 탄소와 수소의 조성 비율이 질량 백분율로 탄소 82.66%, 수소 17.34%임을 알게 되었다. 74.13 kPa, 25 ℃에서 기체 혼합물 158 mL의 질량이 0.275 g일 때 이 기체 혼합물의 분자식을 구하시오.

106. 탄소와 수소가 포함된 기체 혼합물을 분해하여 탄소와 수소의 조성 비율이 질량 백분율로 탄소 85.63%, 수소 14.37%임을 알게 되었다. STP에서 측정한 기체 혼합물 258 mL의 질량이 0.646 g일 때 이 기체 혼합물의 분자식을 구하시오.

107. 실험실에서 수소 기체를 얻으려고 다음 반응을 수행했다. 25 ℃, 99.73 kPa에서 325 mL의 수소 기체를 수상 포집으로 얻었다면 Zn이 몇 그램 반응했는가?

$$Zn(s) + 2\,HCl(aq) \longrightarrow ZnCl_2(aq) + H_2(g)$$

108. 40 ℃, 99.33 kPa에서 다음 반응에 따라 O_2 기체를 수상 포집했다. 24.78 g의 NiO가 완전히 반응했다면 모인 기체의 부피는 얼마인가?

$$2\,NiO(s) \longrightarrow 2\,Ni(s) + O_2(g)$$

109. 40 ℃, 99.73 kPa의 전체 압력에서 수상 포집된 수소의 부피는 1.78 L였다. 반응에서 얻어진 수소의 질량은 몇 그램인가?

110. 25 ℃, 92.93 kPa의 전체 압력에서 수상 포집된 산소의 부피가 235 mL일 때 반응에서 얻은 산소는 몇 그램인가?

111. 다음 반응에서 15.8 g의 Ag(*s*)를 얻고, 형성된 기체를 수상 포집했다. 25 ℃, 101.6 kPa의 전체 압력에서 수상 포집된 기체의 부피는 얼마인가?

$$2\,Ag_2O(s) \longrightarrow 4\,Ag(s) + O_2(g)$$

112. 다음 반응에서 2.45 kg의 CO(*g*)를 소모하고 STP에서 생성물을 포집했다. 형성된 기체의 전체 부피(L)는 얼마인가?

$$CO(g) + H_2O(g) \longrightarrow CO_2(g) + H_2(g)$$

113. 탄산수소 소듐 시료에 염산을 가했을 때 22.7 ℃, 96.66 kPa의 압력에서 28.2 mL의 이산화 탄소 기체가 생성되었다. 이 기체 발생 반응의 반응식을 작성하고, 반응한 탄산수소 소듐의 질량을 구하시오.

114. 황화 포타슘에 염산을 가했을 때 25.8 ℃, 100.3 kPa의 압력에서 42.9 mL의 황화 수소 기체가 생성되었다. 이 기체 발생 반응의 반응식을 작성하고, 반응한 황화 포타슘의 질량을 구하시오.

115. 다음 반응을 살펴보자.

$$2\,SO_2(g) + O_2(g) \longrightarrow 2\,SO_3(s)$$

(a) 285.5 mL의 SO_2가 158.9 mL의 O_2와 반응했다면 한계 반응물이 무엇이고, SO_3의 이론적 수득량은 얼마인가? (SO_2와 O_2

의 부피는 STP에서 측정되었다.)

(b) 포집된 SO_3가 STP에서 2.805 g이라면 이 반응의 백분율 수율은 얼마인가?

116. 다음 반응을 살펴보자.

$$P_4(s) + 6\,H_2(g) \longrightarrow 4\,PH_3(g)$$

(a) STP에서 88.6 L의 H_2가 158.3 g의 P_4와 반응했다면 한계 반응물은 무엇인가?

(b) 형성된 PH_3의 부피가 STP에서 48.3 L라면 이 반응의 백분율 수율은 얼마인가?

117. 다음은 질산을 합성하는 반응식이다.

$$3\,NO_2(g) + H_2O(l) \longrightarrow 2\,HNO_3(aq) + NO(g)$$

(a) STP에서 12.8 L의 $NO_2(g)$가 14.9 g의 물과 반응했다면 한계 반응물이 무엇이고, HNO_3의 이론적 수득량은 얼마인가?

(b) 14.8 g의 HNO_3가 형성되었다면 백분율 수율은 얼마인가?

118. 다음은 NO로부터 NO_2를 생성하는 반응이다.

$$2\,NO(g) + O_2(g) \longrightarrow 2\,NO_2(g)$$

(a) 35 ℃, 84.26 kPa에서 84.8 L로 측정된 $O_2(g)$가 158.2 g의 NO와 반응했다면 한계 반응물은 무엇인가?

(b) 형성된 NO_2의 부피가 35 ℃, 84.26 kPa에서 97.3 L라면 이 반응의 백분율 수율은 얼마인가?

119. 다음 균형 반응식은 가열에 의한 탄산 암모늄의 분해 반응을 나타낸 것이다. 11.83 g의 탄산 암모늄이 완전히 분해되었을 때 생성된 모든 기체의 부피는 22 ℃, 103.4 kPa에서 몇 리터인가?

$$(NH_4)_2CO_3(s) \longrightarrow 2\,NH_3(g) + CO_2(g) + H_2O(g)$$

120. 다음 균형 반응식은 가열에 의한 질산 암모늄의 폭발적인 분해 반응을 나타낸 것이다. 1.55 kg의 질산 암모늄이 완전히 분해되었을 때 생성된 모든 기체의 부피는 25 ℃, 99.73 kPa에서 몇 리터인가?

$$2\,NH_4NO_3(s) \longrightarrow 2\,N_2(g) + O_2(g) + 4\,H_2O(g)$$

121. 헬륨 235 mg과 네온 325 mg이 포함된 기체 혼합물의 전체 압력이 60.4 kPa이다. 이 기체 혼합물 중 헬륨의 부분 압력은 얼마인가?

122. CO_2 4.33 g과 CH_4 3.11 g이 포함된 기체 혼합물의 전체 압력이 110.4 kPa이다. 이 기체 혼합물 중 CO_2의 부분 압력은 얼마인가?

123. 다음 반응을 살펴보자. 반응 플라스크에는 처음에 10.1 kPa의 SO_2와 10.1 kPa의 O_2가 들어 있다. 일단 한계 반응물이 완전히 소모된 다음 플라스크 내의 전체 압력은 얼마인가? 온도와 부피가 일정하고 100% 반응 수율이라고 가정한다.

$$2\,SO_2(g) + O_2(g) \longrightarrow 2\,SO_3(g)$$

124. 다음 반응을 살펴보자. 반응 플라스크에는 처음에 14.93 kPa의 CO와 37.6 kPa의 H_2가 들어 있다. 압력의 변화가 멈출 때까지 반응이 허용되고, 그때의 전체 압력은 26.13 kPa이다. 이 반응의 백분율 수율을 구하시오. 온도가 일정하고, 지정된 반응 외에 어떤 반응도 일어나지 않는다고 가정한다.

$$CO(g) + 2\,H_2(g) \longrightarrow CH_3OH(g)$$

핵심문제

125. 다음 기체 시료 중 압력이 가장 큰 것은 무엇인가? 그 이유를 설명하시오. (세 기체 시료의 온도가 모두 같다.)

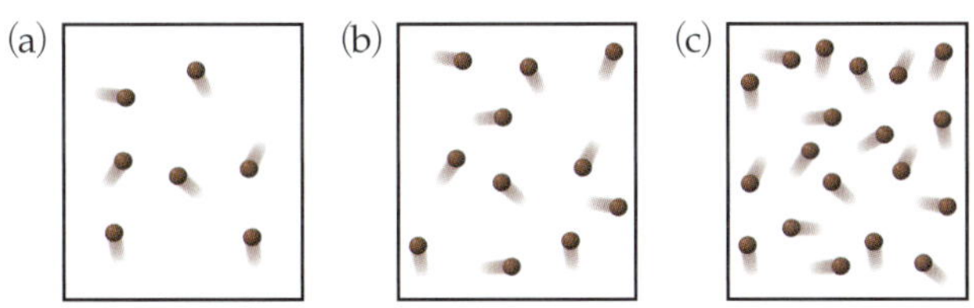

126. 다음 그림은 101.3 kPa, 25 ℃에서 부피가 1 L인 기체 시료를 나타낸 것이다. 부피가 0.5 L로 감소하고 온도가 250 ℃로 올라가면 어떤 현상이 나타날지 그림으로 나타내시오. 이때의 압력은 얼마인가?

127. 자동차의 에어백은 심한 충돌이 발생할 때 부풀어 오르는데, 충돌은 다음과 같은 화학 반응을 유발한다. 자동차 에어백의 부피가 11.8 L라면 충돌 시 에어백을 완전히 부풀리는 데 NaN_3 몇 그램이 필요한가? STP 조건이라고 가정한다.

$$2\,NaN_3(s) \longrightarrow 2\,Na(s) + 3\,N_2(g)$$

128. 올림픽 경기의 사이클 선수는 자전거 타이어를 가볍게 만들기 위해 타이어에 헬륨을 주입한다. 공기가 채워진 타이어와 헬륨이 채워진 타이어의 질량을 구하시오. 두 타이어의 질량 차이는 얼마나 되는가? 타이어의 부피는 855 mL, 기체를 채웠을 때 타이어 내의 압력은 861.8 kPa, 온도는 25 ℃라고 가정하고, 공기의 평균 몰질량을 28.8 g/mol로 하여 계산하시오.

129. 교실 시범 실험에서 공기로 채워진 풍선을 액체 질소에 넣었고, 풍선 속의 기체가 냉각되자 풍선이 수축되었다. 처음에 101.1 kPa, 25.0 ℃에서 2.95 L의 공기가 풍선 속에 있었다면 풍선이 −196 ℃(액체 질소의 끓는점)로 냉각되었을 때 풍선의 부피는 몇 리터인가? 실험이 수행되었을 때 풍선의 실제 부피는 0.61 L로 줄어들었다. 풍선의 계산된 부피와 관측된 부피가 잘 일치하는가? 차이가 있다면 설명할 수 있는가?

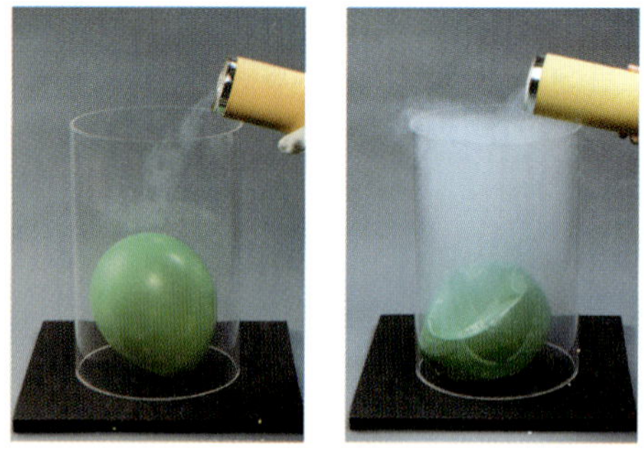

130. 에어로졸 캔을 버릴 때는 소각에 대비하여 내용물을 모두 제거해야 한다. 캔이 가열될 때 큰 압력이 발생할 수 있기 때문이다. 어떤 캔에 100.7 kPa, 25 ℃의 잔류 기체가 들어 있을 때 캔의 온도가 1,155 ℃로 상승하면 압력은 얼마인가?

집단 활동 문제

집단을 이루어 다음 문제에 대해 토의하고 합의된 답을 기록한다.

131. 다음 표의 빈칸을 채우시오.

관련된 변수	법칙의 이름	비례 표현	등식 표현	고정된 상수
V, P	Boyle의 법칙	$V \propto 1/P$	$P_1V_1 = P_2V_2$	n, T
______	______	$V \propto T$	$V_1/T_1 = V_2/T_2$	n, P
V, n	Avogadro의 법칙	______	______	P, T
______	______	______	$P_1/T_1 = P_2/T_2$	______
P, V, T	Gay-Lussac의 법칙	______	______	______

132. 어떤 화학 반응의 결과 10.4 g의 CO_2가 생성된다. 이 기체가 122 kPa, 29 ℃에서 차지하는 부피는 얼마인가? 집단 구성원 중 한 사람은 모든 단위를 검토하고 또 한 사람은 모든 유효 숫자를 검토한다.

133. 14.22 g의 알루미늄 탄산음료 캔은 다음과 같이 염산과 반응한다. 수소 기체는 수상 치환으로 포집된다. 수증기압이 없다고 가정하고 외부 압력이 99.86 kPa, 온도가 31 ℃라면 포집되는 수소 기체의 부피는 얼마인가? 이 온도에서 물의 증기압은 얼마인가? 이 조건에서 수소와 수증기가 차지하는 부피는 얼마인가?

$$2\,Al(s) + 6\,HCl(aq) \longrightarrow 3\,H_2(g) + 2\,AlCl_3(aq)$$

데이터 분석 및 해석

134. 연료가 자동차 엔진에서와 같이 공기 존재하에 연소될 때 공기 중에 있는 일부 질소가 NO와 NO_2(합해서 NO_X로 알려짐) 같은 질소 산화물 기체를 만든다. 미국 환경보호국 (EPA)는 NO_2를 포함하여 몇 가지 오염 물질의 공기 중 양에 대한 기준을 정했다.

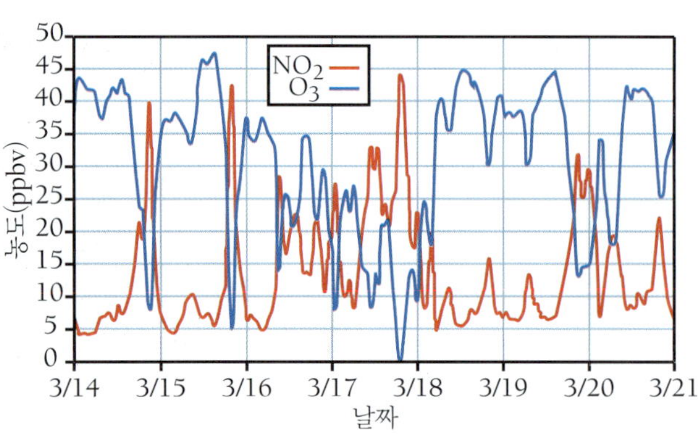

▲ 1일 동안 NO_2와 O_3의 농도

출처: http://www.cas.manchester.ac.uk/resprojects/holmemoss/results/fig2/

EPA에 따르면 미국 도시에서 NO_2의 수준은 연평균 53 ppbv 또는 시간 평균 100 ppbv를 초과하면 안 된다. 자동차 소비와 관련된 또 다른 오염물은 오존(O_3)이다. 오존에 대한 EPA의 기준은 8시간 평균 70 ppbv이다. NO_2나 O_3의 기준치 이상의 공기를 마시면 천식 등의 호흡기 문제를 초래한다. 다음 그래프는 한 주 동안 영국 맨체스터 근처 샘플 네 곳에서 측정한 NO_2와 O_3의 ppbv 단위 평균 농도이다(1999년 3월). 다음 질문에 답하시오.

(a) NO_2와 O_3의 농도는 EPA에서 정한 미국 기준을 초과하는가?

(b) 3월 14일과 3월 16일 사이에 NO_2와 O_3는 서로 어떤 연관성이 있는가?

(c) 온도와 부피에서 기체의 부피는 기체의 몰수에 정비례한다. 소비된 O_3와 생성된 N_2의 몰수비는 얼마인가?

(d) 다음 화학 반응식은 이산화 질소와 오존의 상호작용을 모형화한 것이다. 이러한 일련의 방정식은 그래프에서 관찰된 경향을 나타낸다. 이에 대해 설명하시오.

$$N_2 + O_2 \longrightarrow 2\,NO$$
$$NO + O_3 \longrightarrow NO_2 + O_2 + \text{빛}$$

연습문제 해답

11.1 85.0 psi
11.1+ 80.6 kPa
11.2 P_2 = 210 kPa, 수심 약 11 m
11.3 123 mL
11.4 0.81 L
11.5 13 L
11.6 160 kPa
11.7 16.1 L
11.7+ 977 mm Hg
11.8 70.7 g/mol
11.9 96.1 kPa
11.10 P_{tot} = 420 kPa
11.11 82.3 g
11.12 6.53 L O_2

확인문제 해답

11.1 (b) 입자의 크기가 입자 사이의 공간에 비해 작기 때문에 입자의 크기 변화는 기체의 성질을 거의 변화시키지 못한다.

11.2 (a) 입자들이 모두 동일하고, (a)는 단위 부피당 입자 수가 가장 작기 때문에 압력이 가장 낮다.

11.3 (c) 대기압은 10.3 m 높이의 물기둥을 지지할 것이다. 기압계 안에 있는 액체의 밀도가 물의 2배라면 그 액체 기둥의 무게는 물의 2배가 될 것이고, 밑바닥에서 나타내는 압력도 물에 비해 2배가 될 것이다. 그러므로 대기압은 물기둥의 절반 높이의 액체 기둥을 지지할 수 있을 것이다.

11.4 (b) 부피가 3배이고 Boyle의 법칙에 의해 부피와 압력이 반비례하므로 압력이 1/3로 떨어질 것이다.

11.5 (a) 일정한 압력에서 기체의 부피는 온도에 비례할 것이다. 켈빈온도가 2배가 된다면 부피도 2배가 될 것이다.

11.6 (c) 켈빈온도가 2배가 되면 압력도 2배가 될 것이지만, 부피가 2배가 되면 압력이 반으로 줄어든다. 알짜 결과는 압력이 초깃값과 같다는 것이다.

11.7 (c) 수소 기체는 몰질량이 가장 작기 때문에 1 g 중에 가장 많은 몰수가 들어 있고, 따라서 가장 큰 부피를 차지할 것이다.

11.8 (a) $P_{He} = 1.52 \times 10^5$ Pa, $P_{Ne} = 1.52 \times 10^5$ Pa. 각 기체의 몰수가 같으므로 각 기체의 분율 조성은 0.50이고 각 기체의 부분 압력은 $0.50 \times P_{tot}$이다.

11.9 (b) 기체 분자의 총수가 감소하므로 전체 압력(모든 부분 압력의 합)도 감소해야 한다.

▲ 물방울의 구형은 물 분자 사이 인력인 분자간 힘 때문이다.

12 액체, 고체, 분자간 힘

"모든 것은 물질의 입자가 서로에게 작용하는 힘의 구성에 달렸다는 것이 밝혀질 것이며, 자연계의 모든 현상은 이 힘으로부터 기원한다."

— Roger Joseph Boscovich(1711~1787)

개요

12.1 구형의 물

고체인 물체가 잔잔한 물로 떨어지면 물 분수(물의 상승에 의한 작은 기둥)는 종종 즉각적으로 다음과 같은 영향을 미친다. 동전(평평한 면이 아래로)을 유리컵의 물에 떨어뜨림으로 이것을 알 수 있다. 동전이 수면 아래로 떨어지는 순간에 주의 깊게 관찰하면 특유의 물 분수가 위로 튀기는 것을 볼 수 있을 것이다. 그 분수는 고체인 물체가 물속에 원기둥 모양의 구덩이를 만들기 때문에 형성된다. 그 원기둥이 다시 채워질 때 구덩이의 붕괴된 벽이 중심부와 충돌한다. 그 물은 단지 위로만 가야 한다. 물의 멋진 향연을 얻고자 갈망하는 사진작가와 영상작가는 이러한 물 분수를 모형으로 삼곤 했다. 이러한 많은 사진은 원기둥이 아래로 되돌아갈 때 물 분수의 정상에 만들어지는 작은 물방울을 보여준다. 이 장의 첫 사진과 같이 작은 물방울은 거의 완전한 구형이다.

물 분수가 올라갔다가 떨어지기 시작한 후에 물기둥은 자유롭게 떨어지고, 중력의 왜곡된 효과가 사라진다. 그럼으로써 물 분자들 사이의 분자간 힘이 떨어지는 물의 형태를 결정한다. 이러한 힘은 작은 자석 집합체에서의 인력처럼 물 분자 사이 인력의 원인이 된다. 이러한 인력은 물 분자가 상온에서 (기체 대신) 액체가 되도록 서로 붙들어준다. 또한 자유롭게 떨어지는 물 시료를 응집시켜 물 분수의 정상에서 명확히 볼 수 있었던 구형으로 만든다. 그 구형은 부피에 대한 가장 작은 표면적의 비를 가진 기하학적 모양이다. 구는 상호작용이 더 적게 일어나는 액체 표면에 있는 물 분자의 수를 최소화하기 때문에(액체 내부에 비해) 물 분자는 구를 형성하여 서로 상호작용을 극대화한다.

분자간 힘(intermolecular forces)은 물 분자뿐만 아니라 물질을 이루는 모든 입자 사이에도 존재한다. 이러한 분자간 힘은 바로 액체와 고체가 존재하는 원인이다. 시료 물질의 상태, 즉 고체, 액체, 기체는 시료 물질의 열에너지양과 관련이 있는 분자간 힘의 크기에 달렸다. 물질을 구성하고 있는 분자와 원자는 온도가 증가함에 따라 빨라지는 연속적이고 무작위적인 운동을 한다(3.10절 참조). 이러한 분자 운동과 관련된 에너지를 **열에너지**(thermal energy)라고 한다. 열에너지에 비해 분자간 힘이 약할수록 시료 물질은 기체 상태로 존재할 가능성이 높아질 것이다. 반대로 열에너지에 비해 분자간 힘이 강할수록 시료 물질은 액체나 고체 상태로 존재할 가능성이 높아질 것이다.

12.2 액체와 고체의 특성

▶ 고체와 액체의 성질을 설명하고 이를 구성 원자와 분자에 연관 짓는다.

우리는 고체와 액체에 친숙하다. 물, 휘발유, 소독용 알코올, 아세톤 등을 한 번쯤은 접해보았을 액체이다. 얼음, 드라이아이스, 다이아몬드 역시 친숙한 고체이다. 분자 또는 원자가 서로 멀리 떨어져 있는 기체와는 달리 액체와 기체의 분자 또는 원자는 서로 가까이 접해 있다(그림 12.1).

▲ 그림 12.1 기체, 액체, 고체 상태

고체와 액체의 차이는 구성 분자나 원자가 얼마나 자유롭게 움직일 수 있느냐에 달렸다. 액체에서는 원자나 분자가 가까이 있지만 서로의 주위를 비교적 자유롭게 움직일 수 있다. 고체에서는 열에너지에 의해 원자나 분자가 고정된 자리에서 진동하지만 그 위치가 고정되어 있다. 액체와 고체를 이루는 분자의 이러한 성질은 다음과 같은 거시적인 성질로 나타난다.

액체의 특성

- 기체와 비교했을 때 밀도가 매우 높다.
- 모양이 정해져 있지 않다. 담는 용기의 모양을 나타낸다.
- 부피가 정해져 있다. 쉽게 압축되지 않는다.

고체의 특성

- 기체와 비교했을 때 밀도가 매우 높다.
- 모양이 정해져 있다. 담는 용기의 모양을 나타내지 않는다.
- 부피가 정해져 있다. 쉽게 압축되지 않는다.
- 결정체(규칙적)일 수도 있고 비결정체(불규칙적)일 수도 있다.

표 12.1에 기체, 액체, 고체의 특성을 요약했다.

액체는 구성 원자나 분자가 서로 가까이에 있기 때문에 기체보다 밀도가 높다. 예를 들어 액체 물의 밀도는 298 K에서 1.0 g/cm^{3}인 반면에 기체 물의 밀도는 373 K, 101.325 kPa에서 0.59 g/L 또는 5.9×10^{-4} g/cm^{3}이다. 액체는 구성 원자나 분자가 자유롭게 흐를 수 있으므로 담는 용기에 따라 모양이 달라진다. 플라스크에 물을 부으면 물은 자유롭게 흘러 플라스크 모양을 띠게 된다(그림 12.2). 액체는 구성 분자나 원자가 가깝게 붙어 있어서 더 이상 가까워질 수 없기 때문에 쉽게 압축되지 않는다.

표 12.1 물질의 상태에 따른 특성

상태	밀도	형태	부피	분자간 힘의 세기*	예
기체	낮음	일정하지 않음	일정하지 않음	약함	이산화 탄소 기체(CO_2)
액체	높음	일정하지 않음	일정함	중간 정도	액체 물(H_2O)
고체	높음	일정함	일정함	강함	설탕($C_{12}H_{22}O_{11}$)

* 열에너지와 비교했을 때

12.8절에서 살펴보겠지만 얼음은 액체 상태의 물보다 밀도가 낮다. 물이 액체에서 고체로 변할 때 독특한 결정체 구조를 가짐으로써 부피가 팽창하기 때문이다.

액체와 마찬가지로 고체 역시 구성 분자나 원자가 서로 가깝게 붙어 있기 때문에 기체에 비해 밀도가 매우 크다. 보통 어떤 물질의 고체 상태 밀도는 액체 상태의 밀도보다 약간 더 크다. 주요한 예외는 물이다. 물은 고체 상태(얼음)일 때 액체 물보다 밀도가 약간 작다. 고체는 기체나 액체와 달리 구성 분자나 원자가 특정 장소에 고정되어 있기 때문에 일정한 모양을 띤다(그림 12.3). 각 분자나 원자는 고정된 점에서 진동만 한다. 고체 역시 액체와 비슷하게 구성 분자나 원자가 가깝게 붙어 있기 때문에 일정한 부피를 가지고 있으며 쉽게 압축되지 않는다. 3.3절에서 설명했듯이 고체는 결정체일 수도 있고 비결정체일 수도 있다. 결정체를 구성하는 분자나 원자는 매우 질서 있게 3차원적으로 정렬되어 있고, 비결정체를 구성하는 분자나 원자는 규칙적인 장거리 질서가 아니다.

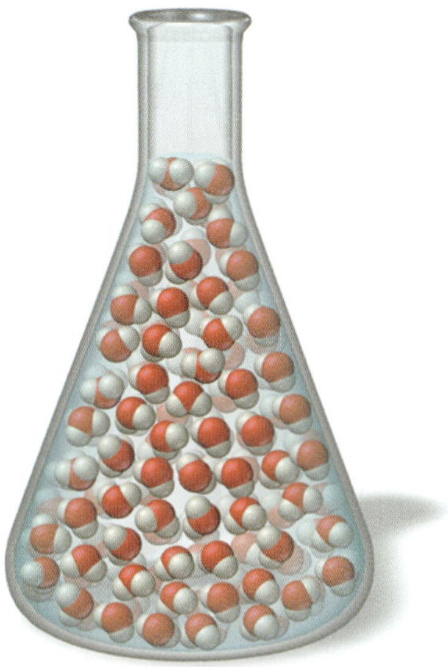

▲ **그림 12.2 담긴 용기의 모양을 띠는 액체.** 액체 상태의 물 분자는 서로 자유롭게 움직일 수 있어 잘 흐르기 때문에 용기의 모양을 띤다.

▲ **그림 12.3 일정한 형태를 띠는 고체.** 얼음과 같은 고체는 분자가 일정한 위치에 고정되어 있으나 분자는 고정된 위치에서 진동한다.

✔ 확인문제 12.1

어떤 물질이 일정한 모양과 일정한 부피를 가지고 있다면 이 물질의 상태는 무엇인가?

(a) 고체 (b) 액체 (c) 기체

12.3 분자간 힘의 영향: 표면 장력과 점성

▶ 표면 장력과 정성이 어떻게 액체의 분자간 힘을 나타내는지를 이해한다.

분자간 힘을 확인할 수 있는 가장 명백한 표시는 바로 액체와 고체의 존재이다. 분자간 힘 없이는 고체와 액체가 존재할 수 없다(그것은 기체일 것이다). 액체 상태의 물질에서 표면 장력이나 점도를 비롯한 분자간 힘의 또 다른 표시를 확인할 수 있다.

표면 장력

플라이낚시를 하는 사람은 흐르는 강물 표면에 작은 금속 고리(깃털과 줄을 붙여서 곤충처럼 보이게 만든 것)를 정교하게 던진다. 금속 고리는 물의 표면을 떠다니며 송어를 유인한다

▲ 그림 12.4 **물에 떠 있는 플라이.** 플라이낚시의 미끼는 물보다 밀도가 크지만 물의 표면 장력 때문에 강물이나 호수의 표면 위에 뜬다.

(그림 12.4). 어떻게 금속 고리는 물의 표면에서 떠다닐 수 있을까? 바로 **표면 장력**(surface tension) 때문이다. 표면 장력은 액체가 표면적을 최소화하려고 하는 경향이다. 이러한 경향성으로 인해 액체는 침투를 막는 일종의 '피부'를 가지게 된다. 낚시꾼의 금속 고리가 물에 가라앉으려면 물의 표면적이 조금은 증가해야 한다. 액체의 표면에 있는 분자는 안쪽에 있는 분자와만 상호작용하기 때문에 물의 표면적은 쉽게 증가하지 않는다(그림 12.5). 액체 표면에 있는 분자는 액체 안쪽에서 끌어당기는 알짜 힘을 받으므로 (바깥쪽에서 오는 힘과 균형을 맞추지 못하고) 표면은 표면적을 최소화하려는 경향의 장력 하에 놓이게 된다. 클립을 조심스럽게 물 위에 올려놓으면 표면 장력을 관찰할 수 있다(그림 12.6). 클립은 물보다 밀도가 크지만 물의 표면 위에 뜰 것이다. 이 상태에서 클립을 살짝 건드리면 물의 표면 장력을 극복하고 가라앉는다. 분자간 힘이 클수록 표면 장력도 커진다. 예를 들어 휘발유 위에는 클립을 띄울 수 없는데, 이는 휘발유를 구성하는 분자들 사이의 분자간 힘이 물 분자들 사이의 분자간 힘보다 약하기 때문이다.

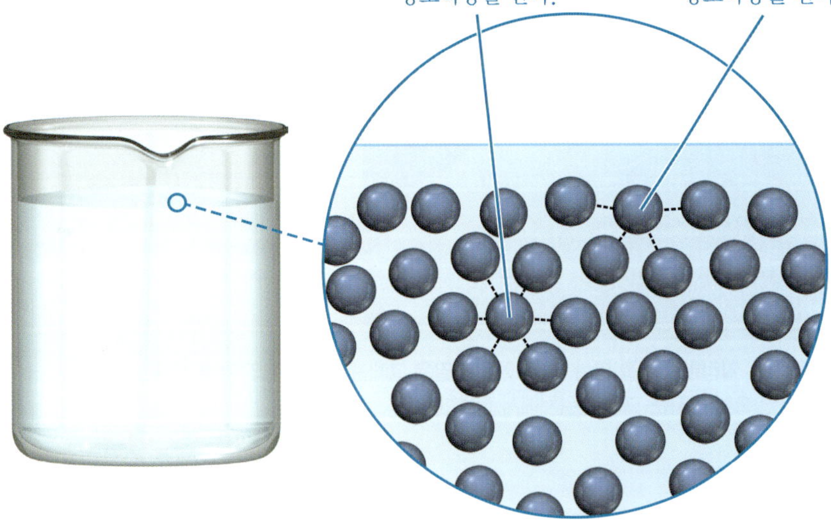

▲ 그림 12.5 **표면 장력의 원인.** 액체 표면에 있는 분자는 안쪽에 이웃해 있는 분자와 상호작용한다. 이 때문에 알짜 힘은 안쪽을 향하고 표면에 장력을 만들어낸다. 이 장력은 표면적을 최소화하려는 경향이 있어 침투를 막는다.

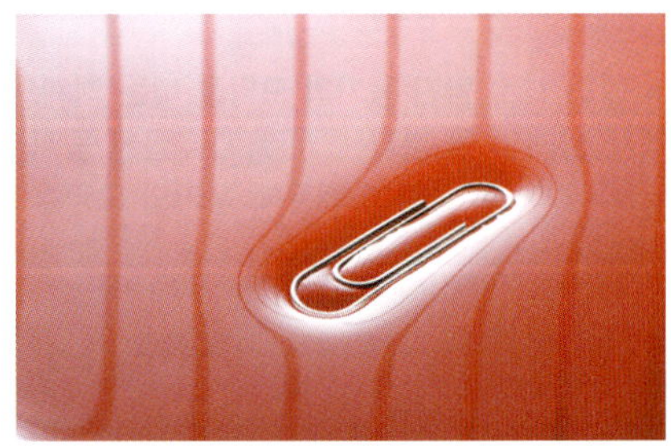

▲ 그림 12.6 **표면 장력의 작용.** 클립을 물 위에 조심스럽게 올려놓으면 물의 표면 장력이 클립을 떠받쳐서 클립이 물 위에 뜬다.

점성

분자간 힘의 또 다른 표시는 **점성**(viscosity)이다. 점성은 액체가 흐르는 것을 방해하는 것이다. 예를 들어 엔진오일은 휘발유보다 점성이 크고, 메이플 시럽은 물보다 점성이 크다(그림 12.7). 분자간 힘이 클수록 점성도 커진다. 분자간 힘이 커지면 분자가 서로 자유롭게 움직일 수 없기 때문에 흐름을 방해하게 된다. 모터오일에 들어 있는 탄화수소(hydrocarbon)와 같은 긴 분자도 분자들이 뒤엉켜 있기 때문에 점성이 있는 액체를 이루는 경향이 있다.

◀ 그림 12.7 **점성.** 메이플 시럽은 물보다 점성이 크다. 메이플 시럽의 분자는 강하게 상호작용하기 때문에 서로 쉽게 지나쳐서 흐를 수 없다.

12.4 증발과 응축

- ▶ 증발과 응축 과정을 묘사하고 설명한다.
- ▶ 증발열을 이용하여 계산한다.

물이 들어 있는 컵을 열어둔 채 며칠간 두면 컵 속의 물 높이가 천천히 내려간다. 왜 그럴까? 첫째, 물의 표면에 있는 분자—이웃하는 분자로부터 더 적은 인력을 받아 조금 약하게 묶여 있는—가 나머지 액체 분자로부터 쉽게 이탈하기 때문이다. 둘째, 액체 안의 모든 분자가 주어진 온도에서 **운동 에너지 분포**를 가지고 있기 때문이다(그림 12.8). 어느 순간에든 액체 내에는 평균보다 더 빨리 움직이는 분자와 평균보다 더 느리게 움직이는 분자가 존재한다. 평균보다 훨씬 빠르게 움직이는 분자는 표면으로부터 벗어나기에 충분한 에너지를 가지며, 그 결과 증발하거나 기화한다. **증발**(evaporation)이나 **기화**(vaporization)는 물질이 액체 상태에서 기체 상태로 바뀌는 물리적인 변화이다(그림 12.9).

증발 또는 기화 과정에서 물질은 액체 상태에서 기체 상태로 변한다.

책상에 물을 뿌리면 물이 더 빠르게 증발한다. 아마 몇 시간이면 충분할 것이다. 엎질러진 물의 표면적은 컵에 담겨 있을 때보다 훨씬 크기 때문에 더 많은 물 분자가 증발할 수 있다. 물을 데우면 더 빠르게 증발한다. 열에너지가 커질수록 더 많은 분자가 보다 큰 에너지를 가지게 되고, 큰 에너지를 가진 분자는 표면에서 이탈하기가 쉬워지기 때문이다(그림 12.8 참조). 컵에 물 대신 소독용 알코올을 넣어두면 더 빨리 증발한다. 알코올의 분자간 힘이 물의 분자간 힘보다 약하기 때문이다. 일반적으로 증발 속도는 다음과 같은 경우에 증가한다.

- 표면적이 증가할 때
- 온도가 높아질 때
- 분자간 힘이 약해질 때

쉽게 증발하는 액체를 **휘발성**(volatile), 쉽게 증발하지 않는 액체를 **비휘발성**(nonvolatile)이라고 한다. 예를 들어 소독용 알코올은 물보다 휘발성이 크다. 엔진오일은 사실상 비휘발성이다.

닫힌 용기에 물을 넣어두면 증발하지 않는다. 액체를 떠난 분자가 물 위의 공간에 갇혀 있기 때문이다. 이러한 기체 분자는 용기 벽에 부딪혔다가 튀어나와 결국은 물의 표면에 부딪

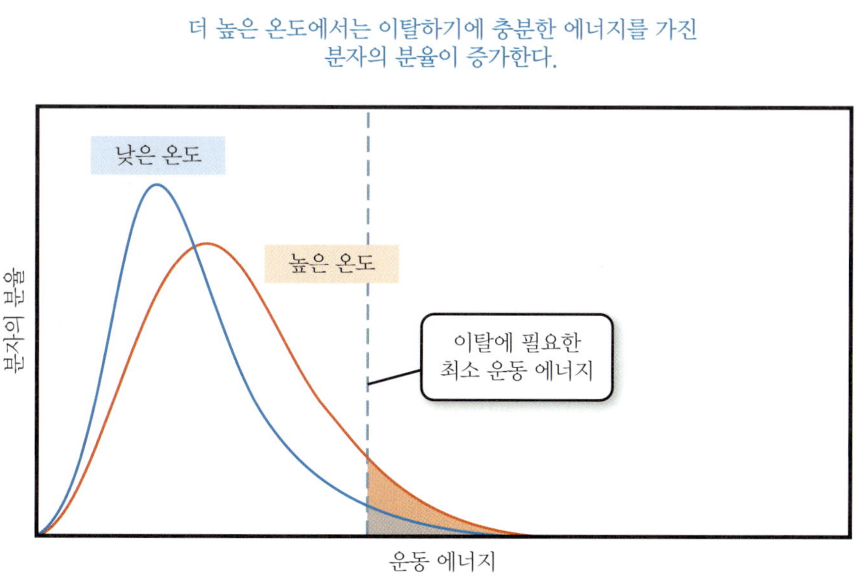

▲ **그림 12.8 열에너지 분포.** 주어진 온도에서 분자나 원자 시료의 에너지 분포는 그래프와 같은 형태를 띤다. 이탈에 충분한 에너지를 가진 분자의 분율을 보라색으로 나타냈다.

▲ **그림 12.9 증발**

▶ **그림 12.10 증발과 응축.** (a) 닫힌 용기에 물을 넣으면 물 분자가 증발하기 시작한다. (b) 기체 상태의 분자가 증가하면 그중의 일부는 액체에 부딪혀 액체로 돌아온다. (c) 증발 속도와 응축 속도가 같아지면 동적 평형 상태가 되고 기체 분자의 수가 일정하게 유지된다.

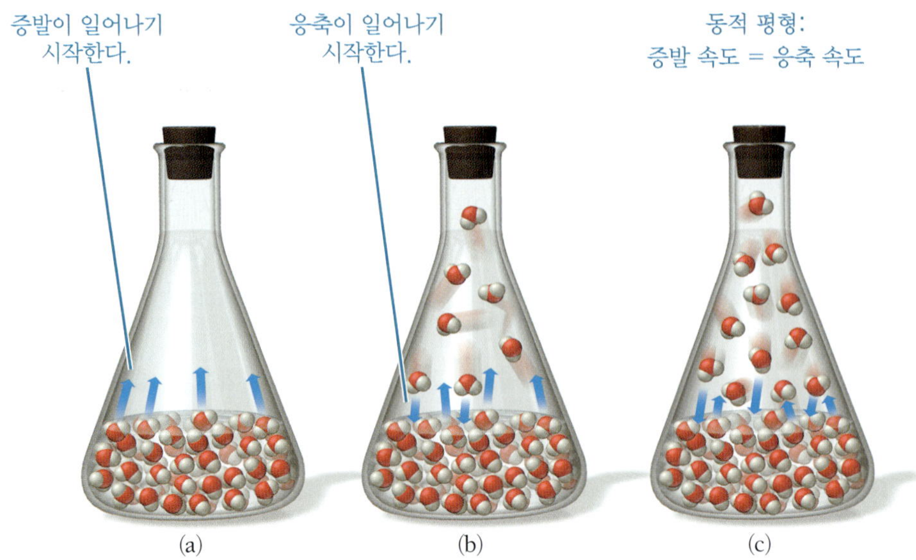

혀 다시 응축된다. **응축**(condensation)은 물질이 기체 상태에서 액체 상태로 바뀌는 물리적 변화이다.

증발과 응축은 반대 현상으로, 증발은 액체가 기체로 바뀌는 것이고, 응축은 기체가 액체로 바뀌는 것이다. 닫힌 용기에 액체 상태의 물을 넣으면 처음에는 응축보다 증발이 많이 일어나는데, 이는 물 위의 공간에 기체 상태의 물 분자가 그리 많지 않기 때문이다(그림 12.10a). 그러나 기체 상태의 물 분자가 증가할수록 응축 속도가 빨라진다(그림 12.10b). 결과적으로 응축과 증발의 속도가 똑같아질 때(그림 12.10c) **동적 평형**(dynamic equilibrium)이 이루어지고, 액체 위에 있는 기체 상태의 물 분자 수가 일정하게 유지된다.

각 분자의 증발과 응축이 계속적으로 일어나고 있지만 그 속도가 같기 때문에 동적 평형이라고 부른다.

증기 압력(vapor pressure)은 동적 평형 상태인 기체의 부분 압력이다. 물의 경우 298 K에서 증기 압력이 3.17 kPa이다. 다음과 같은 경우에 증기 압력이 증가한다.

표 11.4는 온도에 따라 달라지는 물의 증기 압력을 보여준다.

- 온도가 높아질 때
- 분자간 힘의 세기가 약해질 때

평형 상태에서 표면적의 증가는 증발 속도와 응축 속도에 똑같이 영향을 주기 때문에 증기 압력은 표면적과 관계가 없다.

끓음

열린 용기에 담긴 물의 온도를 높이면 증가된 열에너지로 인해 분자가 표면에서 떠나고 더 빠른 속도로 기화된다. **끓는점**(boiling point)은 증기 압력과 액체 위의 압력이 같아졌을 때의 온도이다. 끓는점에서 열에너지에 의해 액체 표면의 분자뿐만 아니라 액체 내부의 분자도 기체 상태로 자유롭게 이탈할 수 있다(그림 12.11). 물의 **정상 끓는점**(normal boiling point)은 액체 위의 압력이 101.325 kPa일 때의 끓는점인 373 K이다. 물의 온도가 373 K에 도달하면 기포가 형성되는 것을 관찰할 수 있다. 이 기포는 액체 상태의 물 내부에서 형성된 기체 상태의 물이 담긴 주머니이다. 기포는 표면으로 떠올라 기체 상태의 물 또는 수증기로 떠나게 된다.

물의 온도가 373 K가 되지 않았는데도 기포가 생기곤 한다. 이 기포는 기체 상태의 물이 아니라 물에 녹아 있던 공기가 물을 떠나는 것이다. 온도가 상승함에 따라 액체 내 기체의 용해도가 낮아지기 때문에 물에 녹아 있던 공기는 가열되면 물에서 빠져나온다(13.4절).

일단 액체의 끓는점에 도달하면 추가적인 가열은 더 빨리 끓게 만들 뿐이며, 액체의 끓는점 이상으로 온도가 높아지지는 않는다(그림 12.12). 그러므로 101.325 kPa에서 끓는 물의

▲ **그림 12.11 끓음.** 물이 끓는 동안 열에너지로 인해 액체 내부의 물 분자가 기체로 바뀌고 기체 상태의 물 분자가 포함된 기포가 형성된다.

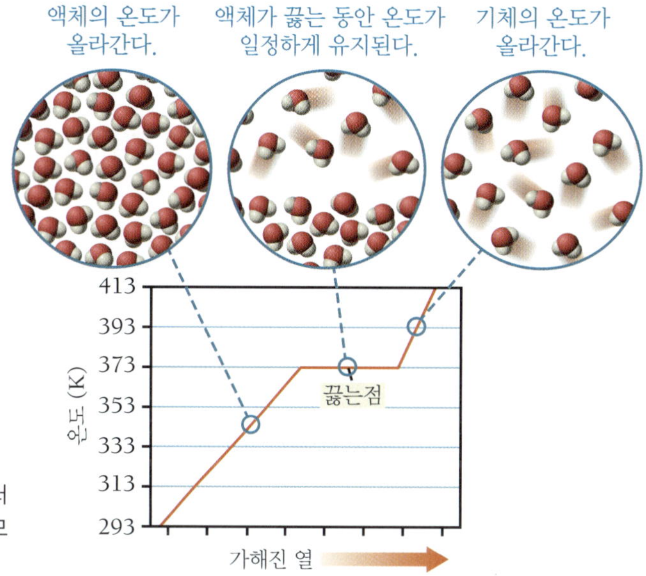

▶ **그림 12.12 끓는 동안의 가열 그래프.** 실온에서부터 끓는점까지 물을 가열할 때, 끓는 동안에는 액체가 모두 증발할 때까지 물의 온도가 373 K로 유지된다.

온도는 항상 373 K이다. 모든 액체 물이 수증기로 바뀐 다음에는 수증기의 온도가 373 K 이상으로 올라갈 수 있다.

✔ 확인문제 12.2

빠르게 끓고 있는 물 위의 기체를 모아서 분석했다. 다음 기체 시료 중 가장 큰 분율을 차지하는 것은 무엇인가?

(a) $H_2(g)$ (b) $H_2O(g)$ (c) $O_2(g)$ (d) $H_2O_2(g)$

증발과 응축의 에너지론

증발은 흡열 반응이다. 액체가 기체로 바뀔 때 나머지 액체에서 분자를 분리하는 데 에너지가 필요하므로 열을 흡수한다. 액체 상태로 물 분자가 모여 있는 것을 상상해보라. 물이 증발할 때 빠르게 움직이는 분자는 느리게 움직이는 분자를 남겨두고 이탈하기 때문에 물이 냉각된다(흡열 과정의 형태). 보통의 조건에서 물이 증발할 때 물의 온도가 약간 내려가지만 주위에서 열에너지의 전달이 일어나 상쇄되어 물의 온도가 다시 올라간다. 그러나 증발하는 물이 주위로부터 열적으로 고립된다면 증발 시 계속해서 냉각될 것이다.

흡열 과정에서는 열을 흡수하고, 발열 과정에서는 열을 방출한다.

끓고 있는 물 주전자 아래의 열을 차단함으로써 증발의 흡열 성질을 관찰할 수 있다. 증발로 인해 열을 잃어버리기 때문에 물의 온도는 끓는점 이하로 내려가고 끓음은 빠르게 중단될 것이다. 인체는 냉각을 위해 증발의 흡열 성질을 이용한다. 인체가 너무 뜨거워지면 땀이 나서 피부를 액체(물)로 덮는다. 이 과정은 피부에 남아 있는 물 분자 전체의 에너지를 낮추어 몸을 식히는 효과를 낸다. 선풍기는 새롭게 증발되는 물 분자를 피부로부터 날려버리기 때문에 더 많은 땀이 증발되고 냉각 효과가 커진다. 반면에 습도가 높으면 증발 속도가 느려져서 냉각을 방해한다. 공기에 많은 양의 수증기가 포함되어 있을 때는 땀이 쉽게 증발되지 않고 냉각 체계의 효율이 떨어진다.

응축은 증발과 반대로 발열 반응이다. 즉 기체가 액체로 응축될 때 열이 방출된다. 수증기가 뿜어져 나오는 주전자 위에 손을 대면 수증기 때문에 증기 열상을 입게 된다. 피부 위에서 수증기가 액체로 응축되면서 열이 방출되어 심각한 화상을 입을 수 있다. 수증기 응축의 발열 성질은 해변 도시의 겨울밤 기온이 사막의 밤 기온처럼 뚝 떨어지지 않는 원인이다. 해변 도시에서 공기의 온도가 떨어지면 수증기가 응축되면서 열이 방출됨으로써 기온이 급격히 낮아지지 않는다. 하지만 사막에서는 공기 중에 응축될 수 있는 수증기가 거의 없기 때문에 온도가 급격히 낮아진다.

증발열

1 mol의 액체를 증발시키는 데 필요한 열을 **증발열**(heat of vaporization, $\Delta H_{\text{증발}}$)이라고 한다. 기준 끓는점(373 K)에서 물의 증발열은 40.7 k/mol이다.

$$H_2O(l) \longrightarrow H_2O(g) \qquad \Delta H = +40.7 \text{ kJ (373 K에서)}$$

증발은 흡열 과정이므로 ΔH는 양수이다. 다시 말해 물이 증발되려면 물에 에너지가 더해져야 한다.

1 mol의 기체가 응축될 때도 같은 양의 열이 관여하지만 열이 흡수되는 것이 아니라 방출된다.

$$H_2O(g) \longrightarrow H_2O(l) \qquad \Delta H = -40.7 \text{ kJ (373 K에서)}$$

응축은 발열 과정이므로 ΔH는 음수이다. 다시 말해 물이 응축될 때 에너지를 잃는다.

다른 종류의 액체는 증발열이 다르다(표 12.2). 증발열 역시 온도 의존적이다(증발열은 온도에 따라 변한다). 온도가 높아질수록 액체의 증발이 쉬워지므로 액체의 증발열이 낮아진다.

표 12.2 끓는점과 25 ˚C에서 몇 가지 액체의 증발열

액체	화학식	정상 끓는점(˚C)	끓는점에서의 증발열(kJ/mol)	25˚C에서의 증발열(kJ/mol)
물	H_2O	100.0	40.7	44.0
아이소프로필 알코올(소독용 알코올)	C_3H_8O	82.3	39.9	45.4
아세톤	C_3H_6O	56.1	29.1	31.0
다이에틸 에터	$C_4H_{10}O$	34.5	26.5	27.1

주어진 양의 액체를 증발시키는 데 필요한 가열 에너지는 증발열을 이용하여 계산할 수 있다. 증발열은 액체의 양과 그 액체를 증발시키는 데 필요한 열량의 환산 인자로 볼 수 있다. 예를 들어 25.0 g의 물을 끓는점에서 증발시키는 데 필요한 열량을 계산해보자. 문제의 정보를 분류하는 것으로 시작한다.

주어진 값: 25.0 g H_2O
구해야 하는 값: 열(kJ)

해결도표

물의 질량(g)에서 시작하여 물을 증발시키는 데 필요한 에너지로 끝나는 해결도표를 작성한다.

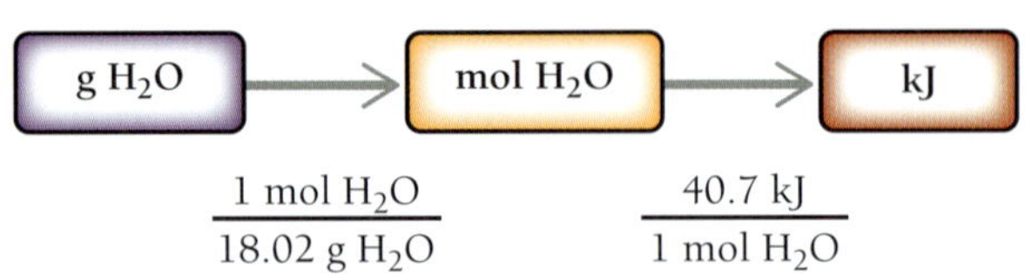

사용된 관계식

$\Delta H_{증발} = 40.7$ kJ/mol (373 K에서, 표 12.2)

1 mol H_2O = 18.02 g H_2O (물의 몰질량)

답

$$25.0 \text{ g } \cancel{H_2O} \times \frac{1 \text{ mol } \cancel{H_2O}}{18.02 \text{ g } \cancel{H_2O}} \times \frac{40.7 \text{ kJ}}{1 \text{ mol } \cancel{H_2O}} = 56.5 \text{ kJ}$$

예제 12.1 증발열을 이용한 계산

끓는점에서 155 kJ의 열을 이용하여 증발시킬 수 있는 물의 질량을 그램 단위로 구하시오.

분류
열에너지가 kJ로 주어졌고, 주어진 에너지로 증발시킬 수 있는 물의 질량을 구해야 한다.

주어진 값: 155 kJ
구해야 하는 값: g H_2O

전략
kJ의 에너지로 시작하여 물의 몰수로 변환한 다음 물의 그램 수로 변환하는 해결도표를 그린다.

해결도표

kJ → mol H_2O → g H_2O

$\frac{1 \text{ mol } H_2O}{40.7 \text{ kJ}}$ 　　 $\frac{18.02 \text{ g } H_2O}{1 \text{ mol } H_2O}$

사용된 관계식

$\Delta H_{증발} = 40.7$ kJ/mol (373 K에서, 표 12.2)

1 mol H_2O = 18.02 g H_2O (물의 몰질량)

풀이
해결도표에 따라 문제를 푼다.

답

$$155 \text{ } \cancel{\text{kJ}} \times \frac{1 \text{ mol } \cancel{H_2O}}{40.7 \text{ } \cancel{\text{kJ}}} \times \frac{18.02 \text{ g}}{1 \text{ mol } \cancel{H_2O}} = 68.6 \text{ g}$$

검토
답을 검토한다. 단위가 옳은가? 답이 합당한가?

단위(g)가 옳다. 물 분자의 각 몰수는 증발에 대해 약 40 kJ의 에너지를 흡수하기 때문에 답의 크기도 합당하다. 그러므로 155 kJ은 4 mol에 가까운 물을 증발시키며, 이는 답과 일치한다(물 4 mol은 질량이 약 72 g이다).

▶ **연습문제 12.1 | 증발열을 이용한 계산**
끓는점에서 물 2.58 kg을 증발시키는 데 필요한 열량(kJ)을 구하시오.

▶ **연습문제 12.1+**
처음 온도가 298 K인 55 g의 알루미늄 조각 표면에서 0.48 g의 물방울이 응축한다. 응축으로 방출된 열이 금속을 가열시키는 데에만 사용되었다면 알루미늄 조각의 마지막 온도는 몇 K인가? [알루미늄의 비열용량(표 3.4 참조)은 0.903 J/g K이다. 물의 증발열 40.7 kJ/mol을 사용한다.]

▶ **심화 학습** 예제 12.7/복습문제 53~58

✔ 확인문제 12.3

수증기가 작은 금속 덩어리 위에서 응축될 때 금속 덩어리의 온도에 어떤 변화가 일어날 것으로 예상되는가?

(a) 금속 덩어리의 온도가 상승한다.
(b) 금속 덩어리의 온도가 감소한다.
(c) 금속 덩어리의 온도는 변하지 않는다.

12.5 융해, 응고, 승화

- 융해, 응고, 승화의 과정을 묘사하고 설명한다.
- 융해열을 이용하여 계산한다.

고체의 온도를 높이면 열에너지로 인해 고체를 구성하는 분자와 원자가 더 빨리 진동한다. **녹는점**(melting point)에서 원자와 분자는 자신을 일정한 위치에 고정시킨 분자간 힘을 이길 열에너지를 가지게 되어 고체가 액체로 바뀐다. 예를 들어 얼음의 녹는점은 273 K(0 ℃)이다. 일단 고체가 녹는점에 다다르면 추가적인 가열은 더 빨리 녹게 만들 뿐이며, 고체의 온도는 녹는점 이상으로 올라가지 않는다(그림 12.13). 모든 얼음이 녹은 후에야 비로소 액체 물의 온도가 273 K 이상으로 올라갈 것이다. 물과 얼음의 혼합물은 언제나 273 K일 것이다(101.325 kPa에서).

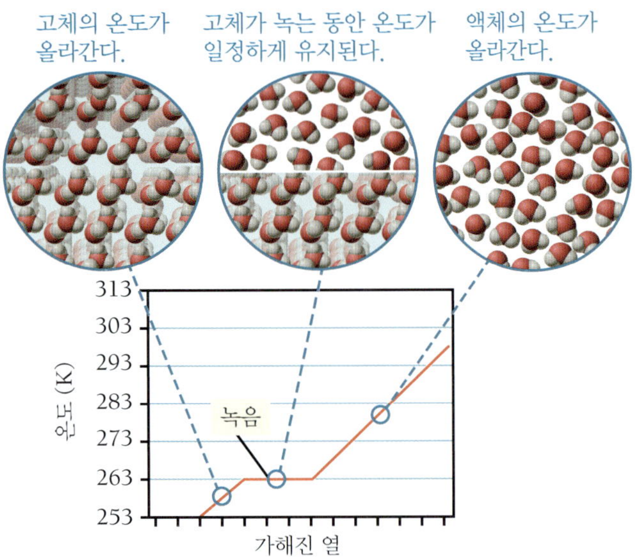

▲ **그림 12.13 융해 시의 가열 그래프.** 얼음이 253 K에서 308 K까지 가열될 때 온도의 변화를 나타낸 것이다. 융해 시 모든 고체가 녹을 때까지 273 K가 유지된다.

융해와 응고의 에너지론

음료수를 차갑게 하는 가장 일반적인 방법은 얼음 몇 조각을 음료수에 넣는 것이다. 고체가 액체로 바뀌는 융해(녹음)는 열을 흡수하는 흡열 과정이므로 얼음이 녹을 때 음료가 시원해진다. 융해되는 얼음은 음료수 내의 액체로부터 열을 흡수하고 액체를 차갑게 만든다. 융해는 흡열 과정이다. 고체 분자 사이의 인력을 부분적으로 극복하고 액체 상태로 자유롭게 하려면 에너지가 필요하기 때문이다.

융해와 반대로 응고(얼음)는 발열 과정으로, 액체가 얼어서 고체가 될 때 열이 방출된다. 예를 들어 냉장고 안에서 물이 얼음으로 바뀔 때 물은 열을 내놓고, 이렇게 방출되는 열은 냉장고의 냉각계에 의해 제거된다. 냉각계가 방출된 열을 제거하지 못한다면 물은 완전히 얼음으로 얼지 않을 것이다. 물이 얼기 시작할 때 방출되는 열은 냉장고를 따뜻하게 만들고 이는 물의 응고를 막을 것이다.

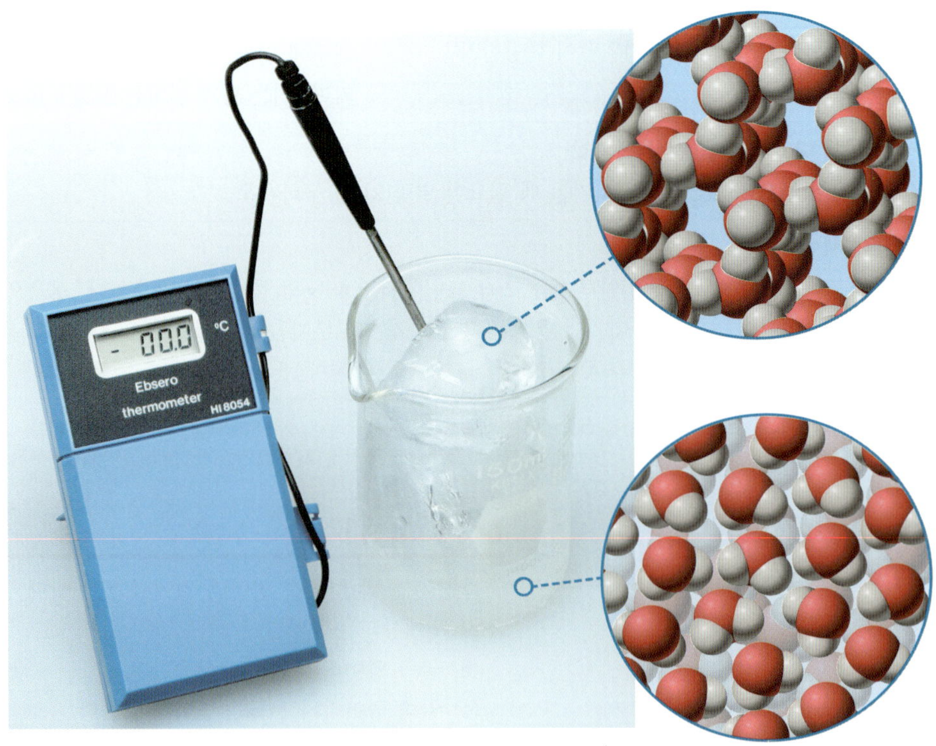

▶ 얼음이 녹을 때 물 분자는 고체 구조에서 벗어나 액체가 된다. 얼음과 물이 같이 존재하는 한 온도는 273 K(0 ℃)로 유지될 것이다.

융해열

고체 1 mol이 녹는 데 필요한 열을 **융해열**(heat of fusion, $\Delta H_{\text{융해}}$)이라고 한다. 물의 융해열은 6.02 kJ/mol이다.

$$H_2O(s) \longrightarrow H_2O(l) \qquad \Delta H = +6.02 \text{ kJ}$$

융해는 흡열 과정이므로 ΔH는 양수이다. 다시 말해 얼음을 녹이려면 물에 에너지가 더해져야 한다.

같은 양의 열이 물 1 mol이 얼 때 관여하지만 그 열은 흡수되는 것이 아니라 방출된다.

$$H_2O(l) \longrightarrow H_2O(s) \qquad \Delta H = -6.02 \text{ kJ}$$

응고는 발열 과정이므로 ΔH는 음수이다. 다시 말해 물이 얼 때 에너지를 잃는다.

다른 물질은 융해열이 다르다(표 12.3). 일반적으로 융해열은 증발열보다 훨씬 작다. 얼음 1 mol을 녹이는 대 필요한 에너지는 액체 물 1 mol을 증발시키는 데 필요한 에너지보다 작다. 왜 그럴까? 증발은 한 분자를 다른 분자로부터 완전히 떼어놓는 것이다. 그러므로 분자간 힘을 완전히 극복해야 한다. 반면에 융해에서는 분자가 서로 접촉한 상태에서 다른 분자의 주위를 움직일 수 있을 정도로만 분자간 힘을 극복하면 된다.

표 12.3 몇 가지 물질의 융해열

액체	화학식	녹는점(K)	융해열(kJ/mol)
물	H_2O	273.15	6.02
아이소프로필 알코올(소독용 알코올)	C_3H_8O	183.6	5.37
아세톤	C_3H_6O	178.4	5.69
다이에틸 에터	$C_4H_{10}O$	156.8	7.27

주어진 양의 고체를 녹이는 데 필요한 열에너지의 양을 계산하려면 융해열을 사용한다. 융해열은 고체를 녹이는 데 필요한 열량과 그 고체의 몰수 간 환산 인자가 된다. 예를 들어 25.0 g의 얼음을 녹이는 데 필요한 열량을 계산해보자. 우선 문제의 정보를 분류한다.

주어진 값: 25.0 g H_2O

구해야 하는 값: 열(kJ)

해결도표

물의 질량으로 시작하여 그것을 녹이는 데 필요한 에너지로 끝나는 해결도표를 그린다.

$$\text{g } H_2O \longrightarrow \text{mol } H_2O \longrightarrow \text{kJ}$$

$$\frac{1 \text{ mol } H_2O}{18.02 \text{ g } H_2O} \qquad \frac{6.02 \text{ kJ}}{1 \text{ mol } H_2O}$$

사용된 관계식

$\Delta H_{\text{융해}} = 6.02$ kJ/mol (표 12.3)

1 mol H_2O = 18.02 g H_2O (물의 몰질량)

답

$$25.0 \text{ g } H_2O \times \frac{1 \text{ mol } H_2O}{18.02 \text{ g } H_2O} \times \frac{6.02 \text{ kJ}}{1 \text{ mol } H_2O} = 8.35 \text{ kJ}$$

예제 12.2 융해열을 이용한 계산

273 K에서 녹을 때 237 kJ의 열을 흡수하는 얼음의 양을 그램 단위로 계산하시오.

분류
열에너지가 kJ로 주어졌고, 구해야 하는 값은 녹을 때 주어진 열을 흡수하는 얼음의 질량이다.

주어진 값: 237 kJ
구해야 하는 값: g H_2O (얼음)

전략
kJ의 에너지로 시작하여 물의 몰수로 변환한 다음 물의 질량(g)으로 바꾸는 해결도표를 그린다.

해결도표

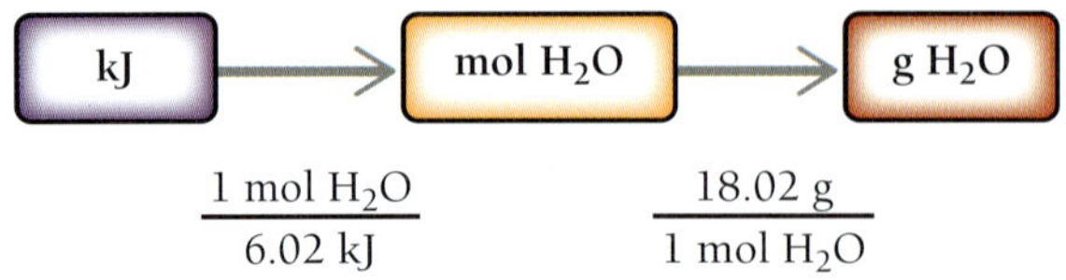

사용된 관계식
$\Delta H_{융해} = 6.02$ kJ/mol (표 12.3)
1 mol H_2O = 18.02 g H_2O (물의 몰질량)

풀이
해결도표에 따라 문제를 푼다.

답

$$237\ \cancel{\text{kJ}} \times \frac{1\ \cancel{\text{mol H}_2\text{O}}}{6.02\ \cancel{\text{kJ}}} \times \frac{18.02\ \text{g}}{1\ \cancel{\text{mol H}_2\text{O}}} = 709\ \text{g}$$

검토
답을 검토한다. 단위가 옳은가? 답이 합당한가?

단위(g)가 옳다. 물의 각 몰은 녹을 때 약 6 kJ의 에너지를 흡수하기 때문에 답의 크기도 합당하다. 그러므로 237 kJ은 40 mol에 가까운 물을 녹이며, 이는 답과 일치한다(물 40 mol은 질량이 약 720 g이다).

▶ **연습문제 12.2 | 융해열을 이용한 계산**
15.5 g의 얼음 조각(273 K에서)을 녹일 때 흡수되는 열량을 구하시오.

▶ **연습문제 12.2+**
5.6 g의 얼음 조각(273 K에서)이 초기 온도가 298 K인 물 195 g 위에 떠 있다. 얼음이 녹을 때 물 195 g으로부터만 열을 흡수한다면 물 195 g의 온도 변화는 얼마인가?

▶ **심화 학습** 예제 12.8/복습문제 61~64

✔ 확인문제 12.4

다음 그래프는 얼음이 248 K에서 시작하여 398 K로 끝나는 가열 곡선을 보여준다. i, ii, iii 부분에서의 물의 상태를 바르게 나타낸 것은 무엇인가?

(a) i-고체, ii-액체, iii-기체
(b) i-고체와 액체, ii-액체, iii-액체와 기체
(c) i-액체, ii-액체와 기체, iii-기체
(d) i-고체와 액체, ii-액체와 기체, iii-기체

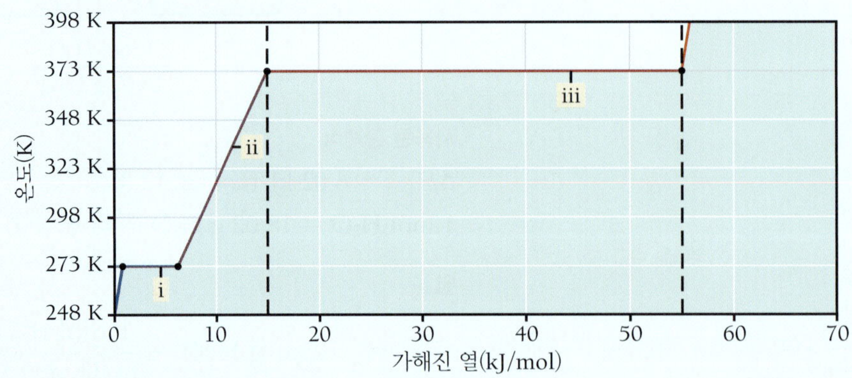

▲ 드라이아이스는 고체 이산화 탄소이다. 이 고체는 녹지 않고 승화한다. 드라이아이스는 고체 이산화 탄소에서 기체 이산화 탄소로 직접 변화한다.

승화

승화(sublimation)는 물질이 고체에서 기체로 직접 전환될 때의 물리적 변화를 말한다. 물질이 승화할 때 분자는 고체의 내부보다는 덜 단단하게 잡혀 있는 고체의 표면을 떠나 기체 상태가 된다. 예를 들어 고체 상태의 이산화 탄소인 드라이아이스는 대기압하에서 녹지(융해하지) 않는다. 195 K의 CO_2 분자는 드라이아이스 표면을 떠나 기체로 변하기에 충분한 에너지를 가지고 있다. 일반적인 얼음은 273 K보다 낮은 온도에서 천천히 승화한다. 추운 날씨에 기온이 273 K 아래로 유지되어도 얼음과 눈은 천천히 사라질 것이다. 이와 마찬가지로 냉동실의 온도도 273 K 이하이지만 냉동실에 오랫동안 보관된 얼음 조각은 천천히 작아진다. 두 경우 모두 얼음이 승화하여 직접 수증기로 변화한다.

얼어 있는 음식에서도 얼음이 승화한다. 이러한 현상은 밀폐된 플라스틱 봉지에 들어 있는 얼린 음식이 오랫동안 얼어 있는 상태로 보관될 때도 나타난다. 봉지 안에 생성된 얼음 결정은 음식에서 승화된 물이 다시 봉지 표면에서 결정화한 것이다. 이러한 이유로 음식의 언 상태가 오랫동안 유지되면 건조해진다. 음식을 더 낮은 온도에서 얼리면 이러한 현상을 피할 수 있는데, 이를 동결 보존(deep-freezing)이라고 한다. 온도가 낮을수록 승화 속도를 늦추어 음식물을 더 오래 보존할 수 있다.

✔ 확인문제 12.5

고체 이산화 탄소(드라이아이스)는 다음과 같이 나타낼 수 있다. 승화된 후의 드라이아이스를 가장 잘 나타낸 것은 무엇인가?

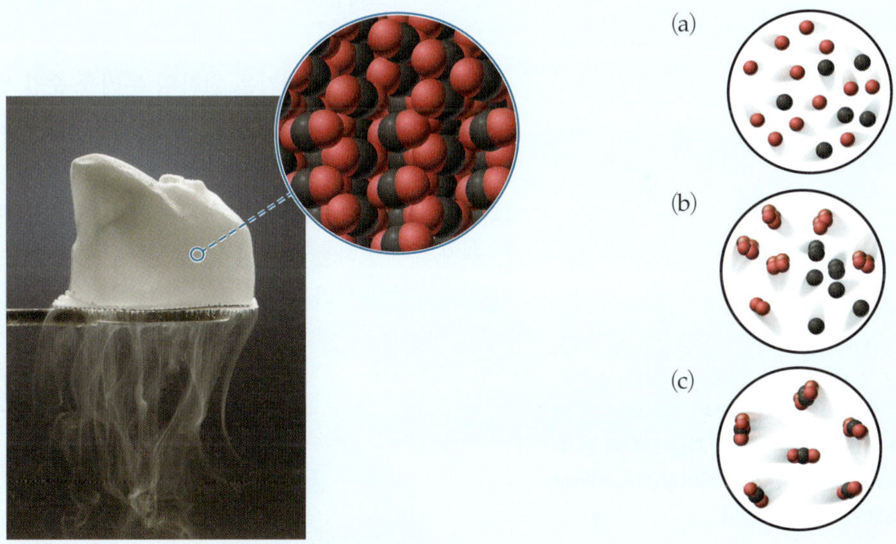

12.6 분자간 힘의 종류: 분산력, 쌍극자-쌍극자 힘, 수소 결합, 이온-쌍극자 힘

- 네 가지 형태의 분자간 힘(분산력, 쌍극자-쌍극자 힘, 수소 결합, 이온-쌍극자 힘)을 비교한다.
- 화합물의 분자간 힘의 형태를 확인한다.
- 분자간 힘을 이용하여 상대적인 녹는점과 끓는점을 구한다.

물질을 구성하는 분자나 원자 사이에 상호작용하는 힘의 세기는 상온에서 물질의 상태(고체, 액체, 기체)를 결정한다. 강한 분자간 힘을 가진 물질은 액체나 고체가 되려는 경향이 있고(높은 녹는점과 끓는점), 약한 분자간 힘을 가진 물질은 기체가 되려는 경향이 있다(낮은 녹는점과 끓는점). 이 책에서는 중요한 네 가지 분자간 힘에 초점을 맞출 것이다. 분자간 힘이 강해지는 순서로 분산력, 쌍극자-쌍극자 힘, 수소 결합, 이온-쌍극자 힘이 그것이다.

분산력

분산력의 특성은 독일계 미국 물리학자 Fritz W. London(1900~1954)이 처음으로 밝혔다.

모든 원자와 분자 사이에 존재하는 기본적인 분자간 힘은 **분산력**(dispersion force)이며, 이는 런던 힘(London force)이라고도 한다. 분산력은 분자나 원자 안에서 전자의 분포 변동에 따라 발생한다. 모든 원자와 분자에는 전자가 있으므로 모두 분산력이 있다. 원자나 분자 안의 전자는 어느 한 순간에 균형을 잃고 흩어질 수 있다. 예를 들어 헬륨 원자 내 전자의 위치를 연속 사진으로 찍어서 한 프레임씩 본다고 가정해보자. 각 프레임마다 헬륨 원자 내 두 전자의 위치가 다를 것이다(그림 12.14). 어떤 프레임에서는 두 전자가 핵 주변에서 비대칭으로 있을 것이다. 예를 들어 프레임 3에서는 두 전자가 헬륨 원자의 왼쪽에 있다. 이때 왼쪽은 약간의 음전하(δ^-)를 띨 것이다. 역시 이때 원자의 오른쪽은 전자가 없기 때문에 약간의 양전하(δ^+)를 띨 것이다.

▶ **그림 12.14 순간적으로 생기는 쌍극자.** 전자의 분산이 임의로 변하면서 헬륨 원자에 순간 쌍극자가 생긴다.

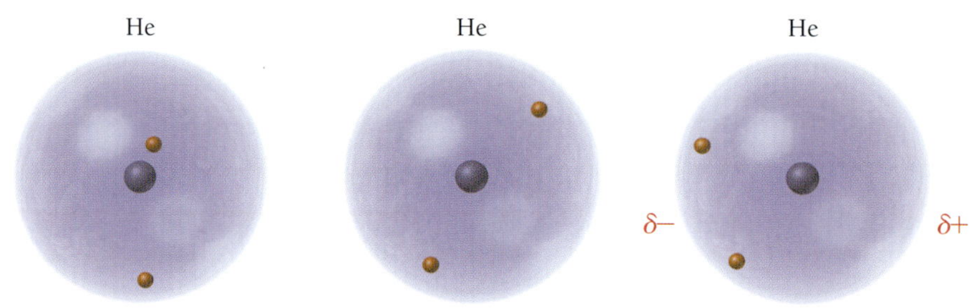

이렇게 잠깐 동안 생기는 전하의 분리를 **순간 쌍극자**(instantaneous dipole) 또는 일시 쌍극자(temporary dipole)라고 한다. 헬륨 원자의 순간 쌍극자는 이웃한 원자의 순간 쌍극자를 유도한다. 순간 쌍극자의 양전하가 이웃한 원자의 전자를 끌어당기기 때문이다(그림 12.15). 분산력은 이웃한 원자가 서로 끌어당길 때 생겨난다. 즉 순간 쌍극자의 양전하가 다른 원자의 음전하를 끌어당긴다. 분산력을 만드는 쌍극자는 일시적이며, 전자 구름의 변동에 따라 나타났다 사라졌다를 끊임없이 반복한다.

▶ **그림 12.15 분산력.** 한 헬륨 원자에 순간적으로 만들어진 쌍극자는 주변 원자의 순간 쌍극자를 유도한다. 순간 쌍극자를 가지게 된 주변 원자도 또 다른 원자를 끌어당긴다. 이러한 인력을 분산력이라고 한다.

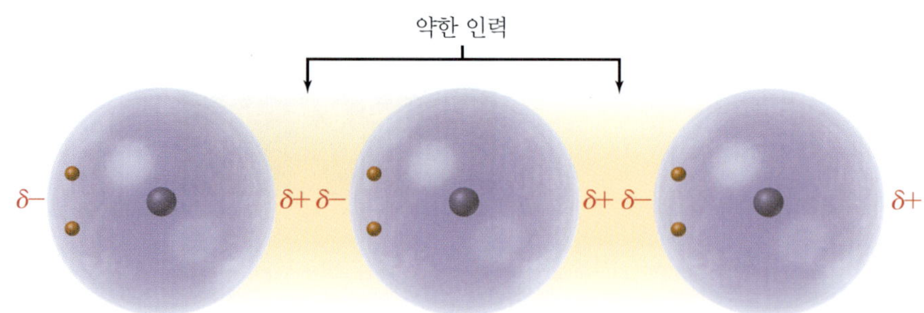

극성을 띤다는 것은 쌍극자 모멘트를 형성함을 뜻한다.

분산력의 크기는 원자나 분자의 전자가 순간 쌍극자에 반응해서 얼마나 쉽게 움직여 극성을 가질 수 있느냐에 달렸다. 그리고 이것은 전자 구름의 크기에 따라 결정된다. 전자 구름이 큰 경우 분산력이 크다. 전자가 핵에 약하게 잡혀 있어서 더 쉽게 극성을 띨 수 있기 때문이다. 다른 것이 모두 일정할 때 분산력은 몰질량이 증가할수록 커진다. 예를 들어 표 12.4에 제시된 비활성 기체의 끓는점을 보라. 몰질량이 증가함에 따라 끓는점이 높아진다. 분산

표 12.4 비활성 기체의 끓는점

비활성 기체	몰질량(g/mol)	끓는점(K)
He	4.00	4.2
Ne	20.18	27
Ar	39.95	87
Kr	83.80	120
Xe	131.29	165

력의 크기를 몰질량만으로 결정할 수는 없지만, 같은 족의 비슷한 원소나 화합물의 분산력을 비교하기 위해 몰질량을 기준으로 사용할 수 있다.

예제 12.3 분산력

Cl_2와 I_2 중에서 끓는점이 더 높은 할로젠 분자는 무엇인가?

답

Cl_2의 몰질량은 70.90 g/mol이고 I_2의 몰질량은 253.80 g/mol이다. I_2의 몰질량이 더 크기 때문에 분산력이 강하고, 따라서 끓는점이 더 높다.

▶ **연습문제 12.3 | 분산력**

CH_4와 C_2H_6 중에서 끓는점이 더 높은 탄화수소는 무엇인가?

▶ **심화 학습** 복습문제 73, 74

분자가 극성인지 확인하는 방법은 10.8절을 참조하라.

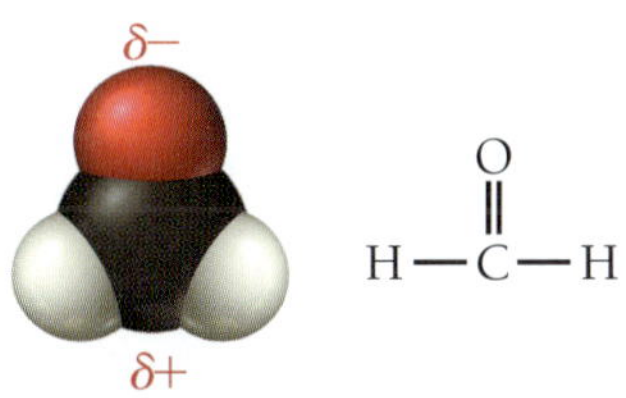

▲ 그림 12.16 **영구 쌍극자.** 폼알데하이드 같은 극성 분자는 영구 쌍극자를 가지고 있다.

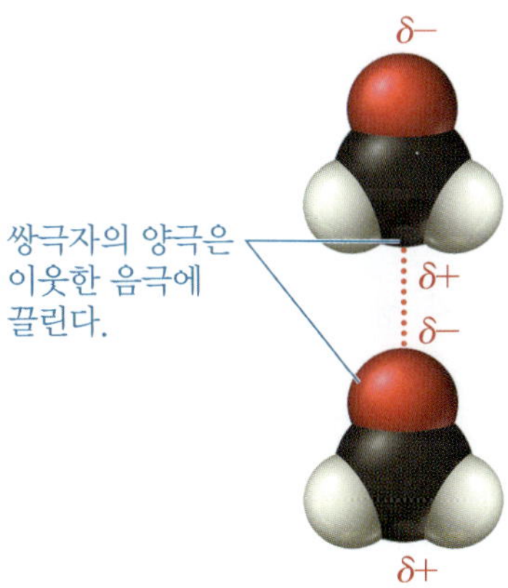

▲ 그림 12.17 **쌍극자-쌍극자 인력**

쌍극자-쌍극자 힘

쌍극자-쌍극자 힘(dipole-dipole force)은 극성인 모든 분자에서 나타난다. 극성인 분자는 영구 쌍극자(permanent dipole)를 가지고 있으며(10.8절 참조), 영구 쌍극자는 이웃한 분자의 영구 쌍극자와 상호작용한다(그림 12.16). 한 영구 쌍극자의 양극은 다른 영구 쌍극자의 음극을 끌어당기는데, 이러한 인력을 쌍극자-쌍극자 힘이라고 한다(그림 12.17). 따라서 극성 분자는 비슷한 몰질량을 가진 무극성 분자보다 녹는점과 끓는점이 높다. 극성 분자를 포함한 모든 분자가 분산력을 가진다는 것을 기억하라. 또한 극성 분자는 쌍극자-쌍극자 힘을 가진다. 이러한 추가적 인력 때문에 극성 분자는 비슷한 몰질량을 가진 무극성 분자보다 녹는점과 끓는점이 높다. 예를 들어 다음 두 화합물을 비교해보자.

이름	화학식	몰질량(g/mol)	구조식	끓는점(K)	녹는점(K)
폼알데하이드	CH_2O	30.0	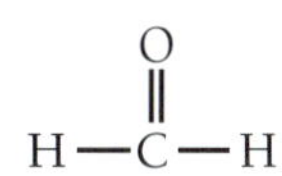	253.6	181
에테인	C_2H_6	30.1	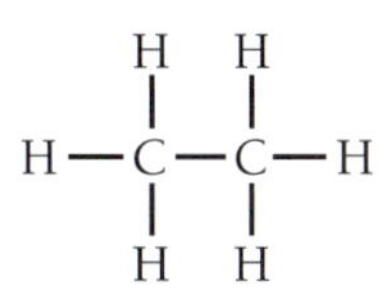	185	101

폼알데하이드와 에테인은 몰질량이 같지만, 극성 분자인 폼알데하이드는 무극성 분자인 에테인보다 녹는점과 끓는점이 높다.

또한 액체를 이루고 있는 분자의 극성은 액체 간의 섞임성을 결정하는 데 중요하다. **섞임성**(miscibility)이란 2개의 상으로 나뉘지 않고 섞이는 능력을 말한다. 일반적으로 극성 액체는 다른 극성 액체와 잘 섞이지만 무극성 액체와는 섞이지 않는다. 예를 들어 극성 액체인 물은 무극성 액체인 펜테인(C_5H_{12})과 섞이지 않는다(그림 12.18). 이와 마찬가지로 물과 기름(무극성)도 섞이지 않는다. 따라서 손에 묻은 기름이나 옷의 기름 얼룩은 순수한 물로 씻어서는 지울 수 없다(10장 '일상 속의 화학: 비누의 작용' 참조).

▶ **그림 12.18 극성 분자와 비극성 분자.** (a) 무극성 화합물인 펜테인은 극성 화합물인 물과 섞이지 않는다. (b) 같은 이유로 샐러드드레싱의 기름과 식초(물이 많이 포함된 아세트산 용액)는 확연하게 두 층으로 나뉘려는 경향이 있다. (c) 석유와 바닷물은 섞이지 않기 때문에 탱크에서 누출된 기름이 뚜렷이 보인다.

(a) (b) (c)

예제 12.4 쌍극자-쌍극자 힘

다음 중 쌍극자-쌍극자 힘을 가진 분자는 무엇인가?

(a) CO_2 (b) CH_2C1_2 (C) CH_4

답

극성을 띤 분자는 쌍극자-쌍극자 힘을 가진다. 분자가 극성을 띠는지 확인하려면 다음을 확인해야 한다.

1. 극성 결합을 가지고 있는지 알아본다.
2. 극성 결합이 모두 더해져서 알짜 쌍극자 모멘트를 형성하는지 알아본다(10.8절).

(a) 탄소와 산소의 전기음성도는 각각 2.5, 3.5이므로(그림 10.2) CO_2는 극성 결합을 가지고 있다. 기하 구조로 보았을 때 CO_2는 직선형이다. 따라서 극성 결합이 상쇄된다. 분자는 무극성이고 쌍극자-쌍극자 힘을 가지지 않는다.

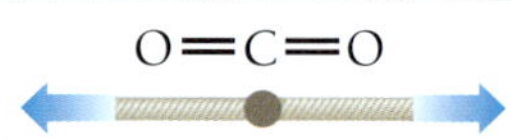

무극성/쌍극자-쌍극자 힘이 없다.

(b) C, H, C1의 전기음성도는 각각 2.5, 2.1, 3.5이다. 따라서 CH_2C1_2에서 2개의 C—C1 결합은 극성 결합이고, 2개의 C—H 결합은 거의 무극성 결합이다. CH_2C1_2는 기하 구조로 사면체이다. C—C1 결합과 C—H 결합은 다르기 때문에 상쇄되지 않고 알짜 쌍극자 모멘트를 만들어낸다. 따라서 분자는 극성을 띠고 쌍극자-쌍극자 힘을 가진다.

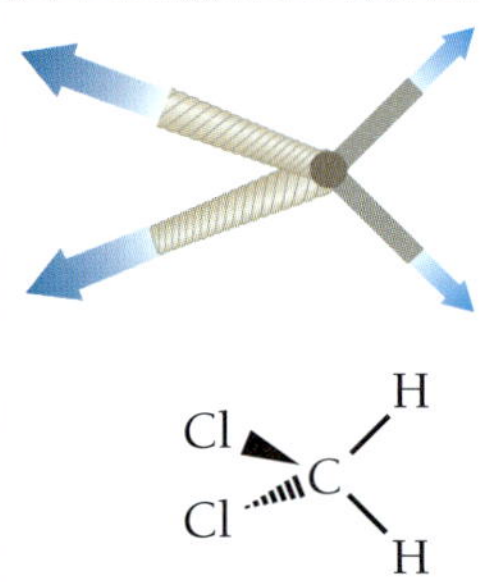

극성/쌍극자-쌍극자 힘이 있다.

(c) C와 H의 전기음성도는 각각 2.5, 2.1이므로 C—H 결합은 거의 무극성이다. 뿐만 아니라 분자가 사면체 구조를 띠고 있어 조금이나마 존재하는 결합의 극성이 상쇄된다. 따라서 CH_4는 무극성이고 쌍극자-쌍극자 힘을 가지지 않는다.

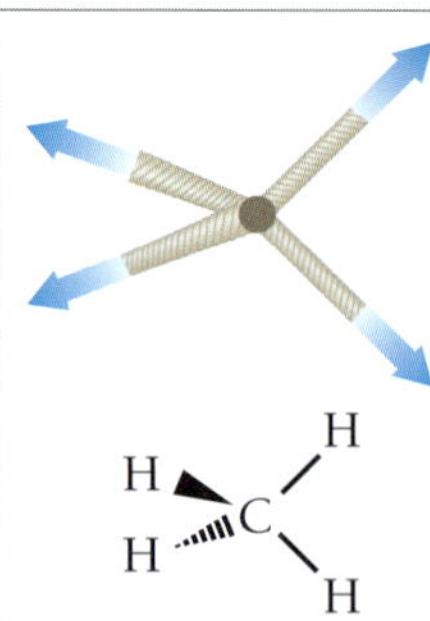

무극성/쌍극자-쌍극자 힘이 없다.

▶ **연습문제 12.4 | 쌍극자-쌍극자 힘**

다음 중 쌍극자-쌍극자 힘을 가진 분자는 무엇인가?

(a) CI_4 (b) CH_3C1 (C) HCl

▶ **심화 학습** 복습문제 65, 66, 69, 70

수소 결합

플루오린, 산소, 질소와 직접 결합한 수소 원자가 포함된 극성 분자는 **수소 결합**(hydrogen bond)이라는 추가적인 분자간 힘을 나타낸다. 예를 들어 HF, NH_3, H_2O와 같은 분자는 수소 결합을 나타낸다. 수소 결합은 강력한 쌍극자-쌍극자 힘의 일종이다. 수소와 전기음성도가 큰 다른 원자(F, O, N) 사이의 큰 전기음성도 차이는 원자의 작은 크기와 더불어(원자의 크기가 작으면 이웃한 분자와 더 가깝게 접근할 수 있음) 그러한 분자의 수소와 이웃한 분자의 F, O, N 사이에 강력한 인력을 제공한다. 이와 같은 인력을 수소 결합이라고 한다. 예를 들어 HF에서 수소는 이웃한 분자의 플루오린에 강하게 끌린다(그림 12.19).

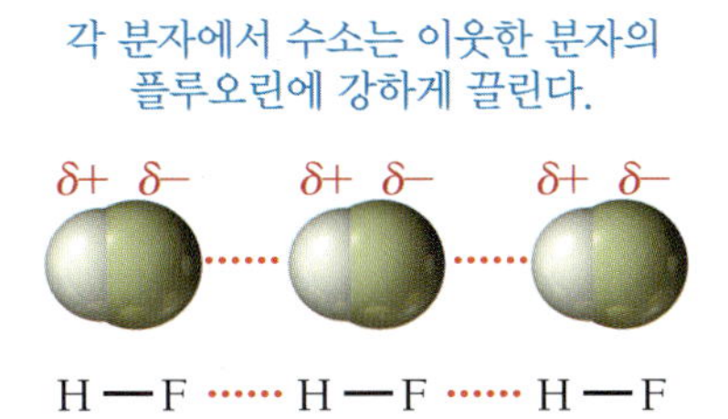

▲ **그림 12.19 수소 결합.** 전기음성 원자에 대한 수소 원자의 인력을 수소 결합이라고 부른다.

수소 결합을 화학 결합과 혼동해서는 안 된다. 화학 결합은 한 분자 안에 있는 각각의 원자 사이에 발생하는 결합으로, 보통은 수소 결합보다 훨씬 강하다. 수소 결합은 기껏해야 일반적인 공유 결합 세기의 2~5%밖에 되지 않는다. 분산력이나 쌍극자-쌍극자 힘과 같이 수소 결합은 분자 간에 발생하는 분자간 힘이다. 예를 들어 액체 물에서 수소 결합은 일시적이다. 액체 내에서 물 분자는 계속 움직이므로 수소 결합이 만들어졌다가 깨지고 다시 만들어지기를 반복한다. 그렇지만 수소 결합은 세 가지 분자간 힘 중에 가장 강하다. 수소 결합을 형성하는 분자로 이루어진 물질은 몰질량을 근거로 예측한 값보다 녹는점과 끓는점이 훨씬 높다. 예를 들어 메탄올과 에테인을 살펴보자.

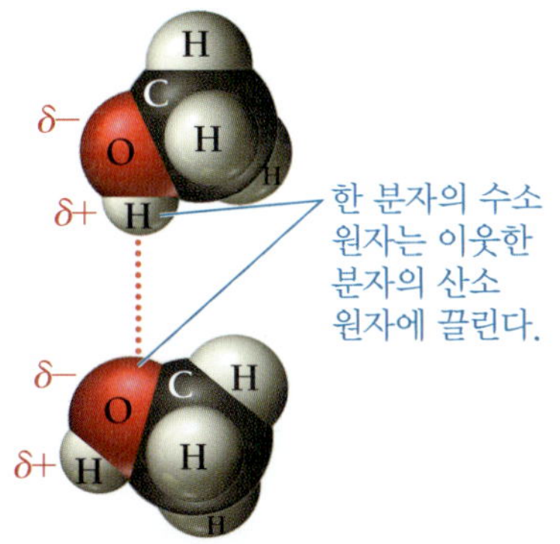

▲ **그림 12.20 메탄올에서의 수소 결합.** 메탄올은 산소와 직접 결합하는 수소 원자를 가지고 있으므로 다른 분자와 수소 결합을 형성한다.

이름	화학식	몰질량(g/mol)	구조식	끓는점(K)	녹는점(K)
메탄올	CH_3OH	32.0	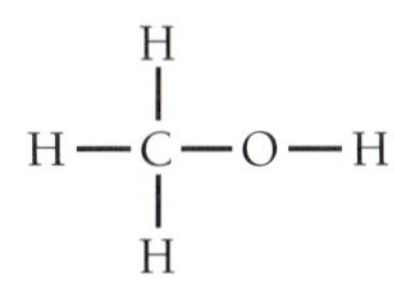	337.8	175.6
에테인	C_2H_6	30.1	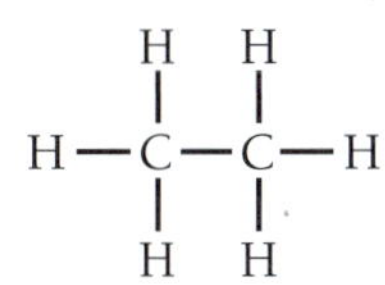	184	90

메탄올은 산소와 직접 결합하는 수소를 가지고 있기 때문에 분자간 힘으로 수소 결합을 가진다. 산소와 직접 결합하는 수소는 이웃한 분자의 산소에 강하게 끌린다(그림 12.20). 이러한 강한 인력 때문에 메탄올의 끓는점은 337.8 K이다. 결과적으로 메탄올은 상온에서 액체이다. 물은 분자간 힘으로 수소 결합을 가진 분자의 또 다른 예이다(그림 12.21). 물의 끓는점(373 K)은 물의 작은 몰질량(18.02 g/mol)에 비해 현저하게 높다. 수소 결합은 생체 분자에서도 매우 중요하다. 예를 들어 단백질의 모양은 수소 결합의 영향을 크게 받으며, DNA의 반쪽 부분 2개는 수소 결합에 의해 서로 묶여 있다(12.7절의 '화학과 건강: DNA에서의 수소 결합' 참조).

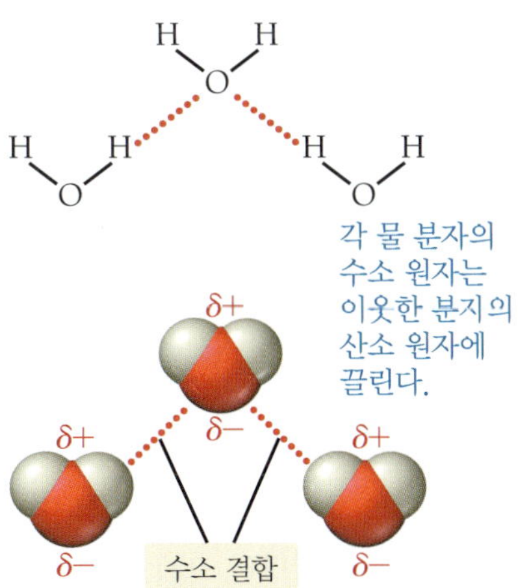

▲ **그림 12.21 물에서의 수소 결합.** 물 분자는 서로 강한 수소 결합을 형성한다.

예제 12.5 수소 결합

다음 중 상온에서 액체 상태인 화합물은 무엇인가? 그 이유를 설명하시오.

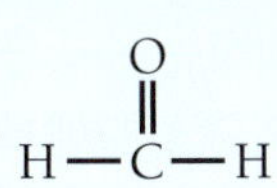

폼알데하이드

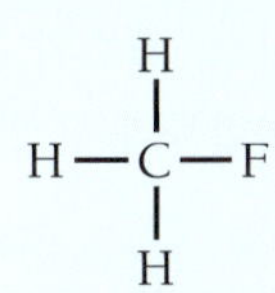

플루오로메테인

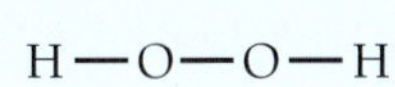

과산화 수소

F, O, N과 직접 결합한 H를 가진 분자와 전기 음성도가 큰 원자를 가진 다른 분자 사이에서도 수소 결합이 발생하는 경우가 있다('화학과 건강: DNA에서의 수소 결합' 참조).

답

세 가지 화합물은 몰질량이 비슷하다.

폼알데하이드	30.03 g/mol
플루오로메테인	34.04 g/mol
과산화 수소	34.02 g/mol

따라서 세 분자의 분산력이 비슷하다. 세 분자 모두 극성 분자이므로 쌍극자-쌍극자 힘을 가진다. 하지만 과산화 수소만이 F, O, N과 직접적으로 결합하는 H를 가진다. 그러므로 과산화 수소는 수소 결합을 하며, 세 분자 중 끓는점이 가장 높을 것이다. 이 문제는 어떤 화합물이 액체인지를 물어보므로 과산화 수소가 액체일 것이라고 쉽게 예상할 수 있다. 플루오로메테인은 H와 F를 가지고 있지만 H가 F와 직접적으로 연결되지 않기 때문에 분자간 힘으로 수소 결합을 가지지 않는다. 이와 유사하게 폼알데하이드도 H와 O를 가지고 있지만 H가 O와 직접적으로 연결되지 않기 때문에 수소 결합을 가지지 않는다.

▸ 연습문제 12.5 | 수소 결합

HF와 HCl 중에서 끓는점이 더 높은 분자는 무엇인가? 그 이유를 설명하시오.

▸ 심화 학습 예제 12.9, 12.10/복습문제 75~80

✔ 확인문제 12.6

세 가지 화합물 A, B, C는 몰질량이 거의 동일하다. A는 무극성, B는 극성, C는 수소 결합이다. 상대적인 끓는점의 순서는 어떠한가?

(a) $A < B < C$ (b) $C < B < A$ (c) $B < C < A$

음전하를 띤 염화 이온은 물 분자의 양전하를 띤 극과 상호작용을 한다.

양전하를 띤 소듐 이온은 물 분자의 음전하를 띤 극과 상호작용을 한다.

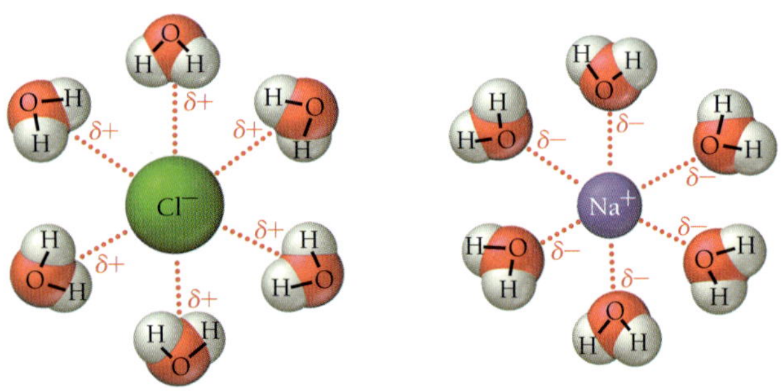

▲ 그림 12.22 이온-쌍극자 힘

이온-쌍극자 힘

이온-쌍극자 힘(ion-dipole force)은 이온 결합 화합물과 극성 화합물의 혼합물에서 생긴다. 이는 이온 결합 화합물의 수용액에서 특히 중요하다. 예를 들어 염화 소듐이 물과 섞일 때 소듐 이온과 염화 이온은 그림 12.22와 같이 이온 쌍극자 힘을 통해 물 분자와 상호작용을 한다. 양전하의 소듐 이온은 물 분자의 음전하를 띤 극과 상호작용을 하는 반면, 음전하를 띤 염화 이온은 물 분자의 양전하를 띤 극과 상호작용을 한다. 이온-쌍극자 힘은 네 가지 분자간 힘 중에서 가장 강하고, 수용액을 형성하는 이온성 물질의 능력에 큰 영향을 미친다. 13장에서 수용액에 대해 더 자세히 설명할 것이다.

네 가지 분자간 힘을 표 12.5에 요약했다. 분산력은 분자간 힘 중에서 가장 약하고, 모든 원자와 분자에서 발생하며, 몰질량이 증가함에 따라 커진다는 것을 기억하라. 이러한 분산력은 크기가 작은 분자에서는 항상 약하지만, 몰질량이 큰 분자에서는 상당히 크게 작용한다. 쌍극자-쌍극자 힘은 극성 분자에서 발생한다. 가장 강한 분자간 힘인 수소 결합은 플루오린, 산소, 질소와 직접 결합하는 수소를 가진 분자에서 발생하고, 이온-쌍극자 힘은 이온 결합 화합물과 극성 화합물의 혼합물에서 발생한다.

표 12.5 분자간 힘의 종류

분자간 힘	상대적 세기	발생 장소	예
분산력(런던 힘)	약하지만 몰질량이 증가할수록 커짐	모든 원자와 분자	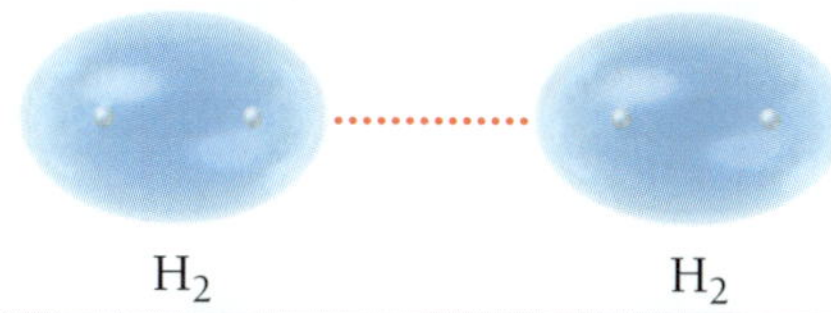
쌍극자-쌍극자 힘	중간	극성 분자	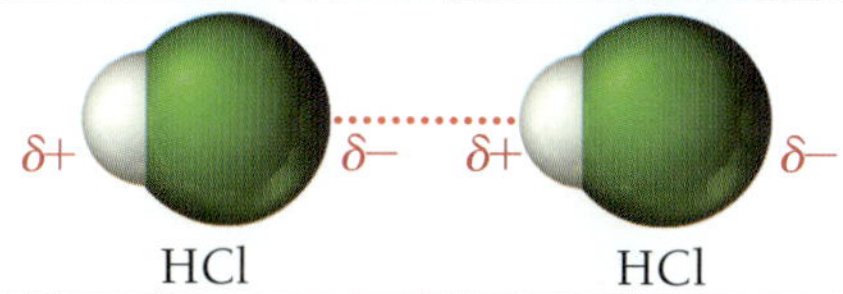
수소 결합	강함	F, O, N과 직접적으로 결합하는 H를 가진 분자	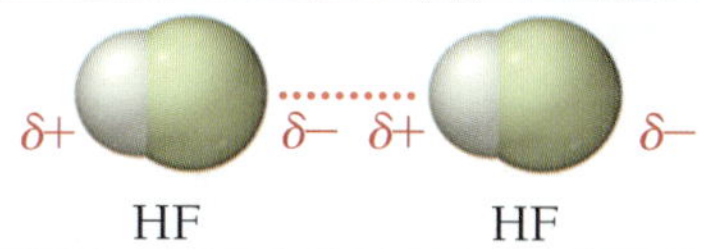
이온-쌍극자 힘	매우 강함	이온 결합 화합물과 극성 화합물의 혼합물	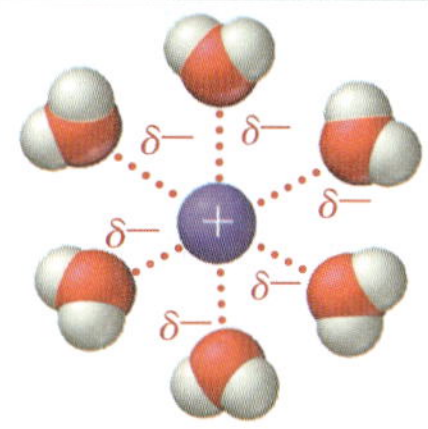

✔ 확인문제 12.7

드라이아이스가 승화할 때 극복해야 할 힘은 무엇인가?

(a) 탄소 원자와 산소 원자의 화학 결합

(b) 이산화 탄소 분자의 수소 결합

(c) 이산화 탄소 분자의 분산력

(d) 이산화 탄소 분자의 쌍극자-쌍극자 힘

화학과 건강

DNA에서의 수소 결합

긴 사슬 같은 분자인 DNA는 살아 있는 유기체의 청사진으로 작용한다. DNA의 복사본은 부모에게서 자손으로 전달된다. 그래서 우리는 부모의 특성을 물려받는다. DNA 분자는 뉴클레오타이드(nucleotide)라는 수많은 반복 단위로 구성된다(그림 12.23). 각각의 뉴클레오타이드는 네 가지 종류의 염기, 즉 아데닌(A), 티민(T), 시토신(C), 구아닌(G) 중 하나를 가지고 있다. DNA를 따라 정렬된 염기의 순서는 몸속 세포에서 단백질(살아 있는 유기체에서 일꾼 역할을 하는 분자)을 어떻게 만들지에 대한 지시를 부호화하여 나타낸 것이다. 단백질은 인간의 외모, 면역성, 심지어 행동성 등과 같은 거의 모든 특성을 결정한다. 결론적으로 인간의 DNA는 사람이 어떻게 만들어지는지에 대한 청사진이다.

인간의 세포가 분열할 때마다 유전적 지시 사항도 복사해야 하는데, 이는 DNA의 복제를 뜻한다. DNA가 복제되는 메커니즘은 DNA의 구조와 관련되는데, DNA의 구조는 1953년에 James Watson과 Franks Crick이 밝혀냈다. DNA는 이중 나선 구조로 서로를 둘러싸고 있는 상보적 가닥 2개로 이루어져 있다. 두 가닥은 각자가 지닌 염기 사이에서 발생하는 수소 결합에 의해 묶여 있다. 각각의 염기(A, T, C, G)는 수소 결합을 할 수 있는 상보적인 상대 염기를 가지고 있기 때문에 DNA의 복제가 가능하다(그림 12.24). 아데닌(A)은 티민(T)과 수소 결합을 하고, 시토신(C)은 구아닌(G)과 수소 결합을 한다. 이 수소 결합은 큰 특이성이 있는데, 각각의 염기

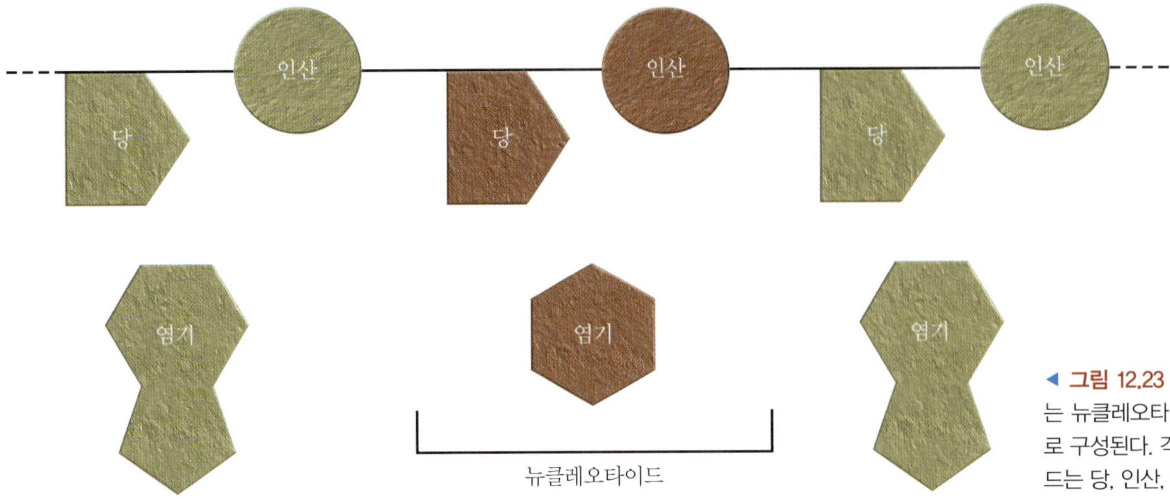

◀ **그림 12.23 DNA의 구조.** DNA는 뉴클레오타이드라는 반복 단위로 구성된다. 각각의 뉴클레오타이드는 당, 인산, 염기로 이루어진다.

는 상보적인 상대 염기와만 짝을 이루어 수소 결합을 한다. 세포가 분열하려고 할 때 DNA의 이중 나선 구조는 수소 결합을 푼다. 그러면 나뉜 각 가닥의 줄을 따라 상보적인 새로운 염기가 더해지고 다시 수소 결합을 형성한다. 이 과정을 통해 원래의 DNA와 똑같은 2개의 복제본이 생긴다(19장 참조).

질문 DNA의 두 가닥을 묶는 데 분산력이 이용되지 않는 이유는 무엇인가? 공유 결합이 이용되지 않는 이유는 무엇인가?

▶ **그림 12.24 DNA에서의 수소 결합.** DNA 이중 나선 구조의 두 가닥은 수소 결합에 의해 결합되어 있다.

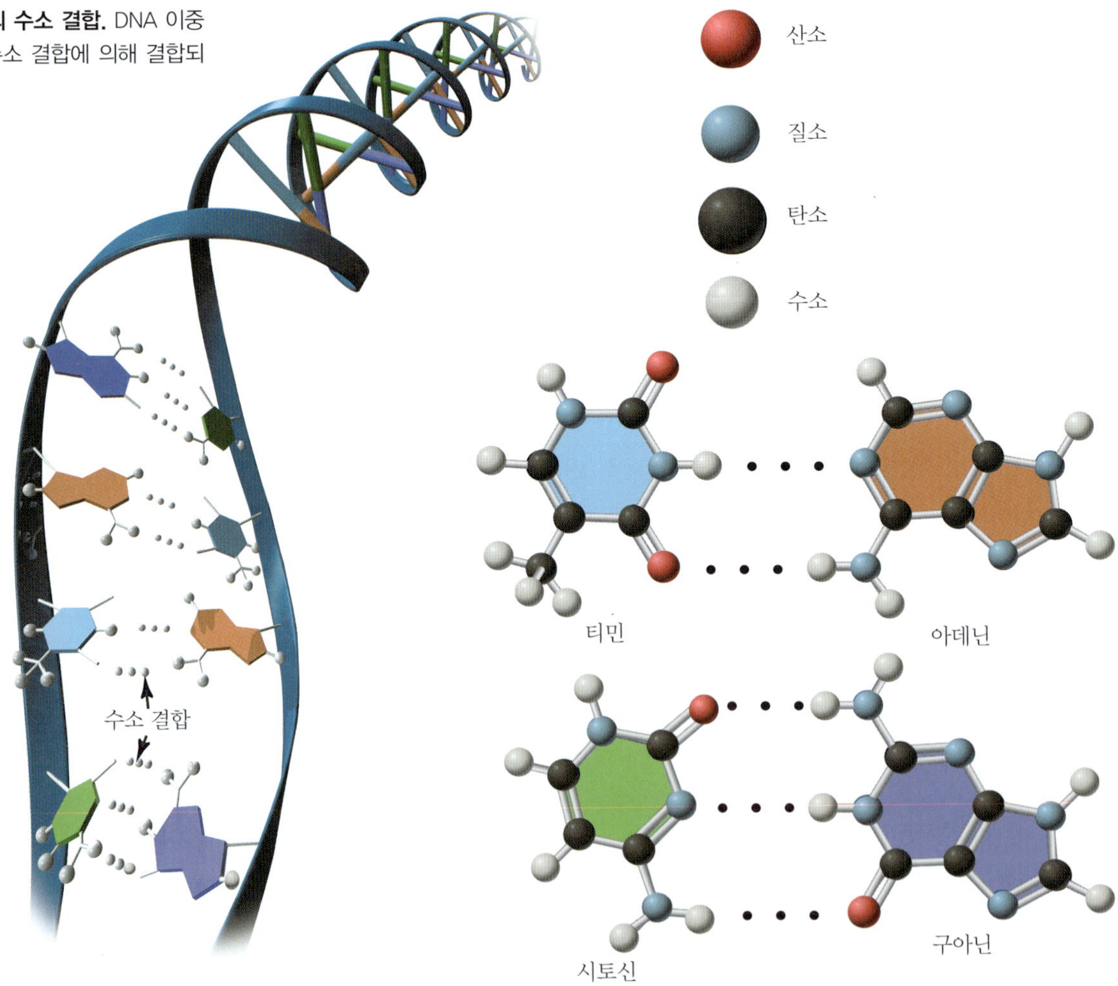

12.7 결정성 고체의 종류: 분자성, 이온성, 원자성

▶ 결정성 고체의 형태를 이해한다.

12.2절에서 배웠듯이 고체는 결정체(원자와 분자가 잘 정렬되어 있음)이거나 비결정체(규칙 없이 배열되어 있음)이다. 결정성 고체는 구성단위에 의해 세 가지 부류(분자성, 이온성, 원자성)로 나눌 수 있다(그림 12.25).

분자성 고체

고체를 구성하는 단위가 분자일 때는 **분자성 고체**(molecular solid)라고 한다. 얼음(고체 H_2O)과 드라이아이스(고체 CO_2)는 분자성 고체의 예이다. 분자성 고체는 바로 앞에서 다룬 분산력, 쌍극자-쌍극자 힘, 수소 결합과 같은 분자간 힘으로 결합되어 있다. 예를 들어 얼음은 수소 결합에 의해 결합되어 있고, 드라이아이스는 분산력에 의해 결합되어 있다. 대부분의 분자성 고체는 녹는점이 비교적 낮다. 얼음은 273 K에서 녹고 드라이아이스는 194.6 K에서 승화한다.

이온성 고체

화학식 단위에 대한 자세한 내용은 5.4절을 참조하라.

화학식 단위(화합물을 구성하는 양이온과 음이온이 전기적으로 중성을 이루는 가장 작은 집합 단위)로 구성되어 있는 고체를 **이온성 고체**(ionic solid)라고 한다. 식염(NaCl)과 플루오린화 칼슘(CaF_2)은 이온성 고체의 대표적인 예이다. 이온성 고체는 양이온과 음이온 사이에 발생하는 정전기적 인력으로 결합되어 있다. 예를 들어 NaCl에서 Na^+ 양이온과 Cl^- 음이온은 같은 세기로 서로를 끌어당겨서 완전한 고체 격자로 묶여 있는데, 이는 3차원적 배열 내에 반복되는 Na^+ 양이온과 Cl^- 음이온으로 격자가 이루어지기 때문이다. 달리 말해 이온성 고체를 실질적으로 붙들어 놓는 힘은 이온 결합이다. 앞에서 설명했듯이 이온 결합은 어떠한 분자간 힘보다 강하기 때문에 이온성 고체는 분자성 고체보다 녹는점이 훨씬 높다. 예를 들어 염화 소듐(NaCl)은 1074 K에서 녹지만, 염화 소듐보다 몰질량이 더 큰 분자성 고체

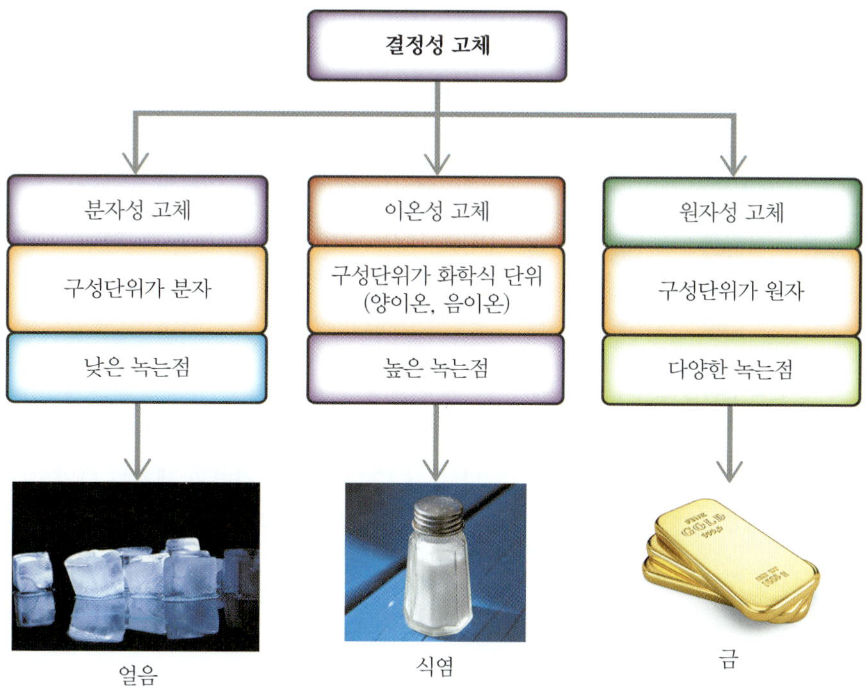

▶ 그림 12.25 결정성 고체의 분류법

▶ 그림 12.26 원자성 고체의 분류법

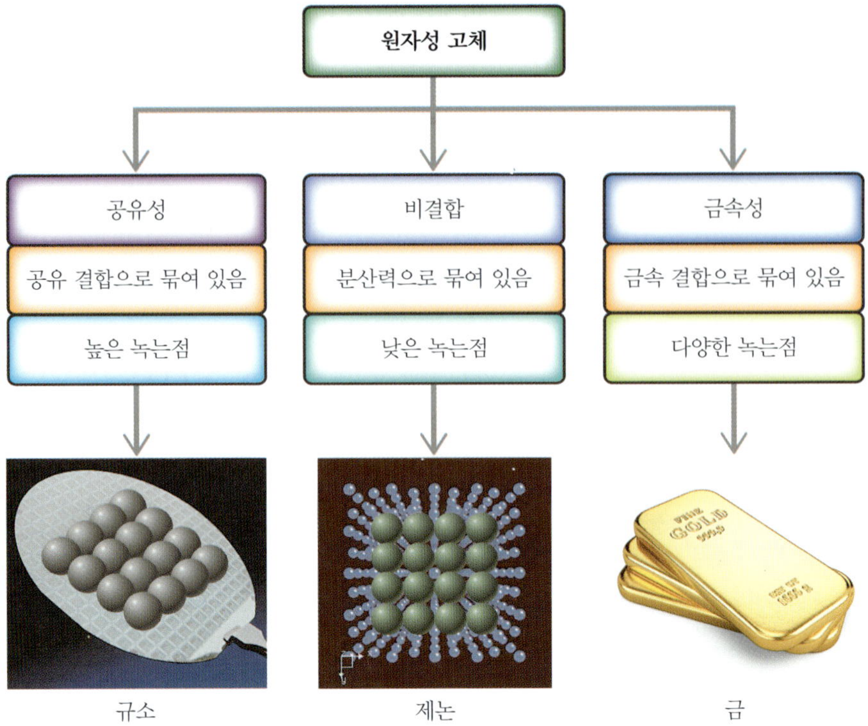

인 이황화 탄소(CS_2)는 163 K에서 녹는다.

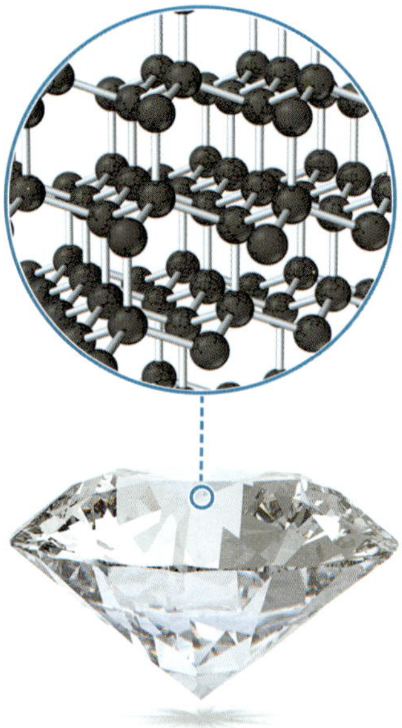

▲ 그림 12.27 공유 원자성 고체인 다이아몬드. 다이아몬드에서 탄소 원자는 육각형의 3차원적 배열로 공유 결합을 형성한다.

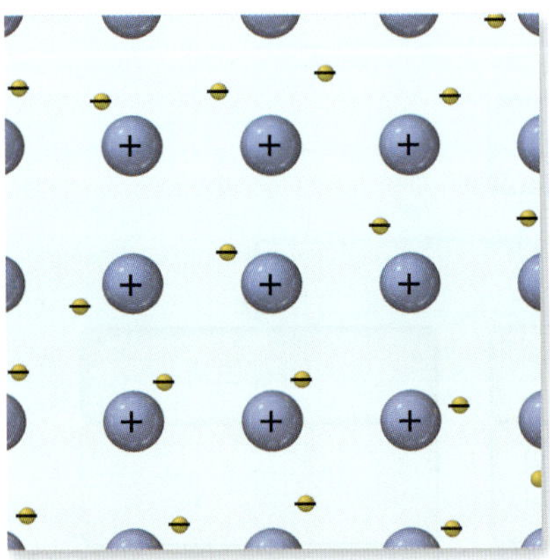

▲ 그림 12.28 금속 원자성 고체의 구조. 금속의 가장 간단한 모형에서 각 원자는 하나 이상의 전자를 전자 바다에 내놓는다. 그럼으로써 금속은 음전하를 띤 전자 바다 안에 있는 금속 양이온으로 구성된다.

원자성 고체

고체를 구성하는 단위가 개개의 원자이면 **원자성 고체**(atomic solid)라고 한다. 다이아몬드(C), 철(Fe), 고체 제논(Xe)은 원자성 고체의 대표적인 예이다. 원자성 고체는 고체를 결합하는 힘의 종류에 따라 **공유 원자성 고체**(covalent atomic solid), **비결합 원자성 고체**(nonbonding atomic solid), **금속 원자성 고체**(metallic atomic solid)로 구분할 수 있다(그림 12.26).

다이아몬드와 같은 공유 원자성 고체는 공유 결합으로 묶여 있다. 다이아몬드에서 각각의 탄소 원자는 사면체 모양으로 4개의 탄소 원자와 하나씩 공유 결합을 이루고 있다(그림 12.27). 이러한 구조는 결정 전체에 걸쳐 나타나기 때문에 다이아몬드 결정은 공유 결합으로 연결된 거대한 분자라고 생각할 수 있다. 공유 결합은 매우 강하기 때문에 공유 원자성 고체는 녹는점이 높다. 다이아몬드는 4100 K 정도에서 녹을 것으로 추정된다.

고체 제논과 같은 비결합 원자성 고체는 상대적으로 약한 분산력으로 결합되어 있다. 제논 원자는 안정한 전자 구조이므로 공유 결합을 하지 않는다. 결과적으로 고체 제논은 다른 비결합 원자성 고체와 마찬가지로 녹는점이 매우 낮다(약 161 K).

철과 같은 금속 원자성 고체는 녹는점이 다양하다. 금속은 금속 결합에 의해 결합되어 있다. 금속 결합은 간단히 말해 전자 바다(electron sea)에 양전하를 띤 이온으로 구성된 것이다(그림 12.28). 금속 결합의 세기는 다양하다. 수은과 같은 금속은 상온보다 녹는점이 낮고, 철과 같은 금속은 상대적으로 녹는점이 높다(철은 2082 K에서 녹는다).

예제 12.6 결정성 고체의 종류

다음 각각의 고체는 분자성, 이온성, 원자성 고체 중 무엇에 해당하는가?

(a) $CaCl_2(s)$ (b) $Co(s)$ (c) $CS_2(s)$

답

(a) $CaCl_2$는 이온 결합 화합물(금속과 비금속)이므로 이온성 고체를 형성한다($CaCl_2$는 1045 K에서 녹는다).

(b) Co는 금속이므로 금속 원자성 고체를 형성한다(Co는 2041 K에서 녹는다).

(c) CS_2는 분자성 화합물이므로(비금속이 비금속과 결합) 분자성 고체를 형성한다(CS_2는 163 K에서 녹는다).

▶ **연습문제 12.6 | 결정성 고체의 종류**

다음 각각의 고체는 분자성, 이온성, 원자성 고체 중 무엇에 해당하는가?

(a) $NH_3(s)$ (b) $CaO(s)$ (c) $Kr(s)$

▶ **심화 학습** 복습문제 83~86

12.8 물: 놀라운 분자

▶ 물 분자를 독특하게 만드는 성질을 묘사하고 설명한다.

물은 지구상에서 가장 흔하고 중요한 액체이다. 물은 바다, 호수, 강을 채운다. 고체 상태의 물은 남극 대륙의 대부분을 덮고 있고 북극 주변의 넓은 부분, 높은 산의 꼭대기 부분을 덮고 있다. 기체 상태의 물은 공기를 습하게 만든다. 인간은 물을 마시고, 땀으로 배출하며, 다양한 노폐물을 물에 녹여서 몸 밖으로 배출한다. 실제로 물은 인체의 질량 중 가장 큰 부분을 차지한다. 생명체는 물 없이 살 수 없고, 액체 물이 존재하는 지구상 대부분의 장소에 생명체가 존재한다. 현재 또는 과거에 화성에 물이 있었다는 최근의 증거는 화성에서 생명체 또는 생명체가 살았다는 증거를 찾으려는 희망에 불을 지피고 있다. 물은 놀라움 그 자체이다.

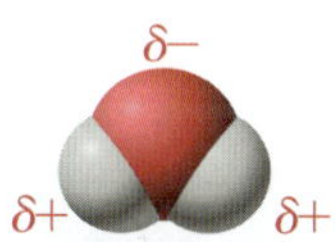

▲ **그림 12.29 물 분자**

액체 가운데에서 물은 굉장히 독특하다. 물은 몰질량(18.02 g/mol)이 낮은데도 상온에서 액체이다. 물과 비슷한 몰질량의 어떠한 물질도 상온에서 액체 상태가 될 수 없다. 예를 들어 질소(28.02 g/mol)와 이산화 탄소(44.01 g/mol)는 상온에서 기체이다. (낮은 몰질량에 비해) 상대적으로 높은 물의 끓는점은 물 분자의 구조를 통해 이해할 수 있다(그림 12.29). 물 분자의 굽은 기하 구조와 O—H 결합의 높은 극성 때문에 물 분자는 매우 큰 쌍극자 모멘트를 가진다. 물 분자에 있는 2개의 O—H 결합(수소와 산소가 직접 결합한 형태)은 물 분자 산의 강한 수소 결합을 가능하게 하여 상대적으로 끓는점이 높나. 물은 극성이 크기 때문에 많은 극성 화합물과 이온 결합 화합물이 물에 잘 녹는다. 결과적으로 물은 살아 있는 유기체 내에서 영양소와 중요한 화합물을 운반하는 중요한 용매로 이용된다.

물은 277.2 K에서 밀도가 가장 높다.

▲ 상추는 얼면 생명력을 잃는다. 물이 얼 때의 부피 팽창이 상춧잎의 세포를 파괴하기 때문이다.

물이 어는 방식 역시 독특하다. 얼 때 부피가 수축하는 다른 물질과 달리 물은 얼 때 부피가 팽창한다. 사소해 보이는 이러한 성질은 중요한 영향력을 행사한다. 예를 들어 물은 얼 때 팽창하기 때문에 얼음은 액체 물보다 밀도가 낮다. 따라서 얼음 조각과 빙산이 모두 물에 뜬다. 겨울에 호수 표면에 생기는 얼음 층은 그 아래층 물에 대해 단열 작용을 하기 때문에 물이 더 많이 어는 것을 막는다. 만약 얼음 층이 가라앉는다면 물 밑바닥에 사는 수생 생물을 죽였을 것이고, 호수 전체가 고체로 얼어 사실상 모든 수생 생물이 전멸했을 것이다.

한편 물이 얼 때 부피가 팽창하는 점은 대부분의 유기체가 얼 때 살아남을 수 없는 이유 중 하나이기도 한다. 파이프 안의 물이 얼 때 파이프를 터뜨리는 것처럼 세포 안에 있는 물이 얼 때 팽창하여 세포를 파괴한다. 특히 수분 함량이 높은 식품은 얼 때 생명력을 잃는다. 채소를 얼려 보았는가? 얼었던 상추나 시금치를 녹이면 생기가 없어지고 손상된다. 냉동식품 산업은 이러한 문제를 해결하기 위해 채소 등의 식품을 급속 냉각한다. 이 과정에서 식품은 순간적으로 얼어 물 분자가 선호하는 결정 구조를 만들지 못하게 된다. 결과적으로 물이 많이 팽창하지 않고 식품이 거의 손상되지 않는다.

환경 속의 화학

수질 오염

물의 품질은 인간의 건강에 큰 영향을 끼친다. 개발도상국에서 발생하는 많은 질병은 물의 품질이 낮아서 발생한다. 생물학적 오염 물질, 화학적 오염 물질과 같은 다양한 종류의 오염원이 상수원으로 흘러 들어갈 수 있다. 생물학적 오염 물질은 간염, 콜레라, 이질, 장티푸스 등의 질병을 일으키는 미생물이다. 생물학적 오염 물질이 포함된 물은 인간의 건강에 즉각적인 위험을 초래하기 때문에 절대로 마시면 안 된다. 처리되지 않은 물을 끓이면 대부분의 생물학적 오염 물질을 제거할 수 있다.

화학적 오염 물질은 산업 폐기물, 살충제, 화학 비료, 가정의 쓰레기와 같은 오염원으로부터 식수로 들어간다. 이러한 오염 물질에는 사염화 탄소, 다이옥신 같은 유기 화합물과 수은, 납, 질산염 같은 무기 화합물이 포함된다. 많은 화학적 오염 물질은 휘발성이 없고 생물학적 오염 물질과 같은 생명체가 아니기 때문에 끓인다고 해도 제거할 수 없다.

미국 환경보호국(EPA)은 1974년에 제정된 안전한 식수 조례와 개정안을 통해 100여 가지에 달하는 생물학적 오염 물질과 화학적 오염 물질에 대한 최대 오염 수준(MCL)을 정했다. 25명 이상에게 물을 공급하는 사업자는 이러한 오염 물질에 대한 정기적 검사를 받아야 한다. EPA가 정한 기준을 초과하는 경우, 사업자는 소비자에게 이 사실을 알리고 물에서 오염원을 제거하려는 적절한 대책을 강구해야 한다. EPA의 기준에 따르면 25명 이상에게 공급되는 물은 평생을 마셔도 안전해야 한다. 만약 단기간 음용이 안전하지 않을 때는 물이 안전하지 않다는 통지를 받게 될 것이다. 그런데 2014년에 미시간주 플린트에서 이 시스템의 실패로 물 규제에 관한 문제점이 제기되었다.

2014년 4월, 미시간주 플린트의 공무원들은 돈을 아끼기 위해 휴런 호수에서 플린트강으로 수원을 바꾸었다. 바로 다음 달에 주민이 물의 질에 대해 불평하기 시작했다. 그러나 일부 가정의 수돗물에 대한 일상적인 모니터링에서는 일정 시간 동안 수돗물을 흘려보낸 후에 시료를 수집했기 때문에 별 문제가 없었다. 버지니아 공대 교수와 학생들은 그 도시의 수돗물을 독립적으로 테스트했는데, 처음에 흘러나온 물(첫 번째로 나온 시료)을 분석하고 많은 데이터를 수집했다. 그들은 EPA의 최대 오염 기준치를 초과하는 납 수치를 발견했다.

도시 수돗물의 납은 휴런 호수에서 플린트강으로 전환한 것의 직접적인 결과였으며, 플린트강의 물은 부식성이 매우 강했다. 플린트강의 물이 납이 많이 포함된 서비스 라인과 가정용 파이프를 통해 흐르면서 물이 납으로 오염되었다. 궁극적으로 많은 사람이 오염된 물을 마셨다. 독립적인 연구의 결과는 국가적 스캔들로 번졌으며, 위기에 연루된 관리들은 중범죄 처벌을 받았다. 자치 당국은 부식성이 훨씬 적은 휴런 호수를 수원으로 바꾸었다. 물의 납 수치를 지속적으로 신뢰할 수 있게 모니터링한 결과, FDA 최대 오염 수준보다 낮은 것으로 나타났다.

질문 시료로 채취한 물이 납과 같은 비휘발성 오염원으로 오염되었을 때, 물을 끓여서 오염원을 없앨 수 없는 이유는 무엇인가?

▲ 안전한 식수는 공공의 건강과 질병 확산에 큰 영향을 끼친다. 세계 곳곳에는 마시기에 안전하지 않은 물이 있다. 미국에서는 EPA가 물의 안전을 유지하는 책임을 지고 있다.

12장 복습

자가진단 퀴즈

1. 다음 그림은 물 분자를 나타낸 것이다.

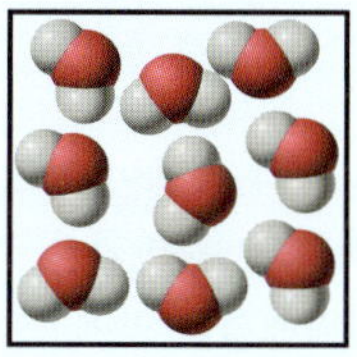

물이 끓은 후의 물 분자를 가장 잘 나타낸 것은 무엇인가?

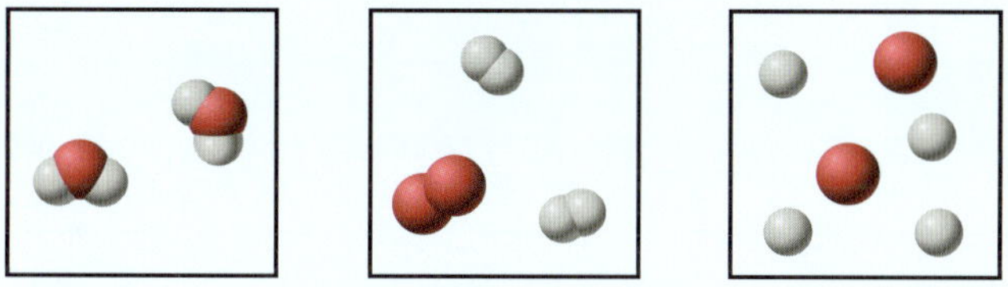

(a) (b) (c)

2. 액체의 증기 압력에 영향을 주는 변화는 무엇인가?
(a) 액체를 다른 용기에 쏟아붓는 것
(b) 액체의 표면적을 증가시키는 것
(c) 액체의 온도를 높이는 것
(d) 앞의 보기 모두

3. 298 K에서 아세톤(C_3H_6O) 38.5 g을 증발시키는 데 필요한 열량은 얼마인가? 298 K에서 아세톤의 증발열은 31.0 kJ/mol이다.
(a) 31.0 kJ (b) 1194 kJ (c) 0.0214 kJ (d) 20.5 kJ

4. 녹아 있는 물 한 컵에서 47.0 kJ의 열을 흡수하려면 20.0 g 얼음 조각이 몇 개 필요한가?
(a) 6 (b) 7 (c) 127 (d) 140

5. 다음 그래프는 고체 얼음을 녹는점이 지날 때까지 가열하고 그 온도를 관찰한 결과를 보여준다. 시료에 고체 얼음이 없는 첫 번째 시점은 무엇인가?

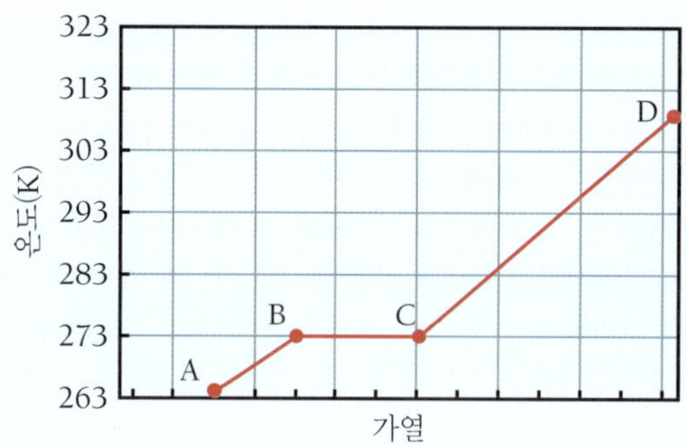

(a) A (b) B (c) C (d) D

6. 다음 중 끓는점이 가장 높은 할로젠 원소는 무엇인가?
(a) F_2 (b) Cl_2 (c) Br_2 (d) I_2

7. 다음 중 쌍극자-쌍극자 힘이 가장 큰 물질은 무엇인가?
(a) OF_2 (b) CBr_4 (c) CS_2 (d) Br_2

8. 다음 중 수소 결합이 뛰어난 물질은 무엇인가?
(a) CF_4 (b) CH_3OH (c) H_2 (d) PH_3

9. 다음 중 이온성 고체는 무엇인가?
(a) Ti(s) (b) CaO(s) (c) CO_2(s) (d) H_2O(s)

10. 다음 중 녹는점이 가장 높을 것으로 예상되는 물질은 무엇인가?
(a) CH_3CH_3 (b) CH_3CH_2Cl
(c) CH_4 (d) CH_3CH_2OH

정답 1.a 2.c 3.d 4.b 5.c 6.d 7.a 8.b 9.b 10.d

화학 원리 / 관련 내용

액체의 성질

- 기체에 비해 밀도가 높다.
- 액체의 형태는 용기에 따라 달라진다(일정하지 않은 형태).
- 액체는 쉽게 압축되지 않는다(일정한 부피).

흔히 볼 수 있는 액체는 물, 아세톤(매니큐어 제거제), 소독용 알코올 등이다. 물은 지구상에서 가장 흔하고 가장 중요한 액체이다. 물 없이는 절대 살 수 없다.

고체의 성질

- 기체에 비해 밀도가 높다.
- 고체의 형태는 용기에 따라 달라지지 않는다(일정한 형태).
- 고체는 쉽게 압축되지 않는다(일정한 부피).
- 결정체(정렬됨)일 수도 있고 비결정체(정렬되지 않음)일 수도 있다.

흔히 볼 수 있는 고체는 얼음, 드라이아이스, 다이아몬드 등이다. 고체의 성질을 이해하려면 고체를 구성하는 입자를 이해하고 그러한 입자가 어떻게 상호작용하는지를 알아야 한다.

분자간 힘의 표현

표면 장력, 즉 액체가 표면적을 최소화하려는 경향은 분자간 힘의 직접적인 결과이다. 점성, 즉 액체가 흐르는 것을 방해하는 성질은 분자간 힘이 나타나는 또 다른 예이다. 표면 장력과 점성은 분자간 힘이 증가할수록 커진다.

많은 곤충은 표면 장력을 이용하여 물 위를 걸을 수 있다. 나무의 뿌리에서 흡수된 물은 분자간 힘의 직접적인 결과인 모세관 현상을 통해 잎까지 올라갈 수 있다.

증발과 응축

증발, 즉 흡열을 통한 물리적 변화는 액체가 기체로 바뀌는 것이다. 응축, 즉 발열을 통한 물리적 변화는 기체가 액체로 바뀌는 것이다. 액체와 기체가 모두 존재하는 시료에서 응축과 증발의 정도가 같을 때 동적 평형이 이루어졌다고 하며, 그때 기체의 부분 압력을 증기 압력이라고 한다. 증기 압력이 외부 압력과 같아졌을 때 끓는점에 도달했다고 한다. 끓는점에서 열에너지는 표면에 있는 분자뿐 아니라 액체 내부의 분자를 기체로 변화시키므로 이에 따라 기포가 발생한다. 증발과 응축 과정에서 흡수되거나 방출되는 열은 증발열을 이용하여 계산할 수 있다.

증발은 인체의 자연적인 냉각 체계이다. 인체가 과열되면 땀을 흘리고 땀이 증발하면서 몸이 식는다. 증발과 응축은 기온을 조절하는 역할을 한다. 예를 들어 습한 지역에서는 밤에 온도가 덜 내려간다. 온도가 내려갈 때 공기 중의 물이 응축되면서 열을 방출하여 온도가 더 많이 낮아지는 것을 방지하기 때문이다.

융해와 응고

융해, 즉 흡열을 통한 물리적 변화는 고체가 액체로 바뀌는 것이다. 응고, 즉 발열을 통한 물리적 변화는 액체가 고체로 바뀌는 것이다. 융해와 응고 과정에서 흡수되거나 방출되는 열은 융해열을 이용하여 계산할 수 있다.

고체 얼음의 융해를 이용하여 음료수를 시원하게 만들 수 있다. 융해는 흡열 반응이므로 액체에서 열을 흡수하여 액체가 시원해진다.

분자간 힘의 종류

중요한 네 가지 분자간 힘의 종류는 다음과 같다.

분산력: 순간적인 전하의 변동에 의한 힘으로, 모든 분자와 원자에서 발생한다. 분산력은 몰질량이 증가할수록 커진다.

쌍극자-쌍극자 힘: 극성인 분자 사이에 존재한다. 결과적으로 극성 분자는 몰질량이 비슷한 무극성 분자보다 녹는점과 끓는점이 높다.

수소 결합: H와 직접 결합한 F, O, N이 있는 분자 사이에 존재한다. 수소 결합은 분산력 또는 쌍극자-쌍극자 힘보다 더 강하다.

이온-쌍극자 힘: 이온 결합 화합물과 극성 화합물의 혼합물에서 발생한다.

물질에 어떤 분자간 힘이 존재하느냐에 따라 물질의 많은 성질이 결정된다. 예를 들어 분자간 힘이 클수록 물질의 녹는점과 끓는점이 높아진다. 또한 액체의 섞임성, 즉 액체가 분리되지 않고 섞이는 능력은 액체에 존재하는 분자간 힘의 연관성에 따라 결정된다. 일반적으로 극성 액체는 다른 극성 액체와 잘 섞이고 무극성 액체와는 잘 섞이지 않는다. 수소 결합은 단백질, DNA와 같은 많은 생체 분자에서 중요한 역할을 한다. 이온-쌍극자 힘은 이온 결합 화합물과 물의 혼합물에서 중요하다.

결정성 고체의 종류

고체를 구성하는 개개의 단위에 따라 세 가지 종류로 구분할 수 있다.

분자성 고체: 구성단위인 분자가 분산력, 쌍극자-쌍극자 힘, 수소 결합으로 결합되어 있다.

이온성 고체: 화학식 단위(화합물을 구성하는 양이온과 음이온이 전기적으로 중성을 이루는 가장 작은 집합 단위)로 구성된다. 이온성 고체는 양이온과 음이온 사이에 발생하는 정전기적 인력으로 결합되어 있다.

원자성 고체: 구성단위가 원자이며, 고체의 종류에 따라 다른 종류의 힘으로 결합되어 있다.

고체는 구성단위가 무엇인지, 구성단위를 결합하는 힘이 무엇인지에 따라 성질이 다르다. 분자성 고체는 대개 녹는점이 낮다. 이온성 고체의 녹는점은 중간에서부터 높은 정도까지이다. 원자성 고체의 녹는점은 각각의 고체에 따라 다르다.

물

물은 독특한 분자이다. 강한 수소 결합 때문에 물은 상온에서 액체이다. 그 밖의 대다수 액체와 달리 물은 얼 때 부피가 증가한다. 뿐만 아니라 물은 매우 큰 극성을 가지고 있어 많은 극성 물질의 용매가 된다.

물은 우리 삶에 매우 중요하다. 지구상에서 물이 있는 곳에는 생명체가 있다. 물은 용매로 이용되고 이동 매체가 되며, 사실상 생명체에서 일어나는 대부분의 화학 반응이 수용액에서 일어난다. 물이 얼 때 부피가 증가하기 때문에 추운 겨울에 얼어붙은 호수에서도 생명체가 살아남을 수 있다. 호수 표면의 얼음은 얼지 않은 호수 아랫부분(그리고 그곳에 사는 생명체)이 어는 것을 막는 절연체 역할을 한다.

화학 문제를 푸는 기술

학습목표: 증발열을 이용하여 계산한다(12.4절).

분류

물의 질량이 주어졌고, 그것을 증발시키는 데 필요한 열량을 구해야 한다.

전략

주어진 몰수의 물질을 증발시키는 데 필요한 열을 계산하려면 먼저 주어진 양의 물질을 몰수로 변환하고, 환산 인자인 증발열을 이용하여 필요한 열량(kJ)을 구한다. 증발할 때는 항상 열이 흡수되지만 응축될 때는 같은 과정에 의해 항상 열이 방출된다.

풀이

해결도표에 따라 문제를 푼다.

검토

답을 검토한다. 단위가 옳은가? 답이 합당한가?

예제

예제 12.7 증발열을 이용한 계산

끓는점에 있는 84.8 g의 물을 증발시키는 데 필요한 열량을 구하시오.

주어진 값: 84.8 g H_2O

구해야 하는 값: 열량(kJ)

해결도표

$$\text{g } H_2O \longrightarrow \text{mol } H_2O \longrightarrow \text{kJ}$$

$$\frac{1 \text{ mol } H_2O}{18.02 \text{ g } H_2O} \qquad \frac{40.7 \text{ kJ}}{1 \text{ mol } H_2O}$$

사용된 관계식

$\Delta H_{증발} = 40.7$ kJ/mol (373 K에서, 표 12.2)

1 mol H_2O = 18.02 g H_2O (물의 몰질량)

답

$$84.8 \text{ g } H_2O \times \frac{1 \text{ mol } H_2O}{18.02 \text{ g } H_2O} \times \frac{40.7 \text{ kJ}}{1 \text{ mol } H_2O} = 192 \text{ kJ}$$

단위(kJ)가 옳다. 증발할 때 물의 몰수당 약 40 kJ의 에너지를 흡수하기 때문에 답의 크기도 합당하다. 그러므로 84.8 g(4~5 mol)은 증발할 때 160~200 kJ의 에너지를 흡수한다.

학습목표: 융해열을 이용하여 계산한다(12.5절).

분류

물의 질량이 주어졌고, 물이 얼 때 방출되는 열량을 구해야 한다.

전략

융해열은 물질의 몰수와 그만큼의 고체를 녹이는 데 필요한 열량 간의 환산 인자로 사용할 수 있다. 주어진 양의 물질을 녹이는 데 필요한 열량을 계산할 때는 먼저 물질의 양을 몰수로 바꾸고, 융해열을 환산 인자로 이용하여 열량(kJ)을 구한다. 물질이 녹을 때는 항상 열이 흡수되지만 물질이 얼 때는 같은 과정에 의해 항상 열이 방출된다.

예제 12.8 융해열을 이용한 계산

12.4 g의 물을 고체 얼음으로 얼릴 때 방출되는 열량을 구하시오.

주어진 값: 12.4 g H_2O

구해야 하는 값: 열량(kJ)

해결도표

$$\text{g } H_2O \longrightarrow \text{mol } H_2O \longrightarrow \text{kJ}$$

$$\frac{1 \text{ mol } H_2O}{18.02 \text{ g } H_2O} \qquad \frac{6.02 \text{ kJ}}{1 \text{ mol } H_2O}$$

사용된 관계식

$\Delta H_{융해} = 6.02$ kJ/mol (표 12.3)

1 mol H_2O = 18.02 g H_2O (물의 몰질량)

풀이
해결도표에 따라 문제를 푼다.

답

$$12.4 \text{ g } H_2O \times \frac{1 \text{ mol } H_2O}{18.02 \text{ g } H_2O} \times \frac{6.02 \text{ kJ}}{1 \text{ mol } H_2O} = 4.14 \text{ kJ}$$

방출된 열량은 4.14 kJ이다.

검토
답을 검토한다. 단위가 옳은가? 답이 합당한가?

단위(kJ)가 옳다. 물이 얼 때 물의 몰수당 약 6 kJ의 열을 방출하기 때문에 답의 크기도 합당하다. 따라서 12.2 g(1 mol 이하)은 냉동 시 6 kJ 이하의 열을 방출한다.

학습목표: 화합물의 분자간 힘의 형태를 확인한다(12.6절).

모든 물질은 분산력을 가진다. 극성 물질, 즉 알짜 쌍극자 모멘트를 나타내는 극성 결합을 가진 분자는 쌍극자-쌍극자 힘을 나타낸다. 또한 F, O, N과 직접적으로 결합하는 H가 포함된 분자로 이루어진 물질은 수소 결합을 나타낸다.

예제 12.9 화합물에 존재하는 분자간 힘의 종류

다음 각각의 물질이 가진 분자간 힘의 종류를 밝히시오.
(a) N_2 (b) CO (c) NH_3

답
(a) N_2는 무극성 분자이므로 분산력만 가진다.
(b) CO는 극성 분자이므로 (분산력 외에) 쌍극자-쌍극자 힘을 가진다.
(c) NH_3는 (분산력, 쌍극자-쌍극자 힘 외에) 수소 결합을 가진다.

학습목표: 분자간 힘을 이용하여 상대적인 녹는점과 끓는점을 구한다(12.6절).

화합물의 상대적인 끓는점과 녹는점을 구하려면 각각의 화합물에 존재하는 분자간 힘의 종류를 알아야 한다. 분산력은 분자간 힘 중 가장 약하지만 몰질량이 증가함에 따라 커진다. 쌍극자-쌍극자 힘은 분산력보다 강하다. 만약 두 화합물의 몰질량이 비슷하지만 한 물질만 극성을 띤다면, 극성을 띤 물질의 녹는점과 끓는점이 더 높을 것이다. 수소 결합은 분자간 힘 중에서 가장 강하다. 수소 결합을 하는 물질은 수소 결합을 하지 않는 물질에 비해 녹는점과 끓는점이 훨씬 높다. 수소 결합을 하지 않는 물질의 몰질량이 더 크더라도 마찬가지이다.

예제 12.10 분자간 힘을 이용하여 녹는점과 끓는점 구하기

다음 각각의 물질을 끓는점이 증가하는 순서로 나열하시오.
(a) F_2, Cl_2, Br_2 (b) HF, HCl, HBr

답
(a) 주어진 물질은 분산력만 가지고 있고 모두 비슷하므로(모두 할로젠) 분산력은 몰질량이 증가할수록 커질 것이다. 따라서 $F_2 < Cl_2 < Br_2$이다.
(b) HF는 수소 결합을 가지므로 끓는점이 가장 높다. HCl과 HBr을 비교해보면 HBr의 몰질량이 크기 때문에 HBr의 끓는점이 높다. 따라서 $HCl < HBr < HF$이다.

핵심 용어

공유 원자성 고체
금속 원자성 고체
기화
끓는점
녹는점
동적 평형
분산력
분자간 힘
분자성 고체
비결합 원자성 고체
비휘발성
섞임성
수소 결합
순간 쌍극자
승화
쌍극자-쌍극자 힘
열에너지
영구 쌍극자
원자성 고체
융해열
응축
이온성 고체
이온-쌍극자 힘
점성
정상 끓는점
증기 압력
증발
증발열
표면 장력
휘발성

학습 점검 문제

기초문제

1. 분자간 힘이란 무엇인가? 왜 분자간 힘이 중요한가?

2. 왜 물방울은 구형인가?

3. 물질이 고체인지, 액체인지, 기체인지 결정하는 것은 무엇인가?

4. 액체의 성질은 어떠한가? 액체를 구성하는 분자 또는 원자의 관점에서 액체의 성질을 설명하시오.

5. 고체의 성질은 어떠한가? 고체를 구성하는 분자 또는 원자의 관점에서 고체의 성질을 설명하시오.

6. 결정성 고체와 비결정성 고체의 차이점은 무엇인가?

7. 표면 장력이란 무엇인가? 표면 장력은 분자간 힘과 어떤 관련이 있는가?

8. 점성이란 무엇인가? 점성은 분자간 힘과 어떤 관련이 있는가?

9. 증발이란 무엇인가? 응축이란 무엇인가?

10. 책상 위에 쏟아진 물보다 컵 속의 물이 더 천천히 증발하는 이유를 설명하시오.

11. 끓는점 아래에서의 증발과 끓는점에서의 증발의 차이점을 설명하시오.

12. 액체의 끓는점이란 무엇인가? 정상 끓는점이란 무엇인가?

13. 상온에서 아세톤은 물보다 더 빨리 증발한다. 두 화합물에서 분자간 힘의 상대적 세기는 어떠한가? 휘발성이 더 큰 것은 무엇인가?

14. 응축과 동적 평형에 대해 설명하시오.

15. 물질의 증기 압력은 어떻게 정의되는가? 증기 압력은 온도와 분자간 힘의 세기와 어떤 관련이 있는가?

16. 땀을 흘릴 때 더 시원한 느낌이 드는 이유를 설명하시오.

17. 100℃의 수증기로 입은 증기 열상이 100 ℃의 물로 입은 화상보다 더 심한 이유를 설명하시오.

18. 물이 끓을 때 무슨 일이 일어나는가?

19. 처음 온도가 −5 ℃이고 냉각 시스템이 없는 작은 아이스박스에 물 한 잔만을 넣었을 때는 물이 얼지 않는다. 그 이유를 설명하시오.

20. 얼음 조각이 음료수를 시원하게 만드는 이유를 설명하시오.

21. 얼음이 녹는 것은 발열인가, 흡열인가? 얼음이 녹을 때 ΔH의 부호는 어떻게 되는가? 물이 얼 때 ΔH의 부호는 어떻게 되는가?

22. 물이 끓는 것은 발열인가, 흡열인가? 물이 끓을 때 ΔH의 부호는 어떻게 되는가? 증기가 응축될 때 ΔH의 부호는 어떻게 되는가?

23. 분산력이란 무엇인가? 몰질량의 함수로 분산력의 세기를 어떻게 말할 수 있는가?

24. 쌍극자-쌍극자 힘이란 무엇인가? 물질이 쌍극자-쌍극자 힘을 가지는지 어떻게 알 수 있는가?

25. 수소 결합이란 무엇인가? 화합물이 수소 결합을 가지는지 어떻게 알 수 있는가?

26. 이온-쌍극자 힘이란 무엇인가? 어떤 종류의 물질이 이온-쌍극자 힘을 가지는가?

27. 이 장에서 다룬 네 가지 분자간 힘을 상대적인 힘의 크기순으로 나열하시오.

28. 분자성 고체란 무엇인가? 분자성 고체를 결합시키는 힘의 종류는 무엇인가?

29. 다른 종류의 고체와 비교했을 때 분자성 고체의 녹는점은 어떠한가?

30. 이온성 고체란 무엇인가? 이온성 고체를 결합시키는 힘의 종류는 무엇인가?

31. 다른 종류의 고체와 비교했을 때 이온성 고체의 녹는점은 어떠한가?

32. 원자성 고체란 무엇인가? 원자성 고체의 성질은 어떠한가?

33. 물이 독특한 이유는 무엇인가?

34. 물보다 얼음의 밀도가 높다면 얼음은 어떻게 달라지겠는가? 이는 추운 기후의 호수에 사는 수생 생물에 어떤 영향을 미칠 것인가?

복습문제

증발, 응축, 융해, 응고

35. 다음 그림은 I_2 고체 시료를 나타낸 것이다.

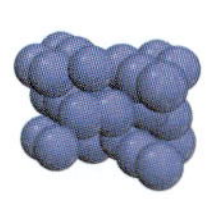

승화된 후의 아이오딘을 가장 잘 나타낸 것은 무엇인가?

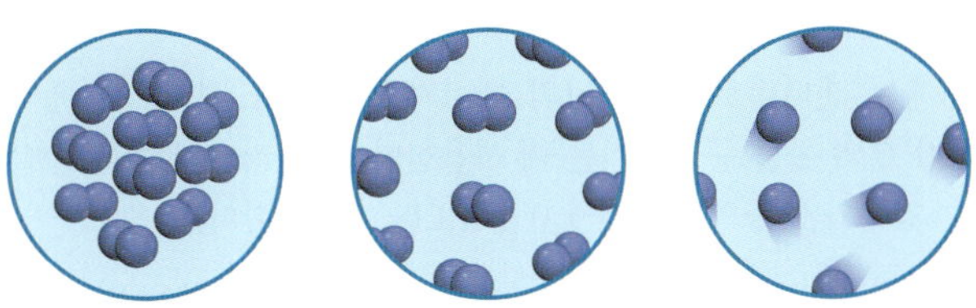

(a) (b) (c)

36. 다음 그림은 액체 산소를 나타낸 것이다.

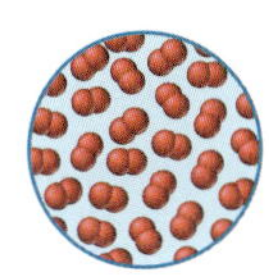

기화된 후의 산소를 가장 잘 나타낸 것은 무엇인가?

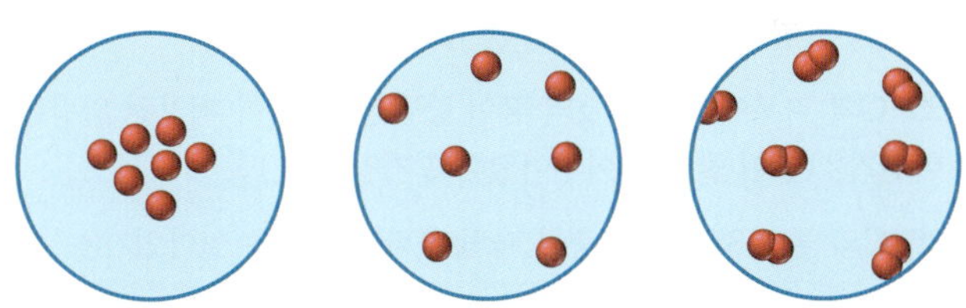

(a) (b) (c)

* 파란색으로 표시된 문제는 이 책 말미에 해답이 제시되어 있다.

37. 다음 그림과 같은 상태 변화를 유도할 가능성이 가장 높은 것은 무엇인가?

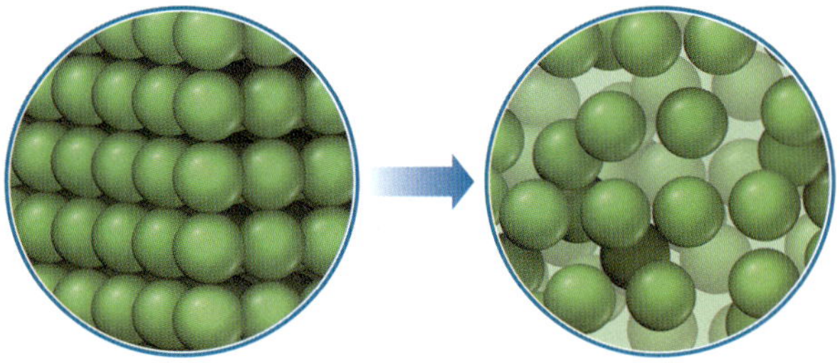

(a) 온도를 높이는 것
(b) 온도를 낮추는 것
(c) 압력 증가
(d) 압력 감소

38. 다음 그림과 같은 상태 변화를 유도하는 것은 무엇인가?

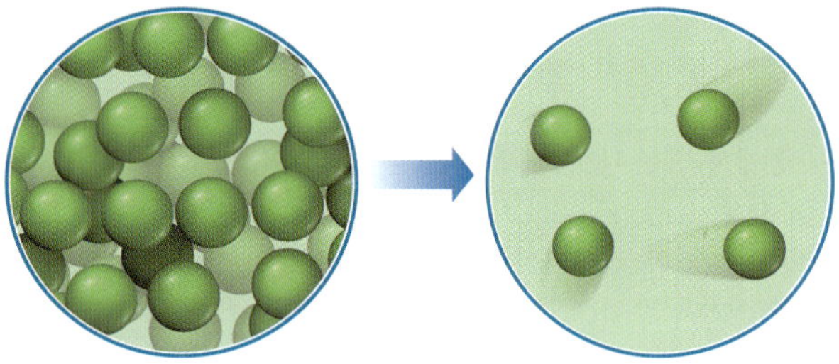

(a) 온도를 낮추는 것
(b) 압력 증가
(c) 압력 감소

39. 지름이 4.5 cm인 비커에 담겨 있는 물 55 mL와 지름이 12 cm인 접시에 담겨 있는 물 55 mL 중에서 어느 쪽이 더 빨리 증발하는가?

40. 같은 부피의 물 시료를 두 접시에 담아 상온에서 며칠 동안 방치했다. 첫 번째 접시에 담긴 물은 2.8일 만에 완전히 증발했고, 두 번째 접시에 담긴 물은 8.3일 만에 완전히 증발했다. 두 접시의 차이점은 무엇인가?

41. 한쪽 손바닥에는 1 mL의 물이, 다른 쪽 손바닥에는 1 mL의 아세톤(매니큐어 제거제)이 있다. 물과 아세톤이 증발할 때 양쪽 손바닥이 시원하게 느껴지는데, 어느 쪽 손바닥이 더 시원한가? (힌트: 어떤 물질의 휘발성이 더 큰가?)

42. 더운 날 피부에 물을 뿌리면 몸이 식지만 식물성 기름을 뿌리면 몸이 식지 않을 것이다. 그 이유를 설명하시오.

43. 몇 개의 얼음 조각이 비커에 담겨 있고 처음에 비커의 온도는 −5.0 ℃이다. 시간이 흐름에 따라 온도가 어떻게 변하는지 설명하고 그래프로 나타내시오(실험실의 온도는 25 ℃라고 가정한다).

44. 비커에 물을 담고 분젠 버너로 가열했다. 처음에 물의 온도는 25 ℃였고 계속 온도를 측정했다. 시간이 흐름에 따라 온도가 어떻게 변하는지 설명하고 그래프로 나타내시오(분젠 버너는 물을 끓는점까지 가열할 수 있을 만큼 뜨겁다고 가정한다).

45. 100 ℃, 0.50 g의 물을 손에 쏟은 경우와 100 ℃, 0.50 g의 증기가 손에서 응축된 경우 중에서 어느 쪽이 더 심각한 화상을 입겠는가? 그 이유를 설명하시오.

46. 해변에 있는 도시는 내륙에 있는 도시보다 겨울밤의 기온이 덜 떨어진다. 그 이유를 설명하시오.

47. 물과 얼음이 섞여 있는 자루를 −8 ℃인 아이스박스 안에 넣었더니 아이스박스의 온도가 올라갔다. 그 이유를 설명하시오.

48. 자동으로 얼음을 만들어내는 냉동실의 냉각 장치는 액체 물이 얼음으로 변할 때마다 많은 일을 한다. 그 이유를 설명하시오.

49. 한 아이스박스에 0 ℃의 얼음 3.5 kg이 담겨 있고, 다른 아이스박스에는 0 ℃의 물 3.5 kg이 담겨 있다. 몇 시간이 흐른 후 어느 아이스박스가 더 차가운가? 그 이유를 설명하시오.

50. 0 ℃, 50 g의 물이 0 ℃, 50 g의 물과 얼음 혼합물보다 더 빨리 따뜻해지는 이유를 설명하시오.

51. 미국 콜로라도주 덴버에서는 물이 95 ℃에서 끓는다. 그 이유를 설명하시오.

52. 에베레스트산의 꼭대기에서는 물이 70 ℃에서 끓는다. 그 이유를 설명하시오.

증발열과 융해열

53. 100 ℃의 물 38.8 g을 증발시키는 데 필요한 열량은 얼마인가?

54. 끓는점에 있는 다이에틸 에터 48.9 g을 증발시키는 데 필요한 열량은 얼마인가?

55. 25 ℃의 피부에서 3.5 g의 땀이 증발될 때 몸이 빼앗긴 열량은 얼마인가? (땀이 물로만 이루어졌다고 가정한다.)

56. 25 ℃의 피부에서 5.76 g의 땀이 증발될 때 몸이 빼앗긴 열량은 얼마인가? (땀이 물로만 이루어졌다고 가정한다.)

57. 25 ℃의 물 6.35 g이 응축될 때 방출되는 열량은 얼마인가?

58. 85.6 g의 아세톤이 25 ℃에서 응축될 때 방출되는 열량은 얼마인가?

59. 인체는 초콜릿쿠키로 840 kJ의 에너지를 얻는다. 만약 이 에너지를 100 ℃의 물을 증발시키는 데 사용한다면 몇 그램의 물을 증발시킬 수 있는가?

60. 인체는 캔디바로 1200 kJ의 에너지를 얻는다. 만약 이 에너지를 100 ℃의 물을 증발시키는 데 사용한다면 몇 리터의 물을 증발시킬 수 있는가? (물의 밀도가 1.0 g/mL라고 가정한다.)

61. 녹는점에서 47.5 g의 얼음을 녹이는 데 필요한 열량은 얼마인가?

62. 녹는점에서 33.8 g의 아이소프로필 알코올을 녹이는 데 필요한 열

량은 얼마인가?

63. 28.4 g의 물이 얼 때 방출되는 에너지는 얼마인가?

64. 1.85 kg의 아이소프로필 알코올이 얼 때 방출되는 에너지는 얼마인가?

65. 40.0 ℃의 물 1.85 g이 100 ℃의 증기가 되는 데 필요한 열량은 얼마인가?

66. −15.0 ℃의 얼음 4.99 g이 25 ℃의 물이 되는 데 필요한 열량은 얼마인가? (얼음의 비열은 2.09 J/g ℃이다.)

분자간 힘

67. 다음 각각의 물질에 존재하는 분자간 힘은 무엇인가?
(a) CF_3Cl (b) BF_3 (c) SO_2 (d) Ne

68. 다음 각각의 물질에 존재하는 분자간 힘은 무엇인가?
(a) $CH_3CH_2OCH_2CH_3$ (b) CH_3CH_2OH
(c) F_2 (d) HI

69. 다음 각각의 물질에 존재하는 분자간 힘은 무엇인가?
(a) SO_3(삼각 평면) (b) CH_3SH(정사면체)
(c) PH_3(삼각 피라미드) (d) XeF_4(사각 평면)

70. 다음 각각의 물질에 존재하는 분자간 힘은 무엇인가?
(a) ICl (b) CH_3NH_2 (c) NH_2NH_2 (d) H_2Se

71. 염화 포타슘과 물의 혼합물에 존재하는 분자간 힘은 무엇인가?

72. 브로민화 칼슘과 물의 혼합물에 존재하는 분자간 힘은 무엇인가?

73. 다음 중 끓는점이 가장 높은 것은 무엇인가? 그 이유를 설명하시오. (힌트: 모두 무극성이다.)
(a) CH_4 (b) CH_3CH_3
(c) $CH_3CH_2CH_3$ (d) $CH_3CH_2CH_2CH_3$

74. 다음 비활성 기체 중 끓는점이 가장 높은 것은 무엇인가? 그 이유를 설명하시오.
(a) Kr (b) Xe (c) Rn

75. 다음 중 상온에서 액체인 물질은 무엇인가? 그 이유를 설명하시오.

CH_3OH CH_3SH

76. 다음 중 상온에서 액체인 물질은 무엇인가? 그 이유를 설명하시오.

CH_3OCH_3 CH_3CH_2OH

77. $NH_3(g)$와 $CH_4(g)$의 혼합물이 들어 있는 플라스크를 냉각했더니 −33.3 ℃에서 플라스크에 액체가 생기기 시작했다. 이 액체는 무엇인가?

78. CO_2는 상온에서 기체인데 CS_2는 상온에서 액체이다. 그 이유를 설명하시오.

79. H_2O와 $CH_3CH_2CH_2CH_2CH_3$는 잘 섞이는가?

80. CH_3OH와 H_2O는 잘 섞이는가?

81. 다음 물질을 섞었을 때 균일한 용액이 만들어지는 것은 무엇인가?
(a) $HOCH_2CH_2OH$와 H_2O
(b) C_6H_6와 CCl_4
(c) C_6H_{12}와 H_2O

82. 다음 물질을 섞었을 때 균일한 용액이 만들어지는 것은 무엇인가?
(a) $HOCH_2CH(OH)CH_2OH$와 C_6H_6
(b) C_6H_6와 CCl_4
(c) C_6H_{12}와 H_2O

고체의 종류

83. 다음 각각의 고체는 분자성, 이온성, 원자성 중 무엇에 해당하는가?
(a) $S_8(s)$ (b) $BaCl_2(s)$
(c) $Cu(s)$ (d) $Xe(s)$

84. 다음 각각의 고체는 분자성, 이온성, 원자성 중 무엇에 해당하는가?
(a) $Mg(s)$ (b) $Na_2SO_4(s)$
(c) $C_{12}H_{22}O_{11}(s)$ (d) $Au(s)$

85. 다음 각각의 고체는 분자성, 이온성, 원자성 중 무엇에 해당하는가?
(a) $MgO(s)$ (b) $P_4(s)$
(c) $Al_2(SO_4)_3(s)$ (d) $SO_3(s)$

86. 다음 각각의 고체는 분자성, 이온성, 원자성 중 무엇에 해당하는가?
(a) $Cl_4(s)$ (b) $SCl_2(s)$
(c) $CuCl_2(s)$ (d) $B(s)$

87. 다음 중 녹는점이 가장 높은 고체는 무엇인가? 그 이유를 설명하시오.
(a) $Ar(s)$ (b) $CC1_4(s)$
(c) $LiCl(s)$ (d) $CH_3OH(s)$

88. 다음 중 녹는점이 가장 높은 고체는 무엇인가? 그 이유를 설명하시오.
(a) C(s, 다이아몬드) (b) $Kr(s)$
(c) $NaCl(s)$ (d) $H_2O(s)$

89. 다음 2개의 고체 중 녹는점이 더 높은 것은 무엇인가? 그 이유를 설명하시오.
(a) $Ti(s)$와 $Ne(s)$ (b) $H_2O(s)$와 $H_2S(s)$
(c) $Kr(s)$와 $Xe(s)$ (d) $NaCl(s)$와 $CH_4(s)$

90. 다음 2개의 고체 중 녹는점이 더 높은 것은 무엇인가? 그 이유를 설명하시오.

(a) $Fe(s)$와 $CCl_4(s)$
(b) $KCl(s)$와 $HCl(s)$
(c) $TiO_2(s)$와 $HOOH(s)$

91. 다음 물질을 끓는점이 증가하는 순서로 나열하시오.

HF, Ar, H_2S, KCl, CS_2

92. 다음 물질을 끓는점이 감소하는 순서로 나열하시오.

CO, $CH_3CH_2OCH_2CH_3$, HCOOH, NaI

심화문제

93. 얼음은 실제적으로 칼로리 값이 음이다. 65 g의 얼음을 먹을 때(얼음이 녹을 때) 인체가 에너지를 얼마나 잃는지 다음 각 단위로 계산하시오.
(a) J
(b) kJ
(c) cal (1 cal = 4.18 J)
(d) Cal (영양상 칼로리, 1000 cal = 1 Cal)

94. 얼음은 실제적으로 칼로리 값이 음이다. 185 g의 얼음을 먹을 때(얼음이 녹을 때) 인체가 에너지를 얼마나 잃는지 다음 각 단위로 계산하시오.
(a) J
(b) kJ
(c) cal (1 cal = 4.18 J)
(d) Cal (영양상 칼로리, 1000 cal = 1 Cal)

95. 8.5 g의 얼음 조각이 255 g의 물에 떠 있다. 얼음이 완전히 녹을 때 물의 온도 변화를 구하시오. (힌트: 얼음이 녹을 때 흡수하는 열량을 먼저 계산하고, 식 $q = mC\Delta T$를 이용하여 물 255 g의 온도 변화를 구한다.)

96. 14.7 g의 얼음 조각이 324 g의 물에 떠 있다. 얼음이 완전히 녹을 때 물의 온도 변화를 구하시오. (힌트: 얼음이 녹을 때 흡수하는 열량을 먼저 계산하고, 식 $q = mC\Delta T$를 이용하여 물 324 g의 온도 변화를 구한다.)

97. 352 mL의 물을 25 ℃에서 0 ℃로 낮추는 데 필요한 얼음은 몇 그램인가? (물의 밀도가 1.0 g/mL라고 가정한다.)

98. 55.8 g의 물을 55.0 ℃에서 0 ℃로 낮추는 데 필요한 얼음은 몇 그램인가? (물의 밀도가 1.0 g/ml라고 가정한다.)

99. 1.00 mol의 증기를 165 ℃에서 얼음 상태인 −60.0 ℃까지 낮출 때 방출되는 열량을 kJ 단위로 구하시오. 증기의 비열은 1.84 J/g ℃, 얼음의 비열은 2.09 J/g ℃이다.

100. −20.0 ℃의 얼음 15.0 g을 130.0 ℃의 증기 상태로 가열하는 데 필요한 열량을 kJ 단위로 구하시오. 얼음의 비열은 2.09 J/g ℃, 증기의 비열은 1.84 J/g ℃이다.

101. 다음 분자의 루이스 구조를 작성하고 분자의 기하 구조를 밝히시오. 각각의 물질에 존재하는 분자간 힘은 무엇인가?
(a) H_2Se (b) SO_2 (c) $CHCl_3$ (d) CO_2

102. 다음 분자의 루이스 구조를 작성하고 분자의 기하 구조를 밝히시오. 각각의 물질에 존재하는 분자간 힘은 무엇인가?
(a) $BC1_3$ (B는 팔전자 규칙을 충족하지 않는다는 것을 상기하라.)
(b) HCOH (탄소가 중앙에 있다. 각각의 H와 O는 C에 직접적으로 결합되어 있다.)
(c) CS_2
(d) $NC1_3$

103. 이온성 고체의 녹는점은 고체를 결합시키는 정전기적 인력의 크기에 좌우된다. NaF와 MgO의 루이스 구조를 작성하시오. 둘 중 녹는점이 더 높은 것은 무엇인가?

104. KF와 CaO의 이온성 루이스 구조식을 작성하시오. 103번 문제에 주어진 정보와 방법을 이용하여 둘 중 어느 것의 녹는점이 더 높은지 예측하시오.

105. 다음 표에 제시된 할로겐 수소의 녹는점의 경향을 설명하시오. HF만 경향성을 따르지 않는 이유는 무엇인가?

화합물	녹는점
HI	−50.8 ℃
HBr	−88.5℃
HCl	−114.8 ℃
HF	−83.1 ℃

106. 다음 표에 제시된 화합물의 끓는점의 경향을 설명하시오. H_2O만 경향성을 따르지 않는 이유는 무엇인가?

화합물	화합물
H_2Te	−2 ℃
H_2Se	−41.5 ℃
H_2S	−60.7 ℃
H_2O	+100 ℃

107. 0.00 ℃의 얼음 조각 23.5 g을 단열 용기에 넣고 초기 온도 28.0 ℃의 물 550.0 g에 넣었다. 주위로의 열손실이 없다고 가정할 때, 얼음이 모두 녹은 후 전체 물의 온도는 얼마인가?

108. 100 ℃의 증기 1.10 g을 단열 용기에 담긴 초기 온도 27.0 ℃의 물 38.5 g에 넣었더니 응축되었다. 주위로의 열손실이 없다고 가정할 때, 전체 물의 최종 온도는 얼마인가?

핵심문제

109. 다음 그림은 물 분자를 나타낸 것이다. 내부의 한 분자를 선택하여 직접적으로 이웃한 분자들에 선을 긋는다. 그리고 모서리 쪽에 있는 한 분자(3차원으로 보면 물 표면에 있는 분자)를 선택하여 직접적으로 이웃한 분자들에 선을 긋는다. 이웃한 분자가 가장 많은 분자는 무엇인가? 어떤 분자가 더 잘 증발하는가?

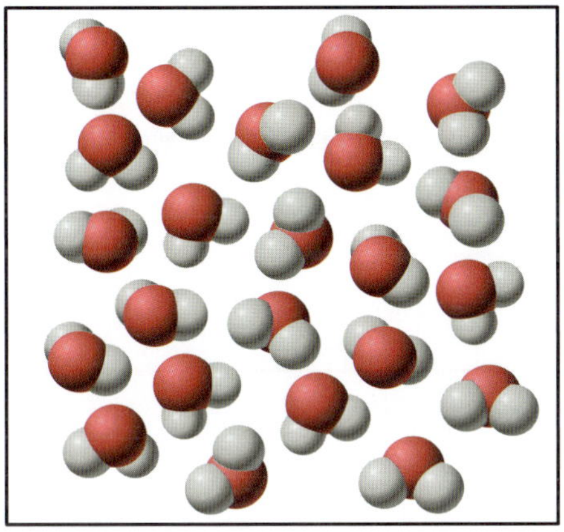

110. 기름은 무극성이고 물은 극성이기 때문에 손에 묻은 기름을 물로 쉽게 제거하지 못한다. 물과 기름은 섞이지 않지만 비누를 사용하면 기름을 제거할 수 있다. 다음과 같은 비누의 분자 구조를 자세히 살펴보고 비누가 어떻게 기름을 제거할 수 있는지 설명하시오.

$$CH_3(CH_2)_{16}C(=O)—O^-\ Na^+$$

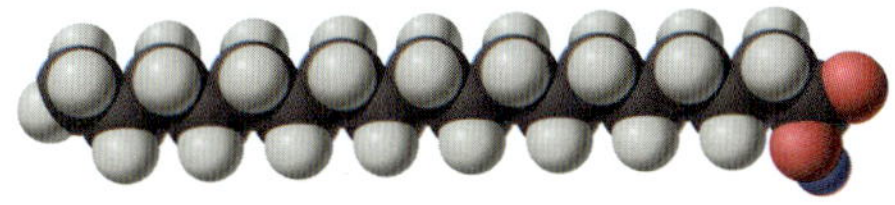

스테아르산 소듐
(비누)

111. 지구 온난화의 영향 중 하나로 빙하가 녹아서 해변이 잠길 수도 있을 것이라는 예측이 있다. 이러한 예측에 대한 비판으로, 컵에 담긴 얼음이 녹아도 컵에 담긴 액체의 높이가 올라가지 않는 것처럼 빙산이 녹더라도 해수면의 높이가 올라가지 않을 것이라고 말하는 사람들도 있다.

(a) 이 비판은 타당한가? 컵에 담긴 얼음이 녹을 때 컵에 담긴 액체의 높이가 올라가는가? 그 이유를 설명하시오.

이 비판은 틀렸다. 과학자들은 빙산이 녹아서 해수면이 높아지는 것을 걱정하는 것이 아니라, 남극 대륙에 덮여 있는 얼음이 녹아서 해수면이 높아지는 것을 걱정하는 것이다.

(b) 이 얼음이 녹으면 해수면이 높아지는가? 그 이유를 설명하시오.

112. 소독용 알코올을 피부에 바르면 차갑게 느껴지는 이유를 설명하시오.

집단 활동 문제

집단을 이루어 다음 문제에 대해 토의하고 합의된 답을 기록한다.

113. 다음과 같은 화합물이 있다.

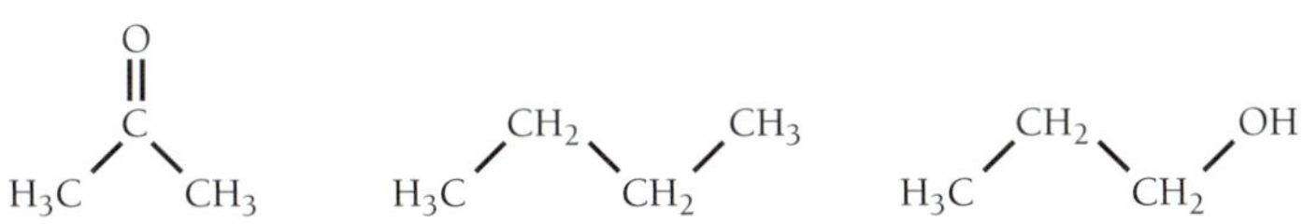

아세톤 　 뷰테인 　 1-프로판올

(a) 각 화합물의 몰질량을 구하시오.
(b) 루이스 구조를 작성하고 δ^+와 δ^-로 극성 결합을 표시하시오.
(c) 극성으로 보이는 분자를 밝히고 그 이유를 설명하시오.
(d) 수소 결합을 형성하는 분자를 밝히고 그 이유를 설명하시오.
(e) 각 분자의 지배적인 분자간 힘을 밝히시오.
(f) 끓는점이 증가하는 순서로 분자를 나열하시오.
(g) (f)를 풀 때 어떤 부분을 가장 중요시했는가?

114. 일산화 탄소와 이산화 탄소의 끓는점을 찾아보시오. 차이점을 설명하는 데 어떤 분자간 힘을 인용할 것인가? 이에 대해 설명하시오.

115. '세 쌍 원소'의 발견은 결과적으로 주기율표의 발견을 이끌어내는 데 중요한 실마리가 되었다. 세 쌍 원소는 중간 원소의 성질이 첫 번째 원소와 세 번째 원소의 성질의 평균인 세 원소의 그룹을 뜻한다. 세 쌍 원소의 예로는 (O, S, Se), (Cl, Br, I), (Li, Na, K)를 들 수 있다. 각 중간 원소의 원자 질량이 나머지 두 원소의 원자 질량의 평균(대략)임을 증명하시오. 각 원소와 수소와 결합되어 형성된 화합물(HCl, HBr, HI)의 녹는점이 동일한 경향을 나타낼 것으로 예상되는 이유도 설명하시오.

116. 100 W의 전구가 만들어내는 열과 같은 양의 열을 제거하기 위해 시간당 증발시켜야 하는 땀의 양(mL)은 얼마인가? (1 W = 1 J/s)

데이터 분석 및 해석

117. 몇 가지 탄화수소(탄소와 수소로 이루어진 화합물)의 끓는점과 녹는점을 살펴보고 다음 문제에 답하시오.

이름	화학식	끓는점	녹는점
메테인	CH_4	−161.5 ℃	−182 ℃
에테인	C_2H_6	−88.6 ℃	−183 ℃
프로페인	C_3H_8	−42.1 ℃	−188 ℃
뷰테인	C_4H_{10}	−0.5 ℃	−140 ℃
펜테인	C_5H_{12}	36.0 ℃	−130 ℃
헥세인	C_6H_{14}	68.7 ℃	−95 ℃

(a) 표에 제시된 탄화수소 중 상온에서 액체인 것은 무엇인가?
(b) 이러한 탄화수소의 녹는점과 끓는점의 경향을 설명하시오. 두 가지 경향(녹는점에서의 경향과 끓는점에서의 경향) 중 어느 것이 더 규칙적인가?
(c) 이러한 탄화수소에 존재하는 분자간 힘은 무엇인가? 분자간 힘을 토대로 끓는점의 경향을 설명하시오.
(d) 이러한 탄화수소의 몰질량에 대한 끓는점의 그래프를 준비하시오.
(e) (d)에서 얻은 그래프를 이용하여 헵테인(C_7H_{16})의 끓는점을 예측하시오.

연습문제 해답

12.1 5.83×10^3 kJ
12.1+ 320 K
12.2 5.18 kJ
12.2+ −2.3 K
12.3 C_2H_6
12.4 (a) 쌍극자-쌍극자 힘이 존재하지 않는다.
(b) 쌍극자-쌍극자 힘이 존재한다.
(c) 쌍극자-쌍극자 힘이 존재한다.
12.5 HF이다. HF는 분자간 힘으로 수소 결합을 가지기 때문이다.
12.6 (a) 분자성
(b) 이온성
(c) 원자성

확인문제 해답

12.1 (a) 일정한 부피와 일정한 모양을 가지므로 고체가 틀림없다.

12.2 (b) 끓는 현상은 화학적 변화이기보다는 물리적 변화이므로 물 분자(H_2O)는 화학적 변화를 거치지 않는다(단순히 액체 상태에서 기체 상태로 변할 뿐이다).

12.3 (a) 금속 덩어리의 온도가 상승한다. 응축은 발열이므로 금속 쪽으로 열을 방출하여 금속의 온도가 올라간다.

12.4 (b) 온도는 상태가 변화하는 동안 일정하게 유지된다. 따라서 물은 얼음으로 시작하기 때문에 i 부분은 얼음에서 액체 물로 가는 녹는점이다. ii 부분에서는 끓는점까지 물이 따뜻해지고, iii 부분은 액체 물에서 수증기로 가는 끓는점이다.

12.5 (c) 승화는 물리적 변화이므로 이산화 탄소 분자는 다른 분자나 원자로 분해되지 않는다. 단순히 고체 상태에서 기체 상태로 상태만 변화된다.

12.6 (a) 세 화합물은 분자 질량이 거의 동등하므로 분산력의 세기가 모두 비슷하다. A는 무극성이라 분산력만 가지고 있어 끓는점이 가장 높을 것이다. B는 극성이므로 추가적으로 쌍극자-쌍극자 힘을 가지고 있어 끓는점이 그다음으로 높다. C는 수소 결합이 추가되어 끓는점이 가장 높다.

12.7 (c) 탄소와 산소 원자 사이의 화학 결합은 승화와 같은 상태 변화에 의해 영향을 받지 않는다. 이산화 탄소는 수소 원자를 가지고 있지 않으므로 수소 결합을 하지 않고, 무극성이므로 쌍극자-쌍극자 인력도 가지지 않는다.

▲ 1986년 여름, 니오스 호수에서 이산화 탄소 거품이 일어나 주변의 계곡으로 흘러 들어갔다. 이산화 탄소가 호수 바닥에서 올라와 그 위의 압력에 의해 물과 혼합된 상태로 유지되었다. 호숫물 층이 교란되면서 낮아진 압력 때문에 용액 속의 이산화 탄소가 밖으로 빠져나와 치명적인 결과를 초래했다.

13 용액

"과학의 목적은 자연의 다양성을 이해하는 것이다."

—John Barrow(1952~2020)

개요

13.1 카메룬에서 일어난 비극

▲ 카메룬은 서아프리카에 있다.

1986년 8월 22일, 서아프리카 카메룬에 있는 니오스 호수 부근의 주민은 일상적인 하루를 시작했다. 그러나 그날은 비극으로 마감되었다. 그날 저녁 커다란 이산화 탄소 기체 구름이 니오스 호수 깊은 곳에서 빠져나와 1,700명 이상의 사람과 가축 약 3,000마리가 죽었다. 살아남은 사람들에 따르면 썩은 달걀 냄새가 나고 온기가 느껴진 후 의식을 잃었다고 한다. 이 사건이 일어나기 2년 전에 100 km 정도 떨어진 모노은 호수에서도 이와 비슷한 참사가 발생하여 37명이 사망했다. 최근에 과학자들은 이 두 호수에 재해를 유발하는 이산화 탄소의 축적을 막기 위해 조치를 취하고 있다.

▶ 니오스 호수 바닥에서 이산화 탄소가 배출되고 있다. 이는 1,700명 이상의 사망자를 낸 1986년의 대재앙이 다시 일어나지 않도록 고안된 방법으로, 호수 바닥의 이산화 탄소를 통제적으로 방출한다.

니오스 호수는 화산 분화구가 물로 채워져서 생긴 호수이다. 호수의 표면으로부터 80 km 정도 아래에서는 용해된 화산암(마그마)이 이산화 탄소를 발생시키고, 이산화 탄소 기체가 화산의 배관 시스템을 통해 호수로 스며든다. 이산화 탄소는 호숫물과 섞인다. 이 장의 뒤에서 살펴볼 테지만, 깊은 호수 바닥의 높은 압력은 이산화 탄소의 농도를 매우 높인다(이는 맥주 캔의 높은 압력이 맥주 속 이산화 탄소의 농도를 높이는 것과 같다). 오랫동안 호수 아래에서 이산화 탄소의 농도가 높아져서(이산무색, 무취의 기체인 이산화 탄소가 니오스 호수 주변 저지대의 공기를 밀어내고 그 자리를 차지하여 주민이 숨을 쉴 수가 없었다. 썩은 달걀 냄새는 황이 포함된 기체도 있었음을 의미한다.

화 탄소의 농도가 너무 높아졌거나 산사태와 같은 자연적인 계기로 인해) 이산화 탄소 기체의 일부분이 빠져나왔다. 솟아오르는 기포는 호숫물의 분류된 층을 붕괴시켰고, 이산화 탄소의 농도가 높은 호수 바닥의 물이 위로 떠올라 압력이 낮아지게 되었다. 위로 올라갈수록 낮아지는 압력은 맥주 캔을 열었을 때 압력이 낮아져서 이산화 탄소 기포가 나오는 것처럼 더 많은 이산화 탄소 기포를 유발했다. 이로 인해 더 많은 교란이 발생하고 더 많은 이산화 탄소가 빠져나왔다. 이산화 탄소는 공기보다 무겁기 때문에 화산의 비탈을 따라서 가까운 계곡으로 내려왔고, 공기 대신 이 기체가 가득 차서 많은 주민이 질식하고 말았다.

이러한 일이 다시 일어나지 않도록(2001년 무렵 이산화 탄소의 농도가 위험한 수준에 도달함) 과학자들은 파이프 시설을 설치하여 이산화 탄소가 호수 바닥에서 서서히 빠져나오게 했다. 2001년 이래로 이러한 시스템은 이산화 탄소를 서서히 대기 중으로 내보내 참사를 막고 있다.

13.2 용액: 균일 혼합물

▶ 용액, 용질, 용매의 정의를 이해한다.

니오스 호수 바닥에 있던 이산화 탄소와 물의 혼합물은 두 가지 이상의 물질로 이루어진 균일 혼합물인 **용액**(solution)의 예이다. 용액은 주변에서 흔히 볼 수 있으며, 매일 보는 대부분의 액체와 기체는 실제로 용액이다. 용액이라고 하면 많은 사람은 고체가 용해되어 있는 물을 떠올린다. 예를 들어 바닷물은 소금과 기타 고체가 물에 녹아 있는 용액이고, 혈장(혈액 세포가 제거된 피)은 몇몇 (기체뿐만 아니라) 고체가 물에 녹아 있는 용액이다. 이 밖에도 많은 종류의 용액이 있다. 용액은 기체와 액체로 이루어질 수도 있고(니오스 호수의 이산화 탄소와 물처럼), 액체와 액체로 이루어질 수도 있고, 고체와 기체로 이루어질 수도 있고, 또 다른 방법으로 이루어질 수도 있다(표 13.1).

'aqueous'는 '물'을 뜻하는 라틴어 '*aqua*'에서 유래했다.

하지만 가장 일반적인 용액은 고체, 액체, 기체 중 하나가 물과 혼합된 것으로, 이를 수용액(aqueous solution)이라고 한다. 수용액은 생명에 매우 중요하고 이 장에서 가장 중점적으로 다룰 내용이다. 수용액의 대표적인 예는 설탕물, 소금물처럼 물과 고체가 혼합된 용액이다. 또한 술에 들어 있는 알코올인 에틸 알코올은 물과 쉽게 혼합되어 액체와 물이 혼합된 용액을 만든다. 한편 기체와 물로 이루어진 용액의 예는 니오스 호수의 사건에서 이미 확인했다.

고체/액체 용액에서 액체는 성분의 상대적인 양에 관계없이 보통은 용매로 간주된다.

용액은 적어도 2개의 구성 성분으로 이루어져 있다. 일반적으로 용액의 주요 성분을 **용매**(solvent), 소수 성분을 **용질**(solute)이라고 한다. 앞에서 살펴보았던 이산화 탄소와 물로 이루어진 용액에서는 이산화 탄소가 용질, 물이 용매이다. 염과 물로 이루어진 용액에서는 염이 용질, 물이 용매이다. 물은 지구상에 매우 풍부하기 때문에 가장 일반적인 용매이다. 하지만 다른 용매도 실험실과 가정에서 자주 이용되는데, 특히 무극성 용질로 용액을 만들 때

표 13.1 흔히 볼 수 있는 용액의 종류

용액의 상	용질의 상	용매의 상	예
기체 상태의 용액	기체	기체	공기(질소와 산소가 대부분)
액체 상태의 용액	기체	액체	소다수(이산화 탄소와 물)
	액체	액체	보드카(에탄올과 물)
	고체	액체	바닷물(염과 물)
고체 상태의 용액	고체	고체	황동(구리와 아연)과 기타 합금

표 13.2 실험실에서 흔히 사용되는 용매

극성 용매	무극성 용매
물(H_2O)	헥세인(C_6H_{14})
아세톤(CH_3COCH_3)	다이에틸 에터($CH_3CH_2OCH_2CH_3$)
메틸 알코올(CH_3OH)	톨루엔(C_7H_8)

이용된다. 예를 들어 더러운 자전거 체인이나 볼 베어링의 그리스를 닦는 데 무극성 용매인 페인트 희석제를 사용할 수 있다. 페인트 희석제는 그리스를 용해시키거나 또는 용액을 형성함으로써 금속에서 그리스를 제거한다.

극성의 개념은 10.8절과 12.6절을 참조하라.

일반적으로 극성인 용매는 극성 또는 이온성 용질을 용해시키고, 무극성 용매는 무극성 용질을 용해시킨다. 이러한 경향성은 비슷한 성질의 물질을 용해시킨다는 규칙으로 설명할 수 있다. 즉 용매는 비슷한 종류의 용질을 용해시킨다. 실험실에서 흔히 사용되는 극성 용매와 무극성 용매는 표 13.2와 같다.

✔ 확인문제 13.1

다음 중 물에 가장 잘 녹지 않을 것으로 예상되는 화합물은 무엇인가?

(a) CCl_4 (b) CH_3Cl (c) NH_3 (d) KF

13.3 고체가 용해된 수용액: 얼음사탕 만드는 방법

▶ 물에서의 고체의 용해도를 온도와 연관 짓는다.

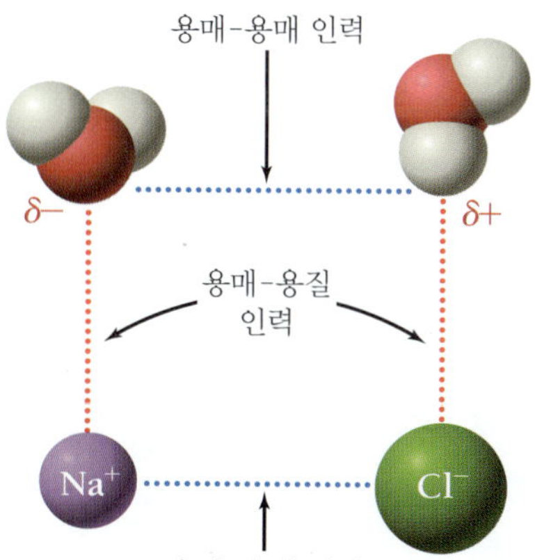

▲ NaCl을 물에 넣으면 물 분자와 Na^+ 또는 Cl^- 이온 간의 인력(용매-용질 간 인력)이 Na^+와 Cl^- 간의 인력(용질-용질 간 인력)을 이겨낸다.

고체가 물에 녹아 있는 용액의 몇 가지 예를 앞에서 살펴보았다. 예를 들어 바닷물은 염과 기타 고체가 물에 용해되어 있는 용액이다. 단맛의 커피는 설탕과 기타 고체가 물에 용해되어 있는 용액이다. 우리의 혈액 역시 몇 가지 고체(그리고 약간의 기체)가 물에 용해되어 있는 용액이다. 하지만 모든 고체가 물에 용해되는 것은 아니다. 돼지기름, 쇼트닝과 같은 무극성 고체는 물에 용해되지 않는다. 또한 탄산 칼슘, 모래와 같은 고체도 물에 녹지 않는다.

고체를 물에 넣으면 두 가지 힘이 경쟁적으로 작용한다. 하나는 고체가 함께 유지되려고 작용하는 인력(용질-용질 간 상호작용)이고, 또 하나는 물 분자와 고체의 입자 사이에 작용하는 인력(용질-용매 간 상호작용)이다. 용매-용질 상호작용은 일반적으로 12장에서 다룬 분자간 힘의 형태를 띤다. 예를 들어 염화 소듐을 물에 넣으면 Na^+ 양이온과 Cl^- 음이온 간의 인력과 Na^+ 또는 Cl^-와 물 분자 간의 인력이 서로 경쟁적으로 작용한다. 소듐 이온의 경우 그림 13.1과 같이 소듐 이온의 양전하와 물 분자의 쌍극자 모멘트 음전하 부분에서 인력이 생긴다(쌍극자 모멘트에 대한 내용은 10.8절을 참조하라). 염화 이온의 경우에는 염화 이온의 음전하와 물 분자의 쌍극자 모멘트 양전하 부분에서 인력이 생긴다. NaCl의 경우에는 물 분자와의 인력이 용질-용질 간의 인력을 이겨서 염화 소듐이 용해된다(그림 13.2). 탄산 칼슘($CaCO_3$)의 경우에는 Ca^{2+} 이온과 CO_3^{2-} 이온 간의 인력이 물에 대한 인력을 이기기 때문에 탄산 칼슘이 물에 용해되지 않는다.

용해도와 포화

화합물의 **용해도**(solubility)는 일정량의 액체에 용해되는 화합물의 양(보통 그램 단위)으로

염화 소듐이 물에 용해되는 방법

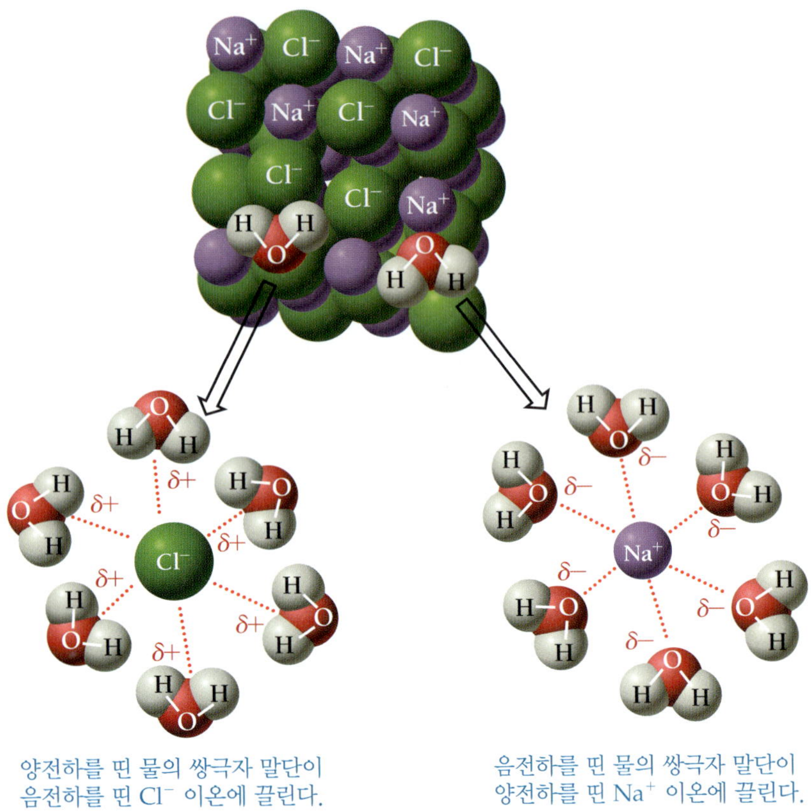

▲ **그림 13.1 이온성 고체가 물에 용해되는 방법**

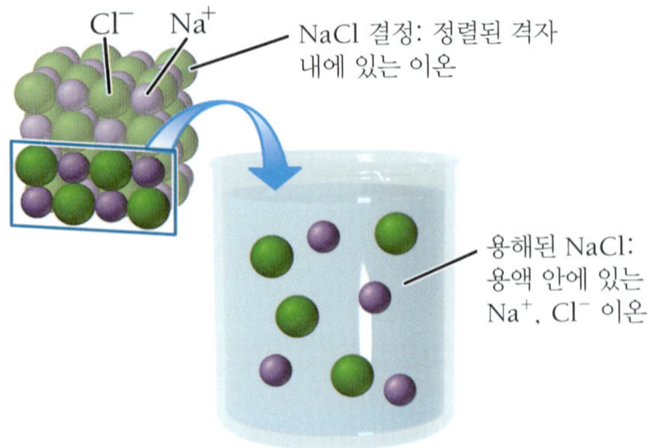

▲ **그림 13.2 염화 소듐 용액.** NaCl 용액에서는 Na^+, Cl^- 이온이 물속에 분산되어 있다.

정의된다. 예를 들어 염화 소듐의 용해도는 25 ℃에서 물 100 g당 NaCl 36 g이고, 탄산 칼슘의 용해도는 0에 가깝다. 100 g의 물에 36 g의 염화 소듐을 용해시킨 용액을 포화 염화 소듐 용액이라고 부른다. **포화 용액**(saturated solution)은 주어진 조건하에서 용매가 용해시킬 수 있는 용질의 최대량이 포함되어 있는 용액으로, 여기에 추가로 용질을 넣으면 용해되지 않을 것이다. **불포화 용액**(unsaturated solution)은 용매가 용해시킬 수 있는 용질의 최대량보다 적은 양의 용질이 포함되어 있는 용액으로, 여기에 추가로 용질을 넣으면 용해될 것이다. **과포화 용액**(supersaturated solution)은 보통 용매가 용해시킬 수 있는 용질의 최대량보다 많은 양의 용질이 포함되어 있는 용액으로, 이 경우에는 대개 용질이 침전될 것이다. 니오스 호수 바닥에서 떠오른 이산화 탄소와 물의 용액을 예로 들면, 이 용액은 압력이 낮아짐에 따라 과포화 용액이 되었고, 과잉의 기체가 용액에서 빠져나와 호수 표면으로 올라가서 주변의 대기로 방출되었다.

과포화 용액은 음료수 캔을 열 때 갑자기 압력이 떨어지는 것과 같은 특별한 상황에서 생성된다.

과포화 용액은 일시적으로 안정적일 수도 있지만, 고체 아세트산 소듐 조각을 떨어뜨리는 것과 같은 작은 교란에도 용액에서 고체가 빠져나오게 된다.

(a) (b) (c)

▶ 아세트산 소듐 용액과 같은 과포화 용액에는 정상적인 상태에서 최대로 포함될 수 있는 용질보다 더 많은 용질이 포함되어 있다.

7장에서 이온성 고체의 용해도에 대해 정성적으로 설명하는 용해도 규칙을 배웠다(7.5절의 표 7.2). 분자성 고체는 고체의 극성 여부에 따라 물에서의 용해 여부가 결정된다. 예를 들어 설탕($C_{12}H_{22}O_{11}$)은 극성이므로 물에 용해된다. 반면에 돼지기름, 식물성 쇼트닝과 같은 무극성 고체는 일반적으로 물에 용해되지 않는다.

전해질 용액: 용해된 이온성 고체

NaCl은 강한 전해질 용액을 형성한다(7.5절). 약한 전해질 용액은 14장에서 다룰 것이다.

(분자성 고체가 포함된) 설탕 용액과 (이온성 고체가 포함된) 소금 용액은 그림 13.3과 같이 큰 차이점이 있다. 소금 용액에 용해된 입자는 이온이지만 설탕 용액에 용해된 입자는 분자이다. 소금 용액의 이온은 이동할 수 있는 전하를 가진 입자이므로 이 용액은 전기 전도성이 있다. 7.5절에서 배웠듯이 이온으로 해리되는 용질이 포함된 용액을 **전해질 용액**(electrolyte solution)이라고 한다. 반면에 용해된 설탕 분자가 들어 있는 설탕 용액은 전기 전도성이 없는데, 이러한 용액을 **비전해질 용액**(nonelectrolyte solution)이라고 한다. 일반적으로 용해성이 있는 이온성 고체는 전해질 용액을 형성하고, 용해성이 있는 분자성 고체는 비전해질 용액을 형성한다.

▶ 그림 13.3 전해질 용액과 비전해질 용액

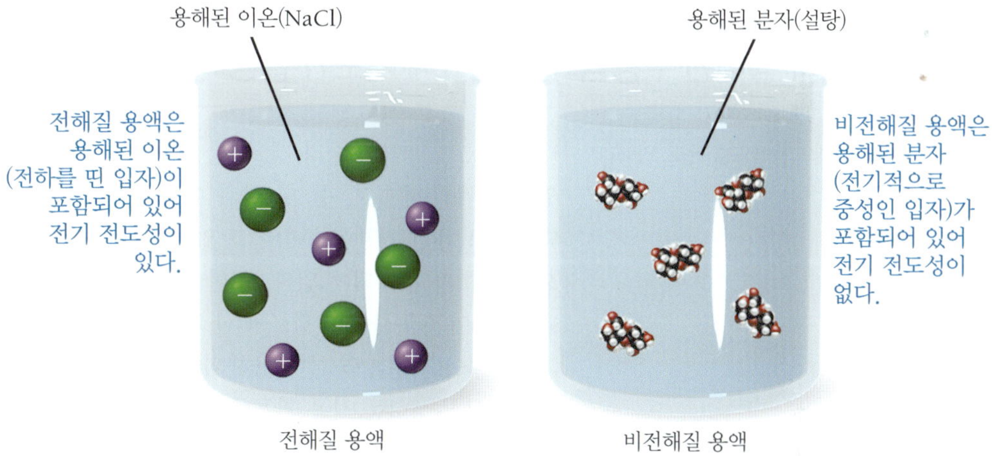

▲ 얼음사탕은 재결정을 통해 자라난 설탕 결정으로 이루어져 있다.

온도에 따라 달라지는 용해도

차가운 차보다 뜨거운 차에 설탕이 더 잘 녹는다. 물속에 들어 있는 고체의 용해도는 온도와 밀접한 관련이 있다. 일반적으로 고체의 용해도는 온도가 높아질수록 증가한다(그림 13.4). 예를 들어 질산 포타슘(KNO_3)의 용해도는 20 ℃에서 물 100 g당 KNO_3 30 g 정도이지만, 50 ℃에서는 물 100 g당 KNO_3 88 g으로 증가한다.

고체를 순수하게 정제하는 일반적인 방법은 **재결정**(recrystallization)이다. 높은 온도의 물(또는 다른 용매)에 고체를 넣는 것도 재결정에 해당한다. 높은 온도에서 포화 용액을 만들 때 충분한 양의 고체를 용매에 넣는다. 이 상태에서 용액의 온도를 낮추면 용해도가 낮아지고 고체의 일부분이 용액에서 나와 침전된다. 용액을 천천히 냉각시키면 고체가 빠져나오면서 결정이 형성될 것이다. 이러한 결정성 구조는 불순물을 배제하는 경향이 있으며, 결과적으로 더 순수한 고체가 만들어진다.

얼음사탕을 만들 때도 재결정을 이용할 수 있다. 얼음사탕을 만들려면 높은 온도의 포화 설탕 용액이 필요하다. 용액 안에 줄을 매달아 놓고 용액을 식히면서 며칠 동안 그대로 둔다. 용액은 냉각되면서 과포화 상태가 되고 줄에서 설탕 결정이 자라나 며칠 뒤 얼음 모양의 설탕 결정 또는 설탕 덩어리를 얻을 수 있다.

▶ **그림 13.4 온도에 따른 일부 이온성 고체의 용해도 변화**

일반적으로 물에서 기체의 용해도는 온도가 올라감에 따라 증가한다.

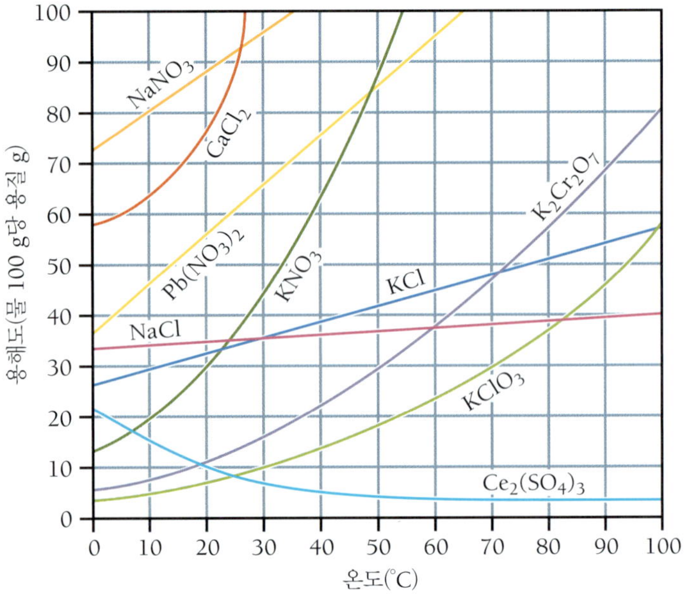

13.4 기체가 용해된 수용액: 탄산음료에 기포가 발생하는 이유

▶ 액체에서의 기체의 용해도를 온도, 압력과 연관 짓는다.

니오스 호수 바닥의 물과 캔 속의 탄산음료는 모두 기체(이산화 탄소)가 액체(물)에 용해되어 있는 용액의 예이다. 둘 다 물과 이산화 탄소의 용액이다. 공기에 노출된 대부분의 액체는 약간의 용해된 기체를 포함하고 있다. 예를 들어 호숫물과 바닷물에는 물고기가 사는 데 필요한 산소가 용해되어 있다. 또한 사람의 혈액에는 질소, 산소, 이산화 탄소가 포함되어 있다. 심지어 수돗물에도 질소와 산소가 포함되어 있다.

수돗물을 가열하면 물에 용해되어 있는 기체를 볼 수 있다. 물이 끓는점에 도달하기 전에 물속에서 발생하는 작은 기포를 볼 수 있다. 이러한 기포는 물에 용해되어 있는 기체(대부분이 질소와 산소)가 용액 밖으로 빠져나오는 것이다. 일단 물이 끓기 시작하면 기포가 훨씬 활발하게 빠져나오는데, 큰 기포는 수증기로 이루어져 있다. 물속에서 기체의 용해도는 (온도가 올라갈수록 용해도가 증가하는 고체와 달리) 온도가 올라갈수록 감소되어 용해된 기체가 용액 밖으로 빠져나온다. 물의 온도가 올라갈수록 용해된 질소와 산소의 용해도가 감소하며, 기체가 용액 밖으로 빠져나오면서 주전자 바닥 주위에 작은 기포가 생긴다.

온도가 상승하면서 기체의 용해도가 낮아지기 때문에 따뜻한 탄산음료는 차가운 탄산음료보다 더 많은 기포가 발생하고, 따뜻한 맥주는 차가운 맥주보다 더 빨리 김이 빠진다. 이산화 탄소는 상온에서 용해도가 낮기 때문에 상온 이하의 온도보다 상온에서 더 빠르게 용액에서 빠져나간다(기포가 더 많이 발생한다). 온도가 높아질수록 이산화 탄소의 용해도가 낮아지기 때문에 따뜻한 탄산음료는 차가운 탄산음료보다 더 많은 기포가 발생한다.

차가운 탄산음료: 이산화 탄소가 용액 속에 더 오래 남아 있다.

따뜻한 탄산음료: 이산화 탄소가 용액에서 기포를 더 잘 일으킨다.

▲ 차가운 탄산음료보다 따뜻한 탄산음료에서 기포가 더 많이 발생하는데, 이는 온도가 올라감에 따라 용해된 이산화 탄소의 용해도가 낮아지기 때문이다.

또한 기체의 용해도는 압력의 영향을 받는다. 액체 위에 더 높은 압력을 가하면 기체가 액체에 더 잘 용해되는데(그림 13.5), 이는 **Henry의 법칙**(Henry's law)으로 알려져 있다.

탄산음료 캔과 니오스 호수의 바닥의 이산화 탄소는 높은 압력에 의해 용해된 채로 유지된다. 탄산음료에서는 캔을 밀봉하기 전에 캔에 주입된 많은 양의 이산화 탄소에 의해 높은 압력이 생기고, 캔을 열면 압력이 낮아져서 이산화 탄소의 용해도가 감소하고 기포가 발생한다(그림 13.6). 니오스 호수에서는 이산화 탄소가 풍부한 호수 바닥의 물을 그 위 호숫물 자체의 질량이 누르면서 압력이 생긴다. 그러나 호수 밑에 층화되어 있던 부분이 교란되었을 때

▶ **그림 13.5 압력과 용해도.** 액체 윗부분에 더 큰 압력을 가할수록 기체가 더 잘 용해된다.

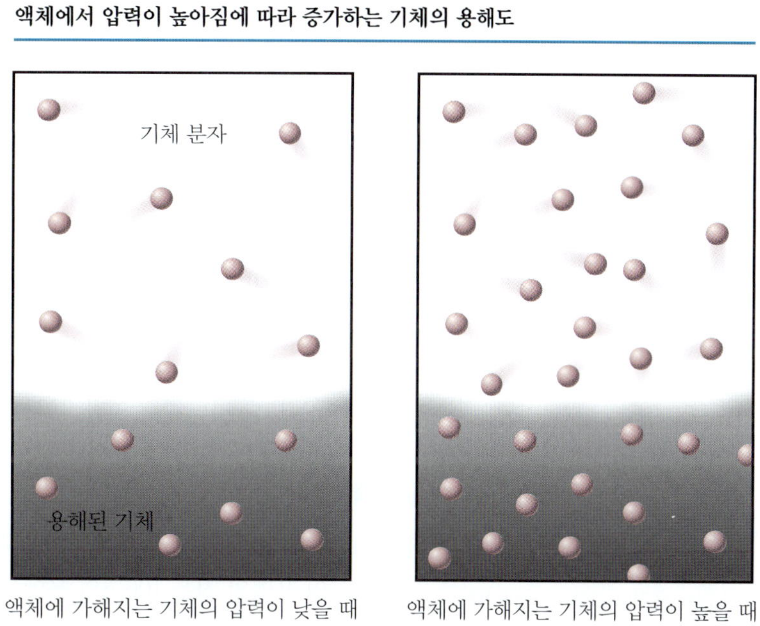

▶ **그림 13.6 치익!** 탄산음료 캔은 이산화 탄소에 의해 압력이 가해진다. 캔을 열면 압력이 낮아져서 용액의 이산화 탄소 용해도가 낮아짐으로써 용액에서 이산화 탄소가 기포의 형태로 빠져나간다.

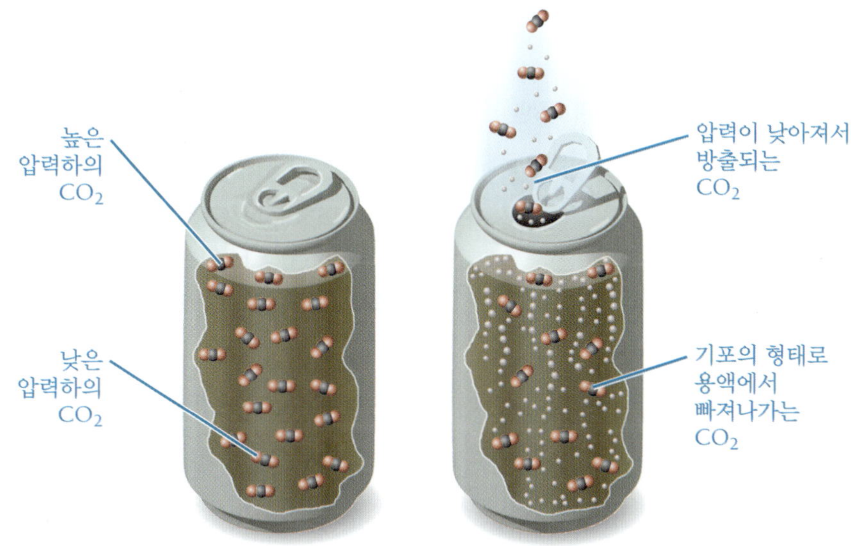

이산화 탄소 용액의 압력이 낮아져서 이산화 탄소의 용해도가 감소함으로써 여분의 이산화 탄소 기체가 방출되었다.

✔ 확인문제 13.2

어떤 용액이 75 ℃에서 질소 기체(N_2)와 브로민화 포타슘(KBr)이 포화되어 있다. 이 용액이 실온으로 냉각될 때 어떤 일이 일어나는가?

(a) 일부 질소 기체가 용액에서 빠져나간다.
(b) 일부 브로민화 포타슘이 용액에 침전된다.
(c) 일부 질소 기체가 용액에서 빠져나가고 일부 브로민화 포타슘이 용액에 침전된다.
(d) 아무 일도 일어나지 않는다.

13.5 용액의 농도: 질량 백분율

- 질량 백분율을 계산한다.
- 질량 백분율을 계산에 활용한다.

앞에서 본 것처럼 용액에 포함된 용질의 양은 용액의 중요한 특성이다. 예를 들어 니오스 호수 바닥의 물에 포함된 이산화 탄소의 양을 통해 비극적인 상황이 다시 일어날 것인지를 예측할 수 있다. 용매에 비해 적은 양의 용질이 포함되어 있을 때는 **묽은 용액**(dilute solution)이라고 한다. 만약 니오스 호수 바닥의 물이 묽은 이산화 탄소 용액이라면 거의 위험하지 않을 것이다. 반대로 용매에 비해 많은 양의 용질이 포함되어 있을 때는 **진한 용액**(concentrated solution)이라고 한다. 만약 니오스 호수 바닥의 물이 (마그마에서 호수로 이산화 탄소가 지속적으로 주입됨으로써) 진한 이산화 탄소 용액이 된다면 매우 위험할 것이다. 용액의 농도를 나타내는 일반적인 방법 중 하나는 질량 백분율이다.

질량 백분율

용액 100만 그램당 들어 있는 용질의 그램 수를 나타내는 ppm(parts per million)과 용액 10억 그램당 들어 있는 용질의 그램 수를 나타내는 ppb(parts per billion)도 많이 사용한다.

질량 백분율(mass percent)은 100 g의 용액에 들어 있는 용질의 그램 수이다. 즉 질량 백분율이 14%인 용액의 경우 100 g의 용액에 14 g의 용질이 들어 있다. 질량 백분율을 계산하려면 용질의 질량을 용액의 질량으로 나눈 뒤 100%를 곱하면 된다.

$$\text{질량 백분율} = \frac{\text{용질의 질량}}{\text{용질의 질량} + \text{용매의 질량}} \times 100\%$$

분모가 용매의 질량이 아니라 '용액'의 질량이라는 것을 유의하라.

예를 들어 물 155.0 g에 들어 있는 NaCl 15.3 g의 질량 백분율을 구해보자. 문제의 정보를 분류하는 것으로 시작한다.

주어진 값: 15.3 g NaCl
155.0 g H_2O
구해야 하는 값: 질량 백분율

답

문제를 풀기 위해 질량 백분율 식에 대입한다.

$$\begin{aligned}\text{질량 백분율} &= \frac{\text{용질의 질량}}{\text{용질의 질량} + \text{용매의 질량}} \times 100\% \\ &= \frac{15.3\ \text{g}}{15.3\ \text{g} + 155.0\ \text{g}} \times 100\% \\ &= \frac{15.3\ \cancel{\text{g}}}{170.3\ \cancel{\text{g}}} \times 100\% \\ &= 8.98\%\end{aligned}$$

이 용액의 질량 백분율은 8.98%이다.

예제 13.1 질량 백분율 계산

에탄올(C_2H_6O) 27.5 g과 물 175 mL가 포함된 용액의 질량 백분율을 구하시오(물의 밀도는 1.00 g/mL라고 가정한다).

우선 문제를 정리한다. 에탄올의 질량과 물의 부피가 주어졌고 용액의 질량 백분율을 구해야 한다.	**주어진 값:** 27.5 g C_2H_6O 175 mL H_2O $d_{H_2O} = \frac{1.00\ \text{g}}{\text{mL}}$ **구해야 하는 값:** 질량 백분율

질량 백분율을 구하려면 질량 백분율을 구하는 식에 값을 대입해야 한다. 에탄올의 질량과 물의 질량이 필요하다. 환산 인자로 밀도를 사용하여 물의 부피로부터 물의 질량을 구한다.	**답** $\text{질량 백분율} = \dfrac{\text{용질의 질량}}{\text{용질의 질량} + \text{용매의 질량}} \times 100\%$ $\text{물의 질량} = 175\ \cancel{\text{mL}}\ H_2O \times \dfrac{1.00\ \text{g}}{\cancel{\text{mL}}} = 175\ \text{g}$
그리고 올바른 값을 식에 대입하여 질량 백분율을 계산한다.	$\text{질량 백분율} = \dfrac{\text{용질의 질량}}{\text{용질의 질량} + \text{용매의 질량}} \times 100\%$ $= \dfrac{27.5\ \text{g}}{27.5\ \text{g} + 175\ \text{g}}$ $= \dfrac{27.5\ \text{g}}{202.5\ \text{g}} \times 100\%$ $= 13.6\%$

▶ **연습문제 13.1 | 질량 백분율 계산**

설탕 11.3 g과 물 412.1 mL가 포함된 설탕 용액의 질량 백분율을 구하시오(물의 밀도는 1.00 g/mL라고 가정한다).

▶ **심화 학습** 예제 13.11/복습문제 43~48

질량 백분율을 이용한 계산

용액의 질량 백분율은 용질의 질량과 용액의 질량 간 환산 인자로 사용할 수 있다. 질량 백분율을 이용하는 것의 핵심은 질량 백분율을 분수로 나타내는 것이다.

$$\text{질량 백분율} = \frac{\text{g 용질}}{100\ \text{g 용액}}$$

예를 들어 3.5%의 염화 소듐이 포함된 용액의 환산 인자는 다음과 같다.

$$\frac{3.5\ \text{g NaCl}}{100\ \text{g 용액의 경우 g 용질}} \longrightarrow \text{g NaCl로 변환}$$

이 환산 인자는 용액의 그램을 NaCl의 그램으로 변환한다. 반대 방향으로 이용하고 싶다면 간단히 환산 인자를 역으로 변환하면 된다.

$$\frac{100\ \text{g 용액}}{3.5\ \text{g NaC1의 경우 NaCl}} \longrightarrow \text{g 용액으로 변환}$$

예를 들어 질량 백분율을 환산 인자로 사용하기 위해 질량 백분율이 8.5%인 이산화 탄소가 포함된 니오스 호수 바닥의 물을 생각해보자. 28.6 L의 수용액 안에 들어 있는 이산화 탄소는 몇 그램인가? (용액의 밀도가 1.03 g/mL라고 가정한다.) 문제의 정보를 분류하는 것으로 시작한다.

주어진 값: 질량 백분율 8.5%의 CO_2
28.6 L 용액
$d = \dfrac{1.03\ \text{g}}{\text{mL}}$
구해야 하는 값: g CO_2

해결도표

L 용액으로 시작하여 mL 용액으로 변환한 후 밀도를 이용하여 g 용액으로 변환하는 해결도표를 그린다. 그런 다음 (분수로 표시된) 질량 백분율을 환산 인자로 사용하여 g 용액에

서 g CO_2로 진행한다.

L 용액 → mL 용액 → g 용액 → g CO_2

$\frac{1\ \text{mL}}{10^{-3}\ \text{L}}$ $\frac{1.03\ \text{g}}{\text{mL}}$ $\frac{8.5\ \text{g CO}_2}{100\ \text{g 용액}}$

사용된 관계식

$\frac{8.5\ \text{g CO}_2}{100\ \text{g 용액}}$ (주어진 질량 백분율을 분수로 나타냄)

$\frac{1.03\ \text{g}}{\text{mL}}$ (주어진 용액의 밀도)

$1\ \text{mL} = 10^{-3}\ \text{L}$ (표 2.2)

답

해결도표에 따라 문제를 푼다.

$$28.6\ \text{L 용액} \times \frac{1\ \text{mL}}{10^{-3}\ \text{L}} \times \frac{1.03\ \text{g}}{\text{mL}} \times \frac{8.5\ \text{g CO}_2}{100\ \text{g 용액}} = 2.5 \times 10^3\ \text{g CO}_2$$

이 예제에서는 질량 백분율을 이용하여 주어진 용액의 양으로부터 용액 속 용질의 양을 구했다. 예제 13.2에서는 질량 백분율을 이용하여 주어진 용질의 양으로부터 용액의 양을 구해볼 것이다.

예제 13.2 질량 백분율을 이용한 계산

어떤 청량음료에 질량 백분율이 11.5%인 설탕($C_{12}H_{22}O_{11}$)이 포함되어 있다. 85.2 g의 설탕이 들어 있는 이 청량음료의 부피는 몇 밀리리터인가? (밀도가 1.04 g/mL라고 가정한다.)

분류 청량음료에 들어 있는 설탕의 농도와 질량이 주어졌고, 설탕의 질량이 포함된 청량음료의 부피를 구해야 한다.	**주어진 값:** 질량 백분율 11.5%의 $C_{12}H_{22}O_{11}$ 85.2 g의 $C_{12}H_{22}O_{11}$ $d = \frac{1.04\ \text{g}}{\text{mL}}$ **구해야 하는 값:** mL 용액(청량음료)
전략 분수 형태의 질량 백분율을 환산 인자로 이용하여 g 용질($C_{12}H_{22}O_{11}$)을 그램 용액으로 변환하기 위해 해결도표를 그린다. 밀도를 이용하여 mL로 변환한다.	**해결도표** g $C_{12}H_{22}O_{11}$ → g 용액 → mL 용액 $\frac{100\ \text{g 용액}}{11.5\ \text{g C}_{12}\text{H}_{22}\text{O}_{11}}$ $\frac{1\ \text{mL}}{1.04\ \text{g}}$ **사용된 관계식** $\frac{11.5\ \text{g C}_{12}\text{H}_{22}\text{O}_{11}}{100\ \text{g 용액}}$ (주어진 질량 백분율을 분수로 나타냄) $\frac{1.04\ \text{g}}{\text{mL}}$ (주어진 용액의 밀도)
풀이 해결도표에 따라 문제를 푼다.	**답** $85.2\ \text{g C}_{12}\text{H}_{22}\text{O}_{11} \times \frac{100\ \text{g 용액}}{11.5\ \text{g C}_{12}\text{H}_{22}\text{O}_{11}} \times \frac{1\ \text{mL}}{1.04\ \text{g}} = 712\ \text{mL 용액}$

검토 답을 확인한다. 단위가 옳은가? 답이 합당한가?	단위(mL용액)가 옳고 답의 크기도 합당하다. 용액 100 mL마다 11.5 g의 설탕이 포함되기 때문이다. 그러므로 712 mL에는 77 g보다 약간 많이 포함되며, 이는 답 85.2 g에 가까운 값이다.

▶ **연습문제 13.2 | 질량 백분율을 이용한 계산**

예제 13.2의 청량음료 355 mL에는 설탕이 몇 그램 들어 있는가?

▶ **심화 학습** 예제 13.12/복습문제 49~54

13.6 용액의 농도: 몰농도

- ▶ 몰농도를 계산한다.
- ▶ 몰농도를 이용하여 계산한다.
- ▶ 이온의 농도를 계산한다.

용액의 농도를 나타내는 두 번째 방법으로 **몰농도**(molarity, M)가 있다. 몰농도는 용액 1 L에 들어 있는 용질의 몰수로 정의된다. 용액의 몰농도는 다음과 같이 계산한다.

$$\text{몰농도(M)} = \frac{\text{용질의 몰수(mol)}}{\text{용액의 부피(L)}}$$

몰농도의 약자는 M이다.

몰농도는 용매 1 L당 용질의 몰수가 아니라 용액 1 L당 용질의 몰수라는 것에 유의하라. 특정 몰농도의 용액을 만들려면 보통은 플라스크에 용질을 넣은 다음 원하는 부피까지 물을 넣는다. 예를 들어 1.00 M NaCl 용액 1.00 L를 만들려면 먼저 NaCl 1.00 mol을 플라스크에 넣은 다음 용액이 1.00 L가 될 때까지 물을 넣는다(그림 13.7). NaCl 1.00 mol과 물 1.00 L를 넣고 섞으면 안 된다. 그러면 총부피가 1.00 L를 넘기 때문에 몰농도가 1.00 M보다 작아진다. 몰농도는 용액 1 L당 용질의 몰수이다.

몰농도를 계산하기 위해서는 용질의 몰수를 리터 단위 용액(용질과 용매)의 부피로 나누기만 하면 된다. 예를 들어 설탕($C_{12}H_{22}O_{11}$) 1.58 mol이 총부피가 5.0 L인 용액으로 희석된 설탕 용액의 몰농도를 계산해보자. 문제의 정보를 분류하는 것으로 시작한다.

1.00 M NaCl 용액 만들기

▶ **그림 13.7 특정 몰농도의 용액 만들기.** 1.00 M의 NaCl 용액 1.00 L를 만들려면 NaCl 1.00 mol(58.44 g)을 플라스크에 넣은 다음 총부피가 1.00 L가 되도록 희석시키면 된다. NaCl 1 mol에 물 1 L를 넣으면 어떻게 되는가? 만들어진 용액은 1 M인가?

주어진 값: 1.58 mol $C_{12}H_{22}O_{11}$
5.0 L 용액
구해야 하는 값: 몰농도(M)

답

알맞은 값을 몰농도 식에 대입하여 계산한다.

$$\text{몰농도(M)} = \frac{\text{용질의 몰수(mol)}}{\text{용액의 부피(L)}} = \frac{1.58 \text{ mol } C_{12}H_{22}O_{11}}{5.0 \text{ L 용액}} = 0.32 \text{ M}$$

예제 13.3 몰농도 계산

NaCl 15.5 g을 비커에 넣고 물을 더하여 만든 용액 1.50 L의 몰농도를 구하시오.

NaCl(용질)의 질량과 용액의 부피가 주어졌고 용액의 몰농도를 구해야 한다.	**주어진 값:** 15.5 g NaCl 1.50 L 용액 **구해야 하는 값:** 몰농도(M)
알맞은 값을 식에 대입하여 몰농도를 계산한다. 그러나 먼저 NaCl의 몰질량을 이용하여 NaCl의 양을 그램에서 몰로 변환해야 한다.	**답** $\text{NaCl의 몰수} = 15.5 \text{ g NaCl} \times \frac{1 \text{ mol NaCl}}{58.44 \text{ g NaCl}} = 0.26\underline{5}2 \text{ mol NaCl}$ $\text{몰농도(M)} = \frac{\text{용질의 몰수(mol)}}{\text{용액의 부피(L)}} = \frac{0.26\underline{5}2 \text{ mol NaCl}}{1.50 \text{ L 용액}} = 0.177 \text{ M}$

▶ **연습문제 13.3 | 몰농도 계산**

$NaNO_3$ 55.8 g을 비커에 넣고 물을 더하여 만든 용액 2.50 L의 몰농도를 구하시오.

▶ **심화 학습** 예제 13.13/복습문제 61~66

몰농도를 이용한 계산

용액의 몰농도는 용질의 몰수와 용액의 부피(L) 간 환산 인자로 사용할 수 있다. 예를 들어 0.500 M NaCl 용액은 1 L당 NaCl 0.500 mol이 들어 있다.

$$\frac{0.500 \text{ mol NaCl}}{\text{L 용액}} \text{ L 용액으로 변환} \longrightarrow \text{mol NaCl}$$

이 환산 인자는 용액의 부피(L)를 NaCl의 몰수로 변환한다. 반대 방향으로 이용하고 싶다면 간단히 환산 인자를 역으로 변환하면 된다.

$$\frac{\text{L 용액}}{0.500 \text{ mol NaCl}} \text{ mol NaCl로 변환} \longrightarrow \text{L 용액}$$

예를 들어 0.758 M의 설탕($C_{12}H_{22}O_{11}$) 용액 1.72 L에 설탕이 몇 그램 들어 있는지 구해보자. 문제의 정보를 분류하는 것으로 시작한다.

주어진 값: 0.758 M $C_{12}H_{22}O_{11}$
1.72 L 용액
구해야 하는 값: g $C_{12}H_{22}O_{11}$

해결도표

용액의 부피(L 용액)로 시작하고 몰농도를 이용하여 mol $C_{12}H_{22}O_{11}$로 변환한 후 몰질량을 이용하여 g $C_{12}H_{22}O_{11}$로 변환하는 해결도표를 그린다.

L 용액 → mol $C_{12}H_{22}O_{11}$ → g $C_{12}H_{22}O_{11}$

$$\frac{0.758\ \text{mol}\ C_{12}H_{22}O_{11}}{\text{L 용액}} \qquad \frac{342.34\ \text{g}}{\text{mol}}$$

사용된 관계식

$\frac{0.758\ \text{mol}\ C_{12}H_{22}O_{11}}{\text{L 용액}}$ (주어진 용액의 몰농도를 분수로 나타냄)

1 mol $C_{12}H_{22}O_{11}$ = 342.34 g (설탕의 몰질량)

답

해결도표에 따라 문제를 푼다.

$$1.72\ \text{L 용액} \times \frac{0.758\ \text{mol}\ C_{12}H_{22}O_{11}}{\text{L 용액}} \times \frac{342.34\ \text{g}\ C_{12}H_{22}O_{11}}{\text{mol}\ C_{12}H_{22}O_{11}} = 446\ \text{g}\ C_{12}H_{22}O_{11}$$

이 예제에서는 몰농도를 이용하여 주어진 용액의 양을 해당 용액에 들어 있는 용질의 양으로 변환했다. 다음 예제에서는 몰농도를 이용하여 주어진 용질의 양을 해당 용질이 포함된 용액의 양으로 변환할 것이다.

예제 13.4 몰농도를 이용한 계산

NaOH 1.24 mol이 들어 있는 0.114 M NaOH 용액의 부피는 몇 리터인가?

분류

NaOH 용액의 몰농도와 NaOH의 몰수가 주어졌고, 이러한 몰수의 용질이 포함된 용액의 부피를 구해야 한다.

주어진 값: 0.114 M NaOH
1.24 mol NaOH
구해야 하는 값: L 용액

전략

해결도표는 몰농도를 환산 인자로 이용하여 NaOH의 몰수를 용액의 부피(L)로 변환하는 것을 보여준다.

해결도표

mol NaOH → L 용액

$$\frac{1\ \text{L 용액}}{0.114\ \text{mol NaOH}}$$

사용된 관계식

$\frac{0.114\ \text{mol NaOH}}{\text{L 용액}}$ (주어진 용액의 몰농도를 분수로 나타냄)

풀이

해결도표에 따라 문제를 푼다.

답

$$1.24\ \text{mol NaOH} \times \frac{1\ \text{L 용액}}{0.114\ \text{mol NaOH}} = 10.9\ \text{L 용액}$$

검토 답을 확인한다. 단위가 옳은가? 답이 합당한가?	단위(L 용액)가 옳고 답의 크기도 합당하다. 용액 1 L당 0.10 mol보다 좀 더 많은 양이 포함되기 때문에 약 10 L에는 1 mol보다 조금 더 많은 양이 들어 있다.

▶ **연습문제 13.4 | 몰농도를 이용한 계산**

KCl 55.8 g이 들어 있는 0.225 M KCl 용액의 부피는 얼마인가?

▶ **심화 학습** 예제 13.14/복습문제 67~72

이온의 농도

이온 결합 화합물이 용액에 용해될 때, 양이온과 음이온의 일부는 쌍을 이루기 때문에 이온들의 실제 농도는 완전 해리를 기반으로 기대했을 때보다는 더 낮다.

분자 화합물이 포함된 용액의 농도는 일반적으로 용액에 실제로 존재하는 용질의 농도를 반영한다. 예를 들어 1.0 M 포도당($C_6H_{12}O_6$) 용액은 용액 1 L당 $C_6H_{12}O_6$ 1.0 mol이 들어 있음을 나타낸다. 하지만 이온 결합 화합물이 포함된 용액의 농도는 용질이 용액에 용해되기 전의 농도를 반영한다. 예를 들어 0 M $CaCl_2$ 용액은 1 L당 Ca^{2+} 1.0 mol과 Cl^- 2.0 mol이 들어 있다. 이온 결합 화합물이 포함된 용액에 존재하는 각 이온의 농도는 예제 13.5에서 보듯이 전체 농도로부터 알아낼 수 있다.

예제 13.5 이온의 농도

1.50 M Na_3PO_4 용액에 들어 있는 Na^+, PO_4^{3-} 이온의 몰농도를 구하시오.

이온성 용액의 농도가 주어졌고 성분 이온의 농도를 구해야 한다.	**주어진 값:** 1.50 M Na_3PO_4 **구해야 하는 값:** Na^+, PO_4^{3-}의 몰농도(M)
Na_3PO_4의 화학식 단위에는 3개의 Na^+ 이온(아래첨자에 나타남)이 포함되므로 Na^+의 농도는 Na_3PO_4의 3배이다. Na_3PO_4의 화학식 단위에는 1개의 PO_4^{3-}가 포함되므로 PO_4^{3-}의 농도는 Na_3PO_4의 농도와 같다.	**답** Na^+의 몰농도 = 3(1.50 M) = 4.50 M PO_4^{3-}의 몰농도 = 1.50 M

▶ **연습문제 13.5 | 이온의 농도**

0.75 M $CaCl_2$ 용액에 들어 있는 Ca^{2+}, Cl^-의 몰농도를 구하시오.

▶ **심화 학습** 복습문제 77~80

확인문제 13.3

0.15 M K_2SO_4 용액에 들어 있는 K^+의 농도는 얼마인가?

(a) 0.075 M (b) 0.15 M (c) 0.30 M (d) 0.45 M

13.7 용액의 희석

▶ 희석식을 이용하여 계산한다.

산을 희석할 때는 항상 진한 농도의 산을 물에 첨가해야 한다. 진한 농도의 산 용액에 물을 첨가하면 안 된다.

실험실에서는 저장 공간을 낭비하지 않기 위해 용액을 보관할 때 **저장 용액**(stock solution)이라는 진한 용액의 형태로 보관한다. 예를 들어 염산은 12 M의 저장 용액으로 보관한다. 하지만 실험을 할 때는 훨씬 낮은 농도의 염산이 필요하다. 그래서 화학자는 저장 용액을 필요한 농도로 희석해야 한다. 보통 묽은 용액은 일정량의 저장 용액을 물로 희석하여 만든다.

이때 사용해야 할 저장 용액의 양을 어떻게 알 수 있을까? 이 문제를 푸는 가장 쉬운 방법은 다음 식을 이용하는 것이다.

$$M_1V_1 = M_2V_2$$

여기서 M_1과 V_1은 진한 용액의 처음 몰농도와 부피이고, M_2와 V_2는 희석된 용액의 최종 몰농도와 부피이다. 몰농도와 부피를 곱하면 용액에 들어 있는 용질의 몰수($M \times V = \text{mol}$)가 되는데, 진한 용액과 희석된 용액에 들어 있는 용질의 양이 같기 때문에 이 식을 사용할 수 있다. 예를 들어 1.50 M의 KCl 용액 5.00 L가 필요할 때, 12.0 M의 저장 용액으로 어떻게 이 용액을 만들 것인가? 문제의 정보를 분류하는 것으로 시작한다.

$M_1V_1 = M_2V_2$는 용액 희석에만 적용되고 화학량론에는 적용되지 않는다.

주어진 값: $M_1 = 12.0\ \text{M}$
$M_2 = 1.50\ \text{M}$
$V_2 = 5.00\ \text{L}$

구해야 하는 값: V_1

답

위의 식을 V_1(묽은 용액으로 희석하는 데 필요한 저장 용액의 부피)에 대해 정리하고 알맞은 값을 대입하여 계산한다.

$$\begin{aligned} M_1V_1 &= M_2V_2 \\ V_1 &= \frac{M_2V_2}{M_1} \\ &= \frac{1.50\ \frac{\cancel{\text{mol}}}{\cancel{\text{L}}} \times 5.00\ \text{L}}{12.0\ \frac{\cancel{\text{mol}}}{\cancel{\text{L}}}} \\ &= 0.625\ \text{L} \end{aligned}$$

따라서 0.625 L의 저장 용액을 희석하여 5.00 L(V_2)의 용액을 만들 수 있다. 결국 1.50 M KCl 용액이 될 것이다(그림 13.8).

12.0 M의 저장 용액으로 1.50 M KCl 용액 5.00 L를 만드는 방법

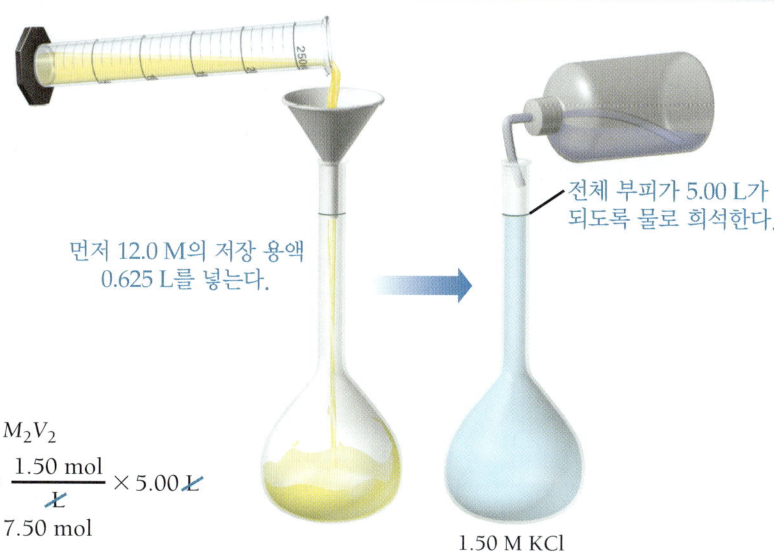

$$M_1V_1 = M_2V_2$$
$$\frac{12.0\ \text{mol}}{\cancel{\text{L}}} \times 0.625\ \cancel{\text{L}} = \frac{1.50\ \text{mol}}{\cancel{\text{L}}} \times 5.00\ \cancel{\text{L}}$$
$$7.50\ \text{mol} = 7.50\ \text{mol}$$

▶ 그림 13.8 진한 용액을 희석하여 용액 만들기

예제 13.6 용액의 희석

15 M NaOH 용액 0.100 L를 희석하여 1.0 M NaOH 용액을 얻으려면 몇 리터로 희석해야 하는가?

NaOH 용액의 처음 부피와 농도, 최종 농도가 주어졌고, 처음 용액을 희석하여 만든 최종 용액의 부피를 구해야 한다.

주어진 값: $V_1 = 0.100\ \text{L}$

$M_1 = 15\ \text{M}$

$M_2 = 1.0\ \text{M}$

구해야 하는 값: V_2

용액 희석식을 V_2(최종 용액의 부피)에 대해 풀고 필요한 값을 대입하여 계산한다.

0.100 L의 용액을 총부피가 1.5 L(V_2)가 되도록 희석하여 필요한 용액을 만들 수 있다. 이렇게 해서 얻은 용액은 농도가 1.0 M일 것이다.

답

$$M_1V_1 = M_2V_2$$

$$V_2 = \frac{M_1V_1}{M_2} = \frac{15\ \frac{\text{mol}}{\text{L}} \times 0.100\ \text{L}}{1.0\ \frac{\text{mol}}{\text{L}}} = 1.5\ \text{L}$$

▶ **연습문제 13.6 | 용액의 희석**

1.2 M $NaNO_3$ 용액 0.585 L를 만드는 데 필요한 6.0 M $NaNO_3$ 용액의 부피는 얼마인가?

▶ **심화 학습** 예제 13.15/복습문제 83~90

✔ 확인문제 13.4

1.0 M KCl 100.0 mL를 1.0 L로 희석한 용액의 몰농도는 얼마인가?

(a) 0.10 M (b) 1.0 M (c) 10.0 M

13.8 용액의 화학량론

▶ 부피와 농도를 이용하여 반응물 또는 생성물의 몰수를 계산한 후 화학량론 계수를 이용하여 반응에서 다른 물질의 양으로 변환한다.

반응 화학량론은 8.2~8.4절을 참조하라.

7장에서 언급했듯이 많은 화학 반응이 수용액에서 일어난다. 침전 반응, 중화 반응, 기체 발생 반응 등은 모두 수용액에서 일어난다. 8장에서는 화학량론 계산 시 반응물의 몰수와 생성물의 몰수 간 환산 인자로 화학 반응식의 계수를 이용할 수 있다는 것을 배웠다. 예를 들어 주어진 반응물에서 얻을 수 있는 생성물의 양 또는 주어진 반응물과 완전히 반응할 수 있는 다른 반응물의 양 등을 구하는 데 환산 인자로 자주 이용된다. 이러한 종류의 계산을 위한 일반적인 해결도표는 다음과 같다.

여기서 A와 B는 반응에 포함된 두 가지 서로 다른 물질이고, 둘 사이의 환산 인자는 균형 화학 반응식의 화학량론 계수에서 얻는다.

수용액의 반응에서는 반응물과 생성물의 부피와 농도로부터 그 양을 알아내는 것이 편리하다. 그러므로 반응물이나 생성물의 부피와 농도를 이용하여 몰수를 구할 수 있고, 화학량론 계수를 이용하여 다른 반응물이나 생성물의 양으로 바꿀 수 있다. 이러한 종류의 계산을 위한 일반적인 해결도표는 다음과 같다.

A의 부피 → A의 몰수 → B의 몰수 → B의 부피

부피와 몰수 사이에 변환할 때는 용액의 몰농도를 이용하면 된다. 황산을 중화하는 다음 반응을 예로 살펴보자.

$$H_2SO_4(aq) + 2\ NaOH(aq) \longrightarrow Na_2SO_4(aq) + 2\ H_2O(l)$$

0.175 M H_2SO_4 용액 0.225 L를 완전히 중화하려면 0.125 M NaOH 용액이 얼마나 필요한가? 문제의 정보를 분류하는 것으로 시작한다.

주어진 값: 0.225 L H_2SO_4 용액
0.175 M H_2SO_4
0.125 M NaOH

구해야 하는 값: NaOH 용액의 부피(L)

해결도표

이 문제의 해결도표는 다른 화학량론 문제의 해결도표와 비슷하다. 일단 H_2SO_4의 부피와 몰농도를 이용하여 H_2SO_4의 몰수를 구한다. 그런 다음 식에서 얻은 화학량론 계수를 이용하여 H_2SO_4의 몰수를 NaOH의 몰수로 변환하고, NaOH의 몰농도를 이용하여 NaOH 용액의 부피(L)를 구한다.

L H_2SO_4 용액 → mol H_2SO_4 → mol NaOH → L NaOH 용액

$$\frac{0.175\ \text{mol}\ H_2SO_4}{\text{L}\ H_2SO_4\ \text{용액}} \qquad \frac{2\ \text{mol NaOH}}{1\ \text{mol}\ H_2SO_4} \qquad \frac{1\ \text{L NaOH 용액}}{0.125\ \text{mol NaOH}}$$

사용된 관계식

$$M(H_2SO_4) = \frac{0.175\ \text{mol}\ H_2SO_4}{\text{L}\ H_2SO_4\ \text{용액}}$$ (H_2SO_4 용액의 몰농도를 분수로 나타냄)

$$M(\text{NaOH}) = \frac{0.125\ \text{mol NaOH}}{\text{L NaOH 용액}}$$ (주어진 NaOH 용액의 몰농도를 분수로 나타냄)

1 mol H_2SO_4 : 2 mol NaOH (균형 화학 반응식에서 얻은 H_2SO_4와 NaOH 간 화학량적 관계)

답

해결도표에 따라 문제를 푼다.

$$0.225\ \cancel{\text{L}\ H_2SO_4\ \text{용액}} \times \frac{0.175\ \cancel{\text{mol}\ H_2SO_4}}{\cancel{\text{L}\ H_2SO_4\ \text{용액}}} \times \frac{2\ \cancel{\text{mol NaOH}}}{1\ \cancel{\text{mol}\ H_2SO_4}} \times \frac{1\ \text{L NaOH 용액}}{0.125\ \cancel{\text{mol NaOH}}} = 0.630\ \text{L NaOH 용액}$$

0.630 L의 NaOH를 이용하여 H_2SO_4 용액을 완전히 중화할 수 있다.

예제 13.7 용액의 화학량론

다음 침전 반응에서 0.225 M $Pb(NO_3)_2$ 용액 0.104 L에 들어 있는 Pb^{2+}를 완전히 침전시키는 데 필요한 0.115 M KI 용액의 부피는 얼마인가?

$$2\ KI(aq) + Pb(NO_3)_2(aq) \longrightarrow PbI_2(s) + 2\ KNO_3(aq)$$

분류 화학 반응에서 주어진 값은 반응물 KI의 농도와 두 번째 반응물 $Pb(NO_3)_2$의 부피, 농도이고, 두 번째 반응물과 완전히 반응하는 첫 번째 반응물의 부피를 구해야 한다.	**주어진 값:** 0.115 M KI 0.104 L $Pb(NO_3)_2$ 용액 0.225 M $Pb(NO_3)_2$ **구해야 하는 값:** KI 용액의 부피(L)
전략 이 문제의 해결도표는 다른 화학량론 문제의 해결도표와 비슷하다. 먼저 $Pb(NO_3)_2$의 부피와 몰농도를 이용하여 $Pb(NO_3)_2$의 몰수를 구한다. 그런 다음 반응식에서 화학량론 계수를 이용하여 $Pb(NO_3)_2$의 몰수를 KI의 몰수로 변환하고, KI의 몰수를 이용하여 KI 용액의 부피를 구한다.	**해결도표** L $Pb(NO_3)_2$ 용액 → mol $Pb(NO_3)_2$ → mol KI → L KI 용액 $\frac{0.225\ \text{mol}\ Pb(NO_3)_2}{\text{L}\ Pb(NO_3)_2\ 용액}$ $\quad \frac{2\ \text{mol KI}}{1\ \text{mol}\ Pb(NO_3)_2}$ $\quad \frac{1\ \text{L KI 용액}}{0.115\ \text{mol KI}}$ **사용된 관계식** $\text{M KI} = \frac{0.115\ \text{mol KI}}{\text{L KI 용액}}$ (KI 용액의 몰농도를 분수로 나타냄) $\text{M}\ Pb(NO_3)_2 = \frac{0.225\ \text{mol}\ Pb(NO_3)_2}{\text{L}\ Pb(NO_3)_2\ 용액}$ [주어진 $Pb(NO_3)_2$ 용액의 몰농도를 분수로 나타냄] 2 mol KI : 1 mol $Pb(NO_3)_2$ [균형 화학 반응식에서 얻은 KI와 $Pb(NO_3)_2$ 간 화학량적 관계]
풀이 해결도표에 따라 문제를 푼다. $Pb(NO_3)_2$ 용액의 부피로부터 시작하여 여러 단위들을 지우고 KI 용액의 부피를 구할 수 있다.	**답** $0.104\ \text{L}\ Pb(NO_3)_2\ 용액 \times \frac{0.225\ \text{mol}\ Pb(NO_3)_2}{\text{L}\ Pb(NO_3)_2\ 용액} \times \frac{2\ \text{mol KI}}{\text{mol}\ Pb(NO_3)_2} \times \frac{\text{L KI 용액}}{0.115\ \text{mol KI}} = 0.407\ \text{L KI 용액}$
검토 답을 확인한다. 단위가 옳은가? 답이 합당한가?	단위(L KI 용액)가 옳다. 질산 납 용액은 아이오딘화 포타슘 용액보다 약 2배 진하고, 질산 납(II) 1 mol과 반응하는 데 아이오딘화 포타슘 2 mol이 필요하기 때문에 답의 크기도 합당하다. 그러므로 주어진 $Pb(NO_3)_2$ 부피와 완전히 반응하는 데 필요한 포타슘 용액의 부피는 약 4배 크기가 될 것으로 예상된다.

▶ **연습문제 13.7 | 용액의 화학량론**

다음 화학 반응에서 0.135 M HNO_3 용액 27.2 mL를 완전히 반응시키려면 0.112 M Na_2CO_3 용액이 몇 밀리리터 필요한가?

$$2\ HNO_3(aq) + Na_2CO_3(aq) \longrightarrow H_2O(l) + CO_2(g) + 2\ NaNO_3(aq)$$

▶ **연습문제 13.7+**

0.108 M Na_2CO_3 용액 35.7 mL를 완전히 반응시키는 데 HNO_3 용액 25.0 mL가 이용되었다. HNO_3 용액의 농도는 얼마인가?

▶ **심화 학습** 예제 13.16/복습문제 91~94

✔ 확인문제 13.5

수용액에서 다음과 같은 반응이 일어날 때, 0.200 M A 용액 50.0 mL와 완전히 반응하는 데 필요한 0.100 M B 용액의 부피는 얼마인가?

$$A(aq) + 2\ B(aq) \longrightarrow 생성물$$

(a) 25.0 mL (b) 50.0 mL (c) 100.0 mL (d) 200.0 mL

13.9 어는점 내림과 끓는점 오름: 더 낮은 온도에서 얼고 더 높은 온도에서 끓는 물 만들기

- 몰랄 농도를 계산한다.
- 용액의 어는점과 끓는점을 계산한다.

아이스크림 제조기 안의 얼음에 소금을 넣는 이유는 무엇일까? 추운 겨울 얼어붙은 도로에 소금을 뿌리는 이유는 무엇일까? 실제로 소금은 얼음의 녹는점을 낮춘다. 소금-물 용액은 0 ℃ 이하의 온도에서도 액체 상태로 있다. 아이스크림 제조기 안의 얼음에 소금을 넣으면 아이스크림을 얼리기에 충분한 −10 ℃까지 온도를 내리는 얼음-소금-물 혼합물을 만들 수 있다. 기온이 어는점 이하라고 해도 도로 위의 소금은 얼음을 녹일 수 있다.

▲ 얼어붙은 도로에 소금을 뿌리면 물의 어는점이 낮아져서 기온이 0 ℃보다 낮아도 얼음이 녹을 수 있다.

액체에 비휘발성 용질을 가하면 액체가 액체 상태로 유지될 수 있는 온도의 범위가 넓어진다. 용액은 순수한 용매보다 녹는점이 더 낮고 끓는점이 더 높은데, 이를 각각 **어는점 내림**(freezing point depression), **끓는점 오름**(boiling point elevation)이라고 일컫는다. 어는점 내림과 끓는점 오름은 용액 내 용질 입자의 종류와 무관하고 용질 입자의 수하고만 관련이 있다. 용질의 종류가 아니라 용질의 양에 의존하는 이러한 특성을 **총괄성**(colligative property)이라고 한다.

어는점 내림

비휘발성 용질이 포함된 용액의 어는점은 순수한 용매의 어는점보다 낮다. 예를 들어 추운 날씨에 엔진 냉각수가 어는 것을 방지할 때 사용하는 부동액은 에틸렌 글라이콜($C_2H_6O_2$)의 수용액이다. 에틸렌 글라이콜은 수용액의 어는점을 낮춰준다. 용액의 농도가 진할수록 어는점이 더 낮아진다. 어는점 내림과 끓는점 오름에서 용액의 농도는 보통 **몰랄 농도**(molality, *m*)로 나타낸다. 몰랄 농도는 용매 1 kg당 녹아 있는 용질의 몰수이다.

$$\text{몰랄 농도}(m) = \frac{\text{용질의 몰수(mol)}}{\text{용매의 질량(kg)}}$$

몰랄 농도는 소문자 *m*으로, 몰농도는 대문자 M으로 나타낸다.

몰랄 농도를 구할 때는 용액의 질량으로 나누는 것이 아니라 용매의 질량으로 나누어야 한다.

예제 13.8	**몰랄 농도**
에틸렌 글라이콜($C_2H_6O_2$) 17.2 g이 물 0.500 kg에 용해되어 있는 용액의 몰랄 농도를 구하시오.	
에틸렌 글라이콜의 질량(g)과 용매의 질량(kg)이 주어졌고 용액의 몰랄 농도를 구해야 한다.	**주어진 값:** 17.2 g $C_2H_6O_2$ 0.500 kg H_2O **구해야 하는 값:** 몰랄 농도(*m*)
알맞은 값을 식에 대입하여 몰랄 농도를 계산한다. 먼저 $C_2H_6O_2$의 몰질량을 이용하여 $C_2H_6O_2$의 질량을 몰수로 변환해야 한다.	**답** $\text{mol } C_2H_6O_2 = 17.2 \cancel{\text{ g } C_2H_6O_2} \times \frac{1 \text{ mol } C_2H_6O_2}{62.08 \cancel{\text{ g } C_2H_6O_2}} = 0.27\underline{7}1 \text{ mol } C_2H_6O_2$ $\text{몰랄 농도}(m) = \frac{\text{용질의 몰수(mol)}}{\text{용매의 질량(kg)}} = \frac{0.27\underline{7}1 \text{ mol } C_2H_6O_2}{0.500 \text{ kg } H_2O} = 0.554\ m$

▶ **연습문제 13.8 | 몰랄 농도**

설탕 50.4 g이 물 0.332 kg에 용해되어 있는 설탕 용액의 몰랄 농도를 구하시오.

▶ **심화 학습** 예제 13.17/복습문제 99~102

✔ 확인문제 13.6

실험을 위해 2.0 몰랄 농도(m)의 수용액이 필요하다. 그런데 한 학생이 실수로 2.0 몰농도(M)의 수용액을 만들었다. 학생이 만든 용액은 어떠한가?

(a) 너무 진하다.
(b) 너무 묽다.
(c) 꼭 알맞다.
(d) 용질의 몰질량에 따라 달라진다.

▲ 에틸렌 글리콜은 부동액의 주성분이다. 부동액은 겨울에는 엔진 냉각수가 어는 것을, 여름에는 끓어 넘치는 것을 막아준다.

몰랄 농도를 알면 어는점 내림을 정량적으로 계산할 수 있다. 일정량의 용질에 의해 용액의 어는점이 낮아지는 정도는 다음 식으로 구할 수 있다.

용액의 어는점 내림

$$\Delta T_f = m \times K_f$$

이 절에서 어는점 내림과 끓는점 오름을 계산하는 식은 비전해질 용액에 대한 것이다.

- ΔT_f는 ℃로 나타낸 어는점의 변화량(순수한 용매의 어는점으로부터의 변화량)이다.
- m은 용질의 몰수(mol)/용매의 질량(kg)으로 나타낸 용액의 몰랄 농도이다.
- K_f는 용매의 어는점 내림 상수이다.

K_f의 값은 용매에 따라 달라진다.

물의 경우 다음과 같이 적용할 수 있다.

$$K_f = \frac{1.86\ ℃\ \text{kg 용매}}{\text{mol 용질}}$$

예제 13.9와 같이 용액의 어는점을 계산하려면 주어진 값을 위의 식에 대입한다.

예제 13.9 어는점 내림

1.7 m 에틸렌 글라이콜 용액의 어는점을 구하시오.

수용액의 몰랄 농도이 주어졌고 어는점 내림을 구해야 하므로 어는점 내림 식이 필요하다.	**주어진 값:** 1.7 m 용액 **구해야 하는 값:** ΔT_f
이 문제를 풀려면 어는점 내림을 구하는 식에 주어진 값을 대입하고 ΔT_f를 계산한다. 실제 어는점은 순수한 물의 어는점(0.00 ℃)에서 ΔT_f를 뺀 값이 될 것이다.	**답** $\Delta T_f = m \times K_f$ $= 1.7 \frac{\text{mol 용질}}{\text{kg 용매}} \times 1.86 \frac{℃\ \text{kg 용매}}{\text{mol 용질}}$ $= 3.2℃$ 어는점 = 0.00 ℃ − 3.2 ℃ = −3.2 ℃

▶ **연습문제 13.9 | 어는점 내림**

2.6 m 설탕 용액의 어는점을 구하시오.

▶ **심화 학습** 예제 13.18/복습문제 103, 104

일상 속의 화학

개구리의 부동액

나무숲산개구리[아무르산개구리(*Rana sylvatica*): 미국 남동부에서부터 알래스카에 걸쳐 서식]의 외관은 다른 개구리와 비슷하다. 몸길이가 5~8 cm 정도이고 초록빛을 띠는 갈색 피부이다. 그러나 나무숲산개구리는 몸의 일부가 어는 놀라운 방식으로 추운 겨울을 난다. 몸이 얼면 개구리는 심장 박동과 혈액 순환이 멎고, 숨도 쉬지 않으며, 뇌의 활동도 멈춘다. 그러나 녹기 시작한 지 1~2시간 정도 지나면 생명 유지에 필요한 기관이 정상으로 회복되고 먹이를 찾아 뛰어다닌다. 어떻게 이런 일이 가능할까?

대부분의 냉혈동물은 얼음이 어는 온도에서는 세포 안의 물이 얼기 때문에 생존할 수 없다. 12.8절에서 설명했듯이 물이 얼면 부피가 팽창하기 때문에 세포 안의 물이 얼면 세포가 돌이킬 수 없을 정도로 파괴된다. 그러나 나무숲산개구리는 겨울잠을 잘 때 혈액과 세포 내부에 많은 양의 포도당을 분비한다. 온도가 어는점 이하로 떨어질 때 복강처럼 세포 밖에 있는 체액이 고체로 언다. 그러나 세포 안에 있는 액체는 포도당의 농도가 높아서 어는점을 낮추기 때문에 액체로 있다. 다시 말해 개구리의 세포 안에 있는 진한 포도당 용액이 부동액처럼 작용하여 세포 안의 물이 어는 것을 막고 개구리가 생존할 수 있도록 작용한다.

▲ 나무숲산개구리는 몸의 일부가 어는 방식으로 추운 겨울을 난다. 개구리의 세포 안에 있는 액체는 온도가 −8.0 ℃일 때도 액체로 있다. 이는 어는점을 낮추는 부동액처럼 작용하는 포도당의 높은 농도로 인해 가능한 일이다.

질문 나무숲산개구리는 체온이 −8.0 ℃일 때도 생존한다. 물의 어는점이 −8.0 ℃로 낮아지는 데 필요한 포도당($C_6H_{12}O_6$) 용액의 몰랄 농도를 구하시오.

끓는점 오름

비휘발성 용질이 포함된 용액의 끓는점은 순수한 용매의 끓는점보다 높다. 이는 용질 분자가 용매 분자의 기화를 방해하기 때문이다. 자동차의 부동액은 추운 날씨에 엔진 부위의 냉각수가 어는 것을 막아줄 뿐만 아니라 더운 날씨에 엔진의 냉각수가 끓는 것도 막아준다. 용액의 끓는점 오름 정도는 다음 식으로 구할 수 있다.

용액의 끓는점 오름

$$\Delta T_b = m \times K_b$$

- ΔT_b는 ℃ 단위로 나타낸 끓는점의 변화량(순수한 용매의 끓는점으로부터의 변화량)이다.
- m은 용질의 몰수(mol)/용매의 질량(kg)으로 나타낸 용액의 몰랄 농도이다.
- K_b는 용매의 끓는점 오름 상수이다.

물의 경우 다음과 같이 적용할 수 있다.

$$K_b = \frac{0.512\ ℃\ \text{kg 용매}}{\text{mol 용질}}$$

다른 종류의 용매는 K_b 값이 다르다.

예제 13.10과 같이 용액의 끓는점을 계산하려면 주어진 값을 위의 식에 대입한다.

예제 13.10 끓는점 오름

1.7 m 에틸렌 글라이콜 용액의 끓는점을 구하시오.	
수용액의 몰랄 농도가 주어졌고 끓는점을 구해야 한다.	**주어진 값:** 1.7 m 용액 **구해야 하는 값:** 끓는점
이 문제를 풀려면 끓는점 오름 식에 값을 대입하고 ΔT_b를 계산한다. 용액의 실제 끓는점은 순수한 물의 끓는점(100.00 ℃)에 ΔT_b를 더한 것이다.	**답** $\Delta T_b = m \times K_b$ $= 1.7 \frac{\text{mol 용질}}{\text{kg 용매}} \times 0.512 \frac{^\circ\text{C kg 용매}}{\text{mol 용질}}$ $= 0.87^\circ\text{C}$ 끓는점 = 100.00 ℃ + 0.87 ℃ = 100.87 ℃

▶ **연습문제 13.10 | 끓는점 오름**

3.5 m 포도당 용액의 끓는점을 구하시오.

▶ **심화 학습** 복습문제 105~110

✔ 확인문제 13.7

다음 중 끓는점이 가장 높은 용액은 무엇인가?

(a) 0.50 m $C_{12}H_{22}O_{11}$

(b) 0.50 m $C_6H_{12}O_6$

(c) 0.50 m $C_2H_6O_2$

(d) 앞의 보기 모두 끓는점이 같다.

13.10 삼투 현상: 짠물을 마시면 탈수 반응이 나타나는 이유

▶ 삼투 과정을 요약하고 설명한다.

바다에서 표류하는 사람은 물로 둘러싸여 있지만 바닷물을 마시면 탈수 현상을 더 심해질 뿐이다. 왜 그럴까? 소금물이 탈수 현상을 일으키는 것은 **삼투 현상**(osmosis) 때문이다. 삼투 현상은 덜 진한 용액에서 더 진한 용액으로 용매가 이동하는 것을 말한다. 높은 농도의 용액은 낮은 농도의 용액으로부터 용매를 끌어낸다. 달리 말해 바닷물과 같은 높은 농도의 수용액은 인체를 비롯한 더 낮은 농도의 용액으로부터 물을 끌어냄으로써 갈증을 유발한다(그림 13.9).

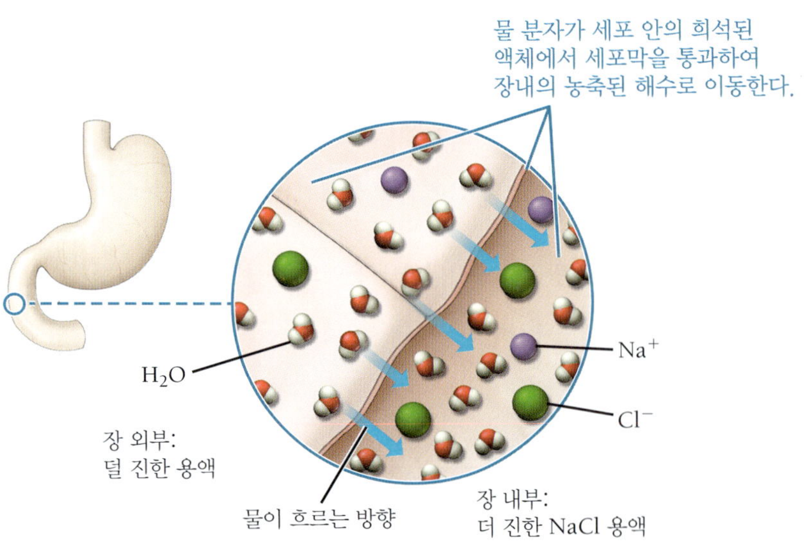

▲ **그림 13.9 갈증을 유발하는 바닷물.** 바닷물은 몸의 조직으로부터 물을 끌어내 탈수 현상을 일으킨다.

그림 13.10은 삼투 용기를 보여준다. 용기의 왼쪽에는 농도가 높은 소금물 용액이 담겨 있고 오른쪽에는 순수한 물이 담겨 있다. 선택적으로 어떤 물질은 통과시키지만 다른 물질은 통과시키지 않는 **반투막**(semipermeable membrane)으로 용기를 분리한다. 순수한 물 쪽의 물 분자가 삼투 현상에 의해 반투막을 거쳐 소금물 쪽으로 이동한다. 시간이 흐르면 왼쪽 물의 높이가 올라가고 오른쪽 물의 높이가 낮아진다. 왼쪽 관의 물 무게에 의한 압력이 삼투 현상을 막을 수

삼투 현상과 삼투압

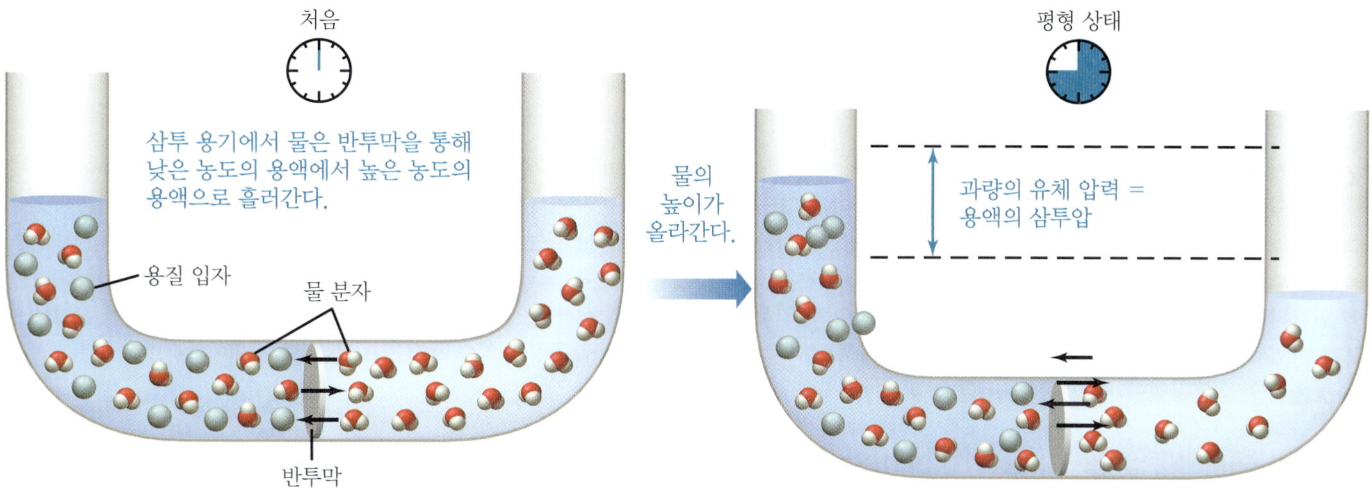

▲ **그림 13.10 삼투 용기**

있을 정도로 커질 때까지 이 현상이 계속된다. 삼투 현상에 의한 흐름을 막는 데 필요한 압력은 용액의 **삼투압**(osmotic pressure)이다. 어는점 내림이나 끓는점 오름과 마찬가지로 삼투압은 총괄성이다. 삼투압 역시 용질의 종류와 무관하고 용질 입자의 농도하고만 관련이 있다. 용액의 농도가 높을수록 삼투압이 커진다.

살아 있는 세포의 **막**(membrane)은 반투막과 같은 역할을 한다. 따라서 살아 있는 세포를 바닷물에 집어넣으면 삼투 현상을 통해 물을 빼앗기고 탈수 상태가 된다. 그림 13.11은 다양한 농도의 용액 안에 들어 있는 적혈구를 보여준다. 그림 13.11a와 같이 세포 내부의 농도와 같은 농도의 용액에 세포가 들어 있을 때는 보통의 적혈구 모양을 띤다. 그림 13.11b에서 순수한 물에 들어 있는 세포는 부풀어 있다. 세포 내 용질의 농도가 세포를 둘러싼 액체보다 높아서 삼투 현상으로 인해 물이 세포막 안쪽으로 들어가기 때문이다. 그림 13.11c에서는 세포 내부보다 삼투압이 높은 용액에 세포가 들어 있어 물이 세포 바깥으로 나오고 세포가 오그라든다. 이와 마찬가지로, 바닷물을 마시면 바닷물이 위와 창자를 지나면서 물을 몸 밖으로 끌어내고, 창자에 있는 여분의 모든 물이 몸 조직의 탈수와 설사를 일으킨다. 따라서 바닷물을 식수로 사용하면 안 된다.

▶ **그림 13.11 각기 다른 농도의 용액에 들어 있는 적혈구.** (a) 세포 주위 액체의 용질 농도가 세포 내부와 같으면 삼투 현상에 의한 물의 흐름이 없고, 적혈구가 전형적인 모양을 띤다. (b) 세포가 순수한 물에 들어가면 삼투 현상에 의해 물이 세포 안으로 들어가고 세포가 부풀어올라 파열된다. (c) 세포가 높은 농도의 용액에 들어가면 삼투 현상에 의해 세포에서 물이 빠져나가 세포의 모양이 일그러진다.

화학과 건강

과다한 위산의 중화

의사나 간호사는 환자에게 용액을 투여하며, 용액이 바람직한 효과를 나타내도록 삼투압을 조정한다. 체액보다 삼투압이 낮은 용액을 저장액(hypoosmotic)이라고 하는데, 이러한 용액은 세포 안으로 물을 들여보내는 경향이 있다. 순수한 물과 같은 저장액에 인간의 세포를 넣으면 물이 세포 안으로 들어가고, 이로 인해 세포가 파열되기도 한다(그림 13.11b 참조). 반대로 체액보다 삼투압이 높은 용액을 고장액이라고 하는데, 이러한 용액은 세포와 조직에서 물을 빼내는 경향이 있다. 인간의 세포를 고장액에 넣으면 세포가 주변의 용액에 물을 잃어 오그라든다(그림 13.11c 참조).

환자의 정맥에 직접 투여되는 정맥주사 용액은 삼투압이 체액과 같아야 한다. 병원에서 환자에게 정맥주사를 투여할 때의 액체는 대부분 100 mL당 0.9 g의 NaCl이 들어 있는 등장성(isoosmotic) 염수 용액이다. 의학 및 기타 건강 관련 분야에서는 주어진 부피의 용액에 들어 있는 용질의 질량을 나타내는 단위로 용액의 농도를 표시하곤 한다. 또한 흔히 사용되는 것은 부피당 백분율 질량으로, 이는 용질의 질량(g)을 용액의 부피(mL)로 나누고 100%를 곱한 값이다. 이 단위로 등장성 염수 용액은 0.9% 질량/부피이다.

질문 등장성인 설탕($C_{12}H_{22}O_{11}$) 용액의 농도가 0.30 M이다. 부피 대 질량 백분율로 농도를 구하시오.

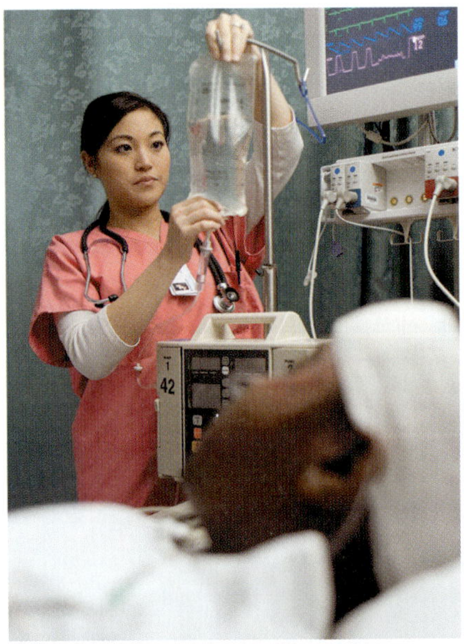

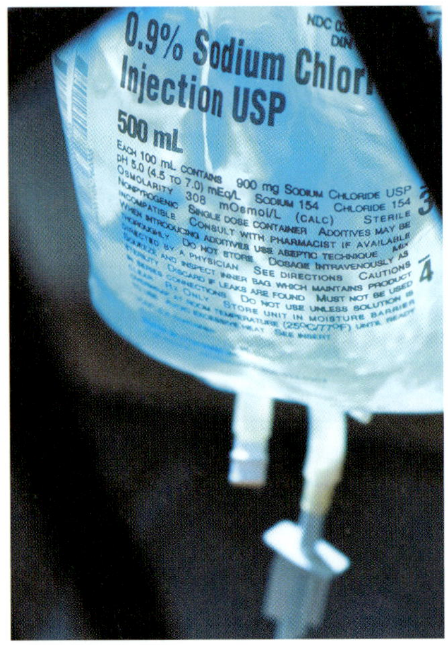

▲ 대부분의 정맥주사 용액은 삼투압이 체액과 같은 염수 용액이다. 체액의 삼투압과 같지 않은 정맥주사 용액을 투여하면 왜 위험한가?

13장 복습

자가진단 퀴즈

1. 다음 중 물에 용해되었을 때 전해질 용액을 형성하는 화합물은 무엇인가?

(a) KBr (b) Br_2
(c) CH_3OH (d) $C_6H_{12}O_6$(포도당)

2. 실온에서 어떤 용액이 O_2 기체와 KNO_3로 포화되어 있다. 용액을 75 °C로 가열하면 어떤 일이 일어나는가?

(a) 고체 KNO_3가 용액에 침전된다.
(b) 기체 O_2가 용액에서 거품으로 나온다.
(c) 고체 KNO_3가 용액에 침전되고, 기체 O_2가 용액에서 거품으로 나온다.

(d) 아무 일도 일어나지 않는다(O_2와 KNO_3가 용액에 남아 있다).

3. NaCl 25.0 g과 물 155.0 mL가 포함된 용액의 질량 백분율 농도는 얼마인가? 물의 밀도가 1.00 g/mL라고 가정한다.
(a) 2.76% (b) 6.20%
(c) 13.9% (d) 16.1%

4. 어떤 포도당 용액에 질량 대비 3.25%의 포도당이 들어 있고 밀도가 1.03 g/mL이다. 이 용액 58.2 mL에 들어 있는 포도당의 질량은 얼마인가?
(a) 18.4 g (b) 184 g
(c) 195 g (d) 1.95 g

5. 175 mL의 용액에 $Ca(NO_3)_2$ 11.2 g이 포함된 용액의 몰농도는 얼마인가?
(a) 64.0 M (b) 0.390 M
(c) 0.064 M (d) 1.96×10^3 M

6. 1.75 M 포도당 용액 75.0 mL에 들어 있는 포도당의 질량은 얼마인가?
(a) 23.6 g (b) 7.72 g
(c) 0.131 g (d) 75.0 g

7. 0.250 M K_2SO_4 용액에 들어 있는 K^+의 몰농도는 얼마인가?
(a) 0.125 M (b) 0.250 M
(c) 0.500 M (d) 0.750 M

8. 2.55 M Na_3PO_4 용액 1.50 L를 만드는 데 필요한 3.50 M Na_3PO_4 용액의 부피는 얼마인가?
(a) 0.917 L (b) 13.4 L
(c) 2.06 L (d) 1.09 L

9. 아이오딘화 포타슘과 질산 납(II)이 다음과 같이 반응할 때, 0.112 M 질산 납(II) 용액 155.0 mL에 들어 있는 납을 완전히 침전시키는 데 필요한 0.200 M 아이오딘화 포타슘의 부피는 얼마인가?

$$2\,KI(aq) + Pb(NO_3)_2(aq) \longrightarrow 2\,KNO_3(aq) + PbI_2(s)$$

(a) 348 mL (b) 86.8 mL
(c) 43.4 mL (d) 174 mL

10. 물 500.0 g에 용해된 포도당($C_6H_{12}O_6$) 22.4 g이 포함된 용액의 몰랄 농도는 얼마인가?
(a) 0.238 m (b) 0.249 m
(c) 44.8 m (d) 4.03 m

11. 1.30 m 설탕($C_{12}H_{22}O_{11}$) 용액의 어는점은 얼마인가?
(a) 2.42°C (b) −2.42°C
(c) 0.472°C (d) −0.472°C

12. 끓는점이 102.5 °C인 용액을 얻기 위해 물 250.0 g에 첨가해야 하는 에틸렌 글라이콜($C_2H_6O_2$)의 질량은 얼마인가?
(a) 75.7 g (b) 3.11×10^3 g
(c) 1.22 g (d) 0.0197 g

정답 1.a 2.b 3.c 4.d 5.b 6.a 7.c 8.d 9.d 10.b 11.b 12.a

화학 원리 / 관련 내용

용액

용액은 두 가지 이상의 성분이 섞인 균일한 혼합물이다. 용액에서 상대적으로 양이 많은 구성 성분을 용매, 양이 적은 구성성분을 용질이라고 한다. 물이 용매로 사용된 용액을 수용액이라고 한다.

주변에서 흔히 볼 수 있는 유체는 대부분이 용액이다. 바닷물(고체와 액체), 탄산음료(기체와 액체), 보드카와 같은 주류(액체와 액체), 공기(기체와 기체), 혈액(고체, 기체, 액체) 등은 흔히 볼 수 있는 용액이다.

고체-액체 용액

고체의 용해도, 즉 일정량의 용매에 용해되는 용질의 양은 온도가 올라감에 따라 증가한다. 뜨거운 용매에 고체를 포화 상태까지 용해시킨 다음 용액을 식히면 재결정이 된다. 용액이 식으면서 과포화 상태가 되고 고체가 결정을 이룬다.

바닷물, 커피, 설탕물처럼 고체가 액체에 용해된 용액은 화학 및 우리의 삶에서 매우 중요하다. 재결정은 실험실에서 고체를 정제할 때 널리 이용된다.

기체-액체 용액

액체 내에서 기체의 용해도는 온도가 높아질수록 감소하고 압력이 높아질수록 증가한다.

기체의 용해도는 온도, 압력과 연관되기 때문에 탄산음료를 열면 거품이 일고 따뜻한 탄산음료는 김이 잘 빠진다.

용액의 농도

주어진 양의 용액에 용질이 얼마나 들어 있는지를 용액의 농도를 이용하여 구할 수 있다. 용액의 농도를 나타내는 일반적인 방법은 질량 백분율, 몰농도, 몰랄 농도이다.

$$\text{질량 백분율(\%)} = \frac{\text{용질의 질량}}{\text{용액의 질량}} \times 100\%$$

$$\text{몰농도(M)} = \frac{\text{용질의 몰수}}{\text{용액의 부피(L)}}$$

$$\text{몰랄 농도}(m) = \frac{\text{용질의 몰수}}{\text{용매의 질량(kg)}}$$

용액의 농도는 용질의 양과 용액의 양 사이에 변환하는 데 유용하게 이용된다. 질량 백분율과 몰농도는 가장 일반적인 농도 단위이다. 몰랄 농도는 어는점 내림, 끓는점 오름과 같은 총괄성을 정량화하는 데 유용하게 이용된다.

용액의 희석

용액 희석 문제는 다음 식을 이용하여 쉽게 풀 수 있다.

$$M_1V_1 = M_2V_2$$

용액을 진한 농도로 보관하는 경우가 많기 때문에 필요한 농도로 희석시켜야 한다.

어는점 내림과 끓는점 오름

용액에 비휘발성 용질을 가하면 액체가 액체 상태로 유지될 수 있는 온도의 범위가 넓어진다. 용액의 어는점은 순수한 용매의 어는점보다 낮고, 용액의 끓는점은 순수한 용매의 끓는점보다 높다. 이러한 관계는 다음 식으로 정량화할 수 있다.

어는점 내림: $\Delta T_f = m \times K_f$

끓는점 오름: $\Delta T_b = m \times K_b$

아이스크림 제조기 안의 얼음에 소금을 넣기도 하고, 얼어붙은 도로를 녹일 때도 소금을 사용한다. 소금은 물의 어는점을 낮춰 아이스크림 제조기 안의 아이스크림이 얼게 하고 도로의 얼음을 녹인다. 자동차의 냉각 시스템에 사용되는 부동액은 겨울에 냉각수의 어는점을 낮추고 여름에 냉각수의 끓는점을 올린다.

삼투 현상

삼투 현상은 물이 반투막을 통해 낮은 농도의 용액에서 높은 농도의 용액으로 흐르는 현상이다.

바닷물을 마시면 탈수 증상이 발생하는 이유는 삼투 현상을 통해 설명할 수 있다. 바닷물이 위와 창자를 지나가면서 삼투 현상을 통해 몸으로부터 물을 끌어내 탈수와 설사가 나타난다. 체내 조직의 손상을 피하려면 혈관 주사 용액이 체액과 등장성이어야 한다. 대부분의 혈관 주사 용액의 전부 또는 일부가 0.9%(질량/부피)의 염수 용액으로 이루어져 있다.

화학 문제를 푸는 기술

학습목표: 질량 백분율을 계산한다(13.5절).

용질과 용매의 질량이 주어졌고, 용액의 농도를 질량 백분율로 구해야 한다.

질량 백분율 농도를 계산하려면 용질의 질량을 용액(용질과 용매)의 질량으로 나누고 100%를 곱한다.

예제

예제 13.11 질량 백분율 계산

용질 19 g과 용매 158 g이 포함된 용액의 질량 백분율 농도를 구하시오.

주어진 값: 19 g 용질
158 g 용매

구해야 하는 값: 질량 백분율

답

$$\text{질량 백분율(\%)} = \frac{\text{용질의 질량}}{\text{용질의 질량} + \text{용매의 질량}} \times 100\%$$

$$= \frac{19\ \text{g}}{19\ \text{g} + 158\ \text{g}} \times 100\%$$
$$= \frac{19\ \text{g}}{177\ \text{g}} \times 100\%$$
$$= 11\%$$

학습목표: **질량 백분율을 계산에 활용한다(13.5절).**

예제 13.12 질량 백분율을 이용한 계산

질량 백분율 5.80% KCl 용액 0.337 L에는 KCl이 몇 그램 들어 있는가? (용액의 밀도가 1.05 g/mL라고 가정한다.)

분류

염화 포타슘 용액의 부피와 질량 백분율이 주어졌고 염화 포타슘의 질량을 구해야 한다.

주어진 값: 질량 백분율 5.80% KCl

0.337 L 용액

$d = \frac{1.05\ \text{g}}{\text{mL}}$

구해야 하는 값: g KCl

전략

해결도표를 그린다. 주어진 용액의 부피 L로 시작하여 mL로 변환한 다음 밀도를 이용하여 용액의 질량을 구한다. 그리고 질량 백분율을 이용하여 염화 포타슘의 질량을 얻는다.

해결도표

L 용액 → mL 용액 → g 용액 → g KCl

$$\frac{1\ \text{mL}}{10^{-3}\ \text{L}} \qquad \frac{1.05\ \text{g}}{\text{mL}} \qquad \frac{5.80\ \text{g KCl}}{100\ \text{g 용액}}$$

사용된 관계식

$\frac{5.80\ \text{g KCl}}{100\ \text{g 용액}}$ (주어진 질량 백분율을 분수로 나타냄)

$\frac{1.05\ \text{g}}{\text{mL}}$ (주어진 밀도)

$1\ \text{mL} = 10^{-3}\ \text{L}$ (표 2.2)

풀이

해결도표에 따라 문제를 푼다.

답

$$0.337\ \text{L 용액} \times \frac{1\ \text{mL}}{10^{-3}\ \text{L}} \times \frac{1.05\ \text{g}}{\text{mL}} \times \frac{5.80\ \text{g KC}}{100\ \text{g 용액}} = 20.5\ \text{g KCl}$$

검토

답을 확인한다. 단위가 옳은가? 답이 합당한가?

단위(g KCl)가 옳고 답의 크기도 합당하다. 0.337 L는 용액 300 g보다 약간 크고, 용액 100 g당 약 6 g의 KCl이 들어 있다. 그러므로 답이 18 g보다 약간 커야 한다.

학습목표: **몰농도를 계산한다(13.6절).**

예제 13.13 몰농도 계산

용액 0.455 L에 KCl 0.22 mol이 포함된 KCl 용액의 몰농도를 구하시오.

염화 포타슘의 몰수와 용액의 부피가 주어졌고 몰농도를 구해야 한다.

주어진 값: 0.22 mol KCl

0.455 L 용액

구해야 하는 값: 몰농도(M)

몰농도를 계산하려면 용질의 몰수를 리터 단위 용액의 부피로 나눈다.

답

$$\text{몰농도(M)} = \frac{0.22\ \text{mol KCl}}{0.455\ \text{L 용액}} = 0.48\ \text{M}$$

학습목표: 몰농도를 이용하여 계산한다(13.6절).

예제 13.14 몰농도를 이용한 계산

1.25 M KCl 용액 0.488 L에는 KCl이 몇 그램 들어 있는가?

분류

염화 포타슘 용액의 부피와 몰농도가 주어졌고, 용액에 포함된 염화 포타슘의 질량을 구해야 한다.

주어진 값: 1.25 M KCl

0.488 L 용액

구해야 하는 값: g KCl

전략

용액의 리터로 시작하는 해결도표를 그린다. 몰농도를 환산 인자로 이용하여 용질의 몰수로 변환한 후 몰질량을 이용하여 그램으로 변환한다.

해결도표

L KCl 용액 → mol KCl → g KCl

$$\frac{1.25 \text{ mol KCl}}{\text{L 용액}} \qquad \frac{74.55 \text{ g KCl}}{\text{mol KCl}}$$

사용된 관계식

$\frac{1.25 \text{ mol KCl}}{\text{L 용액}}$ (주어진 몰농도를 분수로 나타냄)

1 mol = 74.55 g (KCl의 몰질량)

풀이

해결도표에 따라 문제를 푼다.

답

$$0.488 \text{ L 용액} \times \frac{1.25 \text{ mol KCl}}{\text{L 용액}} \times \frac{74.55 \text{ g KCl}}{\text{mol KCl}} = 45.5 \text{ g KCl}$$

검토

답을 확인한다. 단위가 옳은가? 답이 합당한가?

단위(g KCl)가 옳고 답의 크기도 합당하다. 용액 1 L당 1.25 mol이 들어 있으면 주어진 용액의 양(약 0.5 L)이 0.5 mol보다 조금 더 많고, 질량은 37 g보다 약간 더 클 것이다.

학습목표: 희석식을 이용하여 계산한다(13.7절).

예제 13.15 용액의 희석

2.7 M HCl 용액 0.400 L를 만드는 데 8.0 M HCl 용액이 얼마나 필요한가?

용액의 최종 부피와 처음 몰농도, 최종 몰농도가 주어졌고 처음 부피를 구해야 한다.

주어진 값: $M_1 = 8.0$ M

$M_2 = 2.7$ M

$V_2 = 0.400$ L

구해야 하는 값: V_1

대부분의 용액 희석 문제는 다음 식을 이용한다.

$$M_1V_1 = M_2V_2$$

구해야 하는 값에 관한 식을 쓰고(여기서는 V_1) 알맞은 값을 대입하여 계산한다.

답

$$M_1V_1 = M_2V_2$$

$$V_1 = \frac{M_2V_2}{M_1} = \frac{2.7 \frac{\text{mol}}{\text{L}} \times 0.400 \text{ L}}{8.0 \frac{\text{mol}}{\text{L}}} = 0.14 \text{ L}$$

학습목표: 부피와 농도를 이용하여 반응물 또는 생성물의 몰수를 계산한 후 화학량론 계수를 이용하여 반응에서 다른 물질의 값으로 변환한다(13.8절).

예제 13.16 용액의 화학량론

다음의 반응에서 0.228 M HCl 용액 1.25 L를 중화하는 데 0.113 M NaOH 용액이 얼마나 필요한가?

$$HCl(aq) + NaOH(aq) \longrightarrow NaCl(aq) + H_2O(l)$$

분류

염산 용액의 농도와 부피, 염산 용액과 반응하는 수산화 소듐 용액의 농도가 주어졌고, 염산과 완전히 반응하는 수산화 소듐 용액의 부피를 구해야 한다.

주어진 값: 1.25 L HCl 용액
0.228 M HCl
0.113 M NaOH

구해야 하는 값: L NaOH 용액

전략

해결도표를 그린다. HCl의 부피와 몰농도를 이용하여 HCl의 몰수를 구한 다음 화학량론 계수를 이용하여 NaOH의 몰수로 변환한다. 그리고 NaOH의 몰농도를 이용하여 NaOH의 부피로 변환한다.

해결도표

L HCl 용액 → mol HCl → mol NaOH → L NaOH 용액

$$\frac{0.228 \text{ mol HCl}}{\text{L HCl 용액}} \qquad \frac{1 \text{ mol NaOH}}{1 \text{ mol HCl}} \qquad \frac{1 \text{ L NaOH 용액}}{0.113 \text{ mol NaOH}}$$

사용된 관계식

$$\text{M(HCl)} = \frac{0.228 \text{ mol HCl}}{\text{L HCl 용액}}$$ (주어진 HCl 용액의 농도를 분수로 나타냄)

$$\text{M(NaOH)} = \frac{0.113 \text{ mol NaOH}}{\text{L NaOH 용액}}$$ (주어진 NaOH 용액의 농도를 분수로 나타냄)

1 mol HCl : 1 mol NaOH (균형 화학 반응식에서 얻은 HCl과 NaOH 간 화학량적 관계)

풀이

해결도표에 따라 문제를 푼다.

답

$$1.25 \text{ L HCl 용액} \times \frac{0.228 \text{ mol HCl}}{\text{L HCl 용액}} \times \frac{1 \text{ mol NaOH}}{1 \text{ mol HCl}} \times \frac{\text{L NaOH 용액}}{0.113 \text{ mol NaOH}} = 2.52 \text{ L NaOH 용액}$$

검토

답을 확인한다. 단위가 옳은가? 답이 합당한가?

단위(L NaOH 용액)가 옳고 답의 크기도 합당하다. 수산화 소듐 용액은 염산 농도의 반이기 때문이다. 반응 화학량론이 1:1이므로 수산화 소듐 용액의 부피는 염산 용액의 부피의 약 2배여야 한다.

학습목표: 몰랄 농도를 계산한다(13.9절).

설탕의 몰수와 설탕이 용해된 물의 질량이 주어졌고, 용액의 몰랄 농도를 구해야 한다.

예제 13.17 몰랄 농도

설탕 0.183 mol이 물 1.10 kg에 용해되어 있는 용액의 몰랄 농도를 구하시오.

주어진 값: 0.183 mol 설탕
1.10 kg H_2O

구해야 하는 값: 몰랄 농도(m)

몰랄 농도의 정의에 알맞은 값을 대입하고 답을 계산한다. 만약 물실의 양이 알맞은 단위가 아니면 식에 대입하기 전에 단위를 변환한다.

답

$$\text{몰랄 농도}(m) = \frac{\text{용질의 몰수}}{\text{용매의 질량(kg)}} = \frac{0.183 \text{ mol 설탕}}{1.10 \text{ kg } H_2O} = 0.166\ m$$

학습목표: 용액의 어는점과 끓는점을 계산한다(13.9절).

용액의 몰랄 농도가 주어졌고 어는점을 구해야 한다.

예제 13.18 어는점 내림과 끓는점 오름

2.5 m 설탕 수용액의 어는점을 구하시오.

주어진 값: 2.5 m 용액

구해야 하는 값: ΔT_f

ΔT_f 또는 ΔT_b를 계산하려면 식에 값을 대입하고 계산한다.

용액의 어는점은 순수한 물의 어는점(0.00 ℃) − ΔT_f이다.

답

$$\Delta T_f = m \times K_f = 2.5 \frac{\cancel{\text{mol 용질}}}{\cancel{\text{kg 용매}}} \times 1.86 \frac{℃\ \cancel{\text{kg 용매}}}{\cancel{\text{mol 용질}}} = 4.7℃$$

어는점 = 0.00 ℃ − 4.7 ℃ = −4.7 ℃

핵심 용어

과포화 용액	반투막	용매	전해질 용액
끓는점 오름	불포화 용액	용액	진한 용액
막	비전해질 용액	용질	질량 백분율
몰농도	삼투압	용해도	총괄성
몰랄 농도	삼투 현상	재결정	포화 용액
묽은 용액	어는점 내림	저장 용액	Henry의 법칙

학습 점검 문제

기초문제

1. 용액이란 무엇인가? 몇 가지 예를 드시오.
2. 수용액이란 무엇인가?
3. 용액에서 용매란 무엇인가? 용질이란 무엇인가? 몇 가지 예를 드시오.
4. "비슷한 물질이 비슷한 물질을 녹인다"라의 의미를 설명하시오.
5. 용해도란 무엇인가?
6. 다음 각각의 용액에 용질을 더하면 어떤 일이 일어나는지 설명하시오.
   (a) 포화 용액 (b) 불포화 용액 (c) 과포화 용액
7. 강전해질 용액과 비전해질 용액의 차이점을 설명하시오. 어떤 종류의 용질이 강전해질 용액을 만드는가?
8. 기체의 용해도는 온도에 따라 어떻게 변하는가?
9. 재결정에 대해 설명하시오.
10. 얼음사탕은 어떻게 만들 수 있는가?
11. 난로에서 물을 끓일 때 물이 끓기 전 냄비의 아랫부분에서 기포가 생긴다. 이 기포는 무엇인가? 기포가 생기는 이유는 무엇인가?
12. 따뜻한 탄산음료가 차가운 탄산음료보다 더 빨리 김이 빠지는 이유를 설명하시오.
13. 기체의 용해도는 압력에 따라 어떻게 변하는가? 탄산음료의 캔을 딸 때 거품이 일어나는 이유를 설명하시오.
14. 묽은 용액과 진한 용액의 차이점은 무엇인가?
15. 질량 백분율이란 무엇인가? 몰농도란 무엇인가?
16. 저장 용액이란 무엇인가?
17. 용액에 들어 있는 비휘발성 용질이 용액의 끓는점과 녹는점에 미치는 영향을 순수한 용매와 비교하여 설명하시오.
18. 총괄성이란 무엇인가?
19. 몰랄 농도를 정의하시오.
20. 삼투 현상이란 무엇인가?
21. 조난당한 배의 생존자 2명이 구조되었는데, 바닷물을 마신 사람이 그렇지 않은 사람보다 탈수 증상이 훨씬 심하다. 그 이유를 설명하시오.
22. 정맥주사는 왜 항상 등장성의 염수 용액인가? 순수한 물을 정맥 내에 투여하면 어떤 일이 일어나는가?

복습문제

용액

23. 다음 각 혼합물이 용액인지 아닌지 밝히시오.
   (a) 휘발유 (b) 치과용 충전재
   (c) 진흙 (d) 물에 녹인 밀가루
24. 다음 각 혼합물이 용액인지 아닌지 밝히시오.
   (a) 분필 먼지와 물 (b) 물속의 아세트산
   (c) 레모네이드 (d) 케이크 반죽

* 파란색으로 표시된 문제는 이 책 말미에 해답이 제시되어 있다.

25. 다음 각 용액의 용질과 용매를 밝히시오.
(a) 베이킹소다와 물
(b) 바닷물
(c) 아세트산과 물

26. 다음 각 용액의 용질과 용매를 밝히시오.
(a) 홍차(무설탕)
(b) 청동(Cu와 Sn의 합금)
(c) 아이오딘 팅크(아이오딘과 알코올)

27. 다음 각 용질이 용해되기에 적당한 용매를 표 13.2에서 고르시오.
(a) 모터오일(무극성) (b) 설탕(극성)
(c) 돼지기름(무극성) (d) 염화 포타슘(이온성)

28. 다음 각 용질이 용해되기에 적당한 용매를 표 13.2에서 고르시오.
(a) 포도당(극성) (b) 소금(이온성)
(c) 야채 기름(무극성) (d) 질산 소듐(이온성)

29. 공-막대 모형을 기반으로 다음 각 화합물을 수용성 크기순으로 순위를 매기시오.

(a) 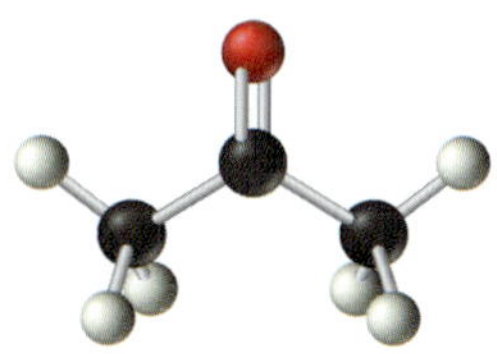

(b) 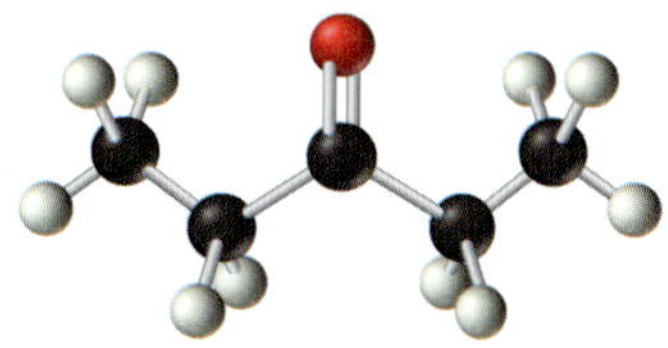

(c) 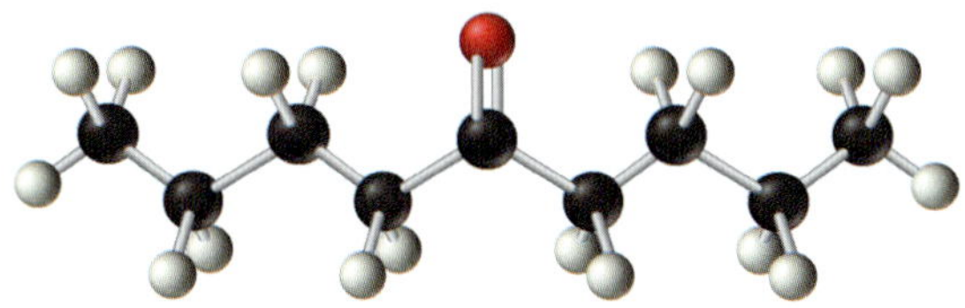

30. 공-막대 모형을 기반으로 다음 각 화합물을 수용성 크기순으로 순위를 매기시오.

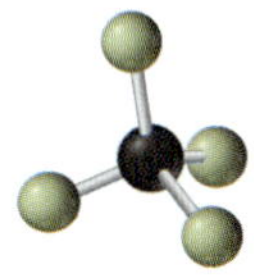
(a)

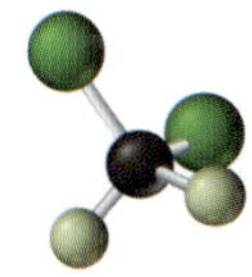
(b)

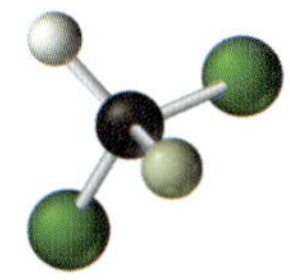
(c)

고체가 용해된 수용액

31. 이온성 용질이 포함된 용액에 용해되어 있는 입자는 무엇인가? 이러한 종류의 용액을 무엇이라고 하는가?

32. 분자성 용질이 포함된 용액에 용해되어 있는 입자는 무엇인가? 이러한 종류의 용액을 무엇이라고 하는가?

33. 25 °C에서 물 100 g당 NaCl 28 g이 포함된 용액은 불포화 용액인가, 포화 용액인가, 과포화 용액인가? (그림 13.4 참조)

34. 25 °C에서 물 100 g당 KNO_3 28 g이 포함된 용액은 불포화 용액인가, 포화 용액인가, 과포화 용액인가? (그림 13.4 참조)

35. 물 100 g당 KNO_3 45 g이 포함된 용액을 40 °C에서 0 °C로 냉각했다. 냉각 도중에 어떤 일이 일어나는가? (그림 13.4 참조)

36. 물 100 g당 KNO_3 30 g이 포함된 용액을 50 °C에서 5 °C로 냉각했다. 냉각 도중에 어떤 일이 일어나는가? (그림 13.4 참조)

37. 다음 각 용질이 물에 완전히 용해될지 밝히시오(그림 13.4를 이용한다).
(a) 35 °C에서 물 85.0 g에 들어 있는 $KClO_3$ 30.0 g
(b) 15 °C에서 물 125 g에 들어 있는 $NaNO_3$ 65.0 g
(c) 82 °C에서 물 70.0 g에 들어 있는 KCl 32.0 g

38. 다음 각 용질이 물에 완전히 용해될지 밝히시오(그림 13.4를 이용한다).
(a) 5 °C에서 물 145 g에 들어 있는 $CaCl_2$ 95.0 g
(b) 25 °C에서 물 130 g에 들어 있는 KNO_3 10.0 g
(c) 10 °C에서 물 105.0 g에 들어 있는 $Pb(NO_3)_2$ 30.0 g

기체가 용해된 수용액

39. 산소에 민감한 반응물이나 생성물이 포함되어 있는 실험 과정을 수행하려면 미리 끓여 냉각한 물을 이용해야 한다. 그 이유를 설명하시오.

40. 어떤 사람이 미리 끓여 냉각한 물을 어항에 채우고 물고기를 넣었더니 물고기가 죽었다. 그 이유를 설명하시오.

41. 높은 압력의 공기로 숨을 쉬는 스쿠버다이버는 질소의 부분 압력이 405 kPa를 초과할 때 일어나는 질소 마취 현상(술에 취한 것과 비슷한 상태)을 겪을 수 있다. 기체/물 용액의 어떤 성질이 이러한 현상을 일으키는가? 이를 극복하려면 어떻게 해야 하는가?

42. 높은 압력의 공기로 숨을 쉬는 스쿠버다이버는 산소의 부분 압력이 142 kPa를 초과할 때 혈액 중 너무 많은 산소로 인한 산소 독성 현상을 겪을 수 있다. 높은 압력에서 산소를 들이마실 때 스쿠버다이버의 혈액 내 산소의 양은 어떻게 되는가? 이를 극복하려면 어떻게 해야 하는가?

질량 백분율

43. 다음 각 용액의 농도를 질량 백분율로 계산하시오.
(a) H_2O 566 g에 들어 있는 $C_{12}H_{22}O_{11}$ 51.2 g
(b) H_2O 3.82 g에 들어 있는 $C_6H_{12}O_6$ 198 mg
(c) H_2O 145 g에 들어 있는 NaCl 9.55 g

44. 다음 각 용액의 농도를 질량 백분율로 계산하시오.
(a) H_2O 610 g에 들어 있는 KCl 152 g
(b) H_2O 1.78 g에 들어 있는 KNO_3 25.3 mg
(c) H_2O 66.1 g에 들어 있는 C_2H_6O 9.72 g

45. 청량음료에 H_2O 325 g과 설탕 34.2 g이 들어 있다. 설탕의 농도는 질량 백분율로 얼마인가?

46. 청량음료에는 H_2O 325 g과 소듐 45 mg이 들어 있다. 소듐의 농도는 질량 백분율로 얼마인가?

47. 다음 표의 빈칸을 채우시오.

용질의 질량	용매의 질량	용액의 질량	질량 백분율
25.5 g	278.1 g	______	______
32.8 g	______	______	15.0%
______	199.9 g	242.1 g	______
______	415.2 g	______	17.3%

48. 다음 표의 빈칸을 채우시오.

용질의 질량	용매의 질량	용액의 질량	질량 백분율
4.55 g	28.0 g	______	______
______	65.8 g	______	5.8%
2.88 g	______	37.2 g	______
28.7 g	______	______	6.8%

49. 바닷물에 질량 백분율 3.5% NaCl이 포함되어 있다. 바닷물 300 g에서 얻을 수 있는 소금의 질량은 얼마인가?

50. 식염수 용액에 질량 백분율 2.45% NaCl이 포함되어 있다. 식염수 용액 67.1 g에는 NaCl이 얼마나 들어 있는가?

51. 다음 각 용액에 들어 있는 설탕의 양을 구하시오.
(a) 질량 백분율 3.7% 설탕이 포함된 용액 48 g
(b) 질량 백분율 10.2% 설탕이 포함된 용액 103 mg
(c) 질량 백분율 14.3% 설탕이 포함된 용액 3.2 kg

52. 다음 각 용액에 들어 있는 염화 포타슘의 양을 구하시오.
(a) 질량 백분율 1.28% KCl이 포함된 용액 22.7 g
(b) 질량 백분율 19.8% KCl이 포함된 용액 43.2 kg
(c) 질량 백분율 15% KCl이 포함된 용액 58 mg

53. NaCl 1.5 g이 들어 있는 다음 각 NaCl 용액의 질량을 구하시오.
(a) 질량 백분율 0.058% NaCl 용액
(b) 질량 배분율 1.46% NaCl 용액
(c) 질량 백분율 8.44% NaCl 용액

54. 설탕 18 g이 들어 있는 다음 각 설탕 용액의 질량을 구하시오.
(a) 질량 백분율 5.1% 설탕 용액
(b) 질량 백분율 4.2% 설탕 용액
(c) 질량 백분율 14.5% 설탕 용액

55. 금속을 은으로 도금하는 데 $AgNO_3$ 용액이 흔히 이용된다. 질량 백분율 3.4% Ag가 포함된 $AgNO_3$ 용액 4.8 L로 도금할 수 있는 은의 최대량은 얼마인가? (용액의 밀도가 1.01 g/mL라고 가정한다.)

56. 다이옥신으로 오염된 물에 질량 백분율 0.088% 다이옥신이 포함되어 있다. 물 4.5 L에 들어 있는 다이옥신의 양은 얼마인가? (용액의 밀도가 1.01 g/mL라고 가정한다.)

57. 바닷물에 질량 백분율 3.5% NaCl이 포함되어 있다. NaCl 45.8 g이 들어 있는 바닷물은 몇 그램인가?

58. 샘물 시료에 질량 백분율 0.0080% Ca(Ca^{2+} 이온의 형태로)가 포함되어 있다. Ca 1.3 g이 들어 있는 물은 몇 그램인가? (19~24세 성인의 하루 칼슘 섭취 권장량은 1.3 g이다.)

59. 납은 중추신경계에 영향을 미치는 유독성 금속이다. 납으로 오염된 물 시료에 질량 백분율 0.0015% 납이 포함되어 있다. 납 135 mg이 들어 있는 물은 몇 그램인가? (용액의 밀도가 1.0 g/mL로 가정한다.)

60. 벤젠은 발암성 화합물이다. 벤젠으로 오염된 물 시료에 질량 백분율 0.000037% 벤젠이 포함되어 있다. 벤젠 175 mg이 들어 있는 물은 몇 리터인가? (용액의 밀도가 1.0 g/mL라고 가정한다.)

몰농도

61. 다음 각 용액의 몰농도를 구하시오.
(a) 설탕 0.327 mol이 들어 있는 용액 955 mL
(b) KNO_3 0.305 mol이 들어 있는 용액 1.875 L
(c) KCl 1.5 mol이 들어 있는 용액 4.7 L

62. 다음 각 용액의 몰농도를 구하시오.
(a) LiCl 1.84 mol이 들어 있는 용액 2.82 L
(b) $LiNO_3$ 0.171 mol이 들어 있는 용액 7.4 L
(c) 포도당 0.0544 mol이 들어 있는 용액 96.7 mL

63. 다음 각 용액의 몰농도를 구하시오.
(a) $C_2H_4O_2$ 18.9 g이 들어 있는 용액 0.892 L
(b) KBr 55.6 g이 들어 있는 용액 1.88 L
(c) $C_9H_8O_4$ 566 mg이 들어 있는 용액 78.2 mL

64. 다음 각 용액의 몰농도를 구하시오.
(a) KCl 33.2 g이 들어 있는 용액 0.895 L
(b) C_2H_6O 61.3 g이 들어 있는 용액 3.4 L
(c) KI 38.2 mg이 들어 있는 용액 112 mL

65. 바닷물 시료 205 mL에 NaCl 6.8 g이 포함되어 있다. NaCl에 대한 용액의 몰농도는 얼마인가?

66. 탄산음료 477 mL에 설탕($C_{12}H_{22}O_{11}$) 65 g이 포함되어 있다. 설탕에 대한 용액의 몰농도는 얼마인가?

67. 다음 각 용액에 NaCl이 몇 몰 들어 있는가?
(a) 1.5 M NaCl 용액 2.5 L
(b) 0.75 M NaCl 용액 0.778 L
(c) 1.95 M NaCl 용액 188 mL

68. 다음 각 용액에 설탕이 몇 몰 들어 있는가?
(a) 0.100 M 설탕 용액 3.4 L
(b) 1.88 M 설탕 용액 0.952 L
(c) 0.528 M 설탕 용액 21.5 mL

69. KCl 0.25 mol이 포함된 다음 각 용액의 부피를 구하시오.
(a) 0.355 M KCl 용액
(b) 2.6 M KCl 용액
(c) 0.775 M KCl 용액

70. NaI 0.325 mol이 포함된 다음 각 용액의 부피를 구하시오.
(a) 0.152 M NaI 용액
(b) 0.982 M NaI 용액
(c) 1.76 M NaI 용액

71. 다음 표의 빈칸을 채우시오.

용질	용질의 질량	용질의 몰수	용액의 부피	몰농도
KNO_3	29.5 g	______	175.0 mL	______
$NaHCO_3$	______	______	300.0 mL	0.250 M
$C_{12}H_{22}O_{11}$	85.38 g	______	______	0.110 M

72. 다음 표의 빈칸을 채우시오.

용질	용질의 질량	용질의 몰수	용액의 부피	몰농도
$MgSO_4$	0.788 g	______	35.0 mL	______
NaOH	______	______	200.0 mL	1.95 M
CH_3OH	17.5 g	______	______	0.650 M

73. 1.6 M KBr 용액 75 mL 시료에 들어 있는 KBr의 질량을 구하시오.

74. 1.09 M 포도당($C_6H_{12}O_6$) 용액 117 mL 시료에 들어 있는 포도당의 질량을 구하시오.

75. 한 화학자가 0.100 M KCl 용액 2.5 L를 만들려고 한다. KCl이 몇 그램 필요한가?

76. 실험실에서 1.8 M KNO_3 용액 700.0 mL를 만들려고 한다. KNO_3가 몇 그램 필요한가?

77. 설탕($C_{12}H_{22}O_{11}$) 2.5 kg이 포함된 0.600 M 설탕 용액은 몇 리터인가?

78. $Mg(NO_3)_2$ 87 g이 포함된 0.35M $Mg(NO_3)_2$ 용액은 몇 리터인가?

79. 다음 각 수용액에 들어 있는 Cl^-의 농도를 구하시오(각 화합물이 완전히 해리된다고 가정한다).
(a) 0.15 M NaCl
(b) 0.15 M $CuC1_2$
(c) 0.15 M $A1C1_3$

80. 다음 각 수용액에 들어 있는 NO_2^-의 농도를 구하시오(각 화합물이 완전히 해리된다고 가정한다).
(a) 0.20 M $NaNO_2$
(b) 0.20 M $Mg(NO_2)_2$
(c) 0.20 M $Al(NO_2)_3$

81. 다음 각 수용액에 들어 있는 양이온과 음이온의 농도를 구하시오(각 화합물이 완전히 해리된다고 가정한다).
(a) 0.18 M $MgSO_4$
(b) 0.30 M $Al_2(SO_4)_3$
(c) 0.15 M LiCl

82. 다음 각 수용액에 들어 있는 양이온과 음이온의 농도를 구하시오(각 화합물이 완전히 해리된다고 가정한다).
(a) 0.20 M $SrSO_4$
(b) 0.15 M $Cr_2(SO_4)_3$
(c) 0.12 M SrI_2

용액의 희석

83. 1.8 M 설탕 용액 135 mL를 550.0 mL로 희석했다. 희석된 용액의 몰농도는 얼마인가?

84. 5.8 M NaCl 용액 3.5 L를 55 L로 희석했다. 희석된 용액의 몰농도는 얼마인가?

85. 5.5 M KCl 저장 용액으로 0.100 M KCl 용액 2.5 L를 만들려면 어떻게 해야 하는지 설명하시오.

86. 20.0 M Na0H 저장 용액으로 0.350 M Na0H 용액 700.0 mL를 만들려면 어떻게 해야 하는지 설명하시오.

87. 13 M HCl 저장 용액 40 mL를 희석하여 0.750 M HCl 용액을 만들려면 몇 밀리리터로 희석해야 하는가?

88. 10.0 M H_2SO_4 용액 75 mL를 희석하여 1.75 M H_2SO_4 용액을 만들려면 몇 밀리리터로 희석해야 하는가?

89. 0.250 M HNO_3 용액 850.0 mL를 만들려면 12.0 M HNO_3 용액을 몇 밀리리터 희석해야 하는가?

90. 0.060 M 설탕 용액 95.0 mL를 만들려면 10.0 M 설탕 용액을 몇 밀리리터 희석해야 하는가?

용액의 화학량론

91. 중화 반응이 다음과 같을 때, 각각의 염산 시료를 중화하는 데 필요한 0.250M KOH 용액의 부피를 구하시오.

$$KOH(aq) + HCl(aq) \longrightarrow H_2O(l) + KCl(aq)$$

(a) 0.250 M HCl 용액 35 mL
(b) 0.085 M HCl 용액 75 mL
(c) 0.995 M HCl 용액 145 mL

92. 중화 반응이 다음과 같을 때, 각각의 황산 시료를 중화하는 데 필요한 0.365M NaOH 용액의 부피를 구하시오.

$$H_2SO_4(aq) + 2NaOH(aq) \longrightarrow Na_2SO_4(aq) + 2H_2O(l)$$

(a) 0.365 M H_2SO_4 용액 50 mL
(b) 0.185 M H_2SO_4 용액 155 mL
(c) 0.200 M H_2SO_4 용액 55 mL

93. 반응이 다음과 같을 때, 0.0112 M $NiCl_2$ 용액 134 mL와 완전히 반응하는 데 필요한 0.225 M K_3PO_4 용액의 부피는 얼마인가?

$$2\ K_3PO_4(aq) + 3\ NiCl_2(aq) \longrightarrow Ni_3(PO_4)_2(s) + 6\ KCl(aq)$$

94. 반응이 다음과 같을 때, 0.115 M $Co(NO_3)_2$ 용액 175 mL와 완전히 반응하는 데 필요한 0.225 M K_2S 용액의 부피는 얼마인가?

$$K_2S(aq) + Co(NO_3)_2(aq) \longrightarrow 2\ KNO_3(aq) + CoS(s)$$

95. 다음 반응에 따르면 농도가 알려지지 않은 H_3PO_4 용액 10.0 mL와 완전히 반응하는 데 0.100 M KOH 용액 112 mL가 필요하다. H_3PO_4 용액의 농도는 얼마인가?

$$H_3PO_4(aq) + 3\ KOH(aq) \longrightarrow 3\ H_2O(l) + K_3PO_4(aq)$$

96. 다음 중화 반응에 따르면 농도가 알려지지 않은 $HClO_4$ 용액 25.0 mL를 완전히 중화하는 데 0.101 M NaOH 용액 45.3 mL가 필요하다. $HClO_4$ 용액의 농도는 얼마인가?

$$HClO_4(aq) + NaOH(aq) \longrightarrow H_2O(l) + NaC1O_4(aq)$$

97. 반응이 다음과 같을 때, $H_2(g)$ 15.0 g을 만드는 데 필요한 6.0 M H_2SO_4 용액의 양은 최소한 얼마인가?

$$2\ Al(s) + 3\ H_2SO_4(aq) \longrightarrow A1_2(SO_4)_3(aq) + 3\ H_2(g)$$

98. 반응이 다음과 같을 때, 아연 15.0 g이 $CuCl_2(aq)$와 완전히 반응했을 때 만들어지는 $ZnCl_2(aq)$의 몰농도는 얼마인가? (최종 부피가 175 mL라고 가정한다.)

$$Zn(s) + CuCl_2(aq) \longrightarrow ZnCl_2(aq) + Cu(s)$$

몰랄 농도, 어는점 내림과 끓는점 오름

99. 다음 각 용액의 몰랄 농도를 구하시오.
(a) 용질 0.25 mol, 용매 0.250 kg
(b) 용질 0.882 mol, 용매 0.225 kg
(c) 용질 0.012 mol, 용매 23.1 g

100. 다음 각 용액의 몰랄 농도를 구하시오.
(a) 용질 0.555 mol, 용매 1.27 kg
(b) 용질 0.766 mol, 용매 1.74 kg
(c) 용질 0.189 mol, 용매 622 g

101. 물 135 g에 에틸렌 글라이콜($C_2H_6O_2$) 12.5 g이 용해되어 있는 용액의 몰랄 농도를 구하시오.

102. 물 1.62 L에 포도당($C_6H_{12}O_6$) 257 g이 용해되어 있는 용액의 몰랄 농도를 구하시오(물의 밀도가 1.00 g/mL라고 가정한다).

103. 몰랄 농도가 다음과 같은 수용액의 어는점을 각각 구하시오.
(a) 0.55 *m* (b) 2.25 *m* (c) 5.2 *m* (d) 2.95 *m*

104. 몰랄 농도가 다음과 같은 수용액의 어는점을 각각 구하시오.
(a) 0.120 *m* (b) 0.569 *m* (c) 1.78 *m* (d) 6.59 *m*

105. 몰랄 농도가 다음과 같은 수용액의 끓는점을 각각 구하시오.
(a) 0.178 *m* (b) 2.88 *m* (c) 6.55 *m* (d) 3.36 *m*

106. 몰랄 농도가 다음과 같은 수용액의 끓는점을 각각 구하시오.
(a) 0.355 *m* (b) 3.05 *m* (c) 5.22 *m* (d) 8.44 *m*

107. 물 455 g에 포도당($C_6H_{12}O_6$) 55.8 g이 용해되어 있는 용액의 어는점과 끓는점을 구하시오(물의 밀도가 1.00 g/mL라고 가정한다).

108. 물 85.4 mL에 에틸렌 글라이콜($C_2H_6O_2$) 21.2 g이 용해되어 있는 용액의 어는점과 끓는점을 구하시오(물의 밀도가 1.00 g/mL라고 가정한다).

109. 다음 두 가지 용액의 용질은 비휘발성 분자 물질이다.

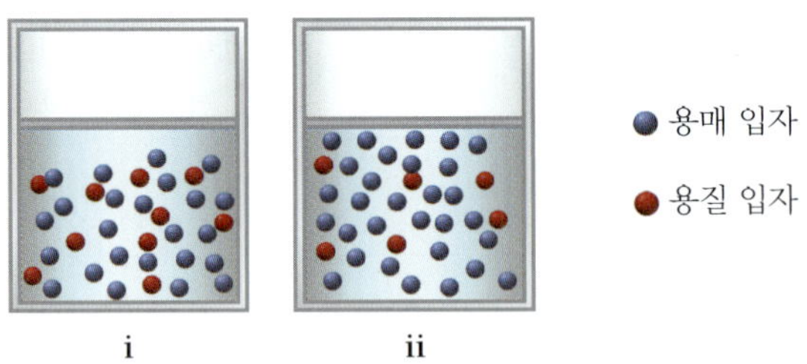

(a) 끓는점이 더 높은 용액은 무엇인가?
(b) 어는점이 더 높은 용액은 무엇인가?
(c) 삼투압이 더 높은 용액은 무엇인가?

110. 비휘발성 용질의 농도를 높이면 각 용액의 다음 특성에 어떤 영향을 미치는가?
(a) 끓는점 (b) 녹는점 (c) 삼투압

심화문제

111. $NaCl$ 133 g을 총부피가 1.00 L가 되도록 희석한 용액의 몰농도와 질량 백분율을 구하시오(용액의 밀도가 1.08 g/mL라고 가정한다).

112. KNO_3 88.4 g을 총부피가 1.50 L가 되도록 희석한 용액의 몰농도와 질량백분율을 구하시오(용액의 밀도가 1.05 g/mL라고 가정한다).

113. 8.5 M $NaCl$ 용액 125 mL를 2.5 L로 희석했다. $NaCl$ 10.8 g이 포함된 이 용액의 부피는 얼마인가?

114. 5.8 M KNO_3 용액 45.8 mL를 1.00 L로 희석했다. KNO_3 15.0 g이 포함된 이 용액의 부피는 얼마인가?

115. 5.00 M KI 용액 50.0 mL를 희석하려고 한다. 희석된 용액 25.0 mL에 KI 3.25 g이 포함되려면 5.00 M KI 용액 50.0 mL를 얼마의 부피로 희석해야 하는가?

116. 8.00 M $CuCl_2$ 용액 125 mL를 희석하려고 한다. 희석된 용액 50.0 mL에 $CuCl_2$ 5.9 g이 포함되려면 8.00 M $CuCl_2$ 용액 125 mL를 얼마의 부피로 희석해야 하는가?

117. 질량 백분율 5.88% $NaCl$ 수용액의 몰농도는 얼마인가? (용액의 밀도가 1.02 g/mL라고 가정한다.)

118. 질량 백분율 6.75% 포도당($C_6H_{12}O_6$) 수용액의 몰농도는 얼마인가? (용액의 밀도가 1.03 g/mL라고 가정한다.)

119. 반응이 다음과 같을 때, 표준 온도와 압력(STP)에서 H_2 30.0 L를 생성하는 데 필요한 5.0 M H_2SO_4의 최소 부피는 얼마인가?

$$Fe(s) + H_2SO_4(aq) \longrightarrow FeSO_4(aq) + H_2(g)$$

120. 반응이 다음과 같을 때, 표준 온도와 압력(STP)에서 H_2 28.5 L를 생성하는 데 필요한 1.85 M HCl의 최소 부피는 얼마인가?

$$Mg(s) + 2\,HCl(aq) \longrightarrow MgCl_2(aq) + H_2(g)$$

121. 0.45 M 질산 은 용액 25.0 mL에 들어 있는 은을 완전히 침전시키는 데 필요한 1.25 M 염화 소듐 용액은 몇 밀리리터인가?

122. 0.250 M 질산 바륨 용액 150.0 mL에 들어 있는 바륨을 완전히 침전시키는 데 필요한 1.50 M 황산 소듐 용액은 몇 밀리리터인가?

123. 질산은 대개 질량 백분율 70.3%, 밀도 1.41 g/mL의 진한 용액으로 유통된다. 0.800 M HNO_3 용액 4.0 L를 만드는 데 필요한 진한 저장 용액은 몇 밀리리터인가?

124. 염산은 대개 질량 백분율 37.0%, 밀도 1.20 g/mL의 진한 용액으로 유통된다. 0.500 M HCl 용액 2.5 L를 만드는 데 필요한 진한 저장 용액은 몇 밀리리터인가?

125. 에틸렌 글라이콜($C_2H_6O_2$) 58.5 g을 총부피가 500.0 mL가 되도록 희석한 용액의 어는점과 끓는점을 구하시오(용액의 밀도가 1.09 g/mL라고 가정한다).

126. 설탕($C_{12}H_{22}O_{11}$) 144 g을 총부피가 1.00 L가 되도록 희석한 용액의 어는점과 끓는점을 구하시오(용액의 밀도가 1.06 g/mL로 가정한다).

127. 5.00 M 포도당($C_6H_{12}O_6$) 용액 250.0 mL를 1.40 L로 희석한 용액의 어는점과 끓는점을 구하시오(희석된 용액의 밀도가 1.06 g/mL라고 가정한다).

128. 10.0 M 에틸렌 글라이콜($C_2H_6O_2$) 용액 135 mL를 1.50 L로 희석한 용액의 어는점과 끓는점을 구하시오(희석된 용액의 밀도가 1.05 g/mL라고 가정한다).

129. 물 100.0 g에 알려지지 않은 분자 (비전해질) 화합물 17.5 g이 용해되어 있는 수용액의 어는점이 −1.8 ℃이다. 알려지지 않은 화합물의 몰질량을 구하시오.

130. 물 150.0 g에 알려지지 않은 분자 (비전해질) 화합물 35.9 g이 용해되어 있는 수용액의 어는점이 −1.3 ℃이다. 알려지지 않은 화합물의 몰질량을 구하시오.

131. −6.7 ℃에서 어는 수용액의 끓는점은 얼마인가?

132. 107.5 ℃에서 끓는 수용액의 어는점은 얼마인가?

133. 포도당($C_6H_{12}O_6$)과 설탕($C_{12}H_{22}O_{11}$)만이 포함된 시료가 125 g 있다. 순수한 물 0.500 kg에 시료를 넣었더니 최종 용액의 어는점이 −1.75 ℃가 되었다. 원래 시료에 들어 있는 포도당과 설탕의 질량은 얼마인가?

134. 에틸렌 글라이콜($C_2H_6O_2$)과 프로필렌 글라이콜($C_3H_8O_2$)만이 포함된 시료가 13.03 g 있다. 순수한 물 100.0 g에 시료를 넣었더니 최종 용액의 어는점이 −3.50 ℃가 되었다. 원래 시료에 들어 있는 에틸렌 글라이콜과 프로필렌 글라이콜의 질량은 얼마인가?

핵심문제

135. 분자 수준으로 나타낸 다음 각각의 삼투 용기에서 물이 흐르는 방향을 밝히시오.

(a)

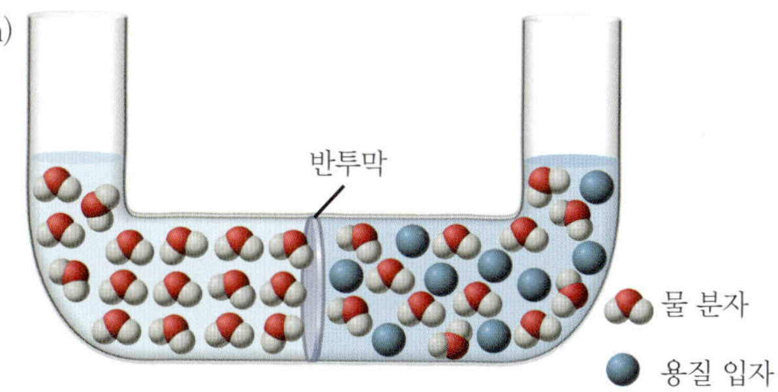

(b)

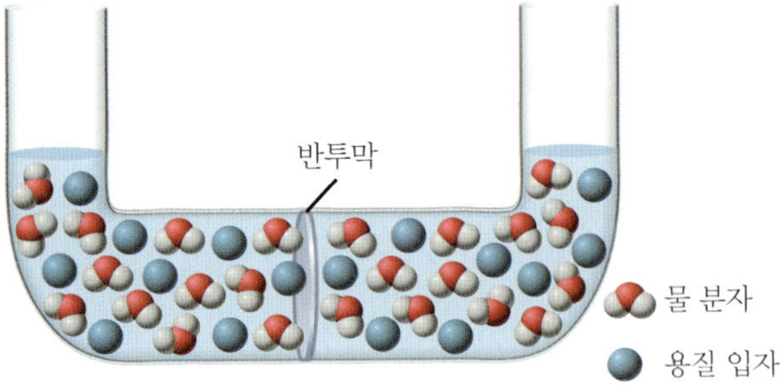

(c)

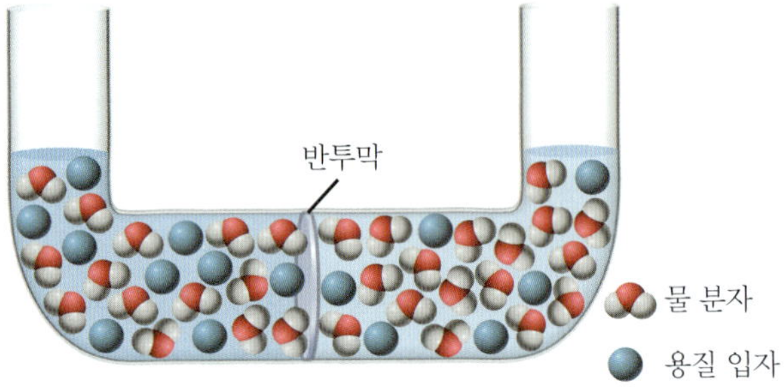

136. 염화 소듐 용액을 분자 수준으로 나타낸 다음 그림에서 무엇이 잘못되었는가? 어떻게 해야 올바른 그림이 되는가?

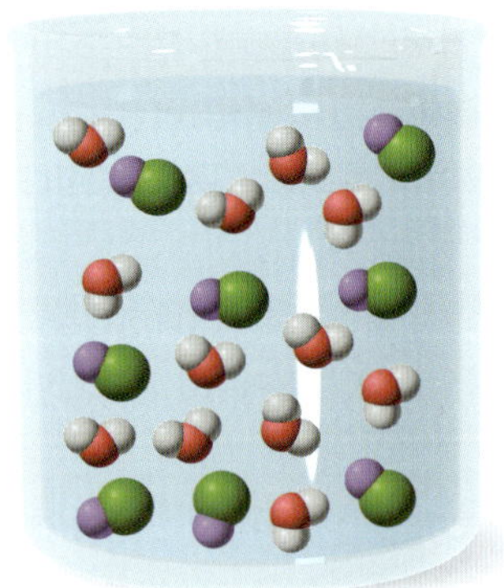

137. '안전한 식수에 관한 법률(Safe Drinking Water Act, SDWA)'에 따르면 중추신경계에 영향을 미치는 독성 물질인 수은의 허용 기준치가 0.002 mg/L이다. 물 공급업체는 정기적인 수질 검사를 통해 수은의 농도가 0.002 mg/L를 넘지 않도록 해야 한다. 허용 기준치 2배(0.004 mg/L)의 수은으로 물이 오염되었을 때, 몇 리터의 물을 마시면 수은 0.100 g을 섭취하게 되는가?

▲ 식수는 신경계에 손상을 줄 수 있는 수은 화합물을 비롯해 다양한 오염 물질의 존재 유무를 검사해야 한다.

138. 물 연화제는 센물의 칼슘 이온을 소듐 이온으로 바꾼다. 소듐 화합물은 용해될 수 있으므로 소듐 이온이 물에 존재한다고 해도 칼슘 이온처럼 하얀 침전 찌꺼기가 생기지 않는다. 하지만 칼슘 이온은 소듐 이온에 비해 인체에 훨씬 이롭다. 칼슘은 인간이 꼭 섭취해야 하는 영양소이고, 소듐은 많이 섭취하면 혈압이 높아지기 때문이다. 미국 FDA는 성인의 경우 하루에 2.4 g 미만의 소듐을 섭취하도록 권장하고 있다. 연화된 물에 질량 백분율 0.050% 소듐이 포함되어 있을 때, FDA의 권장치를 넘는 소듐을 섭취하려면 연화된 물을 몇 리터 마셔야 하는가? (물의 밀도가 1.0 g/mL라고 가정한다.)

집단 활동 문제

집단을 이루어 다음 문제에 대해 토의하고 합의된 답을 기록한다.

139. 식용 설탕(슈크로스, $C_{12}H_{22}O_{11}$) 13.62 g(약 1숟가락)이 물 241.5 mL(밀도 0.997 g/mL)에 녹아 있고, 최종 부피가 250.0 mL(약 1컵)이다. 각 집단 구성원이 다음 중 하나를 계산한다.

(a) 질량 백분율

(b) 몰농도

(c) 몰랄 농도

140. 139번 문제에 제시된 용액의 끓는점과 어는점을 예측하시오. 다른 음식에 사용하기 위해 이 시럽을 끓인다면, 같은 양의 순수한 물을 끓이는 것보다 시간이 더 걸리는가, 덜 걸리는가? 그 이유를 설명하시오.

141. 화합물 X의 4 M 용액 1 L가 4 L의 최종 부피로 희석되었을 때 최종 농도는 얼마인가? 상세한 도표(전과 후 포함)를 그려서 희석 과정을 설명하시오. 도표에 기호 X로 화합물 X의 1 mol을 표시하시오.

142. 원자력 발전소에서 연료로 사용하기 위해 바닷물에서 우라늄을 추출하는 방안이 제안되었다. 바닷물에 있는 우라늄의 농도가 3.2 μg/L일 때, 우라늄 1파운드를 얻으려면 바닷물을 얼마나 사용해야 하는가?

데이터 분석 및 해석

143. 12장의 '환경 속의 화학: 수질 오염'을 읽어보라. 다음 표는 버지니아 공대 교수와 학생들이 수집한 미시간주 플린트강 식수에 들어 있는 납 수치 관련 데이터이다. 물속의 납 수치는 ppb로 나타내는데, 이는 질량 백분율과 유사한 용액의 농도를 보고하는 방식이다. 질량 백분율은 용액 100g당 용질의 질량수이고 ppb는 용액 10^9 g당 용질의 질량수이다. 즉 1 ppb Pb = 1 g Pb/10^9 g 용액이다. 데이터를 살펴보고 다음 문제에 답하시오.

(a) 수돗물을 처음 틀었을 때, 45초 후, 2분 후 납의 평균값을 구하시오(유효 숫자 3개로 반올림).

(b) 데이터는 시료를 취하기 전에 수돗물을 틀어놓는 것이 물속의 납 수치를 낮춘다는 생각을 뒷받침하는가? 그 이유는 무엇인가?

(c) 미국 환경보호국(EPA)의 요구에 따라 물 공급자는 소비자의 수도꼭지에서 나오는 물을 모니터링해야 한다. 수도꼭지의 10% 이상에서 납의 농도가 15 ppb를 초과하면 물 공급자는 소비자에게 통보하고 물의 부식성을 통제하는 수순을 밟아야 한다. 플린트의 물 공급자가 처음 나오는 시료를 사용하여 납 수치를 모니터링했다면 EPA의 요구 사항에 따라 조치를 할 필요가 있을까? 플린트의 물 공급자가 2분 흘려보낸 후의 시료를 사용했다면 요구 사항에 따라 조치를 할 필요가 있을까? 주민이 물을 사용하는 방식이 더 잘 반영된 채취 방법이 무엇이라고 생각하는가?

(d) 처음 나오는 물에서 얻은 데이터 세트의 납 최고 수치를 사용하고, 어떤 사람이 하루에 2 L의 물을 마신다고 가정하자. 이 사람이 1년 동안 섭취하는 납의 질량을 구하시오(물의 밀도가 1.0 g/mL라고 가정한다).

플린트강 식수의 납 수치

시료#	처음 나온 물의 납 (ppb)	45초 흘려보낸 후의 납(ppb)	2분 흘려보낸 후의 납(ppb)
1	0.344	0.226	0.145
2	8.133	10.77	2.761
3	1.111	0.11	0.123
4	8.007	7.446	3.384
5	1.951	0.048	0.035
6	7.2	1.4	0.2
7	40.63	9.726	6.132
8	1.1	2.5	0.1
9	10.6	1.038	1.294
10	6.2	4.2	2.3
11	4.358	0.822	0.147
12	24.37	8.796	4.347
13	6.609	5.752	1.433
14	4.062	1.099	1.085
15	29.59	3.258	1.843

출처: FlintWaterStudy.org (2015) "Lead Results from Tap Water Sampling in Flint, MI during the Flint Water Crisis"

연습문제 해답

13.1 2.67%
13.2 42.5 g 설탕
13.3 0.263 M
13.4 3.33 L
13.5 0.75 M Ca^{2+}와 1. 5 M Cl^-
13.6 0.12 L
13.7 16.4 mL
13.7+ 0.308 M
13.8 0.443 *m*
13.9 −4.8 ℃
13.10 101.8 ℃

확인문제 해답

13.1 (a) CH_3C1과 NH_3는 모두 극성 화합물이고 KF는 이온 결합 화합물이다. 그러므로 세 가지 물질은 모두 무극성인 $CC1_4$에 비해 물 분자(극성)와 강하게 상호작용한다.

13.2 (b) 일부 염화 포타슘이 용액에서 침전된다. 대부분 고체의 용해도는 온도가 내려감에 따라 감소한다. 그러나 기체의 용해도는 온도가 내려감에 따라 증가한다. 그러므로 질소 기체는 더 잘 용해되고 용액에서 방출되지 않는다.

13.3 (c) 용액은 K^+로 0.30 M이다. 화합물 K_2SO_4는 해리되는 K_2SO_4 몰당 2 mol의 K^+를 만들기 때문이다.

13.4 (a) 원래 100.0 mL 용액에는 0.10 mol이 포함되어 있으며, 희석 후 1.0 L 용액에도 동일하게 들어 있다. 따라서 희석시킨 용액의 몰농도는 0.10 M이다.

13.5 (d) A의 몰수의 2배만큼 B의 몰수가 필요하다. 그러나 A 용액의 농도가 2배 진하므로 B의 부피는 A의 부피의 4배여야 한다.

13.6 (a) 2.0 *m* 용액은 용매 1 kg에 용질 2 mol을 가하여 만들 수 있다. 물 1 kg의 부피는 1 L이지만 용질이 용해되었기 때문에 완성된 용액의 부피는 1 L보다 약간 더 크다. 반면에 2.0 M 용액의 경우 용질 2 mol이 정확히 용액 1 L에 들어 있다. 그러므로 2 M 수용액의 농도는 2 *m* 용액보다 약간 더 클 것이다.

13.7 (d) 끓는점 오름은 용해된 입자의 농도하고만 관련이 있고 용해된 입자의 종류와는 무관하므로 세 용액 모두 끓는점이 같을 것이다.

▲ 스파이 영화와 스릴러 영화에서 감옥의 금속 창살을 녹이는 데 산이 사용되었다.

14 산과 염기

"산과 염기에 대한 여러 개념의 차이는 '어느 것이 옳은지'에 관한 것이 아니라 특정 상황에서 어느 것이 가장 이용하기 편한 것인지에 관한 것이다."

—James E. Huheey(1935~2020)

개요

14.1 신맛 나는 젤리와 스파이 영화

산이 금속을 용해시킨다는 것은 금속이 산과 반응하여 금속 양이온의 상태로 용액 중에 들어가는 것을 말한다. 본드의 펜이 금으로 만들어지는 이유는 금이 대부분의 산에서 녹지 않는 소수의 금속 가운데 하나이기 때문이다(16.5절 참조).

달콤하고 씹는 맛이 있어서 어린이와 어른이 모두 좋아하는 젤리를 생각해보자. 곰 모양부터 벌레 모양까지 다양한 모양의 젤리를 많은 사람이 좋아한다. 이러한 젤리는 대부분 신맛이 난다. 신맛의 젤리는 표면에 흰색 가루가 붙어 있다. 이 젤리를 입에 넣으면 신맛이 난다. 신맛은 젤리 표면에 입힌 흰색 가루 때문인데, 이 가루는 시트르산(구연산)과 타르타르산의 혼합물이다. 다른 모든 산과 마찬가지로 시트르산과 타르타르산도 신맛이 난다.

그 밖의 다양한 식품에도 산이 들어 있다. 레몬과 라임의 신맛, 발효 빵의 시큼하고 톡 쏘는 맛, 잘 익은 토마토의 톡 쏘는 싸한 맛은 모두 산 때문이다. 산의 정의(나중에 공부하게 될 것임)에 따르면, 산은 용액 중에서 H^+ 이온을 생성하는 물질이다. 신맛 나는 젤리의 시트르산과 타르타르산이 입속의 침과 결합할 때 H^+ 이온을 만들어낸다. 이 H^+ 이온은 혀에 있는 단백질 분자와 반응한다. 단백질 분자는 모양이 바뀌면서 뇌로 신맛을 경험하고 있다는 전기적 신호를 보낸다(그림 14.1).

산은 또한 여러 스파이 영화에서 사용되면서 유명해졌다. 예를 들어 제임스 본드는 종종 산이 채워진 금으로 만든 펜을 가지고 다닌다. 그는 붙잡혀서 감옥에 갇히면(영화마다 적어도 한 번은 불가피하게 잡힘) 펜을 꺼내어 감옥 창살에 펜 속의 산을 뿜어낸다. 산은 재빨리 금속을 녹

▲ **그림 14.1 신맛을 내는 산.** 사람이 신 음식을 먹을 때, 음식에 포함된 산에서 나온 H^+ 이온이 미각세포의 단백질 분자와 반응한다. 이러한 상호작용은 단백질 분자의 모양을 변형시키고 신경 자극을 뇌로 전달하여 사람이 신맛을 느낄 수 있도록 한다.

◀ **그림 14.2 많은 금속을 용해시키는 산.** 염산에 알루미늄을 넣으면 용해된다. 알루미늄 원자에서 어떤 일이 일어나는가? 원자는 어디로 가는가?

이고 본드가 탈출할 길을 만들어준다. 영화에서처럼 산이 창살을 쉽게 녹이지는 못하지만, 분명히 금속을 녹이기는 한다. 예를 들어 염산에 넣은 작은 알루미늄 조각은 약 10분 안에 완전히 용해된다(그림 14.2). 충분한 양의 산이 있다면 감옥의 창살을 녹이는 것도 가능하다. 하지만 펜 속에 들어 있는 양보다는 훨씬 많은 양이 필요하다.

14.2 산: 성질과 예

▸ 일반적으로 사용되는 산에 대해 알아보고 주요 성질을 설명한다.

실험실의 화학 물질은 절대 만지거나 맛보면 안 된다.

산(acid)은 다음과 같은 성질이 있다.

- 산은 신맛이 난다.
- 산은 많은 금속을 용해시킨다.
- 산은 파란 리트머스 종이를 빨갛게 변화시킨다.

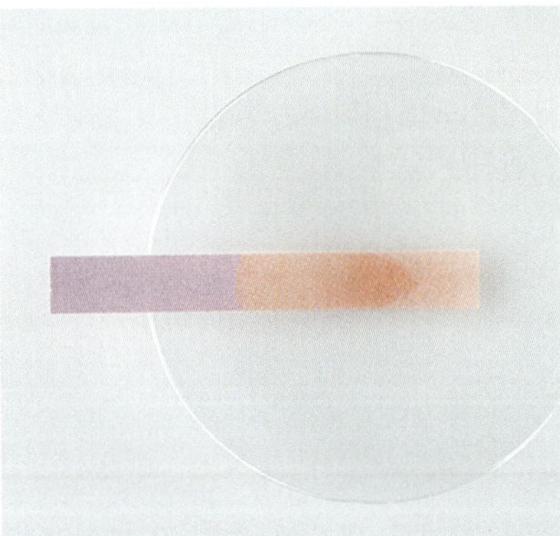

▲ 그림 14.3 **파란 리트머스 종이를 빨갛게 변화시키는 산**

앞에서 산의 신맛과 금속을 용해시키는 능력에 대해 살펴보았다. 또한 산은 파란 리트머스 종이를 빨갛게 변화시킨다. 리트머스 종이에는 산성 용액에서 빨간색으로 변하는 염료가 들어 있다(그림 14.3). 실험실에서 용액의 산도를 시험할 때는 흔히 리트머스 종이를 이용한다.

자주 이용하는 산은 표 14.1에 실려 있다. 염산은 대부분의 화학 실험실에서 볼 수 있다. 염산은 산업 현장에서 금속을 닦을 때, 몇몇 식품을 준비하거나 가공할 때, 금속 광석을 정제할 때 이용한다.

HCl 

염산

염산은 또한 위산의 주성분이다. 위에서 염산은 음식물을 자르는 것을 돕고 음식물을 통해 몸으로 들어갈 수 있는 해로운 세균을 죽인다. 때때로 소화불량과 관련되어 느껴지는 신맛은 위의 염산이 식도(위와 입을 연결하는 관)와 목으로 역류하여 발생된다.

산의 명명법은 5.9절을 참조하라.

황산(미국에서 가장 광범위하게 생산되는 화학 물질)과 질산 역시 실험실에서 흔히 이용된다. 그리고 황산과 질산은 비료, 폭발물, 염료, 접착제를 생산할 때 이용한다. 황산은 대부분의 자동차 배터리에 들어 있다.

미국에서 황산의 연간 생산량은 3600만 톤이 넘는다.

표 14.1 자주 이용하는 산

산	용도
염산(HCl)	금속 청소, 주방용품, 광석 정제, 위산의 주성분
황산(H_2SO_4)	비료와 폭발물 제조, 염료와 접착제 생산, 자동차 배터리
질산(HNO_3)	비료와 폭발물 제조, 염료와 접착제 생산
아세트산($HC_2H_3O_2$)	플라스틱과 고무 제조, 방부제, 식초의 신맛을 내는 성분
탄산(H_2CO_3)	탄산음료에서 볼 수 있는 이산화 탄소와 물의 반응
플루오린화수소산(HF)	금속 청소, 유리의 광택 지우기와 에칭
인산(H_3PO_4)	비료 생산, 생물학적 완충 용액, 음료 방부제

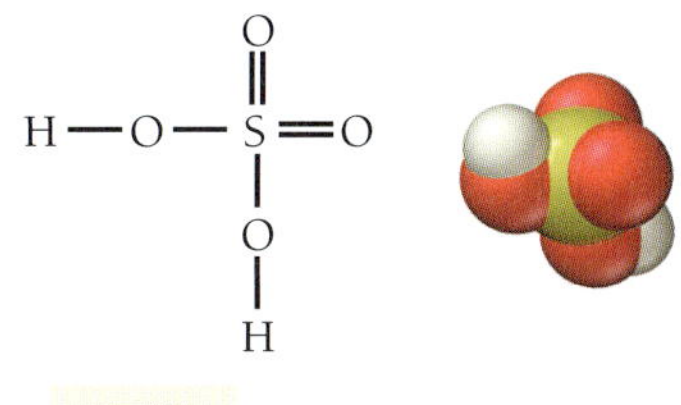

H_2SO_4

황산

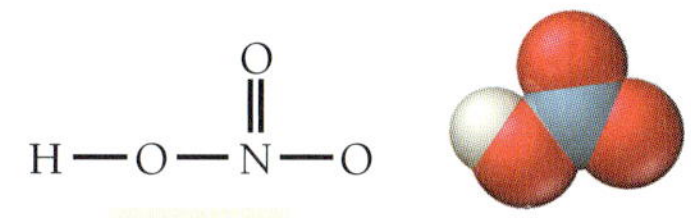

HNO_3

질산

▲ 식초는 아세트산과 물의 혼합 용액이다.

아세트산은 식초의 신맛을 내는 성분이므로 대부분의 가정에서 찾아볼 수 있다. 아세트산은 잘못 저장된 와인에서도 만들어진다. 식초(vinegar)는 '신 와인(sour wine)'을 뜻하는 프랑스어 'vin aigre'에서 유래했다. 와인에 식초가 들어 있으면 커다란 흠으로 여겨지는데, 와인에서 샐러드드레싱 맛이 나기 때문이다.

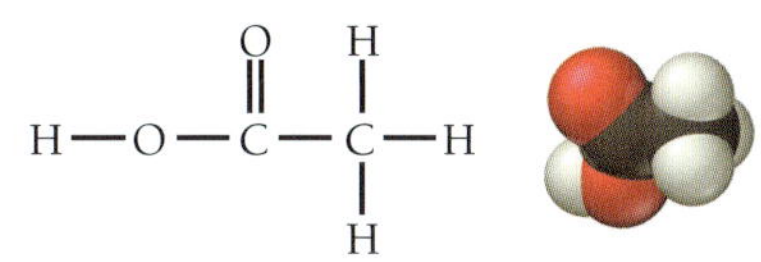

$HC_2H_3O_2$

아세트산

아세트산은 **카복실산**(carboxylic acid)의 한 예이며, 카복실산은 다음과 같은 작용기를 포함하는 산이다.

— COOH

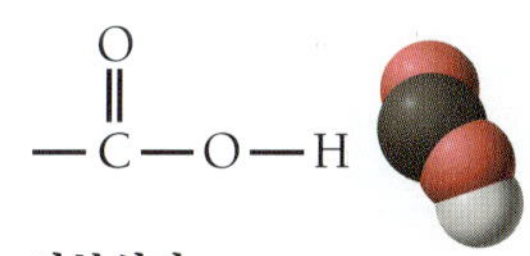

카복실기

카복실산(18.15절 참조)은 살아 있는 유기체에서 얻어지는 물질에서 자주 발견된다. 다른 카복실산으로는 시트르산(레몬과 라임에 들어 있는 산)과 말산(사과, 포도, 와인에 들어 있는) 등이 있다.

시트르산 **말산**

▶ 감귤류, 사과, 포도에는 모두 산이 들어 있다.

14.3 염기: 성질과 예

▸ 일반적으로 사용되는 염기에 대해 알아보고 주요 성질을 설명한다.

실험실의 화학 물질은 절대 만지거나 맛보면 안 된다.

커피는 전체적으로 산성이지만 카페인 같은 염기도 존재하기 때문에 쓴맛이 난다.

▲ 위의 제품은 모두 염기를 포함하고 있다.

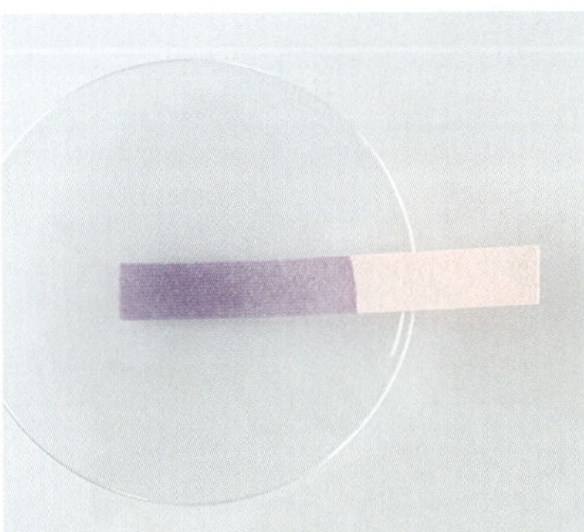

▲ **그림 14.4 빨간 리트머스 종이를 파랗게 변화시키는 염기**

염기(base)는 다음과 같은 성질이 있다.

- 염기는 쓴맛이 난다.
- 염기는 미끈거리는 느낌이 있다.
- 염기는 빨간 리트머스 종이를 파랗게 변화시킨다.

염기는 쓴맛 때문에 산에 비해 식품에서 찾아보기 어렵다. 표면에 염기를 입힌 젤리는 절대 팔리지 않을 것이다. 사람들이 염기 맛을 싫어하는 이유는, 식물에서 발견되는 유기 염기인 **알칼로이드**(alkaloid)로부터 자신을 보호하기 위해 적응했기 때문일 것이다(14.9절의 '화학과 건강' 참조). 알칼로이드는 종종 독성이 있고[예를 들어 독당근(헴록, 독약으로 쓰임)의 주성분은 알칼로이드인 코닌] 알칼로이드의 쓴맛은 먹지 말라고 경고한다. 그런데도 커피를 비롯한 몇 가지 식품은 적은 양의 염기를 포함하고 있다. 반복해서 맛을 익힌 후 많은 사람이 그 쓴맛을 즐기고 있다.

$C_8H_{17}N$

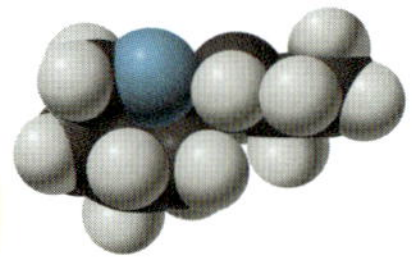

코닌

$C_8H_{10}N_4O_2$

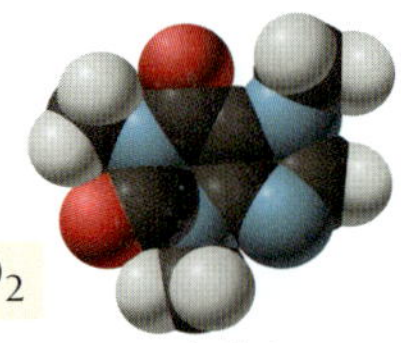

카페인

염기는 미끌미끌한 느낌이 있는데, 왜냐하면 염기는 피부의 기름과 반응하여 비누와 같은 물질을 만들기 때문이다. 비누는 염기성이고 미끄러운 느낌은 염기의 특징이다. 집을 청소할 때 사용하는 암모니아 용액 역시 염기성이며 염기의 미끈거리는 느낌이 있다. 염기는 빨간 리트머스 종이를 파랗게 변화시킨다(그림 14.4). 실험실에서 용액의 염기도를 시험할 때는 흔히 리트머스 종이를 이용한다.

자주 사용하는 염기는 표 14.2에 실려 있다. 수산화 소듐과 수산화 포타슘은 대부분의 화학 실험실에서 볼 수 있다. 이러한 것들은 석유와 솜의 처리에 사용되고 비누와 플라스틱의 제조에도 사용된다. 수산화 소듐은 막힌 배수관의 이물질을 제거하는 제품의 주성분이다. 탄산수소 소듐은 베이킹소다와 제산제의 주성분으로 집에서 흔히 볼 수 있다. 탄산수소 소듐이 제산제로 이용될 때 위산을 중화하여(14.5절 참조) 가슴 통증과 위 쓰림을 완화한다.

표 14.2 자주 이용하는 염기

염기	용도
수산화 소듐($NaOH$)	석유 처리, 비누와 플라스틱 제조
수산화 포타슘(KOH)	솜 처리, 전기 도금, 비누 생산, 배터리
탄산수소 소듐($NaHCO_3$)*	제산제, 베이킹소다의 성분, CO_2의 공급원
암모니아(NH_3)	세제, 비료와 폭발물 제조, 합성 섬유 생산

* 탄산수소 소듐은 음이온이 HCO_3^-인 염으로, HCO_3^-는 약산의 짝염기(14.4절 참조)이며 염기로 작용한다.

✔ 확인문제 14.1

다음 중 가장 신맛이 날 것으로 예상되는 물질은 무엇인가?

(a) $HCl(aq)$　　(b) $NH_3(aq)$　　(c) $KOH(aq)$

14.4 분자 수준에서의 산과 염기의 정의

- Arrhenius 산과 염기에 대해 알아본다.
- Brønsted-Lowry 산과 염기, 짝산과 짝염기에 대해 알아본다.

산과 염기의 몇 가지 성질을 알아보았다. 이 절에서는 산과 염기의 반응에 대해 분자 수준에서 설명하는 두 가지 다른 모형(Arrhenius 모형과 Brønsted-Lowry 모형)을 살펴볼 것이다. Arrhenius 모형이 먼저 나왔으며 적용되는 범위가 좀 더 제한적이다. Brønsted-Lowry 모형은 그 뒤에 발전된 것이며 더 광범위하게 적용될 수 있다.

Arrhenius 정의

1880년대에 스웨덴 출신 화학자 Svante Arrhenius(1859~1927)는 다음과 같이 분자 수준에서의 산과 염기의 정의를 제안했다.

Arrhenius 정의

- 산은 수용액에서 H^+ 이온을 내놓는다.
- 염기는 수용액에서 OH^- 이온을 내놓는다.

Arrhenius 정의에서 산은 용액에 H^+ 이온을 내놓는 물질이다.

HCl

$$HCl(aq) \longrightarrow H^+(aq) + Cl^-(aq)$$

▲ 그림 14.5 **Arrhenius 산.** H^+ 이온은 H_2O와 결합하여 H_3O^+ 이온을 형성한다.

예를 들어 **Arrhenius 정의**(Arrhenius definition)에 따르면, HCl은 용액에서 H^+ 이온을 생성하므로 **Arrhenius 산**(Arrhenius acid)이다(그림 14.5).

$$HCl(aq) \longrightarrow H^+(aq) + Cl^-(aq)$$

HCl은 공유 결합 화합물로 이온을 포함하고 있지 않다. 하지만 물속에서는 **이온화**(ionize)되어서 $H^+(aq)$ 이온과 $Cl^-(aq)$ 이온을 형성한다. H^+ 이온은 반응성이 매우 크다. 수용액에서 H^+ 이온은 다음과 같은 반응을 통해 물 분자와 결합한다.

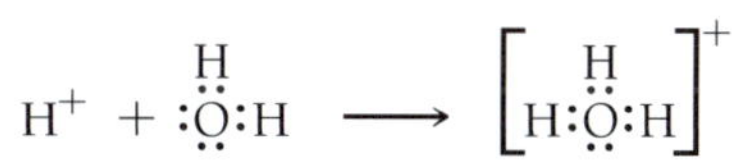

H_3O^+ 이온은 **하이드로늄 이온**(hydronium ion)이라고 부른다. 물속에서 H^+ 이온은 항상 H_2O 분자와 결합한다. 화학자들은 흔히 $H^+(aq)$와 $H_3O^+(aq)$를 함께 사용하며 같은 하이드로늄 이온으로 생각한다.

산에 대한 화학식에서는 이온화할 수 있는 수소를 먼저 쓴다. 예를 들어 폼산은 자주 다음과 같이 쓰인다.

$HCHO_2$ (이온화할 수 있는 수소: 첫 번째 H; 이온화할 수 없는 수소: C에 결합한 H)

이온화할 수 있는 수소 ↗ $HCHO_2$ ↖ 이온화할 수 없는 수소

하지만 폼산의 구조식은 앞의 그림과 같은 분자식으로 표현되지 않는다. 구조식을 이용하여 폼산의 구조를 표현한다.

구조식은 원자가 서로 어떻게 결합되어 있는지를 나타낸다. 반면에 분자식은 단순히 각 원자의 수를 나타낸다.

Arrhenius 정의에서 염기는 용액에서 OH^- 이온을 생성하는 물질이다.

NaOH

$$NaOH(aq) \longrightarrow Na^+(aq) + OH^-(aq)$$

▲ 그림 14.6 **Arrhenius 염기**

NaOH는 용액에서 OH^- 이온을 생성하므로 **Arrhenius 염기**(Arrhenius base)이다(그림 14.6).

$$NaOH(aq) \longrightarrow Na^+(aq) + OH^-(aq)$$

NaOH는 이온 결합 화합물이기 때문에 Na^+ 이온과 OH^- 이온을 포함하고 있다. 물에 NaOH를 가하면 NaOH는 **해리**(dissociate)되거나 그것을 구성하는 이온으로 나뉜다.

Arrhenius 정의에 따르면 산과 염기는 자연적으로 결합하여 물을 형성하면서 서로를 중화한다.

$$H^+(aq) + OH^-(aq) \longrightarrow H_2O(l)$$

Brønsted-Lowry 정의

NaOH와 같은 이온 결합 화합물은 양이온과 음이온으로 구성되어 있다. 용액에서 용해될 수 있는 이온 결합 화합물은 성분 이온으로 해리된다. 메탄올(CH_3OH)처럼 OH기를 포함하고 있는 분자 화합물은 해리되지 않아서 염기로 작용하지 않는다.

많은 경우에 있어서 Arrhenius의 정의가 산과 염기의 행동을 잘 설명해주지만, OH^-를 포함하지 않는 물질인 데도 염기처럼 작용할 수 있는 물질에 대해서는 쉽게 설명할 수 없었으며, 비수용성 용매에는 적용하지 못했다. 산과 염기에 대한 두 번째 정의는 **Brønsted-Lowry 정의**(Brønsted-Lowry definition)로, 이는 1923년에 소개되어 산-염기 현상에 더 넓게 적용되었다. 이 정의는 산-염기 반응에서 H^+ 이온의 이동에 초점을 맞추고 있다. 전자를 빼앗긴 수소 원자인 H^+ 이온은 양성자이므로 이 정의는 양성자 주개와 양성자 받개의 개념을 이용한다.

Brønsted-Lowry 정의

- 산은 양성자(H^+ 이온) 주개이다.
- 염기는 양성자(H^+ 이온) 받개이다.

덴마크에서 연구하던 Johannes Brønsted (1879~1947)와 영국에서 연구하던 Thomas Lowry(1874~1936)는 각자 그리고 거의 동시에 산-염기의 행동에서 양성자 이동에 대한 개념을 발전시켰다.

이 정의에 따르면 HCl은 용액에서 물에 양성자를 주기 때문에 **Brønsted-Lowry 산**(Brønsted-Lowry acid)이다.

$$HCl(aq) + H_2O(l) \longrightarrow H_3O^+(aq) + Cl^-(aq)$$

이 정의는 산에서 나온 H^+ 이온에 어떤 일이 일어나는지 더 확실하게 보여준다—H^+ 이온은 물과 결합하여 H_3O^+(하이드로늄 이온)을 형성한다. Brønsted-Lowry 정의는 원래 OH^- 이온을 포함하지 않지만 용액에서 OH^- 이온을 생성하는 (NH_3와 같은) 염기에도 잘 적용된다. Brønsted-Lowry 정의에 따르면 NH_3는 물로부터 양성자를 받으므로 **Brønsted-Lowry 염기**(Brønsted-Lowry base)이다.

반응식에 있는 양방향 화살표는 반응이 완결되지 않는다는 것을 나타낸다. 이 개념은 14.7절에서 더 자세히 다룰 것이다.

$$NH_3(aq) + H_2O(l) \rightleftharpoons NH_4^+(aq) + OH^-(aq)$$

Brønsted-Lowry 정의에서는 산(양성자 주개)과 염기(양성자 받개)가 언제나 함께 생긴다. HCl과 H_2O 사이의 반응에서는 HCl이 양성자 주개(산)이고 H_2O가 양성자 받개(염기)이다.

$$\underset{\substack{\text{산} \\ \text{(양성자 주개)}}}{HCl(aq)} + \underset{\substack{\text{염기} \\ \text{(양성자 받개)}}}{H_2O(l)} \longrightarrow H_3O^+(aq) + Cl^-(aq)$$

NH_3와 H_2O 사이의 반응에서 H_2O는 양성자 주개(산)이고 NH_3는 양성자 받개(염기)이다.

$$\underset{\substack{\text{염기} \\ \text{(양성자 받개)}}}{NH_3(aq)} + \underset{\substack{\text{산} \\ \text{(양성자 주개)}}}{H_2O(l)} \rightleftharpoons NH_4^+(aq) + OH^-(aq)$$

Brønsted-Lowry 정의하에서 앞의 두 식에서 보았던 물의 경우처럼 어떤 물질은 산 또는 염기로 모두 작용할 수 있다는 사실에 주목하라. 산 또는 염기로 작용할 수 있는 물질을 **양쪽성**(amphoteric)이라고 부른다. Brønsted-Lowry 산-염기 반응을 나타내는 식이 거꾸로 쓰였을 때 어떤 일이 일어나는지도 주목하라.

$$NH_4^+(aq) + OH^-(aq) \rightleftharpoons NH_3(aq) + H_2O(l)$$

산 (양성자 주개)　　염기 (양성자 받개)

이 반응에서 NH_4^+는 양성자 주개(산)이고 OH^-는 양성자 받개(염기)이다. 염기(NH_3)였던 것이 산(NH_4^+)이 되었고 그 반대도 마찬가지이다. NH_4^+와 NH_3는 흔히 **짝산-염기 쌍**(conjugate acid-base pair)이라고 하며, 두 물질은 양성자의 이동에 의해 서로 연결되어 있다(그림 14.7). **짝산**(conjugate acid)은 어떤 염기에 양성자를 첨가한 것이고, **짝염기**(conjugate base)는 어떤 산으로부터 양성자가 제거된 것이다. 다시 원래의 정방향 반응으로 돌아와서 다음과 같이 짝산-염기 쌍을 확인할 수 있다.

$$NH_3(aq) + H_2O(l) \rightleftharpoons NH_4^+(aq) + OH^-(aq)$$

염기　　산　　짝산　　짝염기

산-염기 반응에서 염기는 양성자를 받고 짝산이 된다. 산은 양성자를 주고 짝염기가 된다.

▶ **그림 14.7 짝염기-산 쌍**

양성자의 이동에 의해 서로 연결된 두 물질은 짝염기-산 쌍을 만든다.

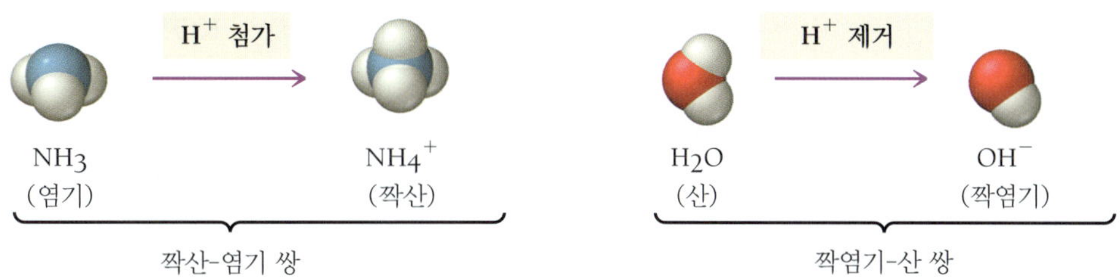

예제 14.1 Brønsted-Lowry 산과 염기, 짝산과 짝염기

다음 각각의 반응에서 Brønsted-Lowry 산과 염기, 짝산과 짝염기를 밝히시오.

(a) $H_2SO_4(aq) + H_2O(l) \longrightarrow HSO_4^-(aq) + H_3O^+(aq)$

(b) $HCO_3^-(aq) + H_2O(l) \rightleftharpoons H_2CO_3(aq) + OH^-(aq)$

답

(a) 반응에서 H_2SO_4는 H_2O에게 양성자를 제공하므로 산(양성자 주개)이다. H_2SO_4가 양성자를 주고 나면 짝염기인 HSO_4^-가 된다. H_2O는 양성자를 받으므로 염기(양성자 받개)이다. H_2O가 양성자를 받으면 짝산인 H_3O^+가 된다.

$$H_2SO_4(aq) + H_2O(l) \longrightarrow HSO_4^-(aq) + H_3O^+(aq)$$

산　　염기　　짝염기　　짝산

(b) 반응에서 H_2O는 HCO_3^-에 양성자를 제공하므로 산(양성자 주개)이다. H_2O가 양성자를 주고 나면 짝염기인 OH^-가 된다. HCO_3^-는 양성자를 받으므로 염기(양성자 받개)이다. HCO_3^-가 양성자를 받으면 짝산인 H_2CO_3가 된다.

$$HCO_3^-(aq) + H_2O(l) \rightleftharpoons H_2CO_3(aq) + OH^-(aq)$$

염기　　산　　짝산　　짝염기

▶ **연습문제 14.1 | Brønsted-Lowry 산과 염기, 짝산과 짝염기**

다음 각각의 반응에서 Brønsted-Lowry 산과 염기, 짝산과 짝염기를 밝히시오.

(a) $C_5H_5N(aq) + H_2O(l) \rightleftharpoons C_5H_5NH^+(aq) + OH^-(aq)$

(b) $HNO_3(aq) + H_2O(l) \longrightarrow NO_3^-(aq) + H_3O^+(aq)$

▶ **심화 학습** 예제 14.11/복습문제 31~34

확인문제 14.2

H_2SO_3의 짝염기는 다음 중 어느 종인가?
(a) $H_3SO_3^+$ (b) HSO_3^- (c) SO_3^{2-}

14.5 산-염기 반응

- 중화 반응의 반응식을 작성한다.
- 산과 금속의 반응, 산과 금속 산화물의 반응에 대한 반응식을 작성한다.

산과 염기는 전형적으로 반응성이 활발한 물질이다. 이 절에서 산과 염기가 서로 어떻게 반응하는지 또 다른 물질과 어떻게 반응하는지 배울 것이다.

중화 반응

HCl과 KOH의 반응은 복치환 반응이기도 하다(7.10절 참조).

산-염기 반응 중 가장 중요한 반응은 **중화 반응**(neutralization reaction)으로 7장에서 이미 소개했다. 산과 염기를 혼합하면 산에서 나온 $H^+(aq)$와 염기에서 나온 $OH^-(aq)$가 결합하여 $H_2O(l)$를 형성한다. 예를 들어 염산과 수산화 포타슘의 반응을 살펴보자.

$$\underset{\text{산}}{HCl(aq)} + \underset{\text{염기}}{KOH(aq)} \longrightarrow \underset{\text{물}}{H_2O(l)} + \underset{\text{염}}{KCl(aq)}$$

산-염기 반응으로도 알려진 중화 반응은 7.8절에서 다루었다.

산-염기 반응은 일반적으로 물과 이온 결합 화합물인 **염**(salt)을 형성한다. 이때 염은 보통 용액에 용해된 상태로 존재한다. 염은 염기에서 나온 양이온과 산에서 나온 음이온을 포함하고 있다.

$$\text{산} + \text{염기} \longrightarrow \text{물} + \text{염}$$

염기에서 나온 양이온과 산에서 나온 음이온을 포함하는 이온 결합 화합물

알짜 이온 반응식은 7.7절에서 다루었다.

많은 중화 반응의 알짜 이온 반응식은 다음과 같다.

$$H^+(aq) + OH^-(aq) \longrightarrow H_2O(l)$$

$HCl(aq) + NaHCO_3(aq) \longrightarrow H_2O(l) + CO_2(g) + NaCl(aq)$

▲ 탄산염 또는 탄산수소염과 산의 반응은 물, 기체 이산화 탄소, 염을 생성한다.

조금 달라 보이지만 산이 탄산염이나 탄산수소염(CO_3^{2-} 또는 HCO_3^-가 포함된 화합물)과 반응하는 것은 보통 중화 반응의 일반적인 형태에 포함된다. 이러한 중화 반응은 물, 기체 이산화 탄소, 염을 생성한다. 예로 염산과 탄산수소 소듐의 반응을 살펴보자.

$$HCl(aq) + NaHCO_3(aq) \longrightarrow H_2O(l) + CO_2(g) + NaCl(aq)$$

이 반응에서 기체 상태의 CO_2가 생성되기 때문에 이 반응을 기체 발생 반응(gas evolution reaction)이라고 부르기도 한다(7.8절).

예제 14.2 중화 반응의 반응식

HCl 수용액과 $Ca(OH)_2$ 수용액의 반응에 대한 분자 반응식을 작성하시오.

답	
먼저 산과 염기를 확인하고, 산과 염기가 반응하여 물과 염을 형성한다는 사실을 알아야 한다. 반응식에서 이온 결합 화합물에 대한 화학식은 중성 전하를 띠어야 한다(5.5절 참조).	$HCl(aq) + Ca(OH)_2(aq) \longrightarrow H_2O(l) + CaCl_2(aq)$

반응식의 계수를 맞춘다. $Ca(OH)_2$ 1 mol당 OH^- 이온 2 mol을 포함하고 있다. 그러므로 중화를 위해 2 mol 의 H^+ 이온이 필요하다.	$2\ HCl(aq) + Ca(OH)_2(aq) \longrightarrow 2\ H_2O(l) + CaCl_2(aq)$

▶ **연습문제 14.2 | 중화 반응의 반응식**

H_3PO_4 수용액과 NaOH 수용액의 반응에 대한 분자 반응식을 작성하시오. (힌트: H_3PO_4는 삼양성자산이다. 즉 1 mol의 H_3PO_4가 완전히 반응하려면 3 mol의 OH^-가 필요하다.)

▶ **심화 학습** 예제 14.12/복습문제 39, 40

$2\ HCl(aq) + Mg(s) \longrightarrow H_2(g) + MgCl_2(aq)$

▲ 보통 산과 금속의 반응은 수소 기체와 금속 이온이 포함된 용해된 염을 생성한다.

산 반응

14.1절에서 산이 금속을 용해시킨다는 것을 배웠다. 더 정확하게는 산이 금속과 반응하여 금속을 용액 안에 들어가도록 한다. 보통 산과 금속의 반응은 수소 기체를 발생시키고, 금속 양이온이 포함된 용해된 염을 생성한다. 예를 들어 염산은 마그네슘 금속과 반응하여 수소 기체와 염화 마그네슘을 만든다.

$$\underset{\text{산}}{2\ HCl(aq)} + \underset{\text{금속}}{Mg(s)} \longrightarrow \underset{\text{수소 기체}}{H_2(g)} + \underset{\text{염}}{MgCl_2(aq)}$$

비슷하게 황산은 아연과 반응하여 수소 기체와 황산 아연을 만든다.

$$\underset{\text{산}}{H_2SO_4(aq)} + \underset{\text{금속}}{Zn(s)} \longrightarrow \underset{\text{수소 기체}}{H_2(g)} + \underset{\text{염}}{ZnSO_4(aq)}$$

제임스 본드의 펜에서 나온 산이 쇠창살을 용해시키는 것도 이러한 반응이다. 예를 들어 창살이 철로 만들어졌고 펜에 들어 있는 산이 염산이라면 반응은 다음과 같다.

$$\underset{\text{산}}{2\ HCl(aq)} + \underset{\text{금속}}{Fe(s)} \longrightarrow \underset{\text{수소 기체}}{H_2(g)} + \underset{\text{염}}{FeCl_2(aq)}$$

그러나 몇몇 금속은 산과 쉽게 반응하지 않는다. 만약 제임스 본드를 가둔 감옥의 창살이 금으로 만들어져 있었다면, 염산으로 채워진 펜은 창살을 용해시킬 수 없었을 것이다. 특정한 금속이 산에서 용해될 것인지 아닌지를 결정하는 방법은 16.5절에 나와 있다.

산은 금속 산화물과도 반응하여 물과 용해된 염을 만든다. 예를 들어 산화 포타슘과 염산이 반응하면 물과 염화 포타슘을 만든다.

$$\underset{\text{산}}{2\ HCl(aq)} + \underset{\text{금속 산화물}}{K_2O(s)} \longrightarrow \underset{\text{물}}{H_2O(l)} + \underset{\text{염}}{2\ KCl(aq)}$$

비슷하게 브로민화수소산과 산화 마그네슘이 반응하면 물과 브로민화 마그네슘을 만든다.

$$\underset{\text{산}}{2\ HBr(aq)} + \underset{\text{금속 산화물}}{MgO(s)} \longrightarrow \underset{\text{물}}{H_2O(l)} + \underset{\text{염}}{MgBr_2(aq)}$$

예제 14.3 산 반응의 반응식

다음 각 반응의 반응식을 작성하시오.

(a) 아이오딘화수소산과 포타슘 금속의 반응

(b) 브로민화수소산과 산화 소듐의 반응

답

(a) 아이오딘화수소산과 포타슘 금속의 반응은 수소 기체와 염을 형성한다. 염은 양이온으로 이온화된 금속(K^+)과 음이온으로 산의 음이온(I^-)을 포함한다. 먼저 반응식을 작성한 다음 반응식의 계수를 맞춘다.	$HI(aq) + K(s) \longrightarrow H_2(g) + KI(aq)$ $2\ HI(aq) + 2\ K(s) \longrightarrow H_2(g) + 2\ KI(aq)$
(b) 브로민화수소산과 산화 소듐의 반응은 물과 염을 형성한다. 염은 금속 산화물에서 나온 양이온(Na^+)과 산의 음이온(Br^-)을 포함한다. 먼저 반응식을 작성한 다음 반응식의 계수를 맞춘다.	$HBr(aq) + Na_2O(s) \longrightarrow H_2O(l) + NaBr(aq)$ $2\ HBr(aq) + Na_2O(s) \longrightarrow H_2O(l) + 2\ NaBr(aq)$

▸ **연습문제 14.3 | 산 반응의 반응식**

다음 각 반응의 반응식을 작성하시오.

(a) 염산과 스트론튬 금속의 반응

(b) 아이오딘화수소산과 산화 바륨의 반응

▸ **심화 학습** 예제 14.13/복습문제 41~44

일상 속의 화학

제산제에는 무엇이 들어 있는가

목 아랫부분과 위의 윗부분 사이가 쓰린 가슴 통증은 위산이 역류하여 식도로 들어와서 발생한다. 건강한 사람은 과식을 하고 난 후 이러한 통증을 느끼곤 한다. 식후에 몸을 굽히거나, 기울이거나, 또는 무거운 물건을 들어 올리는 것과 같은 육체적 활동을 하는 경우에도 가슴 통증을 악화시킨다. 어떤 사람들은 식도와 위 사이에서 산의 역류를 막는 조직판이 손상을 입어 규칙적으로 통증이 일어난다.

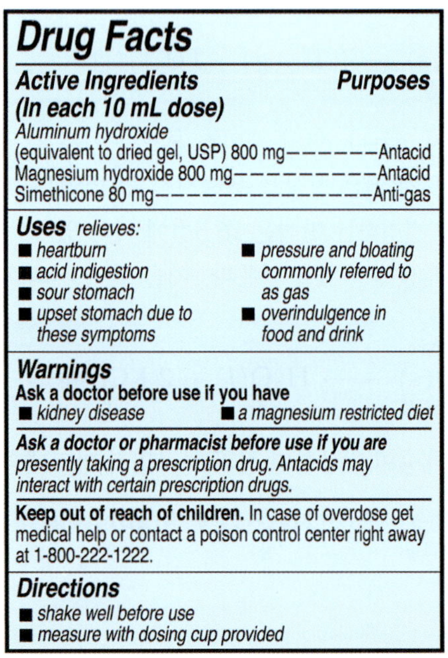

Drug Facts

Active Ingredients (In each 10 mL dose) — **Purposes**

Aluminum hydroxide (equivalent to dried gel, USP) 800 mg——————Antacid

Magnesium hydroxide 800 mg——————Antacid

Simethicone 80 mg——————Anti-gas

Uses relieves:
- heartburn
- acid indigestion
- sour stomach
- upset stomach due to these symptoms
- pressure and bloating commonly referred to as gas
- overindulgence in food and drink

Warnings

Ask a doctor before use if you have
- kidney disease
- a magnesium restricted diet

Ask a doctor or pharmacist before use if you are presently taking a prescription drug. Antacids may interact with certain prescription drugs.

Keep out of reach of children. In case of overdose get medical help or contact a poison control center right away at 1-800-222-1222.

Directions
- shake well before use
- measure with dosing cup provided

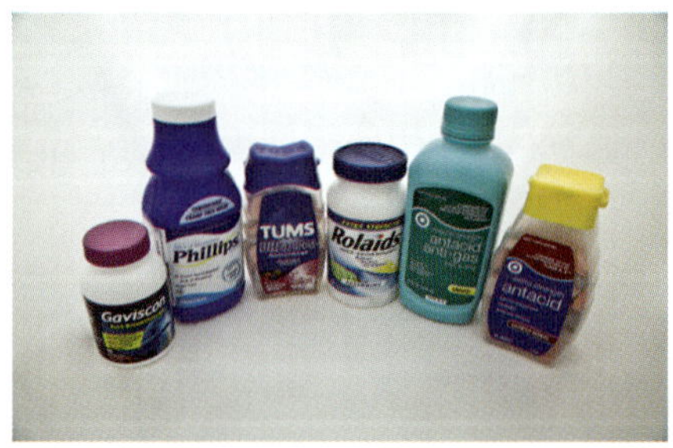

약국에는 위산의 분비를 줄이거나 위에서 만들어진 산을 중화하는 제품이 많이 있다. 미란타(Mylanta)나 필립스(Phillips)의 마그네시아 유제 같은 제산제는 역류된 위산을 중화하여 가슴 통증을 완화하는 염기를 포함하고 있다.

질문 미란타의 라벨에서 제산 작용을 하는 염기를 확인할 수 있는가? 위산(HCl)과 이 염기의 반응을 나타내는 화학 반응식을 작성하시오.

염기 반응

염기 반응 중 가장 중요한 반응은 산을 중화하는 반응이다(이 절의 앞부분 참조). 이 책에서 다룰 기타 종류의 염기 반응은 수산화 소듐, 알루미늄과 물의 반응이다.

$$2\ NaOH(aq) + 2\ Al(s) + 6\ H_2O(l) \longrightarrow 2\ NaAl(OH)_4(aq) + 3\ H_2(g)$$

알루미늄은 염기에서 용해되는 몇 안 되는 금속 중 하나이다. 따라서 알루미늄으로 만든 배수관이 아닌 한 막힌 배수관을 뚫기 위해 NaOH(막힌 배수관을 뚫어주는 제품의 주성분)를 사용하는 것이 안전하다. 실제로 알루미늄으로 배수관을 만드는 것은 건축 관련 법규에 어긋난다.

14.6 산-염기 적정: 용액에 포함된 산 또는 염기를 정량하는 방법

▸ 산-염기 적정을 이용하여 미지 용액의 농도를 구한다.

13장(13.8절)에서 배웠던 용액의 화학량론 원리를 **적정**(titration)이라고 하는 실험 과정에 적용할 수 있다. 적정을 할 때 농도를 알고 있는 용액 속 한 물질이 농도를 모르는 용액 속 다른 물질과 반응한다. 예를 들어 염산과 수산화 소듐의 산-염기 반응을 살펴보자.

$$HCl(aq) + NaOH(aq) \longrightarrow H_2O(l) + NaCl(aq)$$

이 반응의 알짜 이온 반응식은 다음과 같다.

$$H^+(aq) + OH^-(aq) \longrightarrow H_2O(l)$$

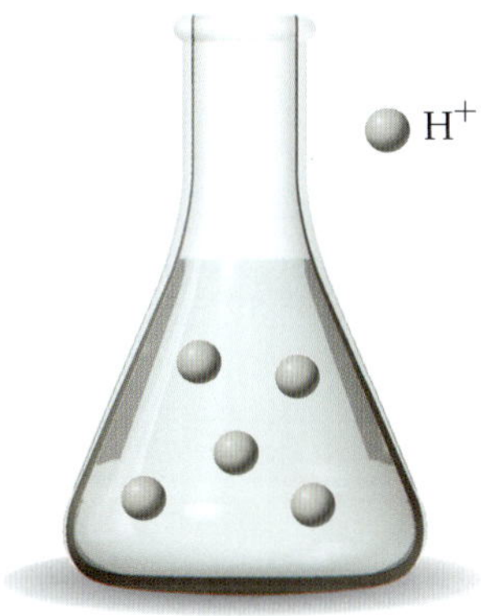

다음과 같이 분자 그림으로 나타낸 HCl 용액이 있다고 하자(그림의 명확성을 위해 반응에 참여하지 않는 Cl^- 이온과 H_2O 분자는 나타내지 않았다).

왼쪽 시료를 적정할 때 다음 분자 그림으로 나타낸 것처럼 농도를 알고 있는 OH^- 용액을 천천히 가한다.

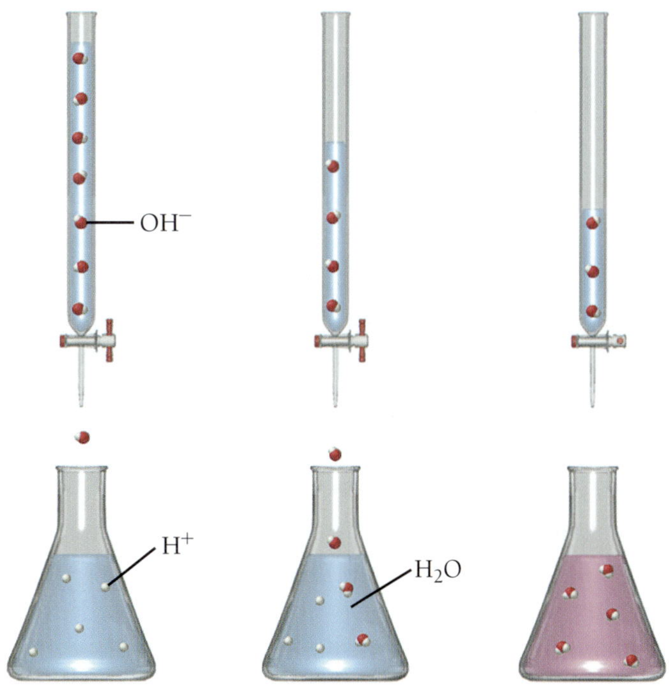

OH^- 용액 역시 Na^+ 양이온을 포함하고 있지만 명확성을 위해 나타내지 않았다.

당량점에서는 반응물이 과도하게 존재하지 않으며 둘 다 제한적이다. 반응물의 몰수는 반응 화학량론과 관련이 있다(8장 참조).

OH^-를 가하면 H^+ 이온과 반응하여 물을 형성하면서 H^+를 중화한다. 적정 시 가해진 OH^-의 몰수가 원래 용액에 있던 H^+의 몰수와 같아지는 지점인 **당량점**(equivalence

▶ **그림 14.8 산-염기 적정.** 이 적정에서는 HCl 용액에 NaOH를 가했다.

NaOH와 HCl이 화학량론적 당량에 도달하면 지시약이 분홍색으로 바뀌면서 적정의 당량점을 알려준다.

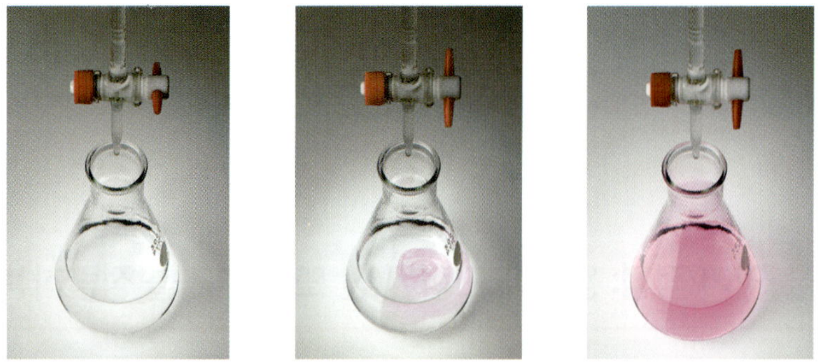

point)에서 적정이 완료된다. 당량점은 보통 **지시약**(indicator)에 의해 표시되며, 지시약은 용액의 산도에 따라 색이 달라지는 염료이다(그림 14.8).

실험실에서 수행되는 대부분의 적정에서 한 반응물의 농도는 모르지만 다른 반응물의 농도는 정확하게 안다. 따라서 당량점에 도달하는 데 필요한 각 용액의 부피를 정확하게 측정하면 미지 용액의 농도를 예제 14.4에서와 같이 구할 수 있다.

예제 14.4 산-염기 적정

농도를 알지 못하는 HCl 용액 10.00 mL를 NaOH 용액으로 적정하여 당량점에 도달하려면 0.100 M NaOH 용액 12.54 mL가 필요하다. HCl 용액의 농도는 얼마인가?

분류

미지의 HCl 용액의 부피와 미지 용액을 적정하는 데 필요한 농도를 알고 있는 NaOH 용액의 부피가 주어졌고, 미지 용액의 농도를 구해야 한다.

주어진 값: 10.00 mL의 HCl 용액
12.54 mL의 0.100 M NaOH 용액

구해야 하는 값: HCl 용액의 농도(mol/L)

전략

우선 산과 염기 사이의 반응에 대한 균형 화학 반응식을 작성해야 한다(예제 14.2 참조).

해결도표는 두 부분으로 되어 있다. 첫 부분에서는 당량점에 도달하는 데 필요한 NaOH의 부피를 이용하여 용액 속에 있는 HCl의 몰수를 계산한다. 마지막 환산 인자는 균형 중화 반응식에서 얻는다.

두 번째 부분에서는 HCl의 몰수와 HCl 용액의 부피를 이용하여 HCl 용액의 몰농도를 구한다.

해결도표

mL NaOH → L NaOH → mol NaOH → mol HCl

$$\frac{1\ \text{L}}{1000\ \text{mL}} \quad \frac{0.100\ \text{mol NaOH}}{1\ \text{L NaOH}} \quad \frac{1\ \text{mol HCl}}{1\ \text{mol NaOH}}$$

HCl 몰수, HCl 용액의 부피 → 몰농도

$$\text{M} = \frac{\text{mol}}{\text{L}}$$

$$HCl(aq) + NaOH(aq) \longrightarrow H_2O(l) + NaCl(aq)$$

사용된 관계식

1 mol HCl : 1 mol NaOH (균형 화학 반응식으로부터)

$$\text{몰농도(M)} = \frac{\text{용질의 몰수}}{\text{용액의 부피(L)}}$$ (몰농도의 정의, 13.6절 참조)

풀이 해결도표의 첫 부분을 따라서 미지 용액 속에 있는 HCl의 몰수를 계산한다. 용액의 농도를 구하려면 HCl의 몰수를 HCl 용액의 부피(L)로 나눈다(10.00 mL는 0.01000 L이다). 따라서 HCl 용액의 농도는 0.125 M이다.	**답** $12.54\ \cancel{\text{mL}}\ \cancel{\text{NaOH}} \times \frac{1\ \cancel{\text{L}}}{1000\ \cancel{\text{mL}}} \times \frac{0.100\ \cancel{\text{mol NaOH}}}{1\ \cancel{\text{L}}\ \cancel{\text{NaOH}}} \times \frac{1\ \text{mol HCl}}{1\ \cancel{\text{mol NaOH}}} = 1.25 \times 10^{-3}\ \text{mol HCl}$ $\text{몰농도} = \frac{1.25 \times 10^{-3}\ \text{mol HCl}}{0.01000\ \text{L}} = 0.125\ \text{M}$
검토 답을 확인한다. 단위가 옳은가? 답이 합당한가?	단위(M)가 옳고 답의 크기도 합당하다. 반응은 1:1의 화학량론비이고 두 용액의 부피가 비슷하기 때문이다. 그러므로 농도 또한 같을 것이다.

▶ **연습문제 14.4 | 산-염기 적정**

농도를 알지 못하는 H_2SO_4 용액 시료 20.0 mL를 적정할 때 0.158 M KOH 용액 22.87 mL를 가했더니 당량점에 이르렀다. H_2SO_4 용액의 농도는 얼마인가?

▶ **심화 학습** 예제 14.14/복습문제 47~52

✔ 확인문제 14.3

다음 그림은 적정되어야 할 어떤 산의 시료를 나타낸 것이다.

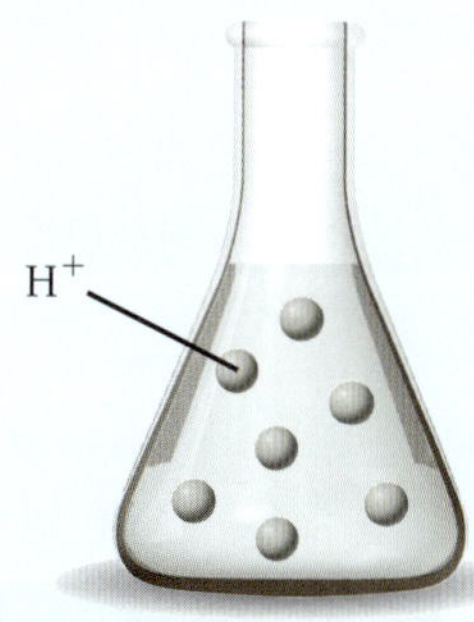

적정에서 당량점에 도달하는 데 필요한 OH^-가 들어 있는 비커는 무엇인가?

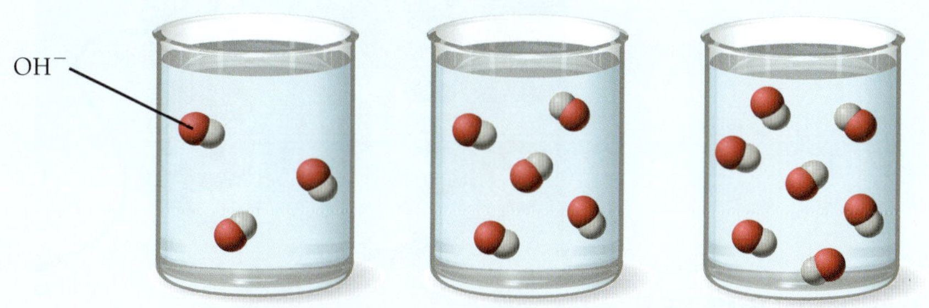

14.7 강산과 강염기, 약산과 약염기

- 강산과 약산, 강염기와 약염기에 대해 알아본다.
- 산 용액의 $[H_3O^+]$를 구한다.
- 염기 용역의 $[OH^-]$를 구한다.

산과 염기는 수용액에서 얼마나 이온화되는지 혹은 해리되는지에 따라 강산, 강염기 또는 약산, 약염기로 분류할 수 있다. 이 절에서는 강산과 약산을 먼저 살펴본 뒤 강염기와 약염기를 알아본다.

[X]는 'X의 몰농도'를 뜻한다.

강산

염산(HCl)과 플루오린화수소산(HF)은 언뜻 비슷해 보이지만 두 산 사이에는 큰 차이점이 있다. HCl은 **강산**(strong acid)의 하나로 용액에서 완전히 이온화된다.

HCl이 물에 용해되면 H_3O^+와 Cl^-로 완전히 이온화된다.

▲ 그림 14.9 강산

한 방향의 단일 화살표는 완전히 이온화됨을 나타낸다.

$$HCl(aq) + H_2O(l) \longrightarrow H_3O^+(aq) + Cl^-(aq)$$

반응식에서 오른쪽을 가리키는 단일 화살표를 통해 HCl이 완전히 이온화된다는 것을 알 수 있다. HCl 용액에는 본래 상태의 HCl은 거의 없다. 실제로 모든 HCl은 물과 반응하여 $H_3O^+(aq)$과 $Cl^-(aq)$를 만든다(그림 14.9). 그러므로 1.0 M HCl 용액에는 1.0 M의 H_3O^+이 존재한다. H_3O^+의 농도는 간단하게 $[H_3O^+]$로 쓴다. 이 표시법을 사용하면 1.0 M HCl 용액에서 $[H_3O^+]$ = 1.0 M이다.

물질이 수용액 상태에서 좋은 전기 전도체일 때 **강전해질**(strong electrolyte)이라고 하며(7.5절 참조), 강산은 강전해질의 한 예이다(그림 14.10). 수용액이 전기를 운반하려면 전하를 띤 입자가 있어야 한다. 강산 분자는 양이온과 음이온으로 이온화되기 때문에 강산 용액은 강전해질 용액이기도 하다. 이렇게 이동하기 쉬운 이온은 좋은 전기 전도체이다. 순수한 물에는 전하를 띤 입자 수가 상대적으로 적기 때문에 순수한 물은 좋은 전기 전도체가 아니다. 욕조 안에서 헤어드라이기 등의 전자제품을 사용하는 것이 위험한 이유는 물이 거의 순수하지 않고 종종 물속에 용해된 이온을 포함하고 있기 때문이다. 전자제품이 물과 접촉한다면 위험할 정도로 높은 전류가 물과 몸을 통해 흐를 것이다.

이온화할 수 있는 양성자란 용액에서 H^+ 이온이 되는 양성자를 말한다.

순수한 물은 전기를 통하지 않는다.

강전해질 용액: HCl 용액에는 이온이 존재하므로 전기가 통하며 전구에 불이 들어온다. 이러한 용액을 강전해질 용액이라고 한다.

▶ 그림 14.10 강전해질 용액의 전도율

표 14.3 강산
염산(HCl)
질산(HNO_3)
브로민화수소산(HBr)
과염소산($HClO_4$)
아이오딘화수소산(HI)
황산(H_2SO_4) (이양성자산)

표 14.3에 6개의 강산을 제시했다. 첫 번째부터 다섯 번째까지의 산은 **일양성자산**(monoprotic acid)으로 이온화할 수 있는 양성자가 하나인 산이다. 예를 들어 황산은 **이양성자산**(diprotic acid)으로 이온화할 수 있는 양성자가 2개이다.

약산

HCl과는 대조적으로 HF는 **약산**(weak acid)의 한 예로 용액에서 완전히 이온화되지 않는다.

HF가 물에 용해될 때 용해된 분자 중 극히 일부만이 이온화된다.

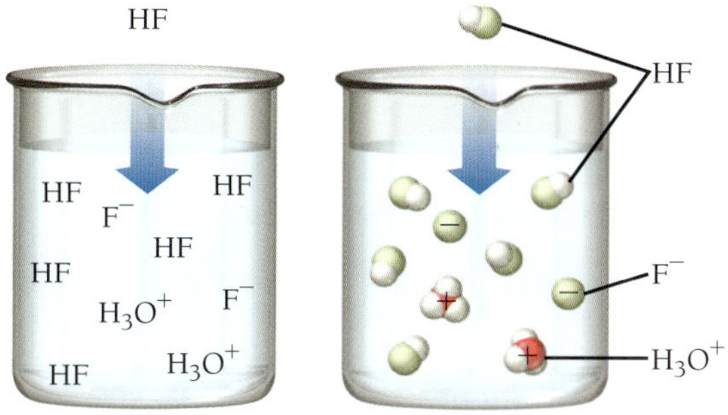

▲ **그림 14.11 약산**

2개의 양방향 화살표는 부분적으로 이온화됨을 나타낸다.

$$HF(aq) + H_2O(l) \rightleftharpoons H_3O^+(aq) + F^-(aq)$$

용액에서 HF가 완전히 이온화되지 않는다는 것을 나타내기 위해 이러한 이온화에 대한 반응식은 2개의 양방향 화살표를 갖고 있다. 이 화살표는 역반응이 어느 정도 일어난다는 것을 나타낸다. HF 용액에는 본래 상태의 HF가 상당히 포함되어 있다. 이 용액은 $H_3O^+(aq)$와 $F^-(aq)$ 또한 포함하고 있다(그림 14.11). 달리 말해 1.0 M HF 용액에서 $[H_3O^+] < 1.0$ M이다. 이는 HF 분자 중 일부만이 이온화되어 H_3O^+를 형성하기 때문이다.

수용액 상태에서 낮은 전기 전도율를 갖는 물질을 **약전해질**(weak electrolyte)이라고 하며, 약산은 약전해질의 한 예이다(그림 14.12). 약산 용액은 용해된 산 분자의 일부만이 양이온과 음이온으로 이온화되기 때문에 적은 양의 전하를 띤 입자를 포함하고 있다.

강산과 약산을 진한 산과 묽은 산으로 혼동하는 경우가 흔히 있다. 두 용어에 대한 차이점을 설명할 수 있는가?

약산의 정확한 $[H_3O^+]$를 계산하는 것은 이 책의 범위를 벗어난다.

순수한 물은 전기가 통하지 않는다.

약전해질 용액: HF 용액은 약간의 이온을 포함하지만 대부분의 HF 분자는 본래 상태로 남아 있다. 불은 희미하게 켜진다.

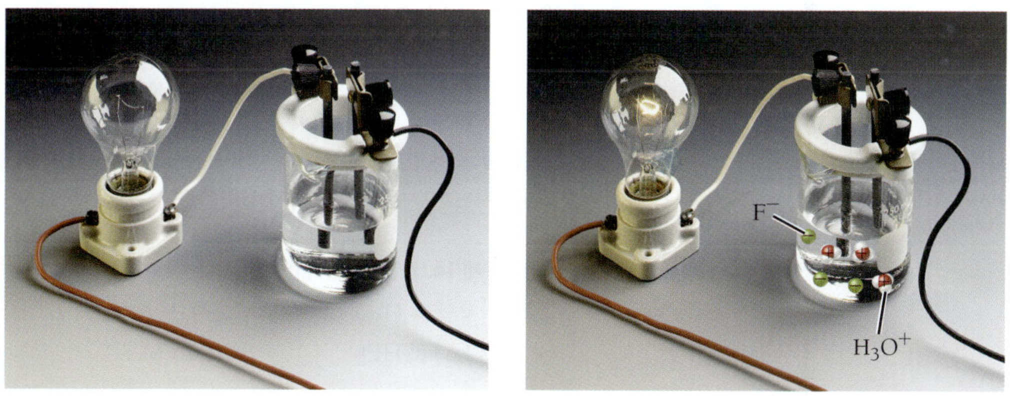

▶ **그림 14.12 약전해질 용액의 전도율**

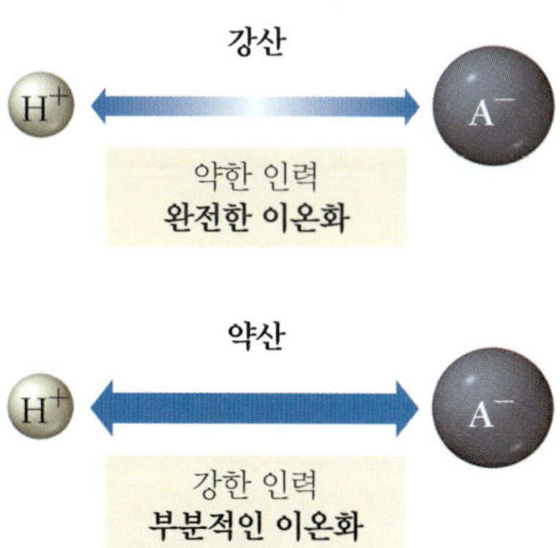

▲ **그림 14.13 강산과 약산.** 강산에서는 H^+와 A^- 사이의 인력이 약하기 때문에 완전히 이온화된다. 약산에서는 H^+와 A^- 사이의 인력이 강하기 때문에 일부만 이온화된다.

산이 강산인지 또는 약산인지를 결정하는 것은 산의 음이온(짝염기)과 수소 이온 사이의 인력 이다. HA를 산의 일반적인 화학식이라고 하자. 그러면 다음의 반응이 정방향으로 진행하는 정도는 H^+와 A^- 사이의 인력의 세기에 달렸다.

$$\underset{\text{산}}{HA(aq)} + H_2O(l) \longrightarrow H_3O^+(aq) + \underset{\text{짝염기}}{A^-(aq)}$$

H^+와 A^- 사이의 인력이 약하다면 반응은 정방향을 선호하게 되고 산은 강산이다(그림 14.13). 만약 H^+와 A^- 사이의 인력이 강하다면 반응은 역방향을 선호하게 되고 산의 세기는 약하다(그림 14.13).

예를 들어 HCl에서 짝염기(Cl^-)와 H^+ 사이의 인력은 비교적 약하다. 그러므로 역반응은 거의 일어나지 않는다. 이와는 반대로 HF에서 짝염기(F^-) 와 H^+ 사이의 인력은 훨씬 크다. 그러므로 역반응이 상당한 정도로 나타난다. 일반적으로 산이 강할수록 짝염기는 약하고 역도 또한 같다. 만약 정반응(산의 반응)이 잘 일어나면, 역반응(짝염기의 반응)은 잘 일어나지 않는다. 흔히 볼 수 있는 몇 가지 약산을 표 14.4에 제시했다.

표 14.4에 실린 약산 중 2개는 이양성자산(이온화가 가능한 양성자가 2개 있다는 뜻)이고

표 14.4 몇 가지 약산

플루오린화수소산(HF)
아세트산($HC_2H_3O_2$)
폼산($HCHO_2$)
아황산(H_2SO_3) (이양성자산)
탄산(H_2CO_3) (이양성자산)
인산(H_3PO_4) (삼양성자산)

1개는 삼양성자산(이온화가 가능한 양성자가 3개 있다는 뜻)이다. 잠시 황산에 대해 생각해 보자. 황산은 이양성자산이고 첫 번째 양성자가 이온화되려는 정도는 강하다.

$$H_2SO_4(aq) + H_2O(l) \longrightarrow H_3O^+(aq) + HSO_4^-(aq)$$

하지만 두 번째 양성자가 이온화되려는 정도는 약하다.

$$HSO_4^-(aq) + H_2O(l) \rightleftharpoons H_3O^+(aq) + SO_4^{2-}(aq)$$

아황산과 탄산은 이온화가 가능한 2개의 양성자 모두가 약산이며 인산은 이온화가 가능한 3개의 양성자 모두가 이온화되려는 정도가 약한 약산이다.

예제 14.5 산 용액의 $[H_3O^+]$

다음 각 용액의 H_3O^+ 농도를 구하시오.

(a) 1.5 M HCl (b) 3.0 M $HC_2H_3O_2$ (c) 2.5 M HNO_3

답

(a) HCl은 강산이므로 완전히 이온화된다. 그러므로 H_3O^+의 농도는 1.5 M일 것이다.

$$[H_3O^+] = 1.5\ M$$

(b) $HC_2H_3O_2$는 약산이므로 부분적으로 이온화된다. H_3O^+의 정확한 농도를 계산하는 것은 이 책의 범위를 벗어난다. 하지만 H_3O^+의 농도가 3.0 M보다 작다는 것을 알 수 있다.

$$[H_3O^+] < 3.0\ M$$

(c) HNO_3는 강산이므로 완전히 이온화된다. H_3O^+의 농도는 2.5 M일 것이다.

$$[H_3O^+] = 2.5\ M$$

▶ **연습문제 14.5 | 산 용액의 $[H_3O^+]$**

다음 각 용액의 H_3O^+ 농도를 구하시오.

(a) 0.50 M $HCHO_2$ (b) 1.25 M HI (c) 0.75 M HF

▶ **심화 학습** 예제 14.15/복습문제 57, 58

✔ 확인문제 14.4

다음 산 용액의 분자 모형 중 약한산은 무엇인가?

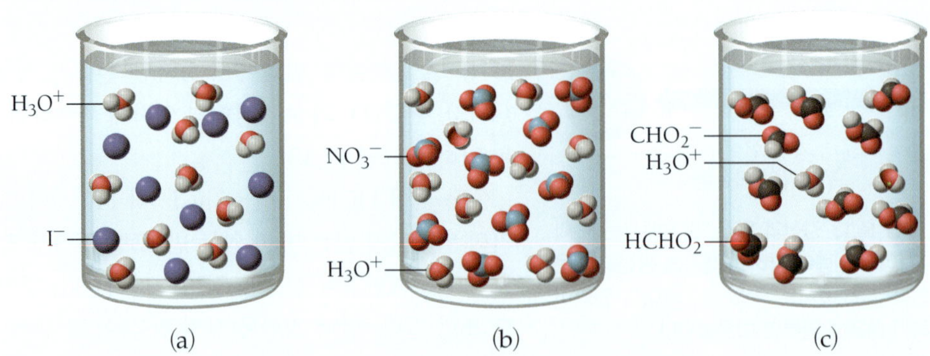

NaOH는 물에 용해될 때 완전히 해리된다.

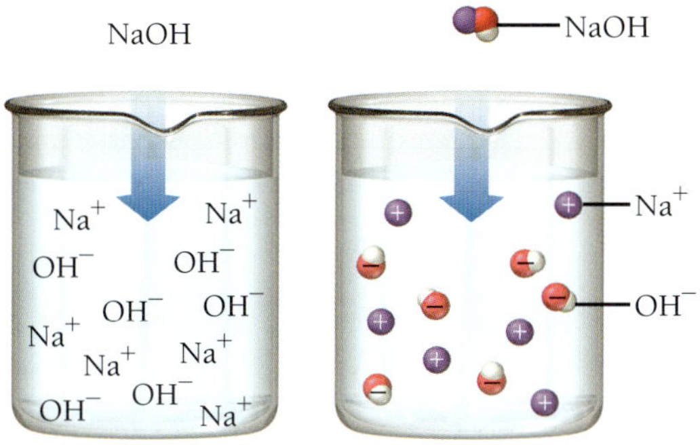

▲ **그림 14.14 강염기**

강염기

강산의 정의와 비슷하게 **강염기**(strong base)는 용액에서 완전히 해리되는 염기이다. 예를 들어 NaOH는 강염기이다.

$$NaOH(aq) \longrightarrow Na^{+}(aq) + OH^{-}(aq)$$

NaOH 용액에는 본래 상태의 NaOH가 존재하지 않는다. 모든 NaOH는 해리되어 $Na^{+}(aq)$와 $OH^{-}(aq)$를 형성한다(그림 14.14). 달리 말해 1.0 M NaOH 용액은 $[OH^{-}] = 1.0$ M과 $[Na^{+}] = 1.0$ M을 지닌다. 일반적인 몇 가지 강염기는 표 14.5와 같다.

$Sr(OH)_2$ 같은 몇몇 강염기는 2개의 OH^{-} 이온을 포함한다. 이러한 염기는 완전히 해리되어 염기 1 mol당 2 mol의 OH^{-}을 생성한다. 예를 들어 $Sr(OH)_2$는 다음과 같이 해리된다.

$$Sr(OH)_2(aq) \longrightarrow Sr^{2+}(aq) + 2\ OH^{-}(aq)$$

두 단계로 나뉘어 이온화되는 이양성자산과는 달리 2개의 OH^{-} 이온을 포함하는 염기는 한 단계에서 모두 이온화된다.

표 14.5 강염기

수산화 리튬(LiOH)
수산화 소듐(NaOH)
수산화 포타슘(KOH)
수산화 스트론튬($Sr(OH)_2$)
수산화 칼슘($Ca(OH)_2$)
수산화 바륨($Ba(OH)_2$)

약염기

약염기(weak base)는 약산과 비슷하다. OH^{-}를 포함하는 강염기가 물에서 해리되는 것과는 달리, 대부분의 약염기는 물에서 양성자를 받아 OH^{-}를 생성한다(이온화된 물은 OH^{-}를 형성한다).

$$B(aq) + H_2O(l) \rightleftharpoons BH^{+}(aq) + OH^{-}(aq)$$

이 반응식에서 B는 단순히 약염기를 포괄적으로 나타낸 것이다. 예를 들어 암모니아는 다음과 같은 반응을 따라 이온화된다.

$$NH_3(aq) + H_2O(l) \rightleftharpoons NH_4^{+}(aq) + OH^{-}(aq)$$

2개의 양방향 화살표는 이온화가 완전하지 않다는 것을 나타낸다. NH_3 용액은 NH_3, NH_4^{+}, OH^{-}를 포함하고 있다(그림 14.15). 1.0 M NH_3 용액에서 $[OH^{-}] < 1.0$ M일 것이다. 일반적인 몇 가지 약염기는 표 14.6과 같다.

약염기의 정확한 $[OH^{-}]$를 계산하는 것은 이 책의 범위를 벗어난다.

NH_3가 물에 용해될 때 부분적으로 이온화된다.

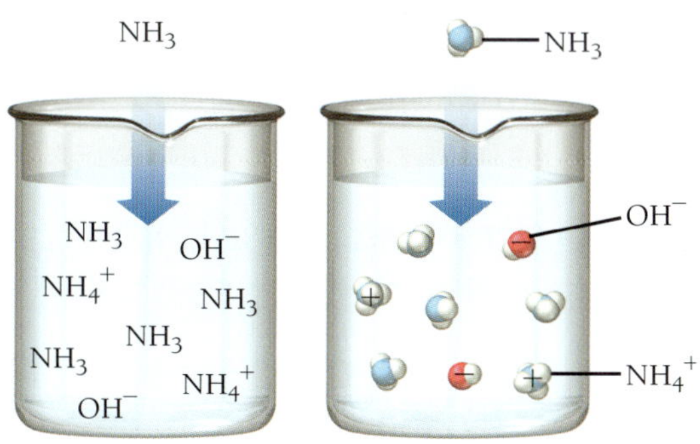

▲ **그림 14.15 약염기**

표 14.6 몇 가지 약염기

염기	이온화 반응
암모니아(NH_3)	$NH_3(aq) + H_2O(l) \rightleftharpoons NH_4^{+}(aq) + OH^{-}(aq)$
피리딘(C_5H_5N)	$C_5H_5N(aq) + H_2O(l) \rightleftharpoons C_5H_5NH^{+}(aq) + OH^{-}(aq)$
메틸아민(CH_3NH_2)	$CH_3NH_2(aq) + H_2O(l) \rightleftharpoons CH_3NH_3^{+}(aq) + OH^{-}(aq)$
에틸아민($C_2H_5NH_2$)	$CH_3NH_2(aq) + H_2O(l) \rightleftharpoons CH_3NH_3^{+}(aq) + OH^{-}(aq)$
탄산수소 이온(HCO_3^{-})*	$HCO_3^{-}(aq) + H_2O(l) \rightleftharpoons H_2CO_3(aq) + OH^{-}(aq)$

* 탄산수소 이온은 전하를 맞추기 위해 Na^{+}와 같이 양전하를 띠는 이온과 같이 존재하지만 양이온은 이온화 반응과 아무 관계가 없다. 탄산수소 소듐($NaHCO_3$)이 염기성을 나타내는 것은 탄산수소 이온 때문이다.

예제 14.6 염기 용액의 $[OH^-]$

다음 각 용액의 OH^- 농도를 구하시오.

(a) 2.25 M KOH (b) 0.35 M CH_3NH_2 (c) 0.025 M $Sr(OH)_2$

답

(a) KOH는 강염기이므로 K^+와 OH^-로 완전히 용해된다. OH^-의 농도는 2.25 M일 것이다.

$$[OH^-] = 2.25\ M$$

(b) CH_3NH_2은 약염기이므로 부분적으로만 물을 이온화한다. OH^-의 정확한 농도는 계산할 수 없지만 그 농도가 0.35 M보다 낮다는 것을 알 수 있다.

$$[OH^-] < 0.35\ M$$

(c) $Sr(OH)_2$는 강염기이므로 $Sr^{2+}(aq)$와 2 $OH^-(aq)$로 완전히 해리된다. $Sr(OH)_2$은 1 mol당 2 mol의 OH^-를 형성한다. 따라서 OH^-의 농도는 $Sr(OH)_2$ 농도의 2배이다.

$$[OH^-] = 2(0.025\ M) = 0.050\ M$$

▶ **연습문제 14.6 | 염기 용액의 $[OH^-]$**

다음 용액에서 OH^-의 농도를 구하시오.

(a) 0.055 M $Ba(OH)_2$ (b) 1.05 M C_5H_5N (c) 0.45 M NaOH

▶ **심화 학습** 예제 14.16/복습문제 61, 62

14.8 물: 산과 염기로 작용하는 물

▶ K_w로부터 $[H_3O^+]$와 $[OH^-]$를 구한다.

앞에서 보았듯이 물은 HCl과 반응할 때는 염기처럼 행동하고 NH_3와 반응할 때는 산처럼 행동한다.

염기처럼 행동하는 물 (H_2O)

$$\underset{\substack{\text{산}\\(\text{양성자 주개})}}{HCl(aq)} + \underset{\substack{\text{염기}\\(\text{양성자 받개})}}{H_2O(l)} \longrightarrow H_3O^+(aq) + Cl^-(aq)$$

산처럼 행동하는 물 (H_2O)

$$\underset{\substack{\text{염기}\\(\text{양성자 받개})}}{NH_3(aq)} + \underset{\substack{\text{산}\\(\text{양성자 주개})}}{H_2O(l)} \rightleftharpoons NH_4^+(aq) + OH^-(aq)$$

물은 양쪽성(amphoteric) 물질이다. 물은 산 또는 염기처럼 행동할 수 있다. 심지어 순수한 물에서도 물 분자는 다른 물 분자와 함께 산과 염기로 행동한다. 이러한 과정을 자체 이온화라고 한다.

산과 염기로 작용하는 물

$$\underset{\substack{\text{산}\\(\text{양성자 주개})}}{H_2O(l)} + \underset{\substack{\text{염기}\\(\text{양성자 받개})}}{H_2O(l)} \rightleftharpoons H_3O^+(aq) + OH^-(aq)$$

25 °C의 순수한 물에서 이 반응은 아주 적게 일어나 같은 농도의 H_3O^+와 OH^-를 만든다.

$$[H_3O^+] = [OH^-] = 1.0 \times 10^{-7}\ M \qquad (25\ ^\circ\text{C의 순수한 물에서})$$

$[H_3O^+]$ = H_3O^+의 몰농도, $[OH^-]$ = OH^-의 몰농도

그러므로 모든 물 시료는 약간의 하이드로늄 이온과 수산화 이온을 포함하고 있다. 이 두 이온의 농도 곱을 **물의 이온 곱 상수**(ion product constant for water, K_w)라고 한다.

$$K_w = [H_3O^+][OH^-]$$

보통 K_w의 단위는 생략한다.

K_w 값은 앞서 주어진 순수한 물에서의 하이드로늄 이온과 수산화 이온의 농도를 단순히 곱하면 된다.

$$\begin{aligned} K_w &= [H_3O^+][OH^-] \\ &= (1.0 \times 10^{-7})(1.0 \times 10^{-7}) \\ &= (1.0 \times 10^{-7})^2 \\ &= 1.0 \times 10^{-14} \end{aligned}$$

앞의 식은 상온의 모든 수용액에 적용된다. 상온에서 H_3O^+와 OH^-의 농도 곱은 항상 1.0×10^{-14}이다. 순수한 물에서 H_2O만이 이온을 내놓을 수 있으므로 OH^- 이온 1개당 H_3O^+ 이온 1개가 존재한다. 따라서 H_3O^+와 OH^-의 농도는 같으며, 이러한 용액을 **중성 용액**(neutral solution)이라고 한다.

중성 용액에서 $[H_3O^+] = [OH^-]$이다.

$$[H_3O^+] = [OH^-] = \sqrt{K_w} = 1.0 \times 10^{-7}\ \text{M (순수한 물에서)}$$

산성 용액에서 $[H_3O^+] > [OH^-]$이다.

산성 용액(acidic solution)은 추가적으로 H_3O^+ 이온을 만드는 산을 포함하고 있으므로 $[H_3O^+]$가 증가한다. 하지만 이온 곱 상수도 여전히 적용된다.

$$[H_3O^+][OH^-] = K_w = 1.0 \times 10^{-14}$$

만약 $[H_3O^+]$가 증가하고 이온 곱이 1.0×10^{-14}로 유지되려면 $[OH^-]$가 감소해야 한다. 예를 들어 $[H_3O^+] = 1.0 \times 10^{-3}$ M이라고 가정하자. $[OH^-]$에 대해 이온 곱을 식으로 정리하여 풀면 $[OH^-]$를 구할 수 있다.

$$(1.0 \times 10^{-3})[OH^-] = 1.0 \times 10^{-14}$$

$$[OH^-] = \frac{1.0 \times 10^{-14}}{1.0 \times 10^{-3}} = 1.0 \times 10^{-11}\ \text{M}$$

산성 용액에서 $[H_3O^+]$는 1.0×10^{-7} M보다 크고 $[OH^-]$는 1.0×10^{-7} M보다 작다.

염기성 용액에서 $[H_3O^+] < [OH^-]$이다.

염기성 용액(basic solution)은 추가적으로 OH^-를 만들어내는 염기를 포함하고 있어 $[OH^-]$는 증가하고 $[H_3O^+]$는 감소한다. 예를 들어 $[OH^-] = 1.0 \times 10^{-2}$ M이라고 가정하자. $[H_3O^+]$에 대해 이온 곱 식을 정리하여 풀면 $[H_3O^+]$를 구할 수 있다.

$$[H_3O^+](1.0 \times 10^{-2}) = 1.0 \times 10^{-14}$$

$$[H_3O^+] = \frac{1.0 \times 10^{-14}}{1.0 \times 10^{-2}} = 1.0 \times 10^{-12}\ \text{M}$$

염기성 용액에서 $[OH^-]$는 1.0×10^{-7} M보다 크고 $[H_3O^+]$는 1.0×10^{-7} M보다 작다.

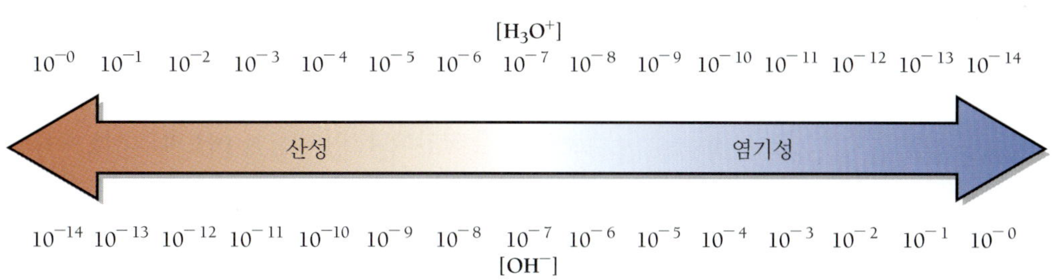

▶ 그림 14.16 산성 용액과 염기성 용액

요약(25 ℃에서)(그림 14.16)

- 중성 용액에서 $[H_3O^+] = [OH^-] = 1.0 \times 10^{-7}$ M
- 산성 용액에서 $[H_3O^+] > 1.0 \times 10^{-7}$ M $[OH^-] < 1.0 \times 10^{-7}$ M
- 염기성 용액에서 $[H_3O^+] < 1.0 \times 10^{-7}$ M $[OH^-] > 1.0 \times 10^{-7}$ M
- 모든 수용액에서 $[H_3O^+][OH^-] = K_w = 1.0 \times 10^{-14}$

예제 14.7 K_w를 이용한 계산

다음 각 용액의 $[OH^-]$를 구하고 용액을 산성, 염기성, 중성으로 분류하시오.

(a) $[H_3O^+] = 7.5 \times 10^{-5}$ M (b) $[H_3O^+] = 1.5 \times 10^{-9}$ M (c) $[H_3O^+] = 1.0 \times 10^{-7}$ M

	답
$[OH^-]$를 구하려면 이온 곱 상수 K_w를 이용해야 한다. $[H_3O^+]$에 주어진 값을 대입하고 식을 $[OH^-]$에 대해 정리하여 계산한다. $[H_3O^+] > 1.0 \times 10^{-7}$ M이고 $[OH^-] < 1.0 \times 10^{-7}$ M이므로 용액은 산성이다.	(a) $[H_3O^+][OH^-] = K_w = 1.0 \times 10^{-14}$ $[7.5 \times 10^{-5}][OH^-] = K_w = 1.0 \times 10^{-14}$ $[OH^-] = \frac{1.0 \times 10^{-14}}{7.5 \times 10^{-5}} = 1.3 \times 10^{-10}$ M 산성 용액
$[H_3O^+]$의 값을 이온 곱 상수 식에 대입하고 식을 $[OH^-]$에 대해 정리하여 계산한다. $[H_3O^+] < 1.0 \times 10^{-7}$ M이고 $[OH^-] > 1.0 \times 10^{-7}$ M이므로 용액은 염기성이다.	(b) $[H_3O^+][OH^-] = K_w = 1.0 \times 10^{-14}$ $[1.5 \times 10^{-9}][OH^-] = 1.0 \times 10^{-14}$ $[OH^-] = \frac{1.0 \times 10^{-14}}{1.5 \times 10^{-9}} = 6.7 \times 10^{-6}$ M 염기성 용액
$[H_3O^+]$의 값을 이온 곱 상수 식에 대입하고 식을 $[OH^-]$에 대해 정리하여 계산한다. $[H_3O^+] = 1.0 \times 10^{-7}$ M이고 $[OH^-] = 1.0 \times 10^{-7}$ M이므로 용액은 중성이다.	(c) $[H_3O^+][OH^-] = K_w = 1.0 \times 10^{-14}$ $[1.0 \times 10^{-7}][OH^-] = 1.0 \times 10^{-14}$ $[OH^-] = \frac{1.0 \times 10^{-14}}{1.0 \times 10^{-7}} = 1.0 \times 10^{-7}$ M 중성 용액

▶ **연습문제 14.7 | K_w를 이용한 계산**

다음 각 용액의 $[H_3O^+]$를 구하고 용액을 산성, 염기성, 중성으로 분류하시오.

(a) $[OH^-] = 1.5 \times 10^{-2}$ M (b) $[OH^-] = 1.0 \times 10^{-7}$ M (c) $[OH^-] = 8.2 \times 10^{-10}$ M

▶ **심화 학습** 예제 14.17/복습문제 66~68

✔ 확인문제 14.5

다음 중 염기로 작용하기 가장 어려운 것은 무엇인가?

(a) H_2O (b) OH^- (c) NH_3 (d) NH_4^+

14.9 pH와 pOH 척도: 산도와 염기도를 나타내는 방법

- ▶ $[H_3O^+]$로부터 pH를 구한다.
- ▶ pH로부터 $[H_3O^+]$를 구한다.
- ▶ pOH로부터 $[OH^-]$를 구한다.
- ▶ pOH 척도와 pH 척도를 비교한다.

화학자들은 수소 이온 농도를 이용하여 용액이 산도인지 염기도인지를 간단하게 나타낼 수 있는 척도를 고안했다. 이 척도를 **pH 척도**(pH scale)라고 하며, 25 ℃에서의 일반적인 성질이 다음과 같다.

- 산성 용액 pH < 7

- 염기성 용액 pH > 7
- 중성 용액 pH = 7

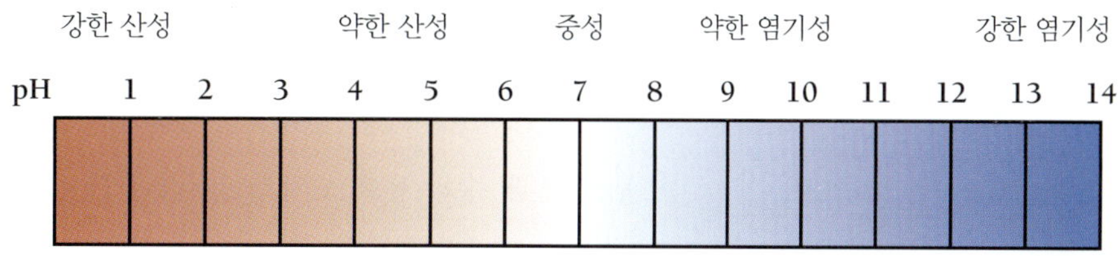

표 14.7 흔한 몇 가지 물질의 pH

물질	pH
인간의 위산	1.0~3.0
라임	1.8~2.0
레몬	2.2~2.4
청량음료	2.0~4.0
자두	2.8~3.0
포도주	2.8~3.8
사과	2.9~3.3
복숭아	3.4~3.6
체리	3.2~4.0
맥주	4.0~5.0
오염되지 않은 빗물	5.6
인간의 혈액	7.3~7.4
달걀흰자	7.6~8.0
마그네시아 유제	10.5
가정용 암모니아	10.5~11.5
4% NaOH 용액	14

표 14.7은 흔한 몇 가지 물질의 pH를 보여준다. 14.1절에서 논의했던 것처럼 많은 식품 중 특히 과일은 산성이고, 따라서 낮은 pH 값을 가진다는 것을 주목하라. pH 값이 가장 낮은 식품은 라임과 레몬이고 이 둘은 가장 신 식품에 속한다. 하지만 염기성인 식품은 비교적 드물다.

pH 척도는 **로그 척도**(logarithmic scale)이다. 그러므로 1 단위의 pH가 변하면 H_3O^+의 농도가 10배 변한다. 예를 들어 pH 2.0의 라임은 pH 3.0인 자두보다 10배 더 산성이고 pH 4.0인 체리보다 100배 더 산성이다. pH 척도에서 1의 변화는 $[H_3O^+]$에서 10의 변화에 해당한다(그림 14.17).

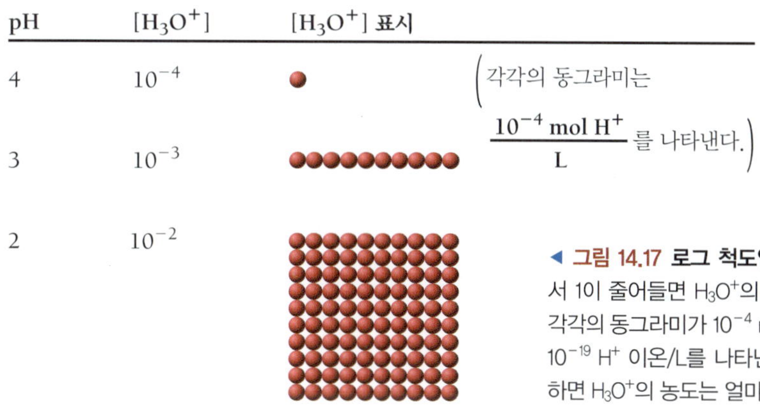

◀ **그림 14.17 로그 척도인 pH 척도.** pH 척도에서 1이 줄어들면 H_3O^+의 농도가 10배 증가한다. 각각의 동그라미가 10^{-4} mol H^+/L 또는 6.022×10^{-19} H^+ 이온/L를 나타낸다. pH 단위가 2 감소하면 H_3O^+의 농도는 얼마만큼 증가하는가?

$[H_3O^+]$로 pH 계산하기

pH는 로그 함수(밑이 10)를 사용하여 정의되는데, 이는 자연로그(약자로 ln)와는 다르다.

pH를 계산하려면 로그 계산을 할 수 있어야 한다. 어떤 수의 로그 값은 10에 대한 지수 값이다. 다음 예를 보자.

$$\log 10^1 = 1,\ \log 10^2 = 2,\ \log 10^3 = 3$$
$$\log 10^{-1} = -1,\ \log 10^{-2} = -2,\ \log 10^{-3} = -3$$

용액의 pH는 하이드로늄 이온 농도의 음의 로그 값으로 정의된다.

$$\text{pH} = -\log[H_3O^+]$$

$[H_3O^+] = 1.5 \times 10^{-7}$ M(산성)인 용액의 pH는 다음과 같다.

$$\begin{aligned}\text{pH} &= -\log[H_3O^+] \\ &= -\log(1.5 \times 10^{-7}) \\ &= -(-6.82) \\ &= 6.82\end{aligned}$$

어떤 수의 로그 값을 구할 때 소수점 아래 자릿수는 원래 수의 유효 숫자 개수와 같아야 한다.

여기서 pH는 소수점 아래 둘째 자리까지 계산되었다는 것을 주목하라. 대수에서는 소수점 아래 숫자만 유효 숫자이기 때문이다. 주어진 농도의 유효 숫자가 2개이므로 그 수의 대수 값은 소수점 아래 둘째 자리까지이다.

$$\log(1.0 \times 10^{-3}) = 3.00 \quad \text{(소수점 아래 둘째 자리)}$$

만약 원래 수의 유효 숫자가 3개라면 그 수의 대수 값은 소수점 아래 셋째 자리까지 표현된다.

$$-\log(1.00 \times 10^{-3}) = 3.000 \quad \text{(소수점 아래 셋째 자리)}$$

$[H_3O^+] = 1.0 \times 10^{-7}$ M(중성)인 용액의 pH는 다음과 같다.

$$\begin{aligned} pH &= -\log[H_3O^+] \\ &= -\log(1.0 \times 10^{-7}) \\ &= -(-7.00) \\ &= 7.00 \end{aligned}$$

예제 14.8 $[H_3O^+]$를 이용한 pH 계산

다음 각 용액의 pH를 구하고 산성 또는 염기성으로 분류하시오.

(a) $[H_3O^+] = 1.8 \times 10^{-4}$ M (b) $[H_3O^+] = 7.2 \times 10^{-9}$ M

답	
pH를 계산하려면 주어진 $[H_3O^+]$를 단순히 pH 식에 대입하면 된다. pH < 7이므로 이 용액은 산성이다.	(a) $pH = -\log[H_3O^+]$ $= -\log(1.8 \times 10^{-4})$ $= -(-3.74)$ $= 3.74$
주어진 $[H_3O^+]$를 pH 식에 대입한다. pH > 7이므로 이 용액은 염기성이다.	(b) $pH = -\log[H_3O^+]$ $= -\log(7.2 \times 10^{-9})$ $= -(-8.14)$ $= 8.14$

▸ **연습문제 14.8 | $[H_3O^+]$를 이용한 pH 계산**

다음 각 용액의 pH를 구하고 산성 또는 염기성으로 분류하시오.

(a) $[H_3O^+] = 9.5 \times 10^{-9}$ M (b) $[H_3O^+] = 6.1 \times 10^{-3}$ M

▸ **연습문제 14.8+**

$[OH^-] = 1.3 \times 10^{-2}$ M인 용액의 pH를 구하고 산성 또는 염기성으로 분류하시오. (힌트: K_w를 이용하여 $[H_3O^+]$를 알아낸다.)

▸ **심화 학습** 예제 14.18/복습문제 71, 72

pH 값으로 $[H_3O^+]$ 계산하기

어떤 값에서 $[H_3O^+]$를 구하려면 로그 값을 원래 상태로 돌려야 한다. 계산기에서 역로그 함수(방법 1)를 이용하거나 10^x 키(방법 2)를 이용하면 로그 값을 원상태로 돌릴 수 있다. 둘 다 같은 기능을 한다. 어느 방법을 사용할지는 계산기에 따라 달라진다.

10^x의 지수에 어떤 수의 로그 값을 넣으면 어떤 수와 같다. $10^{\log x} = x$

역로그 함수는 로그 값을 원상태로 돌린다. $\text{invlog}(\log x) = x$

방법 1: 역로그 함수	방법 2: 10^x 함수
$\text{pH} = -\log[H_3O^+]$	$\text{pH} = -\log[H_3O^+]$
$-\text{pH} = \log[H_3O^+]$	$-\text{pH} = \log[H_3O^+]$
$\text{invlog}(-\text{pH}) = \text{invlog}(\log[H_3O^+])$	$10^{-\text{pH}} = 10^{\log[H_3O^+]}$
$\text{invlog}(-\text{pH}) = [H_3O^+]$	$10^{-\text{pH}} = [H_3O^+]$

역로그는 안티로그라고도 한다.

그러므로 pH 값으로부터 $[H_3O^+]$를 계산하려면 간단하게 pH의 값에 역로그 함수를 취하거나(방법 1) pH 값을 10의 지수로 넣으면 된다(방법 2).

확인문제 14.6

용액의 pH가 증가하면 용액의 산도는 어떻게 되는가?
(a) 산도가 증가한다.
(b) 산도가 감소한다.
(c) 산도가 일정하게 유지된다.

예제 14.9 pH 값을 이용한 $[H_3O^+]$ 계산

pH 값이 4.80인 용액의 H_3O^+ 농도를 구하시오.

답

pH로부터 $[H_3O^+]$를 구하려면 로그 함수를 원상태로 돌려야 한다. 방법 1 또는 방법 2를 이용한다.

방법 1: 역로그 함수	방법 2: 10^x 함수
$\text{pH} = -\log[H_3O^+]$	$\text{pH} = -\log[H_3O^+]$
$4.80 = -\log[H_3O^+]$	$4.80 = -\log[H_3O^+]$
$-4.80 = \log[H_3O^+]$	$-4.80 = \log[H_3O^+]$
$\text{invlog}(-4.80) = \text{invlog}(\log[H_3O^+])$	$10^{-4.80} = 10^{\log[H_3O^+]}$
$\text{invlog}(-4.80) = [H_3O^+]$	$10^{-4.80} = [H_3O^+]$
$[H_3O^+] = 1.6 \times 10^{-5}$ M	$[H_3O^+] = 1.6 \times 10^{-5}$ M

역로그 함수의 유효 숫자 개수는 원래 숫자의 소수점 아래 자릿수와 같다.

▸ **연습문제 14.9 | pH 값을 이용한 $[H_3O^+]$ 계산**

pH 값이 8.37인 용액의 H_3O^+ 농도를 구하시오.

▸ **연습문제 14.9+**

pH 값이 3.66인 용액의 OH^- 농도를 구하시오.

▸ **심화 학습** 예제 14.19/복습문제 73, 74

확인문제 14.7

A 용액의 pH는 13이고 B 용액의 pH는 10이다. B 용액의 H_3O^+ 농도는 A 용액의 몇 배인가?

(a) 0.001 (b) 1/3 (c) 3 (d) 1000

pOH 척도

*p*는 수학적 함수인 $-\log$임에 주의하라. 따라서 $pX = -\log X$이다.

pOH 척도(pOH scale)는 pH 척도와 유사하지만 $[H_3O^+]$ 대신 $[OH^-]$에 대해 정의된다.

$$pOH = -\log[OH^-]$$

$[OH^-]$가 1.0×10^{-3} M(염기성)인 용액의 pOH 값은 3.00이다. pOH의 척도에서 pOH가 7보다 작으면 염기성, 7보다 크면 산성, 7이면 중성이다. $[H_3O^+]$ 농도를 pH로부터 알 수 있듯이 $[OH^-]$ 농도는 pOH로부터 알 수 있다.

예제 14.10 pOH 값을 이용한 $[OH^-]$ 계산

pOH 값이 8.55인 용액의 OH^- 농도를 구하시오.

답

pOH로부터 $[OH^-]$를 구하려면 로그 함수를 원상태로 돌려야 한다. 방법 1 또는 방법 2를 이용한다.

방법 1: 역로그 함수	방법 2: 10^x 함수
$pOH = -\log[OH^-]$	$pOH = -\log[OH^-]$
$8.55 = -\log[OH^-]$	$8.55 = -\log[OH^-]$
$-8.55 = \log[OH^-]$	$-8.55 = \log[OH^-]$
$\text{invlog}(-8.55) = \text{invlog}(\log[OH^-])$	$10^{-8.55} = 10^{\log[OH^-]}$
$\text{invlog}(-8.55) = [OH^-]$	$10^{-8.55} = [OH^-]$
$[OH^-] = 2.8 \times 10^{-9}$ M	$[OH^-] = 2.8 \times 10^{-9}$ M

▶ **연습문제 14.10 | pOH 값을 이용한 $[OH^-]$ 계산**

pOH 값이 4.25인 용액의 OH^- 농도를 구하시오.

▶ **연습문제 14.10+**

pOH 값이 5.68인 용액의 H_3O^+ 농도를 구하시오.

▶ **심화 학습** 복습문제 81~84

K_w에 대한 표현으로부터 298 K(25 ℃)에서 pH와 pOH 사이의 관계를 유도할 수 있다.

$$[H_3O^+][OH^-] = 1.0 \times 10^{-14}$$

$\log(AB) = \log A + \log B$

양변에 로그를 취하면 다음과 같다.

$$\begin{aligned} \log[H_3O^+][OH^-] &= \log(1.0 \times 10^{-14}) \\ \log[H_3O^+] + \log[OH^-] &= -14.00 \\ -\log[H_3O^+] - \log[OH^-] &= 14.00 \\ pH + pOH &= 14.00 \end{aligned}$$

pH와 pOH의 합은 298 K에서 항상 14.00이다. 그러므로 pH가 3인 용액의 pOH는 11이다.

✔ 확인문제 14.8

어떤 용액의 pH = 5일 때 pOH는 얼마인가?

(a) 5 (b) 10 (c) 14 (d) 9

화학과 건강

알칼로이드

알칼로이드(alkaloid)는 많은 식물(14.3절 참조)에 천연적으로 존재하고 종종 의학적 효용이 있는 유기 염기이다. 예를 들어 모르핀(morphine)은 양귀비(opium poppy, 그림 14.18)에 존재하며, 극도의 고통을 완화하는 강력한 알칼로이드 약제이다. 모르핀은 감각을 둔화시키고 수면을 유도하는 약물인 마취제(narcotic) 중 하나로, 통증을 완화하고 무관심하게 만든다. 또한 행복감과 만족감을 유발할 수 있으며, 이로 인해 오남용을 발생한다. 모르핀은 심리적으로나 신체적으로 중독성이 매우 크다. 장기간 모르핀을 남용한 사람은 신체적으로 마약에 의존하게 되고, 사용을 중지하면 극심한 금단 현상을 겪는다.

▲ **그림 14.18 양귀비.** 양귀비에는 알칼로이드 모르핀과 코데인이 들어 있다.

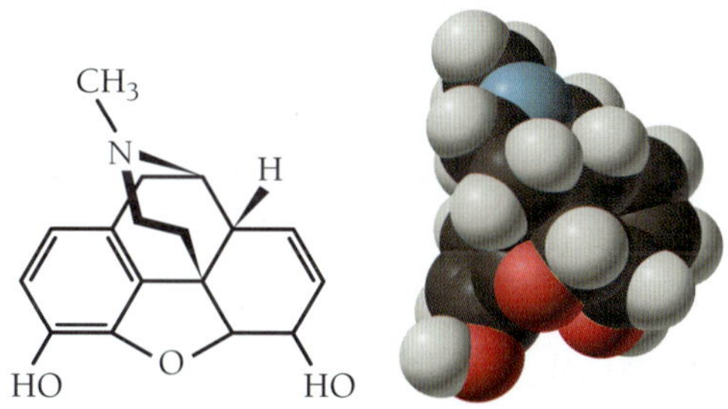

모르핀

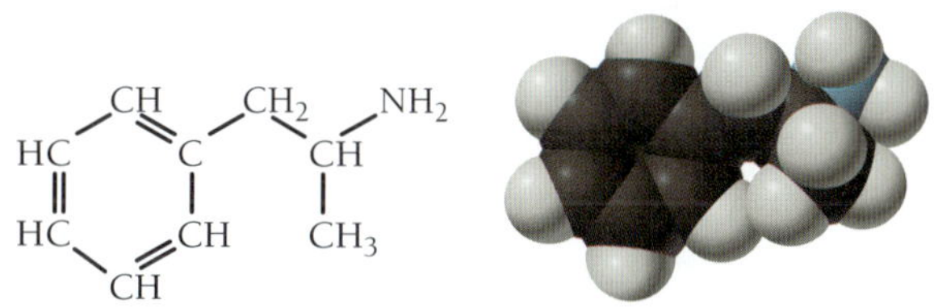

암페타민

암페타민(amphetamine)은 또 다른 강력한 알칼로이드 약제로, 매우 다른 효능을 가지고 있다. 모르핀이 신경 신호 전달을 느리게 하는 반면에 암페타민은 신경 신호 전달을 강화한다. 암페타민은 각성도를 증가시키는 약인 흥분제(stimulant)의 일종이다. 암페타민은 주의력 부족 과다활동 장애(ADHD)에 널리 사용되며, 상품명인 애더럴(Adderall)로 처방된다. ADHD로 고통 받는 사람들은 보다 효과적으로 집중하는 데 암페타민이 도움이 된다는 것을 알고 있다. 그러나 암페타민이 각성과 스태미나 증가를 가져와 종종 남용된다. 장기간의 남용은 만성 불면증, 신경과민, 혼란, 정신분열과 흡사한 정신 상태를 초래한다.

흔한 알칼로이드인 카페인과 니코틴 역시 흥분제이며, 카페인은 커피에서, 니코틴은 담배에서 발견된다. 둘 다 중독성이 있지만 니코틴의 중독성이 훨씬 더 크다. 흡연자들이 담배를 잘 끊지 못하는 것을 보면 알 수 있듯이, 니코틴 중독은 끊기가 가장 어려운 것에 속한다.

질문 암페타민과 모르핀 분자의 어느 부분이 염기로 만드는가?

14.10 완충 용액: pH 변화에 저항하는 용액

▶ 완충 용액이 PH 변화에 어떻게 저항하는지 설명한다.

대부분의 용액에 산을 가하면 신속하게 좀 더 산성을 띠게 되고(낮은 pH), 염기를 가하면 신속하게 좀 더 염기성을 띠게 된다(높은 pH). 하지만 **완충 용액**(buffer)은 가해진 산이나 염기를 중화함으로써 pH의 변화를 막아준다. 예를 들어 혈액은 완충 용액이다. 혈액에 가해진 산이나 염기는 혈액 속의 성분에 의해 중화되고, pH는 거의 일정하게 유지된다. 건강한 성인 혈액의 pH는 7.36과 7.40 사이이다. 만약 혈액의 pH가 7.0 이하로 떨어지거나 7.8을 초과하면 사망한다.

완충 용액은 약한 염기와 그 짝산으로 이루어질 수도 있다.

혈액은 어떻게 그렇게 좁은 pH 범위를 유지할 수 있는가? 다른 완충 용액과 마찬가지로 혈액은 상당량의 약산과 그 짝염기를 포함하고 있다. 만약 혈액에 염기를 추가하면 약산이

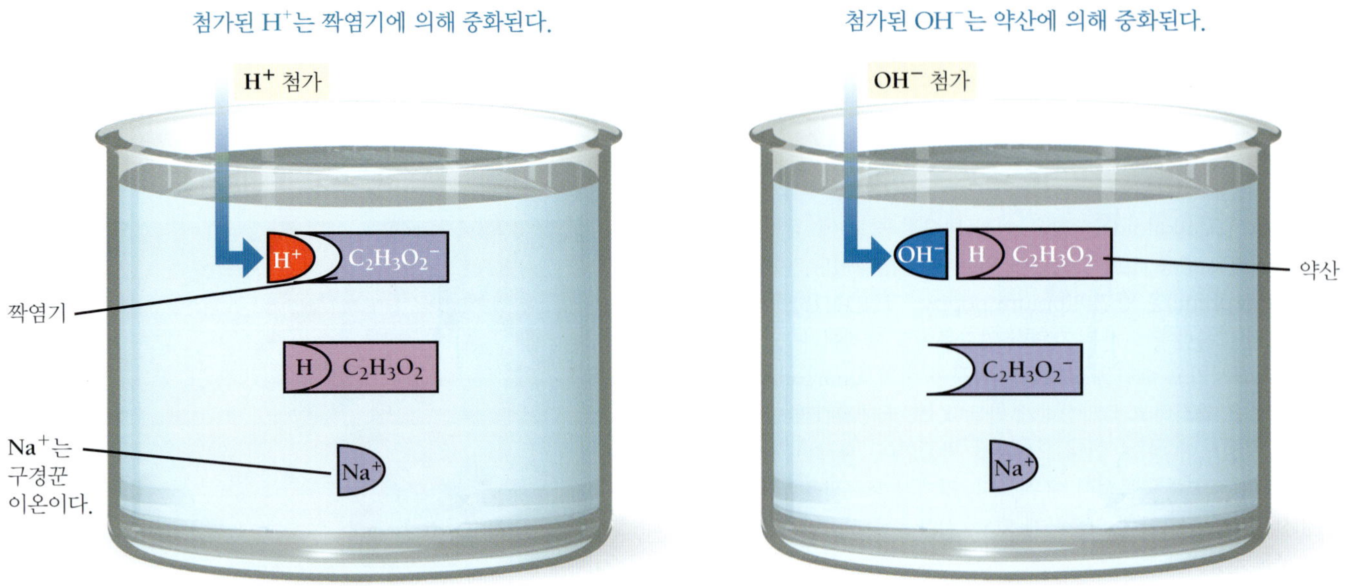

▲ **그림 14.19 완충 용액이 어떻게 pH 변화에 저항하는가.** 완충 용액은 상당량의 약산과 그 짝염기를 포함하고 있다. 염기가 가해지면 산이 소모되고, 산이 가해지면 염기가 소모된다. 이러한 방법으로 완충 용액은 pH의 변화에 저항한다.

염기와 반응하여 염기를 중화한다. 반대로 혈액에 산을 추가하면 짝염기가 산과 반응하여 산을 중화한다. 이러한 방법으로 혈액은 일정한 pH를 유지한다.

간단한 완충 용액은 아세트산($HC_2H_3O_2$)과 그 짝염기인 아세트산 소듐($NaC_2H_3O_2$)을 물에 섞으면 만들 수 있다(그림 14.19). (아세트산 소듐에서 소듐은 구경꾼 이온으로 완충 반응에 기여하지 않는다.) $HC_2H_3O_2$은 약산이고 $C_2H_3O_2^-$는 그 짝염기이기 때문에 두 가지 용액을 모두 포함하는 용액은 완충 용액이다. 약산 자체도 부분적으로 이온화되어 그 짝염기를 형성하지만, 완충 용액이 되기에 충분한 양의 염기가 들어 있지는 않다. 완충 용액은 반드시 충분한 양의 약산과 그 짝염기를 가지고 있어야 한다. 아세트산과 아세트산 소듐이 포함된 완충 용액에 염기 NaOH를 더한다고 가정해보자. 아세트산은 다음 반응에 따라 염기를 중화한다.

$$\underset{\text{염기}}{NaOH(aq)} + \underset{\text{산}}{HC_2H_3O_2(aq)} \longrightarrow H_2O(l) + NaC_2H_3O_2(aq)$$

더해진 NaOH의 양이 용액 안에 있는 $HC_2H_3O_2$의 양보다 적다면 용액은 NaOH를 중화하고 pH의 변화가 작을 것이다. 반대로 용액에 산 HCl을 더한다고 가정해보자. 그러면 다음 반응을 따라 짝염기인 $NaC_2H_3O_2$가 더해진 HCl을 중화할 것이다.

$$\underset{\text{산}}{HCl(aq)} + \underset{\text{염기}}{NaC_2H_3O_2(aq)} \longrightarrow HC_2H_3O_2(aq) + NaCl(aq)$$

추가된 HCl의 양이 용액 안의 $NaC_2H_3O_2$ 양보다 적다면 용액은 HCl을 중화하고 pH의 변화가 작을 것이다.

요약

- 완충 용액은 pH 변화에 저항한다.
- 완충 용액은 충분한 양의 약산과 그 짝염기를 포함하고 있다.
- 약산은 가해진 염기를 중화한다.
- 짝염기는 가해진 산을 중화한다.

확인문제 14.9

다음 중 완충 용액을 구성하는 것은 무엇인가?

(a) $H_2SO_4(aq)$와 $H_2SO_3(aq)$　(b) $HF(aq)$와 $NaF(aq)$
(c) $HCl(aq)$과 $NaCl(aq)$　(d) $NaCl(aq)$과 $NaOH(aq)$

화학과 건강

부동액의 위험성

자동차에 이용되는 부동액의 흔한 종류는 에틸렌 글라이콜 용액이다. 매년 수천 마리의 개와 고양이가 난방기에서 새어 나오거나 부적절하게 보관된 에틸렌 글라이콜에 중독되어 죽는다. 부동액은 약간 단맛이 나기 때문에 호기심 많은 개나 고양이를 유혹한다. 어린이 역시 에틸렌 글라이콜 중독의 위험에 놓여 있다.

에틸렌 글라이콜 중독의 첫 번째 단계는 취한 상태이다. 에틸렌 글라이콜은 알코올이므로 개나 고양이의 뇌에 술이 미치는 정도의 영향을 끼칠 수 있다. 하지만 일단 에틸렌 글라이콜의 신진대사가 시작되면, 죽음에 이를 수 있는 두 번째 단계가 시작된다. 간에서 에틸렌 글라이콜은 글라이콜산($HC_2H_3O_3$)으로 신진대사가 이루어지고 혈액으로 들어간다. 만약 위험할 정도의 부동액을 마셨다면 글라이콜산은 혈액의 완충 작용을 무너뜨리고 혈액의 pH를 매우 위험한 정도까지 낮춘다. 산성의 혈액은 산소를 운반하는 능력이 떨어지기 때문에 이를 극복하기 위해 고양이나 개는 매우 가쁘게 숨을 몰아쉰다. 아무런 처치를 하지 않으면 동물은 결국 혼수상태에 빠져 죽는다.

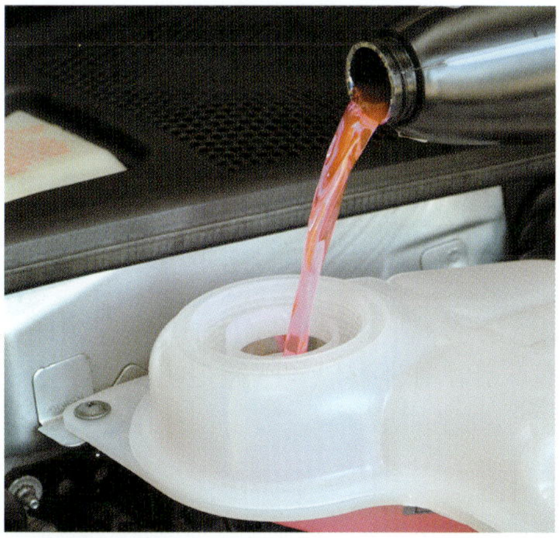

▲ 에틸렌 글라이콜이 포함된 부동액은 간에서 글라이콜산으로 대사된다.

에틸렌 글라이콜 중독의 처방 중 하나는 에틸 알코올(술에 포함된 알코올) 투여이다. 에틸렌 글라이콜을 대사시키는 간 효소는 에틸 알코올을 똑같이 대사시키지만, 에틸렌 글라이콜보다 에틸 알코올에 더 친화력이 있다. 결과적으로 효소는 에틸 알코올을 우선적으로 대사시키고 대사되지 않은 에틸렌 글라이콜은 오줌을 통해 빠져나간다. 적절한 시기에 처방이 이루어지면 에틸렌 글라이콜을 섭취한 개나 고양이를 살릴 수 있다.

질문 혈액의 주요 완충 시스템은 탄산(H_2CO_3)과 탄산수소 이온(HCO_3^-)으로 이루어져 있다. 에틸렌 글라이콜 중독을 통해 혈액으로 들어가는 글라이콜산($HC_2H_3O_3$)을 이 완충 시스템이 어떻게 중화하는지 반응식을 작성하시오. 혈액에 HCO_3 0.15 mol과 H_2CO_3 0.15 mol이 있다고 가정하자. 혈액의 완충 시스템이 무너지기 전까지 $HC_2H_3O_3$ 몇 그램이 중화되는가?

14장 복습

자가진단 퀴즈

1. 다음 중 가장 쓴맛일 것으로 예상되는 물질은 무엇인가?
(a) $HCl(aq)$　(b) $NaCl(aq)$
(c) $NaOH(aq)$　(d) 앞의 보기 모두 아님

2. 다음 반응식에서 Brønsted-Lowry의 염기는 무엇인가?

$$HClO_2(aq) + H_2O(aq) \rightleftharpoons H_3O^+(aq) + ClO_2^-(aq)$$

(a) $HClO_2$　(b) H_2O　(c) H_3O^+　(d) ClO_2^-

3. 다음 중 산 $HClO_4$의 짝염기는 무엇인가?
(a) HCl　(b) HO_3^+　(c) ClO_3^-　(d) ClO_4^-

4. 다음 중 $HBr(aq)$과 $KOH(aq)$의 반응 생성물은 무엇인가?
(a) $HK(aq)$와 $BrOH(aq)$　(b) $H_2(g)$와 $KBr(aq)$

(c) $H_2O(l)$와 $KBr(aq)$ (d) $H_2O(l)$와 $BrOH(aq)$

5. 다음 중 HCl과 Sn의 반응 생성물은 무엇인가?
(a) $SnCl_2(aq)$와 $H_2(g)$ (b) $SnH(aq)$와 $Cl_2(g)$
(c) $H_2O(l)$와 $SnCI(aq)$ (d) $H_2(g)$, $Cl_2(g)$, $Sn(s)$

6. HNO_3 용액 25.00 mL가 0.102 M NaOH로 적정되었다. 적정에서 당량점에 도달하는 데 28.52 mL가 필요하다면 HNO_3 용액의 농도는 얼마인가?
(a) 0.116 M (b) 8.89 M (c) 0.0894 M (d) 0.102 M

7. 다음 중 $[H_3O^+]$의 농도가 0.100 M보다 작은 용액은 무엇인가?
(a) 0.100 M $H_2SO_4(aq)$
(b) 0.100 M $HCHO_2(aq)$
(c) 0.100 M $HClO_4(aq)$
(d) 앞의 보기 모두 $[H_3O^+]$의 농도가 0.100 M보다 작음

8. 다음 중 $[OH^-]$의 농도가 0.100 M과 같은 용액은 무엇인가?
(a) 0.100 M $NH_3(aq)$
(b) 0.100 M $Ba(OH)_2(aq)$
(c) 0.100 M $NaOH(aq)$
(d) 앞의 보기 모두 $[OH^-]$의 농도가 0.100 M과 같음

9. $[OH^-] = 2.5 \times 10^{-4}$ M인 용액의 $[H_3O^+]$는 얼마인가?
(a) 2.5×10^{10} M (b) 4.0×10^{-11} M
(c) 1.0×10^{-7} M (d) 1.0×10^{-14} M

10. $[H_3O^+] = 2.8 \times 10^{-5}$ M인 용액의 pH는 얼마인가?
(a) −4.55 (b) 4.55
(c) 10.48 (d) 1.00

11. pH = 9.55인 용액의 $[OH^-]$는 얼마인가?
(a) 2.82×10^{-10} M (b) 4.45 M
(c) 2.82×10^{4} M (d) 3.55×10^{-5} M

12. 어떤 완충 용액에 $HCHO_2(aq)$와 $KCHO_2(aq)$가 포함되어 있다. 이 완충 용액의 행동을 정확하게 요약한 문장은 무엇인가?
(a) $HCHO_2(aq)$는 더해진 산을 중화하고, $KCHO_2(aq)$는 더해진 염기를 중화한다.
(b) $HCHO_2(aq)$와 $KCHO_2(aq)$ 모두 더해진 산을 중화한다.
(c) $HCHO_2(aq)$와 $KCHO_2(aq)$ 모두 더해진 염기를 중화한다.
(d) $HCHO_2(aq)$는 더해진 염기를 중화하고, $KCHO_2(aq)$는 더해진 산을 중화한다.

정답 1.c 2.b 3.d 4.c 5.a 6.a 7.b 8.c 9.b 10.b 11.d 12.d

화학 원리 / 관련 내용

산의 성질

- 산은 신맛이 난다.
- 산은 많은 금속을 용해시킨다.
- 산은 파란 리트머스 종이를 빨갛게 변화시킨다.

산은 레몬, 라임, 식초와 같은 많은 식품이 신맛을 내는 원인이다. 또한 산은 실험실과 산업 현장에서 널리 이용된다.

염기의 성질

- 염기는 쓴맛이 난다.
- 염기는 미끈거리는 느낌이 있다.
- 염기는 빨간 리트머스 종이를 파랗게 변화시킨다.

염기는 식품에서 쉽게 찾을 수 없지만 커피와 맥주 같은 몇몇 식품에 존재하며 습관적으로 즐기는 사람이 많다. 염기도 실험실과 산업 현장에서 널리 이용된다.

분자 수준에서의 산과 염기의 정의

Arrhenius 정의

- 산은 수용액에서 H^+ 이온을 내놓는다.
- 염기는 수용액에서 OH^- 이온을 내놓는다.

Brønsted-Lowry 정의

- 산은 양성자(H^+ 이온) 주개이다.
- 염기는 양성자(H^+ 이온) 받개이다.

Arrhenius 정의는 간단하고 사용하기 쉽다. 그리고 산과 염기가 어떻게 서로를 중화하여 물을 형성하는지 보여준다($H^+ + OH^- \longrightarrow H_2O$). 좀 더 일반적으로 적용이 가능한 Brønsted-Lowry 정의는 H^+ 이온이 물 분자와 결합하여 H_3O^+를 형성하는 것을 알 수 있게 도와준다. 그리고 OH^- 이온을 포함하지 않는 염기가 어떻게 물로부터 양성자를 받아서 염기로 행동하는지 쉽게 보여준다.

산과 염기의 반응

중화 반응: 중화 반응에서 산과 염기는 물과 염을 형성한다.

$$\underset{\text{산}}{HCl(aq)} + \underset{\text{염기}}{KOH(aq)} \longrightarrow \underset{\text{물}}{H_2O(l)} + \underset{\text{염}}{KCl(aq)}$$

산과 금속의 반응: 산은 많은 금속과 반응하여 수소 기체와 염을 형성한다.

$$\underset{\text{산}}{2\ HCl(aq)} + \underset{\text{금속}}{Mg(s)} \longrightarrow \underset{\text{수소 기체}}{H_2(g)} + \underset{\text{염}}{MgCl_2(aq)}$$

산과 금속 산화물의 반응: 산은 많은 산화 금속과 반응하여 물과 염을 형성한다.

$$\underset{\text{산}}{2\ HCl(aq)} + \underset{\text{산화 금속}}{K_2O(s)} \longrightarrow \underset{\text{물}}{H_2O(l)} + \underset{\text{염}}{2\ KCl(aq)}$$

중화 반응은 흔히 이용된다. 예를 들어 제산제는 위에서 분비된 위산과 반응해 속쓰림과 위의 통증을 완화하는 염기이다.

산과 금속의 반응, 산과 금속 산화물의 반응은 산의 부식성을 보여준다. 두 반응에서 산은 금속과 금속 산화물을 용해시킨다. 이러한 종류의 반응의 영향은 산성비로 인한 건축 자재의 손상에서 볼 수 있다. 산이 금속과 금속 산화물을 용해시키기 때문에 금속 및 금속 산화물로 이루어진 건축 자재는 산성비의 피해를 입는다.

산-염기 적정

산-염기 적정에서 농도를 알고 있는 산(또는 염기)을 농도를 모르는 염기(또는 산)에 가한다. 두 반응물은 화학량론 비율(H^+ 몰수 = OH^- 몰수)에 정확히 다다를 때까지 결합하며, 그때가 적정의 당량점이다. 더해진 H^+(또는 OH^-)의 몰수를 알고 있기 때문에 미지 용액의 OH^-(또는 H^+)의 몰수를 알 수 있다.

산-염기 적정은 실험실에서 농도를 모르는 산 또는 염기의 농도를 구할 때 자주 이용된다.

강산과 약산 강염기와 약염기

강산은 수용액에서 완전히 이온화되고 강염기는 수용액에서 완전히 해리된다. 예를 들면 다음과 같다.

$$HCl(aq) + H_2O(l) \longrightarrow H_3O^+(aq) + Cl^-(aq)$$

$$NaOH(aq) \longrightarrow Na^+(aq) + OH^-(aq)$$

1 M HCl 용액의 $[H_3O^+]$ = 1 M이고 1 M NaOH 용액의 $[OH^-]$ = 1 M이다.

약산은 용액에서 부분적으로 이온화된다. 대부분의 약염기는 용액 내에서 부분적으로 물을 이온화한다. 예를 들면 다음과 같다.

$$HF(aq) + H_2O(l) \rightleftharpoons H_3O^+(aq) + F^-(aq)$$

$$NH_3(aq) + H_2O(l) \rightleftharpoons NH_4^+(aq) + OH^-(aq)$$

1 M HF 용액의 $[H_3O^+] < 1$ M이고 1 M NH_3 용액의 $[OH^-] < 1$ M이다.

산이 강한지 약한지는 짝염기에 달렸다. 짝염기가 강할수록 약산이다. 용액의 산도나 염기도는 $[H_3O^+]$와 $[OH^-]$에 달렸기 때문에, 산이나 염기가 강한지 알려면 산도나 염기도의 정도를 알아야 한다.

물의 자체 이온화

물은 그 자체가 염기와 산으로 행동할 수 있다.

$$\underset{\text{산}}{H_2O(l)} + \underset{\text{염기}}{H_2O(l)} \rightleftharpoons H_3O^+(aq) + OH^-(aq)$$

수용액에서 $[H_3O^+]$와 $[OH^-]$의 곱은 항상 이온 곱 상수, $K_w(10^{-14})$와 같다.

$$[H_3O^+][OH^-] = K_w = 1.0 \times 10^{-14}$$

물의 자체 이온화는 수용액이 항상 어느 정도의 H_3O^+와 OH^-를 가진다는 것을 보여준다. 중성 용액에서 이 둘의 농도는 같다(1.0×10^{-7} M). 물에 산을 가하면 $[H_3O^+]$가 증가하고 $[OH^-]$가 감소한다. 물에 염기를 가하면 그 반대의 일이 일어난다. 하지만 수용액에서 이온 곱 상수는 항상 1.0×10^{-14}이므로 주어진 $[OH^-]$로부터 $[H_3O^+]$를 계산할 수 있고 역 또한 마찬가지이다.

pH와 pOH 척도

$$pH = -\log[H_3O^+]$$
염기성 $pH > 7$
산성 $pH < 7$
중성 $pH = 7$
$$pOH = -\log[OH^-]$$

pH는 산도나 염기도를 나타내는 편리한 방법이다. pH 척도는 로그 척도이므로 pH 척도에서 1의 변화는 $[H_3O^+]$에서 10배의 변화에 해당한다. pOH 척도는 $[H_3O^+]$ 대신 $[OH^-]$에 대해 정의되는 데 덜 사용되는 편이다.

완충 용액

완충 용액은 충분한 양의 약산과 그 짝염기를 가지고 있는 용액이다. 완충 용액은 가해진 산이나 염기를 중화함으로써 pH의 변화에 저항한다.

예를 들어 완충 용액은 혈액의 화학에서 매우 중요하다. 혈액은 산소를 운반하기 위해 좁은 범위의 pH를 유지해야 한다.

화학 문제를 푸는 기술

학습목표: Brønsted-Lowry 산과 염기, 짝산과 짝염기에 대해 알아본다(14.4절).

양성자를 내놓는 물질이 산(양성자 주개)이고, 양성자를 내놓은 후 짝염기(생성물)가 된다. 양성자를 받는 물질이 염기(양성자 받개)이고, 양성자를 받아 짝산(생성물)이 된다.

예제

예제 14.11 Brønsted-Lowry 산과 염기, 짝산과 짝염기

다음 반응에서 Brønsted-Lowry 산과 염기, 짝산과 짝염기를 밝히시오.

$$HNO_3(aq) + H_2O(l) \longrightarrow H_3O^+(aq) + NO_3^-(aq)$$

답

$$\underset{\text{산}}{HNO_3(aq)} + \underset{\text{염기}}{H_2O(l)} \longrightarrow \underset{\text{짝산}}{H_3O^+(aq)} + \underset{\text{짝염기}}{NO_3^-(aq)}$$

학습목표: 중화 반응의 반응식을 작성한다(14.5절).

일반적으로 중화 반응에서는 산과 염기가 반응하여 물과 염(이온 결합 화합물)이 형성된다.

$$\text{산} + \text{염기} \longrightarrow \text{물} + \text{염}$$

먼저 반응식을 작성한다. 염의 화학식이 전기적으로 중성이 되게 한다. 그런 다음 반응식의 계수를 맞춘다.

예제 14.12 중화 반응의 반응식

HBr 수용액과 $Ca(OH)_2$ 수용액의 반응에 대한 분자 반응식을 작성하시오.

답

반응식

$$HBr(aq) + Ca(OH)_2(aq) \longrightarrow H_2O(l) + CaBr_2(aq)$$

균형 반응식

$$2\ HBr(aq) + Ca(OH)_2(aq) \longrightarrow 2\ H_2O(l) + CaBr_2(aq)$$

학습목표: 산과 금속의 반응, 산과 금속 산화물의 반응에 대한 반응식을 작성한다(14.5절).

산과 금속이 반응하여 수소 기체와 염이 형성된다.

$$\text{산} + \text{금속} \longrightarrow \text{수소 기체} + \text{염}$$

먼저 반응식을 작성한다. 염의 화학식이 전기적으로 중성이 되게 한다. 그런 다음 반응식의 계수를 맞춘다.

예제 14.13 산과 금속의 반응, 산과 금속 산화물의 반응에 대한 반응식

브로민화수소산과 금속 칼슘의 반응에 대한 반응식, 브로민화수소산과 산화 칼슘의 반응에 대한 반응식을 작성하시오.

답

반응식

$$HBr(aq) + Ca(s) \longrightarrow H_2(g) + CaBr_2(aq)$$

균형 반응식

$$2\ HBr(aq) + Ca(s) \longrightarrow H_2(g) + CaBr_2(aq)$$

산은 많은 금속 산화물과 반응하여 물과 염을 형성한다.

$$산 + 금속\ 산화물 \longrightarrow 물 + 염$$

먼저 반응식을 작성한다. 염의 화학식이 전기적으로 중성이 되게 한다. 그런 다음 반응식의 계수를 맞춘다.

반응식

$$HBr(aq) + CaO(s) \longrightarrow H_2O(l) + CaBr_2(aq)$$

균형 반응식

$$2\ HBr(aq) + CaO(s) \longrightarrow H_2O(l) + CaBr_2(aq)$$

학습목표: 산-염기 적정을 이용하여 미지 용액의 농도를 구한다(14.6절).

예제 14.14 산-염기 적정

미지 NaOH 용액의 농도를 구할 때 NaOH 용액 15.00 mL를 적정하여 당량점에 이르는 데 0.1053 M H_2SO_4 용액 17.88 mL가 이용되었다. NaOH 용액의 농도는 얼마인가?

분류

수산화 소듐 용액의 부피와 그 적정에 필요한 황산 용액의 부피와 농도가 주어졌고, 수산화 소듐 용액의 농도를 구해야 한다.

주어진 값: 15.00 mL NaOH
0.1053 M H_2SO_4 용액 17.88 mL

구해야 하는 값: NaOH 용액의 몰농도(mol/L)

전략

중화 반응의 균형 화학 반응식을 작성하는 것으로 시작한다(예제 14.12 참조).

해결도표를 그린다. 알고 있는 반응물의 부피와 농도를 이용하여 알고 있는 반응물의 몰수를 구한다(우선 mL를 L로 바꾸어야 한다). 그리고 화학량론비를 이용하여 균형 반응식으로부터 미지 반응물의 몰수를 구한다.

그런 다음 두 번째 부분에 몰수와 부피가 몰농도를 계산하는 데 어떻게 사용되는지를 나타내는 해결도표를 더한다.

해결도표

$$H_2SO_4(aq) + 2\ NaOH(aq) \longrightarrow 2\ H_2O(l) + Na_2SO_4(aq)$$

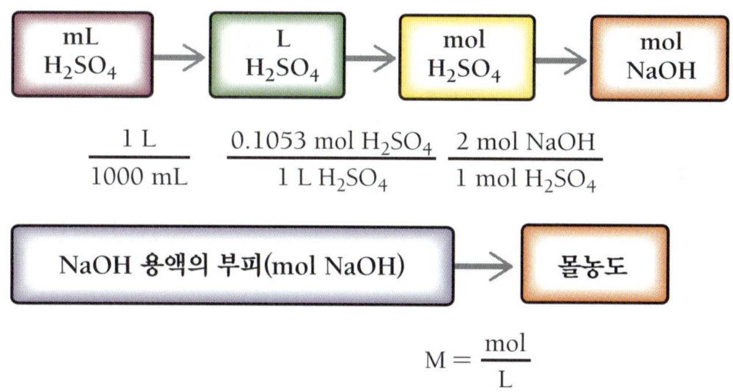

사용된 관계식

2 mol NaOH : 1 mol H_2SO_4 (균형 반응식)

$$몰농도(M) = \frac{용질의\ 몰수}{용액의\ 부피(L)}$$

풀이

해결도표에 따라 문제를 푼다. 첫 번째 부분에서 미지 반응물의 몰수를 얻고, 두 번째 부분에서 몰수를 부피로 나누어 몰농도를 구한다.

답

$$17.88\ \cancel{mL}\ \cancel{H_2SO_4} \times \frac{1\ \cancel{L}}{1000\ \cancel{mL}} \times \frac{0.1053\ \cancel{mol\ H_2SO_4}}{\cancel{L}\ \cancel{H_2SO_4}} \times \frac{2\ mol\ NaOH}{1\ \cancel{mol\ H_2SO_4}} = 3.76\underline{5}5 \times 10^{-3}\ mol\ NaOH$$

$$M = \frac{mol}{L} = \frac{3.76\underline{5}5 \times 10^{-3}\ mol\ NaOH}{0.01500\ L\ NaOH} = 0.2510\ M$$

미지 NaOH 용액의 농도는 0.2510 M이다.

검토

답을 확인한다. 단위가 옳은가? 답이 합당한가?

단위(M)가 옳고 답의 크기도 합당하다. 반응은 2:1의 화학량론비이고 두 용액의 부피가 비슷하기 때문이다. 따라서 NaOH 용액의 농도는 H_2SO_4 용액 농도의 약 2배가 되어야 한다.

학습목표: 산 용액의 $[H_3O^+]$를 구한다(14.7절).

강산의 경우 $[H_3O^+]$는 산의 농도와 같다. 약산의 경우 $[H_3O^+]$는 산의 농도보다 작다.

예제 14.15 산 용액의 $[H_3O^+]$

0.25 M HCl 용액, 0.25 M HF 용액의 H_3O^+ 농도는 얼마인가?

답

0.25 M HCl 용액(강산)에서 $[H_3O^+] = 0.25$ M이다.
0.25 M HF 용액(약산)에서 $[H_3O^+] < 0.25$ M이다.

학습목표: 염기 용역의 $[OH^-]$를 구한다(14.7절).

강염기의 경우 $[OH^-]$는 염기의 농도 곱하기 그 염기에 포함된 수산화 이온의 개수이다. 약염기의 경우 $[OH^-]$는 염기의 농도보다 작다.

예제 14.16 염기 용액의 $[OH^-]$

0.25 M NaOH 용액, 0.25 M $Sr(OH)_2$ 용액, 0.25 M NH_3 용액의 OH^- 농도는 얼마인가?

답

0.25 M NaOH 용액(강염기)에서 $[OH^-] = 0.25$ M이다. 0.25 M $Sr(OH)_2$ 용액(강염기)에서 $[OH^-] = 0.50$ M이다. 0.25 M NH_3 용액(약염기)에서 $[OH^-] < 0.25$ M이다.

학습목표: K_w로부터 $[H_3O^+]$와 $[OH^-]$를 구한다(14.8절).

$[H_3O^+]$ 또는 $[OH^-]$을 구하려면 이온 곱 상수 식을 이용해야 한다.

$$[H_3O^+][OH^-] = 1.0 \times 10^{-14}$$

알고 있는 값($[H_3O^+]$ 또는 $[OH^-]$)을 식에 대입하여 미지의 값을 구한다.

예제 14.17 K_w를 이용한 계산

$[H_3O^+] = 1.5 \times 10^{-4}$ M일 때 $[OH^-]$를 구하시오.

답

$$[H_3O^+][OH^-] = 1.0 \times 10^{-14}$$
$$[1.5 \times 10^{-4}][OH^-] = 1.0 \times 10^{-14}$$
$$[OH^-] = \frac{1.0 \times 10^{-14}}{1.5 \times 10^{-4}} = 6.7 \times 10^{-11}\ \text{M}$$

학습목표: $[H_3O^+]$로부터 pH를 구한다(14.9절).

$[H_3O^+]$로부터 pH를 구하려면 단순히 $[H_3O^+]$의 음의 로그 값을 계산한다.

$$\text{pH} = -\log[H_3O^+]$$

예제 14.18 $[H_3O^+]$를 이용한 pH 계산

$[H_3O^+] = 2.4 \times 10^{-5}$ M일 때 pH를 구하시오.

답

$$\begin{aligned}\text{pH} &= -\log[H_3O^+] \\ &= -\log(2.4 \times 10^{-5}) \\ &= -(-4.62) \\ &= 4.62\end{aligned}$$

학습목표: pH로부터 $[H_3O^+]$를 구한다(14.9절).

pH의 음수 값에 역로그를 취하면 pH 값으로 $[H_3O^+]$를 구할 수 있다(방법 1).

$$[H_3O^+] = \text{invlog}(-\text{pH})$$

10의 지수로 pH의 음수 값을 넣으면 pH 값으로 $[H_3O^+]$를 구할 수 있다(방법 2).

$$[H_3O^+] = 10^{-\text{pH}}$$

예제 14.19 pH 값을 이용한 $[H_3O^+]$ 계산

pH가 6.22인 용액의 $[H_3O^+]$를 구하시오.

답

방법 1: 역로그 함수

$$\begin{aligned}[H_3O^+] &= \text{invlog}(-\text{pH}) \\ &= \text{invlog}(-6.22) \\ &= 6.0 \times 10^{-7}\end{aligned}$$

방법 2: 10^x 함수

$$\begin{aligned}[H_3O^+] &= 10^{-\text{pH}} \\ &= 10^{-6.22} \\ &= 6.0 \times 10^{-7}\end{aligned}$$

핵심 용어

강산
강염기
강전해질
당량점
로그 척도
물의 이온 곱 상수
산
산성 용액
알칼로이드
약산
약염기
약전해질
양쪽성
염
염기
염기성 용액
완충 용액
이양성자산
이온화
일양성자산
적정
중성 용액
중화 반응
지시약
짝산
짝산-염기 쌍
짝염기
카복실산
하이드로늄 이온
해리
Arrhenius 산
Arrhenius 염기
Arrhenius 정의
Brønsted-Lowry 산
Brønsted-Lowry 염기
Brønsted-Lowry 정의
pH 척도
pOH 척도

학습 점검 문제

기초문제

1. 신맛 나는 젤리에서 신맛을 내는 것은 무엇인가?

2. 산의 성질은 무엇인가? 산이 포함된 식품의 예를 몇 가지 드시오.

3. 위산의 주성분은 무엇인가? 우리 몸에 위산이 있는 이유는 무엇인가?

4. 유기산이란 무엇인가? 유기산의 예를 두 가지 드시오.

5. 염기의 성질은 무엇인가? 염기가 포함된 물질 중에서 흔히 볼 수 있는 것의 예를 드시오.

6. 알칼로이드란 무엇인가?

7. 산에 대한 Arrhenius 정의를 설명하고 화학 반응식을 작성하여 정의하시오.

8. 염기에 대한 Arrhenius 정의를 설명하고 화학 반응식을 작성하여 정의하시오.

9. 산과 염기에 대한 Brønsted-Lowry의 정의를 설명하고 각각 화학 반응식을 작성하여 정의하시오.

10. 산과 염기에 대한 Brønsted-Lowry의 정의에 따르면 짝산과 짝염기 쌍은 무엇인가? 예를 드시오.

11. 산-염기 중화 반응이란 무엇인가? 예를 드시오.

12. 산과 금속의 반응에 대한 예를 드시오.

13. 산과 금속 산화물의 반응에 대한 예를 드시오.

14. 염기에서 용해되는 금속은 무엇인가? 금속과 염기의 반응에 대한 반응식을 작성하시오.

15. 적정이란 무엇인가? 당량점이란 무엇인가?

16. 용액에 OH^- 0.85 mol이 포함되어 있을 때, 적정을 통해 당량점에 이르려면 H^+ 몇 몰이 필요한가?

17. 강산과 약산의 차이점은 무엇인가?

18. 산의 세기와 그 짝염기의 세기는 어떤 관련이 있는가?

19. 일양성자산과 이양성자산이란 무엇인가?

20. 강염기와 약염기의 차이점은 무엇인가?

21. 순수한 물은 H_3O^+ 이온을 포함하고 있는지 설명하시오.

22. 수용액에서 $[H_3O^+]$가 증가하면 $[OH^-]$는 어떻게 되는가?

23. 다음 각각의 용액에서 $[OH^-]$와 $[H_3O^+]$의 가능한 값을 밝히시오.
(a) 산성 (b) 염기성 (c) 중성

24. pH는 어떻게 정의되는가? pH 단위가 1.0만큼 변하면 $[H_3O^+]$는 얼마나 변하는가?

25. pOH는 어떻게 정의되는가? pOH 단위가 2.0만큼 변하면 $[OH^-]$는 얼마나 변하는가?

26. 25 ℃의 어떤 수용액에서 pH와 pOH의 총합이 14.0이다. 왜 그런지 설명하시오.

27. 완충 용액이란 무엇인가?

28. 완충 용액의 주성분은 무엇인가?

복습문제

산과 염기의 정의

29. 다음 각각의 물질을 산 또는 염기로 분류하고, Arrhenius 정의에 따라 해당 물질이 어떻게 산 또는 염기로 분류되는지 화학 반응식을 작성하시오.
(a) $Ba(OH)_2(aq)$ (b) $H_2CO_3(aq)$
(c) $HCl(aq)$ (d) $RbOH(aq)$

30. 다음 각각의 물질을 산 또는 염기로 분류하고, Arrhenius 정의에 따라 해당 물질이 어떻게 산 또는 염기로 분류되는지 화학 반응식

* 파란색으로 표시된 문제는 이 책 말미에 해답이 제시되어 있다.

을 작성하시오.

(a) $Ca(OH)_2(aq)$ (b) $HC_2H_3O_2(aq)$
(c) $KOH(aq)$ (d) $HNO_3(aq)$

31. 다음 각 반응의 Brønsted-Lowry 산, Brønsted-Lowry 염기, 짝산, 짝염기를 밝히시오.

(a) $HCN(aq) + H_2O(l) \rightleftharpoons H_3O^+(aq) + CN^-(aq)$
(b) $HCO_3^-(aq) + H_2O(l) \rightleftharpoons H_2CO_3(aq) + OH^-(aq)$
(c) $HNO_2(aq) + H_2O(l) \rightleftharpoons H_3O^+(aq) + NO_2^-(aq)$
(d) $(CH_3)_3N(aq) + H_2O(l) \rightleftharpoons (CH_3)_3NH^+(aq) + OH^-(aq)$

32. 다음 각 반응의 Brønsted-Lowry 산, Brønsted-Lowry 염기, 짝산, 짝염기를 밝히시오.

(a) $H_2SO_4(aq) + NH_3(aq) \rightleftharpoons HSO_4^-(aq) + NH_4^+(aq)$
(b) $CH_3COOH(aq) + H_2O(l) \rightleftharpoons CH_3COO^-(aq) + H_3O^+(aq)$
(c) $NH_4^+(aq) + F^-(aq) \rightleftharpoons HF(aq) + NH_3(aq)$
(d) $HPO_4^{2-}(aq) + NH_4^+(aq) \rightleftharpoons H_2PO_4^-(aq) + NH_3(aq)$

33. 다음 중 짝산-염기 쌍은 무엇인가?

(a) HSO_3^-, NO_2^- (b) HS^-, H_2S
(c) $HClO_4$, ClO_4^- (d) H_2CO_3, HSO_4^-

34. 다음 중 짝산-염기 쌍은 무엇인가?

(a) HF, HI (b) SO_3^{2-}, HSO_3^-
(c) CH_3COOH, H_2O (d) HCN, CN^-

35. 다음 각 산의 짝염기를 화학식으로 작성하시오.

(a) HCl (b) H_2SO_3 (c) $HCHO_2$ (d) HF

36. 다음 각 산의 짝염기를 화학식으로 작성하시오.

(a) HBr (b) H_2CO_3 (c) $HClO_4$ (d) $HC_2H_3O_2$

37. 다음 각 염기의 짝산을 화학식으로 작성하시오.

(a) NO_2^- (b) OH^- (c) $C_6H_5CO_2^-$ (d) SO_3^{2-}

38. 다음 각 염기의 짝산을 화학식으로 작성하시오.

(a) CH_3NH_2 (b) C_5H_5N (c) Cl^- (d) F^-

산-염기 반응

39. 다음 각각의 산-염기 쌍에 대한 중화 반응을 작성하시오.

(a) $CH_3COOH(aq)$와 $Ca(OH)_2(aq)$
(b) $HCN(aq)$과 $NaOH(aq)$
(c) $HNO_3(aq)$와 $KOH(aq)$
(d) $H_2PO_4(aq)$와 $Mg(OH)_2(aq)$

40. 다음 각각의 산-염기 쌍에 대한 중화 반응을 작성하시오.

(a) $HF(aq)$와 $Ba(OH)_2(aq)$ (b) $HClO_4(aq)$와 $NaOH(aq)$
(c) $HBr(aq)$과 $Ca(OH)_2(aq)$ (d) $HCl(aq)$과 $KOH(aq)$

41. 다음 각각의 금속이 HBr에 어떻게 용해되는지 균형 화학 반응식을 작성하시오.

(a) Rb (b) Mg (c) Ba (d) Al

42. 다음 각각의 금속이 HCl에 어떻게 용해되는지 균형 화학 반응식을 작성하시오.

(a) Zn (b) Fe (c) Mn (d) Sn

43. 다음 각각의 금속 산화물이 HF에 어떻게 용해되는지 균형 화학 반응식을 작성하시오.

(a) Al_2O_3 (b) MnO (c) PbO (d) Cs_2O

44. 다음 각각의 금속 산화물이 HCl에 어떻게 용해되는지 균형 화학 반응식을 작성하시오.

(a) SrO (b) Na_2O (c) Li_2O (d) BaO

45. 다음 각 반응의 생성물을 예측하시오.

(a) $HClO_4(aq) + Fe_2O_3(s) \longrightarrow$
(b) $H_2SO_4(aq) + Sr(s) \longrightarrow$
(c) $H_3PO_4(aq) + KOH(aq) \longrightarrow$

46. 다음 각 반응의 생성물을 예측하시오.

(a) $HCN(aq) + Na(s) \longrightarrow$
(b) $H_2SO_4(aq) + Al_2O_3(s) \longrightarrow$
(c) $H_2SO_3(aq) + CsOH(aq) \longrightarrow$

산-염기 적정

47. 농도를 모르는 4개의 HCl 용액을 NaOH 용액으로 적정했다. 농도를 모르는 HCl 용액의 부피, 당량점에 이르는 데 필요한 NaOH 용액의 부피, 각 NaOH 용액의 농도는 다음 표와 같다. 각각의 경우에 HCl 미지 용액의 농도(M)를 구하시오.

HCl의 부피(mL)	NaOH의 부피(mL)	[NaOH] (M)
a. 25.00 mL	28.44 mL	0.1231 M
b. 15.00 mL	21.22 mL	0.0972 M
c. 20.00 mL	14.88 mL	0.1178 M
d. 5.00 mL	6.88 mL	0.1325 M

48. 농도를 모르는 4개의 NaOH 용액을 HCl 용액으로 적정했다. 농도를 모르는 NaOH 용액의 부피, 당량점에 이르는 데 필요한 HCl 용액의 부피, 각 HCl 용액의 농도는 다음 표와 같다. 각각의 경우에 NaOH 미지 용액의 농도(M)를 구하시오.

NaOH의 부피 (mL)	HCl의 부피 (mL)	[HCl] (M)
a. 5.00 mL	9.77 mL	0.1599 M
b. 15.00 mL	11.34 mL	0.1311 M
c. 10.00 mL	10.55 mL	0.0889 M
d. 30.00 mL	36.18 mL	0.1021 M

49. 농도를 모르는 H_2SO_4 용액 시료 30.00 mL를 0.1722 M KOH 용액으로 적정했다. 당량점에 이르기까지 KOH 용액 31.34 mL를 더했다. H_2SO_4 미지 용액의 농도는 얼마인가?

50. 농도를 모르는 H_3PO_4 용액 시료 5.00 mL를 0.1090 M NaOH 용액으로 적정했다. 당량점에 이르기까지 NaOH 용액 7.12 mL를 더했다. H_3PO_4 미지 용액의 농도는 얼마인가?

51. 0.202 M H_2SO_4 용액 15.0 mL를 완전히 적정하는 데 필요한 0.181 M KOH 용액의 부피는 몇 밀리리터인가?

52. 0.124 M H_3PO_4 용액 15.0 mL를 완전히 적정하는 데 필요한 0.0985 M NaOH 용액의 부피는 몇 밀리리터인가?

강산과 약산, 강염기와 약염기

53. 다음 그림은 두 가지 이성분산인 HA와 HB의 용액을 나타낸 것이다. 명확성을 위해 물 분자를 생략하고, 하이드로늄 이온(H_3O^+)이 수소 이온(H^+)으로 표시된다. 둘 중 강산은 무엇인가?

(a) HA (b) HB

54. HBr 0.20 M, $HCHO_2$ 0.20 M, NaOH 0.20 M, NH_3 0.20 M 용액을 $[H_3O^+]$가 감소하는 순서로 나열하시오.

55. 다음 각각의 산을 강산 또는 약산으로 분류하시오.
(a) HCN (b) HI (c) HNO_2 (d) H_2CO_3

56. 다음 각각의 산을 강산 또는 약산으로 분류하시오.
(a) $HClO_3$ (b) CH_3CO_2H (c) $HClO_4$ (d) $C_6H_5CO_2H$

57. 다음 각 산 용액의 $[H_3O^+]$를 구하시오. 약산의 경우 $[H_3O^+]$가 얼마보다 작은지 나타내시오.
(a) 1.7 M HBr (b) 1.5 M HNO_3
(c) 0 .38 M H_2CO_3 (d) 1.75 M $HCHO_2$

58. 다음 각 산 용액의 $[H_3O^+]$를 구하시오. 약산의 경우 $[H_3O^+]$가 얼마보다 작은지 나타내시오.
(a) 0.135 M HF (b) 1.45 M HNO_2
(c) 3.77 M HI (d) 0.95 M CH_3COOH

59. 다음 각각의 염기를 강염기 또는 약염기로 분류하시오.
(a) C_6H_7N (b) CsOH (c) $Sr(OH)_2$ (d) RbOH

60. 다음 각각의 염기를 강염기 또는 약염기로 분류하시오.
(a) C_5H_5N (b) NaOH (c) $Ba(OH)_2$ (d) KOH

61. 다음 각 염기 용액의 $[OH^-]$를 구하시오. 약염기의 경우 $[OH^-]$가 얼마보다 작은지 나타내시오.
(a) 1.55 M KOH (b) 0.45 M NH_3
(c) 0 .135 M $Ba(OH)_2$ (d) 0.15 M NaOH

62. 다음 각 염기 용액의 $[OH^-]$를 구하시오. 약염기의 경우 $[OH^-]$가 얼마보다 작은지 나타내시오.
(a) 3.5 M CsOH (b) 2.95 M RbOH
(c) 0.325 M $Ca(OH)_2$ (d) 2.8 M CH_3NH_2

산도, 염기도, K_w

63. 다음 각각의 용액을 산성, 염기성, 중성으로 분류하시오.
(a) $[H_3O^+] = 1 \times 10^{-8}$ M; $[OH^-] = 1 \times 10^{-6}$ M
(b) $[H_3O^+] = 1 \times 10^{-10}$ M; $[OH^-] = 1 \times 10^{-4}$ M
(c) $[H_3O^+] = 1 \times 10^{-1}$ M; $[OH^-] = 1 \times 10^{-13}$ M
(d) $[H_3O^+] = 1 \times 10^{-5}$ M; $[OH^-] = 1 \times 10^{-9}$ M

64. 다음 각각의 용액을 산성, 염기성, 중성으로 분류하시오.
(a) $[H_3O^+] = 1 \times 10^{-9}$ M; $[OH^-] = 1 \times 10^{-5}$ M
(b) $[H_3O^+] = 1 \times 10^{-10}$ M; $[OH^-] = 1 \times 10^{-4}$ M
(c) $[H_3O^+] = 1 \times 10^{-2}$ M; $[OH^-] = 1 \times 10^{-12}$ M
(d) $[H_3O^+] = 1 \times 10^{-13}$ M; $[OH^-] = 1 \times 10^{-1}$ M

65. 다음 각 수용액의 $[H_3O^+]$ 값을 이용하여 $[OH^-]$를 구하고 산성 또는 염기성으로 분류하시오.
(a) $[H_3O^+] = 2.5 \times 10^{-8}$ M (b) $[H_3O^+] = 8.3 \times 10^{-5}$ M
(c) $[H_3O^+] = 1.2 \times 10^{-9}$ M (d) $[H_3O^+] = 6.4 \times 10^{-10}$ M

66. 다음 각 수용액의 $[H_3O^+]$ 값을 이용하여 $[OH^-]$를 구하고 산성 또는 염기성으로 분류하시오.
(a) $[H_3O^+] = 1.8 \times 10^{-8}$ M (b) $[H_3O^+] = 5.8 \times 10^{-4}$ M
(c) $[H_3O^+] = 8.2 \times 10^{-12}$ M (d) $[H_3O^+] = 7.1 \times 10^{-3}$ M

67. 다음 각 수용액의 $[OH^-]$ 값을 이용하여 $[H_3O^+]$를 구하고 산성 또는 염기성으로 분류하시오.
(a) $[OH^-] = 2.7 \times 10^{-12}$ M (b) $[OH^-] = 2.5 \times 10^{-2}$ M
(c) $[OH^-] = 1.1 \times 10^{-10}$ M (d) $[OH^-] = 3.3 \times 10^{-4}$ M

68. 다음 각 수용액의 $[OH^-]$ 값을 이용하여 $[H_3O^+]$를 구하고 산성 또는 염기성으로 분류하시오.
(a) $[OH^-] = 2.8 \times 10^{-6}$ M (b) $[OH^-] = 7.9 \times 10^{-5}$ M
(c) $[OH^-] = 3.1 \times 10^{-9}$ M (d) $[OH^-] = 1.5 \times 10^{-12}$ M

pH

69. 다음 각 용액의 pH 값에 따라 산성, 염기성, 중성으로 분류하시오.
(a) pH = 8.0 (b) pH = 7.0
(c) pH = 3.5 (d) pH = 6.1

70. 다음 각 용액의 pH 값에 따라 산성, 염기성, 중성으로 분류하시오.
(a) pH = 4.9 (b) pH = 8.9
(c) pH = 12.0 (d) pH = 5.5

71. 다음 각 용액의 pH를 구하시오.
(a) $[H_3O^+] = 2.7 \times 10^{-9}$ M (b) $[H_3O^+] = 1.9 \times 10^{-6}$ M
(c) $[H_3O^+] = 2.9 \times 10^{-5}$ M (d) $[H_3O^+] = 9.0 \times 10^{-11}$ M

72. 다음 각 용액의 pH를 구하시오.
(a) $[H_3O^+] = 8.5 \times 10^{-2}$ M (b) $[H_3O^+] = 1.4 \times 10^{-5}$ M
(c) $[H_3O^+] = 4.1 \times 10^{-13}$ M (d) $[H_3O^+] = 4.4 \times 10^{-10}$ M

73. 다음 각 용액의 $[H_3O^+]$를 구하시오.
(a) pH = 8.55 (b) pH = 11.23
(c) pH = 2.87 (d) pH = 1.22

74. 다음 각 용액의 $[H_3O^+]$를 구하시오.
(a) pH = 1.99 (b) pH = 8.88
(c) pH = 9.33 (d) pH = 13.00

75. 다음 각 용액의 pH를 구하시오.
(a) $[OH^-] = 3.9 \times 10^{-8}$ M (b) $[OH^-] = 2.9 \times 10^{-7}$ M
(c) $[OH^-] = 5.2 \times 10^{-12}$ M (d) $[OH^-] = 1.05 \times 10^{-2}$ M

76. 다음 각 용액의 pH를 구하시오.
(a) $[OH^-] = 2.8 \times 10^{-11}$ M (b) $[OH^-] = 9.6 \times 10^{-3}$ M
(c) $[OH^-] = 3.8 \times 10^{-12}$ M (d) $[OH^-] = 6.4 \times 10^{-4}$ M

77. 다음 각 용액의 $[OH^-]$를 구하시오.
(a) pH = 4.25 (b) pH = 12.53
(c) pH = 1.50 (d) pH = 8.25

78. 다음 각 용액의 $[OH^-]$를 구하시오.
(a) pH = 1.82 (b) pH = 13.28
(c) pH = 8.29 (d) pH = 2.32

79. 다음 각 용액의 pH를 구하시오.
(a) 0.0155 M HBr (b) 1.28×10^{-3} M KOH
(c) 1.89×10^{-3} M HNO_3 (d) 1.54×10^{-4} M $Sr(OH)_2$

80. 다음 각 용액의 pH를 구하시오.
(a) 1.34×10^{-3} M $HClO_4$ (b) 0.0211 M NaOH
(c) 0.0109 M HBr (d) 7.02×10^{-5} M $Ba(OH)_2$

pOH

81. 다음 각 용액의 pOH를 구하고 산성, 염기성, 중성으로 분류하시오.
(a) $[OH^-] = 1.5 \times 10^{-9}$ M (b) $[OH^-] = 7.0 \times 10^{-5}$ M
(c) $[OH^-] = 1.0 \times 10^{-7}$ M (d) $[OH^-] = 8.8 \times 10^{-3}$ M

82. 다음 각 용액의 pOH를 구하고 산성, 염기성, 중성으로 분류하시오.
(a) $[OH^-] = 4.5 \times 10^{-2}$ M (b) $[OH^-] = 3.1 \times 10^{-12}$ M
(c) $[OH^-] = 5.4 \times 10^{-5}$ M (d) $[OH^-] = 1.2 \times 10^{-2}$ M

83. 다음 각 용액의 pOH를 구하시오.
(a) $[H_3O^+] = 1.2 \times 10^{-8}$ M (b) $[H_3O^+] = 5.5 \times 10^{-2}$ M
(c) $[H_3O^+] = 3.9 \times 10^{-9}$ M (d) $[OH^-] = 1.88 \times 10^{-13}$ M

84. 다음 각 용액의 pOH를 구하시오.
(a) $[H_3O^+] = 8.3 \times 10^{-10}$ M (b) $[H_3O^+] = 1.6 \times 10^{-7}$ M
(c) $[H_3O^+] = 7.3 \times 10^{-2}$ M (d) $[OH^-] = 4.32 \times 10^{-4}$ M

85. 다음 각 용액의 pH를 구하고 산성, 염기성, 중성으로 분류하시오.
(a) pOH = 8.5 (b) pOH = 4.2
(c) pOH = 1.7 (d) pOH = 7.0

86. 다음 각 용액의 pH를 구하고 산성, 염기성, 중성으로 분류하시오.
(a) pOH = 12.5 (b) pOH = 5.5
(c) pOH = 0.55 (d) pOH = 7.98

완충 용액

87. 다음 혼합물 중 완충 용액은 무엇인가?
(a) HNO_2와 KNO_2 (b) HI와 NaBr
(c) CsOH와LiOH (d) H_2CO_3와NH_3

88. 다음 혼합물 중 완충 용액은 무엇인가?
(a) H_2CO_3와 $NaHCO_3$ (b) HF와 NaI
(c) H_3PO_4와 NaH_2PO_4 (d) H_2CO_3와 H_2SO_3

89. 87번 문제에 제시된 각각의 완충 용액에 HCl을 가했을 때 중화하는 반응을 작성하시오.

90. 88번 문제에 제시된 각각의 완충 용액에 NaOH를 가했을 때 중화하는 반응을 작성하시오.

91. 다음 각각의 용액에 어떤 물질을 가하면 완충 용액이 되는가?
(a) 0.150 M $NaHCO_3$
(b) 0.600 M NH_4OH
(c) 0.300 M C_6H_5COOH

92. 다음 각각의 용액에 어떤 물질을 가하면 완충 용액이 되는가?
(a) 0.100 M KNO_2
(b) 0.200 M$(NH_4)_2CO_3$
(c) 0.150 M H_2C_2O4

심화문제

93. 0.250 M NaOH 용액 20.0 mL를 완전히 중화하는 데 필요한 0.100 M HCl의 부피는 얼마인가?

94. 0.200 M $HClO_4$ 용액 30.0 mL를 완전히 중화하는 데 필요한 0.250 M NaOH의 부피는 얼마인가?

95. 금속 마그네슘 10.0 g을 완전히 용해시키는 데 필요한 5.0 M HCl 용액의 최소 부피는 얼마인가?

96. 금속 아연 20.0 g을 완전히 용해시키는 데 필요한 3.5 M HBr 용액의 최소 부피는 얼마인가?

97. $K_2O(s)$ 18.5 g이 HI에 의해 완전히 용해되었을 때 용액에 형성된 $KI(aq)$는 몇 그램인가?

98. $MgO(s)$ 6.88 g이 HBr에 의해 완전히 용해되었을 때 용액에 형성된 $MgBr_2(aq)$는 몇 그램인가?

99. 몰질량을 알지 못하는 일양성자산 시료 0.365 g을 물에 용해시킨 후 0.2003 M NaOH로 적정했다. 당량점에 이르기까지 22.55 mL의 염기가 더해졌을 때 이 산의 몰질량은 얼마인가?

100. 몰질량을 알지 못하는 이양성자산 시료 0.105 g을 물에 용해시킨 후 0.1288 M NaOH로 적정했다. 당량점에 이르기까지 15.2 mL의 염기가 더해졌을 때 이 산의 몰질량은 얼마인가?

101. 마그네시아 유제와 같은 제산제는 속쓰림이나 위산 과다로 인한 불편함을 완화하는 데 이용된다. 마그네시아 유제의 1회 권장량은 $Mg(OH)_2$ 400 mg, 즉 1 티스푼이다. 마그네시아 유제 1회분으로 중화될 수 있는 pH 1.1의 HCl 용액의 부피는 얼마인가? (유효 숫자 두 자리까지 계산한다.)

102. 제산제 알약 한 알을 적정하여 당량점에 이르는 데 0.200 M HCl 용액 25.82 mL가 필요하다. 제산제 알약 한 알로 중화할 수 있는 위산의 부피는 몇 밀리리터인가? 위산의 pH는 1.1이라고 가정한다. (유효 숫자 두 자리까지 계산한다.)

103. 다음 각 $[H_3O^+]$의 pH를 구하고 용액을 산성 또는 염기성으로 분류하시오.
(a) $[H_3O^+1 = 0.0025$ M (b) $[H_3O^+] = 1.8 \times 10^{-12}$ M
(c) $[H_3O^+] = 9.6 \times 10^{-9}$ M (d) $[H_3O^+] = 0.0195$ M

104. 다음 각 $[OH^-]$의 pH를 구하고 용액을 산성 또는 염기성으로 분류하시오.
(a) $[OH^-] = 1.8 \times 10^{-5}$ M (b) $[OH^-] = 8.9 \times 10^{-12}$ M
(c) $[OH^-] = 3.1 \times 10^{-2}$ M (d) $[OH^-] = 1.96 \times 10^{-9}$ M

105. 다음 표의 빈칸을 채우시오.

$[H_3O^+]$	$[OH^-]$	pOH	pH	산성 또는 염기성
2.0×10^{-5}	5.0×10^{-10}	9.30	4.70	산성
5.9×10^{-9}	______	______	______	______
______	2.2×10^{-11}	______	______	______
6.8×10^{-4}	______	______	______	______
______	______	______	9.55	______

106. 다음 표의 빈칸을 채우시오.

$[H_3O^+]$	$[OH^-]$	pOH	pH	산성 또는 염기성
4.0×10^{-8}	2.5×10^{-7}	6.6	7.40	염기성
______	______	______	5.68	______
3.8×10^{-7}	______	______	______	______
______	______	______	11.5	______
______	7.7×10^{-5}	______	______	______

107. 다음 각 강산 용액의 $[H_3O^+]$, $[OH^-]$, pH를 구하시오.
(a) 0.0088 M $HClO_4$ (b) 1.5×10^{-3} M HBr
(c) 9.77×10^{-4} M HI (d) 0.0878 M HNO_3

108. 다음 각 강산 용액의 $[H_3O^+]$, $[OH^-]$, pH를 구하시오.
(a) 0.0150 M HCl (b) 1.9×10^{-4} M HI
(c) 0.0226 M HBr (d) 1.7×10^{-3} M HNO_3

109. 다음 각 강염기 용액의 $[OH^-]$, $[H_3O^+]$, pH, pOH를 구하시오.
(a) 0.15 M NaOH (b) 1.5×10^{-3} M $Ca(OH)_2$
(c) 4.8×10^{-4} M $Sr(OH)_2$ (d) 8.7×10^{-5} M KOH

110. 다음 각 강염기 용액의 $[H_3O^+]$, $[OH^-]$, pH, pOH를 구하시오.
(a) 9.55×10^{-4} M CsOH (b) 0.0222 M $Ba(OH)_2$
(c) 3.9×10^{-5} M KOH (d) 7.0×10^{-3} M $Ca(OH)_2$

111. 14.1절에서 설명했듯이 영화에서 감옥에 갇힌 스파이는 펜에 보관된 산을 이용하여 창살을 녹이고 탈출한다. 500.0 g의 쇠창살을 완전히 용해시키는 데 필요한 12.0 M 염산의 최소 부피는 얼마인가? 그 정도의 산을 펜 속에 넣을 수 있겠는가?

112. 교실에서 할 수 있는 실험 중에 새 동전에 흠집을 낸 후 염산에 하룻밤 담그는 실험이 있다. 새 동전은 아연으로 만들어지고 그 표면을 구리로 덧씌운 것으로, 염산은 아연을 녹이지만 구리는 녹이지 못하기 때문에 동전의 내부는 산에 의해 용해되고 구리 껍질은 그대로 남는다. 2.5 g의 아연이 포함된 동전을 6.0 M HCl 20.0 mL에 담갔다고 하자. 아연이 모두 용해된 후 HCl 용액의 농도를 구하시오. (힌트: 동전에 포함된 Zn은 Zn^{2+}로 산화된다.)

113. 0.0250 M HCl 용액 125.0 mL과 0.0500 M NaOH 용액 75.0 mL를 혼합하여 만든 용액의 pH는 얼마인가?

114. 0.0880 M HI 용액 175.0 mL와 0.0570 M KOH 용액 125.0 mL를 혼합하여 만든 용액의 pH는 얼마인가?

115. 25 ℃의 순수한 물 한 방울(0.050 mL)에 존재하는 H^+ (또는 H_3O^+) 이온은 몇 개인가?

116. 0.100 M HCl 용액 1.0 mL에 들어 있는 H^+ (또는 H_3O^+) 이온과 OH^- 이온은 몇 개인가?

117. 염기성 용액 4.00 L에 들어 있는 NaOH와 $Sr(OH)_2$의 총몰수는 0.100 mol이다. 이 용액의 pOH가 1.51일 때 용액에 들어 있는 NaOH와 $Sr(OH)_2$의 몰수를 구하시오.

118. 산성 용액 1.50 L에 들어 있는 HCl과 HBr의 총질량이 0.35 g이다. 이 용액의 pH가 2.40이 때 용액에 들어 있는 HCl과 HBr의 질량은 얼마인가?

핵심문제

119. 산성 용액의 분자를 나타낸 다음 그림을 살펴보고 강산인지, 약산인지 밝히시오.

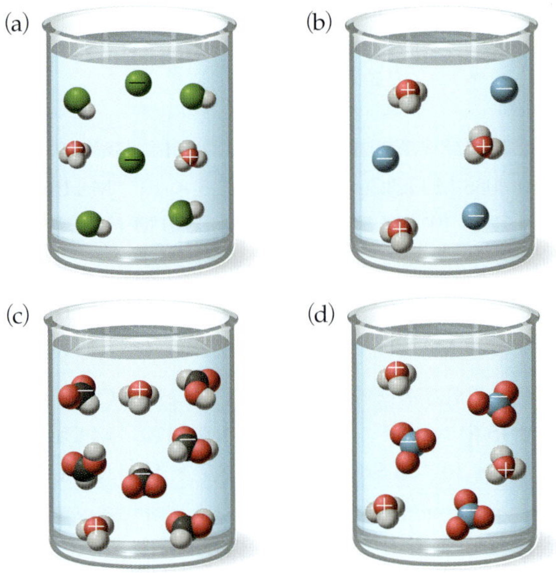

120. 산성비로 인해 산성화된 호수에 석회석($CaCO_3$)을 첨가하여 중화할 수 있다. pH가 5.5인 호수 3.8×10^9 L를 완전히 중화하는 데 필요한 석회석은 몇 킬로그램인가?

121. 5대호에 내리는 산성비의 pH가 약 4.5이다. 이 산성비의 $[H_3O^+]$를 구하고, 서부 해안에 내리는 pH가 5.4인 산성비의 $[H_3O^+]$ 값과 비교하시오. 5대호의 산성비는 몇 배 더 농축되었는가?

집단 활동 문제

집단을 이루어 다음 문제에 대해 토의하고 합의된 답을 기록한다.

122. Arrhenius 염기로 화학적 거동을 하는 반응의 예를 선택한다. 집단 구성원들과 함께 원자나 이온을 나타내는 반응 연기를 수행한다. Brønsted-Lowry 산으로 화학적 거동을 하는 반응의 예를 선택하여 동일한 작업을 수행하고, 일어나는 반응 과정에 대해 작성하시오.

123. 집단을 둘로 나눈다. 각 집단이 산-염기 적정과 관련된 문제와 그 해답 열쇠를 만든 후 서로 문제를 바꾸어 푸시오.

124. 각 집단 구성원은 이 수업의 과제와 시험에 사용할 계산기를 가지고 있어야 한다. 다음을 입증할 때의 계산기 지침(계산기 버튼을 누르는 순서)을 작성하시오.

(a) $[H_3O^+]$가 2.8×10^{-4} M인 용액의 pH는 3.55이다.

(b) pOH가 6.83인 용액의 $[OH^-]$는 1.47×10^{-7} M이다.

125. 집단 구성원들과 원자나 이온을 가지고 HCl이 $HC_2H_3O_2$와 $NaC_2H_3O_2$로 구성된 완충 용액에 첨가될 때 일어나는 반응을 수행한다. 강산이 첨가되어도 완충 용액의 pH가 어떻게 거의 같게 유지되는지 등의 반응 과정을 작성하시오.

데이터 분석 및 해석

126. 산-염기 적정의 과정은 염기를 첨가하는 동안 적정되는 용액의 pH를 측정함으로 확인할 수 있다. 적정 곡선이라 불리는 결과 그래프는 첨가된 염기의 부피에 대한 pH의 곡선이다. 다음 그래프는 0.100 M NaOH로 적정된 미지의 일양성자산(HX)에 대한 적정 곡선이다. 다음 질문에 답하시오.

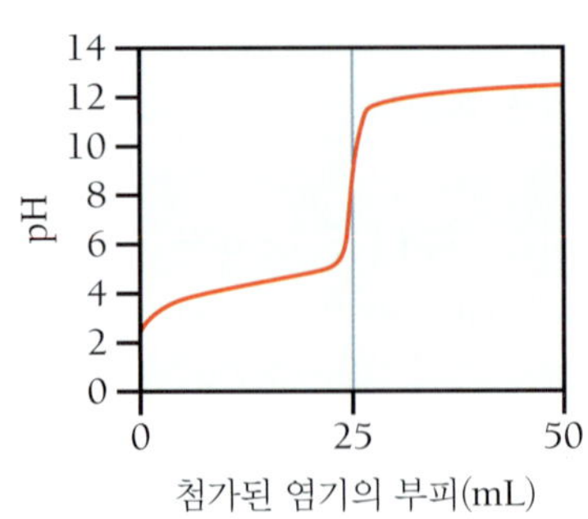

(a) 적정하는 동안 일어나는 중화 반응의 반응식을 작성하시오.
(b) 적정하는 동안 용액의 pH가 왜 증가하는가?
(c) 적정의 당량점은 적정 곡선이 가장 가파른 지점에서 일어난다. 당량점에서 pH는 얼마인가? 당량점의 중간 지점에서 pH는 얼마인가?
(d) 적정된 용액에 존재하는 산 HX의 몰수를 구하시오.

연습문제 해답

14.1

(a) $C_5H_5N(aq) + H_2O(l) \rightleftharpoons C_5H_5NH^+(aq) + OH^-(aq)$
염기, 산, 짝산, 짝염기

(b) $HNO_3(aq) + H_2O(l) \longrightarrow H_3O^+(aq) + NO_3^-(aq)$
산, 염기, 짝산, 짝염기

14.2

$H_3PO_4(aq) + 3\ NaOH(aq) \longrightarrow 3\ H_2O(l) + Na_3PO_4(aq)$

14.3 (a) $2\ HCl(aq) + Sr(s) \longrightarrow H_2(g) + SrCl_2(aq)$
(b) $2\ HI(aq) + BaO(s) \longrightarrow H_2O(l) + BaI_2(aq)$

14.4 9.03×10^{-2} M H_2SO_4

14.5 (a) $[H_3O^+] < 0.50$ M
(b) $[H_3O^+] = 1.25$ M
(c) $[H_3O^+] < 0.75$ M

14.6 (a) $[OH^-] = 0.11$ M
(b) $[OH^-] < 1.05$ M
(c) $[OH^-] = 0.45$ M

14.7 (a) $[H_3O^+] = 6.7 \times 10^{-13}$ M, 염기성
(b) $[H_3O^+] = 1.0 \times 10^{-7}$ M, 중성
(c) $[H_3O^+] = 1.2 \times 10^{-5}$ M, 산성

14.8 (a) pH = 8.02, 염기성
(b) pH = 2.21, 산성

14.8+ pH =12.11, 염기성

14.9 4.3×10^{-9} M

14.9+ 4.6×10^{-11} M

14.10 5.6×10^{-5} M

14.10+ 4.8×10^{-9} M

확인문제 해답

14.1 (a) HCl은 산이다. 산은 신맛을 띤다. 나머지 두 화합물은 염기이다.

14.2 (b) 산의 짝염기 항상 양성자가 하나 적고, 산보다 1 전하 단위가 낮다(더 음의 전하).

14.3 (c) 산 용액은 7개의 H^+를 포함하고 있다. 따라서 당량점에 도달하려면 7개의 OH^-가 필요하다.

14.4 (c) (a)와 (b)는 모두 완전 이온화를 나타내므로 강산이다. (c)에 묘사된 산만 부분 이온화를 하며 약산이다.

14.5 (d) 다른 것들은 모두 양성자를 받을 수 있어서 염기로 행동하지만, NH_4^+는 NH_3의 짝산이므로 염기가 아닌 산으로 행동한다.

14.6 (b) pH가 증가하면 산도가 감소한다.

14.7 (d) pH는 H_3O^+ 농도의 로그 값에 음수를 취한 것이므로 pH가 높아질수록 $[H_3O^+]$가 낮아진다. 그리고 pH의 한 단위 변화는 농도의 10배 변화를 나타낸다.

14.8 (d) pH = 5이므로 pOH = 14 − 5 = 9이다.

14.9 (b) 완충 용액은 약산과 그 짝염기로 이루어진다. 항목에 있는 화합물 중에서 HF만이 약산이고, F^-(용액의 NaF에서 나오는)는 그 짝염기이다.

▲ 동적 평형은 같은 속도로 일어나는 두 가지 상반된 과정을 포함한다. 이 그림은 두 가지 상반된 반응이 같은 속도로 일어나는 화학 평형($N_2O_4 \rightleftharpoons 2NO_2$)과 같은 속도로 서로 반대 방향으로 움직이는 차량이 있는 고속도로를 비유한 것이다.

15 화학 평형

"양팔 저울에 매달려 있는 두 물체와 같이 계를 구성하는 힘이 서로 보상하는 방식으로 배열되었을 때 계는 평형이다."

— Rudolf Arnheim(1904~2007)

개요

15.1 생명: 조절된 비평형

생명을 정의해본 적이 있는가? 그렇다면 생명을 정의하는 것이 얼마나 어려운지 알 것이다. 생명체는 무생물과 어떻게 다른가? 생명체를 이동할 수 있는 것이라고 정의할 수도 있을 것이다. 그러나 식물과 같은 많은 생명체가 이동하지 못한다. 또한 빙하나 지구 같은 경우는 무생물이지만 이동한다. 그러므로 이동은 생명체에 한정되거나 생명체만의 독특한 특성은 아니다. 생명체를 번식할 수 있는 것이라고 정의할 수도 있다. 그러나 노새나 불임인 사람은 생명체임에도 번식할 수 없다. 하지만 그들은 살아 있다. 또한 무생물 중 결정체처럼 어떤 의미로는 재생하는 것도 있다. 그러면 생명체의 독특한 특성은 무엇인가?

생명을 정의하는 한 가지 방법은 평형 개념을 이용하는 것이다. 이 장에서 화학 평형을 더 주의 깊게 정의할 것이나, 당장은 대략 평형을 동일성(sameness)과 항상성(constancy)으로 생각할 수 있다. 어떤 물체가 주위와 평형을 이룰 때 그 물체의 일부 특성은 주위와 같아서 변하지 않는다. 예를 들어 뜨거운 물 한 컵은 온도와 관련하여 주위와 평형을 이루지 않는다. 그러나 만약 다른 방해 없이 놔둔다면 뜨거운 물 한 컵은 주위와 평형에 이를 때까지 천천히 식을 것이다. 그 시점에서 물의 온도는 주위의 온도와 같고(동일성), 변하지 않는다(항상성).

그래서 평형은 동일성과 항상성을 포함한다. 생명체에 대한 정의에서 중요한 부분은 생명체가 그들의 주위와 평형을 이루지 않는다는 것이다. 예를 들어 우리의 체온은 주위의 온도와 같지 않다. 우리가 풀장에 뛰어들어도 혈액의 pH는 주위 물의 pH와 같아지지 않는다. 생명체는, 심지어 가장 단순한 생명체도 주위와 비평형(disequilibrium)을 어느 정도 유지한다.

파충류와 같은 냉혈 동물도 햇볕을 쬐거나 그늘을 찾으며 체온의 비평형을 유지한다.

평형의 관점으로 생명을 정의하려면 한 가지 개념을 덧붙여야 한다. 뜨거운 물 한 컵은 주위와 평형을 이루지 못하지만 살아 있다고 할 수는 없다. 그러나 뜨거운 물 한 컵은 주위와 비평형을 유지하지 못하고 서서히 평형을 이룰 것이다. 이와 반대로 생명체는 살아 있는 한 비평형 상태를 유지하고 조절한다. 예를 들어 우리의 체온은 주위와 단순한 비평형이 아니고 조절된 비평형이다. 몸은 체온을 주위 온도와 평형을 이루지 않고 특정 범위 내로 유지하고 있다.

그러므로 생명체에 대한 한 가지 정의는 생명체란 그 주위와 조절된 비평형에 있는 것이다. 생명체는 죽은 다음에야 주위와 평형을 이루게 된다. 이 장에서는 평형의 개념, 특히 동일성과 항상성을 포함한 상태에서 화학 평형의 개념에 대해 고찰할 것이다.

15.2 화학 반응 속도

▶ 농도와 온도, 화학 반응 속도의 관계를 파악하고 설명한다.

15.3절에서 살펴보겠으나 반응 속도는 화학 평형과 관계가 있다. 정반응 속도와 역반응 속도가 같아지면 화학계는 평형에 도달한 것이다.

반응 속도는 주어진 시간 동안 생성된 생성물의 양으로도 정의할 수 있다.

화학 평형의 개념으로 더 깊이 들어가기에 앞서 화학 반응 속도에 대해 이해해야 한다. **화학 반응 속도**(rate of chemical reaction, reaction rate), 즉 반응이 얼마나 빨리 진행되는지의 척도는 주어진 시간 동안 생성물로 변화한 반응물의 양으로 정의한다. 빠른 속도로 진행하는 반응은 빠르게 진행하여 주어진 시간 동안 생성물로 전환된 반응물의 양이 많다(그림 15.1a). 느린 속도로 진행하는 반응은 느리게 진행되어 같은 시간 동안 생성물로 전환된 반응물의 양이 적다(그림 15.1b).

화학자는 많은 화학 반응의 반응 속도를 조절하려고 한다. 예를 들어 로켓은 물을 생성하는 수소와 산소의 반응으로 추진할 수 있다. 만약 이 반응이 너무 느리게 진행된다면 로켓이 지상에서 발사되지 못할 것이다. 반대로 반응이 너무 빠르게 진행된다면 로켓이 폭발할 수 있다. 반응 속도에 영향을 미치는 요인을 이해한다면 반응 속도를 조절할 수 있다.

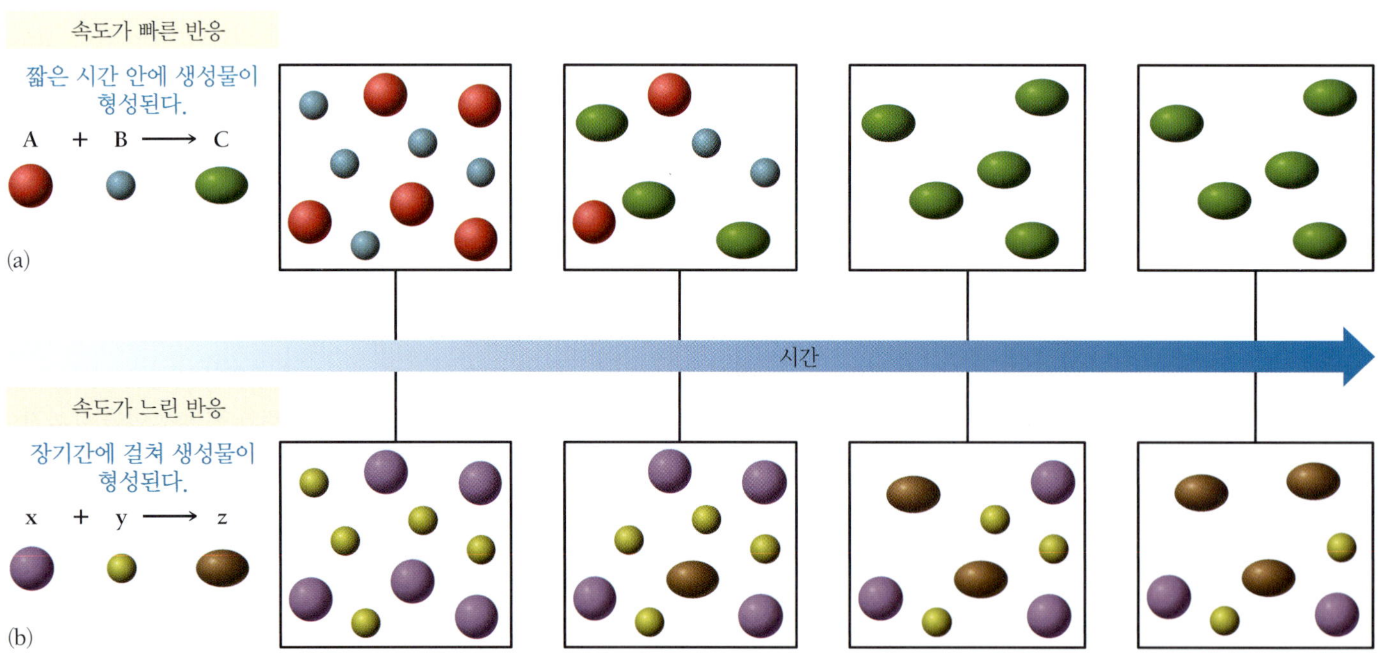

▲ 그림 15.1 화학 반응의 속도

충돌 이론

충돌 이론(collision theory)에 따르면 화학 반응은 분자 또는 원자 사이의 충돌을 통해 일어난다. 예를 들어 $H_2(g)$와 $I_2(g)$가 반응하여 $HI(g)$를 형성하는 기체상의 화학 반응을 살펴보자.

$$H_2(g) + I_2(g) \longrightarrow 2\,HI(g)$$

수소와 아이오딘 사이의 기체상 반응은 다른 메커니즘을 통해서도 진행될 수 있지만, 여기서의 메커니즘은 저온 열 반응에만 유효하다.

H_2 분자와 I_2 분자가 충돌할 때 반응이 시작된다. 충분한 에너지(즉 충돌할 분자가 충분히 빠른 속도로 움직인다면)를 가지고 충돌이 일어난다면 반응이 진행되어 생성물을 만들 수 있다. 만약 불충분한 에너지를 가지고 충돌이 일어난다면 반응물 분자(H_2와 I_2)가 단순히 서로 튕겨 나간다. 기체상의 분자는 속도 분포가 넓어서 넓은 에너지 분포로 충돌이 일어난다. 높은 에너지를 가진 분자의 충돌은 생성물을 만들지만 낮은 에너지를 가진 분자의 충돌은 그렇지 않다.

충돌이 반응을 일으키는지 여부는 충돌하는 분자의 방향에 따라 달라지지만, 이 책에서 다루는 범위를 벗어난다.

높은 에너지를 가진 분자의 충돌일수록 생성물을 만들 가능성이 커지는 이유는 반응의 활성화 에너지(activation energy) 또는 활성화 장벽(activation barrier)과 관련이 있다. 화학 반응의 활성화 에너지는 15.12절에서 더 자세히 설명할 것이다. 일단 활성화 에너지를 반응이 진행되기 위해 극복해야 할 장벽으로 생각할 수 있다. 예를 들어 H_2가 I_2와 반응하여 HI를 생성하는 경우 생성물(HI)은 H—H 결합과 I—I 결합을 끊은 다음에야 형성되기 시작한다. 활성화 에너지는 이러한 결합들을 끊으려 할 때 필요한 에너지이다.

만약 분자가 높은 에너지 충돌을 통해 반응한다면, 반응 속도에 영향을 미치는 요인이 단위 시간 동안 일어나는 높은 에너지 충돌의 횟수에 영향을 미치는 요인과 동일해야 한다는 것을 알고 있다. 이 절에서는 충돌에 영향을 미치는 가장 중요한 두 가지 요인, 즉 반응하는 분자의 농도와 반응 혼합물의 온도를 중심으로 살펴본다.

농도가 반응 속도에 미치는 영향

그림 15.2는 온도는 같지만 농도가 다른 다양한 H_2와 I_2의 반응 혼합물을 보여준다. H_2와 I_2가 충돌을 통해 반응하여 HI를 형성할 때 어떤 혼합물이 가장 빠른 속도로 반응할까? 그림 15.2c에서는 H_2와 I_2의 농도가 가장 높아서 단위 시간당 충돌 횟수가 가장 많으며, 따라서 반응 속도가 가장 빠르다. 이러한 접근은 대부분의 화학 반응에서 사실이다.

반응물의 농도가 증가함에 따라 일반적으로 화학 반응 속도가 빨라진다.

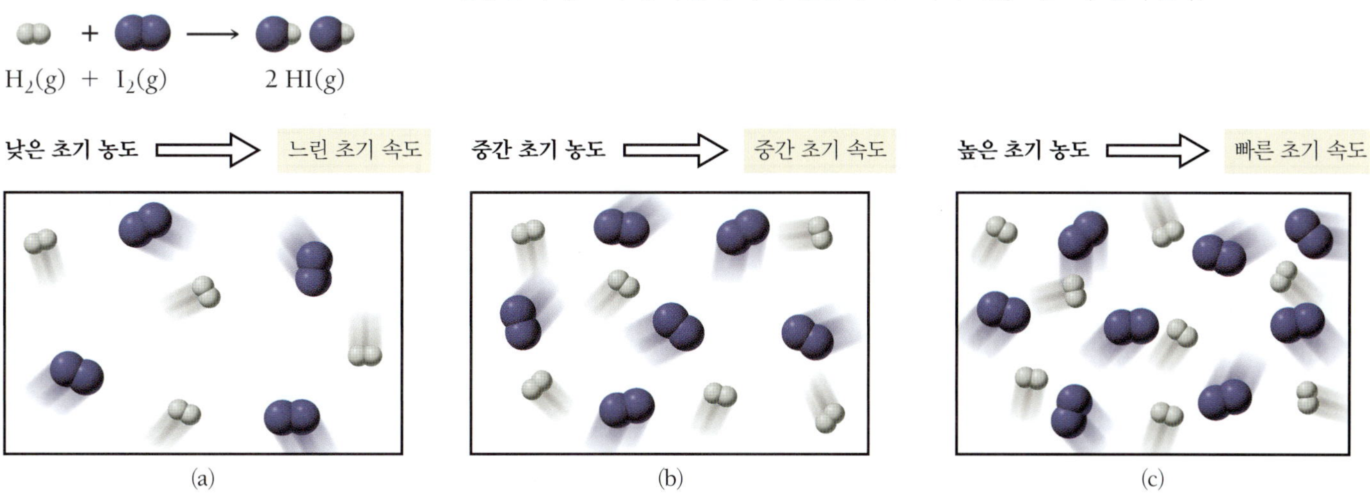

▲ **그림 15.2 반응 속도에 대한 농도 효과.** 초기 반응 속도가 가장 빠른 반응 혼합물은 무엇인가? 반응물의 농도가 가장 높아 충돌 속도가 가장 빠른 (c)이다.

반응물의 농도 증가와 반응 속도 증가 사이의 정확한 관계는 다른 반응에서 다양하게 나타나며, 이는 이 책에서 다루는 범위를 벗어난다. 이 책을 통해서는 대부분의 반응에서 반응물의 농도가 증가하면 반응 속도가 증가한다는 것을 아는 것으로 충분하다.

이러한 지식을 바탕으로 생각했을 때, 반응이 진행됨에 따라 반응 속도는 어떻게 될 것인가? 반응물이 반응을 통해 생성물로 변하기 때문에 반응물의 농도는 감소한다. 결과적으로 반응이 진행됨에 따라 반응 속도가 감소한다. 달리 말하면 반응이 진행되면서 반응물의 분자가 줄어들고(반응물이 생성물로 전환되기 때문에) 반응이 점차 느려진다.

▲ 냉혈 동물은 낮은 온도에서는 물질 대사를 일으키는 반응이 느려지기 때문에 움직임이 둔해진다.

온도가 반응 속도에 미치는 영향

반응 속도는 온도의 영향도 받는다. 그림 15.3은 농도는 같지만 온도가 다른 다양한 H_2와 I_2 반응 혼합물을 보여준다. 어느 것이 가장 빠른 반응 속도를 나타낼까? 온도가 높아지면 분자가 더 빠르게 움직인다(3.10절). 단위 시간당 더 많이 충돌하여 반응 속도가 더욱 빨라질 것이다. 또한 온도가 높아질수록 (평균적으로) 더 높은 에너지를 가진 충돌이 더 많이 일어난다. 높은 에너지 충돌은 생성물을 만들기 쉬워서 더 빠른 속도로 생성물이 만들어진다. 따라서 그림 15.3c(가장 높은 온도)의 반응 속도가 가장 빠르다. 이러한 관계는 대부분의 화학 반응에 적용된다.

반응 혼합물의 온도가 상승함에 따라 일반적으로 화학 반응 속도가 빨라진다.

반응 속도의 온도 의존성 때문에 낮은 온도에서 냉혈 동물의 동작이 더 느려진다. 동물이 생각하고 움직이는 데 필요한 반응이 느려질수록 동작이 더 느려질 수밖에 없다.

요약

- 반응물의 농도가 증가함에 따라 일반적으로 반응 속도가 빨라진다.
- 온도가 상승함에 따라 일반적으로 반응 속도가 빨라진다.
- 반응이 진행됨에 따라 일반적으로 반응 속도가 느려진다.

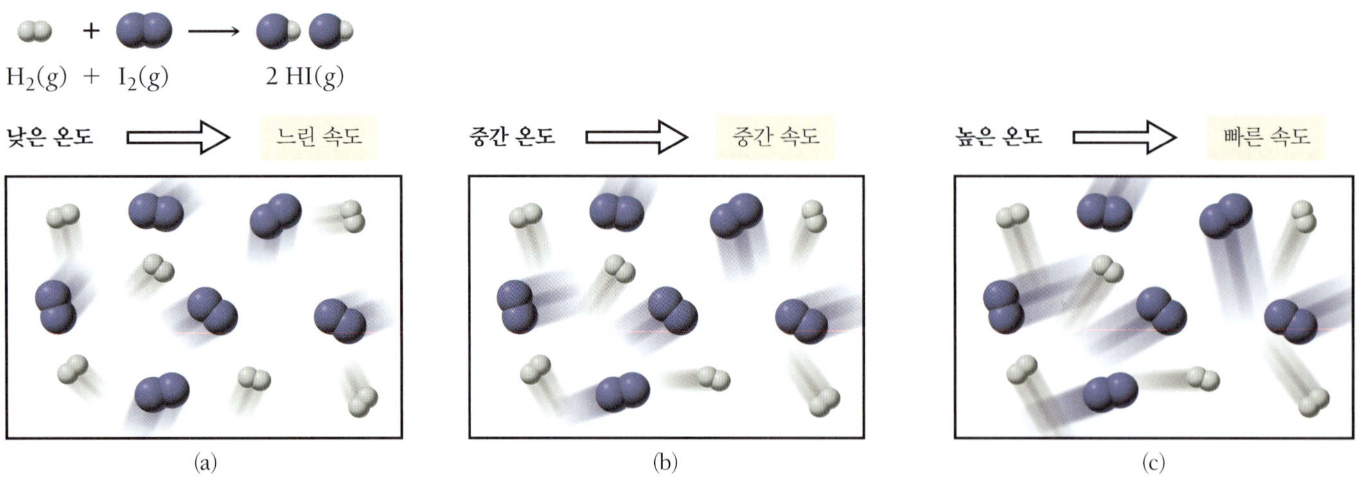

▲ **그림 15.3 반응 속도에 대한 온도 효과.** 초기 반응 속도가 가장 빠른 반응 혼합물은 무엇인가? 반응물의 온도가 가장 높은 (c)가 가장 빠르다.

✔ 확인문제 15.1

두 기체의 화학 반응에서 압력의 증가는 어떤 결과를 가져오는가?

(a) 반응 속도를 증가시킨다.

(b) 반응 속도를 감소시킨다.

(c) 반응 속도에 아무런 영향을 주지 않는다.

15.3 동적 화학 평형의 개념

▶ 동적 평형을 정의한다.

HI를 생성하기 위한 H_2와 I_2의 반응이 정방향과 역방향으로 모두 진행될 수 있다면 어떻게 될까?

$$H_2(g) + I_2(g) \rightleftharpoons 2\,HI(g)$$

H_2와 I_2가 충돌하고 반응하여 두 분자의 HI를 생성할 수 있고, HI 두 분자가 충돌하고 반응하여 H_2와 I_2를 다시 생성할 수도 있다. 정방향과 역방향 모두 진행될 수 있는 반응을 **가역 반응**(reversible reaction)이라 한다.

H_2와 I_2만 들어 있는 어떤 용기에서 반응을 시작한다고 가정하자(그림 15.4a). 초기에 어떤 일이 일어날까? H_2와 I_2가 반응하여 HI를 생성한다(그림 15.4b). 그러나 H_2와 I_2가 반응함에 따라 농도가 감소하고, 이는 정반응 속도의 감소로 이어진다. 동시에 HI가 생성되기 시작한다. HI의 농도가 증가함에 따라 역반응이 일어나기 시작하고 더 많은 HI가 충돌하여 그 속도가 더욱 빨라진다. 결국에는 (증가하는) 역반응 속도가 (감소하는) 정반응 속도와 같아지며, 그 지점에서 **동적 평형**(dynamic equilibrium)에 도달한다(그림 15.4c, d).

동적 평형: 화학 반응에서 정반응 속도와 역반응 속도가 같은 상태

이 상태는 정지된 상태가 아니다. 즉 정반응과 역반응은 여전히 일정한 속도로 일어나고 있으므로 동적이다. 동적 평형에 도달하면 H_2, I_2, HI의 농도가 변하지 않는다. 반응물과 생성물은 같은 속도로 소모되고 동시에 생성되기 때문에 반응물과 생성물의 농도는 일정하게 유지된다.

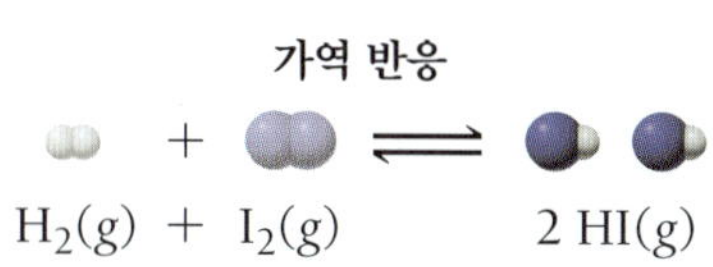

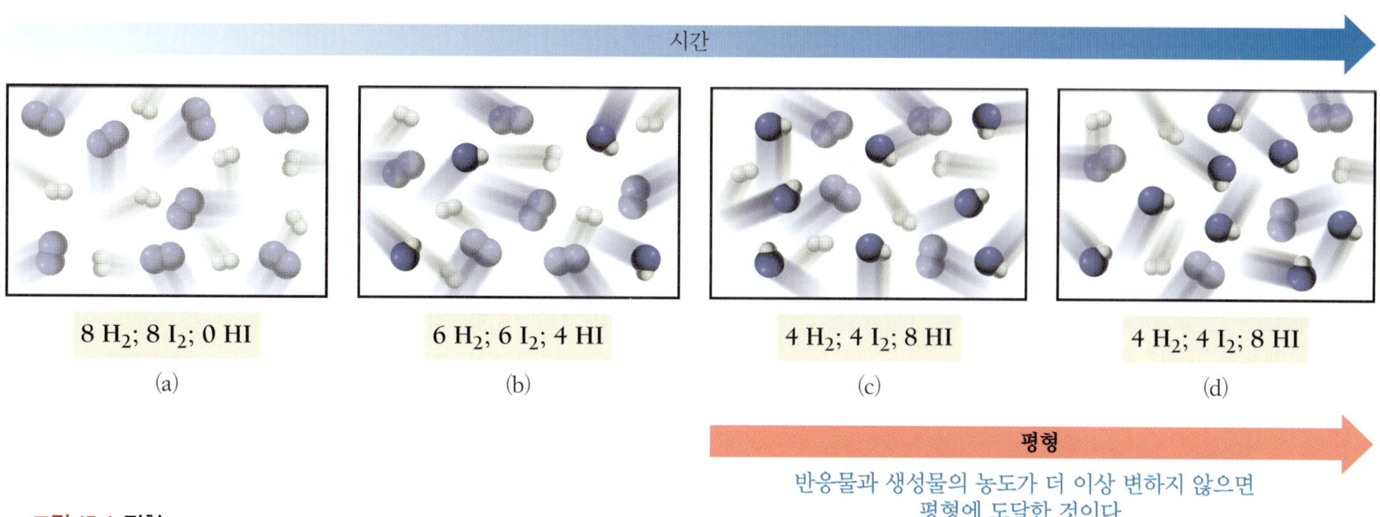

▲ 그림 15.4 평형

▶ **그림 15.5** **평형을 향해 진행하는 화학 반응을 이해하기 위한 비유**

인구 이동에 비유한 동적 평형

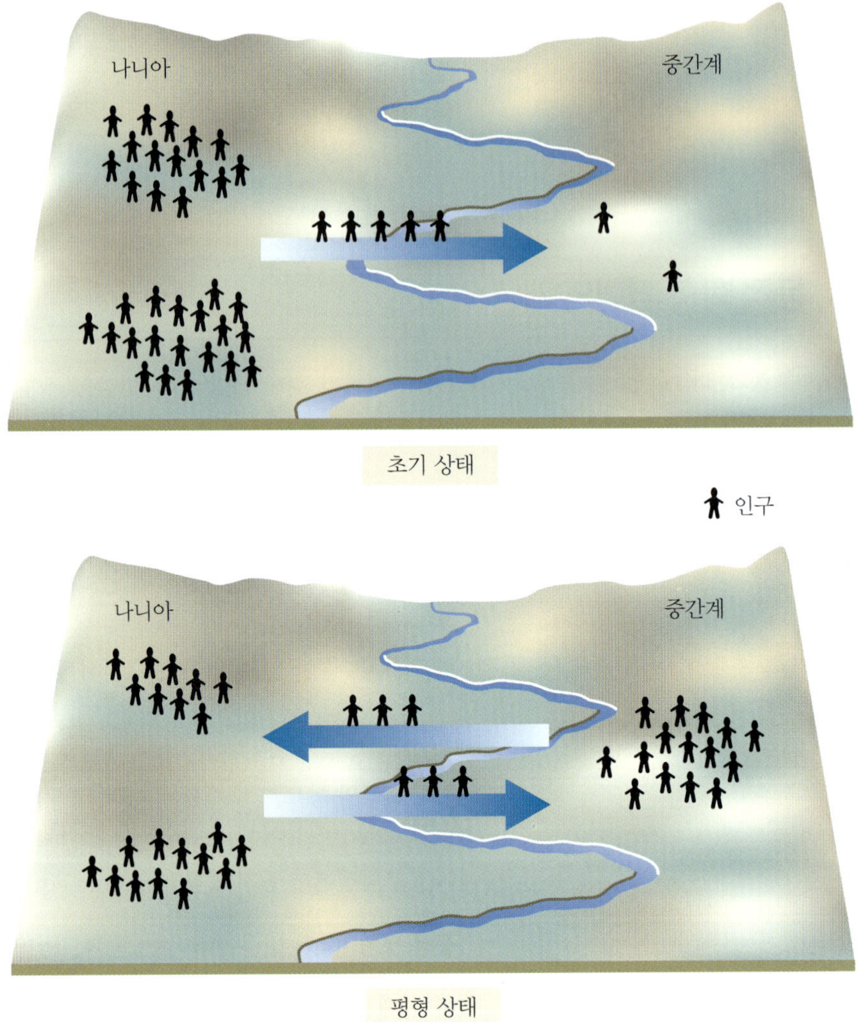

두 왕국이 동적 평형에 도달할 때 떠나는 사람의 수와 돌아오는 사람의 수가 같아서 두 왕국의 인구가 변하지 않는다.

동적 평형에는 15.1절에서 다룬 동일성과 항상성의 개념이 내포되어 있다. 동적 평형에 도달했을 때 정반응 속도와 역반응 속도가 같다(동일성). 반응 속도가 같아서 반응물과 생성물의 농도가 더 이상 변하지 않는다(항상성). 그러나 평형에서 반응물과 생성물의 농도가 변하지 않는다는 것이 평형에서 반응물과 생성물의 농도가 같아짐을 의미하는 것은 아니다. 어떤 반응은 반응물 대부분이 생성물로 변한 다음에야 평형에 도달한다(14.7절 강산 참조). 또 다른 어떤 반응은 반응물이 소량 생성물로 변했을 때 평형에 도달하는데(14.7절 약산 참조), 이는 반응에 따라 다르다.

나니아는 C. S. Lewis의 《나니아 연대기》에 등장하는 가상 세계이고, 중간계는 J.R.R. Tolkien의 《반지의 제왕》에 등장하는 가상 세계이다.

유사하고 간단한 예를 통해 동적 평형을 잘 이해할 수 있을 것이다. 이웃하고 있는 두 왕국, 나니아와 중간계를 생각해보자(그림 15.5). 나니아는 인구가 많고 중간계는 인구가 적다. 어느 날 두 왕국의 국경이 열리고 나니아의 백성이 중간계로 떠나기 시작했다(이를 정반응이라고 부른다).

$$\text{나니아} \longrightarrow \text{중간계 (정반응)}$$

나니아의 인구는 줄어드는 반면 중간계의 인구는 늘어난다. 그러나 사람들이 나니아를 떠나는 속도가 점차 느려지기 시작한다(나니아가 더 복잡해졌기 때문에). 반면에 중간계로 이동했던 사람들 중 몇몇은 그곳이 좋지 않다고 생각하여 다시 돌아오기 시작한다(이를 역반응이라고 부른다).

$$\text{나니아} \longleftarrow \text{중간계 (역반응)}$$

중간계에 인구가 증가하면 사람들이 나니아로 돌아가는 속도가 빨라진다. 결국에는 사람들이 나니아를 떠나는 속도(떠나는 속도가 느려짐)와 사람들이 나니아로 돌아오는 속도(중간계가 복잡해졌을 때 나니아로 돌아오는 속도가 증가함)가 같아진다. 즉 동적 평형에 도달한다.

$$\text{나니아} \rightleftharpoons \text{중간계}$$

두 왕국이 동적 평형에 도달했을 때 떠나는 사람의 수와 돌아오는 사람의 수가 같아지기 때문에 두 왕국의 인구는 변하지 않는다. 그러나 동적 평형에 도달했다 하더라도 한 왕국의 통치자 특성이나 매력, 더 낮은 세금 등등 여러 가지 이유로 한 왕국의 인구가 다른 왕국의 인구보다 더 많을 수 있다.

이와 마찬가지로 화학 반응이 동적 평형에 도달하면 정반응 속도(나니아를 떠나는 사람들과 유사)가 역반응 속도(나니아로 돌아오는 사람들과 유사)와 같아지고, 반응물과 생성물의 상대적 농도(두 왕국의 상대적인 인구와 유사)가 일정해진다. 평형에서 두 왕국의 인구가 같지 않은 것처럼 평형에서 반응물과 생성물의 농도가 같지 않을 수도 있다.

✔ 확인문제 15.2

다음 중 동적 평형 상태의 화학 반응에 대한 일반적인 내용에 해당하지 않는 것은 무엇인가?

(a) 정반응과 역반응의 속도가 같다.

(b) 반응물과 생성물의 농도가 일정하다.

(c) 반응물과 생성물의 농도가 같다.

15.4 평형 상수: 반응의 진행 정도 측정

▸ 화학 반응에 대한 평형 상수식을 작성한다.

평형에서 반응물과 생성물의 농도가 같지 않다는 것을 앞에서 배웠다. 오히려 같은 것은 정반응 속도와 역반응 속도이다. 하지만 평형에서 농도가 어떻게 될 것인가? 농도에 대해 무엇을 알 수 있는가? 평형에서 반응물과 생성물의 농도는 평형 상수(K_{eq})로 계산할 수 있다. 다음과 같은 일반적인 화학 반응이 있다.

$$a\text{A} + b\text{B} \rightleftharpoons c\text{C} + d\text{D}$$

평형 상수(K)는 온도의 켈빈(K) 단위와 구별되도록 이탤릭체로 표기한다.

여기서 A와 B는 반응물이고, C와 D는 생성물이다. 그리고 a, b, c, d는 화학 반응식의 화학량론 계수이다. 반응의 **평형 상수**(equilibrium constant, K_{eq})는 평형에서 생성물의 농도를 생성물의 화학량론 계수로 지수승한 값을 반응물의 농도를 반응물의 화학량론 계수로 지수승한 값으로 나눈 값으로 정의된다.

$$K_{eq} = \frac{[\text{C}]^c\,[\text{D}]^d}{[\text{A}]^a\,[\text{B}]^b}$$

분자 생성물

분모 반응물

[A]는 A의 몰농도를 의미한다.

평형 상수는 평형에서 반응물과 생성물의 상대적인 농도의 수치라는 것에 유의하라. 평형 상수가 클수록 평형에서 반응물에 대한 상대적인 생성물의 농도가 크다.

화학 반응의 평형 상수식

화학 반응에 대한 평형 상수식을 작성하려면 화학 반응식을 살펴보고 앞서 말한 정의를 따르면 된다. 예를 들어 다음 반응에 대한 평형식을 작성하는 경우를 생각해보자.

$$2\,N_2O_5(g) \rightleftharpoons 4\,NO_2(g) + O_2(g)$$

평형 상수는 $[NO_2]$의 4제곱과 $[O_2]$을 곱한 값을 $[N_2O_5]$의 2제곱으로 나눈 값이다.

$$K_{eq} = \frac{[NO_2]^4[O_2]}{[N_2O_5]^2}$$

화학 반응식에서의 계수는 평형식의 지수가 된다.

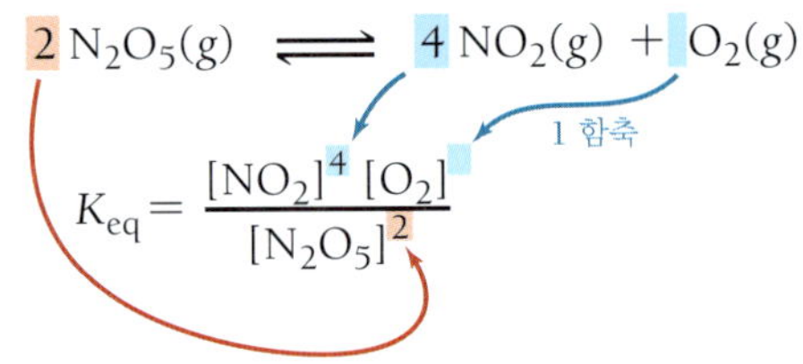

예제 15.1 화학 반응의 평형 상수식

다음 화학 반응에 대한 평형 상수식을 작성하시오.

$$CO(g) + 2\,H_2(g) \rightleftharpoons CH_3OH(g)$$

답

평형식은 생성물의 농도를 생성물의 화학량론 계수로 지수승한 값을 반응물의 농도를 반응물의 화학량론 계수로 지수승한 값으로 나눈 값이다. 이 식은 반응물에 대한 생성물의 비율임에 주의하라. 또한 화학 반응식의 계수는 평형식에서 지수가 되는 점을 기억하라.

$$K_{eq} = \frac{[CH_3OH]}{[CO][H_2]^2}$$

생성물

반응물

▶ 연습문제 15.1 | 화학 반응의 평형식

다음 화학 반응에 대한 평형 상수식을 작성하시오.

$$H_2(g) + F_2(g) \rightleftharpoons 2\,HF(g)$$

▶ 심화 학습 예제 15.10/복습문제 43, 44

평형 상수의 의미

기호 ≫는 훨씬 더 크다는 의미이다.

평형 상수가 의미하는 것은 무엇인가? 예를 들어 큰 평형 상수($K_{eq} \gg 1$)는 무엇을 의미하는가? 이는 주로 정반응을 선호하며 평형에 도달하면 반응물보다 생성물이 더 많다는 뜻이다. 예를 들어 다음 반응을 살펴보자.

$$H_2(g) + Br_2(g) \rightleftharpoons 2\,HBr(g) \qquad 25\ ^\circ C\text{에서 } K_{eq} = 1.9 \times 10^{19}$$

이 반응의 평형 상수는 크고, 이는 평형 상태에서 반응이 오른쪽에 치우쳐 있음을 뜻한다. 달리 말하면 평형에서 생성물의 농도가 높고 반응물의 농도가 낮다(그림 15.6).

기호 ≪는 훨씬 더 작다는 의미이다.

그렇다면 큰 평형 상수($K_{eq} \ll 1$)는 무엇을 의미하는가? 이는 주로 역반응을 선호하며 평

$$H_2(g) + Br_2(g) \rightleftharpoons 2\,HBr(g)$$

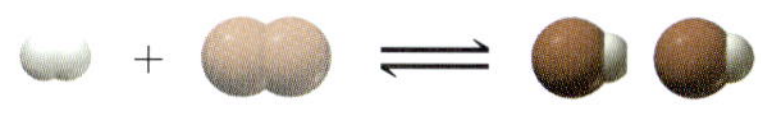

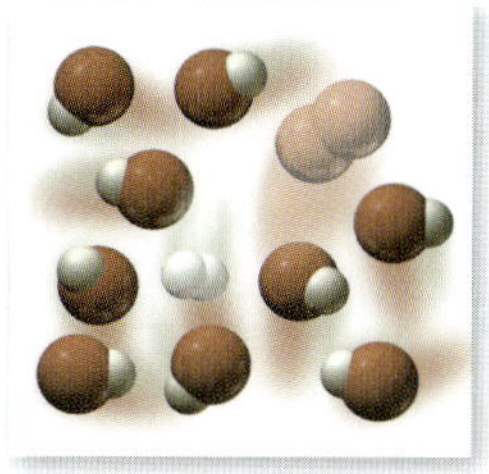

$$K_{eq} = \frac{[HBr]^2}{[H_2][Br_2]} = \text{큰 숫자}$$

큰 평형 상수는 평형에서 생성물의 농도가 높고 반응물의 농도가 낮음을 의미한다.

▲ **그림 15.6 큰 평형 상수의 의미**

$$N_2(g) + O_2(g) \rightleftharpoons 2\,NO(g)$$

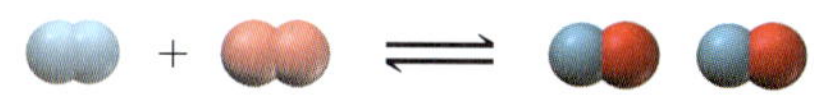

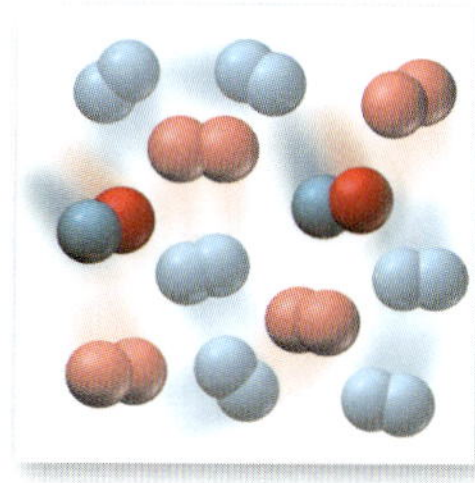

$$K_{eq} = \frac{[NO]^2}{[N_2][O_2]} = \text{작은 숫자}$$

작은 평형 상수는 평형에서 반응물의 농도가 높고 생성물의 농도가 낮음을 의미한다.

▲ **그림 15.7 작은 평형 상수의 의미**

형에 도달하면 생성물보다 반응물이 더 많다는 뜻이다. 예를 들어 다음 반응을 살펴보자.

$$N_2(g) + O_2(g) \rightleftharpoons 2\,NO(g) \qquad 25\ ^\circ\text{C에서 } K_{eq} = 4.1 \times 10^{-31}$$

이 반응의 평형 상수는 매우 작고, 이는 평형 상태에서 반응이 왼쪽에 치우쳐 있음을 뜻하며, 이는 평형에서 반응물의 농도가 높고 생성물의 농도는 낮다(그림 15.7). N_2와 O_2가 공기의 주성분이므로 이는 매우 다행스럽다. 이 반응의 평형 상수가 컸다면 공기 중 많은 N_2와 O_2가 반응하여 유독성 기체 NO를 생성했을 것이다.

기호 ≈는 거의 동일하다는 의미이다.

요약

- $K_{eq} \ll 1$ 역반응이 우세하다. 정반응이 많이 진행되지 못한다.
- $K_{eq} \approx 1$ 어느 방향도 우세하지 않다. 정반응이 약 절반 정도 진행된다(평형 상태에서 상당한 양의 반응물과 생성물이 존재한다).
- $K_{eq} \gg 1$ 정반응이 우세하다. 정반응이 거의 완결될 때까지 진행된다.

✔ 확인문제 15.3

반응 $A(g) \rightleftharpoons B(g)$를 생각해보자. 다음 그림은 각기 다른 세 온도에서 A(빨간색)와 B(검은색)의 평형 혼합물을 보여준다. 평형 상수가 가장 큰 온도는 무엇인가?

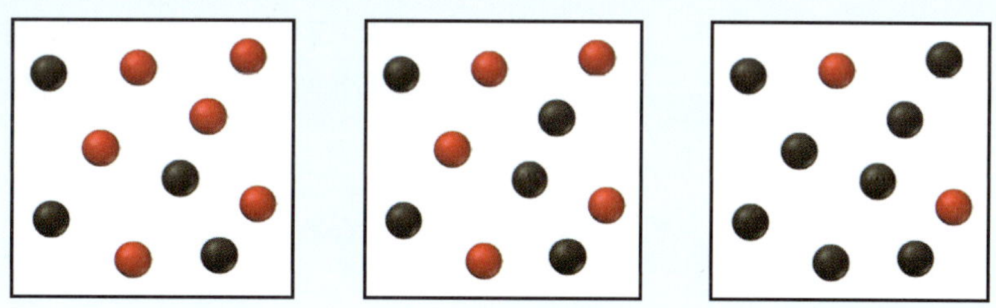

(a) T_1 (b) T_2 (c) T_3

15.5 불균일 평형: 고체 또는 액체를 포함하는 반응의 평형식

▶ 고체 또는 액체를 포함하는 화학 반응에 대한 평형 상수식을 작성한다.

다음 화학 반응에 대해 살펴보자.

$$2\,CO(g) \rightleftharpoons CO_2(g) + C(s)$$

평형 상수식을 다음과 같이 생각할 수 있다.

$$K_{eq} = \frac{[CO_2][C]}{[CO]^2} \quad \text{(부정확)}$$

그러나 탄소는 고체이므로 그 농도가 일정하고 변하지 않는다. 반응 혼합물에 탄소를 많이 가하거나 적게 가하거나 탄소의 농도는 변하지 않는다. 고체는 용기를 채우기 위해 팽창하지 않기 때문에 고체의 농도는 변하지 않는다. 따라서 고체의 농도는 밀도의 영향만 받으며, 일부 고체가 존재하는 한 (온도에 따른 약간의 변화를 제외하고) 일정하다. 결과적으로 화학 반응식에서 반응물이나 생성물 중 (s)라고 표시된 순수한 고체는 평형식에 포함되지 않는다. 그러므로 위 화학 반응에 대한 올바른 평형식은 다음과 같다.

순수한 고체와 액체의 농도는 일정하기 때문에 평형식에서 제외한다.

$$K_{eq} = \frac{[CO_2]}{[CO]^2} \quad \text{(정확)}$$

이와 마찬가지로 순수한 액체의 농도도 변하지 않는다. 따라서 화학 반응식에서 반응물이나 생성물 중 (l)로 표시된 순수한 액체도 평형식에서 제외한다. 예를 들어 다음 반응의 평형식은 무엇인가?

$$CO_2(g) + H_2O(l) \rightleftharpoons H^+(aq) + HCO_3^-(aq)$$

$H_2O(l)$는 순수한 액체이므로 평형식에서 생략한다.

$$K_{eq} = \frac{[H^+][HCO_3^-]}{[CO_2]}$$

예제 15.2 고체 또는 액체를 포함하는 반응의 평형식

다음 화학 반응에 대한 평형식을 작성하시오.

$$CaCO_3(s) \rightleftharpoons CaO(s) + CO_2(g)$$

답

$CaCO_3(s)$와 $CaO(s)$는 둘 다 고체이므로 평형식에서 생략한다.

$$K_{eq} = [CO_2]$$

▶ **연습문제 15.2 | 고체 또는 액체를 포함하는 반응의 평형식 쓰기**

다음 화학 반응에 대한 평형식을 작성하시오.

$$4\,HCl(g) + O_2(g) \rightleftharpoons 2\,H_2O(l) + 2\,Cl_2(g)$$

▶ **심화 학습** 복습문제 45, 46

15.6 평형 상수의 계산과 이용

▶ 평형 상수를 계산한다.
▶ 평형 상수를 이용하여 평형에서의 반응물 또는 생성물의 농도를 구한다.

평형 상수식은 상수 자체와 평형 상태의 반응물 및 생성물의 양 사이의 정량적 관계이다. 따라서 평형 상태에서 반응물과 생성물의 양을 측정하여 평형 상수를 계산할 수 있다. 또한 평형 상수를 이용하여 평형 상태에서 반응물과 생성물의 양을 결정할 수 있다.

평형 상수의 계산

반응의 평형 상수 값을 구하는 가장 직접적인 방법은 평형 상태의 반응 혼합물에서 반응물과 생성물의 농도를 측정하는 것이다. 예를 들어 다음 반응을 살펴보자.

$$H_2(g) + I_2(g) \rightleftharpoons 2\,HI(g)$$

평형 상수는 온도에 의존하므로 온도는 종종 평형 자료에 포함된다. 그러나 온도는 평형식의 일부가 아니다.

445 ℃에서 평형을 이루는 H_2와 I_2 혼합물이 있다고 하자. 평형에서 측정한 반응물과 생성물의 농도가 $[H_2] = 0.11$ M, $[I_2] = 0.11$ M, $[HI] = 0.78$ M일 때 평형 상수는 얼마인가? 문제의 정보를 분류하는 것으로 시작한다.

주어진 값: $[H_2] = 0.11$ M
$[I_2] = 0.11$ M
$[HI] = 0.78$ M

구해야 하는 값: K_{eq}

답

균형 반응식을 통해 K_{eq} 식을 작성할 수 있다.

$$K_{eq} = \frac{[HI]^2}{[H_2][I_2]}$$

K_{eq} 값을 계산하기 위해 K_{eq} 식에 올바른 평형 농도를 대입한다.

$$K_{eq} = \frac{[HI]^2}{[H_2][I_2]} = \frac{[0.78]^2}{[0.11][0.11]} = 5.0 \times 10^1$$

평형식에 대입하는 농도는 항상 몰농도(M) 단위여야 한다. 하지만 보통은 단위 자체를 대입하지 않는다.

반응은 초기 농도에 따라 어느 방향에서나 평형에 접근할 수 있지만 주어진 온도에서 반응의 K_{eq}는 항상 일정하다.

K_{eq} 식에 대입하는 반응물 또는 생성물의 농도 단위는 항상 M(1 L당 몰수)이다. 하지만 일반적으로 평형 상수를 나타낼 때는 단위를 사용하지 않는다.

평형 상태에서 반응에 대한 반응물과 생성물의 특정 농도는 주어진 반응에 대해 항상 같은 것은 아니고 초기 농도에 따라 달라진다. 그러나 평형 상수는 초기 농도와 관계없이 주어진 온도에서 항상 일정하다. 예를 들어 표 15.1은 H_2, I_2, HI의 초기 농도가 다를 때 초기 농도에 따라 달라지는 평형 농도를 보여준다. 평형 상수는 초기 농도와 관계없이 항상 일정하다

표 15.1 445 ℃에서 반응 $H_2(g) + I_2(g) \rightleftharpoons 2\,HI(g)$에 대한 초기 농도와 평형 농도

초기 농도			평형 농도			평형 상수
$[H_2]$	$[I_2]$	$[HI]$	$[H_2]$	$[I_2]$	$[HI]$	$\frac{[HI]^2}{[H_2][I_2]} = K_{eq}$
0.50	0.50	0.0	0.11	0.11	0.78	$\frac{(0.78)^2}{(0.11)(0.11)} = 50$
0.0	0.0	0.50	0.055	0.055	0.39	$\frac{(0.39)^2}{(0.055)(0.055)} = 50$
0.50	0.50	0.50	0.165	0.165	1.17	$\frac{(1.17)^2}{(0.165)(0.165)} = 50$
1.0	0.50	0.0	0.53	0.033	0.934	$\frac{(0.934)^2}{(0.53)(0.033)} = 50$
0.50	1.0	0.0	0.033	0.53	0.934	$\frac{(0.934)^2}{(0.033)(0.53)} = 50$

는 사실에 유의하라. 즉 초기 농도와 상관없이 반응은 평형 농도를 평형식에 대입했을 때 항상 같은 상숫값의 K_{eq}을 가진 방향으로 진행한다.

예제 15.3 평형 상수

다음 반응에서 CH_4, C_2H_2, H_2 혼합물이 1700 ℃에서 평형에 도달했다. 각각의 평형 농도가 $[CH_4] = 0.0203$ M, $[C_2H_2] = 0.0451$ M, $[H_2] = 0.112$ M일 때 주어진 온도에서의 평형 상수를 구하시오.

$$2\,CH_4(g) \rightleftharpoons C_2H_2(g) + 3\,H_2(g)$$

평형에서 반응의 반응물과 생성물에 대한 농도가 주어졌고 평형 상수를 구해야 한다.	**주어진 값:** $[CH_4] = 0.0203$ M $[C_2H_2] = 0.0451$ M $[H_2] = 0.112$ M **구해야 하는 값:** K_{eq}
균형 반응식을 통해 K_{eq}를 구하는 식을 작성한다. K_{eq} 식에 올바른 평형 농도를 대입하여 K_{eq} 값을 계산한다.	**답** $K_{eq} = \frac{[C_2H_2][H_2]^3}{[CH_4]^2}$ $K_{eq} = \frac{[0.0451][0.112]^3}{[0.0203]^2}$ $= 0.154$

▶ **연습문제 15.3 | 평형 상수**

다음 반응에서 CO, H_2, CH_3OH 혼합물이 225 ℃에서 평형에 도달했다. 각각의 평형 농도가 [CO] = 0.489 M, $[H_2] = 0.146$ M, $[CH_3OH] = 0.151$ M일 때 주어진 온도에서의 평형 상수를 구하시오.

$$CO(g) + 2\,H_2(g) \rightleftharpoons CH_3OH(g)$$

▶ **연습문제 15.3+**

앞의 반응이 다른 온도에서 수행되었고, 반응물의 초기 농도가 [CO] = 0.500 M, $[H_2] = 1.00$ M이었다. 반응 초기에는 생성물이 없었고 평형에서 [CO] = 0.15 M일 때 새로운 온도에서의 평형 상수는 얼마인가? (힌트: 균형 반응식의 화학량론 관계를 이용하여 평형에서의 H_2와 CH_3OH 농도를 계산한다.)

▶ **심화 학습** 예제 15.11/복습문제 51~58

평형 상수를 이용한 계산

평형 상태에 있는 다른 반응물과 생성물의 농도는 알지만 한 반응물(또는 생성물)의 농도를 모를 때 평형 농도를 구하려면 평형 상수를 이용한다. 예를 살펴보자.

$$2\,COF_2(g) \rightleftharpoons CO_2(g) + CF_4(g) \qquad 1000\ ℃에서\ K_{eq} = 2.00$$

평형을 이루고 있는 반응 혼합물에서 COF_2의 농도는 0.255 M, CF_4의 농도는 0.118 M일 때 CO_2의 평형 농도는 얼마인가? 문제의 정보를 분류하는 것으로 시작한다.

주어진 값: $[COF_2] = 0.255$ M
$[CF_4] = 0.118$ M
$K_{eq} = 2.00$
구해야 하는 값: $[CO_2]$

해결도표

평형 상수식이 주어진 값으로부터 구해야 하는 값에 도달하는 식을 제공하는 방식을 나타내는 해결도표를 그린다.

$[COF_2], [CF_4], K_{eq}$ → $[CO_2]$

$$K_{eq} = \frac{[CO_2][CF_4]}{[COF_2]^2}$$

답

반응식에 대한 평형식을 작성하고, 이를 구해야 하는 값($[CO_2]$)에 대한 식으로 정리한다.

$$K_{eq} = \frac{[CO_2][CF_4]}{[COF_2]^2}$$

$$[CO_2] = K_{eq}\frac{[COF_2]^2}{[CF_4]}$$

위 식에 적당한 값을 대입하여 $[CO_2]$를 계산한다.

$$[CO_2] = 2.00\frac{[0.255]^2}{[0.118]}$$

$$= 1.10\ \text{M}$$

예제 15.4 평형 상수를 이용한 계산

다음 반응의 평형 혼합물에서 H_2와 I_2의 농도가 모두 0.020 M이다. HI의 평형 농도는 얼마인가?

$$H_2(g) + I_2(g) \rightleftharpoons 2\ HI(g) \qquad 340\ ℃에서\ K_{eq} = 69$$

분류

화학 반응에서 반응물의 평형 농도와 평형 상수 값이 주어졌고 생성물의 농도를 구해야 한다.

주어진 값: $[H_2] = [I_2] = 0.020$ M

$K_{eq} = 69$

구해야 하는 값: [HI]

전략

평형 상수식이 주어진 농도와 구해야 하는 농도의 관계를 나타내는 해결도표를 그린다.

해결도표

$[H_2], [I_2], K_{eq}$ → [HI]

$$K_{eq} = \frac{[HI]^2}{[H_2][I_2]}$$

풀이

평형식을 [HI]에 대해 정리하고 적절한 값을 대입하여 계산한다. [HI]의 값이 제곱으로 되어 있으므로 식의 양쪽에 제곱근을 취하여 [HI]에 대해 풀어야 한다($\sqrt{[HI]^2} = [HI]$이므로).

답

$$K_{eq} = \frac{[HI]^2}{[H_2][I_2]}$$

$$[HI]^2 = K_{eq}[H_2][I_2]$$

$$\sqrt{[HI]^2} = \sqrt{K_{eq}[H_2][I_2]}$$

$$[HI] = \sqrt{69(0.020)(0.020)}$$

$$= 0.17\ \text{M}$$

검토

구한 값을 K_{eq} 식에 대입하여 검토할 수 있다.

$$K_{eq} = \frac{[HI]^2}{[H_2][I_2]}$$

$$= \frac{(0.17)^2}{(0.020)(0.020)}$$

$$= 72$$

검산한 K_{eq} 값은 주어진 K_{eq} 값(69)와 거의 같으며, 이는 구한 값이 옳다는 것을 나타낸다. 약간의 차이는 이러한 문제에서 흔히 있는 반올림 오차 때문이다.

▶ **연습문제 15.4 | 평형 상수를 이용한 계산**

이원자 분자인 I_2는 높은 온도에서 다음과 같은 반응에 따라 분해되어 I 원자를 생성한다. 평형 혼합물에서 I_2의 농도가 0.10 M일 때 평형에서 I의 농도는 얼마인가?

$$I_2(g) \rightleftharpoons 2\,I(g) \qquad 1200\ ^\circ\text{C에서 } K_{eq} = 0.011$$

▶ **심화 학습** 예제 15.12/복습문제 59~62

✔ 확인문제 15.4

반응 $A(aq) \rightleftharpoons B(aq) + C(aq)$이 평형 상태에 있다. 세 화합물의 농도가 모두 2 M일 때 평형 상수는 얼마인가?

(a) 4 (b) 3 (c) 1 (d) 1/2

15.7 평형에 있는 반응의 교란: Le Châterlier의 원리

▶ Le Châterlier의 원리를 다시 설명한다.

평형에 도달하지 않은 화학계는 평형을 향해 가려는 경향이 있고 평형에서 반응물과 생성물의 농도는 평형 상수 K_{eq}에 따라 달라진다는 것을 알았다. 그렇다면 이미 평형에 도달한 화학계가 교란될 때는 어떤 일이 일어나는가? **Le Châterlier의 원리**(Le Châterlier's principle)는 화학계가 교란을 최소화하기 위해 반응할 것이라 말한다.

'Le Châterlier'는 '르샤틀리에'라고 읽는다.

> **Le Châterlier의 원리**: 평형에 있는 화학계가 교란되면 계는 교란을 최소화하는 방향으로 이동한다.

달리 말하면 평형에 있는 계는 평형을 유지하려고 한다. 즉 교란이 발생하면 저항한다는 것이다.

나니아와 중간계의 비유로 돌아가서 생각해보면 Le Châterlier의 원리를 이해할 수 있다. 나니아의 인구와 중간계의 인구가 평형을 이루고 있다고 생각해보자. 이는 사람들이 나니아를 빠져나가는(중간계로 들어가는) 속도와 사람들이 나니아로 이동하는(중간계를 빠져나가는) 속도가 같다는 뜻이다. 또한 두 왕국의 인구가 안정되어 있다는 의미이다. 이제 균형을 깨뜨리는 것을 상상해보자(그림 15.8). 만약 사람들이 중간계로 더 이동했다면 무슨 일이 일어날까? 갑자기 중간계가 더 복잡해져서 사람들이 중간계를 떠나는 속도가 빨라진다. 사람들의 알짜 흐름은 중간계를 벗어나 나니아로 이동하는 것이다. 무슨 일이 일어났는지에 주목하라. 중간계에 더 많은 사람을 추가함으로써 평형을 교란했다. 계는 사람들을 중간계 밖으로 이동하는 것으로 대응하는 방향으로, 즉 교란을 최소화하는 방향으로 움직였다.

나니아와 중간계 비유는 평형 상태에 있는 계를 교란하는 효과를 살펴보는 데 도움이 될 것이다. 그러나 완전히 동등하다고 받아들여서는 안 된다.

반대로 나니아로 사람들을 더 이동하면 어떻게 될까? 갑자기 나니아가 복잡해져서 사람들이 나니아를 떠나는 속도가 빨라진다. 사람들의 알짜 흐름은 나니아를 벗어나 중간계로 이동하는 것이다. 나니아에 더 많은 사람이 더해졌기 때문에 계는 사람들을 나니아 밖으로 이동하는 것으로 대응했다. 평형 상태에 있는 계가 교란을 받으면 계는 교란에 대응하기 위해

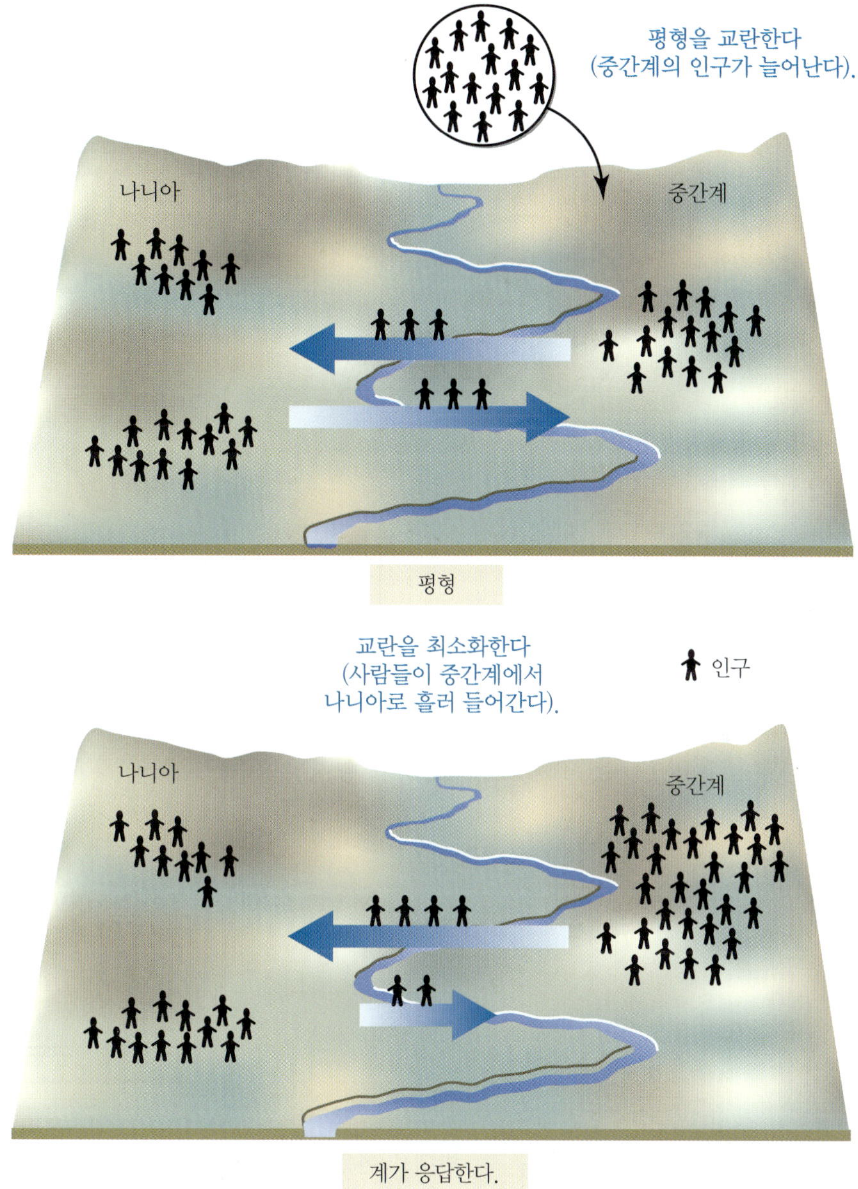

▶ **그림 15.8 Le Châterlier의 원리를 이해하기 위한 인구 비유.** 중간계의 인구를 빼냄으로써 평형을 교란하면 어떤 일이 일어나는가? 교란을 최소화하려면 인구가 어느 방향으로 이동해야 하는가?

반응한다. 화학계도 비슷하게 행동한다. 화학 평형에 있는 계를 교란하는 몇 가지 방법이 있다. 다음 세 절에서 이를 하나씩 살펴보자.

15.8 농도 변화가 평형에 미치는 영향

▶ 농도가 변화하는 경우에 Le Châterlier의 원리를 적용한다.

화학 평형에 있는 다음 반응을 살펴보자.

$$N_2O_4(g) \rightleftharpoons 2\ NO_2(g)$$

평형 혼합물에 NO_2를 첨가하여 평형을 교란한다고 생각해보자(그림 15.9). 달리 말해 NO_2의 농도를 증가시킨다. 어떤 일이 일어나는가? Le Châterlier의 원리에 따르면, 계는 교란을 최소화하는 방향으로 이동한다. 일반적으로 농도가 증가함에 따라 반응 속도가 증가하기 때문에 NO_2의 농도를 증가시키면 역반응의 속도가 증가하는 방향으로 반응이 이동한다(15.2

▶ **그림 15.9 Le Châterlier의 원리에 따른 현상 I.** 평형 상태에 있는 계가 교란되면, 교란을 최소화하도록 변화가 일어난다. 이 경우 NO_2를 첨가하면 반응이 왼쪽으로 이동하여 N_2O_4를 생성함으로써 NO_2를 소모한다.

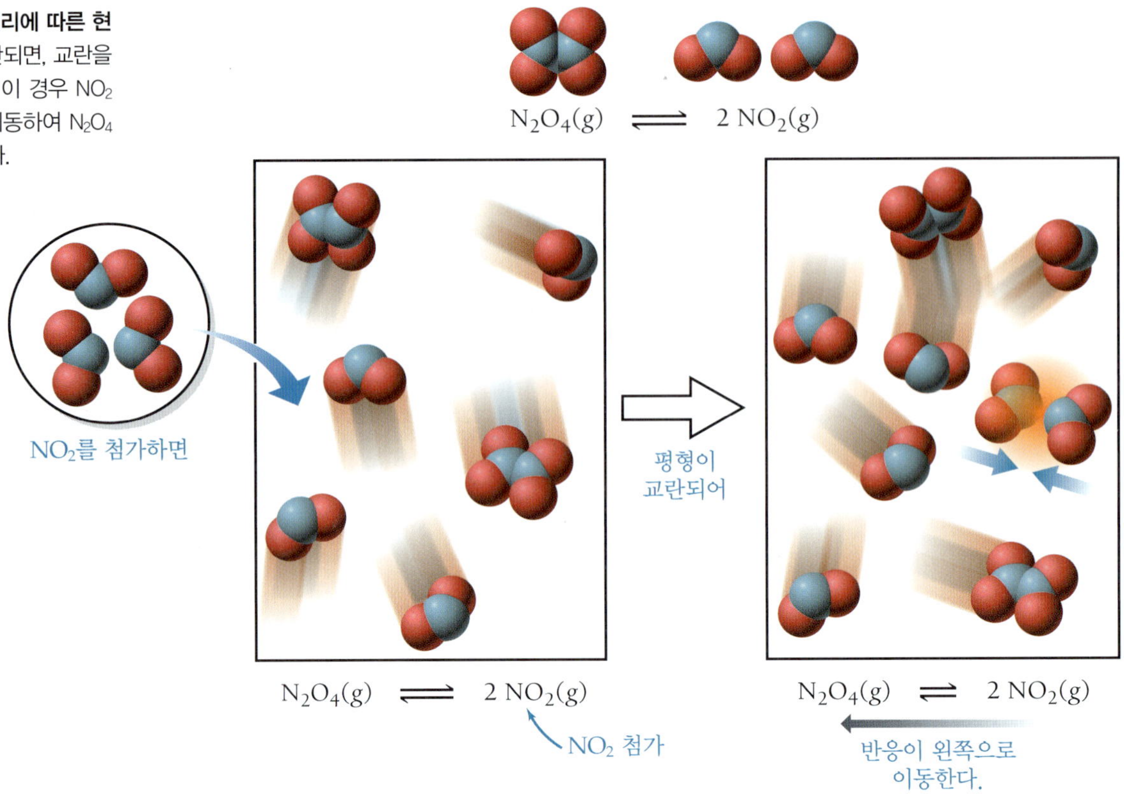

절 참조).

첨가된 NO_2를 소모하여 농도가 감소하려면 반응이 왼쪽으로 이동해야(역반응으로 진행해야) 한다.

$$N_2O_4(g) \rightleftharpoons 2\ NO_2(g)$$

NO_2 첨가 → 반응이 왼쪽으로 이동한다.

어떤 반응이 왼쪽으로 이동한다는 것은 반응이 역방향으로 진행하여 생성물을 소모하고 반응물을 형성한다는 의미이다.

반대로 여분의 N_2O_4를 첨가하여 N_2O_4 농도가 증가하면 어떤 일이 일어나는가? 이 경우 정반응 속도가 증가하고 반응이 오른쪽으로 이동하여 첨가된 N_2O_4를 소모하고 N_2O_4의 농도가 감소하게 된다(그림 15.10).

N_2O_4 첨가

$$N_2O_4(g) \rightleftharpoons 2\ NO_2(g)$$

반응이 오른쪽으로 이동한다.

어떤 반응이 오른쪽으로 이동한다는 것은 반응이 정방향으로 진행하여 반응물을 소모하고 생성물을 형성한다는 의미이다.

두 경우 모두 계가 교란을 최소화하는 방향으로 이동한다.

요약: 화학계가 평형에 있을 때

- 하나 이상 생성물의 농도가 증가하면 반응이 왼쪽(반응물 쪽)으로 이동한다.
- 하나 이상 반응물의 농도가 증가하면 반응이 오른쪽(생성물 쪽)으로 이동한다.

▶ **그림 15.10 Le Châterlier의 원리에 따른 현상 II.** 평형 상태에 있는 계가 교란되면, 교란을 최소화하도록 변화가 일어난다. 이 경우 N_2O_4를 첨가하면 반응이 오른쪽으로 이동하여 NO_2를 생성함으로써 N_2O_4를 소모한다.

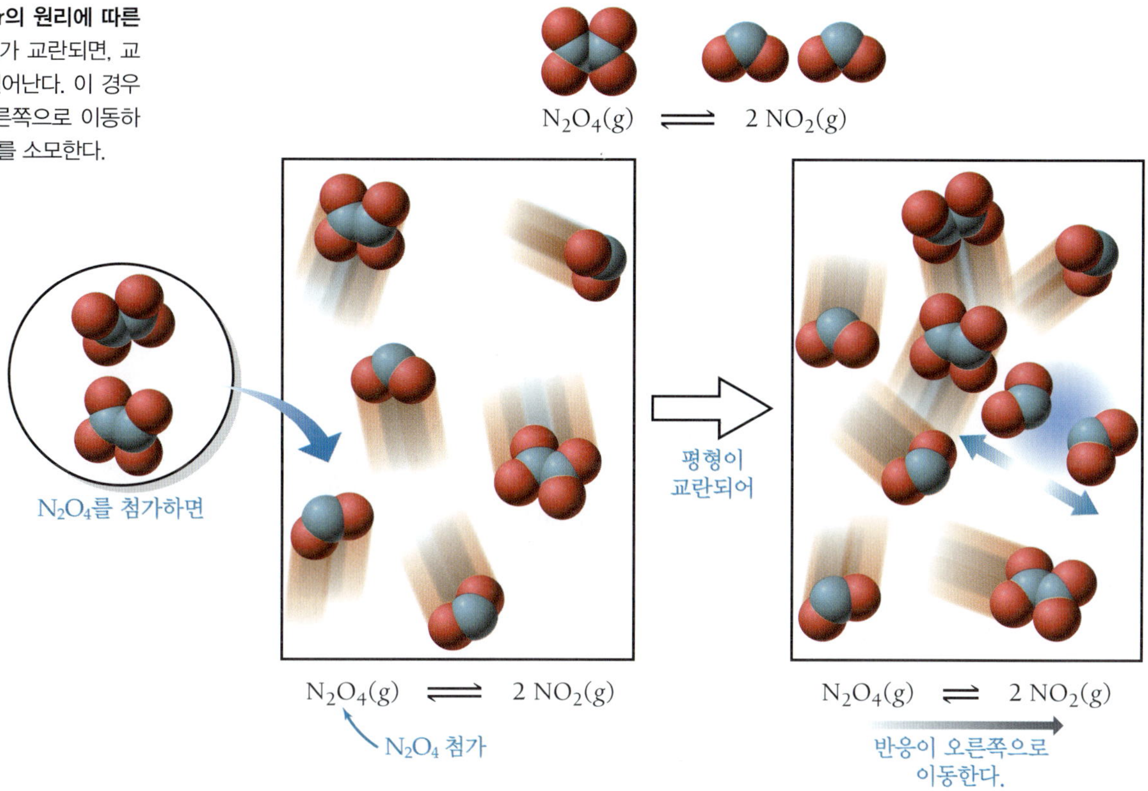

예제 15.5 농도 변화가 평형에 미치는 영향

화학 평형에 있는 다음 반응에서 반응 혼합물에 CO_2를 추가하면 계에 어떤 영향을 미치는가? $CaCO_3$를 추가하면 계에 어떤 영향을 미치는가?

$$CaCO_3(s) \rightleftharpoons CaO(s) + CO_2(g)$$

답

CO_2 첨가로 CO_2의 농도가 증가함으로써 반응이 왼쪽으로 이동한다. 고체인 $CaCO_3$는 일정한 농도이므로 $CaCO_3$ 첨가로 $CaCO_3$의 농도가 증가하지 않는다. 따라서 $CaCO_3$의 농도는 평형식에 포함되지 않으며, $CaCO_3$ 첨가는 평형의 위치에 영향을 주지 않는다.

▶ **연습문제 15.5 | 농도 변화가 평형에 미치는 영향**

화학 평형에 있는 다음 반응에서 반응 혼합물에 Br_2를 추가하면 계에 어떤 영향을 미치는가? BrNO를 추가하면 계에 어떤 영향을 미치는가?

$$2\ BrNO(g) \rightleftharpoons 2\ NO(g) + Br_2(g)$$

▶ **연습문제 15.5+**

위 반응 혼합물에서 일정량의 Br_2를 제거하면 계에 어떤 영향을 미치는가?

▶ **심화 학습** 예제 15.13/복습문제 65~68

✔ 확인문제 15.5

메탄올을 생성하는 일산화 탄소와 수소 기체 사이의 평형 반응을 생각해보자. 이 세 가지 물질의 반응 혼합물이 평형에 있을 때 생성물 쪽으로의 이동을 더욱 초래하는 것은 무엇인가?

$$CO(g) + 2\ H_2(g) \rightleftharpoons CH_3OH(g)$$

(a) 일산화 탄소의 농도를 2배로 한다. (b) 수소 기체의 농도를 2배로 한다.

15.9 부피 변화가 평형에 미치는 영향

▸ 부피가 변화하는 경우에 Le Châterlier의 원리를 적용한다.

11.4절 보일의 법칙에 대한 설명을 참고하라.

평형을 이루고 있는 화학계는 부피의 변화에 어떻게 반응하는가? 11장에서 기체(또는 기체 혼합물)의 부피 변화는 압력 변화를 초래함을 배웠다. 압력과 부피는 서로 반비례함을 떠올려 보자. 부피가 감소하면 압력이 증가하고 부피가 증가하면 압력이 감소한다. 따라서 평형에 있는 기체 상태의 반응 혼합물의 부피가 변하면 압력이 변하고, 계는 이러한 변화를 최소화하는 방향으로 이동한다.

예를 들어 움직일 수 있는 피스톤이 설치된 실린더 내에서 평형 상태에 있는 다음 반응을 살펴보자.

$$N_2(g) + 3\,H_2(g) \rightleftharpoons 2\,NH_3(g)$$

만약 피스톤을 아래 방향으로 눌러 부피가 감소하고 압력이 증가한다면(그림 15.11) 어떤 현상이 일어나는가? 화학계는 어떻게 압력을 낮출 수 있는가? 균형 반응식의 계수를 주의해서 살펴보자. 만약 반응이 오른쪽으로 이동하면 4 mol의 기체 입자(1 mol의 질소와 3 mol의 수소)가 2 mol의 기체 입자(2 mol의 암모니아)로 전환된다. 반응이 생성물 쪽으로 이동함에 따라 압력이 낮아진다(반응 혼합물이 더 적은 기체 입자를 가지기 때문에). 그러므로 계가 오른쪽으로 이동하여 압력을 낮추고 교란을 최소화한다.

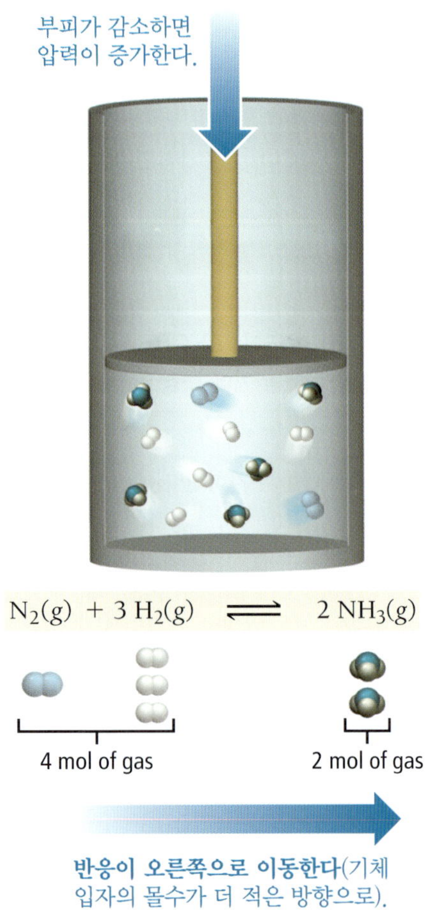

▲ **그림 15.11 부피 감소가 평형에 미치는 영향.** 평형 혼합물의 부피가 감소하면 압력이 증가한다. 계는 기체 입자의 몰수가 더 적은 오른쪽 방향으로 이동하여(압력을 줄이기 위해) 반응한다.

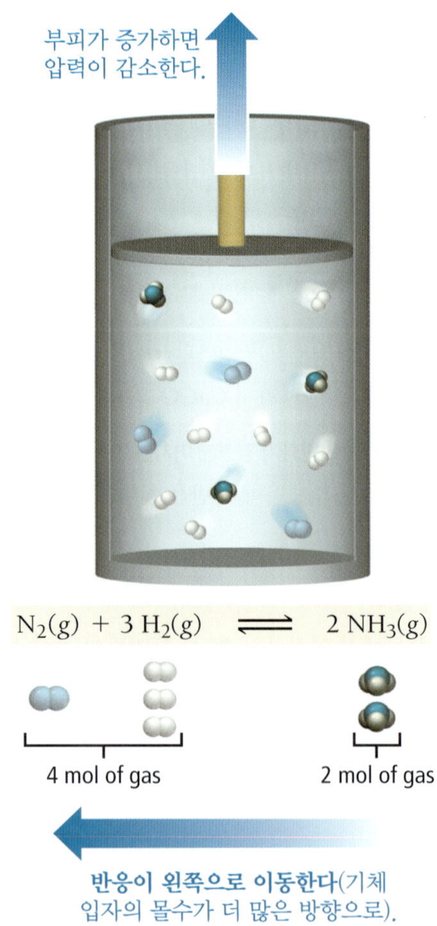

▲ **그림 15.12 부피 증가가 평형에 미치는 영향.** 평형 혼합물의 부피가 증가하면 압력이 감소한다. 계는 기체 입자의 몰수가 더 많은 왼쪽 방향으로 이동하여(압력을 높이기 위해) 반응한다.

일정한 온도와 부피에서 이상 기체 법칙($PV = nRT$)으로부터 기체의 몰수(n)가 감소하면 기체의 압력(P)이 낮아짐을 알 수 있다.

같은 반응 혼합물이 다시 평형에 있다고 생각해보자. 만약 피스톤을 위로 당겨 부피가 증가한다면(그림 15.12) 어떤 현상이 일어나는가? 부피가 커지면 압력이 감소하므로 계는 압력이 높아지도록 반응한다. 계는 반응을 왼쪽으로 이동하여 2 mol의 기체 입자를 4 mol의 기체 입자로 전환한다. 반응이 반응물 쪽으로 이동함에 따라 압력이 다시 높아지고(반응 혼합물이 더 많은 기체 입자를 가지기 때문에) 교란을 최소화한다.

요약: 화학계가 평형에 있을 때

- 부피가 감소하면 반응이 기체 입자의 몰수가 적어지는 방향으로 이동한다.
- 부피가 증가하면 반응이 기체 입자의 몰수가 많아지는 방향으로 이동한다.

어떤 화학 반응에서 화학 반응식의 양변에 있는 기체 입자(반응물과 생성물)의 몰수가 같다면 부피의 변화는 평형에 아무런 영향을 주지 못한다. 예를 들어 다음 반응을 살펴보자.

$$H_2(g) + I_2(g) \rightleftharpoons 2\,HI(g)$$

화학 반응식의 왼쪽과 오른쪽의 기체 입자가 모두 2 mol이다. 따라서 부피의 변화는 이 반응에 영향을 미치지 못한다. 이와 마찬가지로 반응물이나 생성물에 기체를 포함하지 않는 반응도 부피 변화가 반응에 영향을 미치지 않는다.

예제 15.6 부피 변화가 평형에 미치는 영향

화학 평형에 있는 다음 반응에서 반응 혼합물의 부피 감소는 어떤 영향을 미치는가? 반응 혼합물의 부피 증가는 어떤 영향을 미치는가?

$$2\,KClO_3(s) \rightleftharpoons 2\,KCl(s) + 3\,O_2(g)$$

답

화학 반응식을 보면 오른쪽에는 3 mol의 기체 입자가 있고 왼쪽에는 0 mol의 기체 입자가 있다. 반응 혼합물의 부피 감소는 압력을 증가시키고 반응은 왼쪽으로(기체 입자의 몰수가 감소하는 방향으로) 이동한다. 반응 혼합물의 부피 증가는 압력을 감소시키고 반응은 오른쪽으로(기체 입자의 몰수가 증가하는 방향으로) 이동한다.

▶ 연습문제 15.6 | 부피 변화가 평형에 미치는 영향

화학 평형에 있는 다음 반응에서 반응 혼합물의 부피 감소는 어떤 영향을 미치는가? 반응 혼합물의 부피 증가는 어떤 영향을 미치는가?

$$2\,SO_2(g) + O_2(g) \rightleftharpoons 2\,SO_3(g)$$

▶ 심화 학습 예제 15.13c/복습문제 69~72

✔ 확인문제 15.6

다음 반응에서 반응이 오른쪽(생성물 쪽)으로 이동하게 만드는 변화는 무엇인가?

$$H_2(g) + I_2(g) \rightleftharpoons 2\,HI(g)$$

(a) 부피 감소
(b) 부피 증가
(c) 수소 기체의 농도 증가
(d) 수소 기체의 농도 감소

화학과 건강

몸속에서 자라는 태아는 어떻게 산소를 얻는가

자궁 안에 있는 아기가 어떻게 산소를 얻는지 궁금하지 않은가? 성인과 달리 태아는 호흡할 수 없다. 하지만 태아도 성인처럼 산소가 필요하다. 그렇다면 태아는 어디서 산소를 얻을까? 성인의 경우 혈액 내 적혈구 속에 있는 헤모글로빈이라는 단백질 분자에 의해 운반된다. 헤모글로빈(Hb)은 다음 평형식과 같이 산소와 반응한다.

$$\text{Hb} + \text{O}_2 \rightleftharpoons \text{HbO}_2$$

이 반응의 평형 상수는 크지도 작지도 않은 중간 정도 값이다. 그러므로 반응은 산소 농도에 따라 쉽게 오른쪽 또는 왼쪽으로 이동할 수 있다. 혈액이 허파를 지나갈 때 허파 속의 산소 농도가 높기 때문에 평형이 오른쪽으로 이동한다. 즉 산소가 헤모글로빈에 실린다.

[O_2]가 높은 허파

$$\text{Hb} + \text{O}_2 \rightleftharpoons \text{HbO}_2$$

반응이 오른쪽으로 이동한다.

혈액이 산소를 사용하는(산소의 농도가 매우 낮은) 근육이나 기관을 지나갈 때 평형은 왼쪽으로 이동한다. 즉 헤모글로빈이 산소를 내놓는다.

[O_2]가 낮은 근육

$$\text{Hb} + \text{O}_2 \rightleftharpoons \text{HbO}_2$$

반응이 왼쪽으로 이동한다.

태아는 자신만의 혈액 순환계를 가지고 있다. 엄마의 피는 태아의 체내로 흘러 들어가지 않는다. 그리고 태아는 자궁 내에서 공기와 접속할 수 없다. 그렇다면 태아는 어떻게 산소를 얻을 수 있을까?

해답은 성인의 헤모글로빈과 약간 다른 태아 헤모글로빈(HbF)에 있다. 성인의 헤모글로빈처럼 태아 헤모글로빈도 산소와 평형을 이룬다.

$$\text{HbF} + \text{O}_2 \rightleftharpoons \text{HbFO}_2$$

하지만 태아 헤모글로빈의 평형 상수는 성인의 헤모글로빈의 평형 상수보다 크다. 달리 말해 태아 헤모글로빈은 성인의 헤모글로빈보다 더 낮은 산소 농도에서 산소를 싣는다. 따라서 엄마의 헤모글로빈이 태반을 통해 흐르면 산소를 태반으로 배출한다. 아기의 혈액도 태반으로 흘러 들어가는데, 아기의 혈액은 엄마의 혈액과 절대 섞이지 않더라도 아기의 혈액 속에 있는 태아 헤모글로빈이 산소(엄마의 헤모글로빈이 내린 산소)를 실어 아기에게 운반한다. 자연은 엄마의 헤모글로빈이 사실상 아기의 헤모글로빈에 산소를 공급할 수 있는 화학 체계를 실행하고 있다.

질문 산소와의 반응에서 태아 헤모글로빈의 평형 상수가 성인의 헤모글로빈과 같다면 어떤 일이 일어나는가?

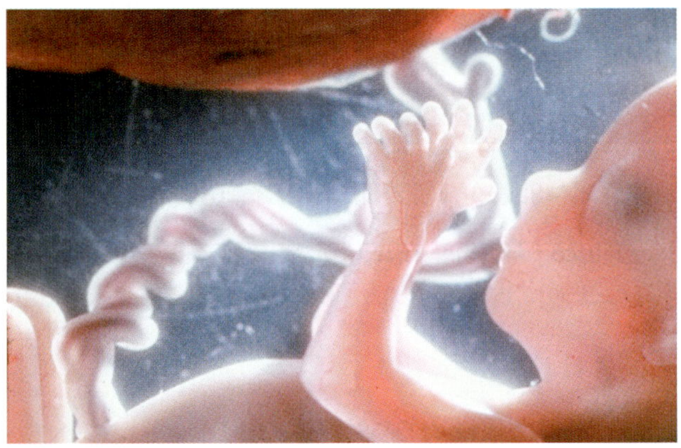

▲ 태아

15.10 온도 변화가 평형에 미치는 영향

▸ 온도가 변화하는 경우에 Le Châterlier의 원리를 적용한다.

Le Châterlier의 원리에 따르면 평형에 있는 계의 온도가 변하면 변화에 맞서는 방향으로 이동해야 한다. 만약 계의 온도가 올라가면 계는 그와 반대로 온도를 내릴 수 있는 방향으로 이동해야 한다. 3.9절에서 에너지의 변화는 종종 화학 반응과 관련이 있음을 배웠다. 온도의 변화에 따라 반응이 어느 쪽으로 이동하는지를 예측하고 싶다면 먼저 반응이 이동할 때 온도에 어떤 영향을 주는지를 이해해야 한다.

3.9절에서는 반응이 진행되면서 열에너지를 흡수하는지 또는 방출하는지에 따라 화학 반응을 분류했다. 발열 반응(음수의 $\Delta H_{\text{반응}}$을 가짐)은 열을 방출한다.

발열 반응: $A + B \rightleftharpoons C + D +$ 열

발열 반응에서 열은 생성물로 생각할 수 있다. 따라서 발열 반응에서 온도를 올리면(열을 가하면) 반응은 왼쪽으로 이동하게 된다.

예를 들어 질소가 수소와 반응하여 암모니아를 생성하는 반응은 발열 반응이다.

열을 가한다.

$$N_2(g) + 3\,H_2(g) \rightleftharpoons 2\,NH_3(g) + \text{열}$$

반응이 왼쪽으로 이동한다.

이 세 가지 기체의 평형 혼합물의 온도를 올리면 반응이 왼쪽으로 이동하면서 가해진 열의 일부를 흡수한다. 반대로 온도를 내리면 반응이 오른쪽을 이동하면서 열을 방출한다.

열을 제거한다.

$$N_2(g) + 3\,H_2(g) \rightleftharpoons 2\,NH_3(g) + \text{열}$$

반응이 오른쪽으로 이동한다.

한편 흡열 반응(양수의 $\Delta H_{\text{반응}}$을 가짐)은 열을 흡수한다.

흡열 반응: $A + B +$ 열 $\rightleftharpoons C + D$

흡열 반응에서 열은 반응물로 생각할 수 있다. 따라서 흡열 반응에서 온도를 올리면(열을 가하면) 반응이 오른쪽으로 이동하게 된다. 예를 들어 다음 반응은 흡열 반응이다.

열을 가한다.

$$\underset{\text{colorless}}{N_2O_4(g)} + \text{열} \rightleftharpoons \underset{\text{brown}}{2\,NO_2(g)}$$

반응이 오른쪽으로 이동한다.

두 기체의 평형 혼합물의 온도를 올리면 반응이 오른쪽으로 이동하면서 가해진 열의 일부를 흡수한다. N_2O_4는 무색이고 NO_2는 갈색이기 때문에 온도 변화의 효과를 눈으로 쉽게 확인할 수 있다(그림 15.13).

반대로 두 기체의 반응 혼합물의 온도를 내리면 반응이 왼쪽으로 이동하면서 열을 방출한다.

열을 제거한다.

$$\underset{\text{colorless}}{N_2O_4(g)} + \text{열} \rightleftharpoons \underset{\text{brown}}{2\,NO_2(g)}$$

반응이 왼쪽으로 이동한다.

요약

발열 화학 반응에서는 열이 생성물이다.

- 온도가 높아지면 반응이 왼쪽(반응물 방향)으로 이동한다.
- 온도가 낮아지면 반응이 오른쪽(생성물 방향)으로 이동한다.

흡열 화학 반응에서는 열이 반응물이다.

- 온도가 높아지면 반응이 오른쪽(생성물 방향)으로 이동한다.
- 온도가 낮아지면 반응이 왼쪽(반응물 방향)으로 이동한다.

열을 추가하는 것은 흡열 방향을 선호한다. 열을 제거하는 것은 발열 방향을 선호한다.

▶ **그림 15.13 온도 함수에서의 평형**

흡열 반응

$N_2O_4(g) \rightleftharpoons 2\ NO_2(g)$

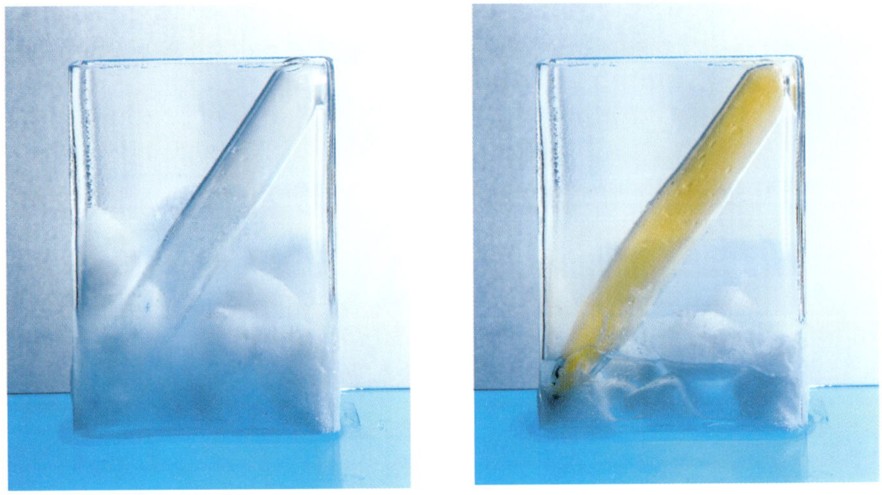

차가운 온도는 반응을 왼쪽으로 이동하여 무색의 N_2O_4가 생성된다.

따뜻한 온도는 반응을 오른쪽으로 이동하여 갈색의 NO_2가 생성된다.

예제 15.7 온도 변화가 평형에 미치는 영향

다음 흡열 반응에서 반응 혼합물의 온도를 높이면 어떤 영향을 미치는가? 온도를 낮추면 어떤 영향을 미치는가?

$$CaCO_3(s) \rightleftharpoons CaO(s) + CO_2(g)$$

답

흡열 반응이므로 열이 반응물이라고 생각할 수 있다.

$$\text{열} + CaCO_3(s) \rightleftharpoons CaO(s) + CO_2(g)$$

온도를 높이는 것은 열을 가하는 것이므로 반응이 오른쪽으로 이동하게 된다. 온도가 낮아지면 열을 제거하는 것이므로 반응이 왼쪽으로 이동하게 된다.

▶ **연습문제 15.7 | 온도 변화가 평형에 미치는 영향**

다음 발열 반응에서 반응 혼합물의 온도를 높이면 어떤 영향을 미치는가? 온도를 낮추면 어떤 영향을 미치는가?

$$2\ SO_2(g) + O_2(g) \rightleftharpoons 2\ SO_3(g)$$

▶ **심화 학습** 예제 15.13d/복습문제 73~76

✔ 확인문제 15.7

다음 흡열 반응에서 반응 혼합물이 평형에 있을 때 다음 중 가장 많은 양의 생성물을 만드는 교란은 무엇인가?

$$Cl_2(g) \rightleftharpoons 2\ Cl(g)$$

(a) 온도 상승과 부피 증가

(b) 온도 상승과 부피 감소

(c) 온도 하락과 부피 증가

(d) 온도 하락과 부피 감소

15.11 용해도곱 상수

- ▶ K_{sp}를 사용하여 몰 용해도를 구한다.
- ▶ 용해도곱 상수식을 작성한다.

7.5절에 설명했듯이 화합물이 물에 용해되면 가용성, 용해되지 않으면 불용성이라고 한다. 용해도 규칙(표 7.2)에 따라 이온 결합 화합물을 가용성 또는 불용성으로 분류했음을 상기하라. 평형의 개념을 사용하여 이온 결합 화합물의 용해도를 더 잘 이해할 수 있다. 이온 결합 화합물이 용해되는 과정은 평형 과정이다. 예를 들어 플루오린화 칼슘은 다음 반응식에 따라 물에 용해된다.

$$CaF_2(s) \rightleftharpoons Ca^{2+}(aq) + 2\,F^-(aq)$$

이온 결합 화합물의 용해를 나타내는 화학 반응식에 대한 평형식을 **용해도곱 상수**(solubility-product constant, K_{sp})라고 한다. CaF_2에 대한 용해도곱 상수는 다음과 같다.

$$K_{sp} = [Ca^{2+}][F^-]^2$$

15.5절에서 언급했듯이 고체 화합물은 평형식에서 생략한다.

K_{sp} 값은 보통 난용성 또는 불용성 화합물에만 사용한다.

K_{sp} 값은 화합물의 용해도에 대한 지표이다. 큰 K_{sp} 값(정반응 우세)은 화합물이 잘 용해됨을 뜻하고, 작은 K_{sp} 값(역반응 우세)은 화합물이 거의 용해되지 않음을 뜻한다. 표 15.2는 이온 결합 화합물의 K_{sp} 값을 보여준다.

표 15.2 이온 결합 화합물의 용해도곱 상수(K_{sp})

화합물	화학식	K_{sp}
황산 바륨	$BaSO_4$	1.07×10^{-10}
탄산 칼슘	$CaCO_3$	4.96×10^{-9}
플루오린화 칼슘	CaF_2	1.46×10^{-10}
수산화 칼슘	$Ca(OH)_2$	4.68×10^{-6}
황산 칼슘	$CaSO_4$	7.10×10^{-5}
황화 구리(II)	CuS	1.27×10^{-36}
탄산 철(II)	$FeCO_3$	3.07×10^{-11}
수산화 철(II)	$Fe(OH)_2$	4.87×10^{-17}
염화 납(II)	$PbCl_2$	1.17×10^{-5}
황산 납(II)	$PbSO_4$	1.82×10^{-8}
황화 납(II)	PbS	9.04×10^{-29}
탄산 마그네슘	$MgCO_3$	6.82×10^{-6}
수산화 마그네슘	$Mg(OH)_2$	2.06×10^{-13}
염화 은	AgCl	1.77×10^{-10}
크로뮴산 은	Ag_2CrO_4	1.12×10^{-12}
아이오딘화 은	AgI	8.51×10^{-17}

예제 15.8 용해도곱 상수식

다음 각 이온 결합 화합물의 K_{sp} 식을 작성하시오.

(a) $BaSO_4$ (b) $Mn(OH)_2$ (c) Ag_2CrO_4

먼저 용해된 수용성 이온과 평형을 이루고 있는 고체 화합물에 대한 화학 반응식을 작성한후 반응식을 기반으로 평형식을 작성한다.

(a) $BaSO_4(s) \rightleftharpoons Ba^{2+}(aq) + SO_4{}^{2-}(aq)$

$$K_{sp} = [Ba^{2+}][SO_4{}^{2-}]$$

(b) $Mn(OH)_2(s) \rightleftharpoons Mn^{2+}(aq) + 2\,OH^-(aq)$

$K_{sp} = [Mn^{2+}][OH^-]^2$

(c) $Ag_2CrO_4(s) \rightleftharpoons 2\,Ag^+(aq) + CrO_4^{2-}(aq)$

$K_{sp} = [Ag^+]^2[CrO_4^{2-}]$

▶ **연습문제 15.8 | 용해도곱 상수식**

다음 각 이온 결합 화합물의 K_{sp} 식을 작성하시오.

(a) AgI (b) $Ca(OH)_2$

▶ **심화 학습** 예제 15.14/복습문제 79, 80

K_{sp}를 이용하여 몰 용해도 구하기

화합물의 용해도는 일정량의 액체에 용해되는 화합물의 양이라고 13.3절에서 설명했다. **몰 용해도**(molar solubility)는 용해도를 리터당 용해되는 화합물의 몰수로 나타낸 것이다. 화합물의 몰 용해도는 K_{sp}로부터 직접 계산할 수 있다. 염화 은을 예로 살펴보자.

$$AgCl(s) \rightleftharpoons Ag^+(aq) + Cl^-(aq) \quad K_{sp} = 1.77 \times 10^{-10}$$

AgCl의 몰 용해도를 K_{sp}로부터 어떻게 구할 수 있는가? 첫째, K_{sp}는 몰 용해도가 아니라 용해도곱 상수라는 것을 알아야 한다. 둘째, 평형에서 Ag^+ 또는 Cl^-의 농도는 용해된 AgCl의 양과 같을 것이다. 이것은 균형 반응식의 화학량론 계수의 관계로부터 알 수 있다.

$$1 \text{ mol AgCl} : 1 \text{ mol } Ag^+ : 1 \text{ mol } Cl^-$$

따라서 용해도를 구하려면 평형에서 $[Ag^+]$ 또는 $[Cl^-]$ 값을 알아야 한다. 이 값은 용해도곱 상수식을 작성하여 알아낼 수 있다.

$$K_{sp} = [Ag^+][Cl^-]$$

Ag^+와 Cl^-는 모두 AgCl로부터 생겨난 것이므로 둘의 농도가 같아야 한다. AgCl의 용해도는 용해된 이온의 평형 농도와 같으므로 다음과 같이 쓸 수 있다.

$$\text{용해도} = S = [Ag^+] = [Cl^-]$$

용해도곱 상수식에 용해도를 대입한다.

$$\begin{aligned} K_{sp} &= [Ag^+][Cl^-] \\ &= S \times S \\ &= S^2 \end{aligned}$$

따라서

$$\begin{aligned} S &= \sqrt{K_{sp}} \\ &= \sqrt{1.77 \times 10^{-10}} \\ &= 1.33 \times 10^{-5}\ \text{M} \end{aligned}$$

이 책에서는 하나의 양이온과 하나의 음이온으로 이루어진 이온 결합 화합물의 몰 용해도를 계산하는 것만 다룰 것이다.

AgCl의 몰 용해도는 1.33×10^{-5} mol/L이다.

확인문제 15.8

다음 중 용해가 더 잘되는 물질은 무엇인가?

$CaSO_4$	$K_{sp} = 7.10 \times 10^{-5}$
AgCl	$K_{sp} = 1.77 \times 10^{-10}$

(a) $CaSO^4$ (b) AgCl

예제 15.9	**K_{sp}를 이용한 몰 용해도 계산**
$BaSO_4$의 몰 용해도를 구하시오.	
답 먼저 고체 $BaSO_4$가 그 이온들로 용해되는 반응을 식으로 나타낸다.	$BaSO_4(s) \rightleftharpoons Ba^{2+}(aq) + SO_4^{2-}(aq)$
다음으로 K_{sp}를 나타내는 식을 쓴다.	$K_{sp} = [Ba^{2+}][SO_4^{2-}]$
몰 용해도(S)를 평형 상태에서 $[Ba^{2+}]$ 또는 $[SO_4^{2-}]$로 정의한다.	$S = [Ba^{2+}] = [SO_4^{2-}]$
평형식에 S를 대입하고 S에 관한 식으로 정리한다.	$K_{sp} = [Ba^{2+}][SO_4^{2-}]$ $= S \times S$ $= S^2$ 따라서 $S = \sqrt{K_{sp}}$
마지막으로 표 15.2에서 K_{sp}의 값을 찾아 S를 계산한다. $BaSO_4$의 몰 용해도는 1.03×10^{-5} mol/L이다.	$S = \sqrt{K_{sp}}$ $= \sqrt{1.07 \times 10^{-10}}$ $= 1.03 \times 10^{-5}$ M

▸ **연습문제 15.9 | K_{sp}를 이용한 몰 용해도 계산**

$CaSO_4$의 몰 용해도를 구하시오.

▸ **심화 학습** 예제 15.15/복습문제 87~90

15.12 반응 경로와 촉매의 영향

▸ 활성화 에너지와 반응 속도의 관계와 반응에서 촉매의 역할을 설명한다.

경고: 수소는 폭발성이 있으므로 정식으로 훈련받지 않은 사람이 다루면 안 된다.

이 장에서 평형 상수는 어떤 화학 반응이 어느 정도까지 진행될 수 있는지를 나타내는 값이라는 것을 알았다. 큰 평형 상수는 생성물 쪽이 우세한 반응임을 나타낸다. 작은 평형 상수는 반응물 쪽이 우세한 반응임을 나타낸다. 하지만 평형 상수만으로 반응의 모든 것을 알 수는 없다.

예를 들어 수소 기체와 산소 기체가 물을 형성하는 반응을 살펴보자.

$$2\,H_2(g) + O_2(g) \rightleftharpoons 2\,H_2O(g) \qquad 25\,°C에서\ K_{eq} = 3.2 \times 10^{81}$$

평형 상수가 이렇게 크다는 것은 정반응이 매우 우세하다는 것을 뜻한다. 그러나 실온에서 풍선 속에 수소와 산소를 섞어 놓아도 반응은 일어나지 않는다. 산소와 수소는 풍선 내부에서 평화로이 공존할 뿐 실제로 물을 형성하지 않는다. 왜 그럴까?

이 질문에 답하려면 이 장의 초반부에 나왔던 반응 속도라는 주제로 돌아가야 한다. 25 ℃

평형 상수는 반응이 어느 정도까지 진행할 것인지를 나타낸다. 반응 속도는 반응이 얼마나 빠르게 평형에 도달할 것인지를 나타낸다.

활성화 에너지를 활성화 장벽이라고 한다.

에서 수소 기체와 산소 기체의 반응 속도는 사실상 0이다. 평형 상수가 아무리 커도 반응 속도는 0이고 아무런 반응도 일어나지 않는다. 수소와 산소의 반응 속도가 느린 것은 반응이 큰 **활성화 에너지**(activation energy)를 가지고 있기 때문이다. 활성화 에너지란 반응이 시작되려면 공급되어야 할 에너지를 말한다.

화학 반응의 과정에서 새로운 결합이 형성되기 전에 원래 존재하던 결합이 끊어져야 하고, 이 과정에는 에너지가 필요하기 때문에 대부분의 화학 반응에는 활성화 에너지가 존재한다. 예를 들어 H_2와 O_2가 반응하여 H_2O를 형성하려면 새로운 결합이 형성되기 전에 H—H와 O═O 결합이 끊어지기 시작해야 한다. 초기에 H_2와 O_2의 결합이 약해지기 위해서는 에너지가 필요한데, 이것이 반응의 활성화 에너지이다.

활성화 에너지가 반응 속도에 미치는 영향

반응이 진행되는 동안 에너지가 어떻게 변화하는지를 나타내는 도표를 통해 활성화 에너지가 어떻게 반응 속도에 영향을 주는지를 보여줄 수 있다(그림 15.14). 이 그림에서는 생성물이 반응물보다 더 낮은 에너지를 가지고 있으므로 발열 반응이라는 것(반응이 일어날 때 에너지를 방출한다는 것)을 알 수 있다. 그러나 반응이 일어나기 위해서는 먼저 일정량의 에너지가, 활성화 에너지라고 불리는 양만큼이 주어져야 한다. 활성화 에너지는 일반적으로 반응물과 생성물 사이에 존재하는 일종의 '에너지 언덕'이다.

비유를 통해 이 개념을 더 쉽게 이해할 수 있을 것이다. 화학 반응이 일어나도록 하는 것이 몇 개의 둥근 돌멩이를 밀어 언덕을 넘어가도록 하는 것과 같다고 하자(그림 15.15a). 반응물 분자들 사이에 일어나는 각각의 충돌을 돌멩이가 언덕을 굴러 넘어가기 위한 시도라고 생각할 수 있다. 두 분자 사이의 성공적인 충돌(생성물을 만들어내는 충돌)은 돌멩이가 언덕을 굴러 넘어 다른 편으로 내려가는 성공적인 시도라고 생각할 수 있다.

언덕이 높을수록 돌멩이를 굴려 언덕을 넘게 하는 것이 더 힘들 것이고, 주어진 시간 동안 언덕을 넘는 돌멩이의 수가 더 적을 것이다. 유사하게 화학 반응에서도 활성화 에너지가 높을수록 장벽을 넘어가는 반응물 분자들의 수가 더 적어질 것이고 반응 속도는 더 느려질 것이다. 일반적으로 다음과 같이 표현한다.

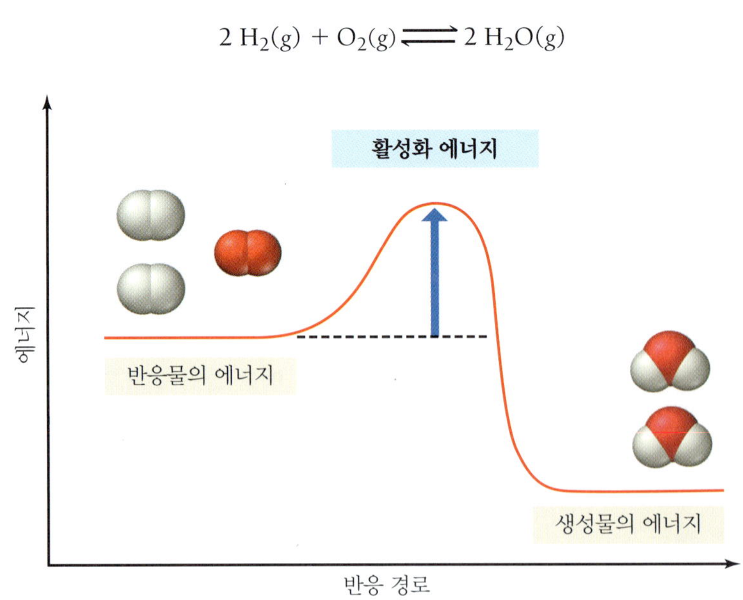

▶ 그림 15.14 **활성화 에너지.** 이 그림은 (반응이 일어날 때) 반응 경로에 따른 반응물과 생성물의 에너지를 나타낸 것이다. 생성물의 에너지가 반응물의 에너지보다 낮으므로 이 반응은 발열 반응이다. 그러나 반응물로부터 생성물로 나아가려면 반응물은 에너지 언덕(활성화 에너지)을 넘어야 한다.

▲ **그림 15.15 활성화 에너지와 유사한 언덕.** 돌멩이들이 가능한 한 빨리 언덕을 넘어가게 하는 몇 가지 방법이 있다. (a) 돌멩이들을 더 세게 미는 것이다. 이는 화학 반응에서 온도를 높이는 것과 유사하다. (b) 언덕을 넘어가는 다른 길을 찾는 것이다. 이는 화학 반응에서 촉매의 역할과 유사하다.

주어진 한 온도에서 화학 반응의 활성화 에너지가 높을수록 반응 속도가 느려진다.

느린 반응(높은 활성화 장벽을 가진 반응)을 빠르게 할 수있는 방법이 있는가? 15.2절에서는 반응 속도를 빠르게 하는 두 가지 방법을 살펴보았다. 첫 번째 방법은 반응물의 농도를 증가시키는 것이다. 반응물의 농도가 증가하면 단위 시간당 충돌의 횟수가 증가할 것이다. 이것은 주어진 시간당 더 많은 수의 돌멩이가 언덕을 향해 올라가도록 미는 것과 비슷하다. 두 번째 방법은 온도를 올리는 것이다. 이것은 단위 시간당 더 많은 충돌이 일어날 뿐만 아니라 더 높은 에너지를 가진 충돌이 일어난다. 더 높은 에너지를 가진 충돌이란 돌멩이를 더 세게 (더 큰 힘으로) 미는 것과 비슷하다. 이렇게 함으로써 단위 시간당 더 많은 돌멩이가 언덕을 넘어갈 수 있다. 즉 반응 속도가 빨라진다. 느린 화학 반응을 빠르게 하는 세 번째 방법이 있는데, 이것은 촉매를 사용하는 것이다.

✔ 확인문제 15.9

반응 A의 활성화 장벽은 35 kJ/mol이고, 반응 B의 활성화 장벽은 55 kJ/mol이다. 실온에서 두 반응 중 더 빠른 것은 무엇인가?

(a) 반응 A (b) 반응 B

활성화 에너지를 낮추는 촉매

촉매는 평형의 위치를 바꾸지 않고 평형에 도달하는 속도만을 바꾼다.

촉매(catalyst)는 반응에서 소모되지는 않지만 화학 반응의 속도를 증가시키는 물질이다. 촉매는 반응의 활성화 에너지를 낮춰서 반응물이 더 쉽게 에너지 언덕을 넘어가게 한다(그림 15.16). 언덕을 넘어가는 돌멩이에 비유하자면 촉매는 더 낮은 언덕을 넘어가는 길을 만들어 돌멩이가 다른 길로 지나갈 수 있게 한다(그림 15.15b).

대기 상층부의 오존은 지구의 대기로 들어오는 해로운 자외선을 막아주는 보호막을 형성한다.

예를 들어 대기 상층부에서 촉매 없이 진행하는 오존의 분해 반응을 살펴보자.

$$O_3 + O \longrightarrow 2\,O_2$$

오존의 분해 반응이 꽤 높은 활성화 장벽을 갖고 있어 상당히 느린 속도로 진행되기 때문에 오존 보호층이 존재하는 것이다. 오존층은 빠르게 O_2로 분해되지 않는다.

그러나 대기 상층부에 Cl(합성된 클로로플루오로탄소에서 비롯됨)이 들어가면 O_3가 분해될 수 있는 또 다른 경로가 생긴다. 오존의 촉매 분해 반응이라고 하는 이 경로의 첫 번째 단

▶ 그림 15.16 촉매의 기능

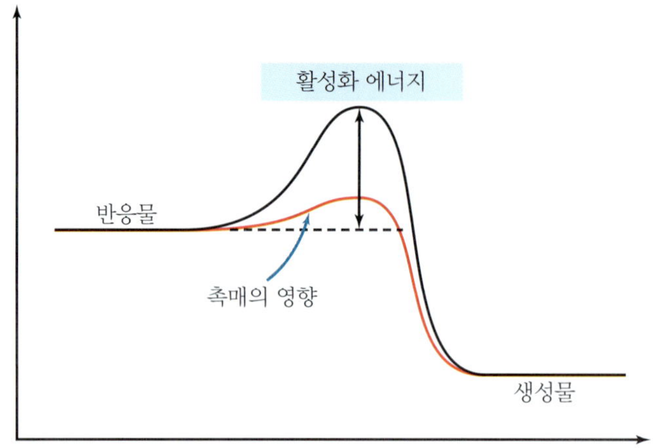

촉매는 활성화 에너지 장벽이 더 낮은 대체 경로를 제공한다.

▲ 멕시코 화학자 Mario Molina. 오존층 파괴에서 클로로플루오로탄소의 역할을 발견한 공로로 1995년 노벨 화학상을 공동 수상했다.

계는 촉매적 파괴라고 하며, Mario Molina(1943~2020)와 F. Sherwood Rowland(1927~2012)가 발견했다. 이는 Cl과 O_3가 ClO와 O_2를 생성하는 반응이다.

$$\mathrm{Cl} + \mathrm{O_3} \longrightarrow \mathrm{ClO} + \mathrm{O_2}$$

두 번째 단계는 ClO가 O와 함께 Cl을 재생하는 것이다.

$$\mathrm{ClO} + \mathrm{O} \longrightarrow \mathrm{Cl} + \mathrm{O_2}$$

위의 두 반응을 더했을 전체 반응은 촉매 없이 진행되는 오존 분해 반응과 같다.

$$\begin{array}{l} \cancel{\mathrm{Cl}} + \mathrm{O_3} \longrightarrow \cancel{\mathrm{ClO}} + \mathrm{O_2} \\ \cancel{\mathrm{ClO}} + \mathrm{O} \longrightarrow \cancel{\mathrm{Cl}} + \mathrm{O_2} \\ \hline \mathrm{O_3} + \mathrm{O} \longrightarrow 2\,\mathrm{O_2} \end{array}$$

그러나 이 경로에서 두 반응의 활성화 에너지는 촉매 없이 진행되는 처음 반응 경로의 활성화 에너지보다 훨씬 작다. 그러므로 반응은 상당히 빠른 속도로 진행된다. Cl은 전체 반응에서 소모되지 않는데, 이것이 촉매의 특성이다.

오존의 촉매 분해 반응의 경우 촉매는 일어나지 않았으면 하는 반응의 속도를 빠르게 해주고 있다. 그러나 대부분 촉매는 일어나기 원하는 반응의 속도를 빠르게 할 때 이용된다. 예를 들어 대부분 자동차에는 배기 장치에 촉매 변환 장치가 달려 있다. 촉매 변환 장치는 배기가스에 포함되어 있는 오염물(일산화 탄소 등)을 덜 해로운 물질(이산화 탄소 등)로 바꾸는 촉매를 포함하고 있다. 이러한 반응은 너무 느려서 다른 방법으로는 일어나기 어려워 촉매의 도움으로만 일어난다.

촉매는 반응에서 K_{eq} 값을 변화시킬 수는 없고 반응 속도에만 영향을 준다.

화학에서 촉매의 역할은 매우 중요하다. 촉매가 없다면 화학은 다른 영역이 될지도 모른다. 많은 반응에서 온도를 올리는 등의 방법을 써서 반응 속도를 증가시키는 것은 간단하게 실행할 수 있는 것이 아니다. 많은 반응물은 열에 민감하며 온도 상승이 종종 반응물을 파괴한다. 많은 반응에서 실행할 수 있는 유일한 방법은 촉매를 이용하는 것이다.

효소: 생물학적 촉매

아마도 화학적 촉매의 가장 좋은 예는 살아 있는 유기체에서 발견된다. 생명이 있는 유기체가 살아가는 데 꼭 필요한 수천 가지 반응의 대부분은 보통의 온도에서는 매우 느리게 진행

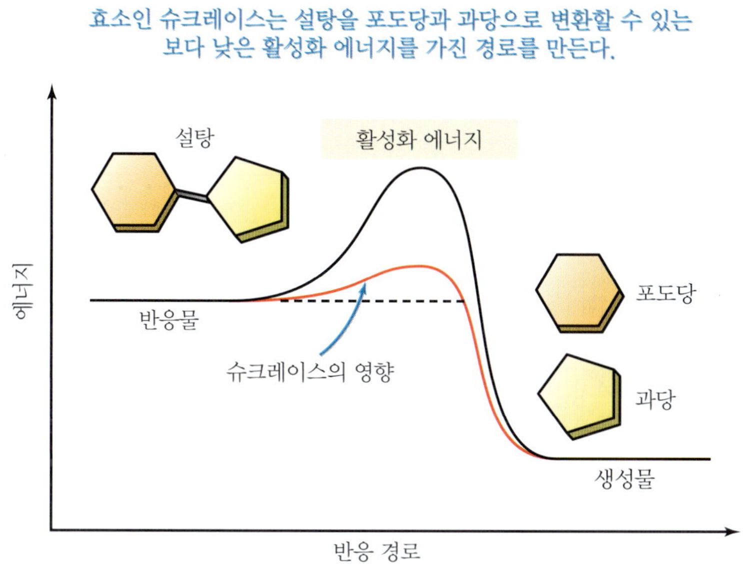

▲ **그림 15.17 효소 촉매**

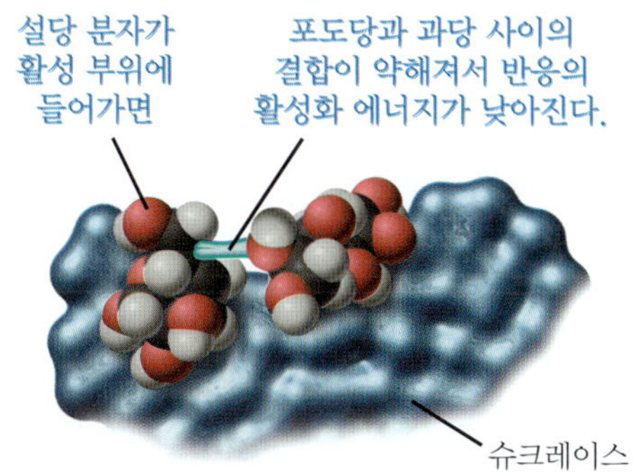

▲ **그림 15.18 효소가 작용하는 방법**

된다. 그러므로 생명이 있는 유기체는 생화학적 반응의 속도를 증가시키기 위해 생물학적 촉매인 **효소**(enzyme)를 이용해야 한다.

예를 들어 설탕을 먹으면 몸은 설탕을 포도당과 과당이라는 더 작은 분자로 잘라야 한다. 이 반응의 평형 상수는 크며 반응은 생성물 쪽이 유리하다. 하지만 실온 또는 체온에서 설탕은 포도당과 과당으로 끊어지지 않는다. 이는 활성화 에너지가 높아 반응 속도가 느리기 때문이다. 다시 말해 설탕이 포도당과 과당으로 끊어지는 반응의 평형 상수는 크지만, 실온에서는 설탕이 여전히 설탕으로 남아 있다(그림 15.17).

체내에서는 슈크레이스(sucrase)라는 효소가 설탕을 포도당과 과당으로 변환시킨다. 슈크레이스는 설탕이 꼭 맞게 들어갈 수 있는 활성화 자리라고 하는 주머니를 가지고 있다. 설탕이 활성화 자리에 들어가면 포도당과 과당 사이의 결합이 약해지면서 분해 반응의 활성화 에너지가 낮아지고 반응 속도가 빨라진다(그림 15.18). 더 낮은 온도에서 반응은 생성물이 우세한 평형 쪽으로 진행한다.

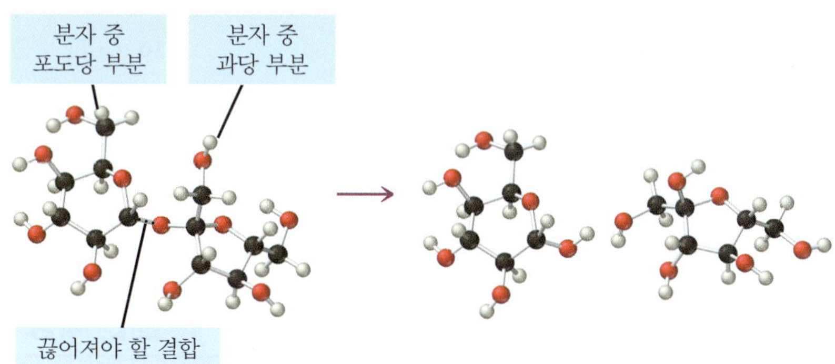

$$\underset{\text{설탕}}{C_{12}H_{22}O_{11}} + H_2O \longrightarrow \underset{\text{포도당}}{C_6H_{12}O_6} + \underset{\text{과당}}{C_6H_{12}O_6}$$

효소는 느린 반응을 적절한 속도로 일어나게 할 뿐 아니라 살아 있는 유기체에서 어느 반응이 언제 일어나야 할지를 조절한다. 효소는 특이성을 갖고 있다. 즉 각각의 효소는 단 하나의 반응에만 촉매 작용을 한다. 그러므로 살아 있는 유기체가 어떤 반응을 시작하려고 하면 그 반응에 촉매로 작용하는 효소만 생성하거나 활성화하면 된다.

15장 복습

자가진단 퀴즈

1. 다음 변화 중 반응 혼합물에서 반응 속도를 증가시키는 것은 무엇인가?
(a) 온도를 감소시킨다.
(b) 반응물의 농도를 증가시킨다.
(c) 반응 용기의 부피를 증가시킨다.
(d) 앞의 보기 모두 아님

2. 다음은 일정 온도에서의 몇몇 반응에 대한 평형 상수이다. 정반응을 선호하는 반응을 나타내는 평형 상수는 무엇인가?
(a) $K_{eq} = 1.0 \times 10^5$ (b) $K_{eq} = 1.0 \times 10^{-5}$
(c) $K_{eq} = 1.0$ (d) 앞의 보기 모두 아님

3. 반응 $A(g) \rightleftharpoons B(g) + C(g)$에 대한 A, B, C의 농도가 세 가지 온도에서 측정되었다. 평형 상수가 가장 큰 온도는 무엇인가?
(a) T_1: [A] = 0.10 M, [B] = 0.30 M, [C] = 0.30 M
(b) T_2: [A] = 0.20 M, [B] = 0.20 M, [C] = 0.20 M
(c) T_3: [A] = 0.30 M, [B] = 0.10 M, [C] = 0.10 M
(d) 앞의 보기 모두 아님(세 온도에서 평형 상수가 같다.)

4. 탄소와 수소 기체가 메테인을 생성하는 반응에 대한 평형 상수(K_{eq})의 올바른 표현식은 무엇인가?

$$C(s) + 2\,H_2(g) \rightleftharpoons CH_4(g)$$

(a) $K_{eq} = \dfrac{[CH_4]}{[H_2]}$ (b) $K_{eq} = \dfrac{[CH_4]}{[C][H_2]}$
(c) $K_{eq} = \dfrac{[CH_4]}{[C][H_2]^2}$ (d) $K_{eq} = \dfrac{[CH_4]}{[H_2]^2}$

5. NO와 Cl_2가 반응하여 NOCl을 생성하는 다음 반응에서 평형 혼합물이 [NO] = 0.20 M, [Cl_2] = 0.35 M, [NOCl] = 0.30 M을 포함하고 있다. 이 온도에서 평형 상수(K_{eq}) 값은 얼마인가?

$$2\,NO(g) + Cl_2(g) \rightleftharpoons 2\,NOCl(g)$$

(a) 11 (b) 4.3 (c) 6.4 (d) 0.22

6. 다음 반응의 평형 상수는 $K_{eq} = 1.0 \times 10^3$이고, 평형 상태의 반응 혼합물에 [A] = 1.0×10^{-3} M이 포함되어 있다. 이 혼합물에 들어 있는 B의 농도는 얼마인가?

$$A(g) \rightleftharpoons B(g)$$

(a) 1.0×10^{-3} M (b) 1.0 M
(c) 2.0 M (d) 1.0×10^3 M

7. 온도와 부피가 일정하게 유지될 때 다음 평형 혼합물에 염소 기체를 첨가하면 어떤 영향을 미치는가?

$$CO(g) + Cl_2(g) \rightleftharpoons COCl_2(g)$$

(a) 반응이 생성물 쪽으로 이동한다.
(b) 반응이 반응물 쪽으로 이동한다.
(c) 반응이 어느 쪽으로도 이동하지 않는다.
(d) 반응이 느려진다.

8. NH_4HS의 분해는 흡열 반응이다. 이 반응의 평형 혼합물에 어떤 변화를 가하면 H_2S가 더 많이 생성되겠는가?

$$NH_4HS(s) \rightleftharpoons NH_3(g) + H_2S(g)$$

(a) 반응 용기의 부피를 감소시킨다(일정한 온도에서).
(b) 반응 용기에 NH_3의 양을 증가시킨다.
(c) 온도를 증가시킨다.
(d) 앞의 보기 모두

9. $Al(OH)_3$의 용해도곱 상수(K_{sp})를 바르게 나타낸 표현식은 무엇인가?
(a) $K_{sp} = [Al^{3+}][OH^-]$ (b) $K_{sp} = [Al^{3+}]\,3[OH^-]$
(c) $K_{sp} = [Al^{3+}]^3\,[OH^-]$ (d) $K_{sp} = [Al^{3+}][OH^-]^3$

10. CuBr의 몰 용해도는 얼마인가? CuBr의 $K_{sp} = 6.27 \times 10^{-9}$이다.
(a) 6.27×10^{-9} M (b) 3.93×10^{-17} M
(c) 7.92×10^{-5} M (d) 1.25×10^{-8} M

정답 1.b 2.a 3.a 4.d 5.c 6.b 7.a 8.c 9.d 10.c

화학 원리

평형의 개념

평형은 동일성과 항상성의 개념을 포함한다. 계가 평형을 이루고 있을 때 계는 동일함을 유지하면서 변하지 않는 몇몇 특성이 있다.

관련 내용

평형의 개념은 인체 내의 산소 전달계와 같은 많은 현상을 설명한다. 생명 자체가 환경과의 조절된 비평형 상태로 정의될 수 있다.

화학 반응 속도

화학 반응 속도는 주어진 시간 동안에 생성물(들)로 변한 반응물(들)의 양이다. 일반적으로 반응 속도는 반응물 농도의 증가와 온도 증가에 따라 증가한다. 반응 속도는 반응물의 농도에 의존하며, 반응이 진행함에 따라 반응물의 농도가 감소하기 때문에 보통 반응 속도는 반응이 진행함에 따라 느려진다.

화학 반응 속도는 반응이 얼마나 빨리 평형에 도달하는지를 결정한다. 화학자들은 반응 속도를 조절하기 위해 반응 속도에 영향을 주는 요인을 이해하려 한다.

동적 화학 평형

동적 화학 평형은 정반응의 속도와 역반응의 속도가 같을 때 일어난다.

동적 화학 평형에 도달하면 반응물과 생성물의 농도는 변하지 않는다.

평형 상수

일반적인 반응에서

$$aA + bB \rightleftharpoons cC + dD$$

평형 상수(K_{eq})는 다음과 같이 정의된다.

$$K_{eq} = \frac{[C]^c[D]^d}{[A]^a[B]^b}$$

기체 또는 수용액 상의 반응물과 생성물의 농도만이 평형 상수에 포함되고, 고체 또는 액체 반응물과 생성물의 농도는 생략된다.

평형 상수는 반응이 어느 정도까지 진행될 것인지를 나타낸다. 큰 K_{eq} 값은 정반응이 우세하다는 것이다(평형에서 생성물이 많다). 작은 K_{eq} 값은 역반응이 우세하다는 것이다(평형에서 반응물이 많다). 중간 정도의 K_{eq} 값은 평형에서 반응물과 생성물의 양이 모두 상당히 있다는 것을 나타낸다.

Le Châterlier의 원리

Le Châterlier의 원리는, 평형에 있는 화학계가 교란되면 교란을 최소화하는 방향으로 계가 이동한다는 것이다.

Le Châterlier의 원리는 평형에 있는 화학계의 조건이 변했을 때 계에 어떤 일이 일어날 것인지 예측하게 해준다. 이는 화학자들이 원하는 결과를 얻고자 할 때 화학 반응의 조건을 어떻게 변경해야 하는지를 알려준다.

농도 변화가 평형에 미치는 영향

- 하나 이상 반응물의 농도가 증가하면 반응이 오른쪽으로 이동한다.
- 하나 이상 생성물의 농도가 증가하면 반응이 왼쪽으로 이동한다.

화학자들은 원하는 결과를 얻기 위해 반응을 특정한 방향으로 일어나도록 유도해야 하는 경우가 많다. 예를 들어 원하는 화합물을 만들기 위해 어떤 반응을 수행하고 있다고 하자. 이때 반응 혼합물 속에서 반응물이 생성될 때마다 이를 계속해서 제거함으로써 반응이 오른쪽으로 진행되도록 유도할 수 있다. 이를 통해 획득되는 생성물의 양을 증가시킬 수 있다.

부피 변화가 평형에 미치는 영향

- 부피가 감소하면 반응이 기체 입자의 몰수가 적어지는 방향으로 이동한다.
- 부피가 증가하면 반응이 기체 입자의 몰수가 많아지는 방향으로 이동한다.

압력이 평형에 미치는 영향은 농도가 미치는 영향과 함께 화학자가 반응을 일으킬 수 있는 최적의 조건을 선택할 수 있게 한다. 어떤 반응(기체 생성물의 입자수가 더 적은 반응)은 압력을 높임으로써 정방향의 반응이 우세해지고, 또 어떤 반응(기체 반응물의 입자 수가 더 적은 반응)은 압력을 낮춤으로써 정방향의 반응이 우세해진다.

온도 변화가 평형에 미치는 영향

발열 반응(열이 생성물이다.)
- 온도가 높아지면 반응이 왼쪽으로 이동한다.
- 온도가 낮아지면 반응이 오른쪽으로 이동한다.

흡열 반응(열이 반응물이다.)
- 온도가 높아지면 반응이 오른쪽으로 이동한다.
- 온도가 낮아지면 반응이 왼쪽으로 이동한다.

온도가 평형에 미치는 영향 또한 화학자가 원하는 방향의 반응을 일으킬 수 있는 조건을 선택할 수 있게 한다. 높은 온도에서는 흡열 반응이 우세하고 낮은 온도에서는 발열 반응이 우세하다. 대부분의 반응은 온도가 높을수록 더 빨리 진행된다. 따라서 온도가 평형 상수뿐만 아니라 반응 속도에 미치는 영향도 고려해야 한다.

용해도곱 상수(K_{eq})

이온 결합 화합물의 용해도곱 상수는 이온 결합 화합물이 물에 용해되는 것을 나타내는 화학 반응식에 대한 평형 상수이다.

용해도곱 상수는 이온 결합 화합물의 용해도를 반영한다. 용해도곱 상수가 클수록 이온 결합 화합물의 용해도가 크다.

반응 경로와 촉매

대부분의 화학 반응은 반응물로부터 생성물로 변화되는 과정에서 활성화 에너지라는 에너지 언덕을 넘어야 한다. 반응 혼합물의 온도가 높아지면 에너지 언덕을 넘는 반응물 분자의 비율이 증가하여 반응 속도가 증가한다. 반응에 의해 소모되지는 않으면서 반응 속도를 높이는 촉매는, 온도를 올리지 않고도 쉽게 에너지 언덕을 넘을 수 있도록 활성화 에너지를 낮추는 역할을 한다.

촉매는 많은 화학 반응에서 반응 속도를 증가시킬 때 사용한다. 많은 반응은 너무 느려서 촉매 없이는 거의 일어나지 않는다. 살아 있는 유기체에서 일어나는 수천 가지의 반응은 효소라고 하는 생물학적 촉매로 조절된다.

화학 문제를 푸는 기술

학습목표: 화학 반응에 대한 평형 상수식을 작성한다(15.4절).

반응의 평형식을 쓰려면 생성물의 농도를 생성물의 화학량론 계수로 지수승한 것을, 다시 반응물의 농도를 반응물의 화학량론 계수로 지수승한 것으로 나눈 식을 쓰면 된다. 액체 또는 고체 상태의 반응물이나 생성물을 포함하고 있는 반응의 경우 평형식에서 그 농도를 생략한다.

예제

예제 15.10 화학 반응의 평형식

다음 화학 반응식의 평형식을 작성하시오.

$$2\ \mathrm{NO}(g) + \mathrm{Br_2}(g) \rightleftharpoons 2\ \mathrm{NOBr}(g)$$

답

$$K_{eq} = \frac{[\mathrm{NOBr}]^2}{[\mathrm{NO}]^2[\mathrm{Br_2}]}$$

학습목표: 평형 상수를 계산한다(15.6절).

일반적인 방법으로 문제를 설정하는 것으로 시작한다.

그리고 균형 반응식으로부터 K_{eq}의 식을 쓴다. K_{eq}의 값을 계산하려면 K_{eq}의 식에 올바른 평형 농도를 대입한다. K_{eq}의 식에 대입하는 농도 값은 M(mol/L) 단위로 나타내야 한다. K_{eq} 값의 단위를 없애기 위해 일반적으로는 평형 상수식에 쓰는 농도의 단위를 생략한다.

예제 15.11 평형 상수

다음 반응의 평형 혼합물에서 [I] = 0.075 M, [I_2] = 0.88 M일 때 평형 상수 값을 구하시오.

$$\mathrm{I_2}(g) \rightleftharpoons 2\ \mathrm{I}(g)$$

주어진 값: [I] = 0.075 M
[I_2] = 0.88 M

구해야 하는 값: K_{eq}

답

$$K_{eq} = \frac{[\mathrm{I}]^2}{[\mathrm{I_2}]} = \frac{[0.075]^2}{[0.88]} = 0.0064$$

학습목표: 평형 상수를 이용하여 평형에서의 반응물 또는 생성물의 농도를 구한다(15.6절).

예제 15.12 평형 상수를 이용한 계산

다음 반응의 평형 혼합물에서 $[N_2]$ = 0.110 M, $[H_2]$ = 0.0935 M일 때 NH_3의 평형 농도는 얼마인가?

$$N_2(g) + 3\,H_2(g) \rightleftharpoons 2\,NH_3(g)$$

225℃에서 $K_{eq} = 152$

분류

암모니아를 생성하는 반응에 대한 평형 상수뿐 아니라 질소와 수소의 초기 농도가 주어졌고 암모니아의 평형 농도를 구해야 한다.

주어진 값: $[N_2] = 0.110$ M, $[H_2] = 0.0935$ M, $K_{eq} = 152$

구해야 하는 값: $[NH_3]$

전략

미지의 농도를 얻으려면 주어진 농도와 평형 상수를 어떻게 이용할 수 있는지를 보여주는 해결도표를 그린다.

해결도표

$[N_2], [H_2], K_{eq} \longrightarrow [NH_3]$

$$K_{eq} = \frac{[NH_3]^2}{[N_2][H_2]^3}$$

풀이

그런 다음 구해야 하는 값에 대해 평형식을 정리하고 적절한 값을 대입하여 계산한다.

답

$$K_{eq} = \frac{[NH_3]^2}{[N_2][H_2]^3}$$

$$[NH_3]^2 = K_{eq}[N_2][H_2]^3$$

$$\sqrt{[NH_3]^2} = \sqrt{K_{eq}[N_2][H_2]^3}$$

$$[NH_3] = \sqrt{(152)(0.110)(0.0935)^3}$$

$$= 0.117 \text{ M}$$

검토

K_{eq} 식에 답을 다시 대입하여 검토한다.

$$K_{eq} = \frac{[NH_3]^2}{[N_2][H_2]^3} = \frac{(0.117)^2}{(0.110)(0.0935)^3}$$

$$= 141$$

계산된 K_{eq} 값이 주어진 K_{eq} 값(152)과 거의 같기 때문에 답이 옳다. 약간의 차이는 이러한 문제에 흔히 있는 반올림 오차 때문이다.

학습목표: Le Châterlier의 원리를 적용한다(15.8, 15.9, 15.10절).

Le Châterlier의 원리를 적용하기 위해 복습의 '화학 원리'에서 농도, 부피, 온도의 영향을 다시 살펴본다. 각각의 교란에 대해, 이에 대항하기 위해 반응이 어느 방향으로 진행될 것인지 예측한다.

예제 15.13 Le Châterlier의 원리

다음 흡열 반응에서 각 교란의 영향을 예측하시오.

$$C(s) + H_2O(g) \rightleftharpoons CO(g) + H_2(g)$$

(a) [CO] 증가
(b) $[H_2O]$ 증가
(c) 반응 부피 증가
(d) 온도 상승

답

(a) 왼쪽으로 이동한다.
(b) 오른쪽으로 이동한다.
(c) 오른쪽으로 이동한다(오른쪽 기체의 몰수가 더 크다).
(d) 오른쪽으로 이동한다(열은 반응물이다).

학습목표: 용해도곱 상수를 작성한다(15.11절).

K_{eq} 식을 작성하려면 먼저 평형 상태에 있는 고체 화합물이 용해되어 성분 이온으로 해리되는 반응식을 작성해야 한다. 그런 다음 수용액 중 이온의 농도를 화학량론 계수로 지수승한 값의 곱으로 용해도곱 상수식을 작성한다.

예제 15.14 용해도곱 상수식

$PbCl_2$의 K_{eq} 식을 작성하시오.

답

$$PbCl_2(s) \rightleftharpoons Pb^{2+}(aq) + 2\,Cl^-(aq)$$
$$K_{sp} = [Pb^{2+}][Cl^-]^2$$

학습목표: K_{sp}를 사용하여 몰 용해도를 구한다(15.11절).

고체가 물에 용해되어 성분 이온으로 해리되는 반응식을 먼저 작성한 다음 K_{eq} 식을 작성한다.

이 책에 주어진 문제에서 각 수용성 이온의 농도는 용해도 S와 같다.

평형식에 S를 대입하고 식을 S에 대해 정리한다.

그리고 표 15.2의 K_{sp}의 값을 찾아 S를 계산한다.

예제 15.15 K_{sp}를 이용한 몰 용해도 계산

AgI의 몰 용해도를 구하시오.

답

$$AgI(s) \rightleftharpoons Ag^+(aq) + I^-(aq)$$
$$K_{sp} = [Ag^+][I^-]$$
$$S = [Ag^+] = [I^-]$$
$$K_{sp} = [Ag^+][I^-] = S \times S = S^2$$
$$S = \sqrt{K_{sp}}$$
$$S = \sqrt{8.51 \times 10^{-17}} = 9.22 \times 10^{-9}\ \text{M}$$

핵심 용어

가역적 반응	용해도곱 상수	평형 상수	효소
동적 평형	촉매	화학 반응 속도	Le Châterlier의 원리
몰 용해도	충돌 이론	활성화 에너지	

학습 점검 문제

기초문제

1. 평형에 포함된 두 가지 일반적인 개념은 무엇인가?

2. 화학 반응 속도란 무엇인가? 빠른 속도의 화학 반응과 느린 속도의 화학 반응의 차이점은 무엇인가?

3. 화학자들은 왜 반응 속도를 조절하려고 하는가?

4. 대부분의 화학 반응은 어떻게 일어나는가?

5. 반응 속도에 영향을 주는 요인은 무엇인가? 이러한 요인은 어떻게 영향을 미치는가?

6. 반응이 진행됨에 따라 일반적인 정반응의 속도는 어떻게 되는가?

7. 동적 화학 평형이란 무엇인가?

8. 동적 화학 평형과 동일성, 불변성의 개념은 어떤 관련이 있는지 설명하시오.

9. 평형에서 반응물과 생성물의 농도가 반드시 같은 것은 아니다. 그 이유를 설명하시오.

10. 화학 평형을 설명하기 위한 비유(예: 나니아와 중간계의 비유)를 고안하시오.

11. 평형 상수란 무엇인가? 평형 상수는 왜 중요한가?

12. 다음과 같은 일반적인 화학 반응식에 대한 평형 상수식을 작성하시오.

$$aA + bB \rightleftharpoons cC + dD$$

13. 화학 반응의 평형 상수가 작다는 것은 무엇을 뜻하는가? 평형 상수가 크다는 것은 무엇을 뜻하는가?

14. 평형식에서 고체와 액체가 생략되는 이유는 무엇인가?

15. 주어진 온도에서 특정 반응의 반응물과 생성물의 농도가 모든 평형

* 파란색으로 표시된 문제는 이 책 말미에 해답이 제시되어 있다.

혼합물마다 항상 같은가? 그 이유를 설명하시오.

16. Le Châterlier의 원리란 무엇인가?

17. 10번 문제에서 고안한 비유에 Le Châterlier의 원리를 적용하시오.

18. 평형 상태의 반응 혼합물에서 반응물의 농도 증가가 계에 미치는 영향은 무엇인가?

19. 평형 상태의 반응 혼합물에서 반응물의 농도 감소가 계에 미치는 영향은 무엇인가?

20. 평형 상태의 반응 혼합물에서 생성물의 농도 증가가 계에 미치는 영향은 무엇인가?

21. 평형 상태의 반응 혼합물에서 생성물의 농도 감소가 계에 미치는 영향은 무엇인가?

22. 생성물 쪽보다 반응물 쪽의 기체 입자 수가 더 적은 반응계가 평형에 있을 때 반응 혼합물의 압력 증가가 계에 미치는 영향은 무엇인가?

23. 반응물 쪽보다 생성물 쪽의 기체 입자 수가 더 적은 반응계가 평형에 있을 때 반응 혼합물의 압력 증가가 계에 미치는 영향은 무엇인가?

24. 생성물 쪽보다 반응물 쪽의 기체 입자 수가 더 적은 반응계가 평형에 있을 때 반응 혼합물의 압력 감소가 계에 미치는 영향은 무엇인가?

25. 반응물 쪽보다 생성물 쪽의 기체 입자 수가 더 적은 반응계가 평형에 있을 때 반응 혼합물의 압력 감소가 계에 미치는 영향은 무엇인가?

26. 평형 상태의 흡열 반응에서 반응 혼합물의 온도가 상승할 때 계에 미치는 영향은 무엇인가? 온도가 하락할 때 계에 미치는 영향은 무엇인가?

27. 평형 상태의 발열 반응에서 반응 혼합물의 온도가 상승할 때 계에 미치는 영향은 무엇인가? 온도가 하락할 때 계에 미치는 영향은 무엇인가?

28. 용해도곱 상수란 무엇인가? 용해도곱 상수가 뜻하는 것은 무엇인가?

29. $AB_2(s)$의 용해도곱 상수식을 작성하시오. B의 이온은 전하가 -1이다(즉 B^-).

30. $A_2B(s)$의 용해도곱 상수식을 작성하시오. B의 이온은 전하가 -2이다(즉 B^{2-}).

31. 용해도와 몰 용해도란 무엇인가?

32. 화학 반응의 활성화 에너지란 무엇인가?

33. K_{eq}가 큰 특정 반응에서 두 반응물이 만났을 때 즉각적으로 반응이 일어나지 않을 수도 있다. 그 이유를 설명하시오.

34. 촉매가 반응에 미치는 영향은 무엇인가? 화학에서 촉매가 중요한 이유는 무엇인가?

35. 촉매는 평형 상수 값에 영향을 미치는가?

36. 효소란 무엇인가?

복습문제

반응 속도

37. 기체 상태의 두 반응물을 1 L의 플라스크에 넣어 반응시키면서 반응 속도를 측정했다. 그리고 각 반응물의 양과 온도를 동일하게 하여 2 L의 플라스크(각 반응물의 농도가 낮아짐)로 실험을 반복했다. 두 번째 실험에서 측정한 반응 속도는 첫 번째 실험의 반응 속도와 어떻게 다른가?

38. 오염화 인(phosphorus pentachloride)의 분해 속도를 PCl_5의 압력이 1.52 kPa인 곳, 30.4 kPa인 곳에서 각각 측정했다. 같은 온도에서 측정했을 때 어느 쪽의 분해 속도가 더 빠를 것으로 예측되는가?

39. 변온동물의 체온은 주변의 온도에 따라 변한다. 기온이 낮아지면 변온동물의 행동이 느려지는 이유를 반응 속도의 관점에서 설명하시오.

40. 온도가 25 ℃에서 35 ℃로 올라가면 어떤 반응의 속도가 2배가 된다. 이 현상의 이유를 설명하시오.

41. 어떤 화학 반응의 초기 속도를 측정했을 때 반응물 중 하나의 반응 속도가 0.0011 mol/L·s였다. 15분간 반응이 진행된 후 다시 속도를 측정했다. 두 번째 측정한 속도를 처음 측정한 속도에 비하여 어떻겠는가?

42. 식초를 탄산수소 소듐 용액에 가하면 즉시 거품이 격렬하게 일어나지만 시간이 지남에 따라 거품의 양이 줄어든다. 이 현상의 이유를 설명하시오.

평형 상수

43. 다음 각 화학 반응식의 평형식을 작성하시오.

(a) $2\ NO_2(g) \rightleftharpoons N_2O_4(g)$

(b) $2\ BrNO(g) \rightleftharpoons 2\ NO(g) + Br_2(g)$

(c) $H_2O(g) + CO(g) \rightleftharpoons H_2(g) + CO_2(g)$

(d) $CH_4(g) + 2\ H_2S(g) \rightleftharpoons CS_2(g) + 4\ H_2(g)$

44. 다음 각 화학 반응식의 평형식을 작성하시오.

(a) $2\ CO(g) + O_2(g) \rightleftharpoons 2\ CO_2(g)$

(b) $N_2(g) + O_2(g) \rightleftharpoons 2\ NO(g)$

(c) $SbCl_5(g) \rightleftharpoons SbCl_3(g) + Cl_2(g)$

(d) $CO(g) + Cl_2(g) \rightleftharpoons COCl_2(g)$

45. 1개 이상의 고체 또는 액체 반응물이나 생성물을 포함하고 있는 다음 각 화학 반응식의 평형식을 작성하시오.

(a) $PCl_5(g) \rightleftharpoons PCl_3(l) + Cl_2(g)$
(b) $2\ KClO_3(s) \rightleftharpoons 2\ KCl(s) + 3\ O_2(g)$
(c) $HF(aq) + H_2O(l) \rightleftharpoons H_3O^+(aq) + F^-(aq)$
(d) $NH_3(aq) + H_2O(l) \rightleftharpoons NH_4^+(aq) + OH^-(aq)$

46. 1개 이상의 고체 또는 액체 반응물이나 생성물을 포함하고 있는 다음 각 화학 반응식의 평형식을 작성하시오.

(a) $NH_3(g) + H_2O(l) \rightleftharpoons NH_4^+(aq) + OH^-(aq)$
(b) $SO_3^{2-}(aq) + H_2O(l) \rightleftharpoons HSO_3^-(aq) + OH^-(aq)$
(c) $Fe_2O_3(s) + 3\ H_2(g) \rightleftharpoons 2\ Fe(s) + 3\ H_2O(g)$
(d) $CaCO_3(s) \rightleftharpoons CaO(s) + CO_2(g)$

47. 다음 반응을 살펴보자.

$$2\ NO(g) + Cl_2(g) \rightleftharpoons 2\ NOCl(g)$$

아래의 평형식에서 잘못된 부분을 찾아 바르게 고치시오.

$$K_{eq} = \frac{[NOCl]}{[Cl_2][NO]}$$

48. 다음 반응을 살펴보자.

$$CO(g) + Cl_2(g) \rightleftharpoons COCl_2(g)$$

아래의 평형식에서 잘못된 부분을 찾아 바르게 고치시오.

$$K_{eq} = \frac{[CO][Cl_2]}{[COCl_2]}$$

49. 다음 각각의 평형 상수를 보고 평형 화합물 중에 반응물이 많을지, 생성물이 많을지, 반응물과 생성물이 모두 상당량 포함되어 있을지 예측하시오.

(a) $K_{eq} = 0.22$ (b) $K_{eq} = 1.04$
(c) $K_{eq} = 0.22 \times 10^{-15}$ (d) $K_{eq} = 7.5 \times 10^{10}$

50. 다음 각각의 평형 상수를 보고 평형 화합물 중에 반응물이 많을지, 생성물이 많을지, 반응물과 생성물이 모두 상당량 포함되어 있을지 예측하시오.

(a) $K_{eq} = 9.5 \times 10^{-12}$ (b) $K_{eq} = 5.5 \times 10^{15}$
(c) $K_{eq} = 2.4 \times 10^{-6}$ (d) $K_{eq} = 0.95$

평형 상수의 계산과 이용

51. 어떤 온도에서 다음 반응의 평형 혼합물에 $[COCl_2] = 0.325$ M, $[CO] = 0.175$ M, $[Cl_2] = 0.0574$ M이 포함되어 있다. 이 온도에서 반응의 평형 상수를 구하시오.

$$COCl_2(g) \rightleftharpoons CO(g) + Cl_2(g)$$

52. 어떤 온도에서 다음 반응의 평형 혼합물에 $[CO] = 0.114$ M, $[H_2] = 0.114$ M, $[CH_3OH] = 0.105$ M이 포함되어 있다. 이 온도에서 반응의 평형 상수를 구하시오.

$$CO(g) + 2\ H_2(g) \rightleftharpoons CH_3OH(g)$$

53. 어떤 온도에서 다음 반응의 평형 혼합물에 $[H_2S] = 0.562$ M, $[H_2] = 2.74 \times 10^{-2}$ M, $[S_2] = 7.54 \times 10^{-3}$ M이 포함되어 있다. 이 온도에서 반응의 평형 상수를 구하시오.

$$2\ H_2S(g) \rightleftharpoons 2\ H_2(g) + S_2(g)$$

54. 어떤 온도에서 다음 반응의 평형 혼합물에 $[NH_3] = 0.0133$ M, $[O_2] = 0.0215$ M, $[NO_2] = 0.185$ M, $[H_2O] = 0.0374$ M이 포함되어 있다. 이 온도에서 반응의 평형 상수를 구하시오.

$$4\ NH_3(g) + O_2(g) \rightleftharpoons 4\ NO_2(g) + 6\ H_2O(g)$$

55. 어떤 온도에서 다음 반응의 평형 혼합물에 $[NH_3] = 0.478$ M, $[H_2S] = 0.455$ M이 포함되어 있다. 이 온도에서 반응의 평형 상수를 구하시오.

$$NH_4HS(l) \rightleftharpoons NH_3(g) + H_2S(g)$$

56. 어떤 온도에서 다음 반응의 평형 혼합물에 $[CO_2] = 0.548$ M이 포함되어 있다. 이 온도에서 반응의 평형 상수를 구하시오.

$$CaCO_3(s) \rightleftharpoons CaO(s) + CO_2(g)$$

57. 다음은 반응 $A(g) \longrightarrow 2B(g)$의 반응물과 생성물의 시간에 따른 농도 변화를 나타낸 그래프이다. 이 반응의 K_{eq} 값을 구하시오.

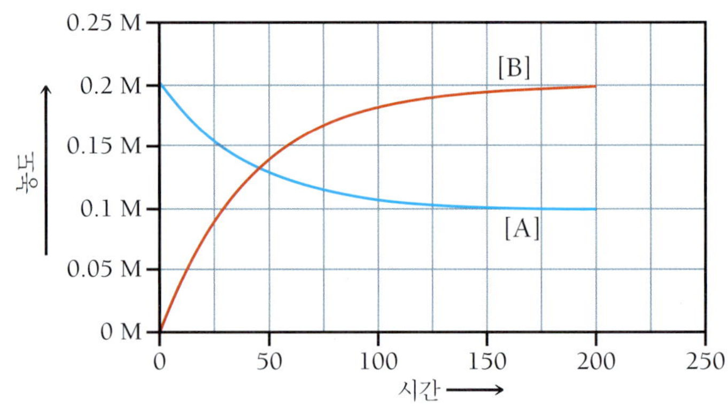

58. 다음은 반응 $2A(g) \longrightarrow B(g)$의 반응물과 생성물의 시간에 따른 농도 변화를 나타낸 그래프이다. 이 반응의 K_{eq} 값을 구하시오.

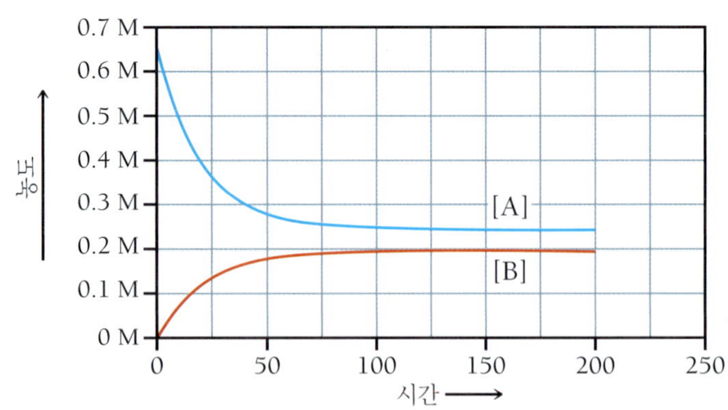

59. 248 ℃에서 다음 반응의 평형 혼합물에 $[SbCl_3] = 0.0155$ M, $[Cl_2] = 0.0105$ M이 포함되어 있다. $SbCl_5$의 농도를 구하시오.

$$SbCl_5(g) \rightleftharpoons SbCl_3(g) + Cl_2(g)$$
$$248℃에서\ K_{eq} = 4.9 \times 10^{-4}$$

60. 1000 ℃에서 다음 반응의 평형 혼합물에 $[I_2]$ = 0.0305 M이 포함되어 있다. I의 농도를 구하시오.

$$I_2(g) \rightleftharpoons 2\,I(g)$$
$$1000\ ℃에서\ K_{eq} = 3.8 \times 10^{-5}$$

61. 25 ℃에서 다음 반응의 평형 혼합물에 $[I_2]$ = 0.0112 M, $[Cl_2]$ = 0.0155 M이 포함되어 있다. ICl의 농도를 구하시오.

$$I_2(g) + Cl_2(g) \rightleftharpoons 2\,ICl(g)$$
$$25℃에서\ K_{eq} = 81.9$$

62. 700 ℃에서 다음 반응의 평형 혼합물에 $[SO_3]$ = 0.495 M, $[O_2]$ = 0.135 M이 포함되어 있다. SO_2의 농도를 구하시오.

$$2\,SO_2(g) + O_2(g) \rightleftharpoons 2\,SO_3(g)$$
$$700\ ℃에서\ K_{eq} = 20.4$$

63. 다음 반응을 살펴보고 표의 빈칸을 채우시오. 모든 농도는 평형 상태의 농도이고 단위는 mol/L(즉 M)이다.

$$N_2(g) + 3\,H_2(g) \rightleftharpoons 2\,NH_3(g)$$

T(K)	$[N_2]$	$[H_2]$	$[NH_3]$	K_{eq}
500	0.115	0.105	0.439	____
575	0.110	____	0.128	9.6
775	0.120	0.140	____	0.0584

64. 다음 반응을 살펴보고 표의 빈칸을 채우시오. 모든 농도는 평형 상태의 농도이고 단위는 mol/L(즉 M)이다.

$$H_2(g) + I_2(g) \rightleftharpoons 2\,HI(g)$$

T(℃)	$[H_2]$	$[I_2]$	[HI]	K_{eq}
25	0.355	0.388	0.0922	____
340	____	0.0455	0.387	9.6
445	0.0485	0.0468	____	50.2

Le Châterlier의 원리

65. 다음 반응이 평형에 있을 때 각 교란의 영향(오른쪽으로 이동, 왼쪽으로 이동, 영향이 없음)을 예측하시오.

$$SO_2Cl_2(g) \rightleftharpoons SO_2(g) + Cl_2(g)$$

(a) 반응 혼합물에 Cl_2를 가한다.
(b) 반응 혼합물에 SO_2Cl_2를 가한다.
(c) 반응 혼합물에 SO_2를 가한다.

66. 다음 반응이 평형에 있을 때 각 교란의 영향(오른쪽으로 이동, 왼쪽으로 이동, 영향이 없음)을 예측하시오.

$$2\,BrNO(g) \rightleftharpoons 2\,NO(g) + Br_2(g)$$

(a) 반응 혼합물에 BrNO를 가한다.
(b) 반응 혼합물에 NO를 가한다.
(c) 반응 혼합물에 Br_2를 가한다.

67. 다음 반응이 평형에 있을 때 각 교란의 영향(오른쪽으로 이동, 왼쪽으로 이동, 영향이 없음)을 예측하시오.

$$C(s) + H_2O(g) \longrightarrow CO(g) + H_2(g)$$

(a) 반응 혼합물에 C를 가한다.
(b) 반응 혼합물에서 H_2O를 응축시켜 제거한다.
(c) 반응 혼합물에 CO를 가한다.
(d) 반응 혼합물에서 H_2를 제거한다.

68. 다음 반응이 평형에 있을 때 각 교란의 영향(오른쪽으로 이동, 왼쪽으로 이동, 영향이 없음)을 예측하시오.

$$3\,Fe(s) + 4\,H_2O(g) \rightleftharpoons Fe_3O_4(s) + 2\,H_2(g)$$

(a) 반응 혼합물에 Fe를 가한다.
(b) 반응 혼합물에 H_2O를 가한다.
(c) 반응 혼합물에 H_2를 가한다.
(d) 반응 혼합물에서 H_2를 제거한다.

69. 평형에 있는 다음 반응에 대한 부피 변화의 영향을 살펴보자. 각 교란의 영향(오른쪽으로 이동, 왼쪽으로 이동, 영향이 없음)을 예측하시오.

$$2\,COF_2(g) \rightleftharpoons CO_2(s) + CF_4(g)$$

(a) 반응 부피를 증가시킨다. (b) 반응 부피를 감소시킨다.

70. 평형에 있는 다음 반응에 대한 부피 변화의 영향을 살펴보자. 각 교란의 영향(오른쪽으로 이동, 왼쪽으로 이동, 영향이 없음)을 예측하시오.

$$2\,H_2S(g) \rightleftharpoons 2\,H_2(g) + S_2(g)$$

(a) 반응 부피를 증가시킨다. (b) 반응 부피를 감소시킨다.

71. 평형에 있는 다음 반응에 대한 부피 변화의 영향을 살펴보자. 각 교란의 영향(오른쪽으로 이동, 왼쪽으로 이동, 영향이 없음)을 예측하시오.

$$N_2(g) + 3\,H_2(g) \rightleftharpoons 2\,NH_3(g)$$

(a) 반응 부피를 증가시킨다. (b) 반응 부피를 감소시킨다.

72. 평형에 있는 다음 반응에 대한 부피 변화의 영향을 살펴보자. 각 교란의 영향(오른쪽으로 이동, 왼쪽으로 이동, 영향이 없음)을 예측하시오.

$$CO(g) + H_2O(g) \rightleftharpoons CO_2(g) + H_2(g)$$

(a) 반응 부피를 증가시킨다. (b) 반응 부피를 감소시킨다.

73. 다음 흡열 반응에서 각 교란의 영향(오른쪽으로 이동, 왼쪽으로 이동, 영향이 없음)을 예측하시오.

$$C(s) + CO_2(g) \rightleftharpoons 2\,CO(g)$$

(a) 반응 온도를 높인다.
(b) 반응 온도를 내린다.

74. 다음 흡열 반응에서 각 교란의 영향(오른쪽으로 이동, 왼쪽으로 이동, 영향이 없음)을 예측하시오.

$$N_2(g) + O_2(g) \rightleftharpoons 2\,NO(g)$$

(a) 반응 온도를 높인다.
(b) 반응 온도를 내린다.

75. 다음 발열 반응에서 각 교란의 영향(오른쪽으로 이동, 왼쪽으로 이동, 영향이 없음)을 예측하시오.

$$C_6H_{12}O_6(s) + 6\,O_2(g) \rightleftharpoons 6\,CO_2(g) + 6\,H_2O(g)$$

(a) 반응 온도를 높인다.
(b) 반응 온도를 내린다.

76. 다음 발열 반응에서 각 교란의 영향(오른쪽으로 이동, 왼쪽으로 이동, 영향이 없음)을 예측하시오.

$$2\,SO_2(g) + O_2(g) \rightleftharpoons 2\,SO_3(g)$$

(a) 반응 온도를 내린다.
(b) 반응 온도를 높인다.

77. 탄소가 주성분인 석탄은 다음 발열 반응을 통해 CH_4가 주성분인 천연가스로 바뀔 수 있다. 이 반응 혼합물이 평형에 있을 때 각 교란의 영향(오른쪽으로 이동, 왼쪽으로 이동, 영향이 없음)을 예측하시오.

$$C(s) + 2\,H_2(g) \rightleftharpoons CH_4(g)$$

(a) 반응 혼합물에 여분의 C를 첨가한다.
(b) 반응 혼합물에 여분의 H_2를 첨가한다.
(c) 반응 혼합물의 온도를 높인다.
(d) 반응 혼합물의 부피를 감소시킨다.
(e) 반응 혼합물에 촉매를 첨가한다.

78. 석탄은 다음 흡열 반응을 통해 수소 기체(잠재적인 연료)를 생산하는 데 사용될 수 있다. 이 반응 혼합물이 평형에 있을 때 각 교란의 영향(오른쪽으로 이동, 왼쪽으로 이동, 영향이 없음)을 예측하시오.

$$C(s) + H_2O(g) \rightleftharpoons CO(g) + H_2(g)$$

(a) 반응 혼합물에 여분의 C를 첨가한다.
(b) 반응 혼합물에 여분의 $H_2O(g)$를 첨가한다.
(c) 반응 혼합물의 온도를 높인다.
(d) 반응 혼합물의 부피를 증가시킨다.
(e) 반응 혼합물에 촉매를 첨가한다.

용해도곱 상수

79. 다음 각 화합물이 물에 용해될 때 어떻게 해리되는지에 대한 반응식과 K_{sp} 식을 작성하시오.

(a) As_2S_3 (b) $PbCl_2$ (c) CdS (d) Li_2CO_3

80. 다음 각 화합물이 물에 용해될 때 어떻게 해리되는지에 대한 반응식과 K_{sp} 식을 작성하시오.

(a) $Mg(OH)_2$ (b) $FeCO_3$ (c) PbS (d) $PbSO_4$

81. 다음은 $Cr(OH)_3$에 대한 K_{sp} 식이다. 잘못된 부분을 찾아 바르게 고치시오.

$$K_{sp} = [Cr^{3+}][OH^-]$$

82. 다음은 $Ba(OH)_2$에 대한 K_{sp} 식이다. 잘못된 부분을 찾아 바르게 고치시오.

$$K_{sp} = \frac{[Ba(OH)_2]}{[Ba^{2+}][OH^-]^2}$$

83. MgF_2 포화 용액에 $[Mg^{2+}] = 2.6 \times 10^{-4}$ M, $[F^-] = 5.2 \times 10^{-4}$ M이 포함되어 있다. MgF_2의 K_{sp} 값을 구하시오.

84. AgI 포화 용액에 $[Ag^+] = 9.2 \times 10^{-9}$ M, $[I^-] = 9.2 \times 10^{-9}$ M이 포함되어 있다. AgI의 K_{sp} 값을 구하시오.

85. $BaSO_4$ 포화 용액에 $[Ba^{2+}] = 1.95 \times 10^{-4}$ M이 포함되어 있다. SO_4^{2-}의 농도를 구하시오.

86. CaF_2 포화 용액에 $[F^-] = 3.86 \times 10^{-2}$ M이 포함되어 있다. Ca^{2+}의 농도를 구하시오.

87. $FeCO_3$의 몰 용해도를 구하시오.

88. CuS의 몰 용해도를 구하시오.

89. $MgCO_3$의 몰 용해도를 구하시오.

90. CuI의 몰 용해도를 구하시오($K_{sp} = 1.27 \times 10^{-12}$).

91. 다음 표의 빈칸을 채우시오. 모든 농도는 평형 상태의 농도이고 단위는 mol/L(즉 M)이다.

화합물	[양이온]	[음이온]	K_{sp}
$CaCO_3$	2.5×10^{-4}	2.5×10^{-4}	____
CaF_2	1.5×10^{-4}	____	1.4×10^{-11}
Ag_2CO_3	____	1.0×10^{-2}	6.2×10^{-12}

92. 다음 표의 빈칸을 채우시오. 모든 농도는 평형 상태의 농도이고 단위는 mol/L(즉 M)이다.

화합물	[양이온]	[음이온]	K_{sp}
CdS	4.0×10^{-14}	4.0×10^{-14}	____
BaF_2	____	6.0×10^{-4}	1.7×10^{-6}
Ag_2SO_4	3.0×10^{-3}	____	8.0×10^{-5}

심화문제

93. 다음 반응을 살펴보자. 초기 상태에 $[Fe^{3+}] = 1.0 \times 10^{-3}$ M, $[SCN^-] = 8.0 \times 10^{-4}$ M을 포함하도록 용액을 만들었고, 평형에 도달했을 때 $[FeSCN^{2+}] = 1.7 \times 10^{-4}$ M이었다. 이 반응의 평형 상수를 구하시오. (힌트: 화학 반응의 화학량론을 이용하여 Fe^{3+}와 SCN^-의 평형 농도를 계산한다.)

$$Fe^{3+}(aq) + SCN^-(aq) \rightleftharpoons FeSCN^{2+}(aq)$$

94. 다음 반응을 살펴보자. 초기 상태에 $[SO_2Cl_2] = 0.020$ M을 포함하도록 용액을 만들었고, 평형에 도달했을 때 $[Cl_2] = 1.2 \times 10^{-2}$ M이었다. 이 반응의 평형 상수를 구하시오. (힌트: 화학 반응의 화학량론을 이용하여 SO_2Cl_2와 SO_2의 평형 농도를 계산한다.)

$$SO_2Cl_2(g) \rightleftharpoons SO_2(g) + Cl_2(g)$$

95. 다음 반응을 살펴보자. 평형 상태의 반응 혼합물이 담겨 있는 4.77 L 플라스크에 $[H_2] = 0.114$ M, $[I_2] = 0.0252$ M이 포함되어 있다. 평형 혼합물에 포함된 HI는 몇 그램인가?

$$H_2(g) + I_2(g) \rightleftharpoons 2\,HI(g)$$
$$25\ ℃에서\ K_{eq} = 6.17 \times 10^{-2}$$

96. 다음 반응을 살펴보자. 평형 상태의 반응 혼합물이 담겨 있는 6.15 L 플라스크에 $[SO_2] = 2.5 \times 10^{-2}$ mol/L, $[Cl_2] = 8.5 \times 10^{-3}$ mol/L가 포함되어 있다. 평형 혼합물에 포함된 SO_2Cl_2는 몇 그램인가?

$$SO_2(g) + Cl_2(g) \rightleftharpoons SO_2Cl_2(g)$$
$$25\ ℃에서\ K_{eq} = 5.2 \times 10^2\ L/mol$$

97. 다음 발열 반응에서 생성되는 $C_2H_4Cl_2$의 양을 최대화하기 위해 시도할 수 있는 것은 무엇인가? 반응 혼합물이 평형에 도달했다고 가정한다.

$$C_2H_4(g) + Cl_2(g) \rightleftharpoons C_2H_4Cl_2(g)$$

(a) 반응 부피를 증가시킨다.
(b) 반응 혼합물에서 생성되는 $C_2H_4Cl_2$를 제거한다.
(c) 반응 온도를 내린다.
(d) Cl_2를 첨가한다.

98. 다음 흡열 반응에서 생성되는 $C_2H_4I_2$의 양을 최대화하기 위해 시도할 수 있는 것은 무엇인가? 반응 혼합물이 평형에 도달했다고 가정한다.

$$C_2H_4(g) + I_2(g) \rightleftharpoons C_2H_4I_2(g)$$

(a) 반응 부피를 감소시킨다.
(b) 반응 혼합물에서 I_2를 제거한다.
(c) 반응 온도를 올린다.
(d) 반응 혼합물에 C_2H_4를 첨가한다.

99. $PbSO_4$의 몰 용해도를 구하시오. $PbSO_4$ 포화 용액 20.0 L에는 $PbSO_4$가 몇 그램 들어 있는가?

100. $FeCO_3$의 몰 용해도를 구하시오. $FeCO_3$ 포화 용액 15.0 L에는 $FeCO_3$가 몇 그램 들어 있는가?

101. 수돗물 시료에서 Ca^{2+} 0.025 M이 검출되었다. 수돗물 100.0 mL에 Na_2SO_4 105 mg을 가하면 $CaSO_4$가 침전되겠는가?

102. 1.5×10^{-3} M Mg^{2+}가 포함되어 있는 용액 150.0 mL에 Na_2CO_3 50.0 mg을 가하면 $MgCO_3$가 침전되겠는가?

103. 25 ℃에서 $Fe(OH)_2$의 용해도가 1.43×10^{-3} g/L이다. $Fe(OH)_2$의 K_{sp}를 구하시오.

104. 25 ℃에서 탄산 니켈(II)의 용해도가0.042 g/L이다. 탄산 니켈(II)의 K_{sp}를 구하시오.

105. 다음 반응을 살펴보자. $CaCO_3$ 시료를 봉인된 0.500 L 용기에 넣고 550 K로 가열했다. 550 K에서 이 반응의 평형 상수는 4.1×10^{-4}이다. 반응이 평형에 도달했을 때 용기 속에 있는 고체 CaO의 질량은 얼마이겠는가? ($CaCO_3$ 시료의 양은 평형에 도달할 수 있을 만큼 충분하다고 가정한다.)

$$CaCO_3 \rightleftharpoons CaO(s) + CO_2(g)$$

106. 다음 반응을 살펴보자. 순수 NH_4HS 시료를 봉인된 2.0 L 용기에 넣고 550 K로 가열했다. 550 K에서 이 반응의 평형 상수는 3.5×10^{-3}이다. 반응이 평형에 도달했을 때 용기 속에 있는 NH_3의 질량은 얼마이겠는가? (NH_4HS 시료의 양은 평형에 도달할 수 있을 만큼 충분하다고 가정하라.)

$$NH_4HS(s) \rightleftharpoons NH_3(g) + H_2S(g)$$

107. 0.115 M의 Mg^{2+}가 포함된 용액이 2.55 L 있다. 마그네슘을 침전시키기 위해 K_2CO_3를 첨가한다면 침전물을 얻는 데 필요한 K_2CO_3의 최소 질량은 얼마인가?

108. 0.0251 M의 Ca^{2+}가 포함된 용액이 75.0 L 있다. 칼슘을 침전시키기 위해 Na_2SO_4를 첨가한다면 침전물을 얻는 데 필요한 Na_2SO_4의 최소 질량은 얼마인가?

핵심문제

109. 플라스크 안에 H_2와 I_2가 들어 있고 다음과 같이 반응할 때, 평형에 도달한 시점을 나타낸 그림은 무엇인가?

$$H_2(g) + I_2(g) \rightleftharpoons 2\,HI(g)$$

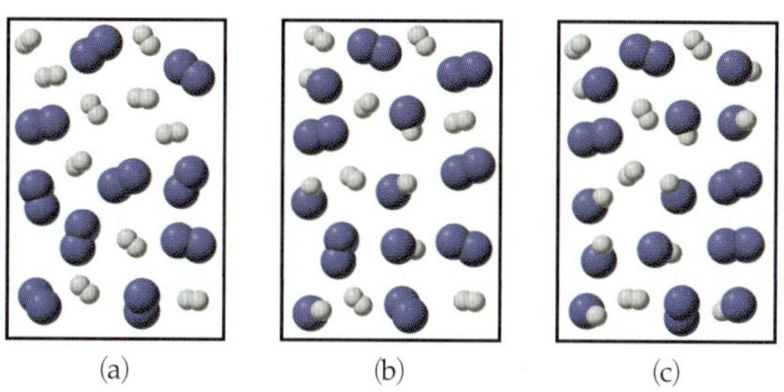

(a) (b) (c)

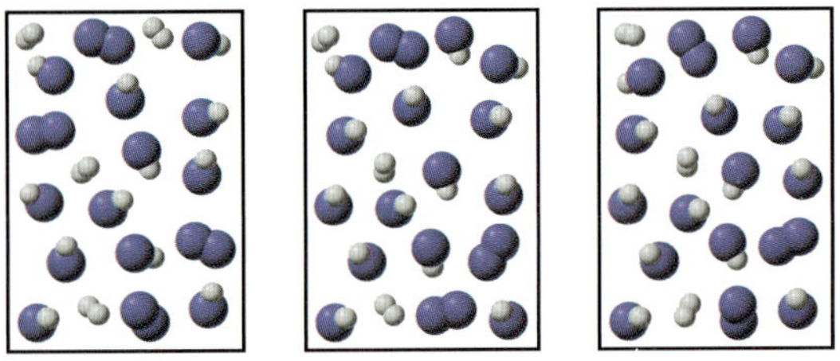

(d) (e) (f)

110. 에텐(C_2H_4)은 다음 반응을 통해 할로젠화될 수 있으며, 이때 X_2는 Cl_2, Br_2, I_2 중 하나이다. 세 가지 할로젠에 대해 같은 온도에서 이 반응의 평형 농도를 나타낸 그림을 살펴보고 평형 상수가 가장 큰 것부터 차례대로 나열하시오.

$$C_2H_4(g) + X_2(g) \rightleftharpoons C_2H_4X_2(g)$$

$C_2H_4 + Cl_2 \rightleftharpoons C_2H_4Cl_2$ (a)

$C_2H_4 + Br_2 \rightleftharpoons C_2H_4Br_2$ (b)

$C_2H_4 + I_2 \rightleftharpoons C_2H_4I_2$ (c)

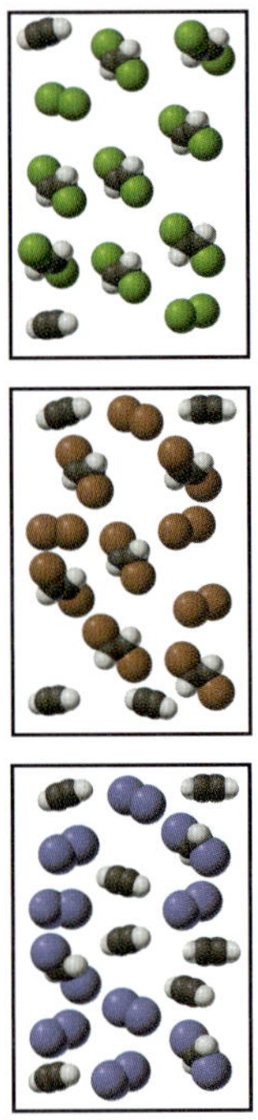

111. 센물의 주요 성분 중 하나는 $CaCO_3$이며, 센물이 증발할 때 $CaCO_3$의 일부가 하얀 무기질 침전물로 남는다. 센물을 사용하는 가정에서는 시간이 지나면 수도관 내부에 침전물이 쌓인다. 예를 들어 화장실 변기의 물이 천천히 증발하면서 수위선에 이러한 침전물이 끼어 있는 것을 종종 볼 수 있다. 물이 $CaCO_3$로 포화되어 있을 때 $CaCO_3$ 0.250g이 침전되려면 얼마나 많은 물이 증발해야 하는가? (힌트: $CaCO_3$의 K_{sp} 값을 이용하여 용해도를 계산한다.)

112. 고체 반응물이 기체 생성물과 평형에 있는 일반적인 평형 상태를 생각해보자.

$$A(s) \rightleftharpoons B(g)$$

다음 그림은 각각 (a) 초기 상황, (b) 약간의 시간이 지난 상황, (c) 평형에 도달한 상황의 반응 혼합물을 나타낸 것이다. 각 그림에 대해 $A(s)$와 $B(g)$를 나타내는 구의 농도를 계산하시오. 격자의 각 칸 면적이 1 cm^2라고 가정하고 답의 단위를 개/cm^2로 한다. (고체 상태의 구는 자유롭게 움직일 수 없으므로 고체는 그것이 덮고 있는 면적만을 차지한다. 하지만 기체 상태의 구는 자유롭게 움직일 수 있으므로 격자 전체의 면적을 차지한다.) 각 그림의 상황에서 $A(s)$와 $B(g)$의 농도에 대해 특징적인 점을 발견할 수 있는가? 제시된 반응식에 대한 평형식을 작성하고, $A(s)$가 평형식에 포함되지 않는 이유를 계산 결과를 이용하여 설명하시오.

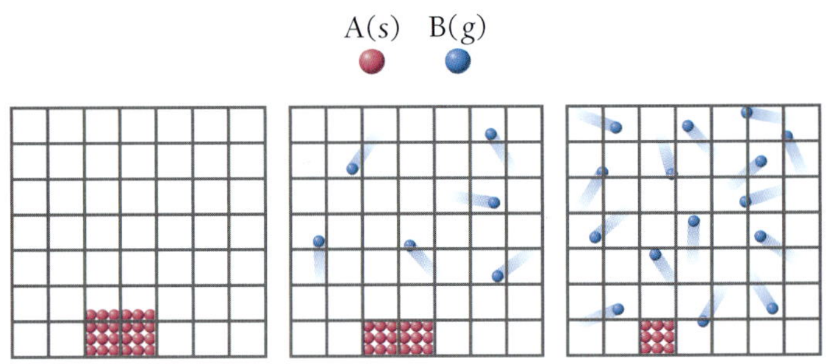

(a) (b) (c)

집단 활동 문제

집단을 이루어 다음 문제에 대해 토의하고 합의된 답을 기록한다.

113. 어떤 도시는 탄산 칼슘 석회석과 평형 상태에 있는 물이 포함된 지하 대수층에서 물을 얻는다.

(a) 탄산 칼슘이 물에 용해되는 반응의 평형 상수 기호는 무엇인가? 수치 값은 얼마인가?

(b) 탄산 칼슘의 몰 용해도를 구하시오.

(c) 책상 위에 놓인 커피잔(약 200 mL)에 가득 담긴 물이 방학 동안 완전히 증발한다면 탄산 칼슘이 몇 그램 남겠는가?

114. 반응 $A + B \longrightarrow 2\,C$의 평형 상수가 16이다.

(a) 계산하지 않고 대략적으로 생각했을 때 평형 상태에서 A, B, C 중 더 많을 것으로 예상되는 것은 무엇인가? 그 이유를 설명하시오.

(b) 어떤 화학자가 물 1 L에 A 3 mol과 B 3 mol을 섞었다. 반응이 일어나기 전 비커에 들어 있는 내용물을 나타내는 그림을 그리시오. 동그라미 하나는 A 1 mol, 네모 하나는 B 1 mol, 세모 하나는 C 1 mol을 나타낸다.

(c) 평형 상태에서 A, B, C가 각각 얼마나 존재하겠는가? 이 상태를 새로운 그림으로 그리시오.

(d) 화학자가 생성된 C의 일부를 제거한다면 어떤 일이 일어나겠는가?

115. 평형에 도달한 반응이 더는 평형이 아니도록 변화될 수 있는 세 가지 방법에 대해 설명하시오. 각 경우에 대해 반응이 평형으로 돌아가기 위해 어느 방향으로 이동할지 설명하시오.

데이터 분석 및 해석

116. 고체 $CaCO_3$가 고체 CaO와 기체 CO_2로 분해되는 반응이 있다. 다음 그래프는 이 반응의 평형 혼합물 속 CO_2 농도를 온도에 대한 함수로 측정하여 나타낸 것이다.

(a) 이 반응에 대한 균형 화학 반응식을 작성하시오.

(b) 이 반응에 대한 평형 상수의 표현식을 작성하시오.

(c) 950 K에서 평형 상수의 값은 얼마인가? 1050 K에서 평형 상수의 값은 얼마인가?

(d) 1000 K에서 평형 상태에 있는 1.00 L 반응 용기 내에 존재하는 이산화 탄소의 질량은 얼마인가?

(e) (d)에서 구한 이산화 탄소의 질량을 생성하는 데 필요한 $CaCO_3$의 최소량은 얼마인가?

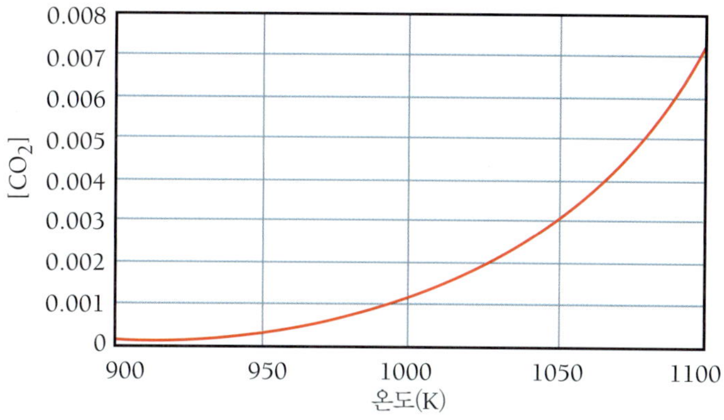

▲ 탄산 칼슘과 산화 칼슘이 평형을 이루는 이산화 탄소 농도(M)

연습문제 해답

15.1 $K_{eq} = \dfrac{[HF]^2}{[H_2][F_2]}$

15.2 $K_{eq} = \dfrac{[Cl_2]^2}{[HCl]^4[O_2]}$

15.3 $K_{eq} = 14.5$

15.3+ $K_{eq} = 26$

15.4 0.033 M

15.5 Br_2를 가하면 왼쪽으로 이동한다. BrNO를 가하면 오른쪽으로 이동한다.

15.5+ Br_2를 제거하면 오른쪽으로 이동한다.

15.6 부피를 감소시키면 오른쪽으로 이동한다. 부피를 증가시키면 왼쪽으로 이동한다.

15.7 온도를 높이면 왼쪽으로 이동한다. 온도를 내리면 오른쪽으로 이동한다.

15.8 (a) $K_{sp} = [Ag^+][I^-]$
(b) $K_{sp} = [Ca^{2+}][OH^-]^2$

15.9 $K_{sp} = [Ca^{2+}][OH^-]^2$

확인문제 해답

15.1 (a) 기체 법칙에 따르면(11장) 압력이 증가할 때 온도가 올라가거나 부피가 감소한다. 온도가 올라가면 반응 속도가 증가한다. 부피가 감소하면 반응물의 농도가 증가하고, 이에 따라 반응 속도도 증가한다. 따라서 압력의 증가는 반응 속도를 증가시킬 것이다.

15.2 (c) 동적 평형 상태에 있는 화학 반응에서 반응물의 농도와 생성물의 농도는 일반적으로 같지 않다.

15.3 (c) 생성물이 가장 많기 때문에 평형 상수가 가장 클 것이다.

15.4 (b) 이 반응에서 K_{eq} = [B][C]/[A] =(2 × 2)/2 = 2이다.

15.5 (b) 수소의 농도를 2배로 하는 것이 생성물 쪽으로 더 크게 이동한다. 분모에 있는 수소의 농도는 제곱되기 때문이다.

15.6 (c) 반응물의 농도 증가는 반응이 오른쪽으로 이동하는 원인이 된다. 이 반응의 경우 반응식의 양쪽에 있는 기체 입자의 수가 같으므로 부피 변화의 영향이 없다.

15.7 (a) 이 반응은 흡열 반응이므로 온도가 올라가면 반응이 오른쪽(반응물 쪽)으로 이동한다. 반응식의 왼쪽에 1 mol의 입자가, 오른쪽에 2 mol의 입자가 있으므로 부피가 증가하면 반응이 오른쪽으로 이동한다. 따라서 온도와 부피를 모두 증가시키는 것이 가장 많은 양의 생성물을 만들 것이다.

15.8 (a) 황산 칼슘의 K_{eq} 값이 더 크기 때문에 더 잘 용해된다.

15.9 (a) 반응 A의 속도가 더 빠를 것이다. 일반적으로 반응의 활성화 장벽이 낮을수록 주어진 온도에서 반응 속도가 더 빠르다.

▲ 언젠가는 연료 전지 자동차(fuel-cell vehicle, FCV)가 내연기관을 장착한 자동차를 대체하게 될 것이다. 그림에서 보듯이 연료 전지 자동차는 물만을 내뿜는다.

16 산화와 환원

"자연을 단순이 관측하거나 자연이 우리에게 강요하는 것을 견디는 데 그치지 않고 자연을 이해하기 위해 배워야 한다."

—John Desmond Bernal(1901~1971)

개요

16.1 내연기관의 종말?

▲ **그림 16.1 연료 전지 자동차.** 수소를 이용하는 연료 전지 자동차인 토요타 미라이. 이 차가 방출하는 것은 물뿐이다.

우리 세대에 내연기관의 종말을 볼 수 있을 것이다. 내연기관은 비행기, 자동차, 기차를 움직임으로써 우리에게 편의를 제공하고 있지만 종말을 향해 가고 있다. 내연기관을 대체하는 것은 무엇일까? 자동차에 휘발유를 사용하지 않는다면 자동차에 어떤 연료를 넣어야 할까? 이 질문에 대한 답이 확실하게 정해진 것은 아니지만 새롭고 더 나은 기술이 분명해지고 있다. 가장 기대되는 기술은 **연료 전지**(fuel cell)를 전기 자동차의 동력으로 이용하는 것이다. 조용하고 환경 친화적인 슈퍼카는 현재 수소 급유 시설이 설치된 일부 지역(주로 캘리포니아)에서 상업적으로 판매되고 있다.

2015년에 토요타는 미라이(일본어로 '미래'를 뜻함)라는 연료 전지 자동차를 미국에서 판매하기 시작했다(그림 16.1). 4인승 승용차가 136 kW 연료 탱크 하나로 최대 643 km를 주행한다. 충전하는 데 몇 시간이 걸리는 테슬라 전기 자동차와 달리 미라이는 5분 이내에 급유된다. 전기 모터는 압축된 기체로 저장된 수소에 의해 동력을 얻으며, 유일한 배출물은 마실 수 있을 만큼 깨끗한 물이다. 혼다, 현대 등의 자동차 회사들도 이와 유사한 모델을 출시하고 있다.

연료 전지 기술은 몇 종류의 원소가 다른 원소로부터 전자를 받아들이는 경향성을 가지고 있다는 사실을 기초로 하고 있다. 수소-산소 연료 전지라 부르는 연료 전지의 가장 일반적인 형태는 수소와 산소 사이의 반응을 근거로 하고 있다.

$$2\,H_2(g) + O_2(g) \longrightarrow 2\,H_2O(g)$$

이 반응에서 수소와 산소는 서로 공유 결합을 형성한다. 하나의 공유 결합은 공유된 한 쌍의 전자라는 것을 10.2절에서 살펴보았다. 그러나 산소는 수소보다 전기음성도가 크므로(10.8절 참조) 수소-산소 결합의 전자쌍은 동등하게 공유되지 못하고 산소가 더 많이 차지하고 있다. 사실 산소는 O_2에서보다 H_2O에서 더 많은 전자를 갖고 있으며 산소는 반응에서 전자를 얻었다.

산소와 수소의 직접적인 반응에서는 반응 과정 중에 산소 원자가 수소 원자로부터 직접 전자를 얻는다. 수소-산소 연료 전지에서도 같은 반응이 일어나지만, 수소와 산소를 분리해놓고 수소에서 산소 쪽으로 외부 도선을 통해 전자를 이동한다. 이렇게 이동하는 전자가 바로 전류이며, 연료 전지 자동차의 전기 모터를 움직이는 데 이용된다. 실제로 연료 전지는 산소가 전자를 받아들이려는 경향성과 수소가 전자를 잃는 경향성을 이용하여 전선을 통해 전자가 움직이게 함으로써 자동차에 동력을 공급하는 전기를 발생시킨다.

전자의 이동을 포함하고 있는 반응을 **산화-환원 반응**(oxidation-reduction reaction, redox reaction)이라고 한다. 산화-환원 반응은 연료 전지 자동차에 응용하는 것 외에도 자연 현상, 산업 현장 그리고 수많은 일상적인 과정 중에 널리 퍼져 있다. 예를 들어 철이 녹스는 것, 머리카락의 탈색, 배터리에서 일어나는 반응은 모두 산화-환원 반응을 동반한다. 움직이거나, 생각하거나, 그리고 살아가는 데 필요한 에너지를 몸에 공급하려면 산화-환원 반응이 필요하다.

16.2 산화와 환원: 몇 가지 정의

- 산화와 환원을 정의하고 이해한다.
- 산화제와 환원제를 알아본다.

다음 반응을 살펴보자.

$$2\,H_2(g) + O_2(g) \longrightarrow 2\,H_2O(g) \quad \text{(수소-산소 연료 전지 반응)}$$

$$4\,Fe(s) + 3\,O_2(g) \longrightarrow 2\,Fe_2O_3(s) \quad \text{(철이 녹스는 것)}$$

$$CH_4(g) + 2\,O_2(g) \longrightarrow CO_2(g) + 2\,H_2O(g) \quad \text{(메테인의 연소)}$$

위의 반응이 공통적으로 가지고 있는 것은 무엇인가? 각각의 반응은 산소를 얻는 원소를 1개 이상 포함하고 있다. 수소-산소 연료 전지 반응에서 수소는 산소를 얻어 물로 변한다. 철이 녹스는 반응에서 철은 산소를 얻어 산화 철로 바뀐다. 산화 철은 녹이라고 부르는 주황색의 물질이다(그림 16.2). 메테인의 연소에서 탄소는 산소를 얻어 이산화 탄소를 형성하고 아울러 가스레인지에서 볼 수 있는 파란색 불꽃을 만들어낸다(그림 16.3). 각각의 경우 산소를 얻는 물질은 반응에서 산화되었다. 산화의 한 가지 정의(그것이 가장 근본적인 것은 아니

▲ **그림 16.2 느린 산화 반응.** 철이 산화되어 산화 철(III)을 형성하여 녹이 슨다.

▲ **그림 16.3 빠른 산화 반응.** 가스레인지의 불꽃은 천연가스 중의 탄소가 산화될 때 발생한다.

> 이러한 산화와 환원의 정의는 산화란 말의 어원을 보여주기 때문에 유용하다. 또한 산소를 포함하고 있는 반응을 빠르게 산화 및 환원 반응으로 확인할 수 있다. 나중에 설명하겠지만 이러한 정의가 가장 근본적인 것은 아니다.

지만)는 간단히 말해 산소를 얻는 것이다.

이제 이 세 가지 반응의 역반응을 살펴보자.

$$2\,H_2O(g) \longrightarrow 2\,H_2(g) + O_2(g)$$
$$2\,Fe_2O_3(s) \longrightarrow 4\,Fe(s) + 3\,O_2(g)$$
$$CO_2(g) + 2\,H_2O(g) \longrightarrow CH_4(g) + 2\,O_2(g)$$

각 반응은 산소의 손실을 동반한다. 첫 번째 반응에서 수소는 산소를 잃고, 두 번째 반응에서는 철이 산소를 잃으며, 세 번째 반응에서는 탄소가 산소를 잃는다. 각각의 경우 산소를 잃은 물질은 반응에서 환원되었다. 환원의 한 가지 정의는 산소를 잃는 것이다.

그러나 산화-환원 반응은 산소를 포함하지 않아도 된다. 예를 들어 다음 두 반응 사이의 비슷한 점을 고려해보자.

> 금속과 비금속의 산화-환원 반응에서 금속은 산화되고 비금속은 환원된다.

$$4\,Li(s) + O_2(g) \longrightarrow 2\,Li_2O(s)$$
$$2\,Li(s) + Cl_2(g) \longrightarrow 2\,LiCl(s)$$

두 경우에 모두 리튬(전자를 잃는 경향성이 큰 금속)은 전기음성도가 큰 비금속(전자를 얻는 경향성이 큼)과 반응한다. 두 경우에 리튬 원자는 전자를 잃고 양이온이 되며 리튬이 산화된다.

$$Li \longrightarrow Li^+ + e^-$$

> 도움이 되는 암기법: OIL RIG-**O**xidation **Is** **L**oss (of electrons), **R**eduction **Is** **G**ain (of electrons). LEO the lion says GER-**L**ose **E**lectrons **O**xidation, **G**ain **E**lectrons **R**eduction.

리튬이 잃은 전자를 비금속이 얻어 음이온이 되고 비금속은 환원된다.

$$O_2 + 4e^- \longrightarrow 2\,O^{2-}$$
$$Cl_2 + 2e^- \longrightarrow 2\,Cl^-$$

보다 근본적인 산화와 환원의 정의에서 **산화**(oxidation)는 전자를 잃는 것이고, **환원**(reduction)은 전자를 얻는 것이다.

산화와 환원은 함께 일어나야 하는 것임을 기억하라. 한 물질이 전자를 잃으면(산화) 다른 물질은 전자를 얻어야 한다(환원)(그림 16.4). 산화되는 물질은 다른 물질의 환원을 유발하므로 **환원제**(reducing agent)라고 부른다. 또한 환원되는 물질은 다른 물질의 산화를 유발하므로 **산화제**(oxidizing agent)라고 부른다.

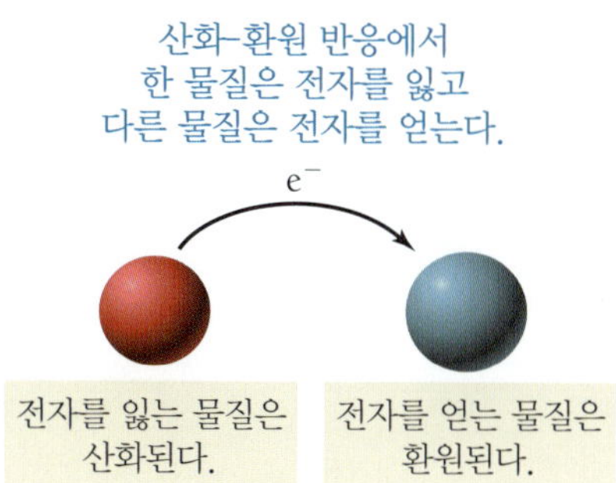

▲ **그림 16.4 산화와 환원**

> 산화제는 그 자체가 환원되는 원소이거나 환원되는 원소를 포함하고 있는 화합물이나 이온일 것이다. 환원제는 그 자체가 산화되는 원소이거나 산화되는 원소를 포함하고 있는 화합물이나 이온일 것이다.

예를 들어 수소-산소 연료 전지 반응을 살펴보자.

$$\underset{\text{환원제}}{2\,H_2(g)} + \underset{\text{산화제}}{O_2(g)} \longrightarrow 2\,H_2O(g)$$

이 반응에서 산화되는 수소는 환원제이고, 환원되는 산소는 산화제이다. 전자를 끌어당기는 경향이 큰 산소 같은 물질은 좋은 산화제로 다른 물질을 산화시킨다. 전자를 내놓는 경향이 큰 수소 같은 물질은 좋은 환원제로 다른 물질을 환원시킨다.

요약

- 산화: 전자를 잃는다.
- 환원: 전자를 얻는다.
- 산화제: 환원되는 물질
- 환원제: 산화되는 물질

예제 16.1 산화와 환원

다음 각 반응에서 산화되는 물질과 환원되는 물질을 밝히시오.

(a) $2\ Mg(s) + O_2(g) \longrightarrow 2\ MgO(s)$
(b) $Fe(s) + Cl_2(g) \longrightarrow FeCl_2(s)$
(c) $Zn(s) + Fe^{2+}(aq) \longrightarrow Zn^{2+}(aq) + Fe(s)$

답

(a) 이 반응에서 마그네슘은 산소를 얻고 산소에 전자를 준다. 그러므로 Mg는 산화되고 O_2는 환원된다.
(b) 이 반응에서 금속(Fe)은 전기음성도가 큰 비금속(Cl_2)과 반응한다. Fe는 전자를 잃고 산화되는 반면에 Cl_2는 전자를 얻고 환원된다.
(c) 이 반응에서 전자는 Zn에서 Fe^{2+}로 이동한다. Zn은 전자를 잃고 산화되며, Fe^{2+}는 전자를 얻어 환원된다.

▸ 연습문제 16.1 | 산화와 환원

다음 각 반응에서 산화되는 물질과 환원되는 물질을 밝히시오.
(a) $2\ K(s) + Cl_2(g) \longrightarrow 2\ KCl(s)$
(b) $2\ Al(s) + 3\ Sn^{2+}(aq) \longrightarrow 2\ Al^{3+}(aq) + 3\ Sn(s)$
(c) $C(s) + O_2(g) \longrightarrow CO_2(g)$

▸ 심화 학습 예제 16.11/복습문제 33~36

예제 16.2 산화제와 환원제

다음 각 반응의 산화제와 환원제를 밝히시오.

(a) $2\ Mg(s) + O_2(g) \longrightarrow 2\ MgO(s)$
(b) $Fe(s) + Cl_2(g) \longrightarrow FeCl_2(s)$
(c) $Zn(s) + Fe^{2+}(aq) \longrightarrow Zn^{2+}(aq) + Fe(s)$

답

예제 16.1에서 이 반응의 산화되는 물질과 환원되는 물질을 확인했다. 산화되는 물질은 환원제이고, 환원되는 물질은 산화제라는 것을 기억하라.

(a) Mg는 산화되므로 환원제이고 O_2는 환원되므로 산화제이다.
(b) Fe는 산화되므로 환원제이고 Cl_2는 환원되므로 산화제이다.
(c) Zn는 산화되므로 환원제이고 Fe^{2+}는 환원되므로 산화제이다.

▸ 연습문제 16.2 | 산화제와 환원제

다음 각 반응의 산화제와 환원제를 밝히시오.
(a) $2\ K(s) + Cl_2(g) \longrightarrow 2\ KCl(s)$
(b) $2\ Al(s) + 3\ Sn^{2+}(aq) \longrightarrow 2\ Al^{3+}(aq) + 3\ Sn(s)$
(c) $C(s) + O_2(g) \longrightarrow CO_2(g)$

▸ 심화 학습 예제 16.12/복습문제 37, 38

✔ 확인문제 16.1

산화제는 어떠한가?
(a) 항상 산화된다. (b) 항상 환원된다.
(c) 반응에 따라 산화될 수도 있고 환원될 수도 있다.

16.3 산화 상태: 전자 부기

- ▶ 산화 상태를 구한다.
- ▶ 산화 상태를 이용하여 산화와 환원을 확인한다.

산소나 전기음성도가 큰 다른 원소가 포함된 산화-환원 반응에서 산화되고 환원되는 물질은 쉽게 확인할 수 있다. 하지만 산화되고 환원되는 물질을 확인하기가 어려운 산화-환원 반응도 있다. 예를 들어 탄소와 황의 산화-환원 반응을 살펴보자.

$$C + 2\,S \longrightarrow CS_2$$

산화 상태를 이온 전하와 혼동해서는 안 된다. 한 물질이 할당된 산화 상태를 가지기 위해 이온이 되어야 하는 것은 아니다.

여기서 산화된 것은 무엇인가? 환원된 것은 무엇인가? 산화와 환원을 쉽게 확인하기 위해 화학자들은 화학 반응에서 전자 및 전자가 가는 곳을 추적하기 위한 도식을 고안했다. 전자 부기 같은 이러한 도식에서 모든 공유 전자는 전기음성도가 더 큰 원소에 할당된다. **산화 상태**(oxidation state) 또는 **산화수**(oxidation number)라는 숫자는 그 원소에 할당된 전자 수를 근거로 각 원소마다 계산된다.

실제로 그 과정이 약간은 성가신 것처럼 보인다. 하지만 중요한 결과는 일련의 규칙으로 요약할 수 있다. 산화 상태를 구하는 가장 쉬운 방법은 이러한 규칙을 따르는 것이다.

이러한 규칙에는 순서가 있다. 어느 두 규칙이 서로 모순이 된다면 보다 더 위쪽에 있는 규칙을 따라야 한다.

산화 상태를 구하는 규칙	보기	
1. 자유로운 원소 상태에 있는 원자의 산화수는 0이다.	Cu 산화 상태가 0	Cl_2 산화 상태가 0
2. 단원자 이온의 산화 상태는 이온의 전하와 같다.	Ca^{2+} 산화 상태가 +2	Cl^- 산화 상태가 −1
3. 화합물이나 이온 내 모든 원자의 산화 상태의 합은 다음과 같다.		
• 중성 분자나 화학식 단위는 0이다.	H_2O 2(H의 산화 상태) + 1(O의 산화 상태) = 0	
• 이온은 이온의 전하와 같다.	NO_3^- 1(N의 산화 상태) + 3(O의 산화 상태) = −1	
4. 화합물에서 금속은 양의 산화 상태이다.		
• I족 금속은 산화 상태가 +1이다.	NaCl 산화 상태가 +1	
• II족 금속은 산화 상태가 +2이다.	CaF_2 산화 상태가 +2	
5. 화합물에서 비금속은 왼쪽의 순위표를 따라 산화수가 할당된다. 표에서 위에 있는 것들은 아래쪽에 있는 것들보다 우선순위가 높다.		

비금속	산화 상태	예
플루오린	−1	MgF_2 산화 상태가 −1
수소	+1	H_2O 산화 상태가 +1
산소	−2	CO_2 산화 상태가 −2
17족	−1	CCl_4 산화 상태가 −1
16족	−2	H_2S 산화 상태가 −2
15족	−3	NH_3 산화 상태가 −3

산화 상태를 지정할 때 다음 사항을 염두에 둔다.

- 주어진 원소의 산화 상태는 일반적으로 화합물에 어떤 다른 원소가 존재하는지 여부에 따라 달라진다(예외는 +1인 1A족, +2인 2A족 금속이다).
- 규칙 3을 항상 따라야 한다. 따라서 규칙 5에 표시된 계층을 따를 때 목록에서 가장 높은 원소에 우선순위를 부여한 다음, 규칙 3을 사용하여 목록에서 가장 낮은 원소의 산화 상태로 할당한다.
- 규칙 4와 규칙 5에서 다루지 않은 원소(예: 탄소)에 산화 상태를 할당할 때 다른 모든 산화 상태가 할당되면 규칙 3을 사용하여 산화 상태를 추론한다.

예제 16.3 산화 상태

다음 각 화학종에 대해 원자의 산화 상태를 밝히시오.

(a) Br_2 (b) K^+ (c) LiF (d) CO_2 (e) SO_4^{2-} (f) Na_2O_2

	답
Br_2는 자유로운 원소 상태이므로 두 Br의 산화 상태는 0이다(규칙 1).	(a) Br_2 $\underset{0}{Br}\ \underset{0}{Br}$
K^+는 단원자 이온이므로 K^+ 이온의 산화 상태는 +1이다(규칙 2).	(b) K^+ $\underset{+1}{K^+}$
Li의 산화 상태는 +1이다(규칙 4). F의 산화 상태는 −1이다(규칙 5). 중성 화합물이므로 산화 상태의 합은 0이다(규칙 3).	(c) LiF $\underset{+1}{Li}\ \underset{-1}{F}$ 합: $+1 - 1 = 0$
산소의 산화 상태는 −2이다(규칙 5). 탄소의 산화 상태는 모든 원자의 산화 상태의 합이 0이 되어야 하는 규칙 3으로부터 알아내야 한다. 이 화합물에는 2개의 산소 원자가 있고 O의 산화 상태에 2를 곱한 후 합을 계산해야 한다.	(d) CO_2 (C의 산화 상태) + 2(O의 산화 상태) = 0 (C의 산화 상태) + 2(−2) = 0 (C의 산화 상태) − 4 = 0 C의 산화 상태 = +4 $\underset{+4}{C}\ \underset{-2}{O_2}$ 합: $+4 + 2(-2) = 0$
산소의 산화 상태는 −2이다(규칙 5). S의 산화 상태는 −2가 될 것으로 생각된다(규칙 5). 그러나 이 경우 산화 상태의 합이 이온의 전하와 같아지지 않는다. O는 순위표에서 더 높은 자리에 있으므로 우선순위도 높다. S의 산화 상태는 모든 원자의 산화 상태의 합을 −2(이온의 전하)로 놓고 계산할 수 있다.	(e) SO_4^{2-} (S의 산화 상태) + 4(O의 산화 상태) = −2 (S의 산화 상태) + 4(−2) = −2 (산소의 우선순위가 황보다 높다.) (S의 산화 상태) − 8 = −2 S의 산화 상태 = −2 + 8 S의 산화 상태 = +6 $\underset{+6}{S}\ \underset{-2}{O_4}^{2-}$ 합: $+6 + 4(-2) = -2$
소듐의 산화 상태는 +1이다(규칙 4). O의 산화 상태는 −2일 것이다(규칙 5). 그러나 Na의 우선순위가 높으므로 O의 산화 상태는 모든 원자의 산화 상태의 합을 0으로 놓아서 알 수 있다.	(f) Na_2O_2 2(Na의 산화 상태) + 2(O의 산화 상태) = 0 2(+1) + 2(O의 산화 상태) = 0 (소듐의 우선순위가 산소보다 높다.) + 2 + 2(O의 산화 상태) = 0 O의 산화 상태 = −1 $\underset{+1}{Na_2}\ \underset{-1}{O_2}$ 합: $2(+1) + 2(-1) = 0$

▶ **연습문제 16.3 | 산화 상태**

다음 각 화학종에 대해 원자의 산화 상태를 밝히시오.

(a) Zn (b) Cu^{2+} (c) $CaCl_2$ (d) CF_4 (e) NO_2^- (f) SO_3

▶ **심화 학습** 예제 16.13/복습문제 45~54

일상 속의 화학

머리카락의 탈색

대학 캠퍼스에서 머리카락을 탈색한 대학생을 흔히 볼 수 있다. 많은 학생은 약국이나 슈퍼마켓에서 쉽게 구입할 수 있는 가정용 탈색 키트를 이용하여 머리를 탈색한다. 이러한 키트에는 보통 좋은 산화제인 과산화 수소(H_2O_2)가 포함되어 있다. 과산화 수소를 머리에 바르면 머리카락의 검은색 색소인 멜라닌이 산화된다. 일단 멜라닌이 산화되면 머리카락이 검어지지 않고 탈색된 상태로 남게 된다.

또한 과산화 수소는 머리카락의 다른 성분도 산화시킨다. 예를 들어 머리카락의 단백질 분자는 싸이올(thiol)이라는 —SH기를 포함하고 있다. 싸이올은 보통 미끄럽다(머리카락들이 만나면 미끄러진다). 과산화 수소는 사이올을 설폰산(—SO_3H)으로 산화시킨다. 설폰산기는 서로 잘 들러붙게 만들어서 머리카락이 잘 엉키게 된다. 그러므로 머리카락을 심하게 탈색한 사람들은 머리카락 유연제를 사용하곤 한다. 유연제에는 머리카락 한 올마다 매끄러운 얇은 막을 입히는 화합물이 들어 있다. 이렇게 머리카락에 얇은 막을 입힘으로써 머리카락이 엉키는 것을 막을 수 있고 머리카락이 부드러워진다.

질문 H_2O_2에 포함된 원자의 산화 상태를 밝히시오. H_2O_2가 머리카락을 산화시킬 때 H_2O_2 중 어느 원자의 산화 상태가 변할 것이라고 생각하는가?

▲ 좋은 산화제인 과산화 수소를 이용하여 머리카락을 탈색한다.

이제 처음의 질문으로 돌아가 보자. 다음 반응에서 환원된 것은 무엇이고 산화된 것은 무엇인가?

$$C + 2\,S \longrightarrow CS_2$$

반응식 양변에 있는 모든 원소의 산화 상태를 구하려면 산화 상태 규칙을 이용한다.

$$\underset{0}{C} + 2\,\underset{0}{S} \longrightarrow \underset{+4\;-2}{CS_2}$$

탄소는 0의 산화 상태에서 +4의 산화 상태로 되었다. 전자 부기 도식(할당된 산화 상태)을 보면 탄소는 전자를 잃고 산화되었다. 황은 0의 산화 상태가 −2로 되었다. 전자 부기 도식을 보면 황은 전자를 얻고 환원되었다.

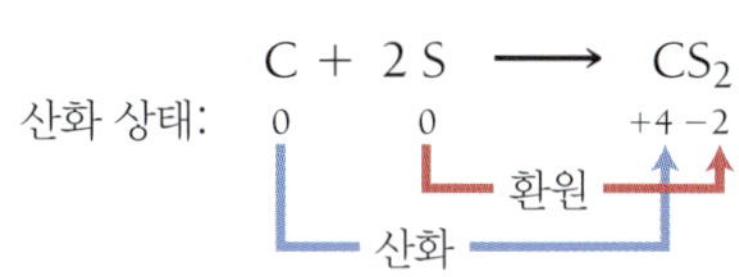

산화와 환원을 산화 상태로 정의하면 다음과 같다.

- **산화**: 산화 상태 증가
- **환원**: 산화 상태 감소

예제 16.4 산화 상태를 이용한 산화와 환원 확인

다음 산화-환원 반응에서 산화 상태를 이용하여 산화된 원소와 환원된 원소를 밝히시오.

$$Ca(s) + 2\ H_2O(l) \longrightarrow Ca(OH)_2(aq) + H_2(g)$$

반응에서 각 원자의 산화 상태를 구한다. Ca의 산화 상태가 증가했으므로 Ca가 산화된 것이다. H의 산화 상태가 감소했으므로 H가 환원된 것이다. (산소는 반응식의 양쪽에서 같은 산화 상태이므로 산화되거나 환원되지 않았음을 알 수 있다.)

답

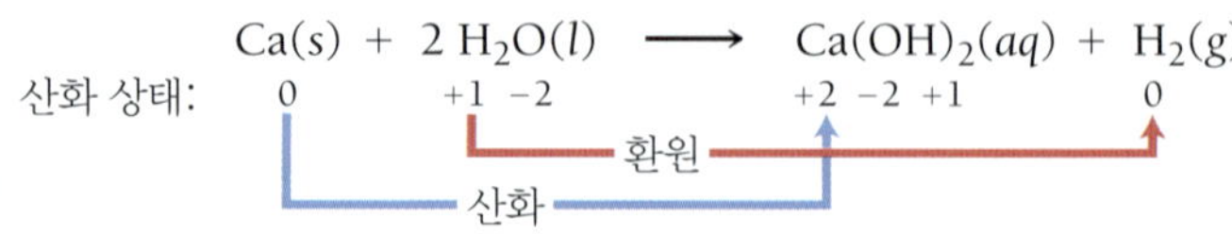

▶ **연습문제 16.4 | 산화 상태를 이용한 산화와 환원 확인**

다음 산화-환원 반응에서 산화 상태를 이용하여 산화된 원소와 환원된 원소를 밝히시오.

$$Sn(s) + 4\ HNO_3(aq) \longrightarrow SnO_2(s) + 4\ NO_2(g) + 2\ H_2O(g)$$

▶ **심화 학습** 복습문제 57~60

✔ 확인문제 16.2

다음 중 질소의 산화 상태가 가장 낮은 것은 무엇인가?

(a) N_2 (b) NO (c) NO_2 (d) NH_3

16.4 산화-환원 반응의 균형 맞추기

▶ 산화-환원 반응의 균형을 맞춘다.

점검을 통해 화학 반응식의 균형을 맞추는 방법을 7장에서 배웠다. 몇몇 산화-환원 반응식도 이러한 방법으로 균형을 맞출 수 있다. 그러나 수용액에서 일어나는 산화-환원 반응식은 일반적인 점검으로는 균형을 맞추기가 어려우므로 균형 맞추기의 반쪽-반응법(half-reaction method of balancing)이라고 하는 특별한 과정이 필요하다. 이 과정에서 전체 반응식은 2개의 **반쪽-반응**(half-reaction)으로 나뉜다. 하나는 산화 반응이고 다른 하나는 환원 반응이다. 반쪽-반응을 각각 균형 맞춘 후에 두 반응을 합친다.

예를 들어 다음 산화-환원 반응을 살펴보자.

$$Al(s) + Ag^+(aq) \longrightarrow Al^{3+}(aq) + Ag(s)$$

어느 것이 산화되었고 어느 것이 환원되었는지를 먼저 확인하려면 모든 원자의 산화수를 구한다.

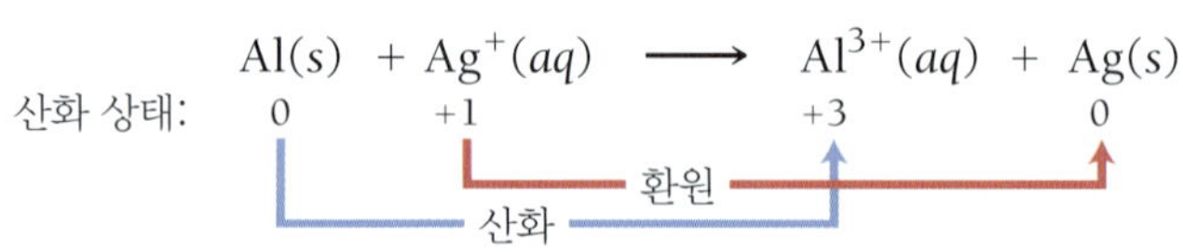

그런 다음 반응을 2개의 반쪽-반응으로 나눈다. 하나는 산화, 다른 하나는 환원 반응이다.

$$\text{산화: } Al(s) \longrightarrow Al^{3+}(aq)$$
$$\text{환원: } Ag^+(aq) \longrightarrow Ag(s)$$

두 반쪽-반응의 균형을 각각 맞춘다. 이 경우에 반쪽-반응은 각 반쪽-반응 양쪽에 있는 원자 수를 같게 함으로써 이미 질량에 대해 균형이 맞는다. 하지만 이러한 식은 전하의 균형이 맞지 않는다. 산화 반쪽-반응에서 왼쪽의 전하는 0이지만 오른쪽의 전하는 +3이다. 또한 환원 반쪽-반응에서 왼쪽의 전하는 +1이지만 오른쪽의 전하는 0이다. 적당한 수의 전자를 두 반쪽-반응에 더함으로써 양쪽의 전하 균형을 맞출 수 있다.

$$\mathrm{Al}(s) \longrightarrow \mathrm{Al}^{3+}(aq) + 3\mathrm{e}^- \qquad \text{(양변의 전하가 0)}$$
$$1\mathrm{e}^- + \mathrm{Ag}^+(aq) \longrightarrow \mathrm{Ag}(s) \qquad \text{(양변의 전하가 0)}$$

이러한 반쪽-반응은 함께 일어나기 때문에 산화 반쪽-반응에서 잃어버린 전자의 수는 환원 반쪽-반응에서 얻은 전자의 수와 같아야 한다. 두 반쪽-반응 중 하나 또는 두 반응 모두에 적절한 정수를 곱하여 잃어버린 전자의 수와 얻은 전자의 수를 같게 만들어야 한다. 앞의 경우에는 환원 반쪽-반응에 3을 곱한다.

$$\mathrm{Al}(s) \longrightarrow \mathrm{Al}^{3+}(aq) + 3\mathrm{e}^-$$
$$3 \times [1\mathrm{e}^- + \mathrm{Ag}^+(aq) \longrightarrow \mathrm{Ag}(s)]$$

그런 다음 두 반쪽-반응을 더하면서 전자를 지운다. 필요하면 다른 화학종도 지운다.

$$\mathrm{Al}(s) \longrightarrow \mathrm{Al}^{3+}(aq) + \cancel{3\mathrm{e}^-}$$
$$\cancel{3\mathrm{e}^-} + 3\,\mathrm{Ag}^+(aq) \longrightarrow 3\,\mathrm{Ag}(s)$$
$$\mathrm{Al}(s) + 3\,\mathrm{Ag}^+(aq) \longrightarrow \mathrm{Al}^{3+}(aq) + 3\,\mathrm{Ag}(s)$$

반응물	생성물
1 Al	1 Al
3 Ag	3 Ag
+3의 전하	+3의 전하

마지막으로 반응식이 질량과 전하에 대해 균형이 맞는지 확인한다. 반응식에서 양변의 전하가 모두 0일 필요는 없고 양변의 전하가 같으면 된다. 반응식의 균형이 맞는다.

산화-환원 반응식의 균형을 맞추기 위한 일반적인 과정을 예제로 요약했다. 수용액은 종종 산성이거나 염기성이기 때문에 반응 과정 중에 H^+ 이온이나 OH^- 이온이 포함되어야 한다. 예제 16.5~16.7에서는 산성 용액을 다루고, 예제 16.8에서는 염기성 용액에서 산화-환원 반응의 균형을 맞추는 방법을 보여준다.

	예제 16.5	**예제 16.6**
반쪽-반응법을 이용하여 산화-환원 반응의 균형 맞추기	다음 산화-환원 반응의 균형을 맞추시오.	다음 산화-환원 반응의 균형을 맞추시오.
1. 반응식에 포함된 모든 원자의 **산화 상태를 구한다.**	**답** 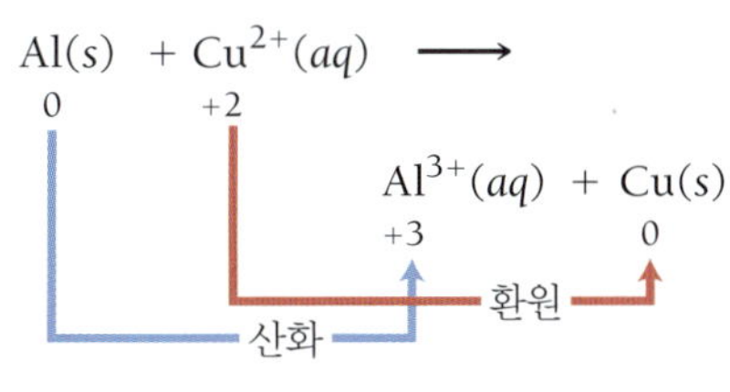	**답** 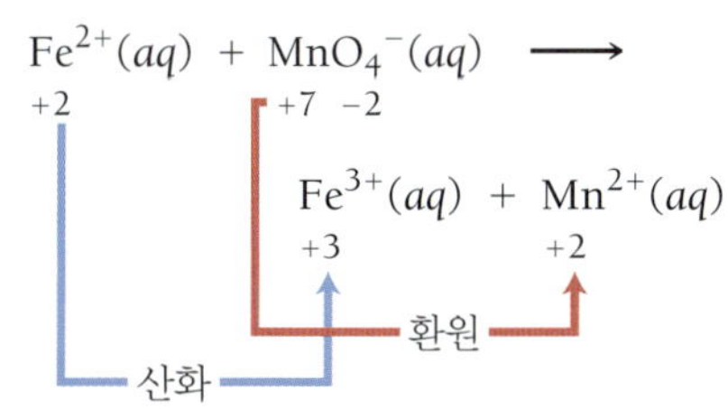
2. **전체 반응식을** 산화와 환원의 **두 반쪽 반응으로 나누어 쓴다.**	**산화:** $\mathrm{Al}(s) \longrightarrow \mathrm{Al}^{3+}(aq)$ **환원:** $\mathrm{Cu}^{2+}(aq) \longrightarrow \mathrm{Cu}(s)$	**산화:** $\mathrm{Fe}^{2+}(aq) \longrightarrow \mathrm{Fe}^{3+}(aq)$ **환원:** $\mathrm{MnO_4}^-(aq) \longrightarrow \mathrm{Mn}^{2+}(aq)$
3. 다음과 같은 순서로 **각 반쪽-반응의 질량 균형을 맞춘다.**		

<table>
<tr><td>• H와 O 외의 다른 모든 원소의 균형을 맞춘다.</td><td>수소와 산소 이외 모든 원소의 균형을 맞춘 후 다음 단계를 진행한다.</td><td>수소와 산소 이외 모든 원소의 균형을 맞춘 후 다음 단계를 진행한다.</td></tr>
<tr><td>• H_2O를 더하여 O의 균형을 맞춘다.</td><td>산소가 없으므로 다음 단계로 넘어간다.</td><td>$Fe^{2+}(aq) \longrightarrow Fe^{3+}(aq)$
$MnO_4^-(aq) \longrightarrow Mn^{2+}(aq) + \mathbf{4\,H_2O(}\boldsymbol{l}\mathbf{)}$</td></tr>
<tr><td>• H^+를 더하여 H의 균형을 맞춘다.</td><td>수소가 없으므로 다음 단계로 넘어간다.</td><td>$Fe^{2+}(aq) \longrightarrow Fe^{3+}(aq)$
$\mathbf{8\,H^+}(aq) + MnO_4^-(aq) \longrightarrow Mn^{2+}(aq) + 4\,H_2O(l)$</td></tr>
<tr><td>4. 각 반쪽-반응의 전하 균형을 맞춘다. 산화 반쪽-반응에서는 오른편에 전자를 더하고 환원 반쪽-반응에서는 왼편에 전자를 더한다(그러면 각 반쪽 식에서 양변의 전하의 합이 같아진다).</td><td>$Al(s) \longrightarrow Al^{3+}(aq) + \mathbf{3e^-}$
$\mathbf{2e^-} + Cu^{2+}(aq) \longrightarrow Cu(s)$</td><td>$Fe^{2+}(aq) \longrightarrow Fe^{3+}(aq) + \mathbf{1e^-}$
$\mathbf{5e^-} + 8\,H^+(aq) + MnO_4^-(aq) \longrightarrow Mn^{2+}(aq) + H_2O(l)$</td></tr>
<tr><td>5. 반쪽-반응 중 하나 또는 모두에 작은 정수를 곱하여 두 반쪽 반응에 있는 전자의 수를 같게 만든다.</td><td>$\mathbf{2} \times [Al(s) \longrightarrow Al^{3+}(aq) + 3e^-]$
$\mathbf{3} \times [2e^- + Cu^{2+}(aq) \longrightarrow Cu(s)]$</td><td>$\mathbf{5} \times [Fe^{2+}(aq) \longrightarrow Fe^{3+}(aq) + 1e^-]$
$5e^- + 8\,H^+(aq) + MnO_4^-(aq) \longrightarrow Mn^{2+}(aq) + 4\,H_2O(l)$</td></tr>
<tr><td>6. 두 반쪽-반응을 더하고 전자를 지운다. 필요하면 다른 화학종도 지운다.</td><td>$2\,Al(s) \longrightarrow 2\,Al^{3+}(aq) + \cancel{6e^-}$
$\cancel{6e^-} + 3\,Cu^{2+}(aq) \longrightarrow 3\,Cu(s)$
$2\,Al(s) + 3\,Cu^{2+}(aq) \longrightarrow 2\,Al^{3+}(aq) + 3\,Cu(s)$</td><td>$5\,Fe^{2+}(aq) \longrightarrow 5\,Fe^{3+}(aq) + \cancel{5e^-}$
$\cancel{5e^-} + 8\,H^+(aq) + MnO_4^-(aq) \longrightarrow Mn^{2+}(aq) + 4\,H_2O(l)$
$5\,Fe^{2+}(aq) + 8\,H^+(aq) + MnO_4^-(aq) \longrightarrow 5\,Fe^{3+}(aq) + Mn^{2+}(aq) + 4\,H_2O(l)$</td></tr>
<tr><td rowspan="2">7. 반응식에서 질량과 전하의 균형이 맞는지 확인한다.</td><td><table><tr><th>반응물</th><th>생성물</th></tr><tr><td>2 Al</td><td>2 Al</td></tr><tr><td>3 Cu</td><td>3 Cu</td></tr><tr><td>+6의 전하</td><td>+6의 전하</td></tr></table></td><td><table><tr><th>반응물</th><th>생성물</th></tr><tr><td>5 Fe</td><td>5 Fe</td></tr><tr><td>8 H</td><td>8 H</td></tr><tr><td>1 Mn</td><td>1 Mn</td></tr><tr><td>4 O</td><td>4 O</td></tr><tr><td>+17의 전하</td><td>+17의 전하</td></tr></table></td></tr>
<tr><td>▶ 연습문제 16.5 | 산성 용액에서 일어나는 다음 산화-환원 반응의 균형을 맞추시오.
$H^+(aq) + Cr(s) \longrightarrow H_2(g) + Cr^{3+}(aq)$</td><td>▶ 연습문제 16.6 | 산성 용액에서 일어나는 다음 산화-환원 반응의 균형을 맞추시오.
$Cu(s) + NO_3^-(aq) \longrightarrow Cu^{2+}(aq) + NO_2(g)$
▶ 심화 학습 예제 16.14/복습문제 61~64</td></tr>
</table>

예제 16.7 산화-환원 반응의 균형 맞추기

산성 용액에서 일어나는 다음 산화-환원 반응의 균형을 맞추시오.

$$I^-(aq) + Cr_2O_7^{2-}(aq) \longrightarrow Cr^{3+}(aq) + I_2(s)$$

1. 반쪽-반응법을 따라 산화-환원 반응의 균형을 맞춘다. 산화 상태를 구한다.

답

$$\underset{-1}{I^-(aq)} + \underset{+6\ -2}{Cr_2O_7^{2-}(aq)} \longrightarrow \underset{+3}{Cr^{3+}(aq)} + \underset{0}{I_2(s)}$$

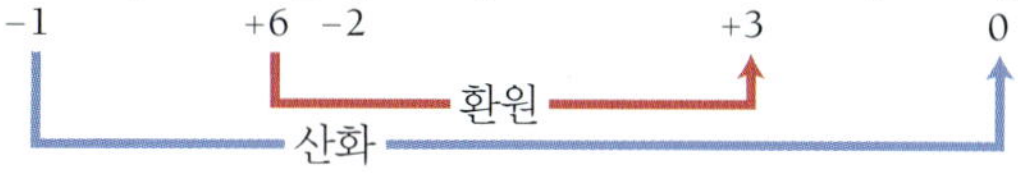

2. 전체 반응을 2개의 반쪽-반응으로 나눈다.

산화: $I^-(aq) \longrightarrow I_2(s)$

환원: $Cr_2O_7^{2-}(aq) \longrightarrow Cr^{3+}(aq)$

3. 각 반쪽-반응의 질량 균형을 맞춘다.

- H와 O 외의 다른 모든 원소의 균형을 맞춘다.

$$\mathbf{2}\ I^-(aq) \longrightarrow I_2(aq)$$
$$Cr_2O_7^{2-}(aq) \longrightarrow \mathbf{2}\ Cr^{3+}(s)$$

- H_2O를 더하여 O의 균형을 맞춘다.

$$2\ I^-(aq) \longrightarrow I_2(s)$$
$$Cr_2O_7^{2-}(aq) \longrightarrow 2\ Cr^{3+}(aq) + \mathbf{7\ H_2O}(l)$$

- H^+를 더하여 H의 균형을 맞춘다.

$$2\ I^-(aq) \longrightarrow I_2(s)$$
$$\mathbf{14\ H^+}(aq) + Cr_2O_7^{2-}(aq) \longrightarrow 2\ Cr^{3+}(aq) + 7\ H_2O(l)$$

4. 각 반쪽-반응의 전하 균형을 맞춘다.

$$2\ I^-(aq) \longrightarrow I_2(s) + \mathbf{2e^-}$$
$$\mathbf{6e^-} + 14\ H^+(aq) + Cr_2O_7^{2-}(aq) \longrightarrow 2\ Cr^{3+}(aq) + 7\ H_2O(l)$$

5. 두 반쪽-반응에 있는 전자의 수를 같게 만든다.

$$\mathbf{3} \times [2\ I^-(aq) \longrightarrow I_2(s) + 2e^-]$$
$$6e^- + 14\ H^+(aq) + Cr_2O_7^{2-}(aq) \longrightarrow 2\ Cr^{3+}(aq) + 7\ H_2O(l)$$

6. 두 반쪽-반응을 더한다.

$$6\ I^-(aq) \longrightarrow 3\ I_2(s) + \cancel{6e^-}$$
$$\cancel{6e^-} + 14\ H^+(aq) + Cr_2O_7^{2-}(aq) \longrightarrow 2\ Cr^{3+}(aq) + 7\ H_2O(l)$$
$$6\ I^-(aq) + 14\ H^+(aq) + Cr_2O_7^{2-}(aq) \longrightarrow 3\ I_2(s) + 2\ Cr^{3+}(aq) + 7\ H_2O(l)$$

7. 반응의 균형이 맞는지 확인한다.

반응물	생성물
6 I	6 I
14 H	14 H
2 Cr	2 Cr
7 O	7 O
+6의 전하	+6의 전하

▸ 연습문제 16.7 | 산화-환원 반응의 균형 맞추기

산성 용액에서 일어나는 다음 산화-환원 반응의 균형을 맞추시오.

$$Sn(s) + MnO_4^-(aq) \longrightarrow Sn^{2+}(aq) + Mn^{2+}(aq)$$

▸ 심화 학습 복습문제 65~68

산화-환원 반응이 염기성 용액에서 일어날 때 한 가지(OH^-로 H^+를 중화)를 추가하여 같은 절차를 따른다. 예제 16.8에서 보듯이 H^+와 OH^-가 결합하면 물이 된다.

예제 16.8 염기성 용액에서 일어나는 산화-환원 반응의 균형 맞추기

염기성 용액에서 일어나는 다음 산화-환원 반응의 균형을 맞추시오.

$$CN^-(aq) + MnO_4^-(aq) \longrightarrow CNO^-(aq) + MnO_2(s) \quad \text{(염기성 용액)}$$

1. 산화-환원 반응의 균형을 맞추기 위해 반쪽-반응법을 따른다. 산화 상태를 구하는 것으로 시작한다.

답

$$\underset{+2\ -3}{CN^-(aq)} + \underset{+7\ -2}{MnO_4^-(aq)} \longrightarrow \underset{+4\ -3\ -2}{CNO^-(aq)} + \underset{+4\ -2}{MnO_2(s)}$$

2. 전체 반응식을 2개의 반쪽-반응으로 나눈다.

산화: $CN^-(aq) \longrightarrow CNO^-(aq)$

환원: $MnO_4^-(aq) \longrightarrow MnO_2(s)$

3. 각 반쪽-반응의 질량 균형을 맞춘다.

- H와 O 외의 다른 모든 원소의 균형을 맞춘다.

H와 O 이외의 모든 원소는 이미 균형이 맞는다.

- H_2O를 더하여 O의 균형을 맞춘다.

$$CN^-(aq) + \mathbf{H_2O}(l) \longrightarrow CNO^-(aq)$$
$$MnO_4^-(aq) \longrightarrow MnO_2(s) + \mathbf{2\ H_2O}(l)$$

- H^+를 더하여 H의 균형을 맞춘다.

$$CN^-(aq) + H_2O(l) \longrightarrow CNO^-(aq) + \mathbf{2\ H^+}(aq)$$
$$MnO_4^-(aq) + \mathbf{4\ H^+}(aq) \longrightarrow MnO_2(s) + 2\ H_2O(l)$$

- 각 H^+를 중화하기 위해 충분한 OH^-를 첨가한다. 반응식의 양쪽에 같은 수의 OH^-를 더한다(질량 균형을 유지하기 위해).

$$CN^-(aq) + H_2O(l) + \mathbf{2\ OH^-}(aq) \longrightarrow CNO^-(aq) + \underbrace{2\ H^+(aq) + \mathbf{2\ OH^-}(aq)}_{2\ H_2O(l)}$$
$$MnO_4^-(aq) + \underbrace{4\ H^+(aq) + \mathbf{4\ OH^-}(aq)}_{4\ H_2O(l)} \longrightarrow MnO_2(s) + 2\ H_2O(l) + \mathbf{4\ OH^-}(aq)$$

- 반응식의 양쪽에 있는 H_2O를 모두 제거한다.

$$CN^-(aq) + \cancel{H_2O}(l) + 2\ OH^-(aq) \longrightarrow CNO^-(aq) + \cancel{2}\ H_2O(l)$$
$$MnO_4^-(aq) + 2\ \cancel{4}\ H_2O(l) \longrightarrow MnO_2(s) + \cancel{2\ H_2O}(l) + 4\ OH^-(aq)$$

4. 각 반쪽-반응의 전하 균형을 맞춘다.

$$CN^-(aq) + 2\ OH^-(aq) \longrightarrow CNO^-(aq) + H_2O(l) + \mathbf{2e^-}$$
$$\mathbf{3e^-} + MnO_4^-(aq) + 2\ H_2O(l) \longrightarrow MnO_2(s) + 4\ OH^-(aq)$$

5. 두 반쪽 반응에 있는 전자의 수를 같게 만든다.

$$\mathbf{3} \times [CN^-(aq) + 2\ OH^-(aq) \longrightarrow CNO^-(aq) + H_2O(l) + 2e^-]$$
$$\mathbf{2} \times [3e^- + MnO_4^-(aq) + 2\ H_2O(l) \longrightarrow MnO_2(s) + 4\ OH^-(aq)]$$

6. 두 반쪽-반응을 더하고 전자를 지운다. 필요하면 다른 화학종도 지운다.

$$3\ CN^-(aq) + \cancel{6\ OH^-}(aq) \longrightarrow 3\ CNO^-(aq) + \cancel{3\ H_2O}(l) + \cancel{6}e^-$$
$$\cancel{6}e^- + 2\ MnO_4^-(aq) + \cancel{4}\ H_2O(l) \longrightarrow 2\ MnO_2(s) + 2\ \cancel{8}\ OH^-(aq)$$

$$3\ CN^-(aq) + 2\ MnO_4^-(aq) + H_2O(l) \longrightarrow 3\ CNO^-(aq) + 2\ MnO_2(s) + 2\ OH^-(aq)$$

7. 반응식의 균형이 맞는지 확인한다.

반응물	생성물
3 C	3 C
3 N	3 N
2 Mn	2 Mn
9 O	9 O
2 H	2 H
−5의 전하	−5의 전하

▶ 연습문제 16.8 | 염기성 용액에서 일어나는 산화-환원 반응의 균형 맞추기

염기성 용액에서 일어나는 다음 산화-환원 반응의 균형을 맞추시오.

$$H_2O_2(aq) + ClO_2(aq) \longrightarrow ClO_2^-(aq) + O_2(g)$$

▶ 심화 학습 복습문제 69, 70

환경 속의 화학

광합성과 호흡: 생명을 위한 에너지

살아 있는 모든 생명체는 에너지가 필요하고, 에너지의 대부분은 태양으로부터 온다. 태양에너지는 전자기 복사(9장)의 형태로 지구에 도달한다. 이 복사선 덕분에 지구의 온도가 유지됨으로써 생명체가 번성한다. 그러나 가시광선을 이루고 있는 파장은 생명체의 존속에 부가적이면서도 매우 중요한 역할을 한다. 식물은 이 빛을 포획하여 탄수화물처럼 에너지가 풍부한 유기 분자를 만드는 데 이용한다(이 화합물은 19장에서 다룰 것이다). 동물은 식물 또는 식물을 섭취한 다른 동물을 잡아먹음으로써 에너지를 얻는다. 궁극적으로 생명체를 위한 모든 에너지는 햇빛에서 비롯된다.

그러나 화학적인 면에서 식물은 이 에너지를 어떻게 포획하고, 유기체로부터 유기체로 어떻게 이동하며, 또 어떻게 사용하는가? 이 과정에서 중요한 반응에는 모두 산화와 환원이 포함되어 있다.

살아 있는 대부분의 생명체는 호흡이라는 과정을 통해 화학 에너지를 이용한다. 호흡을 하면 포도당으로 대표되는 에너지가 풍부한 분자가 반응 중에 연소된다. 이 반응을 요약하면 다음과 같다.

$$\underset{\text{포도당}}{C_6H_{12}O_6} + \underset{\text{산소}}{6\,O_2} \longrightarrow \underset{\text{물}}{6\,H_2O} + \underset{\text{이산화 탄소}}{6\,CO_2} + \text{에너지}$$

호흡이 산화-환원 반응이라는 것을 쉽게 알 수 있다. 간단히 살펴보면 포도당 내의 원자가 산소를 얻는 것은 분명하다. 산화 상태 할당에 대한 규칙을 이용하여 좀 더 자세히 들여다보면 포도당 내의 탄소가 이산화 탄소로 산화되어 산화수가 0에서 +4로 바뀐다.

또한 호흡은 발열 반응으로 에너지를 방출한다. 시험관에 있는 포도당을 태워도 그 결과는 똑같으며, 다만 열의 형태로 에너지를 잃게 된다. 그러나 살아 있는 생명체는 방출되는 에너지를 포획하도록 고안된 방법을 가지고 있으며, 이를 이용하여 활동과 성장, 생명 유지를 위한 분자의 합성과 같은 생존 과정에 동력을 공급한다.

호흡은 큰 회로의 반쪽이라고 할 수 있다. 또 다른 반쪽은 광합성이다. 광합성은 녹색식물이 빛에너지를 포획하여 이를 포도당이라는 화합물에 화학 에너지로 저장하는 일련의 반응이다. 광합성을 요약하면 다음과 같다.

$$\underset{\text{이산화 탄소}}{6\,CO_2} + \underset{\text{물}}{6\,H_2O} + \text{에너지(햇빛)} \longrightarrow \underset{\text{포도당}}{C_6H_{12}O_6} + \underset{\text{산소}}{6\,O_2}$$

호흡과는 정반대인 이 반응은 호흡 과정에서 산화되는 분자의 궁극적인 출처이다. 호흡의 핵심 과정이 탄소의 산화인 것처럼 광합성의 핵심 과정은 탄소의 환원이다. 이 환원 반응은 태양에너지에 의해 시작되고, 이 에너지는 결국 생성물인 포도당 분자에 저장된다. 회로의 절반에 해당하는 호흡 과정에서 생명체는 포도당을 태우면서 에너지를 얻게 된다.

따라서 산화-환원 반응은 지구상 모든 생명체의 중심에 있다.

질문 CO_2, H_2O, O_2에서 산소 원자의 산화 상태는 어떠한가? 이 정보는 광합성과 호흡의 반응에 대해 무엇을 의미하는가?

▲ 광합성에서 식물에 의해 포획된 햇빛은 지구상 모든 생명체가 이용하는 화학 에너지의 궁극적인 출처이다.

16.5 활동도 서열: 자발적 산화-환원 반응 예측

- 자발적 산화-환원 반응을 예측한다.
- 금속이 산에 용해되는지 예측한다.

앞에서 보았듯이 산화-환원 반응에서 한 물질은 전자를 얻고 다른 물질은 전자를 잃는다. 특정 산화-환원 반응이 자발적으로 일어날 것인지를 예측할 수 있는 방법이 있을까? A라는 물질이 B라는 물질보다 전자를 잃어버리는 경향성이 더 크다고 하자(A는 B보다 쉽게 산화된다). A가 B의 양이온과 섞여 있다면 A가 B의 양이온에 전자를 주는 반응(A는 산화되고 B의 양이온은 환원됨)이 일어난다는 것을 예측할 수 있다.

▶ **그림 16.5 마그네슘을 산화시키는 Cu^{2+}.** 마그네슘 조각을 Cu^{2+} 용액에 넣었을 때 마그네슘은 Mg^{2+}로 산화되고 구리(II) 이온은 $Cu(s)$로 환원된다.

예를 들어 마그네슘은 구리보다 전자를 잃는 경향이 더 크다. 따라서 Cu^{2+} 이온이 포함된 용액에 고체 마그네슘을 넣으면 마그네슘이 산화되고 Cu^{2+}가 환원된다.

$$Mg(s) + Cu^{2+}(aq) \longrightarrow Mg^{2+}(aq) + Cu(s)$$

용액의 파란색(용액 중 Cu^{2+} 이온의 색)이 사라지는 것으로 볼 때 고체 마그네슘이 녹고 남아 있는 마그네슘의 표면 위에 고체 구리가 나타난다는 것을 알 수 있다(그림 16.5). $Mg(s)$와 $Cu^{2+}(aq)$가 접촉할 때 이 반응은 자발적으로 일어난다.

반면에 $Mg^{2+}(aq)$가 포함된 용액에 $Cu(s)$를 넣으면 아무 반응도 일어나지 않는다(그림 16.6).

$$Cu(s) + Mg^{2+}(aq) \not\longrightarrow \text{반응 없음}$$

▲ **그림 16.6 구리를 산화시키지 못하는 Mg^{2+}.** Mg^{2+}가 포함된 용액에 고체 구리를 넣었을 때는 아무 반응도 일어나지 않는다. 그 이유는 무엇인가?

앞에서 본 것처럼 Mg 원자는 Cu 원자보다 전자를 잃는 경향성이 더 크기 때문에(Cu 원자가 Mg^{2+} 이온에게 전자를 주지 않기 때문에) 아무 반응도 일어나지 않는 것이다.

금속의 활동도 서열

표 16.1은 금속의 **활동도 서열**(activity series of metal)로, 이는 전자를 잃어버리는 경향성이 감소하는 순서로 금속을 나열한 것이다. 표에서 맨 위에 있는 금속은 전자를 잃는 경향성이 가장 크고, 가장 쉽게 산화되며, 따라서 반응성이 가장 크다. 표에서 맨 아래에 있는 금속은 전자를 잃는 경향성이 가장 작고, 산화되기가 가장 어려우며, 따라서 반응성이 가장 작다. 금이나 은처럼 장신구로 사용되는 금속이 표의 아래쪽에 자리한다는 것은 우연의 일치가 아니다. 이러한 금속은 반응성이 가장 낮은 금속에 속하며, 그래서 화합물을 쉽게 형성하지 않는다. 주위 원소(예: 공기 중의 산소)에 의해 은 양이온이나 금 양이온으로 산화되기보다는 고체 은이나 고체 금으로 남아 있으려는 경향이 크다.

활동도 서열의 각 반응은 산화 반쪽-반응이다. 위쪽에 있는 반쪽-반응일수록 정방향의 반응이 일어날 가능성이 높고 아래쪽에 있는 반쪽-반응일수록 역방향의 반응이 일어날 가능성이 높다. 결과적으로 표의 위쪽에 있는 반쪽-반응과 표의 아래쪽에 있는 반쪽-반응의 역반응을 짝지으면 자발적인 반응이 될 것이다. 더욱 엄밀히 말하면 다음과 같다.

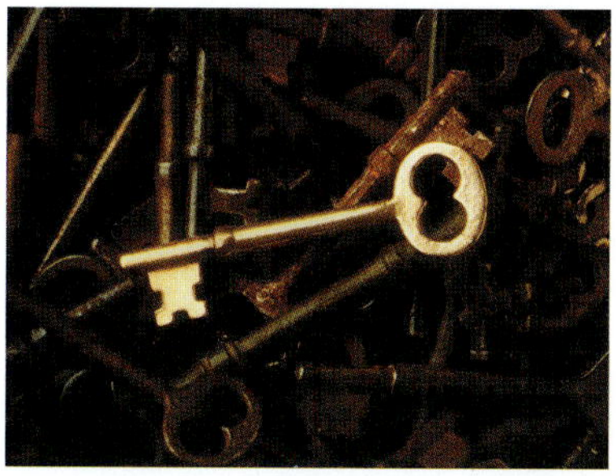

▲ 금은 활동도 서열이 매우 낮다. 산화되기가 매우 어려운 금은 활동도가 큰 금속과 달리 잘 변색되거나 부식되지 않는다.

표 16.1에서 수소가 진하게 표시되어 있다. 수소는 유일한 비금속이고 활동도 서열에서 일반적으로 기준점이 되기 때문이다.

표 16.1 금속의 활동도 서열

반응	
$Li(s) \longrightarrow Li^+(aq) + e^-$	반응성이 가장 크다. 가장 쉽게 산화된다. 전자를 잃는 경향성이 가장 크다.
$K(s) \longrightarrow K^+(aq) + e^-$	
$Ca(s) \longrightarrow Ca^{2+}(aq) + 2e^-$	
$Na(s) \longrightarrow Na^+(aq) + e^-$	
$Mg(s) \longrightarrow Mg^{2+}(aq) + 2e^-$	
$Al(s) \longrightarrow Al^{3+}(aq) + 3e^-$	
$Mn(s) \longrightarrow Mn^{2+}(aq) + 2e^-$	
$Zn(s) \longrightarrow Zn^{2+}(aq) + 2e^-$	
$Cr(s) \longrightarrow Cr^{3+}(aq) + 3e^-$	
$Fe(s) \longrightarrow Fe^{2+}(aq) + 2e^-$	
$Ni(s) \longrightarrow Ni^{2+}(aq) + 2e^-$	
$Sn(s) \longrightarrow Sn^{2+}(aq) + 2e^-$	
$Pb(s) \longrightarrow Pb^{2+}(aq) + 2e^-$	
$\mathbf{H_2(g) \longrightarrow 2\,H^+(aq) + 2e^-}$	
$Cu(s) \longrightarrow Cu^{2+}(aq) + 2e^-$	
$Ag(s) \longrightarrow Ag^+(aq) + e^-$	
$Au(s) \longrightarrow Au^{3+}(aq) + 3e^-$	반응성이 가장 작다. 산화되기가 가장 어렵다. 전자를 잃는 경향성이 가장 작다.

이 표에 있는 어떤 반쪽-반응이 그보다 아래쪽에 있는 반쪽-반응의 역반응과 짝을 지으면 반응이 자발적으로 일어난다.

예를 들어 다음 두 반쪽-반응을 살펴보자.

$$Mn(s) \longrightarrow Mn^{2+}(aq) + 2e^-$$
$$Ni(s) \longrightarrow Ni^{2+}(aq) + 2e^-$$

Mn의 산화 반응이 Ni^{2+}의 환원 반응과 짝지으면 Mn의 산화 반응이 자발적으로 일어날 것이다.

$$Mn(s) \longrightarrow Mn^{2+}(aq) + \cancel{2e^-}$$
$$\underline{Ni^{2+}(aq) + \cancel{2e^-} \longrightarrow Ni(s)}$$
$$Mn(s) + Ni^{2+}(aq) \longrightarrow Mn^{2+}(aq) + Ni(s) \quad \text{(자발적 반응)}$$

하지만 표에 있는 어떤 반쪽-반응이 그보다 위쪽에 있는 반쪽-반응의 역반응과 짝지으면 반응이 없다. 예를 들어 다음과 같이 나타낼 수 있다.

$$Mn(s) \longrightarrow Mn^{2+}(aq) + 2e^-$$
$$\underline{Mg^{2+}(aq) + 2e^- \longrightarrow Mg(s)}$$
$$Mn(s) + Mg^{2+}(aq) \not\longrightarrow \text{반응 없음}$$

Mg는 Mn보다 산화되려는 경향성이 크므로 아무 반응도 일어나지 않는다. 이 반응에서는 Mg가 Mg^{2+}로 이미 산화되었기 때문에 아무런 반응이 없다.

예제 16.9 자발적 산화-환원 반응 예측

다음 산화-환원 반응이 자발적인지 아닌지 밝히시오.

(a) $Fe(s) + Mg^{2+}(aq) \longrightarrow Fe^{2+}(aq) + Mg(s)$

(b) $Fe(s) + Pb^{2+}(aq) \longrightarrow Fe^{2+}(aq) + Pb(s)$

답

(a) $Fe(s) + Mg^{2+}(aq) \longrightarrow Fe^{2+}(aq) + Mg(s)$

이 반응은 Fe의 산화와 활동도 서열에서 Fe보다 위에 있는 Mg^{2+}의 환원을 포함하고 있다.

$$Fe(s) \longrightarrow Fe^{2+}(aq) + 2e^-$$
$$Mg^{2+}(aq) + 2e^- \longrightarrow Mg(s)$$

그러므로 자발적인 반응이 아니다.

(b) $Fe(s) + Pb^{2+}(aq) \longrightarrow Fe^{2+}(aq) + Pb(s)$

이 반응은 Fe의 산화와 활동도 서열에서 Fe보다 아래에 있는 Pb^{2+}의 환원을 포함하고 있다.

$$Fe(s) \longrightarrow Fe^{2+}(aq) + 2e^-$$
$$Pb^{2+}(aq) + 2e^- \longrightarrow Pb(s)$$

그러므로 자발적인 반응이다.

▸ **연습문제 16.9 | 자발적 산화-환원 반응 예측**

다음 산화-환원 반응이 자발적인지 아닌지 밝히시오.

(a) $Zn(s) + Ni^{2+}(aq) \longrightarrow Zn^{2+}(aq) + Ni(s)$

(b) $Zn(s) + Ca^{2+}(aq) \longrightarrow Zn^{2+}(aq) + Ca(s)$

▸ **심화 학습** 예제 16.15/복습문제 77, 78

✔ 확인문제 16.3

다음 중 가장 쉽게 산화되는 금속은 무엇인가?

(a) Na (b) Cr (c) Au

산에서 용해되는 금속 예측하기

산이 금속을 용해한다는 것을 14장에서 배웠다. 대부분의 산은 금속을 용해하는데, 이때 H^+ 이온은 수소 기체로 환원되고 금속은 금속 이온으로 산화된다. 예를 들어 Zn 고체를 염산에 넣으면 다음과 같은 반응이 일어난다.

$$Zn(s) \longrightarrow Zn^{2+}(aq) + 2e^-$$
$$\underline{2\ H^+(aq) + 2e^- \longrightarrow H_2(g)}$$
$$Zn(s) + 2\ H^+(aq) \longrightarrow Zn^{2+}(aq) + H_2(g)$$

아연의 용해와 수소 기체의 발생으로 이 반응을 관찰할 수 있다(그림 16.7). 아연이 용해될 때 아연은 산화되고 H^+ 이온은 환원된다. 이 반응은 Zn의 산화 반쪽-반응과 활동도 서열에서 아연보다 아래에 있는 반쪽-반응의 역반응(H^+의 환원)을 짝지은 것이다. 그러므로 이 반응은 자발적이다.

그러나 Cu의 산화를 H^+의 환원과 짝짓는다면 어떤 반응이 나타날까? 구리의 산화 반응을 활동도 서열에서 구리보다 위에 있는 반쪽-반응의 역반응과 짝지었기 때문에 이 반응은 비자발적이다. 결과적으로 구리는 H^+와 반응하지 않고 HCl과 같은 산에서 용해되지 않는다. 일반적으로 다음과 같다.

산은 많은 금속을 용해한다.

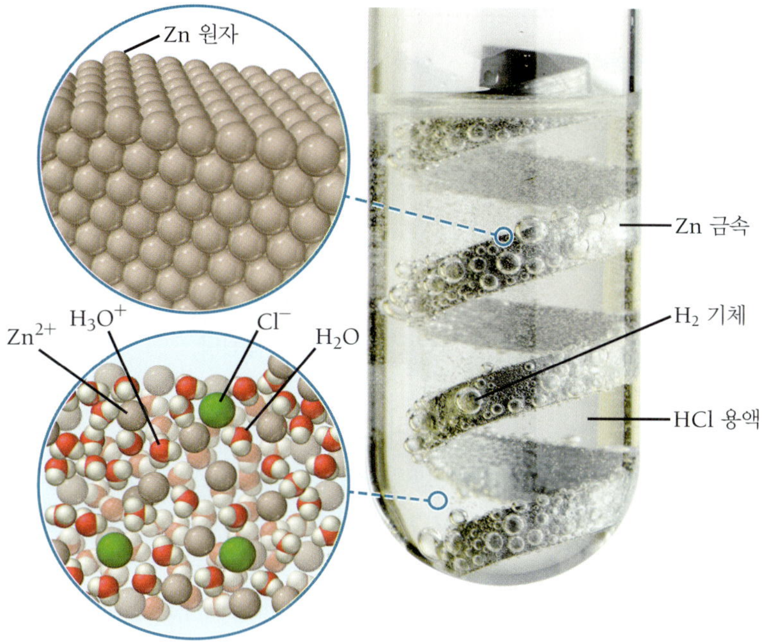

▶ **그림 16.7 염산에서 용해되는 아연.** 아연 금속이 Zn^{2+} 이온으로 산화되고 H^+ 이온은 환원되어 수소 기체 거품을 형성한다.

활동도 서열에서 H_2보다 위에 있는 금속은 산에서 용해되고, H_2보다 아래에 있는 금속은 산에서 용해되지 않을 것이다.

이 규칙의 중요한 예외는 질산(HNO_3)이다. 질산은 다른 환원 반쪽-반응을 통해 활동도 서열에서 H_2보다 아래에 있는 몇몇 금속을 용해시킬 수 있다.

예제 16.10 산에서 용해되는 금속 예측

Cr은 염산에서 용해될 것인가?

답

용해된다. Cr은 활동도 서열에서 H_2보다 위쪽에 있기 때문에 HCl에서 용해될 것이다.

▶ **연습문제 16.10 | 산에서 용해되는 금속 예측**

Ag는 브로민화수소산(HBr)에서 용해되는가?

▶ **심화 학습** 복습문제 83, 84

✔ 확인문제 16.4

로마 제국이 쇠퇴하게 된 이유 중 하나는 널리 퍼진 만성 중독 때문이라는 설이 있다. 의심이 가는 물질은 포도주와 같은 산성 물질을 보관하거나 담아낼 때 흔히 사용했던 용기에 존재하는 금속이었다. 이러한 위험을 초래할 수 있는 금속은 무엇인가?

(a) 은 (b) 금 (c) 납 (d) 구리

16.6 배터리: 화학을 이용한 전기 발생

▶ 볼타 전지가 어떻게 작용하는지를 설명한다.
▶ 다양한 형태의 배터리를 비교한다.

전류(electrical current)는 전하의 흐름이다(그림 16.8). 도선을 통한 전자의 흐름 또는 용액을 통한 이온의 흐름은 모두 전류의 실례이다. 산화-환원 반응은 한 화학종에서 다른 화학종으로 전자가 이동하는 것이므로 산화-환원 반응은 전류를 만들어낼 수 있다.

예를 들어 자발적인 다음 산화-환원 반응을 살펴보자.

$$Zn(s) + Cu^{2+}(aq) \longrightarrow Zn^{2+}(aq) + Cu(s)$$

Zn 금속을 Cu^{2+} 용액에 넣으면 Zn이 산화되고 Cu^{2+}가 환원된다. 이때 전자는 Zn에서 Cu^{2+}로 직접 전달된다.

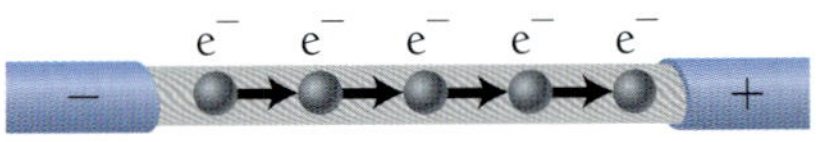

▲ 그림 16.8 **전류.** 전류는 전하의 흐름이다. 이 그림에서 전자는 도선을 타고 흘러간다.

볼타 전지

반응물이 분리되어 있고 도선을 통해 전자를 Zn에서 Cu^{2+}로 이동한다고 가정하자. 이 전자의 흐름은 전류를 만들며 전기적인 일을 하는 데 사용될 수 있다. 이러한 과정은 보통 자발적인 산화-환원 반응으로부터 전류를 만들 수 있는 (또는 전류를 이용하여 비자발적인 산화-환원 반응을 추진할 수 있는) 장치인 **전기화학 전지**(electrochemical cell)에서 일어난다. 자발적으로 전류를 생성하는 전기화학 전지(바로 앞에서 설명한 전지)를 **갈바니 전지**(galvanic cell) 또는 **볼타 전지**(voltaic cell)라고 한다.

이 장의 도입부에서 언급한 연료 전지는 전기화학 전지의 한 형태이다.

예를 들어 그림 16.9의 볼타 전지를 살펴보자. 이 전지에서 Zn 조각을 $Zn(NO_3)_2$ 용액에 넣어서 하나의 **반쪽-전지**(half-cell)를 형성한다. 또한 Cu 조각을 $Cu(NO_3)_2$ 용액에 넣어서 두 번째 반쪽-전지를 형성한다. 도선을 통해 Zn 조각을 전구 또는 다른 전기 장치에 부착하고, 이것을 다시 도선을 통해 Cu 조각에 부착함으로써 두 반쪽-전지를 연결한다. Zn이 산

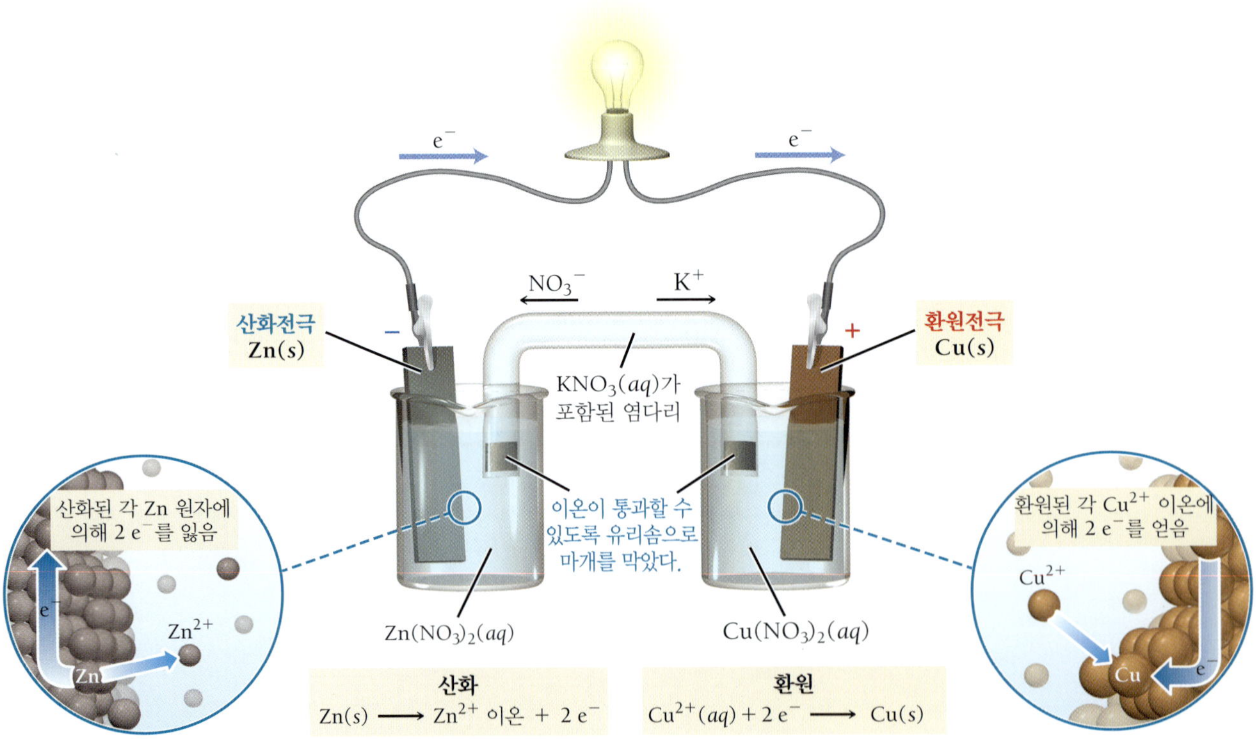

▲ 그림 16.9 **볼타 전지.** 이 그림에서 전자가 왼쪽에서 오른쪽으로 흘러가는 이유는 무엇인가?

화되고 Cu^{2+}가 환원되는 자연적인 경향성은 도선을 통한 전자의 흐름을 만들어낸다. 전자의 흐름이 전구에 불이 들어오게 하는 전류를 만든다.

볼타 전지에서 산화가 일어나는 금속 조각을 **산화전극**(anode)이라 부르고 (−) 부호를 붙인다. 환원이 일어나는 금속 조각을 **환원전극**(cathode)이라 부르고 (+) 부호를 붙인다. 전자는 산화전극에서 환원전극으로(−에서 +로) 흐른다.

산화전극에서 전자가 흘러나올 때 산화 반쪽-전지에서는 양이온(앞의 예에서는 Zn^{2+})이 형성된다. 전자가 환원전극으로 흘러갈 때 환원 반쪽-전지에서는 양이온이 중성 원자로[앞의 예에서는 Cu^{2+}가 $Cu(s)$로] 석출된다. 그러나 이것만이 유일한 전하의 흐름이라면 산화전극에서 양전하가 쌓이고 환원전극에서 음전하가 쌓이면 흐름이 멈출 것이다. 이 회로는 **염다리**(salt bridge)를 설치함으로써 완성되어야 한다. 염다리는 2개의 반쪽-전지를 연결하며, KNO_3 같은 강전해질이 포함되어 있는 뒤집힌 U자 모양 관이다. 염다리는 이온의 흐름을 통해 전하의 불균형을 해소하는 역할을 한다. 염다리의 음이온은 산화전극에 쌓인 양전하를 중화하기 위해 산화 반쪽-전지 쪽으로 흐르고, 양이온은 환원전극에 쌓인 음전하를 중화하기 위해 환원 반쪽-전지 쪽으로 흐른다.

염다리는 두 반쪽-전지 사이에 이온의 흐름을 만들어 회로를 완성시킨다.

볼타 전지에서 전압은 전자 흐름 경향의 척도이다. 높은 전압은 전자 흐름 경향이 큰 것을, 낮은 전압은 전자 흐름 경향이 낮은 것을 말한다. 도선을 타고 흐르는 전자는 강을 흘러가는 물과 비슷하다(그림 16.10). 도선을 통해 흘러가는 전자의 양(전류)은 강을 통해 흘러가는 물의 양(강의 흐름)과 비슷하다. 전자가 도선을 따라 흐르게 하는 추진력, 즉 전위차 또는 **전압**(voltage)은 강에서 물이 흐르게 하는 중력의 힘과 비슷하다. 고전압(high voltage)은 경사가 급한 강바닥과 비슷하다(그림 16.11).

볼타 전지의 전압은 산화와 환원을 행하는 반응물들의 상대적인 경향성 차이에 의존한다. 활동도 서열에서 높은 곳에 있는 금속의 산화와 활동도 서열에서 낮은 곳에 있는 금속 이온의 환원을 조합함으로써 상대적으로 높은 전압을 나타내는 배터리를 만들 수 있다. 예를 들어 $Li(s)$의 산화와 Cu^{2+}의 환원을 조합하면 상대적으로 높은 전압을 얻을 수 있다. 반면에 한 금속의 산화와 활동도 서열에서 그 금속의 바로 밑에 있는 금속 이온의 환원을 조합하면 상대적으로 낮은 전압의 배터리를 만들 수 있다. 한 금속의 산화와 그보다 높은 활동도 서열의 금속 이온의 환원을 조합하면 아예 배터리를 구성할 수 없을 것이다. 예를 들어 $Cu(s)$의 산화와 $Li^{+}(aq)$의 환원을 조합하면 배터리를 만들 수 없을 것이다. 이처럼 반응이 비자발적

▲ **그림 16.10 전류와 물의 비유**

▲ **그림 16.11 전압과 물의 비유**

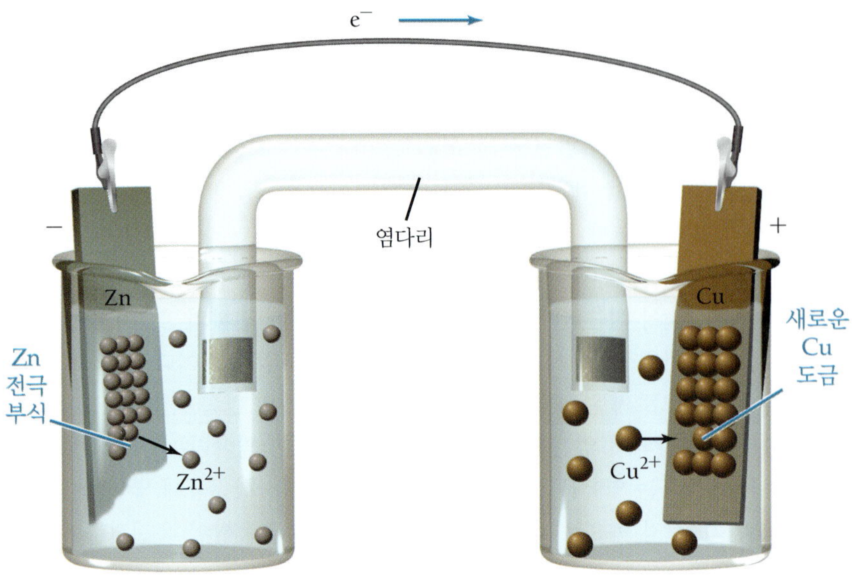

$$Zn(s) + Cu^{2+}(aq) \longrightarrow Zn^{2+}(aq) + Cu(s)$$

▲ **그림 16.12 다 쓴 볼타 전지.** 배터리를 장시간 사용하면 반응물[Zn(*s*)와 Cu^{2+}(*aq*)]이 고갈되고 생성물[Zn^{2+}(*aq*)와 Cu(*s*)]은 축적되어 배터리가 작동하지 않는다.

이라면 전류를 생성하지 못한다.

이제 배터리를 장시간 사용한 후에는 왜 작동하지 않는지 알 수 있다. 앞에서 설명했던 간단한 볼타 전지를 사용할 때 아연은 아연 이온으로 산화되면서 용액 중으로 용해되어 들어간다. 비슷하게 Cu^{2+} 용액은 Cu 금속이 석출되면서 Cu^{2+} 이온이 고갈된다(그림 16.12). 일단 아연 전극이 용해되고 Cu^{2+} 이온이 고갈되면 볼타 전지는 작동하지 않는다. 어떤 배터리는 외부 전원으로부터 반대 방향으로 전류를 흘려줌으로써 재충전시킬 수도 있다. 이렇게 반응물을 재생하여 배터리를 반복적으로 사용할 수 있다.

건전지

손전등용 배터리를 흔히 **건전지**(dry cell)라고 부른다. 건전지에는 액체 물이 많이 포함되어 있지 않기 때문이다. 건전지에는 몇 가지 종류가 있다. 가장 값싼 건전지는 산화전극으로 사용되는 아연판으로 바깥 용기가 이루어져 있다(그림 16.13). 아연은 다음 반응에 따라 산화된다.

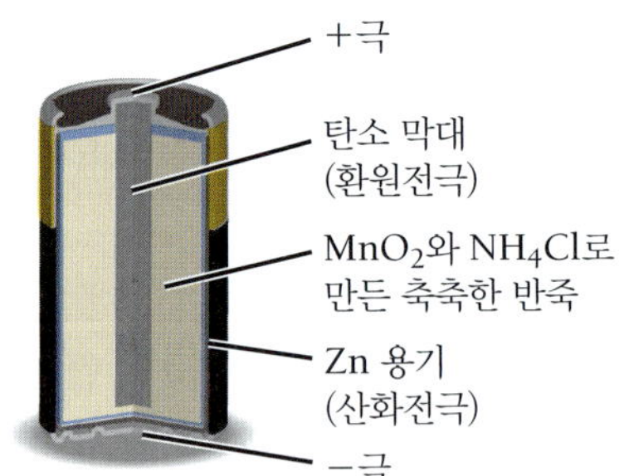

▲ **그림 16.13 흔한 건전지**

산화전극 반응: $Zn(s) \longrightarrow Zn^{2+}(aq) + 2e^-$ (산화)

환원전극은 NH_4Cl이 포함된 축축한 MnO_2 반죽에 잠긴 탄소 막대이다. MnO_2는 다음 반응에 따라 Mn_2O_3로 환원된다.

환원전극 반응: $2\,MnO_2(s) + 2\,NH_4^+(aq) + 2e^- \longrightarrow$
$Mn_2O_3(s) + 2\,NH_3(g) + H_2O(l)$ (환원)

이러한 두 반쪽-전지는 1.5볼트의 전압을 생산한다. 더 높은 전압을 얻기 위해 2개 이상의 배터리를 직렬로 연결(환원전극을 산화전극에 연결)할 수 있다.

좀 더 비싼 **알칼리 전지**(alkaline battery)는 염기에서 반응하는 약간 다른 반쪽-반응을 이용한다(그래서 알칼리 전지라고 부른다). 알칼리 전지에서 일어나는 반응은 다음과 같다.

산화전극 반응: $Zn(s) + 2\,OH^-(aq) \longrightarrow Zn(OH)_2(s) + 2e^-$ (산화)

환원전극 반응: $2\,MnO_2(s) + 2\,H_2O(l) + 2e^- \longrightarrow$
$2\,MnO(OH)(s) + 2\,OH^-(aq)$ (환원)

알칼리 전지는 비알칼리성의 건전지보다 수명이 길고 더 오랜 시간 보관할 수 있다.

납-산 축전지

대부분의 자동차에 장착된 배터리는 **납-산 축전지**(lead-acid storage battery)이다. 이 배터리는 직렬로 연결된 6개의 전기화학 전지로 이루어진다(그림 16.14). 각각의 전지가 2 V를 생성하므로 총 12 V가 된다. 각각의 전지에는 다음과 같은 반응식에 따라 산화 반응이 일어나는 다공성 납 산화전극이 있다.

납-산 축전지의 납 산화전극 다공성은 전자가 고체의 납에서 용액으로 전달될 수 있는 표면적을 증가시킨다.

산화전극 반응: $Pb(s) + SO_4^{2-}(aq) \longrightarrow PbSO_4(s) + 2e^-$ (산화)

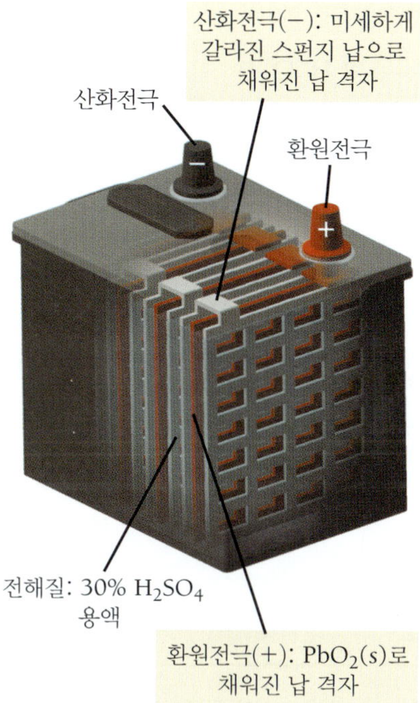

▲ **그림 16.14 납-산 축전지.** 이러한 배터리는 왜 고갈되는가? 배터리를 어떻게 재충전할 수 있는가?

각각의 전지에는 다음과 같은 반응식에 따라 환원 반응이 일어나는 산화 납(IV) 환원전극이 있다.

$$\textbf{환원전극 반응}: PbO_2(s) + 4\,H^+(aq) + SO_4^{2-}(aq) + 2e^- \longrightarrow PbSO_4(s) + 2\,H_2O(l) \quad (\text{환원})$$

산화전극과 환원전극은 황산(H_2SO_4) 수용액에 잠겨 있다. 배터리에서 전류가 나올 때 산화전극과 환원전극 모두에서 $PbSO_4(s)$가 표면에 코팅된다. 배터리를 재충전하지 않은 상태로 오랜 시간 사용하면 너무 많은 $PbSO_4(s)$가 코팅되어 배터리가 작동하지 않게 된다. 하지만 납-산 축전지는 역방향으로 전류를 흘려주면 재충전될 수 있다. 전류는 자동차의 발전기 같은 외부의 전원으로부터 공급된다. 외부에서 전류를 흘려주면 위의 반응이 역방향으로 진행되어 $PbSO_4(s)$가 $Pb(s)$와 $PbO_2(s)$로 되돌아가고 배터리는 재충전된다.

연료 전지

16.1절에서 연료 전지의 가능성에 대해 살펴보았다. 언젠가 연료 전지로부터 동력을 공급받는 전기 자동차가 내연기관 자동차를 대체할 날이 올 것이다. 연료 전지는 배터리와 유사하지만 반응물이 계속적으로 공급된다. 일반 배터리는 배터리에서 전류가 흘러나올 때 반응물이 고갈되면 전압이 떨어진다. 연료 전지에서는 반응물인 연료가 계속해서 배터리로 흘러들어가 산화-환원 반응이 진행되어 전류가 지속적으로 생성된다.

가장 대표적인 연료 전지는 수소-산소 연료 전지이다(그림 16.15). 이 전지에서는 수소 기체가 산화전극(백금 촉매를 입힌 그물망)을 흘러가면서 산화된다.

$$\textbf{산화전극 반응}: 2\,H_2(g) + 4\,OH^-(aq) \longrightarrow 4\,H_2O(l) + 4e^- \quad (\text{산화})$$

산소 기체가 환원전극(비슷한 그물망)을 흘러가면서 환원된다.

$$\textbf{환원전극 반응}: O_2(g) + 2\,H_2O(l) + 4e^- \longrightarrow 4\,OH^-(aq) \quad (\text{환원})$$

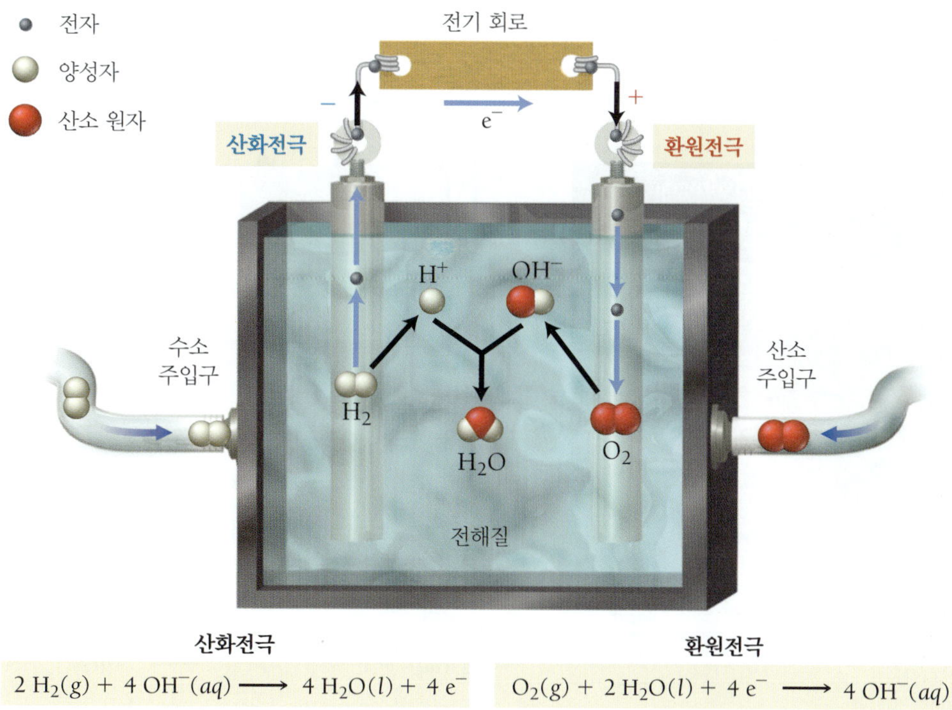

▶ **그림 16.15 수소-산소 연료 전지**

이 반쪽-반응을 합하면 다음과 같은 전체 반응이 된다.

$$\textbf{전체 반응}: 2\,H_2(g) + O_2(g) \longrightarrow 2\,H_2O(l)$$

생성물이 물이라는 것에 주목하라. 우주왕복선 프로그램에서 수소-산소 연료 전지는 전기와 우주비행사가 마실 물을 공급한다.

✔ 확인문제 16.5

습기 있는 납 이온(Pb^{2+}) 반죽에 삽입된 탄소봉으로 이루어진 배터리를 만들었다고 가정하자. 이것은 환원전극으로 작용한다. 산화전극으로 작용하는, 배터리를 둘러싸는 금속 상자를 만들려고 한다. 전압이 가장 높은 배터리를 얻으려면 어떤 금속을 이용해야 하는가?

(a) Mg (b) Zn (c) Ni

16.7 전기분해: 화학을 위한 전기 이용

▶ 전기분해 과정과 전해 전지의 작동 방식을 설명한다.

배터리(또는 볼타 전지)에서는 전류를 생성하기 위해 자발적 산화-환원 반응이 이용된다. **전기분해**(electrolysis)에서는 반대로 비자발적 산화-환원 반응을 추진하기 위해 전류가 사용된다. 전기분해를 위해 사용되는 전기화학 전지를 **전해 전지**(electrolytic cell)라고 한다. 예를 들어 수소와 산소가 물을 형성하는 반응이 자발적으로 일어나며 연료 전지에서 전류를 생성할 수 있다. 그러나 전류를 공급함으로써 역반응을 일으켜 물을 수소와 산소로 분해할 수 있다(그림 16.16).

$$2\,H_2(g) + O_2(g) \longrightarrow 2\,H_2O(l)$$ (전류를 생성하는 자발적 반응은 볼타 전지에서 일어난다.)

$$2\,H_2O(l) \longrightarrow 2\,H_2(g) + O_2(g)$$ (전류를 소모하는 비자발적 반응은 전해 전지에서 일어난다.)

두 전극 사이에서 전류가 흐를 때 액체 물이 수소 기체(오른쪽 관)와 산소 기체(왼쪽 관)로 분해된다.

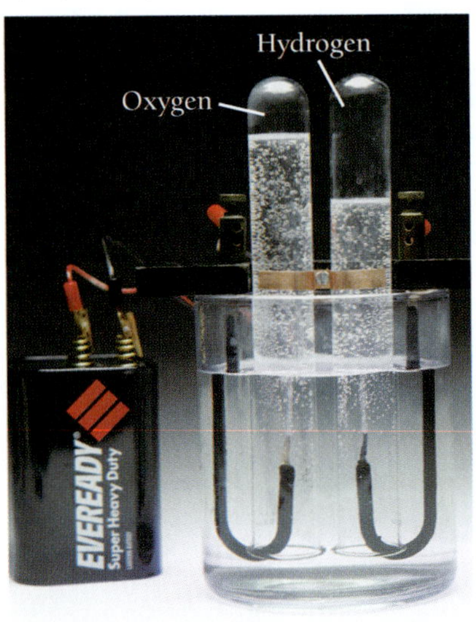

▲ 그림 16.16 물의 전기분해

전해 전지에서 은 이온 용액을 이용하여 금속 물체에 은을 도금할 수 있다.

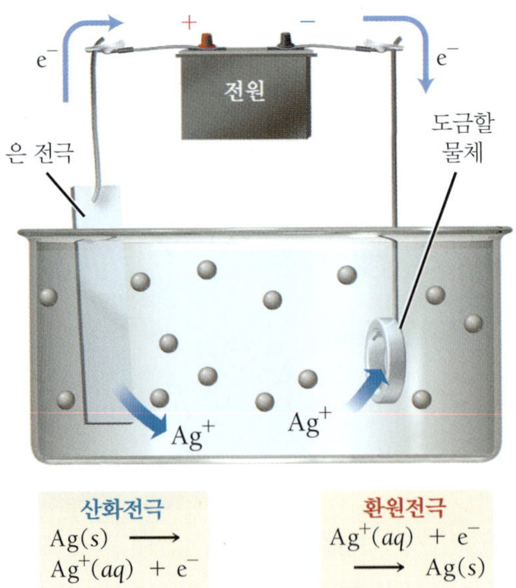

▲ 그림 16.17 은 도금을 위한 전해 전지

연료 전지를 널리 사용할 때의 문제점 중 하나는 수소의 부족이다. 이 연료 전지에 사용할 수소는 어디에서 얻을 수 있을까? 가능성이 있는 하나의 대답은 태양 전지를 이용하여 물을 전기분해함으로써 수소를 얻는 것이다. 다른 말로 태양이 비추는 동안 물에서 수소를 얻으려면 태양 전해 전지를 이용해야 한다. 그러면 필요할 때 수소를 물로 전환하여 전기를 만들어낼 수 있다. 이렇게 만들어진 수소는 연료 전지 자동차에 동력을 공급하는 데 이용될 수도 있다.

전기분해는 다른 곳에서도 많이 이용된다. 예를 들어 지구상에서 대부분의 금속은 금속 산화물로 발견된다. 이를 순수한 금속으로 바꾸려면 산화 금속의 환원이 필요한데 이 과정이 비자발적이다. 이러한 금속을 얻는 데 전기분해가 이용된다. 전기분해는 금속을 다른 금속 표면에 도금할 때도 이용된다. 예를 들어 그림 16.17의 전해 전지를 이용하여 일반 금속 표면에 은을 도금할 수 있다. 이러한 전지에서는 은 전극이 은 이온이 포함된 용액 속에 잠겨 있다. 전류를 흘려줌으로써 산화전극에 있는 은이 산화되고(용액에 은 이온이 계속 공급됨) 환원전극에서 은 이온의 환원이 일어난다(일반 금속 표면에 고체 은이 코팅됨).

산화전극 반응: $Ag(s) \longrightarrow Ag^{+}(aq) + e^{-}$

환원전극 반응: $Ag^{+}(aq) + e^{-} \longrightarrow Ag(s)$

일상 속의 화학

연료 전지 음주 측정기

경찰은 음주 운전자로 의심되는 사람의 혈액 내 에탄올(C_2H_5OH)의 농도를 측정할 때 음주 측정기를 이용한다. 호흡할 때 방출되는 에탄올의 양이 혈액 내 에탄올의 농도에 비례하기 때문에 음주 측정기를 사용할 수 있다. 호흡할 때 방출하는 에탄올의 양을 측정하기 위해 연료 전지가 사용된 음주 측정기도 있다. 이 연료 전지는 2개의 백금 전극으로 이루어져 있다(그림 16.18). 운전자가 음주 측정기로 입김을 불면 에탄올이 아세트산으로 산화된다.

산화전극: $\underset{\text{에탄올}}{C_2H_5OH} + 4\ OH^{-}(aq) \longrightarrow \underset{\text{아세트산}}{CH_3COOH(aq)} + 3\ H_2O + 4e^{-}$

환원전극에서는 산소가 환원된다.

환원전극: $O_2(g) + 2\ H_2O(l) + 4e^{-} \longrightarrow 4\ OH^{-}(aq)$

전체 반응은 에탄올이 산화하여 아세트산과 물을 생성하는 것이다.

전체 반응: $C_2H_5OH(g) + O_2(g) \longrightarrow CH_3COOH(g) + H_2O$

음주 측정기 내에서 발생하는 전류는 호흡에서 방출되는 알코올의 양에 의존한다. 전류가 많이 흐를수록 혈액 내 알코올의 농도가 높게 나타낸다. 잘 보정된 연료 전지 음주 측정기는 음주 운전자의 혈중 알코올 농도를 정밀하게 측정할 수 있다.

질문 연료 전지 음주 측정기의 전체 반응식에 포함된 반응물과 생성물의 각 원소에 대한 산화 상태를 구하시오. 어떤 원소가 산화되고 어떤 원소가 환원되는가?

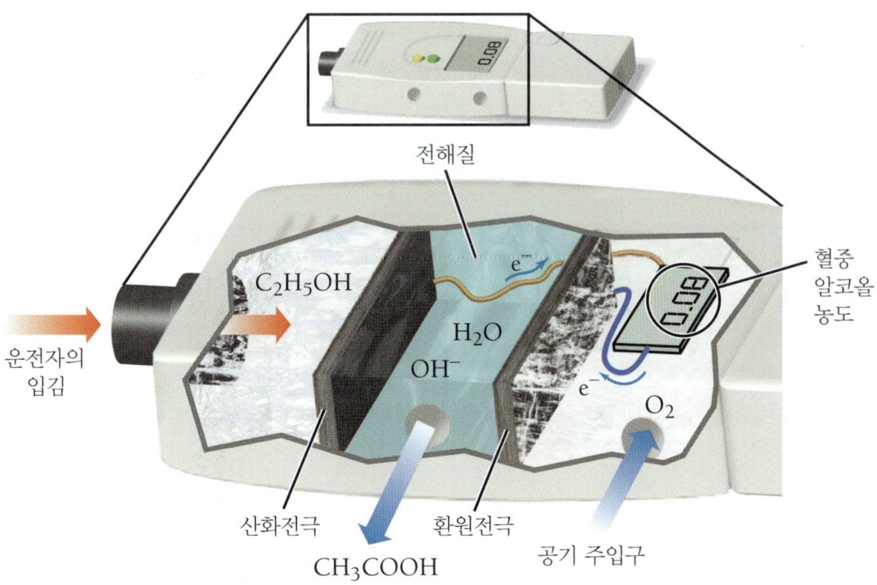

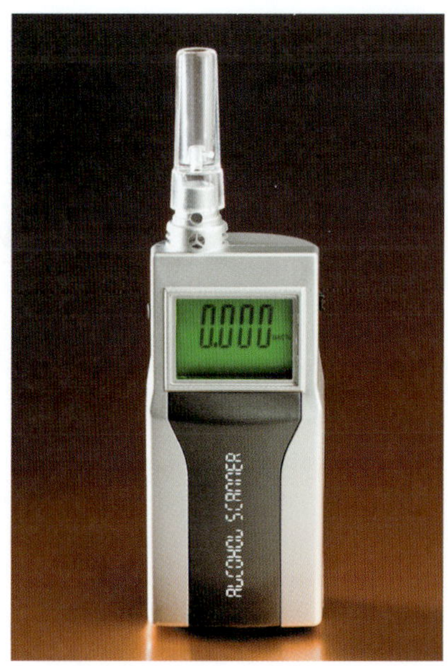

▲ **그림 16.18 연료 전지 음주 측정기의 도식도**

16.8 부식: 원치 않는 산화-환원 반응

▸ 부식 과정과 녹 방지에 사용되는 여러 금속에 대해 설명한다.

금속이 산화되는 것을 **부식**(corrasion)이라고 한다. 부식 중 가장 흔한 것은 철이 녹스는 것이다. 해마다 생산되는 많은 철이 녹슨 철을 대체하는 데 쓰인다. 녹스는 것은 철이 산화되고 산소가 환원되는 산화-환원 반응이다.

$$\text{산화:}\quad 2\,Fe(s) \longrightarrow 2\,Fe^{2+}(aq) + \cancel{4e^-}$$
$$\text{환원:}\quad O_2(g) + 2\,H_2O(l) + \cancel{4e^-} \longrightarrow 4\,OH^-(aq)$$
$$\text{전체:}\quad 2\,Fe(s) + O_2(g) + 2\,H_2O(l) \longrightarrow 2\,Fe(OH)_2(s)$$

▲ 페인트는 밑에 있는 철이 녹스는 것을 막아준다. 그러나 페인트칠에 흠집이 생기면 그 부분의 철이 녹슬기 시작할 것이다. 그 이유는 무엇인가?

전체 반응을 통해 $Fe(OH)_2$가 형성되고 몇 번의 반응을 거쳐 Fe_2O_3가 형성된다. Fe_2O_3는 녹이라고 부르는 잘 알려진 주황색 물질이다. Fe_2O_3가 생김으로써 발생하는 주요 문제 중 하나는 녹이 그 밑에 있는 고체 철을 부서뜨리는 것이다. 그렇게 되면 더 많은 철이 노출되어 훨씬 더 많이 녹슨다. 조건만 맞으면 철 전체가 녹슬어버린다.

산화하는 금속은 철뿐만이 아니다. 구리나 알루미늄 등 다른 대부분의 금속도 산화한다. 그러나 구리와 알루미늄의 산화물은 산화 철처럼 조각으로 떨어지지 않는다. 알루미늄이 산화할 때 실제로 산화 알루미늄은 금속 알루미늄 표면에 단단하고 투명한 코팅을 형성한다. 이 코팅은 내부의 금속이 더 이상 산화되지 않도록 보호하는 역할을 한다.

철의 녹을 방지하는 것은 중요한 산업이다. 녹을 방지하는 가장 좋은 방법은 철을 건조한 상태로 유지하는 것이다. 습기가 없으면 산화-환원 반응은 일어날 수 없다. 녹을 방지하는 또 다른 방법은 철의 표면에 물이 스며들지 않는 물질을 덧입히는 것이다. 예를 들어 자동차의 녹을 방지하기 위해 페인트를 칠하여 밀봉한다. 그러나 페인트칠에 흠집이 생기면 그 밑의 철이 녹슬기 시작한다.

철과 전기적으로 접촉하고 있는 희생 전극을 사용함으로써 녹스는 것을 막을 수도 있다. 희생 전극은 철보다 활동도 서열이 높은 금속으로 구성되어야 한다. 희생 전극은 철 대신에 산화되고 철의 산화를 막아준다. 철의 산화를 막는 또 다른 방법은 철보다 활동도 서열이 높은 금속을 철 표면에 입히는 것이다. 예를 들어 아연 도금된 못은 아연을 얇은 층으로 입힌 것이다. 아연은 철보다 활성이 크므로 밑에 있는 철 대신에 (희생 전극처럼) 산화될 것이다. 아연 산화물은 부서지지 않고 못 표면에 보호막으로 남는다.

✔ 확인문제 16.6

녹을 방지하는 희생 전극으로 사용될 수 없는 금속은 무엇인가?

(a) 마그네슘 (b) 망가니즈 (c) 아연 (d) 주석

16장 복습

자가진단 퀴즈

1. 다음 반응에서 산화되는 물질은 무엇인가?

$$2\,Na(s) + Br_2(g) \longrightarrow 2\,NaBr(s)$$

(a) Na (b) Br_2
(c) NaBr (d) 앞의 보기 모두 아님

2. 산화-환원 반응이 일어나는 동안 산화제에는 어떤 일이 일어나는가?

(a) 산화된다. (b) 환원된다.
(c) 액체가 된다. (d) 기체가 된다.

3. CO_3^{2-}에서 탄소의 산화수는 얼마인가?

(a) −3 (b) −2 (C) +3 (d) +4

4. 다음 중 인의 산화수가 가장 낮은 화합물은 무엇인가?

(a) P_2S_5
(b) P_2O_3
(c) K_3PO_4
(d) 앞의 보기 모두 아님(인의 산화수가 모두 같음)

5. 소듐은 다음 반응에 따라 물과 반응한다. 환원되는 원소는 다음 중 무엇인가?

$$2\,Na(s) + 2\,H_2O(l) \longrightarrow 2\,NaOH(aq) + H_2(g)$$

(a) Na (b) O
(c) H (d) 앞의 보기 모두 아님

6. 다음 반응의 균형이 맞으면 몇 개의 전자가 교환되는가?

$$Mn(s) + Cr^{3+}(aq) \longrightarrow Mn^{2+}(aq) + Cr(s)$$

(a) 2 (b) 3 (c) 4 (d) 6

7. 산성 용액에서 일어나는 반응에서 산화-환원 반응식의 균형을 맞출 때 각 반응물과 생성물의 계수는 무엇인가?

$$\_VO_2^{+}(aq) + \_Sn(s) + \_H^{+}(aq) \longrightarrow \_VO^{2+}(aq) + \_Sn^{2+}(aq) + \_H_2O(l)$$

(a) 1,1,2 ⟶ 1,1,1 (b) 2,1,2 ⟶ 2,1,1
(c) 2,1,4 ⟶ 2,1,2 (d) 2,1,2 ⟶ 2,1,2

8. 다음 중 반응성이 가장 낮은 금속(활동도의 서열에 따라)은 무엇인가?

(a) Ca (b) Mn (c) Cr (d) Cu

9. 다음 중 산화-환원 반응이 자발적으로 일어나는 것은 무엇인가?

(a) $Pb^{2+}(aq) + Mg(s) \longrightarrow Mg^{2+}(aq) + Pb(s)$
(b) $Zn^{2+}(aq) + Sn(s) \longrightarrow Sn^{2+}(aq) + Zn(s)$
(c) $Ca^{2+}(aq) + Al(s) \longrightarrow Al^{3+}(aq) + Ca(s)$
(d) 앞의 보기 모두 아님

10. 다음 중 염산 용액에서 용해되지 않는 금속은 무엇인가?

(a) Mn (b) Ni (c) Sn (d) Ag

정답 1.a 2.b 3.d 4.b 5.c 6.d 7.c 8.d 9.a 10.d

화학 원리

산화와 환원

산화는 다음과 같이 정의할 수 있다.

- 전자를 잃는다.
- 산화 상태가 증가한다.

환원은 다음과 같이 정의할 수 있다.

- 전자를 얻는다.
- 산화 상태가 감소한다.

산화 반응과 환원 반응은 언제나 함께 일어나며 산화-환원 반응이라고 부른다. 산화되는 물질은 환원제, 환원되는 물질은 산화제라고 부른다.

관련 내용

산화-환원 반응은 자연, 산업 현장, 일상생활에서 흔히 볼 수 있다. 배터리의 전류를 발생시키는 데 산화-환원 반응이 이용된다. 인체에서는 포도당에서 에너지를 얻기 위해 산화-환원 반응이 이용된다. 머리카락 탈색, 철이 녹스는 것, 금속을 도금할 때 일어나는 모든 과정에 산화-환원 반응이 동반된다.

산소, 과산화 수소, 염소와 같은 좋은 산화제는 전자를 얻으려는 경향성이 크다. 소듐, 수소와 같은 좋은 환원제는 전자를 잃으려는 경향성이 크다.

산화 상태

산화 상태는 화합물 내 각 원자에 할당된 가공적인 전하이다. 산화 상태는 화합물 내 모든 결합 전자를 전기음성도가 큰 원소에 할당했기 때문에 계산할 수 있다.

산화 상태를 알면 화학 반응에서 어떤 물질이 산화되고 어떤 물질이 환원되었는지를 보다 쉽게 확인할 수 있다.

활동도 서열

활동도 서열은 산화되기 가장 쉬운 금속부터 산화되기 가장 어려운 금속을 순서대로 나열한 것이다. 어떤 반쪽-반응이 그보다 활동도 서열이 아래에 있는 반쪽-반응의 역반응과 짝지어졌을 때 자발적으로 반응이 일어날 것이다.

산화-환원 반응(활동도 서열에 포함된 반쪽-반응)이 자발적으로 일어날 것인지를 활동도 서열을 통해 예측할 수 있다.

배터리

배터리에서 자발적 산화-환원 반응의 반응물은 물리적으로 분리되어 있다. 산화-환원 반응이 일어날 때 이동되는 전자는 전기적인 일을 하는 데 이용될 수 있는 전류를 만들면서 도선이나 다른 외부 회로를 통해 움직이게 된다.

대표적인 휴대용 전원인 배터리는 손전등, 시계, 자동차 등의 전기 기구에 사용될 수 있다.

전기분해

배터리에서 전류를 발생시키는 데 자발적 산화-환원 반응이 이용된다. 전기분해에서는 비자발적 산화-환원 반응을 추진하는 데 전류가 이용된다.

전기분해는 여기저기에 이용된다. 예를 들어 지각에서 발견되는 산화 금속을 금속으로 환원할 때, 어떤 금속을 다른 금속의 표면에 도금할 때 이용한다.

부식

부식은 공기 중의 산소에 의해 철이나 다른 금속이 산화되는 것을 말한다. 금속을 건조시키거나, 금속 표면에 보호막을 입히거나, 금속 표면에 반응성이 더 큰 금속을 입힘으로써 금속의 부식을 막을 수 있다.

부식의 가장 일반적인 형태는 철이 녹스는 것이다. 생산되는 많은 철이 녹슨 철을 대체하는 데 사용되므로 녹을 방지하는 것은 중요한 산업이다.

화학 문제를 푸는 기술

학습목표: 산화와 환원을 정의하고 이해한다(16.2절).

산소를 얻을 때, 전자를 잃을 때, 산화 상태가 증가할 때 산화를 확인할 수 있다. 산소를 잃을 때, 전자를 얻을 때, 산화 상태가 감소할 때 환원을 확인할 수 있다.

한 물질이 산소를 얻을 때 그 물질은 산화되고 산소는 환원된다.

한 금속이 전기음성도가 큰 원소와 반응할 때 그 금속은 산화되고 전기음성도가 큰 원소는 환원된다.

한 금속이 금속 이온으로 전자를 전달할 때 그 금속은 산화되고 금속 이온은 환원된다.

예제

예제 16.11 산화와 환원

다음 각 산화-환원 반응에서 산화되는 물질과 환원되는 물질을 밝히시오.

(a) $Sn(s) + O_2(g) \longrightarrow SnO_2(s)$

(b) $2\ Na(s) + F_2(g) \longrightarrow 2\ NaF(s)$

(c) $Mg(s) + Cu^{2+}(aq) \longrightarrow Mg^{2+}(aq) + Cu(s)$

답

(a) Sn이 산화되고 O_2가 환원된다.

(b) Na가 산화되고 F_2가 환원된다.

(c) Mg가 산화되고 Cu^{2+}가 환원된다.

학습목표: 산화제와 환원제를 알아본다(16.2절).

환원제는 산화되는 물질이고, 산화제는 환원되는 물질이다.

예제 16.12 산화제와 환원제

다음 각 산화-환원 반응의 산화제와 환원제를 밝히시오.

(a) $Sn(s) + O_2(g) \longrightarrow SnO_2(s)$

(b) $2\ Na(s) + F_2(g) \longrightarrow 2\ NaF(s)$

(c) $Mg(s) + Cu^{2+}(aq) \longrightarrow Mg^{2+}(aq) + Cu(s)$

답

(a) Sn이 환원제, O_2가 산화제이다.

(b) Na가 환원제, F_2가 산화제이다.

(c) Mg가 환원제, Cu^{2+}가 산화제이다.

학습목표: 산화 상태를 구한다(16.3절).

산화 상태 할당 규칙

(이 규칙에는 순서가 있다. 어느 두 규칙이 서로 모순된다면 더 위에 있는 규칙을 따른다.)

1. 자유로운 원소 상태 내 원자의 산화 상태는 0이다.
2. 단원자 이온의 산화 상태는 이온의 전하와 같다.
3. 한 화학종 내 모든 원자의 산화 상태의 합은 다음과 같다.
   - 중성 분자나 화학식 단위의 경우 0이다.
   - 이온의 경우 이온의 전하와 같다.
4. 화합물 내에서
   - I족 금속의 산화 상태는 +1이다.
   - II족 금속의 산화 상태는 +2이다.
5. 화합물 내에서 비금속은 다음과 같이 산화 상태를 할당한다.

플루오린	−1
수소	+1
산소	−2
17족	−1
16족	−2
15족	+3

예제 16.13 산화 상태

다음 화합물에서 각 원자의 산화 상태를 구하시오.

(a) Al (b) Al^{3+}

(c) N_2O (d) CO_3^{2-}

답

(a) $\underset{0}{Al}$ (규칙 1)

(b) $\underset{+3}{Al^{3+}}$ (규칙 2)

(c) $\underset{+1}{N_2}\underset{-2}{O}$ (규칙 5, O의 우선순위가 N보다 높다.)

(d) $\underset{+4}{C}\underset{-2}{O_3^{2-}}$ (규칙 5, 3)

학습목표: 산화-환원 반응의 균형을 맞춘다(16.4절).

산성 수용액에서 일어나는 산화-환원 반응의 균형을 맞추기 위해 다음 과정을 따른다.

예제 16.14 산화-환원 반응의 균형 맞추기

산성 용액에서 일어나는 다음 반응의 균형을 맞추시오.

$$IO_3^-(aq) + Fe^{2+}(aq) \longrightarrow I_2(s) + Fe^{3+}(aq)$$

답

1. 산화 상태를 구한다.

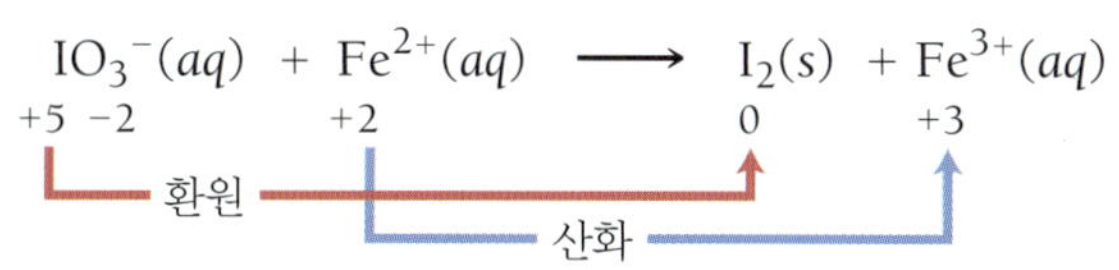

2. 전체 반응을 2개의 반쪽-반응으로 나눈다.

산화: $Fe^{2+}(aq) \longrightarrow Fe^{3+}(aq)$

환원: $IO_3^-(aq) \longrightarrow I_2(s)$

3. 각 반쪽-반응의 질량 균형을 맞춘다.
   - H와 O 외의 다른 모든 원소의 균형을 맞춘다.

$Fe^{2+}(aq) \longrightarrow Fe^{3+}(aq)$

- H_2O를 더하여 O의 균형을 맞춘다.

$$2\ IO_3^-(aq) \longrightarrow I_2(s)$$

$$Fe^{2+}(aq) \longrightarrow Fe^{3+}(aq)$$

$$2\ IO_3^-(aq) \longrightarrow I_2(s) + 6\ H_2O(l)$$

- H^+를 더하여 H의 균형을 맞춘다.

$$Fe^{2+}(aq) \longrightarrow Fe^{3+}(aq)$$

$$12\ H^+(aq) + 2\ IO_3^-(aq) \longrightarrow I_2(s) + 6\ H_2O(l)$$

4. 각 반쪽-반응의 전하 균형을 맞춘다.

$$Fe^{2+}(aq) \longrightarrow Fe^{3+}(aq) + e^-$$

$$10e^- + 12\ H^+(aq) + 2\ IO_3^-(aq) \longrightarrow I_2(s) + 6\ H_2O(l)$$

5. 두 반쪽-반응에 있는 전자의 수를 같게 만든다.

$$10 \times [Fe^{2+}(aq) \longrightarrow Fe^{3+}(aq) + e^-]$$

$$10e^- + 12\ H^+(aq) + 2\ IO_3^-(aq) \longrightarrow I_2(s) + 6\ H_2O$$

6. 두 반쪽-반응을 더한다.

$$10\ Fe^{2+}(aq) \longrightarrow 10\ Fe^{3+}(aq) + \cancel{10e^-}$$

$$\cancel{10e^-} + 12\ H^+(aq) + 2\ IO_3^-(aq) \longrightarrow I_2(s) + 6\ H_2O$$

$$10\ Fe^{2+}(aq) + 12\ H^+(aq) + 2\ IO_3^-(aq) \longrightarrow 10\ Fe^{3+}(aq) + I_2(s) + 6\ H_2$$

7. 반응의 균형이 맞는지 확인한다.

반응물	생성물
10 Fe	10 Fe
12 H	12 H
2 I	2 I
6 O	6 O
+30 전하	+30 전하

학습목표: 자발적 산화-환원 반응을 예측한다(16.5절).

어떤 반쪽-반응은 활동도 서열에서 그보다 아래에 있는 반쪽-반응의 역반응과 짝지었을 때 자발적이다.

예제 16.15 자발적 산화-환원 반응 예측

다음 산화-환원 반응이 자발적인지 아닌지 예측하시오.

(a) $Cr(s) + 3\ Ag^+(aq) \longrightarrow Cr^{3+}(aq) + 3\ Ag(s)$

(b) $Mn^{2+}(aq) + Fe(s) \longrightarrow Mn(s) + Fe^{2+}(aq)$

답

(a) 자발적이다.

(b) 비자발적이다.

핵심 용어

갈바니 전지
건전지
납-산 축전지
반쪽-반응
반쪽-전지
볼타 전지
부식
산화
산화전극
산화제
산화-환원 반응
알칼리 전지
연료전지
염다리
전기분해
전기화학 전지
전류
전압
전해 전지
환원
환원전극
환원제
활동도 서열

학습 점검 문제

기초문제

1. 연료 전지 전기 자동차란 무엇인가?
2. 산화-환원 반응이란 무엇인가?
3. 산화와 환원을 다음 관점에서 정의하시오.
   (a) 산소 (b) 전자 (c) 산화 상태
4. 산화제란 무엇인가? 환원제란 무엇인가?
5. 좋은 산화제는 반응에서 전자를 _____ 경향이 크다.
6. 좋은 환원제는 반응에서 전자를 _____ 경향이 크다.
7. 자유로운 원소의 산화 상태는 어떠한가? 단원자 이온의 산화 상태는 어떠한가?
8. 중성 분자에서 각 원자의 산화 상태의 합은 _____이어야 한다.
9. 이온에서 각 원자의 산화 상태의 합은 _____이어야 한다.
10. 화합물에 포함된 원소는 _____과 같은 산화 상태를 가진다. 이 규칙의 예외에 대해 설명하시오.
11. 산화-환원 반응에서 산화 상태가 증가한 원자는 _____이고, 산화 상태가 감소한 원자는 _____이다.
12. 과산화 수소는 머리카락의 색을 어떻게 변화시키는가?
13. 산화-환원 반응의 균형을 맞출 때 산화 반쪽-반응에서 잃는 전자의 수는 환원 반쪽-반응에서 얻는 전자의 수와 _____.
14. 산성 수용액에서 일어나는 산화-환원 반응의 균형을 맞출 때 산소의 수는 _____을 이용하여 균형을 맞춘다.
15. 수용액에서 일어나는 산화-환원 반응의 균형을 맞출 때 수소의 수는 _____을 이용하여 균형을 맞춘다.
16. 염기성 수용액에서 일어나는 산화-환원 반응의 균형을 맞출 때 전하는 _____를 이용하여 균형을 맞춘다.
17. 활동도 서열의 맨 위에 있는 금속은 반응성이 가장 높은가, 가장 낮은가?
18. 활동도 서열의 맨 위에 있는 금속은 산화되기가 가장 쉬운가, 가장 어려운가?
19. 활동도 서열의 맨 아래에 있는 금속은 전자를 잃기가 가장 쉬운가, 가장 어려운가?
20. 어떤 반쪽-반응은 활동도 서열에서 그보다 _____에 있는 다른 반응의 역반응과 짝지어졌을 때 자발적으로 일어난다.
21. 어떤 금속이 HCl이나 HBr과 같은 산에 녹는지 알아보기 위해 활동도 서열을 어떻게 이용할 수 있는가?
22. 전류란 무엇인가? 간단한 전지에서 어떻게 전류가 흐르는지 설명하시오.
23. 전기화학 전지의 _____에서 산화가 일어난다.
24. 전기화학 전지의 _____에서 환원이 일어난다.
25. 전기화학 전지에서 염다리의 역할에 대해 설명하시오.
26. 전기화학 전지에서 높은 전압은 강물의 _____과 유사하다.
27. 산화전극과 환원전극의 반응식을 작성하여 일반 건전지를 설명하시오.
28. 산화전극과 환원전극의 반응식을 작성하여 납-산 축전지를 설명하시오.
29. 산화전극과 환원전극의 반응식을 작성하여 수소-산소 연료-전지를 설명하시오.
30. 전기분해란 무엇인가? 왜 전기분해가 유용한가?
31. 부식이란 무엇인가? 철의 부식 반응을 예로 들어 설명하시오.
32. 녹이 스는 것을 막는 방법은 무엇인가?

복습문제

산화와 환원

33. 다음 각 반응에서 산화되는 것은 무엇인가?
   (a) $2\,H_2(g) + O_2(g) \longrightarrow 2\,H_2O(l)$
   (b) $4\,Al(s) + 3\,O_2(g) \longrightarrow 2\,Al_2O_3(s)$
   (c) $2\,Al(s) + 3\,Cl_2(g) \longrightarrow 2\,AlCl_3(s)$
34. 다음 각 반응에서 산화되는 것은 무엇인가?
   (a) $2\,Zn(s) + O_2(g) \longrightarrow 2\,ZnO(s)$
   (b) $CH_4(g) + 2\,O_2(g) \longrightarrow CO_2(g) + 2\,H_2O(g)$
   (c) $Sr(s) + F_2(g) \longrightarrow SrF_2(s)$
35. 다음 각 반응에서 산화되는 물질과 환원되는 물질을 밝히시오.
   (a) $Cu(s) + 2\,Ag^+(aq) \longrightarrow Cu^{2+}(aq) + 2\,Ag(s)$
   (b) $2\,Li(s) + Cl_2(g) \longrightarrow 2\,LiCl(s)$
   (c) $Fe(s) + Cu^{2+}(aq) \longrightarrow Fe^{2+}(aq) + Cu(s)$
36. 다음 각 반응에서 산화되는 물질과 환원되는 물질을 밝히시오.
   (a) $Sn(s) + O_2(g) \longrightarrow SnO_2(s)$
   (b) $Cl_2(g) + 2\,Fe^{2+}(aq) \longrightarrow 2\,Cl^-(aq) + 2\,Fe^{3+}(aq)$
   (c) $Fe_2O_3(s) + 3\,CO(g) \longrightarrow 2\,Fe(s) + 3\,CO_2(g)$
37. 35번 문제의 각 반응에서 산화제와 환원제를 밝히시오.
38. 36번 문제의 각 반응에서 산화제와 환원제를 밝히시오.
39. 주기적인 경향성에 따르면 좋은 산화제가 될 수 있는 원소는 무엇인가?
   (a) 황 (b) 마그네슘 (c) 아연 (d) 아이오딘
40. 주기적인 경향성에 따르면 좋은 산화제가 될 수 있는 원소는 무엇인가?

* 파란색으로 표시된 문제는 이 책 말미에 해답이 제시되어 있다.

(a) 칼슘 (b) 브로민 (c) 탄소 (d) 질소

41. 주기적인 경향성에 따르면 39번 문제에서 주기적인 경향성에 따르면 좋은 환원제가 될 수 있는 원소는 무엇인가?

42. 주기적인 경향성에 따르면 40번 문제에서 주기적인 경향성에 따르면 좋은 환원제가 될 수 있는 원소는 무엇인가?

43. 다음 각 산화-환원 반응에서 산화되는 물질, 환원되는 물질, 산화제, 환원제를 밝히시오.

(a) $N_2(g) + O_2(g) \longrightarrow 2\ NO(g)$

(b) $2\ CO(g) + O_2(g) \longrightarrow 2\ CO_2(g)$

(c) $SbCl_3(g) + Cl_2(g) \longrightarrow SbCl_5(g)$

44. 다음 각 산화-환원 반응에서 산화되는 물질, 환원되는 물질, 산화제, 환원제를 밝히시오.

(a) $H_2(g) + I_2(g) \longrightarrow 2\ HI(g)$

(b) $CO(g) + H_2(g) \longrightarrow C(s) + H_2O(g)$

(c) $2\ Al(s) + 6\ H^+(aq) \longrightarrow 2\ Al^{3+}(aq) + 3\ H_2(g)$

산화 상태

45. 다음 각 원소 또는 이온의 산화 상태를 구하시오.

(a) Ni^{2+} (b) Pt^{4+} (c) Cl_2 (d) W

46. 다음 각 원소 또는 이온의 산화 상태를 구하시오.

(a) N^2 (b) Ca^{2+} (c) Fe^{3+} (d) Sn

47. 다음 각 화합물에서 각 원자의 산화 상태를 구하시오.

(a) $MgCl_2$ (b) SnO_2 (c) I_2O_5 (d) H_2H_2

48. 다음 각 화합물에서 각 원자의 산화 상태를 구하시오.

(a) CH_4 (b) CH_2Cl_2 (c) $CuCl_2$ (d) HI

49. 다음 각 화합물에서 질소의 산화 상태를 구하시오.

(a) NO (b) NO_2 (c) N_2O

50. 다음 각 화합물에서 Mn의 산화 상태를 구하시오.

(a) MnO (b) Mn_2O_3 (c) MnO_2

51. 다음 각 다원자 이온에서 각 원자의 산화 상태를 구하시오.

(a) CO_3^{2-} (b) OH^- (c) NO_3^- (d) NO_2^-

52. 다음 각 다원자 이온에서 각 원자의 산화 상태를 구하시오.

(a) SeO_4^{2-} (b) $S_2O_3^{2-}$ (c) MnO_4^{2-} (d) AsO_4^{3-}

53. 다음 각 이온에서 P의 산화 상태를 구하시오.

(a) $H_2PO_4^-$ (b) HPO_4^{2-} (c) $H_2PO_2^-$ (d) PO_3^{3-}

54. 다음 각 이온에서 S의 산화 상태를 구하시오.

(a) SO_4^{2-} (b) SO_3^{2-} (c) HSO_3^- (d) HSO_4^-

55. 다음 각 화합물에서 각 원소의 산화 상태를 구하시오.

(a) $Al(NO_3)_3$ (b) LiOH

(c) CuSCN (d) $Mg(HCO_3)_2$

56. 다음 각 화합물에서 각 원소의 산화 상태를 구하시오.

(a) Na_3PO_4 (b) Hg_2S

(c) $Fe(CN)_3$ (d) NH_4Cl

57. 다음 각 반응에서 각 원소의 산화 상태를 구하고, 이를 이용하여 산화되는 원소와 환원되는 원소를 밝히시오.

(a) $SbCl_5(g) \longrightarrow SbCl_3(g) + Cl_2(g)$

(b) $CO(g) + Cl_2(g) \longrightarrow COCl_2(g)$

(c) $2\ NO(g) + Br_2(g) \longrightarrow 2\ BrNO(g)$

(d) $H_2(g) + CO_2(g) \longrightarrow H_2O(g) + CO(g)$

58. 다음 각 반응에서 각 원소의 산화 상태를 구하고, 이를 이용하여 산화되는 원소와 환원되는 원소를 밝히시오.

(a) $Cu(s) + 2\ AgNO_3(aq) \longrightarrow 2\ Ag(s) + Cu(NO_3)_2(aq)$

(b) $SF_4(g) + F_2(g) \longrightarrow SF_6(g)$

(c) $Cl_2(g) + 2\ KI(aq) \longrightarrow I_2(s) + 2\ KCl(aq)$

(d) $CH_4(g) + 2\ O_2(g) \longrightarrow CO_2(g) + 2\ H_2O(g)$

59. 다음 산화-환원 반응에서 산화 상태를 이용하여 산화제와 환원제를 밝히시오.

$$2\ Na(s) + 2\ H_2O(l) \longrightarrow 2\ NaOH(aq) + H_2(g)$$

60. 다음 산화-환원 반응에서 산화 상태를 이용하여 산화제와 환원제를 밝히시오.

$$Br_2(l) + CH_3CH_3(g) \longrightarrow BrCH_2CH_2Br(l) + H_2(g)$$

산화-환원 반응의 균형 맞추기

61. 반쪽-반응법을 이용하여 다음 각 산화-환원 반응의 균형을 맞추시오.

(a) $Cu(s) + Ag^+(aq) \longrightarrow Cu^{2+}(aq) + Ag(s)$

(b) $Fe(s) + Cu^{2+}(aq) \longrightarrow Fe^{2+}(aq) + Cu(s)$

(c) $Fe^{2+}(aq) + Ce^{4+}(aq) \longrightarrow Fe^{3+}(aq) + Ce^{3+}(aq)$

62. 반쪽-반응법을 이용하여 다음 각 산화-환원 반응의 균형을 맞추시오.

(a) $Zn(s) + Sn^{2+}(aq) \longrightarrow Zn^{2+}(aq) + Sn(s)$

(b) $Mg(s) + Cr^{3+}(aq) \longrightarrow Mg^{2+}(aq) + Cr(s)$

(c) $Al(s) + Ag^+(aq) \longrightarrow Al^{3+}(aq) + Ag(s)$

63. 산성 수용액에서 일어나는 다음 각 반쪽-반응을 산화 반응 또는 환원 반응으로 분류하고 반쪽-반응의 균형을 맞추시오.

(a) $Cr_2O_7^{2-}(aq) \longrightarrow Cr^{3+}(aq)$

(b) $HSO_3^-(aq) \longrightarrow SO_4^{2-}(aq)$

(c) $HNO_2(aq) \longrightarrow NO_3^-(aq)$

(d) $Fe_2O_3(s) \longrightarrow Fe^{2+}(aq)$

64. 산성 수용액에서 일어나는 다음 각 반쪽-반응을 산화 반응 또는 환원 반응으로 분류하고 반쪽-반응의 균형을 맞추시오.

(a) $S(s) \longrightarrow H_2S(g)$

(b) $S_2O_8^{2-}(aq) \longrightarrow 2\ SO_4^{2-}(aq)$

(c) $Cr_2O_7^{2-}(aq) \longrightarrow Cr^{3+}(aq)$

(d) $NO(g) \longrightarrow NO_3^-(aq)$

65. 산성 수용액에서 일어나는 다음 각 산화-환원 반응을 반쪽-반응법을 이용하여 균형을 맞추시오.

(a) $PbO_2(s) + I^-(aq) \longrightarrow Pb^{2+}(aq) + I_2(s)$

(b) $SO_3^{2-}(aq) + MnO_4^-(aq) \longrightarrow SO_4^{2-}(aq) + Mn^{2+}(aq)$

(c) $S_2O_3^{2-}(aq) + Cl_2(g) \longrightarrow SO_4^{2-}(aq) + Cl^-(aq)$

66. 산성 수용액에서 일어나는 다음 각 산화-환원 반응을 반쪽-반응법을 이용하여 균형을 맞추시오.

(a) $I^-(aq) + NO_2^-(aq) \longrightarrow I_2(s) + NO(g)$

(b) $BrO_3^-(aq) + N_2H_4(g) \longrightarrow Br^-(aq) + N_2(g)$

(c) $NO_3^-(aq) + Sn^{2+}(aq) \longrightarrow Sn^{4+}(aq) + NO(g)$

67. 산성 수용액에서 일어나는 다음 각 산화-환원 반응을 반쪽-반응법을 이용하여 균형을 맞추시오.

(a) $ClO_4^-(aq) + Cl^-(aq) \longrightarrow ClO_3^-(aq) + Cl_2(g)$

(b) $MnO_4^-(aq) + Al(s) \longrightarrow Mn^{2+}(aq) + Al^{3+}(aq)$

(c) $Br_2(aq) + Sn(s) \longrightarrow Sn^{2+}(aq) + Br^-(aq)$

68. 산성 수용액에서 일어나는 다음 각 산화-환원 반응을 반쪽-반응법을 이용하여 균형을 맞추시오.

(a) $MnO_4^-(aq) + H_2S(g) \longrightarrow Mn^{2+}(aq) + S_8(s)$

(b) $Cr_2O_7^{2-}(aq) + HNO_2(aq) \longrightarrow Cr^{3+}(aq) + NO_3^-(aq)$

(c) $Cr_2O_7^{2-}(aq) + SO_2(aq) + H^+(aq) \longrightarrow Cr^{3+}(aq) + HSO_4^-(aq) + H_2O(l)$

69. 염기성 용액에서 일어나는 다음 각 산화-환원 반응의 균형을 맞추시오.

(a) $ClO^-(aq) + Cr(OH)_4^-(aq) \longrightarrow CrO_4^{2-}(aq) + Cl^-(aq)$

(b) $MnO_4^-(aq) + Br^-(aq) \longrightarrow MnO_2(s) + BrO_3^-(aq)$

70. 염기성 용액에서 일어나는 다음 각 산화-환원 반응의 균형을 맞추시오.

(a) $Cr(OH)_3(aq) + ClO_3^-(aq) \longrightarrow CrO_4^{2-}(aq) + Cl^-(aq)$

(b) $Ag(s) + Zn^{2+}(aq) \longrightarrow Ag_2O(aq) + Zn(s)$

활동도 서열

71. 다음 중 산화되는 경향이 가장 작은 금속은 무엇인가?

(a) Li (b) Ca (c) Al (d) Au

72. 다음 중 산화되는 경향이 가장 작은 금속은 무엇인가?

(a) Al (b) Ca (c) Sn (d) Cr

73. 다음 중 환원되는 경향이 가장 큰 이온은 무엇인가?

(a) Mn^{2+} (b) Cu^{2+} (c) K^+ (d) Ni^{2+}

74. 다음 중 환원되는 경향이 가장 큰 이온은 무엇인가?

(a) Co^{2+} (b) Pt^{2+} (c) Ba^{2+} (d) Zn^{2+}

75. 다음 중 가장 좋은 환원제는 무엇인가?

(a) Mn (b) Al (c) Ni (d) Cr

76. 다음 중 가장 좋은 환원제는 무엇인가?

(a) Ag (b) Mg (c) Fe (d) Pb

77. 다음 중 정방향으로 자발적으로 일어나는 산화-환원 반응은 무엇인가?

(a) $Ni(s) + Zn^{2+}(aq) \longrightarrow Ni^{2+}(aq) + Zn(s)$

(b) $Ni(s) + Pb^{2+}(aq) \longrightarrow Ni^{2+}(aq) + Pb(s)$

(c) $Al(s) + 3\ Ag^+(aq) \longrightarrow 3\ Al^{3+}(aq) + Ag(s)$

(d) $Pb(s) + Mn^{2+}(aq) \longrightarrow Pb^{2+}(aq) + Mn(s)$

78. 다음 중 정방향으로 자발적으로 일어나는 산화-환원 반응은 무엇인가?

(a) $2\ Ag^+(aq) + Zn(s) \longrightarrow 2\ Ag(s) + Zn^{2+}(aq)$

(b) $Mg^{2+}(aq) + Fe(s) \longrightarrow Mg(s) + Fe^{2+}(aq)$

(c) $Co(s) + Zn^{2+}(aq) \longrightarrow Co^{2+}(aq) + Zn(s)$

(d) $2\ Cr(s) + 3\ Ni^{2+}(aq) \longrightarrow 2\ Cr^{3+}(aq) + 3\ Ni(s)$

79. 용액에서 Ni^{2+} 이온을 고체 Ni로 석출하려면 어떤 금속을 이용해야 하는가?

80. 용액에서 Pb^{2+} 이온을 고체 Pb로 석출하려면 어떤 금속을 이용해야 하는가?

81. 활동도 서열 중에서 어떤 금속이 Na^+ 이온을 환원시키지는 못하지만 Al^{3+} 이온은 환원시킬 수 있는가?

82. 활동도 서열 중에서 어떤 금속이 Ni^{2+} 용액에서는 산화될 수 있지민 Cr^{3+} 용액에서는 산화될 수 없는가?

83. 다음 중 HCl에서 용해되는 금속은 무엇인가? 용해되는 금속에 대해서는 그 금속이 HCl에서 용해될 때 일어나는 산화-환원 반응에 대해 균형 화학 반응식을 작성하시오.

(a) Mg (b) Pt (c) Hg (d) K

84. 다음 중 HCl에서 용해되는 금속은 무엇인가? 용해되는 금속에 대해서는 그 금속이 HCl에서 용해될 때 일어나는 산화-환원 반응에 대해 균형 화학 반응식을 작성하시오.

(a) Cr (b) Pb (c) Au (d) Zn

배터리, 전기화학 전지, 전기분해

85. 다음과 같은 전체 반응으로 나타낼 수 있는 전기화학 전지를 그리시오. 산화전극, 환원전극, 염다리의 명칭을 붙이고 전자가 흐르는 방향을 표시하시오. (힌트: 산화전극을 왼쪽에 그린다.)

$$Mn(s) + Pb^{2+}(aq) \longrightarrow Mn^{2+}(aq) + Pb(s)$$

86. 다음과 같은 전체 반응으로 나타낼 수 있는 전기화학 전지를 그리시오. 산화전극, 환원전극, 염다리의 명칭을 붙이고 전자가 흐르는 방향을 표시하시오. (힌트: 산화전극을 왼쪽에 그린다.)

$$Mg(s) + Ni^{2+}(aq) \longrightarrow Mg^{2+}(aq) + Ni(s)$$

87. 다음은 어떤 전기화학 전지의 산화전극에서 일어나는 반응이다. 어떤 환원전극 반응을 선택해야 전압이 가장 높은 배터리를 만들 수 있는가?

$$Zn(s) \longrightarrow Zn^{2+}(aq) + 2e^-$$

(a) $Mg^{2+}(aq) + 2e^- \longrightarrow Mg(s)$
(b) $Pb^{2+}(aq) + 2e^- \longrightarrow Pb(s)$
(c) $Cr^{3+}(aq) + 3e^- \longrightarrow Cr(s)$
(d) $Cu^{2+}(aq) + 2e^- \longrightarrow Cu(s)$

88. 다음은 어떤 전기화학 전지의 환원전극에서 일어나는 반응이다. 어떤 산화전극 반응을 선택해야 전압이 가장 높은 배터리를 만들 수 있는가?

$$Ni^{2+}(aq) + 2e^- \longrightarrow Ni(s)$$

(a) $Ag(s) \longrightarrow Ag^+(aq) + e^-$
(b) $Mg(s) \longrightarrow Mg^{2+}(aq) + 2e^-$
(c) $Cr(s) \longrightarrow Cr^{3+}(aq) + 3e^-$
(d) $Cu(s) \longrightarrow Cu^{2+}(aq) + 2e^-$

89. 알칼리 전지의 반쪽-반응을 이용하여 이 전지에서 일어나는 전체 반응을 작성하시오.

90. 납-산 축전지의 반쪽-반응을 이용하여 이 전지에서 일어나는 전체 반응을 작성하시오.

91. 다른 금속 표면에 구리를 도금할 때 사용하는 전해 전지를 그리고 산화전극, 환원전극을 표시하시오. 그리고 산화전극과 환원전극에서 일어나는 반응을 작성하시오.

92. 다른 금속 표면에 니켈을 도금할 때 사용하는 전해 전지를 그리고 산화전극, 환원전극을 표시하시오. 그리고 산화전극과 환원전극에서 일어나는 반응을 작성하시오.

부식

93. 철의 표면에 코팅했을 때 철의 부식을 막을 수 있는 금속은 무엇인가?
(a) Zn (b) Sn (c) Mn

94. 철의 표면에 코팅했을 때 철의 부식을 막을 수 있는 금속은 무엇인가?
(a) Al (b) Ni (c) Pb

심화문제

95. 다음 중 산화-환원 반응은 무엇인가? 해당 반응에서 산화되는 물질과 환원되는 물질은 무엇인가?
(a) $Pb(NO_3)_2(aq) + Na_2SO_4(aq) \longrightarrow 2\,NaNO_3(aq) + PbSO_4(s)$
(b) $NaOH(aq) + HNO_3(aq) \longrightarrow NaNO_3(aq) + H_2O(l)$
(c) $Zn(s) + CuSO_4(aq) \longrightarrow ZnSO_4(aq) + Cu(s)$
(d) $CuO(s) + H_2(aq) \longrightarrow Cu(s) + H_2O(g)$

96. 다음 중 산화-환원 반응은 무엇인가? 해당 반응에서 산화되는 물질과 환원되는 물질은 무엇인가?
(a) $Pb(NO_3)_2(aq) + 2\,LiCl(aq) \longrightarrow PbCl_2(s) + 2\,LiNO_3(aq)$
(b) $2\,HBr(aq) + Ca(OH)_2(aq) \longrightarrow 2\,H_2O(l) + CaBr_2(aq)$
(c) $2\,Al(s) + Fe_2O_3(s) \longrightarrow Al_2O_3(s) + 2\,Fe(l)$
(d) $Na_2O(s) + H_2O(l) \longrightarrow 2\,NaOH(aq)$

97. 다음은 균형이 맞지 않는 산화-환원 반응이다. 이 반응의 균형을 맞추고, Zn 2.85 g이 완전히 용해되는 데 필요한 0.500 M $KMnO_4$ 용액의 부피를 구하시오.

$$MnO_4^-(aq) + Zn(s) \longrightarrow Mn^{2+}(aq) + Zn^{2+}(aq)$$

98. 다음은 균형이 맞지 않는 산화-환원 반응이다. 이 반응의 균형을 맞추고, Ni 6.25 g이 완전히 용해되는 데 필요한 0.950 M $K_2Cr_2O_7$ 용액의 부피를 구하시오.

$$Cr_2O_7^{2-}(aq) + Ni(s) \longrightarrow Cr^{3+}(aq) + Ni^{2+}(aq)$$

99. 은 이온이 들어 있는 용액에 마그네슘 금속 조각을 담그면 즉각적인 반응이 일어나는가? 만약 그렇다면 이 반응에 대한 2개의 반쪽-반응과 균형을 맞춘 전체 반응식을 작성하시오.

100. 아연 이온이 들어 있는 용액에 주석 금속 조각을 담그면 즉각적인 반응이 일어나는가? 만약 그렇다면 이 반응에 대한 2개의 반쪽-반응과 균형을 맞춘 전체 반응식을 작성하시오.

101. 시중에서 구할 수 있는 과산화 수소(H_2O_2) 용액이 있다. 이 용액의 농도를 구하기 위해 10.0 mL의 과산화 수소 시료 용액을 0.0998 M $KMnO_4$ 용액으로 적정했고, 종말점에 도달하기까지 가해진 $KMnO_4$ 용액의 부피가 34.81 mL이다. 과산화 수소 용액의 질량 백분율을 구하시오(과산화 수소 용액의 밀도는 1.00 g/mL라고 가정한다). 이 적정 과정에서 일어나는 균형이 맞지 않는

산화-환원 반응식은 다음과 같다.

$$H_2O_2(aq) + MnO_4^-(aq) \longrightarrow O_2(g) + Mn^{2+}(aq)$$

102. Fe^{2+}가 포함되어 있는 염의 시료 1.012 g을 0.1201 M $KMnO_4$ 용액으로 적정했고, 종말점에 도달하기까지 가해진 $KMnO_4$ 용액의 부피는 22.45 mL이다. 시료에 포함되어 있는 Fe^{2+}의 질량 백분율을 구하시오. 이 적정 과정에서 일어나는 균형이 맞지 않는 산화-환원 반응식은 다음과 같다.

$$Fe^{2+}(aq) + MnO_4^-(aq) \longrightarrow Fe^{3+}(aq) + Mn^{2+}(aq)$$

103. 전해 전지의 환원전극에서 일어나는 다음 반쪽-반응으로 은이 전기 도금될 수 있다. 은 5.8 g을 전기 도금하는 데 필요한 전자의 몰수는 얼마인가?

$$Ag^+(aq) + e^- \longrightarrow Ag(s)$$

104. 전해 전지의 환원전극에서 일어나는 다음 반쪽-반응으로 금이 전기 도금될 수 있다. 금 1.40 g을 전기 도금하는 데 필요한 전자의 몰수는 얼마인가?

$$Au^{3+}(aq) + 3e^- \longrightarrow Au(s)$$

105. HI가 다음 각 금속 시료를 용해시킬 수 있는지 밝히시오. 만약 용해시킬 수 있다면 HI에서 금속이 어떻게 용해되는지에 대해 각각의 균형 반응식을 작성하시오. 그리고 각 금속 시료를 완전히 용해시키는 데 필요한 3.5 M HI 용액의 최소 부피를 구하시오.
(a) 5.95 g Cr (b) 2.15 g Al (c) 4.85 g Cu (d) 2.42 g Au

106. HCl이 다음 각 금속 시료를 용해시킬 수 있는지 밝히시오. 만약 용해시킬 수 있다면 HCl에서 금속이 어떻게 용해되는지에 대해 각각의 균형 반응식을 작성하시오. 그리고 각 금속 시료를 완전히 용해시키는 데 필요한 6.0 M HCl 용액의 최소 부피를 구하시오.
(a) 5.90 g Ag (b) 2.55 g Pb (c) 4.83 g Sn (d) 1.25 g Mg

107. 6.0 M HCl 한 방울(약 0.050 mL)이 0.028 mm 두께의 알루미늄 포일 위에 떨어졌다. 이 HCl이 알루미늄을 용해시킨 결과 생긴 구멍의 최대 지름을 구하시오. (알루미늄의 밀도 = 2.7 g/cm^3)

108. 12.0 M HCl 1.00 mL가 들어 있는 눈금 실린더가 쓰러져 내용물이 0.055 mm 두께의 망가니즈 포일 위에 쏟아졌다. 망가니즈와 HCl의 반응으로 포일이 용해되어 생긴 구멍의 최대 지름을 구하시오. (망가니즈의 밀도 = 7.47 g/cm^3)

109. 그림 16.17의 전해 전지는 다른 금속 위에 은을 도금하는 데 사용될 수 있다. 도금 반응은 $Ag^+(aq) + e^- \longrightarrow Ag(s)$이다. 이 반응에서 전자 1 mol이 Ag($s$) 1 mol을 도금한다는 것에 주의하라. 이러한 화학량적 관계를 이용하여 0.100 A(암페어)의 전류로 Ag 1.0 g을 도금하는 데 시간이 얼마나 걸리는지 구하시오. 암페어는 1 C/s와 동등한 전류를 나타내는 단위이다. (힌트: 전자 1개의 전하는 1.60×10^{-19} C이다.)

110. 그림 16.17과 유사한 전해 전지는 다른 금속 위에 금을 도금하는 데 사용될 수 있다. 도금 반응은 $Au^+(aq) + e^- \longrightarrow Au(s)$이다. 이 반응에서 전자 1 mol이 Au($s$) 1 mol을 도금한다는 것에 주의하라. 이러한 화학량적 관계를 이용하여 0.200 A(암페어)의 전류로 Au 0.400 g을 도금하는 데 시간이 얼마나 걸리는지 구하시오. 암페어는 1 C/s와 동등한 전류를 나타내는 단위이다. (힌트: 전자 1개의 전하는 1.60×10^{-19} C이다.)

핵심문제

111. 다음 그림과 같이 Cu^{2+} 용액과 가느다란 Al 조각이 있다. Cu^{2+} 용액에 Al 조각을 몇 분간 담그면 원자와 이온에 어떤 일이 일어나는지를 그림으로 나타내시오.

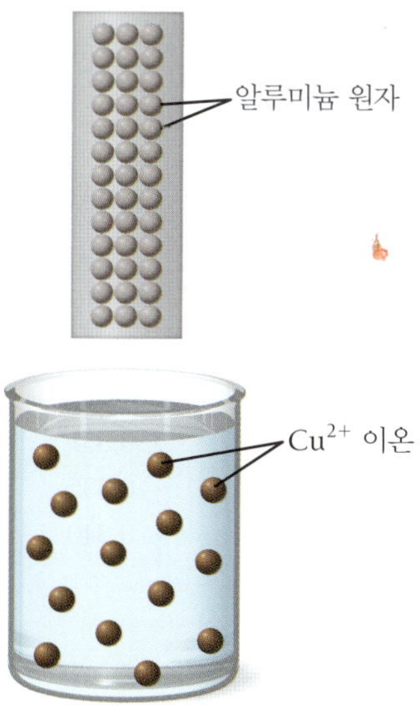

112. 가정에서 발전하는 데 어떤 연료 전지 발전기가 사용된다고 가정하자. 각각의 H_2 분자가 2개의 전자($2e^-$)를 생성한다면 일반 가정에서 전기를 만드는 데 필요한 수소는 몇 킬로그램인가? 일반 가정에서 사용하는 전기가 한 달에 850 kWh라고 하자. 850 kWh의 전기는 이 연료 전지의 전압에서 2.65×10^4 mol의 전자에 해당된다.

113. 아래 그림은 다음과 같은 전체 반응이 동반되는 전기화학 전지의 분자 수준을 나타낸 것이다. 일정량의 전류가 발생한 후 전지가 어떻게 되는지를 이와 비슷한 그림으로 나타내시오.

$$Zn(s) + Ni^{2+}(aq) \longrightarrow Zn^{2+}(aq) + Ni(s)$$

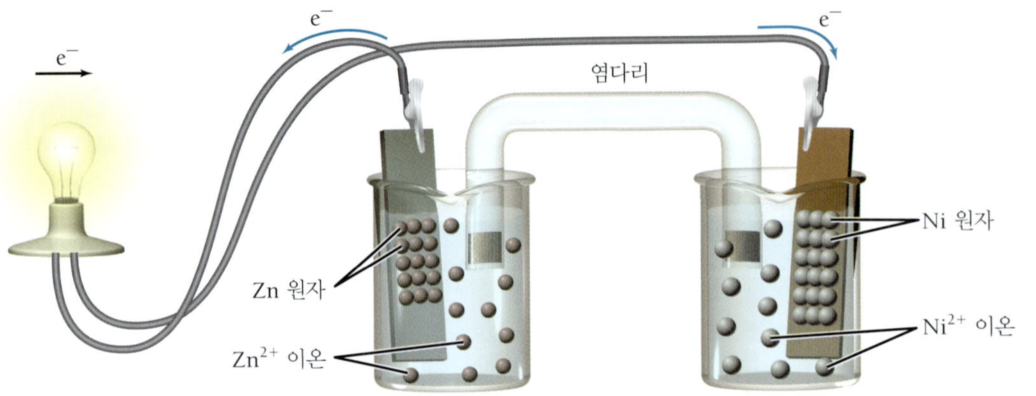

집단 활동 문제

집단을 이루어 다음 문제에 대해 토의하고 합의된 답을 기록한다.

114. 각 집단 구성원이 전기화학 전지를 하나씩 설계한다. 활동도 서열에서 금속 2개를 이용하여 각 전지를 만들고 그림을 그린다.

(a) 양쪽에 금속과 용액을 작성하시오.

(b) 산화전극, 환원전극, 염다리를 표시하시오.

(c) 양쪽에서 일어나는 반응을 작성하시오.

(d) 전자가 흐르는 방향을 표시하시오.

모든 집단 구성원의 전지 중에서 가장 높은 전압을 생성하는 것은 무엇인가? 그 이유를 설명하시오.

115. 산화-환원 반응에 기초한 유망한 기술 중 하나는 직접 메탄올 연료 전지(direct methanol fuel cell)이다. 수소 대신 연료로 액체 메탄올(CH_3OH)을 사용하는 것이다. 균형이 맞지 않는 반응식은 다음과 같다.

$$CH_3OH + O_2 \longrightarrow CO_2 + H_2O$$

(a) 반응에서 각 원자의 산화 상태를 구하시오.

(b) 산화되는 것과 환원되는 것을 밝히시오.

(c) 반쪽-반응으로 나누어 쓰고 균형을 맞추시오. (힌트: 메탄올이 반응하여 이산화 탄소가 되고, 산소는 물이 된다.)

(d) 산성 용액에서 반응이 일어날 때 전체 반응의 균형을 맞추시오.

(e) 메탈올 연료 전지는 H^+를 한 전극에서 다른 전극으로 건네주도록 설계되어야 한다. 메탄올이 있는 전극에서 시작하는가, 산소가 있는 전극에서 시작하는가? 이에 대해 어떻게 알고 있는가?

데이터 분석 및 해석

116. 전지의 전압이 전지와 관련된 산화-환원 반응에서 반응물과 생성물의 농도에 민감하기 때문에, 용액에 들어 있는 어떤 화학종의 농도를 측정하는 데 전기화학 전지를 이용할 수 있다. 예를 들어 반응 $H_2(g) + Cu^{2+}(aq) \longrightarrow 2\,H^+(aq) + Cu(s)$에 기초한 전기화학 전지의 전압은 용액에 있는 Cu^{2+}의 농도와 H^+의 농도에 대해 민감하다. 만약 H^+의 농도가 일정하게 유지되면 전압은 Cu^{2+}의 농도에만 의존하고, 미지 용액에 들어 있는 Cu^{2+}의 농도를 측정하는 데 그 전지를 이용할 수 있다.

이러한 목적을 위해 전기화학 전지를 사용할 때 화학자들은 이미 알려진 농도의 몇몇 Cu^{2+} 용액의 전압 측정치를 만들고, 보정곡선, 즉 전압과 농도의 관계를 나타내는 그래프를 만든다. 보정곡선은 그 용액과 관련된 전압을 토대로 미지 용액의 농도를 구하는 데 사용될 수 있다. 수소/구리 화학전지에서 측정된 전압은 다음 표와 같다. 다음 질문에 답하시오.

$[Cu^{2+}]$	전압(V)
0.100	0.310
0.200	0.319
0.300	0.325
0.400	0.328
0.500	0.331
0.700	0.335
1.00	0.340

미지의 Cu^{2+} 용액	전압(V)
i	0.303
ii	0.338

(a) 구리 이온 농도의 로그 값에 대한 측정 전압의 그래프를 그리시오. 그래프는 선형인가?

(b) (a)의 그래프에서 점들의 가장 적합한 선의 기울기와 y 절편을 구하시오.

(c) 두 미지 용액의 전압을 측정하여 기록했다. 전압 = 기울기 × $\log[Cu^{2+}]$와 (b)에서 얻은 기울기, 절편을 이용하여 미지 용액의 Cu^{2+} 농도를 구하시오.

연습문제 해답

16.1 (a) K가 산화되고 Cl_2는 환원된다.
(b) Al이 산화되고 Sn^{2+}는 환원된다.
(c) C가 산화되고 O_2는 환원된다.

16.2 (a) K는 환원제이고 Cl_2는 산화제이다.
(b) Al은 환원제이고 Sn^{2+}는 산화제이다.
(c) C는 환원제이고 O_2는 산화제이다.

16.3 (a) $\underset{0}{Zn}$
(b) $\underset{+2}{Cu^{2+}}$
(c) $\underset{+2}{Ca}\underset{-1}{Cl_2}$
(d) $\underset{+4}{C}\underset{-1}{F_4}$
(e) $\underset{+3}{N}\underset{-2}{O_2^-}$
(f) $\underset{+6}{S}\underset{-2}{O_3}$

16.4 Sn이 산화되고(0 $\longrightarrow$ +4) N이 환원된다(+5 $\longrightarrow$ +4).

16.5 $6\,H^+(aq) + 2\,Cr(s) \longrightarrow 3\,H_2(g) + 2\,Cr^{3+}(aq)$

16.6 $Cu(s) + 4\,H^+(aq) + 2\,NO_3^-(aq) \longrightarrow Cu^{2+}(aq) + 2\,NO_2(g) + 2\,H_2O(l)$

16.7 $5\,Sn(s) + 16\,H^+(aq) + 2\,MnO_4^-(aq) \longrightarrow 5\,Sn^{2+}(aq) + 2\,Mn^{2+}(aq) + 8\,H_2O(l)$

16.8 $H_2O_2(aq) + 2\,ClO_2(aq) + 2\,OH^-(aq) \longrightarrow O_2(g) + 2\,ClO_2^-(aq) + 2\,H_2O(l)$

16.9 (a) 그렇다.
(b) 아니다.

16.10 아니다.

확인문제 해답

16.1 (b) 산화제는 다른 종을 산화시키고 자신은 항상 환원된다.

16.2 (d) 규칙 1에 의해 N_2에서 질소의 산화 상태는 0이다. 규칙 3에 따르면 화합물에 있는 모든 원자의 산화 상태의 합은 0이다. 그러므로 규칙 5를 적용하여 질소의 산화 상태가 NO에서는 +2, NO_2에서는 +4, NH_3에서는 −3이다.

16.3 (a) Na는 활동도 서열에서 가장 높은 곳에 있기 때문에 가장 쉽게 산화된다.

16.4 (c) 남은 금속 중 활동도 서열에서 수소보다 높은 자리에 있는 유일한 금속이다. 그러므로 납만이 산성 수용액에서 용해될 수 있다.

16.5 (a) 마그네슘은 활동도 서열에서 더 높기 때문에 더 높은 전압을 이끈다. 열거된 금속 중에서 마그네슘이 가장 쉽게 산화되므로, Pb^{2+}의 환원과 연결될 때 가장 높은 전압을 발생시킨다.

16.6 (d) 주석은 활동도 서열에서 철보다 아래에 있는 유일한 금속이다. 따라서 금속은 철보다 산화되기 어렵고, 철의 산화를 보호할 수 없다.

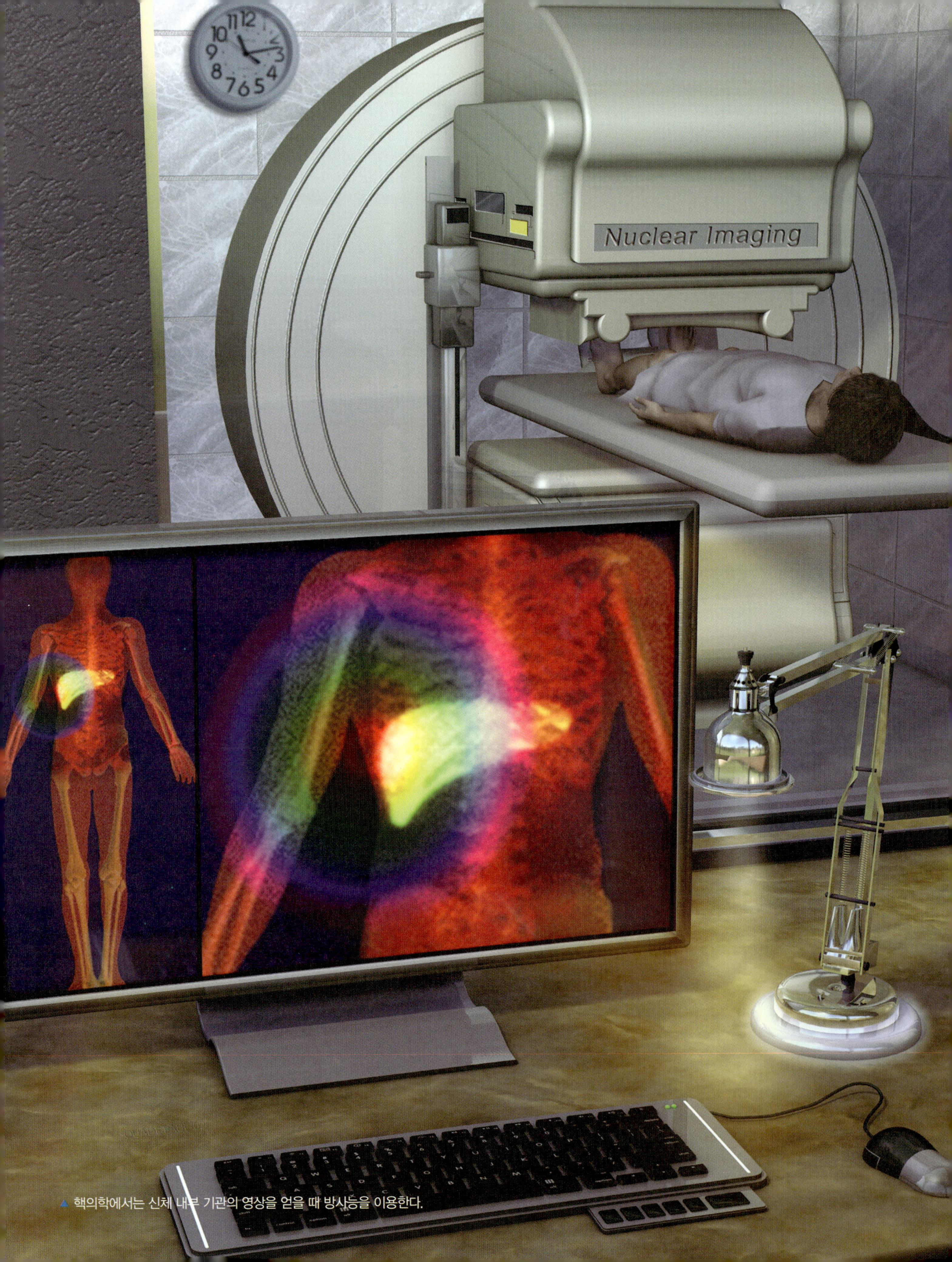

▲ 핵의학에서는 신체 내부 기관의 영상을 얻을 때 방사능을 이용한다.

17 방사능과 핵화학

"핵에너지는 오늘날 우리가 사용하고 있는 분자 에너지와 비교할 수 없을 정도로 크다. … 부족한 것은 모닥불을 타오르게 하는 성냥이다. … 과학자들은 이것을 찾고 있다."

— Winston Spencer Churchill(1874~1965)

개요

17.1 맹장염의 진단

몇 년 전 나는 배꼽 오른쪽 아랫부분의 묵직한 통증 때문에 잠에서 깼다. 시간이 지날수록 통증은 심해져서 병원 응급실을 찾아갔고, 의사는 맹장염일 가능성이 높다고 했다. 맹장은 대장 오른쪽에서 뻗어나온 작은 주머니로, 그 기능이 명확하게 알려져 있지 않다. 맹장에 병이 생기면 보통은 수술로 제거한다.

맹장염 환자는 보통 백혈구 수가 많아지기 때문에 백혈구 수를 알아보기 위해 혈액 검사를 실시했다. 그러나 검사 결과가 음성이었다(나의 백혈구 수치는 정상이었다). 증상이 맹장염과 일치했으나 혈액 검사 결과는 진단을 불분명하게 만들었다. 의사는 나에게 맹장 제거 수술을 할 것인지(상태가 좋은 경우라도), 맹장염을 확인할 수 있는 추가 검사를 받을 것인지 선택하라고 했다. 나는 추가 검사를 받기로 했다.

추가 검사란 핵의학이 포함된 것이다. 핵의학은 진단과 병을 치료할 때 **방사능**(radioactivity)을 이용하는 의료 분야이다. 방사능은 어떤 원자의 핵으로부터 눈에 보이지 않는 매우 작은 입자가 방출되는 것이다(그림 17.1). 이러한 입자는 대부분 물질을 그대로 통과할 수 있다. 이러한 입자를 방출하는 원자를 **방사성**(radioactive)이 있다고 한다.

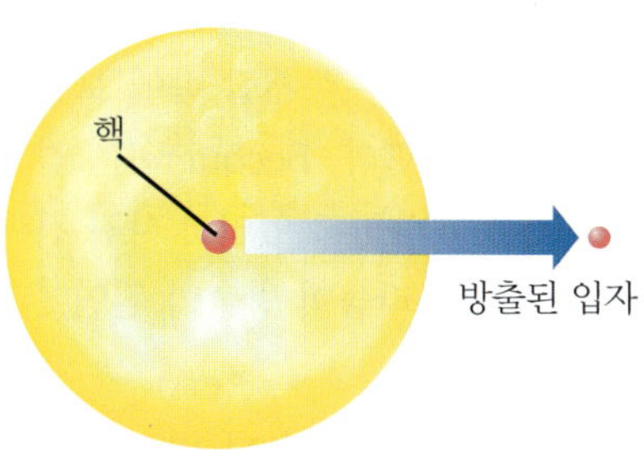

방사능은 특정 원자의 핵에서 입자가 방출되는 현상이다.

▲ **그림 17.1 방사능**

검사를 위해 혈관에 방사능 원자로 표지된 항체, 즉 감염된 세균 등과 싸우기 위해 자연적으로 만들어지는 분자를 주사했다. 항체는 감염물을 공격하기 때문에 감염된 신체 부위로 옮겨간다. 내 맹장이 감염되었다면 항체가 맹장으로 모여들 것이다. 1시간 정도 지난 후 나는 방에 들어가 검사대 위에 누웠다. 내 위쪽에 있는 판넬에 사진 필름이 끼워졌다. 방사능은 눈에는 보이지 않지만 사진 필름에는 나타난다. 내 맹장이 정말로 감염되었다면 맹장에는 높은 농도로 방사능 표지된 항체가 포함되어 있을 것이고, 필름은 내 맹장의 위치에서 밝은 부분을 나타낼 것이다(그림 17.2). 이 검사에서 내 몸 또는 내 맹장이 필름을 노출할 수 있는 방사선원이었다. 그러나 검사 결과는 음성이었다. 내 맹장에서는 방사능이 방출되지 않았다. 맹장은 건강했다. 몇 시간 후 배꼽 쪽의 통증이 가라앉았고 나는 멀쩡하게 집으로 왔다. 통증의 원인을 찾아내지는 못했다.

의학 분야에서 이 사례는 방사능을 이용하는 수많은 응용 중 하나일 뿐이다. 방사능은 진단에 이용될 뿐만 아니라 암, 갑상선 질환, 콩팥과 방광 기능의 이상, 심장 질환 등의 치료에도 이용된다. 의학에서 이러한 예는 방사능의 많은 응용 분야 중 일부에 불과하다. 자연적으로 발생되는 방사능은 화석이나 암석의 연대를 추정하는 데 이용된다. 또한 방사능을 통해 전력 생산이나 핵무기에 이용되는 핵분열을 발견하게 되었다. 이 장에서는 방사능이 어떻게 발견되었는지, 방사능이 무엇인지, 방사능이 어떻게 이용되는지에 대해 알아보자.

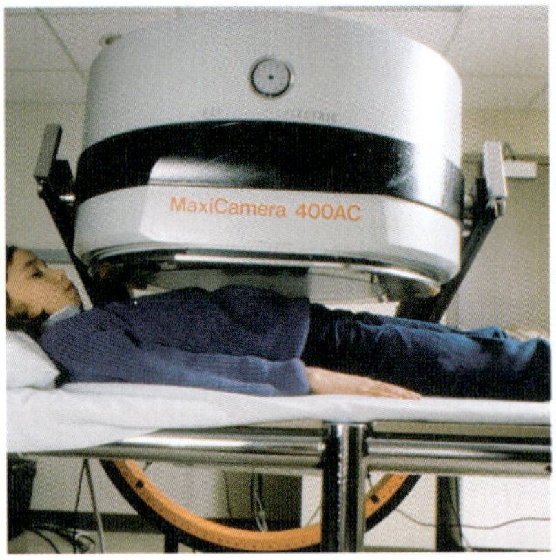

◀ 그림 17.2 **핵의학.** 맹장염 진단 검사에서 방사능으로 표지된 항체를 환자에게 투여한다. 맹장에 감염이 있는 경우 항체가 축적되고 방출된 방사선이 감지된다.

17.2 방사능의 발견

▶ Becquerel과 Curie의 실험에서 어떻게 방사능이 발견되었는지 설명한다.

방사능은 1896년에 프랑스의 과학자 Antoine-Henri Becquerel(1852~1908)이 발견했다. Becquerel은 그 당시 물리학 연구의 화두였던 새롭게 발견된 X선(9.3절 참조)에 관심이 있었다. 그는 X선이 **인광**(phosphorescence)과 함께 방출된다고 가정했다. 인광이란 몇몇 원자와 분자가 빛을 흡수한 다음 오랜 시간에 걸쳐 다시 빛으로 방출되는 것이다. 인광은 어둠 속에서 밝게 빛나는 장난감의 빛으로 매우 친숙한 빛이다. 이러한 장난감은 빛에 노출된 후, 이보다는 조금 긴 파장의 빛을 다시 방출한다. 방의 전등 스위치를 내리거나 어둠 속에 그 장난감을 놓으면 장난감에서 방출되는 푸르스름한 빛을 볼 수 있다. Becquerel은 눈으로 볼 수 있는 푸르스름한 빛이 X선(눈으로 볼 수 없는)의 방출과 관련이 있다고 가정했다.

Becquerel은 이러한 가정을 시험해보기 위해 인광을 방출하는 화합물로 알려진 황산 우라닐 포타슘(칼륨)으로 이루어진 결정을 검은 천으로 싼 사진 건판 위에 올려놓았다(그림 17.3). 그리고 천으로 싼 건판과 결정을 밖에 놓고 햇빛에 노출시켰다. 그가 결정을 다시 어둠 속으로 가져갔을 때 빛이 방출되는 것을 볼 수 있었기 때문에 이 결정이 인광을 방출한다는 것을 알았다. 만약 이 결정이 X선도 방출한다면 X선은 검은 천을 뚫고 나와 사진 건판에 노출될 것이라고 생각했다. Becquerel은 몇 번씩 이 실험을 반복했고, 항상 같은 결과(사진 건판은 결정이 놓였던 자리에 밝은 노출 반점이 나타남)를 얻었다. Becquerel은 자신의 가정이 옳다고 믿고 프랑스과학원에서 그 결과(인광과 X선은 연관이 있음)를 발표했다.

하지만 Becquerel은 나중에 햇빛에 노출되지 않은 결정과 함께 어두운 서랍 속에 보관한 사진 건판에서도 노출 반점이 생긴 것을 발견하고는 이 결과를 철회했다. Becquerel은 결정이 인광 방출 여부와는 무관하게 그 자체에서 끊임없이 무언가를 방출하고 있어서 사진 건판에 노출한다는 것을 알게 되었다. Becquerel은 결정에 들어 있는 우라늄이 방출의 원인이라고 결론짓고, 그 방출을 우라늄 선(uranic ray)이라고 불렀다.

▲ Curie와 두 딸. 유명한 핵물리학자가 된 Irene(왼쪽)은 1935년에 노벨상을 받았고, Eve(오른쪽)는 어머니의 전기를 썼다.

Becquerel의 발견 뒤 얼마 지나지 않아 젊은 대학원생 Marie Sklodowska Curie(1867~1934)는 박사 학위 논문을 쓰기 위해 우라늄 광선을 연구하기로 결정했다. 그녀는 당시 프랑스에서 박사 과정에 입학한 최초의 여성 중 한 사람이었다. 그녀의 첫 번째 연구는 우라늄(그 당시 알려진 원소 중 가장 무거운 원소) 외에도 이러한 광선을 방출하는 광석이 있는지

▲ 과거에 라듐은 시계 눈금판에 사용되는 몇 종류의 페인트에 첨가되었다. 라듐은 눈금판을 빛나게 한다.

96번 원소는 방사능의 이해에 기여한 Curie의 이름을 붙여 퀴륨으로 명명되었다.

▲ **그림 17.3 Becquerel의 실험**

알아보는 것이었다. Curie는 조사를 통해 우라늄 광선을 방출하는 두 가지 새로운 원소를 발견했다. Curie는 새로이 발견된 원소 중 하나를 자신의 조국 폴란드의 이름을 따서 폴로늄이라고 명명했다. 또 다른 원소는 방사능이 매우 크기 때문에 라듐이라고 명명했다. 라듐은 방사능이 매우 커서 어둠 속에서 부드럽게 빛을 내며 상당히 큰 열을 방출했다. 이러한 사실로 볼 때 우라늄 광선이 우라늄에서만 볼 수 있는 특별한 광선은 아니라는 것이 명백해졌다. 그래서 Curie는 우라늄 광선이라는 이름을 방사능으로 바꾸었다. 1903년에 Curie는 방사능을 발견한 공로로 Becquerel, Pierre Curie(남편)와 함께 노벨 물리학상을 받았다. 1911년에 Curie는 또다시 노벨상을 받았다. 이번에는 2개의 새로운 원소를 발견한 공로를 인정한 노벨 화학상이었다.

17.3 방사능의 유형: 알파, 베타, 감마 붕괴

- 알파 붕괴의 핵반응식을 작성한다.
- 베타 붕괴의 핵반응식을 작성한다.
- 양전자 방출의 핵반응식을 작성한다.

Curie가 다른 종류의 방사성 원소를 발견하는 연구에 초점을 맞추고 있는 Ernest Rutherford(1871~1937) 등의 과학자들은 방사능 자체의 특성을 찾아내는 데 초점을 맞추었다. 이들은 방사능이 방사성 원자핵에 의해 방출된다는 것을 발견했다. 이러한 핵은 불안정하지만 전자기선이나 작은 입자를 스스로 방출함으로써 안정해졌는데, Becquerel과 Curie가 검출해낸 것이 바로 이것이다. 방사능은 몇 가지 다른 유형(알파선, 베타선, 감마선, 양전자)으로도 방출된다.

방사능의 다양한 유형을 이해하려면 동위원소를 기호로 나타내는 표시법을 다시 돌아볼 필요가 있다(4.8절 참조). 동위원소는 다음과 같은 표시법으로 나타낼 수 있다.

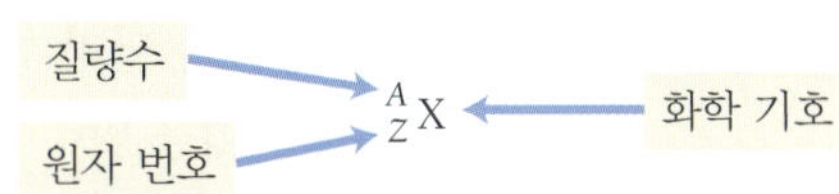

질량수(A) = 핵의 양성자 수와 중성자 수의 합

원자 번호(Z) = 핵의 양성자 수

예를 들어 다음 기호를 보자.

$$^{21}_{10}\text{Ne}$$

이는 10개의 양성자와 11개의 중성자를 가지고 있는 네온의 동위원소를 나타낸 것이다.

$$^{20}_{10}\text{Ne}$$

이는 10개의 양성자와 10개의 중성자를 가지고 있는 네온의 동위원소를 나타낸 것이다. 많은 원소의 동위원소는 여러 가지이다.

중요한 원자 구성 입자, 즉 양성자, 중성자, 전자는 모두 비슷한 표시법으로 나타낼 수 있다.

양성자 기호 $^{1}_{1}p$ — 양성자 기호의 왼쪽 하단에 있는 1은 양성자 1개를 나타낸다.

중성자 기호 $^{1}_{0}n$ — 중성자 기호의 왼쪽 하단에 있는 0은 양성자 0개를 나타낸다.

전자 기호 $^{0}_{-1}e$ — 전자 기호의 왼쪽 하단에 있는 −1은 다른 원자 번호와 약간 다르지만, 뒤에서 다루는 핵붕괴의 맥락에서 보면 이해가 될 것이다.

핵은 너무 크거나 양성자와 중성자 비율의 균형이 맞지 않을 때 불안정하다. 작은 핵이 안정하려면 양성자 1개당 1개의 중성자가 필요하다. 반면에 핵이 커지면 1개의 양성자당 1.5개의 중성자가 필요하다.

알파(α) 방사선

알파(α) 방사선[alpha(α) radiation]은 불안정한 핵이 2개의 양성자와 2개의 중성자로 이루어진 작은 입자를 방출할 때 생긴다(그림 17.4). 2개의 양성자와 2개의 중성자는 헬륨-4의 핵과 동일하기 때문에 **알파 입자**[alpha(α) particle]의 기호는 헬륨의 기호와 동일하다.

알파(α) 입자 $^{4}_{2}He$

1개의 알파 입자

핵화학에서는 주로 핵의 변화에 관심을 둔다. 그러므로 정상적으로 헬륨 핵을 나타낼 때 쓰는 +2 전하는 알파 입자를 나타낼 때 생략되기도 한다.

한 원자가 알파 입자를 방출하면 그 원자는 더 가벼운 원자가 되는데, 이것을 **핵반응식**(nuclear equation)으로 나타낸다. 방사능과 그 밖의 핵변환이 일어나는 동안의 변화를 나타내는 반응식이 핵반응식이다. 예를 들어 우라늄(U)-238의 알파 붕괴를 핵반응식으로 나타내면 다음과 같다.

어미 핵종 → $^{238}_{92}U$, 딸 핵종 → $^{234}_{90}Th$

알파 붕괴 $$^{238}_{92}U \longrightarrow {}^{234}_{90}Th + {}^{4}_{2}He$$

핵화학에서 특정 동위원소를 언급할 때 핵종이라는 용어를 사용한다.

원래 원자는 **어미 핵종**(parent nuclide), 생성물은 **딸 핵종**(daughter nuclide)이라고 부른다. 한 원소가 알파 입자를 방출할 때 핵 속의 양성자 수가 변하여 다른 원소로 바뀐다는 것을 주목해야 한다. 이 경우 U-238은 토륨(Th)-234로 변한다. 원소 자체가 그대로 유지되는 화학 반응과는 달리 핵반응은 종종 포함된 원소 자체가 변한다. 그러나 화학 반응식처럼 핵반응식도 균형을 맞추어야 한다.

핵반응식의 양쪽에서 원자 번호의 합이 같아야 하고 질량수의 합도 같아야 한다.

$$^{238}_{92}U \longrightarrow {}^{234}_{90}Th + {}^{4}_{2}He$$

왼쪽	오른쪽
질량수의 합 = 238	질량수의 합 = 234 + 4 = 238
원자 번호의 합 = 92	원자 번호의 합 = 90 + 2 = 92

알파 붕괴

불안정한 핵이 2개의 양성자와 2개의 중성자로 이루어진 입자를 방출할 때 알파 방사선이 생긴다.

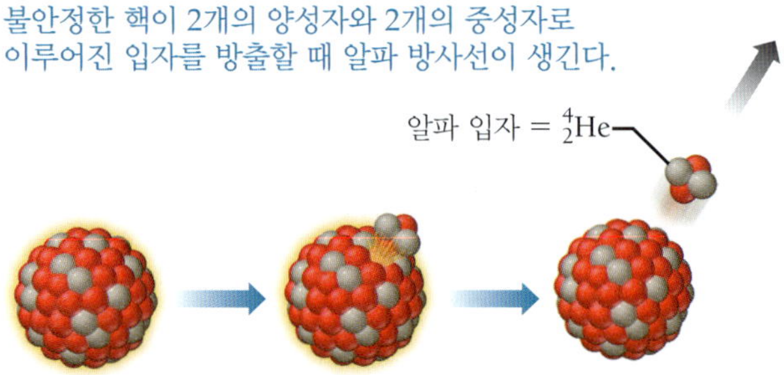

▲ **그림 17.4 알파 방사선.** 한 원소가 알파 입자를 방출하면 그 원소의 원자 번호는 어떻게 되는가?

알파 붕괴 때문에 생성되는 딸 핵종을 어떤 원소 종류 및 기호로 나타내야 하는지는 어미 핵종의 원자 번호와 질량수로 알아낼 수 있다. 예제 17.1에서 보듯이 알파 붕괴가 일어날 때 질량수는 4가 감소하고 원자 번호는 2가 감소한다.

예를 들어 Th-232의 알파 붕괴를 핵반응식으로 쓰려면 먼저 왼쪽에 Th-232의 화학 기호를 쓰고 오른쪽에 알파 입자의 기호를 쓴다.

$$^{232}_{90}Th \longrightarrow {}^{x}_{y}? + {}^{4}_{2}He$$

아직 알 수 없는 딸 핵종의 원자 번호와 질량수는 핵반응식의 균형을 맞추면서 유추해낼 수 있다.

$$^{232}_{90}\text{Th} \longrightarrow \overbrace{\underbrace{^{x}_{y}? + {^{4}_{2}\text{He}}}_{y+2=90;\ y=88}}^{x+4=232;\ x=228}$$

그러므로

$$^{232}_{90}\text{Th} \longrightarrow {^{228}_{88}?} + {^{4}_{2}\text{He}}$$

생성된 원소의 원자 번호는 88이고 질량수는 228이어야 한다. 이제 딸 핵종의 종류와 화학 기호는 원자 번호로 알아낼 수 있다. 원자 번호가 88인 딸 핵종은 라듐(Ra)이다.

$$^{232}_{90}\text{Th} \longrightarrow {^{228}_{88}\text{Ra}} + {^{4}_{2}\text{He}}$$

예제 17.1 알파 붕괴의 핵반응식

Ra-224의 알파 붕괴에 대한 핵반응식을 작성하시오.

답 반응식의 왼쪽에 Ra-224의 기호를, 오른쪽에 알파 입자의 기호를 먼저 쓴다.	$^{224}_{88}\text{Ra} \longrightarrow {^{x}_{y}?} + {^{4}_{2}\text{He}}$
왼쪽과 오른쪽 질량수의 합과 원자 번호의 합이 같아지도록 미지의 딸 핵종의 질량수와 원자 번호를 정한다.	$^{224}_{88}\text{Ra} \longrightarrow {^{220}_{86}?} + {^{4}_{2}\text{He}}$
원자 번호로부터 딸 핵종의 종류를 알아내고 화학 기호를 쓴다. 원자 번호가 86이므로 딸 핵종은 라돈(Rn)이 된다.	$^{224}_{88}\text{Ra} \longrightarrow {^{220}_{86}\text{Rn}} + {^{4}_{2}\text{He}}$

▶ **연습문제 17.1 | 알파 붕괴의 핵반응식**

폴로늄-216의 알파 붕괴에 대한 핵반응식을 작성하시오.

▶ **심화 학습** 예제 17.6/복습문제 59, 60

Rutherford는 핵을 발견할 당시 원자의 구조를 알아내기 위해 알파 입자를 이용하고 있었다(4.3절 참조).

이온화한다는 것은 이온(전하를 띤 입자)을 만드는 것을 말한다.

알파 방사선은 방사능 중에서 대형 화물차와 같다. 알파 입자는 방사성 핵에서 방출된 모든 입자 중 질량이 가장 크다. 결과적으로 알파 방사선은 생명체를 비롯한 다른 분자와 가장 큰 상호작용을 할 것이고, 또한 가장 큰 손상을 입힐 수 있을 것이다. 방사선은 다른 분자 또는 원자와 상호작용하여 그것을 이온화한다. 만약 방사선이 살아 있는 생명체의 세포 내 분자를 이온화하면 분자가 손상되어 세포가 죽거나 비정상적으로 재생될 수 있다. 다른 분자나 원자를 이온화할 수 있는 방사선의 능력을 **이온화력**(ionizing power)이라고 한다. 방사능의 모든 유형 중에서 알파 방사선은 이온화력이 가장 크다.

그러나 입자 크기가 크기 때문에 알파 방사선은 가장 낮은 **침투력**(penetrating power), 즉 물질에 침투할 수 있는 능력을 가지고 있다(대형 화물차가 교통 체증 지역을 빠져나가려고 애쓰는 모습을 상상해보라). 방사선이 살아 있는 세포 내의 중요한 분자를 손상하려면 먼저 세포에 침투해야 한다. 알파 방사선은 세포에 쉽게 침투하지 못한다. 알파 입자는 종이, 헝겊, 심지어 공기로도 막을 수 있다. 결과적으로 몸 밖에 있는 낮은 수준의 알파 방출제는 상대적으로 안전하다. 그러나 알파 방출제가 소화기나 호흡기를 통해 몸속으로 흡수되면 알파 입자가 신체 기관과 조직의 분자와 직접 접촉함으로써 매우 위험해진다.

요약

- 알파 입자는 2개의 양성자와 2개의 중성자로 이루어져 있다.
- 알파 입자는 기호 ${}^{4}_{2}He$로 나타낸다.
- 알파 입자는 이온화력이 높다.
- 알파 입자는 침투력이 낮다.

베타(β) 방사선

베타(β) 방사선[beta(β) radiation]은 불안정한 핵이 전자 하나를 방출할 때 일어난다(그림 17.5). 양성자와 중성자만을 포함하고 있는 핵이 어떻게 전자를 방출하는가? 전자는 중성자가 양성자로 바뀔 때 중성자로부터 나온다. 달리 말해 어떤 불안정한 핵에서 중성자가 양성자로 바뀌고 그 과정 중에 전자를 방출할 것이다.

$$\textbf{베타 붕괴} \quad \text{중성자} \longrightarrow \text{양성자} + \text{전자}$$

핵반응식에서 **베타(β) 입자**[beta(β) particle]의 기호를 다음과 같이 표시한다.

$$\text{베타}(\beta)\ \text{입자} \quad {}^{0}_{-1}e$$

베타 방사선은 음전하를 띠기 때문에 베타 마이너스(β^-) 방사선이라고도 부른다.

기호 왼쪽의 위첨자 0은 전자의 질량수를 나타낸다. 왼쪽 아래첨자(−1은 전자의 전하를 나타님. 핵반응식에서 전자)는 −1의 원자 번호와 같다. 원자가 베타 입자를 방출할 때 원자 번호는 1이 증가하는데, 이는 핵에 양성자가 하나 증가하기 때문이다. 그 예로 Ra-228의 베타 붕괴에 대한 핵반응식은 다음과 같다.

$${}^{228}_{88}Ra \longrightarrow {}^{228}_{89}Ac + {}^{0}_{-1}e$$

질량수는 양성자 수와 중성자 수의 합이라는 사실을 기억하라. 전자는 양성자나 중성자를 가지고 있지 않으므로 질량수가 0이다.

위의 핵반응식은 이미 균형이 맞는 식이라는 것을 알 수 있다(양변의 질량수의 합과 원자 번호의 합이 같다).

왼쪽 ${}^{228}_{88}Ra$	$\longrightarrow$	오른쪽 ${}^{228}_{89}Ac + {}^{0}_{-1}e$
질량수의 합 = 228		질량수의 합 = 228 + 0 = 228
원자 번호의 합 = 88		원자 번호의 합 = 89 − 1 = 88

베타 붕괴에 의한 딸 핵종의 원소 종류와 기호는 예제 17.2에서 보듯이 알파 붕괴에 대한 방법과 비슷한 방법으로 구할 수 있다.

베타 방사선은 방사능 중에서 중형 자동차에 해당된다. 베타 입자의 질량은 알파 입자보다 훨씬 작다. 그 결과 베타 입자는 알파 입자보다 이온화력이 낮다. 그러나 베타 입자는 크기가 작아 더 높은 침투력을 갖고 있기 때문에 베타 입자의 침투를 막으려면 금속판이나 두꺼운 나무판이 필요하다. 결과적으로 몸 밖에서 낮은 수준의 베타 방출제는 알파 방출제보다 위험성이 높다. 하지만 몸속에서 베타 방출제는 알파 방출제보다 덜 위험하다.

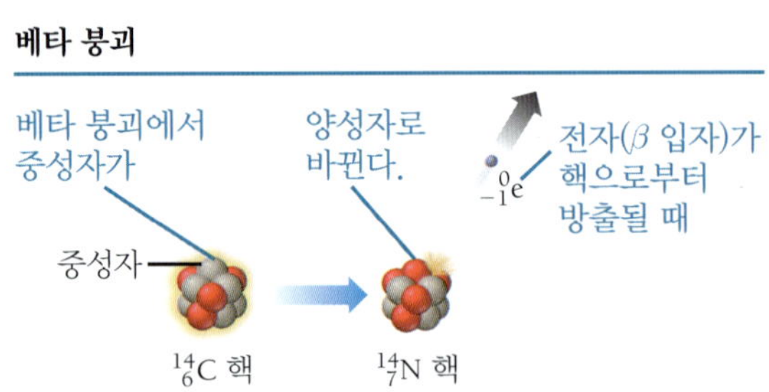

▶ **그림 17.5 베타 방사선.** 불안정한 핵이 전자를 방출할 때 베타 방사선이 발생한다. 한 원소가 베타 입자를 방출할 때 원자 번호는 어떻게 되는가?

요약

- 베타 입자는 중성자가 양성자로 바뀔 때 원자의 핵으로부터 방출되는 전자이다.
- 베타 입자의 기호는 ${}^{0}_{-1}e$이다.
- 베타 입자는 이온화력이 중간 정도이다.
- 베타 입자는 침투력이 중간 정도이다.

예제 17.2 베타 붕괴의 핵반응식

버클륨(Bk)-249의 베타 붕괴에 대한 핵반응식을 작성하시오.

답	
반응식의 왼쪽에 Bk-249의 기호를, 오른쪽에 베타 입자 기호를 먼저 쓴다.	${}^{249}_{97}Bk \longrightarrow {}^{x}_{y}? + {}^{0}_{-1}e$
양변의 질량수의 합과 원자 번호의 합이 같도록 오른쪽에 적당한 질량수와 원자 번호를 가진 미지의 딸 핵종을 쓴다.	${}^{249}_{97}Bk \longrightarrow {}^{249}_{98}? + {}^{0}_{-1}e$
미지의 딸 핵종이 어떤 원소인지 원자 번호로부터 알아낸 다음 그 화학 기호를 쓴다. 원자 번호가 98이므로 딸 핵종은 캘리포늄(Cf)일 것이다.	${}^{249}_{97}Bk \longrightarrow {}^{249}_{98}Cf + {}^{0}_{-1}e$

▶ **연습문제 17.2 | 베타 붕괴의 핵반응식**

Ac-228의 베타 붕괴에 대한 핵반응식을 작성하시오.

▶ **연습문제 17.2+**

U-235의 알파 붕괴를 시작으로 생성된 딸 핵종의 베타 붕괴, 또 다른 알파 붕괴 등 연속적인 세 차례의 핵붕괴에 대한 핵반응식을 순서대로 작성하시오.

▶ **심화 학습** 예제 17.7/복습문제 61, 62

✔ 확인문제 17.1

원자 번호 84인 원소에서 알파 붕괴 후에 베타 붕괴가 일어났다. 두 번의 붕괴 후에 딸 핵종의 원자 번호는 얼마인가?

(a) 81 (b) 82 (c) 83 (d) 84

감마(γ) 방사선

감마(γ) 방사선[gamma(γ) radiation]은 알파 방사선이나 베타 방사선과 매우 다르다. 감마 복사는 물질이 방출되는 것이 아니고 전자기선의 복사이다. 감마선은 높은 에너지의(짧은 파장의) 광자이다. **감마선**(gamma ray)의 기호는 다음과 같다.

9.3절의 전자기 복사를 복습하라.

감마선 ${}^{0}_{0}\gamma$ 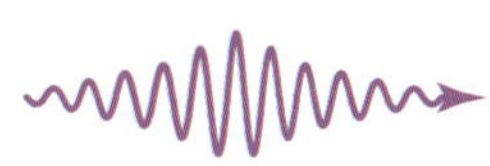

감마선은 전하와 질량을 가지고 있지 않다. 방사성 원자에서 감마선이 방출될 때 원자 번호나 질량수는 변하지 않는다. 감마선은 일반적으로 들뜬 상태 또는 다른 유형의 방사선과 함께 방출된다. 예를 들면 U-238의 알파 방출은 감마선의 방출을 수반한다.

$$^{238}_{92}U \longrightarrow {}^{234}_{90}Th + {}^{4}_{2}He + {}^{0}_{0}\gamma$$

다른 유형의 방사선과 결합하여 감마선을 방출하는 것은 너무 흔하여 핵 반응식에서 종종 제외된다. 핵 화학자들은 감마선이 다른 유형의 붕괴와 함께 방출된다는 것만 단순히 이해한다.

감마선은 방사능 중에서 오토바이에 해당한다. 감마선은 가장 낮은 이온화력을 가지고 있지만 침투력은 가장 높다(오토바이가 굉음을 내며 교통 체증 지역을 빠져나가는 것을 상상해 보라). 감마선을 막아내려면 몇 인치 두께의 납으로 된 차폐막 또는 두꺼운 콘크리트 판이 필요하다.

요약

- 감마선은 전자기 복사(높은 에너지, 짧은 파장의 광자)이다.
- 감마선의 기호는 ${}^{0}_{0}\gamma$이다.
- 감마선은 이온화력이 낮다.
- 감마선은 침투력이 높다.

✔ 확인문제 17.2

옆방에 알파 방출기, 베타 방출기, 감마 방출기가 모두 비슷한 활동을 할 때, 현재 있는 방에서 어떤 입자를 가장 많이 감지할 수 있는가?

(a) 알파 입자　　(b) 베타 입자　　(c) 감마 입자

양전자 방출

양전자 방출(positron emission)은 불안정한 핵이 양전자를 방출할 때 일어난다(그림 17.6). **양전자**(positron)는 전자와 같은 질량이며 +1의 전하를 가지고 있다. 몇몇 불안정한 핵에서 양성자가 중성자로 변하는 과정 중에 양전자를 방출한다.

양전자 방출은 베타 방출의 한 유형으로 볼 수 있으며, 간혹 베타플러스(β^+) 방출이라고도 한다.

양전자 방출　양성자 ⟶ 중성자 + 양전자

핵반응식에서 양전자의 기호는 다음과 같다.

양전자　${}^{0}_{+1}e$

왼쪽 위첨자 0은 양전자의 질량수가 0임을 나타내고, 왼쪽 아래첨자 +1은 양전자의 전하를 나타낸다. 양전자의 전하는 핵반응식에서 +1의 원자 번호와 동등하다. 원자가 양전자를 방출하면서 양성자 수가 하나 적어지므로 이 원자의 원자 번호는 1이 감소한다. 예를 들어 인(P)-30의 양전자 방출에 대한 핵반응식은 다음과 같다.

$$^{30}_{15}P \longrightarrow {}^{30}_{14}Si + {}^{0}_{+1}e$$

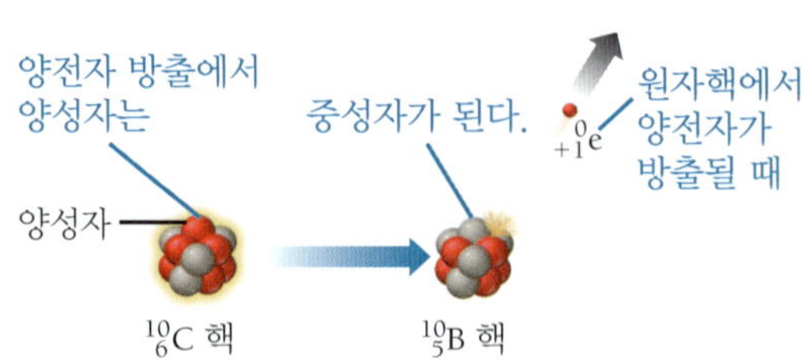

▶ **그림 17.6 양전자 방출.** 양전자 방출은 불안정한 핵이 양전자를 방출할 때 일어난다. 양전자 방출이 일어날 때 원소의 원자 번호는 어떻게 변하는가?

양전자 방출에 따른 딸 핵종의 종류와 기호는 예제 17.3에서 보듯이 알파, 베타 붕괴의 경우와 비슷한 방법으로 구한다. 양전자 방출의 이온화력과 침투력은 베타 방출과 비슷하다. 이 장에서 다룬 여러 가지 종류의 방사능을 표 17.1에 요약했다.

표 17.1 방사성 붕괴의 몇 가지 형태

붕괴 유형	과정	이온화력	침투력	예
α	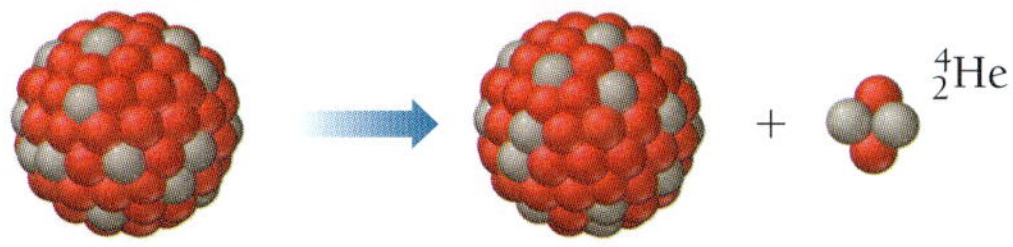	높다	낮다	$^{238}_{92}U \longrightarrow {}^{234}_{90}Th + {}^{4}_{2}He$
β	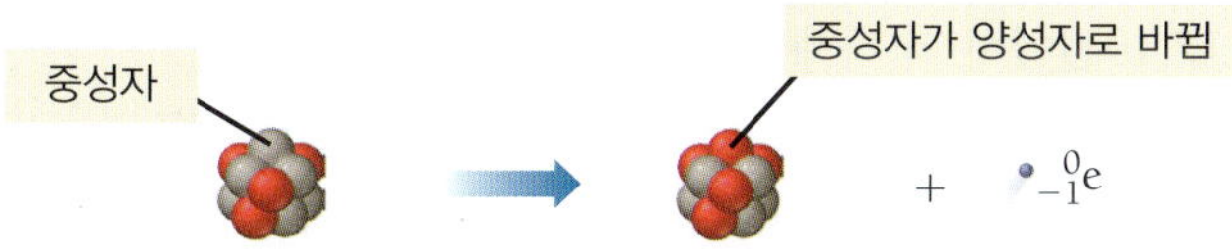	보통	보통	$^{228}_{88}Ra \longrightarrow {}^{228}_{89}Ac + {}^{0}_{-1}e$
γ	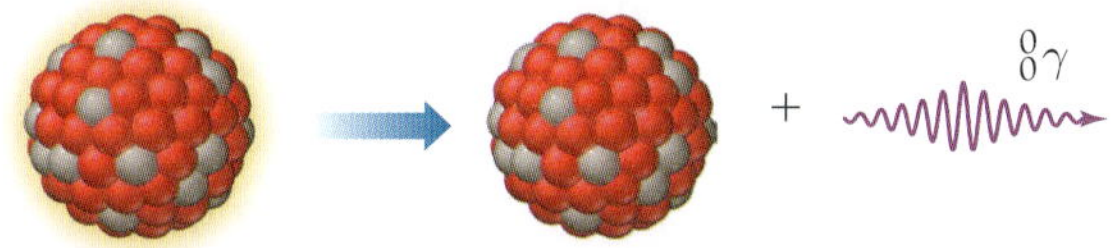	낮다	높다	$^{234}_{90}Th \longrightarrow {}^{234}_{90}Th + {}^{0}_{0}\gamma$
양전자 방출	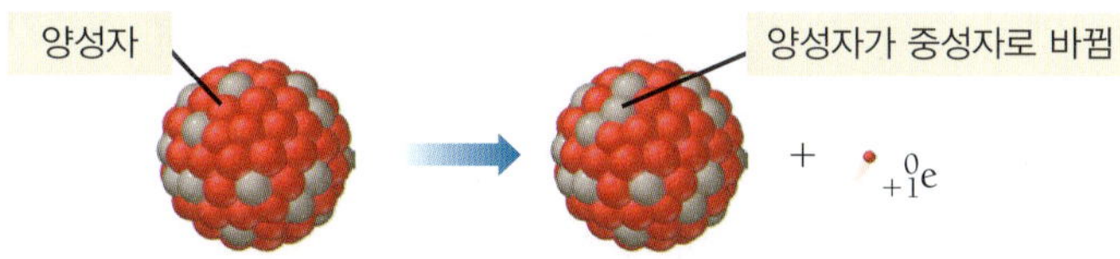	보통	보통	$^{30}_{15}P \longrightarrow {}^{30}_{14}Si + {}^{0}_{+1}e$

예제 17.3 양전자 방출의 핵반응식

포타슘(K)-40의 양전자 방출에 대한 핵반응식을 작성하시오.

답

반응식의 왼쪽에 K의 기호를, 오른쪽에 양전자의 기호를 먼저 쓴다.	$^{40}_{19}K \longrightarrow {}^{x}_{y}? + {}^{0}_{+1}e$
반응식 양변의 질량수의 합, 원자 번호의 합이 같도록 미지의 딸 핵종의 질량수와 원자 번호를 쓴다.	$^{40}_{19}K \longrightarrow {}^{40}_{18}? + {}^{0}_{+1}e$
미지 딸 핵종의 종류를 원자 번호로부터 알아내어 그 기호를 쓴다. 여기서는 원자 번호가 18이므로 딸 핵종은 아르곤(Ar)임이 틀림없다.	$^{40}_{19}K \longrightarrow {}^{40}_{18}Ar + {}^{0}_{+1}e$

▶ **연습문제 17.3 | 양전자 방출의 핵반응식**

소듐(Na)-22의 양전자 방출에 대한 핵반응식을 작성하시오.

▶ **심화 학습** 예제 17.8/복습문제 63, 64

✔ 확인문제 17.3

다음 중 어미 원소의 질량수를 변화시키는 방사성 붕괴는 무엇인가?

(a) 알파(α) 붕괴 (b) 베타(β) 붕괴
(c) 감마(γ) 붕괴 (d) 양전자 붕괴

17.4 방사능의 검출

▶ 방사능 검출에 사용되는 방법을 설명한다.

방사성 핵으로부터 방출된 입자는 엄청난 양의 에너지를 포함하고 있으므로 높은 감도로 검출될 수 있다. 방사선 검출기는 원자 또는 분자와의 상호작용을 통해 이러한 입자를 검출한다. 가장 일반적인 방사선 검출기는 **열발광 방사선량계**(thermoluminescent dosimeter)로, 방사능 물질을 다루거나 그 근처에서 일하는 모든 사람에게 지급된다(그림 17.7a). 이 방사선량계에는 이온화 방사선에 의해 들뜨는 플루오린화 칼슘과 같은 염 결정이 포함되어 있다. 들뜨는 전자는 의도적으로 결정에 유입된 불순물에 의해 갇히게 된다. 결정이 가열되면 전자는 바닥 상태로 이완되어 빛을 방출한다. 방출되는 빛의 양은 방사선 노출에 비례한다. 이러한 방사선량계는 사람의 피폭을 감지하기 위해 정기적으로 수집 및 처리한다. 노출의 영향과 측정에 대해서는 17.10절에서 더 자세히 설명할 것이다.

가이거-밀러 계측기(Geiger-Müller counter) 같은 기기(그림 17.7b)로 즉석에서 방사능을 검출할 수 있다. 보통 간단히 가이거 계측기라고 부르는 이 기구 내에서 방사능 핵에서 방출되는 입자가 아르곤이 담긴 용기를 지나간다. 에너지가 큰 입자는 아르곤 용기를 지나갈 때 이온화된 아르곤 원자가 지나간 흔적을 만든다. 충분히 높은 전압을 걸면 새로 형성된 이온은 전기적 신호를 만들어 계기판에 표시되거나 짤깍거리는 소리로 바뀌어 검출될 것이다. 짤깍거리는 소리의 횟수는 아르곤 용기를 통과하는 방사능 입자의 수에 대응하며, 이는 방사능 검출기를 다루는 대부분의 사람들에게 익숙한 소리이다.

방사선을 즉석에서 검출할 때 이용하는 또 다른 기기로 **섬광 계측기**(scintillation counter)가 있다. 섬광 계측기에서는 방출된 방사선이 NaI 또는 CsI 같은 물질을 통과시킨다. 이 물질은 에너지가 큰 입자에 의해 들뜨면 자외선이나 가시광선을 방출한다. 이러한 빛이 검출되면 계기판에서 읽을 수 있는 전기 신호로 바뀐다.

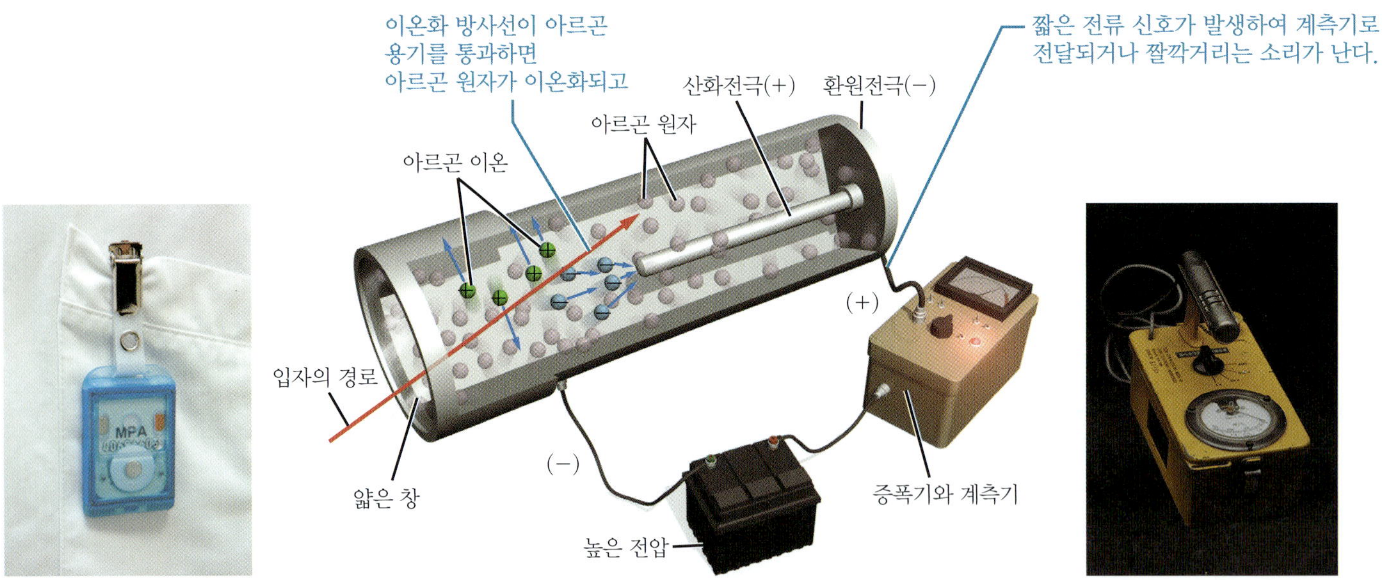

(a) (b)

▲ **그림 17.7 방사선 검출.** (a) 열발광 방사선량계는 방사선에 노출될 위험이 있는 작업자에게 지급된다. (b) 가이거 계측기는 방사성 핵에서 방출되는 에너지가 높은 입자가 아르곤 기체로 채워진 용기를 통과할 때 입자의 통과를 기록할 수 있다. 아르곤 원자가 이온화되면 생성된 이온은 산화전극으로 끌려가고, 이동된 전자는 음극으로 끌려가 다양한 방법으로 기록될 수 있는 미세한 전류를 만든다.

17.5 자연 방사능과 반감기

▶ 반감기를 이용하여 방사성 시료의 양을 경과 시간과 연관 짓는다.

방사능은 환경을 구성하는 자연적인 요소 중 하나이다. 지면은 주변의 대기로 방사선을 방출하는 방사성 원자를 포함하고 있다. 인간이 먹는 음식물은 체액이나 세포로 흡수될 수 있는 잔류량의 방사성 원자를 포함하고 있다. 우주에서 오는 적은 양의 방사선은 대기를 통과하여 끊임없이 지구와 충돌한다. 인간을 비롯한 살아 있는 유기체는 이러한 환경에서 살아남기 위해 진화하면서 적응한다. 주변에서 방사능이 발생하고 있는 한 가지 이유는 원자 번호 83번(비스무트) 이후 모든 원자핵의 불안정성 때문이다. 뿐만 아니라 83개 이하의 양성자를 지닌 몇몇 원소도 그 동위원소가 불안정하여 방사능을 가지고 있다.

반감기

1개의 방사성 핵종이 붕괴하여 한 번의 방사선의 방출을 일으킨다.

다양한 종류의 방사성 핵종은 붕괴하여 딸 핵종으로 변하는데 붕괴 속도는 종류에 따라 다르다. 어떤 핵종은 빠르게 붕괴하는 반면 어떤 핵종은 느리게 붕괴한다. 방사성 시료에 있는 어미 핵종의 절반이 붕괴하여 딸 핵종으로 변화하는 데 걸리는 시간을 **반감기**(half-life)라고 한다. 빠르게 붕괴하는 핵종은 반감기가 짧아서 매우 활동적인 반면에(단위 시간당 많은 붕괴가 일어남) 느리게 붕괴하는 핵종은 반감기를 길어서 덜 활동적이다(단위 시간당 붕괴 횟수가 더 적음).

예를 들어 Th-232는 다음과 같은 핵반응에 따라 붕괴하는 알파 방출제이다.

$$^{232}_{90}\text{Th} \longrightarrow {}^{228}_{88}\text{Ra} + {}^{4}_{2}\text{He}$$

Th-232의 반감기는 1.4×10^{10}년 또는 140억 년이다. 100만 개의 Th-232 원자를 포함하고 있는 시료는 140억 년 동안 붕괴하여 50만 개의 원자가 된다. 그리고 또다시 140억 년이 지나야 25만 개의 원자가 된다(그림 17.8).

$$\text{Th-232 원자 100만 개} \xrightarrow[\text{140억 년}]{} \text{Th-232 원자 50만 개} \xrightarrow[\text{140억 년}]{} \text{Th-232 원자 25만 개}$$

방사성 핵종은 각각 특정한 반감기를 가지고 있으며, 반감기가 물리적 조건이나 화학적 환경의 영향을 받지 않는다.

두 번의 반감기가 지나도 시료 속 방사성 원자의 수는 0이 되지 않는다(두 번의 반감기를 더해도 '전체' 생애가 되지 않는다). 한 번의 반감기가 지난 후 남은 양이 항상 처음의 절반이다. 두 번의 반감기가 지나도 여전히 처음의 1/4은 남아 있고, 이러한 식으로 반복된다.

어떤 핵종은 반감기가 짧다. 라돈-220의 반감기는 약 1분이다. 100만 개의 Rn-220 원자를 포함한 시료는 처음의 1/4, 즉 25만 개의 원자로 감소하는 데 단 2분이 걸린다.

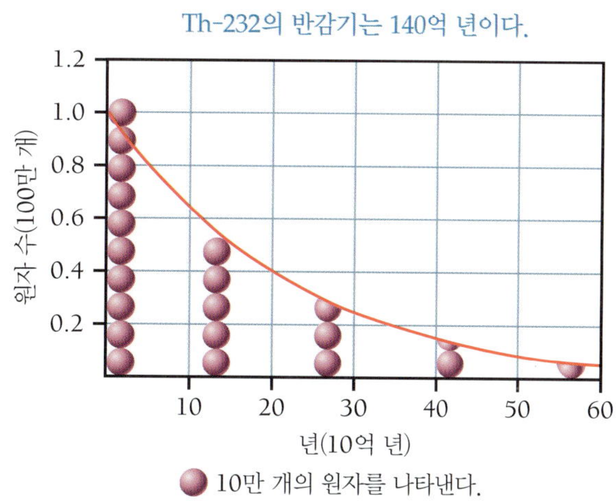

▶ **그림 17.8 반감기의 개념.** 처음에 Th-232 원자 100만 개였던 시료에 포함된 Th-232 원자의 수를 시간의 함수로 나타낸 그래프이다.

표 17.2 몇 가지 핵종의 반감기

핵종	반감기	붕괴 유형
$^{232}_{90}Th$	1.4×10^{10}년	알파
$^{238}_{92}U$	4.5×10^{9}년	알파
$^{14}_{6}C$	5715년	베타
$^{220}_{86}Rn$	55.6초	알파
$^{219}_{90}Th$	1.05×10^{-6}초	알파

$$\text{Rn-220 원자 100만 개} \xrightarrow[\text{1분}]{} \text{Rn-220 원자 50만 개} \xrightarrow[\text{1분}]{} \text{Rn-220 원자 25만 개}$$

Rn-220은 Th-232보다 훨씬 활동적이다. 단위 시간당 붕괴 횟수가 훨씬 많기 때문이다. 어떤 핵종은 반감지가 훨씬 짧다. 표 17.2는 몇 가지 핵종의 반감기를 보여준다.

✔ 확인문제 17.4

다음 그래프는 방사성 핵종의 몰수를 나타낸 시간의 함수이다. 이 핵종의 반감기는 얼마인가?

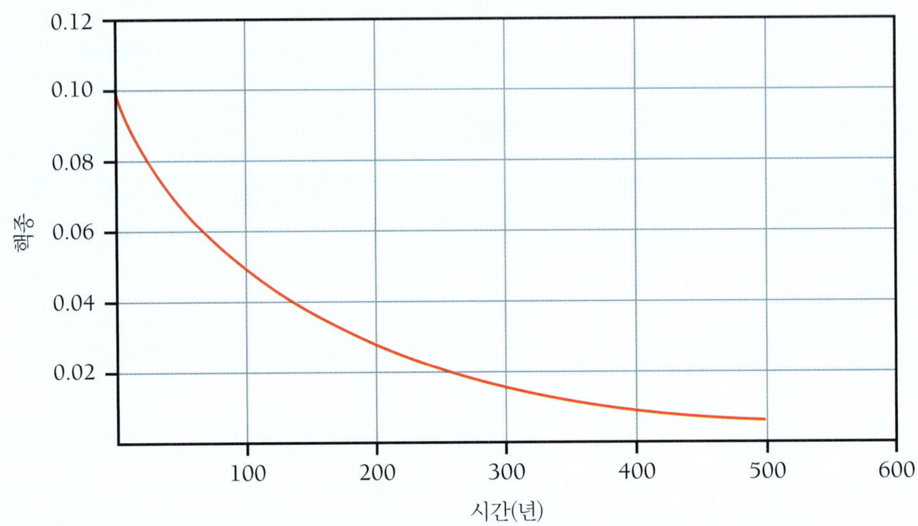

(a) 500년 (b) 250년 (c) 125년 (d) 50년

예제 17.4 반감기

Th-228(반감기 1.9년) 시료 1.80 mol이 0.225 mol로 붕괴되는 데 걸리는 시간은 얼마인가?

답

Th-228의 양을 반감기의 함수로 나타낸 표를 작성한다. 반감기마다 Th-228의 양을 2로 나눈다.

Th-228의 양	반감기의 횟수	시간(년)
1.80 mol	0	0
0.900 mol	1	1.9
0.450 mol	2	3.8
0.225 mol	3	5.7

그러므로 시료의 양이 0.225 mol로 붕괴하는 데 시간은 세 번의 반감기, 즉 5.7년이다.

▶ **연습문제 17.4 | 반감기**

처음에 시료에 Ra-226 0.112 mol이 포함되어 있고, Ra_226의 반감기는 1,600년이다. 6,400년 후에 이 시료에 남아 있는 Ra-226의 양은 얼마인가?

▶ **심화 학습** 예제 17.9/복습문제 69~76

화학과 건강

자연 환경의 라돈

방사성 기체인 라돈은 우라늄의 방사성 붕괴 계열의 산물 중 하나이다. 지하에 우라늄이 있는 곳에서는 라돈이 공기 중으로 확산된다. 라돈과 라돈의 딸 핵종은 (먼지 입자에 묻어서) 허파로 흡입될 수 있으며, 붕괴되어 폐암의 위험을 높인다. 라돈의 방사성 붕괴는 인간에게 가장 큰 단일 방사선 노출원이다.

지하에 상당한 양의 우라늄이 매장된 지역에 지어진 집은 큰 위험에 노출되어 있다. 이러한 집은 라돈이 미국 환경보호국(EPA)의 안전 기준 이상으로 축적될 수 있다. 실내 공기를 검사하여 라돈을 측정할 수 있는 간단한 시험 장비가 있다. 라돈 수치가 높을수록 위험성도 높다. 이러한 위험성은 그 집에 살고 있는 흡연자에게 훨씬 더 위험하다. 실내의 라돈 수치가 과도하게 높다면 라돈을 빼내기 위한 환기 시설을 설치해야 한다. 라돈 수치가 낮다면 창문과 문을 열어 둠으로써 환기시킬 수 있다.

질문 어떤 집에 라돈-222(반감기 3.8일) 1.80×10^{-3} mol이 들어 있다. 이 집에 라돈이 더 이상 들어가지 않을 때 라돈의 양이 4.50×10^{-4} mol이 되는 데 며칠이 걸리는가?

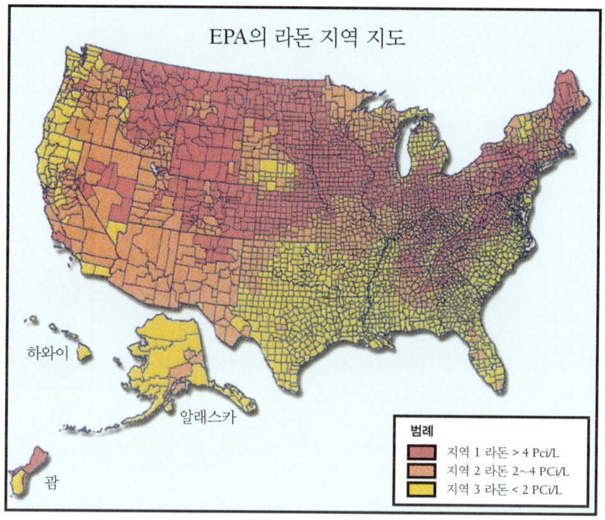

▲ 미국의 라돈 농도를 보여주는 지도. 지역 1은 라돈의 농도가 가장 높고 지역 3은 가장 낮다.

자연 방사성 붕괴 계열

자연 환경에서 방사성 원소는 모두 방사성 붕괴가 진행되고 있다. 지금껏 우리 주변에 있는 이유는 그 반감기가 매우 길거나 방사성 원소가 자연 환경에서 다른 경로로 지속적으로 형성되기 때문이다. 많은 경우에 방사성 붕괴로 생성된 딸 핵종은 그 자체가 방사능을 가지고 있으며, 방사능을 가진 또 다른 딸 핵종을 차례로 생성한다. 결국은 방사성 붕괴 계열대로 붕괴를 계속한다.

예를 들어 우라늄(원자 번호 92)은 자연적으로 생긴 가장 무거운 원소이다. 이것은 반감기가 44억 7,000만 년인 Th-234로 붕괴하는 알파 방출제이다.

$$^{238}_{92}\text{U} \longrightarrow ^{234}_{90}\text{Th} + ^{4}_{2}\text{He}$$

딸 핵종인 Th-234도 방사능 원소(반감기가 24.1일인 Pa-234로 붕괴하는 베타 방출제)이다.

$$^{234}_{90}\text{Th} \longrightarrow ^{234}_{91}\text{Pa} + ^{0}_{-1}\text{e}$$

Pa-234 역시 방사성인데 24만 4,500년의 반감기로 베타 방출을 통해 U-234로 붕괴한다. 이 과정은 안정한 Pb-206이 될 때까지 계속된다.

그림 17.9에서는 U-238의 전체 붕괴 계열을 보여주고 있다. 달리 말해 자연 환경에서 발견되는 모든 U-238은 납이 될 때까지 천천히 붕괴한다. 하지만 이 계열 중 첫 단계의 반감기는 너무 길어서 자연 환경에는 여전히 상당량의 U-238이 존재한다. 붕괴 계열에서 나타나는 다른 모든 핵종 역시 각각의 반감기에 따라 다양한 양이 자연계에 존재한다.

▶ 그림 17.9 **U-238 붕괴 계열.** 붉은색 화살표는 알파 붕괴를 나타내고, 푸른색 화살표는 베타 붕괴를 나타낸다.

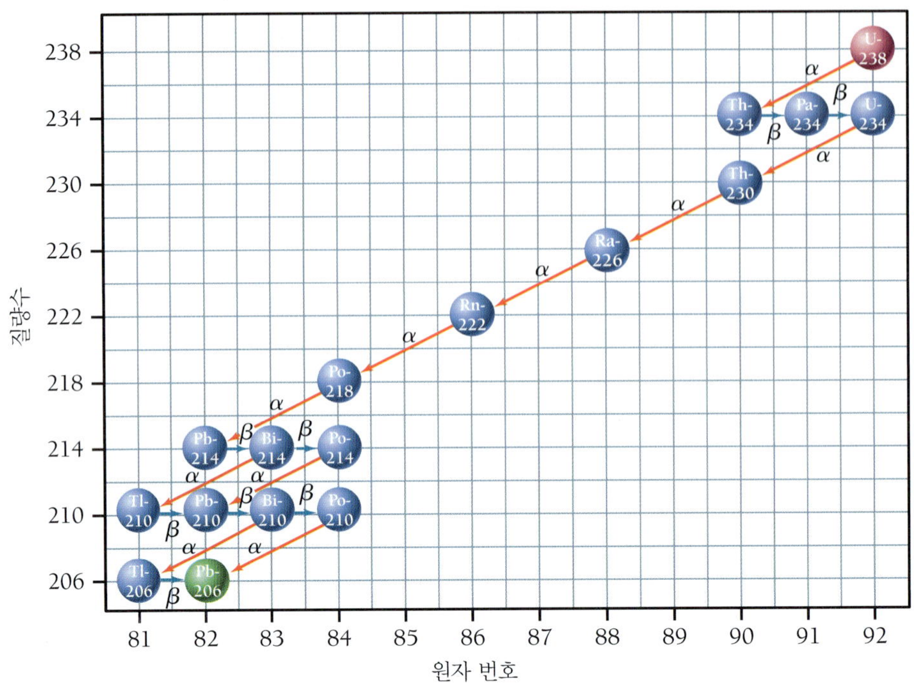

✔ 확인문제 17.5

특정 방사성 동위원소가 100만 개 있다. 몇 번의 반감기를 거쳐야 동위원소 수가 1,000개 미만이 되는가?

(a) 10 (b) 100 (c) 1000 (d) 1001

17.6 방사성탄소 연대 측정법: 방사능을 이용한 화석, 고대 유물의 연대 측정

▶ 탄소-14의 함량을 이용하여 화석 또는 고대 유물의 연대를 구한다.

고고학자, 지질학자, 인류학자와 과학자는 **방사성탄소 연대 측정법**(radiocarbon dating)이라는 기술을 통해 화석이나 고대 유물의 나이를 추정하기 위해 우리 주변에 있는 자연 방사능의 존재를 이용한다. 1947년에 사해 근처에서 잃어버린 염소를 찾던 젊은 목동들이 한 동굴에 들어갔다가 항아리 속에 방치되어 있던 고대의 두루마리를 발견했다. 지금은 사해본이라고 부르는 이 두루마리는 2,000년 된 성경 필사본으로, 현존하는 다른 필사본보다 거의 1,000년 정도 앞선 것이다.

다른 고대 유물처럼 사해본도 그 나이를 알려주는 방사성 특징을 가지고 있었다. 이 특징은 주변에 있는 방사성 원소인 탄소-14의 존재에서 비롯된다. 탄소-14는 질소에 대한 중성자 충격에 의해 대기 상층부에서 끊임없이 형성되고 있다.

$$^{14}_{7}\text{N} + ^{1}_{0}\text{n} \longrightarrow ^{14}_{6}\text{C} + ^{1}_{1}\text{H}$$

탄소-14는 베타 방출에 의해 다시 질소로 돌아가는 데 그 반감기가 5715년이다.

$$^{14}_{6}\text{C} \longrightarrow ^{14}_{7}\text{N} + ^{0}_{-1}\text{e}$$

살아 있는 유기체에서 탄소-14의 농도는 모두 같다.

대기 중에서 탄소-14는 지속적으로 생성되며, 이것은 다시 질소-14로 계속해서 붕괴되기 때문에 대기 중에서 탄소-14는 일정한 평형 농도를 유지하고 있다. 탄소-14는 이산화 탄소로 산화되고 다시 광합성에 의해 식물체 내로 들어가 식물의 일부가 된다. 동물 또한 식물을 먹이로 삼기 때문에 결국 그것은 동물의 구성 원소가 된다. 결과적으로 살아 있는 모든 유기체는 일정량의 탄소-14를 포함하고 있다. 살아 있는 유기체가 죽으면 새로운 탄소-14가 조직의 구성 원소가 되는 일을 멈추게 된다. 유기체가 죽은 시점에서 유기체 내에 존재하는 탄소-14는 5,715년의 반감기로 붕괴한다. 사해 두루마리 필사본처럼 많은 고대 유물은 일단은 살아 있는 물체(파피루스, 나무, 기타 식물과 동물에서 얻어진 것)로부터 만들어지기 때문에 유물 내에 있는 탄소-14의 양은 그 나이를 알려준다.

예를 들어 고대 유물이 지닌 탄소-14의 농도가 살아 있는 유기체에서 발견되는 양의 50% 정도라고 하자. 이 유물의 나이는 몇 살일까? 유물에 포함된 탄소-14의 양이 살아 있는 유기체의 반 정도이므로 그 나이는 한 번의 반감기 또는 5,715년 정도일 것이다. 유물에 포함된 탄소-14의 양이 현재 살아 있는 유기체의 25%라면 그 나이는 두 번의 반감기 또는 1만 1,430년 정도일 것이다. 탄소-14의 함유량에 따른 대상물는 표 17.3과 같다. 반감기보다 더 적은 나이 또는 정수가 아닌 수의 반감기 횟수가 계산될 수도 있지만 이러한 계산은 이 책의 범위를 벗어난다.

표 17.3 탄소-14의 함유량에 따른 대상물의 나이

G-14의 농도 (살아 있는 유기체와 비교한 상대적 % 농도)	대상물의 나이(년)
100.0	0
50.0	5,715
25.00	11,430
12.50	17,145
6.250	22,860
3.125	28,575
1.563	34,290

다른 방법을 이용하여 구한 대상물의 나이와 비교해볼 때 탄소-14에 의한 연대 측정이 정확하다는 것을 알 수 있다. 예를 들어 오래된 나무는 탄소-14 측정과 나이테의 수로 나이를 알 수 있다. 탄소-14의 함량이 다른 원인에 의해 달라질 수 있는 경우를 제외하고는 탄소-14 측정법은 믿을 만한 것으로 알려졌다. 하지만 대상물의 나이가 5만 년 이상이 된 경우에는 이 방법에 의존해서는 안 된다. 이 경우 탄소-14의 양이 너무 낮아 측정할 수 없기 때문이다.

매체 속의 화학

토리노의 수의

토리노의 수의(이탈리아 토리노의 대성당에 보관되어 있음)는 십자가에 처형당한 것으로 보이는 사람의 형상이 새겨진 오래된 리넨 천이다.

수의의 형상은 사진으로 찍어서 사진 원판을 보면 더 명확하게 나타난다. 많은 사람은 그 수의가 예수 그리스도가 무덤에 묻힐 때 입었던 것으로, 기적적으로 그의 형상이 새겨진 수의라고 믿고 있다. 1988년에 로마 가톨릭 교회는 세 연구소를 선택하여 그 수의의 방사성탄소 연대 측정을 수행했다. 이 세 연구소는 수의에서 시료를 가져다 탄소-14 함유량을 측정했다. 세 연구소는 비슷한 결과, 즉 그 수의는 기원후 1325년쯤에 짠 리넨으로 만들어졌다는 결과를 내놓았다. 몇몇 사람들은 그 결과를 두고 논쟁을 벌이기도 했다. 어떤 과학 실험도 100% 신뢰할 수는 없지만, 전 세계의 신문은 수의가 가짜로 판명되었다고 신속히 보도했다.

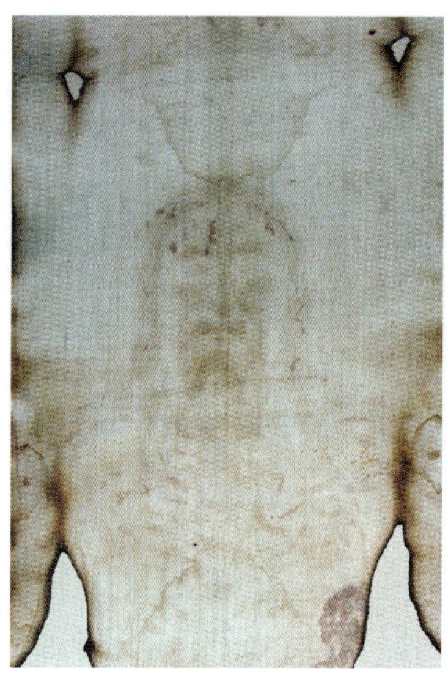

▲ 토리노의 수의

질문 3000년쯤 되었다는 유물이 있다. 조사 결과 이 유물의 C-14 함유량이 살아 있는 유기체에서 발견되는 양의 55%로 밝혀졌다. 이 유물은 진짜인가?

예제 17.5 방사성탄소 연대 측정법

초기 인류의 것으로 보이는 두개골이 발견되었다. 이것의 탄소-14 함량은 현재 살아 있는 유기체에서 발견되는 양의 3.125%이다. 두개골의 나이는 얼마인가?

답

표 17.3에 따르면 대상물 중 탄소-14의 함유량이 살아 있는 생명체의 3.125%인 경우 대상물의 나이는 2만 8575년이다.

▶ **연습문제 17.5 | 방사성탄소 연대 측정법**

기원전 500년쯤의 그리스 철학자로부터 내려오는 것이라는 고대 두루마리가 있다. 이것의 탄소-14 함량은 살아 있는 유기체의 100.0%로 나타났다. 이것은 진짜인가?

▶ **심화 학습** 예제 17.10/복습문제 79~82

17.7 핵분열의 발견과 원자 폭탄

▶ Fermi, Meitner, Strassmann, Hahn이 핵분열의 발견을 어떻게 이끌었는지를 설명한다.

1930년대 중반에 이탈리아의 물리학자 Enrico Fermi(1901~1954)는 우라늄(그 당시 가장 무거운 원소로 알려진)에 중성자를 충돌시켜서 새로운 원소를 합성하려 했다. Fermi는 중성자가 우라늄 원자의 핵 속으로 합체된다면 핵이 베타 붕괴하면서 중성자가 양성자로 바뀔 것이라는 가설을 세웠다. 그렇게 된다면 원자 번호 93번인 새로운 원소가 처음으로 합성될 것이었다. 그 과정에 대한 핵반응식은 다음과 같다.

원자 번호 100인 원소는 Fermi를 기려 페르뮴(fermium)으로 명명되었다.

$$ {}^{238}_{92}\mathrm{U} + {}^{1}_{0}\mathrm{n} \longrightarrow {}^{239}_{92}\mathrm{U} \longrightarrow {}^{239}_{93}\mathrm{X} + {}^{0}_{-1}\mathrm{e} $$

중성자 ($^{1}_{0}n$) / 새롭게 합성된 원소 ($^{239}_{93}X$)

Fermi는 실험을 수행하여 베타 입자의 방출을 발견했다. 그러나 그의 결과는 결론에 이르지 못했다. 그는 새로운 원소를 합성했을까? Fermi는 생성물의 구성 성분을 확인하기 위해 생성물을 화학적으로 검사하지 않았다. 그래서 그가 합성했는지의 여부는 확실하게 말할 수 없었다.

원자 번호 109인 원소는 Meitner를 기려 마이트너륨(meitnerium)으로 명명되었다.

독일의 세 연구원, Lise Meitner(1878~1968), Fritz Strassmann(1902~1980), Otto Hahn(1879~1968)은 Fermi의 실험을 반복했고, 실험 후 생성물을 조심스럽게 화학적으로 분석했다. 그들이 생성물에서 발견한 것은 우라늄보다 가벼운 몇몇 원소로, 이는 세계를 영원히 변화시킬 만한 것이었다. 1939년 1월 6일 Meitner, Strassmann, Hahn은 우라늄의 중성자와의 충돌이 원자의 분리, 즉 **핵분열**(nuclear fission)을 일으켰다고 보고했다. 중성자와 충돌한 우라늄 원자의 핵은 바륨, 크립톤과 더 작은 다른 생성물로 붕괴되었다. 그들은 이 과정이 진행되는 동안 막대한 양의 에너지가 방출된다는 사실도 알았다. 다음은 우라늄이 어떻게 딸 핵종으로 붕괴되는지를 보여주는 핵분열 반응의 핵반응식이다.

$$ {}^{235}_{92}\mathrm{U} + {}^{1}_{0}\mathrm{n} \longrightarrow {}^{142}_{56}\mathrm{Ba} + {}^{91}_{36}\mathrm{Kr} + 3\,{}^{1}_{0}\mathrm{n} + \text{에너지} $$

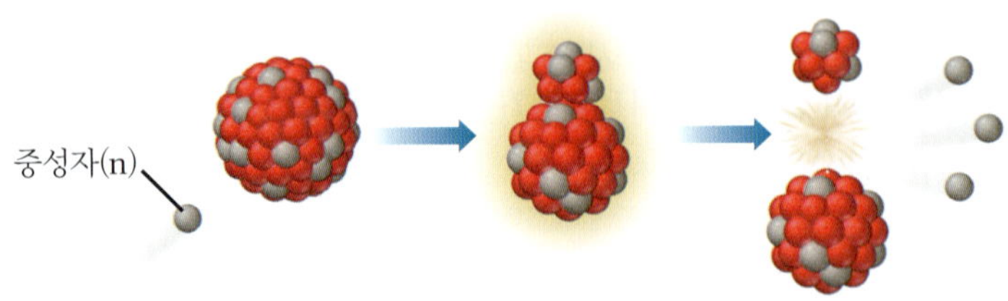

▲ Hahn의 실험실에서의 Meitner

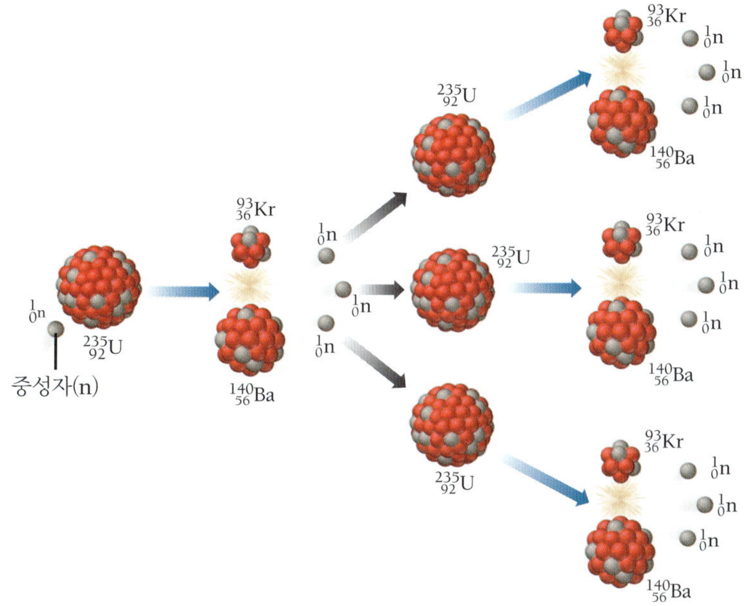

▲ **그림 17.10 연쇄 핵분열 반응.** 우라늄 핵 1개의 핵분열에 의해 생성된 중성자는 또 다른 우라늄 핵의 분열을 일으켜 자가 증폭 반응을 하게 된다. 연쇄 반응을 유지하려면 각각의 핵분열 반응당 1개 이상의 중성자를 생성해야 한다. 그 이유는 무엇인가?

핵분열 초기의 우라늄 원자는 U-235 동위원소이고, 이것은 자연적으로 존재하는 우라늄의 1%도 되지 않는다. 가장 많은 우라늄 동위원소인 U-238은 핵분열을 일으키지 않는다. 이 핵분열 과정에서 3개의 중성자가 생성되고, 이러한 중성자는 다른 세 U-235 원자의 핵분열을 시작할 수 있는 능력을 지니게 된다.

미국의 과학자들은 U-235가 풍부한 시료는 **연쇄 반응**(chain reaction)을 일으킬 수 있고, 연쇄 반응에서는 하나의 우라늄의 분열에 의해 생성된 중성자가 또 다른 우라늄 핵의 핵분열을 일으킬 수 있다는 것을 알아냈다(그림 17.10).

그 결과는 엄청난 양의 에너지를 생성할 수 있는 자기 증폭 반응인 원자 폭탄이 될 수 있다. 그러나 폭탄을 만들기 위해서는 **임계 질량**(critical mass)의 U-235(반응을 스스로 유지하기 위한 충분한 양의 U-235)가 필요하다. 나치 독일이 이러한 폭탄을 개발할 것을 두려워했던 미국 과학자들은 그 당시 유명한 과학자인 Albert Einstein을 설득하여 미국 대통령 Franklin Roosevelt에게 이 폭탄의 개발 가능성을 경고하는 편지를 쓰게 했다. Einstein은 편지에 이렇게 썼다. “확실치는 않지만 새로운 유형의 매우 강력한 폭탄이 만들어질 가능성이 있습니다. 이와 같은 종류의 폭탄 하나가 배로 운반되어 항구에서 폭발한다면 항구 전체와 주변의 일부 지역이 함께 파괴될 것입니다.”

▲ 1945년에 뉴멕시코주 앨러머고도에서 행해진 세계 최초의 핵폭탄 시험 폭발

대통령은 Einstein의 편지로 인해 확신을 가지게 되었고, 1941년 당시까지 시도되었던 어떤 것보다 많은 비용이 드는 과학 프로젝트를 시작하기 위해 자원을 모았다. 극비의 이 시도는 맨해튼 프로젝트라고 불렸으며, 프로젝트의 주요 목표는 독일보다 먼저 원자 폭탄을 만드는 것이었다. 이 프로젝트는 뉴멕시코주 로스앨러모스에 위치한 극비 연구소에서 물리학자인 J. R. Oppenheimer(1904~1967)의 지휘하에 시작되었다. 4년 후인 1945년 7월 16일, 세계 첫 번째 핵무기가 뉴멕시코의 시험 장소에서 성공적으로 폭발했다. 첫 번째 원자 폭탄은 1만 8,000톤의 다이너마이트와 같은 위력을 보여주었다. 얄궂게도 핵폭탄을 만드는 데 성공하지 못한 독일은 그 당시 이미 패망했고, 대신에 원자 폭탄이 일본에 투하되었다. 하나는 히로시마에 떨어지고 또 하나는 나가사끼에 떨어졌다. 이로 인한 사망자는 무려 20만 명

에 달했으며, 일본은 항복하지 않을 수 없었다. 제2차 세계대전이 끝나고 원자의 시대가 시작되었다.

17.8 원자력: 핵분열을 이용한 발전

▶ 원자력 발전소가 핵분열을 이용하여 어떻게 전기를 발생시키는지 설명한다.

핵분열과 같은 핵반응은 막대한 양의 에너지를 발생시킨다. 핵폭탄에서는 에너지가 일시에 방출된다. 그러나 에너지가 천천히 방출될 수도 있으며 전기 생산과 같은 다른 목적에 사용될 수 있다. 미국에서 생산되는 전기의 약 20%는 핵분열에 의해 생산된다. 어떤 나라에서는 생산 전기의 약 70%가 핵분열에 의해 생산되고 있다. 핵분열을 통해 방출되는 에너지양이 어느 정도인지 알기 위해 원자력 자동차가 있다고 생각해보자. 이 차의 연료로 연필 크기의 우라늄 실린더를 장착했다고 가정하라. 얼마나 자주 차의 연료를 주입해야 하는가? 이만한 우라늄 실린더가 방출할 수 있는 에너지양은 20갤런짜리 탱크 1,000개 분량의 휘발유와 맞먹는다. 일주일에 한 번씩 휘발유를 주유하는 차의 경우 원자력을 사용한다면 연료를 다시 주입하기까지 1,000주(거의 20년) 정도가 걸릴 것이다. 연필 크기의 막대 연료 하나로 자동차를 20년간 움직일 수 있다고 상상해보라!

핵반응이 일어나는 데 필요한 U-235의 양(임계 질량)이 자동차에 필요한 에너지보다 크기 때문에 원자력 자동차는 가상의 자동차이다.

이와 마찬가지로 원자력 발전소는 적은 양의 연료로 상당량의 전기를 생산할 수 있다. 원자력 발전소는 핵분열에서 나오는 열을 이용하여 전기를 생산한다(그림 17.11). 열은 물을 끓여서 수증기를 만들고 수증기가 전기를 생산하는 발전기의 터빈을 돌린다. 핵분열 반응 자체는 발전소의 핵심부 또는 반응로에서 일어난다. 중심부는 높이 조절이 가능한 중성자 흡수 제어봉들 사이에 산재되어 있는 우라늄 연료봉(U-235가 3.5%로 농축됨)으로 이루어져 있다. 제어봉이 연료봉 사이로부터 완전히 끌려 올라가면 연쇄 반응이 일어날 수 있다. 그러나 제어봉이 완전히 내려가면 제어봉은 중성자를 흡수하여 핵분열 연쇄 반응이 중단된다.

▲ 연료봉과 제어봉이 핵반응로의 중심부에 안전하게 있는지 기술자들이 조사하고 있다.

운영자는 제어봉을 들어 올리거나 내림으로써 핵분열 속도를 조절할 수 있다. 더 많은 열

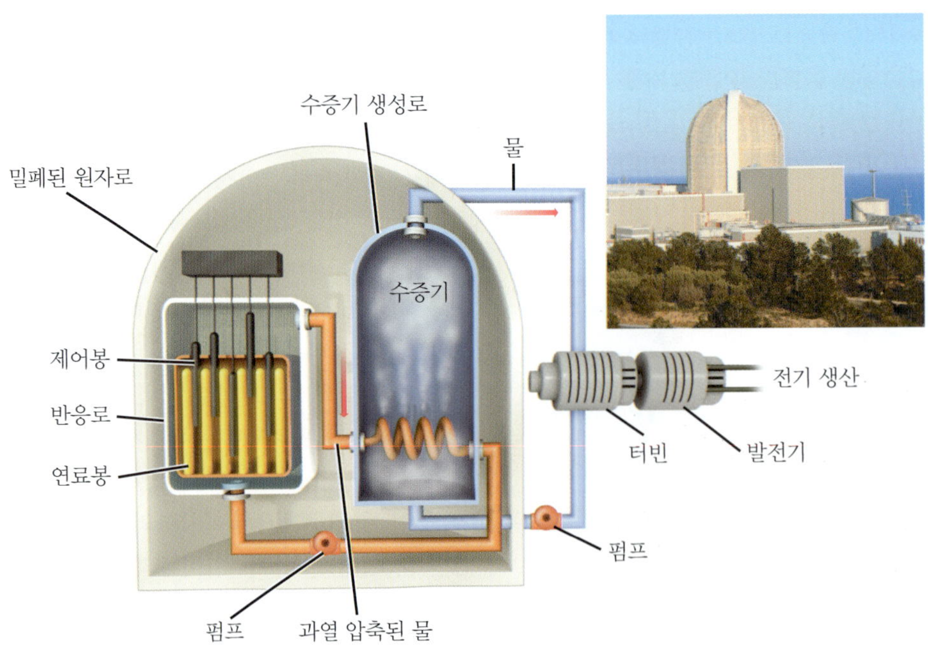

▶ **그림 17.11 원자력.** 원자력 발전소에서 핵분열은 열을 발생시키고, 열이 물을 끓여 수증기를 만든다. 수증기는 발전기의 터빈을 돌려 전기를 생산한다. 반응로 중심부에서 나온 열을 운반하는 물은 따로 분리된 파이프에 들어 있으며, 터빈을 움직이는 수증기와는 직접 접촉하지 않는다.

이 필요하면 조절봉을 약간 올린다. 핵분열 반응이 너무 뜨거워지기 시작하면 제어봉을 약간 더 삽입한다. 이러한 식으로 핵분열 반응을 조절하여 발전에 꼭 필요한 만큼의 열을 얻는다. 정전이 되는 경우 제어봉이 자동적으로 내려가 핵분열 반응을 멈추게 된다.

전형적인 원자력 발전소 하나는 100만 명 정도의 시민이 사는 도시에서 사용하기에 충분한 양의 전기를 만들어내며, 이러한 발전소에서는 하루에 50 kg 정도의 연료를 사용한다. 이에 비해 석탄-화력 발전소에서 같은 양의 전기를 생산하려면 200만 kg의 연료가 필요하다. 게다가 원자력 발전소는 어떤 대기 오염 물질도 만들지 않으며 온실가스도 만들지 않는다. 반면에 석탄-화력 발전소는 일산화 탄소, 질소 산화물, 황 산화물 등의 대기 오염 물질을 방출한다. 석탄-화력 발전소는 또한 온실가스인 이산화 탄소도 방출한다.

그러나 원자력 발전에 문제가 없는 것은 아니다. 가장 큰 문제는 핵 사고의 위험이다. 안전에 대한 주의에도 불구하고 원자력 발전소에서 일어나고 있는 핵분열 반응은 과열될 수 있다. 가장 잘 알려진 과열 사고의 예로는 1986년 4월 26일에 구소련의 체르노빌에서 일어난 사고, 2011년 4월 일본의 후쿠시마 원전에서 일어난 사고이다.

미국의 원자로 중심부는 흑연으로 만들어지지 않았기 때문에 체르노빌의 중심부처럼 탈 수 없다.

체르노빌 사고 때 발전소 운전자는 유지비를 절감하기 위해 고안된 한 실험을 수행하고 있었다. 그런데 그 실험을 수행하기 위해 원자로 중심부의 여러 안전장치를 움직일 수 없게 만들었다. 이는 엄청난 재난을 초래하고 말았다. 부분적으로 흑연으로 이루어진 원자로 중심부가 과열되어 타기 시작했다. 그 사고는 직접적으로 31명의 목숨을 앗아갔을 뿐만 아니라, 사고로 인한 화재로 방사능 파편이 대기 중으로 흩어지면서 발전소 주변 지역이 사람이 거주할 수 없는 곳이 되었다. 그 후 계속해서 발병한 암 때문에 전체 사망자 수는 현재까지도 집계되지 않고 있다.

2011년 일본에서는 강도 9.0의 지진이 해안 발전소를 덮치는 쓰나미를 촉발하여 발전소 냉각 시스템 펌프의 작동을 중지시켰다. 발전소 내에 있는 핵 중심부의 일부가 극도로 과열되어 적어도 그 중심부 중 하나 이상이 부분적으로 녹아내렸다(연료가 너무 뜨거워서 녹아내림). 이 사고는 연료 저장 웅덩이(연료 냉각뿐만 아니라 소비된 연료를 보관하는 데 사용되는 물웅덩이)에 있는 물이 손실됨에 따라 더 강화되었고, 이는 웅덩이에 저장된 연료도 같이 과열되는 원인이 되었다. 주변으로 방사능 물질이 유출된 것은 의미심장한 일이지만 체르노빌보다는 적은 양이다. 사고 후 몇 년이 지났지만 방사능과 관련된 사망자 수는 후쿠시마 원전이나 주위에서 보고된 바 없다. 그러나 그 부지의 정화는 수년간 지속되어야 할 것이다.

▲ 2011년에 강도 9.0의 지진이 일어나 쓰나미가 일본의 후쿠시마 제1 원자력 발전소의 해안 발전소를 강타하여 냉각 시스템 펌프의 작동이 멈추었다.

하지만 일부 대중의 두려움과 달리 원자력 발전소는 핵폭탄이 될 수 없다. 발전소에서 사용하는 우라늄 연료는 핵폭발을 일으킬 정도로 U-235의 양이 충분치 않다. 미국 원자력 발전소가 비슷한 사고를 막기 위해 고안된 안전장치를 추가로 설치했다는 것을 알아야 한다. 예를 들어 미국 원자력 발전소는 사고가 났을 때 방사능 파편을 가둘 수 있도록 고안된 커다란 밀폐 구조물을 갖추고 있다.

원자력 발전과 관련된 두 번째 문제는 핵폐기물의 처리이다. 발전소에서 사용하는 연료의 양이 다른 연료에 비해 적다고는 하지만 반응 생성물 역시 방사성이고 반감기는 매우 길다. 이러한 폐기물을 어떻게 할 것인가? 현재 미국에서는 핵폐기물을 원자력 발전소 부지 내에 보관하고 있다. 그러나 영구적인 폐기 장소는 네바다의 유카산에 만들어지고 있다. 그 장소는 2010년부터 가동하기로 예정되었지만 2017년으로 지연되었다. 그러나 오바마 행정부는 유카산 부지를 유지하지 않기로 결정했고, 2010년 봄에 이 부지를 개발하기 위한 사용권 신청이 철회되었다. 또한 오바마 대통령은 유카산 개발 대안의 임무를 가진 위원회(미국의 원자력 미래에 관한 파란리본위원회)를 만들었다.

17.9 핵융합: 태양의 동력

▶ 핵분열과 핵융합을 비교한다.

앞에서 설명했듯이 핵분열이란 무거운 핵이 더 가벼운 2개 이상의 핵으로 쪼개지는 것이다. 이와 반대로 **핵융합**(nuclear fusion)은 2개의 가벼운 핵이 합쳐져서 더 무거운 핵을 만드는 것이다. 핵융합과 핵분열은 모두 막대한 양의 에너지를 방출한다. 핵융합은 태양을 포함한 별들의 에너지원이다. 별에서는 수소 원자가 융합하여 헬륨 원자가 되고, 이 과정에서 에너지를 방출한다.

핵융합은 또한 수소 폭탄이라는 현대판 핵무기의 기본 원리이기도 하다. 현대의 수소 폭탄은 그 폭발력이 초기 원자 폭탄의 1000배 가까이 된다. 이러한 폭탄에는 다음과 같은 융합 반응이 이용된다.

$$^{2}_{1}\mathrm{H} + {}^{3}_{1}\mathrm{H} \longrightarrow {}^{4}_{2}\mathrm{He} + {}^{1}_{0}\mathrm{n}$$

이 반응에서는 중수소(1개의 중성자가 있는 수소의 동위원소)와 삼중수소(2개의 중성자가 있는 수소의 동위원소)가 결합하여 헬륨-4와 중성자 하나를 형성한다. 융합 반응은 2개의 양전하를 띤 핵(서로 반발하는)이 융합 반응을 해야 하므로 극도로 높은 온도가 필요하다. 수소 폭탄에서는 먼저 작은 핵분열 폭탄의 폭발에 의해 충분히 온도가 높아지면 핵융합이 진행된다.

전기를 생산하기 위한 방법으로 핵융합이 집중적으로 연구되고 있다. 핵융합은 더 많은 에너지를 얻을 수 있고(연료 1 g당 핵분열에 비해 10배나 높은 에너지를 얻을 수 있음), 반응 생성물이 핵분열보다 덜 위험하기 때문에 핵융합은 미래의 에너지원으로 기대된다. 그러나 집중적인 노력에도 불구하고 핵융합 발전은 여전히 많은 어려움을 안고 있다. 주요 문제 가운데 하나는 핵융합이 일어나는 데 필요한 높은 온도이다(이 온도를 견딜 수 있는 물질이 없다). 핵융합이 실행 가능한 에너지원이 될 것인지는 좀 더 지켜보아야 한다.

✔ 확인문제 17.6

핵분열과 핵융합의 주요 차이점은 무엇인가?

(a) 핵분열은 2개의 핵을 하나로 합치지만 핵융합은 하나의 핵을 2개로 나눈다.

(b) 핵융합은 2개의 핵을 하나로 합치지만 핵분열은 하나의 핵을 2개로 나눈다.

(c) 핵분열은 에너지를 방출하지만 핵융합은 에너지를 흡수한다.

17.10 방사선이 생명체에 미치는 영향

▶ 방사선 노출이 생물 분자에 미치는 영향과 노출의 측정 방법을 설명한다.

방사선은 생물 분자 내의 원자를 이온화할 수 있다. 그렇게 함으로써 분자를 바꿀 수 있는 반응이 시작된다. 방사선이 살아 있는 세포 내의 중요한 분자에 손상을 줄 때 문제가 발생할 수 있다. 방사성 물질의 섭취, 특히 알파 방출제와 베타 방출제는 위험하다. 방사성 물질이 신체 내부로 들어가 더 많은 해를 끼칠 수 있기 때문이다. 방사선의 영향은 세 가지 유형, 즉 치명적인 방사선 손상, 발암 위험성 증가, 유전적 결함으로 구분할 수 있다.

치명적인 방사선 손상

치명적인 방사선 손상은 짧은 시간 동안 상당량의 방사선에 노출되었을 때 일어난다. 방사선 노출의 주된 원인은 핵폭탄 또는 원자로 중심부에 노출되는 것이다. 이렇게 높은 수준의 방사선은 많은 수의 세포를 죽인다. 면역계와 창자 내부의 세포처럼 빠르게 분열하는 세포가 가장 민감하게 작용한다. 결과적으로 높은 수준의 방사선에 노출된 사람은 면역계가 약해지고 음식물로부터 영양소를 흡수하는 능력이 떨어지게 된다. 좀 덜한 경우에는 시간이 지남에 따라 회복될 수 있다. 보다 더 심한 경우에는 감염을 막지 못해 사망에 이른다.

발암 위험성 증가

DNA와 그 기능은 19장에서 더 자세히 설명할 것이다.

오랜 기간에 걸쳐 더 낮은 방사선에 조사된 경우 암 발생의 위험성이 증가한다. DNA는 세포의 복제와 성장을 지시하는 세포 내 분자이며, 방사선이 DNA를 손상할 수 있기 때문에 발암 위험성이 증가된다. 세포 내의 DNA가 손상되면 일반적으로 세포가 죽는다. 그러나 종종 DNA의 변화가 세포를 비정상적으로 자라게 하여 암세포가 된다. 이러한 암세포는 퍼질 수 있는 종양으로 자라 사망을 불러오기도 한다. 방사선 노출 정도가 증가하면 발암 위험성 또한 증가한다. 그러나 암이 매우 일반화되었고 매우 복합적인 원인이 있기 때문에 방사선 노출로 인해 증가되는 암의 위험성에 대비하여 정확한 기준치를 결정하기가 어렵다.

유전적 결함

방사선 노출로 인해 발생하는 또 다른 영향은 자손에게서 나타나는 유전적인 결함이다. 방사선이 생식 세포, 즉 난자나 정자의 DNA에 해를 끼치면 그 세포로부터 생겨난 자녀는 유전적인 기형을 가질 수도 있다. 이런 유형의 유전적 결함은 높은 수준의 방사선에 노출된 실험실의 동물에게서 많이 관찰된다. 그러나 이러한 유전적 결함(방사선 노출에 대한 명백한 인과관계)은 인간에게서 아직 관측된 바가 없으며, 히로시마의 생존자에 대한 연구에서조차 나타난 바가 없다.

방사선 노출의 측정

방사능의 정도를 나타내는 일반적인 단위는 Curie(curie), 뢴트겐(roentgen)이다. 1초당 3.7×10^{10}회의 붕괴가 일어나는 것을 Curie라고 하며, 공기 1 kg당 2.58×10^{-4} C의 전하를 생성하는 방사선의 양을 뢴트겐이라 한다. 인간에게 노출된 방사선의 양은 종종 **시버트**(sievert, Sv)라는 단위로 측정한다. 시버트는 방사선의 유형에 따라 이온화력이 다른 점을 고려하여 가중치를 적용한 방사선 노출의 측정값이다. 미국인의 경우 평균적으로 1년 동안 노출되는 방사선량이 약 3.33 mSv이다. 인간의 건강에 영향을 줄 수 있는 방사선의 양은 자연적인 방사선원에 의한 노출량보다는 훨씬 크다. 순간적으로 약 0.2 Sv의 방사선에 노출되었을 때 백혈구 수의 감소가 첫 번째 측정 가능한 영향으로 나타난다(표 17.4). 1 Sv의 방사선에 노출되면 발암 위험성이 확실히 증가하며, 5 Sv 이상의 방사선에 노출되면 종종 사망에 이른다.

표 17.4 방사선 노출의 영향

조사량(Sv)	예상되는 결과
0.2 – 1.0	백혈구 수 감소, 발암 위험성 증가 가능
1.0 – 4.0	구토와 설사 등의 방사선증, 피부 손상, 발암 위험성 증가
5.0	사망(종종 2개월 이내)
1000	사망(종종 2주 이내)
2000	사망(몇 시간 이내)

17.11 의학에서의 방사능

▸ 방사능이 병의 진단과 치료에 어떻게 이용되는지 설명한다.

방사능은 종종 위험한 것으로 인식된다. 그러나 의학에서 방사선은 질병의 진단과 치료에 매우 유용하게 활용된다. 의학에서 방사능의 이용은 크게 **동위원소 주사**(isotope scanning)와 **방사선 요법**(radiotherapy)으로 나눌 수 있다.

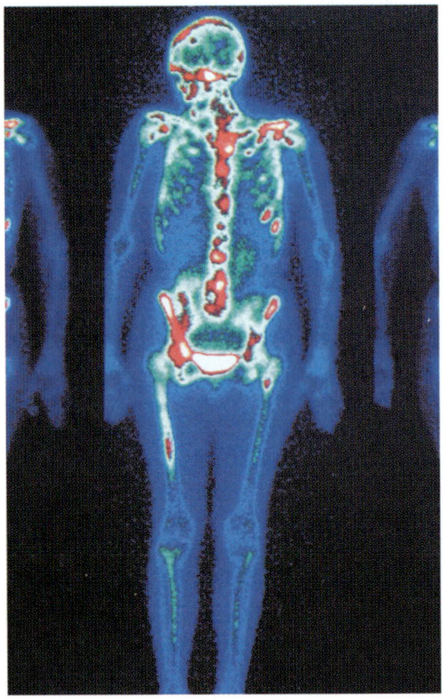

▲ **그림 17.12 동위원소 주사.** 이러한 골격 주사 사진을 얻을 수 있는 방사선원으로 종종 테크네튬-99가 사용된다

동위원소 주사

동위원소 주사의 예는 이 장의 도입부에서 소개했다. 동위원소 주사에서는 먼저 방사성 동위원소를 몸속에 투여한다. 사진 필름이나 섬광 계측기를 이용하여 동위원소에서 방출되는 방사선을 검출한다. 기관이나 조직에 따라 각기 다른 동위원소를 흡수하기 때문에 동위원소 주사는 다양하게 이용된다. 예를 들어 방사성 동위원소인-32는 주로 암 조직에 의해 흡수된다. 암의 종양을 찾고 확인하기 위해 암 환자에게 이 동위원소가 투여될 수 있다. 일반적으로 의학에 이용되는 다른 동위원소는 갑상선 이상을 진단하는 데 사용하는 아이오딘-131과 몇몇 내장 기관의 영상을 얻는 데 사용하는 테크네튬-99이다(그림 17.12).

방사선 요법

방사선이 세포를 죽이고 특히 빠르게 분열하는 세포를 죽이는 데 효과적이기 때문에 암의 치료에 종종 사용된다(암 세포는 정상적인 세포보다 훨씬 빠르게 분열한다). 종양을 죽이기 위해 내부 종양에 감마선을 집중 조사한다(그림 17.13). 종양에 노출되는 감마선의 조사량은 극대화하면서도 종양 주위의 건강한 조직에 노출되는 조사량은 극소화하기 위해 각기 다른 각도에서 감마선을 종양에 집중시킨다(9장 '화학과 건강: 암의 방사선 치료' 참조). 그런데도 방사선 요법으로 치료받는 암 환자들에게서는 구토, 피부 화상, 탈모 증상 등의 방사선증 증상이 나타난다.

암을 유발하는 것으로 알려진 방사선이 어떻게 암의 치료에 이용될 수 있는지 의아해할 수도 있다. 답은 위험성 분석에 있다. 암 환자는 보통 1 Sv 정도의 방사선 조사량에 노출된다. 이 정도의 방사선 조사량은 발암 위험성을 1% 정도 증가시킨다. 그러나 환자가 암으로 인해 사망할 확률이 100%라면 이 정도의 위험을 받아들일 수 있을 것이다. 특히나 암을 치료할 수 있는 귀중한 기회이기 때문에 받아들이게 될 것이다.

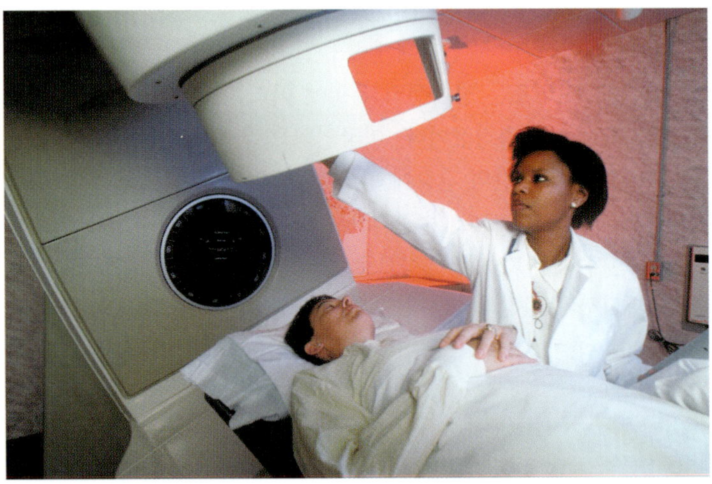

◂ **그림 17.13 암에 대한 방사선 요법.** 이 치료는 악성 종양에 감마선을 노출시키는 것이다. 감마선은 주로 코발트-60 같은 방사성 동위원소로부터 얻는다. 감마선의 노출을 암 세포에는 극대화하고 건강한 조직에는 극소화하기 위해 감마선을 종양 주위로 원형 패턴이 되게 움직이면서 조사한다.

✔ 확인문제 17.7

다음 중 동위원소 주사에 사용될 수 있는 방사선의 형태는 무엇인가?

(a) 알파 (b) 베타 (c) 감마

17장 복습

자가진단 퀴즈

1. 비스무트-214의 알파 붕괴로 인해 생긴 딸 핵종은 무엇인가?
(a) $^{210}_{81}\mathrm{Tl}$ (b) $^{218}_{86}\mathrm{Rn}$ (c) $^{214}_{85}\mathrm{At}$ (d) $^{210}_{83}\mathrm{Bi}$

2. Xe-133의 베타 붕괴를 정확히 나타내는 핵반응식은 무엇인가?
(a) $^{133}_{54}\mathrm{Xe} \longrightarrow {}^{133}_{53}\mathrm{I} + {}^{0}_{-1}\mathrm{e}$
(b) $^{133}_{54}\mathrm{Xe} + {}^{0}_{-1}\mathrm{e} \longrightarrow {}^{133}_{53}\mathrm{I}$
(c) $^{133}_{54}\mathrm{Xe} \longrightarrow {}^{129}_{52}\mathrm{Cs} + {}^{4}_{2}\mathrm{He}$
(d) $^{133}_{54}\mathrm{Xe} \longrightarrow {}^{133}_{55}\mathrm{Cs} + {}^{0}_{-1}\mathrm{e}$

3. 다음 핵반응식에서 빈칸에 들어갈 입자는 무엇인가?

$$^{22}_{12}\mathrm{Mg} \longrightarrow {}^{22}_{11}\mathrm{Na} + \_\_$$

(a) $^{0}_{-1}\mathrm{e}$ (b) $^{0}_{+1}\mathrm{e}$ (c) $^{0}_{-1}\gamma$ (d) $^{0}_{+1}\gamma$

4. 옆방에서 방사능 붕괴가 일어난다면 가장 치명적일 것 같은 붕괴의 형태는 무엇인가?
(a) 알파 (b) 베타 (c) 감마 (d) 양전자 방출

5. 다음 그래프는 시간에 따라 붕괴되는 핵종의 질량을 보여준다. 붕괴의 반감기는 얼마인가?

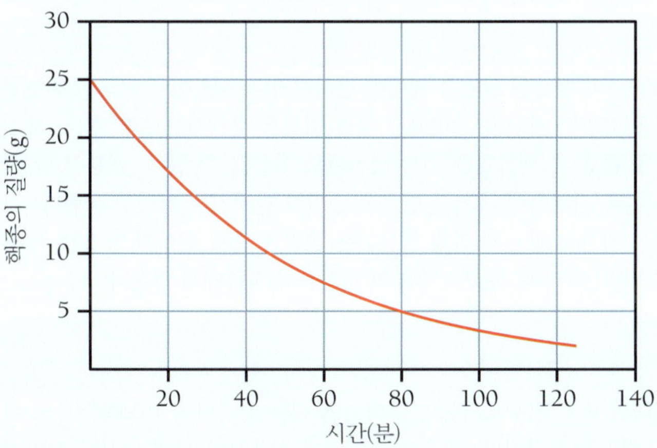

(a) 15분 (b) 25분 (c) 35분 (d) 70분

6. 철-59는 반감기가 44.5일인 베타 방출체이다. 처음에 어떤 시료에 철-59 16 mol이 포함되어 있다면 178일 후 이 시료에 철-59가 얼마나 남아 있겠는가?
(a) 0.0 mol (b) 1.0 mol
(c) 2.0 mol (d) 4.0 mol

7. 어떤 고대 유물의 C-14 농도가 살아 있는 유기체가 지닌 C-14 농도의 12.5%이다. 이 고대 유물은 얼마나 오래되었는가? (C-14의 반감기는 5,715년이다.)
(a) 5,715년 (b) 11,430년
(c) 17,145년 (d) 22,860년

8. 원자력 발전과 관련이 없는 주제는 어느 것인가?
(a) 과열된 핵 중심부의 위험
(b) 폐기물 처리
(c) 지구 온난화
(d) 앞의 보기 모두 아님(보기 모두 원자력 발전과 관련된 문제)

9. 다음 중 핵분열 반응식은 무엇인가?
(a) $^{238}_{92}\mathrm{U} \longrightarrow {}^{234}_{90}\mathrm{Th} + {}^{4}_{2}\mathrm{He}$
(b) $^{2}_{1}\mathrm{H} + {}^{3}_{1}\mathrm{H} \longrightarrow {}^{4}_{2}\mathrm{He} + {}^{1}_{0}\mathrm{n}$
(c) $^{14}_{7}\mathrm{N} + {}^{4}_{2}\mathrm{He} \longrightarrow {}^{17}_{8}\mathrm{O} + {}^{1}_{1}\mathrm{H}$
(d) $^{235}_{92}\mathrm{U} + {}^{1}_{0}\mathrm{n} \longrightarrow {}^{142}_{56}\mathrm{Ba} + {}^{91}_{36}\mathrm{Kr} + 3{}^{1}_{0}\mathrm{n}$

10. 핵방사선을 사용하는 의학적 처치는 무엇인가?
(a) 화학요법
(b) X선 영상
(c) MRI(자기 공명 영상)
(d) 동위원소 주사

정답 1.a 2.d 3.b 4.c 5.c 6.b 7.c 8.c 9.d 10.d

화학 원리

방사능의 발견과 특성

방사능은 불안정한 핵으로부터 입자가 방출되는 것이다. 입자의 방출은 네 가지 유형으로 나눌 수 있다.

- **알파 입자**: 2개의 양성자와 2개의 중성자로 이루어지며 기호 $^{4}_{2}\mathrm{He}$로 나타낸다. 알파 입자는 이온화력이 크지만 침투력이 낮다.
- **베타 입자**: 중성자가 양성자로 바뀌면서 원자핵으로부터 방출되는 전자이다. 베타 입자는 기호 $^{0}_{-1}\mathrm{e}$로 나타내며, 이온화력이 중간 정도이고 침투력도 중간 정도이다.

관련 내용

방사능은 몇몇 원자의 근본적인 성질로서 응용성이 다양하다. 예를 들어 방사능은 암, 갑상선 질환, 콩팥 이상, 방광 기능, 심장 질환 등의 질병의 진단과 치료에 이용된다. 자연 방사능은 우리 환경의 일부이며, 고대 유물의 연대 측정에 이용될 수 있다. 방사능의 발견은 핵분열의 발견을 가져왔고, 핵분열은 핵폭탄과 핵에너지의 개발을 이끌었다.

- **감마선**: 높은 에너지를 가진 짧은 파장의 광자이다. 감마선은 기호 ${}^{0}_{0}\gamma$의 나타내며, 이온화력이 작고 침투력이 높다.
- **양전자**: 핵에서 양성자가 중성자로 바뀌면서 방출되는 입자이다. 양전자는 전자와 질량이 같지만 전하는 반대이며 기호 e로 나타낸다. 양전자는 이온화력이 중간 정도이고 침투력도 중간 정도이다.

방사능 검출

방사능 방출은 큰 에너지를 동반하며 그로 인해 쉽게 검출될 수 있다. 방사선원 가까이에서 작업하거나 방사선원을 가지고 작업하는 사람들에게 노출된 방사선량을 관찰하기 위한 열발광 방사선량계로 사용되는 사진 필름을 이용하는 것이 방사능을 검출할 수 있는 가장 일반적이고 값싼 방법이다. 방사선 수준을 실시간으로 검출해낼 수 있는 장비로는 가이거-밀러 계측기와 섬광 계측기가 있다.

방사능은 눈에 보이지 않기 때문에 필름이나 기기를 이용하여 검출해야 한다. 방사능의 검출은 과학적인 수단으로나 실제적인 이용 수단으로 중요하다. 방사능이 무엇인지, 살아 있는 유기체에 어떤 영향을 미치는지 이해하기 위해서는 방사능을 검출할 수 있는 능력이 요구된다. 방사성 물질이 사용되는 곳에서는 안전에 대한 요구로 방사선을 검출할 수 있는 능력이 필요하다.

반감기와 방사성탄소 연대 측정법

방사성 핵종의 반감기는 방사성 시료의 붕괴를 통해 어미 핵종의 절반이 없어지는 데 걸리는 시간이다. 환경에서 방사성탄소-14(반감기가 5,730년)의 존재는 많은 고대 유물과 화석의 나이를 추정할 수 있는 자연 시계 역할을 한다. 모든 생명체는 탄소-14를 포함하고 있다. 생명체가 죽으면 탄소-14는 특정 반감기로 붕괴된다. 화석이나 고대 유물에 남아 있는 탄소-14의 양을 측정하면 그 나이를 알 수 있다.

방사성 핵종의 반감기는 핵종의 방사능 활성도가 어느 정도인지, 방사능이 얼마나 오랫동안 지속될 수 있는지를 결정한다. 반감기가 짧은 핵종은 활성도가 매우 높지만(단위 시간당 붕괴 횟수가 많음) 방사능이 그리 오래 지속되지 않는다. 반감기가 긴 핵종은 활성도가 낮지만(단위 시간당 붕괴 횟수가 적음) 방사능이 오래 지속될 것이다.

핵분열, 원자 폭탄, 원자력 발전

핵분열, 즉 원자가 더 작은 조각으로 쪼개지는 것은 1939년에 발견되었다. U-235 핵에 의해 중성자가 흡수될 때 핵분열이 일어난다. 핵이 불안정해지고 붕괴되면서 바륨, 크립톤, 중성자와 많은 에너지를 방출한다.

1939년의 핵분열 발견은 세계를 변화시켰다. 6년 만에 미국은 핵분열을 이용한 원자 폭탄을 개발하고 폭발 실험을 수행함으로써 제2차 세계대전을 끝냈다. 핵분열은 전기 생산에도 이용될 수 있다. 핵분열 반응 열은 물을 가열하여 증기를 만들고 증기가 발전기의 터빈을 돌린다. 미국에서 원자력 발전에 의해 생산되는 전력은 전체 전력의 약 20% 정도이고, 어떤 나라에서는 약 70% 의 전기를 원자력에서 얻는다.

핵융합

핵융합은 작은 2개의 핵이 융합하여 더 큰 하나의 핵을 형성하는 것이다. 핵융합은 태양을 포함한 별의 에너지원이다.

현대의 핵무기는 초기에 만들어졌던 핵분열 폭탄의 1,000배 정도 위력의 핵융합 폭탄이다. 핵융합을 발전에 이용하기 위해 연구하고 있지만 아직은 성공에 이르지 못했다.

방사선이 생명체와 핵의학에 미치는 영향

방사선은 살아 있는 세포의 중요 분자에 손상을 줄 수 있다. 높은 수준의 방사선에 일시적으로 노출되면 방사선증을 일으켜 사망에 이를 수도 있다. 낮은 수준의 방사선에 오랜 기간 노출되면 암 발생 위험성이 증가할 수 있다. 그러나 방사선은 악성의 종양을 공격하는 데 이용될 수도 있으며, 동위원소 주사를 통해 내부 기관의 영상을 얻을 수도 있다.

방사선은 선하게 사용될 수도 있고 악하게 사용될 수도 있다. 방사선의 파괴적인 영향이 어떻게 핵폭탄에 이용될 수 있는지를 살펴보았다. 한편 질병에 맞서 싸우는 의학계에서 방사선이 어떻게 정밀한 도구가 될 수 있는지도 알아보았다.

화학 문제를 푸는 기술

예제

학습목표: 알파 붕괴의 핵 반응식을 작성한다(17.3절).

붕괴하는 동위원소의 기호를 반응식의 왼쪽에 쓰고 오른쪽에는 알파 입자의 기호를 쓴다. 미지의 딸 핵종 자리에는 물음표를 쓰거나 빈자리로 남겨놓는다.

반응식 양변에서 질량수의 합과 원자 번호의 합이 같도록 미지의 딸 핵종에 대해 적절한 질량수와 원자 번호를 구한다.

미지의 딸 핵종이 무엇인지는 원자 번호로부터 알아내어 그 원소 기호를 쓴다.

예제 17.6 알파 붕괴의 핵반응식

Po-214의 알파 붕괴에 대한 핵반응식을 작성하시오.

답

$${}^{214}_{84}\text{Po} \longrightarrow {}^{x}_{y}? + {}^{4}_{2}\text{He}$$

$${}^{214}_{84}\text{Po} \longrightarrow {}^{210}_{82}? + {}^{4}_{2}\text{He}$$

$${}^{214}_{84}\text{Po} \longrightarrow {}^{210}_{82}\text{Pb} + {}^{4}_{2}\text{He}$$

학습목표: 베타 붕괴의 핵 반응식을 작성한다(17.3절).

붕괴하는 동위원소의 기호를 반응식의 왼쪽에 쓰고 오른쪽에는 베타 입자의 기호를 쓴다.

반응식 양변에서 질량수의 합과 원자 번호의 합이 같도록 미지의 딸 핵 종에 대해 적절한 질량수와 원자 번호를 구한다.

미지의 딸 핵종이 무엇인지 원자 번호로부터 알아내어 그 원소 기호를 쓴다.

예제 17.7 베타 붕괴의 핵반응식

Bi-214의 베타 붕괴에 대한 핵반응식을 작성하시오.

답

$${}^{214}_{83}\text{Bi} \longrightarrow {}^{x}_{y}? + {}^{0}_{-1}\text{e}$$

$${}^{214}_{83}\text{Bi} \longrightarrow {}^{214}_{84}? + {}^{0}_{-1}\text{e}$$

$${}^{214}_{83}\text{Bi} \longrightarrow {}^{214}_{84}\text{Po} + {}^{0}_{-1}\text{e}$$

학습목표: 양전자 방출의 핵 반응식을 작성한다(17.3절).

붕괴하는 동위원소의 기호를 반응식의 왼쪽에 쓰고 오른쪽에는 양전자 입자의 기호를 쓴다.

반응식 양변에서 질량수의 합과 원자 번호의 합이 같도록 미지의 딸 핵종에 대해 적절한 질량수와 원자 번호를 구한다.

미지의 딸 핵종이 무엇인지 원자 번호로부터 알아내어 그 원소 기호를 쓴다.

예제 17.8 양전자 붕괴의 핵반응식

C-11의 양전자 붕괴에 대한 핵반응식을 작성하시오.

답

$${}^{11}_{6}\text{C} \longrightarrow {}^{x}_{y}? + {}^{0}_{+1}\text{e}$$

$${}^{11}_{6}\text{C} \longrightarrow {}^{11}_{5}? + {}^{0}_{+1}\text{e}$$

$${}^{11}_{6}\text{C} \longrightarrow {}^{11}_{5}\text{B} + {}^{0}_{+1}\text{e}$$

학습목표: 반감기를 이용하여 방사성 시료의 양을 경과 시간과 연관 짓는다(17.5절).

일정 시간이 지난 후 남아 있는 시료의 양을 구하기 위해 또는 일정량의 시료가 남기까지 시료의 붕괴에 걸리는 시간을 구하기 위해 반감기를 이용하려면 붕괴 핵종의 양을 반감기 횟수의 함수로 나타낸 표를 작성한다. 각각의 반감기 한 번에 대해 어미 핵종의 양을 2로 나눈다.

예제 17.9 반감기 이용

Po-210은 반감기가 138일인 알파 방출제이다. 시료에 Po-210 5.80 g이 포함되어 있다면 552일이 지난 후 시료에 남아 있는 Po-210은 몇 그램인가?

답

Po-210(g)	반감기 수	시간(일)
5.80	0	0
2.90	1	138
1.45	2	276
0.725	3	414
0.363	4	552

552일이 지난 후 남아 있는 Po-210의 양은 0.363 g이다.

학습목표: 탄소-14의 함량을 이용하여 화석 또는 고대 유물의 연대를 구한다 (17.6절).

탄소-14의 함유량을 토대로 고대 유물이나 화석의 나이를 구하기 위해 표 17.3을 이용하거나 100%의 탄소-14로부터 시작하여 반감기가 한 번 지날 때마다 감소한 탄소-14의 양을 표로 작성한다.

예제 17.10 탄소-14 함유량을 이용한 화석, 고대 유물의 연대 측정

고대 마을 폐허의 불구덩이에서 나온 나뭇재의 탄소-14 함유량이 살아 있는 유기체에서 발견되는 탄소-14 함유량의 25%이다. 나뭇재는 얼마나 오래되었는가? 나뭇재의 연대를 통해 볼 때 마을은 얼마나 오래되었는가?

답

탄소-14(%)*	반감기 수	시간(년)
100	0	0
50.0	1	5715
25.0	2	11,430

* 살아 있는 유기체와 비교한 상대적인 퍼센트 함량. 나뭇재는 11,430년 전의 나무가 탄 것이다.

핵심 용어

가이거-밀러 계측기
감마(γ) 방사선
감마선
동위원소 주사
딸 핵종
반감기
방사능
방사선 요법
방사성
방사성탄소 연대 측정법
베타(β) 방사선
베타(β) 입자
시버트
알파(α) 방사선
알파(α) 입자
양전자
양전자 방출
어미 핵종
연쇄 반응
열발광 방사선량계
이온화력
인광
임계 질량
침투력
핵 반응식
핵분열
핵융합

학습 점검 문제

기초문제

1. 방사능이란 무엇인가? 어떤 원자에 방사성이 있다는 것은 무엇을 의미하는가?

2. 방사능은 처음에 어떻게 발견되었는가? 누가 발견했는가?

3. 우라늄 선이란 무엇인가?

4. 방사능의 발견에서 Curie는 어떤 역할을 했는가? 방사능을 발견한 Curie의 업적은 어떻게 인정받았는가?

5. $^{A}_{Z}X$와 같은 표시법에서 각각의 기호가 나타내는 것을 설명하시오.

6. 방사능은 방사성 원자의 ______으로부터 일어난다.

7. 알파 방사선이란 무엇인가? 알파 입자는 어떤 기호로 나타내는가?

8. 원자가 알파 입자를 방출할 때 그 원자는 어떻게 되는가?

9. 알파 입자의 이온화력과 침투력은 다른 방사선에 비하여 어떠한가?

10. 베타 방사선이란 무엇인가? 베타 입자는 어떤 기호로 나타내는가?

11. 원자가 베타 입자를 방출할 때 그 원자는 어떻게 되는가?

12. 베타 입자의 이온화력과 침투력은 다른 방사선에 비하여 어떠한가?

13. 감마선이란 무엇인가? 감마선은 어떤 기호로 나타내는가?

14. 원자가 감마선을 방출할 때 그 원자는 어떻게 되는가?

15. 감마 입자의 이온화력과 침투력은 다른 방사선에 비하여 어떠한가?

16. 양전자 방출이란 무엇인가? 양전자는 어떤 기호로 나타내는가?

17. 원자가 양전자를 방출할 때 그 원자는 어떻게 되는가?

18. 양전자의 이온화력과 침투력은 다른 방사선에 비하여 어떠한가?

19. 핵반응식이란 무엇인가? 핵반응식에서 균형을 맞춘다는 것은 무엇을 의미하는가?

20. 다음 핵반응식에서 어미 핵종과 딸 핵종은 무엇인가? 방사성 붕괴의 종류는 무엇인가?

$$^{231}_{91}\text{Pa} \longrightarrow {}^{227}_{89}\text{Ac} + {}^{4}_{2}\text{He}$$

21. 열발광 방사선량계란 무엇이며, 노출량을 어떻게 측정하는가?

* 파란색으로 표시된 문제는 이 책 말미에 해답이 제시되어 있다.

22. 가이거-밀러 계측기로 어떤 방사능을 검출하는가?
23. 섬광 계측기로는 어떻게 방사선을 검출하는가?
24. 자연 방사능의 방사선원에는 어떤 것이 있는가?
25. 반감기의 개념을 설명하시오.
26. 방사성 붕괴 계열이란 무엇인가?
27. 주변 환경에서 라돈의 발생원은 무엇인가? 라돈은 왜 문제가 되는가?
28. 주변 환경에서 탄소-14의 발생원은 무엇인가? 살아 있는 모든 생명체가 일정량의 탄소-14를 포함하고 있는 이유는 무엇인가?
29. 살아 있는 유기체 내의 탄소-14는 유기체가 죽으면 어떻게 되는가? 유기체가 언제 죽었는지 알아보기 위해 탄소-U는 어떻게 이용되는가?
30. 탄소-14(방사성탄소) 연대 측정이 정확하다는 것을 어떻게 알 수 있는가? 탄소-14 연대 측정법이 유용한 연대의 한계점은 언제까지인가?
31. 중성자로 우라늄에 충격을 가한 Fermi의 실험을 핵반응식을 작성하여 설명하시오.
32. 핵분열이란 무엇인가? 핵분열을 발견한 것은 누구인가?
33. 폭탄에 핵분열이 이용될 수 있는 이유는 무엇인가? 연쇄 반응의 개념을 포함하여 설명하시오.
34. 임계 질량이란 무엇인가?
35. 맨해튼 프로젝트의 주요 목표는 무엇이었으며, 이 프로젝트의 지휘한 것은 누구인가?
36. 핵분열은 전기의 생산에 어떻게 이용될 수 있는가?
37. 원자로 안에 있는 조절봉의 용도를 설명하시오. 조절봉은 어떻게 작동하는가?
38. 원자력 발전의 중요한 장점과 문제점은 무엇인가?
39. 핵폭탄이 폭발하는 것과 같은 방법으로 원자로가 폭발할 수 있는가? 그 이유를 설명하시오.
40. 핵융합이란 무엇인가?
41. 현대의 핵무기는 핵분열을 이용하는가, 핵융합을 이용하는가, 둘 다 이용하는가?
42. 핵융합은 발전에 이용될 수 있는가? 핵융합이 발전에 이용될 때 핵분열보다 유리한 점은 무엇인가?
43. 방사선은 살아 있는 생명체 내의 분자에 어떤 영향을 미치는가?
44. 방사선이 살아 있는 생명체에 미치는 치명적인 손상은 무엇인가?
45. 방사선이 발암 위험성을 어떻게 증가시킬 수 있는지 설명하시오
46. 방사선이 어떻게 유전적 결함을 유발할 수 있는지 설명하시오. 이것은 실험실의 동물에게서 관찰되었는가, 인간에게서도 관찰되었는가?
47. 방사선 노출의 주요 단위는 무엇인가? 미국인이 평균적으로 1년 동안 방사선에 노출되는 양은 얼마인가?
48. 다양한 용량의 방사선 노출에 따른 결과에 대해 설명하시오.
49. 동위원소 주사로 알려진 방사능의 의학적 이용에 대해 설명하시오.
50. 암을 치료하는 데 방사능이 어떻게 이용되는가?

복습문제

동위원소와 핵입자 기호

51. 122개의 중성자가 포함된 은 동위원소의 기호를 작성하시오.
52. 116의 중성자가 포함된 백금 동위원소의 기호를 작성하시오.
53. 핵종 $^{234}_{92}U$에는 몇 개의 양성자와 중성자가 있는가?
54. 핵종 $^{241}_{95}Am$에는 몇 개의 양성자와 중성자가 있는가?
55. 다음 각각의 기호는 알파 입자, 베타 입자, 감마선, 양전자, 중성자, 양성자 중 무엇을 나타내는가?
(a) $^{0}_{-1}e$ (b) $^{1}_{0}n$ (c) $^{0}_{0}\gamma$
56. 다음 각각의 기호는 알파 입자, 베타 입자, 감마선, 양전자, 중성자, 양성자 중 무엇을 나타내는가?
(a) $^{1}_{1}P$ (b) $^{4}_{2}He$ (c) $^{0}_{+1}e$
57. 다음 표의 빈칸을 채우시오.

화학 기호	원자 번호(Z)	질량수(A)	양성자 수	중성자 수
Np	___	237	___	___
___	81	207	___	___
U	___	___	___	140
Co	___	___	___	28

58. 다음 표의 빈칸을 채우시오.

화학 기호	원자 번호(Z)	질량수(A)	양성자 수	중성자 수
At	85	___	___	125
Bi	___	209	___	___
___	___	___	90	142
Pu	___	___	___	150

방사능 붕괴

59. 다음 각 핵종이 알파 붕괴했을 때의 핵반응식을 작성하시오.
(a) U-234 (b) Th-230
(c) Ra-226 (d) Rn-222
60. 다음 각 핵종이 알파 붕괴했을 때의 핵반응식을 작성하시오.
(a) Po-218 (b) Po-214
(c) Po-210 (d) Th-227
61. 다음 각 핵종이 베타 붕괴했을 때의 핵반응식을 작성하시오.
(a) Pb-214 (b) Bi-214

(c) Th-231 (d) Ac-227

62. 다음 각 핵종이 베타 붕괴했을 때의 핵반응식을 작성하시오.

(a) Pb-211 (b) Tl-207
(c) Th-234 (d) Pa-234

63. 다음 각 핵종에서 양전자 방출이 일어났을 때의 핵반응식을 작성하시오.

(a) Bi-206 (b) Mg-23 (c) Ga-68

64. 다음 각 핵종에서 양전자 방출이 일어났을 때의 핵반응식을 작성하시오.

(a) Co-55 (b) Na-22 (c) F-18

65. 다음 각 부분 붕괴 계열의 빈칸을 채우시오.

$^{37}_{19}K \longrightarrow$ ____ $+ ^{0}_{+1}e$

$^{137}_{55}Cs \longrightarrow ^{137}_{56}Ba +$ ____

____ $\longrightarrow ^{90}_{39}Y + ^{0}_{-1}e$

$^{226}_{88}Ra \longrightarrow ^{222}_{86}Rn +$ ____

66. 다음 각 부분 붕괴 계열의 빈칸을 채우시오.

$^{131}_{53}I \longrightarrow ^{131}_{54}Xe +$ ____

$^{149}_{64}Gd \longrightarrow$ ____ $+ ^{4}_{2}He$

____ $\longrightarrow ^{171}_{76}Os + ^{4}_{2}He$

$^{238}_{92}U \longrightarrow$ ____ $+ ^{4}_{2}He$

67. Th-232가 α, β, β, α로 연속적으로 붕괴되었을 때의 부분 붕괴 계열 과정을 작성하시오.

68. Rn-220이 α, α, β, α로 연속적으로 붕괴되었을 때의 부분 붕괴 계열 과정을 작성하시오.

반감기

69. 반감기가 2.0일인 방사능 핵종의 원자 시료가 10만 개 있다. 10일 후 남아 있는 방사능 원자는 몇 개인가?

70. 아이오딘-131은 종종 갑상선의 영상을 얻기 위한 핵 의약품으로 이용된다. 만약 4.0×10^{10}개의 I-131 원자로 시작했다면 한 달 후 남아 있는 I-131 원자는 몇 개인가? I-131의 반감기는 8일이다.

71. 반감기가 6.0시간인 방사성 동위원소 테크네튬-99m 0.100 mg을 한 환자에게 투여했다. 방사성 동위원소가 붕괴되어 6.25×10^{-3} mg이 되는 데 몇 시간이 걸리는가?

72. Ra-223은 11.6일의 반감기로 붕괴된다. 라듐 시료 0.144 mol이 붕괴되어 1.80×10^{-2} mol이 되는 데 얼마나 걸리는가?

73. 핵연료로 사용되는 핵종 중 하나인 U-234는 반감기가 2.44×10^{5}년인 알파 방출제이다. 연료에 U-234 2.80 kg이 포함되어 있다면 U-234가 0.10 kg 미만으로 붕괴되는 데 몇 년이 걸리는가?

74. 핵연료로 사용되는 핵종 중 하나인 U-235는 반감기가 7억 300만 년인 알파 방출제이다. U-235가 초기량의 1/8이 되는 데 몇 년이 걸리는가?

75. 4.8일의 반감기로 붕괴되는 동위원소 3.25 g이 포함된 방사성 시료가 있다. 14.4일 후 남아 있는 동위원소는 몇 그램인가?

76. 갑상선 영상을 얻기 위해 환자에게 68 mg의 방사성 핵종 시료를 투여했다. 이 핵종의 반감기가 12시간이라면 4.0일 후 환자의 몸에 남아 있는 핵종은 얼마인가?

77. 다음 핵종은 핵 의약품에 이용된다. 활성도가 가장 큰 것(초당 붕괴 횟수가 가장 큰 것)부터 활성도가 가장 낮은 것(초당 붕괴 횟수가 가장 작은 것)까지 순서대로 나열하시오.

핵종	반감기
P-32	14.3일
Cr-51	27.7일
Ga-67	78.3시간
Sr-89	50.0일

78. 다음 핵종은 핵 의약품에 이용된다. 활성도가 가장 큰 것(초당 붕괴 횟수가 가장 큰 것)부터 활성도가 가장 낮은 것(초당 붕괴 횟수가 가장 작은 것)까지 순서대로 나열하시오.

핵종	반감기
Y-90	64.1시간
Tc-99m	6.02시간
In-111	2.8일
I-131	8.0일

방사성탄소 연대 측정법

79. 이집트에 있는 대피라미드(Great Pyramid)의 남쪽 편에서 발견된 나무로 만들어진 배의 탄소-14 함량이 살아 있는 유기체의 50% 정도였다. 이 배는 얼마나 오래된 것인가?

80. 말기 빙하 시대의 빙하 침전물 밑에서 발견된 토탄층의 탄소-14 함량이 살아 있는 유기체에서 발견되는 함량의 25% 정도였다. 이 빙하 시대는 지금으로부터 몇 년 전인가?

81. 살아 있는 유기체에서 발견되는 탄소-14 함량의 1.563%를 포함하고 있는 고대 유골이 있다. 이 유골은 몇 년 전 사람의 것인가?

82. 살아 있는 유기체에서 발견되는 탄소-14 함량의 12.50%를 포함하고 있는 맘모스 뼈가 있다. 이 맘모스는 몇 전 년에 살았는가?

핵분열과 핵융합

83. 중성자 충돌에 의한 U-235의 핵분열로 Xe-144와 Sr-90이 생성된다. 이 핵분열 반응의 핵반응식을 작성하시오. 이 반응으로 생성된 중성자는 몇 개인가?

84. 중성자 충돌에 의한 U-235의 핵분열로 Te-137과 Zr-97이 생성된다. 이 핵분열 반응의 핵반응식을 작성하시오. 이 반응으로 생성된 중성자는 몇 개인가?

85. 2개의 H-3 원자가 융합하여 He-4와 2개의 중성자를 생성하는 핵융합 반응의 핵반응식을 작성하시오.

86. H-3과 H-2의 융합으로 He-4와 1개의 중성자를 생성하는 핵융합 반응의 핵반응식을 작성하시오.

심화문제

87. 다음 각 핵반응식의 빈칸을 채우시오.

(a) $^{1}_{1}\text{p} + ^{11}_{5}\text{B} \longrightarrow$ ____

(b) $^{6}_{3}\text{Li} + ^{1}_{0}\text{n} \longrightarrow ^{4}_{2}\text{He} +$ ____

(c) $^{235}_{92}\text{U} + ^{1}_{0}\text{n} \longrightarrow$ ____ $+ ^{146}_{57}\text{La} + 3\,^{1}_{0}\text{n}$

88. 다음 각 핵반응식의 빈칸을 채우시오.

(a) ____ $+ ^{1}_{0}\text{n} \longrightarrow ^{4}_{2}\text{He} + ^{24}_{11}\text{Na}$

(b) $^{239}_{94}\text{Pu} + ^{4}_{2}\text{He} \longrightarrow ^{1}_{0}\text{n} +$ ____

(c) $^{185}_{79}\text{Au} \longrightarrow$ ____ $+ ^{181}_{77}\text{Ir}$

89. 증식 핵반응로는 쪼개지기 어려운 U-238이 쪼개지기 쉬운 Pu-239로 변하는 반응로이다. 첫 과정은 중성자와 U-238의 충돌을 통해 U-239를 형성하는 것이고, U-239는 두 번의 연속적인 베타 붕괴를 행한다. 이 과정을 핵반응식으로 작성하시오.

90. Al-27이 중성자와 반응하고 생성물이 알파 붕괴를 행한 후 다시 베타 붕괴를 행하는 일련의 핵반응식을 작성하시오.

91. Pu-239의 핵분열 반응은 원자당 3.3×10^{-11} J의 에너지를 생성한다. Pu-239의 몰당 생성 에너지는 얼마인가? 킬로그램당 생성 에너지는 얼마인가?

92. 중수소 원자와 삼중수소 원자의 핵융합은 각 중수소 원자와 삼중수소 원자당 2.8×10^{-12} J의 에너지를 생성한다. 각 중수소 원자 1 mol과 삼중수소 원자 1 mol의 핵융합 반응에 의해 생성되는 에너지는 얼마인가?

93. Os-191은 반감기가 15일인 베타 방출제이다. 시료에 Os-191 2.2 g이 포함되어 있다면 15일간 얼마나 많은 베타 방출이 일어나는가?

94. Th-226은 반감기가 30.9분인 알파 방출제이다. 시료에 Th-226 66 mg이 포함되어 있다면 61.8분간 얼마나 많은 알파 방출이 일어나는가?

95. 라돈이 많은 지역에서 사는 사람이 1년간 라돈에 의해 0.0035 Sv의 방사선 조사에 노출된다. 총노출량이 0.00785 Sv라면 총노출량 중 라돈에 의한 노출은 몇 퍼센트인가?

96. 한 X선 기사가 작업 중 노출된 방사선량이 0.00040 Sv이다. 총노출량이 국가 평균치(0.0038 Sv)라면 직업에 의해 노출된 방사선량의 분율은 얼마인가?

97. 라듐-226(원자 질량 226.03 u)은 방사성 기체인 라돈-224로 붕괴되고, 라듐-226의 반감기는 1.6×10^{3}년이다. 만약 시료 2.5 g의 라듐-226이 60일 동안 붕괴된다면 생성되는 라돈 기체(25.0 ℃, 101.325 kPa)의 부피는 얼마인가?

98. 다음 핵분열 반응에서 U-235(원자 질량 2325.04 u) 20 g의 완전 분열에 의해 생긴 Kr-91(원자질량 92.92 u)의 질량은 얼마인가?

$$^{235}_{92}\text{U} + ^{1}_{0}\text{n} \longrightarrow ^{142}_{56}\text{Ba} + ^{91}_{36}\text{Kr} + 3^{1}_{0}\text{n} + \text{에너지}$$

핵심문제

99. 소듐-20의 알파 붕괴를 나타낸 다음 그림에 누락된 핵을 그려 넣으시오.

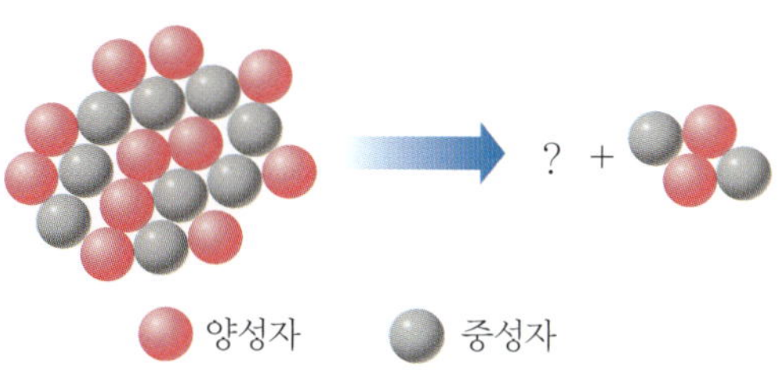

100. 플루오린-21의 베타 붕괴를 나타낸 다음 그림에 누락된 핵을 그려 넣으시오.

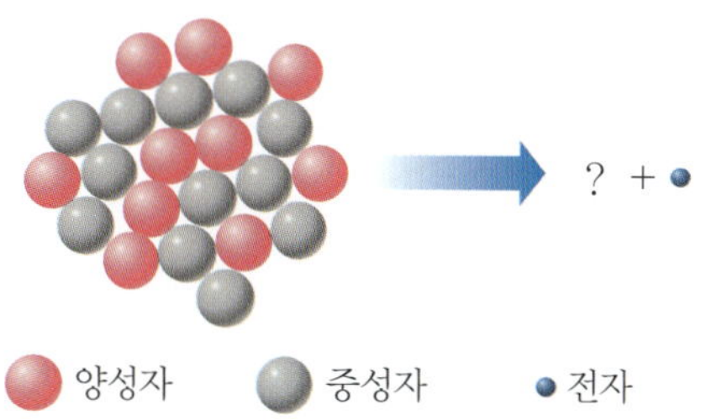

101. 탄소-10의 양전자 방출을 나타낸 다음 그림에 누락된 핵을 그려 넣으시오.

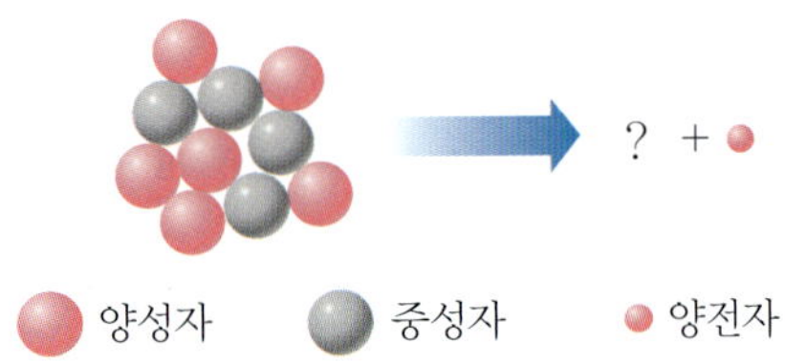

102. U-238이 Pb-206으로 붕괴(이 과정의 반감기는 45억 년)하는 것을 이용한 방사능 연대 측정 기술은 지구상에서 가장 오래된 암석의 나이와 지구 자체의 나이를 구하는 데 이용한다. 지구상에서 가장 오래된 우라늄을 포함한 암석에는 대략 우라늄 원자와 같은 수의 납 원자가 포함되어 있다. 암석이 형성되었을 때 암석이 순수한 우라늄이었다면 암석의 나이는 얼마인가?

집단 활동 문제

집단을 이루어 다음 문제에 대해 토의하고 합의된 답을 기록한다.

103. 방사능 붕괴와 관련된 입자에 대한 표의 빈칸을 채우시오.

입자명	기호	질량수	원자 번호 또는 전하
알파 입자	${}^{4}_{2}He$	____	____
양전자	____	0	0
양성자	${}^{1}_{0}n$	____	____

104. 라돈-220은 반감기가 55.6초의 반감기로 알파 붕괴를 거친다. 처음에 원자가 16,000개 있다면 0초, 55.6초, 111.2초, 166.8초, 222.4초, 278.0초에 얼마나 많은 원자가 남아 있는지를 나타내는 표를 작성하시오(관찰을 위해 선택된 시간은 반감기의 크기와 관련이 있음에 주의한다). x축은 전체 시간, y축은 남아 있는 원자의 수인 그래프를 그리시오.

105. U-238에서 시작하여 U-234로 끝나는 핵붕괴 계열의 각 단계에 대한 균형 핵화학 반응식을 모두 작성하시오. 수반되는 붕괴 과정에 대한 그림 17.9를 참조한다.

106. 각 집단 구성원이 모든 유형의 핵반응식에 있는 공통적인 사항을 하나씩 말한다. 각각 다른 답을 말하고 이를 완전한 문장으로 기록하시오.

데이터 분석 및 해석

107. 의학 영상에서 사용된 보통의 동위원소는 테크네튬-99m이며, 여기서 m은 준안정 원자를 나타낸다 . 준안정 원자는 테크네튬-99m 동위원소가 보통보다 더 긴 시간 동안 초과 에너지를 가지고 있는 상태에 있다는 것을 의미한다. 그 초과 에너지는 다음의 핵반응식에 따라 감마선으로 시간이 지남에 따라 방출된다.

$$ {}^{99m}_{43}Tc \longrightarrow {}^{99}_{43}Tc + {}^{0}_{0}\gamma $$

초기에 테크네튬-99m 0.500 mg이 포함된 시료가 시간의 함수로 관찰되었다. 다음 그래프는 감마선 방출의 비율에 기초하여 시간의 함수로 테크네튬-99m의 질량을 나타낸 것이다. 다음 질문에 답하시오.

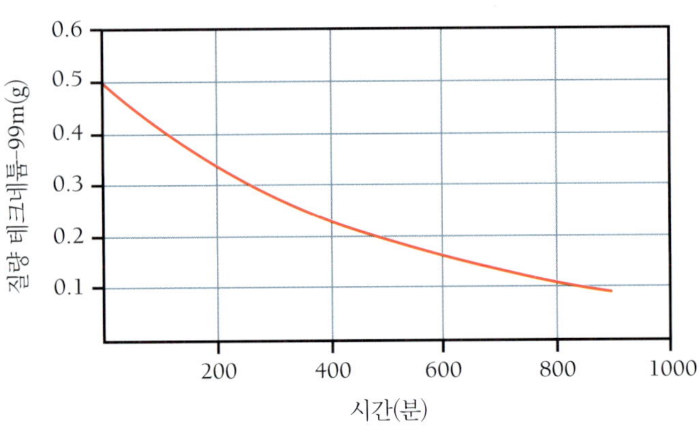

(a) 200분에서 존재하는 테크네튬-99m의 질량은 얼마인가? 400분에서는 얼마인가?

(b) 테크네튬-99m의 반감기는 몇 분인가? 몇 시간인가?

(c) 어떤 환자가 테크네튬-99m 0.0500 mg을 받는다면 하루(24시간)가 지난 후 얼마가 환자의 몸에 남아 있겠는가? (테크네튬-99m이 몸에서 생물학적으로 제거되지 않는다고 가정한다.)

연습문제 해답

17.1 $^{216}_{84}\text{Po} \longrightarrow ^{212}_{82}\text{Pb} + ^{4}_{2}\text{He}$

17.2 $^{228}_{89}\text{Ac} \longrightarrow ^{228}_{90}\text{Th} + ^{0}_{-1}\text{e}$

17.2+ $^{235}_{92}\text{U} \longrightarrow ^{231}_{90}\text{Th} + ^{4}_{2}\text{He};$
$^{231}_{90}\text{Th} \longrightarrow ^{231}_{91}\text{Pa} + ^{0}_{-1}\text{e};$
$^{231}_{91}\text{Pa} \longrightarrow ^{227}_{89}\text{Ac} + ^{4}_{2}\text{He}$

17.3 $^{22}_{11}\text{Na} \longrightarrow ^{22}_{10}\text{Ne} + ^{0}_{+1}\text{e}$

17.4 7.00×10^{-3} mol

17.5 아니다. 탄소-14 함유량은 두루마리가 최근의 것임을 알려준다.

확인문제 해답

17.1 (c) 알파 붕괴는 원자 번호가 2 감소하여 82가 되고, 베타 붕괴가 1 증가하여 83이 된다.

17.2 (c) 감마 입자는 침투력이 가장 강하기 때문에 벽을 통과하여 실내로 침투할 가능성이 가장 높다.

17.3 (a) 알파 붕괴에서 핵은 헬륨 핵(양성자 2개와 중성자 2개)을 잃고 질량수가 4 감소한다. 다른 유형의 붕괴에서는 핵입자의 질량에 비하여 무시할 만한 질량의 전자 또는 질량이 없는 감마선 광자를 포함하고 있다.

17.4 (c) 반감기는 핵종이 원래 양의 절반으로 붕괴하는 데 걸리는 시간이다. 그래프에서는 초기량이 0.10 mol이고, 약 125년이 되면 약 0.05 mol로 감소하므로 반감기는 125년이다.

17.5 (a) 만약 1,000,000을 2로 나누고, 그 몫을 다시 2로 나누는 과정을 여덟 번 더 계속하면 대략 977개의 원자가 남는다.

17.6 (b) 융합은 결합하는 것이고 분열은 흩어지는 것이다.

17.7 (c) 감마선의 투과력 가장 좋기 때문에 검출을 위해 몸 조직을 통과할 수 있다.

▲ 재스민의 달콤한 향은 유기 화합물인 벤질아세테이트에 의한 것이다. 재스민 냄새를 맡을 때 꽃으로부터 벤질아세테이트 분자가 발산되어 코의 분자 수용체와 결합하고 뇌로 신경신호를 보낸다. 뇌는 그 냄새를 달콤한 향으로 해석한다.

18 유기 화학

"몇 개 안 되는 문자가 다양한 방법으로 합쳐져서 셀 수 없을 경도로 많은 단어를 만들어내는 것처럼 원자도 서로 다른 순서와 위치에서 모인다."

— Epicurus(기원전 341~270)

개요

18.1 무엇을 냄새 맡는가

향수 회사는 가장 매혹적인 향을 만들려고 수백만 달러를 쓴다. 왜 향이 날까? 물론 분자 때문이다. 어떤 분자는 흡입될 때 콧속에 있는 분자 수용체(후각 수용체라고도 함)와 결합한다. 이러한 상호작용은 뇌로 신경 신호를 보내며, 뇌는 경험을 통해 이것이 어떤 냄새인지 알고 있다. 꽃향기는 기분이 좋고, 썩은 생선 냄새는 불쾌하다.

냄새를 유발하는 분자는 무엇인가? 많은 분자는 냄새가 없다. 질소, 산소, 물, 이산화 탄소 같은 분자는 끊임없이 코를 통해 이동하지만 아무 냄새도 나지 않는다. 냄새의 대부분은 탄소를 포함하고 있는 **유기 분자**(organic molecule) 때문이다. 이러한 유기 분자의 탄소는 수소, 질소, 산소, 황을 포함한 몇몇 원소와 결합한다. 예를 들어 장미, 바닐라, 계피, 아몬드, 재스민, 체취, 썩은 생선 등에서 나는 냄새의 원인은 탄소가 포함된 분자이다.

계피 가루를 프렌치토스트에 뿌릴 때 계피에 포함된 유기 화합물인 신남알데하이드 분자가 공기 중으로 증발한다. 우리는 증발한 시남알데하이드 분자 중 일부를 흡입하고 계피의 독특한 향을 경험하게 된다. 해변에서 썩어가는 물고기 옆을 지나칠 때, 부패하는 물고기가 방출하는 유기 화합물인 트라이에틸아민을 흡입함으로써 독특하고 불쾌한 냄새를 경험하게 된다. 특정 냄새가 초래하는 반응은 그것이 긍정적이든 부정적이든 간에 진화론적인 적응 현상이다. 계피의 기분 좋은 향은 그 음식이 맛있다는 것을 알려준다. 썩은 생선의 불쾌한 냄새는 생선이 썩었으니 피하라고 알려준다.

물질의 냄새가 반드시 음식의 맛을 알려주는 믿을 만한 지침인 것은 아니다.

탄소가 포함된 화합물과 그 반응에 대한 연구를 **유기 화학**(organic chemistry)이라고 한

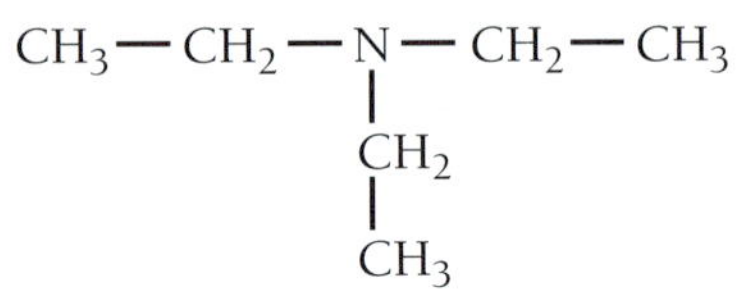

트라이에틸아민

▲ 탄소를 포함하는 분자, 특히 트라이에틸아민은 죽은 물고기에서 나는 악취의 원인이다.

바닐라

계피

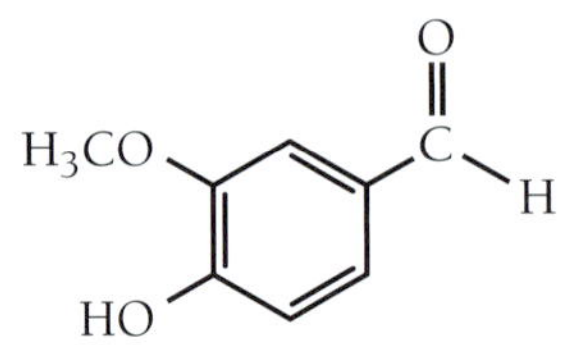

바닐린

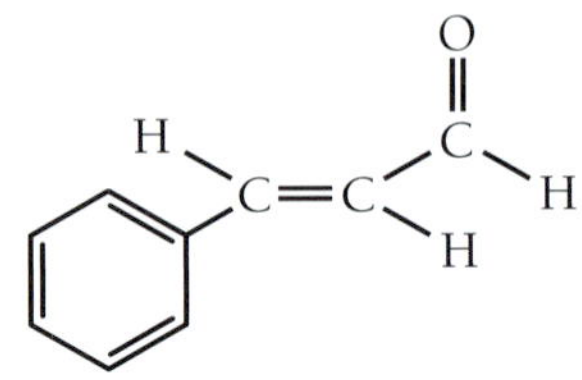

신남알데하이드

▲ 바닐라 열매(바닐린)와 계피 막대(신남알데하이드)의 향기는 탄소가 포함된 분자로 인한 것이다.

다. 냄새와 향기가 나는 것 말고도 유기 화합물은 음식물, 약, 석유 제품, 살충제 등에 널리 퍼져 있다. 유기 화학은 살아 있는 유기체의 기본 토대이기도 하다. 생명체는 탄소를 포함하고 있는 화합물에 기초하여 진화한다. 이러한 사실 때문에 살아 있는 유기체의 이해에 관심이 있는 누구에게나 유기 화학은 매우 중요하다.

18.2 생기론: 유기물과 무기물의 차이

▶ Wöhler의 실험이 어떻게 유기 화학의 발전을 이끌었는지 설명한다.

18세기 말에 화학자들은 화합물을 크게 두 종류로 나눌 때 유기물과 무기물로 나눌 수 있다는 것을 알았다. 유기 화합물은 살아 있는 것에서 생긴다. 사탕수수나 사탕무에서 추출한 설탕은 유기 화합물의 한 예이다. 이와 달리 무기 화합물은 지구로부터 얻을 수 있다. 지면 소금 광산에서 채굴하거나 바닷물을 추출하여 얻은 소금은 무기 화합물의 한 예이다.

생기론은 생명체가 유기 화합물을 합성할 수 있는 비물리적 '힘'을 가지고 있다는 믿음이다.

초기 화학자들은 유기 화합물과 무기 화합물이 그 유래가 다를 뿐 아니라 특성도 차이가 있다는 것을 깨달았다. 유기 화합물은 쉽게 분해된다. 예를 들어 설탕을 가열하면 탄소와 물로 분해된다. 설탕을 태웠을 때, 예를 들어 오븐에 흘러내린 사과파이의 속 또는 냄비에 오래 넣어둔 고구마를 생각해보라. 그러나 무기 화합물은 분해되기가 더 어렵다. 소금이 분해되려면 매우 높은 온도에서 가열해야 한다. 이상하게 들릴지 모르겠으나 초기의 화학자들은 실험실에서 한 가지 유기 화합물조차 합성할 수 없었다. 많은 무기 화합물을 쉽게 합성할 수 있었지만 유기 화합물은 합성할 수 없었다.

화학자들은 유기 화합물의 유래와 특성으로 말미암아 유기 화합물이 살아 있는 유기체에서만 생성되는 것이라고 가정했다. 그들은 살아 있는 유기체가 유기 화합물을 생성하도록 허락된 생명력, 즉 신비하고 초자연적인 힘을 갖고 있다고 가정했다. 그들은 생명체 밖에서는 **생명력**(vital force)이 존재하지 않기 때문에 유기 화합물을 생성하는 것이 불가능하다고 생각했다. **생기론**(vitalism)으로 알려진 이 믿음은 왜 실험실에서 유기 화합물 합성에 성공한 화학자가 없는지를 설명해준다.

유기물

무기물

▲ 사탕수수나 사탕무로부터 얻는 설탕은 유기 화합물의 예이다. 암염 또는 바다로부터 얻는 소금은 무기 화합물의 예이다. 유기 화합물과 무기 화합물의 주요 차이점은 무엇인가?

1828년, 독일의 화학자 Friedrich Wöhler(1800~1882)가 수행한 실험은 생기론에 대한 믿음이 잘못된 것임을 증명했다. Wöhler는 사이안산 암모늄(무기 화합물)을 가열하여 요소(유기 화합물)를 만들었다.

$$\underset{\text{사이안산 암모늄}}{NH_4OCN} \xrightarrow{\text{가열}} \underset{\text{요소}}{H_2NCONH_2}$$

유기 화합물로 알려진 요소는 그 이전에는 오줌에서 얻을 수 있었다. 그 당시에는 깨닫지 못했지만 Wöhler의 간단한 실험은 생명의 모든 것을 과학적으로 탐구하는 데 중요한 역할을 했다. 그는 살아 있는 유기체를 구성하고 있는 화합물은, 다른 모든 화합물처럼 과학적 법칙을 따르며 연구하고 이해될 수 있다는 것을 보여주었다. 오늘날 수백만 개의 알려진 유기 화합물과 유기 화학은 의약품, 석유, 플라스틱 등 다양한 물질을 만들어내는 거대한 영역이 되었다.

18.3 탄소: 용도가 많은 원자

▶ 수많은 화합물을 만들어내는 탄소의 독특한 성질을 이해한다.

생명체가 탄소의 화학을 기초로 진화하는 이유는 무엇인가? 생명체가 다른 원소를 기초로 하지 않는 이유는 무엇인가? 대답은 간단하지 않을 수도 있다. 그러나 생명체는 생존하기 위해 복잡성이 있어야 함을 알고 있다. 탄소 화학이 복잡하다는 것 역시 분명하다. 탄소가 포함된 화합물의 수는 주기율표 내의 나머지 모든 원소를 조합하여 만들 수 있는 화합물의 수보다 훨씬 많다. 그 이유는 두 가지로 볼 수 있다. 첫째는 4개의 원자가전자를 가지고 있는 탄소가 4개의 공유 결합을 형성할 수 있다는 것이다. 탄소와 탄소 화합물들의 루이스 구조를 생각해보라.

루이스 구조는 10장에서 다루었다.

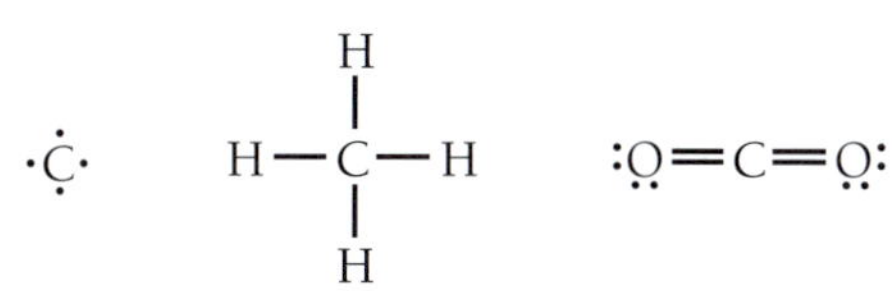

유기 화합물의 구조를 그리는 방법을 배운 것처럼 탄소는 항상 4개의 결합을 형성한다는 것을 기억해야 한다.

탄소의 복잡한 화학에 대한 두 번째 이유는 탄소가 다른 원소보다 같은 탄소 원소와의 결합을 더 잘하며, 그 결과 사슬 구조, 가지 달린 사슬 구조, 고리 구조의 화합물을 형성하기 때문이다.

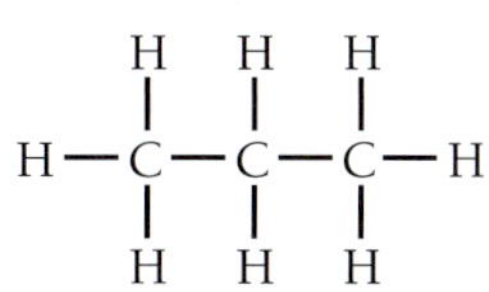
프로페인

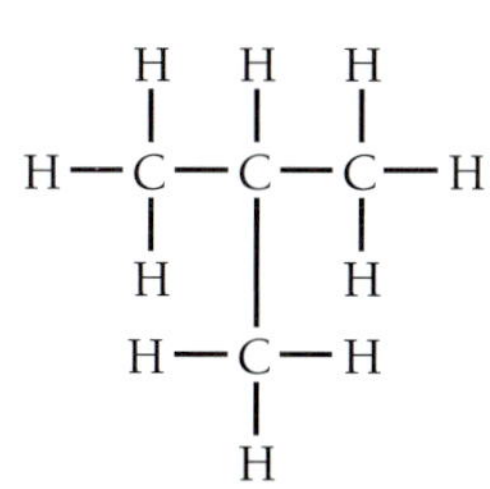
아이소뷰테인

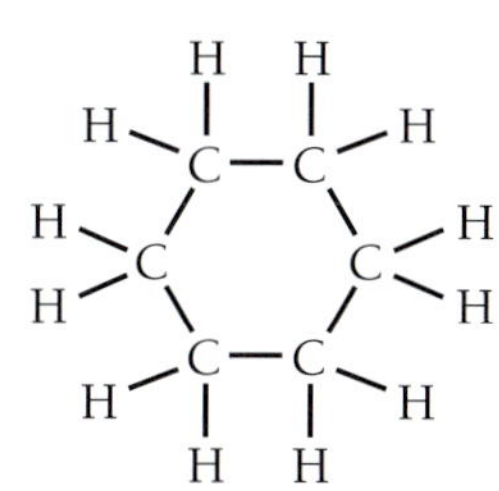
사이클로헥세인

이러한 탄소의 다양성 때문에 탄소는 수백만 가지 화합물 골격을 만들 수 있으며, 바로 그 점이 생명체가 생존하는 데 필요한 것이다.

탄소가 4개의 단일 결합을 형성할 때 탄소 주위에는 4개의 전자군이 있으며, VSEPR 이론

매체 속의 화학

생명의 기원

생기론의 폐기는 생명의 기원을 포함한 생명 자체를 화학적으로 연구하도록 문을 열어놓았다. 유기 화합물이 실험실에서 만들어진다면, 그리고 생명체가 유기 화합물로 구성되어 있다면 실험실에서 생명체를 만드는 것이기 가능할까? 생명체가 지구상에서 어떻게 시작되었는지 모의실험을 하는 것은 가능할까?

1953년에 시카고대학에서 Harold C. Urey(1893~1981)와 함께 연구하던 Stanley Miller(1930~2007)는 이 질문의 답을 얻기 위해 한 가지 실험을 수행했다. Miller는 물과 메테인, 암모니아, 수소 등의 특정 기체(그 당시 모든 사람이 초기 대기의 조성물이라고 믿고 있었음)가 포함되어 있는 플라스크에 원시 지구의 환경을 재현했다. 그는 번개를 모의실험하기 위해 플라스크에 전류를 통과시켰다. 며칠 후 Miller는 플라스크의 내용물을 분석했고, 그가 찾아낸 것은 신문의 헤드라인을 장식했다. 그 플라스크에는 유기 화합물이 들어 있었을 뿐만 아니라, 생명체에 중추적 역할을 하는 유기 화합물인 아미노산이 들어 있었다. 19장에서 배울 아미노산은 생물 단백질의 기본 요소이다. 외견상으로 생명체의 기초가 되는 화합물은 초기 지구의 조건하에서 오히려 간단하게 합성될 수 있었다.

Miller의 실험 결과에 고무된 많은 과학자는 생명의 기원을 이해하고 재현하려고 여러 가지 실험에 착수했다. 몇몇은 곧 실험실에서 생명을 창조할 것이라고 믿었다. 그러나 생명 창조란 그런 식으로 되는 것이 아님이 판명되었다. Miller의 독창적인 실험이 행해진 지 50년 이상이 지났지만 여전히 생명의 탄생을 이해하려고 애쓰고 있다. 캘리포니아대학교 샌디에이고 분교의 화학과 교수가 된 Miller는 이렇게 말했다. "생명의 기원에 대한 문제는 나를 포함한 대부분의 사람들이 상상했던 것보다 훨씬 더 어려워 보인다."

생명의 기원을 탐구하고 있는 대부분의 과학자들은 생명체가 어떻게 출발했는지에 대한 기본 가설을 가지고 있다. 분자 집단은 그들 자신을 복제하는 능력을 개발했지만 완전하지는 않았다. 복제된 것 중 어떤 것은 유전적인 결함을 포함하고 있었다. 일부의 경우 이러한 변경으로 인해 분자의 '자손'으로 훨씬 더 효율적으로 복제할 수 있었다. 분자가 모여 더 복잡한 구조를 이룰 때 자신을 복제하는 과정에서 대를 거듭하면서 느리지만 더 나은 것을 만들게 됨으로써 화학적 진화가 시작되었다. 이 과정은 궁극적으로 매우 효율적인 자기 복제 기관인 살아 있는 세포를 낳게 되었다.

이러한 기본적인 가정이 여전히 널리 받아들여지고 있지만 상세한 것은 아직 명백하지 않다. 초기의 분자는 무엇인가? 그것은 어떻게 형성되었는가? 그것은 어떻게 복제하는가? 생명의 기원에 관한 기존의 이론은 초기의 복제 분자가 오늘날 살아 있는 유기체 내에 존재하는 단백질, RNA, DNA 같은 분자의 원시 형태였을 것이라고 제안했다(19장 참조). 그러나 분자가 복잡하다는 사실과 그것이 독립적으로 복제하는 능력이 없다는 사실 때문에 연구자들은 과정 중에 포함되었을지도 모를 점토나 황 화합물 같은 다른 물질을 찾아보았다. 계속적인 노력에도 불구하고 널리 받아들여지는 하나의 이론은 없고, 생명의 기원은 지금도 진행 중인 연구 분야이다.

질문 생기론에 대한 믿음이 생명의 기원에 대한 연구를 방해할 수도 있는 이유가 무엇이라고 생각하는가?

▲ 초기 지구에 대한 한 예술가의 생각. Miller의 실험이 흉내 내고자 했던 것이 이러한 환경이었다.

분자의 기하학적 구조와 VSEPR 이론은 10장에서 다루었다.

(10.7절)에 따라 사면체의 기하 구조를 예측할 수 있다.

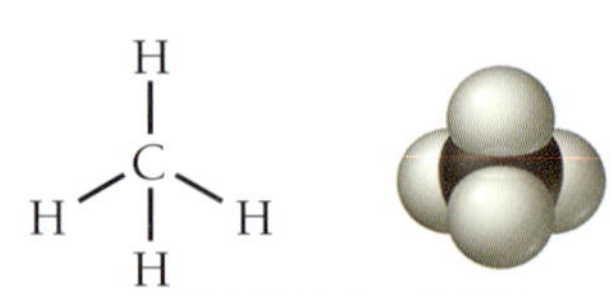

사면체 기하 구조

탄소가 1개의 이중 결합과 2개의 단일 결합을 형성할 때 탄소 주위에는 3개의 전자군이 있으며, VSEPR 이론에 따르면 평면 삼각형 기하 구조가 나타날 것이라 예측할 수 있다.

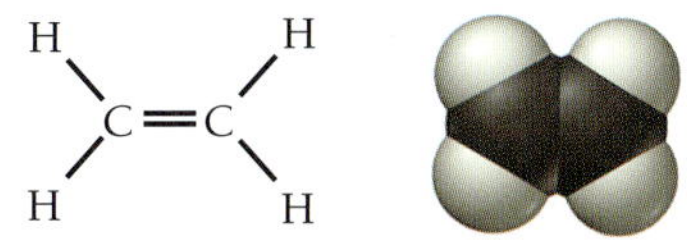

평면 삼각형 기하 구조

탄소가 1개의 삼중 결합과 1개의 단일 결합을 형성할 때 탄소 주위에는 2개의 전자군이 있으며, 그 결과 선형 기하 구조가 나타날 것이라 예측된다.

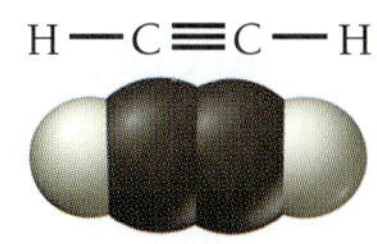

선형 기하 구조

18.4 탄화수소: 탄소와 수소만으로 이루어진 화합물

▶ 분자식에 기초하여 알케인, 알켄, 알카인으로 분류한다.

탄소와 수소만으로 이루어진 **탄화수소**(hydrocarbon) 화합물은 가장 간단한 유기 화합물이다. 그러나 탄소 원자는 매우 다양하게 결합하기 때문에 수많은 종류의 서로 다른 탄화수소들이 존재한다. 자연은 다른 수의 탄소와 수소 원자를 다양한 방법으로 결합시켜 수백만 개의 서로 다른 화합물을 만들고 있다.

포화 탄화수소와 불포화 탄화수소의 차이점은 18.5절과 18.8절에서 설명할 것이다.

탄화수소는 흔히 연료로 이용된다. 초를 만드는 왁스를 비롯하여 기름, 휘발유, 액화된 프로페인(LP) 가스, 천연가스 등이 모두 탄화수소로 이루어져 있다. 탄화수소는 섬유, 비누, 염료, 화장품, 의약품, 플라스틱, 고무 등의 다양한 소비재를 합성할 때 시작 물질로도 사용된다.

이 화학식은 열린 사슬 구조(비고리 구조)의 탄화수소에만 적용된다.

그림 18.1과 같이 탄화수소는 크게 네 종류, 즉 알케인(포화 탄화수소라고도 함), 알켄, 알카인, 방향족 탄화수소(모두 불포화 탄화수소라고 함)로 분류할 수 있다. 알케인, 알켄, 알카인은 분자식에 따라 다음과 같이 구분될 수 있다.

알케인 C_nH_{2n+2}
알켄 C_nH_{2n}
알카인 C_nH_{2n-2}

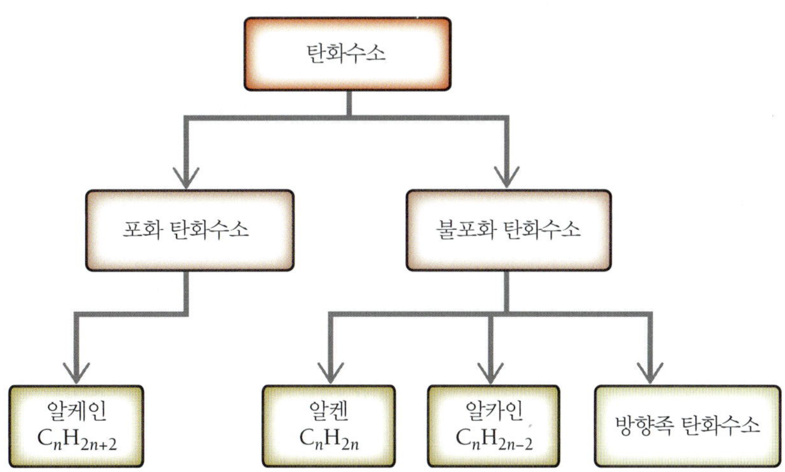

▶ **그림 18.1 알케인의 분류 순서도.** 이 그림의 화학식은 열린 사슬 구조(비고리 구조)의 탄화수소에만 적용된다.

예제 18.1 알케인, 알켄, 알카인

분자식을 기초로 다음 비고리 구조의 탄화수소를 알케인, 알켄, 알카인으로 분류하시오.

(a) C_7H_{14} (b) $C_{10}H_{22}$ (c) C_3H_4

답

(a) C_7H_{14}

탄소 수가 7이다. 그러므로 $n = 7$이고, 만약 n이 7이면 14는 $2n$이다. 따라서 이 분자는 알켄이다.

(b) $C_{10}H_{22}$

탄소 수가 10이다. 그러므로 $n = 10$이고, 만약 n이 10이면 22는 $2n + 2$이다. 따라서 이 분자는 알케인이다.

(c) C_3H_4

탄소 수가 3이다. 그러므로 $n = 3$이고, 만약 n이 3이면 4는 $2n - 2$이다. 따라서 이 분자는 알카인이다.

▶ **연습문제 18.1 | 알케인, 알켄, 알카인**

분자식을 기초로 다음 비고리 구조의 화합물을 알케인, 알켄, 알카인으로 분류하시오.

(a) C_6H_{12} (b) C_8H_{14} (c) C_5H_{12}

▶ **심화 학습** 예제 18.9/복습문제 33~36

확인문제 18.1

다음 화합물 중 알켄은 무엇인가? (모두 비고리 구조라고 가정한다.)

(a) $C_{10}H_{20}$ (b) C_9H_{20} (c) $C_{11}H_{20}$

18.5 알케인: 포화 탄화수소

▶ *n*-알케인의 화학식을 작성한다.

알케인(alkane)은 단일 결합으로만 이루어진 탄화수소이다. 알케인은 탄소 골격에 수소가 포화되어 있기 때문에(결합할 수 있는 만큼 모두 결합하고 있기 때문에) **포화 탄화수소**(saturated hydrocarbon)라고 부른다. 가장 간단한 탄화수소는 메테인(CH_4)이며, 메테인은 천연가스의 주성분이다.

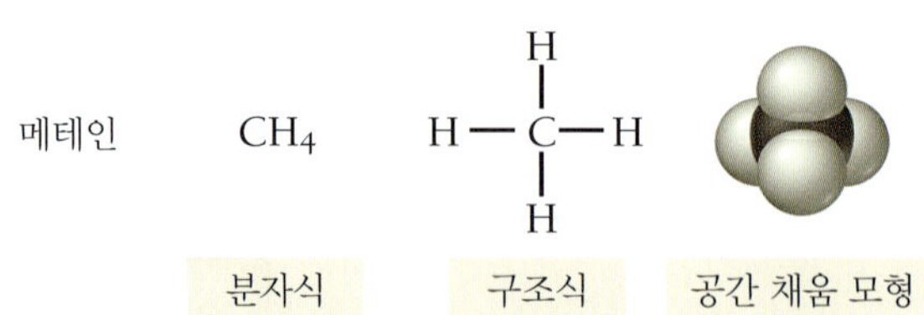

구조식(structural formula)은 분자를 이루고 있는 각 원자 수와 종류를 보여줄 뿐만 아니라 구조도 보여주는 화학식이다. 구조식은 공간 채움 모형 같은 분자의 삼차원적 표현이 아니라, 원자가 서로 어떻게 결합하고 있는지를 보여주는 이차원적 표현이다.

메테인 다음으로 간단한 탄화수소는 에테인(C_2H_6)이다. 에테인의 구조식을 그리려면 메테인에서 수소 하나를 제거하고 그 자리를 메틸기($-CH_3$)로 대체한다.

매체 속의 화학

탄화수소 연소와 관련된 환경 문제

탄화수소 연료는 선사 시대 지구에 살던 동식물체에서 유래되었기 때문에 **화석연료**(fossil fuel)라고도 한다. 화석연료의 중요한 형태는 천연가스, 석유, 석탄이다. 화석연료는 비교적 싸고, 쉽게 운반할 수 있으며, 쉽게 연소하여 많은 양의 에너지를 내놓기 때문에 편리한 에너지 형태이다. 그러나 화석연료의 이용에는 한정된 공급, 스모그, 산성비, 지구 온난화 등의 문제점이 있다.

문제점 중 하나는 연료가 영원히 공급되지 않을 것이라는 것이다. 화석연료가 현재와 같은 속도로 소비된다면 석유와 천연가스는 약 40~60년이면 고갈될 것이다. 석탄은 훨씬 오랫동안 공급될 수 있는 반면에, 고체이기 때문에 석유나 천연가스보다 지저분하고 사용하기에 불편하다.

화석연료와 관련된 두 번째 문제는 스모그이다. 스모그는 대기 중으로 방출된 화석연료의 연소 생성물 중 하나이다. 14.11절에서 언급했듯이 스모그는 질소 산화물(NO와 NO_2), 황 산화물(SO_2과 SO_3), 오존(O_3), 일산화 탄소(CO)를 포함하고 있다. 이러한 물질은 도시의 대기를 거무스름하고 더럽게 만든다. 스모그는 각막과 허파를 자극하고 심장과 허파에 스트레스를 준다. 하지만 효과적인 입법 조치와 촉매 변환 장치의 사용으로 대부분의 도시에서 이러한 오염물질의 농도가 감소하고 있다. 그런데도 미국의 많은 도시의 오염물질 수준이 여전히 미국 환경보호국(EPA)의 안전수치를 초과하고 있다.

화석연료와 관련된 세 번째 문제는 산성비이다. 질소 산화물과 황 산화물은 대기 중으로 방출되어 산성비를 만든다. 산성비가 내려 호수와 시냇물에 흘러들어 호수와 시냇물까지도 산성으로 만든다(5장 '환경 속의 화학: 산성비' 참조). 어떤 수생 생물은 증가된 산도를 견디지 못하고 죽는다. 산성비는 숲과 건축물에도 영향을 준다. 한편 유효한 입법 조치, 특히 1990년의 대기 정화법 개정은 산성비에 역점을 두고 있으며, 지난 25년간 미국에서 황 산화물 방출이 감소되고 있다. 가까운 미래에 호수와 시냇물에서도 이러한 감소에 대한 긍정적 효과가 나타날 것으로 기대된다.

화석연료와 관련된 네 번째 문제는 8.1절에서 다룬 지구 온난화의 문제이다. 화석연료의 연소로 인한 주된 생성물 중 하나는 이산화 탄소(CO_2)이다. 이산화 탄소는 온실 기체이다. 온실 기체란 가시광선이 태양으로부터 지구의 대기로 들어왔다가 열(적외선의 형태)로 빠져나가는 것을 막는 역할을 하는 기체를 뜻한다. 그 결과 이산화 탄소는 지구를 따뜻하게 유지하는 담요의 역할을 한다. 하지만 화석연료의 연소로 인해 대기의 이산화 탄소 수준이 끊임없이 증가하고 있다. 이산화 탄소의 증가는 지구의 평균 온도를 높인다. 최근의 관측에서 볼 때 대기 중 이산화 탄소가 38% 정도 증가하여 지구의 온도가 지난 세기에 비해 이미 0.7 ℃ 정도 올라갔음을 시사하고 있다. 컴퓨터를 이용한 모의실험 결과는 이산화 탄소 방출이 억제되지 않는다면 지구 온난화가 더 악화될 수 있다고 밝혔다.

질문 휘발유의 주성분인 옥테인(C_8H_{18})의 연소에 대한 균형 화학 반응식을 작성하시오. 옥테인이 연소할 때 옥테인 1 mol당 몇 몰의 이산화 탄소가 생성되는가? 옥테인이 연소할 때 옥테인 1 kg당 몇 킬로그램의 이산화 탄소가 생성되는가?

▲ 가솔린과 같은 화석연료는 비교적 값이 싸고, 쉽게 운송할 수 있으며, 연소 시 많은 양의 에너지를 방출하기 때문에 유용한 에너지 형태이다.

에테인 C_2H_6

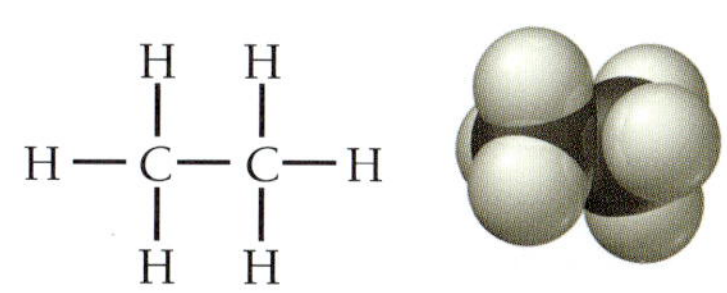

분자식 구조식 공간 채움 모형

에테인은 천연가스에 소량 존재하는 성분이다.

에테인 다음으로 간단한 탄화수소는 프로페인(C_3H_8)이며, 이는 LP(액체 프로페인) 가스의 주성분이다.

▲ 뷰테인은 라이터에 사용되는 액체 물질의 주성분이다.

프로페인 C_3H_8

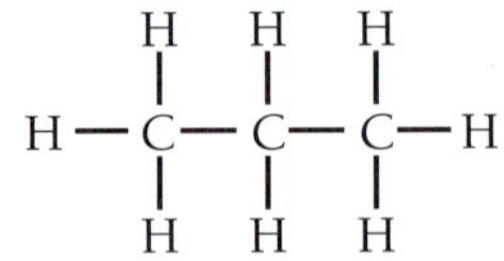

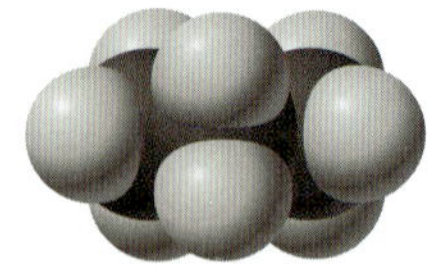

분자식 구조식 공간 채움 모형

많은 유기 화합물은 종종 **축약 구조식**(condensed structural formula)으로 쓰는 것이 편리하다. 축약 구조식은 구조식을 간결하게 쓴 것이다. 예를 들어 프로페인의 축약 구조식은 다음과 같다.

$$CH_3CH_2CH_3$$

이 식은 C—H—H—H—C—H—H—C—H—H—H를 뜻하는 것은 아니다. 이렇게 구조를 쓰는 것은 불합리하다. 탄소 원자는 4개의 결합을 형성해야 하고, 수소 원자는 단 하나의 결합만을 형성할 수 있기 때문이다. 축약 구조식은 앞에서 보여준 구조식을 더 간단한 식으로 쓰는 방법일 뿐이다.

다음은 뷰테인(C_4H_{10})으로, 이는 라이터에 들어 있는 액체의 주성분이다.

뷰테인 C_4H_{10}

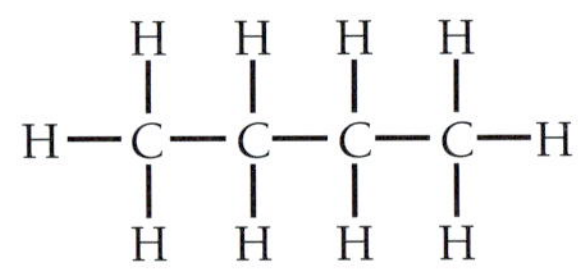

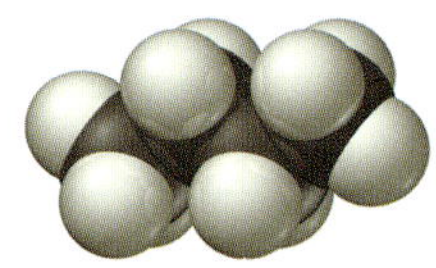

분자식 구조식 공간 채움 모형

지금까지 보았던 것들처럼 가지 없이 일직선의 사슬로 결합되어 있는 탄소로 이루어진 알케인을 **노말 알케인**(normal alkane) 또는 ***n*-알케인**(*n*-alkane)이라고 부른다. 3개 이상의 탄소 원자를 가지고 있는 *n*-알케인은 다음과 같은 일반적인 구조이다.

m = —CH_2기의 수

$$CH_3(CH_2)_mCH_3$$

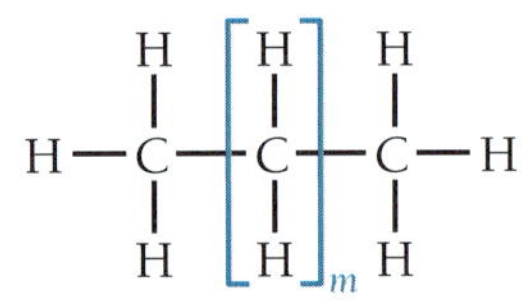

축약 구조식 구조식

n-알케인에서는 탄소 원자 수가 증가함에 따라 끓는점도 높아진다. 메테인, 에테인, 프로페인, 뷰테인은 실온에서 모두 기체이다. 그러나 이 계열의 다음번 *n*-알케인인 펜테인은 실온에서 액체이다.

알케인	끓는점(°C)
메테인	−161.5
에테인	−88.6
프로페인	−42.1
뷰테인	−0.5
펜테인	36.0
헥세인	68.7
헵테인	98.5
옥테인	125.6

펜테인 C_5H_{12}

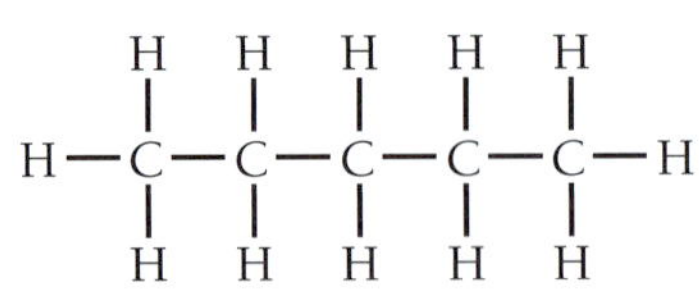

분자식 구조식 공간 채움 모형

펜테인은 휘발유의 한 성분이다. 탄소 원자가 10개인 데케인까지의 *n*-알케인을 표 18.1에 요약했다. 펜테인 외에도 헥세인부터 데케인까지 모두가 휘발유의 성분이다. 탄화수소의 다양한 용도는 표 18.2에 요약했다.

표 18.1 알케인

n	이름	분자식 (C_nH_{2n+2})	구조식	축약 구조식
1	메테인(methane)	CH_4	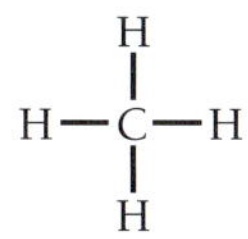	CH_4
2	에테인(ethane)	C_2H_6	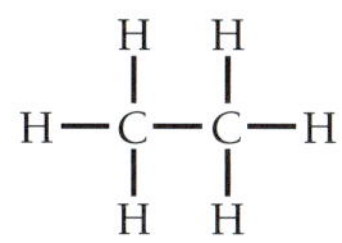	CH_3CH_3
3	프로페인(propane)	C_3H_8	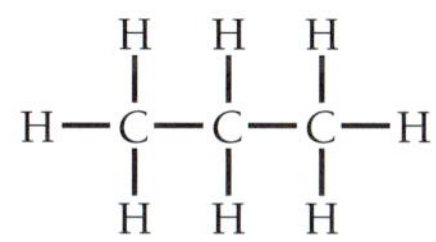	$CH_3CH_2CH_3$
4	*n*-뷰테인(*n*-butane)	C_4H_{10}	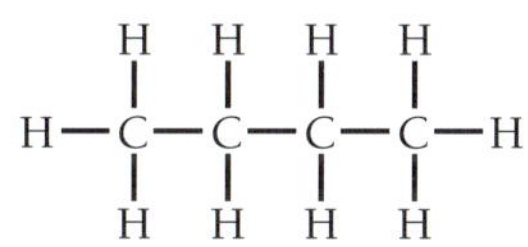	$CH_3CH_2CH_2CH_3$
5	*n*-펜테인(*n*-pentane)	C_5H_{12}	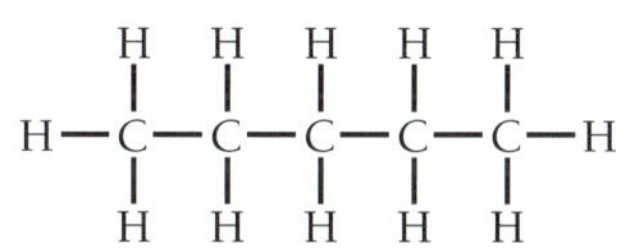	$CH_3CH_2CH_2CH_2CH_3$
6	*n*-헥세인(*n*-hexane)	C_6H_{14}	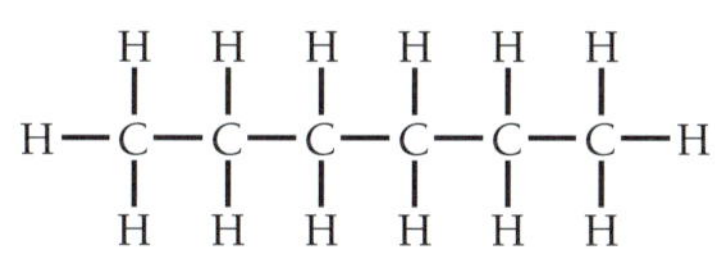	$CH_3CH_2CH_2CH_2CH_2CH_3$
7	*n*-헵테인(*n*-heptane)	C_7H_{16}	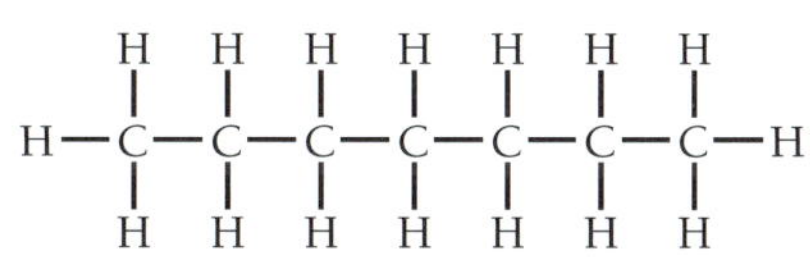	$CH_3CH_2CH_2CH_2CH_2CH_2CH_3$
8	*n*-옥테인(*n*-octane)	C_8H_{18}	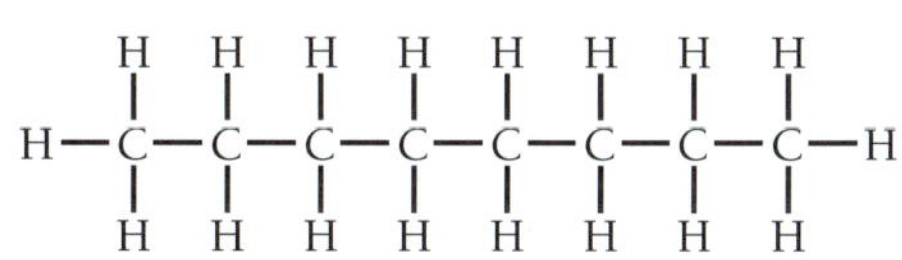	$CH_3CH_2CH_2CH_2CH_2CH_2CH_2CH_3$
9	*n*-노네인(*n*-nonane)	C_9H_{20}	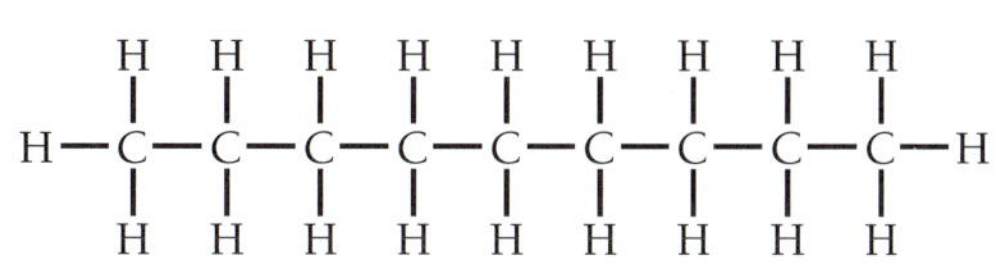	$CH_3CH_2CH_2CH_2CH_2CH_2CH_2CH_2CH_3$
10	*n*-데케인(*n*-decane)	$C_{10}H_{22}$	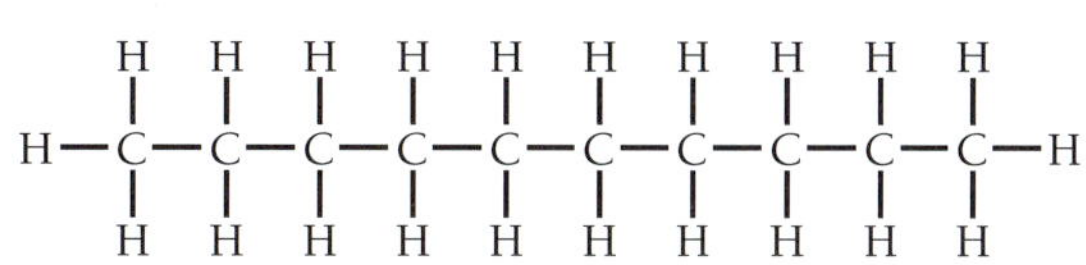	$CH_3CH_2CH_2CH_2CH_2CH_2CH_2CH_2CH_2CH_3$

표 18.2 탄화수소의 이용

탄소 원자 수	상태	주요 용도	
1~4	기체	난방용 연료, 조리용 연료	
5~7	끓는점이 낮은 액체	용매, 휘발유	
6~18	액체	휘발유	
12~24	액체	제트기 연료, 간이 난로용 연료	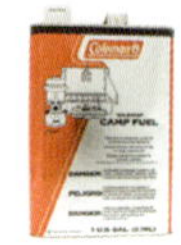
18~50	끓는점이 높은 액체	디젤 연료, 윤활유, 난방용 기름	
50+	고체	바셀린, 파라핀 왁스	

예제 18.2 *n*-알케인의 화학식

n-옥테인, C_8H_{18}의 구조식과 축약 구조식을 작성하시오.

	답
구조식을 쓰는 첫 단계로 8개의 탄소로 탄소 골격을 그린다.	C—C—C—C—C—C—C—C
다음 단계는 모든 탄소가 4개의 결합을 갖도록 수소 원자와의 결합을 그리는 것이다.	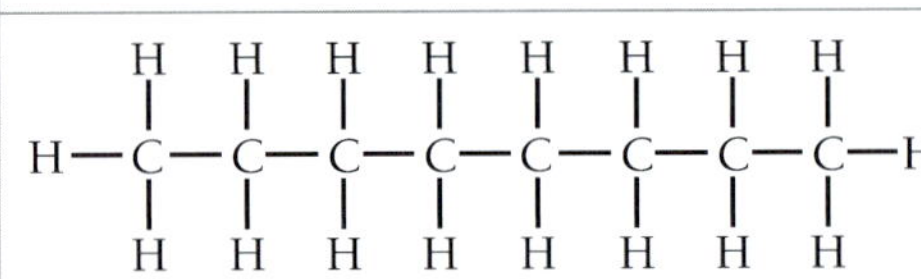
축약 구조식을 작성하려면 각각의 탄소에 결합하고 있는 수소 원자를 탄소 원자의 오른쪽에 직접 쓴다. 수소 원자의 수는 수소 원자 오른쪽에 아래첨자로 쓴다.	$CH_3CH_2CH_2CH_2CH_2CH_2CH_2CH_3$

▸ **연습문제 18.2 | *n*-알케인의 화학식**

C_5H_{12}의 구조식과 축약 구조식을 작성하시오.

▸ **심화 학습** 복습문제 37, 38

18.6 이성질체: 같은 화학식, 다른 구조

▶ 탄화수소 이성질체의 구조식을 작성한다.

탄소 원자는 일직선의 사슬 형태로 결합하여 n-알케인을 형성하기도 하지만, **가지 달린 알케인**(branched alkane)이라고 하는 가지 달린 구조도 형성할 수 있다. 가장 간단한 가지 달린 알케인은 아이소뷰테인이고, 이는 다음과 같은 구조이다.

아이소뷰테인 C_4H_{10}

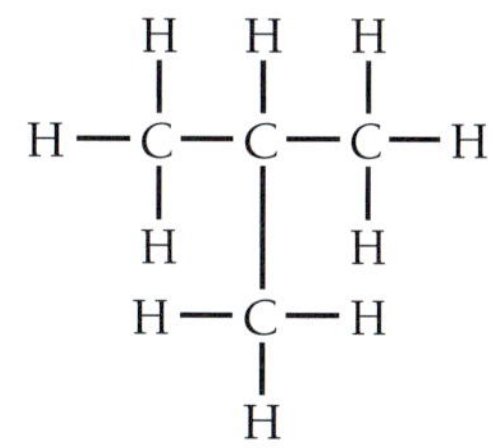

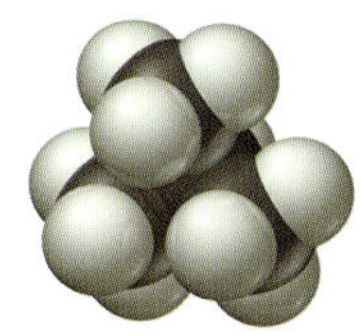

분자식 구조식 공간 채움 모형

아이소뷰테인과 뷰테인은 분자식이 같지만 구조가 다른 **이성질체**(isomer)이다. 이성질체는 구조가 다르기 때문에 성질이 다르고, 엄밀히 말해 다른 화합물이다. 유기 화합물에서 이성질 현상은 일반적이다. 뷰테인은 2개의 이성질체를 가지고 있다. 펜테인(C_5H_{12})은 3개, 헥세인(C_6H_{14})은 5개, 데케인($C_{10}H_{22}$)은 75개나 되는 이성질체를 가지고 있다.

예제 18.3 이성질체의 구조식

헥세인의 이성질체 5개를 그리시오.

답

먼저 탄소 골격을 그린다. 첫 번째 이성질체는 일직선의 사슬 구조 이성질체인 C—C—C—C—C—C이다. 그런 다음 네 가지 다른 방법으로 탄소 원자를 배열함으로써 다른 이성질체의 탄소 골격 구조를 결정한다.

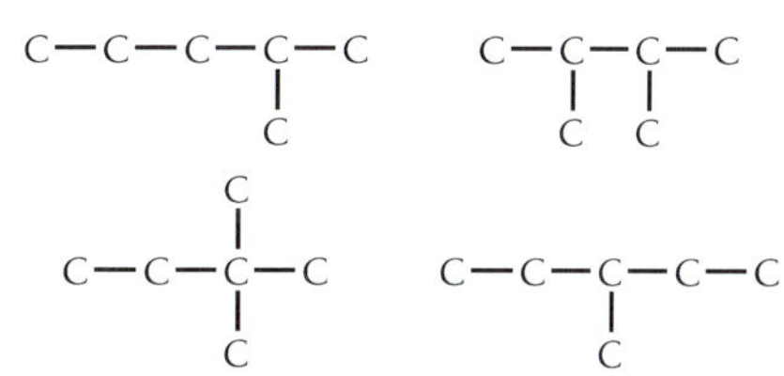

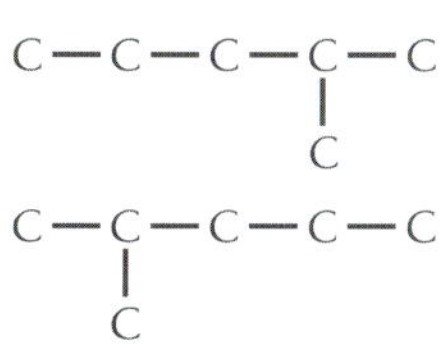

이 두 구조는 동일하다. 두 번째 구조는 첫 번째 구조를 뒤집은 것이기 때문이다.

그리고 각각의 탄소가 4개의 결합을 갖도록 수소 원자를 모두 채운다.

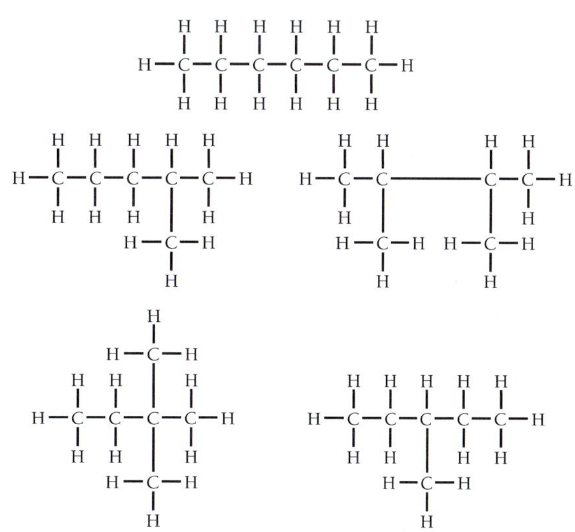

▸ **연습문제 18.3 | 이성질체의 구조식**

펜테인의 이성질체 3개를 그리시오.

▸ **심화 학습** 예제 18.10/복습문제 39~42

확인문제 18.2

다음 분자 중 이성질체를 모두 고르시오.

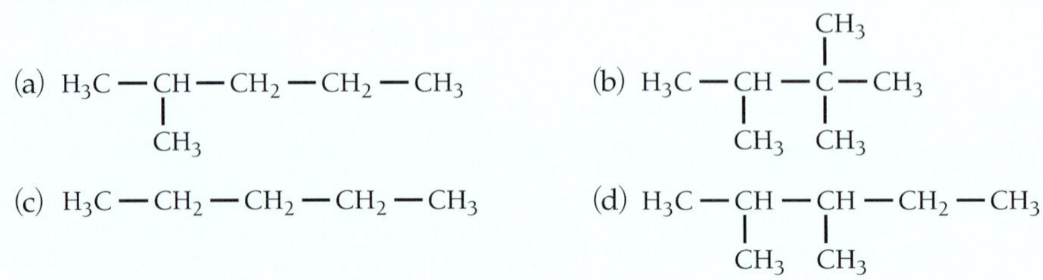

18.7 알케인의 명명

▸ 알케인을 명명한다.

표 18.3 알케인 사슬의 기본 이름을 위한 접두어

탄소 원자 수	접두어
1	메트-(*meth*-)
2	에트-(*eth*-)
3	프로프-(*prop*-)
4	뷰트-(*but*-)
5	펜트-(*pent*-)
6	헥스-(*hex*-)
7	헵트-(*hept*-)
8	옥트-(*oct*-)
9	노느-(*non*-)
10	데크-(*dec*-)

표 18.4 일반적인 알킬기

축약 구조식	이름
$-CH_3$	메틸
$-CH_2CH_3$	에틸
$-CH_2CH_2CH_3$	프로필
$-CH_2CH_2CH_2CH_3$	뷰틸
$-CHCH_3$ $\mid$ CH_3	아이소프로필
$-CH_2CHCH_3$ $\mid$ CH_3	아이소뷰틸
$-CHCH_2CH_3$ $\mid$ CH_3	2차(sec)-뷰틸
CH_3 $\mid$ $-CCH_3$ $\mid$ CH_3	3차(tert)-뷰틸

많은 유기 화합물은 이미 잘 알려져 있는 관용명으로 불리고 있다. 그러나 수많은 유기 화합물이 있기 때문에 체계적인 명명법이 필요하다. 이 책에서는 전 세계에 널리 사용되고 IUPAC(International Union of Pure and Applied Chemistry)에서 권장하는 명명법 체계를 채택하고 있다. 이 체계에서는 **기본 사슬**(base chain)이라고 부르는 가장 긴 연속적인 탄소 사슬이 그 화합물의 기본 이름을 결정한다. 표 18.3에서 보듯이 기본 이름의 접두어 부분은 기본사슬 내의 탄소 원자 수에 따라 붙여준다. 알케인의 경우 기본적인 이름의 끝부분에 항상 '-에인(-ane)'을 붙인다. 기본 사슬에서 가지를 친 탄소 원자 집단은 **알킬기**(alkyl group)이며, 이를 치환기라고 한다. **치환기**(substituent)란 유기 화합물의 한 수소 원자를 치환한 원자 또는 원자군이다. 일반적인 알킬기는 표 18.4와 같다.

예제 18.4와 18.5에 언급되는 규칙에 따라 많은 알케인의 이름을 체계적으로 붙일 수 있다. '알케인의 명명'에서 왼쪽 열에는 규칙, 가운데와 오른쪽 열에는 규칙을 어떻게 적용하는지에 대한 2개의 예시를 보여준다.

알케인의 명명	예제 18.4	예제 18.5
	다음 알케인을 명명하시오. 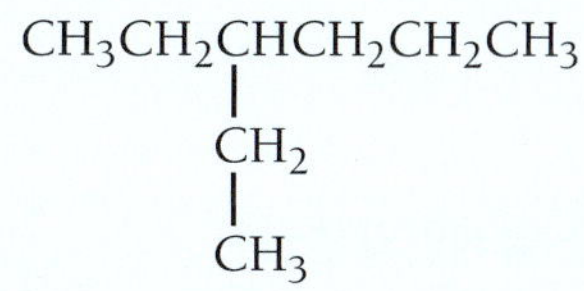	다음 알케인을 명명하시오. 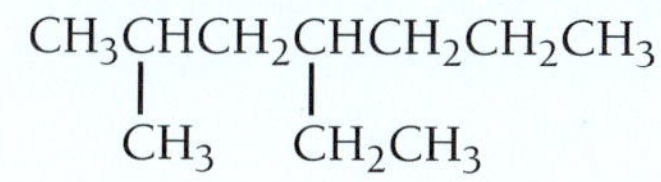
1. 연속적인 탄소 사슬로, 가장 긴 사슬의 탄소 수를 세고 그 수에 따라 화합물의 기본 이름을 결정한다. 표 18.3에서 탄소 원자 수와 일치하는 접두어를 찾고 끝에 '-에인(-ane)'을 붙여서 기본 이름을 정한다.	**답** 이 화합물은 가장 긴 연속 사슬에 6개의 탄소 원자가 있다. 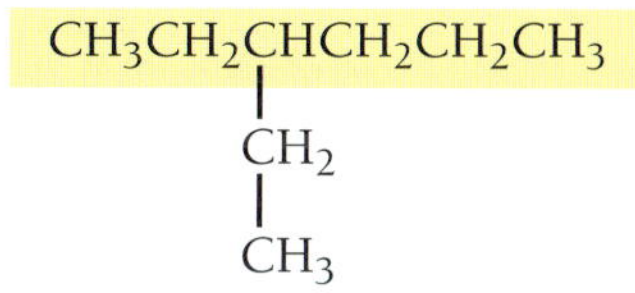 표 18.3에 따르면 올바른 접두어가 '헥스(hex)-'이므로 기본 이름은 헥세인이다.	**답** 이 화합물은 가장 긴 연속 사슬에 7개의 탄소 원자가 있다. 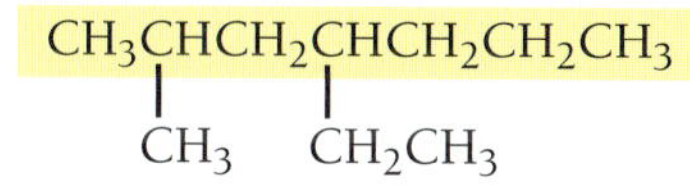 표 18.3에 따르면 올바른 접두어가 '헵트(hept)-'이므로 기본 이름은 헵테인이다.
2. 기본 사슬로부터 나온 가지를 치환기로 간주한다. 표 18.4를 참고하여 각 치환기의 이름을 붙인다.	이 화합물은 치환기가 하나이고 이름은 에틸기이다. 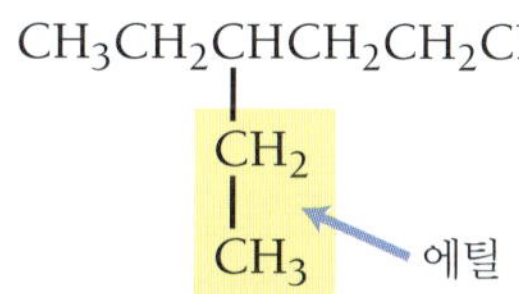 	이 화합물은 메틸이라는 치환기 하나와 에틸이라는 치환기 하나를 가지고 있다. 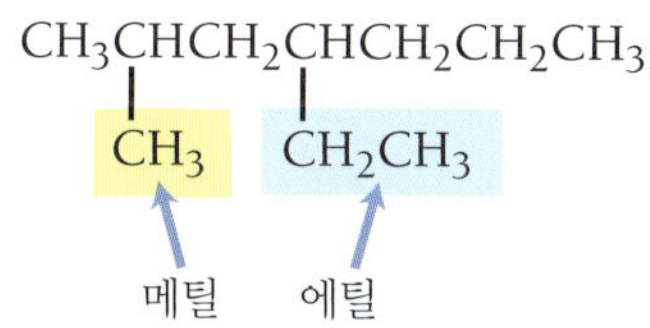
3. 가지와 가장 근접한 말단으로부터 시작하여 기본 사슬에 번호를 붙이고 각 치환기마다 번호를 할당한다(두 치환기가 말단에서 같은 거리에 있다면 다음 치환기로 1번 탄소를 정한다).	기본 사슬에 다음과 같이 번호를 붙인다. 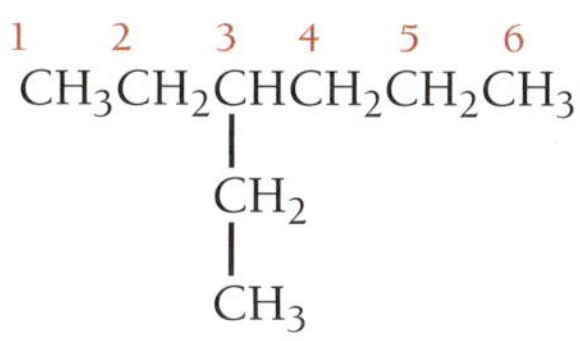 에틸 치환기는 3번 탄소에 치환되어 있다.	기본 사슬에 다음과 같이 번호를 붙인다. 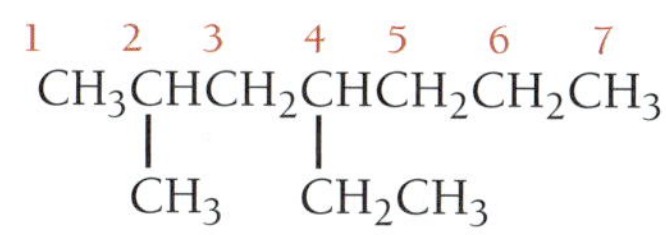 메틸 치환기는 2번 탄소에, 에틸 치환기는 4번 탄소에 치환되어 있다.
4. 다음 형식에 따라 화합물의 이름을 쓴다. (치환기가 치환된 탄소의 번호)-(치환기의 이름)(기본 이름) 2개 이상의 치환기가 있다면 각 치환기의 번호를 쓰고 숫자와 단어 사이에 하이픈을 넣은 다음 알파벳순으로 이름을 쓴다.	화합물의 이름: 3-에틸헥세인	화합물의 이름: 4-에틸-2-메틸헵테인 치환기는 알파벳순으로 써야 하므로 에틸이 메틸 앞에 놓인다.
5. 화합물이 둘 이상의 동일한 치환기를 가지고 있다면 치환기의 이름을 쓰기 전에 동일한 치환기의 수를 다음과 같은 접두어로 나타낸다. 다이(di)- (2), 트라이(tri)- (3), 테트라(tetra)- (4) 치환기의 위치를 나타내는 숫자는 쉼	이 화합물에는 적용되지 않는다. ▶ **연습문제 18.4 | 알케인의 명명** 다음 알케인을 명명하시오. 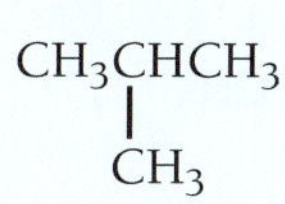	이 화합물에는 적용되지 않는다. ▶ **연습문제 18.5 | 알케인의 명명** 다음 알케인을 명명하시오. 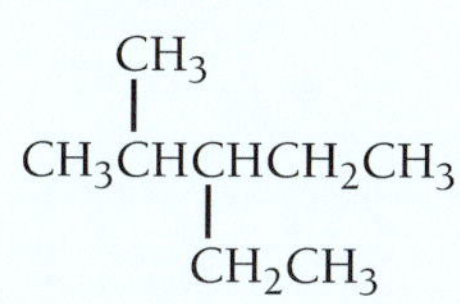

표를 사용하여 치환기의 상대적인 위치를 표시한다. 알파벳순을 고려해야 할 때 접두어는 고려 대상이 아니다.		▶ **심화 학습** 예제 18.11/복습문제 43~46

예제 18.6 알케인의 명명

다음 알케인을 명명하시오.

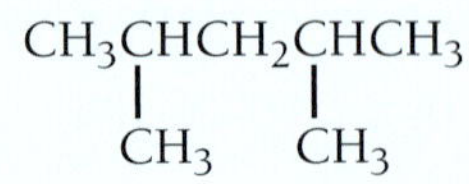

1. 가장 긴 연속 사슬에 5개의 탄소 원자가 있다. 그러므로 기본 이름은 펜테인이다.	**답** 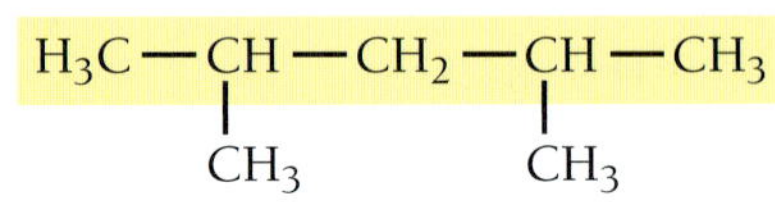
2. 이 화합물은 2개의 치환기를 가지고 있으며, 이 둘은 모두 메틸기이다.	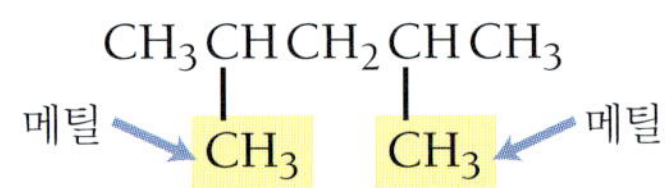
3. 2개의 치환기가 말단에서 모두 같은 거리에 있으므로 번호 붙이기는 어느 쪽부터 시작해도 상관없다.	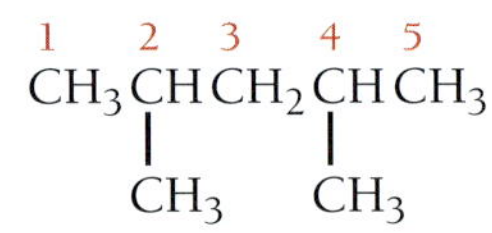
4, 5. 이 화합물은 2개의 동일한 치환기를 가지므로 규칙 5를 따르고 '다이-(di-)'라는 접두어를 사용한다.	2,4-다이메틸펜테인

▶ **연습문제 18.6 | 알케인의 명명**

다음 알케인을 명명하시오.

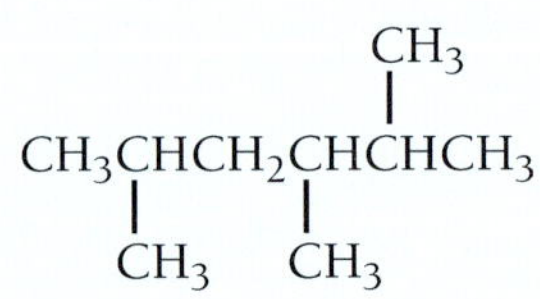

▶ **심화 학습** 복습문제 47~50

✔ 확인문제 18.3

다음 화합물 중 2,3-다이메틸펜테인은 무엇인가?

(a) 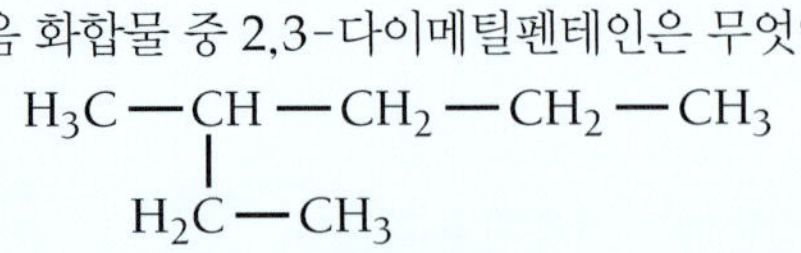

(b) 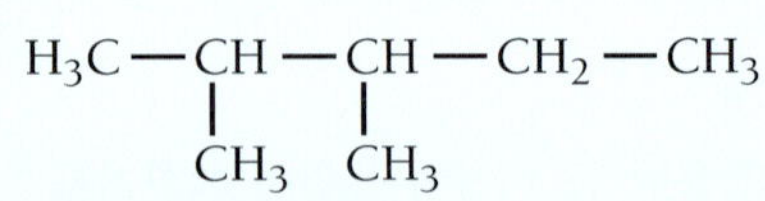

(c) 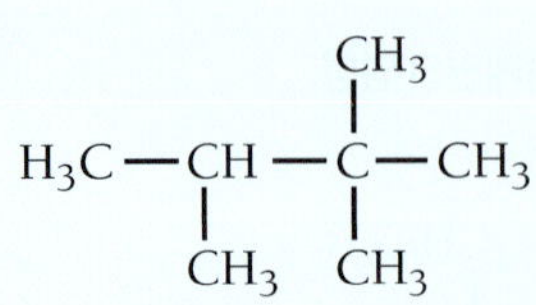

(d) 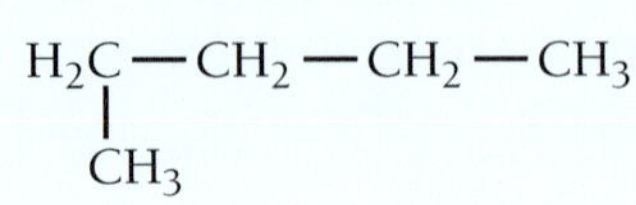

18.8 알켄과 알카인

▶ 알켄과 알카인을 명명한다.

알켄(alkene)은 탄소 원자 사이에 최소한 하나의 이중 결합이 포함된 탄화수소이다. **알카인**(alkyne)은 탄소 원자 사이에 최소한 하나의 삼중 결합이 포함된 탄화수소이다. 이중 결합 또는 삼중 결합 때문에 알켄과 알카인은 같은 수의 탄소가 포함된 알케인보다 수소 원자가 적어서 **불포화 탄화수소**(unsaturated hydrocarbon)라고 부르며, 불포화 탄화수소에는 결합 가능한 수의 수소가 모두 결합하지 않고 있다. 앞에서 배웠듯이 알켄의 화학식은 C_nH_{2n}, 알카인의 화학식은 C_nH_{2n-2}이다. 가장 간단한 알켄은 에틸렌이라고도 불리는 에텐 C_2H_4이다.

▲ 바나나가 익을 때 방출되는 에텐. 에텐은 바나나 송이의 바나나가 함께 익도록 촉진하는 화학적 전달자 역할을 한다.

알켄과 알카인의 특징

가장 간단한 알켄은 C_2H_4이며, 이는 에틸렌이라고도 한다.

에텐 또는 에틸렌 C_2H_4

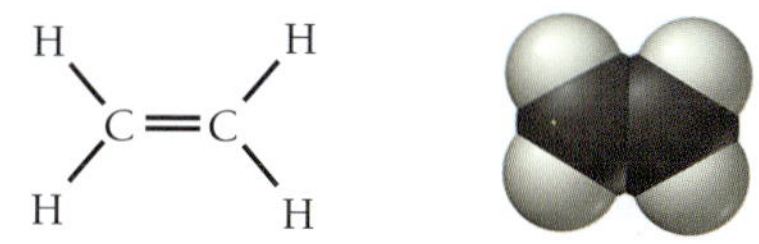

분자식 구조식 공간 채움 모형

에텐에서 각 탄소 원자 주위의 결합 구조는 삼각 평면이며, 이 구조로 인해 에텐은 평면의 고정된 분자이다. 에텐은 과일 숙성제이다. 예를 들어 바나나 송이의 바나나가 익기 시작할 때 에텐을 내놓는다. 이렇게 방출된 에텐은 바나나 송이의 다른 바나나를 익힌다. 바나나 재배 농부는 편리하게 수송하기 위해 보통 초록색 바나나를 딴다. 그리고 목적지에 도착하면 바나나를 시장에 내놓기 전에 에텐 기체를 공급하여 바나나를 숙성시킨다. 몇 가지 알켄의 이름과 구조식을 표 18.5에 제시했다. 이러한 알켄은 대개 연료의 소량 성분으로 존재하며, 흔하게 사용되지는 않는다.

가장 간단한 알카인은 아세틸렌이라고도 불리는 에타인 C_2H_2이다.

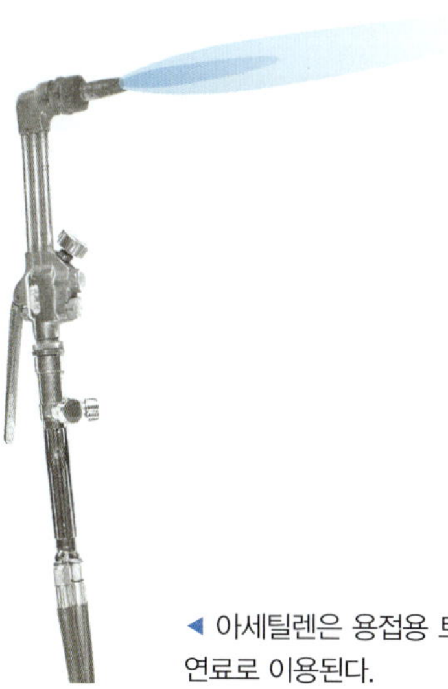

◀ 아세틸렌은 용접용 토치의 연료로 이용된다.

에타인 또는 아세틸렌 C_2H_2 H—C≡C—H

분자식 구조식 공간 채움 모형

에타인에서 각 탄소 주위의 결합 기하 구조는 선형이며, 전체적인 분자 구조도 선형 구조이다. 에다인(또는 아세틸렌)은 보통 용집용 토치의 연료로 사용된다. 몇몇 알카인의 이름과 구조를 표 18.6에 제시했다. 알켄과 마찬가지로 알카인도 휘발유의 소량 성분으로 존재하며, 흔하게 사용되지는 않는다.

알켄과 알카인의 명명

알켄과 알카인은 다음과 같은 예외 사항을 고려하되 알케인과 같은 방법으로 명명한다.

- 이중 결합이나 삼중 결합이 포함된 가장 긴 연속적인 탄소 사슬이 기본 사슬이다.
- 기본 이름은 알켄의 경우 '-엔(-ene)'을, 알카인의 경우 '-아인(-yne)'을 맨 끝에 붙인다.
- 기본 사슬의 번호는 이중 결합 또는 삼중 결합의 번호가 가능한 한 낮은 번호가 되도록 붙인다.

표 18.5 알켄

n	이름	분자식(C_nH_{2n})	구조식	축약 구조식
2	에텐(ethene)	C_2H_4	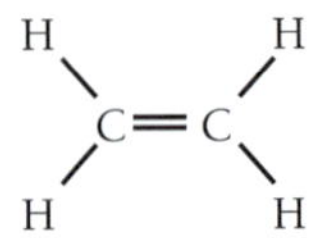	$CH_2{=}CH_2$
3	프로펜(propene)	C_3H_6	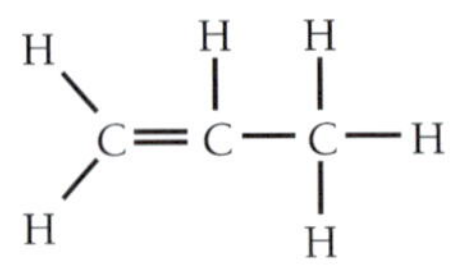	$CH_2{=}CHCH_3$
4	1-뷰텐(1-butene)	C_4H_8	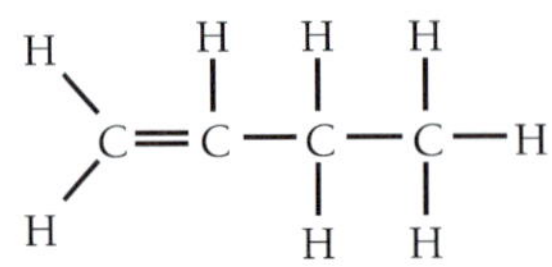	$CH_2{=}CHCH_2CH_3$
5	1-펜텐(1-pentene)	C_5H_{10}	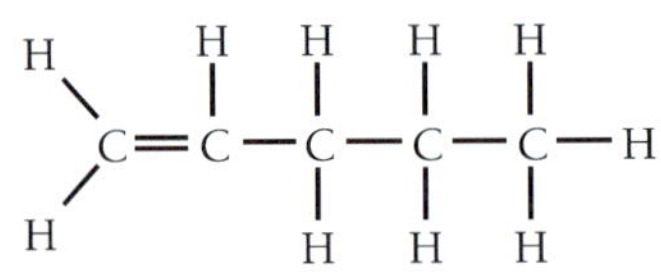	$CH_2{=}CHCH_2CH_2CH_3$
6	1-헥센(1-hexene)	C_6H_{12}	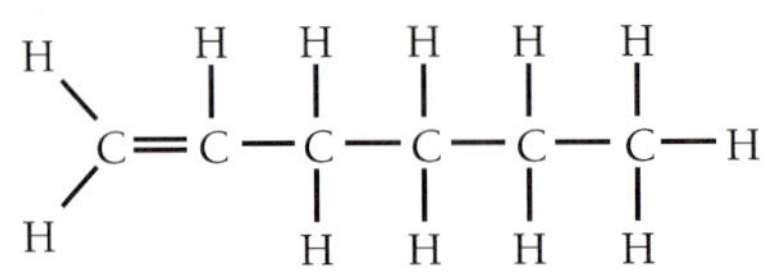	$CH_2{=}CHCH_2CH_2CH_2CH_3$

표 18.6 알카인

n	이름	분자식(C_nH_{2n})	구조식	축약 구조식
2	에타인(ethyne)	C_2H_2		$CH{\equiv}CH$
3	프로파인(propyne)	C_3H_4	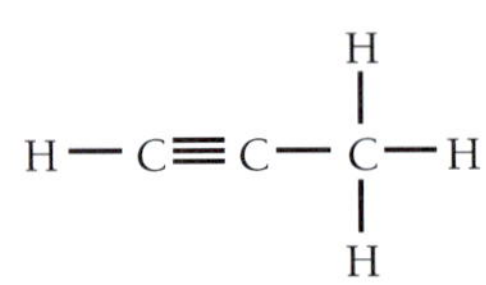	$CH{\equiv}CCH_3$
4	1-뷰타인(1-butyne)	C_4H_6	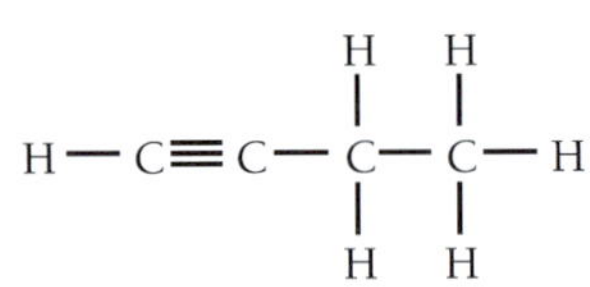	$CH{\equiv}CCH_2CH_3$
5	1-펜타인(1-pentyne)	C_5H_8	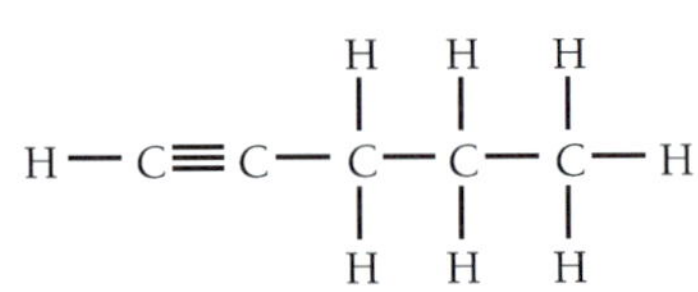	$CH{\equiv}CCH_2CH_2CH_3$
6	1-헥사인(1-hezyne)	C_6H_{10}	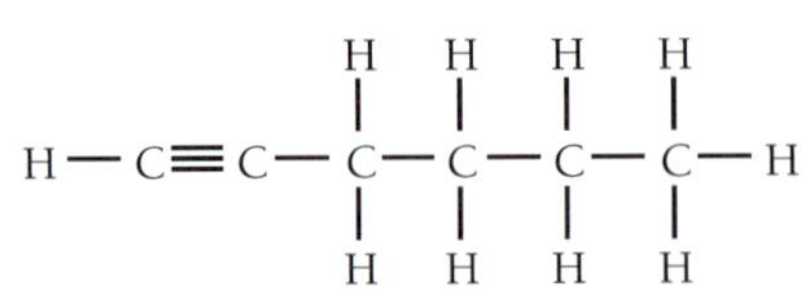	$CH{\equiv}CCH_2CH_2CH_2CH_3$

- 이중 결합이나 삼중 결합의 위치를 나타내는 번호(가능한 가장 낮은 번호)는 기본 이름 앞에 붙인다. 예를 들면 다음과 같다.

1-뷰타인

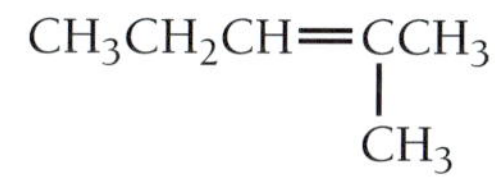

2-메틸-2-펜텐

예제 18.7 알켄과 알카인의 명명

다음 화합물을 명명하시오.

(a)

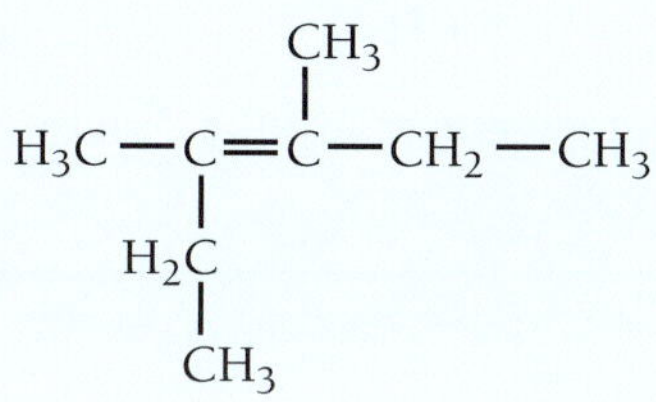

(b)

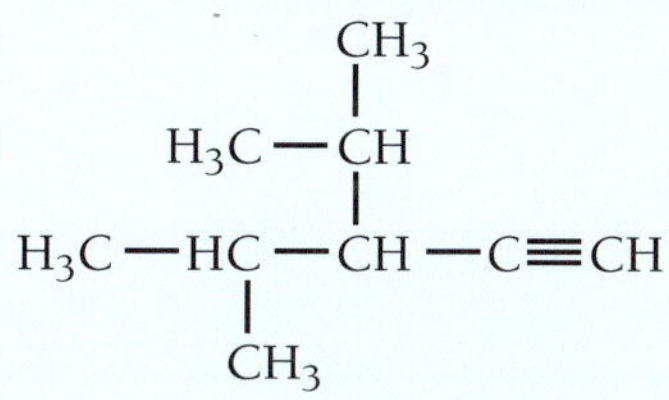

(a) 알켄을 명명하려면 알케인의 명명과 같은 순서를 따르면서 예외 사항을 고려한다.

1. 이중 결합이 포함된 가장 긴 연속적 탄소 사슬은 6개의 탄소를 포함하므로 기본 이름이 헥센이다.	답 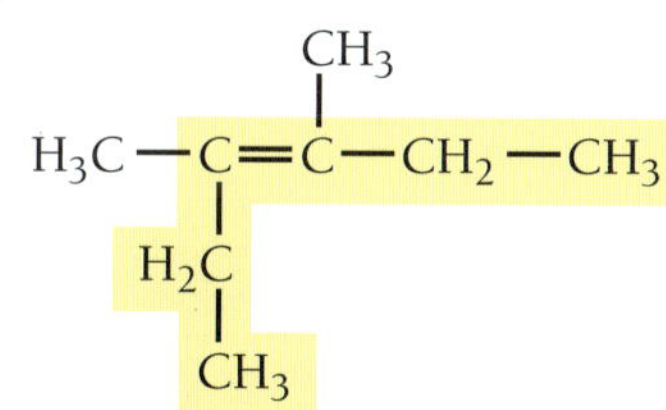
2. 2개의 치환기는 모두 메틸기이다.	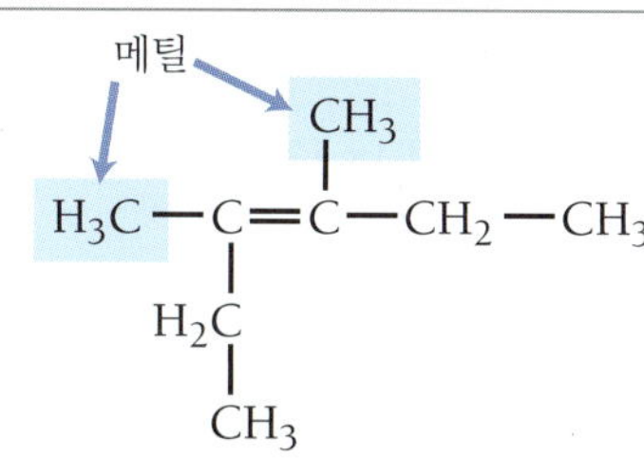
3. 알켄의 명명에서 예외 사항 중 하나는 이중 결합이 가장 낮은 숫자를 갖도록 번호를 붙이는 것이었다. 이 경우 이중 결합은 양쪽 말단에서 같은 위치에 있으므로 3을 붙이면 된다.	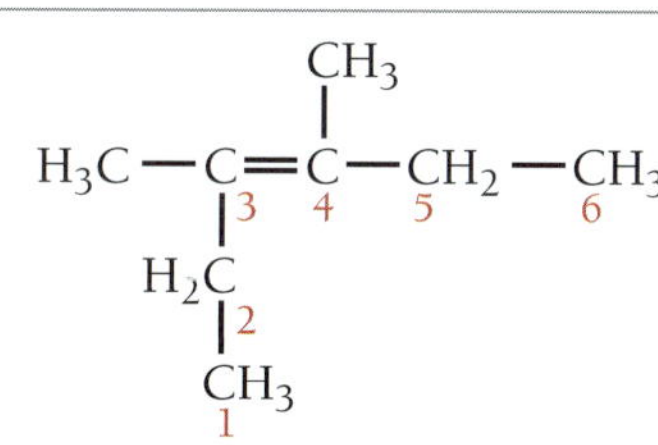
4. 각각의 메틸기와 이중 결합에 번호를 붙여 명명한다. 이름과 번호는 하이픈을 붙여 구별한다.	3,4-다이메틸-3-헥센

(b) 알카인을 명명하려면 알케인의 명명과 같은 순서를 따르면서 예외 사항을 고려한다.

1. 삼중 결합이 포함된 가장 긴 연속적 탄소 사슬은 5개의 탄소를 포함하므로 기본 이름이 펜타인이다.	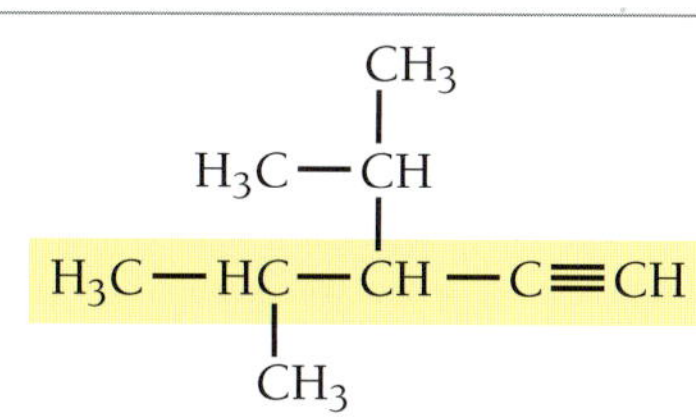

2. 2개의 치환기 중 하나는 메틸기, 하나는 아이소프로필기이다.	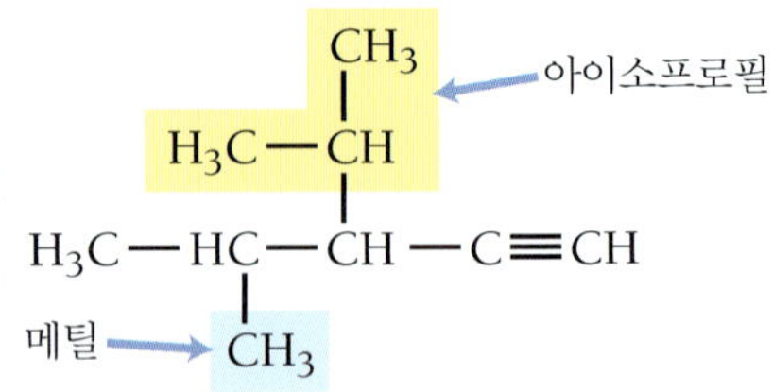
3. 삼중 결합이 가장 낮은 번호인 1이 되도록 기본 사슬의 번호를 붙인다.	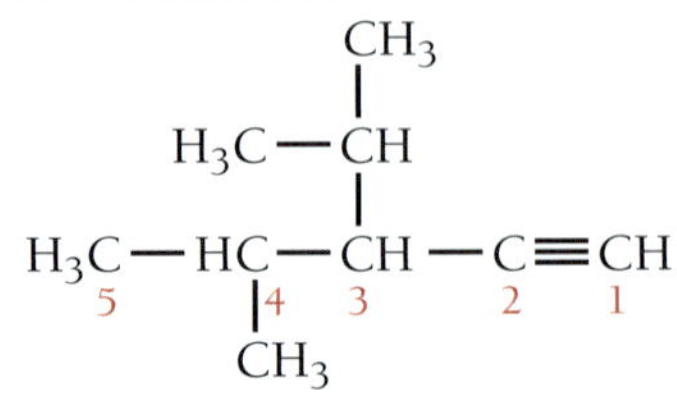
4. 각 치환기와 삼중 결합의 번호를 붙이고 이름과 번호를 하이픈으로 구별하여 화합물의 이름을 붙인다.	3-아이소프로필-4-메틸-1-펜타인

▶ **연습문제 18.7 | 알켄과 알카인의 명명**

다음 알켄과 알카인을 명명하시오.

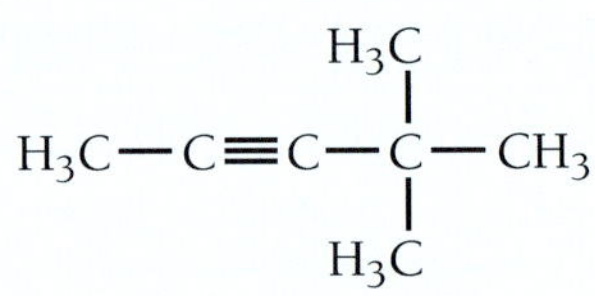

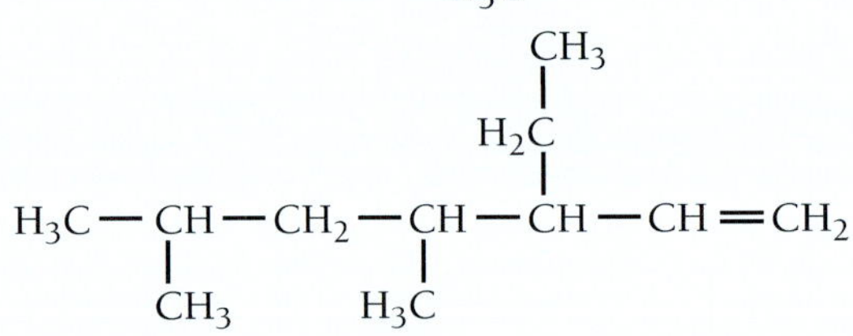

▶ **심화 학습** 예제 18.12/복습문제 55~60

18.9 탄화수소의 반응

▶ 연소 반응, 치환 반응, 첨가 반응을 비교한다.

가장 흔한 탄화수소 반응 중 하나는 **연소 반응**(combustion reaction)으로, 산소의 존재하에 탄화수소가 타는 것이다. 알케인, 알켄, 알카인은 모두 연소된다. 연소 반응에서 탄화수소는 산소와 반응하여 이산화 탄소와 물을 형성한다.

$$CH_3CH_2CH_3(g) + 5\,O_2(g) \longrightarrow 3\,CO_2(g) + 4\,H_2O(g) \text{ (알케인의 연소)}$$

$$CH_2{=}CHCH_2CH_3(g) + 6\,O_2 \longrightarrow 4\,CO_2(g) + 4\,H_2O(g) \text{ (알켄의 연소)}$$

$$CH{\equiv}CCH_3(g) + 4\,O_2 \longrightarrow 3\,CO_2(g) + 2\,H_2O(g) \text{ (알카인의 연소)}$$

연소 반응은 7.9절에서 이미 다루었다.

탄화수소의 연소 반응은 대단한 발열 반응으로 상당량의 열을 방출한다. 이러한 열은 집과 건물의 난방, 전기 생산, 또는 차를 움직이기 위해 실린더 내의 기체를 팽창시키는 데 사용될 수 있다. 미국에서 사용되는 에너지의 약 90%는 탄화수소의 연소로 얻는다.

알케인의 치환 반응

4장에서 설명했듯이 할로젠은 F, Cl, Br, I를 말한다.

알케인은 연소 반응 외에도 치환 반응을 행한다. **치환 반응**(substitution reaction)은 하나 이상의 수소 원자가 하나 이상의 다른 원자에 의해 대체되는 반응이다. 대부분의 치환 반응은 보통 할로젠 치환 반응이다. 예를 들어 메테인은 염소 기체와 반응하여 클로로메테인을 형성한다.

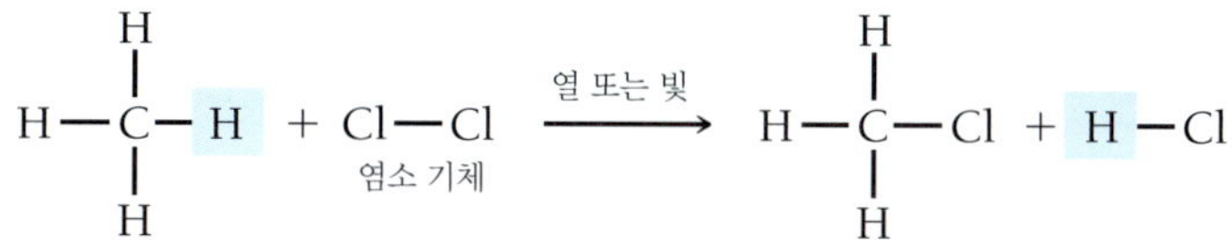

메테인 클로로메테인

$$CH_4(g) + Cl_2(g) \xrightarrow{\text{열 또는 빛}} CH_3Cl(g) + HCl(g)$$

에테인은 염소 기체와 반응하여 클로로에테인을 형성한다.

에테인 클로로에테인

$$CH_3CH_3(g) + Cl_2(g) \xrightarrow{\text{열 또는 빛}} CH_3CH_2Cl(g) + HCl(g)$$

할로젠 치환 반응의 일반적인 형태는 다음과 같다.

이 식에서 R은 탄화수소기를 나타낸다.

$$\underset{\text{알케인}}{R{-}H} + \underset{\text{할로젠}}{X_2} \longrightarrow \underset{\text{할로젠화 알킬}}{R{-}X} + \underset{\text{할로젠화 수소}}{HX}$$

할로젠은 알케인 중 둘 이상의 수소 원자를 치환할 수 있기 때문에 다중 할로젠화 반응이 일어날 수도 있다.

알켄과 알카인의 첨가 반응

알켄과 알카인은 원자가 다중 결합에 첨가되는 **첨가 반응**(addition reaction)을 행한다. 예를 들어 에텐은 염소 기체와 반응하여 다이클로로에테인을 형성한다.

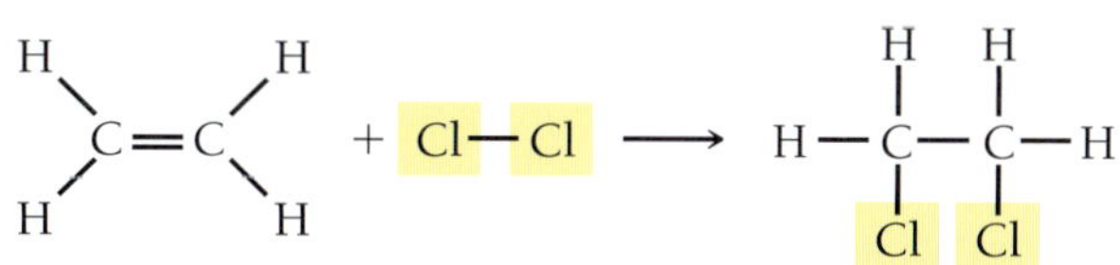

$$\underset{\text{에텐}}{CH_2{=}CH_2(g)} + Cl_2(g) \longrightarrow \underset{\text{다이클로로에테인}}{CH_2ClCH_2Cl(g)}$$

염소의 첨가로 이중 결합의 각 탄소 원자는 염소 원자와 새로운 결합을 가지게 되고 탄소-탄소 이중 결합이 단일 결합으로 바뀐다는 점을 주의하라. 알켄과 알카인은 **수소첨가 반응**(hydrogenation)에 의해 수소가 첨가될 수도 있다. 예를 들어 프로펜은 적절한 촉매의 존재 하에서 수소 기체와 반응하여 프로페인을 형성한다.

▲ 많은 식품에는 수소가 첨가된 식물성 기름이 일부 들어 있으며, 이는 식물성 기름 분자의 탄소 사슬에 있는 이중 결합 중 일부가 수소 첨가에 의해 단일 결합으로 변했다는 것을 뜻한다.

19장에서 지방과 기름을 자세히 다룰 것이다.

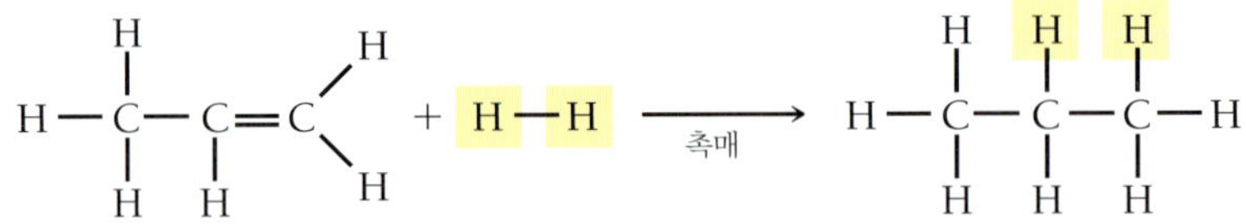

프로펜 프로페인

$$CH_3CH{=}CH_2(g) + H_2(g) \xrightarrow{\text{촉매}} CH_3CH_2CH_3(g)$$

수소첨가 반응은 불포화 탄화수소를 포화 탄화수소로 만든다. 식품의 성분이 적혀 있는 라벨에서 부분적으로 수소 첨가된 식물성 기름(partially hydrogenated vegetable oil)이라고 표시된 것을 읽어본 적이 있는가? 식물성 기름은 탄소 사슬이 이중 결합을 포함하고 있는 불포화 지방이다. 불포화 지방은 대부분 실온에서 액체이다. 수소첨가 반응에 의해 수소가 이중 결합에 첨가되면 불포화 지방이 포화 지방으로 바뀌며, 포화 지방은 대개 실온에서 고체이다.

요약

- 모든 탄화수소는 연소 반응을 한다.
- 알케인은 치환 반응을 한다.
- 알켄과 알카인은 첨가 반응을 한다.

18.10 방향족 탄화수소

▶ 방향족 탄화수소를 명명한다.

생각처럼 유기 화합물의 구조를 결정하는 것이 항상 쉬운 것은 아니다. 1800년대 중반에 화학자들은 상당히 안정한 C_6H_6의 화학식을 가진 유기 화합물 벤젠의 구조를 결정하려고 노력했다. 1865년에 Friedrich August Kekulé(1829~1896)는 탄소 원자의 사슬이 뱀과 같을 것이라는 생각을 품게 된 꿈을 꾸었다. 자기 앞에서 뱀들이 춤을 추고 있었는데 그중 하나가 꼬리 쪽으로 몸을 휘감더니 꼬리를 물었다. Kekulé는 꿈속의 광경을 근거로 벤젠의 구조를 다음과 같이 제안했다.

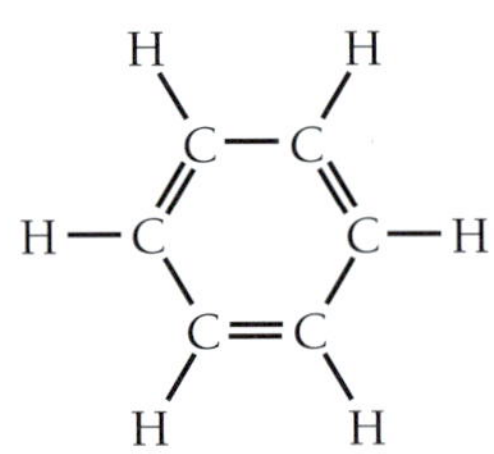

벤젠

이 구조는 단일 결합과 이중결합이 교대로 결합하고 있는 것을 보여준다. 그러나 벤젠의 결합 길이를 측정한 결과 모든 결합이 같은 길이라는 것을 알았다.

공명 구조의 개념은 10.6절에서 소개했다.

다음과 같은 공명 구조로 벤젠의 구조를 더 잘 나타낼 수 있다.

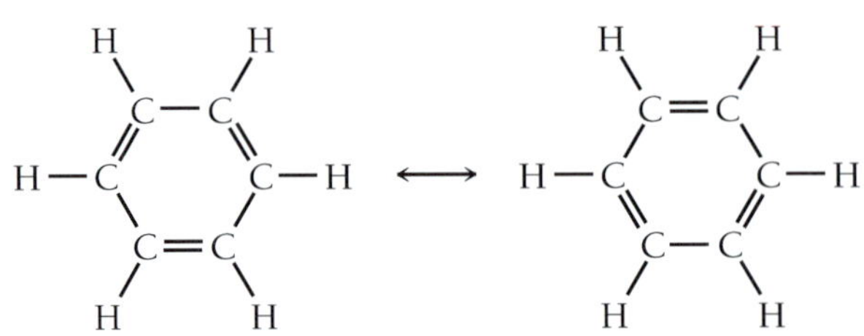

공명 구조란 벤젠의 실제 구조가 공명 구조 2개의 평균치를 뜻하는 것임을 기억하라. 달리 말해 벤젠 내 모든 탄소-탄소 결합은 동등하고 단일 결합과 이중 결합 사이 중간쯤에 해당된다. 벤젠의 공간 채움 모형은 다음과 같다.

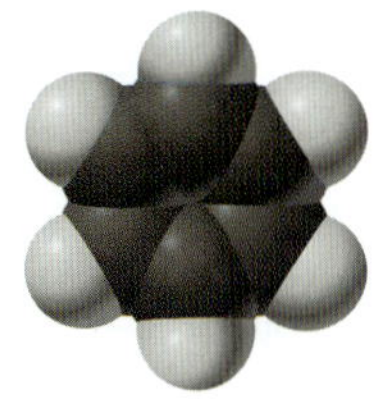

벤젠은 종종 다음과 같은 간단한 표기법으로 나타내기도 한다.

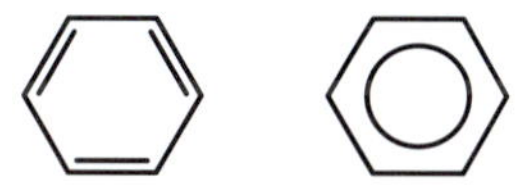

널리 알려진 벤젠의 표기법

육각형의 각 꼭짓점은 수소 원자 1개와 결합하고 있는 1개의 탄소 원자를 나타낸다.

벤젠의 고리 구조는 많은 유기 화합물에서 볼 수 있다. 한 원자 또는 원자단이 벤젠의 6개의 수소 원자 중 하나 이상과 대체되어 치환된 벤젠을 형성한다. 다음은 치환된 벤젠의 예이다.

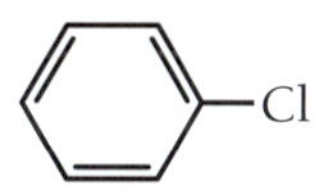

클로로벤젠

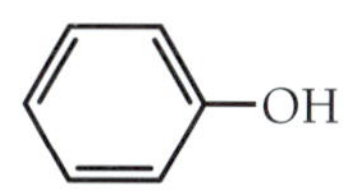

페놀

벤젠 고리가 포함된 많은 화합물은 좋은 향을 내기 때문에 벤젠 고리를 **방향족 고리**(aromatic ring)라고 부르며, 벤젠 고리가 포함된 화합물을 방향족 화합물(aromatic compound)이라고 부른다. 예를 들어 시나몬, 바닐라, 재스민에서 기분 좋은 냄새가 나는 것은 방향족 화합물이기 때문이다.

방향족 탄화수소의 명명

단일 치환 벤젠(monosubstituted benzene, 하나의 수소만 치환된 벤젠)은 종종 벤젠의 유도체로 명명된다.

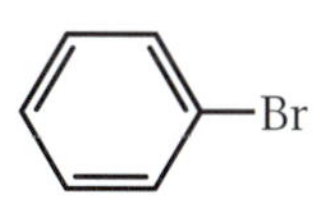

브로모벤젠

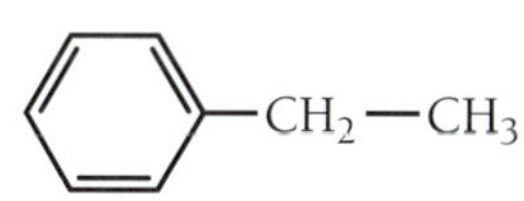

에틸벤젠

다음과 같은 일반적인 이름을 가진다.

(치환기의 이름) 벤젠

그러나 많은 단일 치환 벤젠은 흔히 알려진 관용명을 가지고 있다.

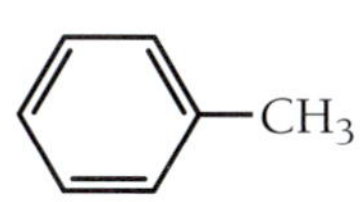

톨루엔

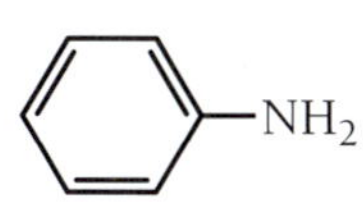

아닐린

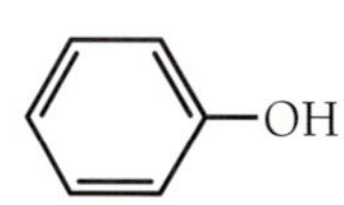

페놀

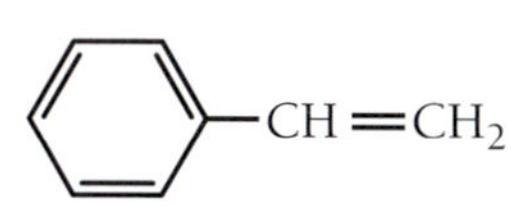

스타이렌

몇몇 치환된 벤젠, 특히 큰 치환기를 지닌 벤젠은 벤젠 고리를 치환기로 취급하여 이름을 붙이기도 한다. 이 경우에 벤젠 치환기를 **페닐기**(phenyl group)라고 부른다.

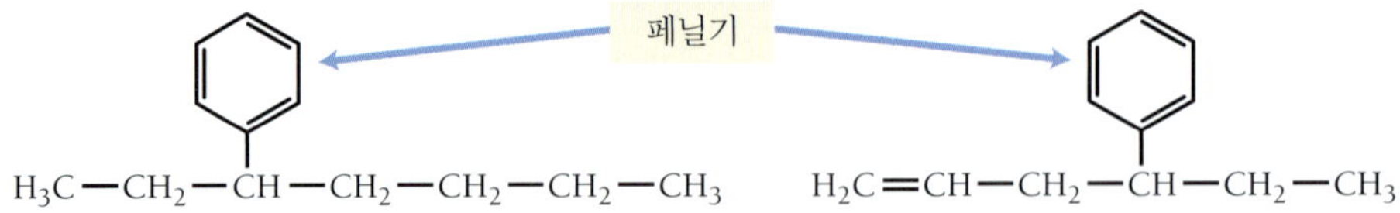

3-페닐헵테인　　　　4-페닐-1-헥센

벤젠 고리에서 2개의 수소가 치환된 **이치환 벤젠**(disubstituted benzene)은 먼저 번호를 붙이고 치환기를 알파벳순으로 적는다. 고리의 번호를 붙일 때는 알파벳순이 앞선 치환기의 번호가 1이 된다.

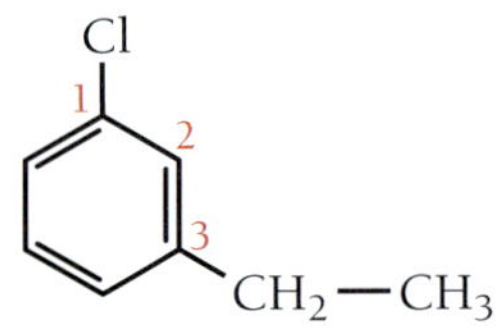

1-클로로-3-에틸벤젠

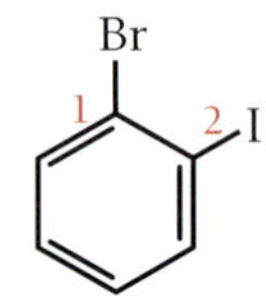

1-브로모-2-아이오도벤젠

2개의 치환기가 같은 때는 '다이(di)-'라는 접두어를 사용한다.

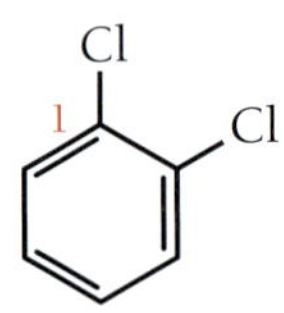

1,2-다이클로로벤젠

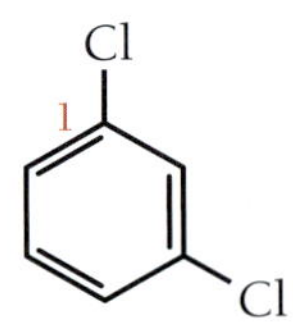

1,3-다이클로로벤젠

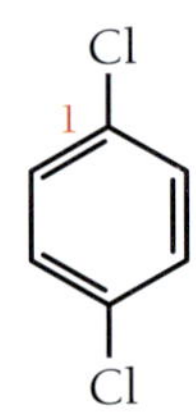

1,4-다이클로로벤젠

위와 같은 경우 번호를 붙이는 대신에 '오쏘-'(1, 2-다이…화), '메타-'(1, 3-다이…화), '파라-'(1,4-다이…화)라는 접두어를 붙이는 관용적인 방법을 사용하기도 한다.

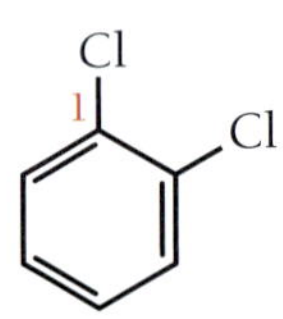

오쏘(ortho)-다이클로로벤젠
또는
o-다이클로로벤젠

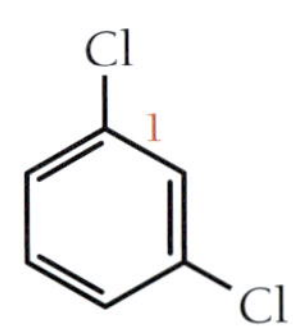

메타(meta)-다이클로로벤젠
또는
m-다이클로로벤젠

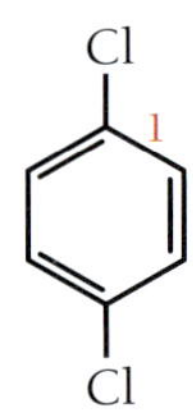

파라(para)-다이클로로벤젠
또는
p-다이클로로벤젠

예제 18.8 방향족 화합물의 명명

다음 화합물을 명명하시오.

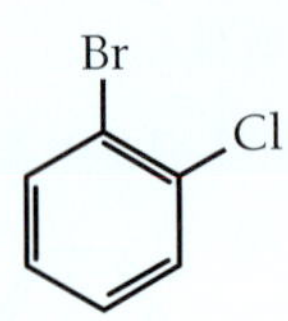

답

벤젠 유도체의 이름은 (치환기의 이름) 벤젠의 일반적인 형태를 띤다. 이러한 유도체는 치환기가 2인 경우 치환기의 이름을 알파벳순으로 적는다. 2개의 치환기는 브로모(bromo-), 클로로(chloro-)이다.

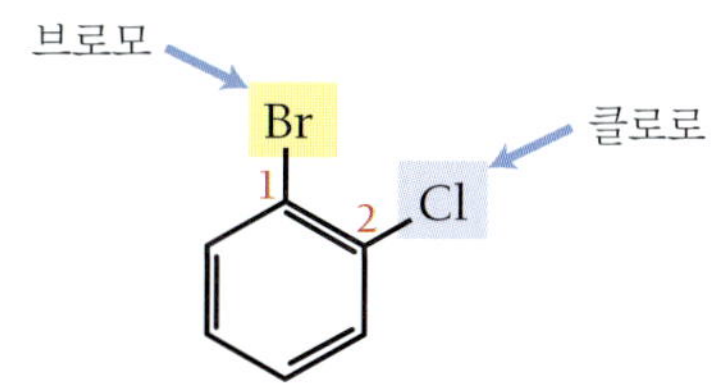

브로모가 클로로보다 알파벳순으로 앞이기 때문에 브로민이 치환된 탄소의 번호는 1, 염소가 치환된 탄소의 번호는 2가 된다. 그러므로 화합물의 이름은 1-브로모-2-클로로벤젠이다.

▶ 연습문제 18.8 | 방향족 화합물의 명명

다음 화합물을 명명하시오.

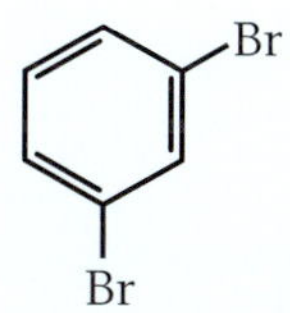

▶ 심화 학습 예제 18.13/복습문제 75~82

18.11 작용기

▶ 흔히 사용하는 작용기와 유기 화합물의 족에 대해 알아본다.

대부분의 유기 화합물에서 다른 족이란 특정 **작용기**(fractional group), 즉 특정 원자 또는 원자단이 삽입된 탄화수소라고 생각할 수 있다. R은 종종 탄화수소기를 나타낼 때 사용한다. G가 작용기를 나타낸다면 유기 화합물의 족에 대한 일반적인 화학식은 다음과 같이 나타낼 수 있다.

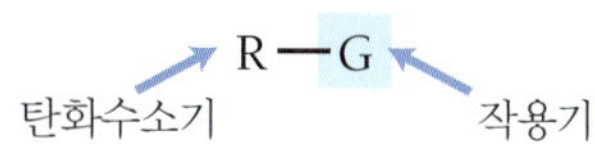

같은 작용기를 가진 유기 화합물의 한 집단은 하나의 **족**(family)을 이룬다. **알코올**(alcohol) 족에 속한 화합물은 —OH 작용기를 가지고 있으며, 일반식은 R—OH로 나타낸다. 특정 알코올의 예로 메탄올, 아이소프로필 알코올 등이 있다.

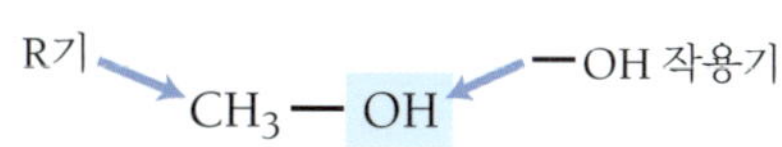

메탄올

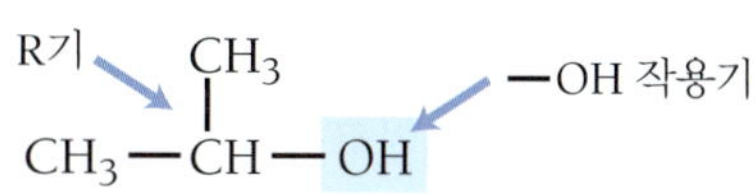

2-프로판올 또는 아이소프로필 알코올

일반적으로 탄화수소에 작용기가 도입되면 화합물의 특성이 크게 달라진다. 예를 들어 메탄올은 수소 원자 중 하나가 —OH기로 치환된 메테인이라고 생각할 수도 있다. 하지만 메테인은 무극성 기체인 반면에 메탄올은 실온에서 액체인 극성, 수소 결합 화합물이다. 같은 족의 구성 화합물은 각각 독특하지만, 그 족에 있는 공통적인 작용기를 가진 화합물은 물리적·화학적 성질에서 몇 가지 유사성을 보여주기도 한다. 공통의 작용기를 가진 몇 종류의 족과 그 일반식, 각각의 예를 표 18.7에 제시했다.

표 18.7 작용기

족	일반 구조식	일반 축약 구조식	예	이름
알코올	R—OH	ROH	CH_3CH_2—OH	에탄올(에틸 알코올)
에터	R—O—R	ROR	CH_3—O—CH_3	다이메틸 에터
알데하이드	R—C(=O)—H	RCHO	H_3C—C(=O)—H	에탄알(아세트알데하이드)
케톤	R—C(=O)—R	RCOR	H_3C—C(=O)—CH_3	프로판온(아세톤)
카복실산	R—C(=O)—OH	RCOOH	H_3C—C(=O)—OH	아세트산
에스터	R—C(=O)—OR	RCOOR	H_3C—C(=O)—OCH_3	메틸 아세트산
아민	R—N(R)—R	R_3N	H_3CH_2C—N(H)—H	에틸 아민

18.12 알코올

▶ 알코올의 특성을 이해한다.

앞에서 언급했듯이 알코올은 —OH 작용기가 포함된 유기 화합물로, R—OH의 일반 구조식을 가진다. 메탄올과 아이소프로필 알코올(앞서 보았던 알코올) 외에도 흔히 볼 수 있는 알코올은 다음과 같다.

▲ 에탄올은 알코올음료에 들어 있는 알코올이다.

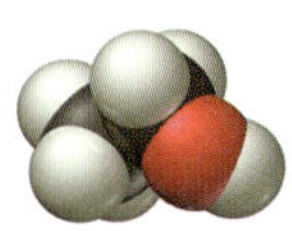

$H_3C—CH_2—OH$

에탄올

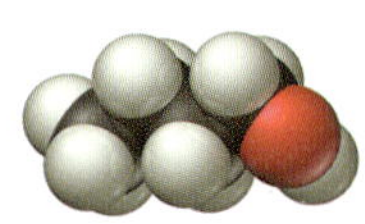

$H_3C—CH_2—CH_2—CH_2—OH$

1-뷰탄올

알코올의 명명

알코올은 다음 예외 조항을 고려하여 알케인과 비슷하게 명명한다.

- —OH 작용기가 포함된 연속적으로 가장 긴 탄소 사슬을 기본 사슬로 한다.
- 기본 이름은 말단에 -올(-ol)을 붙인다(알케인올이 아니라 알칸올이라고 한다).
- —OH기의 위치를 나타내는 숫자가 가장 낮은 숫자가 되도록 기본 사슬에 번호를 붙인다.
- 기본 이름 앞에 —OH기의 위치를 나타내는 숫자를 붙인다. 예를 들면 다음과 같다.

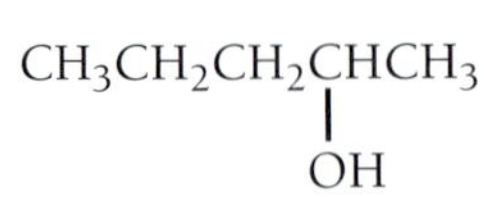

2-펜탄올

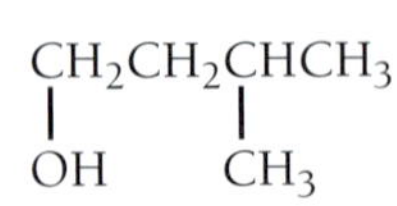

3-메틸-1-뷰탄올

▲ 소독용 알코올은 아이소프로필 알코올(또는 2-프로판올)로 이루어져 있다.

알코올의 특징

가장 흔한 알코올 중 에탄올은 알코올음료에 포함된 알코올이다. 에탄올은 과일과 곡식의 포도당 같은 당이 효모에 의해 발효되어 가장 흔히 만들어지는 알코올이다.

$$\underset{\text{포도당}}{C_6H_{12}O_6} \xrightarrow{\text{효모}} \underset{\text{에탄올}}{2\ CH_3CH_2OH} + 2\ CO_2$$

알코올음료는 주로 에탄올, 물, 향과 색깔을 띠게 하는 기타 성분으로 이루어져 있다. 일반적으로 맥주에는 보통 3~6%의 에탄올이 들어 있고, 와인에는 12~15%의 에탄올이 들어 있다. 또한 독한 술(위스키, 럼, 테킬라 등)에는 표준 도수에 따라 보통 40~80%의 에탄올이 들어 있다. 알코올음료의 표준 도수는 에탄올 성분 백분율의 2배이다. 그러므로 80도의 위스키에는 40%의 에탄올이 들어 있다. 에탄올은 휘발유에 첨가했을 때 휘발유의 옥탄가를 높여 주고 완전 연소를 촉진하며 일산화 탄소와 오존의 선구 물질 같은 오염물을 제거하기 때문에 휘발유 첨가제로 사용되기도 한다.

소독용 알코올인 아이소프로필 알코올(또는 2-프로판올)은 약국에서 구입할 수 있다. 아이소프로필 알코올은 매우 유독하기 때문에 마시면 안 된다. 몇 온스(1온스는 29.6 mL)의 아이소프로필 알코올도 치명적일 수 있다. 세 번째로 흔한 알코올은 메탄올이다. 목정이라고도 불리는 메탄올은 보통 실험실의 용매와 연료의 첨가제로 사용된다. 메탄올은 아이소프로필 알코올과 마찬가지로 유독하기 때문에 절대로 마시면 안 된다.

18.13 에터

▸ 흔한 에터에 대해 알아본다.

에터(에테르, ether)는 일반 구조식이 R—O—R인 유기 화합물이다. R기는 같을 수도 있고 다를 수도 있다. 흔히 볼 수 있는 몇 가지 에터는 다음과 같다.

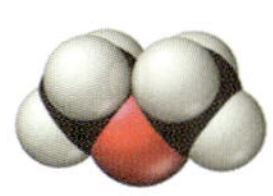

$CH_3—O—CH_3$

다이메틸 에터

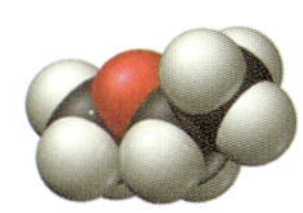

$CH_3—O—CH_2—CH_3$

에틸 메틸 에터

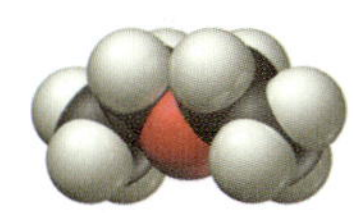

$CH_3—CH_2—O—CH_2—CH_3$

다이에틸 에터

에터의 명명

에터에 대한 IUPAC 이름은 이 책의 범위를 벗어난다. 에터의 관용명은 다음과 같은 형식을 띤다.

(R기 1)(R기 2) 에터

만약 2개의 R기가 다르다면 각각의 이름을 사용하고(표 18.4 참조), 2개의 R기가 같다면 접두어 '다이(di)-'를 사용한다. 몇 가지 예를 살펴보자.

$$H_3C—CH_2—CH_2—O—CH_2—CH_2—CH_3$$

다이프로필 에터

$$H_3C—CH_2—O—CH_2—CH_2—CH_3$$

에틸 프로필 에터

에터의 특징

가장 잘 알려진 에터는 다이에틸 에터이다. 다이에틸 에터는 많은 유기 화합물을 녹일 수 있고 끓는점(34.6 ℃)이 낮기 때문에 실험실에서 흔히 사용하는 용매이다. 끓는점이 낮은 용매는 필요시 쉽게 제거할 수 있다. 다이에틸 에터는 오랫동안 일반적인 마취제로도 이용되었다. 다이에틸 에터를 흡입하면 중추신경계가 약화되어 의식이 없어지고 고통에 무감각해진다. 최근에는 마취제로서의 사용이 감소되고 있는데, 다른 화합물이 부작용(메스꺼움 등)이 적으면서도 같은 마취 효과를 나타내기 때문이다.

18.14 알데하이드와 케톤

▸ 알데하이드와 케톤의 성질에 대해 알아본다.

알데하이드와 케톤의 축약 구조식은 각각 RCHO, RCOR이다. 케톤에서 R기는 같을 수도 있고 다를 수도 있다.

알데하이드(aldehyde)와 **케톤**(ketone)의 일반 구조식은 다음과 같다.

알데하이드 케톤

알데하이드와 케톤은 **카보닐기**(carbonyl group, $\overset{\text{O}}{\overset{\|}{\text{C}}}$)를 포함하고 있다. 케톤은 카보닐기의 양쪽에 R기가 하나씩 결합되어 있다. 반면에 알데하이드의 경우 한쪽에는 R기와, 다른 쪽에는 수소 원자와 결합되어 있다(예외적으로 폼알데하이드는 카보닐기의 양쪽에 모두 수소 원자가 결합되어 있다).

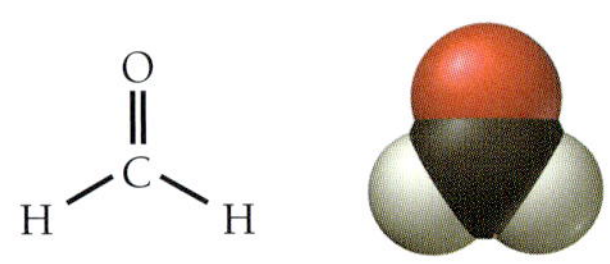

메탄알 또는 폼알데하이드

다음 화합물은 흔히 볼 수 있는 알데하이드와 케톤이다.

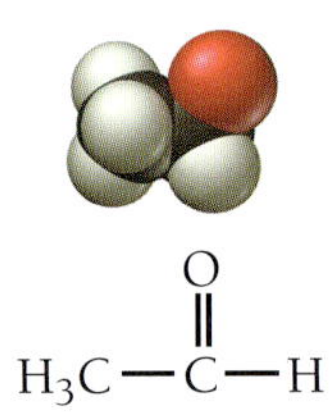

에탄알 또는 아세트알데하이드

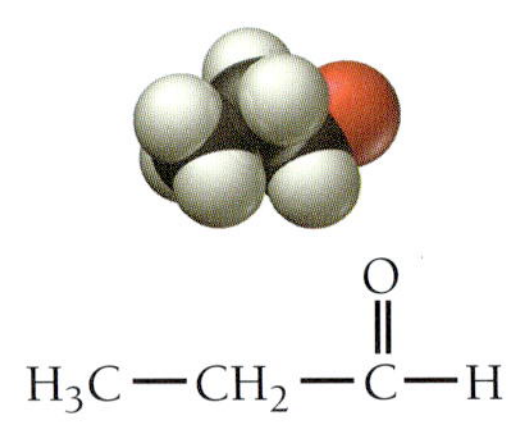

프로판알

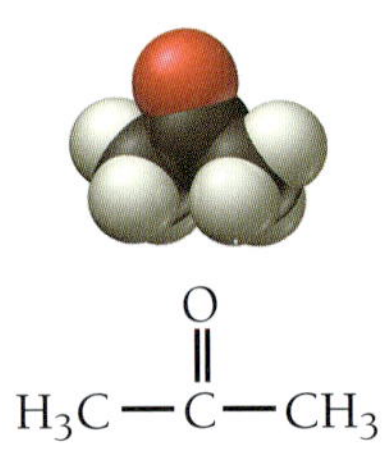

프로판온 또는 아세톤

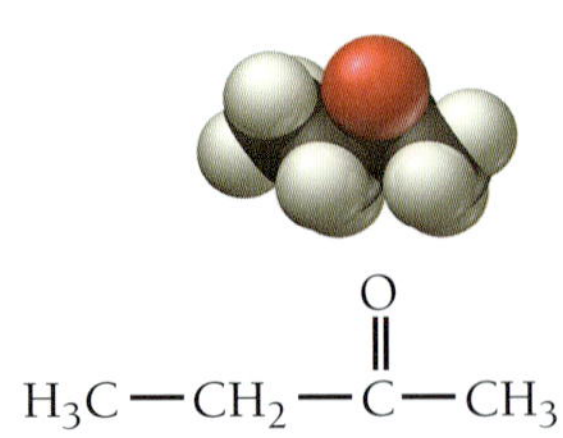

뷰탄온

벤즈알데하이드

▲ 벤즈알데하이드는 아몬드 향을 낸다.

▲ 매니큐어 제거제는 케톤의 일종인 아세톤으로 이루어져 있다.

알데하이드와 케톤의 명명

많은 알데하이드와 케톤은 익히 알려져 있는 관용명을 가지고 있다. 간단한 알데하이드를 체계적으로 명명할 때 카보닐기를 포함하는 연속으로 가장 긴 탄소 사슬의 탄소 수에 따라 이름을 붙이게 된다. 탄소 수에 해당하는 알케인에서 기본 이름을 가져오고 맨 끝에 '-알(*al*)'을 붙인다.(알칸알, 영어로는 alkane의 이름에서 마지막의 '-e'를 빼고 '-al'을 붙인다).

간단한 케톤은 체계적으로 명명하는 데 카보닐기를 포함하는 연속으로 가장 긴 탄소 사슬의 탄소 수에 따라 이름을 붙인다. 탄소 수에 해당하는 알케인으로부터 기본 이름을 가져오고 맨 끝에 '-온'을 붙인다(알칸온, 영어로는 alkane의 이름에서 마지막의 '-e'를 빼고 '-one'을 붙인다). 케톤에서는 필요하다면 카보닐기의 탄소 번호가 가장 낮은 수가 되도록 번호를 붙인다.

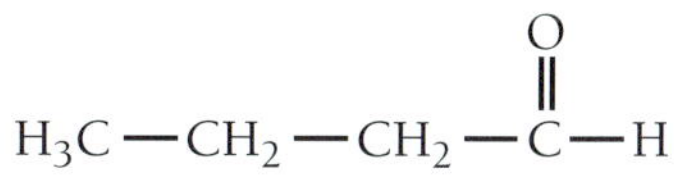
뷰탄알

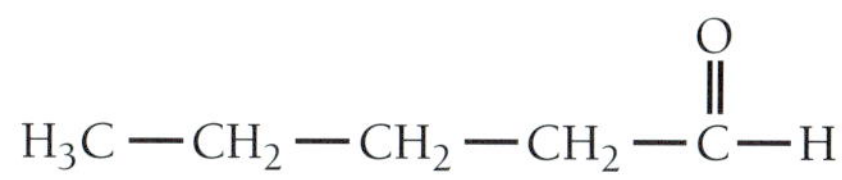
펜탄알

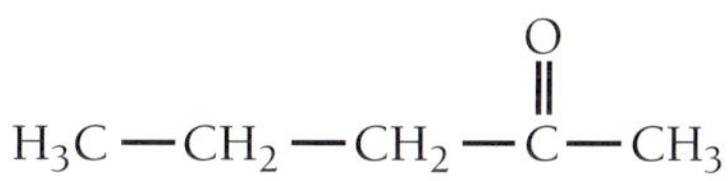
2-펜탄온

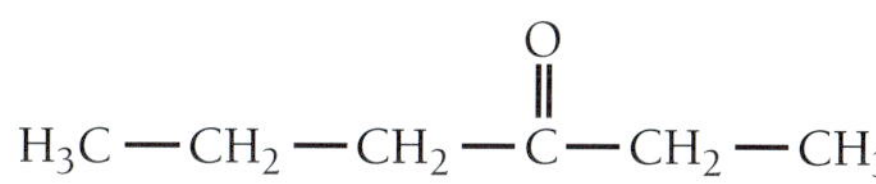
3-헥산온

▲ 박하 향과 맛은 방향족 케톤인 카르본에 의한 것이다.

알데하이드와 케톤의 특징

가장 잘 알려져 있는 알데하이드는 폼알데하이드(formaldehyde)이다. 폼알데하이드는 매운 냄새를 내는 기체로, 물과 섞여서 포르말린(formalin)이 된다. 폼알데하이드는 나무 연기에서도 발견되는데, 이는 세균을 죽이기 때문에 훈제 식품은 장기간 저장이 가능하다. 방향족 고리를 가진 방향족의 알데하이드는 기분 좋은 향기를 낸다. 예를 들어 신남알데하이드는 계피의 달콤한 향을 내는 성분이고, 벤즈알데하이드는 아몬드 향을 내며, 바닐린은 바닐라 향을 낸다.

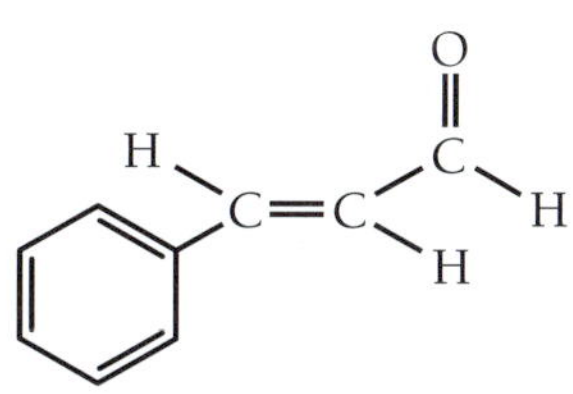
신남알데하이드

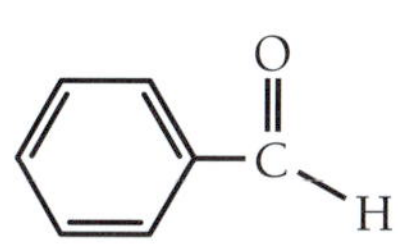
벤즈알데하이드

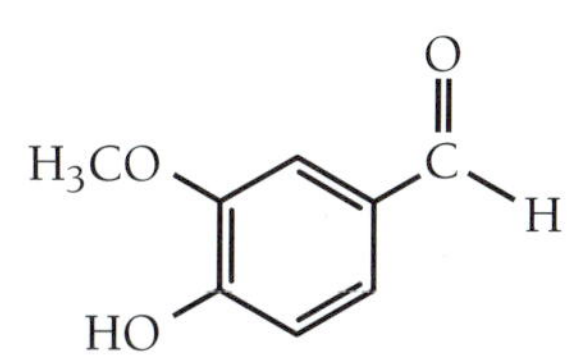
바닐린

▲ 케톤의 일종인 이오논은 주로 나무딸기 향의 원인이다.

가장 잘 알려진 케톤은 아세톤으로, 이는 매니큐어 제거제의 주요 성분이다. 많은 케톤 역시 좋은 향을 낸다. 예를 들어 2-헵탄온은 정향의 향, 카르본은 박하 향, 이오논은 나무딸기 향을 낸다.

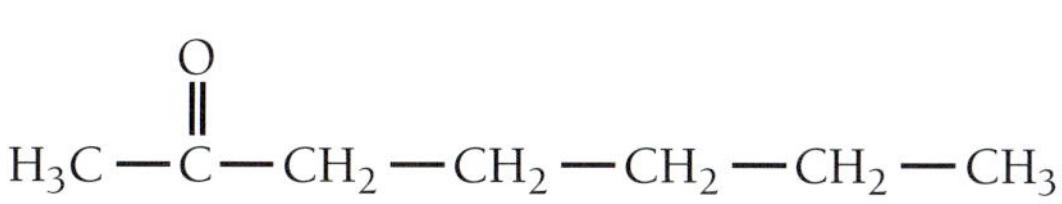
2-헵탄온

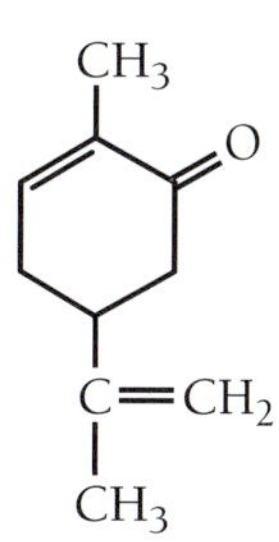
카르본

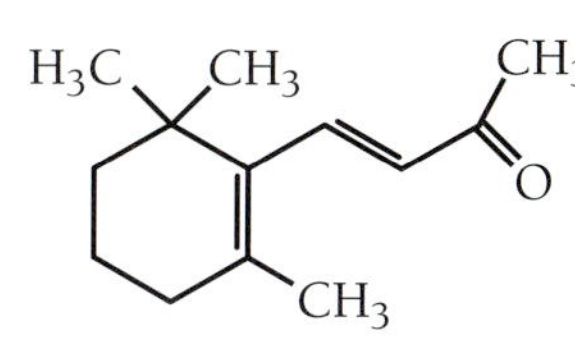
이오논

18.15 카복실산과 에스터

▸ 카복실산과 에스터의 성질에 대해 알아본다.

카복실산의 축약 구조식은 RCOOH, 에스터의 축약 구조식은 RCOOR이다.

카복실산(carboxylic acid)과 **에스터**(ester)의 일반 구조식은 다음과 같다.

카복실산　　　　에스터

다음은 흔히 볼 수 있는 카복실산과 에스터이다.

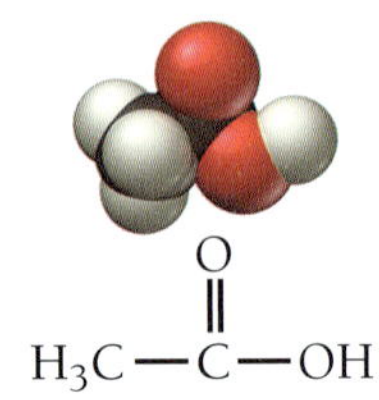

에탄산 또는 아세트산

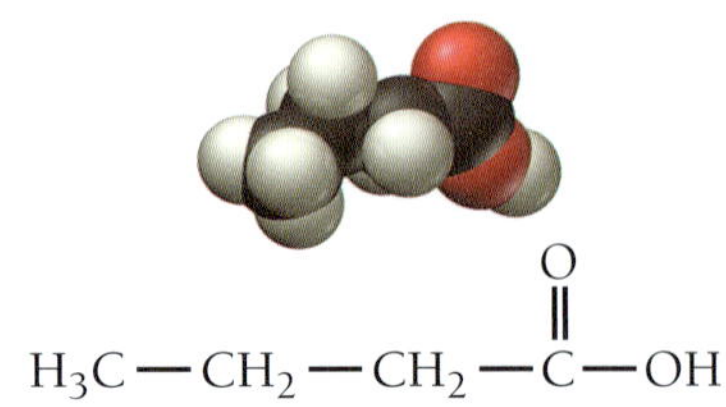

뷰탄산

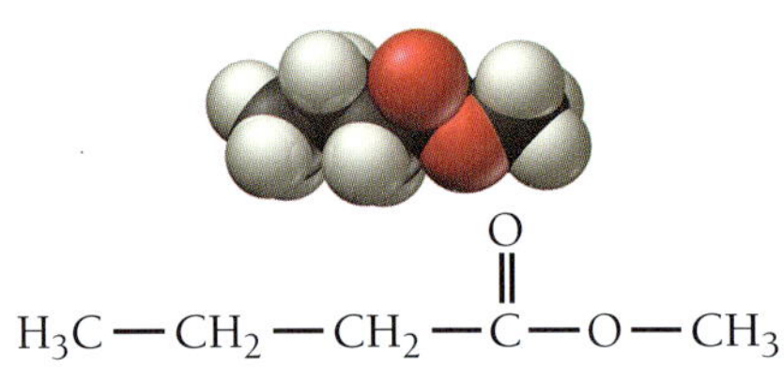

뷰탄산 메틸

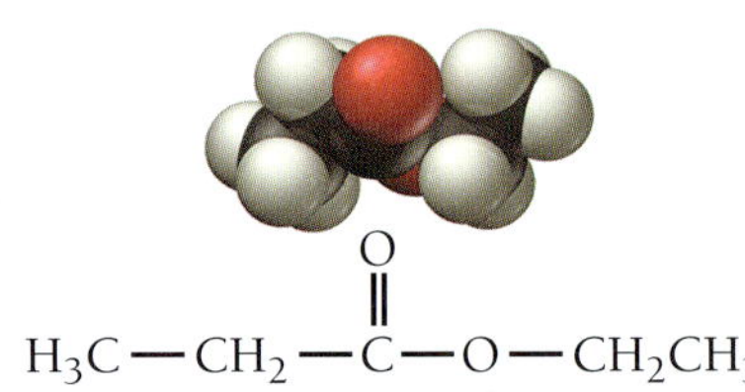

프로판산 에틸

카복실산의 일반적인 축약 구조식은 RCOOH이다. 카복실산은 다음 반응식처럼 수용액에서 약산으로 작용한다.

$$\mathrm{RCOOH}(aq) + \mathrm{H_2O}(l) \rightleftharpoons \mathrm{H_3O^+}(aq) + \mathrm{RCOO^-}(aq)$$

카복실산과 에스터의 명명

카복실산은 —COOH 작용기가 포함된 가장 긴 사슬에서 탄소 원자의 번호에 따라 체계적으로 명명한다. 탄소 수에 따라 대응하는 알케인의 이름을 기본 이름으로 하고 끝에 '-산(-ate)'을 붙인다(알칸산, 영어로는 alkane에서 마지막의 '-e'를 빼고 '-oic acid'를 붙인다).

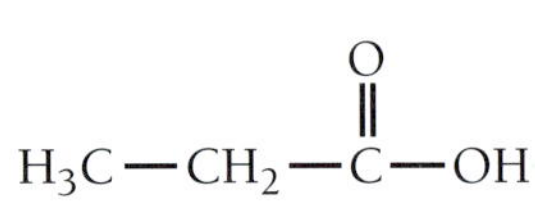

프로판산(propanoic acid)

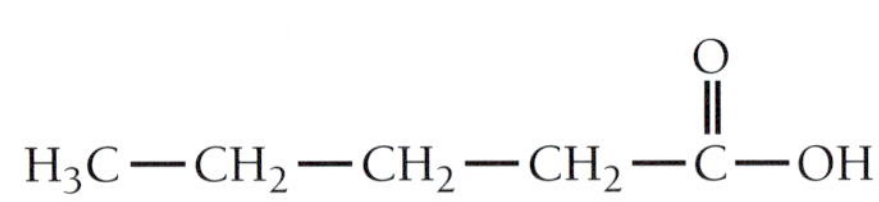

펜탄산(pentanoic acid)

에스터는 카복실산의 OH 부분의 H가 알킬기로 치환됨으로써 카복실산에서 유도된 것처럼 체계적으로 명명한다. 카복실산 모체에서 온 R기는 에스터 화합물의 기본 이름이 된다. 먼저 알칸산의 이름을 쓴 다음 알칸산 뒤에 OH의 H 대신 치환된 R기의 이름을 쓴다(영어로는 carboxylic acid에서 '-ic acid'를 빼고 '-ate'를 붙인 다음 OH의 H를 치환한 R기의 이름을 '-yl'을 붙여서 맨 앞에 쓴다). 예를 살펴보자.

CH_3CH_2COOH
프로판산(propanoic acid)

$CH_3CH_2CH_2CH_2COOH$
펜탄산(pentanoic acid)

$CH_3CH_2COOCH_3$
프로판산 메틸(methyl propanoate)

$CH_3CH_2CH_2CH_2COOCH_2CH_3$
펜탄산 에틸(ethyl pentanoate)

▲ 식초는 아세트산과 물로 이루어진 용액이다.

▲ 시트르산은 라임과 밀감류 과일의 신맛을 낸다. 다른 과일에도 시트르산이 포함되어 있는가?

카복실산과 에스터의 특징

다른 모든 산처럼 카복실산은 신맛이 난다. 가장 잘 알려진 카복실산은 아세트산(acetic acid)이라는 관용명으로 알려진 에탄산이다. 아세트산은 식초의 실효 성분이다. 에탄산은 에탄올의 산화에 의해 형성된다. 그래서 마개가 열린 와인은 공기와 접촉하여 신맛이 난다. 몇 종류의 효모와 세균은 빵 반죽 내의 당을 대사시키면서 아세트산을 형성한다. 그래서 효모 등이 빵 반죽에 첨가되면 빵 반죽이 신맛을 띠게 된다. 잘 알려진 또 다른 카복실산은 벌침과 개미에 물린 상처에서 볼 수 있는 메탄산(보통 폼산이라고 함), 라임·레몬·오렌지 등의 과일에 있는 시트르산, 격렬한 운동 뒤 근육의 통증을 유발하는 젖산 등이다.

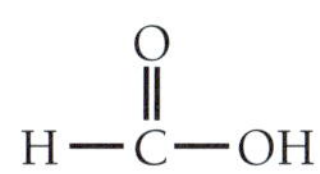

폼산 또는 메탄산

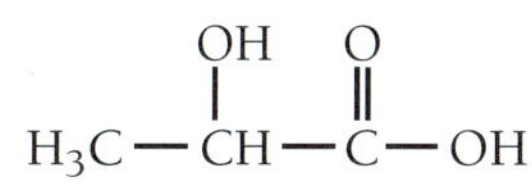

젖산

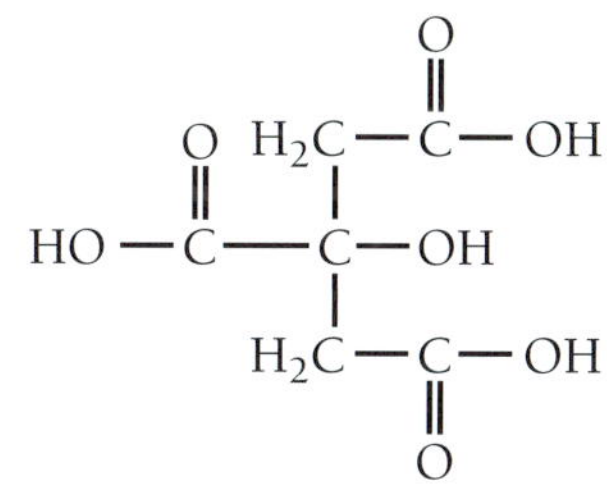

시트르산

▲ 뷰타산 메틸은 사과에서 발견되는 에스터이다.

에스터는 달콤한 향으로 잘 알려져 있다. 예를 들어 뷰타산 에틸은 파인애플의 맛과 향이고, 뷰타산 메틸은 사과의 맛과 향이다.

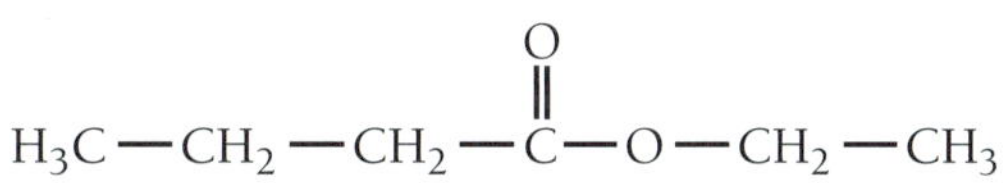

뷰타산 에틸

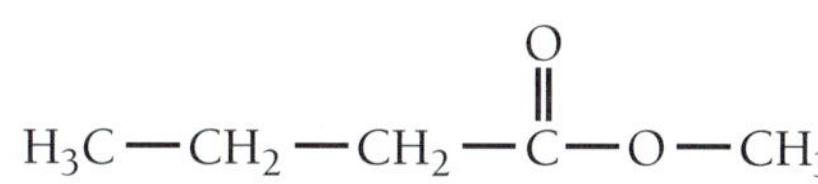

뷰타산 메틸

에스터는 다음과 같이 카복실산과 알코올의 반응에서 형성된다.

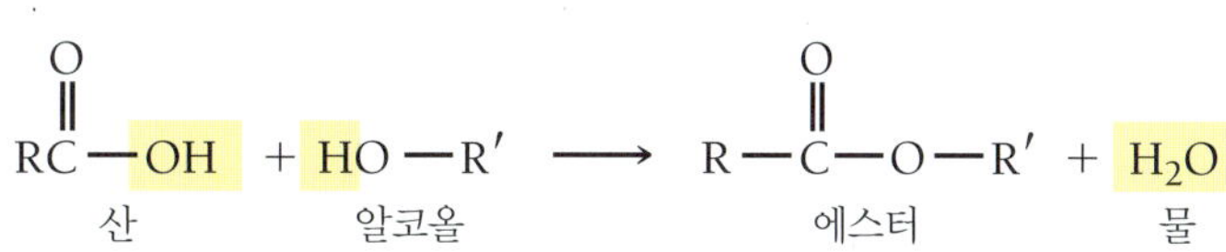

이 반응의 중요한 예로는 아세트산과 살리실산(원래 버드나무 껍질에서 얻었음)의 반응에서 아세틸살리실산(아스피린)이 형성되는 것을 들 수 있다.

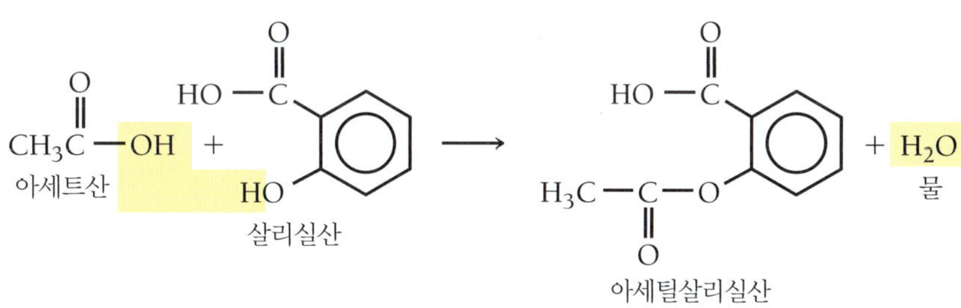

✔ 확인문제 18.4

다음 화합물을 나타내기에 적당하지 않은 용어는 무엇인가?

(a) 불포화 화합물
(b) 방향족 화합물
(c) 산
(d) 유기

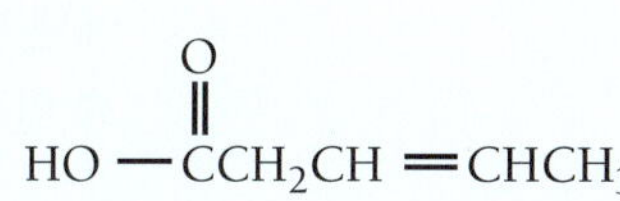

18.16 아민

▶ 아민의 성질에 대해 알아본다.

아민(amine)은 질소가 포함된 유기 화합물이다. 질소가 포함된 가장 간단한 화합물은 암모니아(NH_3)이다. 모든 아민은 하나 이상의 수소가 알킬기로 치환된 암모니아의 유도체이다. 아민은 질소와 결합한 탄화수소 그룹에 따라 체계적으로 명명하고 뒤에 '-아민(-amine)'을 붙인다.

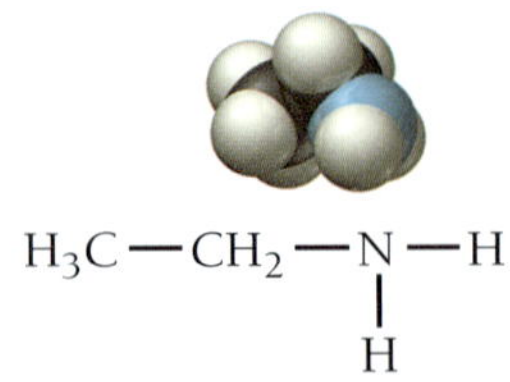

에틸아민(ethylamine)

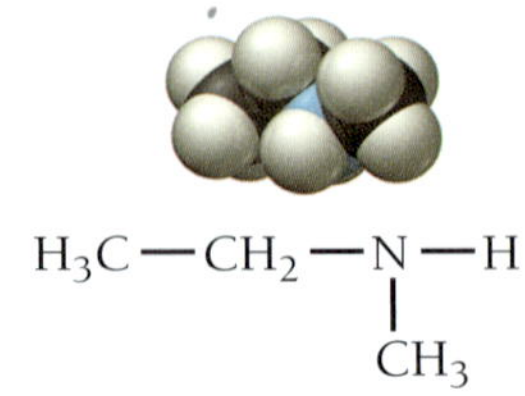

에틸메틸아민(ethylmethylamine)

아민은 불쾌한 냄새로 잘 알려져 있다. 살아 있는 유기체가 죽으면 유기체의 단백질을 섭취한 세균이 아민을 방출한다. 예를 들어 트라이메틸아민은 썩은 생선 냄새를 유발하고, 카다베린(역주: 리신의 분해물로 단백질이 썩을 때 생기는 프토마인 중 하나)은 동물의 살이 썩는 냄새를 유발한다.

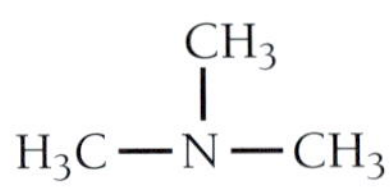

트라이메틸아민

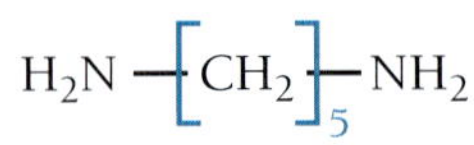

카다베린

푸트레신

18.17 고분자 화합물

▶ 고분자의 독특한 성질을 이해한다.

▲ 폴리에틸렌은 음료수의 용기로 널리 이용된다.

고분자(polymer)는 반복되는 단위로 이루어진 긴 사슬처럼 생긴 분자이다. 각각의 반복되는 단위는 **단량체**(monomer)라고 부른다. 19장에서는 녹말, 단백질 DNA 같은 천연 고분자를 자세하게 다룰 것이다. 이러한 천연 고분자는 살아 있는 유기체에서 중요한 역할을 한다. 이 장에서는 합성 고분자에 대해 살펴볼 것이다. 합성 고분자란 흔히 볼 수 있는 PVC 관, 스티로폼으로 된 컵, 나일론 밧줄, 플렉시 유리로 된 창문 등의 플라스틱 생성물을 말한다. 고분자 물질은 컴퓨터부터 장난감, 포장재에 이르기까지 일상생활에서 매우 흔히 볼 수 있다. 그렇다면 플라스틱으로 만들어진 것은 얼마나 많을까?

가장 간단한 합성 고분자는 아마도 폴리에틸렌일 것이다. 폴리에틸렌의 단량체는 에텐(에틸렌이라고도 함)이다.

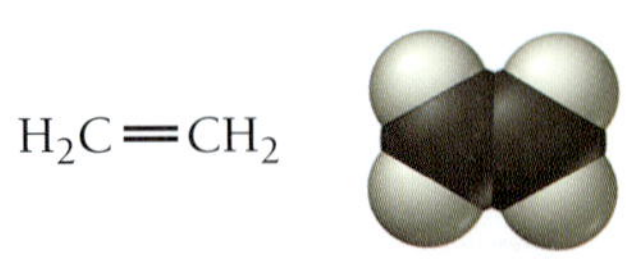

단량체

에텐 또는 에틸렌

에텐 단량체는 서로 반응하도록 만들어질 수 있고, 탄소 사이의 이중 결합이 끊어지면서 함께 연결되어 긴 고분자 사슬을 만든다.

일상 속의 화학

케블라: 강철보다 강한 섬유

1965년, 새로운 고분자 섬유 개발을 위해 듀폰(DuPont)에서 일하던 Stephanie Kwolek은 중합 반응에서 뜻밖의 구름 같은 생성물을 얻었다. 그 생성물을 무시한 연구원들도 있었지만 Kwolek은 주의 깊게 특성 검사를 해야 한다고 주장했다. 결과는 놀라웠다. 그 고분자에서 뽑아낸 섬유는 기존의 어떤 섬유보다도 강했다. Kwolek은 같은 굵기의 섬유로 만들었을 때 강철보다 5배나 강한 케블라(Kevlar)를 발견한 것이다.

케블라는 방향족 고리와 아마이드 결합을 가진 축합 고분자이다.

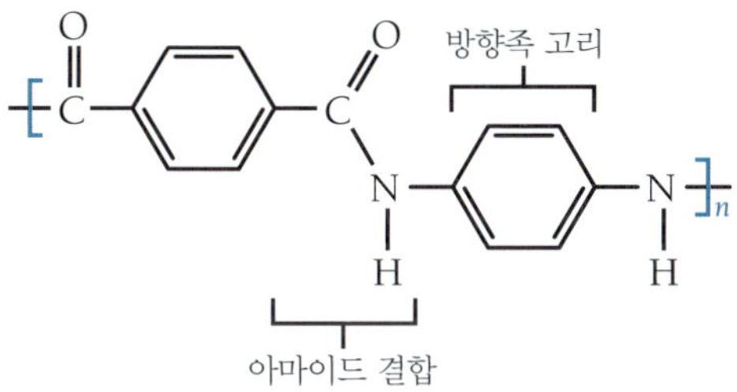

아마이드 결합은 방향족 고리 사이의 카보닐기(C═O)와 질소 결합이다. 케블라 안의 고분자 사슬은 같은 방향의 배열(상자 속의 마른 국수처럼)로 결정화되며, 이웃하는 사슬 간에는 수소 결합에 의해 강한 교차 결합을 이룬다. 한쪽 사슬에 있는 —N—H기가 이웃하는 사슬의 C═O기와 수소 결합을 한다.

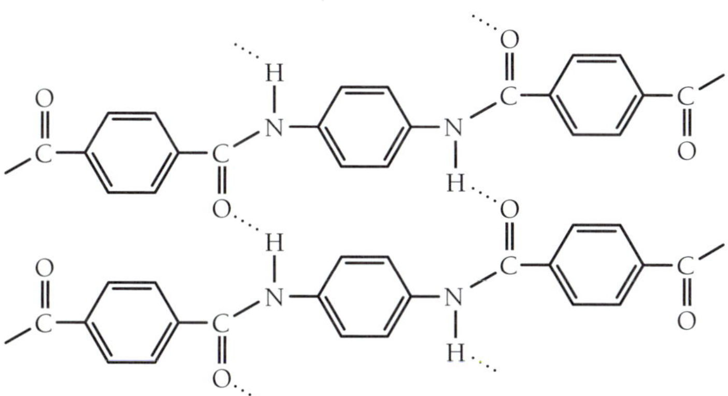

케블라는 이러한 구조 덕분에 강도가 높고 내화학성과 내화성 등의 성질이 있다.

오늘날 듀폰은 해마다 수백만 달러어치의 케블라를 팔고 있다. 케블라는 방탄용 조끼에 이용되는 것으로 잘 알려져 있다. 이러한 용도 하나만으로도 Kwolek의 발견은 수천 명의 생명을 구한 것이다. 그 밖에도 케블라는 헬멧, 타이어, 브레이크 패드, 경주용 배, 다리 지지용 밧줄, 스키, 고성능의 하이킹, 야영 도구 등을 만드는 데 이용된다.

질문 케블라 고분자의 구조를 잘 살펴보라. 이 고분자는 축합 고분자임을 염두에 두고 축합 반응이 일어나기 전 단량체의 구조를 그리시오.

▲ 케블라 섬유는 강도가 높기 때문에 이 고분자는 방탄조끼를 만드는 데 이용된다.

▲ 케블라를 발견한 Stephanie Kwolek

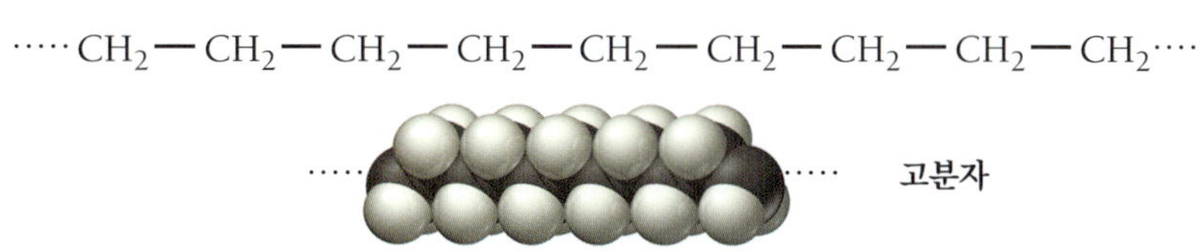

고분자

폴리에틸렌

▲ 염화 폴리비닐(PVC)은 파이프와 배관 부속물을 만드는 데 사용된다.

폴리에틸렌은 우유병, 주스병, 쓰레기봉투를 만드는 데 사용되는 플라스틱이다. 이것은 **첨가 고분자**(addition polymer)의 일종으로 단량체끼리 서로 연결되면서 생성된다. 첨가 반응 도중에 어떤 원자도 빠져나가지 않는다.

치환된 폴리에틸렌은 대부분의 고분자를 형성한다. 예를 들어 파이프와 배관 설비를 만드는 데 사용되는 염화 폴리비닐(PVC)은 에텐의 수소 원자 중 하나가 염소 원자로 치환된 단량체로 이루어진다.

클로로에텐

단량체

이러한 단량체가 결합되어 PVC를 형성한다.

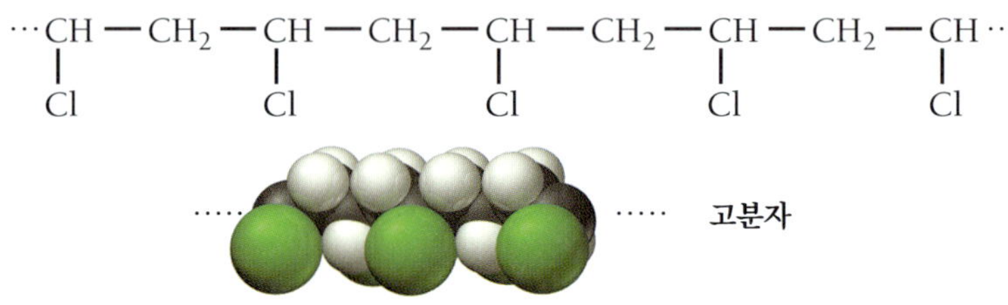

고분자

염화 폴리비닐(PVC)

표 18.8은 치환된 폴리에틸렌 고분자를 정리한 것이다.

공중합체(copolymer)라는 고분자는 두 종류의 단량체로 이루어져 있다. 공중합체인 나일론 6,6을 구성하고 있는 단량체는 헥사메틸렌다이아민과 아디프산이다. 2개의 단량체가 결합을 형성할 때 물 한 분자가 빠져나옴으로써 두 단량체가 결합한다. 중합 반응이 일어나는 동안 원자 또는 작은 원자단이 빠져나오는 고분자를 **축합 고분자**(condensation polymer)라고 한다.

2개의 단량체의 반응에서 형성되는 생성물을 **이합체**(dimer)라고 한다. 이합체에 더 많은 단량체가 계속 첨가되면서 고분자를 형성할 때 고분자(나일론 6,6)가 형성된다. 나일론 6,6과 다른 유사한 나일론은 실로 뽑을 수 있고 팬티스타킹, 양탄자용 섬유, 낚싯줄 같은 소비재를 만드는 데 이용된다. 다른 축합 고분자를 표 18.8에 정리했다.

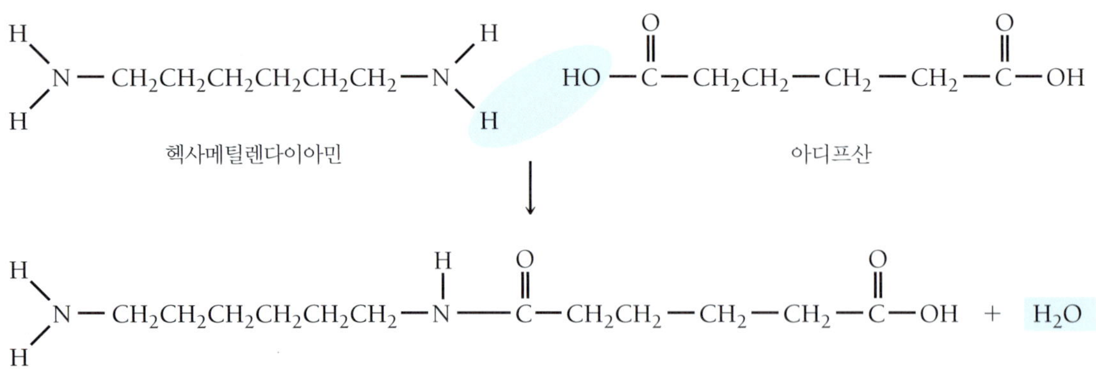

표 18.8 상업적으로 중요한 고분자

고분자	구조	용도
첨가 고분자		
폴리에틸렌	$-(CH_2-CH_2)_n-$	필름, 포장재, 병
폴리프로필렌	$-[CH_2-CH(CH_3)]_n-$	부엌 용품, 섬유, 가전제품
폴리스타이렌	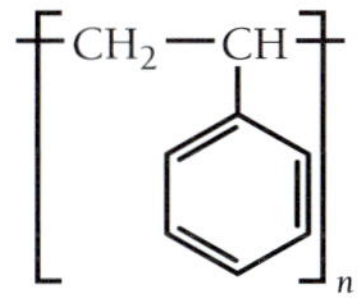	포장재, 일회용 식품 용기, 단열재
폴리비닐클로라이드	$-[CH_2-CH(Cl)]_n-$	파이프 부속물, 고기 포장을 위한 투명 필름
축합 고분자		
폴리우레탄	$-[C(=O)-NH-R-NH-C(=O)-O-R'-O]_n-$ R, R′ = $-CH_2-CH_2-$ (예)	예: '거품형' 가구 틈 채움 물질, 스프레이 단열재, 자동차 부품, 신발 또는 양말, 방수 코팅제
폴리에틸렌 테레프탈레이트(폴리에스터)	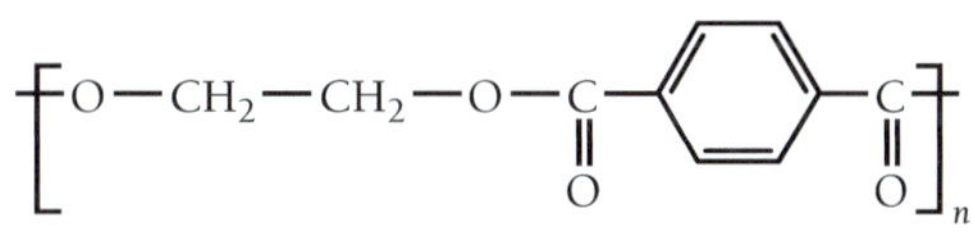	타이어 코드, 자기 테이프, 의복, 청량음료 병
나일론 6,6	$-[NH-(CH_2)_6-NH-C(=O)-(CH_2)_4-C(=O)]_n-$	가정용 비품, 의복, 양탄자용 섬유, 낚싯줄, 고분자 혼합제

18장 복습

자가진단 퀴즈

1. 탄소의 어떤 성질이 수많은 화합물을 만드는 능력과 연관되는가?
(a) 이온 결합을 형성하려는 경향
(b) 낮은 몰질량
(c) 스스로 결합하여 고리, 사슬, 가지 달린 구조를 만드는 능력
(d) 앞의 보기 모두

2. 8개의 탄소 원자를 가진 알케인(비고리)의 분자식은 무엇인가?
(a) C_8H_8 (b) C_8H_{14} (c) C_8H_{16} (d) C_8H_{18}

3. $CH_3CH_2CH_2CH_2CH_3$의 이성질체가 아닌 것은 무엇인가?
(a) 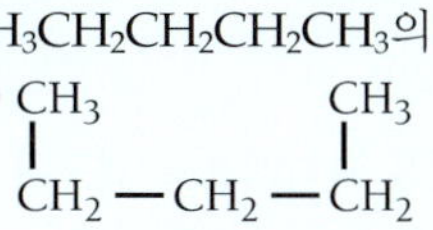
(b) 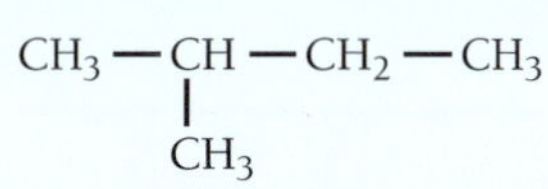
(c) 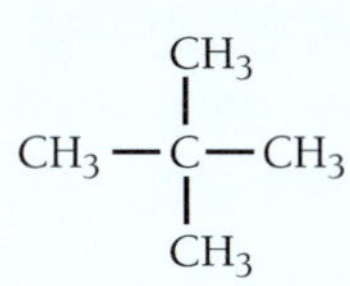
(d) 위의 보기 모두 아님(모두 이성질체임)

4. 탄화수소의 흔한 용도에 해당하지 않는 것은 무엇인가?
(a) 제트 연료 (b) 난방유 (c) 광택제 (d) 비료

5. 다음 화합물을 바르게 명명한 것은 무엇인가?

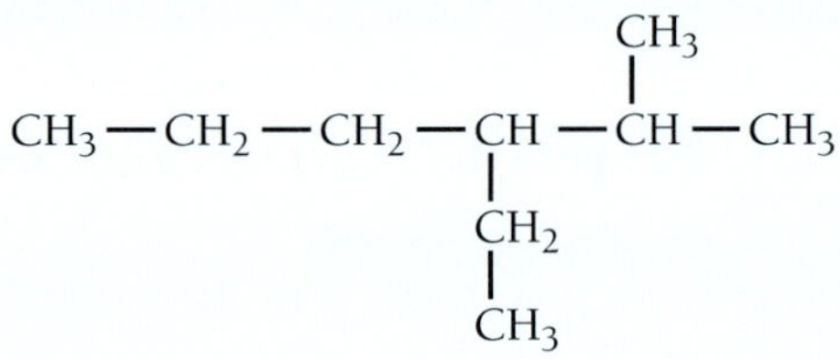

(a) 4-에틸-5-메틸헥세인 (b) 3-에틸-2-메틸헥세인
(c) 3-에틸-2-메틸노네인 (d) 4-메틸-5-에틸헥세인

6. 다음 화합물을 바르게 명명한 것은 무엇인가?

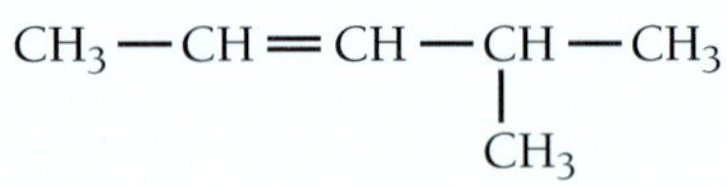

(a) 2-메틸-3-펜텐 (b) 4-메틸-2-펜텐
(c) 2-메틸-3-헥센 (d) 4-메틸-2-헥센

7. 다음 반응 생성물을 밝히시오.

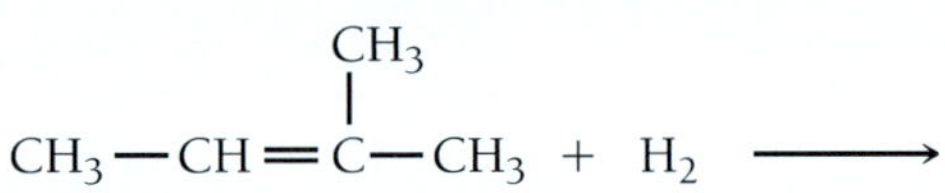

(a) 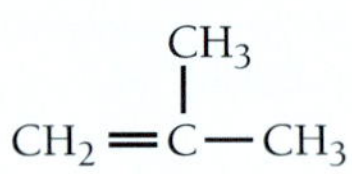

(b) 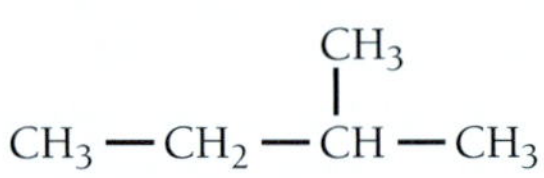

(c) 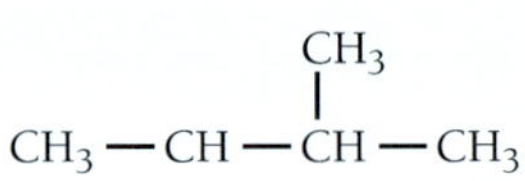

(d) $CH_3-CH_2-CH_2-CH_3$

8. 뷰테인의 연소에 대한 균형 화학 반응식은 무엇인가?

(a) $CH_3CH_2CH_2CH_3(g) + 9\,O_2(g) \longrightarrow 4\,CO_2(g) + 5\,H_2O(g)$

(b) $2\,CH_3CH_2CH_2CH_3(g) + 13\,O_2(g) \longrightarrow 8\,CO_2(g) + 10\,H_2O(g)$

(c) $CH_3CH_2CH_2CH_3(g) \longrightarrow 4\,C + 5\,H_2(g)$

(d) $CH_3CH_2CH_2CH_3(g) \longrightarrow CH_3CH{=}CHCH_3 + H_2(g)$

9. 다음 화합물 중 에스터는 무엇인가?

(a) $CH_3-CH_2-O-CH_3$

(b) 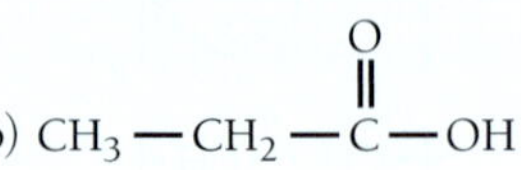

(c) 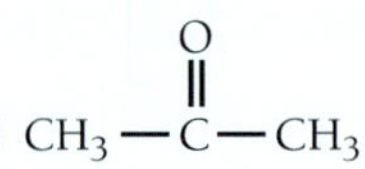

(d) 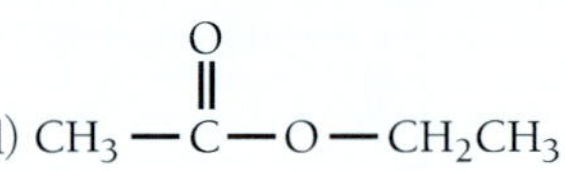

10. 다음 화합물 중 가장 구역질 나는 냄새가 날 것으로 예상되는 것은 무엇인가?

(a) 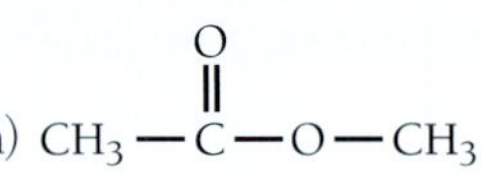

(b) $CH_3-CH_2-NH_2$

(c) $CH_3-CH_2-O-CH_3$

(d) $CH_3-CH_2-CH_2-OH$

정답 1.c 2.d 3.a 4.d 5.b 6.b 7.b 8.b 9.d 10.b

화학 원리	관련 내용
유기 화학 유기 화학은 탄소가 포함된 화합물과 그 반응에 관한 연구이다. 탄소는 4개의 결합을 형성할 수 있고 탄소 원자끼리도 결합을 형성하여 사슬 구조, 가지 달린 구조, 고리 구조의 화합물을 만들 수 있는 독특한 원소이다.	유기 화합물은 식품, 약, 석유 제품, 농약 등에서 많이 볼 수 있다. 유기 화학은 살아 있는 유기체의 근거가 된다.
생기론 생기론이란 살아 있는 생명체가 유기 화합물을 생성하는 신비한 힘을 가지고 있다는 믿음이다. Wöhler가 실험실에서 요소를 합성하면서 생기론이 폐지되었다.	생기론이 폐지됨으로써 생명체의 모든 것을 과학적으로 연구하게 되었으며, 유기 화학에 대한 이해가 현재와 같은 수준에 이르렀다.

탄화수소

탄화수소는 탄소와 수소만으로 이루어진 유기 화합물이다. 탄화수소는 알케인(C_nH_{2n+2}), 알켄(C_nH_{2n}), 알카인(C_nH_{2n-2}) 그리고 6개의 탄소 원자로 이루어진 고리를 포함하는 방향족 탄화수소로 분류할 수 있다.

탄화수소의 주요 용도는 연료이다. 석유와 천연가스는 모두 탄화수소로 이루어진다. 또한 탄화수소는 섬유, 비누, 염료, 화장품, 의약품, 플라스틱, 고무 등의 많은 소비재를 합성할 때 시작 물질로 사용된다.

이성질체

화학식이 같지만 구조가 다른 둘 이상의 화합물을 이성질체라고 한다. 유기 화합물에 포함된 원자가 많을수록 이성질체의 수도 많아진다.

이성질체는 화학적으로 매우 밀접한 것처럼 보이지만 각기 다른 특성을 가진 다른 화합물이다.

탄화수소의 반응

모든 탄화수소는 연소 반응을 행하며, 연소 반응은 탄화수소와 산소가 반응하여 이산화 탄소와 물을 생성하는 반응이다. 알케인은 치환 반응을 하며, 알케인의 하나 이상의 수소가 하나 이상의 다른 원자(보통 할로젠 원소)로 바뀐다. 알켄과 알카인은 첨가 반응을 행하는데, 종종 수소 또는 할로젠이 다중 결합을 하고 있는 탄소에 첨가된다.

미국에서 사용하는 에너지의 약 90%는 탄화수소의 연소에 의해 공급된다. 가정에서 난방을 위해, 자동차를 움직이기 위해, 전기를 생산하기 위해 탄화수소의 연소가 이용된다. 치환 반응과 수소첨가 반응은 석유 산업에서 매우 중요하다.

작용기

유기 화합물의 대부분의 족은 탄화수소에 한 작용기가 삽입된, 치환된 탄화수소라고 생각할 수 있다. 작용기에 따른 유기 화합물의 중요한 족은 다음과 같다.

알코올	R—OH
에터	R—O—R
알데하이드	R—COH
케톤	R—CO—R
카복실산	R—COOH
에스터	R—COO—R
아민	R_3N

유사한 작용기를 가진 유기 화합물은 화합물의 하나의 족을 이루고 비슷한 화학적·물리적 성질을 띤다. 예를 들어 카복실산은 산으로 작용하기 때문에 pH가 낮다. 많은 에스터, 특히 R기에 방향족 고리를 포함하고 있는 알데하이드와 케톤은 좋은 냄새를 낸다. 반면에 대부분의 아민은 고약한 냄새를 풍기는 경향이 있다.

고분자

단량체라고 부르는 빈복되는 단위로 이루어진 긴 사슬처럼 생긴 분자를 고분자라고 한다. 단량체가 결합할 때 원자나 원자단의 제거 없이 단량체가 계속해서 첨가됨으로써 이루어지는 고분자를 첨가 고분자라고 한다. 중합 과정 중에 물이나 원자가 제거되면서 고분자를 형성할 때 이것을 축합 고분자라고 하며, 두 종류의 단량체로 이루어진 고분자를 공중합체(혼성 고분자)라고 한다.

많은 소비재는 고분자로 이루어져 있다. 쓰레기봉투로 이용되는 플라스틱과 생수병으로 이용되는 플라스틱은 모두 폴리에틸렌이다. 나일론은 의류와 낚싯줄에 이용되고, 클로로폴리비닐은 플라스틱 관, 배관 부속품을 만드는 데 이용되다.

화학 문제를 푸는 기술

예제

학습목표: 분자식에 기초하여 알케인, 알켄, 알카인으로 분류한다(18.4절).

분자식을 조사하여 화합물 내의 탄소 원자 수와 수소 원자 수 사이에 어떤 관계가 있는지 확인하고 알케인, 알켄, 알카인으로 분류한다.

알케인(C_nH_{2n+2})
알켄(C_nH_{2n})
알카인(C_nH_{2n-2})

이 화학식은 모두 열린 사슬 구조(비고리 구조)의 탄화수소에만 적용된다.

예제 18.9 알케인, 알켄, 알카인

다음 비고리 구조의 탄화수소를 알케인, 알켄, 알카인으로 분류하시오.

(a) C_3H_6 (b) C_6H_{14} (c) $C_{10}H_{18}$

답

(a) $n = 3$, $6 = 2n$이므로 알켄이다.
(b) $n = 6$, $14 = 2n + 2$이므로 알케인이다.
(c) n : 10, $18 = 2n - 2$이므로 알카인이다.

학습목표: 탄화수소 이성질체의 구조식을 작성한다(18.6절).

어떤 화학식을 가진 탄화수소의 모든 이성질체에 대한 구조식을 작성하려면 먼저 가능한 한 여러 가지 방법으로 탄소 골격을 그린다. 골격 구조에는 탄소-탄소 이중 결합 또는 삼중 결합을 포함한다.

예제 18.10 탄화수소 이성질체의 구조식

펜타인(C_5H_8)의 모든 이성질체에 대한 구조식을 작성하시오.

답

펜타인은 5개의 탄소 원자를 가지고 있으며, 두 탄소 원자 사이에 하나의 삼중 결합이 있다. 가능한 골격 구조는 다음과 같다.

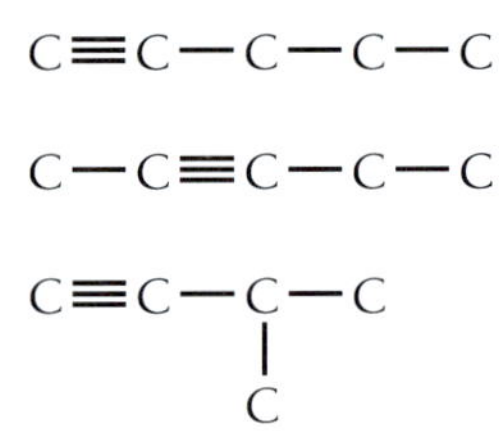

서로 다른 모든 탄소 골격 구조를 구하고, 모든 탄소가 4개의 결합을 갖도록 수소 원자를 그린다.

탄소 원자가 4개의 결합을 가지도록 수소 원자를 그린다.

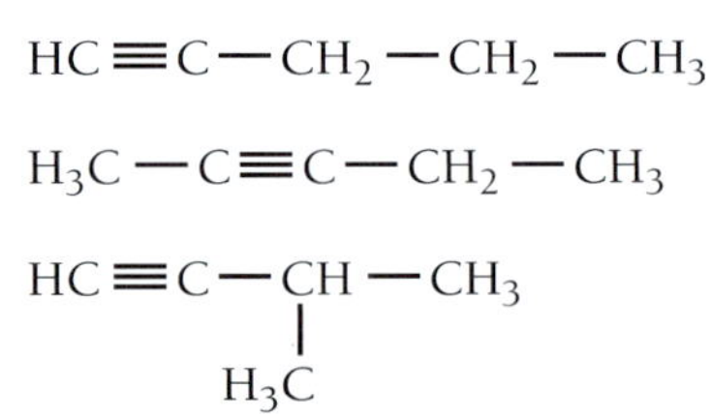

학습목표: 알케인을 명명한다(18.7절).

18.7절에서 설명한 알케인 명명법의 규칙은 다음과 같이 요약할 수 있다.

1. 화합물의 기본 이름을 정하기 위해 가장 긴 연속적인 탄소 사슬 내의 탄소 원자 수를 센다. 그리고 끝에다 '-에인(-ane)'을 붙인다.
2. 기본 사슬에서 나온 모든 가지를 치환기로 간주하고 치환기에 있는 탄소 원자 수에 따라 치환기를 명명한다.
3. 치환기로부터 가장 가까이 있는 말단의 번호를 1로 하여 기본 사슬의 번호를 붙이고 각 치환기의 번호를 붙인다.
4. 다음 형식에 따라 화합물의 이름을 쓴다.

(치환기의 번호) − (치환기의 이름) (기본 이름)

예제 18.11 알케인의 명명

다음 알케인을 명명하시오.

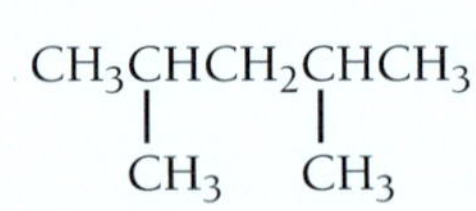

답

가장 긴 연속적인 탄소 사슬은 5개의 탄소 원자를 가지고 있다. 그러므로 기본 사슬은 펜테인이다.

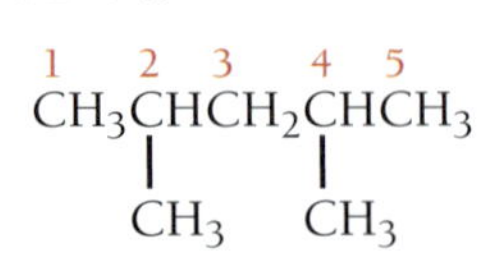

둘 이상의 치환기가 있다면 알파벳순으로 번호와 함께 치환기의 이름을 쓴다. 숫자와 단어는 하이픈으로 연결하여 구분한다.

5. 둘 이상의 동일한 치환기가 있는 경우 치환기의 이름 앞에 다이(di)- (2), 트라이(tri)- (3), 테트라(tetra)- (4) 등의 접두어를 쓴다. 치환기의 위치를 나타내는 번호 각각을 쉼표를 사용하여 표시한다.

치환기는 2개의 메틸기이다.
치환기의 위치는 2와 4의 위치이다.
화합물의 이름은 2,4-다이메틸펜테인이다.

학습목표: 알켄과 알카인을 명명한다(18.8절).

알켄과 알카인은 다음과 같은 예외 사항을 고려하되 알케인과 같은 방법으로 명명한다.

- 이중 결합이나 삼중 결합이 포함된 가장 긴 연속적인 탄소 사슬이 기본 사슬이다.
- 기본 이름은 알켄의 경우 '-엔(-ene)'을, 알카인의 경우 '-아인(-yne)'을 맨 끝에 붙인다.
- 기본 사슬의 번호는 이중 결합 또는 삼중 결합의 번호가 가능한 한 낮은 번호가 되도록 붙인다.
- 이중 결합이나 삼중 결합의 위치를 나타내는 번호(가능한 가장 낮은 번호)는 기본 이름 앞에 붙인다.

예제 18.12 알켄과 알카인의 명명

다음 알카인을 명명하시오.

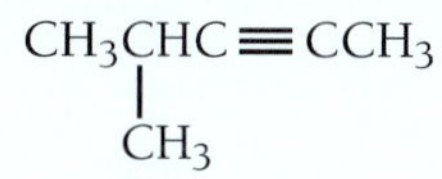

답

4-메틸-2-펜타인

학습목표: 방향족 탄화수소를 명명한다(18.10절).

치환된 벤젠의 이름은 다음과 같은 일반적인 형식이다.

단일 치환 벤젠

(치환기의 이름)벤젠

벤젠을 치환기로 보는 것이 더 나은 화합물

벤젠 고리를 치환기로 볼 때 페닐이라는 이름을 붙인다.

이치환 벤젠

#-(치환기 이름)-#-(치환기 이름)벤젠

- 치환기의 이름을 붙일 때 알파벳순으로 쓴다.
- 치환기의 이름에 따라 고리 내에 번호를 정한다.
- 치환기가 동일한 경우 숫자 대신 접두어 오쏘(ortho)- (1,2), 메타(meta)- (1,3), 파라(para)- (1,4)를 쓰기도 한다.

예제 18.13 방향족 화합물의 명명

다음은 방향족 화합물과 이름의 몇 가지 예이다.

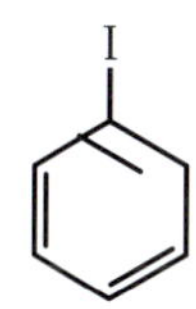

아이오도벤젠(Iodobenzene)

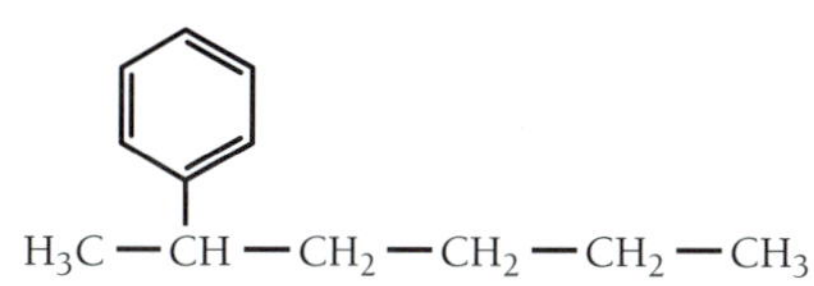

2-페닐헥세인(2-Phenylhexane)

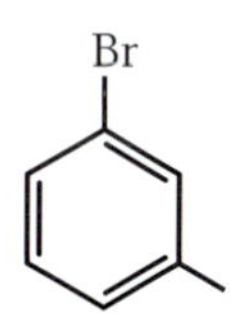

1-브로모-3-아이오도벤젠(1-bromo-3-iodobenzene)

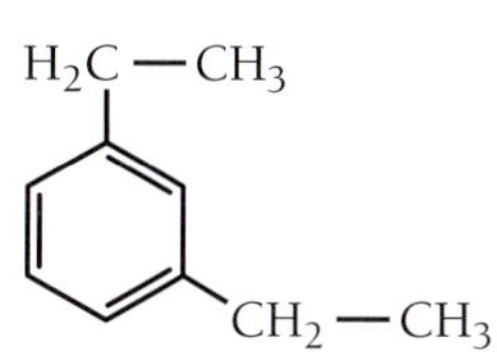

메타-다이에틸벤젠(*meta*-diethylbenzene)
또는
m-다이에틸벤젠(diethylbenzene)

핵심 용어

가지 달린 알케인
고분자
공중합체
구조식
기본 사슬
노말 알케인
단량체
단일 치환 벤젠
방향족 고리
불포화 탄화수소
생기론
생명력
수소첨가 반응
알데하이드
알카인
알케인
알켄
알코올
알킬기
에스터
에터
연소 반응
유기 분자
유기 화학
이성질체
이치환 벤젠
이합체
작용기
족
첨가 고분자
첨가 반응
축약 구조식
축합 고분자
치환 반응
치환기
카보닐기
카복실산
케톤
탄화수소
페닐기
포화 탄화수소
화석연료
n-알케인

학습 점검 문제

기초문제

1. 냄새에는 종종 어떤 종류의 분자가 포함되어 있는가?
2. 유기 화학이란 무엇인가?
3. 유기 화합물과 무기 화합물의 차이점을 18세기 말의 관점으로 설명하시오.
4. 생기론이란 무엇인가? 생기론은 어떻게 폐지되었는가?
5. 탄소와 탄소를 기본으로 한 화합물의 특징은 무엇인가? 생명체는 왜 탄소로부터 진화했는가?
6. 탄소 원자 하나가 다음과 같은 결합을 형성할 때의 결합 구조를 설명하시오.
   (a) 4개의 단일 결합
   (b) 2개의 단일 결합과 1개의 이중 결합
   (c) 1개의 단일 결합과 1개의 삼중 결합
7. 탄화수소란 무엇인가? 탄화수소의 주요 용도는 무엇인가?
8. 탄화수소는 어떻게 분류하는가? 일반적인 분자식은 무엇인가?
9. 포화 탄화수소와 불포화 탄화수소의 차이점은 무엇인가?
10. 분자식, 구조식, 축약 구조식의 차이점을 설명하시오.
11. *n*-알케인과 가지 달린 알케인의 차이점을 설명하시오.
12. 이성질체란 무엇인가? 이성질체의 예를 몇 가지 드시오.
13. 알켄이란 무엇인가? 알케인과 어떻게 다른가?
14. 알카인이란 무엇인가? 알케인과 어떻게 다른가?
15. 탄화수소의 연소 반응에 대해 설명하고 예를 하나 드시오.
16. 알케인 치환 반응에 대해 설명하고 예를 하나 드시오.
17. 알켄의 첨가 반응에 대해 설명하고 예를 하나 드시오.
18. 알카인의 첨가 반응에 대해 설명하고 예를 하나 드시오.
19. 벤젠은 어떤 구조인가? 이 구조를 나타내는 방법을 설명하시오.
20. 작용기에 대해 설명하고 몇 가지 예를 드시오.
21. 알코올의 일반적인 구조와 두 가지 특정 알코올의 구조를 그리시오.
22. 흔히 볼 수 있는 알코올의 예를 몇 가지 들고 그것을 얻을 수 있는 곳을 나열하시오.
23. 에터의 일반적인 구조와 두 가지 특정 에터의 구조를 그리시오.
24. 흔히 볼 수 있는 에터의 예를 하나 들고 그 용도를 설명하시오.
25. 알데하이드와 케톤의 일반적인 구조, 특정 알데하이드와 특정 케톤의 구조를 그리시오.
26. 흔히 볼 수 있는 알데하이드와 케톤의 예를 몇 가지 들고 그것을 얻을 수 있는 곳을 나열하시오.
27. 카복실산과 에스터의 일반적인 구조, 특정 카복실산과 특정 에스터의 구조를 그리시오.
28. 흔히 볼 수 있는 카복실산과 에스터의 예를 몇 가지 들고 그것을 얻을 수 있는 곳을 나열하시오.
29. 아민의 일반적인 구조와 두 가지 특정 아민의 구조를 그리시오.
30. 흔히 볼 수 있는 아민의 예를 하나 들고 그것을 얻을 수 있는 곳을 밝히시오.
31. 고분자에 대해 설명하고 고분자와 공중합체의 차이점을 설명하시오.
32. 첨가 고분자와 축합 고분자의 차이점을 설명하시오.

복습문제

탄화수소

33. 다음 중 탄화수소는 무엇인가?
(a) B_2H_6 (b) C_6H_{14} (c) C_3H_6O (d) C_9H_{20}

* 파란색으로 표시된 문제는 이 책 말미에 해답이 제시되어 있다.

34. 다음 중 탄화수소는 무엇인가?
(a) $C_2H_2O_4$ (b) C_3H_8 (c) $C_{10}H_{20}$ (d) CH_3Cl

35. 다음 분자식이 나타내는 각 화합물을 알케인, 알켄, 알카인으로 분류하시오(모든 화합물은 비고리형이고, 하나 이상의 다중 결합을 포함하지 않는다고 가정한다).
(a) C_5H_{12} (b) C_7H_{14} (c) C_6H_{10} (d) C_3H_4

36. 다음 분자식이 나타내는 각 화합물을 알케인, 알켄, 알카인으로 분류하시오(모든 화합물은 비고리형이고, 하나 이상의 다중 결합을 포함하지 않는다고 가정한다).
(a) C_3H_6 (b) C_6H_{10} (c) C_3H_8 (d) C_5H_{10}

알케인

37. 다음 각 알케인의 구조식과 축약 구조식을 작성하시오.
(a) 노네인 (b) 도데케인 (c) 운데케인 (d) 헥세인

38. 다음 각 알케인의 구조식과 축약 구조식을 작성하시오.
(a) 메테인 (b) 헵테인 (c) 뷰테인 (d) 프로페인

39. 뷰테인의 이성질체 2개의 구조식을 작성하시오.

40. 펜테인의 이성질체 3개의 구조식을 작성하시오.

41. 옥테인의 이성질체 5개의 구조식을 작성하시오.

42. 헵테인의 이성질체 9개의 구조식을 작성하시오.

43. 다음 각 알케인을 명명하시오.
(a) $CH_3-CH_2-CH_3$
(b) 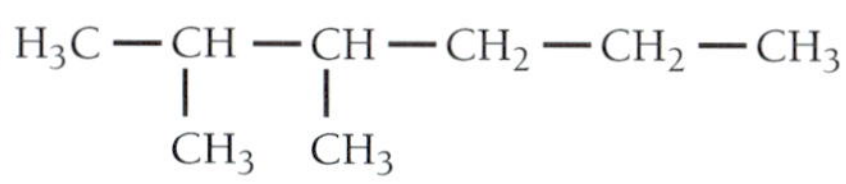
(c) 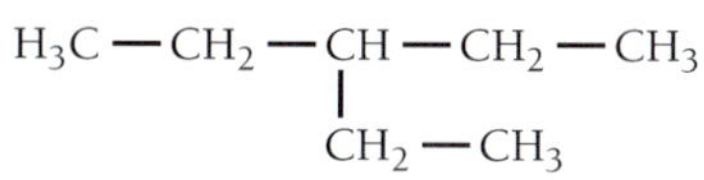
(d) 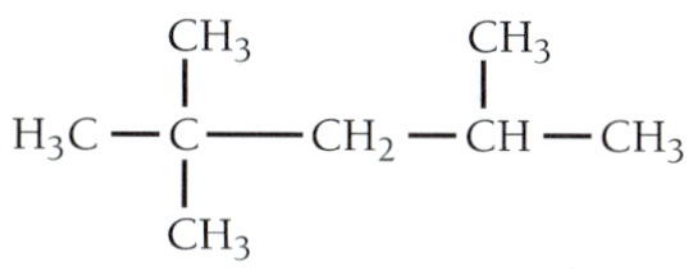

44. 다음 각 알케인을 명명하시오.
(a) $CH_3-CH_2-CH_2-CH_2-CH_2-CH_2-CH_3$
(b) 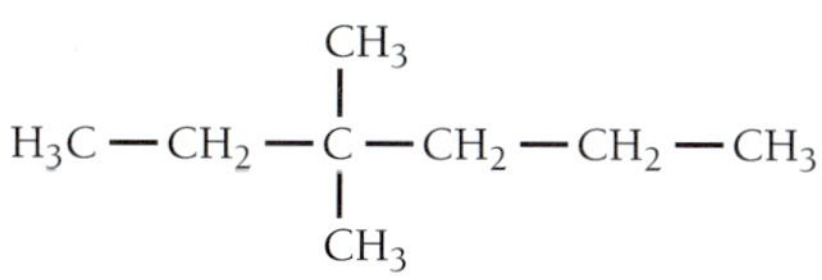
(c) 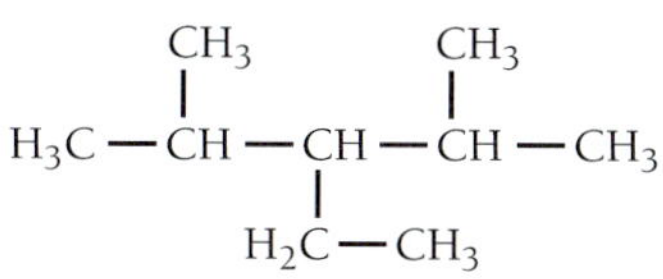
(d) 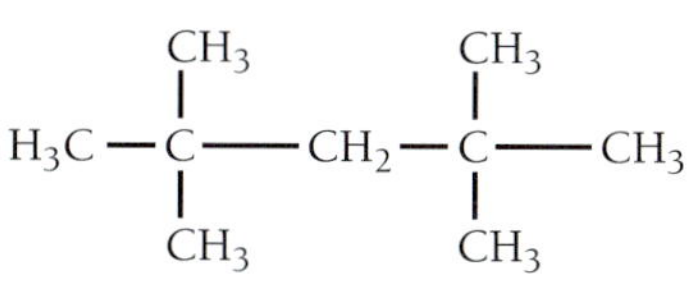

45. 다음 각 알케인의 구조를 그리시오.
(a) 2,3,5-트라이메틸헥세인
(b) 3-에틸-2,2-다이메틸펜테인
(c) 4-에틸헵테인
(d) 2,2,3,4-테트라메틸펜테인

46. 다음 각 알케인의 구조를 그리시오.
(a) 4-에틸-4-메틸헵테인
(b) 2,6-다이메틸옥테인
(c) 3-에틸-3,4-다이메틸헥세인
(d) 4-메틸옥테인

47. 다음 각 알케인의 이름과 그 구조를 살펴보고, 틀렸으면 이름을 작성하시오.
(a) 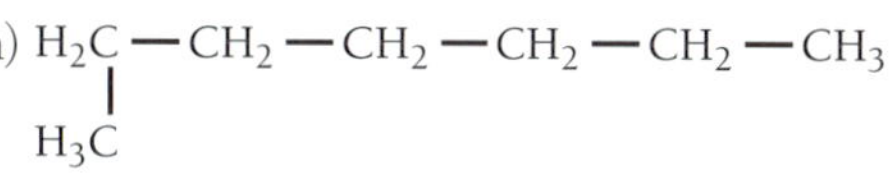
1-메틸헥세인
(b) 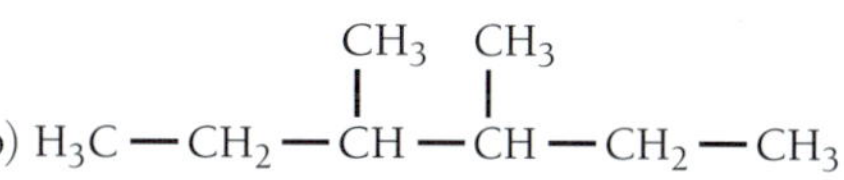
3-메틸-4-메틸헥세인
(c) 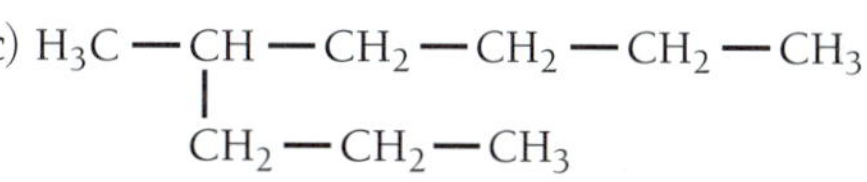
2-프로필헥세인

48. 다음 각 알케인의 이름과 그 구조를 살펴보고, 틀렸으면 이름을 작성하시오.
(a) 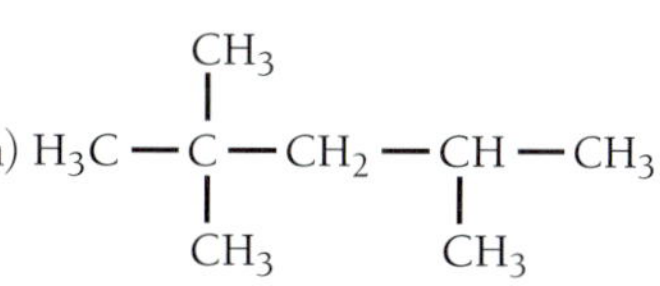
2-메틸-2-메틸-4-메틸펜테인
(b) 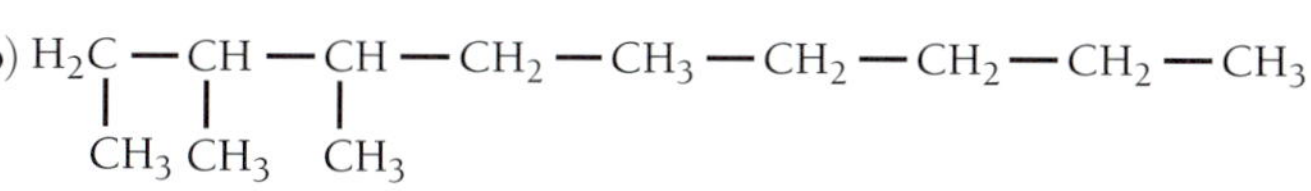
1,2,3-트라이메틸노네인
(c) 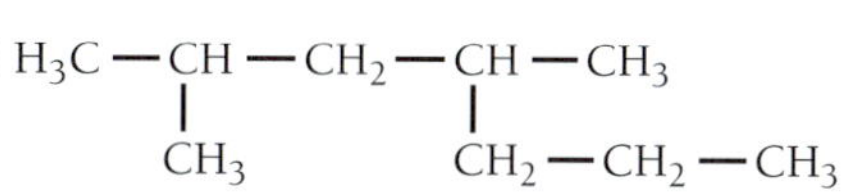
2-메틸-4-프로필펜테인

49. 다음 표의 빈칸을 채우시오.

이름	분자식	구조식	축약 구조식
2,3-dimethylhexane	______	______	______
______	______	______	$(CH_3)_2CHCH_2CH_2CH(CH_3)CH_2CH_2CH_3$
______	______	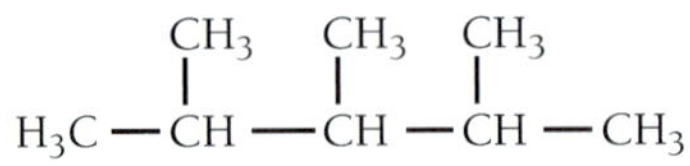	______
______	______	______	$(CH_3)_2CHCH(CH_3)CH(CH_2CH_3)CH(CH_2CH_2CH_3)_2$

50. 다음 표의 빈칸을 채우시오.

이름	분자식	구조식	축약 구조식
______	______	______	$(CH_3)_2CHCH(CH_3)CH(CH_3)CH(CH_3)CH(CH_3)CH_2CH_3$
______	______	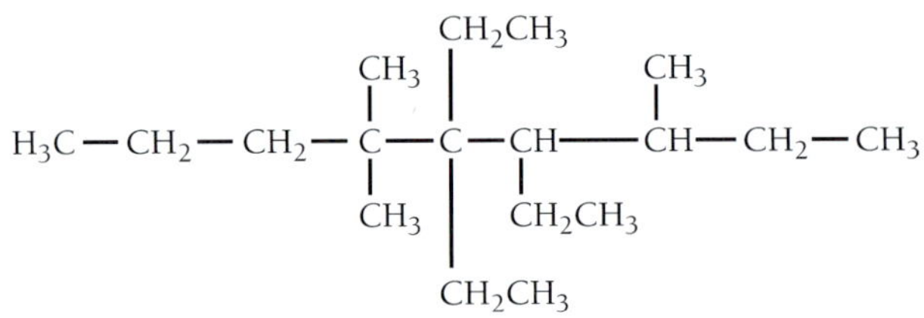	______
4-ethyl-6-methylnonane	______	______	______
______	______	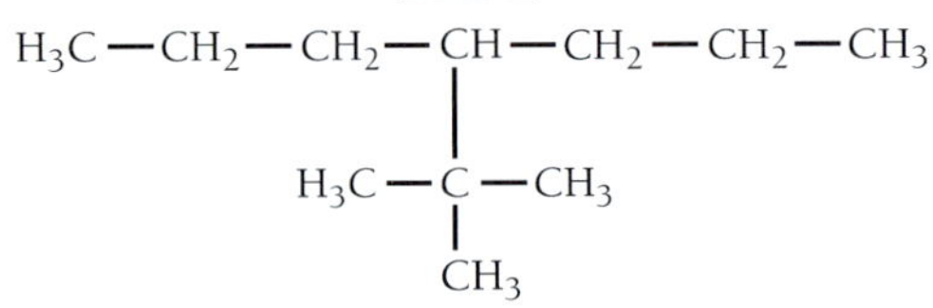	______

알켄과 알카인

51. 알켄 2개의 구조식과 축약 구조식을 작성하시오.

52. 알카인 2개의 구조식과 축약 구조식을 작성하시오.

53. *n*-펜텐의 이중 결합 위치가 바뀌면서 생기는 모든 가능한 이성질체의 구조식을 작성하시오.

54. *n*-헥사인의 삼중 결합 위치가 바뀌면서 생기는 모든 가능한 이성질체의 구조식을 작성하시오.

55. 다음 각 알켄을 명명하시오.

(a) $CH_3CH_2CH_2CH_2CH{=}CH_2$

(b) 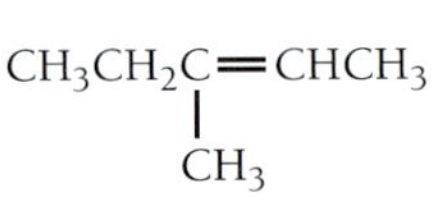

(c) 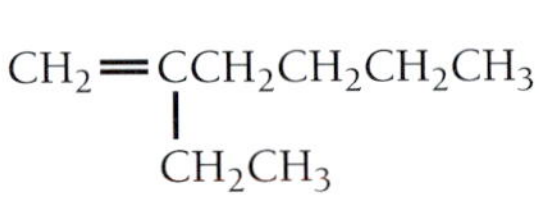

(d) 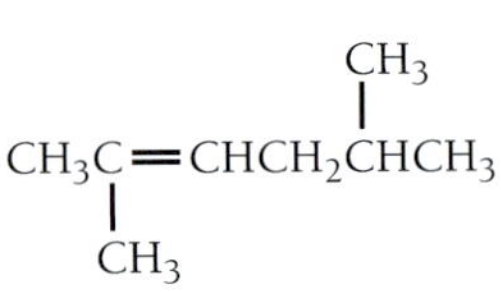

56. 다음 각 알켄을 명명하시오.

(a) $H_2C{=}CH-CH_2-CH_3$

(b) 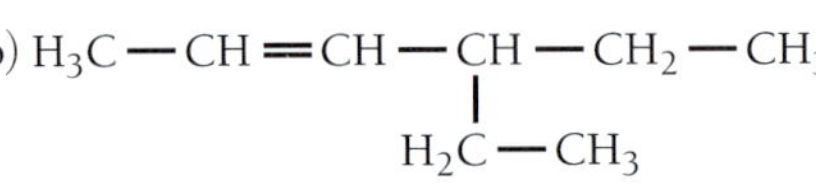

(c) 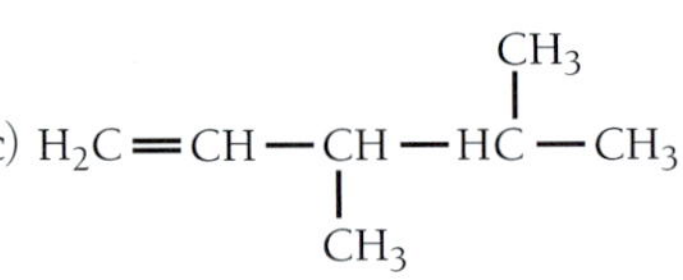

(d) 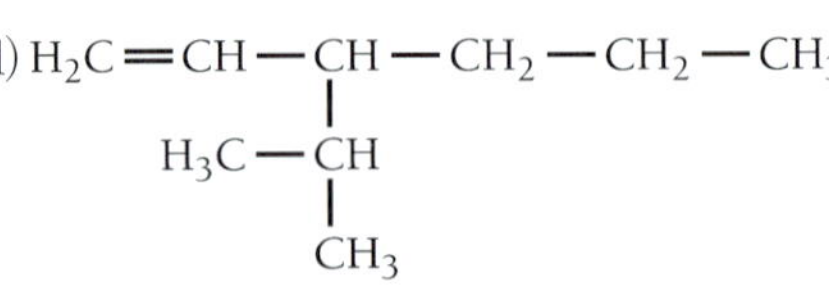

57. 다음 각 알카인을 명명하시오.

(a) $H_3C-C{\equiv}C-CH_3$

(b) 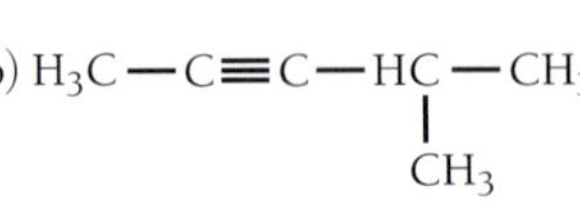

(c) 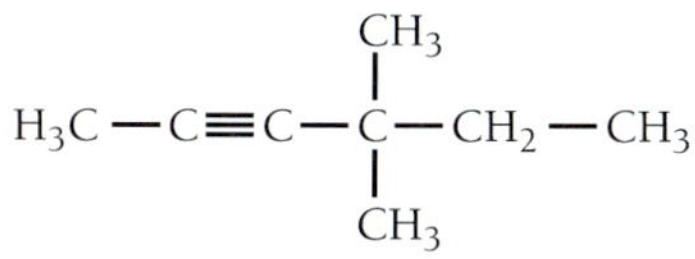

(d) 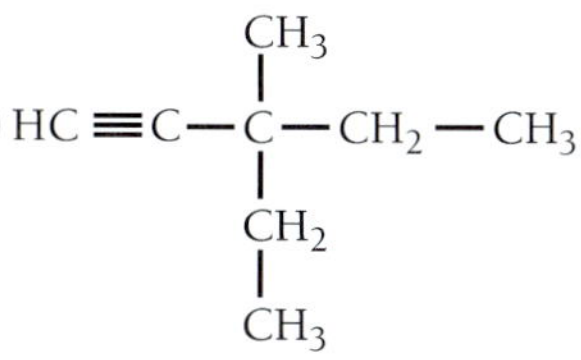

58. 다음 각 알카인을 명명하시오.

(a) $HC\equiv CCH_2CH_2CH_2CH_2CH_3$

(b) 

(c) 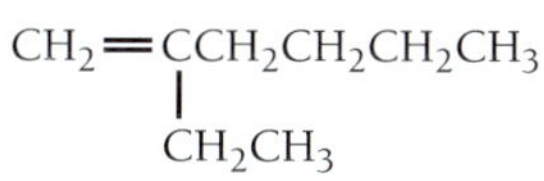

(d) 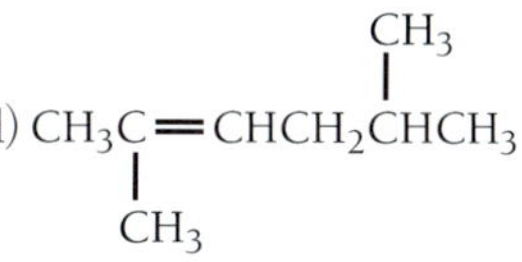

59. 다음 각 화합물의 구조를 그리시오.

(a) 5-에틸-2-메틸-3-헵타인

(b) 3-헥사인

(c) 2-메틸프로펜

(d) 2-에틸-4-메틸-3-헥센

60. 다음 각 화합물의 구조를 그리시오.

(a) 3-옥타인

(b) 1-펜텐

(c) 3,3-다이메틸-1-펜타인

(d) 4-에틸-3-메틸-2-옥텐

61. $CH_2{=}CHCH_2CH_3$의 모든 가능한 이성질체를 그리고 그 이름을 작성하시오.

62. 알카인 $CH\equiv CCH_2CH_2CH_2CH_3$의 모든 가능한 이성질체를 그리고 그 이름을 작성하시오.

63. 다음 표의 빈칸을 채우시오.

이름	분자식	구조식	축약 구조식
2,2-다이메틸-3-헥센	______	______	______
______	______	______	$CH_3C(CH_3)_2C(CH_2CH_3)_2C\equiv CCH_3$
______	______	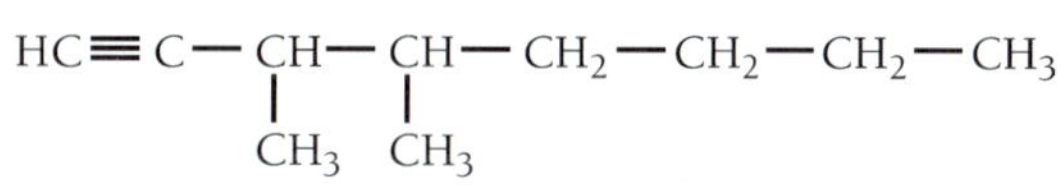	______
______	______	______	$CH_3C(CH_3)_2C(CH_2CH_3)_2CH{=}CHCH_3$

64. 다음 표의 빈칸을 채우시오.

이름	분자식	구조식	축약 구조식
2,4,4-트라이메틸-1-펜텐	______	______	______
______	______	______	$(CH_3)_2CHCH{=}CHCH_2CH_3$
______	______	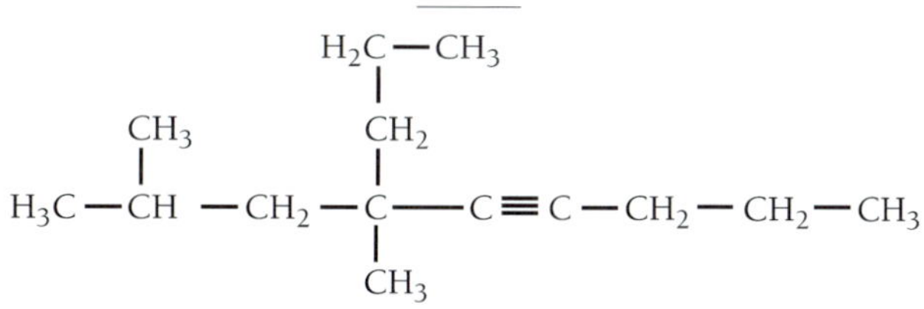	______
3,6-다이메틸-2,8-다이메틸-4-데카인	______	______	______

탄화수소의 반응

65. 다음 각 탄화수소의 연소 반응을 완성하고 균형을 맞추시오.

(a) $CH_3CH_3 + O_2 \longrightarrow$

(b) $CH_2{=}CHCH_3 + O_2 \longrightarrow$

(c) $CH\equiv CH + O_2 \longrightarrow$

66. 다음 각 탄화수소의 연소 반응을 완성하고 균형을 맞추시오.

(a) $CH_3CH_2CH_2CH_2CH_2CH_3 + O_2 \longrightarrow$

(b) $CH_3CH{=}CHCH_3 + O_2 \longrightarrow$

(c) $CH\equiv CCH_2CH_2CH_2CH_3 + O_2 \longrightarrow$

67. 다음 알케인의 치환 반응에 의한 생성물은 무엇인가? (단일 치환 반응이라고 가정한다.)

$$CH_3CH_3 + Cl_2 \longrightarrow$$

68. 다음 알케인의 치환 반응에 의한 생성물은 무엇인가? (단일 치환 반응이라고 가정한다.)

$$CH_3CH_3 + I_2 \longrightarrow$$

69. 다음 알켄의 첨가 반응에 의한 생성물은 무엇인가?

$$CH_3CH{=}CHCH_3 + Cl_2 \longrightarrow$$

70. 다음 알켄의 첨가 반응에 의한 생성물은 무엇인가?

$$CH_3CH_2CH_2\underset{\displaystyle CH_3}{\underset{|}{C}}{=}CH_2 + Br_2 \longrightarrow$$

71. 다음 수소첨가 반응을 완성하시오.

$$CH_3CH_2CH{=}CH_2 + H_2 \longrightarrow$$

72. 다음 수소첨가 반응을 완성하시오.

$$CH_3CH_2CH_2CH{=}CH_2 + H_2 \longrightarrow$$

방향족 탄화수소

73. 다음의 간단한 구조식을 완전한 구조식으로 그리시오.

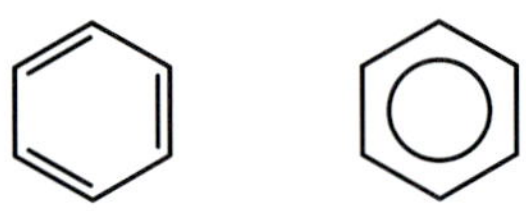

74. 어떻게 2개의 공명 구조가 협력하여 벤젠의 실제 구조를 나타내는지 설명하시오.

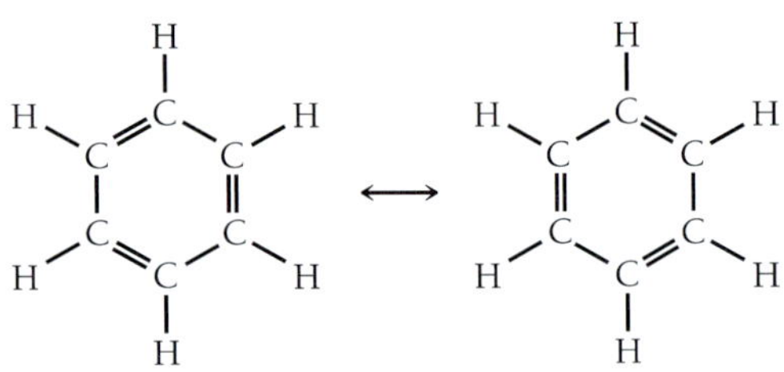

75. 다음 각 단일 치환 벤젠을 명명하시오.

(a)
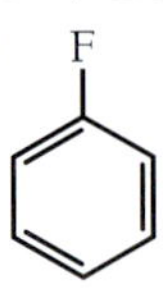

(b)
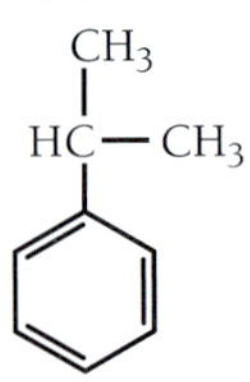

(c)
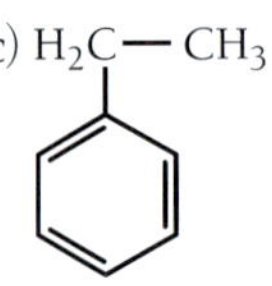

76. 다음 각 단일 치환 벤젠을 명명하시오.

(a)
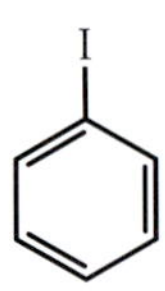

(b)
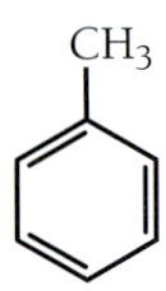

(c)
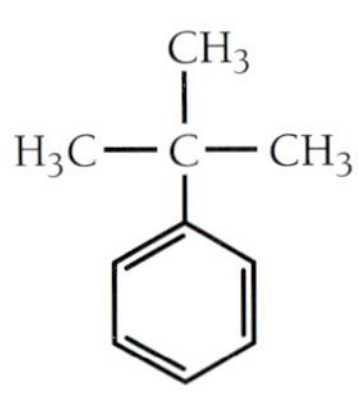

77. 벤젠 고리를 하나의 치환기로 취급하여 다음 화합물을 명명하시오.

(a)
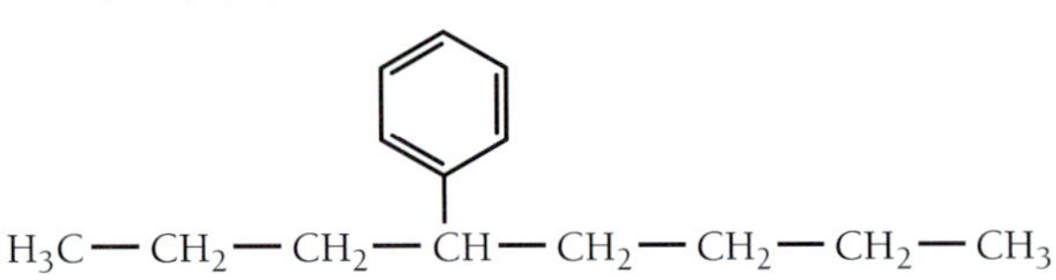

(b)
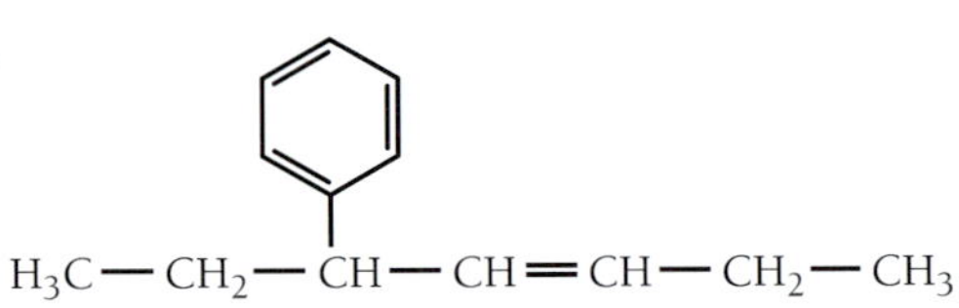

(c)
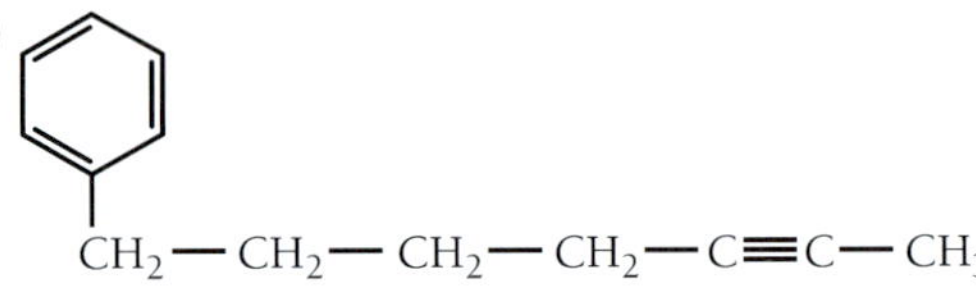

78. 벤젠 고리를 하나의 치환기로 취급하여 다음 화합물을 명명하시오.

(a)
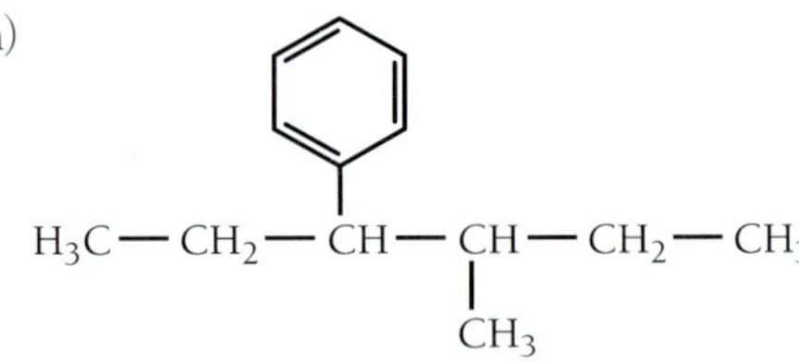

(b)
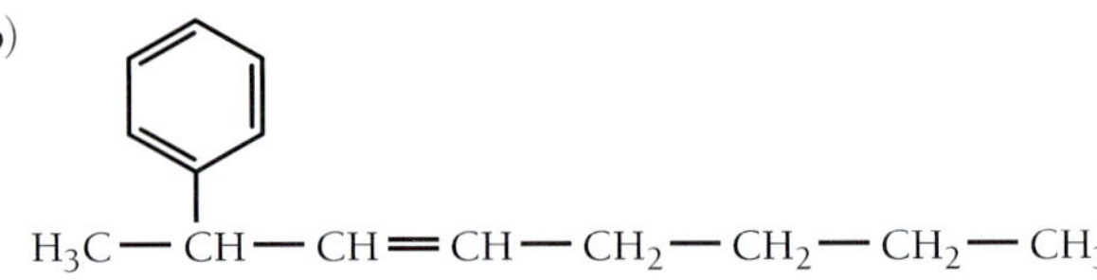

(c)
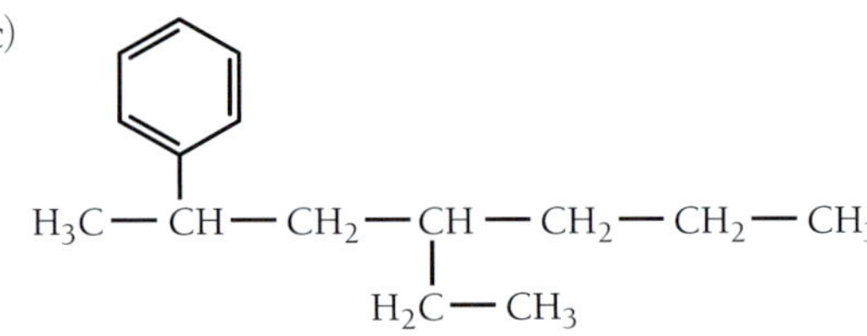

79. 다음 각 이치환 벤젠을 명명하시오.

(a)
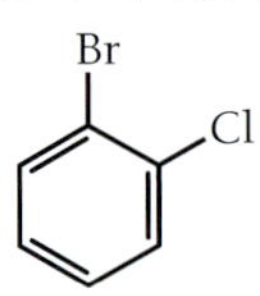

(b)
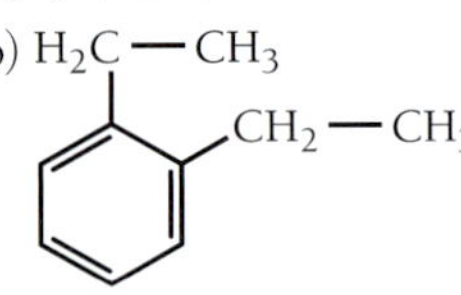

(c)
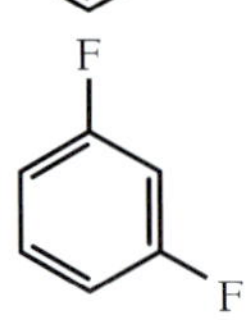

80. 다음 각 이치환 벤젠을 명명하시오.

(a)
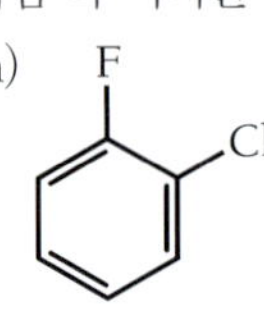

(b)
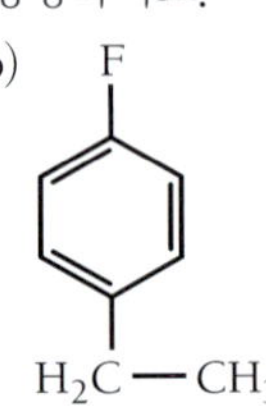

(c)
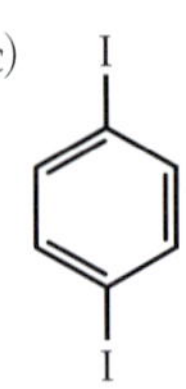

81. 다음 각 화합물의 구조를 그리시오.

(a) 뷰틸벤젠

(b) 1-에틸-2-아이오도벤젠

(c) 파라-다이메틸벤젠

82. 다음 각 화합물의 구조를 그리시오.

(a) 아이소프로필벤젠

(b) 메타-다이브로모벤젠

(c) 1-브로모-4-에틸벤젠

작용기

83. 왼쪽의 구조식과 오른쪽의 작용기 이름을 바르게 짝지으시오.

(a) 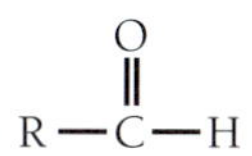 에터

(b) 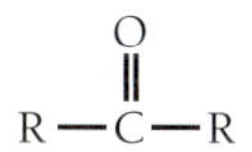 알데하이드

(c) $R-O-R$ 아민

(d)  케톤

84. 왼쪽의 구조식과 오른쪽의 작용기 이름을 바르게 짝지으시오.

(a) 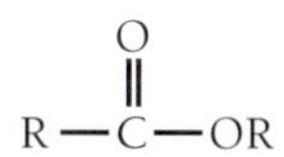 카복실산

(b) 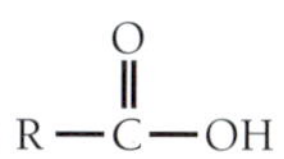 알코올

(c) $R-OH$ 에스터

(d) $R-O-R$ 에터

85. 다음 각 분자의 작용기를 살펴보고 분자가 어느 족에 속하는지 밝히시오.

(a) 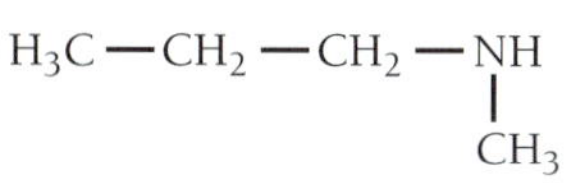

(b) 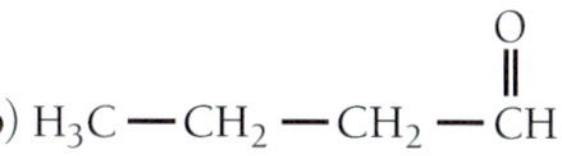

(c) 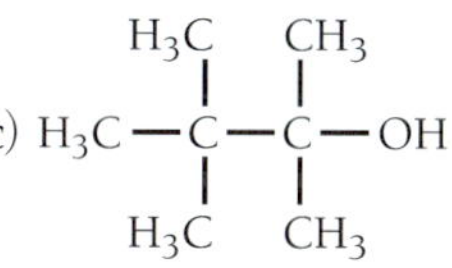

(d) 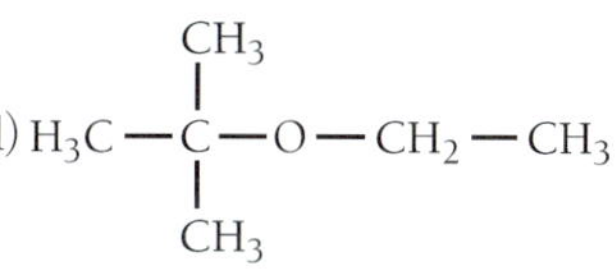

86. 다음 각 분자의 작용기를 살펴보고 분자가 어느 족에 속하는지 밝히시오.

(a) 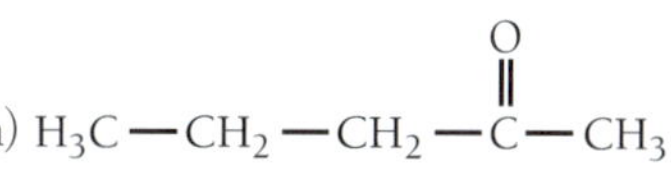

(b) 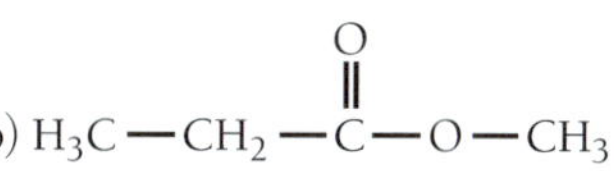

(c) 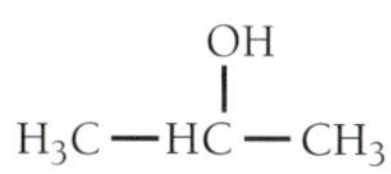

(d) 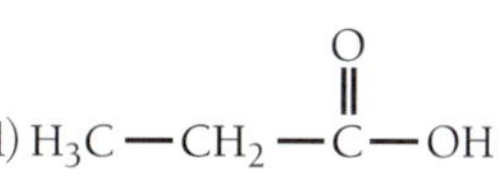

알코올

87. 다음 각 알코올을 명명하시오.

(a) 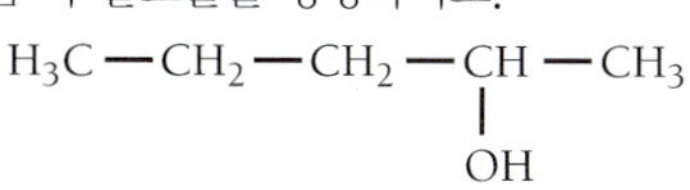

(b) 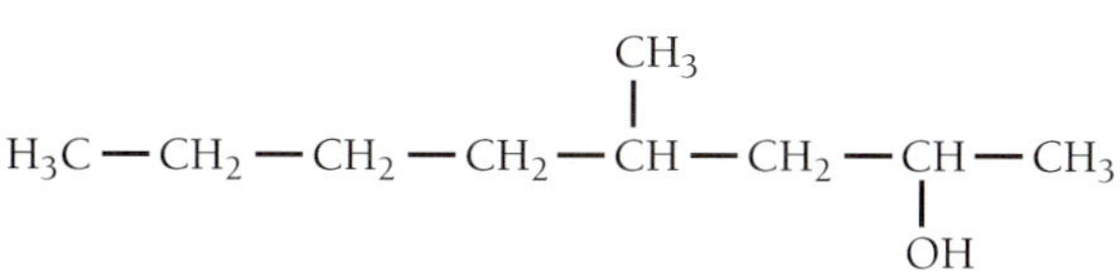

(c) 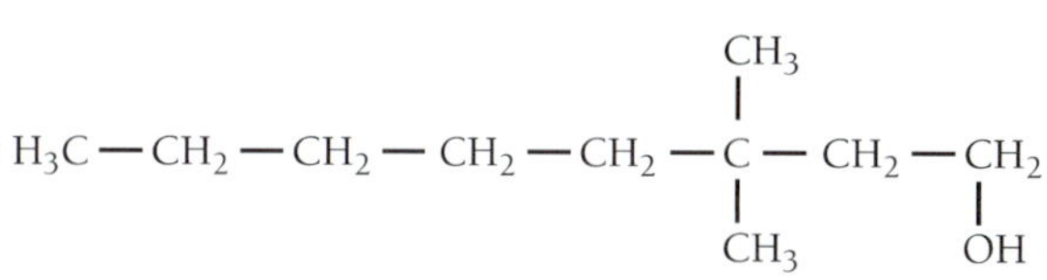

(d) 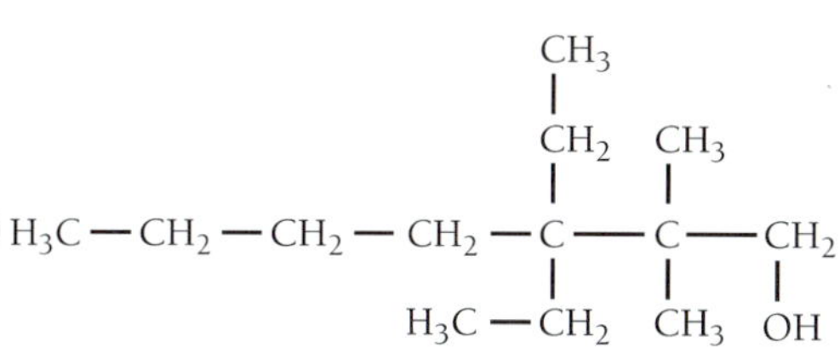

88. 다음 각 알코올을 명명하시오.

(a) 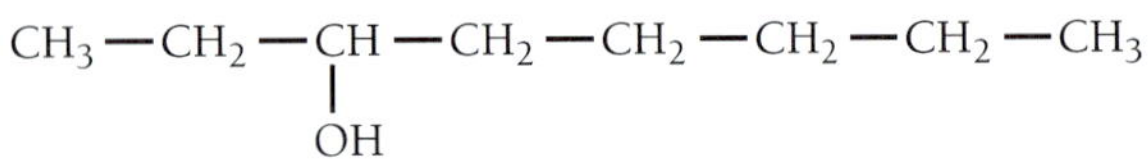

(b) 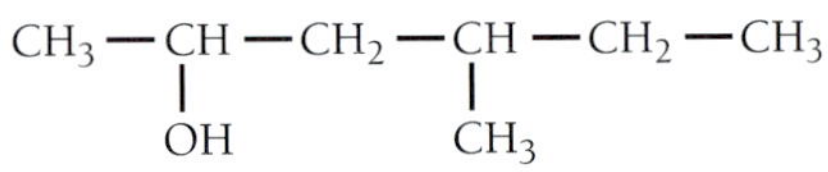

(c) 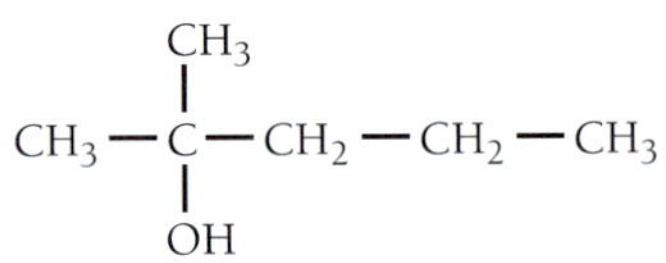

(d) 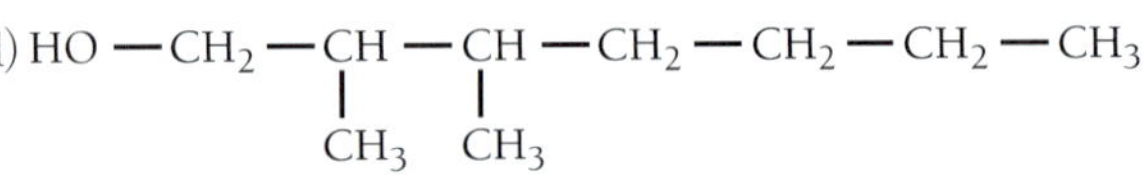

89. 다음 각 알코올의 구조를 그리시오.

(a) 3-펜탄올

(b) 2-메틸-1-뷰탄올

(c) 3-에틸-2-헥산올

(d) 에탄올

90. 다음 각 알코올의 구조를 그리시오.

(a) 3-헵탄올

(b) 3,5-다이메틸-2-노난올

(c) 5-에틸-4-데칸올

(d) 4,4-다이에틸-3,3-다이메틸-1-노난올

에터

91. 다음 화합물의 이름에 맞는 구조를 그리거나 구조에 맞는 이름을 작성하시오.

(a) 다이뷰틸 에터

(b) $H_3C—CH_2—O—CH_2—CH_2—CH_3$

(c) $H_3C—CH_2—CH_2—O—CH_2—CH_2—CH_3$

(d) 메틸 펜틸 에터

92. 다음 화합물의 이름에 맞는 구조를 그리거나 구조에 맞는 이름을 작성하시오.

(a) 뷰틸 프로필 에터

(b) $H_3C—CH_2—CH_2—CH_2—O—CH_2—$
$CH_2—CH_3—CH_2—CH_2—CH_2$

(c) $H_3C—CH_2—CH_2—CH_2—CH_2—O—CH_2—$
$CH_3—CH_2—CH_2—CH_2—CH_2—CH_2$

(d) 에틸 노닐 에터

알데하이드와 케톤

93. 다음 화합물의 이름에 맞는 구조를 그리거나 구조에 맞는 이름을 작성하시오.

(a) 헥산알

(b) 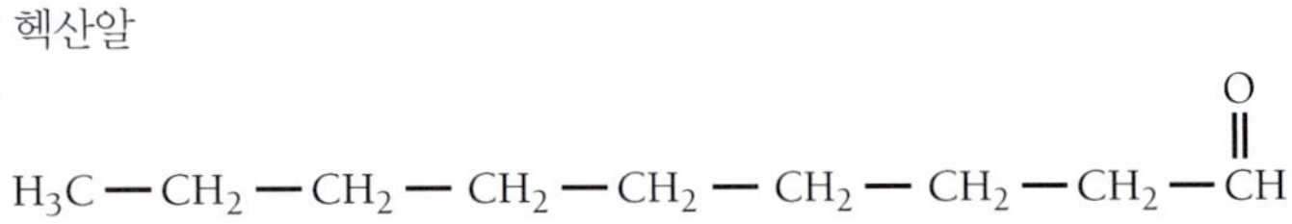

(c) 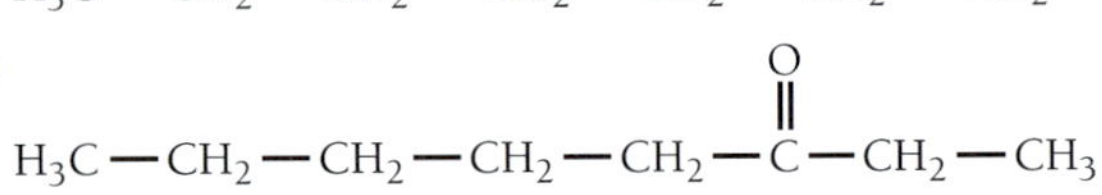

94. 다음 화합물의 이름에 맞는 구조를 그리거나 구조에 맞는 이름을 작성하시오.

(a) 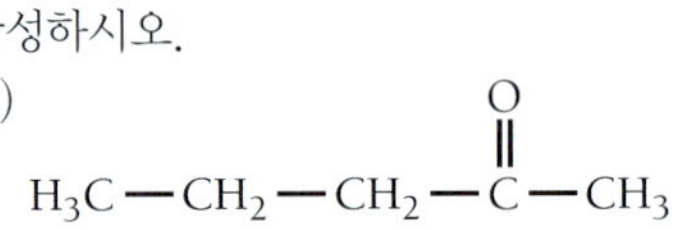

(b) 3-펜탄온

(c) 프로판알

(d) 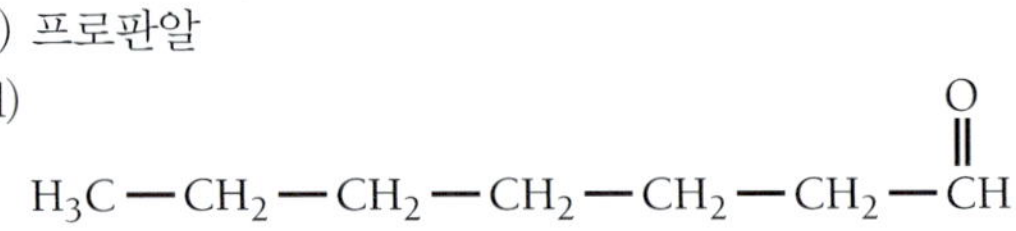

카복실산과 에스터

95. 다음 화합물의 이름에 맞는 구조를 그리거나 구조에 맞는 이름을 작성하시오.

(a) 옥탄산

(b) 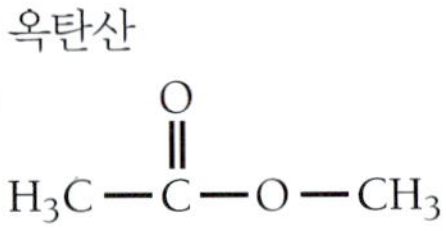

(c) 에틸 뷰탄산

(d) 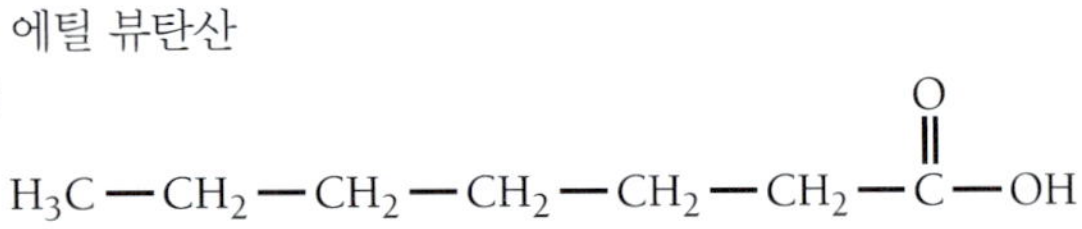

96. 다음 화합물의 이름에 맞는 구조를 그리거나 구조에 맞는 이름을 작성하시오.

(a) 헥산산

(b) 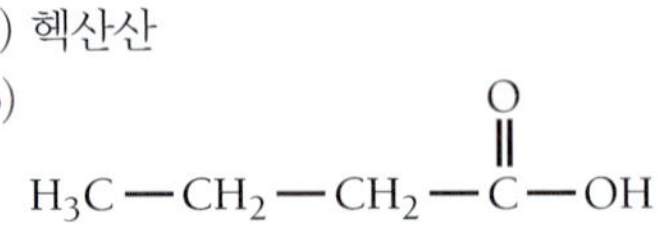

(c) 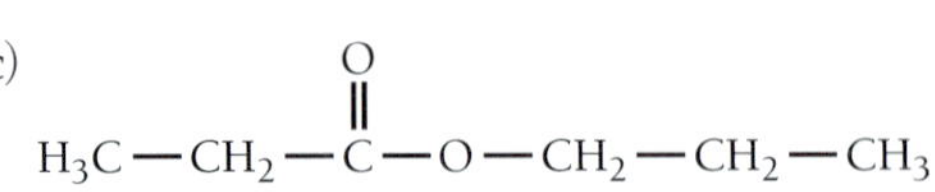

(d) 뷰틸 프로판산

아민

97. 다음 화합물의 이름에 맞는 구조를 그리거나 구조에 맞는 이름을 작성하시오.

(a) 다이메틸아민

(b) 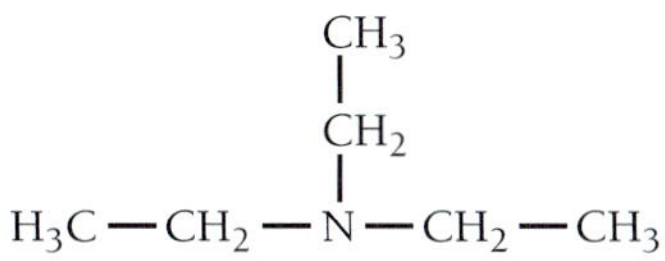

(c) 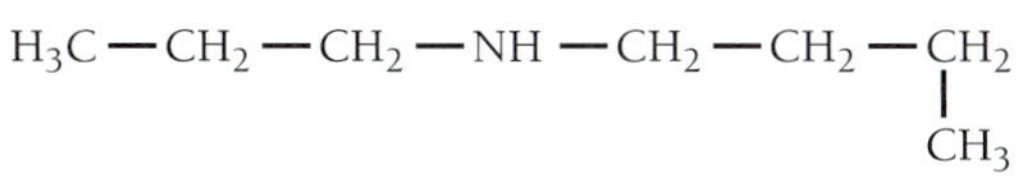

98. 다음 화합물의 이름에 맞는 구조를 그리거나 구조에 맞는 이름을 써라

(a) 트라이뷰틸아민

(b) 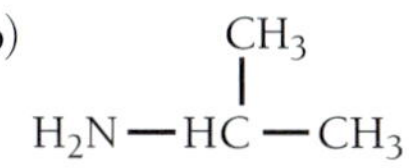

(c) 에틸메틸아민

고분자

99. 폴리아이소뷰틸렌은 다음과 같은 단량체로부터 얻을 수 있는 첨가 고분자이다. 이 고분자의 구조를 그리시오.

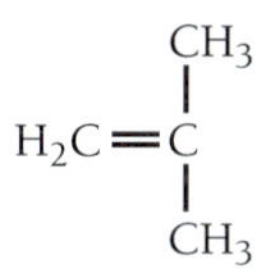

100. 테프론은 다음과 같은 단량체로부터 얻을 수 있는 첨가 고분자이다. 이 고분자의 구조를 그리시오.

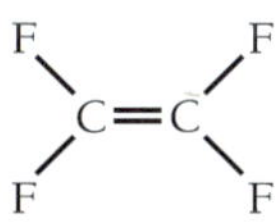

101. 폴리에스터의 일종인 한 고분자는 테레프탈산과 에틸렌 글라이콜의 축합 공중합체이다. 이합체의 구조를 그리고 에스터 작용기를 동그라미로 표시하시오. (힌트: 단량체 사이에 결합이 형성될 때 물이 빠져나온다.)

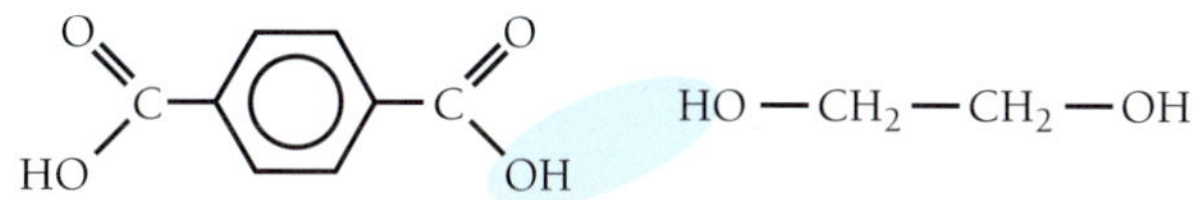

테레프탈산　　에틸렌 글라이콜

102. 폴리카보네이트인 렉산은 탄산과 비스페놀 A의 축합 공중합체이다. 이합체의 구조를 그리시오. (힌트: 단량체 사이에 결합이 형성될 때 물이 빠져나온다.)

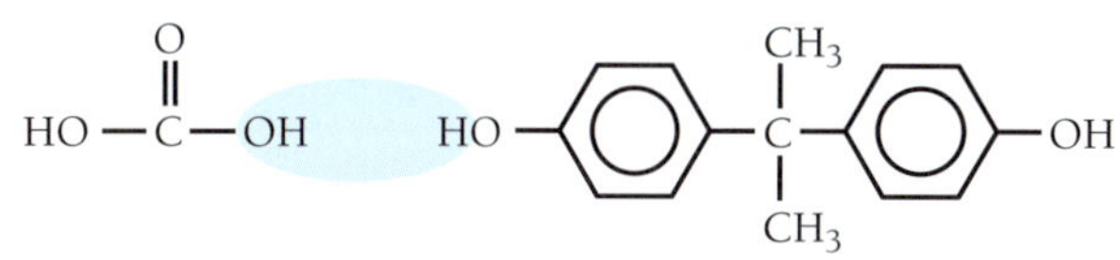

탄산　　비스페놀 A

심화문제

103. 다음 각 유기 화합물을 알케인, 알켄, 알카인, 방향족, 알코올, 에터, 알데하이드, 케톤, 카복실산, 에스터, 아민으로 분류하시오.

(a) 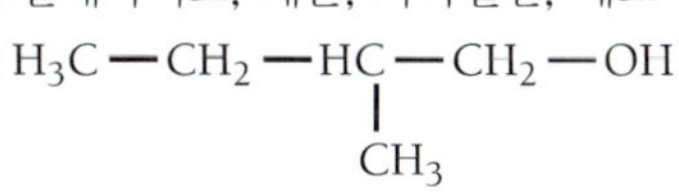

(b) 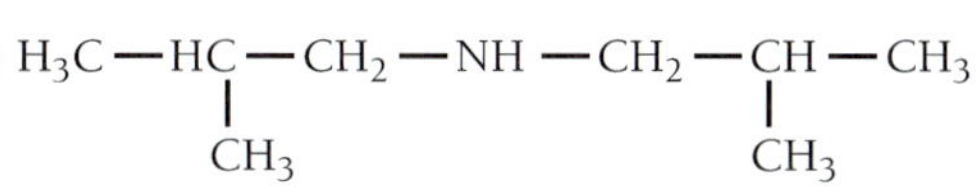

(c) 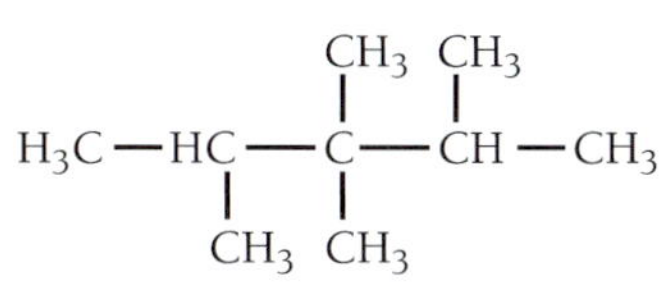

(d) 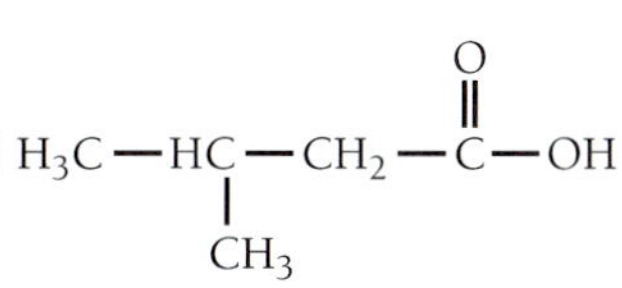

(e) 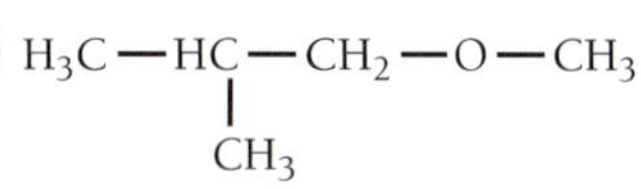

(f) 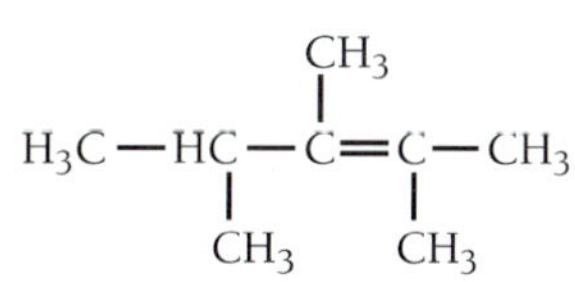

104. 다음 각 유기 화합물을 알케인, 알켄, 알카인, 방향족, 알코올, 에터, 알데하이드, 케톤, 카복실산, 에스터, 아민으로 분류하시오.

(a) 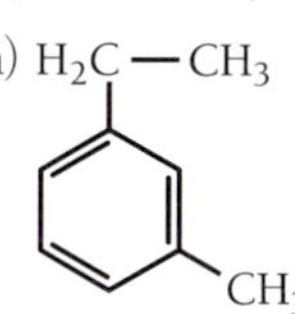

(b) 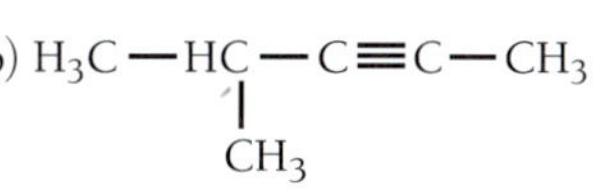

(c) 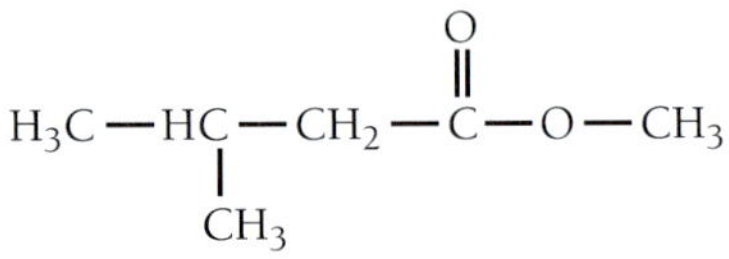

(d) 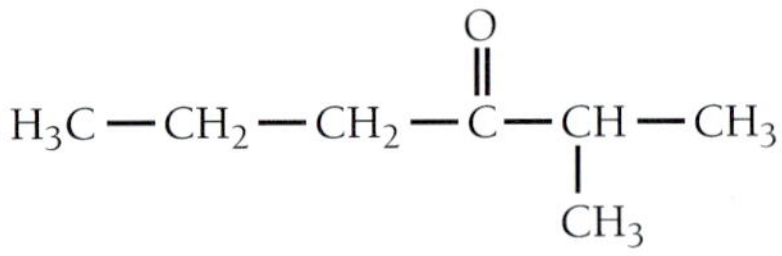

(e) 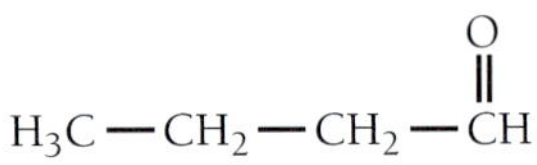

(f) 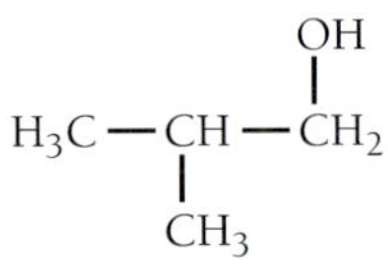

105. 다음 각 화합물을 명명하시오.

(a) 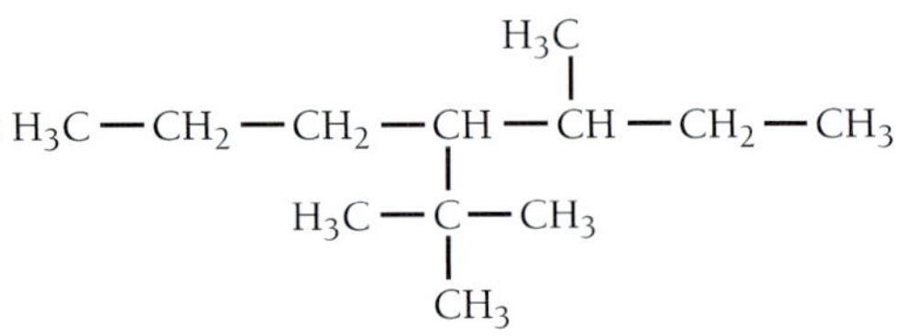

(b) 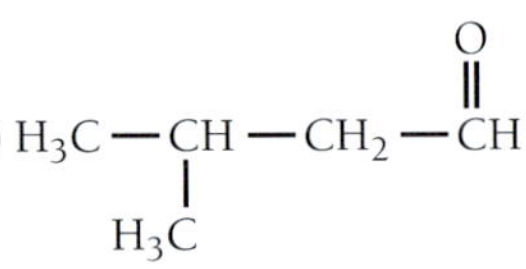

(c) 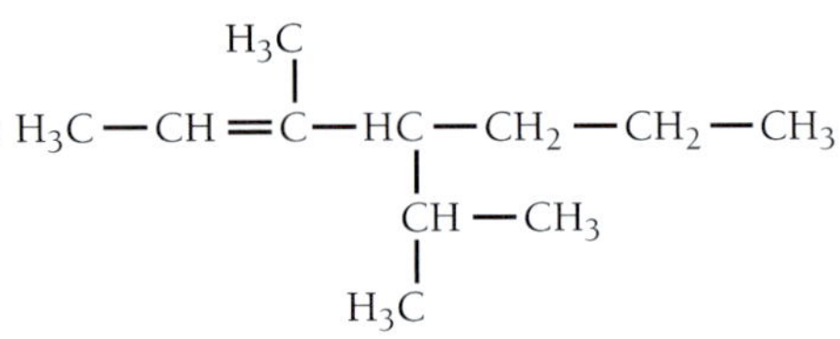

(d) 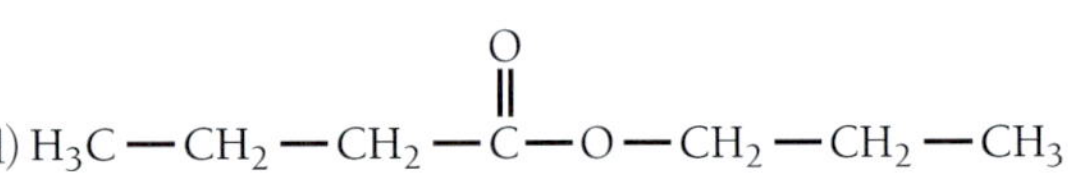

106. 다음 각 화합물을 명명하시오.

(a) 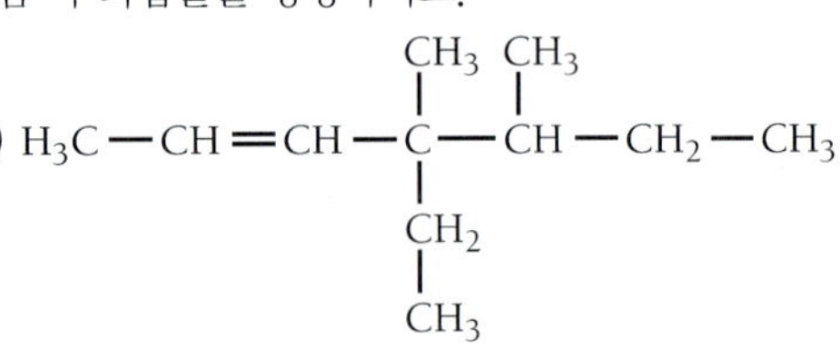

(b) 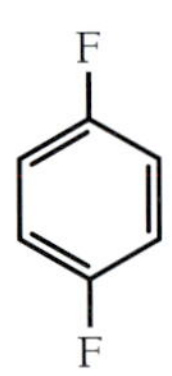

(c) 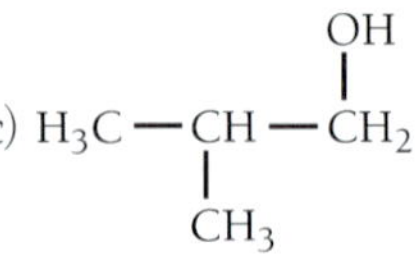

(d) 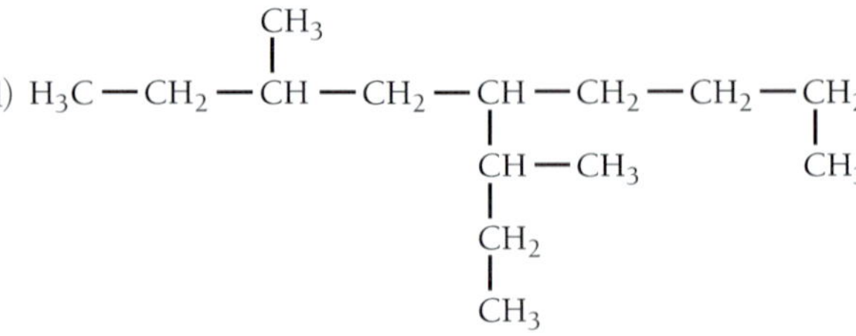

107. 다음 각 2개 구조의 화합물이 이성질체인지, 다른 방법으로 그린 동일한 화합물인지 밝히시오.

(a) 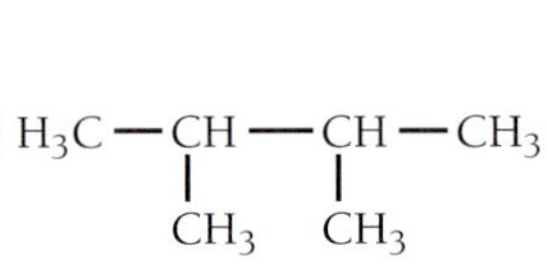 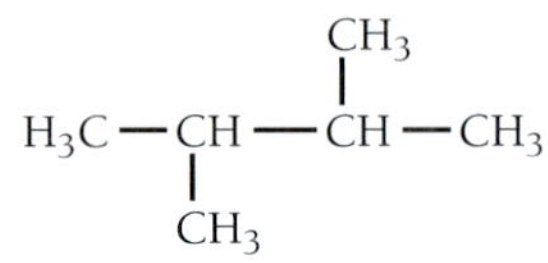

(b) 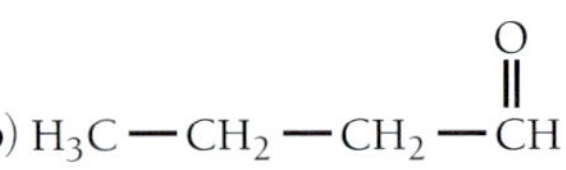 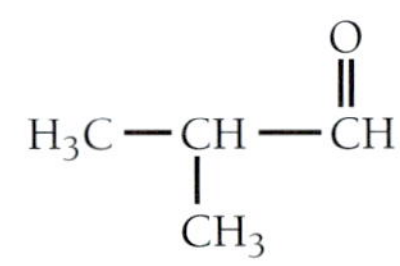

(c) 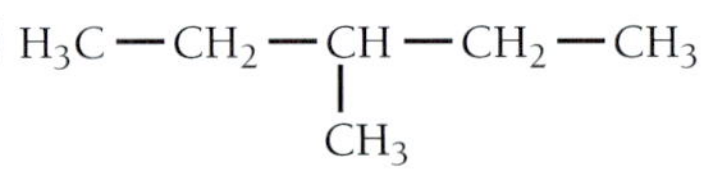 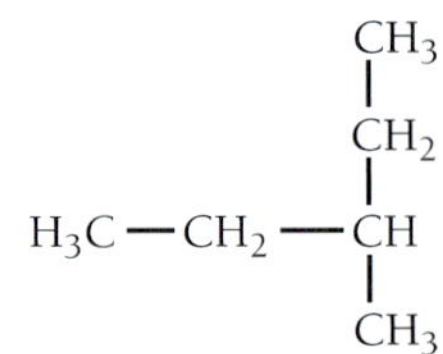

108. 다음 각 2개 구조의 화합물이 이성질체인지, 다른 방법으로 그린 동일한 화합물인지 밝히시오.

(a) 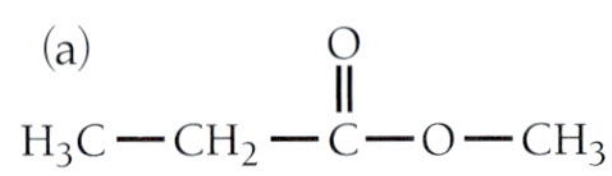 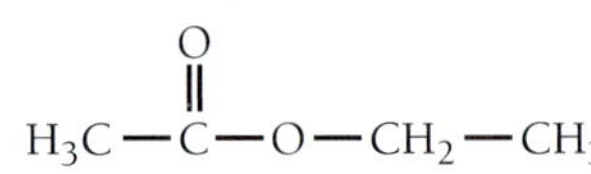

(b) $H_3C-C\equiv C-CH_2-CH_3$

$H_3C-CH_2-C\equiv C-CH_3$

(c) 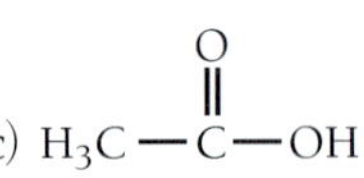 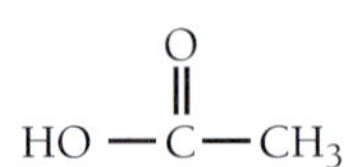

109. 다음 반응식을 완성하시오.

$$CH_2{=}CH(CH_3) + HBr \longrightarrow$$

110. 다음 반응식을 완성하시오(한 번의 첨가 반응만 일어났다고 가정한다).

$$CH{\equiv}CH + HI \longrightarrow$$

111. 15.5 kg의 2-뷰텐이 완전히 수소화되는 데 필요한 수소 기체의 최소량을 그램 단위로 구하시오. (힌트: 먼저 수소첨가 반응에 대한 균형 반응식을 작성한다.)

112. 4.8 kg의 *n*-헥세인이 완전 연소되면 생성되는 CO_2는 몇 킬로그램인가? (힌트: 먼저 *n*-헥세인의 연소 반응에 대한 균형 반응식을 작성한다.)

113. 18.9 kg의 옥테인을 완전 연소시키는 데 필요한 산소 기체의 최소한의 부피(STP에서)는 얼마인가?

114. 25.5 kg의 프로파인을 완전히 수소화하는 데 필요한 수소 기체의 최소한의 부피(STP에서)는 얼마인가?

핵심문제

115. 공간 채움 모형을 토대로 다음 각 분자가 어느 족(작용기에 따른)에 속하는지 밝히시오.

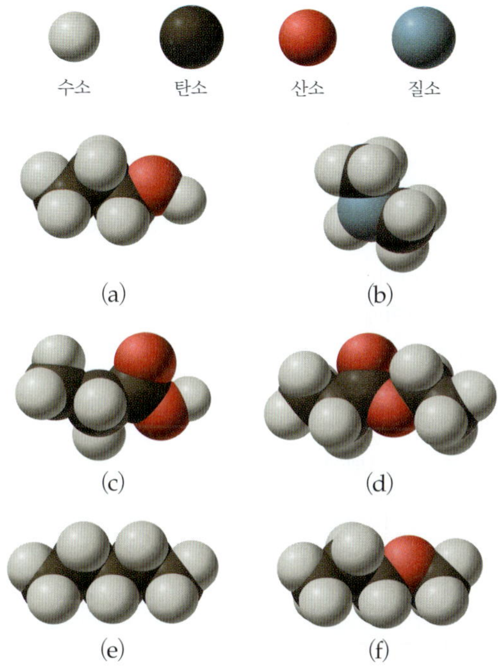

116. 13장에서는 전 세계의 정부가 정한 금지 대상 물질인 '12가지 오염물(dirty dozen)'에 대해 다루었다. 이 화합물은 일단 환경에 들어오면 오랫동안 남아 있기 때문에 지속적인 유기 오염물(POP)로 알려져 있다. 다음 각 화합물 내에 있는 확인 가능한 작용기는 무엇인가? (둘 이상일 수도 있다.) 이러한 화합물은 공통적으로 어떤 구조를 가지고 있는가?

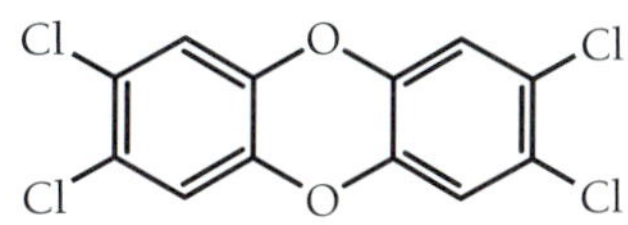

다이옥신: 공장의 부생성물

퓨란: 공장의 부생성물

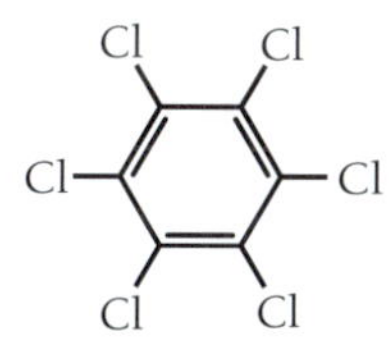

헥사클로로벤젠: 살균제, 공장의 부생성물

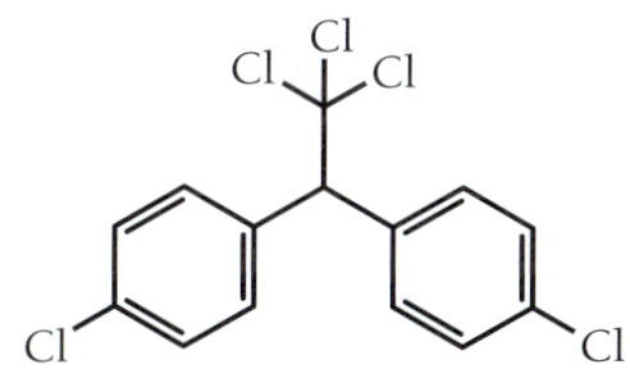

DDT: 살충제

집단 활동 문제

집단을 이루어 다음 문제에 대해 토의하고 합의된 답을 기록한다.

117. 각 집단 구성원이 각기 다른 작용기를 선택한다. 각자 작용기가 포함된 화합물을 선택하고 종이 두 장을 준비한다. 한 장에는 해당 화합물을 그리고 다른 한 장에는 이름을 작성한 후, 화합물을 그린 것은 오른쪽의 구성원에게, 이름을 작성한 것은 왼쪽의 구성원에게 준다. 자신이 받은 그림의 화합물을 명명하고, 받은 이름의 화합물을 그린다.

118. 다음 각각을 비교하여 완전한 문장으로 설명하시오. 적어도 두 가지의 유사점과 두 가지의 차이점을 포함한다.
(a) 소금과 설탕
(b) 메테인과 3-메틸헵테인
(c) 알데하이드와 케톤
(d) 폴리스타이렌과 폴리우레탄

119. 가솔린의 옥탄가는 어떤 연료가 옥테인의 이성질체인 2,2,4-트라이메틸펜테인에 비해 얼마나 쉽게 연소되는지를 측정한 것이다.
(a) 2,2,4-트라이메틸펜테인을 그리고, 이것이 옥테인의 이성질체임을 증명하시오.
(b) 옥테인의 네 가지 이성질체를 그리시오.
(c) 이성질체 중 하나를 선택하고, 지면상으로 다르게 보이지만 정확하게 같은 화합물이 되도록 그리시오.
(d) 이 이성질체를 명명하시오.

120. 이성질체를 완전한 문장으로 정의하시오.

데이터 해석과 분석

121. 화학 물질의 가격을 결정하는 것은 화학 실험실에서 종종 중요하다. 다음 표는 몇 가지 알코올의 밀도와 가격을 보여준다. 다음 질문에 답하시오.

알코올	분자 질량(g/mol)	밀도(g.mL)	1.00 L당 가격
메탄올	32.04	0.79	\$46.20
에탄올	46.07	0.79	\$112.00
1-프로판올	60.10	0.80	\$72.70
1-뷰탄올	74.12	0.81	\$72.60

(a) 각 알코올 1.0 kg의 가격을 구하시오. kg당 가격이 가장 비싼 것은 무엇인가?

(b) 각 알코올 1 mol의 가격을 구하시오. mol당 가격이 가장 비싼 것은 무엇인가?

(c) 특정 실험 과정에서 메탄올 552 g, 에탄올 184 g, 1-뷰탄올 225 g이 필요하다. 이 과정을 수행하는 데 드는 알코올의 총 비용은 얼마인가?

연습문제 해답

18.1 (a) 알켄
(b) 알카인
(c) 알케인

18.2 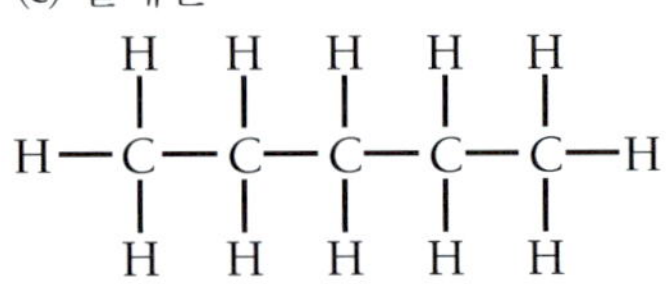 , $CH_3CH_2CH_2CH_2CH_3$

18.3

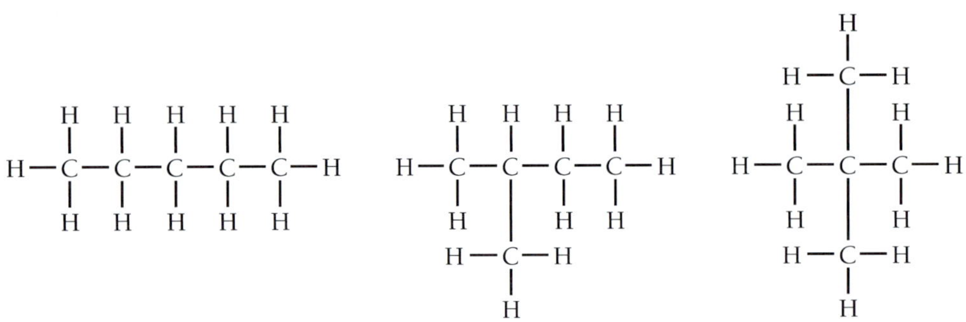

18.4 2-메틸프로페인

18.5 3-에틸-2-메틸펜테인

18.6 2,3,5-트라이메틸헥세인

18.7 (a) 4,4-다이메틸-2-펜타인
(b) 3-에틸-4,6-다이메틸-1-헵텐

18.8 1,3-다이브로모벤젠
메타-다이브로모벤젠
m-다이브로모벤젠

확인문제 해답

18.1 (a) 알켄의 일반식은 C_nH_{2n}이다. (a)의 경우 $C_{10}H_{20}$(n=10)이다.

18.2 (b), (d) 이성질체는 화학식(여기서는 C_7H_{16})이 같지만 구조가 다르다. 화합물 (a)의 화학식은 C_6H_{14}이고, 화합물 (c)의 화학식은 C_5H_{12}이다. 그러므로 (a)와 (c)는 이성질체가 아니며, 이성질체인 (b)와 (d)와도 이성질체가 아니다.

18.3 (b) 2,3-다이메틸펜테인은 2개의 메틸기를 가지는데, 펜테인 기본 사슬의 2번 탄소에 하나가 있고 3번 탄소에 다른 하나가 있다.

18.4 (b) 화합물이 유기(탄소를 기본으로 한) 불포화(탄소 사슬에 이중 결합이 포함된) 화합물이고 산(—COOH기를 포함)이다. 그러나 벤젠 고리를 포함하지 않으므로 방향족 화합물에 속하지 않는다.

▲ 부모와 자식이 닮은 것은 유전자 때문이다. 유전자는 유기체를 형성하기 위해 물려주는 청사진이다. 사진 아래쪽의 구조는 유전 정보를 지닌 기본적인 분자인 DNA이다.

19 생화학

"생명을 분자로 설명할 수 있고, 또 그렇게 해야 할까?" 많은 사람에게 이러한 묘사는 자연의 아름다움을 감소시키는 것으로 여겨진다. 하지만 어떤 사람들은 자연의 경이로움과 아름다움은 초현미경적인 생명체의 설계도 말고는 어디서도 뚜렷이 드러나지 않는다고 생각한다."

— Robert A. Weinberg(1942~)

개요

19.1 인간 유전체 사업

1990년, 미국 에너지부(Departement of Energy, DOE)와 국립보건원(National Institutes of Health, NIH)은 인간의 모든 유전 물질인 **인간 유전체**(human genome) 지도를 작성하는 15년간의 프로젝트에 착수했다. 이 장의 뒷부분에서는 유전 물질과 유전자에 대해 좀 더 조심스럽게 정의 내릴 것이다. 지금은 유전 물질이 유기체를 만들기 위한 계승이 가능한 청사진이고, 유전자가 그 청사진의 특정 부분이라고 생각하자. 각 유기체는 자신의 고유한 청사진을 가지고 있다. 예를 들어 인간의 유전체는 인간에게만 고유하며 다른 유기체의 그것과는 다르다. 유기체가 번식할 때 유전 물질은 다음 세대에 전달한다.

그러나 특정 유기체 종(species)의 유전 물질 내에는 개별적 차이가 존재한다. 예를 들어 눈동자 색이 갈색인지 파란색인지는 부모로부터 물려받은 눈 색깔에 대한 특정 유전자에 따라 달라진다. 신체적 외모, 지능, 특정 질병에 대한 감수성, 특정 약물 치료에 대한 반응, 심지어 체질과 같은 많은 특성은 최소한 한 부분 이상의 특정 유전자에 의해 결정된다. 따라서 인간 유전체를 이해하는 것은 우리 자신을 이해하는 과정의 한 부분이다.

2003년에 '인간 유전체 프로젝트(The Human Genome Project)'가 완료되었다. 이후로도 계속해서 분석이 진행되고 있으며, 그 과정에는 놀라운 결과도 포함되어 있다. 예를 들어 인간 유전체 지도에 따르면 인간은 단지 2만 개의 유전자만 가지고 있다는 사실이 밝혀졌다. 이는 많은 것처럼 보일 수 있지만, 처음에 과학자들은 더 많은 숫자를 예상했다. 프로젝트 이전에 과학자들은 인간이 약 10만 개의 유전자를 가지고 있다고 추정했으나 이는 너무 큰 수였다. 인간의 유전자 수는 다른 많은 단순한 유기체의 유전자 수보다 그리 많지 않다. 예를 들어 회충의 유전자 수는 2만 개 정도이다. 인간을 특별하게 만드는 것이 무엇이든, 그것은 유전체에 있는 유전자 수가 아니다.

> 19.7절에서 뉴클레오타이드에 대해 공부할 것이다. 지금은 유전자를 구성하는 단위라고 생각하면 된다.

프로젝트 결과에 대한 지속적인 분석 과정에는 다양한 사람들의 DNA 간 특정한 변이를 체계화하는 작업도 포함된다. 이러한 변이 중에서도 특이 단일 뉴클레오타이드 다형성(single nucleotide polymorphisms, SNP)이 중요하다. SNP는 특정 질병에 감수성이 높은 개인을 식별하는 데 도움이 될 수 있다. 예를 들어 유전자 검사를 통해 특정 유형의 암에 대해 감수성이 높은지를 알 수 있다. 그리고 실제로 암에 걸리는 것을 방지하기 위해 예방 조치를 취하거나 예방적 약물 요법을 실시할 수도 있다. 의사는 SNP의 지식을 이용하여 개인에게 맞는 맞춤형 약물 치료법을 제안할 수도 있다. 유전자 검사를 통해 의사는 개인에게 가장 효과적인 약을 제공할 수 있다. 예를 들어 Oncotype DX라는 유방암 유전자 검사는 종양이 얼마나 공격적인지 예측하는 동시에 치료법의 방향성을 제시할 수 있다.

인간 유전체를 분석하여 두 가지 방법으로 새로운 약을 개발할 수 있을 것으로 기대된다. 첫째, 유전자를 이해함으로써 고성능의 약을 개발할 수 있을 것이다. 과학자는 시행착오(현재 많은 약의 개발 과정)를 거쳐 약을 개발하는 대신에 특별한 유전자에 대한 지식을 이용하여 그 유전자와 관련된 특별한 작용을 하는 약을 고안하게 될 것이다. 둘째, 인간의 유전자 자체가 특정한 약 형태의 청사진을 제공할 수 있다. 예를 들어 다발성 경화증을 앓고 있는 사람이 복용하는 인터페론은 인간에게서 정상적으로 발견되는 복잡한 화합물이다. 인터페론을 만드는 청사진은 인간 유전체 안에 있다. 과학자는 인간 세포에서 이 청사진을 얻고 이를 세균에 넣어 필요한 약을 합성한다. 이 약은 세균에서 추출하여 정제한 후 환자에게 투여하게 된다.

인터페론은 단백질이다. 단백질은 19.5절과 19.6절에서 다룬다.

식물, 동물, 미생물에서 생겨나는 화학 물질과 그 과정에 관한 연구 등 수십 년간의 **생화학**(biochemistry) 연구 덕분에 인간 유전체 사업이 가능했다. 이 장에서는 생존을 가능하게 하는 화학 물질과 이를 이해하면서 얻을 수 있는 새로운 기술 등을 공부할 것이다.

19.2 세포 및 세포의 주요 화학적 성분

▸ 세포의 주요 화학적 성분을 파악한다.

세포(cell)는 생명과 관련된 특성을 지닌, 살아 있는 유기체의 가장 작은 구조 단위이다(그림 19.1). 세포는 하나의 독립적인 살아 있는 유기체일 수도 있고, 더욱 복잡한 유기체의 기본 요소일 수도 있다. 고등 동물의 세포에는 대부분 **핵**(nucleus)이 있다. 핵은 세포의 제어 중심이고 유전 물질을 포함하고 있다. 세포의 주변을 **세포막**(cell membrane)으로 경계를 이루고 있으며, 세포막에는 몇 가지 세포의 구성 성분이 포함되어 있다. 핵과 세포막 사이의 영역은 **세포질**(cytoplasm)이라고 한다. 이 영역은 세포 내에서 일어나는 여러 가지 작업을 수행하는 많은 수의 분화된 구조를 포함하고 있다. 세포의 주요 화학적 성분은 탄수화물, 지방, 단백질, 핵산으로 구분할 수 있다.

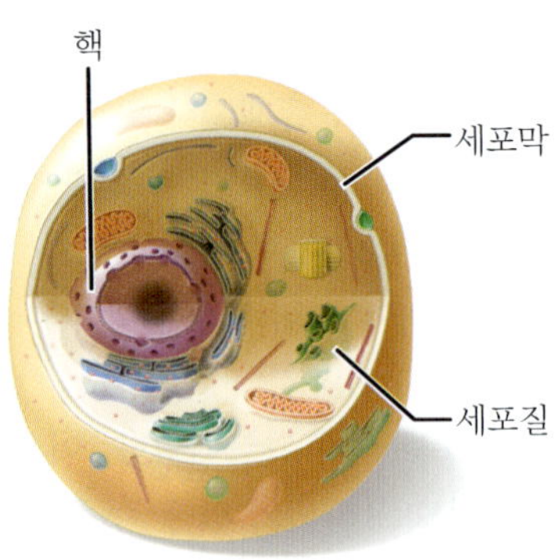

◂ **그림 19.1 전형적인 동물 세포.** 세포는 살아 있는 유기체의 가장 작은 구조 단위이다. 핵 속에는 근본적인 유전 물질이 저장되어 있다.

19.3 탄수화물: 당, 녹말, 섬유질

▸ 탄수화물에 대에 알아보고 단당류, 이당류, 다당류를 비교한다.

탄수화물(carbohydrate)은 살아 있는 유기체 내에서 단기간 에너지를 저장할 수 있는 중요한 분자이다. 또한 식물의 중요한 구조적 구성 요소이다. 탄소와 물을 뜻하는 그 이름에서 알 수 있듯이, 탄수화물의 일반 화학식은 $(CH_2O)_n$이다. 구조적으로 탄수화물은 여러 개의

—OH기가 포함된 알데하이드 또는 케톤으로 볼 수 있다. 예를 들어 화학식이 $C_6H_{12}O_6$인 포도당은 구조는 다음과 같다.

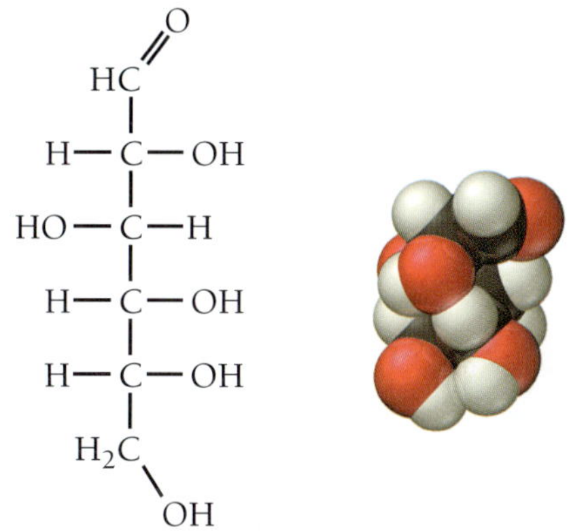

포도당

포도당은 대부분의 탄소 원자마다 —OH기가 있는 알데하이드(—CHO기가 포함됨)이다. 포도당은 많은 —OH기를 가지고 있기 때문에 물에 잘 용해되며(그러므로 혈액에서도 용해됨), 세포 내 주요 연료인 포도당의 역할에 중요하다. 포도당은 혈류에서 쉽게 이동하고 세포 내 수용성 세포질에 쉽게 용해된다.

18.14절에서 배웠듯이 알데하이드는 R—CHO의 일반 구조식이며, 케톤은 R—CO—R의 일반 구조식이다.

단당류

단당류(monosaccharide)의 일종인 포도당은 더 간단한 탄수화물로 쪼개질 수 없는 탄수화물이다. 포도당과 같은 단당류는 수용액 내에서 재배열이 일어나 고리 구조를 형성한다(그림 19.2).

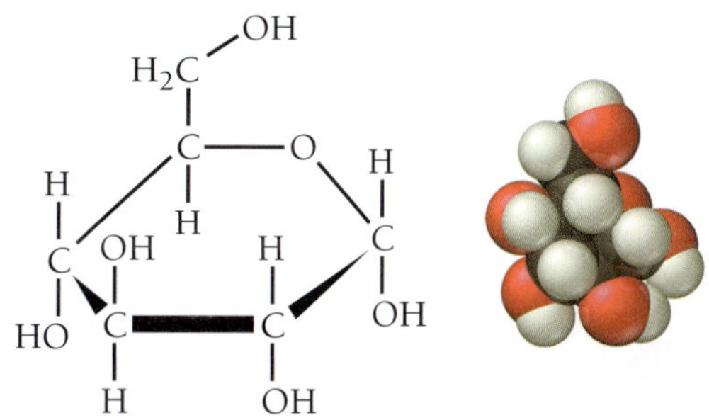

포도당(고리 형성)

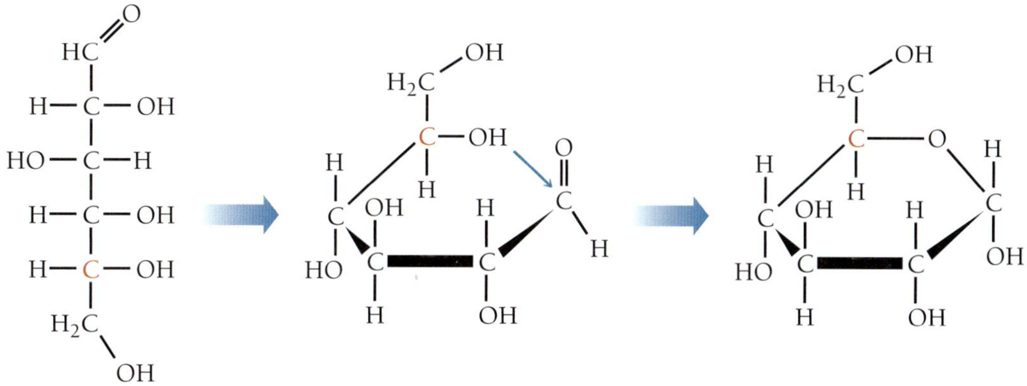

▶ **그림 19.2 선형 사슬 구조로부터 고리 구조로 재배열하는 포도당.** 선형 사슬 구조와 고리 구조 포도당은 이성질체라고 할 수 있는가?

삼탄당: 트라이오스(triose)
사탄당: 테트로오스(tetrose)
오탄당: 펜토스(pentose)
육탄당: 헥소스(hexose)
칠탄당: 헵토스(heptose)
팔탄당: 옥토스(octose)

포도당은 탄소 6개로 이루어진 육탄당(hexose)이다. 단당류의 일반 이름에는 탄소 원자 수에 따라 접두사가 붙이고 그 뒤에 접미사 '-오스(-ose)'를 붙인다. 살아 있는 유기체에서 가장 흔한 단당류는 오탄당(pentose)과 육탄당이다.

그 밖의 고리 형태 단당류에는 프룩토스(fructose)와 갈락토스(galactose)가 있다.

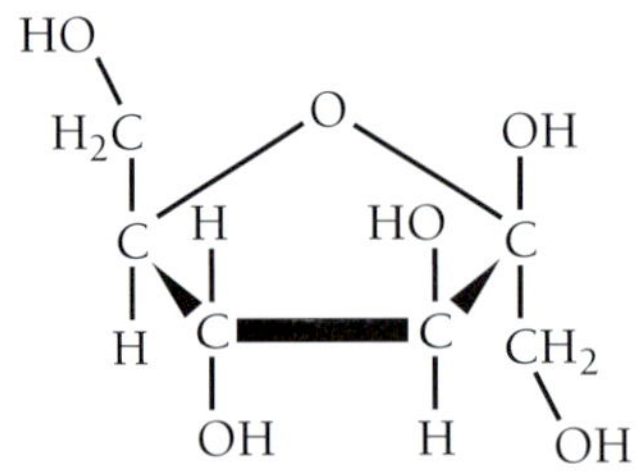
프룩토스

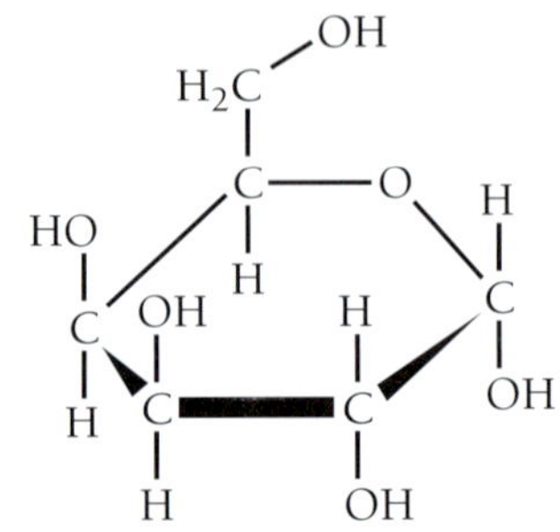
갈락토스

과당으로 알려진 프룩토스는 많은 과일과 채소에서 발견되는 육탄당으로, 이는 꿀의 주요 성분이다. 갈락토스는 뇌당으로 알려져 있으며, 보통은 락토스(lactose) 같은 물질에서 다른 단당류와 결합된 형태로 발견되는 육탄당이다(19.4절 참고). 갈락토스는 대다수 동물의 뇌와 신경계 내에서 볼 수 있다.

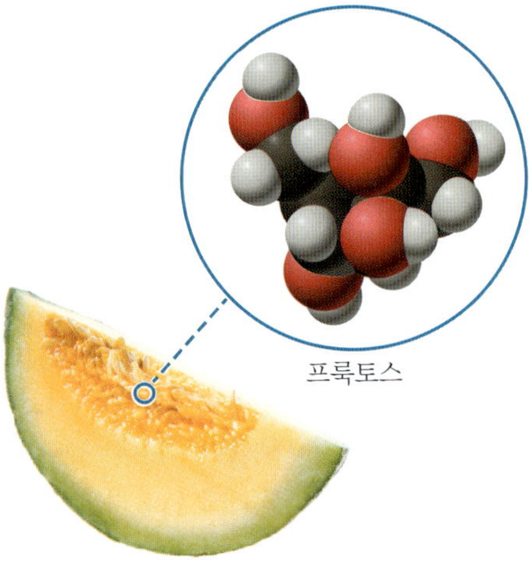

▲ 프룩토스는 과일에서 주로 발견되는 당이다.

이당류

2개의 단당류가 반응하면 물이 빠져나가면서 두 고리를 연결하는 C—O—C 결합, 즉 **글리코사이드 결합**(glycoside linkage)이 형성된다. 이때 생성되는 화합물이 **이당류**(disaccharide)로, 이는 2개의 더 간단한 탄수화물인 단당류로 분해될 수 있다. 예를 들어 포도당과 프룩토스는 결합하여 일반적으로 설탕 또는 자당으로 알려진 슈크로스(sucrose)를 형성한다.

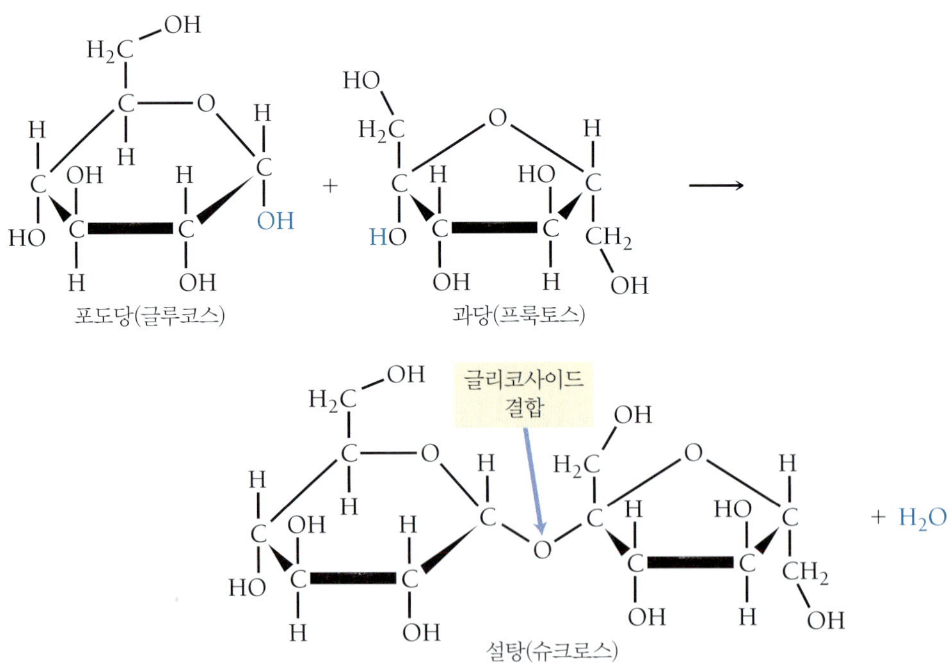

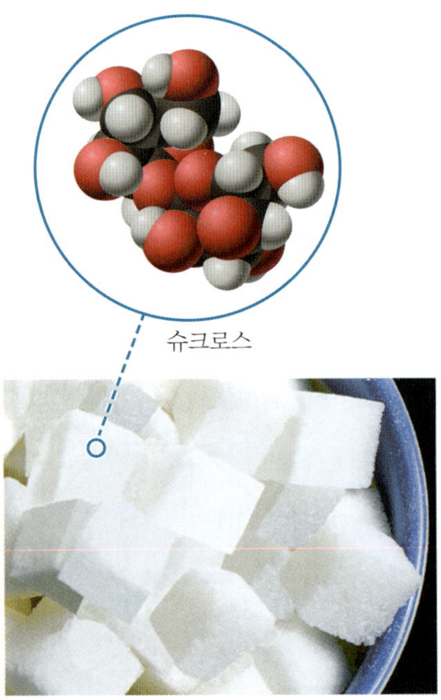

▲ 설탕은 이당류인 슈크로스로 이루어져 있다.

소화 과정에서 단당류 사이의 결합이 끊어지면 각각의 단당류는 장벽을 통과하여 혈류 내로 들어갈 수 있다(그림 19.3).

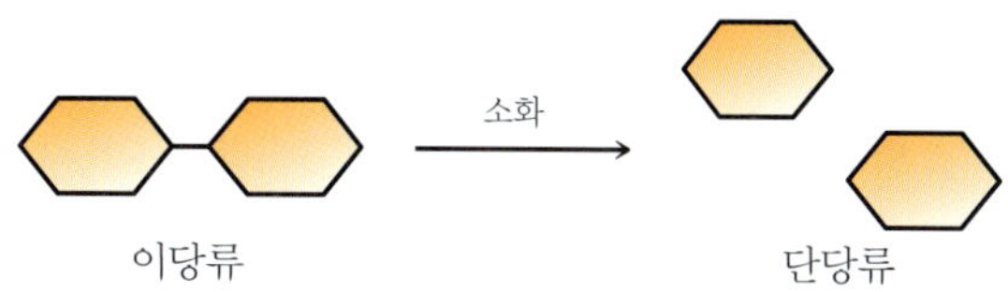

▶ **그림 19.3 이당류의 소화.** 이당류 소화 과정 중에 결합이 끊어져 각각의 단당류 단위가 된다.

다당류

고분자는 18.17절에서 다루었다.

다당류(polysaccharide)는 많은 수의 단당류 단위가 결합된 긴 사슬 모양 분자이며, 단당류가 서로 결합하여 다당류를 형성할 수 있다. 다당류는 일종의 중합체이다. 즉 반복적인 구조 단위로 이루어진 긴 사슬 형태의 화합물이다(18.17절에서 소개). 단당류와 이당류는 **단순 당**(simple sugar) 또는 **단순 탄수화물**(simple carbohydrate)이고, 다당류는 **복합 탄수화물**(complex carbohydrate)이다. 잘 알려져 있는 다당류는 **녹말**(starch)과 **셀룰로스**(cellulose)로, 둘 다 포도당 단위가 반복되는 형태로 구성되어 있다.

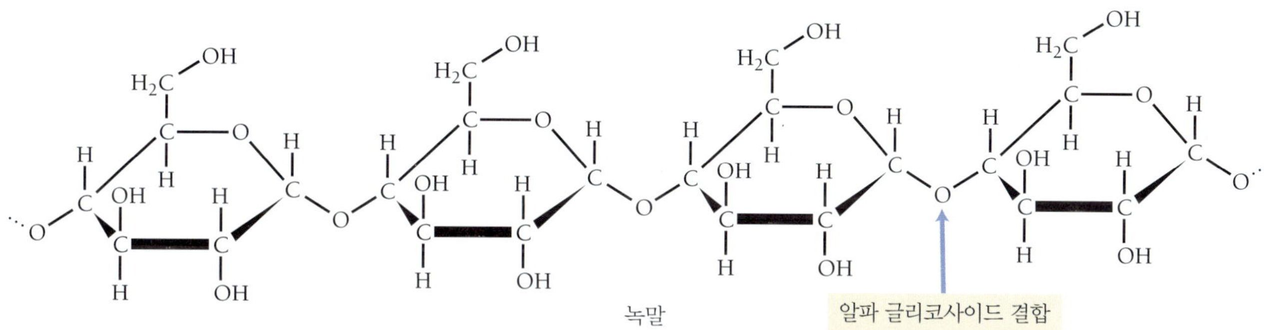

녹말과 셀룰로스 간의 차이는 포도당 단위 사이의 결합에 있다. 녹말에서 이웃하는 포도당 단위와 결합하고 있는 산소 원자는 고리의 면에 대해 아래쪽을(관습적으로 그려진 것처럼) 가리키고 있다. 이것을 알파 결합(alpha linkage)이라고 한다. 섬유소에서 산소 원자는 고리의 면에 대략 평행하나, 약간은 위를 향한 것처럼 보인다(관습적으로 그려진 것처럼). 즉 베타 결합(beta linkage)이라고 부르는 배치이다. 결합의 차이는 녹말과 셀룰로스의 특성 차이를 가져온다.

녹말은 흔히 감자와 곡식에서 볼 수 있으며, 쉽게 씹어서 삼킬 수 있는 부드럽고 유연한 물질이다. 녹말은 소화되면서 각 포도당 단위 사이의 결합이 끊어지고 포도당 분자는 창자의 벽을 통과하여 혈액 속으로 들어간다(그림 19.4).

반면에 섬유소라고도 알려진 셀룰로스는 더 뻣뻣하고 단단한 물질로, 이는 식물의 주요 구성 성분이기도 하다. 셀룰로스 내 포도당의 결합은 사람의 몸속에서 소화되지 않는다. 사람이 섬유소를 먹으면 창자를 그대로 통과하여 대변의 부피를 늘리고 변비를 막아준다.

녹말의 또 다른 형태인 아밀로펙틴 역시 사슬 구조 내 곁가지가 있지만 글리코젠보다는 곁가지가 적다.

다당류의 세 번째 종류는 **글리코젠**(glycogen)이다. 글리코젠은 녹말과 유사한 구조이지만 사슬에 많은 곁가지가 있다. 동물의 혈액 내 여분의 포도당은 글리코젠으로 저장되어 필요할 때 사용된다.

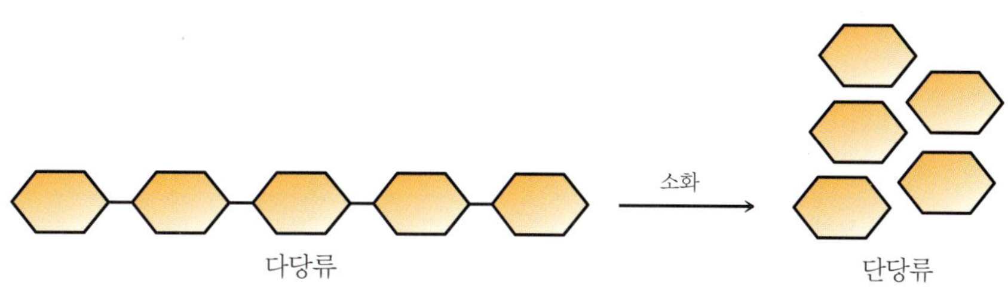

▶ **그림 19.4 다당류의 소화.** 소화가 진행되면 다당류는 각각의 단당류 단위로 끊어진다.

예제 19.1 탄수화물

다음 분자 중 탄수화물을 밝히고, 탄수화물이라면 단당류, 이당류, 다당류로 분류하시오.

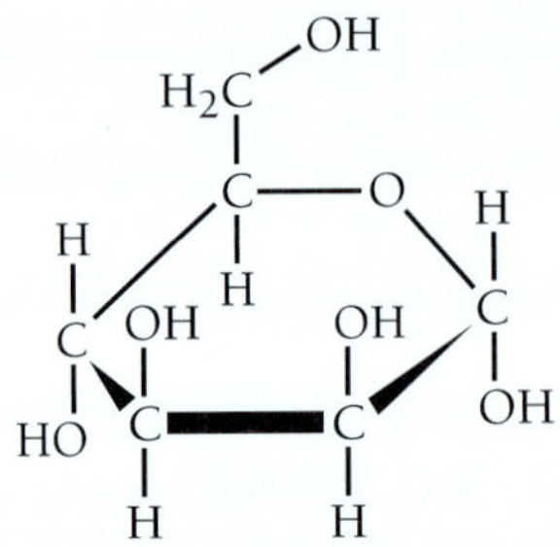

(a)

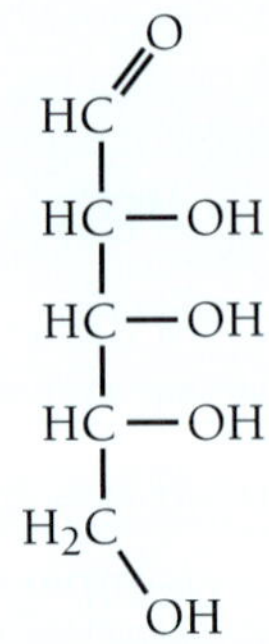

(b)

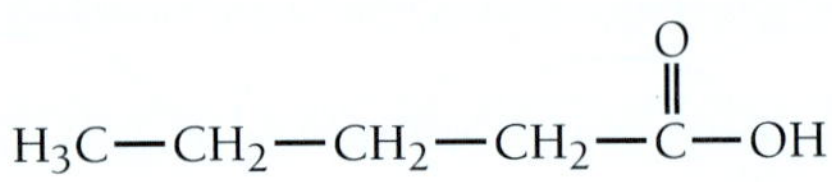

(c)

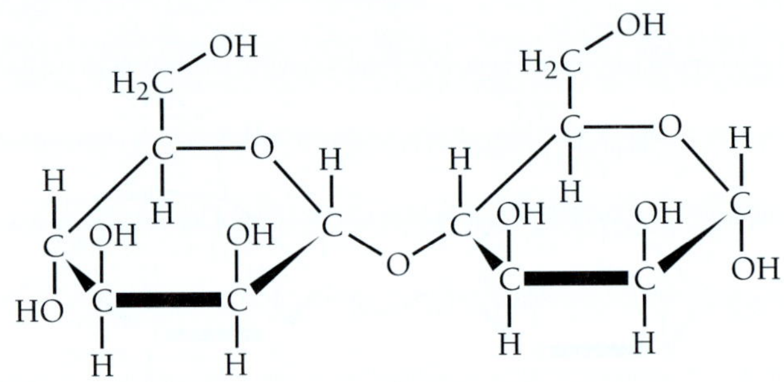

(d)

답

탄수화물은 여러 개의 —OH기가 결합된 알데하이드 또는 케톤이거나 1개의 산소 원자와 대부분 —OH기를 가진 탄소 원자로 이루어진 1개 이상의 고리 화합물임을 알 수 있다. (a)와 (b)는 단당류이고, (d)는 이당류이다. (c)는 단 하나의 카복실기를 가지고 있을 뿐 탄수화물의 특성이 없으므로 탄수화물이 아니다.

▶ **연습문제 19.1 | 탄수화물**

다음 분자 중 탄수화물을 밝히고, 탄수화물이라면 단당류, 이당류, 다당류로 분류하시오.

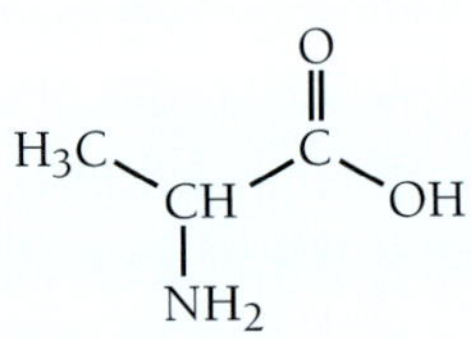

(a)

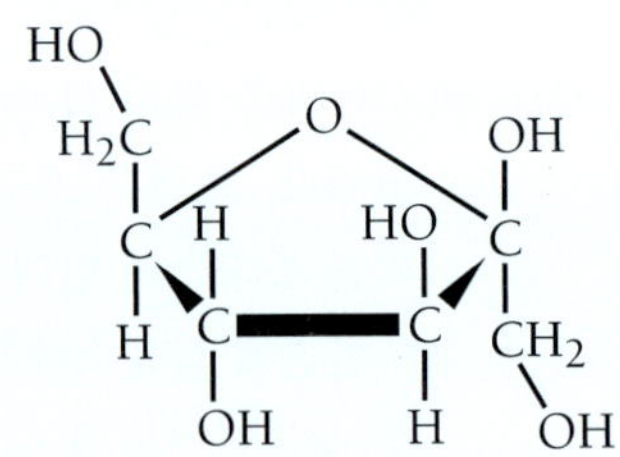

(b)

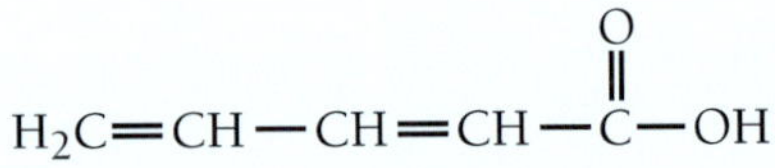

(c)

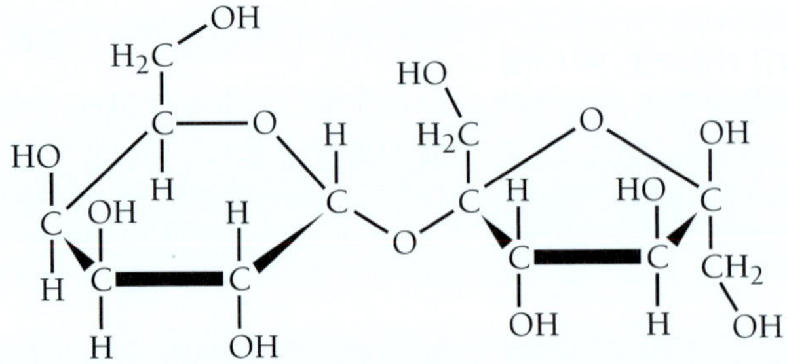

(d)

▶ **심화 학습** 복습문제 45~48

✔ 확인문제 19.1

다음 중 어떤 유형의 탄수화물이 식물의 주요 구조적 구성 성분으로 기능하는가?

(a) 포도당 (b) 글리코겐 (c) 자당 (d) 셀룰로스

19.4 지질

▶ 지질에 대해 알아본다.
▶ 포화트라이글리세라이드와 불포화트라이글리세라이드를 비교한다.

지질(lipid)은 세포의 화학적 구성 성분으로, 물에 잘 녹지 않지만 무극성 용매에는 잘 녹는다. 지질에는 지방산, 지방, 오일, 인지질, 당지질, 스테로이드가 포함된다. 지질은 세포 내부를 외부 환경과 분리하는 용기와 같은 역할을 한다. 물에 대한 지질의 불용성으로 인해 세포막의 이상적인 구조적 구성 요소가 된다. 또한 지질은 장기적인 에너지 저장 및 단열에도 사용된다. 우리는 음식으로부터 얻는 여분의 열량을 지질의 형태로 저장한다.

지방산

카복실산의 정의는 18.15절에서 다루었다.

지질의 한 종류인 **지방산**(fatty acid)은 긴 탄화수소 꼬리를 가진 카복실산이다.

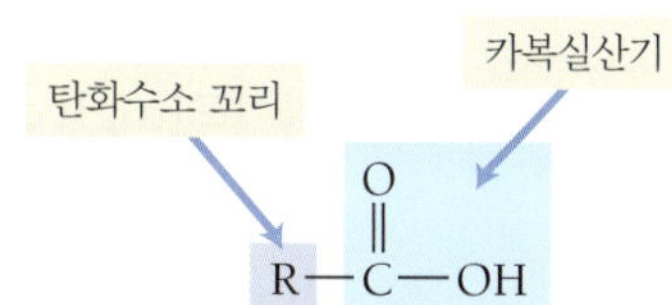

지방산의 일반 구조식

지방산의 일반적인 구조에서 R기는 3~19개의 탄소 원자를 포함하는 탄화수소 사슬을 나타낸다. 지방산은 R기의 구조만 다르다.

흔한 지방산인 미리스트산(myrstic acid)은 R기가 $CH_3(CH_2)_{12}$—이다.

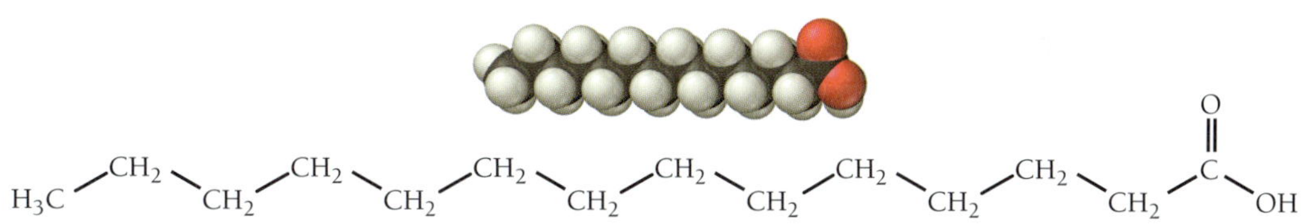

미리스트산

미리스트산은 버터 지방과 코코넛유에 존재한다. 미리스트산은 탄소 사슬에 이중 결합이 없는 포화 지방산의 일종이다. 단일 불포화 지방산 또는 다중 불포화 지방산은 탄소 사슬에 하나 이상의 이중 결합을 가지고 있다. 예를 들어 올리브유, 땅콩유와 인간의 지방에서 발견되는 올레산(oleic acid)은 단일 불포화 지방산의 예이다.

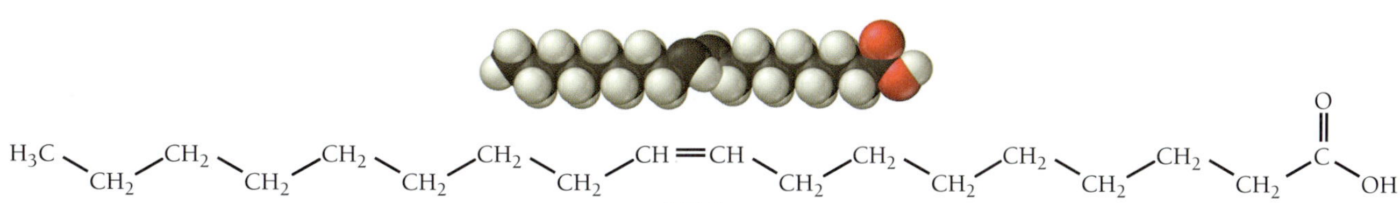

올레산

지방산은 긴 탄화수소 꼬리로 인해 물에 녹지 않는다. 표 19.1에 몇 가지 지방산과 각각의 일반적인 출처를 제시했다.

표 19.1 지방산

포화 지방산				
이름	**탄소 원자의 수**		**구조**	**출처**
뷰틸산	4		$CH_3CH_2CH_2COOH$	우유 지방
카프르산	10		$CH_3(CH_{28})COOH$	우유 지방, 고래 기름
미리스트산	14		$CH_{32}(CH_{12})COOH$	버터 지방, 코코넛유
팔미트산	16		$CH_{32}(CH_{14})COOH$	쇠고기 지방, 버터 지방
스테아르산	18		$CH_3(CH_2)_{16}COOH$	쇠고기 지방, 버터 지방
불포화 지방산				
이름	**탄소 원자의 수**	**이중 결합의 수**	**구조**	**출처**
올레산	18	1	$CH_3(CH_2)_7CH{=}CH(CH_2)_7COOH$	올리브유, 땅콩유
리놀레산	18	2	$CH_3(CH_2)_4(CH{=}CHCH_2)_2(CH_2)_6COOH$	아마씨유, 옥수수유
리놀렌산	18	3	$CH_3CH_2(CH{=}CHCH_2)_3(CH_2)_6COOH$	아마씨유, 옥수수유

지방과 오일

지방과 오일은 다음 그림과 같이 지방산 3개가 글리세롤에 결합된 트라이에스터, 즉 **트라이글리세라이드**[triglyceride, 중성지방(neutral fat)]이다.

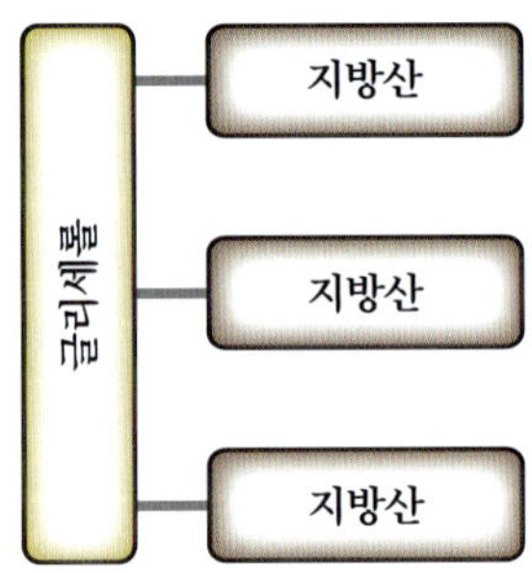

트라이글리세라이드

트라이글리세라이드는 글리세롤과 지방산 3개의 반응에 의해 생성된다.

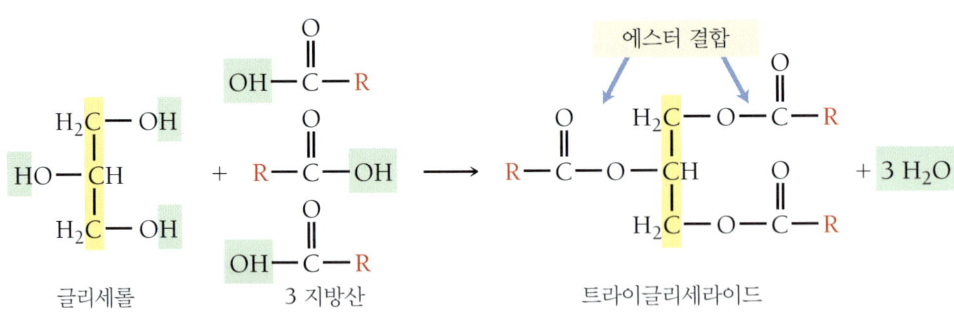

에스터는 일반 구조식이 R—COO—R이다(18.15절 참조). 글리세롤의 구조는 다음과 같다.

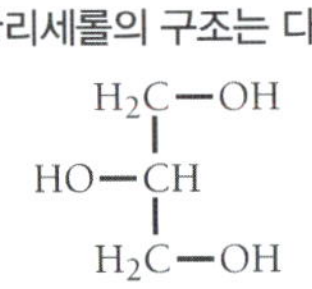

글리세롤과 지방산의 결합을 **에스터 결합**(ester linkage)이라고 한다. 예를 들어 쇠고기 지방의 주성분인 트라이스테아린은 글리세롤과 스테아르산 분자 3개의 반응으로 형성된다.

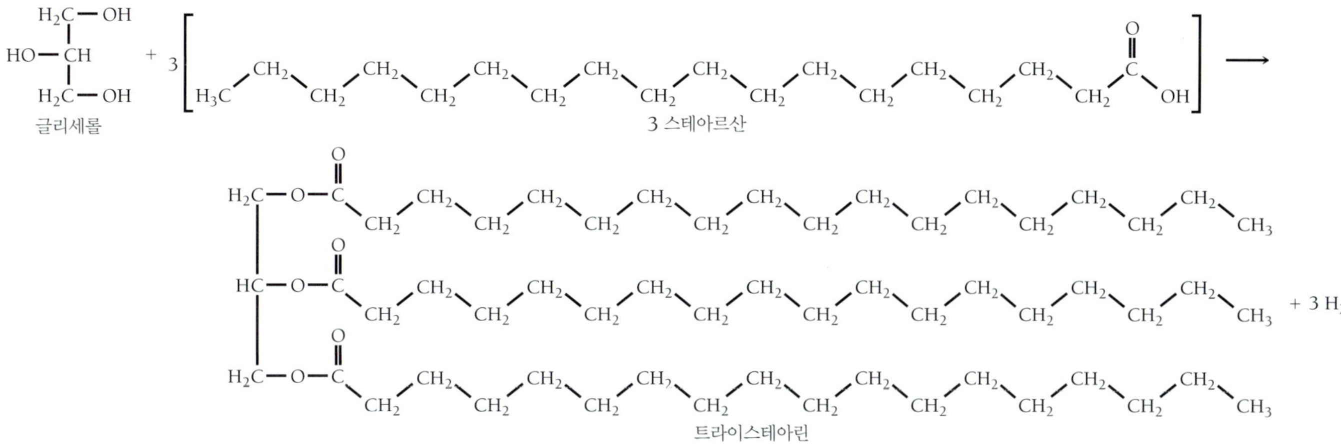

만약 트라이글리세라이드 내 지방산이 포화 상태이면 **포화 지방**(saturated fat)이라고 한다. 일반적으로 포화 지방은 실온에서 고체인데, 라드와 대부분의 동물성 지방이 그 예이다. 반면에 트라이글리세라이드 내 지방산이 불포화 상태라면 **불포화 지방**(unsaturated fat) 또는 오일(oil)이라고 한다. 일반적으로 불포화 지방은 실온에서 액체이며, 식물(올리브유, 옥수수유, 카놀라유 등) 또는 냉혈 동물(어유)의 트라이글리세라이드는 대개 불포화 지방이다.

예제 19.2 트라이글리세라이드

다음 분자 중 트라이글리세라이드를 밝히고, 트라이글리세라이드라면 포화 지방 또는 불포화 지방으로 분류하시오.

(a) 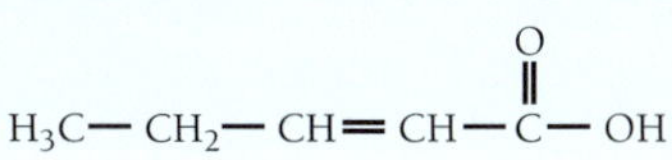

(b) 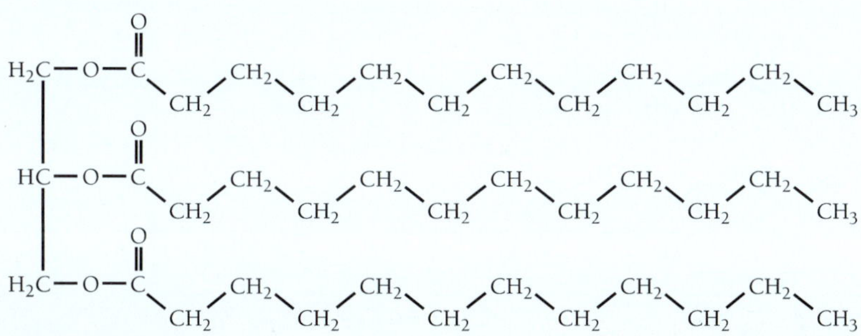

(c) 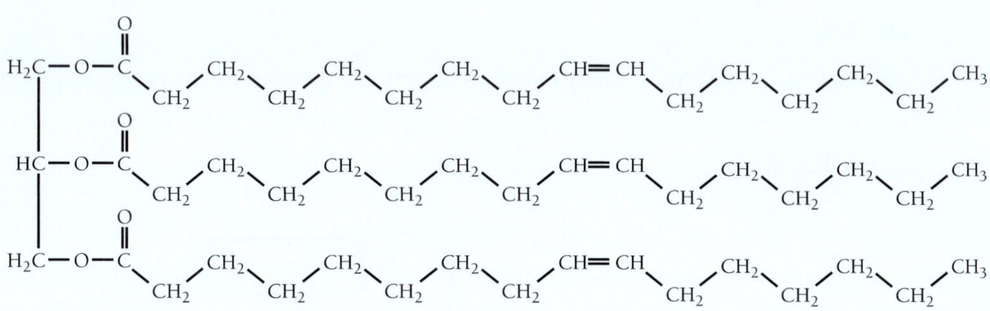

(d) 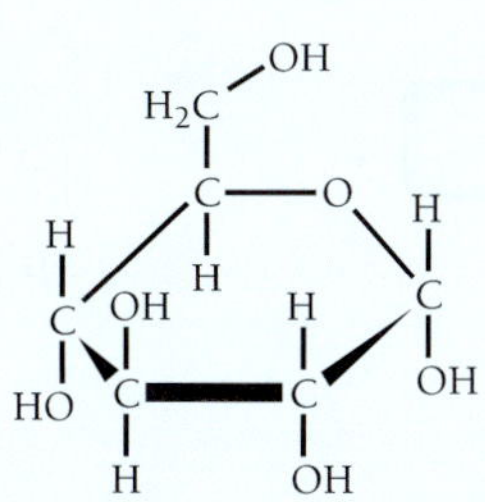

답

트라이글리세라이드는 긴 지방산 꼬리를 가진 3개의 탄소 골격으로 쉽게 확인할 수 있다. (b)와 (c)는 트라이글리세라이드이다. (b)는 탄소 사슬에 이중 결합이 없으므로 포화 지방이고, (c)는 탄소 사슬에 이중 결합이 포함되어 있으므로 불포화 지방이다. (a)와 (d)는 트라이글리세라이드가 아니다.

▸ 연습문제 19.2 | 트라이글리세라이드

다음 분자 중 트라이글리세라이드는 무엇인가? 트라이글리세라이드를 포화 지방 또는 불포화 지방으로 분류하시오.

(a) 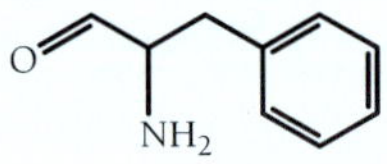

(b) 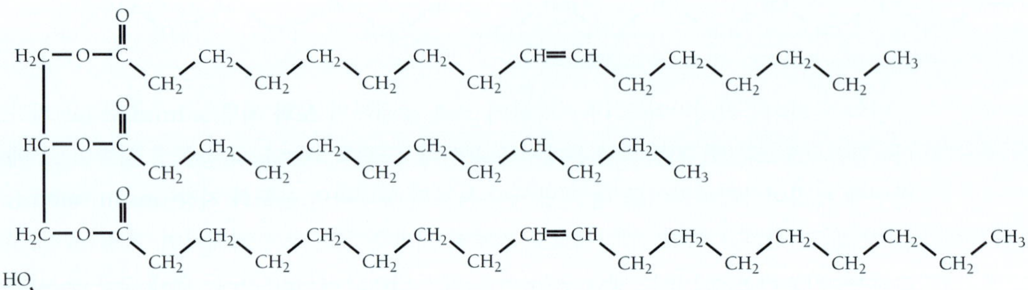

(c) 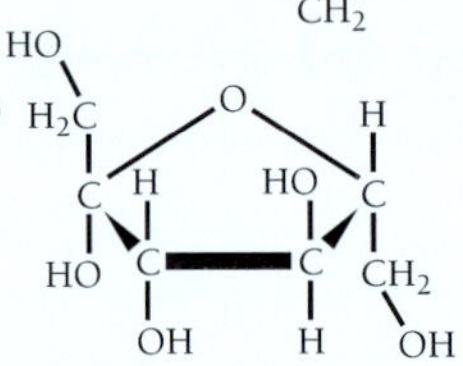

(d) 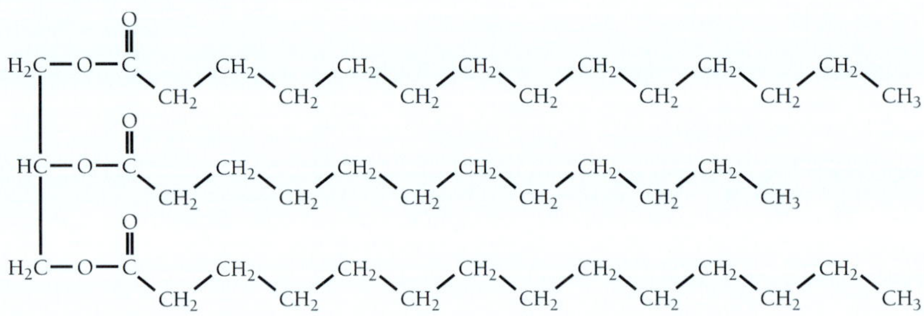

▸ 심화 학습 복습문제 53, 54

기타 지질

세포에서 볼 수 있는 다른 지질은 인지질, 당지질, 스테로이드이다. **인지질**(phospholipid)은 지방산 중 하나가 인산기로 대체된다는 점을 제외하고고는 트라이글리세라이드의 기본 구조와 동일하다.

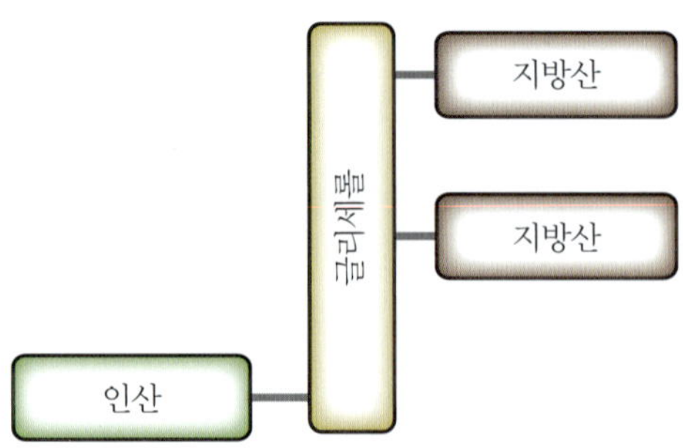

인지질

무극성인 지방산과 달리 인산기는 극성이며, 상황에 따라 다른 극성기가 결합되어 있다. 따라서 인지질은 극성 부위와 무극성 부위를 모두 가지고 있다. 고등 동물의 세포막에서 발견되는 인지질인 포스파티딜콜린(phosphatidylcholine)의 구조를 예로 살펴보자.

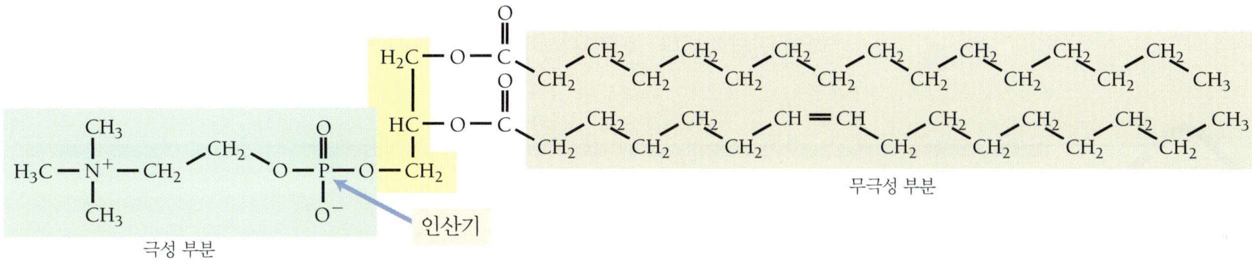

분자의 극성 부분은 친수성(물에 대한 친화력이 강함)이고, 무극성 부분은 소수성(물을 피함)이다. **당지질**(glycolipid)도 그 구조와 특성이 유사하다. 당지질의 무극성 부분은 지방산 사슬과 탄화수소 사슬로 구성되어 있다. 극성 부분에는 포도당과 같은 당 분자가 있다.

인지질과 당지질은 긴 꼬리 2개가 있는 원 형태로 표현하곤 한다(그림 19.5). 원 부분은 분자의 극성 친수성 부분을 나타내고, 꼬리 부분은 무극성 소수성 부분을 나타낸다. 인지질과 당지질의 구조는 세포막을 구성하는 데 이상적이다. 극성 부분은 세포의 수용성 환경과 상호 작용을 하고, 무극성 부분은 무극성 부분끼리 상호 작용을 한다. 세포막에서 이러한 지질은 **지질 이중층**(lipid bilayer)를 형성한다(그림 19.6). 지질 이중층 막은 세포와 많은 세포 구조물을 둘러싸고 있다.

▲ **그림 19.5 인지질과 당지질의 개략적 표현.** 초록색 원은 분자의 극성 부분을 나타내고, 꼬리는 무극성 탄화수소 사슬을 나타낸다. 물속에 있는 분자는 표면에서 어떤 방향인가?

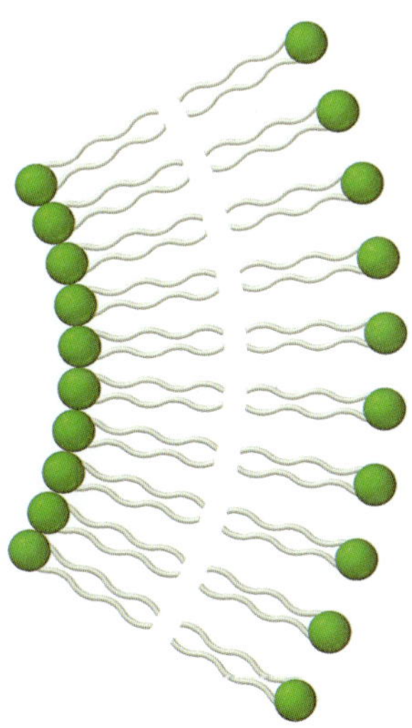

▲ **그림 19.6 지질 이중층 막.** 세포막은 인지질 또는 당지질로 형성된 지질 이중층으로 이루어져 있다. 이중층에서 분자의 극성 머리는 바깥쪽을 향하고 무극성 꼬리는 내부를 향하고 있다.

스테로이드(steroid)는 4개의 고리 구조를 포함하고 있는 지질이다.

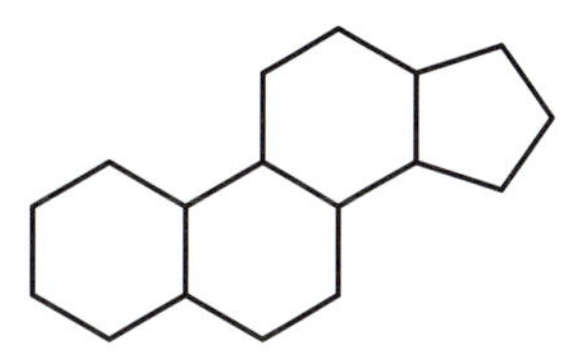

일반적인 스테로이드는 콜레스테롤, 테스토스테론, β-에스트라다이올(에스트로젠의 한 종류) 등이다.

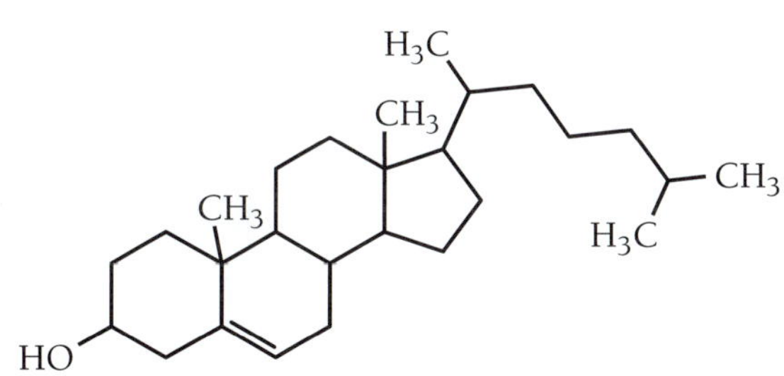

콜레스테롤

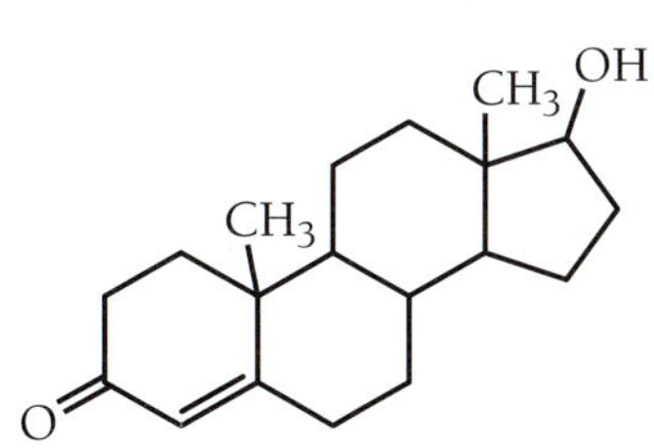

테스토스테론

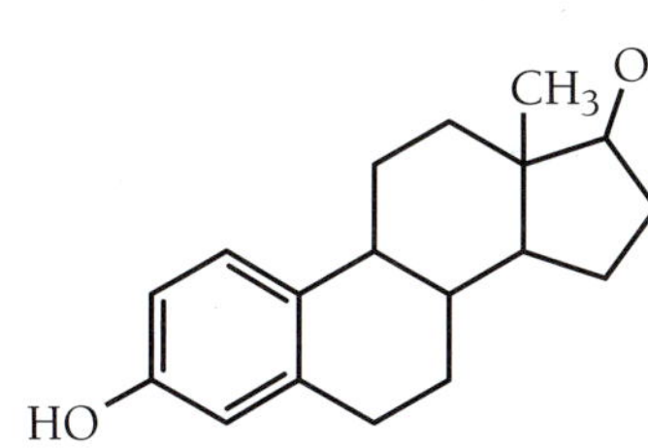

β-에스트라다이올

콜레스테롤은 나쁘다는 인식이 있지만 신체에서 많은 중요한 기능을 수행한다. 인지질, 당지질과 마찬가지로 콜레스테롤은 세로막의 일부이다. 또한 콜레스테롤은 주요 남성 호르몬인 테스토스테론, 주요 여성 호르몬인 에스트로젠과 같은 다른 스테로이드를 체내에서 합성할 때 재료(또는 전구체) 역할을 한다. 호르몬은 성장과 대사 등의 신체 작용을 조절하는 화학적 전달체이다. 호르몬은 특수한 조직에서 분비되어 혈액을 통해 운반된다.

화학과 건강

식용 지방

음식물에서 섭취하는 대부분의 지방과 기름은 트라이글리세라이드이다. 소화될 때 트라이글리세라이드는 지방산, 글리세롤, 모노글리세라이드, 다이글리세라이드 등으로 분해된다. 이러한 생성물은 소장벽을 통과하고 혈액 내에 흡수되기 전에 트라이글리세라이드로 다시 합쳐진다. 이 과정은 다른 음식물 형태의 소화보다 더 느리기 때문에 섭취한 지방과 오일은 오랫동안 포만감을 준다.

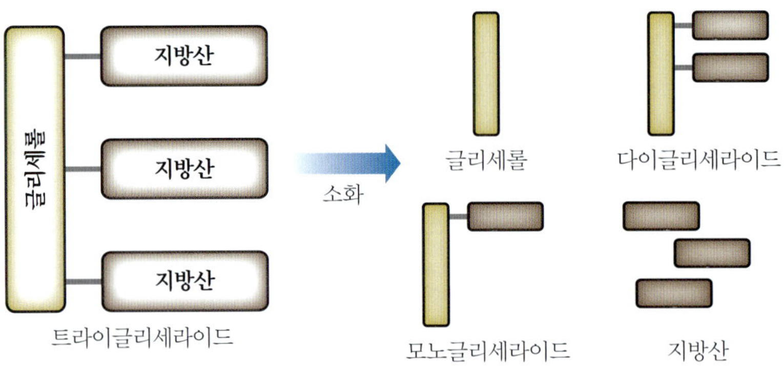

지방과 오일이 건강에 미치는 영향에 대해서는 널리 논의되고 있다. 매일 섭취하는 지방과 오일의 양을 과감하게 줄이는 식단도 있고, 지방과 오일을 증가시키는 식단도 있다. 미국식품의약국(FDA)은 지방과 오일을 통한 열량이 총 섭취 열량의 30%를 넘지 않도록 권고하고 있다. 그러나 지방과 오일의 그램당 열량은 탄수화물과 단백질보다 높기 때문에 지방을 섭취하면 너무 많은 열량을 취하게 된다. 또한 FDA는 섭취하는 지방 중 포화 지방의 양이 1/3(총 섭취 열량의 10%)을 넘지 않도록 권고하고 있다. 이는 과도한 포화 지방 섭취가 뇌졸중 또는 심장마비를 유발하는 동맥 폐색의 위험을 증가시키기 때문이다. 반대로 단일 불포화 지방은 이러한 위험을 막는 데 도움이 된다.

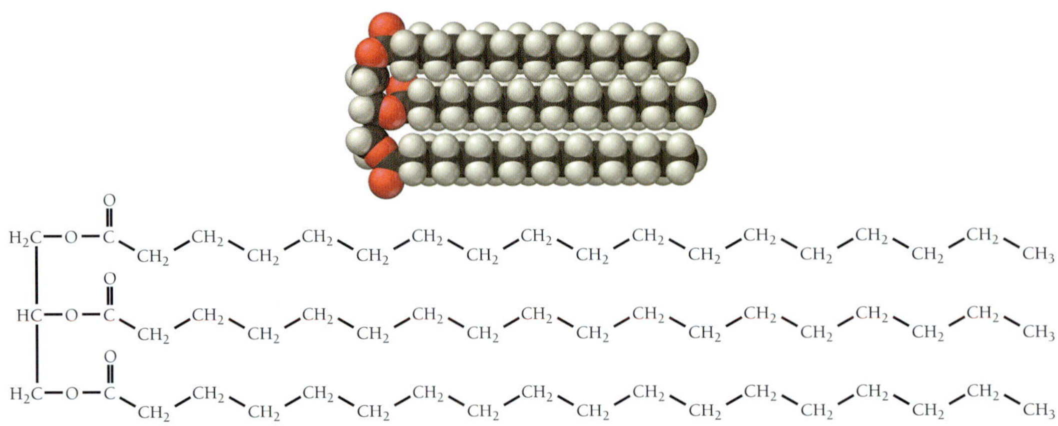

트라이스테아린

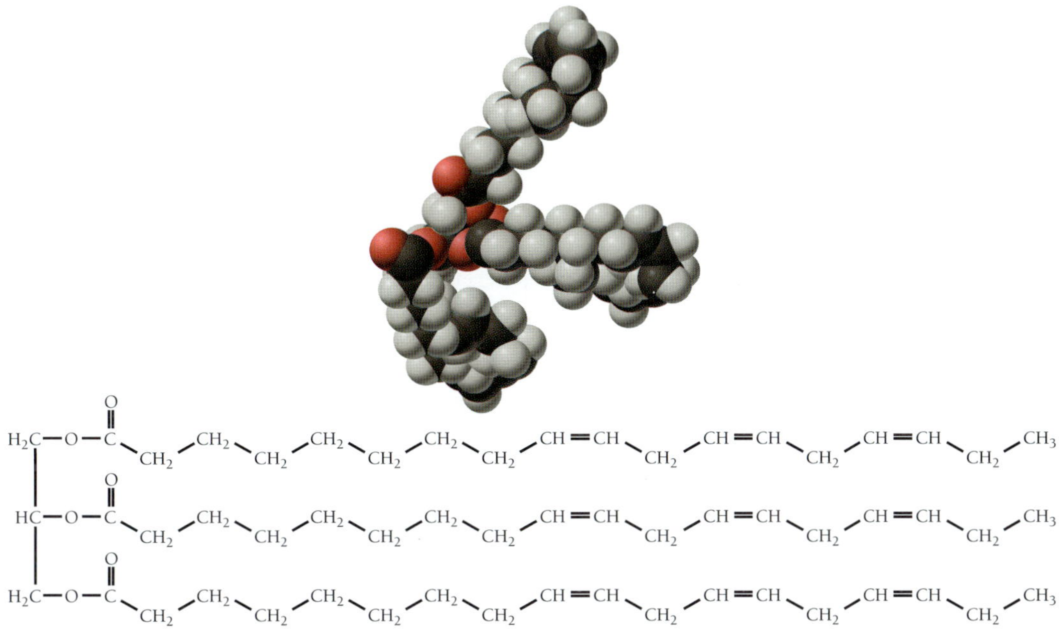

트라이리놀레닌

질문 실온에서 포화 지방은 거의 고체 상태이고 불포화 지방은 거의 액체 상태이다. 포화 지방이 맛이 좋은 이유 중 하나는 그것이 입에서 녹는 경향이 있기 때문이다. 불포화 지방은 실온에서 액체이기 때문에 비슷한 효과를 얻지 못한다. 포화트라이글리세라이드인 트라이스테아린의 구조와 불포화트라이글리세라이드인 트라이리놀레닌의 구조를 조사하시오. 그 구조를 통해 트라이스테아린은 실온에서 고체로 존재할 가능성이 더 크고, 트라이리놀레닌은 실온에서 액체로 존재할 가능성이 더 큰 이유를 설명하시오. (힌트: 분자 간 인력을 생각해본다. 이웃하는 분자와의 상호작용이 더 큰 분자는 무엇인가?)

확인문제 19.2

우리 식단에서 가장 흔한 지질의 유형은 무엇인가?

(a) 인지질 (b) 트라이글리세라이드 (c) 당지질 (d) 스테로이드

19.5 단백질

▸ 단백질에 대해 알아본다.
▸ 아미노산이 서로 연결되어 단백질을 만드는 방식을 설명한다.

대부분의 사람들은 **단백질**(protein)이라고 하면 쇠고기, 달걀, 가금류, 콩 등 식단에 포함된 단백질 공급원을 떠올린다. 그러나 생화학적 관점에서 단백질의 정의는 훨씬 더 광범위하다. 살아 있는 유기체 내에서 단백질은 생명을 유지하는 일의 대부분을 수행한다. 예를 들어 살아 있는 유기체에서 발생하는 대부분의 화학 반응은 단백질에 의해 촉매되거나 활성화된다. 촉매 역할을 하는 단백질을 **효소**(enzyme)라고 한다. 효소가 없으면 생명체는 존재할 수 없다. 그러나 효소로 작용하는 것은 단백질의 많은 기능 중 하나일 뿐이다. 단백질은 근육, 피부, 연골의 구조적 구성 요소이기도 하다. 또한 혈액 내 산소를 운반하고, 질병과 싸우기 위한 항체 역할을 하며, 대사 과정을 조절하는 호르몬으로서의 작용도 한다. 단백질은 생명체 내의 작동 분자로서 최고의 역할을 하고 있다.

촉매와 효소는 15.12절에서 설명했다.

단백질은 아미노산 중합체이다. **아미노산**(amino acid)은 아민기, 카복실기, **R기**[R group, **측쇄**(side chain, 곁사슬)이라고도 함]를 포함하고 있는 분자이다. 아미노산의 일반적인 구조는 다음과 같다.

단백질에서 R기는 꼭 순수한 알킬기일 필요가 없다. 표 19.2에 일반적인 R기를 제시했다.

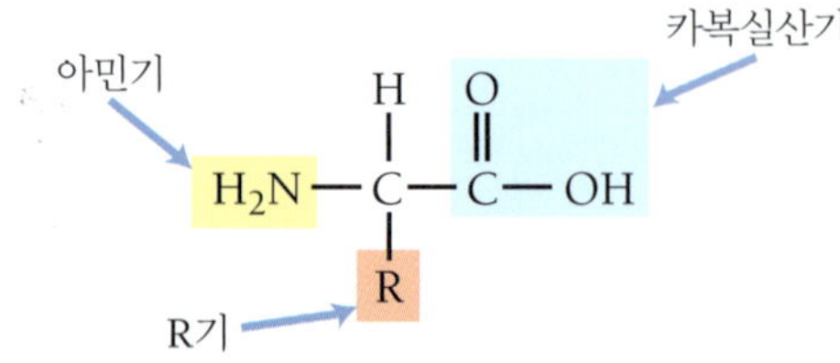

아미노산의 일반 구조식

아미노산은 R기에 의해 서로 구분된다. 단순한 형태의 아미노산으로 R기가 메틸기($-CH_3$)로 구성된 알라닌(alanine)이 있다.

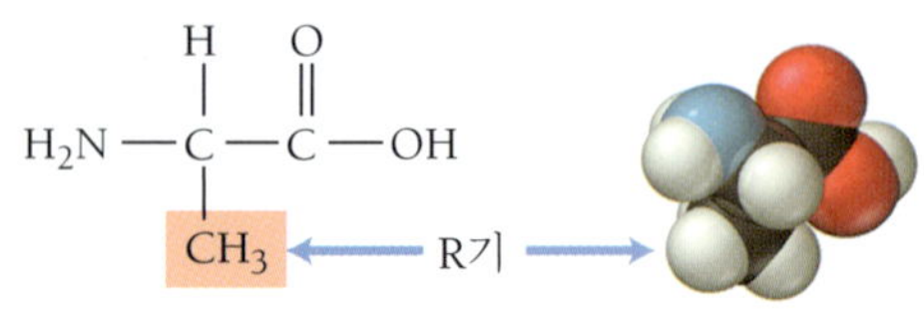

알라닌

그 밖의 아미노산으로는 세린(serine, R = $-CH_2OH$), 아스파트산(aspartic acid, R = $-CH_2COOH$), 라이신(lysine, R = $-CH_2(CH_2)_3NH_2$) 등이 있다.

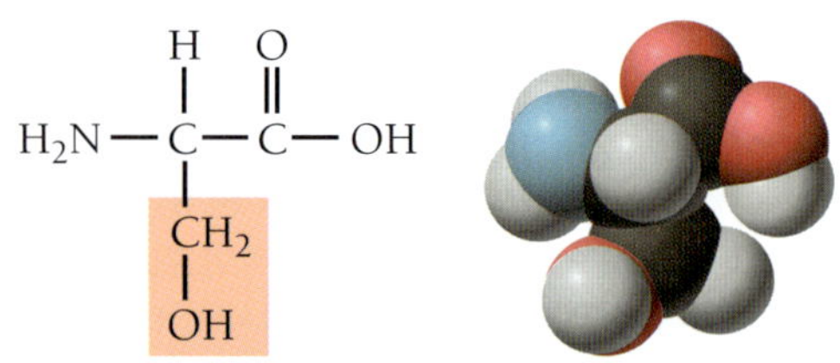

세린

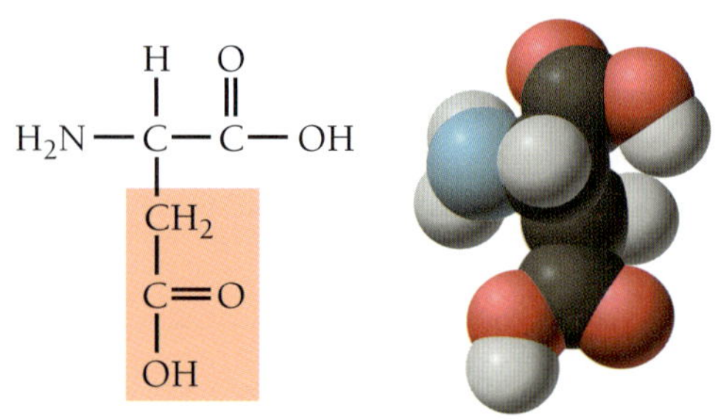

아스파르트산

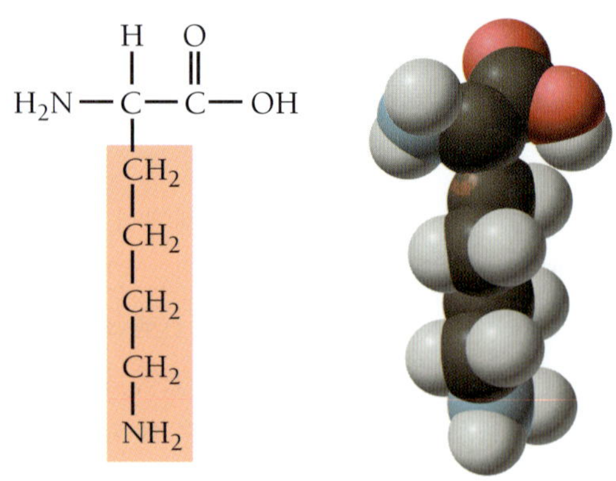

라이신

서로 다른 아미노산의 R기 또는 측쇄는 화학적으로 매우 다를 수 있다. 예를 들어 알라닌은 무극성 측쇄를 가지고 있는 반면, 세린은 극성 성질의 측쇄를 가지고 있다. 아스파트산은 산성 측쇄를 가지고 있는 반면, 라이신은 질소가 함유됨으로써 염기성 측쇄를 가지고 있다. 아미노산이 서로 결합되어 단백질을 만들 때 이러한 차이가 단백질의 구조와 특성을 결정한다. 단백질을 구성하는 일반적인 아미노산은 표 19.2와 같다.

한 아미노산의 아민기 말단이 다른 아미노산의 카복실기 말단과 반응함으로써 아미노산은 서로 결합하게 된다.

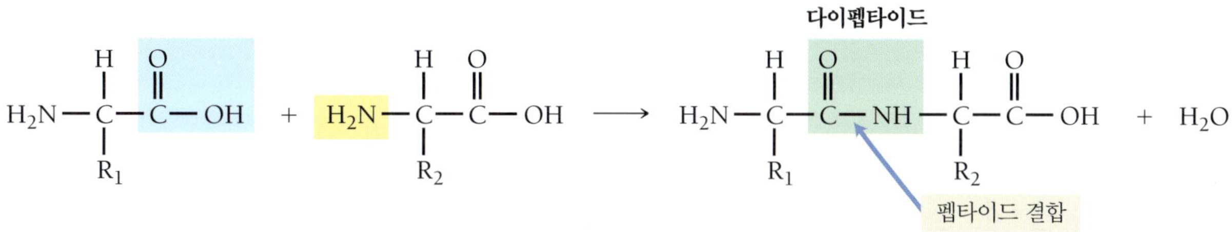

새롭게 생성된 결합을 **펩타이드 결합**(peptide bond)이라고 하며, 2개의 아미노산이 연결되어 새롭게 생성된 분자를 **다이펩타이드**(dipeptide)라고 한다. 다이펩타이드는 세 번째 아미노산과 연결되어 트리펩타이드(tripeptide)를 형성할 수 있다. 아미노산에 의해 생성되는 짧은 사슬을 일반적으로 **폴리펩타이드**(polypeptide)라고 한다. 기능을 나타내는 단백질은 일반적으로 펩타이드 결합으로 연결된 수백 또는 수천 개의 아미노산을 포함하고 있다.

예제 19.3 펩타이드 결합

글라이신과 알라닌이 펩타이드 결합을 형성하는 반응을 밝히시오.

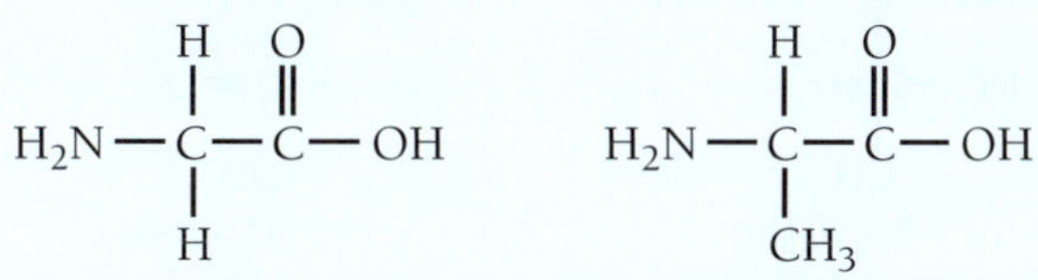

글라이신 알라닌

답

펩타이드 결합은 한 아미노산의 카복실산 말단이 다른 아미노산의 아민 말단과 반응하여 물과 다이펩타이드를 생성하면서 형성된다.

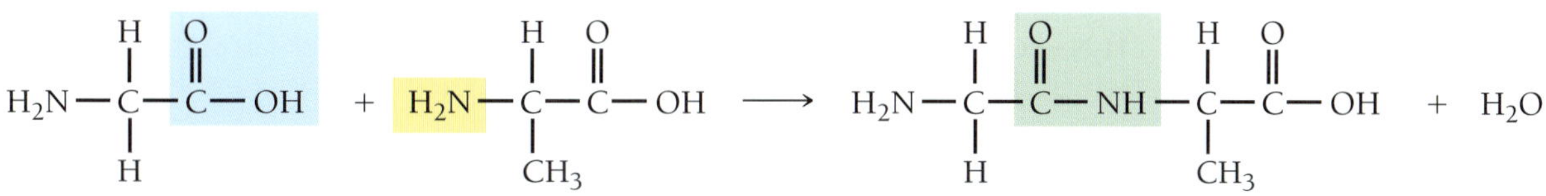

글라이신의 $-NH_2$ 말단과 알라닌의 $-COOH$ 말단이 반응할 수도 있는데, 이때는 약간 다른 다이펩타이드가 생성된다는 것에 주의하라.

▸ 연습문제 19.3 | 펩타이드 결합

발린과 류신이 펩타이드 결합을 형성하는 반응을 밝히시오.

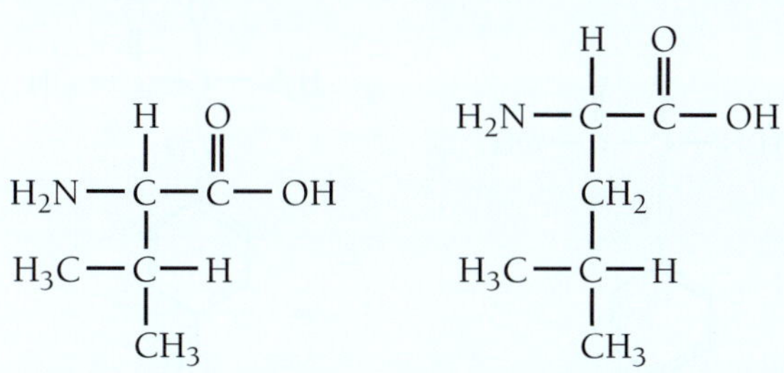

발린 류신

▸ 심화 학습 복습문제 61~64

표 19.2 일반적인 아미노산

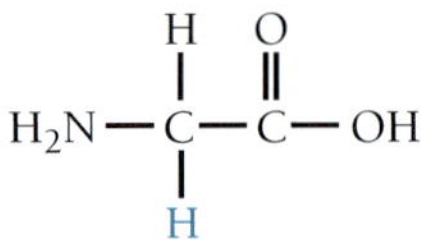

글라이신(Gly)

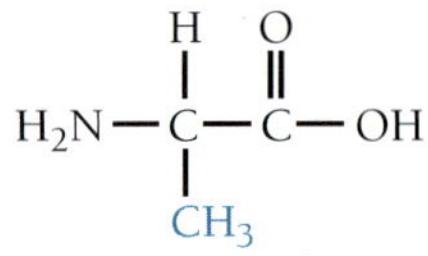

알라닌(Ala)

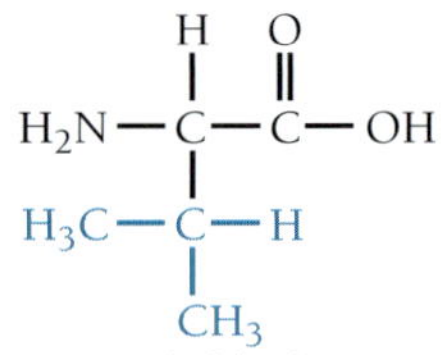

발린(Val)

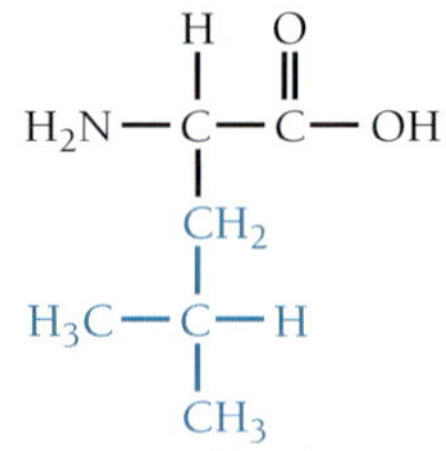

류신(Leu)

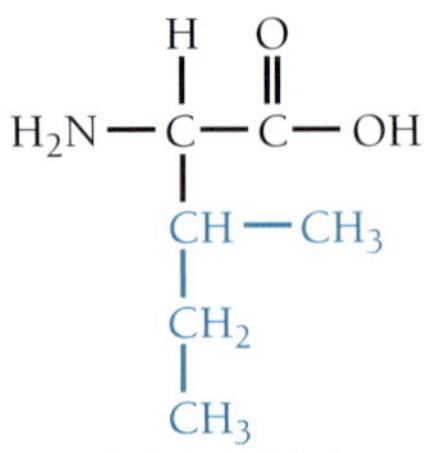

아이소류신(Ile)

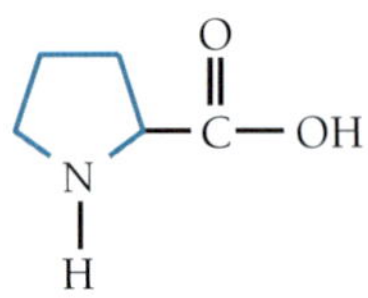

프롤린(Pro)

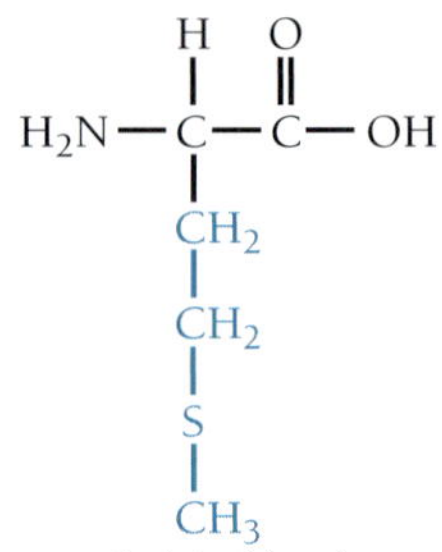

메티오닌(Met)

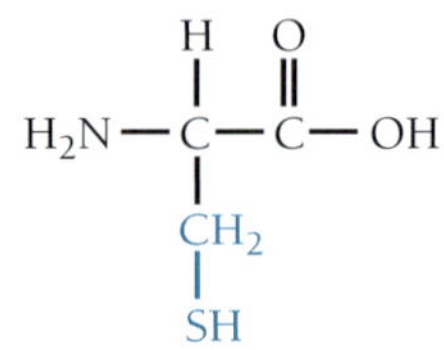

시스테인(Cys)

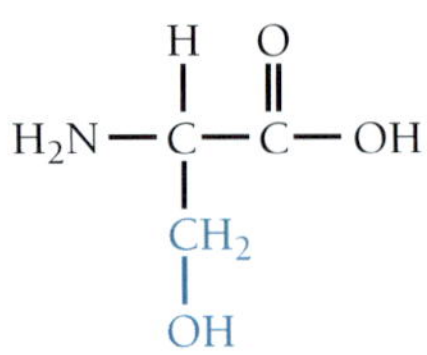

세린(Ser)

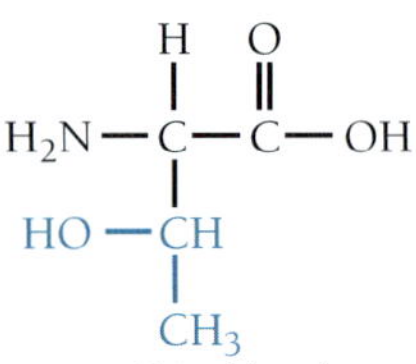

트레오닌(Thr)

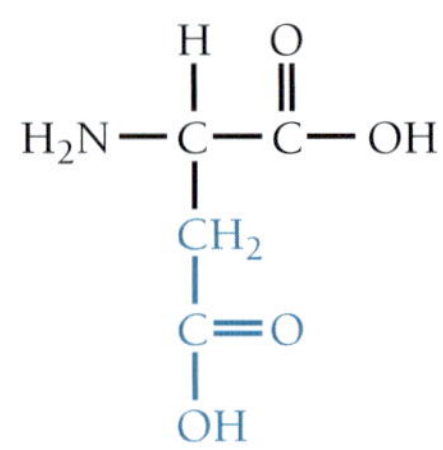

아스파트산(Asp)

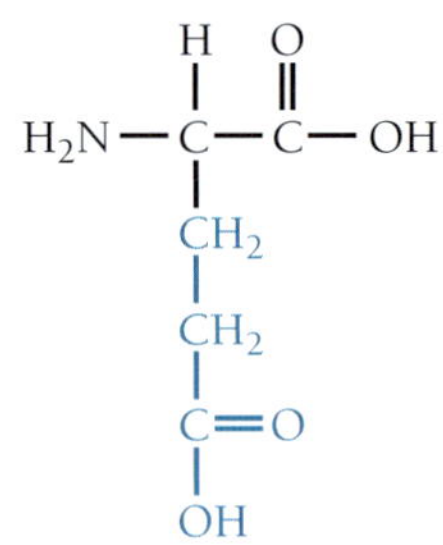

글루탐산(Glu)

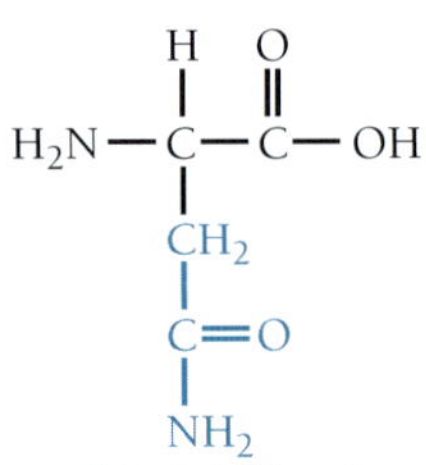

아스파라긴(Asn)

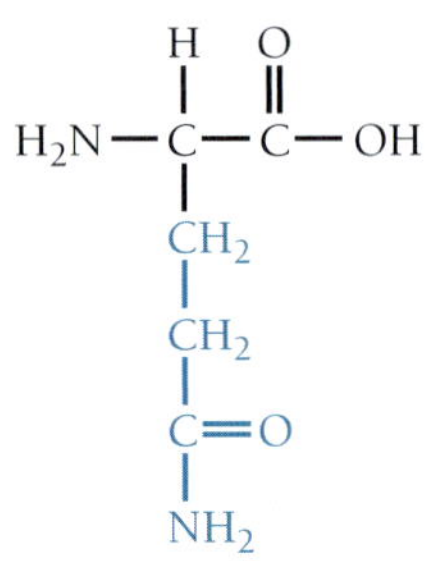

글루타민(Glu)

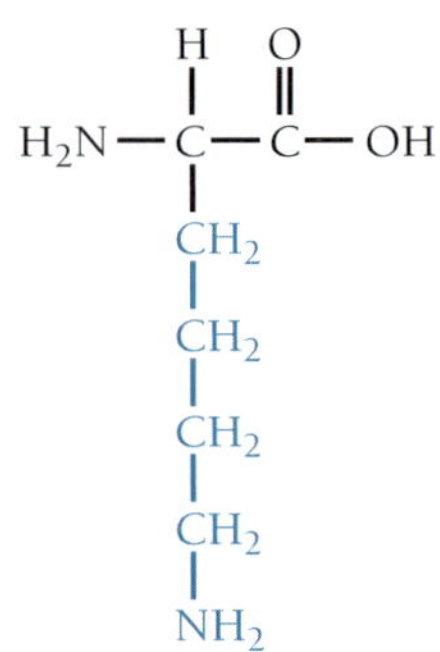

라이신(Lys)

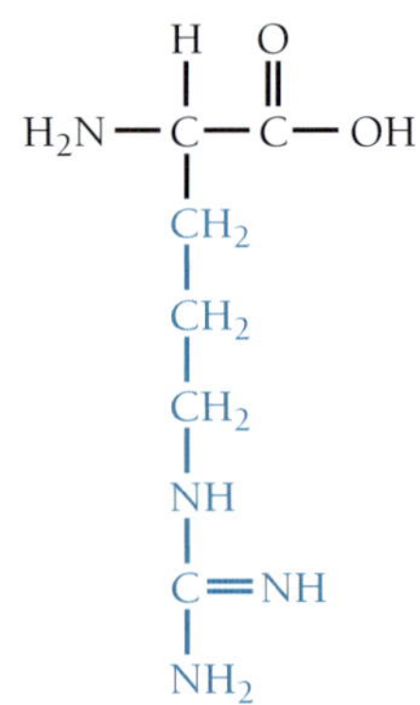

아르지닌(Arg)

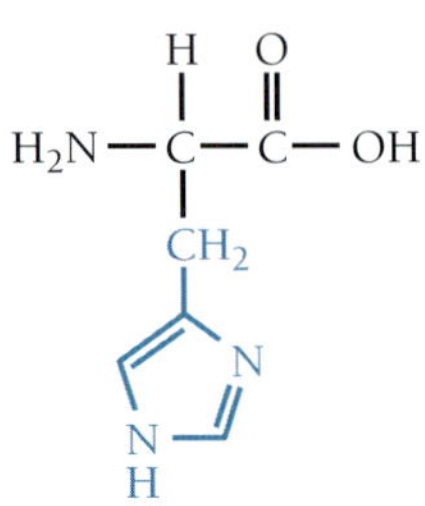

히스티딘(His)

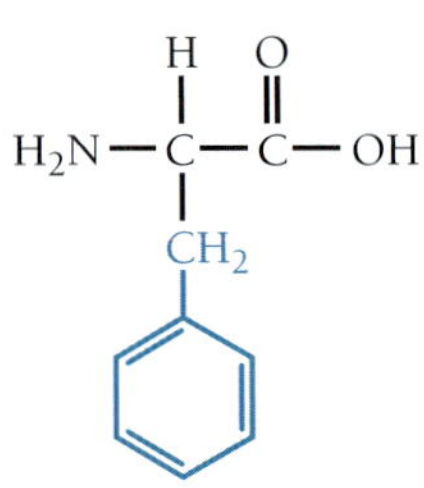

페닐알라닌(Phe)

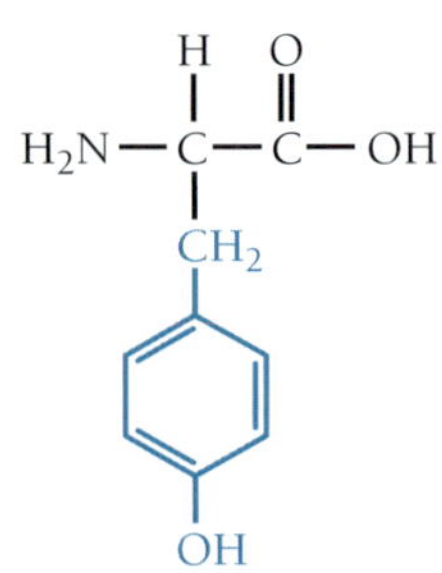

타이로신(Tyr)

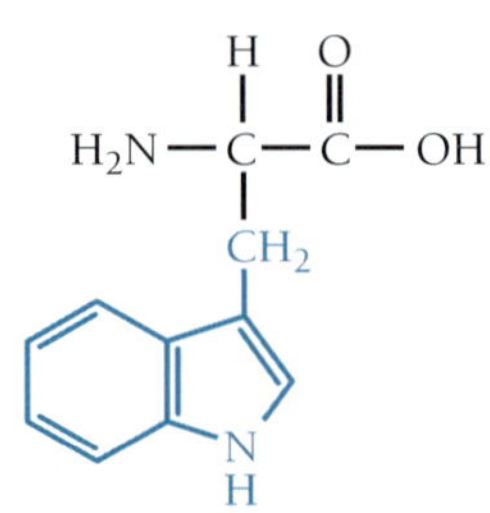

트립토판(Trp)

19.6 단백질 구조

▶ 단백질의 1차 구조, 2차 구조, 3차 구조, 4차 구조를 설명한다.

아미노산이 서로 연결되어 단백질을 형성할 때는 서로 상호작용을 하여 단백질 사슬이 특정한 방식으로 꼬이거나 접힌다. 단백질의 정확한 모양은 아미노산의 종류와 단백질 사슬 내 아미노산의 서열에 따라 달라진다. 아미노산의 서열이 다르면 단백질 모양도 달라지며, 이러한 단백질의 형태는 매우 중요하다.

예를 들어 인슐린은 포도당이 혈액에서 에너지를 필요로 하는 근육 세포로 흡수를 촉진하는 단백질이다. 인슐린은 근육 세포 표면에 인슐린 수용체, 즉 인슐린 단백질의 특정 부분에 구조적으로 딱 맞게 결합할 수 있는 분자가 있기에 근육 세포를 인식할 수 있다. 만약 인슐린의 모양이 다르면 근육 세포의 인슐린 수용체에 결합하지 못하여 제 역할을 하지 못할 것이다. 따라서 단백질의 모양이나 형태는 단백질의 기능에 매우 중요하다. 1차 구조, 2차 구조, 3차 구조, 4차 구조의 네 가지 수준에서 단백질 구조를 살펴봄으로써 단백질 구조를 이해할 수 있다(그림 19.7).

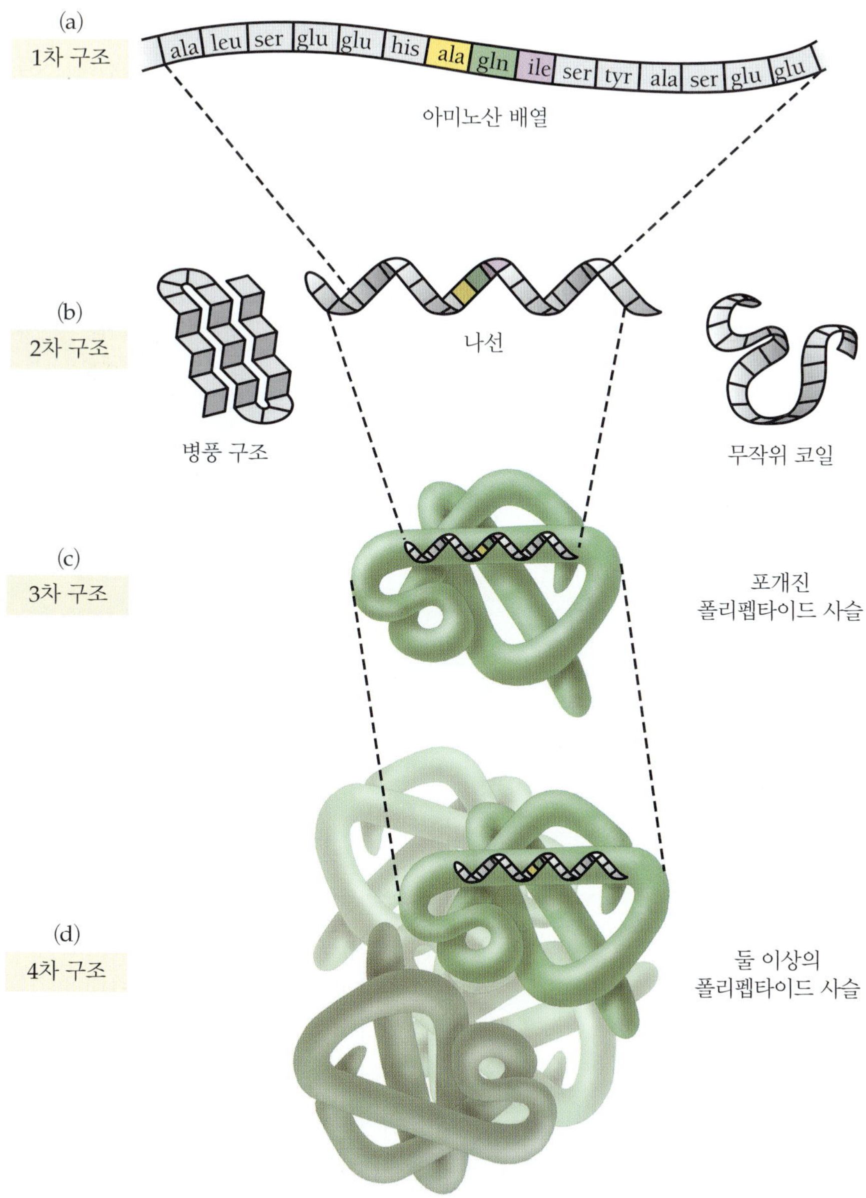

▶ **그림 19.7 단백질 구조.** (a) 1차 구조는 아미노산의 배열 순서이다. (b) 2차 구조는 나선이나 병풍 구조처럼 작은 규모의 반복 패턴을 말한다. (c) 3차 구조는 단백질이 큰 규모로 꺾이거나 접힌 것을 말한다. (d) 4차 구조는 각기 다른 폴리펩타이드 사슬이 배열된 형태를 말한다.

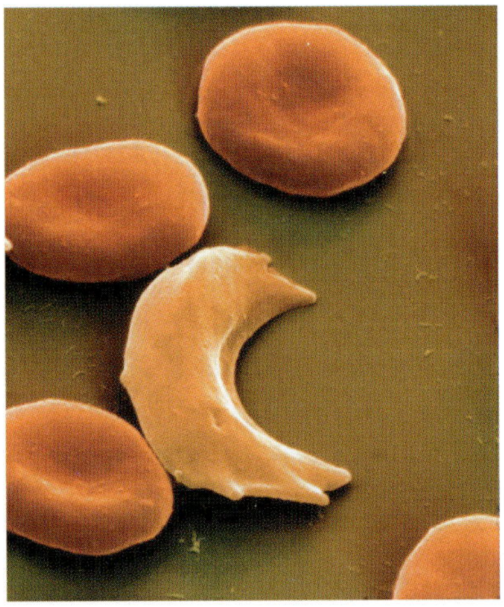

▲ 낫 모양의 적혈구는 정상적인 적혈구에 둘러싸여 있다. 낫-적혈구 빈혈증을 일으키는 낫 모양의 세포는 쉽게 깨지거나 쉽게 손상될 수 있다. 이러한 세포는 유연성이 떨어져 작은 모세혈관에 갇히는 경향이 있어 조직이나 장기의 혈액 흐름을 방해한다.

1차 구조

단백질의 **1차 구조**(primary structure)는 단백질 사슬 내 아미노산 배열이다. 1차 구조는 각 아미노산 사이의 공유성 펩타이드 결합에 의해 유지된다. 예를 들어 인슐린 단백질의 일부에는 다음과 같은 아미노산 서열이 존재한다.

Gly-Ile-Val-Glu-Gln-Cys-Cys-Ala-Ser-Val-Cys

3개의 알파벳으로 이루어진 약어는 각각의 아미노산을 나타낸다(표 19.2 참조). 단백질의 첫 번째 아미노산 서열은 1950년대에 규명되었다. 현재는 수천 가지 단백질의 아미노산 서열이 알려져 있다.

단백질의 아미노산 서열의 변화는 그것이 사소한 변화라도 단백질 기능에는 치명적인 영향을 미칠 수 있다. 예를 들어 헤모글로빈은 혈액 내에서 산소를 운반하는 단백질로 4개의 단백질 사슬[각 사슬을 소단위(subunit)라고 함]로 구성되며, 각각은 146개의 아미노산(그림 19.8)을 포함하고 있으며, 총 584개의 아미노산으로 구성되어 있다. 4개의 사슬 중 2개의 사슬에 위치한 글루탐산(glutamic acid) 하나가 발린(valine)으로 대체되면 낫-적혈구 빈혈증(sickle-cell anemia)이라는 질병이 발생한다. 이 질병은 적혈구가 낫 모양으로 변하여 궁극적으로 주요 기관의 손상을 일으킨다. 584개 중 단 2개의 아미노산이 바뀜으로써 나타나는 낫-적혈구 빈혈증은 중년에 치명적인 경우가 많다.

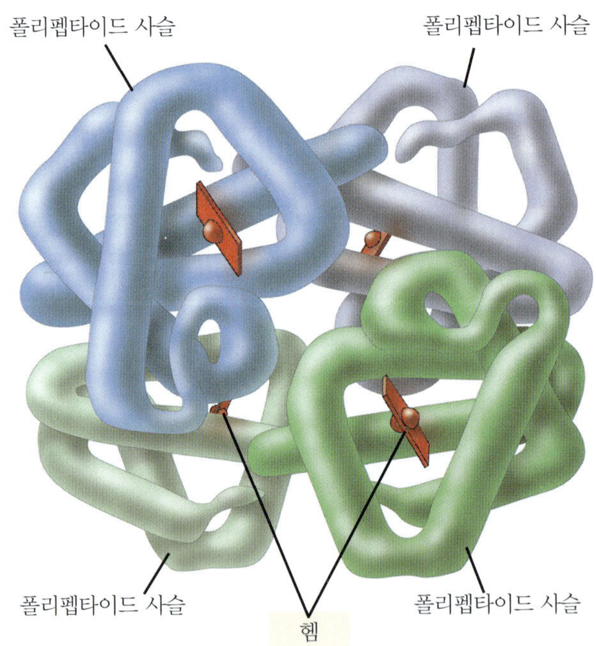

▶ 그림 19.8 **헤모글로빈.** 헤모글로빈은 4개의 사슬로 이루어진 단백질이고, 각각의 사슬은 146개의 아미노산을 포함하고 있다. 각 사슬은 헴(heme)이라는 분자를 잡고 있다. 헴 분자는 중심에 철 원자가 있으며, 이 철 원자에 산소가 결합한다.

2차 구조

단백질의 **2차 구조**(secondary structure)는 단백질 사슬을 따라 흔히 나타나는 특정한 좁은 범위의 주기 또는 반복 패턴을 나타낸다. 2차 구조는 단백질 사슬의 선형 서열에서 서로 매우 가깝거나 이웃 사슬에서 서로 인접한 아미노산 간의 상호작용에 의해 유지된다. 이러한 패턴 중 가장 일반적인 것은 그림 19.9의 **알파-나선**[alpha(α)-helix] 구조이다. α-나선 구조에서 아미노산 사슬은 곁사슬이 바깥쪽으로 뻗어 있는 단단한 나선 형태로 감겨 있다. 이러한 구조는 단백질의 펩타이드 골격을 따라 있는 아미노산의 NH와 CO 간 수소 결합에 의

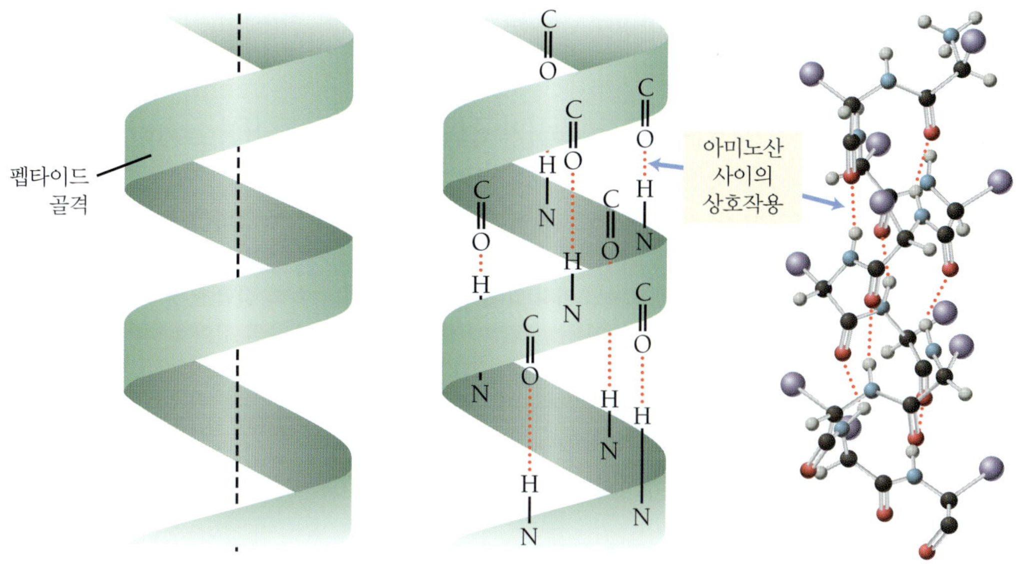

▶ **그림 19.9 알파-나선 단백질 구조.** α-나선은 단백질 사슬의 선형 배열에서 서로 근접한 아미노산의 펩타이드 골격 간 상호작용에 의해 유지된다.

한 상호작용으로 유지된다. 머리카락의 주요 구성 요소인 케라틴과 같은 일부 단백질은 사슬 전체에 걸쳐 α-나선 패턴을 가지고 있다. 다른 단백질은 사슬 내에 α-나선 패턴이 거의 없거나 전혀 없는 경우도 있다. 이는 단백질마다 다르다.

단백질의 2차 구조에서 두 번째로 흔한 패턴은 **베타-병풍**[beta(β)-pleated sheet] 구조이다(그림 19.10). 이 구조에서는 아미노산 사슬이 확장되어(감겨 있는 것과 반대 방향으로) 아코디언 주름과 같은 지그재그 패턴을 형성한다. 아미노산 사슬의 펩타이드 골격은 수소 결합을 통해 서로 상호작용하여 주름진 병풍 형태를 유지한다. 실크와 같은 일부 단백질은 전체 사슬에 걸쳐 β-병풍 구조이다. β-병풍 구조의 단백질 사슬은 완전히 확장되기 때문에 실크는 탄력이 없다. 그러나 많은 단백질에서 일부는 β-병풍 구조이고 또 다른 부분은 β-나선 구조이며, 일부 다른 부분은 무작위 코일(random coil)이라는 덜 규칙적인 패턴이다.

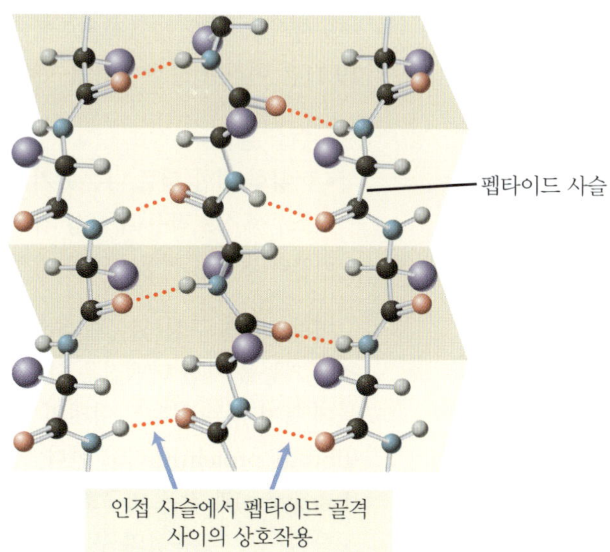

▶ **그림 19.10 베타-병풍 단백질 구조.** 베타-병풍 구조는 이웃하는 단백질 사슬의 펩타이드 골격 간 상호작용에 의해 유지된다.

3차 구조

단백질의 **3차 구조**(tertiary structure)는 단백질 사슬의 선형 사슬에서 멀리 떨어져 있는 아

일상 속의 화학

머리카락은 왜 물에 젖었을 때 더 길어질까?

머리카락이 젖었을 때 더 길어지는 것을 본 적이 있는가? 왜 이런 일이 일어날까?

머리카락은 케라틴이라는 단백질로 이루어져 있다. 케라틴의 2차 구조는 전체적으로 α-나선 구조이고, 이는 단백질이 감겨 올라간 나선 구조임을 뜻한다. 본문에서 설명했듯이 이 구조는 수소 결합에 의해 유지된다.

각각의 머리카락은 서로의 주위를 휘감고 있는 몇 가닥의 케라틴으로 이루어져 있다. 머리카락이 말랐을 때 케라틴 단백질은 단단히 감겨 있으므로 α-나선은 마른 머리카락의 정상적인 길이이다. 그러나 머리카락이 젖으면 물 분자가 α-나선 구조를 유지하는 수소 결합을 방해한다. 그 결과 α-나선 구조가 이완되고 머리카락 섬유의 길이가 길어진다. 완전히 젖은 머리카락은 마른 머리카락보다 10~12% 길다.

질문 곱슬머리가 젖었다가 마르면 머리카락이 다시 굽은 형태를 유지하려는 경향이 있다. 이것을 어떻게 설명할 수 있는가?

▲ 젖은 머리카락은 마른 머리카락보다 10~12% 길다.

미노산의 R기 간 상호작용으로 인해 큰 규모의 꺾임(bend)과 접힘(fold)을 포함한다. 그림 19.11은 이러한 상호 작용을 보여준다.

- 수소 결합
- 이황화 결합(서로 다른 R기의 황 원자 사이의 공유 결합)
- 소수성 상호작용(무극성 기 사이의 인력)
- 염다리(산성 작용기와 염기성 작용기 사이의 산-염기 상호작용)

머리카락을 구성하는 케라틴이나 힘줄과 피부의 많은 부분을 구성하는 콜라겐과 같은 구조적 기능을 가진 단백질은 나선 형태의 아미노산 사슬이 서로 거의 평행하게 정렬되어 길고 물에 녹지 않는 섬유질 형태의 3차 구조를 나타낸다. 이러한 종류의 단백질은 **섬유상 단백질**(fibrous protein)이라고 한다. 산소를 운반하는 헤모글로빈이나 감염과 싸우는 라이소자임(lysozyme)과 같은 비구조적 기능을 가진 단백질은 아미노산 사슬이 접혀서 혈류를 통해 이동할 수 있는 수용성의 구체를 형성하는 3차 구조를 나타낸다. 이러한 종류의 단백질은 **구상 단백질**(globular protein)이라고 한다. 단백질의 전체적인 모양은 무작위적인 것처럼 보이지만 사실은 그렇지 않다. 단백질의 구조는 아미노산 서열에 의해 결정되며, 그 기능에서 매우 중요한 역할을 한다.

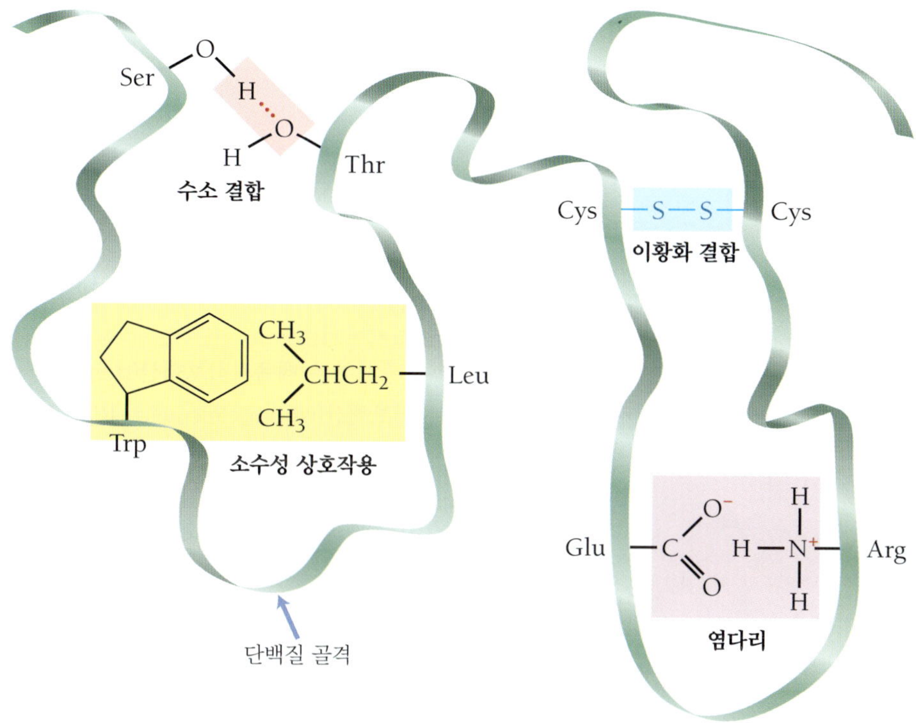

▶ **그림 19.11 3차 구조와 4차 구조를 만드는 상호작용.** 단백질의 3차 구조는 한 단백질 사슬의 선형 배열에서 서로 멀리 떨어져 있는 아미노산의 R기 간 상호작용에 의해 유지된다. 이러한 상호작용은 수소 결합, 이황화 결합, 소수성 상호작용, 약한 이온 결합 등이다(그림은 각 상호작용의 예를 보여준다). 이러한 상호작용은 다른 아미노산 사슬을 함께 붙잡아줄 수도 있다(4차 구조).

4차 구조

많은 단백질은 하나 이상의 아미노산 사슬로 구성된다. 예를 들어 앞에서 보았듯이 헤모글로빈은 4개의 아미노산 사슬[또는 소단위(subunit)]로 구성된다. 단백질의 **4차 구조**(quaternary structure)는 이러한 소단위가 어떻게 서로 잘 들어맞는지를 설명한다. 4차 구조 또한 3차 구조와 동일한 종류의 아미노산 간 상호작용에 의해 그 구조가 유지된다.

요약

- 1차 구조는 아미노산의 서열이다. 이는 아미노산을 결합시키는 펩타이드 결합에 의해 유지된다.
- 2차 구조는 단백질에서 흔히 발견되는 작은 규모의 반복 패턴을 말한다. 이는 아미노산 사슬 서열에서 서로 가깝거나 이웃 가닥에 서로 인접한 아미노산의 펩타이드 골격 간 상호작용에 의해 유지된다.
- 3차 구조는 단백질 내 큰 규모의 비틀림과 접힘을 의미한다. 이는 사슬 서열에서 멀리 떨어져 있는 아미노산의 R기 간 상호작용에 의해 유지된다.
- 4차 구조는 단백질 내 사슬(또는 소단위)의 배열을 의미한다. 이는 각 사슬 간 아미노산의 상호작용에 의해 유지된다.

✔ 확인문제 19.3

단백질의 어떤 부분이 다음과 같은 아미노산 배열 순서이다. 이 배열은 다음 중 무엇의 예인가?

ser-gly-glu-phe-ser-ala-leu

(a) 1차 구조 (b) 2차 구조 (c) 3차 구조 (d) 4차 구조

19.7 핵산: 분자의 청사진

▶ 핵산이 단백질 아미노산의 순서를 결정하는 데 하는 역할을 설명한다.

단백질의 구조와 기능을 결정하는 데에서 아미노산 서열의 중요성을 앞에서 살펴보았다. 단백질의 아미노산 서열이 올바르지 않으면 단백질이 제대로 기능하지 못할 가능성이 높다. 우리 몸은 생존에 필요한 수많은 다양한 단백질(각각 올바른 아미노산 서열을 가진)을 어떻게 지속적으로 합성하는 것일까? 단백질의 아미노산 서열이 올바르도록 보장하는 것은 무엇일까? 이 질문의 답은 **핵산**(nucleic acid)에 있다. 핵산에는 단백질의 올바른 아미노산 서열을 지정하는 화학적 암호가 포함되어 있다. 핵산은 두 가지 유형으로 나눌 수 있다. 주로 세포의 핵에 존재하는 **데옥시리보핵산**(deoxyribonucleic acid, DNA), 세포 내부 전체에서 발견되는 **리보핵산**(ribonucleic acid, RNA)이 그것이다.

단백질과 마찬가지로 핵산도 중합체이다. 핵산을 구성하는 개별 단위는 **뉴클레오타이드**(nucleotide)라고 한다. 각 뉴클레오타이드는 인산염, 당, 염기로 구성된다(그림 19.12). DNA의 당은 데옥시리보오스(deoxyribose)이고, RNA의 당은 리보오스(ribose)이다.

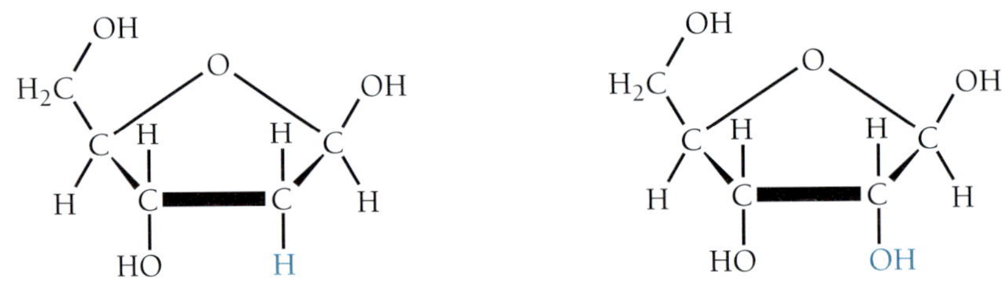

데옥시리보오스 리보오스

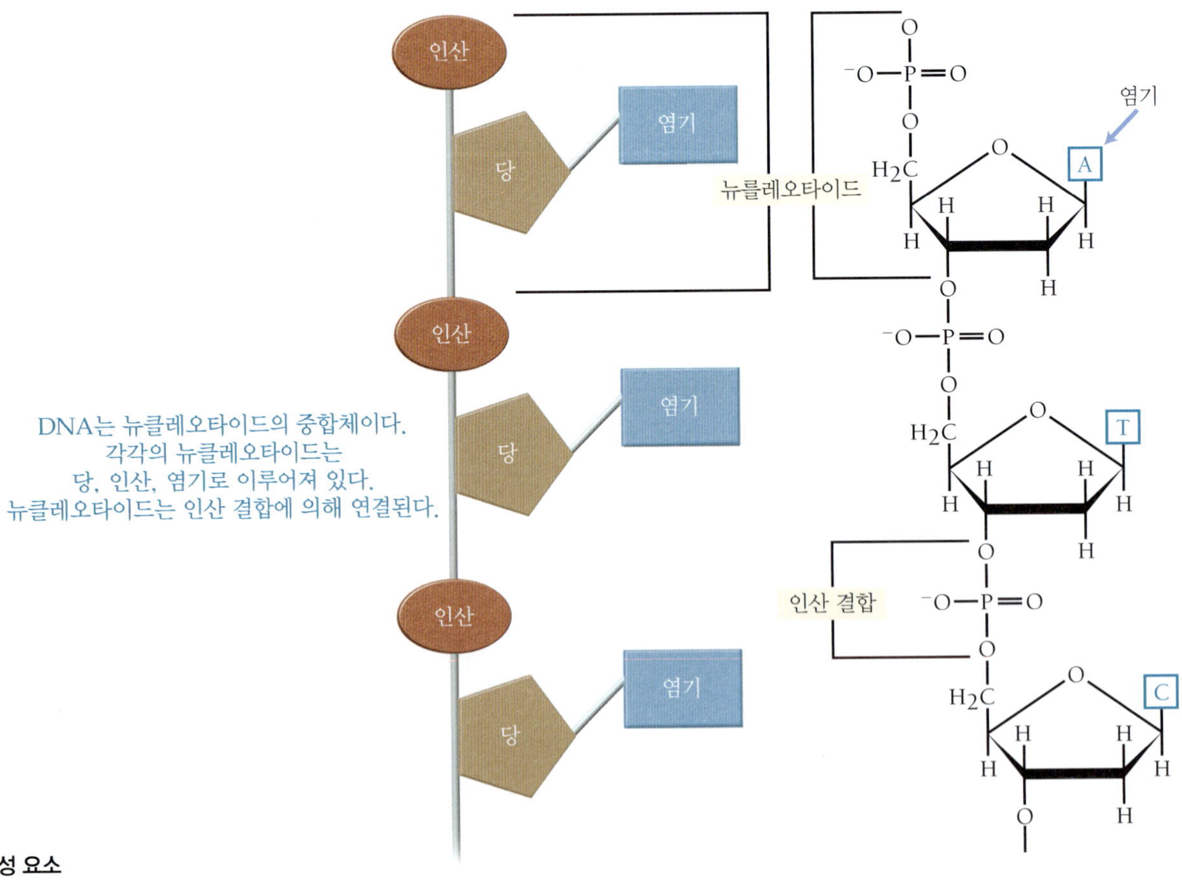

▶ 그림 19.12 DNA의 구성 요소

뉴클레오타이드는 인산 결합을 통해 서로 연결되어 핵산을 형성한다. DNA의 모든 뉴클레오타이드는 동일한 인산염과 당을 가지고 있지만, 각 뉴클레오타이드는 네 가지 염기 중 하나를 가질 수 있다. DNA에서 네 가지 염기는 아데닌(adenine, A), 사이토신(cytosine, C), 구아닌(guanine, G), 타이민(thymine, T)이다.

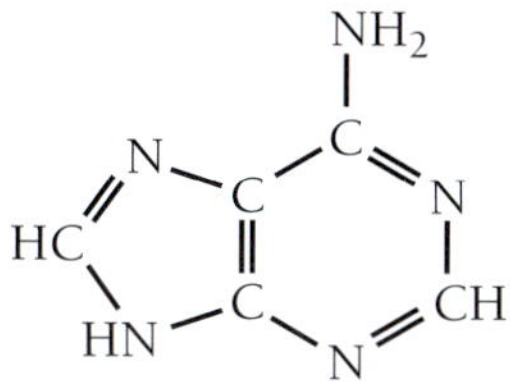
아데닌

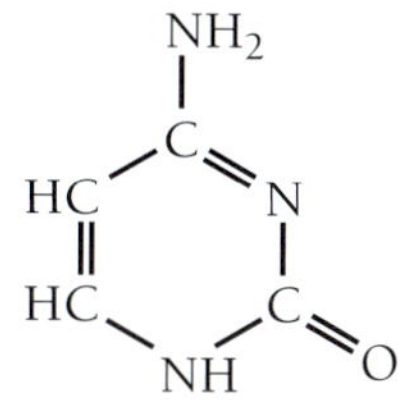
사이토신

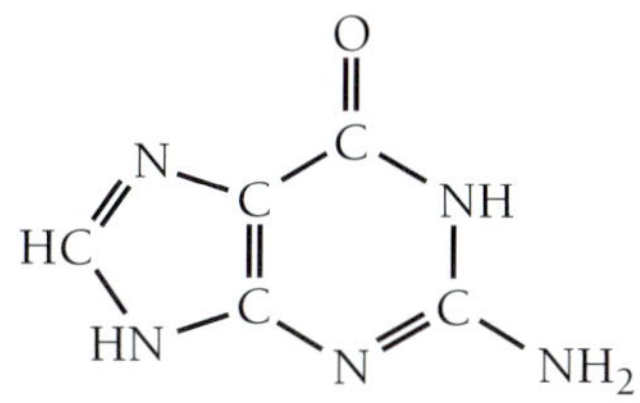
구아닌

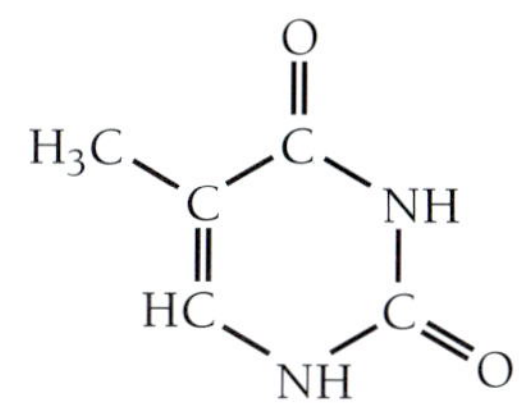
타이민

RNA에서는 유라실(uracil, U)이 티민을 대신한다.

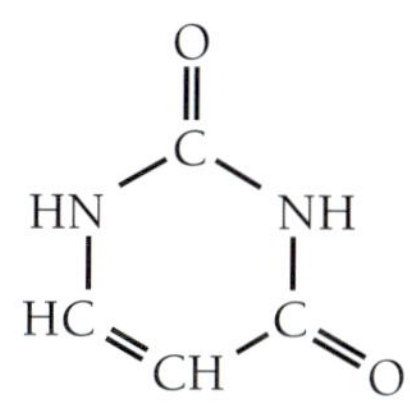
유라실

핵산 가닥의 염기 순서는 단백질의 아미노산 순서를 지정한다. 그러나 네 종류의 염기로 약 20가지의 아미노산을 지정해야 하기 때문에 단일 염기가 단일 아미노산을 암호화할 수는 없다. 하나의 아미노산을 암호화하려면 **코돈**(codon)이라는 3개의 뉴클레오타이드 염기 서열이 필요하다(그림 19.13). 특정 코돈에 의해 암호화되는 아미노산을 지정하는 유전 암호는 1961년에 발견되었다. 동일한 코돈이 거의 모든 유기체에서 동일한 아미노산을 지정하는 것은 보편적인 현상이다. 예를 들어 DNA에서 AGT 염기 서열은 세린이라는 아미노산을 암호화하고, TGA 염기 서열은 아미노산 중 트레오닌을 암호화한다. 이것은 쥐든 세균이든 인간이든 모두 동일한 현상이다.

▶ **그림 19.13 코돈.** 각각 염기와 결합하고 있는 뉴클레오타이드 3개의 서열을 코돈이라고 한다. 각 코돈은 하나의 아미노산을 지정한다.

유전자(gene)는 단일 단백질을 암호화하는 DNA 분자 내의 코돈 서열이다. 단백질의 크기는 아미노산의 개수가 50개에서 수천 개에 이르기까지 다양하므로 유전자의 길이도 코돈의 개수가 50개에서 수천 개까지 다양하다. 예를 들어 달걀흰자의 리소자임은 129개의 아미노산으로 구성된 단백질이다. 따라서 리소자임 유전자는 리소자임 단백질의 각 아미노산에 대한 129개의 코돈을 포함한다. 각 코돈은 하나의 아미노산을 지정하는 3개의 문자로 구성되어 있다. 올바른 수의 코돈을 올바른 순서로 연결하면 단백질의 아미노산 서열에 대한 정보가 담긴 유전자가 생긴다. 유전자는 세포의 핵 내 **염색체**(chromosome, 인간의 염색체는 46개)라는 구조에 포함되어 있다(그림 19.14).

▶ **그림 19.14 유전 물질의 구성**

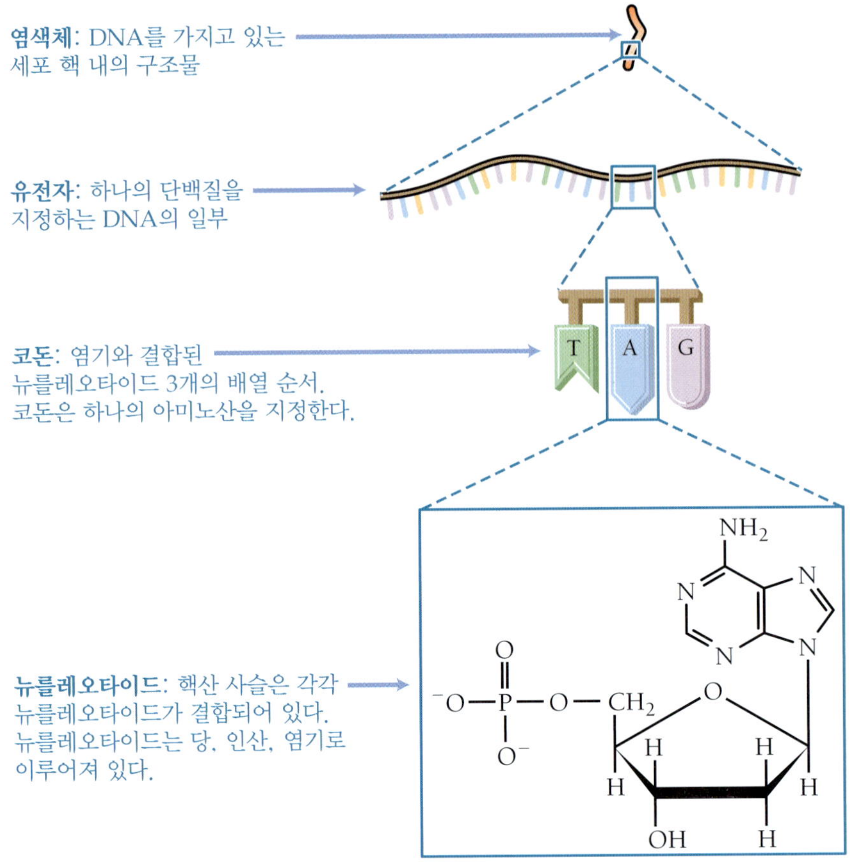

유전자에는 각 표준 아미노산에 대한 코돈이 있을 뿐만 아니라, 아미노산 서열이 시작되는 곳과 끝나는 곳을 알려주는 추가적인 코딩도 포함되어 있다.

확인문제 19.4

인슐린(51개의 아미노산)을 암호화하려면 DNA의 염기가 얼마나 필요한가?

(a) 17 (b) 20 (c) 51 (d) 153

19.8 DNA의 구조와 복제, 단백질 합성

▶ DNA 복제 및 단백질 합성 과정을 요약한다.

우리 몸의 세포는 대부분 우리가 필요로 하는 모든 단백질을 만드는 데 필요한 모든 유전자를 포함하고 있다. 즉 한 세포 내의 DNA는 완전하다. 그러나 각각의 특정 세포가 모든 유전자를 다 발현하는 것은 아니다. DNA의 유전자에 의해 표현할 수 있는 모든 단백질을 합성하지는 않는다. 세포는 자신의 기능에 중요한 단백질만 합성한다. 예를 들어 췌장 세포는 핵 내의 인슐린 유전자를 사용하여 인슐린을 합성한다. 그러나 케라틴 유전자가 췌장 세포의 핵 내에 포함되어 있음에도 불구하고 췌장 세포는 케라틴(모발 단백질)을 합성하지는 않는다. 반면에 두피 세포(췌장 세포와 마찬가지로 인슐린 유전자와 케라틴 유전자를 둘 다 가지고 있는)는 케라틴을 합성하지만 인슐린을 합성하지는 않는다. 결론적으로 세포는 자신의 기능에 필요한 특정 단백질만 합성한다. 인체 내의 모든 세포는 어떻게 완전한 DNA 복사본을 가질 수 있을까? 그 답은 DNA의 구조와 복제에 있다.

DNA 구조

세포는 모세포(parent cell)가 2개의 딸세포(daughter cell)로 나뉘면서 재생된다. 모세포는 나뉠 때 딸세포를 위한 완벽한 DNA 복사본을 만들어낸다. DNA가 스스로 복제하는 능력은 그 구조와 관련이 있다. DNA는 이중 가닥 나선(double-stranded helix) 형태로 핵에 보관되어 있다(그림 19.15). 각 DNA 가닥의 염기는 다른 가닥의 염기와 수소 결합을 형성하며 나선의 안쪽을 향해 있다. 그러나 염기 사이의 수소 결합이 무작위적으로 형성되지는 않는다. 각 염기는 다른 단 하나의 염기와 **상보적**(complementary)인 짝을 수 있다. 즉 서로 정확한 짝을 이룰 수 있다.

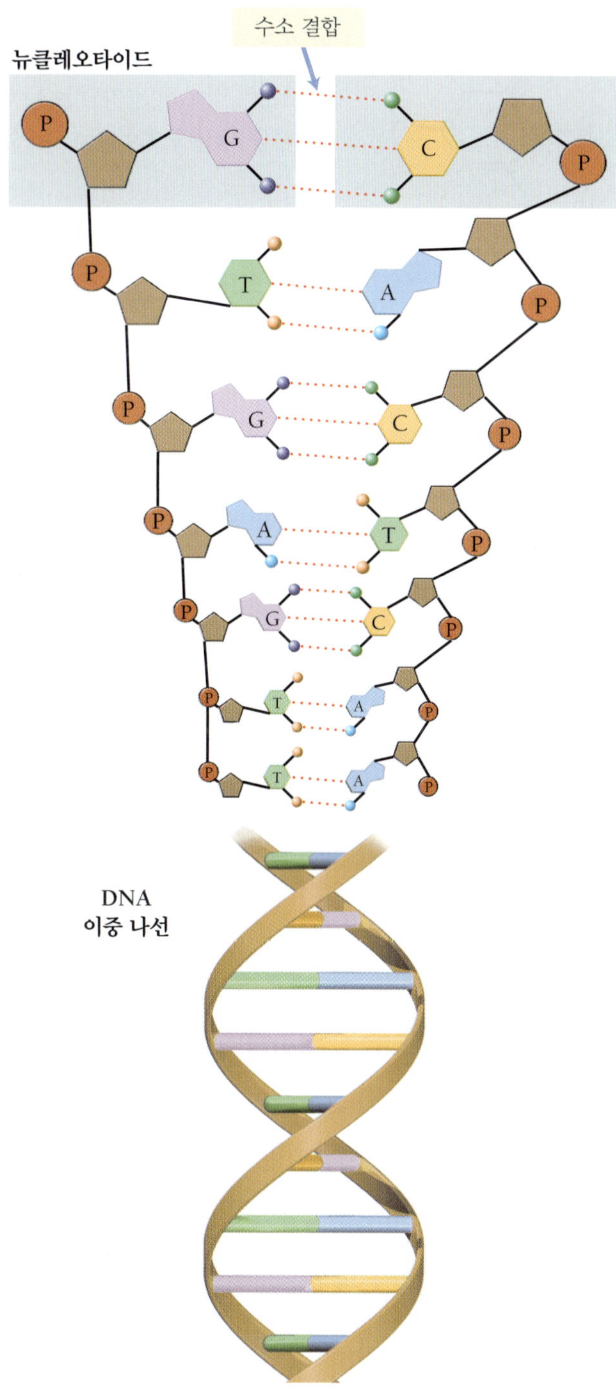

▶ **그림 19.15 DNA 분자의 구조.** DNA는 이중끈 나선 구조이며 각각의 가닥은 상보적이다.

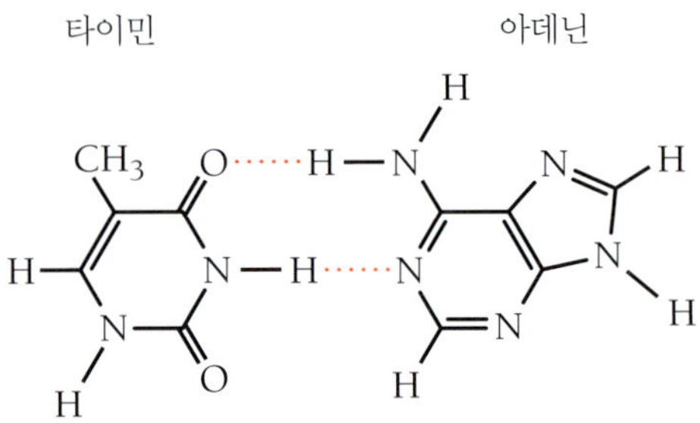

(a)

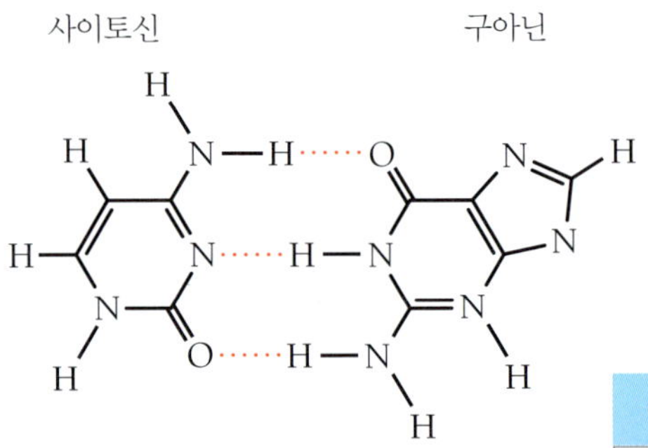

(b)

▲ **그림 19.16 상보성.** DNA의 상보적인 성질은 수소 결합을 통해 염기가 상호작용하는 독특한 방법과 관련이 있다. 아데닌은 타이민과 수소 결합을 하고 사이토신은 구아닌과 수소 결합을 한다.

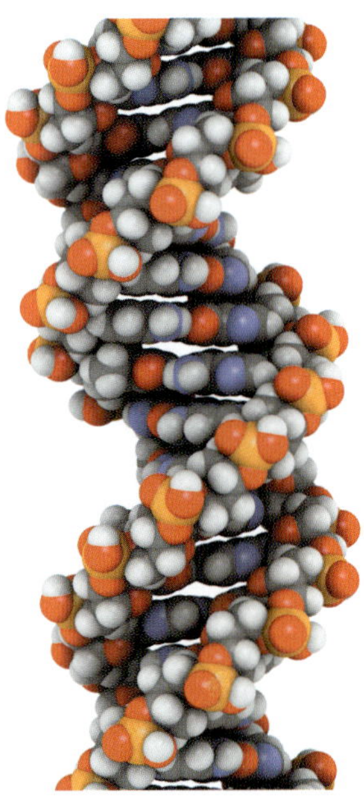

▲ 컴퓨터로 재현한 DNA 이중 나선 구조의 모델. 노란색 원자는 당과 인산으로 이루어진 사슬을 나타내고, 파란색 원자는 짝을 이룬 상보적인 염기를 나타낸다.

아데닌(A)은 오직 타이민(T)하고만 수소 결합을 형성하고, 사이토신(C)은 구아닌(G)하고만 수속 결합을 형성한다(그림 19.16). 예를 들어 DNA 일부가 다음 염기를 포함하고 있다고 가정해보자.

상보적인 가닥은 다음과 같은 염기 서열을 가진다.

2개의 상보적인 가닥은 나선 코일 내에 단단히 감겨 있는데, 이것이 그 유명한 DNA 이중 나선 구조이다.

예제 19.4 상보성 DNA 가닥

다음 DNA 가닥에 대해 상보적인 가닥의 염기 서열을 나타내시오.

답

염기 A는 염기 T와, 염기 C는 염기 G와 짝을 이룬다는 것을 떠올려 상보적인 가닥을 그린다.

▸ **연습문제 19.4 | 상보성 DNA 가닥**

다음 DNA 가닥에 대해 상보적인 가닥의 염기 서열을 나타내시오.

▸ **심화 학습** 복습문제 71, 72

DNA 복제

세포가 나뉠 때 핵 내 DNA가 풀리면서 상보적 염기를 연결하는 수소 결합이 끊어지고, 그 결과 2개의 모체 단일 가닥(single-parent strand)이 형성된다. 효소의 도움으로 각 모체 단일 가닥에 상보적인 딸 가닥(daughter strand)이 형성된다(올바른 상보적인 염기가 순서대로 배열됨)(그림 19-17). 각 가닥 사이의 수소 결합이 다시 형성되어 그 결과로 원래 DNA의 완전한 복사본 2개가 생성되며, 각 딸세포마다 하나씩 존재하게 된다.

▶ **그림 19.17** DNA 복제

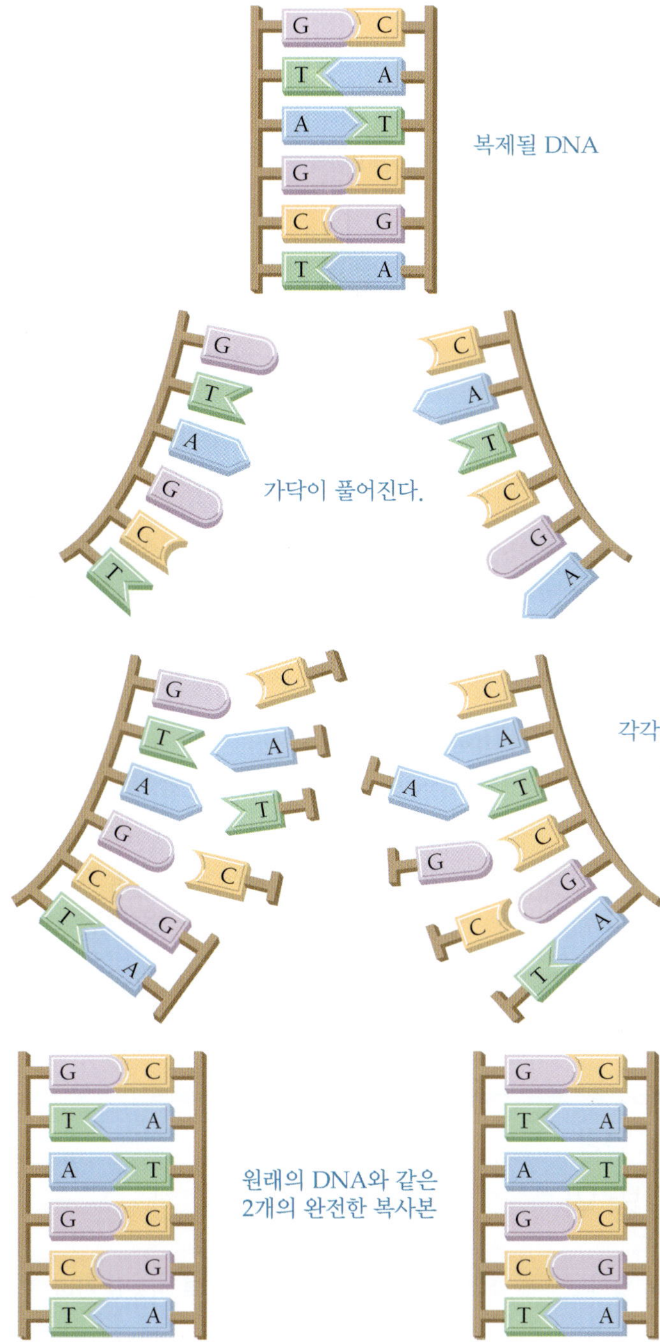

단백질 합성

인간을 포함한 동물은 섭취하는 식이 단백질에서 생존에 필요한 단백질을 합성해야 한다(우리가 섭취하는 식이 단백질과 우리에게 필요한 단백질이 다르다). 식이 단백질은 소화 과정에 의해 우리 몸을 구성하는 아미노산 단위로 분해된다. 이러한 아미노산은 유기체의 세포에서 특정 유기체에 필요한 올바른 단백질로 재구성된다. 그리고 핵산은 이 과정을 지시한다.

세포가 특정 단백질을 만들어야 할 때 유전자[특정 단백질을 암호화(coding)하는 DNA의 일부]가 풀린다. 유전자에 해당하는 DNA 부분은 다른 종류의 핵산인 **전령 RNA**(messenger RNA, mRNA) 형태로 해당 유전자의 상보적인 복사본의 합성을 위한 주형(template) 역할을 한다. mRNA는 세포 핵에서 세포질 내의 리보솜(ribosome)이라는 세포

▶ **그림 19.18 단백질 합성.** 단백질을 지정하는 mRNA 가닥은 리보솜을 통해 움직인다. 각 코돈에서 지정된 아미노산이 운반되어 앞에 있던 아미노산과 결합한다.

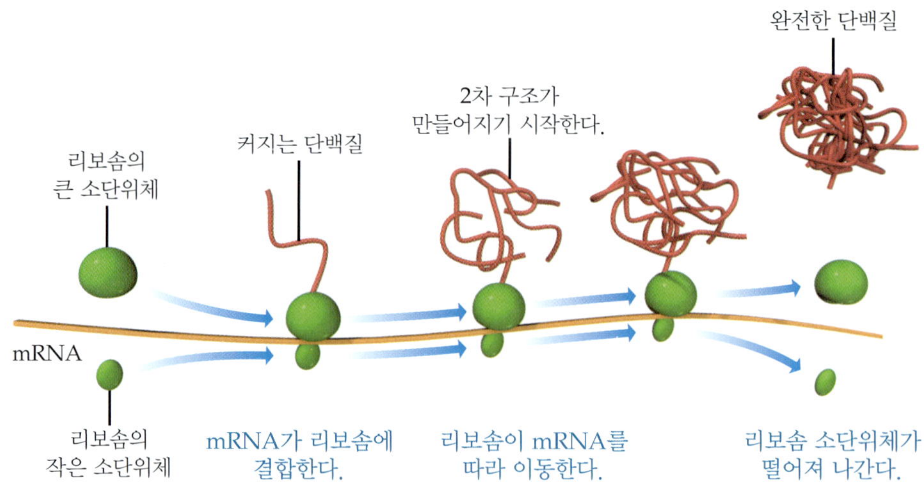

소기관으로 이동한다. 리보솜에서는 단백질을 합성한다. 단백질을 코딩하는 mRNA 사슬이 리보솜을 통과한다. 리보솜이 mRNA에 존재하는 각 코돈을 읽으면 각 코돈에 해당하는 아미노산이 위치하게 되고, 이전 아미노산과 펩타이드 결합을 형성한다(그림 19.18). mRNA가 리보솜을 통과하면서 단백질(또는 폴리펩타이드)이 형성된다.

요약

- DNA는 단백질의 아미노산 서열에 대한 정보를 암호화하고 있다.
- 코돈(염기를 포함하는 3개의 뉴클레오타이드)은 하나의 아미노산을 암호화한다.
- DNA는 4개의 염기로 구성되며, 각각의 염기는 다른 하나의 염기와 상보적이다.
- 유전자(코돈의 서열)는 하나의 단백질을 암호화한다.
- 염색체는 세포핵에서 발견되는 DNA 분자이다. 인간의 염색체는 46개이다.
- 세포가 분열할 때 각 딸세포는 모세포 핵 내 DNA의 완전한 복사본(인간의 경우 46개의

화학과 건강

당뇨병 약

당뇨병은 혈액으로부터 당의 흡수를 촉진하는 물질인 인슐린을 체내에서 충분히 만들지 못하기 때문에 생기는 병이다. 결과적으로 당뇨병 환자는 혈당이 높으며, 높은 혈당은 신부전증, 심근경색, 실명, 신경 손상 등 수많은 합병증을 가져올 수 있다. 당뇨병의 치료법 중 하나는 인슐린 주사이다. 인슐린을 주사함으로써 혈당 수준을 조절하는 데 도움을 되고 합병증의 위험을 줄일 수 있다. 그러나 인슐린은 인간의 단백질이며, 실험실에서 쉽게 합성할 수 없다. 그러면 당뇨병 환자는 생명을 구하는 인슐린을 어디서 얻을 수 있을까? 오랫동안 돼지와 소 등의 동물에서 인슐린을 얻었다. 동물 인슐린이 혈당 수치를 낮추는 데 효과가 있지만 일부 환자는 면역 거부 반응을 보였다.

오늘날 당뇨병 환자는 인간의 인슐린을 주사한다. 그렇다면 인간의 인슐린을 어디서 얻을까? 인슐린의 출처는 생명공학이 성공적으로 이용된 사례 중 하나이다. 과학자들은 인슐린 유전자를 건강한 사람의 세포 시료로부터 얻을 수 있었다. 그들은 이 유전자를 세균에 주입하고 세균의 유전체에 통합시켰다. 세균은 증식 과정에서 인슐린 유전자가 포함된 유전체를 자손에게 물려준다. 그 결과 인간의 인슐린 유전자를 모두 포함하고 있는 세균 군집을 얻을 수 있었다. 더욱 놀라운 것은 세균 내 화학 대사에 의해 유전자가 발현되어 세균은 유전자가 암호화하는 인간의 인슐린을 합성한다는 것이다. 세포 배양으로 얻은 인슐린은 병에 담겨 당뇨병 환자에게 전달된다. 오늘날 수많은 당뇨병 환자는 이렇게 만들어진 인간의 인슐린으로 당뇨병을 관리한다.

질문 모든 약을 이러한 방식으로 만들 수 있는가? 어떤 종류의 약을 이러한 방식으로 만들 수 있는가?

염색체)을 얻게 된다.

- 세포가 단백질을 합성할 때 해당 단백질을 암호화하는 유전자의 염기 서열이 mRNA 형태로 전달된다. mRNA는 리보솜으로 이동하고 아미노산이 올바른 순서로 결합하여 단백질이 합성된다. 일반적인 순서는 다음과 같다.

$$\text{DNA} \longrightarrow \text{RNA} \longrightarrow \text{단백질}$$

✔ 확인문제 19.5

다음 생물 분자 중 중합체가 아닌 것은 무엇인가?

(a) 단백질 (b) 스테로이드 (c) 핵산 (d) 다당류

19장 복습

자가진단 퀴즈

1. 다음 화합물 중 탄수화물은 무엇인가?

(a)

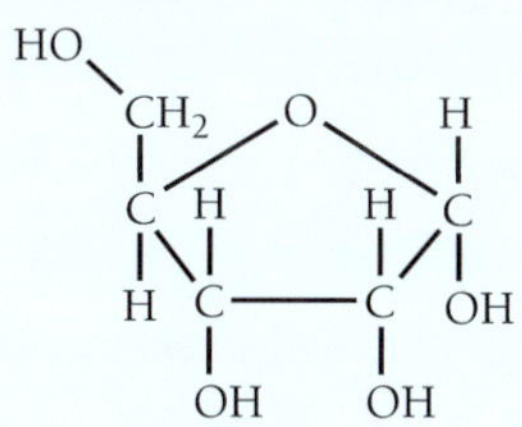

(b)

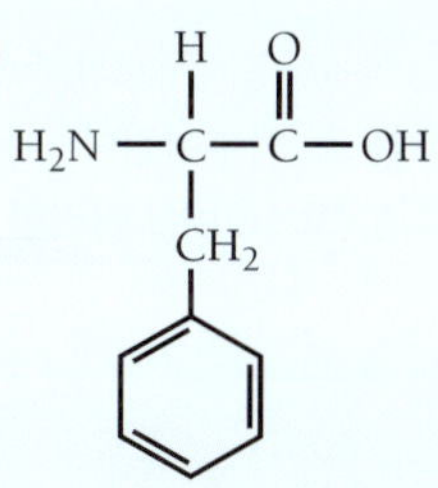

(c) $H_3C-CH_2-CH_2-CH_2-CH_2-CH_2-CH_2-CH_3$

(d)

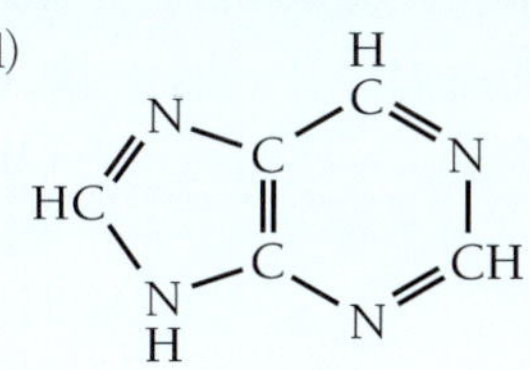

2. 다음 화합물 중 지질은 무엇인가?

(a)

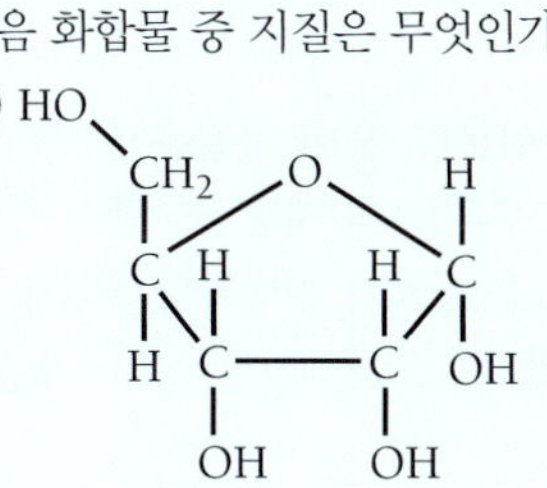

(b)

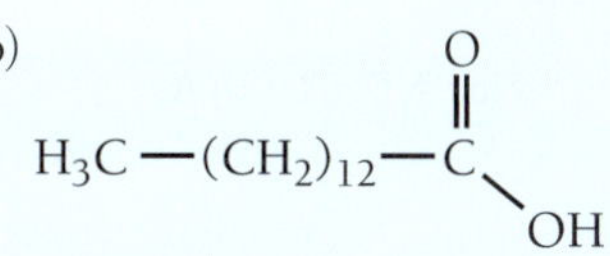

(c)

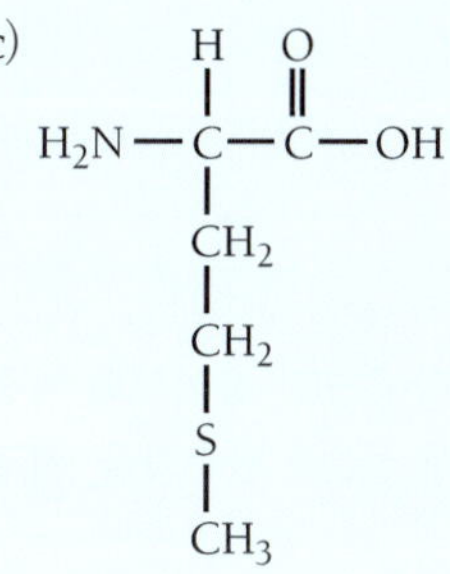

(d) $H_3C-CH_2-O-CH_2-CH_3$

3. 다음 화합물 중 아미노산은 무엇인가?

(a)

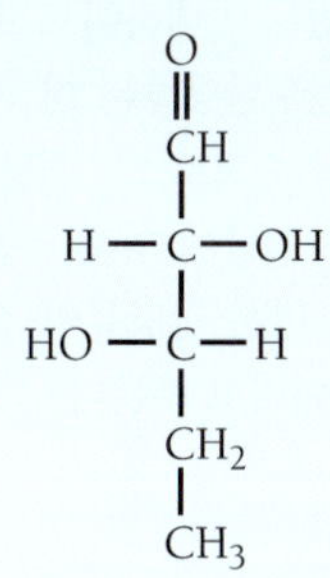

(b) $H_2N-CH_2-CH_2-CH_2-CH_2-CH_2-NH_2$

(c)

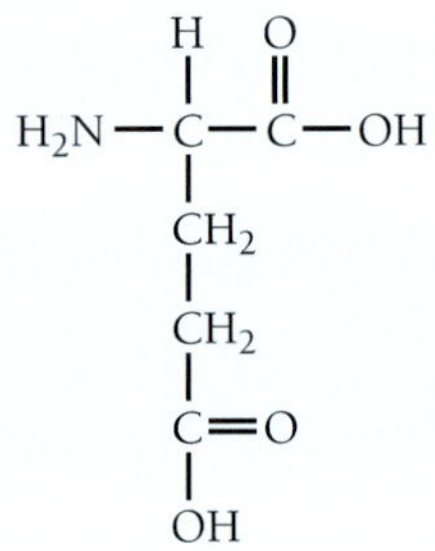

(d)

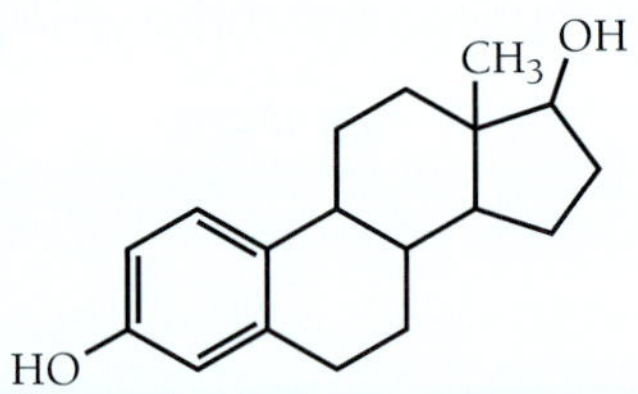

4. 단백질 사슬에 있는 아마노산의 배열 순서는 어떤 종류의 단백질 구조인가?
(a) 1차 구조 (b) 2차 구조 (c) 3차 구조 (d) 4차 구조

5. DNA의 어느 부분이 염기 ATTCGGAA를 포함하고 있다. 이 부분의 상보적인 가닥은 무엇인가?
(a) CGGATTCC (b) ATTCGGAA
(c) AAGGCTTA (d) TAAGCCTT

6. 코돈은 무엇에 대한 암호를 지정하는 DNA 내의 배열 순서인가?
(a) 아미노산 (b) 단백질 (c) 탄수화물 (d) 지방

7. 다음 중 단백질의 주요 기능과 관련이 없는 것은 무엇인가?
(a) 생화학 반응을 촉진하는 것
(b) 한 곳에서 다른 곳으로 물질이 이동하는 것
(c) 근육의 구조적 성분
(d) 앞의 보기 모두 아님(모두 단백질에서 비롯됨)

8. 핵산의 기본적인 기능은 무엇인가?
(a) 에너지 저장
(b) 단백질의 아미노산 서열을 암호화
(c) 산소 이동
(d) 대사 과정 조절

9. 펩타이드 결합은 어떤 형태의 생화학 화합물에서 생기는가?
(a) 지질 (b) 탄수화물 (c) 단백질 (d) 핵산

10. 186개의 아미노산을 포함하는 단백질이 있다. 여기에 있는 아미노산 모두를 암호화하는 데 필요한 뉴클레오타이드는 몇 개인가?
(a) 186 (b) 372 (c) 558 (d) 1

정답 1.a 2.b 3.c 4.a 5.d 6.a 7.d 8.b 9.c 10.c

화학 원리	관련 내용
세포	
세포는 보통 생명과 관련된 특성을 지닌 살아 있는 유기체의 가장 작은 구조적 단위이다. 세포의 주요 화학적 구성 성분은 탄수화물, 지질, 단백질, 핵산으로 구분할 수 있다.	세균과 같은 몇몇 살아 있는 유기체는 단세포로 이루어진다. 더욱 복잡한 유기체에서 세포들은 기관을 이루는 기본 요소이며, 이러한 기관이 모여서 유기체를 이루게 된다.
탄수화물	
탄수화물은 많은 수의 —OH기를 포함하고 있는 알데하이드 또는 케톤이다. 포도당(글루코스), 과당(프룩토스)과 같은 단당류는 더 간단한 탄수화물로 쪼개질 수 없는 탄수화물이다. 설탕(슈크로스), 젖당(락토스)과 같은 이당류는 2개의 단당이 글리코사이드 결합에 의해 결합되어 있다. 섬유소(셀룰로스), 녹말과 같은 다당류는 많은 단당류의 결합에 의해 이루어진다. 다당류는 보통 복합 탄수화물이라고 부른다.	살아 있는 유기체는 단기간의 에너지 저장을 위해 탄수화물을 이용한다. 복합 탄수화물은 식물의 구조적인 구성 성분을 이루기도 한다. 탄수화물은 주요 식품으로 사용된다. 설탕(슈크로스)은 이당류이고, 녹말과 섬유소(셀룰로스라고도 함)는 다당류이다.
지질	
지질은 세포의 화학적 성분으로 물에는 불용성이지만 무극성 용매에는 잘 용해된다. 중요한 지질은 지방산, 트라이글리세라이드, 인지질, 당지질, 스테로이드 등이다.	지질은 세포의 다양한 구조 성분을 이룬다. 또한 지질은 장기간의 에너지 저장과 단열에도 이용된다. 식품 중의 포화 지방, 즉 탄소 사슬에 이중 결합이 없는 트라이글리세라이드는 불포화 지방보다 뇌졸중과 심장 발작의 위험을 더욱 가중시키는 경향이 있다.

단백질

단백질은 아미노산의 중합체이다. 아미노산은 한쪽 끝에 아민기 1개, 다른 쪽 끝에 카복실기 1개가 있는 분자이다. 아민기와 카복실기 사이에 R기(곁사슬이라고 함)가 있는 중심 탄소가 있다. 아미노산은 한 아미노산 끝에 있는 아민과 다른 아미노산의 끝에 있는 카복실기가 반응하여 형성된 펩타이드 결합에 의해 서로 연결된다. 기능성 단백질은 수백 또는 수천 개의 아미노산으로 이루어져 있다.

단백질은 생명체의 일꾼 분자이다. 단백질은 수천 가지의 화학 반응을 가능하게 하는 생물 촉매(효소라 함)로 작용한다. 또한 근육, 피부, 연골 등의 구조적 구성 성분이 되기도 한다. 단백질은 혈액 중에서 산소를 운반하며, 질병과 싸우는 항체로 작용하기도 하고, 대사 작용을 조절하는 호르몬으로도 기능한다.

단백질 구조

1차 단백질 구조는 단백질 사슬 내에서 연속적으로 결합된 아미노산 배열 순서를 말한다.

2차 구조는 단백질에서 종종 발견되는 작은 규모로 반복되는 형태를 말한다. 2차 구조는 펩타이드 골격의 상호작용에 의해 유지되는데, 이 펩타이드 골격은 같은 사슬에 있거나 이웃하는 사슬에 있는 것으로 가까운 거리에서 만난다.

3차 구조는 단백질이 큰 규모로 접히거나 꼬인 부분을 말하며, 연속된 사슬에서 멀리 떨어져 있는 아미노산의 R기 간 상호작용에 의해 유지된다.

4차 구조는 단백질 사슬의 배열을 말한다. 4차 구조는 각 사슬의 아미노산 간 상호작용에 의해 유지된다.

단백질의 구조는 그 기능에 중요하다. 단백질의 형태는 다른 분자 구조와 어떻게 상호작용하는지를 대부분 결정한다. 단백질 구조는 사슬 내의 아미노산 배열 순서와 아미노산이 다른 아미노산과 어떻게 상호작용하는지에 따라 결정된다.

핵산, DNA 복제, 단백질 합성

DNA와 RNA를 포함한 핵산은 뉴클레오타이드의 중합체이다. DNA에서 각각의 뉴클레오타이드는 네 종류의 염기[아데닌(A), 사이토신(C), 타이민(T), 구아닌(G)] 중 하나를 포함하고 있다. 이러한 염기 순서는 단백질 내 아미노산의 배열 순서를 지정하는 암호를 포함한다. 코돈은 아미노산을 지정하는 암호로 3개의 염기 서열로 이루어진다. 유전자는 수백 또는 수천 개 코돈의 배열로 이루어지며 단백질을 지정한다. 유전자는 염색체라는 세포 내 구조 속에 들어 있다.

DNA의 완전한 복사본은 DNA 복제를 통해 모세포로부터 딸세포로 전달된다. 이 과정에서 세포 내에 있는 DNA의 상보적 가닥 2개가 풀리고 원래의 가닥과 상보적인 새로운 가닥 2개가 합성된다. 이러한 방식으로 DNA의 완전한 복사본 2개가 만들어져 각 딸세포에 하나씩 들어간다.

한 세포가 단백질을 합성할 때 단백질을 지정하는 유전자의 염기 서열은 mRNA로 전달된다. mRNA는 리보솜으로 나가고, 거기서 단백질 합성을 위해 아미노산이 바른 순서로 결합한다. 일반적인 단백질 합성 순서는 DNA $\longrightarrow$ RNA $\longrightarrow$ 단백질이다.

DNA는 단백질을 합성하기 위한 지침을 포함하고 있으며, 단백질은 생명체 내의 일꾼 분자이기 때문에 우리의 DNA는 우리가 무엇이고 누구인지에 관한 많은 것을 결정한다. 인간은 대부분의 DNA가 같기 때문에 기본적으로 같은 신체 구조, 같은 기관, 같은 대사 과정을 가진다. 인간들의 차이점은 DNA의 아주 작은 차이 때문에 생겨난다. 최근 들어 과학자들은 DNA를 조작하고 변화시키는 방법을 알아냈다. 그리고 이러한 방법으로 DNA에서 유래한 생명체를 조작하고 변화시킬 수 있게 되었다.

핵심 용어

구상 단백질	다당류	단순 당	리보핵산
글리코사이드 결합	다이펩타이드	단순 탄수화물	베타-병풍
글리코젠	단당류	당지질	복합 탄수화물
뉴클레오타이드	단백질	데옥시리보핵산	불포화 지방

상보적	알파-나선	지방산	핵
생화학	에스터 결합	지질	핵산
섬유상 단백질	염색체	지질 이중층	효소
섬유소	유전자	측쇄	1차 구조
세포	이당류	코돈	2차 구조
세포막	인간 유전체	탄수화물	3차 구조
세포질	인지질	트라이글리세라이드	4차 구조
스테로이드	전령 RNA	펩타이드 결합	R기
아미노산	전분	폴리펩타이드	

학습 점검 문제

기초문제

1. 인간 유전체 사업이란 무엇인가? 인간 유전체 사업을 통해 알게 된 놀라운 점 하나는 무엇인가?
2. 인간 유전체 사업을 통해 기대되는 점은 무엇인가?
3. 세포가 무엇인지 설명하고 그 화학적인 조성을 나열하시오.
4. 탄수화물이란 무엇인가? 살아 있는 유기체에서 탄수화물의 기능은 무엇인가?
5. 포도당은 물에 용해되는가? 어떻게 알 수 있는가? 그것이 왜 중요한가?
6. 단당류, 이당류, 다당류의 차이점을 설명하시오.
7. 소화될 때 이당류와 다당류에서 무슨 일이 일어나는가?
8. 단순 당과 복합 탄수화물의 차이점은 무엇인가?
9. 녹말과 섬유소(셀룰로스)의 차이점은 무엇인가? 이 차이점의 결과로 소화에서 어떤 차이가 생기는가?
10. 지질이란 무엇인가? 중요한 지질의 기능은 무엇인가?
11. 지방산이란 무엇인가? 지방산의 일반적인 구조를 그리시오.
12. 포화 지방산과 불포화 지방산의 차이점은 무엇인가?
13. 트라이글리세라이드란 무엇인가? 트라이글리세라이드의 일반적인 구조를 그리시오.
14. 구조와 특성의 관점에서 포화 지방과 불포화 지방의 차이점을 설명하시오.
15. 인지질과 당지질이란 무엇인가? 어떤 공통적인 성질이 있는가?
16. 신체 내에서 인지질과 당지질의 주요 기능은 무엇인가?
17. 스테로이드란 무엇인가? 신체 내에서 스테로이드의 기능은 무엇인가?
18. 단백질이란 무엇인가?
19. 살아 있는 유기체에서 단백질의 주요 기능은 무엇인가?
20. 아미노산이란 무엇인가? 아미노산의 일반적인 구조를 그리시오.
21. 아미노산은 다른 아미노산과 어떻게 다른가?
22. 펩타이드 결합이란 무엇인가?
23. 2개의 일반적인 아미노산은 어떻게 펩타이드 결합을 형성하는가?
24. 무엇이 단백질의 형태를 결정하는가? 단백질의 형태는 왜 중요한가?
25. 1차 단백질 구조란 무엇인가? 어떤 종류의 상호작용에 의해 1차 단백질 구조가 유지되는가?
26. 2차 단백질 구조란 무엇인가? 어떤 종류의 상호작용에 의해 2차 단백질 구조가 유지되는가?
27. 3차 단백질 구조란 무엇인가? 어떤 종류의 상호작용에 의해 3차 단백질 구조가 유지되는가?
28. 4차 단백질 구조란 무엇인가? 어떤 종류의 상호작용에 의해 4차 단백질 구조가 유지되는가?
29. α-나선 구조와 β-병풍 구조를 설명하시오.
30. 핵산이란 무엇인가?
31. 핵산의 주요 기능은 무엇인가?
32. 핵산의 두 가지 주요 형태는 무엇인가?
33. DNA 내에서 볼 수 있는 네 종류의 염기는 무엇인가?
34. 코돈이란 무엇인가?
35. 유전 암호란 무인가?
36. 다른 유기체에서 유전 암호는 서로 다른가?
37. 유전자란 무엇인가?
38. 한 단백질에 300개의 아미노산이 포함되어 있다면 그것을 지정하는 유전자에는 몇 개의 뉴클레오타이드가 있는가?
39. 염색체란 무엇인가?
40. 인체에 있는 대부분의 세포는 인간에게 필요한 모든 단백질에 대한 유전자를 포함하고 있는가?
41. 인체에 있는 대부분의 세포는 가지고 있는 유전자에 대한 모든 단백질을 합성하는가?
42. DNA 복제는 어떻게 일어나는지 설명하시오.
43. 다음 염기에서 상보적 염기는 무엇인가?
    (a) 아데닌(A) (b) 타이민(T)
    (c) 사이토신(C) (d) 구아닌(G)
44. 단백질 합성은 어떻게 일어나는지 설명하시오.

* 파란색으로 표시된 문제는 이 책 말미에 해답이 제시되어 있다.

복습문제

탄수화물

45. 다음 분자 중 탄수화물을 밝히고, 탄수화물이라면 단당류, 이당류, 삼당류로 분류하시오.

(a)

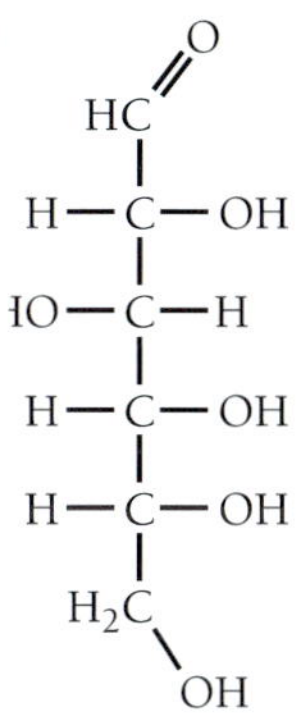

(b)

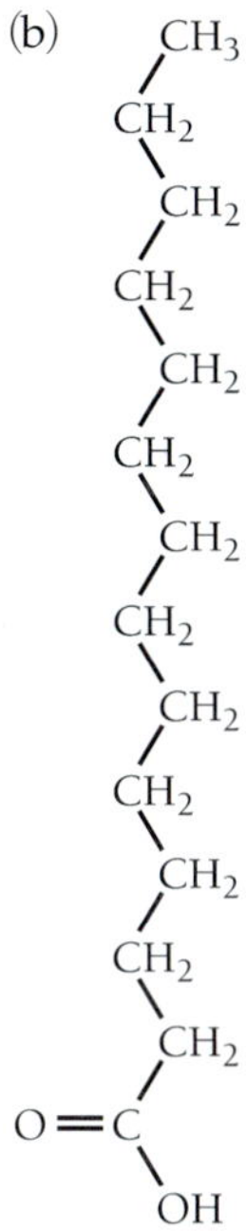

(c)

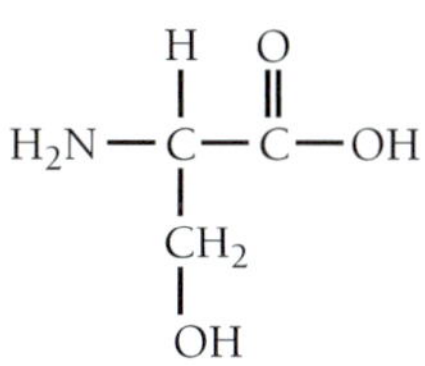

(d)

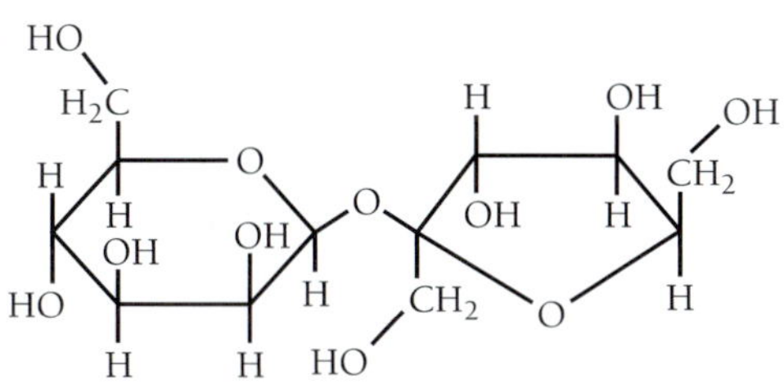

46. 다음 분자 중 탄수화물을 밝히고, 탄수화물이라면 단당류, 이당류, 삼당류로 분류하시오.

(a)

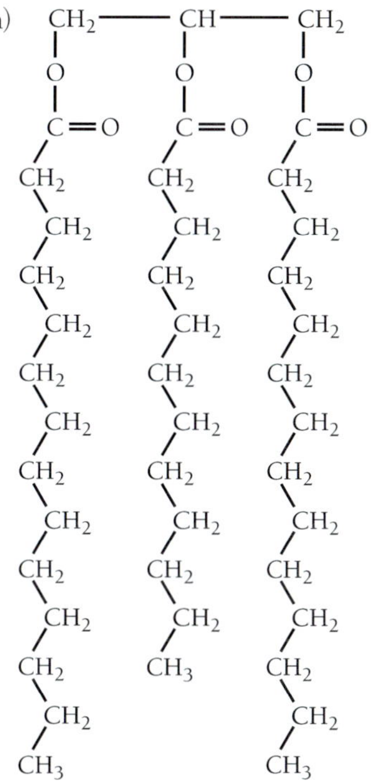

(b)

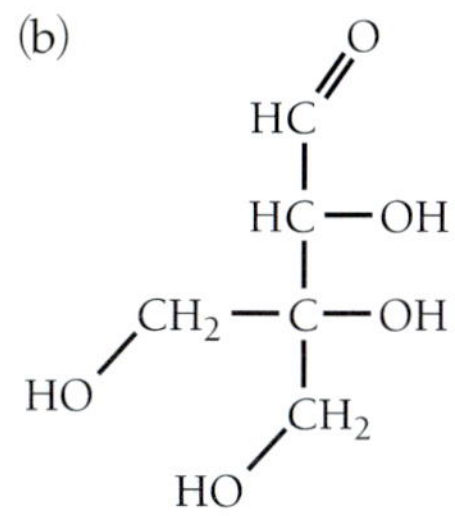

(c)

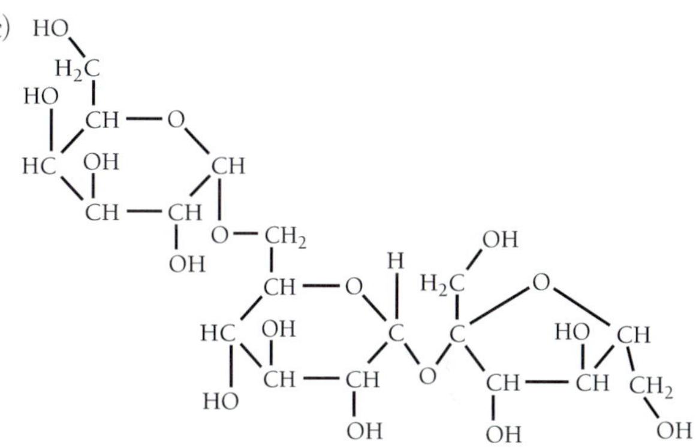

(d)

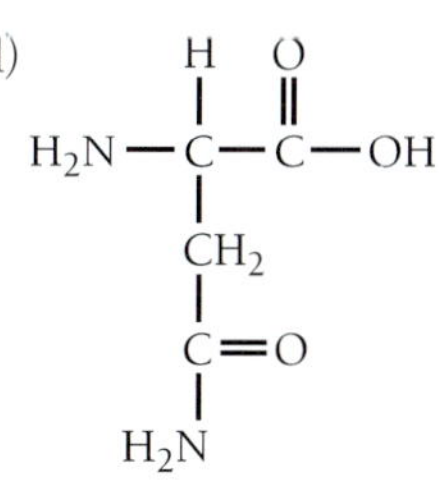

47. 다음 각 탄수화물을 삼탄당, 사탄당, 오탄당 등으로 분류하시오.

(a) 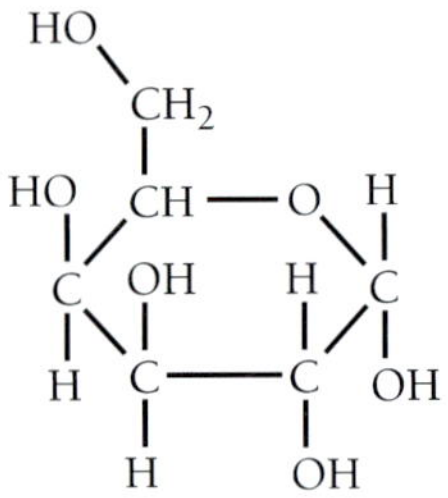

(b) 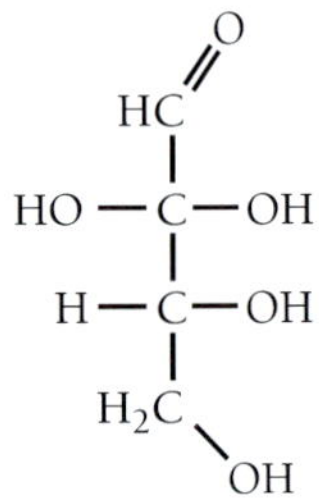

(c) 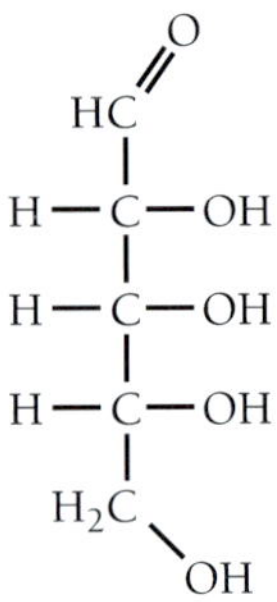

(d) 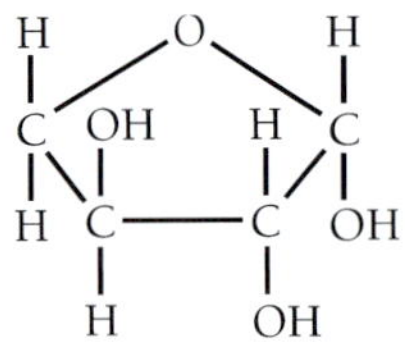

48. 다음 각 탄수화물을 삼탄당, 사탄당, 오탄당 등으로 분류하시오.

(a) 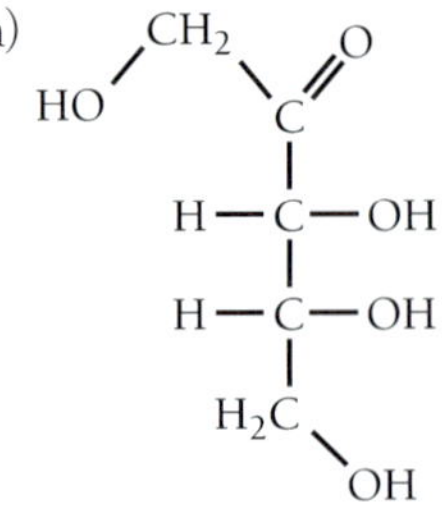

(b) 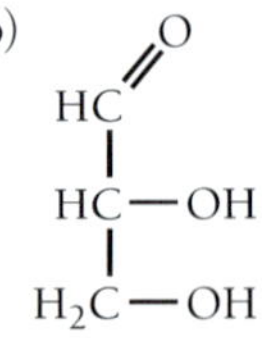

(c) 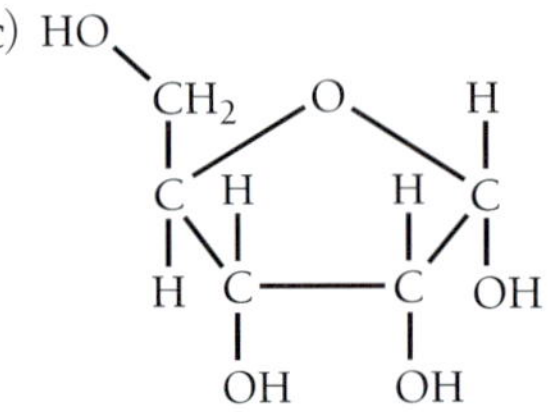

(d) 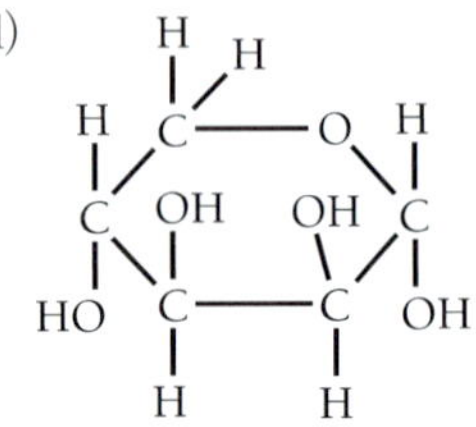

49. 리보스의 구조를 사슬 형태와 고리 형태로 그리시오.

50. 갈락토스의 구조를 고리 구조로 그리시오. 과당과 갈락토스는 이성질체인가?

51. 설탕(슈크로스)의 구조를 그리시오. 이당류에 속하는 설탕 중 포도당과 과당 고리를 표시하시오.

52. 젖당(락토스)의 구조를 그리시오. 이당류에 속하는 젖당 중 포도당과 갈락토스 고리를 표시하시오.

지질

53. 다음 분자 중 지질을 밝히고, 그 종류가 지방산이나 트라이글리세라이드라면 포화 또는 불포화로 분류하시오.

(a) 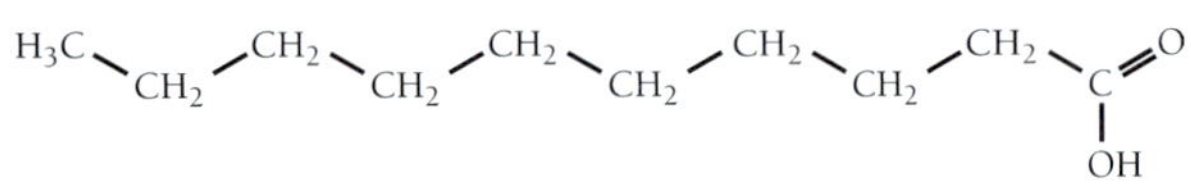

(b) 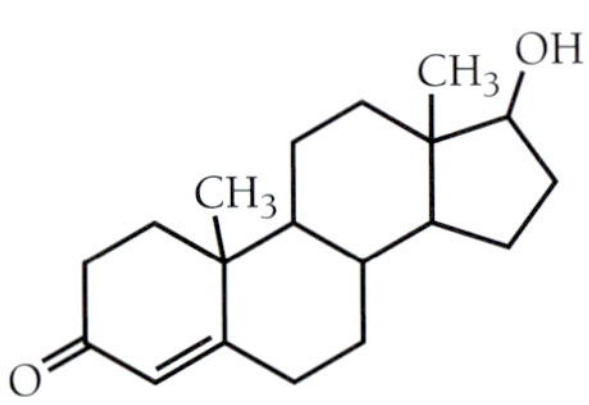

(c) 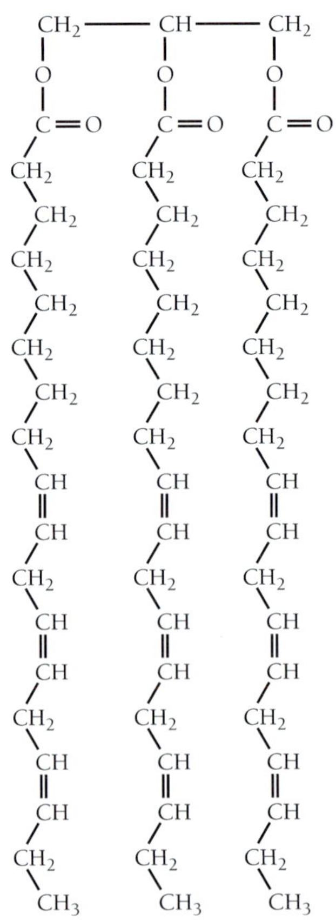

(d)

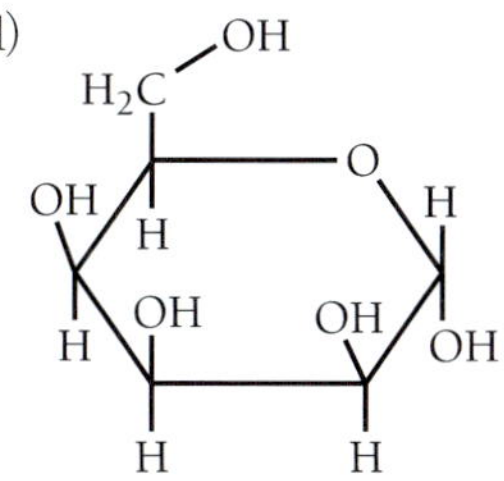

54. 다음 분자 중 지질을 밝히고, 그 종류가 지방산이나 트라이글리세라이드라면 포화 또는 불포화로 분류하시오.

(a)

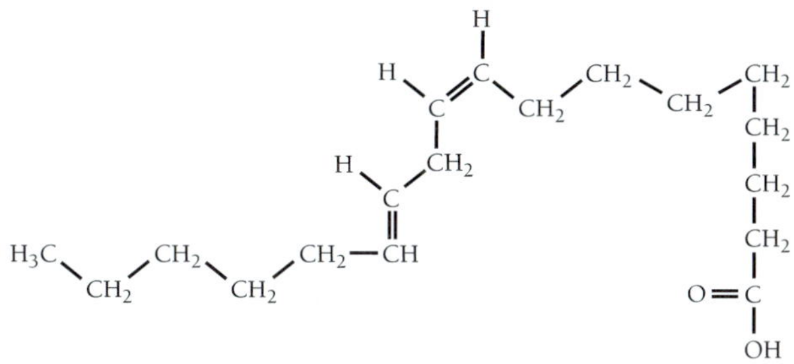

(b)

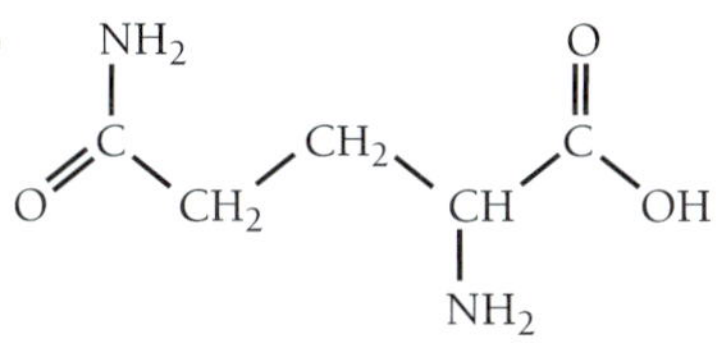

(c)

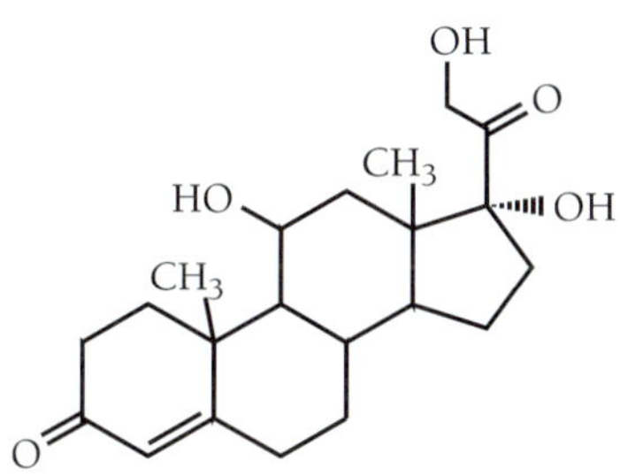

(d)

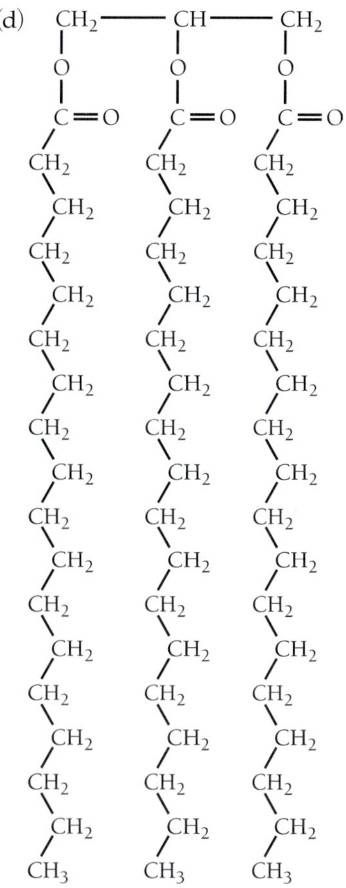

55. 트라이글리세라이드의 모형도를 그리시오.

56. 인지질의 모형도를 그리시오. 인지질은 트라이글리세라이드와 어떻게 다른가?

57. 미리스트산과 글리세롤의 반응으로 생성되는 트라이글리세라이드의 구조를 그리시오.

58. 올레산과 글리세롤의 반응으로 생성되는 트라이글리세라이드의 구조를 그리시오.

아미노산과 단백질

59. 다음 각 분자가 아미노산인지 아닌지 밝히시오.

(a)

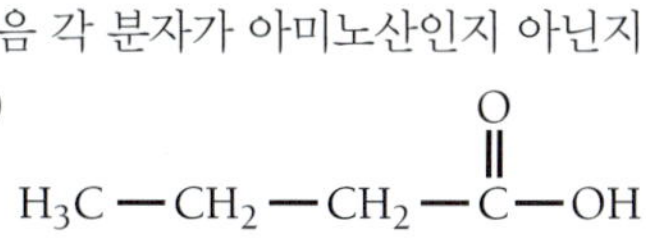

(b)

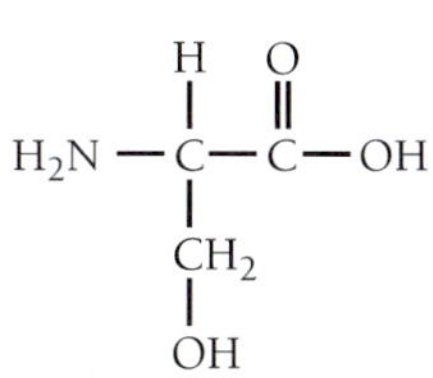

(c)

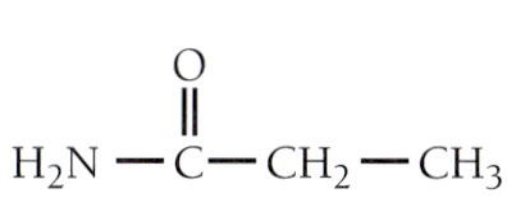

(d)

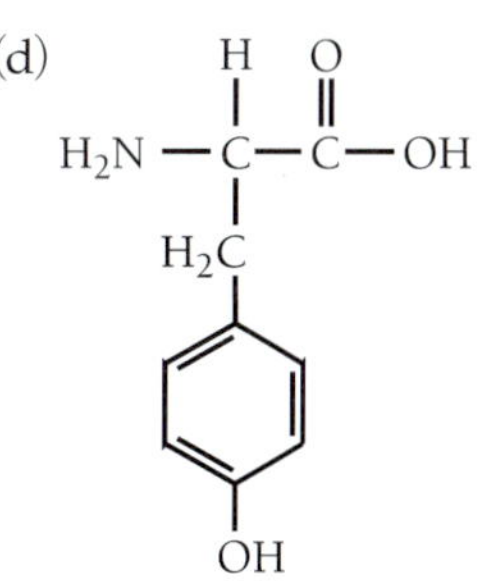

60. 다음 각 분자가 아미노산인지 아닌지 밝히시오.

(a)

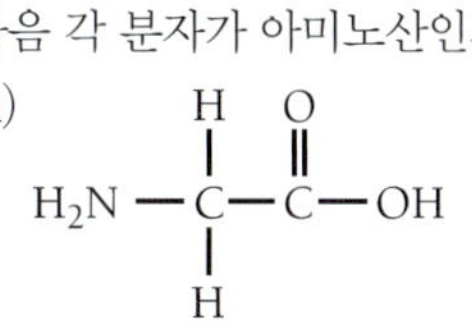

(b) 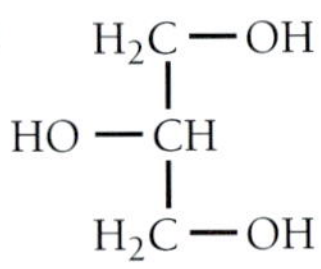

(c) 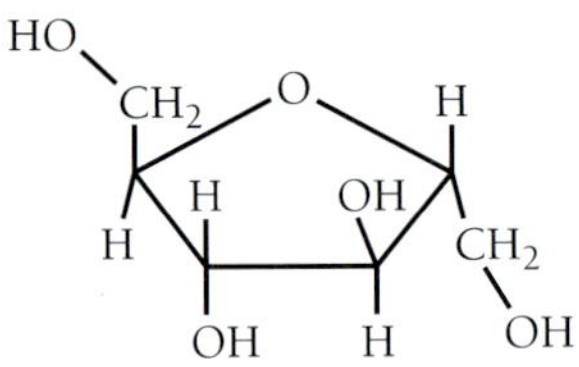

(d) 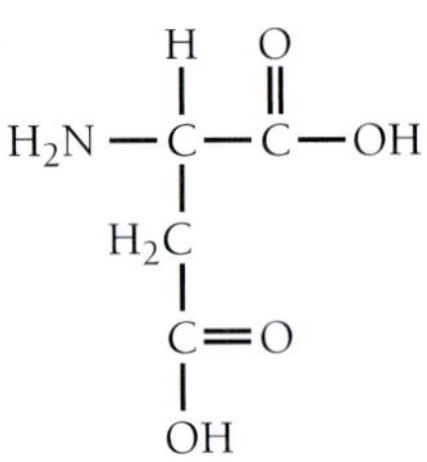

61. 아이소류신과 세린이 반응하여 펩타이드 결합을 형성하는 것을 그림으로 나타내시오.

62. 발린과 라이신이 반응하여 펩타이드 결합을 형성하는 것을 그림으로 나타내시오.

63. 다음 각 트라이펩타이드의 구조를 그리시오.
(a) leu-ala-gly (b) val-thr-lys (c) gly-phe-ser

64. 다음 각 트라이펩타이드의 구조를 그리시오.
(a) thr-glu-leu (b) glu-tyr-ser (c) ala-ser-val

65. 단백질 가닥의 타이로신은 32개 아미노산 단위만큼 떨어진 아스파트산과 수소 결합을 형성한다. 그 결과 단백질의 접힘이 생기는데, 이는 단백질의 어떤 구조(1차, 2차, 3차, 4차)에 해당하는가?

66. 한 단백질 가닥 위에 있는 한 아미노산이 4개의 아미노산 단위만큼 떨어진 다른 아미노산과 수소 결합을 이루고 있다. 사슬 위의 다음 아미노산 역시 그로부터 4개의 아미노산 단위만큼 떨어진 아미노산과 수소 결합을 이루고 있다. 단백질 사슬의 상당한 부분에 걸쳐서 이러한 형태가 반복된다. 단백질에서 생겨나는 이러한 형태는 어떤 구조(1차, 2차, 3차, 4차)에 해당하는가?

67. 다음은 한 단백질의 일부분으로 아미노산 배열 순서이다. 이 구조는 어떤 구조(1차, 2차, 3차, 4차)에 해당하는가?

-lys-glu-thr-ala-ala-ala-lys-phe-glu-

68. 한 특정 단백질이 개별적인 아미노산 사슬 2개로 이루어져 있다. 이 두 사슬이 만나 상호작용을 한다면 어떤 구조(1차, 2차, 3차, 4차)에 해당하는가?

핵산

69. 다음 중 뉴클레오타이드를 밝히고, 뉴클레오타이드라면 A, T, C, G로 분류하시오.

(a) 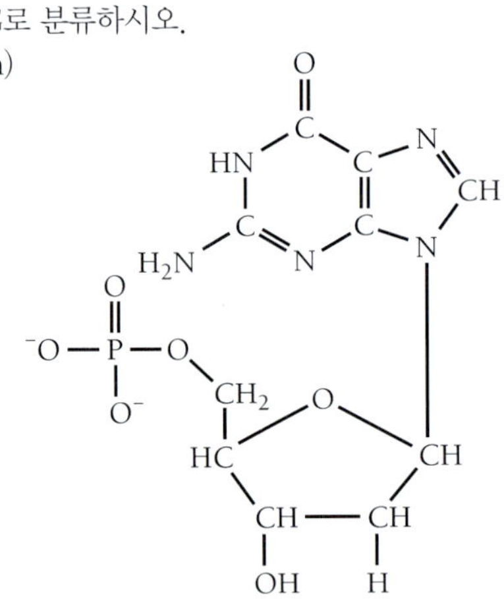

(b) 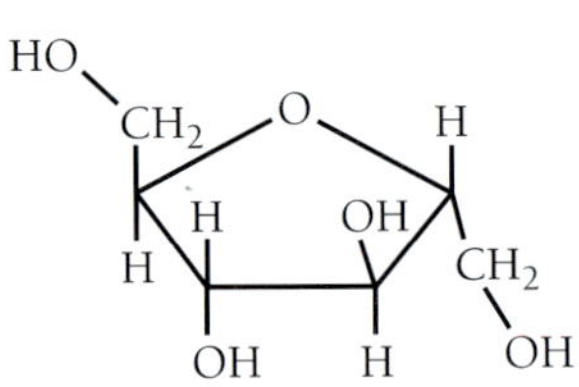

(c) 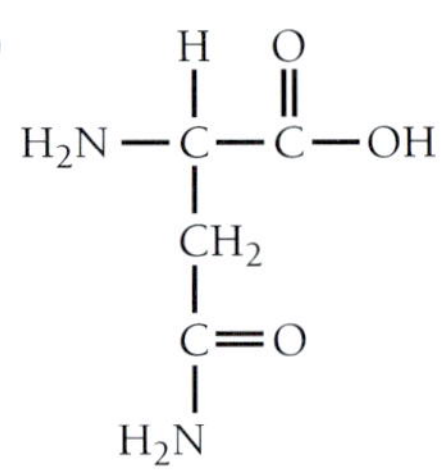

(d) 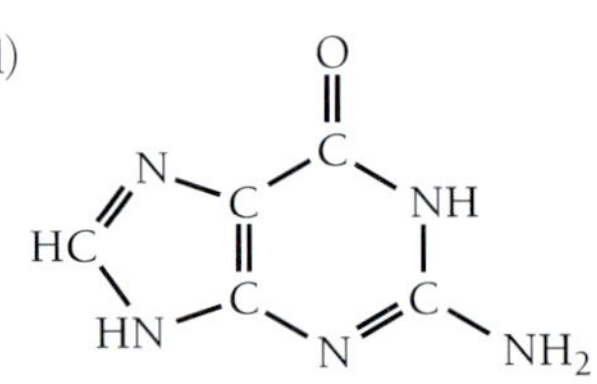

70. 다음 중 뉴클레오타이드를 밝히고, 뉴클레오타이드라면 A, T, C, G로 분류하시오.

(a) 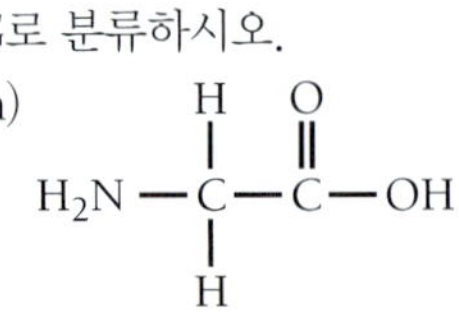

(b)

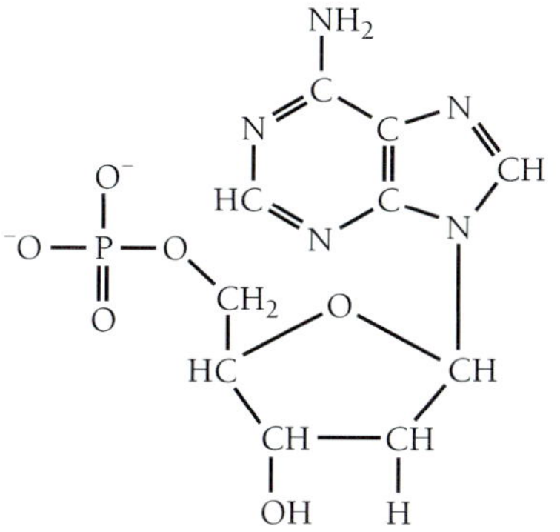

(c)

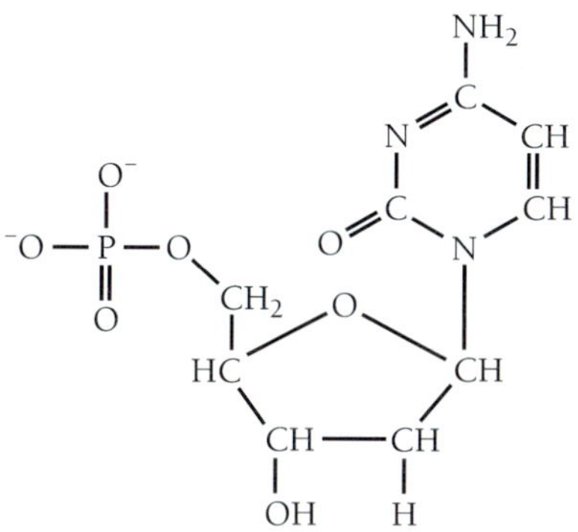

(d)

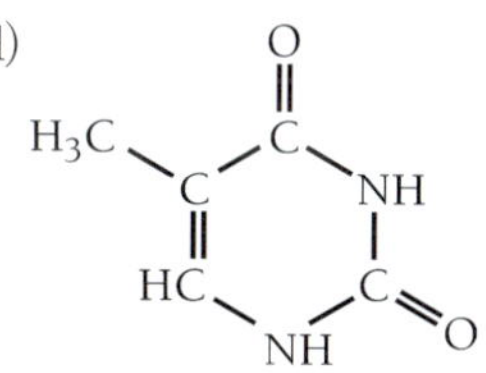

71. 다음 DNA 가닥의 상보적인 가닥을 그리시오.

72. 다음 DNA 가닥의 상보적인 가닥을 그리시오.

73. 다음과 같은 DNA의 한 부분이 복제되어 2개의 복사본을 형성하는 것을 단계적으로 밝히시오.

74. 다음과 같은 DNA의 한 부분이 복제되어 2개의 사본을 형성하는 것을 단계적으로 밝히시오.

심화문제

75. 다음 각 생화학 물질의 결합을 짝지으시오.

(a) 글리코사이드 결합
(b) 펩타이드 결합
(c) 에스터 결합

- 단백질
- 트라이글리세라이드
- 탄수화물

76. 다음 각 생중합체 물질의 단량체를 짝지으시오.

(a) 뉴클레오타이드
(b) 당류
(c) 아미노산

- 단백질
- DNA
- 녹말

77. 살아 있는 유기체 내에서 다음 각 생화학 물질의 기능을 고르시오.

(a) 포도당 (b) DNA
(c) 인지질 (d) 트라이글리세라이드

- 세포막을 구성한다.
- 장기간 에너지를 저장한다.
- 단기간 에너지를 저장한다.
- 단백질을 나타내는 청사진이다.

78. 살아 있는 유기체 내에서 다음 각 생화학 물질의 기능을 고르시오.

(a) 단백질 (b) 섬유소(셀룰로오스) (c) RNA

- (다른 것들 가운데서) 효소로 작용한다.
- 단백질 합성에 동반된다.
- 식물의 구조 성분이다.

79. 다음 각 용어를 바르게 설명한 것을 고르시오.

(a) 코돈 (b) 유전자 (c) 인간 유전체 (d) 염색체

- 하나의 단백질을 지정한다.
- 하나의 아미노산을 지정한다.
- 인간의 모든 유전 물질이다.
- 유전자를 포함하는 구조물이다.

80. 다음 각 용어를 바르게 설명한 것을 고르시오.

(a) 오탄당(펜토스) (b) 다이펩타이드
(c) 다이글리세라이드 (d) 지방산

- 긴 탄화수소 R기를 가지고 있는 카르복시산
- 2개의 아미노산이 펩타이드 결합에 의해 결합된 것
- 2개의 지방산이 결합하고 있는 글리세롤 분자
- 5개의 탄소로 이루어진 당

81. 아미노산 중 하나인 알라닌의 축약 구조식은 다음과 같다. 각 내부 원자에 대해 VSEPR 기하 구조를 밝히고, 분자의 삼차원적 구조를 그림으로 나타내시오.

$$NH_2CH(CH_3)COOH$$

82. 아미노산 중 하나인 트레오닌의 축약 구조식은 다음과 같다. 각 내부 원자에 대해 VSEPR 기하 구조를 밝히고, 분자의 삼차원적 구조를 그림으로 나타내시오.

$$NH_2CH(CH(CH_3)OH)COOH$$

83. 아미노산은 비대칭적이기 때문에 특정 순서로 배열된 아미노산으로 이루어진 펩타이드는 아미노산의 배열 순서가 반대인 펩타이드와 다르다. 예를 들어 gly-ala은 ala-gly와 다르다. 이 두 다이펩타이드의 구조를 그리고, 서로 어떻게 다른지 밝히시오.

84. 세 아미노산 thr, gly, ala로부터 만들 수 있는 모든 폴리펩타이드를 약자로 작성하시오.

85. 단백질 내 아미노산의 배열 순서를 구하려면 단백질을 다양한 시약으로 처리하여 단백질을 더 작은 조각으로 쪼갠 후 각 조각의 아미노산 배열 순서를 알아낸다. 11개의 아미노산으로 이루어진 폴리펩타이드를 한 시약으로 처리하면 다음과 같은 조각을 얻는다.

trp-glu-val, gly-arg, ala-ser-phe-gly-asn-lys

같은 폴리펩타이드를 다른 시약으로 처리하면 다음과 같은 조각을 얻는다.

gly-asn-lys-trp, glu-val, gly-arg-ala-ser-phe

이 폴리펩타이드의 아미노산 배열 순서는 무엇인가?

86. 특정 폴리펩타이드를 한 시약(85번 문제에서 설명)으로 처리하면 다음과 같은 조각을 얻는다.

asp-thr-ala-trp, gly-glu-ser-lys, trp-arg

같은 폴리펩타이드를 다른 시약으로 처리하면 다음과 같은 조각을 얻는다.

thr-ala-trp, gly-glu, ser-lys-trp-arg-asp

이 폴리펩타이드의 아미노산 배열 순서는 무엇인가?

87. 케라틴 단백질은 520개의 아미노산을 포함하고 있다. 인슐린 내의 모든 아미노산을 지정하려면 얼마나 많은 DNA 염기가 필요한가?

88. 153개의 아미노산을 포함하고 있는 미오글로빈 부사슬이 있다. 이 부사슬 내의 아미노산을 모두 지정하려면 몇 개의 DNA 염기쌍이 필요한가?

89. 물에 단백질 25.88 mg을 녹여 전체 부피가 30.0 mL가 되도록 희석해서 어떤 용액이 있다. 이 용액의 삼투압은 25 ℃에서 517.3 Pa이다. 단백질의 몰질량은 얼마인가? [용액의 삼투압은 다음 식으로 구한다. 삼투압 = $M \times R \times T$(M은 용액의 몰농도, R은 기체 상수, T는 켈빈온도]

90. 물에 단백질 38.55 mg을 녹여 전체 부피가 30.0 mL가 되도록 희석해서 만든 용액이 있다. 이 용액의 삼투압은 25 ℃에서 873.3 Pa이다. 단백질의 몰질량은 얼마인가? [용액의 삼투압은 다음 식으로 구한다. 삼투압 = $M \times R \times T$(M은 용액의 몰농도, R은 기체 상수, T는 켈빈온도]

핵심문제

91. 바이러스 감염을 예방하는 한 가지 방법은 바이러스가 자신의 DNA를 복제하지 못하도록 막는 것이다. 바이러스는 DNA 복제 없이 증식하지 못한다. 몇몇 바이러스 약에 의한 치료에서는 세포 내로 가짜 뉴클레오타이드가 들어가게 한다. 바이러스가 자신의 DNA를 복제하기 위해 이 가짜 뉴클레오타이드 중 하나를 이용할 때 가짜 뉴클레오타이드가 복제되지 못하여 DNA 복제가 멈춘다. 예를 들어 AIDS를 유발하는 인간 면역 부전증 바이러스(HIV)와 싸우는 데 사용되는 약인 AZT는 다음과 같은 타이민이 포함된 가짜 뉴클레오타이드가 세포 내로 들어가게 한다.

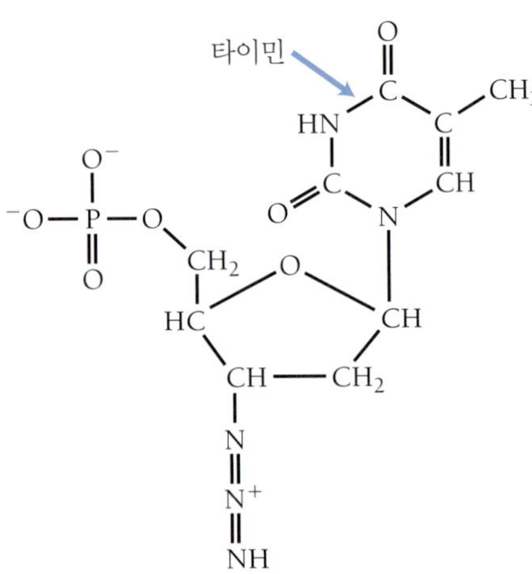

아지도티미딘(AZT)을 취함으로써 얻은 가짜 뉴클레오타이드

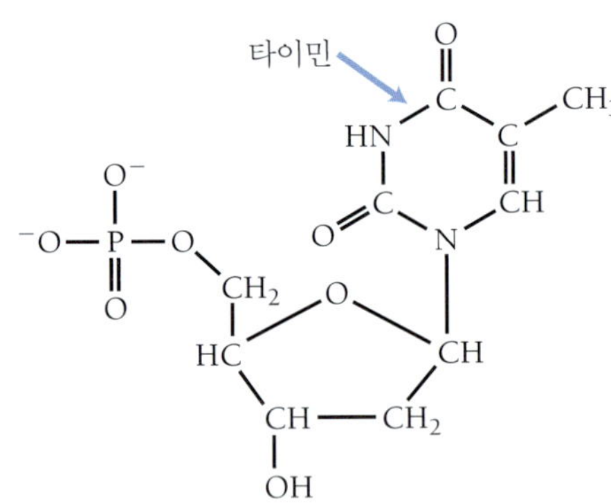

타이민이 포함된 진짜 뉴클레오타이드

진짜 뉴클레오타이드의 구조와 AZT 가짜 뉴클레오타이드를 비교하시오. 가짜 뉴클레오타이드는 어떻게 DNA 복제를 멈출 수 있는지 메커니즘을 제안할 수 있는가?

92. 낫-세포 빈혈증은 헤모글로빈 단백질의 4개 사슬에서 2개 사슬 중 한 지점에 있는 글루탐산 대신 발린이 치환되는 유전적인 결함에 의한 병이다. 그 결과 물에 대한 헤모글로빈의 용해도가 낮아진다. 발린과 글루타민산의 구조를 살펴보고 그 이유를 설명하시오.

집단 활동 문제

집단을 이루어 다음 문제에 대해 토의하고 합의된 답을 기록한다.

93. 옥수수 녹말과 탈지면(거의 순수한 셀룰로오스로 만들어짐)을 비교하시오. 적어도 비슷한 점 3개와 다른 점 3개를 포함한다. 일상생활에서 관찰한 점과 분자 수준에서 관찰한 점을 언급한다.

94. 집단 구성원들이 원자, 분자, 분자 조각의 역할을 맡아 펩타이드 결합의 형성을 시연하시오.

95. 흔한 물건이나 장난감(기차, 블록, 구슬 등)이 단백질을 어떻게 나타낼 수 있는지 묘사하시오. 비유에서 아미노산과 펩타이드 결합이 어떻게 나타나는지 묘사하시오. 또한 1차 구조, 2차 구조, 3차 구조, 4차 구조의 표현을 묘사하시오.

96. 열쇠를 이용하여 정보를 암호화한 mRNA의 암호를 푸시오.

코돈	아미노산	코돈	아미노산	코돈	아미노산	코돈	아미노산
UUC	A	ACU	H	GAC	O	GGC	V
CUA	B	GCG	I	GAA	P	UGA	W
AUU	C	UAC	J	UGU	Q	UAA	X
AUG	D	CAU	K	UGG	R	UAG	Y
GUC	E	CAG	L	CGC	S	GGU	Z
UCC	F	AAC	M	AGU	T		
CCG	G	AAG	N	AGG	U		

CUAGCGGACAUUACUGUCAACGCGCGCAGUUGGUAGGCGCGCUUCAACUUCGGUGCGAAGCCG!

데이터 분석 및 해석

97. 젖당은 우유 및 기타 유제품에 들어 있는 이당류로, 2개의 단당류인 갈락토스와 포도당으로 이루어져 있다. 젖당이 소화되면 두 단당류 사이의 결합이 끊어진다. 결합을 끊는 데 역할을 하는 효소가 락타아제인데, 이는 소장에서 발견된다. 락타아제가 충분하지 않으면 젖당을 소화하지 못하여 젖당 과민증이라는 상태가 된다. 다행히도 시판 약으로 이 문제를 해결할 수 있다. 다음 그래프는 pH에 대한 락타아제의 활동도를 나타낸 것이다.

(a) 락타아제 활동도에 대한 최적의 pH는 얼마인가?

(b) 락타아제 활동도가 최적의 50%로 떨어지는 pH 값을 예측하시오.

(c) 그래프의 데이터는 소장의 pH에 대해 무엇을 나타내는가?

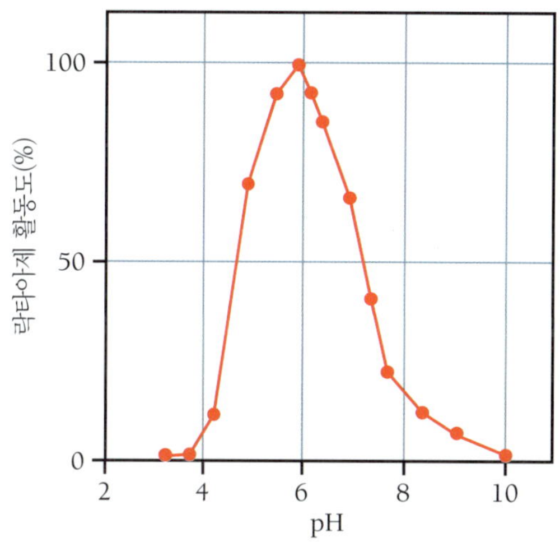

락타아세 활동노와 pH[출처: *European Journal of Biochemistry*, Vol. 114, p. 653-661(1981)]

연습문제 해답

19.1 (a) 단당류, (d) 이당류

19.2 (b) 불포화 지방, (d) 포화 지방

19.3

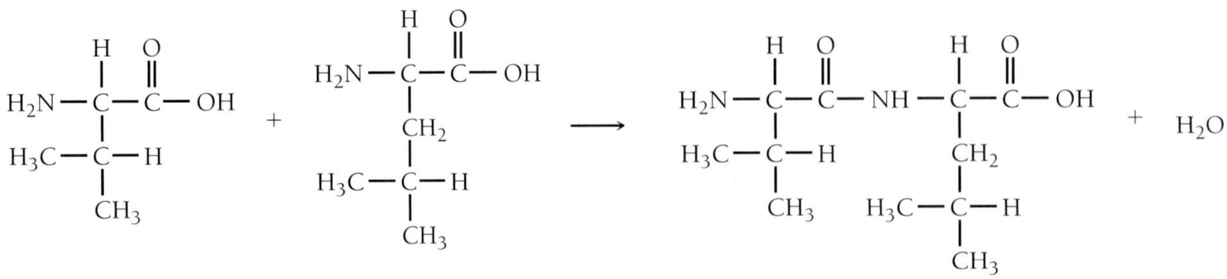

19.4

확인문제 해답

19.1 (d) 셀룰로오스는 식물의 주요 구조 물질이다.

19.2 (b) 트라이글리세라이드는 라드, 올리브유 같은 지방과 오일을 구성하기 때문에 우리 식단의 상당 부분을 차지한다.

19.3 (a) 아미노산 배열 순서는 1차 구조의 예이다.

19.4 (d) 51개의 아미노산은 각각 하나의 코돈에 의해 정해진다. 코돈은 하나의 염기를 포함하는 뉴클레오타이드 3개로 이루어져 있다.

19.5 (b) 단백질은 아미노산의 중합체이다. 핵산은 뉴클레오타이드의 중합체이고, 다당류는 단당류의 중합체이다. 그러나 스테로이드는 반복되는 단위체의 사슬이 아니다.

부록: 수학 연산 및 복습

Basic Algebra

In chemistry, you often have to solve an equation for a particular variable. For example, suppose you want to solve the following equation for V:

$$PV = nRT$$

To solve an equation for a particular variable, you must isolate that variable on one side of the equation. The rest of the variables or numbers will then be on the other side of the equation. To solve the above equation for V, divide both sides by P.

$$\frac{\cancel{P}V}{\cancel{P}} = \frac{nRT}{P}$$

$$V = \frac{nRT}{P}$$

The Ps cancel, and you are left with an expression for V. For another example, consider solving the following equation for °F:

$$°\text{C} = \frac{(°\text{F} - 32)}{1.8}$$

First, eliminate the 1.8 in the denominator of the right side by multiplying both sides by 1.8.

$$(1.8)°\text{C} = \frac{(°\text{F} - 32)}{\cancel{1.8}}(\cancel{1.8})$$

$$(1.8)°\text{C} = (°\text{F} - 32)$$

Then eliminate the -32 on the right by adding 32 to both sides.

$$(1.8)°\text{C} + 32 = (°\text{F} - 32) + 32$$

$$(1.8)°\text{C} + 32 = °\text{F}$$

You are now left with an expression for °F.

In general, solve equations by following these guidelines:

- Cancel numbers or symbols in the denominator (bottom part of a fraction) by multiplying by the number or symbol to be canceled.
- Cancel numbers or symbols in the numerator (upper part of a fraction) by dividing by the number or symbol to be canceled.
- Eliminate numbers or symbols that are added by subtracting the same number or symbol.
- Eliminate numbers or symbols that are subtracted by adding the same number or symbol.
- Whether you add, subtract, multiply, or divide, **always perform the same operation for both sides of a mathematical equation**. (Otherwise, the two sides will no longer be equal.)

For a final example, solve the following equation for x:

$$\frac{67x - y + 3}{6} = 2z$$

Cancel the 6 in the denominator by multiplying both sides by 6.

$$(\not{6})\frac{67x - y + 3}{\not{6}} = (6)2z$$

$$67x - y + 3 = 12z$$

Eliminate the +3 by subtracting 3 from both sides.

$$67x - y + 3 - 3 = 12z - 3$$

$$67x - y = 12z - 3$$

Eliminate the $-y$ by adding y to both sides.

$$67x - y + y = 12z - 3 + y$$

$$67x = 12z - 3 + y$$

Cancel the 67 by dividing both sides by 67.

$$\frac{\not{67}x}{\not{67}} = \frac{12z - 3 + y}{67}$$

$$x = \frac{12z - 3 + y}{67}$$

▶ FOR PRACTICE Using Algebra to Solve Equations

Solve each of the following for the indicated variable:

(a) $P_1V_1 = P_2V_2$; solve for V_2

(b) $\frac{V_1}{T_1} = \frac{V_2}{T_2}$; solve for T_1

(c) $PV = nRT$; solve for n

(d) K = °C + 273; solve for °C

(e) $\frac{3x + 7}{2} = y$; solve for x

(f) $\frac{32}{y + 3} = 8$; solve for y

ANSWERS

(a) $V_2 = \frac{P_1V_1}{P_2}$

(b) $T_1 = \frac{V_1T_2}{V_2}$

(c) $n = \frac{PV}{RT}$

(d) °C = K − 273

(e) $x = \frac{2y - 7}{3}$

(f) $y = 1$

Mathematical Operations with Scientific Notation

Writing numbers in scientific notation is covered in detail in Section 2.2. Briefly, a number written in scientific notation consists of a **decimal part**, a number that is usually between 1 and 10, and an **exponential part**, 10 raised to an **exponent**, n.

Each of the following numbers is written in both scientific and decimal notation:

$1.0 \times 10^5 = 100{,}000$ $1.0 \times 10^{-6} = 0.000001$

$6.7 \times 10^3 = 6700$ $6.7 \times 10^{-3} = 0.0067$

Multiplication and Division

To multiply numbers expressed in scientific notation, multiply the decimal parts and add the exponents.

$$(A \times 10^m)(B \times 10^n) = (A \times B) \times 10^{m+n}$$

To divide numbers expressed in scientific notation, divide the decimal parts and subtract the exponent in the denominator from the exponent in the numerator.

$$\frac{(A \times 10^m)}{(B \times 10^n)} = \left(\frac{A}{B}\right) \times 10^{m-n}$$

Consider the following example involving multiplication:

$$\begin{aligned}(3.5 \times 10^4)(1.8 \times 10^6) &= (3.5 \times 1.8) \times 10^{4+6} \\ &= 6.3 \times 10^{10}\end{aligned}$$

Consider the following example involving division:

$$\begin{aligned}\frac{(5.6 \times 10^7)}{(1.4 \times 10^3)} &= \left(\frac{5.6}{1.4}\right) \times 10^{7-3} \\ &= 4.0 \times 10^4\end{aligned}$$

Addition and Subtraction

To add or subtract numbers expressed in scientific notation, rewrite all the numbers so that they have the same exponent, and then add or subtract the decimal parts of the numbers. The exponents remain unchanged.

$$\begin{array}{r} A \times 10^n \\ \pm B \times 10^n \\ \hline (A \pm B) \times 10^n \end{array}$$

Notice that the numbers *must have* the same exponent.

Consider the following example involving addition:

$$\begin{array}{r} 4.82 \times 10^7 \\ +3.4 \times 10^6 \\ \hline \end{array}$$

First, express both numbers with the same exponent. In this case, rewrite the lower number and perform the addition as follows:

$$\begin{array}{r} 4.82 \times 10^7 \\ +0.34 \times 10^7 \\ \hline 5.16 \times 10^7 \end{array}$$

Consider the following example involving subtraction:

$$\begin{array}{r} 7.33 \times 10^5 \\ -1.9 \times 10^4 \\ \hline \end{array}$$

First, express both numbers with the same exponent. In this case, rewrite the lower number and perform the subtraction as follows:

$$\begin{array}{r} 7.33 \times 10^5 \\ -0.19 \times 10^5 \\ \hline 7.14 \times 10^5 \end{array}$$

▶ FOR PRACTICE **Mathematical Operations with Scientific Notation**

Perform each of the following operations:

(a) $(2.1 \times 10^7)(9.3 \times 10^5)$

(b) $(5.58 \times 10^{12})(7.84 \times 10^{-8})$

(c) $\frac{(1.5 \times 10^{14})}{(5.9 \times 10^8)}$

(d) $\frac{(2.69 \times 10^7)}{(8.44 \times 10^{11})}$

(e) $\begin{array}{r} 1.823 \times 10^9 \\ \underline{+1.11 \times 10^7} \end{array}$

(f) $\begin{array}{r} 3.32 \times 10^{-5} \\ \underline{+3.400 \times 10^{-7}} \end{array}$

(g) $\begin{array}{r} 6.893 \times 10^9 \\ \underline{-2.44 \times 10^8} \end{array}$

(h) $\begin{array}{r} 1.74 \times 10^4 \\ \underline{-2.9 \times 10^3} \end{array}$

ANSWERS

(a) 2.0×10^{13}

(b) 4.37×10^5

(c) 2.5×10^5

(d) 3.19×10^{-5}

(e) 1.834×10^9

(f) 3.35×10^{-5}

(g) 6.649×10^9

(h) 1.45×10^4

Logarithms

The logarithm (or log) of a number is the exponent to which 10 must be raised to obtain that number. For example, the log of 100 is 2 because 10 must be raised to the second power to get 100. Similarly, the log of 1000 is 3 because 10 must be raised to the third power to get 1000. The logs of several multiples of 10 are shown as follows:

$$\log 10 = 1$$
$$\log 100 = 2$$
$$\log 1000 = 3$$
$$\log 10{,}000 = 4$$

Because $10^0 = 1$ by definition, $\log 1 = 0$.

The log of a number smaller than 1 is negative because 10 must be raised to a negative exponent to get a number smaller than 1. For example, the log of 0.01 is −2 because 10 must be raised to the power of −2 to get 0.01. Similarly, the log of 0.001 is −3 because 10 must be raised to the power of −3 to get 0.001. The logs of several fractional numbers are as follows:

$$\log 0.1 = -1$$
$$\log 0.01 = -2$$
$$\log 0.001 = -3$$
$$\log 0.0001 = -4$$

The logs of numbers that are not multiples of 10 can be calculated on your calculator. See your calculator manual for specific instructions.

Inverse Logarithms

The inverse logarithm or invlog function (sometimes called antilog) is exactly the opposite of the log function. For example, the log of 100 is 2 and the inverse log of 2 is 100. The log function and the invlog function undo one another.

$$\log 100 = 3$$
$$\text{invlog } 3 = 1000$$
$$\text{invlog}(\log 1000) = 1000$$

The inverse log of a number is simply 10 raised to that number.

$$\text{invlog } x = 10^x$$
$$\text{invlog } 3 = 10^3 = 1000$$

The inverse logs of numbers can be calculated on your calculator. See your calculator manual for specific instructions.

▶ FOR PRACTICE Logarithms and Inverse Logarithms

Perform each of the following operations:

(a) $\log 1.0 \times 10^5$

(b) $\log 59$

(c) $\log 1.0 \times 10^{-5}$

(d) $\log 0.068$

(e) $\text{invlog } 7.0$

(f) $\text{invlog } 1.44$

(g) $\text{invlog } -6.0$

(h) $\text{invlog } -0.250$

(i) $\text{invlog}(\log 88)$

ANSWERS

(a) 5.00

(b) 1.77

(c) -5.00

(d) -1.17

(e) 1×10^7

(f) 28

(g) 1×10^{-6}

(h) 0.56

(i) 88

홀수 번호 문제의 해답

1장

기초문제

1. Soda fizzes due to the interactions between carbon dioxide and water under high pressure. At room temperature, carbon dioxide is a gas and water is a liquid. Through use of pressure, the makers of soda force the carbon dioxide gas to dissolve in the water. When the can is sealed, the solution remains mixed. When the can is opened, the pressure is released, and the carbon dioxide molecules escape in bubbles of gas.
3. Chemists study molecules and interactions at the molecular level to learn about and explain macroscopic events. Chemists attempt to explain why ordinary things are as they are.
5. Chemistry is the science that seeks to understand what matter does by studying what atoms and molecules do.
7. The scientific method is the way chemists investigate the chemical world. The first step consists of observing the natural world. Later observations can be combined to create a scientific law, which summarizes and predicts behavior. Theories are models that strive to explain the cause of the observed phenomenon. Theories are tested through experiment. When a theory is not well established, it is sometimes referred to as a hypothesis.
9. A law is simply a general statement that summarizes and predicts observed behavior. Theories seek to explain the causes of observed behavior.
11. To say "It is just a theory" makes it seem as if theories are easily discardable. However, many theories are very well established and are as close to truth as we get in science. Established theories are backed up with years of experimental evidence, and they are the pinnacle of scientific understanding.
13. The atomic theory states that all matter is composed of small, indestructible particles called atoms. John Dalton formulated this theory.

복습문제

15. **a.** law **b.** theory
    c. law **d.** observation

17.

Mass (g)	Volume (L)	Ratio (g/L)
23.5	1.68	14.0
36.8	2.63	14.0
71.2	5.08	14.0
99.5	7.11	14.0

The ratio of mass to volume is always same.

19. **a.** The reactivity of the chemical is proportional to the concentration of the reactants.
    b. A higher concentration of reactants leads to more effective collisions per unit time, which leads to an increasing reaction rate.
25. **a.** 2.2 billion people
    c. 4.8 billion people
    e. 9 billion people

2장

기초문제

1. Without units, the results are unclear, and it is hard to keep track of what each separate measurement entails.
3. Often scientists work with very large or very small numbers that contain a lot of zeros. Scientific notation allows these numbers to be written more compactly, and the information is more organized.
5. Zeros count as significant digits when they are interior zeros (zeros between two numbers) and when they are trailing zeros (zeros after a decimal point). Zeros are **not** significant digits when they are leading zeros, which are zeros to the left of the first nonzero number.
7. For calculations involving only multiplication and division, the result carries the same number of significant figures as the factor with the fewest significant figures.
9. In calculations involving both multiplication/division and addition/subtraction, do the steps in parentheses first; next determine the correct number of significant figures in the intermediate answer; then do the remaining steps.
11. The basic SI unit of length is the meter. The kilogram is the SI unit of mass. Lastly, the second is the SI unit of time.
13. For measuring a Frisbee, the unit would be the meter and the prefix multiplier would be *centi-*. The final measurement would be in centimeters.
15. **a.** 2.42 cm **b.** 1.79 cm
    c. 21.58 cm **d.** 21.85 cm
17. Units act as a guide in the calculation and are able to show if the calculation is off track. The units must be followed in the calculation, so that the answer is correctly written and understood.
19. A conversion factor is a quantity used to relate two separate units. They are constructed from any two quantities known to be equivalent.

21. The conversion factor is $\frac{1\ \text{ft}}{12\ \text{in.}}$. For a feet-to-inches conversion, the conversion factor must be inverted $\left(\frac{12\ \text{in.}}{1\ \text{ft}}\right)$.

23. **a.** Sort the information into the **given** information (the starting point for the problem) and the **find** information (the endpoint).

b. Create a solution map to get from the given information to the information you are trying to find. This will likely include conversion factors or equations.

c. Follow the solution map to solve the problem. Carry out mathematical operations and cancel units as needed.

d. Ask, does this answer make physical sense? Are the units correct? Is the number of significant figures correct?

25. The solution map for converting grams to pounds is:

$$\frac{1\ \text{lb}}{453.59\ \text{g}}$$

27. The solution map for converting meters to feet is:

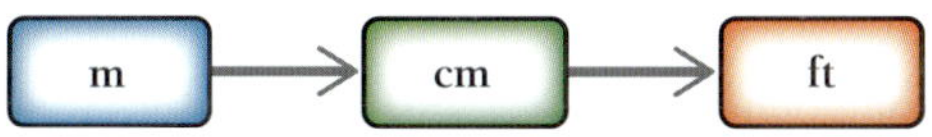

$$\frac{100\ \text{cm}}{1\ \text{m}} \qquad \frac{1\ \text{ft}}{30.48\ \text{cm}}$$

29. The density of a substance is the ratio of its mass to its volume. Density is a fundamental property of materials and differs from one substance to another. Density can be used to relate two separate units, thus working as a conversion factor. Density is a conversion factor between mass and volume.

복습문제

31. **a.** 2.995×10^7 **b.** 2.755481×10^6
c. 8.93468×10^5 **d.** 3.2×10^7

33. **a.** 1.21×10^{-10} m **b.** 3.28084×10^3 ft
c. 4.75×10^{-7} m **d.** 2.4×10^{-2} m

35. **a.** 1,204,640,000,000,000,000,000,000 atoms
b. 0.00000000000000000032 C
c. 225,000,000 m/s
d. 1,484 m/s

37. **a.** 422,000,000
b. 0.082
c. 2,880,000,000,000
d. 0.0000755

39.

400,000,000	4×10^8
54,000,000	5.4×10^7
0.009	9×10^{-3}
1,000,000,000,000,000	1.0×10^{15}

41. **a.** 54.9 mL **b.** 48.7 °C
c. 46.83 °C **d.** 64 mL

43. **a.** Ø.ØØ8007 m
b. Ø.ØØØØØØØØØØØØØ90 s
c. 420,403 kg
d. Ø.ØØ2308 m

45. **a.** 3 **b.** 3 **c.** 5 **d.** 5

47.

a. 95967 m	5, correct
b. 0.00799 kg	5, incorrect, 3: zeros before 7 are not significant
c. 0.666210 s	5, incorrect, 6: terminal zero after 1 is significant
d. 12.044×10^{23} atoms	5, correct

49. **a.** 256.0 **b.** 0.0004893
c. 2.901×10^{-4} **d.** 2.231×10^6

51. **a.** 3.4 **b.** 3.4
c. 3.3 **d.** 3.4

53. **a.** incorrect, 32.3 **b.** correct
c. correct **d.** incorrect, 0.0356

55.

8.32466	8.325	8.3	8
84.57225	84.57	85	8×10^1
132.5512	132.6	1.3×10^2	1×10^2

57. **a.** 0.085 **b.** 0.657
c. 6.7×10^7 **d.** 3.4

59. **a.** incorrect, 5.27×10^3 **b.** correct
c. incorrect, 3.0736 **d.** correct

61. **a.** 101.6 **b.** 30.4
c. 182.5 **d.** 1.33

63. **a.** correct **b.** 1.0982
c. correct **d.** 3.53

65. **a.** 3.9×10^3 **b.** 632
c. 8.93×10^4 **d.** 6.34

67. **a.** 3.15×10^3 **b.** correct
c. correct **d.** correct

69. **a.** 4.44×10^3 g **b.** 0.944 m
c. 5.688×10^{-3} kg **d.** 17.7 mL

71. **a.** 0.778 L **b.** 245 μg
c. 222 ns **d.** 4.99×10^{-12} m

73. **a.** 1.13 m **b.** 3.96×10^3 cm
c. 0.823 km **d.** 140 mm

75. **a.** 19.7 in. **b.** 127 ft
c. 9.32 mi **d.** 6295 lb

77.

5.08×10^8 m	5.08×10^5 km	508 Mm
5.08×10^{-1} Gm	5.08×10^{-4} Tm	
2.7976×10^{10} m	2.7976×10^7 km	27,976 Mm
27976×10^1 Gm	2.7976×10^{-2} Tm	
1.77×10^{12} m	1.77×10^9 km	1.77×10^6 Mm
1.77×10^3 Gm	1.77 Tm	
1.5×10^8 m	1.5×10^5 m	1.5×10^2 Mm
0.15 Gm	1.5×10^{-4} Tm	
4.23×10^{11} m	4.23×10^8 km	4.23×10^5 Mm
423 Gm	0.423 Tm	

79. **a.** 2.255×10^7 kg **b.** 2.255×10^4 Mg
c. 2.255×10^{13} mg **d.** 2.255×10^4 metric tons

81. 1.5×10^3 g

83. 5.0×10^1 min

85. $4.7 \times 10^3\ \text{cm}^3$

87. **a.** $1.0 \times 10^6\ \text{m}^2$ **b.** $1.0 \times 10^{-6}\ \text{m}^3$
c. $1.0 \times 10^{-9}\ \text{m}^3$

89. **a.** 6.2×10^5 pm^3 **b.** 6.2×10^{-4} nm^3
c. 6.2×10^{-1} Å^3

91. **a.** 2.15×10^{-4} km^2 **b.** 2.15×10^4 dm^2
c. 2.15×10^6 cm^2

93. 1.74×10^5 mi^2

95. **a.** 2.7×10^3 km/day **b.** 1.0×10^2 ft/s
c. 31 m/s **d.** 2.1×10^3 yd/min

97. 3.42×10^{-3} g/lb; 0.599 g

99. 11.4 g/cm^3, lead

101. 1.26 g/cm^3

103. Yes, the density of the crown is 19.3 g/cm^3.

105. **a.** 0.625 g/mL **b.** 3.1 g

107. **a.** 4.30×10^2 g **b.** 3.12 L

109. **a.** 3.38×10^4 g (gold); 2.62×10^5 g (sand)
b. Yes, the mass of the bag of sand is different from the mass of the gold vase; thus, the weight-sensitive pedestal will sound the alarm.

111. 10.6 g/cm^3

113. $2.7 \times 10^3 \ \frac{\text{kg}}{\text{m}^3}$

115. 1.15×10^5 kg

117. 1.19×10^5 kg

119. 13 km/L

121. 768 mi

123. Metal A is denser than metal B.

125. 2.26 g/cm^3

127. 1.32 cm

129. 0.300 mL

131. 108 km; 47.2 km

133. 9.1×10^{10} g/cm^3

138. **a.** 8.2% **c.** 24.4 million cubic kilometers

3장

기초문제

1. Matter is defined as anything that occupies space and possesses mass. It can be thought of as the physical material that makes up the universe.

3. The three states of matter are solid, liquid, and gas.

5. In a crystalline solid, the atoms/molecules are arranged in geometric patterns with repeating order. In amorphous solids, the atoms/molecules do not have long-range order.

7. The atoms/molecules in gases are not in contact with each other and are free to move relative to one another. The spacing between separate atoms/molecules is very far apart. A gas has no fixed volume or shape; rather, it assumes both the shape and volume of the container it occupies.

9. A mixture is two or more pure substances combined in variable proportions.

11. Pure substances are those composed of only one type of atom or molecule.

13. A mixture is formed when two or more pure substances are mixed together; however, a new substance is not formed. A compound is formed when two or more elements are bonded together and form a new substance.

15. In a physical change, the composition of the substance does not change, even though its appearance might change. However, in a chemical change, the substance undergoes a change in its composition.

17. Energy is defined as the capacity to do work.

19. Kinetic energy is the energy associated with the motion of an object. Potential energy is the energy associated with the position or composition of an object.

21. Three common units for energy are joules, calories, and kilowatt-hours.

23. An endothermic reaction is one that absorbs energy from the surroundings. The products have more energy than the reactants in an endothermic reaction.

25. Heat is the transfer of thermal energy caused by a temperature difference, whereas temperature is a measure of the thermal energy of matter.

27. Heat capacity is the quantity of heat energy required to change the temperature of a given amount of the substance by 1 °C.

29. $°\text{F} = \frac{9}{5}(°\text{C}) + 32$

복습문제

31. Air is a mixture; helium is a pure substance; graphite is a pure substance; coffee is a mixture. Mixtures are more common.

33. **a.** element **b.** element
c. compound **d.** compound

35. **a.** homogeneous **b.** heterogeneous
c. homogeneous **d.** homogeneous

37. **a.** pure substance-element
b. mixture-homogeneous
c. mixture-heterogeneous
d. mixture-heterogeneous

39. **a.** chemical **b.** physical
c. physical **d.** chemical

41. physical: grayish-white in color; is odorless; melts at 2160 °C; one mole of calcium carbide has a mass of 64.10 g; has a density of 2.22 g/cm^3; chemical: reacts with water to produce acetylene and calcium hydroxide; reacts with nitrogen to produce calcium cyanide and carbon

43. **a.** chemical **b.** physical
c. chemical **d.** chemical

45. **a.** physical **b.** chemical

47. 2.10×10^2 kg

49. **a.** yes **b.** no

51. 15.1 g of water

53. **a.** 2.51×10^3 J **b.** 5.74×10^{-3} Cal
c. 3.73×10^1 Cal **d.** 2.85×10^5 J

55. **a.** 1.3×10^8 J **b.** 0.349 Cal
c. 2.59×10^{-4} kWh **d.** 7.9×10^3 cal

57.

J	cal	Cal	kWh
225	53.8	5.38×10^{-2}	6.25×10^{-5}
3.44×10^6	8.21×10^5	8.21×10^2	9.54×10^{-1}
1.06×10^9	2.54×10^8	2.54×10^5	295
6.49×10^5	1.55×10^5	155	1.80×10^{-1}

59. 3.697×10^9 J

61. 0.84 kJ/day; 17 days

63. 21 hr

65. Exothermic

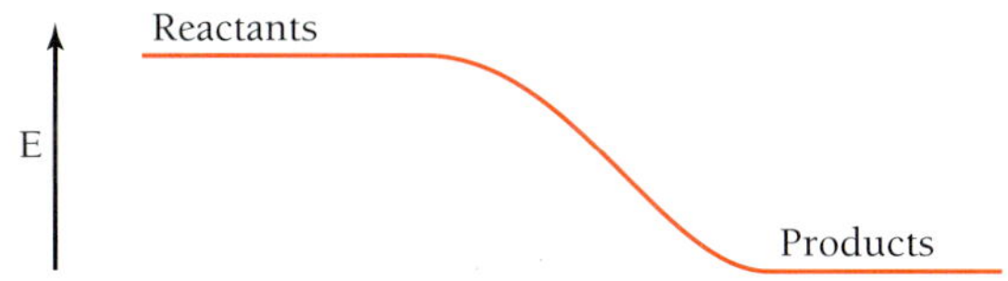

67. a. exothermic, $-\Delta H$ b. endothermic, $+\Delta H$
c. exothermic, $-\Delta H$

69. a. 1.00×10^2 °C b. -3.2×10^2 °F
c. 298 K d. 3.10×10^2 K

71. −62 °C, 211 K

73. 159 K, −173 °F

75. −75.5 °F

77.

0.0 K	−459.4 °F	−273.0 °C
301 K	82.5 °F	28.1 °C
282 K	47 °F	8.5 °C

79. 9.0×10^3 J

81. 8.7×10^5 J

83. 3.2 °C

85. 31 °C

87. 1.0×10^1 °C

89. 0.24 J/g °C; silver

91. 2.2 J/g °C

93. When warm drinks are placed onto the ice, they release heat, which then melts the ice. The prechilled drinks, on the other hand, are already cold, so they do not release much heat.

95. 612 J

97. 49 °C

99. 70.2 J

101. 1.7×10^4 kJ

103. 67 °C

105. 6.0 kWh

107. 22 g of fuel

109. 78 g

111. 27.2 °C

113. 5.96×10^5 kJ; $25

115. −40°

117. a. pure substance b. pure substance
c. pure substance d. mixture

119. physical change

121. Small temperature changes in the ocean have a great impact on global weather because of the high heat capacity of water.

123. a. Sacramento is farther inland than San Francisco, so Sacramento is not as close to the ocean. The ocean water has a high heat capacity and will be able to keep San Francisco cooler in the hot days of summer. However, Sacramento is away from the ocean in a valley, so it will experience high temperatures in the summer.

b. San Francisco is located right next to the ocean, so the high heat capacity of the seawater keeps the temperature in the city from dropping. In the winter, the ocean actually helps to keep the city warmer, compared to an inland city like Sacramento.

128. a. Petroleum, natural gas, and coal; 78%
c. Coal, nuclear, hydroelectric

4장

기초문제

1. Democritus theorized that matter was ultimately composed of small, indivisible particles called atoms. Upon dividing matter, one would find tiny, indestructible atoms.

3. Rutherford's gold foil experiment involved sending positively charged alpha particles through a thin sheet of gold foil and detecting if there was any deflection of the particles. He found that most passed straight through, yet some particles showed some deflection. This result contradicts the plum-pudding model of the atom because the plum-pudding model does not explain the deflection of the alpha particles.

5.

Particle	Mass (kg)	Mass (u)	Charge
Proton	1.67262×10^{-27}	1	+1
Neutron	1.67493×10^{-27}	1	0
Electron	0.00091×10^{-27}	0.00055	−1

7. Matter is usually charge-neutral due to protons and electrons having opposite charges. If matter were not charge-neutral, many unnatural things would occur, such as objects repelling or attracting each other.

9. A chemical symbol is a unique one- or two-letter abbreviation for an element. It is listed below the atomic number for that element on the periodic table.

11. Mendeleev noticed that many patterns were evident when elements were organized by increasing mass; from this observation he formulated the periodic law. He also organized the elements based on this law and created the basis for the periodic table being used today.

13. The periodic table is organized by listing the elements in order of increasing atomic number.

15. Nonmetals have varied properties (solid, liquid, or gas at room temperature); however, as a whole they tend to be poor conductors of heat and electricity, and they all tend to gain electrons when they undergo chemical changes. They are located toward the upper right side of the periodic table.

17. Each column within the main-group elements in the periodic table is labeled as a family or group of elements. The elements within a group usually have similar chemical properties.

19. An ion is an atom or group of atoms that has lost or gained electrons and has become charged.

21. a. ion charge = 1+
b. ion charge = 2+
c. ion charge = 3+
d. ion charge = 2−
e. ion charge = 1−

23. The percent natural abundance of isotopes is the relative amount of each different isotope in a naturally occurring sample of a given element.

25. Isotopes are noted in this manner: $^A_Z X$. X represents the chemical symbol, A represents the mass number, and Z represents the atomic number.

복습문제

27. **a.** Correct.
b. False; different elements contain different types of atoms according to Dalton.
c. False; one cannot have 1.5 hydrogen atoms; combinations must be in simple, whole-number ratios.
d. Correct.

29. **a.** Correct.
b. False; most of the volume of the atom is empty space occupied by tiny, negatively charged electrons.
c. False; the number of negatively charged particles outside the nucleus equals the number of positively charged particles inside the nucleus.
d. False; the majority of the mass of an atom is found in the nucleus.

31. Solid matter seems to have no empty space within it because electromagnetic forces hold the atoms in a tight arrangement and the variation in density is too small to perceive with our eyes.

33. d

35. b

37. approximately 1.8×10^3 electrons

39. 5.4×10^{-4} g

41. **a.** 89 **b.** 10 **c.** 94 **d.** 84 **e.** 31

43. **a.** 2 **b.** 82 **c.** 86 **d.** 34 **e.** 5

45. **a.** Pd, 46 **b.** Os, 76 **c.** Rb, 37 **d.** La, 57 **e.** Ag, 47

47. **a.** technetium, 43 **b.** ruthenium, 44 **c.** rhodium, 45 **d.** dysprosium, 66 **e.** chromium, 24

49.

Element Name	Element Symbol	Atomic Number
Copernicium	Cn	112
Hassium	Hs	108
Cadmium	Cd	48
Magnesium	Mg	12
Thallium	Tl	81
Platinum	Pt	78

51. **a.** metal **b.** metal **c.** nonmetal **d.** nonmetal **e.** metalloid

53. **a.** tellurium; metalloid **b.** calcium; metal **c.** ruthenium; metal **d.** chlorine; nonmetal

55. a, b, d, e

57. c, d, e

59. c, d

61. b, e

63. **a.** halogen **b.** noble gas **c.** halogen **d.** neither **e.** noble gas

65. **a.** 12 **b.** 4 **c.** 6 **d.** 3 **e.** 11

67. b, oxygen; it is in the same group or family.

69. b, chlorine and fluorine; they are in the same family or group.

71. d

73.

Chemical Symbol	Group Number	Group Name	Metal or Nonmetal
Cs	1	alkali metal	metal
At	17	halogen	metalloid
Be	2	alkaline earth	metal
Rn	18	noble gas	nonmetal
Os	8	transition metal	metal

75. **a.** e^- **b.** S^{2-} **c.** $2e^-$ **d.** F^-

77. **a.** 1− **b.** 2+ **c.** 3+ **d.** 3−

79. **a.** 11 protons, 10 electrons
b. 56 protons, 54 electrons
c. 8 protons, 10 electrons
d. 27 protons, 24 electrons

81. **a.** False; Ti^{2+} has 22 protons and 20 electrons.
b. True
c. False; Mg^{2+} has 12 protons and 10 electrons.
d. True

83. **a.** Zn^{2+} **b.** Fr^+ **c.** Cu^+ **d.** Br^-

85. **a.** 3 electrons lost **b.** 1 electron lost **c.** 1 electron gained **d.** 2 electrons gained

87.

Symbol	Ion Commonly Formed	Number of Electrons in Ion	Number of Protons in Ion
Cr	Cr^{3+}	21	24
Rb	Rb^+	36	37
Ba	Ba^{2+}	54	56
N	N^{3-}	10	7
Br	Br^-	36	35

89. **a.** 26 **b.** 143 **c.** 32 **d.** 24

91. **a.** $^{16}_{8}O$ **b.** $^{19}_{9}F$ **c.** $^{23}_{11}Na$ **d.** $^{27}_{13}Al$

93. **a.** H-2 **b.** Au-198 **c.** Au-201 **d.** A-235

95. **a.** $^{14}_{7}N$ **b.** $^{11}_{5}B$ **c.** $^{30}_{14}Si$ **d.** $^{51}_{23}V$

97. **a.** 11 protons, 12 neutrons
b. 88 protons, 178 neutrons
c. 82 protons, 126 neutrons
d. 7 protons, 7 neutrons

99. 6 protons, 8 neutrons, $^{14}_{6}C$

101. 85.47 u

103. **a.** 49.31% **b.** 78.91 u

105. 14.01 u, N

107. 7.8×10^{17} electrons

109. 2.8×10^{-45} m^3; 9.1×10^{-31} m^3; 3.1×10^{-13}%

111.

Number Symbol	Number of Protons	Number of Neutrons	*A* (Mass Number)	Natural Abundance
Sr-84 or $^{84}_{38}Sr$	38	46	84	0.56%
Sr-86 or $^{86}_{38}Sr$	38	48	86	9.86%
Sr-87 or $^{87}_{38}Sr$	38	49	87	7.00%
Sr-88 or $^{88}_{38}Sr$	38	50	88	82.58%
Atomic mass of Sr = 87.62 u				

113.

Symbol	Z	A	Number of Protons	Number of Electrons	Number of Neutrons	Charge
Cd^{2+}	48	112	48	46	64	2+
Og	118	294	118	118	176	0
Sb	51	122	51	51	71	0
Te^{2-}	52	128	52	54	76	2−
Cl^{-}	17	35	17	18	18	1−

115. 153 u, 52.2%

117. The atomic theory and nuclear model of the atom are both theories because they attempt to provide a broader understanding and model behavior of chemical systems.

119. Atomic mass is measured as the mean value of masses of all isotopes in a sample. In the case of fluorine, only the 19.00 u isotope is naturally occurring. In the case of chlorine, about 76% of naturally occurring atoms are 35 u, and 24% are 37 u.

121. 69.3% Cu-63, 30.7% Cu-65

123. **a.** Nt-304 = 72%; Nt-305 = 4%; Nt-306 = 24%

b.

120
Nt
304.5

129. **a.** There is a periodic trend in which atomic radius increases abruptly and then decreases more gradually. The trend repeats itself with each row in the periodic table.

c. They all fall in the column 8A (the rightmost column) in the periodic table. They are all noble gases.

5장

기초문제

1. Yes; when elements combine with other elements, a compound is created. Each compound is unique and contains properties different from those of the elements that compose it.

3. The law of constant composition states that all samples of a given compound have the same proportions of their constituent elements. Joseph Proust formulated this law.

5. The more metallic element is generally listed first in a chemical formula.

7. The empirical formula gives the relative number of atoms of each element in a compound. The molecular formula gives the actual number of atoms of each element in a molecule of the compound.

9. An atomic element is one that exists in nature, with a single atom as the basic unit. A molecular element is one that exists as a diatomic molecule as the basic unit. Molecular elements include H_2, N_2, O_2, F_2, Cl_2, Br_2, and I_2.

11. The systematic name can be directly derived by looking at the compound's formula. The common name for a compound acts like a nickname and can only be learned through familiarity.

13. The block that contains the elements for Type II compounds is known as the transition metals.

15. The basic form for the names of Type II ionic compounds is to have the name of the metal cation first, followed by the charge of the metal cation (in parentheses, using Roman numerals), and finally the base name of the nonmetal anion with *ide* attached to the end.

17. For compounds containing a polyatomic anion, the name of the cation is first, followed by the name for the polyatomic anion. Also, if the compound contains both a polyatomic cation and a polyatomic anion, one would just use the names of both polyatomic ions.

19. The form for naming molecular compounds is to have the first element preceded by a prefix to indicate the number of atoms present. This is then followed by the second element with its corresponding prefix and *ide* placed on the end of the second element.

21. To correctly name a binary acid, one must begin the first word with *hydro-*, which is followed by the base name of the nonmetal plus *ic* added on the end. Finally, the word *acid* follows the first word.

23. To name an acid with oxyanions ending with *ite*, one must take the base name of the oxyanion and attach *ous* to it; the word *acid* follows this.

복습문제

25. Yes; the ratios of potassium to chlorine in both samples were equal.

27. 6.77×10^3 g

29.

	Mass N_2O	Mass N	Mass O
Sample A	2.85	1.82	1.03
Sample B	4.55	2.91	1.64
Sample C	3.74	2.39	1.35
Sample D	1.74	1.11	0.63

31. PF_5

33. **a.** Ca_3P_2 **b.** P_2O_3 **c.** N_2F_2 **d.** $AuCl_3$

35. **a.** 3 **b.** 12 **c.** 3 **d.** 6

37. **a.** calcium, 1; fluorine, 2
b. barium, 1; nitrogen, 2; oxygen, 6
c. sodium, 1; nitrogen, 1; oxygen, 2
d. potassium, 1; oxygen, 1; hydrogen, 1

39.

Formula	Number of $C_2H_3O_2$	Number of C Atoms	Number of H Atoms	Number of O Atoms	Number of Metal Atoms
$Mn(C_2H_3O_2)_2$	2	4	6	4	1
$KC_2H_3O_2$	1	2	3	2	1
$Ba(C_2H_3O_2)_2$	2	4	6	4	1

41. **a.** CH_2 **b.** NF **c.** CHO_2 **d.** H_2O

43. **a.** atomic **b.** molecular **c.** molecular **d.** atomic

45. **a.** molecular **b.** molecular **c.** molecular **d.** ionic

47. radon ⟶ single atoms
$CHCl_3$ ⟶ molecules
$CaSO_4$ ⟶ formula units
chlorine ⟶ diatomic molecules

49. **a.** formula units **b.** single atoms
c. molecules **d.** molecules

51. **a.** ionic; forms only one type of ion
b. molecular
c. molecular
d. ionic; forms more than one type of ion

53. **a.** Na_2S **b.** SrO **c.** Al_2S_3 **d.** $MgCl_2$

55. **a.** $KC_2H_3O_2$ **b.** K_2CrO_4
c. K_3PO_4 **d.** KCN

57. **a.** Li_3N, Li_2O, LiF **b.** Ba_3N_2, BaO, BaF_2
c. AlN, Al_2O_3, AlF_3

59. **a.** strontium chloride **b.** calcium bromide
c. sodium oxide **d.** cesium fluoride

61. **a.** iron(II) chloride **b.** iron(III) chloride
c. cobalt(II) chloride **d.** lead(II) oxide

63. **a.** forms more than one type of ion, chromium(III) oxide
b. forms only one type of ion, sodium iodide
c. forms only one type of ion, calcium bromide
d. forms more than one type of ion, tin(II) oxide

65. **a.** lead(II) sulfate **b.** barium(II) acetate
c. ammonium fluoride **d.** ammonium carbonate
e. nickel(II) sulfate **f.** magnesium(II) perchlorate

67. **a.** scadium nitrate **b.** copper(I) carbonate
c. lead(IV) chloride **d.** calcium phosphide

69. **a.** hypobromite ion **b.** bromite ion
c. bromate ion **d.** perbromate ion

71. **a.** $CuBr_2$ **b.** $AgNO_3$
c. KOH **d.** Na_2SO_4
e. $KHSO_4$ **f.** $NaHCO_3$

73. **a.** sulfur dioxide **b.** nitrogen triiodide
c. bromine pentafluoride **d.** nitrogen monoxide
e. tetranitrogen tetraselenide

75. **a.** CO **b.** S_2F_4
c. Cl_2O **d.** PF_5
e. BBr_3 **f.** P_2S_5

77. **a.** bromine trifluoride **b.** Cl_2O_7
c. dihydrogen trisulfide **d.** NBr_3

79. **a.** PBr_5 phosphorus pentabromide
b. P_2O_3 diphosphorus trioxide
c. SF_4 sulfur tetraflouride
d. correct

81. **a.** oxyacid, nitrous acid, nitrite
b. binary acid, hydroiodic acid
c. oxyacid, sulfuric acid, sulfate
d. oxyacid, nitric acid, nitrate

83. **a.** phosphorous acid **b.** phosphoric acid
c. hypophosphorous acid **d.** pyrophosphoric acid

85. **a.** H_3PO_4 **b.** HBr **c.** H_2SO_3

87. **a.** 63.02 u **b.** 199.88 u
c. 153.81 u **d.** 211.64 u

89. PBr_3, Ag_2O, PtO_2, $Al(NO_3)_3$

91. **a.** CH_4 **b.** SO_3 **c.** NO_2

93. **a.** 12 **b.** 4 **c.** 12 **d.** 7

95. **a.** 8 **b.** 12 **c.** 12

97.

Formula	Type	Name
N_2H_4	molecular	dinitrogen tetrahydride
KCl	ionic	potassium chloride
H_2CrO_4	acid	chromic acid
$Co(CN)_3$	ionic	cobalt(III) cyanide

99. **a.** calcium nitrite
b. potassium oxide
c. phosphorus trichloride
d. correct
e. potassium iodite

101. **a.** $Sn(SO_4)_2$ 310.9 u **b.** HNO_2 47.02 u
c. $NaHCO_3$ 84.01 u **d.** PF_5 125.97 u

103. **a.** platinum(IV) oxide 227.08 u
b. dinitrogen pentoxide 108.02 u
c. aluminum chlorate 277.33 u
d. phosphorus pentabromide 430.47 u

105. C_2H_4

107. 10 different isotopes can exist. 151.88 u, 152.88 u, 153.88 u, 154.88 u, 155.88 u, 156.88 u, 157.88 u, 158.88 u, 159.88 u, and 160.88 u.

109. **a.** molecular element
b. atomic element
c. ionic compound
d. molecular compound

111. **a.** NaOCl; NaOH
b. $Al(OH)_3$; $Mg(OH)_2$
c. $CaCO_3$
d. $NaHCO_3$, $Ca_3(PO_4)_2$, $NaAl(SO_4)_2$

116. **a.** 1950: 314 ppm; 2000: 371 ppm; The carbon dioxide increased by 57 ppm between 1950 and 2000.
c. 436 ppm

6장

기초문제

1. Chemical composition lets us determine how much of a particular element is contained within a particular compound.

3. There are 6.022×10^{23} atoms in one mole of atoms.

5. One mole of any element has a mass equal to its atomic mass in grams.

7. **a.** 30.97 g **b.** 195.08 g
c. 12.01 g **d.** 52.00 g

9. Each element has a different atomic mass number. So, the subscripts that represent mole ratios cannot be used to represent the ratios of grams of a compound. The grams per mole of one element always differ from the grams per mole of a different element.

11. **a.** 11.19 g H≡100 g H_2O
b. 53.29 g O≡100 g fructose
c. 84.12 g C≡100 g octane
d. 52.14 g C≡100 g ethanol

13. The empirical formula gives the smallest whole-number ratio of each type of atom. The molecular formula gives the specific number of each type of atom in the molecule. The molecular formula is always a multiple of the empirical formula.
15. The empirical formula mass of a compound is the sum of the masses of all the atoms in the empirical formula.

복습문제

17. 7.105×10^{24} atoms
19. a. 6.44×10^{24} atoms b. 1.71×10^{19} atoms c. 6.74×10^{24} atoms d. 1.20×10^{23} atoms
21.

Element	Moles	Number of Atoms
F	1.899	1.14×10^{24}
Cl	5.73	3.45×10^{24}
Br	7.99	4.81×10^{24}
I	2.1×10^{-4}	1.27×10^{20}

23. a. 72.7 dozen b. 6.06 gross c. 1.74 reams d. 1.45×10^{-21} mol
25. 0.801 mol
27. 28.6 g
29. a. 2.05×10^{-2} mol b. 0.623 mol c. 0.401 mol d. 3.21×10^{-3} mol
31.

Element	Moles	Mass
F_2	1.90	72.1 g
Cl_2	2.86	203 g
Br_2	2.0×10^2	32 kg
I_2	1.05×10^{-4}	2.66×10^{-2} g

33. 1.17×10^{19} atoms
35. 8.44×10^{22} atoms
37. a. 1.16×10^{23} atoms b. 2.81×10^{23} atoms c. 2.46×10^{22} atoms d. 7.43×10^{23} atoms
39. 1.9×10^{21} atoms
41. 3.01×10^{25} atoms
43.

Element	Mass	Moles	Number of Atoms
Na	38.5 mg	1.67×10^{-3}	1.01×10^{21}
C	13.5 g	1.12	6.74×10^{23}
V	1.81×10^{-20} g	3.55×10^{-22}	214
Hg	1.44 kg	7.18	4.32×10^{24}

45. The aluminum sample contains more atoms because it has a lower molar mass than copper.
47. 72.2 g Mn
49. a. 0.654 mol b. 1.22 mol c. 96.6 mol d. 1.76×10^{-5} mol
51.

Compound	Mass	Moles	Number of Molecules
NH_3	117 kg	6.87×10^3	4.14×10^{27}
N_2O	4.40 g	0.100	6.02×10^{22}
SO_2	126 g	1.97	1.18×10^{24}
SO_3	6.40 g	0.0800	4.82×10^{22}

53. 1.2×10^{22} molecules
55. a. 1.2×10^{23} molecules b. 1.21×10^{24} molecules c. 3.5×10^{23} molecules d. 6.4×10^{22} molecules
57. 0.10 mg
59. 6.022×10^{21} total. 7.7×10^{11} Each person would be a billionaire.
61. 2.4 mol Cl
63. d, 3 mol O
65. a. 2.5 mol C b. 0.230 mol C c. 22.7 mol C d. 201 mol C
67. a. 2 moles H per mole of molecules; 8 H atoms present
b. 4 moles H per mole of molecules; 20 H atoms present
c. 3 moles H per mole of molecules; 9 H atoms present
69. a. 22.3 g b. 29.4 g c. 21.6 g d. 12.9 g
71. a. 1.4×10^3 kg b. 1.4×10^3 kg c. 2.1×10^3 kg
73. 3.09×10^{23} C atoms
75. 89.6% Ba
77. 36.1% Ca; 63.9% Cl
79. 10.7 g
81. 6.6 mg
83. a. 63.65% b. 46.68% c. 30.45% d. 25.94%
85. a. 54.52% C; 9.17% H; 36.31% O
b. 48.63% C; 8.18% H; 43.19% O
c. 75.91% C; 6.38% H; 17.71% O
d. 51.39% C; 8.64% H; 39.97% O
87. a. 47.01% O b. 38.08% O c. 49.95% O
89. Fe_3O_4, 72.36% Fe; Fe_2O_3, 69.94% Fe; $FeCO_3$, 48.20% Fe; magnetite
91. NO
93. a. NiI_2 b. $SeBr_4$ c. $BeSO_4$
95. C_2H_6N
97. a. C_3H_6O b. $C_5H_{10}O_2$ c. $C_9H_{10}O_2$
99. P_2O_3
101. NCl_3
103. C_4H_8
105. a. C_6Br_6 b. C_2HBr_3 c. $C_6H_3Br_3$
107. 2.43×10^{23} atoms
109. 2×10^{21} molecules
111.

Substance	Mass	Moles	Number of Particles
Ar	0.018 g	4.5×10^{-4}	2.7×10^{20}
NO_2	8.33×10^{-3} g	1.81×10^{-4}	1.09×10^{20}
K	22.4 mg	5.73×10^{-4}	3.45×10^{20}
C_8H_{18}	3.76 kg	32.9	1.98×10^{25}

113. a. CuI_2: 20.03% Cu; 79.97% I
b. $NaNO_3$: 27.05% Na; 16.48% N; 56.47% O
c. $PbSO_4$: 68.32% Pb; 10.57% S; 21.10% O
d. CaF_2: 51.33% Ca; 48.67% F
115. 1.8×10^3 kg rock
117. 59 kg Cl
119. 1.1×10^2 g H

121.

Formula	Molar Mass	%C (by mass)	%H (by mass)
C_2H_4	28.06	85.60%	14.40%
C_4H_{10}	58.12	82.66%	17.34%
C_4H_8	56.12	85.60%	14.40%
C_3H_8	44.09	81.71%	18.29%

123. $C_4H_6O_2$

125. $C_{10}H_{14}N_2$

127. 70.4% KBr, 29.6% KI

129. 29.6 g SO_2

131. 2.66 kg Fe

133. **a.** 1×10^{57} atoms per star
b. 1×10^{68} atoms per galaxy
c. 1×10^{79} atoms in the universe

135. $C_{16}H_{10}$

139. **a.** −20%
c. women, 4.4 L; men, 5.4 L

7장

기초문제

1. A chemical reaction is the change of one or more substances into different substances, for example, burning wood, rusting iron, and protein synthesis.

3. The main evidence of a chemical reaction includes a color change, the formation of a solid, the formation of a gas, the emission of light, and the emission or absorption of heat.

5. **a.** gas **b.** liquid
c. solid **d.** aqueous

7. **a.** reactants: 4 Ag, 2 O, 1 C products: 4 Ag, 2 O, 1 C balanced: yes
b. reactants: 1 Pb, 2 N, 6 O, 2 Na, 2 Cl products: 1 Pb, 2 N, 6 O, 2 Na, 2 Cl balanced: yes
c. reactants: 3 C, 8 H, 2 O products: 3 C, 8 H, 10 O balanced: no

9. If a compound dissolves in water, then it is soluble. If it does not dissolve in water, it is insoluble.

11. When ionic compounds containing polyatomic ions dissolve in water, the polyatomic ions usually dissolve as intact units.

13. The solubility rules are a set of empirical rules for ionic compounds that were deduced from observations on many compounds. The rules help us determine whether particular compounds will be soluble or insoluble.

15. The precipitate will always be insoluble; it is the solid that forms upon mixing two aqueous solutions.

17. Acid–base reactions involve an acid and a base reacting to form water and an ionic compound. An example is the reaction between hydrobromic acid and sodium hydroxide: $HBr + NaOH \longrightarrow H_2O + NaBr$.

19. Gas-evolution reactions are reactions that evolve a gas. An example is the reaction between hydrochloric acid and sodium bicarbonate:
$HCl + NaHCO_3 \longrightarrow H_2O + CO_2 + NaCl$

21. Combustion reactions are a type of redox reaction and are characterized by the exothermic reaction of a substance with O_2. An example is the reaction between methane and oxygen: $CH_4 + 2\,O_2 \longrightarrow CO_2 + 2\,H_2O$.

23. A synthesis reaction combines simpler substances to form more complex substances. An example is the reaction between elemental potassium and chloride: $2\,K + Cl_2 \longrightarrow 2\,KCl$. A decomposition decomposes a more complex substance into simpler substances. An example is the decomposition of water: $2\,H_2O \longrightarrow 2\,H_2 + O_2$.

복습문제

25. **a.** A chemical reaction because the initial compounds change to form a solid and a color change occurs.
b. Not a chemical reaction because the initial compound did not change into another substance.
c. A chemical reaction because the initial compounds change to form a solid.
d. A chemical reaction because the initial compounds change to form a gas and other new compounds.

27. Yes; a chemical reaction has occurred, for the presence of the bubbles is evidence for the formation of a gas.

29. Yes; a chemical reaction has occurred. We know this due to the color change of the hair.

31. **a.** Reactants: 1Pb, 2N, 6O, 1Ba, 2Cl; Products: 1Pb, 2N, 6O, 1Ba, 2Cl; Balanced
b. Reactants: 4 C, 10 H, 2 O; Products: 4 C, 10 H, 13 O; Not balanced

33. Placing a subscript 2 after H_2O would change the compound from water to hydrogen peroxide (H_2O_2). To balance chemical reactions, one must add coefficients, not subscripts.
$2\,H_2O(l) \longrightarrow 2\,H_2(g) + O_2(g)$

35. **a.** $PbS + 2\,HCl \longrightarrow PbCl_2 + H_2S$
b. $CO + 3\,H_2 \longrightarrow CH_4 + H_2O$
c. $Fe_2O_3 + 3\,H_2 \longrightarrow 2\,Fe + 3\,H_2O$
d. $4\,NH_3 + 5\,O_2 \longrightarrow 4\,NO + 6\,H_2O$

37. **a.** $Mg(s) + 2\,CuNO_3(aq) \longrightarrow 2\,Cu(s) + Mg(NO_3)_2(aq)$
b. $2\,N_2O_5(g) \longrightarrow 4\,NO_2(g) + O_2(g)$
c. $Ca(s) + 2\,HNO_3(aq) \longrightarrow H_2(g) + Ca(NO_3)_2(aq)$
d. $2\,CH_3OH(l) + 3\,O_2(g) \longrightarrow 2\,CO_2(g) + 4\,H_2O(g)$

39. $2\,K(s) + 2\,H_2O(l) \longrightarrow H_2(g) + 2\,KOH(aq)$

41. $2\,SO_2(g) + O_2(g) + 2\,H_2O(l) \longrightarrow 2\,H_2SO_4(aq)$

43. $V_2O_5(s) + 2\,H_2(g) \longrightarrow V_2O_3(s) + 2\,H_2O(l)$

45. $C_{12}H_{22}O_{11}(aq) + H_2O(l) \longrightarrow 4\,CO_2(g) + 4\,C_2H_5OH(aq)$

47. $2\,NI_3(s) \longrightarrow N_2(g) + 3\,I_2(g)$

49. **a.** $Na_2S(aq) + Cu(NO_3)_2(aq) \longrightarrow 2\,NaNO_3(aq) + CuS(s)$
b. $4\,HCl(aq) + O_2(g) \longrightarrow 2\,H_2O(l) + 2\,Cl_2(g)$
c. $2\,H_2(g) + O_2(g) \longrightarrow 2\,H_2O(l)$
d. $FeS(s) + 2\,HCl(aq) \longrightarrow FeCl_2(aq) + H_2S(g)$

51. **a.** $PbO(s) + H_2SO_4(aq) \longrightarrow PbSO_4(s) + H_2O(l)$
b. $2\,Bi(NO_3)_3(aq) + 3\,(NH_4)_2S(aq) \longrightarrow Bi_2S_3(s) + 6\,NH_4NO_3(aq)$
c. $2\,Na_2O_2(s) + 2H_2O(l) \longrightarrow 4\,NaOH(aq) + O_2(g)$
d. $Hg_2(C_2H_3O_2)_2(aq) + 2\,NaCl(aq) \longrightarrow Hg_2Cl_2(s) + 2\,NaC_2H_3O_2(aq)$

53. **a.** $2\ Rb(s) + 2\ H_2O(l) \longrightarrow 2\ RbOH(aq) + H_2(g)$
b. Equation is balanced.
c. $2\ NiS(s) + 3\ O_2(g) \longrightarrow 2\ NiO(s) + 2\ SO_2(g)$
d. $3\ PbO(s) + 2\ NH_3(g) \longrightarrow 3\ Pb(s) + N_2(g) + 3\ H_2O(l)$

55. $C_6H_{12}O_6(aq) + 6\ O_2(g) \longrightarrow 6\ CO_2(g) + 6\ H_2O(l)$

57. $2\ NO(g) + 2\ CO(g) \longrightarrow N_2(g) + 2\ CO_2(g)$

59. $2\ AlBr_3(s) + 3\ Cl_2(g) \longrightarrow 2\ AlCl_3(s) + 3\ Br_2(g)$

61. **a.** Soluble; K^+, $C_2H_3O_2^-$ **b.** Soluble; Pb_2^+, NO_3^-
c. Insoluble **d.** Soluble; NH_4^+, PO_4^{3-}

63. AgCl; $BaSO_4$; $CuCO_3$; Fe_2S_3

65.

Soluble	Insoluble
K_2S	Hg_2I_2
BaS	$Cd_3(PO_4)$
NH_4Cl	MnS
K_2CO_3	$SrSO_4$
$KHSO_3$	$BaSO_4$
SrS	$PbCl_2$
Li_2S	Hg_2Cl_2

67. **a.** NO REACTION
b. $K_2CO_3(aq) + NiCl_2(aq) \longrightarrow 2\ KCl(aq) + NiCO_3(s)$
c. $BaCl_2(aq) + 2\ AgNO_3(aq) \longrightarrow 2\ AgCl(s) + Ba(NO_3)_2(aq)$
d. $3\ RbOH(aq) + FeBr_3(aq) \longrightarrow Fe(OH)_3(s) + 3\ RbBr(aq)$

69. **a.** $Na_2CO_3(aq) + Pb(NO_3)_2(aq) \longrightarrow PbCO_3(s) + 2\ NaNO_3(aq)$
b. $K_2SO_4(aq) + Pb(C_2H_3O_2)_2(aq) \longrightarrow PbSO_4(s) + 2\ KC_2H_3O_2(aq)$
c. $Cu(NO_3)_2(aq) + BaS(aq) \longrightarrow CuS(s) + Ba(NO_3)_2(aq)$
d. NO REACTION

71. **a.** correct
b. NO REACTION
c. correct
d. $Pb(NO_3)_2(aq) + 2\ LiCl(aq) \longrightarrow PbCl_2(s) + 2\ LiNO_3(aq)$

73. $C_2H_3O_2^-$, NH_4^+

75. **a.** $Ag^+(aq) + NO_3^-(aq) + K^+(aq) + Cl^-(aq) \longrightarrow AgCl(s) + K^+(aq) + NO_3^-(aq)$
$Ag^+(aq) + Cl^-(aq) \longrightarrow AgCl(s)$
b. $Ca^{2+}(aq) + S^{2-}(aq) + Cu^{2+}(aq) + 2\ Cl^-(aq) \longrightarrow CuS(s) + Ca^{2+}(aq) + 2\ Cl^-(aq)$
$Cu^{2+}(aq) + S^{2-}(aq) \longrightarrow CuS(s)$
c. $Na^+(aq) + OH^-(aq) + H^+(aq) + NO_3^-(aq) \longrightarrow H_2O(l) + Na^+(aq) + NO_3^-(aq)$
$H^+(aq) + OH^-(aq) \longrightarrow H_2O(l)$
d. $6\ K^+(aq) + 2\ PO_4^{3-}(aq) + 3\ Ni^{2+}(aq) + 6\ Cl^-(aq) \longrightarrow Ni_3(PO_4)_2 + 6\ K^+(aq) + 6\ Cl^-(aq)$
$3\ Ni^{2+}(aq) + 2\ PO_4^{3-}(aq) \longrightarrow Ni_3(PO_4)_2(s)$

77. $Hg_2^{2+}(aq) + 2\ NO_3^-(aq) + 2\ Na^+(aq) + 2\ Cl^-(aq) \longrightarrow Hg_2Cl_2(s) + 2\ Na^+(aq) + 2\ NO_3^-(aq)$
$Hg_2^{2+}(aq) + 2\ Cl^-(aq) \longrightarrow Hg_2Cl_2(s)$

79. **a.** $2\ Na^+(aq) + CO_3^{2-}(aq) + Pb^{2+}(aq) + 2\ NO_3^-(aq) \longrightarrow PbCO_3(s) + 2\ Na^+(aq) + 2\ NO_3^-(aq)$
$Pb^{2+}(aq) + CO_3^{2-}(aq) \longrightarrow PbCO_3(s)$
b. $2\ K^+(aq) + SO_4^{2-}(aq) + Pb^{2+}(aq) + 2\ CH_3CO_2^-(aq) \longrightarrow PbSO_4(s) + 2\ K^+(aq) + 2\ CH_3CO_2^-(aq)$
$Pb^{2+}(aq) + SO_4^{2-}(aq) \longrightarrow PbSO_4(s)$
c. $Cu^{2+}(aq) + 2\ NO_3^-(aq) + Ba^{2+}(aq) + S^{2-}(aq) \longrightarrow CuS(s) + Ba^{2+}(aq) + 2\ NO_3^-(aq)$
$Cu^{2+}(aq) + S^{2-}(aq) \longrightarrow CuS(s)$
d. NO REACTION

81. $HCl(aq) + KOH(aq) \longrightarrow H_2O(l) + KCl(aq)$
$H^+(aq) + OH^-(aq) \longrightarrow H_2O(l)$

83. **a.** $H_2SO_4(aq) + Mg(OH)_2(s) \longrightarrow 2\ H_2O(l) + MgSO_4(aq)$
b. $HCl(aq) + RbOH(aq) \longrightarrow H_2O(l) + RbCl(aq)$
c. $HClO_4(aq) + KOH(aq) \longrightarrow H_2O(l) + KClO_4(aq)$

85. **a.** $HBr(aq) + NaHCO_3(aq) \longrightarrow H_2O(l) + CO_2(g) + NaBr(aq)$
b. $NH_4I(aq) + KOH(aq) \longrightarrow H_2O(l) + NH_3(g) + KI(aq)$
c. $2\ HNO_3(aq) + K_2SO_3(aq) \longrightarrow H_2O(l) + SO_2(g) + 2\ KNO_3(aq)$
d. $2\ HI(aq) + Li_2S(aq) \longrightarrow H_2S(g) + 2\ LiI(aq)$

87. b and d are redox reactions; a and c are not.

89. **a.** $2\ C_2H_6(g) + 7\ O_2(g) \longrightarrow 4\ CO_2(g) + 6\ H_2O(g)$
b. $2\ Ca(s) + O_2(g) \longrightarrow 2\ CaO(s)$
c. $2\ C_3H_8O(l) + 9\ O_2(g) \longrightarrow 6\ CO_2(g) + 8\ H_2O(g)$
d. $2\ C_4H_{10}S(l) + 15\ O_2(g) \longrightarrow 8\ CO_2(g) + 10\ H_2O(g) + 2\ SO_2(g)$

91. **a.** $2\ Fe(s) + 3\ I_2(g) \longrightarrow 2\ FeI_3(s)$
b. $2\ K(s) + I_2(g) \longrightarrow 2\ KI(s)$
c. $2\ Al(s) + 3\ I_2(g) \longrightarrow 2\ AlI_3(s)$
d. $Cu(s) + I_2(g) \longrightarrow CuI_2(s)$

93. **a.** double displacement
b. synthesis or combination
c. single displacement
d. decomposition

95. **a.** synthesis
b. decomposition
c. synthesis

97. **a.** $2\ Na^+(aq) + 2\ I^-(aq) + Hg_2^+(aq) + 2\ NO_3^-(aq) \longrightarrow Hg_2I_2(s) + 2\ Na^+(aq) + 2\ NO_3^-(aq)$
b. $2\ H^+(aq) + 2\ ClO_4^-(aq) + Ba^{2+}(aq) + 2\ OH^-(aq) \longrightarrow 2\ H_2O(l) + Ba^{2+}(aq) + 2\ ClO_4^-(aq)$
$H^+(aq) + OH^-(aq) \longrightarrow H_2O(s)$
c. NO REACTION
d. $2\ H^+(aq) + 2\ Cl^-(aq) + 2\ Li^+(aq) + CO_3^{2-}(aq) \longrightarrow H_2O(l) + CO_2(g) + 2\ Li^+(aq) + 2\ Cl^-(aq)$
$2\ H^+(aq) + CO_3^{2-}(aq) \longrightarrow H_2O(l) + CO_2(g)$

99. **a.** NO REACTION
b. NO REACTION
c. $K^+(aq) + HSO_3^-(aq) + H^+(aq) + NO_3^-(aq) \longrightarrow H_2O(l) + SO_2(g) + K^+(aq) + NO_3^-(aq)$
$H^+(aq) + HSO_3^-(aq) \longrightarrow H_2O(l) + SO_2(g)$

d. $Mn^{3+}(aq) + 3\ Cl^-(aq) + 3\ K^+(aq) + PO_4^{3-}(aq) \longrightarrow MnPO_4(s) + 3\ K^+(aq) + 3\ Cl^-(aq)$

$Mn^{3+}(aq) + PO_4^{3-}(aq) \longrightarrow MnPO_4(s)$

101. a. acid–base; $KOH(aq) + HC_2H_3O_2(aq) \longrightarrow H_2O(l) + KC_2H_3O_2(aq)$

b. gas evolution; $2\ HBr(aq) + K_2CO_3(aq) \longrightarrow H_2O(l) + CO_2(g) + 2\ KBr(aq)$

c. synthesis; $2\ H_2(g) + O_2(g) \longrightarrow 2\ H_2O(l)$

d. precipitation; $2\ NH_4Cl(aq) + Pb(NO_3)_2(aq) \longrightarrow PbCl_2(s) + 2\ NH_4NO_3(aq)$

103. a. oxidation–reduction; single displacement

b. gas evolution; acid–base

c. gas evolution; double displacement

d. precipitation; double displacement

105. $3\ CaCl_2(aq) + 2\ Na_3PO_4(aq) \longrightarrow Ca_3(PO_4)_2(s) + 6\ NaCl(aq)$

$3\ Ca^{2+}(aq) + 6\ Cl^-(aq) + 6\ Na^+(aq) + 2\ PO_4^{3-}(aq) \longrightarrow Ca_3(PO_4)_2(s) + 6\ Na^+(aq) + 6\ Cl^-(aq)$

$3\ Ca^{2+}(aq) + 2\ PO_4^{3-}(aq) \longrightarrow Ca_3(PO_4)_2(s)$

$3\ Mg(NO_3)_2(aq) + 2\ Na_3PO_4(aq) \longrightarrow Mg_3(PO_4)_2(s) + 6\ NaNO_3(aq)$

$3\ Mg^{2+}(aq) + 6\ NO_3^-(aq) + 6\ Na^+(aq) + 2\ PO_4^{3-}(aq) \longrightarrow Mg_3(PO_4)_2 + 6\ Na^+(aq) + 6\ NO_3^-(aq)$

$3\ Mg^{2+}(aq) + 2\ PO_4^{3-}(aq) \longrightarrow Mg_3(PO_4)_2(s)$

107. *Correct answers may vary; representative correct answers are:

a. addition of a solution containing SO_4^{2-}; $Pb^{2+}(aq) + SO_4^{2-}(aq) \longrightarrow PbSO_4(s)$

b. addition of a solution containing SO_4^{2-}; $Ca^{2+}(aq) + SO_4^{2-}(aq) \longrightarrow CaSO_4(s)$

c. addition of a solution containing SO_4^{2-}; $Ba^{2+}(aq) + SO_4^{2-}(aq) \longrightarrow BaSO_4(s)$

d. addition of a solution containing Cl^-; $Hg_2^{2+}(aq) + 2\ Cl^-(aq) \longrightarrow Hg_2Cl_2(s)$

109. 0.168 mol Ca; 6.73 g Ca

111. 0.00166 mol KCl, 0.124 g KCl

113. a. chemical **b.** physical

118. a. Water sample A contains Ca^{2+} and Cu^{2+}.

8장

기초문제

1. Reaction stoichiometry is very important to chemistry. It gives us a numerical relationship between the reactants and products that allows chemists to plan and carry out chemical reactions to obtain products in the desired quantities.

For example, how much CO_2 is produced when a given amount of C_8H_{10} is burned?

How much $H_2(g)$ is produced when a given amount of water decomposes?

3. 1 mol Cl_2 ≡ 2 mol NaCl

5. mass A ⟶ moles A ⟶ moles B ⟶ mass B (A = reactant, B = product)

7. The limiting reactant is the reactant that limits the amount of product in a chemical reaction.

9. The actual yield is the amount of product actually produced by a chemical reaction. The percent yield is the percentage of the theoretical yield that was actually attained.

11. d

13. The enthalpy of reaction is the total amount of heat generated or absorbed by a particular chemical reaction. The quantity is important because it quantifies the change in heat for the chemical reaction. It is useful for determining the necessary starting conditions and predicting the outcome of various reactions.

복습문제

15. a. 0.5 mol C **b.** 2 mol C

c. 0.25 mol C **d.** 0.5 mol C

17. a. 5.2 mol NO_2 **b.** 23.2 mol NO_2

c. 4.50×10^3 mol NO_2 **d.** 4.024×10^{-3} mol NO_2

19. c

21. a. 5.40 mol HBr **b.** 2.70 mol H_2O

c. 1.35 mol K_2O **d.** 1.80 mol Al_2O_3

23. a. 3.6 mol $ZnO(s)$, 3.6 mol $SO_2(g)$

b. 2.4 mol $ZnO(s)$, 2.4 mol $SO_2(g)$

c. 8.4 mol $ZnO(s)$, 8.4 mol $SO_2(g)$

d. 5.6 mol $ZnO(s)$, 5.6 mol $SO_2(g)$

25.

mol N_2H_4	mol N_2O_4	mol N_2	mol H_2O
4	2	6	8
6	3	9	12
4	2	6	8
11	5.5	16.5	22
3	1.5	4.5	6
8.26	4.13	12.4	16.5

27. $2\ C_4H_{10}(g) + 13\ O_2(g) \longrightarrow 8\ CO_2(g) + 10\ H_2O(g)$; 47 mol O_2

29. 3.50 mol MnO_2; 1.75 mol H_2O

31. a. $Pb(s) + 2\ AgNO_3(aq) \longrightarrow Pb(NO_3)_2(aq) + 2\ Ag(s)$

b. 19 mol $AgNO_3$

c. 56.8 mol Ag

33. a. 0.32 g O_2 **b.** 0.96 g O_2

c. 241 g O_2 **d.** 4.82×10^{-4} g O_2

35. a. 4.0 g NaCl **b.** 4.3 g $CaCO_3$

c. 4.0 g MgO **d.** 3.1 g NaOH

37. a. 13 g Al_2O_3, 13 g Cr

b. 5.0 g Al_2O_3, 5.1 g Cr

39.

Mass CH_4	Mass O_2	Mass CO_2	Mass H_2O
0.645 g	2.57 g	1.77 g	1.45 g
22.32 g	89.00 g	61.20 g	50.12 g
5.044 g	20.11 g	13.83 g	11.32 g
1.07 g	4.28 g	2.94 g	2.41 g
3.18 kg	12.7 kg	8.72 kg	7.14 kg
8.57×10^2 kg	3.42×10^3 kg	2.35×10^3 kg	1.92×10^3 kg

41. a. 2.3 g HCl

b. 4.3 g HNO_3

c. 2.2 g H_2SO_4

43. 123 g H_2SO_4, 2.53 g H_2

45. 6.91 g H_2O

47. **a.** 2 mol B **b.** 1.8 mol B
c. 4 mol A **d.** 40 mol A

49. **a.** 1.5 mol C **b.** 3 mol C
c. 3 mol C **d.** 96 mol C

51. **a.** 1 mol K **b.** 1.8 mol K
c. 1 mol Cl_2 **d.** 14.6 mol K

53. **a.** 1.3 mol MnO_3 **b.** 4.8 mol MnO_3
c. 0.107 mol MnO_3 **d.** 27.5 mol MnO_3

55. 0 mol A, 2.34 mol B, 2.33 mol C

57. **a.** 2 Cl_2 **b.** 3 Cl_2 **c.** 2 Cl_2

59. **a.** 2.0 g Fe **b.** 11.2 g Fe **c.** 2.26×10^3 g F_2

61. **a.** 1.3 g $AlCl_3$ **b.** 24.8 g $AlCl_3$
c. 2.17 g $AlCl_3$

63. 66.6%

65. CaO; 25.7 g $CaCO_3$; 75.5%

67. O_2; 5.07 g NiO; 95.9%

69. Pb^{2+}; 262.7 g $PbCl_2$; 96.09%

71. TiO_2: 0 g, C: 7.0 g, Ti: 5.99 g, CO: 7.00 g

73. **a.** exothermic, $-\Delta H$ **b.** endothermic, $+\Delta H$
c. exothermic, $-\Delta H$

75. **a.** −110 kJ **b.** −55 kJ **c.** −220 kJ **d.** −110 kJ

77. 4.78×10^3 kJ

79. 34.9 g C_8H_{18}

81. N_2

83. 0.152 g Ba^{2+}

85. 1.8 g HCl

87. 3.1 kg CO_2

89. 4.7 g Na_3PO_4

91. 469 g Zn

93. $2\,NH_4NO_3(s) \longrightarrow 2\,N_2(g) + O_2(g) + 4\,H_2O(l)$; 2.00×10^2 g O_2

95. salicylic acid ($C_7H_6O_3$); 2.71 g $C_9H_8O_4$; 74.1%

97. NH_3; 120 kg (CH_4N_2O); 72.9%

99. 2.4 mg $C_4H_6O_4S_2$

101. 1.0×10^3 g CO_2

103. **b**; the loudest explosion will occur when the ratio is 2 hydrogen to 1 oxygen, for that is the ratio that occurs in water.

105. 2.8×10^{13} kg CO_2 per year; 1.1×10^2 years

110. **a.** Experiments 1, 2, and 3
c. 2 A + 1 B
e. 84.8%

9장

기초문제

1. Both the Bohr model and the quantum-mechanical model for the atom were developed in the early 1900s. These models explain how electrons are arranged within the atomic structure and how the electrons affect the chemical and physical properties of each element.

3. White light contains a spectrum of wavelengths and therefore a spectrum of color. Colored light is produced by a single wavelength and is therefore a single color.

5. Energy carried per photon is greater for shorter wavelengths than for longer wavelengths. Wavelength and frequency are inversely related—the shorter the wavelength, the higher the frequency.

7. X-rays pass through many substances that block visible light and are therefore used to image bones and organs.

9. Ultraviolet light contains enough energy to damage biological molecules, and excessive exposure increases the risk of skin cancer and cataracts.

11. Microwaves can only heat things containing water; therefore the food, which contains water, becomes hot, but the plate does not.

13. The Bohr model is a representation for the atom in which electrons travel around the nucleus in circular orbits with a fixed energy at specific, fixed distances from the nucleus.

15. The Bohr orbit describes the path of an electron as an orbit or trajectory (a specified path). A quantum-mechanical orbital describes the path of an electron using a probability map.

17. The e^- has wave–particle duality, which means the path of an electron is not predictable. The motion of a baseball is predictable. A probability map shows a statistical, reproducible pattern of where the electron is located.

19. The subshells are *s* (1 orbital, which contains a maximum of 2 electrons); *p* (3 orbitals, which contain a maximum of 6 electrons); *d* (5 orbitals, which contain a maximum of 10 electrons); and *f* (7 orbitals, which contain a maximum of 14 electrons).

21. The Pauli exclusion principle states that separate orbitals may hold no more than 2 electrons, and when 2 electrons are present in a single orbital, they must have opposite spins. When writing electron configurations, the principle means that no box can have more than two arrows, and the arrows will point in opposite directions.

23. [Ne] represents $1s^2 2s^2 2p^6$.
[Kr] represents $1s^2 2s^2 2p^6 3s^2 3p^6 4s^2 3d^{10} 4p^6$.

25.

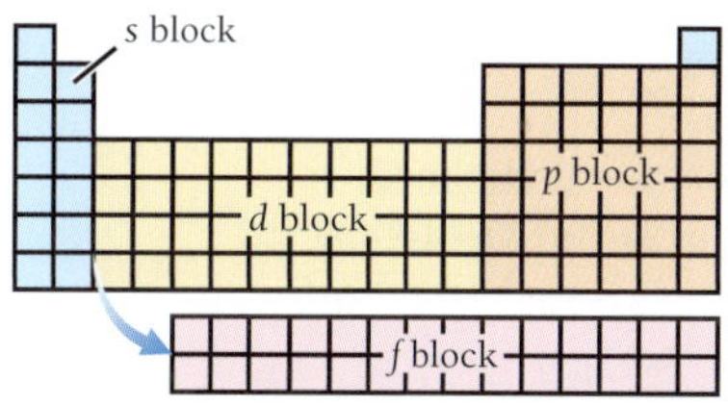

27. Group 1 elements form 1+ ions because they lose one valence electron in the outer *s* shell to obtain a noble gas configuration. Group 7 elements form 1− ions because they gain an electron to fill their outer *p* orbital to obtain a noble gas configuration.

복습문제

29. **a.** 1.0 ns **b.** 13.21 ms
c. 4 h 10 min

31. infrared

33. radiowaves < microwaves < infrared < ultraviolet

35. gamma, ultraviolet, or X-rays

37. **a.** radio waves < infrared < X-rays
b. radio waves < infrared < X-rays
c. X-rays < infrared < radio waves

39. energies, distances

41. $n = 5 \longrightarrow n = 1$: 95 nm
$n = 4 \longrightarrow n = 1$: 97.3 nm

43.

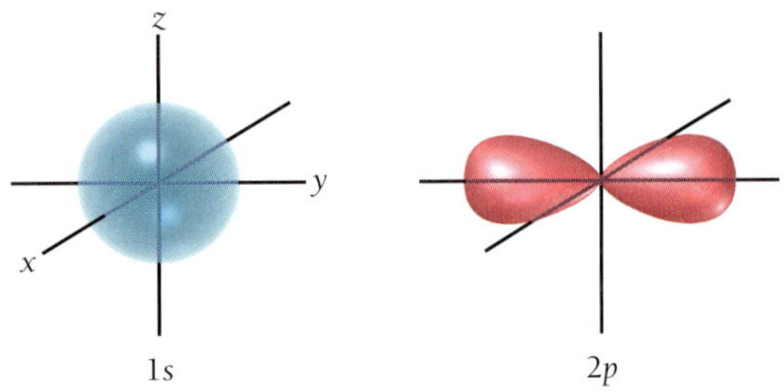

The 2s and 3p orbitals are bigger than the 1s and 2p orbitals.

45. Electron in the 2s orbital

47. 2p ⟶ 1s

49.
a. Ba: $1s^2 2s^2 2p^6 3s^2 3p^6 3d^{10} 4s^2 4p^6 4d^{10} 5s^2 5p^6 6s^2$
b. Sn: $1s^2 2s^2 2p^6 3s^2 3p^6 3d^{10} 4s^2 4p^6 4d^{10} 5s^2 5p^2$
c. Na: $1s^2 2s^2 2p^6 3s^1$
d. Xe: $1s^2 2s^2 2p^6 3s^2 3p^6 3d^{10} 4s^2 4p^6 4d^{10} 5s^2 5p^6$

51.

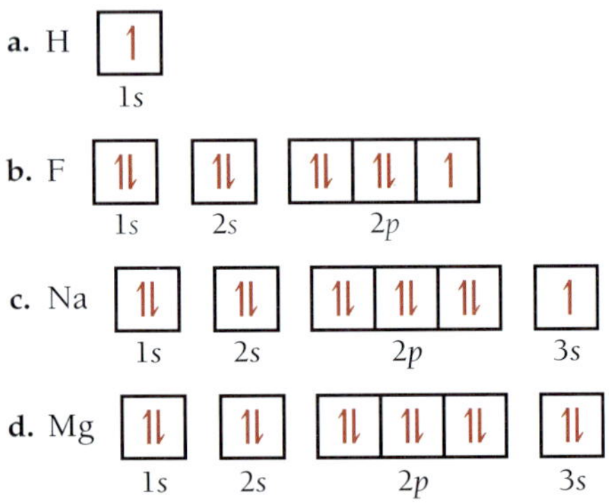

53.
a. [Ar]$3d^{10}4s^2 4p^2$ **b.** [Kr]$4d^{10}5s^2 5p^3$
c. [Xe]$6s^2$ **d.** [Kr]$4d^{10}5s^2 5p^1$

55.
a. V: [Ar]$3d^3 4s^2$ **b.** Cr: [Ar]$3d^5 4s^1$
c. Y: [Kr]$4d^1 5s^2$ **d.** Co: [Ar]$3d^7 4s^2$

57. Valence electrons are underlined.
a. Br: $1s^2 2s^2 2p^6 3s^2 3p^6 3d^{10} \underline{4s^2 4p^5}$
b. Ga: $1s^2 2s^2 2p^6 3s^2 3p^6 3d^{10} \underline{4s^2 4p^1}$
c. S: $1s^2 2s^2 2p^6 \underline{3s^2 3p^4}$
d. Rb: $1s^2 2s^2 2p^6 3s^2 3p^6 3d^{10} 4s^2 4p^6 \underline{5s^1}$

59.

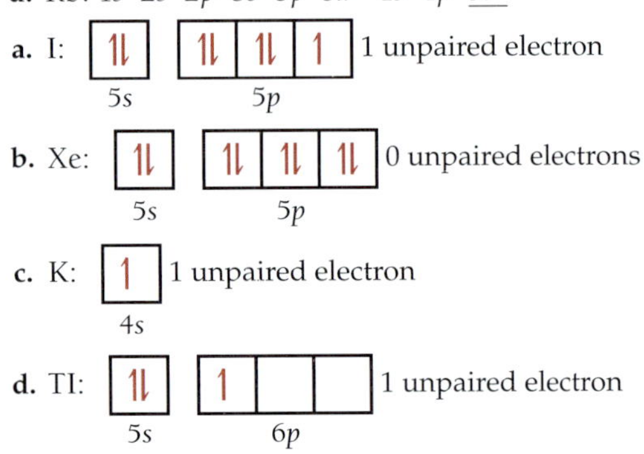

61. **a.** 5 **b.** 6 **c.** 7 **d.** 1

63. **a.** ns^1 **b.** ns^2 **c.** ns^2np^3 **d.** ns^2np^5

65.
a. [Ne]$3s^2 3p^1$ **b.** [He]$2s^2$
c. [Kr]$5s^2 4d^{10} 5p^1$ **d.** [Kr]$5s^2 4d^2$

67.
a. [Kr]$5s^2$ **b.** [Kr]$5s^2 4d^1$
c. [Ar]$4s^2 3d^2$ **d.** [Kr]$5s^2 4d^{10} 5p^4$

69. **a.** 3 **b.** 4 **c.** 6 **d.** 6

71. Period 1 has two elements. Period 2 has eight elements. The number of subshells is equal to the principal quantum number. For period 1, $n = 1$ and the s subshell contains only two elements. For period 2, $n = 2$ and contains s and p subshells that have a total of eight elements.

73.
a. magnesium **b.** phosphorus
c. chlorine **d.** aluminum

75.
a. sulfur **b.** germanium
c. titanium **d.** potassium

77. [Ar]$4s^2 3d^3$

79. **a.** P **b.** I **c.** Br **d.** C

81. Sb < Se < P < Cl < F

83. **a.** In **b.** Si **c.** Pb **d.** C

85. F < S < Si < Ge < Ca < Rb

87.
a. Sr **b.** Bi
c. cannot tell **d.** As

89. O < S < As < Ga < Sr < Cs

91. Silicon has a larger radius because its effective nuclear charge is less than chlorine's effective nuclear charge.

93. 18 e^-

95. Alkaline earth metals have the general electron configuration of ns^2. If they lose their two s electrons, they will obtain the stable electron configuration of a noble gas. This loss of electrons will give the metal a 2+ charge.

97.
a. $1s^2 2s^2 2p^6 3s^2 3p^6$
b. $1s^2 2s^2 2p^6 3s^2 3p^6$
c. $1s^2 2s^2 2p^6 3s^2 3p^6$
d. $1s^2 2s^2 2p^6 3s^2 3p^6 4s^2 3d^{10} 4p^6$

They all have noble gas electron configurations.

99. Metals tend to form positive ions because they tend to lose electrons. Elements on the left side of the periodic table have only a few extra electrons, which they will lose to gain a noble gas configuration. Metalloids tend to be elements with 3 to 5 valence electrons; they could lose or gain electrons to obtain a noble gas configuration. Nonmetals tend to gain electrons to fill their almost full valence shell, so they tend to form negative ions and are on the right side of the table.

101.
a. There is a maximum of 6p and 2s electrons for any principal quantum number. $1s^2 2s^2 2p^6 3s^2 3p^2$
b. There is not a 2d subshell: $1s^2 2s^2 2p^6 3s^2$
c. There is not a 1p subshell: $1s^2 2s^2 2p^1$
d. There is a maximum of 6p and 2s electrons for any principal quantum number. $1s^2 2s^2 2p^6 3s^2 3p^3$

103. Bromine is highly reactive because it reacts quickly to gain an electron and obtain a stable valence shell. Krypton is a noble gas because it already has a stable valence shell.

105. Ca

107. 660 nm

109. 8 min, 19 sec

111.
a. 1.5×10^{-34} m
b. 1.88×10^{-10} m

Electrons have wave–particle duality, whereas golf balls do not.

113. The ionization energy dips at column 3A because removing an electron from one of those atoms leaves the atom with a fairly stable, filled *s* orbital as its valence shell. For the group 6A elements, special stability occurs when those elements lose an electron and achieve a half-filled *p* orbital as their valence shell.

115. Ultraviolet light is the only one of these three types of light that contains enough energy to break chemical bonds in biological molecules.

121. **c.** Al [Ne]$3s^2 3p^1$ P [Ne]$3s^2 3p^3$ S [Ne]$3s^2 3p^4$

The Al exception is due to the transition from the *s* orbitals to the *p* orbital.

The S exception is due to the pairing of 2 electrons in one orbital for S (compared to P in which all of the *p* orbitals are singly occupied).

e. Si [Ne]$3s^2 3p^2$

P [Ne]$3s^2 3p^3$

The electron affinity of Si is more exothermic because in Si, the incoming electron can singly occupy a *p* orbital. However, in P, the incoming electron must pair with another electron in a *p* orbital.

10장

기초문제

1. Bonding theories predict how atoms bond together to form molecules, and they also predict what combinations of atoms form molecules and what combinations do not. Likewise, bonding theories explain the shapes of molecules, which in turn determine many of their physical and chemical properties.

3. Atoms with 8 valence electrons are particularly stable and are said to have an octet. Atoms such as hydrogen, helium, lithium, and beryllium are exceptions to the octet rule as they achieve stability when their outermost shell contains two electrons—a duet. A chemical bond is the sharing or transfer of electrons to attain stable electron configurations among the bonding atoms.

5. The Lewis structure for potassium has 1 valence electron, whereas the Lewis structure for monatomic chlorine has 7 valence electrons. From these structures we can determine that if potassium gives up its one valence electron to chlorine, K^+ and Cl^- are formed; therefore the formula must be KCl.

7. Double and triple bonds are shorter and stronger than single bonds.

9. You determine the number of electrons that go into the Lewis structure of a molecule by summing the valence electrons of each atom in the molecule.

11. The octet rule is not sophisticated enough to be correct every time. For example, some molecules that exist in nature have an odd number of valence electrons and thus will not have octets on all their constituent atoms. Some elements tend to form compounds in nature in which they have more (sulfur) or less (boron) than 8 valence electrons.

13. VSEPR theory predicts the shape of molecules using the idea that electron groups repel each other.

15. **a.** 180° **b.** 120° **c.** 109.5°

17. Electronegativity is the ability of an element to attract electrons within a covalent bond.

19. A polar covalent bond is a covalent bond that has a dipole moment.

21. If a polar liquid and a nonpolar liquid are mixed, they will separate into distinct regions because the polar molecules will be attracted to one another and will exclude the nonpolar molecules.

복습문제

23. **a.** $1s^2 2s^2 2p^6 3s^2 3p^3$ **b.** $1s^2 2s^2 2p^6 3s^2 3p^3$

c. $1s^2 2s^2 2p^6 3s^2 3p^4$ **d.** $1s^2 2s^2 2p^6$

25. **a.** :Ï: **b.** ·Ṡ· **c.** ·Ġe· **d.** ·Ca·

27. :Ẍ: Halogens tend to gain 1 electron in a chemical reaction.

29. M: Alkaline earth metals tend to lose 2 electrons in a chemical reaction.

31. **a.** Ga^{3+} **b.** Ca^{2+} **c.** [:T̈e:]$^{2-}$ **d.** [:P̈:]$^{3-}$

33. **a.** Ar **b.** Ar **c.** Xe **d.** Ne

35. **a.** ionic **b.** covalent **c.** ionic **d.** covalent

37. 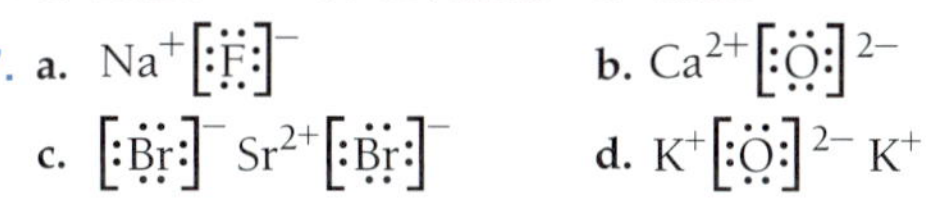

39. **a.** CaS **b.** $MgBr_2$ **c.** CsI **d.** Ca_3N_2

41. 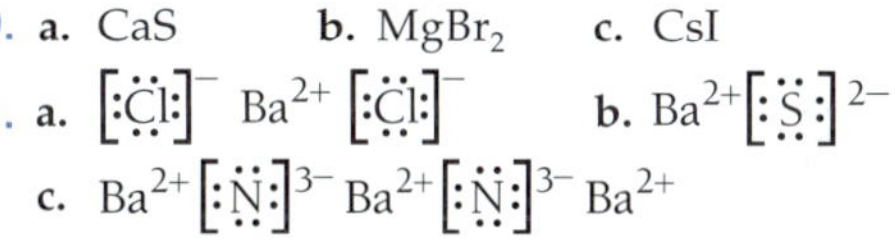

43. 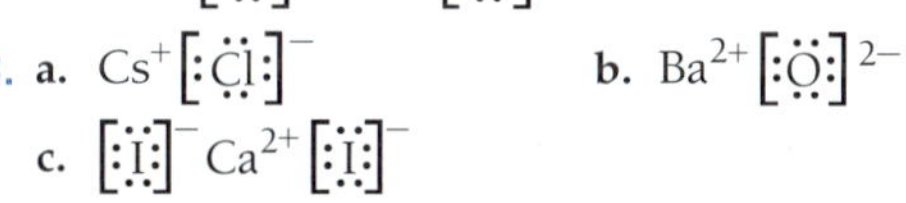

45. **a.** Hydrogen exists as a diatomic molecule because two hydrogen molecules achieve a stable duet when they share their electrons and form a single covalent bond.

b. Iodine achieves a stable octet when two atoms share electrons and form a single bond.

c. Nitrogen achieves a stable octet when two atoms share electrons and form a triple bond.

d. Oxygen achieves a stable octet when two atoms share electrons and form a double bond.

47. 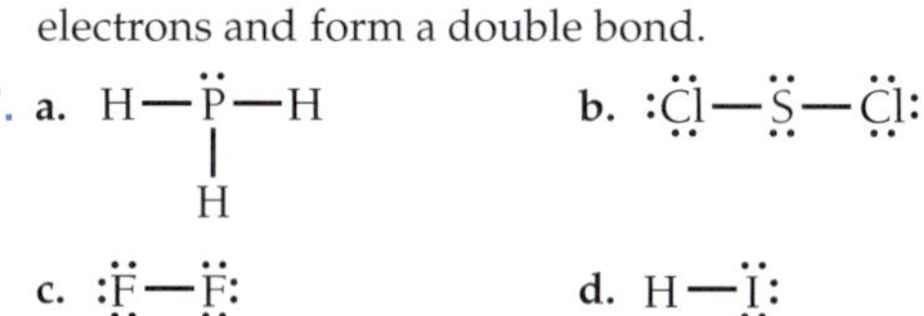

49. 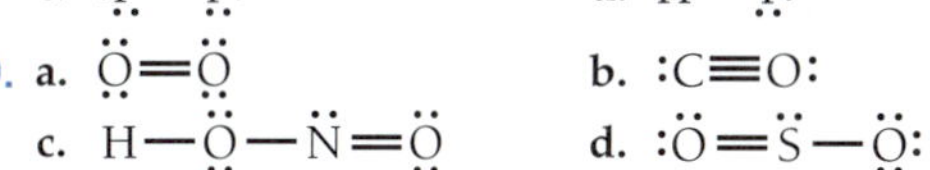

51. 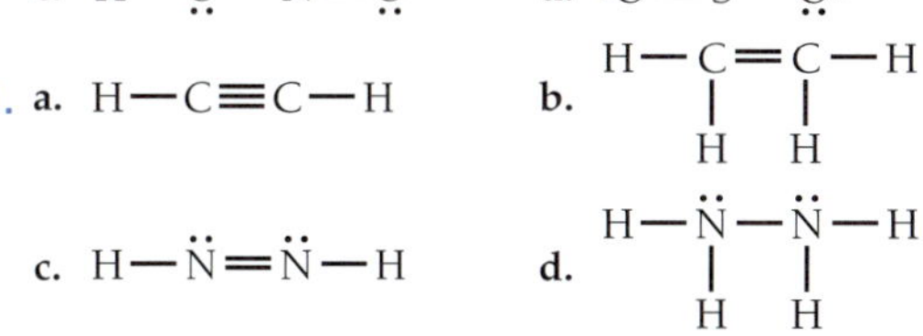

53. 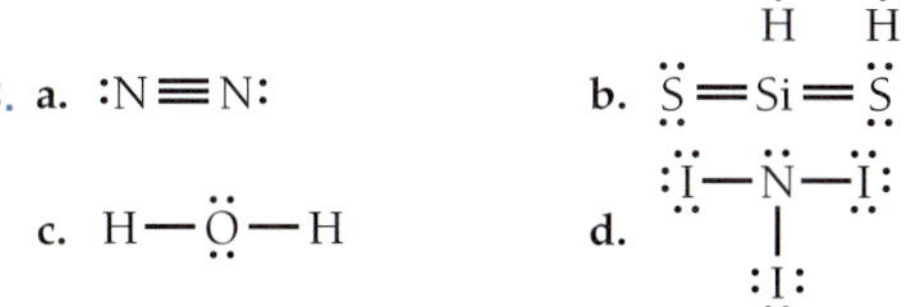

55. 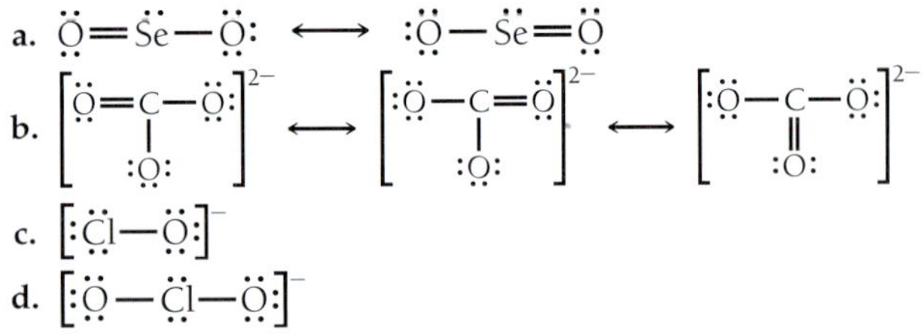

57. 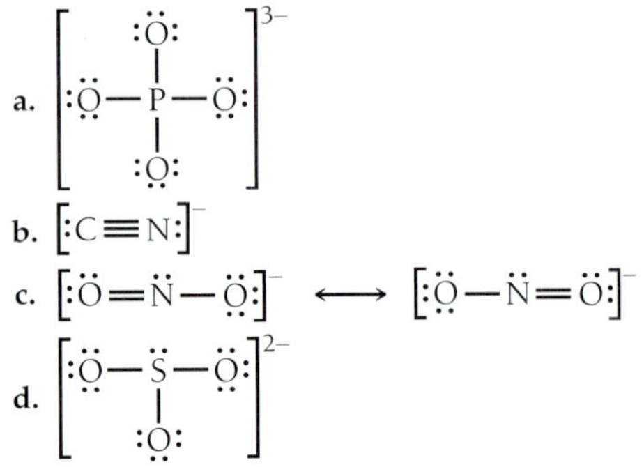

59. 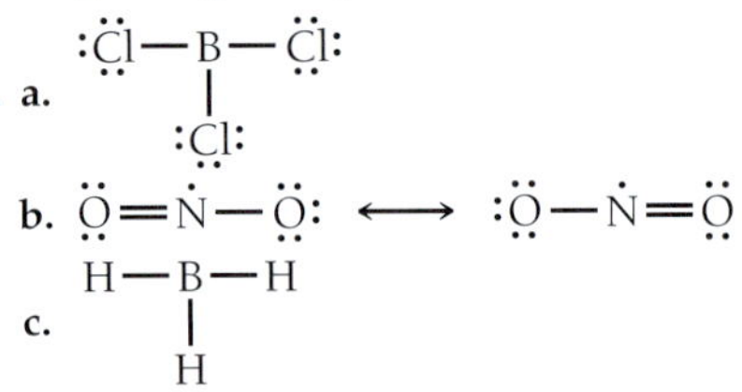

61. a. 5 b. 4 c. 2 d. 4

63. a. 3 bonding groups, 2 lone pairs
b. 3 bonding groups, 1 lone pair
c. 2 bonding groups, 0 lone pairs
d. 4 bonding groups, 0 lone pairs

65. a. tetrahedral b. trigonal planar
c. linear d. linear

67. a. 109.5° b. 120° c. 180° d. 180°

69. a. Two electron groups; two bonding groups
b. Four electron groups; three bonding groups

71. a. trigonal planar, bent
b. tetrahedral, bent
c. tetrahedral, trigonal pyramidal
d. tetrahedral, bent

73. a. 120° b. 109.5° c. 109.5° d. 109.5°

75. a. linear, linear
b. trigonal planar, bent (about both nitrogen atoms)
c. tetrahedral, trigonal pyramidal (about both nitrogen atoms)

77. a. trigonal pyramidal b. trigonal pyramidal
c. tetrahedral d. tetrahedral

79. a. 1.0 b. 2.1 c. 3.0

81. Cl > Si > Ga > Ca > Rb

83. a. polar covalent b. ionic
c. pure covalent d. polar covalent

85. Cl_2 < NO < ClF < HF

87. a. polar b. nonpolar
c. nonpolar d. polar

89. a. (+):C≡O:(−) b. nonpolar
c. nonpolar d. (+)H—$\ddot{\text{Br}}$:(−)

91. a. polar b. polar
c. nonpolar d. polar

93. a. nonpolar b. polar
c. nonpolar d. polar

95. a. $1s^22s^22p^63s^23p^6\underline{4s^2}$, Ca: (underlined electrons are the ones included)
b. $1s^22s^22p^33s^23p^6\underline{4s^2}3d^{10}\underline{4p^1}$, $\dot{\text{Ga}}$:
c. $[\text{Ar}]\underline{4s^2}3d^{10}\underline{4p^3}$, ·$\dot{\text{As}}$:
d. $[\text{Kr}]\underline{5s^2}4d^{10}\underline{5p^5}$, :$\ddot{\text{I}}$:

97. a. ionic, $K^+[:\ddot{\text{S}}:]^{2-}K^+$
b. covalent, 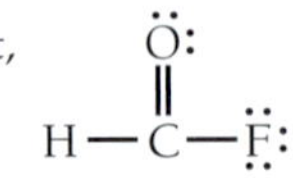
c. ionic, $Mg^{2+}[:\ddot{\text{Se}}:]^{2-}$
d. covalent, 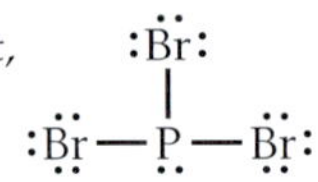

99. 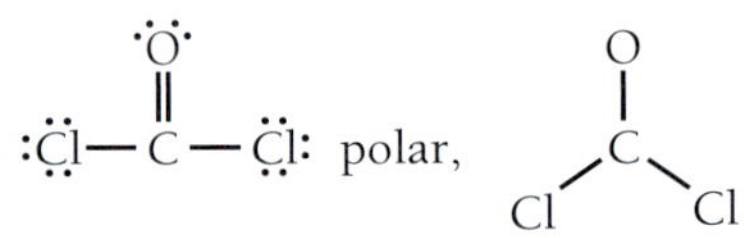

101. 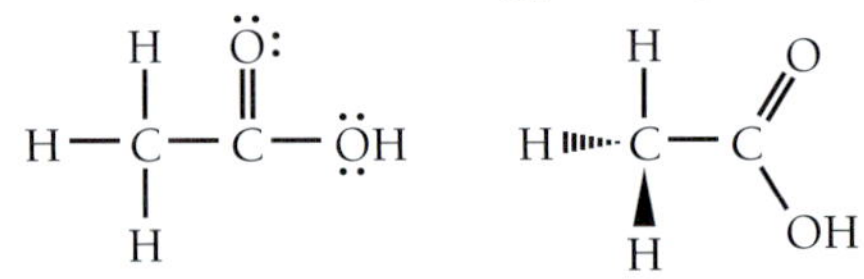

103. 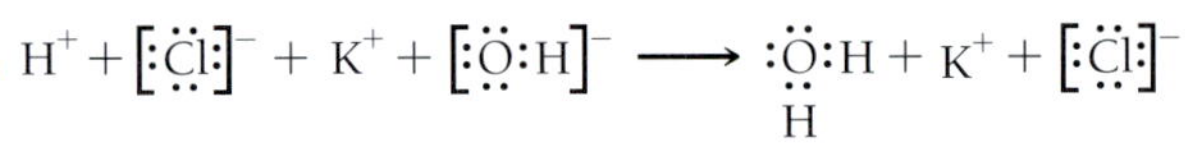

105. 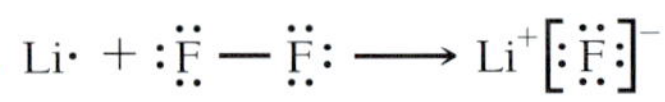

107. a. 
b. 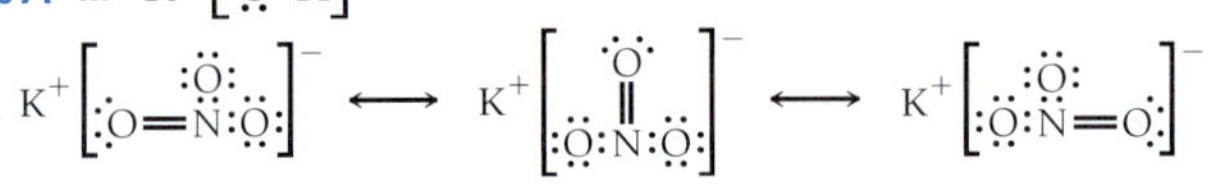
c. 
d. 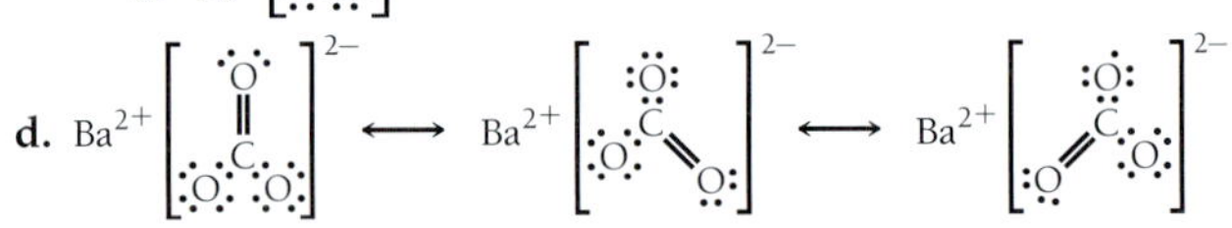

109. a. 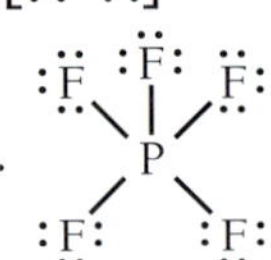 b. 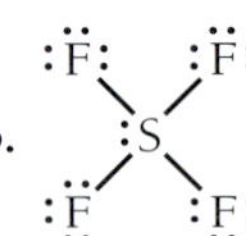
c. 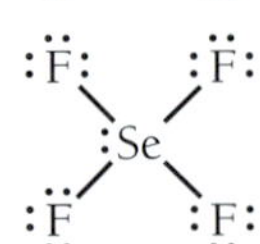

111. CH_2O_2 or 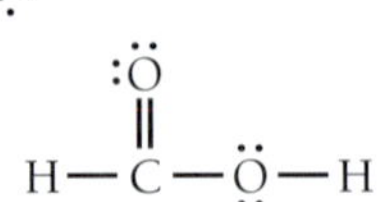

113. 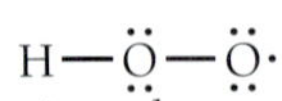 HOO is not stable because one oxygen atom does not have an octet. The geometry for HOO is *bent*.

115. a. 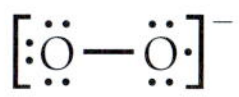 b. 

c. 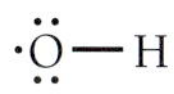 d. 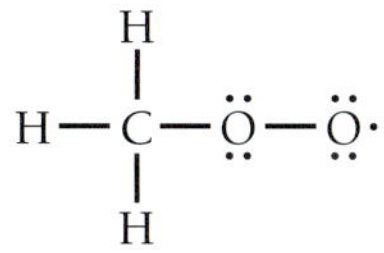

117. a. The structure has 2 bonding electron pairs and 2 lone pairs. The Lewis structure is analogous to that of water, and the molecular geometry is bent.

b. Correct

c. The structure has 3 bonding electron pairs and 1 lone pair. The Lewis structure is analogous to that of NH_3, and the geometry is trigonal pyramidal.

d. Correct

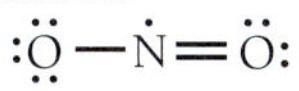

121. a. 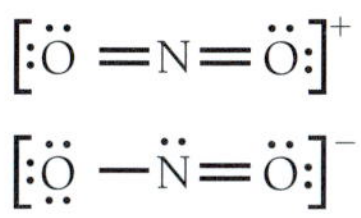

11장

기초문제

1. Pressure is the push (or force) exerted per unit area by gaseous molecules as they collide with the surfaces around them.
3. The kinetic molecular theory makes four main assumptions. The first is that the gas is a collection of molecules in constant motion. Second, there is no attraction or repulsion between the particles, and collisions are perfectly elastic. Third, there is a lot of space in between the particles relative to the particle size. Lastly, the speed of the particles increases with temperature.
5. The pain we experience in our ears during a change in altitude is due to a pressure difference between the cavities inside of our ears and the surrounding air.
7. Boyle's law states that the volume of a gas and its pressure are inversely proportional. This relationship can be explained by the kinetic molecular theory. If the volume of a sample is decreased, the same number of particles is crowded into a smaller space, causing more collisions with the walls of the container. This causes the pressure to increase.
9. When an individual is more than a couple of meters underwater, the air pressure in the lungs is greater than the air pressure at the water's surface. If a snorkel were used, it would move the air from the lungs to the surface, making it very difficult to breathe.
11. Increasing the temperature of the air in the balloon causes it to expand. As the volume of the air increases, the density decreases, allowing it to float in the cooler, denser air surrounding it.
13. Avogadro's law states that the volume of a gas is directly proportional to the amount of gas in moles. Kinetic molecular theory predicts that if the number of gas particles increases at a constant pressure and temperature, the volume increases.
15. The ideal gas law is most accurate when the volume of gas particles is small compared to the space between them. It is also accurate when the forces between particles are not important. The ideal gas law breaks down at high pressures and low temperatures. This breakdown occurs because the gases are no longer acting according to the kinetic molecular theory.
17. Dalton's law states that the sum of the partial pressures in a gas mixture must equal the total pressure. $P_{tot} = P_A + P_B + P_C + \ldots$
19. Deep-sea divers breathe helium with oxygen because helium, unlike nitrogen, does not have physiological effects under high-pressure conditions. The oxygen concentration in the mixture is low to avoid oxygen toxicity.
21. Vapor pressure is the partial pressure of a gas above its liquid. Partial pressure increases with increasing temperature.

복습문제

23. a. 1.812 atm b. 4.82 atm
c. 3.74 atm d. 0.905 atm

25. a. 3.3×10^3 torr b. 50 mmHg
c. 7.55×10^3 mmHg d. 1338 torr

27.

Pascals	Atmospheres	mmHg	Torr	PSI
788	0.00778	5.91	5.91	0.114
6.86×10^4	0.677	514	514	9.95
4.43×10^5	4.37	3.32×10^3	3.32×10^3	64.2
1.05×10^5	1.04	790	790	15.3
2.80×10^4	0.276	210	210	4.06

29. a. 0.9524 atm b. 723.8 mmHg
c. 14.00 psi d. 9.650×10^4 Pa

31. a. 1.05 atm b. 800 mmHg
c. 107 kPa d. 800 torr

33. 2.59 atm; 1.96×10^3 mmHg

35. 80.0 kPa

37. 1.8 L

39.

P_1	V_1	P_2	V_2
87.3 kPa	3.85 L	104.7 kPa	3.21 L
516 kPa	2.33 L	640 kPa	1.88 L
24.0 kPa	350 mL	18.6 kPa	452 mL
112 kPa	503 mL	417 kPa	135 mL

41. 3.2 L

43. 74.1 mL

45.

V_1	T_1	V_2	T_2
1.58 L	35.4 °C	1.63 L	45.2 °C
74.9 mL	88 K	245 mL	288 K
135 cm^3	39.3 °C	129 cm^3	25.4 °C
242 L	28.5 °C	288 L	86.2 °C

47. 5.5 L

49. 4.33 L

51.

V_1	n_1	V_2	n_2
28.5 mL	2.55×10^{-3} mol	59.4 mL	5.31×10^{-3} mol
21.4 L	2.37 mol	36.8 L	4.07 mol
15.2 L	0.428 mol	34.8 L	0.981 mol
522 mL	0.0112 mol	771 mL	0.0166 mol

53. 952 Pa
55. 0.92 L
57. 1.1×10^5 Pa
59.

P_1	V_1	T_1	P_2	V_2	T_2
183 kPa	1.28 L	15.2 °C	176 kPa	1.42 L	35.3 °C
104.1 kPa	131 mL	195 K	120.1 kPa	132 mL	227 K
579 kPa	0.800 L	26.1 °C	321 kPa	1.55 L	48.3 °C

61. 6.11 L
63. 3.1 mol
65. 1.27 mol
67.

P	V	n	T
309 kPa	1.59 L	0.122 mol	484 K
18.9 kPa	35.1 L	0.2461 mol	324 K
249 kPa	19.5 mL	1.94×10^{-3} mol	27.4 °C
46.5 kPa	0.469 L	8.89×10^{-3} mol	295 K

69. 0.35 mol
71. 46.2 g/mol
73. 2.03 g/mol
75. 76.12 kPa
77. 1133 kPa
79. 7.00×10^2 mm Hg
81. 183 kPa N_2; 52 kPa O_2
83. 0.34 atm
85. **a.** 504 L **b.** 81 L **c.** 49 L **d.** 6.0×10^2 L
87. **a.** 68.0 L **b.** 31.5 L **c.** 86.7 L **d.** 0.115 L
89. **a.** 0.350 g **b.** 0.221 g **c.** 8.15 g
91. 28 L
93. 33 L H_2; 16 L CO
95. 8.82 L
97. 22.7 g NH_3
99. 0.5611 g
101.
$$V = \frac{nRT}{P} = \frac{1.00\ \text{mol}\left(0.0821\frac{\text{L}\cdot\text{atm}}{\text{mol}\cdot\text{K}}\right)(273\ \text{K})}{1.00\ \text{atm}} = 22.4\ \text{L}$$
103. 17.8 g/mol
105. C_4H_{10}
107. 0.828 g
109. 0.128 g
111. 0.935 L
113. $HCl + NaHCO_3 \longrightarrow CO_2 + H_2O + NaCl$; 1.11×10^{-3} mol
115. **a.** SO_2, 0.0127 mol **b.** 65.6%
117. **a.** NO_2, 24.0 g **b.** 61.6%
119. 11.7 L
121. 356 torr
123. 0.15 atm
125. **c.** From the ideal gas law, we see that pressure is directly proportional to the number of moles of gas per unit volume (n/V). The gas in (c) contains the greatest concentration of particles and thus has the highest pressure.
127. 22.8 g
129. $V_2 = 0.76$ L, actual volume is 0.61 L. The difference is because air contains about 20% oxygen, which condenses into a liquid at −183 °C.
134. **a.** No **c.** The mole ratio is 1:1.

12장

기초문제

1. Intermolecular forces are attractive forces that occur between molecules. Intermolecular forces are what living organisms depend on for many physiological processes. Intermolecular forces are also responsible for the existence of liquids and solids.
3. The magnitude of intermolecular forces relative to the amount of thermal energy in the sample determines the state of the matter.
5. Properties of solids:
   a. Solids have high densities in comparison to gases.
   b. Solids have a definite shape.
   c. Solids have a definite volume.
   d. Solids may be crystalline or amorphous.
7. Surface tension is the tendency of liquids to minimize their surface area. Molecules at the surface have few neighbors to interact with via intermolecular forces.
9. Evaporation is a physical change in which a substance is converted from its liquid form to its gaseous form. Condensation is a physical change in which a substance is converted from its gaseous form to its liquid form.
11. Evaporation below the boiling point occurs because molecules on the surface of the liquid experience fewer attractions to the neighboring molecules and can therefore break away. At the boiling point, evaporation occurs faster because more of the molecules have sufficient thermal energy to break away (including internal molecules).
13. Acetone has weaker intermolecular forces than water. Acetone is more volatile than water.
15. Vapor pressure is the partial pressure of a gas in dynamic equilibrium with its liquid. It increases with increasing temperature, and it also increases with decreasing strength of intermolecular forces.
17. A steam burn is worse than a water burn at the same temperature (100 °C) because when the steam condenses on the skin, it releases large amounts of additional heat.
19. As the first molecules freeze, they release heat, making it harder for other molecules to freeze without the aid of a refrigeration mechanism, which would draw heat out.
21. The melting of ice is endothermic. ΔH for melting is positive (+), whereas ΔH for freezing is negative (−).

23. Dispersion forces are the default intermolecular force present in all molecules and atoms. Dispersion forces are caused by fluctuations in the electron distribution within molecules or atoms. Dispersion forces are the weakest type of intermolecular force and increase with increasing molar mass.

25. Hydrogen bonding is an intermolecular force and is sort of a super dipole–dipole force. Hydrogen bonding occurs in compounds containing hydrogen atoms bonded directly to fluorine, oxygen, or nitrogen.

27. Dispersion force, dipole–dipole force, hydrogen bond, ion–dipole

29. Molecular solids as a whole tend to have low to moderately low melting points relative to other types of solids; however, strong molecular forces can increase their melting points relative to each other.

31. Ionic solids tend to have much higher melting points relative to the melting points of other types of solids.

33. Water is unique for a couple of reasons. Water has a low molar mass, yet it is still liquid at room temperature and has a relatively high boiling point. Unlike other substances, which contract upon freezing, water expands upon freezing.

복습문제

35. b

37. (a) Increasing the temperature.

39. The 55 mL of water in a dish with a diameter of 12 cm will evaporate more quickly because it has a larger surface area.

41. Acetone feels cooler while evaporating from one's hand, for it is more volatile than water and evaporates much faster.

43. The ice's temperature will increase from −5 °C to 0 °C, where it will then stay constant while the ice completely melts. After the melting process is complete, the water will continue to rise steadily in temperature until it reaches room temperature (25 °C).

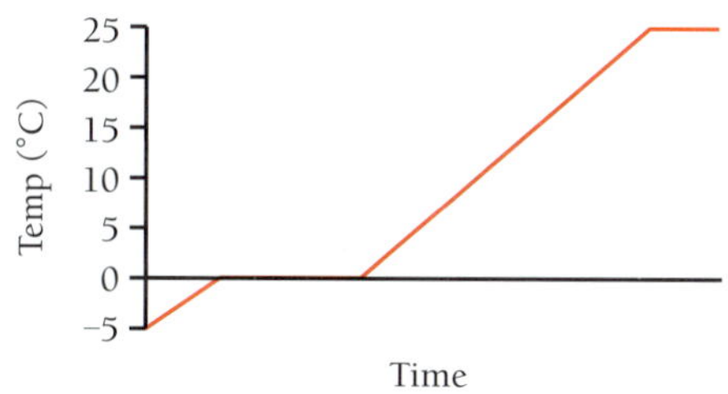

45. Allowing 0.50 g of 100 °C steam to condense on your hand would cause a more severe burn than spilling 0.50 g of 100 °C water on your hand. When the steam condenses on the skin, it releases large amounts of additional heat.

47. The −8 °C ice chest will cause the water in the watery bag of ice to freeze, which is an exothermic process. The freezing process of the water will release heat, and the temperature of the ice chest will increase.

49. The ice chest filled with ice at 0 °C will be colder after a couple of hours than the ice chest filled with water at 0 °C. This is because the ice can absorb additional heat as it melts.

51. Denver is a mile above sea level and thus has a lower air pressure. Due to this low pressure, the point at which the vapor pressure of water equals the external pressure will occur at a lower temperature.

53. 87.6 kJ

55. 8.5 kJ

57. 15.5 kJ

59. 3.72×10^2 g

61. 15.9 kJ

63. 9.49 kJ

65. 4.64 kJ

67. **a.** dispersion, dipole–dipole
b. dispersion
c. dispersion, dipole–dipole
d. dispersion

69. **a.** dispersion
b. dispersion, dipole–dipole
c. dispersion, dipole–dipole
d. dispersion

71. Ion–dipole forces (between the ions and the water molecules); and hydrogen bonding (between the water molecules themselves)

73. d, because it has the highest molecular weight

75. CH_3OH, due to strong hydrogen bonding

77. NH_3, because it has the ability to form hydrogen bonds

79. These two substances are not miscible, for H_2O is polar and $CH_3CH_2CH_2CH_2CH_3$ is nonpolar.

81. **a.** yes **b.** yes **c.** no

83. **a.** molecular **b.** ionic
c. atomic **d.** atomic

85. **a.** ionic **b.** molecular
c. ionic **d.** molecular

87. **c.** LiCl(*s*); it is an ionic solid and possesses ionic bonds, resulting in a higher melting point.

89. **a.** Ti(*s*); Ti is a covalent atomic solid, and Ne is a nonbonding atomic solid.
b. $H_2O(s)$; while both are molecular solids, water has strong hydrogen bonding.
c. Xe(*s*); both are nonbonding atomic solids, but Xe has a higher molar mass.
d. NaCl(*s*); NaCl(*s*) is an ionic solid, and $CH_4(s)$ is a molecular solid.

91. $Ar < H_2S < HF < CS_2 < KCl$

93. **a.** 2.2×10^4 J **b.** 22 kJ
c. 5.2×10^3 cal **d.** 5.2 Cal

95. 27 °C

97. 1.1×10^2 g

99. 58.67 kJ

101. **a.** H—S̈e—H Bent: Dispersion and dipole–dipole
b. Ö=S̈—Ö: Bent: Dispersion and dipole–dipole
c. 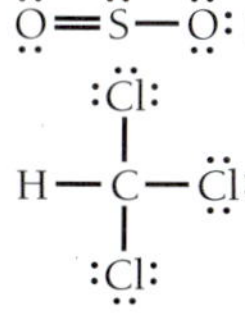 Tetrahedral: Dispersion and dipole–dipole
d. :Ö=C=Ö: Linear: Dispersion

103. $Na^+[:\ddot{\underset{..}{F}}:]^-$; $Mg^{2+}[:\ddot{\underset{..}{O}}:]^{2-}$; MgO has a higher melting point because the magnitude of the charges on the ions is greater.

105. As the molecular weight increases from Cl to I, the greater the London dispersion forces present, which will increase the boiling point as observed. However, HF is the only compound listed that has the ability to form hydrogen bonds, which explains the anomaly in the trend.

107. 23.6 °C

109. The molecule in the interior has the most neighbors. The molecule on the surface is more likely to evaporate. In three dimensions, the molecules that make up the surface area have the fewest neighbors and are more likely to evaporate than the molecules in the interior.

111. **a.** Yes, if the focus is on the melting of icebergs. No, the melting of an ice cube in a cup of water will *not* raise the level of the liquid in the cup; when the ice cube melts, the volume of the water created will be less than the volume of the initial ice cube.

b. Yes, for the ice sheets that sit on the continent of Antarctica are above sea level, and if some melted, the water created would be added to the ocean without decreasing the amount of ice below the ocean's surface.

117. **a.** Pentane and hexane

c. Dispersion forces; the boiling point increases as the molar mass increases.

e. 100–105 °C

13장

기초문제

1. A solution is a homogeneous mixture of two or more substances. Some examples are air, seawater, soda water, and brass.

3. In a solution, the solvent is the majority component of the mixture, and the solute is the minority component. For example, in a seawater solution, the water is the solvent, and the salt content is the solute.

5. Solubility is the amount of the compound, usually in grams, that will dissolve in a specified amount of solvent.

7. In solutions with solids, soluble ionic solids form strong electrolyte solutions, while soluble molecular solids form nonelectrolyte solutions. Strong electrolyte solutions are solutions containing solutes that dissociate into ions, for example, $BaCl_2$ and NaOH.

9. Recrystallization is a common way to purify a solid. In recrystallization, enough solid is put into high-temperature water until a saturated solution is created. Then the solution cools slowly, and crystals result from the solution. The crystalline structure tends to reject impurities, resulting in a purer solid.

11. The bubbles formed on the bottom of a pot of heated water (before boiling) are dissolved air coming out of the solution. These gases come out of solution because the solubility of the dissolved nitrogen and oxygen decreases as the temperature of the water rises.

13. The solubility of gases increases with increasing pressure. When a soda can is opened, the pressure is lowered, decreasing the solubility of carbon dioxide. This causes bubbles of carbon dioxide to come out of the solution.

15. Mass percent is the number of grams of solute per 100 grams of solution. Molarity is defined as the number of moles of solute per liter of solution.

17. The boiling point of a solution containing a nonvolatile solute is higher than the boiling point of the pure solvent. The melting point of the solution, however, is lower.

19. Molality is a common unit of concentration of a solution expressed as number of moles of solute per kilogram of solvent.

21. Water tends to move from lower concentrations to higher concentrations, and when the saltwater is being passed through the human body, the salt content draws the water out of the body, causing dehydration.

복습문제

23. **a** and **b** are solutions

25. **a.** solvent: water, solute: baking soda
b. solvent: water, solute: salt
c. solvent: water, solute: acetic acid

27. **a.** hexane **b.** water
c. ethyl ether **d.** water

29. a > b > c

31. ions, strong electrolyte solution

33. Unsaturated

35. recrystallization

37. **a.** no **b.** yes **c.** yes

39. At room temperature water contains some dissolved oxygen gas; however, the boiling of the water will remove dissolved gases.

41. Under higher pressure, the gas (nitrogen) will be more easily dissolved in the blood. To reverse this process, the diver should ascend to relieve the pressure.

43. **a.** 8.30% **b.** 4.93% **c.** 6.18%

45. 9.52% sugar

47.

Mass Solute (g)	Mass Solvent (g)	Mass Solution (g)	Mass%
25.5	278.1	303.6	8.40%
32.8	185.9	218.7	15.0%
42.2	199.9	242.1	17.4%
86.9	415.2	502.1	17.3%

49. 10.5 g NaCl

51. **a.** 1.8 g **b.** 10.5 mg **c.** 0.46 kg

53. **a.** 2.6 kg **b.** 1.0×10^2 g
c. 18 g

55. 1.6×10^2 g

57. 1.3×10^3 g

59. 9 L

61. **a.** 0.342 M **b.** 0.163 M
c. 0.32 M

63. **a.** 0.315 M **b.** 0.248 M
c. 0.0402 M

65. 0.57 M

67. **a.** 3.8 mol **b.** 0.58 mol
c. 0.367 mol

69. **a.** 0.70 L **b.** 0.096 L **c.** 0.32 L

71.

Solute	Mass Solute	Mol Solute	Volume Solution	Molarity
KNO_3	29.5 g	0.292 mol	175.0 mL	1.67 M
$NaHCO_3$	7.35 g	0.0875 mol	350.0 mL	0.250 M
$C_{12}H_{22}O_{11}$	85.38 g	0.249 mol	2.26 L	0.110 M

73. 14.3 g
75. 19 g
77. 12 L
79. **a.** 0.15 M **b.** 0.30 M
c. 0.45 M
81. **a.** 0.18 M Mg^{2+}, 0.18 M SO_4^{2-}
b. 0.60 M Al^{3+}, 0.90 M SO_4^{2-}
c. 0.15 M Li^+, 0.15 M Cl^-
83. 0.44 M
85. Dilute 0.045 L of the stock solution to 2.5 L.
87. 6.9×10^2 mL
89. 17.7 mL
91. **a.** 0.035 L **b.** 0.026 L
c. 0.577 L
93. 4.45 mL
95. 0.373 M
97. 1.2 L
99. **a.** 1.0 m **b.** 3.92 m
c. 0.52 m
101. 1.49 m
103. **a.** −1.0 °C **b.** −4.19 °C
c. −9.7 °C **d.** −5.49 °C
105. **a.** 100.09 °C **b.** 101.47 °C
c. 103.35 °C **d.** 101.72 °C
107. −1.27 °C, 100.348 °C
109. **a.** i **b.** ii **c.** i
111. 2.28 M, 12.3%
113. 0.43 L
115. 319 mL
117. 1.03 M
119. 0.27 L
121. 9.0 mL
123. 2.0×10^2 mL
125. −3.60 °C, 100.992 °C
127. −1.86 °C, 100.508 °C
129. 1.8×10^2 g/mol
131. 101.8 °C
133. 39.8 g glucose, 85.2 g sucrose
135. **a.** Water will flow from left to right.
b. Water will flow from right to left.
c. Water won't flow between the two.
137. 3×10^4 L
143. **a.** 10.3 ppb; 3.81 ppb, 1.69 ppb
c. If the water provider used first draw samples, they would have been required to take action. If they used 2 min flush samples, they would not have been required to take action. Residents probably don't flush their pipes before taking water, so the first draw technique is probably closer to actual practice.

14장

기초문제

1. Sour gummy candies are coated with a white powder that is a mixture of citric acid and tartaric acid. The combination of these two acids creates the sour taste.

3. The main component of stomach acid is hydrochloric acid. Its purpose is to help break down food and kill harmful bacteria.

5. The properties of bases are bitter taste, slippery feel, and the ability to turn red litmus paper blue. Some common substances that contain bases are ammonia, Drano, baking soda, and antacids.

7. The Arrhenius definition of an acid is a substance that produces H^+ ions in aqueous solution. An example: $HCl(aq) \longrightarrow H^+(aq) + Cl^-(aq)$

9. The Brønsted–Lowry definition states that an acid is a proton donor and a base is a proton acceptor. The following is an example of a chemical equation demonstrating this definition:

$$\underset{\text{acid}}{HCl(aq)} + \underset{\text{base}}{H_2O(l)} \longrightarrow H_3O^+(aq) + Cl^-(aq)$$

11. An acid–base neutralization reaction occurs when an acid and a base are mixed and the $H^+(aq)$ from the acid combines with the $OH^-(aq)$ from the base to form $H_2O(l)$. An example follows.

$$HCl(aq) + KOH(aq) \longrightarrow H_2O(l) + KCl(aq)$$

13. $2\ HCl(aq) + K_2O(s) \longrightarrow H_2O(l) + 2\ KCl(aq)$

15. A titration is a laboratory procedure in which a reactant in a solution of known concentration is reacted with another reactant in a solution of unknown concentration until the reaction has reached the equivalence point. The equivalence point is the point at which the reactants are in exact stoichiometric proportions.

17. A strong acid is one that will completely dissociate in solution, while a weak acid does not completely dissociate in solution.

19. Monoprotic acids (such as HCl) contain only one hydrogen ion that will dissociate in solution, while diprotic acids (such as H_2SO_4) contain two hydrogen ions that will dissociate in solution.

21. Yes, pure water contains H_3O^+ ions. Through self-ionization, water acts as an acid and a base with itself; water is amphoteric.

23. **a.** $[H_3O^+] > 1.0 \times 10^{-7}$ M; $[OH^-] < 1.0 \times 10^{-7}$ M
b. $[H_3O^+] < 1.0 \times 10^{-7}$ M; $[OH^-] > 1.0 \times 10^{-7}$ M
c. $[H_3O^+] = 1.0 \times 10^{-7}$ M; $[OH^-] = 1.0 \times 10^{-7}$ M

25. The pOH of a solution is the negative base-10 logarithm of the concentration of OH^- ions ($-\log[OH^-]$). A change of 2.0 pOH units corresponds to a 100-fold change in $[OH^-]$.

27. A buffer is a solution that resists pH change by neutralizing added acid or added base.

복습문제

29. **a.** base; $Ba(OH)_2(aq) \longrightarrow Ba^{2+}(aq) + 2OH^-(aq)$
b. acid; $H_2CO_3(aq) \longrightarrow H^+(aq) + HCO_3^-(aq)$
c. acid; $HCl(aq) \longrightarrow H^+(aq) + Cl^-(aq)$
d. base; $RbOH(aq) \longrightarrow Rb^+(aq) + OH^-(aq)$

31.

B-L Acid	B-L Base	Conjugate Acid	Conjugate Base
a. HCN	H_2O	H_3O^+	CN^-
b. H_2O	HCO_3^-	H_2CO_3	OH^-
c. HNO_2	H_2O	H_3O^+	NO_2^-
d. H_2O	$(CH_3)_3N$	$(CH_3)_3NH^+$	OH^-

33. b, c

35. **a.** Cl^- **b.** HSO_3^- **c.** CHO_2^- **d.** F^-

37. **a.** HNO_2 **b.** H_2O **c.** $C_6H_5CO_2H$ **d.** HSO_3^-

39. **a.** $2CH_3COOH(aq) + Ca(OH)_2(aq) \longrightarrow (CH_3COO)_2Ca(aq) + 2H_2O(l)$
b. $HCN(aq) + NaOH(aq) \longrightarrow NaCN(aq) + H_2O(l)$
c. $HNO_3(aq) + KOH(aq) \longrightarrow KNO_3(aq) + H_2O(l)$
d. $H_2SO_4(aq) + Mg(OH)_2(aq) \longrightarrow MgSO_4(aq) + 2H_2O(l)$

41. **a.** $2\ HBr(aq) + 2\ Rb(s) \longrightarrow 2\ RbBr(aq) + H_2(g)$
b. $2\ HBr(aq) + Mg(s) \longrightarrow MgBr_2(aq) + H_2(g)$
c. $2\ HBr(aq) + 2\ Ba(s) \longrightarrow 2\ BaBr(aq) + H_2(g)$
d. $6\ HBr(aq) + 2\ Al(s) \longrightarrow 2\ AlBr_3(aq) + 3\ H_2(g)$

43. **a.** $Al_2O_3(s) + 6\ HF(aq) \longrightarrow 3\ H_2O(l) + 2\ AlF_3(aq)$
b. $MnO(s) + 2\ HF(aq) \longrightarrow H_2O(l) + MnF_2(aq)$
c. $PbO(s) + 2\ HF(aq) \longrightarrow H_2O(l) + PbF_2(aq)$
d. $Cs_2O(s) + 2\ HF(aq) \longrightarrow H_2O(l) + 2\ CsF(aq)$

45. **a.** $6\ HClO_4(aq) + Fe_2O_3(s) \longrightarrow 2\ Fe(ClO_4)_3 + 3\ H_2O(l)$
b. $H_2SO_4(aq) + Sr(s) \longrightarrow SrSO_4(s) + H_2(g)$
c. $H_3PO_4(aq) + 3\ KOH(aq) \longrightarrow 3\ H_2O(l) + K_3PO_4(aq)$

47. **a.** 0.1400 M **b.** 0.138 M **c.** 0.08764 M **d.** 0.182 M

49. 0.0899 M H_2SO_4

51. 33.5 mL

53. b) HB

55. **a.** weak **b.** strong **c.** weak **d.** weak

57. **a.** $[H_3O^+] = 1.7$ M **b.** $[H_3O^+] = 1.5$ M **c.** $[H_3O^+] < 0.38$ M **d.** $[H_3O^+] < 1.75$ M

59. **a.** weak **b.** strong **c.** strong **d.** strong

61. **a.** $[OH^-] = 1.55$ M **b.** $[OH^-] < 0.45$ **c.** $[OH^-] = 0.270$ M **d.** $[OH^-] = 0.15$ M

63. **a.** basic **b.** basic **c.** acidic **d.** acidic

65. **a.** 4.0×10^{-7} M, basic **b.** 1.2×10^{-10} M, Acidic **c.** 8.3×10^{-6} M, basic **d.** 1.6×10^{-5} M, basic

67. **a.** 3.7×10^{-3} M, acidic **b.** 4.0×10^{-13} M, basic **c.** 9.1×10^{-5} M, acidic **d.** 3.0×10^{-11} M, basic

69. **a.** basic **b.** neutral **c.** acidic **d.** acidic

71. **a.** 8.57 **b.** 5.72 **c.** 4.54 **d.** 10.05

73. **a.** 2.8×10^{-9} M **b.** 5.9×10^{-12} M **c.** 1.3×10^{-3} M **d.** 6.0×10^{-2} M

75. **a.** 6.58 **b.** 7.47 **c.** 2.72 **d.** 12.02

77. **a.** 1.8×10^{-10} M **b.** 3.4×10^{-2} M **c.** 3.2×10^{-13} M **d.** 1.8×10^{-6} M

79. **a.** 1.810 **b.** 11.107 **c.** 2.724 **d.** 10.489

81. **a.** pOH = 8.82, acidic **b.** pOH = 4.15, basic **c.** pOH = 7.00, neutral **d.** pOH = 2.06, basic

83. **a.** pOH = 6.08, basic **b.** pOH = 12.74, acidic **c.** pOH = 5.59, basic **d.** pOH = 1.27, basic

85. **a.** pH = 5.5, acidic **b.** pH = 9.8, basic **c.** pH = 12.3, basic **d.** pH = 7.0, neutral

87. a is a buffer

89. **a.** $KNO_2(aq) + HCl(aq) \longrightarrow HNO_2(aq) + KCl(aq)$

91. **a.** H_2CO_3
b. NH_4Cl
c. C_6H_5COONa

93. 50.0 mL

95. 0.16 L

97. 65.2 g

99. 80.8 g/mol

101. 0.17 L

103. **a.** 2.60, acidic **b.** 11.75, basic **c.** 8.02, basic **d.** 1.710, acidic

105.

$[H_3O^+]$	$[OH^-]$	pOH	pH	Acidic or Basic
2.0×10^{-5}	5.0×10^{-10}	9.30	4.70	*acidic*
5.9×10^{-9}	1.7×10^{-6}	5.77	8.23	basic
4.5×10^{-4}	2.2×10^{-11}	10.65	3.35	acidic
6.8×10^{-4}	1.5×10^{-11}	10.83	3.17	acidic
2.8×10^{-10}	3.5×10^{-5}	4.45	9.55	basic

107. **a.** $[H_3O^+] = 0.0088$ M
$[OH^-] = 1.1 \times 10^{-12}$ M
pH = 2.06
b. $[H_3O^+] = 1.5 \times 10^{-3}$ M
$[OH^-] = 6.7 \times 10^{-12}$ M
pH = 2.82
c. $[H_3O^+] = 9.77 \times 10^{-4}$ M
$[OH^-] = 1.02 \times 10^{-11}$ M
pH = 3.010
d. $[H_3O^+] = 0.0878$ M
$[OH^-] = 1.14 \times 10^{-13}$ M
pH = 1.057

109. **a.** $[OH^-] = 0.15$ M
$[H_3O^+] = 6.7 \times 10^{-14}$ M
pH $= 13.18$
b. $[OH^-] = 3.0 \times 10^{-3}$ M
$[H_3O^+] = 3.3 \times 10^{-12}$ M
pH $= 11.48$
c. $[OH^-] = 9.6 \times 10^{-4}$ M
$[H_3O^+] = 1.0 \times 10^{-11}$ M
pH $= 10.98$
d. $[OH^-] = 8.7 \times 10^{-5}$ M
$[H_3O^+] = 1.1 \times 10^{-10}$ M
pH $= 9.94$

111. 1.49 L

113. 11.495

115. 3.0×10^{12} H^+ ions

117. 0.024 mol $Sr(OH)_2$, 0.076 mol NaOH

119. **a.** weak **b.** strong
c. weak **d.** strong

121. approximately 8 times more concentrated

126. **a.** $HX(aq) + NaOH(aq) \longrightarrow H_2O(l) + NaX(aq)$
c. pH $= 8.9$ at equivalence point; pH $= 5$ halfway to equivalence point

15장

기초문제

1. The two general concepts involved in equilibrium are sameness and changelessness.
3. By controlling reaction rates, chemists can control the amount of a product that forms in a given period of time and have control of the outcome.
5. The two factors that influence reaction rates are concentration and temperature. The rate of a reaction increases with increasing concentration. The rate of a reaction increases with increasing temperature.
7. In a chemical reaction, dynamic equilibrium is the condition in which the rate of the forward reaction equals the rate of the reverse reaction.
9. Because the rate of the forward and reverse reactions is the same at equilibrium, the relative concentrations of reactants and products become constant.
11. The equilibrium constant is a measure of how far a reaction goes; it is significant because it is a way to quantify the concentrations of the reactants and products at equilibrium.
13. A small equilibrium constant shows that a reverse reaction is favored and that when equilibrium is reached, there will be more reactants than products. A large equilibrium constant shows that a forward reaction is favored and that when equilibrium is reached, there will be more products than reactants.
15. No, the particular concentrations of reactants and products at equilibrium will not always be the same for a given reaction—they will depend on the initial concentrations.
17. Various answers depending on the answer for Question 10.
19. Decreasing the concentration of a reactant in a reaction mixture at equilibrium causes the reaction to shift to the left.
21. Decreasing the concentration of a product in a reaction mixture at equilibrium causes the reaction to shift to the right.
23. Increasing the pressure of a reaction mixture at equilibrium if the product side has fewer moles of gas particles than the reactant side causes the reaction to shift to the right.
25. Decreasing the pressure of a reaction mixture at equilibrium if the product side has fewer moles of gas particles than the reactant side causes the reaction to shift to the left.
27. Increasing the temperature of an exothermic reaction mixture at equilibrium causes the reaction to shift left, absorbing some of the added heat. Decreasing the temperature of an exothermic reaction mixture at equilibrium causes the reaction to shift right, releasing heat.
29. $K_{sp} = [A^{2+}][B^-]^2$
31. The solubility of a compound is the amount of the compound that dissolves in a certain amount of liquid, and the molar solubility is the solubility in units of moles per liter.
33. Two reactants with a large K_{eq} for a particular reaction might not react immediately when combined because of a large activation energy, which is an energy hump that normally exists between the reactants and products. The activation energy must be overcome before the system will undergo a reaction.
35. No, a catalyst does not affect the value of the equilibrium constant; it simply lowers the activation energy and increases the rate of a chemical reaction.

복습문제

37. Rate would decrease because the effective concentration of the reactants has been decreased, which lowers the rate of a reaction.
39. Reaction rates tend to decrease with decreasing temperature, so all life processes (chemical reactions) would have decreased rates.
41. The rate would be lower because the concentration of reactants decreases as they are consumed in the reaction.

43. **a.** $K_{eq} = \dfrac{[N_2O_4]}{[NO_2]^2}$ **b.** $K_{eq} = \dfrac{[NO]^2[Br_2]}{[BrNO]^2}$
c. $K_{eq} = \dfrac{[H_2][CO_2]}{[H_2O][CO]}$ **d.** $K_{eq} = \dfrac{[CS_2][H_2]^4}{[CH_4][H_2S]^2}$

45. **a.** $K_{eq} = \dfrac{[Cl_2]}{[PCl_5]}$ **b.** $K_{eq} = [O_2]^3$
c. $K_{eq} = \dfrac{[H_3O^+][F^-]}{[HF]}$ **d.** $K_{eq} = \dfrac{[NH_4^+][OH^-]}{[NH_3]}$

47. $K_{eq} = \dfrac{[NOCl]^2}{[Cl_2][NO]^2}$

49. **a.** both **b.** both
c. reactants **d.** products

51. 0.0309

53. 1.79×10^{-5}

55. 0.217

57. $K_{eq} = 0.40$

59. 0.332 M

61. 0.119 M

63.

T(K)	$[N_2]$	$[H_2]$	$[NH_3]$	K_{eq}
500	0.115	0.105	0.439	1.45×10^3
575	0.110	0.25	0.128	9.6
775	0.120	0.140	0.00439	0.0584

65. **a.** shift left **b.** shift right
c. shift left

67. **a.** no effect **b.** shift left
c. shift left **d.** shift right

69. **a.** shift left **b.** shift right

71. **a.** shift left **b.** shift right

73. **a.** shift right **b.** shift left

75. **a.** shift left **b.** shift right

77. **a.** no effect **b.** shift right
c. shift left **d.** shift right
e. no effect

79. **a.** $As_2S_3(s) \rightleftharpoons 2\,As^{3+}(aq) + 3\,S^{2-}(aq)$
$K_{sp} = [As^{3+}]^2[S^{2-}]^3$
b. $PbCl_2(s) \rightleftharpoons Pb^{2+}(aq) + 2\,Cl^-(aq)$
$K_{sp} = [Pb^{2+}][Cl^-]^2$
c. $CdS(s) \rightleftharpoons Cd^{2+}(aq) + S^{2-}(aq)$
$K_{sp} = [Cd^{2+}][S^{2-}]$
d. $Li_2CO_3(s) \rightleftharpoons 2\,Li^+(aq) + CO_3^{2-}(aq)$
$K_{sp} = [Li^+]^2[CO_3^{2-}]$

81. $K_{sp} = [Cr^{3+}][OH^-]^3$

83. 7.0×10^{-11}

85. 5.64×10^{-7} M

87. 5.54×10^{-6} M

89. 2.61×10^{-3} M

91.

Compound	[Cation]	[Anion]	K_{sp}
$CaCO_3$	2.5×10^{-4}	2.5×10^{-4}	6.3×10^{-8}
CaF_2	1.5×10^{-4}	3.0×10^{-4}	1.4×10^{-11}
Ag_2CO_3	2.5×10^{-5}	1.0×10^{-2}	6.2×10^{-12}

93. 3.3×10^2

95. 8.12 g

97. **b, c, d**

99. 1.34×10^{-4} M, 8.19×10^{-2} g

101. Yes

103. 1.17×10^{-8}

105. 1.2×10^{-2} g

107. 0.021 g K_2CO_3

109. **e**

111. 35.5 L

116. **a.** $CaCO_3(s) \longrightarrow CaO(s) + CO_2(g)$
c. $K = 0.00040$ at 950 K; $K = 0.0030$ at 1050 K
e. 0.11 g

16장

기초문제

1. A fuel-cell electric vehicle is an automobile running on an electric motor that is powered by hydrogen. The fuel cells use the electron-gaining tendency of oxygen and the electron-losing tendency of hydrogen to force electrons to move through a wire, creating the electricity that powers the car.

3. **a.** Oxidation is the gain of oxygen, and reduction is the loss of oxygen.
b. Oxidation is the loss of electrons, and reduction is the gain of electrons.
c. Oxidation is an increase in oxidation state, and reduction is a decrease in oxidation state.

5. gain

7. The oxidization state of a free element is zero. The oxidization state of a monoatomic ion equals its charge.

9. For an ion, the sum of the oxidation states of the individual atoms must add up to *the charge of the ion*.

11. In a redox reaction, an atom that undergoes an increase in oxidation state is *oxidized*. An atom that undergoes a decrease in oxidation state is *reduced*.

13. When balancing redox equations, the number of electrons lost in the oxidation half-reaction must *equal* the number of electrons gained in the reduction half-reaction.

15. When balancing aqueous redox reactions, charge is balanced using *electrons*.

17. The metals at the top of the activity series are the most reactive.

19. The metals at the bottom of the activity series are least likely to lose electrons.

21. If the metal is listed above H_2 on the activity series, it will dissolve in acids such as HCl or HBr.

23. Oxidation occurs at the *anode* of an electrochemical cell.

25. The salt bridge joins the two half-cells or completes the circuit; it allows the flow of ions between the two half-cells.

27. The common dry-cell battery does not contain large amounts of liquid water and is composed of a zinc case that acts as the anode. The cathode is a carbon rod immersed in a moist paste of MnO_2 that also contains NH_4Cl. The anode and cathode reactions that occur produce a voltage of about 1.5 volts.
anode reaction:
$Zn(s) \longrightarrow Zn^{2+}(aq) + 2\,e^-$
cathode reaction:
$2\,MnO_2(s) + 2\,NH_2^+(aq) + 2\,e^- \longrightarrow 2\,Mn_2O_3(s) + 2\,NH_3(g) + H_2O(l)$

29. Fuel cells are like batteries, but the reactants are constantly replenished. The reactants constantly flow through the battery, generating electrical current as they undergo a redox reaction.
anode reaction:
$2\,H_2(g) + 4\,OH^-(aq) \longrightarrow 4\,H_2O(g) + 4\,e^-$
cathode reaction:
$O_2(g) + 2\,H_2O(l) + 4\,e^- \longrightarrow 4\,OH^-(aq)$

31. Corrosion is the oxidation of metals; the most common example is rusting of iron.
oxidation:
$2\,Fe(s) \longrightarrow 2\,Fe^{2+}(aq) + 4\,e^-$
reduction:
$O_2(g) + 2\,H_2O(l) + 4\,e^- \longrightarrow 4\,OH^-(aq)$
overall:
$2\,Fe(s) + O_2(g) + 2\,H_2O(l) \longrightarrow 2\,Fe(OH_2)(s)$

복습문제

33. **a.** H_2 **b.** Al **c.** Al

35. **a.** Cu is oxidized; Ag^+ is reduced.
b. Li is oxidized; Cl_2 is reduced.
c. Fe is oxidized; Cu^{2+} is reduced.

37. **a.** Ag^+ is the oxidizing agent; Cu is the reducing agent.
b. Cl_2 is the oxidizing agent; Li is the reducing agent.
c. Cu^{2+} is the oxidizing agent; Fe is the reducing agent.

39. **a.** (S), **d.** (I_2)

41. **b.** (Mg), **c.** (Zn)

43. **a.** N_2 is oxidized and is the reducing agent.
O_2 is reduced and is the oxidizing agent.
b. C is oxidized and is the reducing agent.
O_2 is reduced and is the oxidizing agent.
c. Sb is oxidized and is the reducing agent.
Cl_2 is reduced and is the oxidizing agent.

45. **a.** +2 **b.** +4
c. 0 **d.** 0

47. **a.** Mg = +2; Cl = −1 **b.** Sn = +4; 0 = −2
c. I = +5; 0 = −2 **d.** H = +1; 0 = −1

49. **a.** +2 **b.** +4
c. +1

51. **a.** C: +4; O: −2 **b.** O: −2; H: +1
c. N: +5; O: −2 **d.** N: +3; O: −2

53. **a.** +5 **b.** +5
c. +1 **d.** +3

55. **a.** Al = +3, N = +5, O = −2
b. Li = +1, O = −2, H = +1
c. Cu = +1, S = −2, C = +4, N = −3
d. Mg = +2, H = +1, C = +4, O = −2

57. **a.** Sb + 5 $\longrightarrow$ +3, reduced
Cl − 1 $\longrightarrow$ 0, oxidized
b. C + 2 $\longrightarrow$ +4, oxidized
Cl 0 $\longrightarrow$ −1, reduced
c. N + 2 $\longrightarrow$ +3, oxidized
Br 0 $\longrightarrow$ −1, reduced
d. H 0 $\longrightarrow$ +1, oxidized
C + 4 $\longrightarrow$ +2, reduced

59. Na is the reducing agent.
H is the oxidizing agent.

61. **a.** $Cu(s) + 2\ Ag^+(aq) \longrightarrow Cu^{2+}(aq) + 2\ Ag(s)$
b. $Fe(s) + Cu^{2+}(aq) \longrightarrow Fe^{2+}(aq) + Cu(s)$
c. $Fe^{2+}(aq) + Ce^{4+}(aq) \longrightarrow Fe^{3+}(aq) + Ce^{3+}(aq)$

63. **a.** reduction, $Cr_2O_7^{2-}(aq) + 14\ H^+(aq) + 6\ e^- \longrightarrow 2\ Cr^{3+}(aq) + 7\ H_2O(l)$
b. oxidation, $HSO_3^-(aq) + H_2O(l) \longrightarrow SO_4^{2-}(aq) + 3\ H^+(aq) + 2\ e^-$
c. oxidation, $HNO_2(aq) + H_2O(l) \longrightarrow NO_3^-(aq) + 3\ H^+(aq) + 2\ e^-$
d. reduction, $Fe_2O_3(s) + 6\ H^+(aq) + 2\ e^- \longrightarrow 2\ Fe^{2+}(aq) + 3\ H_2O(l)$

65. **a.** $PbO_2(s) + 4\ H^+(aq) + 2\ I^-(aq) \longrightarrow I_2(s) + Pb^{2+}(aq) + 2\ H_2O(l)$
b. $5\ SO_3^{2-}(aq) + 6\ H^+(aq) + 2\ MnO_4^-(aq) \longrightarrow 5\ SO_4^{2-}(aq) + 2\ Mn^{2+}(aq) + 3\ H_2O(l)$
c. $S_2O_3^{2-}(aq) + 4\ Cl_2(g) + 5\ H_2O(l) \longrightarrow 2\ SO_4^{2-}(aq) + 8\ Cl^-(aq) + 10\ H^+(aq)$

67. **a.** $ClO_4^-(aq) + 2\ H^+(aq) + 2\ Cl^-(aq) \longrightarrow ClO_3^-(aq) + Cl_2(aq) + H_2O(l)$
b. $3\ MnO_4^-(aq) + 24\ H^+(aq) + 5\ Al(s) \longrightarrow 3\ Mn^{2+}(aq) + 5\ Al^{3+}(aq) + 12\ H_2O(l)$
c. $Br_2(aq) + Sn(s) \longrightarrow Sn^{2+}(aq) + 2\ Br^-(aq)$

69. **a.** $3\ ClO^-(aq) + 2\ Cr(OH)_4^- + 2\ OH^-(aq) \longrightarrow 3\ Cl^-(aq) + 2\ CrO_4^{2-}(aq) + 5\ H_2O(l)$
b. $2\ MnO_4^-(aq) + Br(aq) + H_2O(l) \longrightarrow 2\ MnO_2(s) + BrO_3^-(aq) + 2\ OH^-(aq)$

71. **d.** Au

73. **b.** Cu^{2+}

75. **b.** Al

77. **b** and **c** occur spontaneously in the forward direction.

79. Fe, Cr, Zn, Mn, Al, Mg, Na, Ca, K, Li

81. Mg

83. **a.** $Mg(s) + 2\ HCl(aq) \longrightarrow Mg^{2+}(aq) + 2\ Cl^-(aq) + H_2(g)$
b. no reaction
c. no reaction
d. $2\ K(s) + 2\ HCl(aq) \longrightarrow 2\ K^+(aq) + 2\ Cl^-(aq) + H_2(g)$

85.

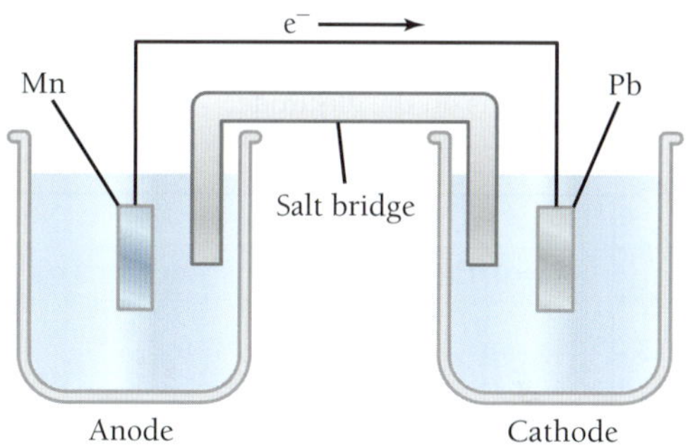

87. **d**

89. $Zn(s) + 2\ MnO_2(s) + 2\ H_2O(l) \longrightarrow Zn(OH)_2(s) + 2\ MnO(OH)(s)$

91.

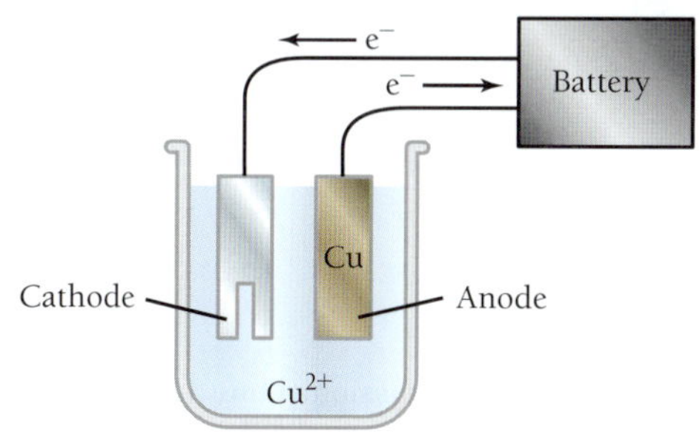

93. **a**, Zn; **c**, Mn

95. **a.** Not a redox reaction.
b. Not a redox reaction.
c. Redox reaction; Zn is oxidized; Cu is reduced.
d. Redox reaction; H is oxidized; Cu is reduced.

97. $16\ H^+(aq) + 2\ MnO_4^-(aq) + 5\ Zn(s) \longrightarrow 2\ Mn^{2+}(aq) + 5\ Zn^{2+}(aq) + 8\ H_2O(l)$; 34.9 mL

99. Yes, the reaction will occur spontaneously.

$Mg(s) \longrightarrow Mg^{2+}(aq) + 2\ e^-$

$Ag^+(aq) + e^- \longrightarrow Ag(s)$

$2\ Ag^+(aq) + Mg(s) \longrightarrow Mg^{2+}(aq) + 2\ Ag(s)$

101. 2.95%

103. 0.054 mol

105. **a.** $2\ Cr(s) + 6\ HI(aq) \longrightarrow 2\ Cr^{3+}(aq) + 6\ I^-(aq) + 3\ H_2(g)$, 98 mL HI

b. $2\ Al(s) + 6\ HI(aq) \longrightarrow 2\ Al^{3+}(aq) + 6\ I^-(aq) + 3\ H_2(g)$, 68 mL HI

c. no

d. no

107. 0.67 cm

109. 8.9×10^3 s or 2.5 h

111.

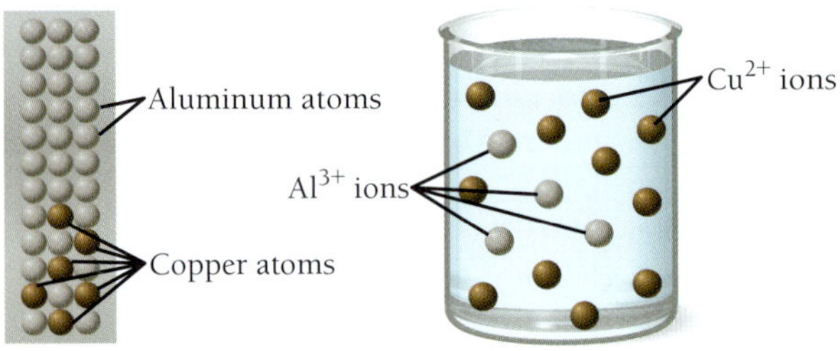

113. Many of the Zn atoms on the electrode would become Zn^{2+} ions in solution. Many Ni^{2+} ions in solution would become Ni atoms on the electrode.

116. **a.**

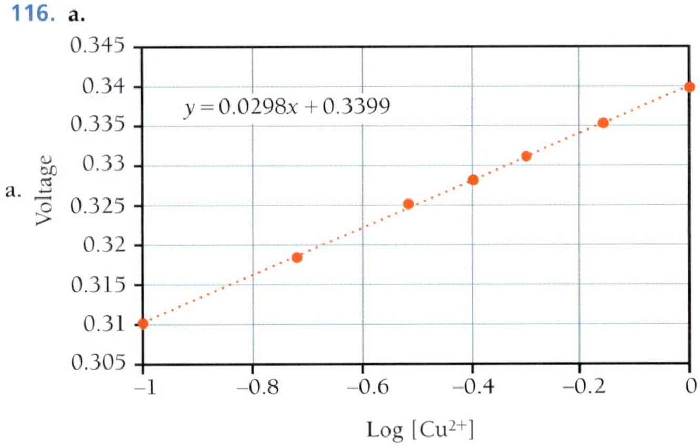

Yes, the graph is linear.

c. i. 0.0573 M; ii. 0.857 M

17장

기초문제

1. Radioactivity is the emission of tiny, invisible particles by disintegration of atomic nuclei. Many of these particles can pass right through matter. Atoms that emit these particles are radioactive.

3. Uranic rays were the name Henri Becquerel gave to the radiation emitted by crystals that contained uranium.

5. X: chemical symbol, which is used to identify the element.

A: mass number, which is the sum of the number of protons and neutrons in the nucleus.

Z: atomic number, which is the number of protons in the nucleus.

7. Alpha radiation occurs when an unstable nucleus emits a small piece of itself composed of 2 protons and 2 neutrons. The symbol for an alpha particle is ${}^{4}_{2}He$.

9. Alpha particles have high ionizing power and low penetrating power compared to beta and gamma particles.

11. When an atom emits a beta particle, its atomic number increases by one because it now has an additional proton. The mass of an atom does not change as a result of beta emission.

13. Gamma radiation is electromagnetic radiation, and the symbol for a gamma ray is ${}^{0}_{0}\gamma$.

15. Gamma particles have low ionizing power and high penetrating power compared to alpha and beta particles.

17. When an atom emits a positron, its atomic number decreases by one because it now has one less proton. The mass of an atom does not change when it emits a positron.

19. A nuclear equation represents the changes that occur during radioactivity and other nuclear processes. For a nuclear equation to be balanced, the sum of the atomic numbers on both sides of the equation must be equal, as must be the sum of the mass numbers on both sides of the equation.

21. A film-badge dosimeter is a badge that consists of photographic film held in a small case that is pinned to clothing. It is used to monitor a person's exposure to radiation. The more exposed the film has become in a given period of time, the more the person has been exposed to radioactivity.

23. In a scintillation counter, the radioactive particles pass through a material that emits ultraviolet or visible light in response to excitation by radioactive particles. The light is detected and turned into an electrical signal.

25. The half-life is the time it takes for one-half of the parent nuclides in a radioactive sample to decay to the daughter nuclides. One can relate the half-life of objects to find their radioactive decay rates.

27. The decaying of uranium in the ground is the source of radon in our environment. Radon increases the risk of lung cancer because it is a gas that can be inhaled.

29. When an organism dies, it stops incorporating carbon-14 into its tissues, and the amount present at its death will decay with a half-life of 5730 years. Using this information, one can determine the age of the organism by the amount of carbon-14 still present in the remains.

31. Fermi believed that if a neutron could be incorporated into the nucleus of an atom, the nucleus might undergo beta decay and convert a neutron into a proton. The nuclear equation for this process is:

$${}^{238}_{92}U + {}^{1}_{0}n \longrightarrow {}^{239}_{92}U \longrightarrow {}^{239}_{93}X + {}^{0}_{-1}e$$

33. Fission can be used in a bomb because it is a self-amplifying reaction (the fission of one atom induces the fission of another) that can produce great amounts of energy.

35. The main goal of the Manhattan Project was to build an atomic bomb before the Germans did. Its project leader was J. R. Oppenheimer.

37. In nuclear reactors, control rods control the amount of fission that can occur. When the control rods are inserted into the fuel assembly, they absorb neutrons, preventing them from inducing fission in the fuel rods.

39. No, a nuclear reactor cannot detonate the way a nuclear bomb can because the uranium fuel used in electricity generation is not sufficiently enriched in U-235 to produce a nuclear detonation.

41. Modern nuclear weapons use both fission and fusion. In the hydrogen bomb, a small fission bomb is detonated first to create a high enough temperature for the fusion reaction to proceed.

43. Radiation can affect the molecules in living organisms by ionizing them.

45. Lower doses of radiation over extended periods of time can increase cancer risk by damaging DNA. Occasionally, a change in DNA can cause cells to grow abnormally and to become cancerous.

47. The main unit of radiation exposure is the rem, which stands for *roentgen equivalent man.* The average American is exposed to 1/3 of a rem of radiation per year.

49. Isotope scanning can be used in the medical community to detect and identify cancerous tumors. Likewise, isotope scanning can produce necessary images of several different internal organs.

복습문제

51. $^{202}_{80}\text{Hg}$

53. 92 protons, 142 neutrons

55. **a.** beta particle **b.** neutron **c.** gamma ray

57.

Chemical Symbol	Atomic Number (*Z*)	Mass Number (*A*)	Number of Protons	Number of Neutrons
Np	93	237	93	144
Tl	81	207	81	126
U	92	232	92	140
Co	27	55	27	28

59. **a.** $^{234}_{92}\text{U} \longrightarrow {}^{230}_{90}\text{Th} + {}^{4}_{2}\text{He}$
b. $^{230}_{90}\text{Th} \longrightarrow {}^{226}_{88}\text{Ra} + {}^{4}_{2}\text{He}$
c. $^{222}_{88}\text{Ra} \longrightarrow {}^{222}_{86}\text{Rn} + {}^{4}_{2}\text{He}$
d. $^{222}_{86}\text{Rn} \longrightarrow {}^{218}_{84}\text{Po} + {}^{4}_{2}\text{He}$

61. **a.** $^{214}_{82}\text{Pb} \longrightarrow {}^{214}_{83}\text{Bi} + {}^{0}_{-1}\text{e}$
b. $^{214}_{83}\text{Bi} \longrightarrow {}^{214}_{84}\text{Po} + {}^{0}_{-1}\text{e}$
c. $^{231}_{90}\text{Th} \longrightarrow {}^{231}_{91}\text{Pa} + {}^{0}_{-1}\text{e}$
d. $^{227}_{89}\text{Ac} \longrightarrow {}^{227}_{90}\text{Th} + {}^{0}_{-1}\text{e}$

63. **a.** $^{206}_{83}\text{Bi} \longrightarrow {}^{206}_{82}\text{Pb} + {}^{0}_{+1}\text{e}$
b. $^{23}_{12}\text{Mg} \longrightarrow {}^{23}_{11}\text{Na} + {}^{0}_{+1}\text{e}$
c. $^{68}_{31}\text{Ga} \longrightarrow {}^{68}_{30}\text{Zn} + {}^{0}_{+1}\text{e}$

65. $^{37}_{19}\text{K} \longrightarrow {}^{37}_{18}\text{Ar} + {}^{0}_{+1}\text{e}$
$^{137}_{55}\text{Cs} \longrightarrow {}^{137}_{56}\text{Ba} + {}^{0}_{-1}\text{e}$
$^{90}_{38}\text{Sr} \longrightarrow {}^{90}_{39}\text{Y} + {}^{0}_{-1}\text{e}$
$^{226}_{88}\text{Ra} \longrightarrow {}^{222}_{86}\text{Rn} + {}^{4}_{2}\text{He}$

67. $^{232}_{90}\text{Th} \longrightarrow {}^{228}_{88}\text{Ra} + {}^{4}_{2}\text{He}$
$^{228}_{88}\text{Ra} \longrightarrow {}^{228}_{89}\text{Ac} + {}^{0}_{-1}\text{e}$
$^{228}_{89}\text{Ac} \longrightarrow {}^{228}_{90}\text{Th} + {}^{0}_{-1}\text{e}$
$^{228}_{90}\text{Th} \longrightarrow {}^{224}_{88}\text{Ra} + {}^{4}_{2}\text{He}$

69. 3.1×10^3 atoms

71. 24 hr

73. 1.2×10^6 yr

75. 0.406 g

77. Ga-67 > P-32 > Cr-51 > Sr-89

79. 5,715 yr

81. 34,290 yr

83. $^{235}_{92}\text{U} + {}^{1}_{0}\text{n} \longrightarrow {}^{144}_{54}\text{Xe} + {}^{90}_{38}\text{Sr} + 2\,{}^{1}_{0}\text{n}$; 2 neutrons

85. $^{3}_{1}\text{H} + {}^{3}_{1}\text{H} \longrightarrow {}^{4}_{2}\text{He} + 2\,{}^{1}_{0}\text{n}$

87. **a.** $^{1}_{1}\text{p} + {}^{11}_{5}\text{B} \longrightarrow 3\,{}^{4}_{2}\text{He}$
b. $^{6}_{3}\text{Li} + {}^{1}_{0}\text{n} \longrightarrow {}^{4}_{2}\text{He} + {}^{3}_{1}\text{H}$
c. $^{235}_{92}\text{U} + {}^{1}_{0}\text{n} \longrightarrow {}^{87}_{35}\text{Br} + {}^{146}_{57}\text{La} + 3\,{}^{1}_{0}\text{n}$

89. $^{238}_{92}\text{U} + {}^{1}_{0}\text{n} \longrightarrow {}^{239}_{92}\text{U}$; $^{239}_{92}\text{U} \longrightarrow {}^{0}_{-1}\text{e} + {}^{239}_{93}\text{Np}$;
$^{239}_{93}\text{Np} \longrightarrow {}^{0}_{-1}\text{e} + {}^{239}_{94}\text{Pu}$

91. per mole $= 2.0 \times 10^{13}$ J
per kg $= 8.4 \times 10^{13}$ J

93. $2.1 \times 10^{21}\,\beta$ emissions

95. 45%

97. 1.93×10^{-5} L

99. nucleus with 9 protons and 7 neutrons

101. nucleus with 5 protons and 5 neutrons

107. **a.** 0.34 g at 200 minutes; 0.23 g at 400 minutes
c. 0.003125 mg

18장

기초문제

1. Organic molecules are often involved in smell.

3. At the end of the eighteenth century, it was believed that organic compounds came from living things and were easily decomposed, while inorganic compounds came from the earth and were more difficult to decompose. A final difference is that many inorganic compounds could be easily synthesized, but organic compounds could not be.

5. Carbon is unique because it has 4 valence electrons and can form covalent bonds. Also, it can combine with itself to form chains, branches, and rings.

7. Hydrocarbons are compounds that contain only carbon and hydrogen. Hydrocarbons are commonly used for fuels and are also the starting materials in the synthesis of many different consumer products.

9. A saturated hydrocarbon contains no double or triple bonds between the carbon atoms; however, an unsaturated hydrocarbon contains one or more double or triple bonds between the carbon atoms.

11. Alkanes composed of carbon atoms bonded in a straight chain with no branches are called *n*-alkanes. Alkanes composed of carbon atoms forming branched structures are called branched alkanes.

13. Alkenes are hydrocarbons containing at least one double bond between carbon atoms, whereas alkanes contain only single bonds.

15. Hydrocarbon combustion reactions involve the burning of hydrocarbons in the presence of oxygen. An example is:

$$CH_2{=}CHCH_2CH_3(g) + 6\,O_2(g) \longrightarrow 4\,CO_2(g) + 4\,H_2O(g)$$

17. An alkene addition reaction occurs when atoms add across the double bond. For example:

$$CH_2{=}CH_2(g) + Cl_2(g) \longrightarrow CH_2ClCH_2Cl(g)$$

19. The structure of benzene is 6 carbon atoms connected together in a circle, with each bonded to a hydrogen atom. Here are two ways that benzene is often represented.

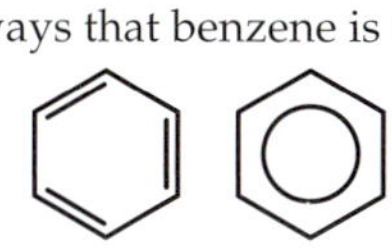

21. The generic structure of alcohols is *R*—OH. The structure of methanol is CH_3OH, and the structure of ethanol is CH_3CH_2OH.

23. The generic structure of ethers is *R*—O—*R*. The structure of dimethyl ether is CH_3OCH_3, and the structure of diethyl ether is $CH_3CH_2OCH_2CH_3$.

25. The generic structure of an aldehyde is *R*—CHO; for example, propanal is CH_3CH_2CHO. The generic structure of a ketone is *R*—CO—*R*; for example, acetone is CH_3COCH_3.

27. The generic structure of a carboxylic acid is *R*—COOH; for example, acetic acid is CH_3COOH. The generic structure of an ester is *R*—COO—*R*; for example, ethyl propanoate is $CH_3CH_2COOCH_2CH_3$.

29. An amine is an organic compound containing nitrogen, the structure being NR_x. Two examples are methylamine, CH_3NH_2, and ethylamine, $CH_3CH_2NH_2$.

31. A polymer is a long chainlike molecule composed of repeating units called *monomers*. A copolymer consists of two different kinds of monomers.

복습문제

33. **b** and **d** are hydrocarbons

35. **a.** alkane **b.** alkene
c. alkyne **d.** alkyne

37. **a.**

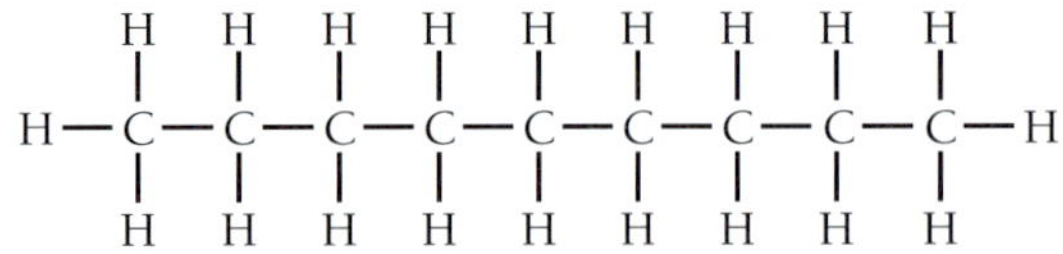

$CH_3CH_2CH_2CH_2CH_2CH_2CH_2CH_2CH_3$

b.

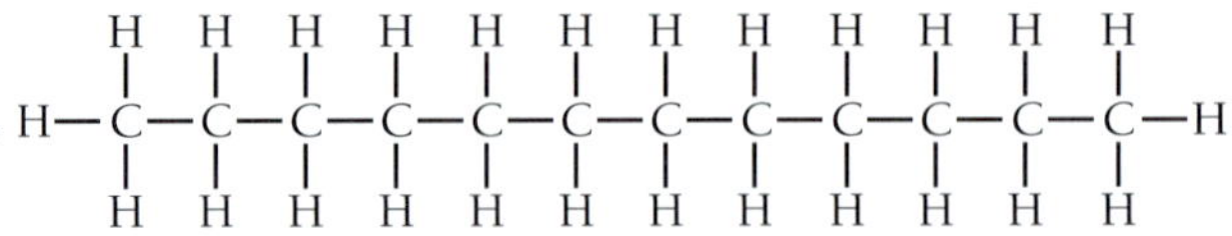

$CH_3CH_2CH_2CH_2CH_2CH_2CH_2CH_2CH_2CH_2CH_2CH_3$

c.

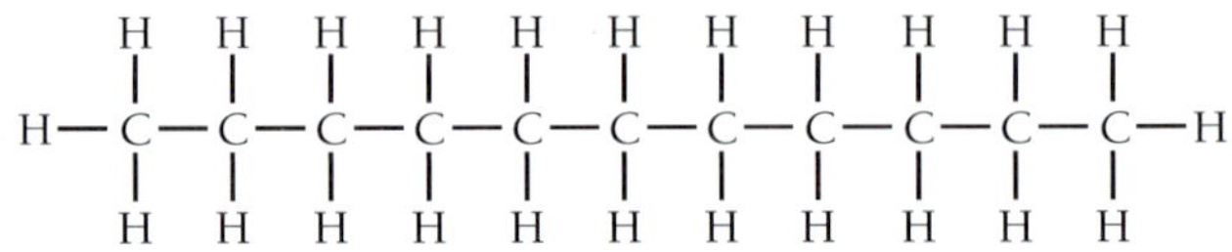

$CH_3CH_2CH_2CH_2CH_2CH_2CH_2CH_2CH_2CH_2CH_3$

d.

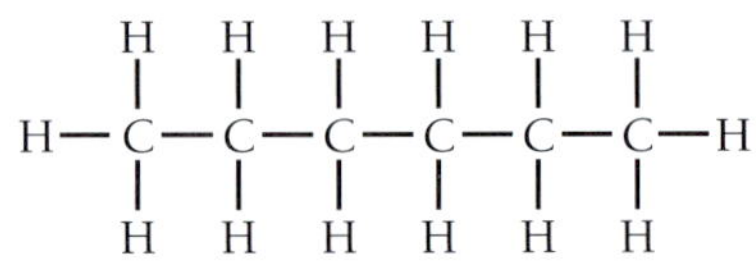

$CH_3CH_2CH_2CH_2CH_2CH_3$

39. $H_3C—CH_2—CH_2—CH_3$

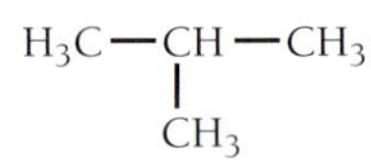

41.

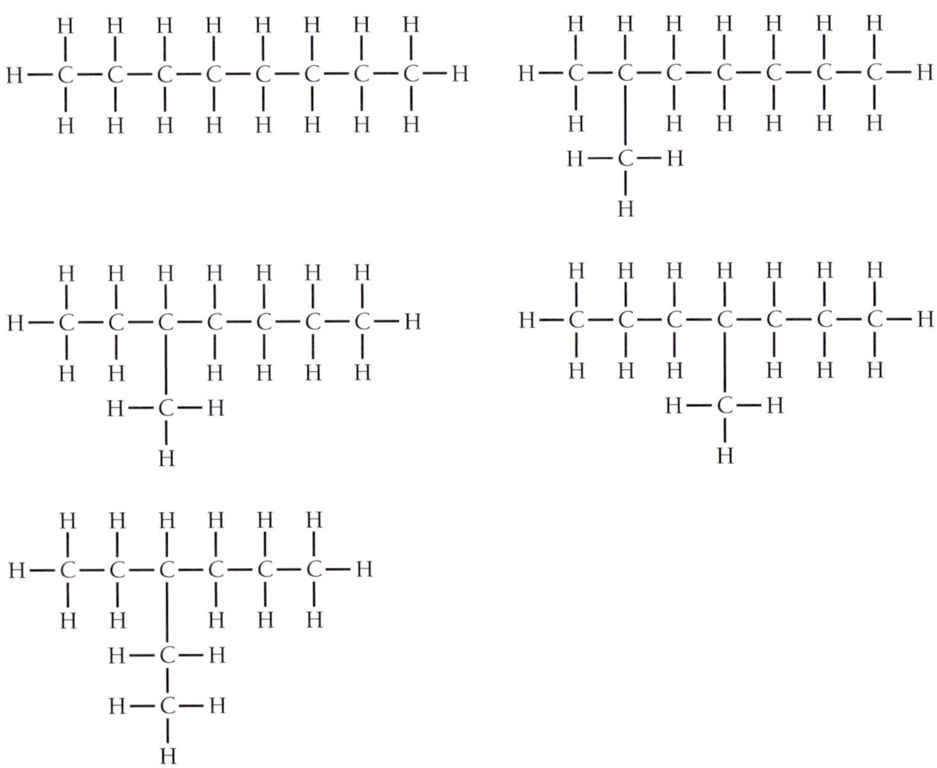

43. **a.** *n*-propane **b.** 2,3-dimethylhexane
c. 3-ethylpentane **d.** 2,2,4-trimethlypentane

45. **a.** 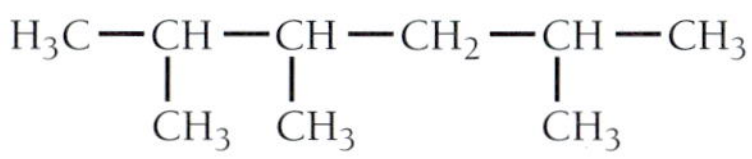

b. 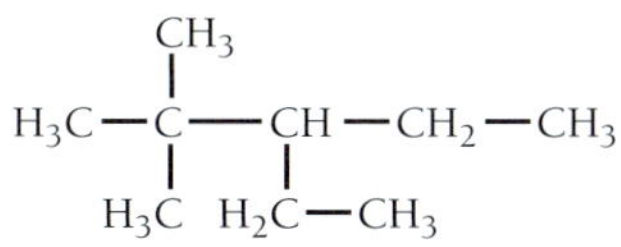

c. 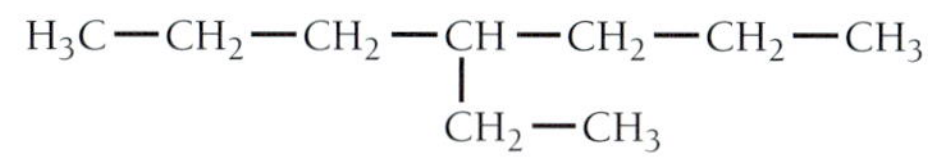

d. 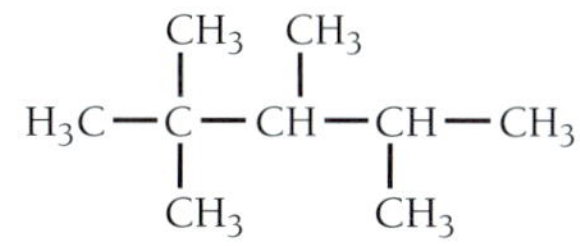

47. **a.** *n*-heptane

b. 3,4-dimethylhexane

c. 4-methyloctane

49.

Name	Molecular Formula	Structural Formula	Condensed Structural Formula
2,3-dimethyl-hexane	C_8H_{18}	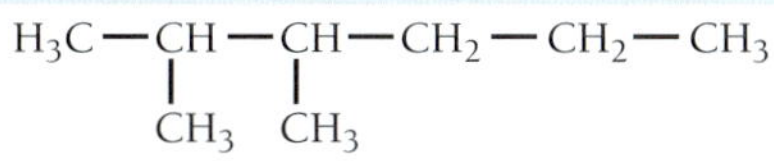	$(CH_3)_2CHCH(CH_3)CH_2CH_2CH_3$
2,5-dimethyl-octane	$C_{10}H_{22}$	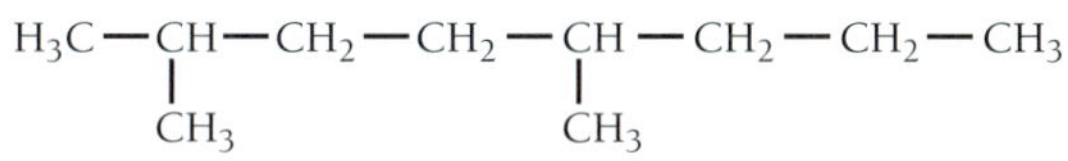	$(CH_3)_2CHCH_2CH_2CH(CH_3)CH_2CH_2CH_3$
2,3,4-trimethyl-pentane	C_8H_{22}	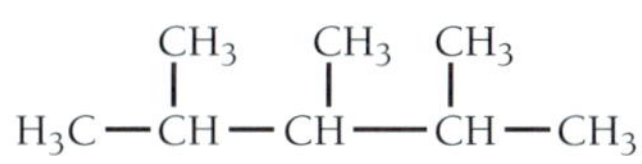	$(CH_3)_2CHCH(CH_3)CH(CH_3)_2$
4-ethyl-2,3-dimethyl-5-propyloctane	$C_{15}H_{32}$	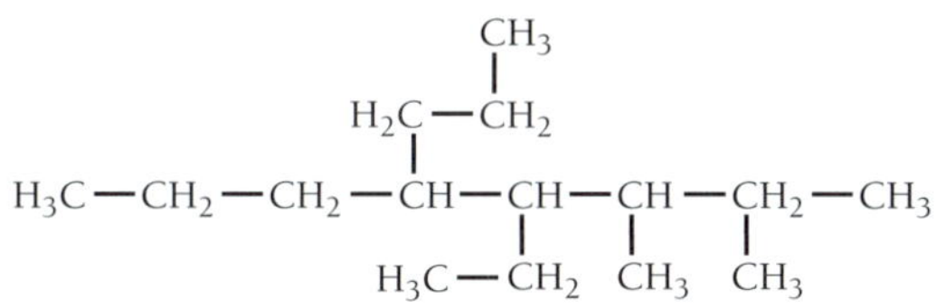	$(CH_3)_2CHCH(CH_3)CH(CH_2CH_3)CH(CH_2CH_2CH_3)_2$

51. 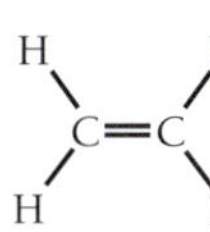 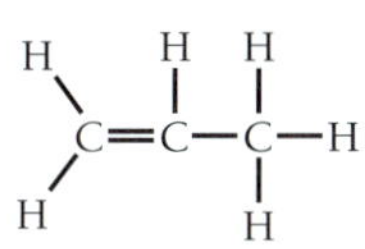

$CH_2{=}CH_2$ $\quad$ $CH_2{=}CHCH_3$

53. $H_2C{=}CH{-}CH_2{-}CH_2{-}CH_3$

$H_3C{-}CH{=}CH{-}CH_2{-}CH_3$

55. **a.** 1-hexene **b.** 3-methyl-2-pentene

c. 2-ethyl-1-hexene **d.** 2,5-dimethyl-2-hexene

57. **a.** 2-butyne

b. 4-methyl-2-pentyne

c. 4,4-dimethyl-2-hexyne

d. 3-ethyl-3-methyl-1-pentyne

59. **a.** 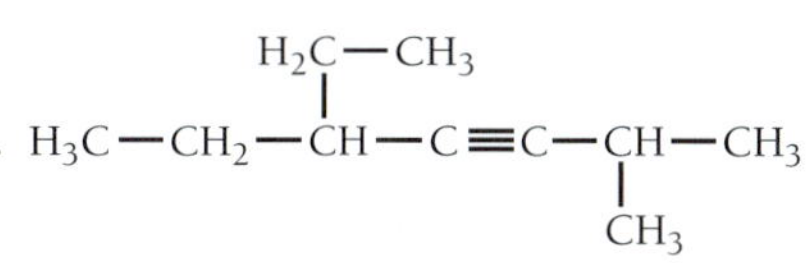

b. $H_3C{-}CH_2{-}C{\equiv}C{-}CH_2{-}CH_3$

c. 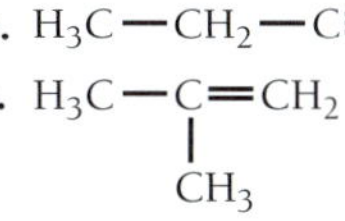

d. 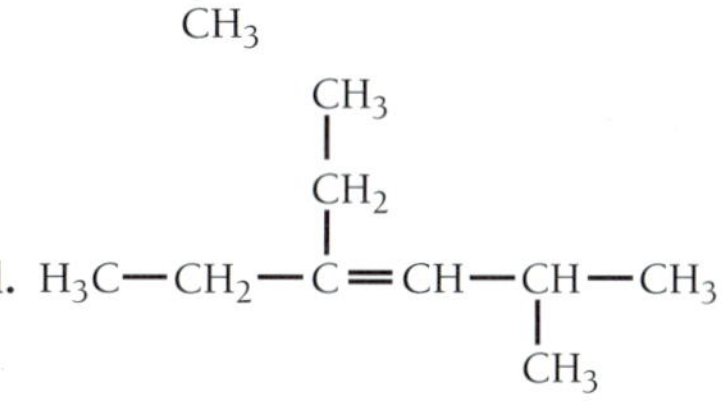

61. $CH_3CH{=}CHCH_3$ 2-butene

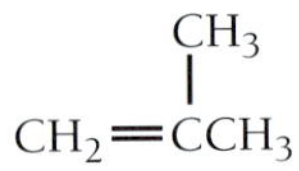 2-methylpropene

63.

Name	Molecular Formula	Structural Formula	Condensed Structural Formula
2,2-dimethyl-3-hexene	C_8H_{16}	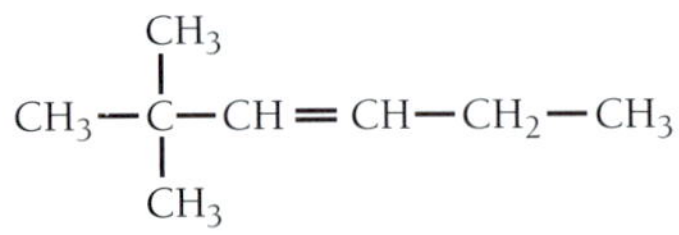	$CH_3C(CH_3)_2CH{=}CHCH_2CH_3$
4,4-diethyl-5,5-dimethyl-2-hexyne	$C_{12}H_{22}$	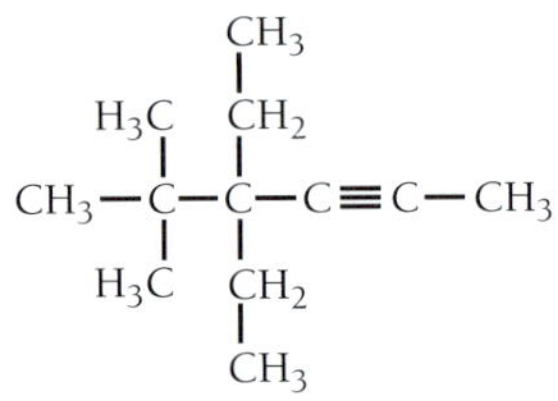	$CH_3C(CH_3)_2C(CH_2CH_3)_2C{\equiv}CCH_3$
3,4-dimethyl-1-octyne	$C_{10}H_{18}$	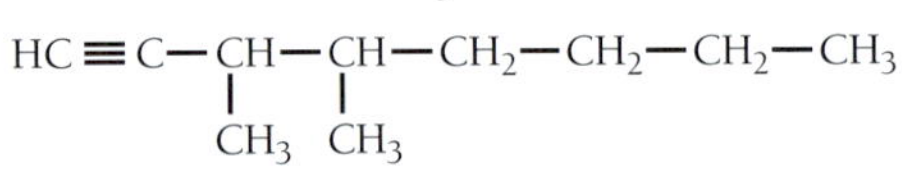	$CH{\equiv}CCH(CH_3)CH(CH_3)CH_2CH_2CH_2CH_3$
4,4-diethyl-5,5-dimethyl-2-hexene	$C_{12}H_{24}$	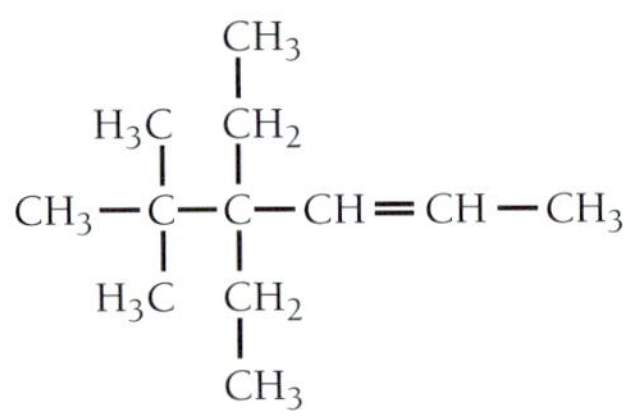	$CH_3C(CH_3)_2C(CH_2CH_3)_2CH{=}CHCH_3$

65. a. $CH_3CH_3\ (g) + 7\ O_2(g) \longrightarrow 4\ CO_2\ (g) + 6\ H_2O(g)$

b. $2\ CH_2{=}CHCH_3(g) + 9\ O_2(g) \longrightarrow 6\ CO_2(g) + 6\ H_2O(g)$

c. $2\ CH{=}CH(g) + 5\ O_2(g) \longrightarrow 4\ CO_2(g) + 2\ H_2O(g)$

67. $CH_3CH_3(g) + Cl_2(g) \longrightarrow CH_3CH_2Cl(g) + HCl(g)$

69. $CH_3CH{=}CHCH_3(g) + Cl_2(g) \longrightarrow CH_3CHClCHClCH_3(g)$

71. $CH_3CH_2CH{=}CH_2(g) + H_2(g) \longrightarrow CH_3CH_2CH_2CH_3(g)$

73.

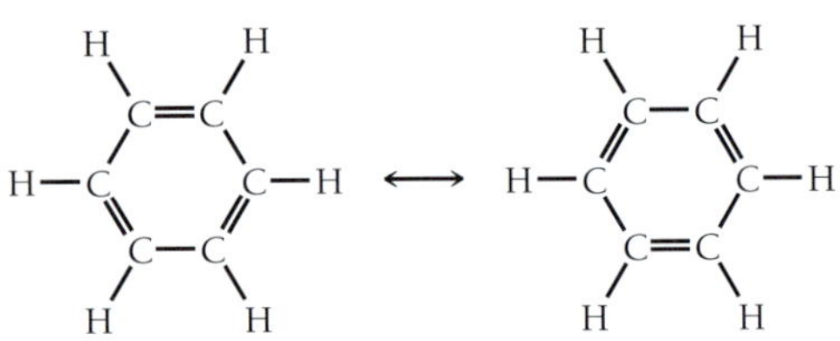

75. a. fluorobenzene b. isopropylbenzene c. ethylbenzene

77. a. 4-phenyloctane b. 5-phenyl-3-heptene c. 7-phenyl-2-heptyne

79. a. 1-bromo-2-chlorobenzene
b. 1,2-diethylbenzene or *ortho*-diethylbenzene
c. 1,3-difluorobenzene or *meta*-difluorobenzene

81. a. 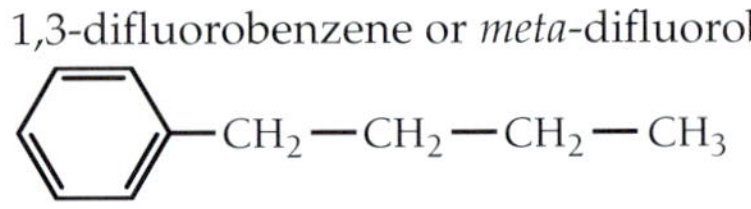

b. 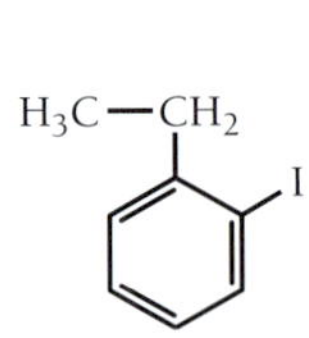

c. 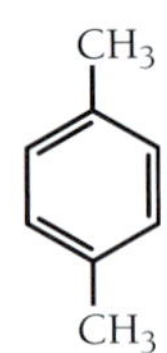

83. **a.** ether = $R—O—R$

b. aldehyde = 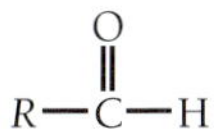

c. amine = 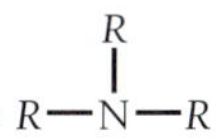

d. ketone = 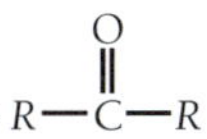

85. **a.** 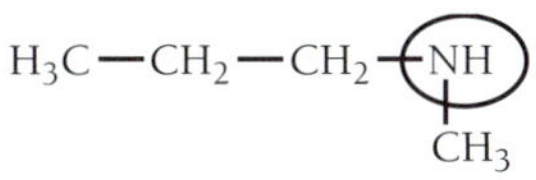 amine

b. 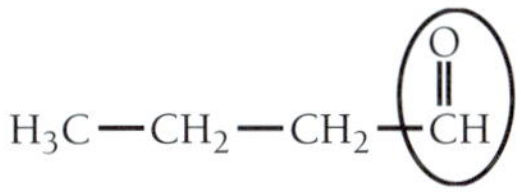 aldehyde

c. 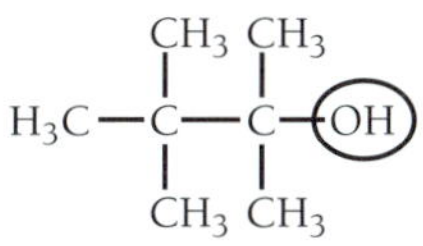 alcohol

d. 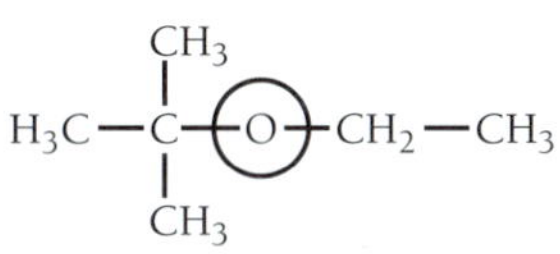 ether

87. **a.** 2-pentanol

b. 4-methyl-2-octanol

c. 3,3-dimethyl-1-octanol

d. 3,3-diethyl-2,2-dimethyl-1-heptanol

89. **a.** 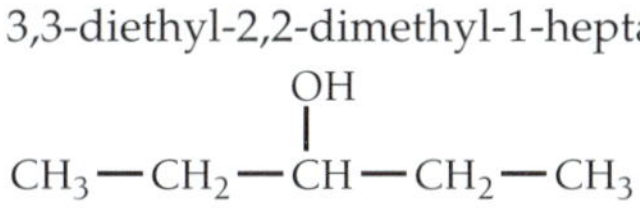

b. 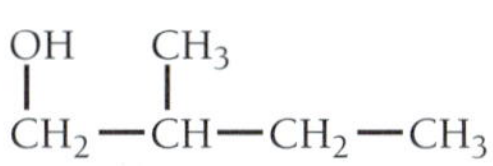

c. 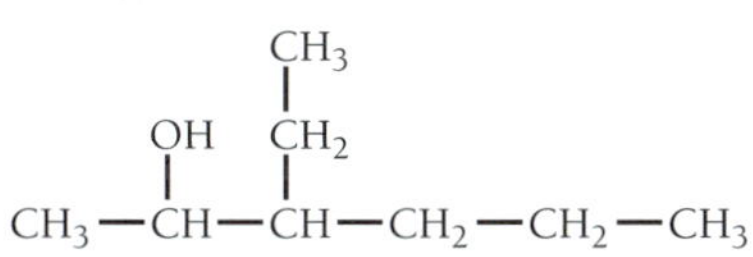

d. $CH_3—CH_2—OH$

91. **a.** $CH_3—CH_2—CH_2—CH_2—O—CH_2—CH_2—CH_2—CH_3$

b. ethyl propyl ether

c. dipropyl ether

d. $CH_3—O—CH_2—CH_2—CH_2—CH_2—CH_3$

93. **a.** 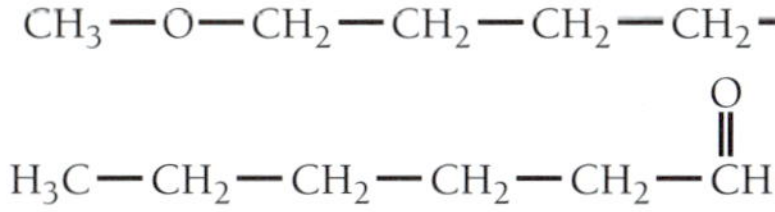

b. nonanal

c. 3-octanone

95. **a.** 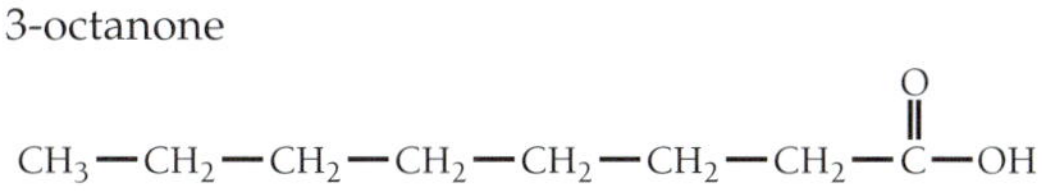

b. methyl ethanoate

c. 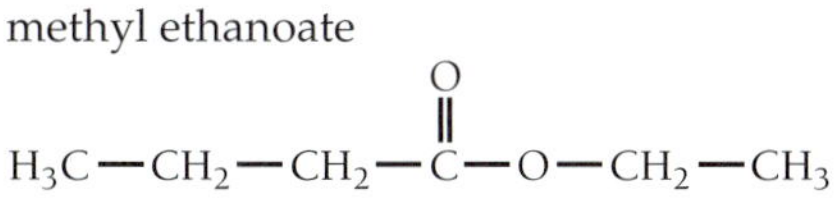

d. heptanoic acid

97. **a.** 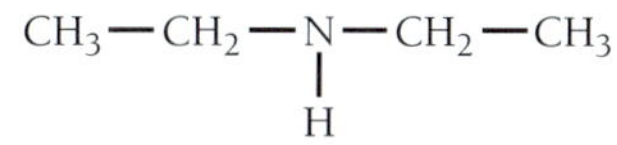

b. triethylamine

c. butylpropylamine

99. 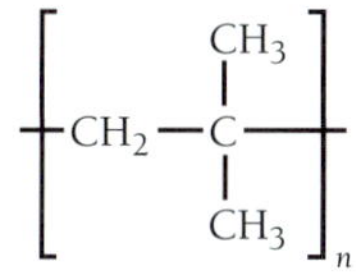

101. 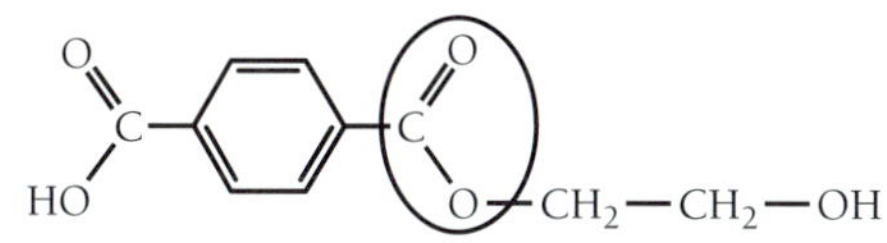

103. **a.** alcohol **b.** amine **c.** alkane

d. carboxylic acid **e.** ether **f.** alkene

105. **a.** 3-methyl-4-*tert*-butylheptane

b. 3-methyl butanal

c. 4-isopropyl-3-methyl-2-heptene

d. propyl butanoate

107. **a.** same molecule **b.** isomers

c. same molecule

109. $CH_2{=}CH(CH)_3 + HBr \longrightarrow (CH_3)_2CHBr$

111. 558 g H_2

113. 4.63×10^4 L

115. **a.** alcohol **b.** amine **c.** carboxylic acid

d. ester **e.** alkane **f.** ether

121. **a.** Methanol, \$58.48; ethanol, \$141.77; 1-propanol, \$90.88; 1-butanol, \$89.62; ethanol is most expensive per kg

c. \$78.53

19장

기초문제

1. The human genome project was a 15-year project to map all of the genetic material of a human being. Scientists were surprised to discover that humans have only 20,000 genes, which is not much more than the number of genes in many simpler organisms.

3. A cell is the smallest structural unit of life. The main chemical components of a cell are carbohydrates, lipids, proteins, and nucleic acids.

5. Glucose is soluble in water due to its many —OH groups. This is important because glucose is the primary fuel of cells and can be easily transported in the bloodstream.

7. During digestion the links in disaccharides and polysaccharides are broken, allowing individual monosaccharides to pass through the intestinal wall and enter the bloodstream.

9. Starch and cellulose are both polysaccharides, but the bond between saccharide units is slightly different. Consequently, humans can digest starch and use it for energy, whereas cellulose cannot be digested and passes directly through humans.

11. Fatty acids are carboxylic acids with long hydrocarbon tails. The general structure of a fatty acid is where R is 3 to 19 carbon atoms long.

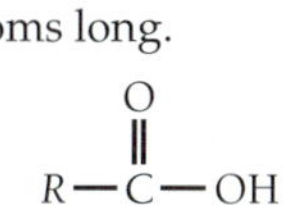

13. A triglyceride is a triester composed of glycerol with three fatty acids attached as shown here.

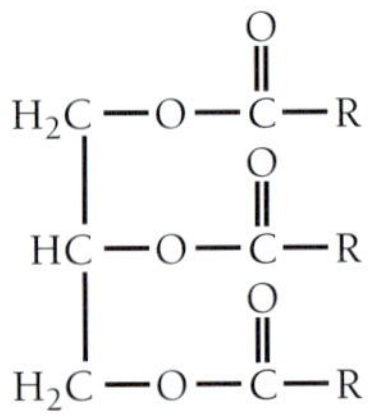

15. A phospholipid is similar to a triglyceride except instead of one of the fatty acid groups it has a phosphate group. A glycolipid has a nonpolar section made of a fatty acid chain and hydrocarbon chain, and a polar section made of a sugar molecule. Phospholipids and glycolipids both have a polar and nonpolar section.

17. Steroids are lipids that contain a four-ring structure. Cholesterol is a steroid that is part of cell membranes and also serves as a starting material for the body to synthesize other steroids. Also, steroids serve as hormones in the body.

19. Proteins serve as catalysts; structural units of muscle, skin, and cartilage; transporters of oxygen; disease-fighting antibodies; and hormones.

21. Amino acids differ from each other only in their *R* group or side chain.

23.

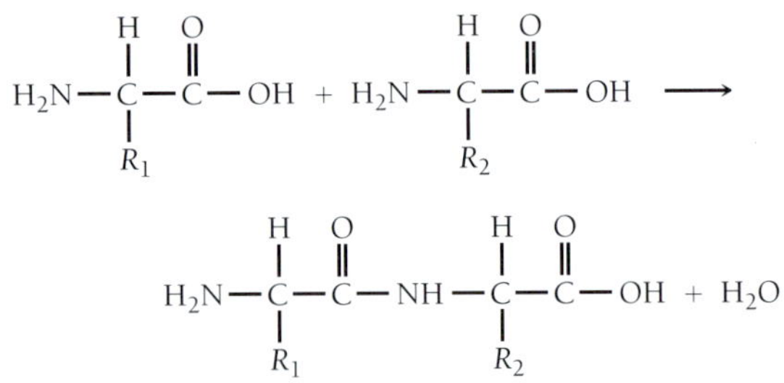

25. Primary protein structure refers to the sequence of amino acids in the protein's chain. Primary protein structure is maintained by the covalent peptide bonds between individual amino acids.

27. Tertiary protein structure refers to the large-scale twists and folds within the protein. These are maintained by interactions between the *R* groups of amino acids that are separated by long distances in the chain sequence.

29. In the α-helix structure, the amino acid chain is wound into a tight coil by hydrogen bonding between C=O and N—H groups at different locations along the backbone. The side chains extend outward. In the β-pleated sheet structure, the amino acid chain doubles back on itself repeatedly in a zig-zag pattern, with adjacent sections held together by hydrogen bonding between C=O and N—H groups along the backbone. The resulting structure is an undulating sheet with the side chains extending above and below it.

31. Nucleic acids contain a chemical code that specifies the correct amino acid sequences for proteins.

33. The four different bases that occur within DNA are adenine (A), cytosine (C), guanine (G), and thymine (T).

35. The genetic code is the code that links a specific codon to an amino acid.

37. A gene is a sequence of codons within a DNA molecule that codes for a single protein. Genes vary in length from 50 to thousands of codons.

39. Chromosomes located within the nuclei of cells are structures containing genes.

41. No; most cells in the human body only synthesize proteins that are important to their function.

43. **a.** The complementary base of adenine (A) is thymine (T).
b. The complementary base of thymine (T) is adenine (A).
c. The complementary base of cytosine (C) is guanine (G).
d. The complementary base of guanine (G) is cytosine (C).

복습문제

45. **a.** monosaccharide **b.** not a carbohydrate
c. not a carbohydrate **d.** disaccharide

47. **a.** hexose **b.** tetrose
c. pentose **d.** tetrose

49.

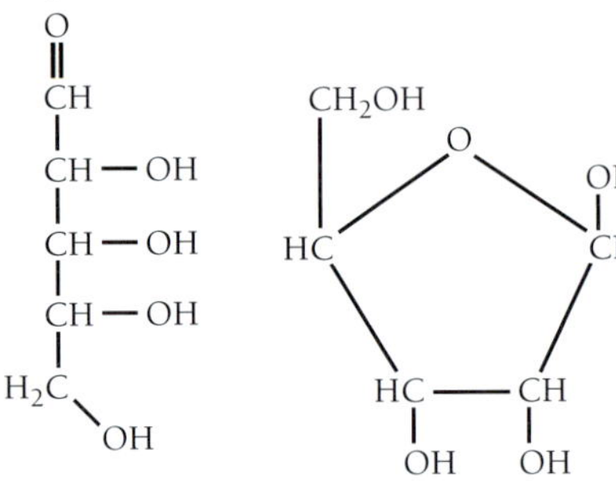

51.

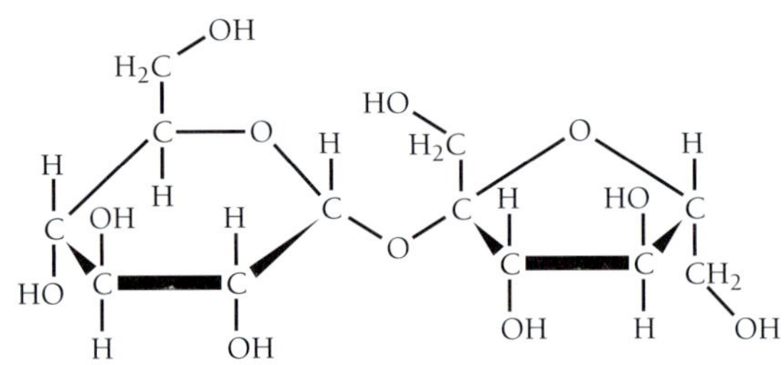

Glucose Fructose

53. **a.** fatty acid, saturated **b.** steroid
c. triglyceride, unsaturated **d.** not a lipid

55.

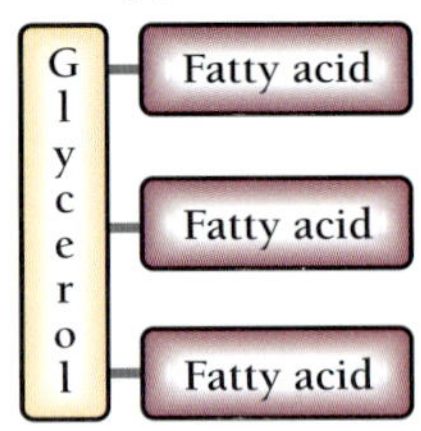

Triglyceride

57.

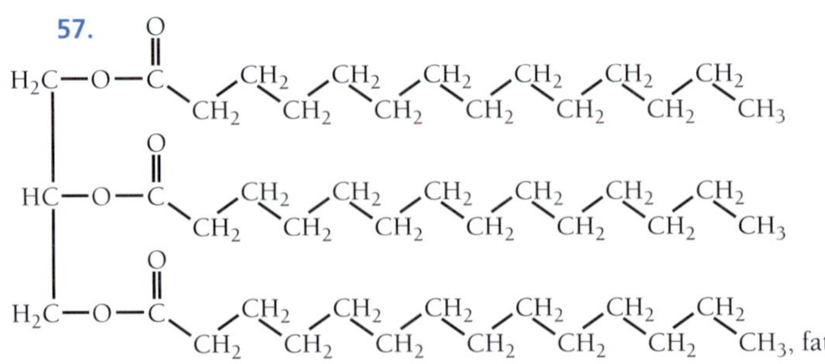

59. **b, d**

61.

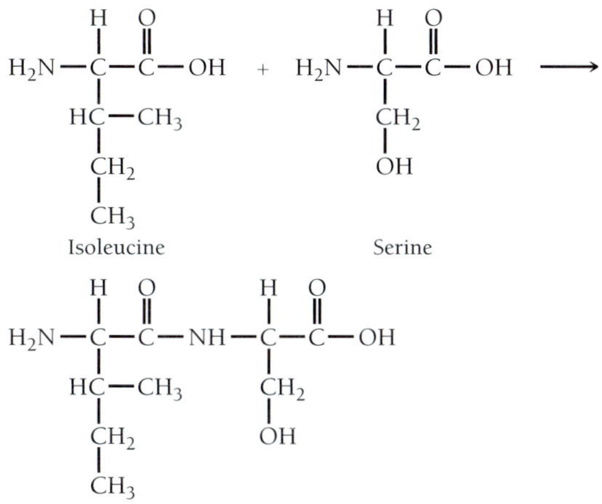

63. **a.**

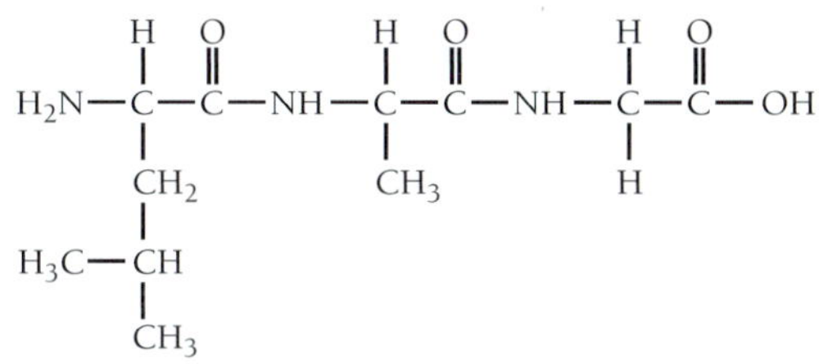

b.

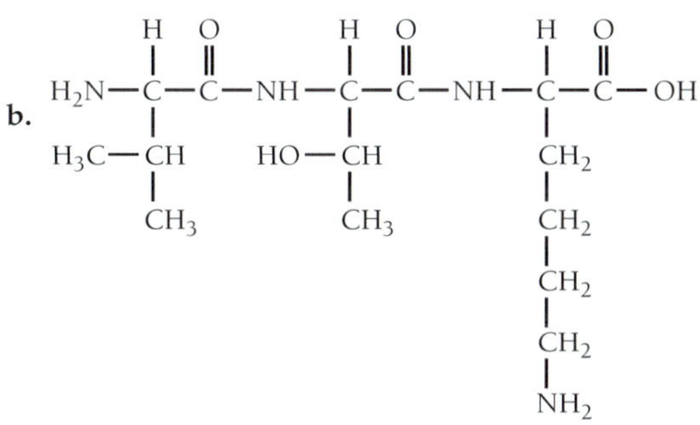

c.

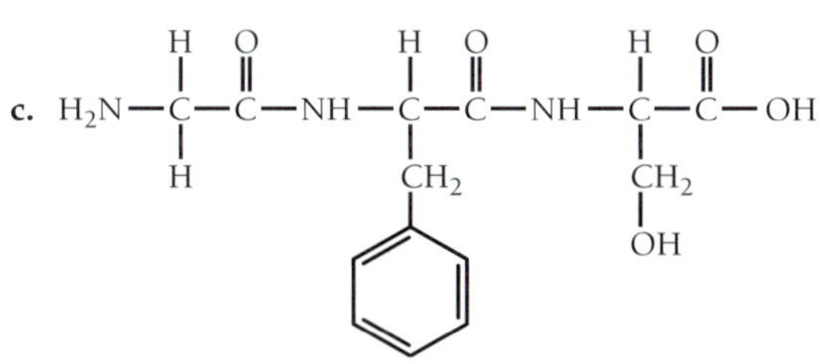

65. Tertiary

67. primary

69. **a.** nucleotide, G **b.** not a nucleotide
c. not a nucleotide **d.** not a nucleotide

71.

73.

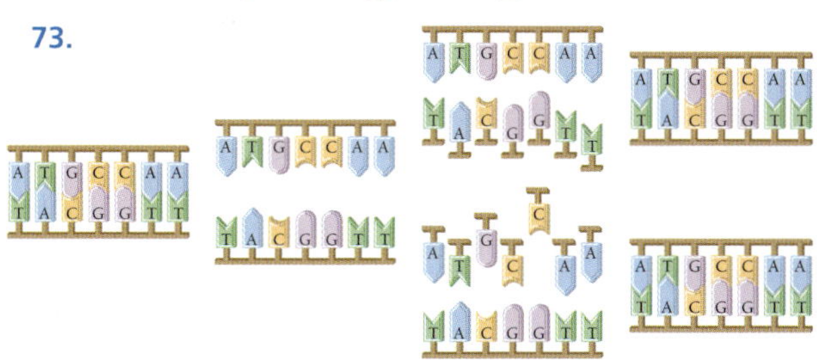

75. **a.** glycoside linkage—carbohydrates
b. peptide bonds—proteins
c. ester linkage—triglycerides

77. **a.** glucose—short-term energy storage
b. DNA—blueprint for proteins
c. phospholipids—compose cell membranes
d. triglycerides—long-term energy storage

79. **a.** codon—codes for a single amino acid
b. gene—codes for a single protein
c. genome—all of the genetic material of an organism
d. chromosome—structure that contains genes

81. Nitrogen: tetrahedral electron geometry, trigonal pyramidal molecular geometry 1st Carbon: tetrahedral electron geometry, tetrahedral molecular geometry 2nd Carbon: trigonal planar electron geometry, trigonal planar molecular geometry

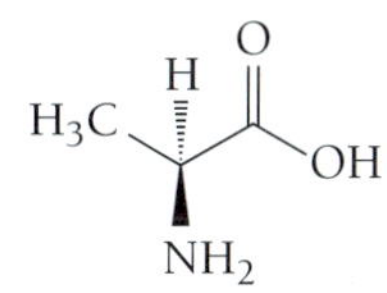

83.

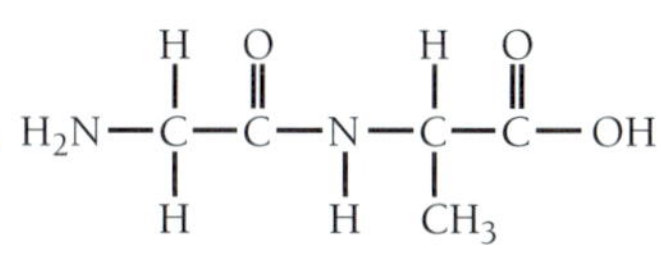

gly-ala

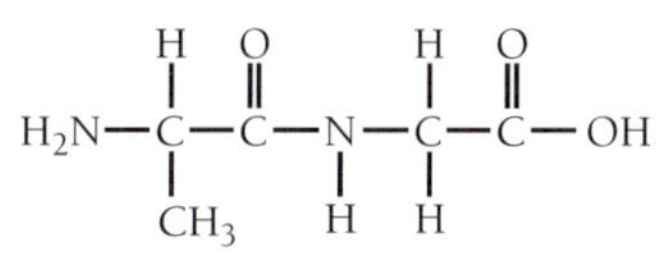

ala-gly

The difference lies in the end groups. In gly-ala, glycine has the amine end, and alanine has the carboxyl end. For ala-gly, the reverse is true.

85. gly-arg-ala-ser-phe-gly-asn-lys-trp-glu-val

87. 1560 base pairs

89. 4.13×10^3 g/mol

91. The actual thymine-containing nucleotide uses the —OH end to bond and replicate; however, with the fake nucleotide having a nitrogen-based end instead, the possibility of replication is halted.

97. **a.** 6
c. Most likely acidic with a pH near 6

사진 및 그림 출처

Frontmatter Page 5: Kristen Smith. **Chapter 1** Opener: djgis/Shutterstock. Page 29: What Life Means to Einstein: An Interview by George Sylvester Viereck, The Saturday Evening Post (26 October 1929) pp. 17, 110-114 & 117; Cynthia Johnson/The LIFE Images Collection/Getty Images; Fig 1.1: Richard Megna/Fundamental Photographs. Page 31 (left to right): Jaroslav74/Shutterstock; Maxwellartandphoto.com/Pearson Science; De Visu/Shutterstock. Page 32 (left to right): Tomas Abad/Alamy Stock Photo; Bettmann/Getty Images; Fig 1.3: National Institute of Standards and Technology; Fig 1.4: SPL/Science Source. Page 37: wavebreakmedia/Shutterstock; Roald Hoffmann, interview documented by Barbara Hale, 2000. **Chapter 2** Opener: NASA. Page 44: Kim Steele/Photodisc/Getty Images; Fig 2.1: Richard Megna/Fundamental Photographs; Fig 2.2: Richard Megna/Fundamental Photographs; Fig 2.3: Billion Photos/Shutterstock; Fig 2.4: Richard Megna/Fundamental Photographs. Page 50: NASA. Page 55: Richard Megna/Fundamental Photographs. Page 66: Kari Ahlers/Shutterstock. Page 68: Rudy Umans/Shutterstock. Page 69: Gjermund/Shutterstock. Page 75: Richard Megna/Fundamental Photographs. Page 87 (top to bottom): NASA Image Collection/Alamy Stock Photo; NASA Goddard Space Flight Center. **Chapter 3** Page 91: Ludwig von Bertalanffy "Problems of Life" (1952), as reported in A Dictionary of Scientific Quotations (1991) edited by Alan L. Mackay, p. 219; Fig 3.1a: John A. Rizzo/Photodisc/Getty Images; Fig 3.1b: Editorial Image, LLC/Alamy Stock Photo; Fig 3.2: J. Stroscio, R. Celotta/NIST; Fig 3.3: Driscoll, Youngquist, & Baldeschwieler/Caltech/Science Source; Fig 3.4 (left to right): Marek CECH/Shutterstock; John A. Rizzo/Photodisc/Getty Images; Can Balcioglu/Shutterstock; Fig 3.6: The Natural History Museum/Alamy Stock Photo; Fig 3.8 (left to right): Richard Megna/Fundamental Photographs; Richard Megna/Fundamental Photographs; DenisLarkin/iStock/Getty Images; Richard Megna/Fundamental Photographs. Page 96: (top left): ShutterPNPhotography/Shutterstock; (top right): rzstudio/ Shutterstock; (bottom) Artemio Rosalejos/EyeEm/Alamy Images; Fig 3.9: Michael Dalton/Fundamental Photographs; Fig 3.10: Unkas Photo/Shutterstock; Fig 3.11: Richard Megna/Fundamental Photographs; Fig 3.12: Richard Megna/Fundamental Photographs. Page 101: Etienne du Preez/Shutterstock. Page 104: JLGutierrez/Getty Images. Page 111 (top to bottom): Larry Brownstein/Getty Images; C Squared Studios/Getty Images. Page 127: NASA. Page 128: Peetery/Getty Images. **Chapter 4** Fig 4.1a: Siede Preis/Getty Images; Fig 4.1b: Karl Maret/Corbis; Fig 4.2: Album/Alamy Stock Photo. Page 136: Tomislav Forgo/Shutterstock. Page 137: Jeremy Woodhouse/Photodisc/Getty Images; Fig 4.8 (left to right): Jupiter Images/Getty Images; John A. Rizzo/Photodisc/Getty Images. Page 139 (left to right): Charles D. Winters/Science Source; Everett Collection/Shutterstock; Photo courtesy of Lawrence Berkeley National Laboratory. Page 140: Popova Olga/Fotolia; Fig 4.12 (left to right, top to bottom): Matthias Zepper; Charles D. Winters/Science Source; Steffen Foerster/Shutterstock; Flegere/Shutterstock; Eric Schrader/Fundamental Photographs; Jeff J Daly/Alamy Stock Photo; PjrRocks/Alamy Stock Photo; Vastram/Shutterstock; Tom Grundy/Shutterstock; Charles D. Winters/Science Source; Perennou Nuridsa/Science Source. Page 142: Fuse/Corbis. Page 143 (top to bottom): John A. Rizzo/Getty Images; Graeme Dawes/Shutterstock; Richard Megna/Fundamental Photographs; sciencephotos/Alamy Stock Photo. Page 144 (left to right): Richard Megna/Fundamental Photographs; Charles D. Winters/Science Source; Fig 4.15: Sorbis/Shutterstock. Page 151: U.S. Department of Energy. **Chapter 5** Page 167: Francis Harry Compton Crick "What Mad Pursuit: A Personal View of Scientific Discovery" © 1988 by Basic Books; Fig 5.1: Richard Megna/Fundamental Photographs; Fig 5.2: Charles D. Winters/Science Source; Fig 5.3: Diane39/Getty Images; Fig 5.4: sveta/Fotolia; Fig 5.5: Mike Kemp/RubberBall/Alamy Stock Photo; Fig 5.7: Harry Taylor/Dorling Kindersley/Natural History Museum, London/Science Source; Fig 5.8: Charles D. Winters/Science Source; Fig 5.10: Universal Images Group North America LLC/Alamy Stock Photo; Fig 5.11: Paul Silverman/Fundamental Photographs. Page 182: Maxwellartandphoto.com/Pearson Science. Page 199 (a): Charles D. Winters/Science Source; (b-d): Richard Megna/Fundamental Photographs; (bottom left): Keystone/Getty Images. Page 200: Maxwellartandphoto.com/Pearson Science. **Chapter 6** Page 203: Erwin Chargaff "Voices in The Labyrinth: Nature, Man, And Science" © 1977 by Seabury Press; Richard Kittenberger/Shutterstock. Page 204 (top to bottom): Joseph P. Sinnot/Fundamental Photographs; Richard Megna/Fundamental Photographs. Page 205 (top to bottom): Stacey Stambaugh; Steva/Fotolia; Fig 6.1a: Maxwellartandphoto.com/Pearson Science; Fig 6.1b: Richard Megna/Fundamental Photographs. Page 213: Siede Preis/Getty Images. Page 214 (left to right): GK Hart/Vikki Hart/Getty Images; C Squared Studios/Getty Images. Page 218: Maxwellartandphoto.com/Pearson Science. Page 221: Charles D. Winters/Science Source. Page 238 (top left): Stocktrek/Getty Images; (top right): Jeff Maloney/Photodisc/Getty Images; (bottom left): NASA Ozone Watch; (bottom right): NASA Johnson Space Center. **Chapter 7** Page 241: Caglioti, L. (1983) "The Two Faces of Chemistry" MIT Press; Fig 7.2: Martyn F. Chillmaid/Science Source. Page 242: Maxwellartandphoto.com/Pearson Science; Fig 7.3: Richard Megna/Fundamental Photographs; Fig 7.4: Charles D. Winters/Science Source. Page 243: David R. Frazier Photolibrary, Inc./Alamy Stock Photo; Fig 7.5: Magnascan/Getty Images. Table 7.1 (top to bottom): Richard Megna/Fundamental Photographs; Jeff J. Dally/Fundamental Photographs; Ayazad/Shutterstock. Page 246: Sami Sarkis/Photodisc/Getty Images; Fig 7.6: Ryan McVay/Getty Images; Fig 7.8: Richard Megna/Fundamental Photographs; Fig 7.9: Richard Megna/Fundamental Photographs. Page 258: Maxwellartandphoto.com/Pearson Science. Page 259: Richard Megna/Fundamental Photographs. Page 260: Maxwellartandphoto.com/Pearson Science. Page 261 (left to right): Maxwellartandphoto.com/Pearson Science; Martyn F. Chillmaid/Science Source. Page 264: Richard Megna/Fundamental Photographs. Page 265: Richard Megna/Fundamental Photographs. Page 280: Richard Megna/Fundamental Photographs. **Chapter 8** Page 283: Bronowski, J. (1965) "Science and Human Values" New York: Harper & Row, p. 10. Page 284: Maxwellartandphoto.com/Pearson Science. Page 285: Maxwellartandphoto.com/Pearson Science. Page 291: Maxwellartandphoto.com/Pearson Science. Page 299: Richard Megna/Fundamental Photographs. Page 316 (left to right): Nancy R. Cohen/Photodisc/Getty Images; Katrina Leigh/Shutterstock. **Chapter 9** Page 319: Warner Heisenberg (author), A. J. Pomerans (translator), "Physics and Beyond: Encounters and Conversations" (1971), New York: Harper Collins, p. 75; Murray Becker/AP Photo. Page 320 (left to right): Science History Images/Alamy Stock Photo; Interfoto/Alamy Stock Photo. Page 321: Martin Barraud/Getty Images; Fig 9.3: Cavan Images/Alamy Stock Photo. Page 323: Sierra Pacific Innovations Corporation. Page 324: Larry Mulvehill/Science Source; Fig 9.6: Sorbis/Shutterstock; Fig 9.7: Richard Megna/Fundamental Photographs; Fig 9.8a: Richard Megna/Fundamental Photographs; Fig 9.8b: Wabash Instrument Corp./Fundamental Photographs; Fig 9.13: Stephen Dunn/Getty Images; Fig 9.14: Tim Sharp/Reuters. Page 355: Stephane Bonnel/Fotolia. **Chapter 10** Page 359: G. N. Lewis and M. Randall "Thermodynamics" New York: McGraw-Hill, 1923. Page 374: Editorial Image, LLC/Alamy Stock Photo; Fig 10.1: Kip Peticolas/Fundamental Photographs; Fig 10.8: Richard Megna/Fundamental Photographs, NYC; Fig 10.9: Richard Megna/Fundamental Photographs, NYC. Page 389: Tom Grundy/Shutterstock. **Chapter 11** Page 400: Akarawut/Shutterstock. Page 405 (top to bottom): Zack Frank/Shutterstock, Richard Megna/Fundamental Photographs, NYC; Fig 11.19: Inspirestock International/123rf.com. Page 420: Pasang Geljen Sherpa/AP Photo. Page 427: Walter Wolfe/LatitudeStock/Alamy Stock Photo. Page 439: Caspar Benson/fStop Images/Getty Images. Page 440: Chip Clark/Fundamental Photographs. **Chapter 12** Fig 12.3: Leon Werdinger/Alamy Stock Photo; Fig 12.4: Tonywestphoto/Getty Images; Fig 12.6: Richard Megna/Fundamental Photographs; Fig 12.7: LauriPatterson/E+/Getty Images; Fig 12.11: Michael Dalton/Fundamental Photographs. Page 452: Richard Megna/Fundamental Photographs. Page 455: Charles D. Winters/Science Source; Fig 12.18a: Richard Megna/Fundamental Photographs; Fig 12.18b: Photo Researchers/Science History Images/Alamy Stock Photo; Fig 12.18c: Natalie Fobes/RGB Ventures/SuperStock/Alamy Stock Photo; Fig 12.25: (left to right): KieselUndStein/iStock/Getty Images; Matejay/E+/Getty Images; Sashkin/Shutterstock; Fig 12.26: Sashkin/Shutterstock; Fig 12.27: everything possible/Alamy Stock Photo. Page 466: (top to bottom): Kristen Brochmann/Fundamental Photographs; Bill Pugliano/Getty Images. **Chapter 13** Page 480: Bill Evans/USGS. Page 483: Richard Megna/Fundamental Photographs. Page 484: kevinhillillustration/Getty Images. Page 485: Maxwellartandphoto.com/Pearson Science. Page 497: Nikola Obradovic/Shutterstock. Page 498: jane/Getty Images. Page 499: Masonjar/Shutterstock. Page 502 (left to right): RubberBall/Alamy Stock Photo; dtimiraos/Getty Images. Page 516: Geoff Tompkinson/Science Source. **Chapter 14** Page 519: Huheey, J. (1983) "Inorganic Chemistry: Principles of Structure and Reactivity" New York: Harper & Row, p. 207; Fig 14.1: Gelpi/Shutterstock; Fig 14.2: Richard Megna/Fundamental Photographs;

Fig 14.3: Richard Megna/Fundamental Photographs. Page 521 (left to right): Evgeny Karandaev/Shutterstock; Khomulo Anna/Shutterstock; Kovaleva_Ka/Shutterstock; Fig 14.4: Richard Megna/Fundamental Photographs. Page 526 (top to bottom): Paul Silverman/Fundamental Photographs; Richard Megna/Fundamental Photographs. Page 528: Maxwellartandphoto.com/Pearson Science; Fig 14.8: Richard Megna/Fundamental Photographs; Fig 14.10: Richard Megna/Fundamental Photographs; Fig 14.12: Richard Megna/Fundamental Photographs; Fig 14.18: KonstantinChristian/Shutterstock. Page 544: Ensuper/Shutterstock. **Chapter 15** Opener: Jochen Tack/Alamy Stock Photo. Page 559: Arnheim, R. "Entropy and Art: An Essay on Disorder and Order" University of California Press, 1971, p. 25. Page 562: Starover Sibiriak/Shutterstock. Page 578: Claude Edelmann/Science Source; Fig 15.13: Richard Megna/Fundamental Photographs. Page 586: Gerardo Garcia/REUTERS/Alamy Stock Photo. **Chapter 16** Page 603: John Desmond Bernal "The Origin of Life" Weidenfeld & Nicholson 1967; Fig 16.1: Toyota Motor Corporate Services of N. America, Inc; Fig 16.2: Ron Zmiri/Shutterstock; Fig 16.3: yuratosno3/Shutterstock. Page 609: Sean De Burca/Getty Images. Page 615: Yellowj/Shutterstock; Fig 16.5: Richard Megna/Fundamental Photographs; Fig 16.6: Richard Megna/Fundamental Photographs. Page 617: J.R. Bale/Alamy Stock Photo; Fig 16.7: Richard Megna/Fundamental Photographs; Fig 16.10: Barrett & MacKay/All Canada Photos/Alamy Stock Photo; Fig 16.11: DavidDent/Alamy Stock Photo; Fig 16.16: Charles D. Winters/Science Source; Fig 16.18: imageBROKER/Alamy Stock Photo. Page 625: Alfred Koal/Shutterstock. Page 635: Tony McNicol/Alamy Stock Photo. **Chapter 17** Page 639: Winston Churchill "Fifty Years Hence" speech reprinted in Popular Mechanics, Vol. 5, No. 3, March 1932. p. 395; Fig 17.2: Southern Illinois University/Science Source. Page 640: AFP/Getty Images. Page 641: Richard Megna/Fundamental Photographs; Fig 17.7a: United States Air Force; Fig 17.7b: irrational/Shutterstock. Page 653: Jochem Wijnands/Horizons WWP/Alamy Stock Photo. Page 655 (top to bottom): Pictorial Press Ltd/Alamy Stock Photo; Stocktrek/Getty Images. Page 656: H. Mark Weidman Photography/Alamy Stock Photo; Fig 17.11: Marlee90/Getty Images. Page 657: Kyodo/AP Images; Fig 17.12: inga spence/Alamy Stock Photo; Fig 17.13: Larry Mulvehill/Science Source. **Chapter 18** Page 671: Epicurus, as reported by Lactantius, Divine Institutes, Book 3, Chapter 19, c. 303-311. Translated by Friedrich Max Müller "Lectures on the Science of Language" 1871, II, Longmans, Green; p. 81. Page 672 (left to right): Alex L. Fradkin/Getty Images; Michal Filip Gmerek/Shutterstock; Sinelyov/Shutterstock. Page 673 (left to right): Ryan McVay/Getty Images; C Squared Studios/Getty Images. Page 674: David A. Hardy/Science Source. Page 677: Tetra Images, LLC/Alamy Stock Photo. Page 678: David Toase/Getty Images. Table 18.2 (top to bottom): ayazad/Shutterstock; Maxwellartandphoto.com/Pearson Science; David Buffington/Getty Images; Keith Homan/Shutterstock; liam1949/Shutterstock; David Toase/Getty Images. Page 685 (top to bottom): Melissa Brandes/Shutterstock; Arthur S. Aubry/Getty Images. Page 690: Richard Megna/Fundamental Photographs. Page 694: Todd Taulman/Shutterstock. Page 695: Maxwellartandphoto.com/Pearson Science. Page 696: Spencer Jones/Photodisc/Getty Images. Page 697 (top to bottom): Sheila Fitzgerald/ Shutterstock; Grigory L./Shutterstock; C Squared Studios/Getty Images. Page 698: Ed Isaacs/Shutterstock. Page 699 (top to bottom): belchonock/123RF; Lawrence Lawry/Getty Images. Page 701: 241654/Shutterstock. Page 702: Comstock Images/Stockbyte/Getty Images. Page 703 (top to bottom): Korta/Fotolia; Hagley Archive/Science Source. **Chapter 19** Opener: Huntstock/DisabilityImages/Getty Images. Page 723: Weinberg, R. A. (1985). The molecules of life. *Scientific American*, 253(4), 48-57. Page 726 (top to bottom): Spencer Jones/Getty Images; GeoStock/Getty Images. Page 740: Eye of Science/Science Source. Page 742: Nivaldo J. Tro. Page 748: MOLEKUUL/Science Photo Library/Alamy Stock Photo.

* 출처의 쪽수는 원서를 기준으로 한 것이다.

찾아보기

기본 물리 상수

Atomic mass unit	$1\ \mathrm{u} = 1.660539 \times 10^{-27}\ \mathrm{kg}$ $1\ \mathrm{g} = 6.022142 \times 10^{23}\ \mathrm{u}$
Avogadro's number	$N_A = 6.02214 \times 10^{23}/\mathrm{mol}$
Electron charge	$e = 1.602176 \times 10^{-19}\ \mathrm{C}$
Gas constant	$R = 8.314472\ \mathrm{J/(mol \cdot K)}$ $= 0.0820582\ \mathrm{(L \cdot atm)/(mol \cdot K)}$
Mass of electron	$m_e = 5.485799 \times 10^{-4}\ \mathrm{u}$ $= 9.109382 \times 10^{-31}\ \mathrm{kg}$
Mass of neutron	$m_n = 1.008665\ \mathrm{u}$ $= 1.674927 \times 10^{-27}\ \mathrm{kg}$
Mass of proton	$m_p = 1.007276\ \mathrm{u}$ $= 1.672622 \times 10^{-27}\ \mathrm{kg}$
Pi	$\pi = 3.1415926536$
Planck's constant	$h = 6.626069 \times 10^{-34}\ \mathrm{J \cdot s}$
Speed of light in vacuum	$c = 2.99792458 \times 10^{8}\ \mathrm{m/s}$

유용한 도형식

Perimeter of a rectangle $= 2l + 2w$

Circumference of a circle $= 2\pi r$

Area of a triangle $= (1/2)(\text{base} \times \text{height})$

Area of a circle $= \pi r^2$

Surface area of a sphere $= 4\pi r^2$

Volume of a sphere $= (4/3)\pi r^3$

Volume of a cylinder or prism $=$ area of base $\times$ height

중요한 환산 인자

Length: SI unit = meter (m)

- 1 m = 39.37 in.
- 1 in. = 2.54 cm (exactly)
- 1 mile = 5280 ft = 1.609 km
- 1 angstrom (Å) = 10^{-10} m

Volume: SI unit = cubic meter (m^3)

- 1 L = 1000 cm^3 = 1.057 qt (U.S.)
- 1 gal (U.S.) = 4 qt = 8 pt
  = 128 fluid ounces
  = 3.785 L

Mass: SI unit = kilogram (kg)

- 1 kg = 2.205 lb
- 1 lb = 16 oz = 453.6 g
- 1 ton = 2000 lb
- 1 metric ton = 1000 kg = 1.103 tons
- 1 g = 6.022×10^{23} atomic mass units (amu)

Pressure: SI unit = pascal (Pa)

- 1 Pa = 1 N/m^2
- 1 bar = 10^5 Pa
- 1 atm = 1.01325×10^5 Pa (exactly)
  = 1.01325 bar
  = 760 mmHg
  = 760 torr (exactly)

Energy: SI unit = joule (J)

- 1 J = 1 N • m
- 1 cal = 4.184 J (exactly)
- 1 L • atm = 101.33 J

Temperature: SI unit = kelvin (K)

- K = °C + 273.15
- °C = (5/9)(°F − 32°)
- °F = (9/5)(°C) + 32°

원소의 원자 질량

탄소-12를 기준으로 한다. 괄호 안의 숫자는 방사성 원소의 가장 안정적인 동위원소의 원자 질량이다.

이름	기호	원자 수	원자 질량
Actinium	Ac	89	(227)
Aluminum	Al	13	26.98
Americium	Am	95	(243)
Antimony	Sb	51	121.75
Argon	Ar	18	39.95
Arsenic	As	33	74.92
Astatine	At	85	(210)
Barium	Ba	56	137.33
Berkelium	Bk	97	(247)
Beryllium	Be	4	9.01
Bismuth	Bi	83	208.98
Bohrium	Bh	107	(262)
Boron	B	5	10.81
Bromine	Br	35	79.90
Cadmium	Cd	48	112.41
Calcium	Ca	20	40.08
Californium	Cf	98	(251)
Carbon	C	6	12.01
Cerium	Ce	58	140.12
Cesium	Cs	55	132.91
Chlorine	Cl	17	35.45
Chromium	Cr	24	52.00
Cobalt	Co	27	58.93
Copernicium	Cn	112	(285)
Copper	Cu	29	63.55
Curium	Cm	96	(247)
Darmstadtium	Ds	110	(271)
Dubnium	Db	105	(262)
Dysprosium	Dy	66	162.50
Einsteinium	Es	99	(252)
Erbium	Er	68	167.26
Europium	Eu	63	151.97
Fermium	Fm	100	(257)
Flerovium	Fl	114	(289)
Fluorine	F	9	19.00
Francium	Fr	87	(223)
Gadolinium	Gd	64	157.25
Gallium	Ga	31	69.72
Germanium	Ge	32	72.63
Gold	Au	79	196.97
Hafnium	Hf	72	178.49
Hassium	Hs	108	(265)
Helium	He	2	4.00
Holmium	Ho	67	164.93
Hydrogen	H	1	1.01
Indium	In	49	114.82
Iodine	I	53	126.90
Iridium	Ir	77	192.22
Iron	Fe	26	55.85
Krypton	Kr	36	83.80
Lanthanum	La	57	138.91
Lawrencium	Lr	103	(260)
Lead	Pb	82	207.2
Lithium	Li	3	6.94
Livermorium	Lv	116	(293)
Lutetium	Lu	71	174.97
Magnesium	Mg	12	24.31
Manganese	Mn	25	54.94
Meitnerium	Mt	109	(266)
Mendelevium	Md	101	(258)
Mercury	Hg	80	200.59
Molybdenum	Mo	42	95.95
Moscovium	Mc	115	(289)
Neodymium	Nd	60	144.24
Neon	Ne	10	20.18
Neptunium	Np	93	(237)
Nickel	Ni	28	58.69
Nihonium	Nh	113	(284)
Niobium	Nb	41	92.91
Nitrogen	N	7	14.01
Nobelium	No	102	(259)
Oganesson	Og	118	(294)
Osmium	Os	76	190.23
Oxygen	O	8	16.00
Palladium	Pd	46	106.42
Phosphorus	P	15	30.97
Platinum	Pt	78	195.08
Plutonium	Pu	94	(244)
Polonium	Po	84	(209)
Potassium	K	19	39.10
Praseodymium	Pr	59	140.91
Promethium	Pm	61	(147)
Protactinium	Pa	91	(231)
Radium	Ra	88	(226)
Radon	Rn	86	(222)
Rhenium	Re	75	186.21
Rhodium	Rh	45	102.91
Roentgenium	Rg	111	(280)
Rubidium	Rb	37	85.47
Ruthenium	Ru	44	101.07
Rutherfordium	Rf	104	(261)
Samarium	Sm	62	150.36
Scandium	Sc	21	44.96
Seaborgium	Sg	106	(263)
Selenium	Se	34	78.97
Silicon	Si	14	28.09
Silver	Ag	47	107.87
Sodium	Na	11	22.99
Strontium	Sr	38	87.62
Sulfur	S	16	32.06
Tantalum	Ta	73	180.95
Technetium	Tc	43	(99)
Tellurium	Te	52	127.60
Tennessine	Ts	117	(294)
Terbium	Tb	65	158.93
Thallium	Tl	81	204.38
Thorium	Th	90	(232)
Thulium	Tm	69	168.93
Tin	Sn	50	118.71
Titanium	Ti	22	47.88
Tungsten	W	74	183.85
Uranium	U	92	(238)
Vanadium	V	23	50.94
Xenon	Xe	54	131.29
Ytterbium	Yb	70	173.04
Yttrium	Y	39	88.91
Zinc	Zn	30	65.39
Zirconium	Zr	40	91.22